安全引领 文化铸安

第四届企业安全文化优秀论文选编

(2022)

上

应急管理部宣传教育中心
《企业管理》杂志社 编

企业管理出版社
ENTERPRISE MANAGEMENT PUBLISHING HOUSE

图书在版编目（CIP）数据

安全引领　文化铸安.第四届企业安全文化优秀论文选编：2022.上／应急管理部宣传教育中心　《企业管理》杂志社编.—北京：企业管理出版社，2023.8

ISBN 978-7-5164-2880-1

Ⅰ.①安… Ⅱ.①应…②企… Ⅲ.①企业安全－安全文化－中国－文集 Ⅳ.① X931-53

中国国家版本馆 CIP 数据核字（2023）第 154458 号

书　　名：	安全引领　文化铸安：第四届企业安全文化优秀论文选编（2022）上
书　　号：	ISBN 978-7-5164-2880-1
作　　者：	应急管理部宣传教育中心　《企业管理》杂志社
责任编辑：	杨慧芳
出版发行：	企业管理出版社
经　　销：	新华书店
地　　址：	北京市海淀区紫竹院南路 17 号　　邮　编：100048
网　　址：	http://www.emph.cn　　电子信箱：314819720@qq.com
电　　话：	编辑部（010）68420309　　发行部（010）68701816
印　　刷：	河北宝昌佳彩印刷有限公司
版　　次：	2023 年 8 月第 1 版
印　　次：	2024 年 4 月第 2 次印刷
开　　本：	880mm×1230mm　　1/16 开本
印　　张：	34.5 印张
字　　数：	1021 千字
定　　价：	580.00 元（上、下册）

版权所有　翻印必究　·　印装有误　负责调换

编审委员会

主　　任

　　支同祥

副 主 任

　　郭仁林　　王仕斌　　董成文　　李凤超
　　裴正强　　王玉成　　何银培　　刘文智
　　刘三军　　尹志立　　安　亮　　曾繁礼
　　武东文　　周桂松　　李　峰　　张　峰

委　　员（按姓氏笔画排序）

　　马晓虎　　万红彬　　王　黎　　王东武
　　王国华　　王彦红　　冯振华　　华　锐
　　刘三军　　刘文龙　　阮小峰　　闫继杰
　　李　明　　李　爽　　李传磊　　苏　华
　　宋晓玲　　杜晓辉　　张志斌　　罗非非
　　赵　勇　　高宇龙　　唐仕政　　梁　忻
　　廖志民　　潘　玮　　薛　峰

主　　编

　　董成文　　郭仁林　　梁　忻

编辑人员

　　吕　慧　　胡春梓　　郑　雪　　郭　利
　　郁晓霞　　丁连军　　历一帆　　杜　凯
　　杜青晔　　杨芸榛　　许　闯　　郭一慧
　　刘　艳　　尚　彦　　张现敏　　李瑞华
　　富延雷　　任珈慧　　倪欣雪

前　言

习近平总书记在党的十九大报告中提出："树立安全发展理念，弘扬生命至上、安全第一的思想，健全公共安全体系，完善安全生产责任制，坚决遏制重特大安全事故，提升防灾减灾救灾能力。"习近平总书记在党的二十大报告中进一步提出："推进国家安全体系和能力现代化，坚决维护国家安全和社会稳定"，强调"坚持安全第一、预防为主，建立大安全大应急框架，完善公共安全体系，推动公共安全治理模式向事前预防转型。""推进安全生产风险专项整治，加强重点行业、重点领域安全监管。"

习近平总书记关于推进国家安全体系和能力现代化的一系列重要论述为企业安全生产工作指明了方向。为了全面落实新《安全生产法》，贯彻"安全第一、预防为主、综合治理"的治本之策，扎实有效地开展安全宣传"五进"工作，着力普及安全知识、培育安全文化，落实企业安全生产主体责任，应急管理部宣传教育中心联合国务院国有资产监督管理委员会主管的《企业管理》杂志社，在成功举办前三届论文征集的基础上，于2022年5月至8月开展了"第四届企业安全文化优秀论文征集活动"，旨在通过总结发布我国企业安全文化培育的最新实践成果，更好地发挥企业优秀安全文化的引领示范作用，促进企业安全文化建设水平迈上新台阶。

自本届全国企业安全文化论文征集和评选活动启动以来，共收到全国811家企业提交的1265篇论文。通过初审、复审、专家评审等流程，最终评选出一等奖58篇、二等奖108篇、三等奖186篇。主办方从中精选出306篇具有代表性的优秀论文，汇编成《安全引领 文化铸安：第四届企业安全文化优秀论文选编（2022）（上、下册）》（以下简称《论文选编》)，由企业管理出版社出版发行。

本册《论文选编》凸显了中国式安全文化特色，体现了现阶段我国企业安全文化建设取得的成绩和发展方向，反映出我国企业安全文化建设取得了显著进展。《论文选编》注重理论与实践相结合，聚焦安全文化在落实全员安全生产责任制、安全风险分级管控和隐患排查治理双重预防机制、安全生产标准化与信息化建设及安全生产投入保障等方面具有的理念引导、思想保障、行为规范的基础性作用；《论文选编》题材全面、丰富，内容涵盖安全文化体系建设、安全文化管理、安全文化落地、安全文化品牌、安全文化影响、安全文化与安全管理融合发展等各个方面；《论文选编》涉及的行业广泛，涵盖电力、煤炭、冶金、化工、建筑、矿山、交通等国家重点监管的高危行业。可以说，《论文选编》汇集了当前我国企业安全文化建设的最新实践，是我国企业安全工作者不断探索创新取得的丰硕成果。

应急管理部宣传教育中心和《企业管理》杂志社高度重视论文征集活动，为《论文选编》结集出版工作提供了全面的指导和帮助。主办方邀请应急管理部政策法规司原司长支同祥担任编委会主任。应急管理部宣传教育中心领导多次组织权威专家就论文评审和文集编辑工作开展研讨。《企业管理》杂志社组织精干力量，为论文评审、出版协调提供了坚实保障。与此同时，论文征集工作也得到了企业界的广泛支持，中核集团、中国石油、中国石化、中国海油、华能集团、中国大唐、中国联通、中国移动、鞍钢集团、中国宝武集团、中国通用技术集团、中国建筑、华润集团、中国化学、中国铁建等大型企业积极组织推荐高质量论文。论文集出版也得到了企业管理出版社有关领导和编辑同志的大力支持。在此，向所有为本书付出心血和努力的同志们表示感谢！

"十四五"时期，党和国家把安全生产提升到了新的战略高度，要求在坚持人民至上、生命至上的基础上，进一步统筹好发展和安全两件大事。对此，安全文化论文征集活动和《论文选编》编纂出版工作，将充分认识新时期我国经济高质量发展与安全工作的紧密联系，深入领会"健全国家安全体系"和"增强维护国家安全能力"的精神实质，认真贯彻落实党的二十大报告提出的"建立大安全大应急框架"对企业安全管理工作提出的的新要求，紧紧围绕"完善体系、预防为主、专项整治、提升能力"开展工作，推动企业更加精准防范化解重大安全风险，更加有效应对处置各类事故事件，以高水平安全服务高质量发展，以新安全格局支持新发展格局，加强企业安全生产治理体系和治理能力现代化建设。广大安全生产工作者要进一步提高政治站位，严把安全关口，履行主体责任，持续加强安全文化建设，把安全发展理念落实到企业经营管理全过程，努力实现安全、高质量、可持续发展，为全面建设社会主义现代化国家提供坚强安全保障。

编　者

2023年6月

目 录

一等奖

多维管控·无缺则全——港华集团基于 TQM 理念的安全文化管理体系 / 刘　楠　孙圣尧　徐　露......003

浅析企业安全文化建设的实践与探索 / 蔡　勇　吴卫红　姜丽蓉　夏　阳　袁利荣......007

"智慧客服"安全文化品牌建设与实践创新 / 宋晓枫　李衍超　王亮宏　朱　钧　刘润泽......011

安全文化创新与实践研究 / 张　峰　刘彦辉　郑宜棉......015

如何开展企业安全文化建设 / 雷宗林　曹　强　王德福　侯志勇　朱茂林......018

推进"四位一体"安全文化建设　努力构建安全生产高质量发展新格局
　　　　　　　　　　　　　　　/ 张国廷　雷晓树　郭建平　叶　军　肖国庆　刘晓文......020

以人为本　与时俱进——鞍钢集团构建"四位一体"安全文化体系
　　　　　　　　　　　　　　　/ 白旭强　孙广慧　赵玉强　解　达......026

浅谈民爆企业安全文化建设的实践与创新 / 周桂松　万红彬　罗非非　王东武　杨海燕......030

"五安建设"培育高速公路特色安全文化 / 金学高　蔡世远　叶　冰　陈　炜......033

充分发挥安全文化在企业高质量发展中的作用——红柳煤矿"11621"安全管控模式的
　　构建与实践探索 / 封新明　刘俊嗣　杨颖琨......037

基于中华水文化的水利企业安全文化体系构建研究 / 马国锋　张　腾　徐小兵　周江涛......042

坚持党建引领，推进中国特色民机主制造商安全文化建设 / 孙安宏　叶世雄　李　强　纪蕴珊......045

创城镇燃气标准化　提升安全文化层次 / 王　睿　章　榕......050

落实主体责任，落地安全文化——吴江华衍水务公司构建安全文化责任体系 / 沈　磊　计　铖......055

当前企业安全文化建设的问题与对策建议 / 郭仁林　刘三军......058

三道沟煤矿安全文化探索与实践 / 丁序海　郅三占　宋双亮　王虎城......063

"19110"安全文化管控模式助力企业安全发展 / 李晓龙　杨　龙　买学萍......066

坚持"以人为本、以文化人"　探索打造本安型煤炭企业
　　　　　　　　　　　　　　　/ 席晓辉　郑向民　丁　斌　郭新杰　白金龙　朱　森......070

文化引领　红柳铸安　打造"行业第一、世界一流"现代煤炭企业探索与实践
　　　　　　　　　　　　　　　/ 李国为　黄　伟　李　超　晁　伟　段威锋　马正斌......073

建设单位视角下的项目"1321"安全文化建设 / 蔡萧军　刘　瑜　史　军　武雪峰......076

"三本四心"安全文化建设在建筑施工企业的实践与运用
　　　　　　　　　　　　　　　/ 李森阔　徐　瑾　蔡振宇　陈坚强　高　飞......080

建筑施工企业主动安全文化建设探索与实践 / 司为捷　郭　猛　史德强　王梓迪......085

建筑安全文化建设执行力影响因素研究 / 张志鹏　沈　晨......088

安全文化育人　体系构建融人　实践过程助人 / 李传磊　王庆明　陈留春　张学明　喻检军......093

打造"党建+安全" 为安全文化建设增添"红色动力" / 杜江林 鲁正伟 唐仕政 吴 鹏 096
中国化学构建行为安全与人文关怀安全文化体系的探索实践 / 张学雷 田贵斌 苏 华 099
高速公路项目安全文化建设分析 / 杨 立 宋 平 104
浅谈安全生产与企业安全文化建设 / 武模磊 108
以"3433安全文化模型"为抓手 川航塑造积极的安全文化
　　　　　　/ 张忠导 文 竹 曾 超 康 覃 邬雨薇 赵汪洋 111
浅谈"缆桩"精神 夯实安全管理基础——以湛江港集团为例 / 卢江春 115
基于安全心理塑培的安全文化体系构建 / 曹子玉 马运波 潘 伟 118
墨子兼爱思想对安全文化理念培育的启示 / 牛晓伟 张海东 薛振华 王烨堃 李 强 123
三门联络线"五位一体"安全文化体系创建探索 / 蓝 强 樊纪江 徐卫建 吴发强 张 波 126
数字时代危化企业安全文化创新研究 / 周文祥 130
"匠安"安全文化探索与实践 / 杨世雄 鲁赛棋 刘 斌 134
浅析水电工程安全文化建设难点与突破方式 / 代自勇 段 斌 王海胜 覃事河 王俊淞 137
电网企业基于"物态、行为、观念"的安全文化体系建设实践与研究
　　　　　　/ 姚震宇 朱翔宇 何志军 苏文强 彭 勇 140
以人为本，培育特色安全文化——国网白城供电公司安全文化实践
　　　　　　/ 韦志培 张静伟 彭 涛 刘学飞 王克强 143
构建电力企业"五位一体"现代安全文化体系 / 彭 勇 李 晨 徐 伟 樊彦国 傅艺斐 146
基于"四四"框架的电力企业安全文化体系建设 / 何少宇 徐 肖 杨梦彬 于 海 刘振国 150
供电公司安全文化体系建设的有效措施探讨 / 杨 宁 秦晓飞 刘 浩 153
电力企业安全文化理念与实践创新 / 姜 帆 阚 兴 王永亮 金生祥 田 野 赵长江 贾艾桦 156
浙能滨电"能本·兴"安全文化建设探索与实践 / 沈明烨 刘基洲 沈海东 陈 云 刘芝成 159
基于目标导向的电力企业安全文化建设路径探索与实践——以湖北新能源有限公司
　　安全文化建设实践为例 / 高 山 徐国强 李青松 聂俊青 162
推行安全生产量化考评机制 以责任落实推动安全文化落地 / 詹维勇 杨己能 高畅彬 李佳昌 165
企业安全文化建设助推"一带一路"高质量发展 / 乔进国 杨建设 何云春 穆万鹏 徐文卓 168
创建"合和开"文化理念 打造安全文化精品工程 / 张德选 王建波 173
地市供电企业构建以安全文化为引领的安全生产"大监督"体系 / 李 晋 马 毅 176
浅析企业安全文化落地实践 / 王学民 吴智乾 要振华 179
新时代安全文化创新发展的探索与实践——以西能公司安全文化建设实践为例
　　　　　　/ 刘 华 刘 爽 翟 羿 183
黔北电厂"1+N"安全文化的思考与实践 / 颜绍霖 186
基于"双循环"机制的安全文化落地体系，助力本质安全型企业打造
　　　　　　/ 邵 震 刘 东 陈吉丰 唐 田 冯韵艺 190
树安全家风 保电网安全——国网上海超高压公司特高压练塘变电站安全文化建设经验
　　　　　　/ 毛颖科 朱正一 周 勇 195
坚持"三化"促"三基" 提升企业本质安全水平 / 才延福 牛国君 张艳丽 徐志宏 王金良 198
以安全文化为引领 提升培养水电企业本质安全型青年员工成效实践 / 范迎春 闫继杰 陈 红 201

基于高可靠性组织视阈的核安全文化建设研究 / 刘文元　王学伟　孙晓龙　陈　莺 204
华润电力自主安全班组文化建设的探索与实践 / 梁　杰　王晓震 207
安全标准可视化助力核电大修安全文化提升 / 宋康顿 210

二等奖

中储棉安全文化建设的探索与实践 / 刘　琦　张建德　郑宜棉 217
通信运营企业支局安全文化建设探索与实践 / 杨召江　刘洪灿 220
轧钢厂检修安全文化建设实践 / 周　浩　王成志　焦美丹　詹伟民 223
集团型企业安全文化建设研究与实践——记越秀食品集团安全文化建设实践
　　　　　　　　　　　　　　　　　　/ 郝明星　陈烈锰　赵伟师 228
浅谈如何强化班组安全文化建设 / 陈　柯　张天鹏　吴云华　谭继铭　谢　洁 231
浅谈火炸药企业班组安全文化建设 / 秦利军　龚　婷　郝海霞 235
牢固树立安全发展理念全力筑牢安全发展基础 / 陈其祥　汪　爽　米慧广　汤清召　王托弟 237
大型邮轮总装建造项目安全文化建设初探 / 潘　玮　杨永刚　陈　能　陈　飞 240
"三融、三实"推进双重预防机制形成企业特色安全文化
　　　　　　　　　　　　　　　　　　/ 田永锋　张国平　彭文华　黄　磊　王　虎 247
发挥"党建引领"作用　建设"安全带"品牌文化 / 贾林渊　余　彬　李　波　刘一平　曾隆明 252
安全文化建设——班组安全建设的探讨与实践 / 张　赛　梁亚军　韩　飞　王　磊　袁丕术 255
文山铝业安全文化建设的实践与思考 / 何　艳　李发波　刘兴华　周云忠　马绍科 258
四维企业安全文化构建实践 / 张体富　叶钟林　刘金明　杨应宝 261
浅谈工作安全观察在安全文化建设中的应用 / 杜双才　尚晓鹏 264
浅谈企业安全文化建设——基于循环经济产业园安全管理
　　　　　　　　　　　　　　　　　　/ 徐照会　陈怀宇　张宫源　李正伟　徐卫东 267
基于AHP—正态云的馥郁香型白酒厂安全文化评价及应用
　　　　　　　　　　　　　　　　　　/ 符　飞　戴定宏　龚　健　田德雨　向　宠 271
企业安全文化建设的探索与实践 / 王予江　崔茂民 276
基于中粮集团"横向到边、纵向到底"的安全管理体系，创新基层企业安全文化建设
　　　　　　　　　　　　　　　　　　/ 王　鹏　李世春　汪嘉慧　江　欣　姜俊杰 279
华亭煤业公司"1460"安全文化建设的探索与实践 / 武　岳　冯立波　逯天寿　朱凡奇　康正阳 282
以安全文化打牢企业安全发展基础 / 王东照　程远清 286
油气管道企业安全文化建设研究与实践 / 谢　闯　刘泽军　张　涛　胡伟力　孙　阳 289
浅谈物业管理中安全文化建设 / 谢靖祥 293
基于组织管理的水泥企业安全文化建设探究 / 贾晓珊　牛海龙　杨朝强　汪春祥 296
阿米巴经营理念与安全文化建设 / 边兆博　郝晓萌 300
浅谈混凝土搅拌站安全文化示范企业创建——以某混凝土公司为例 / 刘登升 303
论企业安全文化培育与人因工程管理 / 骆叶金　苏　磊　王弈超 308

申通阿尔斯通关于安全文化理念与实践创新之浅谈 / 申伟栋　沈　豪　赵　强	315
培育企业特色安全文化为安全发展营造良好氛围 / 刘咏妍　赵　兴	318
加强安全文化建设 促进煤矿安全生产 / 张传玖	322
大型煤矿企业班组文化构建研讨与实践 / 尚国银　张立辉	325
煤炭企业如何发挥青年员工在安全文化建设中的作用 / 刘勇强	329
践行安全文化抓实"三违"整治推动矿山安全发展 / 苏惠玉　章金强　邓绍刚　王　科　彭寿星	332
特大型非煤矿山企业"三全三精"安全文化评价体系的创建与实施 　　　　　　　　　　　　／李　论　盖俊鹏　郭文超　惠新洲　刘震宇	335
安全文化引领全面打造"三维立体"动态安全宣教体系 　　　　　　　　　　　　／周　宙　桂美胜　陈亚洲　李　帅　李　岩	338
关于加强安全文化建设助力企业高质量发展的研究 / 郭丽莉	341
基于"三维融合"的"四个强化"安全生产管理模式的探索实践 / 张知贤　李立峰　董胜元	344
以安全宣传教育诊断为抓手推动安全文化建设的实践创新 　　　　　　　　　　　　／王　宁　刘阳化　刘庆飞　谢　恒　王英英	347
推进煤矿安全文化建设　促进企业长治久安 / 焦　义　李志国　李　旺　黄　江	350
新时代煤矿企业安全文化建设的思考与实践 / 吴宁军　王　波	353
企业安全文化建设与安全管理研究 / 满建强　张宝林　王朝进　常　青	356
新形势下能源型企业安全文化建设的探索与研究 　　　　　　　　　　　　／马　烽　郭绍坤　刘友略　蒲　林　薄海涛　徐豪阳	359
大红山矿业提升安全管理能力的探索与实践 / 黄光朴　邢志华　董越权　杨荣攀　左　敏	362
基于高清集控视讯条件下员工班前会与企业安全文化建设的融合与实践 / 尹卫兵	366
浅谈"人·本"安全文化体系构建 / 周　鑫　莫东远　彭英赵　王缅生　杨安勇	370
安全制度文化建设 / 王常亮　凌　伟　高　伟	374
企业安全文化"搭台"，基层应急演练"唱戏"——"企""地"联合实战化演练新探索 　　　　　　　　　　　　／王玉霞　王　冰　王甲超	377
大型LNG储罐项目安全文化建设及管理综述 / 魏雄标	380
浅谈企业安全文化建设 / 汪海红　游勇根　周榕生	383
完善装配式建筑行业操作规程标准的路径探究——将安全文化自下而上的融入一线岗位作业人员 　　　　　　　　　　　　／殷　帆	385
浅谈安全制度文化对铁路机务安全的重要作用 / 郭立平　贺占奎　盛龙龙　李利明　姜成龙	388
聚合老传统　创建新文化　激活内动力——创建铁路桥梁企业安全文化建设的探索与思考 　　　　　　　　　　　　／闫建庚　崔吉辰　路思峰　周士雷　王　刚	391
打造"宁让汗成线，不让线停电"安全文化激活供电企业安全发展内动力 / 鲍海洋　王少兵	394
关于"五精"安全文化在动车组运用检修领域中应用的探索和实践 　　　　　　　　　　　　／何旭升　韦加恒　李　海　刘鹏飞	397
关于深化铁路安全文化建设的思考 / 孙　印　陈会波　王冬立　苑亚宁　关晓天	400
企业安全文化建设研究 / 臧鹏飞	402
企业安全文化与安全环境建设 / 杨涵辛	406

目 录

构建基于本质安全的公交管理"4S 模式"/庄德军 409

企业安全文化建构与实践创新探讨/叶一彪　胥亚丽 412

在实践中走出安全文化建设之路/谭英杰　张扶国 415

利用体系思维建设企业安全文化的探讨/吴新永　马　翔　徐　芮　刘桃艳 418

培育危化企业大监管安全文化生态系统打造长周期多时空交叉危险作业全过程风险管控方法应用

／邱少林　于　卓　刘新港　韩　伟　王　营 421

对发电企业安全文化建设的初浅思考/宁　屹　游赟宇　李鑫峰　包　诚　王利平 425

企业安全文化建设认识与实践/李　华　张　宏 428

加强安全文化建设　助力实现本质安全——安全文化在赣能丰电二期的建设与实践

／伍　健　程建军　魏建宏　陈建军　侯　芸 431

发电企业安全文化建设与实践/于营刚　李岳峰 434

供电公司沉浸式安全文化建设营造方法及成效分析/刘美杰　马识途　魏　征　郝天壮　赵　兴 438

推进安全文化建设　打造本质安全/吴莉威　焦明航　陈俊飞　李天宁　陈　星 442

基层班组"2+3+N"安全文化体系的建设与实践/李前宇　魏　巍　李立新　郑　春 444

承包商同质化管理安全文化建设的探索与实践/林雪清　陶振国　胡俊涛　彭若谷　杨联联 448

基于冷热电三联供区域能源　构建"六全"管理理念探索

／武东文　郭　赞　杨小辉　赵云才　王彦琳 451

基于安全积分制激励干劲、风险管控、双向交互的安全文化建设

／张亚东　张　良　刘　能　陈　磊　张文青　张秋也 454

电厂安全文化建设实践与研究/徐雪松　钱晓峰　林剑峰　姜　余　方　勇 458

理念引领企业安全文化体系建设与发展/韦　彤　许丰越 461

发电企业智慧安全文化建设模型研究/陈　成 464

浅谈"如何当好安全文化建设第一责任人"/杨润生 467

浅谈情景模拟再现安全培训模式在火力发电企业的应用

／尹德伟　张明杰　陈大明　徐　硕　姜　昆 470

企业安全文化建设的重要性及问题对策/杨晓梅　张玉洁　郭思雯　靳润娟　高元晶 473

发电企业基层班组安全文化建设的探索与实践/薛　涛　母德军　张大勇 476

电厂安全文化建设创新探索与实践运用/郑　鹏　包英捷　余长开　李建华　向　伟 479

基于双重预防机制的大型火电工程安全文化建设研究及效果评价/刘　志 482

电力企业安全文化双向激励探索与实施/陈建科 486

安全"和"文化"345"建设与实践/康娟娟　董　亮　张向峰　雷世良　陈建中 489

探索水电企业安全文化实践——象鼻岭水电站安全文化创建/穆　泓　杨朋发 495

运用"学研创落法"培育一流"安全信念力"/孔平生 498

基于本质安全的"靖心护安"特色安全文化建设/余先敏　张　鹏　曹双全　王永红　王　诚 501

浅析电力企业安全文化建设/贺晓强　尉鹏举　孙六五 504

贯理念　健体系　抓重点——浅谈五强溪电厂安全文化建设/谌　林　欧阳人佳 507

"全员参与　精研慎行"安全文化体系建设——在广东惠州天然气发电有限公司的实践

／宁　波　唐嘉宏　李　俊　袁文康　谢　吉 510

创新基层班组安全学习　凝聚"精实之道"安全文化精与实
　　　　　　　　　　　　　／李晓琼　吴明民　温锦章　吴小芳　林秋红........................513
企业安全文化在报废机组拆除工程中的创新实践
　　　　　　　　　　　　　／吴　润　米　辉　林俊航　梁权志　邹水华　曾振任　刘　莲........515
三维虚拟技术在企业安全文化教育的应用与实践／武海维　孙嘉权　李喜君　康　浩........................518
打造特色"两外"管理新常态的探索与实践／徐光学　顾四胜　陈永彬　单　龙........................521
企业安全文化浅谈／贺小瑞　杨彦刚　高　飞........................524
特色管理润育安全文化　安全文化领航企业发展／李明超　赵光军　曾　雨........................527
助力公司安全文化提升　核电厂管理巡视研究与实践／魏海峰　任军华　李　翔........................530
细耕文化沃土　根治安全顽疾／朱　冰　宋旭昇　宇　伟　张旭高........................535
加强党建工作　深入推进企业安全文化发展／靳晓东　李晓宇　苗宝平　樊振海　朱　杰...............538

一等奖

多维管控·无缺则全

——港华集团基于 TQM 理念的安全文化管理体系

港华集团 刘 楠 孙圣尧 徐 露

摘 要：TQM 全面质量管理发展成熟，港华集团将 TQM 理念融入安全管理体系，立足安全，并每年发布新的 TQM 方针，持续不断地改进目标。2022 年，发布"TQM—多维管控·无缺则全"方针，举办了一系列安全文化活动，取得了不错的成绩。

关键词：港华燃气；全面质量管理；安全文化；安全管理

一、引言

港华集团为香港中华煤气在内地投资及营运管理的业务组合，自 1994 年进入内地以来，持续深耕燃气市场，如今燃气业务已覆盖 100 多个城市，发展逾 300 个燃气项目，服务客户逾 4000 万户。在稳固的燃气业务基础上，进一步拓展经营领域，相继发展水务环境、再生能源、延伸业务，拥有庞大的市场和客户资源优势，并已成为各地经济社会和环保事业发展的重要力量。

安全是企业发展的基石。港华集团始终高度重视安全管理，坚持"安全第一、预防为主、综合治理"的方针，将公众、客户及员工的生命财产安全置于首位，并将 TQM 理念融入安全文化管理体系，立足安全，把控风险。

二、TQM 理论与港华安全文化结合

（一）TQM 基本理念

TQM 又称全面质量管理理念，其起源于 20 世纪 60 年代美国创造的 TQM 模式。起初，TQM 理念的创立是为了应对美国工业部门的管理，在长期的管理创新中逐渐运用到美国的建筑业、服务业及交通邮电等多个领域，在取得了一定的质量管理效果之后被多个国家及相关企业重视并运用。这是一种基于企业自身，以重视质量提高为要求，动用企业所有员工，照顾顾客感受，注重经济最大化，寻求质量管理最优解的全新模式。

TQM 有如下特性。

（1）全面性。全面性是指全面质量管理的对象，是企业生产经营的全过程。

（2）全员性。全员性是指全面质量管理要依靠全体职工。

（3）预防性。预防性是指全面质量管理应具有高度的预防性。

（4）服务性。服务性主要表现在企业以自己的产品或劳务满足用户的需要，为用户服务。

（5）科学性。科学性指的是，质量管理必须科学化，必须更加自觉地利用现代科学技术和先进的科学管理方法。

（二）港华安全文化

港华集团将 TQM 理念运用到安全管理层面，把握每一个企业安全发展的细节及相关环节之间的衔接，做好过程中的安全管理工作，同时将安全质量管理当作是企业发展的基本要求，将安全文化传达给企业的每一个员工，从教育培训到应急管理的全过程把控风险，真正实现了全员安全管理。也正是因为如此才使港华集团真正有效地把控了影响企业安全的多个因素，使企业自身的安全质量得到了极大保障。

港华集团每年都会发布新的 TQM 方针，以实现持续不断改进的目标。港华集团 2022 年的安全主题定为"多维管控·无缺则全"，着力构建多维度、全方位、无死角的安全管控体系，打造安全风险辨识全覆盖、隐患排查整改严把控的全方位安全管理，从体系层面、智慧化层面及监管层面持续查漏补缺，真正做到"无缺则全"。

三、港华集团"多维管控·无缺则全"安全布置

（一）全员安全生产责任制推行

全面加强全员安全生产责任制工作，是推动企业落实安全生产主体责任的重要抓手，将安全责任有效传达给各级员工，有利于维护港华员工的生命安全和职业健康，这也是港华集团全员参与的安全管理体系的必然要求。

为确保企业安全生产主体责任的有效落实，港华集团每年年初向下层层签订安全生产责任书，将安全生产KPI（关键绩效指标）逐级分解并考核，全员压实安全责任。在湖北十堰"6·13"重大爆炸事故发生及新《中华人民共和国安全生产法》（以下简称《安全生产法》）实施之后，港华集团更是进一步加强管控全员安全生产责任制的落实，达到安全防控全方位、无断层、无死角。

（二）安全审核要求提升

安全风险审核制度是港华集团特殊的安全检查模式，其分为计划性审核和非计划性审核。计划性审核主要是对地方项目公司安全管理系统和制度文件的审查，从安全管理源头为地方项目公司"把脉问诊"。非计划审核即"四不两直"的检查，直击现场，针对地方项目公司惯性违章等特点，发现安全隐患。

为杜绝风险排查走过场，港华集团严格推进"谁检查、谁签字、谁负责"，对查出的隐患建立台账，确保闭环管理。目前，港华集团已结合新的要求对《安全及风险管理审核评分制度》进行修订完善，将信息化监控手段、软硬件设施配置及安全管理体系认证等纳入审核项目，以此鼓励企业加大信息化监控手段及安全管理的投入，实现科学化管理。

（三）燃气专项整治方案推进

港华集团发布的《关于加强燃气安全工作的要求》，明确要求各企业开展安全隐患专项排查，持续开展地下管网普查、落实户内安检及隐患整改、完善应急管理机制等，这与国务院安全生产委员会印发的《全国城镇燃气安全专项整治工作方案》中部署的重点工作任务不谋而合。

在严格执行港华集团内部要求的基础上，港华集团企业安全及环保管理部深入学习研究，下发备忘录要求各企业严格对标工作方案安排及时间节点，组织开展全面的自查自纠工作。集团亦要求各企业积极配合当地政府的燃气安全专项整治工作，并加强与政府部门的沟通联系，力争通过此次专项整治彻底整改企业遗留的重点难点问题。

集团将多措并举持续推进老旧管网的改造及管控、客户无熄火保护装置灶具的更换、非居民客户可燃气体报警控制器的安装等各项工作，切实防范、化解安全风险。集团企业安全及环保管理部将联合工程部、客户服务部等专业部门对企业排查问题和整改落实情况进行针对性的巡查、跟进，并在安委会上作专项汇报。

在长效管理方面，集团将通过TMS—工程移动应用、加大现场巡查抽查力度等多种手段，进一步加强燃气工程的安全及质量管控，坚决杜绝工程转包、非法分包、施工单位不按方案施工等违法违规行为。

（四）教育培训构建

安全管理，教育先行。对员工的安全及技能培训，是安全管理的一项最基本的工作，也是确保安全生产的前提条件。只有加强安全培训，不断强化全员安全意识及专业技能，才能筑起牢固的安全生产思想防线，从根本上解决隐患。教育部近年也加大了职业教育力度，发展工学结合，大力推广企业新型学徒制方案，实现校企深度合作。港华集团也有自己的培训学院，对员工进行技能培训。

中华煤气工程学院成立于2009年，其前身为中华煤气技术训练中心，为培训和建立中华煤气专业人才库，学徒训练计划已经实施50余年。山东港华培训学院是中华煤气工程学院在内地的直属机构，负责港华的技术培训工作，课程以一线员工和工程技术人员为主要对象。近20年来，参训达87000余人次，在保障集团安全运营和提升员工技能、规范操作等方面作出了重要贡献。

1. 培训机构扩展

除现有在香港及内地的6个培训基地外，学院将在内地严选1—2所具备燃气专业培训资质的学校作为学院认可培训机构，以进一步提升培训效率。同时，也会把港华集团的标准及要求融入培训内容中，进一步提升整个燃气行业的安全及服务水平。

2. 有限空间作业人员培训课程发布

近年来，工贸行业有限空间事故频发，给国家和人民的利益带来了损失。各级人民政府部门陆续出台了多项新标准，以规范有限空间作业安全管理。

港华集团企业安全及环保管理部更一直对有限空间安全作业高度重视，就此立即组织对现行标准法规及事故案例进行分析、研究，并联合学院共同开发《有限空间作业人员培训课程》，并打造了符合实操化培训需求的有限空间作业模拟场景。

图1为有限空间作业开课仪式照，图2为有限空间作业培训照。

图1　有限空间作业开课仪式

图2　有限空间作业培训

课程要求企业及承包商从事有限空间作业的人员必须经过集团的专业培训且持证上岗，力求从理论到实践，从作业到救援的全流程对有限空间作业人员培训，以加强员工对有限空间的认识，实现本质安全。

（五）安全活动推行

1."除患务尽、共筑安全"安全活动

港华集团响应国家号召，于每年的安全生产月开展"除患务尽、共筑安全"的安全主题活动。其中，主要包括"隐患排查图片大赛"和"HSE论文大赛"，旨在发挥全员智慧以消除安全生产事故隐患，分享优秀的安全生产经验、方法及技术，共同筑牢安全生产防线。活动反响热烈，共征集到了隐患整改图片8000多组，HSE论文600多篇，激发了全集团对安全的高度重视，并借此发现并整改了不少潜在隐患。

图3为管网泄漏应急演练照，图4为场站泄漏应急演练照。

图3　管网泄漏应急演练

图4　场站泄漏应急演练

2."多维管控·无缺则全"安全知识竞赛

2022年11月12日，港华集团华北区域以赛代练，联合集团企业安全及环保管理部共同主办了"多维管控·无缺则全"2022年港华集团华北区域安全知识竞赛（图5），以更好地保证华北区域安全运营管理，强化安全生产红线意识，筑牢安全发展底线。

图5　港华集团华北区域安全知识竞赛现场

（六）安全责任担当

燃气安全关乎人民群众生命财产安全，逐渐成为社会高度关注的话题。4月底，住房和城乡建设部城市建设司委托港华集团开展《燃气安全警示教育视频制作研究》课题，旨在通过制作燃气安全警示教育视频，对全国各地市党政机关领导干部进行燃气安全知识普及，督促落实燃气安全生产责任，提升燃气安全管理能力，有效防范燃气事故，为人民群众生命安全保驾护航。港华集团领导高度关注，并经不断的整理、研究及探讨，最终圆满结题。图6为燃气安全警示教育视频制作研究结题仪式。

图 6　燃气安全警示教育视频制作研究结题仪式

四、结语

安全管理永无止境，港华燃气集团企业安全及环保管理部将TQM的管理理念融入安全文化管理过程，持续不断赋予安全文化新的活力，感染每一个港华人，让全体员工参与安全管理，让每位员工树立安全意识，让全员、全面、持续且科学的安全文化扎根每个员工心中。也正是无数港华人在以融入TQM管理理念的港华安全文化的熏陶下，港华的安全管理才能真正地"无缺则全"。

港华人也在安全的基石上全身心地朝着成为提供清洁能源供应及优质服务的领先企业的"港华梦"迈进。2022年港华集团跻身五大国际ESG评级，并荣获中国新闻社《中国新闻周刊》"2021—2022低碳榜样"。这源于每一个港华人的不懈努力，更源于在港华强大安全文化影响下扎实的安全根基。

未来，港华集团在继续发扬港华集团安全文化的基础上，将继续坚定不移地支持国家老旧管网更新改造、推动项目公司安全标准化认证等工作，并进一步加强风险监测及信息化建设，全面提升企业的态势感知能力、主动防御能力、优化协同能力、预测预警能力和科学决策能力，以更科学的技术和管理手段，积极参与燃气行业安全整治，引领燃气行业安全发展。

参考文献

陈清坤. 推行TQM，提升客户满意度[C]. 第十七届中国标准化论坛论文集，2020:939-944.

浅析企业安全文化建设的实践与探索

华鑫置业（集团）有限公司　蔡　勇　吴卫红　姜丽蓉
上海华鑫物业管理顾问有限公司　夏　阳　袁利荣

摘　要：文化是推动人类社会进步最深层、最持久的力量。"要坚定文化自信、增强文化自觉，传承革命文化、发展社会主义先进文化，推动中华优秀文化创造性转化、创新性发展，构筑中华民族共有精神家园"。一个企业要健康、持久地良性发展需要优秀的企业文化不断熏陶、浸润并传承创新。同样，对于企业安全管理，安全文化的深耕细植是一项最基础、最根本、最重要的管理抓手。企业要在行业领域内长盛不衰、引领标杆，必须以安全文化为指引、为导向。企业或许因侥幸而得到一时的安全，但要想获得长期的科学、持续、稳定发展必须以安全文化为根本，凝聚成企业领导、员工所共享的安全价值观、安全道德观、安全行为观、安全荣辱观。

关键词：安全文化；安全理念；安全意识；安全素养；安全环境

安全文化是三里岛核电站事故及切尔诺贝利核反应堆事故发生后，国际核安全领域的专家、各国领导人在安全管理问题上提出的人类命运共同体及所碰撞出的安全启迪，即必须以安全文化为核心，依靠时代科学技术、先进安全管理理念、复合型的领导者及管理人员进行安全法制、安全理念、安全行为、安全环境的不断改进创新，最终形成行业乃至企业独有的安全文化并内化于心、外化于行、固化于制。

安全管理是企业管理的一项最基本工作。如何正确科学引导企业安全良性发展、持续提升、统筹兼顾是高层管理者思考并作出决策部署的重要一环。安全文化的引领有效地突破了安全管理在企业发展过程中的瓶颈。安全文化是企业安全管理的灵魂，是企业立足长远的根本。安全文化是包括安全理念、安全意识以及在其指导下的各项行为总称。其中，安全文化理念的引导及灌输在企业安全管理工作中的重要性尤为凸显。只有安全文化理念根深蒂固、持续改进、不断创新，才能正确体现企业"以人为本、全员参与"的安全文化精髓。本文旨在通过企业安全文化的初期建设规划、中期建设实施及后期持续改进中的创新应用，浅析企业安全文化建设的实践与探索。

一、企业安全文化的初期建设规划

企业在安全文化建设初期应根据自身产业结构、经营业态、主营业务等，结合国家相关法律法规或现行规范标准导则等进行顶层设计规划。安全文化理念要体现企业领导、员工的集体智慧和智力成果。在初期建设中，首先应成立安全文化领导工作小组，明确各自职责和具体分工，经企业最高领导批准发布后进行细化落实。其次，工作小组应根据《企业安全文化建设导则》（AQ/T 9004－2008）及相关文件制定详细工作方案，经领导小组审批后将工作方案分解到各部门、各责任人、各岗位，提炼总结后使安全文化成为企业文化重要组成部分，是人人遵循的安全文化总纲要。

例如，某物业公司在初期建设规划中结合企业文化愿景（致力于成为智慧产业园区综合安全服务提供商），通过智慧产业园区的开发盘活、环境升级、安全运营服务等进行创新、专业、安全、务实的实践，并组织安全文化领域相关专家对安全文化体系培训宣贯，发动公司内部员工以及相关方（供应商、承包商、园区客户等）进行安全文化标语的海选征集活动。通过多轮次讨论汇总提炼，由最初的300多条标语，浓缩至20多条。经安全文化领导、工作小组综合评选后最终精选出"安全常态化，智慧来帮忙""人性化管理，智慧化管控"等理念标语，同时对参与海选征集活动的员工及相关方给予奖励。评选出的标语不但顺应目前物业管理智慧化园区推进和数字化转型时代科技潮流，而且还符合安全文化的中心思想，读来朗朗上口，铿锵有力。

安全文化理念是企业安全文化的核心要素，需要不断地萃取总结和弘扬传播。其应切合时代发展的脉搏，还应符合企业自身特定的性质，更要体现全体员工及相关方的智慧结晶。安全文化理念的甄选切不可不切实际、照抄照搬。安全文化的传播应体现其全面性、多样性、现实性。企业只有夯实理念根基，文化自然开花结果。

总之，企业安全文化的初期建设规划要经过顶层设计部署、方案编制批准、企业全员参与、提炼总结、反复论证，才能形成符合时代特征、行业特点、企业特色的安全文化品牌。

二、企业安全文化的中期建设实施

企业安全文化在初期建设规划后，应整合优质资源，选派精兵强将，调配各方力量，开展全方位、多角度、立体式举措进行宣传引导。例如，某物业公司在提出安全文化建设后，充分利用党建文化品牌"鑫联你我"（2022年上海市国资委系统国企党建品牌）引领安全理念，在党建文化阵地宣传营造浓厚的公司安全理念标语、安全动画、安全文化释义等，置顶安全文化的重要使命。在提炼总结安全理念标语、出台安全文化工作方案后，结合《中华人民共和国安全生产法》最新条款，进行安全制度的修编、安全组织架构的调整、安全岗位职责的修改、安全文化手册的修订等工作举措。其中，举措一：在安全制度修编中新建企业安全文化建设标准，在原有的安全制度基础上增添安全文化元素（全员安全生产责任制、员工三级教育培训制度等）；举措二：在公司总部设立分管安全领导，优化安全组织架构，在下属物业管理地块试点增设分管安全领导、安全文化推广大使、安全文化专员；举措三：在安全岗位职责修改中根据组织架构调整完善其相应安全工作职责，如安全文化推广大使负责园区安全文化生态圈多方跨界的合作与共享；举措四：在安全文化手册显著位置展示宣传安全文化的理念、公司党政工团领导亲笔书写的安全温馨寄语；举措五：公司党政工团领导专项开展"责任主体谈主体责任"主旨演讲、"三管三必须"心得体会。

特别值得一提的是，该物业公司在安全环境建设中创新推出以下两项重点举措，具有较强的指导和借鉴意义。

（一）立足安全新发展理念，构建新安全环境格局

根据所辖物业管理地块的地理位置、建筑布局、设施设备、消防控制室等实际情况，经公司安全文化领导小组研究部署，出台颁布切实可行的《星级站房建设管理评审标准》，成立以工匠工作室专家为主的星级站房评审小组，每年进行动态评估评审，通过硬性指标的实施与年终安全履职考核绩效挂钩，及时淘汰老化老旧、性能不稳定且又有安全隐患的设施设备，更新使用超限的油浸式变压器，换装全新的LED监控显示屏，在园区人员密集场所增设鹰眼监控系统，在每台设施设备上设置二维码实现PDA现场巡视监测机制等，实现以星级标准评审为导向，谋安全环境规范有序，创安全考核绩效增长，促安全稳定发展的新境界。

（二）与时俱进科技赋能，聚焦安全重点难点

通过安全合理化建议的收集精选，着眼员工普遍关心的消防管理薄弱环节，建设智慧消防数字化管理平台，其覆盖共计约47.5万平方米建筑，完成7类主要消防设备的实时监测，运行的网关及传感器331个，接入约4万项消防设施设备的运行状态数据。同时结合当前安全热点、重点、难点把燃气安全专项整治等纳入数字化管理平台，根据各物业管理地块燃气建设年代、管道系统特点、业态分布等，除安装气体检测报警器外，通过互联网、云数据、物联网等增设可燃气体浓度传感器、无线压力变送器等，利用无线网络技术及时传输至平台并实现分级推送，从而全面贯彻落实专项安全监管的科学性、精准性，以点带面督促落实企业主体责任、领导责任、部门监管责任，防止形式主义、失管漏管，确保人民群众生命及财产安全。

总之，企业安全文化的中期建设实施应充分利用种种安全新理念、新技术、新设备、新科技创新实践应用，广泛发动领导、员工全员安全参与、安全实施、安全宣传、安全考核，结合安全环境的不断优化调整、综合施策，多措并举，实现企业本质化安全。

三、企业安全文化的后期持续改进

安全文化在后期运营中的实际效果应进行综合评估并持续改进，在现有的安全文化框架下推陈出新。例如，某物业公司在安全文化扎根本企业的前提下，结合时代特征、企业经营业态、企业自主品

牌等创新安全文化四项实践应用。

（一）建立园区客户安全互通互联机制，打造安全文化生态圈最佳实践基地

协同所属街道、园区客户合作共享、共同参与园区安全管理与安全监督活动，采取"随手拍"、安全灯谜、安全竞赛、安全论坛、安全歌咏、安全故事等，以多种形式深入学习贯彻习近平总书记关于安全生产的重要论述，持续增强全社会安全生产的意识，将公司安全文化渗透到街道、园区每一家客户、每一个人，使人人将安全文化内化于心，外化于行。

在近期的安全文化生态圈最佳实践基地活动主题中，该物业公司为进一步加强社会、园区客户、企业、员工可持续化安全文化互通互联机制，强化安全生产，筑牢安全基石，消除安全隐患，有效减少和避免各类安全事故的发生，联合所属街道、园区客户开展为期一个月的"查园区隐患、增安全本领"安全活动，并将活动主题、活动范围、活动奖励等具体内容通过街道文件下发、微信推送、APP公告、智慧路灯等多形式多渠道宣传发动。截至目前，通过综合甄别、专业分类、专家评审共计采集29条有效隐患信息并限时整改闭环后通过网络进行公示，街道、园区参与达上千人。

又例如，该物业公司在开放共享智慧园区新建VR可视化安全体验馆，通过虚拟现实技术助力安全文化推广，构建园区安全文化大联盟，在运营服务中持续推出"秀色可餐"的安全文化盛宴，增进社会、园区客户对企业安全文化的认同。通过打造安全文化生态圈使广大物业员工、园区客户、社会群体安全意识、安全素养、安全修养不断提高，并牢记于心，实践于行。通过输出高品质多元化的安全文化产品，实现企业安全生产和经营活动高度融合，以安全生产促企业经营可持续发展，提升园区客户整体满意度，擘画企业新蓝图，开启新征程。

（二）建设物业智慧安全综合管理平台

整合公司投入运营的各类智能化、信息化子系统的感知数据，打通各物业管理地块安全管理信息互通短板，将公司安全制度文件、全员安全生产责任制、设施设备、安全持证信息、全员安全隐患整治参与等安全模块一并纳入平台，打造智慧安全综合管理平台（图1），实现全寿命周期数字化动态安全管理转型升级。截至目前，该平台显示的2022年第一至第三季度隐患排查参与率、有效率、整改率数据，同比去年全年数据基本持平，有望实现20%～25%的增长率，是智慧信息化科技手段赋能安全管理的具体应用。

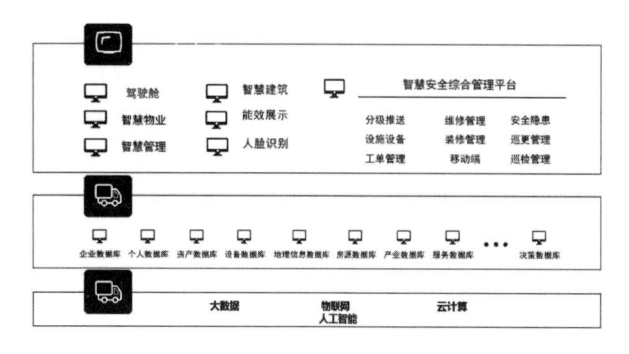

图1 某物业公司智慧安全综合管理平台

（三）创城市微更新安全主旨，树智慧城市建设价值蓝本

借助公司城市微更新为契机，以满足园区客户需求为目标，助推公司核心安全竞争力。将集团存量资产的老旧地块，结合地理位置的自然禀赋、企业安全文化的特色、设计美学、产业价值，规范制定"一地块一方案""一物一策"等安全指引，推动存量资产的盘活、安全生产的提升、地方经济的流动并及时修订安全激励机制，精准施策，调整产业功能结构、升级改造智能化设施设备等，消除安全隐患，优化区域安全环境，再现百年历史建筑风貌，提高企业及社会整体形象，共建城市安全美丽家园。据该物业公司在沪某地块城市更新建设的项目进程，预计2023年年底全面实现智慧化城市建设目标，彻底改变原有老旧的地块形象，蝶变跃升成为上海某区的地标性建筑，为上海乃至世界讲述智慧城市建设的"上海故事"，更为安全文化建设复制推广提供典型实例与经验借鉴。

（四）坚持新时代、新发展安全全局观，不断推动安全文化向纵深发展

获得"上海市安全文化建设示范企业"称号后，为不断巩固创新安全文化建设成果，努力探索安全文化建设的新机制、新途径、新发展，激发全员安全奋勇争先、踔厉奋进、奋基垒台的初心使命，更好地发挥安全文化示范引领作用，结合新时代、新发展安全全局观，成立以公司党委书记为团长的"安全文化宣讲团"，紧紧围绕以"时时放心不下"的责任感为中心思想，通过宣讲团成员分享身边的感人

安全故事、安全价值观诗朗诵等主题鲜明、内容丰富、情感真实、顺应时代要求的安全作品，对广大群众、员工正确树立安全意识产生积极深远的影响，强化了安全生产首要工作的使命感、责任感，不断推动公司安全文化向纵深发展。

总之，企业安全文化的后期持续改进应根据企业经营业态调整、安全文化考核评估机制、对外交流研讨、业内经验分享等持续推出新思路新举措新亮点新做法，加速推进安全文化持续建设，巩固安全文化整体质量成果。

四、结语

综述以上，企业安全文化通过初、中、后"三期"建设并结合先进的安全文化实例如安全制度的修编、安全组织架构的调整、安全岗位职责的修改、安全文化手册的修订、星级站房建设、安全文化生态圈最佳实践基地、安全综合管理平台、城市微更新、安全文化宣讲团等服务于社会、企业、员工，提升企业安全管理与安全文化建设水平，使人人想安全、人人要安全、人人会安全。通过科学管理手段PDCA不断完善改进，吐故纳新提炼总结，实现安全管理系统化、岗位操作行为规范化、设施设备本质安全化、作业环境器具定置化，在时代浪潮中牢牢把握安全战略主动，对安全文化准确识变、科学应变、主动求变，真正让社会群体、企业员工从"要我安全"提级到"我要安全"的精神层面。安全文化的引领有利于发扬企业、领导、员工笃行实干，聚力担当，守正创新，增添强大引擎动力；有利于发挥企业安全管理的导向作用、精神作用、激励作用、持续作用；有利于企业在新时代发展中践行习近平总书记以"时时放心不下"的责任感，以如履薄冰的危机感、紧迫感，抓好安全生产各项工作，进一步营造企业高质量发展的"大安全"文化环境，最终为社会、企业安全增值赋能，为企业发展提质增效，谱写新时代安全文化新篇章。

"智慧客服"安全文化品牌建设与实践创新

无锡华润燃气有限公司　宋晓枫　李衍超　王亮宏　朱　钧　刘润泽

摘　要：我国经济已由高速增长阶段转向高质量发展阶段，必须坚持质量第一、效益优先，以供给侧结构性改革为主线，推动经济发展质量变革、效率变革、动力变革，着力构建市场机制有效、微观主体有活力、宏观调控有度的经济体制，不断增强我国经济创新力和竞争力。为进一步深化"阳光服务"智慧客服党建品牌，始终把用户的安全和满意放在第一位。客户服务党支部以森林医生啄木鸟为切入点，组建燃气"啄木鸟"团队，构建智慧客服安全文化建设，为用户提供优质贴心的服务，为锡城人民营造一个更优质、更安全的用气环境。

关键词：啄木鸟；安全；创新；改革；服务；智慧客服

一、打造燃气"啄木鸟"安全文化品牌，筑牢用户端安全防线

新时代，新使命。为实现中华民族伟大复兴，要求国有企业承担更大重任，发挥更好作用。当改革的"排头兵"，就一定要尽力触摸前方的目标、尽力攀登更高的山峰，追求进则全胜，以实现基业长青，为社会主义现代化强国目标增光添彩。无锡华润燃气有限公司（以下简称无锡华润燃气）客服部致力建设一支创新、实干、开放、高效的专业化团队，构建科学、规范、严密的管理制度，从而提高服务质量、降低用户隐患、减少事故发生；塑造"啄木鸟"品牌形象，构建智慧客服安全文化体系建设；提高市民群众对燃气公司安全管理的知晓率、支持度、满意度，从而树立良好的企业形象和安全用气的良好社会氛围。

（一）坚持党对一切工作的领导

党的十九大明确提出"坚持党对一切工作的领导"，党政军民学，东西南北中，党是领导一切的。无锡华润燃气党委始终坚持党对一切工作的领导，增强政治意识、大局意识、核心意识、看齐意识，自觉维护党中央权威和集中统一领导，自觉在思想上政治上行动上同党中央保持高度一致，完善坚持党领导的体制机制，坚持稳中求进工作总基调，统筹推进"五位一体"总体布局，协调推进"四个全面"战略布局，提高党把方向、谋大局、定政策、促改革的能力和定力，确保党始终总揽全局、协调各方。

（二）坚持以人民为中心

人民是历史的创造者，是决定党和国家前途命运的根本力量。在无锡华润燃气客户服务安检过程中，始终坚持人民主体地位，坚持立党为公、执政为民，践行全心全意为人民服务的根本宗旨，把党的群众路线贯彻到治国理政全部活动之中，把人民对美好生活的向往作为奋斗目标，依靠人民创造历史伟业。

（三）坚持新发展理念

发展是解决我国一切问题的基础和关键，发展必须是科学发展，必须坚定不移贯彻创新、协调、绿色、开放、共享的新发展理念。客服党支部在品牌创建推广工作中唱主角，发挥支部引领作用。本着专业、敬业、责任、使命四个维度，打造"啄木鸟"品牌团队，致力于进一步降低户内燃气安全隐患，降低燃气潜在风险，提高燃气安全性，保障用户生命财产安全，预防和减少事故发生。

（四）专业：完善双标准，提升双路径

无锡华润燃气安检队伍自成立至今始终遵循"以人为本、安全第一"的思想，依照"以客户为导向"的企业服务理念，为客户提供全方位的安检服务。专业的业务知识，专业的工具配置，专业的作业流程，专业的服务态度，甚至专业的礼貌用语都是我们创建燃气"啄木鸟"的基础，专业也是无锡华润敢揽燃气安全这个瓷器活的金刚钻。无锡华润围绕全市安检数据、隐患整改需求，结合公司具体情况，优化安全隐患分级标准。提高隐患排查及治理的针对性，加强对民用户重点安全隐患的督促整改。

（五）敬业：提升安检率，培养积极性

"业"是事业更是功业。安全检查工作具有服

务性质，它的核心是无私奉献、从不敷衍、从不退缩、从不放弃。不把安检这一职业仅仅当作"养家糊口"的工具，而是把它当作实现自己人生价值的舞台。无锡华润不断优化安检绩效考核细则，从源头上激发安检员的工作积极性，打造比学赶帮超的工作氛围，极大地促进安检率的有效提升。

（六）责任：提高整改率，增强责任心

责任意识是一种自觉意识，也是一种传统美德。责任是一种能力，又远胜于能力；责任是一种精神，更是一种品格；责任就是对自己的工作，毫无怨言地承担，并认认真真地做好。无锡华润按计划逐步开展具有针对性的专项整治活动，攻克整治难度、加大整治力度、提高整治效果，把安全隐患消除在萌芽状态。

（七）使命：人人懂安全，安全护人人

构建人人重视燃气安全、人人懂得燃气安全的平安无锡——"双百"活动（图1）；构建人人重视燃气安全、人人懂得燃气安全的平安无锡——"燃气安全进校园"活动（图2）。无锡华润首次推行流动服务车，打破传统服务界限（图3），实现家门口的燃气服务，覆盖全市，重点关注偏远的、人口密集的、隐患突出的区域，提供"一站式"服务体验，实现"零距离"安全相伴，守护家家户户燃气安全。

图1 "双百"活动

图2 "燃气安全进校园"活动

图3 流动服务车

二、深化"啄木鸟"品牌建设，持续推进优质阳光服务

无锡华润燃气围绕"啄木鸟"品牌建设，持续开展优质阳光服务，切实把党建工作转化为优服务、保民生、促发展的推动力。在党建的引领下深化"啄木鸟"品牌建设，打造"双百"燃气行动（进100个小区安全宣传服务，关爱100位孤寡老人活动）、安全宣传进校园、小小啄木鸟社会实践、流动服务进小区、志愿服务进家庭等系列活动。同时，持续开展烟道管隐患整改、非专用软管、直排式热水器专项整治方案。无锡华润燃气创新宣传模式，将原有的"三进"改为"五进"（进校园、进企业、进社区、进乡村、进家庭），尽一切可能向燃气用户传授燃气用气知识，指导燃气使用行为，提高用户安全意识，有效防范事故的发生；同时挑选了10个重点隐患小区，建立共建机制，开展集中隐患整改。

活动中支部党员及部门员工都积极投入。他们放弃了休息时间，参与到系列活动中，得到用户的认可。2022年，燃气安全"五进"活动（图4）共开展20多场，为3000余燃气用户进行燃气安全知识宣传讲座（图5），发放安全用气宣传资料1万余份。与此同时，创造性地通过"云"课堂授课，累计观看人次达16万。在做好服务工作的同时，积极探索党建工作新思路，把品牌建设落实到实处，支部与党校、大箕山社区、某部队、江南中学阳光分校等组成"5+"党建联盟，发挥燃气专业优势，上门为联盟单位开展安全检查，携手共筑安全防线。

图4 "五进"活动

图5　安全知识宣传讲座

无锡华润燃气通过深化"啄木鸟"品牌建设，不断寻求用户端安全新思路，打造了首个无锡城市"无隐患小区"作为示范点（图6），力求全年打造5个"无隐患小区"。

图6　"无隐患小区"示范点

三、树牢安全典型，筑牢安全屏障

"榜样的力量是无穷的"，无锡华润燃气客服部围绕年度管理主题，在典型引路、标杆示范、阵地建设等方面进行着积极探索和有效实践。一是善于发现团队成员中的闪光点，树立先进典型。老党员在实际工作中发挥应有模范带头作用，新党员也在各项技能比武中展露才华，支部成员中涌现出了品牌建设的领军人物、业务精湛的先进模范和敢打硬拼、甘于奉献的能工巧匠。这些燃气客服人的中坚和骨干以"冲锋在前、享受在后"的模范行动为员工提供了鲜活榜样，树立了追赶目标，真正起到了"一名党员一面旗"的作用。工作中他们爱岗敬业忠诚履职，任劳任怨奋战在服务客户的第一线；比赛中他们勇于担当，争创一流，取得了不俗成绩；春节、中秋等重大节日，他们认真值守，忠实履行着党旗下的庄严承诺，共同构成了燃气客服人的标杆形象，营造了争先恐后"学标杆、做标杆、超标杆"的浓烈氛围，以自身的实际行动为组织增光添彩，共同肩负起了燃气安全"守护神"的光荣使命，从而使蓝色火焰更加璀璨夺目，熠熠生辉。2022年度依托安全典型人物的培塑，取得了一定成效。

（一）直排式热水器集中销毁

在旺庄街道春潮园社区举办了一批直排式热水器集中销毁活动，推动了直排式热水器的整改淘汰，为营造锡城安全良好的用气环境做出了进一步的努力。截至2022年9月，共计销毁136台直排式热水器。

（二）户内燃气管道、燃气软管整治

加大了户内燃气管道的整治力度，每月改造户数由原来的十几户增加到400户左右，加强户内燃气安全管控；持续开展非燃气专用管、过期老化软管等燃气软管专项整治，进一步加大更安全的不锈钢波纹管推广力度，让用气更安全。

（三）五张严重隐患清单清零

围绕重点工作"隐患整改五张隐患清单"（工商严重隐患、未安装燃气泄漏报警器隐患、居民户严重隐患、架空层隐患、私接车库隐患），由党员干部带头分区包干，加强与各市区公安、消防、城管、物业等部门的沟通与联动，发挥团队合力认真组织开展燃气隐患大排查大整治。目前为止，工商严重隐患、未安装燃气泄漏报警器隐患、居民户严重隐患、私接车库隐患整改四张清单已清零，完成率达100%；架空层隐患完成8项，力争全部清零，向政府与社会交上一份完美的成绩单。

四、以智慧客服为抓手，打造"一站式服务"中心

无锡华润燃气在构筑"互联网+燃气安全信息化"建设中利用"传统营业网点服务模式+智慧移动服务模式"为用户打造"一站式服务"中心，提供开户、收费、保险销售、软管更换等业务。全年共计服务小区10余个，服务2万余人。新一代自助服务机在金石东路营业厅投入试运行，具备业务办理和充值缴费两大模块。其中，业务办理包括开户、过户、预约装表和预约点火4大功能。

同时，新增马山网点，共计有9个营业网点。马山网点于5月正式对外营业，不仅填补了马山片区的服务网点空白，还为胡埭、阳山等周边地区的燃气用户提供开户、缴费、过户等服务，方便了当地居民办理燃气业务。

五、依托智慧燃气，构筑计量体系全生命周期管理模式

无锡华润燃气计量体系和计量能力建设大致可分为4个阶段，其间进行了两次转型。2013年，无锡华润在计量领域大胆尝试成立企业内控平台。当时建立内控平台理念是从表具检定的实际情况出发的，经研究发现：定期检定合格的计量仪表并不能保证整个生命周期内仪表的准确度。国内气体流量检测中心检定时一般都需先对仪表进行清洗维护，燃气企业无法对在线表具计量的准确度作出正确评价分析。因此，须建立内控气体流量检测标准，对表具维护前后在线数据准确度进行判断和研究。2014年，建立计量维修维护技术平台，组建了计量技术团队，进行仪表的维护保养工作，开始尝试探索仪表全生命周期维护管理。2016年，开展计量仪表精度管理，更加有针对性地设置表具下线检定周期，明确维保方向，优化计量运维保养模式。2016年之后，公司一直在探索计量领域的创新，实现仪表精准计量模式；先后与省计量院多次研究讨论，历时3年建成移动式音速喷嘴标准装置，使其燃气企业提升自身检定能力的同时利用装置检定数据进行计量领域的创新研究。综上所述，几次创新也是无锡华润对计量领域做出的主动变革。

2021年，随着移动检定装置通过双向数据验证正式投产运行，无锡华润随即成立计量研究中心，旨在通过多维度计量数据分析、在线精度分析建立底层数据库，完成计量仪表精度等级画像，构建燃气数智化计量管理生态平台。中心现有两套检测装置：维护前后标准表法检测装置，真实还原仪表在线运行中的精度数据；维护后检定装置采用音速喷嘴标准装置，与镇江计量院合建，进行维护后计量精度的研究。该中心的成立以点带面，盘活了企业计量管理的整盘棋，量化计量偏差方式，解决了凭经验处理计量问题，提高了分析诊断能力，为企业管理好输差提供了强有力的保障，增加了企业的经济效益。

六、结语

无锡华润燃气始终秉承"安全第一、客户至上"的工作原则，以"阳光在心、服务在行"的理念为指导。通过构建安全文化品牌、提升安全水平、建立政企联动安全管理体制、健全燃气企业安全管理体系，实现了"以文化为导向、制度为保障、技术为驱动"的整体燃气企业安全文化体系。

安全文化创新与实践研究

中国储备粮管理集团有限公司　张　峰　刘彦辉　郑宜棉

摘　要：安全文化是企业在长期发展过程中形成的精神文化与物质文化的有机结合，为企业健康安全发展提供有力保障。中储粮围绕粮食安全国之大者，立足当好大国粮仓安全卫士，构建安全生产价值、制度、物质和行为"四位一体"的文化体系，实践"一人一区块、一区一清单、一月一考核、一岗一奖金"全员安全责任文化，营造了"讲安全、学安全、找安全、问安全、送安全"的浓厚安全氛围，筑牢了高质量发展的"防火墙"和"安全网"。

关键词：安全价值；安全文化；安全实践；安全氛围

一、引言

中央事权粮食是国家粮食安全的重要防线，作为中央事权粮食管理主体，中国储备粮管理集团有限公司，以下简称（中储粮）安全生产工作关系国计民生。中储粮把"为国储粮、储粮报国"的使命感，转化为做好安全生产工作的责任感，形成了具有中储粮特色的安全责任文化，既有安全文化的共同性，又有储粮安全的独特性。共同性表现在安全文化建设具有一般的通用性，能够影响员工行为习惯，保障员工职业健康和生命安全；独特性表现在安全文化建设与粮食安全紧密关联，用"两个安全"①服务"两个确保"②，形成"人安粮安库安"的浓厚安全文化氛围。

二、构建"四位一体"安全价值体系

中储粮从价值、制度、物质和行为四方面，构筑企业安全文化的"四梁八柱"，体现在体制机制、政策方针、物质基础、执行措施等方方面面，融汇于顶层设计，贯穿各个领域，在经营管理过程中发挥着举足轻重的作用，潜移默化地保障着企业安全运行。

（一）坚守安全初心，践行安全价值文化

"安全、稳定、廉政"是中储粮固守的价值文化。这里的安全内涵丰富，寓意深远，在新时代"安全"被赋予了新的含义，既是粮食安全，也是人民的生命安全，还是国家粮食市场的稳定安全。粮食安全事关国民经济命脉，中储粮是世界级农产品储备集团，维护粮食安全是中储粮安全文化的价值底蕴。维护粮食安全的核心价值，孕育"两个确保"的核心职责，产生"两个安全"的价值文化，最终融入粮食收购、储藏、轮换等生产经营和改革发展全过程。围绕"两个安全"文化，弘扬"生命至上、安全第一"思想，把"发展决不能以牺牲人的生命为代价"作为一条不可逾越的红线。安全成为全员共识，发展中时时想安全、处处重安全，牢牢掌握安全生产的主动权。与此同时，用安全价值文化的微观影响，助力保障"两个确保"核心职责，积极服务粮食安全的核心价值。

（二）完善安全体系，形成安全制度文化

用制度固化安全价值，推动安全发展进入"法治"轨道。围绕贯彻落实"党政同责、一岗双责、齐抓共管、失职追责"总要求，按照"明责、履责、考责、问责"链条，创建"三个一律一个责令"问责机制，组织签订安全生产责任书，明确安全责任、职业健康、应急管理等10项目标任务，压实"一把手"责任。贯彻落实新《中华人民共和国安全生产法》，修订《安全生产管理办法》，编制《安全生产合规指南》，制定"人–机–环境"三个负面清单，形成"三个必须"制度保障。使安全理念、安全文化转化为制度设计，让安全更好地保护发展，让发展更加安全有保障，让安全制度成为每位员工共同遵守的准则，不断提升安全生产治理能力和监管效率，为企业安全文化实施提供了有力保障。

---

① 两个安全指储粮安全和生产安全。
② 两个确保指确保中央储备粮数量真实、质量良好；确保急需时调得动、用得上。

（三）夯实安全基础，打造安全物质文化

物质安全是实现粮食安全的基础，实现安全发展的基础，基础牢则安全稳。中储粮遵循本质安全原则，积极引进新技术、新工艺、新设备，保障基础硬件设施安全不出错、风险可预知。围绕"机械化换人、自动化减人"，推进机械化、智能化、信息化建设，形成覆盖全部直属库的远程监控系统，构筑一道保护储粮的"安全网"。围绕保障储粮安全和生产安全，加大安全生产投入，滚动实施设施设备维修改造，更新淘汰改进安全性能差、职业保护落后、影响安全发展的设施设备，确保各项硬件设施可用、可靠、可控。聚焦灾害风险防控，建立"预警、预报、预演、预案"机制，建立防汛物资区域储备中心，提升储棉企业专职消防队战斗力，完善粮油企业微型消防站功能，确保"招之即来、来之能战、战之必胜"，真正成为大国粮仓的安全卫士。

（四）强化安全管理，培育安全行为文化

安全文化的实现，需从理论转化到实践层面，经过实践不断检验，转化成安全行为文化。中储粮构建自上而下、三级贯穿、辐射全员的责任体系，集团公司安委会实行董事长、总经理"双主任制"，主要负责人带头执行安全生产法律法规，认真履行第一责任人的职责，加强全员、全过程、全方位的安全生产管理。党组成员以上率下、以身作则，带头落实安全生产一岗双责，到基层检查调研时做到讲党建、讲廉政、讲安全"三个必讲"。各级企业职能部门对业务范围内的安全生产工作积极负责，切实把安全生产与业务同研究、同安排、同落实、同检查，做到两手抓、两手都够硬，真正落实"管行业必须管安全、管业务必须管安全、管生产经营必须管安全"的法定要求，确保任何生产活动都在保证安全的前提下开展，让"不伤害自己、不伤害他人、不被他人伤害、保护他人不被伤害"成为员工的行为自觉。

三、创新"八个一"安全责任文化

中储粮围绕价值、制度、物质、行为"四位一体"文化体系，不断优化实施方案、建章立制，创新实践"八个一"安全生产全员责任制，构建"一人一区块、一区一清单、一月一考核、一岗一奖金"安全责任文化，为企业安全文化传播创造了有力载体，让安全文化影响数万干部员工，为企业安全发展提供了坚强保障。"八个一"全员责任制被国务院安委会办公室《全国安全生产简报》专题刊载。

（一）一人一区块，划分安全生产区域

一人一区块，即每人统筹负责一个区域的安全工作。通过对工作岗位、作业性质、区域环境、危险源等多重因素的综合评估，因地制宜、因库制宜划分安全责任区。确保安全责任区能够覆盖所有区域、所有环节、所有岗位、所有人员。安全责任区划定结果进行公示，制定安全责任区平面图，公示内容包括但不限于责任人、责任区、责任范围和责任边界。为了防止惯性消极观念产生，按照"特殊岗位固定责任区，同类岗位轮换责任区"原则，同类岗位的负责人员每年会进行一次调整，保障每一个责任区都有人负责、有人担责。

（二）一区一清单，明确安全生产职责

一区一清单，即通过制定清单的管理模式，明确安全生产职责。直属企业进行安全风险评估，客观查找责任区危险源，明确危险等级与防护措施，制成《安全责任区危险源清单》，作为责任区安全管理事项。集团公司根据岗位职责特点和工作内容，按照分管领导、职能科室、生产班组、现场责任人4个类别，分析岗位安全风险，明确安全管理能力，梳理岗位安全职责，制定《岗位安全责任清单》。两个清单的制定是为了更好地识别危险源，明确岗位安全责任，熟悉安全风险辨识方法，正确履行安全生产职责。

（三）一月一考核，落实安全生产考核

一月一考核，即通过完善的考核机制，保障企业安全管理机制运行。严格执行安全责任人日常自查、科室周查、安全生产领导小组月查三级检查制度，检查发现的问题列入台账，建立整改验收与销号制度。集团公司、分（子）公司和有关行政单位开展督查，直属企业对员工安全生产每月定期开展巡查，并采取相应的惩罚机制，形成检查清单，纳入安全考核结果之中。月度安全考核结果由安全生产领导小组讨论通过，并在辖区内进行公示，公示内容包括考核依据、考核标准、考核结果、具体问题描述，考核结果作为年度兑现奖金的重要依据。

（四）一岗一奖金，兑现安全生产奖金

一岗一奖金，即设立安全生产专项奖金，实施安全生产差异化奖励机制。安全生产奖金单独设立，涉及每一位员工，严格按照考核结果发放安全生产奖金。实行差异化奖励，根据责任区大小、危险源数量、危险程度等因素，确定不同岗位安全生

产奖金系数。严格规范扣罚安全奖金使用，扣罚的安全奖金仅限于他人的安全奖励、其他企业的安全奖调剂，提高不同岗位人员安全管理良性竞争，增强不同企业安全生产的良性互动。

四、实践"五个安全"特色文化品牌

中储粮发挥"八个一"全员安全责任制功能，开展"讲安全、学安全、找安全、问安全、送安全"系列文化实践活动，打造中储粮特色安全文化品牌，厚植企业安全文化，营造良好安全氛围。

（一）讲安全，宣扬安全发展理念

把带头宣讲安全生产，作为"一把手工程"。各单位主要负责人带头举办公开课、带头宣贯安全法，开展安全生产"大讲堂""公开课"等活动674场次，参加活动2.6万人次，层层传递安全发展理念。围绕《中华人民共和国安全生产法》七项法定责任、"三个必须"、全员责任制，让大家时刻牢记安全生产法律法规，依法约束自身的生产行为，把"发展决不能以牺牲人的生命为代价"的红线意识根植于心，牢记安全初心，严守安全底线。

（二）学安全，增强安全法治意识

把学习安全法规制度，作为"日常学习计划"。组织全员学习《安全生产法》《消防法》《职业病防治法》等法律法规，用法治规范生产，在法治的框架下，保障安全。每年举办安全培训超过150场次，举办应急演练超过100场次；发动全系统干部职工，深入学习习近平总书记关于安全生产重要论述，不断强化全员遵法、学法、守法意识，形成全员学安全、懂安全、会安全的企业氛围。

（三）找安全，消除安全风险隐患

把安全隐患排查治理，作为"保安全工具"。通过采取四不两直、交叉检查、远程监控等方式，集中力量消除安全隐患，保障企业安全运行。建立安全生产监督检查通报机制，做到重点问题发现一处、通报一起、警示一片。在全系统展示"随手拍"照片100多张，以查促改、以查促治，不断强化安全监管效能，不断提升企业安全监管水平，在确保安全的同时努力推动高质量发展，实现发展与安全相互促进、协调并进。

（四）问安全，营造"安全有我"氛围

把安全咨询作为平台，解决安全生产困难。针对周边居民区规范电动车充电、商户用电线路铺设、餐馆燃气报警装置安装等安全常识进行解答。先后向周边市民、送粮客户宣传安全知识，传播企业安全发展理念，让安全文化惠及身边群众。通过举办公众开放日活动，向社会各界、职工家属、社区居民代表展示智能粮库"黑科技"，展现企业安全发展"正能量"，搭建企业与社会公众的安全桥梁。

（五）送安全，共建安全发展环境

把共建安全发展环境，作为民生实事来干。中储粮累计为职工家庭购置超过2.3万份应急物资储备包、超过3万个家用水基灭火器，提高职工家庭应急处置能力。积极推行企地联合，抵御暴雨灾害、阻击洪水险情，齐心协力共筑防汛"安全堤"。主动开展安全公益宣传，《盖帽》公益宣传片，点赞数在"美好生活从安全开始"抖音话题榜中排名第5，切实增强广大职员和群众的获得感、幸福感、安全感。

五、结语

中储粮构建"四位一体"安全文化体系，创新"八个一"全员安全责任制，实践"五个安全"良好文化，是中央企业安全文化建设的一次成功探索。通过稳定有力的安全基础建设、完善可靠的安全制度保障、高效严格的安全行动措施，形成全方位多层次的安全文化，将安全文化贯穿企业发展始终，渗透生产作业全过程，人人都是大国粮仓的安全卫士，营造了浓厚安全文化氛围。中储粮安全文化的创新实践，不仅保障了企业安全运行，而且维护了国家粮食安全，扛稳了守住管好大国粮仓的政治责任，切实让党和国家放心，让广大人民群众安心。

参考文献

[1] 蓝麒,刘三江,任崇宝,等. 从被动安全到主动安全:关于生产安全治理核心逻辑的探讨[J]. 中国安全科学学报,2020,30(10):8.

[2] 李湖生. 新体制下我国安全生产执法队伍改革问题探讨[J]. 中国安全生产科学技术,2019,15(11):67.

[3] 王秉,吴超. 安全文化生成机制研究[J]. 中国安全科学学报,2019,29(09):9.

[4] 马跃,傅贵,臧亚丽. 企业安全文化结构及其与安全业绩关系研究[J]. 中国安全科学学报,2015,25(05):147.

[5] 张峰,刘彦辉. 统筹发展和安全 提升中央企业安全生产治理能力[N]. 中国应急管理报,2021-11-12.

如何开展企业安全文化建设

攀钢集团攀枝花钢钒有限公司　雷宗林　曹　强　王德福　侯志勇　朱茂林

摘　要：企业安全文化是企业事故预防的重要基础工程，是落实以人为本科学发展观的重要体现。它是以提升人的安全行为为出发点，建立以人为核心内容的安全新对策和新手段。坚持安全管理标准化，建立有特色的企业安全文化，在此基础上不断完善标准化作业，努力提高员工安全技能和整体素质，从而形成群策群力的安全自主管理局面，使企业生产安全、稳定、顺行，实现企业的安全、和谐发展。

关键词：安全文化；以人为本；标准化

一、引言

2008年10月，国家安监总局颁布《企业安全文化建设导则》，确立了促进企业安全文化发展的工作指南。2017年1月，国务院办公厅印发了《安全生产"十三五"规划》（国办发〔2017〕3号），要求大力倡导安全文化，创新安全文化服务设施运行机制，推动安全文化示范企业。建设企业安全文化是企业事故预防的重要基础工程，是落实以人为本科学发展观的重要体现，它是以提升人的安全行为为出发点，建立以人为核心内容的安全新对策和新手段。抓好企业安全文化建设，筑牢安全生产基础，是企业树立长效安全生产的工作战略。从理论上讲，安全文化的发展可以极大地完善安全管理体系，而安全管理体系的完善与否直接影响着安全文化的普及。从管理角度看，企业安全文化管理的核心问题，是如何调动员工的积极性，树立正确的安全价值观和安全理念，使员工实现从"要我安全"向"我要安全""我会安全""我管安全"的转变，这也是安全文化创建的主旨。建设优秀的企业安全文化，不仅可以进一步完善和健全企业安全文化体系，而且能充分调动员工的工作积极性，增强使命感和荣誉感，从而不断提高管理水平。

二、企业安全文化建设的思路

企业安全文化是企业在长期安全生产经营活动中形成的，或有意识塑造的，为全体员工接受、遵循的，具有企业特色的安全思想和意识，安全作风和态度，安全管理体制、机制，安全制度，安全行为规范，安全生产目标和进取精神，安全的价值观、安全的审美观、安全的心理素质和企业的安全风貌、习俗等种种安全物质财富和安全精神财富的总和。企业安全文化建设要以良好的现场管理为基础，坚持安全管理标准化，不断提高员工整体素质，强化员工自主管理。整合特有的人力资源、管理资源和环境资源等优势，将先进的思维理念、实践技能以潜移默化的方式去影响每一个员工。

（一）企业安全文化建设要以现场安全管理为基础

一个企业是否安全，首先要看员工是否安全，现场管理是安全管理的出发点和落脚点。员工在平时生产过程中不仅要同生产环境和设备设施密切接触，而且还要同自己的不安全行为做斗争。因此，必须加强现场管理，搞好现场的综合治理，确保安全稳定，经济顺行。企业要预防事故，要依靠技术进步和技术改造，依靠不断采用新技术、新产品、新工艺来提高本质化安全的程度，即保证工艺过程的本质安全（主要指对生产操作、员工行为等方面的过程控制），保证设备设施的本质安全（重点对生产设备、安全装置的管理），保证整体环境的本质安全（为作业过程创造安全、良好的条件）。生产现场都存在不同程度的风险，应将其控制在可承受的范围内，使人、机、环境均处于安全状态。同时要加强员工的行为检查，健全标准化检查机制，使员工的作业行为和环境在严密的监督、监控管理中，没有违章的条件，同时也减少了员工习惯性违章的发生。为此，要搞好生产现场安全生产、安全施工、安全检修的"标准化"工作，需要不断补充、完善标准化作业，预防人的不安全行为，保证作业过程安全受控。人的行为一定要靠安全文化来影响，企业要利用一切的宣传和教育形式传播安全文化,充分发挥安全文化建设的渗透力和影响力,达到启发人、教育人、约束人的目的。在坚持已有的行之有效的管理制度和措施的同时,要根据企业的发展和生产情况、根据员工的思想状况,及时地创新工作方法和机制,有针对性地加强对员工安全意识、安全知识和安全技能的培训。

（二）企业安全文化建设要以人为本

人是生产过程中最活跃的因素,是安全生产的践行者。企业要搞好安全工作,必须坚持以人为本,提高员工素养。事故教训告诉我们,80%以上的安全事故是人违章操作造成的。因此,要加强对员工的教育和培训,通过教育和培训把先进的管理理念、安全技能、安全文化,潜移默化地融入每一名员工心中,从而促使员工整体素质提高,人人参与安全管理,人人重视安全工作,做到横到边,纵到底,不留死角。

坚持以人为本,提高安全素质。培养员工"安全为自己""安全在自己"等安全理念和价值观,把安全生产作为员工的最高行为规范,以安全为荣,以违章为耻。通过安全文化建设对员工的作业行为进行有效的管控,引导员工干标准活,改正作业过程中的不安全、不规范、不正确的操作方法,杜绝习惯性违章,切实提高员工的安全作业能力。提高员工自身业务技术和安全技能,使员工养成按规程作业、按制度作业、按标准作业的自觉性,将遵章守纪"内化于心、外化于行"。鼓励员工立足岗位开展隐患排查治理,做好销号闭环管理,真正做到隐患排查治理挺在事故的前面。

（三）企业安全文化建设的要点是标准化作业

标准化作业就是在对作业过程进行系统调查分析的基础上,将作业的每一操作程序和每一动作进行分解,以科学技术、规章制度和实践经验为依据,对作业过程中可能产生安全风险的关键环节进行有效防范和措施落实程序确认机制,设计出合理、正确、安全的作业程序,以安全、质量、效益为目标,对作业过程进行改善,从而形成一种标准化作业程序,达到安全、准确、高效、省力的作业效果,提高人的安全意识,创造人的安全环境,规范人的安全行为,使"人—机—环境"达到最佳统一,是预防事故、确保安全的基础,从而实现最大限度地防止和减少伤亡事故的目的。

1. 有效控制人的不安全行为

企业生产作业过程中,主要控制对象是人、机、环三要素。三要素中,人是自由度极大的,也是最难控制的,人的不安全行为是诱发事故最主要的原因。标准化作业能把复杂的规章制度和标准化的作业程序融为一体,能有效控制、约束、规范人的操作,把事故发生的可能性降到最低。

2. 有效减少"三违"现象

从统计数据可看出,企业的事故有90%发生在基层员工,有80%的事故是由违章引起的。作业标准化把企业各项安全规章制度优化为"作业程序、确认卡",以作业过程中的危险源为重点,规范了作业步骤、动作要领及安全要求,把整个作业过程分解为既互相联系又相互制约的作业流程、动作标准,把人的行为限制在安全标准之中,从根本上控制违章作业,特别是习惯性违章作业,保证作业人员干标准活,从而制约员工侥幸心理、冒险蛮干的不安全行为。

3. 有效控制物的不安全状态

物的不安全状态,往往是诱发事故的重要原因之一。作业标准化把生产现场的"5S"管理作为前提,使安全装置完整有效、安全通道畅通无阻、物料摆放整齐有序、照明充足、作业现场卫生整洁,构成一个良好安全的作业环境,能有效地控制物的不安全状态。

（四）企业安全文化建设要与日常安全管理有机结合

企业的安全文化建设,并不是离开员工日常安全管理工作而独立实施的,而是和日常安全管理有机结合起来的。例如,安全管理规章制度是在生产过程中确定全体员工的行为准则,这也是企业安全文化赖以存在的有力保障。在日常安全管理中,让员工了解什么是安全文化、开展安全文化建设的必要性,让员工认识到安全文化建设是日常安全管理的重要举措,能使员工思想素质、敬业精神、专业技能等方面得到不同程度的提升。

三、结语

企业安全文化作为一项有效的安全管理模式,需要不断地进行探索和研究,并在实践中不断地加以总结完善。只有科学地应用企业安全文化理念指导安全文化建设,才能形成具有本企业特色的企业安全文化,在安全生产中发挥其积极的促进作用。从而形成群策群力的安全自主管理局面,使企业生产安全、稳定、顺行,实现企业的健康、和谐发展。

推进"四位一体"安全文化建设
努力构建安全生产高质量发展新格局

国能准能集团有限责任公司选煤厂安全监察站　张国廷　雷晓树　郭建平　叶军　肖国庆　刘晓文

摘　要：创新设计了结构清晰、内容完整、符合选煤厂实际、为广大职工群众所接受的"四位一体"安全文化建设模式，理清了安全文化建设的思路，明确了安全文化建设的方法，梳理了安全文化建设的构成要素，总结出安全文化建设的八大理念十项态度、四大亮点三条启发，结合实际推出典型做法，指导选煤厂的安全文化分别从安全观念文化、安全制度文化、安全行为文化、安全环境文化四个方面进行构建和规范。即：升华观念文化，内化于心，用先进的理念培育人、引导人；完善制度文化，固化于制，用科学的制度约束人、规范人；做实行为文化，外化于行，用健康的活动塑造人、影响人；扮靓物态文化，实化于物，用硬核的装备保护人、成就人。深化理念铸安、依法治安、流程保安和科技兴安，创造性开展安全文化实践活动，精心打造安全管理软实力，努力营造良好的安全文化氛围，形成了领导重视、全员参与、长期坚持、持续改进、良性发展的工作机制，有力保障了安全生产的顺利进行。

关键词：安全文化；经验做法；理念文化；制度文化；行为文化；物态文化；建设亮点；实施效果；启示

一、案例背景

国能准能集团有限责任公司（以下简称国能准能集团）是国家能源投资集团公司旗下的骨干生产企业，位于内蒙古鄂尔多斯市准格尔旗薛家湾镇境内。国能准能集团选煤厂（以下简称选煤厂）是国能准能集团的主要生产单位，选煤厂下设准能选煤厂和哈尔乌素选煤厂两个分厂，分别是黑岱沟露天煤矿和哈尔乌素露天煤矿的配套项目。每个厂的生产能力为 30.0Mt/a 商品煤，两厂年生产能力合计为 60.0Mt 商品煤，折合原煤 69.0Mt，属于特大型矿井型动力煤选煤厂。选煤厂采用跳汰洗选、重介浅槽洗选、智能干选工艺，下设 9 个职能部门、2 个直属机构、10 个生产车间、52 个生产班组。目前，在册员工人数 1231 人。

对于特大型煤炭生产企业，如何建设一套科学有效的安全文化体系，如何紧密结合企业实际开展安全文化建设，如何通过文化的手段改进企业的安全生产，如何用文化的力量从根本上避免事故的发生，成了深化企业安全生产管理的难题，也构成了选煤厂安全文化建设的大背景。

（一）历史的需要

选煤厂于 1996 年 9 月建成投产，经过 25 年的生产、建设、发展，各项工作都取得了长足的进步，特别是安全生产工作，有成绩、有不足，有经验、有教训，值得每个职工认真思考、分析、总结，把存在的问题剖析好，把典型经验总结好，形成一套指导选煤厂持续、健康、稳定发展的长效机制。

（二）产能的需要

作为一座年生产能力达 60.0Mt 商品煤的特大型现代化选煤厂，应该有一支懂安全、善管理、高素质的员工队伍，有一套与之相匹配、完整成熟、科学有效的安全管理系统，以推动选煤厂的安全、高效、健康发展，做到"大要有大的样子"。

（三）现实的需要

选煤厂具有点多面广战线长、生产环节多、设备设施多、流程复杂、作业环境差、生产任务重等特点。危险源遍布各个生产现场、各个环节，风险无处不在，给安全管理工作带来了很大的压力和困难。要科学统筹生产、经营、发展与安全，覆盖"人、机、环、管"各方面和"储、运、洗、装"全过程，必须建立一套先进科学、符合实际的安全文化体系，这是保障选煤厂安全生产的现实需要。

（四）发展的需要

认真学习贯彻落实习近平总书记关于安全生产

工作的重要指示、论述,立足新发展阶段,贯彻新发展理念,构建新发展格局,系统性重构选煤厂安全文化体系,推进安全生产治理体系和治理能力现代化,实现安全生产的高质量发展,这是选煤厂立足当前新形势、谋划未来发展的需要。

二、主要经验做法

(一)"四位一体"安全文化建设内涵

选煤厂"四位一体"安全文化建设坚持以习近平总书记关于安全生产工作的重要指示、批示、论述为指导,以构建本质安全型企业、实现安全生产高质量发展、预防各类生产安全事故为目标,以《企业安全文化建设导则》《煤矿安全文化建设导则》《全国安全文化建设示范企业评价标准》等为依据,坚持理念引领、责任落实、机制健全、制度保障,持续推进"四位一体"安全文化特色:升华观念文化,用先进的理念培育人、引导人;完善制度文化,用科学的制度约束人、规范人;做实行为文化,用健康的活动塑造人、影响人;扮靓物态文化,用硬核的装备保护人、成就人。深化理念铸安、依法治安、流程保安和科技兴安,精心打造安全管理软实力,营造安全文化强磁场,构建自我约束、持续改进的安全文化建设长效机制。

选煤厂"四位一体"安全文化建设模式(图1),理清了安全文化建设的思路,明确了安全文化建设的方法,梳理了安全文化建设的构成要素,指导选煤厂的安全文化分别从安全观念文化、安全制度文化、安全行为文化、安全环境文化四个方面进行构建和规范。按照成立组织机构、明确指导思想、制定工作方案、建立管理制度、编制发展规划、具体组织实施、定期检查考核、持续改进完善、创建评比提高等步骤实施。

图1 "四位一体"安全文化建设模式

(二)选煤厂安全文化建设主要做法

选煤厂安全文化建设的体系构成如图2所示。

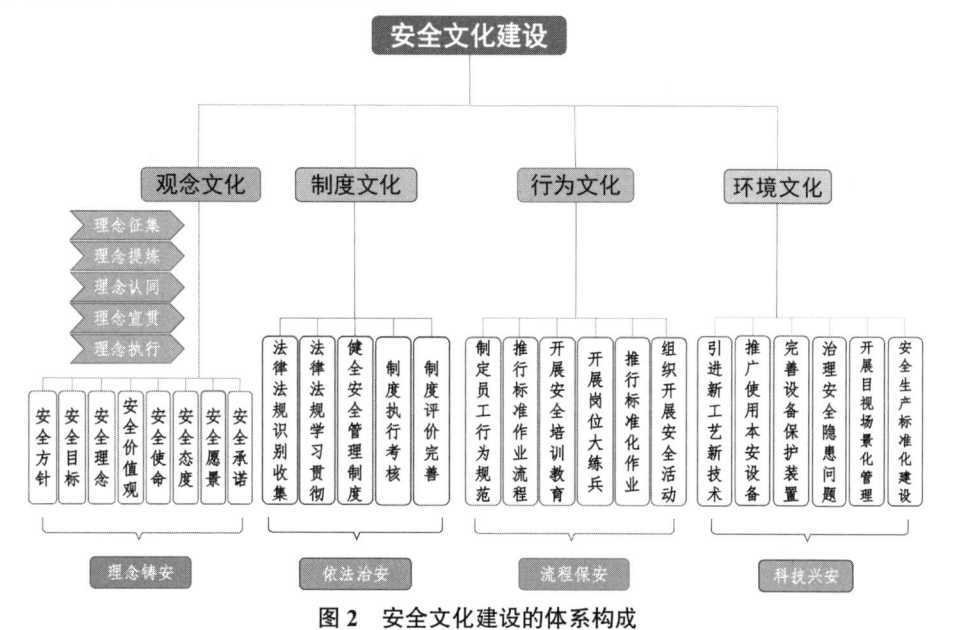

图2 安全文化建设的体系构成

1. 内化于心,用先进的理念培育人、引导人

选煤厂安全理念是全体员工在多年的生产实践中不断探索、总结形成的,内容相对完善、符合选煤厂实际、为广大职工群众所接受的安全理念文化体系。内容涵盖"以人为本、生命至上、双重预防、源头防控、全员参与、齐抓共管、持续改进、科学

发展"的安全方针，"人员无违章、设备无故障、现场无隐患、系统无缺陷、管理无漏洞、生产无事故"总体安全目标，"为创建具有全球竞争力的世界一流示范企业做贡献"的安全志向；提出了"创建国内最先进的安全、高效、绿色、智能选煤厂"发展愿景，明确了"洗选绿色煤炭为社会发展提供强劲动能、打造本安选煤为员工成长搭建坚实平台"的安全使命，确立了"安全第一风险预控打造本质安全企业，去粗求精提升品质创建一流选煤品牌"的安全理念，树立了"安全是第一责任，安全是第一工作，安全是第一管理，安全是第一程序，安全是第一要求，安全是第一效益"的安全价值观，坚定了"坚守红线意识不动摇、推动安全发展不停步、坚持底线思维不迷惑、强化风险预控不放松"的管理理念。

选煤厂安全理念体系如图3所示。

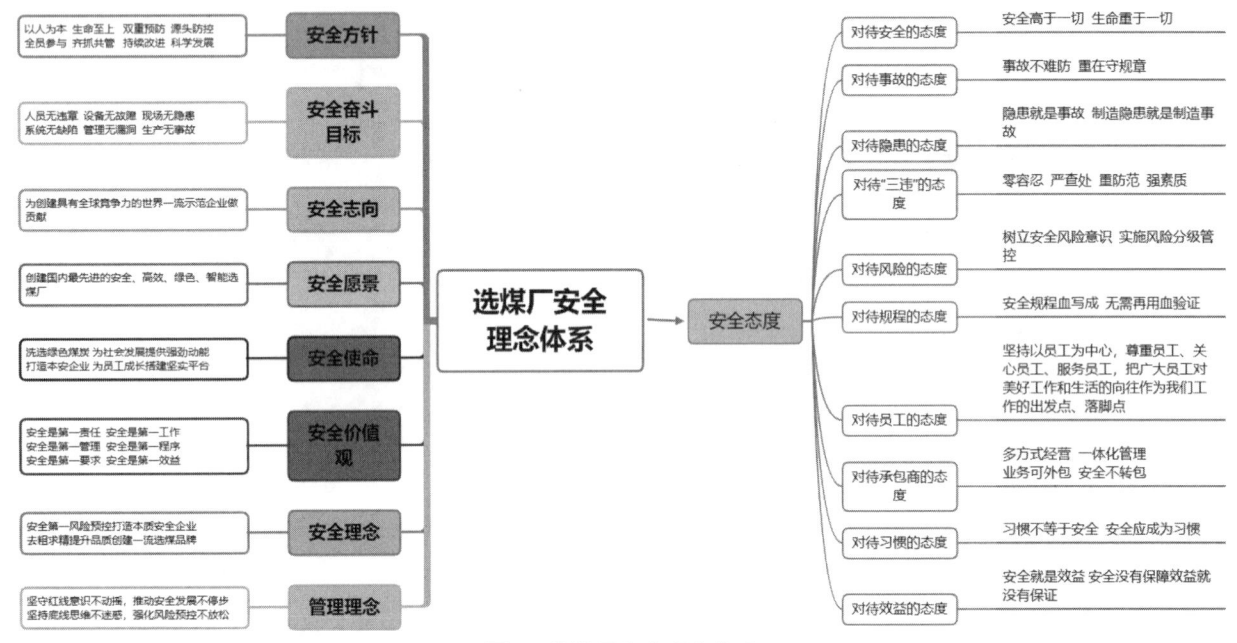

图3 选煤厂安全理念体系

亮明了对待安全、"三违"、隐患、风险、员工、承包商、规程、习惯、效益、事故等关键事项的态度，统筹安全与生产经营、安全与发展的关系，坚持"安全高于一切，生命重于一切"的态度，坚持以员工为中心，尊重员工、关心员工、服务员工，把广大员工对美好工作和生活的向往作为我们工作的出发点、落脚点。紧紧围绕安全理念，选煤厂主要负责人带头作出安全承诺，全员签订了安全承诺书。

举办安全文化活动，学习、宣贯习近平总书记关于安全生产工作的重要指示、论述和安全文化理念，改善员工的心智模式，让安全理念入脑入心，笃信笃行，由人化文，以文化人，形成全体员工根植于内心的思想认识和职业素养，变理念为信念，变他律为自律，变管理为文化。

2. 固化于制，用科学的制度约束人、提高人

制定了选煤厂法定要求管理程序，识别、收集、整理适用的法律、法规、规章、标准、办法等，建立并及时更新安全法律法规数据库，把安全、环保法律、法规、规章、标准等作为普法教育和安全培训的重要内容，引导员工用法治思维和法治手段解决安全生产、环保问题，指导安全生产实践。对照法律、法规等制定、完善选煤厂管理制度，于法周延，于事简便，把法律、法规、规章、标准的内容、要求在管理制度中予以体现，在生产实践中认真落实。

全面梳理企业安全生产主体责任，健全、完善全员安全生产责任制，编制岗位安全生产责任清单，明确各岗位的责任人员、责任范围和考核标准，完善安全生产责任考核管理办法，组织安全责任落实考核，考核结果与安全结构工资挂钩。充分发挥厂长、队长、班组长"三长"带头作用，抓住关键人，带动一般人，层层压实安全责任，建立起一级抓一级、一级带一级、一级对一级负责、一级保一级的安全工作格局。

健全以安全生产责任制为核心的安全管理制度，制定了选煤厂安全技术操作规程、安全生产考核管理办法、应急预案等138个安全管理制度，完

善了管理制度体系,每年对制度的适宜性、充分性、有效性进行评价,及时修订完善相关制度。

章法有度,方圆自成。选煤厂管理形成了生产有序、管理有据、事有人管、责有人负的良好局面,大家想问题、办事情、作决策,习惯于按流程办事、按制度管理,做到依法合规、有理有据,有力地保障了安全生产的顺利进行。

3. 外化于行,用健康的活动塑造人、影响人

坚持以人为本,深入推进员工素质工程,把提升员工素质作为一项企业发展战略长期坚持,培育与建设国内最先进的安全、高效、绿色、智能选煤厂相适应的员工队伍。制定了员工安全行为规范,开展安全生产标准化建设,组织标准作业大练兵和技术比武等活动,努力培育本质安全型员工队伍。开展流程管理,理顺作业行为,编制了岗位标准作业流程,以流程管理理念为指引开展标准化作业。

保持选煤厂安全风险预控管理体系,构建选煤厂双重预防工作机制。坚持风险评估"1+4工作模式",推行"十二问风险分析评估法",动态开展危险源动态辨识,推行"三对照三分析一落实",深化事故案例教育,推行"十互作业法",促进安全联保互助,推行"12345承包商管理模式",加强外委施工队伍安全监管,推行"三果分析教育法",开展启发式安全教育,推行"隐患排查十法",深入开展安全生产大排查。组织开展应急知识培训、事故预案应急演练,提高员工应急处置能力。开展"安全生产月""安康杯"竞赛等活动,举办安全大讲堂,开设安全公开课,开发手机微课堂,拓展工余自修课,做到理论培训和现场实训相结合、系统培训和专题讲座相结合、安全技术与思想教育相结合、线上教育与线下培训相结合。

积极推进班组安全文化建设,让安全文化进车间、进班组,向生产一线延伸、渗透。落实了全厂52个班组的活动阵地,建起了各具特色的文化墙,开辟班组安全宣传栏。开展安全管理标准化示范班组创建活动,每个车间、班组都总结出各具特色的管理模式。规范班前会的召开,抓好安全教育的第一堂课、任务落实的第一个环节、风险管控的第一道防线。深度融合安全风险预控管理体系和岗位标准作业流程,开展标准作业大练兵和标准作业流程展示竞赛。开展行为观察和过程管控,严查狠反不安全行为。

通过组织开展经常性的群众安全文化活动,宣传安全理念,落实管理制度,凝聚员工思想,用文化的力量保障了选煤厂的安全生产。

4. 实化于物,用硬核的装备保护人、成就人

坚持科技赋能、创新驱动,积极开发引进新技术、新工艺、新设备,推广使用本质安全设备、设施、工器具,构建和谐、统一的人、机、环关系,从根本上保护员工的生命安全和身体健康。

优化生产工艺,淘汰落后的设备设施。在跳汰洗选、浅槽重介洗选工艺的基础上,引进智能干选工艺和设备。建成了4.146千米的管状带式输送机系统,避免了长距离输送的煤尘污染。将全厂16台放射源装置采用无毒、无害的设备进行替代,从根本上消除了辐射危害。彻底排查整治安全隐患,对全厂的防爆现场电气设备、电器综保系统进行了改造。安全保护装置实施升级改造,使设备保护与联锁控制更加灵敏、可靠。针对生产过程的煤尘污染,实施单点源头治理、多方式综合治理、全过程系统治理。对全厂的消防设施进行了改造,增设了消防水幕系统、雨淋灭火系统、感温感烟火灾自动监测预警系统等。安装了高清可调工业电视监控系统,安全环保重点部位实现了监控全覆盖。开展目视管理,生产现场各种安全标识、职业危害告知牌等齐全、规范、醒目,不同设备、管道、安全装置漆色规范分明。推行定置管理、"6S"管理,做到定置定位,物放有序;清洁清扫,物见本色;整理整顿,物归其类。开展场景文化建设和文明生产改造,绿化美化优化厂区环境,建成了党建文化公园、马莲沟公园,营造碧水绿树蓝天与厂房设施栈桥交相辉映、和谐共生的美好景致,努力打造公园式现代化工厂。

实施《准能集团露天矿特大型选煤厂智能化研究及应用》项目,开展重介浅槽智能洗选、跳汰智能洗选、智能配煤装车、煤泥水智能处理、胶带机巡检机器人等技术研究、开发、应用,提高洗选工艺过程的智能化水平和安全生产保障能力。着力解决制约安全、生产、环保工作的难题,探索改进智能化建设、运营模式下的安全管理方法,切实提高科技兴安、科技保安能力。

(三)选煤厂安全文化建设亮点

1. 提炼出完整的安全理念文化体系

选煤厂安全理念文化体系概括为八大理念、十项态度,内容涵盖选煤厂安全文化建设的方针、目

标、志向、愿景、使命、价值观、理念、态度等重要方面，体系完整，与时俱进，紧扣时代主题，具有较强的时代感和号召力。它切合生产特点和管理实际，体现了选煤厂多年的文化底蕴。

2. 构建起清晰的安全文化建设模式

"四位一体"安全文化建设模式构成了选煤厂安全文化建设的思维导图。它清晰地展现出安全文化建设的四个方面八大要素，以理念与承诺为核心，分别从观念文化、制度文化、行为文化、环境文化四个方面开展建设，思路清晰，层次分明，要素齐全，内容完整，筑起了选煤厂安全文化的四梁八柱。构图充分体现了文化元素，方圆动静，辩证发展，引导员工全面、有序地开展安全文化建设。

3. 探索出有效的安全文化建设做法

策划安全文化建设方案，提炼安全文化理念，编印安全文化手册，总结安全文化建设模式，健全完善安全生产责任体系，完善员工安全行为规范，打造现代化培训教育基地，实施文明生产改造，推进智能化选煤厂建设，开展场景化文化建设，推进健康企业创建。

4. 形成了自觉的安全文化建设机制

选煤厂安全文化建设形成了良好的发展态势，已延伸到生产一线，落实到车间班组，渗透进日常活动，根植于员工思想，成为选煤厂安全生产管理的一项重要内容，成为推动并实现安全生产的重要抓手，成为全体员工落实安全生产方针、推进安全生产高质量发展的职业素养，形成了领导重视、全员参与、长期坚持、持续改进、良性发展的工作机制。

三、实施效果

"四位一体"安全文化建设打造出企业发展的软实力，收获了安全生产的新成果。

1. 生产条件得到极大改善

投入巨资实施文明生产整治和智能化建设，实施煤尘、噪声综合治理研究，引进智能干选、管状带式输送机、巡检机器人等先进工艺、设备。新建了文体中心、安全警示教育基地等基础设施，开辟了党建文化公园，规划建成了马连沟公园，精心打造魅力选煤。

2. 员工素质明显提升

大专及以上学历员工占比达到78.46%，中级及以上技术职称员工占比达24.07%，不少员工还自学考取了注册安全工程师、消防工程师等职称。违章现象明显减少，现场隐患得到有效治理。涌现出全国劳动模范1人、自治区劳动模范2人、自治区"三八"红旗手1人、国家能源集团劳动模范2人等。

3. 班组建设取得新成就

总结形成了53个班组建设工作法，9个班组工作法在全国得到推广，2个班组获自治区青年安全生产示范岗，2个班组获自治区安全建设示范班组，8名班组长被中国安全生产协会评为全国"百强班组长""优秀班组长"，9个班组被中国安全生产协会评为"安全管理标准化班组"。

4. 生产任务圆满完成

2021年，选煤厂生产商品煤5745.15万吨，圆满完成计划目标。截至2022年8月31日，准能选煤厂生产商品煤2025万吨，完成年计划的67.5%，哈尔乌素选煤厂生产商品煤1885万吨，完成年计划的73.3%。建厂至今，累计生产商品煤突破8.6亿吨，为公司发展创造了可观的经济效益，跻身全国特大型选煤厂行列。

5. 安全生产周期进一步延长

截至2022年8月31日，实现安全生产4772天，连续13年未发生人身伤害事故、未发生职业病危害事故、未出现职业病患者。

6. 选煤厂工作得到上级充分肯定

选煤厂连续多年被国家能源集团评为"安全环保一级达标单位"，并获集团公司多项奖励，多次获得"全国优质高效选煤厂""全国十佳选煤厂"荣誉称号；2020年荣获"内蒙古自治区安全文化建设示范企业"称号；2022年4月荣获"全国安全文化建设示范企业"称号。

四、启示

"四位一体"安全文化建设的成功实践，取得了丰硕成果，收获了新的启示与持续推进的坚定信心。

1. 文化是一个体系

不是喊几句口号、贴几张标语、组织几项活动就算建成了安全文化，安全文化建设是安全观念文化、安全制度文化、安全行为文化、安全物态文化"四位一体"的完整系统，只有四个方面统筹协调、深入推进、全面发展，才能取得预期的效果。

2. 文化是一种修炼

安全文化建设不是一朝一夕就能完成的，需要全体员工锲而不舍、久久为功的坚持，才能取得成功。选煤厂安全文化建设自2011年启动，经过十余年的不懈努力,方见成效。

3. 文化是一种力量

深入推进安全文化建设会对安全生产工作起到巨大的推动作用。作为6000万吨级的特大型选煤企业,各方面工作千头万绪,安全风险无处不在,能够取得连续13年安全生产无事故的好成绩,得益于领导对安全生产的常抓不懈,得益于全体员工的齐抓共管,得益于安全文化建设的深入开展与有力推动。

参考文献

[1] 国家安全生产监督管理局政策法规司. 安全文化论文集 [M]. 北京：中国工人出版社, 2002.

[2] 班组安全100丛书编委会. 班组安全文化建设100谈 [M]. 北京：中国劳动社会保障出版社, 2012.

[3] 李飞龙. 安全文化建设与实施 [M]. 北京：中国劳动社会保障出版社, 2010.

[4] 国家安全生产监督管理总局. 煤矿安全风险预控管理体系规范 [S]:AQ/T 1093-2011. 北京：中国标准出版社, 2017.

[5] 国家安全生产监督管理总局. 企业安全文化建设导则 [S].AQ/T 9004-2008. 北京：中国标准出版社, 2008.

[6] 国家安全生产监督管理总局. 企业安全文化建设评价准则 [S].AQ/T 9005—2008. 北京：中国标准出版社, 2008.

[7] 中国安全生产科学技术研究院. 企业安全生产标准化建设实施指南 [M]. 徐州：中国矿业大学出版社, 2011.

[8] 中华人民共和国质量监督检验检疫总局. 企业安全生产标准化基本规范 [S]:GB/T 33000-2016. 北京：中国标准出版社, 2017.

[9] 国务院法制办公室公交商事法制司. 安全生产法读本 [M]. 北京：中国市场出版社, 2014.

以人为本　与时俱进

——鞍钢集团构建"四位一体"安全文化体系

鞍钢集团有限公司安全环保部　白旭强　孙广慧　赵玉强　解　达

摘　要：安全文化是安全生产的根本和灵魂，鞍钢集团有限公司（以下简称鞍钢集团）在长期的安全生产工作实践中打造出独具特色的炼铁安全文化。鞍钢集团主要通过领导重视全员参与、树牢"四个零"安全观念、深入开展安全文化活动规范安全行为、健全安全管理制度提升安全治理能力、加大安全投入夯实安全物态文化基础等举措打造出独具特色的安全文化。鞍钢集团安全文化建设的亮点主要包括坚持以人为本、坚持与时俱进、坚持正向激励。安全文化建设成效显著，形成了良好的安全文化氛围，连续6年未发生安全生产责任事故，获得了"全国安全文化建设示范单位"荣誉称号。

关键词：炼铁厂；安全生产；安全文化建设

安全文化具有凝聚共识、激励员工、展示企业形象的良好示范作用，是企业实现安全生产长治久安的制胜法宝。国内外有很多企业的成功得益于良好的企业安全文化，通过安全文化建设来改善企业安全状况已成为国内外学术界的研究共识。鞍钢集团作为共和国"钢铁工业的长子"和"中国钢铁工业的摇篮"，有着辉煌的历史和优秀的企业文化基因。20世纪60年代提出了具有世界性意义的管理思想——鞍钢宪法；20世纪90年代提出的"0123"安全生产管理模式，不但在辽宁省全面推行，而且引起了全国冶金行业的争相学习；作为鞍钢企业的重要组成部分，鞍钢安全文化的发展也在与时俱进。同时，鞍钢集团在传承"艰苦奋斗、爱厂如家、为国分忧、无私奉献"的孟泰精神和拼搏进取的奋斗精神、勇攀高峰的创新意识、崇尚先进的英模文化等优秀企业文化的基础上，结合鞍钢集团的厂区规模、设备改造难度、工艺复杂程度、生产规模等居于国内外炼铁行业之首的特点持续开展企业文化建设，在长期的安全生产工作实践中打造出独具特色的炼铁安全文化，为保障企业的安全发展提供了精神动力、智力支持及人文氛围。

一、安全文化建设举措

（一）领导重视全员参与

鞍钢集团突出领导的作用与承诺，以落实全员安全生产责任制为保证，明确了安全文化建设的组织体系和工作机制，策划了新时代安全文化建设总体工作方案。安全文化建设总体工作方案包括工作目标、实施进度、保证措施等方面的内容。安全文化建设充分发挥文化的凝聚、激励、展示功能的作用，从强化安全观念、规范行为文化、健全安全管理制度和夯实安全物态4个层次开展工作，形成了"四位一体"的安全文化体系结构（图1）。

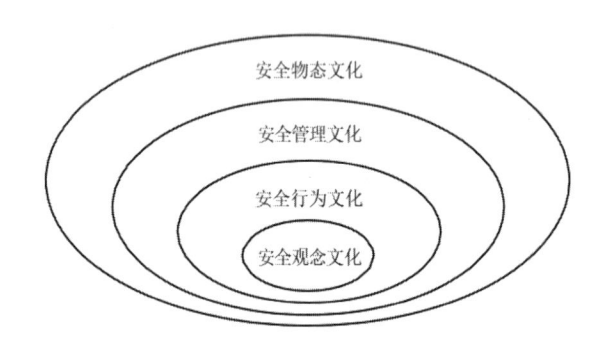

图1　鞍钢集团安全文化体系结构

在鞍钢集团安全文化体系结构中，安全观念文化是核心和灵魂，安全行为文化是主体和形式，安全管理文化是表现和手段，安全物态文化是条件和载体。在安全文化建设中，鞍钢集团基于"人人需要安全、安全人人有责"的理念，全员参与，充分发挥人的独立性、能动性和主动性。目前，鞍钢集团已形成"时时想安全、处处要安全、自觉学安全、人人会安全、全过程做安全、事事成安全"的浓厚文化氛围。

（二）基于人本安全原理 树牢安全观念

"人本安全原理"，就是以人的根本素质为出发点的事故预防和方法论。"人本"就是"以人为本"，是中国文化的根本精神。安全生产"以人为本"的基本指导思想就是"依靠人、为了人"。在安全系统中，人的因素是第一位的，安全生产和安全发展最终要靠人去实现；同时，企业安全工作的目标也是人的安全健康与发展。

基于安全文化建设的"人本安全原理"，鞍钢集团提出了"作业零违章、岗位零隐患、管理零缺陷、实现零工伤"的"四零"安全观念。为将"四零"安全观念落到实处，鞍钢集团以"一岗双责""谁主管谁负责"和"一把手"负责的全员安全生产责任制为保障，狠抓管理标准化、现场标准化、岗位操作标准化建设，全面提升安全风险管控水平。同时，加强对重点人的管理，吸取历年重点人发生事故的教训，组织重点人排查分析，建立了总厂与基层单位的两级动态管理档案。权责明确、程序规范、重点突出、执行有力的安全生产工作机制为"实现零工伤"和安全观念落地提供了坚实的保障。

（三）以安全文化活动为载体引导安全行为

鞍钢集团广泛开展包括安全培训教育、安全生产大讨论、安全知识竞赛、安全技能大比武及跨系统互检等在内的安全文化活动。

一是组织专业人员编制总厂、作业区、班组三级安全教育培训教材库，分类施教；聘请省安科院等专业培训机构开展主要负责人和安全管理人员培训，提升培训效果；充分发挥周一安全例会作用，组织煤气、电气、危险化学品、四级风险等专项培训；邀请专业人员开展现场救护、人工呼吸、佩戴空气呼吸器等培训。

二是鞍钢集团主要领导亲自参加安全生产大讨论，针对选定主题，通过现身说法、案例回顾、举一反三等方式找短板、强弱项、提技能，解决安全生产工作实际中的疑难点。2019年，鞍钢集团开展安全知识竞赛22场、安全考试25场、安全专题研讨会36次、座谈会24次、安全大比武活动10次、观看事故案例视频75场、提出安全合理化建议124项，400多人参加鞍钢市安全知识有奖答题竞赛。

三是近年来鞍钢集团每年组织高炉、烧结两大系统的20个作业区开展分组交叉互检，为安全管理人员提供了交流互学平台，拓宽了其工作思路并提升了专业技能。通过寓教于乐、丰富的安全文化活动，使广大职工实现了从"要我安全"到"我要安全""我会安全"的转变，有效强化了遵章守纪意识，杜绝了"三违"行为，使安全行为逐渐成为无须提醒的自觉。

（四）建立健全以安全生产责任制为核心的管理制度体系

制度文化是安全文化的重要组成部分，是现代治理体系的标志。鞍钢集团在安全生产实践和安全文化建设中始终重视安全管理制度建设，建立健全以安全生产责任制为核心（包括安全管理制度和岗位安全操作规程）的安全管理制度，并将其有效落实。新常态下，钢铁冶金主体生产设备的大型化、自动化对企业安全管理提出了更高要求。目前，鞍钢集团识别适用安全生产相关法律法规和标准规范385项，执行鞍钢集团公司和鞍钢股份公司安全管理制度78项，制定厂级安全管理制度22项。鞍钢集团根据适用法律法规、标准规范及生产设备和工艺变更情况，定期对全厂安全技术规程、岗位安全规程进行修订。管理制度的生命力在于落实。为确保管理制度的落实，鞍钢集团定期组织职能部门进行检查和考核；同时，创新检查形式，采用专业检查、综合检查、跨部门互检、自检等方式，确保管理制度的全面落地，切实提升安全生产治理能力。

（五）重视安全投入和信息化建设

现代安全生产治理体系就是找到安全生产与经济发展的合理平衡点，安全生产的实质问题还是投入，包括人力、物力和资金投入。近三年来，鞍钢集团安全生产投入资金近3 000万元。安全资金投入主要用于安全设施、监测监控、隐患治理、信息化、培训教育等方面。高炉是生产组织的中心，其固有风险为重大风险，也是鞍钢集团安全风险管控、隐患排查治理投入的重点。鞍钢集团安全信息网是安全文化建设工作的创新点和名片。目前，安全信息网融合了安全文化、基础管理、法律制度、安全动态、教育培训、应急管理、隐患处理、检查考核、经验交流等多功能的安全文化窗口。

针对多点、多地、多层级特大型联合企业安全监管难的管理痛点，鞍钢集团在强化科技赋能上下功夫，依托5G技术，遵循"依法治安"原则，紧密围绕企业主要负责人安全管理7项法定职责，自主研发构建"云安智联"平台，实现安全管理"四化"。一是运用大数据将抽象晦涩的法律条文转化成鲜活的数据、图形和影像，让各级主要负责人清楚该干什么、怎么干、干得怎么样，指导各级管理者像管生产经营一样管安全，实现安全管理可视化；二是依托"云安智联"平台，监管人员可以超越时间和空间的限制，实时、穿透式监管子企业安全管理状态和管理者安全履职情况，实现安全监管高效化；三是创立特定算法，综合评价子企业安全管理各项指标，自动生成评价报告，实现安全预警自动化；四是优化平台数据录入管理，数据只需子企业一次录入，全程管理，大幅减轻基层单位工作负担，实现安全管理便捷化。

针对安全生产专项整治三年行动暴露出的隐患排查整改效率低的堵点，鞍钢集团在深化机制改革上下功夫，创新安全专家工作模式，提高隐患排查整改"三力"。一是首次打破年龄、身份界限，从在职和退休的专业技术人员中，遴选相关行业、专业安全专家50余人，建立起一支高水平、专业化专家团队，共享优质资源，分行业、分专业、有计划深入基层单位开展安全评价诊断，帮助基层单位精准排雷，指导基层单位精准拆弹，提高隐患排查整改管控力；二是组织专家对"钢8条""危险化学品20条""矿山48条"等进行解读，编制重大隐患排查指导细则，指导基层单位自主开展隐患排查，破解基层单位"不会查""不会改"的管理瓶颈，提高隐患排查整改执行力；三是遵循"减存量、控增量、较大隐患提级整改、重大隐患挂牌督办、动态清零"总原则，组织专家团队对各单位隐患整改情况进行"回头看"督导检查，跟踪问效，提高隐患排查推动力。

二、安全文化建设的亮点

（一）坚持以人为本

鞍钢集团坚持"以人为本、生命至上"，以提升安全生产"3个力"，即"决策层的安全领导力、管理层的安全管控力、基层员工的安全执行力"，重点开展安全文化建设。一是基于人人需要安全的安全公理，明确安全人人有责，即有责任心、责任感、责任制，并重视考核；二是增强安全培训教育的针对性和层次，对领导层培训以强化责任观念为主题，对专业技术人员以强化技能培训为主题，对岗位员工以参与岗位风险管控为主题；三是以安全生产公开课、知识竞赛、安全技能大比武等活动为载体，强化全员的安全能力素质。

（二）坚持与时俱进

鞍钢集团安全文化建设始终坚持在继承的基础上，与时俱进，与企业管理现代化模式相结合。2016年，提出了新形势下的"0123安全管理模式"，主要内容为"以事故为0"为目标，以安全生产标准化作为安全管理的1条主线，以"一把手"负责制、一岗双责为2个责任制保障，以全员素质提升、全过程风险防控、全要素绩效评价3个关键为抓手和对策。鞍钢集团安全文化建设理念与公司管理理念保持高度一致。2018年，鞍钢集团炼铁单元和烧结单元均通过了安全生产标准化一级企业复审。2019年，鞍钢集团开始安全风险分级管控和隐患排查治理双重预防机制建设工作。

（三）坚持正向激励

鞍钢集团坚持正向激励机制，以正向激励即奖励和鼓励为主，强化和发展人的安全心理。一是将安全生产表现与绩效、职业规划、升职提薪等挂钩，对在安全生产中表现优异的员工优先考虑；二是开展标准化作业区、红旗班组、标准化岗位活动，建立公平公正的评比规则，每个月按照30%、40%、5%的比例分别选出标准化作业区、标准化班组和标准化岗位，并在单位公示，提升员工的荣誉感；三是每年开展安全生产表彰会，对在事故预防、应急处置等安全生产中表现突出的员工给予精神奖励和物质奖励。

三、安全文化建设成效

鞍钢集团在长期的安全生产实践中开展的安全文化建设，取得了显著成效。2016年获"全国安全文化建设示范企业"荣誉称号。全员的安全能力素质明显提高，"三违"行为持续保持低发生率，企业形成了浓厚的安全文化氛围。安全文化建设对安全生产起到了促进作用，自2014年以来鞍钢集团连续6年实现了安全生产责任事故为零；同时，为企业安全管理体系完善、安全生产标准化创建、安全风险分级管控和隐患排查治理机制建设、应急管理机制建设奠定了良好基础，营造了浓厚的安全氛围。强化"云安智联"监管和深化隐患排查整改双措并举，鞍钢集团生产安全事故发生率大幅度下降。与上年同期相比，事故起数减少15起，减少比例68%；伤亡人数减少19人，减少比例73%。

（一）安全理念增强

安全管控系统既要实现安全管理体系的落地，实现安全管理的方针、目标、法规制度、健康档案、教育培训、考核评审等管理；又要能够利用智能化的设备设施对工作环境中的高危因素进行有效监测与控制，提高安全管理的时效性，使不安全因素发生的概率降低或者消除，使员工的健康得到保障。利用智能监控数据可以进行综合分析，智慧分析并针对分析结果提出管控措施，实现安全管理的精准管理，提升安全管理的重视，提高员工的安全管理意识，形成人人关注安全的良性机制，有效地保护职工的生命健康，维护广大职工的合法权益。

（二）安全风险降低

企业全流程安全管理系统为核心业务系统，是融合安全生产目标责任管理、安全制度管理、教育培训、现场管理、安全风险管控及隐患排查治理、应急管理、事故管理、考核评审、持续改进等功能于一体的信息管理系统。该系统的建设，助力企业有效进行风险管控，优化企业安全管理体系，进一步提升企业的管理能力。

（三）安全精准高效

安全生产管理系统采用实时监控、物联网、三维可视化、智能信息处理等技术手段，将企业被动式的安全生产管理升级为全方位、全过程、全天候的立体管控。无论是在复杂的室内建筑物环境，还是在室外环境，系统都能完成精准的生产管理追踪和监控，紧盯"人、机、环、管"，阻断致祸因素。另外，该系统结合三维精细化建模、AI视频分析、移动应用、人员实时定位、智能进出控制以及物联网大数据等新技术，采用B/S架构，实现轻量快捷Web应用，功能设计尽显科学人性化，助力企业生产管理者全面、高效监控现场作业过程，保障企业生产作业全流程本质安全。

四、结语

鞍钢集团牢固树立"以人为本、安全发展"的理念，严格遵循"安全第一、预防为主、综合治理"的安全生产方针，全方位强化、完善安全生产的管理和监督，着力提高安全管理的可控性和有效性，培育安全文化，健全安全生产长效机制，构建和谐鞍钢。杜绝较大以上伤亡事故，力争工亡事故为零，实现重伤以上事故较上年减半，年千人负伤率控制在0.3‰以下，职业安全健康指标争创国内同类企业领先水平。

参考文献

［1］张新法,徐广大,金勇成. 鞍钢炼铁总厂特色安全文化建设实践[J]. 现代职业安全,2021(01):26-28.

［2］李从玉,李德明,汪明,等. 统筹发展和安全,加强安全文化教育和创新[J]. 人民论坛,2020(33):36-37.

［3］梅强,张超,李雯,等. 安全文化、安全氛围与员工安全行为关系研究——基于高危行业中小企业的实证[J]. 系统管理学报,2017,26(02):277-286.

［4］施波,王秉,吴超. 企业安全文化认同机理及其影响因素[J]. 科技管理研究,2016,36(16):195-200.

浅谈民爆企业安全文化建设的实践与创新

中国葛洲坝集团易普力股份有限公司　周桂松　万红彬　罗非非　王东武　杨海燕

摘　要：民爆行业是易燃易爆高危行业，安全工作是头等大事，不仅直接影响企业的稳定发展，更直接关系员工的生命安全，因此必须把安全工作摆到重中之重的关键位置。易普力公司在科学安全发展理念的指引下，探索"用文化管控企业安全"的安全管理模式，构建了四层次核心安全文化体系，通过注重理念培育、氛围营造、创新方式，在实践中引导干部职工进一步转变安全思想认识，提高安全素质，规范安全行为，为提升民爆企业本质安全水平奠定扎实基础。

关键词：民爆行业；安全文化体系；创新；实践

中国葛洲坝集团易普力股份有限公司（以下简称易普力公司）是国务院国资委所属企业——中国能源建设集团有限公司的下属单位，是集科研、生产、销售、爆破服务完整产业链于一体的大型民爆企业，在国内外设有30余家子分公司、项目部，因此易普力公司安全管理具有点多面广、安全风险较高、安全管理难度大的特点。在当前经济快速发展的条件下，企业员工的精神和物质需求呈现多元化，传统的安全管理方法和手段已不能满足企业现代安全管理的需要。

易普力公司在国家安全发展理念的指引下，研判内外部安全发展形势，突破传统安全管理模式，探索用文化管控企业安全，发动全体员工广泛讨论，从安全理念文化、安全制度文化、安全行为文化和安全环境文化四个方面着手，构建了四层次核心安全文化体系，全方位多途径开展安全文化建设的推广，总结实践经验，创新方式方法，促进安全文化建设不断提升。

一、不断深化安全理念文化，推动安全认识转化成安全意识

安全理念是安全文化的核心，只有不断深化安全理念内涵，才能更好地引领职工思想。为此，易普力公司依托提炼的易普力四大安全文化理念，紧密结合"人民至上、生命至上"安全发展理念、习近平总书记关于安全生产的重要论述以及上级单位安全管理要求，组织干部职工广泛开展讨论，进一步强化广大员工对安全理念的认同和理解，推动安全认识内化为安全意识。

（一）树立先进安全理念

易普力公司通过发动全体员工广泛参与，提炼形成"忽视安全的人是我们的共同敌人""履行安全职责是我们的道德底线""安全是我们为员工谋求的最大幸福""安全是我们为客户创造的最大价值"为内容的四大安全理念，树立了全体员工共同信守认可的安全观念。

（二）深化安全理念宣教

通过领导干部解读安全理念，强化干部员工对安全理念的理解，牢固树立正确的安全观念，切实担负起安全责任；利用部门、班组例会，组织员工对四大安全理念的内涵开展讨论，探讨四大安全理念与个人集体之间的关系，深化安全理念的内涵；开展安全理念主题演讲比赛，引导员工认同、理解、接受新的安全理念内涵，增强安全理念影响力、带动力。

（三）创新安全宣传形式

以"安全生产月"专项活动为载体，开展安全签名、安全宣誓、安全隐患随手拍、安全知识问答等丰富的活动，营造"人人讲安全、事事讲安全"氛围；利用微信公众号、公司网站等载体，向员工推送安全文化知识；通过悬挂宣传横幅、标语，设置活动主题展板，张贴宣传图片，发放《安全文化宣传册》和《习近平总书记关于安全生产重要论述》教育读本等形式，使广大职工能随时学习、领会安全理念；组织参加"新安法知多少"网络知识竞赛，深入学习新《安全生产法》的内容，促进全员知法、懂法、守法，营造了浓厚的安全文化氛围。

（四）汇编安全文化故事集

以班组为单元，利用班组周例会，引导一线员工轮流讲述与安全有关的亲身经历，并以员工讲述故事为蓝本，对优秀故事进行整理，编制《安全文化故事集》，从而强化员工对安全理念内涵的理解，引导员工树牢"生命至上、安全第一"发展理念，真正把安全放在心上、落在行动上。

二、完善安全管理制度，抓住现场安全管理最后一米

安全制度是安全理念具体体现在安全工作中的桥梁和纽带，是安全文化建设落地的保障。公司结合自身实际情况，全面梳理安全制度体系，创新制度展示形式，把复杂、烦琐的制度转变为图文并重、语言简洁的制度，形成易普力特色的安全制度文化，提高了制度的实用性和可操作性。

（一）形成特色的安全制度文化

以国家和行业相关安全法律法规及相关要求为依据，完善公司各项安全管理制度，分析各制度的逻辑关系和管理机制，形成体系化、规范化的制度体系；不断修订完善，概括提炼，形成"简单化、流程化、图示化、模式化"的特色安全制度文化。

（二）将安全生产制度体系向班组延伸

根据公司管理制度，建立并完善班组全员安全生产责任制和班组安全管理规章制度，设立班组安全管理台账，完善班组考核机制；签订班组全员安全生产责任书，将安全管理责任落实到作业面；建设班组活动室，配齐相关硬件设施，为基层班组提供活动场地。

（三）编制岗位安全文化手册

以适用、简洁、形象、易懂为编制原则，以操作岗位为编制对象，公司将岗位职责、安全生产责任、SOP、安全风险与管控措施等内容汇编成《安全文化手册》，印发到全体职工，提高岗位安全规范化管理水平，强化全员标准化作业意识。

（四）建立岗位"两单两卡"清单

按照"简明化、实用化"的原则，梳理岗位职责清单、风险清单、安全操作规程、应急处置措施，形成易记易懂、便于携带的岗位"两单两卡"，指导员工安全操作。

三、规范安全行为，养成良好行为习惯

人的不安全行为是导致事故的主要因素之一，因此必须约束并规范员工行为，引导员工将安全意识融入日常工作中，逐渐养成自觉的安全行为习惯。易普力公司围绕"特色十大安全管控工作法"，进一步细化总结，提炼了针对具体岗位的安全行为管控法，使全体员工养成良好安全行为习惯。

（一）形成易普力特色十大安全管控工作法

提炼形成针对领导层、管理层、班组、操作层的全员安全行为管控法，如员工"三必须六绝不"安全行为准则、领导"四必做""四坚持"工作法、管理人员现场纠偏四步工作法、"三违"人员"过五关"工作法、班组"三段八步"班前会与"321"工作法、操作层岗前五项准入与四分钟安全思考工作法等，在公司形成了践行安全行为的浓厚氛围。

（二）提炼个性化安全工作法

围绕中国能建"十二个到位"安全生产要求，以标准作业程序（SOP）为框架，以易普力公司"十大安全管控工作法"为基础，进一步细化提炼地面站理念引领工作法、班组"五份"落实责任工作法、"三不少"隐患排查工作法、"一持二防三戴四忌"上岗资格确认工作法、"三必三严"厂区行走规范、"一持二知三做好"维修工安全行为规范等安全工作法；将各岗位管理要求总结提炼成朗朗上口的顺口溜，如维修工操作顺口溜、爆破工操作顺口溜等，促使员工快速掌握安全要点。

（三）编制标准作业程序

为指导和规范人员作业，减少操作人员违章操作，易普力公司组织现场员工在开展现场安全风险辨识、分析安全操作要点的基础上，将每一道关键工序操作要领进行可视化、简洁化，形成破碎工段巡检SOP、硝酸铵水溶液卸料SOP、混装车箱体螺旋检修SOP、盲炮处理SOP、挖运作业SOP等标准作业程序。

（四）持续开展不安全行为纠偏

通过领导下基层检查、专职安全（质量）总监现场巡查、视频监控在线巡查等方式，全面排查员工不安全行为；收集整理安全生产隐患、违章案例，形成事故隐患排查治理标准清单和典型案例集，并组织学习，促进员工良好行为习惯的养成。

四、持续优化安全环境，营造本质安全软环境

安全环境建设是安全文化建设的基础，良好的安全环境不仅直接影响员工的行为和心理，也是保障安全生产的关键。易普力公司根据所属单位生产经营特点，通过建立智能化、自动化作业生产线，增设安全防护设施，加强人机隔离，进行安全可视化打造，开发智能监管平台等方式，营造了安全的环境状态。

（一）建设智能化、自动化生产线

易普力公司大力推广智能制造应用，实施机器人换人、自动化减人，在工业炸药生产线引入连续化、自动化生产技术，工业雷管生产线采用自动填装、人机隔离生产工艺，极大减少了现场作业人员；利用智能识别技术、云技术、VR技术、大数据分级等主要技术手段，建成安全生产智能化监管平台，对生产、储存、运输、爆破施工等进行全方位、全过程实时安全监控，准确获取安全管理相关数据，实现人员不安全行为分析与设备参数预警，建立了稳定可靠规范的安全环境文化。

（二）推进安全环境刷新

根据各单位特点，对办公区、生产区、生活区等场所进行统一规划和设计，制定针对性《安全可视化建设方案》，完善作业环境、设施设备、厂区道路着色分区，增设安全警示标识和安全操作规程，张贴安全宣传标语，营造浓厚的安全文化氛围；打造安全文化长廊、安全文化走廊、体育运动墙，让员工时刻接受理念熏陶。

（三）共筑安全文化园地

在班组活动室设置以安全知识、安全制度、典型事故、班组全家福、班组寄语等为内容的班组安全园地，培育班组群体安全价值观，不断提高班组安全管理水平。

（四）打造亲情文化墙

广泛发动职工群众，积极宣传安全文化理念，并收集职工家属幸福笑脸和安全寄语，在各班组和办公室建立职工家属照片及安全寄语墙，让职工时刻谨记家属安全叮嘱，履行安全职责，用亲情筑牢企业安全生产防线，形成职工、家属、企业共保安全的良好局面。

五、结语

安全文化建设是符合新时代企业可持续发展的需求，是企业安全生产工作的基础和灵魂，更是驱动企业健康发展的内在力量。企业只有持续推进安全文化建设与实践，创新方式方法，才能不断适应新形势下的安全管理，为企业的可持续健康发展提供坚实的保障。

"五安建设"培育高速公路特色安全文化

浙江温州甬台温高速公路有限公司　金学高　蔡世远　叶　冰　陈　炜

摘　要： 浙江温州甬台温高速公路有限公司通过基础强安、应急保安、宣教育安、管控促安、创新兴安"五安建设"，培育具有高速公路特色的安全责任文化、安全应急文化、安全宣教文化、安全标准文化、安全创新文化，促使安全管理水平得到质的飞跃，推动构建本质安全型企业。

关键词： 高速公路；安全文化；"五安建设"

一、引言

安全文化能唤醒企业对安全生产的高度重视，促使企业所有员工密切关注安全，有效提高员工安全意识和安全素质，形成人人"关爱生命、关注安全"的良好企业生产环境[1]。高速公路承载着方便人民群众出行、推动社会经济发展的重要职能，为确保高速公路的安全畅通、人民生命财产安全，高速公路运营企业需要不断加快安全文化建设[2]，减少安全生产事故的发生。

浙江温州甬台温高速公路有限公司（以下简称公司）是招商局集团下属公路板块的子公司，主要负责沈海高速（G15）温州段的经营、维护、管理、施救清障等项目，直接管理13个收费站所和3个服务区。近年来，公司从安全基础、应急管理、安全宣教、风险管控、安全创新五方面工作入手，通过基础强安、应急保安、宣教育安、管控促安、创新兴安"五安建设"，培育了具有高速公路特色的安全责任文化、安全应急文化、安全宣教文化、安全标准文化、安全创新文化，促使公司通过安全生产标准化建设一级达标认证，并获得多个省部级安全生产相关荣誉，推动构建本质安全型企业。

二、"基础强安"——夯实安全基础，培育安全责任文化

（一）健全安全生产责任体系

建立"网格化"安全生产责任制落实体系，成立公司安全生产委员会全面落实"党政同责"和"一岗双责"的组织机构。建立"一岗一责制"，制定公司安全生产组织和岗位责任清单，明确各单位岗位的安全责任，坚持"三个结合"制定安全生产责任书并层层签订到岗到人，一是与公司的安全生产年度目标结合，二是与安全生产标准化建设结合，三是与岗位安全责任结合，真正做到"一岗一责"。开展责任制落实检查，实施"一年一清单"机制，创建《重点工作任务责任清单》等"责任表"，任务责任方一目了然，一跟到底。

（二）健全安全生产制度体系

依托招商局集团的EHS管理要素，结合"国一级"安全生产标准化体系与职业健康安全管理体系要求，公司建立三层级的安全生产制度体系，一是制订安全生产例会制度、安全生产事故管理制度等17项安全制度，二是制订收费人员作业安全操作规程等一系列操作规程，三是制订重特大交通事故应急预案等8项应急预案与8项应急处置方案，并结合内外部环境动态对这些制度规程实时更新优化，加大安全制度规章与生产经营主线的融合，提高安全要求的可执行性，使业务工作与安全管理始终紧密结合，实现业务操作有标准、设备管理有标准、环境安全有标准、事件处置有标准，夯实安全生产管理基础。

（三）健全安全生产监管体系

建立全过程、全闭环式的安全生产监管体系，成立安全生产检查领导小组，开展与安全生产有关的检查、考核以及整改措施的落实监督工作，细化考核细则，优化完善安全生产考核体系。定期组织进行安全生产专项检查，全面指导监督各项安全措施落实落地，针对检查中发现的问题，安排专门机构、专门人员全过程跟踪整改进，做到闭环管理。每个单位配备兼职安全员，对日常安全工作进行监管，发挥党员示范岗、党员监督岗的先锋作用，促进党员亮身份保安全成为常态。组织员工上岗前按照岗位安全标准互查互检，弥补个人疏漏，实现

工作过程的实时监督。

三、"应急保安"——增强处置能力，培育安全应急文化

（一）建立清障施救"4快"模式

实行管辖道路施救效率改革，开启清障施救"4快"模式：构建覆盖全线、无死角的高清监控摄像矩阵——"天眼"系统，24小时不间断监控巡查，异常事件主动发现率达到80.5%以上，确保异常事件发现快；建立统一的监控调度指挥平台，实现监控调度员与清障施救人员扁平化、信息化对接，搭建"一路三方"沟通机制，确保事故处置调度快；增设清障施救驻点并合理布局在全线事故多发地段，将清障施救到达平均时间降至13.8分钟，确保事故处置到达快；与高速交警等部门顺畅交通事故处置沟通协调机制，实行事故处置分级评价机制，突出施救创新引入施救新工具，确保异常事件处置快。采取施救效率改革后，公司从接警开始到现场处置结束的事故处置时间由2013年的66分钟，降至2021年的30.6分钟，降幅达53.7%，极大提升应急处置水平。

（二）建立应急管理4大机制

一是建立24小时应急值守机制，组建应急救援专业队伍24小时应急值班值守，确保发生应急事件能第一时间赶往现场参与救援；二是建立突发事件信息报送机制，规范突发事件上报模板，完善优化信息报送流程，完善信息报送网络，确保信息的上传下达完好有效；三是建立应急物资储备机制，以"实战、实用、实效"为导向，每个单位设置应急物资储备库专供物资储备，规范应急物资登记台账，定期开展物资督查和盘点，设置专门经费每年定期对应急物资进行更换、新增，确保应急物资储备充足；四是建立应急预案演练机制，结合高速公路业务实际每年定期开展隧道安全事故、防台抗汛、服务区防盗抢等多类别的应急演练，做到一线员工参与率100%，使员工明确各自的职责分工，了解取得应急资源的途径，掌握信息上报的工作方法与程序，准确对事态进行评估并采取有效的应对和保护措施，将突发事件可能造成的损失降到最低点。

四、"宣教育安"——打造教育平台，培育安全宣教文化

（一）打造特色安全培训模式

一是创新"党建＋安全"培训模式，党委理论学习中心组定期传达安全生产文件精神，党委书记每年向全体员工讲授高速公路安全生产专题党课，各级党支部将安全生产融入党建训中，并结合单位实际创建"安全雁阵""红盾工程"等带有安全特色的党建品牌，通过党建来加强安全文化建设。二是创新"专业＋安全"培训模式，组织开展安全法律法规、长隧道值守、服务区疫情防控等专业培训，筑牢高速公路安全防线，举办收费员、监控员和清障施救队员专业技能比武，提高员工业务技能和系统维护能力，开展注册安全工程师培训，培养多名员工成为注册安全工程师。三是创新"现场＋安全"培训模式，开展应急救护、心肺复苏、消防灭火等现场培训，使人人皆可实操演练，进一步增强突发事件应对能力。此外，公司各级安全管理人员每年参加安全持证培训，确保持证上岗率达到100%。

（二）打造立体安全宣教平台

自主设计研发"隧道实操培训基地"和"隧道3D沙盘模型"宣教平台，均按照实际隧道等比例缩小，安装有照明系统、通风系统、交通控制系统、火灾报警系统、逃生系统等12套设备系统，设有风机、隧道灯光、电子情报板、逃生标志、横通门、消防箱等模型设施，可在不影响高速公路通行的情况下对业务人员进行隧道技能培训，还能开展高速公路隧道事故应急处置演习、重特大隧道交通事故复盘，面向社会宣传隧道安全知识。在收费所、服务区内部设置安全雕塑和安全文化墙，向员工普及近期的安全法规、安全知识，制作基于高速公路行业的安全漫画册、安全微电影、安全海报与安全简报，多方面宣传行业安全知识，展现公司安全生产状况，营造浓烈安全氛围。在收费所、服务区外部设置安全宣教与服务平台，组建安全宣讲队伍，向过往司乘集中宣传交通安全法律法规、高速公路行车安全、高速公路应急避险等安全知识，发放安全宣传资料，提供咨询服务，并组织安全宣讲队伍走进沿线的学校、乡村、社区、企业，宣讲安全出行相关知识，提升公众交通安全意识。

（三）打造班组安全文化建设平台

持续开展"安全班组"建设，通过每日班前安全例会、安全自查、经验交流、技术讨论等形式，提高班组员工安全意识，营造积极向上的安全文化氛围。组织班组员工参与公司各类安全主题活动，

参加安全知识竞赛，报名公司安全管理内训师讲课评比，进行安全事故警示教育学习，有效提高班组员工安全素质，达到人人懂安全、人人讲安全、人人会安全的良好局面，真正实现本质安全。同时每年对安全管理工作先进单位和先进个人进行表彰，通过树立安全标杆，使安全文化深入人心。

五、"管控促安"——强化风险管控，培育安全标准文化

（一）完善风险分级管控机制

构建双重预防机制，推动安全生产标准化建设，培育安全标准文化。首先通过确定风险点、风险辨识与分析、风险评价与分级、风险管控、风险告知五个步骤来完善风险分级管控机制。发动全员排查伴随风险的部位、场所、设备、设施或区域，编制风险点排查清单，确定每进行一项工作内容可能存在的危害类型及可能导致的后果，从人、物、环、管等方面，分析导致危害发生的途径及原因，采用LC法确定风险大小，将风险分为四个等级，针对不同的安全风险等级采取不同的管控级别，编制风险分级管控清单，同时定期开展风险分级管控更新工作，实时修订完善风险分级管控清单。除此之外，还在各站所设立安全风险公告栏，制作各个场所和岗位的风险告知卡、应急处置卡，让安全风险处置措施一目了然，实现风险可视化。

（二）完善隐患排查治理机制

通过隐患制度、隐患排查、隐患治理、持续改进四个步骤来完善隐患排查治理机制。公司建立隐患排查、告知（预警）、整改、评估验收等制度，将风险点、危险源列为隐患排查的对象，开展岗位班组日常检查、桥隧结构物专业性检查、季节性检查、重点时段检查等多类别隐患排查，明确隐患排查治理主体责任，做好记录形成隐患排查工作台账，设置专门机构、安排专业人员指导、监督责任人整改隐患，保障隐患整改投入，做到责任、措施、资金、时限、预案"五到位"。将隐患整改情况向员工定期通报，统计分析隐患排查治理信息，及时梳理、发现安全生产苗头性问题和规律，形成统计分析报告，改进完善当前安全生产工作。

除此之外，还组织"全员安全隐患排查"，设立"安全隐患曝光台"，开通"安全问题发现信箱"，调动全员参与排查安全隐患的积极性，提高隐患排查与安全动态管理水平。

六、"创新兴安"——加强科技投入，培育安全创新文化

（一）建立安全创新四大机制

一是建立安全创新经费机制，完善公司费用管理制度，规定每年在安全经费中专门设立安全创新经费，确保各单位安全创新费用得到切实保障；二是建立安全创新考核机制，将安全创新作为月度考核、年度考核的重要指标，对创新能力强、创新成果多的单位与个人在考核、评优评先中予以倾斜；三是建立安全创新奖励机制，设置安全创新先进单位奖项，针对在创新工作领域取得突出贡献的单位与个人发放奖金、荣誉证书，鼓励员工创新创造；四是建立知识产权申报机制，定期汇总各单位安全创新成果，公司统一向国家知识产权局申报专利。近年来推出了国内一流大流量高速安全保障智控平台、高速公路重点部位安全行车一体化管控平台、收费站入口交通一键管控系统、高速公路疫情防控车辆检查预警系统等诸多安全创新成果，2021—2022年共有10项成果通过专利审查，获得国家知识产权局授权，4项成果获得软著证书。

（二）建立"四新技术"应用机制

制订"四新技术"推广应用管理制度，成立"四新技术"推广应用小组，随时受理各级员工提出的先进技术试验，定期召开研讨会，学习分析行业相关的新技术、新材料、新工艺、新设备，并在道路、建筑施工养护过程中积极推广实施，以提高质量、缩短工期、降低消耗、增加效益。近年来公司率先完成高速公路三波护栏升级，道路两侧加装方钢护栏，有效增加防撞等级，运用碳纤维板等材料加固环山高架桥病患箱梁，使用高性能弹性混凝土修补桥梁桥面反射裂缝，运用路面沥青废料循环再利用技术解决大量沥青废料再处理问题，均有效提升道路行车安全、提高道路整体承载力和生命周期。安全创新4大机制与"四新技术"应用机制促使公司员工创新主动性、积极性高涨，形成了良好的安全创新氛围与安全创新文化。

七、结语

高速公路运营企业唯有时刻把安全生产工作提高到安全文化的高度，才能在减少安全事故的同时，为群众提供最好的公共服务。浙江温州甬台温高速公路有限公司从安全基础、应急管理、安全宣教、风险管控、安全创新五方面工作入手，通过"五安建设"培育了具有高速公路特色的安全文化,营造良好的工作氛围,真正贯彻了"安全第一,预防为主,综合治理"的方针,促使安全管理水平得到质的飞跃,推动构建本质安全型企业,为公众出行提供良好的安全保障。

参考文献

[1]祁勋.浅议高速公路管理企业安全文化建设[J].价值工程,2010,29(34):113-114.

[2]杨一杰.高速公路安全文化建设的创新思路[J].产业与科技论坛,2013,12(12):201-202.

充分发挥安全文化在企业高质量发展中的作用

——红柳煤矿"11621"安全管控模式的构建与实践探索

国家能源集团宁夏煤业公司红柳煤矿　封新明　刘俊嗣　杨颖琨

摘　要：煤炭是我国重要的能源之一，它不仅关系到我国的经济发展，也对我国能源发展有着重要作用。近年来，随着科学技术的不断发展，煤矿企业安全生产保障能力持续提升，但在安全管理方面仍存在较多短板和不足，煤矿安全形势依然严峻。针对国有煤矿企业安全生产形势，本文以红柳煤矿为例，总结并提出"11621"安全管控模式，从模式的构建和运行两方面探索煤矿安全生产长效机制。"11621"安全管控模式的实质及目标表现为：以一套安全管理理念文化为先导，以"6+2"具体举措为安全管理的运行机制，以"追求五零"为安全管理的最高目标，对矿井安全生产进行多层次、全方位的管理。

关键词：煤矿企业；安全文化；管控模式

安全生产事关人民群众的生命健康和财产安全，事关社会的和谐、稳定和发展大局，是实施可持续发展战略的重要组成部分，是政府履行社会管理和市场监督管理职能的基本任务，是企业生存和发展的基本要求。党和国家历来高度重视安全生产工作，提出和制定了一系列方针政策和重大措施，不断提高了全系统安全管理水平，适应了新形势的要求。

国家能源集团宁夏煤业有限责任公司红柳煤矿（以下简称红柳煤矿）位于宁夏回族自治区银川市灵武市马家滩镇境内。红柳煤矿井田面积79.55平方千米，资源储量21.86亿吨，可采储量11.88亿吨，设计生产能力800万吨/年，矿井于2007年开工建设，2008年通过国家发改委验收，与麦垛山煤矿（800万吨/年）配套建设1600万吨/年洗煤厂，煤种属于低灰、低硫、低磷、高热值的不粘结煤。矿井采用斜井、立井混合开拓，主要可采煤层10层，划分为3个水平，7个分区，共计22个采区。红柳煤矿先后获得"全国煤炭工业特级安全高效矿井""中国企业党建文化十强单位""全国安全生产标准化示范单位""自治区绿化模范单位"等荣誉称号。

红柳煤矿水文地质类型为复杂型矿井，受自然条件影响，存在顶板、水、火、煤尘等灾害，如不采取有效的防控措施，极易发生安全事故。一直以来，红柳人始终牢固树立安全红线意识，提高安全政治站位，把安全生产作为最大的政治任务、最大的社会责任、最大的企业效益、最大的员工福祉来定位，坚持标本兼治、综合治理、系统建设，积极探索着力构建"11621"安全管控模式：即明确一个愿景、培育一种文化；实施六大工程；推行两个机制、追求一个目标。坚决防范遏制各类事故发生，全力推动矿井高质量发展。

一、明确一个愿景：建设安全、高效、清洁、稳定高质量发展的标杆矿井

（1）安全发展：牢固树立安全理念，增强法治意识，落实安全责任，坚守"发展决不能以牺牲人的生命为代价"的红线，保障员工生命健康，保障企业安全发展。

（2）高效发展：坚持以效益最大化为目标，以价值创造为核心，以全面预算为基础，将精益化管理理念贯穿各项工作的始终，增强全员"内部市场化"意识，以更高的效率、更好的效益、更少的资源消耗实现管理目标，提升市场竞争力。

（3）清洁发展：坚持发展与生态和谐共进，践行"绿水青山就是金山银山"的理念，坚定不移地推进清洁能源企业建设。

（4）稳定发展：站在科学发展、可持续发展的角度，紧跟改革发展步伐，做到生产稳定、效益稳定、队伍稳定、发展稳定。

二、培育一种文化

安全文化是企业安全生产的灵魂，是企业全体员工对安全工作集体形成的一种共识,是实现安全长治久安的强有力的支撑。要充分发挥安全文化的导向、凝聚、激励和约束功能,逐步将安全文化理念渗透并根植于每位员工灵魂之中,成为员工共同接受的价值观念,内化于心、固化于制、外化于行。培育安全文化主要包括理念文化、制度文化、责任文化、行为文化及物态文化。

（一）理念文化

理念文化从意识形态层面,认识和把握安全管理的重点和关键,解决物的不安全状态、人的不安全行为方面的突出问题,实现本质安全。理念文化主要解决全员意识与认识问题,主要包括以下4个理念。

（1）不安全不生产,不达标不生产,不放心不生产。

（2）人人明责,人人担责,人人守责,人人保安。

（3）实施科技保安,推进"四化"融合。

（4）强化劳动组织,提升队伍素质,倡导快乐工作,共享发展成果。

（二）制度文化

制度文化的核心是强化安全责任,解决员工"上标准岗、干标准活"的问题。它主要包括以下五大制度。

（1）国家安全法律法规、条例。

（2）行业标准、安全风险预控管理体系。

（3）安全责任制、安全规章制度。

（4）管理标准、工作标准、技术标准。

（5）规程措施、作业流程。

（三）责任文化

通过构建"人人明责、人人履职、人人尽责、人人担当"的责任文化,努力营造一种负责任光荣、不负责任可耻的氛围,激发干部员工的责任感、使命感和担当精神,促进队伍建设上水平。责任文化主要包括如下五种责任。

（1）政治责任是统领,要增强政治意识,善于从政治上审视问题。

（2）发展责任是根本,要强化使命意识,主动作为,破解发展难题。

（3）安全责任是支撑,要强化安全管理,筑牢高质量发展的安全屏障。

（4）岗位责任是基础,要通过强化履职尽责促使各项工作高标准推进。

（5）廉政责任是保障,要着力构建"不敢腐、不能腐、不想腐"的体制机制。

（四）行为文化

行为文化主要包括以下三种行为。

（1）决策层做正确的事,精准施策。

（2）执行层正确地做事,精准执行。

（3）操作层精确地做事,精准操作。

通过正确引导员工行为、强制员工执行等途径,增强员工素质、提高员工执行力,做到遵章守纪,行为规范,人机协调,使所有员工在作业中实现"五个转变",即:从"要我安全"向"我要安全"转变;从"不敢违章"向"不愿违章"转变;从"被动服从"向"主动预防"转变;从"他律"向"自律"转变;从"自律行为"向"自觉行为",最终到"习惯行为"转变。

（五）物态文化

物态文化主要包括以下六大物态。

（1）合理的开拓系统。

（2）先进的工艺技术和设备。

（3）稳定的供电系统。

（4）顺畅的运输系统。

（5）完善的通风系统。

（6）齐全的避险系统。

通过安全物态文化的建设,加强"硬件"建设,最终建立一个本质安全的生产工作环境。

三、实施六大工程

为了保障矿井安全生产,从安全责任制落实、安全生产标准化建设、科技创新、教育培训、班组建设、党的建设等6个方面多元共治、齐抓共管,为矿井的安全发展奠定强有力的基础支撑。

（一）"安全生产责任"落地工程

（1）本着"党政同责、一岗双责、失职追责"和"管企业必须管安全、管业务必须管安全、管生产经营必须管安全"的原则,制定建立健全涵盖各层级、各部门和各环节的责任考核体系,并进行公示与培训,逐级签订安全责任书,不断激发各级人员和各部门在安全生产方面的积极性和主观能动性,实现安全生产延伸到哪里,责任体系就覆盖到哪里,横向到边,纵向到底,不留盲区、不留死角。

（2）实施"包保联保"责任制,生产科室对井下作业区域进行全覆盖"包头包面",非生产科室对安全教育进行"联责承包"。推行安全生产网格化、重点工程项目化管理,网格化定位,实现责任落实全覆盖。

（3）自上而下建立健全"机构职能明确、岗位职责清晰、考核追责并重、责任落实到位"的责任体系，按照一般、中等、重大三个事件等级实施责任追究，将责任追究由事后向事前延伸，以追责促担当，以追责促尽责，确保人人头上有指标，人人肩上有责任，推动管理责任、技术责任、联保责任全方位落实到位。

（二）开展"安全生产标准化+"行动工程

（1）把安全生产标准化建设作为保障安全生产的基础工程、生命工程和"一把手"工程，坚持一切围绕安全质量、一切服务安全质量、一切保障安全质量的管理要求，制定年度、季度达标创优规划，开展"安全生产标准化+"行动。

（2）突出机制保障，构建"矿级领导督导、职能科室监管、专业小组指导、基层区队实施"的"四位一体"安全生产标准化工作创建责任体系和管控格局；分专业抓好一个采面、一条巷道、一个硐室、一台设备，逐项推进"精品工程"创建，以点带面逐步推进矿井整体达标创优。

（3）成立专业化小组。建立由专业副总、职能科室专业技术强、现场经验丰富的干部，组成采煤、掘进、机电运输等专业化小组，主要针对现场工程质量、安全管理和文明生产进行管控，提高现场安全监管的时效性和覆盖面，有力强化了各专业标准化工作的管理和实施。

（4）推行"六个一"（一头一面、一跟班队干、一班组长、一安瓦员、一摄像头）现场管控模式。建立横向到边、纵向到底的网格化管理体系，各级管理人员按照业务分工，分片包保，明确落实网格安全管理责任。突出亮点带动，每月开展优胜区队和标准化亮点工作评比，以正面激励为主。突出动态考核，标准化实行周计划、周验收、月考评，设置动态考核系数，形成"赛马"效应，奖优罚劣。

（三）"科技保安"智慧工程

以"大调度指挥、集约化管理、自动化生产、智能化运行"为目标，推动"四化"融合发展，构建"4G网络+万兆环网"传输通道，发挥"融-监-管-控"一体化协同效应。

（1）加快智能化建设。大力实施信息化等系统升级，积极推进井下采区水泵房、地面换热站自动化系统、副立井提升系统和主煤流运输系统的无人值守项目改造，井下主排水、中央变电所等6个井下硐室和矿井主扇、空压机等6个地面机房实现无人值守。

（2）探索应用"智能视频控制技术"实现主运输系统自动化集中控制"一键启停"，研发应用智能视频防纵撕保护，为主运系统无人值守奠定了基础。

（3）深入研究应用自动化采煤技术，经过持续创新改进，已实现机头机尾采煤机全自动斜切进刀、液压支架跟机快速移架推溜、工作面设备视频监控及集中控制、机头机尾三角煤工艺、液压支架全工作面双向全截深自动化跟机等技术，实现了综采自动化开采工艺的常态化应用。

（四）"党建+培训"提升工程

（1）以提升全员业务技能水平为抓手，结合生产实际和培训工作实际，以"党建+培训"为载体，从需求出发，以实用为主，探索适合矿区党建、安全生产等特色课程。

（2）聚焦适用管用，突出精准施策，将"红柳大讲堂"培训活动贯穿全年，大力实施了"精准化"技能提升工程。秉持精准练兵的原则，根据年度工作任务、员工技能状况以及业务技能方面的薄弱环节，以培养适应矿井急需紧缺的技术能手和优秀人才为目标，有针对性地制订岗位练兵安排，开展有特色、有亮点的大练兵活动。围绕"安全、质量、服务"的主题，开展"以师带徒、岗位成才"主题活动，坚持按照"缺什么补什么"的原则安排师徒组合，实行一带一或一带多的方式进行岗前培训和岗中传、帮、带，形成阶梯式人才培养模式。

（3）积极探索"互联网+培训"模式，构建"纵横交错、双向互动、空间联动"的开放式培训格局，推动培训工作由传统向现代转变、由单向向互动转变、由封闭向开放转变。联合软件开发公司将微信答题平台升级为"学习强国"模式，以煤矿安全知识、各专业管理知识、操作技能提升等为主要学习内容，以每天学习积分，每月统计评比开展活动，让学习成为习惯。

（五）"五型班组建设"细胞工程

（1）安全型班组建设：以创建安全生产标准化示范班组为抓手，扎实开展"三无"（无违章、无违纪、无事故）班组劳动竞赛活动，不断提升现场安全生产标准化水平。

（2）学习型班组建设：认真学习法律法规、岗位标准作业流程、危险源辨识、应急管理等技能培训，通过"师带徒""传帮带"等形式，加强班组后备人才培养和提拔使用管理，促进员工学技术、钻业务、练本领、提素质的学习氛围。

（3）质量型班组建设：以开展QC小组活动为契机，充分发挥班组成员技能水平，不断提高工程质量，降低成本，改善工作环境，创建安全生产长周期。

（4）创新型班组建设：以劳模创新工作室为核心，创建职工创新小组和创新岗，积极推广依靠劳模带动职工参与的科技创新工作，推动矿井安全、高效发展之路，不断增强企业核心竞争力。

（5）幸福型班组建设：贯彻以员工为中心的发展思想，强化班组民主管理，畅通员工成长成才通道，共享劳动成果，加强人文关怀，不断增强职工的归属感、获得感、幸福感。

创建安全型、学习型、质量型、创新型、幸福型五型班组，达到员工自律、班组自主、区队自治管理模式，激发了班组比学、赶、帮、超的动力，有效夯实了班组建设管理基础。

（六）"党建引领业务"融合工程

（1）突出政治统领，提供安全政治保障。切实推进党建工作与业务工作的深度融合，持之以恒加强党的领导党的建设，强化干部人才队伍建设，打造先进文化软实力，持续提升矿井影响力和美誉度，为建设高质量发展标杆矿井提供坚强政治保证。

（2）突出思想教育，凝聚安全共识。充分发挥各级党组织思想政治工作优势，坚持把宣传教育和思想动员作为安全生产的第一道工序，融入安全管理过程中，切实加强对员工的管理与教育，增强每一个员工的安全意识，实现从"要我安全"到"我要安全"的意识转变。

（3）突出组织领导，凝聚安全动力。围绕做实"五个标准化"，深入推进星级标准化党支部创建，全面开展"夺旗争星"党建品牌创建活动，逐步形成独具特色的"安全放心工程""三级联动保安全"等党建品牌；紧贴安全生产实际开展"社会主义是干出来的，幸福是奋斗出来的"系列主题实践活动。

（4）突出群团建设，多元共治保安。坚持党建带工建、带团建，开展好党员先锋工程、工会群安工程、团委青安工程、党建项目工程，发挥好基层党组织的战斗堡垒作用和党员先锋模范带头作用。扎实开展"安康杯"竞赛、"青安岗"创建、"零点行动"和"巾帼建功"活动，服务安全生产。

四、深化"风险预控+隐患排查"双重预防机制和"最美红柳人"正向激励品牌机制

（一）深化"风险预控+隐患排查"双重预防机制

（1）抓细风险预控管理。抓住危险源辨识、风险评估、风险控制和风险预警四个环节：闭环贯通，做到人、机、环、管四个要素最佳匹配，使危险源实时处于受控、可控的状态。

（2）抓实隐患排查治理。严格执行隐患排查治理"五步法"。一查：落实全员查隐患；二改：对查出的问题或隐患，由责任单位按"五定"原则进行整改；三督办：主要隐患实行挂牌督办，由各责任单位负责具体整改，由安全管理科监督落实；四验收：由检查人员、责任单位、督办人员共同进行现场验收，实行PDCA闭环管理；五销号：主要隐患及重大隐患实行销号管理，对当时难以消除的隐患，及时制定管控措施，将隐患控制在受控范围之内，当隐患消除后进行销号管理。

（3）抓牢不安全行为管控。首先教育员工安全作业，远离违章。其次要加大对不安全行为查处力度，对查出的不安全行为人员实行积分管理、经济处罚及亮相处罚，使其引起警觉。最后要做好不安全行为员工的培训、矫正工作，使员工认识到不安全行为的危害性，上标准岗，干标准活。

（二）推行"最美红柳人"正向激励品牌机制

煤矿企业的发展，需要充分发挥员工的激情，激发干部员工干事创业的热情，从物质激励、精神激励、成长激励入手，多管齐下调动起员工工作的积极性，全面提高员工的工作主动性，减少安全事故的发生，提高劳动效率。

（1）精神方面：通过开展"全员家访"，评选最美安瓦员、最美副队长等最美红柳人等方式激发干部员工干事创业的热情，增强广大员工的荣誉感、幸福感。

（2）物质方面：通过评选安全区队、优胜班组、亮点工程、发放赞扬卡等奖励方式，发挥安全管理的主观能动性，使员工获得满足感、获得感，以激发员工的创造力和执行力，从而提高矿井的劳动生产率和工作效率。

（3）成才方面：通过劳务工转正、公开选拔班组长、岗位职级晋升等方面满足员工的认同感、成就感，从而激发员工创新争优、奋力赶超的积极性和主动性。

五、追求一个目标

（1）生产稳定"零干扰"："零干扰"是人性化管理的需要，是尊重劳动者，把劳动者真正视为企业主人的重要方式之一。在具体的生产管理中，既要严格要求员工遵守各项规章制度，又要信任员工的具体工作付出，促使员工在工作中集中精力做好本职工作，精心从事安全生产工作。

（2）安全运行"零事故"：始终坚持"安全第一"的思想，做到严、细、勤、实，严格按安全规程办事，对安全生产每一个环节都检查到位，不漏过一个疑点，不放过一个死角，不疏忽一个细节，消除隐患，避免事故的发生。

（3）员工人身"零伤害"：强化安全生产意识，严格履行岗位职责，形成良好的安全素养，自己不违章，严格抵制他人违章，严查狠反"三违"，全力推进"零伤害"目标的实现。

（4）清洁发展"零事件"：把清洁发展摆上重要日程，倡导清洁文明的生产生活方式，加强环境保护，实现经济又好又快发展。

（5）职业健康"零发病"：把职业健康安全当作重点工作来抓，坚信一切事故都可以预防，全面做好职业健康安全工作，并将这一理念贯穿到员工心中。

安全工作只有起点，没有终点。全矿上下坚持深入贯彻落实习近平总书记有关安全工作的一系列重要指示精神，牢固树立红线意识、责任意识，紧盯安全、清洁、稳定运行不松劲，以更加坚定的决心，更加有效的措施，更加扎实的工作，努力开创安全生产发展新局面，为建设"三个面向"新宁煤作出积极贡献。

基于中华水文化的水利企业安全文化体系构建研究

1. 东营利民水利工程维修养护有限公司　　2. 东营市水利灌溉服务中心
3. 山东君安注册安全工程师事务所有限公司　　4. 滨州学院安全文化研究中心

马国锋[1]　张　腾[2]　徐小兵[3]　周江涛[4]

摘　要：水利工程的重要性和特殊性很大程度上决定了新时代水利企业安全文化体系构建的必要性和紧迫性。中华水文化在兴水利、除水害的历史发展进程中传承了优秀的安全基因，为水利企业安全文化的研究和建设奠定了坚实的基础。本文在此基础上，界定了水利企业安全文化内涵和外延，构建了《水利企业安全文化建设导则》和《水利企业安全文化建设评价准则》，并结合实践验证了其可行性，立足水利企业实际指出应用中需要注意的问题。

关键词：中华水文化；水利企业；安全文化体系

一、中华水文化中的安全基因

水对人类的生存与发展至关重要，它是生命之源、生产之要、生态之基。在中华民族悠久的文明发展进程中，兴水利、除水害一直占有重要的篇幅和地位。华夏五千年孕育了底蕴深厚、博大精深、源远流长的中华水文化。大禹治水是人们耳熟能详的中国古代治水神话。大禹始终坚定治水信念，充分发挥自己的聪明才智，广泛发动民众齐抓共管，善于从鲧治水的失败中汲取教训，面对凶猛的洪水变"堵"为"疏"，长年与百姓一起奋战在治水第一线，不怕吃苦、乐于奉献，三过家门而不入，历经13年，呕心沥血，完成了千古流芳的治水大业，从而铸就了中国古代优秀的中华水文化。闻名于世的都江堰是秦昭王后期的郡守李冰在总结前人治水经验的基础上，组织带领岷江两岸百姓共同修建的，它以无坝引水为主要特征，是我国历史悠久、最具代表性的宏大水利工程。都江堰修建过程中形成的"深淘滩，低作堰"六字诀，"遇弯截角，逢正抽心"八字格言，三个版本的治水三字经，以及为有效管理维护都江堰的运行而设立的堰官、岁修制度等，都属于中华水文化的范畴。长江三峡工程是我国治理、开发和保护长江的关键性骨干工程，是当今世界最大的水利枢纽工程，主要有防洪、发电和航运三大效益，其中防洪被认为是三峡工程最核心的效益。三峡工程建成后，其巨大库容所提供的调蓄能力将能使下游荆江地区抵御百年一遇的特大洪水，也有助于洞庭湖的治理和荆江堤防的全面修补。三峡工程经过半个世纪的争论，进行了反复的科学论证，取得了丰硕的研究和建设成果，并且得到了百余万移民的理解和支持，堪称现代中华水文化的代表之作。

回顾中华水文化的发展史，时刻离不开对水的兴利除害，其核心问题就是人的安全，安全是中华水文化的基因。通过典型案例分析可以看出，中华水文化中的安全基因主要包括以下几方面：一是安全理念层面，人们有了除水害的安全意识，进而形成坚定的安全理念，需要通过治水保证人的安全；二是安全制度层面，从治水实践中总结归纳经验教训，形成系列制度范本，以期实现对水的长治久安；三是安全物质设施层面，因地制宜，充分利用现有资源修筑治水设施，解决实际的水害问题，在此基础上再对其加以利用；四是安全行为层面，治水的设计和操作者能够乐于奉献、率先垂范等。古往今来，中华水文化中的安全基因得到了有效的遗传，也为现代水利企业的安全文化培育和建设奠定了坚实的基础。

二、水利企业安全文化体系构建

企业安全文化是企业不可或缺的，水利企业的安全发展同样离不开安全文化。笔者基于对中华水文化的研究以及在多家水利企业开展安全文化体系构建及实施的经验总结，结合《企业安全文化建设导则》（AQ/T 9004—2008）及《企业安全文化建设评价准则》（AQ/T 9005—2008），将水利企业安全文化划分为理念文化、行为文化、设施文化和形象文化，其层次结构如图1所示。

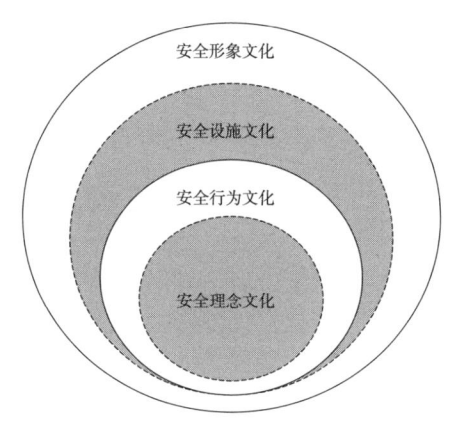

图1 水利企业安全文化的层次结构

（一）水利企业安全理念文化

水利企业安全理念文化是指水利企业在安全管理包括安全教育培训过程中，经过长期潜移默化，在企业中形成并为企业领导和员工共同信守的"看不见、摸不着"的安全基本准则、安全观念和安全标准等一系列安全意识形态的集中反映。作为水利企业安全文化体系的核心层，它指导和支配员工的安全行为，无时无刻不通过物质形态表现出来，是水利企业安全文化的核心和灵魂，是安全文化建设的主题，决定了水利企业安全文化建设的主线。水利企业安全理念文化主要通过安全观念、安全承诺和安全战略等得以体现，具体通过安全价值观、安全责任观、安全愿景和安全使命等三级指标的建设得以实现。

（二）水利企业安全行为文化

水利企业安全行为文化作为水利企业安全文化的外显层，通常是指在水利企业安全理念文化的指导下以及在安全制度文化的约束下，员工表现出的一言一行和一举一动。它既是企业安全理念文化的反映，同时又作用于并改变安全理念文化。它是水利企业安全价值观的折射，包括安全规章制度制定、安全报告与建议等，具体通过安全行为准则、安全检查、安全知识、安全技能等得以体现，直接反映水利企业安全管理水平，在很大程度上决定了企业安全管理效能。

（三）水利企业安全设施文化

水利企业安全设施文化是指在生产经营过程中，通过自制或必要投入而配备的保障企业安全生产、保护员工健康安全的设施设备和防护用品等物质要素总和。它处在水利企业安全文化体系的表层，"看得见、摸得着"，通常以实物形态显现于外，具有很强的创建性和可执行性，折射出的是水利企业的安全理念、战略和作风等。具体通过作业场所、建筑设施、机器设备和安防设施等得以体现，往往需要大量投入，但不可或缺、成效显著。

（四）水利企业安全形象文化

水利企业安全形象文化是安全教育培训与管理最为直观和外显的表现形式。它依赖于一定的硬件设施和环境，通过个性化、系统化的视觉载体使水利企业的安全价值观得以直观体现，对内提高员工安全心理素质，对外彰显企业安全形象，具体通过宣传载体和内外部环境等得以体现。有些安全文化体系健全、安全文化建设成效显著的企业甚至将安全形象文化设计为logo或者提炼为家喻户晓的口号。

三、水利企业安全文化体系应用及说明

水利企业安全文化体系构建只是企业安全管理的一个环节或者说一种方式，绝非最终目的；其中一个很重要的目的是以此为依据构建水利企业安全文化建设评价指标体系，赋予各项指标权重并评价企业安全文化建设的成效。水利企业安全文化的层次结构性，不仅体现了水利企业安全文化各构成要素的重要性，在很大程度上也直接规定了水利企业安全文化建设路径以及水利企业安全文化建设评价的步骤和内容。表1所示即是笔者根据多年的探索，以某水利企业为例，构建的企业安全文化建设评价指标体系。

通常而言，利用构建的水利企业安全文化体系不仅可以对同一企业进行纵向比较，分析不同时期该水利企业的安全文化建设内容及其成效；还可以对同一时期不同单元的安全文化建设成果进行横向比较，分析安全文化建设的领先之处，尤其是差距和不足，进而明确今后安全文化建设的针对性指标，也即努力方向和任务。

需要指出的是，水利企业安全文化体系构建目前还处于探索阶段。还需特别强调的是，每家水利企业的安全管理理念不同，所处的发展阶段不同，面临的主客观环境不同,其安全管理方法和措施等可能相同,也可能大相径庭。因此,没有千篇一律和一成不变的水利企业安全文化体系。水利企业安全文化体系应切合企业实际,同时,也要随着企业主客观条件的变化而进行微调甚至是全部推翻重新构建。

表 1 某水利企业安全文化建设评价指标体系

一级指标	权重	二级指标	权重	三级指标	权重
安全理念文化	0.28	安全观念	0.38	安全价值观	0.56
				安全责任观	0.44
		安全承诺	0.19	安全承诺书	0.63
				安全口号	0.37
		安全战略	0.43	安全愿景	0.17
				安全使命	0.28
				安全工作目标	0.17
				安全工作方略	0.39
安全行为文化	0.40	制度制定	0.13	安全制度	0.63
				应急预案	0.37
		安全报告与建议	0.13	安全报告	0.63
				安全建议	0.37
		制度考核	0.23	安全检查	0.50
				安全责任追究	0.50
		行为保障	0.23	安全教育培训	0.64
				安全管理保障	0.36
		行为体现	0.26	安全知识	0.44
				安全技能	0.56
安全设施文化	0.15	安全配备	0.35	作业场地	0.38
				人员经费	0.62
		设施设备	0.65	建筑设施	0.20
				机器设备	0.33
				安防设施	0.47
安全形象文化	0.17	形象体现	0.60	宣传载体	0.47
				美化设施	0.33
				安全手册	0.20
		安全环境	0.40	内部环境	0.70
				外部环境	0.30

参考文献

[1] 徐德蜀,邱成. 安全文化通论 [M]. 北京:化学工业出版社,2004.

[2] 罗云. 安全经济学 [M]. 北京:化学工业出版社,2010.

[3] 王晶. 水利生产经营单位安全文化体系建设 [J]. 小水电,2020(6):63-64.

[4] 傅贵,何冬云,张苏,等. 再论安全文化的定义及建设水平评估指标 [J]. 中国安全科学学报,2013(4):140-145.

[5] 周江涛,董芳. 和谐社会构建中的企业安全文化建设研究 [J]. 中国安全科学学报,2008(5): 82-86.

[6] 贺骥,张闻笛,王帅,等. 水利单位安全文化建设内涵及体系构建 [J]. 水利发展研究,2017(9): 18-21.

坚持党建引领，推进中国特色民机主制造商安全文化建设

上海航空工业（集团）有限公司　孙安宏　叶世雄　李　强　纪蕴珊

摘　要：本文以中国商用飞机有限责任公司的安全文化建设为例，对中国特色民机主制造商的安全文化建设过程进行了研究和分析，包括安全文化内涵、安全文化建设路径以及安全文化评价方法等。

关键词：安全文化；四位一体；两大属性；十项要素；发展阶段模型；成熟度评估

一、引言

党的十八大以来，以习近平同志为核心的党中央高度重视安全生产工作，作出一系列重要论述，立足新发展阶段、贯彻新发展理念、构建新发展格局对安全生产工作提出新的更高要求，除了要始终坚持人民至上、生命至上，同时还要统筹好发展和安全两件大事，实现更高质量、更为安全的发展。

近年波音的737MAX事故及近期发生的"3·21"东航MU5735航空器飞行事故再次为我们敲响了警钟，航空业面临前所未有的压力。作为中国民用航空产业的重要一员，中国商用飞机有限责任公司（以下简称中国商飞公司）更加深刻认识到安全对于民机和民航的极端重要性。而安全文化作为公司安全发展深厚、持久的软实力，其重要性不言而喻。因此中国商飞公司于2022年7月正式发布《中国商飞公司安全文化建设三年行动计划》，全面系统地推进公司的安全文化建设，培育全员安全素养，确保"飞机"和"人员"两大核心安全。

二、安全文化内涵

中国商飞公司自2008年成立以来，先后开展了ARJ21新支线飞机、C919大型客机、CR929宽体客机研制工作，始终将质量安全放在首位，始终视质量安全为生存发展的基础之基础、关键之关键、核心之核心，逐渐形成了"生命至上，安全第一，安全永远第一"的安全观和"风险零失控，隐患零容忍，人员零伤亡，飞机零事故，监督零死角"的安全目标。

"生命至上，安全第一，安全永远第一"："敬畏生命"作为"三个敬畏"的首位，体现了民航行业的价值追求；同时安全也是大飞机事业的底线、红线和生命线，不论任何情况下都要把安全放在首位，将安全贯穿大飞机的全生命周期。

"风险零失控，隐患零容忍，人员零伤亡，飞机零事故，监督零死角"：切实落实习近平总书记"确保航空运行绝对安全，确保人民生命绝对安全"的指示、风险分级管控和隐患排查治理双重预防机制的要求；同时充分发挥公司安全管理部门的监督作用，防患于未然，将危险遏制在萌芽状态。

同时，中国商飞公司经过14年的发展建设与探索实践，将安全的本质特性归纳总结为"两大属性"和"十项要素"，如图1所示。

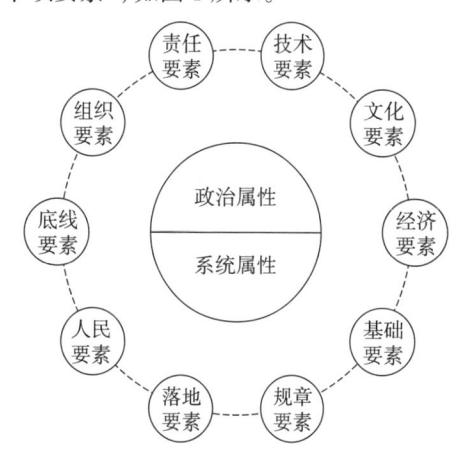

图1　安全的"两大属性"和"十项要素"

政治属性：讲质量安全就是讲政治讲生存，从讲政治的高度将安全工作作为头等大事来抓、作为生命线来守护。

系统属性：公司安全工作覆盖民机全生命周期各

阶段，范围广、业务性强、专业技术要求高，只有做到系统化，安全水平才能更具稳定性、长期性。

底线要素：要善于运用底线思维的方法，凡事从坏处准备，努力争取最好的结果。

组织要素：组织工作管着思想，管着干部、组织、人才，是安全生产大局坚强的保障，必须切实强化安全工作中的党建引领、干部支撑、组织带动、考核推动等抓手。

责任要素：坚持"三管三必须"，健全全员安全生产责任制，将安全责任纳入岗位职责，明确人员资质，制定岗位安全规程与作业安全规程。

技术要素：运用工程技术手段消除物的不安全因素，是实现生产条件和飞机系统"本质安全"的根本途径，是风险管控最有效的措施。

文化要素：安全文化是安全工作传承巩固创新的精神链条、精神养分、精神力量，是公司安全高质量发展最深厚、最持久、最广泛的软实力。

经济要素：安全具有"拾遗补缺"与"本质增益"两大经济功能，即安全一方面能够减少事故、减轻损害、保护财产，减少负效益，另一方面能够保障劳动生产、维护经济增长过程，创造正效益。

基础要素：安全是民航业的生命线，安全是公司生存发展的基础之基础，没有安全就没有公司的发展。

规章要素：适航规章是在一次又一次血的教训上总结而成的，是一次次航空事故原因分析总结后的针对性规定，符合规章是产品安全的最低要求。

落地要素：安全制度的生命力在于执行。各项安全制度制定了，就要立说立行、严格执行，不能说在嘴上、挂在墙上、写在纸上，而应落实在实际行动上、体现在具体工作中。

人民要素：安全生产工作以人为本，坚持人民至上，生命至上，把保护人民生命安全摆在首位。以人为本，要做到安全工作为了人，干安全工作依靠人。

三、安全文化建设路径

面对新形势、新挑战、新任务，中国商飞公司进一步认识并激发文化的力量，在企业价值理念和行为导向层面，引导和凝聚安全的全员合力，统筹好安全与发展，防范化解各类风险隐患，筑牢大飞机安全发展屏障。通过贯彻国家标准和行业标准，参照国际标准，立足公司实际，坚持党建引领，打造"理念、制度、行为、环境"四位一体的安全文化体系，如图2所示。

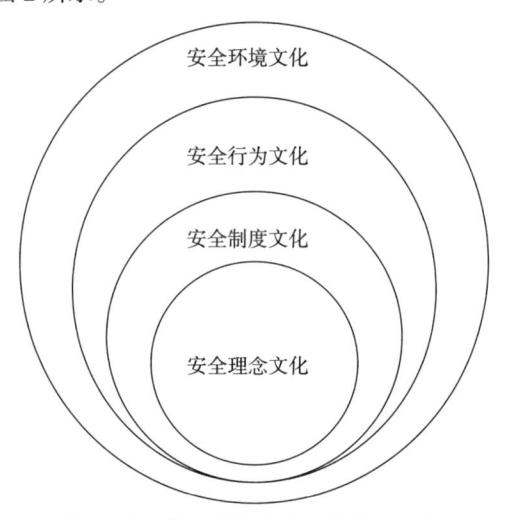

图2 "四位一体"安全文化体系框架

（一）基本原则

1. 坚持党建引领

坚持公司党委对安全文化建设工作的领导，充分发挥基层党组织在安全文化建设工作中的战斗堡垒作用和党员的先锋模范作用，落实公司安全文化建设工作部署和要求。同时发挥公司纪委、大监督委员会对安全文化建设的监督作用，保障公司安全文化建设措施落地。

2. 坚持以人为本

牢固树立"发展为了人民，发展依靠人民"的理念，把培育安全文化、提升安全水平作为保障员工生命和飞机安全、乘客安全的最重要内容；把员工视为公司安全文化的主体和首要因素，注重发挥人的主观能动性，以提高员工的整体安全素质。

3. 坚持对标一流

紧贴民机主制造商特色，参照国际标准、对标行业最优实践，立足公司安全文化建设现状，以安全管理体系（SMS）为重要依托，聚焦"飞机"和"人员"两大核心安全，塑造严实、稳健的公司安全文化。

4. 坚持系统思维

正确处理安全与发展、文化建设与体系建设的关系；通过系统工程将安全文化建设融入型号研制全生命周期；整体推进"四位一体"的公司安全文化体系建设，实现公司安全高质量发展。

（二）具体方法

1. 安全理念文化建设

（1）持续建设和完善全员认同、具有公司特色的安全理念，包括安全观、安全愿景、安全使命、安全目标等。公司员工根据岗位特点与性质开展个人安全承诺，做到上下同频共振、同向发力。

（2）发挥理念引领作用。参照国家和行业评价标准，评估各单位、团队在工作谋划、制度完善、绩效考核、奖励问责等方面贯彻公司安全理念情况；同时评估公司安全理念在个人安全意识、安全行为养成中的作用。

（3）开展公司安全文化的传播载体建设。发挥媒体作用，建立全方位、立体式、覆盖以飞机全生命周期为链条的全员、全域的传播网络，营造良好舆论氛围，提高公司安全理念文化知晓率和认可度，广泛凝聚共识。

2. 安全制度文化建设

（1）按照"三管三必须"的要求，落实全员安全生产责任制，完善并公开承诺《安全生产责任书》。借助公司"两张地图"建设，聚焦"岗位职责"和"过程责任"落地，明确安全要求，做到"有岗必有责、有责必落实"。

（2）夯实安全风险分级管控和隐患排查治理双重预防机制。建立分类分级分层危险源库。以"大概率思维防范小概率事件"，赋能公司应急管理体系建设，完善应急预案，开展应急预案培训和演练。

（3）持续推进"以SMS为核心，HSE和安全生产标准化为补充的COMAC安全管理体系"建设，构建"一本手册、一套程序"的一体化安全制度体系。识别各体系融合之间的风险，完善岗位安全规程与作业安全规程。

3. 安全行为文化建设

（1）高度重视员工提出的安全建议，简化举手问题处置流程。实施有效的安全奖惩办法，把外在强制要求转化为员工内在的自我约束。建立不同岗位的分级分类培训机制，有针对性地开展全员安全培训，加强员工对安全行为意义的认识，提升员工的安全技能。

（2）各级人员通过安全承诺、安全行为观察、安全作风负面清单、安全行为准则、团队安全文化建设等方面为每位员工形成自觉的安全行为创造良好的环境和约束条件，并规范各层级人员的安全行为。

（3）完善安全绩效考核和安全奖惩制度。在公司内形成"主动学习、主动培训、主动报告"的主动安全氛围。鼓励员工对安全问题保持警觉，优化主动报告途径，完善员工主动报告机制、严格保密制度和问题处理机制，配套奖励措施。

4. 安全环境文化建设

（1）确保生产现场符合职业卫生和安全生产条件、安全防护设施有效和应急物资储备，巩固公司安全生产专项整治三年行动成果，持续对标提升；参照6S和精益现场建设要求，推进统一化、规范化的精益生产现场建设，建立人、机器与环境相互和谐的关系。

（2）巩固安全标志的视觉标准化应用成果，加强现场责任区域、风险分布、安全提示、应急路线等目视化，现场管理规范化，物资摆放定置化，库区管理整洁化建设，促进风险控制措施的标准化和可视化。

（3）突出行业和公司特点，建立安全文化阵地、安全文化展厅，营造积极的安全学习环境氛围；组织开展"安全生产月""消防月"等品牌活动，利用多元载体，吸引全员参与安全改进，让安全成为全员关注的焦点，打造安全文化品牌活动。

（4）发挥工会"群策群力"作用，充分鼓励和发动员工广泛参与公司的设计优化、工艺优化、管理创新等工作，营造崇尚安全技术创新的良好氛围，凝聚起公司全员技术创新的力量，利用先进科技手段作支撑，提升生产装置、飞机系统"本质安全"。

四、安全文化建设评价方法

中国商飞公司在开展安全文化建设过程中，通过研究建立公司安全文化发展阶段模型和开展公司安全文化成熟度评估的双重方式来开展公司安全文化建设的评价工作。

（一）建立安全文化发展阶段模型

中国商飞公司为了推进可测量、可考核的公司安全文化建设标准，开展了安全文化发展阶段模型研究工作。在参考了IAEA安全文化发展三阶段和杜邦公司安全文化发展四阶段的基础上，同时基于对公司安全文化建设工作的研究，将公司安全文化发展划分为三个阶段，分别是被动式阶段、主动式阶段和预测式阶段，并分别从"四位一体"的角度明确了三个阶段相对应的具体衡量特征，提出了具有中国商飞公司特色的安全文化发展阶段模型，如图3所示。

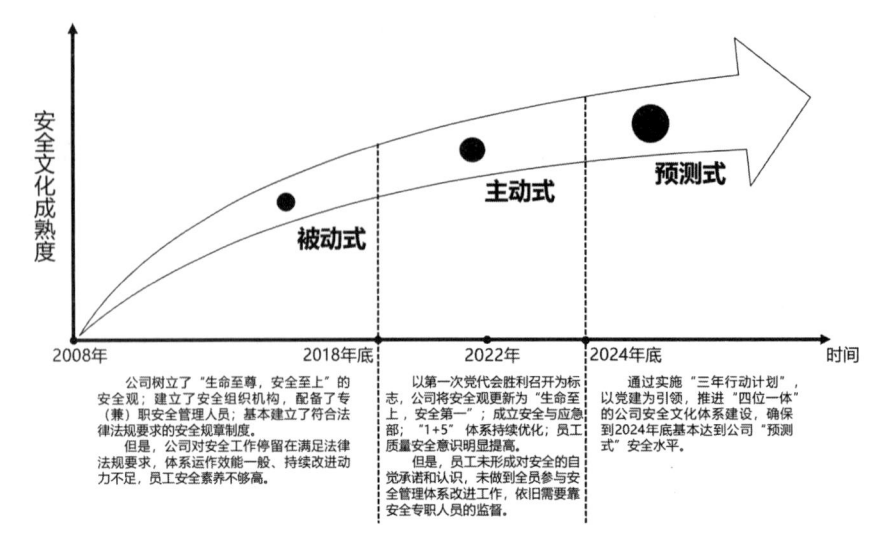

图3 中国商飞公司安全文化发展阶段模型

（二）开展安全文化成熟度评估

在参考中华人民共和国应急管理部《安全文化示范企业创建评价管理实施办法》（征求意见稿）和《上海市安全文化建设示范企业评定标准》的基础上，同时结合中国商飞公司发展实际，编制完成了《中国商飞公司安全文化成熟度评估表单》，并在全公司范围内开展了公司安全文化成熟度评估的问卷调查活动，活动期间累计收集调查反馈问卷1.3万多份，员工覆盖率约为66%。根据上述反馈问卷，对反馈结果进行深入统计分析，编制完成《中国商飞公司安全文化成熟度评估调查问卷结果分析报告》，分析了公司安全文化现状和存在问题，并为公司的安全文化建设工作提供理论支撑。

图4为中国商飞公司安全文化成熟度调查问卷填写进度变化情况。从图中可以看出，有3个较为明显的问卷数量增长点，分别为5月1日、5日和7日。究其原因，除了调查问卷活动的知晓度逐渐提高之外，很大程度还有赖于各单位领导开始关注本单位的调查问卷填写情况并积极推动，自上而下地组织员工开展新一轮的调查问卷填写。

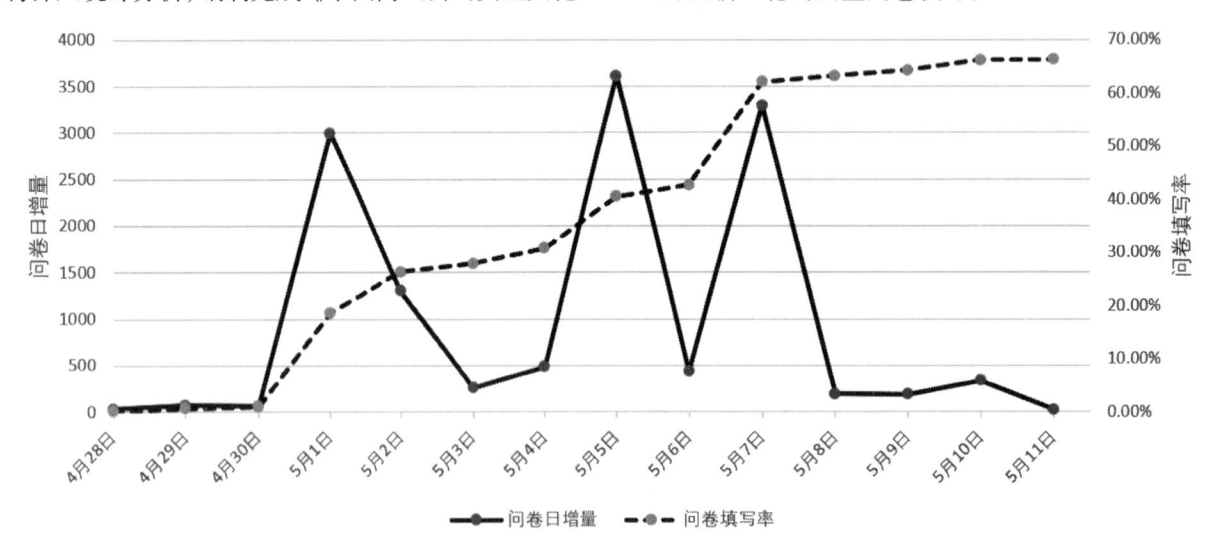

图4 中国商飞公司安全文化成熟度调查问卷填写进度情况

图5为中国商飞公司安全文化成熟度评估调查问卷评分与调查问卷份数之间的对应关系。收集到的调查问卷中所有选项选择完全相同（分别对应0分、25分、50分、75分和100分）的共有8062份，此类问卷约占问卷总数量的61%。同时进一步对每份调查问卷的填写用时情况进行分析，发现大部分调查问卷的填写用时在3分钟之内（180秒），这部分问卷数量约占问卷总数量的70%，如图6所示。

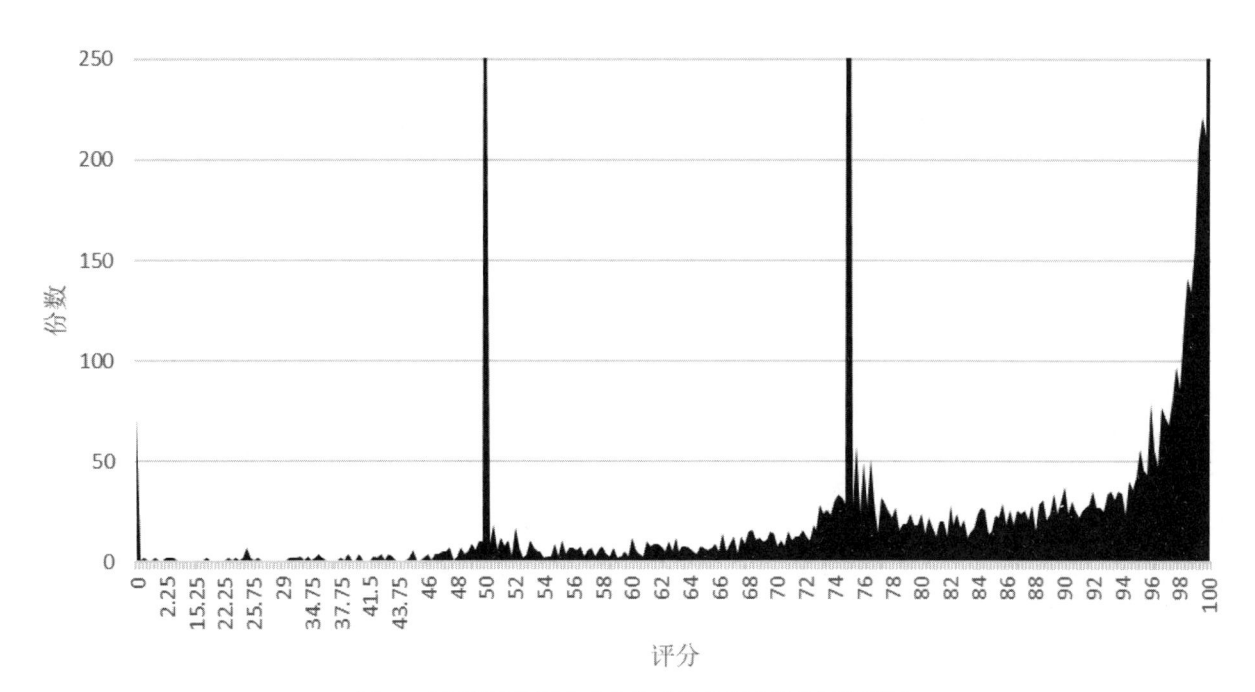

图 5　中国商飞公司安全文化成熟度调查问卷评分情况

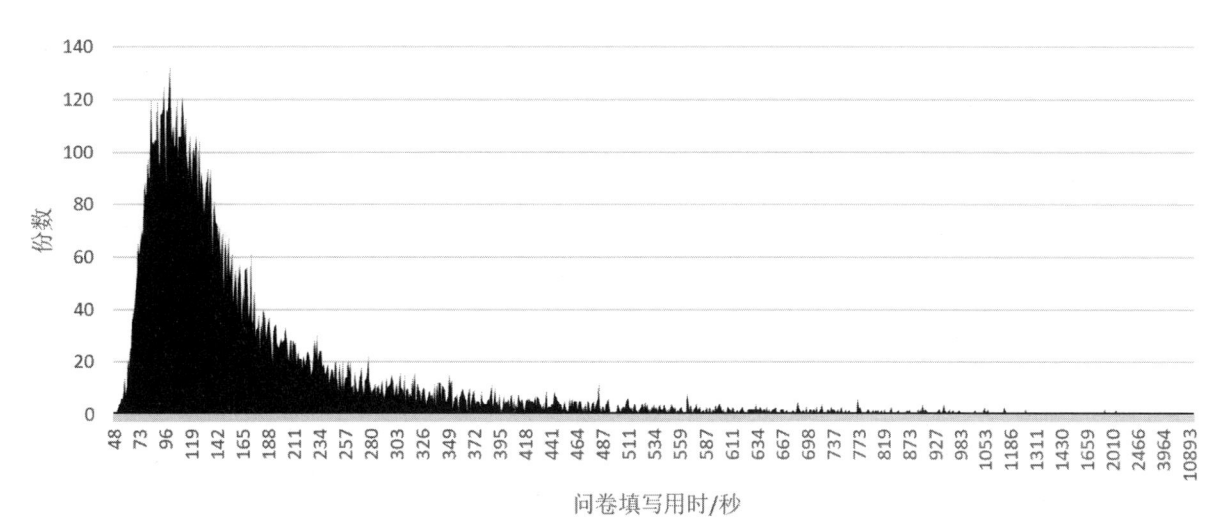

图 6　中国商飞公司安全文化成熟度调查问卷填写用时情况

以上结果均说明目前中国商飞公司部分员工自觉填写调查问卷的积极性较低,对待公司安全工作方面的态度有待进一步提高;也反映了目前公司的安全工作还是主要依靠领导的作用。从另一个侧面也说明了公司开展安全文化建设的长期性和必要性。

五、结语

安全文化建设是一项长期、复杂的系统工程,需要长期不懈的努力。我们要深入学习习近平总书记关于安全生产的重要论述和关于大飞机事业重要指示精神,深刻认识安全的"两大属性"和"十项要素",坚持党建引领,打造"理念、制度、行为、环境"四位一体的中国特色民机主制造商的安全文化体系,以"功成不必在我"的态度和"功成必定有我"的决心坚定地推进中国特色民机主制造商的安全文化建设工作。

创城镇燃气标准化　提升安全文化层次

常州金坛港华燃气有限公司　王　睿　章　榕

摘　要：创建安全生产标准化是国家和政府的要求，是社会发展的自然产物，是企业文化建设的推动力，是现代安全管理的必然趋势。2017年《城镇燃气经营企业安全生产标准化规范》(T/CGAS002—2017)发布之前，城镇燃气经营企业都是参照《企业安全生产标准化》(AQ/T 9006—2010)创建的工贸行业的安全生产标准。但是燃气行业的安全生产标准化和工贸企业的终究存在一些差距，而且现在城镇燃气经营企业已经不能再创建工贸企业的安全生产标准化了，所以现在很多城镇燃气经营企业开始逐步开展燃气行业的安全生产标准化建设工作。目前，常州金坛港华燃气有限公司（以下简称金坛港华）已经完成燃气行业安全生产标准化的创建工作，取得了安全生产标准化三级企业（城镇燃气）的证书，作为江苏省第一批成功取得该证书的企业，现就创建过程中的一些经验进行分享，希望可以供其他企业进行参考。

关键词：安全文化；隐患排查治理；职业健康；作业安全

一、引言

安全生产标准化是安全文化建设的奠基，和企业安全文化相辅相成。它与安全生产法紧密结合，与安全生产法里面很多要求对应，能将企业主体责任落到实处。安全生产标准化既是一种思想境界，又是一种管理方法。创建安全生产标准化能加强企业工程资产管理，从本质上提升安全底气，从而降低风险，减少因为设备设施损坏造成的安全生产事故。从企业形象方面来看，评标成功可以提升公信力，得到政府及公众的认可。总结下来安全生产标准化是企业实现可持续发展的必然要求。而且在新《安全生产法》中也明确提出了加强安全生产标准化建设的要求，所以创建安全生产标准化已经成为一个企业实现可持续发展的重要手段。

对城镇燃气而言，创建安全生产标准化参照的规范《城镇燃气经营企业安全生产标准化规范》，它主要包括：目标职责、法律法规及规章制度、教育培训、现场管理、风险防控及事故隐患治理、应急管理、事故事件、持续改进等方面。创建安全生产标准化并不复杂，很多城镇燃气经营企业也创建过工贸企业的安全生产标准化，很多理念和做法都是相同的，只是《城镇燃气经营企业安全生产标准化规范》对燃气方面进行了更加细致化要求。下面分享一下金坛港华的创建历程。

二、创建流程

（一）制定目标计划

首先要有目标，知道想要什么。金坛港华制定"未来三年成功创建二级，五年创建一级"的有形目标，以及融入标准化形成独特安全文化的无形目标。为达成目标，制定了详细的方案计划。

（二）启动会

由企业负责人牵头组织各部门负责人及企业高级管理层召开启动会，在会议上说明创建标准化工作安排及各部门的任务分配。图1所示为金坛港华安全生产标准化三级启动会。

图1　安全生产标准化三级启动会

（三）全员培训

安全培训是安全生产标准化建设及企业安全文化建设的重中之重。在启动会结束后，由企业安全及风险管理部协同各部门负责人及基层管理人员逐个部门、逐个班组、逐个岗位开展安全生产标准化培训，力求将要求及分解的任务传达到每一位员工。由于部门、班组很多，为了不影响正常工作，这场培训持续了一个多月。图2为金坛港华安全生产标准化培训现场。

图2 安全生产标准化培训

（四）内部对标

优先对管网、场站、客服等任务比较艰巨的部门进行培训。对标不仅仅是为了评级，更多是为了提升安全管理水平，形成自己的文化底蕴，所以对标最困难的是与工作实际对应。做法也并不难，难的是要所有的操作指引、记录资料等等随着变化，尽管不存在大的隐患，但是为了形成自己的标准化，这一个步骤持续了三个月。图3为金坛港华安全生产标准化任务分解表。

图3 安全生产标准化任务分解

（五）内部评审

在完成对标之后，企业安全及风险管理部召集各部门负责人对照规范要求进行了内部自我评审，每个人都是从自己的角度开展创建安全生产标准化工作的，会有不同的见解。自评主要是为了查找体系运行过程中还存在哪些问题，以便于持续改进。在这个过程遵循的是PDCA循环，形成资料归档。

（六）专家审核

在完成内部评审结束后，可以邀请行业专家再次进行自评。金坛港华邀请的是新奥燃气专家，主要是对照地方标准进行审核，继续进行查缺补漏。图4为新奥燃气专家现场检查。

— 051 —

图 4　新奥燃气专家现场检查

（七）主管部门、燃气协会及专家评审

在一切都准备结束之后，向燃气协会及市级主管部门提出评审申请，对金坛港华进行全面评审，顺利通过评审。图5为省专家现场检查。图6所示为评审申请书。图7为金坛港华安全生产标准化三级企业（城镇燃气）证书。

图 5　省专家现场检查

图 6　评审申请

图 7　安全生产标准化三级企业（城镇燃气）证书

三、具体条款实施

（一）目标职责

对于企业安全生产标准化和安全文化建设，合理可行的目标才能将整个企业凝聚成一个团体。应策划安全生产标准化推行及安全文化活动方案，制定计划并对实施过程进行记录，便于在年终的时候评估目标的合理性和可持续发展性。目标分解很重要，应将目标进行细致的分解，确保落实到每一个人。

完善的机构和职责是达成目标的框架。如成立安全生产管理机构，成立企业负责人为主席的安全生产委员会等。对于这些机构的设立，要做到有据可依，有正式的发文文件，这也是很多企业经常会忽视的。对于安委会会议的内容应注意留存，包括持续跟进在内的可追溯性资料。

全员安全生产责任制和职业及健康安全管理制度是机构与职责的延伸。全员安全生产责任制，说到全员就一定要包含所有岗位。层层签订"安全生产责任书"已经成为很多企业落实全员安全生产责任制的重要手段，也是值得推广的方式。为确保有效性，还需将目标及责任的落实纳入绩效考核。

安全投入是开展安全工作的有效保障。近几年来国家对企业安全投入情况关注也越来越多。企业必须要建立安全投入的管理制度，明确提取比例标准和使用范围。每年根据具体业务制定安全生产费用使用计划，保留相关记录及凭证。安全生产投入的界定范围应加以注意，很多企业将员工福利及环保相关费用列入安全生产费用，这是不对的。

企业的进步离不开所有人的努力，全员参与是企业生命力的体现，可采取安全意见箱等形式的活动，鼓励所有员工提出安全建议，以达到持续改进。

（二）法律法规及规章制度

法律法规及规章制度是企业文件管理的基础。首先企业要尽可能辨识出需要遵循的法律法规及规章制度，建立清单及文本资料库。开展合规性评价，挑选需要遵循的条款作为编制各项规章制度及岗位安全操作规程的依据。每年要组织法律法规及各项规章制度、岗位安全操作规程的培训学习并考核，所有的过程记录齐全。为保证时效性，至少应确保每年全面更新一次。

（三）教育培训

教育培训的管理，应包含每年的培训需求调查、企业年度培训计划、培训结束后培训的效果评估和改进，形成闭环的记录归档。从而建立一人一档的培训档案，记录员工企业任职期间的所有培训。

在培训这块，要关注各类证书的有效性，应至少每月进行检查，临近有效期或复审日期要及时安排续证、复训；三级安全教育不能忽视，燃气行业应按照72学时要求开展培训，保证记录齐全；对于新工艺、新技术、新材料、新设备设施投入使用前要进行培训并记录存档；调岗或离岗前要进行培训；外部人员进入场站等重点场所必须要开展入场培训并进行危害告知，培训合格后方能进场作业等。

（四）现场管理

现场管理最重要的就是设备设施类及作业活动类两种风险管控，与双重预防机制里的风险分级管控相通，在这里可以结合风险分级管理的具体管控措施来看。包括设备设施的全生命周期管理、作业活动监督、劳保使用等。

职业健康这一块，企业应与存在职业危害的岗位员工签订合同时签订危害告知书。设置职业卫生公告栏，如果存在职业病危害项目，应有申报回执单。按照《工作场所职业卫生管理规定》（国家卫生健康委令〔2021〕第5号），城镇燃气经营企业属于职业病危害一般的企业，是不需要进行职业健康安全现状评价及职业病体检的，只需要三年做一次职业病危害因素检测。

场站及管网管理，除了正常运行之外，要关注各场所警示标志是否齐全，综合考虑消防、安保、HSE等多方面要求；也要确保记录的完整性，做我所写，写我所做。

信息化是目前发展的方向，更加安全可靠，在企业数据采集与监控系统管理中应存有企业所有管网的分布示意图，还有场站的工艺流程图。

燃气用户管理是近几年关注度比较高的，客户端燃气安全事故频发。燃气企业一定要保证周期内安检的正常进行，对于无法正常入户的也要采取措施，如红外线扫描、关阀、封堵、门缝测试等，对客户负责，也做好对自己的保护。

（五）风险防控及事故隐患治理

安全生产标准化是在双重预防机制提出之前就有的，双重预防机制是ISO 45001体系与安全生产标准化的延伸，它的要求更加成熟。综合检查、专业检查、季节性检查、节假日检查和日常检查应该都有相应的检查表，虽然在各项检查中有相关内容，但是缺少针对性，这一点往往会被忽视，以至于不能形成最终的标准。

（六）应急管理

每年按照导则要求和运行情况及时修订应急预案，修订后组织相关人员进行系统化培训。制定年度应急演练计划，同时要求在开展演练前会先组织培训，对于无方案演练会在演练结束后组织参与人员进行检讨培训，保证演练方案、记录、总结齐全。完成应急预案在主管部门备案工作，每三年重新组织外部评审并重新备案。

（七）事故事件

不发生事故是终极目标，但是由于各种复杂的因素，事故发生是必然的。退而求其次，尽责履职，做到不发生责任事故。以同行业典型事故为戒，如湖北十堰燃气爆炸事故等，开展教育培训，汲取教训。

（八）持续改进

公司内部成立自评小组，熟悉自评条款，每年开展安全生产标准化自评工作，并公示报告结果。

四、结语

安全文化建设是一个既简单又复杂的过程，覆盖面广，涉及安全方面的工作都可算是安全文化内容，但是要把安全文化建设做好却很难，难在形成企业特有的思想与理念。企业创建安全生产标准化，更多的是在制度层面约束员工行为，通过制定覆盖所有部门、岗位、作业活动的操作规程和制度，让每位员工都按照标准进行作业。随着时间推移，全员不断参与，逐步形成所有人共同遵守的准则和理念，形成安全文化建设的核心与灵魂，潜移默化深入人心，成为一种习惯，上升到精神层面，从而提升企业安全文化层次，由"要我安全"转变为"我要安全"。

参考文献

中国城市燃气协会安全管理委员会. 城镇燃气经营企业安全生产标准化规范 [S]. 中国城市燃气协会，2017:23-70.

落实主体责任，落地安全文化

——吴江华衍水务公司构建安全文化责任体系

吴江华衍水务有限公司　沈　磊　计　铖

摘　要：吴江华衍水务有限公司（以下简称吴江华衍水务）自成立以来，始终将安全生产放在首位，尤其重视加强主体责任。安全生产是一项长期性的工作，也是一个企业能够持续稳定发展的重要保障，吴江华衍水务有限公司不断完善安全风险管理工作，一如既往地对安全生产予以重视和强化，保障供水工作的平稳运行。华衍水务公司紧贴水务企业实际，以"落实主体责任、落地安全文化"的安全文化理念，从企业领导、中层干部、管理人员、基层员工四个主体落实主体责任，落地安全文化。

关键词：安全文化；主体责任；安全责任

一、落实总体责任，强化安全文化

（一）遵守安全生产法，当好第一责任人

吴江华衍水务通过张贴主题海报、观看学习安全教育纪录片、开展安全培训、学习应急救护技能、召开安全工作坊会议等活动和方式，提升员工防范安全事故发生的意识和技能，提高水厂安全生产水平；开展"除患务尽、共筑安全"主题活动，举办隐患排查图片大赛及HSE论文大赛，激发员工主观能动性，引导员工主动发现隐患、消除隐患。此外，吴江华衍水务已开展了管网互联互通应急预案演练，通过实战演练，提高工作人员对突发事件的应急反应和处置能力。组织各部门进行防汛、管网抢修、有限空间作业等应急演练以及总经理安全检查、防汛专项检查、高峰供水专项检查等一系列安全检查。安全生产月系列活动的成功开展，使全体员工都在思想上牢固树立了安全生产观念，确保安全生产，为全区人民提供安全可靠的饮用水。

（二）落实突发应急责任，筑牢供水"生命线"

吴江华衍水务多次召开"防寒保供"专项会议，整合协调各部门力量，根据《寒潮、冻害应急预案》，针对性地开展和落实各项防寒措施。在宣传动员方面，吴江华衍水务组织各镇区供水服务部加强与街道、物业等联动，通过建立微信联络群的方式实时沟通联系。同时，吴江华衍水务将在各大营业厅和供水服务部陆续发放宣传材料，并通过微信公众号广泛宣传防寒知识，提升市民防冻保温意识。为排查消除冻害隐患，吴江华衍水务组织相关部门对立管、水表、排气阀的防冻情况进行排查统计，完成保温工作。各水厂室外重点区域的设备、管道、阀门等检查和保温工作正在有序开展中。在日常抢维修人员近300人的基础上，吴江华衍水务与19家相关协作单位签订了防寒应急抢修承诺书，一旦发生冻害事件，确保抢修人员500余人，机械、设备等能及时、迅速到位。针对可能出现的寒潮冻害，吴江华衍水务做了充足的应急物资储备，已储存水表保温套3万个，水表2万只，水表玻璃1.8万块，球墨管、衬塑管、PE管、钢管等管材合计27千米，管网排气阀500台，管道阀门3.2万台，智能消火栓50台，并与供应商签订应急采购协议，确保应急物资及时到货。同时，吴江华衍水务还配备了破冰船，确保可随时投入破冰作业，保证取水安全。

（三）持续强化安全责任，实现闭环管理

吴江华衍水务对中控室、监控室、调度中心等重点场所进行24小时值班值守、实时监控；生产区域与办公区域隔离，关键部位均设置门禁系统，公司员工亦须授权方可进入；定期组织应急预案演练，检验应急预案的可操作性，提升应急响应能力。同时，为落实疫情防控的要求，吴江华衍水务进一步加强了门岗管理，所有进入公司外部人员均须进行实名登记，并进行测温和健康码、行程码查看。图1为吴江华衍水务落实突发应急责任培训照。

图 1 落实突发应急责任培训

二、落实领导责任，夯实安全文化

掌握安全生产法律法规、时刻关心职工安全健康、坚持安全生产一票否决、率先垂范做好安全工作。

（一）掌握安全生产法律法规

企业领导认真学习掌握国家有关安全生产的法律、法规、标准和政策，有利于增强法律意识，更好地履行企业安全生产责任主体的义务。

（二）时刻关心职工安全健康

强国必先强兵，强企也必须努力提升职工队伍安全健康素质，职工的安全健康是企业人力资源质量的重要保障。领导时刻关心职工的安全健康，既符合以人为本的安全理念，又可以从根本上避免职工的消极抵触情绪，不断激励和规范职工的安全行为，防止企业宝贵的人力资源由于安全健康原因而不能充分发挥作用。

（三）坚持安全生产一票否决

一票否决制是安全生产管理的一项重要内容，领导在安全生产管理考核工作中坚持"一票否决"，能更有效地监督各级职能部门、单位的各级管理人员更好地履行自己的职责，最大限度地防止、减少或杜绝事故的发生。实行安全生产一票否决制，旨在建立一种奖惩结合、赏罚分明的激励和制约机制，以调动我厂广大职工群众参与安全生产工作的积极性，顺利完成安全生产各项目标任务。

（四）率先垂范做好安全工作

行为的沟通是安全生产管理最直接的载体和最快捷的方式。要做到本质安全，领导的率先垂范十分重要。作为一个领导者，带头学习和遵守安全法规，带头落实各项安全生产工作，这种无声的亲力亲为，能让广大职工感知到安全工作的重要，感受到做好安全工作的压力和责任，并触动和感动职工心灵，带来行为的同步。

三、落实中层责任，加固安全文化

对上级负责，把好安全关；对员工负责，管好自己人；对企业负责，做好安全事。

（一）对上级负责，把好安全关

各级领导人员都有不同的安全生产任务和安全生产职责，认真履行安全生产职责，下级对上级负责，把好各自的安全关，不辜负上级领导的信任和重托，在安全生产方面确保一方平安。

（二）对员工负责，管好自己人

安全生产关系到员工的生命安全和切身利益。坚持安全第一，本着对员工高度负责的精神，抓好安全工作；坚持以人为本，在安全生产过程中，时刻管好自己的人；坚持生命至上，珍惜自己，关爱他人，把公司核心安全价值观落到实处。

（三）对企业负责，做好安全事

以企业安全愿景为导向，明确安全生产目标，认真履行职责，在计划、布置、检查、总结、评比生产工作的同时，计划、布置、检查、总结、评比安全工作，扎扎实实做好安全事，兑现对企业负责的庄严承诺。

四、落实管理责任，加强安全文化

提升自身素质，懂安全；严格监督检查，不徇私；执行安全标准，不打折；履行管理职责，不懈怠。

（一）提升自身素质，懂安全

安全生产管理人员缺乏基本的安全生产知识，安全管理和组织能力不强，监督检查不及时，措施不力，是发生事故的重要原因之一。因此，对安全生产管理人员的安全生产知识和管理能力提出要求，使其不断提升自身素质，懂安全生产管理，不断提高安全生产管理水平，具有十分重要的意义。

（二）严格监督检查，不徇私

安全生产规章制度是安全生产管理的重要组成部分，安全生产管理人员直接、具体承担日常安全生产管理工作，监督检查规章制度的落实情况。不徇私情，恪守独立、客观、公正的原则，实事求是，不因个人好恶影响工作，是对安全管理人员的基本要求。

（三）执行安全标准，不打折

安全生产标准是国家和行业为保证安全生产而制定的在全国范围内统一的技术规范。有关安全生产标准，是做好安全生产工作的重要技术依据。安全生产管理人员严格监督安全标准的执行，一丝不苟，不打折扣，是防患于未然、减少或杜绝发生事故的基本条件。

（四）履行管理职责，不懈怠

安全生产管理工作具有长期性、艰巨性。随着社会的发展、企业的发展、环境的变化、设备的更新，安全生产条件、安全管理对象也不断发生变化。旧的隐患消除，新的隐患会不断出现。这些情况都需要安全生产管理人员充分认识安全生产管理工作的长期性和艰巨性，履行管理职责不懈怠。

五、落实作业责任，培育安全文化

遵章守纪，实现三不伤害；自我管理，让安全成为习惯。

（一）遵章守纪，实现三不伤害

不断加强学习，掌握规章制度，提高安全技能。严格遵守安全生产规章制度和操作规程，服从安全生产管理，作业中保证不伤害自己，不伤害他人，不被他人伤害。

（二）自我管理，让安全成为习惯

自保安全是对自己、对家庭负责，也是对同事、企业负责。不断加强修养，自觉接受安全教育培训，提高安全素质，自律遵规。让"珍惜自己、关爱他人"的理念，以及"生命价值高于一切"的安全价值观深入人心。努力践行自我管理，让安全成为习惯，实现"要我安全"向"我要安全"的本质转变。

六、结语

城市供水是人民生活的重要保障，对社会发展和民生有着举足轻重的作用。为提高城市供水的稳定性和安全性，从容面对各类供水突发事件，供水企业应不断落实各自主体责任，在响应分级、信息报告、应急处置、应急支援、应急保障等方面做好与政府应急预案的衔接，并通过预案评审、应急演练等方式检讨、检验衔接的有效性，加强联动，从而有效避免企业应急预案与政府应急预案冲突或脱节，提升供水企业安全文化水平。

当前企业安全文化建设的问题与对策建议

北京市中企安环信息科学研究院　郭仁林　刘三军

摘　要：党的十八大以来，在中央的高度重视和坚强领导下，我国企业安全文化建设水平有了显著的提高，引领推动我国企业安全管理绩效持续提升。然而，面对新时代高质量发展的高要求，我国企业安全文化建设还存在着体系不完善、理念不落地、领导干部带头作用不强、员工安全意识和习惯不稳定等问题，迫切需要改进创新安全文化建设，将安全发展理念根植于企业核心价值观，将以人为本落实到安全文化建设实践，将有感领导扩展到全员，将激励机制创新作为重要驱力，将安全培训打造成员工素质提升的高速路。

关键词：企业安全文化；安全管理；创新

一、引言

党的十八大以来，中央高度重视安全生产工作，习近平总书记就此作出了一系列重要指示和批示。在中央领导下，我国安全生产法律法规、技术标准不断更新和提升，企业大力加强安全生产工作，健全安全生产责任制，完善安全规章制度，丰富安全教育培训，构建风险分级管控和隐患排查治理双重预防工作机制，加大安全投入力度，增强设备设施的本质安全型，完备职业安全与健康防护器具，改善作业安全环境，取得了突出的成效。数据显示，与2012年相比，2021年生产安全事故起数和死亡人数分别下降56.8%和45.9%，事故总量连续十年下降[①]。

在安全生产工作持续加强的实践中，广大企业也日益强烈地认识到安全文化建设的重要作用，开展了形式多样内容丰富的安全文化建设，以推动员工安全意识、责任心、安全态度、安全思维的提升和安全行为习惯的培育，使企业的安全心智模式与安全制度、设备设施等硬件建设相匹配，掀起了继21世纪前十年第一轮建设高潮之后的第二轮企业安全文化建设高潮。此间，原国家安全生产监督管理总局发布了《企业安全文化建设导则》（AQ/T 9004—2008）《企业安全文化建设评价准则》（AQ/T 9005—2008），对企业安全文化的内容、要素、建设思路与方法、评价指标与实施等作出了指导性规范。2019年，习近平总书记在中央政治局第19次集体学习中强调"培育安全文化"，又一次极大促进了企业安全文化建设的自觉性主动性。通过近十年的企业安全文化建设，逐步形成了包括安全发展理念、安全生产方针、红线意识、从"要我安全"到"我要安全"、风险意识和预防思维、本质安全思维等一系列思想共识，成长起一批优秀的典型，为企业推动安全管理进步提供了强有力的思想引领和价值支撑，在无形中推动了企业安全生产工作的权威性、专业化和规范化，支撑了企业安全生产绩效的持续改进，为全国安全生产形势的好转作出了积极的贡献。

二、当前我国企业安全文化建设存在的问题

看到企业安全文化建设成效的同时，也应意识到，安全文化还是一个较为年轻的课题，在企业实践探索过程中既存在着认知不清的问题，也存在着实践方面的问题，需要加以研究找到改进的思路和策略。

（一）企业安全管理中存在的问题

在监管压力持续加大和企业安全自觉性提升的双重因素推动下，我国企业安全生产管理普遍提升，除了极少数企业实现了较高水平的安全管理，其余可以用"两个多数"来判断：一个是多数企业安全生产工作基本接近或达到了法律法规要求，安全管理水平进入达标的阶段；另一个是企业中多数干部员工的安全意识达到了较高的水平，与过去相比有了显著的进步。正是由于"两个多数"的存在，保障了

[①] 中国政府网. 中国这十年：生产安全事故总量连续十年下降 防灾减灾救灾能力明显提升 [EB/OL]. http://www.gov.cn/xinwen/2022-08/31/content_5707506.htm，2022-08-31.

企业安全生产事故数量、严重程度出现了显著的下降。然而，全国企业安全生产事故仍然较为频繁地发生，根本原因之一就是"木桶理论"发生作用——少数企业和少数员工影响了安全生产工作的大局。

1. 作业现场监管严格但违章仍有发生

尽管企业安全作业规范日益完善，基层班组长、车间场站负责人时刻紧盯，作业现场违章现象仍然时有发生。从程度上来说大致可分为三类情况，第一类是少数优秀企业中即便是安全作业习惯较好的人员，由于在不同时间身体和精神状态不同，偶尔也会出现人为失误；第二类是大多数企业中基层作业人员能够较好地遵守作业安全要求，也同时有少数员工安全意识不强、安全技能不足、防护措施不到位，在麻痹大意和侥幸心理作用下有意识或无意识地违章作业；第三类是少数企业由于中高层对安全生产工作的重视不够，安全投入不足、安全设备设施不全、设备设施检维修不到位，企业上下形成了不重视安全生产的氛围，因此基层员工存在着习惯性违章，这种情况尤为危险。例如，国务院安委办通报的2022年2月18日某铸造厂爆炸事故当中，企业不重视安全生产，不仅擅自更改设备原有工艺设计，而且不配备专业人员，纵容不按规章野蛮作业，导致企业长期在不安全状态下工作，最终导致发生3死2重伤的安全生产事故[①]。

2. 安全生产制度完善但执行不到位

中国安全产业协会安全文化专业委员会近几年的调查反映，我国安全管理较为优秀的企业普遍已经进入了杜邦安全文化曲线中的第二个阶段——严格监管阶段。这一阶段的特征之一就是安全规章制度、机制流程、规程规范和管理体系的建设完善。安全制度的完善健全切实推动了企业安全管理的规范化、专业化进程，降低了事故发生的概率。然而，规章制度庞大繁杂，有些规定不尽合理，解读培训不到位、执行不严等问题也相当突出，推动了基层作业违章行为的发生。

3. 承包商安全管理重视程度高但缺乏手段

承包商安全管理是企业普遍反映的难点问题，尽管企业重视程度很高，花费了很大精力，投入必要的资金和管理资源，但仍然面临着承包方人员素质基础较低、流动性大、监管困难等现实情况，亟待探索形成有效的安全管理工具和手段。

4. 安全培训数量多但质量不高

随着企业面对的安全专业细分化，企业开展的安全培训内容越来越多、频率越来越高，在企业诸多培训中的占比也越来越大。然而，受限于安全培训的时间安排、组织形式等因素，培训的质量效果难以达到预期。在基层调研访谈中，许多员工反映：有的培训占用业余时间，有的培训形式枯燥，有的培训不接地气，有的培训就是走过场，有的培训领导干部不认真对待……这些问题不仅直接影响了培训质量，而且导致员工在一定程度上对培训产生了质疑甚至逆反情绪。

5. 安全检查频繁但问题难以根治

企业反映较大的另一个问题是安全检查频繁，一方面是各层级政府和监管机构组织的各类安全检查覆盖广、频次高、要求多、直插基层，另一方面企业内部按计划开展的安全检查也较为密集。从发现问题的角度来说，安全检查的确能够帮助企业发现风险隐患；然而从实际工作来说，又增加了企业准备材料、接待陪同、组织安排的工作量。特别是台账检查，有的基层单位人员精简，安全管理人员疲于应付，没有充足的时间在作业现场指导监督；有些要求过细的台账就只能按照估算填写。对于发现问题采用突击式的治理方式，导致一些问题反复发现反复治理，难以得到根治。

（二）管理背后的安全文化问题

安全管理问题的背后是安全管理理念的不足，是安全文化的缺陷，较为突出的是以下几个方面。

1. 安全发展理念仍不牢固

近年来中央高度重视安全生产工作，监管政策法规不断提升，企业在主动适应高压监管的同时，也存在一定的困惑和疑虑。有些干部员工在调研中谈到："安全第一"是不是只顾安全不顾经营管理了？安全监管压力这么大，是一段时间的任务，还是会一直坚持？安全管理资源投入过大，影响企业效益怎么看？这些困惑和疑虑直接影响着企业领导干部群体如何对待安全与发展的关系，直接影响着企业安全资源配置的具体安排，直接影响着各层级安全生产绩效考核及执行力度，直接影响着基层员工是否会持续遵章守制。

[①] 应急管理部网站. 国务院安委会办公室关于近期三起典型事故有关情况的通报 [EB/OL].

2. 安全理念的引领作用不强

当前企业《安全文化手册》内容五花八门，许多企业的安全理念停留在"安全使命、愿景、价值观、承诺、态度"等较虚的层面，要求员工理解安全生产的重要性，但对于如何抓好安全的具体指导理念却乏善可陈。比如，安全风险怎么看，安全教育怎么抓，安全观察与沟通怎么做，安全激励怎么搞有效……，有待于给出细化的执行层面的理念。

3. 管理者队伍有关领导存在盲点

通过学习杜邦安全管理、HSE、EHS、精益安全管理以及核安全文化等世界一流安全管理经验，建立有感领导、充分发挥领导重视与垂范作用，已经成为企业安全文化领域的广泛共识。目前，多数企业在依法建立安全生产责任制、确立第一责任人职责的基础上，全面或部分地采用了"有感领导"，导入了个人安全行动计划、安全观察与沟通等工具，推动了领导者效应的释放。然而在执行中仍然出现了一些盲点：一是有的企业领导事务性工作过多影响了个人安全行动计划的执行，同时有的不分管安全生产工作的领导积极性不高走形式；二是有感领导的适用范围不能推广至基层干部，员工每天能够看到感受到的安全领导力不足；三是部分领导干部对于履行"三管三必须"心存异议，表现出不重视，对员工产生了负面的影响效应。比如，一个企业里有的单位安全管理绩效显著低于企业平均水平，最重要的原因可能就是该单位的领导未能履行"有感领导"要求的原则。

4. 员工安全意识与习惯尚未全面养成

近两年一项涉及数十家大中型工业企业的5万多名员工的调查显示，对于"作业过程中，有些员工稍不留意就可能违反安全生产规章规程"一题，近40%的受访者认为本单位存在该现象，即便是较为公认的优秀企业也有超过20%的赞同者，其中安全管理相对较弱的企业这一比例高达55%。数据说明，员工的安全意识还没有全面实现"要我安全"到"我要安全"的转变，同时"不留意违章"反映出部分员工的安全习惯仍存在不确定性，在量的充分积累或物的不安全因素配合的情况下，有可能造成未遂事件或事故。

5. 以人为本的理念理解贯彻存在偏差

企业在安全管理中存在一些简单粗暴的方式方法，伤害了员工参与安全管理的积极性。如以罚代管，一些安全检查发现员工的不安全行为，既不听解释也不讲评就直接扣分或当场罚款，有的员工反映做不好就罚做得好没奖。例如，安排不合理，有的基层单位过度利用员工业余时间听网课、搞考试，有的活动占用了员工工作时间，只是走个过场而缺乏应有的实质内容。再如有些需要员工执行的制度，在制定发布前缺乏应有的调研，员工毫不知情就发布实施。有的规定一些基层不具备执行条件，给制度执行带来前置性障碍。

6. 主动安全意识尚未树立

基层企业干部员工常常抱怨上级公司检查过多、要求过细、标准不统一等问题，但是对自身主动思维反思不够，对于主动建立超越期待的安全管理体系的思考和行动不足。正是由于一些基层企业安全管理不先进不系统，管理漏洞和缺陷频出，上级单位才不放心，检查、要求才更多，基层企业被查出一个问题，突击整改一个问题，下次又被查出其他问题再突击整改，按下葫芦浮起瓢，就会形成恶性循环，在安全生产这个"大战役"中始终处于被动挨打的地位。

7. 安全文化穿透力辐射力不强

许多企业在选择承包商、供应商时对安全生产要求缺乏系统性考量，安全管理卓越的投标人往往由于价格不是最低或次低被淘汰，而安全管理能力仅能达到基本要求的投标人则因成本低而报出低价夺得项目。在类似重大决策事项上，安全文化穿透力不足，因而在相关决策中的权重不够。同时在承包商、供应商进场后，企业又往往重视在合同、考核、资金投入上进行限制，以促使其认真开展安全管理，但受甲方思维限制，对于相关方安全文化、人员安全意识与习惯培育缺乏较为长久的建设性考量，因此本企业的安全文化即便较强，也很难释放强大辐射力而使得承包商人员"受热"同化。

三、加强改进安全文化建设的对策建议

（一）将安全发展理念根植于企业核心价值观

党的十九大报告宣告我国进入中国特色社会主义新时代，安全发展理念、新发展理念、高质量发展已成为我国企业必然迎接的时代机遇与挑战。企业上下必须充分认识到，以牺牲人的生命安全和健康为代价的落后发展模式已经被新时代的中国所淘汰，必然被丢进历史垃圾堆，在"人民至上、生命至上"的理念下，安全生产工作只能向前不能后退，监管压力不可能降低,安全发展理念不可逆转,必须坚定树牢、毫不动摇,必须成为引领企业生存发展的核心价值观之一。同时也必须认识到,安全生产管理自身也必须适应高质量发展要求,以科学、专业、适用的安全理念引领企业安全管理提升,以人才、科技和管理提升支撑安全管理进步,加强顶层设计、系统管理、整合资源、协调分工、分步实施,弄懂学透世界一流安全管理标杆经验,结合中国企业实际,全面提升安全管理的质量与效益,培育中国特色企业安全文化管理模式,探索出建设世界一流的中国企业安全发展道路。

（二）将"以人为本"的要求融入企业安全文化建设与安全管理的全过程

以人为本是安全文化建设的本质要求,安全文化建设根本上做的是人的安全思想和行为提升工作,因此必须坚持以人为本的理念。这与安全生产工作坚持以人为本的理念有所区别。安全生产讲以人为本,强调安全为了人、依靠人,强调保护人的生命安全和健康重于保护设备等免受损失；而安全文化建设讲的以人为本,强调要以员工主动接受并自觉践行安全文化为手段,以培育"本质安全型"员工队伍为目标,研究员工提升思想观念和操作技能、培育安全习惯的人性化的方式方法。因此,在安全文化建设思路上要更加理解人、尊重人、教育人、激励人,在安全培训中更多采用场景化、体验式、研讨性的课程与形式,在行为管理上更多采用安全观察与沟通等无责备文化方式,在安全管理改善创新上更加注重发挥员工的"主人翁精神",在安全激励上更加注重物质激励与精神激励的丰富性。

（三）将"有感领导"的效应释放到全体干部员工

"有感领导"是世界先进安全管理的共识,也是我国企业践行"言传身教、以身作则"的具体体现。企业安全管理要抓出实效,实现高质量发展,实施"有感领导"是关键。要进一步加深对安全领导力的理解,在落实好第一责任人安全责任、三管三必须的基础上,进一步扩展"有感领导"的实施范围,让企业干部队伍的每一员都深刻理解"有感领导"的思路,精通安全观察沟通、安全激励、安全文化管理等工具。要以培育人才的前瞻性思维,推动全体员工学习"有感领导",建构个人安全领导力,充分发挥每个人参与安全管理的力量和智慧,引导其在与承包商、供应商、客户乃至家庭和社会沟通中传播安全文化,为供应链安全生产和社会安全作出积极贡献。

（四）将先进安全文化体系建设作为安全管理的思想引领

安全文化不是空洞的口号,是安全价值主张的宣示,是安全信仰的表达。要强化安全文化体系构建,把企业的安全目标、价值观、方法论和各方面工作的方向指针充分彰显出来、阐释明白。在理念上要强调安全生产工作的导向,指明安全管理具体工作的思想方法和践行原则。该投入的资源、资金、人员、技术、设备、信息、时间都要保证付出,不能口头重视,投入舍不得；同时又要在安全的基础上讲发展,不能只管安全不管发展。在制度文化建设上,要体现新发展理念,不能只做加法不做减法,要有加减乘除,以创新思维推动安全管理体系迈入实效化、规范化并走向更高级的集约化、高效化。在环境文化建设上,要协调兼顾软硬环境的建设,在保证安全目视化体系和防护工器具齐备的同时,更加重视沟通文化、团队精神和领导力的建设,更好发挥企业软环境对安全信息沟通、安全氛围、团队安全等方面的支撑作用。在行为文化建设上,要进一步凸显各层级领导的带头、指导、影响作用,引导员工实现知理念、信文化、行安全。

（五）将安全激励机制创新作为安全管理层提升的驱动力

安全激励是增强安全内驱力、主动性的源泉之一。一是要将安全作为干部考核晋升、选拔任用的核心指标之一,更多地培养、选拔和任用具备安全发展理念和安全领导力的干部,给予为公司作出安全贡献的人员更多晋升机会。二是实施更加富有建设性的安全激励计划,以人性化管理思维,引导员工改进作业习惯、提升安全技能,对参与安全改善、微创新、课题研究、项目攻关的给予应有的奖励,激发员工自主学习、自我超越的主动性。惩罚性措施要释放教育效应,鞭策犯错员工改正改进的同时,通过安全分享使更多员工有所收获。三是丰富安全激励荣誉体系,在健全物质激励、晋升激励的基础上,进一步丰富精神激励项目,搭建起物质、晋升和荣誉激励协同的先进安全激励体系。

（六）将安全培训体系建设作为赋能员工安全素质的高速路

安全培训是为干部员工赋能的主要手段。一是要健全安全培训课程矩阵，科学布置公共课程和专业课程，使不同层级、不同专业的员工都能获取应知必会的知识技能。二是加强安全培训场馆和设备设施建设，为安全培训提供必要的体验条件和环境。三是改进创新安全培训方式，增加互动式、模拟式、团队式、体验式、研讨式等生动活泼的形式，激发员工思考，凝聚员工智慧。四是要开展好安全领导力培训，为领导干部队伍精通安全知识和安全管理赋能，增强领导干部队伍的影响力、带动力。五是要加强对外学习交流，分享安全管理经验，学习行业成功经验，导入先进管理理念和模式。六是要建设一支强大的内训师，把内训师培养成为精通本行业本领域的实战专家，使之成为推动企业员工安全素质整体提升的发动机。

三道沟煤矿安全文化探索与实践

国家能源集团国源电力有限公司三道沟煤矿　丁序海　郐三占　宋双亮　王虎城

摘　要：企业安全文化是一个企业安全生产的灵魂，是个人和集体的安全价值观、态度、能力和行为方式的综合体现，它决定于安全管理上的承诺、工作作风和精通程度。作者通过深入研究企业安全管理工作，结合本单位多年来积淀的实践经验，从国家能源集团国源电力有限公司三道沟煤矿（以下简称三道沟煤矿）安全文化的雏形、积淀、升华、定型、实践和启示等六方面开展论述，旨在为煤矿应急管理人员提供安全管理方面的文化引领。

关键词：安全文化；探索；实践

习近平总书记强调："安全生产是民生大事，一丝一毫都不能放松，要以对人民极端负责的精神抓好安全生产工作，站在人民群众的角度想问题，把重大隐患当作事故来对待，守土有责，敢于担当，完善体制，严格监管，让人民群众安心放心。"由此可见，安全管理在国家治理体系中的重要性，而安全文化建设，则是巩固安全基础的一项长期性、战略性任务。加强安全文化建设，必须坚持以人为本、全员参与、立足当前、着眼长远的基本原则，必须坚持贴近安全生产实际、贴近员工安全生产的基本方针，必须培育"安全绝对第一"的安全共识和在解决问题上下狠功夫，使"安全为天、风险预控"的思想根植于全员意识形态中，时刻体现在工作行动上，成为每一名员工生产行为的第一需求。

文化兴，企业兴。近年来，三道沟煤矿始终以习近平新时代中国特色社会主义思想为指导，坚持文化领航，管理掌舵，秉承集团企业文化核心价值理念，践行公司协"同"、创"新"、多"元"特色文化内涵，深入践行"以人为本、生命至上、风险预控、守土有责、文化引领、主动安全"管理方针，经过建矿以来10余年的积淀和提升，总结凝练出具有煤矿特色的"道"文化，把文化向管理延伸形成了特色管理"五字十法"。在此基础上，深入探索企业安全管理之道，形成了独具煤矿自身特色的安全文化成果——《三道沟煤矿安全文化手册》，为安全管理提供了根本遵循，旨在为企业的高质量发展提供思想保障、文化支撑和精神动力，引领矿井走上高质量发展的快车道。该安全文化体系主要包括安全理念体系、安全行为规范体系、安全视觉规范体系、安全特色管理体系、安全保障机制体系等六大部分。其通过树理念、遵规范、明标识、建机制、创方法，让安全文化为矿井安全发展导航、导行、树形、铸魂，从而引领全矿安全发展、全新发展、一流发展。

一、三道沟煤矿安全文化探索之路

（一）安全文化的雏形

回顾三道沟煤矿的发展历程，是一部各项事业蒸蒸日上、欣欣向荣的发展进步史，也是一部全矿员工恪尽职守、守土有责的安全保障史，更是一部软实力建设从无到有、从有到精的精品工程史。究其安全文化痕迹，可以追溯到2013年。彼时，恰逢该矿由国网能源公司划转至原神华集团进行生产专业化管理。原神华集团在生产管理实践过程中，总结提出本质安全管理体系，以风险管理为核心的本安管理，通过风险管理的"一个流程、七个步骤"（即风险预控管理流程，分为：危险源辨识、风险评估、制定风险控制标准和措施、执行风险控制标准和措施、危险源监测监控、风险是否可以承受、风险预警和隐患管理七个步骤），变事中控制、事后控制为事前控制，从而避免各类事故的发生。三道沟煤矿在深入学习贯彻本质安全管理理念的基础上，结合自身实际，提出了"知为先、诚为信、践为实、守为恒"的安全文化理念雏形。

（二）安全文化的积淀

三道沟煤矿在提出"知为先、诚为信、践为实、守为恒"的安全文化初始理念后，为了使该理念入脑入心、落到实处，采取党政工团齐抓共管的方式，在安全管理上采取"建章立制+培训教育"双管齐下的模式,通过全员参与、覆盖全员的路径,实现了"知为先";依托党建、工会窗口,创新开展了"安全诚信荣誉积分""安全知识达人秀""家属井下夏令营"等活动,以正向激励、现场感悟为主的方式,在全体员工心中建立了敬畏安全的"诚为信"共识;依托安全部门创新开展了"'啄木鸟'查隐患""夜查小分队保安全"等活动,通过手指口述、现身说法的方式,督促员工实现在岗一分钟、安全六十秒的"践为实";"三违"是煤矿安全生产的大敌,如何标本兼治?通过创新性地建立"'三违门诊'精准治疗"机制,把"三违"人员当作"安全病人",有针对性地对"三违"人员开启一段对症治疗的心理旅程,员工"三违"得到根本性遏制,实现了对安全制度、红线等的"守为恒"。

(三)安全文化的升华

2021年,经过历届领导引领的发展奠基,经过多年矿工"兄弟情深"的凝聚升华,《三道沟煤矿特色"道"文化》得以形成,并就企业安全管理从文化层面给出了更加清晰的答案——"1164N"安全管理特色之道。具体指"1个安全核心、1个安全理念、6个安全目标、4个安全抓手、N个安全创新方法",即:抓住"安全预防管理"核心,树立"以人为本,生命至上"理念,明确"人身零伤害、消防零火险、环保零事件、瓦斯零超限、井下零透水、煤层零自燃"6个目标,通过运用"安全思想树立、三违行为处置、隐患排查治理、重大灾害防治"4个抓手,创新"三违门诊精准治疗""安全积分登高激励"等10个安全方法来实现。"1164N"安全管理特色之道的提出,标志着该矿安全文化实现了蜕变,为下一步系统性总结提炼企业安全文化奠定了坚实的基础。

(四)安全文化的定型

三道沟煤矿在"1164N"安全管理特色之道基础上,依据《国家安全监管局企业安全文化建设导则》《企业安全文化建设评价准则》《国家安全监管总局关于开展安全文化建设示范企业创建活动的指导意见》等文件要求,以国家能源集团企业文化核心价值理念体系和国神公司发展方略为引领,总结提炼出《三道沟煤矿安全文化手册》,重点从安全理念体系、行为规范体系、视觉识别体系三方面对员工的安全意识、安全行为、安全标准予以塑造和引导。

关于安全理念体系,主要包括安全认识、安全态度、安全方针、安全原则、安全使命、安全理念、安全承诺、安全目标、安全愿景等10个方面内容。安全认识是:安全是"天"字号工程,没有安全就没有一切;对安全有认识了,该矿的安全态度是:"对待安全工作,要如履薄冰、如临深渊,要做到谨小慎微";安全态度有了,该矿要遵循的安全方针是:"安全第一,预防为主,综合治理";在安全方针指引下,该矿的安全使命是:"保证员工生命安全,保障矿井安全发展";安全最容易与生产发生矛盾,该矿的安全原则是:"安全为了生产,生产必须安全";有了安全原则,就要保住人这个根本,就是要把人的生命放在至高无上的位置,所以该矿的安全理念是"以人为本,生命至上";有了理念指导,就要把安全落实在岗位上,该矿的安全作风是"上标准岗,干标准活";有了安全作风,就要把安全落实在具体行动上,该矿的安全承诺是"上岗一分钟,安全六十秒";有了安全承诺,该矿要实现的安全目标就是"人身零伤害、消防零火险、环保零事件、瓦斯零超限、井下零透水、煤层零自燃";安全目标实现了,该矿最终要达到的安全愿景是"创建本质安全型矿井,打造本质安全型员工"。

关于安全行为规范体系,主要包括从中央、行业、煤矿本身、部门、班组、员工个人六个层面的安全行为规范准则,从中央到行业、从煤矿到个人,上下统筹,浑然一体,安全规范要人人知,安全准则要人人守。关于安全视觉识别系统,主要是煤矿的安全色和视觉识别,主要识别煤矿红、蓝、黄、绿4种颜色和识别禁止、警告、指令、提示、指示5种标志,全部采用图文并茂的形式,予以规范识别和生动呈现,把看不见的安全指令变为看得见、摸得着。

二、安全文化建设的创新实践

伴随着企业的蓬勃发展,三道沟煤矿深入钻研各领域工作之道,积极探索安全之"道",唯有找到符合企业实际、具有自身特色、符合安全管理特质、顺应煤炭发展大势的安全文化,把安全理念、群体意识和行为规范等形成体系机制,使其成为全体员工所认同的安全价值观和行为准则,用价值观来武装思想,用文化来点燃安全,用规则来守护平安,最终才能树立正确的安全价值观,并持续提升全员的安全自觉性,把个人和集体的力量凝聚起来,把个人和企业的发展融合起来,引领全矿安全发展、全新发展、一流发展。

在制度创新方面，及时出台了《三道沟煤矿安全文化手册宣传推广应用实施方案》《三道沟煤矿安全文化建设指导意见》等文件，确保安全文化在矿区落地生根，让安全文化成为全矿干部职工的安全遵循，让安全文化成为搞好全矿安全生产的亮丽名片，全面提升全矿安全管理新水平，全力谱写企业一流发展新篇章。

在组织创新方面，成立了企业文化建设管理工作领导小组，统筹推进国家能源集团企业文化核心价值理念体系的宣贯和该矿子文化建设有关事宜。由一名副矿长负责协调企业文化创建管理工作，从各科队抽调3人作为企业文化专责人，负责落实集团企业文化核心价值理念体系的探索研究、推广应用等工作，在全矿层面形成了党政工团齐抓共管、团结协作的局面，保障了集团企业文化宣贯及矿子文化创建等工作稳步高效推进。

在管理创新方面，将安全文化向管理延伸，形成了安全管理十大保障机制，主要有"三题一讲一诵读一宣誓"安全学习教育机制、"三违门诊"精准治疗机制、全员安全绩效考核正向激励机制、安全登高积分管理激励机制、安全实操VR体验培训机制、"6765"缩短劳动时间保安全机制、安全稽查督导动态管控机制、岗位安全红线令行禁止机制、工程质量高效管理保安全机制、安全检查闭环管理机制。这十大安全保障机制，集中体现了我矿在安全领域的阶段性原创管理成果，是各级干部及管理人员安全管理的智慧结晶，也是全矿员工在岗位实践中应严守的安全规章，有了各方面的安全保障机制，安全目标才能最终实现。

实践证明，该安全文化手册符合该矿实际、具有自身特色、符合安全管理特质、顺应煤炭发展大势的安全文化，它把安全理念、群体意识和行为规范等形成体系机制，使其成为全体员工所认同的安全价值观和行为准则，用价值观来武装思想，用文化来点燃安全，用规则来守护平安，以此来保障安全生产。

三、安全文化建设的启示

一是创建安全文化要服务煤矿安全大局。一个企业，既然要致力于打造同行业最安全的企业，就要始终坚持"零事故生产"，追求人、机、环、管的最佳匹配，努力做到"四不伤害"，让"零死亡"成为底线；用管理创新夯实根基，用技术创新驱动发展，推动企业信息化、智能化、生态化、人文化进程，让"零事故"成为现实；加强职业安全健康管理，提高团队的安全执行力，让"零伤害"成为可能。

二是创建安全文化要体现"以员工为中心"。这些年，该矿无论是之前倾力打造的"幸福矿工工程"，还是当下正在开展的"我为群众办实事"活动，都是严格落实习近平总书记"以人民为中心"的发展理念，始终把"职工对美好生活的向往就是我们的奋斗目标"这句话统一到思想中、铭记于脑海里、体现在行动上，始终让发展责任与员工共担，让发展成果与员工共享，持续构建"人企合一、安全和美"的幸福家园。这么做的目的只有一个，那就是让三道沟煤矿的员工成为陕西省内同行业最幸福的人。幸福就要先从安全开始，就要积极改善井下工作条件，做好员工健康管理，创造安心的工作环境；完善生活配套设施，帮助员工解决后顾之忧，营造舒心的生活环境；关爱员工成才成长，提供展示自我的广阔舞台，提供顺心的发展环境。

三是创建安全文化要带着感情和关爱抓安全。严+爱=认同，严-爱=抵触。一方面，管理是严与爱的结合。"严"是事事有标准、有考核，"爱"是事事尊重人、关爱人、发展人。对员工怀有深厚的感情，把关心他们的安全、健康、幸福作为工作的初衷；对工作投入充沛的感情，讲求刚柔并济的管理艺术，在维护制度权威的同时，积极消除误解、达成共识，让员工在"严制度、宽文化"的氛围中高效工作。另一方面，管理源自"爱心"，要实施"有情管理"，要重引导、重服务，建立健全安全教育机制、关爱机制、激励机制和保障机制，做到"抓'三违'和不安全行为"就是关爱生命，在严格且有温度的管理中让员工感受到来自企业的真情关爱。

四、结语

安全文化是保障员工行为安全的思想工具，各级安全生产人员必须认真学习领会，宣传贯彻，身体力行，用以引导全体员工和承包商人员自觉遵守安全生产规章制度，形成良好安全行为，并在安全生产实践中不断总结提炼，推动企业安全文化建设和安全生产水平不断迈上新台阶。

参考文献

王伟. 论企业安全文化建设的途径[J]. 黑龙江科技信息, 2007(02S):65.

"19110"安全文化管控模式助力企业安全发展

国家能源集团宁夏煤业公司灵新煤矿　李晓龙　杨　龙　买学萍

摘　要：灵新煤矿牢记习近平总书记"人民至上、生命至上"安全发展嘱托，把生命至上、安全发展作为煤矿企业的根本遵循，按照两级公司安全管理新要求，紧密结合矿井实际，不断总结安全管理经验，积极探索行之有效的安全管理方式方法，创新实施了灵新特色的"19110"安全文化管控模式，这套管控模式的推广实践，有力破解了安全生产难题，最大限度防范了事故发生，有效保障了员工的健康平安，推动了安全生产，得到宁煤公司高度认可并在全公司煤矿板块进行推广实施。

关键词："19110"安全文化管控模式；助力；安全发展

一、引言

安全，是煤矿生产的天字号工程，是员工幸福、企业发展的生命线。生命至上、安全发展是煤矿企业的根本遵循，也是建设新煤的必由之路。

习近平总书记强调"安全生产，人命关天，发展决不能以牺牲人的生命为代价。这必须作为一条不可逾越的红线"。国能集团宁夏煤业公司（以下简称宁煤公司）灵新煤矿牢记指示精神，始终秉承集团"一切风险皆可控制，一切事故皆可避免"和"从零开始向零进军"的"零和"理念，在宁煤公司"六个一"安全文化管控体系总体框架下，不断总结安全管理经验，积极探索行之有效的安全管理方式方法，形成了具有灵新特色的"19110"安全文化管控模式，全力破解安全生产难题，最大限度防范事故发生，确保员工健康平安，经运行实践有力推动了安全生产。"19110"安全文化管控模式得到宁煤公司高度认可，并在全公司煤矿板块推广实施。矿井先后荣获自治区安全文化建设示范单位、全国煤炭工业"双十佳"煤矿、全国"安康杯"先进单位、全国企业文化建设百强单位、全国安全文化建设示范单位等多项荣誉。

二、"19110"安全文化管控模式的提出

安全生产以保护员工生命安全和健康为基本目标，关系企业平稳健康发展，关系员工家庭幸福。提升煤矿企业的安全生产保障力，是每一名煤矿管理者不断探索和研究的重要课题。安全工作从零开始，向零进军。没有最好，只有更好。随着煤矿安全投入的不断加大，矿井安全生产条件和生产环境逐步改善，加之各项管理制度和考核体系的不断完善，安全管理工作可谓越严越细，但是事故却依然屡禁不止，时有发生。如何有效落实习近平总书记"安全、稳定、清洁"的重要指示？如何创新推进集团安全风险预控管理体系建设？如何确保宁煤公司"六个一"安全管控体系落地？灵新矿围绕宁煤公司安全发展"十三五"规划和安全发展愿景目标，在长期安全文化积淀的基础上，认真总结和学习借鉴先进安全管理经验，探索创建了一套适应员工需求，管理科学、应用简便、行之有效的"19110"安全文化管控模式。

"19110"从字面意思来理解："19"就是要长治久安、要长长久久，寄托了一种对安全的美好愿望；"911"就是要像防范美国"9·11"事件一样，以高度负责的态度布控管理科学、严谨严密的安全防控措施，防范安全事故；"110"就是要像熟悉"110"报警电话一样，知道岗位职责、岗位禁令、作业流程、三大规程，熟练掌握安全管理应知应会和应急防范技能，始终保持高度警觉、警钟常鸣、知道做到；"1+9+1+1+0=12=0"就是一年12个月，要做到每班、每天、每月、全年都安安全全，最终实现"从零开始、向零进军"的目标，全面提升全员安全思想意识。以一流的安全业绩、一流的管理水平、一流的员工队伍、一流的保障措施助推安全发展，全力打造全国安全长周期发展样板矿井。

三、"19110"安全文化管控模式的构架

"19110"安全管控模式就是，树立一种理念，实施九个覆盖，推行一套激励机制，打造一个样板，实

现"零"的目标。

树立一种理念：坚守红线，防控到位，安全稳定清洁生产。

九覆盖：文化教育全覆盖；制度落实全覆盖安；安全责任落实全覆盖；科技保安战略为引领，科学技术全覆盖；安全质量达标升级全覆盖；安全风险预控管理体系全覆盖；监督检查全覆盖；培训全覆盖；党建安全服务功能全覆盖。

推行一套激励机制：正激励+负激励。正激励：兑现安全绩效奖励、评选优胜集体、精品工程奖励、先进荣誉激励、典型事迹推介、表扬和待遇倾斜等；负激励：安全绩效考核处罚、工程质量末位处罚、不安全行为曝光处罚、安全生产竞赛黄旗警示、安全事件及生产影响通报批评等。

打造一个样板：打造全国安全生产样板矿井。

实现"零"的目标：零干扰、零事故、零伤害、零事件、零发病。

四、"19110"安全文化管控模式的实施

以创建全国安全生产样板矿井为目标，重点推行实施以下工作。

（一）牢固树立"坚守红线，防控到位，安全稳定清洁生产"

大力宣贯习近平总书记关于安全生产重要论述、宣传"安全稳定清洁"的安全生产理念。通过中心组学习、基层"三会一课"、班前会、安全学习、员工安全培训等形式，教育引导员工牢记安全生产理念。充分利用《灵新之声》公众号、电子屏、文化橱窗、区队数字化平台等多种宣传平台，营造全方位、全员覆盖的学习宣传氛围，以强烈的视觉冲击，强化认知，通过举办安全知识进区队、有奖问答、安全理念过关考试、安全理念故事征集宣讲、观看安全警示教育案例等载体，使安全理念深入人心。

（二）推行实施九覆盖，做到安全管理无死角、无盲区

（1）以安全文化武装为核心，实现文化教育全覆盖。构建"6+4+1"宣教体系。充分运用六种安全宣教方式（10+4感恩教育、主题教育、案例警示教育、安全活动日教育、"四期"安全教育、安全重点管控人排查帮教），用好四个宣教阵地（安全教育一条街、安全教育一园地、安全教育一条线、安全教育一阵地），开展安全思想宣传教育，提升员工思想境界，使理念深入人心，牢固树立安全高于一切、重于一切、先于一切、影响一切的思想，切实养成一种行为习惯：干部要到位，员工要干对。主动践行安全承诺，一丝一毫不动摇，一时一刻不懈怠、一分一秒不放松，努力推进安全工作由被动管理向自我管理发展。

（2）以强力推行"四套机制"为保障，实现制度落实全覆盖。制度是规范约束人的行为，建立健全各项管理制度，以制度形成安全管理的"硬约束"，确保安全管理工作的规范化、制度化、科学化，将依法治矿、依法生产贯穿于安全生产的全过程。

强力推行以法律法规、规定规范为主的安全健康环保约束制度体系。收集、归纳、整理《煤矿安全规程》《环境保护法》《职业病防治法》适用性法律法规、行业标准规范等法令规章，与我矿现行各类规章制度高度融合，一以贯之执行落实。

强力推行以体系标准、安全生产标准化为主的安全创建制度体系。建设风险预控体系、安全生产标准化、环保/职业健康管理体系，运用PDCA持续改进，满足管理需要。

强力推行以不安全行为管理、准军事化管理为主的安全保障制度体系。严格管治不安全行为，严格整肃员工队伍安全作业之风。将准军事化管理引入到安全生产，打造"人人讲责任，事事重执行"的安全执行文化。

强力推行以制度编审、督察督办为主的安全运行制度体系。严格执行制度编审工作流程，确保规章制度基础牢固，切实可行。以效能监察和考核为抓手，确保各项规章制度全面贯彻、有效执行。

（3）以"五级联动"为主体，实现安全责任落实全覆盖。责任心是安全之魂，责任制是安全之本。牢固树立"谁分管、谁负责、谁落实""管板块必须管安全、管环保，管业务必须管安全、管环保，管经营必须管安全、管环保"的思想，按照领导层、管理层、操作层，层层签订《安全承诺书》《环保责任书》。创造性推行安全责任"网格化"管理。以横向到边为"经线"，落实各级领导干部安全岗位责任制、班子成员包队、科室包队、副总包区域的划片包干责任制；以纵向到底为"纬线"，明确矿领导（副总）团队分工负责、科室负业务保安责任、区队负自治保安责任、班组负自理保安责任、员工负自我保安责任的"五级联动"责任落实体系。实现了职能明晰、责任明细、覆盖全面无缝隙、责任追

究具体化的网格化管理,确保了安全责任落实到位。

以守正创新为轴,落实矿领导(副总工程师)团队分工负责。以督导督查为要,落实科室业务保安责任。以创建提升为主,落实基层区队自治保安责任。以"四五六"班组建设管理模式为纲,落实班组自理保安责任。以岗位禁令为准,落实员工自我保安责任。

(4)以"三抓三提高"科技保安战略为引领,实现科学技术全覆盖。坚持走新型工业化道路,大力实施科技保安战略,加快专业治理、安全投入、技术应用进程,不断提高矿井抗灾防灾能力。

抓安全投入,提高现代化矿井建设能力。抓专业治理,提高生产系统、环保设施安全运行水平。抓新技术新工艺应用,提高矿井点线面安全系数,创造安全健康作业环境。

(5)以"十八化"为标准,实现安全生产达标升级全覆盖。持续深入开展煤矿安全生产标准化达标创建工作,是强化煤矿安全基础工作、保障煤矿生产安全的重要手段。安全生产标准化推进落实的好坏,是实现安全生产最主要的保证,最关键的先决条件。坚持以责任分解具体化、采掘管理精益化、通风系统可靠化、设备设施完好化、运输大巷规范化、管线吊挂艺术化、作业牌板统一化、安全监控智能化、生产环境整洁化、操作标准流程化、岗位禁令强制化、机房硐室简约化、四人联岗包保化、工程验收动态化、物料工具定置化、精品评比常态化、职业健康告知化、环保达标日常化为内容的"十八化"为标准,实现安全生产达标升级创水平。

(6)以"七步法"为流程,实现安全风险预控管理体系全覆盖。风险预控管理体系的核心是风险预控,风险预控管理遵循安全管理的一般性程序,覆盖了从危险源辨识开始到风险受控的全过程,用好危险源辨识、风险评估、定风险控制标准和措施、执行风险控制标准和措施、危险源监测监控、判定风险是否可承受、风险预警"七步法",体现全员参与的思想,实现PDCA循环管控。

(7)以"常态化监察机制建设"为重点,实现监督检查全覆盖。隐患排查治理常态化。固化动态隐患排查机制,坚持隐患管控"查—改—检—督—销"闭环管理流程,建立隐患排查清单,做到四不放过(事故原因查不清不放过、事故责任者得不到处理不放过、整改措施不落实不放过、教训不吸取不放过),有效杜绝隐患。不安全行为全程受控常态化。建立员工准入制度、岗位规范、不安全行为观察记录、不安全行为人员矫正培训记录等内容,实现并保持人员不安全行为全过程控制。重点工程(环节)全程监管常态化。针对全矿的重点工程,固化规程措施编审与贯彻办法、落实跟带班职责、配套责任追究制度,确保各项重点工程全过程监管。环保治理常态化。实施环境保护责任目标管理,细化管理、主体、主控、岗位各方职责,确保安全运行,清洁生产。职业病危害防治常态化。健全粉尘、噪声、有毒有害气体职业危害因素台账,实现检查、督办、整改全过程监管,确保各项职业病危害防治措施有效实施。全要素实时督察常态化。全矿井的证照管理、作业许可、消防安全、交通安全、标识标志、工余安全控制、文件记录规范、灾害预防、危化品使用等实时受控。

(8)以"3+X"特色教学为载体,实现培训全覆盖。安全生产、警钟长鸣,煤矿企业如何提高职工的安全意识和岗位业务素质,是决定煤矿安全生产的重要因素。灵新煤矿针对员工文化知识、操作技能水平参差不齐的现象,不断对员工培训模式进行探索,对培训效果进行总结,形成了一套切合自身发展的培训模式——"3+X"多元化教学模式。"3"指日常培训法,即:安全培训、技能培训、管理培训。"X"指特色培训法,即:多岗联动菜单定制式师带徒、2208班前会培训模式、大师工作室、劳模创新工作室的引领示范、教材开发、头脑风暴+e族创新课堂、"封闭集训"提技增速、网络培训。

(9)以"四大工程"为抓手,实现党建安全服务功能全覆盖。坚持"抓住中心抓党建"不动摇,扎实开展党员先锋工程、党建项目工程、工会群安工程、团委青安工程。认真落实"九位一体"齐抓共管安全保障机制,坚持党建带工建、带团建,充分发挥群团组织安全服务职能和前沿哨兵优势,实现党建、工团工作与安全生产中心工作目标共融、发展共谋、责任共负、成果共创。

(三)以正负激励为手段,推动企业安全发展

(1)全员安全绩效考核。实行奖先罚后,充分发挥绩效考核对员工队伍管理的导向和激励作用,实现绩效考评体系与日常工作的有机融合。

(2)开展安全生产龙虎榜竞赛。评先定差,对评出的优胜单位颁发红色锦旗并给予奖励,对排名

末位的颁发黄旗并处罚金以示警告。

（3）质量标准化评比。奖优罚劣，对工程质量优胜单位进行表扬奖励，对工程质量最差的单位实施处罚，曝光亮相。

（4）荣誉激励。每季度评选100对"安全好伙伴"；每年选树100名安全员工；每年度评选表彰安全先进集体、先进班组等，激发全员荣誉感和自豪感，调动全员积极性和主动性，立足岗位争作贡献。

（5）精神激励。通过多形式多渠道，大力宣传先进人物的先进事迹，在全矿形成"比、学、赶、超"良好氛围。

（四）打造全国安全生产样板矿井

打造样板是灵新的目标和追求，灵新煤矿致力于打造安全生产长周期标杆，安全生产标准化标杆，安全文化创建标杆，职业健康创建标杆，绿色矿山建设标杆。

（五）实现"零"目标

"从零开始，向零进军。"持续改进、闭环管理，实现生产稳定零干扰、安全运行零事故、员工人身零伤害、清洁发展零事件、职业健康零发病。

五、"19110"安全文化管控模式的效果

通过几年的践行实施，"19110"安全管控模式已深耕全矿干群心田，并落实在具体行动中，取得了实实在在的效果，有力助推了安全生产。

（一）"人"的安全意识进一步增强

"19110"管控模式得到了员工的认同并"入脑入心"。在"坚守红线，防控到位，安全稳定清洁生产"安全理念的指导下，全体员工自觉履行安全责任，规范行为标准。员工素质明显提升，安全意识明显增强，由过去"要我安全"的被动管理，转化为"我要安全、我能安全、我会安全、我保安全"的自觉行动。

（二）"机""物"的安全运行水平进一步提高

通过安全系统新工艺、新技术的大力投入，为矿井提供了强有力的技术支撑。逐项、逐部位规范了机电运输工作，保障了机、物的安全运行。

（三）生产作业环境进一步改善

通过不断升级改造，净化、美化、亮化、硬化了井下作业场所、设备设施，给员工创造了一个安全、舒适、温馨的工作和作业环境。

（四）安全管理得到进一步加强

通过全体员工的共同努力，安全文化建设步入渐进发展的轨道，解决了制度层面无法有效约束的问题，改观了仅仅依靠考核的被动管理局面，与各项工作无缝衔接，升华了管理境界。

（五）企业整体形象进一步提升

员工素质不断提升，安全环境逐步改善、安全行为逐渐养成，有效促进了安全生产工作。企业的凝聚力向心力不断增强，有力提升了企业整体形象。

坚持"以人为本、以文化人"探索打造本安型煤炭企业

永城煤电控股集团有限公司　席晓辉　郑向民　丁　斌　郭新杰　白金龙　朱　森

摘　要：生命至高无上，安全发展第一。习近平总书记强调，安全生产是民生大事，要以对人民极端负责的精神抓好安全生产。作为河南省属国有企业河南能源骨干成员单位，永煤集团始终坚持以职工为中心，以职工为安全文化责任主体，要求各级干部视职工为兄弟，带着感情抓安全、凭着良心抓安全，充分反映职工的思想文化意识，形成全员参与、相互交融的局面，最终实现职工自身价值的升华和企业安全发展的有机统一。经过不断探索实践，永煤集团构建了以安全思想文化、安全依规文化、安全制度文化、安全情感文化、安全技术文化为主体的安全文化体系，培育员工自觉养成"安全心"，持续打造本安型煤炭企业。

关键词：安全文化；安全生产；本安型企业

永煤集团深入贯彻落实习近平总书记关于安全生产重要论述，始终践行"人民至上、生命至上"理念，并以此作为安全发展的出发点和落脚点。近年来，坚持"以人为本、以文化人"，通过深入推进安全文化建设，探索构建了以安全思想文化、安全依规文化、安全制度文化、安全情感文化、安全技术文化为主体的安全文化体系，充分发挥安全文化的引领作用，为推动安全生产工作有效开展、建设本质安全型企业起到了积极作用。

一、扎实开展理论教育，构筑安全思想文化

（一）树牢安全核心理念

积极贯彻落实习近平总书记关于安全生产重要论述和生态文明重要思想，将"人民至上、生命至上"融入公司安全健康环保管理全过程，不触红线，不越底线。深入践行"从零开始、向零奋斗"的安全核心理念，做到安全管理十个零，即安全工作零起点、执行制度零距离、系统运行零隐患、设备状态零缺陷、生产组织零违章、操作过程零失误、隐患排查零盲区、隐患治理零搁置、安全生产零事故、发生事故零效益。

（二）打造安全诚信文化

大力开展履约践诺工作，让信守安全承诺和诚实安全管理者受到尊敬，把存在"五假"（假整改、假密闭、假数据、假图纸、假报告）等严重失信者纳入"黑名单"，及时曝光，扎实推进职工个人政治自觉、思想自觉、行动自觉。

（三）打造事故反思文化

坚持"四个看待"原则，把历史上的事故当成今天的事故看待，警钟长鸣；把别人的事故当成自己的事故看待，引以为戒；把小事故当成大事故看待，举一反三；把隐患当成事故看待，防止侥幸心理。通过做好"四个看待"，促使职工牢记事故教训，认真落实事故防范措施。

二、加强依法治安建设，构筑安全依规文化

（一）树立法治理念

严格落实《中华人民共和国安全生产法》，引导干部职工自觉把法律法规作为安全生产活动的最高行为准则，带头守法、依法办事。践行"尊重和保障人权"这一法治价值实质，将以人为本、生命至上的理念融入各项工作当中。突出主动学，进一步提高政治站位，增强学习的主动性和自觉性，做到先学一步、高出一等。突出创新学，丰富学习形式，完善学习内容，突出重点，顺应形势，探索党委研学、专家讲学、网络自学等学习方式推进学。突出统筹学，不能流于形式、浅尝辄止，要列出计划、排定时间，与时俱进坚持学。

（二）培养法治思维

组织干部职工深入系统学习安全法律法规，摒弃行政命令式抓安全，推动安全工作由"人治"向"法治"转变。注重普法宣传，在重视关键少数、关

键岗位人员法治意识培养的同时，要通过广泛的宣传引导，推进全员普法教育，让法治成为日常工作的规矩、安全管理的准绳、降本增效的助手，为企业健康发展提供智力支撑。注重文化引领，将法治文化纳入企业文化建设中，积极营造以知法、守法为核心的法治文化氛围，发挥企业文化导向、激励、约束作用，激发依法治企的内在动力，让学法知法守法用法成为风尚。注重公平正义，尊重职工在安全生产活动中的民主、自由和权利，保障职工生命权、健康权。

（三）培育法治方式

引导全体干部职工树立现代法治管理理念，依照法律法规，统一规范各类安全管理行为，健全企业各项规章制度，把国家法律法规对企业的规定，转化为企业规范运行的制度体系，实现法治化管权、制度化管人、流程化管事，为企业安全发展保驾护航。要求各级干部在研究安全生产重大问题和制定安全生产制度时，学法依法办事，坚决杜绝经验主义和违规决策。同时，鼓励干部职工善于打破传统限制，注重"破"和"立"的结合，既坚守"法定职责必须为"的义务，又坚持"法无禁止即可为"的权界，在依规治理的基础上最大限度地激发企业的"活力"和"创造力"。

（四）强化法治监督

要求公司各级党组织和党员干部坚持把遵纪守法落到实处，切实做到带头遵守法律、带头依法办事，做到利益面前不为所动、名利面前不为所困、人情面前不为所扰，当好依法治企的积极践行者、真实推动者、热切保障者。在具体工作中，突出细字着力，抓好细节管控，形成安全生产良好习惯，防患于未然；突出严字当头，不断加大安全生产检查力度，健全责任追究制度和倒查机制，将责任追究的惩处戒尺立起来，对违法违规行为零容忍。

三、完善安全管理制度，构筑安全制度文化

（一）用好双重预防体系

进一步完善安全双重预防体系建设，严格落实安全生产主体责任和各项安全生产制度措施。强化现场管理，加强隐患排查治理和重大灾害治理，明确安全生产检查的6种方式，安全生产监督管理的6个主体、11项内容、10种方法，形成全方位、全天候、全员参与的监督约束机制，切实将"安全是第一责任"理念落到实处。

（二）打造守规尽责文化

深入宣传贯彻习近平新时代安全生产重要论述和习近平生态文明思想，加大安全意识培训工作力度，大力宣传安全法律法规，培育员工按规矩办事、按流程作业、按标准操作的思维习惯和行为习惯。引导和教育职工以"如履薄冰、如临深渊"的心态，时刻敬畏生命、敬畏安全责任、敬畏安全法规、敬畏安全规律，强化规矩意识。

（三）健全安全治理体系

完善各级安全生产责任制度体系，压实各级安全管理主体责任。明确"区域公司及矿厂落实主体责任、公司监督指导服务"安全分级管控模式，实施重要时期安全包保，加大监管力度，落实包保连带责任。

四、创新亲情宣教模式，构筑安全情感文化

（一）体验式宣教，用"感同身受"增进理解

常态化组织开展职工家属进行下井慰问，通过下井慰问活动让矿工家属们体验丈夫工作的不易，使她们在今后的生活、工作中更加理解、关爱丈夫，当好家庭贤内助，解除丈夫的后顾之忧。

（二）剧场式宣教，用良好氛围洗涤心灵

定期将违章职工家属请到矿区，利用集中宣教氛围好的优势，设置"惊险回眸""矿嫂心声""安全宣誓"等剧目，让职工与家属从中获得安全教育，使得职工可以在较好的氛围中反思自我，改正抓安全的心态。

（三）互动式宣教，用真诚沟通激发共鸣

坚持每年开展一次"算好经济账，把住安全关"活动，将一年以来发生严重隐患、轻伤及"三违"的单位和人员的工资收入，与同专业、同岗位单位和个人的收入用柱状图的形式进行对比，让职工夫妻双方共同树立有安全才有高收入的观念，从而在工作中更加注重安全。

（四）跟踪式宣教，用真情帮教温暖人心

把各级工会协管员的亲情帮教作为亲情宣教的一部分，让协管员成为职工除家属外的又一位亲人。每月组织女工协管员与"三违"人员结成帮教对子，全过程、跟踪式帮教，用人性化、亲情化的真心帮教，使其从思想和行动上得到真正转化。

五、推动技术应用升级，构筑安全技术文化

（一）营造科技保安氛围

坚持智能化、科技化、装备化的管理理念，以

科技保安为"基准点",创新和引进新技术、新工艺、新做法,让创新助推安全管理水平不断提升。国产首台煤矿全功能、智能化矿用 TBM——"永煤先锋号",在公司城郊煤矿投入使用,陈四楼煤矿"F5G"赋能新时代煤矿智慧发展,车集煤矿自动化综采工作面投入运行……科技文化愈来愈浓,形成了良好的科技保安文化。

（二）加强创新保安应用

强化"群众性"创新活动,累计开展七届永煤科技进步奖,常态化开展职工"五小"创新成果收购。创新实施"双岗网格化管理",要求每一名党员（劳动模范、职工代表）在做好本职工作的同时,联系周边 1-5 名职工（鼓励各单位机关党员与基层一线职工"结对子"）,形成"网格",帮助职工振奋精神、提振士气、稳定队伍。

（三）做好职业健康监护

定期组织职业健康体检,落实职业禁忌和职业病诊断、治疗、康复的法定权利,切实维护职工合法权益。以健康企业创建为载体,全面推进职业病防治工作,提高粉尘、高温、噪声等防治技术水平,为职工提供更加安全、健康、舒适的工作环境。

通过持续强化安全文化建设,打造独具特色的安全文化体系,永煤集团广大职工在安全思想、依法依规、严守制度、亲情牵挂、创新应用等方面愈发凝聚共识,按规矩办事、按流程作业、按标准操作的思维习惯和行为习惯进一步养成,在助推企业实现安全"零事故"、环保"零事件"的奋斗目标道路上走得更加稳健有力。

参考文献

[1] 贾仲维. 新时期煤矿企业安全文化建设策略探析 [J]. 办公室业务,2016(10):50-50.

[2] 胡金刚. 试谈提高企业安全文化建设的途径 [J]. 决策与信息,2016(3):109-109.

[3] 周立冰. 煤矿安全文化的基本特征及实现途径 [J]. 思想政治工作研究,2013(9):56-56.

文化引领 红柳铸安 打造"行业第一、世界一流"现代煤炭企业探索与实践

陕煤集团神木红柳林矿业有限公司 李国为 黄 伟 李 超 晁 伟 段威锋 马正斌

摘 要：以"红柳铸安"安全文化为引领，奋力打造"行业第一、世界一流"现代煤炭企业，结合陕煤集团神木红柳林矿业有限公司（以下简称红柳林矿业公司）安全管理实践，从树牢安全发展理念、强化安全基础提质、构建安全长效机制方面介绍了红柳林矿业公司在安全生产管理上的一些成功经验及做法，为新时代煤炭企业的安全发展提供有益的借鉴和参考。

关键词：煤矿；红柳铸安；引领

一、文化引领、红柳铸安，树牢安全发展理念

（一）党建领航，凝聚发展新动力

红柳林矿业公司坚持以高质量党建引领安全发展，促进党建工作与安全生产的深度融合，坚持"零轻伤"目标不动摇，充分发挥党组织的政治核心作用，进一步增强公司党委、支部和广大党员干部在安全工作中的执行力，全面提升党建工作的整体水平，严格落实"党政同责、一岗双责、齐抓共管"责任体系。公司党委定期听取并专题研究安全生产重大事项，充分发挥党员在安全生产中的骨干、模范和示范作用，坚决将各项安全生产决策部署落到实处。

（二）融合聚力，引领安全发展

红柳林矿业公司成立之初，就充分发挥文化润物无声的作用，实现了员工思维模式从"要我做"到"我要做"，再到"快乐做"的转型，坚持以"931"高质量发展战略目标为引领，大力弘扬陕煤"奋进者文化"和"北移精神"，系统升级了红柳文化。在安全文化建设实践中，形成了以"生命至上、安全为天"为核心的安全理念体系，坚持把企业文化建设作为凝聚人心、汇聚力量的重要途径，深入推进"铸魂、塑形、育人"，用文化软实力提升核心竞争力，为打造"行业第一、世界一流"现代煤炭企业不断注入文化活力和动力。

（三）压实"345"安全责任体系

按照"一岗一清单、一人一本账"的原则，严格履职考核，全面落实各级人员安全职责，把"岗位就是责任、职务就是使命"固化为全员做人、做事的基本准则。全面压实"345"责任主体。筑牢公司安全主体、业务保安、安全监督"三项责任"。纵向做到公司领导、中心部门、区队、岗位"四落实"，横向做到安全责任、安全投入、安全培训、安全管理和应急救援"五到位"，逐级压实了全员安全责任，健全完善了安全管理体系。

（四）坚决贯彻安全发展理念

通过开展学习、宣传、默写、背诵安全理念等多种形式的活动，把安全理念融入每项工作，把安全理念宣贯渗透到每个员工、各项制度、全部流程和程序的关键环节，引导员工提高安全意识，指导员工形成正确的思维和安全行为习惯。紧紧围绕核心理念，确立了多级安全愿景目标与理念体系。从领导层、管理层、区队、班组、岗位直到员工个人，都有自己的安全愿景、安全目标、安全警语、行为座右铭等，每个员工都有亲人挚友的安全叮咛语。把安全生产管理中的理念、原则、方法、模式经过认真梳理、总结和归纳整理，制作了安全文化手册，促进员工学习、了解和认同。

二、持续深化、过程管控，强化安全基础提质

（一）深化"双危"辨识管理

红柳林矿业公司在安全工作实践中，从"生命至上、安全为天"的理念出发，通过对每一处工作环境及员工操作动作的认真分解、分析，结合各种事故案例，一处一处地预测、确认，逐渐形成了"双危"辨识安全管理法。公司按违章风险及所可能产

生的安全后果，将"双危"辨识标准分为A、B、C三类，明确落实主体、过程查处管理、违章人员处置、月度辨识考核，形成了"双危"辨识的闭环管理，有效减少和预防了员工不安全行为的发生。

（二）实施九大类安全风险评估

在做好"1+4"安全风险评估的基础上，创新实施九大类安全风险评估工作。一是对危险源进行全面辨识。按照危险源辨识制度，制定覆盖整个安全生产活动全过程的系统、专业、项目、工作面、岗位危险源辨识标准，明确危险源辨识及预防工作的标准和程序。同时，加大日常监督考核力度，鼓励员工自觉辨识岗位危险因素，自觉加强风险预控，提高自保互保意识与能力；二是将风险评估作为危险源管控的重点。运用工作任务分析法和事故机理分析法开展危险源辨识，对辨识的每条危险源，运用风险矩阵法进行风险评估，确定每条危险源可能产生的风险和后果，再制定出具体的管理标准和风险管理措施。对危险源进行分级分类监测、预警和控制，预防事故；三是将风险控制作为安全工作的前提，坚决、全面开展安全风险评估。在新盘区开拓、采区布置、新工作面投产、防治水工程施工、新技术推广等方面都要从设计评价入手，对施工前、施工中、完工后进行安全分析评估，形成评估结论。建立重大风险类型清单，预知风险源产生的原因、后果、处置措施，对实际生产过程中风险进行预判，根据评价结果制定相应预控措施，实现安全风险可知、可控。

（三）规范岗位作业标准

在安全生产实际中，加强各作业工种的岗位控制，并通过明确岗位职责，明晰岗位工作标准，建立岗位考核评价体系等一系列措施、方法，从而降低岗位作业风险，预防安全事故。

（1）制定岗位工作职责，落实岗位责任，合理协调各岗位之间科学配置，做到人人有责、人人知责、人人守责。

（2）规范岗位工作标准。通过制定岗位工作标准，包括岗位名称、岗位流程、作业标准、主要风险、管控措施等6个部分。根据井下、地面每个岗位工种实际操作，编写了涵盖8个主要门类37个岗位的《岗位作业标准》。

（3）强化岗位作业考核。通过制定岗位考核标准，实施岗位的信息化考核，深化了岗位的对标、达标管理、自主管理，真正做到了上标准岗干标准活。

（四）开展"亲情助安"帮教活动

实施"四进四关心"亲情安全管理。要求公司领导、管理人员做员工的贴心人，要进基层、进区队、进井下、进宿舍，关心员工安康、关心员工生活、关心员工工作、关心员工成长。网格化制定公司领导、安全生产管理人员包保安排，规定公司领导每月落实亲情管理不少于一次，要亲力亲为，做到"四进四关心"，用领导的亲情和关怀，提振员工士气，解决帮扶员工思想、生活、工作、安全等方面的问题。安全生产管理人员每月落实亲情管理不少于两次，用同事的亲情和帮助，增强员工信心，排查管控不安全员工，解决帮扶员工工作、安全、学习、技能提升等方面的问题。区队管理人员每月落实亲情管理不少于3次，要与员工开展谈心谈话，掌握员工生活习惯、爱好，排查管控不安全员工，解决帮扶员工心理、工作生活等方面的问题，切实从根本上解决了员工"急、盼、愁"的热点问题，杜绝了员工不良情绪所导致的不安全行为。

（五）开展基于人的不安全行为项目研究

构建从业人员不安全状态智能预警系统。系统具备大数据存储、智能诊断、准确分析、多信息融合、智能终端查询等功能，系统容量为3000人，具备继续扩展的能力，应用于从业人员不安全状态的预警与检测，实现从业人员不安全状态及时上报、预警和控制。通过应用从业人员不安全状态检测终端，构建从业人员不安全状态预警与管理系统，使得从业人员个体状态信息能够为安全管理提供相关依据，为精准检测不安全状态从业人员提供技术支持，实现AI辅助决策与云系统智能分析，大幅提升了员工不安全行为的综合管控能力。

三、多措并举、创新赋安，构建安全长效机制

（一）推行"90123"目标管理法

即每月逢"9"即9日、19日、29日组织地面安全检查。每月逢"0"即10日、20日、30日组织井下安全检查。每月逢"1"，即1日、11日、21日召开旬例会，针对各检查小组在"9""0"检查中出现的问题进行通报、落实。每月逢"2"，即2日、12日、22日进行问题整改落实。每月逢"3"，即3日、13日、23日开展大培训。公司对参加"90123"安全检查的人员以正激励为主，实行奖惩激励约束，进行月度考核兑现。

（二）实效化应用双重预防信息管理平台

红柳林矿业公司与中国矿业大学合作研发建设了安全风险分级管控和隐患排查双重预防系统平台。平台具有风险分级管控、隐患排查治理、不安全行为治理、四员两长考核、高风险作业管理、安全决策分析等6个模块。平台健全完善了风险基础数据库、隐患判定标准库、"三违"行为认定库、风险四色图、矿井风险清单、矿井隐患清单，实现了安全风险分级管控和隐患排查管理体系的深度融合，提升了安全管理的信息化水平。

（三）持续开展安全专项治理活动

（1）开展"盲区、弱项、习惯、能力"四个专项治理。针对"盲区、弱项、习惯、能力"四个方面实施了安全检查全覆盖、对照标准找弱项、摒弃不良坏习惯、围绕现场抓落实、4大类50条措施。切实扫除了监管盲区，补强了安全短板，堵塞了管理漏洞，改变了不良坏习惯，增强了安全管理的全面性、可靠性、规范性。

（2）开展"查隐患、补短板、堵漏洞、强弱项"四项安全专项治理。围绕陕北地区灾害类型特点，各业务中心、部门制定了顶板、"一通三防"、地测防治水、机电运输四项专项治理工作方案，分阶段系统推进专项治理，补齐了安全短板，预防了系统性灾害事故的发生。

（四）推进NOSA安健环体系建设

红柳林矿业公司积极推进"空气质量革命+NOSA"安健环体系建设，坚持定期开展风险辨识评估，针对地面办公区域、生活区域、绿色立体生态园、地面工业广场、煤仓、风井广场、仓储库房、井下生产、运输、通风、硐室等生产经营区域，开展不同场所NOSA管理区域示范创建，设置NOSA风险提示，实施管控。根据《五星安全、健康与环境综合风险管理体系–井工煤矿》(SAS300—2019)涵盖内容，对比77项元素，确定各元素负责人和区域代表。制定了《NOSA安健环综合管理体系实施方案》，参照星级评审标准，将生产过程的每个工序和环节落实风险管控，实现持续改进。

（五）实施高风险作业全流程管控

对高风险作业实施计划作业清单管理和非计划作业问询管理制度。业务管理部门在安排工作任务的同时下达作业清单，对照清单明确任务、落实措施、厘清风险措施等内容。通过高风险作业全流程管控，有效预防和控制了高风险作业引发的安全生产事故，切实保障了高风险作业安全实施。

四、结语

结合红柳林矿业公司安全生产实践，探索了文化引领、红柳铸安打造"行业第一、世界一流"现代煤炭企业路径和方法，为煤炭企业高质量发展提供了有效借鉴。

打造"行业第一、世界一流"现代煤炭企业是一个长期而复杂的系统工程，道阻且长，需要我们坚决贯彻新发展理念，坚持文化铸魂、管理铸能、创新赋安，方能实现企业安全发展，长治久安。

参考文献

刘树. 以人为本综合施策努力实现安全"零伤害"[B]. 陕西煤炭,1671—749X(2013)04—0137—03；137-139.

建设单位视角下的项目"1321"安全文化建设

中铁房地产集团西南有限公司　蔡萧军　刘　瑜　史　军　武雪峰

摘　要：建设单位参与安全管理能有效提高项目安全管理水平，减少事故发生。本文以中铁房地产集团西南有限公司（以下简称西南公司）安全体系的建设为例，总结围绕"基础体系""过程管控体系""资料体系"三大体系构建房地产企业安全体系的做法和成果，为其他类似工程项目建设单位的安全管理提供参考。

关键词：建设单位；安全管理；安全体系；过程管控；资料；安全文化

一、引言

建筑业的生产活动危险性大，不安全因素多，是事故多发行业。近几年，我国建筑业的死亡率是所有工业部门中仅次于采矿业的行业，损失巨大，令人痛心[1]。建设单位作为项目建设的主体，应在施工项目中具有主导与统揽全局的能力，对参与并主导项目安全管理具有重大意义[2]。

二、确立以建设单位为"一个引领"的安全文化理念

（一）统一安全文化理念，凝聚安全合力

房地产开发项目往往涉及勘察设计、监理、总包等不同参建单位，每个单位的安全文化理念及安全文化建设完成度各不相同，如同一辆有很多马匹的马车，需要一个共同的理念、一个共同的目标才能保证项目各参建单位一起努力为项目建设保驾护航，此时建设单位需利用其主导地位，统一、整合、建立项目安全理念，凝聚安全合力，使项目参建各方形成"安全命运共同体"[3]。

（二）以体系建设为载体，引领安全文化建设落地

安全管理体系是项目安全管理的基础，体系建设的目的是通过管理手段保障现场安全。建设单位通过体系的建设，建立统一的安全理念，通过抓思想、抓管理，保障体系的正常运行，促进安全文化的全员化，创造良好的安全文化氛围[4]。

三、建立健全安全管理"三大体系"，指导项目安全体系系统运行

建设单位项目安全管理体系的建设不仅能够满足国家安全生产相关法规要求，履行建设单位安全管理职责和义务，还能指导在建项目完善安全管理体系，协同进度和质量管理，做到"三位一体"，规范项目人员的安全管理行为，强化管理动作，提升管理人员的综合素质[5]。西南公司围绕"基础体系""过程管控体系""资料体系"三大体系，通过基础体系的建立，过程管控体系的运行及资料体系的留痕和总结，不断进行基础体系和过程管控体系的PDCA持续改进，促进安全文化的提升，共同组成完整的安全管理体系[6]。

（一）基础体系建设

基础体系是安全管理体系的前提，它决定着过程体系和资料体系的建设，是安全管理的基础。

1. 组织体系

建设单位建立从公司到项目组/项目的二级安全管理组织架构，建立安委会、安全监督机构、安全保障机构、公司所属项目组/项目构成的安全管理组织机构，项目层面建立由项目部、监理单位、施工单位构成的安全管理组织体系，按照"管行业必须管安全、管业务必须管安全、管生产经营必须管安全"的要求，对应各自岗位、履行相应的安全职责。项目应在成立1个月内成立安全生产领导小组，公司和项目组/项目联动进行"二级联动"，落实"综合监管、直接监管、属地监管"的职责，确保安全管理工作的横向到边、纵向到底。

2. 制度体系建设

建设单位项目应建立以《安全生产管理办法》作为纲领性文件，从组织管理、目标与责任管理、应急管理、风险管理、事故处理、信息传递与报告、考核评价等方面组成的安全管理制度体系。项目层面应结合实际细化项目安全管理制度，这些制度中要求涵盖对监理及施工单位的管理要求。

3. 责任与目标管理体系

安全目标由建设单位公司安全监督部编制、安委会审核批准，并分解至各保障部门和项目部。项

目组新建项目应在项目团队成立1个月内建立安全生产责任制，建立覆盖到每个岗位的安全责任清单。公司通过与项目组安全第一责任人签订《安全生产包保责任状》、项目部与各岗位签订《安全生产包保责任状》，以安全考核与评价为抓手、通过奖金、荣誉称号等激发员工完成安全目标的动力。项目部通过合同、《安全生产协议》等将监理单位、施工单位纳入到安全目标保证体系当中，明确各自的安全生产责任。

4. 策划体系

安全策划是项目安全管理的重要抓手，其内容包含：安全管理目标、组织结构、风险分析、检查培训、会议管理、文明标准化施工、关键设备设施、承包商管理、安全档案等。项目部牵头按照编制—评审—复盘—变更的程序完成策划。在项目开工后完成编制，由项目安全领导小组评审、批准实施，在项目首开、结构封顶等重要节点完成后复盘，当出现重大变化或偏离时进行纠偏、变更，实现以策划为蓝图的动态管理。策划完成后，项目部向公司安全监督机构报备并参与答辩，同时向监理单位及施工单位进行宣贯，并对施工单位的安全生产策划进行答辩、监督、考核。

（二）过程管控体系

过程管控体系是保障安全管理动作落地的重要指导工具，包括了监督检查、安全教育培训、风险管控、应急管理等，是安全管理体系中最重要的实际操作过程[7]。

1. 监督检查机制

监督检查是保证安全管理体系正常运行的重要手段。建设单位、监理单位及施工单位分别根据自己的职责制定多层级安全检查制度，做到层层相连、层级互通。公司聘请第三方机构进行季度检查，检查范围涵盖所有在建项目，对项目安全管理进行总体性评价。项目组/项目层面实行周检、月检、专项检查等，参建单位内部定期执行安全自检和交叉互检，形成检查记录，形成闭环管理。

2. 安全教育培训

安全培训两条线。一是公司对员工的培训，特别是安全监督机构对项目员工关于公司层面安全管理体系等的培训；二是项目部内部关于管理体系、应急管理、安全法律法规及知识等的培训。项目组/项目要制定每年的年度安全教育培训计划，采取多样化的培训形式，如集中授课、专题会议、公众号、展板海报、安全竞赛、演练等，尽可能多地吸引员工参与，达到培训效果。同时项目组/项目要对参建单位培训教育进行监督，通过一查是否建立健全安全培训教育制度及培训计划，二查安全教育内容、培训记录，三查一线人员学习效果等，督促施工单位将培训教育落实到实处。

3. 风险管控

风险管控主要采取"两库一管控"。即：公司层面建立"安全风险清单库"和"隐患清单库"，项目结合自身特点建立全周期风险清单库，每月联合监理单位和参建单位对次月现场风险进行辨识和评估，制定风险管控措施，分级落实风险管控责任，过程中要加强风险管控措施落实情况检查，严防风险升级。同时要做好风险信息的传递，较大及以上风险报送给公司，并通过安全例会及书面方式将风险传递给参建单位。

对于安全隐患的全员化管理，项目可联合参建单位建立积分制"安全隐患随手拍"平台。在工地大门口、楼道口等主要安全通道贴上微信小程序二维码，通过"扫一扫"可以上传现场安全隐患及查看隐患整改进度，每月可通过积分兑换生活或劳保用品，鼓励一线工人积极参与隐患排查治理。

4. 安全投入管理

法律法规要求建设单位要保证安全生产所必需的资金投入，按照合同及时向承包商支付安全文明措施费。公司对于安全投入要进行前置管理，根据标准化文件在招投标阶段制定安全投入清单，各投标单位根据清单进行报价。在项目建设过程中，通过现场标准化的检查，监督参建单位安全投入的执行，确保安全投入的落地。在日常管理中，项目组、项目层面依据施工单位编制的年度安全生产费用使用计划和月度安全生产费用使用计划进行监督检查，确保安全生产经费用到保障项目安全生产条件、安全防护设备更新、人员安全教育培训等方面。

5. 应急管理

建设单位项目组/项目在应急体系建设中，应根据公司应急预案要求编制综合应急预案，以及防汛、消防、公共突发事件、疫情防控等专项预案，明确分工与责任、资源配置、响应程序、培训等工作。监督参建单位应急预案和专项处置方案的建立、应急救援队伍建设、应急物资储备、应急演练等。项目部定期开展全员应急培训工作，建立年度培训和演练计划，建设单位主导的安全演练每年不少于2次，同时监督参建单位应急培训和应急演练计划的进行。

6. 会议管理

项目组／项目通过开好4个会议为安全管理提供交流平台，实现管理效能的稳步提升。4个会议包括：每季度召开的项目安全生产领导小组会议，领导小组成员参加；每月召开的项目安全月度例会，项目部、施工单位及监理单位项目主要管理人员参加；每周召开的项目安全周例会，项目部各专业管理人员、监理单位总监及专监，施工单位项目经理及安全生产负责人参加；不定期召开的安全专题会议。会议要重点突出，简短有效，以传达上级相关文件、交流安全信息、分析安全状况、安排安全工作、推广经验做法为主。

7. 安全活动管理

通过开展安全活动能够有效地将安全生产概念灌输进每个人的心中，提高全员的安全素养，还能消除安全隐患，打造一个安全的生产环境。项目部和参建单位应在项目开工后制定项目全周期的安全活动计划，并编制活动方案，加大安全生产月、知识竞赛等安全宣传力度、营造安全活动氛围，做好基坑、脚手架、大型机械等专项整治活动，切实排查隐患、消除隐患。

（三）安全资料体系

安全资料是项目在工程建设过程中把相关管理动作和结果记录下来，形成的有关安全生产的各种形式的信息记录，包括项目形成的记录、从相关单位收集的资料。要求能够真实反映工程的实际状况，根据资料能评估项目整体安全状态，随工程进度同步进行收集整理，同时也是监督检查的工具，把评价变得不再是唯结果论，也关注管理过程的进步，弱化项目先天优势而增加管理维度评价的比重，最终安全评价结果效果呈现是基础，人的管理因素是核心。项目部按照过程管控的重点，从检查、会议、演练、风险管控、安全活动记、培训教育及安全投入管控等七个方面构建项目安全资料体系，以便溯源和总结提升。

四、建设单位安全管理的"二级联动"

（一）公司层级

建设单位公司层级在整个房产开发安全管理过程中起到从始至终的领头作用，为各项目组／项目指明安全管理方向、为安全体系搭设创造基础，是整个安全管控体系的推动者。安全监督部作为公司层级的安全监督机构，在日常工作中履行建立体系、监督执行的职责，向安全总监、分管领导、主管领导汇报安全生产状况，对项目组／项目重难点问题进行督促和解决，根据体系运行实际情况对公司整体安全管理体系进行调整，实现安全管理的PDCA循环。

（二）项目组／项目

项目组／项目层级在整个房产开发安全管理过程中主要扮演公司安全体系执行者的角色，根据公司相关体系要求搭设符合项目组／项目实际情况的管理体系，设置专职安全管理人员，并履行对参建单位的监督职责，牵头构建甲方、监理、总包的安全管理体系。在项目管控过程中，建设单位注意扮演好运动员和裁判员的双重身份角色。运动员即管理引领者，参与者，负责牵头促使安全管理体系在本项目正常运行，构建体系，牵头执行，行使业务职能。裁判员即监督者，在过程中要监督参建单位的安全管理执行情况，包括参建单位的组织架构建设、人员配置、风险管控、培训、安全投入、应急管理等内容，保障安全管理措施的落地，行使第三方监督职能，同时给予指导和帮助，最终成为安全岗位保障项目运行的核心[8]。

五、安全管理体系：安全文化的"一个反馈"

在项目开发过程中，建设单位安全理念的顺利推广，以及安全管理体系的顺利运行，不仅能满足国家相关法律要求，也能所有人形成潜移默化的影响，引领监理单位和参建单位树立良好的安全价值观，营造良好的安全文化氛围。

安全文化建设是体系建设的一部分，也是企业文化的一部分，属于观点、知识及软件建设的范畴，利用安全思想意识指导行为，达到安全决策和安全操作的目的，实现一岗双责、人人参与安全生产的目的[9]。安全管理的主体也是对人的管理，在生产经营过程中，安全生产的主要因素也是人，企业安全文化的特点就是重视人的价值，把关注人、关心人、尊重人作为中心的内容，因此，安全文化的普及是所有安全管理体系运行一个最好的反馈[10]。

参考文献

[1] 梁立峰. 建筑工程安全生产管理及安全事故预防[J]. 广东建材, 2011, 27(02):103–105.

[2] 吴方武. 强化业主在工程安全管理中的作用[J].

建筑,2008,(04):36-37.
[3] 张仁枫. 基层党建引领构建"安全命运共同体"的国企实践——以国网四川省电力公司南充供电公司为例[J]. 中国集体经济,2021(28):35-36.
[4] 王桂林. 千万吨级煤矿"安全文化+风险预控"管理体系实践[J]. 煤炭安全,2019,50(12):239-247.
[5] 翁方贵. 房地产企业建设工程项目安全管理体系研究[D]. 杭州:浙江工业大学,2015.
[6] 胡敏涛,曹汉江,吕纪娜,等. 港珠澳大桥建设项目职业健康、安全与环境持续改进体系[J]. 西安:西安科技大学学报,2020,40(1):78-87.
[7] 盖猛. 建设单位视角的黄河A大桥建设项目安全管理研究[D]. 西安:西安科技大学,2020.
[8] 张广耀. 业主主导的工程项目安全管理模式研究[D]. 北京:首都经济贸易大学,2020.
[9] 张久伟. 企业安全文化建设与安全生产管理的关系研究[J]. 企业改革与管理,2019,(02):162-163.
[10] 杨宝栋. 时代国际中心施工建设项目管理研究[D]. 青岛:中国海洋大学,2008.

"三本四心"安全文化建设在建筑施工企业的实践与运用

中建五局土木工程有限公司　李森阔　徐　瑾　蔡振宇　陈坚强　高　飞

摘　要："十三五"以来，随着企业经营规模不断扩张、业务形态不断扩展、区域跨度不断扩大，安全生产管理难度急剧加大，因此，创新推动安全文化建设势在必行。土木公司通过思想重构、体系整合及创新优化，逐步形成"三本四心"企业安全文化，旨在提升全岗位安全生产的责任感与使命感，构建"全员有责、体系有效、预控有方、整改有力"的"大安全"管理格局。

关键词：责任感与使命感；"三本四心"；"大安全"管理格局

一、引言

中建五局土木工程有限公司（以下简称土木公司）是中建集团旗下骨干企业中国建筑第五工程局有限公司（以下简称中建五局）的全资子公司，公司拥有市政公用工程总承包特级资质暨市政公用设计甲级和公路工程施工总承包、桥梁工程专业承包、隧道工程专业承包等一级授权资质，主营高速公路、市政道路、轨道交通、综合管网、水务环保、铁路工程、工业与公共建筑等业务，是中建五局基础设施业务和海外业务的主力军。公司年经营规模400亿元以上，下设七个项目直管机构，形成了以湖南本土为中心，辐射湖北、江西、浙江、福建、江苏、广西、云南、新疆等省市，涉足海外刚果（布）、加蓬、乌干达、巴基斯坦的国内外市场格局。土木公司坚持安全生产文化建设与党建文化同频共振，在经验总结和现状调研的基础上，逐步沉淀形成"三本四心"企业安全文化，进而为"全岗位、全链条、全要素"落标准、严红线、守底线的安全发展理念生根扎地提供高营养沃土。

二、"三本四心"安全文化简述

"三本"即"本职、本质、本体"安全，聚焦于安全文化基础建设，旨在形成"全岗位、全链条、全要素"的安全责任意识。

"四心"即"精心、细心、恒心、狠心"，聚焦于安全管理作风建设，旨在解决安全红线不强烈、管理效能不高的安全行为问题。

"三本"与"四心"融会贯通，相互依托、融合，"三本"是"四心"拓展的主干体系，"四心"是"三本"运行的原动力。

三、安全生产"三本"文化建设

"本"字之意为树木通过主干向地下奔放的规律，深究其意为"根"，安全生产"三本"正所谓安全生产的"三根"，"三本"安全是对传统安全管理思想的优化和延伸，我们把它定义为"本职、本质、本体"安全。

（一）"本职"安全

"本职"安全，顾名思义为职务范围内的安全责任，旨在解决安全责任界面不清的思想问题，以"一岗双责""三管三必须"为基本出发点，以形成"全员有责、勠力同行"的安全文化价值观为运行导轨，以A（优秀）、B（合格）、C（不合格）三档责任考核为促进手段，以构建全维度责任考核体系、纪检与安全无缝融合责任考核监督体系为阶段目标，以构建以人为本、自主履职、担当作为的安全价值观为终极目标，促进全面提升全岗位安全生产责任感、使命感。

1. 推行安全生产"两个清单"责任制

（1）安全生产"两个清单"，即：安全生产责任清单和工作清单，旨在推动"本职"安全文化抽象化向具体化转变，形成能看得见、摸得着的安全文化体系，明确安全生产各方责任界面及具体工作内容，并且随着《安全生产法》《刑法修正案（十一）》等法律法规的发布及企业经营开展情况每年适时修订。

（2）为了促进安全生产"两个清单"文化快速开花结果，公司始终坚持党建引领，始终坚持安全文化建设与住建部"安全生产专项整治三年行动"、中建集团"狠抓安全生产专项行动"零距离融合。各级党组织将习近平总书记关于安全生产重要论述作为第一议题行动部署，各级党委会专题研究部署安全生产重要事项，各级领导开展季度安全生产带班检查，公司工作会上将安全警示教育、安全隐患排查报告作为特定议程固化。为突出安全生产"两个清单"文化在新生力量中快速形成思想共鸣，系统开展"新员工入职安全第一课""3个月基层岗位安全轮训""上岗安全第一考"等活动。通过"两个清单"安全文化与公司运营各关口的不断嵌入，逐步形成了领导心中有安全、骨干人员业务中有安全、一线人员眼中有安全、新生力量人生规划中有安全的"四有"安全文化氛围。

2. 推行全线条融合的安全责任考核制

（1）公司以安全生产"两个清单"文化为依托，实行纵向、横向一体化的考评模式。公司总部采取安委会成员部门自评与安全指标定量化考评相结合的方式，考评结果在部门年度绩效考评中占比10%；公司对区域性项目直管机构实行日常督查（10%）、年中提示（30%）、年终核查（60%）的综合考评模式，采取优良、合格、不合格三档考评机制，考核结果与相应机构的经营业绩深度挂钩；公司对项目部实行"3+3+N"的多维度考核模式，以"项目责任书+项目领导班子+网格责任区"为3层考核单元，以"日常评价+集中考评+失责行为一票否决"为3种考核方式，以"通报公示+现金奖罚+组织约谈+绩效及评优评先挂钩等N种方式"为考核手段。通过体系化的考核机制，从心里彻底打破了安全小专业传统思维，强化线条协同作战合力，进一步凸显各专业与安全生产融合价值观念。

（2）公司不断修正安全人员心中"事情管不了，责任一大堆"的传统思想观念，采取专职安全管理人员垂直分级考核手段，实行"项目直管机构安全总监对安监人员考核权重占比50%+项目直管机构部门经理对安监人员考核权重占比30%+项目经理对安监人员绩效考核权重占比20%"的考核方式。同时，为进一步凸显"公开、公平、公正"安全价值观的建设，公司总部对考核A档（优秀）、C档（不合格）、"一票否决"人员进行审核把关，垂直分级手段真正保证了考核的公正透明，进一步激发了安监人员想做事、敢做事、能做事的工作热情和斗志。

3. 推行党建与安全生产文化嵌入式联动问责制

公司始终以党建与安全生产文化高度融合为嵌入点，固化安全生产与纪检监督联合问责制。对于项目、项目领导班子季度考核末尾人员，由区域性项目直管机构纪检组织与安全监督机构共同约谈问责；对于安全生产"两个清单"职责不落实人员，由安全监督部实行重大安全不履职行为向纪检移交线索；对于新提任领导干部，实行人力、纪检、安监部门线上联合核查；对于触碰"一票否决"的机构和个人，坚决取消评先评优、晋级资格、职称评定等资格。通过嵌入式的问责、追责机制，确保安全生产高压管理态势不放松，凸显安全生产威慑力，彰显安全生产"一岗双责、党政同责、失职追责"的文化影响力。

（二）"本质"安全

"本质"字面含义即物体的固有品质，哲学范畴即事物的根本性质，"本质"安全即通过科技创新、技术革新等手段使生产产品、生产设备或生产系统本身具有安全性，与"科技促安"源于同根，但又涉及面更广。"本质"安全文化既强调"四新"技术应用、危大工程标准化管理流程、大型设备程序化管理内容等，更突出如何发掘科技创新、技术革新等手段在安全生产中的最大价值贡献。

1. 培育"科技促安"生长土壤

公司持续倡导科学技术是安全管理最大生产力的指导思想，强化"科技促安"思想与安全生产同频共振，始终将工序质量保施工安全、产品质量保运营安全的思想贯穿于公司运营管理之中，采取每年发布一期"科技促安"工作风采宣传册的方式持续打造科技促安攻坚精英，不断促进技术骨干力量是公司安全生产最强防火墙的文化内涵持续升华，突出科技人员在安全管理方面的新思想、新作为。在"本质"安全文化建设中，充分发挥公司作为湖南省高新技术企业的优势特点，将安全技术措施创新、信息化管理深度运用作为"科技促安"的首要任务，每年发布落后淘汰工艺及设备、"四新"技术推广应用及强制性"本质"安全措施清单，持续夯实"本质"安全文化生长沃土。近年来，技术、安全人员协同推出《PC轨道梁疏散通道作业车》《红外激光扫描探测全方位电机车防撞系统》《跨座式单轨智能焊接机器人》《地铁车站异型给水管道超长度悬空上悬下托联合保护施工工法》等一系列安全技术成果，制定消防、设备、临电、基坑、桥梁、隧道等9大类21项"本质"安全应用清单，大力倡导基坑自动监测预警、手持充电工具、人脸识别系统、地下工程人员定位系统等管理手段，大量的创新成果更加激发科技人员对"本质"安全文化从后知才后觉向先知先觉转变。

2. 培育"危大工程"全过程标准化管理环境

公司持续倡导"危大工程"是施工技术管理核心的主流思想，以建立全过程标准化管理流程为出发点，以方案编制、审核、论证、交底、监测、验收"六到位"为管理内容，以压实各岗位安全责任落实为管理手段，每年发布危大工程红线管理清单，采取"动态台账+责任田"相结合的双监督模式，实行新开"危大工程"项目经理申请制促进项目安全生产第一责任人责任落实再夯实，实行关键工序作业生产经理负责制促进方案落地的有效性，通过"本质"安全文化的不断深入，逐步形成了全岗位敬畏规则、敬畏方案的良好管理环境。

3. 培育"大型设备"全过程程序化管理氛围

随着租赁成为大型总承包企业机械设备主要来源，"本质"安全文化穿透效应更加迫切，既要培育一线管理人员的安全生产新思想，更要强调与分供方的价值观高度融合，通过对分供方的大量调研和座谈，逐步形成了"齐心协力、合作共赢"的安全价值观。在管理思想共鸣的基础上，公司逐步形成了大型设备"11335"程序化管理标准，即：严控1个关口，每年发布新设备推广、旧设备淘汰清单，分包合同谈判阶段明确须淘汰的工艺、设备名称，设备进场阶段以合法合规性和安全性能验收把关为关键；建立1个岗前10分钟操作员隐患排查清单，明确排查内容、标准和反馈流程，深度促进操作员由被动整改向主动排查转变；创新推广"计划+分级+提级"3种监督管理模式，公司总部以"月度计划性主动监管+特殊设备现场监督"为主，区域直管项目机构以"一般风险提示+视频监督、高危风险现场旁站监督"为主，全面促进管理人员由操作式管理思想向综合监督管理思想转变；优化推行3种委外检测新手段，制度层面固化每年两检的委外检测要求，程序层面固化第三方检测隐患整治要求，检测全过程采用执法记录仪记录；压实5方安全生产管理责任，"两个清单"中明确商务、设备、技术、工程、安监责任内容和工作标准，建立各阶段责任移交机制，实行大型设备封停+"一票否决"追责机制。通过"本质"安全文化的不断穿透，设备管理各方的共同安全生产价值观得到进一步互融互通，为大型设备全过程风险防控营造了文化氛围。

（三）"本体"安全

"本体"安全是对电子工程专业领域本体范畴"人工智能"含义的延伸，强调操作人员的行为无限贴近"人工智能"，旨在通过大量人文关怀、专业教育、主动引导、违规惩戒等手段助推一线作业人员安全意识、职业素养和操作技能大幅提升，管理上倡导舒适交心的交流沟通方式，潜移默化一线作业人员，进而实现由"要我安全"向"我要安全"思想的转变，进而实现工艺工序过程标准化，有效降低人的操作行为对安全生产带来的风险。

1. 践行有温度的安全管理理念

（1）拓展"行为安全之星"活动效力。"行为安全之星"活动是中建集团倡导"被动安全"向"主动安全"的具体举措，是激励全体作业人员主动规范自身安全行为的方式之一，公司强调项目安监部门表彰卡发放计划制定的精准性，突出生产类相关部门发卡的实际效能，实行月度发卡数量覆盖50%的作业人员+季度"行为安全之星"评选覆盖1%作业人员的双控模式。通过发放"行为安全表彰卡、评选"行为安全之星"，促进项目一线安全管理"无指责文化"扎根散枝。

（2）开展家属协管，助力安全教育，构筑亲情安全觉醒防线。公司组织项目每季度向作业人员亲属发送安全提醒短信，涵盖气候情况、现场风险、公司制度等内容，让公司"以人文本""生命至上"的安全文化向一线人员家庭穿透，逐步形成作业人员亲属时刻提醒作业人员规范作业的安全教育新模式。

（3）开展工友体检进工地、应急药品进宿舍等人文关怀活动。针对心脏病、中风、脑出血等疾病突发情况越来越多的现状，全面拉响建立健康安全防线的警报。公司组织项目每季度邀请专业医师，针对心肺复苏、中暑急救、外伤和骨折救治等开展专项急救实操培训，将"工友体检进工地""应急救生药品进宿舍"贯穿于项目建设管理全过程。

2. 践行各专业协同作战的培训教育理念

（1）坚持三级教育上岗门槛不突破，引导一线作业人员班前教育规范化，推行责任区负责人班组活动每周一讲活动，系统开展班组长周培训活动，由工程、安全、技术、物资设备四部门每周授课，同时深入开展项目经理讲安全活动，打通基层安全"神经末梢"，形成"人人都讲安全"的良好氛围。

（2）坚持安全技术交底精细化，公司推广运用VR体验技术、BIM交底技术、微视频、二维码等新科技手段，不断推进"三铁六律"、操作规程、事故案例等入脑入心，标准参数、标准工艺、标准工序等牢记于心。

3. 践行安全生产"一票否决"的分包队伍考核理念

公司强调分包安全体系作为企业安全管理的补充和延伸，在分包合同中明确安全体系建设要求。在分包队伍安全生产考核中，采取项目月度评价＋区域性直管项目机构季度核查＋公司总部半年考核通报的分级管理措施，并强制性实行分包安全履约"一票否决"制，通过抓实分包和劳务安全管理"最后一公里"，将"本体"安全文化渗透到一线操作单元。

四、监管团队"四心"文化建设

"心"延展之意为"品行"，"四心"突出知行合一，涵盖计划性、预防性、持续性和强制性监督管理。"四心"统一了安全监管团队的建设思路，具体涵盖"精心、细心、恒心、狠心"四个方面。

（一）安全管理要"精心"

"精心"，重点突出一个"精"字，旨在要下足功夫、铆足劲，周密谋划，全力以赴，"精心"以岗位素养为基础，强调计划性管理。

公司奉行"安全生产、策划先行"的指导思想，分三个阶段精心组织项目策划。在策划预备阶段，组织识别外部环境＋复杂技术带来的重大安全风险；在施工策划阶段，组织识别高危工程＋大型设备带来的较大安全风险；而在安全策划阶段，则组织识别"管理失责＋措施缺位"带来的普遍性安全风险，进而制定相应的控制措施，使资源配置更加合理高效，总体风险把控更加可靠。

公司推行"实效性＋针对性"的监管理念，精心组织常态化监督，并结合隐患问题大数据，实行每月一主题的安全生产专题整治，如开展高处坠落专项治理、特种设备集中整治、临时用电专项排查、责任落实专项考核等，制定详细的整治标准，设定重点整治项，力争实现风险可防可控。

公司实行"方案先行＋过程监控＋效果验收"相结合的活动思路，精心组织专项活动的开展，如安全月活动期间每周拟定活动主题，制定时间表，跟踪督导，推进落实。2019年编制的《安全风采宣传册》，从思想、行动、控制和感悟四个维度深化企业安全文化建设，打造"安全卫士"典型标杆，让每位员工心中安全文化这颗种子生根发芽。

（二）安全管理要"细心"

"细心"，指细致、严谨。安全无小事，安全管理是实打实、硬碰硬的工作，容不得半点虚假，来不得半点马虎，"细心"以强化全过程安全管理为出发点，突出预防性管理。

针对风险防控，公司强调一丝不苟的工作作风，建立风险分级管控制度。对高危风险项目进行全面梳理，制定高危风险分布图，专人跟踪，掌握现场实时动态，全力提升安全风险预控力。

针对安全内控，公司强调细心严谨的证据思维模式，强调各层级安全检查中安全内业和现场隐患同步进行，通过内控资料检查促管理行为的合法合规，同时针对海外项目实地检查制约因素较大的现状，采取季度视频检查＋月度资料核查的形式，促安全规定动作和要求基本落地。

针对可能出现的危机事件，公司强调"内外联动、未雨绸缪"的应急思想，建立"片区项目直管机构安全总监＋单独区域项目经理"负责的内外联通应急体系，完善与地方职能部门、专业应急队伍、医疗机构的协同互动，同时，督导各项目落实应急物资配备，全员岗前体检，特别是地下工程、高处作业人员不体检不上岗，强化应急演练，提升应急预案实效性。

（三）安全管理要有"恒心"

安全生产是一项长期、艰巨的工作，要想实现"长治久安"，就要避免心浮气躁，急功近利。"恒心"以强化安监人员的抗压性和工作韧性为出发点，突出常抓不懈。

公司持之以恒抓隐患排查，公司层面季度检查全覆盖，项目直管机构月度检查全覆盖，项目层面开展日检、周检、月检、季节性检查及专项检查等，及时化解隐患风险。

公司持之以恒抓培训教育，每年年初对局年度安全生产责任书线条交底、对比分析、划分责任，安委会上对上级文件精神培训宣贯，将安全生产"两个清单"、新安法等纳入职能部门培训范畴，并联合人力资源部组织开展安全生产应知应会考试，抓实一线人员安全培训教育。

公司持之以恒抓标化建设，大力提倡各项目承办属地政府组织的标化推广活动，并在年度安全生产责任书中明确了项目承办地市级以上标化会的奖励措施。近年来公司推出了《临电施工编制指南》、《三级配电箱标准设计》、安全内控管理统一模板等管理成果，并通过项目开设标准宣讲班、两级机关下项目送培训等手段，让《施工现场安全防护标准化图册》《基础设施安全操作规程》等中建标准深入一线人心。

公司持之以恒抓专业技能提升，组织线上安全技术培训小课堂，内容涵盖隧道、盾构、桥梁、深基坑、高支模、大型设备等专业工程，并利用线上考试，将技术标准规范、施工组织设计纳入考核范畴，同时公司组建注安培训群，联动人力资源部深度运用信和网校平台深入开展注安培训线上常态化督学活动，持续助推安全人员专业素养提升。

（四）安全管理要"狠心"

"狠心"，就是要当黑脸包公，敢于亮剑、敢于较真，就是坚持抓安全不讲情面、铁面无私，决不心慈手软。"狠心"以强化安监人员红线意识和底线思维为出发点，突出安全生产震慑力。公司坚持"严是爱、松是害"理念，做到违章必究、违纪必惩，重大隐患问题等同事故追责。针对公司及以上挂牌督办的隐患问题，实行对"项目经理+分管领导"直接考核为不合格（C档）的处罚手段；对于区域性直管项目机构挂牌隐患，实行对"责任区域负责人+直接管理人"考核为不合格（C档）的处罚措施；而在项目层面，实行安全考评结果与绩效考核强制性不合格率的统一对接，凸显安全失责成本，持续提升安全生产威慑力和影响力。

五、结语

当前，建筑施工行业安全生产形势依然严峻，传统安全管理思维仍未完全打破，唯有筑牢安全生产之"本"方能引起质的裂变。"三本四心"企业安全文化是土木公司长期探索实践的成果，也是一项长期、复杂的系统性工程，唯有各线条协同联动方能生根抓地。伴随着"三本四心"安全文化建设的不断深入，各岗位"以人为本"的共同安全价值观持续展现，主体责任不断落实，安全生产基础管理不断夯实，进而为公司的跨越式高质量发展提供文化源泉。

建筑施工企业主动安全文化建设探索与实践

中国建筑第六工程局有限公司　司为捷　郭　猛　史德强　王梓迪

摘　要：安全文化建设是企业安全生产防线的重要一环，是践行中国建筑"我安全、你安全、安全在中建"安全文化的必然要求。主动安全文化建设是激发一线管理人员和作业人员主动安全意识、营造施工现场安全文化氛围的核心要素，也是企业安全管理不断走深、走实的重要体现。本文通过介绍企业在深化安全宣教，构建主动安全文化体系方面的实践案例与方法，为推进建筑施工行业安全生产治理体系和治理能力现代化提供管理思路。

关键词：安全宣教；安全文化；安全管理；主动安全；管理深入

一、引言

安全生产，重如泰山。关乎社会大众权利福祉，关乎经济社会发展大局，更关乎人民生命财产安全。党的十八大以来，以习近平同志为核心的党中央高度重视安全生产，始终把人民生命安全放在首位。习近平总书记多次对安全生产工作发表重要讲话，作出重要指示，深刻论述安全生产红线、安全发展战略、安全生产责任制等重大理论和实践问题，对安全生产提出了明确要求。立足新发展阶段，完整、准确、全面贯彻新发展理念，加快构建安全生产新发展格局，安全文化建设对企业安全生产治理体系和治理能力现代化的推进作用更加凸显[1]，如何打造并形成独具特色的企业安全生产文化越来越引起大家的关注和深思。

二、打造主动安全文化的必要性

我国发展已经站在新的历史起点上，要根据新发展阶段的新要求，坚持问题导向，切实解决好发展与安全之间的统筹和辩证关系。安全是发展的前提，发展是安全的保障，在总体国家安全观的顶层设计下，发展和安全是一体之两翼、驱动之双轮，两者相辅相成、辩证统一，发展和安全互为条件、彼此支撑，任何一个领域出现安全问题，都有可能影响到发展乃至阻碍发展。要统筹发展和安全，全面提高公共安全保障能力，加强安全生产监测预警，深入推进建筑施工重点领域安全整治，防范和化解影响我国现代化进程的各种风险，筑牢国家安全屏障。可见，为深入落实国家发展战略，建筑施工安全管理模式与管理理念亟待转变，大力推进主动安全文化建设，通过主动安全文化打造主动安全，为本质安全注入新的活力。

习近平总书记强调，发展决不能以牺牲人的生命为代价。企业发展离不开安全生产，让安全管理更有深度、更有温度就离不开安全文化建设，以安全宣教推动构建主动安全文化是企业安全文化建设的内在动力[2]，是深刻践行中建集团"我安全、你安全、安全在中建"安全理念的生动案例，也是深刻落实以人民为中心的发展思想的重要体现。

三、主动安全文化的内涵

文化是企业管理的一种无形力量，也是最为先进的手段和方式，随着我国社会化进程的不断加快，企业管理逐渐向着"人管人"到"制度管人"最终到"文化管人"在发展。安全文化泛指个人和集体在安全生产的价值观、态度、能力和行为方式等方面的综合产物，而主动安全文化是企业安全文化发展到一定阶段的必然产物，代表着企业集体和个人在安全意识形态方面的深层次文化，是传统的"被动安全"向"主动安全"发展的最终结果，代表着企业上下从"要我安全"到"我要安全"的转变，通过企业和员工自觉主动实施"我要安全"相关措施，进而形成企业在安全管理上的主动文化，用主动安全文化影响企业员工的思维方法和行为方式，引导全体员工采用科学的方法从事安全生产活动，在企业内部形成"人民至上、生命至上"的良好安全价值观，进而提升企业在安全目标、政策、制度方面的贯彻执行力。

四、主动安全文化的构成

主动安全文化是企业安全文化的延伸和重要组

成部分。中建六局深刻吸取传统安全生产管理经验，积极打造"1211"主动安全文化体系，即：1个品牌，以"安全宣教进基层"为安全文化的特色品牌；2个活动，以"双星"活动为安全文化的重要载体；1个机制，以"检培并举"为安全文化的宣教机制；1个重点，将班组长列为安全文化建设重点对象，以此促进安全管理不断深入，全面推进企业安全生产治理体系和治理能力现代化。

（一）安全宣教进基层，安全文化入人心

深入落实安全宣传"五进"工作要求，聚焦项目直接上级机构安全监管能力提升，打造出"安全宣教进基层"特色安全文化品牌，让安全文化、安全教育更加深入施工生产一线，主动安全更加深入人心。按照全局工程项目分布，设置区域集中的活动现场，确保区域项目全员安全宣教的全覆盖。面向项目管理人员和一线作业人员设置安全文化沙龙、安全经验交流、现场实物教学等内容，开展分享式、体验式教学，鼓励基层一线管理人员和作业人员主动参与、积极探讨，将安全生产"人人有责"的大安全理念渗透至基层全员。

（二）"双星"活动全开展，主动安全全覆盖

在中建集团"行为安全之星"活动的基础上，精准把握活动实质，扩大活动开展范围，在全局范围内全面开展安全"双星"活动，即"行为安全之星"活动和"安全管理之星"活动。"行为安全之星"面向一线作业人员和施工班组，变说教为引导，变处罚为奖励，变"被动安全"为"主动安全"，切实提高一线作业人员的安全意识，规范一线作业人员的安全行为。"安全管理之星"面向一线管理人员，高质量开展好项目月度安全生产责任制、责任目标考核工作。对考核成绩优异或在安全履职、安全管理方面有突出贡献的项目管理人员，授予项目月度"安全管理之星"称号，激励项目管理人员主动履行安全职责。

（三）安全教育转变思路，"检培并举"精准施教

坚持检培并举、精准施教，实现安全督导检查与安全文化宣教[3]、安全业务与知识培训有机融合。以受检项目存在的突出隐患和显著问题为导向，以开展针对性强、实用性高的教育培训为服务引领目标，帮助项目、班组分析问题原因，找出解决对策，精准发力确保整改落实效果。同时，深入剖析一线作业人员思想认识上的隐患，补齐安全意识短板，辅以安全警示教育、安全法制教育，营造浓厚安全文化氛围。

（四）抓牢施工基本单元，提高班组主动安全水平

积极推进安全文化向班组下沉[4]，抓牢分包班组这一施工基本单元，编制《班组长安全教育培训手册》，不断提高班组安全作业技能。将班组安全文化建设纳入到企业高质量发展议程，不断建立健全班组安全文化建设管理办法，并根据实际不断修订完善，在实施过程中不断进行纠偏、改正，促使班组安全建设工作健康、持续、高效发展，逐步迈向人文化、标准化、科学化，促进班组长"我要安全"的思维意识转变，不断全面夯实安全基础，推动企业安全高质量发展。

五、主动安全文化的实践成果

目前，"1211"主动安全文化体系趋于成熟，在提升生产一线本质安全水平和提升企业安全管理治理能力方面起到了重要作用。自"1211"安全体系建设以来，中建六局积极开展以"检培并举"为主要形式的"安全宣教进基层"安全文化宣教活动，先后在全国各地以多种形式开展宣教活动，覆盖项目部400多个，覆盖一线管理人员、作业人员万余人。2021年，中建六局积极开展安全"双星"活动，累计表彰一线作业人员5万余人，评选月度"行为安全之星"8000多人，评选"安全管理之星"4000多人，累计发放表彰金额340余万元。2021年中建六局在施项目累计开展班组长周培训万余次。通过积极实践"1211"主动安全文化体系建设内容，中建六局2021年度安全文明工地创建数量和创建质量均达到了历史最佳，全年在施项目安全隐患发生率较2020年下降了26%，为企业高质量发展提供了坚实的安全基础和保障。

在"1211"主动安全文化的加持下，中建六局安全管理形成了许多可复制、可推广、可借鉴的实践成果。在落实企业安全生产主体责任方面，制定了"六个一"的安全生产工作总要求。

一是深入贯彻落实习近平总书记关于安全生产一系列重要指示批示精神；二是深入落实安全生产第一责任人的安全职责；三是各级党组织第一时间以第一议题学习贯彻习近平总书记重要论述；四是树牢安全是发展的第一前提理念；五是始终把人民生命健康放在第一位；六是学好用好一部《安全生产法》。在落实全员安全生产责任制方面，落实"两

单制",通过《安全生产责任清单》和《安全生产工作清单》,明确全员安全生产责任,做到精准履职、精准评价。在安全生产风险防范方面,实行"双重预防机制",即风险分级管控和隐患排查治理双重预防机制,全面防范化解各类安全生产风险。在安全生产隐患排查治理方面,狠抓"两清单",通过《安全生产管理行为要素清单》和《常见安全生产隐患识别治理清单》,持续提升安全生产隐患识别治理能力。在安全生产教育培训方面,通过"线上+线下",定期开展"安全大讲堂"和"安全宣教进基层",持续提升一线管理人员的基础管理能力,筑牢安全生产防线。在行为安全管理方面,持续抓实"两星活动",通过开展"安全管理之星"和"行为安全之星"活动,不断规范管理人员安全履职和作业人员安全作业行为标准,持续提升一线管理人员和作业人员的主动安全意识和能力。在应急管理方面,打造"双保险",建立公司—重点区域—项目部三级应急管理体系,打造区域应急协同联动机制,组建专业应急抢险队伍,不断强化应急抢险处置能力。在安全文化建设方面,内外齐发力,对内持续凝练打造主动安全文化氛围,对外持续发挥"安全六局"微信公众号的宣传影响力,共同营造"六局安全"的良好企业安全文化氛围。在作业人员和机械设备管理方面,实施"六不用、六严禁"管理要求,从源头防范化解作业人员和机械设备潜在的安全风险。在智慧安全建设方面,围绕"一图一单一意见",深入实施智慧安全建设措施,通过"智防"赋能"人防、物防、技防",引领安全智防建设向系统化、常态化发展,推动风险防范一体化升级。

六、结语

安全生产永远在路上,主动安全文化在企业生存发展中扮演着越来越重要的角色,主动安全文化的探索和实践驱动企业安全管理不断深入,为企业发展提供助力、产生实效,是企业稳定发展的坚实基础,为企业持续高质量发展提供源源不断的安全动力。

参考文献

[1] 何勇锋,易军. 生产型企业安全文化建设的实践探索[J]. 工程建设与设计,2021(3):252-254:3.

[2] 柳光磊,刘何清,阮毅,等. "十四五"时期的企业安全文化建设的思考[J]. 安全,2021,42(4):32-37:3.

[3] 姜洋海,李二保明,郑连英. 企业安全环境文化建设要点分析与建议[J]. 品牌与标准化,2021(4):103-104,107:1.

[4] 梁虎林,常江. 浅谈企业安全文化建设与创新[J]. 中国盐业,2020(9):40-43:3.

建筑安全文化建设执行力影响因素研究

中建七局第四建筑有限公司　张志鹏　沈　晨

摘　要：为了进一步提升建筑安全文化建设执行力，找出其中的主要影响因素及其影响程度，通过查阅现有的文献并结合专家访谈结果，构建出建筑安全文化建设执行力影响因素的初始模型，同时对变量进行定义并提出研究假设，根据问卷调查结果，采用 SPSS 及 AMOS 软件对模型进行实证研究。根据研究结果确定了各影响因素之间的标准化路径，并对初始模型进行了修正，找到影响安全文化建设执行力的主要原因所在，并提出相应改进措施。

关键词：建筑；安全文化；执行力；影响因素；结构方程模型

一、引言

建筑领域各类安全管理制度逐步完善，安全生产技术水平也在不断提高，但落实到实际的安全生产中，仍有安全事故时常发生，通过查阅文献能够发现，大多数安全事故都属于责任事故，直接原因都属于人的不安全行为。[1-2] 因此要想进一步提升建筑领域安全管理水平，必须推进建筑领域安全文化建设，而制约安全文化建设的重要因素，就是执行力不足，故推进建筑安全文化建设执行力的提升，就必须要对其影响因素进行分析，找出薄弱环节，为建筑领域安全文化建设寻找提升措施。

二、建筑安全文化建设执行力影响因素及模型构建

（一）建筑安全文化建设执行力影响因素确定

根据建筑安全文化建设执行力影响因素相关文献[3-14]，并结合对相关专家的访谈结果，梳理出八个影响因素：安全文化创建目标；安全管理制度；安全教育培训；激励约束机制；安全技术保障；信息沟通保障；安全投入；安全监管体系，并增加了管理人员执行力和作业人员执行力两个影响因素。

（二）建筑安全文化建设执行力影响因素模型构建

根据建筑安全文化建设执行力影响因素，构建了建筑安全文化建设执行力影响因素模型，如图1所示。

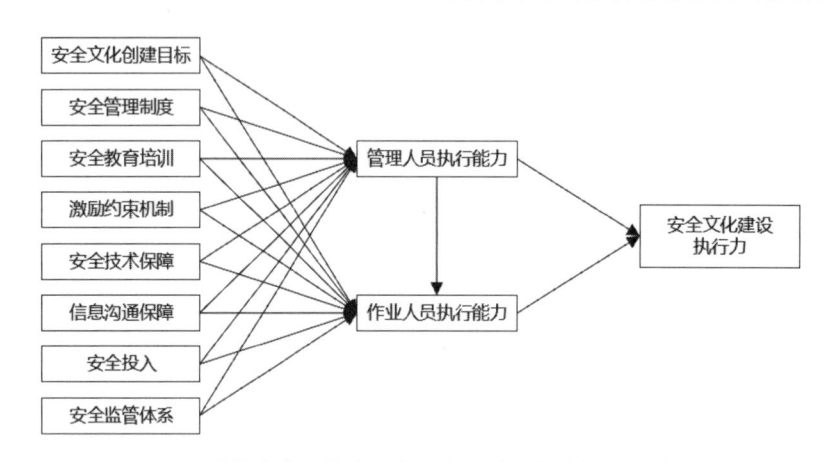

图1　建筑安全文化建设执行力影响因素路径关系模型

（三）变量定义与研究假设

建筑安全文化建设执行力10个影响因素中，管理人员执行力、作业人员执行力为中介变量，其余8个为自变量。变量定义及假设如下：

（1）安全文化创建目标：对于安全文化创建工作制定出一个合理切实可行的期望值。

H1a：安全文化创建目标对管理人员执行力存在正向影响；

H1b：安全文化创建目标对作业人员执行力存在正向影响。

（2）安全管理制度：一系列为了保障安全生产而制定的条文。

H2a：安全管理制度对管理人员执行力存在正向影响；

H2b：安全管理制度对作业人员执行力存在正向影响。

（3）安全教育培训：针对各层级员工开展的一系列安全教育和培训工作。

H3a：安全教育培训对管理人员执行力存在正向影响；

H3b：安全教育培训对作业人员执行力存在正向影响。

（4）激励约束机制：通过特定的方法与管理体系，将员工对组织及工作的承诺最大化的过程。

H4a：激励约束机制对管理人员执行力存在正向影响；

H4b：激励约束机制对作业人员执行力存在正向影响。

（5）安全技术保障：培养掌握安全技术管理必需的基础知识和基本技能。

H5a：安全技术保障对管理人员执行力存在正向影响；

H5b：安全技术保障对作业人员执行力存在正向影响。

（6）信息沟通保障：保证组织内部关于安全文化建设工作的信息沟通保障工作。

H6a：信息沟通保障对管理人员执行力存在正向影响；

H6b：信息沟通保障对作业人员执行力存在正向影响。

（7）安全投入：为保证安全文化建设所进行的安全投入。

H7a：安全投入对管理人员执行力存在正向影响；

H7b：安全投入对作业人员执行力存在正向影响。

（8）安全监管体系：对安全文化建设过程中的各项具体活动所实行的监督督导活动。

H8a：安全监管体系对管理人员执行力存在正向影响；

H8b：安全监管体系对作业人员执行力存在正向影响。

（9）管理人员执行力：管理者在企业管理方面所具备的指挥、决策、沟通等能力。

H9a：管理人员执行力对作业人员执行力存在正向影响；

H9b：管理人员执行力对建筑安全文化建设执行力存在正向影响。

（10）作业人员执行力：作业人员能够按质按量完成上级下达的任务的能力。

H10：作业人员执行力对建筑安全文化建设执行力存在正向影响。

三、问卷设计及检验

（一）研究样本选取

采用概率抽样中的分层抽样方法，确定出各层应抽取的样本容量，如式（1）和式（2）所示：

$$\frac{n_1}{N_1} = \frac{n_2}{N_2} = \cdots\cdots = \frac{n_K}{N_K} = \frac{n}{N} \quad (1)$$

$$n_i = \frac{N_i}{N} \times n \quad (2)$$

式中：n_i 为样本第 i 层的数量；n_k 为样本第 k 层的数量；n 为样本总量；N_i 为总体第 i 层的数量；N_k 为总体第 k 层的数量；N 为总体量。

根据分层抽样公式，选取管理人员85人，作业人员246人，共计331人。发放331份问卷，回收样本数据326份。最终获得有效样本318份，问卷有效反馈率为97.5%。

（二）研究变量的设计

研究模型共涉及了11个潜在变量，每个潜在变量对应有5个测量变量，一共55个测量变量，每个测量项都采用5点Likert量表进行测度，受测者根据自身感知的实际程度选择1~5分度依次来表示同一等级。

（三）信度检验

使用SPSS24.0对问卷的样本数据进行Cronbach's α信度系数检验，问卷的整体信度为0.971，安全文化创建目标0.912、安全管理制度0.885、安全教育培训0.953、激励约束机制0.934、安全技术保障0.927、信息沟通保障0.916、安全投入0.938、安全监管体系0.942、管理人员执行力0.926、作业人员执行力0.937、建筑安全文化建设执行力0.919。说明问卷量表具有高可信度。

（四）效度检验

KMO>0.9非常适合因子分析，0.8~0.9适合，0.7以上尚可。KMO和Bartlett检验结果见表1。

从表1可以看出KMO值为0.875，适合因子分析，提取出11个特征值大于1的公因子。11个公因子共可解释总方差的 80.672%，对原有变量总方差具有很好的解释能力。

表 1 KMO 和 Bartlett 检验结果

检验指标		数 值
取样足够度的 Kaiser-Meyer-Olkin 度量（KMO）		0.875
Bartlett 的球形度检验	近似卡方	9 999.647
	自由度（df）	1469
	显著性（Sig.）	0.000

四、实证研究

（一）构建结构方程模型

选取 AMOS24.0 软件，以安全文化创建目标、安全管理制度、安全教育培训、激励约束机制、安全技术保障、信息沟通保障、安全投入、安全监管体系、管理人员执行力、作业人员执行力为潜变量构建结构方程全模型（图 2）。

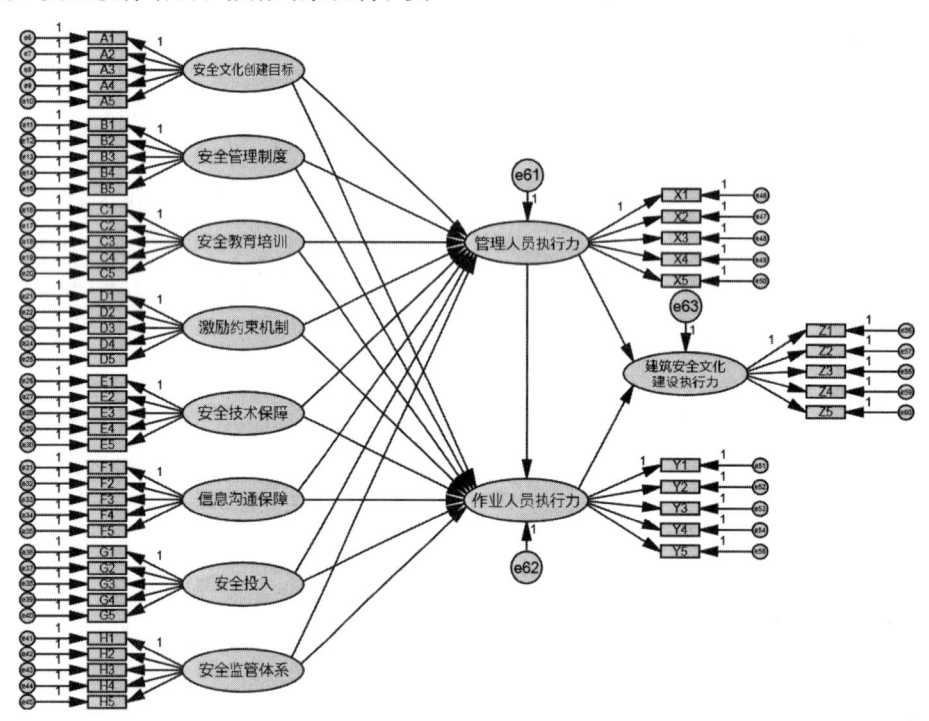

图 2 建筑安全文化建设执行力影响因素的结构方程初始模型

（二）模型的识别与估计

一般情况下采用 t 规则，关系表达式如式（3）。

$$t < (p+q)(p+q+1)/2 \quad (3)$$

式中：t 为模型中待估计参数个数；p 为外源观测变量的个数；q 为内生观测变量的个数。

本论文所建立的结构方程模型包含 55 个观测变量，则 p+q 为 55，(p+q)(p+q+1)/2 为 1540，因此 t < 1540。所以，模型识别的结果是模型过度识别，符合结构方程模型分析的要求，可进行模型估计。

（三）模型的拟合

结构方程最终检验参数见表 2。

表 2 结构方程最终检验参数

拟合指数	GFI	NFI	RFI	TLI
修正前	0.719	0.767	0.728	0.852

由表 2 可得，GFI、NFI、RFI、TLI 都不符合判断标准，需要对模型进行调整。

（四）模型的修正

按照修正思路进行第一次修改，即删除不显著的路径，修正后 GFI 为 0.827，RFI 为 0.831，不符合要求，进行二次修正。寻找修正指数（MI）的最大值，增加相应残差路径，二次修正后，数据全部符合标准。

数据如下：安全文化创建目标、安全管理制度、安全教育培训、安全技术保障、信息沟通保障、安全投入、安全监管体系与管理人员执行力之间的标准化路径系数为0.835、0.725、0.692、0.862、0.775、0.726、0.841,影响显著;安全文化创建目标、安全管理制度、安全教育培训、激励约束机制、安全技术保障、安全投入、安全监管体系与作业人员执行力之间的标准化路径系数为0.867、0.679、0.719、0.816、0.659、0.728、0.747,影响显著;管理人员执行力与作业人员执行力之间的标准化路径系数为0.783,管理人员执行力、作业人员执行力与建筑安全文化建设执行力之间的标准化路径系数为0.752、0.684,影响显著。修正后的结构方程模型如图3所示。

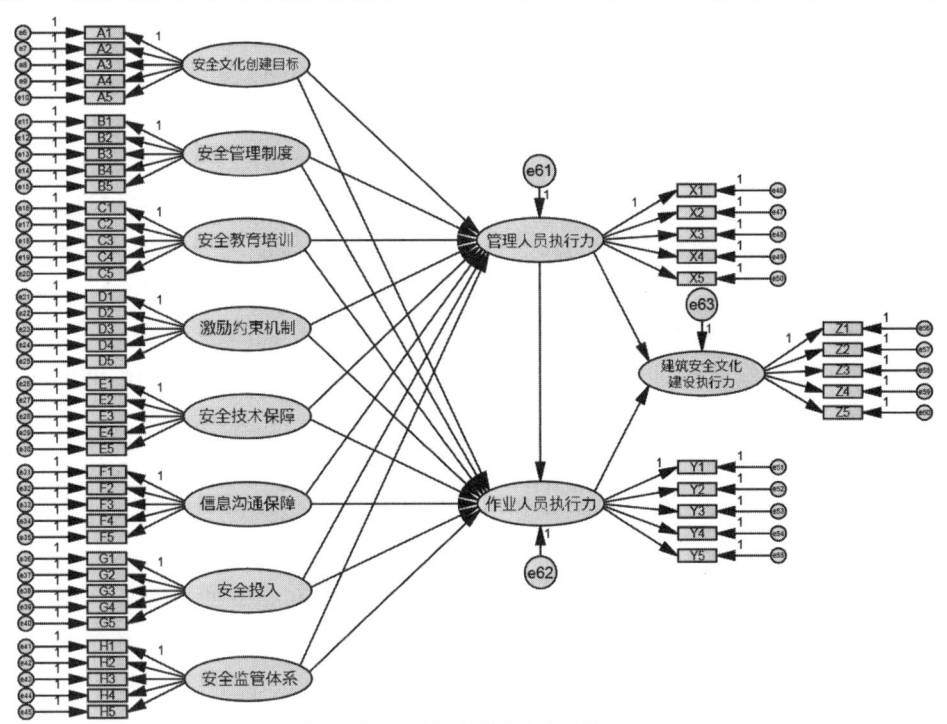

(a)第一次修正后的结构方程模型

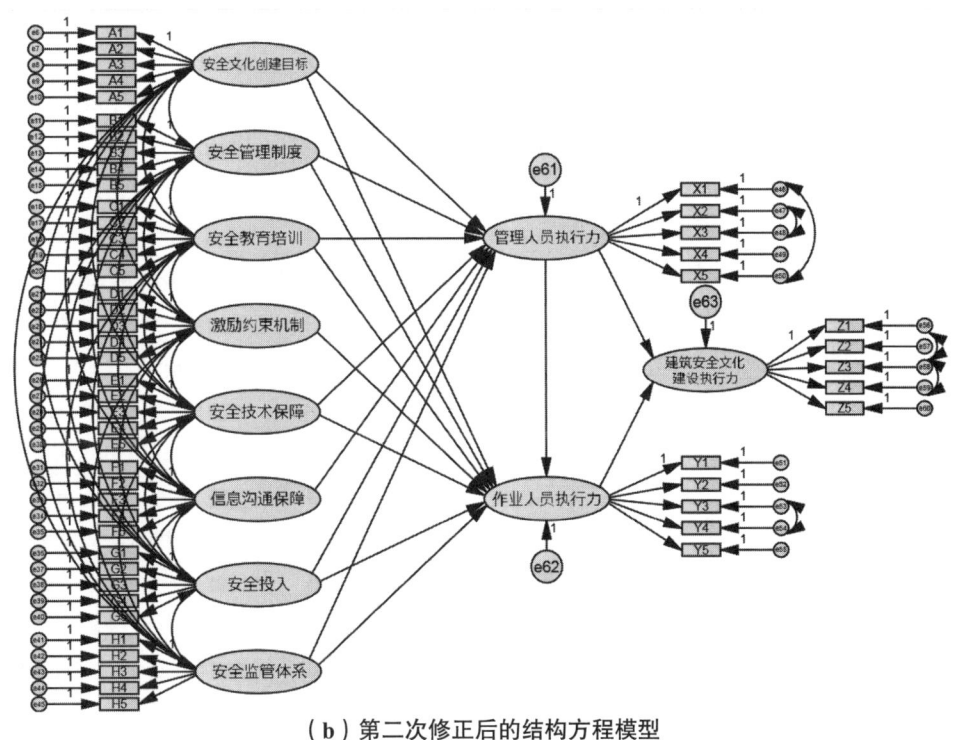

(b)第二次修正后的结构方程模型

图3 修正后的结构方程模型

五、改进措施

根据上述实证研究能够看出，假设 4a,6b 未得到验证，主要原因是企业激励约束制度的设置不够科学合理，例如针对管理人员的激励手段较为单一，大多是采用风险抵押方式，但兑现周期长，且关于安全文化建设的考核占比和内容较少，未能通过激励约束制度最大限度地调动管理人员参与安全文化建设的积极性，而信息沟通渠道未能直通作业人员层级，导致安全文化建设工作长期处于上层领导积极开展但无法将其传达到一线作业人员的现状，致使这两条路径的影响不显著。故为了提升建筑安全文化建设执行力，应从以下两方面开展：

（1）完善企业激励约束制度，调整管理人员的薪资结构，避免出现吃大锅饭的现象，通过绩效考核来激励员工主动参与到安全文化建设工作之中，同时在考核方案的编制时，应该增加安全文化建设内容占比。此外针对安全文化建设工作有突出贡献者，还应该设立专项奖励，起到标杆示范作用，而针对在安全文化建设中敷衍了事，安全意识差的管理人员，则应该进行相应处罚，并由领导层进行约谈。通过各项激励约束措施，逐步转变员工对于安全文化建设工作的态度，提升管理人员安全文化建设执行力。

（2）强化直通作业人员的信息沟通渠道，一线作业人员是安全工作的实际参与者，也是安全事故的第一受害者，因此安全文化建设工作不能只停留在企业的领导层，而要在作业人员群体中广泛开展。例如，强化班前安全活动质量，将安全文化建设内容通过班前教育形式向一线作业人员进行宣贯，让作业人员对企业安全文化有所了解，还可以定期召开全体作业人员安全大会，设立红黑榜，并结合游戏形式创新安全教育模式，提高作业人员的参与度。同时在施工现场增加安全文化标识标牌，通过视觉渗透，潜移默化中增强一线作业人员的安全意识，提升作业人员安全文化建设执行力。

六、结语

本文采用实证研究的方法对建筑安全文化建设执行力影响因素进行了分析，得出了各影响因素对建筑安全文化建设执行力的影响标准化路径以及影响系数。研究表明假设 4a,6b 未得到验证，主要原因是企业激励约束制度的设置不够科学合理，以及信息沟通渠道未能直通作业人员层级，致使这两条路径的影响不显著。并根据实证研究结果，提出增强建筑安全文化建设执行力的改进措施。

参考文献

[1] 张朝勇,谢惠峰. 浅议民营建筑企业安全生产执行力的建设 [J]. 建筑安全,2015,30(04):34-36.

[2] 曹洪伟. 建筑安装企业安全生产执行力建设研究 [J]. 中国新技术新产品,2012(15):252.

[3] Qiao G T, Zhu Y N, He G. Evaluation of coal miners' safety behavior based on AHP-GRAP and MATLAB[J]. Journal of Computational Methods in Sciences and Engineering,2016,16(01):49-55.

[4] Korban Z. Quality assessment of occupational health and safety management at the level of business units making up the organizational structure of a coal mine：a case study[J]. International Journal of Occupational Safety and Ergonomics,2015,21(03):373-385.

[5] 赵宾武. 提高建筑施工企业安全执行力的思考 [J]. 中国新技术新产品,2010(11):206-207.

[6] Costa C, Lupu L, Edelhauser E. Safety Improvement Solutions In Coal Mines Using GIS[J]. ACTA Universitatis Cibiniensis,2015,66(01):29-34.

[7] 周超. 大型建筑企业执行力影响因素研究 [D]. 西安：西安科技大学,2018.

[8] 罗兰善. 化工企业安全管理执行力评价分析 [J]. 化工管理,2017(14):245+247.

[9] Wei L J, Hu J K, Luo X R, et al. Study and analyze the development of China coal mine safety management[J]. International Journal of Energy Sector Management,2017,11(01):80-90.

[10] 林向阳. 神华胜利露天煤矿安全管理执行力建设分析 [J]. 露天采矿技术,2016,31(10):90-92.

[11] Liu T Z, Wang Z W, Li W, et al. Utility optimization strategy of safety management capability of coal mine – A case study of JCIA[J]. Safety Science,2012,50(4):684-688.

[12] He X Q, Song L. Status and future tasks of coal mining safety in China[J]. Safety Science,2012,50(4):894-898.

[13] 陈铁华,周超,李红霞. 煤矿安全管理执行力影响因素研究 [J]. 煤矿安全,2018,49(12):235-238.

[14] 马文章,步磊,杨芳,等. 基于执行力的煤矿安全文化的构建和推进 [J]. 中国煤炭,2010,36(09):115-116+123.

安全文化育人　体系构建融人　实践过程助人

中国建筑第五工程局有限公司　李传磊　王庆明　陈留春　张学明　喻检军

摘　要：以习近平同志为核心的党中央着眼党和国家事业发展全局，坚持以人民为中心的发展思想，统筹发展和安全两件大事，把安全摆到了前所未有的高度。全国"安全生产月"期间，企业第一责任人围绕"遵守安全生产法，当好第一责任人"的主题深入学习贯彻习近平总书记关于安全生产重要论述，带头讲安全，专题讲安全。

关键词：安全文化；安全理念；教育培训；安全意识

一、背景

安全生产是企业的生命线，关乎职工生命安全和企业长远发展。同时，也要清醒地看到，建筑施工行业各类事故隐患和安全风险交织叠加、易发多发，安全生产正处于爬坡过坎、攻坚克难的关键时期。唯有健全安全文化教育培训体系，将安全理念贯穿生产全过程；提高安全意识整体能力，以构建安全共同体为长远目标；切实推动安全文化深入人心，凝聚安全的最大共识、增强全民的安全意识；将安全防线建立在企业基层一线，才能筑牢安全生产的根基。

（一）构建实施安全文化育人是安全培训的热度

随着我国社会和经济的快速发展，建筑施工企业的在施项目安全文化工作也要做到与时俱进。实施安全文化"入脑入心"工程，以企业引领安全文化建设，安全月领航，文化登高。发挥第一责任人把方向、管培训、保落地关键作用，保障安全文化育人方向正确、行稳致远；结合六专行动不断创新安全文化工作新亮点、新突破，推动安全文化育人管理体系生动实践、不断完善。

（二）构建实施文化体系融人是安全理念的温度

作为我国经济发展的支柱型产业，建筑施工企业的在施项目安全文化工作具有涉及面广、内容多样的特点。通过构建安全文化管理体系融人，实现一线安则企业安、一线强则企业强。在安全文化建设企业内部图集、宣传栏期刊内容编撰等方面要从一线中来，提高企业安全文化在施项目工作的效率和效果，推进枢纽型、平台型、共享型企业建设，充分体现出公司的产业属性、文化属性和社会属性。

（三）构建实施文化实践助人是安全意识的深度

结合在施项目的实际需要，加强科技兴安的认识，推广在施项目智慧工地的应用，提高以安全文化典型引路的推广力度，这样对不断丰富安全文化工作长效机制和形式具有重要意义。树立以一线为中心的安全理念，通过构建实践安全文化管理体系助人，催生优质文化内生动力，主动融入地方文化发展，营造和谐的安全文明生产环境，提高作业人员的参与积极性。

二、主要做法

深化理论研究，系统阐述新时代安全生产管理的丰富内涵、核心理论和重大任务。加强基于互联网的安全文化宣教培训，增强安全宣教的知识性、趣味性、交互性，推动安全文化宣传进讲堂、进工地、进班组，推进安全文化向社会公众开放，结合安全生产月、全国消防日等节点，开展形式多样的安全文化宣教活动。做好安全文化状态下的新闻宣传，主动回应社会关切。

（一）人格化塑造——文化形象"活起来"

1. 文化定位

为贯彻落实，实现施工现场安全防护标准化，进而推动全系统安全生产管理的同质化、规范化和形象化进程，根据中建总公司安全手册，"平平"和"安安"是中国建筑最新推出的施工现场安全生产宣传形象大使。它们将在安全理念、临边防护、机械设备防护、洞口防护、消防等22个环境中出现，项目现场设置安全防护设施时根据总平面布置图要求，必须采用"平平"和"安安"提示牌。

2. 文化个性

文化形象如同培养一个孩子，具备明确的性别和性格，文化才能更好地"打扮"自己，塑造形象。"平平"和"安安"采用一男一女分别扮演不同的角色，代表着安全文化的"温度""热度""深度""力度"，树立"中国建筑，和谐环境为本；生命至上，安全运营第一"的安全理念。

（二）走心化传播——文化话题"火起来"

1. 进讲堂：让"五局人"为自己做代言

学习地图是员工实现其职业生涯发展的学习路径图和个性化学习规划蓝图，是以能力发展路径和职业规划为主轴而设计的一系列学习活动。对此，中建五局为推进安全线条学习地图样板搭建，系统全面开发内部课程，建立内部知识管理与分享平台。全面提升安全线条人员素质，系统提升安全线条内部讲师课程开发能力，完成安全序列学习地图工作任务推导课程的开发。通过学习地图构建五要素（干什么、缺什么、学什么、怎么学、怎么管），进一步提升安全培训师水平。

2. 进工地：让"接地气"为文化见实效

近年来，中建五局努力塑造与安全发展相适应的生产生活方式，筑牢本质安全防线，构建新安全格局，着力开展"安全文化"的建设和打造。接地气重参与，提高安全意识，要求各在施项目拍摄专属的安全微电影，创作专属的安全自检操，让项目安全接地气、让项目工友广受益。

3. 进班组：让"传播度"因话题有声势

融媒体时代，中建五局从三方面入手，实现安全文化传播效果聚声势齐发力。一是智慧学习：工友可通过完成智慧学习模块每日推送的安全题目、学习安全教育视频和文章获取积分，作业规范、操作合规的行为也将获得安全积分，工友可通过线下兑换生活用品，实现正向激励从而使工友树立安全意识、融入现场安全管理。二是谈身边安全事故：由工友自愿或指定人员讲述发生在自己身边的或经历过的或参与调查的事故事件，回顾事故经过、谈亲身体会、说现场感受，通过事故讲述激发一线作业人员情感，增强安全意识。

（三）融合化管理——文化价值"涨起来"

项目总承包模式下，安全生产风险结构发生变化，新矛盾新问题相继涌现，意味着将面对不同程度的文化冲突，也意味着项目总承包将采取针对性的管控手段和经营模式。根据项目总承包模式下的安全文化建设水平，可以将项目总承包模式下安全文化融合模式分为以下几种：

1. 文化注入，同化融合

当总承包企业拥有较强的安全文化，而专业分包企业未形成健全的安全文化或者愿意抛弃原有企业文化时，可以选择文化注入式，将总承包企业成熟的安全文化注入在施项目分包企业中，同化该企业原有的安全文化，从而实现文化融合。

2. 文化渗透，文化融汇

当总承包与专业分包企业双方均具有较强的安全文化时，可采用文化渗透的方式，将两种安全文化中的优秀文化基因融合，形成一种项目特有的特色安全文化。

3. 文化促进，多元化融通

当两者安全文化融汇时，保持总承包文化的核心价值观基本不变，吸收建设方、专业分包企业安全文化的优秀基因，从而使原有的安全文化更加完善，更加符合在施项目的多元化要求。

（四）聚焦化管理——文化之家"暖起来"

1. 发挥文化导向作用，构建"信和"之家

通过宣传栏、警示牌、文化墙、"超英杯"竞赛、宣讲平台等形式广泛开展宣传活动，让安全理念进班组、进现场。编制、宣贯并人手一卡《岗位安全明白卡》，让安全文化体系"上手、走心、入脑"。把企业安全文化建设纳入《企业文化建设实施规划》，让安全文化建设有阵地、有人员力量保障、有可持续发展能力。

2. 发挥文化凝聚力，构建"和谐"之家

在暑、寒假及国家法定节假日期间，开展"家属开放日"活动，增强工友家属安全文化建设认同感、归属感。项目班子每周轮流深入一线班组参加安全培训活动，率先垂范，统一思想，凝心聚力，提升安全文化建设水平和全员安全素质。

3. 发挥文化约束力，构建"成长"之家

以公司印发的《安全十项零容忍》、小型机具使用短视频、VR体验区等为切入点，采用耳听、眼看、实操等方式全方位接受项目安全教育培训。实现班子带头学、班组天天学、会场集中学、现场随时学的安全培训全覆盖。鼓励工友走上宣讲平台，讲述一个安全故事，传授一个安全知识，分享一个安全感悟，"安全宣讲平台"不仅成为项目安全教育

的新平台,也成为工友展示个人风采的新舞台。

三、结语

人的价值取向决定人的思维和行动。中建五局牢固树立"以人为本"的安全发展理念,不断强化安全教育培训和安全文化建设。要坚持"不忘初心、牢记使命"。安全生产中的"守初心",就是要牢固树立"人命关天,发展决不能以牺牲人的生命为代价"的红线意识;"担使命",就是在安全管理中,既要抓大也不能放小,既要横向到边又要纵向到底,做到责任无空当、管理无漏洞、安全无盲点。让安全真正成为一种价值取向、思维模式、行为习惯和工作能力,形成人人守护安全的浓厚氛围。中建五局将会在现有安全文化建设基础上,持之以恒,不断挖掘发挥安全文化建设的育人、融人、助人作用,为推进企业安全可持续发展奠定坚实基础。

打造"党建+安全"为安全文化建设增添"红色动力"

四川川交路桥有限责任公司　杜江林　鲁正伟　唐仕政　吴　鹏

摘　要：党的二十大报告提出以新安全格局保障新发展格局，表明我们党把统筹发展和安全提到了前所未有的高度，凸显出实现高质量发展和高水平安全的良性互动在当今世界百年未有之大变局背景下的重要意义。以打造"党建+安全"为安全文化建设增添"红色动力"，抓思想促转变，抓基础促堡垒，抓典型重引领，为安全生产注入"红色力量"，杜绝人的不安全行为、物的不安全状态、管理上的缺陷和复杂的环境，实现阶段安全生产事故"零"目标，安全文化建设新篇章。

关键词：安全理念；安全文化建设；新篇章

一、引言

2022年，全国安全生产月活动主题"遵守安全生产法，当好第一责任人"及"国务院安全生产十五条硬措施"的落实是深入学习贯彻习近平总书记关于安全生产重要指示的重要体现，进一步贯彻落实安全生产"党政同责、一岗双责、齐抓共管、失职追责"要求，以党建第一责任人狠抓安全体系工作建设，深化党组织在安全生产中的引领作用，夯实企业安全生产主体责任，加强组织领导，周密计划安排，抓好贯彻落实，着力解决突出问题，促进产业深度融合，扎实推进"党政同责、一岗双责"工作要求在基层"生根"。树立"以人为本、关爱生命"的思想理念。通过开展"党建+安全"活动，激发广大党员干事创业、为安全作贡献、促安全谋发展、创安全"红色"文化的积极性和荣誉感，形成比学赶超抓安全的浓厚氛围，全方位构筑起安全保障体系。

二、"三个坚持"推进"党建+安全"相融相促

党的二十大报告强调，要推进国家安全体系和能力现代化，坚决维护国家安全和社会稳定。坚持安全第一、预防为主，建立大安全大应急框架，完善公共安全体系，推动公共安全治理模式向事前预防转型。推进安全生产风险专项整治，加强重点行业、重点领域安全监管。始终把党建工作与业务工作同谋划、同部署、同落实，使党建与业务工作高度融合，聚焦项目安全生产，探索党建与安全生产内在联系，使"三管三必须、党政同责、一岗双责"等安全管理体系落实落地，以"三个坚持"推进"党建+安全"相融相促。

三、创"红色"安全文化

（一）开展思想理论学习

将习近平总书记关于安全生产的重要论述，党中央、国务院等安全生产文件精神、重要部署，列入每次党委中心组学习及党员大会的必学内容，通过开展原文学习、理论辅导、专题研讨、观看教育片等形式，提升党员干部职工政治站位，从理论、思想上、政治上与党中央和上级党委保持高度一致。

（二）开展安全生产专题党课活动

以"党政同责守初心、一岗双责担使命、体系运行找差距、刚性考核抓落实"为原则，各基层党组织书记、党员领导干部、党小组长，要组织单位全体党员、入党积极分子及青年员工上一次专题党课，开展"三同"活动，共同学习习近平安全生产重要思想，共同观看安全教育警示视频，共同讨论各自岗位上存在的安全隐患及防范措施，牢树安全发展理念，弘扬"生命至上、安全第一"的思想。

（三）开展安全生产主题党日活动

开展安全生产主题党日活动，结合主题党日，组织党员学习安全政策、法规、标准，并开展交流研讨；利用"民主生活会"和"组织生活会"开展批评和自我批评，检视自身思想上、行为规范上是否重视安全生产、是否存在安全隐患、是否遵守安全制度。

吸纳团员青年、职工群众参与，党员带头深入学习安全管理制度、安全技术操作规程、现场应急处置措施、警示案例，提升安全技能；定期开展以"查隐患、促整改、保安全"为主题的党日活动，并做到每次更新隐患排查整改台账，以便在下次的党日活动中重点核查，做到党员活动有实效、党员奉献有实招；通过党员带头学安全知识、带头谈安全感想、带头守安全规章，引导周围的职工群众端正工作态度，提高自身技能，筑牢安全思想防线，实现安全意识从"要我安全"向"我要安全"转变。

（四）开展安全生产主题实践活动

1. 深入开展党员"1+N"党建品牌创建

通过"6项基本工作内容+4项主题实践活动"的"6+4"模式，发挥党员辐射带动效应，提升农民工管理服务的意识和水平，强化农民工安全管理工作，加强农民工人文关怀，依法维护农民工劳动权益，保持农民工队伍和谐稳定。以"安全生产月"为契机，开展"安全文化下基层"主题活动。

2. 设立"党员安全责任区"

根据安全重点区域和党员岗位职责进行责任区划分，责任到人，逐月考评，一个月内安全生产无事故、无违章或者安全生产工作成绩显著的，对责任区党员授予"流动红旗"，并予以奖励，通过"党员安全责任区"活动开展，充分发挥党员典型示范和引领作用，做到"党员带头不违章、党员带头查违章、党员身边无违章"，影响带动身边的职工群众遵章守纪，带动责任区内职工安全管理水平不断提高。

3. 深入开展党员先锋服务

切实抓好党员先锋服务队、应急救援队建设，提升应急保障能力，制定切实有效的应急预案，做好充分的物资、资金、设备等应急准备工作，面对急、难、险、重任务，发挥党员先锋模范作用，第一时间响应、第一时间赶赴现场、第一时间实施抢险，有力防范化解重大安全风险，及时应对处置各类灾害事故，坚决保护人民群众生命财产安全和维护社会稳定，为施工建设任务提供坚强的政治保障。

4. 深入开展党员安全公开课

以公开课学习贯彻习近平总书记关于安全生产重要论述，推动安全生产十五条措施的落实落地，集中学习《生命重于泰山》电视专题片，通过专题研讨、集中宣讲、培训辅导等多种形式，切实把学习成果转化为推动安全发展的工作实效。认真组织学习宣传安全生产十五条措施，深刻领会安全生产十五条措施的重要意义、突出特点、部署安排、具体要求等，党政"一把手"带头讲安全，党员专题讲安全，一线员工互动讲安全，开展安全生产"公开课""大家谈""班组会"等学习活动，突出责任落实、源头治理、督查检查、打非治违，全力营造安全文化氛围，抓好安全防范工作，坚决稳控安全形势，创造良好安全环境。

（五）开展青年安全管理、技术创新创效竞赛

紧密围绕安全生产和青年的需求，调动公司青年的积极性和创造性，鼓励广大青年争做带头人，动员和组织青年开展安全技术创新、管理创新，为加强安全生产工作动脑筋、想办法、出主意、做实事；开展安全管理、技术创新创效成果发布会，总结和推广创新创效成果，深挖和宣传创新创效典型，引导青年职工立足岗位、锐意创新，为"青年文明号""优秀青年""青年安全示范岗"等"青字号"活动注入新的内容。

（六）开展"党建+安全"文化宣传

切实发挥基层通讯员、党建体系中健全的宣传网络作用，在官方网站、微信公众号、杂志等宣传平台上，宣传安全生产相关制度、实际案例和最新政策，在党员活动室中，除悬挂、张贴党徽、誓词、党章、制度等内容外，还可引入公司安全生产理念、年度安全生产目标及活动标语等，在开展党建工作的同时，形成强有力的安全宣传效应，营造"我要安全、我会安全"的浓厚氛围。

（七）深入排查安全隐患，筑起安全红色堡垒

全体党员干部以党员过硬的作风，直奔一线基层，特别是要深入风险高、隐患多、事故高发的区域带头开展隐患排查治理工作，坚持问题导向，党员立下军令状。充分认识到只要存在安全隐患，就可能导致事故发生，坚持关口前移、超前预防，把安全风险隐患排查作为安全生产的前提。进行全方位、立体化排查，实行清单管理，责任到人，明确整改措施和时限，一抓到底，做到"动态清零"、彻底整改。再以党员干部带动职工群众，充分发挥职工群众是安全生产的实践主体、共享主体、监督主体，以"红色安全文化"最大限度地把职工发动起来，变配合参与为主动介入，把少数人查隐患变为全员参与大预防，推动关口前移、重心下移。

四、结语

充分发挥党建凝心合力作用，"建设人人有责、

人人尽责、人人享有的安全文化共同体"。打通安全生产"最后一公里",共筑安全文化建设"红色墙",形成"人人都是安全员,处处都是安全岗",推进安全管理从少数向多数转变,安全责任从专人到全员迈进,全年保证疫情感染为"零",安全事故为"零",信访事件为"零"。党旗飘扬风帆劲,踔厉奋发谱新篇。坚持高质量党建引领各项工作高质量发展,强化"党建+安全"管理文化理念,探索"党建+安全"新模式、新方法,为企业高质量发展保驾护航。

中国化学构建行为安全与人文关怀安全文化体系的探索实践

中国化学工程集团有限公司　张学雷　田贵斌　苏　华

摘　要：建筑行业是生产安全事故高发行业，本文从归纳中国化学安全文化体系内涵出发，从安全文化的安全理念层、安全制度层、安全物态层、安全行为层多态价值体系入手，提出行为安全是决定安全生产成败的关键要素，规范员工安全行为，加强员工人文关怀是安全文化体系的重要内容。为破解建筑行业从业人员普遍存在的安全被动约束思想，从人文关怀含义、目标、任务等方面详细阐述了中国化学安全人文关怀的实践，将员工人文关怀与员工行为安全规范等安全文化内容有机融合，提高员工获得感幸福感，提升员工安全意识和素养，杜绝不安全行为，为企业高质量发展营造稳定安全生产环境。

关键词：中国化学；安全文化；行为安全；人文关怀；建筑行业

一、引言

习近平总书记强调："人命关天，发展决不能以牺牲人的生命为代价，这必须作为一条不可逾越的红线。"建筑行业是国民经济和社会发展的支柱产业，从业人员多，高风险作业多，也是生产安全事故多发、高发、频发的行业。树牢安全发展理念，坚持"人民至上、生命至上"，统筹发展和安全，"从根本上解决问题""从根本上消除事故隐患"是安全生产工作的根本遵循和行动指南。实现本质安全，首先要从解决人的思想、理念、行为等方面入手，强化员工"要我安全、我要安全、我会安全、我能安全"意识，源头防范员工不安全行为，杜绝生产安全事故发生。

本文从中国化学工程集团有限公司（以下简称中国化学）安全文化体系内涵出发，研究构建和实施安全文化体系，提高员工安全理念，规范员工安全行为，加强人文关怀，疏导员工心理，提升员工获得感幸福感，防范降低安全风险，避免生产安全事故的发生，为企业高质量可持续发展提供坚实安全保障。

二、中国化学安全文化多态价值体系内涵

安全文化是中国化学企业文化的重要组成部分，是安全理念、安全意识、安全行为的综合体现。在中国化学多年安全生产实践过程中，经过积淀和总结提炼，形成了安全文化共识，它既是全体员工安全价值观、道德观及行为规范的集中体现，也是中国化学员工应自觉遵守的安全行为准则。

优秀的安全文化，具有强大的凝聚力和感召力，能够不断教育和引导广大员工从文化的高度来认识安全生产工作。安全文化是提高企业安全管理水平与员工安全素质的基础，是构建企业安全生产长效机制的坚实保障。中国化学编制了《安全文化手册》（图1），印制成口袋书，助力员工更快、更好地学习理解中国化学安全文化。

引导员工树立良好的安全理念，强化正确的安全意识，规范有效的安全行为，培育合格的安全素养。中国化学通过企业安全文化的广泛传播，打造本质安全型员工，建设本质安全型企业。构建安全文化体系包括4个层面内容：安全理念层、安全制度层、安全物态层和安全行为层（图2）。

图1 中国化学工程集团有限公司《安全文化手册》

图2 中国化学四层安全文化体系

（一）安全理念层

理念决定意识，意识主导行为，有了正确的安全理念，更要培养正确的安全意识。中国化学安全价值理念"以人为本、关爱生命、安全发展"，安全愿景"打造本质安全企业，铸就幸福美好生活"，安全使命"安全健康发展，企业义不容辞"。安全意识得到企业全员的共识，就能形成良好的安全文化氛围，反过来会促进企业本质安全的提升。从无意识到有意识，从有意识到下意识，从下意识到潜意识，全体员工把安全作为共同的遵循，企业的安全就会得到本质保障。

（二）安全制度层

推行高效的管理模式，建立健全管理制度，采用科学的管理方法，夯实安全管理基础，实现安全生产持续改进。中国化学建立了"顶层设计规定、管理办法制度、操作执行规范"3个层次安全制度体系，不断完善制度及责任体系的建设，培育数量充足、专业素质高、能够满足实际需要的安全生产专业队伍和专家队伍，建立隐患排查、治理和监督及奖惩机制，实现安全责任到位、安全投入到位、安全培训到位、安全管理到位、应急救援到位。

（三）安全物态层

物质和环境既是文化的体现，又是文化发展的基础；追求物质和环境的本质安全，从硬件上为安全生产保驾护航。中国化学制定了《工程项目现场临建设施建设标准》《工程项目现场安全防护设施标准》《工程项目现场安全防护设施标准图集》《工程项目现场企业标志、安全设施标识标牌制作标准图集》等一系列安全物态标准，为工程项目现场提供了统一的、系统的安全物态解决方案。

（四）安全行为层

意识主导行为，行为左右安全，安全行为是决定安全生产成败的最终要素。推进企业安全文化体系建设，安全行为层至关重要，是生产安全事故避免或发生的决定性因素。因此，制定员工安全行为规范是行之有效的安全文化体系抓手。

三、员工安全行为是本质安全基础

安全隐患主要包括人的不安全行为、物的不安全状态、环境的不安全因素和管理缺陷，是事故发生的主要原因。其中，人的不安全行为是大多数事故发生的直接或间接原因。工程项目现场人员众多，安全意识和安全能力存在较大差异，人员行为往往具有主观性，同时受经验、情绪、心理、身体状态及所处外部环境等复杂因素的影响，不安全行为日益成为制约项目整体安全标准化、规范化水平提升的重要因素，人员行为安全的养成性培育成为项目安全管理的重点和难点。为进一步规范工程项目现场人员行为安全，促使养成良好的行为安全习惯和意识，有效提升项目安全规范化、标准化、精细化管理水平，中国化学制定《工程项目现场员工行为安全指南》，并在全集团范围内推行，通过教育培训、监督检查、安全行为激励等措施，规范员工行为，破解"三违"难题，取得良好效果。主要包括基本行为准则、高风险作业行为要点、一般工种和特殊工种行为规范、典型事故案例和应急处置常识等内容。

（一）员工基本行为准则

员工应遵守国家安全生产方针，即：安全第一、预防为主、综合治理。同时遵守以下基本行为准则：

（1）有获得签订劳动合同、享有工伤保险的权利；也有履行劳动合同、遵守安全生产规章制度和操作规程的义务。

（2）有接受安全生产教育培训的权利；也有掌握本职工作所必需的安全知识、技能、事故预防和应急处置能力的义务。

（3）有获得国家规定的劳动防护用品的权利；也有正确佩戴和使用劳动防护用品的义务。

（4）有了解施工现场及工作岗位存在的危险因素、防范措施及事故应急措施的权利；也有发现事故隐患，及时报告、稳妥处理和防范的义务。

（5）有对安全生产工作提出建议、批评、检举、控告的权利；也有接受管理人员及相关部门真诚批评、善意劝告、合理处分的义务。

（6）有对违章指挥和强令冒险作业的拒绝权；也有遵章守纪、不违章作业、服从正确管理的义务。

（7）在施工中发生危及人身安全的紧急情况时，有立即停止作业或者在采取必要的应急措施后撤离危险区域的权利；也有及时向本单位或项目部安全生产管理人员或主要负责人报告，服从现场统一指挥的义务。

（8）发生事故时，有获得及时救治、工伤保险的权利；也有反思事故教训、提高安全意识的义务。

（二）高风险作业行为要点

在建筑行业中，存在较多高风险作业。对临时用电、动土作业、爆破作业、动火作业、高处作业、受限空间作业、起重吊装作业、格栅作业、脚手架作业、吊篮作业、夜间作业、探伤作业、交叉作业、拆除作业、预试车（压力试验、吹扫、单机试车）、投料试车等高风险作业，归纳总结红线禁止行为、作业前检查项、作业中注意项或禁止项、作业后操作项、典型不安全行为等。

中国化学开展安全生产提升年行动，在此期间对所属各企业问题隐患排查整改进行督查督办，要求所属各企业每月统计报送问题隐患描述、整改措施、主责部门/责任人、计划节点、推进情况、完成情况等内容。集团公司督查督办，形成督查督办清单，促使所属各企业落实问题隐患整改闭环管理，将问题隐患消灭在萌芽阶段，将安全风险降到最低。图3为中国化学2022年7月部分所属企业隐患排查整改情况统计示意图。

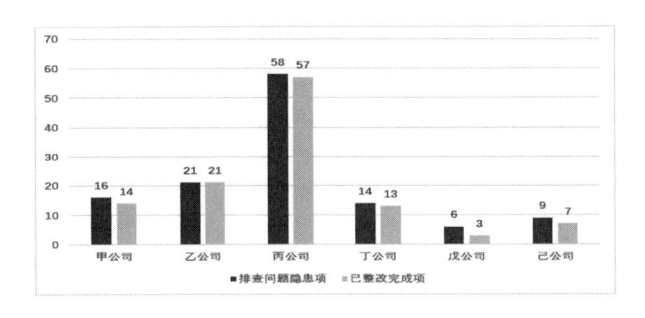

图3 中国化学2022年7月部分所属企业隐患排查整改情况统计

（三）一般工种和特殊工种行为规范

对一般工种如桩工、风钻工、喷锚工、石工、钢筋工、模板工、混凝土工、瓦工、防水工、管钳铆焊工、无损检测工、筑炉工、喷砂（抛丸）工、油漆（绝热）工、挖掘机司机、推土机司机、装载机司机等，以及特殊工种如电工、架子工、焊工、起重机司机、信号指挥工、司索工、叉车司机、塔吊安拆工、施工电梯安拆工、施工电梯操作人员、爆破工等，详细规定红线禁止行为、作业前必查项、作业中注意项、作业后检查项、典型不安全行为等内容。

对于境外项目，员工行为规范还应包括出国前准备工作、旅途中"十注意"、项目所在地"六严禁"、日常行为指南、生活营区行为"四要点"、施工现场行为"六要点"、外出行为"六要点"、安保日常"三规定"、就餐"四要求"、预防流行性传染病"五要素"、危机应对、伊斯兰教宗教文化、基督教宗教文化、佛教宗教文化等内容。

（四）典型事故案例和应急处置常识

最后，员工行为规范中应增加典型事故案例介绍和应急处置小常识。典型事故案例介绍高处坠落、触电、物体打击、机械伤害、坍塌、火灾、中毒窒息、灼烫、冻伤、淹溺、爆炸、中暑、车辆伤害、机械伤害等建筑业常见事故，对事故经过、严重后果、事故原因、事故教训等进行警示教育。应急处置小常识包括止血、骨折、冻伤、烫伤、心肺复苏、危险化学品、防止二次伤害、中暑、中毒、蚊虫叮咬、地震、海啸、台风、洪水、泥石流、绑架、恐怖袭击等突发情况的应急处置方式方法。

四、人文关怀让员工摆脱约束感提高获得感

中国化学制定推行《安全生产人文关怀指南》，旨在通过对员工思想、工作、生活、情感、宗教信仰等方面全方位塑造，以发自内心的真诚和感情去关注和关怀员工的生命健康安全，切实提高广大员工的获得感、幸福感、安全感和归属感。

安全生产人文关怀建设是中央企业"国之大者"的切实彰显，是企业树牢"人民至上、生命至上"安全发展理念，推进安全主体责任落实，保障员工生命健康安全的具体体现，是提高安全生产治理体系和治理能力现代化水平的重要基础，是实现高水平安全与高质量发展动态平衡的根本途径，是企业文化的重要组成部分。

安全人文关怀坚持以企业员工为主体，培养出更加阳光健康、朝气蓬勃的员工心态，营造出更加和谐融洽、团结向上的团队氛围，提升凝聚力、创新力和执行力，推动企业高质量发展和高水平安全动态平衡，促进企业安全文化向更高层次升华。

安全生产人文关怀对象覆盖为企业服务的所有员工，按照员工成长历程、工作性质、个体差异、岗位特点以及所面临的安全生产风险，重点关注新员工、一线人员、长期出差人员、核心人员、普通员工，实施具有针对性、差异性及不同时间段的人文关怀。

（一）加强人文关怀组织领导

安全生产人文关怀工作由企业安全生产委员会统一领导，企业在本单位安全生产委员会的具体领导下，结合实际，系统策划，统筹推进。各级企业负责人将人文关怀建设作为安全生产工作的重要组成部分与企业改革发展同部署、同实施、同检查、同考核，带头践行，推动落实，切实担负起领导责任。

（二）完善人文关怀工作机制

企业明确人文关怀归口管理部门，各级党政工团等部门及组织密切协同，广泛开展面对全体员工的人文关怀。建立工作有计划、责任明确、措施落实、过程受监督的工作机制，确保各项工作任务有效推动，取得成效。

（三）推动人文关怀落实落地

将人文关怀建设融入企业各项工作，覆盖到企业全体员工，贯穿于企业生产经营的全过程，组织开展丰富多彩的活动，从根本上保证企业人文关怀落实、落地，持续提升企业安全生产治理水平，不断提高企业形象和核心竞争力。

（1）通过员工政治思想、能力需求、宗教信仰、身心健康、生活情感、纪念日、离职退休等各方面的关怀，提升员工获得感、幸福感、安全感和归属感，增强企业凝聚力、向心力和创造力。

（2）通过新员工入职培训、厂史教育、安全教育培训、技能培训、"师带徒"活动等方式，让员工从入职就能感受到安全生产人文关怀。

（3）通过各类节假日活动、员工沟通、对员工及家属的慰问、亲属寄语、员工履职纪念等，把安全生产人文关怀送到每位员工。

（4）通过对工作环境、生活环境、安全技术措施、安全生产设施、个人防护等的持续改善，为员工创造安全的工作、生活环境，让员工切实感受到所处环境的安全状态。

（5）通过表扬表彰、树立典型、宣传人物事迹等方式，培育优秀的团队精神和集体荣誉感，激励员工在高质量发展中体现个人价值，激发员工在工作岗位上实现安全生产的积极性、创造性，提高全员安全生产意识，形成优秀的职业素养。

（四）强化新冠疫情人文关怀

自2019年年底新冠疫情传播以来，疫情防控工作任务艰巨，国内遭受多轮疫情严重时期，中国化学制定各项疫情防控规定，编制《新型冠状病毒感染肺炎疫情防控和安全生产工作指导手册》和《中国化学复工复产疫情防控安全生产指南》，并印发所属企业。国外项目受国外疫情影响严重，开展所属企业境外项目机构疫情防控情况调查，编制印发《境外项目疫情防控工作指南》，审核各企业境外项目疫情防控整改反馈情况，督促各企业境外项目加强网格化管理、做好隔离、及时储备生活物资和防疫药品。这些疫情人文关怀措施，有力遏制了工程项目疫情传播趋势，维护了员工身体健康安全，员工保持了稳定的情绪和心态，进而确保了项目建设进度。

（五）加强对境外中方员工安保关怀

为加强境外中方员工安全保障工作，中国化学成立了境外中方员工安全保障工作领导小组，下设工作专班。积极组织开展中国化学境外中方员工安全风险防范培训工作，将参培人员分为三类，分别展开以线上、线下等形式分层级、分批次的培训，管理层和操作层人员全覆盖。线上培训完成了包括安全政策与安全形势、境外企业安全管理、安全防护技能、突发事件应对、个人综合素质等内容。线下实操培训完成了包括：管理体系建设，人身保险方案，国际救援服务及操作流程，保险案例，海外安全,出行安全,劫持绑架事件应对,安全防范基础动作,应急联络,个人防卫技巧,暴恐事件应对与拥挤、踩踏事件应对,紧急救护、紧急撤离等12项课程,包含了境外安全风险防范的方方面面,特别是安保专家的实操演练环节,极大地拓展了对境外中方员工安全保障工作的认识。一系列安保培训展现了中国化学对境外中方人员的人文关怀。

（六）加强国际化人文关怀建设

遵循国际惯例和国际化发展需要,坚持互相尊重、求同存异、兼容并蓄的国际化人文关怀管理原则,积极引导境外机构、境外项目加强企业人文关怀建设,为企业境外长期发展奠定良好的基础。实施本土化人文培训,通过语言培训、文化活动等交流手段,训练增强不同国别员工对不同地理人文的认知和接受能力。

五、结语

中国化学安全文化体系内涵广泛,包含安全理念层、安全制度层、安全物态层和安全行为层。安全行为是决定安全生产成败的关键要素。以中国化学对员工人文关怀探索和实践情况,从人文关怀含义、目标、任务、典型事例等方面详细阐述了人文关怀的实际意义。人文关怀能够有效提高员工的获得感,避免出现安全行为规范推行过程中的脱节、失效情况。建筑企业应大力推进员工人文关怀建设,将员工人文关怀与员工安全行为规范等安全文化内容有机融合,引导员工提升安全理念和安全意识,遵守各项安全生产管理制度,提前发现并改进日常的不安全行为,有效避免生产安全事故发生。

高速公路项目安全文化建设分析

中铁十五局集团第五工程有限公司 杨 立 宋 平

摘 要：高速公路工程联结千家万户，与国家经济建设和人民日常生活密切相关。这种工程任务繁重，安全风险系数较大，非常有必要开展安全文化建设，确保工程建设有序推进，从而优质高效开展高速公路工程建设。本文首先分析了高速公路工程开展安全文化建设的重要性，就相关工作的诸多难点进行逐一论述，最后就安全文化建设提出了行之有效的应对策略，希望引起高速公路工程安全管理人员的重视。

关键词：高速公路；项目安全；安全文化建设

高速公路工程施工期间经常受到安全风险因素的影响，严重时会导致重大安全事故，因此，必须做好施工过程的安全管理。安全文化建设是安全管理工作的升级版，它把安全管理提升到文化建设的高度，有助于培养工程建设人员的安全防范意识和安全素质，为高速公路建设的顺利进行打好基础，促进行业文化建设向更高层次迈进。

一、高速公路建设安全文化的重要性

文化通常被称为一个国家或团体的软实力。大量科学研究证实，人的日常行为很大程度上取决于自身的文化修养。具体到安全领域的相关研究，高质量的文化建设有助于大幅提升安全管理绩效。高速公路开展安全文化建设，对高速公路建设的影响力是全方位整体性的，它的影响力渗透高速公路建设施工从决策到组织再到管理的方方面面。高速公路建设期间的安全文化建设如果做大做强，有助于全体员工对项目本身产生巨大的自豪感与归属感，激发他们的主观能动性，以积极主动的态度去投身工程建设。而且，建设安全文化还能发挥强大的辐射作用，其巨大的影响力能辐射到项目整体和施工单位身上，极大提升他们的美誉度和知名度，产生良好的社会效益。

由此可见，高速公路工程开展安全文化建设十分必要，而且也是工程管理与时俱进的具体体现。安全文化是文化建设方面的新生力量，它有强烈的社会和行业属性，通过安全文化的积极建设，它对高速公路建设者能产生积极的素质和价值提升自我意识，使工程建设从施工到开展管理工作以及投入运营的整个过程期间的安全管理发挥积极的建设性作用，因此，负责管理高速公路工程的相关企业须对建设安全文化提起高度重视，由此安全管理提升一个档次，到达安全文化建设的范畴，在此期间要求相关企业开展工作总结，精华提炼，行动提倡以及措施强化，让安全文化内涵中体现出来的价值观渗透到工程建设的所有环节和全体员工的日常行为当中。例如，位于江苏省的某高速公路工程，根据江苏省行业要求，省交建局专门就安全管理责成业主督促施工单位按照合同要求聘请业内资质公司（安全咨询第三方）参与工程管理全过程，对工程的整体安全文化建设发挥了重要作用。

二、高速公路工程建设安全文化的难点

（一）管理涉及面广，工作量大

高速公路工程遍及全国，而国家经济建设和企业发展的步伐正在加快，需要大量具备安全文化价值观和知识储备丰厚的高素质人才投身高速公路建设。与生产模式的可复制特点不同，管理和培养好高素质人才一直是企业管理工作中的突出难点。

（二）管理工作有太长纵深

高速公路建设企业一直在扩张规模，从上到下的各级管理部门都在追求管理模式的实用性和高效性，要求管理人员的工作能力和专业水平不断提升。他们须能够与新信息快速对接，坚决贯彻新政策，做到及时有效的信息搜集与反馈，还须具备工程安全管理的整体把控能力。遗憾的是，多数企业的安全管理水平和发展质量高低不等。

（三）职能部门过于清晰的分工致使相互之间缺乏安全文化素养和责任担当

建设企业为了高效开展工作，对职能部门进行

了极其明确的责权利划分。然而所有职能部门都不能脱离企业整体而独立存在，虽然部门工作的精细划分很有必要，但是相互之间的协调统一更加重要，联动合作才能行稳致远。具体到高速公路工程建设，职能部门只有利用积极沟通方可确保整体建设的高效推进。当前很多企业的管理体系注重发展方向的总体把控，要求从业人员具备通才素质，既能通晓各类专业知识，又能快速提升安全素养。目前的困境在于职能部门只注重自身专业的相关研究，不重视提高安全素养，没有树立安全责任的担当意识，致使安全文化建设后继乏力。

（四）施工人员缺乏足够的知识水平

参与高速公路工程建设的人员主体是农民工，他们没有受过专业知识培养，接受新知识能力较低，由于自身物质生活水平不高，投身工程建设也只是为提升物质生活水平而来。而且，安全管理模式和相关措施施加的是反向作用力，就是纠偏纠正错误行为，这些客观上和施工人员的日常习惯相悖，如果相关人员没有足够的知识水平和接受能力，错误纠正还须强化管理手段。

三、高速公路工程建设安全文化的策略

高速公路的施工过程是一个很长的周期，建设安全文化也不可能一蹴而就。与其相关建设要对人员的主观能动性过度依赖，不如让安全管理相关制度发挥强有力的约束作用更加有效。安全文化是建立在安全管理基础上的，要以优化安全管理制度为契机，在日常行为的安全管理中把安全文化建设筑牢根基。要以安全生产为基准点，把人员管理当作工作重点，把安全文化建设牢固扎根于安全管理的实质性工作中，以多种有效措施为安全文化建设打好基础。

（一）制定安全管理切合实际的理念和措施

企业须对自身目前安全生产方面的形势有明确认识，以此为据就安全管理制定切合实际的理念，着眼于具体问题的解决，以防止重大事故为前提，把安全管理落到实处，提升全体员工的安全意识和素质。工程的安全管理制度不能对照类似措施刻舟求剑式地依葫芦画瓢，要从现场实况和部门实际出发，制定切实可行的安全管理措施并强制执行。如果工程任务繁重且工期紧张，安全管理的重点是排查现场安全风险，如果施工人员流动过于频繁，就须强化安全业务培训，要出台合理的奖惩机制惩治管理人员的怠惰懒政，确保安全管理贯彻执行。

（二）管理层明确划分部门安全管理责任并郑重承诺

对职能部门进行明确的安全职责划分，并不意味着部门人员可以对安全管理装聋作哑，管理层须切实履行自身职责，要求全体员工清楚自己所属部门安全管理的职责和义务所在，不是由安全监管部门就安全职责的层层指示。须知划分安全管理职责，部门领导直接下达指令比监管部门督导效果更加直接而管用，职能部门相互之间沟通交流，全力辅助安全监管部门开展工作，力求安全管理多点开花。

（三）制定科学合理的安全管理制度与标准

安全管理目前通行的制度建立在管理相关人员日常行为的基础上，具体执行过程中偏差较大，难以遵从统一而规范的专业标准。这种现象的成因是安全管理切合实际的专业标准不一，管理及施工人员没有明确的标准依据，无法在日常管理中予以贯彻落实，部门之间也为未建立起可行的沟通与联动机制。安全管理部门须一切从现场安全生产目的出发，在国家法律框架内构建切实可行且全体员工普遍认同的安全管理制度与标准，在施工期间予以强制执行。

（四）以安全为主题开展丰富多彩的相关活动

安全管理和文化建设需要通过丰富多彩的活动形式来实现，较为可行的方法有安全之星评比、积分超市兑换活动，开展周次和月度安全生产，通过安全方面的读本或宣传加强安全宣传教育等，要利用安全活动组织和相关培训，提高全体员工的安全素质。举例来说，安全积分超市评比可促进违章习惯的改进，周次和月度安全生产活动可帮助全体人员树立"我为人人、人人为我"的安全生产意识。同时，安全读本和相关知识竞赛也是培训安全素质的有效途径，只要落到实处，避免形式主义就能收到良好成效。

（五）提高班组安全管理和业务素质

班组是高速公路工程建设的基层单位，班组长又是安全管理的基层组织者，他的安全管理意识和业务能力对工程安全管理整体质量水平有决定性作用，也是安全文化建设的最大影响因素。企业须重点选拔培养优秀班组长，通过各种形式和渠道的培训提高他们的安全素质和业务能力，确保安全文化建设的有序推进。要把安全管理量化成具体指标下发给班组长，把安全绩效和薪酬待遇等联系在一起，激发班组长和普通员工的主观能动性和安全生产积极性，落实基层安全文化建设。

（六）落实技术性分析

安全巡检和形势分析须重点关注安全管理的技术性隐患，聘请专业素质过硬的技术人员进行技术性分析，把安全风险消弭于无形。就施工过程的常见安全风险因素从技术层面制定并落实对应的技术改进措施。

（七）就安全管理和安全文化建设加大硬件投入

为作业班组配置安全防护硬件，就安全文化建设购置相关设施，确保安全文化建设顺利开展的同时，引进先进管理理念和生产技术，营造安全施工环境，确保安全生产。

（八）以新建阜溧高速项目为实际出发点，以现场安全氛围为引领

根据省交建局相关要求，为创造省级平安工地、打造省级示范平安工程，打造江苏省平原水网地区生态品质示范工程作为省级标杆，根据阜溧项目特点简单列举介绍安全文化建设取得的成果。

1. 智慧信息化的应用

运用"平安守护"系统智能终端人员管理模块采集人员身份证信息（图1）、指纹、岗位信息、证件信息，系统自动进行人员编码、生成人员信息二维码（图2），导出人员信息档案资料，有效提高人员进场登记、人员档案建立工作效率。

图1 "平安守护"系统智能终端人员信息登记

图2 人员信息二维码

2. 开展丰富多彩的班前安全活动

认真开展班前安全讲话工作。每班前由班组长组织开展班前安全讲话：总结上一班工作完成情况和安全状况，纠正工作中出现的违章行为；布置生产任务，同时布置安全工作；结合本班工程施工情况、作业环境、作业技术要点等情况讲解施工中存在的安全风险、安全质量控制措施等工作要点。图3为班前安全教育宣讲台。

图3 班前安全教育宣讲台

3. 项目开展产业工人积分超市

图4为产业工人积分超市；图5为产业工人积分超市牌。

图4 产业工人积分超市

图5 产业工人积分超市牌

4. 现场安全文化建设氛围

图6为盖梁施工安全标语；图7为支架现浇安全标语。

图6 盖梁施工安全标语

图7 支架现浇安全标语

5.现场安全防护文化建设氛围

图8为施工便道临边防护；图9为地磅临边防护；图10为施工便道临边防护；图11为盖梁施工定制式安全防护设施。

图8 施工便道临边防护

图9 地磅临边防护

图10 施工便道临边防护

图11 盖梁施工定制式安全防护设施

四、结语

高速公路工程是一种周期较长、跨度较大且安全风险较高的施工项目，工程的安全管理在项目整体运作中占有举足轻重的地位。要确保高速公路建设的安全生产，推进安全文化建设是行之有效的方法和途径，工程管理层还须对开展安全文化建设具备的重要性有充分认识，明确这项工作存在的突出难点，通过制定并落实安全管理工作，划分职能部门安全职责，出台安全管理的标准规范，组织开展形式多样的安全文化活动，全员提高安全素质，加强安全技术分析，为安全文化建设配置所需硬件，确保高速公路工程的安全文化建设做大做强，促进交通工程的安全生产。

参考文献

[1] 赵海军. 构建高速公路企业安全文化体系的重要性探究[J]. 管理学家, 2022, 13:91-92.

[2] 黄斌. 建构高速公路管理企业的安全文化研究[J]. 信息周刊, 2019, 13:34.

[3] 刘晓鹏. 论高速公路收费站安全文化体系的建设[J]. 现代企业文化, 2018, 36:25.

[4] 薛文君. 求同存异，滚动发展——境外项目跨文化管理专题研究[J]. 现代企业文化, 2018, 5:14-15.

[5] 吴佳. 精品理念打造优质工程 平安文化铸就和谐高速——葛洲坝湖北大广北高速公路安全文化纪实[C]// 中国公路学会高速公路运营管理分会2014年度年会暨第二十一次全国高速公路管理工作研讨会.

[6] 管京湘. 探索基于风险预控管理的高速公路企业安全文化建设途径[C]// 中国公路学会高速公路运营管理分会2014年度年会暨第二十一次全国高速公路管理工作研讨会.

浅谈安全生产与企业安全文化建设

华润置地(上海)有限公司　武模磊

摘　要：在日常生产与操作运转的过程中，企业的安全文化建设工作占据着重要的战略地位。对一个企业来讲，企业的安全文化是指在一个企业的日常生产环节与各项辅助工作开展时，对员工的人身安全隐患与安全潜在风险进行风险控制与规避的文化宣传建设。在企业之中的具体展现主要为安全意识的宣传工作，将安全建设作为企业发展的第一要点，以帮助企业员工进行安全意识树立为主体对象，综合性地制定企业内的制度生产规则。文章就安全生产与企业安全文化建设的作用，如可以帮助企业安全生产综合能力加以提升、推动企业安全管理质量得到大幅度提高、帮助企业实现安全文化创新性构建与管理进行分析，从而提出安全生产与企业安全文化建设工作开展的有效路径，以期帮助企业内的员工安全保障系数加以提升。

关键词：安全生产；安全文化；建设；路径

一、引言

近年来，社会在不断地进步与发展，人们的物质生活也逐渐丰富，社会中买房的需求与市场受众规模也在不断扩大。就房地产的基础生产与操作工作而言，具有潜在的安全隐患问题。因此，企业在运转与经营的过程中，就会更加重视对员工的辅助安全意识培养，从而降低房地产企业工作中可能发生的安全风险问题可能性。将企业内的人身健康安全、房地产行业生产质量等方面工作的观念加以重点转换，帮助企业树立更加明确的安全建设标准，并及时地、良好地将其加以落实，从而形成能够让相关企业适用的安全文化内容，助力企业中的员工生命安全保障。

二、安全生产与企业安全文化建设的作用

（一）可以帮助企业安全生产综合能力加以提升

在企业内进行安全生产与企业安全文化建设落实工作，能够帮助企业安全生产综合能力加以提升。一个企业在经营的过程中，其各个部门员工的安全工作意识与安全素养的高低是需要经过企业的长久时间沉淀与培养的。就华润置地上海片区公司而言，公司企业安全管理工作落实成绩较好，其中上海片区公司EHS绩效明显提升，在2020—2021年获得国家AAA工地3个，2021年上海在建的5个项目均获得上海市市级文明工地，获评率100%，嘉兴在建2个项目获评嘉兴市红色工地。在2022年上半年华东大区线上飞检、智慧工地考核、大型机械检查考核维度中，上海片区公司分均排名第一；在华润置地总部安全检查中，上海片区公司嘉兴润府项目获评五星项目。企业需要多种、丰富、以安全工作为主题的企业安全实践文化活动为基础的安全建设载体，让企业内的工作人员能够具有主观能动意识地参与到活动中来[1]。以企业内的安全文化建设内容为主要的员工学习任务，将企业文化与安全工作理念作为员工的工作方向指引，带动企业内的员工安全发展团结一致能力得以高质量提升。

（二）推动企业安全管理质量得到大幅度提高

企业内生产工作主要行为操作原则的规范内容，是要求企业内的员工整体素养都能够达到良好的标准，安全建设也是企业工作开展的重要组成部分。安全生产与企业安全文化建设，通过对企业内的员工进行安全文化传播、逻辑思维指引、安全行为辅助指导与规范，帮助企业员工充分地意识到企业安全建设的重要性[2]。思想意识的树立与宣传是企业员工安全素养得到阶段培养的关键性因素，将有关企业工作的安全制度法律规定、安全问题如何规避、安全观点传播的文化建设内容加入员工的安全管理工作落实之中。让员工能够明确若不注重安全管理工作，可能会对自身造成何等不良后果，从而自发地、积极地去配合安全管理工作的落实。

（三）帮助企业实现安全文化创新性构建与管理

新时代新环境，新社会新发展。针对当前的房

地产行业企业发展形势来看，传统的安全管理制度管理体系，已经不能为企业安全生产与安全文化建设工作提供高质量、高水平的发展需求满足作用。需要对企业安全生产与文化建设的各个环节进行精细的、创新的优化与整改，从而形成分为不同领域与模块的区域安全管理制度。让具有不同职能的区域管理人员利用对现有的安全管理成功案例进行学习与经验借鉴，构建出能够帮助企业构建安全文化创新性转变与发展的管理监督体系。将企业内的生产模式加以转换，提高企业内对员工工作风险系数评估的准确性。

三、安全文化建设对企业生产安全管理水平的有利影响

（一）有助于企业工作人员形成科学的安全观念

企业的安全管理工作时刻关系到员工人身安全、企业工作环境安全，安全文化建设对企业生产安全管理水平的提升具有多项有利影响，有助于企业工作人员形成科学的安全观念。让员工自行地树立起对企业生产中的危险加以防范与规避的意识，帮助员工的生产与操作安全效率加以提高，促进企业内安全管理制度工作得以有序推进。在企业日常的经营与管理工作开展过程中，逐步地培养员工的安全意识，让员工明确自己的工作性质、工作职能划分，将其融入日常的企业文化建设与规划之中。在此基础之上，进行生产与操作工作的价值转换。定期在企业员工工作群组之内，进行安全生产工作的大力宣传，并可以在企业内设置安全宣传标语角，让员工可以在安全宣传角内进行有效的安全生产文化的学习与沟通[3]。结合企业的生产与操作实际工作情况，进行综合性的制度治理，从而对企业安全事故的发生做好有效的预防与规避。

（二）有助于企业工作人员树立有效的安全意识

企业日常工作开展的过程中，最为重要的组成因素就是企业内的工作员工，员工是企业内的主要动力保障，且企业之中的员工是管理决策人员安全管理工作开展的主要构成要素。安全生产环节的控制、安全文化建设的落实，都需要企业工作员工自觉地将安全文化学习的责任肩负起来，对企业管理工作人员制定的安全制度有序地加以遵守，才能够帮助安全管理工作得以有效开展。安全文化建设的开展，需要按照企业内独有的安全规章制度走向进行规划与设计，价值最大化地将企业之中的员工工作态度、制度管理效果进行约束，要为生产给予高度的安全保障。

（三）有助于企业工作环节得到高效的安全生产管理

企业之中安全文化建设、安全生产管理相关工作的开展与落实，需要将企业的管理工作理念与决策高层的管理意识加以整体的、综合性的考量。安全文化建设，也就是以企业安全为主体，进行的员工活动开展、员工思想交流等会议组织建设工作。安全文化建设对企业之中从事基础生产与操作的工作人员人身安全保障具有重要的影响意义，可以正向地引导员工的安全生产发展方向，增加企业管理制度对员工安全的约束力度，并在此过程中，将企业员工的工作行为、工作主观意识进行安全性的转化增强。

四、安全生产与企业安全文化建设工作开展的有效路径

（一）创新与制定规范的安全文化理念

就安全生产与企业安全文化建设工作开展的有效路径而言，可以通过创新与制定规范的安全文化理念，来明确企业之中员工需要前进的工作方向。企业为员工生产提供安全的操作环境，需要企业之中的员工能够以实际情况为主导动力[4]。结合公司实践经验，紧紧围绕"领导垂范、全员参与、管理创新"的总体思路，分享塑造安全氛围所必需的制度建设、宣传教育、文化活动、硬件投入等。例如，从2022年从3月6日起，对员工开展EHS一岗双责、开发项目安全管控等方面知识的培训讲解。

（二）建立健全的企业落实安全文化制度

企业员工的工作开展需要在健康、安全的工作环境下进行，只有良好的安全工作文化气氛，才能够提升员工的工作能力与工作效率。建立健全的企业安全文化制度，需要能够将员工在企业之中的工作职位、实际工作情况进行明确的综合考量，将企业对员工工作的安全规范进行整体性的改良、优化与调整。利用企业考核制度，挑选出企业内的优秀员工榜样代表，实行奖惩机制，调动企业员工工作的积极性。另外，企业内的安全文化制度建设，也能够对员工的工作态度与工作能力水平加以约束，推动员工可以具有能动意识地参与到企业安全文化制度建设工作中来。落实安全奖惩兑现，加强对相关方的影响，发挥领导垂范作用。

（三）有效地约束企业之中员工的工作行为

安全生产与企业安全文化建设，可以对企业员工的工作行为加以有效的约束。可以建立专业的员工行为检查小组，在日常的工作中，严格地对员工的生产操作加以风险评估和监督控制，帮助企业员工能够养成十分健康与安全的工作观念，从而达到约束企业员工的工作行为、推动企业安全管理工作顺利开展的根本目的。例如，进行成绩总结活动中，实行生产安全一体化考核制度，根据华润置地上海公司 EHS、质量、进度考核奖惩实施细则之中的规定，以原始分为 100 分为基础。图 1 为 2022 年上半年各岗位生产安全一体化考核结果通报图。

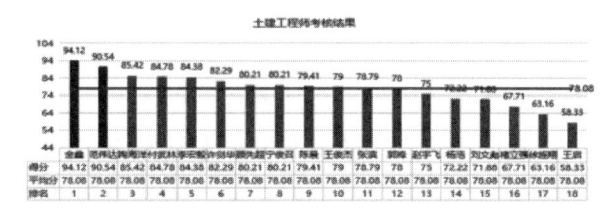

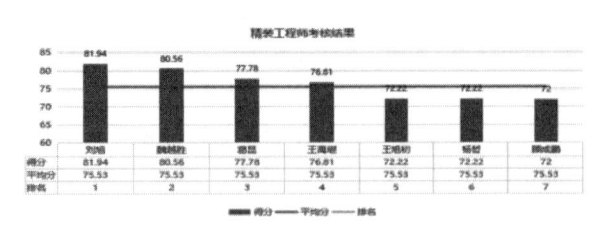

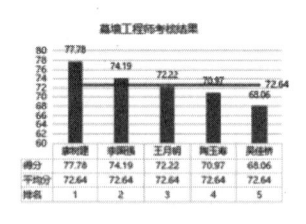

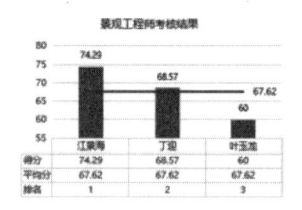

图 1　2022 年上半年各岗位生产安全一体化考核结果通报图

五、结语

综上所述，企业增强对员工进行安全文化建设工作的重视程度，提高企业员工的安全管理制度落实效果，将员工的安全意识、安全观念、安全工作素养加以综合性的正确引导与树立，可以为企业发展提供稳定保障。文章对企业安全生产与企业安全文化建设的有效工作路径给予建议，例如，创新与制定规范的安全文化理念、建立健全的企业落实安全文化制度、有效地约束企业员工的工作行为等，帮助企业经营与运转的安全管理工作做依据支撑。

参考文献

[1] 朱靖. 新时期燃气企业安全文化建设中存在的问题及对策探讨[J]. 企业改革与理,2022(06):168-170.

[2] 刘孙政,黄德镛,黄日胜. 基于 WSR- 云组合测度模型的矿山安全文化建设评价[J/OL]. 化工矿物与加工,2022-07-19.

[3] 曹玉梅,丰继军,周新莲,等. 航天计量企业安全文化现状及建设方法探索研究[J]. 安全,2021,42(S1):74-78.

[4] 宋蓉. 长宁：大走访、大排查、大力推动安全生产[J]. 上海人大月刊,2022(07):34.

以"3433 安全文化模型"为抓手
川航塑造积极的安全文化

四川航空股份有限公司　张忠导　文　竹　曾　超　康　覃　邬雨薇　赵汪洋

摘　要：安全，是民航业的生命线，是民航人始终关注的"第一议题"。近年来，四川航空股份有限公司（以下简称川航）融会贯通"最高指示—行业要求—川航实践"三个层级的安全管理世界观与方法论，提出"3433安全文化模型"，以各有特色的基层文化为支撑，以文化评价指标体系为导向，以多元化的传播方式为渠道，推动安全文化落地。

关键词：安全文化；基层文化；文化落地；评价指标；多元化传播

一、"3433 安全文化模型"简介

"3433安全文化模型"即：头顶"三个敬畏"，肩挑"四个责任"，手抓"三项作风"，立足"三基建设"，如图1所示。

图1　川航"3433安全文化模型"

"三个敬畏"是一切行为的指导思想，核心在于践行。敬畏生命，每一次飞行都不能从头来过；敬畏规章，每一条规章都是血的教训；敬畏职责，奇迹时刻是专业在闪光，瞬间的判断来自长期的积累。

"四个责任"是持续安全的根本保障，关键在于担当。各部门的安全主体责任是根本，监督部门的安全监管责任是保证，领导者的安全领导责任是关键，员工的安全岗位责任是基础。

"三项作风"是行为思想的长期抓手，重点在于长效。领导作风对团队风气的形成具有上行下效的示范功能，行政管理作风主要是指机关作风，工作作风的内涵是敬业爱岗、遵章守纪、恪尽职守、精益求精、诚实守信、团结协作、勇于担当。

"三基建设"是安全举措的可靠基础，精髓在于落地。抓基层、打基础、苦练基本功，以"4+2到班组"为抓手，即局方提出的安全教育、手册执行、风险防控、技能培训到班组，川航提出的领导干部、作风建设到班组。

这一文化模型，应时代、行业、公司背景而生，与时俱进、不断迭代，近年来逐渐聚合，充分汲取习近平总书记亲切会见川航"中国民航英雄机组"时"一个航班一个航班地盯，一个环节一个环节地抓"的最高指示，汲取"双盯""三基""当代民航精神四点""安全工作的五大属性"等行业理念要求，立足于川航生产运行实际，做到了"最高指示—行业要求—川航实践"三个层级的有机统一。

二、各有特色的基层文化支撑安全文化落地生根

川航的安全文化建设，把"固化于制"作为"内化于心"和"外化于行"之间的强力链接，多年来形成了"公司层面企业文化理念体系纲举目张—部门层面业务板块文化承上启下—管理末梢班组文化触达赋能"的文化承载与落地机制。

公司层面，安全文化建设由安委会领航，安监部、企业文化部、党工部、工会等部门主导与协作，始终以习近平总书记关于安全生产的重要论述和对

民航工作的指示批示精神为总遵循，开年第一会举办安全工作会、开月第一会召开安委会、党委会、工作会、航班讲评会、党课学习议安全，强化对民航安全的政治担当，正确处理安全与发展、正常、效益、服务的关系；以党建引领安全，以文化护航安全，严格落实和完善一岗双责、党政同责、齐抓共管的体制机制，配套"党建引领安全"工作督导单、"党建+安全"明白卡，确保把安全底线、安全目标落实到安全政策、规章标准和日常工作之中。

部门层面，各主要业务板块、条线培育出各具特色的基层文化。例如，以"敬畏飞行、热爱飞行、幸福飞行"为核心理念的飞行铁军文化，以"三高三精"为核心理念的机务天梯文化，以"美丽川航、蓝盾护航"为核心理念的空保蓝盾文化，以"运筹帷幄、优质飞翔"为核心理念的运控总值领航文化，以"坚守安全、用心服务"为核心理念客舱美丽文化等。它们既承接着公司文化尤其是安全文化内容，又面向过去、现在、未来，梳理、总结、提炼了所在业务板块、条线上的文化行为方式，为对应岗位员工赋予使命感、目标感，指导价值观方向，促进了安全文化在部门层面的"软着陆"。

图 2 为川航"公司文化—基层文化"矩阵图。

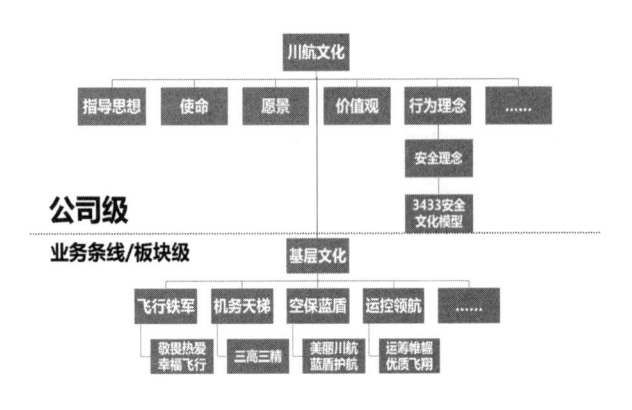

图 2　川航"公司文化—基层文化"矩阵图

安全文化的"最后一公里"，由班组层面来突破。伴随着川航工会"班组建设三年规划"的推进，五星班组及班组长的评选和党小组+班组"双细胞工程"的实施……基层班组均对照《班组建设工作指南》规定的制度建设、管理手段、文化方法等内容，不断精进管理水平，成为三基工作、作风建设、安全文化落地的有力推手。

与这三级落地机制相融相生，又有四个制度体系一插到底。一是风险管理和安全隐患排查治理制度体系。二是"监察+审核"的多种持续监控渠道体系，公司级、部门级、科室级甚至是班组级的多层级安全监察体系，"成熟度+"内审体系。三是风险隐患、安全信息收集报告和激励制度体系。四是结合法定自查、月度专项监察、内审工作的作风建设和阶段性回头看制度体系。

这些机制、体系，将安全文化渗透到了生产运行的具体业务流程中。

三、以文化评价指标体系导向积极正向的安全文化

近年来，川航逐步建立了一套"基础层—中间层—最顶层"的安全绩效考核模式。

基础层是公司统一部署的"1+5"绩效管理体系，对应党建、安全、运行、服务、效益和管理 6 个板块。它体现了在党建引领之下，由航空安全、社会治安综合治理、空防、消防、航卫、法定合规等构建的综合考核体系。

中间层是各安全职能部门牵头负责的独立考核体系，也是公司长期运转的责任书体系，由各职能部门负责制定、完善、优化，满足专业安全管理的特异性要求。

最顶层是川航设立的安全条线负责人绩效考核体系，由安委会办公室对生产运行部门安全管理负责人进行考核评价，调动基层安全的积极性。

在此绩效考核模式之上，为强化安全文化落地，川航尝试探索建立具有公司特色的安全文化评价指标。目前已通过开展行业调研、访谈及广泛征求意见等方式，确立了安全文化落地评价维度，结合内审数据开展实证统计分析，初步形成"3433"安全文化落地评价指标体系：共设置一级指标 4 个（即：思想意识、责任落实、作风建设、三基建设）、二级指标 9 个、三级指标 23 个，突出"党政同责、一岗双责""三管三必须""四个责任"落实，强调以作风建设促"三个敬畏"入脑入心，关注积极正向的安全文化导向，倡导全员参与。今年结合全年 40 项重点工作，抽取了部分生产运行部门开展试点评估。

在实践中，川航正在不断明确安全文化评估角色与内容；下一步，将运用安全文化评估指标，强化安全文化建设情况的督导检查，并严格执行安全文化评估结果，切实建立起安全文化落地评估与绩效激励机制，提高组织与个人的安全文化遵从度。

以上考核体系与自愿报告制度、吹哨人制度刚柔并济，推动全员参与安全管理。"当你在工作中发现风险隐患，随时随地报告共守川航安全"，是近些年来川航干部员工的共识，结合当前的安全"吹哨人"倡议，川航内部在组织飞行部等部门召开制度建设研讨会，收集到6个方面的意见建议，建立了"川航安全吹哨人制度"，并报川监局备案，建立了工作任务落实清单，划分11个模块并细分出20项任务，明确了责任主体、完成时限，统筹建立风险隐患自愿报告系统，不断完善自愿报告处理、奖励制度。

四、多元化传播安全文化，提升安全文化声量

（一）加强阵地建设，让安全文化可视

一方面，川航的安全文化伴随着企业文化的内容，以文化馆、文化墙、文化长廊的方式先后在总部大厦、北头基地、天府园区及分公司外站等近20地上墙展示，是新员工入职的第一课堂、外宾参观的第一窗口；同时，基层科室、中队、班组也纷纷将公司安全文化相关理念、要求在地面、桌面、墙面的宣传物料中展示，营造出随处可见的安全文化氛围。

图3为川航企业文化思维导图。

图3 川航企业文化思维导图

另一方面，川航内部宣传平台《四川航空报》《技术与管理论坛》等报纸杂志，"每周川航""川航安全"等微信公众号，常年聚焦安全工作相关新闻，尤其是上级安全工作要求、安委会会议、空地交流、内审、外审等内容；并策划、采写以中队长、班组长、十佳飞行教员等为代表的个人和团队安全工作法等专题报道。

再配合门户、OA、办公助手、楼宇电视等阵地，它们共同搭建起安全文化的系统化内部传播渠道。

（二）借活动造势，让安全文化飞扬

党团青工妇行动，举办"安康杯""安全生产月"等国家和行业要求的安全活动，以及技能大赛、劳动竞赛等公司特色安全活动，开展宣教宣传，传播安全文化。

以今年的"安全生产月"为例，川航开展集中学习观看专题片370场，参与20425人次；开展专题研讨、集中宣讲、培训辅导等394场，参与24804人次；开展安全生产"公开课""大家谈""班组会"等学习活动496场，参与18221人次；开展安全生产"大讲堂""微课堂"和基层宣讲206场，参与9586人；开展"安全主播每日说"安全教育系列活动7场，参与4700人次；通过"四川航空"官方微博发布"航空安全小知识"，阅读量总计10万+。

今年还举办了"安全文化挂图大赛"。参赛作品追溯企业自身安全管理实践经验，梳理出"飞行安全五星奖"各星级阶段对应的安全理念和安全工作法，绘制出"川航五星安全之路文化挂图"（图4），涵盖了"安全管理的八个坚持""安全工作六度十字""三举三反、三居三思"等川航安全心法和干法，反映了一路走来川航安全文化建设的动态迭代过程——安全工作从"被动反应的事后管理"，走过"规章标准的制度管理"，经历"关口前移的主动管理"，来到"事前预防的风险管理"；"个人能力型"向"手册制度型"转变，并向"科学理念型"升华。

其中，利用川航7·14开航、8·29股改、9·19成立等重要纪念日，策划企业文化、安全文化相关活动。在这些纪念日节点上，先后举办了"手绘来时路、画说创业史"画展、"川航精神图谱"图片展、"你的样子，就是川航的样子"话语展等活动，制发了"安全文化管理明白卡""安全报告卡"等物料，提升了安全文化传播的声量。尤其是在7·14的节点上举办安全论坛、更新安全飞行数据、发布安全视频，已经是川航人的安全仪式感。

五、结语

安全工作始终在路上。川航始终谨记习近平总书记在亲切会见川航中国民航英雄机组时"希望你们继续努力，一个航班一个航班地盯，一个环节一个环节地抓，为实现民航强国目标、为实现中华民族伟大复兴再立新功"的嘱托，以"3433安全文化模型"为统领，切实担负起安全工作的政治责任，并不忘本来、吸收外来、面向未来，不断总结安全管理的世界观与方法论，推动安全管理水平再上新台阶。

图 4 "川航五星安全之路"文化挂图

浅谈"缆桩"精神 夯实安全管理基础
——以湛江港集团为例

湛江港（集团）股份有限公司安全环保部 卢江春

摘　要：近年来港口作业安全形势日渐复杂，特别是2019年年底新冠疫情发生以来，港口职工的生产、生活都发生了改变。为严防新冠疫情通过水路传播和扩散，按照"外防输入、内防反弹"和"人物环境同防"要求的同时，更不能放松安全工作的监管，"缆桩"精神是湛江港（集团）股份有限公司（以下简称湛江港集团）企业文化的核心精神理念，其本意就是守业敬业，如何在复杂的形势下开展安全文化建设，守好安全红线，是这种精神理念的价值体现。

关键词："缆桩"精神；港口安全文化建设；安全管理

随着港口经济的快速发展，信息化、数字化、智慧化等港口相继涌现，1956年开港至今的湛江港集团仍以"缆桩"精神作为企业文化精神核心理念继续前行，安全管理作为港航企业日常管理中重要的一环，如何将"缆桩"精神体现在安全管理过程，是本文要研讨的重点。

一、港口安全文化建设的短板

（一）港口生产具有多点作业、多生产环节、多作业对象等特点

其一，港口海岸线长（湛江港集团生产性泊位长度8.8公里）决定了管理人员无法全面驻点管理；其二，生产机械（如卸船机、皮带转运机、自卸车、场地吊车、铁路机车等）类别多，决定了风险点多；其三，货物种类繁多（金属矿石、非金属矿石、石油化工、散粮、化肥、硫黄、木片、重大件及其他散杂货等），决定了作业流程及安全措施不一样，需针对性开展安全管控；其四，人员素质不一，参与作业的职工、外来作业人员及运输车辆的司机多，管理难度大；其五，作业受自然条件限制产生多种不确定性，例如台风、高温天气、强对流天气等；其六，港口是24小时连续作业、昼夜交替，夜间高强度的生产易造成人员的安全意识疲劳、操作失误等。

以上各种因素决定了港口安全文化管理体制的建设需要时间的积累和管理人员坚持的付出才能出成效。

（二）主观上存在重生产轻安全的管理观念

根据《中华人民共和国安全生产法》三管三必须的要求，各生产、业务、技术部门近年来已加大对安全管理的重视，但无法扭转"安全的事就是安全部门的事"这一观念，重生产轻安全的管理理念，造成安全培训教育走过场、安全管理会议走形式，安全管理的核心理念仅停留在文字层面，造成安全文化推广达不到理想的效果。

（三）对事故丧失敬畏之心

近年来，不少单位层层压实安全生产责任制，加大风险管控力度，职工伤亡率呈下降趋势，不少职工在长期没有发生安全事故的状态下工作，认为我们的工作环境是安全的，工作流程是安全的，工作设备设施是安全的，造成侥幸心理，掉以轻心，继续以往的不安全行为，但海因希里的法则（1:29:300）告诉我们低概率风险或其他变量一样会导致事故发生。

港口安全文化建设的短板问题应从生产环节、管理者的观念及职工自我安全意识等方面寻找不足之处，针对性地制定解决方案才能有效避免事故的发生。

二、"缆桩"精神的文化内涵

（一）绳系于桩，心系于港

湛江港集团的"缆桩"精神是"爱港敬业、团结协作、真诚服务、勇立潮头"十六个字，要求职工敬业、守业，面对大海汹涌的浪潮，如磐石一样地屹

立于岸上。从这里可解读为：其一，每一名职工应守好岗位，爱岗敬岗，以严守法律为准绳，以执行制度为守则，以履行责任为使命，才能成为一个合格的港口人；其二，应无惧困难与挑战，面对疫情带来的经济负面影响、面对港口经济的高速发展与激烈的竞争，面对不可抗力的自然灾害影响，必须勇立潮头，拼出未来；其三，要求团结协作，放下个人主义，服从组织安排，严守组织纪律，千丝成缆，同芯聚力。

（二）"缆桩"精神与安全文化的关联

缆桩系指固定在甲板上或码头边用以系揽缆绳的桩柱，一般由金属铸造或焊接而成，因为使用时其受力很大，所以要求其基座十分牢固，而"缆桩"精神，讲究的就是稳定、牢固。所谓"缆"，就如缆绳一般，牢固时不可动摇，航行时松紧自如，是执行力，是态度的表现。所谓"桩"是法规，是准则，是细则，每一名职工在自己的作业岗位上要稳住每一个作业风险点，守好每一分每一秒的安全红线，就是湛江港人的安全文化核心价值，以安全生产法律法规去规范每一个作业环节，以有效的安全制度管理、严谨的安全隐患排查、严格的风险管控、完善的安全标准化建设等为缆桩，夯实安全管理基础，建安全文化优良氛围，所以"缆桩"精神是安全文化建设具体表现，这种表现既在于"缆"也在于"桩"。

（三）夯实安全管理，系好安全文化建设的第一粒"纽扣"

安全管理的基础包括隐患排查治理、风险分级管控、安全责任追究、安全责任制度、安全技能培训、劳动保护用品等一系列的科学体系，不同行业如建筑、电力、交通、消防、危险化学品作业等均有不同的安全标准化建设要求，所以对安全管理的基础要求极为严格，而安全文化建设及其推广最终的目的是预防安全事故发生，减少从业人员生命和财产的损失，让从业人员从思想上、行为上自觉地遵守安全生产法律法规、企业的安全操作规程，所以两者的目的是一致的，夯实安全管理基础是"缆桩"精神的要求和体现，是安全文化在企业内部顺利开展的基础，就如衣服的第一粒"纽扣"，应该扣正，也必须扣正。

三、浅谈"缆桩"精神在安全基础管理中的表现

（一）做合格的安全第一责任人是"缆桩"精神的文化体现

根据《中华人民共和国安全生产法》的规定：生产经营单位的主要负责人对本单位的安全生产工作全面负责，所以主要负责人是落实安全基础管理的牵头人，如何牵头制订安全管理制度、操作规程、应急预案等安全基础管理制度，是依法开展企业管理的要求，例如湛江港集团提出"安全发展，坚决筑牢港口安全生产防线"的管理思想，在2022年6月董事长发布安全倡议书，提倡全体职工做一名懂安全、会安全的港口人，着眼事故预防，强化安全管理，肩负起神圣的使命；另在隐患排查方面主要负责人（总裁）每季度至少一次到现场检查安全工作，分管安全工作副总裁每月至少一次到现场检查安全工作，发挥由主要负责人带头开展安全检查模范作用，这正是"缆桩"精神的文化体现，企业安全生产主要负责人掌企业的发展之舵，立安全管理标杆，应从自身做起。

（1）要强化第一责任人的安全主体责任意识。在港口科学化管理的过程中，码头投资、组织机构优化、管理人员调整、业务结构调整等都需要企业负责人的决策，根据《企业安全生产责任体系五落实五到位规定》的要求，始终做到把安全生产与分管业务工作同研究、同部署、同督促、同检查、同考核、同问责，所以强化第一责任人的安全主体责任意识是决定企业安全生产发展的关键。

（2）主要负责人应懂法，守法，主要负责人应将安全管理法律法规如缆桩一般，立柱于心，方可守护于民。例如，2022年6月湛江港集团铁路分公司主要负责人带队进社区进小学开展铁路道口安全宣传活动，累计出动宣传人员20余人次，发放铁路安全宣传资料5600本（份）、广告扇3000把，张贴宣传告知书10张，受教人数达6000余人，将安全知识传播于民，起到了很好的宣传教育作用，也为企业树立了良好的安全管理形象。

（3）采用激励机制、拓宽职工职业晋升通道等灵活多样的方式提高职工安全生产积极性，通过技能竞赛、安全培训、应急演练等方式提高职工安全素质，大力支持科技兴安，加强技术装备建设，鼓励管理创新，发展高素质人才，才能为港口安全文化建设带来新气象、新局面。

（二）管理人员既是"缆桩"精神传承者，也是传播者

湛江港集团自1956年开港以来，"缆桩"精神就深入每一代湛江港人的心，"缆桩"文化是传承

文化，港口人就应在生产、生活中秉承传统文化精神，形成良好的工作作风，既是企业文化的特点，也是企业文化的底蕴。管理人员是企业制度的执行者，负有监督各项制度落实的职责，安全文化建设作为企业文化建设中的重要一环，管理人员承担着一种传承文化、传播文化、宣传文化的重要职责，应有大局观，全局观，以自身为文化传承的枢纽，以点带线、线带面的方式，开展安全文化建设。

管理人员应如何开展安全文化建设？首先深入基层一线，了解安全文化建设的需求，例如通过开展安全知识竞赛、演讲比赛等活动与一线职工打成一片，建立符合本单位发展的安全文化管理模式，以"缆桩"精神为出发点，用树典范、立先进的方式推动安全管理循序开展；其次要监督落实"一岗双责"的要求，建立和完善横向到边、纵向到底的安全责任体系、安全监管体系、安全预防体系和健康的管理体系；再次，开展安全文化理念宣贯，通过手机微信、抖音等多媒体平台开展多种形式的安全文化活动，丰富安全文化宣传内容，达到喜闻乐见的效果；最后杜绝任何走过场的宣传形式，以实际行动深入作业一线，言传身教，将安全文化理念深入职工内心，做到能看见，有实效，出成果。

（三）班组安全文化建设是"缆桩"精神的实践平台

班组作为一个企业最小的管理单位，是上层管理制度落实和执行的基础，更是"缆桩"文化的执行者，是"缆桩"精神在一线的实践平台。由于班组人员是一线作业人员，每天要面对复杂的作业环境、作业流程，从而导致班组人员暴露在风险点下造成事故发生的可能性比一般管理人员要高，如何构建班组安全文化，是企业安全文化建设的重点及难点。

（1）班组成员应树立正确的安全文化价值观，"缆桩"精神讲守法，讲敬业，其目的就是让职工有正确的安全价值观，因为事故发生频率最高的是班组成员，所以要通过对事故案例教育让班组成员体会到生命可贵、拒绝违章的道理，让职工珍惜生命，严守安全规章制度和操作规程，是对自己、对单位、对家庭最大的负责。

（2）要加强培训，特别是操作规程和安全管理制度的培训。"缆桩"精神讲基础，讲牢固，如果上岗技能都生疏，无疑是对生命不负责，让职工远离"三违"行为，达到人人要安全、执行要主动、工作要到位的效果，在发挥"缆桩"精神的同时要牢固树立安全工作荣辱观，才能一丝不苟地执行港口安全管理规章制度。

（3）发挥职工"人人都是安全员"的监督管理作用。湛江港集团在2017年6月利用微信平台自主研发"安全随手拍"功能，让职工发现一处隐患就上报一处隐患，使安全管理达到一个共同参与的良好效果。

（4）注重细节管理。安全管理不到位，一定是细节管理不到位，班组成员作为生产一线人员，生产、技术、机械操作等不严谨易造成事故发生，所以要加强班前、班中、班后的人员、机械、作业环境的安全检查，将这种严谨的工作方式形成一种安全文化，在人与人之间进行传播，才能真正抓好班组安全文化建设，才是发扬"缆桩"精神的真正目的。

四、结语

"缆桩"精神是企业的核心精神，当这种精神与安全文化建设一起开展，便形成了具有湛江港集团特色的企业安全文化，以这种文化作为安全管理的背景，能更好地实现安全生产管理目标。用"缆桩"精神，落实安全责任制，夯实安全管理基础，才能更好地守护港口平安。

参考文献

[1] 温明成. 选取安全管理关键着力点提升港口安全管理成效[J]. 水运管理,2020,42(11):21-23.

[2] 王强. 港口生产安全管理存在的主要问题与对策分析[J]. 船舶物资与市场,2019,(05):66.

[3] 雷婷."安全面面观"企业安全文化建设实践[J]. 当代电力文化,2022,(03):80.

[4] 李青松. 企业安全文化建设常见问题分析[J]. 现代职业安全,2022,(01):23-25.

[5] 王礼东. 浅谈如何实现企业安全文化建设有效落地[J]. 安全与健康,2021,(05):61-63.

[6] 朱伟民. 中国缆桩精神[J]. 广东教育(综合版),2009(03):69.

基于安全心理塑培的安全文化体系构建

河北港口集团有限公司　曹子玉　马运波　潘　伟

摘　要：河北港口集团有限公司在安全管理实践中意识到人因安全的重要性，据此引入安全心理学知识构建多维度安全文化体系，将传统管理、人本管理与生物科学相结合，塑培职工整体安全心理，从根源上科学减少不安全行为，最大程度杜绝生产安全事故的发生。

关键词：安全文化；安全心理；心理学；安全生产

一、引言

传统安全管理更多地关注物的因素，通过制定安全规章制度对安全基础管理工作进行调研、分析考评，僵硬地对作业行为、设备设施、企业的安全制度等提出要求。近年来，安全生产人文因素逐步得到重视，从历年各行业重、特大安全事故数据分析得出，人的不安全行为和物的不安全状态是导致事故的源头。美国安全工程师海因里希经过大量研究发现"88:10:2"规律（图1），即在安全事故中，88%的事故是人为因素造成，10%的事故由不安全环境导致，2%的事故无法预料。也就是说，人因安全是不容忽视的和根源性的。安全文化构建作为当前安全管理主要的人因安全途径，对企业本质安全建设具有重要意义。

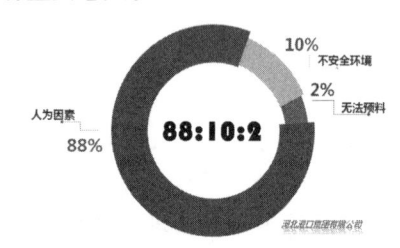

图1　安全事故原因规律

二、理论基础与实施意义

"群体心理学"理论认为在一定的群体效应下，群体思想和情绪具有传染性，进而对群体行为形成影响并朝着同一方向发展。从安全管理范围来说就是安全文化效应。安全心理是人因安全的核心影响点，因此安全文化的构建关键是职工的安全心理塑培。用安全心理学方法构建企业安全文化对企业本质安全建设具有重要意义。图2为安全心理学理论示意。

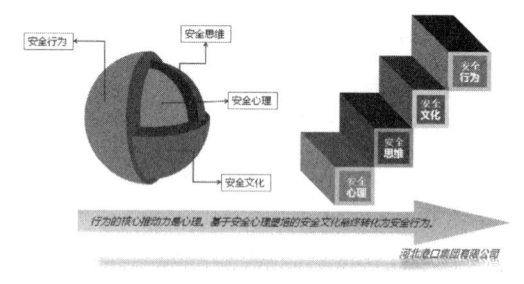

图2　安全心理学理论示意

（一）传统安全文化架构大多扁平化

早期的企业安全管理是"令行禁止"型管理模式，对于安全文化的构建大多不甚重视。随着安全管理意识水平的提升，大部分企业开始意识到安全文化体系建设对安全行为的影响和重要性。但传统安全文化架构大多扁平化，同时在具体实践中存在维度单一、效应僵硬等问题。

1.安全文化构建应从心理学角度注重安全情感需要

传统的安全文化一般是采取标语式宣传的方式，大多流于形式，实际效应有限。职工在情感范畴有亲情、友情以及组织归属等。职工行为既受到组织规范的约束，也受精神层面的情感因素作用触发内心行为规则的影响。职工会因生理、个体维度、工作环境、设备可靠性以及家庭等因素对安全行为产生影响。因此，安全文化的构建不单是标语式提倡安全，而应从心理学角度注重安全情感需要。

2.安全文化构建要从心理学角度注重安全绩效的正向推动方式

安全绩效管理是安全文化构建的重要方式，是目前通用的"意识—行为"相互作用的安全管理方式。传统的安全绩效管理，将处罚作为加强职工安全意识进而完成安全工作的主要措施，但处罚的严厉性和确定性对职工产生负面影响，对安全心理的塑培不是完全有效，甚至对安全心理行为产生消极效应。心理学研究发现，奖励或激励等正面的表彰对职工安全心理正向效果更好。同时，根据群体心理学理论，团体奖励容易产生"大锅饭效应"，而单一个人的奖励与激励又经常出现矛盾甚至激化竞争。因此，河北港口集团有限公司从安全心理角度对安全绩效管理进行了优化，构建多维安全文化体系，推动自主安全行为，以达到最终实现本质安全。

（二）安全心理保障与疏导是安全文化构建的科学模式

现今社会中，脑力疲劳和心理波动是各种安全事故的主要原因之一。各种调查数据显示：脑力疲劳和心理波动等心理因素已有全民化趋势（图3）。

图3 心理调查数据

河北港口集团通过安全班组行活动对职工安全心理状况展开调研，采取多种方式对1516名作业职工安全心理状况进行分析，发现79%的作业职工存在不同程度的对安全作业产生潜在影响的心理状况（图4），压力、脑力疲劳和心理因素是当前现场作业不安全行为的主要原因。

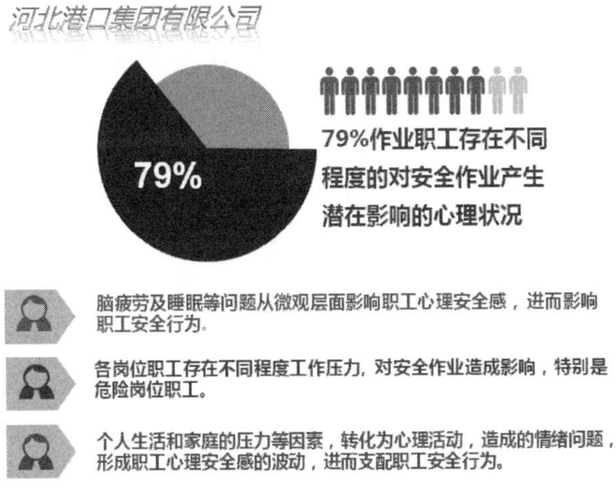

图4 作业职工心理健康调研数据

脑疲劳会使多种脑认知功能严重受损，包括注意、记忆等，使大脑对工作的各部分监视和运转出现短路或疏漏，极易不能警惕到周围的变化而发生安全事故，同时无法在危急情况下能保持头脑清醒，当机立断采取相应的措施，甚至造成重大的人员伤亡。情绪波动、岗位压力以及家庭因素等影响造成的心理波动导致大脑的信息输入、加工处理、反应输出过程受到干扰，导致工作效率和可靠性降低甚至出现差错，极易造成突发性安全事故。

职工的心理认知和思想状况是支配行为的根源，职工心理健康、压力管理、安全心理保障和干预对安全管理成效具有重要影响。安全文化的核心目标是消除不安全行为，因此科学的安全心理保障与疏导是安全文化体系构建的必要方面。

三、体系设计

（一）整体框架与目标

河北港口集团基于安全心理塑培的安全文化体系构建是从人因安全着手通过多维方式提升企业安全成效的管理体系优化项目（图5）。项目框架由对传统安全文化管理的提升及开展职工安全心理科学疏导构成，从外因和内源全方位构建安全文化体系，全面探索实现"塑培安全心理 形成安全行为"的人因安全目标，从而促进企业实现本质安全，全面安全，提升企业整体经济效益。

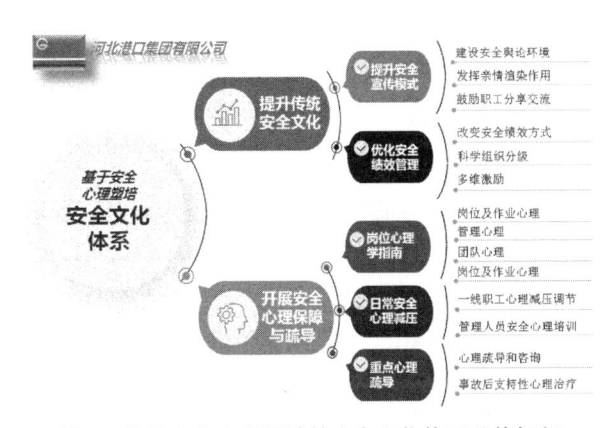

图5 基于安全心理塑培的安全文化体系总体框架

（二）提升传统安全文化

1.提升安全宣传模式

进一步加强安全舆论宣传和安全教育培训，实现安全认知阶段的跨越，使职工在思想上、情感上和心理上认同和投入安全责任和义务，从更深的文化层面来激发职工本能安全心理和安全生产的积极性，构建职工"要我安全、我要安全、我懂安全、

— 119 —

我会安全、我能安全"的安全文化氛围。

（1）建设安全舆论环境。河北港口集团在港区道路沿途和工作场所安装可视化安全标语及各类型安全标识，设立班组安全角展示安全规章制度及安全书籍，对候工室、维修车间等工作场所进行容貌提升，根据生物学原理改善作业的舒适度，对职工的工作环境和工作氛围进行最大限度的改善；同时，通过多种线上和线下形式进行安全舆论建设，并接受职工建议、举报等，做到有诉必回，借助"互联网+"模式强化企业整体安全舆论环境（图6）。

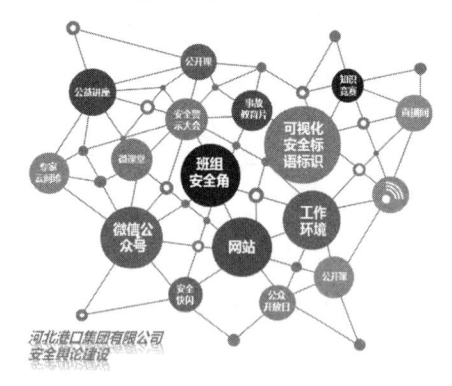

图6　河北港口集团有限公司安全舆论建设

（2）发挥亲情渲染作用。定期召开职工与家属的安全联谊会，提示不安全行为和生产事故对家庭的影响，并设立家庭关爱奖励，通过关爱式的亲情活动激发职工对家庭的牵挂，促使职工认识到应积极调整或改变自身的安全生产态度，推动企业形成健康的安全文化。

（3）鼓励职工分享交流。在班组建设中开展职工分享型安全教育活动，分享自己了解的安全故事与安全操作技巧，讲述贴近自身岗位的危险源、安全案例等，将自身的安全意识传递至其他员工，提高安全教育效果。

2. 优化安全标准化管理绩效激励体系

河北港口集团对安全绩效管理进行了科学合理的和具有可行性的优化，以企业岗位实际情况和职工内源为基础，转变经济杠杆思路，改变以往的扣罚为主的安全绩效考核手段，建立基于安全检查、隐患排查和安全创新指标的潜变量测评奖励制度，实施正向绩效奖金和经济激励管理；同时，通过科学调研进行组织分级，最大程度避免"大锅饭效应"和"个体竞争矛盾"产生的懈怠心理，强化安全责任落实，正向发挥安全文化效应，推动形成职工的安全能动力。图7为安全标准化绩效奖励体系框架。

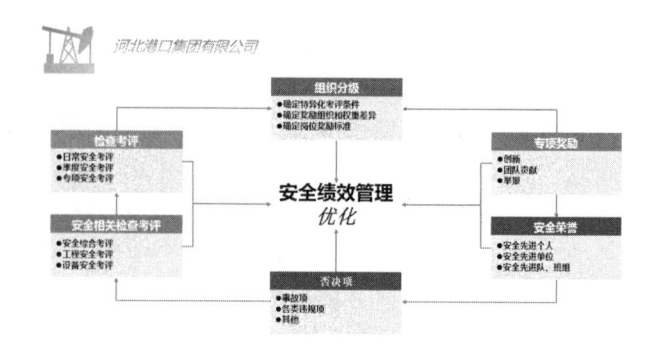

图7　安全标准化绩效奖励体系

（1）改变安全绩效方式。将传统的安全绩效处罚指标变为安全奖励指标，采取以安全奖励为主的直接经济激励方式，以日常、季度及专项安全检查加入隐患排查变量，形成安全绩效正向奖励指标。

（2）科学组织分级。根据岗位安全管理要求展开辨识，按安全管辖区域及各生产组织所承担安全责任风险大小重新确定权重，摒弃"一碗水端平"的"大锅饭模式"和差异化冲突预期的单体奖励方式，按照安全职责科学划分以岗位层级和班组为指标的安全绩效奖励单元，既强调了激励机制又注重了团队精神。

（3）多维激励。引入安全创新奖励为专项单独奖励作为正向指标，将安全管理问题举报等作为否决指标，形成安全绩效多维方案，激励安全生产力的同时强调约束监督窗口，营造安全文化大体系。

（三）开展安全心理保障和疏导

开展压力管理和心理保障工作，对安全心理问题进行干预，促进职工安全心理健康是基于安全心理塑培的安全文化体系构建的重点。河北港口集团针对情绪问题、脑力疲劳和心理波动等问题的因素进行管理提升，开展职工关爱工作，实施安全心理健康保障和疏导，将安全心理塑培与班组建设相结合，推行安监、工会、医院融合管理，构建安全心理保障和疏导的核心管理体系（图8）。

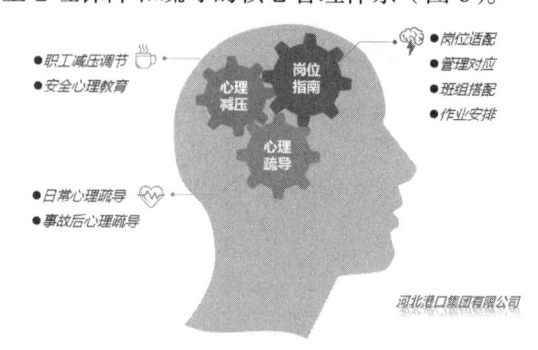

图8　安全心理保障和疏导体系

1. 设立岗位心理学指南

结合班组建设，根据岗位安全健康心理预期及作业特点，建立岗位心理学指南。

（1）对各岗位风险、压力及所要求的安全技术素质、生理学及心理学要求进行研判说明，与此相应，根据作业人员性格、心理承受能力及自身意愿适时引导相应安全压力强度的岗位，并动态把握岗位分配及调整、作业施工规划等管理。比如按照心理学数据库的提示筛选判定为高危岗位或危险作业时，应多设1—2人的平行作业，相互制衡，防止下意识状态的失误。再如：持续长时间重复性工作，需要保持高度的敏感性，较适合性格内向的职工；注意力的要求比较低但经常变化的工作任务更适合于性格外向职工。当然这类岗位安排还应充分考虑职工自身意愿，在岗位分配和调整时进行心理引导和综合处理，营造整体安全心理塑培氛围。

（2）根据作业人员不同性格合理选择区别性的管理方法，保证安全教育管理的有效性。处理安全与职工的关系时，采取适合的管理方式，进而有效发挥人的性格中积极方面的作用。

（3）根据职工性格及心理测试特点搭配和调整班组成员。班组是基层作业基础团队，其工作关系是否稳定，对安全行为具有直接影响。根据职工心理特点搭配和适时调整班组，强调班组互助性与互补性，以充分发挥团队合作精神，最大限度地减少操作失误问题，保证安全生产。

（4）将特殊作业及特种作业等危险作业岗位人员作为心理引导重点，着重作业前筛选，合理安排上岗，尽量避免状态不佳职工上岗作业，规避安全事故发生的可能性。

2. 建立日常安全心理减压机制

（1）定期开展一线职工的心理减压调节工作，尤其是高强度、高压力和危险岗位，开展压力测试，制定专业的减压方案，分层次配设压力管理系统及心理保障中心，适时进行职工精神压力缓解，减少或降低不良反应和消极影响，从而使其始终保持良好的精神状态。

（2）开展各层级管理人员安全心理知识教育培训，一方面强化各层级管理人员对安全心理的重视度，扭转轻视心理健康带来的负效应问题。另一方面培养内部心理咨询师，进行普通级别的职工心理问题引导工作，帮助职工树立健康的心理状态和积极良好的情绪。

3. 设立重点心理疏导

（1）开通专业在线安全心理疏导和咨询窗口，对接重点岗位、重点人群、重点心理问题进行心理疏导和治疗。

（2）参照创伤后应激障碍心理干预流程制定"事故后职工心理疏导方案"。按照等级对事故经历人进行支持性心理治疗，引导他们配合事故调查，更好地面对后续处理流程，同时帮助他们缓解焦虑与波动情绪，减轻事故后心理反应强度，顺利渡过心理创伤，走出心理危机。

四、实施效果与分析

河北港口集团有限公司基于安全心理塑培科学构建的安全文化体系，使其逐步从简单的平面化模式发展成多维融合模式。3年来，河北港口集团有限公司无工亡及重伤事故发生，轻伤事故、火灾事故和机损事故等各类事故发生率得到有效控制，各类隐患做到立行立改，违章行为大幅下降，减少了不安全行为的发生，使安全生产状况进一步提高，从更深层面激发了安全本能意识，取得了良好的经济效益和社会效益。

（一）企业管理水平的提升

1. 整体管理水平的提升

构建基于安全心理塑培的安全文化体系，可以更好地帮助职工形成安全心理定式，使其可以科学预测作业情况，并作出适当反应；可以为企业制定更为科学有效的安全规则制度提供更有效的角度；可以通过更为有效的方法进行企业文化建设，基于心理模型进行深层次探索预防事故的方法，从多方面优化与提升企业整体管理水平。

2. 安全管理模式的提升

将心理疏导纳入安全文化体系，深层次转变了传统安全管理理念，是企业管理模式和整体观念上的创新，从新的视角高度提升并促进其安全文化建设的效果，提高职工生命质量和工作效能感，更加能够强化企业凝聚力、向心力，为大型国有企业健康发展奠定坚实基础。

（二）经济效益

1. 安全经济杠杆效用最大化

通过分析职工心理，多层次优化经济激励有效方式，形成基于安全心理塑培的安全绩效体系的"正向激励"，为企业的安全经济杠杆效用最大化探索提供经验。

2. 提高生产效率，降低损耗

安全生产是企业经济的潜在效益，基于安全心理塑培的安全文化体系的构建能够全面提高职工的安全生产意识，探索从人的心理根源塑培职工的安全观念，促进职工提高生产效率，降低损耗，稳定职工身心健康，有效降低事故的发生率，能够最大限度地帮助企业实现资金成本的有效控制和合理化配置，为企业经济效益稳定增长奠定基础。

3. 提升企业经营效益

河北港口集团作为主营为港口运营的大型国有企业，是物流供应链的重要环节。港口服务品质是经营效能的重要影响点。

（1）基于安全心理塑培的安全文化体系构建，促进职工的安全作业状态，提高精准作业水平，减少或杜绝违章现象，从根源上减少人身、机损等事故，提高生产连续性，提升港口堆场作业效率，提高企业经济效益。

（2）职工安全心理塑培能够强化企业整体凝聚力和向心力，使职工呈现良好的精神状态和饱满的服务热情，提高港口作业效能和整体运营稳定性，最大限度地减少或避免货损、货差，提高货运质量和成本，塑造愉悦稳定的企业服务环境，从而有效推动港口经营效益的提升，打造一流港口品牌。

五、结语

当前，人因已经成为生产安全隐患和各类事故的主要因素。作为心理学科的分支，安全心理学主要研究人的心理对不安全行为的影响及具体联系，可以在研究不安全发生时人的心理状态的同时，强化安全引导，减少安全事故的发生概率，并在组织与制度方面提出更多可行建议以有效避免错误操作与不安全心理的发生，保证职工与企业生产的安全性。河北港口集团以职工安全心理塑培为基础构建安全文化体系，优化安全管理，最大限度地实现"安全第一、以人为本"和"促安全提效益"，科学维护安全生产双稳定，为行业乃至社会安全生产提供了新思路，对安全生产总体管理和风险防控具有重要意义。

参考文献

[1] 居斯塔夫·勒庞. SYCHOLOGIE DES FOULES 群体心理学[M]. 胡小跃，译. 杭州：浙江文艺出版社，2015.

[2] 戴维·麦尔斯. 社会心理学[M]. 张智勇，等，译. 北京：人民邮电出版社，2006.

墨子兼爱思想对安全文化理念培育的启示

国能运输技术研究院有限责任公司　牛晓伟　张海东　薛振华　王烨堃　李　强

摘　要：安全文化是企业文化的重要组成部分，安全理念的培养是安全文化建设的重要环节。作者依据"兼爱"思想的含义与特征，从平等的爱、互利的爱和整体的爱在安全理念塑造过程中的价值方面展开论述，为企业安全文化理念培育工作提供思路。

关键词：兼爱含义；安全文化；意识塑造

"无危则安，无缺则全"。运用中华优秀传统文化是习近平总书记治国理政的一个鲜明特点，对于企业安全文化建设，我们可以借鉴总书记的经验，从中国传统经典文化中汲取营养，利用"兼爱"思想培育安全文化理念。习近平总书记指出：管行业必须管安全，管业务必须管安全，管生产必须管安全，而且要党政同责、一岗双责、齐抓共管、失职追责[1]。"三管三必须"，"同责""双责""齐抓"，这些就是广泛意义的"兼爱"。

工业产业发展到如今的水平，生产设备革新很快、生产环境相当复杂，安全生产的硬件辅助也比较完善，要想尽可能地减少安全作业的隐患、降低安全事故的发生率，需要充分调动人的主观能动性、发挥人与人之间的关爱意识，培养劳动者主动安全的态度、挖掘不同个体间协作安全的潜力。应该以习近平新时代中国特色社会主义思想为指导，加强团队安全、集体安全观念的教育，严格落实职工安全培训各项制度要求，有效培养安全生产理念、创建企业安全文化。

如何将"兼爱"思想应用到企业安全生产理念的塑造过程中，利用"兼爱"思想帮助职工树立安全意识、形成安全理念，是依靠优秀的传统文化来建立安全生产理念需要关注思考的问题。

一、"兼爱"是大爱、全面的爱

（一）"兼爱"的含义

"兼"，其古字形像一只手拿着两把禾苗，这从字源上体现出墨子的"兼爱"是平等的、广泛的爱。

"视人之国，若视其国；视人之家，若视其家；视人之身，若视其身"，人们对待别人就像自己本身一样，多站在别人的角度看待问题，这种无差等的爱能达到社会和谐互相爱护。"夫爱人者，人必从而爱之。利人者，人必从而利之"，爱人者，人恒爱之；爱而得利，人必以利还之。互相之间的相互关爱可以创造有利的环境，对自己和他人都会产生积极的影响。"兴天下之利，除天下之害"，兴盛有利的事，除去有害的事；对他人对社会有利的事要多做，对他人对社会不利的事要少做；成人之美之事可为，损人不利己的事不做也罢。上述观点则体现了墨子的兼爱是一种平等的爱、互利的爱和整体的爱[2]。

（二）"兼爱"的特征

1. 平等的爱

"仁"是由己推人，由近及远，以自己为起点，而渐渐扩大；由近远之程度，而有厚薄。"兼"则是不分人我，不分远近，对一切人，一律同等爱之助之。所以"仁"是有差等的，"兼"是无差等的[3]。

2. 互利的爱

"投我以桃，报之以李"。互利的爱，是爱人若己、推人于己的利他主义，这样的爱是双方相互得利的共赢的爱。"爱利此也，所爱所利彼也。爱利不相为内外，所爱所利亦不相为外内"，爱利不分，爱就是利，利人即为爱人，对于爱和利施受双方来说，爱与利没有内外之分。

3. 整体的爱

"爱人，待周爱人而后为爱人。不爱人，不待周不爱人。不周爱，因为不爱人矣"，"爱人"必须尽爱天下之人，才为爱人；而不爱人，即只要不爱一个人就为不爱人。爱自己，爱身边每个人，进而爱全社会的人。

二、兼爱思想在塑造安全理念中的价值

优秀传统文化、优秀传统思想是新时代每个人

应该接受的教育，也是新时代下企业需要学习借鉴的文化源泉，学习和吸收"兼爱"思想，为企所用、为企服务，这是喜闻乐见之事。

安全是一种状态，在生产劳动中，这种状态需要人们共同协作、互相监督以保持。安全状态的持续对每个个体是有利的，对企业是有利的，对行业是有利的。

这是爱人爱己的结果，这是兼爱的力量。

（一）安全之平等观

1. 企业管理者必须树立平等爱的理念

对人身和设备、一般地段和重点地段、外部环境和内部条件、劳动环境和工作秩序、安全生产事故主要特点和突出问题以及新职人员和老职工要做到兼爱，从多方面、多维度考虑日常生产中可能出现的安全隐患，多角度、多层次思考日常生产中可能产生的安全风险，采取风险分级管控、隐患排查治理双重预防性工作机制，从源头遏制不安全因素的出现，关爱隐患、关爱风险就是爱护员工、爱护企业。无时无刻不心中有爱，时时刻刻都要重视安全。领导视察时就重视安全，行业敲响警钟时才重视安全，安全生产月时就重视安全，出现安全生产事故时再重视安全，这些都是片面的、是不平等的，是管理者的失职表现。不仅对高危工种、特殊行业常怀关爱之心，对所有行业和一切劳动者都要有安全教育，有安全保障，人人皆应得到安全保护。各种人员都要照顾，各个角落都要检查，每个危险源都要辨识，所有风险都要管控。

2. 普通劳动者必须无差等的爱

对自己使用的工具、操作的设备、工作的环境、存在的隐患及自身的状态要做到一再确认和万分关心。不管白天还是黑夜、寒冷还是炎热，安全意识不下线。不管干的活是熟练的、天天干的简单的，还是初接触、复杂环境下的，都应该保持敬畏。安全无小事，对每一次工作、每一个动作都要专注，专注于正确的操作流程以保证安全。安全与不安全的转换不以人的意志为转移，不分时间、不分场合，不分人我、不分远近，充分发挥人的主观能动性，主动安全，我要安全，安全第一的想法常记心间。

（二）安全之互利观

生产行业中，劳动是协同工作方式，劳动密集型行业更是如此。这就需要劳动者常怀爱人之心，做到互利的爱。劳动者之间的互相爱护，是在劳动者自己主动安全的基础上，增加被他人保护的附加安全保障，是双重安全保险。同时，在知道自己正在被工友保护的意识下，会觉得自己更安全，在更有利的安全的环境下安全开展工作。在日常生产中主动求安全，不只是主动为自己的安全考虑，也要主动考虑他人的安全；劳动者有被安全保障的义务，同时也有保障他人安全的义务。考虑到工作时间、经验和受教育程度的区别，不同职工之间的安全知识储备、安全意识和应急避险能力存在差距；如果大家怀爱人之心，这样在危急时刻就可以充分利用这些差异；安全能力强的员工就能够保护其他人员，这样能减少伤害，使不安全损失控制在最低程度。同时，安全意识和安全知识是可以授予他人的，形成安全理念塑造的正反馈机制，不断扩大互利的安全红利，使得更多的职工愿意加入保护他人的行动中。

安全生产"四不伤害"是安全生产的重要准则，需要时刻谨记，尤其是保护他人不受伤害。在日常生产中，违章违纪就是置他人安危于不顾的典型行为，同时，不标准化作业就会使他人置于不安全的状态。他人安全我有责，如果人人都能做到保护他人不受伤害，那么对于个体而言就是双重保险，在自己爱护自己的同时还有来自他人的爱护。往往人的自我保护意识比较到位，那么，保护他人不受伤害就是自身拥有了安全双保护。爱护别人等同于爱护自己，整体安全是个体安全使然，个人安全是整体安全的必然。整体安全是每个个体之间彼此关爱、相互保护的结果，反过来，整体是安全的，又会反哺个体的安全，这是互利共赢的。企业需要加强互利的爱的建设，以兼爱为指引和捷径，这是一条正确的安全文化建设之路。

（三）安全之整体观

安全是一种状态，是我们在安全生产中希望长期处于或者极力追求的一种状态。这种状态需要所有劳动者一起创造并保持，创造并保持这种状态的持续动力源泉是在企业内形成整体的爱，人人兼爱，人人安全。安全理念决定预防事故意识的常态化，预防事故意识的常态化，催生安全理念的坚固。预防事故意识的常态化需要人人学习兼爱思想，人人拥有关爱之心，人人皆有兼爱之念。整体的爱是每个平等的爱的累积，是互利的爱的延续，是每个人的兼爱的汇聚，是团队的爱，是安全的最高保障。

班组是集体劳动的小组织，是整体的爱发光发热的试验田。学习班组关爱精神、建立班组关爱制度、树立班组关爱意识、形成班组关爱文化，关爱他人进而关爱他人的安全，让安全信念蔚然成风，有利于企业安全文化的建设，推动企业文化的形成。安全培训不仅有安全知识的培训，也有安全意识的培训，而兼爱思想的学习就属于安全意识培养的一部分，懂得珍惜生命、爱护身体，是安全保护的意识前提。企业安全我尽责，关爱企业、关爱职工，使其免于不安全因素的影响，就是为安全生产贡献、为企业安全尽责。

三、结语

人人皆敬畏安全，安全生产离不开先进安全理念的指导，充分发挥人的主观能动性，主动培养安全意识、建立安全信念，主动安全，使自己和他人处于没有危险、保持完整的状态。以"兼爱"思想武装自己，在劳动生产中注意排查自身隐患，时刻帮助别人控制风险，牢固树立以人为本的理念，就能创造良好的安全环境，形成更好的安全氛围，为安全生产贡献爱的力量，为新时代新发展保驾护航。

参考文献

[1] 习近平总书记关于安全生产工作重要指示批示摘录[EB/OL].2013-07-18.

[2] 张岱年. 中国哲学大纲[M]. 北京：中国社会科学出版社,2004.

[3] 王亚芬. 墨子兼爱思想及其对构建和谐社会的借鉴研究[D]. 西安：西安工程大学,2017.

三门联络线"五位一体"安全文化体系创建探索

台州三门联络线高速公路有限公司　蓝　强　樊纪江　徐卫建　吴发强　张　波

摘　要：三门联络线是浙江省重点工程项目，项目公司成立后在安全管理文化体系建设方面，提早谋划积极探索，创建建章立制、生产规划、风险管控、源头治理、应急处置"五位一体"安全生产文化体系。将"人材机料法环"纳入安全生产体系建设范畴，做到"人材机料法环"协调发展，强化现场隐患风险预测、预报、预警和预控，实现零伤亡的奋斗目标。

关键词："五位一体"；安全；探索

安全生产管理是高速公路建设过程中的重难点之一。由于高速公路线路长、工期紧、工点多、环境恶劣、人员流动大，安全风险大、安全隐患复杂、安全管理难度大。三门联络线连接甬台温高速公路至沿海高速公路，于2020年列入"浙江省重点工程"。本项目安全生产管理坚持"安全第一、预防为主、综合治理"的原则，注重事前预防、防控结合，防范、杜绝各类事故的发生。把"遵守安全生产法，当好第一责任人"作为全体干部职工的共同价值观和行动指南，最终实现零伤亡的奋斗目标。为此，本项目积极探索，创建建章立制、生产规划、风险管控、源头治理、应急处置"五位一体"安全生产文化体系。

一、建章立制，安全职责承风险

首先，建立健全全员安全生产责任制和安全生产规章制度。

（一）建立、完善安全规章制度

安全生产规章制度是职工的行动指南和行为准则，是现代化安全生产的重要途径。安全生产规章制度是企业生产管理中一个重要组成部分。

三门联络线建立并完善安全生产责任制及考核制度、安全生产管理制度、安全生产风险分级管控实施办法、安全生产事故隐患排查治理办法、安全生产应急管理制度、安全生产费用管理办法、安全生产举报制度、安全事故及突发事故报告制度、安全生产综合应急预案、安全生产教育培训制度、特殊气候环境和特殊节日安全管理制度等15类规章制度。

（二）"九管九必须"，落实全员安全生产责任制

公司主要负责人是项目安全生产第一责任人，对安全生产负全面责任。领导班子其他成员依据工作分工，对管辖范围内的安全生产工作负分管领导责任，各部门对分管业务范围内的安全生产工作具体负责，使安全生产工作层层有人管理，事事有人负责，做到责任明确，齐抓共管。

三门联络线"九管九必须"（即：管项目必须管安全；管生产必须管安全；管机械设备必须管安全；管技术必须管安全；管物资必须管安全；管人力资源必须管安全；管财务必须管安全；管合同必须管安全；管后勤必须管安全），落实全员安全生产职责，层层压实安全管理责任，明确项目负责人、各部门负责人到一线员工的安全管理职责，形成人人都是安全第一责任人的安全管理体系。

（三）网格化管理，提升现场安全管控实效

通过实施安全生产"网格化"管理，保障全员安全生产责任有效落地，完善全员安全生产责任制、当好"第一责任人"的安全生产管理体系，提升施工现场安全管控实效，做到定区域、定人员、定责任、定时间、定标准、定措施，实现安全生产监督管理工作无遗漏，形成全员全覆盖安全生产管理体系，达到安全管控工作过程信息互通、联动有效、指令畅通。

结合项目实际，以安全管理内容为重点，按照"区域临近、工序衔接、动态管理"的原则，结合工程特点，合理划分出覆盖施工全区域、全过程的

若干个安全生产管理网格工点。配备网格安全管理员，并随管理人员变动和施工进展情况进行动态管理，形成"横向到边、纵向到底，责任全覆盖，管理无盲区"的安全生产管理网格体系。

二、生产规划，"五化"实施减风险

三门联络线加大对安全生产资金、物资、技术、人员的投入保障力度，改善安全生产条件，强化行业特点与项目实际相结合，提升安全生产标准化、工厂化、机械化、智能化、信息化等"五化"建设，通过微改微创，加大力度对安全设备设施投入与微创新，规范员工行为，统一现场安全防护，减少安全隐患。

（一）标准化

标准化是指从组织机构、安全投入、规章制度、教育培训、装备设施、现场管理、隐患排查治理、重大危险源监控、职业健康、应急管理以及事故报告、绩效评定等方面，建立完善安全生产标准化建设实施方案，促进项目工程质量、安全管理及文明施工水平的提升，不断提高施工从业人员文明素质，不断提升企业安全文化体系建设。

（二）工厂化

工厂化是指施工工点推行工厂化管理理念，工点根据材料存放、设备摆放、生产活动、临时休息等进行功能划分，结合现场实际情况，科学合理地做好布局策划，对各区域采用标牌、标线、隔离栅、隔离网片等进行功能划分，做到施工场地封闭化、场容场貌标准化、施工器具安全防护规范化，打造"移动工厂"。

（三）机械化

机械化是指用机械来代替人工劳动完成生产作业。如：工厂机械化的生产流水线，隧道九台套，焊接机器人等。通过大力推行机械化装备施工，以机器换人减少施工现场的操作人员，降低施工安全风险、提升施工质量、提高施工效率。

（四）智能化

智能化是指以建筑物为平台，基于对各类智能化信息的综合应用，集架构、系统、应用、管理及优化组合于一体，具有感知、传输、记忆、推理、判断和决策的综合智慧能力，实现施工全过程的安全、高效、便捷、节能、环保、健康等功效。

（五）信息化

信息化是指以现代通信、网络、数据库技术为基础，将所研究对象各要素汇总至数据库，供参建单位辅助决策，通过考虑各个参建方的不同需求打造产品、围绕项目全过程管理、打破信息孤岛、协助参建各方完成工程项目的建设、管理和资料整理，极大提高效率，提升安全管理水平。

三、风险管控，五大模块控风险

三门联络线从安全教育、风险分级管控、施工方案管理、动态监控和预警预报、安全隐患排查与治理五大模块健全风险防范化解机制，提高安全生产管理水平，确保项目本质安全。

（一）安全教育

工程开工前组织开展安全管理思想教育，通过对项目全员安全有关政策、法律、法规的学习，分析当前安全形势，剖析安全管理存在的问题，提高安全思想意识，总结安全管理经验。

新进场员工上岗前，必须经过公司、项目部、班组三级安全教育培训，并考核合格。每年度组织员工进行安全教育培训，培训学时满足相关规定和文件要求，安全教育培训的主要内容包括有关安全生产法律法规、安全生产先进管理经验、专项安全技术知识、安全生产操作规程、工伤保险知识、事故统计上报与调查处理、事故案例分析、事故应急救援等。

开展安全大讲堂活动。安全大讲堂邀请安全领域专家授课，通过研讨式、案例式、观摩式、实操式、技能式等教学手段，提高全员的安全技能和安全意识，以学促用，以用促学，夯实安全基础。

（二）风险分级管控

根据项目总体风险评估、专项风险评估，对风险发生概率和风险产生的后果进行准确分析和研判，确定风险等级大小，明确风险管控层级，根据风险分级制作"项目安全风险四色分布图""重大风险公示牌"等，通过全员参与、全过程控制，从技术、管理、培训教育及个体防护等措施强化风险管控，消除风险产生和转化为事故的可能性和途径，实现超前预防事故，提高防范和遏制安全生产事故的能力和水平，保障项目安全生产。

（三）施工方案管理

在开工前，各合同段编制危险性较大分部分项工程清单，并经审核后方可实施。针对危险性较大的分部分项工程，以分部、分项工程为单元，依据有关工程建设标准、规范和规程，单独编制安全技术措施文件，对于超过一定规模的危险性较大的分部分项工程，组织专家对专项方案进行论证，通过后方可实施。

专项施工方案按作业单元进行风险辨识、风险因素分析、风险因素估测。明确提出施工安全保障措施，确认安全检查和验收的人员、内容、标准等。通过对专项施工方案的严格把控，有效地避免设计缺陷，降低施工风险。

（四）动态监控和预警预报

三门联络线安装远程视频监控系统，监控数据存储周期不少于30天，并支持对施工现场视频数据的调取。远程视频监控系统时时监控施工现场安全状况，提升安全信息化管理水平。

针对桥梁施工危险性较大的深基坑、现浇支架、架桥机、挂篮等施工方法或机械设备，制定变形、应力等监测监控措施，进行监测，统计数据，如监测数据超过预警值，及时组织召开专项会议讨论、分析实际情况，提出安全措施并落实。

隧道施工委托有相应资质且具有类似工程业绩的地质预报单位进行超前地质预报工作，通过监测数据科学分析研判，有效指导现场施工，如有异常提前采取有效的措施防止事故的发生。

（五）安全隐患排查与治理

建立安全事故隐患排查治理制度，定期召开安全生产会，落实领导带班制度，落实各部门的职责，对安全生产隐患实施动态监控、挂牌督办，跟踪落实、治理，逐一整改消除可能威胁到人员生命、财产安全的安全隐患。

四、源头治理，班组管理避风险

班组是企业最基层的生产和管理组织，是企业发展的基础所在，班组是安全生产第一线。施工班组人员流动较大，人员组成复杂，班组的安全管理、安全意识参差不齐，班组的安全文化建设显得尤为重要。三门联络线采取四大措施加强班组安全文化建设，提高班组安全管理水平，强化班组安全意识。

（一）班前十分钟活动

班前会是现场管理的基础，对现场管理控制的"人材机料法环"起着计划和检核作用；班前会能有效提高员工士气，增强团队凝聚力，是班组建设的重要工具之一；班前会的目的是更好地传达管理信息，加强人员之间的沟通交流，增强每个团队的凝聚力和向心力，提高工作质量与效率，使每个员工每天能轻松高效地工作、快乐地工作；如何召开一个有效的班前会，班组长讲人员，检查人员出勤情况、检查员工精神状态；讲任务，前一日生产情况、设备状况和存在问题、今天的生产计划安排；讲标准，按操作规程实施作业、工艺技术变更的提醒和培训；讲安全，岗位安全防护要点、注意事项、处理方法、安全隐患的提醒。通过班前十分钟活动，使现场管理控制"人材机料法环"各项工作执行到实处，提高一线人员生产安全的团队意识和责任心，树立警钟长鸣意识，增强班组团队整体安全生产计划高效落实。

（二）一站式物业管理服务

针对预制场、钢筋加工厂等人员集中区域，公司推行一站式物业化管理。一站式物业化管理配备物业管理员、保洁员、水电维修员等，职责明确，服务到位。一站式物业化管理建设信息化服务平台，服务平台建设作为调度中心和信息枢纽，集问询、报修、保洁、邮件管理、信息发布反馈于一体，在服务台即可办理劳动合同签订、劳保用品发放、工资发放、疫情防控等一线劳动者关心的问题。一站式物业化管理承担起项目管理层与一线工人沟通的桥梁。

（三）健康进班组活动

进场前安全体检。项目组织或监督班组做好作业人员的进场前体检工作，筛查清退不符合健康要求的作业人员，根据个人身体健康状况合理安排工作岗位。

（四）"送清凉、送温暖"活动

（1）夏季送清凉。在夏季高温施工期间，充分考虑一线作业人员的作业环境，开展多种形式的"送清凉"活动。一是合理优化作业时间，采取"两头做、歇中间"避开高温条件下施工；二是改善作业人员居住环境，按产业工人标准设置宿舍，配备空调、风扇等电器设施；三是及时向一线作业人员发放饮品、防暑降温药品等，现场设置休息室，集中供应饮水、防暑药品，通过有效举措防止作业人员中暑。

（2）寒冬送温暖。冬季施工期间，合理安排施工计划，为作业人员发放劳保手套、鞋袜及烘干器等，在宿舍配备空调，设置洗衣房、晾衣房解决冬季洗衣难问题。

（3）困难送帮助。项目管理人员和班组长要融入作业人员群体，关注其身心健康和工作状态，通过日常工作、生活中交流、谈心，不断提高思想，发现作业人员遇到困难,要主动提供力所能及的帮助,做到人性化管理。

(4)培训送奖品。项目在各类培训中通过知识点抢答和知识竞赛等方式,发放日常必备生活用品、电子产品等奖品或发放超市积分等,实实在在让作业人员既学到安全知识又享受到实惠,提高作业人员参加安全培训的积极性,从"要我学安全知识"到"我要学安全知识"的转变,从而整体提升人人讲安全、人人会安全。

(五)班组文明卫生活动

(1)开展大扫除、大清洁活动。加强对各班组现场文明施工管理,督促各班组开展整理、整顿、清扫、清洁、素养、安全,达到工完料清;按照标准区分必要的和不必要的材料和物品,对不必要的材料和物品进行处理;必要的材料和物品按需要量、分门别类、依规定的位置放置,并摆放整齐,加以标识;清除工作场所的脏污,并防止脏污的再次发生,保持工作场所环境整洁;不定期检查频率和落实,不断改善并养成习惯;人人依照规定和制度行事,养成习惯,培养积极进取精神;建立系统的安全管理体制,重视员工的培训教育,实行现场巡视,排除隐患,创造明快、有序、安全的作业环境。各生产区、生活区设置垃圾集中处理点,实行垃圾分类,定期清运,营造干净卫生的生产和生活环境。

(2)开展文明宿舍评比活动。组织对所有班组生活驻地开展文明卫生大检查,授予"最佳文明卫生班组"荣誉称号,也给予相应物质或精神奖励。

(3)开展各施工工区日常生活集中管理。场站、隧道等施工点集中的施工区域,推行集中管理模式,统一搭建食堂、作业人员工作服,落实洗衣机、沐浴房等卫生设施。

五、应急处置,双重措施防风险

"先其未然谓之防",三门联络线采取应急预案和应急演练双重措施增强对突发事件迅速、科学、有序的处置能力,有效预防和控制可能发生的事故,最大程度减少事故及其造成的损害。

(1)三门联络线编制综合应急预案和专项应急预案。三门联络线公司成立应急指挥中心,以标段划分成立各应急救援分中心,各分中心对应急救援领导小组每个人发放应急责任卡,明确了应急处置职责、规范应急程序、细化保障措施。

(2)三门联络线有针对性地开展应急技能比武和应急演练活动。如消防、触电、溺水、防台、防汛、高空坠落、支架垮塌、隧道坍塌等各项应急技能比武和应急演练活动,达到普及应急知识和提高应急技能的目的。

六、结语

项目公司将通过"五位一体"的安全文化体系建设,将"人材机料法环"纳入安全生产体系建设范畴,做到"人材机料法环"同步协调发展。实现安全文化建设与安全管理的有机结合,体现安全文化建设的全员性和系统性。同时,"五位一体"的安全文化体系建设,强化现场隐患风险预测、预报、预警和预控,有效地排除安全隐患,防范安全事故,提高安全意识,夯实安全基础,实现零伤亡的奋斗目标。

数字时代危化企业安全文化创新研究

镇海国家石油储备基地有限责任公司　周文祥

摘　要：新一代信息技术的来临加速了危化企业数字化转型升级。在数字时代背景下，为了营造和维持卓越安全文化，基于安全生产标准化体系要素模块的数字化系统，逐步建立起线上线下相融合的安全管理机制，能有效促进全员参与安全管理，提升安全业务流程的标准化和规范化程度。

关键词：安全文化；数字化；安全生产标准化；危化企业

一、引言

安全文化建设是危化企业预防事故、提升安全管理水平的核心要义；是提高企业竞争力、提高企业品质、树立企业形象的有效途径；是危化企业依法合规生产、落实安全生产责任制的内在驱动力。我国危化企业在推行安全生产标准化体系建设和评审工作以来，整体安全生产管理水平取得了长足的进步，安全生产事故数量和死亡人数连续多年呈"双下降"趋势。但在部分企业落地实施过程中，依然存在风险管控措施不落实、隐患排查不精准、全员参与不充分、整改情况难追溯等痛点难点问题，究其根本原因还是安全文化的基础不牢。也正是为了解决上述问题，近年来，应急管理部相继发布了《"工业互联网+危化安全生产"试点建设方案》《危险化学品企业双重预防机制数字化建设工作指南》等多份文件，力求通过推进危化企业安全风险管控的数字化建设，达到提升全行业安全生产管理水平、营造浓厚安全文化氛围的目的。本文研究的内容是：基于危化企业安全生产标准化体系建立起一套数字化系统（以下简称安全数字化系统），在这套系统的加持下，逐步建立起线上线下相融合的安全管理机制，促进企业全员参与安全管理，营造卓越安全文化。

二、安全文化建设存在的问题

（一）全员参与不充分

当前危化企业安全生产管理的一个主要抓手是安全生产标准化体系的推进，但部分危化企业将安全生产标准化达标工作当成一项政府监管任务来完成，缺乏主动性。一方面，从企业的高层管理方面，未将这项工作列为经营管理的重点工作，缺少对安全生产标准化体系建设的整体规划和顶层设计。另一方面，部分企业对于安全生产标准化体系的认知，还停留在"这只是安全管理部门的工作，与其他部门没有关系"[1-2]。这正是安全文化基础不牢的主要体现。

（二）安全沟通不畅通

部分企业在管理层、职能部门、一线员工之间未建立起畅通的沟通机制，一些很严重的安全管理问题并不能被发现和暴露出来。企业没有鼓励员工主动发现和提交安全问题的激励机制，员工在提交问题的时候心理成本较高，害怕受到抵制和打压，久而久之，形成了"安全与我无关"的麻痹思想；管理层也没有主动深入一线，挖掘深层次的管理问题，在执行现场检查时，止步于发现一些简单的设备故障或现场环境隐患。

（三）安全文化建设能力缺失

企业主要负责人或安全管理组织架构体系的关键岗位，对安全文化建设的目的、意义、任务、标准、规范理解不透彻，这也导致企业缺乏自主建设安全文化的能力。由于安全文化建设能力的缺失，安全管理易出现如下问题[3-4]。

（1）安全教育培训不到位。2022年全国安全生产培训工作视频会议指出，要深刻认识安全生产培训工作的重要性，要把安全生产培训不到位当成事故隐患来抓[2]。安全教育培训是危化企业提高安全管理水平，防范化解重大安全风险的基础性、源头性、根本性举措。然而，目前安全生产培训工作出现的问题需要被正视：一是培训责任落实不到位，部分企业培训停留在形式上，培训投入不足、时间不够、内容不实，形式单一、培训质量难以保证；

二是培训考试质量有待提升，对于关键岗位人员的培训考试标准长时间未修订，题库更新不及时，课程标准、质量评估、学时认定等方面存在制度盲区；三是培训走过场问题突出，特别是生产任务紧的时候，承包商人员的培训工作标准要求就会降低，产生培训工作走过场的现象比较严重。

（2）法律法规识别不及时。一方面，部分企业未定期开展法律法规符合性和适用性评价，未及时获取、识别相关法律、法规、标准和政府文件；另一方面，未将法律法规标准条款吸收转化成为企业安全管理的规章制度和业务流程要求。

（3）风险辨识与控制不全面、隐患排查治理缺乏针对性。一方面，部分企业对于双重预防机制的建设缺少专业技术力量，导致风险分级管控和隐患排查治理工作落不到实处，缺少针对性；另一方面，缺少有效的组织和工作规划，未建立起有效的保障机制或绩效考核机制来推进。

（4）承包商管理有缺失。部分企业承包商资料不全，缺少对承包商资质的评估，对承包商作业人员及其持证情况审查不严，未开展作业人员入厂安全培训教育。

（5）特殊作业流程执行不规范。特殊作业的许可、审批、监督、验收等各个业务流程没有严格按照标准执行，导致特殊作业现场控制措施不到位、人员资质不具备等情况时有发生。

（四）体系文件、制度规程与生产实际不符

部分企业的制度规程体系文件和现场的实际情况不一致，俗称"两张皮"，而导致这一现象的原因主要有：一是体系文件的编制交由第三方服务机构，服务机构从体系文件编制的角度提供了依法合规的内容，但缺少对现场的实际调研；二是制度的发布和修订缺少审批程序和发放学习的流程，公司各级管理人员、一线员工对于安全体系制度的情况理解不全；三是缺少现场执行反馈流程，员工即使发现制度规程与实际执行情况不符，也没有正规的途径反馈到管理层，没有做到持续改进；四是推进体系建设的过程中，安全管理工作的重心偏向于文字材料的准备和过程留痕，对生产现场的实际风险和隐患关注度降低，由此造成安全管理出现偏差失衡。

总的来说，上述问题存在的直接原因是企业综合能力缺失，根本原因还是未建立和形成良好的安全文化。

三、数字化系统促进安全文化提升

党的二十大报告中明确指出："建设现代化产业体系，坚持把发展经济的着力点放在实体经济上，推进新型工业化，加快建设制造强国、质量强国、航天强国、交通强国、网络强国、数字中国。"数字中国是数字时代国家信息化发展的新战略，是驱动引领经济高质量发展的新动力。2020年10月10日，工信部和应急管理部联合发布《"工业互联网＋安全生产"行动计划（2021—2023年）》（工信部联信发〔2020〕157号），正式拉开了数字化安全管理的帷幕。安全数字化系统的建设对危化企业安全文化建设有着重要的意义。

（一）数字化系统促进企业全员参与

过去十年的时间里，信息技术与工业领域的深度融合，促进企业生产管理稳步迈向智能制造，越来越多的工业企业寻求数字化转型升级改造，这在机械制造、电力、冶金、化工等实体经济重点产业得到了验证。数字化工厂催生了ERP（企业资源计划）、MES（制造执行系统）、APS（高级计划和排程）等管理系统，而企业安全管理方面的数字化系统建设处于相对落后的状态。因此，为了匹配数字化工厂建设，有必要建立一套安全数字化系统，以此来匹配新生产模式下的安全管理需求。

首先，安全数字化系统的应用会促进企业全体员工使用PC端或移动APP端的软件，这种工作方式的转变会让员工更高频地接触安全管理业务，形成曝光效应[5]。

其次，对于安全检查、设备巡检、隐患排查等任务以及设备校验期限、特种作业资质期限等关键信息，数字化系统可给相关责任人发出预警提示信息，督促全员积极参与到安全业务中。

再次，针对岗位内未完成的目标职责、未完成的隐患排查任务、未完成的隐患整改等工作任务和审批流程，系统智能提醒跟催、督办，形成安全管理工作全流程闭环，提高相关工作的执行效率，提升安全管理信息化水平。

（二）数字化系统搭建畅通的安全沟通渠道

数字化系统的存在给企业建立起一条沟通安全问题的渠道，在这渠道内，一线员工可以提交自己发现的安全问题或者顾虑，管理者可以从宏观层面把控企业的整体安全状况，作出安全管理决策，而决策所产生的行动项高速派发给执行层，并且可以随时跟踪行动项的执行状态。企业应当建立"低门槛"的安全沟通文化。

（1）企业内部应当结合数字化系统建立起相互信任、相互尊重的工作环境，通过充分的交流沟通不断加深。在这样的工作环境下，建立独立地提出和解决安全问题的渠道（信息公开平台），鼓励每名员工提出不同的安全顾虑。统一的公开透明的信息平台有助于推动流程运转，以期及时有效地解决问题。

（2）及时有效地解决员工反馈的问题，所有员工以正确的态度辨识并面对潜在的安全问题，调控中心给予有效的反馈，充分评价问题的重要性，并采取及时、准确的措施加以解决。

（3）员工正确提出安全顾虑时，不必担心被考核。低门槛问题汇报文化是用来上报问题，而不是上报"谁的问题"。在问题汇报的时候只会汇报事件的经过、分析事件的原因、建议应该采取的措施，并不会指出是谁在事件中出现了过失或不安全行为。

（三）数字化系统提升安全管理效率

就危化企业而言，风险分级管控、隐患排查治理、安全教育培训、特殊作业等核心安全管理要素的落地实施标准更高、要求更严。为了在安全生产标准化评审中取得好成绩，在迎接政府检查时能顺利过关，安全管理部门或其他生产部门、设备维护部门需要耗费大量的时间和精力，来完成事务性和文字性工作，让安全管理业务过程留下痕迹。安全数字化系统的建设能有效避免这些重复性较高的事务性和文字性工作，在安全管理业务过程的各个环节均留下工作记录，减轻安全管理工作负担，提升安全管理效率。

（四）数字化系统营造严格遵守程序的文化

数字化流程和线下流程最本质的区别在于，数字化流程是固定的，必须严格按照提前设定的标准化流程开展业务，否则系统不允许跳转到下一个环节。回顾危化领域发生的安全生产事故[3]，80%以上的事故都可从安全业务流程的执行层面找到原因。因此，有必要通过数字化系统，降低线下各方面因素的不确定性，来提高安全业务流程的标准化和规范化程度。

以特殊作业管理为例，《危险化学品企业特殊作业安全规范》（GB 30871—2022）[4]是非常严格的，但是企业在执行的过程中总是容易出现偏差。通过数字化系统的建设，对特殊作业的管理可以做到：没有相关资质的队伍无法申请作业许可证；作业风险辨识和分析时间限制、流程顺序必须严格执行制度标准才可以继续开展工作；超出时间限制的现场作业条件检测工作在系统中无法延伸到下一步；没有获得所有相关人员签字审核的作业票无法被验收；超过时间限定的特殊作业会留下超限痕迹或者被系统提示告警等。综上所述，数字化系统的应用必然营造起全员严格遵守程序的文化。

四、线上线下相融合的安全管理机制

安全数字化系统在促进全员参与、搭建安全沟通渠道、提升安全业务流程效率和促进遵守程序等安全文化建设方面有着重要的作用，但需要说明的是，这必须有线上线下相融合的安全管理机制作为保障。

（一）构建正向激励为主的管理机制

数字化系统的加入让员工的工作习惯稍有变化，使用PC端或APP端的软件来执行安全业务的频率大幅度提升。一方面容易引起员工的抵触情绪，另一方面员工的操作容易出现问题，因此，应当构建以正向激励为主的管理机制，来促进数字化系统的深度应用。与负向激励相反，正向激励表面上让发生问题的人免除了惩罚、没有得到相应追究问责。但从长远的角度来看，可以让更多的不安全问题暴露出来，不仅能让员工的行为习惯变得越来越安全，还能增强员工的责任心。

正向激励最大的特征是将激励前置，在作业人员采取正确的安全措施或做出正确的安全行为时便给予激励，而不是等行为产生结果之后再判断是否给予激励。这样能更大地提升员工工作热情和积极性，哪怕只是一句简单的表扬，也会带来意想不到的效果。

（二）构建低门槛安全沟通机制

倡导企业在各种场合下都可以畅通的交流安全问题。各层级组织在实际工作中，将安全信息结合应用到实际工作活动中。员工在企业里可以与同级、上下级、监管部门自由地沟通安全问题，并且能及时获知企业对生产和组织安全决策的基础信息。企业给予员工的宣传、教育均包含了安全高于一切的管理期望。

（三）构建数字时代的领导力

领导带头使用数字化系统工具，标准化开展安全管理业务流程。首先,管理者作出安全承诺,并在工作中遵守安全标准。其次,管理者对员工行为进行观察指导,强化标准执行和管理期望,如果出现与标准、期望存在偏差的情况,管理者能及时识别并指导员工纠正。再次,管理者应用系统化的管理流程评价企业安全状况,并在变更后仍然能确保生产活动以安全为最高优先级。

（四）倡导建立学习型组织

基于安全数字化系统,鼓励各层级组织定期开展自我评价,将规程、业绩和目标要求进行对比;通过数字化系统收集、评价内外部的事件,获取经验反馈。组织与组织之间、员工与员工之间互相学习,持续提升安全知识、技能水平和安全绩效。举办高质量安全培训,提高工作人员的安全意识和技术能力。

五、结语

安全数字化系统的使用,在线上线下相融合的安全管理机制保障下,能有效帮助企业促进全员参与安全管理,营造卓越安全文化。本文所介绍的数字化系统是基于基础信息技术开发的,随着人员定位、物联网、机器视觉、大数据等新一代技术被应用到"工业互联网＋安全生产"领域,安全管理会进一步迈向智能化,以此建立起危化企业快速感知、实时监测、超前预警、应急处置和系统评估五大能力。数字化、智能化技术与安全生产的有机结合,既能加快工业领域数字化转型,推动提质降本增效,又有利于提升企业安全管理水平,着力解决突出问题,为形成卓越的安全文化提供基础条件。

参考文献

[1] 孙益民,企业安全生产标准化建设存在的问题及对策 [EB/OL].

[2] 陈平,浅谈安全生产标准化建设 [J]. 经营与管理,2017,37(3): 232~233.

[3] 中国长安网,应急管理部公布化工和危化品生产安全事故典型案例 [EB/OL].

"匠安"安全文化探索与实践

华能澜沧江水电股份有限公司乌弄龙·里底水电厂　杨世雄　鲁赛棋　刘　斌

摘　要：安全是企业发展永恒不变的主题，安全文化作为安全管理的一种新理念和重要方法对于引导、支持企业安全发展至关重要，而关键在于安全文化的建设成效。探索符合本单位实际的安全文化建设模式，为本单位安全发展、创建一流提供有力的文化支撑。

关键词：匠安；安全文化；探索；实践

一、引言

随着我国经济从高速发展向高质量发展迈进，安全文化建设是企业安全生产不断强化、核心竞争力不断提升的关键，对企业的发展至关重要。开展安全文化建设不仅是加强企业文化建设的需要，而且是提升企业竞争力的重要保证，更是构建深化安全系统的基础性工作，安全文化具有导向功能、激励功能、凝聚功能、约束功能，使员工的内心主动响应企业安全文化的号召和倡导，接受共同的安全价值观念，保持奋发向上、与时俱进的工作劲头，自觉围绕安全生产的中心规范行为，持续推动企业安全生产取得新发展。

二、"匠安"安全文化探索

华能澜沧江水电股份有限公司乌弄龙·里底水电厂（以下简称乌弄龙·里底电厂）是国家实施西部大开发战略和"西电东送"的重要项目，对云南省培育以水电为主的电力支柱产业和促进云南藏区发展具有重要推动作用。

自2016年成立以来，乌弄龙·里底电厂紧紧围绕"匠安"主题，探索符合实际的安全文化建设模式，为企业安全发展、创建一流提供有力的文化支撑。匠安文化的核心是"匠"。它要求全员工以"工匠精神"守护企业安全，以匠人的"严格"态度对待各项安全工作，严格各项安全标准，严守安全红线。因此，乌弄龙·里底电厂"匠安"安全文化内涵可以概括为"匠人求严、匠艺求精、匠心求实"。

以"匠安"为基础，乌弄龙·里底电厂提出了安全文化建设的"匠安365"模式。"365"代表着电厂安全文化建设的"3个严格、6个目标、5个到位"。

三、"匠安"安全文化体系形成

乌弄龙·里底电厂牢固树立"人民至上、生命至上"的发展思想，坚定"守护生命是初心、守护安全是使命"的基本理念，探索构建符合电厂实际的安全文化体系，不断推进安全文化深入发展，力求以文化促管理、以管理促安全、以安全促发展，为企业实现本质安全提供精神动力和文化支撑。经过多年实践探索，形成了以"匠安"为核心价值引领，以"匠安365"为模式的安全文化体系。体系要引领和团结全体干部员工始终保持匠人求严格的安全态度、匠艺求精的安全行为、匠心求实的安全作风，落实"党政同责，一岗双责，齐抓共管"责任体系，全面贯彻安全生产责任制"五落实五到位"，固化全员安全态度、安全能力和安全行为三元结构，不断强化安全意识和安全技能两个提升，构筑"管理本质安全、设备本质安全、行为本质安全、环境本质安全"的"大安全"文化格局，完成本质安全型电厂的创建目标。

四、"匠安"安全文化实践成效

（一）安全文化建设全面启动，"匠安"主题助力电厂安全生产

乌弄龙·里底电厂提前规划部署，从理论和指导实践两个方面出发，提出了未来五年安全文化建设的总体思路和主要内容。此后，成立了以厂长、书记为组长的安全文化建设领导小组，负责把握安全文化建设的发展方向，领导安全文化建设的全局工作，确保活动由领导负责、全员参与。为保证安全文化建设工作分步、有序推进，编制发布了《安全文化建设实施方案》，详尽阐述了电厂安全文化建设的工作目标和工作原则，将安全文化建设工作分

为创建、推进、提升和固化4个阶段开展，并明确了各个阶段工作重点。

编印和发放电厂《"匠安"安全文化手册》，明确了"工匠精神"的安全核心理念，申明了严、精、实的安全文化内涵（"严"字为先的安全态度、"精"字为要的安全行为、"实"字为本的安全作风），并认真组织全体员工学习了解安全文化的起源、安全文化的力量，引导全体员工树立正确的安全态度，充分发挥主人翁精神，提升员工的安全素质和技能，在生产活动中自觉、规范地采取安全行为，化解安全风险、保障安全，达到人、机、环境的和谐统一。

（二）"匠安"文化模式引领，电厂安全可靠保障

"匠安365"模式的"365"既代表着电厂安全文化建设的"3个严格、6个目标、5个到位"，又代表着乌弄龙·里底电厂人365天每一天都保持警钟长鸣，始终坚持严谨的工作态度和良好的工作作风，以自己的实际行动保障着电厂一年365天每一天都安全无恙。

（1）三个"严格"管控风险：严格风险防控管理，建立健全安全监测、评价、预警、应急和救援机制，完善各类安全应急预案，并加强日常演练提高应对各类安全突发事故的能力；严格隐患排查治理，按年发布电厂《安全风险分级管控方案》，组织风险辨识工作，建立针对作业活动和设备设施两个方面的风险分级管控清单，形成"风险自辨自控、隐患自查自治"的常态化双重预防机制；严格整改落实工作，按照"全覆盖、零容忍、严制度、重实效"原则，排查分析安全倾向性、苗头性问题，针对性提出解决方案。加大对安全基础薄弱、灾害威胁严重、现场条件复杂、问题隐患突出等重点设备设施的督查力度，开展安全专项检查、随机抽查。

（2）六个目标指导行动：方案零缺陷，操作零差错，设备零故障，环境零危害，管理零盲区，行为零违章。

（3）五个到位保障安全：责任落实到位，履行电厂安全生产主体责任，培养"明责、知责、履责、尽责"系统责任观；工作部署到位，每月召开安全生产分析会，每季度召开安委会会议，每年召开安全生产工作会，及时协调安全生产工作，研究安全生产重要问题；文化引领到位，领导班子带头宣贯"匠安"安全文化理念，全面推进安全文化建设向深层次发展；围绕"匠安"理念完善安全制度体系，以理念引领制度、以制度规范行为；开展形式多样的"匠安"安全文化活动，鼓励员工积极主动参与到安全文化建设工作中来。教育培训到位，转变培训观念，创新体制、机制，不断完善培训、考核、上岗一体化机制，实现优质资源共享，提升全体从业人员整体安全素质，为生产安全提供人才支持；奖惩考核到位，建立了奖罚分明的激励机制，对在生产过程中保护自己、他人健康和设备安全的行为采取激励措施；对各类三违行为，逐级追究。

（三）文化实力不断强化，安全建设硕果累累

（1）党建统领与文化引领有机结合：党建统领与文化引领有机结合，三个层级推动安全生产各项工作。党委委员履行"一岗双责"，履职抓安全文化建设，靠前指挥安全生产，深入现场指导和协调机组检修等生产工作，带头排查隐患、整治违章，带队开展专项检查；支部共建促安全，联合当地乡镇村社相关党支部开展"支部结队进村社、安全环保共宣传"等专题活动，为安全文化建设增光添彩；党员示范保安全，通过深入"党员无违章、班组无隐患、支部无事故"党员示范行动，将紧急消缺维护、自主检修等急难险重的工作现场交由党员带头负责，践行党员的安全承诺。

（2）安全软实力不断强化：全体员工充分发扬"匠安"精神，以"工匠精神"守护电厂安全。安排员工参加《企业安全文化理论与体系化建设》培训，外请安全专家到现场开展安全文化建设专题讲座，让全体员工学习掌握安全与风险、安全与生产、人因风险控制、企业安全文化等方面知识，并理解"安全文化的作用是用情感和态度让有机会犯错的人不愿意犯错"的深刻含义。

（3）安全生产持续稳定：电厂始终以"匠安"文化要求的精神和作风认真对待安全工作。截至2022年5月31日，电厂安全生产1338天，完成发电量214.90亿千瓦时，安全生产形势持续稳定，实现了自投产以来设备零事故、人员零受伤目标。

（4）安全保障有物有形：安全防护标准化，在生产区域孔口、临空面边沿安装符合规范的栏杆，对可能发生触电的区域和旋转机械部分进行有效隔离，电缆沟、排水沟盖板标准齐全，所有机电设备外壳进行可靠接地，安全工器具定期开展检查和试验，监督作业人员正确使用安全工器具；作业环境规范

化,工作现场照明、通风适宜,粉尘、噪声在标准范围内,环境温度适合安全生产,工器具和检修材料堆放有序,作业现场和运行区域充分隔离,作业及附近的地面和设备设施均有可靠保护措施,油、水污物不落地,做到"工完、料尽、场地清";安全标志可视化,根据国家标准,统一制作各类安全标志、标识牌,安装在生产场所和危险区域,警示或提醒员工注意安全、遵章守纪;劳动保护人性化,按规定对从业人员配置齐备的劳动防护用品,进行劳动防护用品使用培训,定期开展劳动保护用品维护保养检查,对过期或损坏的劳动防护用品及时更新,关爱从业人员的身心健康,为从业人员提供安全健康的作业环境。

(5)安全风险有效管控:以安全文化引领风险管控工作,建立完善了包含947多项内容的安全风险分级管控台账、编制了安全建设标准化可视化手册、规范开展各类各级隐患排查和每周"三个一"检查整改、深入开展安全性评价、外包项目安全管控等安全环保风险管控工作,持续建立完善电厂双重预防机制,提升了安全风险管控能力。投产以来完成自查整改安全标准化不符合问题900多项,通过安全管理信息系统闭环整治各类隐患1677项。

五、结语

有效运作"用文化管控安全、用文化推动发展"机制,强调安全文化是确保个人及企业安全,提高电厂经济效益的最有效的方法。安全是每一个人的责任,安全文化是全员文化,坚持"人民至上、生命至上"的安全理念,精心组织、全面部署、全员参与,做到了安全管理制度化、安全设施标准化、安全教育多样化、安全行为规范化、安全保障立体化,将安全文化内化在员工的脑海里,外化在员工的行动上,固化在管理和生产经营的每一个环节,以实际行动保障人民身体健康和财产安全。

浅析水电工程安全文化建设难点与突破方式

国能大渡河金川水电建设有限公司　代自勇　段　斌　王海胜　覃事河　王俊淞

摘　要：安全文化就是安全理念、安全意识以及在其指导下的各项行为的总称，其核心是以人为本，在能源、电力等行业内的重要性尤为突出。由于水电工程建设一线施工作业人员安全素质底子薄、流动性大等特点，安全文化建设仍存在诸多薄弱环节，作者根据安全文化建设的实践经验，从安全文化建设发展阶段、存在的难点和突破方式等方面对安全文化建设工作展开剖析，为水电工程开展安全文化建设提供了可行的建议。

关键词：水电工程；安全文化；发展阶段；难点；突破

安全文化是企业整体文化的一部分，是企业生产安全管理现代化的主要特征之一，其作为提升企业安全管理水平、实现企业本质安全的重要途径，是一项惠及职工生命与健康安全的工程。现代意义的安全文化最初是由安全科技界专家提出来的。1986年，切尔诺贝利核电站由于人为原因发生爆炸，酿成核泄漏的世界性大灾难，由此国际原子能机构（IAEA）国际核安全咨询组（INSAG）提出"核电站安全文化"概念，此后安全文化研究在自然科技界和人文社会科学界都得到了大力发展，安全文化建设也在其他企业生产和政府工作报告中得到了重要体现。相对于国外，中国安全文化研究与建设比较滞后，1994年我国矿山尤其是煤矿率先开展安全文化应用与探索，并逐步推广至其他领域，如建筑施工、道路交通、地质和火灾等。

为更好地开展安全文化建设工作，2021年12月，国家能源局制定《电力安全生产"十四五"行动计划》，该计划强调，要持续加强"和谐·守规"安全文化建设，推进文化制度、组织机构、传播体系、产业发展机制、品牌创建、教育培训等六项重点工程建设，利用"安全生产月""国家防灾减灾日"等活动，提高全员安全文化建设参与度。2022年4月，国务院安全生产委员会发布《"十四五"国家安全生产规划》，该规划指出，将安全素质教育纳入国民教育体系，要实施全民安全生产宣传教育行动计划，建设国家安全生产教育平台，引导公众践行安全的生产生活方式，持续实施"安全生产月""安全生产万里行"系列精品活动项目，加快推进企业安全文化建设，提高全民安全素质。

如何做好安全文化建设工作是摆在水电工程建设安全管理人员面前的一道难题，笔者总结了安全文化建设的发展阶段，分析了水电工程安全文化建设存在的难点，提出了安全文化难点突破方式，以期更好地推动水电工程安全文化建设。

一、安全文化建设发展阶段

要做好安全文化建设工作，首先就需要了解安全文化建设发展的各个阶段及其特征。企业安全文化系统建设（Establishing an Enterprise Safety Culture System，EESCS）是一套以人和人的可靠度为对象，切实可行的组织安全态度、安全行为和个人安全态度与安全行为的管理方式。其将安全文化建设分为四个阶段，阶段等级越高，安全文化建设发达程度越高。

（1）第一阶段：原始无序阶段–自由自发式。此阶段为安全文化建设最低级阶段，主要特征表现为无安全文化建设相关法律法规、行业标准和规章制度，无章无序，主要依靠作业人员自由发挥，难以实现"四不伤害"。

（2）第二阶段：被动依赖阶段–应付被迫式。此阶段是由第一阶段（原始无序阶段）基础上发展而来，主要特征表现为有安全文化建设相关法律法规、行业标准和规章制度，但作业人员被动接受，从主观上没有正确认识和理解安全生产的重要性，属于强制性管理，在一定程度上可以实现"四不伤害"。

（3）第三阶段：独立主动阶段–自律表现式。此阶段是由第二阶段（被动依赖阶段）基础上发展而来，主要特征表现为作业人员个体能主动、自律地开展安全生产工作，遵守安全生产相关规定，保障个人生命财产安全，能较好实现"四不伤害"中"不伤害自己、不伤害他人、不被他人伤害"的目标，但不能实现安全互保和"保护他人不伤害"的目标。

（4）第四阶段：安全文化阶段 – 能动互助式。此阶段为安全文化建设最高级阶段，主要特征表现为以安全理念、安全意识为准绳，指导和管理作业人员生产活动，完全实现"四不伤害"目标，大大预防和减少生产安全事故。

二、水电工程安全文化建设存在的难点

电力是国家重要基础产业，水电工程由于其行业的特殊性，当前在安全文化建设方面还存在一定的难点问题，具体而言，这些难点主要体现在以下方面。

（1）安全生产基础薄弱，安全文化建设难度大。水电工程施工单位一线作业员工普遍为农民工，缺乏安全意识，同时受教育文化程度不高，安全技术素质水平较低。该问题是导致水电站工程建设发生事故的最为主要原因所在。由于工作人员自身素质偏低，在安全方面的认识程度存在着极大的差异，这便导致施工单位的作业人员安全意识存在着差别，无法做到安全生产。如，高处作业过程中，一些作业人员不正确穿戴或使用安全带等劳动防护用品，导致其发生高处坠落事故；在起重作业期间，也存在工作人员没有设置警戒区，没有做好安全警戒措施，出现与本工作无关人员误闯入的情况，极易给工作人员的生命带来伤害。

（2）施工人员流动性大，影响安全文化建设成效。由于水电工程建设的特殊性和作业人员对美好生活的向往，水电工程一线施工作业人员流动性非常大，作业队伍时常不固定，常常出现刚接受完安全教育培训，就更换工作的情况，在一定程度上影响了安全文化建设的成效。

（3）安全宣传培训手段较为单一，达不到预期效果。目前，安全宣传培训手段虽较以往有所创新和丰富，但主要仍是依赖安全宣讲、设置安全标志标语、观看安全警示教育片等传统的说教手段，受教育者仍处于一种被动接受的状态，安全理念的认同感短时难见成效。

三、安全文化建设难点突破方式

针对水电工程安全文化建设存在的难点，建议从以下方面入手，突破安全文化建设面临的壁垒。

（1）建立健全安全文化建设机制体制。全面构建"党政同责、一岗双责、齐抓共管、失职追责"的安全责任体系，以责任倒逼安全履职尽责，确保安全责任落实落地。建立常态化安全文化交流机制，以班组为单位，建立安全文化建设小组，小组内部、小组与小组之间定期、不定期开展安全文化的交流，讨论分享安全管理好的做法、好的经验。另外，为确保水电工程安全文化的有效建设，需建立安全生产责任制、安全教育与培训、安全奖惩、职业健康等安全管理制度体系，采取科学有效的措施进行管理，并不断地完善与执行该制度。在执行制度期间，相关人员还需要不断更新思想观念，创新管理机制体制，确保安全生产绩效。

（2）创新安全教育方式，建立企业安全文化状态公示制度。除安全组织网络、安全规章制度上墙以外，建议建立企业安全文化状态公示制度，可以在企业比较醒目的地方设立企业安全状态公示牌（栏），定期将本企业的安全生产方针、目标及要求、安全生产现状、事故隐患、安全技术措施、职工安全状态及"三违"情况等公布上栏，这样可以起到时刻提醒企业职工注意安全生产，加强自我保护，在企业内部营造出安全文化的氛围。另外，需强化反违章教育。针对作业人员不同违章行为，可通过VR虚拟体验、实景体验等手段，让违章人员切身感受事故发生的全过程，深刻认识违章可能造成的事故危害后果，同时开展安全亲情教育，使安全第一的哲学观念逐步渗透到职工思想之中，进而变为广大职工的自觉行为准则。

（3）千方百计确保队伍稳定。将民工权益摆在工程重要位置，通过开立民工工资专户、运用民工实名制平台、建立基层调解机制、定期开展工资发放检查和制度宣贯等手段，做好劳务分包工程款和民工工资发放工作，确保队伍稳定。同时，要利用"安全生产月""国家防灾减灾日""交通安全日"等契机，深入开展送"安全"进一线、演讲比赛、事故警示、专题咨询、发放宣传册等活动，使安全理念入脑入心，引导作业人员树立"安全就是最大的福利"的理念，巩固安全文化建设成果。

（4）不断完善安全文化传播载体。建设完善传播组织载体，鼓励成立正式和非正式团体，培养兼具专业素养和安全素养的复合型安全文化人才。建设完善传播环境载体，要鼓励企业在生产、办公、作业现场加强安全文化宣传，形成外在环境载体；鼓励企业在不同部门、工种、班组构建安全文化氛围，形成内在环境载体。建设完善传播设施载体，创新安全文化教育手段，建设电力安全文化教育室、VR体验室、安全展示展厅、安全文化长廊等，全面推行"体验式"安全教育模式，提升事故防范意识。建设完善传播活动载体，以文娱、体育、竞赛、知识性和趣味性活动为主体，建设完善安全文化传播活动载体；针对不同岗位、不同工种组织开展安全文化教育课堂、讲座、培训，打造全方位的教育培训载体。建设完善传播媒介载体，发挥企业内部刊物、宣传橱窗、黑板报等媒介载体作用，完善传统媒介载体建设；利用企业网站、微博、微信、抖音、第三方客户端等新媒体宣传阵地，开发系列漫画、短视频、小游戏、网剧等文化产品，完善新型媒介载体建设。

四、结语

安全文化建设作为提升企业安全管理水平、实现企业本质安全的重要途径，为突破水电工程安全文化建设过程中存在的难点和问题，建议采取以下措施。

（1）建立责任倒逼、交流分享等安全文化建设体制机制，持续优化和纠偏，不断完善安全文化建设责任和制度体系。

（2）建立安全公示、安全实景（模拟）体验、亲情感化等安全教育方式，以点带面，提升作业人员安全综合素质，逐步形成企业安全自觉行为准则。

（3）做好工程款结算和民工工资发放，积极引导作业人员树立"安全就是最大的福利"等安全理念，稳定职工队伍，最大限度减速人员流动，巩固安全文化建设成果。

（4）不断丰富安全文化传播手段，完善安全文化传播组织载体、环境载体、设施载体、活动载体、媒介载体等建设，营造安全生产浓厚氛围。

参考文献

[1] 刘恒林,宋瑞. 电力工程安全管理体系的探究与分析[J]. 企业管理,2018(S2):168-169.

[2] 冯宏涛. 浅析企业安全文化基层运作的"四步法则"[J]. 企业管理,2016(S2):560-561.

[3] 李文庆. 谈企业安全文化建设[J]. 班组天地,2022(6):32-33.

[4] 周淑霞,刘景良. 试论石油企业安全文化建设的难点和对策[J]. 天津职业大学学报,2001,10(3):34-37.

[5] 王琦. 浅谈石油企业安全文化建设[J]. 科学时代,2012,(12):12-56.

[6] 张银霞,文晓峰,文加鹏. 团队协作互助型安全文化建设的实践与思考[J]. 企业文明,2022(6):93.

[7] 陈文峰. 石化工程安全文化建设的必要性和改进研究[J]. 品牌与标准化,2022(S1):168-170.

[8] 段高高. 浅析通过体系建设塑造企业安全文化[J]. 中国有色金属,2022(11):66-67.

[9] 国家能源局. 电力安全生产"十四五"行动计划,2021.

电网企业基于"物态、行为、观念"的安全文化体系建设实践与研究

国网株洲供电公司，国网湖南省电力有限公司　姚震宇　朱翔宇　何志军　苏文强　彭　勇

摘　要：企业文化是一个企业核心价值观和管理思想的集中体现，对企业的发展具有重要的指导与推动作用。安全文化则是人类安全活动所创造的安全生产和安全生活的物态、行为、观念的总和。国网株洲供电公司坚持"人民至上、生命至上"理念，融合电网企业安全文化要求，开展安全文化体系建设，本文重点阐述了电网企业安全文化体系建设重要性与现状，探索研究"物态、行为、观念"与安全文化的关键要素，形成独具电网企业特色的安全文化体系，达到"要我安全"向"我要安全"的转变，实现电网企业本质安全管理提升。

关键词：安全文化体系；电网企业；目视化管理；心理健康评估

一、电网企业安全文化体系建设的重要性

电网企业作为当今社会的主要生产、生活能源，其生产与使用的安全是保障电网企业及社会各界安全生产与生活的重要基础，是实现地区经济高速发展、人民幸福生活的核心要素，良好的电力安全文化氛围，不仅能提升企业内部的电力安全生产管理效益，同时也能极大地提升各企业与居民的用电安全保障。

近年来，电网企业的安全生产形势随着电力改革的不断深化和电网改造建设的不断改进，也发生了质的飞跃。目前，电网运行状况的稳定性和可靠性普遍提高，事故率大大下降。但面临管理要求高、人员安全意识与安全管理不匹配的情况，时有安全事件的发生。因此，对于电网企业安全管理不能有丝毫的懈怠，更不能仅仅挂在嘴边，必须建立系统完善的安全文化体系，把安全管理真正落实到企业生产生活和管理的每一个方面，做到"处处有安全，事事想安全"。

二、电网企业安全文化体系建设内涵

电网企业安全文化是在长期的安全生产和经营活动中形成的并为全体员工认同的具有本企业特色的安全思想和意识、安全作风和态度、安全管理机制及行为规范，它可以体现在全体员工日常生产行为及相关社会活动中的安全行为习惯，凝聚企业力量、提升企业信念、提高员工素养和引导员工行为，上下齐心协力，建立可靠、安全的保障体系。

电网企业安全文化是一个复合体，是由安全物态文化、安全行为文化、安全观念文化等多种文化组成。电网企业安全文化是把实现生产的价值和实现人的价值统一起来，以"目视化管理"为原则，从区域划分、设备隐患排查、任务风险等级及装备标识四个方面打造安全物态文化体系；以"标准化"为基础，梳理作业流程、强化技能培训、构筑评分体系，建立起一套可控的行为评价体系；以"心理干预"为理念，为班组成员建立心理评分和疏导机制，同时开展正面宣传活动和亲情宣传活动，不断强化班组安全观念文化。

三、电网企业安全文化建设主要做法

（一）构建安全物态文化

1. 构建安全颜色管理体系

基于工作、作业场所安全风险评估和安全隐患排查调研分析结果，从各类空间的主体功能、关键安全风险、场所实际情况等三个方面中涉及的多种物的因素，构建安全风险分级管理区域。按照颜色管理能让现场整洁规范、有条不紊的原则，采用"红、黄、蓝、绿"4种颜色，对各个区域进行安全风险与区域功能分级，红色代表高风险区域、黄色代表防范区域、蓝色代表管控区域、绿色代表安全与疏散区域。

2. 明确安全管控区域与标准

按照区域色彩分级管理，依据风险等级制定不同管控方案，其中红色工作区域，必须佩戴全套个人安全防护器具，且有现场安全监督在场的情况下才能进入；黄色工作区域，必须佩戴全套个人安全防护器具，且有两人以上的情况才能进入；蓝色工作区域，必须佩戴必要的个人防护安全器具之后才能进

入；绿色工作区域，作为通行区域和紧急疏散通道，以此明确各不同风险区域的安全执行标准。

3.设计设备目视化①看板

在颜色管理体系的基础上，组织开展所有设备双重隐患排查工作。运用巡检观察法、检修维护排查法、大数据分析法，结合日常工作需求，采用设备目视卡册方式，对设备安全状态进行安全风险分级和安全隐患注释，以"红、黄、蓝、绿"四色卡片对设备安全风险进行分级，将设备名称、危险因素、安全隐患、日常安全检查要点、应急处理措施及设备照片在设备卡片上标注，实现工作人员即时了解设备的安全状态，明确处置措施。

4.构建任务目视化卡册

基于工作任务清单与安全责任清单要求，针对作业现场各项操作的关键阶段，制定安全执行手册，充分应用安全颜色管理体系，结合文字、图片、数据分析表对任务流程中的各个安全注意事项进行标注，形成任务目视化卡册，工作人员能够直观地了解任务流程中各个操作节点的安全风险等级和安全隐患信息，全面提升班组内部的安全风险管控意识。

（二）优化安全行为文化

1.健全安全作业标准

以工作流程的相关规章制度条款、行业标准以及岗位职责为基础，基于日常安全工作经验的积累，将各项流程匹配到具体流程步骤中，细化分解每一个操作步骤、操作指令、装备标准及动作标准，并进行固化统一。通过开展演练视频方式对标准作业流程演示和讲解，不断深化标准化操作流程在内部员工之间的学习，确保班组作业执行过程中每一个动作、每一个指令都有标准可依、有标准可学、有标准可练，全面提升班组成员业务技能水平。

2.夯实标准化技能

按照标准化执行流程要求，建立全体员工技能水平档案，通过评估，全面掌握作业技能和岗位技能情况，制定标准化技能提升方案，采取安全等级评价、安全警示教育、安全日活动等相关的培训活动，利用安全事故案例学习、事故调查报告分析，不断提升班组成员的安全意识。同时在工作任务开始前，以现场负责人为核心考核员，在满足现场安全要求的前提下，以各项操作开始为节点，开展现场工作流程模拟演练和实操重复演练，针对违规操作采取循环清零的反复执行方式，确保工作人员形成"肌肉记忆"。

3.建立积分管理机制

依托安全操作标准化作业流程系统设置班组安全行为积分制度，对安全标准化流程执行、隐患上报、个人安全技能学习等有利于班组安全工作的事项进行加分分配，同时对习惯性违章、装备维护不及时、违反安全规章制度等事项进行减分分配，以月为单位对全班组成员的安全积分进行统计。

（三）建立安全观念文化

1.建立健康心理积分

在基层班组建立班组成员健康心理积分制度，对班组成员日常生活中所面临的各项生活事件如生活中的重大事件、家庭纠纷、事业的成败、工作的顺利与否、人际关系的干扰等等进行赋值，利用每周安全例会对全员开展内部调查，确定班组成员阶段性的心理状态。设置150分、200分、300分三个不同层级的心理状态分数（表1），结合区域目视化系统与任务目视化系统，对班组成员的工作任务及活动区域进行相应安排。班组成员健康心理积分表见表2。

表1 心理状态评分表

心理状态分数	风险状态	措　施
>150	低风险	正常安排各项生产工作
≤150	监　控	在安排工作时现场安全监督员应当予以重点关注，尽量避免出现在红色管控区域
≥200	高风险	即刻开展心理疏导工作，且禁止其在红色管控区域逗留，并参与各项工作任务中的红色管控环节
≥300	强制休息	立即强制其进行休假，并聘请专业的心理医生进行心理评估，评估确认无心理风险之后，才能进入班组开始相关工作，一个月内禁止在班组红色管控区域逗留，同时禁止参与各项工作任务中的红色管控环节

① 目视管理是利用形象直观而又色彩适宜的各种视觉感知信息来组织现场生产活动，达到提高劳动生产率的一种管理手段。

表 2　班组成员健康心理积分表

生活事件	心理健康赋值	生活事件	心理健康赋值
配偶死亡	100	家庭密切成员死亡	63
离婚	73	个人受伤或患病	53
夫妻分居	65	妻子开始工作或退职	26
结婚	50	生活环境条件改变	25
复婚	45	个人习惯改变	24
家人健康状况改变	44	与领导有矛盾	23
怀孕（夫妻都加分）	40	工作时数或条件改变	20
增加新家庭成员	39	迁居	20
工作遭遇困难	39	转入新的集体	19
好友死亡	37	社交活动改变	18
工作变动	36	睡眠习惯改变	16
与配偶争执增多	35	家庭中共同生活人数改变	15
子女离家出走	29	饮食习惯改变	15
法律纠纷	29	度假	13
个人取得显著成绩	28	轻微的违法行为	11

2. 强化安全榜样宣传

定期开展安全之星评选，加大对在安全生产中献计献策、参与安全管理贡献较大人物评选，做好安全典型人物宣传，给班组成员立榜样、树标杆，全面宣传人物事迹，营造先锋带头氛围。在班组微信群内对当天安全标准化作业情况进行公布与表彰，让安全文化理念逐渐深入人心。

3. 强化家庭安全理念传达

组织员工家属开展安全文化家属宣传日活动，邀请家属到工作现场参观，向员工的家属介绍班组的日常工作以及主要的安全风险点，同时还在现场开展"我是谁"员工自我介绍；"家人为我披甲"亲子协助穿戴安全工器具；"家庭安全宣言"以及"趣味安全亲子活动""安全违章来找碴"等现场活动，以此将安全教育与安全氛围的宣传范围扩展到班组成员的家属中，以亲情为纽带进一步深化班组成员的安全意识，让班组成员无论是在工作中还是日常生活中都能随时感受到安全文化与安全责任的沁润，进而实现班组安全观念文化的深入人心。

四、结语

本文通过物态文化、行为文化、观念文化的建设，由外至内，由安全的物质环境到安全的行动标准，再到安全的观念标准，以风险隐患的透明化、安全作业的标准化、人员管理的人性化，不断更新基层班组的安全文化制度、安全文化管理、安全文化氛围，以安全文化的沁润实现了班组成员"时时想安全，处处要安全，自觉学安全，全面会安全，现实做安全，事事成安全"的本质安全文化氛围，为公司实现"创本质安全企业，享幸福美好生活"安全管理愿景打下了坚实的基础。

参考文献

[1] 徐恒元, 马玉鹏. 安全文化植根基层班组 [J]. 中国石油企业. 2011, 314(06):100-101.

[2] 郑浩. 电力企业安全文化体系的构建与评价 [D]. 北京：华北电力大学, 2013.

[3] 王亦虹. 企业安全文化评价体系研究 [D]. 天津：天津大学, 2007.

以人为本，培育特色安全文化

——国网白城供电公司安全文化实践

国网白城供电公司　韦志培　张静伟　彭涛　刘学飞　王克强

摘　要：如何有效预防电力生产事故，加强企业安全文化建设是不可回避的重要课题。国网白城供电公司（以下简称公司）积极探索特色安全文化模式，整合公司各方面有效资源，建立了以人为本的安全文化模式，积极探索，创新实践，通过电网企业安全生产管理和安全文化建设有机融合，使企业文化理念在企业落地生根，实现筑牢安全生产根基。

关键词：电网企业；安全文化；以人为本

　　为深入贯彻习近平总书记关于安全生产重要指示，落实国家电网有限公司安全生产工作部署，公司在审视和分析长期存在且困扰安全管理最突出问题和症结的基础上，以提升安全文化水平为目标，以人为本，筑牢安全生产根基，搭建多元化安全学习平台，强化"主动式"风险预控，总结提炼"以人为本"安全文化先进理念和主要做法，推动成果转化落地，取得了良好成效。

一、以人为本是安全文化的核心

　　安全文化就是安全理念、安全意识以及在其指导下的各项行为的总称，主要包括安全观念、行为安全、系统安全、工艺安全等。安全文化在能源、电力、化工等行业内的重要性尤为突出。

　　安全文化的核心是以人为本，这就需要将安全责任落实到企业全员的具体工作中，通过培育员工共同认可的安全价值观和安全行为规范，在企业内部营造自我约束、自主管理和团队管理的安全文化氛围，最终实现持续改善安全业绩、建立安全生产长效机制的目标。安全文化建设的根本途径是转变人的思想观念，改变人的安全行为，培养人的安全习惯，最终达到提高人的安全素质的目的，从而实现本质安全。

二、以人为本的安全文化实践

　　公司充分认识到企业要真正实现长治久安、和谐发展，必须坚持以人为本，在先进文化理念指导下进行企业生产经营管理活动。

　　（一）突出实践性，安全文化建设精心策划

　　公司安全文化建设实施框架体系形成，先后经历了"实践—认识—再实践—再认识"的多次循环。在建设过程中，始终把安全文化建设内容成果与企业实际安全管理工作的结合、应用和指导，作为最根本的要求与标准。其主要做法：一是建立公司安全文化课题小组，组织课题调研。首先是对基层单位安全文化现状进行了摸底，对各单位成功做法和经验进行了广泛收集，在此基础上，形成了调研报告。其次，对国内外知名企业开展安全文化建设的做法进行分析比较，从中获得启迪。二是总结提炼，构建安全文化建设整体框架。依据《国网吉林省电力有限公司安全管理手册》等指导性文件，确立了安全文化建设总体思路和框架，明确了安全文化管理的流程、安全文化建设的基本任务。还针对其中的关键环节制定了《运检全业务核心班组建设实施方案》《培训实施方案》等支撑性文件，进一步细化了安全文化建设的要求和操作方法。三是宣讲发动和着力推广，让安全文化理念深入人心。公司加强了文件宣贯，采取分类指导的方式，抓住两头带中间。一方面对基础较好的单位进行重点推进，不断深化和丰富安全文化建设内涵和实践案例。另一方面，深入基层进行宣讲，灌输安全理念，指导基层如何结合实际开展安全文化建设，培训班组长及以上人员，并且定期轮训提高。

　　（二）强调系统性，安全文化建设体系完整

　　公司从"提炼安全理念，抓好安全培训，落实安全制度，强化安全管理，夯实安全基础"等安全文化建设的主要工作内容出发，提出从"设备、制度、素质、环境"四个方面构建安全文化建设的总体框架，全面系统地具体落实和有效实施安全文化建设任务。主要做法和经验是：其一，保证设备健康无损，构建安全文化的物质基础。设备文化建设理念："健康无损、维护及时、操作规范"。设备是企业经营的物质基础，也是安全生产和安全文化建设的物质形象。安全文化建设必须首先对设备管理提出明确要求。设备管理标准，必须符合国家标准、行业标准和企业标准。外形内质俱佳的设备、科学严格的管理、及时细致的维护保养、正确规范的操作运用才能保证安全运行的要求。其二，保证制度有效执行，构建安全文化的制度体系。制度文化建设理念："因地制宜、简洁实用、操作性强"。制度文化体现了企业管理的形象和水平，也是安全文化建设的保证。其三，提高员工安全素质，构建安全文化的核心内容。素质文化建设理念："提高素质、体现价值、保障安全"。实现安全生产，人是最关键的因素，是由人的素质决定。其四，营造良好工作环境，构建安全文化的外部条件环境文化建设理念："规范有序、展示特色、享受环境"。环境状况从一定程度上反映人的思想观念和管理水平，同时也对人的情绪、行为产生相应的影响和作用。

（三）注重操作性，安全文化建设方法独特

其一，以标准化变电站和线路的创建与考核评定，推进设备文化建设，实现电网设备的标准化管理。其二，按照自上而下的原则认真梳理、制定高效适用的规章制度，建立面向现场、便于执行的制度体系，确保制度执行力。其三，强化岗位技能培训与年度考核制度，引入培训—合格—上岗竞争机制，促进员工的安全意识、安全知识和从事安全生产的业务技能不断提升。此外，公司还大力开展各项劳动竞赛，在生产人员中开展反事故演习、技术比武和技能竞赛活动，激励员工学技术、钻业务、练技能、积经验，做安全生产和岗位成才的表率。其四，大力营造和谐的软硬环境，创造一个"环境与人，环境与设备和谐共存"的生产、工作和生活环境。在企业安全生产标准化建设方面，公司致力于工作现场危险点的消除和安全环境的营造，加大安全投入，全面实施电力设施和工作现场标准化建设。

（四）加强执行性，安全文化建设扎实推进

文化建设不能只停留在理念的灌输和笼统的要求上，还要通过具体的管控手段和方法来评价、推进，保证企业文化建设的不断完善提高，效果长远。主要采取了两项措施：其一，运用目标管理进行考核评价。公司运用目标管理方法来具体实现精细化管理，加强对基层单位重点工作项目的管控。将企业文化建设作为公司重点目标管理课题，制订了中长期规划和年度重点工作安排。明确安全文化建设的管理要求和评价标准，同时制订管理控制计划，明确在相应的时间段里所要完成的工作内容和标准要求。实施月报工作制度，对基层单位开展安全文化建设进行定期调研和点评，将考核的结果纳入对基层单位的月度评价考核之中。其二，加强安全制度执行力建设。公司通过加强执行力建设切实保障安全文化建设的效果。公司党委对基层单位执行力建设提出了明确的要求。一是要求各基层单位党委要构建制度执行的保障体系，逐级分解并明确各级党组织在保障体系中的主要任务和基本职责。二是要求领导干部要做执行制度的表率。领导干部要率先垂范、身体力行，自觉遵守制度、自觉执行制度、主动维护制度的刚性和管理的权威性。三是培养员工对执行制度的认同感。在员工中牢固树立"执行制度不是对职工的约束，而是对职工的关爱"的思想观念。营造"执行制度就是尊重自己，违规违纪必然受到处罚，遵章守纪就会赢得赞誉"的良好氛围。

（五）丰富多样性，安全文化建设效果显著

供电企业安全生产文化的建设离不开具体活动的支撑和影响，通过开展内容丰富、形式多样的安全文化建设活动，极大提高员工对安全生产的重要性认识和更好的接纳性，改进安全行为，形成基于安全生产风险管控特色的供电企业安全文化。比如定期开展"安全生产活动月"活动、"专题安全日"活动、"安全文化五进"活动、"安康杯"知识竞赛、专项安全文化案例学习大讨论、安全论文征集、亲情关爱与嘱咐、安全文化网络问卷调研、安全文化理念体系宣贯、"安全寄语"征集、"安全一句话承诺"、各类隐患专项整治等，使员工对安全不再是拒之门外，而是敞怀拥抱，热情接纳。根据供电企业的实际情况和岗位设置情况，可开展"青年安全示范岗""巾帼安全标兵""安全文化建设示范企业"创建评比等，形成安全生产模范岗位、单位良性竞争和榜样树立，让安全生产有榜样可循，有样板可依，将供电企业安全文化建设这一看不见摸不到的思想建设真正落实到日常生产中，成为潜意识里的安全底线。员工要从根本上转变思维，实现"要我安全"到"我要安全"的转变。不仅需要"明令禁止"，更重视"员工安全所需"的言传身教、耳濡目染。有效的方法如：通过制定各专业业务指导书、典型危险源辨识与控制指导手册等规范安全生产行为；编制、发布、学习《供电企业员工安全文化手册》、历年典型事故事件案例 Flash 短片、安全事故案例汇编警示学习、人身伤亡事故典型案例教材，充分利用多媒体与网络技术，以多种方式（电视、网络、手机）进行多角度、多频度的宣教，提高全员"责任意识"和"风险意识"，有效化解安全风险，营造浓厚的安全氛围。

三、以人为本的安全文化实施成效

（一）安全生产意识方面

以人为本的安全文化实践实现了职工从"要我学"到"我要学"的自主提升，安全生产技能与意识实现新跨越。公司秉承"安全是技术、安全是管理、安全是文化、安全是责任"的理念，通过落实五项自主安全学习举措，强化安全生产意识、规范安全行为、提升班组安全生产技能、养成良好安全行为习惯，重新定位管理主体责任，逐步形成了自我约束、持续改进的自主安全管理长效机制。

（二）安全文化氛围方面

以人为本的安全文化实践实现了员工从"要我安全"向"我要安全、我会安全"的意识转变，推动安全文化落地生根。公司在激发员工活力上积极探索实践，以激发内生动力为抓手，创新管理机制、共享思维、创新思维，充分发挥各班组主动性、积极性，打造团队凝聚力强、专业素质高、战斗力强的一线"核心班组""全能型供电所"。

（三）安全风险防控方面

以人为本的安全文化实践实现了员工从"被动接受"到"主动思考"的形态转变，提升了风险预控质效。公司通过建立"基本危险源库"，探索出五维危险源辨识法，有效提升作业人员辨识风险、警惕风险的意识与能力；通过优化安全活动形式，固化了风险预控流程，变"班组长说，班组成员听"为"班组长引导，班组成员说"，充分激发了成员参与安全风险防控的主动性和积极性，切实解决了安全风险辨识与认知、安全风险管控措施制定与执行"两张皮"的现象，促进安全风险预控措施在作业现场得到真正有效落实。

四、结语

企业安全文化是一项系统工程，是供电企业安全工作的基石，涉及企业的各个方面、包罗万象，各个企业的情况不一样，安全文化的内涵就会不一致，只有不断探索，不断更新观念，建立具有本企业特色的安全文化，才能形成人人重视安全、人人遵守安全的局面，从而达到加强企业安全生产管理的目的。

参考文献

[1] 孙大雁,郭成功,任智刚,等. 电网企业本质安全管理体系构建研究[J]. 中国安全生产科学技术,2019,15(06):174-178.

[2] 贺洲强,陈钊,郭文科,等. 省级电网企业导入国家电网安全管理体系的策略研究[J]. 中国管理信息化,2022,25(17):130-132.

[3] 董锴,周巍,黎嘉明,等. 电网调度运行安全管理经验和实践[J]. 电工技术,2021(06):90-91+94.

[4] 杨海龙,吴野寒,赵建涛,等. 变电运维专业安全文化建设[J]. 电力安全技术,2020,22(07):56-59.

[5] 康少坡. 浅析电网企业班组安全文化建设[J]. 河南电力,2019(08):70-71.

构建电力企业"五位一体"现代安全文化体系

国网河南省电力公司超高压公司　　国网河南省电力公司超高压公司
国网河南省电力公司本部　　国网河南省电力公司本部　　国网河南省电力公司新乡供电公司
彭　勇　李　晨　徐　伟　樊彦国　傅艺斐

摘　要：深入贯彻落实习近平总书记关于安全生产重要指示，以及国家电网公司企业文化建设统一部署，秉承"安全是文化"的基本理念，以追求"本质型、恒久型"安全为根本，结合电力安全生产领域发展实际，探索构建"五位一体"安全专项文化体系，以专项文化建设促进文化融入安全，推动企业文化落地生根，有效提升企业本质安全水平，为企业高质量发展提供有力保障。

关键词：电力企业；安全文化"五位一体"；本质安全

一、引言

安全是发展之基。党的十八大以来，以习近平同志为核心的党中央高度重视安全生产工作，习近平总书记多次作出重要指示批示。中共中央、国务院印发《关于推进安全生产领域改革发展的意见》，提出"推进安全文化建设"要求。国家发展改革委、国家能源局印发《关于推进电力安全生产领域改革发展的实施意见》，将"推进安全文化建设"纳入五十项重点任务统筹考虑。

安全事件表象在于细节管理不到位，原因始于员工的麻痹思想和侥幸心理，根源在于安全文化的缺失。在电力企业管理中，不乏详尽的规章制度约束，亦不乏严格的奖励处罚规定，但"习惯性违章"依然时有发生。表面上看，是员工安全意识不强，而追根溯源则是文化建设的淡化、文化积淀的虚化和文化氛围的弱化。本文通过从思想、组织、纪律、绩效、科技五个方面统筹协调，探索构筑"五位一体"安全专项文化体系，重视文化的力量，发挥文化的优势，实现"以人为本、以文化人"，促进国家电网公司安全理念落地生根，增强企业安全保障能力，切实夯实企业发展根基。

二、电力企业安全专项文化建设实践

（一）统筹"五位一体"，推进专项文化建设

1. 思想引领，凝聚文化管理广泛认同

国网河南省电力公司超高压公司（下称"国网河南超高压公司"）聚焦"坚持精益卓越、推动本质提升，实现高质量发展"主线，出台"本质安全·三年登高"计划，制订"文化+安全"主题活动实施方案，构建"五位一体"安全专项文化体系。从思想引领着手，立足提高全员情感认同、责任认同和价值认同，利用两会、安全生产工作会和月度例会平台，集中部署、主题宣讲，积极凝聚"全员安全意识是安全生产永恒主题"的文化共识，"管业务必须管安全，抓安全必定抓文化"的责任共识和"管与理相统一、法与情相统一"的方法共识，使公司上下形成"文化管理保安全"的思想自觉和行动自觉。

2. 组织保证，形成文化管理整体合力

国网河南超高压公司把安全专项文化建设纳入本质安全建设体系，加强组织领导，成立以党政一把手为组长的安全文化建设领导小组。公司党建部主动担责、务实履责，在重大生产任务期间，积极协同安质部、运维部深入开展文化共建活动，加强组织保证，突出文化建设的广度、厚度和维度，丰富内涵，拓展外延。例如，根据500千伏变电站扩建工程多、安全风险大等实际情况，组建变电运维岗位共产党员服务队在现场开展安全管控劳动竞赛，保证扩建工程安全优质投产。广泛开展"我为党旗增辉、领筑本质安全"主题教育活动，实行党小组会、安全活动、全站会"三会合一"，将党员思想教育、安全意识强化、安全工作落实有机结合，针对安全生产中发现的突出问题，深挖细剖问题根源，协同制定改进措施，促进本质安全提升。

3. 纪律约束，提高文化实践执行能力

强化安全红线意识，加强工作纪律执行。通过

明确责任、有效激励，发挥约束效应，保障安全文化实践常态化、有序化和实效性。

完善责任机制：将"铁腕治安"要求和安全管理"一岗双责"融入文化建设，抓好对各部门、各岗位的"定责、评责、追责"，切实杜绝责任不明、落实不力的问题。

完善激励机制：由党建部和安质部协同，按季度评选"安监之星"，对安全生产工作中的先进个人和集体进行奖励和表彰，为安全专项文化落地生产工作实践提供了有力的人财物支撑。

完善工作载体：利用公司级的"安全月""一把手讲安全"以及安全生产谈心谈话等多种形式的活动，丰富安全文化载体，推动本质安全观念、安全生产理念入脑入心。

4. 绩效评价，推动文化管理落地生根

完善考评机制：国网河南超高压公司将各单位、各部门安全文化开展情况纳入企业年度安全工作考核及企业文化建设示范点创建等体系，全方位、周期性地开展安全监督网效能考核，实现以考促纠、以评促建。

加强过程监督：对各单位安全文化建设情况和现场施工作业情况加强过程监督，纳入绩效管理，做到与业绩实效挂钩，严格实行建成兑现。

深化质量控制：对照安全专项文化建设要求，加大检查力度，深化痕迹化管理，利用安委会、安全生产分析会和生产例会等平台做好点评，改进不足，提升管理，巩固文化建设成果。

5. 科技应用，促进文化实践质量提升

围绕"科技创新驱动安全发展"理念，扎实开展安全专项文化实践。对基于移动网络的安全监督平台进行了探索性研究，将隐患排查、春（秋）季安全检查、日常反违章等安全管理工作计划集成管理。试点并推广使用作业人员身份信息管理平台，利用二维码身份标识牌加强对外来施工人员的管控和现场出入管理。积极探索应用基于人工智能技术的安全管控现场应用系统，搭建基于面部识别的工作票现场管控系统、作业现场智能安全围栏系统等，在特高压站年度检修中试验性应用，为集中监控、无人值守模式下的广域现场安全管控提供技术手段，解决安全生产工作实际问题。

（二）坚持以文化人，深化专项文化实践

1. 安全理念内化于心

牢牢把握"全员安全"内涵，抓好"三个融入"，根植安全文化。

（1）安全理念融入文化大环境。深入开展企业文化环境项目建设，在"办公区、生产区、公众区、生活区"宣贯文化理念，制作安全知识展板，集中宣贯"三个百分之百"和"四不伤害"等理念，营造浓郁文化氛围，让员工在耳濡目染、潜移默化中提升安全意识。

（2）安全理念融入文化微课堂。利用微信群，坚持每天为安全生产管理人员推送《安规》条款解读，构建"学《安规》、守《安规》、用《安规》"的文化环境；组织"新春安全第一课、第一考"，创设安全讲坛、安全微课堂，通过"专家引领学、体验互动学、案例警示学"，引导干部员工达成"我要安全"的思想共识。

（3）安全理念深入职工群众。按照"从群众中来、到群众中去"的原则，征集发布安全"微言警句"，让职工群众自发讲警示、传经验、话安全，有效深化安全专项文化的基本内涵。

2. 安全文化外化于行

聚焦基础、基层、基本功，突出标准、流程和行为规范建设，促进"自主安全"有章可循、有法可依、有迹可查。采用常态化培训与集中培训并举的方式，每年组织2000多人次参加《安规》调考，推动各级各类人员对安全知识的掌握，不断提升队伍安全素质。延伸发挥日常安全监督、两票检查的作用，结合具体事例发布事例分析，推动各级人员对安规的理解和掌握持久深入；围绕变电、输电等各专业，提炼制作安全行为指引口袋书，营造学《安规》气氛，促进安全行为习惯的养成。认真编制安全责任清单，依据公司组织机构及岗位设置确定487项组织及岗位清单，组织各部门、各单位精心编制18个机构、272个岗位的安全职责，压紧压实安全生产主体责任，实现安全生产的可控、能控、在控，通过特色安全文化提高安全生产约束力。

3. 安全管理固化于制

以安全专项文化建设为路径，以践行公司"五位一体"安全管理体系为重点，深入推进制度建设，建立常态长效工作机制。

（1）完善安委会工作机制。设立安委会办公室邮箱，建立安委会微信工作群，实时传达上级部署和公司各项要求，规范各类安全监督事项，确保安全管理工作的规范性、时效性和执行力。

（2）完善安监队伍建设。积极适应生产组织模式调整，建立专（兼）职安全员队伍，增设检修分中心、生产调度室、综合服务中心等部门和单位兼职安全员，编发《专（兼）职安全员管理评价实施细则》，从"两票"管理、反违章开展情况等10个方面规范管理。

（3）完善安全痕迹管理。编制《现场标准安全监督卡》，细化倒闸操作、变电检修和输电检修三个专业的安全检查项目，推行标准化安全监督。

（4）加强承分包单位法定代表人管理。建立承分包单位法定代表人安全分析会制度，定期召开碰头会，总结分析过去一个时期电网工程建设安全管控情况，对即将开展的作业项目、安全风险及管控措施等进行再梳理、再明责，并对各法定代表人履责情况进行通报、点评，切实压实承分包单位法定代表人安全管理责任。

（5）明确安全管理底线。发布十五项"安全红线"指标，出台基层单位安全周期记录管理意见，以绩效管理为抓手，为安全工作划出明确底线，推动树立"红线"意识，建立自我约束机制。

（6）严格安全工作执纪监督。结合执纪监督四种形态，与安全谈心谈话相结合，建立纪检监察与安全工作融合机制，结合安全生产中暴露的薄弱环节、发生的不安全事例，严格执纪监督，促进安全工作要求的贯彻落实。

（三）深化载体融合，畅通专项文化路径

国网河南超高压公司结合企业文化建设要求、主营业务特点和安全生产管理规范，深化媒介推动和载体融合，实现文化建设与安全管理路径畅通。

（1）充分利用网络手段。分层次建立部门、专业、班组微信群，传播企业文化、安全文化知识和系统内外典型案例，开展"身边隐患随手拍"活动；开辟网上安全学习课堂和班组安全文化讲堂，组织安全知识网络答题，实现安全文化传播网络化、安全教育培训实时化，促进员工"做规章制度的模范执行者"和"卓越的电网守护者"。

（2）拓展线下宣教渠道。创新实施"安全文化进班组""安全课堂进一线""安全作业我监督"等丰富多彩的载体，高频举办"安全生产主题班会"，固化和拓展线上线下工作渠道，打通安全文化传播的"毛细血管"。

（3）发挥党员模范作用。积极发挥党员先锋模范作用，把履行安全责任、确保安全生产作为"三亮三比"活动的一项重要内容，通过党员示范、全员参与，促进企业文化和安全文化入脑入心。

三、成果成效

安全专项文化建设实践以先进的理念、清晰的思路、科学的方法，有效提升了国网河南超高压公司本质安全水平，促进了企业安全生产局面稳定。

（1）健全了文化管理机制。随着安全专项文化建设的深入实施，文化实践部门与专业管理部门有机融合，公司在企业文化落地专业领域上形成了专业内部纵向到底、专业之间横向到边，纵横联动、有机协同的企业文化建设格局。当前，用文化手段把有价值的习惯、好的做法固化下来，以及站在文化的立场和视角观察分析问题、运用文化的方法和手段研究解决问题，已成为各专业管理的普遍认同。

（2）优化了安全工作格局。安全专项文化建设实践注重从"个人与组织、企业与社会、员工与家庭"三个层面，推动"相互关爱，共保平安"理念的落地，实现"全面、全员、全过程、全方位"抓安全的格局。在企业抓安全上，稳主网、防人身、保设备力度不断加大；在全员保安全上，各领域、各层级"一岗双责"制度全面落实；在家庭助安全上，"亲情助安"已经成为一种文化生态；在群众护安全上，"大手牵小手""护线驿站"等载体有效实施，群众主动保电网、护平安，"大安全"的格局持续完善。

（3）提升了全员安全行为的养成。安全专项文化建设实践把提升全员安全意识作为重点，通过常态化培训、立体化宣贯、人文化传播、互动化研讨，引导广大干部员工持续深化对"相互关爱，共保平安"理念的认识，"三个百分之百""四个不伤害""五个关爱"等理念深入人心，"宁听骂声、不听哭声""宁丢选票、不丢安全"等观念成为集体共识，有力促进了员工安全技能提升和安全习惯养成。

（4）形成了一批文化实践成果。安全专项文化实践将公司系统自发的、零散的文化实践上升为统一的、系统的文化工程，既以顶层设计保证科学运作，又以项目管理激发创新活力。在安全教育方面，"安全生产我来讲""班组长安全论坛"等各类讲坛纷纷涌现，安全主题微电影、动漫、歌曲广为传播；在安全管控方面，"全员反违章，大家来找茬""安全网警"等载体充分体现互联网思维。一大批安全专项文化实践成果让安全管理与企业文化建设相得益彰、相融共进。

（5）促进了安全生产局面稳定。安全专项文化建设实践的开展，为国网河南超高压公司安全生产注入强大的"文化能量"，实现了"安全教育不落空、安全意识不滑坡、安全责任不缺失、安全管理不缺位、安全监督不削弱、安全事故不发生"。在电网规模迅速扩大、建设任务十分繁重的情况下，圆满完成五级电网风险管控、应急防汛处置、特高压站年度检修等急难险重任务。截至投稿日，公司主要安全生产指标保持平稳，实现安全运行3600天。

四、结语

安全专项文化是企业文化的重要组成部分，安全专项文化建设已成为电力安全生产从制度推动的"强制安全"到文化引领的"自觉安全"跃升的关键因素，是实现"要我安全"向"我要安全""我能安全"转变的重要途径。通过构建"五位一体"现代安全文化体系，进一步健全了电力企业文化管理机制，优化了企业安全工作格局，提升了全员安全行为的养成，有效提升电力企业本质安全水平，为企业乃至社会经济的高质量发展打下坚实基础。

基于"四四"框架的电力企业安全文化体系建设

国网新疆电力有限公司；国网新疆电力科学研究院　何少宇　徐　肖　杨梦彬　于　海　刘振国

摘　要：近年来，安全文化建设已成为电力企业重点工作内容，但尚处于建设阶段，其整体框架体系与参考体系不够完善和系统。文章基于电力企业安全文化体系建设现状，搭建以"四个体系"为基础、以"四项机制"为保障的安全文化体系，探索新的安全文化体系建设路径，为保证电力企业的安全文化建设工作能够顺利开展以及科学构建提供理论与实践参考。

关键词：电力企业；安全文化；文化体系；体系建设

一、引言

建设企业安全文化，就是要在企业内普遍形成正确的安全观念、规范的安全行为、特有的安全文化氛围（包括健全完善的规章制度，强有力的管理体系，丰富多样的宣传手段，切实有效的安全设施等），高水平的安全文化体系建设，能够充分保障员工的安全与健康。在电力行业，安全始终被视为企业的生命线，其重要意义直接与效益挂钩，更甚者关系到人的生命。因此建设电力企业安全文化，关系到每位电力员工。

二、电力企业安全文化建设现状

（一）对安全文化的认识存在不足

安全文化建设是一个全过程统一性的行为，但是不同层级的领导和员工对其认识存在误差，从思想意识上产生了分歧。部分管理岗位的管理人员认为：只要将相关的安全规章制度下发到基层，他们按照要求执行即可，不用采取一些具体的措施方法去督促和约束，只要不出问题就可以。但是往往基层在执行要求的过程中抓不住重点，出现"以点概面、以面覆点"的现象，致使安全文化理念不能落地。

（二）安全文化建设过程中存在缺失

在安全文化建设实施过程中，具体工作的执行者、策划者和所涉及最基层的职工群体在安全文化建设实施过程中存在一定的偏差，这样会导致安全文化建设工作的进展不顺畅、效果不明显，进而会出现"有骨架，无血肉""有形式，无内容""有场面，无亮点"等一系列的现象，从而失去了我们开展安全文化建设的目的和意义。

（三）安全文化建设的恒久活力不够

一是安全文化建设体制机制不健全，有关部门之间没有形成合力，不能统筹兼顾、可持续开展安全文化建设；二是基层单位安全文化建设的重要性、必要性认识不足，不清楚安全文化建设的战略作用，没有将安全文化建设当成安全生产工作的重要组成部分抓紧抓好抓出成效，工作开展不平衡。

（四）现有的安全文化建设规章制度不够完善

在开展安全文化建设工作的过程中，如果没有建立完善的规章制度，没有建立健全的监督管理体系，也没有制定系统性的指导实施方案，那么就无法为安全文化工作的开展提供科学的引导[1]。自上而下，层层落实的时候就会无从下手，不能带动公司安全文化建设的良好氛围，也就不可能形成具有特色的安全文化形象。

三、安全文化体系建设的对策及思路

鉴于目前电力企业安全文化认识上的不足和建设过程中存在的问题，结合电力企业自身实际，在安全文化建设过程中构建组织体系、管理体系、行为体系、物质体系共"四大体系"，建立抓好履责守护、强化制度保障、建立长效机制、推出创新提升"四大机制"，推进"四四"安全文化体系建设（图1）。

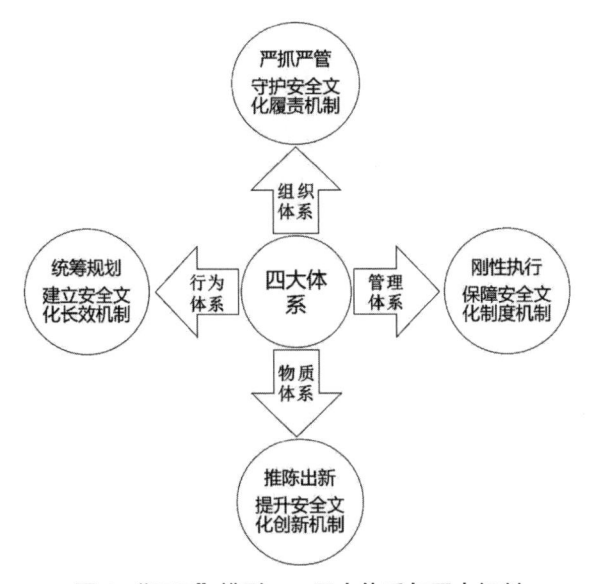

图 1 "四四"模型——四大体系与四大机制

（一）多措并举，构建安全文化体系

安全文化体系建设的构成可总结为"四大体系"，即：组织体系、管理体系、行为体系、物质体系[2]。

其中组织体系是一切安全文化体系建设的根基，由决策层负责决策，管理层具体操作，执行层负责执行。

管理体系（制度体系）是安全文化实行抓手，并且负责提供理论依据、规范各类安全活动的标准及行为，制度体系的健全可严防跨越"红线"，为安全文化体系建设保驾护航，由管理层负责颁布，执行层负责执行。

行为体系是安全文化体系建设的具体实施和表现，决策层、管理层、执行层各自有自身所对应的行为体系和标准，企业的安全文化体系建设源于决策，在于管理，重在执行。

物质体系即指企业安全物质文化，具体为整个生产经营活动中所使用的保护员工身心安全与健康的安全器物和员工在生产过程中的良好环境氛围，营造良好的工作环境和氛围，为安全生产工作提供有力支撑。

（二）严抓严管，履责机制守护安全文化

以落实各层级安全生产责任制为主线，不断强化"责任明确，界限清晰"的安全责任文化。

一是细化责任。安全生产责任制是安全生产管理制度的核心，根据"一岗双责"和"知责履责"的要求，在明确各层级"一把手"为安全生产第一责任人的基础上，针对各层级所承担的安全工作内容来制定各自的安全生产责任制，使安全责任更加细化、具体，既要明确工作范畴、责任界限，还要明确具体的工作标准和考核标准，促进逐级安全生产责任的有效落实[3]。

二是目标考核。将安全生产控制、安全生产绩效和安全生产管理三大指标进行分解，纳入到企业各级安全生产工作目标责任书。安全总负责人代表企业与各级"一把手"签订安全生产工作目标责任书，并纳入全年绩效考核。

三是互保联动。逐步构建人员行为相互制约的管控载体，完善安全互保管理网络体系，做到全员、全作业过程覆盖，以制度形式规范安全互保工作。

（三）刚性执行，保障机制融入安全文化

在进行安全文化规章制度建设的过程中，首先要对现有的安全目标管理制度进行完善和优化，要将文化管理理念融入制度建设的各个环节中。在这种理念的引导下，要将责任下放到组织结构的各个层次，从企业的领导层到各个生产部门再到班组，都要签订安全生产目标责任书。通过建立确切的目标，不仅要对工作人员进行组织，而且还要落实责任，制订完善的工作计划，通过开展一系列的活动，保证安全文化建设工作能够落到作业的各个环节中。其次要设计考核和激励机制，对工作人员的日常行为进行严格的考察，还要对一些表现比较好的工作人员进行物质和精神奖励，对一些存在违规行为的工作人员要进行严厉的惩处。要将这一系列活动形成一种闭环管理模式，通过制定精准安全文化建设体系，规避安全事故的发生。最后电力企业还要建立重大隐患责任追究制度和群众安全监督检查制度，通过重心的下移，对安全目标进行分解，确保每个责任人都能明确自身的职责和义务。

（四）统筹规划，长效机制推行安全文化

安全文化的建设贵在坚持，所以要统筹规划建立长期有效的管理机制，坚持"常、长"二字，经常、长期抓下去。

1. 形成合力

从决策层到部署层再到执行层，要将各个部门、基层管理机构形成合力，统一安全文化体系建设的思想和路线，注重发挥理念引领、机制保证的综合效能。统筹各方意见，结合实际的安全情况建立和制定可持续的安全文化机制，引领大家共同向前，奔着一个目标、一个方向努力前行。

2. 加强基层单位安全文化建设的思想认识

首先，要让基层管理人员从传统的安全文化思想当中解放出来，认真学习和贯彻上级部门的决策和部署，将其精准地传达到一线员工身边，并开展安全文化思想教育活动，使每一个基层员工从中受益，领略安全的重要性必要性[4]。其次，要将安全文化融入安全生产当中，使文化成为生产的主要组成部分，用战略和发展的眼光去看待安全文化建设的重要性，也让基层的作业人员感受到安全文化的魅力。

（五）推陈出新，创新机制提升安全文化

坚持创新驱动、创新引领，实现生产精益化，真正实现安全文化体系建设提升。

一是管理创新。充分利用变电站视频监控系统、移动视频终端等手段，结合现场稽查、微信抽查，加强计划检修、建设施工等作业现场的全过程监控。在门户网站开辟安全文化专题模块，晾晒工作计划、安全稽查通报、各单位违章自查曝光、领导到岗到位情况，充分调动员工反违章积极性、主动性，共同推动"文化引领安全、制度守护安全、履责护航安全、创新提升安全、长效保持安全"文化建设落地见效。

二是技术创新。推广带电检测技术分析应用，开展全部变电站设备带电检测普测工作，通过局部放电检测、红外测温测试等手段，及时发现设备内部隐患，提升设备运行可靠性。

三是群众创新。以"激发活力源"为引导，通过配强"班子"、架好"梯子"、找准"路子"、搭建"台子"、树立"旗子"的"五子棋"模式，建立多渠道、多形式、多手段的人才培养平台，充分利用实训大厅的技能培训功能，将"技术大拿"们统统纳入"技术人才库"，以党员带动激发员工创新创效参与热情，广泛开展众创、青创、安全竞赛等活动，实现成果、专利双丰收，安全管控水平和劳动效率得到持续提升。

四是落实公司"双创"工作要求，组织参加职工创新实践活动，以项目实施、核心技术攻关为重点，弘扬精益求精的工匠精神，推动创新成果向生产力转化。并以提升队伍综合素质为目标，采用"师带徒"结合党员"传帮带"，通过"党建＋项目"开展岗位练兵、技能比武、劳动竞赛等，引导党员更新知识结构，提高综合素质，钻研业务创新创效，争做岗位标兵、技术能手。引导新员工成长为技术骨干，鼓励老员工适应形势发展需要，努力学习专业知识，在实战演练中锻炼岗位技能，培养"一专多能"的员工队伍，提升员工立足本职"深耕细作"的实力，全面推动各项工作争先进位。

四、结语

安全文化体系建设有利于安全管理体系的建立和完善，有利于弥补生产力水平不高、技术装备不高存在的缺陷，有利于规范职工安全生产行为，营造浓厚的安全生产氛围，有利于提高企业安全管理水平和层次，树立良好的企业形象。目前安全文化建设无相应方法路径，文章建立"四个体系""四项机制"的"四四"安全文化建设框架，为电力企业安全文化建设提供参考。

参考文献

[1] 王贻亮,于小妮. 新形势下电力政工工作存在的问题及对策分析[J]. 经营管理者,2018,142(16):246.

[2] 杨传箭. 安全文化：安全管理新理念[J]. 中国电力企业管理,2005(01):57-59.

[3] 蒋庆其. 电力企业安全文化建设[M]. 北京：中国电力出版社,2005.

[4] 谢雁鹰. 以人为本建设电力企业先进的安全文化[J]. 湖南电力,2005(S1):22-24.

供电公司安全文化体系建设的有效措施探讨

国网宁夏电力有限公司石嘴山供电公司　杨　宁　秦晓飞　刘　浩

摘　要：在科技逐渐进步以及当前人们生活水平获得有效提升的过程中，在供电方面有着越来越大的需求。当前，在工业以及生活等相关领域，都对供电系统提出了较高的要求。为了让供电系统能够有效运行，进行安全的文化体系构建成了供电公司实现持续发展必须考虑的一个问题。本文针对安全文化体系建设进行有效策略探讨，促进体系构建。

关键词：供电公司；安全文化体系；措施

能源局先后进行了相应的发展规划设置，同时强调，需要对于供电安全文化不断进行建设，而且发布的政策当中，进一步提出供电安全文化建设对于当前企业安全建设的重要性。

一、供电公司安全文化建设工作现状

目前，很多供电公司在生产生活过程中，始终对于安全生产以及安全理念进行不断坚持贯彻落实，同时进行了有效的监督管理，形成了良好成果。在实地考察过程中，了解到还是存在思路未被员工普遍认识，没有形成良好的氛围，以及文化建设之间不太平衡等问题，需要不断提升安全文化体系建设，进一步促进供电公司高质量发展。

二、供电公司安全文化体系建设的重点

（一）转变观念，从思想和行动两方面高度重视安全文化建设

相关的指导意见当中提出了安全文化，安全文化对于企业文化来说是关键的一部分内容，所有的职工一定要对安全文化建设的作用进行了解，逐渐转变当前的思想观念，在各类型工作当中进行安全文化有效建设。

（二）系统谋划，积极有序推进安全文化建设

安全文化不可能一天就建成，需要进行系统构建。在进行安全文化建设的过程中，一定要进行系统谋划，让文化建设形成良好的平台，实现有效跨越。

（三）全员参与，共同营造安全文化氛围

所有职工一定要有效参与到安全文化建设过程中，一定要对于干部职工整体的能力素质进行有效关注，利用安全文化建设来让职工形成良好的安全意识，促进安全文化理念的有效落实。

三、供电公司加强安全文化体系建设的有效措施

（一）基础条件方面

1. 建立良好的企业安全文化氛围

需要积极对于企业文化进行有效建设，不断落实服务安全等各类型文化的有效建设，对于文化建设过程中的各种成果进行总结提炼，让全员对于工作作风不断改善，严格相关的一些工作流程中的纪律。

2. 实施全员岗位胜任力评价，提高整体人力资源管理水平

对于所有的职工要进行胜任能力测评，这样能够对于人员的有效培养提供一定的基础，需要进行绩效量化模型的构建，不断进行绩效精益管理，通过分层次的有效培训，提升员工的岗位能力，建设比较专业化的工作人员团队。

3. 掌握安全管理的主动权

需要对内外部有效的沟通机制进行构建，促进环境改善，而且需要相关部门有效指导，在安全管理过程中，逐渐掌握管理主动权。

（二）安全保障方面

1. 持续完善制度保障

需要进行相应的制度完善，每年在生产过程中，对于制度标准不断进行有效修订，结合当年的反馈来进行制度标准的有效改正，对于岗位职责以及各类型生产责任制不断标准化，与公司建设现状进行结合，来促进核心业务流程不断优化。同时，对于公司在各个生产周期的相应奖励方式进行梳理，在梳理的基础上，构建比较合理的奖励制度，认真贯彻落

实各项制度，结合各期反馈进行相应的制度改善。

2. 持续完善硬件保障

需要依据财务预算来让生产生活相关的费用得到保障。所以，可以进行分享的，编制比较合理的风险评估报告，对于评估结果有效应用，坚持风险导向来进行项目的改良和项目的处理，让设备存在的隐患不断被消除。也要对各项日常检修方面的工作进行营销安排，在安排的过程中，促进设备安全性能提升。依据标准来进行防护用具的有效配备，保证各类应急器材能够有效应用，同时也需要对基础设施的状况进行检查，及时了解可能存在的各种隐患。

（三）安全意识方面

1. 深化员工履责意识

每年需要让员工依据当年的安全目标来进行安全责任制度的了解，同时，也需要签订安全生产方面的责任书，让个人安全性能提升，让各级负责人员不断履行各类型安全承诺方面的活动。同时，也要不断实施各类奖惩政策，对于机构不断进行规范，让管理干部有效参与到安全生产过程中，同时也需要让班组的作用充分发挥，及时对班组在安全生产活动中出现的一些问题进行了解和总结，有效解决暴露的各种问题。

2. 深化战略意识

对于公司制定的安全生产方面的政策，需要不断贯彻落实，一定要将安全生产作为生产的一个宗旨，依据公司制订的生产计划来进行各项工作的有效推进。每年，需要依据生产目标来进行工作计划制订，不断让管理方面的标准有效落实，通过有效的监管来对于合理的指标管理体系进行不断更新，促进各项工作合力开展。同时，需要让安全生产方面的考核结果，在人员选拔方面进行应用，这样能够让人们的工作积极性得到激发。

3. 深化员工执行意识

对于公司制定的处罚制度以及绩效考核制度，需要不断进行应用，这样能够让员工有效提升执行意识。每年需要对于团队进行有效的教育培训，让员工能够在各项工作当中有效开展。同时，需要进行各类型预防纠正以及观察任务的开展，让基层员工能够对于安全生产制度有效落实。

（四）安全能力方面

1. 提升安全认知能力

需要和公司目前的经营状况进行结合，对于生产过程中可能出现的安全环节进行梳理，依据情况制订比较专业的培训计划，定期来对于安全教育进行培训，同时，不断推进各类型生产技能方面的培训，让基层员工在安全生产方面的技能不断提升，而且对于风险能够有效识别和辨别。

2. 提升监管能力

需要构建比较安全的机制来进行有效监管，定期召开各类型生产或者生产环节当中有效的一些安全会议，依据当前的实际需求来进行专题会议召开，分析了解当前可能存在的一些问题，依据情况来制定适合当前公司有效生产的一些安全决策，这样可以有效解决生产过程中遇到的各种生产安全难题。合理对于监管人员进行有效安排，让监管人员在岗位素质方面能够有效提升，通过对于各类监控设备进行应用，提升整体的安全能力。每年进行有效的人员培训，对现在可能存在的一些安全问题进行分析，让安监人员能够提升监管能力。

3. 提升防范能力

通过分层分级开展安全生产培训工作，提升基层安全生产管理干部法律法规、公司安全生产规章制度知识积累，在保持生产技能的同时切实提升安全事故事件防范能力。持续开展安规、安全风险辨识、安全心理等各类培训，培养危险拒绝意识，提升员工事故防范能力。

4. 提升应急能力

建立完善公司应急预案体系，按照政府部门、上级单位相关要求，结合公司安全生产实际定期修编各级应急预案及应急处置方案，通过持续改进，保证预案的全面性和适用性。每年制订年度应急演练计划，按计划开展应急演练和培训，总结整改存在的问题，不断提升应急实战能力。制定公司应急物资和装备配置定额标准，每年按照标准及时补全，并做好物资和装备的日常维护管理。需要对于比较高水平的一些应急指挥中心来进行构建，在应用的过程中，需要不断配置有效的处理系统，让应急管理效率不断提升。

四、结语

建设安全文化体系，涉及很多方面，影响深远。在时代进步、科技更新的大背景下，人们对供电的需求不断增大，而且标准也逐渐提高。加强供电企业管理，要从各方面加以实施，需要不断遵循当前的规章制度进行安全文化体系构建，形成良好的工作长效机制,对于载体进行不断创新,形成企业良好的安全文化方面的氛围,不断让文化软实力有效提升,这样能够让公司和员工在生产环节达到安全生产的目的。

参考文献
[1] 单大鹏,崔岩. 供电企业安全文化建设与实践[J]. 管理观察,2017(33):33-34.

[2] 王韶伟,柴建设,熊文彬. 福岛核事故凸显日本核安全文化软肋[J]. 中国核工业,2012(04):61-62.

[3] 钟利军. 新形势下供电安全生产管理思考与探索[D]. 成都:西南财经大学,2008.

[4] 徐德蜀. 安全文化须熏陶——访台湾供电公司第二核能发电厂[J]. 科技潮,1998(02):72.

[5] 何卫东. 念好安全文化建设经——河北兴泰发电公司机动一班班长张鹤鸣谈班组建设[J]. 现代职业安全,2011(08):75-77.

电力企业安全文化理念与实践创新

北京能源集团有限责任公司　　北京京能高安屯燃气热电有限责任公司
姜　帆　阚　兴　王永亮　金生祥　田　野　赵长江　贾艾桦

摘　要：随着我国经济进入高质量发展新时期，电力安全生产正在面临诸多挑战。良好的安全文化是促进安全生产形势持续稳定向好的基础，本文主要介绍了京能集团树牢"生命至上、平安京能"安全理念，开展电力安全文化建设，落实"安全第一、预防为主、综合治理"安全生产方针，以创新为引领，全面推进集团安全文化建设工作，为集团安全发展提供有力保障。

关键词：电力企业；安全文化；理念与实践

一、背景

随着新时代电力行业的快速发展，安全文化建设至关重要。党的十八大以来，习近平总书记多次作出重要指示批示，为我们做好电力安全生产工作提供了根本遵循。2016年12月，中共中央、国务院正式印发《关于推进安全生产领域改革发展的意见》，提出了"推进安全文化建设，加强警示教育，强化全民安全意识和法治意识"的明确要求。2017年11月，国家发展改革委、国家能源局印发《关于推进电力安全生产领域改革发展的实施意见》，将"推进安全文化建设"纳入五十项重点任务统筹考虑。

在一系列政策引领下，电力行业始终坚持以习近平新时代中国特色社会主义思想为指导，秉承"安全是技术、安全是管理、安全是文化、安全是责任"这一基本理念，主动应对新要求、新形势和新任务，不断强化红线意识和底线思维，实现了电力系统安全稳定运行，推动了电力安全生产形势持续稳定好转。

电力企业也要充分重视安全文化建设的重要性，营造良好的安全文化氛围，通过创新不断完善安全文化建设，建立适应新时期电力发展的安全文化构架体系，使电力安全文化成为一种工作方式，一种行为习惯，一种思想自觉，一种文化自信，真正内化于心、外化于行。

二、京能集团企业文化

（一）企业文化的形成

北京能源集团有限责任公司（以下简称京能集团）是拥有光荣历史的首都能源国有企业，历经百年风雨与几代人的艰苦创业，如今已形成了优秀的企业文化。这些优秀的文化是京能集团宝贵的精神财富，是推动集团事业发展壮大的不竭动力。加强企业文化建设工作，对集团上下统一思想、凝心聚力，加快集团高质量发展，建设具有中国特色国际一流的首都综合能源服务集团，具有长远的战略意义。因此，必须从新的高度来审视企业文化建设的重要性和紧迫性。

（二）企业文化的发展

京能集团的发展映照了国家的改革历史和发展历史，融合改革文化赋予了京能人敢闯敢试的精神，展现了广大员工的责任与担当，为集团转型升级、高质量发展提供了强大的精神动力。

用企业使命统一员工思想，用核心价值观教育引导员工，用企业愿景增强员工的使命感和责任感，可以提升员工对企业文化的认同感。在夯实管理基础、推进管理创新、提高精细化管理的过程中，蕴含着"五精"理念；在体现人文关怀，营造集团大家庭的和谐氛围中，"京能一家人""集团一盘棋"的思想温暖人心。一代又一代的京能人成就了新的京能文化，一代又一代的管理团队带领着新京能蓬勃发展，他们在解放思想中练就了真抓实干的本领，他们用自身的思想和情怀推动着京能文化不断优化提升，进而走深、走实、走心，最终以文化聚人，以文化引领企业创新发展。

（三）企业安全文化理念

安全理念是企业看待和处理安全问题的观念、态度和行为准则的集中表现。京能集团践行"生命至上,平安京能"安全理念,坚持以人为本,不能以牺牲生命为发展代价,把牢安全的底线、红线;以"六安工程"为载体,构建集团安全文化体系;建设本质安全型企业,确保不发生较大及以上生产安全责任事故和重大设备、设施损坏责任事故,不发生环境污染事件,确保网络信息安全。

"六安工程",即:党政保安、依法治安、管理强安、基础固安、科技兴安和文化创安。通过全面实施"六安工程",树立高凝聚力的安全文化理念,创建高驱动力的安全管理模式,打造高执行力的安全生产团队,铸造高影响力的安全文化品牌。推进以"六安工程"为依托的企业安全文化建设,不断夯实安全生产工作基础,创建本质安全型企业,有助于构建具有集团特色的安全文化,营造安全文化氛围,建立企业文化品牌,推动企业高质量发展。

三、企业安全文化建设主要创新点

京能集团实行安全文化建设顶层设计,制定总体实施方案,营造安全文化建设氛围,全面推进安全文化建设工作。实体企业负责贯彻落实安全文化建设实施方案,丰富载体、创新方式,全面开展安全文化宣贯,凝聚安全文化力量,发挥安全文化作用,有序推进安全文化建设。通过宣传、培训教育、标识、文化活动等管理手段,将企业的安全文化建设融入公司员工的具体工作中,培育员工共同认可的安全价值观和安全行为规范,不断提升企业的创造力、凝聚力、战斗力。

(一)提升管理思路,创新工作机制

1. 党建引领

京能集团坚持党对一切工作的领导,充分发挥党组织作用。"党政保安"的关键在于安全责任、重在落实。将党建工作与安全生产管理工作有机融合,发挥党建在企业安全管理中的组织、宣传、教育、协调、服务、监督功能。在安全生产管理过程中创新思路,组织开展"安全生产示范岗"等活动,充分发挥党组织全面领导、共产党员先锋模范和群团组织的群众监督作用。基层党组织利用主题党日、"学习强国"等学习平台,组织党员开展学习,推动习近平总书记关于安全生产重要论述进车间、进班组、进头脑。

2. 开展全员创新

构筑全员创新工作平台,大力营造全员创新浓厚氛围,激励全员围绕电力生产安全,开展技术创新和管理创新,打造人才创新高地,提升员工的创新意识。对在安全工作中作出重大贡献的员工进行表彰,大力宣传,树立榜样,激发员工的工作积极性,从而创造出良好的安全生产环境。

3. 加强班组建设

开展安全生产优秀班组建设,助推班组向精细化管理升级。重点从抓好"两票三制""两会一课""三讲一落实"和严格执行"四不干"等方面开展班组安全文化建设,将安全文化入脑入心,营造人人关心、人人参与安全的浓厚舆论氛围。班组内部营造自我约束、自主管理和团队管理的安全文化氛围,改进员工行为,实现企业安全管理水平不断完善提高。

4. 选树典型推广引路

企业文化体系宣贯是一项全局性工作,需要全员参与,要充分调动员工积极性,提升企业文化体系宣贯和落地效果。对企业安全生产中涌现出的"典型事例"和"模范人物"要进行深入剖析和大力推广,通过一个个生动鲜活的故事,把抽象的企业文化理念具象化为员工身边真实的人和事,帮助员工充分认识、深刻理解企业的安全文化理念。

5. 深入推进"五精"管理

"五精"管理,即:精细、精准、精确、精益、精美。将"五精"管理作为文化品牌,是把管理科学、管理文化、管理艺术融为一体的人本卓越管理的系统修炼,是一套方法论的实操教程,是提升企业管理向更高层次、更高水平迈进的重要措施,是实现制度管理向文化管理的生动实践,是一切实力的基础。把"五精"理念运用到安全生产的全过程,形成一种思维方式,养成一种行为习惯,将管理变为生产力,合理配置资源,提高组织效能,进而有效推动集团安全管控体系建设。

(二)利用科技手段,创新安全管理

1. 强化监督管控

京能集团通过数字化安全管理平台、智慧安全管控系统等进行生产现场安全监督管控,利用数字化手段实现在线审批,加强危险作业升级监护,推进重大检修作业、运行操作等高风险作业升级监护签到、打卡,有效地进一步完善监督管控体系。

2. 加强隐患排查治理

隐患排查治理是企业安全生产的基础工作,建立健全企业隐患排查治理制度和保证制度有效执行的管理体系，目的在于消除生产经营活动中存在可能导致事故发生的物的不安全状态、人的不安全行为和管理上的缺陷。强化双重预防机制，开展"隐患随手拍""违章随手拍"工作，实现做到及时发现、及时消除各类安全生产隐患，为电厂安全生产保驾护航。

3. 提高风险防控能力

京能集团电力企业顺应新一代信息技术和能源变革的发展趋势，围绕数字化转型进行研究，应用大数据分析、智能机器人巡检、红外成像监测、视频分析、物联网、5G技术等智能化手段，对生产现场进行全面监控，增强了对各类隐患的动态监测。应用网络安全态势感知技术，可以有效提升网络不安全因素的预警能力，实现对关键网络节点的监控。提升电力企业信息化、自动化、智能化水平，在生产技术上着力解决安全生产工作中存在的突出问题和薄弱环节，用技术手段化解安全生产矛盾，可以从根本上提升安全保障能力。

4. 深化线上培训

持续提升安全教育培训的系统性、多样性，利用网络开展公开课、云课堂、平台培训等活动，将扎实有效的培训作为提高全员安全素养的重要手段。实现远程教学，突破传统线下进行的模式，人员可以针对性地进行讨论分析，能够更便捷地营造和谐的学习氛围，从而强化人员安全意识，确保企业安全文化真正入脑入心。

（三）使用融媒体手段，创新宣传方式

在企业文化体系传播过程中利用新媒体平台为载体，将企业文化理念和行为规范及时传达给广大干部员工，加强对企业文化的认知和理解。宣传安全文化具有更新观念、传播知识、规范行为的强大作用，把"要我安全"的服从式管理变成"我要安全、我会安全、我为安全、我用安全"的自主式管理，企业整体安全工作的氛围可以得到有效提升。

京能集团利用微信公众号、视频号、抖音等新媒体传播平台，开展电力企业安全文化的宣传和推广，结合安全主题宣传教育活动，形成安全文化矩阵体系，让安全培训、教育、宣贯活起来，用起来，有助于营造安全、稳定、和谐的安全生产氛围。

四、结语

企业文化的本质是管理文化。建设企业文化的最终目的是要优化企业的管理模式，提升企业核心竞争力，推动企业高质量发展。企业安全文化要落实到每个员工的行为上，真正实现知行合一，切实服务安全生产，为企业发展营造良好氛围。

加强电力企业安全文化建设是落实新《安全生产法》的重要举措，是保障电力企业设备、人员生产安全的重要措施。全面开展具有京能特色的安全文化建设活动，打造本质安全型企业，以文化认同、文化融合焕发企业勃勃生机，凝聚内生动力，助推集团高质量发展。

参考文献

[1] 单大鹏，崔岩. 电力企业安全文化建设与实践[J]. 管理观察，2017，33：33-34.

[2] 马力. 从四个维度夯实电力企业安全文化[J]. 华北电业，2019，6：26-27.

浙能滨电"能本·兴"安全文化建设探索与实践

浙江浙能绍兴滨海热电有限责任公司　沈明烨　刘基洲　沈海东　陈　云　刘芝成

摘　要：安全文化建设是一个复杂的、综合的、系统的过程，是一项特别讲究长效机制、讲究细节的工作。浙能滨电在安全文化建设过程中秉承人本理念，在刚性基础上积极探索人性化管理方法，通过建设软硬环境，刚柔并济，提炼形成具有行业特色的安全文化建设模式。

关键词：安全文化；建设；探索

一、引言

浙江浙能绍兴滨海热电有限责任公司（以下简称滨电）是浙江省能源集团有限公司（以下简称浙能集团）电力主业资产整体运营平台浙能电力控股公司。滨电遵循习近平总书记提出的"绿水青山就是金山银山"的科学论断，致力于打造全国最优秀的绿色环保热电企业与综合能源供应示范区，是绍兴市柯桥区印染产业集聚升级工程的重要配套项目，是浙江省"十一五"期间重点建设工程之一，是省政府为解决浙江二次能源供应总量不足以及绍兴地区环境污染等问题而着力打造的新型热电联产企业，向社会提供电能、热能和压缩空气。

2011年，滨电成立之初，就着手抓体系贯标工作，标准覆盖安全生产的方方面面，明确员工安全职责，规范安全管理程序，做到有章可依、有制必依、执行必严、违规必究。体系标准化建设使滨电安全管理走上规范化轨道，为公司安全文化建设奠定基础。

2014年，在充分吸收浙能集团"3313"安全文化理念基础上，滨电深入总结安全生产工作的成功经验，提出第一版安全文化体系，推动公司安全生产工作从零散经验走向系统理论指引，为公司快速发展期提供坚实的实际指南和安全保障。

2021年，滨电深入践行"四个革命，一个合作"能源安全新战略，围绕忠实践行"八八战略"，奋力打造"重要窗口"主题主线，沿着浙能集团"大能源战略"下的"四业"路径，构建新发展格局，推动滨电持续高质量发展，公司被授予2021年全国"五一"劳动奖状。随着全国能源发展趋势与政策导向，尤其是以习近平同志为核心的党中央对安全生产提出一系列新思想、新论断、新理念，引领新版《中华人民共和国安全生产法》等监管法律法规不断升级，迫切要求滨电进一步优化安全文化体系，推动构建本质安全型企业。

2022年，浙能集团发布新版安全文化体系，建立"13313"安全文化构架。为此，滨电在浙能集团新版安全文化、自身初版安全文化基础上，融入公司安全生产的新思路新理念，形成滨电"能本·兴"安全文化体系，为公司安全管理明确指导理念、行为要求和执行法则。

二、"能本·兴"安全文化内涵

（一）浙能集团"能本"安全文化解读

依据应急管理部《安全文化示范企业创建评价管理实施办法》，"能本"安全文化体系遵循"理念文化—制度文化—行为文化—环境文化"框架，传承"3313"体系结构，共分四大层次，如图1所示。

第一层核心层，提出以"能本"为安全文化定位，阐明浙能集团把安全作为集团发展本质属性，把能力建设作为安全生产的核心要义。

第二层理念层，提出安全发展战略与目标、安全生产方针与规范、安全价值观与方法论等三方面的价值理念，阐明浙能集团新时代安全发展必须遵循的安全理念。

第三层行为层，提出集团、板块、企业三个层级安全管理的行为准则，阐明各层级安全管理的职能定位和行动指南。

第四层原则层，提出集团安全生产管理各模块工作的原则方法，是安全制度文化的直接体现。

"能本"安全文化四大层次中，第一层为总揽；第二至第四层分别从理念引领、行为准则、工作原则阐述浙能集团安全发展和安全管理的价值主张与践行范式。从四个层面表达浙能安全文化本质特征，形成浙能安全文化体系的主体，要素排列为"1-3-3-13"。

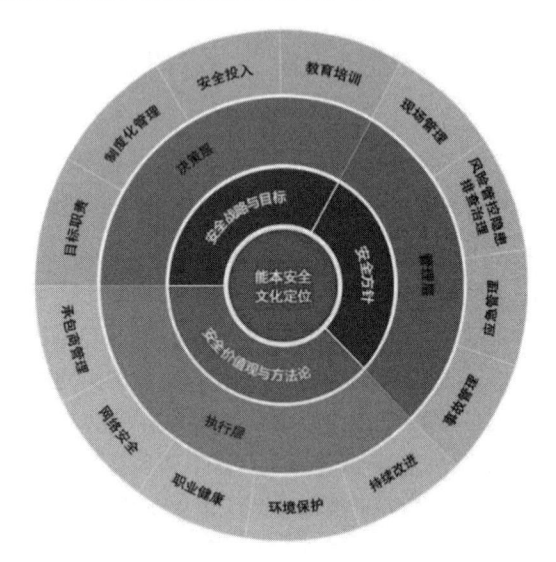

图1 "13313"安全文化体系模型结构图

图2 滨电"兴"安全文化LOGO

（二）"兴"安全文化解读

滨电在浙能集团"能本"母文化指导下，在充分调研总结自身安全生产状况基础上，传承历史、结合地域（绍兴），继承长期实践形成的安全文化，逐步建立"兴"安全子文化体系，形成"1236"安全文化体系结构，体现"以人为本"与"安全兴企"安全文化建设核心，构架出内外协调、整体统一的"闭环"结构，形成企业内外部相互衔接的动态有机整体。

一核心，以红线意识为核心，即人命至上，发展决不能以牺牲人的生命为代价，这必须作为一条不可逾越的红线。

二根基，以党、政为根基，构建"党政同责、一岗双责、齐抓共管、失职追责"的安全生产责任体系。

三重点，以控制人的不安全行为、物的不安全状态、管理的缺陷为重点，做到提前识别风险隐患，及时消除风险，防患于未然。

六构建，齐抓共管，构建安全生产责任体系；依法依规，构建安全生产管理制度体系；求真务实，构建安全生产保障体系；雷厉风行，构建安全监督考核体系；宣贯学习，构建安全文化培训体系；事故演练，构建安全应急控制体系。

三、"能本·兴"安全文化建设实践

安全是企业立身之本，是员工最大的权益。在安全文化建设过程中，滨电紧紧围绕"13313"和"1236"体系，强调一切为了安全，一切服务安全，一切服从安全，一切保证安全，切实把"能以安为本、安以能为要、兴以安为基"的安全理念贯穿于工作的每一个细节，为安全文化建设提供精神动力和文化支撑。

（一）高站位引领安全文化建设

公司以习近平新时代中国特色社会主义思想为引领，建立党委会、安委会"第一议题"专题研学习近平总书记关于安全生产重要论述和系列重要讲话批示精神机制，深刻领会其内涵和要点，第一时间学习传达、研究部署、推动落实各项工作。在安全文化学习宣贯阶段，构建领导班子专题学、支部书记专题讲、业务（管理）部门专题练、学习标兵轮流讲、网络知识竞赛等多形式的学习宣传活动。建立"党建＋安全"机制，将业务安全开展情况列入支部重要议事日程，强化党建引领安全，发挥党组织的"把管保"和党员先锋模范作用，确保安全文化在各支部、各班组落地生根，遍地开花。

（二）清单化推进安全文化建设

根据公司安全文化建设实施方案、规划目标、方法措施，编制"安全文化体系建设"计划表，明确责任部门和时间节点，理顺安全文化建设总体思路，使安全文化建设有计划、有目标、有重点、有监督，并每月在安全生产分析会上汇报工作开展情况，确保各项工作措施真正落实到位，各项活动扎实有效开展。

（三）三大载体推动安全文化宣贯

（1）依托传统媒体加强宣传。以公司门户网站、《浙能滨电》及浙能集团新闻网站为核心，策划有质量、有深度的稿件，从不同角度、层次反映安全生产工作中的好做法、好举措,尤其"安全生产大家谈"征文活动得到员工一致好评与踊跃参与,实现"寓教于宣"的目的。

(2)依托新媒体深化宣传。充分借助公司和集团微信公众号,以《安全文化手册》为核心内容,加强岗位安全教育,使全体员工加深对安全理念、方针、原则的理解认同,分解宣贯安全相关法律法规,择机宣传基本安全防护、救生逃生等安全知识,让"我要安全,我会安全"成为一股风尚,在每位员工脑中构筑起安全生产的坚实防线。

(3)依托安全专题宣传。积极开展安全生产春秋季大检查、"安康杯"、《职业病防治法》宣传周、安全生产月等主题活动,通过宣传册、公众号推送等多形式多渠道开展宣传教育,层层传递安全理念,在全公司形成尊重生命、关注安全的浓厚氛围。

(四)"四个坚持"确保安全教育做到位

(1)坚持"谁主管、谁负责"原则,在宣贯上反复强调"管业务必须管安全、管生产经营必须管安全"和"一岗双责"的安全生产理念,确保责权一致、严格落实。

(2)坚持"应投必投,投必投足"原则,建议并提倡各级组织从"人、机、环"各方面不断加大安全投入,保障人身、设备安全。

(3)坚持"全员覆盖、科学系统、注重实效"原则,加强安全教育培训,抓好新员工入职培训、转岗培训,持续开展在岗培训,提升员工安全意识和安全技能。

(4)坚持安全警示教育体系建设,将生产现场脚手架搭设中常见的问题和隐患融合于整个架体,完成脚手架警示区建设,通过现场培训教育后让学员立即开展辨识、找茬和考试,不断丰富公司安全警示教育。

(五)多举措深化双重预防机制

发布《风险分级管控工作方案》,明确风险分级管控要求、信息报告、作业准备等工作机制和措施,明确各级风险管控责任人安全职责,设置作业现场专职监护人,设置高风险作业安全控制点,加强监护检查,严格落实风险管控措施。组织开展"安全吹哨人"活动,唤醒职工的安全意识,实现"全员、全方位、全过程"360°反违章检查。严格按照"四不放过"原则对不安全事件进行调查处理,分析事件发生原因,制定防范措施,明确责任人限期整改。针对上级单位督查整改、通报事故事件,本着"别人亡羊、我亦补牢"原则,组织开展学习分析,对照检查,防止同类事件发生。针对不同的违章及事故事件性质,按照精准治理、源头治理、系统治理、协同治理要求,综合运用专项督查,坚决遏制趋势性、系统性问题隐患。

(六)"三同三精"促安全文化落地

以"班组建设同标准、教育培训同要求、违章考核同力度"的"三同"机制为指引,以班组建设及7S管理为抓手,通过编制外包单位人员入厂须知、临时外包单位班(工)前会指导手册等标准化图册及制作滨电外来人员入厂须知宣教视频,协同推进临时外包单位同质化工作,建立外包单位班组评价体系,外包同质化管理从面到里、纵深推进,形成外包单位同质化管理长效运行机制。按"精准、精细、精致"的要求,深入推进7S管理和班组建设,为全体员工提供展示自我的平台,使员工在活动开展过程中得到成长,个人精神面貌、工作积极性得到提升,形成由上至下、全员参与、共同推进安全文化建设的良好氛围。

四、结语

企业安全文化建设是一个复杂、综合、系统的过程,是一项讲究长效机制、讲究细节的工作。建设过程中需秉承人本理念,在刚性考核基础上积极探索人性化管理方法,需统筹规划,各部门各司其职,全员共同努力,通过建设软硬环境,刚柔并济,形成强大安全文化场,才能形成具有行业特色的有生命力的安全文化体系。

基于目标导向的电力企业安全文化建设路径探索与实践
——以湖北新能源有限公司安全文化建设实践为例

国家电投集团湖北新能源有限公司　高　山　徐国强　李青松　聂俊青

摘　要：企业安全文化建设是全员参与、实现企业安全发展最有效的途径。在对电力行业安全文化建设现状调研、分析的基础上，探索出了基于目标导向的电力企业安全文化建设路径。根据企业现状、生产实际、发展规划，确定企业安全文化建设目标，从安全理念文化、制度文化、行为文化、环境文化制定了具体实施路径；并以目标为导向制定了建设效果评价方法，实现建设成效持续改进。能够强化安全文化建设过程管理，实现建设成效动态评价与持续改进，对全面提高企业安全文化建设效果，助推企业安全生产具有重要意义。

关键词：安全文化；建设路径；目标导向；持续改进；效果评价。

近年来，安全管理不断改进，电力企业安全生产水平有了显著提高。随着经济社会的发展，安全生产形势依然严峻。安全文化引领，是破解当前电力企业安全管理困境与难题的有效手段。在实践中，电力企业安全文化建设因为目标不明确，缺乏科学的指导和有效的工作机制，难以持续改进。为此，本文根据国家电投集团湖北新能源有限公司（以下简称国电投湖北新能源公司）安全文化建设的实践及取得的成效为例，围绕电力企业安全文化建设目标的确定、建设途径、效果评价与持续改进开展研究，提高成效。

一、目前企业安全文化建设存在的主要问题

有效的安全文化建设可以提高全体职工对安全的重视程度，引导职工形成良好的安全意识，对保障企业安全生产至关重要。但是，由于安全理念体系不完善，安全文化建设成效并不显著。在对该公司开展企业安全文化建设现状评估的基础上，结合电力企业建设现状评估分析报告，认为安全文化建设成效不足的原因主要有以下几个方面。

（一）安全文化建设目标不明确

安全文化建设是系统工程，包含理念文化、制度文化、行为文化、环境文化四个方面，需要党、政、工、团齐抓共管，需要决策层的大力倡导和全体员工的积极参与，需要企业全员参与持续改善。很多时候，企业主要负责人或者企业管理人员，对安全文化建设内涵、意义或者重要性理解不够，或者不能根据企业实际、发展目标与规划合理制定本企业的安全文化建设的目标和愿景，更有甚者不清楚安全使命、价值观，开展这项工作主要是基于上级公司要求，或看到其他公司安全文化建设取得了荣誉，导致安全文化建设无的放矢、无章可循。没有明确的安全文化建设目标，目的不明确，将会导致建设过程随意性强，建设效果甚微。因此，确定明确的安全文化建设目标，是制定建设路径的前提。

（二）安全文化建设重视程度低

安全文化建设对企业效益的贡献是深层次的、潜在的、缓慢又长远的，这就导致一些企业从主要负责人对安全文化建设工作重视不够，对安全生产管理停留在政府监管的基础上，以罚代管，未能实施正向激励安全文化形式。这就导致安全文化建设"重布置、轻实施"，建设成效甚微。

（三）安全文化建设形式、内容单一

通过对电力企业安全文化建设现状调研，较多企业存在建设形式和内容单一，如安全宣教以展板宣传、三级安全教育、年度培训为主，且授课主要由安全人员实施，效果较差。同时，培训内容多以规章制度、案例警示为主，内容单调，员工参与积极性差，培训效果与预期差距大。开展安全文化建设必

不可少的安全制度文化宣传、宣讲、解读，安全环境的改善和提升，安全承诺的制定和践行，安全行为文化的观察纠正和培养，安全事务参与的途径和内容，安全信息的收集和沟通，等等一系列内容，大多数企业不了解、不清楚，更不知如何落实，把安全环境文化的基础做扎实。

（四）缺乏效果评价与持续改进机制

存在企业安全文化建设重形式轻效果，缺乏阶段性的建设效果评价。造成该状况的主要原因是主要负责人重视度不高，不能持续进行安全文化建设投入；缺乏有效的评价方法。安全文化建设是一个长期工作，定期地评价与持续改进，是实现建设目标的有效策略。

二、企业安全文化建设目标确定

安全文化建设的目的是提高职工安全意识，提升企业的安全生产水平。围绕企业发展规划、建设路径，从知识、能力、素养三个层面制定安全文化建设目标（图1）。

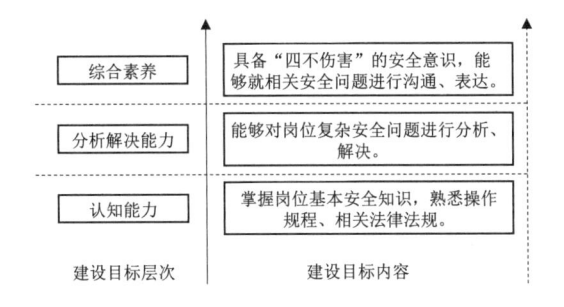

建设目标层次	建设目标内容
综合素养	具备"四不伤害"的安全意识，能够就相关安全问题进行沟通、表达。
分析解决能力	能够对岗位复杂安全问题进行分析、解决。
认知能力	掌握岗位基本安全知识，熟悉操作规程、相关法律法规。

图1 建设目标层次与建设目标内容

三、企业安全文化建设途径

围绕安全文化建设目标，从安全理念文化、制度文化、行为文化和环境文化4个方面制定了具体实施路径。

（一）树立全员参与的建设理念

安全文化建设是通过先进安全理念引领、制度的规范、环境氛围的营造，培养员工良好行为习惯的养成。安全文化建设需要全体员工参与，任何人都不能置身事外。主要负责人要贯彻安全生产工作坚持党的领导的原则，强调党政同责、一岗双责和履职尽责，失职追责，持之以恒做好表率，安全文化建设才能持续开展扎实推进；各级管理人员要将安全文化建设与日常管理有效融合，潜移默化中影响职工、教育职工；基层一线员工更应该认识和重视安全文化建设，他们是安全文化建设的主力军，也是企业安全文化建设最大的受益者：任何事故发生最先受到伤害的都是一线工人！国电投湖北新能源公司秉承国家电投集团企业文化，经过多年安全文化的实践和积淀，形成了"任何风险都可以控制，任何违章都可以预防，任何事故都可以避免"的核心安全价值观，并经过不断凝练，不断完善，最终确立了特色的安全文化理念体系。

（二）丰富安全文化建设内容

安全文化建设内容丰富多样，有安全理念，安全价值观、使命、愿景等，还要贯彻落实习近平总书记关于安全生产重要指示，新《安全生产法》宣贯，提升全员对开展安全文化建设的认识高度、自觉性和自豪感；还要包括具体的规章制度、管理流程、操作规程等。要通过安全制度文化建设，最终实现安全管理理念的转变；通过梳理企业现有规章制度和管理流程，改变以罚代管、负向考核、重结果轻过程等传统的管理模式，代之以加强沟通、正向激励、鼓励员工参与安全事务、调动员工参与安全管理的自觉性和主动性的管理模式转变。要树立决策层、管理层和员工层（执行层）的良好行为规范，鼓励倡导员工做到"四不伤害"并开展安全经验分享活动，带动身边人、家人安全意识和安全行为提升，让企业优秀的安全文化影响到员工八小时以外。同时，还可以开展"党建+安全"等系列活动，丰富安全文化建设内容，全面提高职工安全素养。国电投湖北新能源公司以多种渠道对安全理念进行大力宣贯，引导职工由认知到认同，在安全理念的引领下，培养全员的安全道德感和诚信意识，科学利用安全行为观察工具，规范员工行为习惯；制定安全行为观察实施细则，建立公司、部门、个人三级"安全观察网络"，将安全观察工作细化到每一个工作行为。职工安全意识不断提高，良好的行为习惯逐步养成。

（三）多样化安全文化建设形式

安全文化建设的主体是职工，如何调动职工参与积极性、主动性，是保障建设成效的关键。为此，在开展安全文化建设时，采用丰富多样的形式开展。

1.借助虚拟仿真开展安全体验

借助于VR、互联网等技术，开展安全体验，有效进行应急处置、事故预防等。国电投湖北新能源公司开展安全体验培训，通过亲身体验的安全教育培训方式，对职工身心、记忆力、理解力、行动力产生强烈的冲击,达到更好的安全教育培训效果。

2. 融合线上、线下培训

随着近几年疫情暴发,线下培训受限,开展线上培训。利用互联网、新媒体集合了大量的事故案例、培训资源,为培训实施提供了大量的素材。同时,线上培训时间灵活,借助于手机、电脑等终端,可以随时随地参加培训、考核。国电投湖北新能源公司利用多媒体学习系统在线学习及测评,测评效果优异,90%以上人员成绩达到90分以上。

3. 党建＋安全系列培训

通过"党建＋安全"活动,实施安全文化建设,一方面丰富了党建内容,另一方面也在活动中进行安全教育,将安全文化建设融入日常活动,在潜移默化中影响职工,教育职工。国电投湖北新能源公司开展"党员身边无违章"等活动,促进安全文化建设落地生根。同时,坚持正向激励原则,开展月度评比,树立榜样,调动职工积极性、创造性。

（四）拓宽安全文化建设时段

在安全文化建设过程中不仅要注重工作时间安全文化建设,还要注重工作之外时间安全文化建设,将安全文化真正地融入生活中去,全面提高安全意识、安全素养。国电投湖北新能源公司定期组织职工家属参加职工所在班组安全例会,由班组长或安全员告知其家属某某职工近期的表现（主说进步）,然后再含蓄地提出还有哪些方面的不足,提醒家属关注其日常表现,企业和家属共同努力,职工安全了,家庭幸福了,并对家属表示感谢。公司领导深入基层一线参加班组安全例会,肯定职工和家属的付出与表现,收到很好的效果。

四、企业安全文化建设效果评价与持续改进

安全文化建设是系统工程、长期工作,需要持续改进,提升建设效果。在安全文化建设过程中,全面开展安全班组建设,夯实班组"三基"管理,激活"神经末梢",要注重安全文化建设成效的阶段性评估。根据企业安全文化建设目标,从人、机、环、管等方面制定量化评价指标,找差距、找不足,及时对建设方案、路径乃至人员进行优化调整,强化建设成效。安全文化具体建设效果评价与改进体系如图2所示。

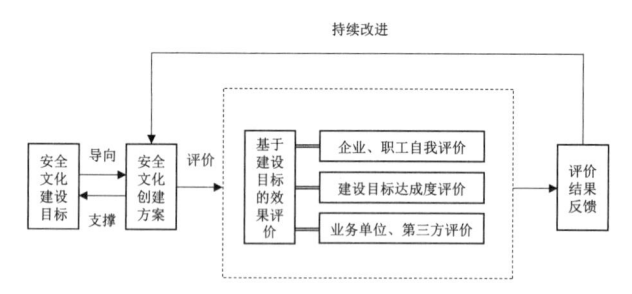

图2 安全文化建设效果评价与持续改进体系

五、结语

在对电力企业安全文化建设现状进行分析的基础上,从知识、能力、素养三个层次制定了电力企业安全文化建设目标,并从安全文化建设理念文化、制度文化、行为文化、环境文化方面制定了具体实施路径,最后提出了安全文化建设效果评价与持续改进方法,形成了一套系统的电力企业安全文化建设方法,对提高电力行业安全文化建设成效具有重要指导意义。

推行安全生产量化考评机制
以责任落实推动安全文化落地

华能澜沧江水电股份有限公司苗尾·功果桥水电厂　詹维勇　杨己能　高畅彬　李佳昌

摘　要：安全文化建设是企业安全管理的重要内容，成熟的安全文化通过内化于心、固化于制、外化于行，能够有效规范员工行为习惯，杜绝生产安全事故发生。苗尾·功果桥电厂认真践行电力行业"安全是技术，安全是管理，安全是文化，安全是责任"治理理念，通过推行安全生产量化考评机制，突出抓好全员安全责任落实，推动安全文化落地，以高水平安全保证高质量发展，有力践行了安全发展理念。

关键词：安全文化；电厂；量化考评；责任落实

华能澜沧江水电股份有限公司苗尾·功果桥电厂（以下简称电厂）是华能澜沧江水电股份有限公司下属二级单位，负责苗尾、功果桥两个大型水电站的生产运营管理，两个电站均按"无人值班"设计，采用"运维合一、远程集控"模式，是澜沧江流域首个实行"一厂两站"管理模式的电厂。电厂总装机230万千瓦，功果桥电站于2017年6月实现"无人值班"，苗尾电站于2021年4月实现"无人值班"，是澜沧江流域首个实施一厂两站"无人值班"的电厂。

多年来，电厂在长期的安全生产实践中逐步总结提升，形成了一套独具自身特色的"知、行、悟"安全理念体系，通过电厂组织层面和员工个人层面对安全理念的践行，转换成各层级安全生产责任的有效落实，形成了良好的安全生产业绩，电厂自2011年投产以来连续10年实现安全生产，先后获得云南省、全国安全文化建设示范企业称号。

电厂认真践行电力行业"安全是技术，安全是管理，安全是文化，安全是责任"治理理念，紧紧扭住安全责任落实这个"牛鼻子"，针对安全教育培训、外包工程管理等薄弱环节，建立了安全生产量化考评机制，促进了全员安全生产责任的有效落实，进一步巩固了安全文化成果，为电厂一厂两站、"无人值班"管理提供了坚实的安全保障。

一、基本做法

电厂将建立安全生产量化考评机制视为引导广大干部职工树立安全发展理念、提高安全工作能力的关键举措，围绕安全生产过程中"量化什么""谁来量化""怎么量化""为什么量化"这一主线，探索建立了"三考核两评估"的量化考核评价机制，使得安全生产责任落实可量化，安全工作考核更具针对性、可操作性和公正性。

（一）实行全员安全信用评价考核

结合各岗位安全生产责任制、到位标准及安全生产过程管控要求，编制了分层分级的安全信用评价考评标准，将安全责任落实、风险分级管控、隐患排查治理、反违章等主要内容均纳入员工安全工作信用评价。将电厂员工分为领导干部、班组长、一般管理岗位、一般生产岗位、其他管理岗位等五种角色，实施不同层级人员分级评比、依据得分按比例确认评价等级，每月发布安全信用评价结果及等次，各班组、部门据此作为内部安全工作奖惩依据，开展每月"安全之星"评选，同时作为电厂安全工作评先推优的重要依据。

（二）实行"一岗一标"安全教育考核

坚持"安全是一种技能"的理念，发布实施《生产员工安全教育培训积分管理实施细则》，落实安全生产理论知识和实训培训计划，将安全教育培训相关事项纳入积分管理，并制订生产人员岗位安全技能矩阵图，每月对照进行测评打分，通过量化积分情况科学评估人员参与安全培训及知识掌握情况，针对评估不考核人员实行重点帮扶，制定针对性计划强化培训，确保全员岗位安全应急基本能力达标。

（三）实行外包单位信用评价考核

坚持"四个一样"的管理原则，将外包单位及其常驻人员纳入电厂安全管理体系。发布实施《外包单位考核评价实施细则》，将安全管理、质量控制、施工进度、文明生产管理等按照不同权重纳入考评，根据外包单位承包项目数量设立对应基准分，每月对外包单位进行打分考核，现场选树标准化作业面，结合信用评价结果对不合格承包商采取约谈、考核、停工整改、"红黄牌"等整治手段。同时，参考电厂员工安全信用评价管理办法，开展常驻外包人员安全工作月度信用评价，筛选技术技能扎实、安全意识较强的外包人员，优先使用，保证了现场作业人员的稳定性和安全素养。

（四）实行实绩评估

坚持安全生产"现场工作法"，安全工作到现场抓落实，安全工作的业绩体现在生产现场。在对各级考核对象进行量化考评的基础上，月度安全会上由各生产班组、部门负责人就安全工作亮点及不足进行述职，安委会成员分别进行点评议绩，安委会办公室对照安全目标责任书否决指标、控制指标、关键指标等进行月度评分，并按季度进行通报，持续督促改进安全工作。组织开展生产班组小指标竞赛，将安全管理工作实绩的各项要素进行细化分解，作为小指标竞赛的评分项目，每季度实行评比考核，督促班组持续提升作业现场标准化管理水平。

（五）实行综合评档

坚持采用定量和定性相结合的方法，年底结合安全信用评价考核、"一岗一标"安全教育考核、安全绩效分解考核、外包工程信用评价考核、生产班组小指标竞赛等情况，开展多部门（承包方）、多层级间的横向对比和纵向分析，形成对考核对象的综合性分析结论，确定相应档次，提出评价建议，经电厂安全生产考核机构审议后实施，切实通过量化考评实现安全生产工作奖优罚劣。

二、初步成效

（一）发挥了较好的导向作用

通过实行月度评级、年度评档的量化考评机制，持续激励各级人员自觉落实岗位安全责任，在安全生产工作中争做"安全榜样"，营造了安全生产比、学、赶、帮、超的良好氛围。另外，在量化考评管理办法的改进和完善过程中，较好地落实了安全发展理念的要求，从考核内容确定、指标体系构建、考核手段选择、考核结果应用等方面均得到充分体现，引导广大干部职工对安全发展理念有了更深刻的理解、认识和把握。

（二）丰富了考核评价手段

电厂量化考评机制既突出了安全教育培训、外包工程管理的问题导向，也进一步强化了安全绩效目标导向，月度评级、年度评档均以量化考评成绩作为依据，以具体翔实的数据资料作为支撑，改变了以往定期考核以听、看为主，定性分析为主的传统方法。同时年度评档综合信用评价、安全教育考核、实绩考核等多种数据，实行多维度、开放式的综合考核，有利于从更多方面、更宽领域、更广角度了解考核对象的安全工作情况，多种考评方法互为补充、相互印证，保证了考评结果更加全面、客观、公正。

（三）突出了考核结果应用

在量化考评过程中，突出各部门、班组安全第一责任人履职评估，将部门、班组加减分事项均对应落实到安全第一责任评价结果中，通过抓住关键的人抓好安全生产过程管控，保证了安全生产责任的层层传递。另外，量化考核结果较为全面、准确，较为客观地反映了考评对象在安全生产中的履职尽责情况，广泛应用于评先推优、岗位晋升、职级调整，也为动态调整三级安全网管理人员提供了一定依据。同时，通过对考评过程中一些扣分事项的统计、分析，也能及时发现安全生产工作中的一些共性问题，在月度安全会议上进行集中点评，针对性制定并落实整改措施，确保安全风险持续可控。

三、几点思考

电厂量化考核评价机制经历过多次改进、完善，结合安全文化理念有效落地的要求，在机制健全和实施的过程中，主要有以下几点思考。

一是考核内容必须突出实绩重点，引导广大人员将安全工作落实到现场。量化考核机制中包含了多个环节，各环节量化评分体系构建中，必须始终把现场工作作为评价的重中之重，在一些重大生产攻关、改造项目中适当提高考核上限，建立容错机制，加大奖励加分力度，把"工作是否有利于现场生产安全"作为重要的评判标准，通过评估广大员工安全工作实绩和对应过程，来检验其安全素质和个性特点，从而形成以实绩论优劣的导向。同时，充分考虑到不同层级、不同岗位基本条件不对等的客观情况，按照分类的原则进行细化和量化，如生产岗位和行政岗位、班组长和一般生产人员等都需要进行区别量化，注重考量在同一基础条件下所产生的安全实绩，使得量化考评工作具有较强的可比性、针对性。

二是量化考评过程应做到全员参与，提高考评工作的透明度和权威性。量化考评工作是对全员安全生产责任落实情况的检测，考评对象为包含常驻外包人员在内的全体员工，考评应坚持按照自评、考评、公示、异议受理、审批、公布的流程开展，通过考评对象自评、公示监督及异议处理，突出了考评对象的主体地位，拓宽了考评工作的视野，提升了考评工作的开放度，提高了广大员工对考评工作的支持和认可度，尽可能地保证考评数据的准确性和权威性。

三是量化考核体系各部分考核内容应尽量衔接配套，体现整体性和可操作性。量化考核体系各部分考评内容独立开展而又相互衔接，如员工安全信用评价中包含安全教育培训内容，但更多的是体现员工在相关工作中的履职尽责情况，"一岗一标"安全教育培训考核则侧重于员工基本安全技术技能掌握情况考评，两者一脉相承，互有关联。实绩评估基于量化考评，但是又更加注重对实际效果的考察。通过不同内容、不同阶段考评结果的相互联系和验证，有助于进一步提高考核评价工作质量。

四、结语

国家能源局《电力安全生产"十四五"行动计划》对"推进安全文化建设"进行了重点部署，明确要构建完善电力安全文化建设评估体系，苗尾·功果桥电厂将进一步优化完善安全生产量化考评机制，立足全员安全生产责任落实，对各级人员安全意识、安全行为、安全能力、安全习惯等安全文化素养进行系统评估，进一步激发了电厂安全工作活力，营造安全生产良好氛围。

企业安全文化建设助推"一带一路"高质量发展

桑河二级水电有限公司　乔进国　杨建设　何云春　穆万鹏　徐文卓

摘　要：安全文化是员工规范行为的指南，引导员工采用科学的方法从事安全生产活动，是企业发展的精神支撑，是企业实现安全目标和安全愿景的文化动力，在助推"一带一路"高质量发展中发挥重要作用。本文以柬埔寨桑河二级水电有限公司（以下简称桑河水电公司）为例阐述境外企业通过安全文化建设助推"一带一路"高质量发展。

关键词："一带一路"；境外企业；安全文化；六强六安

一、引言

随着国家"一带一路"倡议的实施，海外水电项目规模日益扩大，特别是在东南亚"一带一路"重要途经地区投资水电开发、运营项目占比较大，而柬埔寨王国桑河二级水电站正是"一带一路"建设和柬埔寨能源建设的重点项目，随着电站的建设与投产运营，为践行"一带一路"品牌、创建世界一流水电厂和提升安全生产管理水平的需要，桑河水电公司通过安全文化建设，增强企业软实力，提供文化动力和精神支撑，形成以文化促管理、以管理促安全、以安全促发展的长效机制，助推"一带一路"高质量发展。

二、境外电站安全文化建设的基本原则

安全文化建设是企业一项基础性、战略性的工程，需要有计划、有组织、有手段、长期持续努力地推进，不可能一蹴而就。境外电站安全文化建设还要考虑境外项目的地域差异、文化差异和境外员工的文化素养。境外企业安全文化的推进和塑造，必须要有系统化的组织设计，必须要和当地文化结合起来，必须要和企业的发展战略目标结合起来，必须要和安全管理结合起来，必须要用制度来保证，必须要用机制来推进，必须要有一批具有职业精神和专业能力的企业文化管理人才来贯彻和落实。

（一）以人为本注重科学性

安全文化的核心是以人为本，在建设安全文化中，必须不断提高建设先进文化的能力，将以人为本的理念贯穿始终，实行更加人性化、科学化、规范化的管理方法，主动激发职工自觉把安全生产与自身利益、个人发展、家庭幸福紧密联系起来，以更加充沛的精力投入到安全生产当中，使每个职工充分认识到"安全生产就是体现职工自身价值"，引导和启发职工从生命价值体会安全文化建设的重要性，增强安全文化建设的亲和力和亲切感，以自身无穷的内在动力迸发出无止境的安全追求。

（二）把握规律注重预见性

安全工作虽然头绪很多，但有其内在规律可循，要抓住倾向性、苗头性的问题，把握住工作重点和关键点，抓好标准化作业的落实。积极发觉事物发展的趋势，善于从超前性、预见性、规律性和根本性的问题抓起，把握安全生产的内在规律，提高职工队伍综合素质，注重日常安全行为养成，灌输并使其理解安全工作的重要性，多做起长远作用、起根本性作用、起超前预防作用的工作。

（三）全员参与注重自觉性

紧紧依靠职工群众，时时刻刻尊重职工群众，充分发动职工群众积极广泛地、实实在在地参与安全文化建设，调动职工确保安全生产的积极性、主动性和创造性。从职工的日常行为和自觉性入手，充分发挥导向、凝聚、约束、激励和辐射作用，启动职工"关注安全，关爱生命"的内在动力，教育和激励职工积极投身到培育企业安全文化之中，更好地促进职工安全理念的认同和安全行为的养成，使人人要安全、人人保安全成为一种自觉，体现出安全文化实实在在的效果。

（四）中外结合注重全面性

柬埔寨王国电力工程大部分还是依靠其他国家从技术上、管理上提供支持，尚未形成健全的安全文化建设体系，同时存在境外电站地域差异、文化差异和境外员工的文化素养差异。坚持国际化发展思路，通过跨文化国际传播，对属地化管理给予充分重视，多途径培养境外员工的安全文化认知力和适应性，增强境外安全文化辐射作用。

三、境外电站安全文化建设途径

为践行"一带一路"品牌、创建世界一流水电厂和提升安全生产管理水平的需要，促进和确保形成稳定、良性的安全生产和安全管理局面，桑河水电公司以创一流工作为契机，通过打造境外项目"六强六安"安全文化体系、提炼境外项目安全文化新理念、编制中柬文安全文化手册、制作安全文化墙、推进安全文化示范企业创建等举措，推进安全文化建设。

（一）做好规划，加强安全文化建设保障

按照国家有关安全文化建设指导意见，组织制定桑河水电公司安全文化建设实施方案，成立以主要领导为组长的组织机构，统一思想，明确目标，制定实施步骤和工作措施，建立安全文化建设责任体系、教育培训体系、管理监督体系、考核评价体系，动员全员按照统筹方案、自上而下、整体推进的模式开展安全文化建设工作。

（二）管理创新，建立境外项目"六强六安"安全文化体系

桑河水电公司将安全文化体系建设列入安全管理和创一流重点工作，通过开展《境外项目"六强六安"安全文化体系管理创新与实践》课题研究，实现了安全文化体系的创建。以培育安全核心价值观为主题，以落实各级人员安全生产责任为基础，以提高员工安全素质为主线，以优化安全管理和基础条件为抓手，推进安全文化深入发展，形成以文化促管理、以管理促安全、以安全促发展的长效机制，形成了境外项目"六强六安"安全文化体系，即"强思想、文化统安，强体系、基础固安，强培训、人才强安，强执行、责任守安，强精益、细节保安，强创新、科技兴安"的安全文化体系，提升了安全生产自我约束、自我完善、持续改进、平稳发展的能力，营造了良好的安全文化浓厚氛围，为桑河水电公司安全发展提供文化动力和精神支撑。

（三）总结提炼，注入安全文化新理念

桑河水电公司以安全生产管理体系为基础，结合境外发电企业和安全生产实际，通过征集、投票方式，从中总结、提炼出具有境外发电企业特点的安全文化核心理念内容，其中包括"安全第一、预防为主、综合治理"的安全方针、"安全就是信誉、安全就是效益、安全就是竞争力"的安全价值观念、"提升本质安全、打造行业标杆、引领安全发展"的安全愿景、"以人为本、绿色发展、合作共融"的安全使命、"管理零漏洞、人员零伤害、设备零障碍"的安全目标、"知安全之重、行安全之本"的安全承诺，形成全员认同的安全文化理念。

（四）宣传引导，营造和谐守规的良好安全文化氛围

桑河水电公司在生产、办公区域或网络平台加强宣传引导，制作安装包括安全文化理念、安全生产法规、安全生产荣誉榜和曝光台、安全作业、绿色发展宣传内容的安全文化墙，加强安全文化氛围渲染，达到全员安全价值的共识和安全目标的认同，引导全员理解、接受并执行安全文化理念。印制中柬文《安全文化手册》，包含企业简介、安全文化理念诠释、安全文化体系构架等内容，通过中柬两种文字对安全价值理念进行诠释；中柬员工通过学习和践行安全文化，谙知、领悟安全文化寓意、内涵，让安全文化内化于心，外化于行，统一员工思想、规范员工行为，提升安全生产自我约束、自我完善、持续改进、平稳发展的能力。

（五）成果推广，推进安全文化建设示范企业创建

总结安全文化建设先进经验和优秀成果，加强交流、研讨，注重文化创新成果应用。总结《境外项目"六强六安"安全文化体系管理创新与实践》管理创新成果，积极申报管理创新成果；提出打造安全型、学习型、管理型、团队型、技术创新型、国际合作型"六型班组"目标，提炼班组安全文化理念，对照安全管理标准化班组评价标准定期查评，根据查评情况推选申报安全管理标准化示范班组；推进安全生产标准化达标评级、安全生产管理体系集团确认，积极争取上级单位和柬埔寨当地政府有关安全生产先进单位荣誉称号，对照评价标准进行自查，及时发现不足并加以整改，创造安全文化建设示范企业申报条件，推进安全文化建设示范企业

创建。

四、境外企业安全文化建设助推"一带一路"高质量发展的实现

安全文化一般包括安全观念文化、安全行为文化、安全制度文化和安全物态文化，可以通过4种不同形态的安全文化建设措施落实推动"一带一路"高质量发展。

（一）安全观念文化内涵与措施

安全观念文化是在企业生产经营活动中所形成的，并为全体员工所认同和信守的安全文化理念意识形态的概况和总结，是安全文化的核心和灵魂，很好地发挥着导向功能。桑河水电公司安全观念文化实现的具体措施如下。

1.站位新高度，把握新形势

从讲政治讲大局的高度，始终把安全工作作为"第一意识、第一责任、第一工作、第一效益"抓实抓细抓常，做到为大局工作服务、为中心工作服务、为整体工作服务。

2.提炼新理念，注入新思维

以安全生产管理体系为基础，结合境外发电企业和安全生产实际，总结、提炼出具有境外发电企业特点的安全文化核心理念内容，引导全员理解、接受并执行安全文化理念，成为引领广大员工统一意志、规范行为的指南。

3.谋求新方法，力求新作为

坚持党政同责、一岗双责、齐抓共管、失职追责，坚持"三个必须"原则要求，把安全作为政治上、责任上、工作上的一号工程，贯彻落实到安全生产的全过程，发挥党建在安全生产中的引领保障作用，党支部在安全生产中的战斗堡垒作用，班组在安全生产中的基础保障作用，党员在安全生产中的示范带动作用，共同维护公司安全生产局面。

4.营造新氛围，增添新动能

深入开展安全生产奖惩，落实安全生产先进评选和推荐、安全绩效考核、安全生产考核、安全信用评价、红黄牌等奖惩措施，营造比学赶超的良好安全生产氛围。

（二）安全制度文化内涵与措施

安全制度文化是安全观念文化转化成安全行为文化和物态文化的纽带，是安全观念文化固化于制度的具体体现，提供了安全规则，明确了安全操作、监管、责任等规定，使安全工作有章可循、有规可依，是保障安全生产的根本措施，很好地发挥着制度约束功能。桑河水电公司安全制度文化实现的具体措施如下。

1.坚持责任担当，健全安全生产责任体系

制定全员安全生产责任清单，做到全员明责知责，各负其责；签订各级安全目标责任书，做到尽责免责，失职追责；开展安全生产责任制落实评估，做到立责于心，履责于行。坚持责任担当，切实建立起"层层负责、人人有责、各负其责"的全员安全生产责任体系。

2.坚持综合治理，健全安全生产管理体系

结合境外电力企业安全生产实际，遵循"写我所做、做我所写"的原则，以法律法规、行业标准、上级单位制度要求为准则，建立覆盖全部业务流程的安全生产管理体系，真正做到"凡事有章可循、凡事有人负责"。

3.坚持源头防控，健全安全风险防控体系

组织专业力量和全体员工全方位、全过程辨识生产工艺、设备设施、作业环境、人员行为和管理体系等方面存在的安全风险，制定安全风险管控措施，实时更新公司《安全风险数据库》，真正做到从源头防控，健全安全风险防控体系。

4.坚持科学应对，健全应急管理应对体系

定期开展应急能力建设评估，做好安全风险评估和应急资源调查，建立完善的安全生产动态监控和应急预警预报体系，落实防范和应急处置措施，变事后处理为事前预防；制定应急预案，规范开展演练活动，提高公司应对突发事件的应急处置能力。

5.坚持岗位对标，健全安全生产培训体系

深入学习习总书记有关安全生产重要论述、指示批示精神，开展警示教育、家庭亲情式安全教育、安全文化理念专题宣讲，宣传、引导、教育、促使员工树立正确的安全价值观，筑牢安全思想防线。组织特殊岗位员工参加取证培训及考试，满足持证上岗和安全生产的需要；开展岗位安全能力和任职资格考试，提升全员履职能力；开展专业技能竞赛、安全应急技能等竞赛活动，提升员工安全技能水平。深入实施属地化管理，完善中柬文对照的安全管理资料库；采取以老带新的方式，发挥传、帮、带作用，实现对运行维护技术技能的传授，提升柬籍员工技术技能水平，为柬埔寨水电事业发展培育优秀的技术技能人才打下基础。

（三）安全行为文化内涵与措施。

安全行为文化是在安全观念文化引领和安全制度文化约束下，员工在生产经营活动中的安全行为准则、思维方式、行为模式的表现，是安全观念文化的反映，也是安全制度文化固化于形的具体体现。桑河水电公司安全行为文化实现的具体措施如下。

1. 理清事，知责明责各负其责

增进全员对规章制度的理解和认同，发挥三级安全监督作用，形成"靠制度管人、按制度办事"的工作秩序，通过监督执行、教育纠偏、考核问责、跟踪整改的闭环管理方式，使规章制度切实服务于安全生产工作实际。

2. 管好人，全员全过程全方位

作业严格执行"两票三制"，强调"两票"办理和执行的规范性；危险作业严格作业前的专项方案编制审批、现场安全交底和旁站监督制定，重大危险作业过程执行"三监护"，机组检修操作执行"双监护"，确保作业安全。

3. 做到位，纵向到底横向到边

强化以点带面、触类旁通、动态管控、闭环管理的工作机制，从深度、广度加大隐患整治力度，做到全覆盖、无死角，消除安全隐患，建立起全员隐患排查治理长效机制；坚持以"三铁反三违"，保持反违章高压态势，严肃追究责任，促进"要我安全"到"我要安全"转变，建立起全员反违章的长效机制。

4. 强弱项，外包工程同等管理

不断完善外包工程安全管理制度，强化制度标准的刚性执行，守住招标关和准入关，加强监督管理，开展外包项目安全信用评价和安全管理评价，落实外包单位红黄牌和"黑名单"制度，推动外包工程安全管理水平提升。

5. 严考核，多方式同连带格局

强化安全生产奖惩制度刚性执行及失职追责的事后监管，严肃考核，实行责任连带机制，保持追责问责的高压态势，形成了"一级抓一级、层层抓落实、责任全覆盖"的工作格局。

（四）安全物态文化内涵与措施。

安全物态文化作为安全文化的最直接的表现形式，能够反映企业安全管理的理念，折射出安全文化的成效，是企业安全文化建设的载体，生产过程中的物态文化主要表现在设备设施的本质安全性，安全装置以及仪器、工具的安全可靠性等。桑河水电公司安全物态文化实现的具体措施如下。

1. 标准化管理，营造安全文明生产环境

加强安全设施标准化建设，安全生产条件不断改善，营造一种物态的安全氛围，为员工创造一个安全、舒适、和谐的工作环境，让员工充分享受先进文化带来的安全信心和可靠感。

2. TPM管理，促设备设施长周期稳定运行

以实现"无人值班"为目标，以"降缺陷、控非停"工作为切入点，做好技术监督和可靠性分析指导，加强检修过程管控，提升检修质量，消除设备缺陷，以"零缺陷"保"零非停"。

3. 规范化管理，可视化和工单化落地生根

积极推行工作可视化和工单化，加强安全内业管理水平的提升，本着规范、实用原则，健全一套管理清晰、职责明确的内业资料。建立完整的安全学习电子台账，制定风险分级管控清单、典型工作票和操作票，规范开展班前会和风险预知活动，落实"五个一"工作，提升规范化和精细化管理水平。

4. "7S"管理，企业形象和员工素质双提升

充分认识"7S"管理对提升安全生产管理水平和员工素养的促进作用，深刻领会丰富内涵，深入推进生产、办公区域"7S"管理。建立"7S"管理样板区，采用推广与整改、打造与稽查并重的方法，使"7S"管理成为员工内在自觉行为，生产、办公区域整体形象得到全面提升，真正做到"内强素质、外塑形象"。

5. 以人防为中心，打造智慧安全管理平台

利用"互联网+安全"理念，依托澜沧江公司安全管理信息化平台现有资源拓展开发智慧两票及安全生产风险预警系统，建设高风险作业现场实时监控终端，推进"智慧安监"管理平台建设，将两票的执行要求固化至信息系统中，建立电子化的两票过程管控机制，实现精细化的两票业务过程管控，破除传统管理方式无法抵达的业务过程死角，实现主动的安全分析预警，打破传统的事后安全管理、作业过程以作业人员意识为主的被动安全管理局面。利用移动摄像头、工业电视及高风险作业现场监控系统通过远程交互终端，对每个正在进行中的高风险作业活动进行全程监护。"智慧两票管理及安全生产风险预警系统建设"和"高风险作业现场实时监控终端建设"两个项目荣获第十五届发电企业信息技术与应用创新优秀成果一等奖。

6. 以物防为基础，打通应用壁垒，实现多系统联动

利用澜沧江公司安全管理信息化平台，实现隐患排查治理、反违章、外包工程管理、事故事件等工作信息化管理，深挖信息系统各项管理工作的数据统计、分析，为安全管理提供科学依据，提高工作效率。完成厂区、营地智慧门禁系统建设，提升境外恐怖袭击突发事件和疫情应对处置能力。

7. 以技防为保障，推进智慧电厂建设

为深入贯彻落实澜沧江公司提出的"状态检修，运维检合一，无人值班，大轮班"新型生产管理模式下的智慧电厂建设目标，桑河水电公司结合《无人值班管理实施方案》，开展数字化转型和智能升级，引入"远程＋现场""人工＋机器人智能""流程规程＋数据分析""边缘智能＋云端智能"等智能技术，对现有的基础设备、设施进行改造升级，构建智能发电运行控制支撑系统和智能发电公共服务支撑系统，提高发电智能化水平，实现电站安全、高效、清洁、低碳、灵活运行，更好满足电网（用户）的需求。

五、结语

境外电站安全文化建设总体思路和途径与国内有着不同之处，在电站的开发运营中，不仅要把中国先进技术、设备、标准和管理带出国门，还要把成熟的安全文化建设经验就地应用和融合，桑河水电公司通过建立健全"六强六安"安全文化体系，为企业安全发展提供文化动力和精神支撑，取得了显著的经济效益和良好的社会效益，营造了积极正面的企业形象，为中国华能集团有限公司在东南亚建设"窗口电站"、拓展"中国华能"企业品牌形象打下了坚实的基础，也为澜沧江公司境外水电项目安全生产工作提供了思路及参考依据，有效助推"一带一路"高质量发展。

创建"合和开"文化理念
打造安全文化精品工程

华能龙开口水电有限公司　张德选　王建波

摘　要：文化底蕴的深度代表着一个企业的发展潜力，内在的深层次动力之源。安全要形成一种内外公认的文化，需要企业付出艰辛而持久的努力，其中包括资金、时间、阵痛和压力。作为高危行业，员工从事着高风险的职业，企业安全发展如履薄冰。经过多年的探索、实践，龙开口公司形成了独具特色的"合和开"安全文化，将安全理念深入人心，安全生产平稳有序，为公司打造一流水电站打下了坚实基础。

关键词：文化理念；安全文化；精品工程

华能龙开口水电有限公司（以下简称龙开口电站）于2007年9月开始筹建，2009年1月21日实现大江截流，2013年实现"一年四投"，2014年1月最后一台机组投产，成为云南电网统调装机突破5000万千瓦的标志性机组。电站安装5台36万千瓦机组，总装机容量180万千瓦，设计年发电量74亿千瓦时。截至2021年年底，累计发出绿色电能705.2亿千瓦时，节约标准煤2211万吨。

在运营前期，龙开口电站也经历了一些小插曲、小坎坷，有设备安装、质量缺陷的问题，也有人员技能、安全素养的问题。但是通过电站全体员工近年来齐心协力，不断优化提升，电站已连续多年实现"零事故、零伤害"，电站机组三年无非停。回顾电站走过的路程，我们清晰地认识到：只有结合公司实际，打造具有自身特色的安全文化理念，才能夯实安全生产基础，不断突破自己，强化公司安全生产根基。

一、敢于担当，树牢安全发展理念

安全文化要有坚定的理想信念，一直以来，龙开口公司坚持"生命重于泰山"的原则，全体员工自上而下深入学习习总书记关于安全生产重要指示，将安全生产摆在重要位置、首要工作，把人的生命安全放在第一位置。每年年初制定《党委理论学习中心组学习计划》，每季度的学习计划中设置了安全专题交流研讨环节，将安全生产作为专题来学习。严格落实《中华人民共和国安全生产法》规定的企业负责人职责，企业主要负责人亲力亲为，靠前协调，其他负责人自觉履行各自的安全职责。建立了公司领导现场检查记录机制、明确了公司领导具体联系的班组，每年对公司领导参加安全活动、深入现场检查次数以及隐患排查情况进行统计，并在公司主页上进行公示。2021年全年公司主要负责人深入现场检查共计82次，参加班组活动24次，安全大检查发现各类隐患182项。通过企业领导的模范带头作用，极大地促进了各级岗位人员履职尽责的积极性和自觉性。公司向全体员工发出了倡议：要以他人之心为己心，推己及人，敬畏生命、确保安全。

二、不断总结、提炼，探索独具特色的安全文化理念

龙开口电站安全文化的核心是以人为本，在于触发人的内心需求，从实践经验来看，一个人内心认同了一个原则、一个理念，他就会不折不扣地去执行，从外部推动型的"要我安全"转变为内在自生型的"我要安全"。这种转变事实上在推动管理方式、手段的变革，现场不再过分强调安全管理人员对所有工作面的强制监督，而是实现了保障主体的自主监督、自主完善。

龙开口电站作为华能澜沧江水电股份有限公司实施"跨流域"发展战略的标志性工程，自筹备伊始，就始终以华能"三色"文化为引领，紧紧围绕安全文化引领可持续安全生产的目标，结合工作实际，积极深化、拓展，探索形成了具有龙开口公司特色的安全文化——"合和开"安全文化。其核心理念就是"合和开"："合"包括了合作、合力、合思三层含义,合作更合力,合力先合思;"和"包括了和谐、和顺、和悦三个层次,和谐是基础,和顺是关键,和悦是结果,和谐促和顺,人人享和悦;"开"包括了开放、开拓、开明三层意思,开放并开拓,自然得开明。在安全文化建设模式上,我们提出了"安全理念植入三阶段、安全文化建设四参与、安全文化建设五步骤、安全文化建设六追求"模式。

三、加大安全管理投入,夯实安全管理基础

企业安全管理切忌"又要马儿好,又要马儿不吃草",安全管理必须要有相应的投入。党的十九届五中全会提出,要统筹发展和安全,要用高水平的安全,推动高质量的发展。只有不断加大安全投入,才能获得高水平的安全。

1. 加大管理体系、机制的投入

以现场为标杆,提升管理制度与实际的贴合度。强调全员参与、持续优化改进。强调员工参与安全管理、制度建设的重要性和关键作用,利用"合理化建议"方式,征集广大员工在制度执行过程中发现的问题和制度进一步简洁优化的建议,科学采纳完善,实现制度持续改进。将84个体系文件调整为71个,精简管理流程,提高体系文件指导性、简洁性和操作性。整理收集并更新公司适用法律法规、标准规范文件共计405份,为管理制度、标准的完善提供了法律和行业规范指导。

2. 加大措施落实的投入

龙开口电站每年年初根据本年度安全措施落实计划制定两措费用,并根据实际情况进行调整。2021年完成两措80万元,2022年计划投入两措135万元,增长率要达到68.7%。全力推进数字技术与安全监督管理融合,加快建设智慧安监平台,通过数据赋能提高安全监管质量和效益,提升安全监督现代化水平。完善安全生产管理信息系统优化工作,开发"安全绩效""安全信用评价""防洪度汛""安全教育培训考试"等5个功能模块,年内实现网络在线"安规"考试。2021年,龙开口公司研发的"发电企业安全综合管理软件V1.0"获得计算软件著作权登记证书,"安全综合管理平台模块研发与应用"获云南省2021年电力职工技术创新一等奖,中电联2021年度电力职工技术创新三等奖。

3. 加大人力资源的投入

基层员工安全文化的素养、技能水平直接关系到安全生产,一直以来,公司高度重视员工技能提升工作,希望通过员工技术、技能的提升,规范自我行为,达到本质安全的目的。针对培训工作,公司扎实开展培训需求调研、计划编制、培训实施、效果评价、总结提高等环节管理,组建应用较有特色的安全教育培训室,员工安全应急技能实行一人一档制,确保人人过关。多年来,公司多名员工参加行业、集团公司、澜沧江公司技能竞赛,并取得了优异成绩。获得了云南省第十五届职工技术技能大赛团体第一名、电力行业技能人才培育突出贡献奖、安全管理标准化示范班等荣誉。

四、强化安全监督管理,提升精准监管执法能力

安全管理要有制度为支撑,也要有专人来抓,有能力的、敢于打破"情面"的人来抓。从这个层面来看,监管质量的好坏最终还是要归结到人。人对了,制度就对了,监管质量也就提升了。公司坚持"以人为本"的思想,在管理中将人的因素放在首位,充分运用人本原理,通过建立、优化管理制度,激发人的动力,规范人的行为。建立并不断完善了《安全生产奖惩实施细则》《各部室安全绩效考核指标及评分标准》《安全生产责任制及到位标准》《安全生产培训管理标准》等,充分发挥制度的强制力和约束力,实现了对安全工作的重奖和重罚。高度重视监管人才队伍建设,通过奖励的方式鼓励全员参与注册安全工程师取证考试。目前,公司拥有23名注册安全工程师,占员工总数的17.2%。为充分调动注安师的积极性,发挥其安全专业技能,探索形成了独具特色的注册安全工程师年度任务清单及评价机制。2021、2022年连续两年制定并发布了《注册安全工程师年度安全生产任务清单、评价要求及评分表》,从八个方面明确了具体工作任务并制定了相应的评价标准。2022年年底由注安师开展自我评价、提交安全管理部门开展评价确认,最后由公司领导签发发布。通过建立规范化、流程化的注安师评价管理流程,实现了"公司统筹规划、个人自主管理、年底统一总结"的注安师管理机制。

制度在前,监管在后。通过淘汰落后的制度、优化不符合实际的条款,使管理制度更贴合实际。通过培训、取证的方式提升安全监管人员的能力素质,使现场监督更具有说服力和权威性。一切以制度为准绳,以法律法规为依据,形成制度管人、流程管事、监管靠人、执法精准的良好局面。2021年,16名员工获得"年度安全类先进个人"荣誉称号;

6个集体获得"安全类先进集体"荣誉称号；2个外包单位获得"安全文明施工先进外包单位"荣誉称号；4个施工项目工作联系人获得外包工程项目安全重点管控奖励。全年共考核38人/次，其中违章8起。

五、结语

安全没有终点，只有起点。要清醒地认识到：目前公司安全基础还不牢固，还处于爬坡过坎期，要聚焦安全工作重点，增强自身的责任感和使命感。安全管控不是一朝一夕，考验的是人的耐性、管理的持久性，要坚持标本兼治，坚持"常、长"二字，要学会不断总结，提炼好的经验做法，坚持并持续优化，将机制落实到日常安全工作中，为公司高质量发展保驾护航。

参考文献

张大鹏. 弘扬"合和"文化 实现企地共赢[J]. 社会主义论坛,2017（01）：48.

地市供电企业构建以安全文化为引领的安全生产"大监督"体系

广东电网有限责任公司肇庆供电局　李　晋　马　毅

摘　要： 安全生产"大监督"体系是指借助安全巡查、安全检查和督查、安委会会议等机制和平台，全方位监督和推进安全生产在各领域、各专业、各层级更好地落实落地。作为电网中基础单位的地市供电企业如何构建安全生产"大监督"体系是南方电网公司本质安全型企业建设中急需解决的问题。本文结合广东电网有限责任公司肇庆供电局（以下简称肇庆供电局）实际工作，分析和研究了地市供电企业安全生产"大监督"体系落地的有效途径，系统阐述了地市供电企业安全生产"大监督"体系建设的目标、内容及方法。

关键词： "知行、星火"安全文化；"大监督"体系；本质安全型企业

电力行业属于高危行业，历年电力行业安全事故多发频发，作为整个电网企业管理执行层的地市供电企业安全生产形势异常严峻，因此在本质安全型企业的建设过程中需要构建一套有效容易落地的管理体系，来支撑国家层面提出的"两个至上"和南方电网提出的"双零"目标，因此肇庆供电局经过长期的经验总结和大胆创新，提出构建以"知行、星火"安全文化为引领的安全生产"大监督"体系，打造本质安全型企业。

一、构建"知行、星火"安全文化，解决思想的问题

"知行"一是代表管理层"科学策划、协同贯穿、全局一盘棋"；二是代表执行层"权责清晰、本质安全、精简要落地"；三是指"一切事故都可以预防"的安全理念真正融入业务中，员工的价值认知认同和行为是一致的。"星"文化是肇庆供电局企业文化的核心，它包含三层意思：一是彰显肇庆本土元素，深深扎根悠久的岭南文化，九个县区星罗棋布，文化特征各具特色，共同形成上下同心、全员参与的集体意识和文化符号；二是借用星之光与亮，寓意点亮"万家灯火"，取意"暖心同行"，代表"人民电业为人民"的南网情深，表达了企业奉献光明、凝聚真情的初心使命；三是特指安全文化四个子星：人身安全之星、设备安全之星、电网安全之星和科技兴安之星。"火"是源于对肇电人百年追求光明奋斗历程中各种优秀品质的提炼，它代表着肇庆供电局对于发展过程中精神与品质的传承。

将大监督体系构建融入"知行、星火"安全文化建设中，加强安全文化引领，结合一线班站所安全管理和班组建设实际，扎实开展每年"安全生产月""安全生产万里行"各项活动，丰富优化"三不一鼓励"等正向激励举措，健全完善员工安全行为培育及经验分享机制，打造班组安全文化阵地，持续改善班组生产生活条件，大力宣传安全生产先进典型榜样，营造"安全光荣""遵章光荣""违章可耻"的浓厚氛围。

二、地市供电企业安全生产"大监督"体系的定义

安全生产"大监督"体系[1]是指通过强化各业务部门"自监督"的能力、搭建穿透式的监督模式、形成横向的安全综合监督、加强事故事件后管理、加强安全文化建设等手段，全方位监督和推进安全生产在各领域、各专业、各层级更好地落实落地。一是继续夯实各级主要负责人直接管理安全监督工作职责，提升综合监督威慑力。整合优化安全生产巡查[2]、例行检查、安全督查等方式，提升深层次问题挖掘实效，做好巡查后半篇文章。二是加大"横向"监督力度[3]，利用安全监督信息管理平台，综合监督各业务部门履职尽责情况。三是创新作业现场安全督查方式[4]，综合应用"线上+线下"模式，建立"专项督查、定期通报"机制[5]，推广应用线上远程作业视频监管，结合线下"四不两直"的现场

督查，提升作业监督覆盖能力。

三、地市供电企业安全生产"大监督"体系建设的目标

地市供电企业安全生产"大监督"体系注重对安全生产责任落实和管理体系运转情况监督，持续加强季节性安全生产大检查、专项安全督查、"四不两直"飞行检查，创新开展安全生产巡查，深挖存在问题和管理根源，优化考核问责机制，实现抓早抓小、关口前移，促进整改提升，强化责任落实，"见人见事见管理"，推动安全管理持续改进。实现牢守电网安全稳定生命线，杜绝大面积停电事故，杜绝重大设备损毁事故，杜绝群死群伤人身事故，杜绝对社会及公司造成重大不良影响的网络安全和涉电公共安全责任事件的目标。

四、地市供电企业安全生产"大监督"体系建设的内容及方法

（一）强化各业务部门"自监督"的能力

督促各业务部门履行"管业务必须管安全"的职责，构建安全生产齐抓共管的氛围，安监部作为守底线的部门，要做好对各业务线履职情况的监督，及时反馈通报存在问题，解决目前各业务线重指标、安全管理缺位的现象，导致安监部守底线压力加大，底线频繁被穿透的现状。

（二）搭建穿透式的监督模式

实施督查大队线下点检+作业监控中心的线上点检，搭建起线上重点点检作业行为，线下重点监督安措落实的穿透式监督模式，形成"常态可视化监督+突击线下督查"相结合的监督手段，倒逼现场作业人员规范作业，拓宽了监督手段，革新了监督模式。联合创智办研发点检系统，开展全链条的自动数据核查，点检作业的全过程，有效筑牢安全生产的最后一道防线。

（三）形成横向的安全综合监督

安全监管逐步完成向管理监督的转变，从制度、体制、管理层的策划和执行层面开展监督。转变角度，从基层发现的问题深入查找管理层存在的缺失，实现安全监管向管理层延伸。逐步把安全监管的触角延伸到源头管理，如查找发现规划、基建、物流源头环节存在的问题，实现从源头管控，解决根本问题，从以前的"治标"向"治本"转变。一是通过班站所点检，追溯业务管理部门在工作承接策划、培训宣贯指导方面存在的问题，及时反馈业务部门，形成问题追根溯源机制，逐步改变"基层发现问题—基层整改问题"的表面闭环模式，要根源挖掘、根源追溯，找到未按要求执行的管理原因。二是建立年度重点工作方案点检机制，目前在重点专项方案横向协同、纵向贯通的实施过程中仍然存在问题，"表对表承接、邮件对邮件"的执行落实现象突出，部分涉及到专业部门的方案落实情况欠佳，需要建立年度重点工作方案定期实施点检机制，督查摸底各业务部门的完成情况，及时发现问题，及时督查整改，确保相关专项方案落地实施。

（四）加强事故事件后管理

1. 严守"四不放过"的底线

一是事故事件原因未查清不放过，所有的事故事件都要开展原因调查，分析存在问题，对六七八级事件由各县区局安监部牵头组织调查，局安监部做好监督闭环工作，对于五级及以上和人身事故事件，由局安监部牵头开展调查，按照"一事件一分析一闭环"的原则开展，深挖事故事件背后的管理原因和根源性问题，对于重复性和重大事故事件，联合监督部开展一案双查，在调查履职问题的同时调查廉洁问题；二是责任人员未处理不放过，按照事故事件调查结论，比对岗位风控手册和工作历，按照尽职照单免责、失职严肃问责的原则实施问责，营造严管的态势；三是整改措施未落实不放过。强化对事故事件后的管理，监督整改措施的闭环整改，按照安全巡查"五个一"（一问题一分析一整改一验证一销号）的工作要求完成整改闭环，防范重复性事故事件的发生；四是有关人员未受到教育不放过。对典型事故事件发生经过、责任人问责情况通过会议、融媒体进行通报，让所有人有所警示，有所触动。

2. 调查向源头延伸

事故事件调查在分析发生原因的同时，要分析源头存在问题，及时向规划、基建、物流等源头部门进行反馈，及时调整策略，实现从基层一线向源头策划层的输出，实现"前线和后方"的双向联动，从源头解决问题。

3. 重闭环整改验证

建立事故事件管理闭环验证点检机制。对所有的事故事件整改措施明确整改期限，责任单位完成整改后审核点检验证销号，按照安全巡查发现问题的"五个一"整改闭环要求执行，未验证通过的不允许销号，强化闭环管理，严防重复事故事件的

发生。

4. 做好角色定位

发生涉及人身的事故事件时，业务部门为主责，安监部按照履职到位情况负连带责任。安监部作为全局人身的归口管理部门，所有的核心业务都围绕对人身风险管控开展，如督查大队的安全督查，作业监控中心的视频监督，体系的系统化思维、监督的人身专项提升方案、隐患的排查治理等大部分核心业务都是围绕人身管控开展，因此当发生涉及人身事故事件时，业务部门按照"管业务必须管安全"的职责认定负直接责任，安监部在人身归口管理中按照履职到位情况，负连带责任。发生其他事故事件时，业务部门为主责，安监部应扮演"警察"的角色，按照"四不放过"原则开展事故事件调查，致力于发现短板、警示教育、监督整改闭环。

在目前的部门构架和业务分工模式下，专业归口管理一般都是在业务管理部门，如继保二次保护定检归口系统部监督管理，主配网设备巡视、预试定检归口生技部实施专业监管。当发生设备类等事故事件时，专业部门应开展技术分析，安监部应该充当"警察"的角色，按照调规的"四不放过"原则开展事故事件调查，发现短板，开展责任追究，让所有人"有触动、有改变、有提升"，并监督整改措施闭环管理，以改变全体员工对事故事件的正确认识，彻底改变"违章严问责，导致事故事件的掩盖或降低问责标准"的现象。

5. 实现事故事件管理向"未遂事件"管理转变

实现未遂事件管理替代事故事件管理，将风险关口前移，杜绝事故事件的发生，进而达到管控抢修作业，从而实现全面的计划管理，无计划不作业，实现从源头管控作业风险。

五、结语

地市供电企业要通过强化各业务部门"自监督"的能力、搭建穿透式的监督模式、形成横向的安全综合监督、加强事故事件后管理、加强安全文化建设等手段，有效构建安全生产"大监督"体系。该体系的构建可以有效提升安全监督的深度与广度，推动做好监督后半篇文章，分析各级管理人员履职尽责情况，聚焦安全生产管理工作中的形式主义和官僚主义，揭示安全生产管理突出问题，促进安全生产责任制在各级管理层和各业务领域落实到位。

参考文献

[1] 陈立伟. 建立安全生产大监督体系的思考 [J]. 电力安全技术, 2009, 11(006):4-7.

[2] Song T. Solving Safety Management Difficulties and Promoting Sustainable Development of Enterprises by SCORE[J]. Coal mine safety, 2019, 050(006):272-275.

[3] 毛吉平. 多产业安全生产风险管理体系构建与应用 [D]. 西安：西安科技大学, 2020.

[4] 郝春, 董宇, 吴孚辉. 电力企业安全培训体系建设研究 [J]. 中国电力企业管理, 2020, No.600(15):42-43.

[5] 张海军. 丰富安全文化构筑多元防护屏障——国网江苏宿迁供电公司加强安全生产管控记 [J]. 安全生产与监督, 2019(6):48-49.

浅析企业安全文化落地实践

陕西能源赵石畔煤电有限公司　王学民　吴智乾　要振华

摘　要：企业安全文化建设的最终目标是落地，通过企业安全文化落地工程，将企业奉行的安全文化根植到广大员工的思想上，作用于员工的行为中。安全文化如何落地一直是企业在建设安全文化过程中的关键问题，能够在企业基层成功落地的安全文化，将全面提升企业事故防范能力，为企业安全生产保驾护航；反之，则形成"两张皮"，安全文化建设沦为"纸上谈兵"。

关键词：思安；行安；同质化；三会一能

陕西能源赵石畔煤电有限公司（以下简称赵石畔煤电）自2018年开始创建"知·行"安全文化，从顶层设计层面提出了以"安全三化"为根基，以"四大体系"为树干，以"八大要素"为枝叶，以"五五模式"为果实，以"君子文化"为阳光雨露的"知·行"安全文化建设模式。在推行"知·行"安全文化在基层落地的过程中，经过几年的实践，又逐步形成了"从思安到行安"的双模式实践体系，本文主要就这一落地实践开展情况论述如下：

一、"思安"的目标和实践

（一）"思安"的具体目标

"思"是安全生产、安全工作的基础。只有想清楚再做事，才能真正确保达到预期目标，才能保证工作过程中的安全与健康。赵石畔煤电双模式实践要求全体员工做到"安全六思"（图1）：思风险、思措施、思行为、思改进、思经验、思过失。

图1　赵石畔煤电"安全六思"

（二）"思安"的实践探索

1. 常态化组织开展习近平总书记安全生产重要论述学习

深刻理解习近平总书记关于安全生产重要论述蕴含的安全意识和安全理念，多方式组织开展重要论述学习活动，主要做法有：利用公司安全例会、部门安全会议、班组安全活动进行持续宣贯《重要论述》；组织观看《生命重于泰山》专题片；将《重要论述》宣贯工作落实到班组安全活动、班组学习日等日常活动。在组织各部门深入开展重要论述领学、自学活动的同时，结合安全知识竞赛活动对学习效果进行检验，确保学习效果。

2. 全面组织开展"知·行"安全文化理念宣贯

公司组织制定"知·行"安全文化基层宣贯计划，以专业/班组为单位滚动开展基层宣讲活动。宣讲以分享创建过程、阐述理念体系以及指导如何建设班组安全文化为核心，系统、细致、深入剖析讲解"知·行"安全文化，进一步加深了基层员工对公司"知·行"安全文化的理解和认识，积极推动基层员工安全素养稳步提升。

3. 定期举办安全文化类作品征集活动

将安全主题征文和安全微电影/微视频征集活动列为年度定期工作，通过安全生产文章的撰写和安全微电影/微视频的拍摄，不断激发员工主动思考安全问题、学习安全知识、参与安全工作的积极性。

4. 开展以"思安"为主题的安全文化活动

通过规范事故预想、周安全学习、班组站班会等形式的标准化流程、开展形式与活动内容，提升安全活动的实际效果，引导员工"思风险、想安全"；通过开展"安全经验分享"引导员工"思经验、思过失、思改进"，切实提升员工"思安"的能力、意识与习惯。

二、"行安"的目标和实践

（一）"行安"的具体目标

"思"不会直接产生后果，后果（安全或不安全）是由具体的"安全行为"或"不安全行为"创造的。

"安全行为"包括三个方面：一是履行安全责任，遵章守纪的行为；二是帮助自己或他人脱险的行为；三是主动参与安全管理、技术、文化改进的行为（图2）。

图2 "安全行为"和"不安全行为"

"不安全行为"也包括两个含义：一是指易于引发事故或提升风险的行为，二是指在事故过程中扩大事故损失的行为。不安全行为包括"三违行为"（违章指挥、违章操作、违反劳动纪律），但是不安全行为不一定是"三违行为"，也包括可能间接导致事故发生的行为，如管理者或员工不尽职尽责的行为。

行为不会凭空而生，它受外界要求、个人理念、知识技能和外在环境的综合影响，由习惯所固化。赵石畔煤电安全文化建设的最终目的，就是要综合运用以上要素，培育全体赵石畔煤电人养成符合安全生产、健康生产要求的行为习惯。

（二）"行安"的实践探索

1. 正面要求，提出安全行为标准

（1）对各层级提出有针对性的行为准则（图3）。

在安全文化建设的初期，赵石畔煤电就意识到明确的正面行为要求是"行安"的前提，包括决策层、管理层、执行层在内的全体员工，都应该清楚地知道自己在保障企业安全生产方面履行"共同而有差别"的行为责任。

决策层行为要求	管理层行为要求	执行层行为要求
1. 倡导安全理念，贯彻安全方针	1. 落实安全职责，抓好安全管理	1. 树立责任意识，遵守安全法规
2. 建立责任体系，提升安全绩效	2. 强化安全检查，履行监督职责	2. 提升安全技能，做到我会安全
3. 保障安全投入，改善安全生产条件	3. 管好特种设备，防范作业风险	3. 认真识别危险，落实风险预控
4. 严格安全管理，提升管理水平	4. 管好外包项目，全程管控到位	4. 从事生产作业，严格两票三制
5. 实行有感领导，带头表率示范	5. 开展应急演练，提升处置能力	5. 搞好班组活动，确保取得实效

图3 对各层级的行为要求

（2）推行干部走动式管理，实现有感领导。

为进一步加强公司安全管控，避免坐班式管理与生产现场实际脱节，通过干部走动及时发现和解决问题，提高现场管理效能，赵石畔推行"干部走动式管理"。

参加干部走动管理的人员包括公司领导、总经理助理、副总工程师、中层干部、业务主管（专工），干部走动的区域以干部走动式管理系统现场布置点位为基础，覆盖公司生产现场各区域。

干部走动式管理遵循"全方位、双向控制、日清日结"的原则，即从时间、区域和内容上，覆盖所有生产现场，走动全过程置于干部和职工的相互监督之下，做到干部走动时有痕迹、有反馈。通过管理人员走动巡查程序化，公司实现了管理人员和现场人员的有效沟通，强化了现场安全管理。

（3）强化"两票"管理，规范作业行为。

"工作票"和"操作票"是电力企业的安全生命线，赵石畔煤电主要从以下几个方面加强对"两票"的管理：强化"两票"三种人资格考试；总结"两票"填写中遇到的典型问题和注意事项，制定典型工作票和典型操作票，规范两票填写；定期对"两票"执行进行检查、指导和考核；对已执行的"两票"进行收集、整理和统计、分析，以发现问题，提出对应的改进措施。

2. 反向警戒，管控不安全行为

（1）明确行为"红线"（图4）。为进一步落实企业安全生产主体责任，强化员工遵章守纪意识，规范安全环保管理和安全操作行为，有效防范和杜绝安全生产事故和环境污染事件，赵石畔煤电发布了《安全环保"红线"管理制度》，明确了安全环保各类行为红线。

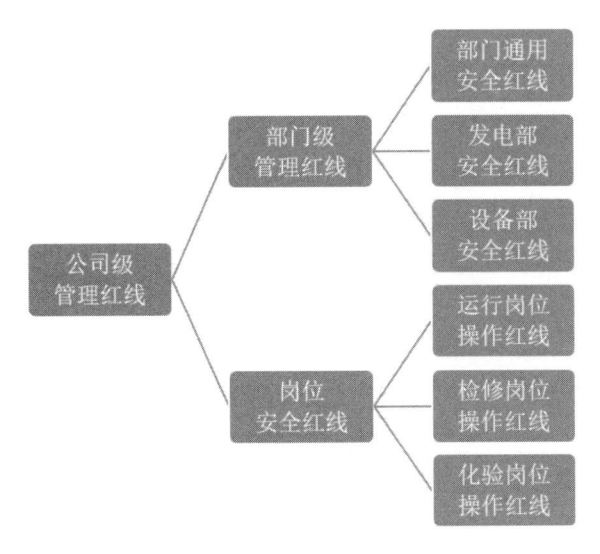

图 4 赵石畔煤电安全"红线"

（2）持续开展反违章活动。本着"违章就是事故"的理念，公司成立了总经理主抓的反违章领导小组，建立健全公司反违章制度，针对作业性违章、装置性违章、指挥性违章、管理性违章，按年编制反违章行动计划，落实从总经理到分管负责人、部门负责人、班组长到普通员工的反违章责任，建立反违章台账，定期统计、分析和总结反违章成果，持续改进。并通过制定违章积分管理办法，对全体员工的违章行为进行安全诚信管理。

3. 外委单位安全管理寻求突破

作为电力行业事故高发群体，外委单位的安全管理问题现已成为当前电力行业存在的普遍性难题。为此，公司于 2021 年尝试推行了外委单位"同质化"安全管理。具体做法是：将现有生产外委单位和参与生产的劳务派遣人员全部纳入同质化管理体系。其中，人数较多、管理架构完整的外委单位（主辅机维护）单独组建成立同质化管理班组，由责任管理部门等同于内辖班组统一管理；管理架构不完整、管理能力偏弱的外委单位（生产辅助、保洁等）和劳务派遣人员（库管员、驾驶员）单独组建同质化新建班组，由责任管理部门指派正式员工担任班长负责管理。对承包作业任务单一且人数在 10 人以下的外委单位（吹灰器、特消设施、CEMS 仪表维护等）纳入责任管理专业/班组，等同于班内成员管理。最终，全厂 7 家生产外委单位以及公司劳务派遣人员按照工作职责划分组建为 16 个同质化管理班组，按照"三三"原则落实同质化管理。

（1）"三个同步"即安全管理全过程做到同质化班组和公司班组同步规划、同步推进、同步实施。

（2）"三个统一"即"知·行"安全文化理念宣贯、安全生产责任制落实、安全活动开展、安全教育培训、安全监督检查要做到同质化班组和公司班组统一组织、统一协调、统一监管。

（3）"三个等同"即安全管理过程管控等同对待、安全奖惩考核等同对待、安全责任追究落实等同对待。

三、"思安""行安"的同频共振

（一）编制印发"每岗两卡"，提升风险意识和认知

"两卡"是指岗位风险辨识卡和应急处置卡。"风险辨识卡"建立在对所有岗位进行有效风险辨识的基础上，简明扼要地梳理了各个岗位的主要安全风险及相关控制措施；"应急处置卡"建立在预想这些风险失控的基础上，如何第一时间进行有效处置，以降低后果，控制事态发展。

赵石畔煤电在上述工作基础上，编制了可随身携带的全员"岗位风险辨识卡"和"岗位应急处置卡"（图 5），并制作成塑封的小卡片，要求全员随身携带。此举帮助、促进了全体员工掌握自身岗位存在的主要安全风险和突发事件发生后的应急处置方法，有效提升了岗位风险告知和应急处置能力。

图 5 "岗位风险告知卡"和"岗位应急处置卡"

（二）组织"三会一能"竞赛，提升行为能力

公司组织开展"三会一能"安全技能竞赛并固化为年度定期安全活动，通过"以赛促学、以赛促练"的方式，持续提高基层人员安全生产综合素养。"三会一能"即："会"心肺复苏急救、简单外伤包扎、重伤人员安置等急救措施；"会"熟练使用各类灭火器、熟练操作各消防系统；"会"正确使用正压式空气呼吸器、安全带、速差自控器、危险气体检测仪、

验电器等安全/应急工器具；"能"正确、熟练处置岗位一般突发事件。

"三会一能"活动期间，80%以上的参赛选手和部分拟参赛人员均能够自发前往公司安全培训室和消防救护站学习、训练，自我学习氛围浓厚、以赛促学效果明显。本年度将继续精心组织开展"三会一能"技能竞赛活动，持续提升公司全员安全生产意识和技能水平。

（三）构建"立体化全员安全责任制"，确保责任落实

在深入学习领会习近平总书记安全生产重要论述精神内涵、新修订《安全生产法》和公司工作职责分工的基础上，对现有安全管理模式、方法、措施进行有机整合，努力构建立体化全员安全生产责任制，具体做法为：

（1）持续修订完善《全员安全生产责任制》，确保安全生产责任划分逐级逐岗细化、责任落实深度匹配岗位。

（2）逐级规范签订安全责任书和安全承诺书，确保责任落实到岗到人，责任明确、承诺有效。

（3）深入推动实施重大风险领导包联责任制，进一步确保公司主要负责人、分管领导安全生产责任落实到位。

（4）持续优化完善"干部走动安全管理"机制（主要适用于班组长以上岗位人员），重点加强关键岗位、重点岗位安全生产责任制落实。

（5）制作印发全员岗位安全生产责任制牌卡，通过精细化、可视化管理手段，有效确保各级人员熟练熟知岗位安全生产责任制。

（6）大力推行一线班组安全建设，着力提高基层人员安全生产履职尽责意识、能力。

（7）积极推动实施外委单位同质化安全管理，重点加强外委单位安全生产责任落实。

（四）不断完善安全生产激励机制

1. 按月开展安全绩效综合记录与考核

赵石畔煤电制定了《安全环保绩效管理实施细则》并按月严格执行。安全环保部负责公司安全环保生产绩效考核综合管理，负责公司各部门安全环保生产月度绩效的考核，绩效考核意见经审批后，于考核月度次月5日前报送人力资源部，并反馈各部门。公司还制定了《安全目标考核管理办法》和《安全生产标准化绩效评定及考核管理标准》作为对安全绩效考核体系的补充。

2. 及时开展对个体行为的奖惩

赵石畔煤电颁布了《安全环保奖惩规定》。该规定坚持奖励与惩戒相结合、精神鼓励与物质奖励相结合、思想教育与行政惩戒相结合的三结合原则，对安全生产成绩优异的部门、集体和有突出贡献的个人，给予表彰和奖励；对不安全事件的责任部门、各级有关责任者，根据责任的划分，分别给予相应处分。图6为赵石畔煤电的6个奖项。

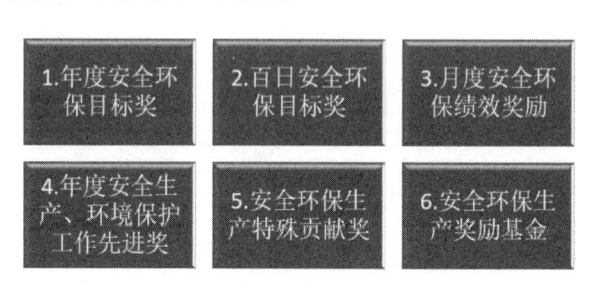

1.年度安全环保目标奖	2.百日安全环保目标奖	3.月度安全环保绩效奖励
4.年度安全生产、环境保护工作先进奖	5.安全环保生产特殊贡献奖	6.安全环保生产奖励基金

图6　赵石畔煤电的奖项

四、结语

文化需要经历实践检验，在持续实践的基础上不断地积累、发扬和传承。赵石畔煤电在"知·行"安全文化双模式推进过程中，从"思安"到"行安"两个层面及时发现并纠正了安全文化理解认识狭义化、推广实施口号化等问题，也逐步摸索形成了一套符合公司实际的建设方法，但总体来讲还处于建设初级阶段，今后需要持续巩固和完善。希望能够通过本文为行业同人在安全文化建设中提供一些思路和启发，也衷心期盼行业同人对赵石畔煤电"知·行"安全文化建设中存在的不足提出宝贵建议，助力我们进一步完善"知·行"安全文化建设模式，共同助推电力行业高质量安全发展。

新时代安全文化创新发展的探索与实践

——以西能公司安全文化建设实践为例

贵州西能电力建设有限公司　刘　华　刘　爽　翟　羿

摘　要：安全文化建设是巩固安全基础的一项战略性、长期性、系统性的工程。党的十八大以来，习近平总书记发表了一系列关于安全生产的重要讲话，对企业安全生产更是提出了新要求。本文采用文献研究法和实地调研法，对贵州西能电力建设有限公司的安全文化建设进行全面的剖析，从中概括出安全文化创新实践路径，提炼出一系列安全文化创新应用及成效，试图为其他电力服务型企业安全文化建设提供实质性的借鉴与参考。

关键词：安全文化；本质安全；文化创新；高质量发展

贵州西能电力建设有限公司(以下简称西能公司)是一家以生产为基础的服务型企业，始终认真贯彻落实习近平总书记"树立安全发展理念，弘扬生命至上、安全第一的思想，健全公共安全体系，完善安全生产责任制，坚决遏制重特大安全事故，提升防灾减灾救灾能力"的重要指示精神，秉承"以文化为引领"的思路，传承和发展国家电投安全"和"文化(图1)，紧紧围绕贵州金元"十四五"战略目标，以强化安全意识、规范安全行为、提升防范能力、养成安全习惯为目标，创新载体、注重实效，让安全文化理念内化于心、固化于制、外化于行、显化于像，成为提高企业安全优质高效发展的内驱力，推动构建自我约束、持续改进的安全文化建设长效机制[1]。

一、西能公司安全文化建设思路

安全"和"文化是国家电投安全文化建设发展的产物。安全"和"文化包含安全理念文化、安全管理文化、安全行为文化、安全物态文化四大层面。西能公司的安全文化的发展是建立在安全"和"文化的基础之上，以"三个任何"安全理念为先导，以"融合创新"的安全管理文化为手段，以"合规合理"的安全行为文化为抓手，以"天人合一"的安全物态文化为保障，在安全生产实践中推动落地生根，以文化创新引领助力西能公司迈向高质量发展新征程。图2为西能公司安全文化承接关系图。

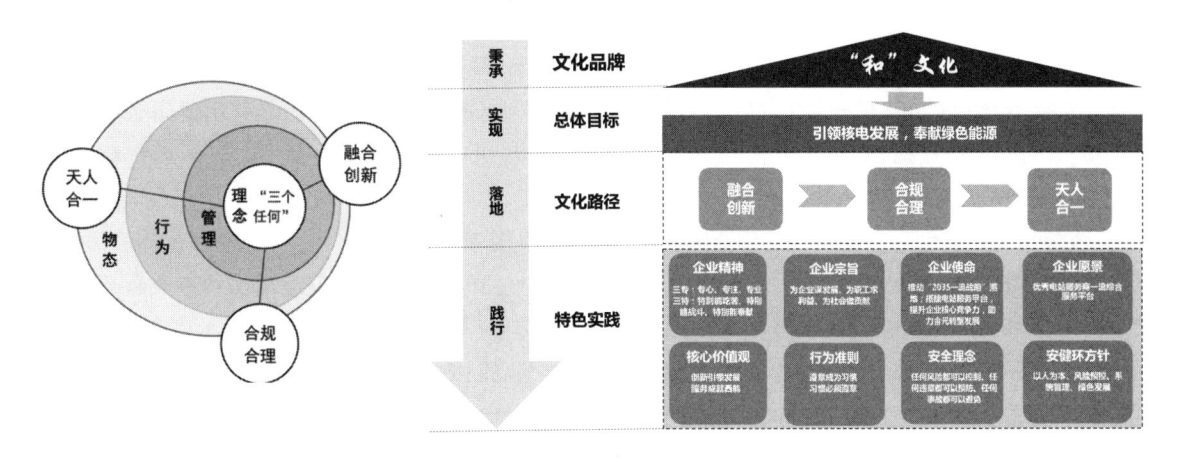

图1　安全"和"文化模型图

图2　西能公司安全文化承接关系图

二、西能公司安全文化建设发展历程

多年来,西能公司积极探索、反复实践,持续深入推进安全文化建设,把安全文化建设作为引领安全生产、保障战略实施的首要任务,以安全文化"软实力"助推安全生产"硬水平"稳步提升,促进本质安全型企业目标的实现。

在安全文化实践过程中,西能公司始终紧绷安全这根弦,从安全理念文化、安全管理文化、安全行为文化和安全物态文化进行全面持续的管理改进与行为改进。在理念层面上,"任何风险都可以控制、任何违章都可以预防、任何事故都可以避免"是西能公司一以贯之的安全理念。在管理层面上,以安健环管理体系为载体,融合创新,以安全文化推动业务高效运行;在行为层面上,强化法律、法规、制度执行,培养员工安全行为习惯,使员工行为合规合理;在物质层面上,丰富载体,创新形式,利用本质安全技术手段,保障人—机—环境的匹配协调、和谐统一。

西能公司的安全文化建设主要经历了深化认知—强化认同—创新引领三个阶段。在安全文化深化认知阶段,西能公司在安全生产工作中积极践行"和"安全文化理念,安全文化理念的渗透力与传播力不断扩大。通过文化宣贯,树立了"安全第一"的价值导向。以管理体系建设为抓手,持续优化安全体系,构建安全管理长效机制,实现了《安规》等基本安全规章制度的刚性执行。在安全文化强化认同阶段,西能公司以创新管理制度和规范员工行为习惯为着力点,推行以承包商、工作负责人为主的自主安全管理工作机制,逐渐形成了自主安全管理的安全文化雏形,员工的自我防护意识、风险规避能力和安全技能素质得到很大提高。在安全文化创新引领阶段,西能公司积极培育创新意识,大力弘扬创新精神,创新管理模式,以安全文化"软实力"助推安全生产"硬水平"稳步发展,营造安全和谐新局面,全面迈进本质安全型企业。

三、西能公司在安全文化建设中的创新管理

西能公司坚持践行国家电投安全"和"文化理念,将生产业务和安全文化建设有机融合,发挥安全文化引领和深层推动力,推动公司实现高质量发展[2]。西能公司在安全文化建设过程中的创新管理主要体现在以下几个方面:

(一)构建体系,增强安全文化聚合力

在日常生产经营管理当中,西能公司的安全生产保障、监督、支持三大体系不断融合创新,通过整合两次体系建设,将安健环、三标体系及财务、党建、计划等模块深度融合,一体化管理体系已经建立并运用到实际业务当中。公司管理人员持续优化管理流程,实施"高标准、严要求"工作准则,严格落实各级安全主体责任,巩固基础管理,解决薄弱环节,不断提升公司安全管理体系效能,为公司高质量发展奠定基础。

(二)规范管理,增强安全文化约束力

西能公司涉及业务范围广、项目分散,存在现场管理统一性、规范性不足的问题,为了建立组织严密、管理到位、职责清晰、流程科学、节点明确的项目管理模式,按照"模块化、规范化、标准化、清单化"的要求,在EPC建设、监理、检修、安全管理上推进"四化"建设,同步推进班组建设、工余安健环、风险管控、反违章等管理指导手册的运用,规范工程建设项目现场管理,逐步形成西能特质的工程建设管理新模式。2020年,检修四化获电力协会创新提名;2021年,EPC四化管理获电力协会创新奖。

(三)创新机制,增强安全文化渗透力

西能公司结合贵州金元双重预防机制建设要求,完成双重预防机制建设方案策划、双重预防相关制度建设,完善风险数据库及风险概述,完成双重预防机制范本编制;实施"硬隔离、双锁制"71项,排查治理电气"五防"问题57项;完成纳雍二厂门禁系统建设。

双重预防制建设主要体现在四个方面:一是持续完善风险数据库,强化项目风险评估和危险源识别,确保风险评估结果有效运用,保障措施得到有效执行,确保风险管控落实到位;二是加大对施工现场安全隐患排查治理,充分利用贵州省隐患报送系统,规范隐患排查治理流程;三是加大对现场反违章工作力度,建立未遂事件奖励机制,鼓励一线人员申报未遂和异常事件,通过开展零违章班组评比、安全生产标兵及全员安全承诺等方式营造全员抓违章的氛围;四是完善项目部交叉检查机制,实现项目部之间的相互监督、相互学习借鉴。

(四)强化标准,增强安全文化规范力

西能公司在电站服务"1235"战略开局之年,破解了电站服务经营管理中的痛点、难点和堵点,完成了西能公司承接电站维护顶层设计方案,对检

修维护项目人员配置、技术保障措施等进行了详细的规划，使纳雍二厂维护项目、绥阳公司维护项目的各项工作有序开展。西能公司不断培育员工的安全意识、标准意识、规则意识，组织专项研讨会，进一步梳理工作制度流程，查找管理过程中存在的漏洞，理顺公司管理架构和边界，逐步消除管理盲区，解决无章可循、有章难循的现状。2022年，通过开展企业标准化良好行为评级工作，有效提升了标准化管理水平。

（五）严格检查，增强安全文化执行力

西能公司将专项检查作为落实现场管理职责的主要手段，扎实开展矩阵式安全检查，强化安全生产管理。层层传导压力，全面筑牢安全生产坚实防线，强化安全生产警示教育，牢固树立"红线意识"和"底线思维"，严格落实"三管三必须"责任，全面压紧压实分管领导责任、部门监管责任，切实往下传导压力，树立正面引领、狠抓反面典型，严格调查事故事件，及时公开通报，形成有力震慑，倒逼安全责任落到实处，以安全生产保障高质量发展、以高质量发展促进安全水平提升。

四、西能公司在安全文化建设中取得的成效

经过持续不断的探索与实践，西能公司的安全文化建设取得了显著的成效，全员的安全意识明显增强，创新成果转化明显增加，公司整体管理水平大幅提升，由自主管理向团队管理过渡。

（一）安全文化与管理体系相辅相成

西能公司以"安健环质量管理体系、建筑施工行业质量管理规范"为基础，按照全员贯标思路，通过内外部评审，圆满完成质量、环境、职业健康等管理体系贯标工作与"1235"电站服务业管理提升目标，实现标准体系真正落地。此外，顺利通过贵州金元安健环体系第二方评审，完成贵州金元下达的安健环体系建设提升奋斗目标；通过三标年度评审并完成火电运维、工程EPC管理、工程监理扩项任务。

（二）安全文化与基础管理相互促进

西能公司坚持以项目"四大控制"为中心，持续深化应用《四化手册》，在面临项目任务不饱满、市场全面下行、原材料大幅上涨等诸多不利因素的局面下，不断强化基础管理，力争完成年度目标。目前，公司高新技术企业维护体系基本建立，高新技术企业维护步入正轨，针对存在的问题和不足，明确各级职责，编制了《高新技术企业运行管理办法》，运用"标准化、制度化、模块化、清单化"的科学管理方法，提供全过程的优质服务支撑，为客户创造更大的投资回报，打造西能优质品牌。

（三）安全文化与科研创新相得益彰

作为高新企业，西能公司着重加大对科研技术的投入力度，鼓励并支持公司员工增强创新意识、培养创新思维、提高创新能力，形成了浓厚的科研创新氛围。公司高度重视科技创新和成果转化运用工作，通过建立多个项目组，在专利授权、科研项目申请等方面均取得了优异的成绩，于2021年获得8项专利、获得5项个人专利，12项科研课题有9项已通过评审；于2022年获得5项专利，为提高企业核心竞争力、开拓新市场提供了强有力的技术支撑。

（四）安全文化与党建引领开创新局

西能公司从党的百年伟大奋斗历程中汲取继续前进的智慧和力量，深入学习贯彻习近平新时代中国特色社会主义思想，巩固深化"不忘初心、牢记使命"主题教育成果，激励公司党员干部员工满怀信心，以高质量党建引领高质量发展，全力以赴"再造一个新西能"，从党的百年伟大奋斗历程中汲取继续前进的智慧和力量，为西能公司的发展贡献更大的力量[3]。

五、结语

综上所述，西能公司在长期生产经营和发展过程中逐渐形成自己的安全特质文化，是植根于安全"和"文化的实践产物。诚然，西能公司在安全文化建设上取得了较为显著的成效，但同时依然存在很大的优化空间。在实现"文化引领"目标、铸造本质安全型企业的道路上，不能奢望一蹴而就，需要持之以恒。

参考文献

[1] 张弢, 林海, 陈鹏伟. 新时代安全文化创新发展的探索与思考[J]. 中国石油企业, 2020(05): 86-89.

[2] 林鹏, 安瑞楠, 汪志林. 智能建造安全文化内涵式发展——从理念到行动[J]. 项目管理评论, 2021(05):46-50.

[3] 王海洋. 国有企业安全文化探索实践与高质量发展[J]. 现代企业, 2021(11):137-138.

黔北电厂"1+N"安全文化的思考与实践

贵州西电电力股份有限公司黔北发电厂　颜绍霖

摘　要：本文介绍老火电企业在企业文化建设中实施的"1+N"安全文化建设的系统思考、设计与实践，对这种多层级、多形式、多途径、多文化的安全文化建设取得的实效进行阐述，这对提升企业的安全管理水平，护航企业的生存和发展大有益处，值得借鉴。

关键词：安全；文化；建设；"1+N"

一、概述

文化是人类活动的产物，人类在实践活动中改造了自然，形成了社会，创造了文化。文化又反过来塑造人类，引导社会。文化是一种精神力量，能够在人们认识世界、改造世界的过程中转化为物质力量，对社会发展产生深刻的影响。这种影响，不仅表现在个人的成长历程中，而且表现在民族和国家的历史中。文化的力量，已经成为综合国力的重要标志。

文化对一个国家如此重要，文化对于一个企业、对于一个团队更是如此。企业文化是企业的"根"和"魂"，是企业在长期生产、经营、建设、发展过程中逐步形成的，为全体员工所认同并遵守的、带有本组织特点的使命、愿景、宗旨、精神、价值观，以及这些理念在生产经营实践、管理制度、员工行为方式与企业对外形象上的体现的总和。企业文化是企业的"软实力"，是一个企业的"灵魂"，具有导向作用、约束作用、凝聚作用、激励作用和辐射作用。

企业安全文化是企业最重要的子文化，是现代企业文明生产的重要标志，也是企业安全理念、价值观念方法论的具体体现。树立正确的安全价值观，对于推动企业安全、高质量发展具有重要作用。

贵州西电电力股份有限公司黔北发电厂（以下简称黔北电厂）以习近平总书记关于安全生产重要论述为指导，筑牢安全发展理念。以集团安全生产风险管理体系为依托，高度重视安全管理制度和安全文化相结合，力求实现制度与文化的相辅相成，培育安全生产文化体系，从而促使员工安全风险意识显著增强，促进安全管理水平不断提升，有效改善企业安全生产局面。

黔北电厂是一个老厂，溯源于1958年建厂的遵义发电厂分流组建而成，是国家电投贵州金元的历史发源地，是国家为确保"西电东送"战略顺利实施而开工建设的国家重点工程。黔北电厂从历史意义上是"传承"电厂，多年来潜移默化形成了"安全生产，以人为本，重在管理，贵在落实""重视安全，尊重生命，遵章守纪，狠抓落实"厚重特色的企业安全文化，长期的沉淀为企业管理与发展指明了方法与方向。随着时代不断变迁与变革，职工思想、企业特性、发展方向也随之变化，要实现职工思想统一、行为统一、目标统一，系统地梳理提炼企业文化、企业安全文化，培育打造一流安全管理，是打造企业核心竞争力的必要路径。黔北电厂在实践中用"传承+创新"方法打造了"1+N"企业安全文化，有力地推动了企业的高质量发展。

二、"1+N"内涵

（一）题解"1+N"

黔北电厂建厂25年，机组现役时间20年，人均年龄44周岁，是名副其实的"老厂"。老厂的特点是缺乏创新，缺乏激情，缺乏时代脉搏，求稳不变，这些情况和现象的存在，对安全生产、企业发展形成了严重的制约。

黔北电厂企业文化既要体现传承于历史管理的沉淀，传承于上级公司的理念，也要体现时代的创新、企业的中心和重点。黔北电厂在经过二十余年不断推进企业文化的传承创新中，凝结提炼的"1"为"以人为本"圆心，凝结提炼的"N"为多层级安全文化建设、多种方式文化建设、多种文化的融合建设、多形式传播建设。层级安全文化建设解决的是公司的属地、专业、工种特点的安全管控风险，解决集团、上级公司、本公司以

"进·合"企业文化为中心的安全文化建设以及本公司的二级部门层级关系；多种方式文化建设解决的是落地执行的多样性效果；多种文化的融合建设解决的是融合与共存；多形式传播建设目的在于解决文化内化于心的全员管理。通过这些安全文化建设方法、手段、内涵精髓，解决企业"1+N"文化建设问题，从而在有效实施双重预防控制机制基础上扎实推进安全生产治理体系和治理能力现代化，服务企业生存与发展。

（二）"1+N"文化系统设计

1. 秉承上级安全文化

（1）承接集团的"任何风险都可以控制、任何违章都可以预防、任何事故都可以避免"的安全文化理念，控制事故与风险。

（2）承接上级公司的"以人为本、风险预控、系统管理、绿色发展"安全理念，解决人和发展问题。

（3）提炼本公司的"进·合"企业文化，统一思想和行为。

（4）创新建设本公司的二级部门的个性化理念，让安全文化落地。

2. 多种方式安全文化建设

（1）安全制度建设。注重依靠安全生产管理制度推动安全文化建设，在企业开展安全标准化建设。安全管理制度上，一是构建系统的安全文化评价机制与激励措施，加强对安全文化建设的过程管理，把动态检查与定期评价相结合并纳入年终绩效进行考核，为安全文化建设提供制度保障；二是设立安全文化建设保障经费，并纳入企业预算管理，保证企业文化建设的软硬件投入；三是明确相关职能部门安全文化建设职责，建立一支安全文化建设兼职队伍，为安全文化建设提供人才队伍；四是建立和完善一批安全文化建设阵地，不定期举办安全文化活动，大力开展安全文化建设宣传工作，不断提升安全文化的影响力。

（2）传承推动"家"文化，三字经等传统安全文化建设。

（3）着力建设设备的本质安全文化。

（4）信息化、技术高效化安全管理文化建设。

3. 多种文化的融合建设

（1）六标一体化融合的体系融合建设。

（2）传统与现代安全管理融合。

（3）融入上级安全文化建设。

4. 多形式传播建设

（1）平面、立体、新媒体传播安全文化。

（2）以安全大讲堂载体建设。

（3）常态化安全活动。

（4）安全警示教育、安全曝光等形式安全宣传。

（5）安全理念引导教育员工，从思想、健康、情感、生活、安全等方面全方位关爱员工，让员工进一步认同企业安全管理和安全文化。

三、"1+N"文化实践

（一）层级文化

（1）建设企业文化。秉承国家电投"和"文化、贵州金元"人和效优"特质文化和黔北电厂文化的精髓，凝练出具有自身鲜明特色的企业文化——"进·合"文化。"进·合"文化："进"是积极进取，务实创新，协力争先，在挑战中逆风飞扬，在顺境中更上一层楼，不断提升人们的愿景，让人的潜能发挥到极致。"合"是合作共赢，追求天、地、人合的至高境界。天合：契合时代的脉搏、国家发展的战略，顺势而为，成就自己；地合：以可持续发展为导向，与生态环境相融合，奉献清洁能源；人合：以公正、合理链接利益相关者，追求多方的持续共赢，实现合作中的尊重与价值提升，共享发展成果。"进·合"文化寓意锐意进取、和合共赢。黔北电厂在践行"进·合"文化的历程中，目标是打造成为安全一流、管理一流、效益一流、指标一流、人才一流、服务一流的清洁高效综合智慧能源企业。

（2）创新建设企业二级子文化。黔北电厂依托企业文化，打造出电热检修部控制精确、管理精准、工作精细、检修精品、仪器精密的"精文化"，热机检修部立德、树心、提能、育人才的"树文化"，燃料部管理创效、和谐共赢的"效和文化"，发电运行部专一、专精的"壹文化"等四大生产部门子安全文化，满足个性化与层级传递安全、生产管理需求。

（3）安全管理文化。黔北电厂建立了"安全文化、安全组织管理、安全生产制度、技术创新支撑"六大安全管控体系。围绕本质安全"文化、组织、标准、技术、监督、激励"关键要素管理安全。以安全、个人为原点的"1+N"安全文化，营造了"安全是发展之道，环保是生存之基"的安全环保氛围，实现企业的本质安全管理。

（4）"多维监督"文化。以国家电投"2035一流"战略为方向，开展企业核心的"三基建设"，通过企业生产经营的制度约束监督、大监督体系监督、工作考核监督、日常工作监督等"多维监督"机制贯穿始终。促进了企业向精益化转型，实现了企业的提质增效和优化安全发展。

(二) 多种方式文化建设

(1) 企业标准化建设。企业建设并通过了标准化良好行为5A级企业，从安全管理、工作流程、设备管理流程化、规范化、表单化，形成了以安全制度文化为主的安全管理氛围。典型的就是黔北火电厂参与国家能源局、贵州省地方政府职能部门《DL/T 1004—2018 电力企业管理体系整合导则》《DB52T 994—2015 火力发电厂检修用脚手架安全技术规范》行业标准的编写，在协助行业、地方政府在专业领域进一步规范中规范自己。全厂制定了《安全生产工作规定》《安全环保责任制管理》等63个安全生产标准、制度体系文件，安全标准化文化氛围落地生根。

(2) 传统安全文化建设助力企业安全。典型做法就是编制安全管理、设备操作"三字经"朗朗上口，落地至现场；车间、班组安装传统着装自检镜实现可视化管理；以"文明黔电、幸福黔电、满意黔电"和"家"文化建设为依托建立安全管理"家属帮扶"群、"职工保护措施小折页"实现安全管理人性化；以现场集控走廊和班组的墙壁为依托建立"家庭场景文化"、邀请家属进行工作现场观摩等折射出个人安全对家庭幸福的担当与责任；以"我最爱的人的一封信"或"家人安全寄语"活动，让员工家人通过书信的方式叮嘱员工遵章守纪。让传统安全文化走入安全管理，融入现代企业制度。

(3) 员工创新设备本质安全文化。鼓励员工自主创新解决设备安全风险，尤其是设备创新解决设备本质安全。员工自主创新"汽轮机轴瓦金属安装组件""回转式空预器防堵组件""膨胀节蒙皮结构及非金属膨胀节"、防触电"空开锁"、5G智能作业全程监控，自动化、机械化代替人工化，解决设备和作业的本质安全。形成员工解决设备风险安全文化。

(4) 安全管理的高效监督文化。管理的信息化、数字化、智能化，提升安全管理效能。安全生产上采取消防巡检扫码、管理人员的设备巡检扫码、区域风险码等实现安全管理高效化；预警指标卡、安全观察卡、员工微信自评估及安全考试等APP实现安全管理信息化；各类现场安全管理监控平台，各类生产控制、监视采集、数据存储分析、办公系统，实现风险隐患区域的全方位、立体化、无盲区动态监测管理，提高安全风险辨识管控能力、事故隐患预测预警能力和新情况感知处置能力，形成信息互通、在线监控、发现及时、实时处置、远程指导、规避风险的保障和监督体系，形成了高效安全监督文化。

(5) 安全关爱文化。关心、关注员工的工作和生活，做好员工的交流访谈、绩效面谈、思想嵌入违章约谈工作，特别是对"重点员工"要进行针对性的访谈，随时掌握他们的思想动态并进行心理疏导，主动给予关怀，给予引导、培训，主动了解他们工作和生活中的困难、困惑，帮助他们解决合理诉求，以此促进安全，这也是落实新《安全生产法》"生产经营单位应当关注从业人员的身体、心理状况和行为习惯，加强对从业人员的心理疏导、精神慰藉"，对于企业来说，就是"以人为本"从只"管人"到要"管心"变化。就是将"管心"落实到位所采取的措施。

(三) 多种文化的融合建设

(1) 实施多元融合的标准化体系"六标合体"，将企业标准、安健环体系、质量、环境、职业健康安全及能源管理融为一体，建立健全具有黔北电厂特色，纵向贯通、横向配套的以技术标准体系为主体，管理标准体系和岗位标准体系相配套的企业标准体系。将不同标准、体系文化精神融入自身安全管理要求。

(2) 传统文化融入现代管理。在传承部门优秀传统文化的时候我们也要在传承中思考，在传承中修正，在传承中提升，在传承中完善，让我们的传统文化能适应时代进步的节奏，让它的导向作用、约束作用、凝聚作用、激励作用和辐射作用影响更为广大和深远。

(3) 融入上级文化。在融入上级风险管理中，创新实施"4·2·11"高风险作业风险管控文化。在落实"党政同责、一岗双责、齐抓共管、失职追责"的安全环保生产责任制中，实施领导安全帮扶制，领导"上一天班""干一件事""讲一次安全课"成为常态，落实上级的安全管控要求。

(四) 多种方式传播建设

丰富和发展安全文化可视化建设，加强企业安全价值观、安全使命、安全愿景、安全方针的宣传，传播企业安全生产重要信息，分享安全生产经验，引导员工树立良好安全生产意识是落地安全文化的最直接有效的手段。

（1）通过厂OA系统、电视屏幕、宣传栏上公开企业或部门安全文化理念；制作人手一册的企业文化手册，编制安全文化手册展示安全文化品牌及内容，加深人员对安全文化的认知。现场制作各种宣传教育警示牌、安全岗位告知牌、安全文化理念、职业健康控制告知牌等，分布全厂各关键部位。以宣传栏、作业必经场所作业展览、生产文化长廊等易于更换内容的展示形式展示安全文化及安全理念内容。以专业视频、微信推送、抖音等形式推动安全入脑入心。

（2）以安全宣讲促安全。在每年安全月、安全学习及重大典型事故发生时段，开设领导干部、部门负责人"安全大讲堂"，以我讲安全、我行安全活动等方式进行宣传，让员工处处能看见、时时有提醒、外化于行、固化于心，让安全成为一种习惯。以工余安健环活动，营造"以人为本、关注安全、关爱生命"的工作之外安全文化氛围。

（3）安全警示教育场景化、经验反馈教育常态化。企业所在班组、部门开展安全学习，组织安全警示教育，看看警示教育片，有条件的把事故警示教育活动搬到生产作业现场，建设安全文化宣传、示范和教育场所，开展场景式安全生产警示教育。针对事故案例，组织员工提对策、全员参与、自树榜样，达到安全示范作用。

（4）现场设备安全负责"N"文化。现场设备主人责任制体现设备风险预管控，体现了责任落实、监测、评估与预控机制。

（5）企业曝光文化。建立"安全文明生产即时曝光栏"和"安全生产微信平台"，发动全厂员工现场抓拍违章；制定违章连带处罚机制、开展季度"零违章"班组评选活动；实施个人违章媒体滚动曝光制度，纠偏及时有效。

四、结语

黔北电厂开展"1+N"安全文化建设，在本质安全管理机制基础上，不断提升和发展，截至2021年12月31日，全厂实现安全生产8096天，持续长周期安全生产22年。员工精神积极向上，职工从被动接受管理向主动参与管理转变；员工由要我安全到我要安全，再到我会安全转变，安全意识明显增强，安全文化氛围明显改善，企业没有缺乏创新和激情的老企业病。目前为止创新成果20多项，员工在企业的幸福感、获得感、成就感明显改善，全面享受着国有企业安全的效益和福利，增强了为企业、为国家、为社会奉献的责任感。

黔北电厂持续以文化建设为引领，厚植"1+N"安全文化建设，根植安全理念，护航企业安全、稳定、快速、高质量的可持续发展。

基于"双循环"机制的安全文化落地体系，助力本质安全型企业打造

中国南方电网有限责任公司超高压输电公司电力科研院　邵震　刘东　陈吉丰　唐田　冯韵艺

摘　要：中国南方电网有限责任公司超高压输电公司电力科研院（以下简称电力科研院）作为超高压输电公司的技术核心、创新核心、发展支撑核心，立足自身管理特色和业务特点，以风险管控为内驱动力，抓实抓细安全生产管理，探索构建了支撑主网安全和自身本质安全的风险管控"双循环"机制，有效推进安全文化落地，为本质安全型企业建设提供了一定的参考和借鉴。

关键词：本质安全型企业；大安全；风险管控

党的十九届五中全会提出，坚持"人民至上，生命至上"，把保护人民生命安全摆在首位，全面提高公共安全保障能力[1]。国务院安委会办公室应急管理部发布《推进安全宣传"五进"工作方案》，强调"健全完善落实安全生产责任制，提升从业人员安全素质，培育企业安全文化，加强安全宣传进企业"。[2]电力企业作为安全要素多元、利益牵扯广泛的公众型企业，安全管理工作既是企业的生命线和员工的幸福线，也是关乎社会经济有序发展的保障线[3]。电力科研院作为南方电网超高压输电公司的二级机构，致力于西电东送主网架的技术研究、提供设备全生命周期的全过程技术支持等服务。其业务属性和职能定位决定了安全管理在日常工作中的关键且核心地位。

一、大安全文化建设背景分析

（一）是协同整治人的不安全行为的迫切需求

电力科研院作为公司的安全生产管理技术创新核心平台，安全生产是立业之本、发展之基。从实际工作看，现场作业不安全行为还偶有发生，一线人员作业风险评估质量不高、风险掌握不全，须通过完善安全责任体系和文化体系的硬约束、软约束机制，打造"想安全会安全能安全"的本质安全人。

（二）是协同整治物的不安全状态的根本需要

当前，西电东送主网架的安全稳定运行面临艰巨挑战，老旧设备的逐年增多，新工程的投产，设备新老问题交织，各类疑难杂症的分析整治充满未知性和挑战性，距离本质安全状态尚有距离。电力科研院发展定位从公司单一技术支撑逐渐转型为技术、标准、创新、数字化等多方面支撑，迫切需要从单点到全面、从局部到系统，推进安全管理创新。

（三）是协同整治管理体系缺失的必然选择

从安全巡查反馈来看，中心虽有良好的安全业绩，但对安全生产管理的套路和机制总结不够，管理策划上还较为粗放，上级制度的本地化、不同专业间的差异化还不到位，管理交叉、标准不一、工作重复等问题还存在。迫切需要通过大安全文化建设，发挥文化协同、引导作用，实现管理的步调一致。

二、电力科研院大安全文化建设思路

（一）大安全文化建设内涵

"大安全"文化，是广义的安全，既包括人身安全、信息安全、财务安全等中心各业务领域的安全，是"小安全"[4]；也包含为公司主网架安全稳定运行提供技术支撑，这是中心职责定位，是"大安全"。

本质安全，指企业管理系统各相关要素在优化整合后，具备自我保障安全及纠偏的能力，包含人、设备、环境和管理等方面的本质安全[5]。

（二）中心大安全文化建设路径

多年来，电力科研院立足自身特点，积极探索本质安全型企业建设路径，通过以风险管控为内生动力，以"双循环"机制为双轮驱动，借助安全文化体系指引，搭建安全管理"自行车模式"，不断带领员工和企业自发、自主朝着本质安全方向前行，打造团队、设备、管理等多重要素协调运作的大安全格局。

对内，以安全责任体系、保障体系、监督体系

"大三角"的有机运转,打造内部"小安全"循环体系,全员、全业务、全过程导入全面质量管理的思想、理念,提高风险预控水平和持续改进能力,做到企业自我安全;对外,以技术核心、创新核心、发展支撑核心"三位一体"的业务联动,形成外部"大安全"循环体系,保障西电东送主网架安全运行,全面融入和服务于南方电网本质安全型企业构建。

图1为电力科研院风险管控"双循环"驱动机制示例图。

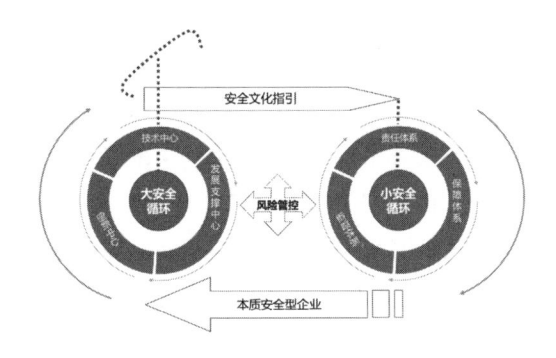

图1 风险管控"双循环"驱动机制

三、电力科研院大安全文化建设特色实践

（一）融入意识,塑造"一种文化",激发大小安全管理联动,培育本质安全团队

电力科研院贯彻落实国家"安全第一、预防为主、综合治理"安全生产方针,以电网公司"知行"文化和《南方电网企业文化理念》为指引,总结提炼出"知责强技,护安于行"的安全文化主题,并同步拓展出安全方针、信仰、愿景等为一体的安全文化体系。通过"知、行、同、责"的行为指引,层层推进、知行合一,进一步发挥文化引领作用,致力打造本质安全型企业,以高水平安全助力高质量发展。

图2为电力科研院安全文化体系示例图。

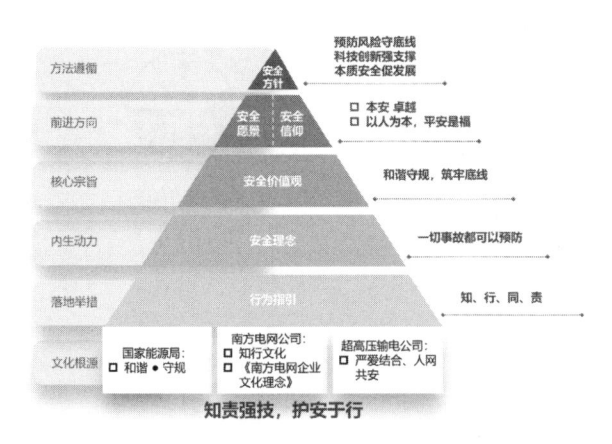

图2 安全文化体系

1. 知风险,强技能,提意识

以"风险管控"为核心,按照全员参与、全业务排查、全过程梳理的思路,针对安全、质量、战略等风险,建立完整的识别、分析、控制与措施提升的管理机制,并持续融入现场作业与管理,养成员工"基于风险、按章办事"的良好习惯;构建丰富多彩的风险管控学习平台,通过保命技能教育考核、师带徒、安监可视化平台、现场违章曝光平台等方式,多角度、多维度提升员工风险管控技能,创造"想安全、能安全、会安全"的基础环境。

2. 行之有道,管控有效

抓好"三标"体系、安全生产风险管理体系的融合,构建符合中心业务与发展的技术标准、管理标准、岗位标准,建设优良的企业标准,推进员工形成良好行为为习惯;向全员导入全面质量管理与卓越绩效管控的思维方式,建立"持续改进"的机制,畅通员工意见反馈通道,多方位鼓励员工合理化建议,解决管理过程中的难点、堵点,构建"管理"与"执行"的良性循环。

3. 同德一心,同心协力

中心党委将安全生产工作作为头等大事抓紧抓好,领导以身作则、深入现场、乐于分享,引领安全文化建设;成立多支党员突击队冲锋在前、敢于挑战、能打胜仗,部门间有序协同、同事间相互分享,全员为创建本质安全型企业同心协力。

4. 责有所归,担当作为

刚柔并济,双管齐下,健全中心安全生产责任体系,明确各级人员安全生产职责及到位标准,构建安全生产过程评价机制,将安全生产工作、责任落实问题管控到过程,抓早抓小,防微杜渐;同时建立符合实际的容错机制,优化奖惩机制,畅通诉求通道,确保人员主动担责、尽责,促进安全生产工作持续提升。

（二）切入业务,立足"三个核心"（图3）,服务"大安全"循环体系,构建本质安全设备

图3 "三个核心"示例图

1. 立足技术核心定位，助力直流主通道安全风险管控

坚持面向生产、聚焦一线，强化生产科研联动，全方位分析解决公司安全生产难题，形成解决技术难题、引领技术发展、转化技术标准、强化技术监督的全链条、高层次的核心技术支撑能力。

提高生产技术服务能力，围绕直流输电和海底电缆等关键技术领域，打造一批支撑重点工程建设和主网架运行维护的高水平技术平台，运用直流工程 FPT、DPT 试验能力，确保世界上首次采用大容量柔直与常规直流组合模式的鲁西背靠背直流工程顺利投运；强化技术分析监督能力，依托"一清单一机制"（西电东送重大安全和技术问题清单、应急技术分析机制），解决了直流过压保护跳闸、柔直单元跳闸等 70 余项生产重难点问题，为主网架风险管控提供支撑；抓好自主核心能力提升，打造领先的数字化建设，建立了集交直流互联大电网运行监控、输变电监测分析、专业决策支持、防灾应急指挥、作业风险管控五大功能为一体的生产监控指挥中心，其中《电网多源数据融合与智能分析决策》等成果获得全国电力行业创新成果一等奖、广东省科技进步二等奖；建成机巡支持平台，全面推进输电专业"无人机为主、直升机为辅、人巡补充"巡视策略的应用，成果蝉联第三届、第四届全国电力巡检技术创新应用评选"金巡奖"。

2. 立足创新核心定位，深入研发攻关安全生产风险难题

发扬"攻坚"精神，以安全生产风险管理为着力点，围绕新型电力系统、数字电网、直流输电等领域深入研发，牵头国资委关键核心技术攻关项目，攻克"卡脖子"项目，打造与超高压公司主责主业地位相匹配的科技创新驱动力。

深化拓展专业布局，强化换流变、开关等主设备技术研究，聚焦新型直流输电等新技术，首创了平衡复杂电热力特性的一体式穿墙套管结构、对称式分接开关结构，牵头研发 ±800kV 柔直穿墙套管并带点投运，有效破解"卡脖子"难题，得到国资委肯定；深入推进创新攻关，近五年，累计实施科技项目 170 余项，多项成果国际领先，突破并掌握一批特高压柔直关键核心技术；科技成果丰硕，获省部级以上科技类奖励 73 项、行业协会奖励 40 项，主导或参与编制国家、行业、企业标准 61 项，授权专利数达 609 件；扎实推进智能技术推广应用，协同网内外优势资源牵头构建"超/特高压电网智能运维体系"，在公司智慧线路走廊、智能换流站建设中发挥关键作用。

3. 立足发展支撑核心定位，高水平安全推动高质量发展

深入贯彻"三新一高"要求，为公司改革发展、工程建设、业务拓展等领域提供全方位支撑，公司跨越式发展提供核心力量，以高水平安全推动企业高质量发展。

健全业务布局，推进规划咨询、设备检修、计量检定、检验检测等业务建设，构建贯穿资产全生命周期管理各环节的技术支撑体系；推进技术服务提升，近五年，累计试验设备超 2.3 万台、发现缺陷近 500 项，完成换流变等 28 项主设备解体分析和检修，关口计量装备自主检定率保持 100%，直升机巡视近 15 万公里，在支撑公司多项指标跻身世界一流中体现价值；技术分析攻关，累计完成重大疑难技术分析 117 项，攻克开关、套管等一批"硬骨头"隐患，成功解决直流高速开关、柔直换流变等多项"首台套"技术难题；推进技术平台建设，建成电网公司 A 级检修示范基地，搭建混联大电网仿真平台，成功筹建 IEEE PES 直流电力系统技术委员会，CNAS 认可资质扩展至 50 项。

（三）植入行为，形成"三大体系"（图 4），构建"小安全"循环体系，打造本质安全管理

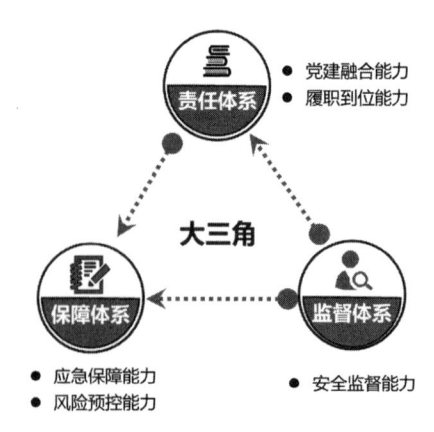

图 4 "三大体系"示例图

1. 搭建安全责任体系，确保安全工作到岗到人

（1）提升党建融合能力，知责明责。党委层面，成立安全文化建设领导小组和工作小组，确保资源

有效投入；支部层面，将安全生产工作重难点任务作为支部重点工作列入支部项目进行解决；班组层面，通过"三基"建设推动安全生产和支部建设双促进；党员层面，用好"岗、区、队"等载体，积极开展党员身边"双无活动"，打造作风优良、能力过硬、能打胜仗的安全生产队伍。

（2）提升履职到位能力，担责尽责。抓住"安全责任制"这个牛鼻子，承接网公司"三转"工作部署，组织全员开展责任制梳理和编制工作，试点编制支部书记、党员安全生产职责和衡量标准，做到安全责任、管理、投入、培训和应急救援"五到位"；发挥安全生产巡查检查督查的评价和问责作用，知责明责、担责尽责。

2. 健全安全保障体系，助力安全工作高效运转

提升应急保电能力，治标治本。深化"前中后台、高效协同"的应急处突文化，高效运转"平时预、灾前防、灾中守、灾后抢、事后评"的防灾应急工作机制。健全完善应急管理体系，重点抓好应急预案优化、应急队伍建设、应急管理系统应用等，持续推动中心应急管理"三体系一机制"有效运转。

提升风险预控能力，全时全效。抓好"主动作为、闭环管理"的安全整改文化，进行销号式管理，常态化开展"四不两直""线上＋线下"督查，处理违章问题；培育"谋于长远、抓于日常"的风险管控文化，抓好"1+N"作业风险管控；建立"线上线下"监督规范工作指引，重点查履职、查制度、查机制运作、查执行。

3. 固化安全监督体系，推动安全工作持续改善

提升安全监督能力，可管可控。强化专项和日常工作监督，采取"月跟踪""季通报"机制抓好专项工作落实情况监督，应用《安全生产过程考核评价标准》，将评价结果与督办机制、通报台机制动态关联，并输出至组织和干部绩效考核，促进各部门安全生产工作质量提升。

四、安全文化建设经验启示

（一）文化建设成效总结

1. 推动文化"入脑入心"，员工在发展中体现新担当

人员安全意识已基本实现"要我安全"到"我要安全"的转变，"基于风险"的管理思路延伸到行政办公、工程建设、信息安全等领域，风险管控机制、手段日益成熟完善，"三位一体"大安全监督格局基本形成。截至2022年8月，电力科研院未发生任何安全事故和责任事件，安全运行3900余天。

2. 发挥中心"技术支撑"，为电网安全运行创造价值

全面贯彻落实网公司及公司关于高质量发展要求，坚持融入公司大局谋发展，通过全面打造13项核心业务实现"三大核心"建设要求，逐步形成贯通资产全生命周期管理各环节的技术支撑格局。近年来，中心累计培养各层级专家达45人，6位员工获评公司领军级技术专家，2名员工分获"大国工匠""五一"劳动奖章称号，在为主网架大通道安全和公司改革发展提供全方位支撑中体现了新担当、展现了新作为。

3. 实现管理"协同规范"，助力高质量发展目标达成

中心管理体系框架全面搭建成形，在生产项目、全面风险管理等方面构建衔接有序、协同有效的工作机制，打造本质安全型的卓越绩效企业成为全员的共同追求。中心先后获电力企业管理认证优秀企业、电力行业技术监督协作网技术监督支撑单位、网公司生产技术管理先进集体、防冰抗冰先进集体等荣誉称号；2021年以高分通过"5A级标准化良好行为企业"认证；积极探索安全生产领域管理创新，《输变电企业基于准时化检修的"4C"检修管理模式研究与应用》等多项成果荣获2021年南方电网公司管理创新奖、中电联管理创新奖。

（二）建设经验与启示

安全文化建设任重而道远，对安全对企业而言，既是起点，也是归宿，既是长远奋斗目标，也是创新发展保证。只有安全文化被企业真正实施和落地，才能发挥出凝聚、鼓励和引导作用，实现与企业管理相结合、与核心业务相融合，将安全文化转化为制度、转化为全员的自觉行为。

从安全理念的确立、推行、落地，到安全文化的培育、强化和生成，到安全行为的自觉、自律和自主，再到安全制度的凝练、提升和固化，不断引领安全管理走向更高阶段，打造思想安全的员工、操作安全的设备、环境安全的场所、和谐守规的管理，最终达成本质安全型企业建设目标。

参考文献

[1]新华网. 全国安全生产电视电话会议在京召开

[EB/OL].2022-04-01.

[2] 人民网. 关于印发《推进安全宣传"五进"工作方案》的通知[EB/OL].2020-05-11.

[3] 闫红彬. 以安全管理为切入点促进党建与生产经营深度融合[J]. 决策探索,2020（2）:39.

[4] 张团. 树立"大安全"理念,实现安全生产标准化[J]. 价值工程,2013(35):91.

[5] 吴宗之,任彦斌. 基于本质安全理论的安全管理体系研究[J]. 中国安全科学学报,2007(07):09.

树安全家风 保电网安全

——国网上海超高压公司特高压练塘变电站安全文化建设经验

国网上海市电力公司超高压分公司　毛颖科　朱正一　周　勇

摘　要： 国网上海市电力公司超高压分公司（以下简称国网上海超高压公司）1000千伏练塘变电站是交流特高压皖电东送工程的重要枢纽变电站，是上海电网最重要的外来电"落脚点"，也是目前上海唯一的特高压交流变电站。练塘站班组作为特高压变电站的管理者和守卫者，始终牢记上海电网运行安全使命主责，厚植"安全首要、以人为本"的安全文化理念，将安全文化建设融入班组安全生产、制度管理和创新培养，并以企业安全文化引领班组全面发展，让卓越的企业文化在基层一线班组焕发出新的活力。班组大部分员工经历了从筹建期间的集体生活到投运后的24小时驻站值守，在共同的工作生活期间，无论是班组成员之间，还是人员与设备之间，都建立起了如家庭般深厚感情，在浓厚的"家"氛围感染下，大家共同体验家庭的欢乐与温暖，共同承担家庭的责任与义务，共同实现家庭的成长与进步，培育出良好的"家"安全文化，有力保障了电网安全运行。

关键词： 特高压；班组安全；安全文化

一、主要做法

（一）关怀激励，增强"家"的安全文化认同感

在安全文化建设过程中，通过打造"心情墙"，化问题为共进，让员工安心，保障员工每天的工作状态与安全意识；通过党员与劳模引领，引导班组成员加强自我管理，对"家"的认同感越来越强。

图1为国网上海超高压公司特高压练塘变电站及全体运维人员照片。

图1　国网上海超高压公司特高压练塘变电站及全体运维人员

1."心情墙"铸就坚实安全精神面貌

员工的工作状态和安全生产息息相关，练塘站以"心情墙"为载体，鼓励员工把每天的情绪表达出来，通过管理和疏导员工情绪，化问题为共进。

"练塘心情墙"（图2）展示全站人员的头像、座右铭、工作寄语、心情晴雨表等，其中"心情晴雨表"代表每日的心情状态。班组负责人以此了解员工情绪状态，采取交流谈心、舒缓心结等措施，帮助其解决情绪问题，合理安排工作，班组成员及时了解同事的状态，做好安全互保工作。

图2　练塘站班组"心情墙"

心情墙不仅是站内人际沟通的桥梁，更是安全生产的重要组成部分，通过对班组人员情绪状态的掌握，能够更有效率地安排工作，更及时地发现并处

理不稳定因素，真正从家人关怀的角度出发，迈出安全生产的第一步。

2."严细实"引领更高班组安全水平

在安全文化建设中，充分发挥党建引领和劳模示范作用，发扬"三多"精神：党员多测温一次、多巡视一次、多查缺一次，不放过每一项细小隐患缺陷；管理人员每周多跟班一次、多检查一次、多培训一次，督促和指导班组成员提升安全生产工作质量。

劳模站长带头，党员骨干表率，安全生产"多一点"，凝聚"严、细、实"的"家风"，引领全体成员严把安全关，提升班组安全水平。

2018年6月8日17时左右，站长带领运维人员在站内开展"多巡视一次"时在1000千伏安塘一线高抗A相出线套管上方发现持续时间在几秒钟至半分钟不等，间隔时间在5至15分钟不等的异响。最终通过声成像定位确定故障点，安排停电处理消除隐患，避免了设备事故的发生。

（二）维护创新，提高"家"的安全感

安全文化理念是人们关于公司安全以及安全管理的思想、认识、观念、意识，是公司安全文化的核心和灵魂。通过"设备主人"制与常态化技术创新，实现站内安全建设水平的稳步提升，班组成员在自觉维护站内安全运行环境的基础上，推陈出新，勇于尝试，为站内安全建设添砖加瓦。

1."主人翁"意识强化班组安全责任

始终认真践行"设备主人"制度，像对待"家具"一样用心呵护"家里"的设备安全，维护站内安全稳定的局面。

一是介入节点前移。自基建筹建起，设备主人提前介入设备安装流程，掌握设备信息，了解施工工艺，根据运行要求及时提出整改意见。

二是设备"运检一体"管理。充分发挥部门"运检一体"优势，安排运行人员到检修班组轮岗，到设备厂家培训，掌握初步检修技能，将设备主人的优势进一步拓展到设备的检修、消缺和应急处理中。

三是传承优化"设备主人"责任制。青年员工通过设备管理知识学习以及站内考试后，逐步承担起合格的设备主人职责。

2."创新范"带动高效技术研发应用

班组成员通过不断发挥主观能动性，在工作细节中找问题，在工作流程中找进步，结合实际需求开展发明创造，不断提升驾驭"家"的能力。

一是实现"机器代人"等科技应用的落地。开展"练塘新视界"特高压站高清视频和机器人联合智能巡检等新技术研发与试点应用，基本实现了利用"联合智能巡检"取代人工测温，利用"重症监护"取代人工异常特巡，有效减少了班组成员重复劳动时间。

二是依托劳模工作室和"DC CHANNEL"创新平台，结合现场实际工作需求开展自主研发创新工作。班组成员参与的"大型变电站智能作业机器人"获得央企熠星创新创意大赛创新类三等奖，"提升特高压站机器人巡检效率的智能运维诊断技术及应用"获得国网上海市电力公司科技进步二等奖。班组自主研发基于物联网LoRa协议的微气候监控系统，用低成本解决密闭箱体受潮情况监测的难题，提升设备可靠性水平，并获得上海市优秀发明选拔赛铜奖。

图3为练塘站"新视界"智能巡视系统展示。

图3 练塘站"新视界"智能巡视系统

（三）织密"安全网"，发挥"家"的责任感

安全制度文化是安全生产的运作保障机制的重要组成部分，练塘站长期坚持执行较为完善的保障人和物安全而形成的各种安全规章制度、操作规程、防范措施、安全教育培训制度、安全管理责任制等。在完善自我安全建设的基础上，强化责任意识，发挥企业文化窗口作用，通过全方位立体管控外来工作人员强化安全意识，通过文化宣传提高大众对电力知识的普及。

1. "强预控"降低外来人员安全风险

把外来工作人员的风险视为自己的责任，积极和施工单位取得联系，共同确保外来人员的作业安全。

一是两份"三措一案"提前预控安全风险。在施工单位三措一案的基础上，编制站内安全运行三措一案，明确施工区域、安全隔离措施、行车路线、当日接线、电网薄弱点等内容和工作要求。

二是严格工作票执行。开工前由站内统一组织项目管理人员和全体施工人员安全交底。在许可验收、开工收工的每个环节，运行人员到现场和施工人员逐一交代安全措施、注意事项、辨明风险点，并全程录音。

三是现场立体管控，采用"高清视频"等装备对现场作业安全进行管控，指定专人对关键工艺进行监督并拍照、摄影留档，并设立安全流动哨，加强安全查岗，有力保障现场作业安全。

2. "示范点"输出正向教育安全文化

练塘站作为国网公司企业文化示范点，积极发挥窗口作用，向社会各界宣传企业文化理念及普及电力知识，深化教育基地建设，实现安全文化的有效输出，实现从小家到大家的跨越，把练塘"家"的安全变为"大家"的安全，把中国特高压的安全管理理念传播给国际同行。

练塘站承办交流活动对象包括国际学术会议专家团（图4）、国内外电力公司、高等院校师生、人大代表、社会各界人士等，同时多次参与央视客户端、电网头条直播节目录制。练塘站员工向社会各界人士介绍输变电原理、电磁环境安全、用电安全、电力生产安全措施的基本知识，充分展示特高压技术与理念。

图4 希腊国家电网公司高管参观交流

班组青年员工创立了"练塘e站"微信公众号，作为班组文化的展示区。站内党员服务队结合防台防汛巡视，常态化向周边居民宣传防外破等知识（图5），确保输变电设备运行安全。

图5 党员服务队开展电力常识宣传活动

二、取得成效

（1）构建安全文化行为体系，在安全理念指导下，健全风险管控与隐患排查治理双重预防机制，将巡视操作、检修预试等作业标准固化到每个人的日常工作行为中。截至2022年8月1日，练塘站特高压部分累计输入电量约917亿千瓦时、输出电量约422亿千瓦时，近三年顺利完成特高压母线增设压变、主变GOE套管反措、特高压开关弧触头反措、特高压主变消防系统改造以及进博会、G20等重大保电等工作任务。先后获得国家电网公司企业文化建设示范点、国家电网有限公司先锋党支部、华东电网交流特高压劳动竞赛安全管理先进变电站、中共上海市委组织部党支部建设示范点、上海市用户满意服务明星班组等荣誉。

（2）通过班组自主安全能力提升，充分发挥每位员工的主观能动性，调动每位员工的求知欲和责任感，培养出了国家电网有限公司劳动模范1名、国家电网有限公司青年五四奖章1名、国网上海市电力公司青年五四奖章1名、"最美检修人"1名、高级技师8名、高级工程师4名、技师6名。班组成员获得央企熠星创新创意大赛创新类三等奖、上海市质量管理小组活动优秀成果奖、上海市优秀发明选拔赛职工技术创新成果奖等荣誉。

（3）班组安全文化体系建设坚持全面发展，与时俱进。2021—2022年，练塘站共承办参观交流活动60余次。练塘站作为企业文化示范点，内化学习，外树责任，充分发挥作为教育基地的宣传服务作用，有效实现向社会宣扬企业文化与责任表率的窗口作用，练塘站也荣获了"中央企业青年文明号"称号。

（4）通过构建安全文化理念体系，提升了班组安全凝聚力，提高了班组集体攻坚克难的工作作风。尤其在2022年上海市新冠疫情封控期间，练塘大家庭的每个成员以站为家，员工平均封闭值班天数超过30天，最长封闭值班达72天，取得了抗疫情和保供电的阶段性胜利，保障了特高压跨区电网的安全稳定运行。

坚持"三化"促"三基"
提升企业本质安全水平

吉林电力股份有限公司　才延福　牛国君　张艳丽　徐志宏　王金良

摘　要：党的十八大以来，全国安全生产形势持续向好，实现事故总量、较大事故、重特大事故"三个继续下降"，重点行业领域、各地区安全生产状况"两个总体好转"。在党的十九大报告中，习近平总书记首次提出"弘扬生命至上、安全第一"的思想，是习近平新时代中国特色社会主义思想的重要内涵，也是指导安全生产工作的行动指南和理论武装。吉林电力股份有限公司（以下简称吉电股份）认真贯彻"以人为本，坚持人民至上、生命至上"方针，结合全国安全生产专项整治三年行动，落实国家电力投资集团有限公司（以下简称国家电投）抓"三基"建设要求，形成了"作业行为规范化、作业环境标准化、作业过程程序化"（以下简称"三化"）的安全管理文化，在长年的实践中取得了良好成效。

关键词：作业行为规范化；作业环境标准化；作业过程程序化

一、"三化"体系的形成及发展

2018年5月，吉电股份荣获国家电投"安全生产先进集体"称号，同年6月现任吉电股份党委书记、董事长（时任吉电股份总经理、党委副书记）才延福发表了一篇题为《坚持"三化"促"三基"提升安全生产管理水平》的文章，总结了近年来吉电股份坚持以"三化"促"三基"的总体思路，详细阐述了吉电股份在落实国家、行业、国家电投各项安全生产工作部署的同时，持续开展"三化"管理工作，安全生产形势持续稳定，各项生产技术指标不断向好，为提升企业盈利能力、推动企业高质量发展奠定了坚实基础。

吉电股份自成立以来，在企业文化建设中不断探索，以"坚持安全第一、预防为主、综合治理"方针和国家电投"任何风险都可以控制、任何违章都可以预防、任何事故都可以避免"（简称"三个任何"）安全理念为指导，建立了符合本企业生产实际、具有本企业特色的安全管理文化体系，即：以"三化"促"三基"（以"作业行为规范化、作业环境标准化、作业过程程序化"促进"基层、基础、基本功"的安全管理文化）。

"三化"理念的形成，基于国家电投的"三个任何"安全理念，把企业安全文化聚焦在了作业层、执行层，推进了班组安全文化建设和承包商安全管理，企业实现"零伤亡、零事故"的安全目标被具象化。2018年吉电股份"三化"的安全管理文化已经基本形成，在持续地推进"三化"落地的过程中不断总结经验教训，经过几年实践，2022年，形成了从"坚持'三化'促'三基'提升安全生产管理水平"到"坚持'三化'促'三基'提升企业本质安全水平"的再提高。目前，"三化"的安全管理文化已在吉电股份所管各单位落地、落实，效果良好。

二、现行"三化"体系概况

（一）狠抓人员的作业行为，实现作业行为规范化

安全生产的重点永远在基层，而问题更多发生在作业层。吉电股份将管理重点放在推进全员岗位安全生产责任制落实上。一方面深入开展反"三违"活动，常态化开展安全生产大检查及"回头看"工作。另一方面，组织全员深入分析电力系统事故案例，以案示警，全面规范作业行为。保持从严从重处罚高压态势，坚持"发生事故先处理再调查"原则，对违反安全生产"零容忍"问题，上追一层，通过严要求、严治理、严追责来规范作业行为。

（二）深抓设备状态和作业环境，实现作业环境标准化

坚持以《防止电力生产事故的二十五项重点要求》为主线，强化技术监督管理，深入开展隐患排

查和双重预防机制建设，牢固树立隐患就是事故的管理理念，始终坚持把隐患排查治理挺在事故前面。推进生产标准化管理，提高生产现场目视化管理水平，发布《运行标准化管理规范》《检修现场管理规范》和《检修作业行为规范》，并获中国标准出版社出版发行。加强重要工序和危险作业的现场监督指导，生产区域、重点防控区域得到有效隔离，对部分重要阀门、电气开关加装电子锁，并与工作票实现关联，从而实现作业环境标准化。

（三）严控人和物的关系，实现作业过程程序化。

全面梳理作业任务，标准化执行两票及文件包，模式化开展新能源、新业态项目安全管理，表单化管控作业风险，确保一切作业有规可循、有章可依。明确安全生产保证体系和监督体系责任，厘清管理界面，持续推进"三标一体化"与安健环体系有效融合，实现作业过程程序化。

三、在安全文化建设中解决困难的办法和指导思想

"三化"安全管理文化是以国家电投"三个任何"安全理念和"安全生产超前预控、精细化管理"为指导思想，进一步规范各种作业人员行为、作业程序标准，大幅提高现场作业安全环境，从根本上达到夯实安全基础、实现风险预控、消除作业风险的目的。通过开展"三化"促进"三基"基础建设，营造出了浓厚的吉电股份特色先进安全管理文化氛围，推动了生产系统管理水平的整体提升，逐步向实现本质安全迈进。

在"三化"安全管理文化的建设中，融合了相关法律法规和标准规范，落实了国务院安全生产工作"十五"条措施，推进了全员岗位安全生产责任制建设，采用"僵化、固化、优化"方式解决建设中的困难，逐步地"落地、落实、落牢"。运用"编制标准、手册＋培训指导"和"下发方案、活动＋开展评估"等方法排解遇到的难题，同时保持对不安全事件从严从重处罚的高压态势，通过严要求、严治理、严追责来解决企业存在的安全管理责任缺失，基层、作业层执行不到位，体制机制不健全等问题，下大决心、下大气力控制作业过程安全风险，实现作业环境的整体安全。

四、与安全文化建设配套的制度创新、组织创新、管理创新

依据《电业安全工作规程》《国能安全 [2014]161号 防止电力生产事故的二十五项重点要求》《电业典型消防规程》等，吉电股份先后推出"两规范""一标准""一手册"。2017年编制发布了《吉电股份检修作业行为规范》《吉电股份检修现场管理规范》《运行标准化管理规范》等，用图文并茂的方式呈现标准，完成了所管火电系统内现场作业规范"图解"，获中国标准出版社出版发行。

2019年，为全面落实所管单位精细化管理工作的要求，提高所管单位安全生产标准化、规范化、程序化管理水平，有效降低设备损坏和人员伤害的安全风险，保证机组安全、稳定、长周期经济运行，吉电股份在系统内全面开展了安全生产"三化"落地专项活动，以"三化"促"三基"管理，形成安全生产长效管理机制，并结合实际，开展了为期十个月的"落三化、查隐患、促保供专项活动"，所管各单位按照工作职责成立"三化"工作推进管理领导小组，负责组织推进"三化"工作的宣传、方案细化、具体措施落实和完成情况的总体评价工作。

2021年新《中华人民共和国安全生产法》正式实施后，为树牢安全发展理念，构建安全风险分级管控和隐患排查治理双重预防机制，落实全员安全生产责任制，推进安全生产专项整治三年行动计划有效实施，以《防止电力生产事故的二十五项重点要求》《电力安全工作规程》为基础规范，充分运用《HSE管理工具》及国家电投精细化管理工作的要求，编制了《安全生产"三化"管理指导手册》，形成具有吉电股份特色的先进安全文化体系。

五、取得效果及启示

（一）取得的成果

吉电股份2018年荣获国家电投"安全生产先进集体"称号，供电煤耗、发电单位成本、发电单位材料费、单位千瓦修理费等6项指标处于国家电投前列。近5年来，吉电股份连续实现"零伤亡、零事故"目标。

（二）经验及启示

吉电股份在推行"三化"的过程中不断积累了宝贵经验：一是通过抓人员的作业行为，提高作业人员安全意识和规则意识，实现作业行为规范化；二是通过抓设备状态和作业环境，用双重预防机制防范化解风险，实现环境标准化；三是通过控制人和物的关系，确保一切作业有章可循，实现作业过程程序化。

"三化"是围绕"三基"建设营造的企业安全文化,是现场作业的要求、标准、启程点和切入点,与作业人员的文化素养有很大关系,体现出企业对安全的态度。安全生产实行"三化"管理,从规范人员行为的反"三违"入手,以"三防"中环境的标准要求为抓手,完善"两票三制"等作业的依规流程,追寻为"基层"打下良好的程序化作业"基础",掌握过硬的安全技能"基本功",提供了系统性指导,也为从根本上达到夯实安全基础、实现风险预控、消除作业风险指明了方向。

以安全文化为引领 提升培养水电企业本质安全型青年员工成效实践

华能澜沧江水电股份有限公司小湾水电厂 范迎春 闫继杰 陈 红

摘 要：安全文化是企业安全管理的灵魂，安全文化管理是企业安全管理的最高阶段，高质量安全文化建设推动企业高质量安全发展。华能澜沧江水电股份有限公司小湾水电厂（以下简称小湾电厂）高度重视安全文化建设与提升工作，持续深入开展安全理念文化、制度文化、物态文化、行为文化建设，通过近十年来的探索与实践，逐步形成了具有"厚重"特色的"小湾安全"文化品牌，2017年1月，以"三厚九重"安全文化管理模式获得2016年度全国安全文化建设示范企业称号。小湾电厂以安全文化为引领，多措并举，提升青年员工安全教育培训效率，高效培养本质安全型青年员工，坚定其安全信仰，树立其正确安全价值观，赋予时代安全使命，构建员工与企业安全命运共同体。

关键词：安全文化；青年员工；安全培训成效；提升

安全生产核心因素是"人"。如何培养本质安全型员工是电力工业安全迅速发展的重要支撑，提升电力青年员工的安全教育培训成效显得尤为重要，是行业需要研究的重大课题。小湾电厂安全文化建设形成了"重主体责任落实、重制度标准管控、重现场风险预控；重安全监控设施、重科技创新创效、重本质安全建设；重安全技能培养、重安全素养提升、重班组文化建设"内涵的"三厚九重"安全文化。小湾电厂以先进安全文化营造良好的安全工作氛围，决策层带领干安全，管理层用心管安全，操作层自觉学安全、规范做安全。通过系统完善的安全理念文化、制度文化、行为文化、物质文化，积极发挥安全文化导向、凝聚、约束、监督作用。安全文化管理是企业安全管理的最高阶段，以安全文化建设推进青年员工安全教育，小湾电厂取得了明显成效。

一、坚持安全文化教育，深植青年员工安全意识理念

小湾电厂自建立以来，融合传统安全文化理念和企业文化，归纳提炼具有电厂自主特色的安全文化理念，形成了一套具有本厂特色的安全管理体系，凝练出"三厚九重"安全文化。对新入职青年员工，将安全文化专题课程作为入厂安全思想教育培训的重点内容，扣好青年员工入厂安全思想意识的第一粒扣子。用"小湾安全文化"启迪、浸润青年员工安全思想意识，引领员工安全观念的转变、趋同，使之牢固树立安全价值观，端正安全态度，增强安全意识，提升安全素质。

小湾电厂安全文化建设坚持系统性原则，坚持以人为本、生命至上原则，坚持全员参与原则，坚持循序渐进原则。重视安全责任、安全意识、安全行为、安全思想、安全信仰的思想教育，将安全制度体系凝练为全员安全生产责任制，使安全职责成为安全意识，让安全意识影响行为习惯，使行为习惯融入安全思维，让安全思维转变为安全思想，将安全思想升华为安全信仰，让安全文化在青年员工身上生根发芽，内化于心、外化于行。

二、强化培训体制机制运行，使青年员工具备"我要安全，我能安全，我们能安全"的能力素质

建立健全"量化为主、分级管理、逐级负责"的安全绩效机制，执行"安全一票否决制"。把安全目标、安全事件、隐患排查治理和反违章工作等与绩效挂钩。设置安全专项奖励，实施安全文明示范区机制，深化"四不伤害"互保意识，树立"违章就是事故"理念，强化违章"四不放过"处理措施。实行员工安全信用评价，将安全工作正向成绩、负面影响真实体现在评价中，作为集体、个人评优评先、岗位晋升前提条件。形成安全工作良性循环，激励员工"我要安全"的主观需求。

不断深化各岗位、各项工作、设备全寿命周期的风险分级与隐患排查治理工作，深刻学习各类事故警示教育案例，培养员工的敏感意识、风险意识、防控意识，不断提升员工的整体安全意识。用电厂安全文化价值观、安全文化理念不断熏陶、教化每一位员工，在浓厚的安全氛围中与员工分享安全物质财富和精神财富，端正员工的安全态度，形成"我会安全"的主观意识。

安全培训不到位是企业最大的安全隐患，安全学习不到位是员工最大的安全隐患。落实两个需要（安全生产需要什么、员工安全成长需要什么，就重点培训什么）的安全培训方针，编制实施《小湾电厂从业人员安全生产培训标准化手册》，建立"分级分类、全员参与"的"一岗一标"安全培训体系，健全"一岗一标"课件库，组建以注册安全工程师、安全应急技术能手、安全管理专业人员为主的三级安全培训师队伍。常态开展"员工走出去"和"专家请进来"安全培训；通过"安全培训室""全员安全教育云平台"，定期开展线上＋线下实操和理论培训，使青年员工掌握风险辨识预控、安全技术保障、应急处置的安全能力，使之具备"我要安全、我能安全、我们能安全"的能力本领。

三、强化制度体系建设，快速培养青年员工安全职业道德

以制度"刚性"与文化"柔性"，发挥管理的考核激励作用，体现自我约束、行为约束、道德约束、强制约束的管理作用，形成"我的安全我负责，他人安全我有责，企业安全我尽责"安全职业道德。

持续优化小湾电厂《安全生产管理体系》。体系有"组织策划""安全管理""生产运营""检查考核"四册，早期由92个电厂标准组成，为提高标准符合性和有效性，电厂每年开展修编、优化工作，至2021年已优化整合至65个高质量电厂标准。建立健全全员安全生产责任制，力求人人"知责、履责、尽责"。从《安全生产责任制》到《全员安全生产责任制》，逐步完善职责清晰、到位标准明确和考核标准严厉的全员安全生产责任制体系，定期开展安全责任制监督专项检查。推进运行、操作规程、检修作业指导书等实现可视化。编制《可视化巡回检查规程》《可视化检修作业指导书》《可视化运行操作规程》等制度，编制实施可视化巡检项目651项、检修作业指导书52份、可视化维护工单1643项。并将电厂7S管理成果印制成册，形成《小湾电厂7S管理手册》《外包工程7S管理指南》《外包工程7S检查手册》。

构建安全信用评价体系，规范电厂员工和外包人员安全行为，推动自主安全管理本质安全型员工建设，营造人人讲安全、重信用，知责、履责、尽责的良好氛围。对电厂职工施行《员工安全工作信用评价实施细则》，对外包单位和外包人员施行《外包单位安全、环保工作信用评价实施细则》，明确管理要求，建立负面清单，强调安全失信惩戒措施。

四、孕育"五强五固"安全管理标准化班组文化，为青年员工成长提供良好的班组安全环境

班组作为专业青年员工职业生涯的第一站，是培养员工快速成长的重要基站，特别是安全意识、安全技能的培养。班组直接担负了生产作业、员工日常教育培训等职责，对青年员工影响最直接，抓好班组文化建设直接关系到电厂文化、各项举措是否落实落地。小湾电厂班组围绕"个人无差错、班组无违章、系统无缺陷、管理无漏洞、设备无障碍、生产零事故，人、机、环境、管理本质安全型班组"目标，突出班组安全生产主体作用，探索出"五强五固"型班组建设模式，织密"人防、物防、技防"全方位、立体化安全防护网络。以人防为中心，筑牢"违章就是事故"的理念；以物防为基础，突出设备全寿命周期管理；以技防为保障，提升电厂本质安全水平。通过班组看板管理、员工提案奖励、精益7S管理、员工安全信用评价、危险预知训练五项提升机制，以文化引领、制度保障、科技创新、榜样示范四力驱动，打造安全、质量、技能、服务、效益均达到优秀的五星员工和五星班组。以运维四班为代表，于2019年2月获得中国安全生产协会授予的"安全管理标准化示范班组"称号，于2019年5月获得共青团中央和应急管理部颁发的"全国青年安全生产示范岗"称号。

五、营造"比学赶帮超"安全竞赛文化氛围，助推青年员工安全综合素质高效提升

坚持"安全建设重点工作在哪里、青年员工薄弱环节在哪里，安全竞赛就推进到哪里"的原则，广泛开展"安全大培训、大比武、大竞赛、大提升"活动，立足常态化、全员参与，开展具有电厂特色、实效突出的安全竞赛和年度劳动竞赛。常态化开展员工安全应急技能竞赛，积极举行"班组安全管理对标竞赛""安全知识擂台赛""安全培训师竞赛""安全应急培训视频制作竞赛"等系列活动。

激发员工积极性，激励青年员工参赛，以赛促训、以赛促学、以赛检验、以赛表彰。竞赛已成为快速提升青年员工安全综合素质的有效举措。

2018年8月，小湾电厂青年员工参加华能澜沧江公司（以下简称公司）安全应急技能竞赛，在二十多家基层单位中斩获第一名。2018年10月，小湾电厂青年员工参加云南省电力安全应急技能技术大赛，代表公司获得团体冠军，获得"云南省电力生产安全应急技术能手"荣誉称号。2019年8月，小湾电厂3名青年员工参加公司2019年安全应急团体竞赛获得冠军，3名选手包揽公司"安全应急技术能手"称号，2021年3名青年员工代表队获得公司安全应急团体赛第二名。青年员工的快速成长，为巩固安全生产前沿阵地，有效提升电厂安全管理综合水平，打下坚实基础。

六、以青年员工安全使命担当赋能安全高效成长

向青年员工宣贯"安全第一、预防为主、综合治理"的安全生产方针，使其正确树立"安全就是信誉、安全就是效益、安全就是竞争力"的安全理念，牢牢把握"以人为本，坚持人民至上，生命至上，把保护人的生命安全和健康摆在首位"的宗旨。

树立青年员工"安全是第一意识、第一责任、第一工作、第一效益"安全价值观，让"安全是技术、安全是管理、安全是文化、安全是责任"的管理理念入脑入心。

用"敬畏生命、敬畏制度、敬畏职责、敬畏国家财产"的敬畏之心对待职业使命，传承"为员工谋安全、为家庭谋幸福、为企业谋发展、为社会谋进步"的安全信仰，点亮青年员工安全"心灯"，让青年员工成为小湾安全文化的坚定践行者和光明传播者。

赋予青年员工"建设世界一流现代化本质安全型电力企业"安全使命，为小湾电厂安全管理现代化能力提升，构建现代化水电厂安全治理体系，打造本质安全型员工、本质安全型班组、本质安全型企业，为华能水电加快世界一流现代化绿色电力企业建设、小湾电厂加快建设世界一流现代化智慧电厂提供强有力的安全保障。

参考文献

马景山."三厚九重"打造安全"小湾"[J].北京：现代职业安全,2017,(10):51-54.

基于高可靠性组织视阈的核安全文化建设研究

福建宁德核电有限公司　刘文元　王学伟　孙晓龙　陈莺

摘　要：核能是人类社会现代科技文明发展的成果，给人类带来福祉的同时也伴随着风险。核安全是国家安全的重要组成部分，更是核电企业安身立命的基础。企业的百年基业长青，需要组织文化的引领，毫无疑问，核安全文化在核电企业的推行和落地，是确保核电安全，避免核事故发生的重要屏障。

本文阐述了核安全文化的相关背景、概念以及核安全文化建设存在的不足，以高可靠性组织面对挑战的五个行为特征，即专注失败（问题）、注重回应力、聚焦工作过程、反对简单化和尊重专家意见作为分析框架，在此基础上，提出了核电企业推进核安全文化建设的对策建议。

关键词：高可靠性组织；视阈；核安全文化建设

一、绪论

2014年，国家核安全局、国家能源局和国防科工局联合发布了《核安全文化政策声明》，系统阐明了我国对核安全文化的基本态度以及培育和实践核安全文化的原则要求[1]。2018年颁布的《中华人民共和国核安全法》中明确提出"加强核安全文化建设"，使得核安全文化建设有法可依，变为法定要求。当前，我国在运核电厂以及在建核电厂，均依法依规建立企业核安全文化，以此引领和培育员工的意识和行为规范，确保核电安全稳定运营。

核安全是核电企业安全生产的生命线，没有核安全，就无从谈起核电对社会的价值贡献。核电厂与空间站、空中交通控制系统和航空公司等行业面临的挑战一样："必须可靠地运作，此外别无选择。一旦可靠性受到损害，就会产生严重的后果"。

本文通过引入高可靠性组织应对应急管理的五种行为特征作为分析框架进行研究，以丰富核安全文化建设的理论视角，为推动核安全文化建设走深、走实，推进核安全文化与生产融合，提高安全管理工作起到积极意义。

二、相关概念

（一）核安全文化

核安全文化是核电企业中组织和个人以"核安全高于一切"为根本方针，以维护公众健康和环境安全为最终目标，达成共识并付诸实践的价值观、行为准则和特性的总和。

（二）高可靠性组织

高可靠性组织（High Reliability Organization, HRO）是指运用内部有效的管理机制与安全预警机制，即应用人类行为科学理论来计划、组织、调配、领导和控制人类行为过程以减轻风险，降低事故发生率，从而能够保持高安全性和高可靠性的组织[2]。

三、高可靠性组织的行为特征

高可靠性组织在艰难复杂环境下持续稳定运营，能在相当长的周期内保持高安全性，避免许多本应会由各种风险因素和复杂性而导致的灾难性事故发生。核电企业属于技术复杂性和高风险行业，与高可靠性组织类似，需要"维持组织的高效运作"，确保核电"绝对安全"和"万无一失"。本文引入高可靠性组织的五个行为特征来构建核安全文化建设的指导框架。

（一）专注失败教训而非成功经验

高可靠性组织关注的不是经营管理中的成功经验，更多关注的是运行体系中的失误或失败教训。高可靠性组织表现为不放过一个小的偏差，组织时刻保持警觉，将未遂事件视为改进的机会，以此提升系统运行的可靠性。

---

[1] 国家核安全局，关于发布《核安全文化政策声明》的通知，国核安发〔2014〕286号，2014.
[2] 奉美凤，谢荷锋，肖东生. 高可靠性组织研究现状与展望[J]，南华大学学报（社会科学版），2009,10(1):55-58.

（二）聚焦事件原因，反对简单化解释

一般性组织在日常管理中都具有简单化倾向，对事件就事论事，而不去剖析背后原因和采取纠正措施。高可靠性组织则拒绝简单化的解释。它与之正好相反，聚焦于事件的根本原因分析，成立一个小组，提出质疑和解决方案。

（三）聚焦工作过程

高可靠性组织强调要重视一线操作的重要性，要赋予一线员工相应的权利。高可靠性组织认识到工作程序和管理政策会时常发生变化，因此需对工作环境复杂性保持关注。

（四）注重在事件中学习能力塑造

高可靠性组织鼓励培养管理者即时学习能力，从行动中学习，获得成功控制危机的能力，而不是把精力集中于制定预防措施和预见上，也就是说不过度依赖事前设定的程序和预案。

（五）尊重专家意见

在一般组织中，员工往往对上级和管理者的意见保持遵从，谁来决策往往是由地位和职位来决定。在高可靠性组织认为，应对突发情况时，专业知识和经验通常比职位更重要，因此只有专家才是更靠谱的决策者。

四、核电企业推进核安全文化建设的对策建议

高可靠性组织理论对推动核电企业安全发展，有着诸多的有益启示。借鉴高可靠性组织理论的有益部分，赋予安全文化建设新内涵。基于上述理论内涵，从提升系统运行可靠性、优化一线操作的安全管理流程、优化安全生产决策机制、学习能力塑造以及推进核安全文化传播落地等维度提出推进核电企业核安全文化对策建议。

（一）保持警觉，提升系统运行可靠性

1. 优化经验反馈组织，注重小偏差管理

高可靠性组织认为不放过任何一个小偏差，组织时刻保持警觉。内外部事件反馈，对于微小征兆不加以关注和警觉，就可能酿成大祸。鼓励作业一线报告微小问题和偏差。优化核电企业经验反馈组织，对每天的微小问题和偏差进行讨论、分级，以确定需要采取的措施进行即时干预。

2. 聚集事件原因分析，反对简单化解释

高可靠性组织聚焦于事件的根本原因分析，成立一个小组，提出质疑和解决方案。核电企业需强化以事件分析委员会、纠正行动改进委员会两个平台职能，聚焦事件根本原因分析，反对简单化解释和问责。

（二）优化一线操作的安全管理流程

1. 管理者带头实践安全管理流程

在安全管理流程生效后，管理者要带头实践管理流程。首先，管理者要在班组、部门、项目等团队中树立遵守程序和制度的文化；其次，管理者要参与并带动员工队伍参与到实践安全管理流程制度的行动中；最后，管理者要营造团队协作和信任与合作氛围，带领团队追求可持续成果和发展。

2. 以安全管理流程引领安全绩效

高可靠性组织强调要重视一线的重要性，赋予一线员工相应的权利。因此，要基于一线作业底层设计，建立完善的双重预防机制体系，即风险管控和隐患排查的机制。对现有安全管理制度、规范和流程进行优化、简化和流程化。

（三）尊重专家意见，优化安全生产决策机制

核电企业在应对安全生产决策时，也存在"管理权威"对"技术权威"的影响，也存在管理者冲到安全生产决策的第一线，这不利于安全生产的决策，也不符合高可靠性组织理论的观点。

1. 日常生产决策优化

核电企业设置的核安全委员会一般由若干管理和技术专家组成，针对核安全相关问题采取分级决策机制，即当班值长的决策、日常或大修副总工层级决策和核安全委员会的决策。在此基础上，可以引入公司专家人才、工匠人才代表作为核安全委员会的专家组成员，从一线员工的视角参与日常生产决策。

2. 突发事件决策优化

决策权下移是一种自上而下的放权过程，最理想的过程是将决策权转移给应急处突的第一线。决策权转移给专业人士，不论其是领导，还是普通的工程师，这种权力转移过程，实质是一种决策模式的改变，是由经验向科学决策、领导决策向专家决策转换的过程，有利于核电企业降低危机所带来的风险。例如，赋予当班值长八小时的"厂长"的权力，协调调动电厂各类资源和应急处突决策。

（四）注重即时学习能力的塑造

1. 学习失败的教训

在核电企业建立学习失败教训的机制。我们须摒弃传统的学习管理和方式，向失败学习而非仅向

成功学习,因为"任何问题,即使它微不足道,都反映了系统整体状况的一些情况"。

2.学习突发事件应变能力

在常规的基本安全培训基础上,也必须培养管理者面对突发事件的应变能力,使之能够在事件发生之初和事件发展过程中,迅速用较为丰富的知识和经验去应对突发事件,从而克服或减少差错。

(五)营造核电企业核安全文化氛围

核电企业核安全文化需要在基层班组落地,去影响每一个人的行为规范,离不开对核安全文化的宣传、报道和树立核安全文化的正面典型。

1.以新媒体方式传播

利用年轻人喜欢的手机媒体,例如微信、微博、抖音、小红书、电子书籍等传播核安全文化。手机媒体可以使文字、图片和声音同步,可以使得核安全文化由静态向动态演变。此外,还可以现场录制作业视频的方式进行核安全文化行为规范的及时传播。

2.以基层党建方式传播

将核安全文化融入党的基层组织,以党建引领核安全文化的落地。在基层党组织中,打造党建品牌,即成立党员责任区、党员服务队、党员攻坚队、开展党员身边无偏差等活动,使核安全文化与生产深度融合,切实发挥广大党员的先锋模范作用,发挥出党支部的战斗堡垒作用,通过党建引领,使得核安全文化落地有了有力抓手,切实促进核安全管理水平持续提升。

五、总结与展望

核安全文化建设是一个多层次系统工程,在追求核安全的道路上,没有捷径可走。在推进核安全文化的道路上,也不能故步自封,而是要不断吸收先进的管理理念和良好实践经验,逐步形成核安全文化建设的自我评估、优化提升的正向循环。核安全文化建设只有起点,没有终点,要围绕"建设"多做努力,依靠强有力的领导力、缜密的工作机制和有效的推动措施来保障。

参考文献

[1]雍瑞生.高可靠性组织的理论与实践[M].武汉:华中科技大学出版社,2014.

[2]卡尔·威客.应急管理-如何确保尖峰时刻的高效运作[M].上海:上海交通大学出版社,2002.

[3]肖文涛.突发事件与应急管理体系建设[M].北京:中共中央党校出版社,2015.

[4]柴建设.核安全文化理论与实践[M].北京:化学工业出版社,2012.

[5]郑北新.核电厂的安全文化[J].大亚湾核电,2008,48(2):11-13.

[6]奉美凤,谢荷锋,肖东生.高可靠性组织研究的现状与展望[J].南华大学学报(社会科学版),2009,10(1):55-58.

[7]孙杨杰,肖文涛.中华人民共和国核安全法评析[J].中国应急管理科学,2020,3(10):28-32.

[8]蒋兴华,张衍.核安全文化为发展护航[J].当代电力文化,2017,1(3):36-37.

[9]张丽芳,王宏伟,赵弘韬.核安全文化建设的实践与探索[J].核安全,2012,4(4):36-39.

[10]高信奇.高可靠性应急管理政府借鉴与构建[J].福建行政学院学报,2010,(04):15-19.

[11]梁华珍.以安全文化提升企业安全管理水平[J].华北科技学院学报,2007,(4):101-103.

华润电力自主安全班组文化建设的探索与实践

华润电力控股有限公司　梁　杰　王晓震

摘　要：华润电力通过系统性开展自主安全班组文化建设，充分发挥班组在安全文化建设中的积极性和创造性，以"自主安全班组"建设为抓手，持续筑牢"三基"阵地，致力于将"做好自己的安全第一责任人"安全文化理念在基层班组的每位员工入脑入心、践行见效，有效解决了安全生产"最后一公里"问题。

关键词：自主安全；班组；文化

习近平总书记指出，文化是一个国家、一个民族的灵魂，文化兴国运兴，文化强民族强。在电力行业高质量发展的新时代，"以人民为中心"的理念要求必须将安全管理重心转移到提高人的安全文化素质上来，实现安全管理由经验型、事后性的传统管理向依靠科技进步和不断提高员工安全文化素质的现代安全管理转变。

华润电力控股有限公司（以下简称华润电力）认真学习贯彻习近平总书记关于安全生产的重要论述，充分吸收国内外电力、煤炭行业安全管理成熟管理经验，结合实际构建了"15112"安全文化体系（"1"是指一个六星安健环管理系统；"5"是指安全文化的五个方面；"1"是指一个安全福；"12"是指华润电力十二条救命规则），致力于将"做好自己的安全第一责任人"安全文化理念在基层班组的每位员工入脑入心、践行见效。2018年以来，华润电力突出了系统性建设班组安全文化的重要性，以"自主安全班组"建设为抓手，持续筑牢电力企业安全文化主阵地，着力推动基层班组由"要我安全"向"我要安全"的转变。

一、自主安全班组文化建设的由来

2018年，华润电力组织对10年来发生的内部生产安全事故事件进行致因分析，得出的结论是人的不安全行为因素占到了90%以上，在人员伤亡的安全事故事件中，人的不安全行为因素更是达到了100%。因此，能否做到安全生产关键在人，人是安全生产管理中的最具有决定性的因素，同时也是最不稳定的因素。加强安全生产最前沿阵地的班组安全文化建设，就抓住了安全生产的主要矛盾，抓住了安全生产的根本。

经统计，华润电力有1507个班组，构成如图1所示。

图1　华润电力班组构成

可以看出，一是班组数量多，二是50%的班组为相关方班组，三是业务繁杂，不但业态多，而且同一业态内部也分很多专业。

做好班组安全管理，必须面对在实际管理中存在的三点问题。

（1）班组是最宝贵资源和基石，也是管理的重点，在很多单位也是难点和痛点，如何才能实现班组本质安全，保证安全生产？

（2）如此数量庞大的班组规模，且由于工作内容各不相同，安全风险特点各异，如何才能实现风险可控在控，保证安全生产？

（3）班组的生产工作存在随机性，作业活动涉及厂区、厂外、水上、地下以及危化品区域等，如何才能实现员工自觉遵章守纪，保证安全生产？

经过分析研究和多次行动学习，我们认识到，从上而下的指挥棒式的班组安全管理已不合时宜，一招鲜式的管理办法也不可能管理好所有班组安全，必须坚持"用文化管理安全"的总体思路，从文化宣贯、行为塑培、机制构建等多方面出发，使班组

— 207 —

安全管理走上规范的自主学习、自主提升、自主管理道路，才能确保班组安全管理可持续、可自我良性循环。据此，华润电力在所有班组中系统性分阶段地开展了自主安全班组文化建设，以"扫除安全管理盲点、激活神经末梢"，彻底解决安全管理"最后一公里"问题。

二、自主安全班组文化建设的规划

华润电力通过对杜邦和国内电力行业的先进安全文化管理体系学习，结合对基层1507个班组的抽样调查，分析班组长和员工的思想行为和安全意识，分析安全管理制度存在的问题和好的管理经验。经过充分的调查和研讨，华润电力制定发布了《华润电力自主安全班组文化建设方案》，提出以"自主安全班组建设"为主题，坚持以科学推进、以人为本、持续改进、继承创新为原则，以零违章、零职患、零障碍为目标，充分激活"神经末梢"，建立"我的安全我负责、他人安全我有责、班组安全我尽责"（简称"三责"）主动式的自主安全班组文化和"做好自己的安全第一责任人"的个人安全文化理念。

华润电力自主安全班组文化建设总体分为4个阶段，即塑形、造血、铸魂、健体。塑形，由总部直接指导建立一些样板班组，并及时把建设成果通过有形的制度载体固化下来；造血，通过开展教育培训和采取激励措施，提升班组长、员工的安全意识技能和自主积极性，外部指导、协助力量逐渐退出；铸魂，班组的自我管理和提升能力基本形成，铸就善于思考、自我改善的班组安全文化；健体，形成一套行之有效、适合班组特色的班组安全文化管理的长效机制，全面提升班组成员的安全行为。

华润电力明确了成熟度较高的自主安全班组文化，应在"人、物、管"三方面具备9项基本表现特征。

班组员工具有较高的安全意愿；班组员工拥有完整的知识与技能；班组员工养成了良好的行为习惯；设备的安全装置和防护设施完备可靠，警示标识齐全有效；设备、设施、建构筑物的风险控制标准持续提高；设备隐患数量大量减少，隐患排查治理工作及时、彻底；安全成为班组及成员共同的习惯；充分体现安全管理与实际工作行动的一致性；注重事前管理，主动寻找问题，并把问题当作改进和提高的机会。

同时，为了确保取得成效，总部对各单位在推进自主安全班组文化建设时提出"五要五不要"原则。

五要：一要认识到位，各级领导既是设计者、推动者也是实践者；二要按照各单位班组安全管理的特点，进行科学系统规划和设定目标，制订实施计划，持续改进；三要建立高效的推进团队，配备资源并充分授权，使班组安全文化管理工作实现上下联动，政令畅通；四要持续完善绩效考核，将班组安全绩效与组织的业绩和个人的业绩挂钩，正向激励与严格考核结合，持续推动班组安全文化建设工作不断深化；五要将相关方纳入日常安全管理，安全一体化工作形成体系，取得实效。

五不要：不要轻视基础工作，切忌不切实际，大干快上，不遵循客观规律，过快过高追求目标；不要变成"台账"建设，变成纯书面游戏；不要将"自主"变成"自由"，上级单位部门缺乏过程、方向指导；不要教条主义，限制班组自主安全的创造力和活力；不要搞成对内、对外两张皮。

三、自主安全班组文化建设的推进

（一）抓好示范，标杆引领，形成表率引导激励效应

华润电力在各基层单位全面推进自主安全班组文化建设的基础上，从运行、检修、相关方等维度筛选出20个安全管理业绩较好的班组由总部直接进行培育，给予重点引导和关注，定期组织召开阶段性建设经验交流会，将示范班组的好做法在全体班组中进行推广，不断完善提升自主安全班组文化建设工作。

为促进1507个班组的整体安全管理水平提升，华润电力十分注重激励和标杆引领作用，对年度表现优秀的班组进行表彰，给予精神和物质激励，充分发挥典型的带头示范作用和榜样的表率引导效应，努力营造积极向上的良好创建氛围，掀起学典型、赶先进的创建热潮。

（二）保证基础，突出自主，形成持续改进创建机制

根据华润电力业态多、班组多、管理模式差异较大的特点，在推进初期，将自主安全班组文化建设分为"基础管理"和"自主管理"两部分。对保证安全的基本和核心工作（即"基础管理"）由总部编制《自主安全班组文化手册》进行规范，手册分为16大项，包括15个具体项和综合评分项。

"基础管理"部分要求各班组定期开展自评，上级单位要进行抽查和检查。"自主管理"部分则由

各班组自行实施，只要是能促进实现9项特征的，不会受到干涉和打扰，并会根据情况给予管理资源的倾斜。

（三）分级授权，严格评星，推动班组持续自我管理

为使自主安全班组文化建设工作持续深入推进，避免运动式、一阵风、形式化，华润电力总部制定了自主安全班组星级评价标准，将班组按照评价得分评为一至六星班组，并根据班组数量多、分布广的特点，授权不同层级单位审评不同星级班组。

班组星级认证结果由"基础管理"和"自主管理"得分综合评定。随着班组成熟度的提高，两部分内容评分的权重会进行动态调整，"自主管理"部分的权重比例会不断提高，以激励、引导自主安全管理意识、文化和成果的不断创新和提升。

一至三星班组授权基层企业评选，四星班组授权大区评选，五星、六星班组由总部评选。通过分级授权评星，确保了星级班组有人评，星级认定更及时准确。

四、自主安全班组文化建设的提升

通过4年自主安全班组文化的持续推进建设，华润电力已有三星班组868个、四星班组305个、五星班组41个，三星及以上星级班组已达班组总数的81%，基层班组的积极性、主动性和创造性得到了有效激活，"三基"（基层员工、基本知识、基本技能）工作得到进一步强化夯实。各基层班组不仅按要求强化了班组基础安全管理，同时在班组安全文化管理方面也涌现了一批形式多样的先进典型，如"党建+安全"班组、五型班组、零违章班组、人人都是安全员班组、今天我是安全讲师班组等等。各基层单位的设备消缺率和隐患排查整改率大幅上升、违章行为和不安全事件显著下降，呈现出"两升两降"的良性循环安全形势，也促进了员工热爱集体、热爱班组的团队文化的形成。随着自主安全班组文化建设持续推进，华润电力安全生产的第一道防线会更加牢固，将有力推动企业实现高质量安全发展。

安全标准可视化助力核电大修安全文化提升

中广核核电运营有限公司　宋康顿

摘　要：大修安全管理对于核电整体安全生产业绩至关重要。为了提升核电大修安全管理水平，促进核电整体安全生产业绩创优，分析了当前阶段核电大修安全管理面临的挑战，创新性提出了安全标准可视化的管理方法，以"精细、精准、精简"为原则，从"人员可视、环境可视、设备可视、作业可视、培训可视、监督可视"六个方面开展实践应用，体现了技术细分的科学性，提升了安全信息的针对性，保障了信息传递的有效性，对于营造追求卓越的高标准大修安全文化氛围起到了积极的促进作用。

关键词：核电；大修；安全标准可视化；安全文化

随着中国核电工业的发展，核电投运机组数量逐渐增加，年度大修总体数量及大修重叠数量随之增加。核电大修作业也成为常态，具有工期紧、作业量大、作业风险高等特征，导致核电大修期间有着较大的安全风险，对大修安全管理体系（安全培训、安全组织、安全投入、安全科技、安全法制、安全文化等）提出了更高的要求。

根据习近平总书记关于安全生产、核安全重要指示批示精神以及国务院关于印发"十四五"国家应急体系规划的通知，坚定不移贯彻新发展理念，坚持稳中求进工作总基调，坚持人民至上、生命至上，坚持总体国家安全观，更好统筹发展和安全，以推动高质量发展为主题，以防范化解重大安全风险为主线，深入推进应急管理体系和能力现代化，坚决遏制重特大事故，最大限度降低灾害事故损失。

根据核电大修安全管理现状，结合新时代背景下的安全管理新形势与新要求，为了进一步提升核电大修安全管理水平，以安全管理领域的"人员、环境、设备、作业、培训、监督"六个方面为研究对象，以"强基础、补短板、抓创新"为原则，建立并实施了"安全标准可视化"管理方法与体系，作为创新抓手，有效提升核电大修安全文化氛围。

一、安全标准可视化体系创建

（一）大修现场安全管理难点

（1）要求传递层层衰减：人员知识技能与工作经验的差异导致对同一要求的理解差异，从要求的制定到要求的执行，中间环节出现要求传递的层层衰减。

（2）信息吸收效率降低：执行依据的载体增多叠加，吸收消化的周期变短，增加了信息吸收的难度，降低了信息吸收的效率。

① 执行依据的载体增多（管理方法的增加与本质安全的改进在实施难易程度及周期、成本上的显著差距导致管理的加法变多）。

② 吸收消化的周期变短（大修总体数量及大修重叠数量的增加，导致执行人员对管理要求与标准的吸收消化周期变短）。

（3）人员流动技能损耗：用工结构及市场现状，人员流动性变化较大，导致人员—岗位—作业—区域的匹配固定性不高，同一项作业的执行出现技能损耗。

（4）经验传承方式单一：经验的固化、传承主要以现场跟班实践为主，理论培训的方式效果欠佳，无法高质量实现经验的积累和传承。

（二）安全标准可视化的内容

以安全管理领域的"人员、环境、设备、作业、培训、监督"六个方面为研究对象，构建了安全标准可视化网状模型（图1）。

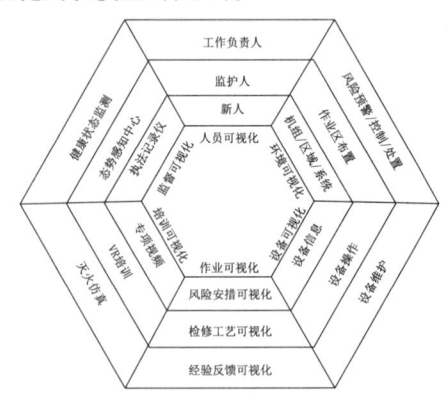

图1　安全标准可视化网状模型

（1）人员可视化：通过安全帽颜色、专项袖标、专项帽贴、专项马甲、作业资质卡等可视化载体，让不同岗位角色特征（新人、监护人、工作负责人、班组安全员、特种作业人员等）更加明显，作业组内部人员之间及作业组之间人员的沟通更加高效准确。

（2）环境可视化：通过墙面颜色、灯光颜色、地面画线等形式对机组、区域及系统进行醒目区分，通过红白安全警示带、黄黑安全警示带、组合红白铁围栏等形式进行醒目标识；通过禁止、警告、指令和指示等四类安全标志进行风险预警、控制和处置信息的醒目告知。

（3）设备可视化：通过可视化标签，使设备工器具的规格、型号等信息在使用该设备工器具时随时最快可查可知；通过动态化视频，从符合一线使用人员的典型有能设备工器具的操作要求及风险事项。

（4）作业可视化：通过图片信息，视觉化展示相关作业的通用标准、历史低标准，需要重点关注的典型高风险环节；通过引入智能化技术手段实现作业工艺的可视，实时监测视野不可达区域的工艺操作过程，动态化显示工艺操作过程中的关键参数。

（5）培训可视化：通过专项视频，基于直观实用的原则，开展专项可视化教学；通过VR技术结合核电典型高风险场景，创建核电行业首个"虚拟现实安全体验中心"，让体验者亲身去经历、感受作业过程中可能发生的各种危险场景，增加学习内容的形象性、趣味性和主动性；通过设计、建设、投运消防技能训练中心，构建可视化的高仿真火灾场景和疏散逃生救援场景，强化电厂火警响应实操训练水平。

（6）监督可视化：通过执法记录仪，全程可视化记录安全监督与沟通的全过程；通过安全态势感知中心，及时发现并纠正人员行为偏差及异常现象，有效追溯事件过程；通过健康状态监测系统，动态实时监测现场作业人员身体健康状态。

二、安全标准可视化体系运作

（一）人员可视化

人员可视化的实质就是现场作业岗位与工作角色的可视化，通过不同载体，区分不同岗位，具体应用见表1，具体示例图2所示。

表1 重点岗位对应可视化载体

序号	重点岗位	可视化载体
1	特种作业人员	帽贴
2	特种设备操作人员	帽贴
3	新人	帽贴
4	最小作业单元	袖标（最小作业单元）
5	安全员	安全员马甲

图2 通过帽贴体现不同岗位示例

（二）环境可视化

环境可视化的重点是指引作业人员到达作业区域（图3）；指导作业人员布置作业区域（图4）；告知现场人员风险安措信息（图5）。

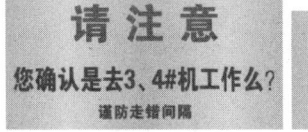

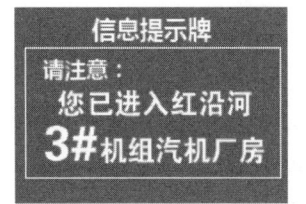

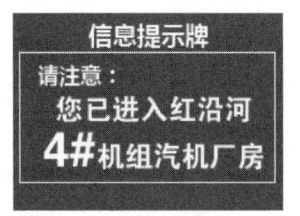

图3 指引作业人员到达作业区域可视化示例

图4 指导作业人员布置作业区域可视化示例

维修质量。应用示例如图 6 所示。

图 5 告知现场人员风险安措信息可视化示例

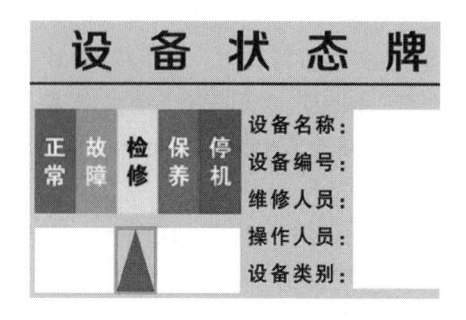

图 6 设备管理可视化应用示例

（三）设备可视化

设备可视化的目的是从基础信息上明确设备特征，从关键步骤上明确操作要点，从核心要点上明确

（四）作业可视化

作业可视化的关键是基于作业具体工艺步骤的风险安措可视化，如图 7 所示；基于可视的作业工艺控制，如图 8 所示。

图 7 基于工艺步骤的风险安措可视化示例

图8 基于可视化方法的维修工艺风险控制示例
（注：研发阀门密封面缺陷三维扫描成像专用工具，实现楔形闸阀阀座密封面精确测量并实现三维成像的设备）

（五）培训可视化

培训可视化的关键是技能的提升、意识的强化以及培训的适配性。技能的提升依靠培训模式的精细化与培训课程的标准化，针对特殊人员进行考核授权培训，重点人群进行强化培训，基于核电各类作业的安全风险，精准对接不同岗位及工种，开发标准化的可视化教材、降低无效培训资源，精益化培训服务生产。

通过设计高处孔洞坠落体验、上下楼梯滑跌体验、起重落实伤害体验、窒息伤害体验、灭火技能体验等7大体验场景，通过逼真的场景体验，强化大家在高处作业、受限空间作业、电气作业、火场逃生等方面的风险意识，应用场景示例如图9所示；模拟真实火焰、浓烟、高热、复杂障碍的火灾场景和逃生救援场景，提升培训演练的高仿真和适配性，应用场景示例如图10所示。

图9 VR培训应用示例

（六）监督可视化

监督可视化的理念是"互联网+安全"，通过引入先进科学技术，将可视化监控与人员行为智能分析相结合，打造核电现场综合监督的安全态势感知中心，有效追溯事件过程，及时发现并纠正人员行为偏差及异常现象，应用示例如图11所示；将可视化监控与人员身体状态智能分析相结合，建立核电现场作业人员身体健康状态监测系统，应用示例

如图12所示。

图10 仿真灭火培训应用示例

图11 安全态势感知中心应用示例

图12 人员身体健康状态监测系统应用示例

三、助力安全文化提升

"安全文化"一词的正式提出，源于国际核电发展史上的两起事故——三哩岛事故和切尔诺贝利事故，最先由国际原子能机构（IAEA）的国际安全咨

询组（INSAG）于1986年出版的安全丛书No.75-INSAG-1《切尔诺贝利事故后评审会的总结报告中》中提出，后来于1991年出版的安全丛书No.75-INSAG-4《安全文化》中首次给出了核电企业安全文化的定义，即安全文化是存在于单位和个人中的特种素质和态度的总和，它建立一种超出一切之上的观念，即核电厂的安全问题由于它的重要性要保证得到应有的重视，并建立了一套核安全文化建设的思想和策略。

核电"安全标准可视化"管理方法与体系是通过学习借鉴国内外先进的现代安全管理理念，运用非核电行业的安全管理良好实践，结合色彩学、目视学、心理学、行为学等多学科理论，从安全管理领域的"人员、环境、设备、作业、培训、监督"六个方面着手，构建了符合核电厂安全文化建设第三阶段独立自主特征的管理方法与体系，通过"可视"文化的应用实践，实现从"被动接受"到"主动吸收"，实现将自上而下的贯彻落实和自下而上的主动改进相结合。自上而下提高认识、压实责任、完善体系。自下而上在"人员、环境、设备、作业、培训、监督"六个具体领域提高标准、提升能力、主动预防，更好地实现对风险的可知可控，让全体员工看到安全、感知安全、理解安全、践行安全、传递安全、享受安全，让安全标准变成自觉的安全行为规范，为实现核电厂安全文化迈向"团队互助"的第四阶段奠定坚实基础。

四、安全标准可视化体系实践业绩

核电"安全标准可视化"管理方法与体系是一种实现"以人为本"的安全管理机制，以"安全精益管理、安全自主提升"为目标，以"持续改进，绩效创优"为方法论，体现了技术细分的科学性，提升了安全信息的针对性，保障了信息传递的有效性，对于营造追求卓越的高标准大修安全文化氛围起到了积极的促进作用。中广核核电运营有限公司自2019年开始推进实施核电"安全标准可视化"创新与实践，安全生产取得了突出业绩，群厂百大修日安全质量指标事件数持续下降，安全指标事件数量减少了47.8%；质量指标事件数量减少了89%，机组能力因子连续三年达到世界先进水平。相关实践成果在中广核集团大亚湾、宁德、阳江等核电基地开始推行，得到同行业竞争者一致认可。

参考文献

王晨瑜，陈霄. 浅谈安全目视化及安全文化在发电企业的应用[J]. 中国设备工程,2019(06):34-37.

二等奖

中储棉安全文化建设的探索与实践

中国储备棉管理有限公司 刘 琦 张建德 郑宜棉

摘 要：企业安全文化是企业长期积淀形成的关于安全生产管理经验的软实力。中储棉安全环境文化建设有利于维护国家整体安全，有利于中储棉高质量发展，有利于全员幸福安康；中储棉安全制度文化突出"全面、重点、严格"；中储棉安全理念文化围绕"忠诚、可靠、严谨、细致"八个字阐述了其主旨内涵；安全教育培训、隐患排查治理、突发事件处置是中储棉安全行为文化的具体表现。

关键词：安全环境文化；安全制度文化；安全理念文化；安全行为文化

一、引言

中国储备棉管理有限公司（以下简称中储棉）作为中储粮集团公司全资子公司，是涉及国家安全和国民经济命脉的国有大型重要骨干企业之一，负责承担中央储备棉的数量真实、质量良好、储存安全的政治责任和经营管理。储备棉面临的最重大安全风险就是火灾，这是棉花具有明显的可燃性、危险且不易发现的阴燃性以及燃烧后难以扑救性三个自然特性造成的。因此，确保储备棉的安全稳定既是中储棉公司的主责主业又是工作中的底线、红线、生命线。通过在系统内大力推广中储棉安全文化，督促引导广大干部员工牵紧、牵牢安全文化这只"无形的手"，奋力打造"平安中储棉"金字招牌，共同为实现"零火灾、零死亡"的目标保驾护航。

二、中储棉安全环境文化

中储棉系统上下多年来齐心协力，已逐渐形成"人人要安全、人人懂安全、人人会安全"的良好氛围，正在从"要我安全"向"我要安全"再向"我爱安全"进行转变。

营造中储棉安全环境文化有利于维护国家整体安全。"十四五"规划中指出，要坚持总体国家安全观，实施国家安全战略，维护和塑造国家安全，统筹传统安全和非传统安全，把安全发展贯穿国家发展各领域和全过程，防范和化解影响我国现代化进程的各种风险，筑牢国家安全屏障。因此，中储棉安全环境文化是国家经济健康发展与社会和谐稳定的"助跑器"。

营造中储棉安全环境文化有利于中储棉高质量发展。纵观历史，安全是企业的基础，没有安全的发展是镜花水月、空中楼阁。在日常工作中，落实全员安全生产责任制，开展安全教育培训，进行安全隐患排查整改，演练应急预案等是抽象安全文化概念的具体表现形式。因此，中储棉安全环境文化是中储棉高质量发展的"加速器"。

营造中储棉安全环境文化有利于全员幸福安康。现阶段我国主要矛盾为人民日益增长的美好生活需要和不平衡不充分的发展之间的矛盾。"美好生活需要"之一就是对于安康幸福生活的需要，"不平衡不充分的发展"之一就是不安全的发展。"开开心心上班去，平平安安回家来"是个人所愿、家庭所望、社会所盼。因此，中储棉安全环境文化是全员安康幸福的"稳定器"。

三、中储棉安全制度文化

中储棉多年来坚持"安全第一、预防为主、综合治理"的方针，根据棉花安全特性和自身业务工作要求，建立了较完备的安全制度体系，不断提升储备棉安全生产水平。

先有"全面"。制度建设首先要解决"有法可依"的问题。对此，中储棉公司根据国家法律法规、行业规范标准、业务实际经验等不断扩大自身"鱼池"范围，不断增加、更新"池鱼"种类。公司在制定规章制度时，既请教专业人士以寻求其科学性，又实事求是充分征求基层人员的意见建议，在扩充制度范围的同时也根据工作需要及时对原有制度进行删除废止、完善整合。现已基本形成从"隐患排查"到"考核奖惩"、从"预防事故"到"处置事故"、从"基础规范"到"拔高提升"的横纵多线条制度网络。

再有"重点"。有了以上"需要做什么"的制度之外,下一步要解决"怎么做好"的问题。对此,中储棉在总结系统内历年安全事故经验教训以及日常工作中暴露出来的隐性、共性问题的基础上,针对作业环节、仓储环节、关键区域、重要人员等对症下药,量身制定标准化操作规范,不断将制度向"精优、务实、管用"方向推进,陆续出台"24项储棉业务操作规范"和"安全员""监控员""叉车员""驻库监管员"岗位职责等,坚信防住重点环节和重点人员不出事就等于事半功倍。

后有"严格"。有了以上"全面且重点"的制度后,下一步要解决基层执行"打折扣、搞变通"的问题。"一分部署,九分落实",再好的制度,如果束之高阁,那就是玩火自焚。对此,中储棉高悬达摩克利斯之剑,出台《中储棉安全生产失职渎职行为处罚管理办法》,按照"严格制度、严格管理、严格责任、严格监督、严格考核、严格奖惩"的原则,对存在安全生产失职渎职行为的直接责任人给予解除劳动合同的处分,形成了强有力的震慑,制止了一些长期没有制止住的陋习,刹住了一些长期没有刹住的不正之风,加固了"不出事"的底线堤坝。

四、中储棉安全理念文化

根据中储粮集团公司"责任、感恩、团结、诚信"的企业文化,结合中储棉安全生产管理实际,打造"忠诚、可靠、严谨、细致"的中储棉特色安全理念文化。

臣心一片磁针石,不指南方不肯休。赢在忠诚,就是坚持政治建设为要——听党话。做到思想上表里如一,即对党忠诚,对企业忠诚,对岗位忠诚。表现为:一是认识清晰,头脑清醒。真心真意,尽心尽力。二是思想重视,行动自觉。知行合一,言行一致。三是诚实守信,爱岗敬业。任劳任怨,无私奉献。四是服从大局,杜绝抵触。敢于担当,杜绝畏难。总结为:以忠诚担当为荣,以虚假推诿为耻。

千磨万击还坚劲,任尔东西南北风。重在可靠,就是坚持主责主业为本——管好粮。做到精神上持之以恒,即有技能,有责任,有恒心。表现为:一是拒绝自以为是的经验主义,拒绝主观教条的本本主义。二是守土有责,守土担责,守土尽责。三是事事有回应、件件有着落、凡事有交代。让领导满意,让同事放心。四是想干事、会干事、能成事、不出事。可经得住考验,能打得赢硬仗。总结为:以可靠稳重为荣,以冒失浮躁为耻。

行谨则能坚其志,言谨则能崇其德。成在严谨,就是坚持防范风险为基——不出事。做到态度上科学审慎,即思维缜密、制度缜密、流程缜密。表现为:一是实事求是,注重调查研究。二是遵纪守法,合规合法办事。三是以谨言慎行、高瞻远瞩、统筹兼顾的心态,科学性、前瞻性、全局性思考问题,提高对潜在风险的预判能力。四是以准确识变、科学应变、主动求变的精神,机智、有效、全面解决问题,提高对突发情况的决策力。总结为:以严谨周全为荣,以轻率疏漏为耻。

宝剑锋从磨砺出,梅花香自苦寒来。功在细致,就是坚持高质量发展为重——效益好。做到作风务实扎实,即制度执行一丝不苟,隐患排查一丝不苟,问题整改一丝不苟。表现为:一是踏石留印,抓铁有痕。不敷衍、不浮躁、不取巧;二是雷厉风行,令行禁止。有计划、有落实、有成效;三是敦本务实,实干笃行,重实际、办实事、求实效;四是千锤百炼,精益求精。零违章、零漏洞、零失误。总结为:以细致深入为荣,以粗糙肤浅为耻。

五、中储棉安全行为文化

安全教育培训、隐患排查治理、突发事件处置是中储棉安全行为文化的三个重要环节,前一环节落实越到位,后一环节落实越轻松。也可以说,任何一个环节做不好、出问题都可能酿成大祸。

多方式强化安全教育培训。中储棉实行外部专家、公司本部、直属企业内部三级培训。外部专家层面:一年一度的安全管理人员培训邀请外部专家授课,系统内相应的安全管理人员听课。公司总部层面:一方面,公司总部开展"安全与仓储管理"大讲堂,该活动由系统内的"行家里手"轮流授课,课程既有政治高度又贴合基层实际,具有针对性和实效性。另一方面,组织安全生产竞赛活动,采取不提前指定人员而是赛前随机抽取干部员工参加的方式开展竞赛,有效促进人人学习法律制度、人人遵章守纪的思想自觉和行为自觉。直属企业内部层面:所有直属企业从公司负责人到基层岗位员工现身说法,每人每年在本单位至少开展一次警示教育课,有力提升了全体干部员工的责任意识和忧患意识。

多维度强化隐患排查治理。中储棉实行直属企业自查、上级实地检查和视频监控抽查三种检查方式。直属企业自查层面:直属企业开展"一人一区块、一区一清单、一月一考核、一岗一奖金"的"八个一"安全生产全员责任制,创新实践比对考核机制,压实员工、科长、公司领导各级责任,上级发现下级该发现而未发现的隐患依次加大处罚。上级实地检查层面:中储棉公司总部、集团公司、相关政府单位通过"四不两直"等方式深入现场实地检查,出具检查意见通知书并责令限期整改。视频监控抽查层面:中储棉公司和集团公司通过视频监控系统随时随机抽查动态作业或静态管理情况,一旦发现"三违"现象或隐患问题立即叫停。

多方面强化突发事件处置。中储棉通过制定应急预案制度、建立专职消防队、增强应急队伍能力三管齐下提升突发事件处置水平。制定应急预案制度层面:中储棉公司制定全系统安全生产事故指导性应急预案,各直属企业据此和各自单位实际情况制定本单位具体的、有用的应急预案。建立专职消防队层面:中储棉仓储类直属企业全部建立企业专职消防队。专职消防队的设立符合国家和当地政府法律、法规及有关技术标准规范的要求,并报当地应急管理机构验收。增强应急队伍能力层面:警消人员集中定期进行体能训练,专项火灾预案演练每月不少于1次,灭火战斗员可以实现从报警开始3分钟以内赶到处置现场、5分钟以内三枪出水的目标。

六、结语

企业安全文化建设是一项长期性、战略性、系统性工程。不是一人之事,而是人人参与;不是一蹴而就,而是久久为功;既要内化于心,又要外化于行。中储棉系统上下全体干部职工提高政治站位,强化责任担当,从讲政治、讲党性、讲大局的高度,深刻认识建设好安全文化的必要性和重要性,真正把安全发展理念和安全红线意识植入脑中、刻在心里、落实到行动上,确保人身安全、物资安全、环境安全。

通信运营企业支局安全文化建设探索与实践

中国电信股份有限公司广西公司　杨召江　刘洪灿

摘　要：以中国电信股份有限公司广西公司(以下简称广西电信)为例,对通信运营企业支局安全文化建设进行探索与实践,运用行为理论作为指导,用亲情的力量激发员工内心对安全的需要,产生保护自身安全的动机,养成遵章守规的行为自觉,结合支局安全生产标准化动作的执行,开展支局安全文化建设,解决员工明知故犯、习惯性违章等问题,在实践中取得了良好效果。

关键词：安全文化建设；行为理论；亲情的力量

一、问题的提出

随着通信服务的进一步普及和通信助力乡村振兴的持续深入,通信光缆工程施工、光电缆维护、宽带装机和维护等高危工作作业面遍布于偏远农村地区,施工作业环境更加复杂,通信运营企业的生产作业安全风险进一步增大,因此必须想方设法加强一线装维支局的安全生产管理,开展支局安全文化建设,遏制事故多发势头。

二、基本概念

(一)安全文化

根据《企业安全文化建设导则》(AQ/T 9004—2008),企业安全文化的定义是：被企业组织的员工群体所共享的安全价值观、态度、道德和行为规范的统一体。

企业安全文化主要包括以下3个层次：一是处于深层的安全观念文化；二是处于中间层的安全制度文化；三是处于表层的安全行为文化和物质文化。

企业安全文化是"以人为本"多层次的复合体,由安全物质文化、安全行为文化、安全制度文化、安全精神文化组成。企业安全文化提倡对人的"爱"与"护",是以"灵性管理"为中心,以员工安全文化素质为基础所形成的群体和企业的安全价值观和安全行为规范。

企业安全文化具有导向功能、凝聚功能、激励功能、辐射和同化功能。

支局是通信运营企业最基层的生产组织,是安全生产的细胞和基体。支局安全文化是通信运营企业安全文化的有机组成部分和核心内容,扎实开展支局安全文化建设,对加强企业安全生产管理和助推企业安全发展具有重要作用。

(二)行为理论

行为科学的研究成果表明,人的行为是由人的动机激发并受人的动机支配的,而人的动机又是由需要决定的。

要培养员工良好的行为习惯就要善于发现员工的需要和动机,并不断地强化积极动机,减弱乃至消除消极动机。

三、支局安全生产存在的问题

(一)存在故意违反安全规程的现象

对安全生产事故进行分析时,发现事故当事人都有明显的违规操作行为,有的事故当事人持有《高处作业操作证》,且具有丰富的工作经验和相应的安全操作技能,却由于违规操作酿成事故。

(二)习惯性违章

在访谈中,这些事故当事人或检查中被发现违章作业的人员对劳动防护用品的规范使用方法和作用都很清楚,但在作业过程中并未按规定佩戴和使用劳动防护用品；至于不按安全技术规程操作的原因,他们说太麻烦、太热、影响工作效率等,有的人甚至说,一直都是这么操作的,也没发生什么事,已经习惯了。

(三)支局安全生产管理缺乏有效的抓手

支局安全生产管理的相关制度和规定很多,各级领导、管理人员对支局的安全生产也都非常重视,在各种场合都不断地强调,但就是不知道如何进行具体的指导和监督,支局长也不知道如何下手去做好安全生产管理工作,员工更不知道怎么做、做到什么程度才算是做到位了,支局安全生产管理缺乏有效抓手。

四、支局安全文化建设的探索与实践

（一）存在问题的原因分析

1. 安全责任心不强是对安全操作规程明知故犯的主要原因

安全操作规程是由企业制定并要求员工执行的，员工认为自己是被动执行的，潜意识认为这是为企业执行的，很多人自然就有抵触的心理，认为这不是自己的责任，对自身、对家庭安全责任心不强的人一旦缺乏监管，即使知道这么做是违反安全操作规程的，也还是会故意违反，形成了明知故犯。装维作业往往是单兵作业，这种明知故犯的状况会更加普遍。

2. 偷懒和侥幸心理是养成习惯性违章的主要原因

普利策奖得主查尔斯·都希格在《习惯的力量》一书中说道：我们大脑一直在寻找节约能量的方法；换句话说，我们一直在琢磨怎样才能偷懒。

规范的安全操作肯定会多出一些动作，所以，一般人认为它会在一定程度上降低工作效率，总会琢磨着将那些自认为没有必要的动作省去。很多人就带着侥幸的心理去尝试了，结果发现并没有发生意外，久而久之便形成了习惯。孰不知，安全操作规程是用鲜血和生命总结出来的，违反安全操作规程的行为是试不得的，一旦尝试失败就没有回头路了。

3. 规章制度繁多是支局安全生产管理缺乏有效抓手的主要原因

经长年积累，广西电信安全生产规章制度已经形成门类齐全的制度体系，各种规章制度多达17个。面对这么多的规章制度，未经过专门学习和梳理是很难理得清的，特别是每天忙于宽带装机和维护的支局一线人员更是如此，支局长、管理人员、公司领导自然也就不知怎么去抓安全生产管理。

（二）支局安全文化建设思路

根据行为理论，要解决习惯性违章、对安全操作规程明知故犯的问题，需要想办法激发员工内心对安全的需要和保护自身安全的动机，员工才能产生自觉遵章守规的行为，这需要支局开展以人为本的"灵性"管理，也就是安全文化建设。

支局安全文化建设的思路：从行为规范入手，化繁为简，把繁多的安全操作规程和相关规定提炼编制成支局每天必须执行的简单易行的支局安全生产标准化动作；从制度规范入手，制定执行支局安全生产标准化动作的监督和考核制度，纠正员工习惯性违章行为；从亲情入手，让员工的亲人参与员工的安全管理，让员工感受到亲人对他的安全期望，让员工感受到只有自己安全才能保护好当下的幸福家庭，用亲情的力量激发员工内心对安全的需要，产生保护自身安全的动机，并每天不断地强化，养成自觉遵守安全规范、严格执行安全生产标准化动作的行为习惯。

（三）支局安全文化建设的实践

1. 编制支局装维安全生产7个标准化动作，为员工提供简单易行的操作行为规范

2020年6月，广西电信将装维作业安全操作规程和相关规定进行总结提炼，对支局每天从晨会开始到作业现场的每一步规范操作做了简化、标准化的规定，编制了支局装维安全生产7个标准化动作，拍摄制作了7个标准化动作的教学视频供支局员工学习，为员工提供了一个便于记忆、容易操作执行的安全操作规范，在全广西电信的装维支局推广执行。

2. 制定并落实执行标准化动作的监督考核制度

在广西电信1029个支局安装了监控摄像头，对支局每天晨会执行7个标准化动作情况进行监督；在装机作业现场，由作业辅助人员拍摄现场作业人员执行7个标准化动作的视频上传系统或工作群进行监督。将监督情况纳入支局以及员工的月度绩效考核。

加强监督考核，使员工规范执行标准化动作，由生疏到熟练，再由熟练到习惯，让遵守安全操作规程变得简单易行，形成了支局安全生产管理的有效抓手。

3. 用亲情的力量，培养员工自觉主动遵章守规的行为

（1）聘请家属安全监督员

每个支局为员工聘请了员工的亲人作为员工家属安全监督员，通过支局安全开放日、召开家属安全监督员座谈会、评比优秀家属安全监督员等活动，让员工家属了解员工生产工作中存在的安全风险，更多地关心员工的安全，更多地理解、参与和配合支局的安全生产管理工作，比如提醒员工晚上少饮酒、多休息、保持好的精神状态、上班遵守安全操作规程等，让员工不管是在支局还是在家里都处在

一种良好的安全氛围中。

（2）温馨的全家福照片和爱的安全寄语上墙

在广西电信1029个支局制作支局安全文化墙，将员工幸福温馨的全家福照片和亲人爱的安全寄语贴在安全文化墙上，要求员工每天出工前都要看一看家庭照和安全寄语，想一想自身的安全对于自己爱的人和爱自己的人以及当下的幸福家庭意味着什么，触动员工内心的痛点，每天重复，不断强化员工的安全需要和动机，使员工养成遵章守规的行为自觉。

4.支局安全建设的其他方面

（1）安全生产标兵评比

每个月评比装维员安全生产标兵，将获得标兵称号人员的照片张贴在支局安全文化墙上，进一步激励员工主动执行安全操作规程。

（2）签署安全承诺书

所有装维员工签署安全承诺书，并在支局晨会中大声诵读，入心入脑，提高员工的安全责任意识。

五、支局安全文化建设取得的成效

广西电信装维支局安全文化建设从2020年6月开始推行至2021年年底，已初步完成1029个支局的安全文化建设，并与支局安全生产标准化建设一起完成了初步验收评估，形成了"自觉遵章守规，动作标准统一"的广西电信装维专业支局安全文化，并取得了以下成效。

（1）支局已经形成了由"要我安全"变为"我要安全"的观念转变，员工、家庭、企业的安全目标和安全价值观得到统一。

（2）习惯性违章状况得到扭转，遵章守规成了每一个装维员的自觉，防止不安全行为的发生，有效遏制装维作业安全事故。

（3）支局晨会执行的标准化动作，动作整齐划一，口号铿锵有力，振奋人心，提高了员工的精气神，提升了员工对企业的归属感，增强了团队的凝聚力，同时形成正能量辐射到公司内其他部门。

（4）聘用员工家属作为安全监督员，使家属了解和支持公司的安全生产工作，员工工作更安全，家庭更和谐。

六、结语

广西电信装维支局安全文化建设只是通信运营企业中安全文化建设的一个案例。通信运营企业的安全文化建设还应从以下几个方面进一步深入推进：一是通过支局安全生产标准化的评级活动将支局安全文化建设推向深入；二是将装维支局取得成功的经验复制到企业的其他支局（班组）；三是逐步将安全文化建设覆盖到整个企业，在企业中形成"不伤害自己、不伤害他人、不受他人伤害、保护他人不受伤害"的安全生产自觉。

参考文献

[1] 罗云,赵一归.企业安全文化建设[M].北京:煤炭工业出版社,2018.

[2] 查尔斯·都希格.习惯的力量[M].吴奕俊,译.北京:中信出版社,2017.

[3] 李剑锋.组织行为管理[M].北京:中国人民出版社,2000.

[4] 宋晓婷,赵学斌,孙玉保,等.安全生产管理[M].北京:中国石化出版社,2021.

[5] 高兵.班组安全文化建设的思考[J].中国电力企业管理,2022,(03):70-71.

[6] 张恩波,张忠,夏颖,胡斌等.基于安全生产标准化的安全文化建设系统化研究[J].工业安全与环保,2022,48(03):56-59.

[7] 张悦."零伤害"安全文化建设的探索与实践[J].中国煤炭工业,2022,(07):57-59.

[8] 张胜利,齐彦文.基于双重预防机制的矿山企业安全文化建设实践[J].黄金,2022,43(02):1-5.

轧钢厂检修安全文化建设实践

武汉钢铁有限公司冷轧厂　周　浩　王成志　焦美丹　詹伟民

摘　要：检维修作业作为企业生产过程中不可或缺的重要组成部分，是设备维护保养、故障处理的重要手段，同时也是人、机紧密结合的高风险环节。近年来冶金企业伤亡事故主要集中在检维修过程中。为系统提升检修安全文化体系管理水平，武汉钢铁有限公司冷轧厂（以下简称冷轧厂）多年来一直在探索检修安全文化建设，试行检修安全标准化"五查五评价+PDCA"管控模式，在检修安全管控实践中取得良好的效果，有效降低了检修作业中事故和隐患发生率。

关键词：安全文化；五查五评价；安全管控

一、背景

习近平总书记明确指出，"人命关天，发展决不能以牺牲人的生命为代价。这必须作为一条不可逾越的红线"。要始终把人民生命安全放在首位，以对党和人民高度负责的精神，完善制度、强化责任、加强管理、严格监管，把安全生产责任制落到实处，切实防范重特大安全生产事故的发生。武汉钢铁有限公司冷轧厂严格贯彻落实总书记的指示，强化责任，加强管理，开展检修建设安全文化专项活动，构建独具特色的检修建设"五查五评价"安全管理体系，营造"员工违章就是管理者责任"的安全文化氛围，将检修安全文化推进作为最重要的安全管控工作，严格落实"三管三必须"监管责任。通过构建"检修协力供应商自主管理、区域监管、专业综合管理"的"三结合"工作机制，实施检修安全"五查五评价+PDCA"的管控措施，形成了检修安全文化管控模式，为检修安全提供了重要的组织保障。本文将系统分享冷轧厂在提升检修安全文化管控模式工作方面做的一些探索和实践，为同行提供有意义的参考和借鉴。

二、主要经验做法

（一）"五查五评价"的内涵

冷轧厂基于自身检维修安全文化建设的管理实践，结合轧钢企业检修建设过程中曾经发生的事故分析及对自身安全管控TOP3问题点分析，制定针对性措施，营造"员工违章就是管理者责任"的安全文化氛围，通过构建"检修协力供应商自主管理、区域监管、专业综合管理"的"三结合"工作机制，建立了检修安全管控"五查五评价"模式标准，并运用"PDCA+认真"的工作方法，落实检维修安全管控工作，主要内容见表1。

表1　五查五评价主要内容一览表

实施层次	实施内容	考核权重
设备管理部门对作业区	安全计划检查评价	20%
	班前会检查评价	20%
	作业手续检查评价	20%
	履职检查评价	30%
	问题整改闭环检查评价	10%

续 表

实施层次	实施内容	考核权重
作业区对协力单位	作业单位安全计划检查	20%
	作业单位班前会检查	20%
	作业单位工机具检查	10%
	现场安全本质化措施检查	20%
	作业单位履职检查	30%

（二）"五查五评价"的主要做法

1.建立安全计划检查标准

安全计划检查标准包括：组织准备、措施准备、物资准备、人员准备。

组织准备：下达检修任务前，检修单位和厂部要制订检修工作方案，明确检修时间、检修任务、检修风险、设备检修各方面工作职责、管理界面、安全责任人及安全管控措施。检修单位和冷轧厂应根据实际情况成立检修工作组，明确检修作业人员、配合检修人员任务分工。检修单位和设备单位分别明确项目负责人，并明确其安全职责。各机组根据检修项目、作业环境、作业人员制定安全风险管控台账，重点对重点人员（人）、现场隐患（物）、重点项目（事）进行辨识并制定管控的对策措施。

措施准备：做好检修项目、施工内容的审定；施工方案和停开车方案的制订，计划进度的制定；重大检修项目，重大、复杂的吊装工程必须制订吊装方案和安全技术措施。施工部门以及施工安全措施的落实，明确进入施工现场的安全纪律，并指派人员负责现场安全规定的宣传、检查和监督工作。

物资准备：根据检修的项目、内容和要求，准备好检修所需的材料、附件和设备；做好起重设备、焊接设备、电动工具、索具、吊具的事前安全检查；检查安全警告牌、禁动牌、禁止合闸牌、盲板牌、接地线，做到品种齐全、数量充足、质量合格、使用到位。

人员准备：应明确检修的安全负责人，成立"五查五评价"安全管控小组，明确各级负责人的职责及相互间配合、联络的程序；对全体参加检修的人员进行全面的安全教育，讲明检修安全施工方案中每个项目、每个环节应注意的安全问题。每项检修负责人在施工前应做到"五交代"，即交代施工任务、交代安全施工措施、交代安全施工方法、交代安全注意事项、交代遵守有关规定。对特殊工种人员应进行以专业工种安全技术及检修安全规定为重点的安全教育，使其适应并胜任检修工作，具体评价表见表2。

表2 安全计划检查标准

计划检查标准	问题记录	得 分
1.是否有安全工作计划，无计划扣20分		
2.计划与作业区工作内容是否相符，计划与工作内容不相符扣10分		
3.计划是否针对重点项目进行有效的危害辨识，辨识不具体扣10分		
4.是否制定了本质化安全措施，无本质化措施扣5分		
5.计划针对性较差扣5分，计划无高危管控扣5分，计划无动火项目管控扣5分		
6.定修未对协力单位评价扣10分		

2.建立班前会检查标准

建立检修人员着装、安全计划宣贯、高危项目辨识、防范措施的交底等评价标准，利用班前会，团队人员督促班组成员对当天的项目在班会上进行预报，并通过班组成员之间的"互检"来达到检修前的安全交底、检修挂牌的确认和把关，对工单（着重对危害因素分析及对策措施）审核把关，依据风险管控台账要点，做到"盯、干、查"。将风险管控台账及安全计划落实到每一名作业人员。切实降低此类违章，具体标准见表3。

表3 班前会检查标准

班前会检查标准	问题记录	得 分
1. 着装列队规范，精神状态良好，交底简洁有力条理清楚，未开展扣20分，列队不规范扣5分		
2. 班组长进行安全计划宣贯，未进行宣贯扣10分		
3. 违章当事人是否进行反思，未反思扣10分		
4. 布置当日工作任务重点介绍高危项目，从施工内容、安全辨识、防范措施等方面进行详细交底，交底不细致扣5分		
5. 管理人员是否开展点评，无点评扣5分		
6. 未安排人员参加协力班会扣5分		
7. 未上传视频扣20分，无内容文字描述扣10分		

3. 建立作业手续检查标准

检修安全票据是确保检修安全最有效措施，通过票据的执行落实安全交底、安全监护、工作许可。检修人员要将检修票据作为"生命票"来执行，特别要强调停送电牌是每位职工的"生命牌、生命票"。作业前检修人员要严格执行抢修工作票、动火许可证、进入有限空间作业票、检修工作票证制、检修停机挂牌确定制等票据制度。要建立各级安全管控推进团队，明确职责，强化现场安全指导、监督、纠偏。安全团队做到有检修必检查，有检查必纠偏，来确保安全措施落实到现场，预防重点检修和操作发生事故，安全团队检查手续时，按表4内容进行检查。

表4 手续检查标准

手续检查标准	问题记录	得 分
1. 发生1项（C类及以下）问题扣5分		
2. 发生A类手续问题扣20分，发生B类手续问题扣10分		
3. 出现弄虚作假行为扣10分；并比照B类违章进行通报考核		
4. 工票作业长进行抽检率达20%，班组长进行抽检率达30%，未达要求扣10分		

4. 履职检查标准

对危险因素的控制措施和检修组织措施的落实是检修现场实施控制的重点。安全检查团队应对照检维修作业方案和检维修安全施工方案，重点检查各项风险控制措施的落实和各级安全监督管理人员职责的落实情况。检修单位、施工作业单位要明确每个检修项目、检修作业点的安全负责人，实施有效的安全监督检查。检修与生产交叉的，要划分明确的作业范围，做好施工区防护和隔离，确保严格按照作业方案进行作业，对存在问题落实考核到人，确保自查项次与上级查处项次无倒挂，并有领导带班、值班，具体要求见表5。

表5 履职检查标准

履职检查标准	问题记录	得 分
1. 按计划开展检查并通报，落实考核到责任人，未进行检查扣30分，未考核责任人扣15分		
2. 自查项次与上级查处项次无倒挂，出现倒挂扣20分		
3. 落实带班值班，无带班值班扣10分		
4. 对典型问题原因进行分析管理，制定改进措施，并落实，未分析和制定措施扣20分		
5. 发生险肇否决评价分，发生A类违章扣20分/1项；发生B类违章扣5分/1项；发生C类及以下违章扣2分/1项		
6. 认真落实对检修单位的"五查五评价"管理，一个工作日内提交评价，未提交扣20分		

5.闭环检查标准

持续改进。在检修完成后,厂部对各作业区的"五查五评价"纳入月度的安全绩效,排尾后二名的作业区分别考核,并进行"责任目标承包制",超过目标就考核作业区责任人,对评价绩效较差的单位及个人进行约谈,保证评价检修安全的各项工作真正落实到个人。对评价绩效较差的单位及个人进行约谈,并进行反思,制定下次检修安全"五查五评价"标准,确保下次检修安全策略的合理性及可操作性,并按体系要求的PDCA模式来落实及验证下次检修安全中措施是否可行,具体评价见表6。

表6 闭环检查标准

闭环检查标准	检查情况	得分
1.对上级检查问题的整改闭环未落实扣10分/1项		
2.整改闭环不彻底扣5分/1项;反馈不及时扣5分/每次		
3.出现弄虚作假行为扣10分/1项;对比照B类违章进行通报考核		
4.整改闭环未做到举一反三,再出现同类问题扣10分/1项		
5.开展安全周自评,找出薄弱环节,并在周计划中体现整改措施,未开展扣10分		

点检作业区	安全计划(20分)	班会组织(20分)	手续问题(20分)	安全履职(30分)	问题闭环(10分)	评介得分
202	20	20	15(1项问题扣5分)	23(C类2项扣4分、整改3项扣3分)	5(问题反馈单迟交扣5分)	83
302	10(迟交)	15(周三迟发)	20	26(C类1项扣2分、整改2项扣2分)	10	81
103/104/212	20	15(周三迟发)	15(1项问题扣5分)	19(C类4项扣8分、整改3项扣3分)	10	79
涂机	20	20	5(3项问题扣15分)	15(B类1项扣5分,B类连带3项扣9分、整改1项扣1分)	10	70
涂电	20	10(周四漏发)	20	24(B类1项扣5分、整改1项扣1分)	10	84
111/110	20	20	20	22(C类2项扣4分、整改4项扣4分)	10	82
计控	20	20	20	29(整改1项扣1分)	10	99
焊机	20	20	20	29(整改1项扣1分)	10	99
计算机	20	20	20	29(整改1项扣1分)	10	99
行车	20	10(周四漏发)	20	20(C类2项扣4分、整改6项扣6分)	10	80
综合	20	20	20	28(整改2项扣2分)	10	98

三、实施效果

冷轧厂通过"五查五评价+PDCA"的检维修安全文化管控模式,从五个维度开展检查和评价形成制度化管控模式,并制定了检维修作业安全管控规定,明确设备检维修作业前、作业中、作业后各项安全要求,实行检维修项目负责制。本着"谁主管、谁负责"的原则,对设备检修的安全管控实行"项目负责制",统一由专人负责协调管理,实现任务落实到人、责任落实到人、考核落实到人,提升了检修安全管控水平。

通过"五查五评价"的实施,一是使职工明确了作业内容,明确了作业时存在的危险源,明确了控制危险源的安全措施;二是解决了具体作业项目的安全防范问题,职工整体安全素质得到进一步提升;三是提高了检修作业的质量,职工遵章守纪的自觉性提高了,发生事故的概率减小了,2022年检修安全问题平均32项/月,同比2021年61项/月,减降效果明显。实现了检修安全事故为零目标,见表7。

表7　2022年检修安全月度管制情况

月　度	设备室	轧钢	涂镀	调质	精整	中冶宝钢	武汉宝信	北湖机电	其他	合计（项）	A/B类项	完成情况
1月	11	2	3	1	1	12（1A）	2（1A）	3（1A）	3	38	34A/7B	基标
2月	12	4	2	1	2（1A）	8	0	1	2	321	A/10B	基标
3月	8(1A)	2	1	2（1A）	0	3（1A）	0	1	2	21	3A/4B	基标
4月	16(1A)	1	8	2	1	16（1A）	1	1	3(1A)	49	3A/9B	基标
5月	8	2	2	3	2	8	0	2	2	29	0A/8B	基标
6月	10	2	7（2A）	4（1A）	2	8	0	2	2	37	3A/4B	基标
7月	7	0	0	1	2	4	1	1	2	18	0A/3B	基标

四、启示

设备是企业生产效率和能力的重要决定因素，加强设备检维修管理，为企业提供良性循环的生产条件，是永恒的主题。做好设备检维修安全文化体系建设至关重要。如何更加有效防止事故发生、保证设备顺利运行，向精细化管理要安全效益也将是企业一个长期的课题。冷轧厂通过"五查五评价+PDCA"检维修安全文化管控模式，对设备检维修过程中的安全风险分析，找出了设备检维修过程中的危险因素，并制定了一系列安全对策和安全保障措施，有效降低了设备检维修的安全事故和隐患，为企业的安全生产提供了保障。

集团型企业安全文化建设研究与实践

——记越秀食品集团安全文化建设实践

广州越秀食品集团有限公司　郝明星　陈烈锰　赵伟师

摘　要：集团型企业在产业多元化发展过程中，安全文化面临的背景也日益复杂化和多样性，安全文化建设是安全管理的重要内容，是企业软实力的体现。本文阐述了集团型企业安全文化建设的重要性及难点，随后从沙因组织文化理论的视角出发，研究文化层次对安全管理的影响，最后介绍越秀食品集团基于沙因组织文化启示，开展各项安全文化建设的实践工作。

关键词：集团型企业；安全；安全文化建设

一、引言

近年随着企业改革行动的深入推进，企业的重组整合成为常态，然而在变革期容易发生安全管理放松、员工思想波动、发生事故等问题。如何通过安全文化建设，提升员工安全素养、提升企业软实力，成为集团型企业需要解决的重大课题。

越秀食品集团有限公司（以下简称越秀食品集团）是由多个公司重组而成，员工总数超过1万人，横跨一、二、三产业，子公司分布在全国各地。食品集团成立之初坚持将安全文化建设作为首要工作来抓，借助科学的组织文化建设模型，克服各种困难、调动各方面的积极性，把全体员工紧紧团结在一起，共同做好安全工作，增强员工的文化自豪感。

二、集团型企业安全文化建设的重要性

现代企业安全管理中，安全文化对企业的重要性愈发凸显，尤其是大型集团企业，建立一套科学、专业、全面的安全文化体系，对安全生产起着重要的作用：一是安全生产核心理念对企业全员的安全思想观念发挥正向的引导性作用；二是正确的安全意识和精准的安全价值理性能够提升人的根本性安全素质；三是良好的安全行为习惯的养成对避免人为事故发挥直接重要的作用。[1]

三、集团型企业安全文化建立的难点

大型集团企业在安全文化的建设实践过程中面临着不少的挑战和问题。不同性质和类型的公司合并在一起，各自的安全文化大相径庭，致使在打造集团的安全文化过程中，常常会陷入融合难、落地难、发展难等诸多窘境。

（一）企业类型不同，安全文化融合难

各子公司长期积累形成独立的文化惯性，集团化后难以轻易改变，文化冲突在所难免。越秀食品集团重组之初，既有成熟的老字号企业，也有刚刚组建的新公司，对于安全文化的理解各有一套思路，不能主动与集团的安全文化融合。

（二）重视程度不足，安全文化落地难

企业负责人和安全专管人员对安全文化认知不清、理解不深，缺少身体力行，"文化层面"难以向"行为层面"转化。越秀食品集团安全文化建设中，有些管理者忽视安全文化对企业长远发展的战略价值，参与安全文化建设的热情不高，使得安全文化难以落地。

（三）缺少制度保障，安全文化发展难

安全制度是将安全理念转化为安全行为和安全环境的桥梁和纽带，就会产生文化理念与实际脱离的问题。越秀食品集团在安全文化建设初期，个别公司忽视制度体系的建设，安全文化缺少制度保障，致使安全文化建设推进困难重重。

四、沙因组织文化理论的内涵及启示

（一）沙因组织文化的内涵

美国麻省理工大学斯隆商学院教授埃德加·沙因在其著作《组织文化与领导力》一书中指出，组织文化是一套深层假设模式，即组织在解决内外部环境适应问题的过程中，组织成员共同探索出来的一整套成功解决问题的模式，这一模式在处理问题

时效果很好,因此它渐渐成为正确的认知并被组织成员共同认可,并延续传授给新员工。[2]

沙因认为组织文化的建立遵循三个过程,最初建立的组织没有文化,组织的管理者凭借极具个人特色的价值观,结合自身独特的经验,对组织的发展进行规划和管理。然后当领导者将个人的思想、价值观用来指导组织决策时,如果多次获得正向反馈,那么这种意志和价值观将得到组织成员的普遍认可,逐渐成为一种"正确的共识"。最后随着不断地摸索实践,这种"正确的共识"渐渐被认为是理所当然的价值观,嵌入成员们的脑海,最终形成组织的文化。[3]

（二）沙因组织文化的启示

基于沙因组织文化理论研究,可构建出文化形成的洋葱模型（图1）,通过分析不同层次特点,对组织文化的建立有重要的启示。

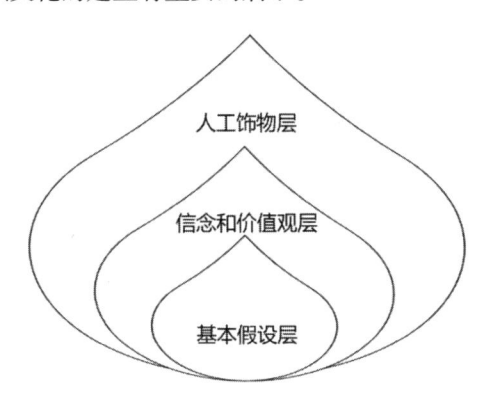

图1 沙因的组织文化洋葱模型

（1）最外层是人工饰物文化,指的是企业外显的文化符号,包括产品形象标识、文化口号、文化墙、企业装修风格、员工制服。人工饰物文化是组织文化赖以生存和发展的物质基础,具有传播功能。一方面可通过感官传播,快速、直接的让员工体验和感知组织文化的特征,另一方面可以树立组织良好的社会形象,提升行业竞争力。

（2）中间层是信念和价值观文化,体现管理者个人意志的决策在实践中获得成功,被员工普遍认可接收,从而逐渐形成的一种共识。其内容包括企业的价值观、制度、目标、战略等,这些文化元素可以通过企业的规章制度、流程显现,对组织成员的思想和行为起到重要的约束作用,使每一位企业成员面临决策时,知道该做什么,不该做什么,从而实现员工自律和组织管理。

（3）核心层是基本假设文化。即组织的深层文化,指的是组织领导者与成员在长期的摸索实践中逐步形成的一种"正确的共识",如核心价值观、共同愿景、组织精神等,这种共识成为员工脑海中无意识的存在。基本深层假设文化具有整合、凝聚功能,它是根植于所有员工内心的修养,成为无须提醒的自觉行为。

五、基于沙因理论集团型企业安全文化建设实践

研究沙因组织文化理论对于集团型企业安全文化建设有着重要的价值,通过分析掌握不同层次间文化内涵的规律和特点,对安全文化的建立和提升有着长远的影响。集团型企业安全文化建设是一个"外化于形,内化于心"的渐进过程,在此过程中除了需要组织、资金、人力等多方面的支持,更重要的是需要引入科学理论来指导实践。[4]越秀食品集团探索应用沙因组织文化理论,由外及内地开展安全文化建设实践活动：

（一）强化企业安全文化符号,塑造安全文化仪式感

人工饰物是外界对企业文化特征最直观的认识。集团型企业安全文化建设首先要强化人工饰物文化,创造一个看得见、听得到、感受得到的硬件环境,以发挥其外塑形象、内聚人心的功能。

1.打造鲜明的安全文化氛围

越秀食品集团通过自媒体、网站、宣传栏等多种渠道传播"成为受人尊敬平安企业"的安全愿景,子公司提炼出安全文化的重点,制作成条幅、电子屏、手册进行展示和宣传。例如一线岗位大力推广"八荣八耻"（图2）安全口号,让员工一听便知、一

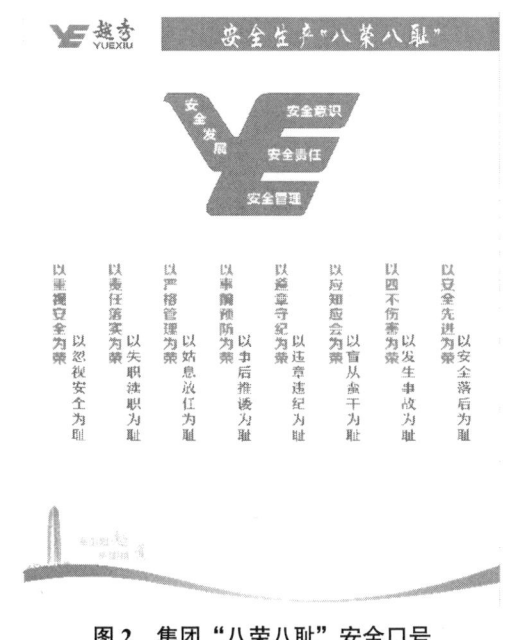

图2 集团"八荣八耻"安全口号

看就懂。贵州的养猪场、辽宁的液奶加工厂,每天早上员工都将宣读安全口号作为工作的开始。通过营造浓厚的安全文化氛围,强化员工的感官体验,凝聚人心,鼓舞士气,激发员工对安全文化的认同感。

2. 积极创造舒适的内部环境

工作、生活环境是企业员工健康、安全、赖以生存和发展的物质基础。越秀食品集团坚持实施以人为本的理念,积极改善工作、生活的环境,子公司越秀农牧改善了养猪场的宿舍和运动场环境,员工工作之余能够放松身心;子公司辉山乳业开设了员工食堂,一餐一饭让员工心有所栖,使员工切实感受到被尊重和保护。

3. 开展形式多样的安全主题活动

安全活动是员工亲自参与安全文化建设的一种有效手段,也是安全文化传播和教育的重要形式。越秀食品集团每年都开展形式多样的安全文化活动,展示安全工作亮点和成果,促进交流,将良好的文化形象植入员工的心里。

(二)发挥安全制度保障作用,让价值观植根于内心

安全文化必须将规章制度作为文化载体,增强群体信念和价值观念的植入,以发挥其导向、约束的功能。

1. 建章立制强根基,培育文化之实

安全文化需要借助制度化方式将核心的理念落地生根。越秀食品集团在安全制度中融入文化的内涵,例如通过制度化将"安全保障效益,安全成就幸福"的价值观转变成具有可操作性的岗位行为准则,将安全责任与每个岗位联系起来,使员工在安全观念上确立一种自我约束的行为准则。

2. 发挥考核指挥效应,常怀安全敬畏之心

考核是企业用于强化安全行为、抑制违章行为的奖惩方式,是安全文化建设的重要组成部分。越秀食品集团根据子公司行业特点建立了相关的配套考核方案,定期开展考核评价,充分发挥指挥棒的效应,强化全员安全敬畏心,督促各级岗位认真履行安全管理责任。

(三)身先士卒有感领导,安全习惯成自然

将安全价值观渗透到员工的行为习惯中,管理者的率先垂范发挥着关键作用。

(1)安全文化源自企业管理者的以身作则。行胜于言,企业管理者必须坚持不懈地践行安全价值观,企业才能上行下效。越秀食品集团将"有感领导"作为推进安全文化的"牛鼻子",领导亲自践行安全价值观,让员工切实感受到管理者对安全的重视,对生命和健康的郑重承诺。

(2)安全文化的基本深层假设需要经过长期发展才能形成,只有管理者积极实践安全使命的承诺,并提供足够的资源,才能有助于基本假设的形成。[5]越秀食品集团管理者反复强调"发展决不能以牺牲人的生命为代价"的文化理念,躬身践行创建平安企业的愿景,有效推进了安全文化建设的进程。

(3)开展安全文化宣传教育。员工习惯的改变离不开润物细无声的教育培训。越秀食品集团持续多年开展形式多样的宣传教育活动,通过举行专题培训、座谈会、演讲比赛、家属联谊会、实景操作演练等活动,与员工共同学习探讨安全愿景、安全使命、安全价值观,在企业内部营造有利于员工提升个人安全素养的学习氛围。

六、结语

小型企业管理靠人,中型企业管理靠制度,大型企业管理靠文化,对于集团型企业安全管理而言,越秀食品集团安全文化建设的最终目的是将"安全保障效益,安全成就幸福"的安全理念,内化于心、固化于制、外化于行,实现科学、合理、能动、自律、最佳的安全治理效果,全面提升集团的安全生产管理水平。

参考文献

[1]陈百兵. 久久为功,建设务实、高效的安全文化——访中国地质大学教授罗云[J]. 现代职业安全,2021(01):14-18.

[2]埃德加·沙因. 组织文化与领导力[M]. 马红宇,王斌,等,译. 北京:中国人民大学出版社,2011.

[3]黄饶黎. 沙因模型视角下组织文化的激励功能研究[D]. 南宁:广西大学,2014.

[4]王海洋. 国有企业安全文化探索实践与高质量发展[J]. 现代企业,2021(11):137-138.

[5]毛海峰,王珺. 企业安全文化理论与体系化建设[M]. 北京:首都经济贸易大学出版社,2013.

浅谈如何强化班组安全文化建设

东方电气集团东方电机有限公司　陈　柯　张天鹏　吴云华　谭继铭　谢　洁

摘　要：对标世界先进企业安全管理发展历程，要筑牢安全生产防线、有效遏制事故发生、实现根本性转变，企业的安全管理模式必须由严格监管向自主管理迈进，最终实现团队互助共同安全。本文就改进班组安全管理存在的问题、强化班组安全文化建设提出了一些措施及建议，旨在为提升班组安全管理，实现团队互助共同安全目标提供一些参考。

关键词：班组安全管理；安全文化；团队安全

一、引言

班组是企业安全生产的最基础组织单元，是贯彻和实施各项安全要求和措施的主体，更是杜绝违章操作和重大人身伤亡事故的关键。因此，抓好班组安全管理必须坚决贯彻习近平总书记关于安全生产的重要论述，坚持以如履薄冰、如临深渊的谨慎态度抓住关键、循序渐进，并结合企业实际不断深入分析、探索创新。近年来通过持续安全投入和强化管理，企业生产安全事故大幅下降。然而，由于企业管理仍有瑕疵；员工违章作业导致的生产安全事故事件仍时有发生，越来越多的企业认识到要实现根本转变，只有持续推进安全文化建设，尤其是不断强化基层班组安全文化建设，实现团队互助共同安全，才能真正减少并杜绝生产安全事故事件发生，实现企业安全生产长治久安。

二、班组安全管理存在的问题

（一）班组班前会议流于形式

在生产实践中，班前会普遍存在的问题有以下几点：一是班前会长期由班组长主讲，缺少交流互动，在一定程度上造成了其他组员不会主动想问题、不会主动管理等现象；二是在内容上，针对当班人员、设备设施及生产特点讲针对性安全措施的较少，讲生产任务内容较多，这就会让组员从内心深处感觉安全生产不重要，将绝大多数精力放在生产进度上；三是班前会1—2分钟就结束，会议时间过短，这样就会导致只能直接安排生产任务，从而忽视安全操作注意事项、劳动纪律强调、典型事故案例学习等，导致其班前会记录流于形式、安全教育的空白及班组安全管理松散。

（二）班组安全管理制度落实不力

班组长是班组的"领头羊"，一手抓安全，一手抓质量，同时还要承担具体的工作任务，面临班组点多线广的工作任务，往往会出现顾此失彼的情况。而班组的安全员也仅仅是简单地念一念相关文件，做一做安全记录。长此以往，导致安全基础管理变得薄弱，班组对细节管理重视不够、落实不到位，违章问题反复、重复出现，造成安全管理工作的被动性，形成恶性循环，最终班组安全管理的执行力衰减、安全工作在落地落实中大打折扣，为事故隐患埋下伏笔。

（三）班组危险源辨识工前检查"走过场"

组员文化知识水平参差不齐、安全知识薄弱，使得班组危险源辨识缺乏针对性，作业前危险有害因素分析不全，作业环境变更后危险源清单未及时更新；工前安全检查"走过场"、应付了事，对作业现场安全防护措施是否落实，安全生产条件是否符合等未进行仔细检查和记录。而班组危险源辨识不全、工前检查"走过场"现象的发生就会导致俗语"世界上最可怕的并不是风险本身，而是你根本不知道自己在冒险"所描述的现象不断发生。

（四）团队互助共同安全理念尚未建立

几个人团队作业是生产现场的常见方式，但由于最后10米范围的安全责任未压紧压实，"四不伤害"的安全意识未真正"铭记于心、践之于行"，团队互助共同安全理念尚未建立，经常会导致一种现象的出现，即在3—5个人团队作业过程中，其中1人违规、违章作业，其他人未加以提醒、视而不见，为事故事件的发生提供了土壤。

三、强化班组安全文化建设的对策措施

针对上述班组安全管理存在的问题，就提升班组安全管理水平、加强班组安全文化建设，可抓细抓实以下几方面的工作。

（一）健全全员安全生产责任制，推行班组目标指标管理

现行《中华人民共和国安全生产法》第四条要求，企业建立健全全员安全生产责任制。应按照全员、全过程、全方位、全天候的思路建立健全全员安全生产责任制，并与班组每个组员签订安全生产责任书，压紧压实安全责任、明确班组安全"四零目标"，切实做到"千斤重担人人挑、人人肩上有指标"。同时建立组员个人安全档案，严格执行考核制度，实行重奖重罚。

（二）开展班组安全文化大讨论，提炼班组安全行为准则

开展班组安全文化大讨论，如图1所示，是提炼安全行为准则、实现组员安全理念转变的重要方式。全体组员应围绕"要我安全、我要安全、我会安全"主题开展安全文化大讨论，在"要我安全"方面，重点讨论班组作业活动的安全保障措施是否合规、齐备、有效，讨论班组每一项作业活动的危险源辨识及防控措施是否到位、是否人人清楚；在"我要安全"方面，重点围绕安全意识、安全行为、安全技能、作业环境、安全事故案例等内容，讨论在作业过程中是否存在省事侥幸心理、是否熟练掌握作业技能、是否吸取经验教训；在"我会安全"方面，重点讨论安全操作规程、设备操作规程、"四新"安全要领等规定是否严格执行、是否团队推广。

图1　班组安全文化大讨论

在此基础上，结合工种、工序、工步、岗位及单位工作特点，分别梳理提炼班组员工安全行为准则，营造人人遵章守规的浓厚安全氛围。

（三）规范班前会流程，组织开展标准化班前会

班组是企业基层管理的重要组成部分和前沿阵地。实践证明，标准化、规范化的班前会是布置工作任务、进行安全教育、整顿工作纪律、提高工作效率的有效形式。因此，班前会必须克服"嫌麻烦""走形式"等现象，必须下大功夫抓好班前会的落实，具体可按照"143"工作法抓细抓实班前会相关细节。

"1"：班组长提前10分钟到岗，查看上一班的工作记录，询问交班情况、全面了解设备运行和工器具状况（有无异常和缺陷、是否检修等）、明确当天生产任务、作业安全措施以及需传达学习的事项，做好会前准备。

"4"：会议做到"四个统一"，班前会应统一时间、统一地点、统一站位、统一流程。规范班前会流程是班前会克服"嫌麻烦""走形式"、发挥班前会作用的重要手段之一。结合优秀班前会案例及企业实际情况开展规范化班前会，可按照以下步骤进行，如图2所示。

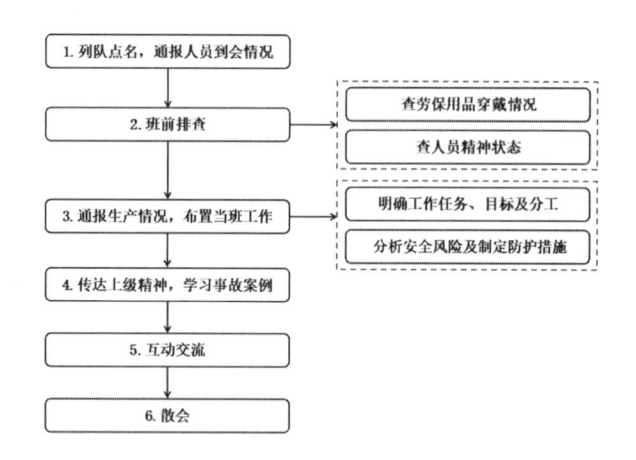

图2　标准化班前会步骤

第一步：列队点名，通报人员到会情况。

第二步：班前排查。（首先查劳保用品穿戴情况。检查工作服、安全帽、安全带等劳保用品。其次查人员精神状态。察言观色，观察是否有未休息好、班前饮酒、身体不适、情绪波动等状态。）

第三步：通报生产情况，布置工作安排。（首先交任务。明确工作任务、目标及分工；其次交安全。介绍当天作业内容和场所，分析安全风险，制定交代

防范措施,落实责任人;最后交技术。交代工艺技术及质量进度要求。)

第四步:传达上级会议及文件精神,学习典型事故案例。

第五步:互动交流。(如抽查本班作业的危害因素及防护措施。)

第六步:散会。

"3":会议落实"三个重点"。第一,严肃会议纪律。会议过程应庄重肃静,不交头接耳、看手机。第二,突出班前会重点。班前会内容要抓住重点、简明扼要,不可笼统、啰唆,也不能忽视关键、一言带过,同时时间不宜过长,控制在5—10分钟为宜。第三,留存会议记录。如实记录会议情况,并留档保存。标准化班前会如图3所示。

图3 标准化班前会

(四)创新安全培训方式,组织体验式培训

强化安全生产教育培训、提高员工安全意识是减少或杜绝不安全行为的重要手段。相比于以老师讲授为主结合课后考试的传统"填鸭式"安全培训,体验式安全培训让员工身临其境体验各种安全事故的危害,使员工从内心深处产生共鸣。结合企业生产特点,搭建包含VR应急处置、机械伤害隐患排查、有限空间安全作业、盘扣式脚手架登高实训平台等培训内容的体验式培训基地。通过沉浸式体验、亲身感受,让参与人员深入掌握安全操作规程要领,进一步提升安全意识和技能,逐步实现由"要我安全"向"我要安全"的转变,如图4所示。

图4 体验式安全培训

(五)强化班组危险源辨识与分析

针对班组危险源辨识存在的问题,可以从以下几个方面进行加强与改进。

1. 强化安全管理部门、工艺技术部门的指导

安全管理部门、工艺技术部门要加强基层班组在危险源辨识方面的培训,其相关人员还应进行班组危险源辨识与分析。最后编制的危险源清单、制定的安全防护措施需要安全管理、工艺技术等职能管理部门的审核与会签,确保危险源辨识的全面性、安全措施的合理性。

2. 全面充分辨识危险源

采用依据相关标准规范、工艺工序、作业活动、现场作业环境等多维度、多角度开展辨识危险源,通过对安全检查表、LEC、事故树、事件树等多种方法的综合应用,确保全面辨识现场危险、有害因素以及防范措施的针对性、有效性。

3. 确保危险源清单及时更新

危险源辨识要持续进行,当作业环境、工艺技术、产品、设备设施、人员及法律、法规、标准等发生变化时或发生事故后,应及时进行危险源辨识,

补充完善危险源清单、风险评价、制定控制措施。保证变更后，新的危险源得到及时辨识及控制。

（六）完善班组安全奖惩激励机制

人本原理指出管理中必须把人的因素放在首位，体现以人为本的指导思想，其激励原则强调要以科学的手段，激发人的内在潜力，使其充分发挥积极性、主动性和创造性。因此，企业要完善班组安全奖惩激励机制，通过外部动力督促员工遵守规章制度、充分鼓舞士气、调动积极性和创造性。

1. 建立班组安全改进创新项目机制

发动和鼓励基层班组主动排查、治理事故隐患并将隐患治理成果作为安全改进创新项目申报奖励。依据隐患整改难易程度、取得的安全效益、推广应用价值等方面，给予项目表彰及相应等级的物质奖励，以此形成隐患排查治理良性循环。真正将"隐患排查治理挺在事故前面"，贯彻隐患排查治理要求，将预防和减少事故发生作为终极目标。

2. 建立隐患举报激励机制

在企业范围内，建立安全生产监督正激励和负激励管理，安全管理部门公开安全生产监督电话，受理有关安全生产的检举、报告，重点针对公共区域、生产现场、外包作业、外来施工作业以及其他方面的安全隐患或者其他不安全因素等情况。经调查核实后，对检举报告事故隐患的有功人员，给予表彰及物质奖励；对当事人存在不安全行为的情况，按规定进行处罚。

3. 建立安全互联互保机制

在一个10米范围的作业区域中（即在一个作业工作面或一项具体工作任务中），所有参与作业的人员结为互联互保团队，团队成员对自己和其他成员安全负责，切实做到自觉遵章，以及如下"四个互相"。

（1）互相提醒：发现对方有不安全行为与不安全因素，可能发生意外情况时，要及时提醒纠正，工作中要呼唤应答。

（2）互相照顾：工作中要根据工作任务、操作对象合理分工，互相关心、互创条件。

（3）互相监督：工作中要互相监督、互相检查，严格执行劳动保护穿戴标准，严格执行安全规程和安全规章制度，共同做到遵章守纪。

（4）互相保证：保证对方安全生产作业，不发生各类大小事故事件。

安全互联互保团队实行同奖同罚，团队各成员对团队出现的安全违章隐患、事故事件均要接受考核处理。

四、结语

安全工作永远在路上，要清醒地认识到安全工作的严峻性、复杂性、长期性。要不断从安全愿景、文化氛围、思想认识等方面强化班组安全文化建设，助力员工真正树立安全文化理念及行为准则，持续提升员工安全素养、操作技能和规章制度的贯彻执行力，实现团队互助共同安全的管理目标，为早日实现"百亿东电、世界一流"不断努力。

参考文献

[1] 宋春才. 企业安全文化建设与安全生产管理的关系探究 [J]. 化工管理,2020(12):97-98.

[2] 王如革,白维纳,胡京祖. 浅析提升班组安全生产管理的思路及重点措施 [J]. 机电安全,2022(05):24-27.

[3] 赵丽芳. 让安全培训走心高效——"揭秘"中建体验式安全培训基地 [J]. WTO经济导刊,2015(04):30-32.

[4] 刘鹏增. 企业班组安全管理中存在的问题及改进对策 [J]. 工程技术,2016（12）：118.

浅谈火炸药企业班组安全文化建设

西安近代化学研究所　秦利军　龚　婷　郝海霞

摘　要：火炸药是国家重大战略资源，是武器装备发射、运载、毁伤和控制的主要能源。火炸药行业属于高危行业，火炸药企业的安全生产是整个火炸药行业健康、稳定发展的基本保障，也是实现国防安全战略的重要基石。班组是火炸药企业最基础的科研和生产单元，更是企业安全管理的前沿阵地。强化班组安全管理和建设是提高员工安全素质和减少各类伤亡事故的最切实、最有效的措施。本文从班组安全制度建设和班组安全文化建设两个方面简要阐述了班组安全管理中常见的问题以及应对措施，对火炸药企业从业人员具有一定的参考价值。

关键词：火炸药；班组安全管理；安全制度建设；安全文化建设

火炸药是国家重大战略资源，是武器装备发射、运载、毁伤和控制的主要能源，是促进武器装备升级换代，转变战争模式的重要因素[1]。火炸药自身易燃易爆的特性，使火炸药行业成为名副其实的高危行业。火炸药企业作为生产和研发火炸药的直接主体单位，其安全生产是整个火炸药行业健康、稳定发展的基本保障，也是实现国防安全战略的重要基石[2]。

班组是火炸药企业最基础的科研和生产单元，更是企业安全管理的前沿阵地。据大量事故统计分析，90%以上的生产安全事故发生在班组，80%以上的生产安全事故是由"三违"和危险因素辨识不到位，安全隐患未能及时消除等人为因素造成[2-4]。因此，加强班组安全管理和建设，是提高员工安全素质和减少各类伤亡事故的最切实、最有效的措施之一。可以说，"班组兴则企业兴，班组安则企业安"。一直以来，如何做好班组的安全管理和建设，让安全文化在班组落地生根，实现"要我安全"到"我要安全"的转变都是众多安全管理专家及企业所关注的热点话题。作者将从一线科研班组长的角度浅谈对火炸药企业班组安全管理的对策，重点将从"班组安全制度建设"和"班组安全文化建设"两个方面来进行阐述。

一、班组安全制度建设

众所周知，每个人都有惰性，"事不关己，高高挂起"这种思想心态在我们日常生活中普遍存在。但是这种心态在安全管理中是要严厉杜绝的，尤其是从事火炸药这个特殊的危险行业，不可能做到事不关己，并且是最有可能做到"三伤害"（伤害自己的同时伤害他人或被他人伤害）。俗话说得好，没有规矩不成方圆，因此必须要通过建立严格的班组安全管理制度，以制度来细化安全工作，努力做到"三不伤害"。本文认为班组的安全管理制度建设需要从企业、部门和班组三个层级来进行梯度建设。

第一，企业要把安全和科研生产放到同等重要的地位，要形成"搞安全并不影响科研生产进度"的统一思想。优秀的安全管理制度不但不会影响科研生产进度，而且是促进科研进度的重要保障。针对目前很多一线员工存在搞安全频次太高、事情太烦琐，浪费科研生产时间的普遍浮躁思想，企业要教育员工首先从思想层面准确理解"快"与"慢"的关系，要认知"磨刀不误砍柴工"的道理；其次安全管理不能搞"一刀切"，要进行分类分级科学管理，不能按照管生产的流程来管理基础科研；同时要尽量避免安全管理过程中存在的形式主义，减少纸质性文件工作量，保护员工参与安全管理工作的积极性。

第二，为了提高班组长的安全责任意识，企业和部门的安全奖罚政策要考核落实到班组和班组长。将安全"一票否决制"与班组评优、班组长个人评优和绩效考核挂钩。针对目前班组兼职安全员在班组安全管理工作中暴露出的监督作用不突出、存在当"老好人"思想和被动接受安全事务性工作等普遍问题，企业和部门要通过增加兼职安全员待遇和突出其荣誉感的方式来提高其参与班组安全管理的积极性和责任感，在安全管理中真正起到班组长左膀右臂的作用。

第三，为了杜绝"事不关己，高高挂起"这种错误思想，建议对班组成员的安全奖罚实行"连坐制度"，一人犯错，班组全员受罚；一人受表彰，班组全员受奖励。这样做的目的是强化班组是一个安全整体，荣辱与共，大家要互相监督，互相帮助，共同提升安全能力，努力做到四不伤害，形成"我为人人，人人为我"的班组安全文化。

总之，奖和罚要有机结合起来，做到赏罚分明。安全处罚不是目的，而是在大家重视安全和树立规矩意识、养成良好的安全习惯之前的必须手段，达到安全素养提升的目的，更体现的是一种"爱护"精神，让被动安全逐渐转变成为主动安全的必要过程。

二、班组安全文化建设

班组安全文化建设是企业安全文化建设的重要组成部分，搞好班组安全文化建设对安全科研和生产具有重要意义。班组安全文化建设的最终目的就是为了提高员工的安全责任意识和素质，逐步实现"要我安全"到"我要安全"和"我会安全"的转变。

第一，要做好班组长的安全意识教育。班组长作为企业最基层的管理者，他们自身的一言一行都给员工做着表率，其自身安全素质和管理技能直接影响着班组安全文化的创建。可以采取定期让班组长上讲台讲安全、交流安全等灵活形式来培养班组长的安全意识，让班组长学会思考安全。首先，班组长的安全意识提高了，重视班组的安全工作，员工才能上行下效、耳濡目染，安全意识也才会逐渐提升。其实，安全意识是一种重要的能力，培养这种能力不仅利于员工日常工作，对于今后的学习和生活安全都有重大意义。

第二，班组要做好组员的安全培训教育、温情教育和警示教育。班组要坚持做好班前会制度、每周例会制度、每周5S制度，要及时传达学习上级有关安全管理要求及部署每周重要工作，要把安全生产责任落实到班组的每个岗位，形成安全生产人人有责、群策群防的安全管理体系。在班组内营造"人人关注安全、事事保证安全"的安全文化，要做到查找事故隐患是每个员工的义务，消除事故隐患是每个员工的责任。

第三，要充分发挥好党员在班组安全文化建设中的先锋模范带头作用。党员要带头去学安全、讲安全、做安全，在实际科研工作中要做爱岗敬业的表率，把班组成员都带入到这个荣辱与共的班组命运共同体中来，提高员工的主人翁意识和责任感，要让员工懂得安全工作是幸福生活的前提，只有把班组这个大家庭的安全工作做好，小家的幸福生活才会得到保障。

三、结语

总之，班组安全文化建设不是一蹴而就的，而是一个循序渐进和潜移默化的过程。正如经常教育孩子饭前要洗手一样，时间长了就会在孩子的头脑中自觉形成"不洗手不能吃饭"的概念。同样，班组安全文化建设需要企业、部门和班组共同努力，使职工在头脑中自觉形成安全生产和科研的惯性思维与模式，实现真正意义上的我要安全。

党的十八大以来，以习近平总书记为核心的党中央空前重视安全生产工作，将其纳入"四个全面"战略布局统筹推进，提出"生命至上，安全第一"的安全发展理念，充分体现以人民为中心的发展思想。作为具有高安全风险属性的火炸药企业，其安全生产事关科研生产人员生命安全，事关国防现代化建设安全，事关经济社会稳定发展大局。火炸药企业安全管理的核心在于班组的安全管理和文化建设，要义在于隐患排除治理和安全预防控制体系的建立，关键在于员工安全责任意识的提高。安全管理工作是一项崇高的、值得敬畏的事业，做好班组安全管理工作是企业给员工的最大福利，更是企业自身健康发展的安全基石。

参考文献

[1] 张宁，李博，王浩林，等. 火炸药与战争[J]. 百科知识，2021(08):22-24.

[2] 丛山峰. 火、炸药爆炸事故预防初探——危险性预先分析应用于事故预防[J]. 科技视界，2012(24):380-381.

[3] 夏艳梅. 班组安全管理永远在路上[J]. 班组天地，2022(01):110-111.

[4] 刘亚民. 班组安全[J]. 现代职业安全，2021(08):10-11.

牢固树立安全发展理念全力筑牢安全发展基础

国网信息通信产业集团有限公司　陈其祥　汪　爽　米慧广　汤清召　王托弟

摘　要：安全生产是关系人民群众生命财产安全的大事，是经济社会高质量发展的重要标志，是党和政府对人民利益高度负责的重要体现。当前安全生产形势总体可控，但也面临重发展轻安全、安全责任落实不到位、重大风险抓不住等突出问题，本文根据安全管理的实践经验，从安全文化宣传、安全责任落实、安全长效机制建设等方面对安全管理工作开展论述，为安全生产、管理人员提供了可行的建议。

关键词：安全生产；安全文化宣传；安全责任落实；安全长效机制建设

近年以来，受世界疫情和复杂外部环境等因素影响，建筑、交通、煤矿等方面安全事故多发，安全生产形势严峻复杂，造成重大人员伤亡和财产损失。党中央、国务院高度重视安全生产工作，习近平总书记强调要始终保持如履薄冰的高度警觉，做好安全生产工作，决不能麻痹大意、掉以轻心。我们要坚定不移地贯彻习近平总书记关于安全生产工作重要指示，坚持"两个至上"[①]，清醒认识企业安全生产面临的复杂局面，反思安全工作存在的问题，下真决心、落硬措施，坚决刹住事故频发的势头，全力维护安全生产稳定局面。

统筹发展和安全面临很大挑战，如何做好企业安全管理工作，将安全生产要求一贯到底、落到基层、落到一线，是目前摆在安全管理人员面前的一道难题，笔者认为主要应从如下几方面加以推动。

一、凝聚共识，营造浓厚安全文化氛围

安全文化建设是全面贯彻"安全第一、预防为主、综合治理"方针的重要举措，也是企业实践本质安全、实现"更加全面、更深内涵、更高标准"安全发展的必然要求。通过不断树立安全就是企业最大效益的观念，促使广大员工认知、认同安全文化，实现从"要我安全""我要安全"到"我会安全"的转变，在企业内形成"关注安全、关爱生命"的浓厚氛围。

（一）注重安全文化导向

坚持党建引领、统筹推进。坚持党对安全文化建设的领导，充分发挥党支部战斗堡垒和党员先锋模范作用，把党的政治优势、组织优势转化为提升安全水平的发展优势和管理优势，推动"规矩意识＋安全意识"全面提升和"党建履责＋安全履责"双向落地。

树立"生命至上"价值观。强化红线意识和底线思维，正确处理安全与发展、安全与效益的关系，坚持把职工生命安全和身心健康放在最高位置，把安全风险和事故隐患当成事故事件来对待。

坚持融入管理、提质增效。把"安全第一"的理念纳入发展战略、嵌入制度体系、植入业务流程、融入专业管理，确保安全文化建设贴近实际、落地生根，促进企业实现长治久安。

（二）注重安全文化传播

强化安全文化理念宣贯。通过安全生产"大讲堂""五问三问"[②]安全大讨论、专题研讨等多种形式，推动习近平总书记关于安全生产重要论述在基层走深、走细、走实，真正把"以人民为中心、尊重安全、敬畏生命"的要求贯穿工作全过程、落实到管理各细节。

强化安全教育培训。充分利用专业机构、新兴媒体等载体，丰富安全文化培训方式，开发安全文化系列网络课程，全面提升员工安全技能和素养。

创新安全文化活动。充分发挥基层班组安全文化建设的积极性和创造性，开展安全知识竞赛、技能比武、文艺创作、"我是安全吹哨人"、安全责任

---

① 两个至上：人民至上，生命至上。
② 五问三问：五问是安全大讨论、谈认识、找差距、提措施、提炼"反违章"安全文化，三问是担当尽责、齐抓共管、共保安全。

清单"上桌上墙"等活动，引导员工树立正确安全观，使安全理念转化为行动自觉，形成良好的安全文化氛围。

（三）注重安全文化落地

建立安全文化建设示范。开展"安全文化示范企业""青年安全生产示范岗""党员无违章示范岗"等创新活动，总结、提炼安全文化建设实践的优秀成果。

构建安全文化建设协同机制。通过安全文化建设实践，着力构建职责、流程、制度、标准、考核"五位一体"的协同机制，形成"实时发现问题、准确研判问题、协同解决问题"的工作闭环，持续提升安全文化建设的标准化、专业化、常态化管理水平。

强化安全科技支撑。鼓励企业实施安全管理和技术创新，建设安全管理信息化平台，推行特殊作业全过程监控，推进救援装备现代化，有限工作作业机械化等，进一步提升本质安全水平。

二、履责担当，落实企业主体责任

国务院安委会出台安全生产十五条硬措施，是近年来继《中共中央国务院关于推进安全生产领域改革发展的意见》等中央重要文件和《全国安全生产专项整治三年行动计划》等重大部署之后，进一步推动和加强安全生产工作的又一重大综合性举措，是防范化解当前安全生产领域新问题、新隐患、新风险的迫切之需。我们要全面把握其内涵与要求，结合企业实际，从严从细做好安全责任落实。

（一）严格落实各级党委安全生产责任

各级党委理论学习中心组要系统学习习近平总书记关于安全生产的重要论述，真正做到"两个至上"入脑入心，把学习成果转化为确保安全稳定的实际行动。各级党委要严格落实"党政同责、一岗双责、齐抓共管、失职追责"要求，强化组织领导，坚决把各项措施落实到岗位、穿透到基层、执行到一线。

（二）严格履行单位主要负责人第一责任人责任

各单位主要负责人在安全生产上要做到亲力亲为、靠前指挥，带头落实国家安全生产法律法规，推动安全生产责任制、安全管理体系、双重预防机制和标准化建设，及时研究解决重大问题，对本单位研发、实施、制造、实验室、数据中心、水电生产等各领域重大风险隐患必须做到心中有数。

（三）严格落实各级领导安全管理责任

各级领导班子成员必须严格落实"三个必须"要求，将安全生产工作与业务工作同计划、同布置、同检查、同评价、同考核，掌握分管领域风险隐患和薄弱环节，定期组织安全分析，研究解决存在问题。要严格执行安全生产责任和年度工作"两个清单"，任务要层层分解、层层承接、层层落实，定期开展落实情况督办和检查评价，年终进行安全述职。

（四）严格落实专业安全管理责任

各级专业管理部门要严格依法履行业务范围内安全管理责任，常态化开展安全风险管控、隐患排查治理、反违章等工作。各级安全监督管理部门要"理直气壮"严格安全监督检查，严肃考核评价安全工作。

三、建设长效机制，夯实安全生产基础

《中华人民共和国安全生产法》规定生产经营单位应当建立健全全员安全生产责任制，加强标准化建设，构建安全风险分级管控和隐患排查治理双重预防体系，健全风险防范化解机制，加强对全员安全生产责任制落实情况的监督考核，不断提高安全生产水平，确保安全生产。

（一）确立"全员"安全生产责任制

安全生产人人有责、各负其责，是保证生产经营活动安全进行的重要基础。生产经营单位应当建立纵向到底、横向到边的全员安全生产责任制，内容全面、要求清晰，各岗位的责任人员、责任范围以及相关考核标准一目了然，当管理架构发生变化、岗位设置调整，从业人员发生变动时，应及时做出相应修改。安全管理机构要对全员安全生产责任制的落实进行监督与考核，将落实情况与安全生产奖惩措施挂钩。

（二）推进企业安全生产标准化建设

安全生产标准化建设是加强安全生产工作的一项基础性、长期性、根本性的工作，是落实企业主体责任、建立安全生产长效机制的有效途径。各企业在具体实践中，要通过落实安全生产主体责任，全员全过程参与，建立并保持安全生产管理体系，全面管控生产经营活动各环节的安全生产与职业卫生工作，实现安全健康管理系统化、岗位操作行为规范化、设备设施本质安全化、作业环境器具定制化，并持续改进。

（三）构建安全风险双重预防机制

生产经营单位要坚持关口前移，超前辨识岗位、业务、项目安全风险，对辨识出的安全风险进行分

类梳理,采取相应的风险评估方法确定安全风险等级,通过实施制度、技术、管理等措施,有效管控各类安全风险;要强化隐患排查治理,加强过程管控,完善技术支撑,智能化管控,第三方专业化服务的保障措施,通过构建隐患排查治理和闭环管理制度,及时发现和消除各类事故隐患。重大事故隐患排查治理情况应当及时向政府部门和职工大会或者职工代表大会报告,强化隐患排查治理监督,加强事故事前预防。

四、结语

安全生产是企业发展永恒的主题,安全文化建设是一项长期而艰巨的任务,落实责任是安全生产不变的核心。我们要以更加坚定的信心,更加积极的态度,更加有力的措施,强化安全发展理念、压实安全责任、防控安全风险,营造更加安全稳定的发展环境,为企业安全发展奠定基础。

参考文献

[1]刘超捷.《安全生产法》改进的理论与应用研究[D].北京:中国矿业大学,2012.

[1]解读新修改的安全生产法剑指突出问题加大处罚力度强化监督管理[J].消防界(电子版),2021,7(21):10-11.

[2]张恩波,张忠,夏颖,等.基于安全生产标准化的安全文化建设系统化研究[J].工业安全与环保,2022,48(03):56-59.

[3]李波.企业安全生产双重预防机制构建[J].中国高新科技,2022(01):139-140.

[4]张小明.十八大以来中国共产党安全生产理念的发展[J].劳动保护,2021(06):35-39.

[5]李毅中.我国安全生产现状发展趋势和对策措施(摘登)[J].中国石油和化工标准与质量,2007(05):5-15.

[6]王晓峰.浅谈安全生产专业技术服务发展趋势[J].现代经济信息,2020(09):145-146.

大型邮轮总装建造项目安全文化建设初探

上海外高桥造船有限公司　潘　玮　杨永刚　陈　能　陈　飞

摘　要：安全文化的建设与实践，对于促进项目安全管理体系良性运行和持续改善具有重要意义。本文基于国产首制大型邮轮项目建造安全生产特点和安全管理模式，构建一种满足项目管理的安全文化体系，以促进项目安全管理水平持续改善提升，确保国产大型邮轮安全、顺利交付。

关键词：大型邮轮；安全文化；安全活动；保证体系

一、引言

大型邮轮是中国船舶集团贯彻习近平总书记关于发展邮轮产业是利国利民重要指示精神、落实国家战略、满足人民美好生活需要的重大举措，也是中国船舶工业转型升级，提升中国制造在全球影响力的标志性工程，具有重要的战略意义，保证其安全、顺利建造至关重要。目前，国产首制大型邮轮建造正在进行紧锣密鼓的内装、调试工作，项目安全、消防管理也进入了关键时期。同时，二号船开工建造也正式提上议程。为确保大型邮轮项目建造全过程"零火灾""零事故"目标，坚决打赢大型邮轮工程建造攻坚战，保障邮轮按期交付，项目应坚持安全文化引领，狠抓安全文化建设与实施，营造全员、全过程安全管理的良好氛围，不断提高项目安全生产水平。

二、大型邮轮建造安全管理概述

（一）大型邮轮建造安全管理特点

大型邮轮被誉为造船行业"皇冠上的明珠"，是我国目前唯一没有攻克的高技术、高附加值船舶产品。全船零部件达到了 2500 万个数量级，相当于 919 大飞机的 5 倍、复兴号高铁的 13 倍；其总电缆布置长度达到 4200 千米，是名副其实的巨系统工程。国产首制大型邮轮总长 323.6 米，最大船宽达 37.2 米，船高 72.2 米。船上客舱配备达 2000 多间，最大可载乘客 5260 人。该轮高达 16 层的庞大上层建筑生活娱乐区域，拥有大型演艺中心、大型餐厅、购物广场、艺术走廊、水上乐园等丰富多彩的休闲娱乐设施，是一座豪华的"海上移动度假村"。

因大型邮轮建造设计、工艺技术标准高、生产组织难度大、施工建造周期长，及其本身结构复杂等特点，决定了大型邮轮的建造过程安全风险高的特点。日本三菱重工大型邮轮火灾事故等案例则是前车之鉴。此外，大型邮轮施工建造过程涉及多个工种交叉作业，具有工序密集、施工人员多、特种作业多等特点，安全管理难度非常大。此外，邮轮在结构搭载、舾装、调试、内装等阶段，其主要安全风险都在发生变化，且工艺、生产变化更多，很多风险难识别、难管控也是项目安全管理需要重点关注的内容之一。

（二）大型邮轮建造安全管理体系介绍

本项目基于国内外重点工程、项目的广泛调研分析，持续全面地开展邮轮建造安全风险评估，结合巨系统工程项目安全管理实践和邮轮建造特点，以组织保障、制度建设、安全技术研究、相关方管理、现场和应急控制等为基础，初步归纳了独具邮轮项目特色的"大项目安全管理体系"。随着项目的不断推进和安全管理的不断探索，成立了安保消防督察队、专职消防队，形成全员皆消防、人人安全员的管理网络，实施 24 小时管家式安保消防一体化管理，全天候、多维度护航邮轮安全建造。项目创新应用了全船智能化临时消防系统，大力推行登轮刷脸系统、视频监控系统等安全信息化技术，促进项目安全管理精细化水平不断提高，现场管控力和应急保障能力不断增强，截至当前，项目各项安全目标指标可控。大型邮轮安全管理体系模型如图 1 所示。

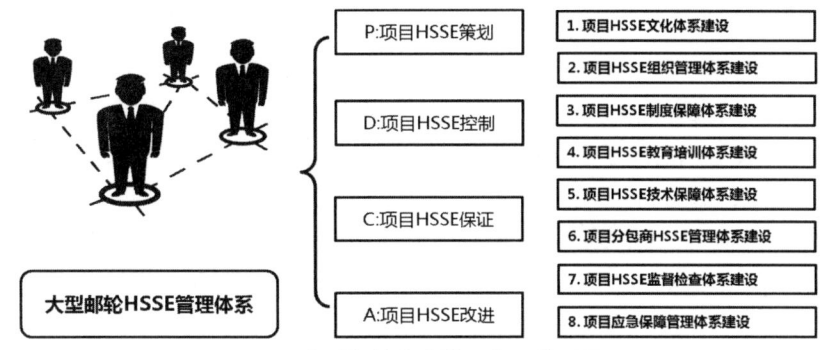

图 1 大型邮轮安全管理体系模型图

注：图中"HSSE"和"安全"可理解为同一概念。

三、大型邮轮项目安全文化建设的探索

笔者基于大型邮轮建造安全生产特点及安全管理现状分析，构建了一种符合国产大型邮轮建造项目的安全文化体系，大型邮轮项目安全文化体系模型如图 2 所示。

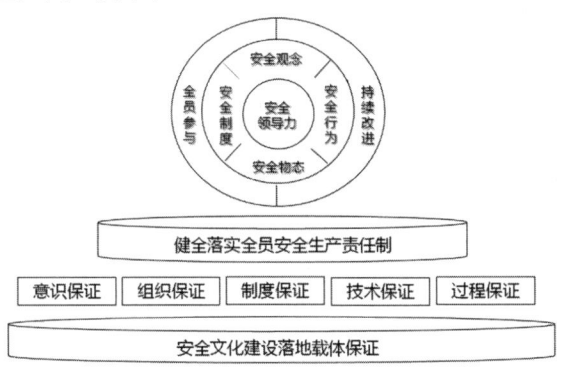

图 2 大型邮轮项目安全文化体系模型图

（一）大型邮轮项目安全文化建设基本原则及经验做法

大型邮轮项目安全文化体系建设的基本原则及主要经验做法如下。

一是突出安全领导力的核心作用。决策层高度重视，形成自上而下、以上率下的推动力和引领力，并为安全工作提供了充分的资源保障。

二是强调员工参与安全。员工泛指企业职工、外来总包施工单位、访客等，是项目安全文化的参与和实践主体。尊重和关爱员工身心健康，为其参与安全、沟通安全等建立保障机制、搭建活动平台对切实推动项目安全文化落地极其重要。

三是明确全员安全生产责任制。通过签订安全协议、责任书、承诺书等机制，明确各单位、各岗位人员安全生产职责和工作任务，形成指导和约束机制。

四是参考借鉴国内外先进安全文化建设经验，积极调研交流，凝练总结优良的安全文化建设典型，并通过理论研究和实践探索，固化优良的安全文化建设实践方法和措施，形成安全文化建设与实施的标准和机制。

五是着重将安全文化体系融入项目全过程。深化相关方管理、消防安全、应急管理等体系建设，强化各环节安全工作的高标准、严要求执行。

六是强化内外协作，凝聚安全合力。一方面引领设计、工艺、生产组织等部门重视安全、规范各环节安全管理，提升安全文化落地实施的协同能力；另一方面，加强与监管部门、服务保障部门、周边单位的沟通联动。

七是健全保证机制，切实推动安全文化落地。根据安全文化融入实际生产经营活动的特点及其基本要素，形成安全意识保证、组织保证、制度保证、技术保证、过程保证"五个保证"体系，确保安全文化建设有效落地。同时，创新开展安全文化专项活动，搭建全员参与安全平台，注重安全文化的传达、安全激励、安全信息公开等，营造良好的安全生产氛围。

（二）大型邮轮项目安全文化体系基本要素

1. 安全观念是安全文化之舵

安全观念文化体现为集体对于安全的态度、认知和共识的集合，同时也从根本上指导和影响着人的行为和实践，决定了安全文化建设与发展的方向。党的十八大以来，习近平总书记高度重视安全生产工作，做出一系列关于安全生产的重要论述，一再强调要统筹发展和安全。习近平总书记明确指出，"人命关天，发展决不能以牺牲人的生命为代价。这必须作为一条不可逾越的红线"。2021 年 9 月 1 日，新版《中华人民共和国安全生产法》正式实施，对新发展新形势下的安全生产和发展提出了新要求，明确指出，安全生产工作应当以人为本，坚持人民至上、生

— 241 —

命至上，把保护人民生命安全摆在首位，树牢安全发展理念，坚持安全第一、预防为主、综合治理的方针，从源头上防范化解重大安全风险等。

基于上述指导思想及法律法规要求，项目结合安全是基于风险的思维，根据集团和公司"1+4+6"安全理念体系，项目细化了安全观念文化，即"1+4+6"的安全观念文化（图3）。

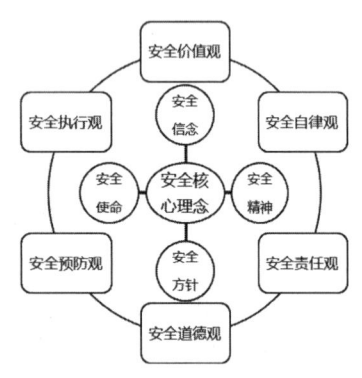

图3 大型邮轮项目安全观念文化模型图

"1+4+6"安全观念文化即1个安全核心理念，4项安全共识和6大安全观念。其中，一个安全核心理念是理念精髓，4项安全共识是理念主体，6大安全观念是理念要素。1个安全核心理念指"安全是关爱"。4项安全共识指"以人为本，以法为准，以防为先"的安全方针；"一切事故都是可以预防"的安全信念；"我要安全，我会安全，我能安全"的安全精神；"守护员工安全健康，确保项目安全建造"的安全使命。6大安全观念指"以人为本，生命至上"的安全价值观；"严守规程，拒绝违章"的安全自律观；"安全生产，人人有责"的安全责任观；"不伤害自己，不伤害他人，不被他人伤害，保护他人不受伤害"的安全道德观；"源头管控，管控前移"的安全预防观以及贯彻安全执行观。

2. 安全行为是安全文化之帆

安全行为是指项目人员在生产经营过程中的安全工作开展，安全行为模式和遵循安全行为准则状况的综合表现，是安全文化的风帆，推动着安全观念等安全文化向实践的转化，融入安全生产经营活动。安全行为文化具有实践性的特点，是基于组织行为学和安全管理学等学科的产物。实践的主体即项目的全体人员。决策层掌握项目的核心资源，决定了项目安全文化建设的方向；管理层制定安全文化建设的基本措施；执行层是安全文化建设的直接参与者和实践者。各层级人员之间分工明确又相互衔接，共同推

动项目安全文化建设走深走实。其中，全员参与是推动安全文化落地的基本保证，决策层和管理层的安全领导力是推动安全文化落地的直接和根本动力。

3. 安全物态是安全文化之鳍

安全物态主要指设备设施、安全信息化、现场目视化、作业环境等，强调人、机、环交互的和谐统一性，仿佛船舶的减摇鳍起到平衡的作用。大型邮轮生产建造过程同时施工人数可达4000人，相关方多，作业范围广，涉及装配、电焊、舾装等密集作业，伴随着大量生产设备设施的使用和作业环境的保障。提高设备设施、材料、安全技术、工艺和作业环境的本质安全性和可靠性，对于保障员工职业健康，避免人机交互过程各类机械伤害、触电危害，可大幅降低事故隐患、职业病发生率。

4. 安全制度是安全文化之治

安全制度是项目对国家安全、环保、职业卫生相关法律法规、规范、标准的认识、理解和贯彻执行的体现，也是项目上长期实践的有关安全技术标准、安全行为规范的总结凝练。项目安全文化建设与实施既要有安全观念为导向，有安全物态的保障和安全行为的实施，更要有安全制度的规范和约束。因此，项目以安全生产标准化体系建设与实施为抓手，融合了ISO 45001等安全管理体系中先进的安全理念，将安全文化的基本内涵、观念、主要行为实践标准等，按照简化、统一、协调、优化的原则构建了项目HSSE制度保障体系（图4），主要包括1个项目安全策略，1个项目安全计划和安全手册，20个项目安全程序文件以及若干安全工作方案、基准检查表、现场应急处置方案等。

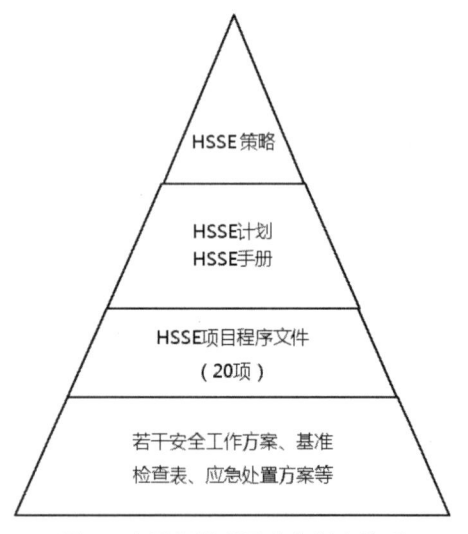

图4 大型邮轮项目安全制度体系

四、大型邮轮项目安全文化的实践探索

安全文化建设的最终目的是落地,是将奉行的思想和理念、知识和技能等根植到员工心中,形成全员主动参与安全,推动安全工作持续改善的文化生态。项目紧紧围绕安全文化体系的四个方面和若干要素,结合项目的特点,搭建了推动安全文化落地的活动载体,建立了推动安全文化落地的"五个保证"体系。推动安全项目安全文化落地实施的模型如图5所示。

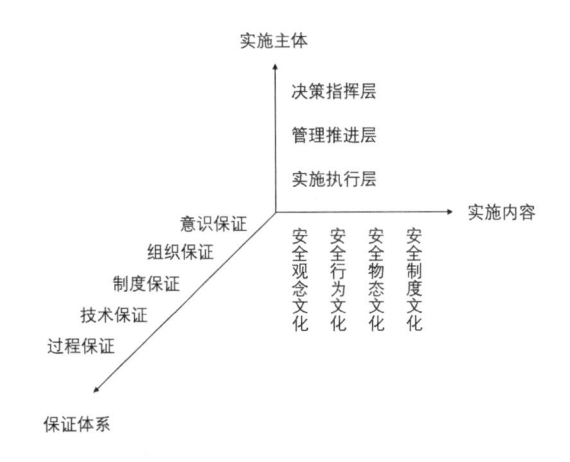

图5 大型邮轮项目安全文化落地实施模型图

(一)推动安全文化落地的主要活动载体

1. 开展每日施工班组班前会

班前会是推进安全文化落地的基本单元,也是充分发挥安全文化力量的基础载体。项目建立了一套班前会开展的标准,围绕计划与准备、风险识别、讨论救生准则等6个实施要素(图6),重点关注班组员工作业前的健康状态、PPE及设备工具完好性以及采用JSA、检查表等方式对作业、设备、环境风险的全面识别和告知;强调员工的参与和互动,做到认真听、主动思考、敢于提问和发言;并在班前会上提醒员工及时暂停不安全的作业,主动上报隐患,做好"四不伤害"。另外,项目要求管理人员每日要下沉到班组,监督和指导施工班组班前会开展情况。部门长重点监督指导新员工较多的施工班组班前会;作业长重点监督指导隐患违章发生较多的施工班组班前会;现场安全员监督指导各参建单位班前会开展情况。

2. 搭建每周安全宣讲平台

安全宣讲是一种集中的安全宣贯活动,也是自上而下、全员参与安全文化建设的主要载体。搭建安全宣讲平台,真正将管理者和员工集中在一起,面对面地讲安全,通过创新开展各式安全活动,积极营造良好的安全氛围,有效促进项目参建人员快速融入项目安全生产的节奏和环境中去,迅速了解项目的安全工作要点和基本要求,形成自我的安全角色定位,唤起个人的自觉性、积极性、创造性和集体性的安全意识和行动,进而融入集体的安全环境创造和维护的生产实践中,促进全员参与安全,推动安全文化落地,凝聚成项目安全生产的强大合力。采取平台推动、宣传发动、典型带动和考核促动等措施,将安全观念文化、安全行为文化、安全物态文化、安全制度文化等诸多安全文化要素融合在一起开展各级人员讲安全、正向安全激励、安全知识有奖竞答等安全宣讲活动,达到安全文化建设一体化实践的效果,进一步统一全员安全思想和行为标准。图7为大型邮轮项目安全宣讲模型图。

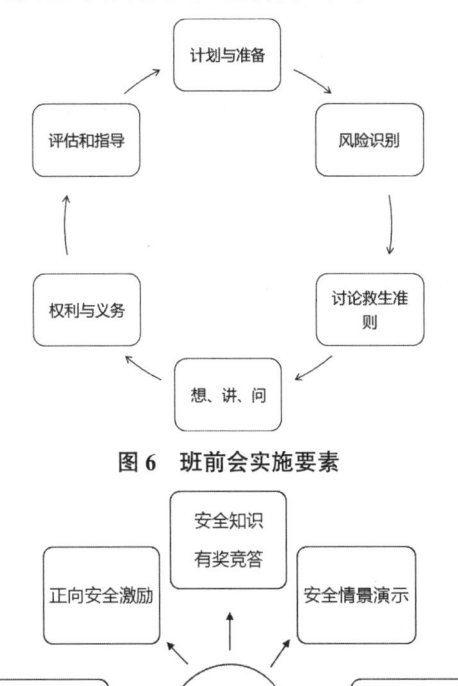

图6 班前会实施要素

图7 大型邮轮项目安全宣讲模型图

3. 每月一个安全主题,抓关键、促改善

项目在持续推进各项安全生产工作的同时,抓实"防风险、除隐患、遏事故"的重点,结合现场主要安全风险和典型高频隐患,制定消防安全、物体打击、高处坠落等每月一个安全主题活动。活动围绕促进员工安全意识和能力提高、现场安全改善、应急处突能力增强、安全程序和标准完善为工作要

点，结合安全专项培训、班组学习材料、目视化宣传及警示标志、召开班前会、开展安全宣讲、应急演练、制度评估与修订等工作形式，系统推进主题安全工作治理和提升。

4. 每季度组织开展专项应急演练

由于大型邮轮附加值高、可燃材料多、结构复杂、作业密集等特点，在船舶建造过程中火灾风险的防控、防暑降温、防汛防台、防高坠、防触电、防物体打击等尤为重要，应急响应、处置和应急疏散救援能力更是保障安全工作的重要能力。项目因此创新了区域化、管家式、全天候的安保消防一体化管理模式，成立了专职消防队，配备消防车、临时消防系统、AED、急救箱等设备设施，在此基础上项目建立健全了应急保障体系，每季度组织现场作业人员开展专项应急预案演练和现场处置方案演练。在演练过程中，施工人员扮演着事故上报、初起火灾或生产安全事故初期处置工作的角色，提高其参与度。此外，项目定期联合区域、属地消防救援单位等，联合开展灭火救援疏散的综合性演练。通过每季度组织开展专项应急演练，强化了应急队伍的协同处突能力，提高了项目参建人员的应急安全意识和应急响应能力。

5. 细化事故、事件管理颗粒度，强化纠错管理

项目延续了其他产品建造过程关于事故、事件的管理理念和实践，除对重大险肇及以上事故事件进行管理外，项目按照事件、事故管理流程和要求，严格一般险肇、医疗处置事件、微型急救事件、违反10项救生准则事件和治安事件等事故、事件的上报、调查处理、分类、记录管理，落实"四不放过"工作。在事故、事件的调查、"四不放过"分析会上，明确作业人员、建造师、生产主管、专业技师代表、工会代表、安全代表等各类人员的基本职责和权利，公开公正，广开言路，明确防范化解风险、消除事故隐患的措施和责任人，加大事故、事件案例的举一反三和全员宣贯，并定期对整改情况进行复查，对整改措施有效性进行评估，确保事故、事件的闭环管理，避免重复发生。

6. 每半年开展安全审计，跟踪检查安全文化落地情况

为保障安全思想和安全行动的统一，项目以体系化思维开展每半年安全审计工作，做好跟踪和纠偏，及时监督和指导相关部门和单位落实主体责任，推动安全文化落地。安全审计主要分为项目组对施工管理部门的审计和施工管理部门对参建单位的审计，一级对一级负责，一级对一级监督和指导安全管理体系运行和安全文化建设，确保安全管理体系和安全文化体系的良性运转。

7. 每年开展安全文化建设评估，持续改善安全生产工作

以安全生产标准化和绩效评定为抓手，项目结合工程转段等重要节点，通过对阶段性安全生产工作情况和安全文化建设与实施情况进行总结、考评；对员工关于安全文化的认同感和满意度、幸福感、安全感进行调研分析；对标行业内外安全文化示范单位、项目安全文化建设实践；必要时邀请专家老师进行指导和评估等方式，持续完善安全文化建设，创新安全文化实践，促进安全文化深度融入项目安全生产，持续提高安全文化的引领力和生命力。

（二）推动安全文化建设与实践落地的"五个保证"体系

1. 安全意识保证

安全意识保证体系旨在保证项目各项安全文化要素、安全工作标准、危险有害因素等对项目参建全员的传达与宣贯，实现安全文化的思想、观念、行为准则等从入眼入耳到入脑入心入行的转变，不断提高员工的安全意识、素养。项目在制定安全意识保证体系，开展安全教育培训等工作的同时，充分考虑了员工受众主体，包括其受教育程度、基本诉求、情感、心理等内容。站在员工的角度考虑问题，项目编制的安全教育培训、宣贯材料、安全手册通俗易懂、图文结合；安全教育培训则采用体验式、趣味性、双语式的培训，增强培训效果。同时，对于安全教育培训、宣传效果采用了知晓率考查、调研分析、交流问答等方式进行评估，以便及时完善安全意识保证体系及相关工作。此外，项目基于安全可视化、定置标准化、应急流程化等要求，将安全风险、安全指令、每日危险作业分布、隐患处理结果、事故事件案例等内容以目视化的宣传看板和警示标志张贴在现场，潜移默化地影响和指导员工的安全行为。

2. 安全组织保证

安全组织保证体系旨在健全项目全员安全生产责任体系，推动全员参与安全文化的行为实践。项目结合大型邮轮建造的安全管理特点以及安全文化建设需要，基于大型邮轮项目安全管理沟通架构图（图8），明确了各级人员参与安全文化建设的职责

分工和主要任务。决策层定期在安全宣讲活动上讲安全，定期下班组查安全、组织开展联合巡检和综合应急演练，并在各级项目会议上布置、检查、总结、评比生产的时候，同时布置、检查、总结、评比安全工作，形成推动安全文化建设和实施的安全领导力和推动力；管理层制定并组织开展各项安全文化活动，负责项目设计、生产组织、施工各环节安全工作的实施与监督，并不断完善项目安全文化建设，持续推动项目安全管理提升；执行层包含设计、工艺人员、采购员、建造师、班组长以及最大群体的施工人员。执行层依据项目各类安全管理制度的标准化、规范化要求，做好岗位和业务上的安全工作，遵章守纪，相互监督提醒，不断提升安全意识和安全技能水平，减少不安全行为发生。对于项目上组织的安全宣讲、安全情景演示、隐患上报、应急演练等工作积极参与，主动落实。

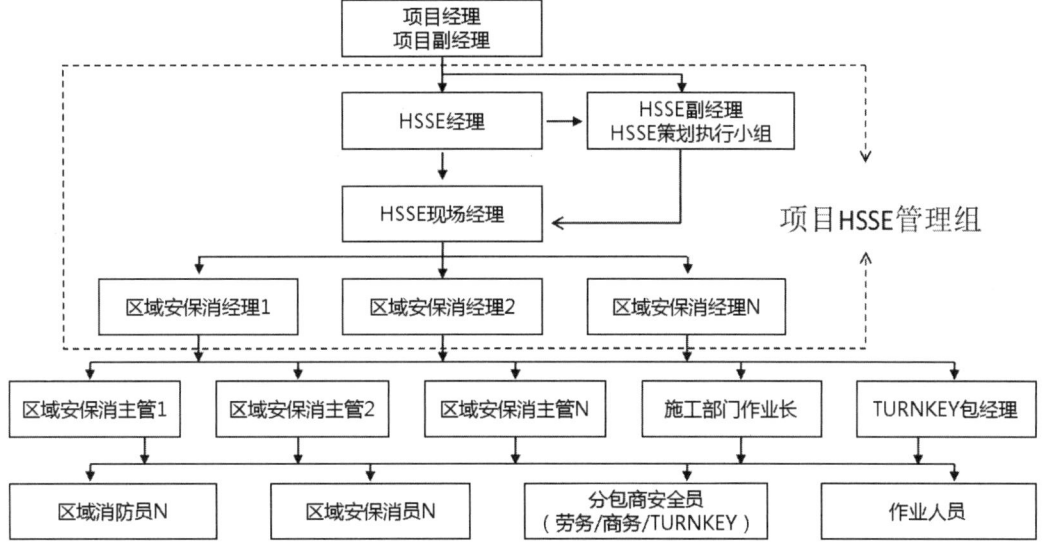

图8 大型邮轮项目安全管理沟通架构图

3. 安全制度保证

安全制度保证体系（图9）旨在规划安全制度体系和安全制度文化的建设，确保其合规性、内控化、可操作。对于制度的编制，一方面，项目通过定期识别法律法规、国际规范、相关标准等适用条款，在制度中进行细化明确；另一方面，项目结合现场安全生产实践、总结安全管理、技术标准，固化成文。对于制度的传达和宣贯，项目注重联系实际，关注受众群体的文化素养，提高培训的丰富性和趣味性，提高制度的培训效果。对于制度的执行，项目管理人员加强对现场的指导和监督，提高执行力。同时，项目定期对安全管理制度进行评估，对现场执行中发现的制度问题及时修订改正，不断完善项目安全制度体系。

4. 安全技术保证

项目安全技术保证体系主要表现为以下几个方面。

（1）强调设备设施安全完整性，减少物的不安全状态。项目投入了大量新型先进设备设施，大大提高了设备设施本质安全性。例如，使用速插式新式电箱代替接线式电箱，使用临时排烟系统代替传统的轴流风机送风设备，使用电磁校平机代替传统火工矫正作业等。此外，项目还全面更新了脚手材料、带蓄电池的LED照明设施等。

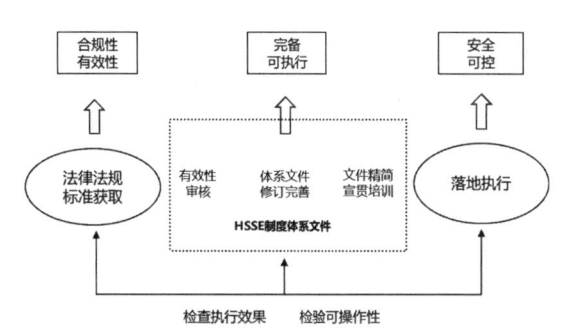

图9 大型邮轮项目安全制度保证体系

（2）坚持科技兴安，强化创新技术成果应用，提高安全生产力。项目依据企业较为成熟的安全信息化系统，在项目上进一步细化应用能力，将烦琐的安全管理要求和流程简单化、可视化和信息化，提高安全遵循的便捷性和可操作性。同时，项目创新推进了五大临时系统应用，并在邮轮建造区域搭建了安全生产现场指挥中心，将各类安全信息化系统进行集成和关联，为项目安全指挥决策提供技术支撑。

（3）强化"四新"管理，落实风险管控。对于新设备、新技术、新工艺、新材料等，组织有关部门开展安全风险辨识，制定管控措施，落实安全交底和现场监督工作。

（4）深化安全技术研究，提高本质安全性。从设计源头减少安全风险，突出危险辨识源头做、高空作业平地做、后道作业前移做、复杂作业简单做、高温作业低温做、灰暗作业明亮做、外场作业内场做、狭小舱室敞开做等原则。

（5）聚焦现场一流环境建设，从生产源头营造良好的生产作业环境。项目在严格落实"5S/5定""区域网格化"等工作的基础上，以推进"三通一排"（即通照明、通风、通消防水、排水）为抓手，将其纳入生产先行，实现与临时系统的有序交替衔接，确保现场生产作业环境最大程度满足安全和职业健康需求。图10为大型邮轮项目安全管理信息化系统架构图。

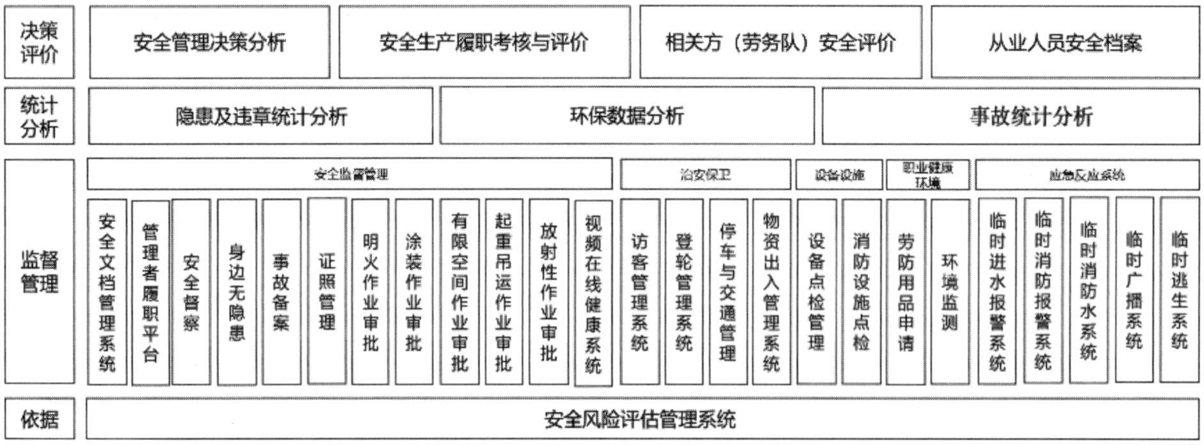

图 10　大型邮轮项目安全管理信息化系统架构图

5. 安全过程保证

安全过程保证是基于安全文化建设实施的控制和纠偏。安全过程保证的主要对象是人的行为，物和环境的状态以及体系机制的运行情况。其中，人的行为是安全观念文化和安全行为文化的体现，物和环境的状态是安全物态文化的体现，体系机制的运行情况是安全制度文化的体现。因此，项目对于不同的对象应采取不同的控制和纠偏方法。对于人，项目重点关注其安全生产责任制的落实情况和生产经营活动是否存在违章、违规等不安全行为，通过监督、检查、指出、干预、指导、考核等方式，及时督促整改；对于物和环境，项目重点关注设备设施是否有缺陷、破损等不安全状态，以及环境是否存在不良状态等，通过隐患排查与治理的方式，及时消除隐患，避免事故发生；对于体系机制，项目应重点关注安全生产标准化建设，例如管理制度、操作规程等制度文件是否合规有效、是否具备可操作性、是否满足项目生产经营活动的实际控制等问题，定期组织专业人员对照法律法规、规范、标准等内容开展安全制度类体系文件的评估和修订等。

五、结语

综上，项目基于大型邮轮建造安全生产特点和安全管理模式，初步构建了一种符合国产大型邮轮建造项目的安全文化体系，并在项目建造过程中不断探索和实践，营造了良好的安全文化氛围，并推动项目取得了良好的安全绩效。项目应对安全文化建设与实践工作常抓不懈，久久为功。对于人的安全观念和安全行为，将逐步实现其思想认知到观念认同，再到行为自觉的转变；对于安全物态，将逐步实现设备无缺陷向本质安全的转变、信息化系统向智能化的转变、环境向绿色环保的转变；对于项目安全生产体系机制，将不断强化标准化建设，填补国内空白；对于项目本身，大型邮轮建造安全生产水平将持续改善和提升，减少事故隐患发生，实现项目的安全建造。

"三融、三实"推进双重预防机制形成企业特色安全文化

中国铁路乌鲁木齐局集团有限公司库尔勒供电段　田永锋　张国平　彭文华　黄磊　王虎

摘　要：库尔勒供电段积极探索研究将双重预防机制融入既有安全管理体系和企业安全文化建设，从"三融、三实"方面入手，运用双重预防机制抓具体安全生产工作，不断提升企业安全文化建设水平，安全生产驾驭能力持续增强，安全生产局面持续稳定。

关键词：安全文化；双重预防机制；风险；隐患

乌鲁木齐局集团有限公司库尔勒供电段（以下简称库尔勒供电段）管辖着天山南麓、塔克拉玛干沙漠北缘的南疆铁路吐鲁番站至多来提巴格、格库线库尔勒至央塔克、库俄线、阿阿线等线路范围的供电工作。2021年以来，库尔勒供电段认真落实《中共中央、国务院关于推进安全生产领域改革发展的意见》《国务院安委会办公室关于实施遏制重特大事故工作指南构建双重预防机制的意见》《国铁集团办公厅关于印发安全双重预防机制工作指南（试行）的通知》等文件精神，以双重预防机制为抓手，通过融入意识、融入会议、融入现场推动双重预防机制落实、落地，通过1年多的探索实践，该段现场安全管控水平、设备质量明显提高，安全生产驾驭能力持续提升，职工"两违"较2020年下降39%，设备故障率较2020年下降69%。

一、原有安全文化理念、安全管理架构问题凸显

（一）安全管理为事后型

库尔勒供电段前期的安全管理呈现被动与滞后的状况，是一种"亡羊补牢"的模式，针对问题采取对策往往是"头痛医头、脚痛医脚、就事论事"，管理方式是事后型、凭感性、靠直觉。诸多情况下没有认真研究、探索如何超前研判、管控、整治现场作业组织和设备运维管理方面存在的风险、隐患，呈现"别人生病，大家吃药"的现象。

（二）安全文化存在偏差

国务院、国铁集团相继出台双重预防机制相关指导意见、工作指南后，库尔勒供电段未能深入研究，积极组织开展培训、宣讲，造成诸多管理人员、作业人员对其认知和理解存在偏差。诸多情况下认为双重预防机制是一种抓具体安全生产工作的形式和负担，是在抓安全生产中另搞一套，没有真正领会双重预防机制在抓具体安全生产中发挥的重要作用和双重预防机制的建立是对安全文化理念的变革。

（三）推进落实浮于表面

库尔勒供电段前期在双重预防机制推进落实过程中，因没有真正理解其重要作用，思想上没有形成统一，造成段、车间、班组在推进落实过程中诸多情况下浮于表面，仅是建立了相关制度、完善了写实资料，呈现被动应付上级检查的情况，没有真正运用到具体安全生产过程中，其真正作用发挥微乎其微。

（四）运用未能形成体系

"风险分级管控和隐患排查治理"作为机制，要想发挥机制应有的作用，必须融入体系，形成上下联动，但前期库尔勒供电段在推进落实过程中，没有领会内涵，诸多情况下脱离具体安全生产开展风险研判或隐患排查，风险的研判和隐患的排查不实、不详的问题比比皆是。

二、三融，打动落实渠道

（一）融入意识，得到认同，实现上下联动

双重预防机制作为抓安全生产工作的一种科学的机制和方法，为了确保在现场有序运转，防止"两张皮"的问题，得到全员的认同，是先决条件。

从该段以往的事故、故障和典型违章问题中分

析发现，"没想到、没管住"的问题是造成事故、故障和典型违章问题发生的主要原因，是长期困扰安全的痛点问题。该段痛定思痛，首先解决全员达成共识的问题，引导干部职工正确看待双重预防机制。双重预防机制不是脱离既有安全管理体系和安全文化建设，也不是另搞一套给科室、车间、班组增加负担，只是抓安全管理工作一种科学的体系、机制和一种特色的安全文化建设，将既有的管理工作有机串联起来。2021年该段组织开展领导班子研讨学习、管理人员集中培训、现场及会议宣讲双重预防机制30余次，从领导层面、管理干部层面、技术干部层面、作业层面达成了将双重预防机制贯穿安全生产全过程，运用双重预防机制抓具体安全生产工作的共识，形成特色安全文化。领导层面重点放在超前研判，科学决策供电段周期性、阶段性管控重点、整治项目上；专业科室层面重点放在组织落实、检查分析具体风险管控、隐患整治情况上；车间层面重点放在监督风险管控措施落实和组织隐患整治上；作业层面重点将具体风险管控措施落实到作业现场。

（二）融入会议，超前研判，实现精准决策

该段将双重预防机制融入各类会议，以"变化"和"任务"为两个关键点，采取"日、周、月、季、年"的模式，通过会议集体的智慧研判风险，超前预控，综合分析隐患，有序推进整治。

1. 年度风险研判会

风险研判，年初该段主要领导组织分管领导、科室、车间对照全路供电系统、集团公司事故、典型故障，开展了一次全面、全过程的风险研判。从"没想到"和"没管住"两个方面，补充研判风险和完善管控措施，并对新增风险点、完善管控措施和年度问题频发风险点标红或调整风险等级。2021年该段从11个方面研判确定安全风险问题44项（其中重大风险5项、较大风险14项、一般风险14项、低风险11项），具体风险点177个，与2020年相比增调风险13项。隐患排查，在春检、秋检和安全生产大检查基础上，对上一年度供电段整体安全生产管理情况和设备运维情况调研。以"管理"为核心，围绕设备，从"人、机、料、法、环"五个方面开展隐患排查、分析，按照轻重缓急的原则，研究确定整治项目、资金投入、完成期限，明确责任领导、责任部门，结合集中检修、专项整治，组织开展隐患治理。2021年在承接集团公司隐患库的基础上，整治隐患问题12项，涉及新线接管技术资料不完善、工作票管理不规范、导线对地距离不足、设备设施标识等多个方面。

2. 季度安委会

该段季度安委会重点放在上季度确定风险管控情况和隐患排查治理的总结、分析和评价，研判本季度重点管控风险，部署需整治的隐患项目上。通过对发生问题的汇总，找出管控不到位的风险，从管控不到位、研判不全面两个方面剖析原因，制定措施。并重点对隐患项目推进情况汇总分析，倒查职责落实，对不尽责、不履职的部门和人员追责考核，同时确定持续整治和新整治项目。2021年季度安委会从年度风险库确定各季度管控风险31项，补充、安排季节性隐患问题10项，涉及职工培训不到位、电杆裂纹、绝缘子脏污、变电所交直流系统隐患等问题。

3. 月度分析会

该段月度安全例会紧紧围绕国铁集团、集团公司典型问题，对照"两库"分析设备运行、生产作业组织、现场作业标准落实方面存在典型和普遍性的问题，部署供电段次月安全生产重点工作。并结合该供电段生产实际、阶段性重点工作、季节性变化等，提出当月风险管控重点，制订隐患治理专项方案，组织具体隐患治理。

4. 工作周清会

该段工作周清会，重点放在紧盯落实、分析问题、部署安排三个方面组织实施。一是各部门汇报月度重点工作推进完成情况，领导对完成的效果、取得的成效进行评价考核。二是对一周内暴露出的典型问题从标准的制定、过程的落实、现场的监督等方面深入剖析问题产生的根本原因，实施风险的动态过程管控。三是吸取全路供电系统发生的事故、典型故障教训，研究部署供电段防范措施，安排开展有针对性的排查。同时对照车间周生产任务，分析特殊环境、特殊生产作业项目和作业项目中的关键点，合理安排组织、盯控的层级，部署有针对性的安全管控措施。

5. 日交班会

每日18:00召开日交班会，该段紧紧抓住当日设备运行、施工维修计划兑现、现场作业方面的问题。同时审查车间施工维修准备情况，核查组织、盯控人员到位情况，特殊措施落实情况，并结合天气变化、重点事宜等对每项作业提出有针对性的安全卡控重点，调度指挥中心在全段发布。对组织不科学、方案不齐全、人员不足等方面的问题，安排车间重新梳理组织，仍不具备条件的坚决叫停，本年度共计叫停施工维修7项，安全有序组织实施各项施工维修作业5412项。

（三）融入现场，落实落地，实现科学管控

现场作为双重预防机制的落脚点，该段从抓好施工维修"五关"，推进双重预防机制在现场落实。

1. 生产计划关

结合设备运行规律、检修周期，该段分接触网、变电、电力三个专业，从检修、检测、巡养三个方面，制订年度轮廓计划、月度生产任务计划、周维修计划、日维修计划。年度轮廓计划统筹安排各专业年度、月度生产任务；月度组织召开生产任务计划审查会，分专业确定各车间每日具体生产任务；周维修计划结合特殊变化进行审核调整，提前着手组织实施；日维修计划紧盯生产任务实施，严肃计划兑现。通过生产计划的"日、周、月、年"卡控，既确保了年度检修任务的兑现，又保障了车间各专业生产任务的均衡性和有序性，本年度接触网、电力、变电专业100%完成检修任务，安全质量有序、可控。

2. 方案审查关

该段严格落实营业线施工管理要求，对主体施工、配合施工、综合维修方案编制、审核进行了规范，建立了方案逐级审查、审核制度。主体施工由科室工程师编制、科室负责人审核，领导把关；配合方案及综合维修方案由车间技术员编制、车间主任（副主任）初审、科室终审、领导把关。通过明确编制、审核、把关人员，逐级压实责任，车间层面编制的施工维修方案实用性和准确率达到85%，经段科室审核完毕准确率达到99.9%，顺利组织实施施工30项、配合施工546项、综合维修229项。

3. 施工准备关

该段从修前踏勘、工作票签发、召开预备会、工器具准备四个方面严把施工准备关。修前踏勘，根据任务性质采取查阅图纸资料和现场实地踏勘两种模式实施。根据踏勘情况确定作业具体流程和特殊安全措施。工作票签发，严格落实工作票签发人准入制度，实施定期和动态考评，年度对不符合岗位资质要求的2人退出工作票签发岗位，极大地提升了工作票签发人岗位责任心和工作票严肃性。召开预备会，制定了标准化分工会流程图，实施工前揭示、会前点名、讲解平面揭示图、安全预想等流程，有效提升了会议质量。工器具准备，紧盯工具、材料使用前的准备、检查，严格落实绝缘安全用具遥测制度，确保安全用具可靠，工具、材料满足作业需求。

4. 作业实施关

该段通过现场组织、干部盯控、调度把控三个层面严把作业实施关。现场组织，优化了维修作业组织一般由工班长担任工作领导人，制定了工作领导人流程确认单，从人员集结出发、封锁、停电、防护设置、验电接地、开工、收工等各环节进行确认。干部盯控，发挥干部的监督检查作用，要求全过程参加施工组织，现场重点对关键环节、作业标准执行、生产组织秩序进行把控；调度把控，充分发挥调度视频监控、在线检测和协调组织优势，重点对驻站联络员岗位职责履行监督，施工维修作业时间卡控，确保了年度未发生施工延点和人身安全问题。

5. 收工总结关

车间将施工总结会作为验证双重预防机制现场落实情况最有效的手段。从作业人员、工作领导人、盯控干部三个层面总结、分析，不断提升。作业人员，对工作任务完成情况进行汇报，本岗位遇到的问题进行反馈；工作领导人，对施工组织总体过程管控和各岗位暴露出的问题进行总结分析；盯控干部，对施工组织、作业标准落实、生产任务兑现等进行点评。

三、三实，提升作用发挥

（一）立足实际，"找差距、补短板"

安全是铁路工作的根本，问题是安全管理的资源，落实是制度运转的保障，双重预防机制的落实必须立足实际，从现场问题出发找差距、补短板。

1. 紧盯问题，找差距

虽然持续组织开展了"敬畏规章、执行标准、夯实基础"的主题教育，严抓了集团公司、供电段两级管控中心问题追责考核，但现场作业"两违"问题仍时有发生。分析职工安全意识淡薄、"三惯"思想蔓延、车间管控弱化是问题发生的主要原因。如2021年春季集中检修期间，检查发现职工"两违"问题52件，主要表现在巡检质量打折扣、高空作业双保险制度执行不严等方面，该段进行了专题研究，在提升设备巡检质量方面建立了段、车间、工队、职工逐级包保机制，并收集了同类违章典型事故案例，结合检修作业预备会、安全讲话进行事故警示教育，秋季职工"两违"问题降至29件，减幅44%，该段年度职工"两违"问题减少367件，减幅39%。

2. 紧盯落实，补短板

"只有干过了、会干了，才能知道干活的风险在哪，才能知道设备的隐患在哪"。2021年，该段新分配大学生89名，超过段总人数的10%，新工存在对作业标准掌握不到位、对铁路供电行业施工作业组织流程不熟悉、安全意识淡薄等诸多问题，是供电段面临的短板。针对此问题，供电段采取跟班学习、新老搭配、以检代练的模式逐步组织参与具体生产任务，并建立实施"素质短板"动态评价机制，及时性、针对性地开展项目化培训，补强新工素质短板。本年度新工共计参加施工维修作业786人次，两违率控制在4%，整体安全受控，80%的作业项目可以完成。

（二）务求实干，"严管理、补弱项"

要想体系、机制、制度能够有效落实，"严管理、补弱项"是制度体系正常、高效运转的保障。双重预防机制作为抓安全生产科学、管用的体系，该段聚焦管理，促进机制有序运转。

1. 严管理，紧盯过程管控

该段在紧盯双重预防机制推进过程中，聚焦管理，重点从源头、过程两个方面推进：一方面是结合新修订《中华人民共和国安全生产法》，组织对供电段全员安全生产责任制进行了修订，明确了不同层级、部门、岗位应承担的职责和落实的责任，并将各岗位职责需管控的重点风险纳入岗位安全职责。如领导层面重点负责管理体系建立、生产机构设置、设备运行调研、整体安全生产把控；车间层面重点负责现场作业组织、人员思想排摸、标准落实监督、设备运行维护。另一方面是为了确保各岗位履职落责，通过月度干部作风督导的模式，监督、督促管理人员实施风险逐级管控，切实发挥管理人员履职担当作用，本年度该段下发干部作风通报12期，点名道姓通报、考核干部74人次，有效触动了干部履职落责，提升了风险整体管控能力。

2. 补弱项，提升管理水平

在提升管理水平方面，该段以机制、体系为根基，按照"有人管，才会有人理"的思路，不断探索打通管理梗阻，减少管理结合部问题，消除管理盲区。如施工方案、配合方案、综合维修方案与现场实际不符，工作票其他安全措施缺失的问题前期在现场比比皆是，分析问题根源在于供电段、车间，对施工方案、工作票不重视，基本处于编完了"没人审、审核走形式"的状况。为了彻底解决工作票方面的问题，组织开展了为期两个月的专项整治，研发了工作票签发系统，制定了不同类型、项目其他安全措施标准，实施工作票系统逐级审核，问题件件追责考核，有效保障了工作票安全措施准确性和工作票逐级审核时效性、真实性，年度考核工作票方面问题17项，较2020年度问题减少80%以上。

（三）突出实用，"讲科学、求突破"

要想双重预防机制切实在安全生产过程中发挥作用，必须实事求是，从段的实际出发。双重预防机制体系的搭建、运转必须做到实用，坚决不能搞"花架子"，并通过持续科学合理的推进，不断取得突破和创新。

1. 讲科学，梳理风险动态调整

风险无处不在，往往一项作业涉及诸多方面的风险，要想风险管控好，必须组织开展一次全过程、全系统的风险研判。针对此问题，该段下大力气，组建安全专家团队，分接触网、电力、变电、作业车和其他作业五个专业，分岗位、作业项目、作业类型、作业方式和特殊设备（环境）研究制定了《库尔勒供电段风险防控手册》，共计梳理风险点2078项，制定条目式管控措施2356项，可直接在作业中使用，解决了风险研判不全面、管控措施不完备等方面问题。同时风险不是一成不变的，其伴随季节、环境、生产项目等诸多因素在发生变化和转移。供电段在年度确立安全风险问题库的基础上，对照重点生产任务、季节性变化等诸多因素，从供电段、车间两个层面，科学研判风险，合理调整风险等级，让管理人员、作业人员一目了然，清楚哪些是一段时间、一项作业控制的重点和关键。如年度将道路交通安全作为较大风险管控，考虑到新成立库尔木依车间工作任务繁重、218国道大型货车较大、车间管辖跨距等诸多因素，将库尔木依车间道路交通安全风险调整为重大风险进行管控。

2. 求突破，预警预控发挥作用

问题是安全管理的资源，用好"问题"这项资源，不能仅仅局限于盯控某项问题的闭环管理，更要通过对问题综合分析，找出某一时段、某方面工作、某个部门安全生产整体管理存在的问题，综合研究分析挖出问题产生的深层次原因，对症下药彻底整治。该段结合实际建立了综合分析预警模块。模块设置事故、红线、故障、上级两书、管控中心问题、段发A书、一级缺陷、抽考成绩等项目具体分值，并分设备质量、作业标准、安全管理、职工素质、行车安全五类，月、季将运用的数据进行汇总，当某部门或某方面问题超警戒值后进行专题分析，深入剖析管理存在的深层次问题，按照部门、问题类型下发预警通知书，起到预警、预控和持续不断改进的作用。该段按照预警模块触发条件，下发预警通知书13份。

四、后期的探索研究

（一）完善管理机制内部联系

双重预防机制和标准化、规范化建设作为抓安全生产的机制和体系，该段后续将不断探索研究两者之间的内在联系，形成工作推进过程中两者之间相辅相成、相互印证，更好发挥双重预防抓现实安全，标准化规范化建设抓长远安全工作的良好局面，持续不断提升供电段整体生产经营管理水平。

（二）推进双重预防机制信息化建设

在国铁集团、集团公司统一部署下，建立完善双重预防机制操作平台，并与既有考核评价系统、施工管理系统、设备运维系统等系统之间建立联系，实施数据共享，实现风险、隐患的智能研判，人工分析及可视化管理，充分发挥信息化、智能化辅助安全生产的作用。

（三）不断优化双重预防机制考核评价

将双重预防机制推进、运用，作为事故、故障及典型问题分析的必须内容，通过具体的事故、故障及问题的分析，判定为偶发，还是双重预防机制推进不力，失管失控评价造成。同时通过年度事故、故障和典型问题的积累，对重点站供电段、科室、车间进行深入调研，倒查双重预防机制运作情况，进行综合评价，并将评价结果纳入标准化、规范化考评、安全评估、干部评价等相关评价体系，实现科学、严谨的评价机制。

五、结语

该段将认真总结双重预防机制与既有安全管理体系和安全文化融合的经验，不断适应供电系统修程修制改革、供电设备升级、生产组织优化等变化，持续探索研究安全管理方法，构建完善安全管理框架，实现作业安全可控，供电设备质量稳步提升，不断延长安全周期，为推动铁路事业改革做出更大贡献。

发挥"党建引领"作用
建设"安全带"品牌文化

中车资阳机车有限公司　贾林渊　余　彬　李　波　刘一平　曾隆明

摘　要：安全是一个永恒的主题，安全文化既是人们生命健康的保障，也是企业生存与发展的基础，更是社会稳定和经济发展的前提。企业安全文化是企业文化的重要组成部分，同其他文化一样，安全文化亦有着无形和有形两个层面。无形安全文化层面包括意识、观念、理论等；有形安全文化层面包括制度、技术、设施等。无论有形还是无形的安全文化都围绕着一个主体——以人为本。资阳公司充分发挥"党建引领"作用，突出以人为本，建设"安全带"品牌文化。

关键词：安全文化；以人为本；安全带

习近平总书记强调："强化红线意识，实施安全发展战略，人命关天，发展决不能以牺牲人的生命为代价，这必须作为一条不可逾越的红线。"习近平总书记的讲话，一字一句蕴含着安全文化的真谛，一字一句潜藏着安全发展的内涵。自新《中华人民共和国安全生产法》实施以来，中车资阳机车有限公司（以下简称资阳公司）充分发挥"党建引领"作用，结合企业实际，建设"安全带"品牌文化。

"安全带"品牌内涵，即"安全带、生命带；带安全、守红线"。资阳公司通过创建健康企业，推进安全生产三年行动，开展"安全大讲堂"等工作，提升员工安全健康意识，规范完善公司安全管理要求，逐步实现公司的安全文化理念："企业向员工承诺零隐患、员工向企业承诺零违章。"即公司承诺"零隐患"就是消除物的不安全状态，为员工创造安全工作环境，员工承诺"零违章"就是消除人的不安全行为，为公司营造安全发展环境。只有公司和员工共同努力，实现人人、处处、事事、时时安全，才能提升公司安全管理水平，打造本质安全企业，进而实现员工健康安全。

一、"安全带"，即"生命带"

通过创建健康企业，让员工热爱生活、敬畏生命，让员工认识到"安全带"就是"生命带"。

（一）创新企业文体工作，加强全民健身活动

资阳公司多次荣获全国"精神文明建设先进单位"，先后被国家体育总局评为"全民健身宣传周活动先进单位"和"群众体育工作先进单位"。一是公司建立了篮球、足球、毽球、气排球、羽毛球、乒乓球等13个文体单项协会，2500余名会员在协会组织带领下，经常开展各种有益的健身活动，使经常参加体育锻炼的职工人数达到了80%以上。二是公司职工体育活动年年有计划、月月有安排，每月都举行1次文体活动，每名职工都能掌握2至3种健身方法。

（二）建设"'健康之家'，员工新小家、员工工装洗衣房"助推健康企业建设

一是公司以健康企业创建为契机对技术中心250平方米的场地进行了设计、改造和装修，建成"员工健康之家"。同时公司制定了"员工健康之家"管理办法，从"健身须知""器具功能和正确使用方法""运动安全自我保护""场馆卫生""物品管理"等方面提出了规范性要求。二是2021年公司已完成39个"新小家"及3个国内售后服务站点"新小家"建设，一线班组覆盖率100%，共投入总金额629.22万元，得到了员工的一致好评。三是公司投资400余万元修建员工工装洗衣房，为全体员工免费清洗工装。洗衣中心拥有全自动洗脱机、烘干机、干洗机、去渍机、熨烫机等设备18台（套），每天可清洗工装300余套，水洗衣物可实现48小时取件，能全面满足资阳公司全体干部员工清洗工装需要，大大提

升员工的生活品质。

（三）撑起"防护罩"，提高员工幸福感和安全感

一是2021年投资约100万元为100名电焊工购置3M最新款电动送风电焊面罩，2022年将为这100名电焊工加配一块备用电池，有效地保护员工免受职业伤害。二是投入700余万元为全体员工量身定制职业套装、羽绒服，让大家更体面地工作，不断满足员工群众对美好生活的向往。

（四）以"三实"的工作作风，切实做好"六送三关注"工作

一是公司为大学生公寓、单身宿舍安装180台全新空调，改善员工住宿条件，让员工拥有舒适的休息环境。二是节日期间、高温天气，领导带队慰问一线员工。三是开展各类活动，关心、关爱妇女儿童。四是开展"云慰问"+家属联谊活动，确保外派员工及家属身心健康。五是推进棚户区改造，圆职工家属幸福"安居梦"。

二、"带安全"，即要带领全员做到"安全"

通过开展安全生产三年行动，提升现场本质度，给员工创造良好作业环境，强化员工安全意识，带领全员做到"安全"。

（一）在违章隐患整治方面

一是开展"安全攻坚100"活动，累计攻坚项目55项，有效提升现场安全本质度。二是利用群防群控随手拍，开展隐患排查治理，截至目前共计查处2813起隐患，335人参与使用，全员参与率14.29%。三是开展"安全进工艺"行动。截至目前，已完成DF8B、DF12、GK1C等主要车型工艺、安全相结合的作业指导书117份，覆盖率100%。

（二）在教育培训整治方面

一是建立了全员和专业类应知应会安全题库（选择题181个、判断题118个），并组织全员新安法和应知应会答题活动，累计参与答题4197人次。二是开展各类安全教育培训19期，参与培训5000余人次。三是参加中车安全讲师培训，公司现有中车安全优秀讲师2名。四是全面推进使用安全教育信息化平台，逐步实现员工安全教育档案一键归档。

（三）在设备设施整治方面

一是加装了天车安全生命线2800米，保障天车检修人员作业安全。二是加装了12台单梁起重机双限位，提高了天车安全本质度。三是完成3台柴油叉车行车记录仪、示廓灯安装，提高了叉车安全本质度。四是完成机车调车可视化调车顶推作业监控系统安装，解决调车顶推作业视野盲区，提高安全本质度。

（四）在道路交通整治方面

一是建立用车管理台账，对公车驾驶员9人开展安全行车教育，受训率达到100%。二是规范厂区车辆停放管理，进一步规划、设置厂区的非机动停车场所25个（均安装限时断电装置），机动车车位249个，明确机动车和非机动车的停放区域，并开展检查考核，共计考核违规人员20人次，扣款4000元。三是对厂内道路交通辅助设施的安装现状进行调研摸底，启动安防监控升级改造项目。

（五）在维修作业整治方面

一是建立完善设备检维修管理制度、检维修操作规程，补充完善作业过程中的危险源辨识、安全防控措施、应急处置措施等内容。二是强化维修作业活动现场监管，设置现场负责人员、安全监护人员，共同确认作业安全措施，及时纠正违章、冒险行为。三是梳理建立检维修单位、承接项目清单，依据清单严格审查维修单位相应资质、证件、业绩和安全管理能力，及时清除无相应资质、安全管理能力差、三年内维修作业发生过生产安全事故的单位。

（六）在危险废物整治方面

一是规范危险废物信息公示牌、警告标志牌、危废标签、危废台账，完成收集点、暂存间标志标识更新，台账整理。二是合规转移处置废乳化液、磨屑、废漆渣、废活性炭、废过滤棉等危险废物，消除贮存可能导致的环境风险。

（七）在相关方整治方面

实施AB分类管理，A类相关方指在公司内长期合作、与公司生产经营活动强相关、存在较大安全生产风险的相关方。B类相关方指A类相关方之外的其他相关方。对A类相关方，推行"13444"相关方安全管理模式，实行一体化管理，按照三级风险分类防控，把控过程管控四大关口，落实四方监管机制，开展四色绩效评价，有效提升了相关方自主安全管理水平和公司相关方管理水平。对B类相关方实施安全生产监督管理，不使用非法人资格的相关方从事公司生产经营活动。

（八）在安全队伍整治方面

采用"准入制""进阶式"管理机制。"准入制"

是指安全管理岗申请人要经过层层筛选、脱产培训、考核评估，最终选取成绩前60%的人员授予任职资格证书。"进阶式"即公司鼓励符合条件的安全管理人员报考注册安全工程师，报销学习教材和考试费用，考试通过的员工优先被推荐为省、市、集团公司安全专家。

（九）在现场管理整治方面

开展星级现场建设，通过现场硬件设备设施的本质安全度提升，持续推进"五化"，优化现场"人、机、料、法、环"各管理要素，营造健康舒适的作业环境。紧紧围绕"五化"，结合现场特点，建立星级现场千分制评价标准。根据评价打分情况确定相应的星级现场：五星级 $1000 >$ 得分 ≥ 900；四星级 $900 >$ 得分 ≥ 850；三星级 $850 >$ 得分 ≥ 800。

三、"守红线"

领导干部带头讲安全、抓安全、管安全，守护"发展决不能以牺牲人的生命为代价"这一红线。

党政领导用心讲安全，通过开展"安全大讲堂"，传达安全文化理念，进一步树牢"安全第一"发展理念。实施政治责任对标，常态化开展领导班子成员学习习近平总书记安全生产重要论述考核，实施领导干部带班履职、包保履职。

党政领导带头抓安全，带头深入基层一线，从员工最关心的更衣、餐饮、淋浴、防暑降温环境入手，秉承领导干部下基层是常事，员工关心的问题是要事，员工身边的隐患是大事，员工的健康安全是喜事的理念，强化环境和隐患治理与改善，防微杜渐强抓落实，开展领导带队大检查、党政融合走基层、党员先锋讲安全主题活动。

党政领导亲自管安全，每月主持召开安全专题会，分析当前问题、形势，专题部署、点检安全管理工作。基层单位领导定期参加班前讲话，了解班组实际情况。

四、结语

资阳公司"安全带"品牌文化自实施以来，取得了良好的安全绩效，未发生重伤、死亡安全责任事故，轻伤事故连续多年保持个位数，领导重视、全员参与的安全文化氛围已初步形成，助力企业安全生产形势保持平稳运行。

安全文化建设

——班组安全建设的探讨与实践

中车青岛四方车辆研究所有限公司　张　赛　梁亚军　韩　飞　王　磊　袁丕术

摘　要：随着企业的发展，安全问题越发的突出，不仅涉及生产过程中的安全问题，还包括人的不安全行为和物的不安全状态的方方面面。由安全管理转为安全文化建设，由员工被动参加转为主动学习，由惩罚措施变为发奖励树模范，这一直是企业安全生产的难点所在，概念大而广，难达到"神经末梢"，实施的过程我们就要以班组为落脚点，创新实施办法，打通任督二脉的最后一毫米神经，通过打造具有凝聚力、归属感的小集体，不断激活企业"细胞"活力，激发安全管理的内在"动力"。

关键词：安全文化建设；安全管理；创新

一、班组文化安全建设的意义

（一）践行新形势下安全发展理念的内在体现

习近平总书记强调，发展决不能以牺牲人的生命、牺牲安全为代价，这要作为一条不可逾越的"红线"。班组一线员工习惯性违章导致生产安全事故，他们既是事故的最大受害者，也是事故的制造者。因此，解决班组安全管理的主要矛盾和管理短板，推动班组安全管理水平持续提升，既是实现企业全面高质量发展的重要保障，更是一份沉甸甸的责任。

（二）实现安全生产目标的关键点

据相关统计，90%以上的事故是在班组生产作业中发生的，80%以上的事故由于违章作业、违章指挥或由于管理上缺陷导致设备隐患，没能及时发现和消除等人为因素造成。这就清晰地告诉我们，降低事故率的发生，关键在于一线班组。

（三）加强安全生产渗透力建设的重要举措

班组的安全穿透力、执行力、创新力，在一定程度上决定着企业各项业务的发展速度、质量和效益，班组是反"三违"的着力点，同时也是加强人防、物防、技防"三防"的落脚点。

（四）夯实安全生产"三基"的主要抓手

基层是根本，企业的所有生产活动都在班组中进行，班组工作的好坏直接关系着企业安全生产工作的成败，抓基层就是抓班组；基础是保障，抓设施设备、人力资源、规章制度等硬要素和思想认识、安全政策、企业文化等软要素，来促进综合安全保障能力提升，抓基础就是抓班组建设；基本功是重点，基本功包括员工具有能够胜任本职工作所必需的基本素质、基本知识、基本技能和能力、体力、执行力，抓基本功就是抓员工能力建设[1]。

二、班组文化建设的实施举措

（一）解放思想——首先要改变思想上的错误认知

即讲安全，就要牺牲生产效率，搞好班组安全建设，就是浪费时间。其实，安全也是生产力，良好的班组安全文化建设更能营造和谐的班组氛围，能有效地传播安全文化知识，提升岗位技能和安全技能，保护生产资料，创造和保持良好的安全环境和安全条件，使劳动力的直接和间接的生产潜力得以保障和提高，将安全文化建设和班组生产工作很好地融合在一起，和谐共存。

（二）落地重锤——班组安全评价

班组安全评价，是我们长期践行安全管理形成的安全管理向安全文化建设渗透的成果，在班组原有的安全管理基础之上，我们由之前的考核措施，转变为"评价措施"，评价内容涉及班前安全讲话、应知应会、安全培训、改善提案、劳保佩戴、操作规程、现场检查等12项内容，每一位员工都有集体的"主人翁"意识，一个人表现的好坏，关乎着集体的荣誉，这与以往的绩效考核在人员意识上有着质的不同。

1. 班前安全讲话——早会评价表

班前会，既要有"仪式感"地开，又要避免走过场，这就需要班组成员每一位要参与进来。仪式感能让班前会多一份庄重，让员工对安全多一份敬畏，形成强烈的自我安全暗示。这样就要从集合、站位、讲话内容等方面进行统筹考虑，形成高度标准化的仪式，再通过长期不断地检查、评比、对内对外交流学习去强化，将"仪式感"内化于心、外化于行，让小小班前会，发挥大作用（表1）。

表1　早会评价表

评价项目	评价指标	标准	基础分	考评分
人员状态	员工精神状态饱满，着装整齐，8点准时进行点名	（1）每迟到一人扣2分 （2）每一人状态懒散扣2分 （3）着装不整齐每一人次扣2分	8	
开工前点检	早会前进行人、机、料、法、环、测六要素检查	（1）每一人次未认真点检扣5分 （2）班组长未进行监督扣5分 （3）六要素项点不明确扣5分 （4）计划没下达、未进行开工确认，扣5分	20	
早会纪律	早会集合准时，人员排列整齐，口号响亮，有气势	（1）每迟到一人扣2分 （2）队列不整齐扣5分 （3）员工聊天、打电话扣5分 （4）口号不响亮扣5分	12	
安全讲话	安全讲话与生产息息相关，有实际警示意义	（1）安全讲话无提纲，思路不清晰，扣5分 （2）讲话内容与实际生产相符，对讲话内容及效果视情况给予打分（1—20分）	25	
主持人讲话	开会使用普通话、吐字清晰、语速适中	评审小组根据讲话情况进行打分（最多扣5分）	5	
早会内容	统计员工点检异常并及时解决，总结近期工作问题，强调工作中质量、现场、纪律等问题	（1）异常解决不及时每项扣5分 （2）早会记录填写杂乱、不清晰扣5分 （3）未进行质量问题强调，无工作总结的扣10分 （4）早会控制在10—15分钟最佳，拖延过长，影响正常开工时间，每延时1分钟扣1分	25	
会后问答	会后进行安全、作业提问	（1）点检员工背诵手指口述、一口清，未检查扣5分 （2）背诵视情况打分	5	

2."应知应会"评价——扎实"基本功"

根据不同的班组工作性质及前人经验，将常出现的问题，汇总成简明扼要的知识要点"手指口述""岗位安全职责""安全生产八大禁令"，内容涉及岗位安全职责，危险源识别描述及控制措施，使用的设备、设备安全操作要点、设备点检位置等要求，进行全员学习，并长期坚持"应知应会"评价，树立班组学习之星，带动学习薄弱的员工共同进步。

3.安全培训与安全活动并施双管齐下

以中车《班组安全管理标准》为依据，每个班组根据自身情况，定期进行班组安全管理标准，班组安全检查标准，班组安全互保、联保标准，班组班前会标准，班组安全活动标准等相关内容的教育学习。

"刚柔并施"，安全培训学习与安全活动交替进行。安全培训的目的是让员工能够掌握安全知识，安全活动是方法，让员工把安全知识得以掌握。例如，为员工更好地理解班前会标准，组织"班前安全喊话"活动，将班前会要求在活动中让大家了解到重点；为了让员工了解检查标准，危险源识别，组织"全员找碴"活动，利用现场"找碴"，"你比我猜"的形式，将枯燥无味的安全知识，烂熟于心。同时，将安全活动外延，举办情暖人心的"安全寄语活动"，让安全文化的"软实力"渗透到每个家庭。

4.改善提案——"你要安全"向"我要安全"转变

鼓励员工积极提出改善意见，参与改善过程，从被动的意识转变为主观能动。起始阶段，为了调动员工的积极性，只要提出改善，就给予奖励，哪怕是警示语的张贴位置，门槛加设反光条都是值得被鼓励的，不积跬步无以至千里，小的改善慢慢汇集，让我们的工作环境更加安全有序，提高工作效率。经过3年左右的持续推动，员工积极性被极大调动，在此基础上，我们鼓励员工发挥聪明才智，提出"好"提案，增加评审环节，就经济性、思考性、利用度、独创性等方面进行综合评价，给予打分及奖励，将优秀改善提案在公司内推广应用。

5.安全检查——见微知著抓安全

千里之堤溃于蚁穴，防微杜渐不可忽视。安全检查通过 5S 宣传理论，践行实践，深化安全隐患排查。依据《安全生产奖励考核办法》中"违章性质判定表"要求的检查项点，利用自查、抽查、远程监控、现场检查等形式开展安全检查活动，主要检查内容如下。

（1）检查 5S 情况：检查工具、物品摆放及定制情况，工作环境是否整洁，生产现场是否整齐有序，标识是否准确等相关内容。

（2）检查通用操作的安全情况：设备、设施是否超速、超温、超负荷运行，是否使用不安全操作工具，是否按规定使用职业危害防护装置，是否穿戴安全防护用品（是否穿戴规范），是否按规定进行安全检查，机床作业、起重作业、电气作业、焊接作业等整个作业过程是否按规定操作等相关内容。

（3）检查厂内交通情况：检查机动车辆是否未按规定载人、载物，厂区、车间超速驾驶机动车辆，违章驾驶车辆和操作其他设备时禁止吸烟和使用手机等相关内容。

（4）检查其他内容：化学品及危险品管理检查、消防管理检查、职业危害检查、安全管理检查。

6. 综合分析，持续改进

（1）优胜班组评比。每月集中召开班组评价会议，通过"每月班组评价台账检查（权重占 75%）+ 现场检查（权重占 25%）+ 加分项"三个方面进行评价，最终按综合评分高低产生班组排名，评出月度优秀班组。同时，就班组检查的突出问题进行分析，找出改进办法，会后持续跟踪，并在次月班组会议中汇报改善结果。

（2）内部外部互查。联合外部公司、兄弟部门互相学习优秀的安全管理案例，不定期举办安全生产交叉检查，运用"约哈里窗户"理论，适当地暴露自身"秘密"，打开"盲点之窗"，降低实施者长期造成的盲目和懒惰心理，进而减少事故发生的可能。

三、班组安全文化建设的经验与思考

（一）弱化绩效考核概念，强调实施安全管理的意义

弱化考核概念，不是不考核，考核不是目的，而是手段，我们考核的初衷是为了加强员工对安全的认识和警醒，时刻绷紧安全的神经弦。但若是出错必考核，日积月累，也会生产怨怼情绪。其实考核的方式也可以有很多种，例如违章性质判定为"一般"的违章，可以采用"安全承诺书"的方式进行考核，并由担保人签字确认，或者安全班组评比扣分等多种方式进行。

《易经》中讲道："君子安而不忘危，存而不忘亡，治而不忘乱"，安全管理不仅是企业长治久安的战略之举，更是有助于保护员工的根本利益。

（二）安全文化建设重在常抓不懈，贵在创新

安全文化建设是一项长期、艰巨、复杂的工作，是一项企业稳定发展的系统工程，它需要各方面的共同努力[2]。常言道："安全松一松，事故攻一攻"，我们坚持以班组安全建设为阵地，凝心聚力，完善班组安全管理制度，夯实班组安全文化建设基础；创新思维，积极利用"消防演练""亲情寄语""啄木鸟大检查""安全优胜班组评比""线上安全知识答题""部门联合检查""安全之星评选""家庭隐患自查"等一系列活动为抓手，丰富安全文化建设载体，提高班组安全活动的针对性和吸引力，营造浓厚的安全文化氛围。创新形式、注重实效、弘扬安全文化、普及安全知识、推动企业安全生产任务落实，让安全生产绩效"0"有"1"可依。

参考文献

[1] 黄典剑，李文庆. 现代事故应急管理[M]. 北京：冶金工业出版社，2009.

[2] 李景寿. 安全文化重在常抓不懈[J]. 中小企业管理与科技，2012,337(10)：5-7.

文山铝业安全文化建设的实践与思考

云南文山铝业有限公司 何 艳 李发波 刘兴华 周云忠 马绍科

摘　要：文化建设，是体现一家企业自身文化内涵水平，也是对内调动员工的无穷向心力和凝聚力，对外展现良好企业精神面貌的最主要途径和基本方式。特别是生产型企业，安全文化建设更是整个企业文化中不可或缺的一部分，更为重要的是，它还是整个企业文化中最主要、最基础的一种文化。

关键词：安全文化；文化示范点；行为管理

云南文山铝业有限公司（以下简称文山铝业）积极贯彻落实中铝集团、云铝股份企业安全文化管理体系，把企业安全文化建设工作贯穿于企业改革发展、生产管理等各个方面，把企业安全文化建设作为促进企业高质量发展的"助推器"，为提升企业竞争力、创新力、控制力、影响力、抗风险能力提供了有力保障。

一、企业安全文化建设的重要意义

随着生产力和社会的发展，我们党和国家对安全工作的高度重视，对安全生产的规定日益严格，对广大人民群众的生命安全更加重视。党的十八大以来，习近平总书记高度重视安全生产工作，做出一系列关于安全生产的重要指示，深刻阐述了安全生产的重要意义，对牢固树立安全发展理念、强化企业安全第一责任等方面指出了明确要求，对企业的安全生产管理工作也指出了方法。

在现代企业安全生产中，任何一起安全事故的出现，都是由于人的不安全行为、物的不安全状态、周围环境的不安全因素以及管理问题而引起的，而人的不安全行为因素所占比例最高，要解决人的因素最终要回归到文化。在企业生产过程中，人的安全价值观和安全理念缺乏形成、安全心态消极、安全能力欠缺等，都隐含着很大的风险隐患，而这种问题靠制度和法规解决不了，只有通过安全文化建设，在企业内部建立共同价值观和共同遵守的行为规范，最终实现以安全文化为基石的本质安全。

二、企业安全文化建设的工作经验和措施

文山铝业是一家集"铝土矿—氧化铝—电解铝—铝合金"于一身的全产业链企业，企业生产流程长、风险点源多，系统风险管控水平低。为从根源上防止安全事故发生，近年来，文山铝业多措并举，在严格落实各级安全生产要求的同时，把安全文化贯穿于生产经营的各个环节，从塑造安全有感的"管理者"、打造懂风险会防范的员工到安全干净的文化氛围营造，打出了一系列安全文化建设"组合拳"。

（一）安全制度管理，塑造安全有感的"管理者"

1. 健全机制，压实安全责任

文山铝业印发了《员工职业健康安全环保手册》，全方位导入中铝集团职业健康安全环保管理体系，确定了"一切风险皆可控制，一切事故皆可预防"的核心安全环保理念，"3132"安全管理思想和"安全十条禁令"等。制定全员"安全一岗双责"责任清单，实现了一人一单，并签字明示。清单凸显文化、凸显责任、凸显行为、凸显量化，清单每年一审并建立履责记录。形成了"点、线、面"三级安全管理机制，全面落实"管行业必须管安全、管业务必须管安全、管生产经营必须管安全"的基本要求。

2. 言传身教，传递安全能量

文山铝业所提出的《企业主要负责人安全职责》，内容包括组织建立健全本部门安全生产工作责任制、指导本部门安全生产培训、带头宣贯安全文化理念、讲授安全课、分享安全经验等，让管理者讲好"安全故事"、传播"安全声音"，让安全环保理念、方针、核心价值观、行为准则等安全文化理念入耳入心、熟知认同。利用"干部包保班组"，深入基层并落实安全工作措施，到联系点进行安全教育、参与危险源辨识等，通过以身作则、以行示范，增强"管理者"的安全引领力、示范力、影响力。

3. 先进典型，彰显示范魅力

一个典型就是一面旗帜，一个榜样就是一座丰

碑，为了更好地营造"要我安全到我要安全"的氛围，文山铝业把安全工作纳入到各类先进典型的评选中，比如"先进基层党组织""文明单位创建""月度之星""文铝先锋""劳动模范""优秀员工"等先进典型评比，都把"安全事故"的一票否决权纳入评比方案中。为让员工做到"三敬畏"，各基层单位成立了"三违"检查曝光台，树立反面典型，对违章人员、事项、考核及时进行曝光，让违章者不敢违，通过实实在在的安全成绩，每月开展基层"安全标兵"评选，每季度开展"安全、干净"班组竞赛，每年开展公司"安全先进集体""安全先进个人"评比，让员工在安全工作中学有标杆、行有示范、赶有目标。

（二）安全行为管理，打造懂风险会防范的员工

1. 抓认知，规范安全视觉识别管理

文山铝业以打造"国家一级安全标准化企业"为宗旨，在厂区道路灯杆设置了安全宣传栏、安全宣传橱窗，建设安全文化宣传长廊，将规章制度上墙，并完善了现场道路、设备、管道、区域划分等标识，通过简洁、清晰、易懂的标识，进一步规范员工安全行为、提高员工安全意识，营造整洁规范的现场工作环境。为让员工从视觉认知向行为认知转变，文山铝业结合生产中每一台设备的性能，小到一个遥控器，大到上千吨的除尘器，只要涉及设备操作，都制定简单、易懂、可行的操作标准，以图文并茂的方式张贴在操作点，让标准化操作流程图上墙，引导员工标准化、规范化操作，减少安全事故发生。

2. 抓学习，提高安全培训教育质量

通过由"一把手"带头说安全，与第一责任人专题谈安全，与职工互动谈安全，不断推动习近平总书记关于安全生产论述入脑入心、见行见效。根据工作实际，举办形式多样的安全专项培训，就以文山铝业开展的安全培训为例，上半年开展"两抓两查严监管"和"全员安全上岗合格证"培训考试1924人次；"三大规程"培训考试1360人次；承包商统一培训考试332人次；"新安法知多少"网络知识竞赛43540人次；领导干部包保班组安全活动117次；给员工讲安全课96次，推动安全学习教育培训走深走实，共同谱写好安全培训教育这篇"大文章"。

3. 抓演练，增强员工应急处置能力

邀请地方应急管理局、工业园区到企业指导开展突发公共事件应急预演；各单位结合应急预案及演练计划，精心筹备、组织实施，强化基层车间、班组和岗位的现场应急演练。比如，安全环保健康部开展疫情防控封闭管理应急演练；电解铝生产管控中心开展中频炉漏炉事故应急演练；装备能源中心开展防触电事故应急演练；矿产管控中心开展边坡垮塌事故应急演练；综合办公室（保卫）开展交通事故紧急救援演练等，让安全应急演练覆盖所有岗位，保证人人参与，切实提高员工事故应急处置能力，确保各项生产经营活动稳步推进。

（三）主题活动实践，营造安全干净的文化氛围

1. 打造"作业区"安全文化示范点

在践行中铝文化、云铝文化的基础上，在作业区层面开展具有文铝特色的安全专项子文化，制定了《企业安全文化示范点评价实施细则》，选取具有特点的安全生产示范岗，通过前期《安全文化示范申报》，过程中的组织保障、文化创建、氛围营造等创建，后期现场验收、表彰奖励的方式，打造"作业区"安全文化示范点，让安全文化创建与公司生产经营工作深度融合。结合不同厂区、不同岗位组织拍摄《入厂安全须知》《"536"标准化班会》《安全操作规程》等微视频，总结提炼安全文化创建经验，以点带面带动整体提升。

2. 打造"班组"安全文化示范点

通过"安全、干净"班组家园建设、"五优班组"建设、"党建业务双向融合、夯实班组基础管理"等专项行动，把安全文化建设工作压实在基层、落实在班组。充分发挥专项治理作用，采用"安全生产标准化班组+5S现场管理"，落实班组人员安全职责、培训、操作、现场、设备"五个"安全规范。现场按照"5S"定置管理要求，对班组生产现场、休息室等实行定置摆放。把"青年安全生产示范岗"创建融入班组安全管理中，开展"班组安全我先行""青年安全生产纠察员"等活动，提升班组职工安全素质，筑牢班组职工安全思想基础，确保班组职工生命安全。

3. 开展安全文化主题活动

全年利用电子屏、橱窗、横幅、微信群等载体进行安全文化活动宣传，在微信上开辟专栏，广泛宣传贯彻习近平总书记关于安全生产等重要指示，积极推送安全小故事、安全应知应会、安全心得体会等宣传稿件，掀起了人人学安全、处处见安全的热潮。以"安全生产月"为契机，开展"早安中铝"故事征

集活动、书法漫画征集活动、演讲比赛、"我当一天安全员"故事分享、安全事故案例分析、安全承诺书签字、安全宣传咨询日等"线上+线下"活动，提升员工在安全生产中的责任心，形成员工重视安全、关心安全的文化氛围。

三、安全文化建设的成果

1. 总体形成安全文化管理体系

推行《员工职业健康安全环保手册》，明确了安全核心理念、方针、目标，明确了各层级的安全职责，促进安全管理活动有效开展。规范"现场安全视觉识别管理"，以图文、标识引导，塑造了安全形象、传递了安全信息、满足了安全生产要求，实现员工安全规范操作，让员工从视觉认知提升到行为认知。制作《员工安全应知应会口袋书》，内容着眼安全意识、知识技能、安全行为，发挥主观能动性，激发员工自我改进意识。

2. 打造系列安全文化活动载体

以"遵守安全生产法，当好第一责任人"为主题，形成了"故事征集话安全""短视频看安全""知识竞赛懂安全""培训教育学安全"等系列主题活动，用安全文化活动传递正能量，提高全体员工的安全意识、底线意识和红线意识，使安全文化可听、可见、可说，活动载体不断创新，形成了常态化的运行机制。

3. 安全生产管理水平有效提升

文山铝业将安全文化建设纳入生产管理，与"国家一级标准化企业"创建有机联合起来，以培养员工良好安全行为作为落脚点，落实安全生产管理激励机制，树立先进典型，以身边人、身边事引导带动员工安全意识，组织管理与员工行为有机融合、互相促进。目前，文山铝业安全生产稳定运行，没有发生重大安全事故，安全生产过程控制水平和绩效目标实现能力不断提升。

四维企业安全文化构建实践

易门铜业有限公司　张体富　叶钟林　刘金明　杨应宝

摘　要：根据《企业安全文化建设导则》（AQ/T 9004—2008）的定义，企业安全文化是指被企业组织的员工群体所共享的安全价值观、态度、道德和行为规范组成的统一体，以上述四个方面的建设提升为基础，把安全文化转化分解为物质安全文化、制度安全文化、精神安全文化、行为安全文化再来进行实践探究，则安全文化建设就可以再进一步地具体化，也更贴近企业实际，因此本文结合部分冶金企业的实践，围绕企业安全文化建设举措方面进行了探究与实践。

关键词：企业安全文化；物质安全文化；制度安全文化；精神安全文化；行为安全文化

一、前言

为推进企业安全文化建设，国家安全生产监督管理总局专门出台了《企业安全文化建设导则》（AQ/T 9004—2008）、《企业安全文化建设评价准则》（AQ/T 9005—2008）两个文件，其中对企业安全文化的定义是"被企业组织的员工群体所共享的安全价值观、态度、道德和行为规范组成的统一体"，以此为基础，《企业安全文化建设导则》（AQ/T 9004）第 5 部分提出了企业安全文化建设的 7 个基本要素：安全承诺、行为规范与程序、安全行为激励、安全信息传播与沟通、自主学习与改进、安全事务参与、审核与评估；《企业安全文化建设评价准则》（AQ/T 9005）提出了企业安全文化建设的 11 个一级指标：基础特征、安全承诺、安全管理、安全环境、安全培训与学习、安全信息传播、安全行为激励、安全事务参与、决策层行为、管理层行为、员工层行为。对以上文件提到的要素、指标进行归纳之后，可以把安全文化转化为物质文化、制度文化、精神文化、行为文化四个维度再来进行实践探究，则安全文化建设就可以再进一步地具体化，也更贴近企业实际，因此本文结合部分冶金企业的实践，从四个维度对企业安全文化建设举措进行了探究与实践。

二、物质安全文化建设

设备是生产工艺实现的基础，也是本质化安全的基础，因此物质安全文化建设以设备为基础，以设备本质化安全为重点来进行推进。一是通过设备连锁改造、物理隔离等措施提升设备的本质安全。二是开展专业检查不断降低风险隐患。对照国家法律法规、行业标准及时开展专项检查，对于冶金企业可从冶金炉窑、熔融金属运输及管控、锅炉及水冷构件、供配电管理、渣缓冷等几个专业入手，由各模块对应的工程技术员或专家团队进行检查，对于集团化企业，充分利用内部资源开展交叉检查，效果更佳。检查围绕国家法律法规和标准规范，逐一进行排查，特别涉及重大安全隐患的更应仔细排查。利用外部力量而不仅仅是一线员工，对设备本质化的安全提升起到很好的作用，且更全面、更专业，也能避免一线操作人员、维护人员隐患排查不彻底导致设备长期带病运行等带来的风险。

以设备本质化安全提升来降低作业风险，是员工能最直观感受到的一种方式，在进行规程和现场实操培训时辅以适当的原理讲解，员工知其然也知其所以然，则安全第一的观念会更入脑入心。

三、制度安全文化建设

制度安全文化的建设重在现场执行情况的落实，制度只有执行了才有生命力，特别对于生产企业来说，风险最大的是作业过程，因此制度文化如何建设，关键就是看作业过程制度如何来执行，对此我们重点以风险辨识为基础，把制度要求融入日常危害辨识，从而提升作业本质安全。《危险化学品企业特殊作业安全规范》（GB30871—2022）中规定了八大类危险性较大的作业，规定了具体的安全管理要求；对于有限空间作业国家应急管理办公厅于 2020 年还专门制定下发了《有限空间作业安全指导手册》。

针对以上两个制度的执行，我们创建了 CARC

表，以作业任务为基础开展风险辨识，细致分解作业步骤，从每个作业步骤着手，从人的行为、设备状态、物料状态、工具使用、环境影响等维度开展危害辨识，并逐条采取安全措施防范风险，做到每个危害都有防范措施，辨识后经审批管理人员到现场亲自落实措施，最后再确认签字，达到作业过程风险有识别，危害因素防范有措施，安全措施落地有检查的闭环。

另外还需要注意的是审批人员是否具备能力至关重要，需要对其进行专项培训；而且避免所有作业审批集中于少数人，精力难以满足审批要求的问题，根据作业风险高低设定分级审批制度，将不同的风险划分等级，形成公司级—分厂级—班组级，按权限授权，形成分级审核把关；在作业过程中，监护人是保障安全的关键一环，因此需要把监护人从繁重的作业中解放出来，专职做监护，这也能更好地激发监护人的责任心，但是要对监护人能力进行评估，监护人至少要熟悉检修的内容、风险点、施工方案、安全要求等情况。企业制定了相应的制度、明确责任及管理要求，但关键是要确保制度的落实，把制度融入作业过程，才能真正确保制度文化的建立。

四、精神安全文化建设

精神安全文化建设的重点是人员安全意识的提升。冶金企业很多一线员工文化素质水平不高，照本宣科的教育使部分员工虽然各类安全警示教育视频看了很多，甚至身边的同事也有发生过事故的，但是依然无法唤醒其对安全真正的敬畏，嘴里说着赞成的话，但行动上却往往相反，最直接的体现就是企业依然还存在很多的违章，在反违章工作力度不断加强的情况下，违章数量逐年上升，究其原因还是安全意识淡薄、心存侥幸，总认为发生事故的不会是自己。对这一类人，只有通过身临其境或通过亲情介入才可能松动其麻木侥幸的心。安全体验馆就是一个很好的方式，依托现代的 VR、游戏仿真、交互视频等技术，对火灾、物体打击、高处坠落、心肺复苏、有限空间作业、爆炸等日常难以实践学习的项目进行了重建，通过亲身体验切实唤醒内心对生命的敬畏、对安全的渴望。

另一方面，把安全宣传教育触角延伸到亲人、家庭，真正发挥亲情的影响力和感召力，构建起企业、职工、家属"三位一体"的亲情安全监督体系。通过建立亲情墙，在员工学习园地粘贴员工和家人的合影，让员工每次上班都能看到家人，组织员工家属到生产、工作现场参观等方式来有效提升亲人的认同感，让二者产生共鸣。通过以上几个举措的实施，我们发现员工高处作业不系安全带、作业中不遵守安全规定、不规范穿戴劳动防护用品的违章行为大幅减少，日常工作中对安全规定遵守的主动性得以提升，在节假日、夜班的突击检查中，也很难发现违章，精神安全文化建设取得了一定的实效。

五、行为安全文化建设

现代事故致因理论把事故直接原因归结为人的不安全行为和物的不安全状态，可见人的行为在事故控制中举足轻重，因此行为安全文化的建设十分必要，但人的行为养成是一个长期持续的过程，行为习惯养成了，就标志着安全文化建设也取得了效果，因此在生产实践中更多要考虑的是如何帮助员工养成良好行为习惯。

就目前大部分企业安全管理所处的阶段来看，都还处于强制到自主过渡阶段，对于管理者来说，时间和精力有限，无法随时随地到达现场进行监管，因此可以考虑智慧监控来辅助提升现场监管效能。从"点"上来考虑监控应该覆盖所有重要危险源、日常视野盲区、高温、高压、高风险区域；从"线"上来说监控应具备实时抓拍驱逐、越界报警、现场重要参数二次验证监控等功能；从"面"上来说，应具备现场操作人员、分厂管理人员、公司专业部门三个层级时时监控的功能。对于厂界、重要危险源的管理，在厂界（公司大门及围墙），重要危险源围栏处安装智慧摄像头，在非允许进入的时段或区域画线，一旦有人非法进入，摄像头将可以自动抓拍，并把信息发送至调度室或管理人员手机上，另外现场还可以安装语音播报器，进行劝阻。对于锅炉的管理，汽包压力、液位除了在线指标监控，安装智慧摄像头，帮助锅炉管理再加一层"防护"，摄像头发现现场液位或压力计偏离设定数值即可自动报警提醒主控人员进行调整或应急处理。对于风险较高的渣包房、安全坑等区域，通过指挥摄像头进行监控，一旦人员未经允许进入，则自动报警和驱逐。外来人员较多的地方安装可识别安全帽、口罩佩戴，抽烟、扶扶手等动作的摄像头，从而更好地对外来人员进行管理。通过智慧监控系统形成震慑，规范员工行为安全习惯的养成。

六、结语

结合国内外安全管理先进企业的管理实践来看,安全管理发展到高级阶段会转为安全文化管理,文化具有导向、凝聚、激励、辐射和同化功能,因此企业安全文化在一定群体中形成,便会对周围群体产生强大的影响作用,迅速向周边辐射,同化一批又一批的新来者,使他们接受这种文化并继续保持与传播,使企业安全文化的生命力得以持久。文化的建设要依附在具体的实践应用中才能体现,验证的标准是所有员工行为的改变,因此企业安全文化建设不能空谈,要从物质、制度、精神、行为四个具体的方面来进行实践。

参考文献

[1] 罗云. 安全生产理论100则[M]. 北京:煤炭工业出版社,2018.04.

[2] 罗云,许铭,范瑞娜. 公共安全科学公理与定理初探[J]. 中国公共安全(学术版),2012(03):16-19.

[3] 李兰波. 从"破窗理论"看安全风险预控管理[J]. 露天采矿技术,2016,31(02):90-93.

[4] 安全生产科学研究院. 安全生产管理[M]. 北京:应急管理出版社,2022.

浅谈工作安全观察在安全文化建设中的应用

国投曹妃甸港口有限公司安全监察部　杜双才　尚晓鹏

摘　要：工作安全观察作为安全文化建设的重要组成部分，能够很大程度上减少员工在生产作业中不安全行为的产生，从而有效预防安全事故的发生。本文详细介绍了企业如何有效开展工作安全观察活动，工作安全观察活动的应用对于安全文化创建的作用。企业在开展安全文化创建的过程中，要用好工作安全观察这一工具，在改变员工安全思维、安全意识、安全态度的基础上，进而影响员工的安全行为，预防和减少事故的发生，最终实现企业安全生产的目标。

关键词：安全文化；安全行为；工作安全观察

一、背景

很多研究表明，绝大多数生产安全事故的发生是由"人的不安全行为"导致的，强化员工的安全行为，纠正员工的不安全行为，能够很大程度避免生产安全事故的发生。工作安全观察作为有效控制人的不安全行为的安全管理方法，不仅有助于在生产安全事故发生前识别和消除生产作业人员的不安全行为，还能够有效地强化作业人员的安全行为以及进一步增强作业人员的安全意识，营造浓厚的企业安全文化氛围。

（一）工作安全观察和企业安全文化创建的关系

工作安全观察是为行政主管（直线领导）专门设计的一种通过对生产作业过程中的作业人员安全行为及不安全行为进行观察、沟通和干预，进而提高作业人员安全意识和安全技能的一种系统性的管理方法和工具。工作安全观察主要是通过对作业现场作业人员的作业行为进行观察，并与被观察者进行平等的沟通交流，进而分析了解作业人员的安全意识，改变员工的工作态度与心态，与作业人员就安全作业方式达成共识，通过强化安全的作业行为，纠正不安全的作业行为，提高双方的安全意识，从而建立起良好的安全文化。因此工作安全观察是企业安全文化建设的重要组成部分，对企业安全文化建设基本要素中的行为规程与程序、安全行为激励等要素的落地与提升起着至关重要的作用。

（二）工作安全观察与安全检查的区别

企业要想真正将工作安全观察开展好，根本就是要区分工作安全观察与安全检查的区别，因为很多人都认为工作安全观察与安全检查都是去现场进行检查，没有什么分别，所以在工作安全观察实践中导致工作安全观察"走形变样"。工作安全观察与安全检查存在本质上的区别：一是安全检查更多关注的是设备设施的安全状态，而工作安全观察重点关注的是人的安全行为；二是安全检查是被动的整改落实，而工作安全观察采取的是双向的、互动的沟通，让员工主动地接受；三是安全检查的人员一般是企业的安全管理人员、技术人员、外部专家等安全专业人员，而工作安全观察的实施者是行政主管（直线领导）；四是安全检查往往只关注负面的影响，比如设备设施的缺陷等，形成的结果也是负面的，比如教育、处罚等；而工作安全观察则是既关注负面也关注正面的影响，比如既要纠正人员的不安全行为，也要强化员工的安全行为，形成的结果是积极的、正面的，建立的是无指责文化，使员工主观意愿地接受。

二、工作安全观察在企业安全文化建设中的应用

行为安全管理（Behavior Based Safety，BBS）作为20世纪90年代在美国等现代工业化国家兴起的一种企业行为安全管理方法，在企业安全管理的应用实践中取得了良好的效果，美国的一项研究中对7个国家的9个企业在32个行为的工作研究，结果表明有31个降低工伤率达54%以上。工作安全观察作为行为安全管理的有效工具，渐渐被国内企业使用，现在已经被越来越多的企业认可并采纳。

（一）分层分类精准培训，实现培训"全覆盖"

虽然工作安全观察是专门为行政主管（直线领导）设计的，但是一般员工（包含长期承包商员工、临时承包商员工、劳务派遣人员等）作为被观察的对象，也会参与到工作安全观察中，所以不仅要对企业各级管理人员和基层单位班组长进行培训，同时也要对一般员工进行工作安全观察的培训，确保每个员工都能积极参与和配合工作安全观察活动的开展。

行政主管（直线领导）作为观察人员，一般员工作为被观察人员，培训的内容势必会有所区别，因此企业要通过分层分类培训的方式，对行政主管（直线领导）主要培训如何开展工作安全观察，促使观察人员能够熟练掌握观察的步骤、内容及沟通的方式方法等；对一般员工主要是通过培训使其了解到行为工作安全观察不会对员工进行处罚，进而使被观察人员放下戒备，能够与观察人员更好地进行沟通交流。

（二）科学选择观察区域，全方位观察员工作业行为

开展工作安全观察工作前，首先要确定对哪个区域内的生产作业活动以及作业人员进行观察。在选择观察区域时，要将企业内高风险作业区域，安全检查过程中发现安全隐患较多的区域，存在交叉作业区域以及新进入企业的承包商单位工作区域等重点区域作为开展工作安全观察的区域。因为这些区域安全风险较高，极易因人的不安全行为导致生产安全事故发生。

在观察的过程中，所有作业现场的员工都可以被观察，但是为了更好地达到工作安全观察的效果，可以对新员工或者欠缺经验的员工，新进入企业的承包商员工以及行色匆匆的员工进行重点观察，因为此类员工在作业过程中极有可能产生一些不安全的行为。观察人员在观察时要从人员的反应、员工的位置、个人防护装备、工具和设备、程序与标准、人机工程学、环境整洁等7个方面对作业现场员工的行为进行全方位的观察，并记录员工的安全行为与不安全行为，以便后续与员工有针对性地进行沟通交流。

（三）通过无指责安全文化纠正员工的不安全行为

工作安全观察过程中观察人员不能使用"警察抓小偷"的方法，不能对观察到的作业人员的不安全行为进行批评、指责甚至处罚，而是就观察到的结果与作业人员进行平等的沟通。因为工作安全观察的主要目的不仅在于观察，更重要的是之后的沟通，通过平等的沟通去鼓励员工的安全行为，了解产生不安全行为的原因，进而有针对性地纠正员工的不安全行为。

为了实现有效的沟通，在工作安全观察过程中，行政主管（直线领导）与被观察人员的沟通是以请教而非教导的方式进行，是与被观察员工进行平等的交流，讨论作业过程中观察到的安全行为和不安全行为。对于作业人员的不安全行为，与作业人员进行双向的交流，同作业人员一起讨论不安全行为的潜在后果，沟通过程中一定要注意避免双方观点冲突，说服并尽可能与作业人员在安全上取得共识，使作业人员主动接受安全的做法，而不是使作业人员迫于纪律的约束或领导的压力做出承诺，避免员工被动执行。同时还要引导和启发作业人员思考更多的安全问题，提高作业人员的安全意识和安全技能，最后一定要感谢员工的参与和配合，并鼓励他们继续安全地工作。

（四）运用正向激励方式强化员工的安全行为

在与员工的沟通过程中，纠正现场发现的员工不安全行为固然重要，鼓励员工的安全行为更重要。作为员工的行政主管（直线领导），如果能够当面肯定与赞赏员工的安全行为，鼓励他持续保持这种安全的行为，那么被表扬的员工就会特别自信和成就感，非常有助于强化员工的安全行为，在后续的作业过程中，员工也会更倾向于执行这种安全的行为。

另外，作为一名普通员工，在安全方面得到了领导的认可和赞同，也让他们更加愿意参与到公司的安全管理工作中，从而形成企业全体员工"我会安全、我要安全、我必须安全"的企业安全文化。

三、工作安全观察的应用对企业安全文化的影响

（一）落实安全领导力，实现有感领导

安全领导力，是企业安全文化体系构成要素之一，率先垂范，是安全领导力的衡量因素之一，各级领导通过开展工作安全观察，能够展现领导承诺，不只是口头上重视安全工作，更是行动上关注安全工作，各级领导亲自参与，更能带动和影响企业其他人

员从"要我安全"向"我要安全"转变。

（二）提供安全沟通平台，营造安全文化氛围

工作安全观察为各级领导与员工之间提供了一个互相交流沟通安全生产工作的平台，在工作安全观察的过程中，通过各级领导与普通员工之间双向平等探讨，能够有效将各级领导重视安全的观念传递到每位普通员工，普通员工在安全生产方面的一些建议、意见和好的做法等也可以通过工作安全观察向各级领导真实地反映。

（三）细化安全工作流程，检验执行效果

工作安全观察是对工作过程中，员工的每一个作业步骤、每一个操作行为进行观察，将其作业步骤、操作行为与企业所制定的安全操作规程、安全作业指导书和安全操作标准等进行对比，将安全工作细化到员工的每一个作业行为，了解作业活动的每项工作程序是否被安全地执行到位。

（四）提升员工安全意识，规范员工安全行为

在工作安全观察过程中，采用无指责文化的平等交流沟通，一方面使员工理解什么是安全的行为，什么是不安全的行为，为其讲解不安全行为可能导致的严重后果，进而提升员工的安全意识；另一方面通过了解不安全行为产生的原因，采取有针对性的措施，从根本上解决问题，防止重复性隐患的产生，对安全的行为进行赞赏和鼓励，不断规范员工的安全行为。

（五）减少不安全行为，降低事故发生概率

企业开展安全文化建设的目标是利用安全文化建设影响员工的思维、观念和态度，促使员工在作业过程中规范自己的作业行为，有效预防生产安全事故的发生。工作安全观察的目标是通过不断纠正员工在作业过程中的不安全行为，持续强化员工的安全行为，使员工的不安全行为数量大大地下降，并因此使人为因素导致事故发生的机会随之降低，这与企业开展安全文化建设的目标是一致的。

（六）掌握安全生产状况，持续提升安全绩效

对工作安全观察中观察到的安全行为和不安全行为结果进行记录并统计分析，可以了解企业安全生产工作在哪方面有所欠缺，进而掌握企业目前的安全生产管理状况，为安全文化建设、应急管理、安全教育培训、安全检查等工作持续改进提供依据，不断提升企业安全绩效。

四、结语

安全文化是企业安全生产的灵魂，企业只有依靠构建安全文化，积极营造浓厚的安全文化氛围，企业安全基础工作才能得到不断的夯实。工作安全观察作为安全文化建设的重要抓手，能够使得到负面回报的不安全行为趋于减少或停止，得到正面回报的安全行为趋于持续或增加，进而不断降低企业生产安全事故发生的概率，持续提升企业安全生产管理水平，保持企业安全生产的良好态势。

浅谈企业安全文化建设

——基于循环经济产业园安全管理

徐州新盛绿源循环经济产业投资发展有限公司　徐照会　陈怀宇　张宫源　李正伟　徐卫东

摘　要： 国家《"十四五"循环经济发展规划》提出"大力发展循环经济，推进资源节约集约循环利用，对保障国家资源安全，推动实现碳达峰、碳中和具有重要意义"。徐州市循环经济产业园作为徐州市固体废物处置的"绿色窗口"和兜底工程，是徐州市"无废城市"试点建设和实现"30·60"双碳目标的重要支撑和保障。绿色、低碳、循环发展和安全运营是徐州市循环经济产业园的建设愿景，安全文化根植于企业的核心价值观，是企业发展的奠基石。优秀的安全文化可以转化成为循环经济产业领域的核心竞争力，将助力循环经济产业持续、稳健发展，对于园区乃至整个循环经济产业的发展来说意义非凡。

关键词： 循环经济产业；安全文化；安全文化阶梯

2020年3月，国务院安委会印发《全国安全生产专项整治三年行动计划》，在全国部署开展安全生产专项整治三年行动。分为动员部署、排查整治、集中攻坚和巩固提升四个阶段。就在国家三令五申、厉法严刑，大检查、专项检查等措施高压施行的环境下，重特大生产安全事故却仍然时有发生。

事实上，企业要在"所有人""所有时刻"这两个维度上都做到有备无患，单纯依靠制度是无力的，因为不可能针对已知和未知的所有事情都制定明确的制度；监管同样也是无力的，因为不可能做到无时无刻，每个作业活动都有人实时监控。而安全文化不同，它完全可以针对"所有人"，同时满足"所有时刻"。安全文化，因"无为"而无所不为。

一、安全文化建设对循环经济产业园区提高安全生产管理水平的意义

徐州市循环经济产业园规划有固废处置、资源再生利用、环保装备与制造、科研宣教、新能源五个功能板块，涉及的企业类型繁多、生产工艺复杂。同时，循环经济产业作为新兴行业，缺少成熟的安全管理模式，安全管理面临巨大挑战。

园区的安全文化作为园区企业文化的一部分，不管好坏，都真实存在于企业中，并时刻影响着管理者的决策和员工的行为。良好的安全文化，为园区的生产经营保驾护航，让所有决策都有利于安全生产，让员工对安全作业时刻保持敬畏的态度，使得园区健康长远地可持续发展，这就是安全文化对于我们的意义！

二、循环经济产业园区安全文化建设的措施

（一）树立安全文化理念

1. 培育安全认同文化

安全是一种认同，员工为什么会明知故犯？原因是缺乏安全意愿，根源是缺乏安全认同。持续的安全追求来自安全认同的力量。培育安全认同文化，让员工深刻理解和认同安全及安全保障措施的价值，真正理解"安全为了谁？"。

我们通过两个著名的理论，很好地培育了员工的安全认同理念：一个是"葛麦斯安全法则"，另一个是"不等式法则"。让员工真正认识到安全是自己、家庭、企业乃至社会、国家幸福和发展的基石，"没有安全一切归零"。

2. 培育安全敬畏文化

培养安全敬畏文化是安全文化建设的关键。园区在日常安全会议和安全培训中，都会穿插开展警示教育培训，通过一个个典型案例，深刻剖析造成安全事故发生的主要原因以及应吸取的经验教训。一幕幕血淋淋的画面能够给员工带来深刻的震撼，进一步提高了管理者和员工对"人命关天、安全至上"和履职尽责重要性的认识。

3. 培育安全诚信文化

政府和企业签订安全生产承诺书，建立"企业

安全生产诚信黑名单"管理制度，以不良信息记录作为企业安全生产诚信"黑名单"判定依据。同样，园区和企业、企业同员工也会逐级签订责任状，通过书面承诺、口头宣誓等措施，大力弘扬以人为本、生命至上的安全诚信文化，把安全诚信文化建设摆在突出位置。将安全生产诚信建设纳入安全生产月、安全生产万里行、诚信活动周、安全质量月、信用记录关爱日、全国法治宣传日等活动中，弘扬诚实守信的传统文化和现代市场经济的契约精神。

4. 培育安全"关爱"文化

安全文化的主体和作用对象是"人"，从关爱的角度出发开展安全管理工作将事半功倍。

园区及所辖企业各级管理人员应主动关心、关爱员工安全并善于保护他人安全，倡导"安全是一种关爱"的安全理念；当员工出现安全违章时，管理者通常有两个选择。

选择1：管理者高高在上，"你不整改、你违章我就要处罚你"，员工从这种管理模式上收获的仅仅是恐惧、慌张甚至憎恶。

选择2：管理者站在员工的角度，帮助员工分析违章作业的风险和可能造成的潜在后果，员工从这种管理模式上不仅深刻认识到自己行为的措施，同时感受到企业对员工的关爱，我们相信当他看到别人违规时也愿意用同等方式处理。

毫无疑问，我们会选择"2"。企业应从关心、爱护员工的角度出发，用爱心去了解员工，这样做才能增强企业自身的凝聚力，让员工劲往一处使。在企业中形成和谐的安全生产氛围，避免和减少各类事故发生。

（二）建立安全文化机制

园区在安全文化的建立中始终坚持理念引领—制度规范—知识普及—职工参与—机制保障—技术设施"六步骤"。以企业发展愿景、价值观为指引建立安全管理理念，通过建立和完善管理制度，为安全文化建设培养沃土，通过开展多种形式的培训教育进行知识普及，动员全体员工积极参与，并通过正向激励等工作机制和必要的技术措施予以保障，逐步建立安全文化，如图1所示。

安全文化建设是润物无声的过程，也需要活动载体。园区精心组织"安全生产月""消防月""防灾减灾日"等大型活动，通过寓教于乐、员工喜闻乐见的多种形式，深入宣传党和国家的安全生产法律法规、重大部署、政策措施。活动中既坚持服务于园区企业，指导帮助企业有效建设安全文化，也要突出在安全生产大检查中发现的隐患案例，促进企业自我约束。同时，鼓励企业职工积极参与监督企业生产安全，形成广泛参与和共同监督的舆论氛围。

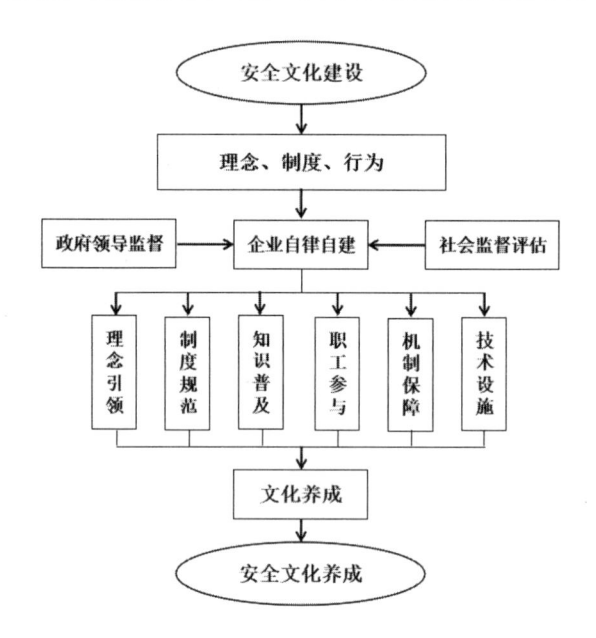

图1 安全文化机制建立模型

（三）加强安全文化宣传

个人、组织和社会都拥有各自的习惯，善用习惯的力量不仅能够影响我们自己的人生，也能帮助一个组织取得成功，甚至推动整个社会的进步。基于以上理论，园区组织各企业精心策划开展了"职工安全行为习惯21天养成"活动，通过"职工安全行为习惯21天养成"活动的开展，鼓励员工培养良好的安全行为习惯。在"职工安全行为习惯21天养成"活动开展过程中，企业鼓励全体员工参与讨论并形成共识，生成团队共性较强的需要共同遵守的"习惯承诺"，并将团队的共同承诺展示张贴在作业场所的显著位置，逐步树立安全诚信文化和互相监督氛围。

根据马斯洛需求理论，人在基本的生理和安全需求被满足后情感和社交需求、尊重和自我实现需求就凸显出来。因此，在一个组织里，每名员工都希望自己被组织或团队接纳，并因自己为团队做出成绩、贡献而得到大家的尊重、重视和感激，从而获得自身的满足感和成就感。所以，每个人到单位或岗位后，首先会观察别人，让自己的表现和大家趋向一致以获得大家的认同和接纳。如果企业形成了人人、时时、事事关注安全的氛围，那么这个企业里的每个人都会规范约束自己的行为，而任何漠视安全、违章冒险的行为会被大多数人抵触、排斥和孤立。产生这种行为的人会因为大家异样的目光而感到被孤立，强烈的危机感会让他重新修正自己的行为。由此可见，习惯的力量无处不在，良好的安全习惯一旦养成，则让每一名员工受益终身。我们坚信，即使在复杂的没有监督的工作环境中，好的安全习惯也能保护员工避免事故伤害。

同时，园区企业还积极推进岗前宣誓、班前班后说安全、对其他员工的不安全行为进行主动纠正等活动，将其作为企业安全文化建设的载体和必不可少的内容。在提高安全关注度方面，园区注重做好相关工作的宣传报道，广泛利用内刊、板报、宣传栏、横幅等大力宣传各种安全知识、预防事故的方法和自我保护知识，营造良好的安全文化建设氛围。

（四）总结考核安全文化成果

及时检查总结工作，评估在安全文化建设上取得的成果，这有助于园区各企业及时调整工作计划，在后期有针对性地开展工作。园区安全管理部门将安全文化建设重点事项清单化，对开展要求进行统一规范，并定期对园区各企业的执行情况进行摸底评估，通过量化指标和雷达图发现管控短板，指明工作要求和改进方向。同时，建立配套的奖惩制度，定期总结发布园区各企业安全文化建设检查结果，对执行不力或不执行的，向企业考核部门提出奖惩意见，予以惩戒。企业倡导并通过正向激励，提高员工的创造力和主观能动性。

三、计划与展望

在很多人看来，安全文化看不见、摸不着，建设起来没有抓手。其实这是对安全文化内涵认识不足造成的。徐州市循环经济产业园如何才能够结合自身产业特性，走出一条与众不同且切合实际的安全文化建设之路？经过充分调研，我们计划从以下几方面入手。

（一）引入安全文化阶梯概念

按照杜邦的安全文化理论，他们将安全文化分为"本能反应""严格监督""独立自主""团队互助"四个阶段，并基于这个模型，结合企业和员工的安全行为特性对组织目前所处的阶段进行判定。

徐州市循环经济产业园在杜邦安全文化理论的基础上，结合国情及自身行业特点，进一步将安全文化细分为五个阶梯，即"安全文化阶梯"理论，如图2所示。五个阶梯从低到高分别是"不予关注""被动应对""注重结果""积极主动"和"时刻关注"。

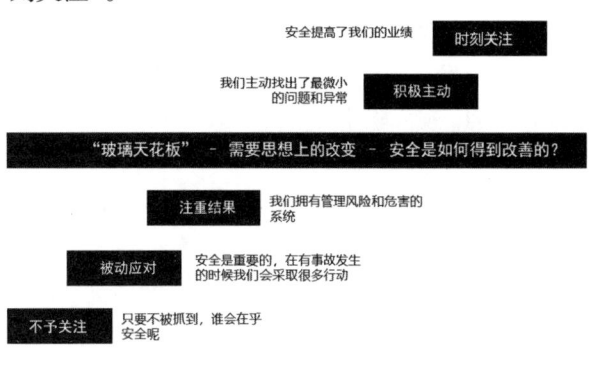

图2 "安全文化阶梯"模型

（二）对安全文化所处的阶段进行定量评价

我们计划基于"安全文化阶梯"模型，设定若干个评价要素，针对各要素在安全文化每一个阶梯阶段的表现设定评价指标，然后通过企业和员工的行为表现，与指标进行对比，从而准确评估各要素对应的安全文化阶段。通过对各评价要素的阶段评定，准确把握整个组织在安全文化阶梯中所处的阶段，制定针对性的纠正预防措施予以改善，从而实现持续改进的目标。

目前，这项工作处在策划阶段，但我们对此充满信心和期望。

四、结语

徐州市循环经济产业园已成功入围全国50家资源循环利用基地建设名单，是江苏省重大（生态环保）项目。徐州市作为全国首批11个"无废城市"建设试点城市，循环经济产业园作为城市绿色低碳循环发展的重要功能性、支撑性项目和平台载体，对推动徐州市高质量发展和生态文明建设意义重大。园区从无到有的过程也是安全管理从无到有的过程，这张循环经济产业安全管理的"白纸"如何书写，对园区安全管理者来说既是挑战也是机遇。

我们在编织园区安全大网的同时，将会不断加强安全文化建设，提高全体员工的安全素质，保障园区在绿色、低碳、循环、安全四位一体的创新模式下实现可持续发展，也为整个循环经济产业的发展注入安全活力。

参考文献

[1] 刘铁民. 应急体系建设与预案编制[M]. 北京：企业管理出版社,2004.

[2] 邹少强. "文化"与企业安全文化建设[J]. 现代职业安全,2022(05):46.

[3] 毛永星. 安全文化建设对企业提高安全生产管理水平的意义[J]. 冶金管理,2021(09):131-132.

[4] 刘伟. 发挥安全监督人员在安全文化建设中的作用[J]. 现代职业安全,2022(04):48.

[5] 张虎. 国有企业安全文化探索实践与高质量发展[J]. 活力,2022(02):69-71.

[6] 陈百兵. 建设安全文化 全面提升企业安全管理水平——访中南大学特聘教授王秉[J]. 现代职业安全,2022(01):12-17.

[7] 康少坡,王君. 浅析如何开展班组安全文化建设[J]. 当代电力文化,2021(08):70-71.

[8] 李青松. 企业安全文化建设常见问题分析[J]. 现代职业安全,2022(01):23-25.

基于AHP—正态云的馥郁香型白酒厂安全文化评价及应用

酒鬼酒股份有限公司　符　飞　戴定宏　龚　健　田德雨　向　宠

摘　要：为了客观评估企业安全文化建设情况，特别是"后疫情时代"安全文化的改善方向，基于国家标准及有关文献，结合企业实际，首先利用AHP法构建了馥郁香型白酒厂安全文化评价指标体系，然后引入云模型理论进行验证，从而建立了AHP—正态云馥郁香型白酒厂安全文化评价模型。以某馥郁香型白酒厂为研究对象，数据表明，该厂安全文化成熟度为可管理级；在安全硬件、环境等方面需要加强，结论与企业实际情况相符，为企业安全文化规划提供了参考。研究结果表明：AHP—正态云评价模型具备科学性，可为同类企业安全文化建设提供科学理论支撑。

关键词：安全文化评价；正态云模型；馥郁香型白酒厂

安全文化是企业价值观的传承，是衡量企业现代化管理水平的核心要素[1]，众多学者对多行业的安全文化的构建做了大量研究，傅贵等[2]利用结构方程模型软件（AMOS）对安全文化的影响因子做了研究；李爽[3]基于控制论和自组织理论分析了安全文化的形成机理，以神华集团和徐矿集团为研究对象，用多元回归分析法做了探索性研究。孙瑞山等[4]从流程角度设计了空管安全文化量化表；韩磊等[5]从组织和个体角度构建了电子厂的安全文化设计；还有部分学者从企业文化类型、系统角度、安全绩效、元数据要素出发，对企业安全文化进行了细分研究[6-8]。

以上学者围绕安全文化做了大量针对性研究，成果十分丰富。但是，以上研究定性研究多，且亟须一种从定性判断向定量表达的方法。李德毅院士提出的云模型近年来大量用于数据挖掘、图像处理等人工智能领域，是一种理想的将定性概念转向定量表达的工具，能清晰地表达出随机性和模糊性的映射[9]，因此引入云模型理论能更客观、科学地开展评价工作。

在白酒行业安全生产领域进行文献调研时，以知网为检索工具，以"白酒安全文化"等为主题或关键词进行文献检索，发现无文献记录，因此，构建白酒行业的安全文化评价模型，将填补白酒行业安全文化评估这一细分领域空白。

一、构建评价模型

（一）建立评价指标体系

（1）以《企业安全文化建设评价准则》（AQ/T 9005—2008）和《企业安全文化建设导则》（AQ/T 9004—2008）为基础，结合以上学者的文献及观点，建立了初步的馥郁香型白酒厂安全文化评价指标体系要素集。

（2）邀请来自工贸、建筑施工、安全生产信息化等多行业的9位专家组成小组，研究要素集，并以调查问卷的形式收集数据，经数据优化处理，得到要素集的权重。

（3）基于FCUD群决策模型，对问卷进行了："模糊化—去模糊化—可视化—识别关键要素"的流程进行定量分析[1]，最终确定了5个一级要素，31个二级要素，并形成了馥郁香型白酒厂安全文化评价指标体系，如表1所示。

表1　馥郁香型白酒生产厂安全文化评价指标体系

目标	一级指标权重	二级指标权重
A 馥郁香型白酒生产企业安全文化评价指标体系	B_1 安全硬件 0.151	B_{11} 生产设备 0.265
		B_{12} 疫情管控 0.156
		B_{13} 安全技术 0.142
		B_{14} 安全标示 0.08
		B_{15} 安全防护 0.056
		B_{16} 安全资金投入 0.301

— 271 —

续 表

目标	一级指标权重	二级指标权重
A 馥郁香型白酒生产企业安全文化评价指标体系	B_2 安全软件	B_{21} 安全责任制度 0.209
		B_{22} 安全奖惩制度 0.105
		B_{23} 安全操作规程 0.163
		B_{24} 安全检查制度 0.158
		B_{25} 安全交流制度 0.151
		B_{26} 疫情管控制度 0.214
	B_3 人员行为 0.209	B_{31} 安全领导能力 0.112
		B_{32} 安全技术能力 0.124
		B_{33} 法律技术标准落实 0.210
		B_{34} 安全预警能力 0.060
		B_{35} 安全应急能力 0.081
		B_{36} 风险辨识能力 0.112
		B_{37} 风险分级管控能力 0.132
		B_{38} 隐患排查处理能力 0.134
		B_{39} 安全持续改善能力 0.035
	B_4 环境 0.201	B_{41} 安全会议制度 0.261
		B_{42} 员工互助、关爱能力 0.245
		B_{43} 安全组织结构 0.173
		B_{44} 安全环境令人适度 0.321
	B_5 价值体现 0.244	B_{51} 安全承诺实现程度 0.188
		B_{52} 公司安全重要程度 0.114
		B_{53} 疫情下企业安全稳定 0.213
		B_{54} 安全效益能力 0.051
		B_{55} 对生活帮助 0.215
		B_{56} 提出有效意见 0.219

（二）建立验证模型

云模型是云的实现方法，是基于概率论和模糊数学实现云的运算、推理和控制等。正向云发生器可以表示由定性概念到定量表示的过程，所以验证模型选择正向云发生器。

基于中心极限定理，有大量独立且同分布的变量的和服从正态分布，因此这里选择普适性更优异的正态云模型作为安全文化评价工具[9]。

1. 云的定义

根据云模型理论，假设存在一个可用数字描述的论域 T，且 $T=\{x\}$；假定 A 是 T 上的一个定性概念，对任意元素 x，都存在一个具有稳定倾向的随机数值 $\mu(x) \in [0,1]$，即为 x 对 A 的确定度。$\mu(x)$ 在 T 上的分布称为云。

2. 云的数字特征

云模型中，Ex 是云模型的期望，表示目标在 T 空间中的中心数值；En' 是云模型的熵，且 En' 服从 $En' \sim (En, He^2)$，En' 可反映云滴的离散程度；He 为超熵（即 En' 的熵），表示点的不确定性；三者共同组成了云安全评价模型的基本数字特征（Ex、En'、He）。

3. 云发生器

云发生器可将云模型的定性概念转化成定量数据，由于正态云的普适性，能在馥郁香型白酒厂安全文化评价模型中将定性概念完成定量转换。其具体算法如下：

（1）根据云的数字特征，生成 Ex、En'、He，且 $En' \sim (En, He^2)$；

（2）生成云滴；

（3）计算确定度，公式为

$$\mu(x) = e^{-\frac{(x-Ex)^2}{2En'^2}} \quad 公式（1）$$

（三）评价模型的构建程序

（1）确定评价目标 A 的评价因素 $A=\{A_1、A_1 \cdots An\}$，将目标存在的影响元素划分为若干指标，明确各级的目标和因素。

（2）确定权重集 $V=\{v1、v2 \cdots vm\}$，式中 $0 < vi < 1$，$v_1 \sim vm$ 是同确定度指标下的 m 个权重指标，且有 i=1mv1=1。得到权重数据，如表1。

（3）建立评价要素集 $W=\{w1、w2 \cdots wh\}$。基于德尔菲法，向1300多位公司员工发放调查问卷，问卷坚持"双边约束"，即指标定为 [0,100][1]。

（4）采用正向云发生器，基于不同因素，确定各要素的正态云数字模型，其公式如下：

$$\begin{cases} Ex = \frac{1}{2}(B\max + B\min) \\ En' = \frac{1}{3}(B\max - B\min) \\ He = k \end{cases} \quad 公式（2）$$

上式中，$B\max$ 和 $B\min$ 分别为问卷优化后的边界值。式中 k 根据经验及离散程度取1[9]。

根据以上步骤，画出馥郁香型白酒厂安全文化评价流程图，如图1所示。

```
                基于AHP—正态云的馥郁香型白酒厂安全
                        文化评价及应用
                              │
        ┌─────────────┬───────┴───────┬─────────────┐
        ▼             ▼               ▼             ▼
  ┌──────────┐  ┌──────────┐   ┌──────────┐  ┌──────────┐
资料收集│ 国家标准 │  │外国、行业标准│学者观点 │
  └──────────┘  └──────────┘   └──────────┘  └──────────┘
```

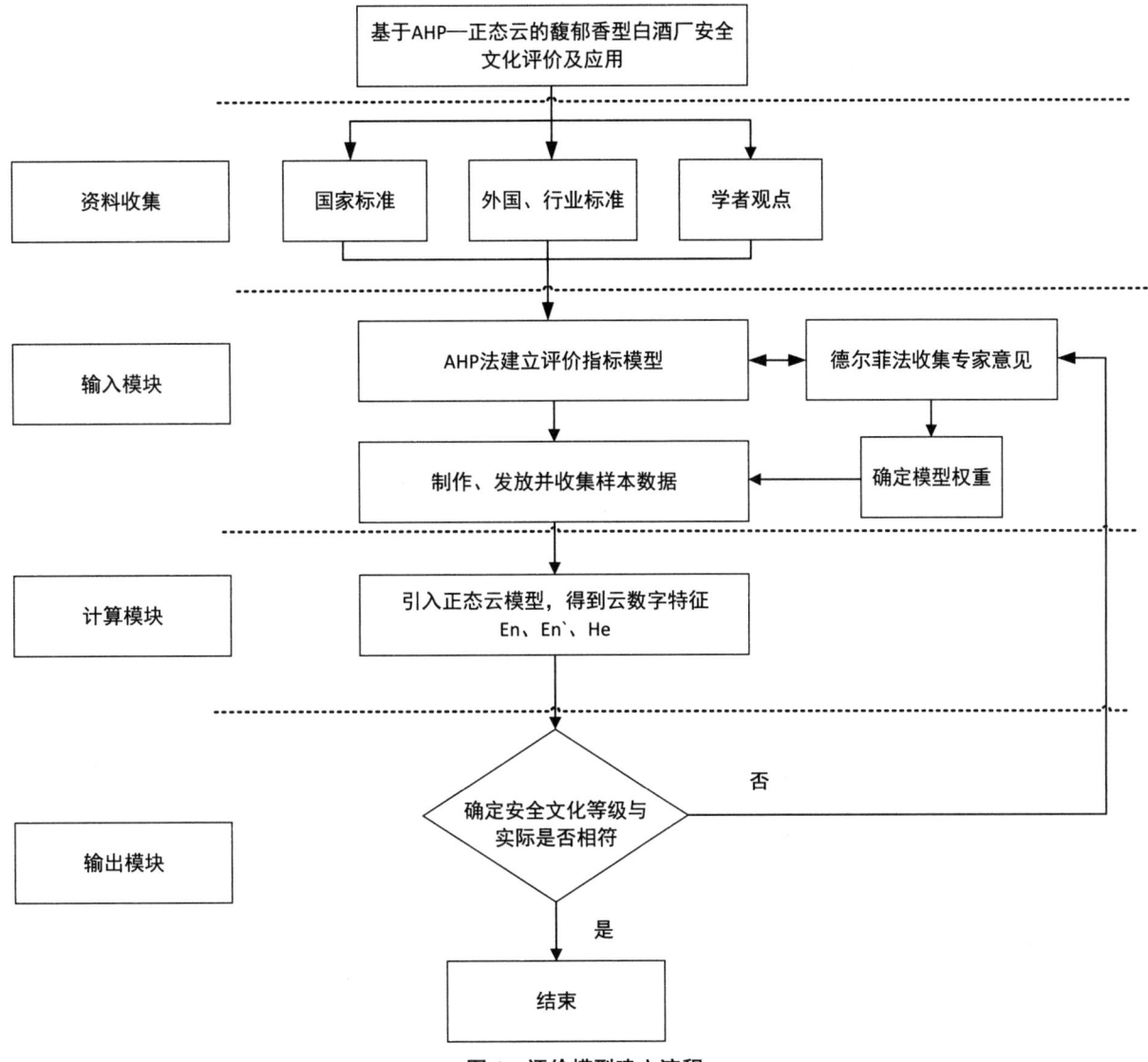

图 1　评价模型建立流程

二、案例分析与应用

本案例选取湖南湘西的某馥郁香型白酒厂，测试上述模型的正确性。

（一）特征值的获取与整合

本次案例，共收回 469 余份调查问卷，经数据处理，得到有效问卷 423 份，经过正向云发生器计算，即公式（2），得到"B_{11} 生产设备"的特征值为 (65、23.333、1)，同理，按照此算法得到 $B_{12} \sim B_{56}$ 的特征值。二级指标数字特征经由 AHP 法[1]，即通过（3）式计算：$B_{11} \sim B_{16}$ 对一级指标"B_1 安全硬件"特征值的贡献度为（73.472、17.685、1），同理，得到"B_2 安全软件"特征值为 (87.115、8.590、1)；"B_3 人员行为"特征值为（86.010、9.327、1）；"B_4 环境"特征值为（69.958、20.028、1）；"B_5 价值体现"特征值为（81.133、10.388、1）。详细数值见表 2。

$$\begin{cases} Ex = \dfrac{Ex_1 * B_{x1} + E_{x2} * Bx_2 + Ex_n * B_{xn}}{B_{x1} + B_{x2} + \cdots B_{xn}} \\ En' = En'_1 * B_{x1} + En'_2 * Bx_2 + \cdots + En'_n * B_{xn} \\ He = Ee_1 * B_{x1} + Ee_2 * Bx_2 + \cdots + Ee_n * B_{xn} \end{cases}$$

公式（3）

在（3）式中，Ex_n 为第 n 个指标的数字特征的期望值，En' 为第 n 个指标的数字特征值的熵，Hen 为第 n 个指标的数字特征的超熵。Bxn 为第 n 个指标的权重值。

表 2　各指标的云数字特征

等级	一级指标特征值（Ex、Ex'、He）	二级指标数字特征（Bmin~Bmax）	特征值（Ex、Ex'、He）
A 馥郁香型白酒生产企业安全文化评价指标体系	B_1 安全硬件（73.472、17.685、1）	B_{11} 生产设备（30~100）	（65、23.333、1）
		B_{12} 疫情管控（50~100）	（75、16.667、1）
		B_{13} 安全技术（40~100）	（70、20、1）
		B_{14} 安全标示（70~100）	（85、10、1）
		B_{15} 安全防护（60~100）	（80、13.333、1）
		B_{16} 安全资金投入（55~100）	（77.5、15、1）
	B_2 安全软件（87.115、8.590、1）	B_{21} 安全责任制度（90~100）	（95、3.333、1）
		B_{22} 安全奖惩制度（80~100）	（90、6.667、1）
		B_{23} 安全操作规程（60~100）	（80、13.333、1）
		B_{24} 安全检查制度（70~100）	（85、10、1）
		B_{25} 安全交流制度（60~100）	（80、13.333、1）
		B_{26} 疫情管控制度（80~100）	（90、6.667、1）
	B_3 人员行为（86.010、9.327、1）	B_{31} 安全领导能力（60~100）	（80、13.333、1）
		B_{32} 安全技术能力（60~100）	（80、13.333、1）
		B_{33} 法律技术标准落实（80~100）	（90、6.667、1）
		B_{34} 安全预警能力（89~100）	（94.5、3.667、1）
		B_{35} 安全应急能力（80~100）	（90、6.667、1）
		B_{36} 风险辨识能力（70~100）	（85、10、1）
		B_{37} 风险分级管控能力（80~100）	（90、6.667、1）
		B_{38} 隐患排查处理能力（60~100）	（80、13.333、1）
		B_{39} 安全持续改善能力（80~100）	（90、6.667、1）
	B_4 环境（69.958、20.028、1）	B_{41} 安全会议制度（65~100）	（82.5、11.667、1）
		B_{42} 员工互助、关爱能力（50~100）	（75、16.667、1）
		B_{43} 安全组织结构（60~100）	（80、13.333、1）
		B_{44} 安全环境令人适度（1~100）	（50.5、33、1）
	B_5 价值体现（81.133、10.388、1）	B_{51} 安全承诺实现程度（60~100）	（80、13.333、1）
		B_{52} 公司安全重要程度（90~100）	（95、3.333、1）
		B_{53} 疫情下企业安全稳定（70~100）	（85、10、1）
		B_{54} 安全效益能力（60~100）	（80、13.333、1）
		B_{55} 对生活帮助（60~100）	（80、13.333、1）
		B_{56} 提出有效意见（60~85）	（72.5、8.333、1）

（二）数字特征拟合云图

基于已确定一级指标的云数字特征，在 Matlab 环境下输入正态云模型程序[9]，生成了 1 朵云图（图 2），从左至右依次为 B_4、B_1、B_5、B_3、B_4 的云图，云图显示，安全硬件及环境的 Ex 较低，人员行为与安全软件 Ex 相对较高，通过实地验证：一方面，此馥郁香型白酒企业历史较长，诸多硬件设施老旧，环境相对恶劣；另一方面基于该厂安全资金投入，专、兼职安全人员比例远大于同类企业，且在安全软件及规范人员方面成果较多，结合 B_1、B_4 熵显著大于

B_2、B_3，显然 B_1、B_4 结论更可信。因此可判断此结果与该工厂实际情况相符，评价模型可靠。

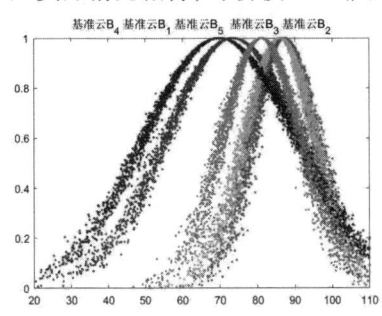

图2 一级指标数字特征拟合云图

（三）确定企业安全文化成熟度

运用黄金分割法，将企业安全文化成熟度的5个等级在[0,1]论域上进行划分，生成馥郁香型白酒厂安全文化成熟度云标尺模型，分别为：一级云—持续优化级(1、0.1031、0.013)；二级云—持续可管理级(0.691、0.064、0.008)；三级云—持续已定义级(0.5、0.039、0.005)；四级云—持续可重复使用级(0.309、0.064、0.008) 和五级云—原始级(0、0.1031、0.013)[1]。

根据上述已确定的模型，经计算，馥郁香型白酒生产企业安全文化评价指标体系的特征值为(79.916、12.855、1)。经等比例优化，得到特征值为（0.799、0.129、0.01）。需说明的是由于原始级 E_x 为 0，五级云—原始级的云图曲线意义不大，这里选择性去掉原始级云图。由此，在 Matlab 环境中，输入正态云模型程序，得到一朵确定企业安全文化成熟度的云图，从左至右分别为：可重复使用级、已定义级、可管理级、目标级、持续优化级（图3）。云图数据显示，该企业目标成熟度介于持续优化级与可管理级之间，经观察：E_n' 数据差值不大，该数据可信。

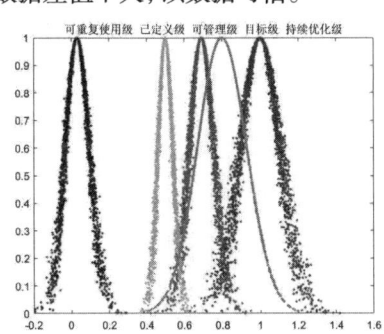

图3 企业安全文化成熟度数字特征拟合云图

三、结语

利用 AHP 法构建了馥郁香型白酒生产厂安全文化评价指标体系，获得了5个一级指标和31个二级指标。引入正态云，建立 AHP—正态云馥郁香型白酒厂安全文化评价模型，经实践证明，模型可靠。

云图显示：该企业当前安全文化成熟度处于持续优化级与可管理级之间，但目标级数值更靠近可管理级，同时也反映出了该企业当前安全文化建设的不足及需要努力的方向。

参考文献

[1] 黄刚. 高危行业企业安全文化成熟度研究[D]. 北京：中国矿业大学，2019.

[2] 傅贵, 王祥尧, 吉洪文, 等. 基于结构方程模型的安全文化影响因子分析[J]. 中国安全科学学报, 2011, 21(02):9-15.

[3] 李爽. 煤矿企业安全文化系统研究[D]. 北京：中国矿业大学，2009.

[4] 孙瑞山, 张凯, 陈梓莉. 空管安全文化量表设计[J]. 安全与环境学报, 2019, 19(01):114-119.

[5] 韩磊. 面向电子通信制造企业的安全文化评价方法及应用研究[D]. 北京：首都经济贸易大学，2018.

[6] 钱洪伟, 尹香菊, 申霞, 等. 煤矿企业安全文化评价指标体系与评价方法论分析[J]. 煤矿安全, 2012, 43(11):214-217.

[7] 施波, 王秉, 吴超. 企业安全文化认同机理及其影响因素[J]. 科技管理研究, 2016, 36(16):195-200.

[8] 凌标灿, 符飞, 王时庆, 等. 双重预防的安全管理元数据分析与构建[J]. 辽宁工程技术大学学报(自然科学版), 2020, 39(05):416-421.

[9] 徐征捷, 张友鹏, 苏宏升. 基于云模型的模糊综合评判法在风险评估中的应用[J]. 安全与环境学报, 2014, 14(02):69-72.

企业安全文化建设的探索与实践

武昆股份有限公司轧钢厂　王予江　崔茂民

摘　要：安全文化是企业文化的重要组成部分。在安全文化建设方面，如何把员工的安全价值观与企业的生产经营活动有机结合，实现安全生产与经营活动的良性循环，提高员工安全素质，提升企业本质化安全水平。

关键词：安全文化；企业文化；本质化安全

一、两个关键点

企业开展安全文化建设，要紧紧围绕"以人为本、坚持人民至上、生命至上，把保护人民生命安全摆在首位"这个中心，突出"安全文化渗透"和"安全行为养成"这两个关键点。

安全理念决定安全意识，安全意识决定安全行为，安全行为决定安全效果。企业要狠抓安全文化渗透和员工安全行为养成，由领导带头，引领干部职工内化思想、外化行为，提高全员安全意识和安全责任。把"安全第一"变为员工的自觉行为。"把预防为主"变为管理者的事前预防。引导员工熟读熟记安全理念，内化于心，外化于行，把安全行为升华为员工的自觉行动。

二、安全文化的定义

安全文化是安全价值观和安全行为准则的总和。安全价值观是指安全文化的里层结构，安全行为准则是指安全文化的表层结构。

三、杜邦企业安全文化建设模型

杜邦企业安全文化建设过程经历了四个不同阶段，即：自然本能反应阶段，依赖严格的监督阶段，独立自主管理阶段，互助团队管理阶段，如图1所示。

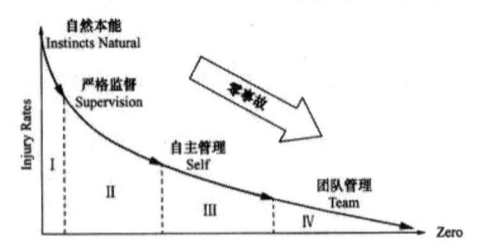

图1　杜邦企业安全文化建设与工业伤害防止和员工安全行为模型

（一）第一阶段：自然本能反应

处在这个阶段的企业和员工对安全的重视，仅仅是一种自然本能保护的反应，表现出的安全行为特征如下。

（1）靠人的本能：员工对安全的认识和反应是出于人的本能保护，没有或很少有安全的预防意识。

（2）以服从为目标：员工对安全的认识和反应是一种被动的服从，没有或很少有安全的主动自我保护和参与意识。

（3）将职责委派给安全经理：各级管理层认为安全是安全管理部门和安全经理的责任，他们仅仅是配合的角色。

（4）缺少高级管理层的参与：高级管理层对安全的支持仅仅是口头或书面上的，没有或很少有人力物力上的支持。

（二）第二阶段：依赖严格的监督

处在这个阶段时，企业已经建立起了必要的安全管理系统和规章制度，各级管理层对安全责任做出承诺。但员工安全意识和行为往往是被动的，表现出的安全行为特征如下。

（1）管理层承诺：从高级至生产主管的各级管理层对安全责任做出承诺并表现出无处不在的有感领导。

（2）受雇的条件：安全是员工受雇的条件，任何违反企业安全规章制度的行为可能会导致解雇。

（3）害怕/纪律：员工遵守安全规章制度仅仅是害怕被解雇或受到纪律处罚。

（4）规则/程序：企业建立起必要的安全规章制度但员工的执行往往是被动的。

（5）监督控制、强调和目标：各级生产主管监督和控制所有部门的安全，不断反复强调安全的重要性，制定具体的安全目标。

（6）重视所有人：企业把安全视为一种价值，

不但就企业而言，而且是对所有人包括员工和劳务用工等。

（7）培训：安全培训应该是有系统性和针对性设计的。受训的对象应包括企业的高、中、低层管理层、全体员工和合同工，使他们具有安全管理的技巧和能力，以及良好的安全行为。

（三）第三阶段：独立自主管理

此时，企业已经具有良好的安全管理及其体系，安全获得各级管理层的承诺，各级管理层和全体员工具备良好的安全管理技巧、能力以及安全意识，表现出的安全行为特征如下。

（1）个人知识、承诺和标准：员工具备熟识的安全知识，员工本人对安全行为做出承诺，并按规章制度和标准进行生产。

（2）内在化：安全意识已深入员工之心。

（3）个人价值：把安全作为个人价值的一部分。

（4）关注自我：安全不仅是为了自己，也是为了家人和亲人。

（5）实践和习惯行为：安全无时不在员工的工作中、工作外，成为其日常生活的行为习惯。

（6）个人得到承诺：把安全视为个人成就。

（四）第四阶段：互助团队管理

此时，企业安全文化深入人心，安全已融入企业组织内部的每个角落。安全为了生产，生产必须安全。表现出的安全行为特征如下。

（1）助别人遵守：员工不但自己自觉遵守而且帮助别人遵守各项规章制度和标准。

（2）留心他人：员工在工作中不但观察自己而且留心他人的不安全行为和条件。

（3）团队贡献：员工将自己的安全知识和经验分享给其他同事。

（4）关注他人：关注其他员工的异常情绪变化，提醒安全操作。

（5）个体荣誉：员工将安全作为一项集体荣誉。

四、杜邦公司建立企业安全文化的四个阶段

反思国内外高危行业、企业通报的重、特大安全事故案例，怎样减少和杜绝工业事故的发生。

杜邦公司四个阶段的企业文化模型中，值得借鉴的是：建立企业安全文化，提高员工安全行为，防止和减少工业安全事故，长周期实现零事故的目标。

杜邦公司成立于1802年，历史上曾经发生过很多生产安全事故，有一起事故中，最高管理层的亲属也不幸遇难。公司追求"零事故"的目标，到第1个100年即1912年公司建立了数据统计模型，到20世纪40年代有底气地提出了"所有事故都是可以防止的"理念。杜邦公司已有200多年的历史，杜邦公司研判人的不安全行为：每100个疏忽或失误，会有一个造成事故，每100个事故中，就会有一个是恶性事故的论述与海因里希安全法则不谋而合。企业安全文化的建立不是一蹴而就的，而是一项长期的艰巨的任务，要持之以恒，持续改进和固化。特别是要打造世界一流企业，打造百年企业的长青基业，要建立世界一流企业的安全文化，关键要素是企业高管要有顶层设计战略，要有坚定信念和必胜决心，要有以人为本、安全发展的理念，要有珍爱生命，保障安全的能力，要有安全文化渗透员工，感化员工的安全文化认同感。

五、用企业安全文化规范行为

我国安全生产法是企业创建安全文化的纲领性文件，企业应用系统管理思维，对照强制标准、推荐标准、行业标准，制定全员安全生产责任制，明确责、权、利，领导要带头，用企业安全文化来规范企业管理者和员工的安全行为。

有人说："企业在安全生产管理工作中，企业领导的最低标准就是职工的最高标准。"企业领导标准要求越高，员工的标杆效应越高。说明企业领导在员工心目中的示范作用很重要。企业坚持"以法治安"，营造"隐患就是事故，违章就是犯罪"的安全文化理念，结合企业实际按照事故性质和危害后果制定"违章分类标准。如昆钢公司分为：典型违章，A、B、C类违章，考核与扣积分相结合，对强化责任，杜绝事故有良好的促进作用"。企业领导就要以身作则，带头示范，做好表率。做到学法、知法、守法、不违法。在广大员工中要把学规程、懂规程、用规程结合起来，在安全管理全过程力争做到知行合一，长期坚持"不违章指挥、不违章作业、不违反劳动纪律"。做到"不伤害自己、不伤害他人、不被他人伤害、保护他人不受伤害"。企业各级管理者和人员要依法进行安全检查、安全监督、安全考核和"三违"曝光，维护安全规章制度的权威性。企业生产安全事故就一定能够可防可控。

六、企业安全标准化的强制推行，为企业安全文化涵盖协力方、相关方的安全生产管理提供依据

随着改革不断深入，强强联合、兼并重组、公私互补等大集团、联合企业的建立,面对制度不同、文化不同、生产经营方式不同,首要任务就是融合,其中安全文化的融合统一尤为重要。

企业身处东西南北中,用工灵活多样,在安全管理方面借鉴杜邦公司四个阶段的管理模型尤为有效。以服从为目标(第一阶段),以敬畏安全,刚性纪律约束为支撑(第二阶段),把安全作为个人价值的一部分或承诺把安全视为个人成就的文化认同(第三阶段),建立团队意识,员工把自己在安全生产方面的知识、经验与他人分享,关注保护他人不受伤害等内容。其目的就是要落实安全责任,体现担当,依法履职,减少安全事故,实现零事故目标。

生产工作应当以人为本,坚持人民至上、生命至上,把保护人民生命安全摆在首位,牢固树立安全发展理念,坚持"安全第一、预防为主、综合治理"的方针,从源头上防范化解重大安全风险。强化和落实生产经营单位的主体责任。明确从业人员在作业过程中,应当严格遵守本单位的安全生产规章制度和操作规程,服从管理,正确佩戴和使用劳动防护用品,当班过程禁止使用手机等刚性约束,这是安全生产法律赋予企业管理人员和员工必须遵守的义务。企业应建立健全安全生产管理网络,逐级签订安全生产责任状,分解落实安全生产目标指标,具体到人,应用各种考核和激励手段,确保目标指标如期实现。

七、企业安全文化的建立,提高本质化安全水平是根本

新成立的企业或百年企业都直接参与市场竞争,其核心竞争力离不开装备水平。提高生产工艺和设备设施本质化安全,切忌避免先天不足。供给侧结构性改革,双循环都是增强持续增长动力的国家经济战略。企业要与时俱进,抓住发展机遇,从项目设计阶段就充分考虑本质安全的设计构想,把绿色、低碳、环保、安全、职业健康方面的因素涵盖其中,制造设备设施时,应利用人机工程学原理,改善劳动环境,为职工创造安全舒适的作业环境和工作条件,保护员工的身心健康,提高企业的对外形象。

八、企业安全文化的实施,离不开科技创新

企业是科技创新的主体,要与时俱进,与有关科研机构和专业院校加强合作,提高企业自主创新能力,在安全生产科技领域有更多的发明创造,在安全科技前沿和高技术领域占有一席之地,掌握更多的自主知识产权,不断把安全科技工作推向新阶段。

企业要提高核心竞争力,高素质团队和智能制造应双轮驱动,针对劳动强度大、重复劳动、笨重体力等作业岗位,建议采用机械手、机器人代替人工劳动。对安全风险大,事故易发多发的危险场所应增设远程监控系统、定位系统,推进声、光电技术,自动报警、自动灭火系统等高科技产品在安全生产领域的应用,对促进企业结构调整、优化人力资源、促进科技进步,将产生深远的影响。

结论:综上所述,建立企业安全文化,提高员工安全行为,防止和减少工业安全事故,长周期实现零事故的目标是一定能够实现的。

参考文献

[1]徐伟东. 现代企业安全管理[M]. 广东:广东科技出版社,2007.

[2]王春东,杨宏,赵俊阁. 信息安全管理[M]. 武汉:武汉大学出版社,2013.

[3]崔政斌,冯永发. 杜邦十大安全理念透视[M]. 北京:化学工业出版社,2016.

基于中粮集团"横向到边、纵向到底"的安全管理体系,创新基层企业安全文化建设

中粮粮油工业(九江)有限公司　王　鹏　李世春　汪嘉慧　江　欣　姜俊杰

摘　要:本文以中粮粮油工业(九江)有限公司为蓝本,浅析地方工厂如何在新形势下解析国家与集团政策,在集团建立的横向到边、纵向到底的安全管理体系下,如何结合地方工厂实际,针对安全管理中的难点、痛点问题,创新、丰富基层企业文化建设并指导实践的摸索之路。

关键词:基层安全文化建设;油脂加工;机制;实践探索

"十四五"时期是我国在全面建成小康社会、实现第一个百年奋斗目标之后,乘势而上开启全面建设社会主义现代化国家新征程、向第二个百年奋斗目标进军的第一个五年[1]。党中央、国务院对安全生产的重视提升到一个新的高度,要求坚持人民至上、生命至上,统筹好发展和安全两件大事。

中粮集团面向新形势下的安全生产工作迅速响应,体现了央企担当。中粮集团有限公司是中国农粮行业领军者,全球布局、全产业链的国际化大粮商。中粮集团以农粮为核心主业,聚焦粮、油、糖、棉、肉、乳等品类,致力于打造从田间到餐桌的全产业链粮油食品企业。中粮油脂控股有限公司(以下简称中粮油脂)是中粮集团旗下以经营油脂油料采购、加工、仓储运输、贸易和品牌销售业务为主的专业化公司,是国内最具实力的植物油和油籽粕生产商之一。中粮油脂作为集团旗下重要的民生领头行业,油脂企业的安全运转,不仅保障着国民基础生活,更关乎着千万个职工家庭的稳定。

一、孵化安全理念助力体系建设持续完善

油脂加工行业的特殊性在于既要食品安全,更要生产安全。在"十四五"的规划道路及在《中华人民共和国安全生产法》重新修订的背景下,根据中粮集团及区域安全生产工作部署,中粮粮油工业(九江)有限公司也结合自身特点,在系列实践探索与创新尝试中不断完善公司的安全文化体系,其中先进的安全理念文化是先进企业文化建设的先导和根本。

安全理念文化包含了企业安全宗旨、安全口号和安全哲学等内容,公司安全文化的核心是以人为本,这需要将安全责任落实到企业全员的具体工作中,通过安全制度文化的建设进行管理,培育员工共同认可的安全价值观和安全行为规范,在企业内部形成自我约束、自主管理和团队管理的安全文化氛围,最终实现持续改善安全业绩、建立安全生产长效机制的目标。

二、优化安全制度助力安全管理长治久安

安全制度建设是安全管理的必要条件,公司通过贯彻安全理念文化核心、填充理念内容、不断创新完善现行安全制度以实现企业安全管理优化,针对一线工厂车间类型多元、治理结构复杂、风险点广且分散的特点形成了特色的五大制度。

(一)建立特色安全管理体系制度

考虑行业特色、现有组织机构与管控关系以及固有风险和管控水平,结合国家法律法规和一些国际先进管理体系,兼顾先进性、合规性、可行性、实效性,以安全文化为引领,建立涵盖源头管理、过程控制、应急管理与事故反思等全生命周期的风险管控机制,即由制度标准、推进保障、考核评价构成的支撑体系。旨在通过体系构建、完善和持续改进,依靠机制、方法、资源的有机结合,力争实现安全管理的长治久安。

(二)健全安全风险监督检查机制

集团层面建立了《中粮集团质量安全监督检查管理办法》《中粮集团质量安全远程监督检查实施

指南（试行）》制度，形成了集团重点监管抽查，专业化公司全覆盖检查，基层企业自查的三级监督检查体系。在集团织牢的制度网下，公司从健全基层检查机制、夯实部门监管责任两处抓着手，常规开展日督察、月度检查、专项与"四不两直"检查的同时，制定包保制度，还要求各包保责任人对包保责任范围内的部门和车间履职尽责、压实责任、细化措施，始终紧绷质量安全之弦，坚决杜绝各类质量安全事件。

（三）强化双重预防机制建设

强化风险分级管控机制，根据 PDCA 管理原则，进一步明确各层级风险管控全周期工作任务分工，制定一系列安全风险管理制度标准，以质量安全风险管理办法为引领，形成完备的风险管理制度标准体系。

强化隐患排查治理机制，明确生产安全隐患识别、排查、报告、治理的责任主体，专业化公司主要负责人应对发现的各类生产安全隐患组织协调资源，落实隐患整改和治理工作。

强化持续改进机制，巩固双重预防机制建设成果，做好日常管理工作，精准聚焦保障能力、体系有效性、重大风险管理、培训教育、监督指导、三类作业、应急管理、风险事件等方面。

（四）构建完善安全生产应急救援预案体系

公司不断完善应急预案体系，现阶段预案体系下包含综合、专项应急预案及现场处置方案，其中专项预案涵盖火灾爆炸、粉尘爆炸、天然气泄漏、危化品、特种设备、有限空间、防汛及防疫等专项，实现全员覆盖。

此外联合建设方面采取与周边工厂成立专项联防组织，旨在出现紧急情况时，充分发挥各方应急资源的优势，实现资源共享，积极响应参与救援，减少、防范事故带来的危害及次生污染等。

（五）创建安全档案管理制度

借助安全档案[2]管理工具，根据日常开展的各项安全管理工作，各层级人员以岗位安全生产责任制为基础，结合具体落实情况，提前制订下月度安全责任制履职工作计划并按计划实施。该管理办法适用于各部门班长及班长以上各层级管理人员，将实时记录或影像资料录入个人岗位安全管理档案，形成痕迹化档案，助力各级管理人员齐抓共管安全工作，同时有助于厘清管理思路，更通过此方案促进各部门对安全文化管理的建设和重视。

三、明确安全行为助力岗位人员履职尽责

为明确相关部门和人员的安全管理职责，确保责任落实到每一个岗位，每一个员工，集团建立了横向到边、纵向到底的责任制体系，建立了基层企业五道责任防线。

（一）集团和专业化公司的责任制

结合集团业态特点，明确了集团、专业化公司、基层企业三级架构的管理职责定位，编制了符合集团实际的三级任务清单。按照系统管理、上下衔接、分工协同、闭环管理原则，聚焦核心要素与管理活动，对其要求进行分解细化，为各级履职尽责提供具有可操作性、针对性的指导，有效避免管理上的缺位、错位、越位等混乱现象。集团重点强化顶层设计，建章立制，明确总体要求；专业化公司重点实现监督检查，制度转化，指导帮扶基层企业开展安全生产工作；基层企业严格遵章守制，强化过程管理、现场管理，确保作业规范。

（二）基层企业五道责任防线

为促进履职能力建设，做到尽职免责、失职问责，集团制定了五道责任防线，明确基层企业五类人员主要职责。党政"一把手"全面负责，重在安排部署、组织实施及监督检查。带班值班领导切实做到"六个到位"。业务部门严格落实属地责任，配合安全生产工作，以及风险管控、日常隐患排查。安全管理部门加强监督检查、考核问责，倒逼责任落实。一线员工积极参与员工级岗位安全培训教育，提升安全意识，确保能做到自保、互保、联保。

四、完善安全环境助力文化理念有效落地

加强安全环境和安全氛围建设，充分发挥安全环境潜移默化的作用，积极开展活动，激发职工参与积极性，同时通过技术、安全管理来提升工作环境安全系数，保障员工生产安全，两者软硬结合，从而为安全生产提供有力保障。

（一）开展人文软实力建设

坚持"以人为本"的理念核心[3]，紧扣"安全"的文化主题，强化责任意识，创建平安、温馨、和谐、有情感、有温度的安全文化氛围。鼓励以尊重沟通替代严肃处理，鼓励以教育替代惩罚，鼓励以提前预警、发现隐患替代事后分析。新增隐患举报制度及修改 5S 考核制度，给予发现重大安全隐患及模范遵守 5S 规定的员工和车间物质及精神奖励。

同时将安全活动亲情化,将员工家属的关爱标语以及家庭合影张贴在各车间出入的醒目处,让家人的温馨提醒与警示教育融为一体。把安全文化引领和工作载体相融合,将各项安全理念落实到生产环节当中去,使基层企业进入文化促进管理,管理促进安全,安全促进发展的正向局面。

（二）改良物理硬环境建设

1. 搭建信息化、自动化系统,转型数字化、智能化平台

公司当前已实行危险作业全面线上审批,全面推广和应用危险作业信息管理系统,实现流程规范、动态监控、全程可溯、便捷高效,达到危险作业的全过程闭环管理;对消防系统、设备设施进行全面升级改造,将消防泡沫系统由手动变更为远程启动控制;推行智慧用电及消防管理一体化项目,该项目集电流、电压实时监测,配电柜和线路的温度和烟感消防监控的智能系统于一身,实现配电柜火灾预警的功能;2022年筹备建设中的智慧园区系统一期项目提供3D立体管控数字指挥视图、数据看板和数据可视化应用,落成后实现厂区内的安全管理数据及各车间数据的统一采集、集中展示、区域分级管控、人员分级管控,规范了作业行为、防范安全隐患,实现工厂全面透明化管控,深入实现数字化工厂。

2. 厂区安全改造实现安全环境标准化

对厂区从车辆智能化改造、厂区道路硬隔离、人员车辆行为监测着手,进行了系列改造,进一步规范场（厂）内交通、劳保防护等安全管理。对厂内叉车进行智能化改造,加装示宽警示灯、自动感应停车、指纹锁系统;在厂区主干道安装限速监测设备,与电脑联网,实行自动警报和实时监测功能,同时具备行人偏离通道喊话功能;建立厂区内二道闸岗,在生产区域与办公区域设置门禁系统,将生产区域与办公区域分隔开来进行人脸识别管理,杜绝外部人员随意进出生产区域的可能性,进一步完善了相关方治理。

3. 工艺安全提升专项行动实现本质安全

针对公司生产、物流、小包装等部门涉及溶剂、粉尘等易发生燃爆,易造成重大人员、财产损失的生产场所及设施,对甲级防爆管控的车间18项基本连锁以及生产全流程中涉及工艺风险点的各设备设施进行了全流程梳理,旨在与内部、区域、油脂公司对标的过程中评估防控效果、查找设计缺失,改进的89项控制点完善了工艺风险的控制,加快了工艺安全各项保障的建设工作,有效预防和杜绝由于工艺安全引发的各类事故,确保企业员工生命和财产安全,实现本质安全。

五、结语

中粮粮油工业（九江）有限公司在"不敢出事故、不能出事故、确保无事故"的安全文化愿景氛围中,以安全标准化作为标尺对标落地的生产行为,牢固树立"生命至上、安全第一"的底线思维和红线意识,以"零死亡"为目标明确关键节点、关键层级,横向到边强化源头管控、过程管控与反思改进,纵向到底统筹工厂、车间、班组三级,多措并举全员安全意识得到显著提升。

2021年4月17日作为江西省工贸企业代表接受国务院安委会检查组考核并通过,2021年6月30日,我公司被江西省人民政府授予"'十三五'期间全省安全生产工作先进单位"荣誉称号。2022年9月再次通过中华人民共和国应急管理部安全标准化一级验收。基层企业安全文化建设初见成效,截至目前已安全生产4910天。

无论在大形势下安全管理的要求如何变化,以人为本的核心是立于潮头永远不变的主旋律,基层企业的安全体系化管理起步较晚,类目繁多、道阻且长。今后工厂将进一步织密缝实横向到边、纵向到底的防护网,让每位员工在企业安全文化的滋养下安心、舒心、放心地为国谋粮。

参考文献

[1]《"十四五"国家安全生产规划》解读[N]. 中国应急管理报,2022-04-14(003).

[2] 柳光磊,刘何清,阮毅,等. "十四五"时期的企业安全文化建设的思考[J]. 安全,2021,42(04):32-37.

[3] 朱育志. 企业安全标准化管理优化对策研究[J]. 造纸装备及材料,2022,51(01):187-189.

华亭煤业公司"1460"安全文化建设的探索与实践

中国华能华亭煤业集团有限责任公司　武　岳　冯立波　逯天寿　朱凡奇　康正阳

摘　要：多年来，中国华能华亭煤业集团有限责任公司（以下简称华亭煤业公司）结合企业安全生产实际，深入学习贯彻习近平总书记关于文化建设的重要指示，坚持社会主义先进文化前进方向，秉承"三色"公司使命，始终把安全文化建设作为铸魂、育人、塑形的战略措施，树标杆、争一流、创品牌，通过不断的探索和实践，形成底蕴深厚、实用贴切的具有华煤特色的"1460"安全文化体系，在安全生产实践中凸显重要地位，先进理念逐步深入人心，安全教育效果明显，制度建设不断完善，硬件建设不断加强，员工行为日益规范，亲情文化氛围浓厚，真正用文化筑牢安全防线。华亭煤业公司坚持以安全发展作为安全生产工作的指导和宗旨；以"零死亡"理念作为安全生产的基础和前提；以"向零奋进"作为安全生产的思路和目标；以"安全华煤、幸福矿工"安全愿景作为安全文化建设的核心；以安全生产标准化管理体系为主线，建立质量、健康安全、环境管理体系，通过狠抓管理体系的有效运行，提升整体安全生产管理水平。

关键词：安全文化建设；安全理念实践；安全生产责任体系；安全生产标准化管理体系；安全机制实践应用

一、"1460"安全文化内涵特质

华亭煤业公司"1460"安全文化实践是认真贯彻落实习近平总书记关于文化建设和安全生产重要指示，推动公司安全发展的有力举措，是传承公司安全管理和安全文化重要抓手，是一代代华煤人在开采滚滚乌金中前行、实现安全奋斗目标的有力实践，是华煤人开拓进取、务实创新的立业基石、精细严实的管理风格。

（一）"1460"安全文化的模型

文化模型是以打造本质型安全企业愿景为核心，以安全文化内涵为支撑的圆盘结构，以有效清晰的形式指导公司安全文化实践，如图1所示。

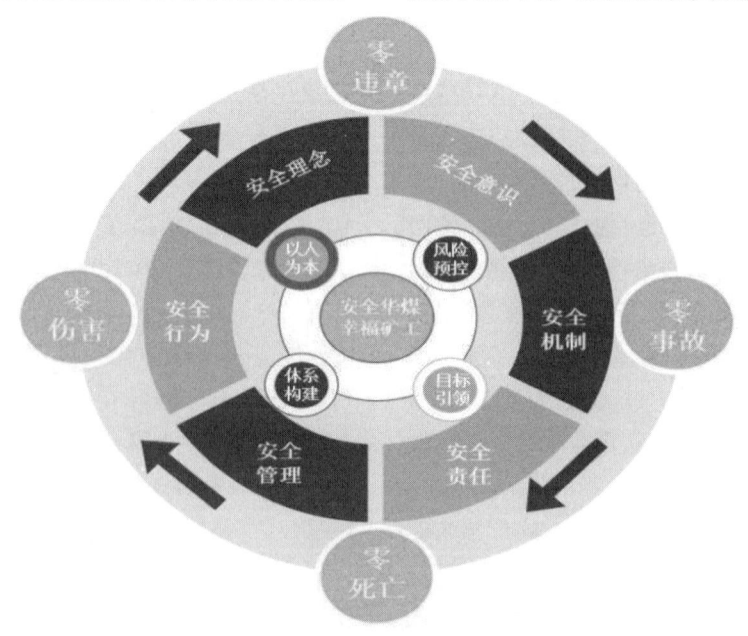

图1　"1460"安全文化的模型

（二）"1460"安全文化的内涵

在企业文化建设过程中,华亭煤业公司秉承"三色"公司使命,把安全文化建设作为促进安全管理、确保安全持续稳定、维护员工安全权益的动力引擎。经过多年的实践提炼形成了华煤"1460"安全文化体系,高起点规划、高标准建设、高目标管理,紧密结合公司实际,以安全文化领航,为实现"安全华煤、幸福矿工"的安全愿景贡献力量。其内涵如下。

"1"是核心理念。即"安全华煤、幸福矿工"的安全愿景,是融合了"安全就是效益、安全就是信誉、安全就是竞争力""安全责任为天、生命至高无上"等诸多安全理念的员工价值追求,体现了华亭煤业公司人本管理体系的价值观念。

"4"是支撑体系。即"以人为本、风险预控、体系构建、目标引领"的安全文化体系。在企业发展过程中,通过不断实践,华煤形成了卓有成效的安全文化内涵特质,这是做好安全工作的基础,也是体现华煤"1460"安全文化实践模型重要支撑内容。

"6"是实践载体。即"安全理念、安全意识、安全行为、安全机制、安全管理、安全责任"6个运行部分,通过构建具有华煤特色安全理念文化、制度文化、行为文化和物质文化等特色文化,整章建制、完善职能、周密谋划、阶段实施,大力营造人人参与安全文化建设的浓厚氛围,为确保企业安全生产起到了积极的推动作用。

"0"是终极目标。即"零目标"。从"零违章"到"零事故"到"零死亡"再到"零伤害",表明华煤安全生产的目标就是向"零"奋进,得到了公司员工广泛认同。

（三）着力构筑"1460"安全文化保障机制

安全文化是安全生产及管理的基础和背景、理念和精神支柱,一经形成,对安全生产的影响就具有惯性和持久性。因此,要做好"1460"安全文化建设,必须把握重点,强化保障各项措施:强化组织保障;强化制度保障;强化资金保障;强化考核保障。

二、"1460"安全文化的运行与实践

（一）明确目标、统一思想,以员工认同的价值理念引领企业安全发展

在安全文化建设中,始终坚持"安全第一,预防为主,综合治理"的安全生产方针,始终把安全作为企业发展的第一责任,维护和实现广大员工根本利益的必然要求,构建和谐矿区、实现企业和员工共同发展,形成了"安全华煤、幸福矿工"这一安全愿景,打造企业与职工的命运共同体,使企业职工之间形成强大的凝聚力和向心力。强化全员抓好安全工作的责任意识、忧患意识、纪律意识和大局意识,以先进理念引领人、教育人、塑造人,筑牢了全员思想防线。

（二）抓住重点、完善基础,建立较为完备的"1460"安全文化支撑体系

"1460"安全文化支撑体系是以"以人为本"为核心,以"目标引领"为导向,以"风险预控"为保障,以"体系构建"为重点的安全文化理论支撑体系。

华亭煤业公司立足于实践,着眼于效果,从源头上控制人的不安全意识和行为,从方法手段上消除引发事故的隐患,实现安全生产工作的"知行合一"。具体表现为以下几点。一是坚持以人为本;二是坚持目标引领;三是大力实施风险预控;四是着力体系构建。

（三）丰富实践、加强执行,确保"1460"安全文化落实落地

1. 建塑特色鲜明安全理念文化,引领员工思想安全

"安全责任为天,生命至高无上"是华煤"1460"安全理念的价值标准（图2）,是致力于实现"1460"安全愿景的安全梦想,二者共为华煤的安全发展导航。建塑特色鲜明的安全理念文化根本就是用先进的安全理念引导员工的思想、心理、价值、行为取向,并为广大员工理解认同,牢固树立正确的安全观,促进其从根本上实现安全,发挥好对安全管理的导向作用,表现为:一是建塑安全理念引领员工思想安全;二是典型示范带动引领员工思想安全;三是开展安全活动引领员工思想安全;四是加强安全教育引领员工思想安全。

图2 华亭煤业"1460"安全理念实践模型

2. 形成"红线"思维安全意识文化，增强自我防范能力

"1460"安全意识文化将煤矿安全生产红线落实到日常工作中去，让职工不能触、不愿触"红线"，不断提高岗位安全意识，确保各项工作顺利开展，对安全管理过程中需要解决的四组矛盾：严管与厚爱、被动与主动、治标与治本、传承与创新，提出了需要提升的四项安全意识：管理观、执行观、预控观和创新观，作为华煤全员安全意识的提升方向。

3. 培育规范有序的安全行为文化，固化员工行为安全

行为准则是对员工的行为规范。如水在不同的容器里呈现不同的形状，规则就是容器，通过对员工行为的约束、规范和指导，促进员工安全行为的养成。一直以来，华亭煤业"1460"安全行为文化以宣贯煤矿安全生产红线为抓手，进一步强化现场安全管理（图3），落实"手指口述"工作，加大反"三违"力度，促使职工规范岗位操作行为，增强遵章守纪的自觉性，争做安全放心人、责任人，推动公司安全生产持续稳定发展，表现为：一是良好行为养成固化员工安全行为；二是注重道德实践固化员工行为安全；三是安全亲情教育固化员工安全行为；四是培育团队精神固化员工行为安全。

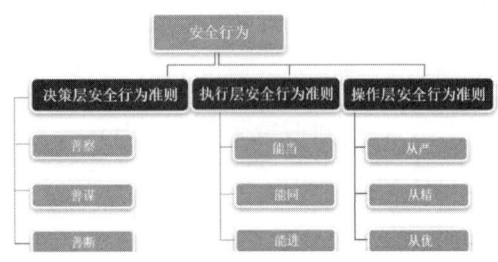

图3 华亭煤业"1460"安全行为实践模型

4. 建立行之有效安全制度文化，引导员工落实安全

安全制度建设是企业安全文化建设的一个重要组成部分。华亭煤业公司通过实施科技兴安、体系管安、全员保安、氛围促安的有效工作机制（图4），促进安全理念和安全价值观在安全管理工作中得到培育和深植，表现为：一是坚持科技兴安，持续推进"一优三减"和"四化"建设；二是坚持体系管安，建立健全安全机制，凝聚联防联保、严防死守的强大工作合力；三是坚持氛围促安，引导职工成长为本质安全型矿工。

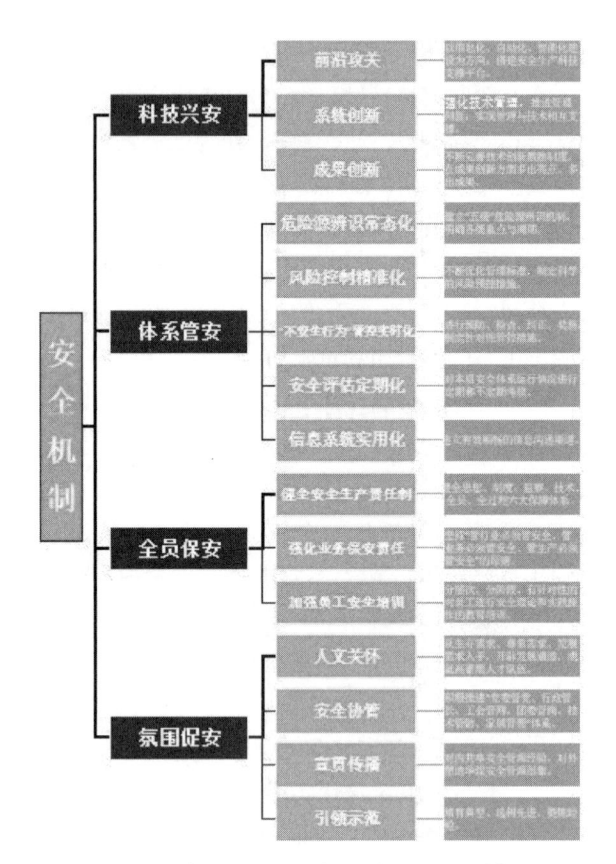

图4 华亭煤业"1460"安全机制实践模型

5. 建立有效管用的安全管理文化，规范员工落实安全

华煤"1460"安全管理文化是华亭煤业公司多年来在安全文化方面探索出具有指导性的管理方法和管理实践，是推进安全文化落地落实的有效途径，强调管理上的精雕细刻，强调把各项工作做精、做细、做实，使上下环节、不同专业能够有效沟通与衔接，做到既相互支持、配合，又互相监督、制约。

6. 健全安全生产责任体系，强化主体责任落实

华亭煤业公司坚持打造安全生产责任体系，细化责任落实，严肃考核问责，按照"党政同责、一岗双责、齐抓共管、失职追责"的原则，进一步健全完善管理人员分工负责制、业务保安责任制和岗位安全责任制，分专业、分系统、分时段逐级量化分解安全责任目标，层层签订安全目标责任书，严格安全目标考核，坚决消除责任盲区和管理空档。

三、华亭煤业公司"1460"安全文化建设实践成效

华亭煤业公司坚持以安全发展作为安全生产工作的指导和宗旨；以"零死亡"理念作为安全生产的基础和前提；以"向零奋进"作为安全生产的思

路和目标；以"安全华煤、幸福矿工"安全愿景作为安全文化建设的核心；以安全生产标准化管理体系为主线，建立质量、健康安全、环境管理体系，通过狠抓管理体系的有效运行，提升公司整体的安全生产管理水平。

（一）保证了企业安全生产目标任务的完成

通过开展安全文化建设，员工安全意识明显增强，企业安全生产水平迈上了新台阶，公司自成立以来，创造了1对矿井连续安全生产6000天以上，铁运处连续安全生产5300天以上，6对矿井及煤制甲醇公司、矿材公司、矿机公司均实现2000天以上长周期安全生产的骄人业绩。

（二）增强了企业竞争力

在中国华能集团"三色"文化的引领下，将公司安全文化融入企业文化建设始终，在安全文化体系建设的带动和保障下，企业生产经营、管理水平得到明显提升，发展环境不断优化，企业总体实力和综合竞争力得到加强。砚北、华矿等7对矿井被评为特级安全高效矿井，公司获得全国煤炭行业安全高效集团荣誉称号，连续10年跨入全国优秀煤炭企业50强。

（三）树立了良好的企业形象

在强化安全文化建设中不断促进企业的安全管理，确保了企业的生产安全、经营安全、政治安全和形象安全，增强了员工的凝聚力和向心力，公司荣获了全国企业文化示范基地、安全文化示范建设标杆企业等荣誉称号，为公司长治久安、行稳致远奠定了基础。

（四）创造了和谐的安全生产环境

通过广泛宣传企业文化理念，展示企业安全文化内涵，使公司干部员工有一致的目标，自我安全意识显著增强，由"要我安全"转变到"我要安全"，由被动重视转变为"主动+重视"，真正形成以文化促管理、以管理促安全、以安全促发展，为全力打造本质安全企业，为建设华能"三色三强三优"现代清洁能源化工企业保驾护航。

（五）形成了独具"华煤烙印"的安全文化特色

总结提炼并形成了华亭煤业安全文化理念体系，编印了《安全文化手册》《员工行为规范手册》《安全生产事故案例汇编》等系列文化丛书。充分发挥安全保障体系和监督体系的作用，全面落实各级安全生产责任制，有效保证了安全生产目标的实现。重视安全生产投入，注重安全生产形象文化建设，坚持文明生产，共同创造更加安全、安定、和谐、文明的生产、生活环境。

四、结语

华煤"1460"安全文化的实践充分表明：煤矿安全生产需要安全文化，而安全文化更是煤矿安全生产的重要保障。巩固深化华煤"1460"安全文化，必将对安全生产形势持续稳定好转产生重要影响，必将推动华亭煤业公司煤矿安全生产水平不断迈上新的台阶，最终让"零伤害"成为可能，变成现实。

以安全文化打牢企业安全发展基础

淮安市应急管理局　王东照　程远清

摘　要：如果说改善生产设施、设备，完善规章制度、健全安全管理网络等是保证企业安全高效有序运行的硬件的话，安全文化在企业内部的倡导和实施就是保证企业安全的至关重要的软件部分。因为制度只能告诉员工最低点标准，而文化则能激励员工不断超越自我，形成自觉的安全意识和安全习惯。安全文化的本质是通过文化的渗透统一员工的安全意识、理念和思维方式，约束员工行为，提高员工安全素质，使员工实现"要我安全"向"我要安全"的转变。只有这样，才能真正提高企业安全管理的有效性，才能使安全保障措施和安全管理机制有效地发挥，才能最终实现企业真正的安全生产。

关键词：安全文化；安全意识；发展基础

实现和谐发展是我国社会发展的新要求。企业的和谐发展，首先要安全发展。对于企业来说，安全生产是其永恒的主题，安全生产不代表一切，但可以否定一切。没有安全，就不可能有效益。实践证明，单纯靠改善生产设施、设备，完善众多的规章制度、健全安全管理网络，并不能保证企业安全高效有序地运行，制度只能告诉员工最低点标准，而文化则能激励员工不断超越自我，形成自觉的安全意识和安全习惯。企业安全文化就是企业员工都具有统一的安全生产、生活的价值观念，人人都具有安全工作、生活的修养、教养。企业的环境、运作具有可靠的安全保障。[1]安全文化的本质是通过文化的形式统一员工的安全意识、理念和思维方式，约束员工行为，提高员工安全素质，从而形成企业巨大的凝聚力和向心力。建设具有企业自身特色的安全文化，用安全文化去塑造每一位员工，让员工从内心认同企业安全文化价值观，激发员工"关注安全、关爱生命"的本能意识，使员工实现"要我安全"向"我要安全"的转变，才能提高企业安全管理的有效性，才能使安全保障措施和安全管理机制有效地发挥，才能实现企业根本的安全生产。

一、塑造安全文化，推动企业安全管理的和谐发展

安全文化是个人和集体的价值观、态度、能力和行为方式的综合产物。是凝聚人心的无形资产和精神力量，是员工精神、素质等方面的综合表现。塑造企业安全文化是一项长期、艰巨而又细致的心理工作，一种优秀的企业文化的构建不像制定一项具体的制度，提一个宣传口号那样简单，它需要企业有意识、有目的、有组织地进行长期的总结、提炼、倡导和强化。

安全文化是一个内容极为丰富的范畴，特别是人的安全思维、安全意识、安全心理、安全行为观念、安全法制观念、安全科技水平等体现了当代大众的安全文化素质，企业安全文化氛围的形成必然推动安全生产的发展。

企业安全文化建设就是把安全价值理念变成企业强势安全文化的过程。[2]企业安全文化建设重在实践，安全文化是需要设计和管理的，文化必须融入企业的经营管理中，并以一定手段来引导。作为企业基础的安全文化，要与经营管理结合在一起。安全文化与企业安全管理有其内在的联系，但安全文化不是纯粹的安全管理，企业安全管理是有投入、有产出、有目标、有实践的生产经营活动过程。企业安全文化是企业安全管理的基础和背景，是理念和精神支柱，安全文化与企业安全管理是互相不可取代的。安全文化是推动企业安全管理和谐发展的基础。

二、更新教育模式，使安全教育真正落到实处

目前，大部分企业都在进行安全文化的教育和塑造，但安全教育收效不佳，职工的安全意识、安全技能提高不多。其原因主要有：一是缺乏灵活性，形式单一，职工不感兴趣；二是缺乏针对性，由于工种多，安全教育很难结合到每个工种的实际；三是

缺乏互动性，安全教育很难深入人心。为了提高安全教育的成效，就要在安全教育的形式和内容上推陈出新，使安全教育具有知识性、趣味性，寓教于乐，广大员工在参与活动中受到教育和熏陶，在潜移默化中强化安全意识，逐步形成"人人讲安全，事事讲安全，时时讲安全"的氛围。

解决这个问题，应从以下三个方面入手：一是更新教育理念，树立大教育、大培训、终身教育的观念。在做好日常安全教育的同时，要对新提拔的管理岗位、技术岗位上的员工进行更高层次安全培训教育；同时也要对从业人员不断进行与新知识、新技术、新方法的使用同步的安全培训教育。二是教育方法更新，教育不搞形式、注重实效，改变传统的教育模式，结合受教育者的实际需要和困惑，因人施教，用鲜活的例子和实践促进干部职工真正提高素质、掌握技能，为安全生产提供人力保证。三是考核方式更新，以职工的安全技能作为检验标准，根据岗位的需要制定安全技能等级标准，定期对职工的安全技能进行测试，将安全技能作为职工晋升、晋级的基本条件，调动职工自觉学习和掌握安全知识的积极性和主动性。同时，要根据事物的发生、发展、演变规律，针对本企业风险隐患的特点和薄弱环节，科学制订和实施应急预案。预案务必简明扼要、有可操作性。一个大企业所有的预案本子，摞在一起可能是很厚的一大本，但具体到每一个岗位，一定要简洁明了，让每一名员工都能做到"看得懂、记得住、用得准"，从而使企业管理逐步向规范化和精细化转变。

三、创新新闻宣传，大力开展安全生产宣传教育

安全生产宣传教育是搞好安全文化宣传，实现安全生产长治久安的动力和源泉，是推进安全文化建设的基础工程，是实现本质安全的重要手段。要大力宣传安全法律、安全知识，在全体员工中唱响"安全发展"的主旋律。

安全宣传传递的是安全政策、法制、文化、常识等安全科学知识，要通过多种宣传形式和手段，倡导和宣传企业安全文化理念。要发挥安全宣传的信息宣传、舆论监督、教育引导、解释沟通的功能与作用，推广安全文化建设的成功经验，追踪事故案例，实施舆论监督，推动全员安全教育，提高员工的安全技术水平和安全防范能力。

在安全宣传中，要精选载体，以形式多样的教育方式达到寓教于心、寓教于行的目的，做到内容与形式相统一。一是主动介入员工的安全培训与学习教育工作。二是全程掌控员工思想动态。建立健全舆情信息网络，依托网络建设，迅速、及时、全面、准确地了解员工所思所想的第一信息，对症下药，有针对性地做好安全思想教育工作。三是对生产经营各项工作全程跟进。尤其要注意做好生产前、生产过程中、事故发生后的安全思想教育工作。并将安全思想教育工作列入工作目标考核中，对安全思想教育工作开展得好的单位和个人，给予表彰奖励；对此项工作开展不力或办法不多、效果不好的单位视情况扣分并在适当场合通报批评。

四、坚持以人为本，用情感来促进企业安全文化建设

"高高兴兴出门，平平安安回家……""你的安全，事关全家幸福"等，平日，我们经常都能听到这样的声音或者看到这样的宣传口号。也许，有人认为这是正常的宣传。其实，这个声音有着特别的意义。确保安全生产，需要做好方方面面的工作，既要有完善的制度，严格的管理，也需要情感的交融。安全宣传，让员工感到亲切、温馨，感受到企业的关心、家人的企盼。那一声声温馨的提醒，一句句真诚的祝福，无不让员工感到贴心的温暖，如果这些温暖深入到每位员工的内心，那谁还有理由无视安全隐患，拿自己的生命当儿戏？

安全管理是否有效，关键在于员工的接受程度，安全管理需要循循善诱，以人为本，以温馨的话语打动员工的身心，让员工切实感受到自己的安全牵动着企业，关系到家庭，员工才能自觉自愿做好安全工作。然而，在一些企业的安全管理中，安全宣传成了训话，安全教育语气生硬，甚至动辄罚款扣工资，不是行政处理，就是经济处罚，使员工产生逆反心理，把生产安全不当一回事，麻痹大意，导致事故的发生。所以安全宣传要充分发挥"情"的感化作用，在安全管理上多动一些脑筋，多注入一份情感，让安全之光照亮每一个员工、每一个岗位，惠及每一个员工家庭。

五、结语

安全工作不可能一蹴而就，也不可能一劳永逸，更容不得一丝一毫的松懈和侥幸。有句格言说得好，"安全来自长期警惕，事故出自瞬间麻痹"。安全生产不仅要有制度有办法，更重要的是要形成企业的安全文化,也就是把冰冷的制度变成人的行为规范,把行为规范变成人的一种习惯,把习惯变成自然,把自然变成企业文化。这才是安全工作追求的最高境界,这样才能真正地从根本上消除隐患,构建稳定、和谐的企业生产环境,最终实现企业效益最大化。

参考文献

[1] 邹少强. "文化"与企业安全文化建设[J]. 现代职业安全,2022(05):46.

[2] 李文庆. 谈企业安全文化建设[J]. 班组天地,2022(06):32-33.

油气管道企业安全文化建设研究与实践

国家管网集团北京管道有限公司　谢　闯　刘泽军　张　涛　胡伟力　孙　阳

摘　要：生产企业安全运营是永恒不变的课题，企业安全文化更是软实力的重要组成部分。国家管网集团北京管道公司引入HSE管理体系，经过了管理理念引入、HSE体系的建立、HSE体系的完善几个阶段。公司以"有感领导、直线责任、属地管理"为主线，突出"领导带头，全员参与"，着重养成习惯和提高能力，强化责任落实与执行力建设，切实加强安全基础工作，努力创建陕京特色的自主管理安全文化。本文对常见企业安全文化建设概况及建设意义进行阐述，并结合北京管道有限公司安全文化建设实例进行分析，总结安全文化建设所取得的经验，真正用文化铸造起安全盾牌，从而保证和推动安全生产的和谐发展，促进企业从严格监督管理阶段向自主管理阶段迈进。

关键词：油气企业；安全生产；QHSE管理体系；安全文化

一、引言

当前，国家油气体制改革和油气管道建设正在如火如荼进行，油气管道企业的快速整合以及规模的迅速扩大，导致企业出现重发展速率轻发展质量、忽略安全生产这个需要摆在重要位置的发展要素的现象。企业不仅要构建安全制度体系，更要积极建设企业安全文化，形成长效安全管理机制。国家"十四五"安全生产规划中明确指出，将油气行业作为重大安全风险治理工程之一，从法治秩序、应急救援、支撑保障、安全生产体系等多方面进行全面提升。因此为兼顾发展与安全，各企业牢固树立安全发展的理念，以"两个至上"为出发点，引入或创新提出先进安全文化发展模式并积极探索，形成符合企业自身发展的安全管理文化，从而实现安全生产的目标。

二、企业安全文化发展概况

（一）安全文化概念

安全文化的概念最先由国际核安全咨询组（International Nuclear Safety Advisory Group, INSAG）于1986年针对核电站的安全问题提出[1][2]。广义的安全文化指人类生产、生活、生存领域的安全文化，核心就是"以人为本""安全第一"，强调所有的事故都是可以预防的，所有隐患是可以控制的。

（二）企业安全文化发展现状及意义

1.安全文化建设发展规律

《企业安全文化建设导则》（AQ/T 9004）中提出，企业在安全文化建设过程中，应引导全体员工的安全态度和安全行为，通过全员参与实现企业安全生产水平持续进步。企业安全文化建设的总体模式，如图1所示。

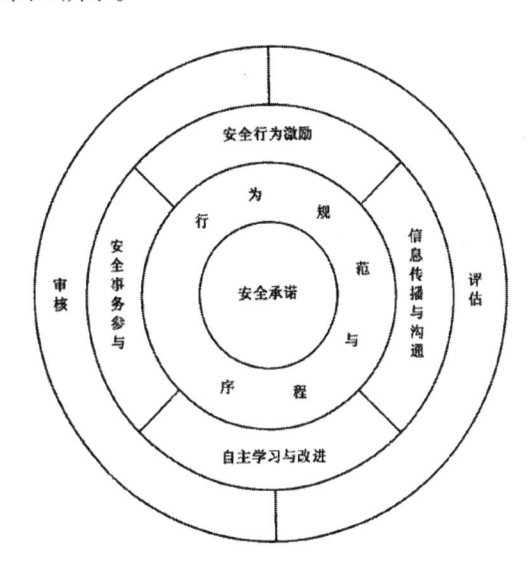

图1　企业安全文化建设的总体模式

国内外在安全文化建设方面起步较早且比较典型的是美国杜邦公司[3]。美国杜邦公司提出安全文化发展一般分为4个阶段，即自然本能阶段、严格依赖监督阶段、独立自主管理阶段和团队互助管理阶段。安全文化发展理论模型，如图2所示。

2.油气企业安全文化建设现状及意义

国内外企业安全文化建设主要针对三个方面，

安全文化建设理念的研究、安全文化建设内涵的研究以及安全文化建设效果评价的研究[4]。现代企业安全管理目标主要集中在五个方面[5]，分别是"目标控制、安全效益、安全链、安全文化建设、本质安全"。

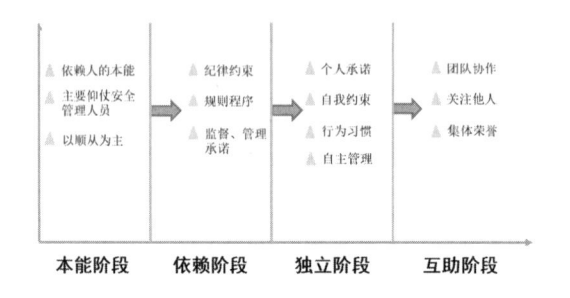

图 2　安全文化理论模型

安全文化建设是推进安全自主管理的需要，自主管理需要从自然人向社会人的转变，在外部良好安全环境的影响和引导下，使自己的行为符合组织的要求，最终完成目标。安全文化建设是控制员工不安全行为，避免事故发生的需要。安全文化是安全生产工作在意识形态领域和人们思想观念上的综合反映，是规范人的行为和理念的综合。通过安全文化的构建和培育，可以创造一种良好的安全氛围和和谐的人、机工作环境，对人的观念、理念、态度、行为等形成有形或无形的影响，从而对人的不安全行为进行控制，达到减少人为事故的效果。

三、安全文化建设实践

随着国家油气体制改革的推进，国家管网集团应运而生，由于原"三桶油"的安全管理水平和标准存在一定差异，同时面对更加复杂的油气市场环境，安全生产是提高企业核心竞争力的重要课题。国家管网集团北京管道有限公司始终坚持以习近平总书记关于安全生产的重要指示批示为指导，认真落实"生产安全压倒一切、重于一切、高于一切"的安全管理理念，部署各项安全生产重点工作。自引入安全管理理念以来，以 PDCA 循环为抓手，强化管理体系和国际安全评级考核体系建设，始终将安全生产体系建设与具体工作相融合，在集团公司及公司党委带领下，推动安全管理水平逐步提升，企业安全文化建设迈入自主管理新的阶段并取得一系列实践成果。

（一）安全理念的确立和引导

北京管道公司自 2010 年开展 HSE 体系推进工作以来，始终坚持以扎实推进 QHSE 管理体系建设为主线，不断摸索和改进 HSE 管理方法。通过 HSE 体系推进工作，公司确立了"有感领导、全员参与"的陕京特色安全文化理念。在理念的建立与引导宣贯方面，组织全体员工进行大讨论，并广泛开展理念的解读与引导，使全体员工逐步认可与理解公司安全文化理念。并通过制定安全准则来体现安全文化理念。

（二）建立安全管理制度体系

公司深入推进集团公司 QHSE 管理体系建设，推进 QHSE 管理体系融合，构建"一贯到底"QHSE 管理体系架构，健全完善 QHSE 管理相关制度和标准，有力打通体系落地的最后一公里。

1. 领导作用日益凸显

广大干部员工真信、真学、真用、真做有感领导。公司规范有感领导的工作内容和实施方式，使有感领导工作常态化。各级领导干部编制个人安全行动计划并公示，同时与安全联系点制度结合，进行行为安全观察，了解基层 HSE 管理动态并协调解决存在问题，以可感、可见的具体行动亲力亲为，以身作则切实体现"真做"安全行动。

2. 全员参与，建立全员安全生产责任制

一是做实直线责任和属地管理。自主管理的重点之一就是抓好各级安全生产责任制的落实，通过狠抓"有感领导、直线责任、属地管理"的贯彻执行来促进安全生产责任制的有效落实；二是建立全员安全生产责任制，按照"一岗一清单"要求制定覆盖各管理层级和工作岗位的全员 HSE 责任清单，明确全员安全生产岗位责任和考核标准；三是建立安全生产监督考核机制，建立以安全为先决条件的用工机制、安全绩效与员工年度绩效考核挂钩的奖惩机制和严格的安全责任失职追责机制。

3. 建立安全生产培训体系，推行安全分享

公司聚焦安全生产需求，建立员工安全生产能力素质要求、培训需求和履职能力考核标准，形成培训矩阵，编制安全生产培训教材；制订培训实施计划，深入基层一线组织开展全员安全生产轮训，宣贯培训安全生产新制度标准体系，宣传引导安全生产文化理念；建立了安全分享制度，要求在各级安全、生产会议前都要开展安全经验分享。

4. 推行行为安全观察

行为安全观察同样是让每个员工都参与管理、

发现和制止不安全行为，发现不安全状态与隐患，真正实现全员参与安全管理[6]。公司全面推行行为安全管理"五步"法，建立和固化"发现、分析、分享、整改、评估"五个环节的管理程序，形成管理流程。建立了行为观察各单位级和公司级两级分析、跟踪、闭环管理机制，形成了行为安全管理系统。通过数据分析找出安全行为方面的薄弱环节，制定整改措施，并落实负责人进行追踪闭环。

5. 开展主题活动，强化员工思想教育

公司通过各种有针对性的主题活动，充分利用论坛、板报、宣传栏等多种形式开展宣传、讨论活动，并与企业文化建设工作结合，开展好公司安全文化宣传工作，营造全员参与的良好文化氛围。一是开展"五型"班组、标准化站队建设活动，通过严格执行摘牌和授牌制度，促进基层站队安全自主管理水平的有效提升。二是开展知识竞赛，提高员工素质。通过组织开展安全专业知识竞赛的方式来促进员工安全水平的提高。三是开展优良习惯养成活动，结合行为观察统计、事故事件分析结果，找出重点改进的行为习惯类型，有针对性地开展优良习惯养成活动。四是建立专题模块论坛，根据典型事故事件学习进行"大讨论、大学习、大反思"活动，并将学习记录共享至公司三大讨论专题模块，引导全体员工进行讨论及学习。

（三）安全生产专项工作

1. 创新安全生产队伍管理

公司贯彻落实"两大一新"战略体系和QHSE方针目标，聚焦责任建设、制度标准体系建设、队伍能力提升等基础环节，通过完成三统一（统一集团公司QHSE管理体系、统一安全生产标准体系、统一基层站队标准化建设），两提升（提升全员安全生产履职能力、提升集团公司安全生产管控水平），一创新（创新安全生产管理机制）的工作任务确立集团公司对安全生产队伍的强力领导，带动和促进符合集团公司市场化转型要求的新型安全生产管控体制建设，推动公司安全文化建设。

2. 持续推进五大攻坚战

国家管网集团始终坚持安全生产先于一切、高于一切、重于一切，充分发挥"全国一张网"作用，充分发挥油气调控中心作用，优化调整运行安排，持续推进安全生产攻坚战。狠抓QHSE管理水平提升，多次对体系及文件进行修订；开展"十大禁令"全员学习，将其纳入公司安全准则，加大集团公司安全生产"十大禁令"监督和处罚力度，严肃安全红线；深入开展安全生产专项整治三年行动，常态化开展"三大"活动与体系量化审核；加强监督检查与事故事件调查，加大过程管理失职问责，对造成较大及以上隐患的责任人进行约谈、通报、处罚和处分。

3. 基层站队标准化建设

立足安全自主管理推进工作，以现有安全基础管理体系和技术标准为基础，聚焦基层管理、设备设施、岗位作业等"五位一体"，实现"站队标准化"和"岗位标准化"的双达标。以标准化建设为抓手，将软实力建设作为重要内容，进一步完善公司基础管理标准体系，夯实安全环保基础工作，提升员工"三种"能力，培育公司安全文化。

4. 夯实安全生产专项整治活动

国家管网集团根据《全国安全生产专项整治三年行动计划》要求，编制多个专项方案，从安全生产专项提升、工程建设安全专项整治、在役油气管网设施安全专项整治等多个方面入手，建立完善的安全管理制度体系、组织体系、责任体系，化解消除重要风险隐患，有效遏制各类事故事件，实现安全管理制度不断健全、安全生产整体水平明显提升，为公司"建成中国特色世界一流能源基础设施运营商"战略落地筑牢安全基础。

四、结语

安全是油气企业生产运营的重要课题，安全文化建设是实现自主安全管理、实现本质安全、实现公司可持续发展的重要保证，是安全管理的灵魂。安全文化建设在安全管理中发挥着重要的导向、激励、凝聚和规范作用，是实现从"要我安全"到"我要安全"的内在本质。自主管理安全文化建设不是一蹴而就，是一个需要坚持长期持续开展的工作。北京管道公司通过开展具有陕京特色的安全文化建设活动，积极探索、扎实开展各项培训工作，不断总结陕京特色安全文化建设所取得的经验，真正实现安全"无序管理"到"有序管理"，真正实现"人员管理"到"文化管理"，推动公司的高质量发展。

参考文献

[1] Driscoll Y C, McKee M Y. Restorying a Culture of Ethical and Spiritual Values: A Role for Leader Storytelling[J]. Journal of Business Ethics,2007,73(2).

[2] Cooper K.M.D. Towards a model of safety culture[J]. Safety Science,2000,36(2):111-136.
[3] 丁海蛟,孙建路,王文鑫. 浅谈杜邦安全理念在班组安全文化建设上的应用[J]. 中外企业文化,2021(12):59-60.
[4] 高峰. 浅谈燃气企业安全文化的建设[J]. 城市燃气,2007,390(08):38-40.
[5] 熊小天. A燃气公司安全文化建设方案设计与实施[D]. 成都:西南财经大学,2021.
[6] 赵强. 行为安全管理工具应用与研究[D]. 成都:西南交通大学,2012.

浅谈物业管理中安全文化建设

中旅城市运营服务有限公司安全管理部　谢靖祥

摘　要：物业管理不断改善着人民群众的生活、工作环境，维护着社区的安全，对提高人民群众的居住质量和推动社区精神文明建设发挥了积极而重要的作用。安全管理是物业管理中的重要组成部分，良好的安全文化建设能够不断提升企业安全管理水平，从而实现企业本质安全。安全文化建设对于物业管理来说是一项长期培养和积累的过程，通过安全文化建设，能够使全体员工、客户、业主形成"安全第一"的意识，"生命高于一切"的道德价值观，遵纪守法的思维定式，遵守规章制度的习惯方式。

关键词：物业管理；安全管理；安全文化

一、物业管理中安全文化建设的重要性

物业管理在我国是一个新兴行业，仅有20年左右的发展历史，首先发端于沿海发达城市，而后逐步向内陆地区延伸。由于我国物业管理起步较晚，物业管理企业服务水平良莠不齐，行业在发展过程中出现了很多问题。

近年来，在国内一些损失惨重或影响较大的事故中均能看到物业管理企业安全管理失职的问题，如2021年6月13日，十堰燃气爆炸事故，事故调查报告显示，润联物业安全管理制度未落实，没有督促承租商户严格执行《房屋租赁合同》中约定的"禁止在经营场所内使用明火做饭、过夜留宿"条款，将房屋出租给"聚满园餐厅"等7户商户经营餐饮，造成了火星违规排至河道；未提醒、制止部分商户留人夜宿守店，结果夜宿守店的4名人员在爆炸事故中死亡。此外，还将东西两端的违建商铺出租。再如2021年8月27日，凯旋国际大厦火灾事故，各类媒体现场直播，大火整整持续了7个小时，事后根据公安部门刑事侦查，盛辉物业违反消防管理法规，对隐患长期拒不整改的问题，其法定代表人宋某、经理袁某因涉嫌消防责任事故罪，由公安机关立案并进行刑事侦查，并予以刑事拘留。

从事故的惨痛教训中，我们可以看出，目前行业普遍存在物业管理人员素质不高、安全意识淡薄、一线从业人员文化水平较低、安全知识技能匮乏等问题，而在物业管理中建设良好的安全文化可以帮助物业管理企业有效地弥补这些问题。在物业管理中安全文化的作用是通过对全体员工、客户、业主的观念、道德、伦理、态度、情感、品行等深层次的人文因素的强化，利用领导、教育、宣传、奖惩、创建群体氛围等手段，不断提高全体员工、客户、业主的安全素质，改进其安全意识和行为，从而使物业服务管辖区域内的所有人从被动地服从安全管理，转变成自觉主动地按安全要求采取行动，即从"要我遵章守法"变为"我要遵章守法"。

二、物业管理中的安全文化建设

（一）管理层重视并积极参与打造安全文化建设基石

创建优秀的安全文化首先要确定其重要地位，而重要地位的确立离不开管理层的重视和参与。公司领导层对安全的态度和决策直接影响到公司中层管理者的安全态度和行为，进而公司中层管理者的态度将对公司基层管理人员产生影响，最终将对所有一线从业人员、客户、业主的安全态度和安全行为产生影响。管理层的职位越高，他们对企业安全文化建设的影响力越大。

公司管理层高度重视安全文化建设，积极在公司及物业管理范围内组织开展各类安全专项活动，如"安全生产月""职业病防治法宣传周""119消防安全宣传月""电梯安全宣传周""交通安全宣传日"等，充分利用海报、横幅、LED大屏、音响、广播、微信群、朋友圈、公众号、短视频等载体对安全知识进行宣传，不断提高从业人员、客户、业主的安全生产意识，构建良好的安全文化氛围。

公司不定期组织开展主要负责人安全生产公开课、安全生产大家谈等活动，领导层和管理层定期

召开安全生产会议，开展安全生产大检查，各级管理层积极参与各类关键性的安全活动，与一线员工交流注重安全的理念，表明自己对安全重视的态度，对员工自觉遵守安全操作规程起到了很好的促进作用。

（二）特色安全管理模式保障公司特色安全文化建设

企业的安全文化建设，关键是要围绕"建设"发力，要靠有力的组织领导，有序的工作机制，有效的推动措施来保障。公司始终坚持"以人为本、安全第一"安全核心理念，建设有公司特色的"1+4"安全管理模式（即坚定一个目标，坚持四个抓手。坚定一个目标是指全面落实安全生产六级全维度管控责任，严控责任事故发生；坚持四个抓手分别是安全生产标准化建设、安全管理队伍建设、安全培训文化和督导奖惩）。公司借鉴北京市、成都市、广东省等多地物业服务企业相关安全生产标准化规范，并结合《企业安全生产标准化基本规范》（GB/T 33000—2016），编制形成《中旅城市运营服务有限公司安全生产管理体系文件》，以公司标准化管理实现安全管理全过程的系统化管理与持续改善提升，促进公司安全管理长效机制的形成。公司重视安全管理队伍培训，定期组织安全管理人员开展培训，并通过鼓励、督促、引导相结合的方式，积极动员安全管理人员报考注册安全工程师，为公司未来的长治久安打下良好的基础。

当今年代，物业市场竞争已经跨入了品牌竞争时代，物业服务企业必须借助企业文化的宣传来加强自身品牌建设和提升市场竞争力，而安全文化在物业服务企业的企业文化中有着举足轻重的地位。公司根据自身物业管理的性质、特点，确立公司安全生产标准化体系，完善常态化安全培训教育机制，发挥安全管理队伍引领作用，严格落实督导考核，充分利用奖惩手段，形成了多层次、全方位、全员参与，具有自身特色的安全文化氛围。

（三）物业特色安全信息传播与沟通推动公司安全文化建设

安全信息传播与沟通是推进公司安全文化建设的一个有效抓手及着力点，特别是物业服务企业，管理范围内有着大量可以利用的传播途径和资源，如楼栋公告栏、电梯显示屏、海报、横幅、公众号、微信群、朋友圈、短视频等，公司通过综合利用这些传播途径和方式，及时、有效地进行消防安全、燃气安全、高空抛坠物管理、疫情防控、电动车充电停放管理，恶劣天气等方面安全信息交流、宣传、预警、警示等，能够提高安全文化宣传和传播效果，并且公司通过将内部有关安全的经验、实践、概念和外部物业服务企业的事故案例作为传播内容的组成部分，能够不断优化安全信息的传播内容，在潜移默化中不断改变员工、客户、业主的安全认知，进而推动社会文明发展，创造出安全、健康的生活和工作环境。

（四）全员安全生产承诺助力安全文化形成

主要负责人安全承诺就是公司的领导层对安全所表明的态度。公司通过每年年初组织开展全员安全生产承诺活动，公司主要负责人带头开展安全承诺，签订安全生产承诺书，并于公告栏进行公示，向全体员工表明了公司积极地向更高的安全目标前进的态度，有效激发全体员工持续改善安全的能力。全体员工每年签订安全承诺书，并开展安全承诺活动，能够不断强化全员安全意识，深入落实安全责任，提高遵章守纪的自觉性，从而打造良好的安全生产大环境。

（五）员工、客户、业主的安全事务参与促进安全文化发展

物业服务涉及千家万户，与民生福祉紧密相连，要想将安全文化在物业管理服务范围内落实落地，就必须让员工、客户、业主都参与到安全事务中来。公司鼓励各下属物业服务中心，定期组织召开由员工代表、客户代表、业主代表参加的各类安全活动，如开展安全培训，组织应急演练，召开安全会议、交流会、恳谈会，开展风险辨识活动，组织楼道杂物清理、电瓶车乱停乱放专项整治等志愿者活动，通过这种安全事务参与活动，使员工、客户、业主都认识到自己负有对自身和他人安全做出贡献的重要责任，营造"人人想安全、时时抓安全、事事要安全"的浓厚氛围。

三、结语

只有在不断探索、研究和实践的过程中，建设适合物业管理服务企业自身的特色安全文化，才能使得企业安全文化与现代化物业管理更好地结合，与新兴的"全域安全"物业安全管理理念更好地融合，使得物业管理向着更好的方向发展。物业服务企业安全文化建设对于社会稳定、经济发展具有十

分重要的意义,其在优秀的物业服务企业的有效推动和物业全体从业人员的共同努力下,能够在物业管理服务范围内形成良性循环,进而形成一种精神理念,不断提升员工的安全感、幸福感。

参考文献

[1]陈国培,林金红. 浅议企业文化建设视角下的安全文化建设[J]. 企业研究,2013(02):47.

[2]赵铁锤. 推进安全文化的发展和创新 为安全生产提供强大的舆论氛围和智力支持[J]. 现代职业安全,2003(12):7-8.

[3]廖奇云,胡沙沙. 住宅小区物业管理服务质量评价体系研究——以重庆为例[J]. 建筑经济,2017,38(06):76-82.

[4]王素梅,乔阳. 论我国物业管理存在的问题及对策[J]. 黑龙江科技信息,2007(04):62.

[5]周成学. 物业安全管理[M]. 北京:中国电力出版社,2009.

[6]陆志军. 用科学的安全观指导物业安全管理[J]. 中国管理信息化,2014,17(12):52-53.

基于组织管理的水泥企业安全文化建设探究

涞水金隅冀东环保科技有限公司　贾晓珊　牛海龙　杨朝强　汪春祥

摘　要：为进一步提升水泥企业安全管理水平，建立完整安全文化体系以及运行机制，结合当前水泥企业安全文化建设现状，基于REASON模型，从组织管理角度探究安全文化建设核心，按照决策层、管理层、安全管理执行层、作业层四个维度，将安全理念文化、安全制度文化、安全行为文化、安全物态文化体系贯穿其中，对水泥企业安全文化建设进行深入探究，为水泥企业安全文化创建探索道路。

关键词：安全文化；REASON模型；组织管理；水泥企业

一、引言

随着我国经济的快速发展，水泥企业建设规模的不断扩大，水泥生产现场危险有害因素显露出来，相关生产安全事故随之发生。据统计，2019年至2021年水泥企业发生生产安全事故高达100余起，为国家、企业及个人带来巨大损失。水泥企业按照国家出台的一系列安全生产法律法规，不断加大安全生产投入，提高生产安全保障，但是在安全文化体系建设上还未突破瓶颈，安全文化机制建立停滞不前，因此创建水泥企业安全文化体系，构建安全文化管理机制具有重要意义。

安全文化建设是促进企业深层次发展，实现企业本质安全的重要途径。国内外学者[1-5]对企业安全文化进行探索，但是仍处于研究阶段，水泥企业安全文化体系的完善以及安全文化机制的建立相对欠缺，在企业安全文化体系中，未将组织机构与管理之间的相互作用融入安全文化建立的层次架构中。因此，本文基于REASON模型，明确组织管理对于企业安全文化建设的关键，进而构建安全文化体系，创建安全文化管理架构，为水泥企业安全文化建设提供思路。

二、基于REASON模型的组织管理探究

（一）REASON模型

James Reason教授针对复杂因果关系提出"瑞士奶酪"模型，即REASON模型，明确事故的发生并不是孤立因素形成的，而是突破"组织因素、不安全的监督、不安全行为的前提、不安全行为"四个层级漏洞联结成的反应链，是组织缺陷长期存在并不断演化造成的，强调多层次组织缺陷的共同作用[6-7]。

（二）组织管理

水泥运行系统作为一个复杂系统是由多层防范进行充分保护的。"水泥企业事故绝大部分是由人的不安全行为造成的"这种说法是不准确的，人为差错和操作层面上的主动失误和违规是突破系统表层安全防范的直接显现，是显性失效，而潜伏于系统内部，一系列系统被层层突破后，导致显性失效或不能阻止显性失效的潜在状况凸显出来的隐性失效。图1为复杂系统事故因果模型。按照REASON模型进行探究，为避免水泥企业事故的发生，在治理不安全行为的同时，要究其深层，完善组织管理，而组织管理中的根源因素就是企业安全文化，避免组织失效需要建立完善的安全文化体系。

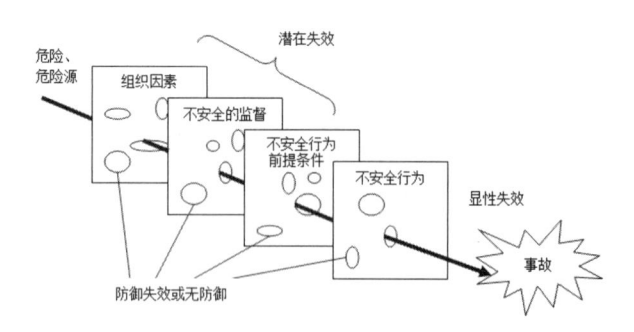

图1　复杂系统事故因果模型

三、安全文化

安全文化的概念是国际核安全咨询组（International Nuclear Safety Advisory Group，INSAG）于1986年针对切尔诺贝利事故最先提出的，指出"安全文化"存在于企业和个人中，是素质和态度的综合体现[8-9]。经过不断探索，国内外学者对安全文化逐渐

细化，提出安全文化是需要组织中的各层级和群体中的个人长期维持的，对员工安全和安全价值的一种认知，是组织中员工共享的安全价值观、态度、道德和行为规范组成的统一体[10]。

结合安全文化和组织管理的相关概念和重要性，本文认为，水泥企业安全文化建设是将"以人为本"作为核心理念，以"零伤害，零事故"为安全目标，将员工"要我安全"的被动转变为"我要安全"的主动，并逐渐向"我保安全"的行动，从"不敢违章"的他人约束到"不能违章，不想违章"的自我管理，上到决策层下到作业层安全意识、观念、理论、素养、行动等共同搭建出安全文化的骨骼和血肉。

四、水泥企业安全文化建设

水泥企业存在多种危险有害因素，要想保持长期的生产安全，必须依靠安全文化。水泥系统作为综合复杂系统，需要实现"人—机—环—管"的有机配合，避免组织失效，抓其根基，建立完善的安全文化机制，从而规范安全管理。

（一）水泥企业安全文化体系

完整的安全文化包括安全理念文化、安全制度文化、安全行为文化、安全物态文化四个层面[11]。

安全理念文化是安全文化的核心和先驱，表明员工对安全的认知态度和重视程度，是整个水泥企业核心安全价值观建立的关键，需要企业长期培养并不断实践而形成的综合意识性产物。水泥企业安全理念文化首先需要建立完整的安全文化管理架构，营造浓厚的安全文化氛围，将整体安全意识、观念、理论、素养从被动中脱离出来，指引整体安全认知。

安全制度文化是安全文化体系建设的关键手段，是强制约束具象化载体，将管理建立于整体合理控制上，是安全行为文化的基础。水泥企业安全制度文化建立的前提是在符合国家法律法规和行业标准的前提下，建立健全安全管理规章制度和操作规程，做到管理时有章可循、作业时有规可依、监督时有据可查。

安全行为文化是员工在作业过程中主观能动性的体现，以人员为核心，在安全理念文化的牵引下和安全制度文化的约束下，在生产生活中通过自身实际行动得以显现，通过提高员工安全知识和安全技能，将员工安全思维、安全素质、行为准则和操作技能综合体现。

安全物态文化则是安全文化的最终体现和检验，营造生产经营活动中的安全物质基础，是各种安全文化最表层、最直观的体现，将实现生产设备设施、工艺、作业条件等本质安全与人为行动相匹配的保障员工人身安全的手段。水泥企业安全物质文化的建立需要保证安全投入，充分优化设备设施并优良安全防护措施，确保员工安全保证系数。图2为水泥企业安全文化体系的架构。

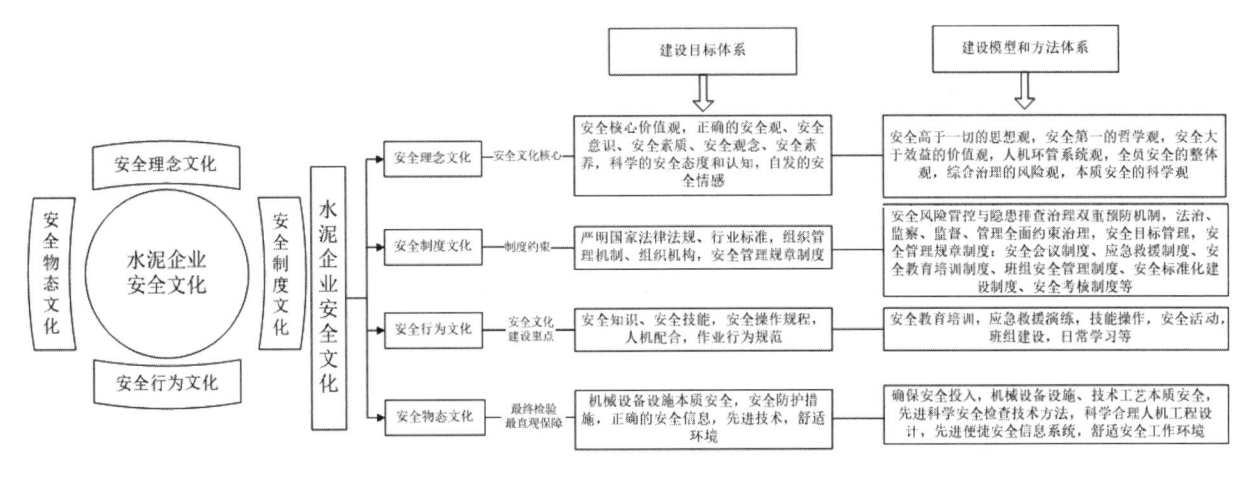

图2　水泥企业安全文化体系的架构

（二）水泥企业安全文化管理架构

全体员工都是水泥企业安全文化的建设者和参与者，水泥企业安全文化体系建设必须自上而下，形成完整的管理架构。安全文化有赖于基层与管理层之间的高度信任与尊重，必须逐级创建并均予以高度支持。结合水泥企业实际工作运行情况，将安全文化管理架构分为四个层级，即决策层、管理层、安全管理执行层以及作业层。按照上述安全文化体系建立内容，明确各层级相关工作职责，确定各层级安全文化执行要素。图3为水泥企业安全文化管理架构和执行要素初建图，各企业应结合运行实际，进行具体化。

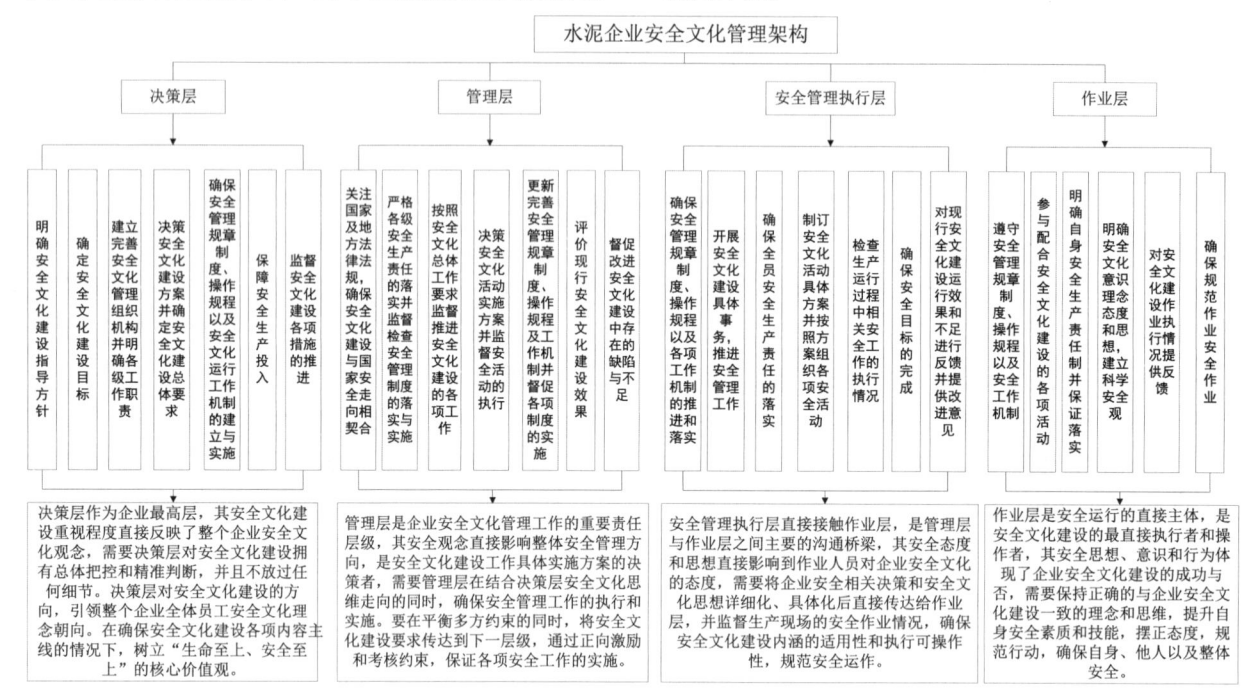

图 3　水泥企业安全文化管理架构和执行要素

五、水泥企业安全文化建设措施

按照安全文化管理架构和安全文化体系，结合水泥企业运行实际，在安全理论、制度、行为、物态四方面，要求管理架构各层级明确实施路径，落实行动措施。

（一）加强安全可视化管理，改善安全意识理念

不断推进安全文化宣传工作，充分利用可视化手段营造安全文化氛围，坚持做到"安全风险可视化""操作指引可视化""安全信息可视化"和"安全宣教可视化"，综合利用一切有效视觉符号营造安全的视觉环境。将安全标语、安全手册、事故案例等运用条幅、展板、电子显示屏、多媒体等手段进行展示，运用声光报警和广播工具在最大程度上满足员工听觉上的安全灌输，时刻警示全体员工，营造浓厚安全文化氛围，将安全入脑入心。

决策层树立安全文化顶层设计理念，在生产运行的各个环节充分渗透安全文化理念。各层级自上而下培养安全思维和行为习惯，不断形成安全高于一切的思想观，安全第一的哲学观，安全大于效益的价值观，安全管理系统观，全员安全的整体观，让理念指引行动，带动全员朝着核心安全价值观迈进。

（二）严格执行安全规章制度，激发员工工作热情

水泥企业应在培养完善安全管理专业队伍的基础上，建立完整安全运行机构，从而结合国家、行业安全法律法规，建立健全符合公司整体运行的安全管理规章制度、操作规程、安全运行工作机制等，管理层下达安全管理决策，执行层利用合理手段遵照决策强制安全管理制度的执行，强化执行力度，确保各项制度的落实。通过开展安全宣教活动，运用奖惩管理制度，建立考评管理机制，激发员工安全作业热情，带动整体安全工作动机。

安全管理制度执行的前提是全员安全生产责任制的健全和完善，通过明确全体员工安全生产职责，树立严谨的执行标准，通过刚性约束和强制实施，突破安全管理瓶颈，做到安全责任全面覆盖，安全制度不留死角，保证安全文化建设过程中有法可依、有章可循、有据可查，推动全员主动安全行为。

（三）建立高效安全学习模式，提高安全知识技能

水泥企业应充分考虑不同员工的知识需求，明确安全知识技能欠缺本质，抓住不安全行为措施的根源，从而开展实施针对性的安全教育培训工作。通过组织员工外出培训、安全技能实操培训、安全知识座谈、安全事故模拟、应急救援演练等丰富安全宣教活动，强化员工安全综合素质。通过加强专业队伍建设，运用领导帮扶、班组互助等方法，强化日常安全知识、提高安全操作水平。创建完整学习

模式,进行安全教育培训效果评估,定期组织相关测试和考核,运用正向激励的形式,提高员工主动学习的热情,并定期引进专业技术型人才,将安全管理不断科学化、系统化。

（四）创造本质安全物质基础,提供安全作业屏障

水泥企业要确保安全投入及时到位,保证各项安全投入有效实施。综合先进科学技术,运用科学前沿措施,发挥科技信息优势,完善作业监管系统,提升作业环境和条件。更新维修机械设备设施,提高机械本质安全程度,定期进行检查保养,避免机械设备带病运行,做好登记与反馈,确保机械设备保持最佳状态。置办危险有害因素检测仪器,预先分析作业环境不利因素,提前采取预防措施,保证作业环境安全。优化安全防护措施,提供"最后一道防线"物质保障。

（五）推进安全标准化建设,建立安全文化长效机制

安全生产标准化建设是水泥企业安全文化建设基础工作也是各项安全工作的综合,企业应该按照标准化建设要求,在明确各级安全主体责任、完善安全管理规章制度、强化全员安全意识、提升整体安全素质的基础上,做到安全管理、现场作业、管理制度、操作规程等整体标准化,将各项标准化作业程序融入日常安全管理工作中,创建安全文化完整体系,建立安全生产长效机制。

六、结语

安全文化机制建设对于当今还未实现本质安全的水泥企业至关重要。结合复杂系统事故因果链,从表层显性失效到深层隐性失效中挖掘组织管理对于安全文化体系建设的重要性,构建企业安全文化管理架构,并将安全文化建设措施渗透到安全理念、制度、行为和物态文化体系中,为水泥企业安全文化建设探索道路和方向。

安全文化建设之路依旧艰巨而漫长,需要各层级结合实际运行,付诸实际行动,将安全不再停留于口头上,而是深入到头脑,渗透到心里,落实到行动,不断探索安全文化建设道路,实现安全文化建设长效机制。

参考文献

[1] Wamuziri S. Factors that influence safety culture in construction[J]. Proceedings of the Institution of Civil Engineers - Management, Procurement and Law,2013,166(5).

[2] Mubashar M J, Mufti N A, Amjad M. The Effects of Safety Training on Safety Culture in Construction Industry[J]. Esrsa Publications, 2013.

[3] 谭伯祥. 企业安全文化建设研究 [J]. 中国安全生产科学技术,2005(06):121-122.

[4] 傅贵,李长修,邢国军,等. 企业安全文化的作用及其定量测量探讨 [J]. 中国安全科学学报,2009,19(01):86-92.

[5] 常立鹏. 关于水泥生产企业构建安全文化的思考 [J]. 四川水泥,2020(10):15-16.

[6] 徐国冲,李威瑢. 食品安全事件的影响因素及治理路径——基于REASON模型的QCA分析[J]. 管理学刊,2021,34(04):109-126.

[7] 王勇,于观华. 基于瑞士奶酪模型的水泥企业安全生产风险管控研究 [C]// 中国建材检验认证集团股份有限公司,首都科技条件平台中国建材集团研发实验服务基地. 第六届国内外水泥行业安全生产技术交流会论文集. 2019:139-140+151.

[8] WIKIPEDIA.Safety culture[EB/OL].(2013-02-24)[2019-04-12].

[9] 邱成. 试论安全生产"五要素"[C]// 中国职业安全健康协会. 中国职业安全健康协会2007年学术年会论文集,2007:105-108.

阿米巴经营理念与安全文化建设

中国石油技术开发有限公司　北京市石景山区军队离休退休干部第七休养所　边兆博　郝晓萌

摘　要：阿米巴经营理念由稻盛和夫所创，是通过细化经营单位开展全员经营，达到企业经营最大化目标的一种理念。阿米巴经营理念与安全文化建设虽无直接关联，但是通过借鉴阿米巴经营理念的思想和哲学，可以融入安全文化的建设，实现二者的互鉴互通，提升安全文化建设的效果。

关键词：阿米巴经营；安全文化；全员经营

一、阿米巴经营理念

阿米巴经营理念是稻盛和夫在创建、运营企业过程中，形成的将传统经营单位再细化，在企业内组成以工作流程或环节为细化分割单位的阿米巴组织，令每个阿米巴组织都成为经营业务一线单位，各自承担经营流程环节内的销售收益和成本压力，将经营的压力传导至每名员工的一种经营哲学的理念。阿米巴理念是以企业组织改革为起点，以全员参与经营获取企业利润最大化为目的，通过企业全员参与经营，力争实现企业真实利润最优的哲学理念。

阿米巴理念与安全的结合，是有助于安全人员建设安全文化、落实安全手段、宣贯安全思想的有效途径和有力抓手。

二、阿米巴经营理念对安全文化的启示

（一）动机良善与利他之心

负责安全文化的员工，既是面向他人的文化管理者和宣传者，同时也是受安全文化管理和宣传的被管理者和受众，是组织者也是参与者。在安全文化建设上利他即利己，纵使出于事业利己目的，也应在落实每一项文化工作时在满足工作要求的前提下，以保障、提高自己及企业员工健康和安全为动机，保持安全文化建设动机的良善。要为每名员工的工作生产环境设身处地地着想，即古朴的"换位思考"理念，想人之所想、急人之所急、虑人之所虑、发现无人发现之风险隐患，以最终营造安全文化的氛围，达到安全利他的结果，实现生产安全的目的，要避免填鸭式和结果导向式的安全文化建设。

（二）贯彻正道与完美主义

安全文化建设的内容，有必做、可做、勿做的区分。安全文化建设者应该保持自身良善动机，持一颗利人之心、无畏之心，绝不能因利己私心，扭曲安全文化甚至是安全生产工作的正道和正义。

安全文化建设，要落实各项安全生产要求，追求过程、氛围、结果的完美。想到、顾到、做到每一个细小环节，保证安全文化的可行性、落地性，避免文化建设手段措施失效从而发生文化悬而不实，有而无用，流于嘴、疏于手的困境，进而避免、减少由此发生安全事故事件，带来人员、财产和声誉的损失伤害。

避免安全文化工作的妥协，杜绝对相关安全文化内容和安全生产要求让步妥协，避免整体安全措施效果降低或者失效。安全文化建设，应以正道为初心、正义为准绳、完美为目标。

（三）双重确认与透明原则

阿米巴经营理念在双重或多重确认的机制中保护员工，安全文化工作应如是。对安全文化建设的内容、手段等，需要实行不同管理层级和岗位员工的双重或多重确认，将确认的过程视作勘误的过程、交流的过程和学习的过程，增加安全文化内容、建设手段等的可执行性和有效性，保证相应内容、手段可以需时可用、用时尽用，实现安全文化建设目的。

安全文化建设与其说是安全管理工作，不如说是培养全员安全生产意识，创建安全工作环境，营造安全氛围，形成员工自律自保的机制。将安全文化建设置于透明的空间，提供肥沃的发展土壤，在员工审视中，让所有生产过程、文化内涵和保障手段经受实践的考验，实现安全文化的持续完善，实现安全文化的全面渗透。以透明的安全文化建设，让所有

员工都能参与、理解、维护安全文化建设过程及氛围,创造更多的沟通交流机会,破除相关管理范围的禁锢,通过安全氛围的营造,实现整体安全生产水平的提升。

(四)筋肉坚实的文化建设

企业经营需要筋肉坚实,安全工作更应该具备坚强的意志,能够准确、客观、不加粉饰地发现风险、消灭隐患,拒绝出于利己之心从而试图把安全生产状况粉饰得比实际更好的诱惑。

安全文化建设是安全管理的基础,要思索每一个安全要求,夯实每一个安全流程,顾全每一个文化土壤,将每一个手段措施、文化氛围落到实处,完美地推行相关工作,不为工作完成而推进工作,不为报告充实而开展工作,不为他人赞美而粉饰工作,最大程度保证安全文化建设达到事先期望的安全氛围营建目标,为安全生产打下实在而坚实的文化氛围基础。

(五)稻盛和夫的成功经验

稻盛和夫认为,结果 = 思维方式 × 能力 × 热情,要想得到好结果,积极、正确、有效的思维方式、能力和热情缺一不可,三者共同产生一个或好或坏的结果。

能力和热情分数范围在 0 至 100 分。显见越积极、越努力,可以创造更多的工作成果,营建更好的工作效果。反之较低的能力和热情,难免拖延工作进度,影响工作效果。可以说,企业一般不存在毫无能力和热情的员工,因此工作总会缓慢进展。

思维方式的分数范围涵盖 -100 至 100 分。只有正确、积极、向善的思维方式,才能带领工作走向正途。如果思维方式是错误、反动的,一切努力皆会成为反作用力,越具能力和热情,越带领企业走向万劫不复的深渊。

安全的思维如果不能正确把握初心,不忘始终,只会引领安全生产工作失去方向、走向歧途。这也再次印证阿米巴理念中所谓动机良善与利他之心的根本性和决定性。

三、阿米巴经营理念同安全文化建设的结合

(一)纵横向的组织划小

传统朴素观念上,安全生产只存在于工作生产一线,比如有毒有害岗位、建筑施工工地、现场作业等工作内容,办公室文职人员一般并无此危险。实际上,安全生产一线不仅是生产现场、职业危害场所等传统狭义的一线。由于各类健康安全风险无法彻底消灭,故而每个员工都处在各自专业和岗位的安全生产第一线。因此仅设置企业层面的安全生产统管部门是不够的,需要借鉴阿米巴组织的理念,形成类似阿米巴组织的安全小组,由小组作为安全文化的建设载体。

阿米巴安全小组,通过组织划小原则按照专业风险点作为划分依据,识别、划分同一项目、同一场所、同一类型的类似风险,组建阿米巴安全小组专门控制同地、同专业、同风险的安全控制,力争做到组织的小而精。居于办公室的文职人员除偶发、短时的面临办公环境的风险,更多应留意的是办公室消防、用电安全以及意外伤害等日常风险问题。同时,阿米巴安全小组要分别实现纵向和横向的组织建设。

纵向建设,指阿米巴组织不能只由单层管理或一线人员构成,要形成企业——部门——一线的纵向多层共同参与组成的阿米巴安全小组,以直线管理模式加强安全管理效率。企业和部门层级组员可以横跨多个阿米巴安全小组,以实现人力资源的优化利用。

横向建设,安全是跨专业、跨领域的交叉学科内容,比如运输安全是安全专业+运输专业,施工安全是安全专业+土建施工专业,化工安全是安全专业+化学专业,需要形成以安全为基础,以专业为主体的"安全+"阿米巴安全小组组织模式。"安全+"模式有助于落实多重确认机制,保证安全管理的有效性,促进安全文化的落地,避免安全手段的失效。

(二)"销售最大化,费用最小化"变形

阿米巴经营有"销售最大化,费用最小化"的理念,安全文化建设有别于企业经营,因此针对安全文化工作这句话应变形为"功效最大化,手段最简化"。

安全文化作为企业文化和安全管理的一部分,愿景是通过文化建设、措施手段避免安全事故事件的发生,保证员工身心健康和企业生产的安全运转。文化和管理,应该最大程度以目的为导向,尽量减少过程导向。为了实现确切的管理目的,选择最少量、最简便、最易上手的手段,负担最少的管理费用,达到预期的文化建设目标,即所谓的"功效最大化,手段最简化"。

安全文化和安全管理，技术和手段只是途径，实现目的、完成目标才是最本质的工作需求。明确安全文化内容和建设目标，可以事半功倍。文化建设不应受到各种技术概念的"胁迫"。建设方法、管理手段应该可用慎用、易用则用、须用必用，避免为了过程的建设管理而推进建设管理的过程。

保证员工安全和健康，实现"高高兴兴上班来，平平安安回家去"的中国传统质朴安全文化，是安全文化建设和安全生产工作的底线。在保证实现相同目的和功效的前提下，通过成熟、有效、熟悉的手段和技术，降低投入成本和学习成本。注意安全工作的广度和深度，确定安全文化覆盖范围，寻求投入成本、工作效率和文化效果之间的最优平衡解。保证安全文化内容的合理覆盖和必要限度，实现本文所谓的"功效最大化，手段最简化"。

（三）领导垂范，合理放权

合理放权，可以进一步锻炼、激励阿米巴经营理念体系内的基层领导者或员工，增加决策管理效率，实现培养后备梯队。面对企业内诸多阿米巴组织，只有合理分配权力才能保证必要的工作效果和效率。

经营目标的实现取决于管理者的意志，安全文化工作的实现也取决于领导者的意志。权力、权限分配应该保持在合理尺度，需要让基层员工目睹承担重责的领导坚持带领员工执行安全文化理念、贯彻安全文化思想，员工才会为了企业安全文化的下沉和落实，更努力地履行职责，践行使命，保证生产安全。阿米巴经营理念中，承担重大责任的领导人必须冲锋，付出成倍于员工的努力和奋斗，在安全文化工作中如是。

四、结语

阿米巴经营理念与安全文化乃至安全生产工作没有直接的关联，但是通过领悟、理解阿米巴经营中的理念，是可以充分借鉴到安全工作中，实现二者在管理上的互鉴互通。

通过本文的探讨，希望能开拓安全文化工作者和安全生产管理者的思维，填补相关空白，更加切实地落实习近平总书记关于安全生产的重要论述，贯彻"人民至上，生命至上"的人本理念。

参考文献

[1] 稻盛和夫. 阿米巴经营 [M] 北京：中国大百科全书出版社，2016.

[2] 稻盛和夫. 经营与会计 [M]. 北京：东方出版社，2013.

[3] 稻盛和夫. 心 [M]. 北京：人民邮电出版社，2020.

浅谈混凝土搅拌站安全文化示范企业创建
——以某混凝土公司为例

南宁华润良庆混凝土有限公司　刘登升

摘　要： 为切实加强企业安全文化建设，发挥示范企业引领作用，夯实安全生产基层基础工作，提升企业安全管理水平，推动企业安全生产长效机制建设，预防和减少生产安全事故。因此，混凝土搅拌站必须加强对于安全文化示范企业的创建，以科学发展观和"安全第一，预防为主，综合治理"的工作方针，按照安全生产"以人为本"的要求，开展形式多样、实施有效的安全文化建设活动，通过潜移默化的安全文化教育熏陶，形成全体员工"关注安全、以人为本"的文化氛围，推动安全文化建设活动广泛深入开展，从而保障安全生产。

关键词： 安全文化建设；安全文化建设活动；安全文化教育

一、引言

根据《企业安全文化建设导则》，结合公司关于加强企业文化建设的工作意见，为推动公司企业安全文化建设，通过安全文化的细微渗透功能，使全体员工形成安全价值的共识和安全目标的认同，并实现自我行为的有效控制，不断提高安全修养，夯实安全文化的基层基础，推动公司安全生产工作再上新台阶。

二、安全文化示范企业工作目标

通过推进安全文化建设，确立全体员工共同认可并共享的安全愿景、安全使命、安全目标和安全价值观，引导全体员工树立正确的安全态度和自觉规范的安全行为，从细微的异常中发现问题、探索规律、总结改进，培植有效控制安全生产过程的自信心。充分发挥全体员工的知识、技能和主人翁意识，追求卓越的安全绩效，纵深防御不安全实践和安全事故。

首先，充分承担安全生产的主体责任，以严格的安全生产规章和程序为基础，实现在法律和政府监管符合性要求之上的安全自我约束，最大限度地减小生产安全事故风险。

其次，建立明确的追求卓越安全绩效的长短期目标和实现目标的全员承诺，并将承诺实实在在地付诸实践。

最后，从险兆事件和安全事件中获取经验，分析不足，并及时改进与这些险兆事件和安全事件相关的所有管理上、技术上的缺陷，实现公司安全生产的长期持续稳定运行。

三、安全文化建设的工作内容

结合公司实际生产现状，制定出公司安全生产方针、安全战略目标、年度安全生产目标。并由公司安全生产委员会根据公司规定项目制定具体目标值，并组织落实检查与考核。不断建立健全安全管理机制，确保各项安全工作落实到人，监督到人。加强各种例会制度，对参会情况实行年度考核管理制度，与年度奖励挂钩。

认真贯彻执行各项安全规章制度，完善隐患排查制度及要求。公司每月至少组织一次综合性EHS大检查（包括交通安全管理），检查由公司负责人带队，关键岗、各部门负责人和EHS管理人员参加；生产部门开展EHS检查每月不少于两次，检维修班组EHS检查每周一次。检查记录资料完整、隐患整改闭环管理并纳入绩效考核。及时消除安全隐患，纠正违章违纪行为。定期组织安全管理人员进行安全生产专业培训；与各部门签订《安全生产责任书》。部门及班组每两月组织岗位安全操作的技能训练，综合应急预案演练、专项应急预案演练和突发环境事件应急预案演练每年至少组织一次，现场处置方案演练每半年至少组织一次，提高自我保护及自救能力。

在公司主要道路干线上、人流聚集等处设有专用或兼用的安全文化宣传栏。定期更换安全法律法规或安全防护知识内容。

完善更新汇总编写新员工进厂安全教育培训、领导干部安全教育培训、全员安全教育培训、特种作业人员安全教育培训等培训内容，并制作培训教材，便于员工在学习过程中通俗易懂。

积极开展"做安全人，保安全岗""创建EHS优秀班组"评比活动，深入推进安全优秀班组建设，认真组织"岗位安全操作规程"培训；全面提升全体员工安全生产意识和安全文化素质，着力建设本质安全型企业。

加大安全投入。年初做出各项安全费用的支出计划，重点使用在安全设施设备的更新维护上、重要部位和重点场所的监控上、员工安全防护上。

鼓励公司员工积极参加各项安全文化活动，并制定出台一些奖励措施，同员工的基础考核挂钩，包括物质和荣誉方面。公司将加大对能在各级部门组织的安全活动中取得好成绩的员工，加大宣传和奖励。

（一）安全口号

（1）"金钱再好，没有生命美好，时间再紧，没有安全要紧"。

（2）"安全是1，房子、车子、票子等是0，没有了1，再多的0都没有意义……"

（3）员工自我安全不仅是对自己、对家庭负责，也是对同事、企业负责。在不伤害自己的同时，必须保证不伤害他人，不被他人伤害，保护他人不受伤害，做到"四不伤害"。

（4）安全生产不仅能保证员工的生命安全和身体健康，还能为企业带来荣誉。

（5）公司将创造条件给予安全工作突出的员工、集体荣誉和奖励。

（二）安全建设的承诺和对象

一是领导应对安全行为做出有形的表率，应让各级管理人员和员工切身感受到领导对安全承诺的实践。在安全生产上真正投入时间和资源；制定安全发展的战略规划以推动安全承诺的实施；安排对安全实践或实施过程的定期审查。根据《中华人民共和国安全生产法》和《EHS责任清单》完善各岗位工作安全职责，制定岗位安全责任清单。并列入月度、季度、年度安全绩效考核。

二是各级管理人员应对安全承诺的实施起到示范和推进作用，营造有益于安全的工作氛围，养成安全作业的工作态度。

三是全体员工应充分理解和接受公司的安全承诺，并结合岗位工作任务实践这种安全承诺。每个员工应在本职工作上始终遵守岗位安全操作规程；对任何安全异常和事件保持警觉并主动报告；接受培训，在岗位工作中具有改进安全绩效的能力。

四是与公司安全生产密切的相关方如零星工程承包商、运输车队、原材料的供应商等，由具体对口的生产部门负责人将公司安全承诺传达到对应的相关方。

（三）安全文化建设的重点对象

一是安全文化建设应在全公司内所有部门开展，重点在作业现场。行业性质决定了保证安全的重心在生产单位，因为员工接触的危险、有害因素最多，发生事故的频率最高，事故的危害程度最严重，必须首先保证其员工的安全。

二是企业的安全文化建设硬件方面的建设，包括工具（安全工具、检验工具、机械与设备、车辆等）的安全使用及操作，员工的安全知识和安全技能的培养。

三是加强对公司新进员工和复职员工进行安全教育、培训与考核，加强对转岗人员进行培训，对考试不合格的进行再次培训，做到安全培训考试及格后才可上岗工作。让员工了解的"人的不安全行为"和"物的不安全状态"，工器具的使用、危险产生的原因、消除的办法、危险转变为事故后的应急措施。

四是危险源辨识培训，公司组织一次系统的危险源知识培训，各班组组织更有岗位针对性的危险源培训，使职工对危险源辨识得出来、巡检得到位、控制得住。

五是每年聘请专家老师对全公司进行一次企业安全基本知识培训。

（四）安全文化建设的活动

一是持续开展安全员活动，通过此活动，让所有人员正确认识到安全不是一个人的问题，是一张错综复杂紧密相连的网。真正做到人人都是安全员，把责任连带安全互保体系真正落实。

二是组织开展安全月活动，提高全体员工安全意识和素养，进一步促进我公司安全文化建设，推动公司安全发展。可组织和策划开展安全生产月横幅签名，安全月活动板报，组织安全演讲比赛，知识竞赛、应急技能大比武，开展合理化建议上报等各类安全活动。

三是向全公司所有员工征集安全方面的作品（漫画、图片、警句、建议、视频等），作为墙报、板报的素材，对公司安全文化进行宣传，对于有长期教训意义的作品，编写一本（或几本）安全宣传小册子，在全公司发放。被采用的作品公司给予物质上和精神上的奖励。

四是通过在公司内开展安全生产先进个人和先进集体，提高全体员工的安全生产积极性，在全公司创造良好的安全生产氛围。

五是借助各种安全活动、班前班后会，宣贯传达各类安全常识，通过活跃的方式提高员工的安全意识。

（五）行为规范与程序

行为规范与程序是为实现安全承诺在规章制度和操作程序方面确立的要求，在企业安全文化建设中处于准则性要素地位，要求必须以适用的标准化的规范和程序明确每一位员工、每一种作业、每一个岗位，什么标准的行为才是安全的。同时，要让每一位执行者知晓、理解和尊重，使行为规范与程序成为全体员工内部的行为准则。

一是公司应维护好安全系统文化的符合性、适用性和可操作性，并着力解决提高执行力问题，确保安全管理体系持续有效运行。

二是根据"一岗双责"的要求，制定每个工作岗位的"岗位清单"，明确规定公司所设置的岗位需要履行哪些职责，公司对该岗位设定了哪些管理要求。各岗位人员按时做好自己该做的事情并产生成果，要求每一个岗位人员对完成情况进行"每日一清"，达到"日事日毕，日考日清"。

三是公司安全生产的相关方应熟悉和遵守公司相关制度规定，相关业务对应的相关部门应负责告知并督促其执行，EHS部负责监督其执行效果。

四是以实事求是的工作态度在工作实践中探索规律、思考问题、分析问题、解决问题并提出改进意见，把例外管理变成例行管理。要求每个岗位人员做正确的事情并把事情做正确，避免在错误的事情上穷折腾。

五是树立和不断强化防范意识，建立健全安全风险分级管控和隐患排查治理双重预防工作机制，在全体员工中培植执行安全工作任务前的风险评估意识，以便让员工在执行任务前明白其所从事工作的风险及违章操作可能带来的伤害。要通过各类事故事件的经验教训分析总结，扎扎实实地建立避免发生类似突发事件的机制，"前车之鉴，后事之师"切实通过各类血淋淋的事故事件的警示做到事前预防、事中控制、事后处理。

六是在工作实践中培植贡献意识、责任意识和服务意识，每一个岗位人员都应该清楚要使自己的工作得到有效的支持，应该把工作实践中得到的数据、事实、判断、对策、直觉和经验等信息资源与大家共享，与此同时，还应清楚为保证体系各部门能分工协调运作，究竟能为其他人和（或）其他部门乃至整个团队贡献些什么。要培养个人融入团队的意识，团队要成为一个平台，而个人在这个平台上在为团队创造价值的同时，体现自身价值。要进一步加强员工非智力素质的培养，特别是敬业精神、服务服从意识、高度责任感意识和组织纪律性的遵守规则意识。

（六）安全行为激励

进一步完善奖罚并重的激励机制。

一是在公司现行的《安全管理奖惩办法》和《薪酬方案》的基础上，进一步细化健全安全绩效评价制度，从"安全结果、安全质量、业务技能和知识、工作安排与执行、成本控制、工作服从与配合、贡献意识和个性特质"等方面设置每个岗位适当时间间隔的安全绩效评价制度，并使之与薪酬挂钩。

二是在公司现行的人员岗位聘任制度和员工职务晋升制度的基础上，进一步细化、规范上岗前考核方式方法。根据不同岗位、不同工作性质，增设"理解和认同公司安全承诺、贡献意识、风险意识、成果意识、成本意识"等方面的考核内容。

三是安全业绩考核要坚持"成效与不足""显绩与潜绩"相结合，注重充分肯定所取得的成果和分析存在的不足，注重有利于发现每一个人的长处，发现他在哪方面工作做得好，哪些方面通过学习和改进些什么就可以做得更好，注重为保持永续发展所做的基础工作，应克服只专注于别人的短处，如同医生诊断专找毛病。根据有关的规定，制定相关制度，进一步明确安全生产责任，激励所有员工规范安全行为。

四是制定安全行为激励制度应把握的四项要求。

（1）审核和评估安全绩效时，应采用消极指标和积极指标，充分考虑单纯使用消极指标容易挫伤员工的积极性，积极指标可以补充负面消极的影响，给员工带来正面的积极影响，是对员工工作成绩的认可，可以成为激励员工持续改进的强大动力。

（2）要建立相应的制度，保障、鼓励和培养员工具备挑战不安全实践和安全缺陷的责任心和能力，这种激励方式会给领导层、管理层带来更多工作量和更高的工作质量要求，对生产安全事故的纵深预防将产生巨大效果。

（3）建立有效的奖惩机制，应补充完善四个方面的内容：工作业绩考核时，应设立专门项目考核安全行为表现；查找分析安全上的差错时，要侧重让他吸取教训、改正错误；充分完善对轻微"小事故"的免于处罚规定，防范员工在事故发生后的刻意隐瞒以保护不受处罚，造成问题没有得到真正解决；群防群治，对举报违章行为并纠正人员进行奖励，违章者免于处罚。

（4）建立安全生产事故约谈制度，发生轻伤及以上等级安全生产事故的部门负责人向公司领导书面报告对事故的认识及所采取的防范措施，并由总经理或分管安全的负责人对其进行约谈。

（七）安全信息传播与沟通

一是信息的传播和沟通是营造安全文化氛围，构造公司特色安全文化表现形式的重要手段。从形式上分类，可分成被动接受和主动参与两种，被动接受式传播形式上有：发放各种刊物和材料、设立宣传专栏、播放相关安全生产题材等；主动参与式的传播形式有：安全文化活动、知识竞赛、技能比赛、论文征集等。

二是在公司现行相关制度的基础上，进一步完善信息传播与沟通系统，公司总经理每月不少于一次走访生产部门班组定期查岗指导；每月定期召开支部书记接待日；分管生产技术关键岗每月不少于两次参加生产部门班组安全活动或班前班后会；各生产部门每月不少于四次参与部门各班组安全活动或会议。

三是每年至少一次邀请政府机关相关部门或行业相关院校专家学者到公司做专题讲座，进一步增进外界对公司的了解和认同。

（八）自主学习与改进

"自主学习与改进"是企业安全文化建设的绩效改进要素，企业安全文化的建设过程实际上就是一个不断学习和改进的过程，建立自主学习和改进的动态机制，从自己和他人的安全经验中主动寻找改进机会，从实践到理论，再由理论到实践，安全文化建设才能是真实有效的。

一是建立自主学习与改进机制，首先要强调培训内容除有关安全知识和技能外，还应包括对严格遵守安全规范的理解，以及个人安全职责的重要意义和因理解偏差或缺乏严谨而产生失误的后果，只有理解了这些深刻的道理，才能真正改变员工的安全态度；其次要强调安全学习不仅是安全知识和经验的学习，也不仅是开展实际操作的训练，更重要的是学习来自于公司内部所发生的险兆事件及安全事件作为负面的经验加以总结，提炼规律，应用到类似的场合和作业。

二是严格执行员工教育培训管理，新聘和转岗人员职责等相关规定，保证全体员工得到必要的培训和定期复训。

三是建立培训效果考核表制度，量身定做每项培训项目的培训目标，明确培训对象从该项目培训中应学会什么，跟踪培训效果以确认受训人员是否有所收获。每一期培训结束时要组织受训人员评价授课方式方法，听取受训人员对下一期类似培训项目的要求。

（九）安全事务参与

安全事务参与是企业安全文化建设的责任性要素，要尽最大可能鼓励员工参与安全相关事务，主动分担安全责任，形成有效的合作伙伴关系，使员工的良好安全态度和安全行为形成自身内在的习惯。

一是企业安全文化建设是一个持续的，与全体员工密切相关的管理组织，是实现从管理文化向文化建设延伸，从感性文化向理性文化的延伸，而不是阶段性和仅由领导去推动的。

二是要有打持久战的心理准备，花大量的时间、精力和物资对员工开展培训教育，提高认识，确保全体员工都应明确认识到：员工对安全事务的参与是落实责任的最佳途径。

三是建立安全生产规章制度、安全生产事故调查分析、安全管理体系内审、有效性评价和管理复查、生产一线员工代表参与机制。

（十）审核与评估

审核与评估是企业安全文化建设的判断要素，定期对企业安全文化建设的效果进行审核，定期对企业安全文化的状况进行判断,达到及时纠正偏差,为进一步完善安全文化建设方案提供依据。

一是建立每季度一次的安全文化建设状况评估制度,从"安全承诺的理解熟悉和尊重,行为规范和程序的执行,安全信息传播的时效及沟通顺畅,安全行为激励效果,自主学习与改进绩效,安全事务参与落实"等方面书面评估安全文化建设的现状、优点及缺点,制定下一步的措施等。

二是建立每年一次的年度审核制度,从落实安全文化建设一级要素的情况进行全面审核,形成审核报告,综合评价建设效果,提出是否进一步改进方案的意见和建议。

三是公司领导应组织安委会成员对评估报告和审核报告进行讨论分析和评价,形成决议后由 EHS 部告知相关部门,并跟踪落实效果。

四、结语

企业离不开安全文化就像人的生活离不开安全一样,企业安全文化在企业的建设中起着重要的作用。安全文化在企业的建设中有着战略性和基础性的意义,没有良好的安全文化,企业就会失去健全的灵魂、明确的方向。安全文化是实践经验的升华,是大众智慧的结晶,对安全生产具有良好的规范功能、导向功能、传递功能、凝聚功能、经济功能、保护功能。安全没有及格,只有满分,本文的研究为某混凝土公司及其他混凝土公司安全文化建设提供借鉴。

论企业安全文化培育与人因工程管理

奥科宁克（昆山）铝业有限公司EHS部　骆叶金　苏　磊　王弈超

摘　要：企业文化是企业集体和个人的价值观、态度、能力和行为方式的综合产物，企业安全文化价值观更为重要，它是企业安全生产的灵魂和基础保障。奥科宁克（昆山）铝业有限公司始终坚持在全球范围内安全、负责地运作，重视员工、顾客及所属社区的环境与健康，我们的环境、健康和安全价值观绝不因利润或生产的需要而妥协这一安全价值观和方针，全员参与、以人为本、安全第一。推行人因工程管理，加强本质安全建设，实行单项安全责任制，全面落实安全生产责任制，充分利用HP安全工具（HP工具包括《人员行为管理看板》《工作前预评估表》《高风险作业安全观察表》和《STOP》等），通过作业人员自我预测失误和可能失误的情况，结合自身行为模式与安全管理工具，在作业开始前提前制定好措施以减少人为失误可能导致的安全事故，加强安全生产过程管理，营造良好的安全文化氛围。

关键词：安全文化；单项安全责任制；人因工程；行为模式；HP安全工具

安全是企业持续发展的根本，安全文化建设尤为重要，其在企业发展中发挥着举足轻重的作用。安全第一、生命至上，人的生命是最宝贵的，是无价的，习近平总书记多次就安全生产工作发表重要讲话时强调指出"人命关天，发展决不能以牺牲人的生命为代价。这必须作为一条不可逾越的红线"，深刻阐释了安全文化发展理念和安全价值观的重要意义。

企业安全文化是企业及其员工在生产经营过程中，逐步形成的共同理念、价值观和行为准则，是具有企业自身特色的文化理念和行为方式。奥科宁克（昆山）铝业有限公司始终坚持"安全第一、预防为主、综合治理"的安全生产方针，落实安全生产责任制，倡导全员安全理念，重点培育员工自身安全意识和作业行为习惯，从上到下，层层递进，让每一位员工成为安全管理者。安全不是一个人的事，是整个团队的事，是整个组织的事，"三人行，必有我师"，在团队中每个人都是安全人，我们的环境、健康和安全价值观绝不因利润或生产的需要而妥协，在日积月累和不断改进中，奥科宁克逐渐形成了"全员参与，我要安全"这一安全文化理念。

奥科宁克集团公司是高性能材料产品和解决方案的全球顶级创新者，是精密工程和高级智能制造的全球领导者。奥科宁克（昆山）铝业有限公司成立于2006年3月30日，公司主要研究和生产高精度铝合金板带，特别是三层及多层复合铝板带并提供产品高端售后服务，为国内外汽车热交换器生产厂家提供质量稳定、性价比高的铝合金板带材料。公司主要生产设备有：熔炼炉、铸造机、均热炉（电）、热轧机、冷轧机、退火炉、厚薄纵剪等。主要安全风险包括机械伤害、车辆伤害、物体打击、有限空间、触电、起重伤害、灼烫、高处坠落等。

一、人员行为管理和单项安全责任制

安全生产标准化是指通过建立安全生产责任制，制定安全管理制度和操作规程，排查治理隐患和监控重大危险源，建立预防机制，规范生产行为，使各生产环节符合有关安全生产法律法规和标准规范的要求，人、机、物、环处于良好的生产状态，并持续改进，不断加强企业安全生产规范化建设。安全生产标准化分为一级、二级、三级，其中一级最高，也是创建难度最大的。奥科宁克在安全生产中特别重视人的安全，我们认为安全管理根本在于管人，归根结底是人员安全理念的形成和人员行为习惯的培育。安全应以人为本，人是最重要的。我们认为有效的安全管理离不开公司管理层重视和全员积极参与，两者缺一不可，相辅相成。从公司总经理开始坚决树立安全第一的管理理念，执行到各部门经理及车间主管，每个人务必清晰自身的安全生产职责，我要安全，落实到各班班长最后到各岗位员工，每个人都需签署并知晓自身安全职责，都是自己的安全负责人。

奥科宁克（昆山）铝业有限公司倡导"我要安全"而不是"要我安全"，从员工第一天入职就培育安全文化理念，要求员工到各自岗位上观察其他人员的作业安全行为，带领新员工填写员工行为观察表（图1）并指正，利用15天的周期性行为观察让新人初步具备安全文化理念雏形,逐步进行三级安全教育和八大块安全文化知识培育,多层次安全教育使新人快速融入团队并形成"安全第一,我要安全"的安全文化理念。

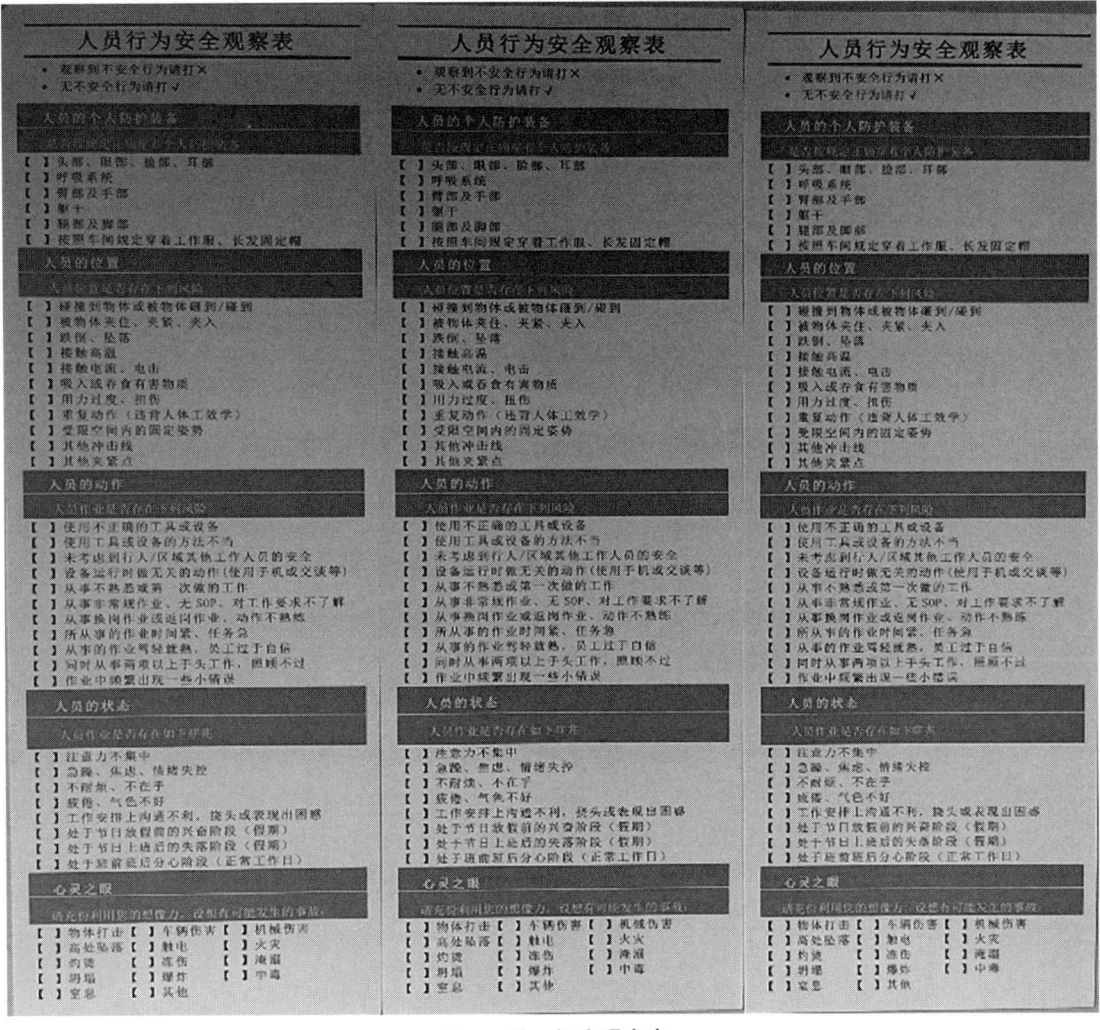

图 1 员工行为观察表

奥科宁克公司执行属地安全管理制度,如部门经理就是本部门的安全第一责任人,对本部门的安全生产全面负责,车间班组长即是本班组第一负责人,对本班组的安全生产全面负责,这样的管理模式正同安全生产法规定的"管生产运营必须管安全、管业务必须管安全""谁主管、谁负责"的原则相互对应。

奥科宁克(昆山)铝业有限公司在全公司推行单项安全责任制,落实专业化安全管理,我们将安全分为十大主板块,主要有死亡预防、挂牌上锁、移动设备、有限空间、机械防护、坠落防护、熔融金属、电气安全、化学品、承包商安全,还有锁具安全、动火作业、损失预防、粉尘防爆、吊具安全等小板块,由EHS委员会指定各板块责任人,各负责人组织建立专业的管理团队,参与学习国家标准、行业标准以及奥科宁克集团安全要求,拟订各自管理计划并进行落实,以挂牌上锁为例,我们根据委员会要求,定期进行挂牌上锁专项安全检查和隐患排查,根据检查发现项逐项进行制订行动计划并整改,交由EHS委员会验证,形成PDCA闭环管理模式。安全不是个人的安全,为贯彻全员参与安全文化理念,公司领导也须定期进行人员安全行为观察,管理层会深入生产现场进行人员作业行为观察,发现并指正员工的不安全行为,进行安全生产隐患排查治理,创建优秀的企业安全文化。

二、人因工程管理

奥科宁克(昆山)铝业有限公司在企业深入推行人因工程管理,通过引入高效的安全生产管理工具,结合动态可视化管理程序和智能安全管理平台(图2),利用《人员行为安全管理看板》《工作前安全预评估表》《人员行为观察表》《STOP》等人因

— 309 —

管理理念和模式，推动和指导每一位员工成为自己岗位的安全专家。

人因工程管理的定义：人因工程管理是一种系统的管理方法，是通过人员、系统和程序，将作业人员、工作任务、工作环境、生产设备和组织所有的工作结合起来的系统（图3）。任何在系统中的小问题、缺陷漏洞和方式都会影响系统的正常运行，个人只是系统中的一部分，任何个人的失误行为也会影响系统的运行。人因工程不是人的最基本的反映。

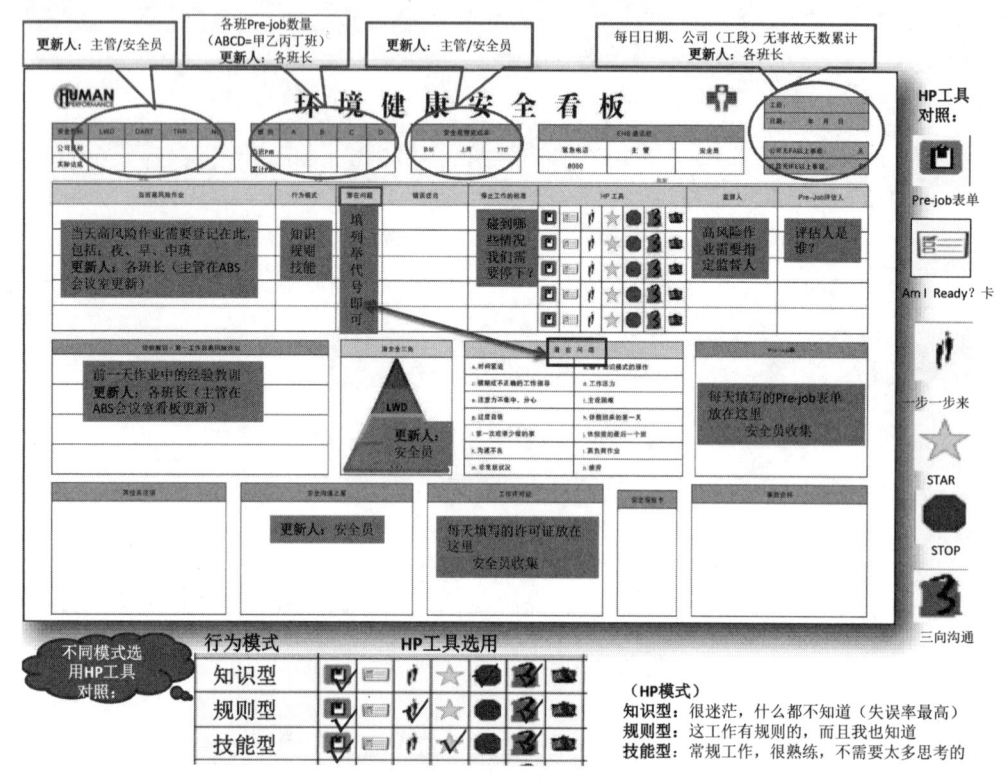

图2 环境健康安全看板

图3 人因工程管理关系图

人因工程管理是奥科宁克昆山公司具有代表性的一项安全管理系统，公司从管理层到一线员工，从"人""机""料""法""环"五个角度深入分析研究人的不安全行为、物的不安全状态、环境因素、人的心理状态、个人能力等方面。人因工程管理就是通过作业人员自我预测失误和可能失误的情况，结合自身行为模式与HP安全工具，在作业开始前提前制定好预防措施，在作业过程中结合HP工具以减少人为失误，从而避免可能导致的安全事故。

我们通过人因工程，研究了人的作业行为，认为人的一个行为或不行为，无意中导致了一个不想要的状态、致使一个任务或系统超越了可接受的限度、导致偏离了一套规则或要求，通过研究，认为人的失误及易失误的行为是能够被预测的、控制的或者预防的，如人员违规作业行为即是人的一个行为或不行为有意识地偏离了既定的规则或要求才发生的。

人因工程通过分析人的心理状态和失误概率、工作事务的状况、时间和空间因素，将人的行为模式分为三种：以技能为基础的行为模式；以规则为基础的行为模式；以知识为基础的行为模式。

（一）以技能模式的失误行为

理解为常规、重复、习惯的动作，人员作业时无须思考或者很少进行思考就可以完成，这种模式下失误概率为1000∶1（图4）。

以技能为基础的行为模式

➢ 技能基础的失误
■ 常规、重复、习惯
■ 很少或没有有意识的思考
■ 少于7到15个连贯的步骤或行动
■ 失误（注意力）或过失（记忆力）

➢ **Error rate is 1 in 1,000**

图4 以技能为基础的行为模式

（二）以规则模式的失误行为

定义为有既定的规则或者程序要遵循，人员清楚有流程可循，按照操作规程一步一步来完成，走捷径、规则运用不当或者规则错误就会导致失误的发生，这种模式下失误概率为100∶1（图5）。

以规则为基础的行为模式

规则基础的失误
■ 规则存在，我也知道有规则
■ 有知识、技能和经验
■ 了解规则和程序
■ 走捷径
■ 规则或程序使用不当
■ 规则或程序错误
■ 失误概率100∶1

图5 以规则为基础的行为模式

（三）以知识模式的失误行为

定义为在作业时员工不知道什么是自己不知道的，总会发生在问题解决过程中，人员没有知识、技巧和经验，无规则或程序可参考，这种模式下的失误概率为2∶1到10∶1（图6）。

以知识为基础的行为模式

知识基础的失误
■ 你不知道什么是你不知道的
■ 总发生在问题解决过程中
■ 没有知识、技巧和经验
■ 规则或程序不存在，或者此人不知道有规则
■ 不知道什么是他/她不知道的
■ 出错率是2∶1到10∶1

图6 以知识为基础的行为模式

在三种模式的推广下，奥科宁克昆山公司通过培训和现场指导，使岗位员工熟悉掌握本岗位操作规程、安全要求等，熟练操作生产设备和全面了解工艺流程，运用系统全面提升员工安全文化素养和理念。图7为人员行为描述矩阵。

图7 人员行为描述矩阵

（四）十大失误征兆

在三种行为模式的基础上，我们又通过人因工程进一步研究了人的失误行为，将人的失误行为特征分类总结为十大失误征兆：

（1）压力；
（2）工作量大；
（3）时间紧迫；
（4）沟通不良；
（5）模糊 / 混乱的工作指导；
（6）过度自信自负；
（7）很少或第一次执行的任务；
（8）分心；
（9）休假后第一天上班；
（10）一个班或一个工作周期结束时。

针对人员行为失误特征、潜在问题和事故苗头，实际作业中如何进行预防？如何避免人员失误行为？如何减少安全事故的发生？我们在作业过程中创造性利用 HP 安全工具，通过作业风险辨识、人员行为管控、人因行为分析来减少失误的发生，根据失误判定模型进行行为控制并保障人身安全。HP 安全工具包括《工作前预评估表》《高风险作业安全观察表》《我准备好了吗—确认卡》和 STOP、三向沟通、STAR（停下来，想一想，行动，回顾），一步一步来、记录工作状态等。如图 8 为人员行为回顾表。

奥科宁克工作前预评估表		Version 3 -July 2017
日期： 时间：	预评估负责人：	部门：
工厂名称：奥科宁克（昆山）	应急避难区/集合点：	帮助链：
评估参与人（签名）		
你准备做什么：		
有没有针对此任务的书面程序？： □有 □无 （如果有-请与工作与评估表一起使用）	是否回顾了书面程序？： □是 □否 □不适用	
许可证： □密闭空间 □挖掘作业 □屋顶作业 □动火作业 □环境 □登高作业 □变更管理 □临时性WOF		
人员行为回顾		
每位工作人员的行为模式（选择所有适合的项目）		
□知识型 失误几率=1：2-1：10	□规则型 失误几率=1：100	□技能型 失误几率=1：1000
失误陷阱：（选择所有适合的项目）		
□**时间压力，紧迫感，高负荷工作**-时间安排紧张、多重任务、焦虑、急躁		
□**第一次/不经常进行的工作**-在最近6个月内没有进行过该工作，不熟悉详细信息，缺乏或没有经验		
□**分心**-感觉被扯向几个不同的方向，原来的工作还没完 又被另一任务所打扰，感觉事情千头万绪		
□**工作指导不清楚/混乱**-得到的指导与以前的经验冲突，工作知道过期或存在错误		
□**临近下班或周末** □**语言沟通不充分**	□**休息超过4天后第一天返岗**	□**过度自信**
工作计划		
完成任务的关键步骤：	可能发生什么问题？	安全控制手段是什么？（如果没有，停止标准是什么）
（根据以上关键步骤）有可能发生最坏的事情是什么	在什么情况下会发生	是否存在控制手段，保证安全
EHS风险评估（选择所有适用项目）		
工作环境		
□石棉，铅，粉尘，气体，液体的接触	□天气是否会影响作业	□临近工作区域的风险
□不同水平面坠落/登高作业	□高温/低温	□垂直/水平坠落区域
□滑倒/绊倒-在工作面上行走	□高压/低压电气	□吊物不稳
□车辆/行车交叉作业 □地面盖板/屋顶过载	□冲击线或受冲击	□行走的工人/临时性WOF许可证
个人能力		
□需要培训/资质	□体力限度	□对任务的了解
任务要求		
□过度伸展，弯腰，扭转动作	□手部伤害（夹紧点，撞击）	□空间狭窄/堵塞/视线看不见手所处位置
□手部--非惯用一侧（切割、打孔/撞击）	□提，推，拉	□机械防护拆除/设为旁路
人的本能反应		
□手放在悬垂吊物上/吊具上	□存储能（如液压能，重力作用）	□故障排查
环境		
□溢流物质进入雨水管网	□设备的迁移/拆除/挖掘	□影响/关闭污染控制系统的任何部分（如吸尘器，净气器，处理厂，冷却塔等）
□对水的影响（工艺用水，废水，饮用水）	□产生的废物为溶剂/涂料，具有腐蚀性，酸性	
□产生废物 □容器/标签	□抽出/排干/转移/排放液体	□其他
降低/消除风险的措施		
□预清洗 □MSDS	□工作场所路径清楚	□挂牌上锁验证 □工作场所/位置
□检查（车辆，天车，工具，钢丝绳）	□设备防护/安全须知 □洗眼器	□设备位置 □灭火器
□照明 □气体监测	□坠落防护 *（列出类型）*：	□工人间的明确沟通
□专用的工具/设备 说明：		
PPE： □护目镜 □面罩 □焊接/切割	□专用衣物 □口罩 □手套类型：	□其他PPE
环境措施 *（解释）*：		
其他HP工具： □ ☆TAR（停止/思考/行动/回顾） □ 部就班	□ 停下寻求帮助	□ ❸向沟通
最后确认		
什么情况/状态下需要停止工作？（具体说明，并与前面"可能发生的最坏事情"联系起来）		
我们是否能够在安全并符合环境和质量要求的前提下进行此项工作？（直觉检查） □是 □否-停止，不要再进行此项工作！		
工作后总结：（完成工作后填写本部分）		
是否需要更新书面程序？ □是 □否	是否需要写IFE/EEE/CPAR的事故报告 □是 □否	是否按照计划完成了所有工作？ □是 □否 如果选择否，请进行工作后回顾

图 8 人员行为回顾表

（五）工作前预评估和我准备好了吗—确认卡

使用工作前预评估是为了让每个参与作业的人员通过使用这张表格（图9），利用团队的力量一起识别风险并解决沟通信息上的问题。团队成员根据工作计划，从参与作业人员、完成任务的关键步骤、作业过程中会出现的问题、安全控制手段或者STOP停止标准进行风险辨识描述，然后从工作环境、个人能力、任务要求、人的本能反应、环境因素等方面进行安全风险评估，最后选取应该采取的HP安全工具来降低/消除风险的措施，保证作业安全。工作前预评估同样也鼓励团队能够回顾作业指导书来帮助完成工作，如果没有指导书，正好制定一个规则来完成这项工作，降低潜在的失误和风险。

图9 我准备好了吗—确认卡

（六）STAR

STAR（见图10）。停下来（Stop），想一想（Think），行动（Act），回顾（Review），可以用在技能模式中，或者是在规则模式下，按要求执行过程的每一步中使用。STAR是通过强制大脑慢下来，使其和正在进行的作业同步。在使用STAR时，它让你的大脑得到休息，并集中精力找到作业步骤中不清楚或不明白的地方。

图10 STAR

停下来（Stop）：在执行任务步骤前停一下。专心于细节，避免分心。

思考（Think）：在采取行动前，确认正确领会，指向或接触部件、设备或系统无误。

行动（Act）：执行预期行动。

回顾（Review）：确认实际响应是否符合预期。

（七）三向沟通

有效的沟通必须是清晰简明完整的。

使用三向沟通（原则：清晰、简明、完整）时（见图11），传达者先告诉你信息，你要重复你理解或听到的信息给传达者，不管正确与否，通常在交易对话中广泛使用，这个工具在其他情况下，也能有效地测试理解的内容是否相同，传达信息的人必须对信息负责，确保沟通的信息被理解，并在存在失误陷阱时使用这个工具。

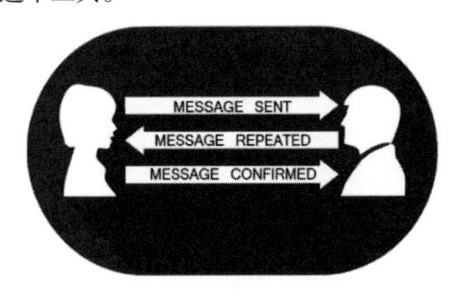

图11 三向沟通示意图

（八）一步一步来和记录工作状态

我们认为当一个步骤不合理时、无法达到预期结果时、有技术误差时，这时人的本能反应会是走捷径或者跳过操作流程，但是绕过一个步骤会将问题留给下一个使用者，系统安全就会处于失控状态，如果遵循的一个程序与安全或可靠性有冲突，不要绕过程序，应立即告知系统管理者进行风险评估分析，制定新的作业程序和步骤，这样才能持续改进，完成 PDCA 循环安全。

在进行作业计划时或者采取行动前，作业人员需领会工作任务步骤，执行任务中途被打断或在执行一系列任务时改变地点、操作方式等，在继续执行前要确认位置和步骤是否正确，转换顺序时保持你的位置，使用大写、记号或记录资料来进行记录和程序分组，同时使用旗标或其他类似标识区分部件、设备或系统，这样，再次进行作业任务时才能安全有效，避免失误的发生。

我们要求生产车间所有班组要召开交接班会议，会议中要求团队成员使用 HP 人员行为管理看板进行安全可视化管理，前一班组的员工需要和当班员工分享作业所得的安全经验与心得教训，当班员工评估当班计划执行作业的潜在问题和错误征兆并制定安全停止标准，最后当班员工共同选取当班的高风险作业，并对其进行工作前安全预评估，细致地识别分析关键作业步骤、对应的风险和有效控制措施，HP 分析全过程要求全体团队成员参与讨论以确保考虑周全，并指定专人对高风险作业进行安全观察和沟通，必要时现场可以停止作业寻求帮助，确保人员安全和生产安全。

三、结语

通过贯彻"全员参与，我要安全"这一安全文化理念，奥科宁克公司严格落实本质安全管理和人员行为绩效安全管理，实现了最高三年无可记录工伤事故的优秀安全业绩，公司 2014 年通过 ISO14001 和 OHSAS18001 体系认证，2016 年通过安全生产标准化二级和获得"昆山市十佳安全生产企业"荣誉称号，2022 年完成安全生产标准化一级企业认证。在由独立第三方开展的奥科宁克"竞业度调研 2021"活动中，员工无记名参与 26 项模块调研，全体员工参与率达到 99%，调研结果显示"安全"模块得分最高为 97 分，在奥科宁克公司，全体员工一致评选认为"安全"是企业的价值观所在，员工发现不安全状况时，可以立即停止工作，我们不会为了追求产量或利润而违背我们的安全价值观。

我们在安全文化建设中一贯重视员工安全文化理念的培育和人员行为习惯的管控，重视本质安全和风险评估，公司始终着眼于打造高绩效的员工队伍和专业化的安全管理团队，不断完善安全管理架构，在安全管理中形成了具有自身独特个性的安全生产文化，从公司总经理到一线生产员工，从总经理的安全职责，到班组长和一线员工的安全职责，全员参与，层层压实管控，横向到边、纵向到底，形成安全管理的顶层设计，企业的运营决策必须有安全的参与，安全真正参与到企业日常运营中，让全体员工参与到动态安全管理实践和标准化建设中，做自己的安全负责人，形成全员安全生产管理文化理念。

参考文献

[1] 陈明利. 企业安全文化与安全管理效能关系研究 [D]. 北京：北京交通大学，2012.

[2] 罗云主. 冶金业员工安全知识读本 [M]. 北京：煤炭工业出版社，2008.

申通阿尔斯通关于安全文化理念与实践创新之浅谈

申通阿尔斯通（上海）轨道交通车辆有限公司　申伟栋　沈　豪　赵　强

摘　要：企业安全文化是存在于企业和个人中的种种素质和态度的总和，是一家企业坚持安全方针、明确安全标准、落实安全管理并持续改进一段时间后的产物，既是结果也是过程。

关键词：企业安全文化；安全管理；地铁公司

安全文化的概念最早由国际核安全咨询组（International Nuclear Safety Advisory Group，INSAG）于1986年针对切尔诺贝利事故，在INSAG-1（后更新为INSAG-7）报告中提到"苏联核安全体制存在重大的安全文化的问题"。1991年出版的（INSAG-4）报告即给出了安全文化的定义"安全文化是存在于单位和个人中的种种素质和态度的总和"。文化是人类精神财富和物质财富的总称，安全文化和其他文化一样，是人类文明的产物。企业安全文化是为企业在生产、生活、生存活动中提供安全生产的保证（摘自《科普中国》科学百科词条编写与应用工作项目）。

基于上述概念，申通阿尔斯通（上海）轨道交通车辆有限公司（以下简称公司）成立于2012年，作为一家由上海申通地铁集团有限公司与原庞巴迪运输瑞典有限公司（现阿尔斯通公司）共同出资组建的有限责任公司，在过去10年的安全生产工作实践中整理出了一些可供参考的企业安全文化理念，在这里作浅谈和分享。

一、定方针

自企业成立之初，公司就将健康、安全和环保视为公司的基本责任及其所有活动的重要准则。我们的原则是"致力于提高员工健康水平，保护公司员工免于职业伤害；我们将持续改进公司的经营水平和产品的环保性"，即企业所制定的安全方针直接表达了其对于安全的态度，也是企业安全文化的根基。

二、树标准

公司结合申通地铁集团及原庞巴迪公司（现阿尔斯通公司）在职业健康、安全及环境管理领域的先进做法及良好经验，形成了一套属于企业自身的QHSE管理体系。以法律法规为准绳，依托ISO/TS22163、ISO45001、ISO14001、ISO9001四标合一的国际标准，积极开展各类职业健康、安全、环境相关工作，并成为国内首家通过IRIS 2.0《国际铁路行业标准》即目前的ISO/TS 22163：2017版《国际铁路行业标准》的地铁列车维修、维护企业，这些都为企业在安全文化方面打下了良好的基础，安全文化需要有法律法规和行业标准作为支撑。

三、抓管理

公司在职业健康、安全、环节管理方面，严格贯彻国家《中华人民共和国环境保护法》《中华人民共和国安全生产法》《中华人民共和国消防法》《中华人民共和国职业病防治法》等相关法律法规，编制了包括《EHS03-S04-01 法律及法规》《EHS02-M01-01 健康安全及环境手册》《EHS03-S01-01 风险分级管控及隐患排查治理》《EHS03-S04-06 废弃物管理义务》《EHS03-S01-04 环境因素识别、评价与更改管理》在内的共计50余份公司管理程序文件，内容涵盖了公司作为专业维修型企业，在运营过程中可能涉及的环保、能源、生产、职业健康、排污、产废、事故、风险、隐患等诸多领域，而这些管理程序将是企业安全生产得以保证、安全文化得以形成的重要抓手。以下将挑选部分在各领域较有代表性的程序文件，从抓过程、抓落实、抓培训三个角度进行简述。

（一）抓过程

关于《EHS03-S04-01 法律及法规》，作为公司各类职业健康、安全、环境程序文件的上位标杆之一，公司通过该程序定期监控现有或即将发布的法律法规及地方标准要求，组织学习相关变更内容，辨识相关风险及绩效，并更新附件《法规审查和合规状况表》，确保企业的管理规范、流程符合国家相关标准及法律法规的要求，并时刻确保其在企业的贯彻落实。

关于《EHS03-S04-06 废弃物管理义务》，公司按照 ISO14001 环境管理体系要求，结合公司《EHS03-S01-04 环境因素识别、评价与更改管理》要求将识别出的环境因素收录到《EHS03-S01-04-A 污染类环境因素登记和评价》及《EHS03-S01-04-B 资源类环境因素登记和评价》中予以跟踪，关键信息收录到《EHS03-S01-04-C 环境影响优先等级评定》并对应相关程序予以控制。对于识别出的废弃物根据《国家危险废弃物名录》要求，进行对标分类，并按《中华人民共和国环境保护法》的要求备案处置。据统计，公司每年处置危险废弃物约 34.5 吨。为此，公司于 2019 年在所辖九亭基地、金桥基地、中春路基地分别建设了危险废物贮存仓库，生产经营过程中所产生的危废按照《EHS03-S04-06 废弃物管理义务》集中到危废仓库分类存放，并由具备资质的第三方机构上门回收，整个处置过程手续完备。

关于《EHS03-S04-05 职业健康防护》，公司根据《职业病防治法》《工作场所职业卫生管理规定》等要求，邀请合格的第三方机构定期对车间进行职业卫生监测。将车间内的空气质量、有害物质浓度、照明等级、噪声等级控制在规定的范围内。对员工进行定期体检，监控员工健康状态，按照风险评估的要求，在作业过程中穿戴好必需的个人防护用品。

关于《EHS03-S05-01 应急处置总体预案》，应急管理是公司安全管理中必不可少的一部分。公司借鉴行业中发生的事故教训与应急经验，识别公司生产运营各过程中可能涉及并发生的突发事件，建立了《EHS03-S05-01 应急处置总体预案》管理流程，以应对国家法律法规变化、社会危机及内部运营等突发事件，规避风险、减少危害。该程序文件设立了 26 项应急预案和突发事件的处理方案，确保公司运营的连续性、稳定性。

关于《EHS03-S01-01 风险分级管控及隐患排查治理》，作为公司 HSE 风险评估工作的核心过程文件，严格对标对表交通运输部关于《城市轨道交通运营安全风险分级管控和隐患排查治理管理办法》和上海市交通委员会关于《上海城市轨道交通运营风险分级管控和隐患排查治理"双重预防机制"实施指南》的要求，结合《生产过程危险和有害因素分类与代码》（GB/T 13861—2022）的标准生成程序附件"风险管控清单"。

通过上述文件，员工可以对公司生产经营过程中，在现场可能涉及的风险进行有效辨识和分级，并根据严重度拟定防护措施，做到风险持续管控。相关数据也将持续汇总至附件"风险管控清单"内，积累数据为后续分析提供基础。目前，公司已完成各类项目及修程的风险评估共计 720 余份，丰富的评估数据也为后期的改进提供了充实的依据。

隐患排查方面，公司按照《风险分级管控及隐患排查治理》另一附件"隐患排查手册"组织全员进行常态化安全隐患排查，对发现的问题在公司管理系统"MAXIMO"中生成 HSE 事件记录，并督促落实相关隐患治理工作。2021 年度公司共计发现各类隐患和改进项共计 193 处，隐患整改率达到 100%。同时，对隐患数据进行分析，并逐步完善"隐患排查手册"，使得排查工作不留死角、不留盲区。

（二）抓落实

落实方面主要以《EHS03-M01-01 安全生产责任制管理制度》为主，一方面公司根据新版安全生产法，建立了严密的安全生产管理网络，以公司第一负责人作为安全生产的第一责任人，下设安全生产专职管理部门（QHSE 部），并设置质量安全总监岗位，各部门、班组配备专、兼职安全管理人员。同时公司目前已有 2 名员工通过了注册安全工程师的资质考核，并鼓励在职安全管理人员参加该资质的考试；另一方面明确安全生产职责，公司根据安全生产法以及集团、维保公司相关管理规定，以自上而下、层层覆盖落实的原则制定公司各部门各级人员的"安全生产责任制"，明确任务和职权，并且通过层层签订《EHS03-M01-01-C 申通阿尔斯通员工安全生产责任与承诺书》，真正做到各负其责、目标明确、任务具体。

有落实，就要督促落实。关于《EHS03-M01-02 指导方针-健康安全及环境委员会》，我们既报喜也报忧。按照管理规定，公司安全管理部门在每季度一次的公司职业健康安全及环境委员会会议中，将当季度公司在质量、健康、安全、环境方面发现的问题（含各类事故事件）及原因分析、整改措施、整改进度、涉及困难等一一列明。公司员工代表和高层领导共同参与、讨论落实，并对同类型问题举一反三，制定短期和长期的防护措施，严格执行持续改进的公司安全方针政策。

根据上述改进政策，截至2021年12月31日，申通阿尔斯通公司已经负责完成各类现场安全整改530余项，共计投入费用700余万元。其中多项安全改进内容还获得了国家实用新型专利。同时公司还积极响应国家发展改革委关于数字化转型的号召，自主研发DSMS（场段安全管理系统），该项目作为国内首次研发的一体化车场数字管理系统，融合了人员监控、接触网电动操作、平台互联、动车预警等多项数字化功能，能有效降低库房内人车冲突、人员触电、人员坠落等安全事故的发生的可能性，大幅缩短接触网断送电、验电、接地作业的时间，真正意义上做到了安全高效的数字化转型。

（三）抓培训

公司一方面通过《EHS03-M04-01健康、安全及环境培训》程序对公司内部新进人员、换岗人员的各类安全培训的时间及内容都做了明确规定。另一方面，通过《EHS03-S06-01访客入场安全培训》，对外来临时人员、参观人员的安全注意事项进行了明确的要求。

除此之外，公司还在培训宣贯方面"另谋出路"，通过"HSE开放日"的形式，邀请企业和行业内各级安全领域的专家和管理者进行研讨交流。而公司的第一场开放日主题就是"公司职业健康安全及环境委员会"，一场场开放日上"真刀真枪"的互动，将企业多年来在安全管理领域总结出来的经验和制度不断地打磨抛光。截至2022年初，公司共计举办各类开放日活动39场。期间由于疫情影响，活动频次虽然有所减少，但公司也借此机会开始梳理过去几年间开放日参与者所填写的问卷调查，共计238份有余，根据内容重新升级开放日主题，并开创了定制主题形式的开放日。

四、文化沉淀

经过数年累积，公司在2021年5月，第一次尝试将内容调整后的"HSE开放日活动"融入社区活动之中，公司走进社区，与社区居民们共同讲安全、论安全、重安全，相互学习、共促提升，得到了居民群众的一致好评。至此，申通阿尔斯通公司的企业安全文化初见雏形并为人乐道。

五、结语

综上，我们认为企业安全文化是存在于企业和个人中的种种素质和态度的总和，申通阿尔斯通公司作为一家拥有明确安全方针、明确安全标准、明确安全管理流程的企业，在持续改进的道路上不断优化完善自身的安全管理制度。十年之后的我们再回头看，终于发现了属于我们自己的企业安全文化雏形，但这也是公司过去十年的缩影，所以"她"既是过程也是结果，缺一不可。

培育企业特色安全文化为安全发展营造良好氛围

中国航发沈阳发动机研究所　刘咏妍　赵兴

摘　要：生产安全事故统计表明，在企业生产过程中人为因素造成的事故占了极大的比重。故安全最大的隐患就是人，防患于未然，要从"人"抓起。提高员工安全意识，解决好"思想隐患"；重视生产现场细节管理，提升可视化水平，解决好"经验隐患"；安全事故案例分析学习，树立正确榜样，解决好"行为隐患"。在企业内推进安全文化建设，将对促进安全管理工作起到重要作用。

关键词：安全文化建设；安全文化理念；安全可视化；安全行为

世界 500 强企业有一个共同的特点，就是十分重视安全生产工作，他们达成的共识是，安全生产是经济增长的基础、前提、条件。因此，他们均制定了适合自己企业的安全理念，用以指导自己企业的安全生产工作。现阶段，很多企业已经建立了必要的安全管理体系和规章制度，各级人员签订安全生产承诺书对安全责任做出承诺。但员工的安全意识和行为，以及对安全规章制度的遵守，更多是因为害怕扣除绩效或受到纪律处罚。这样的管理方式，会导致一部分专职安全管理人员参与到员工安全行为的监督管理，无法将精力投入到安全咨询，协调安全作业的实施，指导安全措施的落实和监督中。长此以往，由于安全监督不到位导致的事故隐患将大大提升；而专职安全员由于长期从事监督工作，忽视了自身业务能力的提升，对新生事物的风险辨识能力下降，无法成为企业安全生产管理者的得力顾问和助手。将"注意安全"转变为"我要安全"，这是在企业已具备良好的管理体系、完整的规章制度、全体员工具备良好的安全意识的基础上应该进行的下一步思考[1]。

一、转变认知，迈出安全文化建设的第一步

深刻认识安全生产工作在推进新时代中国特色社会主义伟大事业中肩负的使命。中国特色社会主义进入了新时代，这是我国发展新的历史方位。党的十八大以来，以习近平同志为核心的党中央对安全生产工作高度重视，安全生产改革发展不断推进，事故起数和死亡人数逐年下降，安全生产形势持续稳定好转，安全生产工作进入了新的发展时期，这是安全工作的新方位、新起点。深入学习贯彻习近平总书记关于安全生产的重要讲话和批示指示精神，全面掌握安全生产工作的思想理念、大政方针、目标任务和重大举措，确保中央关于安全生产的决策部署落地生根。

制定一个短期的，比如以三年为期的企业安全文化建设纲要，开展一些十分具体的、参与度高的、适合企业大部分员工文化层次的安全文化活动是很有效的。具体到企业安全文化不是一朝一夕就能建成的，更不是随便一句安全口号就能高度概括的，企业安全文化建设还需要在长期摸索中前进。随着"安全生产月""职业病防治法宣传周"、普及《安全生产法》《职业病防治法》等大型宣教活动的持续开展，"关爱生命、关注安全"的舆论氛围日益浓厚。这一阶段，员工对权力、义务及风险因素虽然有了初步的认识，但是更多的关注点是集中在安全风险带来的回报、待遇和补偿，而非消除安全隐患[2]。这时，企业要将员工的关注点拉回到关注自我、个人价值，让安全内在化是很有必要的。

二、结伴而行，调动广大员工的积极热情

加强安全生产的形势政策宣传，深入开展群众性安全文化活动，强化安全发展的理念。大力宣传贯彻落实党中央、国务院关于安全生产的指示精神、方针政策和决策部署，统一思想、提高认识，指导和推动各单位、机关各部门的安全生产工作。认真开展好每年的全国"安全生产月"、全国"职业病防

治法宣传周"、"安康杯"竞赛、安全先进单位、班组及个人的评选等活动,动员全所职工积极参与,不断丰富内容、创新形式、注重实效、提高质量,培育和塑造富有吸引力和感染力的知名安全文化活动品牌。利用所网、"We 爱动力"微信公众号等平台,向全所广泛宣传、唱响安全发展主旋律,使其进一步深入人心,指导实践,推进安全生产工作。

降低安全文化建设门槛,用最简单的方式,像孩子一样拿起画笔,让广大员工参与进来。2018 年,在本单位开展了以"生命至上、安全发展"为主题的安全生产漫画作品、安全生产理念征集活动。活动得到了员工的积极响应,前期征集活动收到来自 39 个单位,66 幅安全生产漫画;收到来自 30 个单位,700 余条安全文化理念。经过初评整理,共筛选出 13 幅安全生产漫画作品、93 条安全文化理念,参加了 2018 年 12 月 6—13 日"我最喜爱的安全生产漫画、安全文化理念"评选活动,如图 1 所示。最终由 884 名员工参与投票,评选出 3 幅"我最喜爱的安全生产漫画"和 10 条"我最喜爱的安全文化理念",见表 1。此阶段,通过作品已经可以观察到员工对生命的意义、个人价值、个人的安全责任、家庭的责任等都开始了初步思考。虽然,通过此活动还不能提炼出企业安全理念,但是在安全文化建设的探索之路上,开始有了员工的参与。

图 1 "我最喜爱的安全生产漫画"评选作品

表 1 "我最喜爱的安全文化理念"评选作品

序 号	安全文化理念	支持率(%)	创作单位
1	安全标准化,管理明细化	19	部门 1
2	有人才有家,安全靠大家	18	部门 2
3	安全措施条条落实,安全责任时时坚守	14	部门 3
4	安全可演练,生命无彩排	14	部门 4
5	谨小慎微无过度,粗心大意孕祸根	13	部门 5
6	安全摆首位,忙中不错位	12	部门 6
7	安全不可小视,生命不可再来	12	部门 7
8	安全是家庭幸福的保障,事故是人生悲剧的祸根	12	部门 8
9	安全贵在坚持,事故重在预防	10	部门 9
10	遵守安全生产规章制度,守护个人和家庭幸福	10	部门 10

三、理论研究，建立安全文化建设新阵地

针对安全生产重点、热点和难点问题设立研究课题，加强安全文化理论研究，形成以安全发展为核心、具有特色的安全文化建设理论体系。鼓励各单位、机关各部门，结合自身特点，创新安全文化建设的内容和方法途径，总结实践经验，凝练理论性成果，以点带面，指导和推动工作。建立安全文化建设成果表彰、宣传、推广机制，坚持自主研究和吸收借鉴相结合，切实做好理论成果转化应用。

2020年，在本单位开展了安全文化论文征集活动。同年6月，提交6篇论文参加了第二届全国企业安全文化优秀论文征集活动。最终，提交的《防疫背景下动力所特色安全文化的探索与实践》在应急管理部宣传教育中心和《企业管理》杂志社联合主办的"第二届企业安全文化优秀论文征集活动"中荣获二等奖。

四、安全可视，切实提升作业现场安全水平

员工获取或者理解信息在很大程度上取决于信息的展现方式，信息类型不同，则展示方式就有很大差异。所以，可视化管理既可以确保安全信息可理解性大大提高，也可以使安全管理水平提高。广泛调动员工参与危害辨识，通过制作安全可视化展板将员工自己辨识的成果形象、生动展示出来，是相比直接要求员工"注意安全"更为有效的管理方式。

2019年，通过对120厂、大船集团的调研，研究所安全主管部门提出了实施安全生产可视化必要性、安全生产可视化覆盖率达100%的目标及安全生产可视化工作建设初步建议。2019年四季度安委会通过了安全生产可视化工作建议，并给予专项资金支持。2020年，选定工作场所具有代表性的能动中心、十五室装配厂房、十六室121厂房为试点单位开展安全生产可视化工作，各类规格展板及标识累计完成702个，如图2所示。2021年，在总结试点单位经验的基础上，结合AEOS生产制造体系中对现场管理可视化的要求，在全所范围内存在现场作业场所的单位（五室、六室、十室、十一室、十二室、十三室、测试中心、十六室、能动中心、试制中心）全面展开，各类规格展板及标识累计完成7326个，安全可视化初步实现了全覆盖。

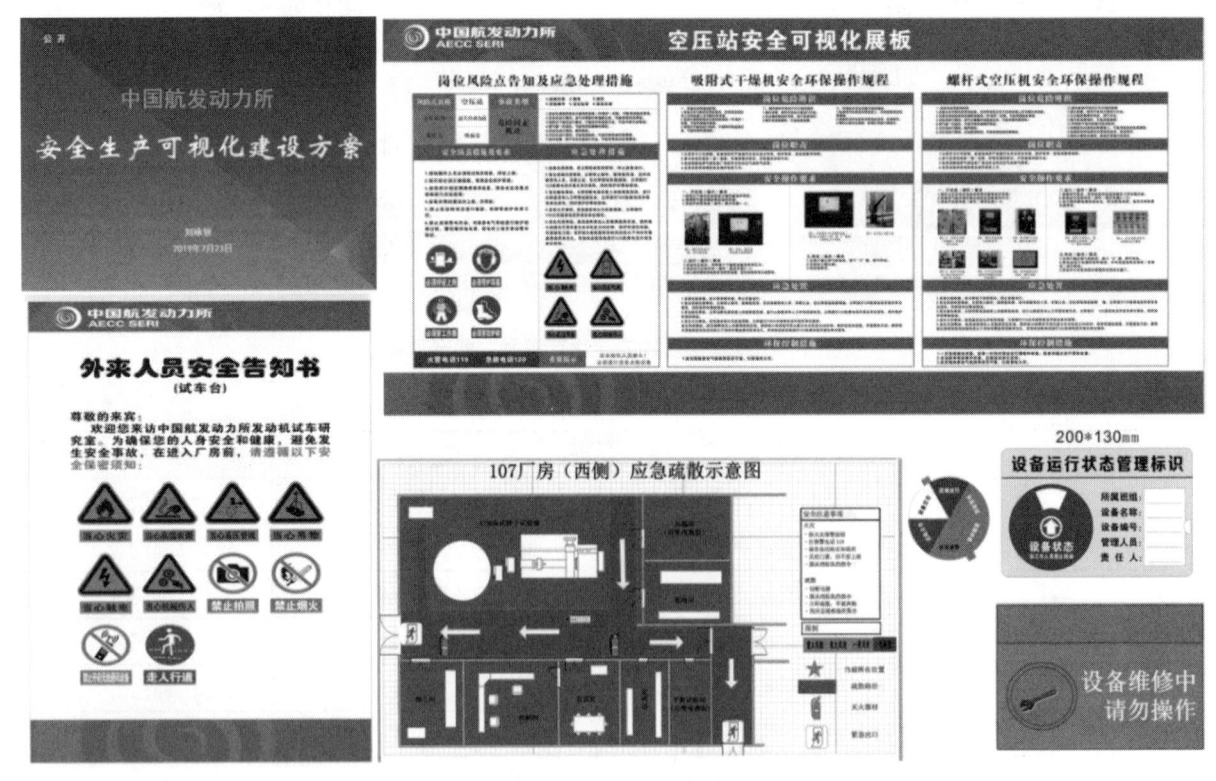

图2 安全生产可视化展板及标识示意图（节选）

五、舆情引导，营造重视安全的企业氛围

广泛宣传安全生产工作的创新成果和突出成就、先进事迹和模范人物，发挥安全文化的激励作用，弘扬积极向上的进取精神。加快形成全所广泛参与的安全生产舆论监督网络，鼓励职工对安全生产领域的非法违法现象、重大安全隐患和危险源及

事故进行监督、举报，提高举报、受理、处置效率，落实和完善举报奖励制度。

六、大力宣传，强化员工安全法制意识

坚持与普法相结合，大力宣传普及安全生产、职业病防治等法律法规，强化安全生产法制观念。总结运用正反两个方面的典型案例，坚持以案说法，深入剖析，注重用事故教训推动工作，强化安全生产警示教育，筑牢安全生产思想防线，始终做到警钟长鸣、常抓不懈，依法规范安全生产行为，加快推进安全生产法治化进程。面向全所开展形式多样的安全知识普及活动，推进安全知识进单位、进机关、进部门、进班组，提高全所职工安全意识和安全素质。积极开展安全生产和应急救援宣传活动，提高职工安全防范意识和自救互救能力。加强职工安全生产知识和技能培训。重视和发挥班组长在研究所基层安全文化建设中的带头示范作用，加强专题业务培训，提高班组职工自觉抵制"三违"行为和应急处置的能力。

七、示范引领，扎实推进基层建设工作

继续推进安全生产宣教体制机制建设，加强与党建工作部、研究所工会的协调，实现资源共享、任务共担，提高安全文化建设影响力。加快安全文化信息化建设，依托"We爱动力"微信公众号网络平台，打造安全生产和安全文化网络阵地，充分展示安全文化建设成果，宣传安全生产方针，交流工作经验，主动引导网上舆论，提高安全文化建设水平。

八、筑牢阵地，体系化推进安全文化建设

大力推进安全文化建设示范单位、示范班组创建活动，为推动本单位安全生产标准化建设等重点工作奠定思想文化基础。注重加强基层班组安全文化建设，最大限度地发挥班组、班组长和技安员等在安全生产工作中的重要作用，提升本单位现场安全管理水平。

九、结语

安全理念是企业安全文化管理的核心要素，然而企业安全文化的建设却没有现成的模式可照搬照抄，需要经历较漫长的建造、修正、完善等过程[3]。本文给出了中国航发沈阳发动机研究所自2018年开展安全文化建设以来组织开展过的一些特色工作以及心得体会，旨在培育本单位特色安全文化，为生产安全营造良好氛围。

参考文献

[1] 邵勇青. 企业安全文化建设新途径探索[J]. 当代石油石化, 2020, 28(07):48-54.

[2] 田硕, 裴晶晶, 罗云, 等. 企业安全文化落地工程建模研究及应用[J]. 安全与环境学报, 2016, 16(01):172-176.

[3] 邱成. 安全文化学的实践与现实[J]. 技术与创新管理, 2017, 38(02):226-230.

加强安全文化建设 促进煤矿安全生产

国能神东煤炭布尔台煤矿 张传玖

摘 要：安全生产对于煤矿企业来说是至关重要的，这不仅是煤矿企业在发展过程当中的重要任务，更是促进煤矿企业得以可持续发展的重要基础和保障。特别是在新时期背景下，安全生产更是被列为重中之重，以人为本的生产理念是许多企业在生产建设过程当中必须要遵循的守则。对于高危行业的煤矿生产来说，在实践中加强安全文化的建设，促进煤矿安全生产更是毋庸置疑。国能神东煤炭布尔台煤矿始终以"人本安全发展核心"为重要的工作理念，通过专业队伍的建设推进煤矿安全文化的建设，从而提高国能神东煤炭布尔台煤矿的安全管理水平促进煤矿安全生产。文章主要针对加强安全文化建设，促进煤矿安全生产进行相应的探究，通过立足于安全文化建设的具体措施，将安全文化建设具体落实在煤矿生产当中促进煤矿安全生产。

关键词：安全文化建设；煤矿生产；安全生产

安全文化是煤矿企业中的文化特色，是企业文化建设的重要组成部分，更是推动煤矿企业安全发展的核心理念。通过安全文化的建设，不仅能够保证企业员工的生命安全，还能够促进企业又好又快发展，为企业的发展奠定和谐的、健康的、稳固的基础。在新时期背景下，以人为本的生产理念更是深入人心。国能神东煤炭布尔台煤矿要将安全文化深入融合到煤矿生产当中，提高员工的安全意识和安全技能，从而进一步提高煤矿的安全生产水平。

一、安全文化建设在煤矿企业安全生产中的必要性分析

煤矿企业要想实现安全生产就必须要开展全面且广泛的安全文化建设，安全文化建设在很大程度上来说，是促进煤矿安全生产的基础和保障以及必要前提。煤矿的安全生产是安全文化建设的重要结果。所以相关管理人员必须要正确地看待安全文化建设在煤矿企业安全生产中的必要性，在具体工作当中加强安全文化建设。

（一）安全文化建设是煤矿实现安全生产的必然条件和基本要求

煤矿作为我国当前重要的能源支撑，就现阶段而言，在我国能源发展和能源应用中有着不可替代的地位。随着我国的经济发展以及国内综合实力提升煤矿工业的发展也实现了多个阶段的跳跃。特别是"十一五"以来，我国的煤炭行业发展更是日新月异，尤其是一些新技术的利用，更是提高了煤矿生产的效率。同时，随着我国经济的快速发展，国家对能源的需求量在不断增加，煤炭的产量也在大幅上升。虽然生产效率得到了很大提高，但与此同时也伴随着许多特别重大的煤矿安全事故，给国家、人民带来了巨大的生命财产损失，且在煤矿行业造成了许多负面影响。要想实现煤矿企业的长期发展，就必须要在具体的工作当中加强安全文化建设，夯实企业上下员工的安全意识基础，提高管理员的水平。让安全文化建设，真正地服务于煤矿的安全生产[1]。

（二）安全文化建设是预防煤矿生产事故发生的有效手段

在安全事故发生之前，做到有效的预防是非常必要的。而安全文化的建设目的就是保证在煤矿生产过程当中不会因人为、设施以及物态等生态环境的安全隐患造成安全事故。但总体而言要想达到预防事故发生的这一目的就必须要从员工的基础素质出发，而员工的基础素质除了职业技能之外，更重要的是安全意识，由于煤矿企业的生产环境特殊性，必须要建立以人为本的安全意识，构建全面的、立体的安全文化环境，促进煤矿生产真正地实现规范化、科学化、合理化才能有效地防止安全事故的发生。当煤矿企业上下员工都有较高的安全意识，在矿井作业的时候能够主动地去预见和预防危险因素，及时地排查危险因素才能够提高安全生产的可能性，

从而实现煤矿安全作业的良性循环[2]。

（三）安全文化建设能够促进煤矿企业的高效持续发展

在煤矿企业当中大力开展安全文化建设能够构建浓厚的安全文化氛围。比如在办公区、家属区设置安全文化牌，进行各种媒介的宣导，开展党政工团的安全活动监督引导工作，实现安全检查。让安全意识以及以人为本的理念深入人心，真正做到不安全不生产。通过更加全面的安全文化建设，让企业实现高效的、持续的煤矿生产工作。

二、加强安全文化建设，促进煤矿安全生产的重要举措分析

在充分意识到安全文化建设对煤矿企业安全生产的必要性之后，相关管理人员及领导高层必须要重视煤矿企业的安全文化建设，通过构建完善的安全文化体系促进煤矿安全生产。具体来说可以从以下几个方面入手。

（一）严格贯彻落实安全生产方针和以人为本理念，营造浓厚的安全文化氛围

安全无小事，煤矿企业必须要将安全文化上升到一个高度，让煤矿企业的上下员工都能够充分地认识到安全的重要性，安全文化建设的宗旨是要以人为本、珍惜生命、促进发展。始终围绕安全第一，预防为主，综合治理、总体推进的安全生产方针，探索出适应煤矿企业安全生产发展需求和提高安全生产管理水平的措施，实现安全文化建设的规律性、科学性和先进性，也为企业的安全生产摸索出一套可行的，能够真正将安全生产文化落实于煤矿生产中的方案。国能神东煤炭布尔台煤矿的安全文化建设就是要让所有的职工都能够树立以人为本的思想意识，将安全教育常态化，打造浓厚的安全文化氛围，把企业的规章制度换一种方式呈现，使其不再成为贴在墙上的条条框框，而是深入职工心里的一种理念和思维模式，以此有效地约束员工各种不安全的行为[3]。除此之外要加强各种安全制度法律法规的制定，健全和完善做到有效的安全知识宣导、推广和普及，让煤矿职工通过各种各样的活动，充分认识到安全的重要性，认识到安全生产对自身的生命健康的影响。同时还要引导职工认识到危险生产以及违章作业的危害，让职工的头脑中始终具备较高的安全意识和安全理念，从而在工作当中保证安全。

（二）加强煤矿企业的装备水平，夯实安全文化基础

在一定程度上来说，物质是文化的具体体现，更是文化建设的必然基础。煤矿企业应当要与时俱进，立足于当前我国信息技术以及科学技术的发展，引进先进的装备，营造良好的安全作业环境，让员工有安全感。国能神东煤炭布尔台煤矿要根据自身的生产需求，积极地引入新装备、新技术、新工艺，加强老旧技术的淘汰和改造，从整体上提升企业的装备水平，让员工在具体矿井作业的时候，用更加先进的设备来保证生产安全。

（三）落实实际安全生产需要，加强安全文化建设

为了进一步贯彻和落实科学发展观，促进安全生产，煤矿企业要着重加强广大职工的安全思想素质教育，确保煤矿的安全发展。

首先机制制度化。煤矿企业要按照相应的法律法规和安全规程结合国能神东煤炭布尔台煤矿的实际生产情况，通过完善安全生产制度和操作规程，加强对各个矿井的安全监管，排查安全隐患，杜绝安全事故的发生，成立安全监督和宣传小组对各矿井的隐患进行及时排查，每天宣导安全文化。同时对安全事故的情况进行统一的考核。

其次组织的理性化[4]。煤矿企业在实施以人为本的安全文化建设环境当中，应当做到职工不分职位，能够平等地参与煤矿的安全事务讨论，特别是在安全文化生产建设的时候，必须要给予管理者或者是员工充分的信任，认真听取员工的意见，从而不断地收集矿井内的安全隐患信息，提高企业的内部管理效率降低安全隐患排查的成本，从而为企业的生产奠定必要基础。

最后员工管理规范化。员工作为煤矿生产的最小单位，每一个员工都有着较高的自主性，同时也因为员工自身的素质，思想意识或者行为习惯不同，在工作当中也会存在许多不同的方式。因此在煤矿生产建设中要通过安全文化的建设去规范员工的行为思想意识。比如一些不良的行为习惯，必须要及时地纠正，杜绝一些不良的行为习惯造成安全隐患。同时加强对每一个员工的执行力培训，按规矩办事是保证安全生产的重要保障，更是安全文化生产建设的重要组成部分。如果每一个员工都能够做到规范、科学、合理的生产，那么安全文化的建设成果就会得以大大提升，矿井发生安全事故的概率大大

降低。

（四）综合治理，整体推进

安全文化建设是一项长期的工作，必须要将安全文化建设工作常态化，而且安全文化建设的涉及面比较广，要坚持综合治理，坚持多管齐下，通过政党公团带动职工或者是发动周边群众实现群策群力，群防群治，形成较为浓厚的安全文化氛围，为矿井的安全生产提供强大的安全保障体系。除此之外，要加强煤矿职工的群体形象改造，凝聚人心。只有这样安全文化建设在煤矿安全生产中的作用才能够凸显出来。

三、结语

煤矿安全生产是煤矿企业的头等大事，通过构建更加完善的安全文化体系，促进职工安全意识的提升，是保证煤矿安全生产的技术前提和必要保障。相关工作人员要从多个渠道加强安全文化建设，充分意识到安全文化建设对煤矿安全生产的重要性。只有坚持规范化的生产管理，加强煤矿安全文化建设，才能够真正地促进煤矿企业的发展。

参考文献

[1] 魏志杰. 煤矿安全诚信管理对员工安全行为的影响研究 [D]. 北京：中国矿业大学, 2020.

[2] 刘怀广. 安全文化建设是煤矿安全生产的有力保障 [J]. 科技信息, 2011(26):311.

[3] 周心权, 陈桦. 加强安全科技保障体系的建设促进煤矿安全生产的可持续发展 [J]. 煤炭企业管理, 2001(10):5-9.

[4] 许景福. 加强安全文化建设是搞好煤矿安全生产的根本途径 [J]. 煤矿安全, 1999(06): 38-40.

大型煤矿企业班组文化构建研讨与实践

1.国能神东煤炭应急管理办公室；2.国能神东煤炭上湾煤矿　尚国银[1]　张立辉[2]

摘　要：针对当前煤矿企业班组建设存在的班组成员参与度不高、归属感不强、缺乏持久稳定性和可推广性等问题，本着激发班组活力、提升员工积极性的目的，系统性提出了以安全文化、实干文化、标准文化、标杆文化、学习文化、创新文化、敬业文化、合作文化、奉献文化、保姆文化为内容的班组文化体系并推广实践。在班组制度硬管理的同时注入更多的文化软管理元素，旨在通过全面营造良好的班组文化氛围，不断提升班组员工的参与度、成就感、归宿感和幸福感，变被动管理为主动管理，以全面提升班组综合实力和管理水平，从而保障企业各项工作的高效推进和健康发展。

关键词：煤矿企业；班组建设；班组文化；体系构建；主动管理

班组建设是企业管理的基础，是企业管理的基层写照和具体体现，班组建设水平的高低直接影响企业各项任务指标的完成[1]。各大煤矿企业自推行班组建设以来，纷纷做了一些思考和研究，曾创新性地提出了一些班组建设管理思路和方法，并取得了一些成就。但当前煤矿企业班组建设仍存在一些问题，甚至进入了一定误区，表现为：一是班组建设与实际管理脱节分离，班组建设与生产管理、机电管理、安全管理、党建管理、绩效分配等未能有机融合，没有真实指导班组工作；二是班组建设局限为个别人意志，多数理念方案提出、标准制定、考核评比等完全由区队长和技术员（或资料员）一两个人承包，未能体现全员参与，一旦更换调整人员班组建设工作顿时失去了方向；三是广泛依靠制度和标准管理，班组成员工作积极性不高、参与感不强，班组建设缺乏活力；四是个别矿井单位班组建设认识不高，重视程度不够，甚至停留在造资料应付检查层面上。诸多问题的出现，使得班组建设成为一种负担，工作促进收效甚微。究其原因，是由于班组建设缺乏有效的文化构建与传承。

近年来，一些煤矿区队在班组文化建设上做了一些实践尝试，取得了不错的效果。例如，"军旅文化"的提出提升了班组的执行力，"牛文化"的提出强化了班组的实干与担当，"雷锋文化"的提出增强了班组成员的奉献精神，"家文化"的提出强调了班组长的家长领头作用和班组成员的相互关怀，各种班组文化的总结提炼对班组塑造和班组建设起到了良好的推动作用[2]。然而这些班组文化均缺乏系统性，在复制推广上往往表现得水土不服。因此，开展系统性的班组文化研究和构建对于安全高效矿井企业长远发展就显得尤为必要了。本文以神东煤炭集团哈拉沟煤矿为背景，开展班组文化构建与研讨。

一、矿井及班组概况

哈拉沟煤矿是国家能源集团神东煤炭集团有限责任公司的骨干矿井之一，位于陕西省神木市北部，陕蒙两省（自治区）交界处的乌兰木伦河东侧，行政区划属神木市大柳塔镇所辖。矿井井田东西长约8.4km，南北宽约8.5km，面积71.4km²，核定生产能力1600万t/a。矿井采掘机械化率100%，资源回采率80%以上，其安全、生产、技术主要指标处于国内领先水平。

哈拉沟煤矿共设置有15个区队，其中生产一线区队6个，生产辅助区队4个，生产服务区队5个，区队结构分布见图1。共有49个班组，其中采掘类19个、机运类13个、通风类4个、其他类13个，班组结构信息详见表1。正是这一支支特别能吃苦、特别能战斗的班组率先完成了我国传统煤矿开采工艺改革，共同建成了国内首个亿吨级煤炭生产基地，保障了国家能源供应，推动了我国煤矿开采机械化、

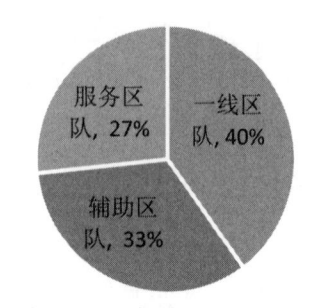

智能化发展的历史进程。

图1 哈拉沟煤矿区队分布结构图

表1 哈拉沟煤矿班组结构信息表

区队名称	职工人数	班组数量
综采队	139	7
掘进队	274	12
机运队	196	13
通风队	58	4
准备密闭队	197	11
机修车间	21	2

二、班组文化内涵研讨

针对当前煤矿企业班组建设存在的班组成员参与度不高、归属感不强、缺乏持久稳定性和可推广性等问题[3]，本着激发班组活力、提升员工积极性的目的，系统性地提出了以安全文化、实干文化、标准文化、学习文化、标杆文化、敬业文化、奉献文化、合作文化、创新文化、保姆文化为内容的班组文化体系并推广实践，见图2。

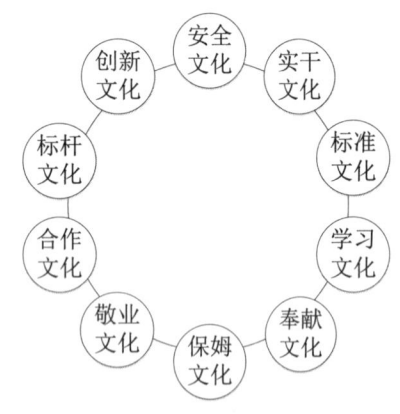

图2 班组文化体系图

（一）安全文化构建

主要从强化安全理念、提升安全技能、改善安全条件三方面着手[4]，通过党建引领、安全教育、案例警示、安全活动、过程纠偏、三违曝光等手段强化员工安全意识，增强安全光荣、违章可耻的荣辱观，养成良好的安全工作习惯[5]。使员工自觉自发做到不安全不生产、隐患不消除不生产，转变"要我安全"为"我要安全"和"我要班组安全"；重点抓好新员工、转岗复岗人员、劳务工、技能欠缺人员的安全帮扶和培训，提升班组员工的风险辨识能力、隐患排查治理能力、按章规范操作的能力、应急处置能力和安全避险能力；针对煤矿固有的高危特性，企业、煤矿、区队、班组、岗位要积极采取工程、技术、管理、创新等手段，最大程度降低设备和环境安全风险，改善作业条件，提升安全保障能力。

（二）实干文化构建

实干文化构建与实践方面，要求给员工树立幸福是干出来的理念，号召全员以实际行动践行祖国伟大号召[6]。建立完善绩效考核机制和工资奖金分配机制，体现多劳多得，努力营造比学赶超的工作氛围。通过经济、绩效、荣誉等手段，鼓励能干肯干实干多干，激发员工干工作的热情。

（三）标准文化构建

标准文化构建与实践方面，将定标准、学标准、用标准作为区队的基础工作和重要工作来抓，并长期坚持。全面梳理区队的工作任务并进行指标细化，尤其是高风险作业，在遵照执行国家、行业和上级公司标准的基础上，结合客观实际，不断优化和完善区队工作标准，争取做到区队所有工作指标可量化和可定性化；常态化开展工作标准的宣贯学习，每一项工作任务的安排确保员工清楚了解干什么、怎么干、干到什么程度。标准管理杜绝随意化和主观化，在工作中督促引导员工上标准岗、干标准活，严格按照标准化作业流程作业，让执行标准成为员工的工作习惯。同时加强工作的验收考核，让标准验收把关作为管理人员的必修课，确保区队各项工作的高质量完成。

（四）学习文化构建

学习文化构建与实践方面，提出区队要为员工创造方便的学习条件，根据需要提供一定的学习设施，并不断丰富学习载体和学习资源。推行干部多学、党员领学、群众跟进的全员学习活动，开展学习经验分享活动，力求学以致用、学以致精、学以致成。定期组织知识竞赛和技术比武活动，营造尊重知识、尊重技术的良好范围。全力支持和鼓励员工参加专业技术评定和职业技能鉴定，并提供必要的指导和帮助，不断增强队伍的技能水平。

（五）标杆文化构建

标杆文化构建与实践方面，主要包括三方面内容：一是要求区队管理人员、班组长要严于律己，在工作态度、工作方法、工作作风、工作纪律、工作效率、学习提升等方面以身作则，为广大员工做好示范表率；二是在区队、班组层面不断树立标杆典型，发挥身边榜样力量，引导员工争先创优[7]；三是充分发挥党员先锋模范带头作用，发扬特别能吃苦、特别能战斗的工作作风，引导和教育员工敢于接受急难险重任务，攻坚克难、勇于担当。

（六）敬业文化构建

敬业文化构建与实践方面，提出从思想教育和宣传着手，让员工认识到个人价值要靠职业体现、经济基础要靠职业支撑、家庭幸福要靠职业保障，树立感恩职业、感恩企业、感恩社会的意识，爱岗敬业、努力工作、甘于奉献，以高度的责任感和使命感完成好每一项工作。

（七）奉献文化构建

首先，让员工认可团队。区队领导班子要团结进取、主动作为，区队建设有目标、有计划、有方案、有行动、有成绩、有保障，让区队在员工心目中有较高的地位或有较高的可期望值。在这样的团队工作，员工有较强的归属感和集体荣誉感，并甘愿为之奉献[8]；其次，团队要尊重员工，能发现员工的优点，认可员工的价值和对工作的重要性。把合适的人放到合适的岗位上，物尽其才、人尽其用，最大化发挥个人潜能。让员工感受到被重视，甘于奉献，勇于担当，并不断提升自身奉献能力；其三，成绩不被遗忘。对于员工的奉献管理人员要做到心中有数，适当给予表扬奖励，既是对付出者的肯定也是对其他人的激励，关键时候不让老实人吃亏。

（八）合作文化构建

合作文化构建与实践方面，通过岗位联保、班组比拼、安全连坐等方式强化员工团队合作意识和大局观念，有针对性地开发、引导和增强员工的合作能力。进一步完善岗位互保联保和班组协作机制，形成亲密合作、良性竞争的管理格局，确保区队各项工作整体有序平稳推进。

（九）创新文化构建

创新文化构建与实践方面，通过分配任务指标、加大激励力度、关键指标加分等手段，鼓励员工创新创效，树立创新无止境、求真有回报的理念。围绕降低作业风险、提升安全可靠度、改善作业条件、降低劳动强度、提升劳动效率、降低设备故障率、提升质量标准化水平、节支降耗、提升班组管理水平等方面发动员工开展科技创新[9]。鼓励激励员工开展小改小革、专利、论文等成果总结提炼，提升区队科技化水平。

（十）保姆文化构建

要求管理人员和班组长要强化服务意识，履职尽责，在岗思责，转变工作方式，全方位做好员工的服务工作。一是努力创造或引导员工创造好的工作条件，包括改善作业环境、提供优质劳动保护用品、配备人性化和高可靠性工器具等[10]；二是做好员工的帮扶指导，包括员工的知识技能提升、思想情绪调节、合理诉求实现等；三是为员工搭建职业发展平台，为员工职业发展规划提供咨询和帮助；四是保障员工合法权益，不损害员工利益，在依法合规范围为员工争取利益最大化；五是做好员工后勤保障工作，主动了解掌握员工家庭和生活状况，帮助员工一起解决生活上的困难，做好员工及家属的疏导工作，解决员工后顾之忧。

三、效果展望

通过班组文化构建与实践，员工安全意识将普遍增强，不安全行为数量明显下降，违章行为得到有效杜绝，班组实现年度零轻伤。员工工作积极性、创造性不断增强，提高了工作效率。全员标准意识进一步加强，作业中都能实现按标准化作业流程作业，执行标准逐渐成为作业习惯。区队工程质量、煤质管理等得到有效保障，因工程质量造成停产的事故得以杜绝。区队设备故障率和停概率得到有效控制，机电管理水平明显提高，操作岗人员具备中等设备检修水平，生产过程中临时部件更换对检修岗的依赖性大幅降低。修旧利废、节支降耗、资源回收等取得显著成绩，生产成本得到有效控制。

四、结语

通过班组文化构建与实践，班组凝聚力、执行力和战斗力得到显著提升，员工班组管理的参与感和归属感不断增强，员工对所在班组、区队的认可度越来越高。班组安全意识和安全能力明显提高，能保质保量高效完成工作任务。班组质量标准的执行能力、成本管控意识表现得自主自发化，规范化工作习惯逐渐养成。班组建设朝着规范化、标准化方向发展,有效提升了班组管理水平,保障了高超高效矿井安全生产,增强了企业竞争力。

参考文献

[1] 唐志勇. 企业生产班组建设与管理探讨 [J]. 中国市场,2022(01):100-101.

[2] 刘道春. 浅谈企业班组建设与管理的几点思路 [J]. 机电安全,2022(1):10-13.

[3] 王绛. 加强班组建设促进国有企业改革发展 [J]. 中国工人,2021(07):72-73.

[4] 李宝生,吴新业,邱静艺,等. 煤炭企业文化的静态运作模式研究——兼论煤炭企业班组文化建设 [J]. 闽西职业技术学院学报,2014,16(02):50-54.

[5] 徐耀强. 抓班组文化建设首先要抓好班组安全文化建设 [J]. 现代班组,2010(7):6-7.

[6] 王喜林,李连胜,伍治国,等. 7S 管理推动班组文化建设 [J]. 当代电力文化,2022(02):78.

[7] 杨金伟,杨鑫,杨松. 新形势下如何做好班组文化建设工作 [J]. 科技资讯,2017,15(06):230+232.

[8] 薛智强. 现代企业的班组文化建设 [J]. 安徽电气工程职业技术学院学报,2010,15(04):50-52.

[9] 赵海晶. 建设务实管用的班组文化切实提高执行能力 [J]. 管理观察,2010(1):142-143.

[10] 陈雪芹,郭伟. 由班组文化建设谈文化自信的培育与形成 [J]. 企业管理,2017(S2):460-461.

煤炭企业如何发挥青年员工在安全文化建设中的作用

神东上湾煤矿党委（行政）办公室　刘勇强

摘　要：本文阐述了青年员工在安全文化建设中的重要性，指出了目前煤炭企业青年员工安全文化建设的不足和问题，并提出了相应的对策措施，最后明确新时代的青年员工在煤炭企业安全文化建设中占有举足轻重的地位，是推动企业安全稳定发展的稳固根基。

关键词：煤炭企业；青年员工；安全文化

青年人最富有朝气、生命力和执行力，具有很强的可塑性、创造性、先天性。进入新时代后，在深入学习贯彻习近平新时代中国特色社会主义思想的浪潮中，在全面加快社会主义现代化建设进程里，在煤炭企业全面改革转型升级的攻坚战中，青年员工的优势愈加明显。安全生产是煤炭企业的头号工程，关乎改革发展稳定大势，青年作为现代煤炭企业重要组成部分，理所应当成为煤炭企业安全文化建设的传播者、引导者、实践者和创新者。

本文所述的煤炭企业是中国最大的煤炭生产基地、安全管理水平达世界一流的国家能源集团神东煤炭集团公司（以下简称神东）。神东年产原煤超过2亿吨，百万吨死亡率始终控制在0.03以下。企业共有在册职工22000多人，其中35岁以下青年职工9000多人，占比达41%左右，是煤炭生产、洗选加工、设备维修、物资采供、后勤保障等各条战线上的中坚力量。神东在30多年的发展积淀中，形成了以"生命至上、安全为天、无危则安、零事故生产"安全理念等为主要内容的安全文化体系，并在实践中逐步与管理工作有机融合，指导企业安全生产工作。

一、青年员工在安全文化建设中的不足和问题

神东的安全管理业绩一直在国内外处于领跑地位，"五个一"（一个理念、一套体系、一条道路、一种模式、一支队伍）的安全管理经验早已被同行业认可并推广，但是安全文化建设仍存在不足，主要表现如下。

（一）青年员工对安全文化学习认同不够

一是个别单位领导公开表示对文化的不认可，甚至质疑、贬损，误导了青年员工的认知。二是个别领导明确表示安全文化就是花拳绣腿，没有实质作用，导致下面在落实安全文化建设时有走形式、应付检查考核、编造文件资料等现象，导致青年员工在安全文化认知过程中没有可供参考的有效信息，继而对安全文化形成了不认可的态度。三是单位对于安全文化宣贯的手段和方法有限，利用老一套的红头文件、宣传栏、网站、考试等方式直接把文化体系下发，让青年员工死记硬背、缺乏理解，久而久之产生逆反心理，不能形成有效的安全文化认同氛围。四是青年员工本身不愿意去学习了解企业的安全文化，认为和自己没有关系，给自己的工作增加负担，参加学习、聆听宣贯占用了个人的正常休息时间。还有的青年员工受其他老员工影响，总认为现场安全管理大于一切，制度是压倒一切的，文化管安是理想化的，不靠谱。

（二）青年员工对安全文化实践融入不够

部分单位对于"有情管理"的实践不够，安全管理仍以罚代管，严管重罚为主，缺乏教育、引导、帮助等有情管理的手段，缺乏实践融入的渠道。以青年为主体的活动与安全管理工作脱节，缺乏有效的创新实践，仍把安全文化活动等同于一般的文体娱乐活动、党团活动，没有形成青年人广泛参与的安全文化工作或活动载体。没有形成安全文化实践创新方法、亮点的常态化管理平台，不能及时发布、

推广和应用安全文化亮点工程和创新措施。青年员工自身缺乏对于安全知识的学习，没有形成主动的学习习惯，对规程、制度所规定不甚了解，从而导致个人出现不安全行为，甚至出现习惯性违章行为。安全文化活动中，部分青年员工有的不愿参与，有的完成任务式走过场。

（三）青年员工对安全文化示范带头不够

部分单位对于青年员工的关心关注不足，没有充分发挥党团组织联系青年的桥梁和纽带作用，以帮助、服务青年在安全生产中保持良好的工作状态。不能为青年员工搭建在安全生产中展示自我，发挥个人才能的舞台，不能定时给予青年员工安全示范引领方面的宣传和鼓励，久而久之让青年感觉安全文化示范上动力不足。有的青年员工易受老员工不良工作习惯、作风的影响，在安全生产中走捷径，图方便省事，非但没有起到示范作用，反而给自身安全带来了影响。还有的青年员工抱着随大流不求有功但求无过的心态，生怕表现太积极会招来闲言碎语，不好在团队中立足，继而不愿示范带头。

二、原因分析

（1）部分单位尤其是领导层对于安全文化建设的重视程度不足，对安全文化作用及企业的文化体系的认知和理解存在偏差，不能带头学习，发挥表率作用。未落实有效的组织、制度、经费等，将安全文化建设当作一项阶段性工作，不能持续发力、重点突破、常态化保持。

（2）当代青年员工的思维活跃，学习选择性强，传统的学习培训宣贯方式会不易被青年接受。

（3）老员工的传帮带作用发挥不够，有的还将不良的思想和行为习惯带给了青年员工，极大影响青年员工对于安全文化的认同和融入。

（4）企业对青年员工提升安全思想、素质、技能的投入不够，没有形成优秀的培训教育机制。

（5）部分青年员工缺乏集体荣誉感和主人翁意识，青年先行的观念不强，尚未真正融入团队，不能以企为家，立足岗位建功立业。

（6）未整合单位安全、企业文化、党群、共青团、班组建设等相关资源，缺乏整体性和系统性的工作思路，未找到准确的工作切入点，导致不能建立青年员工喜闻乐见的安全文化践行载体。

（7）党团组织在青年安全生产中的作用发挥不明显。

三、加强青年员工在安全文化建设中作用发挥的对策

（一）以认同为前提，加强青年的思想凝聚作用

（1）在煤炭企业安全文化建设过程中各级领导作为青年员工身边的学习榜样，要争当"兵头将尾"，在安全文化学习和践行中都要身体力行、树立标杆，并利用自身亲和力、感召力与青年员工展开更深层次的沟通与交流，引导青年从内心深处对企业安全文化逐步认同。老员工作为企业安全文化的经历者和传承人，要结合个人多年来的现场经历和体验，向青年讲述安全文化的由来和精髓，便于理解和更好地凝聚力量。

（2）完善企业各级安全文化建设的组织机构和制度办法，由单位一把手挂帅，建立专门的工作机制，设置专项资金保障工作开展。组织制定和落实各项中长期的规划、计划，真正把涉及安全管理的生产、机电、通风、工会、共青团等各个职能部门纳入总体工作范畴，形成齐抓共管、人人有责的安全文化建设氛围。

（3）结合本单位实际，利用微信、电视、电子相册等媒体，制作专题宣传视频、动画、图解、可视化物品、吉祥物等形式，帮助青年更好地理解安全文化的内涵，在良好的文化氛围熏陶下能深化自身对安全文化的认知程度。让青年员工参与文化宣贯工作，设立青年安全文化宣讲团，青年宣贯员、讲解员，先学一步，学深一层，带动感染更多的人。在青年群体中，适时组织开展安全文化专题知识竞赛、故事征集、案例评选、主题辩论等形式，加大对安全文化的思考和探索，深化理解和感悟。

（二）以融入为核心，加强青年的创新实践作用

（1）要把安全意识提升作为青年员工融入安全文化的前提，开展多元化的安全教育，利用安全型班组建设，开展每日一题、班前危险源辨识、专项措施桌面模拟、我为安全献一计、安全互助结对子等形式，创新安全教育方式，形成了一个人人懂安全、人人管安全的局面。青年员工积极参与各类"安全生产周""安全生产月""百日安全无事故"专项活动，把自己置身其中，融入团队安全建设。定期组织开展"三违"人员现身说法、事故案例再剖析等活动，有条件的单位建立安全体验室、事故警示教育基地，让员工身临其境地进行事故的震撼和反思。

（2）要把有情管理作为青年人融入安全文化的

主要手段，青年人单纯、易沟通，带着感情抓安全非常适用。一是企业各级领导要不断地改善青年员工的生产劳动和工作条件，关心关爱青年员工健康、维护员工权益，继而由此来提升员工归属感，并强化其对安全生产的投入。二是根据不同时期、不同特点、职工的不同心态注重情感教育。利用亲情管理，举办各类安全主题教育活动，如"我到煤矿看爸爸""煤矿亲子运动会""我给矿工老公的一封信""亲情寄语"等活动，青年员工愿意参与，还增进了家庭观念。在青年员工出现特殊情况时，如困难、意外、生病、婚丧等，积极组织谈心、探望，进行心理疏导和必要帮扶。三是变处罚为奖励，用进步来弥补过失，季度无不安全行为可以参加抽大奖，"三违"人员可以用主动查处安全隐患、举报不安全行为、提出安全合理化建议来获得消除不安全行为记录的机会。

（3）要把安全文化建设载体作为青年融入实践的重要平台。载体创建要紧跟时代潮流，迎合青年员工的兴趣所向，整合单位内部各种优势资源，具有较强的展示和激励的作用。如安全擂台大PK赛，将安全、企业文化、制度等知识比拼、班组建设、才艺展示融合为一体。如安全梦想账单活动，组织年度无不安全行为人员参赛，参赛人员提出自己想给父母、妻子或子女赠送的梦想礼物，再通过参加安全知识考核闯关，班组兄弟助力表演等，闯关成功者获得账单兑现权利。如安全积分考核制度，将个人参与安全管理情况细化，纳入积分考核，用积分来换取对应标准的奖励，赢得年度评先进的机会。

（三）以示范为目的，加强青年的行为引领作用

（1）开展"青年安全监督示范岗"和"青年志愿服务"两项青字号品牌建设。发挥青年作用，推行青年安全监督岗员兼职、聘任制，形成每个区队（班组）都有青年安全监督岗员的格局，监督检查生产中的不安全因素、制止"三违"、宣传普及安全知识，提出安全生产合理化建议，协助了解青年职工思想状况。鼓励广大青年积极加入，对履职到位的青岗员给予发放岗位津贴和对优秀青岗员进行表彰奖励，并及时宣传优秀青岗员的先进事迹。对发现或排除重大安全隐患，在抢险救灾等紧急情况下有重大立功表现的，另外给予特别奖励，充分调动青年员工投身安全文化建设的热情。积极组织青年安全志愿服务活动，定期组织志愿者到基层宣讲安全知识，普及消防、应急救援常识，到管理薄弱的单位开展义务安全排查、隐患随手拍、卫生死角清理，提高广大青年参与安全管理、担当安全生产责任的自觉性。

（2）广大青年要积极践行安全文化建设，融入安全生产做表率。增强安全工作的责任心和自觉性。通过开展安全知识培训、岗位练兵、技术比武、职业技能鉴定等活动，切实提高整体安全技能，培养锻炼一大批青年安全管理骨干。引导青年员工广泛学习新知识、运用新技能、掌握新技术，提高青年员工自身的综合素质和业务技能，更好地服务于企业安全发展。在工作中自觉养成良好的行为习惯，自觉行使矿工的权利，履行矿工的义务，消除麻痹大意心理，养成认真履责的习惯，遇到违章行为及时进行纠正，坚持做到"四不伤害"（不伤害自己，不伤害他人，不被他人伤害，不让他人受伤害），从"要我安全"向"我要安全"转变，在安全生产中做表率。坚持"安全生产 青年为先"的理念，严把现场安全关，做到个人不违章、身边无隐患、班组无事故。

四、结语

新时代的青年员工在煤炭企业安全文化建设中占有举足轻重的地位，安全文化建设离不开青年员工的参与，青年员工同样离不开安全文化的引领和实践。青年员工是企业的未来，是推动企业安全稳定发展的压舱石，需要在企业的引导下，发挥自身优势，找准问题不足，勇于担当、勤于践行，做企业安全文化建设的传播者、引导者、实践者和创新者，为企业健康稳定可持续发展贡献青春力量。

参考文献

[1] 任晶,任燕卿. 发挥企业团组织作用助推青年安全生产工作[J]. 中国共青团,2021(10):76-77.

[2] 胡明飞. 煤矿共青团如何在安全生产中发挥助手作用[J]. 东方企业文化,2013(24):224.

[3] 邓立新. 提升煤炭企业安全文化建设打造特色安全文化品牌[J]. 中国煤炭,2013,39(07):140-141.

[4] 孟祥龙. 安全文化建设的重要性探讨——以神东煤炭集团为例[J]. 陕西煤炭,2020,39(04):222-224.

[5] 史升元. 煤炭企业贯彻青年"宣安、协安、保安"理念的实践[J]. 中国煤炭工业,2020(08):50-51.

[6] 刘鑫. 企业如何加强青年安全文化建设[J]. 电力安全技术,2014,16(07):21-24.

践行安全文化抓实"三违"整治推动矿山安全发展

鞍钢集团攀钢矿业有限公司　苏惠玉　章金强　邓绍刚　王　科　彭寿星

摘　要：通过归纳矿山企业生产过程中"三违"的表现形式，对矿山"三违"人员产生的心理因素及危害进行分析，找出防治"三违"的办法，深化企业安全文化建设，规范职工安全行为，打造高素质职工队伍，实现矿山可持续安全发展。

关键词：安全文化；三违整治；安全发展

安全文化包括安全价值观和安全行为规范，体现了一个企业、一个群体、一个人对安全的态度、思维和采取的行动方式，是安全生产管理的灵魂和指引。企业安全文化使安全包含于文化，文化又作用于安全。矿山是高危行业，以安全为天。攀钢长期把安全文化建设当作安全生产领域的一项基础性工作来抓，将安全文化植入安全管理之中，牢牢坚持"安全在自己、安全为自己""安全"不容妥协理念。在矿山的生产过程中，"三违"现象已成为长期不安全行为的积淀，从多年矿山生产安全事故统计来看，"三违"导致的生产安全事故高达90%以上，成为严重威胁职工生命安全、影响企业形象和制约矿山发展的"顽症"，因此，必须深入践行攀钢安全文化理念，抓实抓细"三违"整治工作，全力推动矿山安全发展。

一、"三违"主要表现形式

违章指挥，主要是指各级承担管理职能的人员，在生产活动过程中出现的违反安全生产方针、政策、法律、条例、规程、制度和有关规定指挥生产的行为。具体表现为：不认真按照安全生产责任制履行职责，上推、下透、瞎指挥，安排未经教育培训合格人员上岗作业，不及时贯彻执行上级有关安全生产的要求，指挥工人在安全防护设施或设备有缺陷、隐患未解决的条件下冒险作业，发现违章不制止等。

违章作业，主要是指现场操作工人违反劳动生产岗位的安全规章和制度、安全操作规程、作业指导书等作业行为。具体表现为：进入生产作业区、生产作业现场不戴安全帽或工作帽，高处作业不系安全带，违规钻、跳车辆或钻、跨、乘坐皮带，未经允许，拆除、损坏、挪用安全防护装置或检修后未及时恢复安全防护装置，无证驾驶、酒后驾驶机动车辆、工程机械等作业行为。

违反劳动纪律，主要是指劳动者在劳动过程中，没有履行和遵守用人单位制定的劳动纪律的行为。具体表现为：未按规定的时间、地点在工作岗位，比如迟到、早退、旷工、酒后上岗、擅自脱岗、换岗、上班时间睡岗、窜岗、不遵守其他与工作紧密相关的规章制度、规则等。

二、矿山"三违"产生的心理因素分析

"三违"的外在表现是作业行为，根源主要在思想认识。根治"三违"应首先了解"三违"人员的心理状态。综合以往矿山大量生产安全事故案例分析表明，导致"三违"产生的心理主要有以下七种不良心理。

（一）侥幸心理

在生产过程中，发生事故需同时具备多个条件，而在其他条件不完全具备时，偶然的一次违章往往不会导致事故发生。有部分人一次、二次违章甚至几次违章仍没有发生事故后，便认为违章也不一定出事故，就在这种侥幸心理的支配下，慢慢滋生了侥幸心理，混淆了几次违章没发生事故的偶然性和长期违章迟早要发生事故的必然性。

（二）逆反心理

在人与人之间关系紧张的时候，常常产生这种

心理。一是管理人员的工作态度、方式方法不当，导致职工产生逆反心理；二是在安排任务或落实规章制度上不公平，在工资、奖金分配上不合理等。这些因素都会给职工在精神、经济上造成心理伤害，从而产生抵触和不满情绪，出现"你叫我这样干，我偏那样干"的逆反心理，以致酿成事故。

（三）急躁心理

当生产任务时间紧、任务重、现场作业条件恶劣、环境较差、被批评、考核等都非常容易使职工产生急躁心理，这种心理往往表现为情绪冲动、行为鲁莽、不听劝阻、一意孤行等，很容易产生违章作业而引发事故。

（四）从众心理

如有些新工人看到个别老工人实际操作中虽违反了岗位安全规程，结果却"既省力，又没有出事"，于是盲目地把违章或冒险行为当经验学习、运用，就有了"别人做了没事，我肯定也不会出事"的心态。还有一部分职工，平时不注重对安全知识的积累，缺乏工作经验，在实际作业时，不去考虑和分析现场情景，而是效仿操作，盲从执行，最终反受其害。

（五）麻痹心理

一些职工安全意识薄弱，在生产过程中疏忽大意，放松了安全警惕，干活马虎、凑合、不在乎；还有一些职工对违章行为司空见惯、习以为常，认为以前这样干过也未出过事，从心理上就不在意，上岗后草率从事，图省事，怕麻烦，投机取巧。

（六）逞能心理

有的人自认为技术好，有经验，常常满不在乎，虽说能预见危险，但是轻信能避免，用冒险蛮干当作表现自己的技能；还有的新人技术差、经验少，急于表现自己，以自己或他人的痛苦来验证安全制度的重要作用，用鲜血和生命来证实安全规程的科学性。

（七）好人心理

存有这种心理的人多数为管理人员，在查处"三违"人员时，存在睁一只眼闭一只眼的情况，甚至视而不见；在考核上"心慈手软""点到为止"，甚至背道而驰，私下替"三违"人员说情；在执行安全规章制度上不严，避重就轻。这在一定程度上纵容了习惯性"三违"的蔓延。

三、矿山"三违"的危害

矿山生产过程中，"三违"不仅伤害自己，而且伤害别人，甚至被别人所伤害，严重影响着安全生产的顺利进行。

（1）"三违"不但侵害了国家相关法律法规的权威性，而且严重破坏了企业相关规章制度的严肃性。

（2）"三违"是事故发生的根源之一，"三违"不一定会发生事故，但事故的发生却和"三违"有必然的联系。

（3）个人的"三违"还有可能导致集体"三违"现象，甚至会给国家、企业、家庭及个人造成巨大的损失及严重的不良影响。

四、防治矿山"三违"的对策

通过梳理"三违"基本表现形式，对"三违"心理及危害的分析，个人认为，反"三违"已是矿山安全工作的当务之急，是遏制事故的强有力措施之一，除了严查重处外，更重要的是如何抓好安全文化建设，通过建立安全标准体系和营造良好的安全氛围，对员工的安全意识、思想、态度和行为形成影响，从而使员工对不安全行为进行控制，达到减少人为责任事故的目的。

（一）严格落实安全生产责任，做到领导重视，全员参与

牢固树立安全发展理念，弘扬生命至上、安全第一的思想，要紧紧抓住责任制这个关键，建立健全"党政同责、一岗双责、齐抓共管"，覆盖全员、全过程、全方位的安全生产责任体系。安全生产工作是"一把手"工程，企业主要负责人是安全生产第一责任人，主要领导要亲力亲为，切实负起责任；分管领导要具体抓实抓细，努力抓出成效；所有班子成员都要各司其职、齐抓共管，做到安全生产领导责任全覆盖。要把安全生产责任层层落实，分解到岗位，落实到人头，形成完整的责任链条。

（二）进一步深化安全文化建设，狠抓基础管理，不断提高职工安全文化素质

利用演讲比赛、征文评比、知识竞赛等生动活泼、形式多样的载体，大力宣传安全文化，用形象生动的事故宣教片、典型的事故案例或"发生在我身边的违章、事故"巡讲等，在不同的场合利用不同的方式持续对职工进行安全教育，努力提高职工的安全素质，使员工充分认识到违章就是走向事故，靠近伤害，甚至断送生命。让"我要安全"渗透到职工日常的生活习惯之中，逐渐形成注意安全、尊

重生命的文化氛围。

（三）因人而异，有的放矢地开展安全培训教育，增强安全培训教育的有效性

安全培训教育的方式，不能仅仅满足于"文件发了、会开了、精神传达了、培训班办了"等以理论灌输为主的被动式培训教育，而应与时俱进，适当采取启发式、互动式安全教育，增强针对性、有效性。如新职工安全知识匮乏，就要对新职工注重加强基本安全法规和规章制度以及相关安全常识的教育；对习惯性"三违"要在严格考核的基础上，采取包保帮促、现场监控相结合的方法，促其转变；对全体员工要经常开展"以案说法""现身说法"等形式多样的警示教育方式，用惨痛的事故时刻警醒职工。

（四）端正态度，用敬畏安全之心、持之以恒之力抓好安全工作

在安全上谁也不敢"拍胸口""打包票"，不出事并不代表安全工作就做好了，一时的平安绝不意味着"永享太平"，也许风险和隐患就在身边。安全管理更要戒除"时紧时松"的现象。不能出了事故才停产整顿、完善措施、处分问责、扣钱罚款，而几个月一过，伤疤未好就忘了痛。上级来检查，就抓得紧一些，检查的一走，就松懈下来；领导要求得严，就紧一阵，强调得少，就懒得费心；开会时都在重视，会一散依然故我……时松时紧不治根本，最终难逃事故重发、频发的"魔咒"。为此，抓安全工作必须首先端正态度，必须要有持之以恒的毅力和决心、久久为功的恒定和执着、不为所动的原则和立场、"战战兢兢如履薄冰"的敬畏和严谨。

（五）严格落实"逐级负责"的安全管理和考核机制，从根本上解决"严不起来，落不下去"的现象

无数的事实证明，有制度不执行甚至破坏，其后果比没有制度还要糟糕，"蜻蜓点水、点到为止"式的管理与考核，只会使规章制度丧失应有的权威性和警示作用。管理人员要切实负起责任，"依法"大胆管理，安全生产规章制度从来都是对事不对人，人人都需遵守和执行，工作做好了、管理到位了，何需考核问责？所以，对"三违"行为，绝对不能无视和迁就，必须动辄得咎、问责必严。这样"落实"才不至于成为一句空话，才能有效地克服管理上的官僚主义、检查中的形式主义、考核上的好人主义，彻底解决"严不起来、落不下去"的痼疾。

（六）加强本质化安全管理，不断构筑杜绝"三违"行为的屏障

矿山企业在狠反"三违"行为的同时，必须不断改善安全生产的硬件设施，确保作业环境、设备、设施、装置的安全可靠性，消除"物的不安全状态"，提高本质化安全，就算职工作业时进入了危险区域，也不会违章，无法受到伤害。同时在"三违"易发区、点，设置醒目的警示标志，既警示不自觉行为，又美化生产作业现场，营造安全生产的良好氛围。

五、矿山"三违"整治应用效果分析

矿山自开展反"三违"整治活动以来，各级领导高度重视，迅速行动，严格落实，把反"三违"工作作为矿山工作的重中之重，全矿上下"三违"整治氛围浓厚。

矿山通过集思广益，对矿山"三违"行为全面归纳、梳理和汇总，进行了合理分类、分级，建立了指导性和操作性较强的"三违"分类分级职责清单；量化了各层级管理者反"三违"履职指标，明确检查周期、频次、检查区域、对象和检查主要内容等，并如实记入履职日志；制定了"三违"行为考核标准，强化了各层级管理者连带考核，建立了反"三违"常态化工作机制。

在常态化的反"三违"治理下，矿山"三违"顽症得到了明显遏制，矿山职工的安全意识有了明显提高，"三违"人数有了大幅度下降，安全状况明显好转，长此以往，将最终实现矿山的长治久安。

参考文献

[1] 杨守付,张正国,张永彪. 煤矿"三违"产生的心理剖析及其防治对策[J]. 内蒙古煤炭经济, 2014(10):81-83.

[2] 阴蒙强. "三违"的危害及其心理分析和防治[J]. 矿业安全与环保, 2006(S1):143-145.

特大型非煤矿山企业"三全三精"安全文化评价体系的创建与实施

鞍钢集团矿业有限公司安全环保部　李　论　盖俊鹏　郭文超　惠新洲　刘震宇

摘　要： 随着矿山企业生产形式多样化、生产模式单元化，靠传统的安全检查保证安全生产的硬性管理模式已经逐渐显现出它的局限性，靠提升安全文化保证安全生产的柔性管理正被大多数企业所接受。本文以鞍钢集团矿业有限公司（以下简称鞍钢矿业）为例，从安全制度、安全环境、安全行为三方面要素，分类细化安全文化评价体系，阐述安全文化评价体系的创建与实施。

关键词： 安全文化评价；三全三精；柔性管理

一、引言

鞍钢矿业作为一家集采矿、选矿、球团、烧结、能源供应、机械制造、交通运输等业务于一身的特大型综合矿山企业，现场环境错综复杂、人员素质参差不齐，安全管理极具挑战性。因各单位管理难度、幅度不同，传统的安全管理很难对安全趋势做出精准预测，常常出现问题或迹象再去补救，容易使安全管理陷入被动。随着目前全社会对安全关注度日益提高，职工及家属对安全的期盼日益强烈，安全工作必须实现100%管理，100%受控。"三全三精"安全综合评价体系，就是要确保安全管理关口前移、精准预判、科学管控，实现从被动变主动，从事后到事前，从经验到科学的管理方法，也是安全工作的治本之策。

二、"三全三精"安全文化评价体系基本内涵和创新安全理念

综合评价是以实现本质安全为目的，运用系统工程原理和方法，对安全管理中人、机、环、管等要素中存在风险因素进行评价，判断发生事故和隐性职业危害的可能性及严重程度，提出合理可行的安全整改措施，并为超前防范和精准管控提供依据，实现全员、全过程、全覆盖、无盲区、无死角的安全管理，达到安全完全受控的工作要求。

（一）创新点一：实现超前预控

安全综合评价体系就是将企业安全管理看作"人体"，参照人体健康体检的理论和方式查找安全管理存在的短板和问题，提出切实可行的改善方案，进而指导实施持续改善。主要包含两层含义：一是"看病治疗"；二是"健康检查，早期预防。"

（二）创新点二：实现持续改善

安全综合评价体系以PDCA阶梯式循环为依托，以实现安全优势互补，消除管理短板，达到齐头并进为宗旨，通过全面、系统、科学地控制安全风险，形成一个自我控制、自我完善、动态改进的安全管理体系，使企业安全管理水平不断改善。

（三）创新点三：实现协同发力

安全综合评价体系是构建全员抓安全格局，避免就安全抓安全现象。通过对安全管理整个链条、各个因素，作为一个系统来管理，通过系统的分析、系统评价、系统控制，有利于充分调动各方资源，使安全管理的各因素达到最优配置，使安全管理的效果达到最佳状态。

三、"三全三精"安全文化评价体系的主要做法

按照安全系统管理和精益管理要求，使安全风险管理落实到每一个区域、每一个环节、每台设备、每个人员，贯穿于企业生产经营全过程，实现安全全流程预防控制化管理。

（一）建立"全要素评价+精准把脉"安全制度

一是打造专业化团队。让专业人干专业事，结合公司多工序特点，经层层推荐，优中选优，选取选矿、采矿、尾矿、地质、机械、电气等专家人员及

技术骨干，组成专家团队。评价时根据各单位所属专业类别，抽调专家库相应专家，组成评价工作小组，精准把脉提供人才保障。

二是建立规范化标准。对照国家相关法律、行业标准等内容及要求，建立全领域检查标准，形成涵盖生产工艺全流程、设备运行全周期、项目管理全过程、安全责任全覆盖的96项检查表，检查表中对每个要素都做出具体规定和得分要求等项目，检查人员对照检查表即可做到应检尽检，为综合评价提供有力依据。

三是开展系统化评价。对照安全管理要素，即人、机、环、管去评价。所谓人，指企业内所有人员，包括管理者及操作者；机，指企业生产经营过程中所用到的设备、工具和辅助生产用具等；环，指现场的作业环境和条件等；管，指日常管理过程中所需遵循的规章制度和管理的手段等。

（二）构建"全方位分析＋精准诊断"的管控体系

一是科学设定分级标准。评价专家成员通过调阅资料、现场查看、实际询问、动态跟踪等方式围绕安全管理各要素进行检查并赋分，并将安全管理划分为5个状态：高度免疫态、健康态、亚健康态、病态和严重病态。高度免疫态，安全已经融入企业生产经营全过程，安全理念已经深入人心，职工做任何事情的时候都高度警醒。健康态，日常能利用系统化的管理方式管理安全事务，职工都真正认识到安全工作的重要性，各项安全管理要求都能得到落实落地。亚健康态，初步建立了系统化的管理方式，但仍简单机械套用，日常被动地执行文件的要求，职工安全第一的意识还没有真正树立。病态，仅在事故或紧急事件发生后，才寻求解决办法，才意识到安全的重要性且不持久。严重病态，在安全问题上，管理者和职工最多只关心是否会被有关部门查处等。

二是精准出具诊断报告。依据企业的"身体"状况及评价定级结果，精准出具"诊断报告"，并对症开方抓药。对诊断为高度免疫态、健康态企业，发放绿牌，提出需重点关注的风险和继续提升的建议和要求。对亚健康态企业，实施"黄灯"预警，指出当前安全存在的差距，以及这些问题出现的症结，需要补齐的管理短板和具体的提升举措。对病态企业，发布"橙色"警告，系统指出当前安全管理存在的短板和薄弱环节，问题产生的深层次原因，以

及开展专项整治提升的工作要求等。对严重病态企业，发布"红色"警报，全方位剖析安全管理存在的漏洞和深层次原因，提出系统解决方案和整改提升，下达限期整改通知书，督促其开展全方位整治提升工作。

（三）实施"全流程管控＋精准施治"安全行为

一是实行差异化管理。对高度免疫态、健康态企业公司定时抽查，充分发挥相关单位自主管理能动性，做好自身安全管理。对亚健康态的企业，采取精准帮扶，对存在的短板和问题，公司安全部门和相关专家定期对其进行指导帮助其尽快补齐短板，并适当加大日常监督检查频次，确保其尽快达到健康态。对病态企业，公司安全部门将其列为重点关注对象，组织相关专家对其开展重点帮扶，帮助尽快提升管理达到健康态。对严重病态的单位，公司安全部门将其列为重点扶持对象，对其开小灶，加大对其日常监督指导，组织相关专家驻厂帮扶，确保其尽快跟上管理要求。

二是推行系统化复查。为确保综合评价实现持续性改善、系统化提升，公司评价小组将对照问题清单、整改建议以及提升要求，在安全综合诊断3个月后，对首次评价单位的整改效果逐项进行复查，并对整改效果进行评定，对未达到要求的问题加重一个档次进行考核，对管理出现退步的情况要进行追责，通过阶梯式提升、闭环式管理，确保安全工作持续提高。

四、"三全三精"安全文化评价体系达到的效果

通过开展安全综合评价工作，公司安全管理治理能力和治理体系得到了全面提升，负伤率持续下降，公司已实现了在岗职工和相关方轻伤以上事故为零，安全长周期持续稳定。

（一）变盲目管理为目标管理

使企业安全工作逐步标准化，以往安全人员仅凭自己的经验、主观意志和思想觉悟办事。往往是不出事故就认为安全工作做得出色，缺乏衡量企业安全的客观指标和标准。通过安全综合评价，使安全员和全体职工明确各项工作的规范要求，达到什么地步就可称安全，以及采取什么手段可以达标，可以使安全工作有明确的追求目标。

（二）变单一管理为系统管理

以往安全管理主要依靠安全部门的单一管理体

制,难以实现全面安全,被管理者往往不能和安全人员密切配合,大多处于被动状态,造成安全部门管理安全的孤立局面。安全评价的实施,全面评价出企业各个单位及每一个人应负安全职责的履行情况。这样,就使企业所有部门都按照要求认真评价本系统的安全状况,变被管理者为主动执行者和管理者。管理范围也可以从单纯生产安全扩大到企业各系统的人、机、环、管等各因素、各环节的安全,并实现了安全管理的PDCA循环提升。

（三）变事后处理为事前预防

通过安全综合评价,可以科学地分析企业安全状况,及时掌握生产过程中存在的问题,全面地评价系统中的危险程度和安全管理现状,预先系统地辨识危险源及其变化情况,衡量是否达到规定的安全指标,使企业主要负责人能够做出正确的安全决策。

安全文化引领
全面打造"三维立体"动态安全宣教体系

山东能源集团西北矿业有限公司 周 宙 桂美胜 陈亚洲 李 帅 李 岩

摘 要：宣传部门是企业的喉舌，是企业密切联系职工的桥梁和纽带，承担着"举旗帜、聚民心、育新人、兴文化、展形象"的光荣使命。今年以来，山东能源西北矿业秉承"抓安全宣教就是讲政治、强安全宣教就是促发展"的理念，聚焦文化引领，坚持"围绕中心、服务大局、拓宽领域、强化安全"，全面打造"三维立体"动态安全宣教体系，通过在宣教中抓安全、析难点、扫盲点、解扣子、指路子，深入宣贯安全生产方针政策、强化安全文化引领、凝聚队伍合力、服务企业发展，为企业高质量发展，"走在前列"，提供了有力的安全保障。

关键词：安全；引领；宣教；保障

一、安全文化建设的意义

由于特殊的作业环境，安全生产成为煤矿各项工作的天字号工程。只有搞好安全生产，煤炭企业的经济效益才有根本保障，企业的发展才有坚实基础。所以，各大煤炭企业在生产经营中，都十分重视安全工作，积极探索搞好安全管理的新方法，并把安全文化建设作为提升安全管理水平、促进煤矿安全生产的重要途径。

煤炭企业安全文化是煤炭企业文化建设的重要子系统。所谓煤炭企业安全文化，是煤炭企业在长期安全生产实践中，经过不断积累、总结、提炼形成的为全体员工所认同的安全价值观和行为准则。这种安全文化可以对企业领导和员工产生约束、激励的作用，从而实现安全生产，打造本质安全型矿井。

如何认识煤炭企业安全文化？第一，它是一种企业物质文化。在安全文化建设中，煤炭企业要培养一支安全素质较高的职工队伍，要装备现代机械与安全设施，要建设相应的企业安全文化阵地。第二，它是一种企业行为文化。在安全文化建设中，煤炭企业要建立完善的安全规章制度与行为规范，并转化为领导、员工的一种自觉意识和行为方式。第三，它是一种企业观念文化。在安全文化建设中，煤炭企业不但要提炼出本企业安全文化的核心理念、精神，同时还要将其转化为全体员工自觉做到安全的行为。

煤炭企业安全文化建设对于实现安全生产具有重要意义。首先，安全文化是煤矿科学发展之本。煤矿安全文化坚持"安全发展"，将安全放在第一位，将生产放在第二位，用安全保证经济效益的提高，保证企业的可持续发展。其次，安全文化是煤矿文明生产的标志。煤矿企业长期给人的形象是黑、脏、乱，劳动强度大、伤亡事故多，通过安全文化建设可以提高员工的生命保障，改变煤矿的社会形象。最后，安全文化是提升安全管理的途径。在安全文化建设中，煤炭企业可以通过培训等方式引导和激励员工，建立煤矿安全生产的长效机制。

二、安全文化建设的方法与途径

煤炭企业安全文化作为企业文化的子系统，在建设过程中首先要根据本企业文化的体系以及核心价值观、共同愿景，建立具有本企业特色的安全文化系统，并适当导入安全文化形象识别系统（CI）的理念识别系统(MI)、行为识别系统（BI）和视觉识别系统（VI）三大系统。

在构建安全文化形象识别三大系统中，煤炭企业首先要进行企业安全文化诊断，组织专业人员对本企业煤炭安全生产管理中的原生安全文化状况进行调查研究，提炼出员工认同的安全文化元素，整理成企业安全文化形象识别系统的"初稿"。此后，通过讨论修改、征求基层意见、报企业领导审查、职工问卷调查、刊登报纸征改、领导最后审定等过程，最后提升、设计、整合、构建出具有本煤炭企业特点的安全文化，形成企业安全文化系统：以安全精神、安全理念为主的理念识别系统；以安全行为规范、安全规章为主的行为识别系统；以安全标志、安全警示为主的视觉识别系统为基础依据，并印制成《安全文化手册》。

煤炭企业在建立安全文化系统的同时，还要将这一安全文化系统传导给全体员工，让广大员工认知、认同，并落实到安全生产的全过程，按照"用文化管安全，以文化兴安全"的思路，推动煤炭企业安全生产力的发展。

三、安全文化建设的问题与思考

煤炭企业安全文化建设是一个实践性很强的系统工程。如果没有企业领导的重视、精心组织、物质投入、长期坚持，安全文化建设工程很可能会流于形式，也就难以达到提升企业安全生产力的目的。煤炭企业要切实推进安全文化建设，需要做好以下几个方面的工作。

首先，企业领导要高度重视，身体力行。煤炭企业文化包括安全文化，主要是由煤炭企业领导倡导，职工群众认同，长期实践，形成的精神理念与价值观。所以，建设企业安全文化，领导必须高度重视，同时在安全文化建设中，领导干部要身体力行、积极实践，通过言传身教、示范作用，把安全价值观传播到每一名员工。

其次，发挥相关部门的作用，精心组织。要积极发挥企业各级党组织、工会组织、共青团组织的作用，并责成宣传部门具体负责。通过这些组织、部门进行安全文化的整理、提炼、设计，同时进行传导、渗透与推进，转化为员工的安全理念精神，规范员工的安全行为，提高煤矿安全生产力。

再次，强化宣传培育手段，营造氛围。煤炭企业安全文化首先是一种理念、制度、形象系统，要将其转化为员工的安全行为、安全生产的实践，必须大力营造安全文化氛围，通过会议、宣讲、培训班进行宣贯，通过报纸、电视、互联网媒体进行传播，通过文艺演出、家属嘱咐、安全寄语等进行感化，让安全文化深入到员工心中。

最后，加强资金设备的投入，夯实基础。煤炭企业安全文化建设包含安全物质文化建设，除了增加投资改善职工的知识学习、技术培训、文化娱乐、生活环境条件外，还需要加大投入，提高煤矿的采掘机械化水平、井下各种灾害检测自动化水平、作业环境舒适健康水平等。通过这些安全物质文化提升，为煤矿安全生产打下坚实的基础。

四、安全文化落地的主要做法

（一）强化"三个保障"固根基

一是制度保障。制定下发了《安全宣教管理办法》，对安全工作的学习、调研、宣教任务和标准要求等，都做了明确规定，并纳入1+N绩效考核体系。成立了由党委书记任组长、党委副书记、安全总监任副组长、党群、安监职能部门负责人为成员的安全宣教领导小组，形成了党委书记管大局，副书记、安全总监抓具体，党政工团齐参与的大宣教格局。领导小组成员在日常理论学习、调研、宣教中，按职能分工，联系工作实际，定期到基层调研，指导开展工作。同时，把安全宣教经费纳入单位财务预算。

二是阵地保障。首先线下建强实体阵地。依托西北矿业会议室、活动室，搭建起了西北矿业公司层面的安全宣教阵地；充分整合基层各类培训课堂、道德讲堂、技能学堂等资源，配齐硬件设施，作为基层安全宣教阵地。目前，西北矿业公司共有功能齐全、能容纳百人以上、便于开展理论宣讲的阵地11个，均开设了固定的"安全宣教时间"。其次，线上打造移动阵地。借助移动互联网，建立运行了"安全宣教""安全在线"等微信公众号，努力把阵地建在网上、把职工连在线上。近年以来，两级通过新兴媒体平台发布安全宣教信息1000余条，干部职工"动动手指"就能随时随地接受安全教育。通过打造"两个阵地"，形成了线上线下互联互动、实体虚拟无缝对接的安全宣讲"矩阵"。

三是队伍保障。把两级政工人员、政研会会员、党支部书记、企业文化师都纳入安全宣教队伍，目前拥有220多名专兼职安全宣教员。今年以来，采取"走出去""请进来"相结合的方式，举办安全专题培训班5期，确保了基层安全宣教员会宣讲"散出去满天星"、能宣讲"树起来一面旗"、宣讲好"聚起来一团火"。黄陶勒盖女工委把职工家属吸收到安全宣教队伍中来，凭亲人般的叮咛、家人般的真情，被干部职工誉为"大漠铿锵玫瑰"。

（二）区分"三个层次"强推进

一是聚焦"核心层"，以两级党委中心组为重点，持续开展安全宣教。坚持把两级领导班子作为开展安全宣教工作的重中之重，每月下发党委中心组学习配档表并至少组织1次集体学习，以严格落实党委理论中心组学习制度持续提升领导班子的能力和水平。今年，西北矿业党委中心组组织开展了安全专题研讨会，深入系统地学习了习近平总书记关于安全生产的讲话精神，人人写出了研讨文章。两级党委中心组成员开展不同层次、各种形式的安全宣教130余场次，进一步提升了科学决策、驾驭复杂局面保障安全生产的能力和水平。

二是着眼"关键少数"，以党员管理人员为重点，持续开展使命担当宣讲。以党史学习教育常态化、制度化为契机，多种形式强化安全宣讲，教育引导党员干部困难危局面前敢于担当、走在前列，团结带领职工群众渡险滩、攻难关。近年以来，两级党员干部到所在党支部进行安全宣讲11687人次，基层党支部书记进行安全专题培训37场次。突出"坚定理想信念，强化四种意识"等6个安全专题进行集中研讨交流，开展了"安康杯""三亮三比三评"等竞赛，整理印发了4万字的安全研讨材料汇编。

三是突出"普通多数"，以职工群众为重点，持续开展安全形势宣讲。坚持把安全形势教育作为开展安全宣教工作的重要内容和有效手段，随时根据安全形势任务变化，确立不同安全主题主线，持续发力，压茬推进。近年以来，先后开展新《中华人民共和国安全生产法》宣贯、安全警示教育、技能比武等活动，深化"六好"区队、"五好"班组创建，配套开展了向党的二十大胜利召开献礼、第二届感动山能人物评选等活动。常态化的宣讲，帮助职工群众认清了安全形势，明确了安全任务，凝聚了全员齐心协力保安全、谋发展的共识与合力。

（三）搞好"三个结合"提效能

一是把安全宣教与做好思想政治工作结合起来。注重从企业优良传统文化和职工身边的先进典型中发掘安全宣讲资源，依托安全文化长廊抓好安全教育，制作了安全文化宣传片和画册，指导基层各单位创办了《西北情》等刊物，成为开展安全宣讲工作的重要资源和有效阵地。持续开展安全宣讲，强化安全理念引领，多措并举抓好了新《中华人民共和国安全生产法》学习教育、各类事故案例警示教育、安全技能培训教育和"一岗双述"安全风险源辨识自我教育，增强了职工主动抓安全的行为自觉。

二是把安全宣教与加强舆情风险防控结合。严格落实党管意识形态、党管宣传、党管媒体职责和目标责任制，建立舆情分析排查研判制度，建立了安全、信访、党风廉政、环保等多级联动的舆情管控机制，于早于小化解舆情，杜绝了重大负面舆情发生。

三是把安全宣教与展示西北矿业品牌形象结合起来。立足于"上大报、上大台、上头条、上要闻"，积极扩大企业对外影响力，《西北矿业：比出"新境界"争出"超一流"》《山东能源西北矿业：跑出创业"加速度"》等一批有分量的稿件，先后被国家级权威媒体采用，有力地宣传了西北矿业、介绍了西北矿业、展示了西北矿业。

五、初步成效

第一，孕育了安全文化新理念。整合提炼了"安全是最有效的生产力""企业文化的根本作用在于促进企业的价值创造能力和持续发展能力""企业制胜的根本在人、在人心、在人气"等一批新理念，进一步强化了安全宣教工作的价值目标导向和岗位工作导向。

第二，催生了安全文化新成果。编辑印发了《企业安全文化建设案例集》《安全规章制度汇编》，成为广大员工深入了解安全文化的"系列教材"。

第三，提升了企业安全发展新业绩。探索形成了具有西北矿业特色的安全管理模式，今年以来，在努力克服疫情影响下人均利润、百元工资创利、成本利润率、煤炭单位成本、总资产报酬率均位居省属企业前列，保持了良好的发展态势。

六、结语

宣教是连接理论与实践、政策与员工的桥梁，必须坚持围绕中心、服务大局，聚焦党建引领、安全生产、高质量发展和弘扬社会主义核心价值观等中心工作，实施"靶向宣教"；必须坚持分众化、差异化，针对不同人群、不同层次、不同需求，实施"精准宣教"；必须坚持"人人都是宣教员"的理念，充分调动广大员工的主观能动性，实施"全员宣教"。唯有如此，安全宣教工作才能有持久的生命力、吸引力和感染力。

关于加强安全文化建设助力企业高质量发展的研究

靖远煤业集团有限责任公司 郭丽莉

摘 要：生产安全问题已成为影响我国经济快速、平稳发展，以及构建和谐社会的重要因素。随着生产安全受到越来越多的关注，政府和企业逐年加大安全投入、改进技术装备、建立安全管理制度，安全状况明显好转，然而伤亡事故仍然时有发生。作为煤炭能源企业，安全是"天字号"工程，是企业发展的永恒主题，也是企业兴衰成败的关键。目前，我国的安全管理已由经验型、事后性的传统管理向依靠科技进步和不断提高员工安全文化素质的现代化安全管理转变，这也是安全发展的必然趋势。在这一转变过程中，如果没有先进的安全文化做指导，安全生产工作就会迷失前进的方向，现代化的安全管理模式也不可能真正建立起来。因此，加强安全文化建设是企业安全管理的最好手段，它能使人、机、环、管协调发展，从而从根本上控制事故的发生，改善企业安全管理成效。本文结合多年从事安全文化建设工作的实际，探讨如何加强和改进安全文化建设，为煤炭企业平稳健康发展提供保障。

关键词：安全文化；安全文化建设；安全管理；企业发展

靖远煤业集团有限责任公司（以下简称靖煤集团），是甘肃省国有大型煤炭企业之一。多年来，靖煤集团以对职工生命财产安全高度重视、对企业安全发展高度负责、对企业形象和声誉高度关注的态度，赋予了安全文化更深内涵，形成了具有靖煤特色的安全文化，助推企业高质量发展。2019年实现了全产业安全生产"零工亡"目标，创造了靖远矿区开发建设60多年来的最高纪录。下面，笔者结合在企业工作的实际，就如何加强安全文化建设谈些粗浅看法。

十年企业靠管理，百年企业靠文化。安全文化是企业文化的重要组成部分，它所具有的内涵既包括安全科学、安全教育、安全管理、安全法治等精神层和软科学领域，同时也包含安全技术、安全工程、安全环境建设等物化条件和物态领域。随着社会生产实践的发展，人们发现尽管有了科技手段和管理手段，但对于搞好安全生产还不够。科技手段达不到生产的本质安全，管理效果很大程度上依赖于被管理者的监督反馈。如果被管理者对安全规章制度有抵触情绪和行为，就会体现在他的不安全行为上。由于不安全行为不一定都会导致事故，相反可能还会给他自身带来便利，这便会助长这种不安全行为发生，并且可能传染给其他员工。然而，大量的不安全行为必然会导致事故发生。在安全管理上，时时、事事、处处监督每一位员工遵章守纪是一件困难的事。于是，安全文化应运而生。安全文化建设也越来越被企业管理层重视，安全文化已在企业安全管理中发挥着不可替代的作用，也取得了显著成果。然而，不可否认的是，企业安全文化建设仍存在着一些不可回避的问题：浮于表面，很难沉下去。有很多企业视企业安全文化为时尚，看别人搞了自己立即行动，听说哪里要开会，赶紧编凑研讨材料，过后束之高阁，有一蹴而就之心，无长期努力之意；华而不实，没有载体依托。以安全文化理念、安全文化手册甚至仅以安全文化宣教代替企业安全文化，口号响亮、手册精美，不过是些热热闹闹的花架子；不切实际，形成两张皮。安全理念、安全承诺等安全文化的核心组成部分缺乏个性化，不符合企业发展实际，多是一些言之无物的、放之四海而皆准的空话、套话，既不能结合企业实际，也没有企业自身特色。

安全文化的特点就是将安全管理的重心转移到

提高人的安全文化素质上来，转移到以预防为主的方针上来，通过安全文化建设提高职工队伍素质，树立职工新风尚、企业新形象，增强企业的安全保障力。纵观靖煤集团多年来安全文化建设走过的历程，在大力推进安全文化建设的过程中，重点从突出抓好安全理念引领、安全制度规范、安全培训强化、安全氛围营造入手，建立起了浓厚的安全文化氛围，从而促进企业安全生产管理工作取得比较好的效果。

一、聚焦理念引领，凝聚全员思想共识

靖煤集团是有着60多年开发建设历史的国有老字号企业，安全文化底蕴深厚。经过多年的挖掘、提炼、升华，靖煤集团安全文化理念日臻成熟完善。坚持"生命无价、安全至上"靖煤安全观不动摇，始终紧盯"零伤害、零事故、零工亡"的目标不偏离。

通过机制激励、阵地宣贯、价值引导、活动传导、亲情感召、示范带动、环境渗透和艺术感染等文化引领，让"讲政治、守规矩、重责任、严管理"的靖煤原则，安全事故可防可控的工作信念，转化成干部职工的行动自觉和工作准则，合力推动靖煤集团"155666"安全生产总体工作思路落地，即：追求"零工亡"一个目标不偏离；坚持"五个一切"（安全生产大于一切、高于一切、重于一切、先于一切、严于一切）；实施"五位一体战略"（管理、装备、技术、素质、系统）；强化"六看意识"：（把隐患当事故看、把伤害当死亡看、把一般当重大看、把井上当井下看、把非煤当煤矿看、把非伤亡事故当伤亡事故看）；严控"六大风险"（瓦斯、水害、矿压、小煤矿灾害、机电运输、危化品）；推进"六大工程"（安全责任落实工程、能力素质提升工程、安全生产标准化达标工程、本质安全建设工程、安全文化引领工程、安全应急保障工程）。

通过多种媒体阵地，广泛宣传贯彻党和国家安全法律法规，大力普及安全知识，加大安全理念的宣传灌输、教育引导力度，唱响"井下文明生产、井上文明生活"。组织开展企业文化讲座、培训，以多种形式、多种手段加大安全理念的宣传灌输、教育引导力度，在职工中牢固树立一切为安全让路的思想理念，实现用制度标准约束行为，用先进理念规范行为，用优秀的行为习惯培育素养，以良好素养促进安全，达到增强安全意识，规范安全行为，筑牢思想防线的安全效果。

二、聚焦责任落实，构建安全制度文化体系

文化形成制度，制度强化文化。只有为广大员工所认同和接受的安全管理制度，并通过严格执行，变为职工的自觉行动，形成制度文化，才能提升安全管理水平，使安全管理从经验管理、科学管理向文化管理升华，变他律的"要我安全"向自律的"我要安全""我会安全"转变。

开年第一会是安全会，一号文是安全文。这在靖煤集团是不成文的规定。从年初的第一个百日安全活动到年末的后一百天安全活动，从安全生产月、安全科技周活动到安全专项整治，安全工作做到了全年各时段、各单位部门的"全覆盖"。靖煤集团不断总结安全管理的经验做法，形成了安全"双十条"红线，"安全预想"，安全包保，"党建引领示范、强化自保互保联保、杜绝零星事故"，安全问责，安全奖励等一系列安全管理行之有效的做法，独创并推进安全管理六大责任体系，即以安全第一责任人为核心的安全管理责任体系；以党委书记为第一责任人的安全培训教育体系；以分管安全领导为第一责任人的安全监督检查体系；以总工程师为第一责任人的技术保障体系；以工会主席为第一责任人的群众安全监督网体系；以团委书记为第一责任人的青年安全监督岗体系，形成了党政工团齐抓共管安全工作的良好格局。

制定完善靖煤集团安全管理"红线"，安全目标管理制度，安全生产责任划分规定，煤炭板块强化班组安全十条保护线，强化安全包保八条纪律线，强化安全作业十九条红线的规定等一系列制度规范，健全"一岗双责、党政同责、齐抓共管、失职追责"的工作运行机制与追责问效保障。完善以《安全生产（环保）责任书》《安全生产考核细则》等为主的安全责任指标体系、安全绩效考评体系，让职工收入与安全成效直接挂钩；依托严格规范的组织选任导向、薪酬激励约束等刚性措施聚焦发力，促使安全理念落地、工作目标落实。突出安监部门的职能发挥，向生产单位派驻安全监督检查处（站），有力地提升了安全监管效能；对生产过程中出现的较大安全隐患和问题及工作失误，实行分级问责，并由纪委监察部门负责督查督办；通过安全重奖重罚和严格责任追究，促进各级各类人员安全责任落实。

三、聚焦基层基础，不断提升干部职工安全素质

培训是提高员工素质的根本途径。把"培训是职工最大的福利"作为安全教育培训工作的宗旨，宁可停产，也不停训。只有不断加大职工安全教育培训工作，才能从根本上解决人的不安全因素，真正建立起"内化于心"的安全文化。

靖煤集团职工安全教育培训工作紧密结合企业重点工作，做到"三个落实"。首先落实重点人员，每年对企业负责人、安全管理人员、特种作业人员实施安全教育培训，做到持证上岗。每年专门举办井下生产骨干安全培训班，认真做好新员工安全培训。其次落实"一带一、一帮一"师徒合同制度，做到师徒同时上岗，保证新员工按章作业。强化"三违"人员、岗位调动人员的安全教育培训，工会和共青团组织着力抓好群监网员、青监岗员的教育培训；落实重点内容。注重安全知识和操作技能相结合，采取脱产集中培训与岗位实训相结合，创新培训方法，提高学习培训的针对性、实效性。最后落实全员培训，大力推行"21+1"安全教育培训（即职工每月出勤达21天后，由生产矿安排脱产带薪培训1天），坚持"五个一"（每日一题、每周一案、每月一讲、每季一考、每年一评）的日常安全培训和岗位练兵，建立完善全员培训考试和档案管理制度，做到日日有学习、周周有评比、月月有考核、季度有兑现、年年有提升。编印16类煤矿专业岗位培训教材2万余册，把公司近3年的安全事故案例汇编成册，采取"走出去学、请进来讲、引进来用"培训模式，组织人员到神华宁煤集团、淮南矿业集团、日本钏路煤矿学习先进经验，经常邀请专家学者来公司授课。落实警示教育制度，各生产单位利用班前会、学习会开展事故警示教育，组织观看事故案例教育片，深刻剖析事故发生根源，开展事故防范讨论；新工程开工前开展一次同类工程事故案例警示教育。落实新工人岗前安全培训教育和转岗职工安全培训、新工人签订师徒合同和师带徒工作制度，稳步提高全员安全素质。

四、聚焦载体融合创新，促进安全理念入脑入心

煤矿企业的职工文化素质相对较低，给安全文化建设带来了一定的困难。一味地强行灌输，只能让基层干部职工更加难以接受。只有以更丰富多彩，更加人性化的安全文化建设活动，以"润物细无声"的方式让广大干部职工接受、认同企业安全文化，逐步使安全文化真正落地生根。

靖煤集团始终要求各级干部带着感情抓安全，视职工为亲人。认真开展了职工安全承诺和"情系安全手拉手"安全结对帮扶互助、家属联保、亲情感召、师徒结对等活动。突出矿井安全文化长廊主阵地建设，大力开展以班组为单位的集体安全宣誓、安全理念朗读，形成了以班前会"应知应会"安全知识学习和"五个一"安全教育体系（以贯穿到生产作业现场传、帮、带为主的安全教育"一条线"，以井口到井下运输大巷悬挂安全理念、安全标语为主的安全教育"一长廊"，以地面灯箱、橱窗为主的安全教育"一条街"，以区队班组学习室、每日一题为主的班前安全教育"一园地"，以企业内部宣传媒体为主的安全教育"一阵地"），使得安全理念处处见、安全警句时时喊、安全知识人人懂。充分发挥媒体平台融合效能，开辟《安全生产微视频展播》《安全生产大家谈》等系列专栏，进一步强化全员安全意识、提升安全意志、固化安全行为。大力推行"党建+安全"工作模式，开展"我为安全做一事"活动，创建"党员示范岗""党员责任区""党员先锋队""党员突击队"，促进党建与安全生产中心工作相融共促、同步提档。坚持做到安全文化到井口，安全演讲到现场，文艺演出到基层，夏日文化广场演出、安全文艺小分队巡演形成品牌化，加大宣传引导力度，彰显人性关怀、亲情关爱。每逢春节、端午节、中秋节等传统节假日和夏日高温酷暑、冬日严寒冰冻时期，各单位及时组织开展井口送清凉、送温暖活动，把班中餐、毛巾、安全红腰带及组织的关怀与温暖送到井口、井下和职工的心坎上。实现职工技能竞赛、技能鉴定、"安康杯"竞赛、安全知识竞答、安全教育视频展播常态化，"安全联欢进区队""夫妻安保合同""职工安全承诺、亲属安全寄语""情系安全手拉手"和家属联保、师徒结对帮扶等活动多样化，使职工工作行为习惯在人文关怀、亲情感召中得到有效规范和约束。

五、结语

安全文化的建设并非一朝一夕之事，也非一人一事之功，而是要依靠全体干部职工的积极参与，各级管理人员的身体力行，党政工团齐抓共管，才能不断开创企业安全文化建设新局面。也只有在安全文化的强势推动和引领下，才能实现企业的安全平稳健康发展。

基于"三维融合"的"四个强化"安全生产管理模式的探索实践

国家能源集团湖南电力有限公司　张知贤　李立峰　董胜元

摘　要：习近平总书记对安全生产工作多次提出要求，"安全生产，人命关天，发展决不能以牺牲人的生命为代价，这必须作为一条不可逾越的红线"。当前，能源革命和产业变革深入推进，信息技术与能源产业深度融合，电力市场改革持续高热，新能源发展任务压头。应对新形势，着眼新征程，国家能源集团湖南电力有限公司（以下简称湖南公司）深入贯彻习近平总书记"经济要稳住、发展要安全"的重要指示精神，坚决落实党中央、国务院决策部署，以及集团工作要求，高效统筹疫情防控和企业改革发展，紧盯全年安全生产重点任务，全面提升安全生产管理水平，积极探索安全管理和生产经营管理"三维融合"（理念融合、机制融合、实践融合）机制，以实际行动在"四个强化"（强化责任落实、强化安全投入、强化安全意识、强化风险防控）上下真功，做实"融得进""站得稳""走得远"的有价值、有生命力的融合，扎实推动区域安全生产工作稳中向好、平稳可控。

关键词：三维融合；四个强化；安全文化；安全管理；安全生产

安全生产是企业发展的生命线。安全生产，是安全与生产的统一，其实质是防止生产过程中各种事故的发生。安全管理是为实现安全目标而进行的有关决策、计划、组织和控制等方面的活动，主要从技术上、组织上和管理上采取有力的措施，解决和消除各种不安全因素，防止事故的发生。通过安全和生产经营管理"三维融合"，以实际行动践行"四个强化"，严抓、细管安全生产工作，才能全面提升安全管理水平，确保安全生产，才能实现经营效益最大化，更好地保持公司强劲的发展势头。

一、安全管理和生产经营管理"三维融合"的战略价值分析

首先，安全管理和生产经营管理理念融合，是企业自身发展的必然要求。企业发展的价值核心是做好"人"的工作，最终落在做好"事"、守好"业"、拼好"绩"的着重上。企业安全文化，就是要让员工在科学文明的安全文化主导下，创造安全的生产环境，通过安全理念的渗透，来管理员工的生产行为，当安全氛围和安全状态笼罩着整个企业和生产经营过程时，那么生产绩效将有显著提高，从而引起经济以及政治与文化的增长。

其次，安全管理和生产经营管理机制融合，是企业管理的一项重要内容。安全是生产经营的前提，生产经营必须服从安全，贯彻"管生产必须同时管安全"的工作原则，建立健全安全生产责任制度，加强生产经营管理，增加安全设施的投入，搞好岗位自检自查，消除事故前的隐患，才能达到安全和生产经营的和谐统一。

最后，安全管理和生产经营管理实践融合，是保障企业稳定发展的重要条件。生产经营要做到"讲安全，保稳定，促发展"。在安全的生产条件下，企业生产正常进行，经济水平健康稳定发展，达到一定程度，企业将经济效益投资于安全管理中，从而可以加强企业的生产能力，进而不断地促进生产经营在安全状态下健康持续发展。

二、基于"三维融合"的"四个强化"安全生产管理模式实践探索

（一）强化责任落实，全面压实安全生产责任

一是明责。系统策划安全管理融合，科学分解年度安全环保重点工作任务，按照"党政同责、一岗双责、齐抓共管、失职追责"和"三管三必须"的要求，从责任、制度、监督、考核四个方面健全

安全责任体系,领导班子发挥"头雁"效应,中层、员工层层抓好落实,安全监察践行"四铁"精神,形成时刻把"责任落实"放在心上、扛在肩上、抓在手上的人人要安全的良好态势。

二是尽责。全面落实安全生产责任制,建立纵向到底、横向到边的各类人员岗位责任制,逐级签订安全目标责任状,推行清单化管理模式,针对各类安全生产活动制定专项清单,加强落实全员安全生产责任,确保各项工作落地落细,闭环管理。

三是担责。年内组织修订安全生产制度53项,建立完善的覆盖外委维护单位的安全生产保障监督体系,成立独立的安全监察机构,配备与安全生产管理工作相适应的人员,履行安全生产管理职能。各部门之间团结协作密切配合,形成安全监管合力。动态管控"两个清单",持续加大整改挂牌督办力度,实行台账管理和销号制。

四是追责。建立健全从领导班子到管理人员再到一线员工的全员安全生产责任制,把安全生产工作作为领导干部、部门和职工个人绩效考核的重要内容。安全生产事故发生后,坚持"事故原因不查清不放过,事故责任者得不到处理不放过,整改措施不落实不放过,教育不吸取不放过"的"四不放过"原则。

（二）强化安全投入,持续提升安全保障能力

一是以人为本。积极践行央企能源担当,持续强化安全生产环境改善,加大事故预防的安全技术措施投入,加大职工劳动防护投入。深入开展安全文明生产标准化建设,现场设备与环境得到有效改善,筑牢安全屏障。新建标准多媒体安全培训室,实现各级人员在线"学、考、比",切实提升安全培训实效。

二是提高质量。以"提升设备可靠性、改善系统经济性、保持环保先进性"为主线,深入推进"运行管理规范化、检修管理精细化、专业管理纵深化、安全文明生产标准化、生产管理智慧化",通过新能源一区域一集控建设,加强区域资源优化配置和协同管理,构建风光水火生产计划与营销策略的协作机制,推动管理机制变革,充分释放区域竞争力。湖南公司新能源区域集控系统建设方案获得集团公司专家组评分91.25分,在第一批上线单位中排名靠前。

三是抓好落实。认真履行安全生产责任,健全完善安全生产投入保障制度,合理编制安全资金使用预算及实施计划,统筹规范安全资金的合理使用和归集,确保安全投入"四个到位"。精心组织策划、精细管理、强化检修项目全过程质量管控,并结合机组检修,实施锅炉水冷壁堆焊、喷涂等防止高温腐蚀的"四新"技术改造项目,消除了设备安全隐患,设备可靠性得到有效提升。

（三）强化安全意识,不断夯实安全思想防线

一是构建特色安全生产文化。树立"培训不到位就是重大安全隐患"理念,大胆创新培训方式和培养机制,开展"安全生产大讲堂"活动,抓实抓细三级安全教育,提升全员安全履职能力。加大新《中华人民共和国安全生产法》宣贯和案例指导力度,运用正反两方面典型加强引导和警示,筑牢全员安全意识,树牢全员底线意识,推动构建自我约束、持续改进的安全文化建设,增强人员自保、互保、联保意识,区域安全管控水平全面提升,提高了公司本质安全水平。

二是持续强化安全培训教育。做好员工的安全教育工作,汇总行业内外发生的典型事故案例,组织各单位制订事故警示教育日活动方案,开展案例学习、安全签字、安全宣誓等系列活动,不断提高员工的安全意识和自我保护意识。狠抓基本功强化自身素质,让员工懂得各种施工方法工艺和施工流程环节,做到准确地控制好危险点并制定对应的防范措施,不断提高生产技能。加大现场培训和操作练习的培训力度,提高员工识险避险排险的能力,增强安全风险意识,持续提升安全技能。加强标准化作业培训,真正把标准化作业要求细化分解到每一个作业项目中,避免习惯性违章行为,不断夯实安全管理基础。

（四）强化风险防控,有效强化隐患治理水平

一是细致风险摸排。健全风险研判、防控协同、防范化解的风险防控体系,建立风险分级管控机制,利用统一的动态监管平台,落实风险辨识、评估。实行差异化监管,建立作业安全风险数据库,范围涵盖机、炉、电、化、热、脱硫等全口径专业,作为企业开展工作任务风险管控、落实员工人身安全风险分析预控管理的技术支撑,同时也作为从事相关工作人员学习培训、指导作业的工具书。

二是突出隐患治理。扎实开展隐患排查治理工作,组织开展春季安全大检查、复工复产、防洪防汛、

承包商管理、大气污染防治、环保设备设施管理等各类专项安全检查。今年6月组织所属单位新能源公司白云电站汛前完成了大坝渗漏治理,渗漏量由63.57L/s(测量水位531.46米)下降至63.17L/s(测量水位532.47米),为安全度汛奠定了良好基础。推进安全生产专项整治"巩固提升年"工作,建立问题隐患与制度措施"两个清单"常态化工作机制,每月对"两个清单"进行更新,确保整改率100%。

三是强化应急处置。应急是保障安全的最后一道防线,根据集团基石项目建设需要,湖南公司及所属生产单位统一设置生产安全事故救援应急指挥室,同时配备应急指挥调度平台,并将重点区域视频接入国家能源集团应急指挥系统。通过落实基石系统应急指挥在线监视,确保生产安全事故应急指挥、处置、救援工作顺利进行。

三、基于"三维融合"的"四个强化"安全生产管理模式实践成效

入夏以来,湖南省持续高温晴热天气,最高气温达40℃左右,全省用电负荷持续大幅攀升。为保障我省迎峰度夏期间电力安全稳定供应,湖南公司切实履行能源供应稳定器和压舱石作用,坚决扛起能源央企责任,迎"峰"而上,火电机组全部在网运行,火力全开,依托安全管理和生产经营管理"三维融合"强化责任落实、强化安全投入、强化安全意识、强化风险防控的"四个强化"安全生产管理模式实践,无惧高温"烤"验,提前安排机组检修计划,严格落实"迎峰度夏"和"防治非停"各项措施,全面加强设备巡检力度,规范"三票三制"管理,及时排查消除设备隐患,确保高负荷运行期间机组安全稳定运行。

8月23日,国家能源集团湖南公司单日发电量8036万千瓦时,同比增长188.65%,再创历史新高。

8月1—25日,湖南公司月度累计发电量达19.01亿千瓦时,同比增加13.32亿千瓦时,日均负荷率90%以上,全力保障湖南省迎峰度夏电力安全可靠供应。

截至8月31日,公司实现年内安全生产243天,连续安全生产7939天。

以安全宣传教育诊断为抓手推动安全文化建设的实践创新

晋能控股煤业集团成庄矿　王　宁　刘阳化　刘庆飞　谢　恒　王英英

摘　要： 安全宣传教育是安全文化的重要组成部分，安全宣传教育工作是否扎实直接关系到安全文化建设的成效。为了将安全宣传教育各项措施真正落到实处，在安全管理上实现行政党委双向管控、管理教育同步提升的效果，晋能控股煤业成庄矿（以下简称成庄矿）党委创新实施了安全宣传教育诊断工作，从典型事故中查找队组安全宣传教育工作的薄弱点和漏洞，逐步提升队组及矿井的安全管控能力和水平。

关键词： 问题诊断；安全意识；安全文化；安全生产

安全是煤矿生产永恒的主题，持续安全高效发展是煤矿企业的奋斗目标。目标的实现以人的意识提高为基本保障，成庄矿在推进安全文化建设过程中始终注重思想的安全，注重安全宣传教育的质量，注重基层单位及领导干部安全责任意识的提高，于2011年开始创新实施了安全宣传教育诊断，在深化职工安全意识，查找队组安全教育的短板，改进提升区队安全管理水平上进行了有益的探索与实践，促使各单位始终做到以清醒的认识看待形势，以冷静的头脑对待安全，以精细的态度强化管理，不断推动矿井迈向安全生产的更长周期、更高目标。

一、立足矿井实际，分析开展安全宣传教育诊断的必要性

（一）开展安全宣传教育诊断，是实现各阶段发展目标的需要

安全是一切工作的前提和基础，任何企业的发展离不开安全，只有大家齐心协力为安全生产做贡献，才能圆满实现一个阶段一个阶段的发展目标。开展安全宣传教育诊断，就是要发挥党政工团各职能部门的优势，督促领导干部、专业技术人员、"三员"、广大职工履行好各自的岗位职责，形成"人人把关、层层把关"的良好氛围，高标准高效率完成安全生产目标，为既定目标的实现奠定坚实基础。

（二）开展安全宣传教育诊断，是提升队组安全管理的需要

队组是落实矿井各项决策部署的第一线，安全管理水平的高低直接影响队组的工作绩效，影响矿井年度安全奋斗目标的实现。开展安全宣传教育诊断，就是要通过剖析典型安全生产事故，查找和分析发生事故的思想根源及深层次原因，落实各级领导安全宣传教育工作责任，加深职工对安全重要性的认识，促使各单位积极反思和改进自身在安全宣传教育中存在的短板和漏洞，确保安全管理水平螺旋上升。

（三）开展安全宣传教育诊断，是增强职工安全意识的需要

在矿井安全生产迈向长周期的同时，也暴露出部分职工对安全工作的重要性、长期性和艰巨性认识不足，思想麻痹、情绪松懈等现象有所抬头。开展安全宣传教育诊断，就是要从安全理念宣贯、安全思想教育等工作角度出发，全面摸清队组宣贯会议的责任落实是否到位，把握会议精神的精髓是否准确，职工对重要安全会议精神、典型事故教训等是否理解领会和掌握，以强烈的忧患意识激发职工"我要安全"的主观能动性，不断向本质安全型职工靠近。

二、注重实践创新，总结开展安全宣传教育诊断的具体做法

安全宣传教育诊断即单位发生影响安全生产的典型事例、违章以后，安全质量检查部组织追查分析的同时，党委宣传部同步启动安全宣传教育诊断，对事故单位的安全宣传教育工作开展全方位会诊，

— 347 —

从而在安全管理上实现行政党委双向管控、管理教育同步提升的效果。其主要做法是：

（一）明确工作职责，确保工作措施得力有效

明确的职责分工是避免因职能交叉造成检查中出现重复或疏漏现象的根本保障，也是促使各成员部门充分发挥职能作用的有效手段。依据成员部门的工作职责和特点，本着"简洁明了、务实有效"的原则，矿党委确立党委宣传部、党委办公室、党委组织部、工会、团委、培训部、安全质量检查部7个部门15项工作标准，基本涵盖了各成员部门在安全宣传教育中的重点工作内容。

宣传部通过对安全理念宣贯、安全思想教育等工作进行诊断，进一步夯实安全宣传教育工作的基础；党委办公室通过对违章人员的帮教落实情况进行诊断，努力提高安全帮教水平和效果；组织部通过对党员安全包保责任制的落实情况进行诊断，进一步提高党员的安全包保责任意识，促使党员的安全堡垒作用得到有效发挥；纪委通过对领导干部的安全教育责任落实情况进行诊断，督促事故单位真正将干部安全生产责任制落到实处，为安全生产强基固本；工会通过对群监网工作情况进行诊断，发挥好群监网员在安全生产中的作用；团委通过对青监岗工作情况进行诊断，促使青监岗员有效发挥作用，协助支部共同搞好安全宣传教育，确保安全生产。

（二）规范实施步骤，确保工作程序环环相扣

一是明确启动安全宣传教育诊断标准，体现安全生产事故、违章的典型性。每当单位发生典型安全生产事故，或月度发生3起及以上严重违章，或特别严重及以上违章情况，安全质量检查部在开展违章、事故追查分析的同时告知宣传部，宣传部在请示分管矿领导后，启动实施办法。

二是组织成员部门深入事故单位进行诊断，落实"一线工作法"。宣传部根据诊断办法的要求，制订诊断工作方案，召开协调会，并组织成员部门深入事故单位，通过查阅资料、现场抽查提问、座谈调研等方式从各个方面对事故单位的安全宣传教育工作进行诊断。

三是根据诊断结果形成诊断报告，体现及时快速。参加诊断的成员部门根据所分管的项目进行分析和总结，并在诊断结束后第二个工作日内将诊断情况上交宣传部。宣传部将事故诊断情况详细梳理汇总后，形成安全宣传教育工作诊断报告。

四是下发诊断结果通报，体现严谨慎重。诊断通报经分管矿领导审核，矿党委书记同意后，形成安全宣传教育诊断结果并以通报的形式在内部系统下发。

五是事故单位根据通报内容制定整改措施并落实，体现针对性和有效性。发生事故的单位根据诊断结果通报，详细制定切实可行的整改措施，持续认真进行改进和落实，并形成整改报告由党支部书记、行政正职签字后，在通报下发30天内报送党委宣传部。

六是跟踪落实单位存在问题的整改情况，实现工作闭合完整。宣传部牵头组织成员部门在通报下发后，跟踪了解事故单位整改措施的落实情况，确保整改落实到位，杜绝安全事故再次发生。

（三）强化监督考核，确保工作措施落实到位

有效的监督考核是确保工作任务落实到位的重要措施，成庄矿党委制定了成员部门职责分工及考核标准，明确了各项诊断工作的具体实施人、协作人，形成了较为完善的监督考核体系。

宣传部作为牵头部门，在将自己所负责的工作诊断到位的同时，还认真督促各成员部门和相关单位按照任务分工开展工作，各成员部门在诊断过程中，如未按照标准全面开展工作，也未及时发现事故单位在安全宣传教育方面存在的短板和漏洞时，宣传部将根据情况，对成员部门进行考核，并纳入到单位工作绩效考核范畴，促使成员部门严格按照安全宣传教育诊断要求开展工作；被诊断的单位根据考核标准，所扣分值纳入基层党支部清单管理考核范畴，不断强化其大局意识和执行意识，认真落实安全宣传教育工作的各项措施。针对基层队组典型事故、违章，组织开展安全宣传教育诊断，检查并分析了基层单位安全宣传教育工作中存在的问题，提出整改意见，同时将《安全宣传教育诊断通报》下发到各单位，督促被诊断单位整改存在问题，有力地促进了矿井基层队组安全管理的持续改进、螺旋上升。

三、强化实际成效，巩固开展安全宣传教育诊断的特色做法

（一）强化基层单位做好安全宣传教育工作的责任意识

将诊断通报下发给各单位，公示在全矿职工面前，不仅让事故单位职工丢了票子，也让支部书记感

到丢了面子。在双重压力下,支部书记自觉加压,以强烈的责任感和使命感,加强对日常宣传教育、理念渗透、三违帮教、干部责任落实、党员包保、群监网员、青监岗员的工作监督和考核,深入落实安全宣传教育工作要求,服务矿井单位安全生产。被诊断的单位,在整改落实安全宣传教育工作存在的隐患和问题后,并未重复发生安全事故或违章行为。

(二)增强全体职工自觉做好本职工作的本质安全意识

全矿职工在学习下发的诊断通报后,深刻认识到了意识决定行为的重要性,补齐安全意识短板。目前,矿井安全生产管理人员、专业技术人员、区队长和班组长、安检员等各级管理人员积极践行"人民至上、生命至上"发展理念,将"以人为本,生命至上;干一辈子煤矿,抓一辈子安全;安全是1,其他是0,守牢底线,不触红线"安全理念等内化于心,转变为保障安全生产的实际行动,在岗位实践中,时时想安全、自觉保安全、处处要安全,保证了员工安全意识持续提升。

(三)提升基层队组和矿井的安全管理水平

诊断通报下发后,不仅被诊断的单位对照存在问题进行整改,也激发了其他单位改进自身短板,创新安全宣教模式的热情。比如综采准备队党支部"现身说法安全教育",综掘二队党支部"严重违章人员专题警示教育",综掘准备队党支部"队家联动保安全"等特色安全宣教模式,不仅发挥了基层支部安全生产中战斗堡垒、党员干部安全领头雁作用,职工也通过丰富多样的宣传教育,将"安全是1,其他是0"的理念转化为具体的岗位实践,安全生产的思想和行动更加自觉。矿井迈上了安全生产20周年新平台,成矿人的获得感、幸福感、安全感更加充实、更有保障。

四、结语

成庄矿围绕本质安全型矿井建设目标,以安全宣传教育诊断为抓手,进一步丰富了"三化十法"安全文化建设模式的内涵,筑牢了安全生产长周期运行的思想文化根基。下一步,成庄矿将结合矿井实际,在基层、基础、基本功上下功夫,持续总结提炼推动安全文化建设实践创新的典型做法,不断夯实本质安全基石,为煤炭企业安全生产提供"成矿智慧"。

推进煤矿安全文化建设　促进企业长治久安

晋能控股煤业集团永定庄煤业有限责任公司　焦　义　李志国　李　旺　黄　江

摘　要：安全文化建设是提升企业安全管理能力和水平的关键因素。近年来，晋能控股煤业集团永定庄煤业公司（以下简称定庄煤业公司）通过抓安全理念引领、安全制度完善、安全行为养成习惯、安全宣传教育、安全培训工作等，有力地推进了安全文化建设，提升了安全管理水平。

关键词：煤矿安全；安全文化建设；安全管理

煤矿安全是一个永恒的主题。加强安全文化建设，是深入贯彻落实习近平总书记关于安全生产重要指示的体现，是提高全员安全意识和自我防护能力的重要途径，是减少或避免事故发生、维护企业和谐稳定、促进企业高质量发展的重要举措。

一、煤矿企业安全文化建设的重要性

安全文化建设具有将知识性、娱乐性、实践性、群众性融为一体的特性，它既能丰富职工业余文化生活，陶冶人们的道德情操，又可大力普及安全文化知识，宣传和弘扬企业精神，广泛传播安全文化信息，使广大员工在潜移默化中，心智受到启迪，自身素质得到提高。深入、持久地推进安全文化建设，具有十分重要的现实意义。

二、当前开展安全文化建设中存在的问题

基层单位对安全文化建设的重要性认识不足，不清楚安全文化建设的战略作用，没有将安全文化建设当成安全生产工作的重要组成部分抓紧、抓好、抓出成效，工作开展不平衡；有的单位安全文化建设缺乏思想内涵，有娱乐化、庸俗化的倾向。

个别管理人员思想上有片面认识，把安全文化建设与加强安全管理脱离开来。极个别管理人员认为现在生产任务重、安全压力大，搞安全文化建设顾不过来，容易出现走过场现象。

各区队、班组发展不平衡。由于各区队、班组部门工作性质不同，人员素质参差不齐，存在发展不平衡现象。拿永煤公司来说，机运区、通风区员工文化素质相对较高，安全文化建设比较好搞；采掘队组人员比较集中，行为文化相对好抓，但工种繁多，安全文化建设抓起来相对较难。

三、推进企业安全文化建设，打造安全企业

在安全文化建设中，煤矿企业应注重从以下方面营造出浓厚的安全生产氛围。

（一）抓宣传、促发动，推进安全理论宣贯，为推进安全文化建设提供坚实的思想保证

充分利用自办电视、有线广播、板报专栏、周四安全活动日、班前班后20分钟专题会等形式，进行深入、广泛的宣传和科学正确的舆论引导，使广大员工全面领会安全理念。拿永定庄煤业公司来说，近年来，利用井上井下各类宣传载体，以及班前班后、安全会等时机，组织干部员工学习贯彻《中华人民共和国安全生产法》及安全知识、上级安全会议精神等，把"安全第一、预防为主"的方针、法律法规和安全指示精神，不折不扣地贯彻落实下去。同时，通过开展街头安全咨询、宣传活动，及时宣传安全生产方针，向员工群众解释法规条文，使全员对安全生产相关知识和有关精神心领神会，融会贯通。

抓好身边典型事故案例教育，将身边员工由于一时的疏忽大意或违章作业，造成的典型事故案例进行剖析，从中寻找根由，找出症结，可通过制作和展出安全牌板橱窗，或安全演讲、现身说法等，大讲违章的后果和危害性，让广大员工接受教训。

抓好多种形式的安全文化宣传教育。安全文化宣传是夯实安全基础，激发员工安全积极性的有效方法之一。要通过安全文化理论研讨、演讲会、经验交流、成果发布以及安全文艺演出等形式，不断增强干部员工"安全重于泰山"的理念，具体讲就是从理论研讨、演讲中探求安全文化理论新课题；从经验交流中，学习他人在安全文化建设中的成功经验；从成果发布中坚定攻关研究的信念；从专题安全文艺

演出中,收到潜移默化的安全文化教育和熏陶。

（二）抓培训、提素质,促进全员安全意识提升,为推进安全文化建设提供强壮的队伍保证

针对不同的队组、不同的专业、不同的岗位和不同工作性质要求,制订相应切合实际的培训计划和教学大纲,坚持"干啥学啥、缺啥补啥、会啥干啥"的原则,把安全培训放在各项培训工作的首要位置上。特别是要从培训的内容上,由浅入深、循序渐进,由点到面,掌握针对性和实用性,做到学以致用、用以所长;尤其是从培训的方法上,要采取全脱产和业余时间相结合的形式有序进行。近年来,永定庄煤业公司重点抓现场实践操作技能提升,抽调专业培训力量和安监、通风、生产、机电、地质等业务部门的专家及工程技术人员,分期、分批培训员工。

严肃落实培训责任,严明抓好培训纪律,确保培训质量,做到培训一个、成熟一个、合格一个。不仅要提高安全理论知识,而且更要提高现场分析、解决实际问题的能力,培养造就能打善战英勇顽强高质量的队伍,形成人人懂安全、人人讲安全、人人管安全的良好氛围。

（三）抓制度、强管理,构建安全生产长效机制,为推进安全文化建设提供制度保障

推进安全文化建设,目的就在于把安全文化贯彻到生产经营的全过程,特别要把安全文化建设作为"头号工程"和各级领导的第一职责落实到各自的行动和具体工作之中。

1. 强化安全监督和约束机制

在做到定期安全自检、互检、安全大检、专检和巡回检查的同时,制定和完善《安全目标管理条例》《安全监督检查细则》《安全管理考核标准及实施办法》等安全规章制度,使安全目标管理有章可循、有据可查,并以这些有效的制度,进一步制约和规范人们的行为,促进企业安全文化建设的向前发展。

2. 建立安全激励机制

制定和实施《安全奖惩条例》《安全奖惩实施细则》,使奖功罚过有据可依。矿（厂、公司）、区、队每月要召开安全考评会,对各级安全责任制的落实情况加以认真的考评,按照奖惩办法逐一兑现;对考核优秀的单位或个人给予表彰奖励,对安全工作有差距的责任者进行全面分析,并进行诚勉谈话,以求今后改进;对安全职责落实不好,工作失误甚至造成安全事故者,要根据情节轻重、责任大小给予罚款、警告、降职、免职的不同处罚。通过奖功罚过,进一步树立"安全高于一切、先于一切、重于一切"的安全文化理念。

近年来,永定庄煤业公司健全安全工作体系,自上而下地明确安全工作职责和范围,建立公司、区队（部、中心）、班组一级的安全第一责任制。从公司领导班子成员、副总师、高级主管到支部书记、区队长、班组长、职能部门科员（技术员）,层层制定"安全是第一政治和最大经济效益"的工作目标,形成横向到边、纵向到底的逐级负责安全的管理机制,并通过安全专题会开诚布公地明确各级的安全职责,以订立"安全责任状"的形式,确保安全第一责任落在实处。

（四）抓规范,重行为,为推进安全文化建设,全面做好安全管理,提供严格的标准保证

1. 规范生产技术人员的技术行为

从安全生产方案的研究、论证,施工措施的编写、审批、落实,到矿井安全质量标准化,安全程序化规范管理,都要精而再精、细而再细,技术人员一定要从严负责,把好安全生产源头关。

2. 规范管理人员的管理行为

必须具备过硬的安全业务素质和强烈的责任心,正确摆正安全与生产、安全与效益的关系,大力发扬持之以恒抓好安全工作的优良作风,促使管理人员从严规范行为,为安全生产起到积极作用。

3. 周密规范岗位工人的操作行为

严格按照全员安全的标准要求,按照操作程序、具体步骤、作业形式做到精中求细、按章操作,从而促成人的行为规范,确保矿井安全生产的正常运行。

（五）抓关键,排隐患,为推进安全文化建设,提供坚强的组织保证

1. 各级党组织

各级党组织,特别是党员干部和党员安全监督员,要充分发挥在安全工作中的战斗堡垒作用和先锋模范带头作用,识大体、顾全局,做到走一路、看一路、查一路、管一路,特别是对急、难、险、累、苦、脏和重要部位、要害岗位及死角地带,更要以身作则,率先垂范,严检细查。

2. 各级工会组织

各级工会组织要积极组织群监分会和全体群监

网员，发挥应有的群监群防职能作用，深入井下、深入盘区、深入工作现场，认真监督、周密检查，从而及时、快速地排查安全隐患，将安全事故处理在萌芽状态。

3. 各级工青团组织

各级工会组织及时组织广大团员、青监岗员，切实发挥生力军作用，经常深入井下各个采掘点和机电、运输线路及斜井、车场系统等，查隐患、堵漏洞，从而为矿井各项工作的开展，创造一个安全稳定的环境，有力地起到团组织参与管理的作用。

4. 各区队班组长

各区队班组长，作为现场安全工作中的第一责任者，必须要安排具体工作，强化现场指挥，发现"一通三防"事故隐患，现场立即解决，实行"三定"处理，全力确保安全生产。

近年来，永定庄煤业公司矿井"六大员"（安监员、瓦检员、班组长、党员安全监督员、群监网员、青监岗员）、"一联保"（女工家属联保员）全力发挥各自专业优势和特长，认真履行肩负的神圣职责，全身心投入到安全监督检查工作之中，忠实地起到安全生产排头兵作用。大力开展了党员安全岗、青年安全岗、"党员身边无事故""安康杯"竞赛、井口送温暖送安全祝福等活动，发挥了群防群治作用，为推进安全文化建设、全力打造本质安全型企业做出积极贡献。

四、结语

在进一步推进安全文化建设中，永定庄煤业公司注重从领导认识入手，积极采取多种形式，多种渠道，广泛宣传灌输，强化现场安全管理和员工教育培训，以强化安全理念为保障，持续加强安全管理工作，规范安全行为、提升员工安全素质、夯实现场安全基础、改善作业环境、杜绝重大事故的发生，有力地保障了安全生产，为实现企业高质量发展奠定了坚实基础。

参考文献

[1] 余国华. 论安全生产与企业安全文化建设[J]. 煤矿安全, 2006(03):62-65.

[2] 王涛, 侯克鹏. 浅谈企业安全文化建设[J]. 安全与环境工程, 2008(01):81-84.

[3] 傅贵, 李志伟, 扈天保, 等. 改善企业安全文化技术手段的应用研究[J]. 中国安全生产科学技术, 2009,5(02):121-124.

新时代煤矿企业安全文化建设的思考与实践

国家能源集团宁夏煤业公司麦垛山煤矿 吴宁军 王波

摘 要：党的十八大以来，党和国家高度重视安全生产，把安全生产作为民生大事，并纳入到全面建成小康社会的重要内容之中。本文以坚决贯彻落实习近平总书记关于安全生产的一系列重要论述、指示批示精神为逻辑起点，对新时代背景下我国煤矿企业安全文化建设新要求、新政策、新制度梳理归纳；在广泛学习、认真分析安全文化建设优秀企业案例基础上，对新时代安全文化建设的新特点、新趋势、新方法分析论证；立足国家能源集团宁夏煤业公司麦垛山煤矿（以下简称麦垛山煤矿）安全文化建设的实践积淀，综合认识论、方法论、实践论，提出新时代煤矿企业安全文化建设方面的对策、建议。

关键词：安全生产；文化体系；煤矿企业

中国特色社会主义进入新时代，"严守安全底线、保障人民权益""坚持人民至上、生命至上"等理念已经成为企业安全生产工作的行动指南。加强煤矿企业安全文化建设已是构建现代煤炭经济体系、促进煤炭工业高质量发展，深入贯彻落实"四个革命、一个合作"能源安全新战略的有力抓手和动力源泉。

麦垛山煤矿坚持以习近平新时代中国特色社会主义思想为指导，树立安全发展理念，弘扬生命至上、安全第一的思想，加强安全文化建设，准确把握新发展阶段，深入贯彻新发展理念，构建新发展格局的内在需求和时代要求。

一、新时代煤矿企业安全文化建设时代背景与重大意义

（一）进入新时代，安全文化建设要"想作为"

以"牢固树立安全发展理念"为根本遵循，牢牢把握能源企业在新时代的新责任、能源革命的新趋势、市场竞争的新态势、企业高质量发展的新定位，扭住"安全"这个牛鼻子，以先进的安全文化做指导，举旗聚力推进能源行业发展的创新变革，为企业高质量、高效率、高效益发展提供有力的智力支撑和实践支撑。

（二）担当新使命，安全文化建设要"会作为"

安全文化建设是最大的政治任务，是保命工程、民生工程，也是最大的暖心工程。通过大力推进煤矿企业安全文化建设，把央企的政治、经济、安全、环保四大责任扛在肩上，提高全员安全意识，规范全员安全行为，提升安全管理水平，从而达到安全文化"内化于心、外化于行、固化于制"的价值信仰，提升全体员工的获得感、幸福感、安全感。

（三）踏上新征程，安全文化建设要"有作为"

唱响安全文化建设主旋律，用文化管控安全，以对员工高度负责的责任感和使命感，以只争朝夕的创业激情践行"社会主义是干出来的"伟大号召，以提升企业安全管理质量水平、预防和减少各类生产安全事故为目标，坚持理念引领、责任落实、机制健全、制度保障，推动企业培育安全理念文化，树牢安全发展理念；培育安全制度文化，彰显安全制度效力；培育安全环境文化，营造安全环境氛围；培育安全行为文化，规范安全举止行为，为安全生产形势稳定做出积极贡献。

二、新时代国家对企业安全文化建设要求与内容

中华人民共和国应急管理部依据新时代安全生产工作要求对关于安全文化建设工作进行完善，明确指出企业开展安全文化建设，要从安全理念文化、安全制度文化、安全环境文化、安全行为文化等方面创建。每两年组织一次全国企业安全文化建设先进单位评选。

（一）安全理念文化建设方面

企业安全理念体系要完整、切合实际、全员知晓，包括核心安全理念、安全愿景、安全使命、安全目标等，且根据决策层、管理层和操作层不同特点分级细化，通过多种形式开展安全理念植入，定期进行评估，及时更新升级。

（二）安全制度文化建设方面

要按照简明、统一、协调、优化的原则，由制定者和执行者共同参与，建立完善企业安全管理制度和标准体系，充分体现规章制度中的流程设计和规章制度之间的流程关系，定期对企业安全管理制度体系的适宜性、履行情况进行评估和修订完善，保证制度执行效力。

（三）安全环境文化建设方面

加强对安全防护类设备设施的维护管理，对企业安全环境进行可视化管理，建立高效的安全生产信息沟通和反馈机制，开展经常性的安全生产宣教活动，营造良好的安全生产氛围。

（四）安全行为文化建设方面

建立员工安全素质提升和安全行为培养的长效机制，完善员工自觉监督企业安全生产的激励机制，注重基层团队安全文化建设，制订员工安全培训和技能提升计划，开展有针对性的培训教育和应急演练，形成自觉的安全行为习惯。

三、安全文化建设先进单位案例启示及典型特征

（一）先进单位案例启示

陕西北元化工集团安全文化建设启示：用科学的理念引领管控安全，科学完善的安全管理体系，明确目标"零死亡、零伤害、零污染"高定位。管理模式上由"安全理念文化、安全制度文化、安全标准文化、安全物机文化、安全环境文化、安全行为文化"六位一体，培养自觉的行为习惯。

甘肃金川集团公司安全文化建设启示：提出一切风险皆可控，一切事故皆可预防的理念，用安全文化理念引领企业安全发展。通过渐进式推进、阶段式升级、模块式出果，按照"人机环管"四要素的本质化程度、匹配化程度、可控化程度、受控化程度分阶段提升安全文化行为，处处有人提醒。

陕西煤业化工集团红柳林煤矿安全文化建设启示：建设人性化的安全模式和精细化安全管理文化。从企业负责人到岗位操作员工，从人的管理到设备的管理都以精益态度、精细规程、精准标准、精良状态管理，建设过程管控安全文化。

（二）特征

高站位理念引导作用。处于高危行业，理念上就要强调以人为本，坚持员工至上，生命至上，强调生产事故可防可控。

科学完善的管理体系。按人机环管的因素，逐项分级分层网格化进行管理。"安全理念文化、安全制度文化、安全标准文化、安全物机文化、安全环境文化、安全行为文化"六位一体较为完整的安全文化管理体系。

"零死亡、零伤害、零污染"目标定义安全高境界。解决从业人员的安全行为，消除从业人员的不安全行为，用严格的管理技术来改变物机的不安全状态，设备工艺系统，切实落实习近平总书记生态文明思想，保护环境。

先进安全文化管理模式。把安全管控水平从事后向事前过渡，提升到缺陷的管控、系统的管控、风险的预控，来实现安全文化的管控，达到目标高境界。通过全员、全过程、全面、全方位的特征，也涵盖领域、专业层级、生产管理建设机制各环节、各方面管控。

行为自觉的养成有方法。着力于人的行为自觉的培养，培养人的安全行为习惯，提高员工安全意识，提升人的安全素养，规范职员的安全行为，只有形成目标同向、上下同欲、行动同步、责任共担、齐抓共管的安全文化氛围，才能增强凝聚力和创造力，增强企业核心竞争力，推动企业安全高质量发展。

四、国家能源集团宁夏煤业公司麦垛山煤矿安全文化建设实践

麦垛山煤矿作为宁煤在鸳鸯湖矿区的主力生产矿井之一，作为宁东化工基地配套的主要矿井单位之一，全面落实国家能源集团、宁夏煤业公司工作会议部署，完成煤矿安全专项整治三年行动任务，坚持"人民至上、生命至上"的理念，强化红线意识，坚守底线思维。突出安全文化支撑系统、创新平台、活动载体建设。以安全为底线，紧盯"零事故、零失误、零过错"目标，做到不安全不生产；以诚信为本，诚信做人，诚信做事；以"四项制度"为有力抓手，提高认识、扎实落实、稳步推进，积极有效提升各项工作的质量水平，为加快建设世界一流煤化企业，为全面建设社会主义现代化美丽新宁夏贡献出麦垛力量。

（一）实施领航工程

从全矿上下的安全价值认同，到管理、执行、操作等层面构建理念引领系统，明确全矿安全文化核心理念"树牢红线，坚守底线，安全生产人人有责"。扎实落实诚信文化。全体员工共同信奉并积

极践行以"诚信为本、诚信做人、诚信做事"理念为出发点,全矿各级领导干部,率先带头贯彻和执行安全诚信、诚信积分,为广大员工树立榜样。各单位加强诚信管理建设,以确保提高干部员工文明素养为基础,以安全、学习、工作、做人等方面的诚信建设推进矿井安全生产、经营管理为载体,实现矿井高质量发展。

（二）实施护航工程

用管理制度把安全文化模式建设上升为政治工程、民心工程和党建创新工程,扎实推进"专岗专责"。认真理解"专岗专责"的重要意义,把有素质、技能高、责任心强的人员用到专职岗位,起到关键作用、熟练操作,做到人、机最佳匹配,将风险降到最低,防止事故发生。在安全文化建设的工作规划、机构设置、考核评估、检查验收方面形成一系列与之配套的管理办法。组织开展"专岗专责"升级培训,以安全生产标准化知识、安全规程、措施制度为内容,确保相关岗位人员经培训合格,持证上岗,保证安全文化建设工作的导向性、连续性和稳定性,不断推动安全文化建设质量标准化。

（三）实施定航工程

在理念引领和制度保障下,依据工艺系统可靠性定律,扎实落实"精益管理"。各科队要利用周五学习日召开项目推进落实会议,提升精益化管理意识,全员发动、全员参与,查找出生产装置中潜在的危险、危害、非匹配、非本质因素,依据法律、法规、标准、规范完善设备设施安全防护、保护、隔离,提升设备设施固有安全的本质化程度,有效保障生产装置安全、平稳运行。

（四）实施导航工程

以"风险识别、事故防治、不安全行为管控"为内容,扎实落实"以身说教"。突出思想认识、责任落实、制度建设、现场管理、规程措施、规范操作等方面,持续全方位、深层次、自上而下地开展"以身说教"活动,做到"真反思"、力促"严管理"。以国家、行业现行标准为依据,以准确划分重点标识区域为突破口,紧密结合工作性质、工作岗位、专业设置的安全要求进行禁止、警告、指令、提示等类型构建视觉、听觉标识系统。

（五）实施巡航工程

从提升员工安全意识和规范操作行为为习惯入手,以岗位安全操作规程、班前会、师带徒、学习型组织建设为主要抓手,全面推进员工岗位精准培训,进一步唤醒全员安全意识,提高员工的岗位安全自我控制能力,矫正不安全行为,培养各岗位员工规范操作、标准操作、安全操作意识,逐步提升各级人员事故敬畏心,做到警钟长鸣、持续防范。加强重点部位、要害场所、关键环节、危险工具严格进行定岗定位定责的管理措施。

参考文献

[1] 张寅. 安全文化建设书系:安全教育常识[M]. 西安:西安电子科技大学出版社,2013.

[2] 张传毅,李泉. 安全文化建设研究[M]. 徐州:中国矿业大学出版社,2012.

[3] "安全生产新做法与新经验丛书"编委会. 企业加强安全生产管理工作新做法与新经验[M]. 北京:中国劳动社会保障出版社,2014.

企业安全文化建设与安全管理研究

淄博矿业集团有限责任公司　满建强　张宝林　王朝进　常青

摘　要：随着社会的迅猛发展和安全治理体系的不断丰富完善，企业安全管理的重要性更加突出，而作为安全管理中极其重要的安全文化建设既是安全管理体系的基础，也是十分重要的保障。本文通过对国内企业安全管理的发展现状分析，从企业安全管理和安全文化建设以及两者之间的联系进行进一步的解析，对于企业现代化管理和安全管理的推进与保障提出看法与建议，以期对企业安全管理工作提供借鉴意义。

关键词：安全管理；安全文化建设；企业

一、企业安全管理状况

（一）企业安全现状分析

我国的企业从整体上来看有着较为显著和普遍的特点，比如，生产规模不是很大，生产方式受到科技水平限制，一些高新技术无法很好被企业应用。从相关的资料来看，由于对安全生产监管力度进一步加强和方式的改进创新，我国各行业事故发生率和死亡率正在逐年下降，企业安全管理已经有了很大的成效，但仍存在一定的发展空间，企业应在以往的经验与方法中认真思考和分析，从而找到适合自己的发展战略，为企业谋求更好的发展。

（二）企业安全发展分析

宪法和安全生产法中写明了企业要加强安全生产，改善劳动条件，加强劳动保护。新中国成立以来，我们党和政府就十分注重企业的安全生产[2]。安全生产法对安全的基本要求，生产经营单位的安全保障，从业人员的权利和义务等进行了明确的规定。淄博矿业集团有限责任公司（以下简称淄矿集团）秉持着"以人为本、安全第一、预防为主、综合治理"方针，严格遵守法律法规和党与政府的要求，坚持安全生产，将员工安全放在企业生产发展的第一位。在守法安全的前提下，谋求更好的发展。与之相反，不遵守法律规定生产的企业，不利于其未来的发展。

（三）推进企业现代化管理

安全管理是企业现代化管理的基石。只有将安全管理做好，才能推进现代化管理。在安全管理上，淄矿集团积极响应落实安全生产要求，深入实施安全自主管理体系，创造了基层班组自主管理模式以及"三保六快"安全自主管理工作法。在此基础之上，企业采用智能化生产，车间采用"一条龙"式的机器生产，大大加快了生产的效率，机器代替了人工，增加了生产的安全性，使劳动者在生产中更加安全。而且企业采用6S的管理体系，在安全的基础上进行分工合作，让工作专业化，实现企业的现代化管理。

二、企业安全文化建设的意义

（一）提高企业的核心竞争力

安全管理现在已经由经验主义、事后主义的传统管理模式转变为现代安全管理模式，通过科技进步，不断提高员工安全文化素质的方式来实现模式的变革。另外，作为一种新型管理模式，安全文化建设是安全管理发展的高级阶段。但是二者的最大不同在于，安全文化建设把安全管理的重点转向了员工的安全文化素质和防范意识。因此，企业要加强企业的安全文化建设，提升员工的基本素质，树立企业的新风尚，提升企业的核心竞争力。

（二）营造浓厚的安全生产氛围

安全生产的过程，包含了人、机、环境三种要素[3]，其中，人是最为积极活跃的因素，也是产生安全生产事故的重要原因。因此，安全文化建设的关键在于要坚持以人为本，教育和提高人们的安全文化素养，创造出安全的工作氛围，使之与安全生产工作的规律相一致。

（三）增强员工的凝聚力

良好的企业安全文化可以提升员工队伍的安全素养，可以将实现生产的价值和实现人的价值统一起来，保护员工从事生产经营活动过程中的身心安全与健康，珍惜、爱护和尊重员工的生命，提升员工的归属感和获得感,起到凝聚人心的积极作用。

三、企业安全管理与安全文化建设之间的联系

（一）两者相辅相成

企业安全文化建设与安全管理的目标对象相同,都是规范员工的生产行为。通过做好安全管理工作,建设良好的企业安全生产文化,有效地调动员工的积极性,使员工高效完成工作,达到安全生产的目的,推动企业健康发展。

（二）安全生产管理有利于企业安全文化建设

企业管理是从经验管理到制度管理再转变为文化管理。企业安全管理要对安全管理中的问题以及矛盾进行及时的解决,此时,企业安全文化具有重要的作用。利用企业安全文化的调节机制,对企业安全生产管理进行调节,在企业内部营造安全生产的氛围,进而约束企业的生产行为。使其在安全的条件下有序进行。因此,在进行企业安全生产管理的同时也要建设企业安全文化。利用企业安全文化的功能,提高职工的安全意识,规范其生产行为,进而实现企业的安全生产。

（三）企业安全文化建设是企业安全生产管理的一部分

企业安全文化是在实践过程中建设的。其需要应用到企业的安全生产管理当中,在实践应用的过程中不断对其进行完善。具体就是将安全生产文化融入企业的安全生产管理当中,通过企业安全管理的具体效果来体现企业安全文化建设是否有效。另外,企业的安全生产文化应进行巩固,不能使其成为一纸空谈,需将其渗透到企业规章制度、生产政策、操作规范当中。使员工生产活动可以受到企业安全文化的引导以及约束,将企业安全生产管理与企业安全文化联系在一起,可以有效提高企业的安全管理水平,从而提升经济效益。

四、企业安全文化建设路径

（一）企业安全文化建设的基本要素

1. 安全承诺

首先,企业应给予员工相应的安全承诺,使员工对企业安全有清楚认知,安全承诺应涉及安全价值观、安全目标等；其次,企业负责人应对员工安全负责,以身作则使他们明白安全大于天,应共同构建安全的生产、操作环境；最后,员工自身也应对其有深刻、清楚的认知,并尽自己最大的努力把这种安全意识融入实际的工作实践[4]。

2. 行为规范与执行力

为了在实际工作中对员工有着较大程度的控制以及行为的规范,因此企业需要安全、高效的管理体系,能够覆盖到各个层次的组织,将企业的安全和责任,清楚明了地进行划分,保证企业在安全的环境中正常运转。团队执行制度、按标准做事的能力是企业管理的关键部分。行为与规范是企业文化的重要支撑和保证,执行力是其灵魂,只有严格地执行,才能够真正地为企业文化保驾护航[5]。

3. 安全行为激励

企业在评估员工的安全绩效时,应以事故发生率和安全事故防范水平高低综合考虑,从而得到最全面的评价,最终达到员工时刻注意安全问题的目的[4]。因此,公司要制定严格的奖惩制度,因为自己的行为而避免意外事故的人,获得相应的奖励,同时,也能让因为自己的行为而造成安全事故的员工,坦白地承认自己的错误,并且从中吸取教训,从而获得更好的发展。

4. 自主学习与改进

第一,应建立员工自主学习模式,包括：预见与思考、观念与计划、实践与执行、新知识和技能等；第二,为了保证员工胜任工作,应对员工进行全面评估和岗前培训；第三,企业应支持团队协作,当共同面对安全问题时,不仅需要充分利用已有的安全信息,更要将所有已知信息进行整合归纳,建立明确清晰的安全意识[4]。

（二）企业安全文化建设的保障与措施

1. 制定完整的安全制度

安全文化建设是循序渐进的,其突出的特征表现为：阶段性、持续性、复杂性等[6]。所以,应制定切合实际的、长期的、阶段性的安全制度。以淄矿集团的安全文化建设制度为例,首先根据自身的发展情况成立安全文化建设领导小组；然后依照职责、安全文化理念、安全文化的建设与规划等多方面、多维度地完善安全文化建设制度。并不是简单提出安全文化管理这一理念,而是通过各种方式方法将安全文化管理落在实处,以多种多样的活动方式使安全意识深入人心。

2. 全员树立安全理念

我国安全专家罗云指出,没有安全文化的理念,将会永远纠缠于事故处理之中。由此可见,安全理念对于企业实现零事故十分重要。而实现安全生产

的主要要素就是人，将安全理念铭记于心，安全事故就减少很多。淄矿集团根据在安全管理体系上多年的经验与做法，沉淀出一套特色的安全文化理念体系，然后采取多种形式的活动全面地推进安全体系。通过通俗易懂、切合实际、具有号召力的宣传使员工积极学习，将安全理念谨记于心间。

3. 创建安全工作环境

做好安全生产，不仅仅是激发劳动者的工作热情，还要为劳动者营造出一个良好的工作环境，让劳动者感受到安全、健康、有保障，积极地提高生产效率。淄矿集团根据国家发展趋势，持续深化智能化建设，坚持"机械化换人、自动化减人""少人则安、无人则安"等科技强安理念，大力实施智能化建设，使安全生产环境不断优化，保障劳动者的生命安全。

4. 组织安全培训教育

落实安全培训方针必须坚持：管理、装备、培训的原则。其中，"培训"是提高职工素质的主要手段。在具体实践中，淄矿集团突出做好"三项岗位人员依法培训、关键岗位人员素质素养培训、全员安全培训"等工作，在进行作业时做到"四不伤害"，做到特殊工种人员100%持证上岗，保障了人员安全，促进企业的发展。

（三）企业安全文化建设的审核与评估

为了使安全文化建设更加完善，企业对文化建设情况应有定期的审核和考察；对于文化建设的审核和考察的结果进行分析，建立一个完整的、全面的评估系统，然后面对具体的情况进行具体分析，找到产生的原因，并加以合理的控制和掌握。

五、结语

综上所述，安全文化建设是提升企业安全管理能力和水平的关键因素，是实现安全生产的重要推动力量。因此，企业必须把安全文化建设作为一项战略任务来抓，从实际出发协调各方面的关系，注重加强员工的培养和教育，采用多种方式措施，使企业的安全管理更加符合现代化、规范化要求。

参考文献

［1］毛永星. 安全文化建设对企业提高安全生产管理水平的意义[J]. 冶金管理,2021(09):131-132.

［2］孙纪明. 企业综合管理体系中安全管理的有效措施[D]. 天津：天津大学,2008.

［3］李艳波,刘浩川,李建萍,等. 对煤炭企业安全文化建设的理性思考[J]. 煤炭技术,2015,34(12):293-295.

［4］秦华礼,王健,高宏辉. 安全文化建设与现代企业安全管理研究[C]. 中国职业安全健康协会. 中国职业安全健康协会2010年学术年会论文集. 煤炭工业出版社,2010:153-157.

［5］吴正平. 培育安全文化基础，促进员工行为规范[C]//中钢集团武汉安全环保研究院. 2021年(第二届)冶金安全发展高峰论坛暨中国金属学会冶金安全与健康分会、中国安全生产协会冶金安全专业委员会年会论文摘要. 2021:60.

［6］陈志华. 加强安全文化建设 提升安全共管能力 促进企业健康稳定发展[J]. 福建建材,2014(04):113-114+118.

新形势下能源型企业安全文化建设的探索与研究

辽宁省能源产业控股集团有限责任公司安全环保监察总部

马 烽 郭绍坤 刘友略 蒲 林 薄海涛 徐豪阳

摘 要：针对能源型企业如何在新形势下实现安全高质量发展，分析总结了能源集团实施"119"安全管理模式所取得的成效，提出了建立现代化能源型企业安全生产治理体系，培育特殊安全文化，切实保障企业实现安全平稳健康发展的总体目标。

关键词：安全管理；能源；企业安全

安全生产事关人民群众生命财产安全、事关经济持续健康发展和社会稳定大局。改革开放以来，我国的安全生产状况逐步好转，但安全生产形势仍然严峻。近年来，随着我国现代化建设的不断发展，对能源的需求不断加大，能源生产显著增加，这对于我国能源型企业，尤其是煤炭企业，如何在新形势下培育特殊安全文化，保证安全生产提出了新课题。

一、培育特殊安全文化的企业背景

辽宁省能源产业控股集团有限责任公司（以下简称能源集团）成立于2018年11月8日，由铁法能源公司、抚矿集团、沈煤集团、辽宁能源投资集团、阜矿集团、辽能股份、辽宁电机集团等9户省属能源类企业战略性重组整合而成，是辽宁省委、省政府批准设立的国有独资公司，是辽宁省能源产业战略投资、资本运营、产业整合的主体，其主营业务包括煤炭、电力、清洁能源、页岩油、矿机装备等板块，产业链垂直延伸细分至煤炭生产销售、煤炭焦化和制气、煤层气、煤化工、石油化工、火电、热电、风电、太阳能、天然气等多个领域和产业。

能源集团自成立以来，在企业安全管理上坚持一体化和多元性并存的原则，既尊重历史传承，又注重安全文化融合，通过健全完善企业安全管理模式等手段，探索培育新形势下能源型企业特色安全文化，目的是在现有的技术和管理条件下，使企业职工工作场所更加安全，增强全员对安全的珍惜与重视，并使自己的一举一动，符合安全的行为规范要求，通过工作中安全文化的教养和熏陶，不断提高职工自身的安全素质，预防事故发生。能源集团安全文化的核心是以人为本，这就需要将安全责任落实到企业全员的具体工作中，通过建立健全安全管理手段，培育员工共同认可的安全价值观和安全行为规范，在企业内部营造自我约束、自主管理和团队管理的安全文化氛围，最终实现持续改善安全业绩、建立安全生产长效机制的目标。

二、通过创新安全管理，培育特色安全文化

（一）安全管理结构

能源集团和所属企业的法人治理结构为母子公司结构，所属企业（事业部）作为独立法人，是安全生产的责任主体。能源集团在安全管理方面，全面推行安全管理层次化，层层落实安全生产责任，强化安全风险防控管理，严格安全监管考核和责任追究。能源集团负责制定企业总体安全生产目标，监督所属企业（事业部）执行，对安全生产工作负有指导、监督、考核职能，对集团的安全生产工作负领导责任；所属企业（事业部）为安全生产的责任主体，全面负责安全生产工作。

（二）安全管理目标思路

2022年是实施"十四五"规划的关键之年，也是推动能源集团迈入高质量发展新阶段的关键之年。为全面贯彻落实习近平总书记关于安全生产的重要论述和指示批示精神，坚决打好安全专项整治三年行动"巩固提升攻坚战"，切实推动能源集团实

现安全生产治理体系和治理能力现代化，保障企业实现安全平稳健康发展，集团确定了"双零"安全目标和"119"工作思路。

1."双零"安全目标

能源集团所属煤矿实现"零亡人"，杜绝二级及以上非伤亡列级事故；电力、化工、机械加工、燃气等企业实现"零重伤"，杜绝重伤及以上事故；各单位杜绝重大安全事故隐患。

2."119"工作思路

安全生产工作总体思路是围绕一个"中心"，践行一个"理念"，抓好九个"强化"。

（1）围绕一个"中心"，即以建设本质安全型企业，实现安全发展为中心。

（2）践行一个"理念"，即践行"人民至上、生命至上"安全理念。

（3）抓好九个"强化"，即强化安全思想引领，强化安全责任落实，强化三年行动推进，强化安全制度建设，强化管理"体系"构建，强化安全基础巩固，强化安全重点管控，强化安全技术保障，强化安全文化培育。

三、安全保障措施

（一）着力强化安全思想引领，切实绷紧安全生产这根弦

1.充分发挥安全思想引领作用与党的领导优势

坚持深入学习贯彻习近平总书记关于安全生产的指导思想和重要论述，切实将思想和行动统一到习近平总书记关于安全生产的指示批示精神上来，以实际行动践行"四个意识"与"两个维护"。坚持"党政同责"，建立党政领导管安全、查安全、保安全的定期检查制度，带头深入一线督导生产经营单位落实安全生产主体责任。

2.牢固树立安全红线意识与底线思维

充分认清安全政策法规约束越来越严、安全监管监察力度越来越大、社会对安全事故容忍度越来越低的法治环境。要时刻保持清醒警醒，始终保持防骄破满，空杯心态，做到过往清零，主要负责人要坚定严抓安全的鲜明态度，时刻保持清醒头脑，慎言成绩，不能轻言好转，坚决守住底线、不越红线、不碰高压线。

（二）着力强化安全责任落实，切实筑牢安全生产防线

1.认真落实企业安全生产主体责任

坚持依法明责、依法治安。落实《安全生产法》《辽宁省企业安全生产主体责任规定》，构建起一级对一级负责的直线型安全责任管理格局。

2.认真落实责任单位职能部门安全管理责任

从区队（车间）、业务部门、矿井（单位），直至上级公司业务部室和分管领导，都要明责履责，逐级建立"安全监管责任清单"，严格落实《隐患追责制度》，以"零容忍"的态度层层压实各方职责。

3.认真落实全员安全生产责任制

建立健全横向到边、纵向到底、责权对等、岗责对应、运行高效、落实有力的全员安全生产责任制度，全面压实安全责任。构建与绩效挂钩的激励约束机制，充分运用量化考核结果，激发全员参与安全生产工作的积极性和主动性。

（三）着力强化三年行动推进，切实提升企业安全治理能力与水平

深化三年行动，全力推进煤矿重大灾害治理、双重预防体系建设、装备智能化升级、安全生产标准化达标等重点工程，有效解决制约企业安全发展的瓶颈、重大风险隐患等难点问题，将三年行动"清单"完成质量纳入到企业年度安全考核中，推动建立健全安全生产风险隐患和突出问题自查自改的工作机制。

（四）着力强化安全制度建设，切实健全完善安全生产长效机制

1.对标对表进一步提升制度建设标准

对标国家安全法规、安全细则、安全标准，梳理完善企业安全生产管理制度、检查制度、问责制度，及时堵塞制度漏洞。建立安全生产制度定期更新机制，每年定期对安全生产制度进行全面对标梳理，按照国家出台的新法规、新标准，与时俱进丰富完善企业安全生产制度体系。

2.从严从实进一步强化制度落实执行

强化各项制度的贯彻执行，对违反企业制度规定的行为，发现一起、查处一起、问责一起，努力形成以制度管人、以制度管事、以制度规范安全行为、以制度巩固工作成效的长效机制。

（五）着力强化管理"体系"构建，切实实现安全管理的优势互补资源共享

构建安全管理资源共享融合的工作体系。一是实现专业技术人才共享，二是实现技术共享，三是实现信息共享，四是实现经验共享，五是实现资源共享。

（六）着力强化安全基础巩固，切实增强安全生产保障能力

1. 致力于组织开展抓"基层、基础、基本功"三基建设

企安人安，重在基层；长治久安，重在基础。抓基层建设，重视和发挥区队（车间）、班组安全教育培训主阵地作用；抓基础建设，全方位开展安全生产标准化创建活动，坚持全面创建；抓基本功建设，定期组织安全生产技术管理人员开展专业培训与校企合作培训，推进全员学习平台建设。

2. 致力于持续完善风险隐患双重预防体系建设

完善工作机制，建立"推进机制完善、辨识管控全面、排查治理明确、激励约束分明"的《双重预防机制工作制度》，强化动态管控，建立双重预防体系层级负责制，有效落实人员安全生产责任，提升自控能力，坚持安全重大隐患为零。

3. 致力于全力保障安全生产资金投入

坚持依法投入、应投必投，足额提取使用生产安全费用，摆正安全投入与降本增效的关系，坚决保障灾害治理、系统优化、装备升级、素质提升、应急救援等关键投入。

（七）着力强化安全重点管控，切实提升重大灾害与地面危险源的科学治理能力

加强煤矿重大灾害源头治理实现零目标，实现瓦斯零超限、煤与瓦斯零突出以及零透水、零自燃、零冲击地压、零顶板事故和机电运输零伤亡目标。坚持地面企业安全与煤矿安全并重，提升地面企业危险源安全防控实现零事故。

（八）着力强化安全技术保障，切实发挥技术保安科技兴安的作用

1. 增强技术保安的作用

技术是安全的前提和保证，强化专业技术人员的业务检查与培训，拓宽专业技术人员的成长渠道，严格设计方案程序化、专业化审查审批和源头把关，提升技术管理的前瞻性、精准性和权威性，严抓重大灾害、重点工程、特殊作业技术管理，全力推动"四新"（新技术、新工艺、新装备、新材料）应用。

2. 发挥科技兴安的作用

坚持走出去，引进来，深化产、学、研深度融合的教育和创新体系，为企业安全高效发展提供"智"能动力，加强企业安全技术攻关，建立完善科技创新激励机制，推广基层先进经验，鼓励基层班组技术革新、管理创新，激发基层员工学技术、练本领的积极性、主动性和创造性。

（九）着力强化安全文化培育，切实形成共建共治共享的良好格局

培育具有能源产业特色的安全文化。文化管理是企业管理的最高境界，安全文化是推动安全工作的不竭源泉和强大动力。建立强有力的安全文化工作机制，开展安全文化宣传，营造良好的安全文化氛围，加大安全文化建设力度，用安全文化筑牢安全防线，不断强化文化熏陶和理念宣贯，养成全员安全习惯，驰而不息，久久为功。

四、取得成效与展望

能源集团成立以来所属企业多次入围中国企业500强、中国煤炭企业100强、中国煤炭工业100强和辽宁省100强企业行列，先后荣获全国五一劳动奖状、中国煤炭工业优秀企业、中国企业集团纳税五百强、全国煤炭工业优秀企业、全国和辽宁省企业文化建设先进单位等荣誉称号。2022年，能源集团所属各企业未发生重伤及以上人身伤害事故，企业总体安全生产持续利好。

培育形成企业安全文化，能够使遵守规章制度成为一种习惯，让企业员工形成"安全第一""不安全不生产"的思维定式，达到自觉践行"人民至上、生命至上"安全理念的目标，同时，也使能够安全生产的单位和个人受到尊重，使违规乱纪、制造事故者受到应有的惩罚，从而促进集团的持续、稳定、安全发展。

未来，能源集团将紧紧围绕"四个革命、一个合作"能源安全新战略，以建立现代化能源型企业特色安全文化为基础，以建设"国内一流安全清洁高效的综合能源服务商"为目标，着力打造安全高效，具有核心竞争力、科技创新力，资本回报率高、综合实力强的国内一流能源型企业。

参考文献

[1] 田水承, 赵泓超, 裴俊斌. 煤矿安全管理问题分析与对策探讨[J]. 煤矿现代化,2012(02):79-81.

[2] 李慧淑. 煤矿行为安全管理模式实践研究[D]. 太原: 太原理工大学,2014.

[3] 傅贵, 李宣东, 李军. 事故的共性原因及其行为科学预防策略[J]. 安全与环境学报,2005(01):80-83.

[4] 宋晓燕, 谢中朋, 漆旺生. 基于层次分析法的企业安全文化评价指标体系研究[J]. 中国安全科学学报,2008(07):144-148.

大红山矿业提升安全管理能力的探索与实践

玉溪大红山矿业有限公司　黄光朴　邢志华　董越权　杨荣攀　左　敏

摘　要：近年来，大红山矿业深入研究安全科学理论，分析涉及的不安全因素，探索运用科学的管理方式，践行安全制度文化与行为文化统一，从"人员、设备、环节、环境、体系"五要素上采取有效措施，构建安全管控体系，提升安全管理能力，夯实安全基础建设，形成了浓厚的企业安全文化，实现了安全生产形势的稳中向好。

关键词：安全管理能力；安全文化；安全管控体系

玉溪大红山矿业有限公司（以下简称大红山矿业）地处云南省玉溪市新平县戛洒镇，是融采、选、管道输送为一体的现代化矿山。近年来，大红山矿业深入学习贯彻习近平总书记关于安全生产的重要论述和指示精神，牢固树立"人民至上、生命至上"的安全发展理念，以"思想治安、制度立安、行动抓安、考监推安、科技强安"为主抓手，确立了"党建引领、安全强基、环保优先、严控成本、念好矿经、讲好故事、智能矿山"的发展总基调，构建了安全管控体系，提升了安全管控能力，形成了浓厚的安全文化氛围，为构建"平安、绿色、深地、智能化、多元化"新型矿山奠定了坚实的基础。

一、提升安全管理能力的内涵

企业的发展离不开安全，安全是发展的基础和保障，安全的落脚点是企业文化与精神，安全文化是安全管理的最高境界，其中提升安全管理能力是构建企业安全文化的重要体现，因此企业对安全系统组成元素进行协调控制过程的强化尤为重要。

大红山矿业坚持"方案动态管理、定期检查考评、阶段性优化调整"管理模式，对安全生产过程进行全面系统的分析和研究。一方面是对静态属性安全系统进行现状评价，加强系统基础建设，改善安全管理现状；另一方面是对动态属性安全系统进行实时过程管控，采取有效的保障措施。大红山矿业以抓牢"人员、设备、环节、环境、体系"五个要素为关键，全面推进行业安全标准化、作业安全标准化、安全管理信息化等企业安全文化构建，有效提升了安全管理能力。

二、提升安全管理能力的具体措施

（一）抓牢"人员"要素

1.强化思想引领，营造安全氛围

在"安全变革"的道路上，大红山矿业抓住关键因素，强化思想建设，创造学习机会，从思想上引导，从行为上影响，提升安全意识，建立"根植于内心的修养"的安全理念，形成了"思想治安"管控体系。

（1）搭建安全学习平台。每月26日井下停产开展"安全培训日"活动，保障员工安全学习的时间。

（2）创新安全教育培训模式。建设"VR体验＋实操"培训中心，培养内训团队，提升培训的效果和质量。

（3）多形式开展安全活动。定期举办安全征文、全员安全素质提升、"四位一体"本质安全研讨、"一周一警示"安全分享等活动，引导员工对安全问题思考的深度。

（4）领导干部带头讲安全。定期开展"小板凳会议"，保障安全信息流畅，让员工知形势、明任务，统一思想。

（5）多手段营造安全氛围。采取每日安全广播、微信安全信息直通车、安全文化公众号、矿区安全文化长廊、井下安全信息滚动播放等多种方式营造安全氛围。

2.提高安全认知，培育安全习惯

员工安全认知水平决定了安全管理的水平，大红山矿业将安全认知建立在安全风险辨识和管控的基础上，通过管理者和员工对安全的不断思考和总结，构建出三项长效工作机制，形成"无须提醒的自觉"的安全认知，让安全成为一种习惯，实现人人参与安全，人人都会安全。

（1）开展岗前3分钟危险源辨识及班前安全宣誓活动。入岗先辨风险，班前勤于宣誓。通过对安全风险的回顾、辨识、强化，在每项工作任务开展前优先辨识安全风险，让安全意识成为一种思维习惯。

（2）实施"五级"安全确认制度。在每项作业实施前进行安全措施确认，强化事前管控，前置隐患处置，让安全操作成为一种行为习惯。

（3）实行"反交底"制度。让员工变被动为主动，开展现场安全反交底，让安全提示成为一种工作习惯。

3.抓住"关键少数"，压实安全责任

通过建立"纠偏帮扶"机制，实施"三类人"（新员工、违章人员、协力方领导班子）管控，以"考监推安"为手段，在日常中抓好异常，在异常中抓住关键，形成"以约束为前提的自由"的安全认识，抓实"关键少数"的安全履职。

（1）新员工管理。严格面试审查关，实行月度考评、半年理论和实作考核及日常工作表现挂钩管理。

（2）违章人员管理。采用经济考核、停工问责、帮扶教育等措施，提高违章人员安全意识和技能。

（3）协力方领导班子管理。实施量化考核、约谈问责、清退机制，抓住"票子、面子、帽子"，督促履职尽责。

4.构建"五大"格局，实现协同管理

安全管理过程是团队沟通交流、统一协作的过程，即安全活动。大红山矿业坚持人本管理，构建利益共同体、干事共同体、命运共同体"五大格局"，建立齐抓共管的安全氛围。

（1）多措并举构建严防死守的安全预防治理格局。坚持"安全是第一产品"的发展理念，让安全成为企业的核心价值，让管理者树牢责任意识，让作业人员建立自觉意识，形成"人人都是安全员"的联防联控机制。

（2）构建统一联动，取长补短的安全联保管理格局。树立命运共同体认识，对标挖潜、取长补短，认清安全生产"一荣俱荣、一损俱损"的蝴蝶效应，形成"一厂出事故、万厂受教育、一地有隐患、全司受警示"的联保机制。

（3）构建奖罚分明，耻辱与荣誉并举的损益激励格局。"业主和协力方""管理者和员工"都在同一圆盘下生存，"同呼吸共命运"是共同的责任感和使命感。不断加大奖惩工作力度，一旦职工（包括协力方员工）发生违章行为，扣除考核管理部门工资总额的10%，机关管理部门挂钩基层单位，实行连带考核；若连续3个月无违章，奖励考核金额的200%。同时制定《生产安全事故赔偿管理办法》《员工"违章"记分及结果应用办法》，纵深强化"隐患就是事故，违章就是犯罪"的安全理念。

（4）构建角色互换，互相体验的安全隐患检查格局。开展"隐患排查治理互查互纠"专项检查，组织不同单位、不同层级、不同专业的人员进行现场交叉检查，以体验、反馈、改进的工作机制，强化现场管理。此外，还通过选聘安全副总监派驻至协力单位担任安全副经理，实现渗透式一体化安全监管，指导、纠偏其日常安全管理工作。

（5）共同构建亲情友情矿工情并举的人文安全意识导向格局。坚持突出安全重点，发挥情感优势，通过安全活动以及把"农民工工资"发放作为重点管控项；组建职工"帮困解困"工作组，解决员工日常生活、工作和心理问题；在井下为员工投放"共享单车"，配置"冰箱、微波炉、自动售货机"，提升员工的获得感、幸福感、荣誉感，让员工生活得有质量，工作得有尊严。

（二）抓实"设备"要素

1.以"两化"建设推进"两化"融合，打造本质安全型矿山

全面推进机械化换人和自动化减人，降低人工作业安全风险。第一阶段投入凿岩、撬毛、锚固、铲运机等采矿机械化设备41台，置换121人，提升生产效率30%，替代人工50%；第二阶段投入凿岩、撬毛、锚固、喷浆、竖井等采矿机械化设备37台，置换222人，提升生产效率50%，替代90%的人工作业，在提高安全生产科技保障能力的同时降低了工人的劳动强度和作业风险，保障了安全生产。

2.以"科技强安"为支撑，数字赋能引领矿业发展

大力推进"智能化""数字化"矿山建设，并向无人化采矿迈进。立足新发展阶段，贯彻新发展理念，以"科技进步，驱动创新"为战略选择，将科学发展与安全管理相结合，综合研究运用地质分析、

自动化技术、云计算、物联网、虚拟现实等先进技术，感测、分析、整合矿山运行核心系统的各项关键信息，实现矿山采选充全过程的数字化、自动化、信息化与智能化管控。目前已实现了综合管控中心、巷道安全系统工程、选矿工艺控制系统、安标化 VR 培训、充填系统优化、三维管控平台、生产执行系统、矿山大数据中心等 16 个项目的自动化、数字化改造，置换作业人员 437 人，在向无人化采矿迈进的同时，全面推进"智能化、智慧化、数字化"矿山建设。

（三）抓好"环节"要素

1. 强化"一坡一顶两边帮"安全管控

（1）加强井下斜坡道的维护和管理，确保安全通道和设备设施措施保障。

（2）加大井巷顶板边帮风险源管控，实行分级管理和"专项找顶"，提前研判并采取有效的治理措施。

2. 井下重难点作业面实时管控

（1）对井下作业面（点）安全风险进行等级划分，并实施分级管控。

（2）成立"重难点作业面"安全管控党员突击队进行 24 小时跟班巡查管控。

（3）选派安全副总监指导、纠偏协力单位，实现渗透式全过程安全管理。

（4）推广使用作业面记录仪，全过程可视化安全监管。

3. 建立安全督查及应急救援机制

（1）成立公司安全督查队，对安全生产全过程进行监督管控。

（2）招录退伍军人成立矿山应急兼职救援队，提高应急救援能力，构建事前预防、事中管控、事后处置的应急管控体系。

（四）改善"环境"要素

以生态文明建设发展为前提，围绕"地、测、采、选、运"主要生产元素，践行"绿水青山就是金山银山"的发展理念。

1. 加强全员安全生产标准化管理

按照"严、精、细、实、新"的管理要求，制定办公室、井下、地表、露天、班组 5 个区域的执行标准，建立自我约束、自我完善、持续改进的现场安全管理工作机制，实现操作人员定位管理、管理人员定向管理、现场设备物资定置管理以及员工精神风貌定礼仪标准形态。

2. 对地面基础设施实施环境改造

（1）优化改造地表喷淋系统，形成"天喷地淋"的喷雾洒水降尘环保系统，有效抑制道路扬尘对环境污染。

（2）加大安全费用投入，绿化复垦地表，修复采矿对环境的破坏和影响。

（3）构建资源综合利用节约型企业，优化过滤净化系统，让生产用水循环再利用。

3. "地下环境再造"技术研究显成效

通过危险源显像化与环境再造，形成了"顶牢帮固、宽敞明亮、风清气爽，到井下去工作、学习和参观是一种奢侈的欲望"的井巷文化。

（1）从技术的角度，优化设计参数，实施"光面爆破"稳固顶板边帮。

（2）井下巷道喷涂绿色涂料，美化井下作业环境。

（3）深挖冒顶片帮的内因，从岩石力学、采矿、地质、测量、工程质量、安全、地灾、作业环境、员工行为心理等方面进行深度综合分析，使用"石灰＋腻子粉＋白水泥"对巷道进行喷陪衬层，显像化危险源，改善现场亮度，吸附油烟粉尘，杀菌消毒作业面。

（4）在地表进风端进行绿化降温和防尘措施，保障井下通风质量。

（5）提高井下信息流畅渠道，让联通 4G 信号、Wi-Fi 覆盖井下主要巷道。

（五）构建"体系"要素

大红山矿业以科学发展为理念，从本质安全的角度，经过探索与实践构建出系列安全管控体系。

1. "理风治压、填塌充空"宏观安全管控体系

（1）理顺风流方向、减少井下柴油设备、加强现场及通风构筑管理，解决局部区域和分段温度高、污风串联、斜坡道路扬尘和汽车尾气污染等问题。

（2）从设计上防治地压灾害发生，从根本上治理地压安全隐患，解决坑露协同开采，崩落法采矿对排土场稳定性的影响，深井开采岩爆等问题。

（3）对采用无底柱分段崩落法开采形成的地表塌陷区进行全面治理，解决随着回采深度的不断下降和回采范围的不断扩大，地表裂缝不断向外扩展，塌陷范围逐步扩大，威胁井下采矿的安全问题。

（4）采用废石、尾砂等方式，及时对井下采矿

形成的采空区进行填充治理,降低井下采矿安全风险。

2."11538"微观安全管控体系

大红山矿业不断反思发展过程中"存在的问题、解决的措施、效果的评判",坚持以问题为导向,走稳走实"依法治企、从严治安"的安全治理道路,经过不断的探索与实践,构建了"11538"(一个指导思想、一套安全管理体系、五个阶段安全管理、三项安全支柱、八项安全重点措施)安全管控体系。

3."9411"网格化安全管理体系

以压实全员安全生产责任制为主线,以践行"走、干、讲、读、写、想"六字为要领,以"九个"专项(上下井高危作业、井下运人车辆、在建工程、提升装置、尾矿库、爆破危化品、起重吊挂设备、人员密集场所、防洪防汛)、"四个"重点(异常作业、检修、协作方安全、井下顶板边帮)、六类人群的实操培训及现场作业安全管控、"十一个元素"(四位一体、人、风、水、电、光、路、爆破全过程、移动的机械设备、粉尘、噪声)为落脚点,推行一线工作法,落实"联防联控"工作措施,全面实施"9511"网格化安全管理。

三、提升安全管理能力的效果

自2016年以来,大红山矿业通过对安全系统"五要素"的有效管控,建立了行之有效的安全管控体系,形成了大红山特色安全文化,提升了整体安全管理能力和水平,安全生产形势逐年稳中向好发展。

四、结语

企业就是一个"生命体",安全是不可或缺的"细胞",支撑着企业发展的基本构造和性能,而发展不只是简单地创造利润最大化,而是创造幸福的最大化,这个过程离不开安全管理的介入和干预。因此,我们应充分认识到安全管理工作的重要性,不断提高安全管理水平,改善安全系统效能的综合性能,真正把安全管理做到实处,为企业安全发展,提高竞争力做保障。

参考文献

刘铁忠,李志祥,王梓薇.企业安全管理能力概念框架研究[J].商业时代,2006(24):50-52.

基于高清集控视讯条件下员工班前会与企业安全文化建设的融合与实践

中煤山西公司山西兴县华润联盛车家庄煤业有限公司　尹卫兵

摘　要： 员工作为企业安全生产的实施者，出勤当天必须按照规定参加班前会。班前会是员工了解现场、预判环境、调配物资、提高技能的最佳场合，也是企业形成安全文化、培养安全行为、实现安全生产不可替代的一种组织行为。如何结合智慧矿山的建设、充分利用实时高清视讯条件组织好班前会，拓展"人—机—环"交流和学习的途径和渠道，提升员工参加班前会期间对作业现场的认知、感知、理解能力，以便更快速、更准确、更高效地提取所需的安全信息内容，增强员工之间自主学习与相互改进能力，解决多种信息相互纠缠，是智慧矿山条件下将"人—机—环"高度融合，使企业的安全文化建设不断进步和发展，实现安全生产的最佳途径。

关键词： 高清视讯；班前会；井上下；信息；安全文化

安全生产是企业永恒的主题。班组作为企业生产经营活动的基层单位，员工则是班组安全生产的实施者，如何提高员工的安全意识，增强员工对不安全事件的防范水平以及对工作中存在安全缺陷的认知能力，降低由于计划、指挥、控制或员工自身的失误而产生的安全风险，是班前会或现场作业时非常关键的内容，因此如何开好班前会对当班安全生产来说就显得非常重要。

一、企业班组安全建设基本要素

《煤矿班组安全建设规定（试行）》制定的目的是进一步规范和加强煤矿班组安全建设，提高煤矿现场管理水平，促进煤矿安全生产。其中，明确规定煤矿企业应当建立完善"班前、班后会和交接班制度；安全质量标准化和文明生产管理制度"等9项班组安全管理规章制度；落实"安全第一，预防为主，综合治理"的安全生产方针，牢固树立"以人为本""事故可防可控"和"班组安全生产，企业安全发展"等安全生产理念。事实上，煤矿井下各个作业现场都是一个不断动态发展和变化的过程，班组成员在生产过程中遇到的各类安全隐患，除了有预案、措施、规程指导外，更多的时候需要结合不断变化的现场靠自己采取措施加以解决，这是一个实施、交流、反馈、改进、再提升的过程。

因此，班前会对现场的了解程度、沟通深度、认识广度、理解维度在一定意义上将会对当班的安全生产起到决定性的作用。其次，班前会也是对员工进行培训与教育，并从中汲取经验教训的宝贵机会与信息来源，员工在一起集中学习讨论更有利于改进行为规范和作业程序，获取新的知识和能力。最后，如何尽可能详细、全面地结合上一班作业现场情况，合理布置当班安全生产任务，分析可能遇到的安全隐患并提前采取相应的防范措施，是班前会落实安全生产的重要环节。

二、企业召开班前会现状

（一）班前会

通常情况下，班前会这种形式是将员工集中在一起，通过面对面的沟通和交流，主要解决以下内容。

（1）值班长组织并贯彻学习企业以及行业、国家的相关文件精神。

（2）值班长和班组长共同了解员工的精神状态，并对员工之前在工作中表现出的安全绩效、不安全行为等给予直接评价和反馈。

（3）集中学习本岗位规程措施以及重点安全文化知识。

（4）值班长反馈并告知上一班工作进展情况。

（5）值班长反馈上一班安全生产存在的隐患及处理情况。

（6）值班长布置当班主要安全生产工作任务。

（7）结合当班工作重点及难点，值班长、参会专业部门负责人、管理人员等强调安全注意事项。

（8）班组长根据当班的工作任务，结合每名员工的综合能力，合理进行人员搭配、物资协调。

（9）当班作业人员结合值班长、班组长等反馈的信息，分析预判作业期间可能潜在的安全隐患，识别安全缺陷，并共同讨论制定相应的解决方案或针对性措施。

（10）学习与当班作业相关的技术措施和操作规程，了解相关队组当班工作任务，准备相应的工器具等。

（11）班组长向矿相关科室或部门汇报当班出勤情况以及重点工作准备情况。

（二）主要存在的不足

从目前来看，员工参加班前会并获取涉及安全生产的信息主要是靠"人—人"之间的交流或者是员工个体的认知能力。通常情况下，由于信息做不到实时共享，再加上相互之间的沟通理解不透，就会导致以下事件的发生。

（1）由于计划、指挥、控制或行为人自身的差错而产生的不安全过程，即不安全实践性增多。

（2）由于信息得不到及时有效的沟通和认识，导致应当被企业的员工群体所共享的，对安全问题的意义和重要性的总评价和总看法产生了不同的结果和偏差，进而导致安全价值观认识和理解有偏差。

（3）在安全价值观指导下，员工个人对各种安全问题所产生的内在反应倾向，也就是安全态度不够统一。

（4）由于井上井下各种信息、环境工况、设备运行状态等得不到有效的交流，首先可能会增加导致或可能导致事故的安全事件出现安全异常；其次是直接影响可被识别和改进的，对组织和个人追求卓越安全绩效造成阻碍的不完善之处，也就是员工个人安全缺陷的产生；最后就是与工作标准、惯例、程序、法规、管理体系绩效等的偏离增多，不符合项增强，其结果就是直接或间接导致伤害或疾病、财产损失、工作环境破坏。

面对复杂多变、环境恶劣的井下作业现场，企业如何提高安全生产信息的传播效果，更有效地将企业安全生产的经验与教训、操作规程、作业措施、安全隐患作为重点内容传达给员工，同时又能确保这些信息在真实、客观、适时、可靠的基础上被员工所接收和理解，对班组当班安全生产具有非常重要的作用，尤其是在智慧矿山建设的大背景下，企业班组建设如何紧跟科技前沿、适应新时代，突出智能化、智慧型就显得更加紧迫。

三、智慧矿山条件下异地信息实时共享与降低员工安全缺陷的深度实践

（一）智慧矿山条件下信息沟通的多样性

"智慧矿山"是基于空间和时间的四维地理信息、泛在网、云计算、大数据、虚拟化、计算机软件及各种网络，集成应用各类传感感知、数据通信、自动控制、智能决策等技术，为企业各类决策提供智能化服务的数字化智慧综合体。智慧矿山条件下，可以基本实现"人—机—环"的隐患、故障、危险源提前预知和防范，使整个矿山具有自我学习、分析和决策能力，同时也能完成矿山企业相关信息的精准实时采集、网络化传输、规范化集成、可视化展现、自动化操作和智能化服务，因此在"智慧矿山"的基础上适时建设并完善"高清集控可视化"，具备最基础的条件和必备的硬件及软件要求。

从"人—机—环"交互的角度来看，其实质就是"人—机械—环境、人—环境—机械、环境（机械）—人"三者之间的多通道、多维度、多层次的信息传递和分析决策过程。其中，人起到了关键作用，同时高清集控可视化则是"环境（机械）—人"信息传递最直观、最有效的一种方式，它的信息传递比单一的声音、数据、图示更符合人的认知、感知、生理特性，可以让员工更快速、准确地获得所需信息内容。煤矿企业通过在班前会上应用实时的高清集控可视化，通过"人—机械—环境、人—环境—机械、环境（机械）—人"三者之间的信息交换，在基于系统软件固有分析的基础上，员工通过对海量信息进行深度理解，就能快速、准确、客观、全面地找出其中隐藏的规律，为安全事件、安全异常、安全缺陷、不安全实践、不符合项等找到解决办法，给各类设备和系统的安全运行、作业工序的确定、隐患查找和整改等提前制定防范措施。

（二）异地信息实时共享与降低员工安全缺陷的深度实践

以中煤山西公司山西兴县华润联盛车家庄煤业有限公司为例，整个高清集控可视化视频系统设计分为总会议室及10个分会场（二级结构），利用智慧矿山现有平台，严格按照《煤矿安全监控、井下作业人员、工业视频感知数据接入细则（试行）》《煤矿图像监视系统通用技术条件》等规定和规范设计、构建高清集控可视化系统。系统设计遵循了技术先进、功能齐全、稳定可靠、易用可扩展、安全性强、成本低、维护简单的原则，每个会场呼叫带宽不小于1.5M、端到端的时延小于150ms、时延抖动小于50ms、丢包率控制在1%—3%。平台具备双流，台标、横幅、短消息显示，多画面显示，电视墙输出，智能抗丢包，断线自动恢复，数字化录播，会场预览监视，多级数字级联，级联多通道回传，远程控制与管理，扩展应用，企业工业视频展现等多种功能，系统组网拓扑图如图1所示。

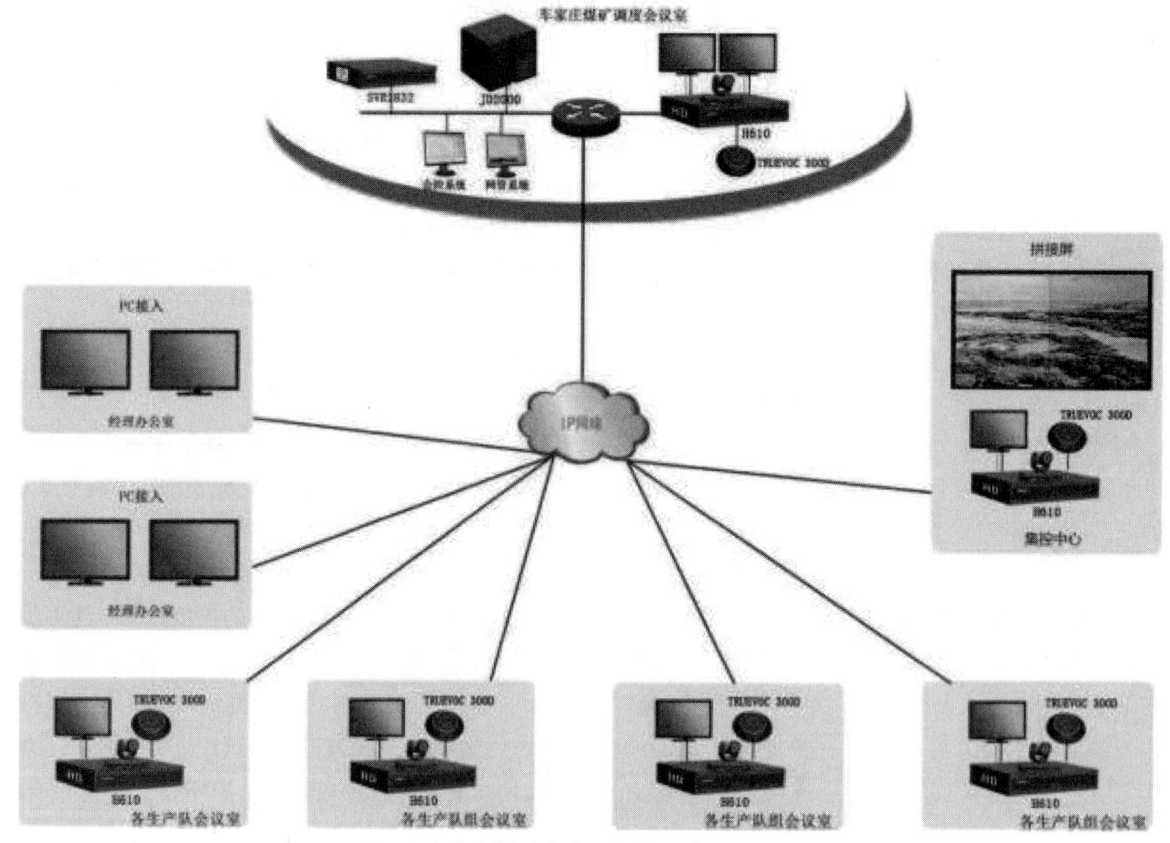

图1 车家庄煤矿高清可视化系统组网拓扑图

（1）企业组织召开班前会时，高清集控可视化通过智慧矿山系统中已有平台把企业多个地点的生产场景、作业环境、手持终端信息、设备在线参数、传感器实时数据等同步传输至班前会的大屏上。

（2）通过井上下现场"人—机"互动，井下作业现场的员工利用手持终端，适时将井下的现场环境、作业条件、固定摄像镜头无法捕获到的区域特征及时通过5G/Wi-Fi虚拟专网接入班前会议，井上准备接班的员工在会议室的大屏上就能及时、全程、详细了解井下现状，进而确实解决班前会布置工作时，难以结合现场的重大不足。通过"全程可视、实时互动"方式，可以让更多的管理人员、专业技术人员随时远程参与，并结合现场情况提出要求或针对性建议。

（3）班前会上，企业调度人员可以通过全程参与、现场直播、主动干预多种方式，及时、有效现场协调解决队组之间的问题，避免相互推诿，提高工作效率。

（4）班前会上可针对性地远程邀请员工家属、技术人员、老员工等直接参会，通过现场直播的方式强化培训，确实提升员工的安全意识。

（5）组织全员观看事故案例警示片、科教片等提升全员的综合实操水平，针对性培养员工"知规守规、按章操作"的行为习惯。

（6）观摩其他标杆企业的案例，组织各队组（班组）互相学习，相互对标、相互立标，强化员工爱岗敬业、帮学赶超意识，提升矿井全员综合素质。

（7）当遇到偶发事故、突发事件时，可以邀请后方有经验的专家、技术人员、管理人员进行远程可视化或IP电话指导,及时提出合理建议、快速协调解决实际问题。

(8)智慧矿山条件下,企业各类海量的信息、大数据、视频图像等都包含了高时效、多维度的动态交互形式,因此通过高清集控可视化班前会的"人—机"沟通,将"人—机"的各自强项进行有机融合,进而建立起员工对当班作业现场的全面叠加认知和感知,企业调度及矿值班长可以根据当前、当天、当班的重点难点工作,适时召开各种类型班前会。比如,两个区队之间需沟通与协调的事项,调度可主动干预组织召开区队与区队之间的点对点会议,矿值班长也可结合当天企业主要工作,全程参与组织召开多队组、多点会议,或者是针对现场的难点和重点采用现场直播方式,组织召开各专业科室参加的专业小组会议,必要时甚至可以邀请专家学者远程在线诊断。通过这些多种多样的班前会形式,基于系统程序分析和员工专家认知的共同融合,最终形成最有利于安全生产的作业工序、工艺、操作方法、安全注意事项等班前会共识,进而做到员工个体个人安全,班组就能安全,企业才会大安全。

(9)高清集控可视化班前会突破了我们原来主要依靠口头交流、经验认知的信息资源传递方式,克服了员工对作业现场认知能力不足、感知交流不及时的限制,极大地提高了各种信息资源服务安全生产的实际价值。比如,采掘作业班前会上通过对液压支架微表的在线数据、锚索压力传感器数据的在线观测,就能及时发现顶板的支护状况;设备管理队组通过对各类设备在线传感器进行实时观察可提高对设备运行状况的识别;零散作业队组通过实时查看现场视频可以快速准确了解作业现场的实际情况,这些都有助于员工"互保、自保"以及作业效率的提升,更有利于安全生产的技术措施执行与修订。

(10)参会员工、班组长、值班长、管理人员、技术人员、远程专家等通过对海量数据的分析并结合作业现场的实时数据反馈和图像呈现,可以提高班前会上对工作任务决策和部署的准确性、科学性。同时基于各类传感仪器的自动识别、数据分析、诊断功能,参会人员通过"人—机"数据的双向交换、分析及讨论,更有利于克服"智慧矿山"条件下各类系统平台只是基于对原始数据推理判断存在的局限性,更有利于增强特定环境、特殊地质条件、特种作业、多人作业、零散作业等作业过程中对于隐患的整改处理。更有利于对风险的预测、预判以及预案制定。

四、结语

智慧矿山条件下,员工通过高清集控可视化系统实时参加班前会,极大地提高了"人—机—环"各方海量数据与信息交换的实时性、准确性、可靠性,增强了员工之间自主学习与相互改进的能力,通过对这些数据进行挖掘、分析、诊断,发现其影响作业安全、制约效率提升的关键因素和环节,进而针对性进行隐患整改、措施制定、工艺改进,更有利于提高班前会上安排、部署工作的准确性和科学性,同时也是解决"人—机—环"高度融合后多种信息相互纠缠的最佳手段,这对企业安全文化建设不断进步和发展,确保企业实现长久大安全,具有非常可行的现实意义。

浅谈"人·本"安全文化体系构建

中国建筑第五工程局有限公司　周　鑫　莫东远　彭英赵　王缅生　杨安勇

摘　要：建筑企业安全管理效益直接影响企业安全生产、稳定发展及企业经济效益。建设企业安全文化体系有利于提高企业内部的安全管理水平，从思想、意识、行为、管理等全方面提高企业全体成员的综合素质有着决定性作用；本文阐述"人·本"安全文化体系构建，通过安全文化软实力引领硬措施落实，压实企业全员安全生产责任，推动各项安全标准化管理落地执行，保证企业科学健康发展。

关键词：建筑企业；安全文化体系；安全管理

一、安全文化背景

国家背景：国家安全生产规划着力加强企业安全文化建设，推行安全文化建设示范工程，加强安全文化阵地建设，创新形式，丰富内容，形成富有特色和推动力的安全文化。

行业背景：建筑行业竞争激烈，重视生产，忽视安全；管理水平参差不齐，安全文化理念差距大；安全文化表层化，未能深入人心；建筑行业没有统一的安全文化建设模式。

企业背景：中国建筑第五工程局有限公司（以下简称中建五局）"信·和"文化中安全文化理念"以人为本、安全第一"。以人为本，即关爱生命、珍惜生命，坚持"以人民为中心"的理念，发展决不能以牺牲人的生命为代价，强调管理层关爱生命、作业层珍惜生命。安全第一，即安全发展第一、安全责任第一，安全生产是企业发展的底线，始终坚持"安全第一，预防为主，综合治理"的工作方针；落实安全生产责任，强调全员履职，建立分级管控、双重预防工作机制，大力推进科技兴安，深挖安全漏洞，改进管理手段，建设大安全体系。

二、"人·本"安全文化

（一）安全文化孕育历程

2018年，推出安全管理"七项基本动作"，即安全早会、安全教育培训、安全周检、安全技术交底、行为安全之星、大型设备维保、特种作业人员四证合一，突出安全管理常抓工作。

2019年，将"七项基本动作"升级为安全管理标准化，分为管理动作标准化和设备设施标准化，全面推行分公司安全管理动作、设备设施的标准化工作，提高安全管控整体水平，实现项目标准化管理。

2020年，实行信息化管理，推动"科技兴安"进一步落地。依靠综合安防管理平台和分公司线上信息化系统，可实现线上动态监督项目施工现场管控及各项标准化管理动作执行落地情况。

2021年，创建文化体系。通过3年的安全文化发展，建立广西分公司"人·本"安全文化体系，提高全员安全意识，落实全员安全责任。

（二）安全文化体系建设思路

以人为本是安全的本质、预防为主是安全的重心、体系建设是安全的基础、人才培养是安全的保障、标化管理是安全的贯彻、责任考核是安全的落地，如图1所示。

图1　安全文化建设思路

（三）安全文化概述

以中建五局"信·和"文化为核心，以"以人为本、安全第一"安全理念为基础，贴合分公司实际，建设广西分公司安全文化。

安全理念：以人为本、安全第一、关爱生命、安全发展。

安全愿景：平安发展、创新发展、和谐发展。

安全使命：安全生产，拓展幸福空间。

安全信仰：坚信所有事故与伤害都是可以预防的。

安全目标：夯职责、提意识、优管理、增效益、创标杆、促幸福。

（四）"人·本"安全文化体系

为深入贯彻习近平总书记关于安全生产重要论述，切实维护人民群众生命财产安全，广西分公司建设了"人·本"安全文化，是在生产经营和管理活动中创造安全价值观和安全行为准则的总和。"人·本"安全文化"3456"体系是安全文化建设抓手工作："3"即"三层三级三度"，"4"即"四健四落"，"5"即"五项重点工作"，"6"即"六个安全"。推进广西分公司安全职责第一、安全科学发展、安全文化发展。

1. "三层三级三度"是安全管理的细化

将企业安全管理划分为"企业层、项目层、实施层"，"领导级、管理级、作业级"三层三级管理模式，全员做出安全承诺、逐级签署安全责任状及责任制；坚持"以人为本、安全第一、关爱生命、安全发展"的理念，提倡安全管理有"温度、力度、深度"三度思维，构建企业特有的关爱员工、领导较真、员工认真、系统治理的安全文化，如图2所示。

图2 三层三级三度

2. "四健四落"是安全管理的基础

（1）健全安全管理体系：以"企业、项目部、分包单位"为层级建立三级安全管控体系，完善各项安全管理规章制度及操作规程；成立了以总经理为组长安全生产委员会，实行"南宁、柳桂、北部湾"三个区域管理，各业务线条配备相应责任人，推行一岗双责、齐抓共管的大安全管理体系。

（2）健全人才培养体系：根据人员岗位及能力，建立分公司安全线条人才类别划分为四个阶梯、ABC三类的人才梯队，做实"343"人才体系；通过做实每月一考、两个轮岗制、确保三个培训、抓好三个班次、创新竞赛等多样化培养，使得线条员工专业能力不断提高，培养一批安全设备复合人才。

（3）健全安全考核体系：实行全员安全责任考核，项目部安全监督部每月根据网格化单元的安全管理、标准化动作落实情况对全员成员进行月度安全考核，考核成绩与员工绩效考核、评优评奖、晋升挂钩；分公司每季度对项目班子成员安全责任考核，考核成绩与项目班子绩效考核挂钩，每半年对排名靠前靠后者进行奖罚。有效地压实全员安全责任、使安全责任落地，打通安全管理的最后一公里，实现全员履职。

（4）健全应急管理体系：成立应急处置领导小组，制定安全生产应急预案，建立与医院、消防单位、派出所等相关单位联动机制，建立企业应急培训基地、定期组织应急培训及演练等应急体系，提高处理急难险重任务能力，承担防范化解重大安全风险、及时应对处置各类灾害事故。

（5）落实网格化管理：项目按照施工栋号、施工标段、作业楼层等多种形式划分为若干个网格单元，建立安全管理网格体系。项目班子作为区域第一责任人，业务线条、分包管理人员及班组配备相应责任人，按照谁主管、谁负责、谁履职、谁免责、谁失职、谁担责的原则开展网格化管理工作，进一步落实各岗位人员安全生产责任，提升管控效果，做到安全管理纵向渗透、横向覆盖。

（6）落实标准化管理：制定《标准化管理制度》，分为管理动作标准化和设备设施标准化，包括安全管控要点、安全防护及设备设施等标准化做法内容，使员工易学易懂，提高安全管控整体水平，推进并统一项目安全标准化管理。

（7）落实信息化管理：通过中建智慧安全平台、线上信息化系统及综合安防管理平台，对安全信息进行收集、处理及反馈，对项目进行实时视频监控，对隐患问题、违章违纪行为等进行实时捕捉。基于中建智慧安全平台，对所有在建项目安全平台指挥中心、体系建设、学习强安进行实时监管；线上信息化系统对安全验收、安全检查、行为安全之星等安全标准化落实实行线上监管及报警提醒模式；综合安防管理平台对所有在施项目现场随时随地实时视频监控项目安全生产情况，实现动态监控。

（8）落实安全执行力：从"树立典范、安全控制、带动团队、激励指导、解决问题"5个维度建设安全领导力，提升领导干部对于安全生产工作极端重要性的认识，激励并帮助员工解决问题等；从"营销管源、工程管创、技术管危、商务管控、财务管投、人力管招、党群管宣、纪检管督"8个部门之间要加强联动、形成协力，从各业务线条根源上消除潜在安全隐患；从强化安监队伍人才体系和培训教育，推动智慧安全平台、安防管理平台和线上信息化系统"科技兴安"落地，推动施工现场"双预防"机制实施，实现"人—科"双层安全监督体系，进而加强安全监督力，如图3所示。

图 3　四健四落

3."五项重点工作"是安全管理的保障和贯彻

（1）落责"二十五条"：通过落实"明责、履责、考责、问责、宣责"各5责，共25条，提高全员的安全意识，推动安全生产责任清单及工作清单落地，压实全员的安全责任，强化各级层的安全责任落地，聚焦推动安全管理。

（2）标化"十管理"：制定网格化管理及安全考核、安全领导小组会议、安全周检、危大工程验收等10项安全标准化管理动作，督促项目做实做扎各项安全标准动作，利用信息化系统实行动态监管，每月严格考核通报，有效提高分公司安全管理效益。

（3）标化"八工程"：根据安全技术标准、地方政府及中建五局的相关文件要求，制定脚手架、支撑体系、设备设施标准化、基坑标准化、高处作业吊篮、临时用电等8项标准化工程的管理办法，严格统一实施做法；从根源上消除安全隐患，降低风险，使其在可控范围之内。

（4）行为"七激励"：实行行为安全之星活动、安全绩效考核、安全标兵、一票否决制度、安全约谈等激励机制；正向激励利于调动员工的积极性、挖掘员工的潜能等，负向激励起约束作用，督促员工履行安全职责；通过运用多种激励手段，加强了分公司安全管理的凝聚力，助力分公司安全发展。

（5）安全"四活动"：通过集中整治、技能比武、文艺比赛、安全宣传4项活动，既落实隐患排查治理，又提高全员安全意识、安全技能知识；同时开展人文关怀、亲人寄语等有温度活动，媒体、公众号等宣传典范的安全管理人员，扩大安全管理的影响力，如图4所示。

图 4　五项重点工作

4."六个安全"是安全管理的目标

联合党委纪委，夯实岗位安全职责；优化安全活动，提高全员安全意识；采取科学发展，优化企业安全管理；促进本质安全，增加企业安全效益；实施标化管理，创造行业安全标杆；推动安全文化，促进员工安全幸福，如图5所示。

夯职责	联合党委纪委，夯实岗位安全职责	A	B	优化安全活动，提高全员安全意识	提意识
优管理	采取科学发展，优化企业安全管理	C	D	促进本质安全，增加企业安全效益	增效益
创标杆	实施标化管理，创造行业安全标杆	E	F	推动安全文化，促进员工安全幸福	促幸福

图 5 "六个安全"

三、结语

安全文化建设是推进企业安全管理工作的最佳途径，通过强化安全理念、建设安全文化体系有利于健全安全管理体系、强化落实安全责任、提高全员安全意识，同时也是在安全生产中形成良好安全氛围的重要措施。"以安全塑文化、用文化保安全"，用安全文化软规范引领管理硬措施落实，促进企业安全管理，提升企业安全效益。

参考文献

[1] 龙国胜. 建筑施工企业安全文化构建的研究 [J]. 山西建筑, 2010,36(16):201-202.

[2] 邵晖. T公司安全文化体系建设研究 [D]. 大连海事大学, 2014.

[3] 解妮飞, 乔维昭, 萧子越. 推进建筑企业安全文化建设相关研究 [J]. 建筑技术开发, 2018,45(03): 62-64.

安全制度文化建设

中建科工集团有限公司　王常亮　凌伟　高伟

摘　要：建立健全安全管理规章制度，有助于企业实现科学管理，提高劳动生产率和经济效益，是加强企业安全管理，推动企业顺利发展的可靠保证，本文总结较好的安全管理制度文化建设措施，以供参考。

关键词：安全制度；安全文化；建筑施工

一、安全制度文化建设目的

在企业安全生产过程中，安全管理制度发挥着至关重要的作用，它通过强制性和激励性的手段，有力地保证了安全生产目标的实现。制度就是规则，一切行为守规则，上下左右才顺畅；制度意味着秩序，只有按程序办事，各项工作才能相互衔接、善始善终；制度意味着职责，只有依章办事，才能很好地履行自己的安全责任；制度意味着利益冲突的平衡，它规定了各方的权利与义务，致使利益冲突各方达到了相对的平衡。

二、企业安全制度文化建设

（一）安全制度建立及发展

安全制度文化建设是企业安全文化建设的一个重要组成部分。安全制度文化建设的过程，也就是把企业"安全第一"的价值观及企业安全文化理念转化为安全管理制度并得到广大员工认同的过程。

中建科工集团有限公司秉承"生命至上，安全运营第一"的安全管理理念，在企业安全制度文化体系建设中，始终将正确的安全价值观及其理念置于公司发展的核心地位，而安全制度实际上就是安全文化核心理念的载体。先进的、科学的安全工作理念可以在制度建设强有力的支持下，使安全管理收到事半功倍的效果，促使企业生产持续、稳定、健康发展。

中建科工集团有限公司发展至今，已形成成熟的企业安全制度文化，主要包括组织管理保障制度、安全生产责任制度、安全生产管理制度、安全教育培训制度、安全检查制度、技术标准管理制度、安全费用投入管理制度、应急保障安全管理制度及职业健康安全管理制度。正是这些安全制度文化推动企业持续安全生产及发展。

（二）安全制度文化提升

建筑施工企业安全文化的实质就是以人为本、以文化为手段、以激发员工自觉保护身心安全与健康为目的的企业精神。建筑施工企业安全制度文化可以让员工树立信念、统一思想、强化企业安全价值观。建筑施工企业应不断努力营造良好的安全环境，以此来影响员工的思想和行为。中建科工集团有限公司经过长期的探索和发展，通过创新安全理念文化制度、安全生产绩效考核制度、安全文化宣传制度、安全生产标准化制度和自主学习改进制度，来确保企业的安全生产，提升企业的核心竞争力。

1. 安全理念文化制度

安全理念制度文化对于企业来说，是很重要的一部分。安全理念制度文化的形成是企业安全管理在精神层面的集中。即企业要培养在岗员工的群体意志、激励企业员工奋发向上的安全理念。中建科工集团着眼于改变全体员工的安全观念和提高安全素质，通过形式丰富的思想教育、道德建设、榜样示范等，使企业的每位员工都保持安全理念文化精神，提升在岗员工的安全价值观，通过各级领导的安全承诺公示，清晰划分各岗位安全职责，夯实全员的安全责任意识，积极宣贯国家、行业、企业先进的安全理念和思路，并主动学习事故案例、及时规范自身的安全行为。促使每个成员形成良好的道德素养和科学的思维方法以及安全观念。

2. 安全生产绩效考核制度

安全绩效管理制度是中建科工企业内部规范安全行为、实施安全承诺的具体体现和安全文化建设的基础要求。中建科工经过长期的发展和探索，建立清晰安全的生产组织结构和安全责任体系，在有效控制在岗职工安全责任履行方面取得较好效果。安全生产绩效考核制度的建立，不仅是企业全体成员的安全生产行为准则，而且是激励企业全体员工前进的动力。切实有效的安全生产绩效考核机制，使得收入与安全职责履行情况直接挂钩，处罚的力度能达到警醒的效果，奖励的幅度能达到令人心动的目的。以合理的考核机制，来满足员工追求自身利益最大化的需要，激励员工安全生产的工作积极性。

3. 安全文化宣传制度

从安全文化理念宣传、环境氛围营造等方面，通过有形载体将安全文化及安全"故事"宣传出去，增强员工对安全生产的凝聚力和向心力。安全宣传教育是提高全体职工安全素质的重要手段之一。中建科工通过组织员工进行丰富多彩的安全活动，创新了安全培训形式，增加了对安全的认知，使安全理念逐步渗透。中建科工还高度重视对安全生产先进个人的宣传，对于真正将安全生产理念落到实处，安全制度措施执行到实处的职工，要以点带面，见证榜样力量，引导全员朝着榜样去努力学习。对于一线作业人员，更要将优秀的安全行为引领者宣传出去，体验荣誉感和自豪感。

4. 安全生产标准化制度

外部生产环境的影响会直接导致心理环境的变化，而这一变化直接影响的是个人的命运，如果施工作业的现场不能提供一个整洁的生产环境，更容易导致生产安全事故的发生。我们努力打造的标准化样板工地，不仅能改善作业人员的工作环境，使得工程建设做到有序、规范、标准，更是确保安全生产的有效途径。所以，中建科工始终严格按照国家标准、行业安全生产标准化的图册，针对生产作业环境打造高标准化安全防护设施，营造安全的作业环境，逐步引导安全生产作业的规范性，杜绝生产安全事故的发生。

5. 自主学习改进制度

企业实现"安全第一，预防为主"方针最有效的途径就是建立自主学习与改进的机制，从自己和他人的安全生产经验中主动寻求改进的措施和方法，不断动态调整纠偏，安全制度文化建设才能真实有效。安全观念是企业安全制度文化建设的关键。我们不断地主动学习和改进安全管理的方式和安全管理技术，加强学习安全文化的观念，才能使安全文化发挥最大作用。中建科工重视人才培养及学习安全生产文化，每年开展各式各样的安全教育培训，宣传最新的安全管理观念、安全制度措施、事故案例及预防措施，不断总结及提升；每季度开展全员岗位安全责任知识考试，聘请外部讲师讲解应急救援知识，每年开展安全工程师培训班，推动全体员工积极学习。

三、安全制度文化建设困难及创新

（一）安全制度文化建设中的困难

1. 企业相关责任人对安全文化建设重视程度不足

随着公司的发展，企业安全文化建设已经进入一个高水平的发展阶段，但不妨碍各层级管理者仍有对安全制度文化理念重视程度不足，缺乏对安全发展的深度思考，缺乏对自身岗位安全职责的理解，缺乏对安全生产的统筹支持。

2. 企业安全制度缺乏因地制宜的创新

目前，国有企业安全制度、规范已经发展非常健全，但缺乏因地制宜的创新，并且我国企业相对部分发达国家对于安全制度文化建设方面相对落后，安全管理的严格程度不尽相同，对于先进的制度，规范的落实缺乏力度。

3. 安全教育培训不深入

企业开展各层级的安全制度文化教育培训，但教育培训的时长、形式、深度均需进一步提高，各层级管理人员及一线作业人员参与的积极性需加强。

4. 安全投入不够

生产安全事故是最大的浪费，安全投入是最大的节约。必要的安全投入是安全生产法律法规的强制性规定，也是工程施工必需的组成要素。虽然不能带来直接的经济效益，但可以产生远期的潜在的间接效益。目前我国企业各层级对于安全费用、安全生产标准化的监管和投入需加大力度。

5. 安全制度文化理念执行困难

企业对于部分安全制度文化建设缺乏实际考量，部分安全文化制度仅停留在纸面上，偏离实际，导致一线管理人员理解和落实起来较为困难。

（二）企业安全制度文化建设创新

1. 开展企业各层级安全承诺

中建科工集团有限公司（以下简称中建科工）每半年召开企业层级安全委员会工作会议，针对阶段性的安全工作总结不足，明确未来安全生产方向。会上，要求各层级一把手做出表率，开展包括安全价值观、安全工作目标等在内的安全承诺，企业领导者进行安全承诺，并制定推进安全承诺落实的措施。各层级一把手将安全责任目标分解，各岗位管理人员安全责任全覆盖,并组织开展月度、季度、年度安全责任考核,定期表彰、通报。

2. 建立安全文化传播机制

中建科工建立安全文化传播机制,建立与政府监督机构和相关方良好的沟通;充分利用每年全国"安全生产月"活动的契机,创新推出安全教育宣传视频、安全漫画、安全书法大赛、安全模拟法庭、亲情家属进企业等系列活动,营造良好安全氛围。作为施工企业,中建科工通过在施工现场和生活区建立广播站,设置安全宣传栏和安全体验区,在存在重大危险源的施工部位设置安全警示标志、安全操作规程、危险源告知、应急救援公示牌等安全设施,使一线施工人员能身临其境地了解到生产过程中存在的危险源和职业健康危害因素,避免的措施,注意事项,以及遇到突发情况时的联系人及联系方式,紧急避险、自救、互救等知识,达到安全文化深入人心的目的。

3. 创新重大安全隐患事前问责制度

完善的安全检查制度能及时有效地排查并消除安全隐患,避免安全事故的发生。本企业严格落实安全生产带班检查制度,各级领导所在辖区重点项目月度安全生产带班检查全覆盖,有效规范了在施项目安全生产行为;推行第三方"飞行"检查制度,与专业安全咨询单位签署合作协议,通过"四不两直"形式开展安全突击检查,并在每季度安全生产专题会上通报检查结果。

创新重大安全事故隐患事前问责制度,推动安全关口前移。在各级安全检查中针对发现的重大安全事故隐患要按照"四不放过"原则开展事故调查处理和教育,规避生产安全事故的发生。

4. 全面开展安全生产标准化建设

安全生产标准化是安全制度文化建设的重要工作之一。而对于施工企业一线施工现场,不同的环境对于现场作业人员感知完全不同,一个整洁的环境对于减少和防范生产安全事故有很重要的影响。中建科工制定了《安全生产标准化图册》,通过创建省市级标准化文明工地,进一步落实安全管理、设备设施、施工现场、操作规程的标准化,提高了全员安全文化素质,提升现场安全生产管理水平,营造良好安全文明施工氛围。

5. 建立安全行为激励机制

中建科工建立健全安全行为奖罚和激励制度,针对项目及个人创建"年度安全生产先进个人""年度安全生产监督个人""安全生产先进集体"等荣誉,激励各层级管理人员对安全生产工作的积极性。对一线作业人员,大力开展"行为安全之星"活动,建立良好安全管理的长效机制。而谨慎对待员工的违章或生产安全失误,综合评判奖罚,避免因处罚而导致的隐瞒事故隐患行为的发生。

6. 建立相关方安全事务参与机制

中建科工将各级分包单位纳入本企业安全制度文化建设,定期组织召开各参建单位安全生产会议,广泛听取各单位对本企业安全制度文化建设的建议和意见,对为企业安全制度文化建设建言献策的优秀合作企业进行表彰。主动加强和政府等行政机关的合作,通过开展企业安全文化建设,取得政府部门和业主的安全文化认可,进一步促进了各相关方参与企业安全文化建设的积极性。

7. 持续加强安全制度文化培训深度

中建科工高度重视员工安全文化知识的培训与学习,企业除了每年自身组织的各级安全生产知识培训外,同时邀请外部专业培训机构、有关专家开展安全培训。将重大危险源辨识及防控措施、生产安全事故案例、应急处置措施、安全生产法律法规作为全体员工应知应会基本培训内容。

加强安全知识培训的深度,关注项目层级班组长教育培训制度,提高了一线施工人员必备安全知识及能力,提升班组安全行为的主观能动性。

8. 建立年度安全制度文化评估工作

中建科工每年开展各层级安全制度文化预评价工作,同时邀请外部专业评审机构开展评审,有助于及时发现安全制度文化工作中的不足,确保及时控制和改进,完善企业安全文化建设工作机制、工作制度、工作流程等,进一步明确下年度安全文化建设工作计划。

四、结语

企业应高度重视安全制度文化建设的重要性和复杂性,加强对安全制度文化的创新和发展,才能推动企业安全生产达到一个新的高度。

参考文献

[1] 丁展志. 我国企业在企业文化建设中应该注意的问题及对策 [J]. 智库时代, 2018(33):125+142.

[2] 陈永强. 关于开展施工企业安全文化建设的几点思考 [J]. 企业改革与管理, 2019(05):201-202.

企业安全文化"搭台",基层应急演练"唱戏"
——"企""地"联合实战化演练新探索

青州水建工程建设有限公司 青州市黑虎山建设有限公司　王玉霞　王　冰　王甲超

摘　要: 本文聚焦"安全文化理念与实践创新"这一主题,根据企业和地方的安全标准化要求、安全文化普及要求进行分析,认为在现有的安全知识条件下,已无法满足各渠道宣传推广安全文化的各项要求。与此同时,企业与地方在应急演练模式下,具有同属性、同宣传性、同扩展性等特点,水利施工企业与基层有必要以联合实战化应急演练这种新模式,助推安全文化的普及和宣传。有效完善了地方政府标准与企业安全标准化同步,推动安全文化"一体化"和"高质量化"发展。

关键词: 安全文化;联合;实战化演练;新探索;新模式

一、现阶段企业安全文化与基层应急演练的背景与联系

"安全无小事,防患于未然"。伴随着第21个"安全生产月"的开展,各地、各企业纷纷开展安全生产的学习,有条不紊地进行着安全文化宣传等活动,青州水建工程建设有限公司通过"安全生产月"开展系列活动,如图1所示。青州市黑虎山建设有限公司通过"安全生产月"开展专项培训活动,如图2所示。在水利施工行业,它的水安全文化具有"广普性"和"实操性"。"广普性"是它所面对的群体基本上是以农民为代表的民工和地方基层群众;"实操性"是水安全基本以"预防为主,防治结合"进行的。因此,在水安全文化普及上需要"上山下乡",也就是施工企业与地方的联合实战化演习。这种"结合"是一个良好的承载主体,为安全文化的宣传提供了一个新探索、新方向、新思路。

基层关系到国民素质、经济发展、社会稳定,而农民问题更是党务工作的重中之重。传统的安全教育单一性、缺乏真实感官体验。所以,必须有一个实践化的载体来有效改进。"广泛深入农村、安全普及农民"。"企""地"联合实战化演练新探索,可以为这种安全文化宣传模式提供一个良好平台,有教育警示、感官体验、真实案例、组织宣传等诸多好处。

图1　街边安全宣传一角

图2　"大学习、大培训、大考试"专项培训

"企""地"联合实战化演练的探索,是基于危险来临时刻,是"自救"还是"被救"展开的。诸多案例证明,在灾害发生,现场情况不明的情况下,

"自救"大于"被救",也就是自我逃离躲避灾害发生地,避免次生灾害和二次伤害的发生。但是,"自救"存在很多思想安全隐患漏洞、安全意识缺失的情况,特别在受教育少、多灾害发生的山区,这部分人群的传统固有思维根深蒂固,在危险来临时,很容易形成较大甚至重大的安全思想隐患缺口,造成一定的人身伤亡事故。这种模式,会让这部分群众加入到演练中来,完善补缺传统思想下的隐患缺口,给予有效正确的安全思维控制,能够有一定的风险意识研判,可以做出正确的思想判断。青州水建工程建设有限公司多措并举,推动2022年度"安全生产月"各项活动召开,图3为警示纪录宣传播放。

图3 警示纪录片宣传播放

二、基层应急演练在洪灾中的关键性和重要性成果

(一)应急演练在洪灾中的实战化效果

2018年,台风接连入侵山东。自"摩羯"台风带来降雨开始,到"温比亚"台风离境,山东省青州市洪涝灾害异常严峻。青州市王坟镇降雨量达480毫米,强降雨造成山洪暴发,5条山谷内的雨水迅速汇集,突涨的河水导致道路、桥梁、民房、厂房严重受损,供电供水通信全部中断。面对灾情,镇政府及群众快速反应,及时启动应急预案,干部、群众全力参与抢险救灾及伤员搜救,受灾群众安置、基础设施抢修和灾后恢复生产也陆续开展,最大程度降低了灾害损失。仅仅几天,被洪水围困的青州市王坟镇大峪口村,在镇村群众的共同努力下,用"土办法"搭建起了一座临时性的桥梁,这座桥梁也标志着王坟镇所有村庄全部恢复交通。本次洪灾中,王坟镇辖区受灾人口达到27620人,进水户1091户,共3337间。转移疏散群众14316人,安置受灾群众1172余人。初步估计,全镇经济损失约达8.37亿元。而另一组数字:人员伤亡为0、次生灾害为0、灾后疫情为0、治安案件为0。

"0"背后的原因不仅是政府及各级指战员救援有力的结果,也反映出王坟镇每年组织应急演练的效果,更凸显出演练对于灾害发生时起到的关键性作用。但是,"土办法""老路子"不能够解决目前现有的防汛高精专的技术水准,也不能够解决基层农村水安全文化的高质量发展。图4为青州水建工程建设有限公司高度重视施工现场生产安全,推进各项应急演练的具体实施。

图4 张庄渡槽加固改造工程项目经理部抢险救灾应急演练活动

(二)"联合实战化演练"在基层的试探性探索

2022年7月8日,王坟镇政府组织开展了2022年度模拟桥洞堵塞应急抢险演练。镇长赵兴华主持,党委书记苏传亭任总指挥,青州市水利局局长崔乐伟及相关水利单位到场指导,各乡镇负责同志及群众代表到场观摩。镇领导干部、中层站所长组成现场指挥组,镇抢险救援队、派出所、执法中队、卫生院、社区群众都参加了演练活动。青州市黑虎山建设有限公司通过"安全生产月"开展系列活动,如图5所示。

图5 地下水超采治理项目部安全晨例会

(三)"联合实战化演练"与企业安全文化相互"串联"的理论性分析

企业与地方在应急演练模式下,具有同属性、

同宣传性、同扩展性等特点，水利施工企业与基层有必要以联合实战化应急演练这种新模式，助推安全文化的普及和宣传。有效完善了地方政府标准与企业安全标准化同步、推动安全文化"一体化"和"高质量化"发展。特别是青州水建工程建设有限公司，工程项目涉及全国多省份城市，在暴雨集中江西、广东、福建、安徽都有在建工程项目，有大量的应对极端天气的相关素材和应对方案，特别是在救援"寿光洪灾""王坟洪灾"上拥有了完善的救援组织力量，积累了广泛的救援知识基础。

让水利施工企业加入到基层训练中，组建"企""地"联合实战化演练新队伍，增加两者相互间交流，增进演练实战化的技术水准，更好地训练两者的默契水平，提高水安全宣传的多样性发展。水利企业安全的根基来自"标准"，真正的受教育群体是以农民为代表性的民工群体。水利施工企业在构建水利安全生产标准化建设的同时，各项实践活动应"下沉"基层和乡村，文化宣传及防汛演练更应该"下沉"于广泛的乡村、河道，企业与地方基层"串联"。

三、"企""地"联合实战化演练新探索在推动企业安全文化"搭台"，基层应急演练"唱戏"中的必要性和时代意义

这种模式，可以让基层干部及群众学习掌握灾害自救的"标准化"知识，了解施工企业安标的应急演练案例，熟悉各项应急演练的严谨性，也能促进防汛抢险救灾物资的扎实落实。让演练成为真正的实战化演习，而不是"摆摆样子"。作为水利安全生产标准化单位，不可或缺地提供了大量的实践、学习素材，更为农村防汛应急预案和演练提供了大量的规范性资料，也为地方基层的安全规范提供了有力的支撑性平台。与此同时，农村实战化演练也补齐了安全应急演练区域化不同的特殊性短板，针对复杂的山区地质情况、河流水位走向、乡村的防汛队伍，因地制宜开展专项应急演练。

这种模式，可以更好地促进"企""地"联合，为防汛应急演练提供强有力的农村基层实战经验，反向也为施工企业提供了良好的演练平台。演练既实战，以"练"定"乾坤"。以文化宣传为导向，以应急演练为契机，根据防汛工作新形势、新要求，促进完善偏远复杂地区防汛应急预案的落实；培养一批"能征善战"的队伍，带领一批实战化演练人员；以企业标准改善农村，以农村实战"淬炼"企业。促进施工企业与地方基层联合，互惠双赢，节约高效。

这种模式，可以促进农村水利安全设施及安全文化的建设，助力"乡村振兴"建设，补齐安全生产意识差异化的短板，让安全意识、安全文化得到"固态化"发展。围绕"节水优先、空间均衡、系统治理、两手发力"的思路，聚焦农村水利安全标准化、现代化，补齐基层水利建设的各项短板，提升地区水利服务业标准，使得农村水利安全平稳运行。

这种模式，可以改良传统的应急演练方案，因地制宜开展专项应急演练，"土办法"加装"标准化"，提高专业化水平；合理指导分配人员进行各项演练工作内容；组建有效的专业化施工灾后重建队伍；优化传统组织结构，"一把手"变为"多把手"，提高整体"战斗力"。

这种模式，可以利用水利施工企业的施工排水设备、大型施工机械、专业水利作业人员关键时刻配合应急管理部门补充到乡镇基层的救援点中去，应对设备人员不足的问题。青州水建工程建设有限公司和青州市黑虎山建设有限公司目前有专业的机械和人员来配合应急管理部门应对各项极端天气的挑战，特别是在王坟镇和庙子镇交界处正在建设的张庄渡槽加固改造工程驻地放有挖掘机、装载机、大型排水泵、汽车吊车、紧急运输车辆、紧急通信系统、雨量实时监测系统等紧急设备。在救援设备、人员紧张的偏远乡镇，关键时刻可以起到举足轻重的作用。在紧急时刻，就近车辆可抓住有利的黄金时间点，避免远距离调用车辆，有效提供附近救援，有效解决紧急状态下设备和人员的调运问题。

水利企业安全文化"搭台"，基层应急演练"唱戏"，促进水利施工企业与基层组织多层次、广范围的交流，不断促进"企""地"联合实战化演练新探索，让安全文化交流走得更"远"，走得更"实"。

参考文献

付生，暴风雨中挺起脊梁——来自青州市王坟镇抗洪救灾一线的报道[N].潍坊日报，2018-08-26.

大型LNG储罐项目安全文化建设及管理综述

海洋石油工程股份有限公司　魏雄标

摘　要：本文针对我国大型LNG低温储罐建设过程，结合某LNG项目3座16万方大型LNG低温储罐建设过程安全管理实际，以安全文化建设为引领，进行了主要风险控制措施和安全管理实施的探讨，为后续大型LNG低温储罐建设安全管理实施提供了参考。

关键词：LNG低温储罐；安全文化；风险控制；安全管理

随着国内对清洁能源的需求急剧增长，大型LNG低温储罐建设进程进一步加快，由此而产生的建设工程风险管控及安全管理问题也尤为突出。本文结合某LNG项目3座16万方大型LNG低温储罐建设过程风险管控及安全管理实施，对储罐建设过程风险管控及安全管理进行了总结分析，为后续大型LNG低温储罐建设安全管理实施提供了参考。

一、大型LNG低温储罐建设介绍

大型LNG低温储罐建设通常高度在60米左右，且直径超过80米，体积大，内部结构复杂，涉及桩基工程、土建工程和安装工程，有建设周期较长，作业区域多，人员流动性大，交叉作业多，高风险作业多，作业环境影响因素较多，发生事故事件的可能性及事故后果严重程度较大等诸多特点，本文的目的主要是分析大型LNG低温储罐安全文化建设和作业安全管理。

二、建设过程现场安全管理实施

公司以安全文化建设为引领，促进项目安全管理良好生态的建设与养成，为项目的平稳运行保驾护航，下面结合某项目建设的情况具体进行介绍：

（一）项目安全文化的逐级传递和形成

LNG建设项目安全管理是一项长期的、持续性的工作，需要强大的目标引领和符合项目实际的统一安全价值观长效驱动。

中国海油秉持"安全第一、环保至上，人为根本、设备完好"的质量健康安全环保核心价值理念，始终牢记"人命关天，发展决不能以牺牲人的生命为代价"这根红线，始终坚持清洁发展、安全发展的科学发展观，推广具有浓厚的基层文化的"五想五不干"（"安全风险不清楚，不干；安全措施不完善，不干；安全工具未配备，不干；安全环境不合格，不干；安全技能不具备，不干"）安全行为准则，推进实施中海油安全标志行为；2017年，在总结30多年安全文化实践和发展经验的基础上，中海油集团公司正式提炼了"人本、执行、干预"海油特色安全文化。人本："以人为本"，即始终把保护人的生命安全放在首位，同时要充分认识到人的重要地位和作用。执行：强调制度法规等这些要变成行动措施，都要得到认真落实，没有执行力就没有安全力。干预：由人对体系文件是否被有效执行、规章制度是否被遵守等情形的一种提醒、纠错和改进。

海洋石油工程股份有限公司（以下简称海油工程）从"人、机、物、法、环、管理"六个管理要素着手创建本质安全型企业的同时，一直重视人在安全生产中的核心地位，把握安全文化的引领示范作用，积极探索企业安全文化建设，把安全环保作为"天字号"工程的理念，形成了以"安全第一、生命至上、健康为本、绿色发展"为核心的十大HSE理念、十大保命条款、物态安全文化、特色安全文化活动和班组安全文化等良好实践。

在工程建设中项目充分汲取中国海油、海油工程和业主方安全文化思想和理念，形成"我用心、我负责、我不会视而不见"的项目安全文化氛围，落实项目全员安全责任制，提升全员风险管控意识，项目领导率先垂范，让安全文化引领安全管理，让管理举措丰富安全文化，双向互补，形成了统一的有机体。

（二）推进全员安全责任落实

1. 落实全员岗位安全责任

项目自上而下编制岗位安全责任书，层层签订责任书，做到横向到边，纵向到底，形成一把手总负责，各分管负责人具体负责，员工在分工范围内相应负责的安全责任体系，全面落实安全生产责任。与分包单位项目经理签订健康安全环保责任书，督促各方有效落实项目安全责任，确保项目安全生产有序开展。

2. 打造全员参与安全管理模式

项目通过领导带班、定期举行项目安委会扩大会议、开展项目经理安全课、搭建全员安全隐患整改平台、实施现场QHSE（Quality、Health、Safety、Environment）观察卡及BBS（Behavior Based Safety）行为观察机制、定期举行现场参建人员常见隐患交流培训，落实区域网格化安全管理责任等举措，搭建了全员参与项目安全管理的良好平台，积极引导现场全体参建人员逐步养成良好的安全素养。

（三）强化项目风险管控措施落实

1. 落实项目风险控制措施

项目从桩基施工、土建施工、安装施工、保冷施工等作业过程存在的风险进行系统的辨识，提出相应控制措施。编制实施项目各作业过程《工作危害分析（JHA）评价表》《安全检查分析（SCL）评价表》，形成《重大作业风险管控技术路线图》（图1）、《安全风险分级管控清单》《风险分级管控台账》。在风险分析的基础上，结合施工方案中安全管控要求，编制工序安全点检卡，在作业前开展点检，将各项风险管控措施在现场有效落实。

2. 严格项目作业安全条件确认

项目在现场实行作业许可证分级管理和特殊条件升级管理，对作业许可的执行情况进行动态管理，每日作业开始前，现场施工、安全人员对现场各项作业安全条件进行作业前现场确认，确认无误签署执行意见后方可作业。严格控制危险性作业环节，明确作业规程及安全责任，监督落实安全措施。

3. 推进全员HSE培训工作开展

在HSE培训方面，项目牢固树立培训不到位是重大隐患的理念，按工种和作业内容组织编制了项目HSE培训矩阵，建立项目HSE培训跟踪卡制度，狠抓新入场人员三级安全教育，实施HSE培训标志可视化管理，开展项目经理安全课，推进承包单位建立分工种HSE差异化培训计划并有效实施，确保参建人员作业安全意识的稳步提升。

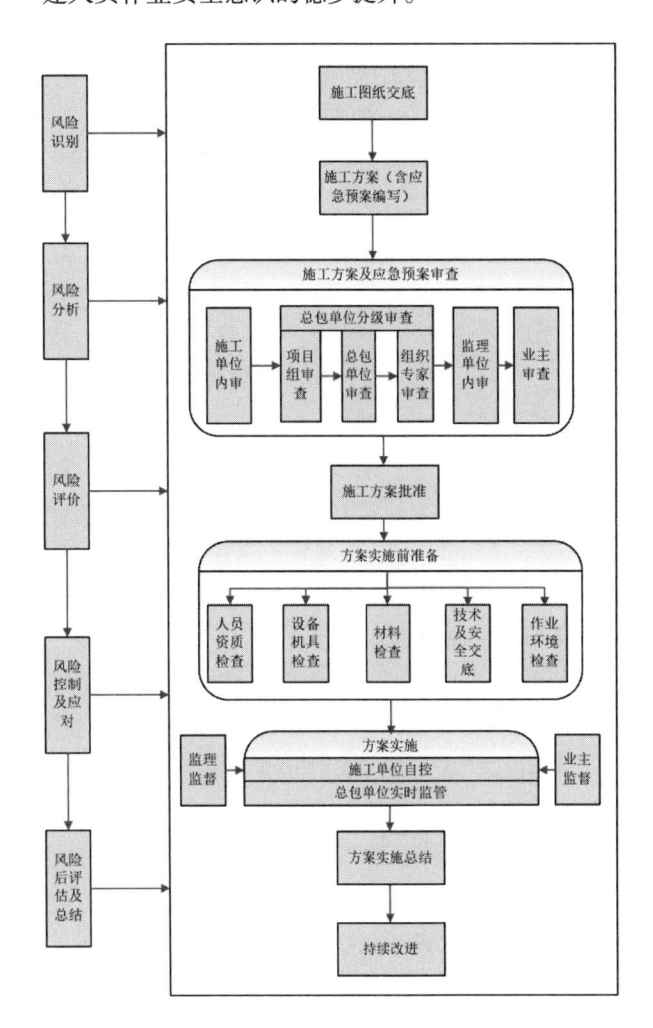

图1 项目重大作业风险管控技术路线图

4. 强化项目特种设备安全管理

项目持续强化特种设备安全管理，有效防范和坚决遏制特种设备相关事故发生，确保施工安全、优质、有序顺利推进。针对塔吊等特种设备技术状况复杂、管理难度大等特点，设置专人负责特种设备入场资质审核，建立项目特种设备档案，实施三方平行检查，开展特种设备定期100%覆盖式安全检查，邀请第三方进行定期检查，加强特种设备使用过程现场监督检查，保障项目特种设备安全运行。

5. 加强项目HSE管理信息化建设

在HSE管理信息化建设方面，项目依托项目智慧工地平台，集成车辆自动识别系统、智能门禁系统、人员动态监控系统、全场视频监控系统、环境自动监测系统、可燃气体自动监测系统、VR培训系统、多媒体安全培训工具箱、电子违章摄录仪等，倾力推动项目智能化安保管理和信息化安全管理。已实现作业现场人员、车辆智能化管理，现场安全检查及隐患整改信息化跟踪整改，作业现场安全远程动态监控，环境智能预警及自动喷淋，让信息化、智能化有效助力安全管理提升。

6. 实施区域网格化HSE管理

项目根据施工现场作业空间和作业内容，划分作业区域，明确区域施工、质量和安全负责人，建立区域网格化管理体系，定岗定责，明确安全责任。建立现场区域HSE公示牌，对各区域负责人、现场应急流程、月度风险告知、区域典型隐患进行公示。对现场施工方案及作业内容进行风险分析，编制工序安全点检卡，由区域施工、安全管理人员及作业监护人在作业开始前进行安全点检确认。为做好区域交叉作业管控，现场每个区域每天均定时举行交叉作业协调会，明确次日作业计划及交叉作业规避机制，确保现场各区域水平和立体交叉作业安全、可控。每周开展区域典型隐患整改传递，组织开展区域交叉安全检查，对区域开展周隐患进行统计分析并传达典型隐患及隐患发展趋势，降低隐患复发率。

7. 扎实推进项目应急管理

居安思危，有备无患，良好应急管理能够有效防止事故扩大、发生二次事故或连锁事故，从而保证事故后果严重程度被降至最低。项目一直将应急管理作为项目HSE管理的重中之重。根据项目施工计划的开展，项目在完善项目HSE管理文件的基础上，认真修订了项目应急预案，依托现场应急管理软硬件设施，建立了从项目综合应急预案到10个专项应急预案和11个现场应急处置方案的三级应急体系，并细化现场应急流程，强化项目参建人员应急技能培训，按照年度应急培训和演练计划认真开展应急管理流程培训和现场应急演练，打通了项目应急管理生命线。

8. 多措并举推进项目安全文化影响力

良好的安全文化是作业现场安全执行力提升的软件保障。为了打造项目浓厚的安全文化氛围，项目通过开展丰富多彩的安全活动，结合现场全员安全培训，通过项目经理带班检查、项目经理讲安全等强化安全领导力建设；通过班组长安全专题培训、班前会讲安全、安全研讨会等形成浓厚的安全知识学习氛围；通过安全之星评选、百万工时安全激励和重大隐患即时激励形成良好的激励文化；项目同时通过安全文化展板、宣传漫画，安全咨询日、安全小故事集，事故案例学习等形式，将"我用心，我负责，我不会视而不见"安全文化理念融入广大参建人员的脑海，打造了项目所有参建人员统一的安全价值观，不断提高项目的安全文化影响力和执行力，助力全员安全意识、技能和现场安全管理水平的提升。

三、结语

大型LNG低温储罐建设是国家能源保障体系建设的重点，但作为存在大量大型高风险作业的建设项目，作业风险管控和现场安全管理更是我们应关注的重点。本文依据该项目3座16万方大型LNG低温储罐建设安全管理经验，介绍了项目如何以安全文化为引领贯穿项目全生命周期安全管理实施，引导项目全员参与安全管理，落实风险管控和现场安全管理的相关举措，为今后如何更好地开展大型LNG低温储罐建设风险管控和安全管理提供了参考。

参考文献

[1] 李钰. 建筑施工安全[M]. 北京：中国建筑工业出版社，2019.

[2] 南希，莱文森. 基于系统思维构筑安全系统[M]. 北京：国防工业出版社，2015.

[3] 埃里克森. 危险分析技术[M]. 北京：国防工业出版社，2012.

浅谈企业安全文化建设

中铁上海设计院集团有限公司咨询院　汪海红　游勇根　周榕生

摘　要：安全文化的概念产生于20世纪80年代，其英文为"Safetyculture"。安全文化是企业文化在安全管理领域的表现形式，是安全价值观和安全行为准则的综合，体现为每一个人、每一个单位、每一个群体对安全的态度、思维程度及采取的行动方式。

关键词：企业文化；安全；教育

企业安全文化是企业在实现企业宗旨、履行企业使命而进行的长期管理活动和生产实践过程中，积累形成的全员性的安全价值观或安全理念、员工职业行为中所体现的安全性特征，以及构成和影响社会、自然、企业环境、生产秩序的企业安全氛围等的总和。主要为每个人、每个群体、每个单位对安全知识的态度、思维的深度及在这方面所采取的行为方式，其安全价值观主要体现在企业当中每个员工对安全的自觉认同、接受并可以自觉遵守。

一、企业安全文化建设主要内容

（一）构建安全文化制度体制

把安全文化很好地有机融合到企业管理的过程中。安全制度文化是一个企业进行安全生产的运作保障和重要组成部分之一，更是企业安全理念文化的物质化体现。其是企业为了更好地安全生产以及经营活动，需要长期执行较为完善的能够保障人及物的安全从而形成的各种安全规章制度、安全教育培训制度、防范措施、操作流程等技术标准。建设安全制度文化，重点要抓好五个方面的工作：第一，各企业按照"一岗双责"的要求，制定好岗位的职责，争取做到全员、全过程、全方位的安全责任化。第二，抓好国家劳作安全卫生法规的履行和遵守。第三，企业要根据法律法规的要求，再结合企业的实践来制定好相关各类安全准则。第四，要抓好企业安全标准化的建造要按照各行业的标准化要求来开展标准化的活动。第五，抓好并不断强化准则的履行力度。

（二）构建安全文化理念体系

提高职工安全文化意识。安全文化理念是人们对于企业安全及安全管理的思想、观念、认识、意识，是企业安全文化的灵魂和核心，更是建设企业安全文化的基础。其内容主要包括安全的价值观、管理观、标准观、责任观、投入观、环境观、分配观、方法观等。

（三）构建安全文化行为体系

培养良好的安全行为规范、安全行为文化表示在安全观念文化的指导下，人们在生产过程中的安全行为准则、行为体现、思维方式等的表现。安全行为体系包括决策层、管理层、执行层的安全行为建设。企业决策层要制定安全行为规范和准则，形成强有力的安全文化约束机制；管理层要按照决策层制定的安全行为规范和准则对企业进行管理和监督，由此形成了管理层的安全文化；操作层自觉遵守纪律，由此形成班组员工的安全文化。

（四）构建安全文化物质体系

创造良好的工作环境企业安全物质文化是指整个生产经营活动中用来保护员工身心健康安全的器物以及员工在生产过程中的良好环境及工作氛围等是加强安全建设的物质基础。

二、如何建设企业安全文化

（一）加强企业安全文化的组织领导

为保证企业安全文化的建设，企业应成立安全文化建设领导小组，由企业党政工团领导参加，安全管理、宣传和教育等部门的负责人为成员。各基层单位要成立相应的领导小组，便于纵横协调，促进企业安全文化建设的顺利进行。

同时，在基层，应提高班组安全管理水平，因为班组是企业的细胞，是安全管理工作的最终落脚点。只有从班组抓起，才能实现"安全管理重心下移"，才能将"安全第一"方针和各项政策法规真正落到实处，筑牢安全管理长城。抓好班组安全管理重点是：明确班组安全生产目标、安全工作内容、安全日活动内容等。班组的安全工作关键在于严格规章制度，尊重科学，按照安全客观规律工作，从而杜绝人的不安全行为，消除或控制不安全因素，做到防患于未然。

（二）树立以人为中心的安全理念

安全理念是安全文化的先导，是安全文化建设的基础和前提，心态活动最能体现人本思想。无论是管理者还是操作者，只有心态安全，才会行为安全；只有行为安全，才能保证安全制度落到实处。以安全价值观为核心的安全理念是心态安全文化建设的灵魂。追求健康是人皆有之的基本需求。可是为什么在一些单位"三违"现象屡禁不止？最根本的问题就是观念问题，就是没有树立正确的安全理念。保证广大职工的生命安全最能体现党的群众观点，最能代表人民群众的根本利益，可一些管理人员在行政行为指向上，迫使或诱发本单位职工拼设备、拼体力，违章冒险蛮干；上级组织安全大检查是帮助下级查出隐患，预防事故，这本是好事，可下级往往百般应付，恐怕查出什么问题，查出问题便想方设法大事化小、小事化了；"我要安全"本来应是职工本能的内在需要，可现在却变成了管理者强迫被管理者必须完成的一项硬性指标。如果上述错误观念不破除，正确的安全理念不树立，那么，安全文化建设就永远是一座空中楼阁。

（三）安全理念教育

"海恩法则"指出："每一起严重事故的背后，必然有29次轻微事故和300起未遂先兆以及1000个事故隐患。"同样，对于铁路企业安全生产而言，每一起事故的背后都有一系列的违章现象。这些违章一旦造成事故，其后果不言自明。铁路企业发生的血淋淋的事故也一再证实："违章就是犯罪、就是杀人、就是自杀"，铁路企业的每一条安全规章都是用血的代价换来的，确保生产安全必须从标准作业、杜绝违章做起。

一是以身边不安全事实、教训为反面教材，深刻剖析每一起事故的原因，使员工深切感受不安全带来的惨痛代价，从自我保护的角度建立起最一般层次的"我要安全"意识。二是亲情的感染作用，从理论上讲，促使全员树立正确的安全意识，最基本、最有效的手段就是宣传教育。安全生产的宣传教育适应了职工群众对安全生产知识的内在需求，从主观上讲职工是愿意接受的。但是以往的安全教育大多是"我说你听，我打你通"，要么大道理满堂灌，要么家长式的训斥。要让安全教育入心入脑，一定要注重情感投入，可采用亲情教育法，如在会议室设立"全家福"牌板，把每个家庭对自己亲人的安全企盼写在照片的下面，时时提醒职工牢记亲人的嘱托；如为职工过生日、送警句、恳谈会、兄弟交心等方法，不失时机、潜移默化地向职工宣传安全思想；再有就是开展安全共保活动，基层单位定期向职工家属发出安全承诺书，号召家属发挥好安全第二道防线作用，真诚邀请家属参加到安全共保活动中来。

（四）加强安全知识教育

发挥各类宣传媒体的作用，利用电视讲座、报告会、培训班、学习班和竞赛活动等各种手段，对员工进行生产作业安全技术知识、专业安全技术知识和抗灾避险知识等各种内容的普及教育和再教育，从而使员工充分掌握生产、生活活动安全知识和自我防护知识。

每年要定期组织安全知识竞赛、安全知识讲座、安全辩论赛、安全知识问卷调查、安全知识抢答赛、各种论坛等一系列教育活动，寓教育于活动之中。

（五）建立健全安全规程和安全制度

建立健全安全保证体系，建立行之有效的安全管理流程和以安全生产责任制为中心的安全管理制度，形成目标、任务、职责、流程、权限互相协调配合的有机整体，规范安全生产例会、建立班组的安全活动日和安全生产活动月、安全检查、安全隐患整改、安全教育、安全事故调查、安全简报和安全总结材料等安全措施，坚持"管生产必须管安全"的原则，实施全过程、全方位、全员性的安全管理，使安全管理制度化、规范化、标准化。

三、结语

铁路企业安全文化建设是一项系统工程。加强安全文化建设，既需要与时俱进，不断掌握新理论、新知识、新观点，又要善于学习，吸收借鉴广大干部职工创造的新经验、新成果。特别是要紧密结合各个企业的工作实际，坚持理论研究与实践运用有机结合，坚持立足长远、统筹谋划，坚持发挥各方面的优势资源和力量，推动安全文化建设不断向前发展。

参考文献

刘海晓. 铁路企业企业文化建设宣传浅析[J]. 山西农经, 2016(16):93.

完善装配式建筑行业操作规程标准的路径探究

——将安全文化自下而上的融入一线岗位作业人员

华润水泥控股有限公司　殷　帆

摘　要：文章采取文献收集法、案例分析法，从三个方面提出了在完善操作规程标准中所存在的不足。以此作为问题域，提出了以下路径：线上和线下相协同掌握企业的作业条件、全面把握风险点为完善标准提供问题域、增强员工话语权增进标准完善的实效性。

关键词：操作规程标准；装配式建筑行业；一线岗位

装配式建筑是指以建筑装配式模块工厂生产为特征，在工厂完成建筑用构件和配件（如楼板、墙板等）的生产任务后，将装配式产品运输到建筑施工现场，并通过可靠的连接方式在现场装配安装而成的建筑。可见，以建筑用构件和配件为生产对象的企业集合，便为装配式建筑行业。随着装配式建筑行业的不断发展，一线岗位作业人员习惯性违章较频繁，完善行业操作规程标准的任务也日益凸显，且该任务也被业界所关注。经验表明，完善行业操作规程标准不仅能够提高企业生产率，更能为企业生产提供安全保障，形成浓厚的安全文化氛围。然而，在完善装配式建筑行业操作规程标准的过程中却存在诸多不足，这些不足便为本文的主题研究提供了问题域。在文中，作者将以样本企业的操作规程标准完善过程为背景，提高一线作业人员安全意识及技能水平，提升企业安全文化氛围，在实证讨论的基础上为同行提供参考。

一、相关研究述评

（一）相关研究概述

李光霁（2022）认为，标准化建设是建筑工业化的核心，为了达到系列化、规模化生产的目的，必须重视标准化设计手法的推广与完善。[1] 保翰瑞（2021）提出，安全生产标准化是通过建立安全责任制，制定安全管理制度以及操作规范，以便于有效排出生产中的安全隐患。作者进一步指出，在建筑企业施工过程中更好地落实生产标准化，对于建筑施工安全控制十分重要。[2] 程燕、曹文渊（2022）认为，现阶段在我国建筑工程管理工作中，由于受到客观和主观因素的影响诱发出诸多生产安全管理问题。[3] 任军（2018）认为，为了在保证建筑施工质量的同时促进建筑行业的快速成长，应重视建筑项目施工中的安全标准化管理。作者在文中，概括出了建筑项目施工安全标准化管理的特点。[4] 陈正江（2019）认为，建筑行业需要结合实际需求来优化施工质量管理体系，完善质量验收标准，以保证建设工程质量，促使其满足人们对工程质量的要求。[5]

（二）相关研究评析

以上研究所形成观点构成了主流研究的思想，其中不乏值得本文借鉴之处。但在这里也需指出。

当前主流研究，较为关注建筑施工中的操作规程标准的完善问题，而对装配式建筑行业的相关研究则显得较为薄弱。显然，由于建筑施工与建筑装配式模块工厂化生产之间存在诸多差异，所以在本文的主题研究中无法完全套用前者的标准化完善模式。

在当前主流研究中，较少以全流程视角探讨如何完善操作规程标准化的问题，特别对事前调研和筹备阶段的工作事宜语焉不详，这就弱化了研究结论的适用范围。经验表明，做好事前调研和筹备工作将能降低标准在完善中的系统性风险。由此，当前主流研究所存在的不足，便为本文的立论提供了问题域。

二、完善装配式建筑行业操作规程标准所存在的不足

装配式建筑行业未有效健全安全管理体系，操作规程不规范，现场作业人员安全意识薄弱、操作

— 385 —

技能不足，习惯性违章、冒险作业时有发生，安全管理风险较大，安全文化氛围不浓厚。具体而言，可将这里的不足归纳为以下三个方面。

（一）对企业作业环境条件把握不足

装配式建筑行业操作规程标准需以4个方面的信息为依据：现行国家、行业安全技术标准和规范等；设备使用说明书、工作原理资料以及设计等资料；作业环境条件、规章制度、安全生产责任制等；曾经同类事故案例以及与操作规程有关的其他不安全因素。目前，针对作业环境条件来完善操作规程标准还存在不足。有些企业由于受到跨区域的影响，在短时间内总部难以全面掌握下属企业的作业条件，这就势必会在完善企业的操作规程标准中出现"纸上谈兵"的情况。

（二）对岗位生产的风险点识别不足

装配式建筑行业操作规程标准分为3个阶段：对部分岗位开展风险辨识，并编制风险评估报告阶段；组织相关专业人员开展岗位安全操作规程研讨阶段；开展评审会，以明确操作规程的操作流程、风险辨识、防护用品配备、安全要点、严禁事项及应急处置措施等内容阶段。当前，对岗位生产的风险点的识别存在不足。该不足将弱化第一个阶段的工作质量，且又会对后续阶段造成不利影响。个人认为，之所以出现以上不足，根源在于岗位调研的下沉幅度不够。

（三）在生产应用中的推广力度不足

装配式建筑行业中的一线员工必须掌握操作规程标准，构成了完善该标准的应有之义，规范了一线作业人员的作业行为。而且，在标准评审阶段需根据各岗位的反馈信息，来对完善后的标准做出价值判断，以及提出修改意见。然而，由于一线员工在完善标准中的话语权未受重视，这就出现了标准在生产应用中的推广力度不足的情形。由此所衍生出的问题便是，部分员工在遵照标准进行生产时心存拒斥感，这将不利于企业的安全生产。

三、完善装配式建筑行业操作规范标准的路径构建

为了规范装配式建筑企业岗位作业人员安全行为，在生产过程中提供明确的作业标准和依据，使岗位人员养成良好的安全操作习惯，营造安全文化氛围，综上所述，完善操作规程标准的路径可构建如下。

（一）线上和线下相协同掌握企业的作业条件

贵港润合属于华润水泥下属企业，以贵港润合为例，由于属于总部与分公司的关系，所以总部在完善装配式建筑企业的操作规程标准时，需以线上和线下相协同的方式掌握企业的作业条件。

（1）可在装配式建筑生产线安装监控，使总部的标准化管理人员全方位了解企业的作业条件，并能具体感知企业的作业内容。

（2）总部委派标准化专业管理团队，成员可由电气、机械、工艺、安全等专业人员组成，以蹲点的方式对企业的作业条件或环境、设备设施等做出全面考察和评估，并与生产管理人员进行深度的业务交流。然后，总部结合对作业条件的反馈信息，有针对性地建立健全企业的操作规程标准。

（二）全面把握风险点为完善标准提供问题域

在具体实施标准完善的过程中，应全面把握岗位风险点。一是总部应广泛搜集装配式建筑行业的安全风险案例（包括下属企业近3年的安全风险案例），在案例剖析的基础上将安全风险进行分类，为之后的大数据分析创造条件。可将安全风险分为：人为因素所致、工艺流程因素所致、偶发性因素所致等3个类别。其中，应重点关注"人为因素所致"的风险案例，并结合对象作业条件对风险的形成原因进行具体化和细化。二是应建立装配式建筑企业安全生产风险数据库，利用大数据分析把握各类风险的发生趋势，以发生趋势作为完善操作规程标准的重点。

（三）增强员工话语权增进标准完善的实效性

随着完善后的标准出炉，需增设一个评审环节：邀请一线业务骨干对完善后的标准草案进行评审，自下而上地形成企业独特的安全文化，发挥一线业务骨干的作用，重点对标准是否具备可操作性、是否存在制度冗余、是否会导致生产时滞后等问题做出回答。随后，总部评审专家需根据一线作业人员反馈的信息，对完善后的标准草案做出判断，并提出修改意见。

四、编制装配式建筑行业操作规程实施路径概况

（一）调研准备阶段

收集相关法律法规、技术标准、使用说明书、事故案例等资料；组织专业管理团队成员对装配式建筑企业进行调研，了解并掌握生产工艺流程和设备设施情况，召开调研交流会。

（二）风险辨识阶段

制订风险辨识方案，成立风险辨识小组，明确小组成员分工，小组成员由各装配式建筑企业的机械、工艺、电气、安全等专业人员组成；根据风险辨识情况编制风险辨识清单，对清单分级分类，明确管控措施清单，制定相应防范措施。

（三）规程编制阶段

组织召开启动会，成立编制小组，明确分组人员及职责，确定操作规程清单，统一操作规程框架，宣贯编制工作相关注意事项，举例：考虑各岗位员工的不安全行为而导致的不安全问题，考虑作业中各环节有可能出现的不安全问题，考虑设备故障时应该怎样处置，以及处置时注意事项等；完成操作规程编制工作后，各小组多次进行交叉研讨与修订并形成初稿。

（四）规程评审阶段

组织开展操作规程评审工作，对规程内风险辨识、防护用品、操作/作业流程、应急措施等进行补充与完善，主要目的是对操作规程的适用性和操作性进行研讨与评审。

（五）发布实施阶段

将编制好的操作规程下发各装配式建筑企业实施，组织企业各岗位人员进行宣贯学习、考核，由参与编制工作的一线岗位作业人员带头进行宣贯学习，将安全文化覆盖面散开，总部定期进行抽查，不断完善操作规程。

五、结语

本文从3个方面为本文的立论提出了问题域，在此基础上给出了包括：线上和线下相协同掌握企业的作业条件；全面把握风险点为完善标准提供问题域；增强一线员工话语权增进标准完善的实效性在内的路径。

安全文化的形成由点到线，再由线到面，全程无死角，从基层一线岗位作业人员出发，覆盖到所在班组，形成班组安全文化，到车间或工段，再到部门，并延伸到整个企业，最终形成PDCA循环。从以往案例来看，大部分事故事件都发生在一线岗位作业人员，抓好最前沿的作业人员安全意识和操作技能至关重要。

编制操作规程过程中形成辨识清单和防范措施清单，为不同业态的企业安全风险管理提供了基础；一线岗位作业人员全程参与，安全文化已在基层初步形成，员工心理的自豪感也油然而生，员工安全意识和操作技能有明显提升，现场违章作业行为有明显的减少，整体生产安全水平不断提高；通过编制操作规程积累了经验和方法模式，为下一步兼并新企业安全管理规范化、标准化奠定基础。

参考文献

[1]李光霁. 浅析建筑设计企业的标准化建设及管理[J]. 建筑设计管理,2022,39(04):26-30.

[2]保翰瑞. 对建筑安全生产标准化的落实策略探讨[J]. 中国设备工程,2021(05):57-58.

[3]程燕,曹文渊. 建筑工程管理的现状及控制措施分析研究[J]. 地产,2022(16):0070-0072.

[4]任军. 基于建筑项目施工安全标准化管理探究[J]. 建材与装饰,2018(48):128-129.

[5]陈正江. 现行建筑工程施工质量验收标准的问题分析[J]. 城市周刊,2019,0(22):27-27.

浅谈安全制度文化对铁路机务安全的重要作用

呼和浩特机务段　郭立平　贺占奎　盛龙龙　李利明　姜成龙

摘　要：机务系统作为铁路运输工作中的"火车头"，如何把好安全最后一道关，贯彻落实习近平总书记关于安全生产的重要指示，充分发挥好机车乘务员"前哨""尖兵"和非正常应急处突"守夜人"作用，确保铁路安全畅通，是铁路机务系统工作的重中之重。本文将从安全制度在机务安全管理工作中的意义等方面介绍安全制度文化的重要性。

关键词：机务系统；安全制度；安全管理；安全文化

按照管理学定义，安全制度是指为保障社会再生产安全顺利进行所指定的明确管理原则、管理办法、管理机制等内容，在相关组织、机构、单位范围内执行的规范。制定合理的管理制度可以有效地提高管理效率，简化管理过程，有效提高经济效益。

铁路运输作为国民经济的大动脉，具有运输能力大、成本低、受自然条件影响小、到发时间准确性高等优点，在服务经济建设、促进社会发展、保障物流畅通、助力"一带一路"经济建设等方面发挥着重要作用。国铁集团统计数据显示，2022年1—6月，铁路运输累计发送货物19.46亿吨，累计开行中欧班列7473列，发送标准集装箱72万箱，为电煤保供、春耕物资运输、抢险物资运送等关系到国计民生的重点工作提供了充足运力保障。

把好铁路运输安全关，不仅是200万铁路职工的职责，更是一种社会责任。"火车跑得快，全凭车头带"，机务系统作为铁路运输保障安全的最后一道防线，始终坚持以"安全第一"为宗旨。做好机务系统安全管理工作，除了要加大人力、物力、技术的投入，不断更新设备以外，建立健全安全管理制度体系，形成科学严谨的安全管理文化，有效约束日常生产组织活动，是最大限度地降低事故发生概率的主要支持和重要保证。

一、安全制度在机务系统安全工作中的意义

（一）引导和规范人的作用

意识决定人的行为，任何一项经过长期实践证明了的好的管理制度都具备较强的思想引导性。一是政治思维引导，安全是铁路最大的政治，不单是经济效益问题、社会问题、个人与家庭问题。因此，"人民至上、生命至上"的理念，不能单凭宣传教育去实现，需要通过管理制度维护这种理念的持久性和再生性。二是法治思维引导，规章制度是企业或单位内部的"法律"，所以只有通过规章制度才能促进从业人员更加熟知本岗位的义务、职责和必须承担的责任。三是底线思维引导，规章制度最显著的一个特点就是具有刚性要求，从业人员就是通过这些刚性要求逐步形成头脑甚至是肌肉记忆，做到不触及安全红线。

（二）优化管理氛围的作用

通过总结分析国际和国内先进企业管理的规律，无一例外地经历了"人治—法治—文治"的过程，而这个过程又无不是以规章制度为载体实现的。"文治"的核心是以人为本，一是让从业人员自觉接受，"能让员工认可和接受的才是最好的制度"这一观点被国际和国内企业管理学者普遍认同。因为这种"认可和接受"并不是"降一格、松一码"，而是比"人治"投入更大的人力、物力成本，对每条款制度设计都进行现场调研与验证，最大程度符合人机工程学。二是预防事故的发生，要引导职工树立"安全第一"的思想并加强安全生产的过程控制。机务系统因其工作性质的特殊性及严谨性，就要求在安全管理制度严格执行的基础上去建立良好的安全文化氛围，即按照"凡事有制度，凡事有落实，凡事有监督，凡事有考核，凡事有奖惩"的要求建立一整套"以人为本"的管理制度体系。

（三）提高管理效能的作用

机务系统的每一项工作都有着严格的技术标

准、作业标准和管理标准。这一系列标准都是在长期实践中形成的行为准则，有些甚至是用血的教训换来的，管理、作业过程中必须认真学习理解，严格遵照执行。机务段作为国铁集团、集团公司、站段三级管理的基层单位，是安全生产各项工作的执行和落实主体。围绕"把标准养成习惯，让习惯符合标准"的安全理念，建立安全管理制度，是做好安全管理的基础性工作和制度保障。一套完整的、权威的、执行性强的安全管理制度，有助于实现源头治理、达标严责、管理规范化、作业标准化的目标，助力职工养成按标作业的好习惯，把执行标准融入血液中，做到自觉落标达标，不断提升综合能力和业务素质，确保安全生产持续稳定。

二、建立健全安全管理制度体系过程中存在的问题

一套有效的安全管理制度要具备完整性、可执行性、权威性等特点，但在建立健全和落实安全管理制度中，普遍存在以下几个方面的问题。

（一）实用性不强

作为三级管理的基层单位，机务段以国铁集团、集团公司相关文件为依据细化每一项规章制度。该做法在有效避免了违章指挥及"土政策"的同时，也造成个别制度制定过程中未经过充分调研，存在以文件套文件的现象，导致对现场作业指导作用不强，缺乏实际意义。

（二）行文不规范

安全管理制度作为单位各项工作开展的依据，其行文要求用词准确、层次分明、结构严谨。但因工作人员素质参差不齐等原因，制定的部分文件存在思路不清、结构混乱、语法不通、用词不准确、专业术语使用不规范等问题。在文件的理解、执行过程中容易造成仁者见仁、智者见智的局面，影响管理制度的权威性。

（三）学习落实不到位

建立健全安全管理制度的根本落脚点在于执行，宣贯是"制定"与"执行"之间的重要环节，是管理制度实施和管理效率提升的基础。为保证各项管理制度落实到位，一般为每项管理制度预留10—15天的学习、宣传时间，以便有关人员熟悉、掌握文件内容。但有时会因社会突发问题（如疫情）造成组织学习不到位，线上学习效果堪忧。

三、解决措施

（一）实行归口管理，提高管理水平

安全管理制度体系建设是一项系统性、长期性的工作，实行归口管理，可以满足管理制度体系高效、适用、严谨的要求。归口管理部门定期组织专项检查或利用"915""220"对规检查等对各部门制度宣贯、执行、落实等情况进行检查督导，评估管理制度执行情况，听取生产一线意见与建议，消除管理制度体系建设中的薄弱环节，更好地控制运输生产安全风险。

（二）动态优化调整，提高修订及时性

各项制度应按照"谁制定、谁负责"的原则实施体系化、规范化和动态化管理。制定部门要根据上级文件变化、运输生产组织调整等梳理本部门负责的管理制度，及时进行梳理、修订、补充、废止相关文件，确保各项制度具有较强的时效性和指导性。

（三）合法严谨准确，提高可执行性

管理制度的制定要在相关法律法规框架下开展并进行合法性审查，不得违反国家法律法规及上级部门的方针政策，不得出现影响运输生产安全和效率的"土政策"。管理制度作为日常生产组织、保障安全生产的基础性规范，修订内容的准确性直接关系到生产组织的各个环节和流程。层次分明、准确严谨经过充分现场调研的管理制度能够有效控制作业流程，最大程度的发挥引导和过程控制作用。提高内容的准确性，可以有效避免在组织、操作、分析、溯责等环节因理解出现歧义导致的工作混乱甚至事故的发生，降低安全生产的风险率。

（四）分层分级掌握，提高宣贯效果

管理制度通常涵盖运输生产组织的各个环节，在机务系统按专业可分为机务运用、机车检修整备、设备管理、人力资源等方面，按管理对象可分为管理层面、监督检查层面、作业执行层面等层级。各部门结合工作需要，按照管理层、作业层分层级建立本部门需掌握管理制度目录清单，可以有效避免因过度培训给员工带来的繁重负担，提高宣贯效果。

（五）推动文化引领，提高执行的自觉性

培育企业安全文化，营造企业安全文化氛围，用文化引领员工，把安全管理上升到企业文化的层次，把管理的有限性和文化的无限性、把执行管理制度

的强制性和安全文化引领的自觉性结合起来，以充分发挥管理的引导和过程控制作用，从而达到"人治""法治"到"文治"的升级。

四、工作实践介绍

（一）呼和浩特机务段安全管理制度建设成果

呼和浩特机务段（原集宁机务段）隶属于中国铁路呼和浩特局集团有限公司，承担着呼和浩特局集团公司100%高铁动车、85.5%普速客运、76.6%万吨重载的牵引任务。2022年5月为适应新形势下运输组织发展变化，段部迁址至呼和浩特地区，同步更名为呼和浩特机务段，并将全段15个科室优化调整为10个。

面对进京高铁加密、动集投入运营、中欧班列增多、唐包万吨上量、军专特运繁重、机车装备升级等一系列工作，呼和浩特机务段面临的安全生产压力日益凸显。为使全段各项工作有章可循、有据可依，全段把整章建制工作作为段部迁址同步优化管理机构改革后的重点工作，由归口管理部门组织各部门按照优化调整后职责变化情况，不断探索实践，共形成管理制度290项，明确了全段24个部门349个岗位的管理职责及510个岗位的安全生产责任，为实现安全生产达标、经营管理达标、设备质量达标、队伍建设达标、职场环境达标、组织保障达标奠定了基础。

（二）呼和浩特机务段管理制度体系建设工作开展情况介绍

1.落责到人，实行归口管理

为有序推进整章建制工作，呼和浩特机务段由安全科组织，将修订工作分为梳理、起草、征求意见、补充完善、集中研讨、完成发文6个阶段进行，落实责任到各部门专业工程师，确保制度建设计划落实到人，及时完成修订。

2.有的放矢，进行集中研讨

为确保修订后的各项管理制度具有完整性、可执行性，保证各项管理制度的权威性，有效解决在修订文件过程中遇到的结合部问题。段组织各部门对修订后文件主要变化点、存在的结合部问题进行研讨，并广泛征求各科室、车间意见，对存在的问题进行解决。

3.集体决策，消除结合部空档

为彻底解决整章建制工作中遇到的结合部问题，段党政正职组织段班子、各部门负责人，对管理制度结合部问题逐一进行集体研究决定，消除了管理工作中的空白点、交叉点，全段修订的各项管理制度完成定稿。

4.依法管理，推进制度落实

按照领导班子集体议事决策机制，遵循"集体领导、民主集中、个别酝酿、会议决定"的原则，按照"五个是否"要求将全段管理制度提请段党政联席会审议通过。

参考文献

何盛名.财经大辞典[M].北京：中国经济出版社，1990.

聚合老传统　创建新文化　激活内动力

——创建铁路桥梁企业安全文化建设的探索与思考

中国铁路北京局集团有限公司石家庄工务段　闫建庚　崔吉辰　路思峰　周士雷　王　刚

摘　要：北京铁路局石家庄工务段井陉桥梁养护工区就设置在五陉之称的井陉县城，建立于50年代初，原管内就有大小桥梁62座、隧道5个，由于山区桥隧养护难度极大，"人在阵地在，誓死保石太"成为保安全、保畅通之铮铮誓言。辉煌背后蕴藏着丰富的文化资源，应该成为当今创建铁路桥梁企业安全文化建设的不竭动力。

关键词：铁路；桥梁；安全；企业文化

自20世纪90年代后期，铁路内部职工特点较以往发生明显变化，知识层次提高了、思维定式活跃了，但爱岗位、钻技术的少了，原先床头放着《安规》《技规》，现在是微信、微博；原先出了安全事故夜不能寐、寝不能安，现在是大不了扣点钱、少聚几次餐……究其根源，时代发展了但老前辈创造的优良传统没有传承下来，企业人味道变淡了，社会人情节变浓了，保证运输安全是天职的责任意识丢了，怎样让职工重新找回自我？怎样让"责任心+责任制+基本功＝安全正点"行为准则变为实际行动？前年我们从被遗忘的角落看到一个个外表"灰头土脸"内在却"金光闪闪"的老物件儿，灵动之下似乎找到了答案，建企业文化展室，创企业安全文化体系，通过敛宝—识宝—聚宝—传宝，让宝贵的老传统活灵活现地展示出来、传承下去！用企业安全文化的软实力激活企业发展的内动力。

一、凝聚共识，深挖"井桥文化"精髓

开通于1907年的石太老线，是我国西煤东送的重要通道，三级线路却创造了一级运量的辉煌战绩。百年来桥隧的安全靠什么来保证？一件件前辈留下的或大或小、或精或粗老物件给出了答案。有形的物件在于精，无形的思想传于神，把老物件汇聚起来、把老传统固化出来、把老财富传承下来成为上下统一的共识。

（一）固化"扎根深山、敬业爱岗"的安全坚守精神

2020年3月份，在井陉桥梁工区大院内出现了这样令人难忘的一幕，一名刚刚退休的职工摸着黑黝黝的空气锤久久不愿离开，他对身边的年轻职工说：你们以后打铁哪不懂随时叫我，这是父亲当年退休时亲传的手艺，"没有枪没有炮靠我们自己造"。那时干活用的家伙什儿基本上靠我们打制，这双锤不知打造了多少件桥梁养护用的工具，虽然现在许多东西外面能买到了，但有些东西还是自己搞出来的用得顺手。作为"铁二代"的他胜利地完成了父亲交给自己的接力棒工作。像这样父一辈子一辈经年累月扎根深山、坚守岗位、护桥安全的例子还很多，岗位上人离开了，然而宝贵的精神却深深镌刻在了岗位上。

（二）固化"以严治路、管理强基"的基石精神

从井桥企业文化展室征集的老照片中看到，两位中年男子坐在简陋的床边搭肩相拥、开心大笑。通过和当事人了解，原来一名职工因为早点名迟到被工长扣了四毛钱，职工说自己自行车链子断了一直走到工区，累得一身汗心里还委屈呢，和工长发生了口角。下班后，工长找到他，给他讲述了石家庄铁路分局以严治路的好传统，讲述了纪律面前没有特殊人的道理，如果这次不罚你，下次别人还会有各种理由迟到早退，真诚说服了职工，理解了工长的难处和苦衷，心里的怒火立即消散。制度面前人人平等、以严治路没有特例一直成为安全生产的管理基石。

（三）固化"遇困则勇、智慧通关"的创新精神

这次收集的桥梁老物件按照铁匠铺、木工坊和维修用具分类共计50余件，据退休多年的一位老桥

— 391 —

梁人介绍，这些只是一小部分，大部分已经无法找回。有桥梁腻补铲、桥枕开槽器等简单实用的工具，都是大家开动脑筋自造出来的。安全生产现场遇到的困难不仅难不倒大家，反而更加激发了大家的勇气和士气，一人提出解决方案多人修正，一遍遍试验，一次次完善，集中智慧攻克了安全生产中的一道道难关，换得了铁路运输长治久安。

（四）固化"不怕困难、无怨无悔"的奉献精神

山区的生活条件十分艰苦，工区出行道路狭窄颠簸，那时工区没有汽车，唯一的交通工具就是脚蹬三轮，遇到雨雪天气泥泞打滑，遇到洪水断道更是艰难，只有翻越高山或绕更远的道才能过去，所以早上带着干粮水壶，中午不能回工区就在外面将就一顿，许多职工因此都得了胃病，这样一代代养桥人无怨无悔，艰苦的环境更加磨炼了养桥人的坚强意志，平凡的岗位以超凡的毅力奉献如一，再苦、再难也要保证桥梁安全。

二、聚合提炼，打造企业安全文化体系

老一辈留下的宝贵精神财富是我们创建企业安全文化体系的基础。在创建过程中同中心工作、同争当"毛泽东号"式班组相结合，提炼升华，聚合创新，打造出新时代铁路桥梁特色企业安全文化。

（一）打造安全坚守的理念文化体系

运用集体智慧把安全文化理念和岗位实践工作结合起来，深入挖掘和传承车间工区沿袭的优良传统、先进精神，围绕"扎根深山、敬业爱岗"精神，凝练形成在安全生产、班子建设、党建工作、经营管理、队伍素质、改革发展、党风廉政7个方面的工作理念、工作作风、工作目标。在创建车间理念文化时，集思广益，充分调动职工积极性，做到职工积极参与，车间广泛征集整理，集体交流讨论，让职工感受到为安全坚守是不可推卸的神圣使命，感受到当前坚守的时代优越性。提炼总结后，再反馈到职工队伍当中，形成车间职工集体智慧的结晶，增强职工保证安全的归属感和自豪感。

（二）打造安全标准的制度文化体系

根据"精简、有效、管用"的原则，梳理和整合安全规章制度，保持规章的刚性、掺入文化的柔性、提高制度的韧性，在安全控制方面，引入安全倒求机制，从易发问题的诱发根源查安全管理的有效性，提高早预想、晚对规的质量。开展季度"安全标兵"评比活动，引导职工提高安全超前防范意识。

在质量控制方面，车间以原有制度为基础，进一步健全完善。强化《作业指导书》各项标准以及高空作业安全规则的落实，建标、检标、考标一体化运行。每月评定出最差和最优设备区段，引导职工干标准活、出高质量活。在干部管理方面，以《两书四职责》为指导，车间干部细化分工、各负其责，充分发挥各级各类干部安全管理中的主观能动性。

（三）打造提升安全生产能力的文化体系

以建设政治优、技术好队伍为目标，形成主动保安全、高技保安全的自循环状态。一是提升思想政治力。利用"党员活动室"每月开展一次党日活动和集中学习，推进"两学一做"学习教育常态化制度化，深化党史教育的思想渗透性；创建党内品牌，"党员思想教育基地""青工思想教育基地"，培育以马克思主义为内容的社会主义核心价值观，实现思想政治教育的有形化。利用传统文化展室，组织大学生和劳务工开展安全传统教育，让他们对标准找差距，增强保安全的自觉性和主动性。二是提升现场实战力。由车间兼职教师开设"桥隧病害检测分析""安全规章制度培训"等安全技术知识培训课。通过理论授课和实际练兵相结合的方式，分阶段把参培人员培养成理论强、实作行、业务精的骨干人才，通过搭建特长展示平台形式挖掘储备安全生产优秀人才，提高职工保安全能力。

（四）打造安全理念引领的企业文化体系

充分利用安全先进典型立标打样，是企业安全文化建设重要手段。一是积极选树典型。通过"党员光荣榜""明星墙""先进走廊"，让安全生产中的先进职工"上墙"，增强先进个人的荣誉感和对其他职工的吸引力。二是注重典型辐射。把典型用活，大张旗鼓地弘扬先进职工典型事迹，开展了向"最美京铁人"和"安全标兵"学习等活动，全车间营造学安全典型、当安全先进的浓厚氛围。三是巧用激励手段。奖励安全生产先进典型，激发职工工作热情，提高其工作质量和效率。运用先进典型的模范事迹来教育、组织、鼓舞职工群众，促进重点工作的完成，形成"一枝独放不是春，百花盛开春满园"的共保安全格局。

（五）打造安全和谐氛围的环境文化体系

发动大家共同参与建设美好家园，凸显安全氛围。一是安全氛围一条线。干部职工形成"我爱我家、我建我家"的统一共识，因地制宜建设形成不同本

土特色的优美环境，注重安全氛围的营造，从办公室的安全揭示牌，到廊道的安全漫画谚语、到楼道门的安全固定标语、到大门口的安全亲情寄语，形成一条浓郁的安全主线。二是安全活动一口清。通过组织职工开展班前"安全好家幸福"全员诵读、怀揣施工作业"标准化提示卡""手指眼看口呼"标准操作等一口清活动，让职工从内到外、从想到做贯穿了安全意识。

三、有益启示

由于井陉"老桥梁人"深厚的传统精神，浓郁的安全文化氛围，增强了职工保证安全的主动性、参与管理的自觉性、素质建设的均衡性，营造了安全稳、质量优、环境美、素质高的良好局面，车间、车间党支部5次获得北京局先进。在思考中建设，建设中思考，得到有益启示。

（一）企业安全文化建设要始终紧扣以人为本的基本点

企业安全文化建设是对人的智慧与精神的总结，来服务、指引人的行为导向，因此，人必然是企业安全文化的核心要素，建设企业安全文化也必须把人作为基本点。

（二）"继承+创新"是企业安全文化建设的动力源

安全管理中好经验、好办法、好机制都是一个时期内群众智慧的结晶，但有的方面缺少时代性的要求，就需要我们根据时代的需要和工作的特点不断创新、勇于变革，实现安全局面的长治久安。

（三）"柔性+刚性=韧性"是企业安全文化建设推动工作开展的不变定式

纵观各国各行各业，发展中往往形成三种迥然不同的方式：第一种是严肃的制度约束，即极端的刚性。第二种是经验型的管理方式，即极端的柔性。第三种是中和性的，以科学的管理制度为基础，通过和谐共进的氛围营造，通过共同的愿景服从制度、自觉保安全，属于自觉执行式的管理方式，也就是我们现在所要尊崇的刚柔相济途径。

（四）创建企业文化必须以车间实际为出发点、以提升素质为根本点、以保证安全为落脚点

立足车间特点和职工队伍现状，不能死搬理论。紧紧抓住提高职工队伍的整体素质不放，培育先进理念，提升人格修养，提高业务技能，靠素质保安全是企业文化的根本要求。

打造"宁让汗成线，不让线停电"安全文化激活供电企业安全发展内动力

中国铁路南宁局集团有限公司南宁供电段　鲍海洋　王少兵

摘　要："宁让汗成线，不让线停电"全面诠释了供电企业安全管理风格，体现了铁路供电系统的工作特点。运用企业文化理论和方法，通过深化思想教育、养成行为规范、强化激励约束、完善相关机制、提升管理水平、提高队伍素质、加强舆论引导、优化文化环境等手段，打造"宁让汗成线，不让线停电"安全文化，以增强全员安全生产的内在动力，使安全生产成为广大干部职工自觉、自律、自动的行为，从而促进铁路供电安全有序可控、基本稳定和长治久安。

关键词：铁路供电；安全文化；企业管理

一、总体概况

中国铁路南宁局集团有限公司南宁供电段担负柳南客专、南昆客专、南广线、南昆线、南凭线、黎南线、黎湛线、河茂线、益湛线、田靖线共计2396.3运营公里的铁路牵引供电及生产供水供电任务，管辖范围跨桂、黔、粤3省（自治区）13个地级市。行政职能机构设科室9个、生产辅助机构1个、生产车间18个、68个班组。全段现有职工2088人，平均年龄38岁。2021年6月18日被国铁集团列为重大运输站段。

二、实施背景

近年来，习近平总书记视察京张高铁、心系川藏铁路开工建设、出席中老铁路通车仪式做了重要指示批示，特别牵挂铁路安全工作，强调要坚持生命至上、安全第一，更好地为人民群众提供运输服务，确保货畅其运、人畅其流。贯彻落实好习近平总书记关于安全生产的重要指示和对铁路工作的重要指示批示精神，进一步将"万无一失"体现在铁路供电安全工作中，打造"宁让汗成线，不让线停电"安全文化具有十分重要的意义。

（一）打造"宁让汗成线，不让线停电"安全文化是深化企业改革发展的迫切需要

安全是企业做好改革和发展最重要的基础和前提。文化的作用在于凝聚共识、汇聚合力，引领和推动安全发展。在铁路改革发展的关键时期，特别是在面对修程修制改革新考验、高铁普铁并存双重压力、新线建设上量新课题、山区铁路防洪和沿海铁路防台风严峻挑战时，迫切需要借助文化的力量，全面提升安全工作科学化水平，为企业改革发展奠定坚实基础。

（二）打造"宁让汗成线，不让线停电"安全文化是政治工作围绕中心、服务大局的迫切需要

安全文化是政治工作围绕生产安全、服务企业改革发展大局的切入点和着力点。在深入推进改革发展的新形势下，企业政治工作迎来前所未有的机遇和挑战，迫切需要我们紧扣安全生产这一核心，让安全文化落地生根，蓬勃发展，将政治工作有效转化为现实生产力，激活供电企业安全发展内生动力。

（三）打造"宁让汗成线，不让线停电"安全文化是职工群众全面发展的迫切需要

职工群众既是安全文化的打造主体，又是安全文化的受惠对象。在改革发展的新实践中，需要进一步维护好、发展好职工群众的利益，充分理解和尊重职工群众的发展需求，充分调动职工群众参与打造安全文化的积极性和主动性，使职工群众真正成为供电安全文化的创造者、守护者和受益者，实现企业安全发展和个人全面发展的有机统一。

三、主要做法

（一）以构建"宁让汗成线，不让线停电"理念文化为核心，引领企业内涵发展

培育和践行安全价值观，强化安全风险意识、严格管理与关爱职工思想，使安全价值理念成为广

大干部职工的共同遵循。

1. 以安全为导向，确立供电安全理念

紧扣"安全"这一主题，将"宁让汗成线，不让线停电"工作目标制成文化标识，引导职工牢固树立"安全是铁路的饭碗工程"的价值观、"安全就是最大效益"的效益观、"安全生产大如天，安全责任重于泰山"的责任观等安全理念，突出抓好防洪、施工、作业、应急等安全关键环节控制。

2. 以互动为手段，多样化宣传供电安全理念

以"宁让汗成线，不让线停电"为话题，在微信公众号开设专栏，刊发职工安全理念言论文章140余篇，使供电安全风险意识和供电安全理念入脑入心；开展座谈交流、专题研讨、征文竞赛、网络互动等群众性安全文化主题活动272场次，让职工在互动参与中提高供电安全理念的认知。

3. 以创造为根基，推动供电安全理念落地

以"宁让汗成线，不让线停电"为导向，常态化开展征集岗位安全格言警句、安全理念、安全"金点子"活动。以"一班组一理念，一车间一精神"为创建原则，在南昆线、湘桂线、柳南客专等站区，"南昆精神，薪火相传""精确检测、精细分析"等精神比比皆是，凝聚了职工群众的智慧和共识，汇集了导向安全的正能量。

（二）以打造"宁让汗成线，不让线停电"制度文化为基础，提高企业管理水平

健全完善安全管理机制、岗位作业标准，形成依法治企的价值导向，促进安全管理规范化全面落实。

1. 在明确管理责任中强化渗透

将"宁让汗成线，不让线停电"安全生产风险意识、责任意识、忧患意识和创新意识，渗透到安全管理责任体系中，按照逐级负责的原则，突出专业管理与综合管理整体协调，加强过程控制，提高管理效能。

2. 在完善管理制度中实现融合

将"宁让汗成线，不让线停电"文化理念与管理制度相融合，健全安全生产规章制度，构建科学严谨、简明管用的安全管理制度体系，确保管理有规范、作业有标准、应急有预案、行为有准则，实现文化与制度导向一致、作用互补。

3. 在规范管理行为中形成导向

把科学严谨、职责分明、严格管理的要求，渗透到各专业、各岗位、各环节，贯穿于安全生产全过程，进一步完善调查研究、监督检查、考核激励等管控机制，形成"宁让汗成线，不让线停电"安全管理系统化、规范化、标准化的鲜明导向。

（三）以培养"宁让汗成线，不让线停电"行为文化为重点，提升企业综合竞争力

把安全理念转化为安全实践，把制度固化为职业标准，形成安全行为的文化自觉，促进现场作业标准化落实。

1. 强化职业道德教育

以"马上学习"讲堂为载体，开设系列安全教育12期，学深悟透习近平总书记关于安全生产的重要指示精神，同时把铁路宗旨、铁路精神和安全价值观、责任观作为主要学习内容，开展职业道德教育。深化"党员五争·党旗飘扬"党建品牌，选树安全业绩好、业务技术优的先进典型，起到引领示范作用。

2. 强化业务技能培训

结合春运、暑运、防洪等各阶段急、难、重任务，开展群众性劳动竞赛、"学技对标，双创立功"、青年小班制积分竞赛、"青创先锋"等活动。引导职工"精一门、专两门、会多门"，向业务"多面手"和技能"全能型"方向发展，使得"靠提素质保安全、靠高素质求发展"成为职工的自觉行动。

3. 强化作业行为规范

把落实岗位作业标准作为"宁让汗成线，不让线停电"行为文化建设的根本任务，组建一支涵盖供电主要工种的标准化作业小分队，按照"标准流程讲解一遍、现场实操示范一遍、重点职工抽练一遍、示范结束总结一遍"要求，走进全段各班组，开展互动式教学示范，通过现场示范和图文并茂讲解，使业务学习更加生动具体。

（四）以创新"宁让汗成线，不让线停电"物质文化为载体，增强企业发展活力

践行"一切依靠大家、一切为了大家"的发展理念，积极改善职工生产生活设施、注重亲情化思想工作、努力实施职工保障制度。

1. 建设现代化的生产环境，夯实安全基础

实施"科技保安全"战略，积极引进新技术、新设备。依托6C管理体系研究，拓展完善轨道车、变配电、现场施工等信息平台建设，充分挖掘数据应用潜能，科学整合资源、创新数据运用，实现多专

业多维度检测监测体系化建设，为安全生产管理提供有力支撑。

2. 建设人本化的生活环境，凝聚职工人心

深化"美丽南供·我在行动"品牌建设，积极推进职场环境升级改造，着力打造干净整洁、文明和谐"家"文化浓厚的企业环境。坚持把职工文化建设与安全文化建设有机结合，做到文化体育活动紧扣运输安全主题，文化阵地建设着力为安全生产服务，寓教于乐，凝聚人心。

3. 建设和谐化的人文环境，营造保安全氛围

积极探索建设"家企联动"品牌，将亲情元素融入安全生产中，构建单位、家庭、个人三位一体的安全网络。组织职工家属"五个一活动"，即观看一部宣传片、观摩一次职工现场作业、参加一场座谈会、倾听一次职工心声、拟写一句安全寄语，增进家属对职工的职业认同、价值认同和情感认同。设立异地职工服务站，随时为异地职工家庭提供有力帮助，消除职工后顾之忧。

四、实施成效

（一）促进了企业的中心工作

打造"宁让汗成线，不让线停电"安全文化，真正达到了聚心合力，促进安全生产经营工作的目的。以学深悟透习近平总书记关于安全生产的重要指示精神为主，有组织开展设备运维工作，我们管辖范围内运营的高铁一级缺陷同比下降63%，CDI智能管理均值柳南客专从1.23下降至0.79，南广线从1.13下降至0.77。2021年，我段未发生责任一般D类及以上事故，责任故障和责任停时同比分别下降60%、54.5%，实现近10年来首次年度安全零事故，荣获国铁集团2021年度运输站段标准化规范化建设考核评价标杆站段。

（二）凝聚了统一的思想共识

打造"宁让汗成线，不让线停电"安全文化，使职工把遵章守纪作为一种自觉行动，把单位安全目标融入个人的目标追求，增强了干部职工安全意识、责任意识和使命感，提升了干部职工的凝聚力和向心力，全体职工心气更顺，全段风气更正更盛，为安全生产经营工作提供了有力保障。2021年，在集团公司供电系统中，我段标准化规范化建设评比和安全管理评估均排名第一，为集团公司荣获国铁集团供电系统2021年度专业管理考核评价全路第一贡献力量。

（三）锻造了得力的人才队伍

打造"宁让汗成线，不让线停电"安全文化，把学习安全先进典型与深化安全风险管理相结合，引导职工倡导崇尚先进价值取向，营造学习先进的文化氛围。2020年以来，我段参加自治区、集团公司职业技能竞赛11人获得前五名，荣获国铁集团职业技能竞赛继电保护工决赛团体第2名和个人理论第3、第4、第12，全路职业技能竞赛成绩取得历史性突破；党支部立项攻关81项，获集团公司科技进步、管理现代化创新成果、优秀质量管理成果奖9项，《铁路供电安全检测监测系统（6C）大数据综合利用平台》荣获2020年度中国铁道学会科学技术二等奖，获奖等级和数量都居集团公司前列。

关于"五精"安全文化在动车组运用检修领域中应用的探索和实践

中国铁路广州局集团有限公司广州动车段　何旭升　韦加恒　李　海　刘鹏飞

摘　要：创建以精细管理、精准作业、精湛技术、精良设备、精彩人生为主要内容的"五精"安全文化，为确保动车组运行安全稳定提供文化支撑。

关键词：企业文化；安全生产；文化理念；精细管理

一、前言

中国铁路广州局集团有限公司广州动车段（以下简称广州动车段）于2013年始创以精细管理、精准作业、精湛技术、精良设备、精彩人生为主要内容的"五精"安全文化，经9年多的探索实践证明，"五精"安全文化切合"推进优秀交通文化传承创新"[1]要求，有效助推动车组运用和检修工作，实现安全生产稳定。2019年，广州动车段企业文化建设成果荣获"全国铁道企业优秀文化成果"特等奖；2022年，被评为"广州局集团有限公司首批安全文化建设示范点"。

二、背景

广州动车段成立于2009年7月，全段共有职工6953人，95%及以上职工具备大专以上学历，平均年龄28岁；设有动车运用所9个、生产车间7个，分布在京广高铁辅助通道在湘粤两省贯穿常德、益阳、娄底、邵阳、永州、清远六市；承担京广、贵广等10余条高铁动车组运用和检修任务。动车组配属数量、资产规模、职工队伍人数、高级修理能力等排在全路前列。针对生产组织点多线长分散、高科技应用密集、职工队伍高学历等行业特点，迫切需要先进文化引领，"五精"安全文化应运而生。

三、"五精"安全文化理念内涵

"五精"安全文化理念内涵主要由精细管理、精准作业、精湛技术、精良设备、精彩人生为主要内涵。

（一）"精细管理"文化理念

坚持用精细的管理理念促进干部落责、职工落标，实现安全管理规范有效。

（二）"精准作业"文化理念

树牢职工"不按标准作业就是岗位最大风险"的思想意识，把"要我精准"的被动意识转变为"我要精准"的自觉行动，引导职工干标准活、修精品车。

（三）"精湛技术"文化理念

突出技术技能在动车检修专业与动车安全保障中的重要地位，培养高铁"工匠"、大师型人才，提升自主检修能力。

（四）"精良设备"文化理念

强化设备精调细修管理，规范设备管理流程体系，保证动车组专用检修设备时刻处于精良状态。

（五）"精彩人生"文化理念

搭建职工健康快乐生活平台，营造温馨舒适工作环境，增强职工的归属感、获得感和幸福感。

四、"五精"安全文化建设的总体思路和目标

（一）"五精"安全文化建设思路

坚持"把安全文化建设作为增强防范安全风险内在动力的重要抓手"[2]，突出"一个中心""两个落脚点""两个层面"。"一个中心"，即坚持以"创建全路一流动车段"为中心。"两个落脚点"，一脚落在动车组安全管理，体现在安全生产全过程；一脚落在提升职工素质，体现在人才队伍建设。"两个层面"，在制度层面上，建立健全完善的管理体系，引导职工自觉落实标准化作业；在阵地层面上，拓展宣传平台，传播企业文化。

（二）"五精"安全文化建设目标

实现"五精"安全文化与安全生产深度融合，

达到用文化凝聚人心、用文化促进管理、用文化规范行为、用文化铸造精品。

五、"五精"安全文化的实践及成效

围绕"创建全路一流动车段"工作目标,将"五精"安全文化贯穿管企治企全过程,促进各项工作质量提升。

(一)"精细管理"文化提升精益管理水平

坚持把"精细管理"文化贯穿到经营管理全过程,实现理念"创先"、管理"创新"、经营"创效"的精细管理目标。

1. 理念"创先"

坚持在管理上强化"精益求精"的理念,形成"一岗一职责""一岗一标准""一事一流程"精细管理体系。在岗位职责上,编制安全管理指导书、工作流程图,达到"有岗必有责"精细管理目标。在工作标准上,推行"一岗一标准"。在办事流程上,推行"一流程一图表"精细工作方法。

2. 管理"创新"

坚持在管理手段上创新思维。扩大人工智能、5G通信、PHM(设备级的监控、诊断、维护,产线级的生产过程管控,企业层面的资源计划和优化配置)、物联网等先进技术在动车组运用检修领域的应用,提升劳效水平和安全防控能力。

3. 经营"创效"

以党建品牌、劳模工匠创新工作室、配件维修中心为牵引,大力开展创新创效、修旧利废,发动全员开展经营攻坚,促进经营提质增效。

(二)"精准作业"文化提升职工业务技能

坚持把"精准作业"文化融入职工的行为之中,严格制定、执行、监督作业标准,让职工"零风险"作业。

1. 严格制定"标准"

注重实际,根据不同岗位、工序等作业特点,编制检修工艺文件、设备操作规程等作业指导书,确定作业标准、细化作业流程,做到"一岗一标准"。注重实用,建立作业指导书验证、审核等管理机制,反复验证和持续修订完善作业指导书,保证作业者一次作业精准到位。加强技术标准归口管理,开发作业指导书发布平台,确保作业指导书权威性、唯一性。

2. 严格执行"标准"

实施动车组关键部件检修分级卡控制度,细化全过程卡控、安装过程卡控、结果复查卡控措施,实行记名检修制度,实现作业过程可追溯、结果可考核,确保作业标准执行到位。落实现场盯控"四级"卡控措施,严格执行"合"字标记、"三色标记"和开关裙板标记"等作业卡控法,做到关卡层层衔接、流程环环相扣,防止漏检、漏修等问题发生。推广一线生产骨干作业"小绝活""小窍门",提炼成典型作业法、作业口诀,实现复杂作业流程简单化、图示化。

3. 严格监督"标准"

制定标准化作业对标评定办法,细化作业过程、作业质量等标准内容,定期开展作业对标活动,客观评价作业人员标准化作业执行情况。安装作业评价系统,通过无线巡更读卡器、视频监控摄像头等科技手段,全方位监控检修作业过程。制作反面典型教育警示图册,让职工心中时刻"有戒",增强对安全的敬畏感。

(三)"精湛技术"文化练就高铁精兵工匠

坚持把"精湛技术"文化作为高铁工匠人才追求的目标,着力培养大师工匠型人才队伍。

1. 注重传播"匠心"

坚持把创新作为高铁工匠的"匠心",利用新工入路培训、全员轮训等时机,安排"铁路工匠""广铁工匠"现场授课、座谈交流,分享创新理念、创新成果,引导职工开展创新创造。开展"创意奖"评选,鼓励职工开展"小发明""小设计"等创意活动,激发职工创新创造活力。提炼"高铁工匠"创新成果、建成安全格言、先进典型风采等4条文化大道,潜移默化影响职工言行。

2. 聚力锤炼"匠艺"

定期开展动车组机械师运用检修、高级检修等职业技能竞赛,"微比武"保"大安全"典型微故障处理比赛、动车组故障"视频大找碴"竞赛等学技练功活动,引导职工从技能比拼中锤炼本领;建设常金明劳模工作室、"双师"工作室等劳模工匠创新工作室,开展CRH3系列动车组牵引冷却系统维护、CRH3C动车组提高重联效率研究等课题研究,搭建多个岗位、多个层次的学习交流平台。

3. 着力培养"匠人"

研发"动车组3D模拟应急故障实训考核系统",利用3D模拟仿真形象生动、覆盖面广的特点,让职工在仿真环境中完成动车组制动失效、牵引丢失等各种应急故障处置,增强培训效果。开发"一日一题"网络学习考试系统,汇编动车组机械师岗位"应知应会"知识试题库,覆盖动车组运用检修、高级检修等各个领域,实现随机出题、即时评分。创建CRH2、CRH3动车组实训中心,配置司机室操作台、弓网装置等1∶1实训模型,创造身临其境的培训环境。建立"精英"培训机制、实施专业技术人员"塔尖人才"培养计划等培养措施,促进各类人才脱颖而出。

（四）"精良设备"文化打造高铁一流装备

打造铁路科技创新文化园[3],坚持运用"精良设备"文化促进设备用管修水平的提升,为确保动车组运营安全稳定提供科技保障。

1.设备运转"高效"

修订完善设备操作规程,优化高级修分解、组装等流水线设备布局,实现设备功能辐射范围最大化,以及运用现场看板管理,实施车轮压装系统、轮辋轮辐探伤系统等设备可视管理,将复杂流程以简易图示进行分解演示,将关键作业以流程图示进行操作引导,让职工最快速度弄懂设备运转原理、掌握应急处置措施。

2.检修维护"高标"

加强设备科学检测、精调细整,精细设备"用、管、养、修"监督考核内容,定期开展设备质量对标检查、"红旗设备"平推检查评比,分析设备运行数据,精确掌握设备变化趋势、故障规律,确保设备时刻处于精良状态。

3.监控分析"高技"

借助现代科技"眼、手、耳、鼻"智能功能,广泛应用综合智能检测机器人、360机器人、探伤机器人等智能化装备,以及动车组数字化精准维修平台、PHM系统等先进技术,推进一、二级修和5T管理信息化,防范重大安全风险隐患。

（五）"精彩人生"文化引导职工健康快乐生活

坚持运用"精彩人生"文化提升职工素质,激发职工干好动车工作的内在动力。

1.搭建"快乐生活"平台

推进"光荣的动车人"仪式体系建设,常态化开展入路、入党、入团、升国旗等"八个仪式"教育,增强职工的归属感。组建合唱团、摄影书画协会等10个社团组织,定期举办"动车杯"系列文体活动、"光荣的动车人"段歌大合唱等活动,推进学习、文明、红娘、健康、攻关"五个行动",丰富职工工作8小时以外生活。

2.搭建"轻松工作"平台

建设"五大标准间""恒温"检修库,改善生产生活条件,让职工轻松愉快工作。发挥"互联网+"优势,拓展办公OA网络办公功能、党建信息系统功能,实现"指尖"快速办公、"掌中"有效沟通等便捷工作。在春运、暑运等任务繁重期,邀请心理培训师现场授课等减压活动,引导职工科学处理工作压力。

3.搭建"成长成才"平台

创新实施"三横十纵"人才发展机制,打通管理、技术、操作技能人员互流互通渠道。创新实施管理和专业技术人员"能上能下",开展一般管理和专业技术人员竞争性选拔,强化年度综合考核结果运用,形成能者上、庸者下的用人导向。创新实施操作技能岗位聘任制改革,实施班组长全解重聘,开展质检员、调试员等岗位公开竞聘上岗,严把关键岗位人才关口。自2013年以来,培养"铁路工匠"1人、"广铁工匠"8人、"全路技术能手"17人、"广铁技术能手"88人;2017年、2018年连续获得全路动车组机械师职业技能竞赛团体第1名,2020年获得全路首届动车组高级修职业技能竞赛团体第1名。

六、结语

经9年多的探索实践证明,"五精"安全文化契合新时代铁路精神,有效激发职工钻研业务、干好工作的积极性,确保安全生产持续稳定。

参考文献

[1]交通强国建设纲要[M].北京:人民出版社,2019.

[2]新时代交通强国铁路先行规划纲要[J].铁路采购与物流,2020,15(08):26-32.

关于深化铁路安全文化建设的思考

国能黄大铁路有限责任公司　孙　印　陈会波　王冬立　苑亚宁　关晓天

摘　要：在现代化社会建设过程中，需要大力弘扬具有鲜明时代行业特色的铁路文化，通过安全文化制度、安全文化理念的确立，促进铁路文化事业的繁荣发展。铁路行业的文化建设要为人们提供优质的服务，创新传统的经营理念，安全文化作为铁路文化的重要组成部分，需要结合当前的社会发展环境，深化铁路安全文化建设。本文主要探究铁路安全文化建设内容，在此基础上分析铁路安全文化建设路径，在铁路事业范围内为广大职工树立"安全第一"的文化思想，落实安全责任制，保证我国铁路行业的长期稳定发展。

关键词：铁路；安全文化；建设思考

中国铁路行业的高速发展，需要建立安全管理机制，提高铁路各部门的安全防控能力。在企业范围内推广职工安全思想教育工作，只有做好安全文化建设，才能保证铁路运输的安全性，更好地为人们提供优质的服务。树立安全理念，践行安全机制，熟练掌握安全行为，要求铁路企业的领导层、管理层和操作层积极参与到安全文化建设中。教育培训可以结合丰富多彩的社会活动，针对不同类型的安全事故，要求铁路部门各司其职，做好生产组织管理工作，塑造良好的铁路形象，全面提升铁路行业的市场竞争力。

一、铁路安全文化建设内容

（一）安全理念

铁路安全理念是安全文化建设的重要环节，铁路企业在长期的经营发展过程中，工作人员已经形成了一定的安全意识，并取得了良好的精神成果。铁路安全文化建设在安全管理系统中始终处于核心地位。安全理念一直处于铁路安全系统的主导地位，也是铁路安全文化建设的核心，在安全理念培训中，要注重员工的情感体验，不断创新铁路员工安全意识、安全思维培养手段，践行与安全防护相关的哲学性理论。作为一种深层次、无形化的安全思想意识，要求铁路员工具有较高的安全需求和良好的安全行为，能够自觉地遵守各项规章制度，有条理地处理各类安全问题。

（二）安全制度

铁路安全制度是安全文化建设的先决条件，安全制度的确立需要得到铁路员工的广泛认同，能够在日常工作过程中自觉地遵守铁路机制，调整铁路企业的组织形态，将安全制度作为经营管理的外显文化，出台一系列规范性文件，对铁路企业经营决策和铁路员工的工作行为做出有效约束。铁路制度是铁路安全文化的组织形态，既包括对工作人员的安全保护，同时也包括对各项安全规章制度的有效践行，不断调整安全管理操作流程，针对当前铁路工作存在的各类风险隐患，制定出科学的防范措施，在企业内部落实安全责任制。安全制度要符合安全工作根本需要，负责安全制度建立的工作人员，需要具备良好的安全素养，熟悉铁路工作的具体流程，明确安全生产需要达到的关键目标，根据各项经营活动的开展情况，探究安全生产的基本规律，总结以往的铁路安全管理经验，对安全理论进行升华与完善。制定出规范化、科学性的安全制度，全面提高铁路企业管理质量，维护铁路安全生产，强化安全文化对工作人员的引导性和感化性作用，健全安全战略指导机制。

（三）安全行为

铁路安全行为是安全文化建设中的根本目标，安全行为主要指的是铁路员工在日常经营、生产和工作中所做出的各类活动，分析各类安全文化现象，判断能够影响员工行为的主要因素。除了当前铁路行业所创造的工作环境外，作业工具、职业素养等客观因素都会影响到员工的安全行为，除了客观条件外，还包括员工自身的情绪、性格等主观因素，同样会引发安全事件。安全行为管理需要分析不同类型人们所具有的行为特点以及在日常工作中的行为倾向，当出现风险事故时要判断该事故与个人行为之间的关系，在安全行为管理中要做到扬长避短。一部分由主观因素所引起的安全事故，需要从人员内在情绪调节方面入手，通过教育、检查、走访等手段，对员工的个人行为进行调解。一部分由客观因素所引起的安全事故，要改进工作环境或作业工具，适当地进行岗位调整，一系列管控手段要具有针对性，适当地进行工作人员调解和鼓励，采用科学的指导方案，强化安全行为管理质量。

二、铁路安全文化建设路径

（一）领导层安全文化建设

领导层安全文化建设，需要注重思想观念、个人态度的引导，充分发挥出铁路领导层的引领性作用，贯彻落实我党提出的各项发展决策，改变当前铁路行业的安全面貌。铁路领导层要强化对安全文化的认识，将安全文化建设作为企业综合竞争力提升的重要保障，全面践行"以人为本"的政治决策，了解底层员工的切实需求。同时，铁路领导层要虚心借鉴铁路安全管理的成功经验，维护铁路行业的长治久安，企业领导层要开言纳谏，拓展与员工的沟通渠道，主动吸收工作人员提出的意见和建议。要创造性地开展安全文化建设工作，努力尝试全新的管理方法，并以身作则树立典型，在精神上起到表率作用，提高个人的理论素养和文化修养，做到知人善任，做好企业岗位职能分配，只有实现工作人员的最佳组合，才能取到理想的安全文化建设效果。

（二）管理层安全文化建设

管理层安全文化建设，在强化安全管理的同时，铁路企业的管理者要充分认识到柔性化管理的引导性作用，转变传统的企业内部管理模式。铁路企业安全文化建设工作是一项全员参与的系统化工程，企业管理层作为各项决策执行的主体，需要充分发挥带头作用，能够保质保量地完成工作。要求树立大局观意识，形成清晰的工作思路，能够精准地下达领导层的战略意见，建立明确的工作目标。管理层需要树立责任心、事业心，要以积极乐观的态度做好与上下级之间的沟通和协调，只有加强各部门之间的有效配合，才能够强化安全管理质量。

（三）操作层安全文化建设

操作层安全文化建设，要宣传铁路行业所制定的安全文化建设目标，要求工作人员积极配合，充分发挥企业操作层的主观能动性，全体员工共同参与到文化建设中。

定期开展职业培训，要求铁路的基层员工学习各类安全知识，加快铁路行业的现代化进程，积极引进新技术和新设备，通过培训提高工作人员的职业素养，满足人民群众对铁路安全运输的根本要求，只有让员工更好地胜任本职工作，才能够充分发挥团队合力。

在铁路企业内部进行安全行为规范宣传，行为约束的主要方向包括员工的人际关系、员工参与的文娱活动以及员工的工作流程。铁路职工在参加工作的过程中，为了保证铁路安全运输和安全生产，需要养成良好的职业习惯，严格遵循各类安全制度。

安全文化教育包括职业道德培养和职业技能培养两个方面，需要整合教育资源，有计划地完成安全文化教育工作，让广大员工认真履行个人的工作职责，强化对企业的认同感。

三、结语

通过系统培训让广大职工树立责任意识，能够主动参与到企业安全文化建设中，做好安全文化的宣传工作，强化铁路成员对安全思想、安全理论、安全实践的有效认识，明确在安全文化建设中自身承担的义务和责任，养成良好的职业习惯，自觉遵守安全操作程序。利用现代化网络平台建立安全宣传阵地，管理者可以采用丰富多彩的宣传形式，营造安全文化氛围，在工作实践中规范安全标志，潜移默化地改变干部职工的思想和行为，提高各部门管理人员的安全文化自觉。

参考文献

[1]杨锦峰. 铁路企业安全文化的建设分析[J]. 今日财富(中国知识产权),2020(04):174-175.

[2]覃红. 对新形势下加强铁路企业文化建设的思考[J]. 理论学习与探索,2018(04):67-68+83.

[3]王志忠. 朔黄铁路公司安全文化建设探索与实践[J]. 现代国企研究,2018(10):287-288.

[4]方腾. 在新形势下加强铁路安全文化建设的思考和建议[J]. 报林,2018(01):72-73.

企业安全文化建设研究

中铁上海设计院工经院　臧鹏飞

摘　要：本文通过安全理念建立、安全理念载体建设及安全文化培训体系建设三个方面对企业文化建设进行研究。通过相关研究同时考虑安全理念的可靠性、系统性、相关性建立了20条安全理念条目；在安全理念载体建设方面，从活动载体、传播媒介载体两个方面对其进行论述，为企业进行安全活动提供参考；在安全文化培训体系建设方面，本文从培训需求分析、培训策划、培训实施以及培训效果评价四个方面对其进行分析，为企业安全文化培训体系建设提供指导。

关键词：安全文化；安全理念；建设途径

一、引言

自安全文化于1986年被学者提出后[1]，受到了诸多学者的关注及研究[2]-[4]，各企业对于安全文化建设的需求日益强烈。随着《企业安全文化建设导则》[5]（以下简称《建设导则》）的正式实施，国内各企业在进行企业安全文化建设工作时也有了可行的标准。

各企业在《建设导则》的指导下进行安全文化建设活动，能够有效地增强员工安全意识，规范员工安全行为，防止安全事故诱因的萌生与发展，最终实现最大程度降低周边事故风险的目的。但企业在进行安全文化建设具体实施过程中存在问题，如不知如何开展文化建设，仅进行标语张贴，不能开展有效活动及培训，因此本文计划从企业安全文化建设方面出发，通过分析参考相关文献，进行企业安全文化建设方面相关研究。

二、企业安全文化建设具体途径研究

（一）研究内容

由于不同企业对于安全文化的理解不同，因此在实际安全文化建设中的操作也不尽相同，此处参考相关论文将安全文化定义为组织内部各层面的每一位员工所长期共享的，能够通过各种有效方式在企业内广泛传播的，与安全工作相关的一系列观念的总和，其本质应归结为思想及精神层面，其受多方面因素影响。一方面其具有很强的理论性，需要依靠正确理论指导；另一方面其具有较强的实操性，需要在现实工作中能够具体执行，因此本文计划从理论与实践两个方面对企业安全文化建设进行研究。

（二）安全理念建立

通过上文对于安全文化的定义，将其本质归结为思想及精神层面，因此企业在进行安全文化建设的过程中需要其内在价值及理念建设，赋予安全文化内在意义，并将其作为企业安全生产总的指导思想。

在安全理念建立过程中，应当考虑理念的可靠性、系统性、相关性。可靠性即企业所建立的安全理念是否准确，能否可靠地表述组织内部对于安全管理的指导思想；系统性即指理念能够相互印证，构成一套完整体系；相关性是指所建立的安全理念是否与企业安全的活动有关。

综合安全文化定义及安全理念构建原则，并通过阅读相关文献，笔者提出了20条安全理念，见表1。

表1　常见的安全理念

序　号	安全理念	安全理念标语表现
1	安全重要性	"什么事都只有活着才能干，所以平安最重要" "安全生产牢牢记，生命不能当儿戏"
2	事故可预防性	"安全情系你我他，预防事故靠大家" "事故不难防，重在守规章" "与其事后痛哭，不如事前预防"
3	安全效益	"安全是企业最大效益" "安全出效益，安全促发展"

续表

序 号	安全理念	安全理念标语表现
4	安全意识	"思想上的隐患是最大的隐患"
5	安全生产主体责任	"人人讲安全，安全为人人"
6	安全投入	"隐患不息、安全投入不息" "保证安全投入"
7	安全法规及制度	"落实安全规章制度，强化安全防范措施"
8	安全价值观	"统一安全思想、统一安全价值观"
9	安全部门作用	"管工作必须管安全" "管生产必须管安全"
10	员工参与程度	"依靠全员实现安全，实现安全惠及全员" "人人都是安全员"
11	安全培训	"安全警句千万条，安全生产第一条。千计万计，安全教育第一计"
12	安全管理体系	"管理基础打得牢，安全大厦层层高"
13	事故调查	"事故原因未查清不放过 事故当事人和群众没有受到教育不放过 事故责任人未受到处理不放过 事故单位没有制订切实可行的预防措施不放过"
14	安全检查	"大事皆由小事出，抓好小事无大事"
15	受伤职工关怀	"珍爱生命，互相关爱"
16	安全业绩	"知己知彼，方能提升安全业绩"
17	设施可靠度	"设备零缺陷，系统零隐患"
18	安全业绩掌握程度	"知己知彼，方能提升安全业绩"
19	安全目标	"安全改进永无止境"
20	应急处置能力	"应急处置是安全生产的最后一道防线" "应急预案多演练，事故突发不慌乱"

（三）安全理念载体建设

安全理念载体可划分为安全理念活动载体、安全理念传播媒介载体。安全理念活动载体即宣传、传播各类安全理念的各项活动，根据活动性质可分为竞赛活动、宣传活动、表彰活动。安全理念媒介载体即能传播安全理念的各类文字、声音、图形、图像、动画和电视等多种类型的手段或方式[6]。

1. 安全理念活动载体

在完成安全理念条目建设之后，企业等主体可通过各类载体将理念文化进行传播，根据活动性质可分为竞赛活动、宣传活动、表彰活动。各类活动所包含的活动形式见表2。

通过以上多种形式活动的组织，将企业所倡导的安全理念传达到各位员工，提高员工参与积极性，使安全的观念深入人心，助力企业安全文化建设。

2. 安全理念传播媒介载体

安全理念及文化传播的载体主要包括与安全文化（安全理念）相关的报刊、书籍、电台广播、短信平台、各类软件平台、电视、网络、视频库、LED显示屏、宣传板报、文化长廊等形式。

表2 安全理念活动载体

序 号	活动性质	活动形式
1	竞赛活动	安全知识竞赛 安全演讲比赛 安全辩论赛 安全文化、理念征文
2	宣传活动	安全文化月（周） 安全宣誓 文化文艺汇演等
3	表彰活动	安全表彰会 安全文化先进个人评选 安全文化先进集体评选

（四）安全文化培训体系建设

在完成安全理念条目构建之后，需要采用安全文化培训的方式，使得员工理解安全文化元素及其内涵，并主动将其运用至现实工作之中。

安全文化培训可从安全文化培训需求分析、培训策划、培训实施以及培训效果评估四个方面进行，其效果取决于企业的培训体系的建设情况。

1. 安全文化培训需求分析

在进行安全文化培训前，企业需根据现实情况明确当前的安全文化培训需求。首先，企业负责安全的相关部门及其他相关部门应先行收集企业的安全业绩信息，如员工违章作业率、企业安全事故发生率等，以企业现有安全文化水平同企业的安全期望的安全文化水平进行比较，确定培训强度。其次，分别与组织内部各层级员工进行座谈，通过谈话方式了解他们对安全文化的理解情况、对安全理念的认识水平。最后，收集自身企业近年来的事故案例，运用鱼刺分析图，界定在这些事故中企业对安全文化元素认识的不足。整理企业现有的、已推行的安全理念，与文中提出的20项安全文化元素比较，得出异同。综合上述访谈、比较和分析的结果，企业可以较为准确地并有针对性地提出安全文化培训需求。

2. 安全文化培训策划

（1）培训内容。培训内容的设计作为安全文化培训体系的核心。其设计应紧密结合上述需求分析的结果，采取有针对性的培训。安全文化培训内容应进行区分，可将其分为基本培训内容及特色培训内容。

基本培训内容：①安全文化定义。向被培训人员进行安全文化定义及内涵的讲述，使得员工了解安全文化所包含的内容，这是安全文化培训开展的最基本内容；②事故致因理论及鱼刺图。通过鱼刺图的方法使被培训人员了解事故发生的规律以及安全文化在事故产生过程中的因果关系；③事故预防理论。通过该项内容的培训使员工了解事故预防手段及安全文化在事故预防中所起的根源性作用；④20个安全文化元素的内涵及作用原理。使被培训员工明确安全理念条目的涵义及其对安全业绩的作用原理；⑤事故案例。通过事故案例讲述使员工了解事故的原因，强化被培训人员对这些安全文化元素的重视程度。

特色培训内容：结合培训需求分析的结果，针对企业内部不足，对某些安全文化元素进行专题培训。它是基本培训内容的进一步延伸和拓展。

（2）安全文化培训方式选择。灵活多样的安全文化培训方式是确保培训质量的手段之一。

在培训过程中，传统的授课式培训仍作为主要的培训方式。由于其理论性较强，容易使人感到乏味枯燥，所以，各企业在采用授课方式进行安全文化培训时，结合企业内部、同行业兄弟公司的事故案例，借助新型科技手段，展示安全文化的作用及安全文化元素的内涵。除传统方式外，企业还应采取创新型培训方式如情景教育培训、安全竞赛培训等，使其更生动和有效。

3. 安全文化培训实施

在培训实施的过程中，企业需加强培训管理工作，做好记录，安排专人对培训活动进行监督，保障课堂纪律及活动顺利进行；同时建立健全员工安全文化培训档案管理，将参训员工信息进行记录，以便对其进行后续的回访工作。

4. 安全文化培训效果评估

在培训实施完成后，需采取措施对培训实施情况和实施效果进行追踪，用以检验企业安全文化建设培训有效性。企业对培训过程及效果进行评估的方式为：①发放调查问卷。通过向被培训人员发放问卷，收集对培训内容、方式等的看法；②行为表现统计。通过采集培训后员工一定时间段内的行为表现及企业事故发生情况，与培训前的违章行为、事故发生数量进行对比。此阶段的评估需耗费企业大量的人力和财力，但对企业是最有益的，同时结果也是企业进行调整下一次安全文化培训的依据。

三、结语

本文通过安全理念建立、安全理念载体建设及安全文化培训体系建设三个方面对企业文化建设进行研究。通过相关研究同时考虑安全理念的可靠性、系统性、相关性建立了20条安全理念条目；在安全理念载体建设方面，从活动载体、传播媒介载体两个方面对其进行论述，为企业安全活动举办提供参考；在安全文化培训体系建设方面，本文从培训需求分析、培训策划、培训实施以及培训效果评估四个方面对其进行分析，为企业安全文化培训体系建设提供指导。

参考文献

[1] INSA G.Summary Report on the Post-Accident Review Meeting on the Chernobyl Accident(Safety Series No.75-INSAG-l) [R].Vienna:IAEA，1986.

[2] David G I. Summary Report on the Post-Accident Review Meeting on the Chernobyl Accident: Safety Series No.75–INSAG–1[J]. Physics Bulletin,1987,38(6).

[3] 刘孙政，黄德铺，黄日胜. 基于WSR-云组合测

度模型的矿山安全文化建设评价[J].化工矿物与加工,2023,52(02):27-33.

[4] 陈文峰. 石化工程安全文化建设的必要性和改进研究[J]. 品牌与标准化,2022(S1):168-170.

[5] 王森. 安全文化赋能企业健康发展[J]. 农电管理,2022(06):17-18.

[6] AQ/T 9004-2008,企业安全文化建设导则[S].

[7] 邱成. 试论企业安全文化之倡导[J]. 川化,2002(3):41-44.

[8] 赵屾. 安全文化视觉识别系统设计方法研究[D]. 北京:中国地质大学,2014.

企业安全文化与安全环境建设

中铁上海设计院集团有限公司城建院　杨涵辛

摘　要：文章论述了在"十四五"规划的时代背景，企业坚守安全文化理念，指导布局安全管理政策，从而营造安全生产生活环境。

关键词：安全理念；安全管理；安全环境

一、引言

自"十四五"规划首次提出"平安中国"的概念以来，我国对安全文化理念的重视，首次提升到了国家战略规划的层次。"十四五"时期是我国在全面建成小康社会、实现第一个百年奋斗目标之后，乘势而上开启全面建设社会主义现代化国家新征程、向第二个百年奋斗目标进军的第一个五年。在新冠疫情的持续影响的背景下，这是迄今为止中华民族发展道路上，蕴含能量最高，发展势态最猛，转折程度最高，也是世界格局最为严峻与复杂的根本性拐点，是"百年未有之大变局"，是充满了挑战与机遇的。正是在这样的时间节点上，党中央、国务院对安全文化的重视提升到一个新的高度。

二、安全文化的提出

安全文化的理念首次被提出是在1986年切尔诺贝利核电站事故中，国际核安全咨询组在事故报告中首次提出。安全文化是存在于单位和个人中的种种素质和态度的总和[1]，是安全理念、安全意识以及在其指导下的各项行为的总称。企业安全文化理念是为企业的安全生产、生活、生存活动提供强有力的保障与支持。

三、新时代"大变局"中的安全文化

安全文化在企业中的应用即所谓的企业安全文化。企业只要有安全生产工作存在，就会有相应的企业安全文化存在。深化企业安全管理制度，营造企业安全生产环境，推动企业安全文化的建设是企业不可缺少的重要组成部分。

区别于安全技术手段与安全管理制度，安全文化是通过以人为本的核心思想，将安全理念贯彻到企业员工中，通过培养科学合理的安全价值观，指导制定完备的安全生产管理规范与制度，建设形成完善的企业安全环境。

在疫情常态化防控的形势下，企业如何贯彻实现安全环境的建设成了一个重要问题。本文就安全文化理念建设企业安全环境，提出了相关要点与建议，供企业生产生活活动作为参考，且做抛砖引玉之用。

四、安全文化建设的创新探索

（一）提炼安全文化理念的精髓，确立安全文化的战略地位

从号召多年的"安全第一，预防为主""隐患胜于明火"到今天的"统筹发展与安全"，客观来说这些都是基于国家与社会层面所倡导的安全理念，属于大范畴的安全理念。如果对企业安全理念的理解和建设仅仅止步于此，就容易将其僵化、口号化，难以落于实处。同样的，如果缺失安全文化理念精髓，则意味着尚未构建安全文化理论支持体系，这严重阻碍了企业安全文化建设工作的推动进度。

一个优秀的企业安全文化理念，应当是企业为适应国家安全发展的需求，响应国家现代化发展政策，在统筹传统安全与非传统安全，保障企业安全生产、员工安全行为的基础上，综合运用与企业安全相关的管理学、哲学等要素，提炼的具有先进性、指导性、系统性的精练语句。

安全理念能够指导企业员工正确认识自身，明确以怎样的态度与方法去实现安全生产，从而达成从"要我安全"到"我要安全"，最终演变为"我会安全"的思想认知与观念[2]。最终实现安全文化保障劳动者的身心健康，消除或预防潜在危险，确保企业生产的顺利进行。

（二）贯彻安全文化理念，指导布局安全管理政策

理念是行动的先导，一定的发展时间都是由一

定的发展理念来引领的。安全管理需要在特定条件下的人文环境,人的意识形态、观念、价值观、认知、理想、信念等都是管理的基础[2],在特定的条件下采用特定的管理方式才能达到预期且必然的管理效果,所以贯彻落实企业安全理念是实现企业安全管理的基础。企业的安全理念落地生根变为自觉实践,需要实现以下关键点。

1. 领导的认知是关键

企业中的各级领导干部的思想认知是否深刻,行动是否到位,决定了一个企业安全文化的成效。《孙子兵法·谋攻》有言"上下同欲者胜"。理念是作为指挥棒,企业领导就是指挥家,要在思想上、认识上、行动上始终把握好安全理念前进的方向,做到知行合一,引领发展。

2. 安全管理信息化

虽然在企业安全管理与生产经营的过程中,人为因素起到了主导作用,但人类的精力并不是无限且无懈可击的。在当前知识经济与信息时代,企业安全管理体系已从规模性、范围性转向速度性、网络性,企业面临着日趋激烈的市场竞争和国际化发展的要求,不能再照搬过去传统的管理方式与管理理念,信息化之路是未来企业发展不可阻挡的战略趋势。在现代信息技术飞速发展的今天,在信息时代,企业现代信息技术水平的高低,将成为企业竞争力强弱的重要标志。可以说,没有企业信息化,就没有企业现代化,实施企业安全管理信息化,是时代所需、企业发展所需。企业的生产经营管理方式正随着网络技术的发展而朝着信息化、网络化方向发展,一场以互联网为标志的信息技术革命正在改变着人类的生产、生活,人类正步入信息经济时代。

3. 安全理念是安全管理的灵魂

三个敬畏指的是牢固树立敬畏生命、敬畏法律、敬畏责任的工作理念。安全生产,人命关天,发展决不能以牺牲人的身心健康乃至于生命为代价,效益决不能以放弃安全责任为代价,这必须作为一条不可逾越的红线。

"敬畏生命"是落实科学发展观的具体体现,对生命的敬畏心与保护需要秉持着"一切事故都是可以预防的"安全理念,有助于提高社会及企业的安全主观能动性[3]。一方面在大局观的认识上引导改进了行为方式;另一方面,减少小事故产生的次数也起到了安全累积效应,正如《史记·李斯列传》有言"泰山不让土壤,故能成其大;河海不择细流,故能就其深"。

牢记"敬畏法律",是根据一系列新法律、新法规、新要求,要不断增强法律意识和自我保护意识;传统管理模式的"金字塔"型体系使得执行力在上传下达的过程中层层衰减。

突出"敬畏责任",落实完善"党政同责、一岗双责、齐抓共管、失职追责",加大安全责任目标考核,关键做到安全生产责任横推到边、纵向到底,全员全方位、全过程、全时空管理。健全企业全员安全生产责任体系,严格落实安全生产的主体责任,切实加大安全生产投入,夯实安全生产基础,加强对从业人员的教育培训,更新完善各项安全管理制度和安全保障措施。

4. 坚持预防为先,优化安全生产环境

防范化解安全风险,头脑要清醒,行动要有力。我们既要能够对风险挑战做出及时反应,更重要的是有防范风险的先手。既要打好化险为夷、转危为安的突发事件"遭遇战",更要构建好防范和抵御风险的战略预防"要塞"。

中铁上海设计院集团有限公司城建院(以下简称城建院)严格按股份公司及集团公司部署安排,认真开展以"遵守安全生产法、当好第一责任人"为主题的"安全生产月"活动,各部门将活动通知传达到每位员工,工作重点是各地项目部,包括集中学习、办公环境检查、制度隐患排查等方面。株洲站改扩建工程指挥部组织施工人员积极学习和贯彻集团公司"安全生产月"有关精神,配合中国铁路广州局集团有限公司实施长沙工程。施工作业进入高风险的普速场三、四站台区域时,与施工指挥部一起作战,认真摸排和研判近期潜在的风险源,有针对性地提出降低风险等级的有效措施。针对营业线和邻近营业线施工的范围和内容,按照集团公司的统一部署要求,以正式的工作联系单的形式向建设单位和其他参建单位发出了安全风险和隐患预警。针对风险等级较高的高架候车厅上跨营业线施工和出站地道下穿营业线施工,按照指挥部要求配合各方做好安全施工防护方案,认真参加危大工程施工方案专家论证会,进一步加强现场巡查,落实按图施工,确保了施工质量。

2022年年初,奥密克戎变异毒株进一步增大不确定性,国内疫情多点散发,外防输入任务艰巨。新春伊始，上海市面临了严峻的挑战，突如其来的疫情，给这座城市按下了"暂停键"。在这样的特殊背景下，如何确保企业生产安全有效性成为一个重大难题。

作为身处腹地的央企，更应发挥自身专业及行业优势、合理安排生产、灵活采取措施，为稳产抗疫促发展贡献了应有的力量。城建院秉持着"三提前，三跟踪，五排查"的安全理念，提前制定项目节点安排，提前预通知准备，设计提前安排手头工作计划，做到凡事有准备；跟踪项目节点提资，跟踪专业技术问题，跟踪项目外部接口问题，做到问题及时解决、有效沟通；不定期进行"查思想、查管理、查制度、查风险源、查事故处理"的"五查"工作。院内制订各重点项目居家办公计划，并采取多样举措外抗疫情，内保生产。每天采取疫情上报机制，安排各部门定时进行线上视频工作打卡，并随机抽查工作成果。确保居家期间不能影响工作正常开展，并且保证各项目居家不停步，全面采用线上办公的流程，保障了生产效率。

五、结语

当前，我国企业生产管理内外部环境发生了巨大变化，各种突发安全事故还时有发生。因此，加强企业安全建设工作永远任重道远。只有从明确安全理念、完善安全管理机制、健全安全责任体系、狠抓安全风险预防等全方位入手，企业的安全文化与安全环境建设才会从根本上实现"本质安全"。

参考文献

[1] 吕慧，高跃东. 浅谈我国安全文化的现状与发展 [J]. 现代职业安全，2021(01):22-25.

[2] 聂强兵. 安全管理中安全理念述论——以DJ公司为例 [J]. 低碳世界，2019,9(01):306-307.

[3] 谢英晖. 我国安全生产长效机制建设的核心问题 [J]. 安全，2016,37(02):1-4.

构建基于本质安全的公交管理"4S模式"

淮安市城市公共交通有限公司　庄德军

摘　要：淮安公交认真学习贯彻习近平总书记关于安全生产工作的重要论述，对安全产品、安全工作、安全管理认识不断升华，全国首创了系统，构建了包含"思想安全、心理安全、生活安全、运营安全"的安全管理"4S模式"。

关键词：企业管理；安全管理；安全文化

淮安市城市公共交通有限公司（以下简称淮安公交）于2016年7月完成了国有化改革，是市交通控股集团全资子公司。现有员工2050名，在线运营公交车1482台，开通常规公交线路97条，设置公交站点约2271个，公交线网总长约1792公里，年客运里程约7500万公里，年客运量超1亿人次。淮安公交系统构建安全管理"4S模式"，即思想、心理、生活、运营4项安全（Safety，S）模式，倾情打造"幸福公交"起步于2019年，提升于2020年，完善于2021年。

3年来，淮安公交勇于探索、敢于创新、勤于实践，安全管理、文明服务，双轮驱动、相互支持、相得益彰，公交事业发展呈现出令人震撼的焕然一新的态势。2019年以来，获得"全国文明单位""全国交通运输文化建设优秀单位""江苏省安康杯竞赛优胜单位"等72项国家、省、市级殊荣。

一、公交安全管理"4S模式"

习近平总书记强调："人命关天，发展决不能以牺牲人的生命为代价。这必须作为一条不可逾越的红线。"近年来，淮安公交始终坚持以习近平总书记关于安全生产重要论述为指引，积极探寻安全管理新思路，于2019年起步探索，2020年全面实践，2021年总结提升，对安全产品、安全工作、安全管理认识不断升华，系统构建了特色鲜明的安全管理"4S模式"。

（一）主要背景

"十三五"时期，全省安全生产工作的形势比较严峻，安全生产事故频发，先后开展了安全生产"全省一年专项行动"和"全国三年专项行动"，迫切需要创新管理理念和工作模式；传统安全管理长期存在科技监控和严管重罚两大路径依赖，虽然提高了震慑效果，但容易引发负面情绪，诱发主动安全事故，安全管理难题亟须突破。

（二）认识升华

跳出科技监控和严管重罚两大路径依赖，必须从以人为本角度出发，重新认识安全管理要素、构建安全发展理念。淮安公交深刻感悟到，安全作为服务产品是"珍贵品"，更是"易碎品"，安全工作特点是"知易行难、每日归零"。根据安全产品特点和工作特点，将安全生产指导思想提升为"生命至上、安全第一、预防为主"，将安全工作理念确立为"安全是1，其余是0"。

（三）思想逻辑

在落实安全生产相关要求，加强组织领导、压实责任链条、强化科技支撑等常规安全工作的同时，淮安公交坚持从公交本质安全的"人、物、环境、制度"四大要素出发，突出"人"这个最核心、最关键、最活跃的要素，系统构建了包含"思想安全、心理安全、生活安全、运营安全"的安全管理新模式，简称安全管理"4S模式"。

二、公交安全管理"4S模式"的探索与实践

紧扣安全管理思想逻辑，动员全体员工全面实践安全管理"4S模式"，形成了一整套成熟的特色做法，目前已完成了著作权申请。

（一）创新构建思想安全体系，持续增强做好安全工作的行为自觉

"安全文化"是安全管理工作的基础。淮安公交坚持将"党建引领"和"文化浸润"有机融合，创造性地培育了具有鲜明特色的"幸福文化"和"安全文化"。"安全文化"包含安全工作指导思想、理念、愿景、

目标、价值观、特点、要求、使命等8个方面。通过教育培训融化、管理制度强化、文化阵地浸化、文明创建深化、先进典型感化,将"安全文化"深度融入驾驶员工作生活,有效激发出驾驶员主动做好安全、争做幸福摆渡人的澎湃动能。

1. 教育培训融化

精心编印公交史上首版《员工手册》,将安全文化作为新进员工的第一课、全体员工的必修课和管理人员的常修课;组织在线安全教育培训75000学时、违章违纪驾驶员培训30期,参训员工达1620人次。

2. 管理制度强化

修订完善安全行车、文明服务等57项安全服务管理制度,将安全文化有机内嵌到管理制度中,赓续传承安全文化基因,不断筑牢安全生产根基。

3. 文化阵地浸化

精心打造"1+9+N""幸福文化"+"安全文化"阵地。"1"指总公司高标准、高质量制作的600平方米幸福文化长廊,"9"指9个分公司统一设计、分批建设的党建引领、安全文化阵地,"N"指上线了386辆"幸福公交""党史学习教育""安全生产月"等主题公交车厢。

4. 文明创建深化

深入开展"杜绝十大陋习,提升服务水平""安全亲情文化教育""开局之年立新功,争做幸福摆渡人"等安全文明服务竞赛活动,获评"创建全国文明城市工作先进集体记功单位",连续3年荣获全市优质服务竞赛"优胜红旗"。

5. 先进典型感化

创新举办了以安全行车、文明服务先进人物为主题的团建活动,从安全行车里程长、文明服务质量好的驾驶员中择优提拔线路长62人。驾驶员对驾驶岗位的认识,实现了从"谋生手段"向"幸福摆渡人"的重大跨越,公交事业的职业崇高感大幅提升。

(二)构建心理安全体系,打造做好安全工作的阳光团队

2020年贵州安顺"7·7"公交车坠湖事故发生后,淮安公交将驾驶员心理健康工作摆在突出位置,迅速启动了阳光团队打造行动,全面建立了"心理健康档案、心理专家辅导、心理关爱活动"三大体系,形成了独具特色的淮安公交人文关怀长效机制。

1. 建立心理健康档案

2020年以来,淮安公交开展员工心理健康测试6000人次。2020年11月新进驾驶员心理健康测试首次举办,2021年3月全员心理健康测试活动全面开展,2021年4月2050名员工心理健康档案全部建立。

2. 邀请心理专家辅导

开展了"创新人文关怀,培育阳光心态""感谢有你、温暖同行,校企共建幸福公交"等心理健康辅导,为部分需要心理疏导的员工设立了心理疏导咨询室,为个别有严重心理健康问题的员工制订实施了教育转化融冰方案,达到了打开"心结"治"心病"的良好效果。

3. 开展心理关爱活动

在做好春节、中秋节等传统节日关爱活动的基础上,创新开展了全体驾驶员"5·20"慰问,277名退役军人"八一"慰问等活动;创新设立了"员工接待日"制度,架起了淮安公交"连心桥",由董事长、总经理带队分两个片区,对驾驶员工作、心理问题进行"大接访、大排查、大化解",接访问题全部实行滚动管理、限期办结,阳光乐观、奋发向上的干事创新氛围正加速形成。

(三)构建生活安全体系,凝聚做好安全工作的强大合力

和谐的家庭生活、科学的生活规律是形成思想安全、心理安全的主要外部因素。淮安公交高度重视驾驶员生活安全,通过仪器检测查找问题、察言观色发现问题、违章溯源深挖问题,确保问题及时发现、预防及跟踪。

1. 通过仪器检测查找问题

2020年至2021年陆续购买了15台"岗前健康检查一体机",实现了驻站分公司全覆盖、驾驶员岗前全检测;对体重严重超标,开车经常犯困的驾驶员进行主动干预,引导建立良好的生活习惯。

2. 通过察言观色发现问题

经常开展谈心谈话活动,及早发现驾驶员家中拆迁安置、突发情况等困难,并积极主动帮助解决;坚持生病住院必访、婚丧喜庆必访、重大事故必访、遇到困难必访"四必访",有效防止生活因素对驾驶员产生强大冲击,动摇安全思想基础,引起心理健康问题。

3. 通过违章溯源深挖问题

驾驶员亲属制作了安全亲情寄语、安全亲情视

频，对违章驾驶员全部开展亲情联动，与家人一起观看违章行为视频、重温安全亲情寄语，深挖违章违纪家庭层面原因。2020年9月以来，共开展亲情联动1514次。"平安是最近的归途，团圆是最美的画卷"已成为淮安公交人的广泛共识和自觉追求。

（四）构建运营安全体系，实施本质安全的长效机制

思想安全是保证，心理安全是基础，生活安全是条件，运营安全是目标。淮安公交将制定工作标准作为运营安全的基础条件，以开展专项行动作为攻坚克难的制胜法宝，重点抓督查效能提升，构建运营安全管理体系。

1. 制定工作标准

工作标准是做好安全工作的准绳，标准化水平的高低直接决定着企业安全管理的好坏程度。2021年，淮安公交坚持以标准方法推进标准、典型引路建设标准、上下联动实践标准，创新打造"淮安公交安全管理标准"新名片，2022年出台2.0安全管理工作标准，已出台106项分类分级、精准精细的安全管理工作标准。

2. 开展专项行动

2019年以来，淮安公交先后开展了"安全行驶隐患排查""安全行车违章清零"30余项专项行动，破解了一大批重点难点问题。2019年，创新组建全省首支专兼职安全员队伍，全面增强了安全管理力量；2020年，大力实施"春雷行动"，彻底解决了56项历史遗留问题；2021年，"安全文明服务流动红旗"月度竞赛中安全分值占比高达60%；2022年，大力"践行安全管理'4S模式'百日安全竞赛活动"，持续强化了"做不好安全不及格，做好安全才及格"工作导向。

3. 提升督查效能

创新建立了"双随机""四必查"安全行车现场检查机制，即随机选派检查人员、抽取检查对象，必查十字路口操作规范、公交车进出站、分公司管理工作和安全亲情文化联动，真正形成了"人人抓安全、人人做安全、人人保安全"的安全工作新格局；以领导抽查+业务督查、执行力督查、纪律督查、科技督查、一线督查为主要内容的"1+5"安全督查机制受到了省安全生产督导组的高度评价。

4. 强化奖惩激励

薪酬管理制度和绩效考核制度是奖惩激励的制度基础。淮安公交统一建立全体驾驶员安全文明行车档案，驾驶员薪酬结构中安全绩效占工资近50%，将安全设为"幸福摆渡人"评选、"文明服务"竞赛的一票否决指标，2020年、2021年为安全管理优秀人员、无事故驾驶员共发放了75万元安全生产专项绩效，精神、物质"双向激励"的积极作用得到了充分发挥。

三、公交安全管理"4S模式"的效果呈现与广泛影响

通过系统化实践安全管理"4S模式"，淮安公交各方面工作取得了令人震撼的重大突破，取得了"全省走前列、全国有影响"的优异成绩。

（一）全省走前列

主要事故指标全部断崖式下降。2022年以来，千公里事故费用仅为4.7元，更是创造了9个分公司中有8个分公司连续268天零有责事故的安全管理新纪录。

（二）全国有影响

媒体报道："4S模式"先后被《人民日报》《新华日报》《学习强国APP》等30余家市级以上媒体报道，公交幸福故事受到《央视新闻》等主流媒体报道1000余个。

学习考察：河北沧州公交、南京公交等20余家省内外公交企业来淮专题学习考察。

论坛演讲：多次在第一届全国公交应急安全研讨会、第29届海峡两岸都市交通学术研讨会等全国性会议上介绍经验。

四、结语

安全责任重于泰山，安全工作贵在坚持。淮安公交将在习近平新时代中国特色社会主义思想指导下，不断提升淮安公交本质安全能级，奋力打造全国一流的本质安全型"幸福公交"，为建成"美丽、开放、创新、幸福"的新淮安做出新的更大贡献。

参考文献

[1] 稻盛和夫. 干法[M]. 北京：机械工业出版社，2010.

[2] 宋勇. 基于新常态下建设幸福企业文化的实践探索[J]. 企业文化，2019(10):22-25.

[3] 王涛,侯克鹏. 浅谈企业安全文化建设[J]. 安全与环境工程，2008(01):81-84.

企业安全文化建构与实践创新探讨

中铁上海设计院集团有限公司通号院　叶一彪　胥亚丽

摘　要：本文首先详细介绍了构建安全文化的重要性及通号院安全文化理念、制度、管理及宣贯传播的构建，其次论述了安全文化对安全生产的实际指导作用，最后分析了通号院对安全文化所做的实践与创新，旨在为企业安全文化的发展创新提供一定的思路。

关键词：安全文化；安全文化建设；实践创新

安全文化即人类安全活动所创造的安全生产和安全生活的观念、行为、物态的总和。通信信号设计院为中铁上海设计院集团有限公司的生产部门，由通信、信号、信息、综合监控、防灾等五个专业组成，主要负责高速铁路、市域铁路、城市轨道交通、普速铁路中相关工程类项目的设计及科研项目的研究。通信信号设计院信号专业的生产对列车运行安全起着至关重要的作用。构建实现生产与安全相统一的安全文化，是严守安全生产红线的根本，加强安全义化建设，确保安全生产，就能够保护生产力，促进生产力的发展，就能够创造高质量精品成果，实现高质量发展。

一、安全文化建构

安全文化建设，既是现代社会及企业的发展与管理的需要，更是现代社会进步、企业文明的重要标志。

（一）安全文化理念

安全是文化作用的结果，安全文化是弥散在企业生产各个要素里面的，像一只看不见的手，它决定了一个人的行为方式是否能成为合乎安全生产需要的态度和习惯。安全文化的内容及含义见表1。

表1　安全文化内容及含义

内　容	含　义
物质性文化	如在设备技术的选型上，与其说是技术优劣的比较，不如说是生产方式、文化样式的选择
行为文化	在生产活动中人们表现出来的行为习惯、特点和行为方式，瞎指挥、爱冲动显然是不安全的
制度性文化	制度是联系技术与员工之间的纽带，安全运作程序也属于此类
精神文化	指员工有无安全意识、责任心、奉献精神，包括职工对企业的忠诚度

安全责任重于泰山，通信信号设计院创建了"安全、生产两手抓，安全第一，预防为主，严守安全生产红线，确保人民生命绝对安全"的安全生产文化理念。

（二）安全制度文化

安全制度体系是实施企业安全文化的基础[1]，扎实可行的安全管理制度能够全面有效地规范、指导员工的安全行为，对建立员工安全理念、强化员工安全意识有着至关重要的作用。

1. 严格遵守法律法规及标准规范

国内现行的法律法规、标准规范，是企业建立安全制度的基础要求，是通号院合规运行的基本保证。在严格遵守国家行业法律法规及标准规范的基础上，院内通信、信号部门以管控风险为出发点、以贴合实际为基础、以切实可行为原则编制了部门内部的设计规范规定及人员现场勘测操作细则。

2. 构建基于全体职员调研的制度方案

通过召开全体职工大会，开展问卷调查，以及与职工代表谈话等方式，深入职员，广泛听取职员对安全制度的意见，把分散的意见集中构建为部门切实可行的安全文化制度方案，再落实到院生产生活中去检验，发现问题，解决问题，如此循环以得到更合理优质的方案。

3. 实现安全文化制度方案动态调整

在实际安全生产生活中，通号院建立安全文化制度职员意见反馈通道，积极采取广大职员意见，做到安全文化制度方案实时动态调整，使安全文化制度更加科学合理。

（三）安全管理文化

安全管理是对人的管理，因此要树立以人为本的管理理念[2]。通号院在大力开展企业文化建设、实现以人为本的基础上，权责分明，强化执行力度，致力于使安全生产理念在职员心中逐步扎根，推进精神文化建设和行为文化建设，以营造良好的安全文化氛围，图1为通号院安全管理模式。

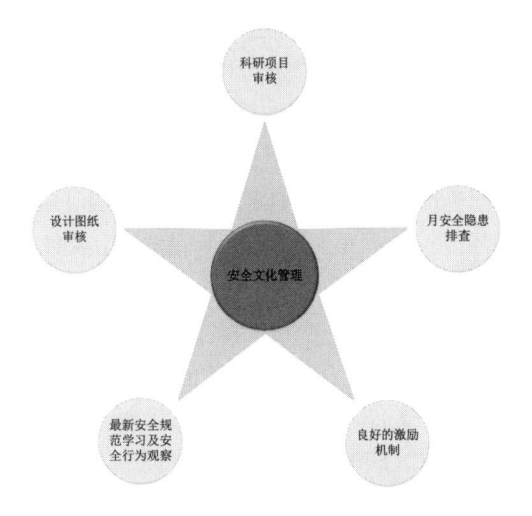

图1 通号院安全文化管理模式

1. 建立项目设计及科研管理审核机制

每一个项目、每一张图纸，都要以安全为前提，不能有丝毫疏漏。通号院建立了严格的设计（设计人员）—复核（项目负责人）—审核（所总工程师）—审定（院主管总工程师）四级项目设计及科研项目审查流程。自建立审核机制以来，职员风险意识和自我保护意识明显提升，生产生活中安全隐患明显减少，部门安全问题整改质量和进度明显提升，有效提高了安全管理水平。

2. 组织最新安全规范学习及安全行为观察

安全规范学习是确保安全生产的重要环节，积极组织最新安全规范的学习活动，并通过安全设计行为观察，对职员安全工作进行表扬、沟通、讨论和启发，可督促职员更深层次地理解安全制度，督促形成安全行为。同时，开展定期的统计和分析，清晰了解一线职员在某一板块的缺失和漏洞，进一步查找管理制度、工作环境、工作团队等方面原因，进而提升院安全管理水平。

3. 定期开展安全隐患排查

每月末通过安全隐患排查动员会、专题答疑会、任务邮件等方式，积极主动组织部门各专业开展全面质量安全风险自查工作，举一反三，消除隐患。各部门、各专业对承揽项目的内容进行排查，对于一般性问题隐患做到立查立改，对于重大风险和突出问题隐患要建立台账清单，并主动协调项目部、跨区域跨部门的安全工作。针对排查出的安全隐患，项目负责人制订整改计划，院及所负责监督各个项目采取可靠的防范措施并按期整改。

4. 形成良好的激励机制

良好的激励机制对形成企业安全文化有着重要的导向作用。通号院以正向激励号召职员参与安全活动和安全生产，树立良好的安全行为示范，以负向激励引导职员干预不安全行为，对造成安全隐患甚至安全事故的进行通报、惩处，一定程度上能够让各专业人员更加重视安全生产，认识到违反安全管理制度、不遵守岗位安全职责的严重后果。

（四）安全文化宣贯传播

安全教育培训是宣传安全文化制度内涵最主要的途径，也是规范人员安全行为的保障[3]。在"安全生产月"期间，党委书记、院长带头讲安全党课，组织观看《生命重于泰山》专题片，加强《安全生产法》、国务院安全生产十五条硬措施、股份公司安全生产"十个坚决"具体措施等的学习教育，营造领导干部讲安全的良好氛围；在办公区设置"安全生产月"宣传海报，悬挂"生命至上、安全第一"活动主题条幅；通过OA，对安全管理、安全文化相关新闻信息进行专题化报道，以多层次、全覆盖的宣传方式，力促安全意识深入人心，凝聚众力，打造稳定良好的安全生产环境；开展"安全生产月"征文活动与"生命重于泰山"主题诗歌朗诵比赛，全面营造浓厚安全文化氛围。

二、安全文化实践与创新

实践证明，技术措施能实现低层次的基本安全，管理和法治措施能实现较高层次的安全，而实现本质上安全的最终出路还在于安全文化。因此我们注重突破传统安全监督管理的局限，探索从风险内控管理、建立问题库、项目定期巡检等多个方面研讨。

（一）建立风险内控管理系统

该系统收集了2018年以来的风险事件信息，具有风险上报、审核、查询、评估等功能，为持续跟踪的业务开展中跨组织、跨流程的风险事件信息集成和共享提供系统保障。

（二）建立问题库

通号院将在安全隐患排查中出现的问题做进一步的提炼消化，分别建立各专业问题库并实时更新。迄今为止，问题库共形成在工作中易疏忽、易误判的典型场景问题100余项，作为供职员经常拿出来学习、反思的动态教材，为后续安全生产和设计质量的提升提供依据。问题库日积月累成为设计工作的核心竞争力和最大财富。同时，全专业建立动态问题库，持续更新并周期性举办学习活动，通信所、信号所每月组织召开技术质量总结交流会不少于一次等做法，有利于根据总结交流和学习情况，对问题库进行回头看和进行动态更新，起到了持续的安全教育作用。

为了更好地促进安全生产，将各种学习活动记录上传至通号院NAS集中保存和集中共享查阅，防止了以往文件简单分发至个人自行保存、自行学习的方法，保证了涉及安全的文件能有效保存和集中统一更新，方便了监督和检查。

（三）项目定期巡检

巡回检查的目标是从设计源头控制项目质量，保证工程建设安全和进度的重要保障。检查中查阅项目部保存的各项日常工作记录文件，对于工作记录中显示不够规范和不够详细的部分内容提出具体更改要求等工作，明确要求项目部人员的现场配合工作应经常到现场踏勘和检查。积极落实设计边界条件，协调专业间接口问题；及时整理现阶段设计过程中遇到的问题，通过规范的管理制度和与各方积极的沟通，降低项目潜在风险，确保项目安全、可靠。巡检期间，还因地制宜开展了项目部内部的技术交流讨论活动以及安全宣传教育活动。为促进质量提高、保证项目生产安全提供了便利条件。

三、结语

安全文化强调用崭新的思维方法和安全科技来科学而客观地把握人生、珍惜生命，创造人类安全、健康、舒适、长寿、社会稳定发展的美好未来。无疑，这对于不断满足人民日益增长的美好生活需要，增强人民群众获得感、幸福感、安全感具有十分重要的意义。通号院从各个方面和维度将集团公司质量工作贯彻落实到人、到项目，充分落实积极推动贯彻落实国务院安全生产十五条硬措施，股份公司安全生产"十个坚决"具体措施，贯彻"遵守安全生产法、当好第一责任人"安全生产主线，扎实推进"上规模、上质量"的品质上铁院企业战略。

参考文献

［1］夏书培. 浅谈石化企业安全文化建设中的思考与实践[J]. 中国石油和化工标准与质量, 2019,39(21):76-77.

［2］鲁叶茂, 吕峰. 浅谈安全文化和制度规范对企业安全生产的保障作用[J]. 企业管理,2020(S2):132-133.

［3］何淼, 赵明, 杨金福, 等. 基于安全文化制度建设的实验室安全管理实践[J]. 中国现代教育装备,2022(07):7-8+12.

在实践中走出安全文化建设之路

北方华锦化学工业集团有限公司　谭英杰　张扶国

摘　要：近年来，尽管国家有关部门和企业在安全生产方面做了大量工作，但目前全国化工行业安全生产形势依然十分严峻。多年实践告诉我们，众多的规章制度、先进的装备力量、健全的组织机构，仍无法杜绝事故的发生，企业加强安全生产工作，在加大"硬实力"投入的同时，更要高度重视"软实力"建设。本文通过与大家分享北方华锦化学工业集团有限公司（以下简称华锦集团）在实践中走出的独具特色的安全文化建设之路，旨在为同行业提供借鉴和启示，用安全文化建设再造企业无限生机。

关键词：化工企业；安全文化；文化建设

安全工作高于一切、重于一切、先于一切、影响一切。企业要想实现安全生产、永续前进、行稳致远，不仅要在组织上建立起科学的安全生产管理体系，更要在思想上筑牢安全意识的后墙，形成行之有效的安全管理理念和安全行为规范，这就是构建具有时代特征安全文化的重要意义。

一、安全文化建设的必要性

（一）加强安全文化建设，是深入贯彻习近平新时代中国特色社会主义思想的具体实践，也是落实习近平总书记关于安全生产重要论述的具体举措

安全生产既是党中央的要求、人民群众的期盼，也是实现全面可持续发展的必然要求。必须教育引导全体员工，树牢"发展决不能以牺牲人的生命为代价"的红线意识，营造"安全第一、生命至上"安全文化氛围，用良好的企业形象为全社会的稳定做出积极贡献。

（二）加强安全文化建设，是实现企业基业常青、行稳致远的客观需要，也是推进法制体系落实的内在要求

企业安全文化建设是实现安全生产科学化管理的重要途径，以安全文化引领企业安全发展方向，是实现当前和未来长远发展目标的客观需要和内在要求。通过大力推进安全文化建设，不断触及和唤醒员工灵魂深处安全意识，真正使安全成为全员的行为习惯和自觉追求，促进企业法治管理措施的落实落地，实现企业与社会、与环境、与员工的和谐健康发展。

（三）加强安全文化建设，是提高员工对安全重要性认识的必然要求

当前，企业各项安全制度不可谓不全，安全教育不可谓不多，处罚不可谓不严，但"三违"现象、"屡查屡犯"问题乃至事故隐患依然不同程度存在。究其原因，主要还是人的思想认识不到位、人的职业素养不够高，没有真正形成入脑入心、真知笃行的安全文化。立足安全工作仍靠严管这一实际情况，在加大"硬实力"投入的同时，更要高度重视"软实力"建设，大力推进人本管理，将人的行为可靠性认识提到企业安全文化高度，通过有效推进安全文化建设，统一和提高全员思想认识，实现在法律和政府监管要求之上的安全自我约束和行为自觉。

二、化工企业在实践中走出的安全文化建设之路

"人管人累死人，制度管人管死人，文化管人管住魂"。一句话道出了管理的最高境界，现代企业安全管理必须注重文化育人。

（一）安全文化建设的原则

1.安全文化建设要以人为本

安全管理的关键因素是人，安全文化建设要牢固树立并落实人本理念，始终把"以人为本"作为出发点和落脚点，最大限度地满足员工的生命安全和身心健康需要，形成关爱生命、严管厚爱、呵护健康的文化环境，营造人人讲安全、人人抓安全、人人保安全的良好氛围。

2.安全文化建设要全员参与

安全文化建设是全员的行动，各级组织、每名

员工都责无旁贷。全体员工是企业安全文化建设的主体，要最大限度调动全员参与的积极性和主动性，引导全员主动参与安全事务、履行安全职责、维护安全大局，增强"学安全、要安全"的自觉，掌握"会安全、懂安全"的本领，实现"能安全、真安全"的目标。

3. 安全文化建设要务实高效

安全文化源于生产管理实际，又服务推动安全生产和安全发展新实践。在安全文化建设过程中要遵循安全管理基本规律，以科学严谨的态度、务实的作风，做实事、求实效，并融入日常、融入业务、融入岗位，推动安全管理体系高效运行，实现更优的安全生产业绩。

4. 安全文化建设要传承创新

安全文化建设要继承和发扬企业几十年历史所积淀的底蕴及安全管理经验，结合新时代发展要求，学习、融合国内外先进企业的安全文化管理经验，不断挖掘、总结、提炼安全文化内涵，培育具有企业特色的安全文化，并持续优化提升、创新发展。

（二）安全文化建设特色做法

1. 领导示范，培育良习

俗话说，"领导好示范，员工好习惯"。华锦集团管理层自觉践行安全领导力，使自己的行为对安全生产和员工产生积极的影响。以"领导上讲堂"为契机，突出政治引领，强化理论宣传，带头学安法、讲业务、谈体会、促作为。通过制订并实施个人安全行动计划，经常性深入现场和基层开展安全观察与沟通，与员工深入交流，使员工感受到领导对安全生产的重视，感受到领导对员工的关怀。

管理者每月参加班组安全活动，与岗位人员一同学习讨论安全生产规章制度，从自身做起，抓好执行，赢得员工信任。带头维护设备，清洁现场卫生；带头遵守禁限行为，规范劳动防护用品穿戴；带头做出安全承诺，营造健康安全生产环境。领导以身作则的示范效应和有效沟通，对企业培育职工良好习惯起到了积极的推动作用，自觉的安全行为已成为习惯，成为自律。

2. 畅通渠道，宣导普及安全文化知识

在《北方华锦化工报》上开辟"安全文化宣传专栏"，长期连载企业安全文化建设评价准则、企业安全文化建设导则及安全文化相关内容，搭建知识传播、共享通道；坚持组织外出参观和聘请专家开展专题培训，开阔人员视野，转变观念，学习先进企业经验做法，提高员工对安全文化的认识和理解，搭建人员交流提升通道；建设安全文化墙，内容包括党建引领安全、安全文化故事、安全先进人物、安全宣传标语，安全知识一键搜等，用安全文化阵地所散发的导向和激励作用，让每一名员工对工作充满正能量，提升员工的荣誉感和自豪感。

3. 理论考核与实操比武相结合，全面实施素质提升工程

在培训塑人方面，坚持以考促学、以赛促练、比武强技，全面实施素质提升工程。首先在危化品装卸栈台开展岗位技能大练兵大比武专项行动，通过开展"岗位应知应会知识专项培训考核"和"员工操作技能比武实战"行动，对储运（装卸）系统直接相关的管理人员及操作人员的管理水平和技能实力进行验证，挖掘员工业务潜力，强化人的安全意识，进行知识和技能的消缺，并以此为经验指导，逐步拓展到其他领域和其他岗位。同时，为加强正向引导，传递工作压力的同时也充分肯定和宣传岗位优化管理与技能培训提升成果，对于优胜者给予奖励、享受津贴，搭建人才鼓励通道。

通过不断的培训学习、理论考试、实操测试及业务实践应用，把学习由"软性"要求变成"刚性"约束，并逐渐形成习惯，变为员工自发行为，营造出全员大学习、大培训的良好氛围，真正实现管理有改善、责任有落实、技能有提升、员工有收获。

4. 推行单元设备安全责任制，建立"人机感情"

为进一步推动责任落实，华锦集团董事长率先提出推行"单元设备安全责任制"（包机制）想法，按照"有分工、有岗位、有作业就必须有安全责任"的原则，将生产区域每台设备或某个单元的管理责任落实到具体人，通过建立"人机感情"，打通人员与设备、设施责任关联的"最后一公里"。

首先在炼化常减压试点开展，直接将责任人与动设备、关键静设备及其他设施进行对应，同时标明了重要指标参数，为员工提供安全工作依据。试点工作获得圆满成功后，即在全公司范围推广，同时组织编制单元作业指导书、设备作业指导书、检修作业指导书、异常处置卡四类生产岗位作业指导书，俗称"三书一卡"，作为落实单元设备安全责任制的保障。编写的5951份标准书（卡）已全部应用在现场操作和检、维修作业中，成为安全生产的重要

保障。

在推进过程中,同步精准建立责任清单、建立考评机制,进一步促使单元设备安全责任制落地生根,将安全责任以承包的形式固化下来。通过全员参与设备、设施管理,落实员工单元设备管理安全责任,达到"一平、二净、三见、四无、五不缺、六完好"的目标,也使每个员工都能发挥自身作用,提高装置运行安全,杜绝生产安全事故的发生。

5. 开展"抓制度执行,促管理提升"专项行动

制度的生命力在于执行。公司总经理做出了"抓制度执行、促管理提升"的工作部署,坚持"顶层设计、体系推动、急用先行、有效覆盖"原则,制订专项提升工作方案,按照"制度谁制定、谁负责宣贯培训、谁负责监督考核"的工作要求,加强制度建设全过程管理。每一项管理制度的出台,在执行上采取三项保障措施确保执行到位。一是层层宣贯培训,加深员工对新修订制度的理解与认识;二是制度起草部门精准帮扶指导,及时纠偏执行过程中遇到的问题;三是检查考核,进一步强化制度执行。通过开展专项行动,固化机制,推动安全生产制度执行融入日常、抓在经常、纵向延伸、横向拓展,形成长效机制,发挥长效作用,让被动执行成为自觉遵守。

6. 丰富活动形式,营造安全健康和谐氛围

安全总监主导编排录制安全宣传视频,领唱《平安华锦》安全之歌。每一幅画面都展现了华锦人激扬、团结、拼搏、奋进的精神,每一句歌词都牵动着大家关注安全的心弦。视频的编辑、歌曲的传唱,更加触及和唤醒员工灵魂深处。

每年利用安全生产月契机,开展"你安全、我幸福"员工家属公众日活动,邀请员工家属到厂内参观,近距离感受华锦集团的面貌和文化,感恩员工家属多年来对华锦员工在工作上的支持和理解,建立企业与员工家属沟通的桥梁,共建安全发展共识。

广泛开展"安全警句"征集活动,将8600多名员工亲笔书写的对安全的寄语,收录在安全文化手册中,激发大家铭记自己是企业的一员,要为共同的事业尽义务。

以党建为引领,党委和工会组织开展系列宣教活动,采取真情感人、以情服人、亲情育人的情感传导方法,建立立体式、全方位安全宣教网络,在单位和家庭之间形成合力,引导员工认识到安全教育是对自己的关心、关怀和关爱,使员工牢固树立我要安全、珍爱生命的自觉行为意识,安全不是为了别人,是为了自己,为了自己的家庭幸福。

三、结语

企业的安全文化始于领导的安全文化,必须通过管理层的"有感领导"来维持、推动和发展。要突出"以人为本"推行人性化管理,企业要强化安全文化建设,让"安全第一、生命至上"的管理文化在全公司蔚然成风,让安全文化像空气一样在化工企业无处不在,让安全如同氧气一样,没有安全就不能工作、学习和生活。

利用体系思维建设企业安全文化的探讨

盛瑞常州特种材料有限公司　吴新永　马　翔　徐　芮　刘桃艳

摘　要：如果把一个企业的安全绩效比作人体的生理指标特征，用来衡量其生理健康状态，那么企业的安全文化则可以理解为人体的心理健康状态。生理健康和心理健康共同构成了一个机体的综合健康表征，且互相影响、互相促进。可见，健康的安全文化对企业的安全绩效的改进也有着至关重要的作用。如何让企业的安全文化健康发展，则需用到综合科学管理的方式。碎片化的安全文化建设在某种程度上能够维持其文化现状，但谈不上持续改进。本文对如何利用 PDCA 持续改进的体系管理思维来建立、维持、营造、发展企业的安全文化进行了初步的探讨。

关键词：安全文化；安全绩效；体系管理

一、企业安全文化的确立

文化是一个企业内所有成员的共同信仰和统一的做事方式的体现，而安全文化则是企业整体文化的一部分，表达的是企业内全体成员在安全方面内化于心的信念和以安全的方式做事的外化于行的表征。正因为安全文化不同于规章制度，使得该信念及表征不应具有强制性，违反之后亦不会带来惩罚性措施，但却会给违反者带来内心的不安和道义方面的谴责。这种内心的体验感受，属于马斯洛需求理论中基本的"爱和归属的需求"无法满足时的体现。长期实践的企业管理表明，只有充分利用人的需求，才能实现"无为而治"。

安全方面的"无为而治"不同于"躺平"，树立正确的安全信念应该是企业管理者首先要"为"的行动。即最高管理者应为企业内全体员工建立并灌输言之有物的安全文化准则。这种安全文化准则的主语应以"我"为开头，体现出的是自身的需求，和以"你"为开头的命令式制度有着本质的区别。准则的本体应以安全为核心，以适用于企业内所有岗位和层级的人员，当其他业务和安全发生冲突时，能为全体员工提供一种正确的价值观选择依据。

为了使全体员工便于获取、知晓企业的安全文化，除了将文本打印和张贴之外，经常性的宣贯活动和承诺仪式感是非常有必要的，特别是自上而下的对于安全准则的承诺。法国社会学家塔尔德（G.Tarde）对模仿进行过研究，在其出版的《模仿律》一书中，提出了"社会下层人士具有模仿社会上层人士"的倾向，且个体对本土文化及其行为方式的模仿与选择，总是优于对外域文化及其行为方式的模仿与选择。因此，由企业主要负责人带头的对安全准则的承诺宣誓，能让所有下属认知到领导层对待安全的态度，并能使新加入者快速认同这种文化准则。

二、安全文化的行动要素

建立言之有物的安全准则属于 PDCA 中的策划阶段，如何从具体行事方式中体现安全准则属于执行层次。如果缺乏执行层面的安全文化要素支撑，只停留在信念准则及口号阶段，会造成员工对安全文化贯彻的迷茫和困惑，变得迷之自信，口号与实际行动失去关联性。在企业现场安全管理中，以下支撑性的安全文化要素应值得所有企业去思考应用。

首先是形式上的仪式感要素。正如我们虽然每天都尊师重教，但仍设立教师节；每天都关爱儿童，但仍设立儿童节一样。企业即使每时每刻都注重安全生产，但仍需要定义每年的安全生产月或安全文化周。并利用在安全文化周或安全生产月期间，自上而下组织员工对安全信条的宣誓，组织员工开展各项安全活动等，以期在思想意识上提高企业所有员工对安全的重视。

其次是培养员工安全工作方式的要素。绩效管理虽然和文化管理是两种不同的管理工具，但培养良好的绩效文化也是安全文化的一部分。其科学的设定及考核，能引导所有员工向着指定的方向而共同努力。逐级分解、转化的领先型绩效指标更能从执行层面体现统一的安全做事方式。为了安全地执行各项工作任务，则需要员工能养成基于风险识别的思考方式。这种思考方式其实就是工作安全分析（Job Satefy Analysis,JSA）内化于心的简化版，员工在作业之前需了解相关的作业内容，利用能量源转移的思维考虑存在的危险，并考虑应该采取的控制措施。通过长期的思维方式积累，从而形成文化层次的作业习惯。

再次是体现领导力的文化要素。基于行为的安全管理是这个要素的核心。承担管理职责的企业人员，定期通过走动式安全管理，和一线员工以公平对话的方式探讨其正在进行的作业，以讨论的方式引导员工发现作业中的危险，并鼓励其安全的工作行为，以使该行为强化、固化，让其自身意识到不安全的行为并实现自我改正。此项行为安全观察是上一条安全工作习惯养成的领导助推力，结合起来能更加有效地促进员工养成安全的行为习惯。

最后是管理层次的其他要素。比如，有的企业强调所有会议之前需要讨论安全方面的话题，有的企业提供了员工参与安全管理的途径并进行激励，还有的企业倡导员工在非工作时间（如在家中）仍要遵循良好的安全习惯等。这些要素内容同样不具有强制性，但一旦养成这些习惯，员工会不自觉地把这种理念带到工作中去。并且也会把工作中的安全习惯带回家中，实现互相良性影响，增加了员工的安全获得感。

三、安全文化的效果回顾

以上的策划和执行的努力是否达成了企业既定的愿景，需要定期进行回顾。安全绩效一般可用客观的数据标明其状态，而安全文化的表征则具有一定的主观性，在选择使用的标的物时需要仔细斟酌，并结合起来考虑以尽量做到"客观"。业界在表述一个企业安全文化状态的时候，常用到著名的杜邦公司布兰德林曲线。通过多年的数据对比，其安全文化状态和安全绩效具有正比关系，可为所有企业借鉴。

布兰德林曲线把组织的安全文化的发展分成了四个阶段，分别为本能型、监管型、自主型和互助型。通过对企业内全体员工匿名的调研来得出具体的文化阶段。在匿名调研的问卷设计中，应体现安全信仰、安全工作方式、安全领导力及安全获得感四个方面的问题，以对应执行层面的四类要素。

安全文化调研的结果应向全体员工公示，并由管理层组织分析调研结果中的薄弱环节，以便为企业接下来的安全战略的制定提供参考。

四、安全文化的持续改进措施对策

安全文化的持续改进应基于调研的结果，安全战略措施的滞后或超前均会对安全文化的稳健发展带来伤害。心理学家维果茨基在研究发展心理学时，提出了"最近发展区"的概念，并提出教学应当走在发展的前面。这可为企业安全文化的发展提供借鉴意义。

当一个企业的安全文化处在"本能型"阶段时，需要管理层以命令的形式告知员工该做什么，不该做什么，并明确告知违反后可能接受的处罚。这种管理模式或许比"文明的说教"来得更有效和快速，但却不能长久执行，因为这种方式将极大磨灭员工的主动性和创造性，最多能将企业的安全文化带入"监管型"阶段。

当企业的安全文化达到"监管型"阶段时，管理策略应做适当的调整。在该阶段应一定程度上激发员工的主动性和创造性，需要将必要的奖励加入管理战略中，从而构成了当下非常流行的"奖惩管理制度"。在现阶段，该制度的存在是适用于大多数企业的，所不同的只是奖励和惩罚所占的比例大小而已。

企业的安全文化要想从"监管型"往"自主型"实现跨越，即由"要我安全"变为"我要安全"，奖惩的比例应做根本性的调整。通常惩罚的内容应降至最低，仅保留红线底线要求。奖励、激励的比例应大幅提高，以鼓励员工参与企业的各项安全管理，实现良性循环。

"互助型"文化阶段是布兰德林曲线中定义的最高阶段，也是最难达到的阶段。这一阶段的最明显特征是员工不光自己要做好安全，还要求他人一起将安全做好，考虑的因素就变得复杂多维了。要想实现这一步跨越，统一的战略或许有些困难，因为其无法兼顾个体独特的需求。正如我们无法强迫一头牛喝水一样，是因为我们不了解牛的需求，马斯洛需求理论中最高的"自我实现"的需求也不是每个人都会具备的。因此，企业应将工作的重心放在"关键、少数、榜样"员工身上，以安全标兵、安全模范的示范作用带动影响更多的员工，从而实现跨越。

五、结语

企业通过体系管理PDCA思维的循环，不断总结提升并调整安全管理战略，进而推进文化往更高层次发展，最终实现安全绩效得到本质提升，避免事故的发生。值得注意的是，安全文化是一个动态的过程，随着人员的变更及内外部业务的影响，对安全文化的维持和发展都会带来一定的挑战。企业管理者只有不忘习近平总书记关于安全生产应以人为本的初心，牢记安全第一的使命，才能在坚持正确安全文化发展方向上保持定力。

参考文献

［1］彼得·德鲁克. 管理德实践[M]. 北京：机械工业出版社，2006.

［2］亚伯拉罕·马斯洛. 人性能达到的境界[M]. 北京：世界图书出版公司，2014.

［3］塔尔德. 模仿律[M]. 北京：中国人民大学出版社，2008.

培育危化企业大监管安全文化生态系统打造长周期多时空交叉危险作业全过程风险管控方法应用

中国石油天然气集团有限公司　中国石油天然气集团有限公司长庆油田分公司

邱少林　于　卓　刘新港　韩　伟　王　营

摘　要： 2021年2月《最高人民法院　最高人民检察院关于执行〈中华人民共和国刑法〉确定罪名的补充规定（七）》[1]将危险作业罪列入其中。危险作业涉及各个行业，尤其对于油气、危化品生产、机械加工制造、建筑等行业来说涉及作业种类、频次更高，风险管控难度更大，怎样利用人工智能科技、精准程序和智能化手段对高危行业危险作业进行高效的风险管控，一直以来是困扰企业安全监管者的一个共同问题。2019年以来，长庆油田安全环保监督通过业务优化智能化发展，逐步探索出针对油气危化行业长周期危险作业及多起危险交叉作业全过程风险监管方法，有效地解决高危行业不同危险作业现场的安全监管难题，培育危化行业大监管安全文化，并取得较好的效果。

关键词： 不安全行为；事故预防；建筑信息模型[2]（BIM）；定位技术（PT）

一、危化企业"大监管安全文化生态系统"的构建

培育危化企业大监管安全文化生态系统是基于国务院安委办2016年10月9日印发的《关于实施遏制重特大事故工作指南构建安全风险分级管控和隐患排查治理双重预防机制的意见》，要求坚持风险预控、关口前移，全面推行安全风险分级管控，进一步强化隐患排查治理，尽快建立健全相关工作制度和规范，完善技术工程支撑、智能化管控、第三方专业化服务的保障措施，实现企业安全风险自辨自控、隐患自查自治，形成政府领导有力、部门监管有效、企业责任落实、社会参与有序的工作格局，提升安全生产整体预控能力，夯实遏制重特大事故的坚强基础。2016年中国石油集团公司在安全监督工作方面，形成了"总部、重点企业、企业下属单位"三级安全监督工作体制机制；2022年建立完善了"突出一体化监督、分级监督和精准监督"安全监督工作成效，尤其是针对生产经营过程各类危险作业中大监管安全文化生态系统已逐步形成。

（一）危化企业"大监管安全文化生态系统"是防止"黑天鹅""灰犀牛"事件在企业生产经营过程中各类危险作业发生的

危险作业是超出常规作业范围的临时性无标准、无操作规程，且风险防控难度大、事故后果严重等非常规下的作业，作业过程需要严格按照非常状态下的高风险识别管控进行分级、精准化监督。

对于高危生产企业来说，危险作业在生产、检维修过程中经常发生，且有些危险作业不仅周期长、风险高，而且作业过程常常伴随着多项多时空作业交叉进行，其具有作业面多、作业人多、作业机具多，监管人员少、监管难度大、监管盲区多等特点。

为了进一步规范企业危险作业大监管安全文化格局，并率先将风险分级管控和隐患治理"双重预防"机制，引入企业危险作业大过程监管安全文化生态系统中，确立了"强基础、严监管、零容忍"大监管核心，并提炼出"一拖五"安全监督法，解决了企业各类危险作业过程中风险管理问题，有效地防止了各类危险作业"黑天鹅""灰犀牛"事件的发生。

（二）危化企业大监管安全文化生态系统"一拖五"风险管控程序是规范生产经营过程中危险作业各环节流程操作的基础

危险作业即非常规作业[3]，具有临时性、高危性，在作业过程中无固定的操作规程和明确的风险防控措施，通常作业内容、措施条件、工艺流程等在危险作业前才进行辨识、交底、审核、防控，在危险作业安全风险管控方面，各企业都会有较完善的管控规定、审批程序、监管机制。

通过大概率计算，90%的事故都是发生在危险作业或非常规作业过程中，以长庆油田为例，目前每年生产过程中危险作业备案72424起，监督作业13169起，现场监督22258人次（图1）。2021年构建大监管安全文化生态系统以来，危险作业现场事故、事件发生率控制为零，同时随着油气田的快速开发和油气田设备设施的运行，每年生产现场危险作业还将会以10%～15%递增率上升。针对如此高频的危险作业，怎样才能保障每一起危险作业的安全运行、风险全过程受控、监督现场频次到位等，是危化企业安全发展一直面临的困难。近年来，通过深耕监督体系、培育监督文化、构建监督系统，依托数字化转型5G智能化发展和"互联网+安全生产"的要求，总结出来一套既能提质增效，又能全过程风险受控且行之有效监的"一拖五"风险管控程序：一是建立危险作业风险防控监督流程；二是做好危险作业前"圈、点、勾、画"预先性风险分析；三是实施危险作业过程监督"1+N"相互补位；四是利用5G全过程精准监督和风险智能预警；五是完善危险作业结束后"ASFP"管理追溯。

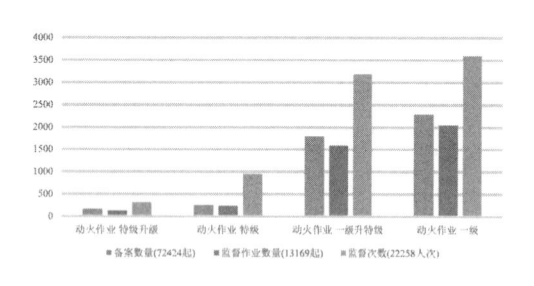

图1 长庆油田2021年危险作业现场监督统计数据

二、危化企业"大监管安全文化生态系统"程序应用

危化企业"大监管安全文化生态系统"的总体目标是实现"零事故、零伤害、零污染"，坚持从严监管的总基调、精准防控的总原则、标本兼治的总要求和文化引领的总方向，努力实现"三个杜绝"和一个减少，尤其是针对危险作业各过程环节做到精准风险管控。该系统由以下三个流程构成。

（一）构建危险作业大监管系统工作流程（即监管工作标准化）

孟子说"不以规矩，无以成方圆"，高效的工作必定要有规范的工作流程，工作流程是指工作事项的活动流向顺序。工作流程既包括实际工作过程中的工作环节、步骤和程序，又能体现标准规范一致的重要性。通过多年对危险作业监督工作的梳理总结，逐步建立了危险作业全过程风险防控大监管流程，如图2所示。

图2 危险作业大监管工作流程

该流程涵盖危险作业全生命过程的各项环节，通过系统构建为各环节选配不同监督工具、方法、方式，实现从危险作业监督备案、危险作业监督实施、危险作业监督关闭、危险作业监督总结、危险作业管理追溯、危险作业监督管理反馈并改进等方面进行全过程闭环风险控制，是开展精准监督的基础。

（二）构建危险作业预先性风险分析大监管工作程序（即监管工作标准）

《史记》曾记载大禹治水"左准绳、右规矩"，合理的监督工具使监督工作事半功倍，也是监管工作提升的保障。图3为预先性风险分析大监管工作程序。

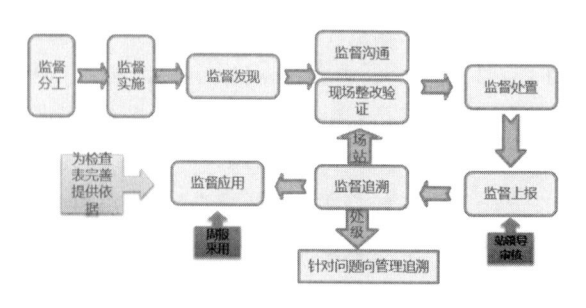

图3 预先性风险分析大监管工作程序

1.危险作业前监督：风险防控

作业前利用"圈、点、勾、画"工作方法，对

作业方案、作业计划书、安全措施等资料进行备案督查，并对照《长庆油田分公司动火作业安全管理办法》及监督标准制度，逐字逐句、逐条逐款进行监督确认，发现问题及时反馈纠正，发现重大失误及潜在的安全隐患立即联系生产单位核实，如果存在则系统取消或重新提交审批，超前提出防控措施，系统做到把风险控制在隐患问题形成之前，把隐患消灭在事故发生之前，把措施弥补在作业之前，确保每一起危险作业安全顺利开展实施。

2. 危险作业中监督：隐患排查

"术业有专攻"（《师说》），怎样才能有效地弥补多时空交叉作业现场监督过程中因专业不同对隐患问题判别不足的缺陷，又能快速提升监督效率，履职尽责提高监督质量，做到"理直气壮、标本兼治、从严从实、责任到人、守住底线"，大监管安全文化生态系统中"1+N"相互补位监督程序（图4），有效地解决了危险作业过程中专业互补问题。

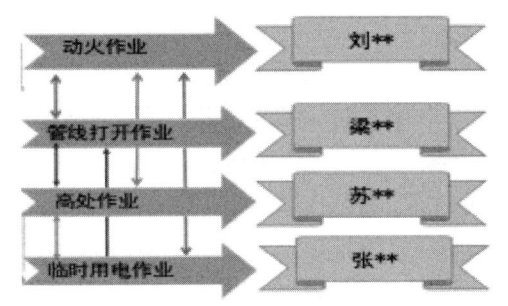

图4 "1+N"交叉监督法

在生产过程中，危险作业往往是多起同时开工，为了不影响施工进度，在危险作业首次开工时监督站就指派多人同时到达作业现场开展督查，利用"1+N"交叉监督法：作业现场根据所需开启危险作业的期数，选派相应的监督人数（2≤监督人数≤危险作业期数），每位监督"既是每项危险作业主建人员，又是其他危险作业的辅助检查人员"。危险作业主建人员负责该危险作业项的系统建立、方案审查、过程监督、整改验证、隐患销项、系统关闭，同时在现场监督过程中仍要兼顾其他监督人员的危险作业项的监督检查，通过"1+N"交叉监督方式，监督人员不仅相互监督补位，还能发挥专长，使现场隐患发现"纵向到底，横向到边"，风险防控全面覆盖。

3. 危险作业后监督：云智慧督查

利用"智慧监督云台"开展远程危险作业现场全过程跟踪监督，解决了疫情及特殊情况下监管人员不能到达或兼顾现场危险作业监管的困难，实现了"从传统监督向智能监督的转变"。

"工欲善其事，必先利其器"（《论语·卫灵公》），做事时选择比努力更重要，"把事做正确比做正确的事更有价值"，危险作业监管也是如此。为了解决长周期危险作业全过程监管，降低监督人员现场风险，弥补特殊情况下监管人员的不足等问题，经过多年探索与实践，充分利用5G技术及大数据云平台发展，研发了适合于"非常规程及危险作业智慧监督云台"。主要通过现场作业人员、属地监护人员穿戴便携式采集系统，对作业现场主要机具、关键工序、重点人员、风险危害，进行实时识别、预警、记录、回传到监督后台经过边缘计算和监督大数据分析，对现场违章行为实时预警记录，重点人员资质审查，关键工序在线技术指导等操作，并将以上信息同步推送到监管人手机上，做到现场负责、监管个人、监督部门、生产单位等"四个维度"的在线督查。为监管资源共享，构建一体化安全监督网络体系，充分形成上下联动、联合监督，发挥整体监督合力，打造系统集成、协同高效的监督工作格局奠定了大监管安全文化生态系统基础。

（三）构建危险作业过程隐患问题管理追溯大监管工作程序（即监管工作闭环管理）

危险作业隐患问题管理追溯是提升监管技能、规范作业程序、控制作业风险、杜绝重大特大安全事故发生，构建和谐稳定、良好互动可持续发展大监管安全文化生态系统命运共同体的主要途径。

监管部门按照"PDCA"循环模式，在线数据库记录以及现场监管人员发现的安全隐患问题，通过"分析、总结、追溯、提升"，按照"ASFP"管理追溯流程，对每一起长周期交叉高危作业进行全面总结分析评估，对生产单位进行管理追溯。

三、危化企业"大监管安全文化生态系统"应用效果

"大监管安全文化生态系统"是从系统上筑牢安全监管防线，按照"上下结合、内外结合、专兼结合、统分结合、点面结合"的方式，突出一体化监督、分级监督和精准监督，规范监督工作内容和流程，构建一体化安全监督网络，培育求真务实，在事关重大安全隐患问题上，坚决做到"讲原则不讲面子、讲党性不讲关系、讲政治不讲人情"，敢于较真、敢于触及矛盾、敢于发声，一切以切实解决安

全生产突出矛盾和问题为宗旨的安全生产文化。在杜绝大事故、防范大隐患方面主要表现如下。

（一）从危险作业根源上规范管理行为，杜绝作业漏洞

以往危险作业监管程序是：当生产现场开展危险作业时，主要由生产单位、作业单位管理人员根据生产作业情况编制施工方案、作业计划书以及现场安全措施等后上传公司危险作业审批系统，各级领导对作业审批完成后，进行属地监督站备案；监督站根据作业情况指定监督人员现场开展监督，导致作业方案、计划书以及安全措施在制定过程中未严格按照公司相关制度执行，要求各专业部门现场落实交底，各级部门只在系统上点击"同意"，而没有进行履责审批。作业审核过程中"盲批"和"代签"现象严重存在，导致审批后的方案、计划书以及安全措施中经常出现作业名称、级别、范围、措施、人员、安全措施等与现场实际不符的潜在风险，致使监督人现场核查时终止作业或"叫停"导致作业延期。通过运用以上系统后，一是将管理风险控制在作业前进行整改；二是杜绝管理单位部门"盲批"和人员"代签"行为；三是将公司相关制度执行有效监督落实。

（二）实现危险作业全过程风险管控，提升监督效率

针对生产现场危险作业量越来越大、监督人员越来越少的状况，运用系统中"1+N"交叉监督法和非常规程状态现场危险作业"智慧监督云台"对危险作业现场隐患排查进行"深耕"，对现场安全措施落实以及人员确认进行快速识别记录，尤其是对长周期危险作业，监督人员时刻都可以在线无声监护督查，从而提高监督效率，降低监督自身风险，加大了现场管理威慑。

（三）开展突出隐患风险管理追溯，促进安全管理

通过"PDCA"循环模式，结合"ASFP"监督流程，对每一起长周期危险作业结束后开展追溯分析，对危险作业过程中的突出隐患问题进行上级管理追溯，直接触及生产单位从体系运行、制度执行、人员培训等方面进行分析并制定预防措施，弥补管理漏洞。通过系统运行实施后，监督辖区的22个单位，连续3年做到全年无事故，获得油田公司安全管理金牌单位。

（四）构建危险作业监管安全生态，实现命运共同体

在企业安全生产方面，监管既是利益矛盾体，也是责任共同体，虽"不能一荣俱荣，但一定是一损俱损"，只有把安全隐患消除在事故前，才能将监管矛盾杜绝在萌芽状态。随着新《安全生产法》的实施，个人安全岗位责任制的执行，以及通过培育危化行业大监管安全文化系统运行，属地监督单位和生产单位之间监管安全生态逐渐形成，危险作业事故发生率将全面杜绝，企业的安全生产工作才能持续改进提升，稳步发展。

四、危化行业"大监管安全文化生态系统"建设核心

"有道无术，术尚可求也；有术无道，止于术"。科学的工作流程是保障监督工作开展的纲领，规范的监督程序是保障监督工作质量的提升依据，合理的监管方式方法是保障监督工作有效开展的基础，是对新时代党和国家事业发展做出科学完整的战略部署，有助于实现中华民族伟大复兴中国梦明确"五位一体"总体布局和"四个全面"战略布局。安全监督工作不仅要求监督人员要有过硬的技能，也要有良好的素养，更要有完备的系统，以上系统通过多年实践运行，取得了明显的效果。该系统不仅适用于长周期危险作业监管，也适用于各行业安全生产现场承包商检、维修作业的安全风险管控。

参考文献

[1] 最高人民法院 最高人民检察院关于执行《中华人民共和国刑法》确定罪名的补充规定[J].中华人民共和国最高人民法院公报,2002(03):80-81.

[2] 郝建伟.简析 BIM 在现代建筑工程项目管理中的应用[J].纳税,2018(20):157-157.

对发电企业安全文化建设的初浅思考

国家电投集团江西电力有限公司洪门水电厂　宁　屹　游赟宇　李鑫峰　包　诚　王利平

摘　要：紧紧围绕争创一流企业目标以及企业安全生产"零重伤、零障碍"工作目标任务，充分调动安全生产三大责任体系积极性，通过传承发扬电力行业优良管理方法，努力提升全员安全素质、改善物态本质安全，为奉献绿色能源，实现安全发展，创造安全稳定的环境。

关键词：物态文化；安全素质；三大责任体系

近段时间以来，接连不断通报交通、消防、飞行器、企业生产等方面安全事故，再一次给我们敲响了警钟：日常生产、生活、工作中，任何时候都必须将安全摆在第一位置，安全生产关乎人的生命健康、财产保值增值和生态环境优美和谐。

有的企业存在着这样一种怪现象：一方面有严格的安全生产管理制度；另一方面员工对制度却熟视无睹，违章作业屡见不鲜，究其原因关键在于企业安全文化基础不牢固。从文化的形态来说，安全文化的范畴包含安全观念文化、安全行为文化、安全管理文化和安全物态文化。安全观念文化是安全文化的精神层，安全行为文化和安全管理文化是安全文化的制度层，安全物态文化是安全文化的物质层。本文就如何抓好发电企业安全文化谈谈初浅的看法。

一、提高安全文化建设重要性认识

推进安全文化建设，有利于树立正确的安全观念。思想是行动的指南和引导。安全文化对安全生产管理有着十分重要的影响，不同的信仰、价值观，会干扰环境和资源对组织的影响作用。把"任何风险都可以控制、任何违章都可以预防、任何事故都可以避免"理念，"以人为本、风险预控、系统管理、绿色发展"方针贯穿于整个企业经营活动之中，有利于增强职工的安全意识，培育"我要安全、我能安全、我会安全"的行为意识，从思想深处和行为习惯上构筑起坚固的安全盾牌，树立正确的安全生产观，是搞好安全生产管理的前提。坚持"三个任何"，就是尊重员工的安全理念与文化，就是依靠员工、尊重员工，充分发挥职工的聪明才智，调动职工的积极性、主动性和创造性，规范职工的作业行为，使职工投身于企业安全生产活动之中。

推进安全文化建设，有利于长效管理机制建立。企业安全文化建设的最终目标是消除风险、维护健康、抵御灾害、防止事故、保护环境。加强安全文化建设，注重和讲求的是制度"硬手段"和文化"软方法"的有机结合，健全和完善安全生产组织管理，提高安全生产管理的效率，增强安全防范意识，达到建立安全生产管理长效机制的目的。通过制度"硬手段"，健全与完善有关的安全管理制度，从制度上明确安全管理工作职责、工作流程，规范安全生产管理，实现安全生产制度化与规范化。通过文化"软方法"，促使员工认同企业品牌口号、企业使命、企业愿景、企业价值观，从而理解和执行各级管理者的决策和指令，自觉地按企业的整体战略目标和制度要求来调节和规范自己的行为，从而达到统一思想、统一认识、统一行动的目的。

推进安全文化建设，有利于一流战略目标实现。当前国家电力投资集团公司已经进入"2035一流战略"落地的关键时期，企业的生存、发展最基本的条件是有效益，安全是保障效益的基础，要打造国际一流企业，必须有一个长期安全稳定的环境作保证，一旦在安全上出现重大闪失，不单对受害者及家庭是灾难，对公司发展也会造成冲击甚至延滞。不难想象，一个企业现场隐患不断，经常性地疲于奔波去抢修，必将影响员工的情绪，挫伤其生产积极性，如果发生了人身伤亡事故，更使人精神状态不稳定，打乱正常生产秩序，必然造成企业效益下滑。因此，只有把安全基础打扎实了，企业员工才能在一个长期安全的生产环境里，进行更多、更细致有效的工作，更好实现各项生产工作计划，生产、经营管理得以顺利进行，最终企业才能发展壮大。

二、建立传承和发扬文化建设理念

安全文化对安全工作潜移默化的影响与作用是不言而喻的，只要企业的安全文化根基厚实、氛围浓郁、核心明确、员工认同，企业就能在安全生产中占据主动。

建设安全文化，不能割断根脉，要认真分析研究传统的安全文化积淀，注重历史的传承，坚持在继续中发展，在发展中创新，在融合中兼收并蓄。从企业的"母系文化"中汲取养分，打通传统文化与现代文化的堵点，不断完善、不断改进，从而形成内容翔实、语言精练、一以贯之的文化体系，不断增强安全文化的导向性、影响力、生命力和号召力。

有的企业搞了多年的安全文化建设，仍不能形成一个清晰的脉络和健全的体系。这是因为在建设安全文化时，没有深入基层认真地提炼自身的历史积淀，打造自身的精髓品质，而是随波逐流、人云亦云，跟风造势有余，自主创新不足，思路转换频繁，强化巩固不足，造成企业员工短时间难以熟悉理解、无以适从，不能形成广大职工群众共同遵守的安全价值导向。

目前，将强化双重预防机制建设安全管理要求融入、根植传统电力行业安全管理实践中，从而不断完善、发扬安全文化建设内涵，是继承和发扬企业安全文化发展的不二选择。

三、强化物态安全文化建设工作

物态文化是人们生产活动方式和产品的总和，是可触知的具有物质实体的文化事物，如建筑、设备、器皿、衣、食等。它是人类在长期改造客观世界的活动中所形成的一切物质生产活动及其产品的总和，是文化中可以具体感知的、摸得着、看得见的东西，是具有物质形态的文化事物。物态文化是文化诸要素中最基础的内容，是人类的第一需要，它直接体现了文化的性质、文明程度的高低。

在具体生产管理过程中，应积极围绕科技兴安，通过加大投入，实施人防、物防、技防工程，规范开展安全目视化建设，推动企业管理向信息化、数字化、智能化、智慧化转型，同时落实设备缺陷管理、设备技术管理、检修技改管理、技术监督管理相关制度要求，认真分析设备系统运行参数变化情况，解决硬件设施存在的各类风险，逐步提高设备设施的健康水平和本质安全水平。

四、实施全员安全素质提升工程

墨菲定律告诉我们：做任何一件事情，如果客观上存在着一种错误的做法，或者存在着发生某种事故的可能性，不管发生的可能性有多小，当重复去做这件事时，事故总会在某一时刻发生。也就是说，只要发生事故的可能性存在，不管可能性多么小，这个事故是迟早会发生的，常常以身犯险，终将造成惨剧。首先，在我们生活工作中的每一天，时时处处都存在危险程度不同的不安全因素，一个带电物体、一个高处物件、一个带压力容器、一辆行驶中的汽车、一个高温物体、一瓶可燃的物质、一箱有毒物品，甚至一张A4纸，均有可能使人受到伤害，这些风险和隐患无时无刻客观地存在于我们的身边，它们的存在是不以我们的主观意识而消失的。其次，在每一项具体工作中都可能存在高空、起重、动火、潜水、带电、受限空间、接触化学药品等高风险作业，也容易产生不安全事件。

实施全员安全素质提升工程，就是提高企业全体员工风险辨识管控能力。从安全管理学角度分析，每一个人在进行各种活动过程当中，都在自觉或不自觉地执行着"危害识别、风险评价、采取安全措施"这个过程。举一个很简单的例子：吃鱼，首先识别鱼肉中是否有鱼刺，有鱼刺即评价鱼刺大小尺寸；然后针对鱼刺大小可分别采取用筷子、用手、用嘴将其剔除，这样就有效防止了鱼刺伤人的发生。

我们应该通过组织丰富多样的培训活动，建立多元化的安全文化视觉、听觉识别与传播系统，强化日常业务、相关专业安全知识实践式教育、宣贯，培养员工对每一个操作、每一个工序，从人的不安全行为、物的不安全状态、管理缺陷、环境缺陷四个方面展开分解、分析，正确判断周围、工作过程中存在的危险点，对可能发生的危险进行预测和评估，以确定危险的级别，并根据现有的规程、规范、标准要求，明确和落实具体的防范措施，进行分级管理，养成工作中自觉识别、管控风险的思维行为习惯，杜绝不安全事件发生。

五、充分发挥三大责任体系作用

依法治理安全生产是安全文化的重要内容。党的十八大以来，习近平总书记多次强调"发展决不能以牺牲安全为代价，这必须作为一条不可逾越的红线"，提出要切实健全"党政同责、一岗双责、齐抓共管、失职追责"的主体责任体系，新《中华人民共和国安全生产法》明确了"管行业必须管安全、管业务必须管安全、管生产经营必须管安全"的"三管三必须"要求。

企业管理体系是企业组织制度和企业管理制度的总称,包括经营管理、生产安全、党群纪检等体系,唯有各分支体系正常运行,才能保证企业运行正常。在企业生产经营过程中,必须要加强构建体系协同配合机制,坚决落实各级各类人员安全生产责任制,突出保证体系"管生产必须管安全"主体责任,突出安监体系"管理的再管理"监督责任,突出支持体系"思想引领、资源配置、综合服务保障"大协同责任,量化各岗位职责内容、到位标准、考核标准,强化监督问责,精准追责,促进履职尽责,形成三大体系工作合力。

六、结语

安全生产三大体系人员要熟悉安全生产工作的法律法规和方针政策,要大力宣传普及安全生产法律法规,提高全员的安全法律意识,结合事故案例,深入剖析,以案说法,公开生产安全事故的处理结果,教育警示人们遵章守法,依法规范的安全生产行为,培养全体员工敬畏规则、崇尚能力、养成习惯的思维,将依法治企业文化不断内化于心、外化于行,提高企业安全发展的内驱力以及软实力。

企业安全文化建设认识与实践

国能大渡河流域水电开发有限公司龚嘴水力发电总厂　李　华　张　宏

摘　要：安全是企业发展之基、职工幸福之源。国能大渡河流域水电开发有限公司龚嘴水力发电总厂（以下简称龚电总厂）全体员工50年不懈奋斗，从安全意识淡薄、安全行为规范差、安全事故频发多发中，面对事故伤害带给职工的悲伤和震撼，痛定思痛、知耻而后勇，下定决心大刀阔斧以安全文化引领破题，实施管理变革，逐步建立和完善安全制度文化、观念文化、行为文化体系，打造出卓有成效、独具特色的安全文化品牌，彻底扭转了安全生产不利局面，实现了连续安全生产6000天的历史跨越，安全文化建设在龚电总厂落地生根、形成良性循环。

关键词：文化引领；NOSA安健环；精细管理；安全发展

安全，是企业之本，是企业发展的第一要务，是职工幸福的先决条件。龚电总厂于1971年12月首台机组投产发电，目前管理着龚嘴、铜街子两座大型水电站。经过50年不懈奋斗，龚电人抓安全、保安全、强安全，初心不改、斗志不减，始终坚守安全只有防而不实、没有防不胜防，曾经遥不可及的安全从守望变成了现实。龚电总厂安全管理完成了从零起步到屡创新高的"蜕变"，安全文化逐步落地生根、开花结果，连续安全生产天数跨越6000天，实现了连续17年零事故，以扎实的安全根基开启了建设智慧电厂、打造幸福龚电、争创世界一流的新征程。

一、历史指引未来，回望助力前行

龚电总厂首台机组发电以来，安全生产面临诸多压力，存在人员结构不合理、安全思维固化、安全意识淡薄、安全行为规范差，习惯性违章频发多发，设备运行不稳定、设计不完善、隐性隐患和风险较多等诸多不利因素，安全生产事故时有发生。安全管理主要依赖于管理者的经验，连续安全生产纪录从未突破1000天。

2005年，龚电总厂安全生产形势更是异常严峻。全年发生设备一类障碍6次，机组非计划停运16次，一般设备事故2起，人身伤亡事故1起，安全记录天数被中断。事故的教训痛彻心扉，时刻冲击着全厂职工对安全生产的信心和勇气，严重制约着龚电总厂发展的动力和方向。

面对如此被动的安全生产局面，龚电总厂管理者下定决心要全面整顿安全生产工作，锁定安全"零事故"目标不动摇，坚决扭转安全生产不利局面。

二、意识决定行动，文化引领破题

针对2005年安全生产状况，总厂认真分析原因、总结规律，决定以文化引领重新铸魂，明确方向、凝聚力量，以安全文化建设为突破口，从"抓思想、转观念、提认识"入手，组织开展了"四个一"专项活动（一次大讨论、一次大培训、一次大考试、一次大检查），实施了安全生产"52221"工程（树立五种意识：预防意识、责任意识、忧患意识、互保意识、阵地意识；克服两种心理：侥幸心理、麻痹心理；强化两个过程：生产管理和生产作业两个过程；抓住两个重点：防洪度汛和电力生产两项重点；实现一个确保：确保安全生产稳定），牢固树立"讲政治、不争论、抓落实"的安全生产指导思想，不断增强职工对安全生产极端重要性的认识，进一步坚定了"安全就是效益、安全就是幸福、安全就是形象"的信念，职工安全生产主动意识逐步提升，有力地扭转了安全生产被动局面。

经过不断探索与实践，"精、准、严、细、实、效、恒"、"千言万语讲安全 千辛万苦抓安全、千方百计保安全"三千精神等安全文化理念逐渐深入人心，安全文化建设在龚电总厂雏形初成。

三、建立制度文化，强化风险预控

通过反思，龚电总厂认识到安全管理是一个系统工程，要保持长治久安，必须转变安全管理思路，引进先进的安全管理体系，建立高效的制度体系。

经过深入调研，2006年10月，龚电总厂正式启动推行NOSA安健环综合管理体系，聘请专业机构开展NOSA知识宣贯培训、系统策划、差距分析、持续改进，改造安全管理制度、优化管理流程。系统地建立了《安健环管理手册》，为各级管理者提供NOSA管理指南；编制了《安健环程序文件》，为52项安全生产工作提供了执行标准；制订了《书面安全工作程序》，为高危作业提供指导，详细分析危险因素，提出风险控制具体措施，制定了28个突发事件应急预案；强调PDCA闭环管理，加大安全隐患排查治理力度，狠抓设备检修质量管理，安健环风险得到有效控制。总厂安全管理制度已涵盖安全生产工作的各个方面，建立了健全的制度文化，优化了安全工作流程，安全管理体系运作更科学、更规范、更顺畅、更高效。

经过5年的不懈努力，2010年获得NOSA安健环管理五星企业称号，2012年成为首批电力企业安全生产标准化一级达标企业。职工安全意识大幅提升、安全行为更加规范、危险源辨识和风险预控能力得到强化，"一切基于风险的管理""闭环管理，持续改进"等安健环理念深入人心，实现了向管理要安全、向安全要效益的良性循环，切实提升安全生产科学管理水平，取得了良好的管理绩效，安全文化建设获得质的飞跃。

四、建立观念文化，构建文化铸魂

为深化安全文化建设，更好地运用安全文化的影响力潜移默化地转变职工思想观念、规范行为习惯，为使安全文化理念在基层落地生根，2008年总厂在设备维护部试点探索班组安全文化建设，提炼总结出"精心维护、主动保养"的部门宗旨理念和"风险预控、作业规范、安全互保、持续改进"等系列安全理念。2016年，龚电总厂组织开展了安全理念征集活动，通过发动全员参与、部门把关审核、总厂集中讨论，营造浓郁的安全文化氛围，最后总结提炼形成了"关爱员工从安全开始""各级管理者必须亲自进行安全检查""员工行为是安全管理的重点"等10条安全理念，总厂安全文化体系逐步成形。

经过3年的实践，2019年，为充分发挥安全文化理念引领作用，推动安全文化进一步入脑入心，总厂及时组织对安全理念进行了总结梳理和补充完善，形成了"安全先于一切，重于一切"等安全意识理念，"关爱员工从安全开始，热爱企业从安全做起"等安全责任理念，"工作讲程序、作业讲标准、行动讲纪律"等安全行为理念，"安全管理最大的问题是严格不起来、落实不下去"等安全管理理念，"安全风险无处不在，险在不知险、知险而不险"等安全风险理念。安全文化理念朗朗上口，易于接受、执行和理解，更贴近基层，更接地气，得到员工普遍认同。

同年，为构建人、机、环境和谐统一的安全文化氛围，实现企业安全、高效发展，龚电总厂印发了《安全文化建设纲要》，确定安全文化建设指导思想为秉承"文化引领、系统预控、严肃认真、抓铁有痕"的安全管理思路和方法，坚持人本化原则、结合性原则、继承性原则、实践性原则和特色性原则，将"在总厂范围内形成事事重视安全，人人主动履职，上标准岗、干标准活、做放心事的良好安全行为，形成卓有成效、特征鲜明的安全文化体系"作为安全文化建设的最终目标。

2022年，龚电总厂依据安全文化建设发展进程，不断延伸和完善安全文化理念体系，征集发布了安全价值观"安全是最大贡献、安全是最大幸福"，安全愿景"幸福龚电、平安家园"，安全使命"安全稳定高效发电"，安全目标"实现本质安全型企业"，安全生产标准化理念"行为依从标准、结果达到标准"等安全理念。

五、建设行为文化，着力以文化人

龚电总厂始终把抓好安全意识和安全行为建设融入安全生产全过程，围绕"安全、稳定、高效发电"的中心任务，着力抓好安全行为文化示范建设，把先进思想、理念、制度具体化为管理者的行动和全体员工的自觉行为，形成"制度行为化、行为习惯化、习惯成文化"的闭合循环提升机制。通过开展安全警示教育、安全知识竞赛、安全大讨论等特色主题活动，不断强化全员安全意识；遵照"科学、精简、高效"的原则，修订完善安全管理制度，确保制度的合规性、实用性；坚持以生产促培训、以培训促发展的思路，不断强化员工依标准做事的习惯，提升员工安全技能水平；以反违章活动为抓手，编制违章典型事例，加强违章监管和考核，对违章行为实行零容忍，强化反违章主体责任，违章考核实行分级管理，通过不断纠偏、规范员工安全行为；大力实施安健环综合治理，完善安全标志、安全警示、风险提示等安全信息，改善现场通风和照明条件；

深入开展隐患排查治理，加大设备改造资金投入，切实提升设备健康水平；开展职业危害因素监测和治理，强化职工劳动防护，不断改善职工的职业卫生和健康生活条件；开展班组文化建设，推行"目视管理"，全面改善劳动安全作业环境，着力强化本质安全，营造浓郁的安全文化氛围。通过努力，龚电总厂2011年获得"四川省安全文化建设示范企业"称号，2022年获得"全国安全文化示范企业"称号。

通过管理者的重视和垂范、员工的积极参与和践行，无形的安全文化通过实践中的管理、有形的制度载体固定下来，员工从心理层面接受并自觉遵守与执行，安全文化转化成为全体员工主动参与、自我约束、自我管理的一种行为习惯。安全文化建设在龚电总厂落地生根、形成良性循环。

六、结语

从事故多发频发到实现安全生产零事故，从粗放型运行维护到精细化管理提升，从摸着石头过河到自主创新优化体系，龚电总厂安全文化建设走过了一个从无到有，再到自成体系的艰辛历程。龚电人用智慧和汗水打好了安全生产翻身仗、巩固仗和提升仗，打造出卓有成效、独具特色的安全文化品牌，安全文化体系建设得到不断推广、延伸和完善，安全文化氛围浓郁，文化管人、育人效果不断显现。

回顾历史，龚电总厂安全文化建设能得到快速发展和固化，主要得益于：一是领导重视，总厂成立了以党委书记和厂长为组长的工作领导小组，组织制定安全文化建设纲要或规划，定期协调解决安全文化建设重大事项，带头宣讲安全文化和理念，有力带动了员工参与安全文化建设热情；二是体系健全，始终与安全体系建设同步推进，目标明确、责任到人，让NOSA安健环综合管理体系和安全生产标准化体系成为安全文化建设的主要抓手和落脚点，构建安全文化理念体系与安全生产管理实际深度融合，形成安全文化源于实际又指导实际的良性循环；三是全员参与，员工主动积极参与、自觉践行是安全文化建设成果好坏的唯一检验标准，龚电总厂通过安全文化理念上墙等目视管理，各级领导宣讲培训，员工参与文化理念提炼、总结等方式，不断营造浓郁的安全文化厂，让员工真正感受到安全文化就是写我所做、做我所写。

龚电总厂将继续坚定不移地做安全文化的继承者和发扬者，着力培育"事事重安全、人人促履职、工作讲程序、作业讲标准、行动讲纪律，干标准活、做放心事"的良好安全行为。努力创造"全员共筑安全、共享平安"的安全发展局面，树立"关注安全、关爱生命"的良好工作习惯和安全态度，做到"我的安全我负责，你的安全我有责，企业安全我尽责"，确保员工自身安全，保障企业长治久安，让安全文化在龚电总厂这片沃土上落地生根、开花结果。

参考文献

［1］李静,赵文书.如何搞好电力企业安全文化建设[J].电力安全技术,2007(04):23-25.

［2］蒋庆其.电力企业安全文化建设[M].北京：中国电力出版社,2005.

［3］陈中义.企业发展 文化为基[J].四川建筑,2006(06):1.

［4］徐德蜀,邱成.企业安全文化简论[M].北京：化学工业出版社,2005.

［5］甘心孟.安全文化建设是一项复杂艰巨的系统工程[J].劳动安全与健康,1996(04):17-20.

加强安全文化建设　助力实现本质安全
——安全文化在赣能丰电二期的建设与实践

江西赣能股份有限公司丰城二期发电厂　伍　健　程建军　魏建宏　陈建军　侯　芸

摘　要：江西赣能股份有限公司丰城二期发电厂大力倡导"安于预防、全于遵章"的安全理念，即企业的平安在于坚持"安全第一，预防为主，综合治理"，将隐患消灭于萌芽之中；企业的安全在于全员严格遵守法律法规、遵守岗位职责、遵守工作流程、严明操作规程。通过在实践中创新发展，构建了完善的安全理念体系、制度体系、行为体系、物质体系，持续提升了全员安全意识，营造了浓厚的安全文化氛围，构建了"有人作业就有人监督"安全监督格局，有效减少了违章行为，夯实了安全生产基础。

关键词：安全理念；安全文化；违章行为；安全教育

2018年以来，江西赣能股份有限公司丰城二期发电厂（以下简称丰电二期）践行"安于预防、全于遵章"的安全理念，将开展安全文化建设作为保障企业安全生产的重要手段，培育了"安于预防 全于遵章"的安全文化体系，并在实践中创新发展，持续提升了员工安全意识，夯实了安全基础。先后荣获"江西省安全文化建设示范企业""安全生产标准化一级达标企业"称号，正朝着实现本质安全型一流企业目标勇毅前行。

一、坚持党建引领，高位推动，齐抓共管护航安全

发挥党委核心作用。厂党委定期组织学习习近平总书记关于安全生产重要指示精神，树牢安全红线意识。党委会每年定期分析研判安全生产形势，研究部署安全生产重大事项。配齐、配强了安全监督人员，保障其享受生产部门同等待遇。成立了厂安全文化建设领导小组，下设办公室，挂靠党群工作部，制定创建安全文化建设示范企业奖罚办法，扎实推进安全文化建设工作。将建设"安全文化工程"融入党建"六工程"，以安全文化建设推进企业安全管理升级。

发挥党支部战斗堡垒和党员先锋模范作用。通过组织党员安全承诺践诺，部门、班组设立党员安全示范岗和党员安全监督岗，开展安全巡查活动等，助力安全管理。各支部每季度开展党员"安全之星"的评选。在安全生产标准化达标攻坚、机组检修等"急难险重"任务中，成立党员突击队、攻关组，发挥党员模范带头作用。

与此同时，厂党委在党员量化积分管理及党支部检查考核中，加入安全指标项，对在安全方面负有责任的党员和党支部进行扣分，做得好的进行加分，作为年终党员及支部评先、评优的重要依据，充分调动了党员及党支部参与安全管理的积极性，压实安全"一岗双责"，形成了党建引领、党政齐抓共管安全的工作局面。

二、坚持全员参与，强化宣贯，培育提炼安全文化理念

在"尽责"企业文化体系基础上，丰城二期发电厂自下而上开展了安全文化理念征集活动，全厂员工积极参与，共收到员工反馈意见230条，经过提炼、整合，最后形成了企业安全文化理念体系，包括以下几个方面：安全理念（安于预防、全于遵章）；安全愿景（平安丰电、快乐家园）；安全目标（管理无漏洞、作业无违章）；安全价值观（安全是效益、安全是幸福）；安全使命（建设本质安全型一流企业）。

在此基础上，厂党委编制并发放企业《安全文化手册》，做到人手一册，供从业人员学习掌握。大力推进班组建设，建立了科学的班组安全管理体系和培训体系，全厂17个班组均制定了本班组《安全文化手册》，形成了各具特色的班组安全文化。

扎实开展安全理念学习宣贯活动。企业将安全理念作为新员工入厂教育的一项重要内容进行培训和考试。通过制作发放安全理念鼠标垫，开展安全理念知识测试，在厂区设置安全理念标牌、卷帘、

宣传栏，建立安全文化长廊等，全方位、多角度展示企业安全文化。

开展形式多样的安全文化活动。开展了"安全与我同行"主题征文活动，上至党委书记、总经理，下到一般员工，共收到稿件200多篇，精选90篇印刷成册，供全厂员工学习。开展"我要安全大家谈""安全风险防范大讨论"等活动，厂部、部门、班组层层召开安全会议，每位员工结合实际工作，谈认识、提建议、防风险、除隐患。组织开展了"安全文化进家庭"活动，邀请职工家属参观生产现场，并开展安全亲情寄语活动，让家庭更加支持安全工作。开展了安全文化书法、漫画（视频）作品有奖征集及展示活动，收到职工作品100余件，营造了浓厚的安全文化氛围。

三、坚持以规治企，完善机制，健全完善安全制度体系

落实依法治企。每年发布关于识别获取安全生产法律法规清单。企业共收录相关法律63部、行政及地方性法规73部、部门规章108部、国家标准和行业标准1593项，并将其上传到电厂网站主页，供全厂员工学习、遵守。

建立完备的安全制度体系。为实现"管理无漏洞"的安全目标，企业坚持每年修订并发布管理制度汇编，定期修订规程及应急预案。2021年对全厂102项安全生产管理制度进行了整体梳理完善，全面修订发布了企业运行规程、检修规程、系统图。累计修订应急预案22项，完善现场处置方案29项，编制岗位、设备设施及人身伤害应急处置卡127项，成为2021年国家新标准颁布后，江西省首家通过应急预案专家评审的电厂。通过上述措施，促进安全管理工作的标准化、规范化。

扎实开展双重预防机制建设。建立了独具丰电二期企业特色的安全风险管控体系，并高分通过专家认证。坚持每年开展安全风险辨识评估，动态更新风险库，2021年全厂辨识一般及以上风险共计6029项。并以ERP系统为平台，规范风险辨识及管控措施，推动风险分级管控落实落地。

建立两个体系协调运转机制。坚持厂领导带班制，全年365天均安排厂领导驻厂值班。每周召开各部门、外委单位安全员参加的安全监督网会议，并开展安全监督检查。每月召开各部门、外委单位负责人参加的月度安全例会，形成安全生产工作布置、检查、整改等闭环管理。每季度召开安委会会议，研究解决安全生产重大问题，并开展有针对性的季度安全大检查，及时管控安全风险、消除事故隐患。每年对安全工作进行反思总结，实现管理水平持续提升。

强化激励约束机制。企业每年开展安全生产先进集体和个人评选活动。建立安全生产考核基金，对安全生产实行重奖重罚。2021年，共进行安全考核115项，考核金额28.53万元；安全奖励189项，奖励金额13.74万元，通过"经济指挥棒"大大提升全员参与安全工作的积极性。

四、坚持聚焦违章，过程管控，构建全员安全监督格局

（一）聚焦违章、过程管控

针对外委单位人员素质参差不齐、违章现象多发问题，企业要求生产班组全员下沉一线，每天参加外委单位班组早班会，做好安全技术交底，并作为工作负责人，带领外委单位人员开展消缺工作。项目管理部门对每个检修、技改项目均明确了项目负责人，由项目负责人对检修作业特别是高风险作业进行过程监督，真正做到"有人作业就有人监督"，保障作业全过程安全可控。

（二）推行安全层级管理考核制度

针对以往违章存在考核外委单位多、考核电厂管理部门少、安全主体和监督责任落实不到位问题，丰电二期推行了安全层级管理考核制度，制度规定如上一管理层级发现违章问题，则对下一层级层层进行安全考核。一改以往只考核责任外委单位，不考核责任部门的现象。同时，要求考核条款务必落实到相关责任人。调动了各层级人员关注安全、共保安全的积极性，提升了团队安全绩效。

（三）构建全员监督格局

推行安全观察和安全约谈制度，落实违章行为曝光、考核、教育、约谈机制。2021年共开展安全约谈55人次。在此基础上，建立企业安全（反违章）监察微信群和开展"身边隐患及违章随手拍"活动，鼓励全员参与。该微信群自建立以来，时常有人在群内分享发现的各类安全隐患或违章现象图片，营造了"人人都是安全员"的浓厚氛围。

五、坚持预防为主，丰富载体，持续提升安全教育实效

（一）每周组织班组学习

厂安健环部每月结合实际，制订安全学习计划，班组每周进行一次集中学习，学习安全制度、文件及不合格事件等，班员结合实际谈认识、找不足，制定和落实整改措施。包括厂领导在内的各级管理人员定期参加班组安全学习活动，及时掌握班组内部动态，帮助解决实际问题，提高班员安全意识。

（二）开展安全主题活动

每年6月安全生产月期间，开展形式多样的安全活动。2021年结合"落实安全责任 推动安全发展"主题，开展了全员安全知识考试、"安康杯"安全知识竞赛等线上活动，同时开展了安全专题讲座、安全书籍进班组、全员查隐患、应急预案演练等线下安全活动。每年11月，厂部、部门、班组分层级召开安全事故警示教育大会，深刻汲取事故教训，做到安全生产、警钟长鸣。

（三）持续总结经验教训

2021年，企业组织人员梳理建厂以来发生的各类安全不合格事件，分类整理成册。制订和落实详细的学习计划，全员撰写学习心得，检查整改措施落实情况，确保类似问题不再发生。坚持每次机组等级检修结束后，将典型违章分类整理为PPT图集，层层开展安全教育，以"身边人、身边事"为鉴，有效提升了安全教育效果。

（四）信息化助力安全培训

2022年，企业新建了安全教育培训中心，开发并投用企业ERP系统安全管理及教育培训模块，所有人员培训均可在线上完成。培训试题可随机生成，结果自动保存，安全培训更加便捷高效。

与此同时，企业建立了包括安全技能在内的生产人员岗位能力培训认证体系，考核合格后才能上岗。大力开展取证工作，2021年共有190人次取得特种作业证，证书复审79人次，全厂安全管理和特种作业人员做到100%持证上岗。

六、坚持安全为先，加大投入，提升企业本质安全水平

（一）保证安全防护投入

企业每年安排安全生产专项费用，在加强对员工职业健康知识培训的同时，制定和落实年度安全技术和劳动保护计划，采购、发放各种劳动防护用品和安全防护器材，提供安全防护的物质保障。

（二）加大消防应急投入

2021年，丰电二期投资470余万元新建消防大楼、购置消防车辆，并聘请应急救援队派人员常驻厂区，组建专职消防队，提高了企业应急处置能力。

（三）扎实开展安全标准化建设

2020年以来，企业累计投入资金5200余万元，开展达标整治项目51项，全厂动员，开展现场文明卫生清扫，现场面貌焕然一新。并通过在生产场所按规范设置各种安全提示牌，营造了浓厚的安全目视文化氛围。

（四）加大安全环保技改投入

为实现本质安全目标，企业积极采用"四新"技术，保障安全生产。近年来，陆续实施了脱硫氧化风机换型改造、输煤沿线电除尘设备换型改造等技改，降低了现场噪声和粉尘浓度。2022年6月，投资1188万元的液氨改尿素项目已完成改造并投用，消除了氨站重大危险源。投资1.2亿元的煤场全封闭改造项目将于2022年底彩钢封闭，将有效提升企业安全环保水平。

七、安全文化建设取得的成果

通过开展安全文化建设人员的安全意识大大增强，形成了"不安全不工作，人人讲安全、事事要安全"的浓厚氛围，"安全第一"的思想贯穿工作的全过程，员工更加主动关心团队安全绩效。安全责任进一步强化，安全管理制度进一步完善，双重预防机制更加有效，实现安全关口前移。安全培训体系更加完善，人员安全素质进一步提升，外委公司管理进一步融入企业管理，安全基础更加牢固，创造了连续3年未发生机组非计划停运事件的安全纪录。2018—2021年，丰电二期累计完成发电量284亿度，实现利润总额7.92亿元，安全各项指标保持省内电厂先进水平。

发电企业安全文化建设与实践

国家能源集团准格尔能源有限责任公司矸石发电公司　于营刚　李岳峰

摘　要：发电企业安全文化作为企业文化的一部分，是促进安全生产的重要手段，是预防事故的重要基础工程。为了巩固和提高发电企业安全生产水平，必须建设优秀的企业安全文化。本文通过对企业安全文化的正确认识，分析了安全文化物质层、行为层、制度层、精神层的含义及其在安全文化中的作用、地位和内容，介绍了国家能源集团准格尔能源有限责任公司矸石发电公司（以下简称矸电公司）从这4个层面建设发电企业安全文化的做法和经验，阐述了发电企业安全文化建设的途径和建设过程中存在的问题。

关键词：发电企业；安全文化；分层建设

一、引言

发电企业的安全文化建设是促进企业安全管理的主要工作，更是企业文化建设的重要组成部分。打造特色安全文化，是贯穿于企业安全生产的一条主线，是一项理论化、系统化工程，是企业和员工利益的保障体系之一。为提升发电企业安全文化建设的针对性和有效性，应及时对安全文化建设现状和不足进行梳理，加强改进和优化，做好安全文化建设相关引导。因此，应大力倡导和弘扬"安全第一，预防为主，综合治理"的安全方针，以"关注安全、关爱生命"为精髓，建设以"以人为本"为核心的企业安全文化，筑牢企业安全管理长效机制的基础。

2012年以来，矸电公司在现行安全管理规定的基础上，本着"建整并重，严实并措，循序渐进"的原则，对现有安全文化的自然状态进行了调查和评估，按照物质层、行为层、制度层、精神层进行设计与实践，在物态文化建设过程中注重人性化，大力营造安全生产氛围，注重员工安全行为的养成，推进安全制度落实，努力丰富和提升企业安全精神层面，提高企业的安全管理水平。

二、企业安全文化的正确认识

安全文化的概念正式提出是在1986年，由国际原子能机构在苏联切尔诺贝利核电站泄漏事故的分析报告中提出，是企业安全管理思想的一次重大变革。近年来，逐渐得到国内企业的重视，成为安全科学领域的一项安全生产保障新对策，也是安全系统工程和现代安全管理的一种新思路、新策略。发电企业安全文化是指发电企业在长期的电力安全生产实践中逐步形成的，占据主导地位并为全体员工接受和恪守的共同价值观念和行为准则。广义的企业安全文化是指安全物质层、行为层、制度层和精神层。它是企业文化的重要组成部分，是企业在长期安全生产经营活动中形成的，具有企业特色的安全价值观和安全行为准则的总和。

三、强化物质层建设，夯实安全文化基础

安全物质文化处于发电企业安全文化的最外层，是企业安全生产形象、观念载体，是由企业各种物质设施所构成的器物文化。主要包括厂房、发电机组、辅助设备等基本建设，还有厂容厂貌、员工的劳动环境、安全警示标志、文化设施等。这些所折射出的，是发电企业的安全生产理念、思想、作风和意识。物质层作为企业安全文化的最表层部分，是安全行为文化层、安全精神文化层和安全制度文化层的基础条件。

（一）加强安全环境建设

企业优良的生产环境和良好的安全生产氛围，是企业坚持以人为本、激励员工工作积极性的重要手段。公司通过持续开展文明生产标准化区域治理，努力提高生产现场安全文明水平，优化生产、办公环境，彻底消除物的不安全状态，最大程度控制环境的不安全因素，为广大员工营造一个安全、文明、优美、舒适的工作和生活环境，逐步达到人—机—物—环系统整体优化和本质安全化。

（二）提高设备健康水平

强化科学技术进步、设备改造和环保工作，加强机组设备缺陷管理，淘汰不符合安全要求的设备、

设施,消除生产过程中设备、环境存在的各种不安全因素;抓好生产作业过程中现场的危险点分析和布控,严格落实安全预防措施,做好危险点的安全标志、警示工作,做到标识完整规范,能够准确辨识。

（三）安全宣传形式多样

在厂区醒目位置设立具有现场告示、提示、警示作用的宣传栏,悬挂安全标语、警示牌、标识牌;组织编制一定深度和品位的企业安全文化手册、安全漫画、安全故事等,精心编排安全小品、微电影,在生产现场布置了安全漫画长廊和安全文化挂图,全方位打造"矸电"安全文化视听系统。

（四）积极开展安全性评价

2018年由内蒙古科电工程科学安全评价有限公司8名专家组成的安全评估组,对公司3、4号机组进行了涉网设备安全性评价复查工作,此次复查专家组认为,该公司涉网电气设备和管理保持了较好的水平,安全基础扎实,安全生产"可控、在控",安全生产态势稳定。

四、加强行为层管理,突出安全文化引领

在生产过程中,员工安全观念、安全思想、行为模式的表现,就是安全行为文化,依从于发电企业安全活动的行为准则。企业管理者及员工在长期的安全管理实践中形成的基本经验,折射了企业精神、价值观,是安全文化行为层的综合体现。发电企业安全行为可分为三类,即安全生产决策、管理、现场作业行为。现场作业行为是安全生产中最活跃、最关键、起决定作用的因素,以员工为主体。所以只有促进员工加强个人安全行为规范的形成,唤起"人人保安全"的主观能动性,才能从根本上杜绝人的不安全行为。

（一）高度重视安全管理

公司领导以风险防控为抓手,关口前移,重心下沉,深入一线了解基层安全生产工作、班组安全管理等具体情况,加大基层班组活动和现场工作检查、安全督导力度,及时纠正习惯性违章现象,指导员工做好危险源辨识、人身风险预控,杜绝事故的发生。公司制定了《安全生产周例会制度》,加强部门之间安全管理工作的沟通和推进,及时准确地掌握生产一线实际情况,做到有针对性地开展安全生产工作。

（二）发挥典型示范作用

安全生产先进班组和个人是企业安全工作的中坚力量,他们的行为在整个企业安全行为中占有重要地位。他们是企业员工学习的榜样,他们的行为是企业员工仿效的行为规范。公司通过不同角度,在不同范围宣传各种类型模范人物的安全行为,发挥其带头和垂范作用,使各方面都成为企业员工的行为规范。

（三）搭建安全宣教平台

公司利用安全学习日、技术学习日、班前会等时间,组织员工进行日常教育培训,实现每周一考、每月一训、每季一考;组织开展员工安全技能竞赛、安全知识竞赛等安全文化活动,使员工知规章、懂制度、依规程从事安全生产工作。

（四）提高员工安全技能

强化员工岗位安全、技术业务培训,提升员工的安全技能水平和业务技术水平,提高员工应对突发事件和实际解决问题的能力。实施"以老带新""以师带徒"活动,督导青年员工严格执行安全生产各项规章制度和反事故措施,规范现场安全作业行为,帮助青年员工在较短时间内解决工作经验不足的问题,保证发电企业生产现场每一个作业人员与作业对象的安全。

（五）安全活动丰富多样

在员工中建立"青安岗"和"群监员",在党员中开展"党员身边无事故""党员责任区"活动,查找现场安全隐患,及时纠正员工不安全行为,积极做好身边员工的安全监督、提醒工作,确保身边岗位和人员无事故。在员工中开展"千次操作无差错"活动,致力于让"标准成为习惯,习惯符合标准",实现员工安全行为自觉和安全自主。

五、健全制度层架构,推进安全文化落地

对员工和企业组织的安全行为产生规范性、约束性影响的部分就是企业安全文化制度层,作为企业安全文化的中间层,它起着指导安全生产并约束员工的作用,是员工的行为准则和规范。发电企业安全生产制度的制定,是针对在发电生产过程中存在的安全问题,运用有效的资源进行相关的计划、组织、协调和控制。通过人们的努力,进行有关决策、计划、组织和控制等活动,实现生产过程中人与设备、物料、环境的和谐,保护生产人员免遭风险的伤害,并确保发电设备的安全稳定运行,努力促进企业经济效益的提高。

（一）建立安全管理机制

企业安全文化的制度层主要包括企业安全管理

体制、组织机构和企业管理制度 3 个方面。公司从全局出发建立健全长效管理机制、安全生产全员监督机制，从经验化管理转变到预见性管理，把安全工作重点放在事前预防，在做好监督、检查的基础上，通过评价和寻找可能产生事故的危险源，分析可能发生人身或设备伤害的危险点，提前采取应对预防措施，消除可能引发事故的因素，从而达到控制事故的目的。

（二）完善安全规章制度

建立健全各项规程、规章制度，完善企业安全管理的基本规章制度和奖惩制度等，使其规范、科学、适用并严格执行。组织梳理、修订、完善原有的安全操作规程、标准，建立健全安全管理的制度体系，定期予以发布，确认其有效性、可操作性。近年来，公司在探索安全管理方面，积累了丰富的实践经验，安全管理水平有了一定幅度的提升。《岗位作业指导书》《岗位操作规程》《岗位危险源辨别》《现场处置方案》等安全文件得到了进一步的完善和提升。

（三）落实安全生产责任

确定企业主要责任人和职能部门主要负责人以及安全相关人员安全责任，制定安全责任制度，使各级人员掌握规章制度，了解各自职责，通过层层签订责任书等形式，把安全管理责任落实到人，用规章制度加以明确、规范，形成层层抓、层层管的全员参与的安全管理格局。

（四）执行持证上岗制度

加强对特殊工种从业人员的安全培训，严格执行特殊工种从业人员持证上岗和资格管理制度，公司内部特殊工种从业人员和外围工作人员，未取得特殊工种操作证，不得从事特殊工种岗位工作，从源头上预防安全事故的发生。

（五）严格安全奖惩制度

健全安全管理的激励和约束机制，按照"重奖重罚""分级负责""奖惩分明"原则，制定《安全生产长周期奖励办法》《安全结构工资考核实施办法》《安全风险抵押管理办法》，调动公司员工安全生产的积极性，以达到杜绝各类事故发生的目的。制定《安全风险预控管理体系考核奖罚办法》《生产安全事故报告和调查处理办法》，加大对责任性事故的考核力度。

六、确立精神层核心，提升安全文化内涵

安全精神文化处在安全文化的最深层，它是无形的、含蓄的、不易察觉的，是人们关于企业安全以及安全管理的思想、认识、观念、意识，它是企业安全文化的核心和灵魂，是企业安全文化建设的基础。企业安全文化精神层的形成是衡量一个企业是否形成了自己的安全文化的标志。

（一）培育正确安全观念

通过对全体员工全过程、各方面的思想、态度、责任、法制、价值观等方面进行宣传教育，充分解释、大力宣传和系统灌输"安全第一，预防为主，综合治理"的理念，培养员工正确的安全观念和全面的安全意识，营造安全生产的浓厚氛围，在员工接受精神安全文化的基础上开始践行精神安全文化，使员工由"要我做"转变为"我想做"，将安全精神转化为员工的自觉行为，成为一种"本能"。

（二）以人为本管理理念

"以人为本"的安全管理理念要求各级人员在安全管理中尊重和关心人。该体系应考虑其可操作性和人性化，营造领导与员工之间的亲和力，缓解管理带来的负面压力，从深层次影响员工的安全意识、态度和行为。对员工进行物质刺激和精神鼓励，采取安全积分制度，对个人进行考核，根据考核进行奖罚，同时对积分靠前的员工给予表彰；进行民主管理，向员工征集合理化建议，满足员工合理的要求，并让有益的建议在企业安全生产管理中体现出来，使员工产生认同感、成就感，调动员工的安全生产积极性和自觉性。

（三）确立安全生产方针

在过去的几年中，矸电公司坚持以"安全第一，预防为主，综合治理"的安全生产方针，把安全生产工作的关口前移，超前防范，建立了一个递进式、立体化的隐患防范体系，改善了安全状况，防止事故发生。遵循安全生产规律，把握安全生产工作的主要矛盾和关键环节，综合运用多种手段，从制度、管理、教育、设备、质量、环境等方面进行治理，有效解决了安全生产领域的各类问题。

（四）推行情感文化管理

将实现员工自身的安全需求与企业共同的安全愿景相结合，推行情感文化管理，倡导"以人为本、风险可控"的安全理念，形成"风险可以防范、失误可以避免、事故可以控制"的安全共识，认同"珍惜生命、关爱家庭、稳定企业、和谐社会"的安全价值观和"四不伤害"的安全行为准则，共同构建矸电公司企业本质安全文化。

七、发电企业安全文化建设中存在的问题

狭义地将安全文化建设理解为安全制度的建设，实际上，安全制度只是安全文化建设的一个部分。安全制度建设与安全文化的均等化必然导致安全文化建设达不到预期的效果。

尽管安全文化的重要性已被发电企业的管理者充分重视，但许多发电企业在组织建设方面仍存在很大缺陷。安全文化建设涉及物质文化、制度文化、行为文化和精神文化，许多方面需要在组织层面上做到有力保证。

安全文化建设体系不健全，管理机制不完善，员工的日常安全生产未经严格评估，对安全生产管理产生重大影响，阻碍了企业安全文化的建设。

一些员工在没有真正理解安全文化建设的重要性的情况下，将安全文化建设视为文化体育活动，发布安全文化建设文章等，从而将安全文化建设与安全生产区分开来，让安全文化失去其原有的生命力和活力。

八、结语

安全是做好一切工作的前提和基础，本质安全是深入做好安全工作的必然要求，是确保安全的治本之策。

供电公司沉浸式安全文化建设营造方法及成效分析

国网锦州供电公司　刘美杰　马识途　魏　征　郝天壮　赵　兴

摘　要：近年来，随着社会经济的持续稳定发展，电力行业在国民经济和人民日常生活中的作用日益提高，由此对电力安全生产也提出了更高的要求。安全生产是电力企业的头等大事，关系到企业的前途和命运，没有安全就没有效益。因此，确保电力行业安全生产成了一个非常重要的话题。本文以国网锦州供电公司（以下简称锦州公司）"安全，有你才有家！"安全文化建设为案例，分析了安全文化建设方面的良好做法和取得的成就，希望能为安全管理提升提供一定的参考。

关键词：供电公司；安全管理；安全文化；文化熏染

一、电力公司安全文化体系建设的重点

（一）从思想和行动方面高度重视安全文化建设

《电力安全文化建设指导意见》对安全文化进行了定义，即"安全是文化"。安全文化是企业文化的一项重要内容，广大干部职工要充分认识安全文化建设对促进安全生产工作的重要推动和保障作用，转变观念，将安全文化建设与生产经营工作同部署、同推进，群策群力共同实现文化促进、文化强安。

（二）系统谋划有序推进安全文化建设

安全文化建设非一日之功，参考《电力安全文化建设指导意见》中指出的全面系统、整体协同、形式多样等三项原则，以强化队伍建设为核心，系统策划、稳步构建安全文化体系，努力实现文化建设从夯基垒台到示范引领的跨越进步。

（三）全员参与共同营造安全文化氛围

全体干部职工既是安全文化建设的参与者，也是实践者。建设中要注重全面提高干部职工的素质和能力，通过持之以恒的企业安全文化建设来教育引导广大职工筑牢安全底线、提高安全意识、规范安全行为，真正实现安全文化理念内化于心、外化于行，即渗透融入员工灵魂深处并表现在员工的日常工作习惯中。

二、安全文化方面存在的不足

结合当前供电企业发展现状和电网、设备安全运行环境，不难发现，人身安全风险依旧是当前生产过程中最大的痛点。各类习惯性违章屡禁不止，反映出人员自主安全防护意识不足、企业安全管理不到位，从而引发一系列的问题，这些问题也反映出企业在文化推动意识转变方面还亟待加强。综上，从人员意识转变、文化建设现状和文化需求来看，多数供电公司员工对安全文化建设的获得感不足，安全文化建设方面还存在一定的问题和矛盾，主要体现在以下三个方面。

一是在安全文化建设的认识上还不够，没有具体的建设规划和行动计划，内涵性、系统性的东西少，管理上更多注重的是"干"，对安全文化盲目性跟风的东西多，真正具有安全指导性的少。

二是安全文化建设形式化严重，将安全文化建设停留在嘴上、宣传板报上、网页上，以一些安全口号、安全理念和安全价值观等安全宣传的方式代替安全文化，形式性、教条性内容考虑的多，本质性、实效性内容考虑的少。

三是在安全文化吸收上，安全管理人员喊的多，基层考虑的少，多是被动接受或强势灌输，真正主动感受和认真吸取的少，导致一线的安全文化氛围不足，致使现场的安全管理存在一定的隐患。

三、安全文化建设对策措施

锦州公司精准构设、沉浸布局，安全文化建设

出实招。成立安全文化建设领导小组办公室，公司党委牵头组织多部门多次开展联合讨论，最终确立围绕思想教育、文化熏染、人文关怀、岗位练兵、党建引领和科技兴安6方面为具体实施途径的建设方案，将安全文化建设专项活动与年度重点工作同部署、同实施、同考核，保证了广大员工参与度和主动性，活动效果和质量得到有效保障。

（一）典型活动之"安全大讨论"

组织公司安全生产各专业部门，经过多轮次专题研讨，确定了以不断提高安全意识、严格遵守规章制度、持续提升安全能力和争做安全生产表率4个方面为基础，以"三个一"为措施，以"9+7"（即管理层9条核心讨论问题，班组层7条核心讨论问题）为提纲的活动方案。各部门、各单位坚持多措并举，扎实做好活动的每一个步骤、每一项工作，实现了方案、督导、宣传、联络"四落实"，部署、学习、讨论、总结"四到位"，使"大讨论"活动全员覆盖、入脑入心、融入实践。活动共查找关于安全管理工作需要加强与优化、制约安全工作上台阶、提质增效的瓶颈与障碍等相关问题112条，切实做到把思想摆进去、把自己摆进去、把问题摆进去，形成了思安全、议安全、谋安全、促安全的良好局面，在锦州公司全面掀起了"比学赶超大讨论、扬鞭奋起开新局"的热潮。

（二）典型活动之"每日话安全"

锦州公司依托微信平台，组织开展"每日话安全"活动，内容以每日一句安全标语的方式关爱全员安全，提升安全意识，通过电子海报的方式在朋友圈、微信群内转发，将安全思想渗透到每天的日常生产、生活中，营造"用安全语录振奋人心，用安全警句教导认知，用历史上发生的事故案例再度警醒，用诗词歌赋将安全入脑动心"的良好氛围。同时，公司发布公开征集、评选系列活动，让全体员工都能够参与到活动中，人人当好公司安全的主人公，人人当好自身安全的掌门人，为公司高质量发展夯实安全基础。

（三）典型活动之"班组自主安全管理能力提升"

2020年，锦州公司作为国网公司"班组自主安全管理能力提升"活动试点单位，公司党委、活动领导小组密切跟踪活动方向，挖潜力、重创新、强落实，坚定推动活动稳步实施。各部室间明确职责，凝心聚力，督办落实。全体员工齐心合力，以"党建+"为活动注入灵魂，以"青创+"为活动提供活力，按照国网省公司"试点推进、分步推广、全面实施"的工作思路，先后选取输电、变电、配电、营销等4大专业作为活动试点，实现了生产班组全覆盖。由党员带头深化班组自主安全管理能力提升工作实施力度，组织开展优秀活动宣传展示，扩大宣传推广范围，进一步向各级产业单位、核心分包队伍等协作单位推广实施，先后开展活动近500场次。有效提高了一线作业人员辨识、警惕、化解风险的意识和能力，解决了安全风险管控措施制订与执行"两张皮"现象，使班组员工思想认识逐渐从"要我安全"向"我会安全"转变，在公司上下营造出"自主安全内外齐抓、共同提升"的良好氛围。

（四）典型活动之"一封安全家书""安全宣讲团"等形式的特殊春秋检动员会

锦州公司将春秋检动员和安全文化建设有机融合，组织开展以"安全，有你才有家！"为主题的"一封安全家书"春检动员会和秋检"安全宣讲团"巡讲活动。

在春检准备阶段，由员工家属，宣读"一封安全家书"，情深意切地阐述了安全、企业、家庭之间的密切关系。每一个宣读家书的现场，有妻子对坚守集控岗位夫君的美好希冀，有年幼孩子对奋战电网一线父亲的亲切告白，有妻子对夜以继日奋斗于安全监查岗位上工作丈夫的翘首以盼，都深深地打动了每个人的心。

在秋检准备阶段，公司开展"安全宣讲团"巡讲活动。宣讲活动通过对习近平总书记关于安全生产的重要论述、安全生产法、事故违章案例等安全政策、知识的系统解读，从人员意识层面推动公司安全发展，助力国务院15项硬举措和国网公司38项措施有效落实。真正将安全文化和日常工作有机结合，提升员工安全意识和业务技能，将安全文化建设渗透到员工心中的每一个角落，为安全生产打牢坚实基础，为卓越队伍塑造提供有力保障。

（五）立足文化熏染，积极构建沉浸式安全生态

在开展典型活动基础上，为传承安全文化理念，突出安全管理特色，开展了以下工作。

1.修建安全长廊

在各基层单位修建安全文化长廊，将"锦电"安全文化更好地进行宣传展示。长廊以领导安全寄

语、"党建+"安全生产、安全生产法、安全警示教育、科技兴安展示等形式，对国网锦州供电公司安全文化进行充分展现，加强员工对安全的重视，对事故的警示。

2.打造办公室、作业现场沉浸式安全文化

在员工办公室、个人办公桌、安全文化活动室、"党建+"安全活动室等位置，摆放、张贴安全文化标语和"家属安全寄语"，营造时时刻刻要安全的思想理念，将办公室打造成一个安全的"家"。在作业现场布置安全旗、佩戴安全红袖章、摆放安全文化展板和安全标语，形成沉浸式的安全文化渗透，让安全入脑入心。

3.构建多渠道、多层次、多方位的安全文化

通过制作重点作业标准指导卡、安全生产名词解释口袋书、严重违章条款手册等，构筑多渠道、多层次、多方位的以"遵章守规"为核心的安全文化。由员工家属以"卡、书、册"为基础，拍摄安全生产快板书，用童声"说安全"让员工将安全铭记心间。

（六）打造红色经典，推动"党建+安全生产"深度融合

1.筑牢安全思想防线

以安全生产为专题，创立"党安共享日"主题活动，筑牢安全思想防线。由"单向发力"向"互联互动"转变，采取共建、联建模式，围绕"以点带面，试点先行"的工作模式，以"线下参与+线上直播"形式开展"党安共享日"活动，示范单位组织对安全规范、作业现场防范措施以及安全事故案例进行网络直播授课，向其他党团组织开放共享学习，全面提升安全防控意识和安全防控能力。

2.实施青年安全生产建功、安全关怀工程

充分发挥"两队一区""号手岗队"创先争优、示范引领作用，重在安全意识培养，持续深化"青春光明行""青安岗""青年安全生产突击队"等争创活动，围绕春秋检开展"安全锦电，青工护航"主题实践活动。开办"青年学安全"网上微课堂，提升青年的综合素质能力。组织青年党员拍摄"党建+电力设施保护宣传""党员无违章"等系列短视频，构建了有温度、有深度、有内涵的安全文化生态。开展"倾听青年心声·关怀青年成长"系列活动，结合班组安全活动，各类专项活动日，各级生产管理人员要深入一线，倾听青年安全诉求、技能诉求、发展诉求，推动青年员工的成才发展，提高青年自身的安全掌控力。

3.开展示范引领宣传活动

在春秋检选取优秀示范单位、星级作业现场，将"春秋检"目标任务和党团突击队作用有机结合，不断提升党、团员业务水平，规范安全作业行为。征集"春秋检日记"短视频及"攻坚克难保安全"相关书法、摄影，展现奋勇向前、锐意进取的精神风貌，评选出"最佳日记"及"最美瞬间"，开展示范引领典型宣传活动。

四、公司安全管理成效分析

在公司上下的共同努力下，安全文化建设效果积极传导到生产工作中，截至2022年年中公司安全生产运行保持近7500天的良好记录，2022年圆满完成习近平总书记锦州考察、两会、迎峰度夏、重要节日等多项重要保电任务。所开展的"班组自主安全管理能力提升"活动中，2020年3个班组的活动展示获得国家电网公司班组自主安全管理能力提升试点示范班组的荣誉称号。2021年，2个班组的示范活动在全省范围进行公开展示，受到各级领导的高度认可。当年年底，公司再度被国网公司评为"班组自主安全管理能力提升"试点工作优秀组织单位，两个班组被评为国网公司试点示范班组，充分展现了新时代安全生产战线的"自主新风貌"。

五、结语

锦州公司"安全，有你才有家！"安全文化建设优异成绩的取得，是全面深化"四维同步改革"、加强队伍建设的重要成果，是公司从"能力素质提升"到"能力素质争先"的一次重要展示，是全体员工脚踏实地、务实创新意志品质的充分展现。通过安全文化系列活动，实现强素质、补短板、促提升的活动初衷，全员能力素质得到了大幅提升，员工间安全素养差距进一步缩小，培养出扎实肯干、精通业务、懂得管理的人才队伍。锦州公司将以此为契机，继续携手共进，为实现"一体四翼"发展布局，建设具有中国特色国际领先的能源互联网企业的工作主线而不懈努力，合力推动企业安全、稳定、高质量发展。

参考文献

[1]李涛.电力公司安全文化体系建设的有效措施探讨[J].企业改革与管理,2022(13):171-173.

[2]单大鹏,崔岩.电力企业安全文化建设与实践[J].管理观察,2017(33):33-34.

[3] 林蔚. 电力安全文化建设探索与实践 [J]. 中国电力教育, 2013(26):170-171.

[4] 上海市电力公司. 上海市电力公司获得全国安全文化建设示范企业称号 [J]. 华东电力, 2012,40(05):850.

[5] 仝世渝. 安全文化建设在电力企业的运用 [J]. 电力安全技术, 2009,11(03):13-16.

[6] 王凤珍, 张小兵. 内蒙古电力公司安全文化建设 [J]. 电力安全技术, 2008(02):19-20+51.

[7] 葛群. 河南省电力公司的企业文化再造研究 [D]. 天津: 天津大学, 2006.

[8] 王雨涵. 浅谈内蒙古电力公司的安全文化建设 [J]. 内蒙古石油化工, 2005(07):35-36.

[9] 徐德蜀. 安全文化须薰陶——访台湾电力公司第二核能发电厂 [J]. 科技潮, 1998(02):72.

推进安全文化建设　　打造本质安全

国网辽宁省电力有限公司辽阳供电公司　　吴莉威　焦明航　陈俊飞　李天宁　陈　星

摘　要：安全文化是安全科学发展之本，是实现安全生产的基础和灵魂。本文主要介绍辽宁省电力有限公司辽阳供电公司为夯实员工生产作业安全基石，通过全面推进安全文化建设，不断创新安全文化建设模式。针对公司实际情况，采取强化职工宣传教育、安全考核和协管防线等举措，坚决遏制"零敲碎打"的事故发生，筑牢安全生产防线。

关键词：安全文化；职工宣传教育；安全考核；协管防线

推进企业安全文化建设作为企业现代安全管理的一种新思路、新策略，是企业提升安全管理水平的重要基础工程，也是企业向人本管理转变的重要标志。国网辽宁省电力有限公司辽阳供电公司（以下简称辽阳公司）在近年来的安全文化建设中，从认知、能力和习惯三个维度深化、强化安全理念，使安全理念内化于心、外化于形、固化于制、融化于情，努力用浓厚的安全文化氛围，夯实安全文化建设的基础，让文化落地、让安全持续。

辽阳公司坚持以习近平总书记关于安全生产重要指示批示精神为指导，坚守发展决不能以牺牲安全为代价这条不可逾越的红线，倡导公司全体员工按照"安全是发展的保障，安全是收益的基石，安全是企业的生命线"的公司安全文化建设理念，着力塑造和推广"安全没有最好，只有更好""安全没有终点，只有起点"的全员安全理念，规范员工安全生产行为，达到自觉地、标准化地从事安全生产作业的目标。不断提升员工在日常安全生产作业中的安全理念和安全业务知识，促进员工形成正确的安全价值观，增强全员遵章守纪的自觉性，全面提升企业安全防护能力。打造"执行""学习""关爱"三位一体的安全文化，多维度塑造本质安全型员工，保障公司各项工作安全有序开展，实现"十零"的安全管理目标（作业"零违章"、操作"零失误"、执行"零差错"、冒险"零宽容"、制度"零缺项"、现场"零盲区"、目标"零伤亡"、设备"零缺陷"、条件"零隐患"、环境"零障碍"），有力推进公司安全发展、和谐发展、规范发展、高效发展。

一、用好宣传舆论造声势

制订企业安全文化宣传与推广系列活动方案，将安全文化借助各类媒体平台的影响力，通过多样化的形式、轻松的环境潜移默化地植入员工内心，厚植安全文化理念，提高员工的安全思想认识，培育员工正确的安全价值观。一是每年定期开展安全生产月活动，举行升安全旗仪式，组织员工在安全旗上签字，落实安全生产责任承诺制，在公司各类电子展示板上滚动展示以及作业现场悬挂安全生产月活动主题及安全提示条幅、标语。二是在进入作业现场，将"十不干""十零"安全目标、安全生产事故警示板等现场注意事项制作成安全宣传板，加大对安全制度和各项规定的宣传力度，让员工明"底线"、知"敬畏"。三是开展"安心·全意"明信片"寄安全"活动，让生产作业一线员工在明信片上写上安全生产嘱托并邮寄给相关领导、同事、家人，体现出"大家""小家"中的"亲情"关爱，使全体员工明确"安全是责任，更是亲情"的理念，提高全员安全生产的认知水平。四是多方面、多形式制作安全文化创意视频，创意制作《今天你安全了吗？》安全生产宣传沙画视频，在"人民视频""电网头条"媒体上展播，获得了公司内外一致好评，制作《反违新视角》系列抖音小视频，通过诙谐幽默的方式演绎各类典型违章行为，使员工在大笑的过程中收获安全生产反违章知识，员工们自制《一封安全家书》等视频，"高调"展现公司安全文化建设活动的成果。五是及时总结归纳安全文化建设过程中的亮点、经验，制作成安全文化手册，方便单位间交流与学习，以"宣传安全知识,传播安全文化,提高安全意识,减少安全事故"为理念,打造安全文化长廊,丰富的内容和生动活泼的形式,成为员工们的"打卡"地,营造浓厚的安全文化氛围,提醒员工们时刻保持安全意识、不违章违制。

二、狠抓学习教育强意识

采用多种形式,突出员工安全知识和安全意识教育学习。一是扎实开展好班组安全活动。为提升安全活动开展效果,引入座谈、讨论、情景剧、多媒体等方式,总结分析生产工作中的安全工作薄弱点、反思安全生产事故典型案例等,提升、巩固员工安全生产意识。二是制作创意培训课件、深化安全培训理念,将《安全生产备忘录》制作成 H5、长图等形式,利用微信群等载体,让员工时刻保持安全责任意识。三是开发安全考试以及生产作业人员信息查询多媒体小程序,组织生产作业人员开展上岗考试,时刻了解员工生产技能知识掌握程度,制作员工电子"生产作业身份卡",使员工时刻"记住"自己生产作业身份,保障安全生产工作的顺利进行。四是在《营销作业现场安全漫画系列手册》成功推广的基础上,编制《外包施工典型违章 100 条》《安全生产典型违章(漫画)》等学习材料,内容全面而新颖,直观又形象,起到良好的安全指导作用,受到上级公司的认可与好评。

三、严格检查考核抓现场

结合安全生产新形势新要求,不断完善规章制度,并严格考核执行。一是修订完善《安全生产责任制及考核办法》,签订安全生产责任清单,制作安全生产责任清单展示板,进一步明确各级人员的安全生产责任和现场管理责任,提高员工参与安全管理的积极性。二是开展安全监督检查,加大对现场的安全检查力度,严格执行外来以及流动作业人员"黑名单"制度,如发生 1 起严重违章或两起一般违章行为的作业人员,将其拉入"黑名单",并严格禁止入网作业,且制作公示板在各作业现场进行展示,将"黑名单"人员照片及信息进行通报,严防进场作业,让其既丢面子又丢票子,保持现场良好的作业环境,为减少和避免事故事件的发生奠定了基础。三是通过 4G 安全管控平台,对发现的视频违章进行剪辑、分类,并制作成培训视频下发各单位,通过此举,对现场违章者起到直观教育和触动作用,对其他人员起到警示教育效果。四是持续加强小、零、散作业安全管理,下发《国网辽阳供电公司小、零、散作业现场安全管理要求》,从作业计划管控、工作票执行、作业现场安全管控三个方面提出明确的管理办法和要求,为全过程管控和安全监督指明了方向,此办法是我公司在全省范围内首提。五是严格执行"约谈""说清楚"制度。对运维单位、监理单位、到岗到位人员、群众安全监督员等进行绩效考核。对发生严重违章的施工企业进行违章约谈和停工整顿处理,对相关部门及单位进行绩效考核。

四、坚持先锋引领筑防线

公司党委积极发挥党建引领作用,全力聚焦"党建 + 安全生产",推动党建工作与安全生产高度融合,让党员在安全生产中充分发挥模范带头作用。一是开展"党员讲安全课""支部书记带头学安全、讲安全""党员周安全活动带头讨论、发言"等活动,从思想上激励党员牢固树立"底线"思维和"红线"意识。二是大力开展"三亮三比""三无三当"实践行动,通过党员"亮身份",签订党员安全承诺书,彰显党员带头作用。三是做实党员考核双通报活动,对出现违章的党员既要进行行政处罚又要进行党员的约谈。公司党委出台《违章投诉党员谈心谈话方案》,党支部发生性质特别严重的违章,或年内重复发生的严重违章,由公司党委书记同党员所在二级党组织书记谈心谈话,有效发挥党组织战斗堡垒作用。通过一系列举措,公司违章数量环比下降 46%,且无党员违章现象再次发生。

五、结语

辽阳公司通过采取灵活多样的方式和持之以恒地开展安全文化建设,培育一个监督约束与自主管理相结合的控制机制,强化"我要安全"意识,营造一个"我要安全"氛围,全体员工以确保本质安全为己任,牢固树立安全责任意识,发挥安全管理自觉性和主动性,认真履行安全职责,使员工真正做到远离危险,从而使安全生产工作步入良性循环的轨道,推动安全工作稳步发展。截至 2022 年,公司已连续 6 年获得全国"安康杯"竞赛优胜单位。

基层班组"2+3+N"安全文化体系的建设与实践

内蒙古京泰发电有限责任公司　李前宇　魏　巍　李立新　郑　春

摘　要：为贯彻落实全员安全生产责任制，安全生产全员参与、全员治理、全员监督的理念，促进全员立足岗位、落实岗位责任、强化操作技能、查找现场隐患、遵守岗位规章，实现人人操作达标、管理过程达标、环境动态达标，切实将"高标准现场管控"要求落实到位，推动公司安全高效发展，通过"2+3+N"模式，即在运行班组中建立"两长和3+N员"班组建设管理机制，对班组日常事务实施民主管理，从而达到调动班组全体成员参与班组管理的积极性，切实有效提高班组管理水平。

关键词：全员安全生产责任制；2+3+N；安全文化体系

一、"2+3+N"安全管理体系在运行班组中运用的背景

安全生产是电力企业的头等大事，发电收入是公司赖以生存、发展的基础，是经济效益的主要源泉，是公司的生命线。电力安全生产是公司的基础和保障，假如电力安全生产搞不好，必然是既减少发电量又增加各类费用支出，其结果必然是成本上升，效益降低。可见，搞好安全生产也是取得好的经济效益的基础，直接关系到企业的前途和命运，没有安全生产就没有生产效益。

电力生产现场危险无处不在，有高温高压蒸汽的威胁、转动设备的威胁等。一般而言，电力生产的事故分为设备缺陷、天灾与人祸。前两者具有一定的不可控性，威胁到的往往是设备本身。在安全管理体系中，人是最重要的因素，也是最活跃的因素。海因里希法则指出，"每一次严重的事故背后，必然有29次轻微事故和300起未遂的先兆"，而在电力生产这个高能量聚集的场所，往往是一次偶然便会酿成不可挽回的后果。纵观过往电力安全生产事故，90%以上的各类事故是因为责任人对可能造成伤害的危险把控不足，缺乏防范造成的。

京泰发电一直作为2021年"电力行业发电运行集控标杆班组"，针对以上情况，班组对现有管理模式进行分析，对班组安全管理工作进行梳理。同时，在目标承诺、班前预备、作业准备（危险源辨识）、技能培训、作业监护、现场巡检、绩效考评等方面对班组安全管理进行系统化、标准化的完善，增强班组员工素质，规范班组员工安全行为，养成安全操作习惯，杜绝"三违"现象。向全员推行"2+3+N"安全管理体系，让人人参与到安全管理当中，提高班组成员的安全意识，确保企业安全生产。实现"危险预知、隐患可控、机制运行有效、事故为零"的安全标准化示范班组目标。

经过多年的生产经营管理实践，公司基本健全了班组管理保障制度，逐渐明确了工作目标。就多年的班组管理工作实践而言，公司班组建设工作积累了丰富的经验，管理、生产等方面形成了独具特色的模式和方法。在总结、提炼、整合方面有所欠缺，工会工作在服务职工日常方面已经非常完善和成熟。但是在班组安全生产方面的重要作用没有很好地得到凸显，不能系统化、体系化地对运行班组安全建设工作提供强有力的指导。为此，根据班组日常生产特点，全面总结多年来班组建设工作管理经验，丰富了"2+3+N"管理体系的内涵，将工会安全管理融入基层班组安全管理工作中，充分发挥工会作用，促进班组安全文化建设。

二、国有企业"2+3+N"管理体系在运行班组中运用的主要做法

"2+3+N"管理模式，即在运行班组中建立"两长和3+N员"班组建设管理机制，对班组日常事

务实施民主管理。"两长":班组长、工会小组长。"3+N员":安全员、宣传员、生活福利员和班组根据实际需要设置的其他管理员,如流动监督员、安全培训员、巡检质量监督员等,根据班组实际人数和需求配备,力求班组成员都能够积极地参与到班组管理工作中。班组中的班组长、工会小组长由班组的上一级组织指定,"3+N员"由班组职工民主协商在职工中产生并报上一级组织备案。"3+N员"须经班组半数以上职工同意方可担任,一般任期一年,可以连选连任。任职期间除特殊情况外,不经班组半数以上职工同意,不得调整撤换。对"两长"和"3+N员"的履职情况,由其上一级组织纳入日常考核和绩效管理,同时要广泛听取班组职工意见,作为其评先创优的重要依据,从而达到调动班组全体成员参与班组管理的积极性,切实有效提高班组管理水平。

三、班组安全生产过程中遇到的问题

(一)被动参与管理

目前公司正处于二期项目建设和调试的关键时期,一期安全生产是保障二期项目顺利进行的前提。为了推进一期安全生产,班委会成员结合公司和部门的工作重心和班组现状,开展了"班组建设抓什么""职工积极性怎么调动"等班组建设大讨论,得出的结论是:职工的积极性没有得到充分发挥,班组的凝聚力、创造力没有得到充分调动,许多员工在工作中只是被动地参与安全生产工作。

(二)习惯性违章时有发生

许多入场工作多年的老员工,尤以辅网及外委单位的工作人员安全意识较为淡薄,事事存在侥幸心理,认为不是每次违章作业就一定会出事故,能投机时就投机,能取巧时就取巧,认为即使有事也不会落在自己身上。进入工作场地后,工作雷厉风行,简单粗暴,认为自己有一定技术能力,就把遵章守制放在一边,凭经验工作,很少听别人的劝告,明知故犯。有的员工曲解了一不怕苦、二不怕累的精神,信奉胆小不得将军做、只要敢闯没有过不去的火焰山等理念,把违章行为当成个人英雄主义。他们的从业时间较长,工作经验丰富,且在各类安全学习中,安全规程讲得头头是道,只是在行动上却对不上号,明知自己的行为违章,为了图省事、怕麻烦,依然我行我素。也有部分新员工对安全规章制度掌握得不够全面,缺乏经验,安全意识差,对工作中的不安全因素和各种违章行为的危险性认识不足。在生产过程中,被发现违章后,往往都不知道自己违章在哪里,从而在多次违章后造成习惯性违章。

(三)见到违章"不好意思制止""不忍心处罚"

在厂区工作的员工大都互相熟悉,且"安全"观念不强,工作中随意性大,对自己的工作和生命财产缺乏高度的责任感。当见到他人违章作业时,在思想上总存在着一种侥幸的心理,盲目地认为一次小的违章不会发生严重的后果,事故不会发生在自己的头上。碍于面子和思想上的麻痹,见到他人违章时不加以制止,对于违章行为不忍心制止和举报,于是违章作业的行为随之产生。

四、利用"2+3+N"管理模式对症下药

为贯彻落实公司全员安全生产责任制,安全生产全员参与、全员治理、全员监督的理念,促进全员立足岗位、落实岗位责任、强化操作技能、查找现场隐患、遵守岗位规章,实现人人操作达标、管理过程达标、环境动态达标,切实将"高标准现场管控"要求落实到位,推动公司安全高效发展,通过"2+3+N"模式,利用班组长和工会小组长统领班组安全生产工作,以安全员和宣传员为安全生产的骨干人员,并设立灵活的N员,让每个人都参与到安全生产中去。

(一)班组长和工会小组长全面负责班组安全管理

班组是生产企业的战斗一线,班组管理是企业管理的基础工作。班组长是安全生产基层的组织者,是企业和员工间的桥梁,是班组安全生产的第一责任人。"2+3+N"模式除去班组长固定负责班组安全生产工作外,还增加了配合班组长管理的工会小组长,工会小组长在安全生产工作中,要对班组长的管理进行监督,并组织职工参加本单位安全生产工作的民主管理和民主监督,维护职工在安全生产方面的合法权益。

(二)安全员和宣传员是安全生产管理的骨干

安全员由班组成员共同推荐、两年内无违章行为且对班组安全生产做出贡献的人员担任,在安全管理方面与班组长享有同样的权力。但是在传统管理模式中,安全员往往处于一个非常"难做"的境地。其他部门的不理解、不配合,班组内成员难管理、"面子问题"使安全工作推进频频受阻。因此在"2+3+N"模式中,安全员实行轮换制度,每一年一轮换,在安

全员管理期间班组成员无违章，安全员可获得安全监督奖励。

宣传工作是班组安全生产过程中至关重要的一部分。宣传工作主要是通过对员工进行思想宣传教育来提高职工的思想觉悟、主动性和自觉性。因此，在班组生产经营中宣传思想工作是不可或缺的制胜法宝。在"2+3+N"模式中，宣传员负责积极开展以人为主的安全宣传教育，组织开展极富情感、极具"人情味"的安全宣教活动，帮助职工认真细致地分析违章作业的危害性，从根源上进行挖掘、探讨和帮助，使职工在思想上受到强烈的震撼，增强对安全生产的渴望。其次，根据安全生产状况，利用宣传栏、标语、横幅、牌板等有效载体，及时进行安全宣传教育，形成"人人都知晓安全、人人都想要安全"的良好氛围，唱响安全生产的主旋律，并通过看视频、读文章和画漫画等形式，用我们身边发生的事故案例警示、提醒职工，启迪和教育人们遵章守规的自觉性，变理念为自觉习惯养成。

（三）灵活利用 N 员

1. 违规人员担任流动检查员

班组设置了违规人员自查体系，让"三违"人员以案说法，请员工上台讲安全故事、分析事故案例，总结身边或自己发生的安全事故教训等。当发现有员工违反安全规定时，依照违章处罚标准对其进行考核，并且让其担任流动检查员一个月，在日常工作中监督他人的工作，发现违章现象及时制止，在任期之内无违章现象者卸任流动检查员，若在其任期内发现、制止不安全行为，可按照班组安全考核标准予以奖励，让违章人员参与安全建设，增强其安全意识。

2. 流动群众监督员

作为现代化的大型企业，发电厂的容量越来越大，而电厂运行工作是现场少人值守，远方集中控制。输煤皮带、化水、除灰、脱硫、脱硝等的控制室分散在厂区各个角落，巡检作业区域也是高低错落，现场作业人员缺乏有效的安全监督，尤其是在夜班巡检时，这些角落往往成为安全监视的死角。在"2+3+N"管理体系中，班组每月按专业抽签选取对应的流动群众监督员，监督员负责自己专业的随机检查，并将每次的检查结果汇报班组长及安全员。

3. 安全生产意见收集员

就日常的安全工作来说，靠个别人的努力往往难以有成果。班组将以人为本、全员参与的理念通过 N 员的作用发挥出来，"2+3+N"模式在班组中设置安全意见收集员，设匿名意见反馈信箱，让员工为企业安全文化建设提出自己的宝贵意见，鼓励员工认真观察、思考、提交安全改善提案，实现民主决策、民主管理和安全生产，集思广益，完善和严格执行班组岗位操作标准，以各作业组为单位实施岗位作业危害辨识，制定科学、合理的安全操作标准，明确每个岗位的危险因素、操作规程和应急处置办法，做到管理规范、操作规范、技术规范、处置规范。对可实行意见一律采纳，并予以表扬，对于收集到的有效提案及时加入后续改善工作中，让班组成员意识到自己是在为自己创造一个更加安全、舒适的工作环境，感受到自己被认同，激发大家的"主人翁"精神。按照现有行业标准结合实际，安全生产标准化内容细化具体到作业点和个人，形成全员推进安全标准化建设的良好氛围，推动岗位达标、专业达标和安全达标。

4. 安全活动策划员

班组在公司原有的安全月基础上，积极开展班组安全活动，活动由班组成员轮流策划，包括安全知识的宣传、工作座谈会等。在休息区及车间生产现场张贴安全标语，以温馨的语言提醒员工时刻注意安全，在宣传栏里张贴安全知识图片、经典安全事故案例、职业病知识、消防知识、安全生产报等进行展览。将班前、班后会以小座谈、小交流的形式进行，将重大操作和日常作业中出现的问题和隐患以及好的做法利用工作座谈会商讨对策和交流心得，并针对近期员工工作内容，量才使用，发挥长处，提高效率，减少个人因素可能带来的隐患。总结讲评近期工作和安全情况，沟通了解作业过程中出现的问题，及时化解可能对生产安全构成危险的影响因素，并表扬好人好事，批评忽视安全、违章作业等不良现象。

5. 巡检质量监督员

目前电厂设备的绝大多数都在集中控制室 DCS 上操作，将电厂的整个生产过程作为一个有机整体进行控制，以实现全盘自动化。随着计算机应用的日益扩大，特别是自动化集中控制技术的发展，火电厂的运行人员主要工作变成了对自动化运行程序的监控和少数的手动干预。这种工作方式的转变，导致运行人员对作业现场设备的潜在缺陷不能及时了解，容易误判作业现场实际情况。这种情况下，一线巡检人员就成了沟通生产现场和集控人员的纽带。巡检目的是掌握设备运行状况及周围环境的变化，发现设备缺陷和危及安全的隐患，及时采取有效措施，保证设备的安全和系统稳定。

在强化设备巡检质量方面，班组设立巡检质量监督员，监督员主要负责日常漏检的统计、巡检质量的抽查，确保每位巡检员不漏检、不漏缺陷。

五、取得的成效

班组通过"2+3+N"管理模式，创立了人人给力、人人负责、人人管理的"动车组式"管理模式，改变了传统班组"靠车头带"的单一管理模式，实现了班组全员、全方位、全过程安全管理，安全生产基层、基础、基本功建设显著加强，极大提高了职工素质、加强了队伍建设、提升了管理水平和综合实力。运行公司一直秉承的安全发展理念，严格执行部门的各项管理制度，2019—2021年班组连续三年两票合格率为100%，未出现任何人为指挥、操作差错，未发生任何不安全事件。

（一）公司的安全理念得到了很好的宣贯

班组制定的安全目标（平安、健康、零伤亡）、安全价值观（安全第一、生命只有一次，遵章守规是保护神）、安全誓词（安全第一、对自己安全负责，对工友安全负责，对我的家庭负责，规范操作，绝不违章）、安全防范理念（纠正每一个细小失误和差错）、安全协作理念（确保他人安全是我的责任）、安全操作理念（先确认后操作）的安全理念系统渗透到了安全生产的全过程、全要素之中，与员工的所想所盼产生共鸣，使员工从工作实践出发，总结提炼出具有行业特色和岗位特点的具体理念、岗位名言、警句，形成上下贯通的理念体系，使安全理念渗透到每个工作岗位、每名员工心中。

（二）安全素质得以提升

人的因素是多数事故发生最主要的因素，提升员工的安全素质是实现安全生产的基础环节，也是始终贯穿安全文化建设的一条主线。班组严格执行安全操作标准并进行抽查，通过科学规范的训练，较好地扭转了员工在特殊环境中形成的凑合、马虎、应付的行为习惯。通过系统培训，采取集中学习、系统讲解、专业辅导等形式，组织员工对规范标准进行系统的学习培训和考试，使员工熟记安全理念，明确行为禁忌、行为准则，掌握操作标准。通过人人参与安全管理，增加了员工的积极性和主动性，使员工的安全素质得到不断提升，从而既保证了公司机组安全稳定经济长周期运行，也为公司安全发展做出了积极贡献。

承包商同质化管理安全文化建设的探索与实践

淮浙电力有限责任公司凤台发电分公司 林雪清 陶振国 胡俊涛 彭若谷 杨联联

摘　要：在当前电力企业减员增效、社会化分工的大形势下，部分检修和运维项目的外包已成为电力企业的一种新常态。近年来，由于外包经营所带来的安全隐患急剧增加，外包安全管理已经成为困扰电力企业的一大隐患。本文就安全文化建设中，企业如何充分考虑到承包商的文化特点，将承包商完全融入企业的安全生产系统中，并根据"同厂同标，同质管控"的思想，实施全过程动态管理，引导承包商全体员工的安全态度和安全行为，实现安全自我约束，通过承包商全员参与企业安全文化建设实现企业安全生产水平持续提高方面进行的思考与探索。

关键词：外包管理；安全文化；同质化

我国经济已由高速增长阶段转向高质量发展阶段，推动国有企业高质量发展，是实现经济高质量发展的必然要求，也是实现高质量发展的关键支撑。在当前电力企业减员增效、社会化分工的大形势下，部分检修和运维项目等非核心业务外包已经成为电力企业的一种新常态，而承包商自主管理能力不足、安全投入不到位、人员流动大、作业人员安全意识淡薄等问题，也给企业安全管理工作提出了新的要求和挑战，如何切实落实安全生产责任，实现本质安全是当前亟待解决的重大课题。

一、承包商同质化管理安全文化建设

伴随着电力企业部分业务外包，承包商管理已成为发电企业安全生产管理不可分割的一部分，在承包商导致的生产安全事故日益增多的大背景下，强化承包商管理、压实企业主体责任势在必行。

（一）定格同质化，延伸安全文化内涵

企业通过分析不同承包商的共性特征和不同特点，结合企业实际，提出承包商同质化管理理念，即将承包商全面纳入企业安全文化体系，通过统一的安全生产体制和机制运作，将不同特征的承包商在安全生产管理要求与企业安全生产体系逐渐趋于一致，承包商员工与企业员工素养逐渐趋于一致，不断提升承包商自主管理能力，促进人员技能和安全素养提升，夯实安全生产基础。

同质化安全文化理念推进的初期，企业将同质化范围定格在"安全生产"方面，认为同质化的关键是"安全生产体制和机制"，同质化的对象是"承包商组织机构和员工"，同质化的目的是"不断提升承包商自主管理能力，促进承包商员工技能和安全素养提升，夯实安全生产基础"。

（二）聚焦规范化，立体构建"123"文化体系

"同质化"理念继承了企业安全文化的宝贵财富，归纳形成"123"同质化安全文化体系，即：一个理念、两个全面、三个统一的原则。一个理念，即"共建、共进、共享"的理念；两个全面，即全面纳入企业安全生产管理体系、全面纳入企业项目主管部门统一管理；三个统一，即统一安全生产目标、统一安全生产责任、统一安全管理标准。

在"共建、共进、共享"文化理念的引领下，通过建立统一的标准化管理流程、建立统一的安全和质量技术标准、建立统一的人员素养提升教育培训计划、建立统一的人员激励机制、建立统一的人员安全绩效评价体系，开展共享教育培训资源、共享人力资源、共享信息系统、共享办公环境资源、共享安全生产成果，促使承发包双方文化理念进一步融合、安全生产基础进一步夯实、人员安全技能素养和活力进一步提升、安全生产治理体系和治理能力现代化水平进一步提高。

通过对同质化理念思想认知的统一，意在压实双方责任、激发承包商内生动力，企业与承包商构建更加紧密的利益共同体和命运共同体。

二、承包商同质化管理安全文化实践

2021年，面对众多质量参差不齐的工程承包商，企业提出"试点先行，示范引领，全面落实"的原则，

根据不同的承包商特点,制定并印发《同质化管理实施细则》,在确保合规性的基础上,对不同性质的承包商进行差别化的提升,从而进一步强化了承包商的直接责任和企业的主体责任。

(一)科学激励,创新安全奖惩机制

对于驻厂承包商,企业采用"正面引导,正面激励"的方式,即以年度合同为契机,将总合同金额的5%作为一种特殊的激励基金;在"质"上,从党建文化、安全管理、技术管理、运行管理、7S管理、班组建设、员工激励等7个方面设置激励指标,并提出同质化管理要求和奖惩措施,奖惩指标除使用事故事件发生率等消极指标外,充分发挥安全文化中的安全行为激励要素,更多地建立隐患排查激励机制、无违章班组激励机制、安全绩效先进个人等积极指标。企业通过建立安全绩效考核评价体系和统一的专项奖励基金,每年对承包商、骨干人员进行安全绩效评估,按协议对优秀承包商、项目经理、骨干人员、班组进行奖励,同时在企业内部开展广泛宣传,树立安全榜样和典范,发挥安全行为和安全态度的示范作用。

(二)规范行为,培养安全行为

对于零星项目承包商,企业遵循"抓住源头,同质控制"的原则。针对零星项目人员素质参差不齐、流动性大等特点,从项目规划的源头抓起,对各单位的资质、人员配备、管理要求进行细化,明确相关要求,编制执行清单。严把人员入厂关,增加技能考试和面试环节,对于不合格人员不予办理入厂手续;严把人员培训关,完善培训服务,延长培训时间,为高危工作人员开设"晚间课堂",充实培训内容;严把开工流程审查关,严格执行法律法规、企业制度相关要求,安排专人审查,确保合法合规;严把过程管理关,对外包项目进行风险评级,较大及以上项目实行领导到岗带班制度和风险"双确认"制度,同时实行严格的违章考核和扣分双重约束机制,形成反违章高压态势,对于扣分超过限额的单位和人员坚决予以清退。建立外包人员档案,将其绩效评价与招标评分挂钩,优先在安全绩效好的承包商和个人中进行选择,力求营造一种充分竞争的良性评价选择机制,有效促进零星项目安全管理水平登上新的台阶。通过规范工程承包双方的行为和程序,引导承包商和企业员工认识和接受建立行为规范的必要性,从而提高个体的安全角色认知水平和责任意识。

(三)充分沟通,凝聚思想共识

企业就同质化安全理念与承包商建立良好的沟通程序,每季度与承包商、各级管理者、员工进行沟通,了解同质化推进情况、激励指标的适宜性、奖惩措施落实情况等。把承包商成功的安全经验、实践在企业内部进行推广;成立班组建设攻坚小组,对个别承包商安全管理薄弱的班组,给予必要的辅导和交流,有效提升班组建设管理水平和班组员工技能素养;在企业内部广泛开展技术交流活动,利用专题交流会、技术比武等方式,把承包商班组全部纳入企业安全生产活动中,通过上述各类活动的组织为企业内外人员建立能够深入沟通交流的平台,通过增加人员沟通交流频率与深度,推动企业内外部人员安全文化的相互渗透融合;同时,进一步加强党委、党支部、党小组各层面沟通力度,通过"同质化党建联盟"支部共建、小组共建等方式,进一步夯实承包商班组建设基础,推动同质化管理成效持续提升。

三、承包商同质化管理安全文化取得成效

企业经过近两年的实践,将同质管理思想深深植根于企业和承包商的内部,并将其与安全生产管理体系、从业人员安全意识、人员安全行为相结合,取得了显著成效。

(一)统一思想,激发承包商内生动力

同质化管理以"严考核、重激励"为导向,通过设置梯度式、具有挑战性的可靠性、缺陷率、隐患整治率和环保达标率等管理指标,极大地激发承包商员工参与企业安全生产管理的积极性、主动性和配合度,全年实现安全生产零事故、环保零事件,安全违章同比下降39.4%,消缺及时率提升至97%,发电水耗同比下降10%,消石灰粉单耗同比降低65%,实现连续两年环保排放零超标,有效夯实了企业安全生产基础。

为破解承包商"人才难留"的问题,企业设置在企人员积分制,将承包商员工在企年限和服务能力与承包商员工薪酬挂钩,大幅提升承包商员工稳定性和骨干人员到岗率,全年人员离职率降低至5.2%。

(二)价值导向,聚合企业内部强大合力

同质化管理,其目的是通过将承包商的管理、工作行为纳入企业统一指挥、统一配合、统一行动,打破企业内外部管理隔阂,将企业价值观、承包商

价值观、承包商人员价值观进行有机融合，进一步增强承包商人员责任心和主人翁意识，以促进服务态度、服务意识和服务质量的提升。通过让驻厂承包商全面参与技术管理，激发承包商人员参与企业生产管理体验感，如今承包商已经成为企业技术攻坚克难的生力军；通过进一步释放全过程参与安全管理，充分发挥承包商区域管理优势，多次主动提出区域安全违章考核，有效促进零星项目安全管理提升。

在驻厂承包商的自我提升、自我约束和自我控制下，积极发挥同质化安全文化的辐射作用，在潜移默化中引导零散项目承包商员工按照既定的规范进行相关工作，展现出同质化理念独特的风格，使企业安全文化更富活力。

（三）守正创新，建设基层班组特色安全文化

在同质化管理推进过程中，企业各基层班组将传统安全管理与同质化理念相结合，迸发出大量创意和亮点，形成极具班组特色的安全文化。企业有意识组织搭建班组交流、竞赛平台，实现了各班组间思维碰撞、相互吸收、取长补短、兼容并蓄的良好目的，进而不断规范个人行为、提升人员安全意识，强化制度执行力，企业多个班组被评为集团级标杆班组，承包商班组管理在班组建设评级中取得较好成绩，相较于同质化管理实施前有明显进步，有效夯实"最后1米"的安全生产基础，使基层组织单元发挥出巨大力量。

四、结语

企业非核心业务外包，有利于企业集中资源和精力投入企业的核心业务上，强化其核心能力，提高竞争力；有利于企业降低生产成本；有利于弥补企业某些能力的不足，通过外包在企业间达到优势互补，同时也带来了安全管理难度大，可能消减企业的技术、生产等能力的问题和风险。本文通过描述企业内部同质化管理实践，探索搭建承包商参与企业安全事务和改进过程的桥梁，将承包商纳入企业大安全文化范畴，增进与承包商的沟通和交流，使承包商更清楚企业的要求和标准，利用文化的导向、凝聚、辐射和同化等功能，形成统一的思维方式和行为习惯，化无形为有形，有效降低不安全行为，提升企业安全目标、政策、制度的贯彻执行力，对同类型法定企业具有一定的借鉴意义。

参考文献

高雅莉. 安全文化建设研究与实践[J]. 中国安全生产, 2022,17(01):58-59.

基于冷热电三联供区域能源构建"六全"管理理念探索

北京京能未来燃气热电有限公司　武东文　郭赞　杨小辉　赵云才　王彦琳

摘　要：深入学习贯彻习近平总书记关于安全生产重要指示精神，基于冷热电三联供区域能源探索构建"六全"管理理念（全流程安全管控夯基、全过程安全监督保障、全周期安全评价整改、全成员安全素质提升、全隐患动态整改闭环、全类型应急预案演练）并持续实践，有效提升企业安全管控水平。

关键词："六全"安全管理；三联供；能源

北京京能未来燃气热电有限公司（以下简称未来热电）位于北京昌平区北七家镇未来科学城南区，是以投资建设冷热电三联供系统为核心、调峰热源中心和新能源系统为补充的区域能源项目，承担着为未来科学城园区提供高效、安全的供冷供热能源保障任务，是国内首座区域能源示范项目。

未来热电秉承"绿色创业、科技兴业"的理念，首次将离合器技术（Synchro Self Shifting, SSS）应用于E级燃气——蒸汽联合循环机组，供热能力大大提高；首次将大温差烟气余热深度利用技术应用于工业实际；通过集中制冷技术应用，提升了能源的梯级利用效率；通过智能热网技术应用，实现了负荷合理分配和节能经济运行。

基于冷热电三联供的多能输出形式以及能源高效利用的技术要求，对未来热电安全生产管理提出了更高的要求。近年来，未来热电深入学习贯彻习近平总书记关于安全生产重要指示精神，牢固树立安全发展理念，建立健全安全生产责任体系，狠抓安全生产责任制落实，积极探索构建"六全"安全文化理念，通过全流程安全管控夯基、全过程安全监督保障、全周期安全评价整改、全成员安全素质提升、全隐患动态整改闭环、全类型应急预案演练等方面的安全管理实践，普及"六全"安全文化，培养和增强安全意识，倡导和促进安全行为，不断夯实安全生产基础，持续创建本质安全企业文化。

一、全流程安全管控夯基

电力企业生产是一个复杂的系统工程，要做到安全生产，必须强化生产全流程安全管控。企业生产系统一环连一环、环环相扣，必须充分发挥每个环节的作用，开展深度设备及系统分析，切实防范安全风险。

强化全流程安全管控，首先要对从业人员的思想、身体状况进行摸底，决不能让人带着隐患工作；要强化临时入厂人员、外委检修人员管控，对每一名人员情况要掌握，日常工作中加大关注力度，发现问题及时协调、化解。其次要对日常工作中易忽视的部位进行摸排，要深入生产现场，对潜在隐患进行排查，做到安全管理全覆盖、无死角，切实夯实安全生产基础。

强化全流程安全管控要全员尽责。只有大家都具备强烈的团结协作、共同提升安全责任意识，安全全流程不走过场，全员履职尽责强化全流程安全管控，发现违章及时纠错，发现隐患及时消除，才会把安全管理搞好；只有每一个环节都安全，才能实现生产时时安全。

二、全过程安全监督保障

人、物、环境是影响生产安全的三大因素，安全生产监督管理要取得实效，就应该把"引导人的安全行为、消除物的不安全状态、化解环境的不安全因素"作为出发点和落脚点，全过程强化对人、物和环境的监督保障工作，坚决整改并消除安全隐患，杜绝安全生产事故发生。

（一）人的全过程安全监督

人是一切生产经营活动的组织者和实施者，也是导致安全事故发生的最主要的因素。国际权威机构的事故统计资料显示，人为因素导致的事故占比达80%以上，也就是说，人的行为安全了，安全事故就会大大减少。因此，安全生产必须全员参与，安全监管责任必须落实到每一位员工。

班组是生产经营和安全管理的最基层组织，各项工作最终都要通过班组来具体落实，安全生产更是如此。作业过程中要明确作业人员与监护人员各自的职责，作业人员严格操作规程及工艺规程，监护人员切实履职尽责、聚精会神专注监督监护，就可确保现场安全可控。

（二）物的全过程监督保障

物的不安全状态是导致安全生产事故的第二大诱因，应改善物的管理，预防、发现并及时消除物的各种不安全状态。

生产现场是一个动态、复杂、多变的系统，是物质、能量、人员、信息多向流动交汇的场所。这种流动交汇往往潜伏着隐患，稍不注意就会酿成事故。生产现场应具备基本的安全生产条件，如生产设备分布合理，人员通道畅通安全，采光通风良好，安全防护设施、测控报警装置齐全有效，有害因素得到隔离防治，安全警示标志布设准确、清晰醒目等，应作为安全生产监督管理的重要内容。

生产设备、配套设施、仪器工具是影响生产安全的重要因素，除应进行安全设计、提高安全防护标准外，在设备维护、检修方面首先应满足安全生产的要求，从措施上保证安全生产，坚决杜绝不合格的产品、设备投入生产运行，努力使各类设备、设施和基础建设做到本质安全，保证物处于安全状态和安全环境、人处在安全的工作环境和场所；其次还应加强对设备的完好状况和工作状态的动态监控，消除一切使设备设施遭受损坏、人身健康与安全受到威胁的因素，避免事故发生。

（三）环境全过程监督保障

确保作业环境整洁有序、无毒无害是防止职业病害和安全事故发生的有效途径之一。因此，要加强环境监控、隐患排除、风险预测和险情处置，对布置不合理、照明通风欠佳、安全距离不足、环境温度过高、安全标识不符要求、卫生条件不良的，要坚决整顿清理；对存在有毒或刺激性气体、挥发性溶剂、强腐蚀性物质的，要严格按照相关规定进行登记监控，要采取优化生产条件、改善技术装备、改进生产工艺、改变操作方法、隔离或密闭、个体防护等措施；同时要借助外部专业机构的技术优势，定期组织进行专项检查，从中发现问题及时采取预控措施，努力创造一个良好的作业环境，确保作业人员身心健康，实现安全生产。

三、全周期安全评价整改

安全性评价与生产管理评价是一种行之有效的安全管理方法，可以及时、全面地发现事故隐患和不安全因素，做到未雨绸缪，防患于未然，使"安全第一、预防为主、综合治理"的方针落到实处，是提高企业本质化安全的主要措施，是促进企业管理的重要环节，从而促进企业本质化安全程度的提高。全周期安全评价涉及设备整个生命周期，贯穿科研、设计、采购、制造、监造、安装、施工、验收、调试、运行、维护、检修、改造整个过程，评价整改就是要定期回头看，找漏洞、查不足，在动态中不断把控设备的状况，通过持续整改优化，持之以恒夯实安全生产基石。

四、全成员安全素质提升

员工是安全生产的第一道屏障。要完善健全组织机构建设，应根据每个人的生理特质、工作能力、从业资格、职业操守、知识技能、心理素质、身体状况来确定其是否适合从事某个岗位的工作；要创建自主学习氛围，外部调研开拓视野，提升员工的综合素养；要加强安全生产宣传教育，通过典型事故案例、安全警示宣教片、安全工器具使用规范等视频教育手段，提高员工的综合技能和安全素质，把好安全生产的第一道关。

要在员工中树立"生命在于安全""一切事故都是可以预防的""安全生产无小事""行为决定安全""安全是最大的效益"等观念，使员工做到"两细三严"（检查细致、注重细节，严于要求、严肃纪律、严格整改），确保生产安全。

五、全隐患动态整改闭环

要牢牢坚守安全生产的"红线"和"底线"，紧盯安全生产基础薄弱、隐患和问题较多、易被忽视的角落，以"全履盖、零容忍、严考核、重实效"的原则开展安全隐患排查和治理工作。在检查中，必须做到严、细、实，坚持从严谨慎，不留隐患；坚持细致入微，不留疑点。各生产部门严格按要求、按标准、按规范施工，抓住安全重点、抓住关键环节、抓住主要矛盾，严抓细管，有的放矢、松紧有度。管理人员积极深入现场、深入员工，规范员工作业行为习惯，掌握员工思想动态，加强员工行为规范培养，提升员工文明素养，为安全生产良好形势创造有利条件。

要充分利用数字化安全管理平台，组织全员开展隐患排查工作，切实做好隐患动态闭环（隐患排查、信息录入、接收、整改实施、监控督查、复查验收、闭环、销号等8个环节）工作，对于未完成项目，落实整改部门、责任人，直至完成整改、销号。

六、全类型应急预案演练

"凡事预则立，不预则废。"突发事件的管理与应对必须做到未雨绸缪、预先准备。应急预案就是应对突发事件的一项不可或缺的制度安排。从实质上来讲，应急预案的核心思想就是要以确定性应对不确定性，化应急管理为常规管理，使突发事件管理者通过突发事件的前瞻性研究，提高其在实际突发事件中把握信息和理解信息的能力，从而减少突发事件中的犹豫时间，提高应急保障的效率和效果。

应急预案的编制必须有针对性，要充分考虑各种因素，做深、做细、做实应急预案，要编制应急预案演练滚动规划；要根据季度特点，安监部门每季度组织一次公司级实操应急演练。相关各部门每月开展一次部门级的实操应急演练，公司领导要参与其中，在演练中发现差错、发现不足，及时完善。通过持续不断全类型应急预案的演练、评估、修订，强化演练过程中的磨合度，提升应急处置过程中的默契度，从而使各类突发事件应对工作更加有备、从容、有序，以实际行动提高风险防范能力。不断完善各项应急预案，做到"有急能应"且"应对有效"，达到夯实安全生产基础之目标。

七、结语

通过构建"六全"安全理念并在安全管理中持续实践，未来热电安全生产基础得到有效夯实，安全管理水平不断提升，安全生产局面有序、高效，为首都能源安全稳定供应做出了积极贡献。

基于安全积分制激励干劲、风险管控、双向交互的安全文化建设

国网浙江省电力有限公司新昌县供电公司　张亚东　张　良　刘　能　陈　磊　张文青　张秋也

摘　要：企业安全文化是企业员工在生产经营中逐步形成的共同思想作风、价值规律和行为准则，但人的安全意识有强弱，安全文化素质有高低，本文根据供电企业安全生产管理现状，遵循以人为本的原则，探讨一种基于安全积分制激励干劲、风险管控、双向交互的安全文化理念。

关键词：安全文化；安全积分；生产风险管控；激励干劲；双向交互

以习近平新时代中国特色社会主义思想为指导，坚持"生命至上，安全第一"的原则，扎实落实强化安全基础工作，建立安全长效机制，全面推进以"以人为本，本质安全"为理念的安全文化建设，电力系统现有的安全生产管理制度以行政命令为主，重罚轻奖、以罚代管，严厉的安全生产惩罚制度普遍造成了生产一线员工心理上的恐慌和自信心、自尊心的丧失，究其根源在于缺乏有效的以人为本的激励机制；另外，由于安全生产业绩缺乏客观的衡量指标，造成安全生产奖金分配平均化，利益分配存在吃大锅饭现象，大大削弱了安全生产奖金的激励作用。

鉴于上述安全管理实际，国网浙江省电力有限公司新昌县供电公司（以下简称国网新昌供电公司）在充分分析各种安全管理机制的基础上，遵循以人为本的原则建立了一种基于安全管理积分制的激励干劲、风险管控、双向交互的安全文化理念。

一、积分制建立的缘由

美国人本主义心理学家亚伯拉罕·马斯洛在他的著作《人类动机理论》中提出了人的五个层次的需求，如图1所示。

图1　需要层次理论

五个层次自下而上由低到高排列成金字塔结构，层次较低的需要获得满足后，才能发展到层次较高的需要。只有正确认识被管理者需要的多层次性，找出受时代、环境及个人条件差异影响的优势需要，才能有针对性地进行激励。

另一位美国心理学家亚当斯曾提出社会比较理论："员工不是在真空中工作的，他们总是在进行比较，比较的结果对于他们在工作中的努力程度有影响。"说明员工不仅关心从自己的工作努力中所得的绝对报酬，而且还关心相对报酬，只有将相对报酬作为有效激励的方式，才能尽量实现相对报酬的公平性。

参照上述两位心理学家的理论，现有安全管理制度对长期处于生产一线从事高风险工作员工的影响如图2所示。

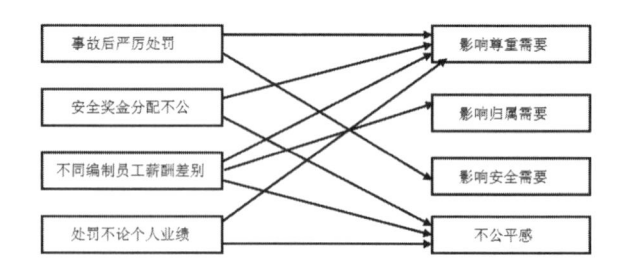

图2　安全管理制度对高风险员工的影响

由此可见，事故后严厉处罚、安全奖金分配不公、不同编制员工薪酬差别和处罚不论个人业绩等因素严重影响了生产一线员工的尊重需要和引起了他们内心的不公平感。在充分分析上述因素的基础上，结合企业具体的安全生产管理实际，国网新昌供电公司认为非常有必要建立一套基于生产风险的

安全生产激励机制，为此尝试建立了安全管理积分制度。

二、制度简介

（一）目的

改进安全生产管理方式，完善员工绩效管理系统，为企业人力资源的开发和规划提供合理依据。

推动员工潜能开发与能力提升，更大程度上提高一线员工安全生产的自觉性和安全管理的主动性，使一线员工在企业工作中得到更多的价值实现，进一步确保企业的安全生产目标。

积分考核的结果为业绩评估、报酬分配、职务调整和工作改进等提供依据。

（二）积分制释义

安全管理积分制在充分结合安全管理各项规章制度及企业经济责任制考核标准的基础上，依据一定的程序与方法对员工在安全生产上的工作风险与贡献进行量化管理。安全积分的作用主要有两个方面：一方面为每月发放一线工作风险奖金提供核算依据；另一方面记入员工的安全履历跨年度长期累计，为员工的安全工作业绩提供一个客观、长效的评估。安全管理部门负责全公司安全积分管理工作的组织、实施、调整和监控。人力资源管理部门负责处理有关审核投诉。

（三）积分制实施原则

1. 公开性原则

职能管理部门要向员工明确说明积分管理的标准、程序、方法等事宜，使积分管理具有透明度；积分管理系统建在公司网页开发管理平台，实现数据交互和共享。

2. 客观性原则

积分管理要做到以事实为依据，员工个人分值的相应增减均须有事实根据，积分审核人员要避免主观臆断和个人感情色彩。

3. 公正性原则

在积分管理过程中，积分审核者与被审核者要开诚布公地进行沟通和交流，审核结果要及时反馈给被审核者，发现问题或有不同意见应在第一时间进行沟通。

4. 长效性原则

安全积分除了作为每月一线工作风险奖金发放依据之外，还记入员工的安全履历跨年度长期累计，达到对员工安全工作业绩客观、长效评估的目的。

（四）积分制适用范围

制度适用于公司全体员工，包括公司代理制员工和公司下属集体企业各类劳务工。

（五）积分制评分标准

安全积分管理制度评分标准规定，每个职工年基准分为100分，根据加分、扣分标准每月累计安全积分，该累计积分有两个作用：一是作为当月发放安全积分奖金的核算依据；二是记入员工的安全履历跨年度累计安全积分而长期有效。安全积分管理制度规定了20项加分标准（包括执行两票三制、日常教育培训等）和33项扣分标准（包括违章考核、绩效考核）。

例如，对担任安全员的员工每月给予50分积分奖励，在公司每年度的安规考试中，对成绩优异者进行15分、30分、50分三档积分奖励，在上级调考中取得满分给予50—150分的积分奖励，在日常作业中，根据职工在工作票、操作票中担任的角色，给予相应积分奖励。对被查处发现违章行为的员工进行相应积分考核，对被上级部门查处发现违章行为的员工进行加倍积分考核。

安全积分由自评积分和考核积分组成，自评积分每月由部门（班组）安全员根据员工实际工作情况填报，部门（班组）负责人审核，安监部集中审核并填写全公司员工的考核积分上报分管领导审批，分管领导审批后交人力资源部核定奖金，最后由财务部根据核定奖金发放给员工。图3为安全积分管理系统流程。

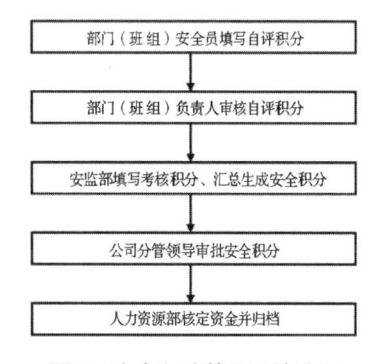

```
部门（班组）安全员填写自评积分
            ↓
部门（班组）负责人审核自评积分
            ↓
安监部填写考核积分、汇总生成安全积分
            ↓
公司分管领导审批安全积分
            ↓
人力资源部核定资金并归档
```

图3 安全积分管理系统流程

同时在正常主干流程的基础上我们还建立了申诉流程，制度规定积分审批流程结束后，员工有权利了解自己的积分情况，审核者有向被审核者反馈和解释的职责。员工如对审批结果存有异议，应首先通过沟通方式解决，并有权向安监部提出申诉，安监部须在 5 个工作日内，对员工的申诉做出答复，如员工的申诉成立，必须重新调整申诉者的积分累计结果。图 4 为安全管理积分制申诉流程。

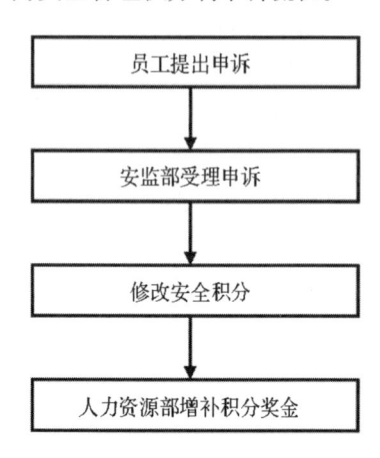

```
员工提出申诉
    ↓
安监部受理申诉
    ↓
修改安全积分
    ↓
人力资源部增补积分奖金
```

图 4　安全管理积分制申诉流程

安全积分申诉流程以尊重生产一线员工的合法权利为前提，以客观事实为依据，以公平公正为原则，是对安全生产管理者的一个反向监督，严肃了安全管理员工的工作，更重要的是激励了广大生产一线员工的自尊心和自信心。

三、积分制效能分析

安全管理积分制实施以来，在广大员工中引起了极大的反响。许多生产一线员工说："积分不仅能给我们员工以动力，更重要的是让我们觉得自己在工作的风险中得到了应有的认可和报酬。"许多基层班组安全员说："在积分的填报过程中安全员得到了应有的尊重，我们感到安全员的担子确实不轻、责任确实不小。"许多代理制员工说："安全管理积分制对我们一视同仁，我们心里不再有编外人员的感觉，我们为能成为一名电力员工而感到自豪。"许多工作在生产一线几十年的老员工说："现在我们心里踏实了，拥有安全积分就等于拥有了个人保险基金，我们几十年如一日安全工作的价值终于得到了肯定和尊重。"安监的管理人员说："自从安全积分管理制度试行以来，办公室的电话比以前多了许多，无形之中增添了我们与生产一线职工的交流和友情。"由此可见，安全积分管理制度不仅达到了预想的目的，而且收到了其他一些意想不到的效果。

（一）积分制遵循"多风险、多报酬"原则，大大提高了广大生产一线员工的工作积极性

安全管理积分制使得员工的安全生产业绩有了一个客观公平的衡量指标，充分体现了"多风险多报酬"的原则，不仅打破了以往按职位分配安全奖金的窠臼，同时改变了安全奖金吃大锅饭的陋习，从而保证了安全生产奖金分配"多风险多报酬"原则的实现。使得广大生产一线员工的工作得到了肯定和尊重，满足了他们心理上尊重的需要，消除了他们心理上的不公平感，极大激励了他们的工作积极性。

（二）积分制的长效累计，给从事生产一线的员工吃了定心丸

事实上只要生产存在风险，那么从大范围的统计角度来说不发生事故是不可能的，所有的安全教育、安全技能、安全措施、安全规范所能做的是让事故概率减到最小。生产风险越高、风险生产次数越多，出事故的概率也就越高。比如，一个从事几十年高风险工作的员工与一个只从事几年低风险工作的员工，如果出了同样的事故，其性质显然是有所不同的，如果对他们就事论事地同样处罚，显然有失公平。因此我们借用安全指标的理念规定了一定额度跨年度累计的安全积分可充抵部分由于事故处罚而产生的个人损失，长年累计安全积分就相当于在常年积攒规避灾祸的保险款，这个规定无疑给从事生产一线的员工吃了一枚定心丸，极大满足了他们心理上安全的需要。另外，我们在公司网站上公布员工的月安全积分、年安全积分和总安全积分的排行榜，让安全积分成了衡量一个员工常年工作业绩和安全业绩最客观的标尺，成了安全生产竞赛的客观标准和个人引以为傲的荣誉象征，从而满足了广大生产一线员工心理上自我实现的需要。

（三）积分制统计的各类数据成为生产管理的重要参考

安全积分管理制度记录了各类与安全生产相关的数据，尤其是二票三制实际执行的数据记录，经过分类统计可精确掌握每一个生产部门（班组）的安全生产实际情况，给生产管理部门安排生产任务、配备施工人员提供了准确的参考依据。生产分管领导也不再是雾里看花，哪些班组工作量大，哪些班组工作风险高，都有具体的数据为证，避免了因一面之词而导致的偏听偏信。

（四）积分制为兢兢业业在生产一线工作的员工提供奖励和晋升的机遇

由于安全积分给每一位在生产一线工作的员工提供了一个客观长效的评估，使得兢兢业业在生产一线工作的员工能得到企业领导的重视，谁的工作的风险高、谁的工作的风险次数多,安全积分就是最有力的佐证。长期累计的安全积分使得广大默默无闻在生产一线工作员工的工作得到肯定和尊重,满足了他们心理上被尊重的需要,如果工作业绩优异,得到职位晋升或者自我理想岗位调配,就能进一步满足他们心理上自我理想的实现。尤其是对于刚刚迈进企业的大学生,安全积分管理制度使得他们能在生产一线安心锻炼、实践,让他们充分认识到安全生产的重要性,自觉培养各方面的安全生产意识,顺利完成从学校到企业的角色转换,让他们相信只要工作认真出色,他们的才华不会由于诸如疏于交际或者不善言辞等工作以外的原因而被埋没。

基于安全管理积分制的激励干劲、风险管控、双向交互的安全文化理念打造实施以来收到了良好的效果,同时通过在使用过程中对各项评分标准作严谨、合理的滚动修改,使得现在安全积分制能更客观、更准确反映安全生产实际,随着安全管理积分制的日臻成熟,更为有效地改变了我公司安全生产管理的现有局面,推动公司安全管理水平跃上一个新的台阶。

参考文献

[1] 陈积民. 电力安全生产 [M]. 北京:中国电力出版社,1998.

[2] 崔政斌,张美元,赵海波. 世界500强企业安全管理理念 [M]. 北京:化学工业出版社,2015.

[3] 邵辉. 安全心理与行为管理 [M]. 北京:化学工业出版社,2016.

电厂安全文化建设实践与研究

浙江浙能嘉华发电有限公司　徐雪松　钱晓峰　林剑峰　姜余　方勇

摘　要：安全文化是企业文化的重要组成部分，发电企业自身经营具有特殊性，决定了安全文化也是一种群众文化，需要一种良好的安全人文氛围和协调的人机环境。对于发电企业员工的观念、意识、态度、行为等形成从无形到有形的影响。

关键词：安全文化；建设；发电企业

一、研究背景

自2020年年底，浙江浙能嘉华发电有限公司制定《安全文化建设三年规划（2021—2023年）》，结合公司发展与安全文化建设工作的开展情况，进行定期升版，同时以此为纲要，高标准、高起点，公司各部门、各相关方共同，滚动推进安全文化建设；建立安全文化管理体系与管理制度，将安全文化建设作为企业文化建设不可缺少的重要内容，伴随着企业文化的成长和全体员工及外包单位相关方对于企业认同感和归属感的强化，使安全文化理念更加深入人心。

浙江浙能嘉华发电有限公司高度重视安全文化建设，为了强化决策层与管理层在安全文化养成方面的带头作用，建立安全文化推进大纲，合理制定推进安全文化发展的有效措施，积极培育和发展组织内部良好的安全文化，以提高全体员工的安全文化水平。建立安全文化推进委员会，成立领导小组和工作组，对决策层与各级管理层在安全文化的推进和发展、各部门安全管理体系的审查与评价、各部门员工安全文化意识与态度的培养等方面的职责进行规定。通过管理体系优化、内外部经验反馈管理、评估、人员安全意识测评、内刊警示录宣传、培训与宣贯材料开发、管理者讲案例、管理者日常工作巡视及观察指导、视频拍摄、展厅展示等多种途径和方式，在全公司范围内营造良好的安全文化氛围，使安全文化建设工作取得阶段性进展，为公司安全文化建设提供强有力的组织保障以及有效的资源保障。

二、安全文化建设实践

安全文化因企业而生，在建厂27周年厂庆时，把建厂以来安全方面的经验与教训、设备与管理、检修工艺与方法、信息安全、7S创建以及党建、团建、家属共建等活动联系起来，进一步验证了安全文化建设的意义和作用。公司建立了安全理念识别系统、数智嘉华安全教育培训考试系统、安全生产责任制奖惩办法、行为识别系统、视觉识别系统，有目标体系、制度约束、安全管控平台、警示提醒、适时教育等。重点强调了规则、规程、规范，不断强化常抓不懈的安全意识，通过组织学习可视化手册，建立安全绩效考核体系，对安全质量等要素进行预警分析。

公司大力营造安全文化建设氛围，今年大致做了以下几个方面的特色工作。

（一）公司建立安全风险分级管控制度

按照安全风险分级采取相应的管控措施，建立节假日安全生产升级管控。同时继续扎实做好并落实生产安全事故隐患排查治理，认真开展公司违章检查、季节性安全大检查、节前消防安全检查、机组检修、防汛防台风等专项安全检查工作，充分利用安健环系统管理平台软件跟踪好相关整改项目并完成相关闭环管理。狠抓生产标准化建设，打造"让标准成为习惯"的安全行为理念，对影响安全生产的各种工作行为方式进行深入研究，按照"定位准确、职责清晰、责任明确"的要求，细化完善安全生产责任考评标准办法，促使现场作业标准化，安全管理规范化。

（二）推进管理体系顶层优化工作

持续开展管理体系顶层优化设计工作，促进管理制度化、制度流程化、流程信息化，为公司的管理提供保障。通过建立安全管理制度、安全质量例会制度、机组检修安全质量协调会、管理者日常巡视及下基层观察指导等制度,明确决策层对安全及强化安全文化的承诺,并传达和落实决策层的理念。

(三)开展全员安全教育培训工作

采用基于全民安全教育的框架系统方法论,该方法广泛适用于全民公共安全、交通系统、金融系统、教育系统、医疗卫生系统、大型电站、石油化工、工矿企业、事业单位等所有单位、环境资源所面临的安全教育问题。根据日常安全教育培训实践,该安全教育方法着力突破传统枯燥的安全教育模式,努力创新。该安全教育方法对于提高全民的安全风险控制意识、树立安全责任意识、掌握方便易行的安全技术方法收效良好。公司一直坚持把安全意识、标准意识、制度意识的教育摆在安全教育的首位,通过持续不断的努力,员工的作业行为更加符合安全规定的预期要求。开展实践、评估发现标准需要不断地修订和完善,通过指导、纠正和改进,使标准、制度执行各环节更加实用有效,不断促进作业人员行为和组织管理流程更加符合标准和预期。

首先通过当前社会上存在、发生的安全事件(自然灾害、人为事故、战争、不可控因素、不可抗因素等)进行案例导入,安全风险意识,以此吸引需要接受安全教育的群体注意。同时,需要判断分析当前群体需要重点接受的安全教育具体内容。

结合生产现场发生的实际案例,就如何判定人的不安全行为、物的不安全状态、环境的不安全状态进行分析。指出当前重点工作是找出有害物质并进行防范和隔离,建议受训群体进一步树立安全风险防范、控制意识,朝着零事故、零故障的方向努力,最大程度规避风险,确保安全生产。根据管控源头风险、治理事故隐患进行安全教育考试,并当场阅卷及分析核对,及时提醒现场受训者需要注意的安全工作注意事项。安全教育考试结束后,当场进行培训师与学员之间的互动交流,达到安全教育的效果。

(四)建设安全教育培训基地

公司推陈出新,建设安全教育培训基地,借助数智嘉华知识管理平台不定期组织开展各类安全教育培训的专项学习与抽考,以考促学、以学促考。对于系统内外的不安全事件,进行手抄体会学习,加深印象,效果良好。使用可视化管理手册进行学习,对于每年进行安规考试,各部门在考前集中训练、练习,平时练习加强沟通学习和探讨。考前练习的过程中,会发现习题库存在的少量非标准以及未及时更新内容的"标准答案",通过日常学习和练习,员工们也发现了自身存在的不足以及需要改进和提高的方面,最终取得预期效果。让优秀的安全意识、安全行为、安全理念、安全价值观固化成一种习惯和模式。让员工强烈感受到这种公司安全文化的影响力,主动要求安全,拒绝违章作业。

(五)公司强化员工的安全文化意识

按照同质化管理要求,公司努力提高外包单位生产作业人员的安全意识。员工对安全文化的认知与理解,需要深入系统地推进安全文化宣传与培训工作,持续开展安全文化评估、全面进行全员安全意识测评、持续监测安全文化走向,制定人因管理制度、建立安全文化相关实验室,提高公司全体员工及外包单位承包商人员重视安全、敬畏安全、维护安全进而确保安全的意识。电厂相关方一线作业人员受教育水平普遍较低,安全意识普遍不足,人员习惯性违章时有发生,安全风险及安全管理难度大。按照安全文化一体化建设的思路,加强对其安全教育培训,提高其全员安全生产意识、责任意识。通过开展多途径、全方位的安全文化建设工作,持续提高公司以及相关方人员的安全文化水平,强化现场各级决策层、管理层执行安全文化要求,履行安全文化义务的意识,同时针对发现的不符合安全文化要求的问题和自身存在的薄弱环节,尤其是违反安全质量工艺规定、违反操作规程等方面的问题,进行原因分析和整改落实。通过决策层与管理层的期望传达和员工个人的贯彻执行,形成上行下效的安全文化养成机制,使所有员工认识并领悟安全文化的真正含义,在工作中切实践行安全文化理念,用安全文化引导和规范员工的思想和行为,培养员工对于安全要求的正确理解,倡导员工养成执行安全要求和开展生产作业时一丝不苟的良好安全习惯,不断改进人员绩效,造就一支团结高效、责任心强、行为统一规范的员工队伍,提升安全文化水平。

(六)美化生活环境,凝聚职工力量

公司通过7S创建工作进一步美化生产生活环境,凝聚职工力量。公司员工在每天繁忙的工作之后都能够在公司职工餐厅吃上可口的饭菜,幸福感倍增,打造幸福嘉电不是梦。通过严格执行、严格监督、严格考核,强化执行力,现场工作环境明显改善,员工安全意识进一步提高，员工安全行为进一步规范，引导员工从"要我安全"向"我要安全""我会安全""我能安全"转变。

（七）公司坚持"以人为本，生命至上，建立健全并落实全员安全生产责任制"

公司发展至今，已经建成花园式工厂，一年四季鲜花簇拥，草长平湖白鹭飞。公司坚持尊重自然，走本质安全的发展之路，与自然和谐共生；坚持尊重生命价值，一切以员工为本，与员工和谐共荣。不断学习、借鉴安全文化，坚持"一次把事情做好""人人都是安全员""加强危险源辨识和风险分级管控"，始终将安全理念置于一切之上。形成煤风光电协调一体发展、安全发展的合力，促进多元安全文化的融合，实现全员共建、合作共赢的发展模式。加强交流与合作，取长补短，把安全、文明、健康联系在一起，共同提高。充分发扬在工作中学习、在学习中工作的精神，努力提升全体员工的安全技能和安全意识。

三、结语

只有正确认识并充分发挥好安全文化的作用，通过培育安全理念文化、创新安全管理文化、规范安全行为文化、推动安全物态文化，促进全体员工深刻理解安全文化的内涵、践行安全文化的要求、规范公司工作流程和人员安全行为，真正把安全落到实处，最终形成具有浙江浙能嘉华发电有限公司特色的安全文化氛围。

安全文化建设工作将坚持"以人为本、安全为天""所有事故都能预防，所有隐患都能排查"的安全生产理念，坚决贯彻"安全第一、预防为主、综合治理"的安全生产方针，在浙能集团能本安全文化引领下，建立健全并落实全员安全生产责任制，继承并发扬电力系统的优良传统和作风，逐步形成具有公司特色的企业安全文化。以创新的安全管理文化为手段，以合规合理的安全行为文化为抓手，以天人合一的安全物态文化为保障，让安全文化"内化于心，外化于行"，扎根于每一名员工的内心深处，实现"我要安全""我会安全""我能安全"的目标。

坚持一切从实际出发，站在企业管理的高度去认识和建设发电企业安全文化，使安全文化更具生命力，从而使职工走向自觉和自律，关注安全，善待生命。优秀的安全文化是企业不可或缺的文化支撑和精神动力，扎根于员工内心深处的安全文化必将促进企业安全生产态势的稳步前行。通过电厂安全文化建设，员工不再是被动地接受安全教育和管理，而是主动地参与到安全事务中来。安全成为员工职业生涯发展的自觉追求，从而形成合力，奠定公司良好的安全生产基础。

参考文献

中华人民共和国安全生产法[M].北京：应急管理出版社，2021.

理念引领企业安全文化体系建设与发展

国家电投集团广西长洲水电开发有限公司　韦　彤　许丰越

摘　要： 在新发展时期的安全文化建设中，国家电投集团广西长洲水电开发有限公司坚持"任何风险都可以控制、任何违章都可以预防、任何事故都可以避免"的安全理念，围绕"人"这一确保安全生产最核心、最难以管控的要素，不断总结、提炼安全管理和文化理念，形成基于本质安全的人因风险综合防控机制，营造"知责尽责、预控风险、暴露分享、互鉴互助"的安全氛围，为近年来劳动效率提升、组织机构调整、业务板块整合以及构成高效安健环管理体系打下了坚实的基础。

关键词： 安全管理；安全理念；安全文化

电力的安全生产关系到国家和社会的稳定，能源行业不仅与国计民生息息相关，也同国家的长治久安有直接关系。近年来，社会环境压力不断增加，新施行的《中华人民共和国安全生产法》对企业安全生产管理水平提出了更高、更严的要求，安全管理成了重中之重的课题。

自2007年第一批水电机组投产运行开始，长洲水电公司已运行了15年，设备老化、外委承包商人员多且杂、管理人员年轻化等问题也日渐突出。为克服行业、社会及公司层面的难题，长洲水电公司花大力气、用大精力，不断地摸索、改进，从单纯地靠领导抓安全到靠制度管安全，再到靠安全文化促进员工自主安全管理，在一步步的转变过程中，长洲水电公司安全理念不断创新，安全文化逐渐塑形完善，安全文化走进了职工的心里，成为企业健康发展的根本保障。

一、安全文化理念形成与提炼

长洲水电公司以国家电投集团"和"文化建设为载体，坚持"任何风险都可以控制、任何违章都可以预防、任何事故都可以避免"的安全理念。以安全生产标准化为总抓手，提出并严格落实"勤检查，重落实，严闭环"的安全生产工作总要求，围绕"人"这一确保安全生产最核心、最难以管控的要素，遵循"理念先行 强化意识、统筹兼顾 有序推进、服从大局 服务生产、基层落地 扎根班组"的原则，形成基于本质安全的人因风险综合防控机制，营造"知责尽责、预控风险、暴露分享、互鉴互助"的安全氛围，最终达到显著提升企业安全文化软实力的效果。

随着安全管理经验的提炼总结，进一步丰富了长洲水电公司安全文化内涵，有力确保了电力生产运行和职工的健康安全。为近年来劳动效率提升、组织机构调整、业务板块整合以及构成高效安健环管理体系打下了坚实的基础。

二、安全文化内化求新

长洲水电公司始终秉持着化繁为简的工作理念，坚持将基于风险管控的安健环体系建设作为推进安全文化建设的重要载体、手段和方法运用，融会贯通，围绕实际安全管理需求不断求新务实，形成良好的安全文化，同时逆向促进员工安全风险管控意识提升和体系管控方法熟悉掌握，提升员工的"知行合一"能力，攻克"人"这一安全管理管控难点，夯实安全生产基础。

（一）理念先行 强化意识

安全文化建设是"一把手"工程，领导对安全文化建设的重视程度将直接影响安全文化建设的效果，因此要强化领导率先垂范作用。

（1）长洲水电公司成立以党委书记、董事长为组长的安全文化建设领导小组，带头引领坚持"珍爱生命、预防危险、落实措施"安全文化核心理念，公布并亲自实践安全承诺，自觉接受员工监督，形成良好的示范与推动作用。

（2）建立公司领导安全生产联系点机制，每季度参加一次联系点班组安全活动，以事故事件通报、典型违章案例经验分享、事故汇编等为素材为员工讲安全课，与员工讨论、分析，传播安全理念。

（3）坚持每周由公司领导带队进行现场安全检查，每周在会议上通报问题，强力督促落实整改闭环,由领导带头将安全生产理念落实到生产现场。

（4）制定并实施《长洲水电公司安全文化建设实施方案》及《长洲水电公司安全文化建设三年规划方案》,将安全文化理念贯穿于安全文化建设工作中,积极与其他业务整合联动,明确建设方向,让员工明白安全文化建设活动与全公司业务息息相关并自觉投入建设活动中,在潜移默化中使员工牢固树立"全员参与"思想及"我要安全""我会安全"的思想,实现企业"零轻伤、零障碍"的安全目标。

（二）统筹兼顾 有序推进

长洲水电公司统筹兼顾安全文化的"三个层次",同步提升公司安全素养,一是可见之于形、闻之于声的表层文化,二是突出企业安全管理体制的中层文化,三是沉淀于企业及职工心灵中安全意识形态的深层文化。

1. 表层文化——见之于形、闻之于声

（1）创设物态安全文化。在公司生产管理区道路、生产楼、培训楼过道及生产厂房门口设置安全文化集中展示区,将公司安全文化理念、工余安健环实施细则、班组安全建设等与安全管理息息相关的内容制成展板、标语或宣传画,同时将工余安健环管理体系和检修指导手册相关知识作为厂房内的检修遮拦的内容,全方位、立体式地对员工进行安全宣传教育。

（2）播放安全文化视频。为增强员工安全意识,自觉代入自身工作,公司组织内部员工拍摄运行操作、入场须知等安全文化相关培训、宣传视频,在生产厂房及生产管理区电梯口循环播放,提高培训效率。

2. 中层文化——写我所做、做我所写

（1）按照安全生产"三大"体系要求,完善落实岗位安全生产责任制、生产事故隐患排查清单。组织各级管理人员及外委承包商层层签订安全生产责任状,确保安全落实到个人,按照"谁主管、谁负责""谁审批、谁负责"的原则,做好安全生产工作。

（2）完善安健环管理标准框架,全面梳理工作流程,按照"写我所做、做我所写"的原则,将PDCA思想贯穿于标准中,完成公司91部管理标准修编、发布工作,实现各项业务有机联动。将多年来工作中的良好经验进行提炼,形成《安全文化手册》《安健环管理体系知识手册》《承包商安全管理手册》《安全生产标准化图册》等,指导性强,为"遵章守制"打下良好的制度基础。

（3）设备检修与维护作业"标准化"。检修作业全面推行检修文件包和日常维护"一书三卡"(即作业指导书、工序执行卡、质量控制卡、安全隐患排查及监督卡),通过狠抓检修文件包质量、重大作业专项方案审查等关键环节的管控,确保检修作业安全,提高设备健康运行水平,发电机组单机年度运行最高达8169.7小时。

（4）编制《双重预防机制建设指南》。2021年,新《安全生产法》明确将"组织建立并落实安全风险分级管控和隐患排查治理双重预防工作机制"写入生产经营单位主要负责人的职责。长洲水电公司借鉴和吸收安健环管理体系和水电行业双重预防机制建设成功经验编制《双重预防机制建设指南》,进一步规范了公司安全风险分级管控和隐患排查治理双重预防机制建设工作。

3. 深层文化——沉淀于心、实践于行

自2020年以来持续开展安全隐患"随手拍"活动,包括外委单位在内的广大员工积极在微信、QQ群里曝光隐患,分享良好实践、经验教训,截至目前共计奖励员工100余人,金额1.7万余元,激发了全体员工在自主隐患排查治理工作方面的热情,促使员工的安全意识逐渐由"要我安全"向"我要安全"转变。

公司建立全员岗位安全生产责任制和隐患排查清单,应用"矩阵式检查表""双控信息化"软件等工具自主开展日常隐患排查、安全检查、专项检查、领导带队检查等,及时督促问题整改,年度整改率达100%。

（三）服从大局 服务生产

长洲水电公司服从集团公司安全生产管理大局,致力于打造本质安全型新能源企业。积极分析实际安全需求,通过专业课程培训、安监人才培养、信息化手段应用等方式,从根本上提高人员安全管理能力,更好地为日常安全生产服务。

1. 员工技能、管理培训"双管齐下"

为适应当下发展,公司各职能部门及班组积极组织各类安全技能和安全管理培训,内容包括急救知识、应急知识、安全文化、双重预防机制、"6S管理"、标准化等,平均每年组织公司级安全培训20场,年平均培训人次达600余人,为各层级员工提供充足的安全知识储备,更好作用于现场。

2. 组建专职安全督查组

2015年起,长洲水电公司组建了专职安全督查组,对生产现场进行全流程、全工艺、全覆盖的专项检查。安全督查组组建以来,年平均开展检查332次。

2022年1月至7月，共查处包括设备隐患、不规范作业、不合格"两票""两卡"、各类违章行为在内的不符合项216项，督促整改完成159项。专职安全督查的开展对现场违章行为起到较大的震慑效果，同时在提升一线员工安全管理能力上有很大的助益。

3. 设置安全监督"千里眼"

为丰富安全生产监督手段，在生产管理区办公室接入厂房工业电视"千里眼"，每日安排人员对作业现场不定期巡盘，重点是对厂房、船闸、光伏区域等关键部位的安全监控检查，实现安全监督"无死角、无距离、无限制"，有效减少现场违章行为发生。

4. 运用移动式安全监督系统

2021年，长洲水电公司HSE BOX管理工具APP上线应用，实现预警指标卡、安全观察、KPI指标等HSE管理工具的线上填报，同步搭建风险分级管控信息平台，构建安全风险"四分管控"（分类、分级、分层、分专业）工作模式，实现了管控任务推送、手机远程监控、动态隐患排查、风险管控星级评价、动态风险电子地图等管控手段及功能。利用后台数据的智能诊断、大数据分析对公司安全管理现状进行判断，及时发现关键风险点。

5. 创新构建目标指标监测体系

为解决"目标指标分解不合理""岗位重要责任制体现不明显""履职评价手段单一"等老大难问题，按照"ZYZ(逐级、严格、支撑)分解方法"、安全生产责任制"ABC重要性分级方法"，将安全生产目标转换为员工的执行工作项，编制了《目标指标责任体系建设指南》，搭建履职目标管理信息平台，实现科学、规范、高效的线上履职测量，实现"尽职照单免责、失职照单问责"，推动全员责任制有效落实。

6. 应用移动视频智能安全帽

实现高清视频采集，实时视频传输至安卓或Windows管理平台进行监督监控，将传统现场管理模式升级为"互联网+"安全模式，最终实现手机、平板、电脑的远程监控和通信效果。

（四）基层落地 扎根班组

广泛开展安全文化进部门、进班组、进岗位活动，让安全文化渗透到基层、班站和现场的每一个角落，使安全文化在基层落地，充分调动一线员工的积极性和创造性，实现全员参与安全文化建设。

1. 发挥党员的引领作用

通过开展"党旗在一线""党员身边无违章""党员示范岗"等活动，发挥党员先锋模范作用，不定期针对现场安全管理的死角、难点进行研究、解决，凝心聚力，带动全员提高安全意识认知能力。

2. 推行"一二三四五六"工作法

深入推进示范班组"一二三四五六"工作方法的应用（即围绕作业安全管控"一个中心"，扎实开展安全日、培训教育"两个活动"，推进标准化、规范化、信息化"三个建设"，"四个识别"培育班组安全文化，规范员工作业行为"五个步骤"，构建班组安全管理体系"六个工具"），主抓专业技术深度培训、设备操作提示卡、工作记录视频化等精细化管理手段，提高运行操作的工作效率和正确率。2021年发电区域、船闸区域、泵站区域共开出工作票3281张、操作票1369张，"两票"合格率达100%，未发生任何误操作事件。

三、特色安全文化活动

1. 举行安全摄影比赛

发动员工利用照相机和摄像机，记录下工作中和生活中的安全镜头，让这一瞬间成为永恒，教育和感动着每一位员工。

2. 举行安全征文、演讲比赛

让每位员工写出自己遇到的安全事件，使每位员工在写和讲的过程中，再次受到教育和明白安全事件对自己及同事的影响。

3. 开展技术比武和合理化建议活动

在生产一线人员中，开展多种形式的技术比武活动。开展合理化建设活动，发动员工集思广益，为公司安全生产工作建言献策。

4. 改善生活和办公条件，促进员工身心健康

每年组织开展运动会，提升员工身体素质；建造健身娱乐场馆，公司建有八人制足球场、篮球场、健身房、排球馆等场所，为工余安健环的有效开展提供了有力支撑，让员工放松身心，更好地投入工作中。

四、结语

长洲水电公司的安全文化体制历久弥新，是符合新发展时期企业安全管理要求、具备水电行业特色的创新之举。安全文化建设的不断推进和执行，使公司员工的安全意识和安全管理能力逐年提升，违章现象逐年减少，最终形成"人人讲安全，人人能安全"的安全文化氛围，为长洲水电公司的持续发展提供了坚实的保障，确保安全、生产、质量、环保等各项工作健康发展。

发电企业智慧安全文化建设模型研究

国家能源集团山东石横热电有限公司　陈　成

摘　要：本文通过对发电企业安全文化建设现状调查研究，充分发掘发电企业安全文化建设的工作经验、方法和措施，充分依据发电企业安全工作规程和理论，结合集团智慧企业建设统建规划和要求，构建了发电企业安全文化建设模型及其展开后的发电企业安全文化建设总体框架结构介绍，该模型的开发和建设在发电企业具有一定的通用性和可推广性，对进一步深化研究发电企业安全文化建设提供参考和借鉴。

关键词：发电企业；智慧安全文化建设模型；总体框架结构；研究

一、发电企业安全文化建设的现状综述

安全文化的概念最先由国际原子能机构国际安全咨询组（International Nuclear Safety Advisory Group，INSAG）于1986年针对切尔诺贝利事故，在INSAG-1报告中提到"苏联核安全体制存在重大的安全文化的问题"。1991年国际原子能机构安全咨询组发表的安全系列报告第四号（INSAG-4）《安全文化》即给出了安全文化的定义：安全文化是存在于单位和个人中的种种素质和态度的总和。企业安全文化是企业文化的重要组成部分，企业安全文化是本单位全体员工安全价值观念、安全意识、安全目标和行为准则的总和，是单位与员工安全素质和态度总的体现。安全文化体现了安全生产"以人为本"的理念。

虽然发电企业安全管理不断加强，各种安全规程、制度、标准林林总总；各种安全活动层出不穷、花样繁多；各种安全宣传教育方式千差万别、鳞次栉比；凡此种种，总是让人感觉安全工作有"说起来重要，做起来次要，忙起来不要"的节奏！依然存在作业人员"安全第一"的思想树立不牢，安全制度落实、作业标准化执行存在较大差距，有章不循等问题。也存在部分安全生产责任落实不到位，安全制度落实不到位。对安全制度的执行和落实缺乏有效的检查监督，在现场作业过程中未形成完整的安全监督闭环管理，对违章现象的防、查、纠缺乏有针对性的控制手段。

为及时改变被动局面，发电企业安全文化建设亟待全方位同步建设，通过综合提升全员的安全观念、意识、态度、知识、技能，进一步健全管理机制，使全体员工在工作中高度自觉和自律，高质量落实各项要求，进而强化发电企业的本质安全性。

二、发电企业安全文化建设模型探索

发电企业的安全文化建设，不仅是企业文化建设的重要组成部分，更是促进企业安全管理的重点工作。安全文化是近年来安全科学领域的一项新对策，是安全系统工程与现代安全管理相结合的一种新思路、新策略，同时也是企业安全生产管理向精细化发展的需要。作为发电企业，必须在发电企业安全文化建设上做好相关引导，并对现状和不足进行梳理，切实加强对其的改进和优化，才能实现发电企业安全文化建设的针对性和有效性的提升。本文结合集团信息化、数字化智慧企业建设实际，提出了安全文化建设创新模型的建设构想，解决企业中人的安全价值观念、安全意识形态及其行为规范方面的问题，其最终目标是将"安全意识和安全价值观"变成全体员工共有的工作标准和生活习惯，成为企业员工的一种习惯。使发电企业安全文化的内涵固化在企业文化建设进程之中，为发电企业转型升级、提高核心竞争力提供更好的安全保障和动力引擎。

三、发电企业安全文化建设的总体功能框架结构

在构建发电企业安全文化建设模型的基础上，本文将其精髓的六个方面展开，形成了发电企业安全文化建设的总体功能框架结构。

（一）安全文化规划管理

安全文化是企业文化的核心，对企业持续稳定发展至关重要，它将赋予企业安全制度，它能激发

教育员工自觉、高效落实制度要求，营造良好的安全生产氛围，引导全体员工积极努力、不断提升自身素质。在安全文化规划方面，包括安全监督管理、安全文化组织领导、安全文化三级网络体系、安全文化制度、安全文化规程、安全文化保障体系、安全文化预案、安全文化规划等，建设企业安全文化是一项长期且具有挑战的重要任务。随着企业的逐步发展壮大，安全文化建设的重要性将更加突显，对企业的健康发展、高质量发展影响也更加深远。

（二）安全文化标准管理

安全文化标准管理包括安全生产管理标准化、反事故措施管理标准化、安全监督管理标准化、生态环保标准化、职业健康管理标准化、现场安全文明生产标准化、安全生产责任制标准化、应急准备与响应标准化等，安全生产监督体系持续优化，制度体系不断健全，涵盖安全管理监督工作要求、安全生产责任制、事故调查处理规定、违章及考核、隐患排查和缺陷治理、职业健康和应急管理等十大部分。通过安全文化标准建立和修订，各项工作任务分工更加明确，工作标准更加规范，安全生产人员配置不断优化调整，基本形成了"事事有人干、事事有人管"的安全生产保障体系。

（三）安全文化教育管理

安全文化教育管理包括安全教育读本、安全文化教育网络、安全文化教育培训、安全漫画集、安全论文集、安全文化活动，形成了具有火力发电企业特色的安全文化教育和良好的安全氛围，为保障公司安全生产形势持续稳定打下坚实基础。通过安全文化教育，员工安全素养有了质的飞跃，技能水平持续增强，特别是一线员工的安全意识明显增强，习惯性违章大大降低，安全互保、风险分析和预控能力不断增强。

（四）安全文化宣传管理

安全文化宣传管理包括安全事例警示库、安全警言警句手册、安全文化案例、安全文化微信公众号、安全文化管理群、安全文化长廊、安全文化宣传栏、安全文化场所设施、安全文化杂志报纸等，牢固树立员工"安全第一""安全生产严细实"的安全理念，努力提升员工技术技能水平和防范风险的能力。加强宣传和引导，让每位员工了解安全理念包含的丰富内涵，传达出企业与员工要共同达到的预期目的和美好愿景，实现命运共同体，引起广大员工共鸣，得到广泛认可，为全员积极参与落实提供有力保障。

（五）安全文化责任管理

安全文化责任管理包括本岗位安全生产风险、制订预防措施、标准化工作习惯、安全文化措施、安全文化激励机制、安全生产责任制、事故调查处理规定、违章及考核等，旨在充分发挥"人的因素"在安全生产中的决定性作用，把安全生产内化为每一名员工的价值理念，实现安全管理由传统安全管理、本质安全管理到安全文化管理的质的飞跃，实现从"要我安全"到"我要安全、我会安全、我能安全"的根本性转变。将安全规定要求印在员工脑中。安全规定学习按照分级、分类法细化执行，将人员分为三类，即领导人员、管理人员、一线人员，分别对应学习自身岗位必须掌握的制度，从而使安全规定学习更加贴近实际，学有所用。梳理制度提炼必须掌握知识、编制建立考试题库、定期开展考试，检验制度掌握情况。

（六）安全文化意识形态管理

安全理念是企业安全文化的核心。安全理念也叫安全价值观，是在安全方面衡量对与错、好与坏的最基本的道德规范和思想。安全理念是企业安全文化管理的核心要素，既要符合安全管理要求，又要能够引起广大员工的共鸣，"珍爱生命、我要安全"这一安全文化理念符合企业发展方向，符合全体员工自身利益，并在发电企业系统内得到广泛认同。安全文化意识形态包括安全文化意识、安全文化理念、安全文化思维方式、安全文化行为准则、安全文化道德观、安全文化价值观、安全文化科学观、安全文化人性观等。通过安全文化意识的培养和激发，员工一般违章、习惯性违章事件次数明显降低，形成了良好的安全氛围，新员工、外来人员进场后，能在较短时间内适应和认同企业的安全文化理念，并自觉遵守各项安全管理规定，将安全文化理念和愿景种在每位员工心中。

四、结语

发电企业一把手和主要领导必须要高度重视安全文化管理体系的建设和创新，一把手要亲自担任组长，调动各个部门进行配合，参与到安全文化管理体系的建设中来。特别是在关键岗位和部位要盯紧抓实，做好计划制订、措施实施、考核督促、宣传鼓动等工作,保障每一个部位、每一位员工都要深化对安全文化管理体系的认识,实现思想和行动的统一,做到上下同欲、步调一致。

安全文化建设并不是一蹴而就的,而是一个逐步完善升华、提升、固化的过程,在此过程中需要组织、资金、人力等多方面的支持。就发电企业而言,一方面应该探索建立安全文化组织机构,全面负责企业的安全文化计划、管理、实施工作;另一方面应建立健全企业安全文化建设的人力、物力、财力的保障制订措施,通过制度确保安全文化建设工作的顺利开展。另外,还应建立安全文化建设工作的奖惩机制,通过奖惩促进安全文化建设工作的快速开展。

参考文献

[1] 王超,韩召维. 企业安全文化的创新与应用 [J]. 现代企业文化,2020(7):11-12.

[2] 张成敏,于高雷,王昆,等. 本质安全在钻井工程中的实践与指导 [J]. 化工管理,2014(14):257.

[3] 石锦芳. 浅析某大型火力发电企业的"安全大家"文化建设 [J]. 电力系统装备,2019(07):188-189.

[4] 李树海. 开展安全文化建设,打造本质安全性企业 [J]. 神州(中旬刊),2016(002):228-230.

[5] 李永贵. 社会安全文化及企业文化对企业安全文化的影响 [J]. 中国钼业,2021,45(04):58-63.

[6] 李晓俊. 企业文化建设理念探析 [J]. 人力资源管理,2010(06):165.

浅谈"如何当好安全文化建设第一责任人"

福建省鸿山热电有限责任公司　杨润生

摘　要：安全生产管理是一个庞大的系统工程，要做好安全生产工作，防范和遏制各类生产安全事故发生，要从"人、机、物、法、环"等多个维度入手，而"人"，特别是"第一责任人"在企业安全文化建设工作中就显得尤为重要。俗话说"老大难老大难，老大一抓就不难"，因此，本文从安全文化建设"第一责任人"的视角出发，分析安全文化建设中存在的问题并提出相关措施，努力促进企业安全、稳定、健康发展。

关键词：电力企业；安全生产；第一责任；安全文化；管理措施

一、引言

为进一步加强安全监管，落实安全工作责任意识，落实"党政同责、一岗双责、齐抓共管、失职追责"的安全生产要求，要积极探索新环境下安全管理工作的新特点、新规律、新方法，科学指导安全生产工作。单位主要领导要切实当好安全生产第一责任人，就必须牢固树立安全发展的理念，健全完善企业安全文化，塑造具有特色的管理机制、行为规范、生产目标、价值观、安全素质和安全风貌等各种企业安全文化精神财富，勇于发挥安全生产"第一责任人"在安全文化建设中的引领作用，才能有力推进企业安全生产高质量发展。

二、安全文化建设第一责任人现状

（一）安全文化建设第一责任人意识淡薄

通过对企业安全生产管理因素进行分析，发现安全生产存在的主要问题是人的安全管理意识存在较大缺失，特别是企业主要负责人、中层管理人员及从业人员对安全文化建设的认知不足，未时刻筑牢安全理念，紧绷安全生产这根"弦"，存在被动了解安全知识，被动参与安全文化建设，不懂用理论指导实践，用意识规范行为，对安全生产存在侥幸心理和漠视现象。

（二）安全文化建设第一责任人责任缺位

从各类生产安全事故发生的原因分析，有一个重要的发现，其根本原因都是责任心的缺失。在安全生产过程中，安全管理制度存在漏洞，安全文化体系建设不健全，各自岗位工作职责边界不清晰，以致安全生产责任存在责任模糊、敷衍塞责、推诿扯皮、职责不清等诸多情况。倘若各级员工没有或者缺乏安全生产责任，对自己的分内工作不负责，就有可能对制度执行的刚性充耳不闻，对有目共睹的隐患视若无睹，对可能发生的事故更是置若罔闻。员工责任心的缺失，则是安全生产的最大事故隐患。

（三）安全文化建设第一责任人重心偏移

"管生产必须管安全，管行业必须管安全，管业务必须管安全"，但在企业安全生产过程中，不难发现安全生产第一责任人存在"重视生产，忽视安全""重视效益，忽视管理""重视领先，忽视创新"等现象，无法正确处理"安全与生产，安全与效益"三者之间的关系，以致安全文化建设过程中存在不平衡、不充分，安全文化与安全生产"两张皮"现象，安全文化"以文化人"的作用发挥不充分，"先安全后生产，不安全不生产"的策略无法落地生根。

三、企业安全文化建设管理对策

（一）强化安全法治观念，做安全文化引领的"第一责任人"

1.树牢安全文化发展理念

"安而不忘危，存而不忘亡，治而不忘乱"，作为电力安全生产工作者，要始终保持清醒的头脑，加强安全文化推广和教育，加强红线意识的培养，将安全生产工作摆在更加突出的位置，才能更加清醒地认识到当前安全生产环境下的风险与挑战。安全生产责任重于泰山，从来都不是一句空话、套话，每一次事故的背后，都是一个生命的消逝，一个家庭的破碎。身为企业安全生产的"第一责任人"，只有正确处理好安全文化与企业安全管理的内在联系，坚决守住员工安全"生命线"，时刻将安全文化建设放在心、抓在手、落在行动上，才能不断巩固来之不易的安全发展成果，才能有更多的时间和精力去营造安全文化，促进安全发展，为员工创造更多的安全感和幸福感。

2. 探索安全文化发展规律

海因里希法则指出，一起重大的事故背后必有29起轻度的事故征兆，还有300起潜在的事故隐患苗头，这说明事故的发生本身有一定的必然性。但这并不影响我们站在保安全、谋稳定、促发展的高度来认识"一切事故都是可以预防的"。"预防"的前提在于安全文化意识的培养！俗话说"宁防十次空，不放一次松"，总书记关于安全生产的重要论述，深刻揭示了安全生产的内在规律，这就要求我们必须用善于发现的"眼睛"、善于探测的"触角"、善于总结的"大脑"，通过构建实现生产的价值与实现人的价值相统一的安全文化，企业才能找到跳出、破解"安全魔障"的根本出路，从而不断奠定实现企业长治久安的重要基石。

3. 把握安全文化发展方向

2021年12月，国家能源局制定下发《电力安全生产"十四五"行动计划》，明确"十四五"期间电力安全生产九大主要任务和16项重点行动内容。站在新时代安全发展的新起点上，作为安全生产第一责任人，其关键作用在于掌舵把向，尤其是要突出抓好各部门负责人、各级管理人员及班组长"兵头将尾"的安全文化素质培养，以"和谐守规"的安全文化核心理念，全力推进企业安全文化建设和安全生产改革发展，逐步形成"安全是技术、安全是管理、安全是文化、安全是责任"的"四个安全"治理理念，有力引导企业安全生产行稳致远，各项工作取得了良好成效。

(二)强化安全体系建设，做安全文化保障的"第一责任人"

1. 健全安全规章制度

"制度文化"是安全文化建设的关键，没有管理制度约束就可能存在安全隐患。《中华人民共和国安全生产法》赋予生产经营单位主要负责人7项具体工作职责，是铁纪更是铁律。这就需要我们不断建立健全并落实本单位安全生产责任制、安全生产规章制度和操作规程，规范员工的安全行为，将安全生产各种要素纳入机制管理中，使生产过程做到程序化操作、程序化控制、规范化管理、持续巩固提升，切实通过制度约束，实现安全管理向人本管理转变，有效规范员工的安全行为，实现安全生产有章可依、有章可循、违章必究。

2. 完善安全管理体系

安全文化是人类在历史长河中生产和生活衍生创造出来的伟大精神成果，它能自上而下、高效贯通、紧密结合地将各级人员都纳入集体安全情绪的浓厚安全环境氛围之中，能持续产生有自我约束能力的安全控制管理机制，使企业由我行我素组成的涣散群体转化为有共同安全价值观、有共同追求目标、有团结奋进凝聚力的集体。它既是一种现代安全管理思想，又是一种有效的安全管理手段，需要作为"第一责任人"的我们，通过完善安全管理体系与提升人员行为素养，方能精准把握自我约束、持续改进的安全文化建设管理内控机制，努力打造出集人防、物防、技防"三位一体"的安全生产管理新模式。

3. 抓实安全责任落实

安全文化是法律法规、规章制度、安全目标、教育培训、作业行为、重大危险源监控等安全生产"十三个要素"的总和。能否做到安全生产，有效地消除事故，取决于人的主观能动性，在安全文化体系建设过程中，"第一责任人"应当从安全承诺、安全引导与激励、安全事务参与等多个维度入手，把安全生产与职工的切身利益相结合，确保压力层层传导，通过"风险共担、责任共负"机制促进全员齐抓共管安全和自主管理安全；倡导和建设"人人都是安全岗、处处都是安全员"的理念与管理体系，充分发动党、政、工、团齐抓共管安全，把安全生产工作抓紧、抓实、抓细、抓好，有效建立起员工"自保、互爱、互救、人和心安"的安全文化新风尚，真正做到防患于未然，将各项工作落到实处。

(三)强化全局安全管理，做安全文化创新的"第一责任人"

1. 善于抓大事谋全局

古人讲"善弈者，谋势；不善弈者，谋子"，作为企业安全文化建设"第一责任人"，应该坚决克服"各人自扫门前雪，莫管他家瓦上霜"这种百害而无一利的想法，站在全局角度出发观察安全生产和安全发展新形势，切实从安全体系、安全观念、安全行为、安全情感以及安全环境等多方面入手，亲力亲为系统谋划、统筹思考、洞察事物、整合协调凝聚安全生产合力，有针对性地抓好安全文化体系建设管理工作，做到安全文化建设"心中有数、见微知著、对症下药、有的放矢"。切实通过可行的安全文化，可影响职工的安全行为，增强职工安全意识，以先进理念指导企业安全生产，提升企业安全生产管理水平，扭转安全被动局面，促进安全生产。

2. 善于抓创新谋发展

安全文化是预防安全事故的"软"力量，是实现安全生产长治久安的一项重要保证。作为企业安全文化建设的"第一责任人"，在推进安全文化建设的过程中，要以立足"创新驱动释放安全效能"为引领，以"防火灾事故、防人身伤亡事故、防重要设备损坏及防机组非停"为工作重点，学会借助"外力"，善用安全信息化工具，开展管理创新、机制创新、制度创新，把"科技促安"作为提升安全管理效能的一项重要举措，不断加大安全生产投入，抓实"管理+科技+文化"在安全生产实时、缜密、智慧、事件预防等方面深度运用，着力全过程、全方位推动安全文化建设"落地生根"。

四、结语

"安全生产只有起点，没有终点"。安全文化建设是一个永恒的话题，在新形势、新科技、大发展的新时代，务必使每一名员工都成为安全文化建设的"第一责任人"，并将安全理念、价值取向渗透到安全管理的各个环节，使安全理念、安全制度、安全行为与安全环境有机统一起来，方能做到以文化成，行稳致远。

参考文献

[1] 任柏棠. 电力企业安全文化建设现状及其对策 [J]. 东方企业文化, 2012(14):13.

[2] 肖光兴. 全员参与构建安全文化体系 [J]. 中国核工业, 2011(06):72-73.

[3] 何惧熊. 建立班组诚信安全文化体系 [J]. 中国电力企业管理, 2011(18):61-62.

[4] 朱昌海. 围绕企业最活跃因素构建安全文化体系 [J]. 中国石油企业, 2021(05):55.

[5] 何曹庆蕊, 何光劳, 文军. 对企业安全生产"一岗双责"的思考 [J]. 建筑安全, 2011(12):54-55.

[6] 吕万军. 关于安全生产体制的思考 [J]. 内蒙古煤炭经济, 2017(11):71-72+101.

[7] 何昌容. 管生产就必须管安全 [J]. 中国工程咨询, 2016(06):35-36.

[8] 谢思政. 以责任清单为抓手推进安全生产责任制实践探索 [J]. 中小企业管理与科技(下旬刊), 2019(12):102-103.

浅谈情景模拟再现安全培训模式在火力发电企业的应用

华能吉林发电有限公司长春热电厂　尹德伟　张明杰　陈大明　徐　硕　姜　昆

摘　要：目前火力发电依然占据电力资源的绝对优势，成为稳定电力的主要因素，因此火力发电企业安全文化建设非常重要。时代快速发展，传统的安全文化模式已经满足不了火力发电企业现阶段对于安全的要求，安全文化是搞好安全生产工作的关键，所以伴随网络的普及和科技的发展，针对我国现阶段火力发电安全管理中的突出问题，利用情景模拟再现沉浸式宣教解决上述问题，进而增加在火力发电企业安全文化建设中的现实意义和作用能力。

关键词：火力发电企业安全文化；情景模拟再现；沉浸式宣教

一、背景

随着我国经济的快速发展，对于电力的需求也越来越大，随之而来的，安全文化建设也就变得越发重要。火力发电行业关乎国计民生，是很重要的一种特殊行业。行业内相关技术人员的技能水平直接影响着发电厂的运转。因为现阶段对于发电行业技术人员的培训还没有很完善，加之理论和实践的磨合需要大量时间，外包员工、毕业生对于实践操作还不熟练，安全意识也很模糊，所以提供给火力发电企业的技术人才就显得非常紧缺。基于这种背景条件，结合实际，告别传统的安全文化模式，应用计算机软件仿真技术等现代科学技术，结合沉浸式管理方法，采用情景模拟的教学模式进行安全培训及安全文化建设。现场模拟各种安全事故，反复练习，可以快速准确地培训员工的安全意识，锻炼员工遇到事故的反应能力和处置能力。

二、安全培训在安全文化建设中的作用

现代社会中，员工的安全培训在企业的整个安全文化建设中发挥着很大的作用。

（一）基础性作用

基础性作用，也就是职工从事某项工作中需要掌握的专业的理论知识和操作技能。员工的入职培训很重要，这也是企业安全文化建设的关键所在。新员工的培训，主要以专业知识、规章制度和基本的安全行为能力为培训内容，让员工通过培训了解安全生产的重要性，理解安全文化的内涵，使员工有归属感。

（二）宣传性作用

在企业的安全文化宣传中，安全培训也起着至关重要的作用。在员工培训中，引用安全相关实际案例，不仅可以让培训内容更加丰富，还可以起到很好的警示作用，增加员工的安全文化意识。除此之外，建立安全教育基地也是培养员工安全意识重要的措施之一。

（三）长期性作用

安全培训是一项长期性工作，主要目的在于促进员工思想上的改变，而这种改变并不是一两次就能完全转变的，所以需要培训在潜移默化中影响员工的安全意识。

三、火力发电企业安全培训的现状

火力发电企业安全的重要性毋庸置疑，目前我国电力企业开展的安全教育培训主要有综合类培训和专业性培训。综合类培训，参与培训的以管理层面的领导干部为主；专业性培训，参与培训的以专业性人员为主。现代电力企业的竞争是电力企业综合实力和人才资源的竞争，为有效提高电力企业人员综合素质和工作能力，需要有针对性地对电力企业员工进行持续性培训，这对于提升员工整体素质和促进电力企业安全文化可持续发展具有非常重要的意义。

本文从当前电力企业员工培训存在的问题入手提出了一些优化措施和对策，引导员工行为意识习惯，促进火力发电企业安全文化建设。现阶段我国的安全培训还只停留在表面，不够深入，没有特定的体系，培训的难度较大，安全生产培训内容有安全生产基础知识、本单位安全生产规章制度、劳动纪律、作业场所和工作岗位存在的危险因素。导致一些火力发电企业问题频繁发生的原因有以下几种。

（一）培训力度较小，安全意识较弱

在提高工业发展速度阶段，对火力发电企业的安全教育培训不到位，安全教育的培训力度不够，导致企业员工安全意识淡薄。因为没有整体系统的培训，企业员工的防范意识就很弱，极易发生安全事故；当发生事故时，由于企业员工缺少这部分培训，又不知道如何处理，有可能让事故更加严重。员工必须牢记的第一件事是要遵守工作场所的安全规程，安全规程是我们的前辈从事故、伤害等经历中总结出来的；再者，还有部分接受培训的学员管理素质较弱，因为很多火力发电企业的管理者是从一线技术人员提拔上来的，他们缺少管理的经验和技巧，没有大局观，致使火力发电企业的安全培训没有落实到位。

（二）培训内容零散，没有完整的体系

目前我国对于火力发电企业安全的培训以言语教育为主，培训的内容也非常零散，只是片面地进行部分内容的培训，员工学到的知识也是零散的，很多员工只停留在简单地知道，却不懂怎么运用。安全培训是安全生产管理工作中一项十分重要的内容，它是提高全体劳动者安全生产素质的重要手段。员工的安全培训内容独立、零散，未形成系统的、完整的体系，缺少将所有内容串联起来的综合性课程，培训只能起到加深知识点和知识面掌握程度的作用，未能提升员工综合运用知识的能力。

（三）培训方式单一、枯燥

无论是哪种培训，现阶段对于火力发电企业安全教育培训的形式还比较单一、方法较为传统。培训方法主要采用老师讲学生听这种模式，课堂互动性差，实践性也差。因为现代生活的节奏较快，让传统的授课模式落于下层，满足不了现代火力发电企业安全教育培训的需求。企业要求将工作重点放在生产和安全管理上，从来没有从根本上真正重视员工培训和后备人才的培养，也没有重视过员工对于最新知识体系的汲取，所以对整个培训工作的需求和支持力度薄弱。还有就是流于形式的培训方式，例如消防演练只是通过拉响警报，让人们自己想象发生了火灾事故，然后疏散人群。这种培训方式只能使人们在火灾事故发生后具备一定的逃生意识，不能让人们明白火灾事故的残忍，不利于火灾事故的防范。

四、沉浸式安全文化建设的意义

（一）情景模拟再现模式介绍

华能长春热电厂利用情景模拟再现培训模式开展沉浸式安全宣教，一种是结合事故案例，员工通过情景模拟还原事故过程，人员沉浸在事故过程中进行感受和讲解；另一种是利用计算机系统软件模拟真实作业中的管理模式，让参加培训的生产人员有一种身临其境的感觉。情景模拟再现安全培训模式主要针对安全知识的培训，侧重于对安全事故的防范和处理。情景模拟再现可以让培训人员重复演练和操作，锻炼自己的岗位能力，增强生产人员岗位技能操作的熟练程度，培养正确的工作程序和操作习惯，提升员工安全素质，加强火力发电企业安全文化建设。

（二）情景模拟再现模式的应用情况

火力发电企业的情景模拟培训用先教后学再练的一体化安全文化建设模式，根据具体的岗位需求，安排不同的仿真场景，情景模拟，互动体验，通过这种方式的训练，员工可以补足自己的缺点，发挥生产人员的主动性。在应对各种事故时，一是可以让员工清楚现实中如何避免，二是锻炼了员工处理事故的能力。

情景模拟再现培训模式分为3个阶段：第一阶段是以了解岗位需求为目标的安全知识理论培训阶段，这个阶段以教学为主，保持高效的教学，用最短的时间把岗位的安全知识理论掌握；第二阶段为结合火力发电企业专业理论进行操作阶段，以学习为主；第三阶段是以岗位应知应会技能为标准的现场再现阶段，以练习为主，进行模拟运行全面实操演练，培训练习要求"真、融、通"，即模拟现场真实、知识技能融合、操作原则贯通，从而满足胜任火力发电企业工作的实际需求。

（三）情景模拟再现模式的应用效果

实践证明，情景模拟再现是安全教育培训中必不可少的环节,也是提高整体培训效率的一个环节。安全是自己的,不是别人强加于你的,只有在自己的心中留下烙印、做下标记,深深地埋下种子,把安全当成生活的必需,让安全责任成为一种习惯,才能从根本上去提高、去落实。情景模拟式教学模式不但落实了国家的安全教育政策和精神,还非常显著地对提升了火力发电企业生产岗位人员的培训效果,员工的专业知识掌握程度、安全防范意识都有所提高。相比于传统的教学模式,情景模拟教学更加吸引员工的注意,在一次次的模拟中,增加了企业员工的安全防范意识,提高了培训的效率,节省了安全培训的成本,达到事半功倍的安全培训效果。

五、结语

情景模拟方式培训应用于火力发电企业培训中,可以为一线工作人员提供更加真实安全、准确高效的训练场景。沉浸式管理对于各类可能发生情况的模拟,也为一线工作人员提供了更多的可操作性。由于人们的安全知识缺乏、安全意识薄弱、安全责任心缺失,违章已经形成习惯,长此以往才造成事故发生。通过沉浸式管理,使员工更加快速地提高专业技能,为火力发电企业培养更多更高效的人才,在火力发电企业安全文化建设中起到举足轻重的作用。

参考文献

[1] 张云华. 基于信息技术的火电厂发电运行管理研究[D]. 杭州:浙江大学,2009.

[2] 姜金贵. 火力发电厂事故的应急管理及虚拟仿真研究[D]. 哈尔滨:哈尔滨工程大学,2008.

[3] 肖秀凤. 热电站事故动态管理虚拟现实系统研究[D]. 哈尔滨:哈尔滨工程大学,2009.

[4] 邓国新,武文平. 仿真技术在高职发电厂电气运行实训教学中的应用研究[J]. 中国电力教育,2012(36):63-64.

企业安全文化建设的重要性及问题对策

华能酒泉风电有限责任公司 杨晓梅 张玉洁 郭思雯 靳润娟 高元晶

摘 要：安全是开展任何生产经营活动的首要前提，是促进企业实现稳定发展的根本保障，是适应社会主义新时代发展需要的重要基础。所以，只有充分利用企业文化号召力来强化全体员工的安全意识，提升员工的安全技能，并形成长效的安全机制，才能有效减少安全事故发生频率，实现企业安全生产目标。

关键词：安全文化建设；重要性；对策；创新

一、企业安全文化建设的内涵

企业安全文化建设包括理念识别、行为识别、视觉识别的体系建设，以及重要的特色文化体系活动。理念识别体系是核心内容，包括指导思想和文化愿景；行为识别体系是理念识别体系的展示途径，包括在安全文化理念指导下的管理行为和员工行为；视觉识别体系是一个想法的识别系统的可视化，包括企业标志、旗帜及其应用。

二、企业安全文化建设的重要性

（一）有助于企业树立正确的安全生产观

企业安全文化建设是弘扬企业精神、塑造企业安全形象、实现企业安全生产目标的动力。让"要我安全""我要安全""我会安全"贯穿于安全生产活动的每一个环节，营造企业稳定、和谐的安全生产环境，依靠安全文化的潜移默化作用，提高全员的安全意识和整体安全文化素质，将理念识别、行为识别和视觉识别体系的概念结合起来，形成统一的安全概念，让所有员工都能接受、学习、理解并在实际工作中应用。企业领导通过讲授普及安全生产知识，引导广大员工正确认识安全问题，增强自我防范意识及防护能力，营造有利于安全生产的氛围。

（二）有助于企业树立以人为本的管理理念

作为一个企业的软实力，安全文化在潜移默化中通过思想与价值观的持续渗透，影响并引导员工的工作实践，使员工能够主动规避危险行为，自觉遵照安全规范进行操作。安全文化建设可以将安全理念贯穿于对员工的日常管理中，让员工同安全文化产生共鸣，从而有效凝聚团队的主动性和创造力，利用安全文化的长效影响力，稳步提升员工的个人素质，实现人、机、环境和谐统一。

（三）有助于促进企业提升安全管理水平

企业发展应以安全生产为第一重任，没有了安全生产的企业，即使有再骄人的业绩、再响亮的品牌，都将等于零，无法实现高质量发展。按照企业"安全生产责任制落实"要求，以安全管理为主线，抓制度措施的落实、"两票三制"的执行，隐患排查治理、文明生产整治、安全教育培训，不断提高安全教育培训质量和班组安全管理水平。持续强化全员安全生产责任制落实。因此，加强安全文化建设，有助于提高企业安全管理意识，规范安全生产行为，有效控制和防范安全风险，促进企业高质量发展。

三、企业安全文化建设中存在的问题

（一）缺乏对安全的认识

很多企业对安全管理的重要性认识不够，错误地认为安全不是立即认识到、意识到或表现出来的问题，而是必须在一定程度上积累从而产生的不利影响；而且还有部分企业认为即使日常工作做得再好也不能避免发生事故，工作做得再差也不一定发生事故，存在着不负责任的侥幸心态，不注重安全文化的建设。

（二）制度执行力不够

安全生产管理制度是企业开展一切安全工作的基础，有些企业执行力不强，安全生产管理制度没有很好地落实，形同虚设，同时也暴露出企业管理文化的严重缺失。此外，一些企业还缺乏建立安全文化的制度支持，许多工作因制度框架不足而无法顺利开展。

（三）安全责任落实不到位

安全生产责任制是企业的一项最基本的安全制度，同时也是企业安全生产、劳动保护管理制度的核心，是根据我国的安全生产方针"安全第一、预防为主、综合治理"和安全生产法规建立的各级管理人员、生产技术人员、运行人员、检修人员以及其他相关工作人员在劳动生产过程中对安全生产层层负责的制度。由于管理层次多、利益相关者多、过程实际情况复杂等原因，造成企业很难实现对安全责任的有效落实，并且普遍存在说到却做不到的现象。一些企业虽然对安全管理相关的制度体系进行修改完善，但却并没有真正付诸实际行动，执行力度不够。

（四）缺乏创新机制

缺乏创新是当今很多企业在安全文化建设方面存在的一个常见问题。一些企业因为之前具有安全文化建设的良好基础，从而没有进行针对性的创新，导致其最终跟不上安全文化建设的发展步伐，使原本对企业发展起到积极作用的安全文化成为企业发展的障碍。从这个角度看，企业的安全文化必须是一个开放的、创新的、可持续的发展体系，只有通过不断完善自身的安全文化体系，才能建立具有一定实力的企业安全文化，并促进企业的持续健康发展。

四、加强企业安全文化建设的对策

（一）安全生产管理重在落实

安全体系的制度建设关键是责任落实，企业高级管理层对安全管理负主要责任。为加快安全生产管理体系建设，制度要与企业各项管理程序充分结合，明确各项控制措施落实，有效落实主体责任；宣传贯彻安全生产管理制度，加强制度落实，以安全生产监督检查、风险管控等安全制度全面保障各项安全管理措施落实，推动建立安全生产管理体系。建立切实可行的安全制度体系文化和安全管理模式，在这种模式下，所有员工都承担起各自的责任，并共同努力进行安全维护。

（二）安全生产管理重在队伍建设

企业员工队伍建设任重而道远。坚持贯彻落实安全队伍培训相关指导意见，积极培养安全管理专业人才，着力加强安全管理队伍建设及团队建设，切实推进分类分级的岗位工作机制。建设遵纪守法、作风优良、经验丰富、精干高效的安全管理团队；提高教育培训水平，企业高层管理人员要在安全培训中发挥主导作用，切实提高培训的针对性和实际应用性，将专业操作、生产管理和安全风险相结合，确保安全与管理及生产同步进行；企业一线操作人员应熟悉行业标准、公司规章制度和相关工作程序，提高事故预防、职业危害控制和突发事件应对的能力。

（三）安全生产管理重在全员参与

安全管理和安全文化建设不是某个部门或某个岗位可以独立完成的工作任务，而是需要企业所有部门和全体员工共同参与，并形成统一的力量。企业领导者要切实履行安全生产管理第一责任人的工作职责，主要管理人员要切实做好安全生产工作，其他管理人员应落实好其管辖范围内的安全管理职责，企业其他员工负责自己工作区域的安全管理工作。

（四）安全生产管理重在持续创新

创新是促进企业不断发展的动力源泉。企业要想在激烈的市场竞争中始终保持良好的发展态势，就必须不断创新，唯有创新才能使企业具备行业竞争力，从而有效挖掘企业自身的发展潜力。创新也是当今社会发展价值观的充分表现，而企业的安全文化建设更离不开创新。所以，加强对企业安全文化的持续创新，是全力确保企业安全文化发挥制约能力的有效手段。

1. 人文关怀

企业员工往往会因工作压力和工作条件等原因，产生多种不同的心理问题并且在一定程度上影响身心健康，企业应重视和关心员工的工作状态。比如，定期对员工进行心理状况的调查及了解，对有心理健康问题的员工通过真诚沟通或者物质帮助等方式来缓解其精神及心理压力。只有在情绪稳定、心理压力很小的情况下，才能让员工更加专心地工作，同时这对于企业的安全文化建设也起着非常重要的作用。

2. 奖励制度

创新企业的奖励制度，重点对为企业的安全管理及安全文化建设做出突出贡献的人员给予奖励。充分利用适宜的奖励措施，激发企业员工积极为企业的安全生产及技术革新献计献策，从而提升企业的安全生产系数。并且通过奖励制度还可以在企业内部创造竞争氛围，有助于企业总体竞争力的提升。

3. 宣传手段

使用微信公众号、抖音等宣传平台进行安全文化知识的覆盖；通过企业内部的安全宣传展示板，制作丰富多彩的安全知识宣传海报；组织企业员工参加演讲比赛、知识竞赛等活动，促进安全文化知识及理念的有效传播；利用微信公众号定期进行安全生产知识，安全文化及安全事迹的内容推送，充分调动全体员工参与企业安全管理的积极性，筑牢基层安全防御堤坝。

4.科学技术

科学技术是"第一生产力"，企业应利用新设备、新工艺、新技术等先进科技手段加强安全建设，及时更换存在安全隐患的老旧设备及提升技术方法；并且强化企业的信息化建设，从而能够保障企业紧跟时代发展步伐，为企业的安全文化建设提供强有力的保障。

五、结语

一个企业要想实现长期稳定、可持续的发展目标，离不开安全文化建设这一坚强后盾。所以，企业只有时刻将安全生产、安全建设放在首要位置，并努力形成企业全员对安全文化建设的发展共识，同时不断创新企业的安全管理机制及综合治理能力，才能在瞬息万变的社会发展中立于不败之地。

参考文献

［1］邹洪暖. 基于自主管理模式的企业安全文化建设研究[J]. 企业改革与管理,2022(02):165-167.

［2］李青松. 企业安全文化建设常见问题分析[J]. 现代职业安全,2022(01):23-25.

［3］雷婷."安全面面观"企业安全文化建设实践[J]. 当代电力文化,2022(03):80.

［4］李文庆. 浅谈企业安全文化建设[J]. 当代电力文化,2022(06):32-33.

发电企业基层班组安全文化建设的探索与实践

华能重庆两江燃机发电有限责任公司　薛　涛　母德军　张大勇

摘　要：安全文化是安全生产之本，安全教育培训又是安全文化建设不可或缺的重要环节，要遏制事故、杜绝事故，必须通过开展全方位的经常性、扎扎实实的安全教育培训，灌输安全意识、建立安全文化体系。从文化层面来激发员工的安全自觉力，从"要我安全"到"我要安全""我会安全"的本能意识，才能确立最终实现本质安全，全面提高企业生产管理水平。

关键词：发电企业；班组安全文化建设；安全培训

一、什么是安全文化

安全文化是1986年苏联切尔诺贝利核事故之后，由国际原子能机构国际安全咨询组针对核电站的安全问题首次提出的，经过30多年的发展，已被世界各国公认，在多种行业中得到应用。由于安全文化对人的影响是深层次的，因此不可能短时间内产生明显效果。安全文化的推行是一个循序渐进的过程，通常安全文化的发展和建设分为三个阶段，如图1所示。

图1　安全文化的三个阶段

初级阶段是被动约束阶段，强调规范行为，"要我安全"；中级阶段是主动提升阶段，强调确立信念，"我要安全"；高级阶段是自强自律阶段，强调拓展知识，"我会安全"。

二、班组安全文化的重要意义

常说的安全文化是一种力，是一种影响安全生产的推动力。班组就是根据企业内部需求划分的生产单位，班组任务全、结构小、工作细、管理实，属于企业生产的一个基本单位，其运转情况直接影响到企业的经济效益和管理水平。对于发电企业而言，生产任务的完成、安全管理思想的落实都离不开班组成员，作为发电企业的基层，有必要从班组层面做好班组文件建设的宣贯和执行，从初级阶段逐步走向高级阶段。建设班组安全文化的意义主要表现在以下两个方面。

第一，班组是安全事故高发一线。统计显示，近年来出现的安全事故中，大多数集中在班组中，且多是由于违章操作、风险辨识和预控不到位等人为因素引起，因此班组是企业事故发生的根源，这种根源是通过班组成员的安全素质、岗位安全技能水平和现场的安全状态综合表现出来的。因此安全文化建设的重心必须放在班组里，通过班组的安全文化建设，夯实安全生产基础，遏制事故发生的源头，这是企业安全生产保障的根本，也是落实安全生产监管重心下移的具体表现。

第二，班组是执行安全规程和各项制度的主体，是贯彻和实施各项安全要求措施的实体，更是杜绝违章操作和重大人身伤亡事故的主体。因此班组是安全生产的前沿阵地，班组长和班组成员是战场上的组织员和战斗员。企业的各项工作都要通过班组去落实，上有千条线，班组一针穿。国家安全法规和政策的落实，安全规章制度和安全操作规范的执行，都要依靠和通过班组来实现。特别是现代企业，职业安全健康管理体系的运行、安全科学管理方法的普及和应用以及企业安全文化的建设，都必须落实到班组。反之，如果班组的安全生产各项措施不到位，规章和制度得不到执行，将是事故发生的土壤和温床。

三、目前班组安全文化存在的问题

近年来，电力企业在高度重视企业安全文化建设过程中，对基层班组安全建设工作也投入了较高关注度。在电力企业基层班组安全文化建设过程中仍存在以下不足。

（一）侧重安全管理工作，忽视安全文化建设

班组能充分认识到安全管理工作的重要性，能够规范班组人员日常作业规范，然而，在安全文化建设中，班组成员对班组文化建设概念模糊不清，认为安全文化建设对日常生产工作意义不大，在安全学习上形式化严重。

（二）班组成员参与安全文化建设积极性不高

在长期的工作中形成了只要听从上级领导工作指示、执行公司下发的安全建设文件的工作惯性。班组成员参与安全文化建设缺乏主动性，导致基层班组在安全建设方面缺乏活力。

（三）上级宣传力度不够

上级在安全文化建设中，宣传力度不够，没有细化安全建设标准。基层班组认为，只要做好自身的安全教育工作就不存在违规操作行为，就会达到安全生产标准。久而久之，就放松了安全教育，对安全生产有重大安全隐患。

四、提升班组文化建设具体措施

（一）创新安全教育培训形式

安全文化是预防"人为因素"的有效方法之一。安全文化以人为中心进行安全管理，重点由人的行为层次上升为人的观念层次，用群体价值观去影响和激励组织成员。开展安全培训是提高员工安全意识和安全文化水平、防范化解事故能力的重要途径之一。

1. 鼓励员工自主行动

调查研究表明，大脑能记住读到的10%、听到的20%、看到的30%、听到并看到的50%、自己讲述的70%、自己做的90%。因此在安全培训中，尽可能让班组成员自己行动起来。在每日班前会上，由班组成员逐一汇报当前机组的缺陷及危险点，由班组长根据当天作业和现场的安全风险辨识通报结果，对班组成员进行安全交底，并告知紧急情况下的应急处理措施，各岗位人员做好相应的事故预想。在班前会上穿插安全知识小课堂、作业危险分析、新《中华人民共和国安全生产法》宣贯、安全作业警告等活动，由班组成员轮流讲解，提高大家的参与度，拓展大家的知识水平。

2. 开展班组间交流

组织班组与班组开展安全培训交流活动，有针对性地将运行班组与检修班组结合在一起对日常工作进行安全培训业务交流，大家相互查漏补缺、找问题、提建议，实现取长补短，共同提高。

3. 班组成员分享交流安全生产经验

在班组周安全学习中，组织班组成员进行安全生产经验交流分享，鼓励班组成员将所见、所闻的生产安全事故案例、自己生产中的不安全行为、成功的安全管理经验，以及实用的安全常识等通过自己讲解和大家的讨论，总结出更好的安全经验结论并传递给每一个班组成员，以使人人参与班组安全文化建设，营造良好的安全氛围。

4. 开展沉浸式安全生产体验

利用现代科学手段，开展沉浸式安全生产体验。国家层面也多次提倡安全新型教育，《国务院安委会关于进一步加强安全培训工作的决定》指出要牢固树立"培训不到位是重大安全隐患"的意识，要求生产经营单位"强化实际操作培训，提高新装备新技术在安全培训中的应用"。国务院安全生产委员会《关于加快推进安全生产社会化服务体系建设指导意见》指出"加强实操实训和仿真式、模拟式、体感式等安全培训"。VR体验安全教育是通过电脑模拟软件真实还原生产现场环境，模拟安全生产事故发生的惊险瞬间与惨烈的事故后果，相对于传统的事故案例讲解，能够起到震撼教育效果。如：高处坠落事故VR体验、酒后上岗危害体验、酒后驾驶体验、电气伤害（安全电流）体验等。"只有亲身体验，才会刻骨铭心"。将体验式安全培训导入安全教育课程，使员工通过视觉、听觉、触觉，真实感受和体验真实作业中潜在的危险及可能导致伤害之情景，进而增强班组成员作业安全防范意识，心生警惕，使员工安全意识进一步提升。

（二）加强安全文化建设宣传

积极参与到公司每年的安全生产活动月中去，学习行业内的安全生产事故，让每一个班组成员思想认识到位，通过组织动员，建立常态宣传机制、营造安全文化创建氛围，各班组对"安全文化建设"内容和相关文件展开学习，做到人人知晓安全文化建设的意义，使大家主动认识到安全工作的重要性，自觉成为安全建设宣传者、倡导者和执行者。

定期开展安全征文和安全生产演讲比赛，让参赛者身处其中，明确安全工作的重要性，保障自己的工作安全；定期开展安全规程制度竞赛、安全技能

比拼，充分调动大家的安全知识理论学习的积极性。对在安全工作中做出突出贡献的班组及班员，予以物质和荣誉奖励。

（三）量化班组安全培训计划

按照《员工岗位标准》明确培训任务分析需求、设定综合目标、细化可操作性目标，基于SMART（明确性Specific、可衡量性Measurable、可实现性Attainable、相关性Relevant、实现性原则Time-bound）方法指导和设计标准化的安全培训课程。通过案例分析、讨论、技能知识学习、实际操作等罗列具体课程内容。有的放矢、逐步精简，年初计划、按月执行。通过"听、看、做"等形式，有效地把思维与行动结合在一起，结合安全培训计划课程，能提高安全教育培训效果，增强安全意识、熟练掌握安全技能。

（四）制定安全作业标准

根据生产现场实际工作与《电力安全工作规程》，划分了10项高风险作业规范，如有限空间作业、高空作业、起重吊装、脚手架搭建作业、动火作业、气瓶运输及使用、临时用电、容器管道开启、挖掘作业、射线探伤。清楚制定每项任务的危险点与危害规范，列出作业规范细则，保证高风险作业标准化，营造安全作业环境。

五、结语

班组安全建设是班组安全生产工作的基础，是企业安全生产工作能否达到本质安全的关键。只有通过班组安全建设，提高每一名员工的安全意识和安全技能，才能使安全生产成为一种自觉行为，逐步形成班组安全文化。只有这样才会使安全行为规范深入人心、融进血液，根植在潜意识中，最终体现为行为习惯，使企业生产在安全高效的良性状态下运行，实现本质安全。

参考文献

[1]孟凡勇. 电力企业班组安全文化建设存在的问题及改进[J]. 电力安全技术,2010,12(11): 67-68.

[2]马洪顺. 本质安全管理实务：基于能量运动的本质安全原理与应用[M]. 北京：中国电力出版社,2018.

[3]刘义明. 体验式安全教育在电厂安全文化建设中的应用[J]. 科技视界,2020(02):185-187.

电厂安全文化建设创新探索与实践运用

华能重庆珞璜发电有限责任公司　郑　鹏　包英捷　余长开　李建华　向　伟

摘　要：本文从安全理念文化、制度文化、环境文化、行为文化方面对电厂安全文化建设进行创新探索并实践运用，强化公司安全文化建设责任体系、培训教育体系、管理监督体系、考核评价体系的运行，充分发挥安全文化在安全生产中的引领、凝聚、辐射作用，稳步提升全公司员工"想安全、懂安全、会安全、能安全"的安全文化素养和安全技能水平，形成用文化指导人、激励人、约束人、规范人、保护人的电厂特色安全文化，为公司安全生产提供坚实保障。

关键词：安全文化；理念文化；制度文化；环境文化；行为文化

一、安全文化建设的背景和意义

安全文化通常指人们的安全知识、态度、观念和价值观等。大量实例表明安全文化在安全生活、生产过程中起决定性作用，安全文化建设从提高安全文化的角度加强安全管理，保障生活、生产安全。当前，随着自然灾害与社会风险交织叠加，各类突发事件的关联性、衍生性、复合性和非常规性不断增强，电厂事件防控难度增大。安全文化为安全生产和应急管理领域的预防治理提供了解决思路。安全文化既能够通过重塑安全理念与共同信念增强电厂治理的"内在驱动力"，又能给我们创新性解决复杂问题带来启迪、启示、启发，因此安全文化越来越受到电厂各级人员的重视。

自《企业安全文化建设导则》和《电力安全文化建设指导意见》发布以来，电厂安全文化建设得到了快速发展，努力科学、准确地把握安全文化的内涵和外延，不断创新探索与实践运用，电厂形成了一套符合自身特点的安全文化建设模式和发展路径，取得良好效果。

二、安全文化建设创新探索与实践运用的主要做法

（一）推进安全理念文化建设，着力提升安全价值观

持续开展习近平安全生产重要论述的学习，增强发展决不能以牺牲人的生命为代价的红线意识。通过公司党委中心组理论学习、"三会一课"和主题党日专题学习、公司内部网站专栏学习、班组及外包单位定期安全学习等方式在公司内部开展习近平总书记关于安全生产重要论述专题学习讨论。

强化安全生产责任落实，增强全员安全责任意识。结合公司年度安全生产重点工作，细化分解公司、部门、班组年度安全生产目标任务，明确各项安全否决指标和控制指标，逐级签订安全目标责任书。同时持续开展安全责任制落实情况动态评估检查，通过评估检查及对发现问题的整改，进一步推动各级人员的安全责任得到真正落实。

强化安全承诺和安全生产失信惩戒，提升安全责任主动担当意识。签订各级人员安全承诺书，开展全员岗位安全承诺，明确各级人员安全责任，承诺"我岗位工作的安全由我负责"，安全生产承诺进行公告展示。建立厂级、部门、班组不安全事件记录台账，在月度安全生产考评中进行严格考核。

深入开展公司安全理念大学习、大讨论，提升员工安全理念认识。在世界安全生产与健康日、安全生产月、全国消防安全日、全国交通安全反思日等特殊时段，利用公司内部网站、安全文化廊、事故案例警示教育专栏、安全文化建设微信公众号等宣传载体，组织开展安全演讲、安全征文、安全大讲堂、事故案例学习、安全合理化建议竞赛等形式多样的安全文化活动。

深入开展安全文化建设评先评优活动，充分发挥安全先进评比正向激励作用。在原有安全先进评比基础上，制订评选方案，增设"安全红旗党支部""安全文明班组流动红旗""安全文明先进示范区""月度反违章先进外包单位""隐患排查治理个

人之星"等安全先进评选活动。

发挥"职工安全小家"的作用，提升职工"我要安全"的意识。定期开展"家属开放日"活动，邀请职工家属（含外包单位）走进企业，近距离了解生产，感受安全重要性，充分发挥家庭对亲人安全工作的关心关怀作用，进一步提升职工自觉遵守规章制度的意识。

（二）推进安全制度文化建设，着力提升制度的完整性、可执行性

推进安全管理体系和本质安全管理体系融合，提升制度规范性和可行性。按照《安全生产管理体系要求》《安全生产管理体系管理标准编制导则》，对公司安全生产各项制度进行全面清理、整合，完成公司安全生产制度的修编，组织对新修编制度集中审查，优化分类公司网站规章制度模块设置。建立完善部门和长协外包单位安全生产管理制度，提高制度实施的可执行性。对照集团公司最新相关制度，建立安全生产管理制度清单，修编完善部门和长协外包安全生产相关管理制度，分级明确各级人员安全生产各项职责、标准及考核条款。

（三）推进安全环境文化建设，着力提升安全文明生产整体形象

全面清理完善安全标识、安全设施、安全操作规程、岗位风险卡，打牢前置防范事故的安全物质基础。根据相关标准，全面清理完善设备标牌、色标、介质流向，全面清理完善生产区域的安全标示、标志、警示，全面清理完善生产区域楼梯、平台、栏杆、沟盖板，全面清理完善公司范围内道路交通标示、标志。根据"双重预防机制建设"排查出的设备设施风险、作业活动风险，全面清理完善检规、运规、典型操作票、检修文件包、检修工艺卡等的风险防范措施，全面清理完善岗位风险卡。

打造安全文化宣传阵地，提升安全文化氛围。在主通道、班组、集控室、办公室走廊、重大危险源等区域设立安全文化廊、安全文化墙、安全角，在重要设备区域设立党员示范区，建立安全文化建设微信公众号，对公司安全理念、安全愿景、安全使命、安全目标、安全先进事迹、安全专项活动、职业健康、高风险作业安全规定等开展宣传，对不安全事件、事故案例、违章等情况进行警示教育。

深入治理职业健康危害隐患，持续改善作业环境，打牢职业卫生保障基础。依据职业卫生管理标准，全面开展生产现场职业病危害（物理因素、化学毒物、粉尘、噪声）隐患排查，从工程技术、防护设施等方面制订整改方案并完成整改，保障从业人员的职业安全健康。

强化持证上岗，实施高风险作业人员准入机制，提高防范安全生产管理责任风险。全面清理外包单位特种作业人员、控制室消防操作人员、安全管理人员、化学试验人员、氨区作业人员、仪表校验人员、电气试验人员持证上岗情况，有计划开展培训取证工作。开展有限空间、油泵房及油库、氢站、酸碱罐区作业人员电厂内部安全专项培训考试，实施准入机制。

定期开展消防隐患排查治理，提升消防应急能力水平。依照《中华人民共和国消防法》、公司《消防安全管理标准》，对公司办公区域、生产区域消防设备设施及维护、试验进行全面的隐患排查整治。制订并实施生产作业全员消防培训专项计划，提高全员火灾处置能力。

深入开展科技兴安工作，丰富安全风险管控手段，提升人员、设备、高风险作业安全管控能力。通过大数据、工业互联网，建立重要设备状态远程监测预警，提高设备状态检修水平。通过智慧门禁建设、视频监控设置，提高检修、更改现场高风险作业安全管控水平。通过建立人员定位系统，对人员进入生产重要区域进行精准定位和报警，提高重要区域和设备的巡视质量，有效降低无关人员进入生产重要区域可能带来的意外风险。通过调研收集，储备一批可行性强的智能化现场巡视、操作改造项目，有计划地推进实施。

班组安全管理实现可视化，强化班组安全管理手段，提升班组日常管理质量。持续实施现场作业开工前可视化安全技术交底，提高作业风险防范能力。设置看板电视，提升班组安全生产技术、技能教育培训及事故案例学习平台。

精心打造技能培训阵地，全面提升员工技能水平。完成公司实训基地建设，建立技术技能培训师资队伍，有计划深入开展技能实训。

打造办公生活区域，改善办公生活环境质量。实施生产部门（含外包单位）办公场所的改造，逐步推进外包单位生活区室内设施、室外环境的整治，营造优质的办公生活氛围，充分体现对员工身心健康的关怀。

（四）推进安全行为文化建设，着力提升遵章守纪意识和风险管控能力

强化全员法律法规、规章制度学习宣贯，提升各级生产人员（含外包单位）熟知制度、执行制度的能力。依照《全员安全培训管理标准》，编制各岗位应知应会制度清单，分级制定法律法规、规章制度年度教育培训计划，建立以外聘专家、内训师、安全生产管理人员为主的师资队伍，通过集中专题讲课、微视频、安全生产教育平台制度学习专栏、华能网络学院线上培训、现场讲解、每日生产调度会专项学习等方式按月实施教育培训，并按《培训质量考核标准》进行培训任务完成质量的检查、考核。

强化制度执行的检查和考核，提升制度的刚性执行力。依照公司制度管理规定，制订安全检查计划，定期组织开展各级制度执行情况的监督检查，每月提出制度执行情况考核意见。

开展提升岗位安全技能活动，提高人员安全隐患和异常的识别处理能力。制订计划，开展生产岗位安全技能练兵、事故应急演练，安全文明生产示范岗创建等专项工作。

全面强化员工（含外包单位）安全行为，有效降低人身、设备事故风险。根据公司《一般安全规定和员工行为标准》《设备巡回检查管理标准》《运行交接班管理标准》《特殊作业安全管理标准》《反违章管理标准》，编制员工安全行为手册，明确员工安全行为准则。依据公司《行为安全审核管理标准》《安全生产考核管理标准》，持续开展员工安全行为检查、教育和考核。

强化入厂安全体验教育，提升员工安全行为文化。结合公司实训基地建设，建立安全体验室，主要包括安全带保护、安全帽防护、特殊作业环境及安全措施等安全体验项目，通过安全体验，有效提高员工（含外包单位）自我保护的安全行为意识。

丰富安全行为培训方式，强化安全行为教育。制作安全行为规范视频，入脑入心开展事故案例、劳动保护用品及工器具使用培训。设置安全行为展示栏，时刻提示员工正确着装和穿戴劳动防护用品。

大力开展全员反违章，充分发挥群众监督作用。增加反违章有效手段，建立违章举报微信平台，开辟违章举报热线，及时查处现场违章行为，对举报人员进行奖励，营造全体员工（含外包单位）参与反违章管理的氛围。

三、结语

安全理念的推广能够增加员工的安全理念认同度，让员工产生主人翁意识，认识到自己工作的重要性，以及工作对电厂的发展和进步具有重大意义，从而提高员工的自豪感和工作满意度。安全制度文化的建设是安全生产工作保障机制的重要组成部分，是安全精神文化物化的体现和结果，对员工的安全行为具有约束力，从而引导员工避免不安全行为的发生。安全物质文化的建设是员工安全行为的保障，物质文化的中心是"工欲善其事，必先利其器"；物质文化也影响着员工的工作满意度，良好舒适的物质环境使工作中的员工不易产生压抑的情绪，还可保持积极的工作心态。生产安全主要是通过员工的安全行为来实现的，人的行为由意识支配，安全行为文化的建设能够强化员工安全意识，形成正确思维模式，规范人的安全行为，养成良好安全习惯，实现控制人的零失误。

参考文献

[1]王秉,吴超,杨冕. 安全文化学的基础性问题研究[J]. 中国安全科学报,2016(08):7-12.

[2]谭洪强,吴超. 安全文化学核心原理研究[J]. 中国安全科学学报,2014,24(08):14-20.

[3]王秉,吴超. 安全文化建设原理研究[J]. 中国安全生产科学技术,2015,11(12):26-32.

[4]吴超. 近10年我国安全科学基础理论的研究进展[J]. 中国有色金属学报,2016,26(08):1675-1692.

[5]车卫贞. 论本质安全型企业安全文化的内涵[J]. 煤炭工程,2006(06):22-24.

基于双重预防机制的大型火电工程安全文化建设研究及效果评价

中国电力工程顾问集团中南电力设计院有限公司 刘 志

摘　要：为有效遏制安全生产事故发生，实现大型火电工程安全生产，以某百万机组火电建设工程为例，通过对危险有害因素辨识、风险评估、风险分级、风险管控、风险告知、隐患排查治理、双重预防机制与安全文化的融合建设等关键步骤分析研究，系统介绍基于双重预防机制的安全文化建设流程。对基于双重预防机制的安全文化体系建设和运行效果进行了评价，结果表明：本工程基于双重预防机制的安全文化体系建设效果较好，运行效果良好。本研究为今后同类工程提供参考，以期降低大型火电工程建设风险。

关键词：大型火电工程；双重预防机制；安全文化

一、引言

火电建设是电力建设的重要组成部分，目前，我国火电装机容量仍平稳增长并保持较大规模，且新建火电机组单机容量已经达到 100 万千瓦。大型火电工程规模巨大，各类安全风险和事故隐患交织叠加，在建设过程中时常发生人员伤亡事故，因此，大型火电工程的安全管理工作尤为重要。开展基于安全风险分级管控与隐患排查治理双重预防机制（以下简称双重预防机制）的安全文化建设是安全生产的重要保障，可以有效遏制生产安全事故发生。

我国专家学者对矿山企业、石油企业的双重预防机制与安全文化联动建设开展了广泛研究，但对于火电建设的相关研究较少。本文以某百万机组火电建设工程为研究对象，总结基于双重预防机制的安全文化建设流程，评价建设效果，为今后同类工程提供参考，以期降低大型火电工程建设安全风险。

二、开展基于双重预防机制的安全文化建设意义

建设基于双重预防机制的安全文化体系（图1），可以使员工的安全思想和行为自觉与安全技术知识相融合，让全体员工在生产过程中既"想"安全，又"懂"安全，最终实现本质安全。

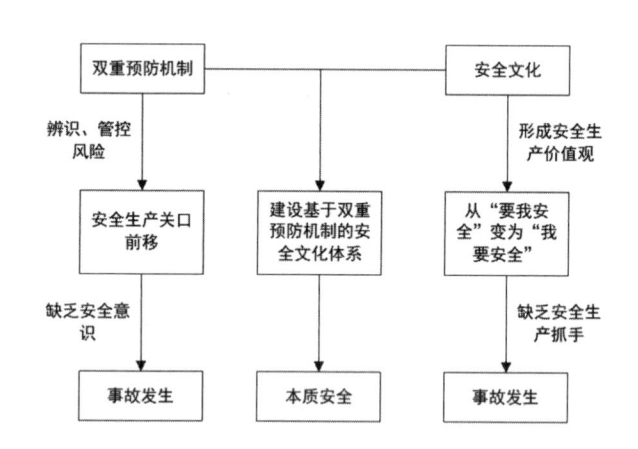

图 1 双重预防机制与安全文化建设关系图

三、工程概况

某百万机组火电建设工程建设规模为 2×1000MW 发电机组，建筑和安装部分主要包括 1 号、2 号机组建筑安装工程，电厂成套设备以外的辅助设施建筑安装工程，1 号、2 号冷却塔和烟囱工程等。共分为 6 个标段：A 标为 1 号机组土建、安装；B 标为 2 号机组土建；C 标为 2 号机组安装；D 标为 1 号、2 号冷却塔施工；E 标为电除尘安装；F 标为 1 号、2 号冷却塔加固。

四、基于双重预防机制的安全文化建设

（一）双重预防机制构建流程

构建双重预防机制的主要流程包括危险有害因素辨识、风险评估、风险分级、风险管控、风险告

知以及隐患排查治理等。图2为双重预防机制技术路线图。

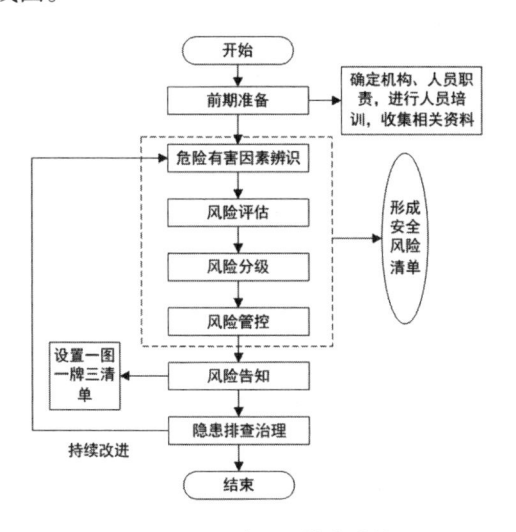

图 2 双重预防机制技术路线图

（二）危险有害因素辨识

危险有害因素（以下简称危害）的辨识是基于区域和流程两个方面考虑，一是辨识工作区域中的所有潜在危害；二是辨识区域内所有工种涉及的全部工作任务，将每项工作任务进行作业步骤分解，识别在执行每一步骤时可能存在的危害。首先按照不同标段进行专业划分，例如将1号机组划分为土建专业、锅炉专业、电气专业、机械专业和修配加工，利用安全检查表法（Safety Check List, SCL）列出各专业工作任务清单（表1）；其次采用作业危害分析（Job Hazard Analysis, JHA）、头脑风暴等主要辨识方法，参照《生产过程危险和有害因素分类与代码》（GB/T 13861—2022）和《企业职工伤亡事故分类》（GB 6441—1986），对作业过程中产生的危害进行辨识，将辨识出的危害信息按危害名称、危害类别（包括物理危害、化学危害、生物危害、机械危害、环境危害、行为危害、社会心理危害等）、危害信息描述（分布、特征及产生风险条件）进行统计。

表 1 工作任务清单样表

序 号	单 位	区域（位置＋分部工程）	任务（分项工程）	备 注
1			土方开挖	
2		例如，1号主厂房土建工程	基础钢筋捆扎	
3			混凝土浇筑	
4			……	

（三）风险评估

根据危害辨识基础清单对危害进行风险分析，描述可能产生的风险，划分风险种类、风险范畴，分析可能暴露于风险的人员、设备情况，统计现有控制措施（表2），为下一步风险评估做准备。

目前，工程建设领域使用比较广泛的安全风险评估方法主要为经验法、专家评审法、作业条件危险性分析法（Likelihood Exposure Consequ- ence, LEC）和风险矩阵法，其中经验法、专家评审法容易受评价人员主观因素影响，风险矩阵法与LEC法相比评价指标缺少"暴露于危险环境的频繁程度"，评价指标过少，而LEC法操作简单，通过半定量计算得到的结果误差相对较小，因此，本工程选用LEC法进行风险评估，并结合工程实际情况对L、E、C、D的取值进行了优化。

表 2 LEC法作业风险评估样表

区域（任务）	步骤	危害名称	危害种类	危害及有关信息	风险描述	风险种类	风险范畴	暴露于风险的人员、设备等信息	现有控制措施	风险等级分析 L	E	C	D

（四）风险分级与管控

根据作业危害风险评估结果将安全风险从高到低划分为重大风险、较大风险、一般风险和低风险4个等级，将同类风险合并，建立风险清单（表3）。

表 3 安全风险清单样表

序 号	风险名称	所在部位	风险等级	风险范畴	可能造成后果	管控措施	管控责任人

针对不同等级风险，按照工程技术措施、管理措施、教育培训和个体防护措施、事故应急措施的先后顺序，制定相应风险管控措施，对风险进行消除、转移和隔离等，使不可接受风险转变为可接受风险。明确风险管控主体，重大风险和较大风险由公司进行管控，一般风险由项目部进行管控，低风险由班组进行管控。

（五）风险告知

根据风险辨识结果，在分部、分项施工区域张贴"一图一牌三清单"，即风险4色分布图、岗位安全风险告知牌、安全风险清单、管控措施清单、应急措施清单，将本场所易发、常发、危害较大的主要风险、管控措施及应急管理措施进行公示。

（六）隐患排查治理

风险的准确辨识并进行有效管控可防范大部分失控风险演变为隐患和事故，但仍然存在部分"潜在型"危险源未能得到有效控制或防控措施的失效所形成的隐患。本工程建立隐患排查治理体系，通过对隐患排查过程中发现的导致风险管控措施弱化、失效及缺失等隐患，进行整改闭环，以及统计、分类，分析安全管理的薄弱环节，提出改进措施。通过隐患排查治理，对风险分级管控进行补充，建立两道防线。

（七）双重预防机制与安全文化的融合建设

本工程通过全员、全组织、全过程安全风险辨识、作业前风险清单和管控措施培训、"一图一牌三清单"风险告知、"人人都是安全员"隐患排查治理等双重预防机制建设的具体措施，让全员参与安全生产，掌握应当具备的安全知识，提升安全意识，营造浓厚的安全文化氛围，达到双重预防机制与安全文化建设的有机融合，建设基于双重预防机制的安全文化体系。

五、基于双重预防机制的安全文化体系评价

（一）体系建设效果评价

双重预防机制是基于双重预防机制的安全文化体系建设的核心，本文用双重预防机制建设效果评价来间接反映体系建设效果，危害辨识结果可以直观反映双重预防机制建设成效，因此，最终选用危害辨识结果评价指标来进行体系建设效果评价。

危害辨识数量多少与施工作业量密切相关，而工程高峰期作业人数可以在很大程度上反映施工作业量的多少，因此，不同施工区域的危害辨识数量与该区域高峰期作业人数应该呈较强的正相关。本文选用工程高峰期数据进行分析，从工程智慧工地系统选用2021年6月份各标段每日平均作业人数作为各标段高峰期作业人数，取值分别为A标960人、B标700人、C标307人、D标161人、E标51人、F标104人。2021年6月，本工程辨识的危害数量为：A标2475个、B标2261个、C标1362个、D标117个、E标235个、F标37个。

绘制各标段辨识出的危害数与高峰期作业人数对比图，如图3所示。从图中可以看出，危害数与高峰期作业人数变化趋势基本一致，表现出较强的正相关，由此可以得出：各标段辨识出的危害数量合理，基于双重预防机制的安全文化体系建设效果较好。

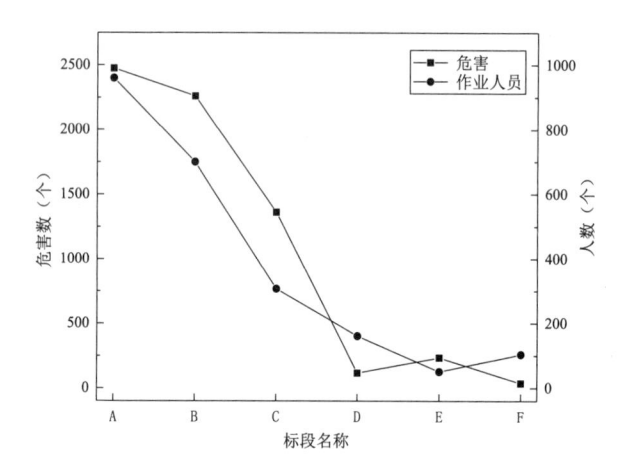

图3 各标段危害数与施工高峰期作业人数对比图

（二）体系运行效果评价

本工程于2020年年初开始持续建设基于双重预防机制的安全文化体系。体系运行效果优劣最直观的表现就是施工现场存在安全隐患的多少，统计分析体系运行后隐患数量的变化情况，可以直观地反映双重预防机制运行效果。由于工程总承包项目部每月开展了大量的隐患排查工作，因此本文将工程总承包项目部每月发现的隐患数量假定为工程现场存在的隐患数量，选用2020年4月至2021年5月每月的隐患排查数量进行分析，以排查隐患数量为纵坐标，以时间为横坐标，可以得到的月隐患排查数量变化趋势图，如图4所示。

从图中可以看出，从2020年4月至10月，每月排查的隐患数量逐渐增多，达到66条，从12月开始至2021年2月，每月排查的隐患数量总体保持下降趋势，2021年3月较多达到67条。由于从2020年

4月工程逐渐进入施工高峰期,施工量逐渐增大,导致隐患数量也随之增大,从11月份进入施工高峰期后,隐患数量总体趋于平稳并呈现降低态势,可见双重预防机制的安全文化体系起到了遏制隐患数量增加的效果。且从2020年初开工至今,工程一直保持安全生产零事故,表明该体系对安全生产起到了良好的保障作用。

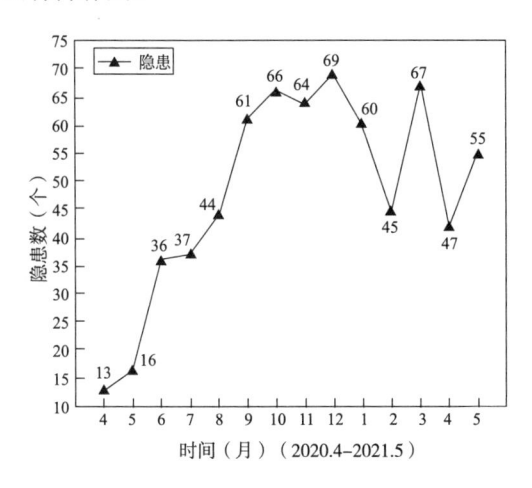

图4 月隐患排查数量变化趋势图

六、结语

本文分析了建设基于双重预防机制的安全文化对从根本上杜绝生产安全事故发生的重要意义,介绍了某百万机组火电建设工程基于双重预防机制的安全文化体系建设流程,可为今后同类工程提供参考。

从建设效果和运行效果两个方面对基于双重预防机制的安全文化体系进行了评价,结果表明:基于双重预防机制的安全文化体系建设效果较好、运行效果良好,对项目安全生产起到了良好的保障作用。

参考文献

[1] 张胜利,齐彦文. 基于双重预防机制的矿山企业安全文化建设实践[J]. 黄金,2022,43(02):1-5.

[2] 张宁宁. 海洋石油企业安全文化与双重预防机制建设联动关系探析[J]. 中国石油和化工标准与质量,2022,42(16):65-67.

[3] 白春玉. 企业安全文化管控体系构建探索与思考[J]. 陕西煤炭,2021,40(S2):180-183.

电力企业安全文化双向激励探索与实施

广东电网有限责任公司江门供电局　陈建科

摘　要：安全文化是促进安全生产形势持续稳定向好的内生动力，如何在短期内大幅提升安全文化建设效果，就成为企业思考的一个重要课题。本文基于某电力企业"物质奖励+精神激励"的安全文化双向激励探索与实施步骤，提出了一条可复制、可推广的特色安全文化建设思路，从而更好地实现安全文化建设催化效果，对企业实现安全文化建设向前迈进有着实际的参考意义。

关键词：安全文化双向激励；安全文化建设思路；催化效果

一、引言

电力行业在国民经济和人民日常生活中占据着极其重要的地位，自党的十八大以来，以习近平同志为核心的党中央对安全生产工作高度重视，各级对安全生产的高标准、严要求前所未有。特别是近几年，电力企业多次制定出台相关工作意见和方案，要求进一步推进本质安全型企业建设，明确提出要持续打造本质安全员工队伍、管理体系、电网网架、设备设施、建构筑物及环境条件，全面提升安全生产能力。本质安全型企业是通过建立科学系统、主动超前的安全生产管理体系和事故事件预防机制，从源头上防控安全风险，从根本上消除事故隐患，使人、物、环境、管理各要素具有从根本上预防和抵御事故的内在能力和内生功能，人是核心、物是基础、环境是条件、管理是关键。

本质安全就是通过提升人的安全意识和安全技能，实现"想安全、会安全、能安全"。但是"人"这个关键核心往往是安全管理链条中最容易被忽视的环节，而且"人"又是生产过程中最活跃、最难以控制的要素，设备升级、技术迭代、管理提升和环境改善必须依靠人。如何推动安全管理从被动转为主动，提升人的思想意识是首要条件，安全文化建设已经被证明是提升人的思想意识的重要手段，可以说安全文化建设的质量将直接关系到安全生产的方方面面。但是安全文化建设又是一项综合性、长期性的工作，如何在短期内大幅提升安全文化建设效果就成为企业思考的一个重要课题。为此，本文将结合企业管理实际，以安全业绩、文化激励为导向，探索建立安全文化双向激励措施，让员工更直观地感受到安全生产好坏的区别，从而促进员工更好、更快速地形成正向的安全价值观，实现更高效的安全文化建设。

二、安全文化双向激励发挥作用机理

以往的安全文化建设更多的是被动式管理，靠制度、规章等强制性要求员工被动执行安全，虽然一开始建设成效明显，但随着安全文化建设不断地、逐渐地深入，在建设过程中就需要耗费大量的成本和资源且越往后耗费程度越高，取得的效果按照投入与产出相比较，获得的回馈并不理想。而且，人的思想通常存在惰性和逐利性，如果缺乏有效的激励措施，安全文化建设就不会起到相应的效果，甚至会出现反效果。因此，脱离实际的安全文化建设是不利于企业安全文化建设的。

为此，从理性的角度进行分析，合理的安全文化激励所发挥作用的机理大致如下：安全文化激励引导员工形成正向安全价值观—正向安全价值观反映于员工行为习惯—员工行为习惯作用于安全生产绩效—安全生产绩效体现于价值创造—价值创造反馈于员工安全文化激励，周而复始形成良性循环。

基于以上思考可以得出以下结论，合理的安全文化激励不仅能够起到化被动为主动的催化效果，而且能够促进员工培育形成符合安全理念和制度规范的要求，进一步促进安全文化建设实施，从而有效激发员工投身安全生产的积极性。由此而知，安全文化激励对安全文化建设起着催化的作用。

三、安全文化双向激励实施举措

（一）设置安全文化建设激励

1.设置评价标准，促进评价科学合理

为选拔良好的安全文化示范，制定一套科学合理的评价方式选出安全文化建设示范单位。一是从标准入手，结合"安全基础、文化内涵、宣传展示、推广传播"四个维度按"高中低"三级分数区间设定统一的评价标尺，使评价更趋完善科学。二是组织安全文化骨干组成评价专家组，由同一组专家对同类型的集体进行评分，确保了评判尺度的统一。三是创新以"线上评审+现场观摩"的形式实施评价，"线上"主要结合信息系统中反映安全生产状况的相关数据和安全文化案例、总结等资料，"线下"主要听取安全文化介绍、查阅资料和观摩阵地等，两者汇总得出班组最终得分，提高了评价的效率、科学性和客观性。

2. 设置安全文化建设专项集体奖和个人奖

除了安全业绩外，还专门设置了安全文化建设专项集体奖和个人奖，对上一年度集体获得全国、省级或者企业安全文化建设示范企业和安全文化建设示范班组的，将一次性给予集体不低于10000元的专项奖励，再由集体分配到人。同时，每年在安全生产先进个人评选时从安全文化骨干中选取不少于2%的人员作为安全文化建设先进个人，先进个人除了给予1000元的专项奖励外，还在岗级调整中另外增加一个薪点，实现岗位晋级。

（二）设置安全业绩激励

1. 设置量化标准，缩短激励周期

创新设置奖励积分，将安全文化和安全业绩激励事项按照安全积分和奖金积分两种形式进行划分，两者分数叠加后为总奖励积分，将企业年度工资总额中的0.6%作为奖励金额，按照奖励积分多寡分别对员工进行奖励。从安全文化建设、现场作业、"两票"管理、信息安全、项目管理、车辆安全等35个维度制定激励积分标准，并按重要程度、急难险重期间等情况细化积分项目，确保量化标准的公平性。同时，改变目前大多数企业以年度为奖励的激励周期，缩短至按季度为激励周期，一至四季度分别按照20%、25%、25%和30%的额度进行奖金激励。在每季度第一个月的10日前，相关专业管理部门、直属单位统计员工上季度获得安全标准积分及奖金积分情况并公示3个工作日，经员工审核确认后，于当月20日前逐级报送到积分管理部门汇总，积分管理部门将全员安全积分进行汇总核对，结果无误后反馈至人力资源管理部门。人力资源管理部门根据每季度奖励总额及奖金积分总量，确定每季度奖金积分每分奖励额度（单位分值奖金=当季奖金总额/当季奖金积分总数），并于每季度第二个月进行兑现，同当月工资一同发放。为了让每一位员工清楚了解自己对安全生产做出贡献而获得的奖金激励收入，人力资源管理部门还会专门向每一位员工发出短信通知进行鼓励，既可以让员工了解自身在安全周期内贡献程度，又可以进一步激发员工士气。

2. 打破"平均主义"，增设安全业绩专项激励

为进一步强化激励措施，加大向一线奖励倾斜力度，安全业绩激励还增设安全操作无差错专项奖励、优秀安全区代表奖金激励、安风体系审核员专项激励和百日安全（长周期）奖励。具体实施方法如下。

（1）安全操作无差错专项奖励。对在电网调度、倒闸操作、现场作业中持续保持工作无差错的员工进行专项奖励。以生产管理系统或者调度自动化系统中的工作票、操作票统计数据为依据，由本单位安委办组织审核，并根据年度安全生产操作量和持票工作量进行统计排名，对各类奖项1—3名设置专项奖励金。所有积分数据均以信息系统数据为准，发挥了激励指挥棒作用，引导基层员工主动用系统、录系统，有效避免体外循环问题。

（2）优秀安全区代表奖金激励。为进一步加强安全区代表管理工作，鼓励安全区代表有效发挥其区域职工利益代表的作用，设置安全区代表常规激励与年终激励机制。常规激励方面，安全区代表激励每月定额发放奖励。当安全区代表出现失职情况时，人力资源管理部门从失职认定次月起停发其奖励，直至安全监管部门重新认定其再次具备履职能力后再执行激励。年终激励方面，安全监管部门在每年12月份收集各部门、各单位优秀安全区推荐人选，按不超过全局安全区代表人数10%的比例，最终确定年度优秀安全区代表人选，人力资源管理部门对年度优秀安全区代表发放专项奖励金。

（3）安风体系审核员专项激励。为鼓励审核员参与安全风险管理体系建设与审核，并积极向更高等级资质晋升，根据审核员参与各级体系审核和贡献情况，统计审核员年度积分，按年度积分实施专项奖励金激励。

（4）百日安全（长周期）奖励。为打破"平均主义"，充分体现奖励向一线倾斜的原则，将上级下

发的百日安全（长周期）奖金总额，根据安全风险管理难度与所承担安全责任的差异，把直属各单位（部门）分为支撑、保障、监管和生产四类，按照1.0、1.1、1.25和1.4系数进行阶梯式分配，确保安全专项奖励向安全生产贡献大的单位倾斜落实。

（三）倡导精神激励，丰富内在获得

除了实质的物质激励外，个人精神激励也是安全文化双向激励的一项重要举措。在本单位不同层面的会议中增设表彰环节，对获得重大安全生产奖项、完成重大安全生产工作、安全文化建设成效突出等集体及个人进行公开表彰。并通过发文的形式向全企业进行公布表扬，树立榜样的导向作用，实现员工自我价值肯定和对个人安全生产工作的认可。

同时，为推动集体平安荣誉感建立，企业还会根据各二级生产部门、班站所和个人的安全记录长短和安全文化建设情况，评定平安集体、平安班组和平安达人等平安荣誉，激发每一位员工对集体安全年生产工作的光荣感与使命感。

树立先进榜样人物是第一步，发挥先进引领作用才是关键。在每年安全年生产月活动中固定设置安全业绩先进、安全文化先进的集体和个人进行人物访谈，通过面对面采访的方式，分享安全生产、安全文化建设过程中的一些经验和思考，以起到经验分享及示范引领的作用。

（四）加大激励力度，固化制度保障

安全文化双向激励措施实施一段时间后，根据企业安全生产情况进行适度调整。为体现"重奖"原则，使员工更具获得感，企业每年年底可根据安全生产状况、安全文化建设情况和预测分析情况将安全积分奖金总额进行小幅度调整。同时，每年结合上级要求和基层单位的意见反馈，持续完善安全文化双向激励措施并固化至安全激励管理业务指导书中，在每年的一季度前组织激励实施单位对业务指导书执行效果和可行性进行回顾，并广泛听取广大员工意见，及时修编完善，确保制度的适宜性和可操作性。

四、结语

安全文化双向激励措施是推动安全文化建设向前迈出实质性一步的关键一招。自开展安全文化双向激励措施以来，企业通过"物质奖励＋精神激励"的奖励模式，使员工切实体会到安全生产和安全文化建设所带来的实实在在的好处，感受到了安全生产和安全文化建设"干多干少不一样、干好干坏不一样"，有效激发员工投身安全生产和安全文化建设的积极性和对安全价值观的认同感，进一步增进安全文化建设氛围，员工的安全素养也得到了极大的改善，确立了一条具有公司特色的安全文化建设思路。

本文从安全文化双向激励探索与实施总结出一条可复制、可推广的安全文化建设之路，但是安全文化双向激励只是一项短期内能推动安全文化跨越式向前的举措，安全文化双向激励措施还需要根据企业实际情况和不同阶段而实施不同的措施。但是也不能一味地强调高大上的建设而忽视人性的根本，只有牢牢抓住"人"这一确保安全生产最核心、最重要要素，激发员工对安全文化建设创设、创业的热情，帮助员工建立统一的安全信仰，才能形成统一认识、统一行动力，这样才能最终实现人的本质安全。

参考文献

[1] 李红霞，田水承. 安全激励机制体系分析[J]. 矿业安全与环保，2001(03):8-9+63.

[2] 田水承，钱新明，李红霞，等. 安全管理激励机制与安全去激励因素探讨[J]. 西安科技学院学报，2002(01):15-17+20.

安全"和"文化"345"建设与实践

国家电投集团东方新能源股份有限公司沧州分公司　康娟娟　董　亮　张向峰　雷世良　陈建中

摘　要： 国家电投集团东方新能源股份有限公司沧州分公司（以下简称沧州公司）自开始安全文化建设以来，设立安全文化建设领导小组及安全文化建设领导小组办公室，全面负责安全文化建设的领导和建设工作。沧州公司以"和"文化为指引，以"安"为目标，以"全员"为依托，通过广泛开展安全文化进企业、进部门、进班组、进岗位，创新安全文化建设模式，使员工的安全知识、安全意识、安全能力、安全素质普遍提高，逐步形成富有特色和发展推动力的新能源特色安全文化。

关键词： "三维度"安全文化；"四色"安全管理文化；五级安全理念文化

安全文化建设的核心是"人"，这个"人"包括公司的每一位员工，不分岗位、职务和性别。安全"和"文化，源于国家电力投资集团公司在电力、煤矿、铝业、物流等行业的深厚积累，源于每一名国家电投人的工作实践，与公司的发展相生相伴，与个人工作息息相关。"和"，和谐之"和"，代表公司安全文化的本源。坚持尊重自然，走本质安全的发展之路，与自然和谐共生；坚持尊重生命价值，一切以员工为本，与员工和谐共荣。安全文化从来不是一个人的文化，也不是少数人的文化，而是全员文化。

沧州公司以提高公司安全优质高效发展的内驱力以及软实力为宗旨，以保障员工生命安全和身心健康、实现"零伤害、零损失"为目标，以"和"文化为指引，以"安"为目标，以"全员"为依托，集思广益，形成公司安全文化体系。

一、安全文化建设原则

（一）坚持以人为本的原则

始终将保护人的生命安全放在最重要的位置，作为安全文化建设的出发点、落脚点和核心内容。

（二）坚持循序渐进的原则

以"文化养成"为主线，由浅入深、循序渐进推进安全文化建设，从培育安全理念入手，通过完善安全管理制度、细化行为准则、培育文化氛围各个阶段的工作，最终养成良好的安全习惯和意识。

（三）坚持持之以恒的原则

以一以贯之的态度、持之以恒的精神，一点一滴触动观念、推动转变、带动行为，形成安全文化建设的持久动力。

（四）坚持领导垂范的原则

充分发挥有感领导的表率作用，使各级决策层和管理层成为安全文化建设的推动者和示范者，促进安全文化建设从少数人引领到全员认同，引导安全文化建设工作持续走向深入。

（五）坚持全员共建的原则

充分调动广大员工的积极性和创造性，使每个人成为安全文化建设的主角，构筑协作共建的良好氛围。

（六）坚持追求卓越的原则

不断提炼本企业的良好实践，广泛吸纳先进企业的有益经验，追求卓越的安全绩效，激发安全文化建设的强大生命力。

（七）坚持打造特色的原则

与集团公司安全"和"文化保持高度一致，同时，发掘和培育具有公司特色的安全文化内涵，形成既协调统一又彰显个性特色的安全文化。

（八）坚持注重实效的原则

始终围绕公司发展战略，以安全文化推进安全生产，将安全文化理念融入安全生产管理制度和管理行为，以安全文化提升公司安全生产管理水平。

二、主要经验做法

（一）创建"三维度"安全文化

沧州公司安全文化建设以"三个任何"安全理念（任何风险都可以控制、任何违章都可以预防、任何事故都可以避免）为核心引领，以持续改进、追求卓越为策略，创建安全管理文化、安全行为文化、安全物态文化三个维度的安全文化体系。

1. 安全管理文化

安全管理文化是安全文化在安全管理层面的具体体现，是安全文化建设的枢纽，是安全行为文化和安全物态文化的指导。

沧州公司安全管理文化建设以安全"和"文化为引领，继承安全管理"三基"为本、源头治理的管理思想，融合"理性协调并进"的核安全观及"风险预控、系统发展"的先进管理体系思想，基于生产与工程活动全过程，协同安健环体系各类管理要素。

（1）"三基"为本，源头治理。"重基层、抓基础、强基本功"是安全管理的精髓，也是安全管理的重心和基本保障，以源头治理的管理思维，抓住安全管理的基本要素"人、物、环、管"，借助"三防"手段，关注人的意识和能力提升，关注物态设施和环境的改进，关注管理制度和机制的完善。

（2）预防为先，过程控制。管理源自文化，中国上下五千年的传统文化是安全管理的重要思想源泉，从"居安思危"到"未雨绸缪"，从"良医治未病"到"防患于未然"，风险预控的思想无处不在。事后补救不如事中控制，事中控制不如事前预防。沧州公司在安全管理中切实做到重点下移、关口前移，努力实现由事后突击式的被动专项整改向主动抓管理、抓基层、抓基础转变，由控制事故后果为主向全面做好全过程控制转变，由被动经验管理向常态化、规范化、制度化、系统化的主动预防管理转变。

（3）系统管理，持续改进。沧州公司安全管理沿用集团公司安健环管理体系，承载"三个任何"的理念，以风险预控为核心串联所有管理要素，内嵌PDCA持续改进循环，构建一体化的管理体系，为实现安全管理源头治理、过程控制、系统管理、持续改进提供了方法和手段。

多年来，沧州公司始终坚持"党政同责、一岗双责，失职追责、尽职免责"的原则，强化责任落实，每年组织全员逐级签订安全生产责任书，按照"清单化管理"，确保人员安全责任落实，实现了安全管理既有安全文化理念的引导，又有管理制度的约束，制度标准与文化理念协调同步，制度约束与文化导向共同发力。同时，沧州公司持续完善安全生产奖惩制度，已建立了安全生产目标指标考核、安全生产绩效考核、安全生产日常监督考核等三者互为补充的安全生产奖惩体系，有效控制了风险、预防了违章、避免了事故，鼓舞了广大职工参与安全生产的热情，对公司安全生产的长期稳定起到了促进作用。

2. 安全行为文化

安全行为文化是员工在日常生产生活中表现出来的特定行为方式和行为结果的积淀，既是安全理念文化"内化于心"的外在反映，也是安全管理文化"外化于行"的具体表现。当理念转化为行为，安全文化的氛围才真正形成。

多年来，沧州公司从决策层行为要求、管理层行为要求、操作层行为要求三个方面不断推进公司安全行为文化建设，形成了各级人员独具特色的行为准则。

（1）决策层行为要求。"火车跑得快，全靠车头带"，决策层是企业安全文化建设的决定性因素，对企业安全文化的形成起着倡导和强化作用，决策者的风格会给企业安全行为提供示范和榜样。安全文化首先是"一把手"文化，决策层的个人承诺、领导力和推动力决定安全工作的成功。员工的安全意识取决于各级领导的行为，上行下效，决策者的风格给公司安全行为提供了示范和榜样。

沧州公司决策层安全行为准则：科学决策，率先垂范，笃行务实，追求卓越。

（2）管理层行为要求。管理层覆盖公司保证、监督和支持体系的各级管理者，包括基层的班组长。管理层是安全生产的组织者，也是安全责任的落实者和传递者；是决策层的参谋，也是操作层的政委；是上下连接的纽带，也是安全沟通的桥梁。

沧州公司管理层安全行为准则：主动担当，沟通影响，监督指导，持续改进。

（3）操作层行为要求。安全文化是执行力的文化，操作层的广大员工是安全生产的主力军，也是安全文化建设和发挥作用的主体，操作层的执行力是安全文化的基础和最基本要求，操作层的安全意识和行为代表着企业的安全文化水平。每一位职工都是安全生产的"关键先生"，不漏过一个细节，不放过一个疑点，不存侥幸，不走捷径，严守作业人员"十大禁令"，坚持一次就做好、次次都做对，是对自己和公司最大的负责。

沧州公司操作层安全行为准则：遵规守矩，精准执行，分享互助，从严从优。

基于各级人员行为准则，2020年公司编制完成员工通用行为规范和关键行为规范提炼工作，并以正式文件发布实施，保障了"任何风险都可以控制、任何违章都可以预防、任何事故都可以避免"安全理念的有效落地，促进了公司安全稳定持续发展。

3. 安全物态文化

物态文化是安全生产的基础，通过对工作环境的优化、劳动条件的改善和文化设施的建设，满足员工追求安全生产和自身安全利益最大化的需求，进而激励员工安全生产的工作积极性。沧州公司结合各场站特点，组织制定安全目视化建设标准，结合各类风险评估的控制措施，优先通过应用新型人防、物防、技防技术提高公司设备设施的本质安全水平。

（1）目视管理科学化。眼睛是最强的信息接收载体，人的行动60%由视觉感知开始。现场安全管理往往以视觉形象为载体，准确传达指令、传递信息，有效提升工作效率、安全水平和公司形象。推进目视管理，从安全指示精准化、制度标准可视化、设备工具定置化、作业控制标准化、现场环境规范化、人员着装统一化入手，构建科学、规范的目视化体系，护航安全生产。

一是安全指示精准化。结合场地特点，正确运用安全色，准确显示安全标志、安全符号、安全划线、VI标识。在办公区域，设置宣传栏、宣传展板、宣贯安健环理念方针、危害因素监测结果，不断强化职工自我保护意识，实现从"要我安全"向"我要安全"的转变。在生产区域，设置属地风险告知牌、完善定置定位图、巡检路线图、消防疏散图、设备巡检项目牌、完善消防器材、井盖、防火墙等划线，逐步建立了标准规范的目视化作业环境，为职工提供清晰指示。

二是制度标准可视化。看得见的制度最易落实、看得懂的标准最好执行，将职责权限、巡检标准、操作规程、应急处置张贴在工作场所内，让工作更简单，让行动更安全。

三是设备工具定置化。以安全为前提，以方便作业为依据，规范物品摆放及指示图标，做到有物必有区，有区必有牌，挂牌必分类。

四是作业控制标准化。不断细化作业行为，不断优化作业标准，编制完成各类标准作业表单300余项，形成有序有效的安全作业流程、有为有位的监督机制。

五是现场环境规范化。推行定置化管理，着眼于每一处、每一人、每一班。养成整理的工作习惯，构建条块分明、干净有序的作业环境，为安全打好基础。

六是人员着装统一化。在电站主控楼设置规范着装图及整理镜，班组作业人员上班第一件事就是按标准和要求整理着装，强化劳动保护，增强集体认同，提升团队凝聚力，树立公司良好形象。

（2）设备本质安全化。设备设施是重要的生产系统，加强安全环境管理，必须不断推进设备设施本质安全化，以设备设施的全生命周期管理为主线，在设计/制造、安装/调试、使用/操作、维修/报废四个阶段做好对应安全管理，实现对事故的"根源控制"和"超前预控"，以"物的安全"支撑本质安全。

（3）管理系统智慧化。多年来沧州公司深度推进"两化融合"，不断在电站安全管理智慧化上进行探索，目前已在"物联网平台、人工智能平台、数据集成平台"三个平台底座上，依托"光伏产业数字化、新能源企业管理数字化"双引擎，成功打造了电子台账、智慧巡检、智慧检修、智慧安全等智能一体化应用系统，初步实现了海兴电站的智慧化运行。

（二）形成"四色"安全管理文化

沧州公司基于国家电投绿动未来Logo标识的红色和绿色，逐步建立起具有显著色彩文化特色的"红、橙、绿、蓝"四色班组安全管理文化，全面打造红色安全、橙色激励、绿色和谐、蓝色规范的安全示范班组。

1. 红色安全

（1）持续提升"危害辨识+风险评估+成果运用"质量，夯实红色安全基础。自2014年安健环体系建设启动以来，沧州公司持续开展光伏行业设备、作业、生态环境、职业健康等危害辨识工作，截至目前，共建立作业、设备、职业健康、生态环境、构/建筑物、火灾、交通、信息安全8类风险数据库。

各类风险环环相扣，通过逐类、逐级、逐项分析，循环促进，相互提升。针对作业类别，共梳理排查出247项作业任务，识别并评估了共3224项作业风险，中等风险数量19个、较小风险数量322个、轻微风险数量2883个；针对设备类别，共梳理排查出134项设备系统，通过进一步开展设备故障风险评估，共计2项较大级别风险、146项中等级别风险、

245 项较小级别风险、34 项轻微级别风险；通过职业危害因素普查，共识别出 99 项职业健康危害因素；通过生态环境风险评估工作，共辨识生态环境风险 71 条；通过火灾风险评估工作，共识别出 10 个重点防火区域；通过交通道路安全风险评估工作，识别出天气因素风险、驾驶人员风险、车辆性能风险、行车风险四个方面 59 个风险点；通过安保风险评估，识别出 31 个区域存在安保风险；通过 44 个构 / 建筑物风险评估，评估出 4 项中风险、40 项低风险；通过信息安全风险评估，共识别出 2 项可接受风险、11 项可能风险。针对上述评估出的风险，沧州公司均制定了相应的控制措施，并在办公区域、作业区域设置风险告知牌。

（2）持续提升"安健环体系 + 目视化管理"质量，坚守红色安全工作主线。沧州公司按照集团公司《安全健康环境管理体系建设指南》持续提升安健环体系建设水平，2015—2019 年为体系建设阶段，2015 年 7 月底，顺利通过集团公司外部评审，成为集团首家安健环"二钻"新能源单位，安健环体系初步建成；2018 年年初，将 ISO 国际质量、环境、职业健康系列标准与安健环管理体系标准充分融合，对照标准修订完善各类表单，10 月份顺利通过外部审核，取得三标体系认证证书；通过 3 年的持续改进，安健环管理体系实现稳定运行。2019—2022 年为体系持续提升阶段，安健环体系常态化建设机制形成，每年制订并实施"安健环体系建设方案"，重点针对体系中的短板、不符合项进行完善，2022 年 6 月顺利通过河北公司安健环体系"三钻"验证。

（3）沧州公司按照《国家电投视觉识别系统》，修订公司《生产现场标准化规范性手册》，融入集团公司企业性格色彩文化体系，完善了电站入口区域、综合楼区域、主控楼区域、高压配电室区域、升压站区域和发电区域六个区域的现场要求与标准。在目视化提升过程中，充分融入安健环体系建设及"四色文化"相关内容，以宣传栏、宣传展板形式宣贯安健环理念方针及相关体系知识，设置属地风险告知牌，完善定置定位图、巡检路线图、消防疏散图、设备巡检项目牌，完善消防器材、井盖、防火墙、停车位等划线，逐步建立起标准规范的目视化作业环境。同时，规范工器具及物品摆放，定置定位管理，实现现场安全生产标志标识清晰、物品摆放有序的目视化管理。

2. 橙色激励

（1）完善橙色激励机制。沧州公司制定《安全生产激励办法》《安全生产奖惩规定》《安全生产风险抵押金实施细则》等制度，建立健全安全生产奖惩机制，强化安全生产责任制体系，充分调动职工参与安全生产工作的积极性、主动性，提高全员主动安全意识，及时发现排除生产安全重大隐患、缺陷，提升公司本质安全水平。

（2）开展形式各样的活动，凝聚橙色能量。

一是针对电站新进员工多、技术力量相对薄弱的特点，鼓励全员自学自制"云平台"分享培训课件，通过开展集中课堂、实操演示等多形式培训，人人上台讲课、人人台下听讲、人人课后温习，在交流中学习理论知识、在探讨中提高技能水平、在回顾中巩固业务能力，生动践行"人人当老师，人人做学生"的培训理念，充分调动员工学知识、钻技能、固业务的积极性，快速培养了一批技术骨干力量。

二是采用"以老带新"的技术培训方法，新入职员工与老职工签订师徒协议。由老职工结合现场生产实际情况，通过技术原理分析、技术规范讲解、规范操作演示及事后讨论总结等环节，使新职工充分掌握常见故障的处理方法。在修订生产技术体系文件时，由新老职工共同参与运维规程及电气一、二次图纸的修编工作，使新职工进一步掌握电站运维工作和电气系统，快速实现理论与实践的充分结合，逐步提高专业技术水平。

三是通过开展"岗位练兵、技术比武"等竞赛活动，激发员工学习热情，通过颁发奖状、公开表扬、物质奖励等形式，鼓励员工向先进员工学习，在学习中勇于超越自我。

四是开展岗位轮动，选拔年轻骨干参与站级管理，快速提升其安全生产管理能力，形成人才梯队。

3. 绿色和谐

（1）开展亲情助安，共育绿色家园。为激发亲情活力，用亲情的呼唤、亲人的嘱托、公司的关爱来助力安全，营造安全氛围，潜移默化地实现本质安全，提升安全价值，助力公司正常生产经营秩序以及员工幸福之家建设。在班组文化墙开设亲情助安专栏，征集、公布班组员工家属安全寄语，张贴和谐温馨的家庭合影，展现家人的亲情嘱托，建立了"亲情关爱通道，共筑安全屏障"的安全工作互动机制，编织起一道安全防护网，保障了日常生产的安全稳定，使班组成为一个和谐温馨的绿色大家园。

（2）建设花园电站，营造绿色环境。新能源光伏产业赋予我们保护自然环境、实施超低排放的天然使命，为深入践行"绿水青山就是金山银山"科学论断，坚持绿色发展，公司各场站结合目视化提升，积极推进"花园式电站"建设，因地制宜、认真谋划，最大程度提高电站绿视率，并根据季节、花期、品种种植各类花卉及绿植，使电站在不同季节都能花团锦簇，四季常青，着力打造去工业化光伏电站，建成以人为本、环境友好、气氛温馨、员工和谐的"花园式"电站。

（3）优化功能分区，打造绿色阵地。通过绿色文化班组建设，以班组安全文化为导向，树立"以站为家"的集体观念，构建绿色文化示范班组。综合楼走廊设置工余安健环宣传栏及应急常用知识等展牌，传播安全文化；在办公区域，设置班组园地文化墙，丰富展示班务公开、亲情墙、班组结构、员工风采、"四色文化"内涵等内容，展示良好班组文化氛围；在主控楼区域，大厅设置安全防护用品着装整理镜及标准穿戴示意图，为班组成员每日工作前正确着装提供标准规范；设置运动健身区，并配置健身活动设施，为员工工余锻炼创造良好条件。

4.蓝色规范

（1）固化日常工作，创建蓝色规范管理。为规范班组日常工作，打造一流管理品牌，以岗位职责为核心，以时间轴为主线，以标准流程为引领，以精细化管理为目标，编制实施《光伏电站日常工作管理标准》，使班组成员对照职责明确自己"应该干什么"，为"怎么干好"工作提供方向。有力确保班组安全生产责任到岗、到位、到人，坚决杜绝责任盲区。逐步形成"人人有责任、事事有人管、件件可落实"的网格化安全生产责任管理体系，班组日常管理工作实现职责化、程序化、格式化。

（2）遵循作业标准，建立蓝色规范流程。为规范光伏电站日常运维作业、预防性试验、设备检修管理程序，强化各项作业风险管控，有效保障检修维护质量，编制实施日常维护、倒闸操作、检修维护3类29项《作业指导书》、19项《检修文件包》、16项《典型工作票》、40项《典型操作票》等规范性指导文件，对每项工作的作业范围、人员资质、工具配备、作业风险、安全措施、工作流程等内容进行详细规定，有力确保各项作业安全质量风险可控在控，实现班组各项作业规范化、标准化、精细化。

（3）强化外包监管，打造蓝色规范体系。沧州公司始终以规范外包作业现场安全管理为抓手，强化安全红线意识，强化安全基础管理，强化安全责任落实，强化过程风险管控，构建完善的外包作业现场安全管理体系，严把"六关"，即严把人员资质关、严把风险预控关、严把培训教育关、严把机具合格关、严把工序规范关、严把记录完整关，实现作业现场全过程管理。

（4）提升应急能力，形成蓝色规范程序。为确保发生突发事件时，员工能够快捷有效地执行应急处置程序，减轻人员伤亡和财产损失，提高各岗位人员应急处置能力，沧州公司组织编制各岗位、各重点设备生产事件应急处置卡、应急设备操作卡、人身伤害应急救护卡等，营造应急安全文化。

（三）形成"五级"安全理念文化

沧州公司以集团公司安全文化理念为基础，逐步形成具备新能源特色的"五级"安全理念文化。

1.第一级：国家电力投资集团公司安全理念体系

企业使命：创造绿色价值。

企业愿景：建设具有全球竞争力的世界一流清洁能源企业。

企业核心价值观：绿色、创新、融合，真信、真干、真成。

企业品牌口号：风光无限，国家电投。

2.第二级：沧州公司安全理念体系

公司使命：创造绿色价值。

公司愿景：创建四个一流，领军区域发展。

公司核心价值观：绿色、创新、融合，真信、真干、真成。

公司安健环理念：任何风险都可以控制，任何违章都可以预防，任何事故都可以避免。

公司安健环方针：以人为本，风险预控，系统管理，绿色发展。

公司安健环道德观：安全光荣，违章可耻。

公司安健环责任观：不伤害自己，不伤害他人，不被他人伤害，保护他人不受伤害。

3.第三级：电站安全理念

海滨光伏电站："两票三制"严执行，电力规程记心间。

海兴光伏电站：全员全岗全流程，运维检修遵规程。

4. 第四级:班组安全文化理念

(1) 海滨光伏电站。

① 一班

管理理念:反违章、除隐患、保安全、促生产。

愿景:五型要远航,安全必先行。

口号:生产再忙,安全不忘;人命关天,安全在先。

② 二班

管理理念:事事有人管,事事做到位。

愿景:创建一流五型班组。

口号:生命至高无上,安全责任为天。

(2) 海兴光伏电站。

① 一班

管理理念:立足于人,立足于制,立足于责。

愿景:零隐患,零缺陷,零故障,零事故。

口号:争创五型班组,铸造卓越团队。

② 二班

管理理念:安全无小事、防患于未然。

愿景:企业在我心中、安全从我做起。

口号:一分耕耘 一分收获。

5. 第五级:员工心愿

(1) 海滨光伏电站。

① 一班员工心愿:工作为了生活好,安全为了活到老。

② 二班员工心愿:开开心心工作来,安安全全回家去。

(2) 海兴光伏电站。

① 一班员工心愿:致力于成为一支甘于奉献、勇于负责、敢于创新的工作团队。

② 二班员工心愿:付出十分辛苦,共享企业发展红利。

三、结语

沧州公司把安全文化建设作为安全生产长效机制的一项重要举措,落实"安全第一、预防为主、综合治理"方针,倡导"任何风险都可以控制、任何违章都可以预防、任何事故都可以避免"的安全理念,严格落实"两票三制"制度,深入开展隐患排查治理,切实推进"全员、全方位、全过程、全天候"的全过程管理,强化事前管控和各个层级的执行力,完善监督检查持续改进机制,最终实现本质安全。自2015年开始安全文化建设至今,未发生轻伤及以上人身伤害事故。在公司全体干部职工的共同努力下,公司的安全文化建设虽然取得了点滴成效,但是面对未来我们需要做的安全工作还有很多,我们一定戒骄戒躁,继续努力在安全文化建设工作的路上。

探索水电企业安全文化实践

——象鼻岭水电站安全文化创建

国家电投集团贵州金元威宁能源股份有限公司象鼻岭水电站　穆　泓　杨朋发

摘　要：文化是企业的灵魂，安全是企业永恒的主题。安全文化是在企业长期生产经营和发展过程中逐渐形成的，是为企业防范生产生活风险，实现生命安全与健康保障、社会和谐与企业持续发展，所创造的安全精神价值和物质价值的总和。国家电投集团贵州金元威宁能源股份有限公司象鼻岭水电站（以下简称我站）始终坚持国家电投"以人为本、风险预控、系统管理、绿色发展"的安健环方针，紧紧围绕着国家电投"任何风险都可以控制、任何违章都可以预防、任何事故都可以避免"的安全理念，承接贵州金元"勇于开拓，不怕困难，埋头苦干，精益求精"的企业精神，在安健环体系建设过程中，形成"5127我要安全"的安全文化。

关键词：安全文化；体系建设；实践

一、安全文化理论——知识的源泉

1986年，国际原子能机构国际安全咨询组（International Nuclear Safety Advisory Group，INSAG）针对切尔诺贝利事故，在调查报告（INSAG-1）中提到苏联核安全体制存在重大的安全文化问题，第一次出现和采用"安全文化"这个术语。1991年，国际原子能机构国际安全咨询组发表名为《安全文化》的报告（INSAG-4），首次定义了安全文化的概念。国际原子能机构（International Atomic Energy Agency，IAEA）把安全文化的发展划分为自律阶段、自觉阶段和自为阶段。

1994年，国务院召开了全国核安全文化研讨会，标志着深层次企业安全文化在中国传播的开始。劳动部李伯勇部长发表题为《要把安全生产工作提高到安全文化高度来认识》的指导性文章，标志着安全文化从核文化、航空航天安全文化等企业安全文化拓宽到全民安全文化。

2008年，国家安全生产监督管理总局印发《企业安全文化建设评价准则》（AQ/T9005—2008），将企业安全文化建设划分为本能反应、被动管理、主动管理、员工参与、团队互助和持续改进共6个阶段。

安全文化是企业为防范（预防、控制、降低或减轻）生产生活风险，实现生命安全与健康保障、社会和谐与企业持续发展，所创造的安全精神价值和物质价值的总和。

安全价值观是安全文化的里层结构，安全行为准则是安全文化的表层结构。安全文化包括安全精神文化、安全物态文化、安全制度文化、安全行为文化，核心是以人为本。企业要将安全责任落实到员工，就必须通过培育员工共同认可的安全价值观和安全行为规范，在企业内部营造自我约束、自主管理和团队管理的文化氛围，将安全文化内化于心、外化于行、固化于制，建立安全生产长效机制，持续提升安全业绩。

安全文化是安全理念的最高境界，企业在抛弃陈旧的安全观念的进程中，不断创新安全理念，使理性的安全管理体系和非理性的安全理念有机结合。通过模范典型引导、事故案例警醒、规章制度约束，使先进的安全理念深入人心，提升全员的安全素质，培育员工共同认可的安全价值观和行为准则，管理作用显著。

二、安全文化载体——安健环管理体系

安委办提出"解决思想认识比解决具体问题更为重要"作为水电企业，我站将安健环体系建设称为安全管理的"车之双轮"，将安全文化建设称为安全管理的"鸟之双翼"。深化全员对安健环体系和安全文化的认识，推动其落地见效，实现安全生产从"严格监督"向"自主管理"跨越，是我站奔向"水风光储农"一体清洁能源发电企业的必由之路。

让体系成为习惯、习惯成为自然，让自然成为

标准、标准成为文化，深度解决认识问题。我站在安健环体系引领下，梳理提炼核心的安全文化作为核心引领，以持续改进、追求卓越为策略，从管理文化建设、行为文化建设、物态文化建设三个维度打造自身独有的安全文化。推行安全管理"目视化"，让安健环体系和安全文化看得见、摸得着，推动实现安全管理"一眼就明白、一看就会做、一次就做对"，以良好的视觉指引促进安全行为习惯养成，体现安全文化的导向作用，对员工的安全意识、观念、态度、行为进行引导，使之与企业的目标相向而行。

我站通过安健环体系建设，培养员工严格执行国家法律法规，始终做到知法于心·守法于行，自觉落实依法治企的要求；企业生产全过程、全方位落实上级管理要求，做精、做细、做实各项工作。严格执行规章、制度，有效杜绝违章指挥、违章作业和违反劳动纪律的行为；严格执行方案和表单，确保事事有依据、件件有着落，完善 PDCA 闭环管控机制。

企业在安全管理中逐渐形成"风险可控，事故可防"的安全价值观。全员清楚风险和事故的本质，不断提升自身"风险意识、责任意识、创新意识"，在工作和生活中倡导安全的行为方式和方法，自觉落实风险预控措施和应急措施，保持安全自信，杜绝人为事件。

三、"5127 我要安全"实践主题

安全必须万无一失，不安全则一失万无。安全是我站工作第一要务，像对待生命一样，不容有失；失去安全则失去一切，并为之付出惨痛的代价，阻碍我站的健康发展。各级人员信守安全承诺，落实安全目标责任，改善物的不安全状态，杜绝人的不安全行为，提升安全管理水平。

我站培育员工内化于心、外化于行，提高企业安全优质高效发展的内驱力以及软实力，提炼出"5127 我要安全"安全文化实践主题："5"个维度打造本质安全型员工，利用"2"大管理抓手，落实"7"项主要工作，实现"1"个"0"目标。

"5"个维度是指员工意识上时时想安全，态度上处处要安全，认知上自觉学安全，能力上全面会安全，行为上扎实做安全，从而打造本质安全型员工；"1"个"0"目标是指实现"零轻伤、零非停、零违章、零环保事件"的安全生产目标；"2"大管理抓手是指安健环管理体系建设和示范班组建设，系统性完善企业安全管理内容；"7"项主要工作是指安全培训、安全责任、风险辨识、隐患排查与治理、作业过程管控、目视化管理、应急管理。

最终我站通过推进全员自我约束、自我管理和团队管理，从观念、行为、系统、工艺 4 个方面，培养本质安全型员工，全面建成本质安全型企业。

四、安全文化践行——实践出真知

（一）明指标

年初我站制定安全生产"九不发生"的目标指标及保障措施，逐级压实责任，落实到个人，明晰目标指标。

（二）落责任

按照"党政同责、一岗双责，齐抓共管、失职追责"的原则落实贵州金元综合业绩责任，通过安健环专题会、周工作例会、微信公众号及展板等平台将安全要求传达到基层及每一位员工，使其转变安全意识，变企业"要我安全"为"我要安全"，坚守安全落地"最后一公里"。

（三）控风险

风险无时无处不在，要正确辨识、认真分析、科学应对，控制风险。总厂打造"智能安全"管理，以技防弥补人防不足采取如下措施：一是防汛管理应用水情自动测报系统，精准判断上游集雨面积水量，做好腾库防洪和消纳电能计划，确保水光互济，预防弃水和弃光事件；二是消防管理采用消防智能报警系统，当某一区域发生火灾事件时，火灾报警装置自动切换到发生火灾区域画面及时告警，值班人员第一时间做好应急处置；三是采用门禁管理系统，在营区及生产区域、电梯等处设备设置门禁管理系统以防止外来人员未经授权进入生产区域；四是安装防外来人员进入河道智能报警系统，当外来人员进入下游河道，智能报警装置立即捕捉影像并自动告警，驱离进入河道人员，防发生淹溺事件；五是安保管理方面，在大坝围栏及 220kV 光伏升压站围栏处增设电子围栏，凡外人翻越围栏则自动报警，运维人员立即处置。

（四）遵规范

遵守国家关于安全生产的方针、政策、法律法规及国家电投、贵州金元关于安全生产的规章、制度、标准、细则要求，不折不扣抓好落实，在企业合规经营管理方面下功夫，不越红线、不破底线、守法经营。全员加强学习培训，提升业务技能，应对处

置突发事件,降低企业损失。

（五）解难题

正确面对企业发展过程中的各种困难,多渠道解决企业发展面临的重难点问题。抱着"努力到无能为力,奋斗到感动自己"的姿态,积极工作,创新思维,解决难题。一是消除1号、2号机组事故快门关闭时间超出设计120秒重大事故隐患;二是通过1号、2号机组A级检修,消除水轮机转轮泵板裂纹重大隐患和导水叶漏水量过大隐患;三是光伏区采用场区内外开挖5米宽隔离带及光伏板加装螺母的方式消除火灾和风灾隐患;四是220kV光伏升压站3号主变挡位开关由7挡调整为5挡,消除交流过压隐患。

（六）保安全

健全全员安全生产责任制,加强企业安全标准化建设;完善安全生产规章制度和操作规程,做好全员安全教育和培训,保障安全生产投入,建立安全生产双重预防机制,开展安全生产检查,全面落实安全生产专项整治三年行动、安全生产"零容忍"清单、国务院安全生产"十五条硬措施"和"五个必须"要求,与安全健康环境保护体系融合,狠抓应急管理,保障生产经营。

五、安全文化展望——安全成为习惯

在"5127我要安全"特色安全文化主题的潜移默化影响下,员工自觉养成安全规范的行为习惯。通过理念引领制度、制度规范行为、行为养成习惯、习惯形成文化,员工进入"风险识别、事前控制、事后回顾、持续改进"和PDCA闭环管理的作业和管理模式,实现安全文化建设的持续改进。全员对安全文化主题、内涵和执行要求耳熟能详,在员工心中建立安全文化相关概念及氛围,自觉约束行为,安全生产持续稳定。

（一）教育先导

育人亲情为本,关爱生命至上。坚持教育先导,采取以情感人、以情服人、亲情育人的感情融化方法,组建立体式、全方位的安全教育网络,单位、家庭、亲朋形成合力,引导员工认识教育是对自我的关心、关爱、关怀,是员工牢固树立"5127我要安全"的自觉行为意识,安全不是为了别人,是为了自己、为了自己家庭的幸福。

（二）培训塑人

培训提高素质,实践练就本领。教者"诲人不倦",为提升员工的素质而教;学者"学而不厌",为自身的发展而学。注重理论学习与实践训练,力求培训的科学性、时效性,使员工更新理念,拓展知识、提升能力,培育知识型、创新型员工,塑造"想安全、要安全、学安全、会安全、做安全、成安全"的本质安全型员工。

（三）规范养成

自律改变习惯,贵在养成自觉的安全行为,是每一个员工应该具备的基本素质,是行为规范的外在表现。在社会实践中,养成良好的学习、工作习惯,做到学习兴趣化、工作学习化、生活快乐化。严于律己,系统思考,做到事前自觉、事中自律、事后自省,达到工作安全自律、自觉。

（四）精细管理

要求做细做实每一件事,在安全生产管理工作中实现闭环管理、分级管控、动态控制、反馈预测,确保管理精益求精,协调好人、机、料、法、环之间的关系,建立本质安全型企业。

参考文献

[1]罗云. 企业安全文化建设[M].北京:煤炭工业出版社,2017.

[2]徐德蜀. 企业安全文化建设概论[M].成都:四川科学技术出版社,1997.

[3]刘晶. 全面做好"双基"工作创建企业安全文化建设示范企业[J].化工安全与环境,2013(27):9-11.

[4]毛保勇. 浅谈新投产水电站创建安全文化建设示范企业的认识与实践[J].老字号品牌营销,2020(09):75-76.

[5]谢华. 关于溪洛渡水电站安全文化建设的研究与探索[J].城市建设理论研究:电子版,2013(24).

运用"学研创落法"培育一流"安全信念力"

江苏常熟发电有限公司 孔平生

摘 要：安全信念是安全文化的核心，安全信念的培育是做好安全工作的最具根本性和长远性的工作。培育强大的"安全信念力"，必须破解组织和个体"安全信念"的定力不足、心理不熟、韧性不够、行力不强的顽疾。安全管理者要善于运用"学习、研究、创新、落实"方法，把安全的政策性、知识性、创新性和实践性具体结合起来，着力破解"安全信念力"不强的四大问题的有效办法，从而恒续把控安全风险，实现安全工作稳态提升。

关键词：安全信念；四大顽疾；学习；研究；创新；落实

安全信念，是安全文化中具有决定性、长远性、根本性的价值判断和心理素质。根据对基层安全工作几十年的深度访谈和跟踪观察，90%以上的既发事故当事人（含当事组织和个体）都认为"一切事故都是可以避免的"，而之所以没有避免，是因为没有真正把"安全和预防"放在"第一位"。也就是说，绝大多数事故当事人没有强有力的"安全信念力"，没有树立和坚持"安全第一"的信念并持续贯彻之。"安全信念"并非虚构理性概念，而是包含"安全定力（始终有明确的定位和方向）、安全心理（适应周边安全工作的心理素质）、安全韧性（适应各种风险挑战的能力）、安全行力（把安全制度和文化严格执行到位的能力）"等要素的综合性概念。笔者长期从事基层党建工作，先后担任多个生产部门党支部书记和行政副职，强烈感觉到做好安全工作，必须始终把"安全信念力"的培育放在重中之重的位置，充分"学习、研究、创新、落实"以破解影响安全信念力薄弱的四大顽疾。

学习，就是学习贯彻习近平总书记关于安全生产一系列重要论述及党中央、国务院和上级党组织关于安全生产工作的重大决策部署，学习安全工作新法规、新知识、新方法和新经验；研究，就是把学习领悟到的新思想、新境界、新成果和具体安全工作相结合，研究具体安全工作中面临的新问题、新机遇、新挑战，研究新时期、新领域、新跑道、新业态中管控安全生产的、有效的措施和方案；创新，就是在继承长期行之有效的安全工作经验的基础上，结合具体实践大胆创新工作思路、创新工作方法、创新管控模式，通过创新提升安全工作的时代性和科学性；落实，就是把学习、研究的成果以及创新理念具体运用到解决安全问题的工作实践中，树立"安全生产是干出来的"理念，扎实工作作风，倡导务实有效、轻车简从、凡事到一线到现场到职工的工作氛围，切实把上级精神和各项部署落实到每一个环节，拧紧每一个螺丝钉。

在实践中，运用好"学研创落"方法，主要把握好以下几个方面。

一、运用"学习"方法，破解"安全定力不足"顽疾

对于组织和个体而言，确保安全常常由"本能"和"后能"。特别是个体，天性有避险的本能，这是组织和个体的"本能"。但安全工作主要是靠"后能"，也就是后天的学习和实践产生的安全能力和安全素质保证。在信息化、智能化和高度发达的当代社会中，安全文化，尤其是安全信念更加需要强调学习。学习，是树立安全信念、做好安全生产工作的第一道工序，是提升安全工作境界、增长安全生产能力的最有效方法。各级组织都要认真组织学习习近平总书记关于安全生产重要论述和党中央、国务院及上级关于安全生产重大决策部署，学习好、宣贯好习近平总书记关于安全生产重要论述及上级决策部署，贯彻好"安全生产，预防为主、综合治理"工作方针和"人民至上"理念。在安全生产上，基层党支部书记要当"明白人"，要始终明白自己肩上负有的重大责任、首要责任和领导责任。具体在学习上，要切实把握好学习重点，提升学习质量。

（一）安全学习，重在明确安全定位

安全生产事关党和人民利益全局，事关企业改革发展全局，不能有丝毫懈怠和放松。基层党支部书记抓安全生产，本质就是要增强书记抓安全的自觉意识，当安全工作的"明白人"，始终高度关注安全工作，真正把安全工作放在"案头"，把安全学习放在党组织各类学习活动的重要位置，通过组织学习持续增强各层各级党员、干部抓安全的自觉意识。

（二）安全学习，重在全员广泛参与

安全政策、安全知识、安全技能的学习始终都要着眼于全员参与、全员提升。中央的安全方针政策始终都要着眼于宣贯到全员，让全员知晓，不能有"截流"。既要抓"关键少数"的学习，更要重视全员安全素养的提升。加强全员的安全政策学习、技能学习，就是要持续提升全员的安全修养，让每一位职工都能具备从事相关工作的安全资质，具备从事特殊工种的"全要素条件"。

（三）安全学习，重在切合实际

安全政策、安全知识、安全技能、安全心理的学习，要根据企业和职工的实际需要，有针对性地开展和推进。党支部书记要根据安全工作的总体布局积极推进学习计划、学习内容和学习方法的安排，让学习成为安全工作的第一道工序，成为员工提升综合素养的首要课件。

二、强化研究功能，破解"安全心理不熟"顽疾

心理问题是最复杂、最多变、最具有破坏力的问题。经调查和统计发现，65%以上的安全事故，是由当事人的"现场心理"决定的。心理因素是信念的基本问题。塑造强大的"安全心理"关键要靠组织，关键要通过强化组织力来优化配强现场影响心理复杂变动的各要素。研究，正是破解这一复杂问题的有效手段。例如，国家电投党组曾经明确提出要加强"研究型组织"建设。基层党支部要做安全研究工作的组织者、引领者。当前，国有企业正进入转型发展的关键期、改革攻坚期，各种矛盾和问题错综复杂，职工诉求呈现多元化格局，科学技术和新业态、新领域、新跑道层出不穷，安全工作既面临难得的机遇和有利条件，同时也呈现更为复杂、更难抉择、更难把控的形势和难题，这些都深刻影响着员工现场安全心理的变化，迫切需要加强安全工作研究，通过研究把准脉搏、厘清思路、找准对策、精准施策。

（一）加强对安全工作总体格局的研究

要注重对安全全局的研究和把控，研究部门和单位当前各项工作的轻重缓急和先后次序，研究安全生产和经营管理、项目发展、员工心理等要素之间的复杂联动关系，始终把安全工作放在关键位置，把安全要素"镶钳"在"工作链"中，在整体格局中予以协调推进。

（二）加强应对突发问题政策和措施的研究

要熟读安全法规和民法典，平素要勤于研究企业已发生的各类突发现象和问题，对于其中需要处理好的各类政策界限和工作界面有精准的把握，形成突发事件处置的"心中预案"，这样才能做到有备无患。

（三）加强对新时期员工队伍新诉求的研究

要勤下基层，做职工的"贴心人"，加强对员工队伍知识文化新结构、诉求方式新途径、发展方式新渠道、心理情况新表现等方面的研究，对工作团队"动力源"进行研究，对"谁是唐僧、谁是悟空、谁是悟能、谁是悟净、谁是白龙马"有清晰的识辨，找到、找准项目团队安全实施工作任务的科学方法。

三、运用"创新"方法，破解"安全韧性不够"顽疾

安全韧性，就是接受安全工作中各种风险和挑战的能力。唐僧团队之所以能够取经成功，就是能够靠"取经"的信念，经历"九九八十一难"的风险和挑战。"信念力"之所以重要，就在于它能够持续提供接受挑战和风险的内在动能和毅力。而功败垂成，往往是"信念力"缺乏韧性半途而废。

创新，是习近平总书记倡导的"五大发展新理念"之一，是基层组织始终予以倡导和推动的重要价值观。创新，要作为安全工作的常态，要成为新时代推进安全工作的重要价值。在实践中，安全工作面临诸多新问题和新现象，工作必须创新；创新，又必须充分注重实效、扎根现实，在推陈中创新。要扎实练好基本功、学好基础课、夯实基层土，特别是当下新员工日渐增加，尤其要加强基本功的训练，要把多年形成的行之有效的制度、方法传承下去。做好这些工作，需要创新的精神和创新的方法，这些工作也是进一步创新安全工作的基础和条件。

安全工作的创新，是安全理念的创新、安全制度的创新、安全工具的创新和安全管理的创新。要根据生产经营的实际需要，加强安全工作总体工作协调，在创新中谋发展，在发展中有创新，尤其要注重围绕提质增效和为职工谋幸福、谋发展方面，通过项目制、工程制、数字化、智能化和现场访谈、绩效面谈、适时奖励等有效手段，增强安全工作的创新。

四、运用"落实"方法，破解"安全行力不强"顽疾

一千个制度，不去执行，等于"零"；一万个项目，不去做，也等于"零"。安全制度和文化千万条，为什么还是不断地出事故？一个最基本的问题还在于"行力不强"。行力，就是执行力，就是去做的能力。唐僧西天取经，历经千山万水，全靠双腿一步步走。安全，重在落实。政策、制度、措施，都需要通过落实才能取得实效。必须要把主要精力放在促落实、抓落实上，关键是抓四个基本素质。

（一）坚韧

基层单位落实中央和上级的安全政策和重大决策部署不能动摇，落实制定好的年度、月度安全目标不能动摇，落实每一项工作的安全方案不能动摇。动摇了，就有可能造成无法挽回的后果和灾难。一定要在强化"安全第一"这个根本问题上始终明确自己的态度，坚定自己的立场，表明自己的态度，做安全工作的"明白人"。

（二）斗争

安全工作就是在同各类隐患和风险的斗争中实现的。党支部书记抓安全工作必须具备斗争精神。要坚决地、果敢地同安全工作中存在的不合理、不合规、不合法的现象和行为做斗争，及时发现并坚决制止这类现象在工作中存在的可能造成的严重后果。安全，是通过善于斗争得到的。尤其要重视团队在安全工作中的斗争精神、斗争意志的培养。

（三）合作

确保企业、项目、工作安全，不能光靠一个书记、一个行政领导，同样也不能光靠一种制度和一个安全监督员。必须正确处理好书记与行政领导之间的关系，正确处理好干部与项目组成员之间的关系，要充分注重发挥好每一个成员、每一位员工的积极作用，合理使用和调配好人力资源，形成有效的安全团队合力。

（四）调谐

确保安全，需要团队保持团结干事、合作共事、清廉共事的良好氛围。任何一个不良情绪都有可能形成团队精神涣散的"蝴蝶效应"。优秀的安全管理者要善于当一位"调音师"，经常为工作团队"调谐调波"，要善于加强团队精神的分析和把握，加强安全教育和团队精神培养，加强项目制度学习和宣贯，加强廉政工作，形成愉悦共事、相互关爱、相互提醒的安全氛围。

学习、研究、创新和落实既是态度，也是方法，是一套"组合拳"，是在培育一流的"安全信念力"的实践中持续推进、相互推高的过程。它是一个整体，需要闭环循环。安全管理者在抓安全工作的过程中，要勤于思考、持续提升，通过持续不断的学习、研究、创新和落实，推动组织和个体的"安全信念力"持续强化和提升，推动顺利实现安全目标。

基于本质安全的"靖心护安"特色安全文化建设

中国南方电网有限责任公司超高压输电公司曲靖局　余先敏　张　鹏　曹双全　王永红　王　诚

摘　要：安全文化建设是电力企业安全风险管控的重要环节，安全文化的构建是企业实现高质量发展的重要推动力。本文以超高压输电公司曲靖局（以下简称曲靖局）作为研究对象，对其安全文化建设展开深入的分析，总结提炼出"靖心护安"特色安全文化的丰富内涵、创新做法以及取得的成效，旨在为其他企业进行安全文化建设提供有价值的参考与借鉴。

关键词：安全文化；靖心护安；本质安全；特色做法

习近平总书记在党的十九大报告中强调，安全生产是重要的课题。电力行业属于高危行业，安全事故时有发生。据调查，当前电力企业安全文化建设存在的主要问题涵盖员工安全意识薄弱、作业风险问题频发、安全管理缺乏监督、管理执行力度较差、安全防控预测不足以及安全文化内涵缺失等方面。电力企业开展安全文化建设是有效减少安全风险的重要途径，因此，电力企业推进安全文化建设具有重大意义。

一、"靖心护安"安全文化建设思路及方法

曲靖局以国家安全观和能源安全新战略为指引，全面落实党中央、国务院关于安全生产工作的重要决策部署，以实际行动扎扎实实地贯彻落实习近平总书记"从根本上消除事故隐患"的重要指示精神，牢固树立安全发展理念，以强化安全意识、规范安全行为、提升防范能力、养成安全习惯为目标，创新载体、注重实效，推动构建自我约束、持续改进的安全文化建设长效机制。

曲靖局始终坚持"一切事故都可以预防"的安全理念，践行南方电网"知行"文化品牌，秉承超高压输电公司优良传统，以"特色安全理念引导人、特效安全学习培养人、特别安全管理规范人"的文化建设路径，持续培育和发展安全文化，通过落实安全责任、根植安全理念、规范安全行为、创新安全管理等方式，推进企业安全发展、和谐发展、科学发展，逐步凝练形成了"靖心护安"特色安全文化理念体系，塑造"想安全、会安全、能安全"的本质安全人，持续提升安全生产管理水平，深入推进本质安全型企业建设，为西电东送事业发展做出积极贡献。

二、"靖心护安"安全文化的内涵释义

曲靖局积极探索、反复实践，逐渐凝练形成了"靖心护安"特色安全文化理念体系（图1），并全面带动生产部门安全文化发展，形成"乌蒙行者""啄木鸟""平安""牛"四个子文化。曲靖局安全文化理念体系包含一个主题，六个维度。以"靖心护安"文化主题统一全员思想，凝聚全员力量。以"安全愿景、安全信仰、安全价值观、安全理念、行为理念、文化载体"六个维度搭建文化理念架构，引导员工思想、规范员工行为、促进安全发展。

图1 "靖心护安"特色安全文化理念体系图

"靖"字是文化主题的核心："靖"字本意为"平安""安静"，又指使秩序安定。曲靖人秉持"靖

字精神,常存安静、安定之心,安全生产铭记在心,沉着冷静应对安全生产工作,消除安全隐患,筑牢安全防线;尽职尽责担负起"云电东送"重要责任,维护"西电东送"大通道的安全。

"心"字是文化主题的保障:曲靖人从"心"出发,以谦恭敬畏之心对待安全,以周密细致之心管控风险,以严实精细之心践行履职,以平安互助之心培育文化。将安全铭记于心,时刻保持警惕,不敷衍、不抱侥幸心理,坚守安全承诺,勠力同心、用心坚守。

"护安"是文化主题的价值:体现曲靖人开拓进取,科学管理,从文化、制度、风控、创新等角度全面推进安全生产精细化、现代化、流程化管控,着力打造具有曲靖局特色的安全管理模式,建立安全行为文化,守护和保障人身、电网、设备安全,推动曲靖局建成本质安全型企业。

三、"靖心护安"安全文化的特色做法

曲靖局在安全文化建设中有所作为、有所提升、有所突破,不断完善、丰富"靖心护安"安全文化理念体系,以安全文化"软实力"助推安全生产"硬水平"稳步发展。曲靖局在安全文化上的特色做法主要包括以下四个方面。

(一)"靖心护安"安全文化全方位落实

曲靖局多措并举推进"靖心护安"安全文化落地生根,通过践行南方电网"知行"执行力文化,以"生命至上、安全第一、自主强基、分享互助"为指导思想,以"完善基础服务人、改善环境影响人、提升意识引领人、培育习惯塑造人"四个维度为抓手,以科技创新和管理创新拓展安全管理思维模式,持续推进安风体系建设守牢安全生产底线,注重员工安全意识培养。全面植入"互检用心、互纠诚心、互通安心、互帮热心、互助真心"文化载体,从精神层、物态层、制度层、行为层,全面推进"靖心护安"安全文化建设,使曲靖局在安全文化建设上做到了内化于心、固化于制、外化于形、实化于行。

(二)领导干部和管理人员以身作则

曲靖局全面推行"有感领导,带头示范",领导干部和管理人员通过安全生产事务参与、安全经验分享、基层现场监督指导、员工关怀等多种形式,明确各级安全生产目标任务,系统完善和优化了各环节安全管理流程,引领全局系统建设各项安全生产作业标准,细化安全生产责任主体,切实履行安全管理责任,在生产现场把好安全生产指挥关和管理关,预先对危险进行识别、分析和控制,真正实现由被动防范、事后处置向强化源头、预防优先转变,做到"心中有数,手中有招",从集中整治检查向制度化、流程化管理转变,由偏重事故控制向全面实行安全动态管控转变,确保安全风险可控、在控、能控。

(三)安全文化宣传形式丰富多样

曲靖局全局范围推广"靖心护安"特色安全文化内涵,通过安全生产月活动、未遂事件主动分享活动、电子展厅、文化长廊、展示安全漫画、悬挂安全标语、制作安全理念牌板等多种安全宣传教育形式,多角度、全方位、有计划、有重点地对全员进行安全知识、安全法规和遵章守纪等安全文化知识的渗透和阐释,使员工从更深层次理解各自岗位安全的内涵,同时以身边不安全事实、血的教训为反面教材,深刻剖析每一起事故的原因,使员工深切感受不安全带来的惨痛代价,让基层员工真正参与到曲靖局安全文化建设之中,自发讲警示、传经验、话安全,有效凝聚"安全是我最大的责任"的共识,对风险永存敬畏之心。

(四)安全文化建设彰显人文关怀

曲靖局成立安全文化建设工作小组,研究部署安全文化的重心和发展方向。在全局营造尊重人、理解人、关心人、爱护人的良好氛围,针对员工心理易波动的时间、事件,及时帮助员工解决问题,平静情绪,调整心理,让其集中精力做好工作,营造一种良好的安全人文氛围和互帮互助的人际关系,提升全员安全文化素养;围绕"安全在我,一次做对"的行为理念,梳理安全行为习惯分享库,将作业风险库、安全经验分享、安全应知应会教育等内容进行有机整合,为现场人员如何开展安全作业提供直观的说明,努力改变员工的习惯性思维、习惯性行为、习惯性做法;围绕作业人员安全心理开展评估和管理,制定具有科学性、针对性、实效性的心理干预和管理介入制度,时刻把握安全生产人员心理脉搏,运用场景式保命教育,培育习惯塑造人,逐步养成工作行为安全习惯和思想状态安全习惯。

四、"靖心护安"安全文化建设取得的成效

多年来的安全文化建设实践,使曲靖局逐步形成了以理念先行、制度支撑、行为导向、本质安全为主要内涵的安全文化建设模式,取得了一系列显著的成效。

（一）和谐的安全文化氛围在全局形成

曲靖局持续深化安全文化建设，与时俱进地推进南网文化理念，"知行"文化品牌在全局深植转换，推进"五互五心"业务载体有效落地。通过打造班组文化阵地，利用宣传栏、公告栏、刊物、网络、宣传横幅、现场标识警示牌等文化传播方式，大力宣贯安全文化理念，为员工工作创造一个良好的工作氛围；通过搭建特定的安全文化场景，持续营造浓厚的安全文化氛围，员工在潜移默化过程中获得足够的安全感，进而其归属感、成就感、幸福感和自我提升、自我实现的愿望均有了很大的提升。

（二）员工安全意识提升与转化齐驱并进

曲靖局将"靖心护安"特色安全文化全方位辐射各班站所，加快推动强制型安全行为向自觉型安全行为转变。通过开展座谈会，合理化建议收集，科技创新项目、班组安全日活动、安全分析会等，使得员工的安全态度和安全观念发生了质的改变，完成从"要我安全"到"我要安全、我会安全、我能安全"的意识转变，员工的安全意识、风险意识、责任意识、担当意识进一步得到提高，实现安全理念内化于心、外化于行，真正做到知行合一。

（三）安全风险与安全事故得到有效遏制

曲靖局开展安全文化建设以来，员工安全行为指数大幅度提升，员工风险管控能力和效率有效提升，人因风险得到有效控制，安全目标指标大幅提升。自2016年起，曲靖局安全生产整体呈现持续平稳态势，连续5年未发生3级以上有人为责任的事件；2017—2021年牛从直流连续五年"零闭锁"；220千伏及以上继电保护正确动作率、故障快速切除率、安自装置正确动作率连续四年达到100%。多年以来，曲靖局的事故率一直保持为零，安全管控效果显著。

五、结语

曲靖局的"靖心护安"特色安全文化是"知行"文化品牌落地的实践产物，并且在实践过程中不断深化发展。构建形成先进的安全文化，是建设本质安全型电网企业的必由之路。接下来，曲靖局将继续发挥文化引领和深层推动力，开创"安全文化理念与安全管理深度融合、理念引导与行为干预齐头并进"的新局面，不断向本质安全型企业迈进。

参考文献

[1]黄坚.新时期电力企业开展安全文化建设的实践探索[J].企业改革与管理,2021(20):199-200.

[2]李浩良.以安全文化建设打造本质安全企业[J].国家电网,2019(08):52-53.

[3]曾鸿钧,陈沐垚.迈向本质安全——全国电力行业安全文化建设调查[J].当代电力文化,2020(06):17-21.

浅析电力企业安全文化建设

青海黄河上游水电开发有限责任公司公伯峡发电分公司　贺晓强　尉鹏举　孙六五

摘　要：安全文化是公伯峡发电分公司生产活动中创造的安全管理文化、安全行为文化、安全物态文化、安全精神文化的结晶，是企业核心凝聚力的集中体现。

关键词：管理文化；行为文化；物态文化；精神文化

一、积极推进安全管理文化建设

（一）以制度建设为抓手，搭建安全文化建设的基础

每年年初，分公司成立制度修编工作小组，重点关注修订《全员安全生产责任制管理办法》《安全生产工作规定》《安全生产监督规定》《安全生产奖惩规定》等与安全文化紧密相关的管理标准。根据国家法律法规、行业标准、上级单位标准、分公司设备技术更新及生产环境变化，及时修订完善管理标准，建立符合生产实际，能管控安全生产风险、隐患的管理标准。安全管理的技术标准、管理标准、工作标准是否健全，对分公司安全文化建设至关重要。借助标准的强制约束作用规范作业行为、作业流程、标准化作业，为电力企业安全生产、规范操作和风险管控提供全面有效的制度保证，从而在一定程度上形成电力企业以制度建设为基础的安全文化。

（二）广泛宣贯、培育安全制度文化

周安全活动、周安全生产例会、月安全生产分析会、月安全监督网会、季度安委会、安全生产月、质量安全月、各种专题会等，会前分享学习安全管理制度；在分公司办公自动系统发布管理制度；在分公司移动办公平台分享制度文化，重视制度文化的宣贯培训，新修订的制度、规程组织全体作业人员进行培训和交流，组织全员参与制度答题活动，观看制度宣贯短视频，以简单、明了、直观、视觉冲击强的方式宣贯安全管理文化，要让作业人员对规程、标准有全面的了解与掌握，遵循安全管理制度进行标准化作业；要用安健环体系5W2H的方法思考、管束人的作业行为，要让安全制度文化人人皆知、人人熟悉，要让制度文化转换为每个员工的自觉安全工作行为，杜绝习惯性违章。

等同化管理长期承包商安全教育培训。纵观近年的电力生产安全事故，大多发生在外包项目上，外包作业人员安全意识淡薄、人员素质参差不齐，承包商安全管理宽、松、乱，未建立有效的安全制度文化，或将制度束之高阁，不严格执行安全制度。针对此类情况，分公司组织长期承包商开展专题管理制度培训。每周下发安全制度必学、选学资料，派人验证学习效果，制度宣贯做到不漏掉任何一个人员、不漏掉任何一个项目、不漏掉任何一个承包商，达到人人懂安全、会安全，熟练运用安全制度、安全技能的程度。

（三）开展安全制度文化监督检查

安全管理信息化系统开展矩阵检查，检查作业任务执行情况、是否按安全制度开展了工作，是否辨识了作业风险，对风险是否分级管控，制定针对性防控措施。作业中的制度文化，重点监督工作票、操作票的填写、执行、完成效果。每月针对"两票"开展班组自查、部门审核、分公司监督的管理程序，发现"两票"执行中的问题，及时预防纠正，达到人人规范作业、标准作业，作业完成零差错。

（四）开展安健环体系和"三标一体"建设

每年制订发布安健环体系和"三标一体"提升计划、运行手册和要素负责人分工表，明确工作要求，责任到人，定期督促工作开展。修订、发布分公司管理标准，规范策划环节工作要求。更新和发布风险基准风险数据库。安全生产管理工作由事后纠正向事前预防转变，以风险管控为重点，强化安全生产管理工作。2021年，在内部评审和第二方评审的基础上，顺利通过集团公司"三钻一星"评审。每年开展质量、环境、职业健康安全"三标一体"监

督评审,评审专家组一致同意保持资质认证。

二、全面推进安全行为文化建设

（一）开展安全行为文化宣贯

分公司制定安全行为文化管理办法,组织全员学习安全行为文化。周安全活动材料封面,首先印发"任何风险都可以控制、任何违章都可以预防、任何事故都可以避免"的安全生产理念和"以人为本、风险预控、系统管理、绿色发展"的安全生产方针,让安全行为文化入脑、入心。

（二）建立班组安全行为团队

建立班组安全行为团队,记录作业中的不安全行为和后果,分析产生不安全行为的内部因素、外部因素及正确的行为方式,建立正确的行为模型,制定班组安全行为 PACT 协议,明确团队的风险行为、安全行为、关心行为,形成团队集体的安全理念、价值观和共同目标,促进形成本质型安全文化。团队每个成员应自觉遵守 PACT 协议,签订 PACT 协议承诺书。轮流组织开展行为观察,纠正和干预作业人员行为,确保作业安全可靠。

（三）推进班组安全文化建设,推行班组"自主管理"模式

每年编制印发班组安全文化建设工作方案,明确班组安全文化建设标准;建立班组安全管理清单,推行安全管理由监督管理向"自主管理"模式转变;由"要我安全"向"我要安全、我会安全"的自主管理转变。每季度开展班组安全建设评价,评价班组安全建设及"自主管理"效果,通过奖惩促进班组安全管理工作进一步规范和提高;每年评选安全示范班组和质量管理标杆班组,鼓励班组成员自觉践行安全行为,共同提升班组安全管理水平。

班组作为安全文化建设的基础单元,抓安全文化建设,就要抓基础,重视班组安全文化建设。班组设立安全文化园地,宣传安全文化,表彰班员安全行为,只有班组每个成员都用安全文化约束自己的工作行为,规范标准作业,唯有如此,安全文化建设才会落地生根。

（四）建立三级安全监督网络和三个责任体系

建立保障、支持、监督三个责任体系,职责清晰,分工明确,高效协同管理生产安全。建立班组、部门、分公司三级安全监督网络,制定各级人员职责清单,明确定期监督内容和标准;月度安全监督网会由各三级安全监督网络人员通报本月安全监督情况,充分发挥三级安全监督网络职能,促进分公司安全监督工作再上新水平。

建立群安全员安全监督。工会组织评选出安全意识强、工作能力强、责任意识强的非专职安全监督人员作为分公司群安全员,明确群安全员的监督职责、管理要求。群安全员是对三级安全监督网络的有效补充,让安全管理多一双眼睛,多一人尽心尽责,使安全文化贯彻得更充分。

（五）监督安全行为文化有效开展

每月全员对照岗位职责到位标准,在安全管理信息化系统填写员工 HSE 工具（即 Health Safety Environmental）自我评估,对自己履职情况回顾检查,不断提高自身的安全行为。每月全员填写岗位隐患排查,辨识本岗位的风险行为,对风险行为及时纠正,进行教育培训,不断优化改进安全行为。

（六）促进安全行为文化落地生根

每天班组班前会,首先,宣贯以"四不伤害"不伤害自己、不伤害他人、保护自己不受伤害、保护他人不被伤害,为主的安全行为文化激发员工安全意识,引导员工进入正常安全状态;总结前一天工作中的不安全行为,使不文明、不安全、不规范的作业行为及时曝光,达到教育他人、制止违章的目的。

每个作业任务开展团队式工前会,引导员工发扬团队精神,辨识作业中的人员、设备、环境、管理、材料、方法存在的安全风险,针对作业风险类别,制定具体控制措施,采用正确的安全行为;自查与互查个人劳动防护用品佩戴及精神状态,主动关注作业风险并加以控制,让安全行为文化从起始就融入工作任务。

三、关注安全物态文化建设

（一）稳步推进目视化管理

分公司制定目视化管理办法,结合目视化管理要求,对生产区域设备、环境、场所、道路、安全防护围栏、井盖、吊物孔等,按照"禁止、警告、指令、指示"四类标志,完善现场的标识标牌、定置划线。目视化管理把文件化、会议式、指挥式的管理变得简单透明、一目了然,使安全管理更容易理解、更容易被员工接受;使潜在安全问题显露化,让一些被忽视的小问题引起重视。

（二）推行现场处置卡管理

针对设备、环境可能发生的意外事件,制定简

明、易懂、实用的应急处置卡。粘贴在设备醒目位置，明确突发事件应急处置程序、应对措施及安全注意事项。平时增强员工安全隐患意识、应急培训和应急处置能力，处置突发事件才能规范、高效执行，防止事故扩大，减少人员伤害及财产损失，伴随设备技改，作业环境变化优化现场处置卡。

（三）生产、生活区域设置安全展板

在生产、生活区域醒目位置以及人员经常通行的、工作的场所，设置安全宣传展板，展示安全警示语、宣传安全小知识，让安全物态文化简明、直观，警醒告知员工，时刻增加安全意识，让安全物态文化渗透于无形之中。

（四）运用新技术加快安全物态文化建设

紧密结合互联网、物联网及AI视觉识别技术的创新优势，发展安全物态文化建设。一要加大安全费用投入，坚持科技兴安，解决安全技术难题，加强现场管理，改善工作环境和条件，建立科学的预警和救援体系，努力追求人、机、环、管理和谐统一，实现系统无缺陷、管理无漏洞、设备无障碍、环境友好；二要运用智能工具柜、智能机器人、智能钥匙柜、智能穿戴、人员定位、智能门禁等智能管控系统。以规范检修、维护、操作、巡检为业务管理主线，以人员行为、设备状态、安全措施执行管控为重点，将安健环体系融入安全管控系统，实现电站安全生产的集约化、本质安全、智能化管理。

四、积极推进安全精神文化建设

安全精神文化是被每名员工、各个部门所认可的安全态度、责任及行动方式；是被分公司全员自觉接受、认同并共同遵守的安全价值观。安全精神文化是安全文化的核心和精髓。引导全员尊重安全文化，学习安全文化，传播安全文化，争做安全文明人。

参考文献

[1]邓霞. 关于电力行业企业文化建设的探讨[J]. 重庆电力高等专科学校学报,2010,15(02):45-47.

[2]崔政斌,周礼庆. 企业安全文化建设[M].北京:化学工业出版社,2014.

贯理念 健体系 抓重点
——浅谈五强溪电厂安全文化建设

五凌电力有限公司五强溪电厂　谌　林　欧阳人佳

摘　要：加强企业安全文化建设，提高管理干部和职工安全素质是企业事故预防的重要基础工程，是企业文化建设和领导力建设的重要组成部分和首要任务。培育安全生产文化，把企业管理者及员工所期望的管理理念融入企业的安全生产活动中，最终能够充分体现出来，并使其成为安全管理的引领，将安全管理的重心转移到提高人的安全文化素质到以预防为主的方针上来，并提高员工队伍素质，树立员工新风尚、企业的新形象，增强企业的核心竞争力，促进企业"打造水电专业化管理标杆，建设一流清洁能源智慧企业"愿景目标的有效达成。

关键词：安全文化；安全理念；安全预控

一、引言

安全是社会发展和经济建设的永恒主题，也是企业生存和发展的必要条件。搞好安全管理、保障安全生产是企业赖以生存的手段和获取更大经济效益的途径。而安全文化建设则是提高员工安全意识和安全素质的重要手段。安全文化是人类在社会发展过程中维护安全而创造的各种物质产品和安全素质的总和；是人类在生产活动中所创造的安全生产、安全活动的精神、观念、行为与物态的总和；是安全价值观和安全行为准则的总和；是保护人的身心健康、尊重人的生命、尊重自然、与自然和谐相处、促进人的全面发展的文化。

多年来，五凌电力有限公司五强溪电厂（以下简称该厂）不断学习、借鉴国内相关行业安全文化建设成果，以大力开展安全文化建设、建立安全生产长效机制为目标，从安全理念的宣贯、管理体系的健全、管理手段的提升等方面着手，充分发挥国家电力投资集团公司安健环集体建设成果，培育了良好的企业安全文化氛围和有效的管理手段，形成了人人讲安全、人人会安全、人人促安全的良好工作局面和长治久安的安全生产工作机制。

二、加强安全文化建设的措施

（一）坚持一个理念：任何事故都可以避免、任何违章都可以预防、任何风险都可以控制

理念是基础，是文化的核心。该厂通过以下方式实施：一是充分利用安全日活动、班前会、班后会、工前会、安全例会等形式，宣传贯彻"任何事故都可以避免、任何违章都可以预防、任何风险都可以控制"的安全理念，学习上级文件精神，结合实际开展自查并布置落实管理措施，形成了从上级要求到现场措施的落地，提升了安全管理的渗透力；二是通过"警示漫画、安全警示标语、典型案例讲座、安全警示视频、沉浸式安全体验教育"等形式开展警示教育，引导员工引以为戒，举一反三，提高了防范事故的意识和能力；三是通过定期发布安全工作通报，曝光现场存在的问题，提出考核意见，形成监督曝光与员工绩效相结合的考评方式，形成人人讲安全的良好局面，实现从安全理念到管理现场的真正落地。

（二）健全两大体系：组织体系和制度体系

强有力的组织体系和制度体系是安全生产的基本保障。该厂通过以下方式实施：一是将落实全员岗位责任制作为强化安全管理的基础，持续细化岗位责任制，健全保证、监督、支持三大体系，明晰各级人员的责、权、利，厘清管理界面，做到安全生产责任明确，保障有力；二是每月对各级负责人的安全生产尽职情况进行考评，促使各级管理人员履职到位，保障了安全生产责任监督有效；三是坚持每月召开一次由厂领导主持的安全月度例会，对安全管理工作的计划、执行、落实和反馈情况

及现场存在的问题进行通报和总结分析，提出整改意见，部署下一阶段工作，形成闭环管理；四是每年定期组织开展制度体系评估和修订，开展风险数据库的更新和完善，有计划地组织应急预案的演练和作业指导书的更新，结合设备更新改造及时修订规程规范等手段，从管理制度体系方面为安全生产提供有效保障。

（三）抓住三个重点：队伍建设是基础、从严管理是手段、安全预控是重点

1. 队伍建设是基础

（1）队伍建设，风气为先。该厂首先以国家电力投资集团公司"和"安全文化为引领，贯彻"高、严、细、实"的企业精神，强化干部员工绩效考核，奖优罚劣，培育员工积极向上心态，激励员工形成比学赶超的良好工作氛围。其次，大力弘扬"以奋斗者为本"精神，教育员工树立"庆幸、感恩"的阳光心态，引导员工艰苦奋斗、爱岗敬业、奉献企业。最后，倡导积极健康的生活方式，定期组织工会活动，释放员工工作压力，熔炼团队精神，营造出比学赶超、勇于担当、团结奋进的良好氛围，熔炼了一支风清气正、干事创业的员工队伍。

（2）抓实培训，提升素质。该厂首先按照岗位应知应会培训，把员工培训与素质测评、岗位任职、年度考评紧密结合，引导员工健康成长。其次，紧密结合实际开展"安规考试""安全知识竞赛""技能比武""劳动竞赛"等活动，通过考试、竞赛手段提升员工安全技能和业务素质。再次，开展以专业技能调考专项培训和以大专业融合为方向的培养方式，打造一专多能的员工队伍。最后，以基于岗位胜任力模型为基础的员工能力评价体系，拓宽员工成长成才道路，培育提升员工队伍的专业化和职业化水平。

2. 从严管理是手段

（1）从严管理不放松。从抓基层、基础、基本功开始，厂领导、管理人员全面下沉，参与班组、作业面安全工作，确保安全制度要求落地。全面推行"安全作业四步法"，明确作业必须严格执行"作业指导书""JHA""工作票与操作票""团队式站班会"四个步骤。管理人员分班组全覆盖参加作业面的"站班会"，督促执行"安全作业四步法"实施和每天开工前的"三交四查"工作，强化落实了安全管理"严"要求，员工的风险意识和防控水平大幅提高。

（2）用好工具提效率。持续扎实推动安健环体系建设与运用，充分利用目视化管理和预警指标卡等HSE管理工具，强化现场安全管理，定期通报现场安全文明存在的问题并结合信息化手段发布改进措施及要求，形成持续改进、不断提升的工作模式，很好地落实安健环体系持续改进和闭环管理理念，提高了安全风险防控能力和现场安全管理水平。

3. 安全预控是重点

安全预控的重点是做好风险的分析辨识与防控。

（1）把风险"可视化"。根据作业任务风险等级，采用红、黄、白三色工作票，实现双票可视化；根据区域风险等级，布置厂区安全风险空间分布图，实现区域风险可视化；对发电设备开停机各节点按风险程度，以红、橙、黄、蓝分别区分，实现机组稳定运行风险可视化。

（2）把隐患排查常态化。编制涵盖电厂50个岗位、8个外协、4个通用岗位的《五强溪电厂岗位生产安全事故隐患排查清单》，着力解决了隐患"谁来查、查什么、何时查、怎么查"的问题。建立了完善的排查、整改、监督考核的"三位一体"闭环管理体系。

（3）开展全员安全观察。将预警指标卡、安全/行为观察卡、任务观察卡等HSE管理工具融入班组日常管理，建立未遂事件报送制度，实行班组成员轮流策划主持安全日活动及案例分享制度等，形成安全管理人人有责、全员参与的良好局面。

（4）进一步完善了作业指导书和"两票三制"管理。在工作许可的各环节，在风险的辨识与措施的落地方面形成了表单化和制度化，提升了作业安全把控的整体水平。

（5）做好设备巡视排查。严格执行设备巡视制度，对主设备、危险区域、重要部位，做到每班有巡视、每日有督查、每周有分析、每月有诊断；同时认真开展每月一个主题隐患排查工作，做到点面结合，突出重点，把控关键，确保设备安全可控。

（6）推行交通安全风险可视化管理。把驾驶员、车辆、道路、危险源状况以展板方式直观地呈现，使负责交通安全的管理人员、驾驶员能准确掌握信息，采取措施，确保交通安全。

（7）认真开展职业健康管理。一是在生产现场安装噪声测试仪，实时显示现场噪声情况，并在现场

配置充足的防噪声耳帽、耳塞和工业电话厅，提高防护水平；二是定期对厂房和生活区的水进行水质化验分析，确保工作和生活用水健康；三是加强高危作业、有毒害环境作业的控制和预防措施的落实，定期对员工进行健康检查，关注员工身心健康，防止职业病发生；四是定期举办职业健康、疾病预防、健康生活、居家安全等系列讲座，"平安健康"和"我要安全"深入人心。

（四）总结四点经验：管理制度化、设施标准化、行为规范化、手段信息化

1. 管理制度化

安全文化的建设必须建立完善的制度体系，做到凡事有章可循，凡事有人负责，凡事有人监督，凡事有奖惩，强化制度的刚性，才能形成管理的有效性，安全文化建设才有基础。因此一是要积极完善安全生产制度。按照国家有关规程、规定，建立切合企业情况的管理制度体系，为安全管理提供有效支撑。二是要健全组织体系，规范各级人员履职，才能做到安全生产保障有力。三是按照复杂的事情简单化、简单的事情流程化、流程的事情表单化的思路，使各项工作得以标准细化、流程简化、表单固化，培育员工按程序办事的良好习惯，真正实现向自主、团队管理迈进。

2. 设施标准化

设施、设备是安全生产的基础硬件。只有做到设备标志完整准确，安全警示齐全醒目，安全通道畅通无阻，才能控制人的不安全行为、设备的不安全状态、环境的不安全因素，安全文明才有保障。因此该厂一是健全现场安全标识系统，形成醒目的现场安全文化标识。二是设备设施定置管理，定置管理才能提高效率。三是作业环境标准化，作业现场的标准化，可以有效解决作业过程中的人身安全防护问题，为员工提供了有效保护。四是安全工器具管理要标准化，规范安全工器具管理，可大幅提升效率。

3. 行为规范化

员工安全行为的规范化是保障安全的关键。一是要规范人身安全防护行为，从员工的劳动保护、基础设施的安全防护、生产作业风险控制三个方面明确防护标准，提高员工人身安全防护水平。二是要规范运行操作行为，避免误操作。三是要规范检修行为，保障检修质量。四是要规范巡检行为，及时发现设备隐患和缺陷，确保设备稳定。五是要规范车辆驾驶行为，加强特种作业车辆驾驶人员的准入管理和电厂交通车辆的驾驶行为安全管控，确保交通安全长期稳定。

4. 手段信息化

安全科技信息化是提升安全文化建设效率的重要手段，只有将安全生产信息透明共享，才能简化工作程序，提高工作效率。该厂通过以下方式实施：一是开发应用"安全监管"平台，集成"安全培训与考试""岗位安全隐患排查""反违章管理""承包商管理"等多项管理工具，减少了传统烦琐的统计工作；二是通过ERP管理信息系统规范了"两票"的操作流程，杜绝了随意性，提升了"两票"管理效率；三是应用安防机器人助力作业风险管控；四是开发人员定位系统强化人员区域意识；五是应用语音提示器强化人员安全意识；六是承包商人员动态二维码信息管理实现对承包商的动态管控。

三、结语

为使安全文化落地生根，使安全文化融入每位员工的意识中并成为自觉行动，该厂积极动员各个部门，采用多种形式来促进文化与管理的有效融合，既有强有力的思想政治工作来引导，又有行政处罚手段做辅导，并通过采取简单通俗易懂的形式和手段，潜移默化地强化员工的安全意识。因该厂有优秀的安全文化做保证，持续保持了长周期安全纪录，安全纪录现居全国大型水电厂首位。

"全员参与　精研慎行"安全文化体系建设

——在广东惠州天然气发电有限公司的实践

广东惠州天然气发电有限公司　宁　波　唐嘉宏　李　俊　袁文康　谢　吉

摘　要：在安全管理理论指导下，打造"安全管理平台"，通过平台促进"安全管理技术"与"安全管理责任"有机结合与融合，创造安全管理绩效。"安全管理平台"整合资源，关联"两心"（技术重心，人才核心），建立安全管理保障机制；"安全管理技术"保障设备安全稳定和可靠运行，立起安全文化的"轴心"；"安全管理责任"把责任融入安全生产和经营管理活动中，激发员工履职尽责，建立和实践"全员参与　精研慎行"安全文化体系。

关键词：全员参与；精研慎行；安全文化

广东惠州天然气发电有限公司（以下简称惠电公司）成立于 2004 年 6 月，公司目前总装机容量达 255 万千瓦，年发电能力 145.5 亿千瓦时，年供热能力 480 万吨，是我国大陆地区装机容量最大的天然气发电公司，是广东省重点电源点。本文主要对惠电公司"全员参与　精研慎行"安全文化体系建设与实践进行论述。

一、安全文化基本内涵

安全文化是企业在长期生产、经营和管理过程中形成的，适用于企业稳定生产和持续经营管理需要，且员工队伍普遍接受和认同的安全理念、管理方法和行为习惯，是企业文化的重要组成部分。

"全员参与　精研慎行"安全文化体系的内涵为安全关乎员工切身利益，企业对安全的重视是对员工的福利，员工积极参与安全工作中，精研专业、重视技术和经验积累、谨慎行事，确保"我能安全"。惠电公司通过"建平台""抓技术""强责任"落实企业安全文化。首先，推动"全员参与"安全文化建设，促进安全生产和经营管理活动稳步发展。其次，"精研慎行"主导潜心钻研技术、细心操作，保障设备安全稳定和可靠运行，技术是支撑安全文化的轴心。最后，利用"安全管理平台"关联人员与技术，弘扬"员工拥抱技术成就自我，技术通过人才彰显价值"理念，建设和实施"全员参与　精研慎行"安全文化体系（图 1）。

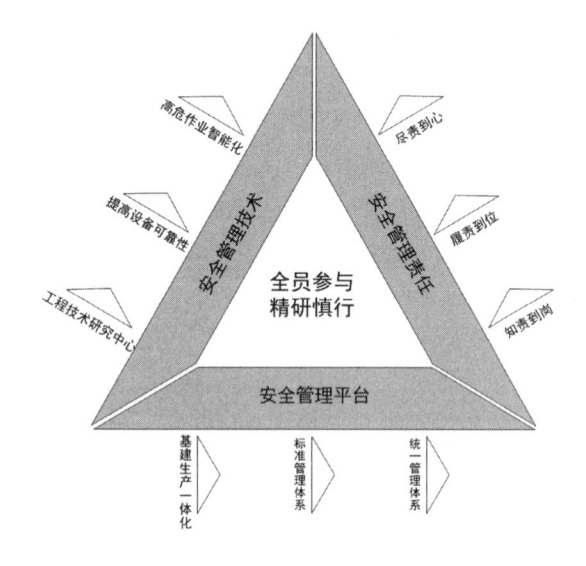

图 1　"全员参与　精研慎行"安全文化体系构建模型

二、安全文化指导理论

由于对安全文化及安全管理理论研究较少，企业安全文化建设缺乏充足的理论依据，导致很多企业开展安全文化建设工作的盲目性较强。惠电公司总结企业多年安全管理实际，研究开发"321"安全理论体系，指导"全员参与　精研慎行"安全文化体系建设和实践。

3 项安全管理原理：少数原理——安全事故取决于少数"三违"人物、薄弱人物、操作技能不熟等事故苗子；闭环原理——安全管理闭合程度由管理最薄弱环节决定；蚁穴原理——严重的"三违"、隐患是毁坏安全大堤的蚁穴。

2个安全管理效应：伤疤效应——汲取事故教训，"好了伤疤不忘疼"；漏斗效应——安全教育犹如漏斗，需要持续不断注入安全意识。

1条安全管理法则：危机法则——居安思危，危机意识，警钟长鸣，是长周期安全生产的法宝。

三、安全文化实施策略

安全文化体系建设因企业历程、目标和需求不同而迥异，企业多选择人本策略、理论与实际相结合策略、安全文化量化激励策略、安全人才养成策略、事故致因模型管理策略和隐患排查整改策略等，均取得一定成效。

借鉴同类企业管理最佳实践，惠电公司结合企业实际，采取三大策略，建设和实践"全员参与 精研慎行"安全文化体系。一是平台策略，以安全管理平台为载体，推动安全文化体系建设。安全管理平台是以"管理制度化、制度标准化、操作流程化、管控合规化"为宗旨，规范安全生产、经营活动和员工行为，实现安全生产动态管理、偏差控制和持续改进。安全管理平台有其自身作用，同时也为激发技术潜力、焕发员工责任构建管控机制。二是技术核心策略，技术是确保设备安全可靠生产的前提，安全管理平台为研发、运用技术创造经营和安全绩效构建了管理机制，促进技术开发、科技攻关不断进步，保障企业安全稳定生产，成为企业安全文化体系建设的轴心。三是责任中心策略，围绕落实安全责任核心，构建"知责到岗、履责到位、尽责到心"出发—进步—再出发—再进步职责管理循环机制，构筑企业安全文化体系。

四、安全文化体系建设和实施

（一）安全文化源于人本需求

想要员工认同安全文化，人文关怀十分重要，让员工切实感受到企业的温暖，感受到自己的价值，感受到参与企业安全管理的重要性与迫切性，才能设身处地为企业安全健康可持续发展考虑，才有动力提升安全管理能力和技术水平，才可营造人人学安全、人人比安全的文化氛围。

建厂初期，惠电公司为企业与员工勾勒共同发展蓝图，员工在实现企业目标的同时实现人生目标，激发"全员参与"，促进安全文化落地，建设了基建生产一体化管理体系，把安全、健康、环保、品质意识厚植员工思想深处，将风险预防控制和风险动态管理理念融入员工日常工作和生活细节，有力推动安全生产管理观念根本性转变，创造了国内建设期通过"三标"认证的电力企业先例，并在基建期获得NOSA管理体系四星评定，投产后连年保持五星评定业绩，步入全世界工程建设有效实践NOSA安健环管理体系最佳企业之列，培育和形成企业安全文化雏形。

（二）安全文化融入运营过程

安全文化和企业运营是不可分割的一体两面，安全文化深化细化管理应从人、机、料、法、环的角度入手，推进安全生产科学管理，为人员创造舒适和安全的工作环境，正确处理"安全"和"效率"之间的关系，遵守《中华人民共和国安全生产法》《中华人民共和国环境保护法》《安全生产规程》，推进企业安全、依法生产、保护环境、践行社会责任。

进入运营期，惠电公司将安全管理要素全面渗透和细化到企业标准体系中，将安全文化全面融入生产、经营和管理活动环节，构建了一套适用、实用、可用的安全生产和经营管理标准体系，促进企业标准化、规范化、合规化安全管理理念形成，催生员工"安全管理问法规、经营活动问标准、日常工作问流程"良好行为习惯的养成，明晰了安全文化全面融入企业生产、经营和管理活动的现实，推动安全文化体系建设进入实效阶段。2012年，创造全国发电企业首例AAAA级"标准化良好行为企业"佳绩；2020年，获评全国AAAAA级"标准化良好行为企业"，企业安全文化得到很大发展。

（三）安全文化促进企业发展

安全文化是党政工团齐抓共管的"大安全""大文化"，强化安全文化培育，提高员工安全素质，推动安全生产从人治向法治转变，从员工行为上的"不重视"向"安全第一"转变，从以控制伤亡事故为主向全面做好职业安全健康工作转变，从基础管理向文化建设转变，形成企业安全发展、和谐发展的良好局面。

惠电公司依托标准体系，融合"三标"、能源、NOSA安健环、安全标准化、信息安全、风险内控、合规管理和社会责任等管理体系，形成同时满足内、外需要的简约统一管理体系，领航发电企业简单化管理，升华了安全文化管理体系，为同类企业提供可资借鉴的最佳实践，企业100多项管理标准在集团内部推广应用，全面推动企业安全管理，激发企业安全文化体系实效，促进企业安全文化得到提升。

（四）安全文化依托技术支撑

设备可靠性是安全稳定生产的前提，先进的科学技术构成企业核心竞争力，加强新技术、新材料、新设备的投入与管理，将检修、运行、人员安全行为等利用物联网、大数据融合起来，实时监测，管控风险，使高科技服务于安全生产。安全管理平台为技术研发和运用构建了机制，促进企业技术开发、科技攻关持续进步，确立技术保障安全稳定生产的地位，是安全文化的引擎。

1. 突破技术壁垒，实现自主化

惠电公司成立工程技术研究中心，打破垄断，突破了燃机燃烧调整技术壁垒并实现自主化，实现燃机检修TA自主化；第一次全程取代三菱JV公司TA（技术代表），自主完成燃机修后组装工作，迈出燃机检修国产化步伐；国内首创燃机压气机长时间无须水洗维持高效等10多项行业领先技术。近三年，公司共实施22个科研项目、产学研合作5项，获得科技成果奖26项、管理创新成果15项、48项知识产权授权、发表论文17篇。斐然的技术成果，使安全文化的底蕴更深。

2. 提高设备可靠性，加强设备运行管理

定期统计机组连续运行、备用时间，结合机组缺陷，全面分析机组健康水平，提出机组计划运行、备用建议，结合设备运行暴露的问题，对设备缺陷进行统计、归类，定期评估设备健康状况和运行情况，合理安排设备检修和技改项目，编制科学合理的检修计划，全面测算设备等效可用系数、检修率等相关指标，按机组和月度层层分解可靠性控制指标，制定指标详细管控措施，通过指标实际完成值和计划值对比与动态管控，实现可靠性指标闭环管控，提升设备可靠性，确保机组安全稳定运行，铸实安全文化体系建设基础。

3. 开发高危作业智能化管理技术

通过"纵向履责——五级责任落实控制""横向监督——安全管理人员督导"，层层分解高危作业风险，人人承担风险管理责任，事事关注安全关键节点，建设高危作业信息系统，无线移动现场监控与安全管理人员现场监督结合，实现对高危作业现场安全"线上远程监控＋线下现场监管"智能化管理。利用信息平台构建"安健环整改单"，实时发送隐患整改信息，即时反馈整改进度和完成情况，全过程跟踪整改，降低员工及承包商高危作业违章事件发生，提升安健环管控力度。通过高危作业节点关键信息数据统计处理与发布，全面防范和管控高危作业和重点区域安全风险。强化安全风险管理，补齐安全文化体系建设短板。

（五）安全文化强化安全责任

安全文化应内化于心、外化于行、固化为规，将安全文化转化为员工内在需求，培育"想安全、会安全、能安全"本质安全人。由于电力生产安全危害风险大小取决于电力设施设备的类型、用途、使用方法，以及人员学识、技能和工作态度，因此，安全生产事故绝大部分是人员责任所致。

围绕强化安全责任核心，惠电公司策划"知责到岗、履责到位、尽责到心"出发—进步—再出发—再进步循环机制，将安全责任担当转化为全员"真干事、能干事、干成事"价值观，厚铸企业安全文化体系。想干事就是知责，知道自己的岗位职责是什么，干哪些事，干到什么程度，在此基础上去工作才是想干事；能干事就是履责，不仅知道如何做好本职岗位工作，还能够真正按照要求完成工作，在此前提下方可说自己"能干事"；干成事就是尽责，将所想、所能落实为工作成果，推动公司达成各项目标指标，这是衡量个人能力和责任心的标尺。

五、安全文化建设主要经验

惠电公司通过安全文化建设和实践，创新了不间断安全培训机制，使安全培训多样化，建设标准作业平台，使安全培训实用化，筑牢安全生产防线；构建网格化安全管理机制，明晰党政工团齐抓共管六条安全监察主线，密织安全管理网格，每项作业项目管理、施工策划、施工管理、作业标准等安全管理内容清晰，确保安全责任制落实；强化班组安全管理，夯实安全文化基础，班组管理推行"三清楚、四要查、五必谈"机制，建立班组"移动安全会议"快速、直接、有效解决问题，"牵手共赢、班组联建"推动承包商班组与公司班组同机制、同标准、同目标管理；通过确认风险关键要素，树立风险防范意识，抓住关键防范风险，预控安全生产风险；打造行业育才基地，建设电力行业仿真培训基地（燃机），构筑燃机技术人才梯队，为本企业和行业培育并输出大量安全生产人才，助力"全员参与　精研慎行"安全文化体系持续运行，推动企业安全、稳定、和谐发展。

创新基层班组安全学习
凝聚"精实之道"安全文化精与实

广东省能源集团有限公司沙角C电厂　李晓琼　吴明民　温锦章　吴小芳　林秋红

关键词： 创新；基层班组；安全学习；凝聚；精实之道；安全文化

一、企业简介

广东省能源集团有限公司沙角C电厂（以下简称沙角C电厂）位于东莞市虎门镇，总装机容量198万千瓦（3台66万千瓦机组），年设计发电能力130亿千瓦时，工程全套发电设备由国外进口，静态投资约16.4亿美元，机组设计达到20世纪90年代初国际先进水平，为全国特大型发电企业之一，是广东省"八五"计划重点能源建设项目。1996年6月，三台机组正式移交商业营运，营运期间，创下了连续安全运行超17年的新纪录，为广东省的经济发展做出了巨大贡献。

二、"精实之道"安全文化理念

（一）"精实之道"释义

"精实之道"是"精于心，实于行"。

精于心，就是精细做事、精心组织、精益求精、注重细节、细化目标、量化考核。

实于行，就是脚踏实地、尊重事实、崇尚实践、注重实绩。

（二）"精实之道"安全文化理念的关键行为准则

（1）安全设施要定时检查，关注细节，做好风险控制。

（2）防范措施前置，建立安全生产的长效机制。

（3）落实安全生产责任制，严格遵守安全操作规程。

（4）强化安全培训工作，提高全员安全意识。

（5）严肃查处违章，杜绝习惯性违章作业。

（三）"精实之道"的凝聚过程

"精实之道"的萌芽阶段（1996—2001年）。这个阶段注重基层班组员工的培训，熟悉设备性能，消除设备隐患，提高员工技术水平。这个时期是"精实之道"的孕育期，主要文化特征是：务实、学习、实干、规范、拼搏，为"精实之道"安全文化奠定基础。

"精实之道"的成型阶段（2002年至今）。这个阶段创新基层班组员工的培训学习，创新安全管理模式，推行标准化管理，设备运行进入稳定状态，安全工作卓有成效，安全意识深入人心，主要文化特征是：安全、精细、创新、团队、和谐、学习。这一时期，"精实之道"安全文化逐渐成型。

三、"精实之道"安全文化开展形式

作为发电企业，沙角C电厂始终视安全为企业最大的效益，是员工最大的福利，从创新基层班组安全学习抓起，培养基层班组员工的安全意识，夯实安全文化理念的基石，让"精实之道"的安全文化理念铭记于心，营造"精实之道"的安全文化氛围。

（一）创新实施背景

作为一个现代化的发电企业，如何保证电厂安全的生产，厂领导班子精准定位，把安全的基石打牢。基层班组在安全第一线，是安全生产的基石，夯实安全基石，需创新班组安全学习。

为防止基层班组安全学习脱离实际、流于形式、不注重实效，基层班组安全学习务必不断强化和创新。

（二）成果创新内涵

1.加强基层班组建设

为加强基层班组的管理，沙角C电厂创新出"五星管理"法，将基层班组管理分为组织建设、班组培训、班组安全工作管理和班组生产过程控制四个部分，细化每个部分的管理要求，在班组间开展评优比赛，评优结果和奖金挂钩，逐步构建了基层班组争先创优的良好氛围。基层班组员工的风险意识及风险控制水平显著提升，为安全生产起到了保驾护航的重要作用。

2. 基层班组安全学习内容

沙角C电厂基层班组安全学习活动内容主要包括：安全法律法规、规程制度、企业标准、安全生产文件、典型事故案例、安全工作情况、安全整改与的落实情况、安全注意事项，以及与本班组专业相关的安全知识。

3. 基层班组安全学习活动开展形式

厂里统一组织的安全学习方式：厂安全生产部制订月度全厂安全学习计划，全厂发布，内容包括"安规"的常规学习和其他需要全厂班组都学习的安全文件、安全知识。

基层班组自行组织的学习方式：本班组工作所涉及的相关安全内容，温故知新，加深理解，保障安全生产。基层班组（含承包商班组）和班组负责人（或安全员）根据内容安排，每周（运行周）定期组织全体班员开展安全学习活动，每次不少于1小时，每次安全活动内容应联系实际，有针对性，做好记录，基层部门领导和安全员每月对班组安全活动情况和记录情况进行检查并签字。

（三）安全学习活动主要创新点

1. 建立网上专题安全学习模块平台

2020年5月，沙角C电厂对全厂安全学习安排模式进行优化，除正常安全月度学习计划之外，每月根据实际情况选取与电厂工作相关度较高的安全文件、通报、事故案例等，建立网上专题安全学习模块平台。要求基层班组的员工进入系统模块学习，学习完成后，须在平台上写学习心得或进行答题合格，才算学习合格，由学习系统自动统计班组的学习情况，作为班组考核的依据。

专题安全学习平台自2020年5月开发投用至今，厂内共安排了17期专题安全学习内容，学习内容涵盖了集团公司各期安全通报、安全生产月专题、消防宣传月专题、沙角C电厂安全生产工作会议报告及安全党课等，学习完成率及学习效果极佳，搭建了良好的安全学习平台，营造了浓厚的安全学习氛围，创新了安全学习形式。

2. 班组安全学习大讨论

2019年开始，我厂定期安排厂领导、部门领导深入各基层班组开展"安全大讨论"活动，共同学习近期发生的安全事故，针对事故做出反事故措施计划，结合本班组实际进行大反思、大讨论的警示教育，改变以往那种"一人念，众人听"的老方法，彰显了安全学习的重要性，加强了基层班组员工的安全意识。

3. 规范学习记录，发布安全学习展报

2020年11月，为规范基层班组上传的安全学习活动记录，制订了规范表格《基层班组安全活动记录表》，要求基层班组规范使用，参加学习的基层班组员工学习完成后必须签名，并作为月度星级考评内容。

每月安全生产部综合基层班组的安全学习活动，编制月度安全学习展报。发布安全学习展报，交流基层班组之间学习情况，互相借鉴，互相学习。

4. 创新承包商安全培训模式

承包商班组人员变动较大，新进员工安全意识较低，部分承包商安健环投入少和人员素质低，为增强承包员工的安全意识，加强承包商的安全管理，沙角C电厂创新了"结对"的安全管理模式，即将承包商员工的安全培训责任和考核责任落到和我厂对接的基层班组。一方面，明确我厂班组与承包商班组"一岗双责"关系，实行"1对1"对接、点对点对口指导，对承包商班组的安全培训、安全检查、班会活动、工作日志等班组日常工作对口指导、对口管理；另一方面，强化基层班组自身建设和基础管理工作，重视基层班组员工安全技能培训，提高基层班组安全生产履职能力。

（四）创新基层班组安全学习取得的效果

通过专题安全学习专栏，将需要基层班组员工掌握的安全知识集中在门户网站，方便学习，学习完成后需要做试题，每个内容都需要考试合格，每个员工和基层班组需要考核，提高了基层班组员工的安全知识水平，提高了安全意识。班组安全学习大讨论活跃了安全学习的氛围。安全学习活动月度评优活动，让安全学习给基层班组员工带来了荣誉和利益，调动了基层班组员工安全学习的积极性。

基层班组是电厂的基石，通过创新的基层班组安全学习，让安全意识潜移默化融入工作中，夯实了安全基石，凝聚成了沙角C电厂的"精实之道"的安全文化。

四、结语

在"精实之道"的安全文化引领下，我厂的安全管理取得了不错的成绩，连续多年未发生重大设备和人身事故、火灾事故，非计划停运次数从建厂初期的平均每周一次逐年下降为每年两次，发供电量屡创历史新高，我厂成为亚洲首家荣获NOSCAR评级的企业，创下了连续安全运行超17年的纪录。

企业安全文化在报废机组拆除工程中的创新实践

广东粤电云河发电有限公司　吴　润　米　辉　林俊航　梁权志　邹水华　曾振任　刘　莲

摘　要：企业安全文化是企业文化的一部分，是企业在诞生、发展过程中形成、提炼并传承下来的具有明显企业特质的安全理念和管理智慧的结晶。企业安全文化与企业发展如影随形，又在实践中不断创新，对企业安全管理影响深远。本文以广东粤电云河发电有限公司1号、2号燃煤发电机组报废资产拆除工程为例，阐述企业安全文化在复杂因素下高风险拆除工程的引领作用，并在工程实践中总结出制度创新成果，从根本上体现"坚持人民至上、生命至上"的安全理念。

关键词：企业安全文化；报废机组；拆除工程；创新实践

一、概述

广东粤电云河发电有限公司（以下简称云河发电公司）地处粤西山区，自一期工程于1991年建成投产后，又于2001年、2010年扩建投产二期、三期工程，并在新时代迎来了发展的新机遇。在30年历程中，云电人以团结、创新、求实、奉献的精神，攻坚克难、不断创新，在安全工作中亦不断与时俱进、屡创佳绩，在实践中提炼总结。自2003年开展NOSA五星安健环管理体系以来，在多年的体系运行和持续改进中，在"遵章守法、风险预控；以人为本、关爱健康；节约资源、保护环境；全员参与，持续改进"的安健环政策及"一线两实三全四大抓手"企业安全文化下，云河发电公司安全生产天数屡创新高，截至2022年8月27日，实现连续安全生产7521天。

云河发电公司"一线两实三全四大抓手"安全文化的内涵，是通过"四大抓手"，即"班组管理""承包商管理""区域管理""项目管理"促进安全生产工作"两实"，即"层层压实、逐级落实"；通过"两实"实现"三全"，即"全专业参与、全阶段管理、全过程控制"，坚守"发展决不能以牺牲人的生命为代价"这条不可逾越的红线，即"一线"。

二、报废机组拆除工程背景

云河发电公司1号、2号机组为125MW燃煤发电机组，2018年1月关停退役，2021年2月进入报废资产拆除阶段。报废机组拆除工程是一项复杂的高风险系统工程，而摆在云河发电公司面前的是更难的两道关口：一是两台退役机组与二期在运机组主厂房和公用系统紧密相连，退役机组的6kV、380V厂用电系统仍然需要保留向网控室、化水系统、脱硫系统、生产楼、办公楼等公用系统供电，不能整体拆除，大大增加了拆除施工的复杂性和风险性；二是云河发电公司首次面对机组拆除工程，无自身经验可参考。

拆除工程主要存在以下风险。

（1）施工安全、环保主体责任不清晰风险；

（2）人员触电伤亡风险；

（3）人员高处坠落伤亡、高空落物风险；

（4）人员接触高温、高压、有毒有害物质造成人身伤害风险；

（5）拆除区域内保留资产缺失或损坏风险；

（6）人员误入拆除区域或生产区域造成伤害风险；

（7）拆除区域外非标的资产的被盗风险；

（8）擅自扩大施工范围风险；

（9）拆除过程中现场存在大量孔洞临边，建筑物（如门窗、排水设施等）可能有局部松动，存在高处坠落、高空落物的安全隐患。

三、企业安全文化的创新实践

云河发电公司"一线两实三全四大抓手"安全

文化，在报废机组拆除工程中体现为：通过"班组管理""承包商管理""现场管理""项目管理"四大抓手促进报废机组拆除工作层层压实、逐级落实，实现拆除工程全专业参与、全阶段管理、全过程控制，坚守住"发展决不能以牺牲人的生命为代价"这条不可逾越的红线。

（一）坚守安全红线

党的十八大以来，党中央、国务院把安全生产作为"四个全面"战略布局的重要内容持续推进，不断抓细、抓实、抓好。习近平总书记高度重视安全稳定工作，反复强调统筹发展和安全，树牢安全发展理念，坚决守住"发展决不能以牺牲人的生命为代价"的红线。云河发电公司坚守安全红线，在开展报废机组拆除工作前，确立了"保人身安全""不发生环境污染事故"的安全目标，牢守"发展决不能以牺牲人的生命为代价"这条不可逾越的红线。

（二）层层压实、逐级落实安全责任

云河发电公司报废机组拆除工程在企业安全文化引领下，促进公司全面落实安全生产责任，层层压实、逐级落实各项工作任务，从而守住安全红线。

1. 层层压实

云河发电公司作为资产转让方，遵照《中华人民共和国安全生产法》《建设工程安全生产管理条例》《电力建设工程施工安全监督管理办法》等法律法规、规章制度、行业标准相关规定，明确资产受让方、监理单位、施工单位等各方职责，层层压实并监督各方履行安全监督管理及合同规定应承担的责任和义务。

2. 逐级落实

云河发电公司高度重视报废机组拆除工作，成立了资产处置管理机构和现场管理专项小组，由公司领导、部门领导以及资产评估、合同商务、资产隔离和现场监督所涉及的专业人员组成，指定专人全程负责资产评估、转让、移交、拆除等相关工作，并明确相关人员权责，逐级落实安全生产责任。

（三）全专业参与、全阶段管理、全过程控制

"三全"主要任务是规范报废机组拆除工程各项工作，明确报废机组资产处置及拆除各环节管理要求，明确各个岗位安全责任，从而实现资产处置拆除过程全阶段管理，对拆除进行全过程控制。

1. 全专业参与

现场管理专项小组人员专业全覆盖，包括汽机、锅炉、电气、热控等专业，采用脱产专职方式从相关部门抽调人员组成，专业技能水平满足工作要求。

2. 全阶段管理

云河发电公司对报废机组拆除采取全阶段管理，从准备阶段、转让阶段到拆除阶段分别进行细化并全方位把控，确保拆除工作安全顺利完成。具体如图1所示。

图1 废旧机组拆除全阶段管理流程图

3. 全过程控制

云河发电公司废旧机组拆除过程主要是先进行电源隔离，再分别拆除发电机、电除尘、汽包、锅炉本体及大板梁，并将人员管理和环境保护贯穿始终，具体如图2所示。

图2 废旧机组拆除全过程图

（四）"班组管理""承包商管理""现场管理""项目管理"四大抓手

云河发电公司企业安全文化在报废机组拆除工程中，以"班组管理""承包商管理""现场管理""项目管理"四大抓手，确保各项具体工作层层压实、逐级落实，实现全专业参与、全阶段管理、全过程控制，坚决守住安全红线。

1. 班组管理

云河发电公司建立了一套完善的、可操作性强的班组管理制度，从"组织建设""班组基础管理""班组安全工作""班组生产过程控制"四个方面抓落实。在报废机组拆除过程中，以脱产的资产处置拆除监管人员为班组，将公司班组管理要求和经验运用到拆除工程管理中。

2. 承包商管理

云河发电公司在企业安全文化实践应用过程中，制定了《承包商安全管理标准》和《承包商激

励考核办法》，自主开发"承包商管理系统"，通过承包商管理激励考核机制，促进各级人员提高管理主动性，实现层层压实、逐级落实，不断提高承包商管理水平。在报废机组拆除过程中，云河发电公司严把开工手续办理关卡，强化承包商人员安全培训教育，以文化心、以制度行，持续不断地向拆除工程受让方和施工方输出公司"一线两实三全四大抓手"安全文化内涵，实现工程受让方和施工方安全责任层层压实、逐级落实，促进安全完成报废机组拆迁工作。

3. 现场管理

报废机组拆除工程现场管理，是整个拆除工作的重中之重。云河发电公司铸牢安全文化理念，坚守安全"红线"，将"一线两实三全四大抓手"企业安全文化精髓充分应用于拆除工程现场管理各个方位，通过发布《关于加强进入1号、2号机组资产处置拆除现场管理的通知》，以制度规范拆除现场人员管理；大力推广运用现场作业视频监控手段，在主要拆除区域增设15个高清监控摄像头，及时消除管理漏洞和现场隐患；组织做好拆除标的资产的出厂放行管理；及时落实施工单位封堵孔洞和加固被碰剐的门窗和排水设施，避免人员出现高处坠落伤亡以及影响现有设备设施运行。

4. 项目管理

根据拆除工程实际情况，结合公司在企业安全文化引领下总结出的项目管理经验，云河发电公司对拆除工程项目制定有针对性的管理办法，以安全零容忍的态度，坚守"发展决不能以牺牲人的生命为代价"这条不可逾越的红线。采取如下措施：一是加强考核，严格做好反习惯性违章管理工作，用铁的标准、铁的面孔、铁的手段积极开展反"三违"（即违章操作、违章作业、违章指挥）工作；二是实施奖励，有针对性地制订相应的安健环竞赛方案，确定精准激励范围。通过奖惩两手抓，激励承包商人员的积极性，提高了安全意识和风险评估能力。

在整个报废机组拆除工程中，安全文化理念的作用并不是刻意的、形式上的，而是无形的、精神上的，由精神引领落实到具体行动。从拆除准备工作到拆除工程顺利结束，是"一线两实三全四大抓手"企业安全文化的创新实践。

四、实施效果

云河发电公司全体员工充分发挥"团结，创新，求实，奉献"的云电精神，以"一线两实三全四大抓手"企业安全文化为引领，将安全文化精髓充分应用于报废机组拆除工程各个阶段，全面引领安全顺利完成拆除工作。经各方共同努力，云河发电公司报废机组拆除工程顺利实现了人员零伤亡、保留资产零缺损、相邻机组零跳闸、未发生环保污染事件、未发生偷盗事件等目标。

五、推广应用

目前，广东能源集团有限公司有125MW、200MW、300MW等级机组多达16台，且部分200MW、300MW等级的机组目前已关停待处置。广东粤电云河发电公司1号、2号机组的处置拆除，现场条件之特殊、拆除施工之艰难，预计会成为广东能源集团有限公司之"最"。

云河发电公司1号、2号机组现场拆迁工程安全顺利完成，获得了广东能源集团、广东电力发展股份有限公司的充分肯定。广东能源集团有限公司和广东电力发展股份有限公司主办，云河发电公司承办起草并向广东能源集团全火电板块印发了《火电企业报废机组拆除工程风险控制及安全监督指引》，要求涉及报废机组整体或局部拆除工程的火电板块单位参照执行。

三维虚拟技术在企业安全文化教育的应用与实践

华电国际电力股份有限公司朔州热电分公司　武海维　孙嘉权　李喜君　康　浩

摘　要： 随着"互联网+""云计算"等一系列科技创新与新媒体的迅猛发展，媒介形态极大丰富，舆论环境复杂多变，微博、微信、论坛、社交网站等网络新兴媒体蓬勃发展，为安全文化建设在技术创新方面的发展工作提供了新平台、新机遇，同时也使其面临前所未有的挑战。网络的本质在于互联，信息的价值在于互通，互联网新媒体已日渐成长为一个集信息、观点、民意于一身的舆论平台，是安全生产管理创新方向之一。因此，如何更好地发挥"互联网+""云计算"等科技创新与新媒体的作用和优势，对有效提升公司安全管理能力，强化企业安全文化建设具有重要意义。

关键词： 三维数字化；安全文化；教育培训；交互体验；横纵拓展

一、三维虚拟技术在安全文化教育中的发展趋势

（一）新时代"科技兴安"战略信息化发展的必然趋势

《国务院办公厅关于印发安全生产"十三五"规划的通知》（国办发〔2017〕3号）明确提出"强化安全科技引领保障""提高全社会安全文明程度"等主要任务，要求加强安全科技研发，推动科技成果转化，推进安全生产信息化建设，强化舆论宣传引导，提升全民安全素质；提出"科技支撑能力建设工程"要求，建设具备宣传教育、实操实训、预测预警、检测检验和应急救援功能的综合技术支撑基地。

2016年12月以后，中共中央、国务院、国家能源局先后印发了《安全生产领域改革发展的实施意见》《电力安全文化建设指导意见》，提出安全文化建设是深入贯彻落实党中央、国务院关于安全生产工作各项决策部署的必然要求，是构建企业安全生产长效机制的必然要求，是全面提升员工安全素养的必然要求，是满足员工精神文化和信息需求的必然要求。

拓展安全文化建设，特别是丰富安全教育培训科技创新模式，不断提高三维数字、虚拟现实等技术在安全文化教育中的应用与实践，将逐渐成为电力企业夯实安全文化教育基础的重要方式，是推动安全文化体系从数字化到智能化发展的重要手段。通过高效的安全教育培训，能够在提高职工安全行为规范的同时，促进公司安全文化宣贯、安全氛围营造等工作，进一步实现安全理念在职工心中落地生根。

（二）新时期安全文化创建的必备工具

随着新时期"互联网+云计算+安全文化"共融发展的安全文化模式不断深化，电力企业必须适应时代的发展来促进安全文化教育及防控能力的全方位提升。而如何将数字化、智能化与安全文化体系建设相结合，实现智能安全文化系统的全面建设，将成为电力企业未来落实安全文化体系建设的必备工具。基于三维数字化虚拟现实技术的安全文化教育培训模式，是针对安全文化管理促进作用显著的重要模式之一。其通过虚拟现实技术与云计算、物联网等技术联动，能够有效提升安全文化教育质量，通过身临其境的感觉进一步促进安全文化理念入脑入心，对难度较大或无法实现的教育内容进行了强力补充，从根本上为企业安全文化建设工作奠定了技术基础和提供了有力保障。

二、电力企业安全文化教育的三维虚拟技术应用与实践

深入贯彻《国务院办公厅关于印发安全生产

"十三五"规划的通知》文件精神及"科技兴安"战略,落实《电力安全文化建设指导意见》等文件要求,朔州热电积极组织专业队伍研究考察,结合企业热电的实际,以安全文化体系建设与数字化、智能化的高新技术应用相结合为试点,建设了"虚拟现实事故交互体验+安全教育集中培训+应急技能实操教学"为核心的"安全文化教育培训数字体验平台",形成线上线下、虚拟现实交互、实操实训、互动互促的安全文化教育云体系。

(一)安全文化虚拟现实交互体验创新模式的应用

基于"三维数字化虚拟现实技术"服务,创新"虚拟现实事故交互体验+安全教育集中培训+应急技能实操教学"的应用模式,通过虚拟现实交互体验系统与现实实景实训演练相结合的软硬件互补式设计,实现了安全文化教育多维化、标准化、高效化。

1. 三维数字化虚拟现实技术应用的创新模式

三维数字化虚拟现实技术是以三维虚拟技术模拟三维实景,通过交互体验模式实现教学体悟现实的重要意义。以往三维虚拟现实技术主要包含三维场景搭建、安全技能的基础教育等内容,重在指导和教学,而我公司充分利用三维数字化虚拟现实技术不仅实现了虚拟场景的构建与安全基础教育,更是将多维动漫技术与三维数字化虚拟现实技术相融合,以人身事故案例为策划依托,以增强实物、实景、实操的感官体验和具有知识性、趣味性的操作训练为重心,将操作规程、实操技术、防护措施等安全文化板块全面纳入,搭建沉浸式交互体验环境,强化视觉感染力功能,更为直观真实地呈现事故伤害与视觉渲染。能够有效提升员工对事故伤害后果的认知力度,打造直击员工心灵的体验创新模式,从认知层面夯实员工安全素养,与基础目视化熏陶功能相吻合,以升华内心和长效影响为中心打造本质安全人,促进企业本质安全目标的达成,形成浓厚的企业安全文化氛围。

2. 三维数字化虚拟现实技术应用的特点与特色

以三维数字化虚拟现实技术实操平台为基础,通过沉浸式交互体验模式,将多重传统教学模式(如视频教学、课程培训、纸质考评、实操演练等)进行优化整合,形成综合性安全文化教育一体化,实现多维度安全文化教育系统化管理。

以集中管理培训多媒体平台为基础,通过云计算服务及大数据管理,将安全教育全方位内容的考试、考核与安全教育多人互动抢答相结合的技术手段,规避安全文化教育的枯燥性,提升员工互动参与和专题自学自考的一体化教学,实现安全文化高效化、同步化、特色化,是对三维数字化虚拟现实技术应用的功能性补充。

以实操实训平台为基础,通过标准化模拟设备的操作功能,以真实感触和技术操作为核心,实效体验安全技能操作,将理论教学与行为培育相结合,实现安全文化教育的实效化、标准化,是对三维虚拟现实技术应用的实操技术补充。

3. 三维数字化虚拟现实技术应用的实际功效

通过三维数字化科技手段的应用,让员工自主进行体验式学习,熟悉并掌握各种风险区域安全防护及应急技能,强化员工(包括外来人员)的安全技能教育,有效提高员工安全作业意识和应急防护能力,能够达到潜移默化的教育效果。通过深刻感触安全教育的新形式,既提高了安全行为规范,也切实提升了公司在安全文化宣贯、安全氛围营造等方面的工作,进一步实现了安全理念在职工心中落地生根。

(二)安全文化虚拟现实交互体验的深度实践

基于"三维数字化虚拟现实技术"服务,对安全文化系统的深度建设也具有较为有效的促进作用。我们通过对三维数字化虚拟现实技术在安全教育部分的应用功效研究和分析,发现该技术对电力企业较多领域都具备可行性实践效用,能够通过三维数字化虚拟现实技术推动安全文化建设的横纵双向拓展,对开展双重预控管理、"两外"人员管控、维护检修作业等多个层面进行深度实践,使安全文化体系实现全方位的完善。

1. 三维数字化虚拟现实技术的纵向实践

基于"三维数字化虚拟现实技术"服务,安全文化系统的深度建设将拥有强力的技术保障。我们通过三维数字化虚拟现实技术可纵向研发实践,实现较多层面的深度教育教学。如通过三维数字化虚拟现实技术构建全厂模型,实现对生产现场的实景导航,完全满足非必要进入生产区域的人员对生产区域进行全面认识,有效降低非专业人员带来的误碰、误操作及损坏生产设备等可能带来的事故伤害或财产损失;通过三维数字化虚拟现实技术搭建设备模型,利用三维成像投影技术实现电子沙盘、设备模型展示等功能，加强作业人员的作业环境及操作设备的认知能力；通过三维数字化虚拟现实技术实现检修区域设备设施的虚拟拆装体验，提升检修作业或维护人员的操作技能，起到事前模拟教学的作用等。通过其纵向深度实践，将对安全文化教育功能的实用性进行深度挖掘，起到较为显著的事前教学作用。

2. 三维数字化虚拟现实技术的横向发展

基于"三维数字化虚拟现实技术"服务的横向发展，是建设智慧电厂的一大利器。通过三维数字化虚拟现实技术，可拓展到全场景应急演练、环保技术设备数据监测、文化展示系统建设等多领域结构，其所能拓展的实效功能能够有效提升工作效率，规避事故风险操作，是安全文化建设的重要技术板块。

3. 三维数字化虚拟现实技术的联动实践

基于"三维数字化虚拟现实技术"服务的联动实践，将在构建智慧电厂过程中发挥较强的实践作用。如将三维数字化虚拟现实技术与现场智能识别系统、定位系统相结合的联动实践，能够有效提升对"两外"人员现场实操作业的监督管理，有效规避事故风险和危险操作，实现双重保护的作用；将三维数字化虚拟现实技术与监控系统、LED视频系统联动实践，能够协助实现三维呈现和三维监督的功能，有效提升现场远程监督和警示等防控能力。多技术领域的联动实践，将是未来提升智能化安全文化的重要方式方法。

三、三维数字化虚拟现实技术应用实践总结

通过对三维数字化虚拟现实技术的应用实践，结合企业实际，以安全文化体系建设与数字化、智能化的高新技术应用相结合为试点，建设了以"虚拟现实事故交互体验＋安全教育集中培训＋应急技能实操教学"为核心的"安全文化数字化体验平台"，形成线上线下、虚拟现实交互、实操实训、互动互促的安全文化教育云体系，从人身事故沉浸式交互体验、实操实训模拟等多角度共建，多元化监督考核，极大程度地促进了公司安全教育能力的提升，提高了公司安全教育监督、考核、管理等多方面工作效率，为全面完善安全文化体系提供了必要的技术支持。

公司始终以发展的眼光推动安全生产布局，科技兴安是促进公司安全生产长效发展的重要战略内容，推动安全文化数字化、智能化是新时期电力企业安全生产工作的重要内容，是促进公司安全综合管理能力的重要抓手之一。

四、结语

三维数字化虚拟现实技术的应用实践对于公司安全文化工作来说起到了全面的实效促进作用。同时，也为公司下一步开展安全文化技术创新工作提供了拓展启蒙，为公司强化安全文化建设综合实力提供了有力的技术参考与可行性方向，具有较强的实际意义。未来企业安全管理核心竞争力必将由具有新时代科技特征的智慧型安全文化模式引领，这也将成为朔州热电公司打造特色安全文化智慧模式的前行方向。

参考文献

［1］孙志萧. 三维全景技术在煤矿安全培训中的应用研究［J］. 现代信息科技，2021,5(21):159-161+164.

［2］毕东月. 基于三维可视化技术的典型生产安全事故防控与应急处置场景设计与实现［J］. 中国安全生产科学技术，2021,17(10):165-171.

［3］曾国，余民郭，冯煊，等. 电力安全三维仿真培训平台的设计与开发［J］. 湖北电力，2014,38(04):54-56.

［4］曾国，余民郭，冯煊，等. 电力安全三维仿真培训平台的设计与开发［J］. 湖北电力，2014,38(04):54-56.

打造特色"两外"管理新常态的探索与实践

安徽华电宿州发电有限公司　徐光学　顾四胜　陈永彬　单　龙

摘　要：安徽华电宿州发电有限公司在进行企业"两外"（外委工程、外协人员）安全管理与具体实践相结合的活动中，通过长期摸索，总结提炼出"1151"安全工作法、"八小时外管理"、"危化品接卸七步法"、"安全风险检修工序管控卡"、吸收塔防腐防火"三个两"工作法、VR"体验馆"等多项创新成果。本文重点论述企业如何结合自身的发展目标和任务，以"两外"问题为导向，突出安全生产主要矛盾，抓住关键要素，精准施策。通过管理创新、典型引领，选择合适的管控方式，并将安全文化与管理创新有机融合，推动企业安全发展。

关键词：抓源头；抓重点；抓常态；抓创新

多年来，安徽华电宿州发电有限公司（以下简称宿州公司）在深入贯彻上级公司关于安全生产工作的一系列部署和要求的基础上，着力打造"两外"管理新模式。特别是本企业建设活动全面推开后，在上级公司统一部署下，宿州公司把推动安全基础管理和自主创新有机结合，聚焦"两外"管理"始""末"两端，发力"中间过程"，通过认真汲取系统内外各单位人身事故教训，特别是总结2016年以来1号机组能效改造、煤场扬尘、超低排放等大型技改工程"两外"管理工作规律性、典型性问题探索实践，不断探索强化"两外"管控新举措，丰富拓展了公司"知行合一"安全文化体系范畴，为"只要想全做细，一切事故都可以避免"的安全文化核心理念落地生根，为企业生产经营提供了有力的保障。多次获得全国安全文化建设示范、集团公司安全环保先进企业等荣誉称号，《五关三到位构建两外管控新机制》荣获全国"2020年度电力创新奖"管理类成果二等奖。本文拟从以下几个方面，解读企业"两外"安全管理工作的经验与心得体会，同大家分享。

一、抓源头，强化顶层设计

基层企业"两外"管理，"制度"和"人"是第一要素。宿州公司坚持安全生产基础地位不动摇，坚持将制度"挺"在前面，围绕"人、机、环、管"各要素，强化顶层设计、源头管控，努力实现企业安全愿景"塑造本质安全型员工，打造本质安全型企业"，以及安全目标"零违章、零隐患、零缺陷、零事故"。

（1）从组织建设入手。对特大型技改项目，建立业主、监理、总包三级管理组织机构，成立指挥部、项目部，公示三级机构质量保证、安全保证体系人员名单，为工程建设提供坚强的组织保障。

（2）从制度建设入手。依据工程质量管理标准及国家规范，编写工程管理制度，制定安全目标，明确业主方、监理方、总承包方的工作职责，压实各级人员责任。为工程安全管理开好头、起好步，奠定了坚实的基础。

（3）从措施保障入手。以施工现场安全文明施工策划为切入点，从作业区全封闭、远程监控、智能门禁、大型机械入厂报验，到施工组织设计编制、重大安全技术措施审核等方面做好安全管控。

（4）从风险辨识入手。提炼外委工程最普遍、最易发生的人身伤害和环保事件的行为，以负面清单方式，针对现场高风险作业，预先编制便于施工人员理解执行的"安全文明施工禁令"，为现场反违章提供"风向标"。

二、抓重点，强化人员行为防控

坚守"红线"意识，狠抓防止人身伤害措施落实。以落实"反作业性违章"为切入点，以"防止人身伤害重点措施""安全生产十条禁令"为抓手，坚持"严管就是厚爱"的理念，秉持违章考核"零容忍"，驱动防止人身伤害措施落到实处。为培育"以知促行，以规正行，以行保安"安全行为观、"知其责，负其责，尽到责"安全责任观、"同携手，保平安，共幸福"安全亲情观健康成长提供了沃土。

（1）狠抓上下同时交叉作业、临时用电、高空落物、大件起吊等九项高风险作业，做"实"重点区域、重点人群、重点时段。做到重点工作重点管控。

（2）大型技改、大小修期间，每日定期召开外委队伍负责人会议，通报工作中存在的问题，传达上级及公司有关安全文件、管理规定，对现场工作提出具体要求，逐步提升"两外"队伍自治内生管理水平。

（3）根据各外委单位作业项目进展情况，随机召开安全技术交底会，开展工作危险分析，交代施工任务、作业风险、防范措施，清楚员工身体和精神状况，做到"三交一清"。

（4）根据重点施工项目，组成现场监督小组，每天监督各部门、施工单位做好八小时之外的监护工作落实情况。

（5）实施安全风险检修工序管控卡，要求人身安全监督员、安全督查长等管理人员按照施工工序辨识安全风险，逐步签字确认，实现安全、质量、工期的全过程现场监督和管控，确保各项措施有效落地。

（6）持续推进"安全督察长""人身安全监督员"日督导、月通报长效机制。每月安排专人对各部门安全督察长、人身安全监督员履职尽责开展情况进行检查、督导。月底统计分析、评价排序，下发专项通报。并在月度安全分析例会曝光，以此不断提升安全保证体系人员履职尽责意识。

（7）狠抓隐患排查，如对1号机组能效改造燃烧器拆除、大件吊装、大型脚手架安拆、防腐施工等高风险作业项目，现场落实重量校核、使用双钩安全带、防坠器、独立安全绳，煤场扬尘治理檩条安装"备二用一"，拆除作业过程中"安全带＋防坠器"，高空作业"人""物"错时、错区域施工等控制安全风险，针对彩钢瓦高空作业点分散、环境复杂、安全质量不易抵近验收的情况，引入"无人机技术"，实施监督"全覆盖"，消除管理漏洞。

（8）高度重视施工专项检查。结合1号机组能效改造，持续组织脚手架、高空、临时用电、动火、起重、有限空间、安全工器具等七个专项检查。每天进行一个专项检查并下发专项通报，做到日纠察、日通报，每周循环轮转逐步推动管理提升。

三、抓常态，促进管理升级

坚持以不变求"真变"，用坚持养"习惯"，以习惯促"常态"，打造安全管理长效机制。为厚植"只要想全做细，一切事故都可以避免"的安全文化核心理念，提升"平安宿电，幸福生活"的安全使命，推动企业提质增效，为打造本质安全型企业，提供了强大的精神之源。

（1）常态化开展"集中定时巡查""分散自查自纠""安全日例会""八小时外管理"，构建了大型技改工程"四位一体"安全管理长效机制，守住"人身零伤害"防线。

（2）常态化开展危化品接卸管理。抓住危化品入厂取样化验和危化品接卸"两个环节"，运用危化品化验操作和危化品接卸确认"两个卡片"，严格入厂检查、安全交底、道路押运、取样化验、卸前检查、卸中管理、安全储存"七步控制"，实现对危化品入厂流程管理全过程监督。

（3）常态化开展吸收塔防腐防火"三个两"工作法。严格塔内值守、塔外巡查，做到"内外两管控"；严格把控施工开始底涂阶段和施工结束固化阶段两个关键点，24小时不间断跟踪监督，认真执行"过程两重点"。严管施工阶段安装、防腐两道工序的前后交接，严防交叉施工，做到"前后两交清"。同时，严格管理防腐区域进出入登记、内外部巡检、安装防腐两交清确认"三个清单"，全面助力工程重点时段管控升级。

（4）常态化开展公司领导带队检查、季节性检查、联合纠察、专业检查，通过各级人员"亮身份""安全隐患随手拍""安全双述""视频倒查"等安全监督管理方式，持续加强现场全过程检查和考核。

四、抓创新，推进管理新机制

面对发展的新常态，公司坚持与时俱进、开拓创新，结合"两外"管理实践，针对原有管理理念、机制、方式等进行不断深入的整合、改善、变革，大力植入"科技元素"，积极推进新机制，为"两外"领域管理向更高水平发展起到了引领和示范作用。从安全责任观、安全效益观、安全培训观、安全行为观、安全检查观五个方面，解读了公司新型安全价值观，从而在"知行合一"安全文化建设中，实现了对员工的积极引导，有力促进了企业安全发展。

（1）稳步推进"1151"安全工作法，即做实"1个标准"，把"安全风险检修管控卡"作为现场工作的指南，持续规范完善安全风险管控卡安全预控措施和现场落实情况；运用"1个平台"，通过"应急管理平台"运用,把双重预防机制有效落地,消除作业风险;抓住"5种人群",发挥安全督察长、人身安全监督员、工作负责人、班组长、工作许可人现场安全管控作用;强化"1个监督",坚持问题导向,以高度负责的态度,严肃责任追究,实现全过程全方位监督,引导安全管理由被动纠错整改向主动规范引导转变。

（2）大力推进科技创新。实施"门禁物联网技术管理",通过"人脸"识别,做到实时统计发布公司"两外"人员信息;实施"基于多传感的安全主动预警系统在输煤系统上的研究"科技项目,做到实时抓拍人员跨越围栏、安全防护用品佩戴不规范等违章行为,助力输煤系统区域安全管控。

（3）大力实施"体验式"安全教育。充分运用新型科技手段,完善VR"体验馆",涵盖机械伤害体验、高空坠落体验、消防器材演示、消防灭火体验、安全用电体验、劳保用品展示、安全急救体验等。通过模拟实际施工环境,针对易出现的"危险"进行现实演示,让体验人员通过自身参与,深刻意识到事故原因和不安全行为的严重后果,促进员工"我要安全"意识的主动转变,为安全"加码"。

企业安全文化浅谈

西安西电开关电气有限公司　贺小瑞　杨彦刚　高　飞

摘　要：企业安全文化是企业在长期安全生产和经营活动中形成的全员性安全理念或安全价值观，员工在职业行为中体现的安全性特征，以及构成和影响自然、社会、企业环境、生产秩序的企业安全氛围的总和。企业安全文化是企业文化的重要组成部分，是企业安全生产及安全管理的坚实支撑。企业安全文化的形成，以及与企业文化的有机融合，对企业的健康发展有重要意义和价值。在企业安全文化建设过程中，以落实安全责任、完善安全制度、加强安全管理、扎实开展安全培训、提升应急水平为载体，形成切合企业实际、积极向上、动态改进的企业安全文化体系。

关键词：企业安全文化；安全价值观；安全文化体系

西安西电开关电气有限公司（以下简称西开电气）前身是西安高压开关厂，始建于1955年，是我国第一个五年计划期间156个国家重点建设项目之一。60多年来，西开电气以国家重点工程建设、重大卡脖子装备科研攻关为契机，打造成为我国高压、超（特）高压开关设备研发、制造、销售和服务的主要基地，为我国电网的升级改造创造了多项第一，曾获得全国五一劳动奖状、中央企业先进集体、西安市先进集体等荣誉称号。西开电气在安全管理上从压实责任、完善制度、加强管理、扎实培训以及提升应急能力入手，全面落实基础安全工作，2008年通过了职业健康安全管理体系认证，2010年取得了全国安全生产标准化一级企业认证，以扎实的安全工作、全员参与、持续提升的企业安全文化，为企业的高质量发展提供坚实保障。

一、安全文化与企业文化

企业文化是企业在物质文明建设和精神文明建设长期实践中逐步形成的企业群体意识和企业价值观念。每个企业都有自己的独特的企业文化，安全文化是企业文化的重要组成部分，企业安全文化是个人和集体的价值观、态度、能力和行为方式的综合产物。

西开电气作为中央企业，在长期的发展中形成了完整的企业文化体系，有成为世界一流智慧电气解决方案服务商的愿景，有制造精品、创新服务、成就客户的使命，有以党和国家大局为先、以客户需求为先、以奋斗者为先、以创新者为先、以精益求精者为先的"五个为先"的价值观，有"五个要求"和"八个做到"的行为准则。西开电气结合企业文化，以打造安全管理先进单位、树立央企安全管理标杆为远大愿景，以安全就是价值、安全就是效益的价值观，以双重预防机制建设、安全标准化建设为抓手，形成全员参与的安全理念和安全文化氛围。安全文化与企业文化有机融合，形成西开电气企业特色的安全文化，以规范的管理、有效的风险控制措施、全员参与的积极状态展现出来。

二、安全文化建设在企业内的具体体现

"安全文化"不是口号，而是根植于人意识深处的文化，企业安全文化是"以人为本"多层次的复合体，由安全物质文化、安全行为文化、安全制度文化、安全精神文化组成。西开电气通过细密扎实的安全工作和多样化的安全推广活动，推动企业全体员工的安全意识的提升，形成安全制度严格、全员自觉遵守、管理执行坚决的良好传统，营造有特色的企业安全文化。

（一）压紧压实安全责任，牢固树立安全发展理念

责任也是担当，坚守"发展决不能以牺牲人的生命为代价"的红线意识，推动各项安全工作，协调解决安全工作中存在的问题，在安全生产关键时间节点在岗在位、盯守现场，勇于承担安全职责。

西开电气公司领导班子历来重视安全工作，勇于担当，养成从讲政治的高度对待安全工作的习惯。历年来，根据国家法律法规及上级文件要求，结合企

业组织机构和人员的变化情况，对公司安全生产委员会进行调整，对人员组成和职责进行修订，使安委会更契合企业管理实际和发展需要。每年年初，组织召开安委会（扩大）会议，公司领导班子成员、全体中层干部、工会及安全管理人员参加，总结过去一年安全生产工作，推广有效经验，改正不足，同时对本年度安全工作进行安排部署，对重大问题进行研究决策。党委书记、董事长、总经理从不缺席，一向亲临安全生产一线，亲自指导部署安全工作。

每个季度领导班子成员开展党委理论学习中心组学习，学习习近平总书记关于安全生产重要论述及各级安全文件、资料等安全知识、安全理论，持续提升安全素养，准确把握安全工作方向，每个季度召开安委会会议，听取安全工作汇报，对工作中的重大问题进行研究解决。

企业组织编制安全生产责任制，主要负责人签发后在企业内颁布；编制《各岗位安全责任清单》，明确企业34个岗位的权责内容、法律法规依据以及问责依据，确保全员责任落实有据可依；签订年度安全责任书，明确全年安全工作目标指标，明晰安全工作方向和要求；组织全员签订安全承诺书，以岗位安全职责和安全风险管控为指引，引导全员积极向"我要安全"靠拢；2022年西开电气签订全员安全生产责任书及承诺书1783份。

（二）加强安全制度建设，管理管控有据可依

制度是社会实践中组建的各种社会行为规范，制度使管理和执行有据可依。制定系统、完整、明晰、契合企业实际的制度，并强化制度的执行，是企业安全文化的重要组成部分。企业之所以经常发生这样或那样的安全生产事故，主要原因无外乎制度与企业生产实际情况不符合，员工不愿意执行；少数干部员工不把制度当回事，使得制度成了墙上的摆设。加强安全文化建设，就必须注重加强制度的完整性和符合性建设，并且特别注重强化执行力，要坚持事事遵守制度，处处执行制度，以制度促进和谐稳定安全生产环境的形成。

西开电气在长期的发展中形成了较为完善的安全管理制度体系，制定了安全管理职能类制度4类，全面指导企业安全生产工作的开展，对应4类职能制度，制定操作类制度50项，明确各项安全生产工作开展具体要求，编制操作规程78项，其中设备安全操作规程47项、岗位安全操作规程31项，覆盖西开电气所有管理和操作层面。同时西开电气坚持制度完善和修订，2021年新建《安全生产分级管控制度》等，修订《安全生产责任制》等，并对岗位安全操作规程进行了全面修订、印刷和发布，同时还根据相应制度修订了考核细则等文件，每月对企业各部门安全工作开展情况进行绩效考核，有力支撑了制度的有效执行。

（三）开展双重预防机制建设，分级管控安全风险，深入排查安全隐患

风险预控、精准管控、关口前移、源头治理，全面推行安全风险分级管控；进一步强化隐患排查治理，把问题解决在萌芽之时、成灾之前，夯实遏制各类安全生产事故的坚强基础。

西开电气自2017年年底就开始开展安全风险分级管控和隐患排查治理双重预防机制建设。组织编制了《安全风险分级管控和隐患排查治理双重预防体系建设实施方案》以及《"双控"体系建设任务分解指要》，根据企业产品制造工艺和特点，组织开展全员针对性培训，全员、全方位、全过程排查企业安全风险和事故隐患，以设备设施和作业活动为单元，进行了危险源辨识，采用设备设施风险评级标准（MES）和作业条件危险性评级标准（LEC）进行了风险评价，形成风险点台账、风险管控责任清单、风险管控措施清单等13种表单；形成了企业安全风险四色分布图，编制了生产车间岗位安全风险告知卡，建立了《安全风险分级管控管理制度》《安全检查及隐患排查治理制度》，并持续对风险分级管控体系进行系统性评审或更新，对非常规作业活动、新增功能性区域、装置或设施开展危险源辨识和风险评价；坚持每周开展安全生产检查及隐患排查，并将检查情况在企业安全质量生产周例会进行通报，督促责任部门完成隐患整改。

（四）加强全员安全培训，提升全员安全意识

安全教育培训，能增强人的安全意识，扩展安全知识，有效减少人的不安全行为出现，减少人为失误。安全教育培训是进行人的行为控制的重要方法和手段，是安全管理的重要一环，也是积淀形成企业安全文化的重要一步。

西开电气在每年年初发布的年度企业经营计划中有培训教育专项，除了在管理体系类培训中包含职业健康安全体系的年度培训，其他类中有员工安全技能提高、员工心理辅导外，还设置了专项安全生产类

培训模块,包含主要负责人及安全管理人员年度安全培训、特种作业人员培训、特种设备作业人员培训、班组长安全管理培训、消防演练培训等科目。企业编制《职业健康安全教育管理制度》,对新员工三级教育、变换工种及四新教育、复工教育等九种教育,培训内容、培训时间、负责部门进行明确,2022年上半年西开电气开展34次各类安全培训,培训人员1800人次。

（五）开展应急演练活动,提升风险应对能力

安全生产应急管理是安全生产工作的重要组成部分,是安全管理的最后一道防线,对规范安全生产事故应急管理、及时有效地实施应急救援有着重大意义。

西开电气编制了企业《安全生产事故应急预案》,并向陕西省应急管理厅进行了备案,编制了《应急预案管理制度》,规定了企业各部门应急职责及权限,规定了应急预案的修订、备案以及演练的相应要求。2022年上半年企业开展各类应急演练19场次,参加人员1124人次。

（六）组织各种宣传活动,宣扬巩固安全文化

安全文化建设的重点在宣传,宣传的关键是要通过员工喜闻乐见的多样化形式,让大家接受并遵循。通过广泛的宣传,引导员工充分认识到安全文化建设是从灵魂深处筑牢安全防线的治本之策,对正确的安全行为养成能够起到其他手段和载体无法替代的积极作用。

2022年安全生产月期间,西开电气开展了"安全大讲堂——一把手讲安全"活动,党委书记、董事长、总经理结合事故案例和西开电气安全工作思路,向管理干部提出了加强安全知识学习,提升安全管理技能,将安全落实到本岗位工作中去,以法履责,当好部门（岗位）安全第一责任人的具体要求。随后,党委书记、董事长、总经理向全体员工发出《安全生产倡议书》,提出安全生产人人都是主角,没有旁观者,倡议书得到全体干部职工的积极响应。西开电气通过常规宣传展板、电子屏进行安全知识宣传,也通过微信平台等进行安全警示和提醒,还联系陕西广播电视台将企业安全管理经验予以推广。

安全文化的培育,良好安全氛围的营造,"人人抓安全、人人讲安全、人人管安全"的局面,需要群策群力,全员奋斗,是一项综合性的系统工程,是一项长期的战略工程,需要不断地完善和不断地向前发展。积极向上的安全文化能引导员工与企业有共同价值观、有共同追求;能形成一种强大的凝聚力和向心力;能为员工指明成功的标准和标志;能对企业的相关方产生强大的影响,迅速向其辐射,使这种文化得以保持和推广,最终提高企业的整体安全意识和素养。

三、结语

建立系统、科学、细致的安全文化,努力营造浓厚的安全文化氛围,是企业安全稳定生产的长效做法。西开电气将延续企业优良文化传统,进一步拓宽延展安全文化内涵,久久为功,善作善成地打造自己的安全文化,为企业高质量发展提供有力的安全保障。

参考文献

[1] 于广涛,王二平. 安全文化的内容、影响因素及作用机制 [J]. 心理科学进展,2004:01):87-95.

[2] 史有刚. 企业安全文化建设读本 [M]. 北京:化学工业出版社,2009.

[3] 安全生产科学研究院. 安全生产管理 [M]. 北京:应急管理出版社,2022.

特色管理润育安全文化
安全文化领航企业发展

广州华润热电有限公司　李明超　赵光军　曾雨

摘　要：在安全生产实践中，对于预防事故的发生，仅有安全技术手段和安全管理手段是不够的。当前的科技手段还达不到物的本质安全化，设施设备的危险不能根本避免，因此需要用安全文化手段予以补充。安全文化建设作为提升企业安全管理水平、实现企业本质安全的重要途径，也是一项惠及职工生命与健康安全的工程。本文主要浅析企业在扎实有序推进安全文化建设工作过程中逐渐形成特色管理做法及成效，以期为各企业安全文化建设工作提供经验及思路。

关键词：安全文化；安全理念；安全管理；建设

广州华润热电有限公司（以下简称该公司）在企业安全文化建设过程中，紧紧围绕"所有风险都可控制、所有事故都可避免、所有违章都可预防"的安全理念，"零事故、零污染、零伤害"的安全目标，"建设本质安全企业，成为行业安全标杆"的安全愿景，"环境无污染、员工无职患、企业无事故"的安全使命，明确安全承诺，制定安全文化创建方案和五年规划，扎实有序推进安全文化建设工作，形成富有公司特色的安全文化体系。

一、特色管理润育安全文化

（一）意识为根 多维度打造安全文化生态氛围

将安全氛围扩展到多个层面，即基于相关方、企业、团体以及个人的相互关系层面，从企业与相关方、企业与团体、团体与个人三个维度，构建生态安全氛围模型。

公司秉承"以人为本、规避风险、持续改进、安全健康环保"的方针，坚持"所有风险都可控制、所有事故都可避免、所有违章都可预防"的安全理念，致力于实现"零事故、零污染、零伤害"的安全生产目标，始终坚持把安全生产工作放在各项生产经营管理工作的首位，积极贯彻落实国家、地方、行业的各项安全生产法律、法规、标准、规章。强化各级人员岗位安全责任，加强从业人员安全培训教育，建立健全安全生产管理规章制度和操作规程。

公司充分采用多种宣传方式和阵地，包括安全文化展厅、安全文化宣传栏、安全文化长廊，安委会、安健环月度例会、安全早班会，主题宣讲、专题讲座、职业安全教育培训、应急演练，安全技能与知识竞赛、安全晚会、安全生产月宣传活动、安康杯竞赛活动等不断宣传安全生产思想，传播意识、管理、行为、物质等方面的安全文化，增强安全理念的渗透力，培育全体员工的安全文化认同感和归属感。

（二）柔性管理 将安全文化建设融入安全风险管控体系

1. 践行华润集团 EHS 管理通用要素

华润集团深入学习研究国内外标准，充分吸收借鉴国内外优秀企业做法，结合华润多元化产业实际，历时一年半，于2019年9月研究创建了《华润集团 EHS 管理通用要素》，使集团内各业务板块、各基层企业 EHS 监督管理工作更加系统化、科学化。

公司始终秉持"识风险、除隐患、抓要素、树文化"的 EHS 理念，以班组建设为抓手，不断增强相关方黏性管理，全面推进 EHS 管理要素体系建设。完善 EHS 管理要素组织机构，发布要素负责人和区域负责人，选拔要素审核员；积极开展要素培训工作，2021年共完成21个要素培训，更新区域安健环风险提示牌72块，实现现场风险全面可视化；开展区域负责人隐患排查工作，2021年度共排查各类隐患2028条。

2. 完善安全风险分级管控与隐患排查治理双重预防机制

公司编制《安全风险分级管控管理办法》《隐患排查治理管理办法》等制度，完善安全风险分级管控与隐患排查治理双重预防机制，按照风险分级管控要求识别、管控高风险作业，针对动火作业、有限空间作业、高处作业等电力行业高风险作业分别编制管理标准，明确管理要求，对应各自风险特点制订许可证、准入单，形成表格清单，按照风险分级管控原则进行分级审批，每日通报现场高风险作业情况，不定时开展现场抽查，积极开展安全生产检查，通过春节、五一、中秋、国庆等节日安全大检查，防台防汛、特种设备、临时用电、有限空间、高处作业等专项检查，以及季节性、区域性等各类检查整改，确保安全生产可控、能控、在控。

3. 软硬兼施，强化安全目标承诺

按照"党政同责、一岗双责、齐抓共管、失职追责"的安全生产要求工作原则，结合公司组织优化情况修编完成《岗位 EHS 责任制度》，完善 EHS 责任落实，确保全员全覆盖。结合公司年度安全目标指标要求，对所有岗位所承担的安健环责任进行明确划分，按照四级控制原则，层层履行 EHS 目标责任，与部门签订年度安全目标责任书，与各岗位员工签订安全责任书，签订率 100%，实现 EHS 目标横到边、纵到底，确保人人肩上有职责、人人身上有指标。

（三）以员工为叶 持续加强员工自主安全管理和团队互助

1. 安健环培训到位

（1）安全培训课程化，夯实员工技能。公司每年年底制订下一年度培训计划，内容包括安健环法律法规、安全管理、事故案例等；对入职的新员工、转岗职工、实习生等均进行公司、部门、班组三级安全教育，教育结束后进行考试，合格后方可上岗作业，考试不合格者则继续接受教育直至通过考试；特种作业人员除接受本公司一般的安全知识普及教育外，必须取得本工种规定的专业部门培训考核的操作合格证书，才能上岗独立操作。

（2）安全培训专题化，提高实操能力。组织开展专项培训，聘请专家为员工进行危险源排查能力的培训，全员在现场进行危险源的排查，提高了员工辨识危险源的能力。邀请交警大队教官为员工进行交通安全培训；邀请南沙区消防中队官兵进行现场讲解防火注意事项、家庭常见火灾的预防等消防知识，通过培训提高了员工自我保护的意识和能力，使安全技能更加落到实处。

2. 安健环活动到位

（1）好戏连台，"安全生产月"活动织密安全网线。公司以安全生产月活动为载体，让员工在愉快的氛围下学习安健环知识，使"安全就是生命、环保就是价值、健康就是福祉"的核心价值观深入人心。每年"安全生产月"活动内容丰富，包括观看警示教育片、安全知识竞赛、隐患排查、应急演练等，强化"三基"（基础、基层、基本功）建设，扎实推进各项安全工作要求和措施落地，夯实安全基础，确保公司安全生产形势持续稳定。

（2）不走过场，安健环知识竞赛活动推广安全经验。公司积极组织开展安健环知识竞赛活动，形式多样、内容丰富。安健环知识竞赛共设置了个人必答题、集体必答题、抢答题、技能展示题和风险题五个环节，内容涵盖《安全生产法》《职业病防治法》《劳动法》等安全生产法律法规，以及《电业安全工作规程》《电力设备典型消防规程》、EHS 管理通用要素等有关知识。使所有员工能全方位地学习掌握安健环知识和安健环技能，做到全员参与。

（3）学以致用，"技能大比武"活动坚实安全底盘。公司每年安全月组织技能大比武活动，将理论层面的知识通过技能比武的方式开展，让员工之间互相激励、互相提高、互相规范操作行为。如个人防护用品佩戴技能比赛防护用品选择、检查、佩戴等，通过一系列技能比赛活动的开展，全面提高了员工的实际操作能力。

（四）以实践为光 安全行为习惯长效机制落地

公司安全管理注重实效，紧密贴近生产现场，明确各类安全行为习惯规范，服务于基层。通过行为观察、评估、预防、考核、纠正等措施，建立了安全行为习惯长效机制。编制每日《高风险作业计划发布表》《脚手架使用情况统计》《临时队伍施工情况》并在公司微信群发布，要求各级管理人员根据现场高风险作业情况，现场跟踪检查。高风险作业和安全管理人员使用多功能智能安全帽，实现定位、摄像、近电报警、跌倒报警发定位、语音通话功能，提高安全管理人员执法力度和高风险作业现场监控。现场高风险作业点 24 小时视频监控，视频接入

安全管理人员、主管专员和主管部门办公室，对现场作业安全进行实时监控，对现场作业人员起到一定警示监督作业。对待任何不安全的事件，严格按照"四不放过"的原则分析和处理，严肃事故事件责任追究，严格事故事件报告制度。2021年度公司未发生一类障碍。此外，公司大力开展"让标准成为习惯、让习惯符合标准""反违章"等活动，严格执行"两票"要求，深刻汲取系统内外不安全事件教训，提高安全管理水平。

二、安全文化领航企业发展

公司一直致力于建设并深化企业安全文化，夯实安全生产基础，提高企业安全生产与管理水平，并取得了较大成效，于2018年首次申报并成功获得"全国安全文化建设示范企业"的荣誉称号。自投产以来，公司安全生产状况良好，未发生重伤及以上人身事故；未发生一般及以上设备事故；未发生火灾事故；未发生电力安全事故；未发生环境污染事故；未发生职业病事件；未发生对市场形象、社会形象造成负面影响的安健环事件；未发生同责及以上交通事故。实现公司持续安全稳定生产，切实保障员工职业安全健康。2021年1号机组连续运行681天，公司安全生产平稳有序，能源保供和疫情防控多次受到国家能源局、华润集团及控股公司的高度表扬及肯定。截至2022年7月底，公司连续安全运行4679天。在企业安全文化建设与长效稳定发展方面取得了突出的成果。

公司积极加强对外交流，通过多种渠道宣传公司安全文化，扩大外部示范效应。公司作为广东省省级安全文化建设示范企业交流基地，在创建过程中富有特色的安全文化建设模式受到广东省安全协会的充分肯定和认可，每年有多家大型企业到公司开展安全文化建设现场参观和交流。近3年，来自广东省不同行业的40多家单位参观并学习了公司在创建安全文化示范企业中的先进做法和成功经验。

此外，公司还积极参与各项科普活动，以大众关注度较高的大气污染话题为切入点，通过科普展览、专业讲解、视觉宣传、现场答疑等形式，向观众分享公司超低排放、污泥耦合发电等工作成效，获得现场听众的点赞。公司荣获广州市最具潜力科普资源单位（2019）、广州市科普日活动支持单位（2020）、广东省安康杯竞赛优胜单位（2022）等称号。

2019年，"一带一路"新闻合作联盟短期访问班到访我司，采访调研"中国美丽电厂"先进的绿色环保理念和生产经营模式。中外媒体对公司先进的管理方式、安全发展理念以及现代化工业美与自然生态农业美完美融合表示由衷的赞许。

公司积极举办各类特色主题的公众开放日活动，邀请高校师生、社会群众、主流媒体等参观，让其零距离感受公司安全生产、绿色发展、职业健康方面取得的成果。未来，公司将继续发挥示范作用，坚持创新驱动、绿色发展的理念，做实"安全实训中心""多废处置中心""多能供应中心"商业模式，践行社会责任，加强对外交流，将企业打造成城市离不开的社会公益性环保电厂。

三、结语

公司安全文化建设虽取得了一系列成功，获得了很多荣誉，但企业安全文化建设是一项浩大且持久的系统工程，"没有最好，只有更好"。我们将继续努力，虚心学习其他单位的好经验、好做法，不断丰富企业安全文化建设，为公司稳健发展扬帆领航。

参考文献

[1] 张新宁. 加强安全文化建设，夯实电力企业安全生产基础 [J]. 现代国企研究，2015(22):236.

[2] 吴洪亮，王峰. 借鉴杜邦经验，强化安全管理 [J]. 现代班组，2015(11):26.

助力公司安全文化提升
核电厂管理巡视研究与实践

阳江核电有限公司　魏海峰　任军华　李　翔

摘　要：本文主要介绍了核电厂安全文化提升项目——管理巡视的相关定义、分类，管理巡视理论依据及管理巡视改进的目的和意义。通过分析研究确定了核电厂管理巡视的改进方向，以及具体的实践总结，为提升核电厂安全文化，提高核电厂管理巡视质量提供参考。

关键词：安全文化；核电厂；管理巡视；状态巡视；行为巡视

一、引言

核电厂安全文化是存在于单位与个人中的种种特性和态度的总和，它建立一种在一切之上的观念，即核电厂的安全问题由于其重要性得到应有的重视。公司始终坚持以核安全为生产活动的决策导向，树立"安全第一、质量第一"的思想，培育以核安全文化为核心的企业文化，持续提升核安全水平。通过一整套科学而严密的规章制度以及全体员工遵守程序和良好的工作习惯，在整个公司内形成有益于安全的工作环境和工作氛围。

公司主要通过领导力提升、管理体系改进、工作作风改进和专业技术改进等方面，将主动安全观渗透到安全管理的所有环节和所有行动之中，持续提升安全管理水平。公司管理巡视是安全文化持续提升的一个重要项目。公司高度重视管理者巡视的有效性，通过开展"领导在现场"活动，管理者对作业活动行为观察或现场状态观察，向员工示范正确行为，识别和推动问题解决，对管理巡视发现的问题制订改进行动，跟踪处理，形成闭环管理。公司还组织对管理巡视数据进行跟踪与趋势分析。

核电厂的安全稳定运行与核电厂管理巡视的数量和质量有着直接关系。核电厂的管理巡视不仅是一种简单的管理活动，更是一种例行的、必不可少的生产活动。良好的管理巡视依赖于一批掌握管理巡视原则、技巧和一定专业知识的人员（巡视者）通过在现场的巡视，以更多地了解现场实际情况，及时肯定正面实践、发现偏差和解决问题。

通过对国际先进管理巡视理论的学习和深入研究，经过全面调研，收集分析行业内相关良好实践，结合阳江核电厂工作的实际情况，经过分析后总结出了管理巡视的理论模型，明确了管理巡视的目的和意义，总结了管理巡视的执行标准和具体要求，同时通过管理巡视数据的收集与分析，提出了管理巡视的改进优化建议。本文将对以上内容进行详细的描述。

二、管理巡视的定义及分类

（一）管理巡视的定义

管理巡视是指管理者深入作业现场，执行管理职能，了解现场实际情况，及时肯定正面实践、发现偏差和解决问题的一种现场管理的作业方法。核电厂的管理巡视由于其特殊性，不仅是一种管理活动，更是一种生产活动。由于核电厂管理巡视的数量和质量直接影响整个核电厂的生产业绩，所以做好管理巡视对核电厂的安全稳定运行具有积极的意义。

（二）管理巡视的分类

管理巡视不同于现场专业人员的技术巡视，它侧重于对工作环境、现场状态、员工技能、员工行为、工作过程的观察和访谈，是对现场专业人员技术巡视的补充。管理巡视根据巡视对象和内容的不同，又分为状态巡视和行为巡视。状态巡视的巡视对象是设备、系统和环境，也就是物。而行为巡视的巡视对象是人，行为巡视又包括现场行为观察、干预、指导反馈。

三、管理巡视的理论依据及目的意义

通过对行业内相关组织单位的调研和信息收

集,目前国内外的各核电厂和核能相关行业组织机构都加大了管理巡视的研究,同时也形成了一些标准做法。在国外管理巡视称为 Manager in the Field (MIF) 或 Management Patrol。也有一些机构或单位称之为 Leaders In The Field (LITF)。通过对目前收集到的信息进行研究,同时结合核电厂管理巡视的运作情况,参考轨迹交叉理论的基本思想,提出了管理巡视的理论依据和分析模型。

(一)管理巡视的理论依据

轨道交叉理论的基本思想:事故的发生是许多相互联系的事件顺序发展的结果。这些事件概括起来不外乎人和物(包括环境)两大发展系列。当人的不安全行为和物的不安全状态在各自发展过程(轨迹),在一定时间、空间发生了接触(交叉),能量转移于人体时,伤害事故就会发生。轨道交叉理论模型在管理巡视原理方面的应用如图1所示。

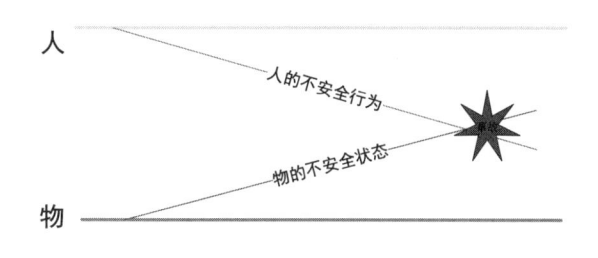

图1 轨道交叉理论模型

(二)管理巡视理论分析模型

为了确保核电厂能安全稳定运行,就需要保证人的安全行为和物的安全状态,即不发生人的不安全行为和物的不安全状态。

在核电厂的日常运作过程中,不发生人的不安全行为就是核电厂所有的员工都能按核电厂的标准、程序和巡视者的要求去严格执行各项工作。但实际执行上并不是这样,如果不加任何监督干预(管理巡视),则日常实践必然是随时间的推移会不断地出现人的不安全行为,即人的行为与期望的实践标准产生了下滑。为了防止这种下滑的产生,避免人的不安全行为出现,就要求巡视者进行及时、持续的干预。最有效的干预方法就是行为巡视。同时设备的状态(即物的不安全状态)也需要持续关注,不然设备的隐患不被识别就会持续积累扩大。对设备隐患及时排除的最有效方法是状态巡视。通过行为巡视和状态巡视保证安全裕度。从而预防人的不安全行为和物的不安全状态造成的安全裕度降低而导致的事件或事故。管理巡视原理分析模型如图2所示。

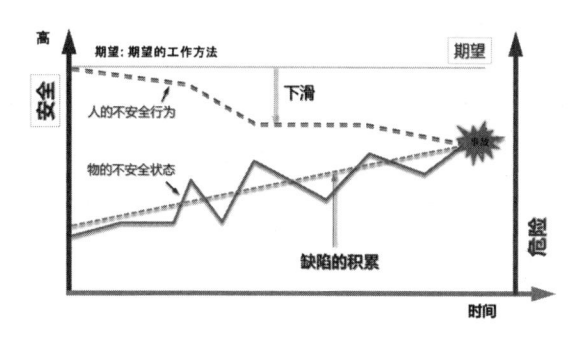

图2 管理巡视原因分析模型图

确保人的行为符合管理期望,是进行高质量的行为巡视的原因和目的。持续有效的管理巡视可以提升整个电站的生产业绩,有效避免事件(事故)的发生。管理巡视持续改进后的效果图,如图3所示。

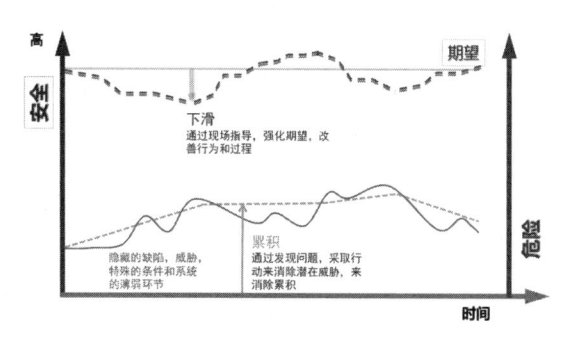

图3 管理巡视改进原理图

(三)管理巡视的目的及意义

核电厂的各级管理者可以通过行为巡视及时了解现场人员行为,发现偏差及时纠正改进。核电厂通过定期对行为巡视数据的分析发现共性问题,制定改进行动,提升核电厂业绩。同时行为巡视也可以使现场人员的意识、习惯得到改进,真正做到安全文化的提升。

四、管理巡视具体实践

(一)管理巡视主要步骤

管理巡视属于全体管理层持续进步的一项措施,应当在电站、部门和班组层面加以组织、实施与控制。管理巡视分为准备、实施、分析、改进与评估四个步骤,类似 PDCA 循环。

准备阶段是基础,是确保巡视质量的重要前提,要提前准备充分,熟悉标准和要求;准备工作包括选择观察范围和重新评定基准文件。公司在每年年初编制管理巡视年度计划,并标明巡视类型(状态巡视、行为巡视)。巡视计划要确保巡视内容有一定的覆盖面,也要突出重点,确保可预期的重要生产活动得以覆盖。管理巡视实施频率不应少于每月一次。管理巡视的质量往往取决于管理者对所观察活动的熟悉程度。管理者需要在确定的管理巡视执行前1—2天开始准备本次管理巡视,预先确定管理巡视内容、巡视对象,并准备相关材料和工具等。

实施过程中注意观察、记录良好实践和偏差事实。巡视者根据管理巡视准备的情况,关注巡视内容相关的工作背景、经验反馈、事件报告、异常通知单等内容,特别关注被巡视对象所在组织存在的薄弱环节。巡视者必须根据管理巡视内容相关的要求和标准(理解期望及重点),对现场实际情况进行梳理比对,尤其是重点关注项。观察事实的记录要客观,同时要具体、量化、清晰、准确、完整。

分析过程就是基于观察记录多问几个问题,拓展分析、升华分析,找出共性问题、根本原因。对于管理巡视发现的问题和缺陷,进行数据记录,并录入系统,定期进行大数据分析,识别根本原因,确认有无共模失效,并制定对应的措施。

基于根本原因制定行动,实施改进,通过闭环的持续循环,持续提升工作质量。定期跟踪巡视计划执行情况、纠正行动关闭情况,并对管理巡视开展有效性评估,评价其质量、有效性,并向核电厂管理层报告(闭环持续改进)。

管理巡视关键在准备、效果看实施、价值靠分析、改进要持续。

(二)状态巡视

状态巡视是对工作环境、现场设备状态的巡视。状态巡视发现的问题需要及时跟进处理,需要在管理巡视报告中提出具体的纠正行动、完成期限及责任人。对于管理巡视过程中已完成处理的紧急问题也要在巡视报告中记录、体现。为了规范和指引状态巡视,根据行业良好实践的学习,并结合公司的实际情况,阳江核电开发设计了状态巡视指引卡来规范状态巡视。偏差的规范化记录也方便后期的定量分析。经过梳理,状态巡视重点关注几个类别的偏差,类别和具体关注点见表1。

表1 状态巡视类别及具体关注点

序号	类别	具体关注点
1	厂房整洁 House keeping	关注整洁度
2	设备状态 Material condition	关注跑冒滴漏、设备及物料的状态
3	临时变更 Temporary modification	关注现场临时措施的状态和管理
4	辐射防护 Radiological protection	关注辐射防护沾污、设备设施等
5	消防 Fire protection	关注消防设备设施、可燃物等
6	工业安全 Industrial safety	关注工业安全危害因素等
7	化学 Chemicals	关注化学品和化学试剂的使用、存储和标签等
8	标签 Labelling	关注设备设施的标签?有无手写、有无非正式标识等
9	文件 Documentation	关注现场文件的有效性和合规性
10	其他 Other	仅关注现场防震管理、防异物(FME)管理

(三)行为巡视

行为巡视是对人员知识和技能、思想状态、行为及工作过程的巡视。管理巡视以行为巡视为重点,通过观察和分析人因失效模式,减少人因失误,改善行为绩效。行为巡视重点是现场行为观察、指导和反馈,一些特殊情况下还需要进行现场干预。

(1)在行为观察期间,巡视者应当尽可能保持中立,不考虑任何的评判,应当避免干扰到工作活动。管理巡视时巡视者在现场本身就是一种示范,巡视者的错误行为会扩展员工的错误行为,对非规范行为视而不见等于管理默许。行为观察本身只能改变被观察的那一两个人,要扩大影响力需要进一步造势、建立氛围。行为观察过程中要营造平等、尊重的气氛。在进行行为观察前需要与被观察者沟通,做自我介绍,同时说明本次行为巡视的目标和时间。巡视过程中要具体、不带判断地记录观察到的现象。对事不对人,有事实、有针对性、描述准确,不包含对人的评价。

(2)针对现场某一活动观察完成后,一定要对被观察者进行指导和反馈,否则将失去与被观察者非常好的交流过程,错失了引导其改进的良机。指导反馈包括正面反馈和负面反馈。根据国际先进经验,正面反馈和负面反馈最佳比例为4∶1,这个比例符合常人对他人评价意见的最佳接受状态。针对正面反馈,通过管理者的肯定,可以让被观察者感受到一种激励和表扬,引发内心愉悦,非常有利于强化、加强正面行为;针对负面反馈,不仅要指出问题,还要进一步沟通以获知被观察者产生错误行为的原因,避免误解;同时有利于找到根本原因并给予纠正。

(3)如各类评估检查工作一样,管理者本身不应影响现场活动,原则上不应该对现场活动过程进行干预、中断。但当危险一触即发、严重失误明显会发生和状态不可挽回时巡视者可以进行现场干预。但在干预时要控制风险,选择在干扰风险最小时和自检或"停想做查"后进行。同时尽量在机组没有风险时干预,还要确保不因为干预操作带来新的风险,特别是不可控风险。

(四)管理巡视观察指引卡设计及数据分析

通过对先进理念的研究、良好实践的学习,结合公司的实际情况,阳江核电厂自主设计了三张管理巡视指引卡(状态巡视指引卡、行为规范观察指引卡和安全规范观察指引卡)来指引和规范管理巡视活动。管理巡视指引卡实物如图4所示。管理巡视过程中巡视者要突出重点(工作中的重要部分和薄弱环节),且随时利用管理巡视指引卡记录所见、所闻,记录观察到的事实,不带个人观点客观如实记录看到的或听到的。状态巡视指引卡作为状态巡视辅助工具;行为规范观察指引卡和安全规范观察指引卡高度浓缩核电厂管理层面聚焦的行为规范、安全规范管理期望,作为行为观察的指引。

借鉴国内外行业的一些先进经验,阳江核电厂对执行后的指引卡数据录入管理巡视系统,并每半年进行一次数据分析。通过分析发现共模失效,定位根本原因,并根据数据分析结果制定了相应的改进措施。同时对整体分析结果进行宣贯提醒,后期的管理巡视对前面有反馈的重点项目加大了巡视力度。对出现偏差较多的项目制定了额外的纠正行动。通过对管理巡视数据的分析,实现了从事件分析向事件预防的过渡。在一定程度上消除了隐患,预防了事件的发生。

图4 管理巡视指引卡

五、管理巡视研究与实践的几点体会

经过近几年对管理巡视理论的研究,电厂管理巡视实际运作的跟踪,以及管理巡视数据的分析,有几点总结体会。

(1)公司管理巡视是安全文化持续提升的一个重要项目。做好公司管理巡视可以有效提升公司安全文化水平。

(2)对于管理巡视的理论研究和实践不仅适用于核电厂,也适用于其他类似行业、机构和单位。

(3)管理巡视中行为巡视要作为重点,占比要超过一半。

(4)管理巡视需要提前做好准备,避免随机性巡视。管理巡视的范围要全面,关注那些长期没有巡视过的区域和项目。

(5)管理巡视者本身要全面理解和把握核电厂管理期望要求,并在管理巡视过程中持续强化。

(6)现场行为巡视活动要与员工充分沟通,及时进行激励和指导,避免以"找问题"的心态进行管理巡视。

(7)对管理巡视数据进行定期分析,从组织层面对巡视效果、质量进行评估。

六、结语

公司高度重视安全文化持续提升，关注管理巡视有效性，通过开展"领导在现场"活动，管理者对作业活动行为观察或现场状态观察，向员工示范正确行为，识别和推动问题解决，对管理巡视发现的问题制定改进行动，跟踪处理，形成闭环管理。

通过对管理巡视的深入研究，从理论上明确了管理巡视的目的和意义，以及管理巡视改进的方向和措施。阳江核电厂经过深入的理论研究，内外部良好实践的学习，管理巡视实际运作的持续跟踪，总结出了管理巡视的理论模型及实际运作的标准，并对改进后管理巡视理念和标准进行了宣贯推广。行为巡视占管理巡视比例从改进前的不足50%，上升至改进后的73.5%。经过对阳江核电厂管理巡视优化改进项目的跟踪评估及管理巡视数据的定期分析可以看出目前阳江核电厂的设备可用率持续提高，人因失误率进一步下降。管理巡视的质量和效果稳步提升。管理巡视的持续有效开展，促进和保证了公司安全文化的全面提升。

参考文献

[1] International Nuclear Safety Advisory Group. Basic safety principles for nuclear power plants, 75-INSAG-12. Vienna: IAEA,1999.

[2] IAEA.No.NS-G-1.2 Safety Assessment and Verification for Nuclear Power Plants,2001.

[3] 国家核安全局. 核安全导则汇编[M]. 北京：中国法制出版社,2000.

[4] 郑北新,柴建设,邱丹. 核电厂管理巡视导则[M]. 北京：化学工业出版社,2014.

[5] 魏海峰,肖涛,李翔. 核电厂行为巡视实践[J]. 中国核电,2021,14(02):213-216.

[6] 隋鹏程. 伤亡事故分析与预防原理[J]. 冶金安全,1982(05):1-8.

[7] 罗春红,谢贤平. 事故致因理论的比较分析[J]. 中国安全生产科学技术,2007(05):111-115.

[8] 王哲,耿江海,魏鹏. 中核运行管理巡视实践[C]// 中国核学会核能动力分会核电质量保证专业委员会. 中国核学会核能动力分会核电质量保证专业委员会第十二届年会暨学术报告会论文专集.《核动力运行研究》编辑部,2014:117-121.

细耕文化沃土　根治安全顽疾

华润新能源（甘肃）有限公司　朱　冰　宋旭昇　宇　伟　张旭高

摘　要：文化是民族的血脉，是人民的精神家园。习近平总书记指出，文化兴国运兴，文化强民族强。对于企业来说，文化就是助推企业发展的软实力及核心竞争力。安健环文化作为企业文化的重要组成内容，是整个企业文化建设的生命及根本。按照马斯洛需求层次理论，人本质上是追求安全需求的，安全需求作为刚需，通过不断地满足—实现—追求—实现，循环往复，浓缩、升华到精神层面，就形成了安健环文化。因此，借助安健环文化的力量，发挥文化的导向、凝聚、辐射、同化和约束、激励等功能，引领全员参与安健环管理、预控风险、消除不安全因素，细耕安健环文化沃土，使全员形成共同的价值信念和行为准则，彻底把服从管理的"要我安全"转变成自主管理的"我会安全"，是根治安全顽疾的治本之策。

关键词：安全文化；需求层次理论；全员参与；预控风险；治本之策

一、安健环文化建设的意义

传统安健环管理工作一般都是基于事故管理的被动型、经验型的作业驱动型管理，通过事故调查、分析原因、制定措施，来进行"亡羊补牢"式的事后管理。头痛医头、脚痛医脚，习惯于对安全管理措施、技术措施的"装修"与"补强"，安健环管理手段缺乏科学性、系统性、前瞻性，长此以往，无论经营管理者还是从事安健环管理的专职人员都疲于应对，管理自信、制度自信受到极大冲击。

对于企业来讲，任何可以预防控制人身伤亡和财产损失事故的机制得到全员的认同，任何管理措施得到全员不打折扣的执行，任何规章制度全员能做到有章必循，那么就会做到"一切风险皆可控制，一切事故皆可避免"，这就是企业安健环文化建设的根本目的和核心任务的出发点，也是建立安全生产长效机制的治本之策。

安健环文化建设就是通过教育、宣传、奖惩、创建群体氛围等手段，集个人和集体的价值观、态度、能力和行为方式为一体，形成最大程度地保证工作效率和安全系数在临界点以内稳定状态的共识及行为准则。利用文化的力量，发挥文化的导向、约束、监督、指导、同化、凝聚、激励功能，内化于心、固化于制、外化于行，引领全员参与安全管理、预控风险、消除不安全因素，把服从管理的"要我安全"转变成自主管理的"我要安全"，为企业安全可持续发展提供思想保证和精神动力，是企业建立安全生产长效机制的总体纲要、行动指南。

二、安健环文化建设的思路

坚持以《企业安全文化建设导则》为总体架构，确立全体员工共同认可并共享的愿景使命、管理方针、战略目标和管理理念等，全方位、多维度地综合考虑、整体部署，在有感领导的安健环承诺下，安全价值观得以树立、安全绩效不断提升。

建设坚持"以安全塑文化、用文化保安全"的原则。安健环文化建立必须尊重人、关心人，以人为本，体现人文思想、弘扬人本主义、彰显人性理念，以人的安全和职业健康为出发点和落脚点，使大家找到归属感，最终形成安全管理"命运共同体"，培植有效控制安健环事故事件的自信心。

坚持持续改进的原则。安健环文化的建设不能一成不变，要不断总结、不断深入、浓缩精华、与时俱进，要从细微的异常中发现问题、探索规律、总结改进，充分依托全体员工的智慧、力量和主人翁意识，不断追求卓越的安全绩效。

坚持全员参与的原则。"正确的决策来自众人的智慧"，安健环文化是个人和集体的价值观、态度、能力和行为方式的综合产物，建设过程中要充分沟通，利用"集体智慧"，将众人意见及建议整合为最佳总体决策，从而形成统一的道德价值观、遵纪守法的思维定式、遵守规章制度的习惯方式和自觉行动。

坚持与企业文化深度融合、相辅相成的原则。安健环文化要深度融合企业文化的整体脉络，相辅相成、相得益彰、形成共识，要综合企业的经营发展进行广泛深入的融合，从思想、精神层面上进行统一，不能背离企业文化而各自为政。

坚持激励约束原则。要充分尊重全体员工的发言权、批评权和建议权，积极推行权责利一致的正向激励措施与反向约束相结合，从正面引导员工，鼓励全员参与安健环管理，变被动接受管理为主动遵守，变习惯性违章为习惯性守规，使全员在激励作用的正向引领下，形成"人人讲安全、人人抓安全、人人管安全"的共同管理氛围。

坚持制度管人原则。管理制度是各项安健环作业活动合法合规的基础，是制度管人、流程管事的前置条件，制定覆盖全业务、全流程的安健环规章制度，并持续改进，各项作业活动必须严格执行制度、自觉维护制度的严肃性，在执行的过程中坚持"零容忍"原则，杜绝"两张皮"的现象，对违反规章制度的行为必须追究责任。

三、安健环文化建设的途径

（一）发挥安健环文化的导向作用，安健环履职尽责全覆盖

安健环文化体系建设要构建覆盖决策层、管理层、操作层的责任文化体系，通过对价值取向、责任取向进行正向引领，从观念转变、意识更迭、态度指正、行为规范等方面统筹考虑，健全涵盖全业务的安健环责任管理制度，明确EHS责任清单，全员层层签订目标责任书，确保全员安健环履职尽责内化于心、外化于行，共同营造人人关注安全、人人参与安全、人人监督安全的浓厚氛围，形成"我的安全我负责、别人的安全我有责、企业的安全我尽责"的履职担当新风尚。

针对责任清单明确的履职尽责规定动作，要从责任落地着重考量，通过发放责任手册、建立责任文化墙、会议宣贯等手段，宣传安健环文化、提醒各级人员牢记岗位职责、实时自省安健环规定工作完成情况，并在履职尽责过程中强调过程留痕，倒逼责任落实，确保各级人员记好"责任账"、种好"责任田"，做安健环履职尽责的明白人。

（二）发挥安健环文化的约束作用，安健环管理固化于制

先进的思想和文化只有融入制度中才会发挥巨大的力量，安健环文化体系建立要有管理制度、奖惩依据作为基础支撑，要建立覆盖全业务、全流程的管理体系制度架构，规范化、制度化、标准化地编制、发布、培训、宣贯制度，建立自我约束、持续改进的内生机制，作为指导、约束安健环各项活动的行为准则和道德规范，确保建立的安健环文化体系有章可循。

在制度运行过程中要坚持"制度管人、流程管事"的原则，以安健环文化来沟通员工的思想感情，最大程度定量化制定管理内容，持续全面开展制度宣贯培训，专人监督检查制度执行，从而使员工对企业的安健环规章制度、操作规程等产生认同感，形成强烈的安全使命感和能动性，确保制度看得懂、用得上，消除制度"稻草人"现象，确保建立的安健环文化体系有章必循。

（三）发挥安健环文化的监督作用，安健环监督"零容忍"

要充分发挥安健环文化在唤起员工监督意识，号召全员群策群力、群防群治解决制约安全发展的作用，按照"策划、实施、检查、改进"的原则，以全员查摆隐患为基本途径、隐患登记建档为主要形式、治理目标跟踪监督为核心内容、及时控制和消除事故隐患为根本目的，建立安全隐患"零容忍"监督检查机制，隐患整改严格按照"定责任、定措施、定时限、定资金、定预案""五定"要求落实闭环管理。

（四）发挥安健环文化的指导作用，安健环风险管控"零死角"

安健环文化建设要着眼于风险事前管理，做到预防为主，变"亡羊补牢"为"关口前移"，防患于未然。要将"基于风险"纳入安健环文化意识建设，引导、启发全员开展风险自辨、自评、自控和隐患自查、自纠、自改，制定科学合理的风险辨识评估程序、划分安全风险等级、建立安全风险清单、绘制安全风险图，按照安全风险"分类、分级、分层、分专业"管控的原则辨识、评估风险，并加强风险动态管控，及时调整风险等级和管控措施，确保风险和隐患处于受控状态，做安全管理的"明白人"。

要强化风险评估结果在指导现场作业中的运用，要将评估结果作为编制应急预案、三措两案等的重要依据，确保风险管得住。要充分利用标准作业程序(Standard Operation Procedures, SOP)、工作安全分析（Job Satety Analysis, JSA）、计划工作观察

(Plan Job Observation, PJO)等风险管控工具,多层级、"零死角"监控现场作业,紧盯高风险闭环管理。要将安全技术交底、工前会等事前管控措施做实做细,做到"风险早知、管控前移、防范化解、消除隐患",确保"人人懂风险辨识、人人知岗位风险、人人促管控措施落地"。

(五)发挥安健环文化的同化作用,筑牢安健环基础防线

安健环文化体系建设要把筑牢"三基"作为重中之重,将安健环文化的力量注入班组建设,突出理论灌输、理念渗透、理念引导、理念同化,班组自主管理、自主学习、自主改善,练内功、健肌体,激活神经末梢。推行"比、学、赶、帮、超"的安全文化带动机制,通过"请进来、走出去",班组间"互帮互助、互学互查"不断对标先进班组,先进带动后进,少数带动多数,同频共振、共同提高。

相关方作为作业活动的重要参与者,对安健环文化的建立及落地缺一不可,要纳入安健环文化的重要组成部分,实施一体化管理,统一标准、统一会议、统一培训、统一管理。相关方全员、全过程参与到安健环会议、安健环教育培训、安健环活动中来,促使相关方人员在管理实践中认同安健环文化理念和行为准则。让安健环理念扎根于相关方安全履约意识中,增强相关方人员的归属感与亲和力。

(六)发挥安健环文化的凝聚作用,安健环教育培训入心入脑

积极营造"人人学安全、人人会安全、人人管安全、人人要安全"的良好氛围,以安健环教育为主阵地,按照"安全管理就是技术管理"的培训理念,将共同的安健环文化愿景、战略目标、管理理念纳入教育培训,统一规划、分级实施,制订教育培训计划,采用内训与外训相结合、理论与实践相结合、案例与实操相结合的方式,定期开展教育培训,以安全月、职业病防治宣传周、世界环境日等活动开展为契机,多措并举,寓教于乐,促使安全意识潜移默化地渗透到每个人的心中,培养员工遵章守纪的自觉性,从而形成共同的安全价值观和行为准则。

在安健环教育培训的实施中,各级领导履职尽责、齐抓共管、形成合力,领导带头开发专业课件,从安健环文化宣扬、法规宣贯、制度落实、专业技能传授等方面开展系列培训,通过现场有奖提问、在线考试等方式现场检验评估培训效果,不断提升全员安健环技能水平,通过教育培训把员工牢牢地凝聚在一起,形成共同的文化观、价值观、发展观。

同时大力实施"人才兴安"战略,不断加强安全生产专业化队伍建设,提升基层EHS监督专业化能力,鼓励全员报考注册安全工程师、消防工程师等安全专项证书,并强化责任担当、发挥人力支撑,凸显安全生产综合监管作用。

(七)发挥安健环文化的激励作用,有效激发全员安健环管理能动性

积极推行权责利一致的正向激励措施,把员工利益与安全贡献直接挂钩,调动全员参与的主动性和自觉性,转变以罚促改的管理理念,激发"正向发力"效应。让对安健环工作有智力支撑、技术推进、绩效提升的员工劳有所得,干有所值,激发全员安健环工作满意度,提高获得感、追求幸福感,在安健环文化体系建设中心往一处想、劲往一处使,安健环文化落地才能无往而不胜。

四、结语

"君子安而不忘危,存而不忘亡,治而不忘乱"。安健环工作任重而道远,只有起点没有终点,对待安健环工作要抱有信心,只有满怀自信坚持安健环文化体系建设不动摇,对标国际先进的安健环管理实践,始终坚持与时俱进、持续改进,不断创新、丰富安健环文化载体和强有效的运行保障机制,以文化促管理、以管理促安全、以安全促发展,做到骨子里的文化自觉,才能真正实现"零伤害、零事故、零缺陷、零碳企业"的安健环目标。

加强党建工作
深入推进企业安全文化发展

中广核新能源投资（深圳）有限公司内蒙古分公司　靳晓东　李晓宇　苗宝平　樊振海　朱　杰

摘　要：政治建设和思想建设在党的建设中具有积极向好的引领作用。对于企业的理论水平和工作质量的提升，有着重要的意义。电力企业安全文化的发展，需要扎实有效地将党建工作融入其中，为企业的安全文化发展提供坚实的理论基础，形成以高质量的党建推动高质量安全文化发展的良好局面。

关键词：党建工作；安全文化；企业

一、引言

企业安全文化建设是企业发展的重要因素，加强党建工作是提升电力企业安全文化发展的重要手段，更是企业安全文化发展的一个重要的硬性要求。加强党建工作，发挥思想政治工作的作用，不仅能够引导员工树立安全文化意识，且能够促进员工积极参与企业组织的安全文化推进建设，提高员工整体认知，对于深入推进企业安全文化发展有着积极作用，也是党建推进安全文化发展的重要途径。

二、以党建工作引领安全文化建设

（一）加强党建工作，提高员工工作安全思想意识，为企业安全文化建设提供基本保证

以传统的电力企业工作现场为例，电站过于注重现场人员技能水平，而忽略了现场人员的安全思想教育，出现了现场党建引领安全文化建设工作落实不到位的问题。企业要强调基层安全文化建设，引导员工树立安全文化工作意识，有积极参与建设企业安全文化的思想意识，可以通过现场党员同志发挥带头作用，以党建引领为基础，党支部开展"遵守安全生产法，当好第一责任人"安全生产月主题活动，深入学习安全生产月活动方案和安全生产事故警示案例，党员讲授安全课，党支部全体员工在安全横幅上签署自己的名字，许下承诺，将个人行为与安全生产工作紧密相连，增强员工安全从业意识。从基层党组织抓起，从底部发力、从根基发力，全面提高安全文化发展质量。同时，加强企业领导干部自身修养和防范市场风险能力，从根本上为企业各项党建活动的顺利实施提供思想和行动可行性的保证。

（二）深化党建工作，关爱员工心理健康，构建安全文化体系，为企业安全文化建设提供坚实保障

在企业的安全文化建设方面，按照"党支部建设到现场、党组织文化渗透到基层、党员覆盖到班组"的原则，以党支部牵头为基础，构建员工安全文化理念体系，充分发挥党建引领、党员先进模范引领，丰富员工生活和团队凝聚力，通过对员工开展思想教育、安全文化宣传和企业文化熏陶等党建活动，帮助员工树立健康向上、积极乐观的心态。以学习安全文化为契机，形成共同的人生价值取向和安全文化共鸣感，提高员工安全意识和基本安全素养，牢固树立"安全第一，预防为主，综合治理"理念，以党建引领安全文化建设，使得企业从基层到机关安全观念深入人心，企业上下逐步形成良好的安全文化体系，为深入推进企业安全文化建设打下坚实的政治基础。

此外，安全文化的建设要根据国家经济发展趋势和企业安全发展相结合，党工团要根据形势变化，调整安全文化导向，开展创新员工健康关爱活动，企业内部组织员工运动会，引导员工积极参加，运动会会歌以员工自我编曲投稿的方式，可以让员工在歌声中回忆起自己与企业、与国家共同成长的故事。再以团体和个人的运动项目比赛提升员工凝聚力，增强作为企业员工的归属感和荣誉感，更加坚定自我为祖国清洁能源事业奉献青春、奋斗不止的理想

情怀。同时，还可以有效地缓解员工疲惫状态和紧张心理，消除现场工作不良情绪，提升员工心理健康素质，将企业安全文化建设体系提升一个台阶。

(三)创新党建工作，安全管理观念意识常更新，为企业安全文化建设提供重要内容

弘扬安全文化内容宣传主旋律，需要在党建工作方面有创新性突破。形式上要有所创新，积极发挥党支部带动优势，坚持党建工作与安全文化建设同部署、同推进，既要注重传统的安全文化培训模式，又要跟紧时代步伐进行现代化的互联网宣传，通过抖音小视频、微信公众号、融媒体传播等多种形式传播安全文化理念。成果上积极创新，推行安全文化宣传奖励和安全隐患闭环治理奖励制度，注重实际成果的孵化，强化安全可视化系统和智能运维系统建设，进行有效的安全文化培训教育，党建引领，组织开展日常安全细节规范纠偏、安全信息共享、安全工前小视频和安全文艺演出等特色安全文化活动，形成润物细无声、潜移默化发展的长效机制，全面、深入、多渠道地调动全员参与安全管理的主观能动性。

另外，安全管理观念意识必须保持常更新状态，跳出传统的安全管理思维，树立在党建引领下的安全管理体系新观念，可以效仿部分党支部在现场开展的风电场治理联合攻坚会，创建"无故障风电场党员突击队"和"党员攻坚克难突击队"，帮助部分风电场解决风机难点痛点问题，做到哪里需要整治、哪里需要攻坚克难，哪里就有我们突击队，充分发挥管理骨干的先进带头作用，紧盯风机不利因素，把控现场作业的风险和质量，坚持隐患排查整改和安全文化应急演练，形成安全文化发展常态化机制，将其视为政治任务并落到实处。电力企业作为国家基础产业，在安全生产管理工作中要避免被动的事故追究，把安全的根源作为切入点，应用现代科学知识和工程技术，研究、分析生产系统和作业中各环节存在的不安全因素，建立以预防为主的现代安全管理模式，促使安全文化建设内容不断完善，管理水平和经验不断提高，保证企业的安全文化可持续发展。

三、党建引领安全文化建设的路径

（一）发挥党的思想优势，深入推进企业安全文化发展体系的构成

企业党组织要充分利用党建活动的组织和思想优势，发挥在安全文化建设过程中的思想引领作用。

建立健全文化宣传机制，顺应互联网发展带来的便利，开展线上线下党建工作活动，有利于渲染安全文化积极向上的氛围，引导员工在安全生产作业过程中严谨细实的工作作风，使安全生产与安全文化宣传的理论和实践相结合。党的思想引领安全文化建设归根结底就是通过党建工作活动将安全文化建设要求转化为党员先锋队和员工的自觉性行为，使员工能够积极主动对企业安全文化进行深入的理解和完善，提高企业安全文化的影响力，促进企业安全文化体系发展。

（二）发挥党的民主监督优势，把安全组织管理措施落实

安全管理制度要发挥党组织在其中的监督作用，落实安全责任制度，认真检查各项安全管理制度。通过党建工作促进员工明确管理细则，避免出现安全管理上下沟通不及时、管理存在隐患漏洞无人监督、安全管理制度不落实、安全管理责任不到人、情大于法的情况。模棱两可的态度、责任不落实的管理制度必然会造成安全事故，事故之后再处罚、再反思、再整改，很难挽回损失，会对个人及企业造成不小的影响。所以，要充分发挥党的民主监督制度，把党建的思想政治工作纳入管理人员的业绩考核内容，形成监督制度的考核体系，把安全生产工作和安全文化建设宣传的好坏作为各级管理人员和其所在部门、场站能否被评为优秀的主要条件，让管人、管事、管思想充分结合，保证在党的领导下、在党的民主监督下，做好导向、发挥作用，把"安全第一，预防为主，综合治理"的安全管理措施有针对性地落到实处。

（三）发挥党的理论优势，构建企业安全文化发展的良好氛围

企业的安全文化是坚持在党建工作引领下逐渐形成的，是企业在安全生产中微观意识和企业员工安全行为方式的基础建设，是安全价值观和行为准则的综合反映。当然，每个企业都有不同的文化特点，各级党组织开展的党建工作，一定要顺应社会变化，把握好企业安全文化的主脉搏，做好导向工作，把党的理论优势发挥到极致。继承和发扬过去总结的经验，与时俱进、积极创新，借鉴先进做法持续改进，用理论知识武装头脑，建立健全企业安全文化体系，创造良好的文化氛围。

四、结语

思想是行动的先导。只有思想到位，在思想上

引起重视，行动才会自觉，执行起来才会坚决果敢。在安全文化建设和安全生产管理的实践过程中找准切入点，坚持党的领导、坚持创新思维，从员工思想认识上入手，从员工心理健康教育抓起，深入研究党建工作的创新方法。在安全管理制度上保证厘清党建工作思路，丰富党建工作内容，顺应时代发展要求，建立健全安全文化体系，为安全生产保驾护航，打造良好和谐的安全文化氛围，使党建工作具体体现于每个员工、每项活动，能更加深入推进企业安全文化发展。

参考文献

[1] 林英. 用党建引领企业安全文化建设 [J]. 企业文明, 2018:(09):69-70.

[2] 张冰. 党建带动公交企业安全文化建设的探索 [J]. 城市公共交通, 2021:(09):25-26.

[3] 赵晓勇. 党建工作在企业安全生产管理中的探索与应用 [J]. 科技创新导报, 2012:28):209-210.

安全引领 文化铸安
第四届企业安全文化优秀论文选编
（2022）
下

应急管理部宣传教育中心
《企业管理》杂志社 编

企业管理出版社
ENTERPRISE MANAGEMENT PUBLISHING HOUSE

图书在版编目（CIP）数据

安全引领　文化铸安．第四届企业安全文化优秀论文选编：2022．下／应急管理部宣传教育中心　《企业管理》杂志社编．—北京：企业管理出版社，2023.8
ISBN 978-7-5164-2880-1

Ⅰ．①安⋯　Ⅱ．①应⋯②企⋯　Ⅲ．①企业安全－安全文化－中国－文集　Ⅳ．①X931-53

中国国家版本馆CIP数据核字（2023）第154459号

书　　名：	安全引领　文化铸安：第四届企业安全文化优秀论文选编（2022）下
书　　号：	ISBN 978-7-5164-2880-1
作　　者：	应急管理部宣传教育中心　《企业管理》杂志社
责任编辑：	杨慧芳
出版发行：	企业管理出版社
经　　销：	新华书店
地　　址：	北京市海淀区紫竹院南路17号　　邮　　编：100048
网　　址：	http://www.emph.cn　　电子信箱：314819720@qq.com
电　　话：	编辑部（010）68420309　　发行部（010）68701816
印　　刷：	河北宝昌佳彩印刷有限公司
版　　次：	2023年8月第1版
印　　次：	2024年4月第2次印刷
开　　本：	880mm×1230mm　　1/16开本
印　　张：	31印张
字　　数：	917千字
定　　价：	580.00元（上、下册）

版权所有　翻印必究　·　印装有误　负责调换

编审委员会

主　　任

支同祥

副 主 任

郭仁林	王仕斌	董成文	李凤超
裴正强	王玉成	何银培	刘文智
刘三军	尹志立	安　亮	曾繁礼
武东文	周桂松	李　峰	张　峰

委　　员（按姓氏笔画排序）

马晓虎	万红彬	王　黎	王东武
王国华	王彦红	冯振华	华　锐
刘三军	刘文龙	阮小峰	闫继杰
李　明	李　爽	李传磊	苏　华
宋晓玲	杜晓辉	张志斌	罗非非
赵　勇	高宇龙	唐仕政	梁　忻
廖志民	潘　玮	薛　峰

主　　编

董成文　郭仁林　梁　忻

编辑人员

吕　慧	胡春梓	郑　雪	郭　利
郁晓霞	丁连军	历一帆	杜　凯
杜青晔	杨芸榛	许　闯	郭一慧
刘　艳	尚　彦	张现敏	李瑞华
富延雷	任珈慧	倪欣雪

前　言

习近平总书记在党的十九大报告中提出："树立安全发展理念，弘扬生命至上、安全第一的思想，健全公共安全体系，完善安全生产责任制，坚决遏制重特大安全事故，提升防灾减灾救灾能力。"习近平总书记在党的二十大报告中进一步提出："推进国家安全体系和能力现代化，坚决维护国家安全和社会稳定"，强调"坚持安全第一、预防为主，建立大安全大应急框架，完善公共安全体系，推动公共安全治理模式向事前预防转型。""推进安全生产风险专项整治，加强重点行业、重点领域安全监管。"

习近平总书记关于推进国家安全体系和能力现代化的一系列重要论述为企业安全生产工作指明了方向。为了全面落实新《安全生产法》，贯彻"安全第一、预防为主、综合治理"的治本之策，扎实有效地开展安全宣传"五进"工作，着力普及安全知识、培育安全文化，落实企业安全生产主体责任，应急管理部宣传教育中心联合国务院国有资产监督管理委员会主管的《企业管理》杂志社，在成功举办前三届论文征集的基础上，于2022年5月至8月开展了"第四届企业安全文化优秀论文征集活动"，旨在通过总结发布我国企业安全文化培育的最新实践成果，更好地发挥企业优秀安全文化的引领示范作用，促进企业安全文化建设水平迈上新台阶。

自本届全国企业安全文化论文征集和评选活动启动以来，共收到全国811家企业提交的1265篇论文。通过初审、复审、专家评审等流程，最终评选出一等奖58篇、二等奖108篇、三等奖186篇。主办方从中精选出306篇具有代表性的优秀论文，汇编成《安全引领 文化铸安：第四届企业安全文化优秀论文选编（2022）（上、下册）》（以下简称《论文选编》），由企业管理出版社出版发行。

本册《论文选编》凸显了中国式安全文化特色，体现了现阶段我国企业安全文化建设取得的成绩和发展方向，反映出我国企业安全文化建设取得了显著进展。《论文选编》注重理论与实践相结合，聚焦安全文化在落实全员安全生产责任制、安全风险分级管控和隐患排查治理双重预防机制、安全生产标准化与信息化建设及安全生产投入保障等方面具有的理念引导、思想保障、行为规范的基础性作用；《论文选编》题材全面、丰富，内容涵盖安全文化体系建设、安全文化管理、安全文化落地、安全文化品牌、安全文化影响、安全文化与安全管理融合发展等各个方面；《论文选编》涉及的行业广泛，涵盖电力、煤炭、冶金、化工、建筑、矿山、交通等国家重点监管的高危行业。可以说，《论文选编》汇集了当前我国企业安全文化建设的最新实践，是我国企业安全工作者不断探索创新取得的丰硕成果。

应急管理部宣传教育中心和《企业管理》杂志社高度重视论文征集活动，为《论文选编》结集出版工作提供了全面的指导和帮助。主办方邀请应急管理部政策法规司原司长支同祥担任编委会主任。应急管理部宣传教育中心领导多次组织权威专家就论文评审和文集编辑工作开展研讨。《企业管理》杂志社组织精干力量，为论文评审、出版协调提供了坚实保障。与此同时，论文征集工作也得到了企业界的广泛支持，中核集团、中国石油、中国石化、中国海油、华能集团、中国大唐、中国联通、中国移动、鞍钢集团、中国宝武集团、中国通用技术集团、中国建筑、华润集团、中国化学、中国铁建等大型企业积极组织推荐高质量论文。论文集出版也得到了企业管理出版社有关领导和编辑同志的大力支持。在此，向所有为本书付出心血和努力的同志们表示感谢！

"十四五"时期，党和国家把安全生产提升到了新的战略高度，要求在坚持人民至上、生命至上的基础上，进一步统筹好发展和安全两件大事。对此，安全文化论文征集活动和《论文选编》编纂出版工作，将充分认识新时期我国经济高质量发展与安全工作的紧密联系，深入领会"健全国家安全体系"和"增强维护国家安全能力"的精神实质，认真贯彻落实党的二十大报告提出的"建立大安全大应急框架"对企业安全管理工作提出的的新要求，紧紧围绕"完善体系、预防为主、专项整治、提升能力"开展工作，推动企业更加精准防范化解重大安全风险，更加有效应对处置各类事故事件，以高水平安全服务高质量发展，以新安全格局支持新发展格局，加强企业安全生产治理体系和治理能力现代化建设。广大安全生产工作者要进一步提高政治站位，严把安全关口，履行主体责任，持续加强安全文化建设，把安全发展理念落实到企业经营管理全过程，努力实现安全、高质量、可持续发展，为全面建设社会主义现代化国家提供坚强安全保障。

编 者

2023 年 6 月

目 录

三等奖

"五严五讲、三敬畏"安全管理理念　推动班组安全文化建设向纵深发展
　　　　　　　　　　　/ 杨　帅　欧阳广勇　李鹏飞　郭黎明 003
通过"安全精细化"形成"上善若水，由心而安"的安全文化
　　　　　　　　　　　/ 王　钰　姜建国　潘跃彩　赵阳波 007
提升子公司安全管理穿透力　打造安全文化标杆企业 / 盛立刚　孙　恺　潘玉婷　闫　震　徐　欣 010
粮食仓储企业安全生产管理及应对措施研究 / 曾现斌　王正建　朱海军 013
安全文化建设与现代企业安全实践管理研究 / 杨　智　王永旺　陈欢仁　王俊林　杨　植 015
新白马公司安全文化建设历程研讨 / 何建强　张晓华　何　莉　郭　庆　李　波 018
安全文化理念与实践创新　安全文化领域与事故预警技术结合实践的可行性论述 / 盛　祥 022
浅析班组安全文化建设的现状及落地路径 / 娄晓晓 025
论企业安全理念的形成 / 李祥源 028
安全生产流程化管理建设的实践探索 / 彭许光　连晨帅　冯　霞　张思雨　师艳婷 031
新时代企业安全文化建设"五位一体"对策 / 向　铭 034
浅谈安全文化建设中存在的问题及整治对策 / 李成新　李　进　王　巍 037
敬畏安全　敬畏规章　深入开展企业安全文化建设 / 李　勇 039
"文化引领　基础保障　行为规范"安全管理模式的构建
　　　　　　　　　　　/ 王建春　李永刚　李晓渊　李泽豪　李　明 042
浅谈建筑施工企业安全文化建设在安全管理中的作用 / 李　杰 045
浅谈安全氛围的形成 / 刘　晨　刘　辉　赵文利　张　彭　裴鑫峰 047
房地产开发企业的安全文化示范管理 / 吕万宁　付冉冉　王　盾　赵树鹏　王志超 050
浅析企业在安全文化建设中如何做好安全生产标准化工作
　　　　　　　　　　　/ 王小勇　张　清　周颜忠　张　军　顾　峰 057
浅论安全文化理念与实践创新 / 蒋昭科 062
新形势下企业安全文化建设要点探讨 / 刘　鑫　张吕锋　刘　波 066
企业安全文化体系的探索和构建 / 宗迎军　黄建忠　蔡晨豪 069
云铝文山班组安全文化理念与实践创新 / 张崇莎　毕先玺　邓正元　佐川军　陆家普 072
企业安全文化建设对安全行为的影响 / 鲁　梅 075
发挥思想政治工作优势　打造企业安全文化软实力 / 胡海鹰 078
企业安全文化实践与创新 / 窦　颖　陈会波　陈晓晨　王栋胜　马　妍 081
加强企业安全文化建设的重要意义及实施策略 / 张振夫　赵　莹　张　勇　孙会朝 084

标题	页码
中粮生物科技安全文化理念与实践创新 / 王　宽	087
安全文化建设在企业中的重要性及带来的隐性收益 / 丁会娟	090
持续推进安全文化创建　不断追求人的本质安全化 / 马敬环	093
关于企业安全风险管控文化建设的研究 / 石晓亮　吴晓露　郭福宝	096
企业安全文化宣贯传播的研究 / 张伟云　吴　杰　许子义　成奕佳	099
运用安全激励促进企业安全文化建设 / 王世坤　陈亚波　徐广强　栾　涛	103
基于AI图像智能识别技术促进啤酒行业的安全文化建设提升 / 邱德华　张　鹏　史锦辉　禹　建　李冬阳	106
安全文化引领　夯实两基一线 / 赵　波　杨　威	110
以人为本　生命至上　安全第一　构建具有金控特色的安全文化理念体系 / 徐晓东　耿　硕　冯　哲　章连明	113
基于班组安全标准化建设的安全文化创新实践 / 姜正祥　胡林星	117
建设安全文化，让安全成为一种习惯 / 何　苗　植国华	120
基于安全文化视角的北京市森林防火工作建设探讨 / 张克军　刘寒月　高　健　朱　林	123
打造科研院所"四位一体"式安全文化体系 / 史晓慧　宫　博	126
论物联网技术在企业安全文化建设中的应用 / 宋　柳　陈雪华　陈锐潮	129
"查细节、明规范、定措施"——夹江港华燃气安全文化细节管理规范化 / 丁洪江	131
浅述安全文化在企业技术创新上的推动作用 / 吕士聪	133
从燃气用户端安全抓起　推进本质安全文化建设 / 刘长民	136
构建中南装备的安全文化体系 / 陈　浪　郑　军	139
以安全文化为引领的军工科研院所"八位一体"安全管理模式探究 / 赵方方　杨继超　李瑞武　郭小辉　王　虹	142
浅谈"三不一鼓励"班组安全文化建设与应用 / 郝　伟	145
安全文化在煤矿生产管理中的建设实践思考 / 刘　鑫	148
全面推进企业安全文化创新　努力打造本质安全型矿山 / 姜　琳　邱荣欣	151
简述金属非金属露天矿山企业相关方一体化安全文化建设的主要思路和实施步骤 / 刘辰昇　刘言明　袁　辉	154
用"学述做"践行班组安全文化 / 张吉亮　巩守防	157
新时代党建引领下的煤企安全文化建设思考 / 王奕明　昝银忠　孙东诞	160
"忠孝"安全文化理念 / 徐西义　巩春江　王献军　董相斌　李树根	163
安全文化理念形成的实践与创新 / 杨晋沛　何玉峰　张　彦	166
坚持以人为本　构筑本质安全 / 黄水龙　陈　波	170
"一本三力四化五型"安全文化建设模式的探索与实践 / 郑向民　郑卫华　洪文涛　范强强　范碧龙	172
浅谈"尽职免责"在现代企业文化中应用的必要性 / 陈先强	175
设计单位牵头工程总承包项目安全文化建设探索 / 张克灏　孟祥超	178
浅谈建筑工程安全文化及安全行为管理 / 王　刚　于仁卓　马大杰　王永红　张海洋	181
浅谈混凝土搅拌站安全文化创建 / 余国祥　张　波	184
提高项目安全管理，助推企业安全文化建设 / 张　超　黄　均	188

目 录

班组安全文化建设的探索与经验 / 刘 军 陆仕安 陈有明..192

突出"五个重点"多维度建设安全行为文化 / 夏明干 赵连峰 董 彬 华 桐..................................195

安全文化建设在企业安全管理中的应用新探 / 廖堂美 雷碧梦 黄相桥 孙 思 郑 娅..................198

关于新时期下城市轨道交通安全文化建设研究 / 王晓强..201

筑牢安全思维 深化安全文化 助力轨道公司实现安全生产标准化建设 / 董 军..................204

公司安全文化在钢板桩围堰施工现场管理实践 / 胡 涛 蒋金平 李 佟 李世玉..................207

浅谈施工企业安全文化在影响个体安全行为中的应用分析 / 史 宁 李 妮..................211

CDSY 公司安全文化建设管理探索 / 李红辉..214

"四个深化"推进铁路基层站段安全文化建设上水平 / 周芙蓉 陈 斌..................217

基于安全行为的企业安全文化建设 / 王卓伟 才志国 赵文元 于 勇 常 荣..................220

浅谈铁路企业安全文化示范点建设 / 杨 贺..222

以安全思想教育为引领 推进新时代铁路企业安全文化建设
　　　　　　　　　　　/ 李良伟 陈 曼 高 天 明建豪 王 勇..................224

厚植特色安全文化 筑牢高质量发展根基 / 徐永利 高孝清 贾 亚 冯世新 罗 浩..................227

创新企业安全文化建设的探索与实践 / 罗歆艺 刘永华 许可春 刘省顺..................230

采取"3+1+1"模式对青年职工进行安全理念文化培训的研究
　　　　　　　　　　　/ 王 彬 赵 赛 石建功 李志学 王志乔..................233

高速公路安全文化体系构建探究 / 邵思诗 马素斌..236

论铁路企业安全文化建设 / 梁津纶 王发红 张小兵 张伟利 杨建军..................240

铁路消防"人防、物防、技防"安全文化建设与保障体系 / 徐万鹏 赵云行..................243

中铁快运呼和浩特分公司物流仓储安全文化建设中的对策及分析 / 王 超 李 栋 索 雅..................247

企业班组安全文化建设举措分析 / 徐 家 曹继君 刘大玲 成晓波 李 婷..................250

安全指导手册在公路工程安全文化建设中的必要性 / 李 平 喻惠生 刘勇志 李 强..................253

"安全联盟"共建共筑安全文化 / 徐卫东 夏 勇 陈 涛 李 珏 陈 佳..................256

浅议企业安全文化中"人的本质安全"作用 / 李 琳..259

浅谈安全管理与安全文化一体化推进 / 海震宇 段志成 杨 燕 王庶人 李 豹..................262

提升化工生产企业安全文化建设"附着力"的思考与实践——以攀钢钒钛安全文化建设为例
　　　　　　　　　　　/ 李晓宇 马朝辉 林 霞 吴洪英 龙 海..................265

规范"基层干部"安全管理行为 推进企业安全文化建设 / 王松柏..................269

煤制油企业安全文化建设与探索 / 宋云飞 高宇龙..272

创新推行安全生产"监督＋服务"监管模式推动安全文化建设 / 吕海舟 王云龙..................275

领导表率在安全文化创建中的途径与作用 / 火双红 刘 昆 刘 衡 田向杰..................278

基层员工安全意识和能力提升实践 / 廖礼春 林 辉 周定祥 陈晓霞..................280

安全文化在油库公路发油风险管理中的应用 / 米庆军 孙坤元 金蓉蓉..................283

广东运维中心安全文化探索实践 / 宋丽明 吴晓畅..287

浅谈燃气企业安全文化建设的实践和思路 / 张安政..290

城镇燃气本质安全管理浅析 / 杨文权 龚孝平 杨景元..293

核电工程项目进一步提升安全文化成效的措施 / 马新朝 吴英占..................297

电力企业安全文化建设体系探索 / 侯建伟 时寒冰..301

企业安全文化建设的探索与实践 / 卢存河	304
国网山东电力公司"古为今用、知理塑行"特色安全文化建设构想与探索 / 张银国　张沛源　王李奚　陈瑞林　刘家明	307
物联网在电力安全文化建设中的应用分析 / 何晓辉　项德志　赵玉锋　王天鹤　丁铖俊	312
以安全文化为引领　建设"12 型"达标班组 / 刘连伟	314
企业安全文化在安全管理中的运用 / 唐　永　宋纯活　杨林林　吴传启　朱　亮	318
浅谈基层管理人员如何落实安全生产责任 / 陈　洲	322
浅谈电力企业安全文化建设 / 宋江涛　周忠芹	325
新时期供电公司安全文化　探索实践与高质量发展 / 马红雷	328
以"一核四体五维"为基础的安全教育培训管理体系创新与实践 / 刘小寨　顾　军　徐海奇　段全洲	331
浅析企业消防安全管理中安全文化的植入 / 陈　吉　史冠卿　祁　斌	335
构建电力物联网平台下的安全监管体系 / 赵悦苹　江雨顺　张云峰　赵　辉	338
新形势下电力安全生产管理和安全文化建设的思考 / 李　锦　杜　科　程志军　郭崇鹏　姜一鸣	341
基于云平台的省级电力计量生产运维智慧安全管理体系建设与实践 / 金旭荣　李　伟　李云鹏　张鑫瑞　程志强	346
心存敬畏　枕戈待旦　严守安全红线铸就安全文化 / 张　磊　杨晓铮　马　雷　原忠华　李晨政	350
构建电力施工企业安全文化体系的探索与实践 / 陈大才　蒋荣宇　余金涛　潘　俊　秦晓东	353
党建在安全文化建设中的引领与实践 / 卢旅东　龙　永　唐伟钢	356
以"六安工程"安全文化体系及本质安全型企业建设助力安全管理效能提升 / 杨　翀　刘德林　王　斌　颜　涵	360
以安全文化融合探讨外委单位一体化管理 / 谢利安　刘贵喜　杨建设	363
树立安全发展理念　创新企业安全文化 / 聂方圆　彭学成　王　涛　武　艺　雷云山	366
发电企业安全文化建设的提升 / 欧昇玮	369
基于目标管理的企业安全行为文化建设 / 王哗江　王登武　俞　锋　孙　浩　茆顺生	372
包头第一热电厂加强安全文化建设助力企业安全生产 / 李　晶　尚　坤	375
黄登大华桥电厂安全文化建设的探索 / 韦艳敏　于忠义　李东骏　杨　辉　王殿君	378
新形势下基层电厂安全文化建设的思考 / 孔庆龙	380
创新安全管理　彰显文化魅力 / 沙德生　李　芊　浦永卿	386
探索新能源企业安全文化建设新途径 / 李世英	389
落实安全新理念　实现发展高质量——鹤壁中泰矿业以特色安全文化助推矿井高质量发展 / 杜改林　郭　岚　裘庐海	393
新能源电力企业本质安全管理体系构建研究 / 王　森　郑俊斌　丁春兴　吴　涛	396
浅谈安全文化建设 / 邱　华　李　茂　胡发明	399
发电企业安全文化建设及应用 / 李吉田　张婉君	403
企业安全文化建设是企业持续安全发展的内聚力和软实力 / 王小贵　樊金萍　陈晓飞	407
以核安全文化为核心的企业文化建设探究 / 高　兵　周亦青	410
浅析风电场安全文化建设存在的问题及对策 / 郭喜定　王华欣　杨　光	413
本质型安全建设中人的安全行为规范与管理 / 王家儒	416

企业特色安全子文化的形成与建设途径探索 / 王焱敏　熊　钟　刘智杰 419
安全生产之我见 / 范文哲 423
未遂事件管理在某企业本质安全建设中的作用与实践 / 谷　春　罗朝宇 425
安全检查"五化"管理　助推安全文化建设落地深植 / 鲁赛棋　杨世雄　郭　航 429
承包商"三个五"安全文化　引领企业健康发展 / 陈子睿　陈　岩　翁中秀　彭黄彬　梁子正 432
提升员工安全意识和安全能力的安全文化创新实践 / 罗成辉　林芳强　罗烘辉　黄　琼　徐　焱 435
浅谈"学研创落"法在示范班组安全建设中的应用 / 张懿慈 439
浅谈企业安全文化建设 / 赵伏前　陈　明 442
安全行为文化创新与实践 / 李　林 445
浅谈如何开展好公司的安全文化建设 / 张德乾 448
安全文化传播途径的探索与实践 / 李小兰　张　荣 450
踔厉奋发　厚植安全新文化——新时代下电力企业安全文化面临的困境与探索 / 何盛汝 452
论水电企业安全行为规范化管控的新思路 / 周玉安　李应煌 455
论新型科技背景下的安全文化管理模式 / 李志扬　简伟奇　方春生　赖永仙　阙卫平 458
核电企业安全文化建设实践与探索 / 郑逸宁　朱光明　孙祺婷 461
浅谈发电企业安全文化建设 / 亢晓峰　王金良 464
南宁供电局安全文化建设经验 / 姜　宇　韦宗春　李　想　莫裕倩　余　瑜 469
平高电气"333"特色安全文化建设模式 / 刘雅娟　娄富超　朱少廷 472
安全工作无大小　细微之处定成败 / 李　真　张　彪　周　跃　朱　军　陈伏明 476
"严格、务实、创新、卓越"安全文化实践和探索 / 王付钢　郑宇锋　郭　刚　陈涛斌 479
信息化平台助力企业安全文化建设 / 李　乾　李东升 482

三等奖

"五严五讲、三敬畏"安全管理理念推动班组安全文化建设向纵深发展

浙江英特集团股份有限公司　杨　帅　欧阳广勇　李鹏飞　郭黎明

摘　要： 浙江英特集团股份有限公司（以下简称英特集团）作为浙江省国贸集团下属医药健康产业旗舰平台，是浙江省医药流通行业的龙头企业，也是浙江省、杭州市两级重点医药储备单位。英特集团以"三敬畏"的规则底线意识为核心，以"五严格"的贯彻落实执行为纲领，以"五讲述"的宣贯教育培训为手段，构建"五严五讲、三敬畏"安全管理理念，推动班组安全文化在基层生根开花。

关键词： 五严五讲；三敬畏；班组安全文化；商贸安全管理

一、引言

班组安全文化建设是提升班组整体专业素质、活化安全氛围的重要举措[1,2]，有效的安全管理理念是推进班组安全文化建设的重要保障。医药流通行业虽不涉及工业企业的高危特种作业，但安全管理点多面广，防范设备设施、仓储消防、车辆运输等班组运行风险的形势仍是复杂严峻的，如何将安全管理理念渗透到班组和基层员工、切实推动班组安全文化建设是商贸行业强化安全管理的重要课题。英特集团在落实安全生产责任制过程中，坚持把班组安全文化建设作为基层队伍建设的重要一环[3,4]，系统创新提炼了"五严五讲、三敬畏"班组安全文化理念，构建了具有英特特色的安全管理体系。

二、实施举措

"以文化人、长治久安"，英特集团一直把"没有安全，就没有效益"的经营理念贯穿在整个经营活动中，不断推动安全生产管理与安全文化建设深度融合，"抓基层、打基础、苦练基本功"，把"严"和"实"的要求切实落实到基层运行班组，努力消除影响安全的人为因素，致力于强化基层员工安全意识、提高专业技术能力、完善监督管理手段等，不断提高企业的安全工作水平。

（一）以"三敬畏"为核心，强化规则底线深入到基层

安全核心价值观不仅是植入企业文化的厚重人文内涵，更是保障企业持续安全发展的坚实思想基础[5]。公司根据自身生产经营特点，提出了敬畏生命、敬畏规章、敬畏职责的"三敬畏"安全核心价值观，制定了领导责任、管理责任、直接责任30项安全责任清单，颁布《英特集团安全管理十大禁令》，推动责任落实、规则底线层层深入到基层。"敬畏生命"体现了英特的价值追求，通过提倡"生命至上、安全第一"的核心理念，培育优良工作作风，提升企业安全运行水平，从而保护员工生命安全。"敬畏规章"体现了公司的安全运行规则，通过"建章、遵章、守章"，努力把规章的强制要求逐步转化为基层员工内在的自我约束，真正做到按规章操作、按制度运行，切实做到令行禁止。"敬畏职责"体现了干部职工的职业操守、对公司安全使命的高度认同和对按岗要求提升专业能力的高度自觉。"三敬畏"原则从顶层设计上建立了"事故目标—过程管理—现场治理"的三级考核体系，将安全管理纳入组织和个人绩效考核；从基层实施上打造了"公示承诺—责任签订—行为禁令"的三级落地方案，筑牢基层员工安全底线意识，如图1、图2所示。

图1　基层企业安全承诺签订现场

图2 物流基地"三敬畏"宣贯

（二）以"五严格"为纲领，推动安全规章践行在基层

安全文化建设目标是实现柔性管理，但是手段离不开刚性管理[6,7]。公司针对现场安全作业可执行性不强、员工发现隐患和治理隐患的专业能力不够的问题，创新提出"五严格"的工作要求。一是严格组织领导，建立领导班子成员"三带一述"工作机制，带头推动现场安全基础规章建设，带队前往基层开展隐患排查治理，带头融入班组开展安全教育，主动开展"三个敬畏"意识讲述。二是严格规章标准，以提升安全标准化质量为目标[8]，开展各类设备、作业程序风险评估，实现安全操作规程全覆盖。发行班组安全规章制度，严格规范现场作业和管理标准，弘扬规章文化，建立安全标准化台账规范，配套制定台账标准化填写说明；三是严格监督检查，明确班组、岗位检查计划和标准，建立隐患分级负责和报告机制。健全隐患治理、验证评估和考核问责机制；四是严格教育培训，年度制订安全教育培训计划并严格分解落实，定期开展岗位安全操作规程培训，开展安全技能"比、学、赶、超"培训活动。五是严格体系完善，完善风险防控体系，层层落实风险分级管控职责，推动班组成为消除安全隐患的骨干和主力；完善标准化管理体系，在标准化指标13要素的基础上，提炼英特标准化管理体系6要素，强化安全标准化班组建设，如图3所示。

图3 现场标准化管理

（三）以"五讲述"为手段，促进文化理念落地在基层

安全文化建设是安全管理的基石，在建立健全常态化的员工安全教育培训机制的基础上，英特集团逐步形成了安全生产"五讲述"工作宣贯系统。一是企业主要负责人"带头讲"，如图4所示，层层传达各类安全生产文件和会议精神、细致研究部署，积极推动各项安全生产重点工作的有效开展；二是工作会议"第一讲"，在公司中高层面会议上研判分析当前安全生产形势、部署落实安全生产工作，开展会前安全分享"第一讲"，开展事故案例反思、深挖安全风险痛点、研究提升工作举措，深入分析员工作业全流程安全隐患；三是一线班组"晨会讲"，如图5所示，逐步提升班组晨会安全教育的重视度，及时传达宣贯安全事项工作部署，开展班前设备安全操作规程教学和事故警示案例教育，规范记录宣讲内容、落实岗位员工签字确认；四是专业人员"重点讲"，组织各类专业人员开展专题培训，外请专家开展知识培训，安全管理人员开展专项培训，设备操作人员重点讲解全流程设备运作规程等；五是安全活动"趣味讲"，组织开展安全生产法律法规知识答题、安全趣味活动比赛、"安全与发展"主题辩论赛、安全应急体验、观看"生命重于泰山"专题片等多样式的教育培训活动。随着"五讲述"工作宣贯系统的趋于成熟，英特集团逐步打造了具有商贸特色的安全文化培育平台，不断推进安全文化理念在基层落地生根。

图4 主要领导"带头讲"

图5 一线班组"晨会讲"

三、取得成效

（一）营造安全文化理念，员工安全意识持续加强

随着"三敬畏"价值理念和"五讲述"宣贯系统的不断强化，基层企业的全员安全责任制进一步加强，班组安全领导力和员工安全意识水平不断提升。英特集团2021年共组织各类专业人员"重点讲"120余次，培训5000余人次，主要负责人"带头讲"安全30次，会前安全"第一讲"20余次，组织观看《生命重于泰山》24次，各类应急演练20多次，安全趣味活动20多次，安全管理持证人数增加至97人、主要领导全部持证。此外，公司积极举办安全月系列活动，组织全员参加全国应急普法竞赛、"新安法知多少"等知识竞赛，如图6所示，形成了"人人管安全、时时讲安全、处处保安全"的安全文化氛围。

图6 开展多种形式的应急演练

（二）推进标准规范运行，安管人员能力有效提升

近两年，公司在基层企业和班组大力推进"五严格"的安全发展理念，加强安全标准规范建设，如图7所示，各仓储物流、生产单位安全作业标准普遍提高，安管人员综合能力显著提升，班组作业遵章守纪执行力度不断加强。一是现场作业规范性提升，13所仓库、厂房强化标准规定整改300余处，新增安全标志、安全警示标识等150余处，上墙安全操作规程80余项；二是台账管理能力提升，台账记录从零散管理向标准化台账整合，建立30余项标准化台账，形成对标强、规范高、要求严的档案管理体系，如图8所示；三是应急管理能力提升，不断完善应急预案评估、修订、备案程序，建立市级应急救灾仓库5所、县级救灾仓库8所，配备应急物资120余类；四是风险隐患防治闭环，风险管控从初始的无序化管理到体系化管理，从被动整治到主动预防，年度隐患整改率达到100%，连续4年保持安全生产事故零发生。

图7 安全生产标准化达标证书

图8 安全生产标准化台账

（三）打造数字可视看板，班组作业安全基础夯实

在"三敬畏"价值观的指引下，公司不断创新安全监管手段，把推进安全生产数字化建设作为提升安全生产管理水平和治理能力的突破方向，着手打造安全生产数字可视化看板，力争打造安全管理智控体系。2019年启动安全生产管理信息系统建设，打造安全生产基础信息系统报表；2020年明确重点风险部位监控需求，增设重点监控点位100多处，对100多辆物流运输车辆进行智慧监控改造，初步实现消控系统、空调机房、物流运输线路的初始数据采集和上线；2021年推进区域物流中心数字安全监管平台建设；2022年基本实现数字平台安全管理信息可视化、隐患分析模型化和风险预警一体化，以数字化手段为基层班组安全治理体系的高效运行增效赋能,如图9所示。

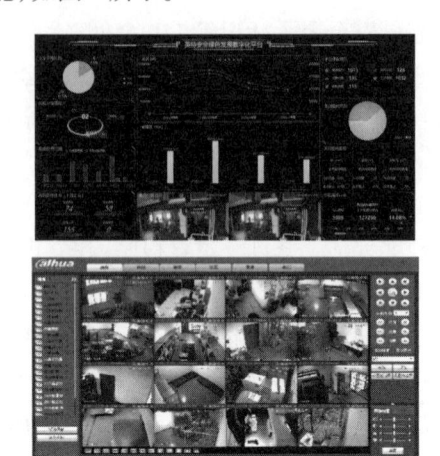

图9 安全数字化看板(建设中)和园区监控平台系统

四、结束语

英特集团自推行"五严五讲、三敬畏"班组安全管理理念以来,基层企业全员安全责任意识、底线思维进一步强化,班组安全规范化管理、专业人员技能进一步提升,班组现场作业监管手段进一步完善,逐步形成了具有英特特色的班组安全文化工作体系。英特集团将不断加强安全文化建设,以敬畏之心、讲述之言、严格之行,牢固树立安全价值观,推进安全生产工作与现代工艺、数字技术不断融合,持续加强安全示范班组和作业全流程管控,以强化安全意识、践行安全标准、规范安全行为、培塑安全情感为目标,充分激发基层"细胞"活力。

参考文献

[1] 李晓敏. 浅析企业班组安全文化建设及其重要意义[J]. 四川水利,2021,42(6):70-71.

[2] 李文庆. 论班组安全建设的意义及实践[J]. 工会博览,2021(3):25-26.

[3] 谢汉竹. 安全文化建设推动班组安全管理的实践与成效[J]. 中国电业,2020(12):80-81.

[4] 赵士龙. 关于如何提升企业安全文化的探讨[J]. 石化技术,2020(8):167.

[5] 谢光明,杨彦岭,刘惠超. 安全管理班组为基[J]. 企业管理,2021(2):87.

[6] 段国喜. 浅析海洋石油企业基层班组安全文化建设[J]. 石化技术,2022(5):202-204.

[7] 孔海洋,孙晓,李承伟,等. 利用安全文化建设创建"安全+"班组[J]. 电力安全技术,2020,22(8):75-78.

[8] 王焕兴. 企业安全生产标准化管理模式研究[J]. 决策探索(中),2020(7):14-15.

通过"安全精细化"形成"上善若水，由心而安"的安全文化

中粮集团中粮油脂专业化公司中纺粮油（日照）有限公司　王　钰　姜建国　潘跃彩　赵阳波

摘　要：成为行业一流企业，离不开安全保障。安全责任是央企社会责任的重要组成部分，也是推进安全发展战略，贯彻落实习近平总书记在安全生产上要求中央企业"要带好头做表率"的具体举措。本文考虑怎样提高全体职工的内在安全素养，通过"安全精细化"管理，做到"知行合一"，形成优秀的企业安全文化，期望以此来提高企业的安全管理水平。

关键词：基层；安全；管理；文化；精细化

一、引言

现如今，在企业安全管理中，强化企业安全管理，落实全员安全生产责任制等方面，已经形成了比较全面和细致的安全管理体系和安全管理规范，但是在安全生产实践中，"三违"现象仍时有发生，甚至引发了安全生产事故。这些事故的发生，更多的原因不是缺少管理制度，而是责任落实不到位。新《中华人民共和国安全生产法》提出了"坚持安全第一、预防为主、综合治理的方针，从源头上防范化解重大安全风险"的要求，企业为了应对日益复杂、隐蔽的风险威胁，各种风险管理技术和措施相继出现，但是效果并不是非常理想。本文认为，所有的制度执行和技术层面的落实，归根结底还是要落实到人身上，要将企业的本质安全维系在每一名员工的安全意识上，形成切合实际的企业安全文化，而安全意识的落脚点，最终又从现场管理措施的具体落实中体现出来，也就是我们今天谈到的基层企业安全"精细化"管理。

二、安全文化核心理念

中粮集团中粮油脂专业化公司中纺粮油（日照）有限公司（以下简称日照公司）的安全文化是通过"安全精细化"管理实现以"上善若水，由心而安"为核心的理念，具有浓厚的地域和行业特色。

日照公司地处黄海海滨，面对蓝色大海，我们心潮澎湃。"海纳百川，有容乃大"，日照公司安全文化建设具有大海一般的包容性，更重要的是还具有流动性，善于因势利导。在安全文化建设中，不仅注重共性，而且突出个性。日照公司安全文化最大个性就在于它崇尚水的精神，既有涨潮时的汹涌澎湃，这方面体现在日照公司高层领导建设行业一流企业安全文化的决心和动力，为安全文化建设提供坚实的人力和财力保障；又有退潮时的温柔，这方面体现在日照公司安全文化建设以人为本，重视对员工心智模式的调整，即"由心而安"。

老子《道德经·易性第八》云："上善若水。水善利万物而不争，"在安全文化建设中我们学习水的品性，从员工切身利益出发，坚持以人为本，采用"密织细节、一丝不苟"的安全文化建设态度，严把生命红线，坚守安全底线，从"安全精细化"管理出发，从每一个细微之处着手，发挥安全文化柔性管理的作用，辅助各项安全管理制度的刚性。

三、安全行为文化

安全工作的核心在于管控、预防风险，而风险预防立足于超前、全员。安全的基础在于员工安全意识的提升，而安全意识的提升在于卓有成效的活动。超前、全员的预防是一个持久且艰难的事情，也难免有管理不到的地方。那用什么来弥补这些不足呢？只有提高员工的安全意识，或者换句话说只能依靠具有高度安全意识的员工，用他们的主动、自觉、践行来填补角角落落的空白，通过"安全文化"的力量带动，从而达到安全"精细化"管理的要求。

"上善若水，由心而安"，出于"善"，公司高层重视安全生产，重视员工生命安全。公司员工，主动参与安全培训教育是对企业安全生产的善和对自

己家人的善。水具有流动性，但是安全生产知识和技能需要抓手，凝固于员工的内心，扎根于员工的内心。

日照公司通过两个层面工作来落实员工安全行为塑造。

第一个层面，通过教育和培训等手段，强化员工的安全知识和安全技能。

人是生产力中最活跃的因素，也是安全管理工作中最重要的组成部分，从发生的各种安全生产事故案例分析，96%的安全生产事故是人的安全意识不强和不安全行为造成的。日照公司通过培训教育活动提高员工安全意识和安全能力，组织开展危险源辨识、完善关键控制点控制措施、建立健全各类事故防范措施与预案并加强演练工作、召开安全例会、编制安全快报、召开安全知识竞赛、推行安全行为观察与沟通等形式和方式营造安全文化氛围激励全体员工积极、主动、持续参与安全文化建设。为员工生命健康安全提供一个良好的人文环境，塑造"本质安全型"员工，使员工在潜移默化中增强安全意识，使安全文化核心理念"外化于行"。

第二个层面，以教育、培训和活动为载体，使每位员工在宣教活动中明确自己在安全文化建设、安全管理、安全生产中的所承担的角色。

安全生产要防微杜渐，"防"在细微之处，"杜"在行动之中。我们从注重细节做起，从源头消除偏差，防止造成"失之毫厘，谬以千里"的后果，把不安全因素消除于萌芽之中。日照公司推进全员危险源辨识和安全危害分析，员工全面参与风险分析并自己根据风险分析制定有效的方法来消除或最小化导致伤害的潜在可能。两项工作的开展，使员工形成良好的习惯，是对"上善若水，由心而安"理念"内化于心，外化于行"的持续反应。

四、基层企业"安全精细化"的路径

（一）风险辨识与管控

企业安全管理的核心工作就是风险管控。任何一起事故的发生，绝不是单纯的一个因素所导致的，它必定是由多重因素，或者说是多个变量导致的综合性结果。这些变量包括了人的因素、物的因素、环境的因素以及管理因素等，且每个因素都可以再继续深度追溯。倘若不能识别风险，就无法对症下药，就阻止不了事故的发生。

作为中粮集团下属的企业，日照公司推进了很多种安全管理工具，应用了科学的工具和方法进行安全管理。其中，最有效的当属全员危险源辨识（Total Hazard Manageme,THM）。风险管控的主体在车间、在班组、在于每一名操作工。大家基于过往经验与已有知识，采用科学的风险评估工具，联合安全、电气、设备等专业技术人员，对可能发生的事故类型、可能性、严重程度进行定性、定量的评估辨识，对未来可能发生的事件进行预测，并采取措施阻止其发生，同时再辅佐以 5S 管理、TPM（全员生产维修）对每台工艺设备的完整性和机械设备的维护保养计划进行管理，就能够有效杜绝事故发生，做到"把风险管控挺在隐患产生之前，把隐患排查治理挺在事故发生之前"。

（二）安全素养的提升

"纸上说来终觉浅，绝知此事要躬行"。安全管理不是喊喊口号就能实现的，安全目标的实现，依靠的是实干，需要每一名企业员工的参与。生产过程中我们必须从严管理、加强考核，这是非常有效的预防措施。然而，考核常常是在发现违章或者发生事故之后，目的是惩前毖后，让大家更加敬畏规章制度，有点亡羊补牢。所谓"御事者，与其巧持于后，不若拙守于前"，是需要不同岗位、不同职责的人员各负其责，做好本职工作，从源头把控，从而避免违章违规的出现，以减少导致事故的因素。因此，我们要考虑怎样提高全体职工的内在安全素养，做到"知行合一"，习惯性地遵守规章，从本质上保证生产安全平稳运行。"知行合一"就是要求我们在安全生产过程中，对做的每一项工作、每一个步骤都要"心如明镜"，严格对照相应的规程规章完成。如果每个员工都能主动做到这一点，再依靠"安全文化"这种潜移默化的无形力量去推动，那么与人有关的危险因素将大大降低，安全将得到更大的保证。

（三）网格化安全管理

网格化管理是指将整个公司、部门、车间、设备按照属地管理的原则划分成网格区域，明确每个网格区域的责任人员，动态掌握区域内安全生产情况，及时发现和督促整改安全风险隐患，形成"横向到边、纵向到底、责任到人、监管明确"的动态安全监管网络。

在生产的过程中，我们可以设置很多外在保护层，如采用最先进、相对安全的生产工艺；选用最好的材料、设备；全面设置工艺设备报警；选取最高级别的连锁系统。然而,所有的控制措施最终的落脚点还是我们的员工,不论是主动还是被动,员工一旦出现了失误或者发生了违章,所有这些保护层就极有可能被击穿,导致生产安全事故发生的概率大大增加。网格化安全管理就是以最基础的员工为出发点,通过网格化管理,对安全生产责任制和工作清单内容补充和责任再压实,实现"一网多格、一格多点、一点多责",在全公司内织密并覆盖一张大网,做到压力层层传导、责任层层落实。

五、结语

安全是企业平稳运行并发展的基础,是职工家庭幸福美满的保障。安全的最终实现不是一朝一夕就能完成的,我们要通过"THM+ 全员参与 + 网格化",真正将安全管理工作"落实、落地、落细",通过"安全文化"的力量辐射与带动,最终实现"精细化"安全管理,确保企业生产经营安全。

参考文献

[1] 徐广义,李敏,李强. 浅谈危险化学品企业安全管理当中存在的问题与建议对策 [J]. 化工管理, 2017(2):280.

[2] 罗丹波. 浅谈危险化学品生产企业基层安全管理 [J]. 管理研究,2017(11):23.

提升子公司安全管理穿透力打造安全文化标杆企业

中车长春轨道客车股份有限公司　盛立刚　孙　恺　潘玉婷　闫　震　徐　欣

摘　要：中车长春轨道客车股份有限公司始终以习近平总书记关于安全生产的重要论述为指引，践行"人民至上、生命至上"理念，在公司本部和子公司建立健全全员安全生产责任制和安全生产规章制度，统一构建完善安全生产双重预防机制，落实安全网格化管理，开展高质量的安全培训，实施安全信息智慧平台建设应用，确保子公司整体实现良好的安全绩效，全力保障职工生命健康安全，全面营造良好的安全文化氛围，提高员工的安全感、获得感、幸福感。

关键词：子公司管理；双重预防机制；网格化；培训；信息化；安全文化

一、提升子公司安全管理穿透力的背景

中车长春轨道客车股份有限公司（以下简称中车长客）始建于1954年，现有员工18000余人，年销售额300亿元。公司主要经营业务包括轨道交通客运装备研发试验、新造、检修及运维服务，是中国地铁、动车组的摇篮，也是我国核心的轨道客车研发、制造、检修及出口基地。近年来，公司确立"集团化管控区域化经营"战略，将公司营销、生产制造和售后服务等业务前移，在北京、上海、武汉等多地建设了直属于长春本部的、具有独立法人资格的子公司。

新建成的子公司存在普遍体量不大、设备设施较新、场地本质安全度较高等特点。但在安全管理方面，各子公司同时呈现经营团队安全管理经验不足随意性强、安全生产责任不明确、作业人员安全意识较薄弱等状况，管理工作浮于现场抓违章、找隐患，无法系统地开展建机制、成体系方式的安全管理工作。针对子公司实际情况，公司本部践行中车集团提出的"要强化对异地子公司安全管理穿透力"的管理理念、"内化于心，外化于行"文化理念，持续将本部现有的安全管理体系有重点、有适宜性、有方式地移植和创新，并贯彻落实到子公司，全程做好指导和监管工作，努力打造中车长客二级子公司安全文化标杆的目标。

二、主要做法

（一）明确基本安全管理要求

建企之初，子公司"照搬硬套"中车长客本部的安全管理制度，但由于本部的制度涵盖广、内容多，子公司无法结合自身实际情况对制度进行消化和吸收，导致制度无法指导自身安全管理工作，制度成为"摆设"的现象非常突出。

为解决上述共性问题，中车长客股份公司在子公司管控方面，秉承"筑牢根基、强化穿透"的原则，先后编制了《子公司职业安全健康和环保管理工作规范》和《区域总部及子公司安全环保管理制度》，制度内容从最初的只是明确本部对子公司的指标控制和检查要求，逐步转变为指导其建立体系化的安全管理框架，明确应当建立全员安全生产责任制和基本的安全管理制度，并实现制度清单化管理，再从安全生产培训教育管理、安全风险评估、隐患排查治理、安全投入要求、相关方单位管控、危险作业管理等15个方面提出日常安全环保运行的具体要求，把中车长客本部的安全管理要求"去繁存精"移植到子公司。在此基础上，中车长客不断推动各子公司开展对标自查工作，指导子公司结合自身设备、工艺、现场实际情况，及时修订、升级相应的规章制度和更新作业指导书、操作规程，并对其科学性、合理性、规范性等进行现场验证，推动各子公司建立以全员生产安全责任制为核心、以网格化管理和双重预防机制为重要抓手的"一心两翼"安全管理体系，形成以规章制度促进安全文化，安全文化反哺规程制度的良好局面。

（二）统一双重预防机制建设体系

"双重预防机制"作为新《中华人民共和国安全生产法》明确要求的重要工作，也是中车长客为

子公司策划的"一心两翼"安全管理体系的重要抓手。各地对双重预防机制的指导要求不同,在不违反子公司所在地政策的前提下,中车长客秉持"求同存异"的方针,尝试建立统一的管控模式。

风险评估方面,中车长客每年组织各子公司开展一次安全风险评估,从生产安全事故统计分析和职业健康风险辨识分析两方面,识别企业存在的风险,利用作业条件风险评价法和是非判断法进行风险等级评价,定量定性评价各项风险的等级,梳理风险点的分布情况,制定管控措施,落实责任单位和人员,建立企业生产安全风险清单,最终针对所有的生产安全风险,制定管理方案,提出管理建议。形成"风险可识别、管控可落实、事故可预防"的安全文化理念,倡导员工事前预防大于事后弥补的安全意识。

隐患排查治理方面,以隐患排查为安全管理载体,倡导全员参与安全文化建设。中车长客利用"群防群控随手拍"信息化系统平台,组织各子公司全员参与隐患排查,各个环节专人负责,做到隐患问题有确认、有整改、有验证。公司本部每周对子公司上传的隐患问题进行汇总统计,包括排查问题的数量、类别和实施改进的进度等信息,本部和子公司均能及时掌握现场隐患排查情况,推动子公司提高现场本质安全度。

(三)落实安全网格化管理

为进一步落实安全生产责任制,强化基层单位安全生产工作,中车长客依托科学统一的管理模式"双重预防机制",借助数字化的平台,以"分级管理、分线负责"为原则,在本部所属单位和子公司落实安全网格化管理,打通安全管理工作的"最后一公里"。

通过划分安全网格,构建以区域总部和子公司划分一级网格;以子公司所属机构管理区域划分二级网格;以工区(班组)管理区域划分三级网格;以工位为单元划分四级网格的四维立体网格。利用建立监管和管控并举的管理手段,推动职业健康管理体系、安全生产标准化、双重预防机制和精益安全工位等管理方法的融合,进一步完善风险管控、隐患排查、安全培训、现场管理、工艺安全等日常工作,建立常态化工作机制,做到"四定""四清"(四定:定格、定人、定责、定考核;四清:管理边界清、管理底数清、管理任务清、管理标准清)。

在子公司落实安全网格化管理,将生产现场每一个区域、每一个场所、每个设备设施、每个工艺流程,都明确安全生产责任人,形成"一网多格、一格多员、全员参与、责任到人、逐级负责"的全方位、全过程的动态管理模式,推动子公司全员安全生产责任制落实,对提升全员安全意识、增强安全工作绩效、培育安全文化氛围有较好的促进作用。

(四)开展高质量的安全培训

为打造集团化管控下的子公司安全培训体系,中车长客结合当前信息化、数字化发展的前沿技术,通过"打造一个安全培训智慧管理平台、建设一座沉浸式安全培训体验馆"的理念,开展高质量的安全培训工作。

安全培训智慧管理平台设计了新员工三级安全教育、中层及以上领导干部培训、安全管理人员培训教育、特种作业人员培训复审、特种设备作业人员培训复审、班组长安全培训教育、职业人员培训教育、"四新"教育、转岗教育、复工教育、全员安全教育等11种安全生产培训教育形式,覆盖了所有安全生产培训类型。通过建设"集团、企业层级"两级课程、题库,实现公司本部与子公司培训资源共享。安全培训采取课堂内外相结合、线上线下相结合、体验教育与传统教育相结合、安全培训与党史学习相结合等模式,系统内题库实现随机在线考试,培训发起计划、培训老师信息、学员基本信息、培训内容、培训课件、考试情况等资料,同时实现一键归档,培训档案具有可追溯性,增强对子公司安全培训情况的监督和管理。

在中车长客武汉子公司,通过运用三维全景VR、虚拟仿真教学、体感模拟实操考核、混合现实技术、智能机器人等高新科技,建成了集安全培训教育、现场模拟演练于一体的沉浸式安全培训体验馆,从理论教学到实操模拟,增强了员工安全培训和应急演练的体验感,让培训效果得到有效提升,为集团二级子公司起到了示范引领作用。同时,安全培训体验馆也受到了当地政府和企业的广泛关注,被命名为"武汉黄陂区应急安全培训基地",开展了驻区企业安全培训业务,取得了良好的社会效益。并通过高科技的安全培训将企业特色的文化理念进行入眼、入脑、入心的层层宣传,鼓励全体员工向良好的态度和行为转变,发挥"文化"的力量,不断提升企业整体的安全水平。

(五)组织好年度安全检查与评价

为更好地指导和督促子公司安全管理工作,做好安全指标过程监控，中车长客每年组织人员对所有子公司进行安全检查，每两年对子公司开展一次安全生产等级评价工作。

安全检查主要是针对子公司当年指标完成情况，公司本部安排部署的年度安全重点工作进展情况，现场人的不安全行为、物的不安全状态、管理的缺陷等情况，以及子公司安全体系管理有效性的验证。针对不同子公司设置安全检查的侧重点，如相关方安全专项检查、建设项目安全"三同时"专项检查等，力求检查的过程和结果能够对子公司安全管理起到积极的促进作用。

安全生产等级评价是依据中车长客建立的《安全生产等级评价标准》对子公司进行全面评价，从总体印象、材料汇报、文件落实、安全基础管理、分级分线管理、设备安全状态、作业环境等7个管理维度，28个管理项点，总计1000分，评价确定安全管理等级。具体流程如下。

（1）召开首次会议，子公司安委会成员参会，会议由评价组主持，子公司汇报近一年来的安全生产情况，随机抽取2—3个单位进行安全生产履职尽责汇报。组织参会中层领导干部进行考试，考试内容为习近平总书记关于安全生产方面的讲话精神。

（2）根据中车长客安全生产等级评价标准，逐条进行对照检查。检查内容包含管理资料和现场检查两方面，最终确定各个项点的得分。

（3）末次会议，检查评价组通报检查评价问题，明确被检查子公司安全等级，针对评价过程和结果提出意见和要求。

以每年安全检查和等级评价为契机，中车长客同时推动子公司安全管理提升项目，培育安全文化肥沃的土壤。例如，在武汉子公司"建设中车二级子公司安全环保标杆企业"项目过程中，中车长客每年检查时对项目进行跟踪指导，组织开展了标杆企业安全对标、确定提升项目、攻坚项目难题、召开验收会议等相关工作，利用检查推动安全专项提升。

（六）构建安全信息智慧平台

中车长客在自身安全生产的管理水平和技术能力的基础上，充分结合数字化智慧平台的优势，建立安全信息智慧平台，涵盖公司特有的安全管理业务，如安全生产网格化管理、双重预防机制和特种设备安全管理，利用相关管理数据和信息技术提升安全管理水平，实现数字化安全理念与传统安全管理模式的有效对接。

中车长客以武汉子公司为试点，围绕人、机、料、法、环等关键要素建立HSE（健康Health、安全Safety、环境Environment）三位一体的管理系统平台，创新完善适应数字化的监管理念和监管机制。通过平台中设备设施管理、数字工厂建模管理、全流程管理、人员车辆定位管理、智能AI管理等智能模块的应用，提升了安全生产基础管理、设备设施管理、风险评估、双重预防机制管理、分级分线管理、监测预警和应急响应处置能力，推进了新一代信息技术和生产安全的深度融合，构建了"工业互联网+安全生产"应用场景，开启了信息智能管理新模式，成为集团公司数字化转型的典型代表，为集团公司各级企业安全生产领域带来新的创新发展动能。

三、取得的成效

（一）有效提升了子公司安全管理水平

紧跟形势、去繁存精、把握重点，让子公司将有效的管理资源和精力投入到"一心两翼"安全管理，通过高质量的培训和信息化平台的探索及应用，确保建厂时间较短的子公司快速形成常态化安全管控体系和滋生安全文化，为子公司生产经营的稳定奠定坚实基础。

（二）确保了公司整体安全绩效

近年来，子公司没有发生超出指标要求的生产安全责任事故，仅有少量的轻微伤事件，基本达到了与公司本部同等的安全管控效果。重庆、南昌、武汉等子公司通过职业健康安全管理体系，所在省"安全标准化二级企业"评审，与公司本部保持同步提升。

（三）为集团公司二级子公司安全管理提供了经验

在武汉子公司开展中车长客二级子公司安全生产标杆企业创建，并圆满通过集团公司验收，在安全生产等级评价中获得921.9分，迈入集团安全管理甲级行列，为中车集团所属企业二级子公司提供了经验借鉴。

（四）营造良好的安全文化氛围

通过稳固推行各项安全管理方法、开展先进的培训、建设优质的智慧平台等多项措施，在子公司中营造良好的安全文化氛围。公司将安全文化纳入企业文化建设规划中，建立了"网格长负责、多级网格协同、齐抓共管"的安全文化理念，将常态化管理与安全文化的深入融合，促使安全文化在企业中筑牢扎根，有力助推企业安全生产工作高质量发展。

粮食仓储企业安全生产管理及应对措施研究

中央储备粮济宁直属库有限公司　曾现斌　王正建　朱海军

摘　要：中央储备粮济宁直属库有限公司（以下简称粮食仓储企业）减负国储粮的核心职责，需要保障国家的核心利益，并做好宏观调控的工作，实现经济稳定发展目标。企业发展过程中安全生产则是核心要求，也属于企业发展需要减负的基本责任。粮食仓储企业如果发生安全事故，就会导致国家、企业等面临经济损失。基于此，本文从粮食仓储企业安全生产管理面临的主要问题展开分析，提出强化组织领导、狠抓问题隐患排查治理、做好防火防爆管理工作、严格开展应急值守工作等方面的应对措施。

关键词：粮食仓储企业；安全生产管理；应对措施

一、粮食仓储企业安全生产管理面临的主要问题

习近平总书记提出，生命重于泰山，党委政府、相关部门需要将安全生产置于首位。在落实安全发展理念的基础上，关注生产活动安全。粮食仓储企业安全生产问题关系到生产的各个方面，主要包括粮食出入库、粮食把关、装卸、高处作业、设备管理、防火工程等，相对来说安全风险因素众多。在实际的运营发展中，粮食仓储企业需要贯彻安全至上的核心理念，适当地增加专项人力、资金投入，避免不必要的事故发生，提高企业的安全生产治理水平与生产质量。

（一）主体责任落实不到位

部分企业安全管理委员会、领导小组的功能不全，安全生产核心职责不清晰，管理主体不明确，领导存在互相推诿责任的情况，没有参与到实际工作中；还有部分企业建设的安全生产全员责任制，存在区域划分缺乏合理性、安全管理事项不完整、基本责任不清晰等问题，存在流于形式的情况[1]；尤其是针对于生产经营必须进行安全管理的要求，没有贯彻到实处，直接影响安全管理的效果；外储库点安全管理也存在弱化的情况，无法清楚地进行安全责任划分，甚至存在漏洞；而劳务外包用工管理的问题较为突出，频频发生监管不到位的情况。

（二）隐患排查治理能力有待提升

对于部分粮食仓储企业的安全生产工作来说，是为了应付上级部门检查，无法从根源上发现问题，或是存在对安全隐患视而不见、不追根究底；还有的企业没有落实安全管理台账，甚至存在一人兼任多职的情况，存在自查自纠、检查走过场的现象。

（三）安全技术防控不全面

粮食仓储企业存在安全技术防控不到位的情况：技术防控方面大都是采用灭火器、消防栓等设备，没有设置火灾预警设备与消防系统连接；采用的技术手段也存在滞后性，安全自动化、智能化程度有待提升。

二、粮食仓储企业安全生产管理应对措施

（一）全面落实责任，强化组织领导

粮食仓储企业需要形成安全发展理念，以保障群众生命安全为首要目标。在编制安全生产责任书的同时，落实安全生产全员责任制，顺利落实重要负责人的核心职责，形成纵向到底的安全生产责任体系，承担促进"一方发展、一方平安"的核心政治职责；建设"人人负责、人人参与"责任体系的同时，实现安全管理、舆情管理、党建建设、业务管理相融合，做好检查部署工作[2]；避免出现形式主义的情况，还要树立严格、细致的工作作风；根据一票否决的核心要求，开展综合性检查监督、考核评价的工作，落实完善奖惩激励方案。其中，最需要注意的问题是，粮食仓储企业要保证器材配备、安全培训工作、安全投入、应急救援工作到位，打下稳固的安全生产基础，形成良好的安全生产意识，提高安全生产保障水平。

（二）狠抓问题隐患排查治理

对于粮食仓储企业的安全生产过程进行分析，

以部门巡查、班组互查、领导检查、岗位自查等科学化手段，对安全管理的过程要素进行把控。在构建日常安全管理监控、全覆盖隐患排查、全过程监督管理模式的同时，及时发现与整改蕴藏的问题，编制整改隐患的方案，实现资金、人力科学化分配。此外，对检查成果进行巩固，避免出现多种问题反弹。坚持做到不放过隐患原因，落实整改方案、吸取教训。针对于问题没有整改到位的隐患、生产活动、风险问题等，提前做好防控计划的编制工作。参照以往发生的安全隐患事故，开展各个岗位员工安全教育工作，解决存在的安全生产漏洞，补齐管理短板。

（三）做好防火防爆管理工作

粮食仓储企业要更加严格地履行入库区手续登记工作，并对车辆、随身物品进行检查，更严格地进行易燃易爆品、火种收缴，提出行政管理手段、经济处罚手段，避免出现库区吸烟的情况，还要对库区、生活区提出相应的隔离建议。同时，做好电气安全管理工作，结合电气操作的基本规程，建立线路档案、机电档案等，并做好过压保护、防雷装置的设置工作，避免出现私拉乱接线、用电负荷过高、使用"三无"电器的情况发生。此外，做好消防基础设施建设工作，在定期进行应急消防演练的同时，确保灭火器材配置合理，还要建设完善的消防管网，保证消防水源充足[3]。在此过程中，开展消防器材的管理工作，将微型消防站起到的火灾救援作用凸显出来，有效提升库区消防保障水平。在安全出口、消防车道等地点，做出严禁堆放物品的规定。在制定严格动火作业审批制度的基础上，完成周围易燃物资的清理工作，保障现场防护工作到位，并对火种进行清理。在筒仓、地下、米面加工车间，也需要引入除尘设备，定期做好清洁工作。

（四）严格开展应急值守工作

粮食仓储企业需要建设完应急协调联动机制、做好安全生产预测工作。在进行灾害性天气预警与监测的过程中，防范自然灾害类天气。在编制完善生产应急预案的同时，开展演练工作，保证物资准备、救援准备工作到位。在进行轮班值守的同时，促进领导干部到岗带班制度执行，对关键的岗位进行24小时动态化监控，监控生产作业现场的实际情况，并进行交接班、安全巡查登记[4]。此外，合理利用多种类型自媒体，进行交通、防汛、消防、电气等知识的宣传工作，形成全员安全意识，掌握减灾避险的核心技能。在动员开展防汛工作的同时，建设分级管理机制，对排水沟渠进行清理与排查，还要保证防水板、排水泵等物资齐全。在突出重点岗位作业人员的同时，进行全员安全培训，消除蕴藏的风险隐患问题，提升岗位人才随机应变能力。最后，践行事故信息汇报制度，保证发生风险事故的时候，尽早提出应对处置方案。

（五）构建长效机制

粮食仓储企业需要落实高标准，并且持之以恒地做好安全生产管理工作。在转变传统管理理念的同时，建立消除事故隐患机制，并以形成重要成果固化为核心的管理方法、制度办法、工作机制等，促进安全生产工作规范化开展。此外，在积累安全管理整治经验的同时，依托微信公众号、内部网站等进行引导与宣传，并创造安全、严格的文化氛围。

三、结语

粮食仓储企业开展安全生产管理工作并不是一蹴而就的，而是需要相关负责人结合粮食仓储企业的安全管理问题，提出有效的解决方案，循序渐进地提升安全生产管理效率。以此为核心，促进员工形成良好的安全思想意识，培养相关管理人员的专业技术水平、管理能力等。在树立底线思维的基础上，形成红线意识，克服侥幸心理。在提升严格高标准的同时，避免多种类型事故问题发生。在对系统性风险进行研判的同时，消除安全隐患，保证日常管理工作到位，实现"零事故"安全生产目标。

参考文献

[1] 黄炼发. 企业安全生产管理工作分析及相关措施[J]. 现代职业安全,2022(7):84-85.

[2] 王雷. 深化安全生产管理构建索道安全双重预防体系[J]. 现代职业安全,2022(7):38-40.

[3] 侯家骏,李慧. 绍兴市小微企业安全生产管理问题及对策研究[J]. 科技资讯,2021,19(23):91-92+95.

[4] 梁金宇,谭勇,单初. 粮食仓储企业规范化管理评价指标体系的构建[J]. 武汉轻工大学学报,2020,39(04):77-83.

安全文化建设与现代企业安全实践管理研究

国家能源集团准能集团公用事业公司　杨　智　王永旺　陈欢仁　王俊林　杨　植

摘　要：安全是企业健康发展的保障。无论是什么样的企业文化，安全永远是第一位的，也是人们最关心的问题。企业做好安全文化建设是对员工最大的负责，在企业进行实践的过程中，不仅要提高员工的安全意识，还要不断丰富自身的安全文化管理。企业取得的任何一项安全方面的业绩，都离不开自身的安全文化的引领。

关键词：企业安全；安全实践管理；安全研究

企业的安全文化是指企业在长期安全生产和经营活动中所形成的具有特色的企业文化。它包括企业自身的安全管理，以及对员工安全意识的培养等，解决员工在生产活动当中，面对的一系列问题。在现代企业安全实践管理中，安全文化建设必定占据一席之位。它能够减少和控制危害因素，控制事故的产生，避免在生产活动中引起的精神损害以及人身伤害。

一、企业安全文化建设的重要性

（一）安全文化是企业发展的重要保障

安全文化建设是企业发展的核心。只有当企业有了强有力的安全保障制度，员工在生产活动中才能感受到被尊重、被需要。因此，作为企业发展的重要保障之一，企业必须适当地培养员工的安全意识。当员工具有一定的安全素质，且他们的文化素质、安全技能以及行为规范，都符合标准，才能够更好地为企业带来益处。安全文化建设是一项系统性的工程，它不能使用强制的手段让员工信服，而是需要在企业内部营造一种安全氛围，使员工将精神目标转化为实际目标，让员工更有精神面对企业的生产活动，从而促进企业的发展。例如，我们生产班组选用安全誓言为："遵章守纪精通安全技能，安全生产争立双向功臣"。

（二）安全文化是企业发展的有力基础

安全文化建设对于企业的员工来说是一种无形的，能够凝聚人心的资产和精神力量，它能够在一定程度上保证员工的心理素质和心理健康[1]。一个优秀的企业在安全文化建设方面绝不仅仅是喊口号打宣传，是真真切切地重视安全文化建设。例如，有些企业就能够做到定期对员工进行安全文化的培养，定期举办一些实践活动。针对我公司的重大危险源，不仅在每年安全月进行大型防水锤技术比武，而且公司将防水锤应急处置方法拍摄成视频。视频中标明了规范作业的步骤、每一步骤的安全要点、动作顺序及标准要求，要求不仅在班前会中进行学习，而且要一周进行一次岗位大练兵活动，提高员工的安全意识。只有这样，当危险真正来临的时候，员工们才不会慌不择路，才能够有条不紊地确保自己的人身安全。同样，安全文化是需要设计与管理的，它与公司的发展理念一样是企业文化的一部分。当一个公司能够重视安全文化建设，重视员工的生命安全，它是一定会有发展前景的。

（三）安全文化是企业发展的必然要求

一个企业的成功，离不开领导者与员工的共同配合，双方在安全文化建设方面的配合尤其重要。企业的安全管理是一个非常复杂并且具有系统化、需要员工积极参与的管理过程，它要求管理者的高度监督以及员工的高度配合，共同营造关爱生命、关注安全的舆论氛围。我们提到过安全文化建设能够凝聚员工的责任心与精神力量，当员工心往一处想、劲往一处使的时候，企业的发展才能够实现，才能够进步。通过各班组制定符合自己安全生产实际的安全管理方法，最终形成"我的安全我负责，企业的安全我尽责，他人的安全我有责"的安全氛围。归根结底，企业安全文化建设是为了改变员工的观念和员工的行为，通过员工来提升企业的社会形象，从而惠及企业发展。

二、安全文化建设与实践管理的必然联系

（一）安全文化建设与实践管理是互促共赢的关系

企业进行安全文化建设的总目标是保护员工的身心健康，尊重员工的生命安全，让员工能够在实践活动当中得到保护与尊重，在生产活动中发挥自己的价值。企业在进行员工培养的过程中，应该不断开展各种各样的实践活动，来提高员工的安全意识。当员工在这些实践活动中学会一定技能时，会相应地运用在生产生活中，提高自己的生产素质[2]。同时，当企业在员工之间形成了一种特定的安全氛围时，能够协调员工之间的工作环境，对员工在工作当中的观念、态度以及行为都能够形成深远的影响，员工之间有了良好的工作氛围和工作环境，会对他们参与的实践活动有着良好的促进作用。因此，我们实行了员工"联保互保制"。

（1）职工自保：职工明确自身岗位的危险源，并在每天班前会进行危险源再辨识，职工个人对自身安全及班组安全做出承诺。

（2）互保：职工之间建立互保关系，根据出勤情况明确互保对象，作业中，互保双方要对对方的安全责任负责，做到四个相互，即：互相提醒、互相照顾、互相关心、互相监督；互保是对职工自保的补充、增加的另一道安全防线。

（3）联保：就是整体共同保护。职工向班组承诺，班组向公司承诺，形成责任链环式布局。反之，当员工在实践活动中学习到了有关安全文化生产的新知识，也可以主动更新自己的学习内容，完善企业的安全文化管理。

另一方面，企业的安全文化建设是面向全体员工而提出的，具有一定的聚集性和群体性。因此，可以从多种角度全方位地提高员工的安全素质。员工的安全素质得到提升，能够使他们在实践生活中完美地利用自己掌握的知识和技能，进而使企业所面对的实践活动得到进步与发展。

（二）安全文化对实践管理起着指导性作用

通过观察，我们可以发现，部分企业只注重了生产生活与实践活动，而忽视了对安全文化的指导。员工们对安全知识没有充分地了解，对安全用具的使用方法也是一知半解，这样的做法只注重了自己的利益发展，而忽视了对员工生命安全的重视，是非常不值得提倡的[3]。

企业需要明确的是，安全文化建设是十分具有系统性的。首先就是需要对员工的安全文化意识进行一定的培养，当员工具有了良好的安全文化意识，他们在实践活动当中才能将他们所学习到的安全文化知识运用得淋漓尽致；其次才是运用这些知识对实践活动进行质的提升。

总体来说，安全文化对实践管理起着指导性作用。企业的安全文化理念也是企业在长期的实践生产活动当中总结而来的。结合企业生产的实际情况制定的文化理念，这种理念应该加强宣传力度，使其从根源贯穿于员工的心中，使员工得到思想上的转变，从"要我安全"转变到"我要安全"，从被动地接受安全文化知识到主动地意识到安全文化对于自身及企业发展的重要性。这需要企业进行不断的努力与尝试，员工在起初接受安全文化知识的时候，一定是懵懂的，企业就要定期定时地为员工组织安全文化的知识讲座，让员工充分掌握安全用具的使用方法，不断通过实践提升员工的安全文化意识与实际操作能力。

在全国安全生产专项整治行动中，我公司员工就进一步优化安全措施，自己设计制造了自动融冰装置，很好地解决了人工蒸汽化冰作业中能见度差、高温高压、工作强度高等问题；还有针对生产中液控止回阀维修度高等问题，深度分析，通过对生产工艺相近的企业及设备厂家进行调研，积极引入了新型的液控装置，使设备性能更加稳定、高效。

（三）安全文化建设应该贯穿在实践管理的全过程

对于安全文化建设和员工所具有的安全文化理念来说，绝不是发生在实践活动前，或者是在实践活动之后进行总结，而是应该始终贯穿于企业安全管理与实践活动的全过程。具体来说，就是企业需要将安全管理分为"依法管理、规范管理、精细管理及问题管理"这四个管理层面[4]。在实践管理前，制定安全口号；在实践管理中，制定一系列案卷文化活动，确保员工在实践活动当中的生命安全；在实践活动管理的后期，总结安全价值理念与整个活动的过程。员工形成正确的安全价值观念一定是一个累积性的心理过程，这个过程需要不断地强化。当员工在实践活动当中有良好的表现时，企业的管理人员需要对员工的良好表现进行嘉奖，只有员工

在得到激励时，这种优秀的表现才能够再现。其他员工在看到有实际的仿效榜样时，也会产生模仿效应。因此，在整个实践管理的过程当中，安全文化建设始终发挥着重要的作用。同时，安全文化建设贯穿在实践管理当中，也能够使企业员工之间形成强大的凝聚力和向心力，使员工之间形成一种团结友爱、互帮互助的氛围。只有当员工有着共同的价值观念和共同的奋斗目标时，企业才可以被看作一个命运共同体，"爱企如家"绝不是一句冰冷的口号，而是成了员工们的实际行动，这也达到了企业管理员工的一种最高境界，"无为而治"才是最佳的治疗方法，当员工对企业付出了真情实感之后，企业才能够做到长盛不衰[5]。

三、结论

总而言之，企业安全文化建设一定是企业管理中的重要组成部分，它与企业的实践管理活动也有着密不可分的关系，企业安全文化建设是整个企业长远发展的有力基础和必然要求。只有当企业尊重员工的生命安全，让员工有意识地提高安全防范的时候，员工之间才有一定的凝聚力和向心力，才能对企业的发展起到促进的作用。同时，企业安全文化建设也是实践管理的基础和背景，是整个企业向前发展的理念和精神支柱，更是企业发展的总体目标，这种看似简单的企业文化，却能够在一定程度上决定企业发展的高度。

参考文献

[1] 邹少强."文化"与企业安全文化建设[J].现代职业安全,2022(5):46.

[2] 华锐.安全文化建设刻不容缓[J].当代电力文化,2022(4):13.

[3] 张恩波,张忠,夏颖,等.基于安全生产标准化的安全文化建设系统化研究[J].工业安全与环保,2022,48(3):56-59.

[4] 张惠芳,吴京琼.绿色智慧发展 惠及民生福祉[J].新经济,2022(2):23-24.

[5] 李青松.企业安全文化建设常见问题分析[J].现代职业安全,2022(1):23-25.

新白马公司安全文化建设历程研讨

攀钢集团攀枝花新白马矿业有限责任公司　何建强　张晓华　何　莉　郭　庆　李　波

摘　要： 本文通过对攀钢集团攀枝花新白马矿业有限责任公司安全生产标准化作业指导书具体编制、运用过程及取得成效的梳理，深入研讨了生产经营企业规范现场作业人员行为，落实现场危险因素的防控举措，以点代面促进现场安全管理实效。

关键词： 作业指导书；危险因素；防控

一、新白马公司安全生产标准化作业指导书现状

（一）标准化作业指导书演变历程

2014年，攀钢集团攀枝花新白马矿业有限责任公司（以下简称新白马公司）针对危险作业方式编制了标准化作业指导书，共计编制了《破碎作业区粗矿囤矿作业指导书》《精尾作业区堵塔作业指导书》等24个。

2017年，针对所有岗位的关键、主要作业任务524项，编制标准作业指导书。

2018年，增补了有限空间、部分相关方作业任务标准化作业指导书等14个，并对部分条款进行了修订完善。至此全厂共计538个标准化作业指导书。

2019年后，各作业区每年对标准化作业指导书的部分条款进行修订完善。

目前，新白马公司运行的标准化作业指导书针对的是各岗位关键、重要作业任务，涵盖了所有危险作业，各作业区按要求落实持续改进。

（二）标准化作业指导书的编写步骤

第一步，以班组为单位开展岗位关键重要作业任务识别。

第二步，对班组上报的岗位关键重要作业任务开展研讨，确定标准化作业指导书编制范围：生产性固定岗位按主体设备启停及日常巡检维护编制2—3个标准化作业指导书；电工岗位按设备保障室编制的电工主要作业任务清单识别，符合后编制标准化作业指导书；检修性岗位在主要检修作业项目编制的基础上，对单工种作业项目编制1—2个标准化作业指导书。

第三步，确定标准化作业指导书编制目录。以班组为单位开展广泛讨论，上报编制目录，作业区、厂相关部门组织审核后确定编制目录。

第四步，组织开展标准化作业指导书编制工作。应由作业区技术员牵头，安全管理人员参与，班组、岗位广泛参加的编制工作，按作业前、作业中、作业后三个环节认真梳理规范性作业步骤，针对作业步骤逐项识别存在的风险，编制防范措施。

第五步，开展标准化作业指导书试运行工作。一是按工种开展专题培训，督促执行者全面掌握本岗位作业指导书内容。作业区领导带队，组织作业区管理人员分头开展作业指导书抽背、检查工作。二是分级、分专业、多形式开展作业指导书安全性、符合性检查，并经岗位人员再次研讨审核后方可下发执行。

第六步，落实标准化作业指导书持续改进，提升可操作性。作业区领导带队分级、分专业、多形式开展作业过程检查，督促职工落实执行。作业区要安排好作业指导书验证工作，每年度要完成作业区所有作业指导书的验证，可以用现场作业过程跟踪、视频回放、现场模拟操作等形式开展验证检查，及时发现作业指导书的缺陷问题，及时修订完善以确保作业指导书的可操作性。

（三）作业指导书实施现状

（1）精矿管道运输作业区、选铁作业区等部分作业区生产性岗位固定作业任务实施情况较好。均在实施前安排管理人员分头检查作业人员开展了作业指导书抽背工作，待掌握后开展现场验证检查，督促执行，并以复述作业指导书取代作业前危险因素识别与防范措施制定工作。上述岗位因关

键重要作业任务少，且作业环境固定，作业人员在实施前掌握情况良好，危险因素查找、防控落实情况较好。

（2）检修性岗位在标准化指导书的执行上参差不齐，作业步骤基本掌握，安全防范措施基本能够落实，但因关键重要作业任务多、环境复杂多变，大部分人员在熟记各个指导书内容上有欠缺，危险因素查找、防控落实情况较差，安全事故多发（2017年、2018年新白马公司连续发生两起检修班引起的轻伤事故，轻伤2人）。

（3）各级管理人员和现场作业人员自身综合素质能力参差不齐。如技术员只对本专业的内容掌握良好，对非本专业的知识和安全管理类知识掌握程度不够；安全管理人员对安全管理知识和常规安全技术知识掌握良好，但对专业性较强的安全技术知识掌握程度上又不如专业技术人员。在制定作业指导书时各专业技术人员与安全管理人员不能高效配合，将导致对标准化作业指导书的作业步骤错误或防范措施不科学。

二、新白马公司生产活动中危险因素识别与控制活动开展现状

目前，新白马公司规定作业区在执行危险作业方式（每年开展危险作业方式的识别，并以文件形式下发，按分级管控原则实行审批制）及临时性作业区任务前，按"一事一做"的要求开展作业前危险因素辨识活动；对固定性危险性不大的岗位执行作业前必须再次学习标准化作业指导书或填写岗位危险因素识别卡，督促职工再次熟悉作业步骤及其危险因素防控措施，以确保作业安全。

（一）作业前危险因素辨识活动步骤及落实要点

第一步，作业小组长在作业现场召集作业小组成员，检查劳保、工具及人员情况。

第二步，作业小组长组织作业小组全体成员按"上下来电爆毒温转"8字口诀法全面识别存在的安全危险因素，并辨识出主要危险因素。

第三步，按识别出的危险因素制定防范措施，其中主要危险因素制定2条以上防范措施，并辨识出主要防范措施。

第四步，组织全体成员熟悉活动结论，确定防范措施落实责任人。

第五步，安全监护人员检查确认危险辨识全面、防范措施可行，并认真落实。

（二）为进一步规范作业前危险因素辨识活动，新白马公司切实抓好管控工作

（1）研讨下发《危险辨识8字口诀法》，并经常性组织职工学习，提升了职工危险有害因素全面辨识能力。

（2）为确保重要危险因素防范措施制定可靠，研讨下发了《8所有8必须》。一是所有的设备开停，必须执行资格许可和联系确认制。二是所有的高空作业，必须系安全带。三是所有的立体交叉检修作业，必须落实防坠物措施和联系确认制度。四是所有的受限空间作业，必须落实审批和监护制度。五是所有的电气作业，必须执行厂部电气安全管理规定。六是所有的行走（上、下）作业，必须采取有效的防滑、防摔措施。七是所有的运转中设备，必须执行严禁上跨下钻和触碰转动部位的规定。八是所有的单岗人员进入危险区域，必须执行事前报告制度。

（3）为加强现场管控，增加防范措施落实责任人和现场安全监护人，并在检修班试行轮值安全员制度。

三、作业指导书与作业前危险因素辨识活动改进方案的研讨

（一）进一步完善作业指导书模板

（1）进一步细化准备作业内容，明确谁去准备及准备的具体内容。

（2）按"五清五杜绝"要求（"五清"是指作业事由要清、监管人员要清、操作人员要清、各方责任要清、规章制度要清；"五杜绝"指杜绝作业事由心中无数、杜绝未经培训上岗、杜绝没有监管作业、杜绝不按规章制度作业、杜绝责任未落实作业），针对大型作业指导书责任不明确情况，增加责任人、作业人员及监护人。

（3）加大作业指导书验证指导力度，确保持续改进。作业区要在年度内完成所有作业指导书验证，公司相关管理部门每月要对作业区开展作业指导书验证情况进行检查指导，并认真审核修订内容，及时发现修订存在缺陷问题，提升作业指导书的可操作性。

表1为新白马公司标准化企业作业指导书样本。

电工岗位停送电作业指导书

作业区名称：选铁作业区　　岗位名称：电工　　实施时间：2022 年 3 月 4 日　　编号：ZDS-XT-0099

序号	作业程序	作业步骤	事故防范要点与措施
一	作业前准备	1. 作业任务分配	由集控室下达《停送电作业任务单》，电工班按照任务单执行停送电任务，由电工班班长具体安排好作业小组安全负责人的监护范围和被监护人及其安全责任，按照《作业区停送电管理办法》执行。
		2. 作业前工器具检查	由班长介绍停送电作业执行人员作业时所需的各种工具。作业前必须检查好工器具及绝缘劳保用品的性能完好，并穿戴好绝缘劳保用品。
		3. 对作业环境进行检查，结合实际作业内容认真开展 KYT 活动	必须在现场开展 KYT 活动。危险因素查找要准确，措施制定要有针对性，针对危险作业方式制定切实可行的安全措施。
		4. 和技术人员、点检人员、岗位人员进行联络，落实检修需重点处理的部位；执行换牌制度；与岗位联络、切断操作电气开关、挂检修牌、确认停	核实岗位人员交来的设备操作牌，并到现场核实设备是否停机，同时使用测量仪表、电笔验证。
二	停电作业过程	5. 确认任务单中作业任务	打录音电话向集控确认需要进行停送电作业所在回路是否与任务单、操作牌内容一致。
		6. 联系确认所需作业线路设备的状态	打录音电话向集控确认是否所有设备均处于停机状态、变压器是否处于空载状态，并检测。
		7. 确认开关位置	做好停电的准备工作，选择安全位置进行站位，进行联系确认，防止误停电。
		8. 拉断开关	停电时要求两人作业，做好互保监护，执行呼唤应答，停电作业按停电标准化程序操作。
		9. 验电、并将电源牌交与岗位人员	确认开关已经断开，并验电，后悬挂"有人工作 禁止合闸"警示牌，并挂好操作牌，通知并将电源牌交与岗位人员。
	送电作业过程	10. 岗位作业人员持电源牌换牌	仔细询问岗位人员并核实设备电源牌，做到确认无误。
		11. 认真检查检修现场	按规定程序检查检修工作现场，察看是否有人仍然在进行工作，进行再次确认无人检修。
		12. 测试绝缘，确认后送电	送电前对主控线路进行全面绝缘测试检查，合格后方可送电，送电时要戴绝缘手套，旁边有人监护。同时拆除"有人工作 禁止全闸"警示牌及操作牌，并挂好电源牌。
		13. 将操作牌交与岗位作业人员	做好配合岗位作业人员试车准备工作。
三	作业结束	14. 清理现场	检查清扫作业现场工机具及杂物，做到人走地净。
		15. 做好记录	事后将作业过程规范记录好。
		16. 回执任务单	按照规范填写好任务单并签字返回给工段。

表 1　新白马公司标准化企业作业指导书样本

（二）进一步规范作业前危险因素辨识活动

（1）全面规范查找危险有害因素。有标准化作业指导书的作业，应在标准化作业指导书基础上增加人员劳保穿戴、精神身体状况及现场新增危险有害因素，如新增危险有害因素一段时间内无法消除的，要立即组织标准化作业指导书的修订工作。无标准化作业指导书的临时性作业，要严格按"8 字口诀法"认真查找危险因素，涉及危险作业方式的要及时组织编制标准化作业指导书。

（2）防范措施方案编制要针对实际情况优先使用标准化作业指导书的规定；不全的要进行增补；无法执行的要重新编制，如一段时间内都无法执行的要及时修订标准化作业指导书，确保制定的措施可执行。

（3）各级管理人员要加强防范措施方案的抽查抽背，督促相关人员全面掌握；开展现场抽查、抽背，督促作业人员落实防范措施。

图 1 所示为新白马公司作业前危险有害因素辨

识记录模板。

作业任务	破碎机锤子修复	作业编号	1	作业时间	2020年1月29日	作业地点	破碎间
小组名称	破碎机锤子修复小组	组长（项目负责人）		周六		记录员	邹一
小组成员	周六　邹一（本人签字）						

重要危险因素确认“◇”	一、作业现场潜在的危险因素查找　危险作业监护王二
	1、联系确认未落实，机械伤害危险。
	2、无专人监护，指令不明，机械伤害危险。
◇	3、清理浮矿时，站位不正确，浮矿掉落伤害。
◇	4、拆除，吊装作业捆绑不当，备件伤人危险。
◇	5、气割作业烫伤、飞溅伤人，坠落伤害。
	6、登高作业，梯子无人扶，倾倒坠落伤害。
	7、传递备件，方式、站位不当，备件滑落伤人。
	8、敲打结合部位，铁屑（异物）飞溅伤人。
	9、氧乙炔瓶安全距离不够，存在危险伤人。

重要防范措施确认“△”	二、作业小组采取的安全防范措施		
	1、启动前检查确认到位，严禁周边有人。　周六		
	2、指定专人监护、协调落实。周六		
△	3.1 指定破碎机受料口监护人，监护人与作业人员搞好联系确认。周六		
	3.2 清除浮矿时由上部至底部进行；待受料口浮矿清理完毕，确认无误后，人员才允许进入。周六		
	4.1 确认需更换衬板部位，清除螺栓浮矿。　邹一		
	4.2 拆除螺栓时，吊装配合用钢绳固定衬板，对可能偏移碰撞的部位进行固定。邹一		
△	4.3 拆除安装过程必须由专人统一指挥，作业人员必须听从指令。　邹一		
	5.1 衬板螺栓不能用专用工具拆除时，用电气焊作业需保证电气焊作业人员安全，防止飞溅的火花伤人。　邹一		
	5.2 氧气、乙炔瓶与火源保持安全距离（10米以上）。　邹一		
△	5.3 电源线、气焊带、电焊线必须分开隔离，采取保护措施。　邹一		
	6、专人扶梯子，防倾倒坠落。　邹一		
	7、规范传递工具，站位正确。　邹一		
	8、敲打作业必须戴护目镜。　邹一		
	9、按规范捆绑气瓶，并保证安全距离。　邹一		
班长评语	措施可行　张三（班长本人签字）2020年1月29日	厂（作业区）领导评语	措施较好，记录规范　刘某　2020年1月29日

制表单位：矿业有限公司安全环保部

承诺：我是党员，认真执行并监督安全防范措施落实到位，确保作业安全顺行。

邹一

2020年1月29日

图1　新白马公司作业前危险有害因素辨识记录模板

（三）全面推广轮值安全员制度，提升全员安全管理水平

（1）明确班组轮值安全员职责：一是负责组织开展班前会前期工作的组织，组织职工签到、列队、通报上班安全生产情况、学习文件事故资料等。班前会后半部分任务分配和安全要求由班长发言；二是与班长一起开展班中安全检查，对班员的安全表现进行指导评比；三是带头参与危险作业任务的现场监护，督促作业人员规范作业，及时制止违章和不安行为。

（2）轮值安全员履责情况记录：班前会活动和班中安全检查情况记录在班组安全活动记录中，危险作业任务的现场监护情况记录在作业项目的作业前危险因素辨识活动记录中。

（3）轮值安全员履责情况奖惩：一是对认真履责、效果较好的人员予以奖励；二是对不认真履责，或履责效果不佳的予以考核，将其表现纳入班组安全生产目标管理体系进行奖惩，并作为年度安全评先的重要依据。

四、结语

新白马公司通过规范的标准化作业指导书、扎实的作业前危险因素识别，切实落实安全生产的现场管控，切实落实安全风险管控，为实现安全生产提供可行性借鉴方案。

安全文化理念与实践创新　安全文化领域与事故预警技术结合实践的可行性论述

中粮包装天津有限公司天津制罐　盛　祥

摘　要：安全文化是安全价值观和安全行为准则的总和，安全价值观是安全文化的里层结构，安全行为准则是安全文化的表层结构。安全文化是社会文化和企业文化的一部分，特别是以企业安全生产为研究领域，以事故预防预警为主要目标。企业应根据生产经营状况及隐患排查治理情况，建立安全预测预警指数系统，结合安全文化的理念灌输进行安全生产隐患分析。

关键词：安全文化；事故预警；结合

企业安全管理过程中实现事故预警管理并通过与数学、物理学知识结合实际合理运用是未来的整体趋势，同时也是企业迈向安全文化管理与科学化相结合的大方向，结合安全文化捆绑的思想共同推进。事故预警是根据企业管理情况分析、划定未来某天或某一动作将引发的事故，根据预警结果对现场作业人员发出提醒、警示、警告。与传统的安全预防管理存在一定区别，传统的安全预防性管理强调定期巡查、人员培训、应急物资配备等预备性工作；事故预警管理则是建立在传统预防管理之前的预测动作，深化研究将事故预警技术与安全文化管理相结合的创新实际，将会是企业管理一页新的篇章。

一、安全文化领域

（一）观察者效应

安全文化领域的建立离不开科研思想的加持。通过量子力学文献我们了解到，万事万物具备"观察者效应"，简单理解为一个粒子在不观察它的运动轨迹情况下同时存在多种形态运动变化，而一旦观察者对其进行观察，则粒子的运动变为同一时间同一动作。这也证明，万事万物均是以客观形态来呈现的，即使是"文化"领域的思想，也都是客观且非主观的存在。无论是人文关怀、企业宣传、公司环境、趣味活动、规章制度等，包括人的思想意识转变形态，均是客观存在的，均具备观察者效应。文化领域和人之间相互观察同时又相互被观察，无论是"万有引力"还是"量子力学"的知识均告诉我们，安全文化领域须跨入科研时代。

（二）安全文化领域的建立

安全文化领域的诞生只为一件事，就是让所有人不受伤害，包括身体和精神双重层面，这是安全文化领域建立的唯一目的。我们需要做的就是，利用观察者效应，将安全文化领域展开推广，让大家从被观察者变为观察者。

1. 隐患公示

让员工变为观察者最直接的方式就是了解现场所有的隐患。我们通过所有可以利用的渠道让员工了解现场的隐患，宣传看板、信息化、手机、计算机、明白纸等，目的是要让员工得知现场的隐患有哪些。经数学测算，隐患一旦被观察，即使不做任何整改，隐患导致事故发生的概率也会降低约73%左右，是有效行为。

2. 合理传播

文化的形成离不开传播，我们要利用新媒体形式进行良性安全文化传播，制造良性安全文化热度。传统的安全文化媒体传播，均为案例分享、知识复制、规章制度解读，员工看到后基本不看。我们上文提到了观察者效应，我们的安全管理人员应抓住隐患为话题进行能量传播，如录制如何整改身边小隐患的短视频，发现问题如何报告的短视频，现场某员工工作的一亩三分地环境提升的短视频，同时要抓住网络热度。目前国家的网络发达，某地一旦发生较大重大事故，网络上传播迅速，而安全管理人员要马上收集相关材料，进行良性传播。让员工变为观察者，让员工有参与感，同时会有效降低企业发生同类事故的概率。

3. 逐层观察

提到了观察者效应，公司层级众多，不能一概而论，应结合安全责任制思想横向到边纵向到底，逐层制定观察者模式。逐层建立观察者宣传方法，逐层建立符合公司发展形态的文化传播途径。其目的就是要从一把手开始观察到每层的员工动态，员工隐患，员工思想。要让每层员工有强烈的参与感和归属感。

二、事故预警技术

安全预警结果需要符合数学、物理学逻辑并结合实际情况进行测算，使用世界公认的海因里希法则作为母版数据当作分析源。假设海因里希法则比例绝对成立，用330作为母值，用300：29：1作为子值（不安全行为：轻伤：伤亡），通过计算分析发现，母值与事故发生概率逻辑测算结果无关联，子值与事故发生概率逻辑测算结果有关联。得到结论为，在工作中排查得到的隐患及不安全行为永远都是海因里希法则内的"子值"，也就是海因里希法则金字塔中的子值300，而母值只会出现在某种特定且固定的空间领域内。

隐患及不安全行为永远是"子值"。使用数学方法计算得出发生隐患及不安全行为所产生的平均能量，用线性代数方法代入海因里希法则内，这样可以按照海因里希法则的思想推算出事故发生的行为时间区域，同时安全事故是两个绝对的值，"发生或不发生"，绝对值是在行为时间区域内随动的。

通过海因里希法则可知，假设300为一个定值，生产过程中日积月累发现的隐患所产生的能量越接近这个定值，那么发生轻伤及伤亡的概率越大，不安全行为与轻伤及伤亡的发生从物理学角度判断实际上是空间领域内平行发生的，不安全行为、轻伤、伤亡，这三个概念是空间领域内平行存在的，且有连带逻辑概率关系。定值产生了变化，那么其所在的空间领域内会进行膨胀或缩减，当空间领域缩减到不存在时，那么理论上讲事故将不会发生，空间领域中的事故是否发生将会重新得到计算。

事故的发生是能量意外释放的结果，人、物、环境自身会释放能量同时又都会受到能量的相互影响，而能量又是通过行为时间区域蔓延的，之间有紧密的关联，这种能量和行为时间相互影响通过膨胀产生的空间，叫作"安全领域"。能量和行为时间在安全领域内是相互随动的，能量的大小会影响行为时间的递增或缩减，能量越大那么行为时间就会缩减得越快；同时行为时间也在影响着产生能量的大小，当能量增大到行为时间在安全领域内无法绝对存在时，安全领域中的两个绝对值就会决定能量的性质，也就是"发生或是不发生"。

能量减小会导致事故发生的行为时间无限延长，根据当今物理学理论，事故在微观世界是有可能永远不会发生的，但在现实的宏观世界这种可能几乎无法实现。安全领域是一个相对固定的空间，能量和行为时间是相互间保持平衡的，能量不会完全消减至0值，因为"人"的存在，能量始终会以1的形式表现。那么只要能量存在，只要行为时间获取的足够长，最终还是会导致事故发生；假设时间无限延长，那么最终还是会触发绝对值。能量和行为时间只有相对平衡，才不会触发绝对值，能量或行为时间哪一方首先失衡，那么在安全领域的平行空间内会发生量子纠缠现象，事故的概率就会变得无限大。能量是由诸多人为活动产生的隐患结合体，每一项安全隐患都存在能量，且各类能量间存在关联性。

三、安全文化领域与预警理念的结合

（一）根据安全文化领域观察者效应建立隐患库

根据安全文化领域观察者效应，尽早建立隐患库并进行公示，有利于对安全领域内的行为时间能量进行分析。不断完善安全领域的周期可控性，将隐患库中周期内发生所有的隐患能量进行筛查，在老领域消散和新领域诞生时重新设定行为时间能量周期，判断是否启动预警。

（二）安全文化领域需要预警的内容

人员文化预警：隐患数量过多，导致各层级人员无法通过观察者效应知晓隐患内容。

设施文化预警：设备设施新盖扩建，现场无公布公示内容。

材料文化预警：原辅材料、化学品、危险废弃、一般固体废物，其他材料变更后未按观察者效应进行公布。

SOP文化预警：操作的方法、法律法规、相关制度变更后无公示。

环境文化预警：公司环境、社会环境、家庭环境、部门环境、班组环境、工作环境、天气环境等公示不及时。

（三）文化预警周期的划定

安全领域是广义的概念，在管理过程中可以广泛运用，可以定义为整个车间或某个特定区域甚至是某一个独立设备设施，结合双重预防机制的管理方法，通过风险辨识的手段确认能量范围，通过物理学知识测算，一个能量范围内根据人员的活动频繁密集程度及行为时间长度较为合理的情况下约为672小时，即28天，我们可以将安全领域初步划定在一个30天的范围内，一旦出现预警情况，我们需要在30天内完成预警动作，如未做任何动作，新诞生的安全领域将每28天缩减约1/4，会出现频繁预警的状况，严重情况下，事故的绝对值会极具不稳定性。

（四）预警办法

人员文化预警：隐患公示情况观察者员工数量低于50%则启动预警。在安全领域内重点控制人的因素、环境因素。

设施文化预警：新概括建项目变更后，观察者员工数量低于30%则启动预警。在安全领域内重点控制人的因素、物的因素。

材料文化预警：原辅材料、化学品变更后，观察者员工数量低于90%则启动预警。在安全领域内重点控制物的因素、管理因素、人的因素。

SOP文化预警：操作规程、制度修改后观察者员工数量低于30%则启动预警。在安全领域内重点控制物的因素、管理因素、人的因素、环境因素。

环境文化预警：现场环境变更后，观察者员工数量低于50%则启动预警。在安全领域内控制物的因素、管理因素、人的因素、环境因素。

四、结束语

安全文化领域与预警技术相结合的思想笔者已经开始进行小规模科研性试行了，笔者相信在不久的将来能够实现并推广安全文化领域和预警技术相结合的思想，使安全管理迈向人文化、科研化的发展潮流中去。

参考文献

[1] 戴维·C.雷,史蒂文·R.雷,朱迪·J.麦克唐纳.线性代数及其应用[M].刘深泉,张万芹,陈玉珍等译.北京：机械工业出版社,2018.

[2] 伍胜健.数学分析[M].北京：北京大学出版社,2009.

[3] 曾谨言.量子力学[M].北京：科学出版社,2018.

[4] 中国安全生产科学研究院.安全生产管理[M].北京：应急管理出版社,2020.

浅析班组安全文化建设的现状及落地路径

中外运跨境电商物流有限公司郑州分公司　娄晓晓

摘　要：班组是安全生产之基本，班组的安全工作是企业安全生产和管理的基础和核心工作。企业通过采用有效形式，开展班组安全文化建设，让班组成员成为企业安全文化的传播者和实践者，增强企业安全事故的防范和控制能力。本文介绍了班组安全文化的相关理念，分析了班组安全文化建设的现状，提出了一些建设安全文化的方法和实践，丰富和发展了班组安全文化建设。

关键词：企业班组；安全文化；建设；现状；路径

班组是企业安全生产和安全管理的第一线，是保障企业安全稳定发展的基础。实践证明，班组安全建设需要安全文化。然而，班组安全文化建设是一项安全系统工程，需要多部门协调联动，齐抓共管，才能形成独具特色的班组安全文化。

一、班组安全文化理念

（一）班组安全文化的相关内涵

（1）班组。班组是在劳动分工的基础上，把生产过程中相互协同的同工种工人、相近工种或不同工种工人组织在一起，从事生产活动的一种组织，是企业中基本作业单位，是企业的最基层组织，是生产现场工作内容的直接实践者和工作任务的直接完成者。

（2）班组文化。班组文化是以班组为主体，在企业文化理念指导下形成的一种具有班组特性的基层文化，是班组内全体成员的知识、智力、意志、特性、习惯和科技水平等因素相互作用下的文明成果，是企业文化在班组落地生根的具体体现。

（3）班组安全文化。班组安全文化是班组管理组织在安全管理实践及班组成员在班组生产过程中，为维护自己免受意外伤亡或职业伤害困扰而形成的各类物质的及意识形态领域成果的总和，是企业安全文化的组成部分。

（二）班组安全文化建设的意义

（1）凝聚班组向心力，增强安全生产的战斗力

班组安全文化建设是企业内增凝聚力、外增影响力，提升市场竞争力的重要法宝，也是个人和班组集体价值观、态度、能力和行为方式的综合产物[1]。

优秀的班组安全文化，可以增强班组成员的责任感和荣誉感，在班组中产生凝聚力和推动力。同时，提高班组成员对企业的认同感和归属感，统一思想认识，保持工作热情，塑造充满活力的安全氛围，提高工作效能，促进企业健康、和谐、安全稳定发展。

（2）形成班组自主力，提升安全生产的执行力

目前，国内部分企业的安全文化模式主要是通过制度、规则、监督、奖惩等外在方式来开展安全管理工作，员工遵章守纪的目的更多是规避违章所带来的被通报或者被罚款，是充分考虑到对组织或个人绩效的影响而被动的遵守，不是内在自发形成的行为模式。因此，这种模式存在明显的被动性，呈现效果也有一定的阶段性和短暂性。

班组安全文化建设是把安全价值观上升到班组成员的自我实现需要，将安全生产转化为自主意识和自发行为，由"要我安全"转变为"我要安全"，做到安全生产"四不伤害"（不伤害自己、不伤害他人，不被他人伤害，保护他人不被伤害），从根源上降低甚至消除习惯性违章行为，实现人员的"本质安全"。

（3）激活班组安全力，推进安全生产的落实力

企业的安全落实重点在班组，班组安全文化建设是班组安全管理的重要手段，通过整合资源优势，用先进的安全理念和实践技能去影响每一个成员，活跃班组安全文化氛围，提升班组成员安全素养，在工作过程中积极落实安全政策和安全措施，实现企业的整体安全性。

二、班组安全文化建设现状

近年来，企业全面贯彻落实"安全第一、预防

为主、综合治理"安全管理方针，对安全文化建设的认知度和关注度逐步提高，安全文化建设的开展也取得了一定的成效，但许多企业局限于宣传建设企业宏观层面的安全文化，针对班组安全文化建设并未给予足够的重视和推动。

在企业班组安全文化建设篇章渐渐铺开的同时，笔者通过日常工作经验，结合当前实际，通过深入班组谈心、调研等多种形式总结归纳，认为现阶段企业班组安全文化建设主要存在以下几点不足。

（一）安全文化建设的认识片面，意识形态不到位

多数一线作业人员安全意识较为薄弱，没有较高的保护自己及相关人员生命财产安全的意识，片面地认为班组安全文化建设是上级领导和职能部门的事情，与班组关系不大，且班组的主要任务是规范作业要求，抓好现场作业安全管理工作，班组安全文化建设对日常生产工作意义不大。

（二）安全文化建设的参与性低，措施落实不深入

在企业班组安全建设实践工作中，班组成员对安全文化建设的片面认识及在长期的工作中形成的听从指示、奉命行事的工作惯性致使其在参与班组安全文化建设过程中过于被动，甚至部分成员认为班组工作任务重，安全压力大，安全文化建设根本无暇顾及，不愿意参与，因而容易出现敷衍、走过场的现象，最终使得班组安全文化建设流于形式，落实不力，效果甚微。

（三）安全文化建设的针对性弱，教育方法不丰富

一方面部分班组容易采用简单粗暴的学习形式，在学习会议上往往采取念文件、读课本等枯燥乏味的说教方式，无法让班组成员融会贯通，更无法满足班组成员对安全文化的需求。另一方面部分班组长在班组日常管理中崇尚"一言堂"，在班组成员学习培训过程中，强势地坚持个人观点，完全忽略班组成员的观点和感受，导致安全文化建设工作的进展不顺畅、效果不明显，呈现"有形式，无内容""有场面，无内涵"的形式主义、虚无主义现象，从而失去开展安全文化建设的目的和意义。

三、实现班组安全文化建设的路径

班组安全文化是企业安全文化的重要组成部分，班组安全文化建设具有必要性和重要性。做好班组安全文化建设，切实提高员工的安全意识和技能水平，是杜绝各类安全事故发生、实现企业安全形势持续向好的重要举措。

（一）发挥党建引领，带动班组安全文化建设

班组党员要起到模范带头作用，开展"安全生产大讨论"，让所有班组成员畅所欲言。动员班组全员狠抓隐患排查治理，为班组文化建设注入红色动力。在班组瓶颈时期，冲锋带头，积极发动班组成员，攻克难关，为班组安全文化建设工作注入红色基因。发扬党员不怕吃苦，迎难而上的工作态度及作风，打赢基层班组安全文化建设的攻坚战[2]。

（二）强化岗位责任，推动班组安全文化建设

（1）改变观念，提高认识，积极参与。利用条幅、标语、展板、教育片等方式开展多样化宣传。通过安全文化专家论坛讲座、安全文化大讲堂等方式正确引导班组成员观念的转变，扭转班组成员对安全文化的固化印象，引导其树立正确的安全文化观念，消除对于安全文化的误解及抵触情绪，激发其参与班组安全文化建设的积极性，促使其深刻认识理解并参与落实"要安全、能安全、会安全"的安全理念和行为规范，助力安全文化建设的推进。

（2）职责清晰，履职尽责，加强监督。企业的每个基层岗位都应该有清晰的岗位安全职责。班组长负责监督、引导班组成员执行岗位生产安全责任，明确安全职责和考核标准，规范操作流程。同时积极组织班组应急演练、岗位竞赛等安全活动，不断提升班组成员对安全文化的理解和融入能力。

（三）创新学习机制，促进班组安全文化建设

企业各班组的工作内容不同，教育对象存在着多种层次的差别，因此需要差别化的教育学习机制，确保有效提升班组成员的安全意识和作业技能，积极促进班组安全文化建设。

（1）优化方式，激发动力。根据班组成员文化结构，结合实际工作内容和文化需求，探索多样性的学习培训方式，采取"理论＋技术＋实践""预防教育＋案例教育""正面教育＋反面教育"大讲堂、邀请专家讲解等多种形式，坚持图文并茂式教育，保证安全学习培训工作人性化、多元化。

（2）丰富内容，提高实效。从不同的角度，不同的侧面对安全文化进行深入浅出的剖析，增加安全学习内容的丰富性，拓展班组成员的安全知识宽度和广度，让班组成员在学习培训中受到教育和熏陶，在潜移默化中强化安全意识，增强安全工作的实效性。

（3）发挥民主，群策群力。在日常学习讨论过

程中充分发挥民主，禁止"一言堂"，积极引导班组成员畅所欲言，集思广益，充分发挥他们的安全智慧和安全潜能，形成"人人讲安全，事事讲安全，时时讲安全"的氛围，逐步实现从"要我安全"到"我要安全"到"我会安全"的境界。

（四）注重量化考核，推进班组安全文化建设

安全责任体系是安全文化建设的主要内容之一，安全责任体系的完善和落实有利于推进安全文化建设。全面推行班组安全目标考核机制，逐步建立起符合企业自身安全生产特点，涵盖班组安全例会、设备检查与使用、安全学习培训、现场卫生环境、现场安全管理等要素全面的、完善的安全评价体系，定期进行严格的评价考核，并根据考核结果落实相应的奖惩措施，有效地促进班组安全文化建设和企业班组安全管理水平[3]。

四、结语

班组安全管理是企业安全管理的关键内容。班组安全文化建设是企业安全文化建设的重要组成部分，也是企业安全文化建设和管理水平的基础呈现。然而，班组安全文化建设不是一蹴而就的事情，也不是举一人之力可成的事情，需要细水长流，需要协同合作，需要与班组的日常管理工作有机融合。通过班组安全文化建设，充分调动班组成员参与安全生产的积极性和主动性，凝心聚力，促进企业安全稳定发展。

参考文献

[1]康少坡,王君. 浅析如何开展班组安全文化建设[J]. 当代电力文化,2021(8):70.

[2]段国喜. 浅析海洋石油企业基层班组安全文化建设[J]. 科学管理,2022(5):203.

[3]高兵. 班组安全文化建设的思考[J]. 中国电力企业管理,2022(1):71.

论企业安全理念的形成

中国外运陆桥运输有限公司安监部　李祥源

摘　要：随着经济与社会的飞速发展，安全发展成为社会主义现代化发展的头号大事。在企业文化中，安全文化逐渐占据大量的比重。在新《中华人民共和国安全生产法》（以下简称《安全生产法》）的指导下，企业必须遵照专门的法规，履行安全生产的义务。也就是说，法律规定了企业在安全生产中的主体责任。企业享有经营的利润，按照"谁受益谁负担"的原则，企业承担安全生产的主体责任，而不是参与生产活动的职工或消费产品及服务的消费者承担。政府的责任则是健全法律、实施监管和指导及保证舆论监督方面。

关键词：安全理念；企业运用；安全培训与教育

一、引言

安全生产在企业和项目中的重要性不言而喻。安全工作的成败足以对一个企业的根基造成影响，拥有一个安全的生产环境，可以给企业带来社会与经济的双重收益。

安全工作并不是某个部门或者某个人的工作，它是一项工程，是一项系统化的工程，一项社会化的工程。企业领导和全体职工必须高度重视并加强学习，只有不断提高自身的安全意识，认真贯彻落实新《安全生产法》和行业安全生产管理规定，才能避免和减少安全事故的发生。

二、安全组织机构与规章制度

安全组织机构是企业安全生产管理中最基本的也是最重要的组成部分。《安全生产法》规定了组织机构的设置：首先，企业第一责任人也就是安全生产的第一责任人，负责安全工作重大问题的组织研究和决策。其次，企业安全的负责人，负责企业的安全生产管理工作。企业安全职能部门，负责日常安全生产工作的管理监督和落实。安全组织机构需要设置得高效精干，责任心强，还要富有吃苦精神；理论知识、法律意识要丰富，现场操作的实际经验要充足；组织分析能力与道德修养并存。组织机构中的成员要对国家法律、法规知识了如指掌，并落实到基层中，还要修订和完善企业的各项安全生产管理制度；组织培训企业在职人员安全管理知识和实际操作技能；监督、检查、指导企业的安全生产执行情况；查处企业安全生产中违章、违规行为；对事故进行调查分析及相应处理。不能只建立完善的组织机构，同时也要层层建立安全生产责任制，责任制要深入单位、部门和岗位。

在安全管理中，安全规章制度是最重要的内容之一。"没有规矩，不成方圆。"制度化管理是企业生产经营活动的一项重要课题，安全制度的制定要依据安全法律法规和行业规定，将制度制定得内容齐全并具有针对性，体现实效性和可操作性，反映企业制度，面向生产一线贴近职工生活，让职工理解透彻。一项合理、完善、具有可操作性的管理制度，有利于单位领导的正确决策，有利于规范企业和单位职工行为，有利于提高职工的安全意识，加强单位的安全管理，最终实现杜绝或减少安全事故的发生，为单位的发展奠定良好的基础。

三、安全教育与培训

安全教育是职工在企业里的一门必修课，应该具有计划性、长期性和系统性，安全教育由单位的人力资源部门纳入职工统一教育、培训计划，由安全监督管理部门管理和组织实施用这种方式来提高职工的安全意识，增加安全生产知识，以有效地预防职工的不安全行为，减少人为失误。安全教育培训要适时、适地，内容合理，方式多样，形成制度，做到严肃、严格、严密、严谨，讲求实效。

（一）安全教育

对于职工和调换工种的职工应进行安全教育和技术培训，考核合格后才准许上岗。一般单位对新职工实行三级安全教育，它也是新职工首次接受安全生产方面的教育与培训。

对新职工进行初步安全教育的内容包括：劳动保护意识；安全生产方针、政策、法规、标准、规范、规程和安全知识；单位安全规章制度。

二级单位对新分配来的职工进行安全教育的内容包括：项目安全生产技术操作一般规定；现场安全生产管理制度；安全生产法律和文明施工要求；工程的基本情况现场环境、特点、可能存在的不安全因素。

班组对新分配来的职工进行工作前的安全教育包括：必要的安全知识、机具设备及安全防护设施的性能和作用；本工种安全操作规程；班组安全生产、基本要求和劳动纪律；本工种容易发生事故环节、部位及劳动防护用品的使用要求。

（二）特种及特定的安全教育

特种作业人员，既要进行一般性安全教育，还要按照《特种作业人员安全技术培训考核管理规定》的有关规定，按国家、行业、地方和企业规定进行特种专业培训、资格考核取得特种作业人员操作证后方可上岗。对季节性变化、工作对象改变、工种变换、新工艺、新材料、新设备的使用及发现事故隐患或事故后，应进行特定的、适时的安全教育。

（三）经常性安全教育

企业不仅要做好新职工教育、特种作业人员安全教育和各级领导干部、安全管理干部的安全生产教育培训，还必须把经常性的安全教育贯穿安全管理的全过程，并根据接受教育的对象及其特点不同，采取多层次、多渠道、多方法进行安全生产教育。经常性安全教育反映安全教育的计划性、系统性和长期性，有利于加强企业领导干部的安全理念及提高全体职工的安全意识。

（四）安全培训

培训是始终贯穿安全工作的一项重要内容，培训分为理论知识培训和实际操作培训，随着社会经济的发展和管理工作的不断完善，新材料、新工艺、新设备、新规定、新法规也不断地在生产活动中得到推广和应用。因此，组织职工进行必要的理论知识培训和实际操作培训，通过培训让职工了解新知识的内涵，更好地运用到工作中；通过培训让职工熟悉掌握新设备的基本施工程序和基本操作要点。对一些新转岗的职工和脱岗时间长的职工也应该进行实际操作培训，以便在正式上岗之前熟练掌握本岗位的安全知识和操作注意事项。

四、"十四五"国家安全生产规划

《"十四五"国家安全生产规划》中指出，要牢固树立安全发展理念，正确处理安全和发展的关系，坚持"发展决不能以牺牲安全为代价"这条红线。以习近平新时代中国特色社会主义思想为指导，全面贯彻落实党的十九大和十九届历次全会精神，增强"四个意识"、坚定"四个自信"、做到"两个维护"，紧紧围绕统筹推进"五位一体"总体布局和协调推进"四个方面"战略布局，坚持人民至上、生命至上，坚守安全发展理念，从根本上消除事故隐患，从根本上解决问题，实施安全生产精准治理，着力破解瓶颈性、根源性、本质性问题，全力防范化解系统性重大安全风险，坚决遏制重特大事故，有效降低事故总量，推进安全生产治理体系和治理能力现代化，以高水平安全保障高质量发展，不断增强人民群众的获得感、幸福感、安全感。

习近平总书记还强调国家安全生产规划的基本原则：源头防控，精准施治，深化改革，强化法治，系统谋划，标本兼治，广泛参与，社会共治。企业还须部署风险防控责任网络，深化监管体制改革，压实党政领导责任，夯实部门监管责任，强化企业主体责任，严肃目标责任考核；同时还须优化安全生产法治秩序，健全法规章体系，加强标准体系建设，创新监管执法机制，提升行政执法能力。

《"十四五"国家安全生产规划》中第五点强调，筑牢安全风险防控屏障，优化城市安全格局，严格安全生产准入，强化安全风险管控，精准排查治理隐患；第七点提到，强化应急救援处置效能，夯实企业应急基础，提升应急救援能力，提高救援保障水平；第八点提到，统筹安全生产支撑保障，加快专业人才培养，强化科技创新引领，推进安全信息化建设；第九点指出，构建社会共治安全格局，提高全民安全素质，推动社会协同治理，深化安全交流合作；第十点强调，实施安全提升重大工程，重大安全风险治理工程，监管执法能力建设工程，安全风险监测预警工程，救援处置能力建设工程，科技创新能力建设工程，安全生产教育实训工程；第十一点提出，健全规划实施保障机制，明确任务分工，加大政策支持，推进试点示范，强化监督评估。

五、安全生产的重要性

安全生产是党和国家在生产建设中一贯坚持的

指导思想，是我国的一项重要政策，是社会主义精神文明建设的主要内容。一切工作都必须有利于人民大众的根本利益。在社会主义国家里，国家利益和人民利益是根本一致的。人民的需要，最重要的莫过于保障他们的生存和健康的需要。保护劳动者在生产中的安全、健康，是关系到保护劳动人民切身利益的重要方面。因此，当谈到发展生产，改善人民生活的时候，决不能忘记改善劳动者的劳动条件。在我国，不顾劳动者的安全、健康，盲目追求产值利润是决不允许的；为了个人发财致富去剥削他人，不顾劳动者死活，要受到法律制裁。所以，安全生产，改善劳动条件，加强劳动保护写进了我国宪法。安全生产还关系到社会主义安定和国家一系列其他重要政策的实施。如果安全生产搞不好，伤亡事故和职业病频繁发生，不仅使职工本人受到伤害，使企业的发展受到损失，而且使其家庭蒙受不幸，给成千上万的人民群众造成心理上难以承受的负担。这些问题如果处理不当，就会激化社会矛盾，影响社会安定。因此说搞好安全生产是社会主义文明建设的重要组成部分。

六、陆桥公司安全管理办法

2022年上半年，中国外运陆桥运输有限公司安检部（以下简称陆桥公司）紧扣"应急提升、巩固创新"年度工作主题，以"六抓六重"为工作着力点，秉承"复杂问题简单化，简单问题标准化"工作原则，借鉴"质效提升"方法论，强化安全管理赋能，夯实安全管理基础，安全管理不断推陈出新。

如图1所示，公司层级设立安全监督管理部、安委会办公室；所属重资产单位设有安技部（运务部）及专职安管人员；其他所属轻资产单位设有综合部与兼职安管人员；加强安全管理体系化建设。公司将历年编制的培训/应急演练计划、安全生产责任书、内部规章制度等，通过汇总、补充、梳理、核对、修订、归类，经过深入研讨与多轮修改，最后形成《陆桥公司安全生产管理体系纲要》《陆桥公司安全生产规章制度汇编》《陆桥公司安全操作规程汇编》3份体系文件，包含公司安全理念、机构、人员、目标、制度、规程、支持法规等安全管理全方位内容，近400页，超过15万字。并将保持每年持续更新。安全管理体系的建立，将陆桥公司的安全管理水平提升到一个新高度。努力践行新《安全生产法》，积极落实全员安全生产责任制要求。陆桥公司在2021版安全责任清单的基础上，结合人力资源体系建设，对陆桥公司全部236个岗位进行梳理、补充与修订，经各单位修改确认后正式发布。目前已完成2022版全员安全生产责任清单的修订与完善工作。

图1

在2022年初组织的"新聘'一把手'安全集中谈话会议"上，20余位新聘的事业部、分/子公司主要负责人全部到场。会议组织"一把手"们学习新《安全生产法》，带领"一把手"们进行集体安全宣誓；要求"一把手"亲笔誊写《主要负责人安全生产承诺书(7+4)》并签名报备公司存档。

新《安全生产法》提出了安全管理"三管三必须"原则。陆桥公司制作了经营单位各层级责任人"安全管理责任分工"模板。由各经营单位确定分工、明确责任后，盖公章后上报备案。让安全工作定人定责，层层落实；让职工特别是管理者对安全工作常怀常存"敬畏"之心。

综上所述，安全管理是企业管理的重要组成部分，是一门综合性系统科学，安全管理的对象是生产中的一切人、物、环境的状态管理与控制，因此是一种动态的管理。安全管理的水平高低与成败直接关系到企业的社会信誉和经济效益，关系到国家和集体财产及职工生命的安全。认真研究、积极探索、加强管理、不断创新，最终实现企业安全生产管理的宏伟目标。

安全生产流程化管理建设的实践探索

山西北方兴安化学工业有限公司　彭许光　连晨帅　冯　霞　张思雨　师艳婷

摘　要：安全生产是火炸药事业健康发展的基础，安全生产流程化管理是基于安全生产全层级、全流程、全要素、全员参与提出的安全生产的体系化管理手段。本文主要阐述安全生产流程化管理建设在火炸药企业的实践与良好应用，助力火炸药事业健康发展。

关键词：企业管理；火炸药企业；流程化

一、引言

企业文化是在一定的条件下，企业在生产经营和管理活动中所创造的具有该企业特色的精神财富和物质形态，包括理念文化、制度文化、物态文化、行为文化等。火炸药行业处于军工行业的核心地位，其对国防事业健康发展具有重要作用[1]。党的十八大以来，习近平总书记对安全生产工作多次发表重要讲话、做出重要批示[2]，为火炸药行业健康发展指明了方向。火炸药生产的固有风险较高[3]，因此，安全生产是当前火炸药事业健康发展面临的主要问题。为进一步丰富企业安全文化，提高企业安全管理水平，更好履行强军首责，山西北方兴安化学工业有限公司（以下简称二四五厂）在兵器集团的领导下，充分挖掘自身潜力，出台了安全生产流程化管理制度，主要工作分为构建安全文化理念、开展安全文化培训、创新安全管理方式等方面。

二、构建安全文化理念

二四五厂企业安全文化理念建设，坚持与集团公司文化对接，体现兴安特色，服务于公司发展战略，围绕中心、服务发展，整体推进、重点突破，领导带头、全员参与，与时俱进、注重实效的原则，突出企业安全文化的先进性、导向性和一致性，提出了安全核心理念与安全价值理念。

安全核心理念为："安全生产，以人为本"。以尊重职工、爱护职工、维护职工的人身安全为出发点，以消灭生产过程中的潜在隐患为主要目的，强化安全理念引领，增强职工安全意识，发挥职工积极主动性，确保安全生产，让企业安全生产筑就职工幸福生活。

安全价值理念为："安全是企业最大的效益，安全是员工最大的福利"。对我们火炸药行业来说，安全生产是最根本的要求。安全生产不仅保护职工安全，还保护生产资料和生产环境，确保安全生产，企业生产的效益才得以实现。安全是员工的最大福利，职工生命安全是职工事业追求、家庭幸福、拥有财富的前提和基础，是企业为职工谋求的最大福利。

三、开展安全文化培训

"安全生产，以人为本"。"人"始终处在安全生产第一位，因此开展企业安全文化培训是企业文化的重要组成部分[4,5]。

公司采取办班、以会代训等多种形式，加强对员工的企业安全文化与规章制度培训。将企业安全文化纳入每年员工培训大纲，开展全员企业安全文化培训与每年中层以上管理人员培训。公司通过显著位置公共宣传栏、纳入《员工手册》等方式，宣传"把一切献给党""自力更生、艰苦奋斗、开拓进取、无私奉献"的人民兵工精神；宣传"安全生产，以人为本""安全是企业最大的效益，安全是员工最大的福利"的安全文化理念。通过组织员工学习《员工手册》、安全文化理念上墙、班组园地展示、宣传栏宣传、会议宣讲、制度建设执行、班前班后会学习落实等多种方式，对公司确定的企业安全文化理念进行广泛学习宣贯，推动企业安全文化理念落地，使安全文化理念进班子、进车间、进班组，使全体员工充分理解并认同企业安全文化，统一自觉践行企业安全文化。

四、创新安全管理方式

没有火炸药安全，就没有火炸药事业。为进一步提高企业安全管理水平,丰富企业安全文化内涵,二四五厂开展了安全生产线流程化管理建设工作,以××催化剂生产线为例,主要分为以下六个步骤。

（一）梳理工艺流程,确定管控环节

组织工艺技术、设备设施、生产组织、人力资源、安全管理等部门和车间相关业务人员、一线班组长、一线操作人员,××催化剂生产线主要工艺流程分为溶解、合成、离心水洗、烘干、破碎等五个工序,工作小组对每道工序进行全流程全要素分析,梳理生产工艺流程,确定安全管控环节。

（二）开展风险辨识,形成风险清单

组织相关部门、技术人员和一线操作人员,依据确定的安全管控环节,采用科学、系统的方法开展风险辨识,形成风险清单。重点针对生产线人工作业岗位开展风险辨识,梳理生产线人工作业岗位（包括正常生产、异常状态和检维修过程所有人员直接面对危险品作业的岗位),在此基础上,进一步辨识存在的安全风险。辨识工作坚持摒弃经验主义、惯性思维,改变"过去岗位长期以来没有发生事故,风险较低"的思路,秉持"火炸药本身具有危险性,稍有不慎就会发生着火或爆炸"理念进行。重点对可能引起燃烧、爆炸的风险再辨识,充分考虑摩擦、撞击、静电和热造成的风险,利用视频监控对操作过程进行动态辨识,确保风险辨识准确,分级科学。完成辨识后形成完整的生产线作业岗位清单。

2022年初分厂结合流程化管理要求完成全部危险作业工序、岗位风险评估确认工作,××催化剂生产线共辨识危险有害因素30条,其中人的因素8条、设计及工艺因素5条、设备设施的因素6条、环境因素7条、管理因素4条;利用故障树分析方法对关键岗位再次进行风险辨识形成管控台账,确定蓝色风险岗位5个。

（三）科学评估分级,确定管控要素

对风险清单进行科学评估,精准确定管控要素。综合评定工序风险等级,对生产工序的风险由高到低按照"红、橙、黄、蓝"四色进行标注。静态或动态风险要素全部纳入管控范围,以禁限行为作为工艺管理的主要管控要素。在前期禁限行为梳理的基础上,组织相关人员对××催化剂生产线的禁限行为进行再次梳理,现有禁限行为9条,其中技术类1条,管理类8条。采用作业条件危险性分析（LEC）法对禁限行为进行分级分类,该生产线9条禁限行为全为一般级,最终形成《××催化剂工艺流程与安全生产管控要素图》。

（四）制定管控措施,形成确认表单

根据风险评估确定的管控要素,逐个要素提出有针对性的风险管控措施,确定可量化或易判定的检查方法和科学精准的检查内容。按照作业岗位、班组、车间分厂、工厂四个层级的不同职责,从设备设施、工艺技术、生产现场、作业人员、隐患台账等五个方面编制对应的《××催化剂安全生产状态确认表（隐患排查表）》。

（五）一品一套图表,开展流程管控

经专项工作组会议审议,每个催化剂产品都确定《××催化剂工艺流程与安全生产管控要素图》和《××催化剂安全生产状态确认表（隐患排查表）》,做到一品一套图表。以《××催化剂工艺流程与安全生产管控要素图》为生产线安全生产流程化管控的前提和基础,以《××催化剂安全生产状态确认表（隐患排查表）》为强化生产线日常安全管理的有力抓手。结合本单位组织机构设置、运行管理模式,将《××催化剂工艺流程与安全生产管控要素图》和《××催化剂安全生产状态确认表（隐患排查表）》与业务管理流程有机融合。从合同签订前就开始管控风险,形成《××催化剂产品合同安全生产风险评估流程图》;为进一步消除生产前的安全风险,形成《××催化剂产品排产计划安全生产风险排查流程图》,将产品排产计划安全生产风险排查作为合同鉴章的前置条件。利用《××催化剂安全生产状态确认表（隐患排查表）》对××催化剂生产线进行全面体检,形成《××催化剂生产线安全隐患排查治理流程图》,构建安全风险分级管控和隐患排查治理双重预防机制,开展流程化管理。

（六）建立工作标准,形成长效机制

根据生产线安全生产流程化管理试运行情况,持续优化"四图四表"形成企业流程化管理工作标准,形成长效安全风险管控机制。组织各层级人员按照生产线安全隐患排查治理流程开展生产线日常管理工作。认真落实日常检查中发现隐患的技术、管理"双归零",强化动态管理。

五、结论

安全生产流程化管理建设的落地落实极大丰富了企业安全文化,有效提高了企业安全生产管理水平,保障了各级人员工作中做到有"法"可依,安全问题有迹可循,是企业安全发展的重要抓手。同时,在安全生产流程化管理建设过程中,形成了长效机制,建立了"一品一标准",通过流程化的动态管控,提高了全体员工安全生产意识与理论水平,让"安全生产,以人为本"的安全理念蔚然成风、无处不在。

参考文献

[1] 王宏战,张猛,李丹. 火炸药企业安全生产标准化现状研究 [J]. 中国标准化,2019(24):253-254.

[2] 吴思远. 习近平关于国家安全的重要思想的理论贡献与实践品格 [J]. 学术界,2022(1): 22-28.

[3] 李春光. 火炸药安全技术历史及发展趋势 [J]. 火炸药学报,2021,44(2):112.

[4] 徐渊. 煤矿企业安全文化与安全培训教育体系建设 [J]. 金田, 2014(2):1.

[5] 万金录,栾义. 企业落实安全生产主体责任主动性工作思路 [J]. 电力安全技术,2021,23(4):76-78.

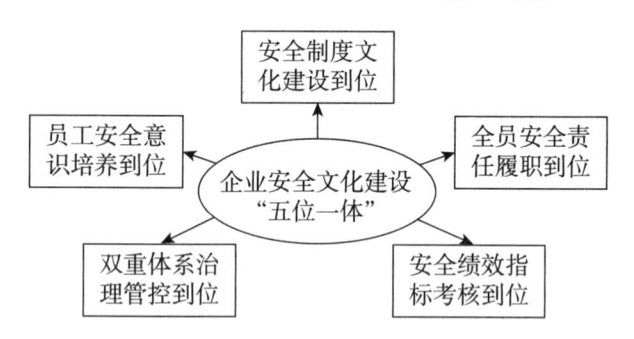

新时代企业安全文化建设"五位一体"对策

广西梧州中恒集团股份有限公司　向　铭

摘　要：企业安全文化建设要坚持以习近平新时代中国特色社会主义思想为指导，以人为本，立足防范，紧紧围绕安全制度文化建设到位、全员安全责任履职到位、员工安全意识培养到位、双重体系治理管控到位和安全绩效指标考核到位"五位一体"对策构建新时代特色企业安全文化，让安全文化"种子"在员工心中生根发芽，枝繁叶茂，营造"人人关注安全、人人重视安全、人人参与安全"的氛围，促进企业稳定发展。

关键词：企业；特色安全文化；全员安全责任；对策

进入新时代，新《安全生产法》明确了"三管三必须"安全生产工作新格局，习近平总书记对安全生产工作提出了更严格的要求，对安全监管工作提出了更高层次的标准，抓好安全生产是企业发展的第一要务。企业要标本兼治地从源头防范事故，抓好安全生产，必须要打造特色企业安全文化，增强员工安全意识，提高员工安全素养，引导员工树立与企业同生存共发展的安全价值观、安全理念和安全责任感，杜绝不安全行为，预防事故，以安全文化的"软实力"奠定企业安全可持续发展坚硬的基础。

一、企业安全文化的现状

（一）企业安全文化根基薄弱

我公司前身为民营企业，领导层一门心思只抓生产经营和效益，不重视安全生产，安全管理组织机构缺失，员工安全意识淡薄，安全生产事故频发，事故发生率高于同行业医药企业。近几年来改制为国企后，经历过安全生产事故血淋淋的教训后，领导层深刻意识到安全生产是最大的生产效益，是企业的"硬"实力，安全文化是企业持续高质量发展的"软"驱动力，开始逐步严抓安全生产工作，建设企业安全文化。但安全文化建设是一项持久工程，目前企业安全文化未深入人心，根基仍很薄弱。

（二）员工安全素质提升缓慢

受区域经济发展水平约束，我公司基层一线员工（占企业总人数的35%）大部分为地方员工，他们文化程度低，安全意识淡薄，对"安全文化"的接受程度相对较低，且企业安全文化推进机制不健全，未构建完善的企业安全文化体系，全员安全宣传教育力度不够，安全文化活动未深入推广到基层岗位员工，员工对安全文化活动的主动性和参与度低，员工安全素质无法持续提升。

二、企业安全文化建设"五位一体"对策

图　企业安全文化建设"五位一体"

（一）安全制度文化建设到位

安全制度文化是企业安全生产管理的基础，是企业安全生产运作保障机制的重要组成部分，能有效保障企业这架"机器"有效运转，使企业安全生产经营的每一个过程、每一个环节，甚至每一个员工在生产岗位上的一举一动，都在安全制度的控制范围内，实现"用管理制度来规范一切，使一切管理规范"。

企业要抓好安全制度文化建设，一是依法治企，建立法律法规和制度规章数据库，按照电气、特种设备、危险化学品等类别分类分层次列出清单和索引，员工可在数据库快速检索，掌握安全生产标准规范、规章制度的内容并应用到实际生产安全工作当中，保障企业合规管理；二是建立健全安全生产规章制度，做到全员、全过程、全方位安全责任化和

横向到边、纵向到底的安全责任体系,管控人员安全行为,通过扫二维码线上答题、培训会、知识竞赛等活动宣贯制度,使员工认同和接受安全制度的管理,严格自觉执行,形成制度文化;三是制定岗位(设备)安全操作规程卡,悬挂在岗位(设备)上,对关键岗位或区域实行制度上墙,员工每接受一次安全操作规程培训和考核都在卡片上进行记录,确保岗位员工按照操作规程熟练操作,不违章作业。

（二）全员安全责任履职到位

安全生产工作应当以人为本,坚持人民至上、生命至上,把保护人民生命安全摆在首位。新《安全生产法》明确企业要严格落实全员安全责任制。企业安全文化建设的核心是"以人为本",企业的安全文化归根到底是"人"的文化,企业要紧紧围绕人的安全行为去推动安全文化建设,建立从企业主要负责人到一线岗位员工、覆盖所有管理和操作岗位的安全责任履职清单,制作"专人专岗"安全责任履职卡,让每一位员工熟知岗位的安全责任。各岗位员工根据安全责任履职卡的计划内容主动开展安全工作并如实记录,做到工作"留痕",保留履职佐证材料,形成安全责任履职一人一档案,推动各岗位安全责任落实到实际工作当中。

（三）员工安全意识培养到位

培养每一位员工的安全意识,使之实现从"要我安全"到"我要安全"的根本性转变,是企业安全文化建设的中心任务。企业要营造良好的安全氛围,必须拓展创新多样化的宣传教育形式,除了开展事故警示观影、安全知识竞赛、"大家讲安全"、"V达人"安全摄影和短视频拍摄等活动外,也要注重亲情安全文化的建设,使安全生产意识深入人心,潜移默化地规范人的安全行为,培养人的安全心态。

"高高兴兴上班,平平安安回家",我公司将这句简单的标语贴在员工考勤打卡机旁,培养员工的安全意识,让员工意识到安全工作就是家庭幸福的基石。企业组织开展"安全生产公众开放日"活动,以企业员工家属为主要代表,组织"零距离"参观一线生产厂区安全环境和安全文化长廊,开展"亲情助力安全"座谈会和亲情安全拓展专题活动,发放《企业安全文化小手册》,征集安全寄语、安全谏言,并将其张贴在企业安全文化墙上,以浓浓亲情触动员工安全意识,让员工深刻意识到身上担负着个人、家庭、企业和社会稳定的安全责任,提醒员工时刻注意安全生产,充分挖掘员工"我要安全"的内在动力。

（四）双重体系治理管控到位

构建安全生产风险分级管控和隐患排查治理两个体系(以下简称双重体系)是党中央、国务院加强和改进新时期安全生产的重要部署,是落实企业主体责任、提高本质安全水平的治本之策。全面落实双重体系是企业安全文化建设的中心任务,双重体系以危险源的辨识和固有风险的分析和评价分级、风险清单(数据库)编制和风险分布电子地图绘制、风险分级管控、隐患排查治理与台账记录、运行评估与持续改进为主线,以风险"清单化"、管控"信息化"的管理模式,运用工程技术、管理、个体防护、教育培训、应急处理等五大管控措施,从源头上管控治理风险。

我公司使用"123"法建设双重体系。"1"是一个好环境,建设一个好的安全生产环境,推行7S管理,使现场设备设施规范有序,作业环境整洁舒适,标志标识合标美观,安全氛围浓厚。"2"是风险管控和隐患排查两个清单,各岗位开展风险点辨识,制定五大管控措施,形成风险点管控清单,在现场张贴风险告知牌,让员工在现场一看就清楚,做岗位"明白人"。员工根据企业风险点管控清单,编制成隐患排查清单和表格,开展班组级、车间级、部门级、公司级、基础管理类、专项类"四层级一基础一专项"隐患排查,对隐患治理按照五定原则进行闭环管理。"3"是全员培训、"五化"(制度规程实用化、安全设施本质化、隐患治理闭环化、危险作业标准化、安全看板醒目化)建设和应急处置三步到位。利用双重体系管控治理,运用"全员识风险""二维码排隐患""安全讲师"等多种创新手段丰富企业安全文化建设的内容,全面提高员工的安全素养,促进企业安全管理水平再上新台阶。

（五）安全绩效指标考核到位

"预防为主"是安全生产方针的核心和安全生产工作的中心,是实现安全生产的根本途径。企业在进行安全绩效指标考核时,不能只偏向于事故结果的奖惩,要注重源头预防和过程管理,要突出"预防为主"的原则,以人为本,建立有效的激励和约束机制,推动安全生产工作顺利进行。我公司制定《安全生产目标责任考核基金实施管理规定》,全员缴纳考核基金参与安全绩效指标考核,强化员工安全目标责任意识。为每位员工开设"安全预防基金",时刻提醒员工工作必须要保障安全,把安全生产工作做得更好,才能保住自己那份"安全预防基金",争取到更多的安全奖励。企业通过逐层签订安全生产目标责任书,从事故发生率、培训完成率、隐患整改闭环率及全员安全责任履职达标率等量化安全绩效指标,突出安全生产重点工作要求及考核占比,强化源头预防、过程管理和结果控制,创建安全积分制,根据考核结果对全员考核基金进行奖惩,充分调动全体员工参与安全工作的积极性。考核基金考核以"一人出事故,人人受牵连,人人受教育"为抓手,安全绩效指标达成与否直接影响着全体员工的实际利益,员工的安全潜意识里除了"要我安全"和"我要安全",同时也在关注他人的安全行为,安全观念从"我要安全"升华到"我会安全,我保安全",真正树立"安全人人有责,人人关注安全"的安全理念,形成"不能违章、不敢违章、不想违章"的自我管理和自我约束机制,全方位预防事故发生。

三、企业安全文化建设成效

安全生产是企业可持续发展一个永恒的主题,企业要持之以恒地做好安全生产工作,不断开创新思维、新方法、新技能,坚持以人为本的安全理念,提高员工的安全意识和行为能力,增强企业安全归属感,逐步形成新时代特色企业安全文化,为企业高质量发展保驾护航。如今,我公司每月发布一期企业安全文化简报,宣贯国家安全生产指导思想和各企业安全生产新动态、新气象,加强企业、车间(部门)之间的安全生产工作交流,推行标杆车间(部门)、班组安全流动红旗和先进安全标兵先进经验做法,弘扬企业安全生产的先进事迹事例,强化企业安全文化建设。近三年,我公司在安全生产领域取得显著的成效,事故发生率实现三连降,获得国家绿色工厂、自治区安全文化示范企业和健康示范性企业等多项荣誉。未来我公司在安全之路上,将继续以特色企业安全文化建设为抓手,以安全生产标准化、信息化、体系化为保障,多措并举持续提高安全管理水平,不断推动安全生产再上新高度,实现企业安全可持续发展。

参考文献

[1] 刘仁丰. 全面强化安全制度管理 推进企业安全文化建设 [A]. 中国金属学会冶金安全与健康年会论文集,2014:132-135.

[2] 张永林. 浅谈以人为本的企业安全文化建设 [J]. 商场现代化,2006(464):270-270.

[3] 胡波. 培养员工安全意识 构建企业安全文化 [A]. 中国金属学会冶金安全与健康年会论文集,2013:159-161.

[4] 张胜利,齐彦文. 基于双重预防机制的矿山企业安全文化建设实践 [J]. 黄金,2022(2):1-5.

浅谈安全文化建设中存在的问题及整治对策

中铁特货物流股份有限公司济南分公司　李成新　李　进　王　巍

摘　要：通过分析安全管理文化建设中部分企业存在的安全管理门派意识、形式主义、不担当行为，提出安全管理的新思路、新方法，提高企业安全文化建设水平。

关键词：安全；文化；问题；对策

随着国家安全法律法规的不断完善，企业的安全投入持续增强，安全管理制度越来越丰富，安全监督检查及安全控制手段越来越严密，安全追责力度及范围越来越大，但安全生产责任事故的发生次数及力度仍然超出人们的期望，到底是哪个环节出现了问题，问题的症结又在哪里呢？每次事故发生后，我们都要进行安全分析、全面追责，追责范围除责任者外，还涉及一系列直接或间接管理人员，安全管理的主要套路就是沿着事故发生—原因全面分析—全面追责—安全活动（安全大检查、大整治、大反思活动）—活动效果（整理材料，上报开展情况）组成的运动轨迹进行，这种管理套路的实施更多地依靠全面追责而驱动。不可否认，这种模式对提高职工责任心、危机意识及企业隐患排查治理起到了较好的促进作用，但我们也应该实事求是地看到，在少部分企业里面，这种模式也会催生一种与安全文化建设初衷存在偏差的问题，这些问题可以简要概括为安全脱责文化，既体现在安全观念上，也体现在安全行动上，主要特性是以文件代替履责，以形式代替落实，不利于引导全员的安全态度和安全行为，不利于实现安全生产的长治久安，需引起警惕并进一步改进，防止这些问题由少数到多数，由局部到整体蔓延。

一、安全文化建设中存在的问题

安全文化建设中的问题突出表现在门派意识、形式主义、不担当行为三个方面。

（1）门派意识。安全文化是安全管理的升华，安全管理的前提是企业有生产经营活动。生产经营是一个企业的立身之本、价值所在，没有生产经营活动，安全管理就失去了意义。安全管理是生产经营的内在需求，安全管理做不好，企业就不可能长久生存。用哲学的观点讲，生产经营和安全管理是本体与作用为关系，生产经营是本体，安全管理是作用，生产经营为安全管理提供舞台，安全管理为生产经营服务，两者相互依存，不可分割。可在一些单位，部分管理人员对此认识不清，把安全和生产经营管理分割孤立起来，各说各的话，各做各的事。生产经营部门布置生产经营工作，只关注计划进度，对生产经营中与安全有关的工作缺乏质疑的态度，对潜在的安全风险防范主动布置较少或不布置。安全管理部门布置安全管理工作，生产经营部门认为是安全管理部门的事，对己关系不大，抱有一种漠不关心和应付的心态。甚至，在某些时候，安全和生产经营管理部门相互推诿、扯皮，不能真正将安全生产法中提出的"管行业必须管安全，管业务必须管安全，管生产经营必须管安全"落到实处，安全和生产经营管理仿佛是两条平行线，互不隶属，无法实现安全文化的凝聚功能。

（2）形式主义。形式主义的典型特征是华而不实，安全文化建设中的形式主义主要体现在三个方面。一是不断出台及反复修订一些没有实际意义的安全管理文件，变换花样地提出各种各样的履责记录、资料留痕、工作总结等内容。安全文件满天飞，导致现场安全管理人员把大量的时间花在建立资料、整理台账上来，几乎没有时间抓现场安全管理，安全管理重心发生偏移，现场安全控制弱化。二是应景性的工作频繁出现，每到假期、重点时期、（年度）季节交汇等时间节点就下发相应的安全要求，活动通知，年年相似，季季雷同。三是安全教育培训过度追求形式化、公式化，片面重视教育培训的纸面效果，对培训的必要性和实际培训效果缺乏重视，安全教育资金投入的使用效率在低层次徘徊。安全文化建设中的形式主义一旦在一定群体中形成，便会形成辐射，对周围群体产生不良影响。

（3）不担当行为。人都有趋利避害的本性，安全追责力度的加大，会导致部分安全及业务管理人员思想不端正，产生畏难情绪，担心安全管理涉及面广，牵扯范围大，单凭个人及部门力量无法杜绝及消除安全隐患，从而在工作中不是把心思放在尽心尽力查找管理漏洞、查找现场安全隐患的行动中来，而是采取建立个体防护罩的不担当管理方式。首先，表现为不实事求是，片面追求制度、办法上的无懈可击，明知道不科学，却提出一些笼统或与现场实际脱节的管理要求，这样做虽然可以免除一定的管理责任，但却使现场执行者无法完全执行，从而产生现场生产实际状况与安全管理某些要求不相符的现象。一旦发生事故，工作者必然是违规被追责，事故是工作者违规作业导致的后果已成为一条定律。其次，还存在一种由于安全管理不担当，对生产经营活动产生不当影响的安全管理行为，也值得特别注意。如不顾当地实情，作风粗暴地强令停产停业。再如，针对夏季防洪，不花大力气对防洪底数进行精细化分析、研判，制定科学合理的蓄水及防洪方案，而是盲目采取大幅度降低河水、水库水位的措施。一旦雨未下或雨量远少于预期，河水、水库水量的减少会对所在地区后续的生产生活造成极大的困难。不担当行为一旦形成一种安全价值导向，安全管理必然无法落在实处。

二、改进措施

安全文化建设中的不良问题，不能在企业层面形成从上到下一致的安全理念，不能形成职工发自内心的自觉行动，也不能形成职工勤于学习、勇于担当、密切配合的性格特质，自然也不能形成安全自我约束的安全机制。因此，要以习近平总书记关于安全生产的重要思想为指导，对症施策，深入改进。

（一）进行顶层设计，建立安全文化实施的良好氛围

（1）树立大安全观念。由于生产与安全密不可分的特性，在日常工作中将生产经营与安全管理纳入一体化考虑，要紧紧围绕安全为生产经营服务，安全为生产经营保驾护航这一主线，将安全工作完全融入生产经营工作中，实现安全与生产经营关系的无缝衔接。

（2）实施常态化安全管理。以安全文化建设的总体要求为指引，结合安全生产实际，实现安全生产的常态化管理，减少外在干扰，使企业安全管理的重点更多地向自我控制、自我创建并不断提升的方向发展，通过持续不断地安全技术积累和对职工的循循善诱，真正形成企业的安全文化。不能东一榔头，西一棒子，搞花架子走形式，这种活动的增多，只能是作业者产生反感，削弱了安全管理的效能。

（二）以实效为原则，抓好基础管理

（1）建立精简高效的管理制度。安全管理的文件不是越多越好，大量重复或内容相近的安全管理文件，不但会使现场执行层面无所适从，疲于应付，而且还造成经济资源（纸张）的浪费。要下大力气，对文件进行彻底整治，对相似或变换花样但实际雷同的文件采取合并的方式进行，对一些泛泛的文件，该废除就废除。同时，改进会风、文风，杜绝长篇大论，力争使文件简明扼要、可操作性强。

（2）精准界定安全管理责任。任何事物都是普遍联系的，事故发生后，必然涉及工作者、班组、车间、管理科室等方方面面，若进行全部追责，必然会是工作者违规、班组管理不善、车间风险管控不到位、科室内部监督管理及专业指导不到位（含风险研判不到位、管理制度有缺陷、教育培训未落实等）这个固定模式，也无人能逃脱这个模式。从系统安全理论上讲，安全管理不可能做到尽善尽美。片面不客观地查找或追责管理上的瑕疵，往往会使人在日常工作中，更多地采取一些形式主义的做法来应对，这对安全管理是十分不利的。因此，需要进一步完善安全职责及监督和责任追究程序。事故发生后，重点把最根本、最直接的因素提炼出来，减少事故追责的链条长度，实现精准化定责。例如，如果工作者具有相应作业资质，违规操作造成事故，那么事故的主体责任就是工作者，对其他有关人员及部门尽量减少责任追究力度；如果工作者没有相应资质，违规操作造成事故，那么对事故就要全面追责。

（三）提高教育培训质量

要全面分析掌握职工的总体及个体技术素养，因地制宜地制订教育培训计划，不能为了培训而培训。培训工作必须以目的为导向，找准单位中作业人员的素质欠缺部分及企业人才需求部分进行精准化操作，切实提高企业职工技术素质，为企业安全文化建设提供人才保障。

敬畏安全 敬畏规章 深入开展企业安全文化建设

新疆海装风电设备有限公司 李 勇

摘 要：企业的平安创建工作，必须紧紧围绕企业文化，利用不断地宣贯学习创造良好平安文化氛围，使企业的安全思想进一步向员工传递，从而促使员工形成较好的平安行为意识，使安全第一责任变成每个员工的自觉行动。

关键词：安全文化；安全管理

在新疆海装风电设备有限公司（以下简称海装风电）近年的安全生产过程中，由于用工方式采取了稳定人力和劳务派遣用工及技术外包方式，导致企业人员结构复杂，生产技术、安全意识也参差不齐，新员工、劳务工及外包人员稳定性差，人员更迭频次较高。在工业生产中出现的意外事故80%以上都是人的原因所引起的，人的不安全动作也常常是引起事故的最直接因素。如何规范员工的作业行为，减少安全事故的发生，是摆在企业面前的难题。通过安全技术手段和安全管理手段，依然无法解决部分员工无视规章制度、违章作业和其他不安全行为。目前，科技手段还无法实现物的本质安全，通过加大管理人员的现场监督，无疑会增加企业管理成本。当缺乏监督的时间段，部分员工就会采取一些不安全行为作业，而且这种不安全的作业行为还会"传染"给他人，给企业安全生产带来较大的隐患。

为了有效遏制海装风电员工的不安全行为，企业积极开展平安文明创建，依据集团企业《安全文化手册》中的核心理念"安全是生命，安全是责任，安全是关爱"以及四项安全共识、六大安全观念，构建的"1+4+6"安全理念体系为基础，以尊重人、保护人、敬畏人，珍爱人生，遵法守法，确保企业平安，员工安全素养进一步提升。利用企业的教育、文化、培训等方式，真正贯通于企业整体工作过程中，并形成了平安企业的有效管理机制。运用科学管理、培训教育、奖励惩罚创建平安文化氛围的方式，不断改进了员工的安全行为，进而潜移默化地促进了员工由"要我平安"到"我要平安""我会平安"的转换，并创建了"横向到边，纵向到底"的网格化安全管理，建立健全了全员安全生产责任制。通过安全文化建设，企业连续3年无安全事故发生，人员违章作业行为大幅下降，得到当地政府部门的高度认可，并连续3年被评选为"平安企业"称号。现将企业在安全文化建设过程中运用的方式方法进行以下阐述。

一、以核心理念引导员工遵章守规

安全教育对企业的安全经营有着很大的辐射作用，对企业员工有着潜移默化的培养作用。企业制定"早会五步法"，使班组早会形成统一标准，每日必讲两条危险源、操作规程、制度及一个事故案例，并定期讲解法律法规。通过学习各类安全事故案例，剖析事故原因，查找事故存在的不安全行为，对照自身作业的过程，梳理是否存在类似的行为，让员工吸取事故的经验、教训，从事故案例中受启发；员工每日宣读"安全是生命、安全是责任、安全是关爱"的核心安全文化理念，通过员工每日轮流讲、对参会人员进行抽问的方式，加深早会学习内容，防止人员在早会过程中出现思想不集中的问题；领导带头在早会上讲安全，每日参加早会，使早会形成常态化、规范化、标准化。在全年平安文化创建进程中，积极组织举办了形式多样的安全文化交流活动，通过制作安全生产倒计时进行每日安全提醒，利用微信公众号、网络等信息化媒介宣传安全知识，对标一流企业开展安全经验交流会，制作展板、安全标语、开展知识竞赛等活动，加强安全文化宣传，积极营造安全文化氛围。经过长时间的安全教育活动，可以在企业建立具有广泛吸引力的安全文化氛围，通过多种形式和途径向企业员工宣传安全知识，形成良好的安全文化氛围，让企业员工在潜移默化中接受安全警示和培训，以此提高企业员工的安全意识和自身防护意识，自觉维护企业的整体安全。

二、凝心聚力，形成安全文化

安全文化是企业凝聚民心的无形资产和精神力量，是实现可持续发展的核心和驱动力，是企业经营的基石和经营之宝。海装风电实施6S和双一流建设（世界一流的安全文化、一流的办公环境），为员工创造一个安全舒适的工作环境，激发员工的自豪感。通过组织培训、举办各种安全文明教育推广活动等，使企业的全体员工将安全生产核心价值观落实在工作中。企业文化只要被员工接受，就会变成一个黏合系统，在各方面都把其成员们团结为一心，从而产生强烈的向心力和凝聚力，使海装风电每个员工心中产生"平安第一位"理念。每位员工都能更加明晰自身肩负的安全使命，履行责任区域的管理责任。在做好自身工作的同时，也会帮助其他员工遵章守纪，维护企业安全，实现全体员工对安全管理自查、自纠、自管的工作格局，产生强烈的整体效果，将使"平安第一位"的理念融合于企业生产经营各种活动之中。全体员工的自觉行为，将有力保障企业安全管理及经营目标的顺利完成。

三、以激励促安全文化建设

在企业安全生产管理工作中，贯彻执行"以人为本"的核心价值观，不断创新安全文化机制，创建团结进取、奋发向上的企业文化，并通过不断完善安全绩效考核体系，逐步形成公平公正的评估与奖励机制。在这种机制下，安全与不安全的情况都可以评估，对遵章守纪、业绩优秀、提供安全合理化意见的员工用奖励方式予以正面鼓励，从而提高了员工对遵章守纪、安全管理的意识；对违章违纪人的行为予以负激励，以此遏制违章违纪的行为。同时采取网络平台奖惩公示的形式，树立"安全光荣，违章可耻"的荣辱观念，推崇遵章守纪。同时将安全奖惩纳入部门年度安全目标考核，部门与员工"荣辱与共"，强化职能部门的安全管理职责，激励海装风电从管理层到员工的全员安全积极性、主动性的有效发挥，推动积极向上的思想观念和行为准则，进一步提高员工对安全的认知和责任感，使员工从"被管理者"变成"管理者"，从而提升企业整体安全管理水平。

四、加强约束，履职尽责

为加强企业安全文化建设，约束人员安全作业行为，根据国家法律法规、人员、设备设施、技术、工艺的变更情况，不断地完善安全生产制度，建立健全安全制度文化体系。通过建立全员安全目标责任书、实施6S、建立网格化的安全生产体系，进一步明晰了工作安全管理责任，实现了全员、全过程、全方位安全责任化管理，使员工知道需要做什么、如何做到，不需要做到什么，触犯法规、工艺又需要得到怎样的处罚，让安全生产工作有法可依，有据可查。按照制度和年初制订的安全技术培训规划，对各类人员、装配技术人员、特殊作业技术人员，定期组织安全培训，提升人员安全知识与技能；在安全检查、隐患排查整改、风险分级管控等措施上，制定从企业、部门到班组安全检查、整改体系，对重点设备设施、重点环节、特殊时段、特殊节点进行全面检查，对检查出的各类安全隐患进行分级、分类、定时间、定责任人及时整改，安全管理人员对整改的隐患进行复查，形成闭环。从严履行安全管理职责追究制，严肃查处各类违规作业行为，逐步形成并完善了侧向到边、横纵彻底的安全监管责任制度，使安全管理工作形成了一个自我制约、持续完善、反应快速的长效机制。对相关方的监督管理方面，建立了相关方安全管理体系，在明确了相关方资格条件与准入程序，履行安全合同，提供安全报告与安全信息的交底等，将相关方管理人员列入了企业内部安全管理制度，加强过程管控和安全奖惩，做到"一视同仁"，并按照网格化管理原则，相关方在哪个部门责任区作业，就由这个部门负责相关方人员的日常安全监管责任。通知制度约束、责任落实、安全培训、日常检查和责任追究，提高员工责任意识和安全意识。

五、发挥监督，齐心协力保安全

海装风电通过安全文化建设，积极培育"四不伤害"观念，强化"我的生命安全我负责，别人生命安全我有责，单位生命安全我尽责"的意识，时刻绷紧"生命安全"的这根弦，战胜侥幸心态，打消了麻痹大意、松懈思维，唤起员工的监督意识，对生产现场出现的不安全行为加以制止，及时上报安全隐患，落实责任区域的安全管理。由于安全文化的宣传，从而形成强烈的吸引力而引发员工去监督安全管理的执行,由于安全文化的不断推广、培训,员工掌握的安全常识会更加丰富,员工的主动监督意识会更加浓厚,反"三违"意识会更加高涨,新入职员工及相关方人员也能潜移默化地转变安全作业行为,从而使安全生产管理形成良好的局面。

六、结语

海装风电的安全文化建设工程和每个企业员工都密不可分,因此需要企业员工确立"生命安全第一位,防范为先"的员工观念,以强化意识,提升安全工作责任感,不断推动和发展企业安全文化。

"文化引领 基础保障 行为规范"安全管理模式的构建

中车大同电力机车有限公司 王建春 李永刚 李晓渊 李泽豪 李 明

摘 要：中车大同电力机车有限公司（以下简称大同公司）是中国中车旗下核心企业，主要从事轨道交通机车车辆研制及修理服务、机车车辆装备租赁、轨道装备核心配件研制、活性炭环保装置及机电装备产销及进出口等业务，是我国铁路交通装备专业化研制企业、集成供应商及方案解决者。安全管理方面，公司一直紧随形势变化，扎实推进，走在前列。2002年，通过职业健康安全管理体系；2005年，通过安全生产标准化一级企业评审，2016年，获得"全国安全文化建设示范企业"荣誉称号。

近年来，随着内外部环境的快速变化，公司在安全工作中面临的风险和考验也愈发复杂。习近平总书记强调"中央企业要带好头做表率。中央企业一定要提高管理水平，给全国企业做标杆"。企业想持续保持安全生产良好态势，就要在安全管理思想和方法上寻求创新和突破。基于自身及行业内外先进的安全管理经验与工作实践，公司在安全管理理论与模式上积极探索创新，构建了"文化引领、基础保障、行为规范"安全管理模式，从三个维度对安全管理做出了总规划，并细化为安全生产工作的行动指南。

关键词：安全管理模式；安全文化；基础管理；安全行为；清单式管理

一、以特色安全文化引领企业安全发展

安全管理要实现可控、在控、能控，首要是员工的思想、行为要实现可控、能控。安全文化正是通过潜移默化的作用，使员工的注意力逐步转向企业所提倡、崇尚的内容，接受共同的价值观念，从而将个人的目标引导到企业安全目标上来。大同公司在安全文化建设上主要做了以下几方面的工作。

（一）领导带头，以上率下

公司主要领导亲自制定了"三个一"安全工作方案，即：领导班子每年必召开一次安全工作会议、亲自组织一次学习培训、亲自开展一次安全检查活动，有效发挥领导的率先垂范作用。

（二）宣传引导，氛围营造

驰而不息开展安全文化理念、愿景、目标等安全文化意识内容的宣贯活动是大同公司安全文化落地生根的基础。大同公司先后制作了安全文化条幅、灯箱、宣传展板，印发了公司《安全文化手册》《安全生产应知应会手册》，通过广播、电视、报纸等宣传平台广泛宣贯安全文化理念知识，开展了形式多样的特色文化活动，特别是通过员工安全诗词、全家福照片及安全寄语等展现形式，用亲情感化员工，使安全文化深入每名员工心中。

（三）统一认识，全员参与

基层单位以班前安全讲话为日常安全文化培育的主要抓手，通过班前安全"十结合"，从不同角度对员工进行安全教育，通过轮流喊话模式让班组每名员工打卡安全员，通过坚持安全喊话形成习惯，让"我要安全"的思想逐渐在员工心中生根发芽。主管工艺、设备、消防等各部门紧密结合主管业务，开展实效显著的专项检查等工作。全员对安全理念和认识形成统一，步调一致，共同落实安全管理主体责任。

利用"安全生产月"等时间窗口，各单位集中开展富有特色的安全活动，如安全知识竞赛、天车规范手势比赛、"一站到底"安全挑战赛、安全"三句半"表演赛、"我身边的安全"故事分享会等活动，气氛热烈，寓教于乐。通过特色安全活动，提高了广大员工的参与度和积极性。

二、以全方位基础保障促进职能发挥

围绕安全管理资源配置和PDCA环节全面落实，大同公司从人才、制度、现场建设三方面发力，不断夯实安全生产基础。

（一）准入制、进阶式人才队伍建设机制

公司针对安全管理人员建有准入制、进阶式的安全人才队伍建设机制，为安全管理长青做好人才储备。各单位安全员岗设有严格的选拔机制，申请人要经过层层筛选、脱产培训、考核评估，最终选取成绩前60%的人员授予任职资格证书。筛选条件包括人员年龄、学历、工作经验、性格特点及能力等多维度审查，确保安全员具备胜任岗位的基础条件。同时通过额外补贴，增强安全员岗位的吸引力，激励安全管理人员工作的积极性，稳定安全员队伍。

此外，公司鼓励符合条件的安全管理人员报考注册安全工程师，报销学习教材和考试费用，通过考试的员工除享受一次性奖励外，还优先被推荐为省、市、集团公司的安全专家。通过创造多种学习机会，搭建成长成才通道，激励大家"进阶"，以全面提升安全管理人员的专业素质，不断形成安全专家管安全的局面。

（二）模块化、流程化管理制度约束机制

为有效解决管理冗余，提高管理效能，公司安全管理制度将EHS体系与法律法规、国家标准、集团公司要求结合，以《安全生产责任制》为核心，按照"危险源—管理治理—应急管控"的流程展开，易于理解和实施，即按照每年度危险源识别评价结果，以危险源消除、替代、控制为目标，尽可能制定并实施改善措施；同时严格落实现有的危险源管控措施，对于重要危险源——制定应急处置方案并定期进行应急演练。按照"管业务必须管安全"，相关业务如生产计划管理、工装工具管理、设备设施管理、建筑施工管理等管理标准中增加了相应的安全要求，强化安全主体责任落实。

（三）抓源头、齐配套现场达标保障机制

提高本质安全度是企业走向长治久安的必然途径，大同公司坚持安全生产有效投入，为员工提供了可靠的作业环境和安全保障。针对更新改造和大修理项目严把安全关，从技术交流开始，要求每个有意向参与的供应商要提供单独的安全技术说明，内容包括：产品安全风险分析、安全措施、公司对产品安全性提出的问题及供方响应措施、依据或符合的安全标准，并在验收中逐条核验，防范变化带来的新风险。并通过定期开展安全生产标准化自评工作，识别现场风险点，针对性策划安全技改项目，不断巩固现场本质安全保障，目前作业现场达到了有洞必有盖、有台必有栏、有轮必有罩、有轴必有套的要求。

三、以全过程行为规范提升管理效能

一分部署，九分落实。再完美的顶层设计、再完善的标准制度如果没有巅峰执行力也难以完全发挥作用。大同公司通过建立系统课程培训体系，引进清单管理模式，细化监督考核机制，多措并举提升安全工作质量。

（一）清单式管理优化安全工作执行

（1）以目标清单引领部署。大同公司定期层层签订安全生产目标责任书，由公司领导与各单位领导，各单位领导与基层班组长，基层班组长与基层员工逐级签订，明确安全生产控制指标，包括轻伤率、培训率、事故隐患上报率等量化指标，推动目标达成。

（2）以专题清单破解难题。针对现场作业人员安全隐患认识不到位的问题，大同公司结合危险源识别评价情况，对于较大及以上风险点编制安全风险告知卡靶向张贴，直观体现主要风险点的风险等级、危险有害因素、管控措施、应急处置信息等管理要素，通过目视化方式提高现场作业人员、管理人员发现问题、处置问题、防范风险的能力。

（3）以责任清单强化落实。以往公司通过建立《安全生产责任制》来明确各级各类人员的安全生产职责，但过于定性，操作性、指导性不足。为进一步提高全员安全生产责任落实，大同公司对现有工作岗位进行细化梳理，对照安全生产责任制及各项安全管理制度进行梳理，将岗位与职责的直接对应，建成公司《安全生产一岗双清单（工作清单、责任追究清单）》，量化明确上至主要负责人，下至每个操作员工的安全工作内容、工作标准，同时对未履行安全职责的情形列明考核、追究标准，有效保障了安全生产主体责任的落实。

（4）以执行清单有序提效。安全工作的重点在基层，公司系统梳理了对基层的安全管理要求，形成了基层单位车间—班组—工位三级三十五项安全管理档案。该套档案从组织机构、制度建设、基础资料、运行管理、应急管理、事故管理等方面对基层单位车间级安全管理要求进行了明确；从基础管理、安全检查、安全活动、安全教育、安全讲话等方面对班组级安全管理要求进行了明确；从安全地图、作业指导书两方面对工位级安全管理要求进行了明

确。档案的形成让各级管理人员对安全工作有了全面的逻辑认识，从而确保安全工作的有序开展，形成了基层安全管理模式的标准化，有效避免了管理上的漏洞带来的安全生产风险。

（二）内训师帮带促进安全标准吸收

培训是转变员工行为的基本手段。传统"填鸭式"的安全培训常常使培训效果难以达到预期。大同公司充分发挥人才优势，以安全环保部内训师为核心，组建了公司安全培训课程设计小组，策划设计课题和设计计划，逐年设计开发系列配套安全课程，为基层单位安全培训提供参考。近年来相继开发了《机械加工安全培训》《铆焊车间安全培训》《新入职员工安全培训》《外来参观人员安全培训（中英文版）》《有限空间作业安全培训》等课程，满足基层开展作业人员、新入职员工、相关方安全培训需求。第二批安全课程《安全管理基础知识》《应急管理》《职业健康管理》《隐患排查治理》等课程，主要针对安全管理人员业务知识能力系统提升培训。还编制了各车间级、班组级安全培训课程，与公司安全培训课程系统衔接。各课程内容及试讲效果均经过了公司资深安全管理人员、专家评审把关后投入使用，保证了课程质量。

除课程设计外，大同公司在安全系统内广泛开展讲师培养，并建立双向评价机制，在对学员学习效果进行考核的基础上，增加学员对讲师授课效果进行逆向评价的环节，优秀讲师将推荐至公司内训师库进行深度培养，促进公司安全教育培训工作精益求精。

（三）人性化奖惩助力安全责任落实

制度完善、流程优化的同时，公司同步完善了安全生产奖惩机制，利用正向激励和负面惩罚的有机结合，推动各项规章制度有效落实至末端，确保对安全生产各个环节的刚性约束到位。安全生产奖惩机制通过细致、具体地量化安全管理中的各种情节精准实施奖惩，覆盖安全规章制度的执行、事故隐患排查整治、生产安全事故处理、EHS 体系运行情况、安全活动的组织开展、安全生产目标的完成情况等各个维度。正向激励针对在安全生产工作做出突出贡献的单位和个人，给予表彰和奖励，以调动员工参与安全生产，配合安全管理工作，养成自主安全行为的积极性。负面惩罚则紧盯不执行规章制度的人，严抓不落实工作职责的事；尤其是对生产安全事故的处理，严格执行"四不放过"原则，督促各级人员认真履职尽责，规范运行秩序。

大音希声，大象无形。"文化引领、基础保障、行为规范"安全管理模式的形成牢牢牵住了防范化解安全生产风险的"牛鼻子"，使企业的本质安全始终保持在持续提升道路上，安全行为准则成了集体意志，保证了企业的安全发展。

2020 年，公司顺利通过全国安全文化示范企业复审。大同公司安全生产管理水平再上新台阶。

参考文献

柳长森. 大型企业生产安全风险管控模式研究 [M]. 北京：科学出版社，2018.

浅谈建筑施工企业安全文化建设在安全管理中的作用

中国化学工程第十三建设有限公司　李　杰

摘　要：施工过程中会面临很多的安全管理问题，包括施工人员的安全、设备的安全以及项目的安全等，如果不能有效地实施安全管理将会导致企业的硬件条件无法达到预想的效果，而且会造成重要的施工事故。针对性地提出了建筑施工企业安全文化建设方式，提高了施工人员对安全的认可度，消除安全生产隐患十分必要和重要。

关键词：安全文化；建筑施工企业；施工安全

安全文化在企业文化建设中具有非常重要的作用，同时也对企业安全管理具有积极的推动作用，通过安全文化建设的推广，能够提升企业员工的安全意识，树立良好的安全理念。

一、提升建筑企业施工安全管理理念

各级领导通过带头履行安全职责，规范遵守各项安全管理规定，让员工看到、听到和亲身感受到领导的关怀，感悟到做好自身安全的必要性，从而影响和带动全体员工自觉执行各项安全管理规章、制度，营造良好的安全文化氛围。员工是施工安全管理工作中最积极、最活跃的主体，既可成为防止事故发生的安全卫士，又可能是事故隐患的肇事者，所以只有确立以人为本的安全文化理念，才能真正让员工在施工安全管理中发挥主体作用。企业在施工安全管理制度制定和过程管理中，要始终依靠广大员工，最大程度地调动员工参与安全管理的主观能动性。建筑企业的员工，离家在外、频繁流动，夏顶烈日、冬冒严寒，生活单调、缺少关爱，因此企业应该最大程度地满足广大员工安全、归属、尊重和自我实现等各层次的需要，调动员工对企业的认同感和归属感，调动员工参与企业安全管理的积极性。

二、更新建筑企业施工安全管理方式

（一）从有形管理向无形管理拓展

安全管理不仅是管理组织、制度、技术、手段、方法等有形内容的管理，还有安全价值观念、人际关系、安全文化、安全习惯等无形内容的管理。一些落后的企业安全管理主要是落后在无形管理上，发生事故和严重违章问题后，除了能从有形的规章制度上找原因外，更应该从无形管理上找到"病根"。不重视无形管理，有形管理的成果就难以巩固。而建筑安全文化就是通过无形内容影响和解决有形管理中存在的不足，而且能够主导着有形管理。安全文化建设应该着力提高员工的思想境界和安全素质，引导员工树立"安全就是业绩、安全就是效益"的安全价值观和"关心工友、关爱生命、关注安全"的安全情感观，使"重安全、抓安全、保安全"成为全体员工的普遍共识和自觉行动，从而达到预防事故发生的目的。

（二）从刚性管理向柔性管理拓展

柔性管理则是以人为中心，根据企业的共同价值观，从文化、精神氛围来进行的人性化管理。从实际管理效果来看，柔性管理更能满足员工的高层次需要、激发工作斗志、挖掘更深的潜力。建筑企业安全文化是柔性管理的精髓，它是通过对人的观念、道德、情感、态度、品行等深层次的人文因素的强化，潜移默化地改变其安全意识和行为。建筑施工更多的是重复性工作，这对实现长久安全是一种现实的考验，企业应该在实行刚性管理的同时，注重向柔性管理拓展，特别是加强对员工敬业精神和意志品质的培养，推动施工安全的长久发展。

（三）从粗放式管理向精细化管理拓展

施工安全管理重在精细化管理，要从制度抓起，从细小环节抓起。但目前有的单位还是粗放式的，安全管理的思路主要源于经验，没有一套科学合理的运行体制，这显然对整体安全管理水平提高是不利的。安全管理要向科学化、规范化、制度化发展，向精细化安全管理拓展是建筑企业安全文化建设的必由之路。一些事故的发生往往来自"细节"上的疏忽和管理上的粗放，因此在施工安全管理方面，我们应当引导安全管理注重"过程"和"细节"，如细化安全管理内容，把安全管理深入每个人、每件事，严防出现管理盲点；精化职责，明确分工，防止出现失职渎职现象；对隐患问题实施定级量化和时限设置，科学准确地遏制安全管理进程等。

三、加强建筑施工企业安全管理的措施

（一）健全和完善施工安全管理制度

要想保证建筑工程的施工效率，就要不断地完善安全管理制度，既要确保工程管理工作和各个施工环节的内容，也要制定一套约束施工行为、组织施工活动的有关规范。与此同时还要将其与安全管理的实际需求相结合，并且准确及时地划分安全培训和责任，明确有关人员和部门的安全责任，从而就能够保证整个建筑工程安全管理制度的有效实施。除此之外，在施工的时候，还要不断地完善安全管理制度，以及不断地提升制度的全面性和有效性。

（二）加强施工材料质量安全管理

首先，要做好施工人员的安全管理工作。人是施工的主体，要不断地健全和完善建筑工程的施工安全管理制度，并且还要不断地完善施工材料质量体系，因为这是提高施工质量和安全的关键。其次，还要严格地控制施工中的材料质量，这样就能促使每一个项目都可以在施工现场将责任落实到具体的人身上，并且还能够分工明确。再次，针对一些比较重要的材料，要安排专门的人员对其进行管理和维护。在建筑工程中，优质的材料是保证工程安全的关键，所以一定要保证所有施工的材料都没有质量问题。施工材料进入施工现场之前，一定要对材料进行认真的检查和验证。对于不合格的材料或者质量比较差的，要及时地发现，并进行清除，这样就能够有效地防止其进入施工现场。最后，在施工现场有一些材料受到外部因素的影响，会出现变质的情况，所以一定要对其进行保护，这样才能合理地使用材料。

（三）加强对施工人员整体素质的培养

首先，作为施工企业一定要定期对施工人员进行培训，并且还要加强技能方面的学习，这样就能够提高他们的专业知识能力，从而使他们掌握更多技能。其次，要加强对组织的协调管理，这样才能够保证跨部门活动的顺利开展和实施。再次，要加强抽样检验人员的安全意识，并且让他们把自身安全放在首要位置，就能够有效地避免安全事故的发生。最后，施工人员要对施工中采用的机械设备进行认真的检验，对于不合格的机械设备，一定不可以将其投入工程中使用，这样就能够避免由于机械设备不合格而引起的安全事故。

四、结语

安全文化建设是一个漫长的过程，企业通过短期的管理和培训是无法实现的。安全文化对建筑企业的发展具有非常重要的作用，所以建筑企业还需要加强企业的安全管理制度建设，认识到安全管理对企业文化的重要作用，并不断地完善安全管理方式，进而为安全文化的建设奠定基础，促进建筑企业得到良好的发展。

参考文献

[1] 李勇. 建筑施工企业安全文化的建设[J]. 建筑经济. 2007,296(6):92-94.

[2] 李燕,杨学辉. 建筑施工企业安全文化评价指标体系研究[J]. 江西建材. 2015,17(18):261-262.

[3] 英寿鹏. 现阶段建筑施工企业发展对策与分析[J]. 地产,2019(16):148.

[4] 钱新. 建筑施工企业文化要与时俱进[J]. 企业改革与管理,2016(7):170-171.

浅谈安全氛围的形成

北京市热力集团有限责任公司输配分公司　刘　晨　刘　辉　赵文利　张　彭　裴鑫峰

摘　要：安全文化氛围的形成是企业实现安全生产的根本目的，对保障安全生产具有重要意义。本文结合工作实践，提出应从健全管理制度和建立全员安全意识等方面来构建企业独特的安全文化氛围，形成"人人抓安全，人人讲安全，人人管安全"的局面，促进企业安全管理工作水平的进一步提高，使企业的安全管理充满活力和动力。

关键词：企业文化；安全氛围；安全管理

安全管理是企业管理的重中之重。要提高企业安全管理的有效性，企业不仅要建立一套完整的行之有效的安全管理体系，并且在此基础上还要在意识形态领域加强安全文化的建设，形成企业独特的安全管理思想和安全文化氛围。安全文化是存在于集体和个人中的种种素质和态度的总和。英国健康安全委员会核设施安全咨询委员会（HSCASNI）认为："一个单位的安全文化是个人和集体的价值观、态度、能力和行为方式的综合产物。它决定于健康安全管理上的承诺、工作作风和精通程度。"安全文化不是停留在标语上的口号和大道理或是几项安全活动，而是一种实实在在的实践过程。

"路上慢点，小心开车"，这一句温馨的话，想必大家都耳熟能详。每天我们上班出门，家人都会送上这样一句安全提示。为什么我们的家人会自然而然地说出这样一句话呢？当然是出于他们对我们的关心，对我们的爱，这些都没错。同时，一个更加重要的原因是在父母或亲人心中有很强的安全意识，他们在时时提醒我做事要讲安全，做一个自己安全的人，做一个让其他人安全的人。因为安全问题不仅是一个人的问题，而是关系到一个家庭，一个企业，甚至整个社会的问题。只有形成了良好的安全氛围，才能更好地养成良好的安全习惯，用来指导我们安全工作、安全生活。

一、安全氛围的重要性

安全这么重要，亲人们这么用心地叮嘱，为什么违章引起的安全事故还是屡见不鲜，归根结底在于安全没有在我们心中生根发芽。有时是疏忽了，有时是心存侥幸觉得能避免危险。在这种心态下，就无法做到自身安全，他人安全，无法形成一个家庭，一个企业，乃至整个社会的安全氛围。

（一）什么是安全氛围

安全氛围的概念在1980年由以色列制造业的安全调查研究中首次提出，并将之定义为"组织内员工共享的对于具有风险的工作环境的认知"。从此，安全氛围这一概念引起了各国学者的广泛关注，并对其做了很多方面研究。综合来看，可以将安全氛围概括为企业员工对待安全问题的态度，并且这种态度影响了企业、管理者、员工对待安全的行为。时至今日，安全氛围的理念被运用于多个领域，其目的就是更好地管理员工情绪，保证生产安全，同时，也可以更好地保护我们的家庭安全、企业安全和社会安全。

（二）如何创造安全氛围

那么问题来了，我们在企业中应该如何去营造良好的安全氛围呢？这是每个企业的管理者，安全人脑海中不断思考的问题，也是我们需要为之奋斗的目标。

作为安全生产管理人员，须注意并做到以下几点。

（1）安全氛围的营造需要和安全管理工作相融合。需要在一定的安全管理基础上，去谈氛围营造的问题。脱离安全管理基础的氛围都是空谈。所谓的安全管理基础，最根本的也就是企业安全管理的灵魂，就是制度的建立。有些企业的安全制度照搬照抄、套用规定、规范或上级单位的制度内容，没有真正结合自身的生产特点量身定制,这样的制度形同虚设。企业的安全管理制度将形成员工的行为规范,安全准则。在制度的编写中,除了内容要实事求是,贴合实际且严谨之外,更重要的一点就是安全生产责任制的建立。要在制度中,明确企业中各部门、各人的安全职责、管理内容。避免发生责权不清的情况。

2021年《中华人民共和国安全生产法》(以下简称新《安全生产法》)颁布实施,新《安全生产法》为我们指明了安全生产管理理念,强调安全生产工作应当以人为本,坚持人民至上、生命至上,把保护人民生命安全摆在首位,树牢安全发展理念,坚持安全第一、预防为主、综合治理的方针,从源头上防范化解重大安全风险。同时,新《安全生产法》也明确了安全生产工作实行管行业必须管安全、管业务必须管安全、管生产经营必须管安全的"三管三必须"的要求。这样传统安全工作全部归属安全部门负责管理的模式转变了。安全管理需要各部门每一位职工齐抓共管才能实现,这点也为企业安全氛围的营造奠定了坚实的基础。

(2)新《安全生产法》对企业的主要负责人也提出了明确的要求。生产经营单位的主要负责人是本单位安全生产第一责任人,对本单位的安全生产工作全面负责。强调了"党政同责、一岗双责、齐抓共管、失职追责"的管理要求及主要责任人的具体管理内容。俗话说:"安全管理老大难,老大管就不难。"企业的负责人必须正视安全工作的重要性,亲力亲为下基层,下一线参与到安全检查工作中和生产者、管理者共同探讨安全工作中的问题和难点,有效监督各项安全问题闭环处理,真正奖励在安全管理工作中表现突出的员工,严惩忽视安全、事故问题频发的单位。企业第一责任人对安全工作的重视,会直接影响员工对安全的认识和态度,对企业安全氛围的营造起到引领的作用。

说到这里,也许有些管理人又提出了问题。我们企业的制度贴合自身实际,做到了全面严谨,也进行了全员宣贯。我们的负责人也非常重视每一次的培训和检查。这样安全氛围就形成了吗?回答是"不能"。前文中我们提到的制度和主要负责人的重视,是我们企业营造安全氛围的基础,做到这些还远远不够。心理学研究表明,一个行为坚持21天以上才会形成习惯,坚持90天以上才会形成稳定的习惯。时刻保持高度的安全意识,才能逐步实现企业的安全氛围形成。

(三)安全氛围如何保持

(1)各单位职责明确之后,要出台相应的奖惩管理措施并建立制度。措施要明确,做得好的如何奖励,做得不好的如何处理。我们要知道,安全问题直接关系到生命,一个小问题被忽视、被纵容,小问题积少成多,转变成事故的时候,就是无法挽回的结局。安全管理上最大的问题就是严格不起来,落实不下去。违章一旦形成习惯,根治起来就很困难。违章就得受惩罚。我们常说的"三违":是指违章操作、违章指挥、违反劳动纪律。作为企业的负责人,安全管理者对付"三违"就必须"三严":严格管理、严明纪律、严肃问责。做到"三严"靠"三铁"来执行,即铁制度、铁面孔、铁处理。安全工作必须做到实打实,硬碰硬,不心软,不为人情所困。

(2)在制度建立后,做好宣贯培训。考核下发宣贯的同时,我们要不定期、不定时地利用企业的安委会、安全专题会、安全例会等会议,对员工传达安全理念,安全常识。其中,效果最为明显的就是组织员工观看与自身实际工作相同或相似的安全事故案例警示教育片,让员工身临其境去感受违章作业的危害和安全的重要性。

经常在网络上看到很多家长为了教育孩子用电安全,或者防摔防磕碰安全,用一些水果道具给孩子做演示,收效明显。这是因为孩子在头脑发育的初期,对于危险的场景,物品受损的反应接受起来更快、更直接。这种直接的教育方式会让孩子将相关的安全理念牢记心中。但成年人头脑中已经形成了一些固有思维。这些固有思维会形成不良的作业操作和工作习惯,而这些习惯违反了安全规程,习惯加违章习以为常,习惯成自然,也就是我们常说的习惯性违章。

二、安全氛围形成任重道远

习惯的力量不容小觑,习惯决定安全,好习惯让人一生平安,而坏习惯让人祸事连连。所以作为安全管理人员,在员工教育的过程中,不能只图完成任务,一定要查找一些确实与本职工作特点相符的警示教育来做宣传。更好的方式也可以通过监控视频观看,让员工自己去发现日常生产过程中可能引发安全问题的错误操作,来引导员工从内心出发去真正认识安全与自己有关,安全与大家有关。

让员工明白安全到底为了谁，只有员工发自内心真正了解知道了"安全为了谁"，才能从"要我安全"变成"我要安全"，才能警钟长鸣，紧绷安全弦，才能让安全成为一种习惯。只有心中有了这种正确的安全意愿，安全教育才能入脑入心，安全意识才能在头脑深处扎根。

我们在定期进行宣传教育的过程中，也要和员工签订安全责任书，将安全职责正确地赋予每一位员工。在办公场所，工作区域内张贴风险告知牌、警示标志、宣传标语等，时刻提醒员工提高安全意识。在主要仪器设备的明显位置，张贴操作规程，指导员工按正确的工序进行设备操作，避免安全事故的发生。鼓励和号召员工做安全工作的主体，以做好自身安全为中心，做好安全防范工作。逐步贯彻"安全第一，预防为主、综合治理"的理念，遵守安全操作规程，主动落实劳动防护措施；不移动、不损坏、不拆除、主动保护安全设施和标志；实际工作中主动发现、分析危险因素，查找隐患拒绝违章操作；相互合作、相互提醒、分享安全经验，最终实现安全生产。

安全工作不是一朝一夕的工作，安全氛围的养成需要持之以恒地不懈努力。安全管理工作绝不能形成"说起来重要，做起来次要，忙起来不要"的错误局面。安全工作关乎我们每一个人，需要每个人的齐心合力，只有我们每个人发自内心提高了对安全的认识，形成了"要我安全"到"我要安全"的蜕变，企业的安全氛围就自然而然地形成了。

房地产开发企业的安全文化示范管理

北京丽富房地产开发有限公司　吕万宁　付冉冉　王　盾　赵树鹏　王志超

摘　要： 安全文化作为企业文化的一部分，是企业高质量发展的有力保障。北京丽富房地产开发有限公司以建设"安全文化示范企业"为抓手创建企业安全文化，着力解决房地产开发行业中安全管理升级慢、涉及行业广、安全法规管理制度多及各相关方安全管理体系不匹配等问题。通过建立健全安全文化，培养和教育员工树立正确的安全观，建立长效机制，为企业安全文化提供思想、组织保障；通过对安全制度、安全责任、安全科技、安全投入诸要素的引领和推动，不断推进安全生产"五要素"落实到位；通过倡导"全员参与"和"正向激励"的管理方式，大力营造有利于安全工作的舆论氛围，提高全员的安全文化素质；通过安全理念培育、安全行为规范、安全形象塑造等文化实施活动与安全工作目标、安全岗位责任制度、安全生产监督反馈机制等的紧密结合，引导项目建设的相关方，通过数字化平台形成互联，共同关注安全，共同保证安全，真正使公司的安全文化融入开发项目全周期及企业经营管理的全过程。实践证明，创建安全文化示范企业产生了良好经济效益和社会效益。

关键词： 安全文化；安全文化建设示范企业；相关方

一、企业简介

北京丽富房地产开发有限公司（以下简称丽富公司）是北京能源集团有限责任公司（以下简称京能集团）的三级子公司，成立于2004年4月21日，是一家以开发建设保障性住房为核心业务的国有企业，先后开发建设北京市朝阳区东坝"金泰丽富嘉园"项目、怀柔驸马庄"金泰丽富馨园"项目和"大兴采育回迁安置房"项目。三个项目总建筑面积约90万平方米，合计8000余套回迁安置房和经济适用房。

近年来，丽富公司按照行业、属地建设行政主管部门及上级单位要求，在安全、质量、环保等方面不断创新和完善，先后获得"北京市朝阳区保障性住房建设工作先进单位""2012年度保障房建设标杆楼盘""首都文明单位"等荣誉，多次获得"北京市企业管理现代化创新成果"一等奖、二等奖；2020年，获得"全国国企创新管理成果"二等奖。2019年，丽富公司开展安全文化培育工作，通过专家评审，获得"北京市安全文化建设示范企业"荣誉称号。

丽富公司作为国企地产，始终秉承"为政府分忧、为百姓解困"的经营理念，让住房回归民生属性。在关乎民生工程的保障房开发建设中，始终如一地践行国有企业的责任担当。

二、房地产开发企业安全文化示范管理的背景

（一）满足安全发展形势的要求

近年来，随着《中共中央、国务院关于推进安全生产领域改革发展的意见》的印发，"强化红线意识，实施安全发展战略""生命至上、安全发展"的思想深入人心。随着社会经济发展不断进步，安全文化建设作为企业文化的一部分，对于企业高质量发展的支撑作用日益显现，安全文化创建势在必行。大量的企业经验显示，安全文化创建工作强化员工安全意识，使员工能够很好地履行岗位职责，提高员工安全意识，进一步提升员工应急处置能力，防止和减少伤害事故发生。安全文化创建是落实习近平总书记关于安全生产重要论述的有效途径之一。

（二）满足行业内安全管理的需要

安全文化是预防房地产开发行业事故的基础性工程，也是企业文化创建的重要内容。它包括安全宣传、文艺、法制、管理、教育、文化、经济等方面的建设和组织措施。加强安全文化的研究，丰富安全文化的内涵，加快安全文化体系建设，是房地产开发行业安全生产的客观要求，也是企业与员工的

共同责任。当今世界信息迅猛发展,社会资源配置方式、经济发展速度、人们工作和生活的过程、方式和追求的效果都在发生着重大变化,人本文化的观念越来越被人们所接受、所重视。毋庸讳言,安全文化是伴随着人类劳动的出现和发展而产生、发展的。培养和增强安全文化意识,对提高房地产开发行业从业人员的安全防范意识,减少安全生产事故,尤其是重大、特大事故具有重要意义。随着时代的发展和进步,随着我国全面建成小康社会进程的推进,安全文化作为一种价值观和"以人为本"的全新理念,必将进一步得到高度的树立和强化;安全文化本身也必将呈现着时代的特色,产生强大的精神推动力。

(三)落实开展"安全文化建设年"活动的要求

为贯彻落实党中央、国务院、北京市政府关于安全生产的重要决策部署,京能集团开展"安全文化建设年"活动,要求持续推进"三基九力"团队建设、"五精"管理,深化融合改革,大力弘扬京能集团"生命至上,平安京能"的安全理念,进一步强化安全意识,筑牢安全防线,营造安全氛围。公司以创建"安全文化示范企业"为抓手,牢固树立"安全强企"重要思想,以科学发展观统领安全文化创建全局,紧紧围绕企业安全生产的目标任务,着力强化全员安全意识,构建安全文化创建体系,营造有利于安全文化创建的舆论氛围,促进企业持续、安全、稳定、快速发展。积极响应落实上级集团要求。通过践行"五精"管理理念,进一步加强企业安全文化创建,提高管理干部和员工安全素质是企业事故预防的重要基础工程,是进一步实施高质量发展战略的关键,也是实现安全管理水平持续提升的有效手段。

三、房地产开发企业安全文化示范管理的主要做法

(一)实施安全文化示范管理的基本内容

丽富公司创建安全文化示范企业的结构可以分为四个层次,即,观念文化、制度文化、行为文化和物态文化。

1. 观念文化

安全观念文化主要是指领导和员工共同接受的安全意识、安全理念、安全价值标准。安全观念文化是安全文化的核心和灵魂,是形成和提高安全行为文化、制度文化和物态文化的基础和原因。安全观念文化的创建目标:培养和教育员工具有正确的安全观,科学的态度、崇高的理念。在十多年的安全生产实践中总结、提炼,稳步形成共同认可、共同遵守的安全行为规范,如表1所示。

表1 安全行为规范

安全核心理念	以人为本,关爱生命,安全发展
安全愿景	打造本质安全型房地产企业
安全使命	平安工作,健康生活
安全目标	零死亡、零伤害、零事故
安全生产方针	安全第一,预防为主,一岗双责
安全管理理念	
核心价值观	安全是效益,安全是幸福
安全管理观	态度决定一切,细节决定成败
安全行为观	我的安全我负责,他人安全我有责,企业安全我尽责
安全预防观	珍惜生命,重视健康
安全生产观	人人参与,人人有责

2. 制度文化

安全制度文化是指企业的安全管理体制。它包括企业内部的组织机构、管理网络、部门分工及安全生产法规与制度建设。它对企业及员工的行为产生规范性、约束性的影响和作用,它集中体现观念文化对领导和员工的要求。安全制度文化创建的主要内容:突出依法治企,严格规章制度的建设和落实,不断健全和完善安全管理体系,强化员工的安全责任意识,逐步形成一个全方位的比较完善的安全保障体系。

3. 行为文化

安全行为文化是指在安全观念文化指导下,人

们在生活和生产过程中的安全行为准则、思维方式、行为模式的表现（图1）。行为文化既是观念文化的反映，同时又作用于和改变观念文化。公司大力发展和推行的安全行为文化：严格执行安全规范，进行科学的安全领导和指挥，掌握必需的应急自救技能，进行合规的安全操作等。

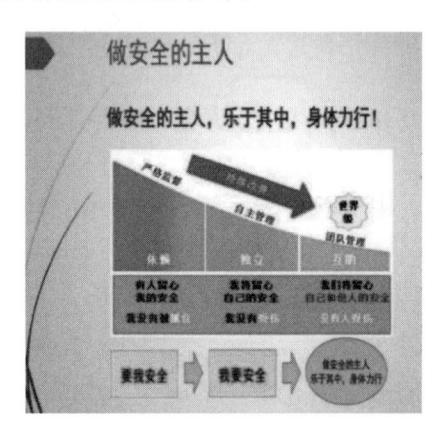

图 1

4.物态文化

安全物态文化是安全文化的表层部分，它是形成观念文化和行为文化的条件。从安全物态文化中往往能体现出企业领导的安全认知和态度（图2），反映出企业安全管理的理念和哲学，折射出安全行为文化的成效。安全生产过程中的安全物态文化主要体现在：一是生产技术和生活方式与生产工艺的本质安全性，二是生产和生活中所使用的技术和工具等人造物及与自然相适应有关的安全装置、仪器、工具等物态本身的安全条件和安全可靠性。

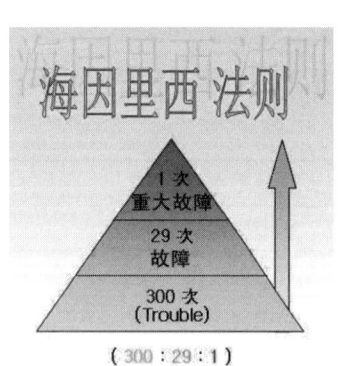

图 2

（二）实施安全文化示范管理的指导思想和目的

以"强化红线意识，实施安全发展战略"为指导思想，坚持"安全第一、预防为主、综合治理"的安全生产方针，牢固树立"红线"意识和"底线"思维，贯彻践行"生命至上、平安京能"的安全理念，坚持落实党政同责、一岗双责、齐抓共管、失职追责工作要求。以本质安全为目标，以建立健全安全生产责任制为主线，以"五精管理"为核心，以夯实"三基"和提高团队"九力"为抓手，坚持查处安全生产事故"零容忍"，持续提升安全生产管理水平。

（三）安全文化示范管理的组织建设

为切实做好企业安全文化创建，经公司安全生产委员会会议决定，成立安全文化创建领导小组：党支部书记（执行董事）、党支部副书记（总经理）任组长，副总经理任副组长，各部门经理任组员，全面负责公司的安全文化创建工作；与安全管理制度相吻合的领导体制、强有力的组织机构为公司安全文化创建的系统性运作提供组织保障。图3为公司安全文化示范管理的组织机构框架。

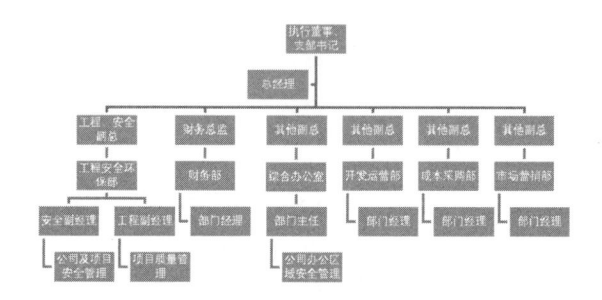

图 3 安全文化示范管理的组织机构

安全文化创建办公室设在工程安全环保部，主任由工程安全环保部经理兼任，负责安全文化创建活动策划、组织与实施。根据公司的安全生产实际，制定公司安全文化创建目标，并根据目标研究制定公司安全文化示范企业创建工作规划，明确目标、任务、责任及进度，确保安全文化创建工作顺利开展。按照企业安全文化创建文件要求，成立安全文化创建领导小组、职业健康管理领导小组、内部培训教师队伍等，确保各项安全文化创建工作有强力保障。安全文化创建以"珍惜生命，提高全员安全素质"为核心，以安全宣传、安全教育、安全管理为手段，贯穿于生产经营全过程。

（四）安全文化示范管理的措施保障

通过安全文化的宣传，丽富公司在提高员工安全意识、落实安全责任的基础上，持续完善建立健全安全制度管理体系建设，开展各项安全管理工作。

1.提高思想认识

公司全员要充分认识开展"安全文化建设示范

企业"创建工作的重要意义,切实加强组织领导。创建工作领导小组负责公司"安全文化建设示范企业"创建工作的管理、监督、指导和协调,各部室要结合实际,明确职责分工、密切配合、精心部署、周密安排、科学实施,通过"安全文化建设示范企业"创建工作带动各项安全管理工作。

2. 严格落实责任

各部室的主管领导和部室负责人严格落实责任制,要按照公司"安全文化建设示范企业"创建工作方案的部署及《北京市安全文化建设示范企业(集团)评定标准》,认真对照梳理,及时查漏补缺,要坚持高标准、严要求,确保实现公司安全文化建设示范企业达标。

3. 搞好工作结合

在创建过程中做到与安全专项整治相结合,深化隐患排查治理工作,强化公司安全生产基层和基础建设。要与公司的安全管理工作相结合,通过创建工作,带动公司的整体安全管理水平。

4. 加强宣传教育

采取多种形式,加强对"安全文化建设示范企业"创建工作目的、意义的宣传,使广大员工广泛认同和认可创建"安全文化建设示范企业",奠定安全文化创建基础,形成全员积极参与的氛围,提高公司安全文化创建水平。

5. 更新制度文件

安全管理制度建设是企业安全文化创建落实的基础。丽富公司更新、印发、学习、落实48个安全管理制度(安全文化考核管理制度等),1个安全操作规程,1个生产安全事故综合应急预案,8个专项应急预案(新型冠状病毒感染预防及应急预案等)。

丽富公司通过安全文化创建培育工作不断积累、不断完善安全生产管理制度及应急预案,组织员工进行专项应急演练,本着"谁主管,谁负责""抓生产,必须抓安全"原则,履行安全生产责任制。年度全员逐级签订、落实安全环保目标等责任书,夯实了公司安全管理制度体系,建成具有公司特色的安全意识形态,使全员树立遵章守纪的法制安全和意识,从而指导公司的安全生产,为公司可持续发展提供保障。

6. 识别安全生产法律、法规、标准和规范

近年来,随着上级单位的"五精管理"实施要求,安全管理工作日趋规范、精细,丽富公司建立安全生产法律法规标准规范管理制度,按照制度要求进行年度识别,并发布文件清单,指导丽富公司安全管理制度编制,确保制度有效和适用。

7. 督促相关方管理

作为地产开发企业,公司相关方(施工总承包单位)涉及特种设备及特种作业人员,为此公司编制特种设备、特种作业人员安全管理制度,督促落实相关方安全工作。

8. 开展检查及排查

丽富公司按照制度体系文件,按时召开安全办公、安全生产委员会会议,听取员工反馈至部门经理安全管理的建议,协调解决安全生产问题,组织、指导、协调各相关部室的安全生产工作。

丽富公司相关部室每周参加工程项目监理例会,每周对项目进行安全检查,每月进行隐患排查,节假日期间开展专项安全检查,做到"横到边,竖到底,不留死角",使公司核心价值观"安全是效益,安全是幸福",安全行为观"我的安全我负责,他人安全我有责,企业安全我尽责"在相关方单位有效落实。

9. 规范安全行为

(1)积极参加属地政府的安全文化创建活动。

(2)积极组织员工参与属地政府安全月活动。

(3)明确安全文化的各项职责,分工到人,责任到位。

(4)按照年度培训计划,定期组织员工学习培训安全知识。

(5)定期发放劳动防护用品。

(6)按照演练计划,组织员工参加预案演练培训。

(7)新员工严格按照公司培训制度,要求进行教育培训,考试合格后方可上岗。

(8)内部公司之间的交流、互查专访。

10. 加强属地机构沟通

丽富公司积极参加属地政府朝阳区东坝乡组织的安全生产"企业清单编制"工作,有效落实会议精神,组织会议研讨,紧密工作部署,全力配合属地政府把隐患排查工作做实做优,确保安全生产标准化建设工作再上新台阶,从而使安全生产工作平稳有序发展。

11. 持续安全培训

按照年度安全教育计划,组织全体员工开展月

度安全教育培训工作，使员工明确岗位职责，掌握安全知识，提高安全意识，防止伤害事故发生，从而使员工获得安全感、幸福感。

丽富公司近年来采取聘请专家授课、专业讲师、内部讲师培训多种形式相结合，开展培训教育工作，员工通过学习国家法律法规、公司制度、收看安全警示教育片、事故案例分析等渠道，获取安全知识及信息。

"安全月"活动期间公司第一责任人党组织书记为全员进行安全生产公开课，营造了"安全无小事，幸福你我他"的活动氛围。

12. 注重应急演练

应急演练也是安全管理的一个重要环节，公司按照演练计划进行预案演练工作，采取实战演练及桌面推演相结合的方式，让员工在演练中参与，在参与中演练，提高安全意识和应急技能，使安全文化创建在公司落地。

（五）实施安全文化示范管理的步骤

第一阶段：学习、创建，全面系统地挖掘、整理、提炼本单位企业文化，形成企业安全文化理念。

第二阶段：整理、归纳、总结、申报。

第三阶段：通过北京市安全文化建设示范企业审核验收。

第四阶段：巩固成果、持续保持提升阶段，将企业安全文化理念指导企业管理制度的规范性和创新性完善到工作中去，行为文化和制度文化得到提升和展现。

（六）实施安全文化示范管理培育机制

1. 开展安全诚信工作

制定、执行安全生产承诺制度，年度全员签订、落实安全生产承诺书，并进行公示。丽富公司从成立至今积极参加属地政府举办的各类活动，积极履行企业安全诚信责任。

2. 引导全员参与

建立企业微信群、微信工作群、公告栏，及时沟通安全生产情况，方便员工对公司安全生产法律法规及安全承诺、安全规划、安全目标、安全投入情况予以监督；每月各部室内部召开沟通会，讨论安全管理意见、建议，按公司程序报请经理办公会进行研讨，后续通过安全生产委员会决策是否予以实施；以党建引领为导向，发挥党员奉献精神，树典型、选先进，营造安全文化创建氛围；按照公司上级管理单位"安全文化建设年"活动方案，开展年度安全生产月暨安全文化创建专项培训会；组织全员参加了应急管理部宣传教育中心组织开展的危化品及全民安全应急知识竞赛活动；组织全员参加属地政府、上级单位开展的应急和安全生产知识全员网络答题活动；在全域范围内开展企业安全文化内容征集活动，共计征集企业文化内容标语281条，员工积极配合、全员参与，为企业安全文化内容献策献计，营造良好的安全文化氛围。

3. 关注员工职业健康

制定并严格落实安全生产、职业病防治"三同时"管理制度、职业病防治管理规定、劳动防护用品管理制度，定期为员工发放劳动防护用品，每年组织员工进行健康体检。工会作为员工职业健康的监督部门，积极参与、监督员工职业健康工作，积极开展各类文体竞赛活动，并配备活动室，丰富员工业余文化生活。同时建立读书室，营造员工文化学习氛围。

4. 倡导正向激励

正向激励是前进的号角，给人动力，良好的激励机制能有效激发员工自觉遵守安全规章制度，养成良好的思维模式和行为习惯。丽富公司以《正向激励 做有温度的安全文化》为题，在《中国劳动保护杂志》报道安全文化创建示范企业优秀经验做法，从冷硬的制度约束逐渐走向温暖而积极的文化约束。想员工所想，解员工所需，多重激励并行让企业安全文化根植人心，树立良好激励机制让安全文化永葆活力，把激励工作做到点子上，让安全文化真正走进每位员工的心里。安全文化从每位员工的思想、行为中来，经过总结提炼升华，再"回灌"于每位员工中去，这就需要不断地向员工个体进行宣传强化。公司在安全生产月期间开展系列安全文化教育活动，利用安全例会、监理例会、企业OA平台、微信工作群、LDE宣传屏、安全知识竞赛、安全知识答题、应急演练、现场检查等方式开展安全文化理念宣传工作。倡导正向激励导向，建立《安全生产工作奖惩办法》《安全生产监督规定》《重大危险源安全监督管理规定》等制度，并有效落实，规范员工行为的同时，形成员工参与安全事务机制和对企业落实主体责任的监督机制，对安全工作完成指标表现优异的员工予以奖励，对项目建设相关方违章行为予以制止、通报、处罚，对举报制止的员工予以表扬,奖励现金并及时兑现。正向激励、树立榜样,广泛宣传并积极推广,起到带头作用,引发员工自发意识。

5. 促进相关方管理改进

通过安全文化创建,将公司的安全文化理念传递到相关方,对建设项目安全管理进行精心策划,对工程相关方制定管理办法,严格过程检查监管力度,通过专题会解决建设过程专项问题,组织审批、审查各项计划方案,进一步提升了相关方安全意识,推进了相关方协同配合。在项目建设过程中,相关方相继按照经过审批的施工组织设计陆续开始基础、主体结构及部分装修施工。在施工管理过程中,相关方始终把安全环保工作放在首位,严格落实安全质量环保管理主体责任,在确保安全环保的前提下开展各项工作。在建项目工程安全、环保、质量均在可控范围内,未发生安全环保质量事故,并获得北京市结构长城杯金奖及北京市安全文明工地。安全文化示范企业的创建与实施,系统提升了相关方安全管理意识及协同配合能力,为强化全面管理奠定了坚实基础。

6. 规范日常安全管理

通过召开全员会议对"五精"推创工作进行再动员再部署,明确以安全文化创建为重要抓手和载体,围绕企业年度重点工作任务,攻坚克难、协作分工,在办公设备、设施、办公用品、标牌标识、环境治理等方面治理整顿,得到有效改善,展示公司良好形象,员工素养普遍得到提升,团队凝聚力得到增强。

7. 注重闭环管理

制定《安全与环保信息报告制度》《安全生产举报制度》等体系文件,均能有效执行落实。公司自下向上分层级负责收集、处理和反馈信息,最终由安委会按照安全责任制落实各项问题。对于安全巡检发现的问题,按照责任制分头落实整改形成闭环。通过巡检的方式,借鉴兄弟单位先进的管理模式,完善现有管理"短板",持续改进,形成良好的企业安全文化氛围。

四、房地产企业的安全文化示范管理的实施效果

(一)提高了全员安全素质

在安全文化创建过程中,充分考虑自身内部和外部的文化特征,引导全体员工的安全态度和安全行为,实现在法律和政府监管要求之上的安全自我约束,通过全员参与实现企业安全管理水平持续进步。通过安全示范管理,安全文化工作培育的急迫性日益明显,通过此项管理的持续完善,实现了全员在安全工作中的高度自觉和自律,体现了安全文化在企业安全生产中发挥重要作用,实现了安全目标,得到上级单位及属地安监部门好评,提升了企业管理软实力,为实现企业高质量发展、可持续发展奠定了坚实基础。

(二)彰显了企业安全诚信形象

通过制定、执行安全生产承诺制度,年度全员签订、落实安全生产承诺书。丽富公司从成立至今积极参加属地政府组织的各类安全生产活动,积极履行企业安全诚信责任,先后获得了北京市诚信单位、北京市工人先锋号、朝阳区住建委先进单位、北京市青年文明号等荣誉,多次得到属地政府相关部门的肯定,进一步验证安全生产、诚信经营的企业理念。丽富公司积极响应上级单位"六安"工程工作,开展安全文化示范企业建设活动,经过北京市应急管理局专家组的层层筛选和现场评审,从参加申报的94家单位中脱颖而出,成为2019年度28家北京市安全文化创建示范企业之一,在房地产行业内领先一步获此称号,树立了良好的企业形象。

(三)企业经济效益和社会效益显著

通过安全文化示范管理,不但使企业安全管理工作得以完善提升,企业经营水平也不同程度得以提升。自创建工作开展以来,开发建设项目质量进度管理效率提升产生直接效益累计节约1074万元,实现降本增效;开发建设项目获得结构长城杯金奖,市级文明工地。

安全文化培育的推进中,间接效益及潜在效益也均有明显提高,引入安全质量信息化管理平台,将"工程建造"变得可量化、可衡量、可程序化,从而达到项目管理职能化,体现团队执行力、项目管控力、安全现场力的同时,对于质量管理"短板"有一定的互补作用。2019年,在建项目被北京市建委确定为"北京市建设工程档案资料数字化管理平台"试点(如图4、图5、图6所示),实施效果显著,为行业数字化发展提供了数据支持,公司作为国企地产公司在智能化管理向全市档案管理数字化管理迈进了一步。

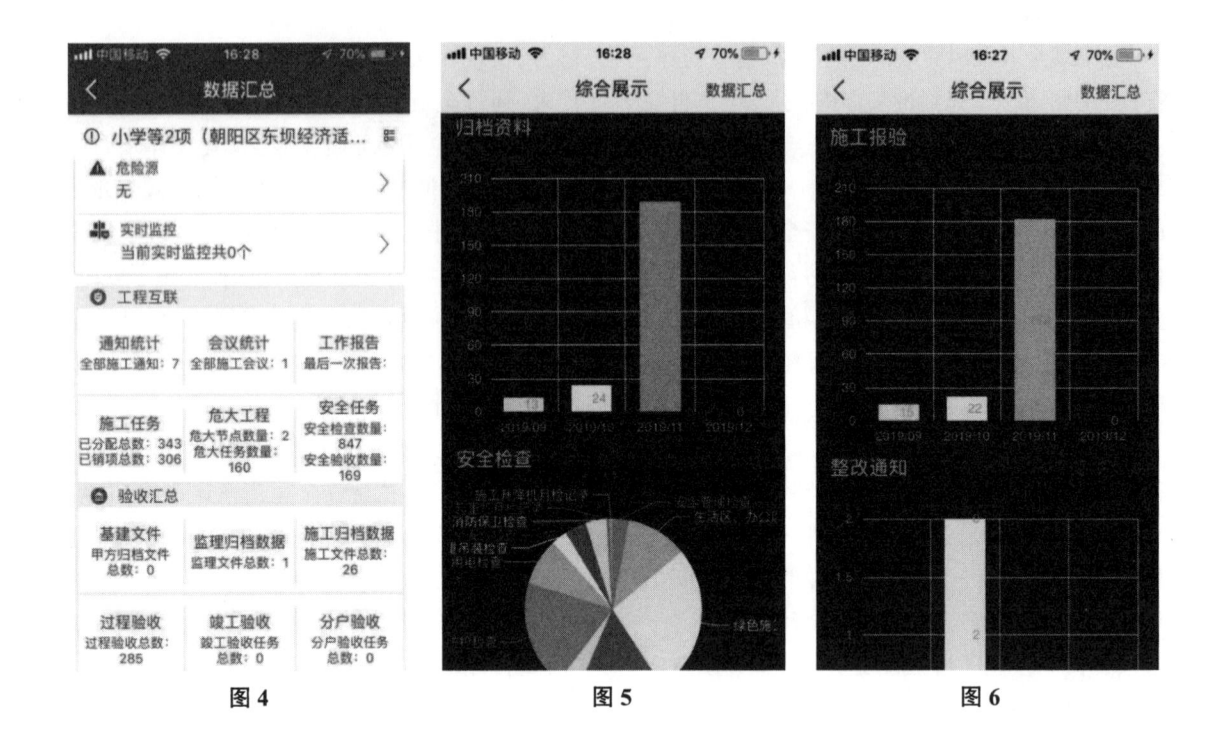

图 4　　　　　　　　　　图 5　　　　　　　　　　图 6

浅析企业在安全文化建设中如何做好安全生产标准化工作

中车兰州机车有限公司　王小勇　张　清　周颜忠　张　军　顾　峰

摘　要：通过分析企业安全生产标准化建设中存在的共性问题和企业安全生产管理工作的一般需求，以安全生产标准化理论和标准体系为基础，提出了企业安全生产标准化管理模式。模式由核心要素、基础信息库、管理工具组成，按照过程控制和管理对象进一步细化和重新组合安全生产标准化管理要素，分类汇总企业安全管理所需的基础信息，并为安全管理档案、记录和报表提出统一格式和内容要求。从而保障企业原有安全生产标准化建设成果，避免重复性工作、提高企业安全生产管理工作效率。不断营造遵章守纪的安全文化氛围，引导企业的安全态度和员工的安全行为。

关键词：安全生产标准化；管理模式；管理对象；过程控制；安全文化

一、引言

安全生产标准化是应用现代安全生产管理理论，实现过程、管理对象全覆盖的现代安全生产管理方法，是指通过建立安全生产责任制，制定安全管理制度和操作规程，排查治理生产隐患和监控重大危险源，建立预防机制，规范生产行为，强化文化引导，使各生产环节符合有关安全生产法律法规和标准规范的要求，使人、机、物、环境处于良好的生产状态，并持续改进、不断加强企业安全生产规范化建设。通过将安全生产标准化的各个要素按照安全生产管理要素进一步分类，细化安全生产管理过程、工具和手段的要求，夯实安全基础，使安全生产标准化建设工作与企业安全管理有效融合，形成可持续的、可复制的管理模式，有效实现安全生产管理对象、管理过程的全覆盖，并保证安全生产管理工作持续有效。

二、安全生产标准化发展现状和存在的问题

安全生产标准化是一种经过多年发展逐步形成并完善的现代安全生产管理方法，内容涵盖了安全生产的过程管理、对象管理和不同风险的安全管理，是目前企业安全生产管理的统一要求及抓手。

（一）安全生产标准化的概念

安全生产标准化的概念来源于质量管理体系，重点突出对安全质量的要求，即：要求生产环节和相关岗位的安全质量要符合相关标准的要求，称为安全质量标准化。2004年，国务院印发的《国务院关于进一步加强安全生产工作的决定》对企业提出了实施安全质量标准化的要求；对重点行业、领域的安全质量标准化建设提出具体要求。随着相关理论和方法的不断完善，质量管理的内容逐渐弱化，形成安全生产标准化的概念。

近年来，机械、危险化学品、烟花爆竹、冶金等重点工矿行业、领域相继开展安全生产标准化建设达标活动。随着安全生产标准化理论研究的进展，结合各行业、领域安全生产标准化建设经验，形成了安全生产标准化规范体系。《国务院关于进一步加强企业安全生产工作的通知》（国发〔2010〕23号）和《国务院安委会关于深入开展企业安全生产标准化建设的指导意见》（安委〔2011〕4号）的发布，全面推动了全国工矿企业开展安全生产标准化建设达标活动。其中，机械制造行业遵循GB/T33000—2016《企业安全生产标准化基本规范》和AQ/T7009—2013《机械制造企业安全生产标准化规范》。

（二）企业安全生产标准化建设与管理现状

根据国务院安委会和国家安全监管总局的要求，全国工矿商贸和交通运输行业的安全生产标准化建设工作已于2011年全面开展，机械制造行业已形成一批安全生产标准化建设达标企业。在安全生产标准化建设过程中，随着工作的深入开展，显现出一些普遍性问题。

（1）目前已经出台了《企业安全生产标准化基本规范》（GB/T3300—2016），规范一批相关的行业标准，同时机械制造行业也出台了相关的评定标准。一方面，许多行业系统内部的评定标准不统一，需要进一步完善形成统一的行业或国家标准；另一方面，现有标准中主要是针对企业安全生产标准化工作的效果和总体要求，对企业安全生产标准化工作本身的管理要求还有待细化，针对实施安全生产标准化管理的具体流程、相关岗位安全职责和安全工作要求、记录／档案／报表等格式化文档等方面的内容，还需要进一步建立统一的标准。

（2）行业系统内部的安全生产管理没有形成统一的模式。在长期的安全管理中，大多已经形成了一套自己的管理模式，但目前相关的法律法规标准仍在不断完善和更新。原有的管理模式不能完全与安全生产标准化建设与管理的要求契合，需要不断充实管理要求、改进管理过程、完善文档和记录，改进和提升企业现有的安全生产管理模式；倾力营造安全文化氛围，并结合安全标准化建设，全面推进精益安全管理，即由传统安全管理向系统化安全管理转变，由宏观控制逐步向微观控制转变，由单个企业安全水平提升向所有企业整体安全管理水平提升转变，由粗放型安全管理向精益安全管理的转变。在此基础上，通过统一管理要求、明确工作流程，逐步形成各行业／领域、不同规模企业的可复制的安全生产标准化管理模式。

（3）缺乏有效的信息化工具。安全生产标准化管理涉及企业的人员、设备、物料、环境以及生产管理等各项内容，除了安全生产管理部门外需要企业多个部门和全体从业人员共同参与配合，涉及企业内大量的数据信息。目前，我国一些大中型企业的安全生产管理，主要依托于企业的综合办公自动化系统或生产管理系统，安全生产标准化建设所需的各类资料档案分散于系统各处，并不能直接提供标准化建设所需要的综合技术支持；而一些中小企业的安全生产管理仍使用人工的手段，没有实现管理信息化。没有有效的信息化工具，导致很多企业在安全生标准化建设过程中耗费大量人力，增加了很多不必要的重复性工作。

三、企业如何做好安全生产标准化管理工作

（一）管理模式要求

鉴于我国安全生产管理理论的发展和企业安全生产标准化建设与管理的现状，需要建立一套全面覆盖、长期有效的安全生产标准化管理模式，为保证企业生产经营过程的安全和可持续，安全生产标准化管理模式应满足如下要求。

（1）安全生产管理要实现横向到边、纵向到底、持续有效。覆盖企业安全生产的全过程、所有管理对象，并实现周期性动态管理。

（2）管理模式符合安全生产标准化具体要求，还对具体的工作方式、文档内容等做出统一的规定。

（3）管理模式应根据企业特点并体现适宜性和可操作性建立，并能够随时根据不断完善更新的法律法规标准要求进行调整，而不是进行大量内容的重建工作。

（4）管理模式应根据企业特点不断深化安全文化引领，使安全理念和责任意识"内化于心"；使安全规律和安全管理"固化于制"；使设备设施和作业环境"优化于源"；使操作要领和行为准则"外化于行"。

（二）建立管理模式体系结构

安全生产标准化管理模式是以安全生产过程控制管理方法和安全生产管理对象为基础，通过整合完善，对企业安全生产管理工作中的每个对象的每个管理阶段做出统一和具体的要求，实现企业安全生产管理的过程和对象的立体全覆盖。安全生产标准化管理模式由核心要素集、基础信息库、管理工具箱三部分组成，如图1所示。

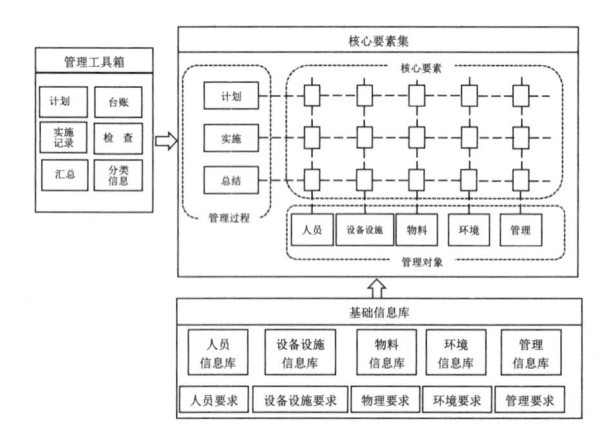

图1　安全生产标准化管理模式

核心要素集：建立的核心要素集是管理模式的中心内容。由管理过程和管理对象两个维度共同确定核心要素矩阵，方法中规定了该要素对应的对象在对应过程中的管理工作的内容和要求即人员、设

备设施、物料、环境和管理方面的核心要素。

基础信息库：建立的基础信息库是管理模式的数据基础。一方面包含管理对象的基本信息；另一方面包含相关法规标准中对应的要求如人员的特定要求及信息、设备设施的要求及状态信息、物料的状态及信息、生产作业环境的危险因素信息、安全管理方面的要求和信息等。

（三）建立管理工具箱

建立管理工具箱是管理模式具体实施所采取的手段。包含管理过程中需要的各类工具表格和报表即计划表、相关管理台账、相关实施记录、检查表、汇总表等信息，并规定对每类表格和报表的具体项目内容和要求。

核心要素集：核心要素集由管理过程和管理对象应共同确定。

管理过程：依照PDCA循环法，安全生产管理以一个年度为一个工作周期，在每个周期内都可以划分为"计划、实施、总结"三个阶段的管理过程，新一个周期实现对旧周期的改进，每个周期应具有不同的工作重点。

（1）计划阶段：按照相关法律法规标准文件的要求，针对管理对象，分别制订工作计划，包括周期内的计划(如周、月、季度、年度计划等)和跨周期计划(如设备定期检验、应急预案修订计划等)，其中跨周期计划还应参考上一周期的相关信息。计划的制订应包括管理对象、计划内容、要求、预期完成时间或特定时间、责任部门、责任人、监督部门等内容。

（2）实施阶段：包括计划的落实和落实情况的检查。应详细记录计划落实情况、完成人、完成时间等内容。落实情况的检查应除记录检查情况、检查人、检查时间等信息外，还应对未完全落实的内容提出建议整改并督促落实。

（3）总结阶段：对照计划阶段制订的计划，按照实施阶段的落实和检查结果，定期总结安全管理工作，包括对分项目的总结和全面总结。

（四）管理对象

管理对象的分类既要保证覆盖企业安全生产管理的所有内容，又要避免不同对象之间涉及内容的重叠导致工作的重复。安全生产标准化从安全生产目标、组织机构和职责、安全投入、法律法规和安全管理制度、隐患排查和治理、培训教育、生产设备设施、作业安全、职业健康、应急救援、事故报告调查和处理、绩效评估和持续改进等13个要素比较全面地覆盖了企业安全生产管理对象及其要求。但是在实际工作中，有些对象的管理工作有重叠和交叉的内容，为了便于日常管理、减少重复工作，按照安全生产管理的基本要素"人、机、物、环、法"，将安全生产标准化要素进一步分组，包括人员、设备设施、物料、环境、管理五类，明确每类对象管理的重点内容，安全生产标准化要素与管理对象对应关系，如表1所示。

表1 安全生产标准化要素分类表

管理对象分类	安全生产标准化要素	
	一级要素	二级要素
人员	2. 组织机构和职责	
	5. 教育培训	教育培训管理；安全生产管理人员、操作岗位人员、其他人员教育培训
	7. 作业安全	生产现场管理和生产过程控制；作业行为管理；相关方管理
	11. 应急救援应急机构和队伍	应急机构和队伍
设备设施	6. 生产设备设施	生产设备设施建设；设备设施运行管理；新设备设施验收及旧设备拆除、报废
	9. 重大危险源监控	监控与管理
	11. 应急救援	应急设施、装备、物资
物料	3. 安全生产投入	
	7. 作业安全	生产过程控制
	9. 重大危险源监控	辨识与评估；登记建档与备案
环境	7. 作业安全	警示标识
	10. 职业健康	职业健康管理；职业危害告知和警示；职业危害申报

续表

管理对象分类	安全生产标准化要素	
	一级要素	二级要素
管理	1. 目标	
	4. 法律法规与安全管理制度	
	5. 教育培训	安全文化建设
	7. 作业安全	变更
	8. 隐患排查和治理	隐患排查；排查范围与方法；隐患治理；预测预警
	11. 应急救援	应急预案；应急演练；事故救援
	12. 事故报告、调查和处理	
	13. 绩效评定和持续改进	

（五）基础信息库

企业开展安全生产管理工作需要对安全管理对象进行信息统计，形成企业的安全生产基础信息库，作为日常管理的信息来源和基础，同时对应各项法律法规标准生成管理要求。人员、设备设施、物料、环境信息库包含各自对应对象的具体信息，管理信息库除包含管理档案信息外，还包括前四类对象的关联信息。

1. 人员信息库

包括人员基本信息表、培训要求信息表、职业健康体检要求表等，信息表中涵盖人员姓名、性别、身份证号、部门（车间、班组）、岗位、人员类别、证书（类别、编号、有效期）、入厂时间、从事本岗时间、最后一次培训时间等。

2. 设备设施信息库

主要为设备设施信息表，涵盖设备名称、类别、生产厂家、出厂日期、投用日期、有效期、技术参数、日常使用要求、检测校准要求（含检测校准周期）、最后一次检测校准时间、维修保养要求等。

3. 物料信息库

涵盖物料名称、危险品属性（剧毒品、易制毒化学品、易制爆化学品、危险化学品、化学品）、用途（原料、中间产品、产品、检测试剂）、年均用/产量、年最大用/产量等。

4. 环境信息库

涵盖场所环境名称、类别、位置、面积、层数、层高、封闭状态、门、窗、紧急通道、周边环境、其他信息。

5. 管理信息库

由组织机构表、机构安全职责表、文件资料分类清单、安全检查表、隐患排查表、应急预案、人员部门岗位关联表、设备设施责任人信息库、物料流向责任人信息库、场所责任人信息库、设备物料信息库、场所设备信息库、场所物料信息库等组成。

四、如何管理工具箱

目前企业安全生产管理所涉及的表格和报表通常根据经验或结合相关文件的要求由企业自行设计，没有统一的格式，导致企业安全生产管理表格复杂，难以适应不断完善的标准要求，难以实现信息化管理。为了简化安全生产管理工作，提高工作效率，同时便于企业的安全生产信息化建设和持续改进，本模式的管理工具箱针对管理过程的不同阶段，给出台账、报表中至少应包含项目的统一要求，如表2所示。由于安全生产管理过程中的具体工作的各类信息单，如物料出入库单、设备维修单等是由各岗位人员根据实际情况进行填写，本方法中不对这类信息单进行格式规定，只要求信息单必须覆盖相关法规标准文件要求的内容。

表2 管理工具箱具体要求

阶 段	工 具	包含项目
计划	计划表	对象、内容、周期、名称、编号、完成时间/时限、责任部门、责任人、参与部门、参与人、完成要求、检查部门、检查人、检查时间
实施	落实台账	对象、内容、对应计划项、名称、编号、完成时间、完成部门、完成人、参与部门、参与人、完成情况
	检查台账	对象、内容、对应计划项、对应落实项、名称、编号、检查部门、检查人、检查结果
总结	统计报表	对象、内容、周期、统计项目、统计周期、统计结果（数量）

五、结语

本文根据安全生产管理理论和方法，以现代安全生产管理理论为指导，通过分析目前企业开展安全生产标准化建设和管理工作中存在的普遍问题，提出了基于安全生产标准化的企业安全生产管理方式。该方式将安全生产标准化管理要素按照过程和对象两个维度，构造二维核心要素矩阵，细化了在实施安全管理工作中对象和过程的不同要求，建立管理工具箱实现对管理工作表格、报表的统一管理。该方法以其灵活性可以与企业原有安全生产管理模式相融合，能够适应不断更新和完善的安全生产管理的标准体系，并且方便企业进行安全生产管理，深化安全文化建设。

浅论安全文化理念与实践创新

马鞍山钢铁股份有限公司港务原料总厂　蒋昭科

摘　要：新时代的安全工作艰巨复杂，必须坚持党的领导，把习近平新时代中国特色社会主义思想和新时代中国特色社会主义法治思想作为我国安全文化建设和各项安全工作的根本遵循和精神动力。

关键词：安全文化；法治思想；安全文化建设

一、引言

人类生态客观存在诸要素中，有关人类生存、发展和身心健康以及自然环境安全和谐的物质财富和精神的总和。人类安全文化从社会文明中分化出来，形成了一整套系统性、科学性的理论体系，并在社会生活和安全生产实践中不断积累完善，对人类社会防灾减灾、应急管理、可持续发展具有重大意义和作用。

二、安全文化的历史渊源

（一）中国安全文化的历史渊源

20世纪50年代，我国考古工作者在陕西省西安市附近的半坡村，发现了距今约五六千年的原始农耕村落遗址，并因此揭开半坡先民的安全文化观。

6000年前，生活在陕西西安的半坡村处于母系定居氏族公社繁荣阶段。普遍使用磨制石器，原始农业、畜牧业有了发展，种植粟和黍，饲养猪、狗，建造半地穴式房屋，是一种环形布局，四周围护堑壕，既能排水，又能防止野兽、异族侵袭。居住区域内，四周小屋环绕一座大屋，在当时物质文明条件下，具有高度发达的安全功能。屋内都埋有一个或两个深腹罐，存储火种，隔离火种与柴草，防患于未然。

不仅如此，半坡先民注重身体健康，因地制宜，依照土坡建造房屋，走出地窖，同时在屋内设置火塘，去除湿气。

上古时期，滔滔洪水时刻威胁先民的安全，大禹从鲧治水的失败中吸取教训，改变了"堵"的办法，对洪水进行疏导，三过家门不入，带领百姓战胜洪水。

古蜀地非涝即旱，故有"泽国""赤盆"别称，秦惠文王九年（公元前316年），秦国吞并蜀国，决定彻底治理岷江水患，派精通治水的李冰取代政治家张若任蜀守并开启都江堰水利工程。

《后汉书·五行志》记载，东汉时期，地震比较频繁，自汉和帝永元四年（公元92年）到安帝延光四年（公元125年）的三十多年间，共发生了二十六次大的地震。地震区有时大到几十个郡，引起地裂山崩、房屋倒塌、江河泛滥，造成了巨大的损失。张衡对地震有不少亲身体验。为了掌握全国地震动态，他经过长年研究，终于在阳嘉元年（公元132年）发明了候风地动仪——世界上第一架地震仪，并利用这架仪器成功地测报了西部地区发生的一次地震。

许多古诗词中，也能发现深厚的古代中国安全文化历史渊源，同时，这些诗词也真实反映了当时古代先民对安全文化的深深思考，对市井乡村百姓安危的焦虑，并大胆提出了防患于未然的安全文化理念。

（1）乾隆七年（1742年），诗人袁牧任江宁知县期间，属地发生火灾，其以《火灾行》记载了火灾发生、扑救过程，"七月融风歇不止，鸟声嘻嘻吁满市；县官此际如沙禽，中夜时时惊欲起；出门四顾烈心惨烈，天下烂如黄金色；从来贤人心如焚，不必等至额尽烂。白日青天莫入杯，朽株枯木能为难。"

（2）道光十五年三月十一（1835年4月8日），江苏山阳县火灾，延烧六百余家。进士丁寿昌《纪灾行》记述，"须臾火发天为红，屏屋疾卷如飞莲；炎精鼓荡势愈猛，风伯推车驱火龙；民生艰难日以戚，月黑犹闻墟里哭；君不见五行刘向书，赤眚应罹炎上酷。"

（3）咸丰九年四月初九（1859年5月11日），四川涪陵李渡镇发生大火，死亡六七百人，傅炳樨

《火灾诗》记载,"大江南北多焦土,往往似此悲苍凉。要得倒换银河水,净洗烈焰清大荒。"。

（4）唐朝白居易的《答闲上人来问因何风疾》写到："一床方丈向阳开,劳动文殊问疾来。欲界凡夫何足道,四禅天始免风灾。色界四天,初禅具三灾,二禅无火灾,三禅无水灾,四禅无风灾。"

（5）元朝方回的《续苦雨行二首》写到："忆昔壬午杭火时,焚户四万七千奇。燖死喝死横道路,所幸米平民不饥。火灾而止犹自可,大雨水灾甚于火。海化桑田田复海,龙妒倮虫规作醯。"

（二）国际安全文化的历史渊源

国际社会中,各国因其历史文化背景不同,安全文化也不尽相同,但共性都包含"防患于未然"等积极要素。

国际安全文化的交流最初始于1986年国际原子能机构（IAEA）召开的"切尔诺贝利核电站事故后评审会",认识到"核安全文化"对核工业事故的影响,并因此由"国际核安全咨询组（INSAG）"提出了安全文化的概念和要求,在国际核工业领域得到了广泛的接受和认同。

国际核安全咨询组（INSAG）认为,安全文化是存在于单位和个人中的种种素质和态度的总和。英国健康安全委员会核设施安全咨询委员会（HSCASNI）对INSAG的定义进行了修正,认为："一个单位的安全文化是个人和集体的价值观、态度、能力和行为方式的综合产物,它决定了健康安全管理上的承诺、工作作风和精通程度。"

1994年,IAEA机构制定了《ASCOT指南》,界定评价安全文化的方法。1998年,IAEA机构发表了《在核能活动中发展安全文化,帮助进步的实际建议》,至此,安全文化逐渐为其他领域接受和借鉴。

2003年,第91届国际劳工组织（ILO）提出国家预防性安全与卫生文化,将其概念表述为："组织和个人的信念、价值观、态度和行为方式的集合,预防原则据之被给予最高的优先权"。是使"享有安全与健康的工作环境"在所有级别受到尊重的文化。2003年4月,LLO将"工作中的安全文化"定为工作中的安全与卫生世界日的主题。

三、我国安全文化建设和发展的根本遵循和精神动力

（一）党中央对发展和安全高度重视

党的十八大以来,以习近平同志为核心的党中央对发展和安全高度重视,创立了习近平新时代中国特色社会主义思想,从全局和战略高度对安全工作做出一系列重大决策部署,为我国中国特色社会主义建设和法治建设、脱贫攻坚、全面奔小康,积极有效应对国内外一系列重大风险挑战、实现中华民族的伟大复兴提供了根本遵循和精神动力。

（二）安全工作在党和国家工作大局中的重要地位

党的十九届五中全会《中共中央关于制定国民经济和社会发展第十四个五年规划和二〇三五年远景目标的建议》首次把统筹发展和安全纳入"十四五"时期我国经济社会发展的指导思想,强化国家安全工作顶层设计,把坚持包括国家安全等的安全工作观纳入坚持和发展中国特色社会主义基本方略,从全局和战略高度对安全工作做出一系列重大决策部署,完善各安全政策,健全国家安全法律法规,有效应对了一系列重大风险挑战,保持了我国各项安全工作大局的稳定和发展。

四、我国安全文化的现状和发展前景

在习近平新时代中国特色社会主义思想指导下,我国的安全文化得到了突飞猛进的发展,党和国家逐步健全完善了安全生产方针政策和法律法规,并从体制、机制、规划、投入等方面,采取一系列举措加强安全工作；各级党委政府、各种所有制企业高度重视,加强领导、落实责任；各重点企业和广大生产经营单位依法依规、履行职责；社会各界关注支持、参与监督。经过努力,安全生产的理论、法律、政策体系得到建立和形成,安全监管体制机制不断健全完善,安全生产状况趋于稳定好转。

（一）我国安全文化的现状

我国自20世纪90年代开始,一些学者开始引进、研究安全文化。2001年,由原国家经贸委安全生产监督管理局在青岛市组织召开了第一届"全国安全文化研讨会"。此后每年都召开一次有关安全文化的研讨会,对安全文化的学术交流和企业安全文化建设经验的交流起到了很大的推动作用。

从2002年起,我国将"安全生产周"改为"全国安全生产月",同时开展了"安全生产万里行"活动,加大了安全生产宣传教育向企业和社会的传播力度。2003年成立的宣传教育中心,肩负了宣传安全生产法律法规和方针政策、传播安全知识、弘扬安全文化的重任。

国家安全生产监督管理总局将安全文化作为要素来抓，并列为各要素之首，更显示出了对我国安全文化发展的重要性的认识。

2004年年初，做出的《国务院关于进一步加强安全生产工作的决定》中明确了我国安全生产的中长期奋斗目标分以下几个阶段。

第一阶段：到2007年即本届政府任期内，建立起较为完善的安全监管体系，全国安全生产状况稳定好转，重点行业和领域事故多发状况得到扭转，工矿企业事故死亡人数、煤矿百万吨死亡率、道路交通万车死亡率等指标均有一定幅度的下降。

第二阶段：到2010年即"十一五"规划完成之际，初步形成规范完善的安全生产法治秩序，全国安全生产状况明显好转，重特大事故得到有效遏制，各类生产安全事故和死亡人数有较大幅度的下降。

第三阶段：到2020年即全面建成小康社会之时，实现全国安全生产状况的根本性好转，亿元国内生产总值事故死亡率、十万人事故死亡率等指标，达到或接近世界中等发达国家水平。

（二）以安全发展为核心的安全文化理论体系建立并完善

安全是经济社会发展的基础和保障，安全文化与社会主义现代化建设和法治建设一体规划、一体部署、一体推进。

（1）安全生产方面坚定不移贯彻执行"安全第一、预防为主、综合治理"的安全生产方针。

（2）落实安全文化和安全生产责任、监管主体，建立和完善安全生产控制考核指标体系。

（3）积极倡导推行先进的安全文化，全面落实和推进安全文化和安全生产的法治化。

（4）建立包括群众监督、舆论监督和社会监督在内的安全生产参与监督机制，完善安全事故追责的行政和刑事追责程序和实体机制。

在各级党委的领导下，提高全社会安全意识和全民安全素质，做到安全生产重大决策、重点工作进展情况、重特大事故查处结果等公开透明，接受监督。

（三）安全生产等法律体系逐步健全完善

适应新时代社会主义市场经济发展需要，全国人大对《中华人民共和国安全生产法》（以下简称《安全生产法》）和《安全生产法实施条例》进行了修订。《安全生产法》是安全生产的基本法，相关安全生产的法律条款散见于《中华人民共和国劳动法》《中华人民共和国职业病防治法》《中华人民共和国道路交通安全法》《中华人民共和国消防法》《中华人民共和国建筑法》等十余部专门法律中，司法解释权力机关能适应经济建设等的需要及时修订相关法律条款。有关安全生产的行政法规包括《国务院关于特大安全事故行政责任追究的规定》《安全生产许可证条例》《危险化学品安全管理条例》《中华人民共和国道路交通安全法实施条例》和《建设工程安全生产管理条例》等50多部行政法规，上百个部门规章。各地人大和政府制定出台了一批地方性法规规章，切实做到安全生产工作有法可依、有章可循。

（四）安全文化建设的长期性、艰巨性和复杂性

针对安全生产领域存在的种种历史和现实问题，综合运用法律、经济、科技和必要的行政手段，加强安全文化建设，注重安全文化工作的作用和推广，提高全民安全意识，在安全管理、安全投入、科技进步、教育培训、激励约束考核、企业主体责任、事故责任追究、社会监督参与、监管和应急体制等方面，逐步完善建立长效机制，掌握安全文化建设和安全生产工作的主动权。

（五）安全文化建设中值得借鉴与推广的经验

宝武集团马钢股份公司港务原料总厂供料一分厂，充分利用现代通信手段，按作业单元组织职工家属安全微信群，把违章作业职工照片视频公开，奖惩分明。对于能够在企业安全文化建设和安全生产监督方面积极提出合理化建议、献计献策、发挥积极作用的职工，在微信群公开奖励信息，当月在该职工奖金上予以足额兑现，极大地调动了职工亲属参与企业安全监督的积极性。

其次，打"亲情牌"，定期组织亲属观看施工现场活动，配偶、子女、父母等到施工现场视频监控室。

安全工作只有起点没有终点，这是供料一分厂的安全文化要素之一。经过摸索，分厂组织职工，每个班次的班前会议时，组织职工进行安全宣誓。三年来，分厂围绕安全生产，积极推进安全文化建设，不断改进安全生产管理办法，形成安全生产全员参与、良性互动，实现全员违章为零，事故为零。

利用现代通信便利，建立各种安全平台，积极进

行隐患排查，推行安全隐患随手拍，和对应的隐患改善形成闭环，做到安全隐患及时发现、及时整改，并因此建立完善相应的奖惩考核制度强制。

就外包、协力的安全工作，第三方企业进场施工人员复杂，流动性大，况且对施工现场状况和相关生产工流程不熟悉，不了解，该分厂把安全管理放在第一位，所有安全管理工作直接进现场，包括疫情防护，每个班次必须召开班前会议，点名、查验身份信息、上岗证、测温、出示行程码和核酸检测报告，并利用项目微信群，全程监护、监管，历次大中型技术改造等施工过程中，实现零违章、零事故，保障企业安全生产施工的顺利进行。

五、加强安全文化建设，促进企业长治久安

（1）营造安全文化氛围，加强安全文化建设，实现各项工作全过程、各方面安全是当前各级党委的首要任务，各级党委紧紧围绕学习、宣传、贯彻习近平新时代中国特色社会主义思想这一首要任务，把庆祝建党百年激发的爱党爱国爱社会主义热情传递下去，把全党全社会的精气神进一步振奋起来，坚持稳中求进、守正创新，引导广大党员干部群众深刻领会习近平新时代中国特色社会主义思想核心要义、精神实质、丰富内涵和实践要求，统筹推进宣传贯彻党的二十大、加强职工思想政治引领工作，持续推进职工思想政治引领工作与企业管理深度融合，围绕"四新"，主攻"四化"，稳中求进，严格奖惩制度，激发职工创新积极性，全力推进实施生产和生产环境精益化，全面实施生产工艺"5G"化，为建设一流的钢铁生产管理经营企业奠定了坚实的基础。

（2）安全文化建设和安全工作是一个长期而系统的工程，其中任务艰巨复杂，必须坚持党的领导，统一思想，提高站位，强化政治担当，把宣传贯彻党的二十大、加强职工思想政治引领作为促进企业高质量发展的重要内容，全面落实党中央和上级党委的部署，主动适应新的发展阶段对钢铁企业的新要求，在第二个百年奋斗目标的新征程上，紧紧围绕深刻学习、领会、贯彻习近平新时代中国特色社会主义思想和习近平法治思想这一核心，加强职工思想政治引领工作，凝心聚力，奋发有为，以开展党史学习教育、职工政治思想教育、企业安全生产教育和疫情防控工作为具体实践，高标准、严要求，提高企业生产经营管理水平，层层分解压实责任，深化高素质职工队伍建设，引领企业生产经营管理高质量发展，增强企业竞争力和活力，确保各项安全文化建设和各项安全工作顺利进行。

新形势下企业安全文化建设要点探讨

恒盾安全技术（苏州）有限公司　刘　鑫　张吕锋　刘　波

摘　要：新时代我国企业通过开展企业治理，增强内部控制管理，初步完成了向现代化企业的转型。进入"十四五"建设时期后突出了高质量发展主题，企业为了进一步满足产业升级需求，需要通过建设安全文化为其提供必要条件。本文概述了新形势下企业安全文化的内涵与建设的重要性，剖析了当前阶段建设中出现的新需求。在此基础上，分别对建设理论、建设技术、建设人员三个层方面的相关要点，进行了具体讨论。

关键词：企业；安全文化；建设要点

近年来，我国企业结合安全生产需求普遍建立了安全生产管理体系，创建了"安全生产管理制度引领各项机制并行运作"的一体化实践模式，较好地将安全生产管理方案落实到企业基础设施生产建设与项目运营管理阶段。但是在忽略作为企业实践主体的因素后，容易降低企业员工的凝聚力，引起安全生产管理效率低下，安全生产管理效用增长慢，甚至不增反降的现象。因此，在我国"双循环"大格局之下，部分企业通过对习近平新时代中国特色社会主义思想及相关法律、法规、条例的认真研讨，加强了企业安全文化建设，有效提高了企业安全生产管理效率。下面先对企业安全文化的重要性做出说明。

一、企业安全文化建设的内涵与重要性

（一）企业安全文化内涵

从概念界定看，企业安全文化以产业、行业、企业实际生产特征为基础，主要是借助企业全体员工对安全生产经验的总结与提炼，形成安全文化方案。在不同的企业中，建立的安全文化方案，存在一定程度的差异。但是，在内容上均包括：安全理念文化、安全管理文化、安全物态文化和安全行为文化。

（二）企业安全文化建设的重要性

从重要性方面看，企业安全文化作为安全生产管理体系中的重要组成部分，始终发挥着"软实力"的作用，包括引导、调节、激励、凝聚企业全体员工的多重作用，有利于促进安全生产管理工作的落实。

深入一步看，随着企业安全文化建设工作在深度层面的理论创建、广度层面的安全文化宣传、精度层面的安全文化意识强化，能够形成一种基于安全的集体心理价值，并将其表现在日常的安全生产管理工作之中，从根本上巩固安全生产管理并使之向着自主性的安全管理方向发展。

由此可见，企业安全文化建设不仅具有十分重要的现实意义，而且需要企业在新形势下结合高质量发展主题，在深度、广度、精度上全面增强安全文化创新，促进企业安全文化建设水平的提升。

二、新形势下企业安全文化建设需求分析

（一）安全文化意识形态构建需求

目前，我国企业在安全文化建设中，主要按照"人本理念"开展建设工作。从实践经验看，重点放在对企业员工的职业健康检查、安全业务技能培训、安全应急演练等方面。然而，并没有将其扩展到与企业安全生产管理相关的材料、设备、环境、成本、制度等层面，并没有发挥出该理念的重大功用。

恒盾安全技术（苏州）有限公司（以下简称苏州公司）通过对习近平新时代中国特色社会主义思想的学习与研讨，认识到意识形态理论的重要价值。首先，意识形态理论属于一种思想体系，一旦对其进行深入了解与掌握，就可以为行为主体提供明确方向，在其心理层面激发起责任意识与使命意识，并使其主动参与到对该思想体系的实践之中。由此可见，在企业安全文化高质量建设阶段，应充分认识到构建安全意识形态的必要性。其次，意识形态理论兼具了方法论的作用，通过对意识形态构建程序的理解，可以在顶层设计层面研发适配于企业的安全文

化思想体系，用于指导企业全体员工的安全管理工作，真正提高企业员工安全管理认识水平，并在安全管理实践方面促进其自主意识的形成。

（二）安全文化宣传贯彻落实需求

安全文化属于企业安全生产管理中的"软件"。为了使其发挥重大功用，企业通常会加强对安全理念文化的宣传、对安全管理文化与物态文化的贯彻、对安全行为文化的激励与引导。

实践经验表明，多数企业在宣传、贯彻、落实时的资源投入比重存在较大差异。在宣传方面的资源投入比重相对较大，包括"早讲解，晚总结""大喇叭+小程序"，以及"进宿舍，细对话"等。然而，在贯彻时由于安全生产管理体系中，缺乏安全文化制度建设、机制完善，普遍存在安全理念文化宣传有力，安全管理与物态文化贯彻难度大，安全行为文化在个体中落实阻碍重重的现象。

这种情况下，部分企业已经结合系统控制理论，在安全生产管理体系中分设了安全文化子体系，以借助系统控制路径，将安全文化宣传工作、贯彻工作、落实工作统一起来，确保其全面实践。

从实践经验看，此类企业的实践重点集中到了对科学技术、管理技术的融合应用方面。例如，对于海因里希事故因果连锁理论、马斯洛需求层次理论、风险评价机制、双重预防机制的运用，以及配套的数据库技术、大数据技术应用等。由此可见，为了满足安全文化宣传贯彻落实的一体化实践需求，应持续加大技术要素的配置比例，为其"赋能"。

（三）安全文化建设人才培育需求

现阶段，我国颁布了新《中华人民共和国安全生产法》，并结合"十四五"时期的建设需求，由国务院印发了《"十四五"国家应急体系规划》《"十四五"国家安全生产规划》，通过对内容的查阅与学习，发现重点突出了"安全发展理念"，强调了"安全生产主体责任的落实"，以及对"生产安全事故的有效防范"等。虽然企业安全文化以企业生产特点为主，借助企业全体员工发挥聪明才智与对实践经验总结，丰富企业安全文化。但是，该方面的专业人才相对缺乏，当要结合企业安全生产管理实践需求建设企业文化制度时，往往会出现黔驴技穷的情况。

进一步看，部分企业通过发挥市场机制配置资源时的基础性作用，一方面加大了安全文化建设人才的引、育、用、留管理；另一方面则从市场化合作的角度出发，增加了向第三方机构的咨询。尤其在安全环保管理方面，企业除了开展自主型的安全环保管理外，主要依靠向第三方机构购买服务的方式，满足其安全环保管理需求。考虑到购买服务时的可持续性与投入成本，当前企业实践中应从内部的"软实力"角度出发，培育与其自身安全文化建设需求相一致的各类人才，以此推动其安全文化向着高质量建设水平发展。

三、新形势下企业安全文化建设要点分析

（一）科学运用意识形态理论，创建企业安全文化思想体系

苏州公司将习近平总书记提出的"人本理念"作为安全文化核心理念，梳理出了安全文化中的安全理念文化、安全物态文化、安全管理文化、安全行为文化四个重要观念，按照观念联合构建思想体系的办法，构建了本企业的安全文化思想体系。

（1）在安全理念文化方面，从集体安全心理价值出发，突出了企业全体员工在企业中的主人翁地位，将企业员工作为企业中的核心资源与竞争优势。

（2）在安全物态文化方面，按照设备设施可靠安全的前提条件，对企业所有机电设备设置了安全检查表，包括防爆仪表、防静电接地等多个专项表单。同时，划分机电设备等级后，根据特种设备、一级设备、二级设备、三级设备的划分方法，建立了各等级机电设备的寿命及维护档案等。

（3）在安全管理文化方面，配套设置了紧急个体处置设施，其中包括急救药品、事故柜、呼吸器、灭火防火设施，以及各类劳动防护用品等。

（4）在安全行为文化方面，将员工作为中心，增强了职业健康检查与安全业务技能培训等。

（二）精准选择科学管理技术，增强企业安全文化系统应用

苏州公司将重点放在对科学管理技术的吸收和借鉴上。为了在企业安全生产管理的大环境中做到对安全文化的统一宣传贯彻与落实，首先采撷了杜邦安全管理方面的直线责任、区域安全、安全行为观念等，并将其与本企业的权责机制进行了融合应用。这样做使企业结构治理中的管理层、职工层均能够在部门及其岗位职能中，明确自身的安全管理职能范围，并根据各自负责的业务履行相应的责任。从根本上将部门承担责任，转变成了具体的个人承

担责任，有利于从责任形式上约束其安全行为。其次，为了进一步确保安全管理工作的贯彻，本企业提炼了前期实践经验，对"安全喊话、安全叮嘱、领导带班"进行了升级，一方面通过安装传感器与告警装置，将安全喊话转变成了各岗位中的安全智能提醒。另一方面在安全叮嘱方面，将苦口婆心地讲解制作成了具有明确安全管理指标的岗位表单，各岗位人员只需要根据表单进行工作前检查、工作中监督、工作后总结，可较好地达到安全管理实践目的。另外，将项目经理负责制下移到了车间主任、作业班组之中，较好地促进了安全文化系统控制的实现。

（三）扩展专业人才培养途径，培育企业安全文化建设队伍

首先，苏州公司通过与同行业企业进行安全文化建设交流，认识到了人力资源储备的重要性，与安全文化制度创新的必要性。具体实践中，人力资源管理部门设置了安全文化建设人才培育计划，一方面在人力资源市场加大了专业人才的引进，另一方面在本企业内部结合第三方机构咨询对现有安全生产管理人员开展了专项培训，包括知识结构优化、专项技能训练、专业素养拓展。

其次，从整体队伍建设出发，加强了企业安全应急演练，包括对自然灾害、公共卫生、安全事故等各个层面，借助总体演练，分部门、分车间演练等，从整体上提高了安全管理团队协作能力。

四、结语

新形势下企业安全文化已经成为企业生产安全管理体系的重中之重。为了推动企业高质量发展，需要进一步深化其建设工作。结合上述，初步分析可以看出：安全文化内涵丰富，在新时期具有十分重要的实践意义。由于当前建设中出现了安全文化意识形态建设需求、安全文化一体化实践需求、安全文化人才与队伍建设需求，因而建议企业尽可能按照"具体需求，具体分析，针对性解决"的基本思路，科学运用意识形态理念、加大技术要素配置比例，扩大对安全文化建设人才的培养，建设一支综合素质全面，能打胜仗的安全文化队伍。

参考文献

[1] 黄思琦,刘年平,谢晓君,等. 建筑企业韧性安全文化实证研究[J]. 中国安全生产科学技术，2020,16(1):111-117.

[2] 王宁华. 企业安全文化与安全管理效能关系[J]. 化工管理，2020,8(36):77-78.

[3] 张常海. 企业安全文化建设的探索与实践[J]. 科技创新导报，2020,17(36):166-168.

[4] 邱广东,王瑞瑶. 企业安全文化创新的有效策略分析[J]. 四川建材，2020,46(5):227-228.

企业安全文化体系的探索和构建

河南豫光金铅股份有限公司　宗迎军　黄建忠　蔡晨豪

摘　要：企业安全文化是企业文化的组成部分，是安全文化的主要分支。安全生产是任何企业重中之重的任务，不论何时何地都要讲安全，从2021年9月1日新《中华人民共和国安全生产法》的实施可以看出，我国对于安全生产的绝对重视。由于安全生产重要性的日益突显，各企业竞相把企业安全文化建设提到重要议事日程。企业安全文化的建设关系到企业的长远发展，起着至关重要的作用。企业安全文化使企业员工具有统一的安全生产生活的价值观念，人人都具有安全工作、生活的修养和教养。企业的环境、运作具有可靠的安全保障，要达到这一目标，需要综合运用各种方式。

关键词：安全文化；安全生产；新安法；文化建设

一、引言

企业安全文化是一种企业所提倡的并要求全体员工共同遵守的安全理念和价值观。通过安全文化理念的渗透和价值观的塑造来改变员工的安全意识和安全行为[1]，初期也许存在着对企业安全文化不重视的情况，一定会有人认为这只是形式主义，起不到真正的作用。但必须深入坚持地开展下去，充分运用宣传、教育、奖惩、标识、文化活动和制度规范化等形式和手段来加强学习。

二、安全文化的探索

每一个企业的安全文化都在不断摸索中前进。

首先要对企业文化体系进行构建，要有完善的机制、保障措施、宣传措施，有全面的实施措施等。安全文化管控体系的构建是基于风险管控，坚持"文化、方法两手抓"的设计思想，以"四大体系"建设为核心，通过综合治理，消除管理缺陷，实现安全管理到位[2]。企业可以利用一些软件进行现场的隐患排查与治理，通过软件上需要巡检的内容以及发现隐患上传照片和指定整改责任人，通过分层次地进行风险管控，更好地落实全员安全责任制。安全文化体系的建设将消除行为风险、概念风险和可控风险，保障措施消除了责任不强和实际运行而导致的风险。信息系统建设有助于通过智能数据和一些软件执行制度消除由于人为原因而造成的风险行为。

三、文化网络体系

构建企业安全文化网络，宣传安全工作最重要的载体还是人。每个管理者都应该是企业的安全文化使者，还要鼓励普通员工做安全文化使者，宣讲企业的安全价值观、安全理念和安全故事[3]。通过安全标语、海报、宣传栏、广播、电子屏、内部刊物和电子网络等，通过不断的文化熏陶，利用各类网络标语，不断地进行企业文化的深入学习，全面加强全员的安全意识，提升企业安全文化。

目前智能手机非常普及，企业安全文化发展也要紧跟时代的步伐，不断地利用互联网平台更好地建设企业安全文化。市面上的软件中有不少的学习软件，利用上传的安全信息以及培训资料和考评试卷，通过学习后再去完成答题，即时给出答题成绩。通过互联网平台可以任何时候、任何地点地学习，打破了层层界限，更好地服务大众，也更好地构造企业安全文化。

不过，企业安全文化宣传的载体还是要靠人来执行，我们需要考虑怎么让人与人之间也能更好地进行交流学习。通过对奖惩制度的完善，对于积极交流的人，一些企业使用企业特定的手机软件进行安全工作的履职，每一个人都设置有安全任务，发现隐患可以利用软件进行上报。软件上面还有安全知识闯关等活动，所有人的安全任务在月底会进行汇总，真正地做到了新安法规定的全员安全生产责任制，人人头上有责任，只有这样每一个人在日常的生产中才会更好地注意安全。自己对于企业安全文化理解透彻之后，也可以更好地帮助他人进行提升与进步。企业指定车间轮值安全员，每月会对优秀和较差轮值安全员进行评比。不仅会有物质奖励，还会将本人照片及本月安全工作开展事迹进行公示，以此让更多的人进行学习及追赶。

安全理念行为化实现了企业安全理念的落地生根，解决了企业安全文化建设的基础问题。安全行为习惯化则开启了安全行为习惯养成之路[4]。只有基础问题解决了，企业的安全文化才能正式迈向更好的建设步伐。安全行为习惯化一般包括不安全行为的纠正和安全行为的固化两个层面，可以利用各类制度以及智能化手段进行行为的约束，让职工养成良好的安全作业习惯，让职工在日常作业中有约束感，严格按照公司指定的操作规程进行作业，从而更好地避免安全事故的发生。

四、安全文化的构建

企业安全文化的构建关键还是要靠人。首先，就是要完善企业安全文化管理机构，就是对后勤管理人员进行完善。对于安全问题也不能仅仅是靠着职工自己来保证。作为后勤单位的人员，要不断地保证一线作业人员的硬件安全。不能总是嘴上说着让员工怎么安全作业，而作为后勤单位的人员如果没有为员工提供一个安全作业的环境，就是很大的失职行为。所以安全不仅仅是让一线员工关注的，安全关系着每一名员工。一些冶金作业常常在高温或者高压的环境条件下进行，长期或者持续性的使用难免会对设备性能造成影响。为了避免设备性能的下降而造成安全问题的出现，设备管理人员就须要下狠功夫，绝不能因为设备的问题而影响职工的安全。定期地检查和维护设备不仅仅是为了保证生产的正常进行，更要保证职工的人身安全。从最新修订的新安全法来看，每一个人都与责任挂钩，只要有问题就一层一层地查责任人。为了避免或者降低安全问题的出现，对生产管理工作提出了很高的要求：要求相关人员认识到安全管理的重要性，全面分析和掌握安全问题，并积极采取有效措施加强安全问题的控制，这也是众多企业发展过程中需要重点关注的内容。

五、文化构建的实施

当企业里的每一名员工都牢固树立"安全第一"的价值观念，在工作、生活中把安全保障工作放在第一位，企业的安全管理工作便会由被动变为主动[5]。通过不断的安全知识培训，传递相应的安全文化意识，月月培训及月月总结，从不断的总结中找出企业安全文化更好的实施方法，与职工深入交流实施方法中存在的弊端从而进行改正。

双重预防体系工作开展以来，各大企业相继以此开展了各类安全活动，通过风险分级管控和隐患排查治理工作的持续开展，安全工作已大有改观。双体系文化的深入大大地提升了企业安全文化的进步程度。从2002年开始，我国将安全生产周改为安全生产月。至今已是第21个安全月，通过整月开展各类安全活动，宣传标语、宣传板报、知识竞猜、厂长安全环保课和安全演练等活动，让每一名职工都能积极地参与安全月活动。更好更快地促进企业安全文化的推进，让每一次文化构建的实施都能顺利地开展。

定期的车间安全演练，演练计划、脚本、参演、总结和评估均由车间独立完成，每一名员工都能够积极献策，说出自己不同的见解，指出本次演练的优点与不足之处，不断地完善方案。同时开展班组班后安全学习，定期对车间最容易出现伤害的作业岗位进行安全事故案例的学习，现场学习会更深刻，更能提升安全意识。企业安全文化的实施需要每一名职工参与，不能缺少一人，只有做到了全员参与才能更好地发展企业安全文化。

六、安全制度的实施落实

企业的安全文化需要人来实现，但是更需要制度对人进行约束，行为上是否安全是要看是否符合制度要求，是否严格按照流程作业。要保障安全生产就要有非常完善的安全管理制度，做到环环相扣。事故的发生往往伴随着违章情况，对于制度不上心，没有认真学习。在入厂进行三级教育培训工作，公司级、分厂级和工段级，通过不同层级的培训逐步深入学习各类安全制度及安全行为，对于作业过程中是否符合安全行为要求加深理解。在日常工作中要对岗位、制度有敬畏心，时刻考虑能不能这样做，这样做会带来什么后果。安全管理工作重点在于班组，往往在班组这一环会出现大问题，班组长的不重视，工段的工作量大，都会造成随心所欲的情况。对于安全制度的学习会逐渐降低，也会在班组中存在走过场行为。这也就更需要班组长有很强的责任感，需要自己带领班中成员不断加强对安全制度的学习。好的制度关键在于落实，是否真的在日常工作中真正地开展，是否存在走形式。所以就需要通过不断的培训，不仅仅可以通过线下的安全培训，更可以通过手机进行线上培训，将培训资料及视频上传至线上，各类规章制度都可以随时地学习及查看，时刻清楚自己的职责，让安全意识时刻牢记心中。对于实际班组中检修作业票的办理，这就是班组长的职责，现场严格按照"五、三、一"安全管理规范进行现场风险辨识，五确认（确认施工内容、确认施工方案、确认施工环境、确认施工器具及确认人员精神状态），三到位（施工项目风险辨识防护到位、作业票审批到位及现场安全监护到位）和一落实（各级管理人员现场检查落实签字）。每一项安全管理制度都需要人来执行，尤其是管理者，必须以身作则，让职工看到制度、理解制度和遵守制度。只有所有人都能够严格落实制度要求，才能极大地降低企业各类安全事故的发生。

七、结语

通过努力，安全文化已深深地扎根在车间、班组以及每一名员工的心中，以安全文化为引领，落实安全生产主体责任[6]。安全文化的贯彻与实施重点在于班组之间，班长是现场的第一负责人，是企业安全文化实施的关键人员，信息传递准确与及时地开展教育培训，提升职工安全意识，从而使公司的安全氛围会越来越浓厚，职工的安全意识和素质也会不断提高。

参考文献

[1] 王礼东. 浅谈如何实现企业安全文化建设有效落地[J]. 安全与健康,2021,(5):61-63.

[2] 白春玉. 企业安全文化管控体系构建探索与思考[J]. 陕西煤炭,2021,40(S2):180-183.

[3] 曹贤龙. 构建企业安全文化网络[J]. 劳动保护,2021,(9):39-40.

[4] 吴成玉. 基于安全行为的企业安全文化建设[J]. 劳动保护,2021,(11):46-47.

[5] 邹少强. "文化"与企业安全文化建设[J]. 现代职业安全,2022,(5):46.

[6] 何勇锋,易军. 生产型企业安全文化建设的实践探索[J]. 工程建设与设计,2021,(3):252-254.

云铝文山班组安全文化理念与实践创新

云南文山铝业有限公司　张崇莎　毕先玺　邓正元　佐川军　陆家普

摘　要：为使企业生产安全文化落地，云铝文山将管理落脚到班组，通过树牢人人知晓的核心安全理念、营造可见有感的安全文化氛围、形成"我要安全"的科学文化素养，最终实现"零伤害、零事故、零污染"目标，"横向到边、纵向到底"齐抓共管的安全环保文化氛围。

关键词：安全文化；班组；安全标准化；科学化

安全文化是企业文化的重要组成部分，是提高全体员工安全生产意识和素质的重要途径，而班组是企业安全管理的着力点，也是各项制度和文件贯彻落实的最终落脚点。因此，安全管理的重心在基层，基层的安全管理重心在班组。抓好班组安全文化建设是企业凝聚共识、汇集力量，提高全员安全素质，解决人的不安全行为，从根本上实现安全生产长治久安的重要基础和保证。

云南文山铝业有限公司（以下简称云铝文山）为从源头上抓好安全管理，将风险管控"关口"前移，责任落实到班组，建立网格化管理，加强安全企业文化建设，树牢人人知晓的核心安全理念、营造可见有感的安全文化氛围、形成"我要安全"的行为习惯，最终实现"零伤害、零事故、零污染"目标，"横向到边、纵向到底"齐抓共管的安全环保文化氛围。

一、树牢人人知晓的核心安全理念

文化建设，先树理念。安全理念是安全文化建设的核心，只有被全体成员都知晓、理解、认同并内化为行为，才能保障安全文化建设的成功。每一份信仰，都各立方圆；每一份态度，都自成流淌。在理念树牢方面，云铝文山主要依靠班组，从"以人为本、安全发展、落实责任、持续改进"的安全方针，到第一份安全文件、第一场安全会议、第一次安全培训，班组都用心用行动践行着。

（一）安全理念内化于心

习近平总书记指出"树立安全发展理念，弘扬生命至上，安全第一的思想，健全公共安全体系，完善安全生产责任制，坚决遏制重特大安全事故"。在班组安全思想教育中，首先建立健全教育机制，把安全生产理念融入职工思想，开创"5105"班前会程序法：利用班前 5 分钟，对班员不安全行为进行排查，把握班员情绪变化；利用 10 分钟，听一则中铝安全小故事，班员分享交流，把握安全事故发生规律；利用 5 分钟，由班长进行总结补充。其次，云铝文山借助班组平台广泛开展安全文化征文，让员工畅所欲言地表达对安全观念的认知；开展安全演讲，讲安全创新管理理念，把安全生产工作与岗位职责有机结合，让"一切风险皆可控制，一切事故皆可预防"的核心安全理念内化于心。

（二）安全理念外化于行

安全管理从班组抓起，开展安全文化特色活动。云铝文山以创建"五优班组"为抓手，以 54 个大班、147 个小组为评比对象，通过"安全环保优"提升班组管理再升级，让员工知风险会防范，具备自查、自改、自纠事故隐患和辨风险、控风险、防风险的基本技能，具备自保互保、应急处置的基本能力。强化安全确认制度，让班组长在作业前、作业中、交班前对生产环境、机械设备、安全隐患、作业人员的精神状况进行安全确认，点评当班作业人员的不安全行为、设备的不安全状态、环境的不良因素和管理上的漏洞等内容，强化作业过程中员工上标准岗、干标准活，实现现场全时段安全生产，让安全有标准能落地。

二、营造可见有感的安全文化氛围

安全文化作为企业安全工作的灵魂，可以通过文化的微妙渗透与暗示，使之形成有形的、无形的、强制的、非强制的规范作用，进而实现"润物细无声"的效果，对维护企业安全稳定，促进企业高质量发展发挥着至关重要的作用。

（一）夯实安全文化建设基础

为营造人人关注安全、人人参与安全的良好氛围，使安全理念可视化，云铝文山在生产作业区显眼位置悬挂"一切风险皆可控制，一切事故皆可预防"等宣传标语，通过微信平台转发习近平总书记关于安全生产的重要论述，开设"班组安全小故事"专栏。班组内有独具特色的安全文化，定期开展"安全生产大讲堂""好习惯21天养成"，倡导员工做"爱干净、讲文明、知敬畏"的好员工；建立"一线车间安全"宣传专栏，开展"安全月"活动。对各项安全责任分解、细化和落实，开展"我为安全生产献一计""我身边的安全小故事""互保对子身边未遂事故案例分析""事故危害大家谈""员工安全建议小报"等活动，并在班组广泛征集亲人安全寄语张贴生产现场，播放"职工家属话安全"微视频，用亲情感染员工遵章守纪。结合"两抓两查严监管"发起安全生产倡议，号召党员、团员带头反三违、带头抓安全、带头抓隐患，在车间营造一种"关注安全、关爱生命"的浓厚氛围。

（二）安全生产管理更加人性化

云铝文山将安全文化创建落脚到班组，实施包保班组"监管计划"，从公司高层到中层领导干部都要参加班前会、班组活动、安全讲课，让管理层了解员工思想及不稳定因素；建立健全"网格化"管理制度和考核办法，定人、定责、定位，用小表格"编织"大安全格局，真正做到风险管控无盲点、隐患排查无遗漏、安全管理无缝隙。在班组开展风险辨识评价及分级管理，建立全员安全"一岗双责"责任清单和"安全承诺"，做到每个岗位都有与安全承诺相统一的岗位安全承诺，形成班组人人有目标、人人有责任的全方位、全过程控制体系；采用SEP法和直接判定法，辨识完善班组安全风险分级动态清单，并绘制四色空间分布图，让风险可控。

三、形成"我要安全"的科学文化素养

本质安全的核心在人，落脚点也在人。在推进安全文化建设过程中，要始终突出和强调把人作为对象和主体来推进，把提高人的素质作为创新安全文化建设的主线和着力点，把管理落到最小单元班组，让人人参与安全，形成"我要安全"的文化习惯。

（一）科学管理促进"我要安全"

塑造安全标杆人物，实施"葡萄图"安全绩效管理，开展"安全先进集体""安全先进个人""安全标兵"等评选活动，以正向激励为主的方式不断提高班组员工查隐患、查违章的积极性。让班组员工自觉形成正确、规范的安全行为，让大家学有标杆、行有示范、赶有目标，实现安全管理日常化、数字化、公开化。运用科学管理的工具、方法，提升安全管理的科学化水平，让班组员工参与现场隐患排查及改造，针对生产流程复杂、安全风险大等实际情况，努力打造"精益"文化，编制"点检书"，使操作更精益；磨砺"金刚钻"，让技能得提升；用好"金点子"，促工作上水平，持续提升员工技能素质，不断推进高风险领域"机械化换人、自动化减人、智能化无人"研究，加强高风险场所智能化改造，着力在源头上"减"、结构上"调"、工艺上"替"、生产中"控"、末端上"治"，提高环保管理水平，真正实现"零外排、零污染"的目标。

（二）标准运行实现"我要安全"

云铝文山以安全标准化的有效运行和规范运行为主线、为抓手，在班组推行《现场管理目视化通用标准》，强化安全确认机制。要求班组长在作业前、作业中、交班前对生产环境、机械设备、安全隐患、作业人员的精神状况进行安全确认，点评当班作业人员的不安全行为、设备的不安全状态、环境的不良因素和管理上的漏洞等，强化作业过程中员工上标准岗、干标准活，实行标准化运行审核制，夯实安全管理的基础，提升安全管理的标准化，确保现场作业环境、工器具定置、安全设施设备等符合安全标准要求。"学""践"结合，发动班组员工参与岗位风险辨识，梳理、完善、优化规程，针对岗位安全风险，制定简单、易懂、可行的操作标准，以图文并茂的方式张贴在操作点，开展事故应急演练和"手指口述"培训，让班员真正"知风险、会操作、会防范"。

四、结语

文化是一种精神力量，是企业生命力之源。安全文化是实现安全管理的灵魂。培育安全文化，就是让员工在潜移默化中增强安全意识，接受安全教育，不断提升安全管理水平。越来越多的企业把班组安全文化作为核心竞争力之一。云铝文山一直重视班组安全文化理念与实践创新，通过文化与安全深度融合，用文化引领员工思想、规范员工行为，让安全成为文化，用文化引导安全，让安全渗入员工的

骨髓，成为员工坚定的理念，把安全变成习惯、变成始终遵循的理念。

参考文献

[1] 吴超. 安全科学学的初步研究[J]. 中国安全科学学报,2007,17(11):5-15.

[2] 侯韶图. 管人不如管文化[M]. 北京：经济管理出版社,2015.

企业安全文化建设对安全行为的影响

易门铜业有限公司　鲁　梅

摘　要：本论文的主要目的是对企业的安全文化建设与员工安全行为养成的关系进行初步研究，进一步分析安全文化建设工作及成功如何影响企业员工的安全行为，安全行为又如何反作用于安全文化建设。

关键词：企业；安全文化；安全意识；安全行为

一、背景及意义

"人命关天，发展决不能以牺牲人的生命为代价。这必须作为一条不可逾越的红线"，自党的十八大以来，习近平总书记针对安全生产问题作了一系列重要论述，揭示了当代企业安全生产规律特点，冲击了企业原始安全生产管理理念，掀起了企业安全管理新变革及企业安全文化建设的新浪潮，对企业安全生产长远发展策略的制定，具有深远的指导意义。

企业安全生产应始终秉承"安全第一、预防为主、综合治理"的方针，这一方针也是当前各行业安全生产过程中最重要的一个生产条件。近些年，我国工贸行业企业安全生产事故发生率仍然较高，企业生产厂房、工地环境差，设备自动化程度低，作业人员文化水平参差不齐，加之企业对安全生产重视程度不足、管理不到位、监督不彻底等各种因素累加，导致了安全生产事故不断，生命、财产损失仍然较大。在当前工贸行业企业安全事故不断的大背景下，要以习近平总书记关于安全生产的重要论述为指导，绝对不能坐以待毙，必须在安全管理上下足功夫。只有人员的安全意识增强了，安全行为更加规范，才能减少生产过程中的不安全因素，降低安全事故发生的概率，从而才能保证企业的安全生产，为企业的长久利益提供坚实的保障。

工贸行业企业的安全事故类型主要有烫伤、机械伤害、起重伤害、灼伤、车辆伤害、物体打击等，安全事故依然是阻碍企业发展的绊脚石。安全事故的起源常常只是员工的一次疏忽大意，一个违章行为，而一个小小的习惯性违章便会酿下大祸，导致受伤，甚至工亡事故。员工违章行为的罪魁祸首，往往是员工个人安全意识出现了问题。员工安全意识的强弱，也是一个企业安全文化建设成果最直接的表现。

二、易门铜业安全文化建设对员工安全行为的影响

易门铜业有限公司（以下简称易门铜业）投产于1995年，作为老牌铜冶炼企业，免不了出现工贸行业共存的问题。厂房建设时间久，设备老化、自动化程度低，作业人员素质参差不齐，安全管理方法、观念陈旧，使得企业安全文化建设，经历了一个艰难而漫长的阶段。

梅强、张超、李雯、刘素霞在国内外安全文化与安全行为的研究成果基础上，选取高危行业的中小企业为研究对象，以安全氛围为中介变量，构建了安全文化对员工安全行为影响的结构模型。研究结果表明：安全文化的3个维度对员工安全行为存在直接或间接影响；企业安全文化各维度直接对安全氛围产生正向的影响，同时安全氛围也直接对员工安全行为的各个维度产生正向的影响；安全氛围在安全文化与员工安全行为两者关系之间存在着中介作用；提出实现员工安全行为的关键在于建设良好的企业安全文化以及营造和谐的安全氛围[1]。

2017年之前，易门铜业安全生产管理是安全管理人员现场盯、现场管，作业人员处处躲的"猫捉老鼠"模式，人员习惯性违章，凭经验干事现象随处可见。根据以上研究结果，易门铜业反向思考，员工缺乏安全行为，既体现员工安全意识不足，企业安全氛围不够，也间接体现企业安全管理短板较多，包括安全文化的缺乏、安全教育培训不足、风险辨识及防范管控不到位等。

邹少强曾指出现代企业管理的3种模式："人治、法治、文治"。所谓"人治"就是靠某一个人的能力、手段治理企业，当这个人走了，马上就"树倒猢狲散"，企业前景不可预料。再所谓"法治"，就是企业已经建立起较为完善的规章制度，企业员工在制度的约束下有序工作，但员工并不是真正在自主、自发工作。这只是他们在制度约束下的状态，或者说是不得不做，这样的模式也是有风险的。当出现利益分配不均衡或者是大型生产安全事故发生时，企业土崩瓦解也是顷刻之间的事情。而"文治"是企业发展最为科学、长效的管理运营模式：企业员工拥有共同认可的价值观与信仰，向着共同的奋斗目标，自主自发、积极主动地工作[2]。目前，易门铜业安全管理处于"法治"向"文治"的过渡阶段，由于并不是所有员工都能够理解并认可企业安全价值观，安全文化的普及和安全文化氛围的营造依旧比较缓慢。易门铜业目前已经建立了完整的安全管理制度体系，但体系的运行难免与员工原有的安全价值观产生碰撞，碰撞之后是产生火花，还是两败俱伤，企业管理者还需要在过程中不断摸索和思考。中国铝业集团有限公司在整改集团内部推行的"1+9"安全理念，作为"先行者"已经开始尝试摸索。中铝集团"1+9"安全理念的内容包括。

（一）1个核心安全理念

"一切风险皆可控制，一切事故皆可预防"，中铝集团按照事前管理原则，将源头管理放在首位，将事故的预防与风险控制紧密相连，认为风险的可控性作为减少事故发生的入手点，继而推行了SEP法进行风险分级管理，以及运用CARC表，进行日常性、临时性风险辨识，将风险辨识与防控工作规范化，常态化。

（二）9个辅助安全理念

（1）管工作必须管安全，管安全必须管行为。安全管理渗透在企业各项经营管理工作中，且安全管理必须围绕行为管理，形成安全行为。

（2）培训不到位是最大的隐患：安全培训是增加安全意识，营造安全氛围最直接的途径。三级安全教育、转复岗安全教育、操作规程培训教育、三项人员取证培训教育、日常安全培训教育等，都是为人员提升安全技能，增加安全意识是必不可少的工作。

（3）一岗双责，清单到人：企业建立全员安全责任清单，清单到人，一人一单，签字明示，而且清单内容要突出文化、突出责任、突出行为、突出量化，一年一审并建立履职记录。

（4）安全投入大有回报：安全投入严格按照国家关于安全生产费用提取和使用的管理要求执行，应投必投。

（5）做人做事都要安全、干净：基层班组全面开展"安全、干净"班组五比十项竞赛。五比：比落实责任、学习能力、行为规范、环境干净、设备状态。十项：细化责任、履行守则，持证上岗、开好班会，按章作业、自查隐患，5S管理、标识规范，设备完好、物理隔断，从"人、机、料、法、环"几方面将安全管理融入班组日常工作。

（6）事故、事件、隐患要追源：所有事故、事件均要按要求开展事故分析，追根溯源，找到问题点，解决事故发生的原因，制定措施，避免事故再次发生。

（7）点、线、面立体全员管理：点是可见有感的领导，线是职能部门的直线责任，面是基础车间、班组的管理，从三个层级全面落实"管工作必须管安全，管安全必须管行为"的基本要求。

（8）风险分级管控是首要任务：风险分级管控，将风险管控挺在前面，只有风险控制住了，事故才会减少。

（9）安全保护人，文化铸灵魂：安全管理是制度、措施对人的约束，但长效的安全管控，必须从人员的意识入手。只有好的企业安全文化，才能真正从人员意识进行管理，才能走向自主安全管理的阶段。

"1+9"安全理念的内容是中铝集团结合所属企业的安全管理情况总结提炼出来的，具有一定的企业特色，符合企业的实际情况，更贴近企业员工的思维模式。因此，在中铝所属企业中，"1+9"安全理念相比于其他安全理念更易于推行，这也有助于员工安全意识的培养和企业安全文化的建设。

"1+9"安全理念的推行方式主要为领导宣贯、安全培训、安全考试、电子屏、展板、宣传栏宣传、文化手册推行等，旨在通过融入员工生活、工作环境，加深安全文化理念印象，从而潜移默化影响员工的安全价值观。只有树立正确的安全价值观，才能真正触发自主安全行为。推行安全文化理念的前期工作并不是一帆风顺的，难免开始于填鸭式培训，这时的员工往往排斥新理念的灌输；慢慢转变到员工自行理解阶段，员工能够初步认识理念的意义，也不再排斥理念的培训；最后再到深入理解运用，运用过程也就是安全理念影响安全行为的最终体现。

2014年，孙斌在《安全意识与安全行为关系研究》中首先对安全意识和安全行为的相互影响进行了一定的研究，站在人本身的角度上，基于之前的各类相关研究，从人的情感、态度、价值观等角度出发，分析出了人的安全意识的来源，并结合相应的人的安全行为，分析了人的安全意识和安全行为的相互影响关系，提出了在一个企业安全管理中，培养安全意识来影响其安全行为，进而促进安全管理的作用顺序[3]。中铝"1+9"安全理念推行以来，易门铜业员工安全意识有了明显的提升，从最开始的不愿意接受规章制度的约束，变成主动遵守，甚至能够提醒周围人员共同遵守安全规章制度。员工普遍养成了"上下楼梯扶扶手""不移动打电话、看手机"等习惯性安全行为习惯，且能积极参与到安全管理工作中，作业前能够主动进行风险辨识及防护措施的制定，能够在日常工作中一同开展安全提醒及反违章工作。目前，工作场所的违章现象已不常见，偶尔的违章分析中，也常常提到员工安全意识的问题。目前易门铜业的安全管理中，基本能够将安全文化的推行，安全意识的培养当作安全管理的必不可少的一部分。意识影响行为，而意识是在文化氛围中不断培养出来的，基层员工的安全行为是企业安全生产的基石，一个安全动作，往往能避免一场事故。

三、结论与展望

随着世界经济的飞速发展，工贸企业也在不断发展壮大，但是安全生产问题依然是企业发展的一大难题，要解决企业的安全问题，必须要着眼全局，从"点、线、面"各方面考虑，抓住安全文化对安全行为的促进作用，培养员工安全意识，树立员工安全价值观，这是企业安全文化建设的基础，也是营造企业安全文化氛围的开始。当然，企业文化氛围也在不断影响着员工的安全意识，让更多员工能够树立安全价值观，进而触发更多安全行为，形成更加鲜明的企业安全文化；企业文化也在潜移默化地影响着员工的安全行为，成为一个很好的良性循环，避免了企业因员工不安全行为而引发的各类安全事故，才能保障企业的安全生产。

参考文献

[1] 梅强,张超,李雯,等. 安全文化、安全氛围与员工安全行为关系研究——基于高危行业中小企业的实证[J]. 系统管理学报. 2017,26(2):277-286.

[2] 邹少强. 浅谈企业安全文化[J]. 现代职业安全,2019(11):69.

[3] 孙斌. 安全意识与安全行为关系研究[C]. 浙江工业大学. 安全生产标准化与诚信管理的实践研究——2014浙江省安全科学与工程技术研讨会论文集[D]. 浙江工业大学：浙江省安全工程学会,2014：39-43.

发挥思想政治工作优势
打造企业安全文化软实力

国家能源集团宁夏煤业有限责任公司水务公司　胡海鹰

摘　要：全面提高企业安全文化建设，应从员工的思想政治工作入手，建立工作目标、计划，全面调动广大员工从自身出发增强安全文化建设的主动性、积极性和创造性，充分发挥他们的聪明才智，为安全文化创建筑牢基础。因而企业应从把握员工的思想认识，有针对性地开展安全教育；把握员工的心理特征，有效进行安全防范；把握员工的本质需求，努力搭建安全平台；把握员工的精神文化需求，积极营造安全氛围四个方面，把思想政治工作的手段应用于安全文化建设的全过程。通过启发安全觉悟，引导安全行为，培育安全文化，促进安全生产这个目标的实现，从而打造企业安全文化软实力。

关键词：思想政治工作；安全文化；软实力

要全面提高企业安全文化建设，就应从员工的思想政治工作入手，建立工作目标、计划，全面调动广大员工从自身出发，增强安全文化建设的主动性、积极性和创造性，充分发挥他们的聪明才智，为安全文化创建筑牢基础。能使员工自觉服从安全管理制度，摒弃被动的执行状态，转变成自主的安全行为。因而，思想政治工作比传统的说教方式更能增强凝聚力，也更能切实地解决好内在安全执行力问题。所以，我们用思想政治工作建设安全文化，能够在调动员工积极性、增强企业凝聚力、保证企业安全文化发展目标的实现上，起到关键的作用。

一、把握员工的思想认识，有针对性地开展安全教育

员工是否重视安全生产，是否遵守安全生产的规则，关键在于是否具有安全意识，是否确立了安全生产的观念。只有基层员工形成了"安全第一"的防范意识，才能真正做到从管理者要求的"要我安全"到每一名员工的"我要安全""我会安全"。企业安全生产工作中的思想政治工作就是要在员工中牢固树立"一切事故都是可以避免的，所有隐患都是可以控制的，泄漏就是事故"的安全理念，切实让员工认识到安全生产的重要性。

对于不同岗位的人员，安全文化培育的内容和形式也应有所不同。对企业管理层，要通过思想政治工作，使他们树立新发展理念，统筹协调处理好安全与企业效益、安全与企业发展的关系，要把思想教育与安全文化培育有机结合起来，提高管理人员的责任意识，突出组织保障和监督预防职能，把思想政治工作的焦点放在落实安全责任上，把保障监督的重点放在安全制度的执行上，为企业安全生产保驾护航，杜绝在其位不谋其政的安全不作为和执行力不到位的现象发生；对专职安全监管人员主要是通过思想政治工作，使他们认清责任，不辱使命，加强对企业安全生产措施、设施设备等环节的监管，加大对现场安全监察的频度和力度，减少因责任心不强而留下安全死角；对一线岗位操作人员，思想政治工作的重点主要放在让他们认识到自觉履行岗位职责和遵守各项操作规程的重要性上，主动提高安全防范意识和安全素质技能，避免因误操作导致生产事故。

在安全文化建设中，要因人、因地、因时制宜，根据特定的时空条件有的放矢，才能做到行之有效。例如，用理性灌输的形式，向员工宣传安全生产方针、法律法规和安全生产规章制度以及安全生产目标，开展过关培训考试，向员工广泛宣传职业健康知识，改善生产作业环境和条件，落实综合防护措施，减少职业病发病率，促进员工的安全健康；用思想教育的形式，开展"与安全生产连连看，与安全事故面面谈"大讨论、"我讲身边安全事"等多种安全文化活动，提高员工对安全的认识；用氛围感染的形式，使员工受到良好环境和氛围的感染，自觉按安全操作规程约束个人的行为；用情感启迪的形式，把思想政治工作贯穿在情感交流中，让员工明白企业在安全生产上严格要求、严格管理是对他的真心关心和爱护；用竞赛活动的形式，渗透、熏陶、塑造员工，使员工养成安全习惯，形成安全行为；用引导激励的形式，把员工思想统一到"安全责任，重在落实"这个目标。

因此，做好思想政治工作要大胆创新，坚持"以人为本"，注重人文关怀和心理疏导。根据员工的年龄结构、文化层次、心理特征，把以说服教育为主转向以做人做事为主，注重员工的心理差异；从命令式、说教式向引导式、激励式、互动式转变，从单纯说理向解决实际问题转变。要在分析当前思想政治工作面临的新情况、新问题的基础上，运用现代科学文化知识开启心智。面对广泛复杂的员工状况，需分析各类人员素质状况、思想特点，采取多角度、多侧面的工作方法，做到因人制宜、因事制宜，把"尊重人格"和"树立规矩"有机地结合起来，把思想教育和工作表现结合起来，让思想政治工作立体交叉，生动活泼起来。

二、把握员工的心理特征，有效进行安全防范

对于不同的事或同样的事都会有不同的认识。其原因是所处位置、工作职责、理解能力、性格心理文化水平的各不相同。危及安全、易诱发事故的心理特征主要有这几种：情绪波动的人有思想包袱，情绪低落；敷衍了事的人主人翁意识差，工作责任心不强；新上岗有新鲜感的人不熟悉规章制度，还好奇又好动；疲劳过度的人精神不振，反应迟钝。对于这些状态，一旦出现，就要及时采取有效防范措施：对有情绪的要化解情绪，暂时让其离岗；对敷衍了事的要及时教育，加强监督；对新上岗员工要指明危险，确定师傅；对疲劳过度的人，要加强岗位轮换，充分休息。只有做到人人在状态，才能做到安全有保障。

学会运用心理学，弄清每个员工的心理特征和气质特征，可使思想政治工作少走弯路。只有这样，才能集中精力做好工作，思想政治工作就能获得较高的效率，收到较佳的效果。思想政治工作要针对这些不良心态，主动承担起安全思想教育的任务。

安全思想不是生来就有的本能，而是需要长期进行安全理念宣贯才能达到的效果。衡量一个员工的安全心态是否合格，主要从四个方面来看：一是情绪是否正常；二是态度是否积极；三是行为是否踏实；四是头脑是否清醒。如果员工心态不好，爱岗敬业精神就差、工作责任心就不强、安全意识就淡薄，工作时就容易出错，事故和故障率就会增加。因此，企业应该对员工的心态变化引起高度警觉和重视，并采取切实有效的措施加以引导，促使员工树立正确、积极的安全心态。在生产车间要建立员工谈心室，员工如果有烦心事、工作上不顺心和思想包袱，可以到车间的谈心室进行心理减压，主持谈心室工作的车间党支部书记、主任要定期为有思想波动的员工"把脉"问诊开处方，解除他们的思想包袱，确保每一名员工不带包袱上班，不带情绪上岗，能够轻装上阵。

三、把握员工的本质需求，努力搭建安全平台

在安全文化建设中，通过开展"主人翁强基落标保安全""杜绝违章违纪，杜绝安全隐患""创优质岗、夺安全杯"等竞赛活动，充分调动基层每一个员工的参与意识；并利用班前班后会、安全专题学习会、安全座谈会，开展"理念警悟、案例警醒、法规警戒、环境警示"为内容的"四警"教育活动；发动全体员工对生产系统、工作岗位进行仔细的隐患盘查和风险辨识；制定有针对性的风险控制措施，通过持续不断的改进，员工的风险识别能力稳步提高，安全意识逐渐增强，现场的隐患逐步消除，从而有效避免安全事故的发生。另外，开展安全经验分享活动，也能有效丰富员工的安全文化知识。通过安全经验分享把个人的不安全行为或亲身经历的安全故事讲述给更多的员工群众，使他们从别人的事故中吸取教训，提高自己的安全防范意识。

企业在安全文化培育过程中，要尊重员工的工作意愿，充分发挥他们搞好安全工作的主观能动性。在车间工作岗位上推广"四人联岗"制和员工佩戴危险源辨识、作业程序、手指口述综合作业牌的管理办法，使准军事化管理模式和好的安全管理做法延伸到生产一线、作业现场。

车间党支部要积极创新员工思想政治工作，开展"班前政工8分钟"和"岗前3分钟安全自律"活动，主要从思想政治工作切入安全生产经营工作入手，将思想政治工作和安全生产、企业经营的近期工作安排有机结合。要求党支部书记以精练的、浅显易懂的语言对员工进行安全生产，精神文明，治安稳定和企业党委、行政及上级党委、行政下发的文件精神，工作部署等方面的宣传教育，便于员工接受，易于员工理解，使思想政治工作能真正地融入员工的思想、学习和工作当中；要求在岗位工到达现场投入正式工作前3分钟，做"看、想、诵"三件事来保证安全。即：查看一下现场工作范围内是否有不安全因素或不安全隐患；静想一下班前会的内容和有无遗忘的安全工作事宜；背诵一下本岗位的操作要领（安全口诀）、工作要求和应注意的问题等，预防出现违章、冒险、蛮干等行为发生，达到"上标准岗、想安全事、干规范活"的目的，以员工的行为规范保证安全生产。

四、把握员工的精神文化需求，积极营造安全氛围

安全文化创建工作抓得好不好，一项重要标准就是是否具备安全文化氛围。如果安全氛围好，就能够感染人、鼓舞人、约束人，并直接影响企业的日常安全管理和员工的安全行为。思想政治工作在满足人的精神文化需求方面的优势是其他工作方法无法替代的，因此，我们要积极把思想政治工作贯穿于安全文化建设的全过程。一是利用宣传阵地开展多种形式的安全生产宣传教育；二是借助思想政治工作的方法和途径，营造安全文化氛围；三是通过思想政治工作优势发挥党员在安全生产中的带动作用；四是发挥思想政治工作号召力发动群众组织开展各项安全文化活动，形成"人人讲安全、事事讲安全"的良好风气。

为了强化安全文化氛围，突出安全文化"润物细无声"潜移默化作用，在安全文化培育上，要创新工作思路，想方设法把制度"硬管理"向文化"软管理"转化，最大限度地推进文化渗透力度。要不断创新宣传方式紧跟新媒体潮流，利用"抖音"APP制作事故隐患短视频，更加直观生动地向员工宣传安全生产知识。

企业宣传部门通过收集大量安全生产事故现场视频，利用"抖音"APP剪辑制作成30秒的短视频，用真实的案例直观反映事故隐患导致的惨重后果，并添加规范的标准及条文字幕，进行违规操作的更正提示，让安全生产警示教育更接"网气"。定期更新并重点在企业工作群中推送宣传，开展评论互动，借短视频、小案例，引发大家对身边类似事故隐患的热议，并积极与"网友"互动回复，真正让民众关注到自己身边的事故隐患，切实将宣传转化为行动，及时消除遏制事故苗头，真正让抖音"抖"出隐患、"抖"出安全、"抖"出教训，让安全生产宣传"火起来"，给安全文化建设不断注入新的活力。

总之，要发挥思想政治工作在安全文化建设方面的作用，必须从人着手，多角度教育防范、多渠道营造氛围，针对不同时期、不同对象的思想实际，创造新的教育形式，还要提高思想政治工作的科技含量，大胆借鉴和吸收现代科技成果和最新的管理方法。加强对员工的思想宣传和引导，为员工了解新知识、学习新技术、增强工作本领提供舞台，才能和安全文化建设有机融合并达到殊途同归的目的。

企业安全文化实践与创新

国能朔黄铁路综合服务分公司　窦　颖　陈会波　陈晓晨　王栋胜　马　妍

摘　要：随着社会经济发展，各个行业发展也愈加完善，企业想要更好地发展必须重视生产的安全性，并将其放在和企业经济效益同等的位置。现在企业安全文化建设已经成为非常重要的组成部分。本文主要分析了企业安全文化实践与创新的措施，希望能够帮助企业构建良好的安全文化，保证企业的生产安全，给企业的发展奠定良好的基础。

关键词：企业；安全文化；实践；创新

企业想要营造一个好的安全生产氛围，不能够仅仅依靠安全制度，而是需要重视安全文化的养成，通过安全文化来对员工行为进行规范，帮助员工养成安全生产的习惯。这便要求企业必须重视安全文化的建设，转变安全理念，采取措施做好企业安全文化建设。

一、企业安全文化建设的重要意义

（一）企业安全文化建设是落实"三个代表"重要思想和科学发展观的具体体现

作为企业文化的一部分，安全文化代表了先进文化的发展方向。安全文化建设的重要任务是宣传科学的安全生产知识，提高员工的安全技术水平和安全防范能力，它代表了先进生产力的发展要求，其出发点在于提高干部员工的安全文化素质，形成"关爱生命、关注安全"的舆论氛围，最终目标是防止事故、抵御灾害、维护健康，它代表了最广大人民群众的根本利益。

（二）企业安全文化建设是企业生存发展的需要

近几年，安全生产形势十分严峻，国家虽然三令五申，但是重特大事故仍然屡禁不止。一旦发生事故，不仅会给企业造成重大的经济损失，而且还会打乱企业正常的生产工作秩序，迟滞企业发展的步伐。因此，加强企业安全文化建设，就是要营造浓厚的安全氛围，提高员工安全自主管理能力，创造良好的安全生产环境，使企业能集中精力抓生产，聚精会神搞建设。只有这样，企业才能在激烈的市场竞争中立于不败之地。

（三）企业安全文化建设是现代企业面临的现状所决定的

从安全生产工作的实际情况来看，企业发生的各类事故 95% 以上都是违章操作、违章指挥和违反劳动纪律造成的。由于对行为后果的认识不同，人们即使面临同一个环境却会采取不同的行为方式。这种支配行为能力的形式，主要取决于人的安全文化素质。因此，加强企业安全文化建设，提高管理干部和员工的安全素质是企业事故预防的重要基础工程，是当前企业发展面临的一项重要课题，是企业文化建设的重要组成部分，是加强企业文化建设的首要任务。

二、企业安全文化建设存在的主要问题

（一）企业安全文化体系不够健全

随着社会和经济的发展，很多企业也真正地认识到了做好安全文化建设的重要性，也采取了一定的措施进行安全文化建设，取得了较好的效果[1]。通过分析和调查发现：有些企业进行安全文化建设的时候，盲目跟风行为比较明显，认为安全文化建设是企业的发展潮流；还有些企业仅仅重视形式的建设，员工并没有真正地认识到安全文化建设的重要性，安全文化体系建设更是无从谈起；此外，有些企业进行安全文化建设的时候，没有真正落实以人为本，没有从整体出发进行布局，认为开展安全文化活动便是进行安全文化建设，没有形成有效的评估制度，也无法很好地进行安全文化的创新。

（二）企业不够重视安全文化建设

企业进行安全文化建设的目的是帮助员工潜移默化地提高自己的安全意识。现在很多企业为了提高安全水平，往往会通过罚款的方式来代替管理。虽然这种手段在较短的时间内比较有效，但是很容易导致员工出现抵触心理。长此以往，企业安全风

险反而会增加，甚至可能会导致企业出现无法避免的损失。企业进行安全文化建设的时候，仅仅通过口头的方式无法是做到的，往往需要进行资金的投入，如进行先进安全防范设备的采购，做好安全文化培训，重视薪酬体系的完善等；企业要想把安全文化建设的作用更好地发挥出来，还须增加企业安全机构的工作人员，这也会导致企业成本增加，但却符合企业长远发展需要。否则，若是企业出现安全事故，很容易给企业带来非常严重的损失，这对企业而言是不明智的。但就当前企业安全文化建设，部分领导只能看到当前利益，不愿意在企业安全文化建设方面投入过多资金，相关部门也形同虚设，这也导致了企业安全文化建设很难正常进行。

（三）企业安全文化建设没有做到与时俱进

企业安全文化它不是简单的规划，而是摒弃落后的文化观念，打破已有的束缚和禁锢，浓缩、吸取、创建与现代企业安全管理相适应的企业安全文化，是企业安全文化建设的较高级阶段。

企业传统的安全管理组织体系，是新中国成立以来逐步形成的，与当时落后的生产技术条件相适应。随着我国企业生产技术装备现代化的发展，这一传统的安全管理、分工体系越来越暴露出它的漏洞、弊端，出现管理的边缘化和模糊化，与我国企业安全本质性不相适应，这是个危险的信号，应尽快探索、研究新的安全技术、安全管理体系。

（四）企业安全文化实施方向错误

企业进行安全文化建设的时候，有些管理人员将安全文化和文体活动放在同等位置，认为进行安全文化建设是面子工程。在安全文化建设的时候，文体活动确实是非常重要的一个载体，能够为企业文化建设更好地进行提供帮助，帮助员工之间更好地了解彼此。在这个过程中，若是企业没有很好地将安全文化理念渗透进去，那么企业安全文化建设效果很难真正地提高[2]。此外，还有些企业领导把思想政治文化和安全文化混为一谈，认为进行安全文化建设便是对员工进行思想政治教育，这也在一定程度上忽略了安全文化建设。此外，还有些管理人员认为进行安全文化建设就是落实相关制度，但是这只是安全文化建设的一部分。若是安全文化建设和其他内容混淆，那么很容易给安全文化建设正常进行造成较大的影响。

三、企业创新安全文化建设的策略分析

（一）落实以人为本，进行安全文化理念构建

以人为本，构建企业安全文化理念。在建设企业安全文化过程当中，其核心便是人，因此，企业在建设安全文化过程当中，应始终坚持以人为本的理念，从而令员工价值得到充分体现，实现保护员工生命安全这一宗旨，令企业安全文化能够切实实现。企业安全文化能够将员工思想与行为加以凝聚，体现方式为以人为本、尊重员工人权、关爱员工生命，使员工在企业安全文化影响下，在潜移默化的过程中令自身思想、意识、情感、行为等方面呈现出一致性。企业安全文化能够对员工部分不安全行为产生有效约束。企业是否能够对安全文化建设工作拥有较高重视度，其关键在于党政部门与领导者的重视程度，企业安全建设工作若想有效落实，必须将员工在工作当中的安全放在首位，事故发生率才能得到行之有效的控制。在推行企业安全文化的过程中，企业领导人员应率先垂范，杜绝自身违规操作，同时在管理方面完全避免对劳动纪律的违反，从而使企业各个阶层工作人员皆能够将自身综合素质得到不断提升，同时通过对企业安全文化当中安全制度的不断学习，进而将"要我安全"这一思想蜕变为"我要安全、我会安全、我保安全"[3]。

（二）将安全文化的载体作用发挥出来

企业想要做好安全文化建设必须将文化的载体作用发挥出来。企业应该在考虑到员工兴趣爱好的情况下，采取合适的措施来进行安全文化建设。例如，企业可以将表彰大会、知识竞赛等方式运用到安全文化建设中，这样能够很好地激发员工的学习主动性和积极性，给企业安全生产以及事故防范提供帮助。企业在进行安全文化建设的时候，还必须重视员工整体素质的提高，给员工更多的培训机会。在培训的过程中，除了做好技术的培训，还必须做好安全文化培训。此外，企业还必须将规章制度的作用发挥出来，将其作为切入点，来对员工的安全生产进行引导，真正落实安全文化，保证员工的生产安全。

（三）做好现场管理工作

企业进行安全文化建设的时候，做好现场管理是非常重要的组成部分，也是企业安全文化落实的基础。所以，企业在进行安全标准制定的时候，必须

将员工安全行为规范放在核心的位置。员工的操作不当以及设备的不安全是导致安全事故出现的重要原因,所以,企业必须做好相关的工作。从宏观来讲,企业需要明确岗位责任制度,做好安全教育和培训,明确相关的规定。微观方面,企业必须完善具体的规定,落实标准化的安全作业,帮助员工养成好的习惯,提高员工的安全素质,帮助员工更加安全地生产。

四、结语

企业进行安全文化建设符合企业长远发展的需要,但是企业也必须认识到进行安全文化建设不可能一蹴而就,需要较长的时间。在这个过程中,企业必须进行管理体系的完善,重视员工素质的提高,给企业现代化建设更好地进行提供帮助。

参考文献

[1] 邱广东,王瑞瑶. 企业安全文化创新的有效策略分析 [J]. 四川建材,2020,46(5):02.

[2] 宋春才. 企业安全文化建设与安全生产管理的关系探究 [J]. 化工管理,2020(12):03.

[3] 沈炯. 浅析如何加强企业安全文化建设 [J]. 金山企业管理,2018,33(4):04.

加强企业安全文化建设的重要意义及实施策略

山东钢铁股份有限公司莱芜分公司　张振夫　赵莹　张勇　孙会朝

摘　要： 安全生产文化是企业文化的重要组成部分，某种意义而言，它是员工幸福生活的保障，是全体员工的信念所在。安全生产文化是企业制度的文化体现形式，更是认真践行习近平总书记关于安全生产应急管理工作重要论述的重点内容。在安全生产文化的熏陶下，企业员工的责任感和团结性可以得到极致的发挥，促使企业更加高速、高效地运转。

关键词： 安全文化；全员参与；改革创新；基层落实

在全国上下深入学习贯彻党的十九大精神的热潮中，我们始终坚持"安全第一、预防为主、综合治理"的方针和"以人为本、安全发展"指导原则，关口前移，超前预防，把安全文化建设纳入公司精神文明建设和思想文化建设的重要内容，与安全生产工作实践有机结合起来，突出基层和基础工作，狠抓体制、机制和队伍建设，积极探索实现安全生产长治久安的有效方法和途径，着力强化从业人员安全意识和素质，逐步形成了规范化、标准化、常态化的安全文化体系，为提升本质安全水平发挥了重要作用。

一、安全文化建设存在的问题

近几年，国内重特大事故仍时有发生，安全生产形势依然严峻。从发生事故的成因分析，企业生产安全事故 95% 以上都是违章操作、违章指挥和违反劳动纪律造成的，与人的文化素质有很大的关系。当前，部分人对安全文化建设的内涵还存在误区：一是停留在表面，简单地认为写几条标语、搞几项活动，就算开展了安全文化建设；二是重视程度不够，认为安全文化建设是软指标，搞不搞无所谓。三是受众面小，没有做到深入每个车间、每个班组、每个人，人人参与的热度不够。

二、安全文化建设的重要意义

加强安全文化建设是实现本质安全的必由之路。安全文化的核心是以人为本，安全文化建设的核心是人，把尊重人、理解人、关心人、调动人的最大潜能作为基本指导原则。安全文化素质的高低，直接作用于安全生产的具体工作。只有以人为本，启发、引导、强化职工的安全意识，大力加强安全文化建设，才能做到我要安全，从而达到减少事故的目的。实践证明，安全文化融汇了现代企业经营理念、管理方式、价值观念、群体意识、道德规范等多方面内容。安全文化从一定意义上讲代表着企业的信用度，标志着企业管理水平、职工精神面貌、社会影响力。因此，正确认识安全文化建设在安全生产工作中的作用，促进安全生产工作的有效开展，具有十分重要的现实意义。

（1）加强安全文化建设是贯彻落实习近平新时代中国特色社会主义思想的重要体现。新时代、新发展首先要安全发展，以人为本首先要保障人的生命健康。安全文化是安全发展的重要指导原则的重要内涵。安全文化建设的出发点，在于提高干部职工的安全文化素质，营造"关爱生命、关注安全"的氛围。作为企业文化的一部分，安全文化是企业安全工作的灵魂，最终目标是防止事故、抵御灾害、维护健康，实现企业安全健康发展。

（2）加强安全文化建设，有利于增强安全防范意识。一是超前意识，将事故消灭在萌芽状态。二是长远意识，制定长远安全管理规划并认真组织实施。三是全局意识，把个人利益与集体利益、社会利益、国家利益紧密结合起来。四是创新意识，大胆引用先进技术和管理模式。五是人本意识，能够发挥每个从业人员积极性、主动性和创造性。

（3）加强安全文化建设，有利于增强企业员工凝聚力。安全文化所形成的"文化氛围"，通过潜移默化的方式沟通职工的思想，从而产生对企业安全目标、安全观念、安全规范的"认同感"和作为企业员工的使命感,把职工吸引到实现企业安全目标上来,潜意识地对企业产生一种向心力,这是企业最宝贵的资源。

(4)加强安全文化建设是企业生存发展的需要。在市场经济条件下,企业处于激烈竞争状态,扩大生产规模、优化产品结构、占领市场、取得好的经济效益是企业的共同追求,而这需要企业有一个安全稳定的环境。加强企业安全文化建设,营造浓厚的安全氛围,职工实行安全自主管理,良好的安全生产环境才能形成,企业才能精心组织生产,才能在激烈的市场竞争中立于不败之地,增强市场竞争力。

(5)加强安全文化建设有利于提高企业安全管理水平和层次,树立良好企业形象。目前,企业安全管理已由经验型、事后性的传统管理向依靠科技进步和不断提高员工安全文化素质的现代化安全管理转变,这是安全管理的发展趋势。安全文化是安全管理发展的最高阶段。建立以"人"为核心内容的企业安全文化,进行系统建设,全员参与,有较高的自主安全意识和安全文化素质,企业的安全生产管理才能实现规范化、科学化,才能够有效控制事故的发生,从而实现安全生产长周期发展,树立企业新形象。

安全文化重在建设,不建设就没有发展;安全文化建设重在创新,在创新中求发展;安全文化建设重在基层、重在企业,关键在落实。面对新形势发展的要求,大力推进安全文化建设,切实提高全民的安全文化素质,营造浓厚的安全文化氛围,是实现全公司安全生产形势根本好转的重要途径。按照党中央国务院、省委省政府的部署要求,面向基层、面向员工、面向岗位,坚持改革创新,突出重点,以点带面,全力推进,把安全文化建设真正落实到基层,落实到企业,落实到各项具体工作中去。

三、安全文化建设实施策略

安全文化建设坚持以党的十九大精神为指导,全面贯彻落实习近平新时代安全发展理念,以"安全发展"指导原则和"安全第一、预防为主、综合治理"方针统领安全文化建设全局,以进一步加强和改进安全管理工作,提升企业本质安全水平,大力加强安全文化建设,不断提高全员安全素质,预防和减少一般事故、遏制重特大事故为目标,努力构建"公司推动、部门负责、全员参与、基层落实"的安全文化建设新格局,为推动全公司安全生产持续稳定好转,创造有利的舆论氛围,提供强大的思想保证、精神动力、智力支持。

(1)大力普及安全生产法律法规和科普知识,强化全社会安全意识。重点做好安全生产法律法规特别是新近出台的《山东省生产经营单位安全生产主体责任规定》《山东省安全生产条例》《山东省安全生产风险管控办法》和安全费用提取制度、风险抵押金制度、安全责任保险等法规政策知识的宣贯和普及工作。要结合事故案例,深入剖析,以案说法,教育警示人们遵章守法,依法规范全员的安全生产行为,加快安全生产法治化进程。

(2)突出基层的安全文化建设,深入开展安全"五进"活动。大力培育企业安全文化,着重从安全理念、管理制度、技术手段等方面入手,加强教育和管理,实现安全管理可视化,努力创建本质安全型企业。重点搞好金属冶炼、危险化学品、煤气系统等高风险领域的安全文化建设,要突出基层特色,每年培育一批安全文化企业,发挥典型示范效应,带动企业提高安全文化层次。

(3)创新形式,丰富内容,大力开展群众性的安全文化活动。继续办好每年统一开展的"全国安全生产月""安康杯"竞赛、创建"青年安全示范岗"等活动;以活动为载体,集中开展基层安全文化活动;不断创新活动内容、形式、手段,以群众喜闻乐见的形式,吸引广大群众积极参与,扩大活动影响力、覆盖面,提高活动的宣传教育效果,使安全理念、安全知识更加深入人心。

(4)发挥新闻媒体作用,营造浓厚安全氛围。进一步加强与新闻媒体的沟通与合作,发挥其手段优势,强化安全生产政策法规和基本常识宣传教育;在抓好日常安全生产新闻宣传同时,鼓励、支持莱钢电视台、莱钢日报开办安全文化专题、专栏,推出品牌栏目;进一步改进和加强安全生产信息沟通,正确引导基层舆论。大力宣传安全生产可信可学的好典型、好经验,揭露安全生产领域各种非法、违法行为,及时曝光重点违章行为和安全隐患;建立重大隐患和事故群众举报奖励制度,以安全信息化建设为中心,健全完善公司安全文化宣教网络。

(5)加强企业安全文化建设,着力提高管理人员和从业人员的安全素质。做好企业安全文化建设,一是要坚持党政工团齐抓共管。企业安全文化建设是一项综合性的系统工程，需要群策群力，全员参与，开拓创新，勇于实践；二要坚持循序渐进、常抓不懈，勇于探索。安全生产是企业永恒的主题，安全文化建设是一项长期的战略工程，必须与时俱进，不懈努力，不断往更高的安全目标奋斗。三是要依法加强对企业主要负责人、安全生产管理人员、高危行业从业人员和特种作业人员安全培训考核，大力推行全员安全素质培训工程。

（6）加强对安全文化建设工作的组织领导。公司各层级高度重视安全文化建设工作，统筹安排安全文化建设工作，明确安全文化建设在安全生产管理工作中的重要地位、奋斗目标，工作重点和政策措施，做到与其他安全生产工作同步规划，同步部署，同步推进；进一步加大安全文化建设的资金投入和支持力度，充实和加强安全文化建设队伍，动员全员力量参与安全文化建设，鼓励和支持安全文化产业发展。真正使安全文化建设工作落到实处，收到实效，打造特色，创出水平。

参考文献

张传毅. 安全文化建设研究 [M]. 徐州：中国矿业大学出版社，2012.

中粮生物科技安全文化理念与实践创新

中粮生物科技股份有限公司　王　宽

摘　要：党的十八大以来，党和国家高度重视安全生产工作，企业通过分析研究、总结提炼符合自身实际的安全管理工作机制，并持续实践创新，以此加强安全生产工作具有重要意义。当前各单位安全管理工作机制建设上存在方式相对单一、内容缺乏适宜性、实用性，建设过程缺乏创新等问题。针对问题对构建"人盯人、制度管人、文化育人"三位一体的安全管理长效机制进行探析，旨在提高企业安全管理的针对性和实效性。

关键词："双重预防机制"；"零火灾、零爆炸、零伤害"；"网格化"管理；"走动式"管理；"四化"并进

中粮生物科技股份有限公司（以下简称中粮生物科技）以习近平总书记关于安全生产工作的重要讲话和指示批示精神为指引，不断增强"四个意识"、坚决做到"两个维护"，积极倡导政治自觉和行动自觉，千方百计做好安全生产工作。讲安全，抓安全成为日常工作的重中之重。

一、存在的安全管理问题

中粮生物科技是集团固有安全风险等级最高的专业化公司之一，企业数量多（30余家生产型企业、OEM工厂、自有/外租粮库）、管理容量、跨度大（涉及淀粉、淀粉糖、酒精、柠檬酸、味精、生物材料等6个产业链）、事故类型多（共涉及15种事故风险，其中重大风险5种、较大风险6种、一般风险4种，涵盖集团全部8大类风险）和风险等级高（现有国家级危险化学品重大危险源10个，其中酒精8个、液氨1个、环氧丙烷1个）等特点，很多原辅料（液氨、正己烷、环氧丙烷）、产成品（酒精、沼气）还存在易燃易爆的特性，稍有不慎就可能对员工生命安全和国家财产安全造成严重威胁。

二、具体的管理措施

常言道：三流企业人管人，二流企业制度管人，一流企业文化管人。经过十几年的不断学习和反复实践，中粮生物科技的安全工作也逐步摸索出了一整套适合自己的管理方法，概括起来就是"因时制宜、因地制宜、因人制宜，一体推进人盯人、制度管人和文化育人"的工作机制。

（一）多措并举抓安全

伴随着中粮生物科技的不断发展和用工多元化，大量的承包商、劳务工涌入下属企业。中粮生物科技广泛推行"网格化"管理和"走动式"管理的工作模式。"网格化"管理就是按照"属地为主"的管理原则，仔细划定各车间/部门、工段/班组和岗位的属地范围，形成三级网格，并明确规定网格负责人就是安全第一责任人，对网格内所有人员和作业安全负责。"走动式"管理就是要求企业各级领导干部要深化"危险源在一线、隐患在一线、事故在一线"的认识，要求经常到生产一线、检维修现场、项目施工现场开展安全检查，深入辨识各类安全风险，及时排查治理各类安全隐患。

同时，中粮生物科技每年年初都要组织员工填写《安全承诺书》，强调要在工作中做到"四不伤害"（不伤害自己、不伤害他人、不被他人伤害、保护他人不受伤害），承诺我的安全我负责、他人安全我有责、岗位安全我尽责，同时实施"自保、联保、互保"工作管理。

按照集团危险作业"五必须"的管理要求，中粮生物科技建立了安全信息化管理系统，在生产现场增设了大量摄像头，还给安全管理人员配备了"执法记录仪"，通过应用以上技术手段，进一步强化了危险作业、项目施工作业的摄录和回看工作，起到了很好的监督和警示作用。

（二）构建制度管理文化

中粮生物科技不断完善制度标准体系建设，努力扎牢制度的笼子。目前已经完成各类安全制度标准30余项，覆盖目标责任、教育培训、监督检查、考核问责、应急管理、事故调查处理等各个方面，

实现了较好的管控效果。

2020年，中粮生物科技发现现行的事故管理制度内容中更多强调的是事故原因分析、整改措施落实、相关人员教育和责任人的惩戒，而没有明确如何针对事故企业进行帮扶指导、尽快帮助其扭转被动局面的相关规定，没能做好事故管理的"后半篇文章"。基于这一发现，中粮生物科技编制了《中粮生物科技安全生产管理规定》，根据企业生产类型、规模，固有风险不同的特点和安全生产基础条件、重大风险情况、管理水平等因素，划分为A级（自主管理）、B级（帮扶指导）和C级（重点监管）3类，根据不同类型制定了相对应的管理措施，具体包括定期听取汇报、定期组织人员培训、定期开展现场检查和定期帮扶指导等，真正实现补短板、强弱项。

中粮生物科技结合自身实际和集团内外部事故教训，先后编制了《中粮生物科技重大安全隐患判定标准》《中粮生物科技员工"三违"管理办法》《中粮生物科技重大安全风险清单》《中粮生物科技质量安全问责管理办法》《中粮生物科技生产安全事故管理办法》，对安全风险实施最严格的管控，对安全事故进行最严肃的问责。

三、加强安全文化建设，形成安全文化体系

安全文化建设是企业安全管理一种新思路、新策略，也是事故预防的重要基础性工作。企业健康安全发展离不开安全文化的引领，员工安全素养提高离不开安全文化的熏陶。

（一）以人为本抓学习

认真落实习近平总书记"人民至上、生命至上"的重要论述，深入践行中粮集团"创造安全、健康、舒适的工作环境，让员工享受体面的劳动"的庄严承诺。通过认真学习习近平总书记关于安全生产工作的重要讲话和指示批示精神，中粮生物科技也逐步提炼总结出了一套契合自身发展实际的安全文化，其核心内容是"以人为本、预防为主、齐抓共管、红线底线和持续改进"，实现"不敢出事故、不能出事故，确保无事故"的安全文化管理目标。

一是坚持"一流的现场环境创造一流的质量安全绩效"管理理念，以"5S"工作为切入点，不断提高生产现场的整洁性和规范性，尽可能让员工工作时身心愉悦，进而提高员工的归属感、责任心和安全素养；二是下大力气治理安全隐患，努力为员工创造安全健康的工作环境。"十三五"至今，中粮生物科技用于隐患治理的费用达到2亿元；三是要求企业领导要经常参加班组安全活动，认真倾听员工心声、深入了解员工诉求。

（二）隐患排查抓预防

就是要深入开展双重预防机制建设，切实将风险管控挺在隐患排查治理前面，将隐患排查治理挺在事故调查处理的前面。一是从公司、部门/车间、工段/班组、岗位四个层面对15种可能发生的事故类型逐一进行辨识，确保所有人员都清楚自己所在岗位可能会发生哪些事故；二是以可能发生的事故类型为主线，逐一对可能引发事故的危险源进行辨识和确认；三是对辨识出来的危险源进行科学评价，并从技术、培训、管理三个方面对危险源进行管控；四是按照分级管控的原则，对危险源管控措施的科学性和有效性持续进行验证。

（三）齐抓共管抓落实

做到有责、知责、尽责、追责。一是按照《中粮集团安全生产工作履职指导手册》要求，结合实际认真编制《岗位安全生产责任制》，在确保责任制"横向到边、纵向到底"的前提下，更要保证安全职责描述的全面性和准确性；二是要组织全体员工深入学习《岗位安全生产责任制》，确保所有人员都能熟知自己所在岗位的安全责任；三是强化监督检查，持续推动各级人员深入落实安全管理责任，努力形成群防群治、联防联控的工作局面；四是以问题为导向，强化事故事件的考核问责，倒逼安全管理责任落地。

（四）红线底线抓坚守

坚持宁听骂声、不听哭声，宁让员工丢动作、不让员工丢性命的管理思路，敢于动真碰硬，用霹雳手段彰显菩萨心肠。"十三五"以来，中粮生物科技累计对1000余项典型安全隐患进行了调查分析，对5000余人进行了追责问责。

（五）持续改进抓发展

坚持安全管理没有最好、只有更好的管理理念，持续提升企业的本质安全水平。在这方面，中粮集团指明了方向，要求广泛开展"四化"（机械化、自动化、信息化、智能化）并进工作，努力实现作业升级和管理升级，在抵制危险作业的同时，努力寻找危险源（人也是危险源）。

在这方面,中粮生物科技积极开展了一些实践和探索,取得了较好的效果。比如集团首家全部系统完成安全信息化管理系统建设的专业化公司;酒精企业、淀粉企业先后对原料卸车区域实施了机械化改造,用液压翻板卸车系统代替了传统的人工卸车作业;酒精企业在乙醇装车站台安装了智能消防系统,能在第一时间自动发现并消灭火灾事故,在最大限度减少事故损失的同时,也能最大程度保护作业人员的人身安全,"十三五"至今,累计实施项目100余个,投入4.2亿元,优化员工300余人,降低风险点500余个,实现安全管理"看得见、查得着、管得住"。

在未来的工作中,中粮生物科技安全人将不忘初心勤反省、牢记使命勇向前,因时制宜、因地制宜、因人制宜,继续推行安全文化管理的工作机制,为中粮生物科技、中粮集团高质量发展做出应有的贡献。

参考文献

[1]吴丽娜. 特种设备使用管理和双重预防机制建设实务[M]. 北京:中国标准出版社,2018.

[2]张岚. 企业安全生产双重预防体系建设若干问题之探讨[J]. 化工管理,2020(18):93-94.

安全文化建设在企业中的重要性及带来的隐性收益

蒙牛鲜乳制品（天津）有限公司　丁会娟

摘　要： 安全文化建设是蒙牛安全管理体系进阶的重要一环，更是企业在生产过程中不可忽视的重要一环，已有数据表明重视安全文化的企业，都取得了巨大的业务成绩。杜邦（加拿大）前高管吉姆·斯图尔特博士对北美10家企业研究证实，两年的安全文化建设降低事故率50%—70%。我国中国矿业大学（北京）通过测量我国40个煤矿的安全文化值和对应的全业绩数据，也表明安全文化与死亡率呈线性关系。蒙牛对标达能，也感受到安全文化对员工的安全意识和行为约束的作用。本文将依据自2012年蒙牛鲜乳制品（天津）有限公司开展安全文化建设以来，为企业生产经营情况所带来的提升，具体分析了解安全文化建设在企业经营过程中的地位和作用。

关键词： 安全文化；重要性；建设；隐性收益

安全文化建设在企业中的重要性不言而喻，安全文化体系搭建成功不仅能够有效预防安全事故的发生，还能提高企业生产效率，降低管理成本，从另一方面说可以在无形中增加企业效益，为企业创收。

本文将依据自2012年蒙牛鲜乳制品（天津）有限公司开展安全文化建设以来，为企业生产经营情况所带来的提升，具体分析了解安全文化建设在企业经营过程中的地位和作用。

一、安全文化的定义

"安全文化"一词最早出现在20世纪80年代的国际原子能机构和航空航天界，其目的在于把安全文化的概念作为一种重要的管理原则应用到核电厂和航空航天的安全管理中，在我国，安全文化的研究和传播始于90年代。

国际核安全咨询组（INSAG）将安全文化定义为"单位和个人所具有的有关安全素质和态度的总和"。安全文化也是可接受行为的价值、标准、道德和准则的统一体，体现为个人和群体对安全的态度、思维程度及采取的行动方式。

凝练蒙牛特色的安全文化：安全文化是安全工作的指导思想，为组织成员所共同拥有，被成员个人所表现，体现在理念文化、制度文化、环境文化和行为文化四个方面。

从定义中不难看出安全文化的最高形态是让安全在员工的头脑中形成安全观念，依据集团和公司所制定的制度对全体员工进行约束和管理，具体到员工个人就是要让员工在生产活动中遵守相关的规章制度，自发保护好自己同时也要保护好他人，是从"要我安全""我要安全""我会安全"的进阶。安全工作的执行者在日常生活中通过张贴标识、培训、日常检查等具体物态活动中时刻提醒和监督。

二、安全文化在企业中的重要性

安全文化建设对降低企业事故指标、提高企业竞争力和品牌美誉度有显著作用。立足"中国牛"的蒙牛正在走向国际，安全文化也将以国际视野匹配"世界牛"的定位。

自2012开始，集团对公司成立以来的安全文化进行分析提炼，并分步有序地推进集团安全文化建设，集团生产安全事故整体呈大幅下降趋势。集团累计获得国家、省、市级安全文化示范企业称号单位25家，蒙牛既是在轻工行业获评国家级安全文化示范企业数量第一的企业，也是乳制品制造业唯一获评国家级示范的企业。通过我们推动的小家庭安全管理模式、安全生产月系列活动，员工家属开放日、安全大讲堂、一封家书等活动极大地提升了集团安全绩效。

根据近9年生产安全事故梳理，在工作日大于20天的月份中，安全生产月期间（6月）事故发生概率为7%，占比最低，且大幅低于相邻两月5月（12%）和7月（13%）数据。可见，以"安全生产月"系列活动为载体的安全文化建设对事故预防效果明显。由此可见安全文化在发展过程中是非常有必要的，通过安全文化活动的开展，能有效降低企业生产管理成本，安全事故率降下来了，企业就不必分心处理由此引发的一系列事件，就能更加专心地投入到企业规划和发展活动中。其最直接的体现就是保护了员工的个人安全，降低了企业因安全事故所需要支出的企业成本。

三、安全文化建设的实践

安全是企业高质量发展的催化剂，不仅能增强员工自豪感，还能显著提高品牌附加值。安全文化指导蒙牛安全管理，用管理驱动员工安全行为，让行为塑造安全习惯，使习惯作用企业安全氛围，用氛围升华安全文化理念，构建蒙牛安全文化建设"PDCA"增益机制。

安全文化建设是一个长期过程，不能一蹴而就。调动广大员工积极、创造性地开展安全文化建设活动，引导广大员工从安全生产实践中追根溯源、总结提炼，并把安全理念内化于心，外化于行，使广大员工真正做到把安全作为最大价值取向。发挥安全文化在企业管理中作用，需要企业各层级人员"横向到边、纵向到底"集思广益，集团提出安全价值观、创建安全生产文化示范企业工作原则围绕以上指导思想。

公司安全文化建设在开展创建活动过程中需遵循预防为主、以人为本、齐抓共管、管教结合、与时俱进五项原则。

（一）理念文化建设

理念是人的灵魂，安全文化建设是为了让广大劳动者在生产活动中减少伤亡事故，降低企业无形的浪费。深刻意识到安全文化建设的重要性、必要性和实效性，深刻领悟安全文化内涵，把安全文化建设当作重要工作来抓。

（二）制度文化建设

不断完善公司各项安全规章制度，并落地执行，将各级人员安全生产责任制、制度流程、操作规范及行为有机地结合起来，做到有法可依，执法必严，使员工在规范执行过程形成良好习惯。同时要不断完善安全生产监督检查、隐患整改和安全绩效考核制度，调动每个员工的安全工作积极性。在公司范围内形成齐抓共管的安全管理格局。

公司员工素质良莠不齐，要针对性开展培训教育工作，提高员工安全文化素质。通过开展安全主题活动，增强员工的安全意识，在公司范围内形成人人重视安全，人人为安全尽责，上标准岗、干标准活、做放心事的良好人文环境。

（三）环境文化建设

一个完善的安全环境是对企业乃至整个社会形成安全文化氛围的必要条件，需要社会与组织全面对接。这里的社会是一种笼统的概念，具体到实际当中，笔者认为暂时可以狭隘地认为是政府引导企业和团体。在社会层面，目前有各类"安全文化月""安全文化周"、各政府部门及企业团体定期举办的"安康杯"等社会活动，甚至包括"三同时"安全教育培训目前在各企业团体当中也举办得有声有色，这无疑是在对安全文化建设的工作起到了潜移默化的推动作用。从企业层面来说，企业加大安全投入，从资金、人员、物质上保障安全文化建设。积极引进先进的生产工艺技术、本质安全型设备设施，不断完善设备设施维护保养制度，定期校验安全设施及计量设施，确保生产系统安全稳定运行。安全文化媒体也是多管齐下，电视、广播、报纸杂志等全面开花，这无疑又为安全文化建设提供了生存下去和发展下去的土壤和环境。

（四）行为文化建设

行为文化的建设要依据企业实际情况开展，要围绕企业的中心工作、正视面临的机遇与挑战，敞开视野，打开思路，持续推进，不断完善，提升企业管理水平，提升全员整体素质，促进精神文明建设和物质文明提升，从而实现企业效益的最大化。行为文化建设是一项长期工作，需要从以下几方面开展。

（1）从敷衍到预防。简简单单组织一场安全活动，草草了事是敷衍，行为文化则是带头预防，预防人的不安全行为、物的不安全状态以及作业环境会带来的伤害。

（2）从宏观行为到系统防范。行为文化的形成必定是系统性、针对性、策略性的成果，切不可宏观盲目夸大，让人感觉不切实际。

（3）从事后补救到超前预防。一个事故的发生往往不是某个人、某一行为或某一点位所造成，只要我们切断某一反应链就能遏制，这就是超前预防。

（4）从约束为主到激励为主。好的行为文化不是单纯地去约束，需要主要负责人、属地负责人或是班组成员去激励，对做得好的给予正激励，对于做得差的给予负激励，两者要分明。

（5）从治标到治本的管理文化。行为文化的建设过程中必定会形成与之相呼应的管理文化，将其沉淀打磨形成标准，从根本上形成管理体系。

（6）从他律他责到强调自律自责。

（7）从感性经验应对到科学规范操作。

要完成以上工作就要求我们加强组织领导作用，从科学发展、安全发展的思想高度开展安全文化建设。成立安全文化工作小组，广泛宣传、积极动员，确保活动的有效深入开展。开展安全文化建设工作必须要有专项经费，保证专款专用，不得克扣和挪用，确保安全文化建设工作顺利开展。坚持以人为本，尊重生命。安全文化理念的确立要得到广大群众的普遍认同，引起全员共鸣。发动全员参与，汲取全员智慧，包容全员利益，赢得全员归属，统一全员思想，形成人企合一的命运共同体，步入职企双赢的良性循环。另外还要正确导向，服务企业大局要尊重企业实际情况，从企业生产经营实际出发，从企业发展历史出发，从当前奋斗目标出发，从员工整体现状出发，有针对性地、有特色地实施安全文化建设。当我们做到以上工作就意味着我们能够立足长远承担更多的社会责任，立足本企业，服务社会。

四、安全文化建设给企业带来的隐性收益

前面说过对于企业来说员工是企业最根本也是最大的财富。员工自身的人身安全是否能够得到保障也是企业是否能够顺利运行和发展的根本，员工自身安全观念的形成是企业安全文化建设的最终目标，一旦企业安全事故率降低了甚至安全事故趋"0"，企业就能够将更多的精力投入到其企业生产和规划过程中。安全事故率降低，人身安全得到保障，企业不仅节省了理赔成本，要知道一个事故的背后所引发的一系列"故事"耗费的不仅仅是金钱，生产事故发生后，首先生产力受到消减，人力部门要进行招聘补充，企业会搭上新人进入到企业培训上岗、变成熟练工的时间，这期间损失的效益无法衡量。

从某种意义上来讲要是能够将更多原本用于处理安全事故的人力、物力、财力投入到经营中，这就是安全文化建设转化成利润，为企业创收的最佳体现。

安全是隐形的节约，事故是无形的浪费，而安全文化的建设是每个想要成为百年企业、经久不衰的企业的必经之路。

持续推进安全文化创建
不断追求人的本质安全化

国投曹妃甸港口有限公司安全监察部　马敬环

摘　要：安全文化的创建，能够营造一种良好的安全氛围，对员工思想、观念、意识、态度等产生影响，进而影响员工的行为，对员工的不安全行为产生控制作用，不断规范员工的安全行为，使员工越来越本质安全化，达到减少因人的因素造成事故发生的效果。本文详细阐述了推进安全文化建设，对于员工在安全理念转变、安全责任落实、安全技能提升以及亲情安全文化的影响，最终促使员工养成良好的安全行为习惯，实现人的本质安全化，自觉为企业的安全生产工作保驾护航。

关键词：安全文化；本质安全

一、引言

安全生产是人类永恒的主题，在当今社会，安全生产已经成为全社会各个领域不可或缺的一张名片。任何一个企业都要树牢红线意识，坚守底线思维。通过对大量的生产安全事故案例进行分析，在所有导致事故发生的直接原因中，由于人为因素导致事故发生的占比高达90%以上，通过培育安全理念文化、完善安全制度文化、创新安全管理文化、规范安全行为文化，实现人的本质安全化，对于提高企业安全生产管理水平，预防和减少生产安全事故，深层次推动企业安全发展意义重大。

（一）安全生产现状分析

近年来，党和政府采取了一系列强有力的措施，我国安全生产形势持续稳定好转，但部分地区和行业领域事故多发，安全生产形势依然严峻复杂。俗话说"短期安全靠管理，中期安全靠制度，长期安全靠文化"，只有积极推进安全文化建设，营造浓厚的安全文化氛围，才能潜移默化地影响企业每一位员工，凝聚起群防群治的强大力量。因此在企业文化建设过程中，应将安全文化放在非常重要的位置，以安全文化促安全管理，以安全管理促安全生产，以安全生产促企业发展。

（二）人的本质安全化的意义

在经济全球化趋势不断发展、科技进步日新月异的今天，很多行业已经从技术制胜时代转变为"文化引领"的时代。以人的本质安全化为目的的安全文化建设，才是安全管理的最高境界，必将成为引领安全管理潮流和未来提升安全生产管理水平的方向，同时只有实现人的本质安全化，才能将安全生产责任落到实处，才能将安全管理工作落实到位，才能实现安全生产的长治久安。

二、全员参与建设，让安全文化在企业落地生根

安全文化是人民大众的文化，所有企业的文化，全体职工的文化。企业安全文化建设不仅仅需要企业领导的层层推动，更需要全体员工的共同参与，没有企业领导的层层推动就不能催生安全文化，没有企业全体员工的共同参与也不可能形成安全文化，只有企业领导和全体员工共同创造，才能让安全文化在企业落地生根。

为确保安全文化创建取得实效，企业在创建安全文化之初，就应成立安全文化创建组织机构，形成"主要负责人全面负责、分管负责人分工负责、各部门属地负责、全体员工积极参与"的责任体系，为创建目标奠定坚实基础。各级领导（企业"一把手"到一线班组长）要充分发挥安全领导力作用，高度重视并亲自主持推进安全文化创建工作，确保安全文化创建所需要的人力物力和资金到位，率先垂范亲自参与安全文化创建中的重要会议、重大活动等，保障安全文化创建活动稳步推进；各岗位员工要落实安全执行力，主动参与安全文化创建，积极参加安全教育培训、安全活动等，提高安全技能，塑造良好

的安全行为习惯。

三、转变安全理念，让安全价值观成为企业核心价值观

企业开展安全文化建设首先需要创建一整套安全文化理念体系，而安全价值观是安全文化理念的核心，它决定员工对安全的认知和态度，没有正确的安全价值观，安全生产工作就得不到重视，安全生产工作就得不到落实，安全生工作就得不到效果。企业只有树立正确的安全价值观，将安全放在一切工作的首要位置，做到不安全不生产，让安全价值观成为企业核心价值观，才能有效推动安全生产工作高质量高效率地落实。

安全价值观只有在企业得到传播和实践，才能真正成为企业核心价值观。一是因地制宜利用企业宣传栏、电子屏幕、宣传条幅等大力宣传企业安全价值观，营造宣传安全价值观的浓厚氛围，强化员工对安全价值观的熟知和认可；二是要采取形式多样的宣传教育活动，加强安全价值观的宣传教育，引导员工对安全价值观的理解和认同；三是各级领导率先垂范，发挥模范带头作用，以实际行动传播和践行企业安全价值观，培养、宣传先进典型，引领员工对安全价值观的传播和践行；四是发动全体员工广泛参与，每一位员工在切实理解安全价值观的基础上身体力行，规范自己的行为，做到内化于心，外化于行，激励员工对安全价值观的创造和践行。

四、安全责任落实，让安全生产成为全员的一种责任

2021年9月1日正式实施的新《安全生产法》，首次明确了全员安全生产责任制的要求。企业安全生产不单单是企业安全生产管理部门、专兼职安全管理人员的责任，企业每一个岗位、每一名员工在生产经营过程中都会不同程度地直接或者间接影响企业安全生产工作。因此企业每一名员工都有安全生产责任，应严格按照"一岗双责"的要求，认真梳理明确各级组织、各岗位的安全生产责任，健全"横向到边、纵向到底"的安全生产责任体系，把全体员工参与安全生产的积极性和创造性调动起来，形成安全生产人人有责的良好局面。

每年年初，根据企业制定的各级组织、各岗位的安全生产责任，自上而下逐级签订安全生产责任书，做出安全生产承诺，形成安全生产双向约束机制，压紧压实安全生产的责任链条，把安全责任落实到岗位、落实到人头。企业主要负责人和分管负责人要亲自带头自觉履行本岗位安全生产责任，定期检查及考核全员安全生产责任落实情况，督促企业全体员工执行全员安全生产责任制。各岗位、各工种也要自觉落实严格执行安全操作规程、参加安全生产培训、落实"四不伤害"制度等安全生产责任，使全员安全生产责任制执行到位。

五、提高安全技能，让安全技能成为全员的基本能力

培育优秀的安全行为文化，是实现人的本质安全化的重要手段，员工仅有安全意识是不够的，还需要全面提升操作员工的安全技能水平，让安全技能成为全员的基本能力，不断引导职工规范作业行为。

一是开展有针对性的安全技能培训。每年初通过开展安全技能教育培训需求调查分析，并结合风险评估结果、现场三违行为、事故记录等，制定切实可行的安全教育培训计划，根据不同的培训对象从事工作内容的不同，分层级分岗位有针对性确定安全技能培训内容，确保安全技能培训与员工实际工作内容的结合度。二是创新培训方式，确保培训取得实效。传统的安全培训，培训方式比较单一，员工参加培训时间也很难保证，培训效果不高，培训的内容很难被学员理解和掌握。因此充分利用现代信息技术手段，通过视频远程直播、互联网平台、手机APP等方式开展员工安全技能培训，能够有效弥补传统安全培训的不足，取得良好的安全培训效果。三是开展师傅带徒弟活动，让具有丰富经验的老员工与刚参加工作的新员工结成师徒对子，最大限度发挥"传、帮、带"作用，能够有效将安全技能培训落到到位，通过师傅的言传身教，在操作实践中让徒弟掌握更多的安全操作技能。

六、加强人文关怀，让亲情安全文化成为全员的保障

近年来，由于员工工作压力、心理压力、家庭变故、生活琐事、情绪低落等原因导致的事故屡有发生，而在事故发生前从员工的行为举止、交流谈吐等方面已经有明显征兆，只是相关人员未及时发现和干预，最终导致意外发生。因此新《中华人民共和国安全生产法》第四十四条规定，生产经营单位应当关注从业人员的身体、心理状况和行为习惯，加强对从业人员的心理疏导、精神慰藉，严格落实岗位安全生产责任，防范从业人员行为异常导致事

故发生。企业应严格贯彻落实新《中华人民共和国安全生产法》的人文关怀精神,打造亲情安全文化有效防范化解风险。

安全文化的传播和实践主体多是企业全体员工,而亲情文化的传播和实践主体不仅仅是企业的员工,还有员工的亲属。打造亲情安全文化需要企业在安全文化的传播渠道、传播途径以及传播形式方面,都要赋予亲情的内涵。一是把员工当成亲人,加强人文关怀,设身处地地为员工着想,为员工提供安全舒适的工作环境,对于情绪波动大的员工要重点关注,通过谈心谈话、心理疏导、解决困难等方式,消除员工的不良情绪。比如营造良好的工作、生活环境,让员工吃得好、睡得香,感受到"家"的氛围,亲情的温暖;开通心理咨询电话,帮助职工纾解压力,保持愉悦的心情;二是将安全管理向员工家庭延伸,用亲情的力量感召员工,使员工能够自觉做到遵章守纪,确保自身生命安全,维系家庭幸福,形成家企联动、共同促安的良好机制。比如在安全生产月期间,征集家庭照片(全家福、亲子照、生活照等),由照片拼制成"亲人盼你平安回家";开展"亲情助安"活动,邀请部分员工家属参观企业,实地感受亲人工作环境,营造共建安全生产氛围。

七、养成安全习惯,让安全成为全员的行为习惯

随着安全文化建设的稳步推进,通过安全理念转变、安全责任落实、安全技能提升以及亲情安全文化的创建,安全理念已经深入员工的内心,员工的行为也在潜移默化中改变,员工养成了良好的安全习惯。安全文化建设是一个全员参与、长期坚持不懈的过程,正是因为全员参与,安全文化才得以形成,安全文化改变的是一个团体,是企业全体员工的行为习惯,正是长期的坚持不懈,员工坚持了若干年而且师徒相传多年的习惯性违章也被改变,从个人到全员,安全已经成为全体员工的一种行为习惯。

八、结语

安全文化建设是预防事故的一种"软"力量,通过对全体员工思想、观念、意识等影响,进而对员工的行为产生影响,塑造本质安全化的人,以达到减少人为因素造成事故发生的效果。将安全文化建设与安全生产管理工作融为一体,发挥文化导向、凝聚、辐射等特有的功能,激发员工的内在动力,提高安全意识和安全技能,员工之间相互关心、相互帮助、相互保护,促使全体员工均成为本质安全化的人,共同创造安全的和谐氛围,为企业的安全生产保驾护航。

关于企业安全风险管控文化建设的研究

山西兆丰铝电有限责任公司　石晓亮　吴晓露　郭福宝

摘　要：在双重预防机制写入新《中华人民共和国安全生产法》的背景下，强化安全风险的管控已成为企业安全生产主体责任之一。企业必须建立以"三个挺在前面"为原则，不断提升全员安全风险意识，强化全员参与安全风险管控的安全体系，在生产经营活动中充分辨识存在的危险和有害因素，确定风险控制的优先顺序和风险控制措施，形成全员参与安全风险管控的文化，共同促进和改善安全生产环境、减少和杜绝安全生产事故。

关键词：安全文化；风险管控；全员参与

一、认识当前企业安全文化建设中存在的问题

安全文化建设是企业安全生产经营活动中必不可少的内容，企业所呈现出的安全文化建设情况，体现了一个企业的安全管理水平，与企业的生存和发展有直接关系。当前，我国正处于转型发展的关键时期。转型发展带来机遇的同时，也给一些老旧企业带来了前所未有的压力。特别是火力发电、电解铝等高能耗、高污染企业，进入了爬坡过坎、渡危脱困的关键时期。在市场经济下行的不利局面下，如不重视安全文化建设工作，一旦发生安全事故，不仅会扰乱正常的生产经营秩序，给企业造成巨大的经济损失，更会对企业的发展带来非常不利的影响。虽然目前我国安全形势相对平稳，但从企业安全文化建设实际来看，大部分企业依旧在围绕事故的管理、隐患的排查治理来做文章，普遍没有建立起围绕风险开展各类安全活动，以及全员参与安全管理工作的安全文化氛围，与国家要求的"企业必须建立完善安全风险防控体系"还有明显的距离。

二、实施安全风险管控文化建设的必要性

加快企业转型发展，不仅仅是产业要转型，而是全面转型，涉及安全生产过程中的各个方面，安全思维、安全管理文化创新也要紧跟公司转型步伐。杜绝安全生产零敲碎打事故归零、实现安全生产"从零开始、向零奋斗"目标，就要采用先进理论指导实践，构建安全风险管控机制。实施安全风险分级管控，就是要斩断危险从源头（危险源）到末端（事故）的传递链条。解决安全生产中"认不清、想不到"的突出问题，强调安全生产的关口前移。要强化风险意识，分析事故发生的全链条，抓住关键环节采取预防措施，防范责任落实不到位形成安全风险失控、安全风险管控不到位变成事故隐患、隐患未及时被发现和治理演变成事故。安全风险管控先进理论的运用和机制建立，就是解决这些问题的有效途径，是强化安全管理体系和安全管理能力建设、完善"大超前"工作机制，构建"大安全"格局的新安全工作思路。所以，建立安全风险管控文化，让企业的安全管理重心向安全风险管控工作转移，是我们进一步推进安全关口前移，实现安全管理文化创新的重要途径。

三、建立安全风险管控文化的具体措施

（一）从双重预防机制建设入手

文化的建设必须要有具体的载体和形式，双重预防机制是安全风险分级管控和隐患排查治理双重预防机制的简称，它着眼于安全风险的有效管控，紧盯事故隐患的排查治理，是基于过程的一种过程安全管理系统，注重事前预防，实现安全管理关口前移，是实施安全风险管理的利器。在运用双重预防机制实施安全风险管理的同时，企业就能渐渐将安全风险管控的思维融入日常的安全生产活动中，逐渐形成文化。在实施双重预防机制，推进安全风险管控文化建设的过程中，我们一定注意以下几点实施要点。

（1）正确理解双重预防机制特点。在传统的安全生产安全监管模式中，安全管理是基于结果开展，

方法上侧重治标、治已病、以封堵为主，注重的是事后处理，而且单纯以隐患排查治理进行，而双重预防机制是基于过程的一种过程安全管理模式，以风险管控为前提，强调标本兼治，治未病、以疏导为主，注重的是事前预防，将安全管理关口前移至风险管控这一步，是风险管理中有效开展安全风险管控的重要手段。

（2）理顺双重预防机制与其他安全管理工作的关系。无论是安全生产标准化体系、职业安全健康管理体系，还是企业建立的其他风险管理体系，其本质核心都是围绕风险的管理系统。双重预防机制的核心是基于风险管理的思想和要求，但它强调的是方法论，没有设计一套形式化的文件，企业现有的安全生产标准化体系或职业安全健康管理体系本身就是控制风险、预防事故的有效管理方法，它们就是双重预防机制的一部分。双重预防机制以问题为导向，抓住了风险管控这个核心；以目标为导向，强化了隐患排查治理。这与国家安全监管总局以往部署的工作是一脉相承的，是一个有机统一的整体，因此，双重预防机制建设不是另起炉灶、另搞一套，我们要以以往工作的基础上，通过全面辨识风险，夯实标准化工作基础；通过责任落实，实现风险的有效管控；通过风险分级管控，消除或减少隐患；通过强化隐患排查治理，降低事故发生风险；通过标准化体系规范运行，促进双重预防机制有效实施。

（3）明确规范双重预防机制建设流程。构建双重预防机制，首先要成立相应的组织机构并编制体系文件，在具体开展风险辨识的操作前一定要开展全员的体系建设知识培训，然后结合企业的实际情况进行风险点的划分，根据划分出的单元进行危险源辨识、风险评价、确定控制措施及分级管控，在完成风险分级管控的基础上，编制对应的隐患排查清单开展定期的隐患排查和治理工作，最后要注意体系还要进行定期评审，持续改进。

（二）建立"三个挺在前面"意识形态

要建立安全风险管控文化，就要树立安全风险管控文化的核心，即全面坚持"三个挺在前面"的原则。

（1）必须建立安全责任落实挺在安全风险管控前面的意识。责任落实是实施风险管控的前提，一定要挺在最前面。在结合各级安全生产责任制基础上，建立安全风险管控责任体系，在公司上下形成围绕各类风险管控落实责任的工作制度。同时制定详细的责任考评制度，促使公司各级人员能主动将责任范围内的安全风险进行辨识、管控，始终把责任挺在最前面，使各类风险"有人想、有人管、管得好"，最终实现公司范围内所有安全风险的可控、在控。

（2）必须建立安全风险管控挺在隐患排查治理前面的意识。准确把握安全生产中的特点和规律，坚持风险预控、关口前移，全面科学地开展安全风险管控工作，要通过各类措施的提前制定、实施，把风险降到最低，通过风险的持续管控，使隐患出现的概率降到最低。

（3）必须建立隐患排查治理挺在事故应急救援前面的意识。风险管控措施失效和弱化极易形成隐患，进而酿成事故。所以，基于安全风险的辨识评估结果，依托现有的隐患排查治理系统，进一步明确和细化隐患排查的事项、内容和频次，并将责任逐一分解落实，推动全员参与自主排查隐患、治理隐患，形成安全风险管控的 PDCA 闭环管理，消除隐患，预防事故，把隐患排查治理挺在应急救援之前，把好安全风险管理的最后一道关。

（三）建立全员参与风险管控的文化氛围

任何文化的建设都离不开人的参与，安全风险管控文化的建设尤其需要全员参与的文化氛围，因为风险具有普遍性，全员参与是实施安全风险管控的基础。企业必须要大力推进全员参与安全风险管控工作，重点做好以下几点。

（1）细化落实全员参与安全管控。基层的广大职工是安全风险的接触者、管控措施的落实者。要抓住这个核心，定期组织全员参与安全风险辨识。对各自工作环境的安全风险进行辨识、评估、分级管控，既提升了全员风险辨识水平，有效识别危险危害因素、管控风险，又能做到全覆盖、不留死角、不留盲区，推动日常安全风险管控工作不断深化、细化。同时制定专项正向激励政策，推动全员安全风险辨识形成常态化。对各类生产组织调整、设备状态变化、生产环境改变、检维修作业开展等安全风险最容易发生外溢的关键薄弱环节，组织全员开展专项安全风险评估，建立由各专业、各部门共同参与的安全风险评估机制，针对变化环节开展全员、全面、系统的安全风险评估，不断细化落实人人参与安全风险管控，真正实现从"要我安全"到"我要安全"转变。

（2）加快全员安全素质提升。进一步运用数字科技手段，统筹推进"互联网＋培训"，发挥全员素质提升的最大效能。突出重点、注重创新，充分发掘和利用在线培训优势，加快形成安全知识和岗位技能全员培训日常化、制度化，确保每一位基层员工在反复练习、学习中切实掌握本岗位安全知识和专业技能，实现全员安全素质提升。找准定位、整体谋划，围绕全员安全风险意识提升要求，建立培训工作"一把手"工程，构建培训工作线上、线下有效结合机制。推动日常培训与集中培训相结合、普遍培训与重点培训相结合，定期开展安全风险管控专题培训，面向特殊群体和管理岗位进行重点培训和集中培训，组织基层车间班组以二五活动为主要载体，针对一线职工，持续开展风险管控日常培训和普遍培训，线上、线下互为补充，形成上下联动、齐抓共管的立体化大培训格局，促进全员素质进一步提升。

四、结论

建立安全风险管控文化，是企业实施安全风险管控、实现关口前移的本质要求，必须将风险的管控深入到生产过程的每一个环节，涉及生产过程的各方面、全过程。实施安全风险管控，建立安全风险管控文化机制是一项长期的过程，尤其在实施初期可能会进入一段艰苦时期，企业要根据机制建设要求合理进行人员安排和责任分工，保证整个机制的稳步实施和推进，逐渐实现文化的融合和推进。

企业安全文化宣贯传播的研究

武钢集团昆明钢铁股份有限公司能源动力厂　张伟云　吴　杰　许子义　成奕佳

摘　要：安全，一直都是人们关心的话题，无安全而无一切，党的十八大以来，习近平总书记对安全生产给予高度重视。2021年6月，习近平总书记在青海考察时强调，"要坚持总体国家安全观，坚持底线思维，坚决维护国家安全，要毫不放松抓好常态化疫情防控，有效遏制重特大安全生产事故。"本论文以企业安全文化中安全文化的宣贯传播为主题，运用了问卷调查法、访谈法、参考文献法，并从3个方面展开研究，依次是：安全文化宣贯传播的现状分析、安全文化宣贯传播现状所存在的问题及原因分析，以及提出问题解决办法。本研究是非常重要且具有现实意义的。

本研究选取本单位职工作为样本，对部分职工进行了不定期问卷调查以及访谈，共获得58份调查资料，并采用文献法等对收集的文献材料进行分析。

关键词：安全；安全文化；宣贯传播

一、企业安全文化中安全文化宣贯传播的现状分析

本次问卷调查总共邀请了58名职工参与，其中班组长6人，职工52人，有效收回58份问卷。对调查问卷结果进行收集并对结果进行分析。

（一）职工对安全文化的认知

1.职工对安全文化相关内容的了解情况

要想进行优秀且有效的安全文化宣贯，需要工作人员具有一定的安全文化知识储备。

通过调查问卷的调查结果来看，当58名企业职工被问及"您是否了解安全文化相关内容？"时，39人选择了解，17人选择一般，2人选择不了解。（详见表1）

表1　职工对安全文化相关内容了解情况

选　项	人　数	比　例
了解	39	67.24%
一般	17	29.31%
不了解	2	3.45%
本题有效填写人次	58	

2.职工对于安全文化宣贯的必要性认识

当58名职工被问及"您认为安全文化的宣贯是否具有必要性？"时，43名选择非常必要，12人选择必要，3人选择一般，0人选择没必要。（详见表2）

表2　职工对于安全文化宣贯的必要性

选　项	人　数	比　例
非常必要	43	74.14%
必要	12	20.69%
一般	3	5.17%
没必要	0	0%
本题有效填写人次	58	

综上所述，在接受问卷调查的58名职工中，绝大多数职工认为对于安全文化宣贯是非常具有必要性的。

（二）安全文化的宣贯传播与职工自身

1.职工对自身的安全职责认知情况

本研究问卷调查结果分析，发现当58名职工被问及"您对个人的安全职责清楚吗？"时，有51人选择清楚，5人选择一般，2人选择不清楚。（详见表3）

表3　职工对自身的安全职责认知情况

选　项	人　数	比　例
不清楚	2	3.45%
一般	5	8.62%
清楚	51	87.93%
本题有效填写人次	58	

综上所述，在接受问卷调查的58名职工中，绝大多数员工非常清楚自身的安全职责。

2. 职工与安全文化宣贯传播的联系

本研究调查结果分析，发现当58名职工被问及"您认为安全文化的宣贯传播与您的工作联系程度如何？"时，49人选择紧密联系，9人选择一般，0人选择没联系。（详见表4）

表4 职工与安全文化传播的联系

选 项	人 数	比 例
紧密联系	49	84.48%
一般	9	15.52%
没联系	0	0%
本题有效填写人次	58	

综上所述，在接受问卷调查的58名职工中，绝大多数职工认为安全文化的宣贯传播与自己的工作是紧密联系的。

（三）安全文化宣贯传播的有效方式与对自身的帮助

1. 安全文化宣贯传播的有效方式

通过调查问卷发现，当58名职工被问及"您觉得安全文化的宣贯传播通过什么方式最为有效？"（多选题）时，有40人选择讲座，39人选择网络宣传，47人选择针对性学习，29人选择阅读书籍。（详见表5）

表5 职工认为安全文化宣贯传播的有效方式

选 项	人 数	比 例
讲座	40	68.97%
网络宣传	39	67.24%
针对性学习	47	81.03%
阅读书籍	29	50%
本题有效填写人次	58	

综上所述，对于安全文化宣贯传播的有效方式，集中于讲座、网络宣传、针对性学习3种。企业可根据职工需要，以及现实情况考虑，改善安全文化宣贯传播的方式。

2. 安全文化宣贯传播对自身的帮助

问卷调查数据显示，当问及58名职工"您希望安全文化宣贯传播对您有哪些帮助呢？"（多选题）时，48人选择安全技能提高，47人选择安全素养提高，53人选择安全意识提高，42人选择对安全文化有深入了解，32人选择对企业文化有深入了解。（详见表6）

综上所述，对于安全文化的宣贯传播，多数职工认为，能够提高自身安全素养，提高自身安全意识。

表6 职工认为安全文化的宣贯传播对自身的帮助

选 项	人 数	比 例
安全技能提高	48	82.76%
安全素养提高	47	81.03%
安全意识提高	53	91.38%
对安全文化有深入了解	42	72.41%
对企业文化有深入了解	32	55.17%
本题有效填写人次	58	

二、企业安全文化中安全文化宣贯传播存在的问题及原因分析

（一）企业安全文化中安全文化宣贯传播存在的问题

安全在人们的日常生活中分为安全生产、安全出行、交通安全等，每一项都尤为重要。无论何时何地，优秀且有效的安全文化的宣贯传播，能够帮助大众更加全面、正确地认识安全文化，将安全文化切实有效地贯彻到日常生活和工作中。问卷调查数据分析发现，当58名职工被问及"您认为对于安全文化的宣贯传播现存的问题有哪些？"（多选题）时，32人认为宣传不到位，20人认为宣传内容看不懂，28人认为宣传内容过于简单，49人认为宣传内容缺乏趣味性，1人选择其他。（详见表7）

表7 安全文化宣贯传播存在的问题

选 项	人 数	比 例
宣传不到位	32	55.17%
宣传内容看不懂	20	34.48%
宣传内容过于简单	28	48.28%
宣传内容缺乏趣味性	49	84.48%
其他	1	1.72%
本题有效填写人次	58	

1. 宣传不到位

问卷调查数据显示，当58名职工被问及"您认为对于安全文化的宣贯传播现存的问题有哪些？"（多选题）时，有55.17%的职工认为宣传不到位。如今，虽说我们身处通信发达的时代，但是，人们接收外界信息的方式仍然多种多样，也许更多的人通过网络来接收外界信息，但是也有一部分人群是通过报纸、书籍、广播、电视等媒介。当面临多种多样的接收信息的方式时，企业应该从宣传维度考虑，尽可能多维度进行宣传。

2. 宣传内容看不懂

所谓宣贯传播，就是将某种知识、内容通过某些媒介让更多的职工知晓，使职工对该种知识、内

容产生一定的认知并且贯彻自身。宣传的内容及宣传所要达到的目的，都对应着相应的职工，宣传内容应当结合自身现状以及面对的职工，考虑到广大职工的文化程度、接受程度、理解能力的不同，宣传内容应当通俗易懂，直达目标，才能有效做到宣贯。

3. 宣传内容过于简单

宣传的效果取决于宣传内容，宣传内容不宜太过复杂冗长，导致所受职工难以理解；同时，宣传内容也不能过于简单，让所受职工失去兴趣。宣传内容应当难度适宜，不可太过常识化，太过儿科化，应针对所受职工的年龄特征选择，多是人们日常会忽略但是不得不熟知的。

4. 宣传内容缺乏趣味性

俗话说，兴趣是学习最好的老师，而将安全文化作为内容来宣贯传播，也是学习的一种。但是，宣传内容要能抓住职工眼球，只有所受职工对其感兴趣，安全文化的宣贯传播才有效。宣传内容应当避免冗长复杂的文字，通篇一律的黑白文字，否则容易让人在阅读时产生疲惫的感觉；同时，恰当使用色彩和图案可以有效提高宣传内容的趣味性。

（二）企业安全文化中安全文化宣贯传播存在问题的原因分析

1. 企业层面

从宏观角度看，企业一定是将安全放在第一位，才会实施相应的安全文化宣贯传播政策。但是企业也从一定程度上忽略了宣贯传播的细节问题，比如宣贯传播内容的细节把控、宣贯传播的介质、宣贯传播的形式和方法、没有更加全面的考虑到受众群体的个体差异性等。

2. 个人层面

从个人层面看，也就是站在职工或受众群体的角度看，由于个体存在差异性、接受程度不同等，部分人群在某些方面也体现出自身能力欠缺、安全意识不足、文化程度不高、对安全文化的了解不够全面，以及自我提升意识不够等。

三、企业安全文化中安全文化宣贯传播存在问题的对策及建议

（一）企业层面

1. 拓宽宣贯传播方式的维度

所受职工接收信息的方式不同，所以宣贯传播的方式和途径也应该多种多样。针对宣贯传播的受众人群，对其年龄、兴趣爱好等做出相应的统计，比如年龄较大的人群是否更适合报纸、广播、电视、书籍等宣传方式，而年龄较小的人群是否更适合网络、动画等宣传方式，需要企业进行适当的分析调查。

2. 加强对宣贯传播内容的审核

无论通过哪种途径进行宣贯传播，都等同于将安全文化内容直接摆放在受众群体面前，企业应该加强对宣传内容的审核。首先是准确度，内容应该真实、科学、有效，切实保障职工安全；其次是内容通俗易懂，安全文化宣贯传播的内容应该通俗易懂，不用人们反复琢磨揣度；最后是增加内容的趣味性，俗话说兴趣是学习最好的老师，而增添内容的趣味性是帮助职工学习安全文化知识最好的方式。在设定内容时，可以摆脱传统黑白文字的束缚，通过增加图画、漫画的形式帮助人们增加印象，以歌唱、歌谣、动画等形式增添趣味，提高宣传效率。

（二）个人层面

提高自身文化素养，加强对安全文化的学习，树立安全意识，丰富知识，强化技能，拓展技能。转变观念，更多接收信息的途径，知道树立安全意识、学习安全文化的重要性。在学习过程中，不断进行学习反馈和自查。

四、结语

本研究基于某企业职工的简单调查，主要采用问卷调查、访谈和查阅文献资料，并对收集到的数据和资料进行整合分析，分析在企业安全文化中文化安全的宣贯传播的现状、出现的问题及原因，以及相应的解决措施和建议，对诸多方面进行了分析和探索。希望本研究能够对企业安全文化中文化安全的宣贯传播做出贡献，能够更好地将安全文化宣贯传播到更多的人。由于缺乏诸多经验，各方面能力有所欠缺，时间、调查人员较少等，本研究还存在诸多漏洞，数据分析、问题阐明还不够具体，需要完善的地方还有很多，希望在将来能有机会继续对其进行补充完善。

参考文献

[1] 桑小婷. 一起重温习近平总书记关于安全生产重要论述[EB]. 北京：新华社, 2022-3-26.

[2] 苏伟. 推进"和谐·守规"的电力安全文化落地生根[N]. 中国电力报, 2022,6(30):004.

[3] 顾健. 贯彻核实安全文化"四种意识"[J]. 国防科技工业, 2022(04):46-47.

[4] 张恩波, 张忠, 夏颖等. 基于安全生产标准化的安全文化建设系统化研究[J]. 工业安全与环保.2022,48(3):56-59.

[5] 张虎. 国有企业安全文化探索实践与高质量发展[J]. 活力,2022(2):69-71.

[6] 高雅莉. 安全文化建设研究与实践[J]. 中国安全生产,2022,17(1):58-59.

[7] 王丽娟. 煤炭企业安全文化宣传的方法与优化途径[J]. 现代企业,2022(1):127-128.

[8] 陈百兵. 建设安全文化全面提升企业安全管理水平——访中南大学特聘教授王秉[J]. 现代职业安全,2022(1):12-17.

[9] 吴成玉. 基于安全行为的企业安全文化建设[J]. 劳动保护,2021(11):46-47.

运用安全激励促进企业安全文化建设

海洋石油工程股份有限公司　王世坤　陈亚波　徐广强　栾涛

摘　要：安全激励分为正激励和负激励两种方式。安全激励通常包括物质激励、精神激励、目标激励等表现形式。安全激励在行为前具有前馈作用，即提示和引导员工的安全行为；在行为后具有正反馈作用，即鼓励员工保持和促进安全行为。安全激励是企业安全管理的一种重要手段，对于调动员工安全生产的积极性，鼓励员工或团队有更好的安全行为或表现具有积极的作用，对企业正面的安全文化建设有着非常重要的促进作用。

关键词：安全激励；安全文化；安全管理

安全激励是企业安全管理中的一个重要组成部分。安全激励遵循人的行为规律，能够最大限度地激发员工对企业安全生产的积极性、主动性和创造性。建立完善的安全激励机制与使用合适的安全激励手段是企业安全管理的中心任务之一。通过有效的安全激励，鼓励员工积极参与企业的安全管理，使员工内心逐步从"要我安全"的安全理念向"我要安全"的安全理念转变，形成积极主动的企业安全文化。

一、物质激励

物质激励是安全激励的主要表现形式之一。物质激励是指运用物质的手段使受激励者得到物质上的满足，从而进一步调动其安全生产的积极性、主动性和创造性。物质激励主要指满足员工物质利益方面需要所采取的激励，例如，奖金、奖品、福利待遇等，通过满足要求，激发其安全生产、安全工作的动机。通常使用物质激励奖励在安全方面表现优异的员工或团队。物质激励是最直接的一种激励方式，使用得当能够起到积极的作用，使用不当则可能产生消极的作用。因此，在运用物质激励时要注意：物质激励要看得见、摸得着；物质激励应与相应制度相结合，也就是我们常说的制度保障。管理学家皮特（Tom Petes）曾指出重赏会带来副作用，它会使大家彼此封锁消息，影响工作的正常开展。这在一定程度上说明了物质激励存在一些缺陷，因此，在采取这一激励方式时也要视具体情况灵活运用。

二、精神激励

精神激励即内在激励，是指精神方面的无形激励，能有效激发人的荣誉感、进取心、责任感和事业心，是调动员工积极性、主动性和创造性的有效方式之一。精神激励主要指满足员工的精神需要所采取的激励，主要表现形式有情感激励、领导行为激励、榜样典型激励、荣誉激励、培训机会激励等，例如，表扬、评先进、给予荣誉称号，树为安全标杆、安全模范、榜样等。

精神激励是人们产生某种动机、导致某种行为的内在原因。在物质需要获得满足时，精神需要则往往成为主导需要。精神激励和物质激励紧密联系，互为补充，相辅相成。精神激励需要借助一定的物质载体来实现，而物质激励则必须包含一定的思想内容。而且，只有精神激励手段和物质激励的手段相结合，才能收到事半功倍之效。同时，精神激励往往能使激励效果产生持续、强化的作用。精神激励是用来弥补物质激励的不足之处，是必不可少的，其重要性不言而喻。

三、物质与精神相结合激励

物质、精神激励都是不可缺少的，一般以精神激励为主，物质激励为辅。这两种激励手段，从内容和形式上有所区别，但两者之间存在一定的联系。以安全奖为例，它属于物质激励的范畴，员工从金钱、物质上获得利益，具有经济上的刺激作用。但是，有限的奖金常常成为员工评估自我价值和工作绩效的一种心理上满足的尺度，人们总是将其在安全生产中的贡献值与奖金分配的实现值进行比较，因此，在安全奖的分配中，蕴含着较大的精神激励成分。企业对员工在安全生产中贡献的肯定程度，可以激发员工的成就感。以评选安全生产先进个人（集体）为例，它是一种精神激励的方式，通过评选活动对员工在安全生产中的绩效和贡献，以社会承认的形式予以肯定，进而进一步满足员工的尊重需要和自我实现的需要。作为安全生产先进工作者（集体），由于获得先进称号而产生荣誉感，这种荣誉感会导致形成内在"压力"，激发员工的积极性。

物质奖励的作用遵循"边际效应"递减的原则，短期内作用明显，但当达到一定程度时，激励作用就开始消退，其"边际效应"趋向为零。而精神激励的作用一般比较持久，对人的激发更加深刻。企业在考虑安全激励时将物质激励与精神激励结合起来，适时地应用多种形式的奖励方法，以丰富激励的内容，满足员工的合理需要，能够使员工处于最佳激励状态，从而充分调动员工的安全生产积极性。

四、目标激励

企业安全管理中的目标激励，是通过安全生产目标的设置来激发人的工作动力、引导人的安全行为，使被管理者的个人目标与组织目标紧密地联系在一起，以激励被管理者安全生产的积极性、主动性和创造性。安全生产目标的确立，能够促使员工在实现目标的过程中，不断提高自身素质，实现自我价值。企业应重视安全生产目标的结果对员工的激励作用，要重视安全生产目标效价与个人需要的联系。通过各种方式为员工提高个人能力创造条件，增加安全生产目标的期望值。

在安全管理过程中运用目标激励时，应当注意以下几点：第一，不仅要使全体员工都明确个人的安全生产目标，而且还要明确整个团队的安全生产目标。让员工参与安全生产目标的讨论和决策。第二，努力提高安全生产目标的价值。安全生产目标的价值越大，其吸引力也越大。第三，积极创造条件，使安全生产目标能够得以实现。给予每个员工均等的机会，促成每个员工为实现安全生产目标而努力。

目标激励可以结合公司相关要求开展，对表现优异的单位和个人进行激励。可采取里程碑点、各类安全活动等形式，例如连续安全工时、知识竞赛、先进个人、安全观察卡、隐患排查、险情上报等安全激励。"百万工时无损工事件庆祝活动"是企业在安全管理中比较常见的目标激励方式之一，该目标激励能够充分肯定全体员工对近期安全生产工作的认可，对于持续推动全体员工对安全工作的重视和参与起到积极的作用。

五、安全激励的标准及原则

安全激励分为正激励和负激励两种方式，企业应基于一定的标准和原则开展各项激励活动，符合下列条件之一的员工可给予正激励。

在安全管理上有创新，为安全管理出谋划策，提出良好的安全管理方法、方案，促进安全管理水平提高的；优化施工工艺，循环利用、节能降耗、减少废弃物产生的数量，取得良好的经济效益的；采取适当措施避免事故发生或采取应急措施及时有效减少事故损失的；及时报告重大事故隐患，避免重大事故发生的；对违章指挥、违章作业和违反劳动纪律的现象及时制止，避免事故发生的；在现场作业过程中被认为有良好表现的。如：安全观察和干预、隐患排查和治理、险情报告等。

同时，企业可依据本单位实际制定负激励制度即处罚制度，明确处罚的条件、范围、方式、标准、程序等要求。处罚应以思想教育为主，经济手段为辅。企业应明确负激励（处罚）的标准，以下情况可给予处罚。

违反安全相关制度要求并且拒绝整改的；重复发生同类违章、违规或违反劳动纪律的；违章指挥或强令员工冒险作业的；对提出的整改意见，未及时整改或拖延整改的；破坏或伪造事故现场隐瞒或谎报事故的；事故发生后，不采取措施，导致事故扩大或重复事故发生的；其他违反安全规章制度造成严重后果的。

六、结论

企业开展安全激励时应考虑以正激励为主，负激励为辅，逐步引导并建立积极主动的安全文化。安全激励应该是及时性的，及时性的安全激励能够及时引导或纠正员工的安全行为。安全激励可以采用一种或多种激励相结合的形式，且内容表现上可以多一些创新和创意，例如亲情激励，通过对员工家人进行激励，发挥亲情的作用鼓励或劝导员工表现积极的安全行为；邀请员工家属参与企业组织的安全生产活动；以员工的名义命名某项安全活动等。让员工参与到安全管理活动中来也是一种有效的激励方式,例如:让优秀的员工参与安全制度、作业程序的编制或修订,给其他员工讲安全课、让员工轮流担当临时安全管理人员等。企业也应该考虑中层和基层管理者的安全激励,鼓励管理人员积极参与企业的安全生产,共筑正面的企业安全文化。

参考文献

[1] 矫理,孙斌,蔡迪,等. 建立安全激励、约束机制的探讨[J]. 黑龙江:黑龙江科技信息,2012(14):133+191.

[2] 李红霞,田水承. 安全激励机制体系分析[J]. 矿业安全与环保,2001(3):8-9+63.

基于 AI 图像智能识别技术促进啤酒行业的安全文化建设提升

华润雪花啤酒（辽宁）有限公司　邱德华　张　鹏　史锦辉　禹　建　李冬阳

摘　要：啤酒是我国酒精饮料行业中的重要组成部分，不仅如此，啤酒还深受我国人民的喜爱，我国不仅是全球啤酒的生产大国还是全球啤酒的消费大国。伴随着国内啤酒行业的发展，很多人纷纷投身其中，各大啤酒厂也纷纷成立。但是，其安全管理问题和安全文化建设是很多中小型乃至大型啤酒厂最为棘手的问题。而 AI 图像智能识别技术与视频监控结合，既可以使监控系统在极短时间内识别事故，也具备烟火识别检测、安全行为规范、劳保用品监管、火情预警等智能化功能，因此，将 AI 图像智能识别系统应用到啤酒企业的安全管理之中，可以有效解决啤酒企业安全管理方面的重点难题，进而帮助企业建设安全文化，甚至在 AI 图像智能识别技术的加持下，啤酒企业的安全管理会更加精准、高效，也能使啤酒企业向"智能化"发展更进一步。

关键词：AI 图像；智能化；安全文化建设；啤酒行业

安全文化可以被视为组织内一种公认的安全指标、信念和价值观，它是一种无形的力量，影响着人对安全的思维方式和行为模式。安全文化能够对人的观念、意识、态度等形成深刻的影响，进而对人的不安全行为产生积极改变，最终起到提升组织安全绩效和防范安全生产事故的作用。因此，企业安全文化建设与提升是十分重要的。安全文化建设是企业文化建设的延深和丰富，是企业在发展过程中，通过企业安全生产实践和安全管理的方式得出的行为规范，代表着企业刚性管理和柔性约束的结合，具备了规则化与人性化双特点，是以"人"为基础制定的一系列安全管理手段。在现代社会之中，企业工厂的自动化程度在不断加深，安全文化建设问题也逐渐成了企业工厂的核心问题。

一、AI 图像智能识别技术的起源

图像识别技术是人工智能的一个重要领域，它的本质是识别各种不同模式的目标和对象的技术。人工智能自 1956 年被首次提出，它的概念是在 Dartmouth 大学的学术会议上，由"人工智能之父"McCarthy 以及同他一起研究的一批信息学家、数学家、心理学家、神经生理学家一起提出的。人工智能诞生以来，先后经历了起步、反思、发展、低迷、稳步五个阶段。直到今天的信息时代，人工智能迎来了蓬勃的发展，因此衍生出了相关技术，AI 图像智能识别技术就是其中的重要分支之一。人们之所以研究人工智能，就是因为在一定范围内，人需要一种有等同于"人"的智能，并且可以代替人进行一些人无法"长期"工作的事物，人工智能应运而生，伴随着大数据、互联网、云计算，信息时代的到来，人工智能开始走进大众视野，并且在各个领域扎根发展。

二、国内外研究现状

2016 年的那场著名的人机世界对战，以 AlphaGo 与世界顶级的围棋高手对战，全球就掀起了人工智能的浪潮。人工智能不仅融入生产生活，更成了各方的重点关注对象，国内外各个发达国家都展开了对人工智能领域的探索。

人工智能技术研发最深的是欧美国家，自欧美国家开启资本主义社会后，先后经历两次工业革命。欧美诸国对于人工智能的研究一直处于世界领先地位。以美国为例，2013 年颁布了诸多关于人工智能的发展计划，2016 年因"人机世界对战"更是加快了对于人工智能的研发，先后又颁布了多项关于人工智能战略规划。反观国内，因庞大的互联网以及互联网用户人群，在研究人工智能领域上，有着天然的优势，虽然国家对于人工智能的研究起步比欧美晚，但坐拥庞大互联网用户群的中国，在人工智能基础理论方面，其相关的论文数量和欧美国家不相上下。但在人工智能的实践方面，美国与人工智能相关的公司企业达到了2900家，全球占比48%。我国近些年在其领域中飞速发展，暂居世界第二。

起初，人工智能的应用主要体现在新兴科技上，和生活中的绝大部分企业都毫无瓜葛，伴随着社会经济的发展，人工智能逐渐走进了各行各业。大数据时代的到来，更是加深了人工智能与各行业的关联，人工智能开始应用到日常生活的安全之中，最具备代表的就是我国天眼系统的建立。

三、国内啤酒行业发展的困境

（一）啤酒行业发展现状

我国是世界上啤酒产量和啤酒消费最多的国家。近年来，我国的啤酒行业从高速发展逐渐进入了内部的调整状态。受疫情影响，啤酒行业的主要消费场所受到打击、啤酒行业的主要消费渠道也受到影响，啤酒的产量相对于之前有所下滑。

现阶段，国内的啤酒制造技术已经处于成熟阶段，为了向"中高端"方向发展，各个啤酒龙头企业都在加强技术的研发，企业向"中高端"方向发展，原有的企业安全文化也必将发生改变。引进AI图像智能识别技术，一方面，可以加强现有的企业安全管理；另一方面，可以帮助企业建立安全文化。

（二）啤酒行业安全生产的问题

近年来啤酒企业为预防事故不懈努力，包括建立安全管理体系，健全入职、培训、适任、过程监控、奖惩等机制。但事故频发顽症难除，根本原因在于企业安全管理与生产行为习惯呈"两张皮"现象，即员工的安全观念及行为习惯的巨大惯性，使员工难以自觉响应企业安全管理体系，更难与其融为一体。

安全生产是企业文化建设的基础，安全生产管理关系到经济发展和生命财产安全。随着经济的不断发展，国家对安全生产管理方面也愈发重视，但在企业实际运行中，不安全因素也随着企业规模扩大变得多样化、边际化。我国啤酒行业近年来进入稳定期，但安全事故在其生产过程中经常发生，啤酒生产过程中发生安全问题一直都是啤酒企业工厂急需解决的问题之一。啤酒生产过程中主要存在的安全风险主要为机械伤害以及车辆伤害，其中车辆伤害包括啤酒装卸车和叉车造成的伤害。在啤酒生产工厂中，由于运输车辆司机的工作性质，基本以临时雇佣司机为主，违章行为时有发生。由于人工监管不到位，很容易造成生产安全事故发生。

为了最大限度地避免和减少人员伤亡、财产损失，保证安全生产，必须引进先进植入安全文化，并用安全文化的导向力和约束力使员工的安全意识、安全态度、安全习惯等源自安全管理体系，从根本上保证啤酒企业生产安全。

（三）安全管理的现状与问题

企业安全文化建设应是积极的、主动的、有目的性的，它是一个循序渐进逐步发展的过程，它是从"相对落后"到"相对先进"的过程。目前，传统的视频监控主要用于生产环境的实时监看，功能较为单一，整体视频监控系统的建设全部基于基础管理应用。传统的视频监控，一方面，需要消耗大量的人力资源进行实时管理，人工成本巨大；另一方面，监控无法对工作人员面部、身体等特征进行快速的精准分析，以此判断是否出现安全，完全依赖于人工分析，这样不仅效率低，而且在分析过程中易出现遗漏，无法改变啤酒行业的安全管理现状，阻碍企业文化安全建设的发展进程。

四、AI图像智能识别技术提升企业安全文化建设的具体应用

安全文化建设是安全管理的升华和最高层次。加强安全文化建设，将企业的安全文化内涵和理念渗透到每位员工的思想中，用安全文化的观念渗透力、组织导向力和愿景激励力，不断提升企业及员工的安全意识，改善安全态度，规范员工的安全生产行为，提高安全管理体系的可靠性，减少生命及财产损失，对提高企业的安全生产绩效具有积极意义。

建立企业安全文化，要明确企业安全环境。企业安全环境是企业文化建立的基础，伴随着企业的不断发展，企业安全文化建设需要被注入新的内涵与内容，而人工智能技术，则是现阶段企业安全文化发展最需要的。

人工智能可以通过"边缘智服务器+工业定制化算法模型+综合智能管控平台"，实时监测布防区域，实现厂区内环境保护、节能减排、安全生产和职业健康、食品安全等事故事件的监测。通过智能化、集约化的管控平台，打通、集成各类数据，真正实现事故事件的实时监测预警。

在硬件上，AI智能图像识别技术的边缘计算盒子采用的是终端AI框架、边缘集群核心技术和PCB板，在软件和硬件上高度融合，兼容性更强；同时，这款盒子对于环境的要求并不高，相较于机房中的服务器环境来说，它可以在室外场景中安全运作，耐高温和低温，部署非常便捷；内置国产芯片，数据、磁盘、网络层层加密，数据始终存于本地，对于企业的数据安全可以起到很好的保护作用。

在软件上，AI智能图像识别技术的算法是内嵌在自研的边缘计算盒子中，由于采用自研的AI框架，可以大大节省开发、调优调参的时间成本，即使在同一场景下的同一算法模型，也可针对不同时间段、不同光照情况、不同工服和角度进行个性化调参，灵活性非常高，可以极大提升摄像头的识别效率和准确性，实现降本增效的目的。

通过AI图像智能识别技术对企业现有监控方面的升级，企业安全的预警、数据保护、智能监控都得到了极大的提升，在员工作业时，可以极大改善员工的工作安全环境，完善企业的安全文化建设。

AI图像智能识别技术主要识别内容如下。

（1）翻越车板识别：实时监测车板相关区域，当识别到工作人员翻越车板的情况，则判定为违规。立即触发翻越车板告警，在视频智能分析系统上弹窗告警并生成记录。

（2）叉车运行违规识别：实时监测叉车区域，当识别到叉车运行时周围3米范围内有人存在，则判定为违规。立即触发叉车运行违规告警，在视频智能分析系统上弹窗告警并生成记录。

（3）叉车在非工作时间的停放识别：在非工作时间，叉车应停放在指定的区域内，如未放在指定位置，则判定为违规。立即触发叉车停放违规告警，在视频智能分析系统上弹窗告警并生成记录。

（4）反光背心识别：实时监测相关区域，当识别到未穿反光背心的工作人员，则判定为违规。立即触发未穿反光背心告警，在视频智能分析系统上弹窗告警并生成记录。

（5）安全帽识别：实时监测相关区域，当识别到未戴安全帽的工作人员，则判定为违规。立即触发未戴安全帽告警，在视频智能分析系统上弹窗告警并生成记录。

（6）工作人员违规通行识别：实时监测相关区域，当识别到未按交通路线准行标识、标线通行的工作人员，则判定为违规。立即告警，在视频智能分析系统上弹窗告警并生成记录。

（7）叉车违规通行识别：实时监测相关区域，当识别到未按交通路线准行标识、标线通行的车辆，则判定为违规。立即告警，在视频智能分析系统上弹窗告警并生成记录。

（8）消防通道堵塞识别：实时监测通道区域，当通道内出现异物，则判定为违规。立即告警，在视频智能分析系统上弹窗告警并生成记录。

（9）烟雾识别：实时监测相关区域，当识别到烟雾，则立即触发烟雾识别告警，在视频智能分析系统上弹窗告警并生成记录。

（10）火焰识别：实时监测相关区域，当识别到火焰，则立即触发火焰识别告警，在视频智能分析系统上弹窗告警并生成记录。

（11）语音播报提示：在现场布置多台语音播报提示音响，在现场发生违规操作及违规动作时通过语音播报及时制止，有效地实时管控人的违章行为。

五、AI图像智能识别技术在啤酒行业的发展前景

国家"十四五"规划纲要中对提高安全生产水平提出明确要求，应加强安全生产检测预警和推进企业安全生产的标准化建设，尤其是重点领域的安全整治。同时企业对于数字化、信息化和智能化的要求越来越高，但大部分的工厂，对此的建设都是不足的，通过AI图像智能识别技术可以让数据在现场完成处理，一方面保证了企业数据的安全性，另一方面也让发生问题时的响应更及时，也能保证企业安全文化在不断完善和持续改进的过程中落地生根。

安全生产是企业长期稳健发展的生命线，更是企业安全文化建设的基础，尤其是现代工业企业生产这块，具有集中化、设备精密化、工况复杂化等特点，安全事故的发生兼具偶然性和"蝴蝶效应"。"每一件重大事故的背后，必然有29件轻微事故和300件潜在的隐患"，海因里希安全法则时刻提醒着我们，系统的安全防范工作是规避风险最重要的环节。

现代企业的安全生产工作并不是单独推进的"孤岛"，而是与环境和健康并行，形成环境（Environment）、职业健康（Health）、安全（Safety）的管理体系，简称EHS管理体系。不同行业的企业会在法律法规要求下制定符合行业自身特征和管理要求的EHS管理体系，主要包括重大危险源分析、事故调查与管理、设施和设备审查、化学品管理、应急管理、职业健康及大气、水、固废排放管理等内容。体系建立之后,如何保证制度落地并有效执行更是企业实现安全生产及有效EHS管理的关键。

通过"边缘智服务器+工业定制化算法模型+综合智能管控平台"打造EHS智能安全工厂管理新模式,进一步促进EHS的信息化、数字化、智能化升级,实现工业安全生产可防可控可管。

六、AI图像智能识别技术在啤酒行业的重要意义

工作人员在生产现场作业时,不仅要和机器打交道,更要和自己的违章行为相互制约,而AI图像智能识别系统可以有效地制约工作员工的违章行为,通过AI语音提醒及时制止人员违章,有效规范作业行为进而保护员工的安全,为员工打造一个安全舒适的生产作业环境,同时也为企业安全文化建设奠定了基础。

AI图像智能识别技术的顺利应用,定然会给现有的企业安全文化带来改变,一定程度上可以带领啤酒企业向产能集中化、产品升级化、运营数字化、品牌价值化四个方面发展。从长久的发展来看,国内的啤酒行业最终都会完成自我的企业升级,发展到成为中高端啤酒企业,利用人工智能、大数据将整个生产过程串联在一起,保证生产过程中的绝对安全,则是啤酒企业工厂完善安全文化建设的重要一步。

安全文化以其独特的产生机理和发展规律,支撑着企业不断深入追求文化建设的落地成效,并伴随着安全文化建设的深入,促进企业安全生产责任的落实。企业的安全文化建设是不断发展变化的,一个企业的安全文化建设不能是止步不前的,AI图像智能识别技术在啤酒企业工厂的运用,一方面,是将啤酒工厂的生产安全管理进行了进一步的更新与完善,另一方面,也能帮助企业丰富安全文化建设的内涵。单纯依靠硬件上的"本质安全"不能根除安全事故,只有将"安全文化"与装置的"本质安全"有机结合,将"安全文化"的血液融入生产的血脉中,才能真正实现啤酒企业安全生产"零事故"的目的。

参考文献

[1] 孙艳凤,孙明霞. 基于安全评价浅析化工企业安全生产管理[J]. 化工管理,2019(9):37-38.

[2] 赵洪波. 精细化工生产管理存在的问题及对策[J]. 管理观察,2019(8):22-23.

[3] 陈加忠. 现代企业安全生产管理中人的不安全行为之分析[J]. 科技经济导刊,2019,27(8):222.

[4] 蔡自兴,刘丽钰,蔡竞峰,等. 人工智能及其应用:第六版[M]. 北京:清华大学出版社,2020.

[5] 黄玥诚,张柽淮,曹思涵,等. 基于语义分析的建筑业安全文化管理机制设计[J/OL]. 清华大学学报(自然科学版):1-12[2022-12-16].

安全文化引领 夯实两基一线

吉林金隅冀东环保科技有限公司 赵 波 杨 威

摘 要：安全文化是企业文化中的有机组成部分，对于企业的发展至关重要。基层、一线是安全工作的薄弱点，身处一线的基层班组成员既是生产现场各项具体任务的实施者，也是一线安全风险的直接接触者。安全文化的建设对于提高基层员工的安全技能水平和巩固安全基础管理有着非常大的作用。各管理层级紧密围绕一线的安全工作制度和措施，关口前移、深入一线，狠抓责任落实，努力克服在基层职责履行不充分，基层工作基础不扎实，一线干部职工意识、能力和执行力亟待提升等问题，从而确保安全生产和运行，促进企业更健康地发展。

关键词：安全文化；班组；基础；基层；一线

对于企业而言，安全生产是关系到企业生存和持续发展的关键，而基层班组既是安全生产管理的基础所在，也是确保安全生产的一线阵地；是企业一切安全生产方针、政策、法规、制度、措施贯彻落实的关键。唯有将生产班组这道安全防线筑得更高、更牢，对公司的安全生产才有足够的保证。所以，金隅集团的安全文化确立了"抓基层，抓基础，强一线"这一安全工作方针。

一、安全文化建设面临的典型问题

（一）安全文化建设仅体现在形式上

经济效益仍是企业生产经营中关注的首要目标，企业经营者仍注重于压缩成本，在安全文化建设上仅仅流于形式，并没有将企业安全生产实际与企业的文化制度相结合，没有使安全文化深入企业每个职工的心中。

（二）员工的安全意识仍停留在被动安全的层面

"安全第一"对大多数人来说都还只是一句口号。班组管理基础薄弱，基层员工安全意识淡薄，仍认为"领导要我安全"，而不是在个人内心真正地去思考如何去做才能保障自己的人身安全，也就是做到"我要安全"。一旦积累了一定的工作经验，思想上就会松懈和形成惰性，做事凭经验而不依照安全操作规程、不遵守安全制度、侥幸心理、逞能心理、习惯性违章等问题便会暴露出来。学习安全生产事故案例而产生的触动持续时间很短，很多人认为事故都是发生在别人身上，离自己很远，所以并不重视安全。

这些问题导致的结果就是一旦发生安全生产事故，给企业带来的打击和损失可能将是毁灭性的。

二、安全文化建设的实践

安全文化建设是提高企业基层员工的安全素质和安全意识的重要途径。公司通过确立企业核心价值观、管理理念、发展愿景、工作方针、工作目标、安全管理原则、安全工作职责、安全行为准则和行为安全禁令，形成完整的、全面的、被绝大多数员工认同的安全文化体系。在安全文化建设的过程中，始终坚持以员工为主体的工作方针，并把这一点贯穿于每项工作之中，体现了以人为本，切实保护员工生命安全，保障职工安全权益的责任感和使命感。

（一）全面落实安全主体责任

坚决落实好党政领导干部安全生产责任制，按照"谁主管、谁负责"的原则，在各自分管的工作职责范围内履行安全管理责任，全面贯彻落实安全生产各项法律法规和集团、公司环保安全各项管理制度规定，依法依规组织生产。进一步明确企业四级岗位安全生产责任制，组织全员签订安全生产责任书和承诺书，"不落一岗、不落一人"，将安全生产责任制自上而下逐级落实，深入地贯彻执行全员安全生产责任制，以严格履行安全生产责任为基础，深入推进安全生产工作全面落地实施。

（二）开展安全生产主题活动和专项行动

在职业病防治法宣传周、全国防灾减灾日、世界环境日、安全生产活动月、消防宣传月、专项行动等活动中，及时组织各类安全生产活动，以一线班组为主体，通过专题宣传片、警示教育片、专项行动方案、知识竞赛等多种形式，努力营造"处处见安全，人人讲安全，事事为安全"的良好安全生产氛围，确保安全管理各项工作在基层落地开花结果，夯实安全管理的基础。

（三）抓好班前会，注重安全警示教育

运用班前会的方式对上级主管部门及公司的安全生产文件及事故案例进行及时的宣贯。对宣贯事故案例相关内容抽查质询，查看事故案例掌握情况的同时，将典型事故案例生产版面挂到事故多发区，随时对岗位人员进行警示教育，杜绝同类事故再次发生，真正实现"一厂出事、人人受教"。

（四）开展岗位达标活动，建立安全建设示范班组

拟定岗位达标方案并明确目标任务、流程和办法、时间点要求等岗位达标标准并下发给基层班组进行调研和探讨，达成统一认识，最后制定评选标准。在创先争优活动中，采取职能部门与生产部门结对子、相互抽查考核的办法，最终实现全员岗位达标。每季度对岗位达标示范班组在安全意识、安全技能、安全知识和班组团队精神上进行一次评比。对评出来的示范班组做了大量宣传报道及物质奖励，还在评优评先中给以加分，使示范班组有了荣誉感，从而进一步带动了全员安全文化建设的发展。

（五）开展人员行为观察活动

"员工安全行为观察"是一种主动辨识并消除不安全行为，减少和防止事故发生的工作方法，能够将安全工作细分为每一步操作程序，从而知道每一步操作程序是不是正确地实施。通过实施安全行为观察，能够有效地减少作业现场不规范的作业行为数量，进而减少和防止安全生产事故发生。

员工通过参与安全行为观察，能够增强自身的安全意识和提高自己的安全辨识能力，让员工自觉反思自己曾经实施的工作行为方式是否存在调整和改进的余地，直至实现"我要安全"的安全工作目标。逐步消除人的不安全行为和物的不安全状态，有效遏制事故的发生，通过对观察结果的统计分析，能够准确地掌握公司安全生产现状，找出安全生产管理的短板，为持续改进提供可行性的指导。

（六）安全风险辨识及分级管控

明确安全风险分级管控的职责、范围及控制原则，规范分级管控的流程，辨识、掌握、控制公司各岗位及作业环境危险有害因素状态，评价、判定其风险程度，从而实现管理关口前移，重心下移，做到事前预防，达到消除减少危害、控制预防的目的。全员从作业设备、作业内容、作业人员、作业环境四个方面进行分析辨识，建立风险辨识管控清单，落实责任人，实行分级管控，做到风险可控。

三、安全文化建设的经验与启示

通过安全文化建设的实践，公司对安全文化建设过程不断地进行总结，从得到的经验和启示中，改进安全文化建设工作，重点总结如下。

（一）领导率先垂范是安全文化建设成功与否的根本

在各项安全生产管理工作中经常最先说到的就是领导干部"率先垂范"、"以身作则"等，这是一个企业在落实安全文化建设中领导责任的根本要求，是安全文化能否落地的关键，是安全文化能否被基层员工从认知到接受再到执行的根本，一个连领导都不认可和身体力行的安全文化是不可能成功的。

（二）安全文化理念的提炼是安全文化建设能否深入人心的关键

安全文化建设的理念源自实践，发源于基层员工的内心。在各层级严格执行安全生产各项法律法规和规章制度要求的过程中，通过传统管理、规范管理和严格监督三个阶段的实践不断地总结提炼，对标行业领域先进的安全环保文化，结合安全审计，推动安全环保工作向"自主管理阶段"的整体转变，筑牢平安金隅。

四、结束语

安全文化重在建设。安全文化最终要体现在行动上，通过不断地强化安全文化建设，经常评估员工的行为是否符合安全文化、核查安全文化建设成效等方式，反过来促进安全文化对职工安全行为的影响和安全文化活动的常态化，进而营造良好的安全文化氛围。利用报纸、网络、微信、短视频等各种形式对安全文化意识进行宣传灌输，通过培训、考试、比赛等形式使职工主动与被动地学习，汲取安全文化，这将是一个漫长而又持久的过程。

参考文献

[1] 郭永朝,张忆,陈静,等.班组一线操作人员安全管理的研究[J].社会科学前沿,2020,9(9):1462-1466.

[2] 郑骞,孙爱国.从安全达标班组争创探讨班组基础管理新方法[J].化工管理,2020,9:94-95.

[3] 李潇茹.企业安全文化建设存在的问题及其策略[J].新丝路,2022,21:174-176.

[4] 丁海蛟,孙建路,王文鑫.浅谈杜邦安全理念在班组安全文化建设上的应用[J].中外企业文化,2021,12:59-60.

[5] 李旭伟.浅析提高班组安全文化建设的途径[J].决策与信息,2016,21:184.

[6] 祁有红,祁有金.第一管理:企业安全生产的无上法则[M].北京:北京出版社,2007.

以人为本　生命至上　安全第一
构建具有金控特色的安全文化理念体系

浙江东方金融控股集团股份有限公司综合办公室（安全生产部）　徐晓东　耿　硕　冯　哲　章连明

摘　要：浙江东方金融控股集团股份有限公司以习近平新时代中国特色社会主义思想为指导，注重学深悟透习近平总书记关于安全生产重要论述，深化推进国企改革，不断完善安全管理机构，创新安全管理运行机制，构建具有金控特色的安全文化理念体系，实现"遏事故、固本质、强智控、提素养"安全生产管理目标。

关键词：浙江东方；五个机制；金控特色；安全文化

浙江东方金融控股集团股份有限公司（以下简称浙江东方）1988年成立，1997年上市。2017年完成资产重组后，成为一家拥有信托、期货、保险、融资租赁、财富管理、基金投资与管理等多项金融业务的控股集团，实现了从传统外贸企业到省属国有上市金控平台的跨越式发展。目前公司旗下控股子公司24家，参股公司20余家，核心业务涉及金融、类金融等领域。多年来，公司坚持"零"事故安全目标，逐步构建了以"为员工守护安康、为企业保驾护航、为社会增添安宁"为安全使命，以"成为受人尊重的平安企业"为安全愿景，以"以人为本、生命至上、安全第一"为核心价值观，以"组织文化机制、制度文化机制、观念文化机制、行为文化机制、物态文化机制"等为框架的具有金控特色的安全文化理念体系，以安全文化助推公司高质量发展。

一、顶层设计，打造组织文化机制

浙江东方始终以"为员工守护安康、为企业保驾护航、为社会增添安宁"为安全使命，加强顶层设计，健全安全生产组织体系，明确各管理层、职能部门、岗位的安全生产责任，打造"架构清晰，责任明确"的安全生产组织文化。

（一）强化党管安全

公司始终坚持党管安全，将安全生产工作纳入公司党委议事日程和企业经营管理重点工作，把安全生产工作作为一把手工程，公司主要负责人充分发挥"风向标"和主心骨作用，认真履行第一责任人职责。公司党委定期研究讨论安全生产工作，分析企业安全生产形势，及时解决安全生产工作重要问题。严格落实"党政同责、一岗双责、齐抓共管"安全生产责任制，实现科学发展、安全发展。

（二）建立安全管理组织机构

公司成立以公司党委书记、董事长为组长的安全生产工作领导小组，总经理直管安全生产，配备注册安全工程师任专职安全管理员，各子公司及各职能部室设兼职安全管理员，各楼层办公室设疏散员，辅以党工团网格监督员，构建"领导者，实施者，监督者"三位一体监督体系，织密安全生产管理网格。各单位主要负责人及安全管理员持证上岗率达到100%，并开展年度各级主要负责人，安管员专业知识测试，以确保公司安全管理队伍具备必要的安全生产知识和管理能力，进一步推动各级安全管理人员履职担当。

（三）健全安全责任体系

公司以"成为受人尊重的平安企业"为安全愿景，根据"三管三必须"原则，施行安全责任"清单制"管理模式，将安全理念嵌入公司经营全生命周期，梳理公司信托、期货、保险、融资租赁、财富管理、基金投资、房产出租等经营管理过程中安全生产责任，修订完善公司全员全岗位安全生产责任制，以责任制促落实，以责任制保成效。将年度目标任务分解到部门，具体到项目，落实到岗位，量化到个人，明确从公司领导到一线员工的安全职责"横向到边、纵向到底"，将安全生产责任层层分解、责任层层落实、压力层层传递，依据职责分工，差异化制定"主管领导、分管领导、职能部门子公司及普通员工"各层级安全生产责任书，做到安全生产责任全员全岗位落实,健全安全生产责任体系。

二、文化为基,创建制度文化机制

坚持依法合规管理,积极研究国家安全生产法律法规、规章制度和行业标准,结合公司实际,着眼加强宏观指导,在制度体系上,采取"1+X"模式,出台30项安全管理制度及细则,打造"有制可依、体系健全"的安全生产制度文化。

(一)完善安全管理制度

公司积极研究安全相关法律法规,深入学习上级单位管理制度,按照"先整体立规、后模块完善"的思路,制定《安全生产目标管理制度》,作为公司安全管理的基本遵循。在此基础上,系统制定包括安全生产责任制、安全承诺与公示、教育培训管理、设备设施管理、危险作业管理、相关方管理等安全管理规章制度,逐步形成"1+X"制度体系,构建"制度成体系、管理无盲区、运行有章法"的安全管理机制。制定公司各类台账示范样本,解决安全生产台账不规范,提高安全生产工作效率。

(二)完善安全保障制度

公司制定《安全生产投入费用的计划及使用管理制度》,明确安全生产费用提取和使用程序,将安全生产投入视同利润考核,强化安全保障。并在公司财务共享中心将安全生产费用单独设立,顺利完成本级及各子公司安全生产费用报销共享业务,实现统一的费用控制管理、报销业务全流程数字化,有效提升安全生产费用智能控制水平,确保安全生产费用的提取、使用和归集依法合规。

(三)完善应急管理体系

公司定期进行安全事故风险评估,修订完善公司综合应急预案和专项应急预案和现场处置方案,组织专家评审,打造三级预案体系,优化应急响应流程,确保流程有效衔接,处置指令清晰明确。公司成立应急领导小组,各职能部室任公司应急工作组组员,每年开展不少于两次综合或专项应急演练,积极组织应急能力建设评估,督促权属各企业修订完善应急预案,规范操作规程和应急处置流程,确保流程简单易懂,科学管用,全面提高各级人员的应急处置能力,并利用数字化技术,打造线上应急指挥平台。

三、宣教为主,打造观念文化机制

公司每年印发安全生产教育培训计划,编制《安全文化手册》,积极采取各种方式开展学习、宣传、教育,深化"以人为本、生命至上、安全第一"的安全生产观念文化。

(一)领导带头学

公司党委班子成员带头学习习近平总书记关于安全生产重要论述精神,观看《生命重于泰山——学习习近平总书记关于安全生产重要论述》电视纪录片,积极学习贯彻新修改的《中华人民共和国安全生产法》、国务院安全生产十五条措施、浙江省25条具体措施等文件。主要负责人深入基层,定期开展"安全公开课""第一责任人专题讲安全"等活动。公司采取领导干部带头学、集中宣讲重点学、外部专家辅导学和云学院线上推送学的"四学"方式,掀起学习重要论述、"新安法"、公司安全文化手册的热潮。

(二)党员集体学

积极探索"支部党建+安全"的新模式,推进党建工作与生产经营双融共促,积极开展党员安全志愿活动,"支部党建+安全"主题党日活动,各级党组织充分发挥战斗堡垒作用,党员带头贯彻落实安全生产责任,重温安全生产承诺,观看安全警示教育纪录片,学习安全生产知识手册,切实发挥党员先锋模范和示范引领作用。

(三)全员创新学

拓宽学习教育渠道,借助内网专栏、OA平台、微信、电子屏、宣传海报、楼宇电视等全方位、多元化的文化传播载体,适时开展安全文化主题强势宣传教育。开辟线上"安全学习角",在公司内网设立"学习强安"专栏,聚焦"安全要闻、平安东方、安全科普知识"等模块。创建"防灾减灾日""安全生产月""消防月"等多个安全文化宣传品牌,组织员工通过"逃生大作战、技能大比武、安全体验馆",进行"互动式+沉浸式+体验式"科普培训;开展"安康杯"知识竞赛、安全文创大赛、"员工家属温情安全寄语""投资者活动安全进社区"等活动,以宣传画、漫画海报、徽章、摄影、短视频等新媒体作品,集中宣传新《中华人民共和国安全生产法》、自然灾害、安全生产、防汛防台科普知识。旗下子公司大地期货开展"办公楼宇安全"嘉年华活动,推出公司安全生产吉祥物"安地"卡通形象,开发环保袋、冰箱贴、抱枕毯等周边产品,扩大安全文化受众面,增强安全文化感染力。

四、注重实效,打造行为文化机制

将安全工作纳入公司"十四五"发展战略规划

和年度重点工作，印发公司安全生产工作要点，有序开展系列安全生产活动，打造"务实求真、防治结合"的安全生产行为文化。

（一）以人为本，践行民呼我为宗旨

通过"我为群众办实事"实践活动，定期开展"公司主要负责人安全主题接待日"，围绕"保护好人民群众生命财产安全"，及时听取一线员工对安全生产工作的意见和建议，发现安全生产中存在的问题，及时跟踪改进。开展"微建议、微创新、微心愿"安全金点子征集活动，鼓励员工积极建言献策，畅所欲言提建议，群策群力谋发展，公司党委和安全工作小组联合组织"党建+安全发展融合"，开展"三为"专题实践活动办实事，也成了打造"以人为本"安全理念的重要体现。

（二）以查促改，建立常态检查机制

公司编制《安全生产检查手册》，建立"公司督导+工会监管+属地管理+日常巡查"四位一体检查机制，领导班子分片包干，内部系统联动各职能部室，发挥各专业技术优势，深入开展日常检查、重点检查、专项检查、综合检查，外部邀请负有安全生产监督管理部门、第三方服务机构定期上门安全检查指导。系统内率先开展"全员隐患有奖提报"活动，开发公司内网与手机微信提报路径，调动广大干部职工参与安全隐患排查治理工作的积极性、主动性，构建全员参与、共同安全的长效机制，至今已连续开展四年，相关工作经验在系统内部宣传推广。

（三）以练促防，强化应急处置能力

开展应急资源调查，动态更新、补充各类应急物资，并在各楼层配置灭火器、救援绳、手电筒、灭火毯、喇叭、安全锤、安全绳、防毒面罩等设备，划定责任人，定期检查确保功能的有效性，每年定期组织全员消防演习培训及疏散演练，全面提高各级人员的应急处置能力和综合保障。多次邀请省红十字会、浙大户外安全急救队等机构开展AHA急救培训，组建应急救援队伍，完善职工职业健康体系。

（四）以考促干，严格落实监督监管

综合运用正向激励和反向约束，结合实际，分类制订各级单位考核办法，将安全生产工作纳入领导班子年度述职和领导干部考核内容，开展安全生产履职督查，注重对安全结果和安全履责过程的考核，建立年度安全考核和安全"一票否决"制，严格监督检查和问责，完善安全监督监管机制，并不断优化指标、优化考核方式，使安全考核更加科学化，更能体现各单位真实的安全履责水平和安全绩效，从而激励员工提高安全素养和安全绩效。

五、实干为要，打造物态文化机制

公司通过大力提升基础设备设施等硬件设备建设，加大作业现场管控，强化隐患排查等多套组合拳，打造"全面覆盖、多重保障"物态文化体系。

（一）注重夯实基础

公司将安全投入作为改善安全生产条件的根本举措来抓，不断加大投入力度，大力提升硬件设施建设，建立完善"火灾自动报警、燃气预警系统、门禁监控系统"三大系统建设，实现了安全管理由人防到技防的大转变。对超龄"老爷梯""立体车库"进行全面更新改造，打造本质安全环境，安全投入费用达300余万元。推进公司数字化协同工程，所有安全表单台账实现OA流转，以协同创新驱动效率变革，建立公司安全驾驶舱，通过感知、检测、管控等功能，实现场景应用。

（二）加强现场管控

公司致力于将"基于风险、系统化、规范化、持续改进"的核心思想融入公司各项工作，建立风险分级管控清单，切实做到将风险控制在隐患形成之前，推动关口前移，并将安全风险四色图及安全风险告知卡上墙，打造风险闭环管控大平安机制，2022年实现安全风险分级管控体系100%全覆盖。大力实行"5S"管理，制定现场管理标准，增设安全标识、告知、提示，让广大职工时时处处看得见、感觉得到企业的安全理念、管理文化，实现了安全管理的可视化，提高了作业现场的防控水平。

（三）推进专项活动

公司扎实开展安全生产专项整治三年行动，制定"2+4"专项整治任务时间表，系统建立问题隐患和整治措施"两个清单"，对各单位重点工程、重点场所、关键环节等进行全方位检查，实现对"人、机、料、法、环"隐患排查全覆盖。推进部署落实城市燃气、有限空间、自建房等重点领域安全防范工作，截至目前，隐患排查数量达300余处，一般隐患整改率达100%，着力源头管控和构筑长效机制。2019年，公司通过安全生产标准化三级达标企业评审，结合公司实际，开展标准化管理，明确"谁来管、管什么、怎么管",实现安全操作流程化、规范化、标准化。

安全生产责任重于泰山,安全管理没有旁观者。接下来,浙江东方将继续把安全文化升华为员工的安全信仰,从而指导安全观念、安全制度、安全行为、安全环境的融合践行,形成人人重视安全文化,主动参与安全文化建设,让安全理念、安全意识在每个人心中生根发芽,形成极具凝聚力、一致性、导向性的安全文化观,助力企业全面提升安全管理水平,打造本质安全型企业。

基于班组安全标准化建设的安全文化创新实践

广东省广新控股集团有限公司安全环保监管部　姜正祥　胡林星

摘　要：班组是企业中基本作业单位，是企业内部最基层的劳动和管理组织，企业安全管理体系必须要落实到班组层面，才能有效运行。企业安全文化必须要扎根在班组，才能发挥效用。广新控股集团结合集团实际特别是大型生产型企业的员工管控难点，通过深化安全生产基础建设工作，构建企业安全管理长效机制，积累了优秀实践并取得了良好成效。

关键词：班组建设；标准化；安全文化

班组是位于生产经营最前沿的基本单位，是企业最基层的生产管理组织。企业大政方针、战略规划的实现，均取决于班组的组织状况和执行过程。班组管理是企业管理的基础，班组长的主要工作就是抓好班组管理和建设工作，班组人员素质的高低显示着组织能力的强弱。班组运转情况的好坏直接关系到企业管理水平高低和经济效益的好坏。在企业生产实际情况中，很多管理的要求在班组层面没有体现，现场经常出现违章作业、处置不善等情况，导致事故的发生或者进一步扩大。企业切实有效地做好班组安全标准化建设工作，能助力解决各级单位安全生产责任问题和降低人员伤亡责任事故的发生概率，将安全事故隐患大部分控制在班组，守住安全生产第一道防线。

一、班组安全建设有认识

广东省广新控股集团有限公司（以下简称广新控股集团）以班组安全建设为抓手，深入落实企业全员安全生产责任制，着力提升基层员工安全素质和班组安全管理水平，坚持以班组"零违章、零隐患、零事故、零缺陷"目标控制为核心，紧紧围绕"班组建设再提升、生产过程保安全"主题，培育全员危险源辨识能力、标准化作业能力、隐患排查治理能力及岗位应急处置能力，进而保障企业安全生产绩效。

班组安全有丰富立体的结构，集团结合安全管控实践提炼归纳出组织管理、生产管理（人员管理、现场管理）、风险管理、活动管理（图1）。其中组织管理包含责任明确即落实全员安全生产责任制，以及管理台账完备即公司规章制度的执行记录应真实有效；人员管理包含人岗匹配、合理排班、班组长胜任及劳保防护配备等；现场管理包含标准化作业、设备维保、分区定置以及6S维持等；风险管理包含风险分级管控、隐患排查整改和应急响应处置等；活动管理包含员工教育培训、现场改善评优和安全文化创建等。以上内容尤为关键的是责任明确、班组长胜任和教育培训。

模块	权重	一级指标 10项	权重	二级指标 25项
组织管理	20	责任制落实	10	岗位设置合理4　制度规程健全4　责任书签订2
		人岗匹配	10	人员持证上岗2　员工安全素质4　班组长管理胜任4
生产管理	40	人员作业	20	标准化作业10　许可程序6　劳动防护4
		设备维护	10	设备维保账5　设备运行状况5
		环境维持	10	物料工具定置4　安全警示标志3　分区及通道3
风险管理	20	风险管控	6	风险源辨识评估3　风险管理清单3
		隐患排查	8	检查台账2　检查内容合理3　检查记录详实3
		应急处置	6	事故台账2　现场处置方案2　演练记录详实2
活动管理	20	教育培训	10	班组例会5　培训考核5
		激励改善	10	奖惩分明5　安全主题活动5

图 1　班组安全管理要素

二、班组安全建设有过程

引入新的方式，需要树标杆，再推广的方式。目标班组建设过程分为四个阶段。

（一）班组安全状况调研

深入现场，全方面了解目标班组在生产运行各方面的安全表现，包括以下方面。

班组层面安全责任制落实情况；班组危险源辨识；危险源控制状况评估；危险作业操作规程梳理；班组长任职能力分析；班组成员安全技能分析；班组成员对安全操作规程的认知度；班组成员对异常情况应急反应能力；班组成员对安全行为的态度。

（二）班组问题清单梳理

结合法规标准和集团安全体系要求，根据班组生产业务特点，梳理班组安全运行方面存在的问题清单，并提出针对性的整治措施，包括以下方面。

管理制度、作业程序及操作规程是否健全；班组人员是否符合岗位要求；安全生产各类台账是否完备；相关演练、培训等安全活动，记录是否详细真实，活动是否有效。

目标班组安全标准化辅导建设。专人跟进及协助目标班组的问题整改，并梳理过程记录形成可推广的素材。

（三）班组专项培训实施

安全意识基本培训；班组长任职能力培训；班组内部沟通能力培训；班组作业危险源控制措施；班组安全记录管理制度；如何纠正惯性违规行为等等。

与企业安全部门共同研讨制定适合企业班组的安全星级评价细则。

公司内部开展标杆学习，动员所有班组按照评价细则自主提升。

（四）组织专家对班组的安全情况进行现场审核认证

对于安全标准化建设亮点突出的班组进行表彰推广。

三、班组安全督查有路数

广新控股集团在督查企业班组安全建设情况的措施上也积累了良好实践。

一查作业现场，涵盖4M1E即人、机、料、法、环，包括人员的技能和状态有无不足，设备的防护和状态有无不足，物料的存放和搬运有无违规，作业规程是否有效执行或存在欠缺，生产环境是否整洁有序满足生产条件。

二查当班人员情况，包括确认生产排班及在岗情况是否对应合理，作业人员持证上岗情况，通过问询掌握班组长安全综合素质表现。

三查班组日常工作台账，包括班前会记录、巡检记录和隐患登记、教育培训记录等。

四查车间安全生产方面的考核奖惩台账，包括对班组安全的考核细则及实施记录，班组员工有无隐患报告或违章行为相关的奖惩记录，据实掌握班组安全绩效表现。督查时如发现问题，当场制止违章行为，反馈问题给企业管理者，并跟踪改进落实情况。

四、企业安全文化在班组建设过程中落地生花

（1）广青科技充分调动员工主观能动性，多维度提升班组安全意识。一是修订更新车间岗位安全手册，涵盖作业规程、安全禁令、危险源管控清单、应急处置方案等内容，并录制规范作业视频，提升员工岗前培训效果，确保员工能够安全作业。二是高效利用班前安全会，明确当班生产任务、作业风险、管控要求、监护事项等，确保班组能够安全生产。三是经常性开展"以案示警"，及时组织班组员工学习近期省内外典型安全事故的教训，务求企业从上至下对安全充满敬畏之心。四是培育争优创先风气，各班组员工自发绘制安全文化墙，汇集成车间安全文化走廊，提高了班组精神文明和安全氛围。五是持续推进党员示范岗建设，要求一线党员作行动表率，在员工中多学多讲、多帮多提、多查多做，坚决守牢安全责任底线。通过上述举措合力打造班组安全文化，员工到班上岗时能自觉互相激励与提醒，严格遵守规程，坚决杜绝三违，共同维护班组安全生产。

（2）佛塑科技持续优化生产岗位安全"明白卡"和"一日安全员"活动，并通过班前班后会和日常抽查来强化成效，使风险辨识与防范的意识融入员工生产作业之中。"明白卡"是广新集团在原"风险告知卡"的基础上继续拓展应用，实现风险管控从"事前告知员工"升级为"员工上岗确认"。明白卡便携实用，员工能够准确掌握和反复确认岗位作业相关安全管控要求，同时持卡上岗强化了员工履行岗位安全责任的意识。"一日安全员"活动已成为企业强化安全意识提高安全技能的良好机制，车间主任根据生产实际需要准备安全培训相关资料并定期更新，班长安排员工轮值安全员并确认其掌握当值工作要求，当值安全员佩戴袖章在班前会上讲安全、班中检查安全、班后总结安全。车间主任每日随机选定班组核查活动落实情况，并提交照片记录给安全管理部门，月底组织班长进行活动效果分析并交流改进。这些行动真正地根植于班组，进而浇灌出企业安全文化之花。

（3）伊品生物组织推行了"安全行为观察"活动，已逐渐融入生产现场的日常管理中。先从基本知识入手，针对性地对员工进行宣传教育，积极引导员工改变思想观念，消除模糊、错误认识，从理性的角度

去正确认识"安全行为观察"要求。再制定执行"安全行为观察"的标准,主要围绕几个方面的内容进行深入检查考核,一是针对曾发生过人身事故、设备事故以及质量事故的具体岗位进行检查,找准事故发生原因;二是针对所有岗位的作业环境条件,设备设施状况进行检查;三是针对全体员工的业务素质和行为习惯进行检查;四是对所有岗位作业时的基本动作、要领、要点、操作程序进行检查。在此基础上建立常态化活动机制,认真组织、严格考核、通过指导抽查考核等办法对表现差的个人给予一定的经济处罚,对于执行较好的个人给予一定的奖励。

（4）星湖科技结合现场定置管理的要求,设立员工手机存放点,严控员工携带手机进入作业场所,杜绝因人员注意力不集中带来的作业风险。兴发铝业注重班组长管理素质培养,组织专业培训使基层管理者掌握安全技能,能够带领员工开展作业安全分析、手指口述等安全活动,提高全员安全意识。

五、结语

实践证明,班组安全建设着力实现一线员工从"要我安全"到"我要安全、我会安全、我能安全"的转变,提高了现场安全水平,充实了企业安全文化,从而保障了生产稳定和经营效益。广新控股集团将继续深入督导企业开展班组安全建设,同时持续探索包括推行星级班组认证、现场智慧管控等手段,为企业班组安全和安全文化建设提供更多创新实践。

建设安全文化,让安全成为一种习惯

中旅快线运输(珠海)有限公司 何 苗 植国华

摘 要:中旅快线运输(珠海)有限公司自2005年8月成立以来,在经营发展中,在主要负责人的战略谋划推动下,将安全管理的重点转移到提高人的安全文化素质上来,转移到以预防为主的方针上来,实现从"要我安全"向"我要安全"转变,积极有效开展公司安全文化建设工作。侧重从理念、制度、行为、物质等途径与方法入手,按部就班、扎实推进,在公司的安全文化建设中,积极探索,不断总结经验,形成了适应本公司经营发展的安全文化。

关键词:途径;方法;探索;推广;总结

一、安全文件建设的必要性分析

安全文化是公司安全管理的灵魂。常言道:制度管事,文化管人。开展安全文件建设,就是要坚定文化自信,增强文化自觉。文化自信是更基础、更广泛、更深厚的自信,是更基本、更深沉、更持久的力量。当安全管理注入文化元素后,就抓住了安全管理的灵魂,中旅快线运输(珠海)有限公司(以下简称珠海)公司打造的安全文化,是被公司组织的员工群体所共享的安全价值观、态度、道德和行为规范组成的统一体,它是珠海公司全体员工所认同、遵守,带有本公司特色的价值观念,是公司经营发展的内驱因素,是公司制度有效运作的理念基础。在珠海公司发展的18年历程中,在主要负责人的高度重视与部署下,全体员工的共同努力下,经过不断摸索总结,着力构建内容完整、便于实践、效果明显的公司安全文化理念、制度、行为、物质体系。

二、创建富有企业特色的安全文化建设要点

(一)公司安全文化建设的内涵

安全文化是公司文化的重要组成部分,是在长期安全生产活动中逐步形成的、有意识塑造的、为全体员工接受和遵循的、具有本公司特色的安全思想和意识,安全作风和态度,安全管理机制和行为规范等。

(二)安全文化建设原则

(1)坚持"安全第一、预防为主、综合治理"的安全生产方针。服务于安全生产大局,努力促使员工安全观念的提升和转变。

(2)坚持以人为本。必须把人的因素摆在突出位置,作为一切工作的出发点和落脚点。

调动员工积极性。充分调动广大员工的积极性和创造性。

重视生命健康安全。切实维护员工的身心健康和生命安全。

(3)坚持服务发展。必须紧紧围绕公司安全生产、安全发展这一要务,推进安全文化创新,引导安全行为,体现文化的先进性和导向性要求,提高广大员工的安全文化素质。

(4)坚持继承创新。必须立足传统,在继承中旅优秀文化的基础上,借鉴同行业先进企业的安全文化建设经验,培育、提炼,创新出更加符合时代性要求的公司特色的安全文化建设模式。

创新就是"0+1",从无到有,实现零的突破。

创新就是"1+99",从有到优,实现更高更好。

创新就是"100+1",争做同行的佼佼者,因此,公司安全文化建设要坚持持续创新原则,只有这样,安全文化建设才会有生命力。

三、安全文件建设途径与方法

珠海公司的安全文化建设侧重从理念、制度、行为、物质等途径入手。

(一)构建安全文化理念体系,以人为本,提高员工安全文化素养

(1)理念体系是公司安全文化的核心灵魂。珠海公司结合运输行业特点及公司文化传统,总结提炼富有特色、便于理解的安全文化理念。坚持以人

为本，充分调动人的积极性、主动性、创造性。安全文化建设，说到底是人的管理，公司一直追求：让安全文化植根于每一位员工的心中，让安全成为一种习惯！近几年来，公司打造的安全文化，就是让每一位员工、管理层把安全工作的点点滴滴，融入日常工作中去，让它成为一种习惯。公司安委会（办）成员对安全工作高度重视，在重大节假日及恶劣天气，带头做好值班值守及深入一线，叮嘱安全，鼓励士气，转达对员工的问候，通过坚持不懈的努力，让员工与管理层拉近了关系，建立信任，更好地开展安全工作。公司在各项工作部署前，把安全工作为首要，比如：开通新的线路，公司主要负责人会带领营运、安全部管理人员先进行实地踩线，将沿途所有风险点隐患排查摸清并告知员工，同时科学、合理、高效调配人车排班，保障员工的上班与休息时间，避免疲劳驾驶，从源头把好安全关。一线员工接到营运工作任务前，对发班的线路预判，合理安排出行时间及服务区休息，有疑问及时与管理人员沟通解决，做到心中有数，出车前认真对车辆做好"安检"工作，保障安全行车。通过这些年的磨合和对员工的深入培训教育，一线员工和管理层已经逐渐做到了让安全成为一种习惯，预防为主，防微杜渐。

（2）宣传贯彻安全文化理念，开展多种形式的安全文化创建活动。通过公司宣传栏，微信工作群等方式将公司安全文化理念灌输于全体员工。珠海公司在办公室、会议室等区域设置安全宣传栏，将安全标语、安全驾驶技巧、安全标兵等内容上墙，宣传推广，定期更新，宣传栏中及时传达事业群、中汽公司及行业主管部门的文件精神，同时通过企业微信工作群，及时通报行业典型案例，汲吸经验教训，举一反三，形成良好的安全文化氛围。

根据员工的工作特点，公司定期组织开展"安全生产事故应急演练""疫情防控应急处置演练""办公场所消防逃生演练""电气应急处置演练"等与"三检大比武""倒车达人"等安全技能竞赛，通过实操演练，提高员工事故防范意识、事故救援能力与处置能力，提高应急预案的实效性和可操作性，通过比、赶、超的安全技能竞赛，表彰先进典型，向先进看齐，让安全工作真正落到实处，深入员工心中，演练与竞赛取得了良好的收益。

珠海公司在安全培训上更是下足功夫，定期召开安委会（办）会议，总结前期工作，查找不足，并对下阶段安全工作做出部署。同时，定期组织召开一线员工安全例会、安全培训，播放警示教育培训，并组织驾驶员进行事故分析和处置方法讨论等多种形式的安全培训，在强化员工安全教育和安全意识方面做了大量的宣传及具体工作，通过不断的努力与灌输教育，使广大员工的安全意识明显提高，向安全要效益，对安全就是效益的理念有了进一步认识与提升。

珠海公司积极组织开展安全作品创作，鼓励员工创作各类安全作品及参与安全生产活动，如，安全作品摄影、安全宣传标语、安全知识竞赛、安全大讲堂等活动，增强安全宣传教育的渗透力、感染力。

（3）固化落实安全文化理念，让安全文化理念处处能看到，时时提醒，内化于心，外化于行，寓于员工自觉行为中。为了提升一线员工的工作积极性，公司出台了《安全生产社会监督制度》《安全隐患报告和举报奖励制度》，充分发挥社会及员工的安全监督作用，人人都是安全员，及时发现安全隐患和违法违规行为，经查证属实的举报，公司设置奖励标准，最高 1000 元，以预防安全生产事故，让人人都能"懂安全、要安全、会安全、能安全、保安全"。

（二）构建安全文化制度体系，把安全文化融入公司管理全过程。制度体系是公司安全文化的保障机制

（1）落实全员安全生产责任制，一岗双责。结合各岗位实际，完善安全责任，安全监管，安全预防以及安全管理体系，提升全体员工对安全责任的整体认知，落实员工主体责任，层层签订安全生产责任书，按一岗双责，落实"谁主管，谁负责"，年度按责任书条款进行考核，将安全生产与员工绩效挂钩。

（2）增强安全法制观念。珠海公司以新《中华人民共和国安全生产法》（以下简称《安全生产法》）、《民法典》等安全法律法规为准则，强化全员学习、培训，创建法律框架下的安全文化。深入学习习近平总书记关于安全生产重要论述精神，组织全员观看《生命重于泰山》，公司第一责任人带头讲新的《安全生产法》。邀请广东交通职业技术学院蒋博士、吴教授进行"新安法施行，交通运输企业如何落实安全生产主体责任""遵守安全生产法，落实安全管理责任"方面的培训，从道路客运典型事故案例分析企业安全管理责任。同时不定期邀请行业主管部门、交警大队相关负责人到会进行警示案例剖析，

从不同方面阐述安全的重要性，进一步提升全员对安全生产法律法规的重要认识。

（3）完善生产管理制度。珠海公司以新《安全生产法》《道路旅客运输企业安全管理规范》等法律法规为依据，建立完善适合公司安全生产规章制度，强化公司安全生产管理制度建设。

（4）健全双重预防机制。珠海公司采用科学有效的分析方法，对风险进行辨识、分级、管控，提升本质性安全水平。将双重预防机制融入安全生产标准化体系，以安全生产标准化的自评和持续改进验证双重预防机制的效果。珠海公司出台《安全风险分级管控规定》，对营运中的安全生产风险点危险源进行排查管控，建立安全风险分级评估报告。每年更新管控清单并通报全体员工，最大限度控制和消除各类安全隐患，确保安全生产的顺利进行。

（5）狠抓安全制度执行。主要负责人，管理者，员工，都在制度的约束之下，制度是行为标尺，规范安全行为，固化安全理念，培养安全习惯。坚持严字当头、强化执行。再好的制度不去执行，也会成为一纸空文，再好的理念不去落实，也没有意义。严字当头、狠抓落实，提高制度执行力，维护制度权威性，形成人人自觉遵守制度、积极维护制度的良好氛围。珠海公司在制度的执行力上加大培训与监管力度，发现问题绝不姑息迁就。创设"以遵章守纪为荣，以违章违纪为耻"的安全文化环境，为实现本质安全提供精神动力和文化支撑，确保公司的长治久安。

（6）创建制度修订机制。根据公司发展进程和日常工作实际，定期清查和修订现有机制中不合理、不适用的条款，修订完善科学规范、简便易行、顺畅衔接的规章制度。

（三）构建安全文化行为体系，培养良好的安全行为规范

（1）行为体系是公司安全文化的关键环节。珠海公司主要负责人对公司安全文化的形成，起着倡导和强化作用。主要负责人把安全第一作为公司生产经营活动的首重价值取向，通过制定安全行为规范、准则，形成强有力的安全文化约束机制，建立安全承诺，层层签订安全责任书，并进行内部公示，实行有感领导，树立决策者的安全文化。

（2）管理者在公司起承上启下的作用。珠海公司管理者以身作则，发挥安全感召力，加强对员工全空间关注，充分发挥员工自治组织的渠道作用，鼓励员工积极参与安全管理，以结果为导向积极探索安全教育新模式，实行有感管理，建设管理者的安全文化。

（3）执行者是安全第一风险人。是公司安全文化建设的基石，全体员工都应该认识到自己负有对自身和同事安全做出贡献的重要责任，在日常工作中要自觉遵章守纪，具备安全意识和素质，自律安全行为和规范，不断提高安全文化素质和专业技能，形成员工的安全文化。

（四）构建安全文化物质体系，创造良好的工作环境

（1）物质体系是公司安全文化的基础保证。加大安全生产投入，提升作业装备等物态的安全条件和安全可靠性，建设智能化、智慧化的内外部信息系统，公司在安全管理工作上，加强车辆智能监控，安装车内视频监控系统，车内智能监控投入使用后，安全办及时做好平台监控管理及台账的登记，安全例会时演示讲解监控实时情况，让驾驶员了解智能监控的各种监控数据及实况，提升驾驶员时刻遵守交通规则，杜绝各种违规行为，让大家感受到科学智能化安全管理的效果。

（2）做好风险预警及危险源控制体系。辨识可能发生事故的后果，建立科学的演练预案和救援机制，全员参与，上下齐动，达到预防为主的实际效果。

通过以上的方法在构建安全文化的过程中，初见成效，珠海公司在2019年被广东省公安厅、广东省教育厅、广东省交通运输厅评为"广东省交通安全文明示范运输单位"，2020年与2021年公司连续被广东省交通运输厅在企业诚信评价工作中评为AAAAA级企业，在2022年被中国旅游集团公司投资运营有限公司、香港中旅国际投资有限公司评为"安全生产先进单位"。成绩永远属于过去，安全工作永远在路上。

当安全建设凝结成一种文化合力时，安全的色调就由冷色调变为暖色调，安全的高度就由不踩底线变为了价值追求。当安全与文化高度契合，融为一体时，安全就成为一种价值，一种素养，一种文明。安全是公司的生命，文化是安全的灵魂，让安全奏响和谐的旋律，让安全迸发文化的力量。

基于安全文化视角的北京市森林防火工作建设探讨

北京市园林绿化局森林防火事务中心　张克军　刘寒月　高　健　朱　林

摘　要：进入20世纪50年代后，随着高科技的革新与应用，安全认识论进入了本质论阶段，超前预防型成为现代安全文化的主要特征。当前，我市森林防火安全还存在防火宣传力度不够、森林消防队伍专业化水平有待提升、森林防火空天地预警监测体系尚未成熟问题。本文从安全文化角度出发，结合丰富的实践经验，提出发挥林长制作用、加大防火宣传力度、健全基层级专业或半专业扑救队伍、优化完善预警监测系统等一系列安全建设措施。

关键词：森林防火；安全文化；生态安全；森林消防

自2019年森林防火改制以来，林草部门以防为主，承担初期火情处置，应急部门以灭为主，承担火灾扑救任务。森林防火工作重心从"灭"转移到"防"，改变了过去传统的重"灭"轻"防"的治标思想，注重从根本上解决问题，这是对环境安全认识的进一步提升。

2019年3月30日四川凉山发生特大森林火灾，共有27名森林消防指战员和4名地方干部群众因风向突变在火灾中牺牲；2020年3月30日15时51分，四川凉山再发森林火灾，在扑救大火过程中，火灾造成19名消防队员和1名当地向导不幸遇难。连续两年在同一天、同一地区发生重大森林火灾，习近平总书记一天做出两次批示，连发"四问"——有没有预案？专业灭火力量够不够？有没有灭火飞机？有没有防火隔离带？两次沉重的人员牺牲给全国的森林防火安全工作敲响了警钟。将安全理念根植于森林防火工作，既是战略层面的理论指导，也是防火工作应当遵从的管理准则。笔者从实践经验出发，探讨新形势下如何加强北京市森林防火安全，对保护森林、发展林业具有重要意义。

一、北京地区发生森林火灾的规律及特征

森林火灾分为一般、较大、重大和特别重大四级。据市森林防火部门统计，2010—2019年，北京市没有重大火灾和特别重大火灾发生，发生一般森林火灾12起，较大森林火灾15起，无人员伤亡。相较于2000—2009年，森林火灾发生数量下降60%，人员伤亡率大幅度降低。为了巩固近年来首都森林资源建设取得的成绩，森林防火工作需根据新形势新特征进行安全管理布局。总结北京森林火灾的规律特征，能够为制定防火策略提供有效借鉴。

（一）时间：多发于春季

据统计，2010—2019年的森林火灾多集中发生在春季，共发生一般森林火灾和较大森林火灾19起，约占总体的88.8%。北京市森林火灾具有高火险天气多的特点，特别是在春季，降雨偏少，气温偏高，干燥多风，森林火险等级连续偏高。主要原因有：①北京春季干旱多风，为森林火灾发生提供了自然条件；②春季气温回升，农村地区作业用火率增多，山区游客量增多带来了用火隐患；③文明祭奠风尚沉淀不够，清明节时期仍有上坟烧纸情况存在，是主要森林火灾风险源。因此，春季是北京市森林防火的重点工作时期。

（二）空间：多发于山区

空间尺度上，北京林火高发区主要分布在海拔400米以下区域，1200米以上区域很少发生。北京地区森林火灾发生次数由西向东方向呈增加趋势，在纬度上从北向南方向呈减少趋势，森林火灾控制率在空间分布上由西南向东北呈现先减少后增加趋势。根据统计分析，2010—2019年北京市森林火灾高发区集中在怀柔区、平谷区、延庆区和密云区。因山区占北京土地总面积的62%，森林火灾预防工作显著性更加突出。

（三）火因：人为原因居多

根据多年来火因统计，99.74%的森林火灾系人为野外用火引发，其中人为违章野外用火风险最高，供电设备、车辆事故等易发，垃圾自燃、雷击起火现象也时有发生。且近年来随着森林旅游发展迅速，户外游玩人数骤增，生产生活旅游等进山入林活动极为频繁，致使火灾隐患加大。

（四）总结：遵循规律可有效预防

森林火灾是诸多危害森林资源与生态环境中最频发、最严重的灾害之一，是直接影响社会稳定与人民生命财产安全的突发公共灾害之一，建立高效的预防机制，是保障森林资源安全的有力抓手，是防范化解首都森林火灾重大风险的重要保证。综上所述，北京市森林火灾多发于春季，延庆区、密云区等山区是森林火灾预防的重点区域，防火的关键是管住人为火源。

二、当前北京森林防火工作存在的主要问题

近年来，全市森林防火部门认真贯彻落实习近平总书记关于安全生产的重要指示精神，牢记"森林防火责任重于泰山"，贯彻"预防为主、积极消灭"的方针，坚持依法治火，科学防火，全市森林火灾发生率大幅度降低。2020年、2021年未发生较大以上森林火灾，有效保障了首都的生态安全。但是，林草行业灾害种类多、分布地域广、发生频率高、造成损失重，防灾减灾工作仍然面临严峻形势。

（一）森林防火宣传工作力度不够

根据最新森林火灾火因调查，99.74%的森林火灾系人为野外用火引发，其中人为违章野外用火风险最高。当前，我市森林防火宣传工作仍存在一些问题：①宣传工作重心主要针对林区，但随着新一轮百亩造林任务完成，城市森林覆盖率也逐步提升，各城区相关部门也应加大宣传力度；②宣传方式过于传统，目前主要的宣传方式仍是贴标语、发手册、放视频等，说教性质偏多，无法深入人心；③线上宣传欠缺，目前主要的宣传活动集中于线下，森林防火相关新媒体建设欠缺，但线上传播面向更广、互动性更强，更符合新时代的传播趋势。

（二）森林消防队伍专业化有待提高

森林火情的初期控制是避免发生森林火灾的关键，而初期森林火情的控制主要力量是乡镇（街）森林消防队。目前，我市乡镇（街）森林消防队建设基础薄弱、参差不齐，没有统一的建设标准、没有统一的管理模式、没有统一的调度体系。调研发现：①截至2021年5月，我市现有156支乡镇森林消防队、3094人，建队率78%，未达到全覆盖；②部分地区对森林消防队建设的认识不足，全市森林消防队伍在近10年内快速发展起来，但大多山区救援装备配备不足，专业化程度不高，快速反应和灾害现场应变能力不强；③专业森林消防队基础设施建设严重滞后，大部分乡镇专业森林消防队伍无固定驻地、无训练场地、无训练器械，机械装备普遍低端老旧。

（三）森林防火空天地预警监测体系尚未成熟

林火监测是及时发现森林火灾，实现"打早、打小、打了"，减少森林火灾的损失的重要环节。当前，全市已形成覆盖全域的卫星遥感、无人机巡护、视频监控、瞭望塔、护林员巡查"五位一体"监控体系，森林火情监测预警能力全面提升，但空天地预警监测体系仍有待进一步完善：森林防火视频监控系统采用先进的红外探测技术，应用红外测温原理，实现对林区的全天候24小时不间断监控，能够自动探测火情、自动报警。当前我市视频监控系统基础设施建设工程已完成，建成后覆盖率达85%，但因传输光缆未通、区指挥中心设备安装等问题，图像回传率未达到100%；目前监测平台的主要功能是做到"及时报、不漏报"，覆盖面积广但精准度有待提高。

三、北京森林防火安全建设措施

（一）落实责任，发挥林长制作用

林长制的建立是北京在保护林草资源上的一项重要举措，有助于提升北京的园林绿化治理能力和治理水平，也是安全理念在资源保护方面的创新成果。北京市山区呈环形分布，面积广，跨度大，不便于一站式管理。要想提升首都森林安全，首先要从责任上落实，从思想上重视。北京是全国第十个全面推行林长制的省份。当前，北京已全面建成市、区、乡镇（街道）、村（社区）四级林长制责任体系，基本建立各项制度，构建党政同责、属地负责、部门协同、源头治理、全域覆盖的长效机制。随着林长制全域覆盖，将加强林草部门基层基础建设，实现山有人管、林有人造、树有人护、责有人担，从根本上解决保护发展林草资源力度不够、责任不实等问题，让守住自然生态安全边界更有保障。

（二）多措并举，加大防火宣传力度

森林防火安全是"大安全"的重要组成部分，

而安全文化创建就是运用安全宣传、安全教育、安全文艺、安全文学等手段开展的安全活动。由此可见，宣传是建设安全文化的重要途径。要做好全市森林防火宣传，一要优化内容，抓住典型事迹，挖掘生动细节，改变生硬的宣传风格，以晓之以理动之以情的方式打动受众；二要拓宽传播渠道，利用好新媒体的多元传播优势，不断增加投放力度和曝光率，在全市形成浓厚的宣传氛围；三要多方联动，与学校、社区、企业、公益组织等联合开展宣传活动，针对不同的受众群体进行定向传播，让森林防火工作走近大众视野；四要严格执行"进山扫码 一人一码"的规定，将防火码作用落到实处，真正实现"内督外防、上下一体"，实现"管理全链条、火因可追溯，人员可查询"。

（三）加强安全教育，提高队伍安全生产意识

当前，森林防火工作已经形成了以消防队员、护林员、巡查队伍为主的人力预防队伍，在提升专业能力的同时也要加强安全教育。一是更新教育理念，树立终身教育的观念，在做好日常安全教育的同时，对安全生产负责人进行更高层次安全培训教育；同时也要对从业人员不断进行与新知识、新技术、新方法的使用同步的安全培训教育。二是更新教育方法，结合受教育者的需要因材施教，促进干部职工真正提高素质、掌握技能，为安全生产提供人力保证。三是更新考核方式，将安全技能作为消防队员的基本考核内容，调动职工自觉学习安全知识的积极性。

（四）不断创新，优化完善预警监测系统

随着高科技手段在森林防火行业中的应用，下一步应以建设智慧防火为目标，优化完善预警监测系统。一是要提高"智"防科技水平，让视频监控、卫星遥感实现真正的全覆盖，对森林火情进行全时段、全方位的监测；二是紧密围绕提高基于信息系统的森林防火预警调度能力，加强5G网络、遥感技术、大数据、物联网、3S技术、人工智能等新一代信息技术应用，实现数据资源的融合共享，推动大数据挖掘、分析、应用和服务。建设和完善北京市森林防火监测预警平台，实现实时感知、精确指挥的一体化预警体系。

四、总结

加强森林防火安全管理是践行安全文化本质论的体现，首都森林资源保护应深入贯彻新发展理念，针对当前森林防火工作的薄弱环节，制定安全管理方面的应对策略。贯彻"预防为主，积极消灭"方针，致力于建设智慧森林消防体系，同时以专业队伍作为后盾，全方位保障首都森林资源安全。

参考文献

[1] 罗云."安全文化"系列讲座之一 安全文化的起源、发展及概念[J].建筑安全,2002(9)：26-27.

[2] 马尚权,颜烨.安全文化缘起及国内安全文化研究建设现状[J].西北农林科技大学学报(社会科学版),2007(4)：120-125.

[3] 南洋.北京地区森林火灾发生规律及变化趋势研究[D].北京：北京林业大学,2018.

[4] 周冰冰,李忠魁.北京市森林资源价值[M].北京：中国林业出版社,2000.

[5] 唐华.浅谈森林防火安全管理[J].林业劳动安全,2012,25(4)：41-44.

[6] 朴东赫.关于森林消防装备建设的思考[J].森林防火,2012(4)：12-14.

打造科研院所"四位一体"式安全文化体系

中国舰船研究院　史晓慧　宫博

摘　要：安全文化是安全工作的灵魂，是提高安全生产管理水平和员工素养的有效手段，是夯实安全底板的一项长期性、战略性任务。根据科研院所特点，构建安全理念文化、安全制度文化、安全环境文化和安全行为文化"四位一体"的安全文化体系，形成了以安全为基础、以安全为前提、以安全为主导开展科研活动的文化氛围，为科研生产环境平稳运行提供保障。

关键词：安全生产；安全文化；安全责任

中国舰船研究院（以下简称七院）作为军工科研顶层总体单位，历来高度重视和追求安全生产制度"硬规定"和文化"软要求"有机融合，坚持"安全第一、以人为本、预防为主、规范精细"的安全方针，坚持"贴近科研生产实际、贴近员工工作生活实际"的工作原则，使安全理念扎根于每名员工心中，并辐射同化参研参建相关方的外来人员。通过厚植安全文化底蕴，不断提升安全管理水平，七院安全生产形势保持总体稳定，为科研生产任务的可持续开展提供了坚强有力的安全保障。

一、企业安全文化的形成

基于科研院所安全生产工作特点，七院着力打造安全理念文化、安全制度文化、安全环境文化和安全行为文化"四位一体"的安全文化体系（图1），形成了以安全理念为内部驱动、以安全制度为红线底板、以安全环境为外部条件、以安全行为为目标导向的安全生产长效内生工作机制，创建了以安全为基础、以安全为前提、以安全为根本开展科研生产活动的"本质安全"型文化氛围。

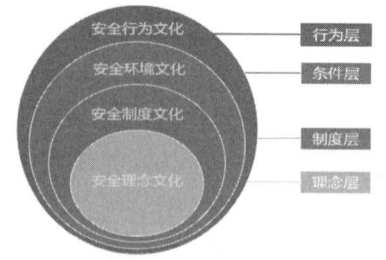

图1　"四位一体"安全文化体系架构

（一）安全理念文化

强化文化建设和顶层引领，引导树立正确的安全理念。安全文化作为企业文化的重要组成部分，策划编制了《企业文化手册》《安全生产知识手册》《安全急救手册》等安全文化成果；在办公OA系统设置安全生产专题和专栏，加强安全文化的宣传，促使员工将安全文化理念内化于心、外化于行。

（二）安全制度文化

着力建立安全制度文化，做到"凡事有人负责、凡事有章可循、凡事有据可查、凡事有人监督"。依据法律法规、标准规范和应急管理局、国防科工局、船舶集团的安全生产工作要求，结合科研院所的科研生产特点，建立了包含安全生产管理制度、操作规程和应急预案等的安全规章制度体系，并定期对其适宜性、充分性和有效性进行评估和制、修订完善。

（三）安全环境文化

消除安全隐患、营造有序环境，荣获船舶集团首批现场一流环境建设达标单位荣誉称号。成立了领导小组和专项工作机构，以6S管理为核心，以网格化管理为依托，以消除安全隐患、营造有序环境为目标，制定了《现场一流环境建设实施方案》《建设检查、考核和奖惩管理制度》等，全面开展整理、整顿、清理、清扫、素养、安全活动和自评工作。

（四）安全行为文化

持续开展安全生产月、安全知识竞赛、安全论文评比、应急实操培训、违章隐患随手拍等特色活动。安全生产管理部门加强违章隐患监督检查的同时，设置工会劳动保护监督小组，充分发挥工会的民主监督职能，全面排查劳动防护用品配发使用情况，引导员工关注并积极参与安全生产工作，营造遵章守制、规范作业的安全行为文化氛围。

二、企业安全文化的发展、提升、创新做法和特点

（一）以压实安全生产责任为出发点，构建安全理念文化体系

按照"党政同责、一岗双责、齐抓共管、失职追责"和"管行业必须管安全、管业务必须管安全、管生产经营必须管安全"的原则，依据业务流程划清责任界面，编制安全生产责任清单，明确各级各类人员安全职责，组织签订覆盖全员的安全生产责任状，不断提升员工安全素养，着力打造凡事有人负责的安全理念文化体系。

（二）以健全安全生产标准化为落脚点，构建安全制度文化体系

自2014年创建安全生产标准化体系以来，历经两次复审，持续保持军工系统安全生产标准化二级资质。制定了由40项规章制度、2项企业标准、18项操作规程和8项应急预案组成的制度规范体系，并持续改进其适宜性、充分性和有效性，着力打造凡事有章可循的安全制度文化体系。

（三）以建设现场一流环境为着力点，构建安全环境文化体系

制定现场一流环境建设实施方案，成立现场一流环境建设专项工作组，编制发布检查、考核和奖惩等管理制度，明确6S工作标准和奖惩原则，针对办公区、实验室、院区、天线场等科研生产场所，持续对标开展整理、整顿、清扫、清洁工作，着力打造凡事有据可查的安全环境文化。

（四）以强化过程监督和考核奖惩为切入点，构建安全行为文化体系

作为专项考核纳入单位综合业绩考核，严格落实"一票否决"制，发动全员加强过程监督，奖励积极贯彻安全生产规章制度、宣传安全理念文化、参加安全生产活动、及时发现与消除安全隐患的部门和个人，处罚履职尽责不到位的部门和个人，着力打造凡事有人监督的安全行为文化体系。

三、"四位一体"的安全文化体系创新点

（一）制度创新

针对七院主要安全风险，首次建立了《科研试验安全管理要求》《型号项目安全生产策划和风险评估办法》等企业标准和《夜间、节假日加班作业安全管理规定》《安全用电管理规定》等规章制度，较原版本新增了50%的文件。

（二）组织创新

将安全文化纳入党委理论学习中心组开展常态化学习。建立由单位领导和各部门负责人组成的安全生产委员会并定期召开例会。设置安全生产管理机构，配备注册安全工程师从事安全生产管理。建立设备安全组开展设备安全管理。积极发挥工会民主监督和建言献策职能，闭环合理化建议。

（三）管理创新

策划组织了"1次中心组学习、1次新安法专题宣贯、1次应急演练、1次隐患排查、1次典型事故案例警示教育、1次安全论文征集评比"的安全生产月"6个1"系列活动。收集整理44类意外伤害和突发疾病的处置方法，编制发布《安全急救手册》，邀请专业医护人员开展急救知识培训。充分利用OA系统、微信公众号、展板、口袋书等多种渠道，开展安全文化宣传工作。

四、安全文化建设的效果、基本经验和启示

（一）效果

截至目前，七院未发生任何生产安全事故。全体员工自觉执行安全生产制度规范，安全生产管理体系有效运行，持续保持军工系统安全生产标准化二级资质，安全理念方针深入人心，员工逐步完成了由"要我安全"到"我要安全"、"我会安全"的转变。

（二）经验和启示

一是培养专业人员，形成安全工作核心战斗力。全面开展安全培训、风险管控、隐患排查、应急演练等专项活动，培养了一支以注册安全工程师为骨干的专业安全管理队伍，形成了安全工作的核心战斗力。

二是开展动态管控，促进落实安全管理职能。安全监督检查和安标自评融入日常工作中，检查节点分散化、常态化，提高检查频率，定期对发现的问题进行通报，督促整改闭环，全力打造本质安全化环境，促进全面落实安全管理职能。

三是落实安全奖惩，建立安全生产长效内生机制。依据年度自评报告、季度信息看板和体系运行过程中发现的问题隐患开展安全专项考核，充分发挥考核"指挥棒"作用，鼓励和促进全员自觉遵守安全生产制度规范。

我们清醒地认识到随着单位业务领域的扩展和

人员规模的放量增长,加之科研办公场所、所属子公司、设备设施、内外场试验等数量持续上升,安全生产固有风险正在不断增大,给安全生产管理带来了新的挑战和困难。本单位将一如既往地重视安全文化建设,充分发挥安全文化的导向功能、激励功能、辐射功能、同化功能、凝聚功能,形成全员共保安全的强大合力,不断提升安全生产综合实力。

论物联网技术在企业安全文化建设中的应用

佛山市三水燃气有限公司　宋　柳　陈雪华　陈锐潮

摘　要：企业安全文化建设，在企业的长远发展中起着至关重要的作用，是一家企业的立根之本，本文通过借鉴物联网技术设计一种可定时测压、远程启闭阀门、数据自动分析等功能的智能测压系统，促进员工安全意识及行为由"被动"转为"主动"。智能化系统可有效应对城市燃气居民用户泄漏的问题，对可能发生的事故在人为发现前预估，并执行防控措施，保障居民的用气安全。

关键词：物联网技术；安全文化；燃气泄漏；智能算法

一、引言

佛山市三水燃气有限公司（以下简称三水燃气公司）隶属于佛燃能源集团股份有限公司（以下简称集团公司），负责三水区内管道天然气供应及相关配套服务。在集团公司的引领下，三水燃气公司高度重视企业文化的高质量建设，践行"正心聚气，承安共生"的核心价值观、"创新赋能，引领未来"的管理主题及"防风险、除隐患、遏事故"的安全生产管理要求，将安全文化建设视为公司发展的基石，通过现代信息化手段打造智慧燃气，以数字化赋能城市燃气管网安全。

在城市燃气管理工作中，由于燃气泄漏具有偶发性，一旦燃气管道发生泄漏，未能及时发现或采取了不当的处理措施，极有可能造成巨大的人力物力损失。根据"燃气爆炸"微信公众平台收录统计，2020年燃气事故新闻548起，其中造成了84人死亡、670人受伤，让人触目惊心。

通过大数据分析事故原因，无非是人的不安全行为、物的不安全状态及环境的不安全因素引发，因人为因素引起的事故占大多数。而针对燃气泄漏的前置管控手段，又以入户安检、楼栋人工挂压等被动措施为主，存在方法被动、检测时效性差、受人为因素影响等问题，有一定的局限性，难以满足目前城市燃气安全管理工作的要求，因此如何预先发现燃气泄漏，并迅速采取合理的控制手段一直是城市燃气企业在安全管理工作中亟待解决的痛点。

本文探讨了如何采用NB-IOT物联网技术，针对在日常楼栋挂压中人工效率低、受客观因素影响等问题提出一种解决方案，即研发一款可远程测压并通过后台算法分析数据随之采取控制措施的智能装置，以实现压力测试智能化、远程化、高效化的目的。在企业的安全文化建设中，员工被动执行夜间测压只能实现局部安全，而通过智能测压代替人工测压，实现安全管控主动化，由"被动阶段"转为"自主阶段"，有利于实现本质安全。

二、物联网技术在燃气管网中的应用现状

燃气行业倡导智慧燃气，智慧燃气的核心是智能管网。如何能够拥有既高效又安全的燃气管网，这是燃气企业的命脉所在，智能化管网的建设势在必行。建设智能燃气管网主要依靠以迅速发展的物联网技术为基础，互联网技术、信息化技术、各种软硬件、传感器单元等应用的集成。不仅具有信息化、自动化、互动化为特征，也包含城市燃气各环节，实现"燃气流、信息流、业务流"高度一体化的现代燃气系统。常用的物联网无线通信技术有三个分支，分别是NB-IoT、eMTC和LoRa。[1] 由于NB-IoT通信技术具备广覆盖、低功耗的特点，其最大的特点是传输距离能够达到10公里，可连接终端数目庞大，数据可以直接上传到云端，适用于智能测压每天定时测压的工作要求，因此本次装置选择NB-IoT物联网通信技术作为装置指令收发的基础。

三、测压装置的研发及实验

（一）智能测压装置的理论分析

为实现精准测压，首先应排除温度波动对压力的客观影响。由于当管道天然气压力小于0.1MPa时，在天然气计量过程中可以将其当作理想气体看待[2]，而居民用气压力范围为2000Pa至3000Pa，因此本文为排除温度对压力的影响，应用了理想气体

状态方程。

通过上述公式计算，可以得出温度变化与气压变化成正比关系，应用到装置中可作为修正温度的理论依据：P 修正 =PT0/Tn。

（二）智能测压装置的结构及工作原理

智能燃气测压装置由电控阀门、控制器及系统平台组成。

（1）电控阀门。电控阀门由阀门结构、电控机构及传感器组成，通过选用阀门内密封性能实验、启闭行程实验判断，选择适合的阀门结构；在电控机构上，以电耗、动作可靠性、使用寿命、压力适用范围、扭力扭矩综合对比分析选择 XRF-500TB 型电机；为实现精准测压，控制变量因素，选择 ALPS HSSPPAD143A 温压传感器。

（2）控制器。控制器由通信模块、数据指令模块及供电模块组成。数据指令模块是实现指示阀门启闭、收集并处理压力、温度和流量数据的管理模块，通过发出"关阀"或"监测"指令使得装置执行关闭阀门或工况监测等动作，且在接收数据后进行数据转换机计算温压补偿，传输数据至平台后经过数据处理，再进行下一步指令执行动作；在通信模块上，以信息带宽、吞吐量、网络覆盖广度、时延、功耗续航等维度作为实验标准，选定基于 Boudica 120 芯片的 BC95 模组；供电模块必须满足续航能力强和安全性能好的需求，选用合适的电池类型并建立合理的电源管理机制，是保证项目需求的必需要素。

（3）系统平台。平台是实现数据智能分析、人机信息交互的平台，从智能算法、终端平台进行需求分析及选择工作。根据大量数据及模拟泄漏实验编写智能测压算法，导入到测压系统平台，并进行验证性实验。算法制定后，搭建系统平台，并与已安装的测压装置形成联动。

（三）装置测试后台

测压装置的终端平台分为权限管理、管道温压监控、应用管理、系统管理四大功能模块，其中温压监控功能模块可通过预存工作指令，设定测压参数来实现压力测试，同时使用数据分析功能则可以将平台接收到的回传数值进行分析，并通过曲线呈现。

（四）智能算法逻辑

智能算法是系统平台乃至整个装置的核心组成部分，它能将测压装置监测的压力、温度数值进行智能分析，判断所测的管道系统是正常还是存在泄漏，以及泄漏的严重程度。系统的智能算法建立在温压补偿的基础上，基本逻辑为：在预设时间内测试多个压力值（P1、P2、P3、P4），将相邻压力数值进行相减，得出 ΔP1、ΔP2、ΔP3、ΔP4。当 ΔP 均小于 0 时认为其存在泄漏或用户用气的情况，将重新打开阀门保持燃气运输，五分钟后切断阀门测试，重新比对压力数值，重复三次以得到理想测压结果，结果若显示 ΔP 仍均小于 0 则视为存在泄漏情况，反之则视为用户用气的情况。

（五）实验数据分析及结论

本次实验通过模拟正常无泄漏及泄漏环境，采集多组固定时间段内管段的压力及温度数值以检验测压装置的可靠性。数据显示在温压补偿后，测压精度及智能算法分析均达到了性能需求。

由于配置传感器的精度较高，可以满足商业综合体及大型小区较长管道的测压需求，因此将该装置广泛运用于空置房用户、高层建筑用户、工商业用户燃气管道，能够有效降低安检和抢修人员的劳动强度，大幅提高夜间挂压的准确性、安全性及工作效率，降低燃气泄漏发生的风险，同时发生燃气泄漏时可进行即时关阀，大大提高应急能力，有效保障管网安全运行。

四、安全文化管控对企业的意义

在城市燃气安全管理工作中，安全是不可逾越的红线，由于大部分时间管网处于安全状态，部分员工容易因此而出现思维钝化、麻痹大意的情况，进而有可能成为引发隐患乃至事故的缺口，故对企业安全文化的建设与管控至关重要。

本文通过采用物联网技术开展远程测压，既是对智慧管网系统的一种有效补充，也是企业安全文化建设的一部分。创新安全文化理念，应用新技术、新设备加深员工对企业安全文化的认知，对企业的安全运行是一股新鲜血液的补充，有效提高企业的安全管理水平，为城市燃气管网的安全保驾护航。

参考文献

[1]张胜琼. NB-IOT 在智能燃气表领域的探索应用[J]. 信息通信, 2018, 186(6):224-225.

[2]李朝辉, 戴景民, 李成伟, 等. 燃气流量计量中压缩因子的修正问题探讨[J]. 天然气工业, 2004, 24(10):124-127.

[3]吴宏星. 理想气体状态方程在日常生活中的应用[N]. 福建广播电视大学学报, 2006, 56(2):76-78.

"查细节、明规范、定措施"

——夹江港华燃气安全文化细节管理规范化

乐山市夹江港华燃气有限公司　丁洪江

摘　要： 夹江港华燃气有限公司（以下简称夹江港华）负责夹江城区城市燃气安全运行，紧贴燃气管理第一线，奉行以"安全第一，预防为主，以人为本，持续改进"为管理宗旨的安全文化，以"零事故"为目标，注重责任制、制度化、标准化外，强调安全细节管理。从2021年湖北十堰"6·13"事故中深刻吸取燃气安全教训，对公司安全管理进行了全面排查，经过一年的排查整改，比较明确的不符合标准规范安全隐患得到了整改，但是中途发现一些规范标准不明确，理解不同而导致执行标准和结果不规范的隐患和不足没有得到有效整改。公司为推进公司安全管理，决定依托集团管理，构筑夹江港华的安全管理文化体系，建立"查细节、明规范、定措施"的安全工作方针，推行从细节抓安全工作、满足规范为标准、有明确整改措施的企业安全管理文化，加强对这些隐患开展专项整治工作。

关键词： 安全细节规范化；安全压力与运行压力关系；理论与实际结合；标准与公式化

一、查找问题

夹江港华公司以工程管理和技术人员为主，组成安全检查工作小组，参照国家、行业、集团规范条款，查找公司运行的制度、流程、指引是否对照完善，运行措施是否落实，同时，未落实条款实行清单责任制，交与公司安全技术委员会讨论。

查找出来的问题，基本得到了解决，但是管网安全运行压力的设定问题一直未能有效解决，笔者作为安全技术委员会成员，又分管公司站场和地下管网运行，对此问题解决负有主要责任。通过调查、分析和交流，组织公司技术骨干和运行现场管理和操作人员，专项学习和讨论，力争将管网安全压力设定工作标准化、公式化，以便工人现场操作。

二、分析问题

安全压力设定是在调压装置处进行，安全压力与管网压力密切相关，又与后端供气需求密切相关，厂家出厂设定的安全压力与实际运行需要不一定相符，经过与多方交流和公司管网运行实际要求，发现以下几处关系需要分析和确定。

（一）规范不明确

切断压力、放散压力皆为安全启动压力。根据《城镇燃气调压箱》（GB27790—2020）第6.6条"安全装置启动压力设定误差"相关条款的规定，其用语皆是"不应超过"。因此切断压力和放散压力是一个范围值，不同的人理解不一样，造成设定值难以统一标准化，这也是常出问题的地方。

（二）安全压力的切断、放散先后关系未明确

规范未明确切断、放散先后关系，厂家出厂设置是先切断后放散，燃气公司普遍采取先切断后放散方式，但遇到不可中断用户或者安全可控情况，可以先放散再切断，不能简单化。

（三）安全压力设定应公式化，便于工人操作设定

目前每个调压工对规范的个人理解不同，相关参数设定不同，导致设定值不同，同时，对于不同用户需求理解不同，安全压力关系理解也不同，导致同类型用户安全压力设定值都不一致。

（四）安全压力与运行压力有矛盾

在检查安全压力设定中，发现运行压力反过来受安全压力影响，一旦部分重要管线实际运行压力基本接近设计压力，会导致安全压力超出规范要求，这也是上级检查组经常提出的安全问题。

三、解决问题

根据以上分析，安全技术委员会进行问题分类分项，并以此为基础进行细化讨论和标准化。

（一）定类型

根据用户压力分类：分为高压、次高压、中压和低压。

根据调压结构分类：分为双路、单路。

（二）定关系

主副路关系：每个双路调压设施，明确主副路。

（三）运行压力讨论

根据管网安全运行要求，管网主路出口压力和非正常运行压力不得高于设计压力，因此，管网的安全压力（切断压力和放散压力）不得高于管网的设计压力，根据以上类型，结合压力要求，反导出运行压力最大值。

四、实施

安全技术委员会明确以上不同类型压力公式后，召集管网运行管理人员、调压工和工程技术人员，进行讲解培训，同时考虑到公式较多，调压工理论知识有限，公司制作压力计算卡片发放到每位调压工作为工具使用，随后公司开展安全压力设定专项工作，对公司调压设备的安全压力和运行压力全部重新设定，满足了规范和实际运行要求。公司安全问题主要集中在细节安全，对于发现的安全细节问题，公司参照质量管理PDCA循环，提出了"找问题—分析问题—解决方案—实施总结"的工作思路，安全技术委员会按照此法，有效解决该问题，同时，对于管网安全运行技术和管理要求深化了理解；在2022年7月的安全文化推进工作总结会上，经过检查评比，确定通过一年多的"查细节、明规范、定措施"活动，公司各部门、班组完善了安全细节管理，解决了5个标准不统一的安全管理细节，公司各层级对于"查细节、明规范、定措施"的安全管理文化逐步接受、理解和加以实际运用，公司安全管理质量得到了显著提升；公司正式确定了"查细节、明规范、定措施"的安全工作方针，此方针作为我司近年的安全文化建设重要一环，以此思路，查漏补缺，完善安全管理。2021年和2022年，国务院燃气巡查组、省市级燃气安全巡查组的检查中，我司燃气安全工作得到了肯定和表扬。

浅述安全文化在企业技术创新上的推动作用

苏州港华燃气有限公司　吕士聪

摘　要：随着国家和企业对于安全生产工作的重视，以及红外热成像技术的不断发展，这项技术未来将应用到社会的更多行业和领域。燃气场站作为红外热成像技术涉猎较少且对安全要求较高的场所，需要采用红外热成像手段排查设备运行上的隐患，以保障设备设施平稳运行。苏州港华燃气有限公司在企业安全文化的建设上一直稳步推进，作为苏州地区首家将红外热成像技术引入燃气场站隐患排查上应用的企业，这是其安全文化引领技术发展与进步的典型案例，未来将会依据实际使用情况向更多同行业及不同行业的公司进行推广。

关键词：安全文化；红外热成像技术；燃气场站

一、关于安全文化

安全文化是企业在安全生产实践中经过长期积淀，不断总结、提炼形成的全体员工所认同的安全价值观和行为准则，是员工安全意识、安全信仰、安全道德、安全规范等的综合反映。苏州港华燃气有限公司（以下简称苏州港华）作为一家成立二十余年的成熟企业，并且在长期安全生产过程中避免了安全事故的发生，无疑，安全文化在其中起到了至关重要的作用。燃气场站是一个高风险作业的场所，对于安全的要求性极高，也正对应苏州港华"安全、责任、尊重、进取"的核心价值观。安全文化对于技术发展也有着重要的推动作用，因为员工的心中对安全价值观表示认同，才能在日常工作中运用，才能不断想去用技术提升安全。苏州港华在多方的咨询与考察下，率先在燃气场站应用红外热成像技术去排查隐患。也正是基于这样的安全理念，检测技术才会得到不断的改进与创新，设备安全才能保证人员安全，企业也能安全平稳地发展，这也与国家近些年致力于科技创新、人才强国的发展观念相吻合。

二、红外热成像技术介绍

（一）红外热成像原理

众所周知，任何物体都具有温度，温度无法一直降低，会存在一个限值，这个限值就叫绝对温度。绝对温度是指 -273℃的温度，如果物体的表面超过绝对温度，会辐射出电磁波，而随着温度发生变化，电磁波的辐射强度与波长的分布特性也会随着改变，波长介于 0.75μm 到 1000μm 的电磁波称为红外线，在这个波段内仅靠人类视觉是看不见的，必须通过特定的检测手段或者仪器，红外热成像技术的工作原理就是运用光电技术检测物体热辐射的红外线特定波段信号，并将该信号转换成为可供人类视觉分辨的图像和图形，可以进一步计算出温度值，如图 1 所示。

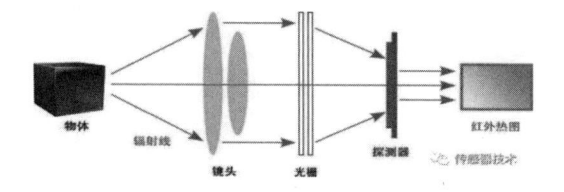

图 1　红外热成像工作原理

（二）红外热成像检测仪

红外热成像仪（图 2）是一种利用红外热成像的技术，通过对被检测物体的红外辐射探测，并加以信号处理、光电转换等手段，将被测物体温度的分布图像转换成可视图像的设备。操作人员通过屏幕上显示的图像色彩和热点追踪显示功能来初步判断发热情况和故障部位，同时严格分析，从而在确认问题上体现了高效率、高准确率。

图 2　红外热成像仪

（三）红外热成像的应用和特点

热成像技术在诞生之初主要应用于军事领域，在上个世纪六十年代逐渐在工业和民用领域推广使用，目前主要应用于医疗、消防、化工、安保等领域。

（四）应用设想

苏州港华的核心价值观是"安全、责任、尊重、进取"，场站更是坚定不移地践行这一观点，安全是第一要务，没有安全就没有发展，没有安全就没有一切，安全是场站平稳运行的基础，故此，在知晓并详细了解这项技术后，随即做出假设：依据红外热成像技术的原理和特点，以及该项技术当前的成熟度，能否将红外热成像技术应用到燃气场站，进而利用温差去检测设备设施的安全状况呢；场站是否需要一种新型的技术手段去提升现有设备的安全度呢。

三、燃气场站设备设施检测

（一）设备现状

以苏州港华为例，共有三个燃气场站基地，对于全部设备，可大致分为三类：第一是固定式单体设备，如储罐、脱水装置、压缩机、热水锅炉等；第二是各种LNG低温管道；第三是配电及控制系统，如高压、低压配电柜等。

（二）当前设备隐患排查方式

对于场站所属设备，其中隐患排查手段可以分为三种：第一是人员的日常及定期检查，使用听、闻、看、摸、测之方法；第二是复杂设备的厂家维修、维保等，如调压器、压缩机等的售后维保；第三是第三方机构的检测检验，如压力表、安全阀等安全附件的定期校验，以及专业电力公司对配电系统的定期检查维修等。

以上隐患排查方式能较为全面地覆盖场站所有设备，但是预见性不足、专业性欠妥，几乎都是靠人员的感官、经验进行检查，虽然表面的隐患容易被发现，但是隐蔽的隐患没有科学的手段仅仅依靠人是不够的，需要采用更为先进可靠的方法，而对于低温管道的保温性检查则没有比较好的方式，大多数是出现泄漏后再去处理，充满滞后性，故此场站仍然需要一种预见性强、检测范围广、性价比高的新型隐患排查手段。

（三）保证设备安全的必要性

近些年安全生产事故频发，国家对于安全生产愈发重视，各类单位的检查力度、范围及要求也越来越严格。对于企业，固然经济利益的追求是重要的，但是安全运行是一切的前提，安全得不到保障，经济哪怕是生命都无从谈起，所以安全不仅对个人还是企业甚至对国家都是重中之重，故一种新型的隐患排查手段是必需的也是必要的。

四、燃气场站实际应用案例

苏州港华早在2017年就开始使用红外热成像检测仪进行设备设施检测，逐步应用到低温管道、压缩机、配电系统等。至于为什么应用在这些设备上呢？首先并不是所有的场站设备都适用于红外热成像技术，从红外热成像的原理可知，设备上必须存在温度差的对比；其次这些设备出现隐患的原因或者结果都跟温度有关，比如管道泄漏会有温度差出现、电力线路的老化短路发热、压缩机振动与摩擦产生的高温，都是容易发生危险的地方，并且产生的后果影响严重，同时这些也是场站的主要关键设备。

（一）应用可行性

低温管道里的LNG是-162℃左右的温度，在气化生产过程中需要保证保温层的完好有效，以防止LNG与外界进行热交换，导致液体气化，因为保温层的老旧、缺陷造成的不保冷位置，与正常部位存在明显的温度差异，红外热成像仪能直观显示与分辨出来，为保温效果性检测提供了理论依据支撑。

对于配电系统，红外热成像检测仪能够发现所有连接点的热隐患，那些由于屏蔽而无法直接看到的部分，则可以根据热传导到外面的部件的情况，来发现其热隐患，这种情况对于传统的方法来说，只能进行解体检查和清洁接头。红外热成像仪还可以用来探测电气设备的不良接触以及过热的机械部件，以免引起短路和火灾。

（二）红外热成像技术应用特点

从上述案例可以明显看出，红外热成像技术应用在燃气场站上是可行也是必要的，对设备隐患排查也起到非常重要的作用，其具体有以下特点。

（1）本质安全性：利用红外热成像技术最关键的是能够提前发现存在的隐患，严格贯彻预防为主的原则，做到提前整改，而不是等到隐患发展为故障才进行处理，这也符合企业未来安全发展的趋势。

（2）利于安全文化建设：显而易见，这项技术提升了场站整体的安全性，使得场站隐患排查的手段更加全面也更加丰富，更加重要的是这让员工能够认识到场站的安全是可以通过多样化的手段去提升，而不是仅仅局限于曾经的固有思维，别的行业别的领域的技术和方法也可以应用在燃气场站上,所以,这也拓宽了员工的眼界,打破陈旧思维,提升创新性,对于安全文化的建设与发展也提供了很好的案例支持。

(3)创新推广性：红外热成像技术应用在场站上尚不够普遍,从实际应用的效果看,在同行业内以及对红外热成像技术涉猎较少的行业具有较高的推广价值。

综上所述,红外热成像技术可以应用在场站设备安全隐患排查上,因为其检测方便性、成本较低,最重要的是可以起到预防性作用,能够做到事前发现。所以燃气场站上的安全管理需要员工的日常检查、定期检查,需要设备售后厂家的定期维护维保,需要专业人员的专业检查,也需要红外热成像技术的预防检测。所有的技术和手段配合在一起,相辅相成,才能最大限度地保障燃气场站的安全平稳运行。

五、对未来的想法

苏州港华自从2017年首次在燃气场站隐患排查上引用红外热成像技术已历时5年,当前频率是每年委托第三方进行检测。鉴于苏州港华员工一贯秉承不断进取的企业文化,员工之间形成良好进步的优秀氛围,2021年,苏州港华场站提出"设备全生命周期管理"的理念,即每台设备从初始设计至淘汰过程所经历的检测、维修、维护等内容全部统一纳入管理,也能体现苏州港华核心价值观中的"责任"。设备管理到位,是对员工生命负责,也是对客户用气安全负责。基于此,苏州港华计划提高红外热成像检测频率,自行购买仪器自己检测,不再依赖于外部单位,检测周期可以自由掌控,设备隐患排查的安全性也大大增加,未来甚至可以组建红外热成像技术团队,开拓出一条红外热成像检测的业务,这也符合苏州港华目前坚持的"多元化创新发展"的方针。

六、总结

安全是企业可持续发展的前提,而燃气场站作为安全隐患较多的场所,确保安全始终是第一要务,红外热成像技术作为事前预防的关键技术手段,经过在燃气场站的实际应用后,为场站安全平稳运行做出重要贡献。故此,已经成为苏州港华燃气场站设备安全隐患排查的常规手段。安全文化是安全生产的灵魂,也是促进企业安全生产的重要途径,从了解红外热成像技术到引进应用,一种安全文化的传播与传承在苏州港华场站人身上体现得淋漓尽致,为了安全生产,不断改进、完善、创新。安全文化在企业安全生产的各项工作中具有十分重要的作用与地位,安全文化建设贯穿整个安全生产中,是一项非常复杂的长久工程。

参考文献

[1]刘新业,常大定,欧阳伦多. 红外热成像在电气设备维护中的应用[J]. 红外与激光工程,2002,31(3):220-224.

[2]苏义鹏. 浅谈企业安全文化建设[N]. 中国金属通报,2022,1074(8):96-98.

从燃气用户端安全抓起
推进本质安全文化建设

本溪港华燃气有限公司　刘长民

摘　要：据不完全统计，近年来，用户端燃气安全事故约占燃气事故总数的70%。本文对燃气用户端常见安全隐患及表现形式作了概要分析，结合工作实践，提出了对用户端现存燃气安全隐患整改的措施和建议，并结合燃气安全文化建设，对用户端燃气本质安全管理进行了一些研究和探索。

燃气安全管理是一项系统工程，其中最难于管控，也是发生燃气事故频率最高的环节就是用户端。根据《全国燃气事故分析报告：2021年第四季度暨全年综述》的统计分析数据，2021年全年，国内（不含港澳台地区）共发生燃气事故1140起，其中：居民用户事故610起，工商用户事故185起，用户端发生的燃气事故总数达795起，占全年燃气事故总数的70%。如果解决好用户端的燃气安全问题，整个燃气行业大部分的燃气事故就可以减少和避免。从实践来看，用户端燃气安全单纯靠管理，很难从根本上消除事故隐患。只有改"堵"为"疏"，不断推进燃气本质安全建设，树立燃气安全文化，从人、机、物、法、环多维度开展燃气安全建设，才能从根本上逐步减少和消除燃气安全事故。

关键词：用户端；燃气本质安全；安全文化

一、用户端燃气安全管理的现状及主要风险点

用户端燃气安全主要隐患类型及常见表现形式见下。

（一）燃气用户常见安全隐患类型及表现形式

（1）用户私改燃气设施或改变房屋格局安全隐患

管道天然气用户隐患表现形式：居民用户燃气设施经过卧室、卫生间；将封闭式厨房改为敞开式厨房；将水池设置在燃气管道附近加快燃气管道腐蚀等；因装修暗封暗埋燃气设施、不合格的施工设计及施工材料等。

商业用户燃气灶间与客户用餐区未进行有效隔断；燃气锅炉间、直燃机房布置楼层不合规或紧邻人员密集场所；将燃气设施布置在密闭房间且送排风设施不符合规范要求。

钢瓶液化石油气用户隐患表现形式：居民用户将封闭式厨房改为敞开式厨房等。商业用户燃气灶间与客户用餐区未进行有效隔断；违规在地下半地下或高层建筑内使用液化石油气；将燃气设施布置在密闭房间且送排风设施不符合规范要求；钢瓶储存间不符合安全标准或超量储存液化气钢瓶等。

（2）用户不规范的用气行为安全隐患

管道天然气用户隐患表现形式：使用燃气时离开厨房造成燃气意外熄灭、干烧；燃气灶间无排风设施或使用燃气时不打开排风设施造成的烟气中毒；使用燃气后不关闭灶前阀门。

钢瓶液化石油气用户隐患表现形式：使用燃气时离开厨房造成燃气意外熄灭、干烧；燃气灶间无排风设施或使用燃气时不打开排风设施造成的烟气中毒；使用燃气后不关闭钢瓶角阀；加热钢瓶或横卧钢瓶等。

（3）燃气燃烧器具及其连接软管安全隐患

管道天然气用户隐患表现形式：燃气灶具超期或老化、燃气灶无熄火保护装置、在室内使用直排式燃气热水器或热水器烟道安装不规范、在燃气灶上加装"节能罩"等附属装置；燃气灶具连接胶管老化、热辐射、被鼠咬、超长、穿墙、中间有接头、胶管两端无管卡等。

钢瓶液化石油气用户隐患表现形式：燃气灶具超期或老化、燃气灶无熄火保护装置、在燃气灶上加装"节能罩"等附属装置；燃气灶具连接胶管老化、热辐射、被鼠咬、胶管两端无管卡等。

（4）燃气设施自然腐蚀、老化安全隐患

管道天然气用户隐患表现形式：立管、燃气表具、表后燃气管道腐蚀泄漏或接口泄漏，表前、灶

前旋塞阀启闭失效或泄漏等。

钢瓶液化石油气用户隐患表现形式：钢瓶老化或超期未检定；钢瓶角阀破损关闭不严，减压阀泄漏或不符合规范要求等。

（5）燃气报警器相关安全隐患

商业用户无燃气报警器、用家用燃气报警器替代商业燃气报警器、报警器未定期检测或超过使用寿命、报警器设置位置不规范或设置数量不足、报警器联动切断阀门设置不规范或未设置切断阀等。

二、用户端燃气安全隐患整改的建议

用户端燃气安全隐患的产生有其历史原因，如大多数燃气企业的经营期都超过30年，燃气设施进入大面积更新改造阶段；也有燃气安全法律、法规，资金、技术投入与燃气市场快速发展不相匹配等诸多原因。为此，笔者对用户端燃气安全管理及隐患整改工作提出以下建议。

（一）严格落实和执行各项安全管理法律、法规和燃气技术规范

随着新《中华人民共和国安全生产法》《燃气工程项目规范》（GB55009-2021）等法律和规范的陆续实施，为燃气安全管理工作提供了强有力的法律保障。新《中华人民共和国安全生产法》将企业、职工、政府、行业协会、社会五位一体的安全管理纳入企业安全管理；《燃气工程项目规范》作为全文必须强制性实施的燃气管理技术规范，明确了熄火保护燃气灶具、长寿命燃具连接软管、自闭阀等一系列与用户端燃气安全密切相关的技术规定。下一步，需要燃气经营企业、政府、燃气用户等全方位落实这些法律和规范，从源头上抓好燃气安全管理工作。

（二）充分利用好国家关于老旧小区改造的相关政策，加快用户端老旧燃气设施的更新改造步伐

2021年"湖北6·13燃气爆炸事故"以来，国家不断加大对燃气安全隐患整改的投资力度，用户端燃气设施隐患整改被列为老旧小区改造项目的重要内容。地方政府和燃气经营企业要充分利用好这些政策，在老旧小区户内燃气设施改造工程中，要统筹安排好相关工作，对用户端燃气安全排查和隐患整改工作中涉及老旧小区改造项目的，要与项目改造工程同步，避免出现资源浪费和重复打扰用户。同时要在户内燃气设施更新改造工程中，一并将智能燃气表、自闭阀、灶具连接不锈钢波纹软管等新型燃气安全产品一次性安装到位。具备在室外安装燃气管道的项目，要将燃气立管在室外安装，尽量减少户内燃气设施的总量。做到改造一户、安全一户，改造一栋楼、安全一栋楼。

（三）政府应当通过市场和法律等多种方式，推动燃气经营企业的整合提质工作

首先，加强对燃气经营企业的监管。对一些不履行安全管理投资义务，出现较大以上燃气安全事故的燃气经营企业，在给予一定整改期限后仍无明显改进的，政府可依法收回特许经营权，让技术、管理和资金能力强的优质燃气经营企业依法接管经营。其次，加大对燃气安全的执法检查力度，对一些规模较小，缺少专业技术人才、应急抢险装备和管理能力，无法保障正常安全运营的燃气经营企业，依法予以关停或取消燃气经营许可。再次，通过政策支持引导等方式，鼓励技术、管理和资金能力强、信誉好的优质燃气经营企业，通过兼并、收购、合并重组等方式整合燃气经营市场，提高燃气安全管理能力和水平。

（四）加快存量燃气客户入户排查和燃气安全隐患整改步伐

一方面，燃气经营企业要主动作为，短期内要牺牲一些经济利益，投入更多的人力和资金开展用户端燃气安全排查和隐患整改工作；另一方面，燃气经营企业要积极与属地政府密切协作，共同采取措施提高入户率，消除用户端燃气安全隐患。新冠疫情造就了属地政府特别是街道社区强大的网格化管理能力，燃气经营企业要取得政府的支持，积极利用好社区网格员的力量，做好燃气入户排查和安全隐患整改工作。要保证入户排查质量，把用户端存在的燃气安全隐患全部找出来，并最终消除掉。这对燃气经营企业长期健康发展无疑是十分有利的。

（五）燃气经营企业在用户端燃气安全管理和服务工作中要避免垄断

如商业燃气报警器的推广应用，燃气自闭阀、灶具不锈钢波纹软管等新型燃气安全产品的推广使用，要给予燃气用户不同厂家或不同品牌产品的选择权利；在产品定价方面，也要本着成本加微利原则，不要加重燃气用户的隐患整改负担，以安全效益和社会效益为先；对一些严重安全隐患必须停气整改的，要取得政府支持和认可。

（六）政府要不断优化营商环境

给予燃气经营企业公平合理的经营环境，维护

燃气经营企业的合法权益，实现责权对等，让燃气经营企业实现良性发展。

三、提炼燃气安全文化，提升燃气本质安全管理水平

一是提高用户端燃气安全管理智慧化水平。对新建燃气项目、更新改造燃气项目或新发展的燃气客户，采用具有远程抄表和泄漏切断功能的智能燃气表，表后燃气设施采用燃气不锈钢波纹软管，可有效减少表后燃气管道的接口数量，配置自闭灶前阀门并采用灶具不锈钢波纹软管与燃气灶具连接，从而实现用户端燃气设施的本质安全。这样虽然一次性投入有所增加，却可以大大减少抄表、收费和上门维护人员的配置，并提高燃气入户安全检查的效率，节省入户安检人员，从长期运营管理方面看会大大降低燃气运营成本。更重要的是，从根本上消除了用户端燃气事故的风险点。

二是针对事故率较高的出租房用户、智障用户、鳏寡孤独病残用户、使用液化气钢瓶的餐饮用户等特殊用户群体，采取有针对性的安全管理措施，并建立和不断完善特殊用户档案。加密对出租房用户入户检查频次，特别是在每学年的开学季节要主动对这些区域进行一次入户安检；对智障用户、老年用户群体，要与其监护人建立联系档案，按《燃气工程项目规范》要求安装自闭阀、灶具不锈钢波纹连接软管、带熄火保护装置的燃气灶具，尽量安装防干烧燃气灶具和具有自动切断功能的燃气报警器，通过技术手段降低和消除火灾、爆炸事故风险；对使用液化气、"环保油"的餐饮用户，在管道燃气覆盖区域，采取政府支持和燃气经营企业降低管道燃气设施安装费用等方式，引导该类用户使用管道天然气并配齐相应的安全装置，避免火灾、爆炸事故的发生。

三是加大燃气安全宣传力度，提高全社会的燃气安全意识和燃气安全管理能力。大量的用户端燃气事故是由于用户私接滥改燃气设施，违章使用燃气造成。要加强对燃气用户安全教育，提高全社会的燃气安全意识。如将燃气安全常识纳入学校的社会教育课程，从娃娃抓起；新闻媒体开展常态化燃气安全常识公益宣传，燃气经营企业要求所有与用户接触的岗位员工向用户开展燃气安全宣传等。只要燃气用户和全社会的燃气安全意识提高了，燃气安全隐患自然就会减少，燃气安全事故更会得到有效遏制。

四、小结

用户端燃气安全隐患存在多点分布，燃气经营企业难以管控的特点。港华燃气一直以来倡导的"唯安全之道笃行之，虽千家万户吾往矣"的责任担当和"多维管控，无缺则全"的专业严谨的安全文化正是实现燃气用户端本质安全管理的基础和保障。通过提高燃气经营企业、政府、燃气用户等全社会的燃气安全意识，从人、机、物、法、环多个维度开展燃气安全建设工作，向燃气本质安全的目标不断努力，燃气行业的安全形势一定会迎来重大转机。

构建中南装备的安全文化体系

中船重工中南装备有限责任公司　陈　浪　郑　军

摘　要：在中船重工中南装备有限责任公司（以下简称中南装备公司）企业文化开篇有这样一句话：良好的企业文化是营造企业核心竞争力优势必不可少的要素。面对残酷的市场竞争、面对全球金融危机带来的严峻挑战，公司特有的企业文化将强有力地支撑着企业沿着科学发展的道路，持续、快速、和谐地发展，引领一代又一代的中装人向着共同的理想前进！随着《中国船舶集团有限公司安全生产标准化评审细则》标准的不断细化和"双体系"管理工作的深入推进，结合中南装备公司机构改革、生产经营体系效率提升，面对复杂多变的工作环境和层出不穷的新增风险，更高效的安全管理模式成为企业发展日益突出的发展需求。在新形势下中南装备公司该如何运用安全文化提升安全生产管理水平，本文就对本企业安全管理的发展方向和未来展望作个人阐述和分析。

关键词：安全文化；安全文化建设；功能

一、公司简介

中南装备公司，总部位于举世瞩目的三峡工程所在地湖北省宜昌市。公司创建于1965年，隶属于中国船舶重工集团公司，是以生产各类光学镜头、精密光学仪器、光电设备、抽油泵、液压启闭机成套设备、各类工程缸、精密钢管等产业为主，集光、机、电产品的研发、制造、销售为一体的国有大型企业，是全国重点骨干保军企业。中南装备公司生产经营属于机械加工制造工贸行业，安全管理存在的主要危险源为大件吊装、临时用电、有限空间等危险作业和锅炉房、变电站、空压机站等易燃易爆危险场所，中南装备公司从2008年开始经过多轮次职业健康安全和环境管理体系（以下简称双体系）的审核，从2013年以来3次通过军工系统标准化二级达标等体系化运行，开创性实施"周通报、月考核、每月一主题专项"检查工作，保障了多年来生产现场的安全稳定和良性发展，安全基础管理工作相对扎实。

二、安全文化的定义

安全文化是企业文化建设的重要组成部分，企业只有落实好安全生产工作，才会有相对应的企业安全文化存在。

安全文化就是安全理念、安全意识以及在其指导下的各项行为的总称，主要包括安全观念、行为安全、系统安全、工艺安全等。安全文化的核心是以人为本，这需要将安全责任落实到企业全员的具体工作中，通过培育员工共同认可的安全价值观和安全行为规范，在企业内部营造自我约束、自主管理和团队管理的安全文化氛围，最终实现持续改善安全业绩、建立安全生产长效机制的目标。

三、安全文化的主要功能

（一）导向功能

企业安全文化所提出的价值观为企业的安全管理决策提供了为企业大多数职工所认同的价值取向，他们能够将价值观内化为个人的价值观，将企业目标"内化"为自己的行为目标，使个体的目标、价值观、理想与企业的目标、价值观、理想有高度一致性和同一性。

（二）凝聚功能

企业安全文化的价值观被企业职工内化为个体价值观和目标后，就会产生一种积极而强大的群体意识，将每个职工紧密地联系在一起。互帮互助就是凝聚力的体现，这样就形成了一种强大的凝聚力和向心力。

（三）激励功能

企业的宏观理想和目标激励职工奋发向上。调动职工的主观积极性和参与度，以奖为主，以罚为辅。建立微小差错报告机制：在免责的基础上，组织班组讨论反省错误，积极整改。

（四）辐射和同化功能

企业浓厚的安全文化氛围，会对企业群体产生强大的影响作用，并迅速向周边辐射。企业安全文化会保持企业稳定的、独特的风格和活力，同化一批又一批新来者，接受这种文化并持续保持与传播，企业安全文化的生命力持久不衰。同时会影响辐射到生产密配的相关方，形成"互促互进"的供应链文化，带来额外的积极效益。

四、企业安全文化的建设

最初始的企业安全文化大多呈现为"一把手文化"，即单位主要负责人或业务主管负责人作为企业的"领路人"，对企业安全的重视程度和投入程度，很大部分影响着整个企业管理层的安全发展观念；一个部门负责人对安全的重视程度，决定了该部门安全管理的主动性和能动性。

（一）抓好管理层关键少数

企业安全文化的培养首先需要加强管理层的安全素养培养。领导者好比播种者，通过他们把安全文化传授到下属的心里，就是最为有效的安全建设速度。加强领导安全素养最直接的方式是教育培训，中南装备公司在组织开展年度安全教育培训计划，提升各类人员安全防范意识的同时，鼓励生产安全相关岗位人员取得注册安全工程师资格。安全专业人员必须考试取证，各生产制造部门管生产的副总必须考试取证。

安全素养的提升不能只停留在意识上，通过注册安全工程师课程系统的学习，能系统提升安全监管人员和中层领导人员安全管理能力。学习安全生产相关法律法规，了解"一岗双责、失职追责"安全管理内涵；学习安全管理知识，掌握如何履职尽责；了解安全技术，加强对风险隐患管控能力的建设；学习安全事故分析，综合提升安全管理能力。目前公司各部门多名人员报名参加注册安全工程师的学习和培训，这将为公司安全文化的建设提供人才支撑。

（二）以落实责任、履职尽责为主线

建立健全并落实全员安全责任制，加强安全标准化建设是对生产经营单位主要负责人的要求；明确职责分工、强化责任落实、加强履责监督，履行和落实是企业安全文化推进向好的重要一步。只有统一安全管理思想，履责尽责，加强隐患排查，才能落实好安全管理责任。

2022年，中南装备公司对照全员安全责任制管理要求，以责任清单、任务清单（以下简称两个清单）梳理为主线，明确各部门管理职责和考评细则；以隐患排查治理为主要抓手，要求各部门隐患自查数量不得少于公司安全标准化专业组通报数量，推进落实部门"一把手"带头查安全，履行各级管理人员主体责任。同时要求各部门专兼职安全员提高业务管理分析能力，将"风险当成隐患、隐患当成事故"的关口前移安全管理要求落实落地，每月对隐患排查治理情况进行内部通报和公示，对当期隐患排查发现的问题从安全管理责任链条进行进一步分析，举一反三，深入探究安全管理盲点、弱点、痛点，明确下一阶段管理重点，提前启动预防性专项检查工作，防范化解重大安全风险。

（三）加强安全管理队伍建设

安全文化建设重点在于加强安全管理队伍的建设。整合安全文化宣教载体，固化既有好经验好做法，不断丰富安全文化宣教方式方法，推动安全文化理念向基层、一线和现场延伸，形成安全文化"多点开花"局面。

企业应从加强安全标准化建设方面组建安全管理队伍，结合实际组织成立基础管理、机械设备、电气、热工燃爆、技术工艺等各专业小组。以各专业小组成员专业能力提升为主线，分专业培育相关技术、技能人员为干线，延伸至车间班组长和操作岗位人员，组建企业的安全管理技术队伍。企业安全标准化专业组的专业程度是企业管理能力的根本，只有不断提升专业人员理论和实际转化能力，以标准规范为准绳，不断完善、优化企业管理制度和流程，分专业、分类别、分项对公司安全管理进行把关，建设企业自己的安全作业规范，形成固化、标准的作业流程。全体员工应参与到企业管理制度和作业规范的制定当中，以便形成共同认可的安全价值观和安全行为规范。在历年安全生产标准化自评工作中，专业组发挥了主力军作用，推动和保持了安全生产标准化的成果，促进了公司安全管理能力的提升。

（四）化被动为主动，灵性化管理

企业安全文化"以人为本"，提倡对人的"爱"与"护"，以"灵性管理"为中心，以员工安全文化素质的基础，落实规章制度，做好安全工作。好的安全文化是一种"灵性管理"，安全文化的最终思想是提高人的安全意识、丰富员工安全知识，让员工主动实施安全行为。调动人的积极性、提高人的安全意识，实现生产安全。从业人员的安全素养是企业实现"零事故""本质安全"理念的关键，提高从业人员的安全素养是企业构建安全文化需要长期坚持的道路。

五、企业文化与安全文化的融合

中南装备公司围绕"贯彻五项要求，苦练管理内功，增强核心优势，开启发展新程"的企业文化工作方针，制定了"预防为主，全员参与，遵章守法，持续改进"的职业健康安全和环境管理方针。在安全文化建设中牢固树立以人为本的文化培育思想，将安全放在发展的首要位置。安全文化是企业文化的重要组成部分，公司生产经营在快速发展的同时，企业安全文化应同步持续、和谐地发展。

（一）强化全员风险辨识能力和改进改善意识

面对快速更新的新技术、新工艺、新材料和新设备（以下简称四新），加强风险辨识和隐患排查能力建设是切实做好安全管理的重要手段，只有发动全体员工参与风险辨识，全方面制定的管控措施才更具针对性。围绕辨识后的重要危险源，定期组织开展安全管理现状的检查和评价，不断完善管控方案，使风险受控、可控。

改进改善意识不仅可用于安全风险管控措施的优化，更重要的是发挥职工群体智慧，着眼于细微，对具体操作方法、工艺方式和业务流程进行总结提炼，不断提升作业效率和综合竞争力，可作为企业持续发展的战略规划。

（二）开展隐患排查

企业应建立全员安全生产责任制，将隐患排查作为全员安全履职的重要抓手，提高全员隐患排查参与度就是凝聚全员的安全防范意识。根据2022年3月31日全国安全生产电视电话会议精神和公司安委会工作要求，中南装备公司在贯彻落实安全生产十五条管控措施时，建立了安全生产内部举报渠道和相应管理工作机制，以隐患整治为目的，激励全体职工参与到公司安全建设中。

同时，中南装备公司根据中国船舶集团公司安全标准化评审中心《安全标准化达标建设白皮书（2021年）》现状分析，安全标准化专业部门加强分管业务监管的同时，加强推进二级部门隐患排查整治力度，明确要求各部门隐患自查数量不得少于公司各安全标准化专业组通报的隐患数量。每月对隐患排查情况进行统计分析，对安全分析结果和责任考核情况进行通报、公示，督促各部门主动履职尽责。

（三）风险分级管控

随着生产作业流程的不断优化和简化，工作效率的不断提升，企业安全文化建设必须坚守生命红线和违章零容忍的底线。企业在安全管理建设中应优先制度化推进安全建设，以风险可控、隐患治理及时为目标，明确履职尽责具体内容。结合企业作业特点和管控难点，建立风险分级管控制度和安全绩效，将危险源分为公司级、部门级、班组级，明确管理权限，以提高实际安全管理工作效率。安全管理权限的适度下放，可促进基层管理人员责任上肩，提高基层管理人员安全管理主动性，有利于企业安全文化的推进。

（四）建设文化自信

企业应充分发挥广大职工安全管理的主动性，建立被广大职工认可的安全文化，树立"我要安全"的正面事迹，加大安全文化内外部宣传力度，形成企业特有的文化自信。推动企业安全文化建设，将企业被动安全管理同化为职工的主观需求，可有效治理企业员工变化导致的安全素养未形成的问题，快速感染、辐射到周边其他人群，将文化的自信传递到相关方，可形成牢固的安全文化氛围，促进企业向更安全、更和谐的方向发展。

只有坚守"理直气壮、标本兼治、从严从实、责任到人、守住底线"的原则开展安全工作，时刻将安全放在生产经营的首要位置，才能创造企业安全发展的必要条件。在当前的形势下，更要理直气壮，统筹协调抓好督促检查，切实全面抓好安全生产工作。

六、结语

企业安全文化是最能体现人的生命和健康不受威胁的新时代安全价值观，核心是以人为本，关键是落实全员安全生产责任制，带动全体职工参与企业安全管理，以达到提高全员安全防范意识和能力为目标，围绕中国船舶集团公司"领导讲安全、领导查安全、开好班前会、典型高频事故整治、强化安全履职监督"安全管理的五项规定，落实"三管三必须"应管尽管的要求，重点组织开展各类安全文化活动，灵性化引导广大职工人人都要懂安全、要安全、会安全、能安全、确保安全的工作氛围，形成适应于本企业的安全文化属性，不断提高企业职工的安全素养，弥补安全管理手段的不足，推进建设本质化安全企业。

以安全文化为引领的军工科研院所"八位一体"安全管理模式探究

中国船舶集团有限公司第七二五研究所　赵方方　杨继超　李瑞武　郭小辉　王　虹

摘　要：作为集团化管理的大型军工科研院所，中国船舶集团有限公司第七二五研究所（以下简称七二五所）在六十余载发展历程中积淀了深厚的安全文化底蕴，将安全价值观根植于决策者和管理者的日常工作中，贯彻在管理制度中，落实在员工行为中，为圆满完成一系列科研生产任务提供了坚实保障。本文以七二五所安全文化建设途径为例，系统阐述了以安全文化为引领的"八位一体"安全管理模式实践方式方法，供企业在安全文化建设、安全管理活动中借鉴参考。

关键词：八位一体；安全文化；本质安全

一、引言

七二五所隶属于中国船舶集团有限公司，以创建本质安全型研究所为目标，持续丰富企业安全文化内涵，将传统安全管理要素进行重新细分，构建了"以安全文化为引领、以责任落实为核心、以风险管控为重点、以安全标准化为支撑、以安全信息化为途径、以队伍建设为保障、以'六个零'为目标、以管理创新为突破"的"八位一体"安全管理模式，各要素有效联动、相互支撑、循环发展，多维立体提高安全文化建设水平。

二、七二五所"八位一体"安全管理模式

（一）安全文化为引领

理念是行动的先导。七二五所将安全文化纳入企业文化发展战略，总结提炼出"1+5+6"安全理念体系。凝聚了全体七二五所人的对安全生产的核心认知，引导着、影响着每一名员工，贯穿、渗透在各个安全管理环节里，如图1、图2所示。

（1）一个核心理念：以人为本，生命至上，安全发展

（2）五大安全准则：精、严、细、实、和

精益安全——精益安全理念、精益安全标准、精益审批流程。

严格责任——全面履行国家法律法规法定的安全职责，树立不依法履职就是隐患理念，确保全员严格履行国家法律法规赋予的职责。

落细落小——安全工作从细节和小处着手，服务、服从于安全生产的大局。

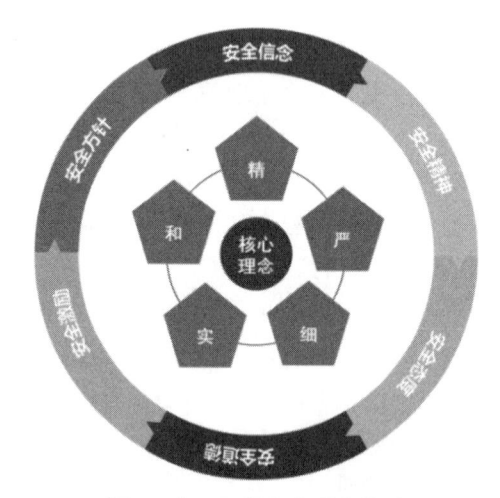

图1　七二五所安全理念体系

图2　七二五所安全理念体系

务求实效——安全生产工作是否到位，既要看事前防范、事中管控，更要看事后达到的效果，事后

效果以"三不留"为原则,即现场不留隐患、管理不留漏洞、职责不留盲区。

和谐发展——建立"四和"发展理念,即人与设备和谐统一、人与环境和谐统一、人与人和谐统一、研究所与社会和谐统一。

(3)六项安全共识

安全方针——安全第一,预防为主,综合治理

安全信念——一切事故都是可以预防的

安全精神——我要安全,我会安全,我能安全

安全态度——处处讲安全,人人保安全

安全道德——保护他人,就是保护自己

安全激励——公平公正,权责对等

营造浓厚的安全文化氛围,突出"引领"作用。一是宣教载体多样化,运用安全论坛、讲座、快报、微信公众号、公示栏、电子显示屏等平台,开展"安全小课堂"、安全辩论赛、安全大讨论以及"安全示范班组"等系列活动。二是宣教方式创新化,建立安全培训体验室,运用VR、模拟灭火、模拟报警、模拟高处坠落等11个模块增强安全教育的针对性。三是宣教形式人性化,将生硬的安全制度演变成员工乐于接受的温馨提示,在生产现场设置看板张贴家庭成员照片、亲人祝福,把安全教育延伸至员工家庭,开展"一封安全家书""安全寄语"等活动,营造"时时讲安全、处处闻警钟、时时被提醒"的安全宣传氛围。四是宣教主体专业化,针对不同对象和目标群体,有针对性地开展领导层、管理层和执行层的安全教育和培训。

(二)责任落实为核心

七二五所以完善安全责任体系为抓手,创新性开展工作促进安全责任制的落地。一是实行责任网格化管理,在主体责任层面和监管责任层面都明确了"五级网格",使各级各岗位安全主体责任、监管责任更加明确。换种说法:明确了各级各岗位安全主体责任、监管责任,责任真正落实到人。二是实行"责任清单化"管理,编制涵盖决策层、管理层和执行层在内的所有岗位《安全生产责任清单》,将"主体责任、管理责任、监管责任、考核责任"进行细化,逐步推行"照单履责、尽职免责"。三是在班组长、中层干部和专职安全管理人员等重点岗位推行"安全履职档案",每月记录各自安全履职情况,下级对履职情况进行报告,直接上级对履职情况进行监督,强化重点岗位的安全履职意识和能力。四是完善安全奖惩考核机制,将月度安全奖惩考核分为五档,细化不同档次的考核细则并明确"明知故犯、前改后犯、边改边犯"予以重罚的原则。

(三)安全标准化为支撑

校圆以轨,校方以矩。七二五所建立健全66项安全生产规章制度,组织编制了各类设备安全操作规程、重点活动的作业指导书,使得各项安全管理流程标准化。按照"安全设施齐全、标志醒目规范、设备场所清洁、环境文明卫生"的标准,结合"6S"管理工作,全面规范各类安全标识的使用,做到设备设施、物料、工具等定置、规范、有序,各种安全标识、安全色等规范、醒目;对各类机型设备的操作方法、动火作业、高处作业、临时用电等危险作业和其他日常作业行为进行分析、梳理、规范,做到"复杂问题简单化、简单问题标准化"。以"规范、统一、优化、提升"为原则,规范和夯实安全基础管理、日常安全管理和现场安全管理,定期开展安全标准化体系运行情况的自评与改进,提高安全生产标准化运行水平。

(四)安全生产信息化为途径

工欲善其事,必先利其器。七二五所搭建了安全生产信息化系统、消防自动灭火系统等信息化平台,将安全法律法规标准、教育培训、危险源、隐患排查、应急方案和预警等各类安全信息快速、高效、准确传输和处理。将安全生产信息化与双重预防体系建设深度融合,转被动查隐患为主动管控风险,做到移动端安全流程的透明化和及时性,做到安全风险管理动态化、安全部位巡检移动化、隐患排查处理即时化、接害人员档案电子化、外出作业审批快速化。

(五)风险管控为重点

居安思危、有备无患。坚持"预防为主、源头管控、综合施策"的思路,把安全风险管控挺在隐患前面,把隐患排查治理挺在事故前面。一是严格落实新改扩建设项目"三同时"工作,做好安全风险的源头控制。二是发挥"风险管控机制"与"隐患排查治理机制"双轮驱动作用,从2018年起"两类清单"在企业内部开始运行,实现了安全隐患排查的关口前移,风险管理有了新突破。三是突出重点时段安全值守,严把危险作

业审批和现场监管。四是持做好检测检验和维护工作，消防、特种设备、电子监控、防雷等安全设备设施均处于良好运行状态。五是定期开展应急救援演练，夯实事故预防的最后防线。

（六）队伍建设为保障

七二五所致力于锻造"敢打仗、能打仗、打胜仗"的安全管理队伍，每年组织人员参加安全管理人员培训增强技能，每月组织成员单位之间的交叉互检强化实践。现有国家注册安全工程师19人，占专职安全管理人员的30%。打通安全管理人员升通道，充分发挥带动引领作用，将注册安全工程师纳入专业技术岗位评聘工作。依托安全生产标准化考评专业方向设置4个专业组，在项目技术论证、专业安全技术评估、岗位达标、隐患排查治理等工作中发挥了重要作用。加强保安队伍和企业微型消防站建设，强化防火巡、装备保养、应急拉练，加强应急处置第一梯队救援力量，与地方政府部门常态化联合开展火灾事故应急演练，提高应急响应和后勤保障能力。

（七）"六个零"为目标

目标驱动，持之以恒。七二五所确立了"管理零缺陷、执行零差错、员工零违章、操作零失误、现场零隐患、目标零事故"的"六个零"安全目标，这是七二五所安全使命"塑造本质安全人、打造本质安全企业"的具体体现。为实现这个终极"大目标"，每年都有具体的阶段"小目标"，不断拉高安全坐标，将年度安全生产目标定性和量化，层层分解到车间部门并细化到岗位，制定了考核标准，对完成目标的计划、措施、过程和结果进行检查考核，保证目标圆满完成。

（八）以管理创新为突破

七二五所积极拓宽全员参与安全工作的广度和深度，与时俱进保持安全活力。一是创新抓好安全生产整体预控，通过双机制的有效运行和安全责任体系的不断加强，事故防控从以前的隐患治理、事故应急处置两道关口，狠抓基层和基础，提高企业安全隐患自查自治和安全风险自辨自控能力，集团化管理模式下事故防控能力得到进一步加强。二是创新开展安全教育培训，探索以班组岗位为单位的安全风险和隐患排查OPL单点课的方式，鼓励一线员工主动参与安全管理。利用"七二五所云学堂"新增安全生产知识，开展职工在线教育，全面提高职工安全素养。三是创新搞好安全队伍建设，在双重预防机制建设中训练了一支安全风险辨识和评价的安全队伍。

三、结语

七二五所始终坚持做到用安全文化教育和影响员工，通过责任落地、行为养成、习惯形成、本领练成，以人为本，形成内化于心、外化于行、固化于制、行化于责的合力，促进八位一体安全管理模式运行的精准高效、螺旋上升，全过程、全方位推动安全生产管理向纵深发展，助力企业实现高质量发展。

浅谈"三不一鼓励"班组安全文化建设与应用

国家管网集团联合管道有限责任公司西部塔里木输油气分公司轮南作业区　郝　伟

摘　要：随着复杂社会技术系统的发展，安全文化对于系统的安全运行越来越重要。企业安全文化、生产特点与组织环境等因素都对安全文化产生影响，而安全文化则通过个体变量影响组织的安全绩效。本文结合长输管道公司安全生产管理现状，提出"三不一鼓励"班组安全文化建设的意义，用实践案例阐述该文化在安全生产、党支部群团活动上发挥的作用，进一步拓展安全文化建设的思路。

关键词：安全文化；三不一鼓励；案例；创新

企业安全文化是企业在生产实践过程中形成的安全理念、安全管理制度、安全群体意识和安全行为规范的综合反映。搞好企业安全文化建设对于实现企业安全生产的持续稳定发展具有重要的意义。从安全事故产生的机理来看，安全事故是人与人、人与物、人与环境、物与物、物与环境之间的正常关系失控而产生的后果，即是人的不安全行为和物的不安全状态，而物的不安全状态归根到底也是人为因素造成的（自然因素除外）。安全文化是规范人的安全思想和行为，加强安全文化建设就抓住了安全生产中的主要矛盾，"安全"与"事故"是对立统一的两个方面，我们控制了事故，就可以得到一个"安全"的环境。因此，加强安全文化建设是搞好企业安全生产的金钥匙，而如何搞好安全文化建设是我们研究的课题。本文结合安全生产实际，就其中一种建设方案与实践案例进行阐述与研究。

一、"三不一鼓励"安全文化基础建立

安全是从人的身心需要的角度提出的，是针对人以及与人的身心直接或间接相关的事物而言。然而，安全不能被人直接感知，能被人直接感知的是危险、风险、事故、灾害、损失、伤害等。在安全理论里，所有的事故都是可以防止的，所有安全操作隐患都是可以控制的。引起事故的直接原因一般可分为两大类，即物的不安全状态和人的不安全行为。解决物的不安全状态问题主要是依靠安全科学技术和安全管理来实现，但是科学技术是有其局限性，并不能解决所有的问题，因此，控制、改善人的不安全行为尤为重要。企业在安全管理上，时时、事事、处处监督每一位职工被动地遵章守纪，是一件困难的事情，甚至是不可能的事，这就必然带来安全管理上的漏洞。

因此，安全文化概念应运而生，安全文化能弥补安全管理的不足。因为安全文化注重人的观念、道德、伦理、态度、情感、品行等深层次的人文因素，通过教育、宣传、引导、奖惩、激励、创建群体氛围等手段，不断提高企业职工的安全修养，改进其自我保护的安全意识和行为，从而使职工从不得不服从管理制度的被动执行状态，转变成主动自觉地按安全要求采取行动。安全文化就是员工对安全问题的认知，不同的组织类型由于其不同的安全要求和不同的生产特点而产生不同的安全文化。所以，安全工作实践的落实取决于员工的期望，安全文化环境又影响了员工期望值的方向。"三不一鼓励"就是基于员工良好的期望而设立的。

"三不一鼓励"即不记名、不责备、不处罚，鼓励主动暴露不安全问题。众所周知，记名、处罚、责备必然会带给员工心情的不愉悦，自尊心上的打击，甚至造成心态的逆向发展。当然记名、处罚、责备的作用显而易见，在特定的环境能够起到警示、警告的作用。然而更积极的方式，就是鼓励，在适当的时机给他人鼓励，能给人带去很多慰藉，让人看到希望，不至于迷茫，也不至于自暴自弃。可能身在局中之人不明白自己的优点，而只看到了自己的缺点，局外人一语点破，鼓励一下，或许就能让他重整旗鼓，走向巅峰。自信是一个人做事成功的基础，而鼓励则是使员工获得自信的有效途径。

实践证明，鼓励的作用大于记名、处罚、责备，鼓励的效果往往都是积极的，使人愉悦振奋。所以企业将"三不一鼓励"运用到班组安全文化建设中，建立起良好的安全微生态，用微生态慢慢影响环境，发挥其积极的作用。

二、"三不一鼓励"安全文化底蕴

安全文化有广义和狭义之别，但从其产生和发展的历程来看，安全文化的深层次内涵，仍属于"安全教养""安全修养"或"安全素质"的范畴。要培育安全绿色发展文化，由"要我安全"到"我要安全"理念的转变，大力培育安全文化和合规性文化，延伸责任加强源头把控，要按照"向先进水平挑战、向最高标准看齐"的要求，学习先进企业安全管理经验，通过培育安全文化，实现本质安全。

在安全生产的实践中，人们发现，对于预防事故的发生，仅有安全技术手段和安全管理手段是不够的。当前的科技手段还达不到物的本质安全化，设施设备的危险不能根本避免，因此需要用安全文化手段予以补充。安全文化的作用是通过对人的观念、道德、伦理、态度、情感、品行等深层次的人文因素的强化，利用领导、教育、宣传、奖惩、创建群体氛围等手段，不断提高人的安全素质，改进其安全意识和行为，从而使人们从被动地服从安全管理制度，转变成自觉主动地按安全要求采取行动，即从"要我遵章守法"转变成"我要遵章守法"。"三不一鼓励"理念的落地，"人人重责任、人人防风险、人人践承诺"的良好安全氛围的形成，以及"敢于直面不安全行为"的主动干预文化氛围必然会减少安全事故的发生。

三、"三不一鼓励"实践应用案例

（一）激励创新攻关生产难题案例

企业在安全生产上鼓励岗位员工及班组攻坚克难，为员工或团队解决技术难题提供绝对的资金和技术支持。在长输管道上，常会设置 RTU 阀室，在沙尘、大雾等恶劣天气下，阀室蓄电池电压过低造成阀室通信中断，无外电阀室蓄电池电压过低就意味着应急状态，给安全生产带来一定影响，同时给运行管理人员带来很大困扰。课题攻关小组通过集中讨论剖析系统模型，最终提出结合物联网技术，选取基于云控平台的燃油发电机，作为 RTU 阀室的后备电源，对原太阳能供电系统进行优化改进，形成 RTU 阀室的不间断供电的解决方案，彻底解决了生产难题。目前该成果已在其余阀室推广应用。

（二）党支部群团活动创新发展案例

党支部把实现安全生产、经营目标作为创建融合点，倡导党员发挥"工匠本色"，创造出"党员示范岗""党员安全岗""党员突击队"等鲜活生动的活动载体，在解决安全生产难题攻关上，在完成重点任务突击中，彰显党员的先锋作用。为有效提高基层员工安全意识，从源头消除基层站场安全隐患，助力企业更好更快发展，党支部在群团活动中推广应用"三不一鼓励"方式方法。通过"三不一鼓励"班组活动引导和鼓励员工对未遂事件和不安全行为进行提醒、纠正、分享，鼓励主动暴露未遂事件和不安全行为，查找未遂事件和不安全行为的根本原因，及时消除风险，切实发挥安全文化对安全生产工作的引领和推动作用。"三不一鼓励"活动为经验分享打消了后顾之忧，为安全监督打开了绿色通道。安全管理人员也可以更加客观地对未遂事件、不安全行为进行监督、收集、分析、调查。这样人人都参与进来，发挥主人翁意识，积极地分享与沟通，及时发现未遂事件、有效控制不安全行为，员工才会真正受益于安全和谐文化，企业的安全生产才会切实落到实处。

（三）劳模"蝴蝶效应"案例

一个劳模就是一面旗帜，一个劳模就是一个示范。劳模的引领作用不断聚力、不断叠加，带出的"蝴蝶效应"不断上演。某长输管道天然气站场，处于沙漠边缘，沙尘天气频发，压缩机组进气滤可燃气体探测器防护罩上常常积满一层厚厚的尘土，易造成可燃气体探测故障失效及本体使用寿命下降，对机组安全运行产生严重的安全隐患，同时频繁故障会增大成本投入，不利于提质增效高效运行目的的实现。为此，站场劳模创新工作室电仪小组立足生产现场、聚焦生产一线，解决实际难题，通过不断开展小组讨论、"头脑风暴"等活动，总结经验、构思，最终设计、加工出新型可燃气体探测器防护罩，在不影响可燃气体探测器正常运行的情况下，既实用又美观。

站场劳模工作室以工匠精神为引领，通过立足小改小革、创新创效活动提升品牌竞争力，新型可燃气体探测器防护罩制作安装也只是其中一个缩影。企业劳模工作室成立以来，将人才建设和培养作为一项重点工作，每名成员不仅都会为岗位员工授课，丰富人员专业知识结构，同时工作室注重实际操作能力的培养,鼓励员工多动手、多创新,千方百计调动大家的主观能动性、创造性,培养他们独立分析问题、解决问题的能力。在劳模工作室的带领下,现已有多名技术人员成长为骨干力量,能够单独承担技术课题,在国家、省市、公司各大赛场喜获佳绩。

通过以上实践案例证明,企业践行"三不一鼓励"班组文化起到了积极作用。企业将"文化塑造人"的理念应用于团队,以达到解决管理问题的目的,通过主题宣讲和个别谈话相结合的方式,一方面阐述管道企业在未来的美好前景,点亮每名员工在内心深处埋藏的事业心和荣誉感;另一方面通过交流谈心,倾听员工们的心声,及时对当前存在的问题进行化解。全体员工不仅迅速统一了思想,对企业的认可度也得到大幅提升。因此,今后将加大宣传舆论的正面激励效应,好的经验和成功的做法要大力宣传。同时瞄准阶段重要任务、特殊时间节点等时机,进行有重点、有特色的宣传报道,增强企业安全文化品牌的传播力和影响力,进一步发挥文化的凝聚和引领作用。

四、结语

以良好的安全技术和安全管理措施为基础,营造浓厚的安全氛围与环境,全面提高员工的安全文化素质,创建良好的企业安全文化,是预防事故的治本之举。通过企业"三不一鼓励"班组安全文化的传播和教育,不断夯实安全文化基础,拓展安全文化建设范围,提高员工的安全文化素质,使每个员工都成为"安全人",企业将成为安定、安全、幸福的家园,各项发展目标也会顺利实现。

安全文化在煤矿生产管理中的建设实践思考

国能神东煤炭布尔台煤矿　刘　鑫

摘　要：在新时期背景下，安全生产作为我国生产建设的重要理念，也是在生产管理中的重要指导理论。在我国所有行业当中，煤矿生产作为一项高危行业，安全的重要性不言而喻。文章通过对我国当前煤矿生产安全管理中存在的问题，切实落实和践行安全文化在煤矿生产管理中的建设，以安全文化引导煤矿安全生产，构建完善的煤矿生产管理体系。同时通过分析国能神东煤炭布尔台煤矿当前的安全文化内容以及在生产管理中所采取的安全措施，在理论上进行深入探讨，并将其付诸实践，全方位构建国能神东煤炭布尔台煤矿安全管理体系，促进矿产生产工作的有序和安全开展。

关键词：安全文化；煤矿生产；建设思考

国能神东煤炭布尔台煤矿一直都秉持着"讲安是责、轻安失德"的安全文化，将以人为本的生产理念放在首位。特别是在新时期背景下，更加注重在煤矿生产管理建设中的安全文化建设，通过安全文化的渗透和融入，进一步构建完善的煤矿生产安全管理体系。从一定程度上来说，煤矿安全文化是煤矿生产管理的重要组成部分，是传递员工安全生产价值观的重要渠道，更是引导学生践行安全生产行为的重要理念，所以在煤矿生产管理建设中，必须要注重安全文化的建设。国能神东煤炭布尔台煤矿应当在生产管理当中，以安全文化作为企业的主体文化，促进安全生产管理工作的有效开展，切实推动煤矿安全生产。

一、国能神东煤炭布尔台煤矿安全文化建设的主要内容分析

要想在煤矿生产管理当中加强安全文化建设，以安全文化促进煤矿生产管理的进一步完善，就必须明确煤矿安全文化建设的主要内容。只有把握这些内容，才能够在具体的生产管理当中利用安全文化进一步规范和推动煤矿安全生产。具体来说，安全文化建设的主要内容有以下几个方面。

（一）安全理念

安全理念是安全文化的灵魂和核心，只有全体员工和相关的管理人员具备较高的安全意识，具备完善的安全理念，才能够在安全生产管理当中利用安全文化引领生产管理系统[1]。在煤矿生产中，所谓的安全理念是指煤矿生产的决策权，投入检查管理，以及操作等等都要具备较高的安全信念。向员工展示出在安全管理之后，应该取得的安全、文明健康和愉悦的工作环境及美好前景。同时，在大环境内形成健康的、向上的、安全的、积极的心理定式，提高员工的心理安全容量，以安全理念作为自身的行动指导，从而最终达到安全生产的目的。

（二）安全技术

煤矿工作的环境是错综复杂的，近年来随着我国科学技术的快速发展，很多新兴的技术也应用到了煤矿领域，在一定程度上提高了煤矿生产的安全性。所以企业要依靠科技进步，充分合理地利用信息科技，大力发展机械化，挖掘引进安全生产的相关仪器，比如安全型监测监控核心技术。利用科技手段通过对煤矿中的瓦斯、机电排水以及运输等方面进行严密的监控。通过积极地推动和应用新型的安全技术，让科技成果为煤矿的安全生产保驾护航，从而践行安全理念，进一步提升煤矿安全生产管理水平。

（三）安全制度

安全制度是安全文化建设的重要内容。所谓安全制度，包括前期的安全行为习惯养成培训以及员工的安全意识、培训教育规范行动确认及相关的安全追问子系统的构建等。通过完善的安全制度建立煤矿员工的认知态度，对认知意识以及掌握的安全知识技能心理等进行培训，把控煤矿现场施工的细

节,对施工现场固有的或者是潜在的安全因素进行提前认知,实现有效的预防和控制。除此之外,通过构建完善的安全管理制度,能够确保煤矿生产企业在具体施工过程当中的各项目标分解到位,把握安全的关键点,从而为构建安全文化提供现实基础。

二、安全文化在煤矿生产管理中建设的价值分析

安全文化在煤矿生产管理中的建设有着非常重要的作用,安全文化体系是煤矿企业文化与企业安全生产实现紧密结合的产物,在特定的环境和时期能够形成较为稳固的安全理念,群体意识以及行为反馈,对全县做好煤矿安全工作以及搞好煤矿企业安全文化建设都有重要意义。

(一)有利于提高职工的安全思想境界

人在某一个特定的环境当中,会潜移默化地受到环境各种因素的影响。在煤矿生产中,煤矿工人长期处于封闭的地下工作,工作环境本身就存在着极大的安全隐患。但煤矿工人大多都是农民,文化水平不高,具有较强的不可约束性。同时很多社会闲散的劳动力进入煤矿,其道德水平和安全意识都比较低下,很多人在工作的时候为了贪图一时的便利,给整个生产环境造成较大的安全隐患。所以在面对这样的员工群体的时候,通过各个渠道加强对员工的安全教育。采取大量的安全理念灌输和防控措施,能够在很大程度上提高职工的安全思想境界,让职工能够在工作过程当中更加清晰明了地认识到危险因素,并且在安全文化的影响下主动规避,或者是消除这些安全隐患[2]。

(二)有利于提高员工对于不安全状态的辨识能力

煤矿工作环境是一个特殊的环境,其中很多危险因素是常人不容易发现的,那么长期处于该环境的员工,就应当要提高其识别不安全状态的能力,这样才能够在工作中去发现危险因素,进而排除隐患。实践证明,通过长期安全生产实践以及受过专业教育且经验丰富的工作人员,在下井作业的过程当中,能够对矿井中一些不安全的因素实现良好的预知,并且能够对已经存在的安全隐患实现有效的处理。所以安全文化体系的建设,不仅仅是为了能够实现煤矿的生产管理,更重要的是要提高员工对于不安全状态的辨识能力以及安全隐患的消除能力。

(三)有利于加强安全文化体系构建

煤矿企业的安全文化体系构建,并不只依靠于相关的团队或者是某一个管理人员,而是要依托于所有的煤矿职工,甚至包含着工作环境的每一个角落。安全文化是煤矿安全管理的重要基础,加强安全管理体系的构建,就是将安全意识和安全文化具体落实到煤矿安全生产管理当中。通过加强煤矿的安全文化建设,将安全文化渗透到煤矿企业的每一个角落,让每一个员工都具备较高的安全意识,那么员工在日常行为和工作当中都会具备较高的安全意识,有较高的安全觉悟,这就为煤矿企业的安全文化建设提供重要的现实基础。

三、安全文化在煤矿生产管理中的建设实践思考

在充分认识到安全文化建设的重要价值以及安全文化的重要内容之后,相关管理人员就必须要采取有效的措施,真正地将安全文化落实在煤矿生产管理中,推动煤矿生产管理工作的有序有效开展。

(一)大力宣传安全文化理念

安全文化建设是一项长期的工作,并不是一蹴而就的,需要在工作当中进行大量的宣传,潜移默化地影响职工的思想,煤矿企业可以充分利用电视台座谈会,电台以及文艺晚会等媒介,重点宣传煤矿生产的安全文化以及安全管理理念,从企业的角度主动积极地将安全生产管理理念通过有效的渠道进行传播[3]。同时也可以通过黑板报、知识竞赛、宣传窗等渠道多方位渗透煤矿安全文化,引导职工树立安全意识。除此之外,煤矿企业的党政工团应发挥自身的积极作用,开展形式多样的线上线下安全文化教育,促进煤矿企业的安全文化建设。

(二)加强安全培训

安全培训能够让职工具备较高的安全意识和安全素养。安全文化建设是非常重要的。安全培训时,将工作场所中所有可能出现的安全隐患,让职工熟知。掌握安全防范技能,树立安全防范意识,能够防患于未然,实现安全生产。这也正是安全文化建设的魅力所在。企业的安全培训必须要从企业的高层领导入手,通过决策层、管理层和执行层三个层次实现,层层传导[4]。企业上至领导,下至基层,员工都具备同样的安全意识,只有这样才能够构建更加完善的安全体系,为安全文化建设提供依据。

（三）健全安全管理制度体系

虽然安全管理制度是企业的生产管理制度，通过对安全管理制度的强化和落实，为安全文化的产生提供有利条件。国能神东煤炭布尔台煤矿结合自身的特色，形成各级安全管理和监督组织体系，强化安全生产主体责任。坚持谁主管谁负责的安全原则以及逐渐落实责任负责制，构建严密的安全生产责任体系。同时在整个煤矿生产活动当中做到警钟长鸣，并且坚持以人为本的安全文化作为煤矿的安全管理指导，才能够真正实现安全生产。

总而言之，安全文化在煤矿生产管理中的建设是非常重要的，利用安全文化进一步指导安全工作的有效开展，促进煤矿企业的长治久安，充分体现了新时代企业以人为本的建设理念和发展观念。在今后的具体工作中构建更加完善的安全文化体系是企业孜孜不倦的追求。

参考文献

［1］宁丽坤. 现代煤炭企业安全生产管理应用研究[D]. 天津：天津工业大学，2017.

［2］金鸿儒，张涛. 建塑科学的安全文化管理模式是做好煤矿安全生产的有效途径[J]. 劳动保障世界（理论版），2013(6):86.

［3］施正炎. 以人为本 夯实安全文化基础——浅论煤矿安全生产管理与安全文化建设[J]. 能源与环境，2011(5):106-108.

［4］贺亮. 现代煤矿安全生产管理存在的问题与解决方法的研究[D]. 阜新：辽宁工程技术大学，2009.

［5］郭星，陈亦仁，商云男. 探究安全文化体系建设对煤矿安全生产和管理的作用及意义[J]. 科技信息（科学教研），2007(17):245+250.

全面推进企业安全文化创新
努力打造本质安全型矿山

鞍钢矿业公司大孤山球团厂　姜　琳　邱荣欣

摘　要：安全文化建设是企业安全管理工作中一项重点工作。它是企业安全生产管理向深层次发展的需要，是安全科学领域内提出的一项安全生产保障的新对策，是安全系统工程和现代安全管理的一种新思路、新策略，也是企业事故预防的重要基础工程，是企业达到本质安全的有效途径。

关键词：安全文化建设；系统工程；本质安全

一、引言

企业安全文化建设的实质和根本内涵是将企业安全理念和安全价值观表现在决策者和管理者的行动中，落实在企业的管理制度的体系设计和制定中，是将安全法规、管理制度落实在决策者、管理者和员工的行为方式中，将安全标准落实在生产工艺、安全设施的设计和使用中。通过企业安全文化建设，影响企业各级管理人员和员工的安全生产自觉性，形成一种良好的安全生产氛围，以文化的力量保障企业安全生产和经济发展。

二、安全制度文化建设与安全管理

鞍钢矿业公司大孤山球团厂始建于1955年，经过企业大规模技术改造和体制整合，现有在岗职工754人，六个生产作业区、两个检修作业区。是以生产铁精矿、球团矿为主要产品，年生产铁精矿、球团矿分别达306万吨、200万吨，集破碎、磁选、球团烧结为一体的单一磁选铁精矿、球团矿生产企业，几十年来为鞍钢的生产发展和国家经济建设做出了巨大贡献。

（1）按照《国家安全监管总局关于加强金属非金属矿山安全基础管理的指导意见》安全管理基本制度的要求，我们对原有的选矿系统和球团系统安全管理制度进行了合并、整合和改编。至此，我厂现行有效安全管理制度共计41项，为各项安全管理工作顺行与各级管理人员责任落实提供了基础保障。对鞍钢矿业公司下发的《鞍钢集团矿业公司职工违章行为和隐患问题安全考核标准》文件全面承接，制定《大孤山球团厂职工违章行为和隐患问题安全考核标准》，并亲自由厂班子成员对《细则》进行分析、补充，最终形成243条款考核内容的《大孤山球团厂职工违章行为和隐患问题安全考核标准》。

（2）坚持厂长定期对生产副厂长，生产副厂长对安全部门负责人、各基层作业区正职，作业区正职对副职的安全管理工作履职情况进行检查。厂还定期对电子干部安全履职的写实情况进行抽查，形成了逐级对各项管理记录、台账写实情况进行检查点评的机制，密切跟踪安全隐患整改和安全点检问题的处理结果，保证生产系统安全隐患能够在最短的时间内得到有效解决。

（3）厂领导根据节假日和特殊时期安全管理工作的需要，在重大节日前组织专业管理部门对所包保的区域开展检查，及时将问题分解到部门，使发现的各类安全问题能够在第一时间得到解决。同时，厂班子成员在生产系统大、中修现场进行安全管理并密切跟踪和现场指导。对生产系统设备大、中修及抢修时，厂领导都要亲临现场，对现场检修作业的安全管理工作进行监督检查，保证现场人员操作安全与安全措施的落实到位。

（4）厂安全部门在对现场检修作业进行检查跟踪的基础上，始终坚持开展每周作业区安全员互检，以不同的视角对现场的违章行为和安全隐患进行检查，发现问题及时整改。同时，还把白天、黑夜连续检修作业作为安全管理防范重点，厂安全管理室带队在白夜每天组织2名安全员开展现场定检，实现安全检查24小时不间断，达到安全生产全时受控。

（5）为认真落实区域安全管理责任，我厂严格按照相关管理规定，对厂区从事生产活动相关方（施工方）的资质重新审查认证。经审查认证、筛选合格后，当前我厂与19家相关方签订安全协议，将相关方（施工方）人员一同纳入企业安全管理的范畴。对从事生产维护工作的劳务派遣人员，认真执行厂级、作业区、班组三级教育制度，全面提高了劳务派遣人员的安全意识与操作技能。

三、培育全员安全文化素养

在企业安全文化建设中，我厂始终把培育全员安全素养作为安全文化建设的重点，通过采取各种形式的安全教育，建立"安全第一、预防为主"的安全精神文化，引导安全文化建设向纵深发展。

（1）采取"走出去、请进来"的教育方式宣讲安全文化。即在每年初，我厂都要组织安全管理人员"走出去"参加省、市安监部门开展的安全管理资格与专业安全管理知识的培训，通过培训进一步拓宽了安全管理人员的视野，使外部的先进经验融入我厂的企业安全文化建设。积极与市安监、质监培训部门协调，每年"请进来"专职教员到厂，高质量、高标准地对我厂特种作业人员进行培训，宣传先进的企业文化，使我厂干部职工进一步受到先进安全文化理念的教育。

（2）开展安全主题演讲、制作专题板报、专题漫画展、征集安全警句、安全征文等教育活动。及时把开展的"安全生产月"活动，安全生产反违章、安全生产隐患排查、安全管理评价等工作的意义、目的及重点内容，以会议和图文并茂的宣传方式传达到每名职工。同时，通过制作安全知识分享，让职工了解更多的安全相关知识内容。

（3）每逢年初及安全生产关键时期，厂组织全员开展结合两级公司领导的重要讲话精神，从管理和操作两个层面落实安全管理责任的专题大讨论，积极查找自身在安全生产工作中的短板，加以整改，促进了安全管理工作水平的全面提升。近年来，为落实矿业公司关于隐患按事故处理办法的通知精神，在全厂职工中持续开展"我要安全、我会安全、杜绝违章、消除隐患"教育，使全厂干部职工在落实安全职责、杜绝违章行为上取得了明显的效果。

四、促进安全行为文化全面发展

在建设企业安全文化的进程中，我厂把鞍钢集团开展的"五个一流"、鞍钢矿业公司的"安全评价"两项工作作为企业安全文化建设的有效载体，促进安全行为文化的全面发展。

（1）通过创建"本质安全"，完善车间安全生产"三要素"（即：危险因素辨识、作业指导书、安全检查表）管理。首先，在安全评价危险因素辨识方面，我厂针对作业区工作的实际，重新梳理与实际相符的作业危险辨识，进一步提高了职工安全评价危险因素辨识能力。

（2）对现场安全管理工作的实际，结合国家标准与行业标准，完善各类检查工作的《安全检查表》，运用到现场检查当中，为现场各类安全检查工作顺利开展提供必要的技术标准保障，实现了职工安全技能与安全行为文化的双提高。

（3）以"本质安全"为工作抓手，不断把安全标准化工作引向深入。我厂根据鞍钢矿业公司提出的隐患按事故处理这一安全工作制度化、常态化的总体要求开展工作。厂领导组织各部室、作业区主要领导召开了专题研讨，对各基层作业区下发开展隐患按事故处理工作指导意见，在每月安委会上对当月隐患按事故处理问题进行商讨，确定处理结果。

五、打造可靠安全保障文化

认真抓好企业安全管理基础工作，提高职工安全素质，不断完善安全生产设施，打造可靠的安全生产保障文化，始终是企业安全管理工作的长期工作。

（1）为全面实现安全保障文化的创建，我厂生产工艺和设备大修、改造工程都严格执行国家安全生产"三同时"的有关规定，对安全设施和环保设施进行同时设计，同时施工，同时竣工投产使用。利用设备检修的一切机会，积极妥善地安排生产区域安全设施的改进工作，不断解决和提高安全设施的防护性能，努力创造生产区域安全无隐患的良好条件。

（2）针对现场警示标志、定置定位管理标牌不完善的实际问题，对所有重点部位进行统计，为作业区制作了现场警示牌。为现场皮带系统、起重吊车安装了声光报警系统装置；规范现场安全通道；对现场职工操作起到了安全警示作用。现场安全防护基础设施和目视化管理的完善，为打造可靠的安全保障文化奠定坚实的基础。

（3）深化"有限空间、非常规、有毒有害气体"作业管理，实现高危作业的时时受控。由安全部门形成作业目录，下发了有限空间作业管理档案范本，及时制定"三项作业"管理规定和作业指导书,全面完善了39个部位,47项有限空间作业的管理档案,经厂安全部门审核后用于检修作业。

六、构建健康、整洁的安全环境文化

为全面推进安全环境文化建设,从强化职业卫生管理工作入手,全面改善了现场作业环境,建设花园式工厂。加大现场除尘设备管理,对环保设备的检修与管理工作等同于主体设备,严格进行现场环保设备检修质量的验收,实现环境效益最大化的工作目标。

（1）完善环保设施、确保厂区无扬尘。对储煤区、料场区等全封闭,科学合理调配生产和封闭施工工序,对3个露天料场完全封闭,使用智能路面清扫车辆6台,增设厂区洗车台,中心铺设倒运皮带,取消厂内汽车二次倒运作业,避免二次扬尘。

（2）做好尾矿库扬尘本质上治理,制定尾矿库抑尘网铺设设计方案,采取最优的放矿和铺设抑尘网相结合的方式,铺设抑尘网200万平方米,实现尾矿库扬尘控制。

（3）厂与环卫队签订垃圾处置协议,制定垃圾分类管理制度,将生活垃圾分为可回收垃圾、有害垃圾、厨余垃圾和其他垃圾四类,严格按照分类制度实施,产生的生活垃圾规范处置。

（4）针对生产过程中产生的危险废物（废油桶、废棉纱手套、废机油）等,建立健全危险废物管理制度,采取防治危险废物环境污染的措施,对危险废物进行分类收集、贮存并设置危险废物标志。

七、结语

推进企业安全文化的创新是构建特色矿山企业安全理念,打造本质安全必经之路。实践证明,传统的安全文化已不能完全适应当前的安全生产过程全控制,只有不断开拓创新,将新鲜的安全文化血液注入企业的安全管理当中,才能让企业的安全形势得到有效保障,遏制事故的发生,降低伤亡的概率,维护企业的安全稳定。

参考文献

[1]王涛,侯克鹏. 浅谈企业安全文化建设[J]. 安全与环境工程,2008,15(1):81-84.

[2]闻斌. 企业安全文化建设之思考[J]. 工业安全与环保,2005,31(9):61-63.

简述金属非金属露天矿山企业相关方一体化安全文化建设的主要思路和实施步骤

鞍钢集团矿业弓长岭有限公司露采分公司　刘辰昇　刘言明　袁　辉

摘　要：金属非金属露天矿山企业涉及的所称相关方单位是指在企业管辖区域内，从事施工、维修、生产及劳务等作业的施工单位。相关方施工单位又分为长期相关方单位和短期相关方单位。长期相关方单位是指根据委托合同（协议）为露天矿山企业提供长期维修、生产、劳务、保产和承包租赁经营等作业的施工单位；短期相关方单位是指根据合同或协议承担的一次性或临时性作业的施工单位。相关方管理一直是企业安全管理的重点、难点，要想推进企业安全文化建设，必须从企业相关方一体化建设抓起。本文重点阐述金属非金属露天矿山企业相关方一体化安全文化建设的思路和实施步骤。

关键词：相关方一体化管理思路；安全管理责任体系；本质安全体系

金属非金属矿山企业安全管理工作的重点在于基础和基层。如果各项安全基础工作得不到落实，安全生产则存在安全隐患，职工的工作环境堪忧。当前矿山作业过程中存在较多安全隐患，必须引起企业的足够重视。通过建立完善的安全文化体系，提升职工安全技能与安全意识，同时注重全员安全教育培训，以保障金属非金属矿山企业安全稳定持续发展。相关方管理一直是企业安全管理的重点、难点，要想推进企业安全文化建设，必须从企业相关方一体化建设抓起。金属非金属露天矿山企业相关方一体化安全文化建设对企业发展起着重要的作用。

一、相关方一体化安全文化建设实施背景

露天矿山企业相关方单位因为企业性质、管理模式、经济成分等各不相同，有些相关方单位由于经济利益的驱动，往往忽视或忽略安全生产管理而发生事故，甚至发生一些重特大事故。追溯近几年事故信息，如：应急管理部近期公布的包钢集团安全生产事故，从2016年以来发生的20起事故，涉及承包企业9起，占比45%，死亡17人，占比60.7%。从应急管理部公布警示可看到加强相关方管理的必要性。

露天矿山企业在资质审核方面有不严不实现象，易发存在企业资质不符合法律法规规定，有借用、挂靠而承接工程；项目转包，包而不管；未签订协议作业，主体与施工方存在职责不清施工作业现象；施工管理方缺少法制观念，监管不到位等方面问题。

露天矿山企业在监督过程中，还存在与相关方单位未正确摆正安全与效益的关系，只要求按时完成任务工期，安全生产而被抛之脑后；相关方施工单位自主安全管理比较薄弱，区域一体化协同管理机制还有待于进一步整合。

露天矿山企业常驻相关方单位占比少，临时相关方作业单位占比多，相对长期相关方单位，临时相关方单位作业人员个人素质不高，安全专业技能偏低，年龄结构偏小或偏大，对违章作业危险性认识不高，是事故发生的重点人群。

二、相关方一体化安全文化建设的思路和实施步骤

（一）创造相关方安全理念文化

树立以人为本，人命关天，发展绝不能以牺牲人的生命为代价的安全理念。这必须作为一条不可逾越的红线。

严格落实相关方一体化协同安全理念。安全教育、安全检查、安全考核、安全制度等全部与相关方进行一体化管理，实现相关方一体化协同安全理念文化。

实现风险有效管控的相关方安全理念文化。依托双重预防建设机制，将风险管控责任逐级分解到全员，露天矿山企业要积极督促相关方单位开展全员、全方位风险辨识工作，对相关方辨识的安全风险，科学评估、分级，建立安全风险数据库，监督和协助相关方单位绘制"红橙蓝黄"四色安全风险分布图，在重点区域设置安全风险公告栏，制作岗位安全风险告知卡，并采取切实措施将高危风险向低风险转变。

建设相关方奖惩激励安全理念文化。露天矿山企业要加强相关方责任履职考核力度，履职情况纳入绩效考核，激发干部职工参与相关方安全管理的积极性。完善相关方安全监管约束机制，建立领导人员积分考核管理制度，对"关键少数"形成有效的约束，将相关方履职评价结果作为履职业绩，在薪酬中要增设安全绩效考核指标。同时，落实好约谈及责任追究，通过考核问责提升主动履职相关方自觉监管尽责意识。

（二）建设相关方安全制度文化

建立相关方全员安全生产责任制，确定各层级应承担的安全责任，要将相关方作业纳入区域一体化管理，真正实施对区域范围内的相关方安全生产工作的监督、检查，对不履职责任进行溯源追究。

完善相关方安全审核程序，全面做好相关方单位安全资质审核，安全条件审核，人员信息采集，岗前安全培训，签订安全生产管理协议，参与或负责相关方施工安全管理等工作。

严格相关方准入和退出机制，实行相关方黑名单制度。对符合安全资质条件的方可入厂，对违反黑名单制度的给予清退并拉入黑名单，不得入厂作业。

完善相关方安全监管，要求相关方企业资质要与承发包生产经营行为相符，应依法健全安全生产责任体系，完善安全生产管理制度，具备必要的安全生产条件，履行安全生产管理协议要求。

露天矿山企业负有联保职责。基层作业单位领导与机关部室联点领导要定期参加相关方安全会议或交接班会议，检查指导相关方开展安全工作。

相关方单位负责人必须执行好班组交接班会议，传达露天矿山企业相关安全信息和要求，针对每天的作业任务进行安全交底。

相关方单位要制定安全点检标准，制定《安全检查制度》规定进行检查，发现问题要立即组织整改，不能整改的要及时报告，隐患整改后方可作业。并保留安全点检记录。

相关方单位和监管单位、机关部室等各级安全管理人员要做好日常点检，确认现场安全现状符合国家相关法律法规和矿山规章制度标准，发现问题要立即督促整改，对明显隐患或违章行为比照事故分析原因，提出处理意见，确保问题不重复发生。

动火、有限空间等危险作业必须严格执行作业前审批，作业时，要严格落实危险作业方案，监管和监护人员确保旁站式监管到位，安全措施落实到位。

相关方作业现场设备设施安全状态良好；安全通道畅通无阻挡；现场安全警示标识到位；高压气瓶分类分区存放，状态良好；安全警示、提示标识牌、警戒措施齐全标准；施工现场规范，安全设备设施标准。

建筑施工、维检修（临时）相关方单位施工作业都要落实"五清五杜绝"。五清：作业事由要清、监管人员要清、操作人员要清、各方责任要清、规章制度要清；五杜绝：杜绝作业事由心中无数、杜绝未经培训上岗、杜绝没有监管作业、杜绝不按规章制度作业、杜绝责任未落实作业等规定。明确作业来由，作业人员、监管人员等事项，由项目引入部门负责监督管控，根据实际情况确定作业现场需要的监管层级和监管要求，其他相关部门、基层作业单位按各自专业分工和区域责任落实安全监管工作。

凡是纳入一体化管理相关方单位由所在基层作业单位指导落实露天矿山企业安全规章制度，并监督检查基层班组安全记录是否如实填写。

（三）创造相关方安全环境文化

按照《中华人民共和国安全生产法》要求，建立覆盖全员的安全生产责任制，营造"党政同责、一岗双责、齐抓共管、失职追责"的安全文化环境。

从安全管理制度再完善、现场管理标准再提升、职工操作标准再规范三个方面入手，推进和保持安全标准化建设成果，实现相关方安全标准化文化环境。

规范建立违章和隐患按事故处理管理，落细、落实和健全常态化反违章工作机制，做到抓大不放小，实现事故关口前移的安全环境文化。

收集国内金属非金属露天矿山安全风险治理技术，先进工艺，推进高风险、要害岗位无人进程，实现本质安全。

推行现场6S管理,从清理、清扫、整理、整顿、素养、安全六个方面抓起,营造良好的相关方安全环境文化。

（四）创造相关方安全行为文化

对重点要害风险部位、工程施工设置全覆盖,无死角、全过程视频监控,时刻监督相关方作业行为实现作业现场、作业环境和作业条件安全,设备设施始终处于安全运行状态,职工能按照规定动作操作,营造作业时刻监督的安全行为文化。

落实作业指导书、岗位安全规程等制度,进行作业行为监督及指导,开展全员持证上岗及岗位规程"学、练、用"教育培训活动,营造标准作业的安全行为文化。

开展事故案例教育,吸取事故教训,从而增强职工安全意识,规范职工作业行为。

以奖惩约束职工作业行为,从奖惩上营造安全行为文化。

三、相关方一体化安全文化建设实施应达到的效果

（1）监管效果要明显。负有联保职责基层作业单位领导与部室联点领导定期参加相关方安全会议或交接班会议,检查指导相关方开展安全工作,确认现场安全现状符合国家相关法律法规和矿山规章制度标准,发现问题立即督促整改,对明显隐患或违章行为比照事故分析原因,提出处理意见,确保问题不重复发生。

（2）安全标准要得到有效落实。实现相关方作业现场设备设施安全状态良好;安全通道畅通无阻挡;现场安全警示标识到位;安全警示、提示标识牌、警戒措施齐全标准;施工现场规范,安全设备设施标准。

（3）依法合规施工作业。实现在《中华人民共和国安全生产法》及相关法律法规赋予的职责范围内施工作业。

安全文化来源于人,作用于人,安全文化说到底就是企业员工的行为方式（习惯）的选择和行为结果的统一,是一个潜移默化的过程。因此,在企业安全文化建设中,只有始终坚持以人为中心,以人为本,以提升相关方员工生活价值和工作价值为最终目标,才能有序推进企业安全文化建设。

用"学述做"践行班组安全文化

山东能源集团兖矿能源山西天池公司　张吉亮　巩守防

摘　要：矿山企业安全管理工作的重点在于基础和基层。兖矿能源山西天池公司机运工区生产三班始终把安全生产放在突出位置，作为班组管理与发展的核心理念之一，落实安全生产责任制，安全管理重心下移，紧紧抓住"学习"这个核心矛盾，着力解决影响学习实践的问题，构建了以人本管理为主要特征的安全目标管理体系，形成了践行班组安全文化，最大限度地减少违章违纪情况的发生，实现了安全生产。

关键词：学述做；践行；安全文化

企业安全文化建设的核心在基层，在班组，在学习教育。基层区队班组如何创造性地抓好"学习"，并将"学习力"卓有成效地转化为安全文化。兖矿能源山西天池公司机运工区生产三班依据集团公司的核心文化理念，确立了"安全生产，敬业致远"班组安全文化愿景，牢记"安全讲诚信，岗位我负责"班组安全文化使命，开展以"安全承诺践诺，安全生产攻坚"为主题的系列活动："每班排查安全不放心因素""每班岗位安全宣誓"，扎实组织"六比六争"。用深抓学习建强班组安全文化，转化学习力为生产力的生动实践，实现了15年安全生产无事故的骄人战绩。

在生产生活中，物的不安全状态可以通过人的努力去消除克服，而人的不安全行为则可通过经常不断地、有意无意地制造出隐患，造成物的不安全状态，导致事故发生。对于曾经在2006年发生过翻罐笼伤人事故，在安全工作上打过败仗、吃过大亏的生产三班职工来讲，安全生产的意义刻骨铭心，因此认定安全管理的力度怎么严都不为过。

决不能在同一个地方摔倒第二次。生产三班组织班组全体职工，对吃过的"安全亏"，进行了要因分析：按重要程度，找出了影响和制约安全生产的核心矛盾，即生产三班组建时间短，职工"聚合"的整体素质不高。而解决这一核心矛盾最有效的办法就是"学习"。为此，从深入学习近平新时代中国特色社会主义思想活动之初，就开启了"奋力拼搏，大步跨越"的"全员学习"之路。通过强化学习，推动班组职工不断提高安全意识和技术素质，逐步实现从"要我安全"向"我要安全""我会安全"和"我能安全"的转变。

生产三班在抓全员学习的过程中，班组长带头学、示范学，引导其他职工"会中学、干中学、学中干"，"缺什么，补什么、用什么"，将学习与培训的内容与班组职工的实际工作紧密结合，使学习更有效果。

一、基本做法

一是坚持理论武装头脑，抓好示范学。"先学一步，学有计划，学必严格，学要灵活，学有收获，学工相长"。生产三班提出了学习总要求，在实际工作也是这样落实的。习近平总书记关于安全生产的重要论述理论性、哲学性强，真理性高，是指导实践工作最好的方法论。为切实抓好学习，生产三班按照工区党支部总体部署和理论学习指导配档表，专门研究细化制定了班组新的学习方案，对照计划方案，有计划地、有针对性地学。同时，班组长先学一步，联系工作实际，主要针对工作存在问题，从方法论的角度，在专题学习会上有针对性引导其他职工阐述学、示范学。这个班组还规定了必要的请假制度、考勤制度、学习考核制度，确保了参学率和学习效果。班里职工即使休班、出差，也要及时自学补课，避免了学习掉队、不跟拍现象。针对"三八制"工作实际，生产三班灵活性推行了"一三五专题分班次学习法"，即周一业务专题学、周三政治专题学、周五安全专题学，应急专题随时学。相互穿插，相互补充，较好地解决了工学矛盾。通过深入有效的政治理论学习、业务技能学习，颇有成效地改善了生产三班干部职工的思维和工作方式。当前，落实公司安排部署任务、承接相关工程、规范上岗作业行为，在推进和落实工作的时候，班组长先学先行，职工紧随其后，"多想想方法论、多谈谈超前性、多思考计划性"，已经成为一种职业习惯，在生产三班悄然形成。

二是落实"学习互惠行动"计划，抓好相互学。人的品行和技能都有"寸短尺长"的差异性。安全需要"互保、联保"，同样，对于基础差、底子薄的生产三班干部职工来说，学习更需要"相互帮助"。在坚持传统的"一帮一"即"师傅带徒弟"的传统做法的同时，他们把"学习互惠行动"计划放到强化学习提素质的高度上考虑，看作是安全知识、操作技能以及企业文化传播的重要途径。实际工作中，坚持"手指口述、岗位叙述，同一岗位职工，都是老师又都是学生，都有相互帮教的权利和义务"，让职工之间"教学相长"。生产三班是典型的文化、技能、素养"梯田结构和金字塔结构"混合型班组。"学习互惠行动"计划运行不仅把新老员工、上下级员工间的感情联系到一起，而且还促进了业务知识在不同层次间的迅速传播，培养了职工之间相互学习、相互启发的意识。凭借落实互帮行动计划，"尖子型、骨干型"员工带动从没从事过辅助运输工作的同志走向成熟；而从学校毕业的青年职工，则通过学过的"机电运输"等专长、特长技术传播交流，又触动了经验型和尖子型骨干人员不断地加强学习，加快了学习力向生产力的转化。提出"改造翻矸系统、改造钢丝绳摩擦运输系统、改造应急救护平巷人车"等一项项合理化建议，生产三班一项项在技改工作中不甘平庸，实现了持续性推陈出新。生产三班班长李斌同志也因此多次被评为公司先进个人。

三是开实班会和工作交流会，抓好班中学。开会是部署任务，也是学习交流。生产三班把班前班后会开成"民主与集中"相结合的会，将通过会议集中学习业务知识贯穿开会的全过程，有效地落实了安全生产任务，有力地推动了职工的学习力提升。在班前会上，生产三班认真坚持了"四人四讲个人一记"全覆盖做法："四人四讲"，即班长讲上级文件和会议精神、副班长讲交接班任务和注意事项、当班调度员讲当班安全要点和生产任务、互保联保人讲岗位规范作业细节。"个人一记"，即班内每名职工配发了班会专用记录本和笔，把"四人四讲"

内容写在本上，记在心里，落实在行动上；与班前会并行的是班后会，生产三班坚持班后会"班长一考核、三人一讲评、职工一感想"做法："班长一考核"，即每班结束后，班长根据每名职工综合工作效率表现给予考核划分，作为绩效考核的依据；"三人一讲评"，即班长、副班长、当班调度员共同讲评本班安全生产综合情况，肯定成绩，查找不足，分析原因；"职工一感想"，即针对由个人因素带来的成本和进步或者问题与不足，由工人有针对性地谈体会、谈改进。与此同时，为紧密衔接班前会和班后会，切实起好承上启下作用，生产三班还在班组倡导推行了"工作交流会"，这个会议不限定时间、不限定形式、不限定人员规模，让职工在班后随时随地交流工作，互督安全规范上岗行为。"开好会，会中学"取得的效果是，不但每天工作中的问题都能得到及时解决，而且还能产生许多好的工作建议。地面装料系统改造运行后，切实减轻了职工劳动强度，提升了劳动效率，增加了安全系数。但在运行期间，身处一线的职工仍然能发现问题与不足。通过经常参加班会和工间交流会，不断增强工作就是责任意识的装料工李合勇，就发现了地面装料系统管理运行中矿车产生动力不足的问题。他把这一问题与改良的合理化建议报告给工区，得到采纳，有效消除了安全生产工作中新隐患。

四是做实应知应会技能教育培训，抓好岗位学。在基层区队班组，最基础、最实用、最易转化为规范作业行为和安全生产行为的学习是岗位实践式学习。生产三班坚持了一个原则，就是"日常管理就是训练"。职工的重要学习场所，就是他们日常工作的地方。生产三班鼓励职工根据本岗位的工作特点，走自学成才之路，并制定了一整套岗位学习培训制度，即根据每个岗位员工的职责标准进行的一种制度化、规范化、全员化的培训方法，包括岗位培训、转岗培训、上岗资格培训等，囊括了管理用人、达标上岗的所有环节，体现了"干啥学啥，缺啥补啥"的特点。实际工作中，生产三班综合考虑职工文化层次、年龄结构、工作班次等因素，因材施教，分层次，讲好"三大课程"，力抓职工岗位技能教育学习与培训。"三大课程"由"基础必修课、安全专题课、技能升华课"组成。"基础必修课"以岗位风险辨识为载体，各岗位工种以自学为主，做到知学会用，班组结合绩效考核，不定期检查督促学用效果。"安全专题课"则配合周五安全专题学习、月度班组长例会,采取由"班长主持和总结,副班长讲,调度员讲,每个人都谈"的方式进行。"技能升华课"主要结合开展的"学述做"大练兵活动、"创建五型班组"活动,要求每个职工"精一会二学三",在班组大力推广"三岗三"活动,即"到一岗学一岗、到一岗会一岗、到一岗精通一岗",着力培养职工岗位规范作业良好习惯。在生产三班,不少工作是职工原来从未接触过的"土木工程""建筑工程"和"掘进工程"方面的内容。班组组织职工"现学现卖",一方面请掘进工区职工教授喷浆支护技能,一方面,班组长利用自己积累的工作经验,就如何砌砖垒墙抹水泥,手把手地给职工作示范,同时,利用进步快的职工当临时师傅,带进步慢的徒弟。学习推动大家逐步掌握了喷浆、掘砌、土建等原本不属于运输专业的工作技能,较好完成了本工区施工工作关联的水泥硬化、涉及锚喷工作的等有关任务。

二、需要改进的问题

生产三班在大兴学习之风实践活动过程中,尝到了甜头,得到了收获。一方面,班组职工精神面貌新了,工作方法论学得到、用得上了,工作就是责任意识,先进性意识更强了;另一方面,在班组长的示范作用下,职工群众的工作积极性得到了更好的激发和投入,较之以前,安全生产和工作任务落实更加顺畅。但同时,也遇到和存在着需要改进的问题与不足:一是学习的计划性和现实落实还存在"剪刀差"现象。受迎接上级检查、人员公休公差等因素影响,排定的学习计划容易被打乱,而不得不再组织落实。二是学习的深度和广度还有待持续深化和拓展。受现实个人能力、综合素质影响,对政治理论学习、业务技能知识学习的领会、领悟还不够全面,还存在偏差。三是工学矛盾依然存在,还未得到较好的解决。除公休公务外,受"三八制"工时限制,尽管采取的"补学"措施,但仍不能有效解决部分党员职工不能正常参加集体学习缺席的现象。四是实践活动主题还不够鲜明,创新性、创造性还不够强、不够高。一边组织理论学习,一边转化学习效果,一边忙于安全生产,虽然没有忙而不乱、顾此失彼,但结合班组实际的实践活动主题还不鲜明,"干什么、为什么、怎么干、干到什么程度,取得什么效果,如何延伸巩固",一系列前瞻性、思考性的问题还需要在下一步工作认真解析和深化落实。

三、升华工作的对策

"争一流,站排头",这是生产三班努力的目标和方向。结合生产三班活动中遇到和存在的问题与不足,在下步活动中至少要注意做好如下对策性思考。

一要精学理论,克服应付凑合现象。大兴学习之风,首先要学习好习近平新时代中国特色社会主义思想,学好习近平总书记关于安全生产的重要论述,要精读、深读原著,坚决克服"念念就行、读读就完"等不求甚解、应付凑合的现象,防止出现"一阵风"和"雨过地皮湿"不良影响。对于生产三班来说,就要通过学习计划性超前细化,组织落实严密认真,解决好计划与落实"剪刀差"现象。既抓好学习,又干好当前各项工作,真正做到学习严谨严密、工作开展有序、任务落实有章。

二要掌握要旨,解决流于形式现象。生产三班着重要在学习的深度和广度持续深化和拓展上下功夫,通过卓有成效的学习,进一步提高政治、业务综合素质。学习的目的是应用,不能拘泥于读书、读报最传统的形式,要在实践中学,在推进工作的过程中学,在解决问题的需要中学,在会议和活动组织中学,有针对性地进一步灵活载体、放宽视野。生产三班要联系学习实践中遇到的工学矛盾等问题,充分利用微信工作群,抓好线下学习的同时,抓好线上学习,寻求更好的新方法,扩大学习的视野,进一步弥补工学矛盾留下的空当,解决好学习缺位等现象。

三要联系实际,助推工作解决难题。空学无味,浅学乏味。不结合实际的学习浪费了时间和精力,影响了工作推进,迟延了任务落实。这种学习方式不主张,不提倡,要力戒,要禁止。联系实际学,要有一个好载体,好主题。为此,下一步,生产三班将认真梳理以往工作,围绕"运输服务"中心任务,结合实际工作存在的管理、作风、队伍建设等诸方面的问题,联系征集到的职工意见建议,细察潜藏在职工中担职工不想说、不便说、不敢说的心里话,精心提炼鲜明的实践活动主题,在创新性、创造性、前瞻性上深下功夫,精心组织学习,全力转化学习效果,深推安全文化与安全生产相互融合,相互促进,和谐建设。

新时代党建引领下的煤企安全文化建设思考

山东能源枣矿集团岱庄煤业有限公司　王奕明　昝银忠　孙东诞

摘　要：煤企安全生产、安全文化建设与党建工作密不可分。煤企安全工作是一切工作的基础，没有安全保证，其他一切无从谈起，而党建工作是煤企政治工作、企业文化建设的核心之一。随着全面从严治党纵深推进，如何推动安全生产工作、安全文化与党建共融发展成为众多企业探索研究的核心课题。本文针对当前煤企安全生产中存在的一些问题和困难，探讨、思考新时代党建引领下的煤企安全文化建设的实际举措，以期为当前煤企安全品质提升提供思路和启发。

关键词：安全生产；安全文化；党建引领；安全举措

党的建设，是国企发展的强大优势。如何实现把方向、管大局、保落实，把党的建设优势贯穿到生产经营及安全文化建设的各个环节，积极探索党建工作与生产经营的深度融合，构建企业安全文化核心理念更是企业党组思考并实践的中心工作。党的十八大以来，习近平总书记高度重视安全生产工作，亲自研究处置重大问题，发表一系列重要讲话，做出一系列重要指示，鲜明提出人民至上、生命至上，强调发展决不能以牺牲安全为代价，强调安全生产要坚持党政同责、一岗双责、齐抓共管、失职追责，要求各级统筹发展和安全两件大事，树牢安全发展理念，抓好安全生产责任落实，坚决维护人民群众生命财产安全。习近平总书记的系列重要讲话、指示，系统回答了如何认识安全生产、如何做好安全生产工作等重大理论和实践问题，充分体现了我们党以人民为中心的初心所在和责任担当，具有很强的政治性、指导性、针对性，为做好新时代煤企安全生产工作提供了根本遵循和行动指南。

一、煤企安全生产与党建引领的紧密联系

党建发展的根本目标就是保障生产安全，而煤企生产的最终目标也是安全。煤企坚持党建引领，通过加强党建工作，切实发挥党组织战斗堡垒作用和党员先锋模范作用，以此促进企业各项工作健康稳定开展，在企业整个安全生产中起着举足轻重的作用。安全生产与党建工作虽工作方式、手段有所不同，但根本目的相同，二者互为补充、互为促进，共同担负着煤矿发展的重任。一是煤企党建工作是煤企安全工作的政治保证。企业中，人是管理与被管理的主体，人的行为和习惯直接影响着制度执行与落实，但任何制度只能对人的行为习惯予以约束和影响，要入心入脑、内化为行动自觉，还必须依靠做人的思想工作，解决"认识观、思想关"的问题，党建工作正是具备了这样的优越性，二者的有机结合才能体现出最佳效果。二是煤企安全文化建设必须以党建工作为指引。煤企能否保持正确的发展方向，党建工作起着至关重要的作用。当前，煤企安全文化已成为企业文化建设的重要内容。但是，如何使企业安全文化符合企业发展实际、彰显出企业独特优势，必须依靠党建工作引领指导安全文化，为安全文化提供组织保证。在实践过程中，党员先锋模范作用的有效发挥，直接影响着安全文化建设和煤企安全生产，能够带动和促进广大员工努力工作、昂扬向上，形成强大的团队精神力量，所以，企业安全文化建设必须坚持以党建工作为指导，才能在长期持久的建设中发挥有效作用。三是煤企党建工作在安全生产中起着决定性的作用。煤企党组织政治作用发挥得好、党建制度体系健全、政治规矩及纪律严明、标准要求明确，企业安全生产主体责任落实就更加到位，全员安全意识就会增强，安全各项举措就会更加细化和明确。以山东能源枣矿集团岱庄煤业有限公司（以下简称岱煤公司）洗煤厂为例，近两年来，针对员工队伍业务不精、经验欠缺、文化技术参差不齐等安全管理难度大的被动局面，党支部认真分析存在的问题，总结出"以点带面"改

进提升的方式，即从党员干部队伍这个"点"入手，紧抓员工队伍建设这个"面"，及时对全厂党员、领导干部进行责任区划分、定人定组，分班组盯岗；党支部全过程监督执行，同时强化安全绩效考核，通过系列措施，全员安全意识普遍提高，按章作业日渐成为全员标准规范，安全管理的被动局面得到扭转，安全文化氛围日渐浓厚，可见，党建对安全生产和安全文化建设的重要作用。

二、当前煤企安全生产和文化建设中存在的问题

当前，煤企安全生产和安全文化建设中存在的一些问题短板成为制约安全管理水平提升的主要原因。以国内洗煤厂为例，以下问题具有共性。

（一）洗煤工艺日益复杂加大了安全生产压力

随着洗煤技术的发展，洗煤工艺变得越来越复杂，洗煤管理变得日益分散。同时，洗煤设备产品种类繁多，缺乏统一的制造标准，在进行工艺管理时很难详细了解设备的性能，缺乏对设备的有效管理。目前，岱煤公司主洗系统升级为重介洗选工艺，所需循环水量大，洗水系统负荷量大，井下3上工作面原煤上浮灰分高，且粗粒精煤泥灰分高，无预先脱泥工艺设备，影响最终精煤产品质量，生产链较长，安全不确定因素增大。

（二）洗煤厂工人素质参差不齐

虽然洗煤厂基本上实现了生产自动化，但是许多工作依然还需要人来参与。工作人员素质参差不齐、工人文化程度较低，洗选煤专业知识匮乏、高学历人才引进困难等成为共性问题，这也导致安全生产风险增大，安全文化建设因人员认知不一而存在客观困难。

（三）洗煤厂管理制度不健全不完善

培训体系不完善，因对煤炭洗选缺乏足够的认识，安全技术培训又需投入大量的人力和物力，造成一定程度上对安全生产技术培训有所忽视，人员对安全生产的基本常识缺乏，同时，从业条件比较艰苦，工作强度较大且单调乏味，容易产生疲劳和懈怠的情绪，造成一些人为原因安全隐患。

（四）党建作用发挥不明显

一岗双责，党政同责，就是要求党建与生产相融合。党建引领安全发展、引领企业文化建设的意识虽较为强烈，但是具体推进的工作力度不够，还存在重业务轻党建现象，对于党建与业务更好融合缺乏深度思考，党建工作尚未成为助推企业发展、丰富企业文化内涵的核心因素。对标对表先进企业，还存在不小的差距。

三、完善安全生产和安全文化的建议措施

党建和生产只有深度融合，才能保证安全生产，各项工作也才会富有成效。党建与生产在安全上交汇，实现全面融合，而这种融合我们要持续巩固提升，筑牢一个安全根基，实现安全新目标。安全和管理是相互协调、相互统一，二者相辅相成、共同进步，才可以更好地促进煤企发展。唯有发挥好党组织政治核心和领导核心作用，正确处理好安全与效益、安全和发展、安全和产能之间的"三对关系"，牢固树立安全底线思维，坚持不断完善安全制度体系、细化安全管理举措、强化安全文化，才能营造人人重视安全、人人参与安全的良好氛围，才能为公司发展提供强大内生动力。针对当前煤企安全生产和文化建设中存在的短板，可从以下方面进行改进。

（一）加强安全生产系统软硬件投入

要加快推进煤炭洗选自动化进程，降低人在煤炭洗选过程中的参与度，并对煤炭洗选的全过程监控，实时查看煤炭洗选进度，避免危险事故的发生。要创新创效不断融入"新智慧"，以工艺优化、技术创新为重点，逐步突破跳汰洗选固有的工艺限制，采用PDCA循环、智能干选机、自动提耙浓缩机、中煤再洗、精煤压滤机降水等系列工艺流程和精优洗选系统改造，比如岱煤公司洗煤厂2021年靠这些流程和技术革新，节约资金260余万元、增收600余万元，成效显著。要积极推进先进的重介工艺系统技术改造工作，加强对洗选煤机电设备的管理，做好设备定期维护、报废设备定期更换，通过提升设备的可靠性，不断降低安全生产中的风险隐患因素。

（二）加强安全生产和文化制度体系建设

健全安全文化体系建设，坚持在党委、党支部核心引领下，构建系统性的安全文化制度体系，明确安全文化建设的范围、要点、手段、考评方式，逐一将安全文化融入日常党建和安全管理工作中，真正让确保安全成为每一个员工的行为自觉。唯有制度化管人、制度化管事，才能形成权责明晰、责任到岗到人到位的安全管理体系。要紧抓安全生产中的"关键少数"，也即各部门负责人、关键岗位的人员，采取签订安全责任书、安全绩效合约书、安全问题问责追责书等形式，真正让这部分人员充分了解自身肩负的责任，切实将自身安全责任压实压到

位。要强化安全绩效考核的作用，煤企生产虽不能以罚代管，但科学的安全绩效考核是促进人员精心履职的有效方式，通过鲜明的绩效导向促进安全管理是有效的管理手段之一。企业自身如果没有能力梳理出自身的安全文化体系，聘请第三方专业公司来打造安全文化体系也是不错的选择。另外，管理人员要定期深入到生产一线，了解生产实际状态，实行"走动式管理"以及"手指口述"等管理模式，真正做到发现问题、解决问题，落实安全监管工作。

（三）建强安全从业人员队伍

坚持党建服务安全生产经营不偏离，以"党建引领安全生产"为基本原则开展工作。所有的工作都是人的工作，人员队伍始终是安全生产中最为核心的要素，要想避免安全事故，就要解决人的问题。因此，必须提高企业工人的素质。要加大安全生产技术培训投入，制度化常态化开展岗位安全生产教育，强化安全技能培训，通过相关宣传提高工人的安全生产意识；要强化安全管理制度执行，对于违规操作"有法可依，有法必依"，违规必严，不搞形式主义，使所有人员做到安全有我、管生产必须管安全，明确责任，切实落实管理制度。同时，要推进建立与市场接轨的薪酬福利制度体系，提高安全生产重点岗位人员、一线工人的薪酬待遇水平，吸引那些大中专院校毕业生来到煤企就业，不断优化人才队伍结构，提升人员整体素质。

（四）做实安全生产各项具体举措

树立"安全第一""隐患就是事故""一切事故皆可预防"的信念，要加强日常安全教育，通过集中学习、举行班前安全宣讲等形式，教育引导员工树立"安全至上""安全决定一切、安全否定一切、安全超越一切"的思想。要强化员工的风险意识教育，及时辨识和排查处理各类危险源，"将安全风险管控挺在隐患前面，把隐患排查治理挺在事故前面，构建安全风险分级管控和隐患排查治理双预控机制"，让人员将风险预控放在心中，时刻谨记，切实践行生命至上理念。要注重现场和岗位安全管理，按照国务院安全生产"十五条硬措施"，严格把控薄弱时间、薄弱班次、薄弱地点、薄弱环节、薄弱人员管控，探索实施"预知预警"安全管理模式和安全确认制度，做到超前预防，杜绝事故的发生。要教育员工"先处理心情，再处理事情"，开展安全自助训练，进一步明确事故倾向特征，引导员工在岗时进行心理训练和心理调节，使其最终达到安全状态。要注重强化安全理念渗透，文化塑心树人，通过报纸、微信、文体活动等多种形式，广泛宣传安全理念、员工行为准则，使其成为干部员工自觉遵守的行为准则。

四、结语

安全生产离不开安全文化的支撑和保证，安全文化构建离不开党建工作的引领。对煤企来说，尤其对洗煤厂来说，日常工作环境、软硬件投入、人员队伍等均会影响安全工作品质，因此党建引领、安全生产、安全文化是共存共促的关系，不能割裂开来看待，日常也需要统筹、系统性的生产组织和文化建设工作。如此，才能在确保安全生产始终平稳的基础上，促进形成符合企业发展实际、务实管用的安全文化氛围。

参考文献

[1]王子豪.基于精益生产理论的Y洗煤厂生产管理优化研究[D].太原：山西大学,2020.

[2]刘平,李怀磊.洗煤厂控制自动化技术的研究[J].山东工业技术,2019(6):89.

[3]赵永飞.提升管理水平创建优质高效洗煤厂[J].今日财富,2020(1):200.

[4]孙钊.浅谈洗煤生产的安全问题与安全管理[J].机械管理开发,2016(7):149-150+155.

[5]郝建华.浅谈煤矿支护管理与安全生产的关系[J].科技风,2016(10):121.

[6]孙钊.浅谈洗煤生产的安全问题与安全管理[J].机械管理开发,2016,31(7):149-150+155.

"忠孝"安全文化理念

新汶矿业集团有限责任公司生产服务分公司　徐西义　巩春江　王献军　董相斌　李树根

摘　要：就新汶矿业集团有限责任公司生产服务分公司（以下简称生产服务分公司）来说，呈现涉及行业多、地点多、人员多的复杂情况，生产接续紧张，安全压力不断加剧，培育"忠孝"安全文化理念，有利于统一思想，提高认识。从人的本初意识和道德观念出发，不断激发干部职工抓安全的自觉性、积极性和主动性，进一步创新实施协同工作"五项准入"，提升安全基础管理。通过准入流程化、精益化、责任化、规范化、制度化管理，准确把控五项准入条件，防止技术条件不具备、人员条件不符合以及不合格的设备、材料、机具投入使用，提升安全基础，防范各类安全生产事故。落实"计划先于一切，准备大于生产"工作理念，通过"勘、探、查、验"四字工法，加强施工过程管控，保证安全风险管控到位，安全隐患治理到位，安全措施实施到位，安全责任落实到位，实施全过程管控，切实提升安全管理水平。

关键词："忠"——安全的责任意识，安全的根本命脉；"孝"——安全的情感防线，安全的道德底线

安全是企业的生命线，安全是职工的幸福源，安全是我们永恒的主题。近年来，生产服务分公司主动适应安全生产新形势新要求，全面贯彻落实集团公司工作会议精神，坚持以人为本、和谐文明的发展理念，创新性融合儒家传统文化，培育"忠孝"安全文化理念，聚焦安全宣传引领、安全过程管理、全员素质提升、基层基础建设、风险辨识评估、干部作风转变等关键环节，解放思想、转变观念、勇于创新、突出实干，全面推进构建本质安全型矿井的新举措，确保生产服务分公司安全高效稳健发展。

一、以"忠孝"安全文化理念保障家庭幸福

"忠孝两全，安全为天""安全第一、生命至上"，把保护人民群众的安全和健康作为安全文化建设的出发点和落脚点，高度重视人的生命、健康价值和精神、情感意识等，大力推进安全文化建设。通过有效的文化载体，以人性化安全活动的开展和文化的渗透，将"忠孝"亲情引入安全生产、生活中，用亲情为安全生产筑起了一道坚实的防线。时刻提醒职工增强安全意识，注意安全，按章作业，营造"情系职工安全"的浓厚氛围，从而使企业的安全生产管理制度从约束人向激励人转变。使员工树立正确的安全意识、态度和信念，加深对安全法律、法规、标准、规章以及安全价值和作用的认识和理解，真正在企业形成"安全第一、生命至上"的价值取向。

在日常工作中，我们必须时刻绷紧安全这根弦，对生产操作规程要领悟透彻，对安全规程要熟练掌握。俗话说"工欲善其事必先利其器"，只有熟练掌握好专业知识才能正确处理一些紧急情况。生产服务分公司实施看板化管理，助力"四薄"精益管控，压实压紧各级职责，制定目视化看板与措施清单，提高班前会、工前会召开质量，规范和引导各级管理人员按项、按标分布落实"四薄"排查，及时配齐测温仪、血压仪和测酒仪，保证"四薄"排查的精准实施，提高自身的重视程度，提升个人的安全素质。对于安全工作我们要坚决与麻痹大意做斗争，新闻报道中的一些安全事故时常是一些经验丰富的老员工误操作引起的，这是由于这些人平时很少遇到事故或者教训，思想上麻痹大意，犯了经验主义错误，认为以前都是这样做的没有发生危险，这次继续这样做事故就发生了，给自己造成伤害，给家庭带来灾难，给企业造成损失。

安全是家庭幸福的保证，事故是人生悲剧的祸根。父母给予生命，哺育成长。对安全生产的麻痹松懈心理，在实际工作中心存的侥幸心理，就是对阖家幸福的不负责。潜伏的安全隐患导致事故随时都可能发生，确认实施生产安全，是每个人对家庭的

担当与责任。"忠孝"就是要做到尊重人、理解人、关心人、依靠人、发展人和服务人，通过对人的有效激励，充分发挥人的主观能动性、积极性和创造性，更好地实现个人对安全的重视与公司对安全的要求相统一，实现公司持续高效的发展。

二、以"忠孝"安全文化理念推动公司安全发展

习近平多次强调"坚持以问题为导向"的工作思路。好的安全文化理念必须为企业安全生产服务并产生实效才有价值和意义。只有把"忠孝"安全文化理念与生产服务分公司安全生产实践有机结合，才能发挥它应有的作用。要坚持"党政同责、一岗双责、齐抓共管、失职追责"原则，大力弘扬优秀传统文化，将"忠孝"文化理念植入安全过程管理和安全作业环节，坚持问题导向，建立"忠孝"安全理念落地机制，建立安全问题解决机制，实行问题销号制度，将"忠孝"安全文化理念与生产服务分公司中心任务紧密结合，才能做好它在安全生产各个环节的落地生根工作，才能实现公司安全管理的进步和发展。煤矿安全任何时候都要做到防患于未然，要以"忠孝"安全文化理念为引领，积极创新搭建"双防"数据平台，实现远程资源共享利用，实现数据信息实时采集、整理、会诊、跟踪、落实全过程闭合管理及远程动态管控，促进基地、现场一体化协同办公，确保现场安全环境整治成效，全力打好安全隐患排查治理攻坚战。对"忠孝"安全文化理念落地生根过程中产生的问题，应该有检查有监督，包括上级对下级检查、岗位之间的监督、上一道流程对下一道流程的追问提醒等，通过严格检查监督，保证相关措施落到实处。一方面要对现有的安全管理理念进行深层次移植，另一方面要对安全工作长效机制进行系统的强化和规范，从基本规章到队伍素质，从职责标准到工作流程，从监督检查到考核评估，都要规范起来，以适应生产服务分公司安全长治久安的需要，不断推动矿井安全管理实现由"治病"向"强身"的转变，切实发挥好"忠孝"安全文化理念在分公司安全管理中的推动作用，真正铸造起安全盾牌，保证和推动生产服务分公司安全生产健康和谐发展。

三、以"忠孝"安全文化理念筑牢安全发展

煤矿生产，安全为天。做忠诚企业的安全人，心怀责任，遵章守法。多年来，生产服务分公司严格贯彻落实集团公司安全生产部署，稳步推进安全生产工作，既有思想理念的转变、思想认识的提升，也有工作层面采取的一系列针对性措施，但归根到底是全公司干部职工顽强拼搏、共同打拼的结果。特别是奋战在安全生产一线的管理人员、技术人员和技能人员，以对安全工作强烈的忧患意识和担当精神，认真履行安全管理和工作职责，为公司的安全稳定生产做出了突出贡献和优异成绩。近年以来，生产服务分公司常态化开展警示教育，组织开展"事故预想，强质保安"活动，充分利用轮班培训、节假日活动等时机，积极开展与父母报平安、与儿女话亲情等系列演讲、讨论活动，引导员工主动地把"安全为天、生命至尊""百善孝为先"等理念融入自己的灵魂深处，强化各级管理人员的安全责任意识和红线意识，提升了全员控风险、除隐患、防事故的自主保安安全意识。深入推进"提速、提素、提质"工程，充分借助公司技术学院、职大分校等平台开展职工技能取证和安全教育培训，进一步提高了职工安全技能水平。强化安全网格化管理，借鉴"驻村书记"模式派驻管理人员深入基层开展沉浸式安全包保活动，深入贯彻"沉浸式"和"走动式"相结合的指示精神，带着亲情和关爱包保，突出指导和落实，着力解决职工最关心、最直接、最现实的问题。

培育"忠孝"安全文化理念，有利于统一思想，提高认识。从人的本初意识和道德观念出发，深刻领悟"子不为父母忧为孝也""安全就是对企业最大的忠诚"的深刻内涵，将违章蛮干、明知故犯列为不忠不孝的行列，时刻把"安全"放在心头，不断激发干部职工抓安全的自觉性、积极性和主动性，不断教育引导干部职工克服安全意识疲劳，牢固树立"安全第一、预防为主"的思想，提高安全工作标准和安全管理境界，确保生产服务分公司长治久安。

四、以"忠孝"安全文化理念提升安全管理

生命至高无上，安全重如泰山，本质安全是企业管理的最高境界。为提高本质安全管理，必须将安全根源管在思想、安全问题查在现场、安全管控严在预防，从思想理念上不断明晰安全工作思路，提高干部职工对安全工作规律的认识。任何安全事故的发生究其根本原因主要有两个方面，即"人"的不安全行为和"物"的不安全状态。而安全事故的发生，96%是人的不安全行为，

4%是物的不安全状态。每起事故的发生都有事故隐患的存在,而这些隐患便是人的不安全行为及由人的不安全行为造成的不安全状况。

就生产服务分公司来说,呈现涉及行业多、地点多、人员多的复杂情况,生产持续紧张,安全压力不断加剧,培育"忠孝"安全文化理念,主动地把安全生产与家庭幸福、企业发展联系起来,增强遵章守纪的自觉性,进而杜绝违章操作,防止事故的发生。不断激发干部职工抓安全的自觉性、积极性和主动性,进一步创新实施协同工作"五项准入",提升安全基础管理,通过准入流程化、精益化、责任化、规范化、制度化管理,准确把控五项准入条件,防止技术条件不具备、人员条件不符合以及不合格的设备、材料、机具投入使用,提升安全基础,防范各类安全生产事故。落实"计划先于一切,准备大于生产"工作理念,通过"勘、探、查、验"四字工法,加强施工过程管控,保证安全风险管控到位,安全隐患治理到位,安全措施实施到位,安全责任落实到位,实施全过程管控,切实提升安全管理水平。

本质安全是公司之本、发展之基。"存忠孝心、做安全人"应该成为每一位职工共同遵循的安全价值标准和安全理念认同。相信只要认识到位、管理到位、落实到位,只要锲而不舍、坚韧不拔地推进"忠孝"安全文化理念的落地生根,持续完善提高矿井本质安全管理水平,分公司就一定能够在安全发展的大道上越走越远、越走越宽。

安全文化理念形成的实践与创新

山东能源内蒙古盛鲁电力有限公司　杨晋沛　何玉峰　张　彦

摘　要：安全文化是安全生产的灵魂，安全文化理念的建设与形成，需要紧扣国家的安全发展理念，以扎实的安全管理基础工作为积淀，创新营造浓厚的安全氛围，借助榜样的力量，总结提炼而得以形成，并在实践中推陈出新，与时俱进，才能深入人心，得以推崇和发展，统一员工自主保安行为意识，推动企业安全生产工作。

关键词：安全文化理念；形成；实践；创新

安全文化是安全生产的灵魂，它通过对人的观念、道德、伦理、态度、情感、品行等深层次的人文因素的强化，利用领导、教育、宣传、奖惩、创建群体氛围等手段，不断提高人的安全素质，从而改进其安全意识和行为[1]。它的成功实践和贯彻是激发企业职工的主观能动性，助推企业安全生产跨步提升的重要手段。安全文化理念的建设与形成，需要紧扣国家的安全发展理念，以扎实的安全管理基础工作为积淀，创新营造浓厚的安全氛围，借助榜样的力量，总结提炼而得以形成，并在实践中推陈出新，与时俱进，才能深入人心，得以推崇和发展，统一员工自主保安行为意识，推动企业安全生产工作。

山东能源内蒙古盛鲁电力有限公司（以下简称盛鲁电厂）安全文化理念充分吸收了各相关方的安全文化要素，在为构建安全生产堡垒一砖一瓦建设、一针一线耕耘的过程中，安全文化理念逐步形成，它是盛鲁电厂安全工作经验的总结提炼，来源于实践并应用于实践。

一、树立科学发展观，构建企业安全文化理念

安全生产是我国的基本国策，安全生产方针政策是企业安全生产工作的精神指引，是企业各级单位制定安全文化理念的方向标。盛鲁电厂以习近平总书记关于安全生产的重要论述及指示批示精神为指导，树立科学的安全观，总结提炼安全管理文化，构建以"生命至高无上、安全责任为天"为价值观，"本质安全企业、完美和谐盛鲁"为愿景，"一切风险皆可控制，一切事故皆可预防"为目标，"安全第一、预防为主、综合治理"为方针，"六安建设"（党政保安、依法治安、管理强安、基础固安、科技兴安和文化创安）为核心举措的安全文化理念。

二、创新宣传活动方式，营造浓厚的安全文化氛围

安全文化理念的宣传教育是对企业职工安全思想、情感、行为的正向强化，是安全文化氛围营造、推动安全工作知行统一的关键所在。安全文化理念的宣传教育要尽可能融入企业安全生产的各项工作中，以使安全文化理念在潜移默化中被职工所接受，从而达到增强自主保安意识的目的，如图1所示。

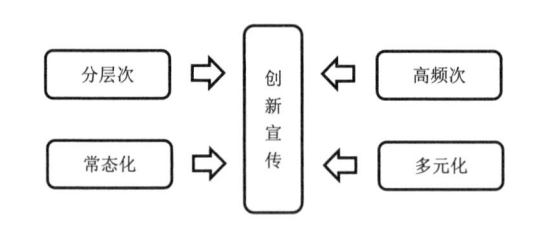

图1　创新宣传活动

（一）强化引领，分层次构建宣传渠道

一是公司各班子成员以领导者的身份引领安全文化理念的全面认知。公司年度会议始终以安全工作会议的主题召开，季度、月度安全生产会议作为重要会议，以扩大会议的形式确保各相关单位人员参加。

二是公司中层人员以监督者的身份引领安全文化理念的不断深入。中层领导干部是安全基础管理工作最直接的掌权人，应将安全文化理念的中心思想在各类考核指标中给予体现，以工作重点的形式强化基层人员安全文化理念的认知。

三是公司基层人员要以落实者的身份推动安全文化理念落地生根。基层人员是各类生产活动的直接参与者，基层员工中要推动事事谈安全、会会议安全、处处见安全，促进员工熟规章、守规章，打造本质安全型员工。

（二）深入解读，常态化纳入培训专题

一是依托安全文化内容，结合企业、行业自身特点，制作安全文化宣传片，在新入职员工三级培训教育、各项常态化培训教育以及三违人员再教育过程中进行播放和讲解；二是利用微信群、公众号进行安全事故、知识教育培训时，构建安全文化主题，通过与各项专项教育相结合的方式，建立理论与实践桥梁，深入阐述安全文化理念，有力推动安全文化理念入心。

（三）拓宽口径，高频次强化观念提醒

一是依托各类传媒载体，充分利用门禁卡、考勤机、电子门牌、办公电脑、安全活动礼品、记录本等板面和屏显设备作为载体宣传理念标语。二是在生产现场张贴安全条幅、安全看板、安全挂图，展示安全文化信息。通过安全氛围的建立，思想意识的强化，潜移默化地强化企业职工对于安全文化的认知度。

（四）创新形式，多元化推动理念融入

一是组织各类"安全交流会""事故反思会""模范学习会""隐患随手拍""安全大讲堂""公司领导下班组""现场安全考问"等活动。二是利用各类信息平台开展素质提升考试、安全知识考试。三是借六月安全月契机，印发宣传册、反违章手册等学习材料。四是通过工会组织开展的各类"答题""猜谜"等趣味活动，融入安全文化理念知识。五是工会、团委充分激发青年职工的活力，带头践行安全文化理念，主动搭建青年安全工作平台、监督平台，策划开展"安全生产示范岗""青年安全监督岗""我为安全献一策"等活动。六是通过建立"安全亲情文化墙"，邀请家属参加"安全亲情座谈会"等形式，从情感上有力提高安全文化理念的认可度。

三、夯实安全管理工作，提升安全文化理念的认同感

安全文化的核心是以人为本，这需要将安全责任落实到每一位员工的具体工作中，通过培育员工共同认可的安全价值观和安全行为规范，营造自我约束、主动管理和内部监督的安全文化氛围，做到真正意义上的本质安全。因此抓实抓牢安全管理工作是企业安全文化理念建设和实践的关键所在。若安全管理工作违法违规、责任体系不完善、制度规范不科学、奖惩体制不严不实、工作执行虎头蛇尾、安全事故频出频发，安全文化理念也必将成为一句口号、一句空话，仅仅停留在认知层面不被认可，企业也必将在职工心目中形成好高骛远、大吹大擂的不良形象，企业安全文化理念再如何构建和推广都将难以正向推动安全管理工作的提升。这将与安全文化理念形成和实践的最终目的相违背。

为此，盛鲁电厂将"六安建设"（图2）作为企业安全文化理念建设的强有力举措，不断创新思路，持续完成了安全生产"两个0"的目标，全力彰显了公司安全文化理念建设的立意所在，验证了安全文化理念建设和实践的效果，提升安全文化理念在职工中的认同感。

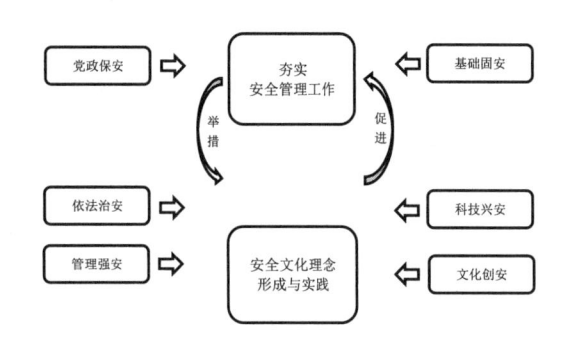

图 2 "六安建设"文化理念

（一）党政保安

一是发挥党政工团齐抓共管的合力作用，利用党建工作平台优势和舆论工具，创新思路方法，开展"党员先锋岗""党员模范区""党员安全大检查"等有关活动，组织编制了《员工行为手册》，切实发挥党组织在安全文化建设中的引领、教育、服务、激励作用。二是全面实施"主要负责人安全工程"。充分发挥公司主要负责人的政令保障和强力推进作用，亲自带头学习、深入现场检查、开展安全讲课等活动。三是坚持"安全生产一票否决"制，在公司评优和干部提拔任用、职级晋升、评先评优推荐提名时，将安全生产工作责任制、安全生产重点工作落实情况纳入考查范围。

（二）依法治安

一是公司各级人员层层签订安全目标责任书，明确可量化的结果性指标和细化的考核标准，持续构建"人人有责、层层负责、各负其责"的安全生产责任体系。二是全员安全生产责任制，明确了全部共计102个岗位的安全生产责任，压紧压实到人，促进各岗位履职尽责。三是自投产以来的2年内，坚持对安全生产管理体系与制度进行了5次修订，确定了13个子系统共计124项安全生产管理制度，按照"三管三必须"原则，不断完善保障体系和监督体系建设，杜绝安全管理漏洞。

（三）管理强安

一是创新构建了"四级八类"风险分级管控和"二级五化"隐患排查、治理的制度体系，坚持定期研判和动态研判相结合，持续完善风险清单；结合各阶段生产任务重点及薄弱环节，坚持开展日巡查、周检查、月检查、季节性检查、专项检查和隐患排查，涵盖现场检查与管理履职检查，制定检查表，以网格化组织形式，竭力做到安全检查高频次、全覆盖，同时谁检查、谁签字、谁负责，压实责任；二是加大考核力度，创新"以小见大"考核模式，以文明生产为抓手，严厉查处"因小事而不为"的安全态度问题，倒逼全员参与、标准提升、严格履职。三是贯彻"PDCA"管理思想，严格闭环管理，实施"策划、执行、检查、改进提升"的安全生产闭环管理模式，持续反思改进。

（四）基础固安

一是强化班组建设，规范班组长选拔、任命工作流程，细化班组岗位责任，提高班组执行能力；开展班组达标竞赛活动，助推班组精细化管理升级。二是制定《安全生产标准化建设提升方案》，持续开展安全生产标准化达标创建工作。三是强化反违章管理，创新人防、物防、技防措施，设立违章"曝光台"，对习惯性违章，按照事故追查方式进行提级追查分析。四是严格把控外委人员入厂关，深入开展多层级入厂人员素质审查、单位资质审查及开工审查，从根本上确保人员素质水平，有力保障安全文化理念的顺利贯彻实施。

（五）科技兴安

一是开展科技创新项目、"五小"创新活动、QC质量管理活动、提案改善活动等，加快科技研发、成果转化和企业安全技术装备升级。二是运用智慧监盘系统，实施大数据的研究与应用。三是升级安防视频监控防入侵功能，安装周界电子防入侵装置，设置无人机反制干扰装置，实现周界、空域及厂区重点区域入侵报警功能；安装电子巡更系统，规范安防、消防巡查管理。

（六）文化创安

一是开展丰富多彩的安全文化活动，制作文化实物、文字图片、视听影像，营造安全氛围。二是坚持开展以"消除浪费、持续改善、追求卓越、创造一流"为目标的市场化、精益化（简称两化）融合项目，形成《6S宣传手册》《6S实施与可视化手册》《浪费点检与提案改善实施手册汇报》《精益项目实施手册》《电厂精益项目成果汇编》等资料，深化制度改革，消除安全管理"浪费"因素，提高安全管理效能。

四、创新推优方式，树立榜样力量

在安全文化理念的建设过程中，榜样的力量是无穷的。榜样是安全工作的标杆，是安全文化理念的彰显，榜样的全力表彰既是对阶段性建设工作的总结及闭环，也是对实践过程中企业职工未来之路的正确引领。而推优方式的创新，是为了体现公平公正原则，切实将职工看得到、听得见、普遍认可的优秀模范遴选出来，并通过全力的表彰宣传，充分发挥榜样的正向激励作用。

一是制定科学方法。榜样的建立是对企业全员的引领，必须是正确安全文化理念的体现。因此榜样的选拔必须建立在科学的方法之上，应当本着全员参与、重点突出的思想，采用思想汇报、业绩评比、部门推荐、全员评分等综合评判的方式进行遴选，确保人选实至名归。

二是创新表彰方式。榜样的表彰力度将决定着榜样力量的发挥，除了传统的奖金、证书表彰方式，应当充分利用各种媒介手段，如纳入安全文化宣传片、制作宣传材料、利用微信公众号进行宣传等手段全面进行，确保榜样的事迹深入人心。

五、效果和启示

安全文化建设是一项系统工程，盛鲁电厂作为山东能源电力板块开疆辟土的第一个大型电力项目，人员来自不同的企业，各方文化相互碰撞、摩擦、融合，安全文化建设起点较为复杂，虽然建设任务艰巨但却是迫切需要。

经过探索和努力，盛鲁电厂安全文化的建设与实践，有力地提升了职工的安全向心力，统一了奋斗目标。在安全文化理念的引领和推动下，盛鲁电厂安全度过了168试运行及两台机组B修的薄弱和关键时段，为安全生产提供了意识和行动保障。在2019年获得了开发区"安全文化示范单位"称号，这充分证明了安全文化理念在企业中建设和实施的必要性。

盛鲁电厂作为安全文化建设与实践的受益者，将持续坚持和完善此项工作，续写安全稳定生产的精彩篇章。

参考文献

任亮. 浅谈企业的安全文化建设 [J]. 锦绣中旬刊, 2020(6):10

坚持以人为本　构筑本质安全

江西省安源煤业集团矿山安全培训中心　黄水龙　陈　波

摘　要：安源煤业集团系江西省投资集团二级企业，下属安源煤矿、曲江公司、尚庄煤矿等7对矿井。多年以来，为打造本质安全型矿井，在安源煤业集团的领导下，各矿井结合行业特点和自身工作实际，积极有效地开展了煤矿企业安全文化建设工作，凸显了煤矿企业安全文化特色。本文侧重从矿、区两级组织开展安全文化建设的途径与方法入手，对煤矿企业安全文化建设总结出了一些好的经验做法，对煤矿安全文化建设进行了较为系统的探讨，对指导促进煤矿企业安全文化建设有一定的参考作用。

关键词：安全文化；途径；方法

随着安源煤业集团及所属煤矿企业安全文化建设工作多年来的持续深入开展，通过大胆借鉴、探索和创新，企业安全文化建设取得了长足进步和明显效果，"安全第一、生命至上"的理念逐渐深入人心，"三违"现象得到有效遏制。但也要看到，由于企业安全文化建设还没有形成完整的体系，停留于浅层次，少数职工的安全意识仍然淡薄，自主保安能力仍然不强，由于职工个人心态和行为而导致的看似偶然实为必然的事故仍有发生，这些都给安全生产带来了难以把握的变数。在创新企业安全文化、打造本质安全型矿井工作中，要用安全发展观指导我们的实践，突出以人为本，把人这一生产力中最活跃因素的积极性、主动性、能动性统一到安全这个大前提上来。以下就煤矿矿、区两级组织在安全文化建设工作中如何发挥作用谈五点粗浅认识。

一、抓教育、抓培训，提高职工队伍素质

从业人员的素质高低最终决定矿井安全状况，为此，我们要进一步坚持好安全思想教育和安全技术培训工作的制度和措施，对经实践证明行之有效的教育方法、教育途径进行充实、创新和提高，切实做到对安全教育培训认识到位、责任到位、措施到位、奖罚到位。结合煤矿职工队伍现状和工作实际，主要从以下三个方面入手。

（1）进一步拓展安全教育的内容。抓好安全意识教育、安全知识教育和安全技能培训，通过安全生产方针政策教育、煤矿安全法律法规教育、安全基础知识教育以及安全操作技能培训，提高职工安全生产的责任感和自觉性，提高职工对各自岗位安全生产标准的执行能力和作业区段防灾避险的防护能力，有效遏制人为失误导致的伤亡事故。

（2）进一步拓展安全教育的对象。实施包括领导人员、技术干部、专兼职安全人员、新职工以及特殊工种作业人员的全员安全教育培训，坚持好煤矿党委季度安全思想教育办公会制度、周五安全学习日制度、班前十分钟安全教育、安全点评会等制度，形成全员化、系统化、规范化、经常化的学习氛围。

（3）进一步提高安全思想教育的针对性和实效性。做到不同时期要有不同重点，不同工种要有不同内容，不同对象要有不同方法，不同层次要有不同要求，切实提高职工对安全隐患的识别能力和对灾害的防护能力。

二、抓文化、抓理念，增强职工安全意识

煤矿企业安全文化建设是一个长期的、渐进的过程，要使安全文化理念潜移默化为员工的行为自觉。

（1）安全文化建设要突出行业特点和企业特色。要结合煤矿安全工作的特殊性，确立符合煤矿要求、具有适用性和可操作性的安全理念和安全行为规范，通过培养安全观念，加强安全管理，塑造安全行为，使安全文化日益深入人心。

（2）安全文化建设要突出从业人员安全观的形成。安全观决定着人们对安全生产的思维方式，由两大部分组成：一是机制，二是在此机制下的响应。从目前的情况来看，机制是基本完善了，但响应程度还存在着较大的差异，正如近几年来，尽管煤矿始终高度重视安全工作，但由于自然和人为的各种复杂

因素,零打碎敲伤亡事故仍有发生,往往给人一种"人算不如天算"、防不胜防的感觉。客观分析起来,事故更多来自于人们的主观失误和对事故可能性的忽略,这就说明,我们的安全文化还未完全融入职工的脑海之中,还未完全转化为职工的自觉行为,加之由于用工制度改革,新工人进出频繁,文化差异、语言差异、思想差异造成职工对安全与生产、安全与效益和安全与保障等的辩证关系认识各有不同,安全文化建设的广度和深度仍有待于进一步加强。

(3)安全文化建设要突出安全文化的凝聚、规范、辐射功能。我们要秉持在落实严管中进行理念渗透、在系统培训中进行理念渗透、在日常性宣传教育中点滴积累、在安全生产实践中习惯养成,大力培养和提高职工的安全意识,以安全文化创新为突破口,不断探索安全文化建设的新路子。

三、抓宣传、抓活动,营造矿区安全氛围

安全思想教育的舆论宣传和环境宣传工作是引导职工树立安全观念的重要途径和重点环节,要大力开展安全宣传和安全活动,使安全理念和安全行为规范入脑入心。

(1)充分利用广播、电视等新闻媒体,大力宣传党和国家的安全生产方针政策、法律法规,以及安全生产工作中涌现的典型事迹、好事新风,大力引导职工树立安全生产的权利和义务观念,大力倡导"遵章守纪光荣,违章违纪可耻"的安全观念。要充分采用安全牌板、漫画、标语、简报等形式,开展立体化、全方位、多角度的安全宣传,充分发挥环境育人的作用。

(2)大力开展多种形式的安全文体活动,围绕煤矿安全规章的出台,集团公司、矿重大安全会议的召开,以职工群众喜闻乐见的形式,开展丰富多彩的安全文体活动,寓教于乐,丰富职工的安全文化生活,冲击职工群众的视觉、听觉,让职工在活动中受教育,受熏陶,引导职工树立"安全第一、生命至上"的安全理念,着力培养职工自觉执行党的安全生产方针,抵制各种违章违规行为的自觉意识。

四、抓监督、抓检查,筑牢安全生产防线

安全工作要有全员观念,摒弃单打独斗意识,着力形成党政工团齐抓共管的安全监管体系。

(1)抓队伍建设,实现群防群治。要大力加强工会网员、青安岗员、民兵哨员、家属协管员等群监队伍建设,健全和完善工作制度,形成检查、汇报、整改、复查的良性循环,形成大范围、多角度、全覆盖的安全监督网络。

(2)要点面结合,以点带面。在安全监督检查工作中,要突出抓好五个"点"。一是狠抓"薄弱点",把功夫下在夜班人员上;二是狠抓"关键点",把功夫下在班组长以上工区干部上,敢于动真碰硬,杜绝违章指挥现象的发生;三是狠抓"困难点",把功夫下在流动性岗位作业人员上;四是狠抓"特殊点",把功夫下在各要害岗位人员上,严禁无证上岗;五是狠抓"意外点",把功夫下在最容易被忽略的环节和部位上。

(3)要做到人、机和环境全覆盖,不留死角。安全监督检查不仅要突出安全设施、安全环境的检查,更要突出对人的不安全行为的检查,要特别加强年轻职工尤其是新职工的安全管理,强化以老带新、以老促新的"传、帮、带"制度,确保新工人独立作业前的帮带时间。对同一隐患多次出现的单位、同一人员屡教屡犯的行为进行重惩重罚,切实做好"过关"教育。对阻挠、抵制检查的单位和个人进行严厉的批评和教育,情节严重的要追究其法律责任。

五、抓责任、抓落实,确保安全目标兑现

在安全管理工作中,必须抓好制度健全和责任落实。

(1)坚决落实安全管理责任。要强化区队长是单位安全生产第一责任人的意识,强化支部书记是单位安全思想教育第一责任人的意识,强化跟班干部、班组长是安全现场管理第一责任人的意识,落实各级人员的管理责任。

(2)坚决落实安全管理制度。要坚持安全生产24小时值班制度,坚持干部下井跟班制度,坚持生产任务未完成或发生影响生产事故分析制度,坚持干部请销假制度,坚持干部下井、跟班"四落实"和工作写实汇报制度,切实转变干部作风,使广大干部深入井下、深入现场,在实践中抓管理、保安全,带领全矿职工积极完成生产和工作任务,对工作中不履责、管理中不作为的干部予以坚决的撤免。

只有坚持以人为本,不断强化企业安全文化建设,以安全发展观统领安全工作全局,切实做到安全思想认识到位、安全教育培训到位、安全责任落实到位、安全管理制度落实到位、安全现场管理落实到位,煤矿的安全生产工作才能有切实的保障,安全状况才能进一步稳定好转。

"一本三力四化五型"安全文化建设模式的探索与实践

永煤集团股份有限公司顺和煤矿　郑向民　郑卫华　洪文涛　范强强　范碧龙

摘　要：河南能源永煤集团顺和煤矿（以下简称顺和煤矿）"一本三力四化五型"安全文化建设模式，即坚持"以人为本"理念，深化理念的感染力、行为的同化力、机制的渗透力等"三力"举措，持续打造守规尽责文化、齐抓共管文化、安全诚信文化、事故反思文化等"四种文化"，推动矿井实现本质安全型、集约高效型、管理精细型、科技创新型、文明和谐型等"五型"发展目标，将安全文化建设有效渗透到安全生产全过程、全方位、全要素。

关键词：以人为本；守规尽责；齐抓共管；诚信安全；事故反思

一、研究背景

安全文化是指企业组织的员工群体所共享的安全价值观、态度、道德和行为规范组成的统一体，是保护人的健康、尊重人的生命、实现人的价值的文化。把安全问题摆在安全文化的角度上去剖析，就能引导人们以全新的观点、全新的角度去审时度势，去改变严峻的现实。

为促进全体职工"自我安全"主体意识的觉醒，形成"人人懂安全、人人会安全、人人保安全"的氛围，顺和煤矿持续推进安全文化建设，坚持把安全文化建设作为一项长期性、战略性任务，与中心工作同部署、同规划、同考核，拓展安全管理思路，构建安全长效机制，全力打造本质安全型、集约高效型、管理精细型、科技创新型、文明和谐型矿井。

二、内涵和主要做法

（一）坚持"以人为本"理念，构筑安全文化之"魂"。牢固树立"发展决不能以牺牲安全为代价"的红线意识，坚持人民至上、生命至上，坚决守住安全底线

（1）营造浓厚宣传氛围。在矿区安装了户外电子屏，更换了工厂宣传牌板，达到了进矿区、进机关、进区队、进车间的"四进"目标。在全矿范围内开展"正思想、固堤坝、保平安"安全宣教活动，认真学习习近平总书记关于安全生产重要论述，副科级以上管理人员结合工作实际向职工讲安全重点，营造浓厚的安全生产氛围。

（2）强化文化理念创新。在"1345"安全文化的基础上，建立完善包含安全目标、愿景、使命、价值观等在内的安全文化理念体系，总结提炼了瓦斯防治、采掘、地测、机电、培训等9个专业系统的安全管理理念，向着"用创新精神构筑高质量发展平台 用工匠精神打造新时代一流矿井"的安全目标坚定前行。

（3）打造特色宣教阵地。在职工入井通道高标准建设了安全宣教阵地，分为思想引领、文化引领、战略引领、事故警示四个板块，层层递进、环环相扣，便于各级人员从中汲取安全文化涵养，让广大职工进入阵地，就是一次精神升华的机会。为将阵地里的内容逐步转化为职工的情感认同和行为习惯，撰写了解说词，组织开展了20余场次宣讲，举办了征文、知识测试、影像征集等活动，使阵地不仅是"看得见、摸得着"的活动场所，更是"悟得到、可感知"的精神家园。

（4）加强文化载体创新。以求索的精神和新颖的视角，对矿井近年来的安全生产特色进行挖掘、提炼归纳、设计规划、创新发展、推广入心、深入基层、持续改进，编写了《顺和煤矿安全文化手册》，包含安全管理、安全规律、安全常识等十多个篇章，融知识性、实用性于一体；自主制作了安全文化建设宣传片，不断延伸安全文化触角。

（5）构筑融合传播渠道。借助新媒介优势，先后开辟了多媒体电视大屏、通勤车院线、"顺和视野"微信公众平台、"顺和梦工厂"抖音平台、"双型双提学苑"手机平台等安全文化传播阵地，形成了集

文字、图像和声音于一体的多媒体、多终端安全文化宣教平台,抢占了安全文化传播制高点。"顺和视野"微信公众平台及时推送上级安全指示精神、安全工作动态等;利用"顺和梦工厂"抖音平台发布了《为什么下井要带毛巾》《什么是煤矿瓦斯》《应急普法我们在行动》等多部短视频;"双型双提学苑"手机平台分为"应知应会""视频讲堂""每日一练"等模块,实行日积分统计、月积分竞赛,促使晾晒学习积分成为矿区新风尚。

（二）深化"三力"举措,完善安全文化之"道"。从理念、行为、机制三个方面入手,将安全文化建设有效渗透到安全生产全过程

（1）深化理念的感染力。组织开展了"国学助安""凡人心语·护航安全"视频征集《煤矿版"三大纪律 八项注意"》学唱、"历史上的今天"安全警示教育、"班前十分钟"安全知识有奖竞答等喜闻乐见、形式多样的安全宣教活动,让职工听到的、看到的、想到的都是安全,把安全理念深植于广大干部职工心中。"国学助安"活动,结合矿井实际,引导广大职工汲取国学中的安全文化营养,分为词条出处、释义解读、鉴古通今三个部分,撰写安全管理言论,并录制成音视频进行宣传。

（2）深化行为的同化力。以全面推进安全生产标准化建设为主线,构建科学化、规范化、标准化的流程管控体系,引导职工上标准岗、干标准活。大力实施以管理型人员"五项提升"、技能型岗位人员"五个提高"为主要内容的"双型双提"培训工程。创新开展"蓝领尖兵"公开课堂,培养复合型技能人才;"蹲苗育苗"拔节计划,培养稀缺型专业大拿;举办"强企有我"辩论大赛,培养全能型青年干部等特色培训品牌,推动学习常态化。

（3）深化机制的渗透力。围绕预警、执行、操作三项机制,创新了"五抓五促五提升""5W"双重预防体系等安全管理方法,建立了21类分级治理清单、92个工种的岗位隐患排查清单,编制了123条工序流程、168条安全站位规范、77个工种的岗位操作规范,形成了"理念先进、管理科学、抓手有力、效果显著"的安全生产长效机制。

（三）持续打造"四种文化",夯实安全文化之"基"。围绕打造守规尽责、齐抓共管、安全诚信、事故反思四种文化,推动了安全理念落地

一是持续打造守规尽责文化。深入宣传贯彻习近平新时代安全生产重要论述,加大安全意识培训工作力度,大力宣传安全法律法规,培育员工按流程作业、按标准操作的思维习惯和行为习惯,引导和教育职工时刻敬畏生命、敬畏安全责任、敬畏安全法规、敬畏安全规律,强化规矩意识。

二是持续打造齐抓共管文化。围绕党建融入安全管理,构建党、政、工、团、纪、保、妇等各条战线协作联动、齐抓共管的"大安全生产"格局,通过开展党员身边无"三违"、青安岗、群监员、协管员等活动,引导职工群众广泛参与安全,实现全员、全过程、全方位安全管理。

三是持续打造安全诚信文化。大力开展履约践诺工作,让信守安全承诺和诚实安全管理者受到尊敬,严厉打击假排查、假整改、假检验、假数据、假评价、假报告等安全管理弄虚作假行为,及时给予曝光,并与安全考核、干部晋级挂钩,增强职工安全意识。

四是持续打造事故反思文化。坚持"四个看待"原则,把历史上的事故当成今天的事故看待、把别人的事故当成自己的事故看待、把小事故当成大事故看待、把未遂事故当成事故看待,促使职工牢记事故教训,坚决克服麻痹思想、厌战情绪、侥幸心理、松劲心态,时刻绷紧安全生产这根弦,以"一失万无"的心态,确保安全生产"万无一失"。

三、实施效果

（1）实现本质安全型。扎实推进安全生产标准化建设,推动安全生产变"守势"为"攻势",消灭了轻微伤以上人身伤害和三级以上非伤亡事故,连续安全生产4700余天,顺利通过国家一级安全生产标准化矿井检查验收,获得河南省工信厅安全生产标准化考核第一名,荣获国家"一级安全高效矿井"、河南省"安全生产先进单位"等称号。

（2）实现集约高效型。瞄准"安全高效"发展之路,高标准实施"一优三减"和新"四化"建设,成为省内首家取消夜班回采作业的煤与瓦斯突出矿井,建成永煤本部首家瓦斯发电站,推广应用了318综掘机、气动单轨吊等先进装备,采掘机械化作业程度达100%,减轻了职工劳动强度。

（3）实现管理精细型。健全岗位责任制、标准、流程等规范500余项,形成了系统完备、科学规范、运行高效的管理体系;以对标国内国际一流为出发点,深入开展管理提升行动,梳理出对标提升项目

49项；建立健全基于责任结果的考核激励机制，促使各单位和各级人员积极踊跃地"跳起来摘果子"，实现了以效能提升促进效率提升、效益提升。

（4）实现科技创新型。大力推进"智慧矿山"建设，持续推进机械化减人、自动化换人工作，主煤流、压风、通风、排水、供电、瓦斯抽放等系统均实现远程控制和自动化运行，掘进工作面皮带全部实现1人就地集中控制，从根本上解决井下职工环境安全问题，杜绝了超定员现象。

（5）实现文明和谐型。大力实施职业健康爱护、心理疏导呵护、队务公开保护、福利劳保庇护、走访慰问暖护等"五大工程"，切实发挥安全文化暖人心、顺人心、聚人心的黏合剂作用，保持了矿区和谐稳定。近年来，全矿上下安定团结、拼搏奋进，做到了"小事不出区队、大事不出矿区"，信访案件数量历年最低，实现了"零非访"，为各项事业发展创造了良好环境。

四、结束语

"一本三力四化五型"安全文化建设模式的探索与实践，是习近平总书记关于安全生产重要论述在基层矿井的具体实践，让系统的安全管理渗透到矿井每一个环节，顺和煤矿干部职工的安全意识、责任意识、大局意识明显增强，安全发展的活力、安全保障的能力、作风转变的动力有效提升，少人增安、无人则安的科技兴安战略全面起步，党政工团齐抓共管的机制日趋成熟，安全管理水平不断攀升，安全文化显现出旺盛的生命力、凝聚力和战斗力。2021年11月22日，河南省安全生产和职业健康协会发布了《关于命名2021年河南省安全文化建设示范企业的通知》，顺和煤矿榜上有名。

参考文献

[1] 赖国庆. 关于煤矿安全生产监督管理的思考[J]. 能源与节能,2015(4):51-52.

[2] 杨森. 煤矿安全生产面临的问题及其对策[J]. 内蒙古煤炭经济,2014(2):90-91.

[3] 刘美丽. 煤矿安全生产管理现状与对策浅谈[J]. 山东工业技术,2014(24):71-71.

浅谈"尽职免责"在现代企业文化中应用的必要性

中化学交通建设集团有限公司安全质量部　陈先强

摘　要：尽职免责是现代企业文化中结合尽职、免责两词涵义所衍生提出的管理概念，在企业内控操作管理中具有革新意义。"尽职免责"，特指发生责任事件后，责任人应当承担法律责任，但由于相关责任人已在职责范围内做出并做好应做的事，可以部分或全部免除其法律责任，即不实际承担法律责任。

关键词：尽职免责；履职；必要性

尽职：指做好职责范围内应做的事。

免责：指发生责任事件后，相关责任人应当承担法律责任，但由于法律的特别规定或其他特殊规则，可以部分或全部免除其法律责任，即不实际承担法律责任。

一、尽职免责，要清楚"做了"和"做好"的区别

《中华人民共和国安全生产法》（以下简称《安全生产法》）修订之前，我们经常说，要恪尽职守、克己奉公、依法履职等等，期待能够"尽职免责"。新修订的《安全生产法》出台后，在有些场合里听说，尽职未必就能够免责，甚至是尽职不免责，个人觉得不尽然。

愚以为所谓"尽职免责"是必需的。如果尽职了，还不能免责，那么谁还会追求工作尽职，对于我们的安全生产工作者，就只存在应付了！谁还会认真地履职、监管；谁还会严格按照法律法规和标准规范去排查和治理事故隐患；安全生产工作是这样，其他领域的工作也是这样。所以，在安全生产领域，"尽职免责"的说法是成立的，也要认真落实的。

至于"尽职未必就能够免责，甚至是尽职不免责"的说法，我觉得，其实是根本就没有尽职。我们争议的根本应该是对"尽职"的理解有差异，或者根本就不同。我认为，不能说按照工作计划开展了检查，把文件转发了，就是尽职了。要针对具体事项看具体的行为是否尽职。

比如，作为公司层面对新修订《安全生产法》的宣传，你把文本发给各在建项目就是宣传到位和尽职了吗？不一定，还要看公司的后续工作，看公司的后续跟踪、指导等情况。要弄清楚"做了"和"做好"的区别，把工作干了不等于把工作干好了。我们很多人强调的都是"做没做"和"干没干"，而不是"做好没做好""干好没干好"，强调的是行为和形象，而不是目的和结果。"做了"和"干了"只是人的一种行为，代表着一种形象，而"做好"和"干好"是一种结果和目的。安全工作更注重的是结果和目的，达到了预定目的，取得了预定结果，这才是尽职。搞安全生产宣传的目的是什么，是要从业人员掌握和了解法律法规和标准规范，而不是仅仅把法律文本和标准送到员工手中。送法律文本只是宣传过程中的环节。安全检查、隐患排查和治理也是同样的道理。假如说，我检查发现了某个问题，项目部也按照要求整改了，过后项目部又犯了同样的错误，那么我就应该算尽职，应该能够免责。如果对隐患的整改听之任之，或者不认真验收复查就通过，则是没有尽职。

细想一下近期几起特别重大事故责任人的查处情况，不转发应该转发的文件能算尽职吗；上级对下级没有做好指导工作能算尽职吗。所以，尽职不免责的说法站不住脚的。

社会舆论应该加强关于"尽职免责"在现代企业文化中的宣传，及时化解很多人都在担忧"尽职不免责"的情况，引导各级各部门工作人员积极、努力工作，防止"干与不干都一样""干好干坏一个样"的消极情绪，甚至消极怠工、不作为、慢作为等情况的发生。

二、履职到位才能尽职免责

全国政协委员、交通运输部安全与质量监督管理司原司长成平提出，生产安全事故调查处理中的法律法规不足，建议改进事故调查机制，建立尽职免责制度，不断推进调查程序法定化和方法标准化。

交通运输部发布的《交通运输部关于推进交通运输安全体系建设的意见》中提出，各级交通运输管理部门和交通运输企业，要规范履职行为，研究建立考核评价、尽职免责机制。早在2012年年底，国家安全生产监督管理总局出台的《关于进一步深化安全生产行政执法工作的意见》中也提出，坚持权责一致、有错必纠和依法履职、尽职免责相结合，明确对已经按照年度执法工作计划、现场检查方案和法律、法规、规章规定的方式、程序履行安全监管监察职责的，依法免予追究执法责任。

那么，如何才能做到制度规范、程序完善、尽职有痕，促使管理人员"履职到位"，从而实现"尽职免责"。

（一）科学严谨、依法依规、实事求是、注重实效

近年来，负责交通运输行政管理的领导干部因为生产安全事故受到处罚的情况时有发生，重者被追究刑事责任，轻者被追究党纪政纪责任。这使得大家对"安全"产生恐惧心理，较为典型的话题就是"干到什么程度才能免责"。笔者认为答案应当是在新《安全生产法》科学严谨、依法依规、实事求是、注重实效原则下的"尽职免责"。

新《安全生产法》第八十三条规定：事故调查处理应当按照科学严谨、依法依规、实事求是、注重实效的原则，及时、准确地查清事故原因，查明事故性质和责任，总结事故教训，提出整改措施，并对事故责任者提出处理意见。这一条文与旧的《安全生产法》相关条款相比，主要有三个变化。

一是新增加了事故调查处理"科学严谨"原则。过去的"尊重科学"主要是强调了事故处理中对科学的态度，但是否必须按照科学要求处理并无要求。由于法律层面的要求水平低，这就导致出现事故处理中"尊重科学"不具有"刚性"要求，出现了事故处理因果关系认定中生拉硬扯的现象。"事故处理总得有人负责"就是其必然产物。"事故处理总得有人负责"是指只要发生生产安全事故，不论什么情况，不管有无关联性，总得找几个人处理，其本质就是不讲科学。现在的"科学严谨"不只是"尊重"，而是应当必须执行的原则，因此，"事故处理总得有人负责"应当摒弃。

二是新增加了事故调查处理"依法依规"原则。老《安全生产法》没有规定事故处理"依法依规"原则，2007年出台的《生产安全事故报告和调查处理条例》中才出现了"对事故责任者依法追究责任"。实际执行中，一方面，由于老《安全生产法》中没有"依法"的要求，《生产安全事故报告和调查处理条例》职能是"依规"，等级偏低；另一方面，《生产安全事故报告和调查处理条例》中"对事故责任者依法追究责任"，实际上没有解决违反行为模式认定的"依规"，只是追究责任的"依法"。这相当于"罪名不定，直接判刑"。因此说，"事故处理总得有人负责"是违反刑事、行政责任追究"过错问责"的法治原则的。增加事故调查处理"依法依规"的原则，将对今后事故处理产生重大影响。

新《安全生产法》中规定：负有安全生产监督管理职责的部门的工作人员，有下列行为之一的，给予降级或者撤职的处分；构成犯罪的，依照刑法有关规定追究刑事责任：对不符合法定安全生产条件的涉及安全生产的事项予以批准或者验收通过的；发现未依法取得批准、验收的单位擅自从事有关活动或者接到举报后不予取缔或者不依法予以处理的；对已经依法取得批准的单位不履行监督管理职责，发现其不再具备安全生产条件而不撤销原批准或者发现安全生产违法行为不予查处的；在监督检查中发现重大事故隐患，不依法及时处理的。

笔者认为实行"过错问责"，放弃"无过错问责"，就应当实行"尽职免责"，即：负有安全生产监督管理职责的部门的工作人员依法依规全面履行了安全监管职责，即使发生事故也不追究其法律责任。不过，要允许对领导干部保留"无过错问责"。因为按照中央《关于实行党政领导干部问责的暂行规定》，在较短时间内连续发生重大事故、事件、案件，造成重大损失或者恶劣影响的，要对党政领导干部实行问责。这里的"问责"是"无过错问责"。允许对领导干部保留"无过错问责"，这与国际上通行的"业务类"干部"过错处分"，政务类干部"无过错处分"的精神是一致的。因为政务类干部往往是人民依法选举产生的，因此，要对"社会安全事故"承担政治风险。

三是新增加了事故调查处理"注重实效"原则。老《安全生产法》中没有规定事故处理"注重实效",这导致了事故处理"就事论事"。有的事故发生后,处理一批干部"就事了事",部分被处理的干部认为冤枉,有责任未被处理的干部则"漏网"。这些问题积累后形成"谁新提拔谁管安全""遇到安全躲着走"的现象,不能真正吸取教训。根据习近平总书记提出的"一厂出事故、万厂受教育,一地有隐患、全国受警示"的要求,新《安全生产法》增加"注重实效"的原则。事故的调查处理要真正做到"一与万""一地和全国"的关系,必须摒弃"事故处理总得有人负责"的思维,回到"过错问责"上,才能真正实现"注重实效"。

（二）职责法定、执法有据、履职留痕

笔者认为,各级单位应当强化顶层设计,坚持实事求是,遵循"明晰职责、权责相当"的管理原则,制定出台本部门依法履职、尽职免责相关规定。各级交通运输建筑施工企业应全面推行痕迹化管理,确保各项工作过程留痕备查;规范制作履职资料;及时移交移送相关材料。

在实际操作中,如何才能实现"依法履职、尽职到位",从而实现"尽职免责"。重点在于,要严格按照法定职责和法定程序履行职责。

职权法定是尽职免责制度的基本前提。在立法中应当明确分清责任主体,尽可能量化责任等级,细化安全监管主体的相关义务、履职标准以及履职方式。通过建立完善尽职免责法律制度,可以营造"在岗就要尽职,履职必须到位,尽职可以免责"的良好法治氛围,建立起安全生产长效机制。

如何最大限度地调动广大干部、职工工作积极性,化解在履行职责过程中的风险。首当其冲应当强化顶层设计,坚持实事求是,遵循"明晰职责、权责相当"的管理原则,制定出台本部门依法履职、尽职免责相关规定。

一是全面推行痕迹化管理,确保履职全过程留痕备查。现场检查要留有记录,每一次安全检查,都应当认真填写《现场检查记录表》,按照规定的检查流程,详细记录检查情况以及发现的问题,检查结束应当有结论。《现场检查记录表》制作完成后要交由当事人签字确认。执法人员在现场填写的检查记录表,检查整改通知单要求双方签字确认。留存好现场检查照片、录像等视听资料,提高执法痕迹化监管的效率;各项安全教育和培训留存好培训通知、培训记录、签到表、培训照片,努力做到"一培一档"。各级安全技术交底,交底人、被交底人双方签字确认,交底内容明确,留存好交底照片等资料;每名员工建立个人履职档案,包括参加的安全教育、安全会议、安全培训、安全检查、应急演练等安全行为,形成个人安全履职档案,"一人一档",履职痕迹一目了然。

二是规范内业资料格式。应按交通运输部《交通运输工程建设企业安全生产标准化考评指南》的要求,规范各项安全生产资料,做到资料内容齐全、格式规范、表述准确。

综上所述,"尽职免责"将会是大势所趋,也是社会发展、进步的必然,只有加强"尽职免责"在现代企业文化中的应用,才会使各级管理人员积极、努力工作,防止"干好干坏一个样"的消极情绪,甚至消极怠工、不作为、慢作为等情况发生。

参考文献

[1] 王刚. 在安全生产中履职尽责[J]. 党建文汇:上半月, 2017(7):21-21.

[2] 纪明辉, 贾金朋, 詹贤周. 安全生产工作履职尽责与减责免责的思考[J]. 河南:河南水利与南水北调, 2022:2-2.

[3] 姜华. 浅谈安全生产的重要意义及如何实现安全生产[J]. 北京. 石油石化物资采购, 2020:109-109.

设计单位牵头工程总承包项目安全文化建设探索

中国建筑西北设计研究院有限公司　张克灏　孟祥超

摘　要：工程总承包（EPC）模式优势显而易见，以工程总承包模式发包的普通房建项目越来越多，但工程总承包大多需要具备设计和施工双资质的企业承接，或是由两种资质的企业组成联合体。根据2018年1月1日起正式实行的《建设项目工程总承包管理规范》（GB/T50358-2017）及2021年1月1日起实行的《工程总承包合同（示范文本）》明确工程总承包单位对项目施工安全负总责。联合体模式下，设计院作为牵头人与施工成员单位共同向发包单位承担连带责任。牵头单位为保护自身合法权益，必须联合成员单位共同履行项目管理责任，在项目安全管理方面就是两个企业安全文化的碰撞。笔者作为设计单位牵头的联合体模式安全文化的实践者，通过本文对此进行探索和总结。

关键词：工程总承包；联合体；牵头单位；成员单位；安全文化；共同管理

管理学中有一个理念：一流的企业文化管人，二流的企业制度管人，三流的企业人盯人。没有一个企业从创立之初就实现文化自觉，都是历经人盯人、制度管人过程后，逐渐提炼自己的企业文化，用文化凝聚人，实现文化自觉。项目的安全管理也是一样，安全文化的建设是需要一定过程的，不是一蹴而就的。对于工程总承包联合体模式，两种企业文化的碰撞更是需要我们付出更大的努力。因此，该模式下的安全文化建设就很值得探索。

工程总承包模式在中国的发展是从石油化工建设项目开始的，经过数十年的发展，逐步扩展到房建、水利、桥梁、铁路等建设领域。工程总承包以其对业主方节约资金、缩短项目建设周期、减少管理人员投入等方面的优势越来越被广大建设方所接受并实施。2018年1月1日起《建设项目工程总承包管理规范》（GB/T50358-2017）及2021年1月1日起《工程总承包合同（示范文本）》两个规范性文本的实行，对规范工程总承包项目管理和实施起到了极大的促进作用。根据规范要求，工程总承包项目需要具备设计和施工双资质的工程总承包企业承接，或是由两种资质的企业组成联合体共同承接。对于联合体模式，目前存在施工单位牵头与设计单位组成联合体和由设计单位牵头与施工单位组成联合体两种模式。具体项目究竟适合由哪方牵头，没有明显区别。

设计单位牵头的联合体大多因为设计院管理文化与施工单位管理文化大相径庭，牵头单位因为自身施工管理能力薄弱，往往通过签订联合体协议注明"施工安全责任全部由成员单位承担"这样的无效条款意图规避自己的安全管理责任。究其原因，主要在于：一是设计院缺乏足够的专业施工管理力量，担心人员投入多增加管理成本；二是联合体双方没有真正理解联合体的含义，在实施过程中没能真正形成联合项目部，而是各自组建项目部。即使牵头人项目管理团队中有施工管理类人员，也因为没有实质参与施工管理，造成管理与现场脱节；三是联合体协议制定不合理，对外名义上是一个整体，但联合体内部没有做到"亲兄弟，明算账"，没有将项目全过程责任划分清楚，责任不明确，遇到问题，推诿扯皮，降低了效率，管理效果大打折扣。针对项目安全管理也是一样，始终不能形成统一的安全文化，这也是众多设计院开展工程总承包最困惑及风险最大的方面。为此，我们通过长期管理实践，认为设计单位牵头的工程总承包项目安全文化建设应该通过"立规—磨合—固化"三步来实现。

设计单位牵头承接工程总承包项目时，尽量选择和自己长期合作的施工单位作为成员单位，因为新的合作单位在初次合作时对联合体模式没有正确理解，牵头人就需要对其"三步走"。这一过程走下来，需要一定的周期，在文化固化之前，项目的安全管理很大程度上是不受控的。每个合作单位都要经历这一过程，但如何少走弯路，建议采用如下举措。

一、立规

联合体协议是联合投标过程中的必要环节，但在投标阶段制定的协议深度不足，不能涵盖项目实施的全过程。中标后，项目开工前，双方必须一起认真分析总承包合同，梳理各方责任。一定要以牵头人为主导，在认真履行法律法规规定和合同义务的前提下，制定联合体协议条款，明确双方安全管理责任。当然，牵头单位与成员单位的安全管理职责如何划分，取决于项目整体目标。应以风险最小为目标，对于承接大型和风险性较高的项目，可以期望更高收益，但设计牵头方必然会承担更多的职责，面对更大的风险。

联合体各方通过签订联合体协议，约定联合体各方责权利关系，依据联合体协议的约定，彼此承担各自的责任，对招标人需要共同承担工程总承包合同约定的相关赔偿责任。对于安全管理，建议明确以下内容。

（一）联合体协议中各方安全管理职责划分

设计牵头单位负责设计成果安全，审查联合体施工单位的施工安全、职业健康与环境管理体系并进行检查，包括：①审查联合体施工单位施工安全、职业健康与环境管理体系；②审查危险性较大的单项工程专项施工方案及其他安全技术措施方案；③特种设备及特种作业人员持证的检查；④对施工重大危险源进行监控；⑤审查应急预案，参与应急演练；⑥定期或不定期进行安全检查；⑦督促联合体施工单位的施工安全、职业健康与环境体系有效运行。

联合体成员单位对工程施工安全、职业健康与环境负责，施工安全、职业健康与环境须满足招标文件相关要求。

（二）牵头单位定期履约评价

联合体协议中必须明确针对合作方的评价考核制度。针对如何督促施工单位保证项目施工过程，牵头方必须形成项目管理抓手。可以通过定期召开由牵头单位组织的质量、安全、进度等通报会，将牵头方日常检查过程中发现的安全隐患，特别是管理漏洞予以曝光，项目负责人可以现场要求施工负责人明确整改期限，待下次通报会总结整改闭合情况。对整改率不达标的情况依据考核制度进行经济处罚，在支付工程款过程中予以扣除。项目结束后及时对合作方进行履约评价，建立优秀合作方库，作为后续项目合作的依据。

二、磨合

制度的执行是形成文化的基础。项目施工开始后，联合体总承包项目部便进入磨合期，如何尽快度过磨合期，走上良性的管理轨道，联合体双方的管理艺术起到至关重要的作用。

（一）组建联合项目部

联合体各方共同派员组建联合体项目部，采用紧密型联合体总承包模式共同管理。项目部组织机构采用矩阵式管理模式，岗位职责明确，管理人员可兼任多部门工作，实现设计施工人员的高度融合，现场安全管理与其他各项管理工作深度融合，联合体各方团结协作共同完成各项管理工作，有效解决设计牵头单位对作业人员管理链条过长，管理不着力的问题，提高联合体项目部管理效率，为联合体各成员单位后续项目合作打下坚实的基础。

牵头人的权利不是仅仅通过工程款支付来获得，必须建立在双方的默契配合方面。在项目负责人的引导下，牵头方的项目管理人员在做好设计管理的同时，主动分担一部分施工安全管理任务。通过双方共同编制、危大工程共同旁站监督、联合整改安全隐患等等活动，建立起的这种融洽的合作关系是项目管理目标实现的根本保障。

（二）坚持底线思维，强化协议管理

安全文化的目的就是实现底线思维。对于联合体牵头人，必须树立底线思维。在与联合体成员单位密切协作的基础上，该"唱黑脸"决不含糊。行之有效的办法就是定期召开质量安全通报会。通过牵头单位管理人员将现场检查发现的安全隐患在会上通报，项目负责人可以向施工负责人"立威"，要求施工负责人明确整改期限，形成会议纪要，下发成员单位。待下次通报会将整改完成率予以通报，按照联合体协议罚则，对整改率不达标的予以处罚。

这一过程在磨合期必然会受到来自成员单位的抵触，这需要牵头人必须顶住压力，坚持底线思维，运用巧妙的管理方法。同时牵头方管理人员通报的问题不能生搬规范，必须结合项目实际，让对方心服口服。在通报的过程中，项目负责人要向通报人表

达充分的支持。一旦整改率不符合要求，就是突破底线，必须进行相应的处罚，不能当老好人，否则，磨合期将无限延长。

同时，联合体协议中要求成员单位必须按时报审的方案、措施、制度等内控资料，对没有按时提报的也必须在通报会上予以通报，确保我方管理体系得到真正贯彻落实。

三、固化

磨合期过后，成员单位将适应我方管理模式。在联合项目管理的基础上，成员单位安全管理的自觉性将得到很大提升，牵头人的角色定位也在成员单位项目管理人员心中固化下来。这一阶段，项目安全文化也逐渐形成，内化到了日常管理的每一个环节。

（一）项目各岗位安全责任明确

不仅是安全管理责任，联合体各岗位管理人员都明确了自身的责任。你会看到：牵头人在做好自身设计管理的基础上，施工管理人员定期到现场检查，形成隐患通报材料；内业人员做好会议纪要，发送成员单位；危大工程旁站监督、参与验收；成员单位管理人员知道了自己哪些资料要报牵头人审查，尽快组织整改通报的隐患，与牵头人一起做好现场检查，做好危险源管控。诸如此类，分工明确，各司其职。

（二）项目管理目标明确

通过一系列管理手段，双方管理人员理解了项目的管理目标，有了共同的目标双方就能心往一处想，劲往一处使。你会看到：在文明工地建设方面，双方共同为现场某一处文化墙的内容和设计出谋划策；在应急演练现场，双方组成联合演练小组，在项目负责人的指挥下，处理突发状况有条不紊；在关心职工方面，大家一起深入施工现场，给烈日下作业的工人送去防暑降温用品。

四、小结

文化是潜移默化的。作为联合体承包模式的工程总承包项目，从项目策划之初就要思考如何将管理文化落地。长期的管理探索形成的制度是文化落地的根本保证。在实践中，需要我们的管理人员付出大量的心血。譬如，联合体成员单位招标过程中的培训以及项目进场前的交底，都需要将牵头人的管理体系和要求清晰地传递给成员单位，把这些要求完整地落在联合体协议中。在项目实施过程中需要牵头方管理人员运用管理艺术，切实将自己的管理要求落实下去，只有这样，才能很好地降低自身的安全管理风险。这样一个潜移默化的过程，必将大大提升自身的管理能力，为今后独立承接工程总承包项目打下良好的基础。

参考文献

[1] 景洋，邹本春. 浅论联合体项目总承包管理办法[J]. 工程技术，2017,11：63.

[2] 何川. 以设计单位牵头的EPC联合体的安全管理[J]. 西北水电，2020,4：121-124.

[3] 刘彬彬，王磊. 设计单位牵头下的EPC联合体模式下的安全控制与管理[J]. 建筑工程技术与设计，2018,10：2897

浅谈建筑工程安全文化及安全行为管理

中国建筑东北设计研究院有限公司　王　刚　于仁卓　马大杰　王永红　张海洋

摘　要：本文阐述了建筑工程安全文化及安全行为管理的涵义，说明了建筑工程安全文化和安全行为管理的关系，提出了企业安全文化建设的四点要求及安全行为管理的相关管理依据，切实解决了建筑施工企业安全管理工作的难题。

关键词：建筑工程；安全文化；安全行为管理

"人管人、得罪人，制度管人管一阵，文化管人管灵魂"。建筑工程为传统行业，也是一个高风险、事故多发的行业。随着城市化建设，大批的施工企业拔地而起，建筑工地林立，由于建筑工程安全管理的特殊性，安全生产事故的数量逐年增加。特别是随着近年一些新方法、新工艺、新技术，以及一些施工难度大、施工周期长、施工人数多、危险性较高工程的出现，给企业及政府安全管理部门带来了新的挑战。建筑工程存在着人员、机械、管理、环境等一些不安全因素，因此企业应加强安全文化及安全行为管理。

一、安全文化的涵义

对于文化的定义是多样的，不同的领域、不同的角度所给出的定义都是不同的。在安全领域，一般以广义的角度去理解文化，文化不单指学历、文化、知识等。广义的角度，文化是人类活动所创造的精神和物质的总和。中国劳动保护科学技术学会副秘书长徐德蜀研究员的安全文化定义是：在人类生存、繁衍和发展的历程中，在其从事生产、生活及至实践的一切领域内，为保障人类身心安全（含健康）并使其能安全、舒适、高效地从事一切活动，预防、避免和消除意外事故和灾害；为建立起安全可靠和谐协调的环境和匹配运行的安全体系；为使人类变得更加安全、康乐、长寿，使世界变得友爱、和平、繁荣而创造的安全物质财富和安全精神财富的总和。安全文化中最重要的便是企业的安全文化，尤其是针对于建筑行业的特殊性，加强建筑施工企业的安全文化建设显得尤为重要，企业在发展过程中要加强员工的安全文化建设，通过有效的安全文化活动提高企业安全管理的水平。

建筑施工企业安全文化管理及建设"四要素"。企业安全文化管理及建设是在企业长期的安全生产经营过程中形成的，企业的安全文化管理和建设需要以《中华人民共和国安全生产法》《中华人民共和国建筑法》《建筑工程安全管理条例》为依据，以"安全第一、预防为主、综合合理"为方针，需要企业所有员工遵守及执行。企业的安全文化管理及建设需要从以下四个方面入手，才能保证企业的安全管理工作正常运行。

（一）建立稳定可靠、规范的安全物质文化

企业安全物质文化是指整个生产经营活动中所使用的保护员工身心安全与健康的工具、原料、设施、工艺、仪器仪表、护品护具等安全器物；企业应当为作业人员配备劳动保护用品，并应定期对作业人员进行相关劳动保护用品的正确使用培训及安全教育。

（二）建立符合安全伦理道德、遵章守纪的安全行为文化

安全行为文化是指每个岗位人员所表现出来的安全行为方式，并且是带有群体特色的行为方式，比如遵章守纪、规范作业等。企业要加强安全技能培训，员工在掌握安全知识的基础上，严格按照安全操作规程进行操作，并要熟练掌握各种安全操作技能。

（三）建立健全完善、切实可行的安全制度文化

安全制度文化表现为企业发布的各种安全规章制度、规程及执行措施等制度规范，包括管理方式、各种安全活动的开展等。企业只有制定切实可行的安全文化制度，全体员工认真遵守积极参与才能切

实保障企业的安全生产。

一是建立健全企业安全管理机制,即建立起各方面各层次责任落实到位的高效运作的生产经营单位安全管理网络;建立起切实可行、奖惩严明的劳动保护监督体系。二是建立健全生产经营单位安全管理的基本法规、专业安全规章制度和奖惩制度,使其规范化、科学化、适用化,并严格执行。

（四）建立"安全第一、预防为主"的安全精神文化

通过多种形式的宣传教育,提高员工的安全生产意识,包括应急安全保护知识、间接安全保护意识和超前安全保护意识,并进行安全知识教育培训。进行安全伦理道德教育,提高员工的责任意识,使其自觉约束自己的行为,承担起应尽的责任和义务。

二、安全行为的涵义

安全行为是指人类在生产过程中表现的保护自身、保护设备、保护工具及物资等一切动作的总和,人类为了求得自身生存和发展,存在着一种自我保护机制。因此,在生产过程中,人类不仅产生对生产对象的认识和情感,而且意识到生产对象、生产过程中的安全,从而主动对不安全因素进行改造,表现出一系列的安全行为。由于人的素质的差异和环境的不同,人们在从事生产过程中所产生的行为是不同的、不一致的,有的行为是有利于生产规律的合理行为,有的则可能是违背生产规律的不合理行为,前者有利于安全生产,后者则会阻碍和影响安全生产目标的实现,建筑施工企业具有工种多,周期长,环境复杂的特点,从而会对企业的安全生产造成影响,安全行为又分为安全行为和不安全行为,这里的安全行为多指人的不安全行为、物的不安全行为,那么就要求建筑施工企业在日常的生产过程中加大对不安全行为的检查力度,通过日常的安全检查消除人的不安全行为,物的不安全行为,从而保障企业的安全生产。

建筑施工企业安全行为管理及建设的"三加强"。

（一）加强企业安全管理制度及员工安全行为规范的制定

企业应根据自身生产的特点制定符合施工现场实际的安全管理制度及员工行为规范,用制度及规范约束员工避免发生不安全行为。

（二）加强企业员工技能培训

企业应根据各工种、各工序对相关作业人员进行技能培训,对已取得技能培训合格证的应定期进行检查,并组织技能比武大赛。

（三）加强企业的安全教育培训及安全检查

企业应认真履行安全教育培训制度,安全教育培训应具有针对性,定期组织观看和学习相关安全生产事故案例,查缺补漏,对企业自身存在的安全隐患进行补充。

企业应加强安全检查,安全行为主要表现在人的不安全行为和物的不安全行为,通过日检、周检、月检消除隐患,发现人的不安全行为及时制止,并对相关人员进行安全再教育。

企业在发展过程中应以员工的自身安全为前提,才能保障企业的生产,安全即是效率,安全即是利益,加强企业的安全行为建设是每个企业的领导者及员工必须遵守必须执行的,通过一系列的企业安全行为要求,提高员工的安全意识,做到不伤害自己,不伤害他人,不被他人伤害,企业才能在安全的状况下快速发展。

三、企业安全文化和安全行为管理的联系

企业的安全文化建设是对具体行业的安全管理的补充,适合本行业本企业的安全文化是本企业安全管理工作的依据,企业的安全文化建设和安全行为管理都是为企业服务,相辅相成。企业的安全行为管理以企业的安全文化建设为依托,用相关规章制度约束作业人员,增强安全行为的养成,由"要我遵守"变成"我要遵守"。企业的安全文化和安全行为管理应以"三个坚持、三个结合、五个体系"为管理依据,坚持"安全第一、预防为主、综合治理"的方针。

（一）三个坚持

（1）企业安全应坚持以《中华人民共和国安全生产法》《中华人民共和国建筑法》《安全管理条例》为依据对企业进行安全管理。

（2）企业应坚持全员参与、全员管理、全员遵守的原则,坚持安全管理工作不放松,切实保护企业员工的安全。

（3）企业应坚持安全文化和安全行为管理的习惯养成,以安全文化建设约束企业及员工的安全行为。

（二）"三个结合"

（1）结合企业自身特点，开展适合本企业的安全文化建设，增加企业安全文化活动，调动员工参与安全管理工作的积极性。

（2）结合国家相关法律法规加强企业领导对企业安全文化建设和安全行为管理的组织领导。

（3）结合建筑施工安全管理的复杂性，制定符合本企业的安全管理相关制度，全员进行参与，监督执行。

（三）"五个体系"

1. 建立安全管理控制目标体系

企业应建立伤亡事故控制目标：杜绝死亡，避免重伤，一般事故应有控制指标；安全达标目标：根据企业特色、项目特点，按实际情况制定安全达标的具体目标；文明施工实现目标：项目根据作业条件的需要，制定文明施工的具体方案和实施文明工地的目标。

2. 建立安全生产管理制度体系

企业应建立安全交底制度、安全技术交底制度、专业性强、危险性大的专项施工方案审批制度。

3. 建立安全生产责任体系

企业明确各岗位企业主要负责人、技术负责人、生产经理、安全部、技术部、工程部、机械设备部、物资部、财务部、工会等部门安全生产职责，明确其部门职责分工，确定其安全责任，结合各自安全生产职责。

成立安全生产领导小组，同时编制安全生产管理网络图，企业定期进行安全生产责任制执行情况考核。

4. 建立安全生产资金保障体系

企业制定保障计划和落实资金，必须保留各种单据备查，项目将实际发生费用汇总报公司，现场留存单据。

企业和项目填写安全生产、文明施工资金预算表和统计表，应相互对应。

5. 建立安全教育、培训体系

企业应定期对各部门和员工进行安全教育、培训，项目对全体人员分工种、分部、分项、分季节进行安全教育、培训，同时要求被教育人员签名，不得伪造代签。建筑行业的安全生产事故发生的原因多为管理松懈，安全教育安全交底不到位，员工安全意识淡薄所引起，多数的管理者认为生产在安全之前，盲目的追求利益，追求效率从而忽视了安全，生产与安全应该是相辅相成，缺一不可，生产的前提是安全，没有安全一切生产都是徒劳，安全生产事故的发生给企业给个人造成不可逆转的损失，企业在日常管理过程中一定要重视安全，保障安全，加强安全文化和安全行为的建设是企业发展过程中必须要进行的，通过制度，文化活动，技能培训，安全教育，将安全隐患扼杀在萌芽中，整体提升员工的安全意识，安全思想。

四、结语

建筑工程行业安全管理工作具有多样化，复杂化等难点，安全管理工作的推进需要全行业工作人员的共同努力，行业及企业通过相关法律法规及安全文化建设和安全行为管理的要求，进一步解决人、物、环境及管理方法的不确定因素，通过各种规章制度及相关活动，加强相关企业的管理者及作业人员的安全意识，切实保障安全生产。

参考文献

[1] 徐德蜀，邱成.安全文化理论[M].北京：化学工业出版社，2004.

[2] 赵立强，建筑企业如何搞好安全管理[J].山西建筑，2004,30(1):80-81.

浅谈混凝土搅拌站安全文化创建

中建西部建设（广东）有限公司　余国祥　张　波

摘　要：混凝土是目前世界上用途最广、用量最大的建筑材料，混凝土搅拌站作为建筑行业的基础单元，生产任务繁重，作业时间长，从业人员集中，但行业内各企业安全管理水平参差不齐，十九大以来，国家对安全管理工作要求越来越严格，因此，提升混凝土搅拌站安全管理刻不容缓。本文通过工作实际及行业特点，对混凝土搅拌站安全文化建设进行阐述分析。

关键词：安全文化；安全活动；安全标准化；安全制度

安全文化的概念最先由国际核安全咨询组（INSAG）于1986年针对切尔诺贝利事故，在INSAG-1（后更新为INSAG-7）报告提到"苏联核安全体制存在重大的安全文化的问题"。1991年出版的（INSAG-4）报告即给出了安全文化的定义：安全文化是存在于单位和个人中的种种素质和态度的总和。笔者认为安全文化依由个人所在环境中的安全管理理念、安全文化理念以及个人安全观念、行为安全、系统安全、工艺安全等组成。

一、混凝土搅拌站安全文化建设的影响因素

要想构建良好安全文化体系，我们首先要确定哪些因素会对安全文化建设产生影响。通过对这些因素的分析和研究，可以了解这些影响因素的具体情况以及对安全文化建设的影响形式和影响大小，并针对这些影响，归纳成具体的各种制度和安全管理标准。根据工作实际及混凝土搅拌站行业特点，总结出以下影响因素。

（一）安全目标不明确

安全目标管理将企业在一定时期内的目标和任务转化为全体员工的一致目标，使每个职工有努力的方向，并在自己工作范围内自由选择实现目标的方式和方法，具有灵活性和目的性，从而充分发挥职工自身的能动性、积极性和创造性。所以安全目标的设立是企业安全文化建设的关键。

（二）安全管理体系不健全

虽然国家颁布了《中华人民共和国安全生产法》等法律规定，但是我国在混凝土行业安全文化建设体系方面的建设还是不够完整，难以满足新形势下对安全的要求；另一方面，混凝土行业准入标准低，企业对安全文化的建设也不够健全，有很多的安全技术标准尚未制定。这些都会给安全文化建设带来影响。

同时，安全文化建设体系的运行，应该是一个自上而下的系统，所以企业的各个层次都要重视安全文化建设工作，并且做好对下一个层次安全工作的监督和指导，一个权责分明、科学合理的安全监督组织机构对安全管理工作起着至关重要的作用。

（三）奖惩机制

混凝土企业生产过程中，效率和时间就是收入，往往都是24小时不间断作业。出于对效率和成本的考虑，而忽略了安全生产；很多管理者认为安全生产会增加成本投入以及减缓生产效率，所以通常都是抱着侥幸的心理，并没有采取一些安全防范措施；同时，对于违规作业的行为，如果没有出现安全事故，大多不了了之，缺乏处罚力度，这也在一定程度上鼓励了大家对待安全的不重视态度，助长了不好的风气。同时，出于成本考虑，安全奖励机制多数未建立，这很大程度上抑制了安全文化的建设。因此，在生产运营过程中，安全管理应该权责分明，落实安全生产责任制和奖惩机制。

（四）安全意识教育

对混凝土搅拌站进行安全文化建设，重点是对生产过程的管理。由于生产过程中的一线操作工人、驾驶员等文化水平相对较低，安全意识薄弱，自我保护意识差，对于安全准则也很难遵守。对于他们的安全教育就是成了安全文化建设的一项十分重要的

工作。同时，对于管理者来说，同样要时刻提醒着安全的重要性和必要性，各级部门领导，都要把安全放在首位，避免盲目追求效率、成本而带来安全隐患。

二、混凝土搅拌站安全文化建设要点

（一）安全目标建设

安全目标建设是企业安全文化建设的关键，企业应结合自身情况建立企业安全价值观、安全愿景、安全使命和安全目标。

安全目标建设应切合企业特点和实际，反映共同安全志向；明确安全工作在企业的定位，安全目标应含义清晰明了，并被全体员工和相关方所知晓和理解。

（二）安全体系建设

完善的制度体系，可以帮助企业提升工作效率，规范企业管理，有效的制度能对员工起到正面引导教育和反面警戒威慑作用，没有规矩不成方圆，安全文化建设首先要建立制度体系及标准。

1. 成立组织机构

成立以第一负责人为主的安全管理组织机构，全面对搅拌站安全管理负责，确保安全文化建设有人管。同时，领导者应提供有力的安全支持，以有形的方式表达对安全的关注；在安全生产上真正投入时间和资源；制定安全发展的战略规划，以推动安全目标实现。

2. 建立全员安全生产责任制

首先是梳理各岗位安全生产责任，建立全员安全生产责任清单，其次精准优化责任清单内容，建立全员工作清单，推进全员安全生产责任制到岗到人，确保清晰界定全体员工的岗位安全责任，全体员工充分理解并胜任所承担的安全工作。

3. 建立安全生产规章制度

按照《安全生产法》等法律法规要求，建立安全生产议事规则、安全费用管理办法、安全检查及整改管理办法、安全培训管理办法、安全奖惩管理办法、应急救援管理办法、职业病防治管理办法、事故调查及处理管理办法、分供方安全管理办法等制度，在制度落实过程中不断优化改进，确保安全生产管理合法合规适应新时代要求，促进安全文化建设有标准。

4. 签订安全责任书

结合安全生产责任清单，层层分解签订各部门、科室、岗位及分包单位安全工作目标，不断完善安全生产责任目标考核运用的机制，发挥目标引领效应，确保安全文化建设有目标。

（三）安全行为建设

1. 安全教育培训

混凝土行业因环境等因素，造成人员的流动性很大，新员工多，而且多数岗位均进场就开始上岗作业，一些重要的岗位，未经专业的系统培训，就上岗作业，安全隐患大大增加，安全培训除了可以提升员工安全技能外，也是宣传企业安全文化最直接有效方式，所以，安全培训在安全文化建设中起到的作用就显得尤为重要。

（1）三级安全教育培训。对新入厂职员和工人必须开展厂（公司）、车间（部门/科室）和岗位（班组）安全教育培训，经考试合格后，方可上岗操作。

（2）安全业务技能培训。每年年初制定安全教育培训计划，针对混凝土行业风险，开展职业病防治、交通安全、机械伤害、受限空间作业、高空作业等安全教育培训。

（3）安全交底。针对复工复产、季节性风险、节前节后、高风险作业等环节开展针对性的安全交底。

（4）班前安全早会。安全生产早会是企业一项重要的安全生产基层基础工作，严格落实安全生产早会工作机制，能够降低生产安全风险，有效防范事故发生。班前早会一是通过安全口号朗诵、安全注意事项提醒等方式，加强对员工的安全培训教育，特别是实际操作技能和自我保护能力的安全培训；二是在部署日常生产任务的同时，部署安全生产工作，提出必须采取的安全防范措施，做好作业安全技术交底；三是"以人为本"，重视对员工的状态和情绪的掌握，如果发现员工的心理有异常，要及时地进行疏导和交流；四是结合"行为安全之星"活动，对员工安全行为进行现场表彰奖励，树立安全行为榜样；五是认真落实安全生产早会"三贴近四常新"，确保早会达到深入沟通、加强学习、共同提高的效果（三贴近："贴近员工，贴近安全，贴近生产一线"。四常新：早会主持人常新，早会内容常新，早会形式常新，早会地点常新）。

2. "安全生产月"活动

"安全生产月"是企业宣传安全生产知识、增强全员安全意识、传输安全文化的一项重要活动，"安全生产月"可通过组织"安康杯"知识竞赛、安全应急救援演练、安全大讲堂、安全"五进"、安全技能比武等方式开展形式多样的安全活动，促进全员安全获得感与荣誉感。

3."安全之星""平安班组"评选活动。人的不安全行为是事故发生的最直接原因，"行为安全之星"活动是通过正向激励手段，引导鼓励从业人员主动提高安全意识，主动参与安全活动，规范作业行为的一项活动，活动通过在作业现场察看、询问、查验作业人员的作业行为及班组的管理行为，对具有自我安全、他人安全、环境安全、应急得当及合理建议五种行为的人员发放"行为安全之星"表彰卡，表彰卡可兑换相关奖金及奖品，同时在开展"行为安全之星"评选活动的基础上开展"平安班组"创建活动，逐步培养班组成员之间相互关照，相互监督，安全成为荣誉的平安互助型作业班组。"行为安全之星"及"平安班组"活动是建设安全文化的有效抓手。

4."职业病防治法宣传周"活动

受生产工艺及设备条件的制约，混凝土行业是粉尘、噪声等职业职业病多发行业，因此职业病防治显得尤为重要。每年4月最后一周是"职业病防治法宣传周"，作为职业病多发行业，各企业应当结合混凝土行业特点，通过发放宣传手册、观看警示片、开展职业病防治知识培训等方式强化员工职业病防治意识。

（四）安全目视化及标准化文化建设

根据事故统计资料分析，绝大部分事故都是由于员工违反操作规程引起的，对事故进行处理时往往发现企业有规章制度，但操作人员了解不够，认识不足，因此执行不力，导致规章制度的要求与现场执行存在很大的差距。同时，规章制度编写与编写人员能力水平有直接关系，所以制度编制往往存在对风险识别不全或不适用等情况。

目视化及标准化管理是提高执行准确性的有效手段，可以使安全生产的各种要求直观化、精确化，也使操作人员能够方便学习，大大提高现场安全的程度。因此，在企业安全文化建设管理中，通过目视管理、标准化管理，使各种管理状态、管理方法清楚明了，从而让各岗位人员通过目视学习，自主性地理解、接受、执行各项要求，这将会给企业安全生产文化建设带来极大的好处，下面将针对现场安全防护目视化及标准化进行说明。

1. 现场图牌与标线目视化

（1）入厂依次设置公司简介、入厂安全须知、安全理念牌、重要风险管控措施一览表、厂区布局图5个图牌。

（2）生产区入口处设置安全正己镜。

（3）生产区各区域设置目视化管理牌、安全风险点告知牌、职业病危害告知牌、责任公示牌及安全标志牌。各安全标志的形式、内容应符合《安全标志及其使用导则》（GB 2894-2008）。

（4）厂区通道、消防设备设施、设备定位、危险物品存放、特殊建构筑物等区域应划定安全标识线。

2. 个体防护标准化

从业人员所发放的反光背心、安全帽、劳保鞋、防护手套、防护面罩、耳塞、口罩等劳动防护用品应统一标准样式，且具备生产日期、厂家生产许可证、产品合格证、安全标志证书（LA）、产品使用说明书等信息。

3. 临边洞口防护标准化

在粉料罐顶、高位料仓检修通道、螺旋电机检修平台、皮带运输机检修通道、地垄与料仓之间、沉淀池等高出基准面1.2m以上的临边及厂区洞口应使用的钢材力学性能不低于Q235-B，并且有碳含量合格保障。所有防护设施的焊接应符合GB50205规定。安装之后不应有歪斜、扭曲、变形及其他缺陷，应确保所有部件表面光滑、无锐边、尖角等外部缺陷。根据防护设施使用场合及环境条件，应对其进行合适的防锈及防腐涂装。钢梯踏板、平台、维护通道应采用防滑材料，设置防滑措施。现场应张贴明显的安全警示标识。

4. 安全用电与消防标准化

配电应采取TN-S系统，符合"三级配电两级保护"，电气设备应符合"一机一闸一漏一箱"的要求，配电柜、配电箱、配电室、发电机房等配电隔离防护设施必须"上锁"管理，由专人负责，电工必须持证上岗，安装、巡查、维修或拆除用电设备和线路必须由电工完成。

5. 生产区安全标准化

（1）区域标准化。搅拌楼各层、出口通道、操作室等均应张贴安全目视化管理牌，职业病危害告知卡及安全标志。

（2）设备设施标准化。搅拌楼设备设施（含搅拌机、空压机、发电机、粉料罐、皮带输送机、砂石分离机、压滤机、洗车机、油罐等）应设置设备定位线，周边墙面应张贴安全操作规程，安全风险点告知牌，职业病危害告知卡及安全标志。各设备应配备安全防护及安全附件，相关安全附件应用红色标示注明。

（3）实验室安全标准化。实验室外室外张贴目视化管理牌及安全标志（注意安全、当心腐蚀、当心中毒、当心触电、当心机械伤人、禁止入内等）；实验室内各仪器设备旁张贴操作规程，设备应设置定位线；电源控制开关要注明分路标签，并配备漏电保护器，设备金属外壳应有可靠接地，接地电阻不大于 4Ω；同时根据工作需要佩戴防尘口罩、防护眼镜、防护手套。

（五）安全宣传与沟通

（1）网络宣传。应建立公众号、OA 平台等安全信息传播系统，综合利用公众号、短视频平台、网站等各种传播途径和方式，提高传播效果。

（2）线下宣传。应通过建立安全公示栏、安全宣传栏、安全文化墙等方式优化安全信息的传播内容，将有关安全的经验、实践和安全行为作为传播内容的组成部分。

三、结语

企业安全文化是企业在长期安全生产和经营活动中逐步形成的，是企业安全物质因素和安全精神因素的总和，企业安全文化建立是一个需要循序渐进的过程，首先要建立基础表层的安全行为文化和安全物质文化，其次是通过安全制度规范表层的安全文化，最后通过安全文化的导向功能、凝聚功能、激励功能和辐射同化功能不断提升深层的安全观念文化。

参考文献

[1] 姜新年，吴悦敏. 混凝土搅拌站和搅拌楼特点简述 [J].1997(6):29-30.

[2] 朱自强. 企业实施安全标准化中的风险管理 [J]. 安全,2007,28(8):42-44.

[3] 吴志旗，李明杰. 预拌厂安全防护标准化图集 [J].2019,13:4-90.

提高项目安全管理，助推企业安全文化建设

中建科工集团有限公司　张　超　黄　均

摘　要：安全管理与企业安全文化有着内在的联系，只有加强安全管理工作，才能更好地促进安全文化建设，安全管理和安全文化是相辅相成的；每个企业都有它独特的企业安全文化和独有的安全管理体系，企业的安全文化决定了各项目的安全管理方法，而各项目安全管理水平的提升也进一步促进了企业安全文化的建设。

关键词：安全管理；安全文化

加强安全生产管理，保护国家和人民生命财产安全，是党和国家的一贯方针和政策，也是企业安全管理的基本原则和责任。中建科工集团有限公司（以下简称中建科工集团）历来重视安全生产管理工作，始终贯彻落实"安全第一，预防为主，综合治理"的方针，时刻践行"以人为本显仁心，安全发展创未来"的安全管理理念以及全面营造"我安全、你安全、安全在中建"安全文化氛围，在多年的实践中也形成了特有的安全生产管理体系和模式，而安全管理体系的落实，靠的是执行力，各项目的有效执行以及不断地提升安全管理水平才能不断完善企业安全生产管理体系，持续助推企业安全文化建设。

一、明确一个目标

明确目标有利于在安全管控过程中得到有效控制，达到企业品牌、效益双赢的效果。目标的明确要建立在企业管理与被管理者充分沟通协商、信息交流通畅的基础上，简明扼要，具有可操作性，应尽可能量化，以便于理解、执行和考核。

各项目都要以"零事故、零伤亡"为目标，通过"高标准，严要求"来严格执行各项安全管理工作，确保目标有效达成。根据项目实际情况，争创"省优""国优"等优秀奖项，在目标的实施过程中也是项目安全管理水平不断提升的一个过程。

二、强化双控机制

随着建筑企业管理机制的不断成熟，双重预防机制也被广泛应用，而强化安全风险管控和隐患排查治理能有效防范和遏制安全事故。双重预防机制也是一种较为严格的安全管理理念，项目安全管理需严格落实与执行。

（一）准确风险分级管控

现场必须严格准确进行风险辨识，才能保证双重预防机制的有效落实。风险辨识，必须要从实际出发，由项目经理组织危险源辨识和评价动员部署会，项目技术负责人组织项目参与人员进行辨识和评价，形成项目建设全过程的一般危险源和重大危险源清单以及相应的管控措施；在施工过程中由于施工工艺、设备、原料等变化可能导致危险源变化时应及时进行危险源辨识和评价，并及时调整更新清单，确保风险辨识准确，管控措施有针对性。

风险准确分级后，还应及时进行公示管控，通过在施工现场显著位置设置风险分级管控告知牌；每日对作业人员班前风险交底等方式，让现场作业人员明确现场风险及管控措施，能够准确做出应急反应。

（二）积极隐患排查治理

除了做好风险分级管控，还应积极进行隐患排查治理，管理人员必须要从工程的特点出发，在清单上详细说明安全风险点以及变化形式，对施工人员的行为和安全防护措施进行规范。项目要积极排查建设施工过程中存在的安全隐患，通过现场人员作业特点、施工环境以及机械设备运行情况的检查等，及时发现施工过程中存在的隐患，有针对性采取治理措施。在进行隐患排查的时候还要注重采取不同等级的隐患排查方式，定期进行排查工作，有问题时能够第一时间进行发现并整改，避免风险问题的进一步扩大。

三、采取三种措施

项目管理过程中要充分利用多种形式的教育培训、监督检查、安全奖惩手段,加强安全管理,提高工人安全意识及技能,排除现场隐患。

(一)教育培训

项目安全管理中包含多种类型教育培训,项目应针对不同类型的人员有针对性开展安全教育。

(1)针对新进场人员开展一周的持续性安全教育,详细告知项目安全生产基本情况、安全目标和安全管理制度,并根据岗位作业特点以及作业环境让工人明确安全作业要求、作业纪律,经考核合格并签署《安全上岗承诺书》后方可入场。

(2)针对现场人员违章行为,一人违章全班组接受教育,让作业人员提高集体责任感,确保全班组减少违章行为。

(3)针对日常教育,项目可每日有针对性开展班前教育以及班前风险交底,告知当班作业内容、安全生产风险及应采取的安全防护措施和应急措施等,日复一日,不断提升人员安全意识;每周开展安全教育晨会,全员组织学习各类警示教育,开展各类安全生产表彰活动,通报上周安全生产情况,项目领导以及各分包管理讲安全等,部署本周安全生产工作事项,强调安全的重要性。

(4)针对各分包单位管理人员,每周开展专项安全教育培训,进一步提升各分包单位管理人员管理水平。

(5)针对项目管理人员,开展"星火知识讲堂",进一步丰富管理人员安全知识,提升现场管理能力。

(二)监督检查

项目应规范各类安全生产检查的组织和开展,及时发现和消除项目施工过程中的各类事故隐患,不断改善安全生产条件和作业环境,预防和减少人员伤亡事故发生,持续提升项目安全生产管理水平。

除了各类常规的安全生产检查,项目还可使用以下方法进一步加强隐患排查治理,及时发现并解决现场问题。

(1)由安全总监每日给安全员下发派工单,明确每日巡查区域,巡查内容及完成时限。

(2)安全员在巡查工程中用水印相机记录现场隐患及巡查情况,并通过执法记录仪记录现场安全教育及现场突发状况。

(3)规范每日巡查日志的填写,记录完善每日巡查部位、现场作业人数、机械设备、危大工程等现场施工基本情况及人的不安全行为、物的不安全状态、管理缺陷等隐患。

(4)对现场无法及时整改的隐患,开具书面整改通知书落实整改,并进行复查。

(三)安全奖惩

项目应详细制定安全生产奖罚管理制度,进一步明确安全生产奖罚依据,建立项目安全生产约束机制,才能促进安全生产责任的落实,保障项目安全生产目标的实现。安全工作实行奖罚结合,不仅能激发广大职工关心安全、制止违章违制、消除隐患的热情,而且改善了基层干部和工人同安全部门之间的关系,树立和提高了安监部门的权威,这样就有力地推动了安全生产,提高了安全管理水平。

安全生产奖励的实施主体为项目部,具体执行为项目的安全监督部。奖励对象可以为项目的管理人员、分包单位或分包单位班组或作业人员。

(1)现场作业人员规范安全行为,发现隐患主动消除,避免事故的发生,可评定为"行为安全之星",并在每周安全会上予以表扬及奖励,激励更多的人规范现场安全行为。

(2)现场整个班组的安全行为良好,积极配合各项安全管理工作的,可评定为"平安班组"。

(3)项目还应对各分包单位进行安全生产履约评价,评价优秀的也可对该分包进行通报表彰,持续推动安全生产。

安全生产的处罚对象则为违反项目相关安全生产规章制度的责任单位,安全生产处罚方式为罚金处罚、通报批评或清退出场等方式进行。罚款须责任单位或个人于规定时间内缴纳,逾期未缴纳的,从责任单位工程款中按 1.5 倍扣除。

四、优化四化管理

依靠人性化、信息化、标准化、精细化管理方式支撑项目安全管理。

(一)人性化

项目要强化"以人为本""人的生命高于一切"的管理理念,可通过人性化管理模式或现场人性化的设施,为项目人员在生活和工作中得到便利,充分调动全员管安全、重视安全的积极性,营造浓厚的安全氛围。

(1)施工现场移动厕所、灭蚊灯、工具充电柜。

(2)夏日高温时段发放冰块、冰棍、防暑药品、凉茶等，并定期开展夏日"送清凉"，冬季"送温暖"等活动。

（3）针对违章人员，与其家属进行视频连线，管理人员向违章人员家属说明本次视频连线的原因，视频完成后违章人员签署承诺书，让作业人员深刻认知自己所承担的责任以及安全作业的重要性。

（二）信息化

随着社会的快速发展，安全管理的手段也慢慢地从传统手段向信息化、智能化转型，而施工现场信息化也更加方便了安全管理，能够全面、实时了解项目的安全生产状况。

（1）AR实景地图，在办公室就可以了解现场情况。

（2）AI隐患识别系统，能够人员定位、AI安全帽识别、AI违章识别、AI隐患识别（安全帽佩戴、反光背心佩戴、起火识别、闯入识别），并及时发现现场的违章行为，及时告知管理人员该区域隐患须及时整改，保证隐患可以第一时间消除。

（3）智能语音播报系统，通过制作安全语音，智能语音播报系统可每日定时广播安全警示标语，声音萦绕在施工现场每个角落，时刻警醒现场作业人员严格遵守安全操作规程、规范佩戴个人安全防护用品，日复一日，进一步加强作业人员安全意识。

（4）智能喷淋系统，可通过手机直接操控喷淋，有效做好防尘及现场文明施工。

（5）塔吊、电梯智能监管，通过塔吊防碰撞系统、吊钩可视化、塔吊安全监视系统、塔司疲劳检测系统、施工电梯安全监视系统，确保现场塔吊、电梯安全运行。

（三）标准化

施工安全管理的内容是管理生产中人、物、环境因素的状态，通过标准化现场安全管控，能有效控制人的不安全行为和物的不安全状态，避免事故的发生。

（1）人员的标准化管控可通过以下几个方面：第一，严控高龄人员、禁止超龄人员进入施工现场施工；第二，新入场人员考核不合格不得入职；新入职人员进入施工现场应该穿着"新入场人员"反光背心，并7日内不得从事高处作业等危险作业；第三，定期对人员进行体检，患有心脏病、传染病等不得从事施工作业。

（2）物的标准化管控：首先，提高现场安全防护的标准，通过定制化防护加强防护的强度与安全性，提升项目整体形象与安全水平。其次，现场使用检测合格、安全性能高的机械、设备，并定期加强检测以及维护保养，确保安全运行。

（3）环境的标准化管控：首先，做好施工现场人员作业环境，加强防尘、防噪声、防中毒管控。其次，加强现场安全宣传，各区域张贴安全标语、安全挂画、安全警示标志、安全语音等，时刻警醒作业人员规范安全操作规程，增强工人安全意识。

（四）精细化

日本房地产、建筑企业具有先进的安全管理理念及方法，我们也认识到与日本建筑行业间存在的差距。近年来，各区域多个项目都开展了精细化（日式）施工管理咨询学习，并结合项目实际运用到现场。加强和督促施工现场精细化管理，实现可预见、可追溯、可标化，达到项目实现提效、过程操作依规行事、施工人员按章操作的目的。

目前国内施工现场的"不稳定、不合理、不经济"的通病依然存在。为规避或弥补相关现场管理短板，按照精细化（日式）施工管理实施的目的将精细化（日式）施工管理划分四个维度：计划管理体系；过程跟踪体系；素养教育体系；辅助管理动作。

1. 计划管理体系——可预控，实现提效

通过各类前期有效策划，组织开展施工前可实操的相应准备计划，并按策划要求执行规定的管理动作，可以实现项目提效。

计划管理体系中通过安全生产管理计划表的制定，能有效预控项目施工过程中各阶段各种人员、各种机械设备、各种施工工序存在的安全隐患，并针对安全隐患提前制定安全防范措施，确保施工现场安全平稳运行。

2. 过程跟踪体系——可追溯，依规行事

通过追溯手段进行过程跟踪管理，不仅能提升施工过程中的安全管控，更是促进施工人员提升一次做对的有效管理举措。过程跟踪体系分为安全巡查机制、特种作业规定、临时用电规定。

（1）安全巡查机制：认真梳理施工现场风险源，并根据项目实际情况确定项目各区域危险源及巡查点，生成对应的二维码，张贴至巡查点，项目管理人员每日至各巡查点检查，发现隐患及时拍照，扫码上传，通知责任单位按期整改，及时消除事故隐患。

（2）特种作业规定：通过粘贴特种作业资格证

以及特种作业申请，能严格管控特种作业人员持证上岗，加强作业人员的自觉性和自律性，强化特种作业安全管理。

（3）临时用电规定：通过明确电箱负责人，张贴检查表，悬挂用电回路标识，以及粘贴标识用途，通过可视化管理，可及时发现漏电设备及部位，防止私拉乱接、一闸多机等问题的发生，保证现场临时用电安全可控。

3. 素养教育体系——可标化，按章操作

推行和实施精细化安全管理，必须对项目管理人员和作业人员进行思想上的酝酿和思想意识上的培养。培养需要潜移默化地影响和督促，增加责任意识和自我保护意识。改善工人的作业环境，尊重他人、以人为本是实施精细化管理的基础。素养教育体系划分为：晨会、KY（危险预知）活动、整理整顿、大扫除。

（1）晨会：通过对全体人员开展每日安全晨会，有利于调整好人员状态，明确当天有哪些危险源以及应对措施，统一团队思想，通过日复一日的教育，有效提升全体人员安全意识。

（2）KY（危险预知）活动：可以提前发现施工过程中的危险源，在作业前就能进行消除，保证施工过程中危险源得到有效预防。

（3）整理整顿：制定整理整顿相关规定展板、标识，张贴在施工现场各区域，并划分责任区域，材料人员进场时管理人员旁站，能有效形成纪律严密、舒适整洁的作业环境。

（4）大扫除：由班组长来准备清扫道具、垃圾袋，在周末施工作业结束前半小时，施工单位管理人员和全体工人一起进行大扫除；组织分配工作，对公共场所、厕所、休息区、工地周边等进行清扫；使用广播系统来宣布大扫除开始、大扫除结束，通过大扫除，进一步营造了一个干净整洁、舒适的工作环境。

4. 管理动作——可借鉴，管理提升

日本施工现场可视化的标识、人性化的设置以及便携工具的使用对提升施工现场精细化管理起到很大作用，比如：限载标识、人行通道标识、安全标语便携标识、外架上下通道可视、当日作业人员统计、安全色、垂直运输次日计划、支撑拆除时间、封模工序验收可视、钢筋帽、钢管扣件保护套、塔吊吊钩缆风绳、钢筋保护毯、风向袋、安全母绳、交通督导、入场车辆管理、安全帽标识、统一着装、车辆（材料）次日入场计划等。

五、小结

通过明确一个目标、强化双控机制、围绕三种手段、提升四化管理作为项目安全管理的日常，才能更好地提高项目安全管理水平，进一步促进企业安全文化建设。

参考文献

[1] 张斌. 工程建设项目安全管理与企业安全文化建设 [J]. 中国高新区,2018(06):214.

[2] 秋阿恒. 基于"施工现场安全管理"的企业安全文化建设 [J]. 居舍,2021(15):149-150+178.

班组安全文化建设的探索与经验

四川川交路桥有限责任公司　刘　军　陆仕安　陈有明

摘　要：近年来，建筑施工行业事故总量依然较大，根据事故总结分析报告，表明目前安全管理技术仍存在问题。企业在提升自身安全管理和生产现场本质安全水平的情况下，对人的不安全行为的管控必须持续加强，安全文化建设则是对人的行为管控的最佳手段。班组是企业的基本组成单元，也是安全风险管控的基础防线，所以安全文化建设过程中，关键在于班组的安全文化建设。本文主要阐述探索班组安全文化建设过程中的经验和路径，以此推动建筑施工行业安全管理更加规范，更加科学。

关键词：班组安全管理；安全文化建设；经验探索

一、班组安全文化建设的重要性

随着国家基础设施建设的蓬勃发展，建筑施工行业的从业人员也在不断增加。建筑施工业具有手工劳动和繁重体力劳动多、人员流动性大、工作场所不固定、临时用工较多等特点，特别是众多年龄结构在45—60岁之间的劳动者，普遍存在文化知识水平低、安全意识薄弱、对安全文化认可度低的情况，而这些劳动者均在一线班组中。班组是企业管理的主战场，是企业安全的第一道防线。同时班组也是企业安全管理的重要环节，是一切安全生产方针、政策、法规、制度的落脚点[1]。企业安全文化建设的核心便是通过班组安全文化创建引领企业安全文化高质量发展和可持续发展。

安全文化建设，主要为填补传统安全管理技术对人的不安全行为管理空间，改善和纠正人的不安全行为，引导班组成员树立正确的安全价值观，发挥安全文化在班组安全管理中的引导、约束、激励、自律等作用，让员工在思想上具备安全需求和素养。企业安全管理的核心是班组安全管理。通过班组安全文化创建，让员工主动把安全理念践行成安全行为，自觉养成安全文明习惯，避免产生不安全行为，从而让安全文化映射到企业安全管理中，形成辐射效应[2]。因此，班组安全文化建设具有以下意义：有利于提升班组对安全管理工作的预防意识，防患未然，让班组成员具备安全意识、安全素质和应急意识；有利于打造出具有全局意识的标准化作业班组，以此支撑企业高质量发展；有利于激发员工的创新力和创造力，促进班组安全管理实现全面健康发展。

二、班组安全文化建设的流程

班组安全文化建设过程主要有策划方案、培训学习、收集资料、确定文化属性、建立制度体系、加强宣传培训、评价与改进。

班组安全文化建设是一项非常系统的工程，必须根据班组成员特点、班组长特征和管理方式等，以及企业安全文化特色和内容，制订具有针对性和实用性的安全文化创建方案。安全文化建设方案需要具有班组自身特色，融合班组安全管理体系，便于安全文化渗透于日常安全管理中。

方案策划完成后，针对核心班组成员进行专门培训，培训内容主要包含国家有关安全生产的法律法规、标准规范、安全管理知识、施工安全技术、班组安全文化创建知识培训、事故案例分析等。培训结束，进行效果评价，分析培训效果和不足之处，并组织动员班组成员参与方案修订工作，同时结合班组的普遍性和自身特色、员工的不固定性、作业环境的变化性等特点，考虑班组团队的施工经验，完善方案。同时，要努力提升班组长的安全素质，明确班组长的安全生产职责，规范班组长的安全行为，聘任专家对班组长进行专项培训，让班组长对安全文化"教得会、学得会、做得到"。

对现有班组安全文化进行深入调查和分析研究，重点是企业的安全文化、物质文化和制度文化，班组内部的行为文化，施工特点及施工工法、此前的施工经验和总结，班组成员的素质和技能水平等。

收集现行的有关安全生产的法律法规和标准规范，有关班组安全文化创建成功案例等资料，作为班组安全文化创建的依据。

在摸清班组情况和资料收集后，结合班组作业内容、具体施工环境和工艺法，对整个班组安全文化进行系统研判，并确定班组的精神指导、安全管理目标、安全文化建设措施和流程等内容。

在理清并确定好班组安全文化思路后，应建立健全班组安全管理制度体系。包含全员安全生产责任制、消防安全管理制度、隐患排查与治理制度、交通行车安全管理制度、安全教育培训制度、劳动防护用品管理制度、安全工器具使用管理制度、职业健康检查制度等。以控制人的不安全行为、物的不安全状态、设备设施和环境、管理方法四个方面，以制度文化守住安全文化建设的底线，实现遵章守纪，让班组成员做到"四不伤害"，以安全管理制度切实维护和保障班组安全管理正常运行。

班组安全管理体系健全后，必须强制要求各项安全管理制度认真贯彻落实，要通过安全生产技术知识、专业技术知识和安全生产技能等各类安全宣传教育培训，提升班组安全各项素质，营造安全知识与技能大学习的良好氛围。同时，根据奖惩制度来控制和约束班组成员的行为，从实际出发对班组成员进行自我约束，提高其操作技能和安全素质，规范班组成员的行为素质，减少事故隐患，培养班组安全工作自觉性和敬畏心，以此提升班组安全文化素质。

三、班组安全文化建设的路径

（一）党建与安全管理的深度融合

党的十八大对加强企业党建工作提出了更明确的道路和方法，要求做好党建工作，充分发挥依法治企，加强民主管理，促进企业安全生产[3]。为切实发挥党员在群众中的主动性和积极性，充分利用党员在基层安全管理中的先锋模范作用，引导班组成员从"要我安全""我要安全"到"我会安全"的观念转变，探索形成了党建与安全的深度融合。主要有以下几点。

在班组安全管理制度中，建立形成班组奖惩与激励竞争机制，每月评选"安全之星"，在模范榜上进行公示，并进行经济奖励和安全会议全员通报表扬，以此激发比学赶超的安全工作热情和良好氛围。

在安全宣传培训方面，基层党组织将习近平总书记关于安全生产的重要论述、安全生产法律法规等纳入支部班组年度学习计划和安全教育培训重要内容，不断提升班组安全生产自治能力。班组党员将文件精神和内容，通过安全会议，传达给各班组成员，共同学习安全理论知识。针对新进场班组成员，由党员亲自进行安全知识技能培训，将安全意识和技能传授给新人，以此形成传帮带模式。

定期召开安全生产会议，定期分析班组安全生产形势，建立专题会议讨论制度，让班组成员参与到安全管理过程中，各抒己见，提出近期安全风险、安全生产事故隐患及安全问题，共同探讨安全生产过程中的薄弱环节，提前将安全风险管控措施、应急处置程序与方法和安全事故隐患处置措施等进行深度宣传和培训，让班组党员狠抓安全有思路和方法，达到预期管理效果。

（二）丰富班组安全活动

安全活动是班组安全文化传播和建设的重要途径，可通过安全活动提升班组成员的安全意识、安全技能知识水平，培养班组成员的安全文化素养，特别是在行为文化的塑造上效果较好。班组安全活动主要有班会活动、安全月活动、安全隐患排查活动、安全宣传活动、安全摄影展、安全知识竞赛等。通过各类安全活动，总结分析施工现场和班组的安全生产情况、发现并弥补各项安全工作的薄弱环节、研究并落实安全风险防范措施和提升班组成员的安全文化素养。

在安全活动的安排上，需要注意结合现场制订专项计划，整体上进行综合规划，应重视效果评估，不能只走过场，走形式。而且要开展针对性的安全活动，采取互动型、多元化的方式，结合施工特点和重难点、安全风险较大的类型，有侧重点开展，避免盲目开展安全活动。建立考核评比机制，充分激发班组成员的积极性和主动性。同时在班组驻地设立安全活动基地，制作安全文化宣传展板或文化墙，将安全知识、应急救援处置与安全价值观教育等内容进行宣传。

各班组严格落实全员安全生产责任制，按照"全员头上一把刀，班组全员有指标"的原则，根据日常安全生产工作清单及重大安全风险管控清单，将全员安全生产履职情况纳入班组目标考核。在安全活动中，营造"以遵章守法为荣，以违章操作为耻"的良好风气，张贴违章照片到文化墙，每月对安全行为进行评比打分，以此建立安全活动奖惩激励机制，让安全活动丰富多彩,且能达到预期的安全教育效果。

四、结语

班组安全文化建设是建筑施工企业安全文化建设的基础工作。注重对班组安全文化建设,真正让安全文化渗透于每个班组,能有效减少因人的不安全行为造成的事故发生。同时在建设班组安全文化的过程中,优化安全教育培训、安全风险分级管控和隐患排查治理双重预防机制、党建加安全的融合等手段,提升班组安全管理水平和能力,助推建筑施工行业安全管理更上层楼,从而提高班组风险识别和防御能力,有效防范和遏制各类安全事故发生。

参考文献

[1] 郑骞,孙爱国. 从安全达标班组争创探讨班组基础管理新方法[J]. 化工管理,2020,27:94-95.

[2] 王善文,刘功智,任智刚,等. 国内外优秀企业安全文化建设分析[J]. 中国安全生产科学技术,2013,9(11):126-131.

[3] 张杰. 浅论煤炭企业党建工作与安全生产的结合点[J]. 现代国企研究,2017,14:248.

突出"五个重点"多维度建设安全行为文化

中化学城市投资有限公司　夏明干　赵连峰　董　彬　华　桐

摘　要：国内建筑施工行业经过三十年多年的快速发展，目前已达高峰，但施工项目安全管理仍存在较多问题，安全文化基础不牢，未能形成"人人讲安全、事事重安全"的浓厚氛围。本文重点分析了项目安全管理中存在的典型问题，直击管理痛点，重点从完善安全责任体系、安全管理人员能力提升、标准化管理、应急管理体系建设、立体式安全文化建设等方面展开论述。希望能为施工现场的相关人员提供参考，共同促进建筑施工项目安全管理水平的提升。

关键词：项目；安全管理；安全行为

一、国内建设工程安全管理现状

2022年上半年，全国共发生各类生产安全事故11076起、死亡8870人，安全生产形势总体稳定，呈现"三个下降"的特点，即：生产安全事故总量、重大事故、较大事故同比下降。但部分地区事故多发，新疆、西藏、重庆、甘肃、青海等西部省（区、市）较大事故起数和死亡人数同比"双上升"。西部欠发达省份建筑体量远远小于东部沿海经济发达省份，但安全事故起数反而高于东部省份，说明安全管理水平与地方经济发展水平呈正相关。

从行业分布来看，建设领域非法违法建设问题仍然突出，上半年发生了毕节市第一人民医院工地"1·3"重大滑坡事故和长沙市望城区"4·29"特别重大居民自建房倒塌事故。此外，地下施工作业、燃气爆炸事故多发、频发，说明建设领域依然是安全事故的高发领域。

中国已有7家建筑央企位列世界500强。但无论是企业安全文化还是安全指标都距法国万喜、韩国三星等国外知名建筑企业有较大的差距。一些发达国家建筑企业的安全文化已植入灵魂，已达到打造"百年老店"的要求。但国内建筑央企安全业绩很大程度上依然取决于国家安全监管力度，安全管理仍处于"要我安全"的初级阶段。

目前大部分企业本部配备的安全管理人员专业水平相对较高，但项目安全管理人员数量不足、素质不高，无法满足现场安全管理需求，一定程度上存在"管理真空"。另外多数分包单位配备的专职安全员素质低下、能力不足、责任心不强，导致建筑施工现场的安全仍高度依靠一线作业人员自律。

综上所述，国内建筑施工领域安全管理水平基本处于从依赖监督阶段向独立自我管理过渡的阶段。安全文化基础薄弱，距离"本质安全"尚有较大差距。加上新材料、新工艺、新产业、新业态的大量涌入，安全隐患想不到、管不到的问题仍然突出，安全管理亟须精细化、规范化和科学化。

二、以安全责任制为基础，建立全员管理体系

（一）收集相关要求，做好安全策划

1. 确定管理目标

公司指导项目经理部识别适用的安全法律法规、标准规范及属地政府、建设、监理等相关方的安全要求，确定项目安全管理目标。

2. 进行风险评估

项目对收集的安全信息进行分析，运用WBS-RBS方法，预判项目安全管控的关键环节和重点部位。

3. 进行安全策划

项目部根据风险评估结果，从施工组织、技术方案、危大工程、机械设备、安全防护、现场管理、安全投入、文明施工等方面综合考虑，明确各方职责，建立安全管理矩阵。

（二）健全保证体系，完善管理制度

（1）依据国家法律法规和上级公司管理规定，建立安全生产领导组织机构。从公司、项目经理部、施工班组各层级完善"从上到下、层层负责、人人有责、一抓到底"的全员安全责任体系。建立岗位安全责任清单，将责任落实到每个项目、每个班组、每个岗位。建立完善全过程的安全责任追溯制度和考核制度。

（2）编制工程项目安全及职业健康等管理办法、制度，印发安全管理隐患排查手册。在施工过程中动态识别各项安全问题，持续完善安全管理制度体系，确保安全风险全面受控[1]。

三、以风险管理为主线，全面实施风险预控

（一）严格分级管控，建立风险清单

以风险分级管控和隐患排查治理为主线，坚持"提前想到、量化分级、及时整改"原则，做到复杂问题简单化、风险评价数据化、分级管控流程化。

（1）通过分析项目主要分部分项工程和项目周边环境，采用调查表法识别风险因素，并按风险来源进行整理，形成初始安全风险清单。安全风险清单应涉及工程施工各环节和生产生活各领域。其中工程类安全风险以危大工程各环节安全风险管控为主，非工程类安全风险以危险物资、大型设备、营区驻地、站场库房、交通消防等方面管控为主。

（2）利用主成分分析法（PCA法），对初始清单的安全风险因素进行主成分分析，根据各因素之间的相关性对相关因素进行合并，筛选出对安全影响较大的关键风险因素。

（3）风险等级采用风险矩阵法进行评价，风险矩阵由可能造成的事故严重程度等级和诱发事故可能性大小构成。用公式表示即为：风险等级＝可能造成的事故的严重程度×事故可能性，将安全风险分为Ⅰ级（极高度风险，用红色表示）、Ⅱ级（高度风险，用橙色表示）、Ⅲ级（中度风险，用黄色表示）、Ⅳ级（低度风险，用蓝色表示），并用四色公示牌在施工现场显著位置进行公示。

（二）强化过程管控，及时发现隐患

根据风险清单，严格实施分级管控，明确公司、项目领导、项目生产管理人员、项目安全管理人员的监管职责，规定各类人员对责任区域的巡查频次，管控效果与安全绩效考核挂钩，确保相关人员履职到位。

（三）强化监督检查，实施闭环管理

针对现场施工实际情况，按照"安全员日检、部门周检、项目月检、公司季检、适时专检"原则，公司和项目两级定期不定期组织开展日常巡检、定期检查和起重机械、防暑、防汛、冬季施工等各类专项检查，并对安全风险进行分析。受检单位按照"五定要求"及时整改，检查人员及时复查，确保安全隐患的整改闭环。同时，综合运用通报批评、经济处罚、停工整顿、信用评价、不良行为记录、约谈上级单位、责任考核追究等手段，进一步强化安全隐患排查治理力度，有效扭转施工现场"三违"现象多发的问题。

四、以教育培训为抓手，全面提升人员素质

在现场安全管理过程中，部分管理人员未能严格履行新《中华人民共和国安全生产法》所赋予的职责，未能对施工现场风险进行全面监管，施工人员安全意识淡薄，导致各个环节均存在不同程度的违规违章作业和危险因素，根据海因里希法则，安全生产事故发生的概率大大增加[2]。无论是管理人员还是作业人员，安全意识是安全行为的基础。因此管理人员不仅要加强对施工现场的安全防护工作的管理，还要提高施工人员的安全意识。让施工人员做到不伤害他人、不伤害自己以及不被他人伤害[3]。

（一）开展教育培训，提高安全意识技能

严格按照法律法规和公司管理规定，定期对管理人员和作业人员进行安全教育培训，分层级、分专业、分岗位，通过集中授课、法规及文件宣贯、宣传报栏、条幅标语及班前讲话等多种形式对全员开展安全警示教育培训。另外可通过订制《作业人员应知应会手册》、"互联网+多媒体"线上培训考试、安全行为之星、推行"一人一档"、二维码等新型管理方式，有效提升末端安全管理水平。

（二）建立隐患清单，提高发现问题能力

为了防范施工风险，建筑企业应致力于增强施工人员的风险意识[4]。风险管理意识的增强，有助于施工人员排查施工风险，及时发现风险源头，从而提高风险防范能力。因此，管理人员需要对常见的风险问题进行分析，有针对性地进行交底，通过"真实案例"警醒作业工人。

项目安全管理部门针对发现的问题建立隐患问题库，列表分析主要隐患类型，制订表格化的检查清单，避免检查过程漏项，然后针对占比较高的问题进行专项处理。

项目可建立隐患排查信息群，鼓励全员查找安全隐患，对于及时发现安全隐患的人员进行经济奖励，并在群内组织安全知识抢答（或组织专项安全知识竞赛），对于成绩优秀者给予经济奖励，从而提高一线工人对隐患排查治理的积极性。

五、以标准化为突破点，营造安全管理环境

（一）内业管理流程化，解放安全管理人员精力

目前，国家对安全管理非常重视，行业也更多

强调"一岗双责、失职追责"。项目安全管理部门上报的各类报表、总结名目繁多，会议多、文件多、学习多，导致安全管理人员主要精力用来编制、上报各类资料。部分单位还存在"以会议落实会议、以文件传达文件"的现象，虚切卸责、责任悬空、安全管理人员忙于内业资料留痕成为安全管理的一大顽疾。

为此，就更需建立"管理标准化""流程信息化""文件模板化"的安全内业管理体系，使安全管理人员腾出更多的时间放到施工现场。内业标准化要明确每项管理制度的主要条款，项目"对单填空"即可。检查表要设定样式，明确每个条款的检查依据和主责部门，并可进行量化评分。

对于各类安全管理资料，要分类归档，建立卷内目录，外部单位检查内业资料时，只需在此基础上增加部分内容，从而减少内业迎检工作量。

（二）现场设施标准化，营造浓厚安全氛围

标准化施工，是项目在施工过程中科学地组织安全生产，规范化、标准化管理现场，使施工现场按现代化施工的要求保持良好的施工环境和施工秩序，是促进企业安全文化的有效手段，为提升作业人员的标准意识、规矩意识有着巨大的推进作用。

项目要根据地方政府、业主、监理等相关单位管理规定，制订《项目安全标准化管理手册》，严格技术标准、管理标准、作业标准和工作流程。规定临建设施、安全设施的建设标准。认真履行标准化开工程序，审核开工条件，高标准起步、高效率推进，使标准成为习惯，使习惯符合标准，使结果达到标准，实现现场安全管理水平提升的目标。

六、以应急管理为底线，守住安全最后关口

抓好应急管理工作是减轻或降低事故灾害损失的关键环节，也是安全管理的最后一道防线。近几年，随着全球气候变化，局地极端天气发生的概率增大，自然灾害及其引发的事故风险明显上升。按照党中央国务院的要求，国资委以中国安能为综合平台，部署推进中央企业应急救援体系建设。中铁二局、中铁十七局等国家隧道应急救援队已经在隧道关门式塌方中进行了验证，效果良好。

（一）充分识别风险，规范预案管理

项目要强化应急设备物资的配备，认真分析本项目的安全风险和可能发生的安全事件，提高预案的针对性、科学性与可操作性；要打破传统的自我救援思维模式，更加广泛地调查周边的应急资源，例如发电车、排水车、区域消防队等，要加强与相关单位的互动，确保出现险情时应急资源可快速就位。

（二）改变演练方式，提升应急能力

目前很多领域已改变传统的应急演练模式，进行"双盲"演练，不设计演练剧本，不划定演练范围，不提前"打招呼"，不提前确定演练时间，主要组织者随时发布险情信息，相关单位立即行动，每个单位、每台大型机械何时就位、险情何时得到控制进行准确计时，最后科学评价应急演练效果，如此方可真正提高应急管理水平。为此从公司、各项目都要相对固定一支应急队伍，并签订协议，作为应急救援的主要力量，以便现场出现险情后可快速开展应急处置。

（三）强化协调联动，提升应急效率

对外，项目要加强与地方应急管理部门、安监站、消防、医院等单位的沟通，建立协同联动机制，保证出现险情后可快速处置。对内强化应急知识培训，制作"应急联系卡"，提高管理人员和作业人员的应急意识，提升应急效率。另外项目应确定一名新闻发言人，发生突发事件后，对网络、新闻媒体进行正确舆论引导，防止舆论发酵，以降低负面影响。

七、结语

安全管理是一个永恒的话题，如何做好安全管理工作，每个人给出的答案可能不尽相同。但随着新《中华人民共和国安全生产法》的出台，安全管理归根结底是要促进全员安全责任制的落地，营造"人人要安全、人人会安全、人人管安全"的良好安全氛围，变"被动安全"为"主动安全"。相信随着信息化、物联网、智能化等新科技的应用和先进安全文化的落地，建筑施工机械化、自动化水平将会大幅提高，安全文化建设将会进入"团队互助管理"的最高阶段，实现高水平安全与高质量发展的动态平衡。

参考文献

[1] 张明天. 房屋工程建设施工质量及施工安全管理对策分析 [J]. 大陆桥视野, 2022(7):125-127.

[2] 张星. 建筑工程现场施工中安全措施和施工技术管理探究 [J]. 建材与装饰, 2020(20):210-214.

[3] 仇广德. 建筑施工安全管理的现状及提升方向 [J]. 中国建筑装饰装修, 2022(6):112-114.

[4] 张明政. 建筑施工安全管理及风险防范策略探讨 [J]. 房地产世界, 2022(11):80-82.

安全文化建设在企业安全管理中的应用新探

云南建投矿业工程有限公司　廖堂美　雷碧梦　黄相桥　孙　思　郑　娅

摘　要：安全文化建设作为企业安全管理工作中具有重要意义的一部分，其不仅关系到企业内部的文化建设工作，还关系到企业是否能够在新的时代背景下平稳运转。本文将依据相关工作经验以及研究成果，从多个角度分别探讨安全文化建设在企业安全管理中起到的重要作用，并依据二者之间的关系提出一定的建议以及应用措施。最终希望通过本文的分析与探讨，可以使广大企业的管理者有所启发，从而让更多的管理者能够更加得心应手地开展本企业的安全管理工作。

关键词：安全文化；建设；企业；安全管理；应用

安全文化建设实质是一种思想文化建设，是企业各项规章制度通过安全理念这种形式，来规范干部职工的操作行为，提高安全意识，确保一方平安的有效保障体系。随着时代的发展，我国的企业也需要不断扩大自身的生产经营活动内容，以此能够更好地适应当前市场的经济发展趋势。同时，越来越多的企业管理者开始意识到安全文化建设与安全管理工作之间的关系密不可分。在企业内部开展安全文化建设，既可以丰富企业安全管理内容，又可以帮助企业内部的全体职工树立正确的安全观念，还可以为企业营造更为积极向上的企业文化氛围。基于此，企业的管理者就需要大力开展企业安全文化建设，在不断提升自身安全管理能力的同时保障企业的可持续发展。

一、在企业内部开展安全文化建设的重要性

（一）安全文化建设必须以人为本

在新的时代背景下，党和国家提出了"以人为本"的全新工作理念，这就要求企业在生产经营活动中坚持以人为本。企业文化只有坚持以人为本，体现出尊重和信任，员工才能积极参与到企业管理中。以人为本是企业安全管理中的重要一环，全体干部职工的安全思想和业务素质直接影响着企业的安全管理工作，只有最大限度地调动职工的积极性和创造性，才能使企业安全工作保持长治久安、长期稳定。因此，企业的管理者要切实贯彻落实以人为本的工作理念，通过一系列安全文化建设来营造安全、健康、和谐的安全工作氛围，始终将职工的生命安全放在第一位，将制度管理与文化管理相融合，让全体职工真正体现自身的劳动价值，从而更积极地投入到工作中。

（二）安全文化建设助力社会和谐发展

在企业内部开展安全文化建设工作，可以使企业的全体职工为和谐社会的建设添砖加瓦。通过在企业内部开展各类安全文化相关的宣传教育工作，全体职工就可以铸牢安全生产观念，管理者也能够在企业内创设全新的安全生产环境，从而实现企业整体利益与职工利益的有机统一。在这一过程中，企业的全体职工均能够以极高的责任感与使命感参与到生产经营活动当中，从根本上激发自身的工作热情。随着时间的推移，企业的全体职工就能够树立以企为荣、爱岗敬业的工作观念，使企业内部的工作氛围更加和谐，进而推动企业和社会的和谐发展。由此可见，安全文化建设是助力和谐社会发展的重要举措。

（三）安全文化建设助力企业和谐发展

通过大力开展安全文化建设工作，还可以保障企业的稳定运转。高质量的安全文化建设工作可以使管理者更好地察看本企业的实际生产经营状况，并做到进一步了解职工在生产经营活动中呈现的优点与不足。从职工的角度来看，安全文化建设工作可以使其充分接收到全新的安全文化营养，也可以使其进一步提升自身的安全防范意识，进而能够在安全生产活动中规范工作流程。对于企业来说，安

全文化建设工作可以使管理者与职工之间产生共鸣，从而构建全新的和谐的上下级关系，使企业的发展更为稳定。

二、安全文化建设在企业安全管理中产生的作用

（一）思想引领作用

在企业的安全管理工作中，安全文化建设起到了极为重要的思想引导作用。在先进安全文化思想的引领下，一方面企业的管理者能够做到以全新的安全文化知识武装自己的头脑，进而将一系列先进的文化思想以及生产技术带入企业内部，并能够以更为完善、规范且科学的管理体系来指导生产活动，以此为全体职工树立榜样。另一方面企业的职工也能够进一步了解安全文化与生产经营活动之间的紧密关系，自身也能够做到理论联系实际，并能够将自我安保意识融入具体的生产活动当中，从而有效推进企业的安全生产。

（二）提升全体职工的凝聚力

在安全文化的建设过程中，全体职工能够接触最先进的生产理念，也能够更为详细地解读党和国家制定的有关安全生产的相关政策和法规，进而使本企业的安全生产氛围更为浓厚。同时，安全文化建设工作也可以让企业的全体职工能够以辩证的思维来看待一系列生产经营活动，并能够凭借自身的知识储备，向管理者提出中肯意见或建议，使管理者能够根据职工的意愿完善企业的安全生产目标。将安全文化建设与安全管理工作相结合，可以更大程度地提升企业全体职工的凝聚力，向心力，对企业的持续发展骑着很好的推动作用。

（三）进一步协调生产关系

高质量的安全文化建设工作还可以进一步协调企业的生产关系，使各项规章制度能够更为灵活。安全文化建设工作是"以人为本"理念的重要体现，这就使企业的管理者能够对其他职工给予更多的人性化关怀。例如，对坚持安全生产理念的职工进行奖励、对需要帮助的职工提供更多的帮扶、职工之间能够实现平等交流等。一系列建设活动均能够使企业的生产关系更为协调、生产力得到更好的提升，全体职工的生产热情也能够得到进一步的激发，进而做到齐心协力为企业谋求更大的发展。

三、安全文化建设在企业安全管理中的应用措施

（一）加强安全文化宣传教育工作

企业的管理者应进一步加强企业内部的安全文化宣传工作，从而切实提升企业安全管理工作的综合质量。管理者可以与本企业的宣传人员开展合作，可采用宣传教育工作与现代信息技术融合的方式，例如建立安全文化主题的企业网站、在企业的微信公众号内加入安全文化相关的内容、在企业的内部刊物中设置专栏等。同时，管理者也可以组织丰富多彩的活动，使本企业的全体职工能够通过参与多元化的活动来树立安全观念。在这一举措下，企业的全体职工均能够通过多种渠道来及时获取安全文化相关的宣传教育内容，进而能够在潜移默化中对安全生产的重要性形成正确认知。

（二）创新安全管理理念

在新时期的企业安全管理工作中，企业的管理者也应做到进一步创新自身的安全管理工作理念，进而使企业能够在第一时间接触到最先进的安全文化知识。在这一过程中，企业的管理者应坚持以习近平新时代中国特色社会主义思想为指导，准确把握新发展阶段，深入贯彻新发展理念。企业的管理者也需要从现阶段我国安全生产方针、相关政策以及法律法规入手，将原本传统的重经济效益观念转化为以人为本、安全第一的全新管理理念，从而有效提升企业的生产效益。在这一过程中，企业的管理者就能够树牢安全发展理念，大力建设企业安全文化，使企业的安全管理工作质量更上一层楼。

（三）提升全体职工的专业素养

企业的管理者也需要注意全体职工专业素养的提升，以此为本企业的安全文化建设以及安全管理工作的顺利开展奠定基础。管理者可以先对本企业的全体职工进行摸底调查，在切实了解本企业全体职工对安全生产以及安全素养的认知程度后，再根据调查结果组织针对性的培训活动，使本企业的全体职工能够实现自身专业素质的提升。在开展培训活动时，管理者应注意的是除了。

要求全体职工必须掌握安全相关的理论知识外，还需要不断提升自身的实际操作能力。通过参加一系列专题培训活动，企业的全体职工均能够以高水平的安全业务技能参与到生产经营活动当中，真正体现出以人为本的发展理念。

（四）将安全文化落实到具体的工作环节中

除了转变自身的管理观念以及提升全体职工的专业素养之外，企业的管理者还需要将安全文化落实到具体的工作环节中，以此切实发挥安全文化的

实效性。管理者可以将安全文化与本企业的发展战略、工作安排、岗位责任制度、生产过程、监督体系等多项工作环节相结合，使企业的安全文化建设能够与安全管理工作实现有机结合。以生产过程为例，管理应将安全文化融入生产过程的细节中，并构建出强有力的安全生产工作条例与安全、安心的生产环境，做到具体问题具体分析，使企业的全体职工在生产过程中能够按照规章制度完成生产经营活动。

综上所述，企业的管理者只有切实把握安全文化建设与安全管理工作之间的联系，才能使本企业的安全管理工作能够有序开展。在这一过程中，企业的管理者必须树立正确的学习观念，不断提升自身的综合素养，进而能够做到以高水平的管理能力开展本企业的安全文化建设工作。同时，企业的管理者也需要明确理论联系实际的必要性与重要性，应将安全管理工作与企业的实际生产经营状况相结合，以此打造全新的企业安全文化，切实提高员工的安全意识，为企业安全管理奠定扎实的思想基础。

参考文献

[1] 徐耀强. 安全文化建设是企业长治久安的重要基石[J]. 当代电力文化，2022(5):27-29.

[2] 韩友永. 浅谈安全文化建设在企业安全管理中的应用[J]. 能源技术与管理，2016,41(4):177-179.

[3] 王进. 安全文化建设在石油石化企业安全管理中的作用[J]. 智能城市，2017,3(1):313.

关于新时期下城市轨道交通安全文化建设研究

中国铁建电气化局集团北方工程有限公司　王晓强

摘　要：当前，我国城市轨道交通线网规模和客流规模均居世界第一，在建线路6700余公里，运营里程7500余公里。随着线网规模不断扩大，运营环境更加复杂，安全风险不断增多，安全运行压力日趋加大。在城市轨道交通工程建设、运营过程中，其交通安全问题一直是社会广泛关注的重要话题。想要全面提高城市轨道交通的安全性、为人们日常出行提供可靠保障，还应加强城市轨道交通安全的文化建设工作，在充分掌握其安全运营系统的基础上，强化安全文化建设结构的完整性，进一步增强城市轨道交通的安全管理。对此，文章就新时期城市轨道交通安全文化建设措施进行了分析，以供参考。

关键词：新时期；城市轨道交通；安全文化；建设措施

在城市化进程不断深入发展的新时期背景下，城市轨道交通工程的建设数量逐渐增多、其建设规模也在不断扩大。由于城市轨道交通工程的建设环境较为复杂、其对各项施工技术、工艺操作等专业要求较高，且在建设期间存在许多不稳定因素，极易影响到工程建设、运营的安全性，甚至引发严重的安全事故。为了切实保障城市轨道交通的安全性，规避安全事故，应积极改进传统的工程安全建设模式，提高现代化城市轨道交通的安全文化建设意识，结合城市轨道交通安全体系的实际情况开展深入优化工作，为城市轨道交通工程长效稳定的安全运营提供可靠保障。本文以丽江市综合轨道交通项目一期工程为例，对新时期下城市交通轨道的安全文化建设工作进行了探讨。

一、工程概况

丽江市综合交通项目的一期工程起止里程为YCKO+035—YCK20+500，线路历经雪山游客中心、白沙古镇、玉水寨等多个主要旅游景区以及客流集散点，是丽江轨道交通规划网中的主要旅游通道。工程线路全长20.465km，其中高架线约为0.828km、地面线约为19.63km。工程共设5座车站，且均为地面站，为了加强安全管控措施，在游客中心搭建了车辆基地，而控制中心则位于车辆基地内。同时，项目部还包括了整体工程的供电系统、通信系统、运行控制系统以及火灾自动报警系统和门禁安防系统等多类基础系统。对此，在开展安全文化建设工作时应充分掌握此工程的基本信息，根据各车站的人流量、工程承载指标、安全监管标准，结合实际情况制定科学有效的安全文件建设方案。在加强现代化工程安全文化建设理念的基础上，积极采取现代化信息技术提高工程安全文化建设的专业水平，保证工程安全文化建设措施的全面性及可行性，确保综合轨道交通项目能安全稳定地长效运营，促进城市交通轨道工程和丽江市旅游业的经济发展。

二、新时期下城市轨道交通安全文化建设的管理理念

（一）增强安全性原则

城市轨道交通工程作为当前城市交通服务的主要运营商，其能否安全运营是工程安全文化建设的核心，在工程建设、运营过程中任何细小的故障问题都有可能引发安全事故、导致整体工程运营服务瘫痪。因此，在城市轨道交通安全文化建设活动中，应秉着安全性的建设原则开展具体工作，坚持贯彻预防为主、安全第一的管理理念，根据城市轨道交通工程的实际情况对其可能存在的安全风险进行全方位分析，并依照分析结果编制风险应急预案，提高风险防范意识，强化安全文化建设的重视程度，切实做好事前防范、事中控制的管理工作，为顺利开展城市轨道交通安全文化建设工作奠定良好基础。

（二）落实安全管理责任制

在城市轨道交通工程运营过程中，管理人员是

保证安全操作、提供安全运营服务的具体实施者，每位工作人员的工作水平、责任意识都关乎着城市轨道交通工程的稳定运营。基于此，在实际运营管理过程中，应将安全管理责任制落实到位，运营部门应加大工程安全文化建设的宣传力度、积极改进安全文化的推广模式，提高城市轨道交通工程每位运营工作人员的安全意识，使其充分认识到安全文化建设工作的重要性，时刻敲响安全警钟、保持警惕，切实做好工程安全管理工作，确保城市轨道交通安全文化建设质量。

三、新时期下城市轨道交通安全文化建设的要点分析

在习近平新时代中国特色社会主义思想为指导的新时期下，针对城市轨道交通安全文化建设工作应坚持贯彻新发展理念，积极完善安全文化建设发展新结构，加快城市轨道交通安全文化的创新建设，充分利用信息化技术提高城市轨道交通安全文化的管理、建设水平，全面提升工程安全文化建设的质量指标。基于此，下述对城市轨道交通安全文化的建设要点做出了具体分析。

（一）安全风险管理系统

以上述工程为例，将其安全管理业务作为建设核心，通过第三方监测、施工监测以及视频监控等相关数据对整体工程施工、运营的安全风险进行综合分析，有效结合专家评判方式，依托信息化技术创建工程及其周边环境的安全管理系统，由此为各参建单位以及后期运营服务商提供一个完善的协同安全管理平台。在对整体工程开展安全文化建设工作时，各参建单位及运营服务商可通过安全风险管理系统明确自身管理职责。在确定各项安全文化管理标准的基础上，对工程建设、运营期间产生的大量风险数据进行综合分析，由此对各类数据进行有效处理，提高工程安全风险状态的评价水平。加强安全风险预测和预警等能力，确保风险应对措施的时效性及高效性，在安全生产方针的正确指导下不断完善城市轨道交通安全的管理模式。同时，借助GIS地理信息系统对工程安全风险管理系统进行深入优化，进一步提升安全风险管控的准确性，切实保障城市轨道交通工程能安全运营。

（二）隐患排查系统

隐患排查系统的建立可对城市轨道交通工程施工、运营中的安全隐患或风险因素进行逐一排查。

以丽江市综合轨道交通项目一期工程为例，可依照其高架线、地面线以及地面5座车站的施工、运营要求对其隐患排查项目、排查频率以及整改指标和应急处理措施等进行明确。按照综合轨道交通项目的建设要求构建安全业务流程闭环管理的信息系统。参考安全文化建设指标对整体系统进行合理规划，借助大数据技术实现隐患排查要点和分类分级标准、隐患报送和响应流程以及排查和治理信息预警等功能的设立，结合工程实况地图、通过动态化的统一分析对隐患态势以及隐患分布进行确定，以此发挥信息化平台的效用价值。在提高工程隐患排查效率、推动工程安全文化建设进度的同时还能有效消除工程安全隐患，落实工程安全管理及风险防范工作。

（三）应急管理系统

应急管理系统是城市轨道交通工程安全文化建设中必不可少的决策系统。基于新时期的安全文化建设理念、秉着创新意识，利用多项先进技术建立集应急预案管理、应急队伍管理以及突发事故评价管理等为一体的辅助性应急管理系统，为城市轨道交通工程提供可靠的安全保障。如若在工程建设、运营期间出现突发事件，那么利用启用应急管理系统便可对突发事件的相关信息进行快速收集，同时还可展示出工程基础信息、应急物资设备和应急团队的分布情况，以便安全运营管理部门对其进行调度指挥，快速解决突发事件，降低突发事故对工程的不良影响。同时可以改善以往应急资源调度难、现场抢险检测信息无法实时共享等问题，全面提高城市轨道交通工程安全运营的应急能力，满足新时期安全文化建设的要求。

四、新时期下加强城市轨道交通安全文化建设的有效措施

（一）完善城市轨道交通安全文化管理体系

为了切实做好城市轨道交通的安全文化建设工作，促进城市轨道交通工程的经济发展，必须加强工程安全管理工作的重视，及时完善城市轨道交通安全文化管理体系，将安全运营作为安全文化建设的首要任务，坚决贯彻安全第一的管理原则。在建立城市轨道交通安全文化管理体系的过程中应明确工程安全文化建设标准，依照工程建设情况、结合工程所在区域的实际环境确定工程各项管理环节的标准，严格遵循当地安全文化建设指标开展工程安全

运营管理工作，以此构建城市轨道交通安全管理的长效机制，确保城市轨道交通工程能安全运营。

（二）创建安全文化

在新时期发展背景下，各类文化建设活动接踵而至，想要全面提升城市轨道交通运营人员以及广大乘客的安全意识，运营管理部门应积极创建针对城市轨道交通的安全文化。就丽江市综合轨道交通项目而言，运营部门可以在5座车站的候车区布设安全文化宣示牌，也可同广告运营商进行合作，安装电子广告牌，采取现代化宣传方式加大安全文化的推广力度，通过移动循环广告的方式促使运营人员及广大乘客约束自身行为，使其落实安全运营管理工作、有意识地安全乘车，真正将安全制度落实到位。

（三）提高安全文化管理模式的适应性

当前，各地区城市轨道交通工程都是依照当地经济发展情况，结合地理地形等多项基础信息建设而成的，且不同区域的城市轨道交通工程的建设标准、安全文化管理指标等都存在差异性。然而，为了达到城市轨道交通安全文化的建设任务，还应进一步提高工程安全文化管理模式的适应性。依照因地制宜的原则、依托统筹规划、科学布局的建设理念对整体工程的安全文化管理工作进行指导。参考工程建设环境、整体运营环境、结合工程建设规模创建可行性的城市轨道交通工程管理模式，保证安全文化建设措施的有效性，确保建设管理内容的合理性。在城市轨道交通工程建设初期，其各项安全管理体系呈现多样化，但需要注意的是，任何安全文化建设模式的制定都需遵守当地轨道交通工程的统一构建的规则，由此才能达到国家城市轨道交通工程安全文化建设的统一标准，实现城市轨道交通工程的可持续化发展。

城市轨道交通工程是社会经济体系中的重要组成部分，作为城市公共交通服务的基础设施，其整体工程的安全性和稳定性尤为重要。在新时期背景下，针对城市轨道交通工程的安全文化建设工作而言既是挑战，也是新的机遇。基于新发展理念以及安全文化理念的深入推广，应积极完善城市轨道交通系统的安全文化管理体系。借助多项信息化技术创建轨道交通安全文化监管系统，依照城市轨道交通的安全管理指标增设隐患排查系统、风险应急系统以及安全管理系统，不断加大安全文化宣传力度，努力营造安全运营的良好氛围，促进城市轨道交通工程安全文化建设，确保人民群众生命财产安全。

参考文献

[1] 陈中华. 城市轨道交通运营安全管理研究[J]. 工程技术研究, 2021, 6(20):139-140.

[2] 于国伟. 浅析城市轨道交通运营安全管理模式[J]. 人民交通, 2020(2):89-90.

[3] 赵凯. 城市轨道交通运营安全管理探讨[J]. 智能城市, 2019, 5(4):60-61.

[4] 郭万胜. 城市轨道交通运营安全管理体系研究[J]. 农家参谋, 2017(24):339.

[5] 白中建. 轨道交通运营企业安全管理工作的思考[J]. 企业改革与管理, 2016(20):11.

筑牢安全思维　深化安全文化
助力轨道公司实现安全生产标准化建设

中铁建电气化局集团轨道交通器材有限公司　董　军

摘　要：随着中铁建电气化局集团轨道交通器材有限公司（以下简称轨道公司）安全文化建设的推进，现代化企业在其完善和发展过程中，越来越重视企业安全文化的作用和影响，通过安全文化的建设调动员工安全生产的积极性和自律性，从而达到以文化规范员工安全行为的目标，提升安全生产水平。但与此同时，在安全生产领域全国又在开展安全生产标准化工作，轨道公司唯有筑牢安全思维，深化安全文化，才能逐步完成安全标准化的达标工作。

关键词：安全文化；轨道公司；标准化；制度

安全文化是推动轨道公司在长期安全生产和经营活动中，具有企业特色的安全思想和意识、安全作风和态度、安全管理机制及行为规范企业的安全生产奋斗目标、企业安全进取精神保护员工身心安全与健康而创造的安全而舒适的生产生活环境和条件等种种企业安全物质因素和安全精神因素之总和，对于推动轨道公司高质量发展起到了关键作用，研究安全文化有利于公司标准化建设，有序推动生产任务达标，从而确保全年各项任务的有序完成。

一、安全文化对于推动轨道公司高质量发展的重要意义

（一）安全是公司发展的必要前提

安全文化是存在于单位和个人中的综合素质与态度的总和，是超出一切之上的观念，对人的安全行为具有重要的影响作用。轨道行业是高危行业，加强轨道公司安全文化建设的目的是提升职工的安全意识和安全素质，确保轨道公司安全生产，从根本上改变轨道行业的整体形象。为此，轨道公司把安全标准化视为生命工程、形象工程来抓。公司坚持现场整改为重点，加大了安全生产投入，每年公司投入大量资金主要在基础管理、热工燃爆、电气、机械、作业环境与职业健康等方面进行整改，一切让数据说话，让标准说话，使安全生产标准化得到了很好的贯彻执行。2020—2022年，公司落实重要安全事项30项，投入金额约500万元，使职工更加珍视生命的价值，产生"安全责任重于泰山"的使命感和责任感，使轨道生产在安全的基础上不断发展。

（二）安全是公司生产的基础工作

安全文化是一种价值观，是人类在生产活动中所创造的安全生产观念、行为和物态的总和。轨道公司安全文化是在长期生产活动中积淀和凝结的一种文化氛围，是职工安全观念、安全意识，安全态度的集中体现，反映职工对生命安全与健康价值的理解以及所认同的安全原则。对于轨道公司来说，始终坚持"安全第一、预防为主、综合治理"的安全指导思想、坚持"安全生产、健康至上、保障员工权益"的公司方针，切实落实企业安全主体责任放在一切工作的首位，于2018年通过了安全生产标准化二级复评，先后获得了武进区安全示范企业、常州市安全生产先进班组等多项荣誉称号。

（三）安全是公司未来的根本保障

随着国家对轨道行业的安全发展要求越来越高，人们对轨道安全文化的认识也在不断加深，相应地，加快建设先进的轨道企业安全文化，实现轨道本质安全生产，日益成为广大轨道职工的迫切愿望和要求。比如在制度建立方面，轨道公司建立完善各级安全生产责任制60个，逐级签订安全包保责任书，组织全体员工签订安全生产承诺书并进行公示，完善内部安全管理制度73个，安全操作规程102个，建立综合、专项、现场应急处置方案21个。2020—2022年表彰了安全生产先进个人30人、安全生产先进集体3个。2020—2022年，公司安委会

共召开10次例会,部署安全工作10项,均如期完成,推动安全形势趋稳向好。

二、安全文化在助力轨道公司稳定运行中的问题根源

(一)安全文化创建容易出现"口号化",脱离"实际化"

在不少轨道企业,认为安全文化建设就是贴标语、喊口号,于是找专业的广告公司设计了精美的安全文化宣传彩页、安全文化手册,提出了系统全面的安全理念,但是真正是结合实际工作提炼出来的少之又少,空喊口号的不在少数。其实,安全文化口号的提出是在安全管理过程当中积淀总结而来的,并不是凭着丰富的想象杜撰而来的。那些看似系统全面的安全口号没有真正融入员工的生产生活中,没有真正达到入脑入心的效果,也就更谈不上引领职工的行为。

(二)安全文化借鉴容易出现"照搬化",失去"创新化"

按照科学发展的观点,一个企业的企业文化也可以由企业领导者或者策划者设定或者策划后在企业形成,也就是说优秀的企业文化是可以借鉴学习的。在安全文化的创建中固然可以借鉴学习其他企业优秀的安全文化,但是但这是需要一个实践和认同的过程,是循序渐进的,安全文化虽然具有一般企业文化的共性,但是它更具有符合本企业实际情况的个性或特性,它是在一定的条件下,通过安全管理实践所形成的,为全体员工所共同遵守的安全意识、安全价值观、安全职业道德和安全行为准则的总和。因此它必须得到员工的普遍认同和践行才算是有用的企业文化,才能对全体员工产生明显的导向、激励和约束作用,而全盘照搬外来文化否定本土文化的做法只能是舍本逐末,缘木求鱼。

(三)安全文化构建容易出现"急成化",错失"稳定化"

在当前进行安全领域资源整合过程中,轨道企业优秀安全文化的引领作用在整合安全资源过程中得到了很好的印证。但是这并不能说明安全文化创建是可以一蹴而就的,它是要有一个循序渐进、水到渠成的过程,它是通过宣传、教育、奖惩、创建群体氛围的手段,不断提高员工的安全素质修养,增强其安全意识和规范其安全行为,从而使职工由不得不服从于安全制度的被动状态,转变成主动自觉地按规章制度采取行动,即"要我安全"到"我要安全、我会安全"的一个循序渐进的过程。况且安全文化的创建是必须建立在良好的安全管理基础、完善的安全技术措施之上的。试想,在一个安全物质条件恶劣、事故隐患丛生、安全管理基础薄弱、违章行为随处可见的整合矿井,想要一下子把安全文化创建到一个较高的境界那是不切实际的,是违背科学发展观的。欲速则不达,急于求成的做法只能是饮鸩止渴。

三、安全文化在保证轨道公司长远稳定发展的具体措施

(一)强化领导,持续推动安全文化管理标准化

要聚焦组织领导方面的加强,继续做好以董事长、总经理为组长、分管安全副总经理为副组长、各部门、车间负责人为组员的安全生产委员会,设立专门安全管理部门,执行安全总监制,配备注册安全工程师1名,由各部门、车间选取兼职安全员22名,参与公司安全生产管理工作。同时,公司要强调基础管理、规章制度和原始记录,要求安全基础管理扎实,规章制度齐全,原始记录准确,实现正规化、标准化、科学化管理,一如既往按照安全生产主体责任要求不断持续改进,时刻将员工的生命健康放在第一位,不断提升安全生产管理水平,打造出一支强劲有力的安全生产"先锋队"。

(二)深化排查,持续推动现场安全管控标准化

公司要强调现场管理,要求工作现场按照国家标准,实现文明、卫生、整洁,着力构建专业队伍、技术队伍、员工队伍三位一体的隐患排查网络,形成班组自查、业务部门专查、安全管理部门监查、领导干部督查的立体化隐患排查体系。大力开展全员、全方位、全过程的危险源辨识、风险评估和风险预控工作,切实将危险源辨识、风险评估和预控措施落实到生产过程的每一个环节中,加大动态检查力度,坚决做到危险源辨识不清不生产、管理措施落实不到位不生产、安全隐患不排除不生产。同时,公司结合不同时期生产的特点,要开展针对性的隐患排查行动,利用公司内部局域网络优势,抓好隐患信息传递,为消除事故隐患、控制事故发生营造安全稳定的生产作业环境,确保各种安全标志、标语齐全醒目,各种信号、保险防护及警报装置齐全可靠,安全通道畅通,给工人创造一个良好的工作环境。

（三）优化素质，持续推动安全操作水平标准化

公司在日常安全工作中，引导员工树立"人本安全、自觉安全、本质安全、法人安全、保障安全"的五大安全管理理念；在生产中培养员工安全生产的良好习惯，把执行规章制度、操作规程融入行为习惯中，提升员工安全生产的自觉性和主动性。要求每个工种岗位都要制订科学的、可行的操作程序动作标准，每个工人在实际操作中要严格执行。这样做能使每个工人培养一种正确的操作方法，纠正和避免习惯性违章作业。同时，倡导隐患"随手拍""红袖章"活动，员工发现隐患，可以直接拍照发送企业微信群，责任人员立即处理上报的隐患，相当于给普通员工一个"安全员"的角色。特别是全面推行安全绩效评价考核机制，强化员工的安全意识，规范员工的安全行为，提升员工的履职能力，保证安全生产。

总之，安全标准化建设和安全文化建设是引导企业提升安全生产水平的必要措施，两者相辅相成，互相促进。安全文化不是一朝一夕就能形成的，它是企业通过各种手段或方法在员工中锻炼和培养出来的一种企业在安全上的信仰和精神。企业安全标准化建设是丰富和完善安全文化建设的重要手段，但是最终的目的是要加强安全文化建设，形成自己独特的安全文化，提升企业的安全管理水平。

参考文献

[1] 刘殿利. 创新安全文化建设，提升安全工作活力[J]. 东方企业文化, 2018(S2):34-35.

[2] 吴成玉. 基于安全行为的企业安全文化建设[J]. 劳动保护, 2021,557(11):46-47.

[3] 王启锋, 王蕾. 基于行为安全方法的中小企业安全管理研究[J]. 中小企业管理与科技(下旬刊), 2020,615(6):32-33.

公司安全文化在钢板桩围堰施工现场管理实践

中铁伊红钢板桩有限公司　胡　涛　蒋金平　李　佟　李世玉

摘　要：钢板桩围堰是通过钢板桩锁扣连接，形成四边合拢的结构体系，具有良好的挡土止水作用，被广泛应用于各类水域建设围堰工程。围堰内采取抽水、开挖等措施形成一个安全可靠的干作业环境，实现承台墩身等主体结构施工的作业条件。围堰内承台墩身施工一般工期紧，作业空间有限，一旦出现问题，易造成群死群伤事故且救援困难。通过中铁伊红钢板桩有限公司安全文化在钢板桩围堰施工过程中的管理实践，验证本公司安全也是效益的安全文化特色。

关键词：安全文化；安全教育；安全检查；效益

一、中铁伊红钢板桩有限公司安全文化体系概述

中铁伊红钢板桩有限公司是一家央企控股合资公司，主要从事钢板桩及其辅材的租赁、施工和销售。历经十余年的发展，形成了一套符合本公司安全生产需要的和鲜活的安全文化体系。安全体系运转如图1所示。

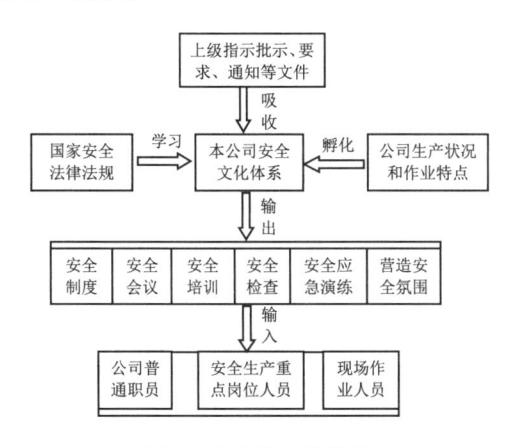

图1　安全体系运转图

（一）统一思想、学深励志

认真分析研究本公司安全生产作业特点和钢板桩施工各环节，以提升公司本质安全管理水平为宗旨，以实现公司生产安全可持续发展为目标，坚持学习党中央、国务院、国资委的安全指示批示，领会《习近平总书记关于安全生产重要论述》的精神，收看《生命重于泰山》电视宣传纪录片，参加国务院安委会举办的"安全电视电话会议"等，统一思想，提高政治站位，依据国家安全生产相关法律条文规定和上级单位安全生产部署措施，始终把保障人民生命财产放在第一位。

（二）健全体系、保驾护航

设置安全生产领导小组和安全事故应急领导小组，董事长担任组长，总经理以及各副总担任副组长。设一名安全分管副总，组员为各部门负责人，生产技术部负责日常安全管理。制定各类安全管理制度，包括安全生产责任制度、安全检查制度、安全教育培训制度、生产安全事故报告处理制度、安全生产风险度抵押金管理办法等。拟定应急救援预案和钢板桩公司风险识别及评价体系，定时对风险源进行重新辨识和分析并制定预防措施。根据生产作业特点整理出符合施工和仓储作业实际的安全作业操作规程。

（三）压实责任、奖罚分明

落实全员安全生产责任制，包括安全生产领导小组安全生产责任制、第一责任人（法人代表、总经理）安全生产责任制、分管安全副总经理安全生产责任制、其他分管副总安全生产责任制、各部门负责人安全生产责任制、重点岗位人员安全生产责任制等。通过公司安全会议向所有员工进行安全生产责任制宣贯；严格执行安全风险抵押金管理办法，每年公司安全生产领导小组与重点岗位工作人员签订《安全生产责任协议书》，明确安全生产责、权、利，让安全生产责任落实到人；制定全员安全生产责任清单，逐层逐级落实，执行到底；根据《绩效扣罚实施细则》对安全责任落实不到位的相关人员进行考核。

（四）日常管理、常抓不懈

1. 注重安全培训

年初制定培训计划，通过内培外引的方式对全员进行多轮安全培训；对于安全管理岗位的人员，定期送外专培取证，提高安全生产执业能力；对现场作业人员，根据作业岗位、作业环境、作业特点、季节变化等多方面因素，采用定期、专题、外培等方式进行安全教育培训。

2. 烘托安全氛围

张贴安全宣传展报、发布安全事故警示、进行安全知识竞赛、评比安全生产优秀团队、组织安全生产大讲堂等措施，烘托安全生产氛围，提高全体员工投入安全管理的积极性，实现人人懂安全，人人管安全，人人都安全的安全生产氛围。

3. 时常安全警示

通过QQ、微信等通信软件，公司致信、OA等工作平台，及时传达上级有关安全文件通知、精神、指示批示，部署公司安全管理措施，发布节假日、极端天气等安全防范措施和注意事项，通报安全检查及隐患治理情况和安全事故情况等，提高安全意识，警钟长鸣。

4. 标准化安全管理

建立施工项目动态信息表，以周为单位进行动态跟踪，统计项目人员、设备动态变化；项目现场每日进行班前安全交底，每月完成不少于2次安全隐患大检查，不少于1次安全教育培训；每个季度对所有施工项目进行1次安全大检查，形成隐患问题和整改情况汇总报告，进行全公司通报，同期进行公司全员安全教育培训1次；每半年召开1次公司安全生产大会，报告安全生产状态，通报安全生产事故，表彰安全生产优秀团队和个人，部署安全工作计划。

二、安全文化体系在钢板桩围堰施工现场实践

作为一家央企控股专业分包企业，具有强烈的社会责任感和企业担当。安全意在保护人民群众的生命财产安全，同时也为维护社会稳定和企业利润目标的实现保驾护航。

下面通过射阳合海线钢板桩围堰项目现场安全管理实践实例，说明安全也是效益。

（一）射阳合海线钢板桩围堰概况

射阳合海线围堰采用拉森IVw型钢板桩，材质SY295，单根长度为27m，围堰平面尺寸为26.9×16.8m，开挖深度15.6m，共设置五层内支撑，封底混凝土厚4.5m。板桩连续墙及转向连接如图2所示；钢板桩及角桩图例说明见表1。

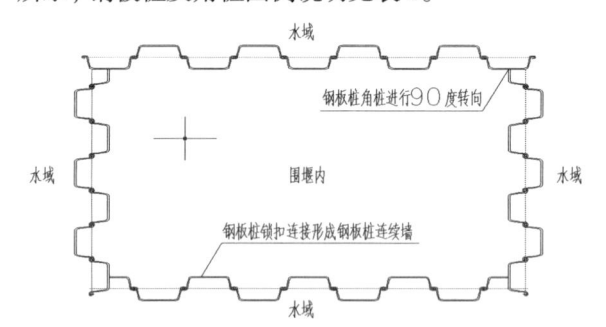

图2 钢板桩围堰示意图

表1 钢板桩及角桩图例说明表

序号	名称	图例	应用说明	备注
1	钢板桩		锁扣连接形成钢板桩连续墙	
2	钢板桩角桩		锁扣连接进行90度变相	

（二）钢板桩围堰施工安全风险重点环节

1. 施工特点

钢板桩围堰施工为水上作业，需要用到吊车、震动锤等打拔桩设备，主体工程施工过程中需要对围堰进行止水堵漏，钢板桩围堰主要施工流程为：施工前准备→轴线定位→钢板桩插打→围檩支撑安装→主体结构施工→围檩支撑拆除→钢板桩拔除→材料归库。

2. 安全风险重点环节

通过对钢板桩围堰作业特点和作业流程的分解，主要存在以下几项安全风险重点环节，如表2所示。

表2 安全风险重点环节表

序号	安全风险重点环节表	备注
1	钢板桩打拔	
2	围檩支撑安拆	
3	围堰防渗漏	
4	水上作业	

（三）钢板桩围堰施工现场安全管理

射阳河大桥钢板桩围堰施工项目设一名项目现

场负责人,开工前公司安全生产领导小组与其签订安全生产管理协议,负责该施工项目日常安全管理工作。

1. 人员安全管理

钢板桩围堰人员进场作业前需完成三级安全教育和考核,建立人员花名册;根据作业内容的不同进行岗位风险告知,签订安全生产承诺书,领取安全帽、救生衣、工作服等劳防用品;按照射阳河大桥钢板桩围堰施工方案对作业人员进行安全技术交底,交底的内容包括围堰位置、使用钢板桩的规格型号、施工设备及注意事项、安全防护措施、验收标准等关键信息;特种作业人员持证上岗,并配发岗位所需安全防护用品。

施工过程中,每日进行班前安全教育交底,告知每日工作内容、施工区域、安全防护措施和注意事项、安全隐患报告处理等;每月进行至少1次班组安全学习,讲解本月发生的安全隐患问题以及整改情况,进行相关的安全生产事故警示,专题培训下月钢板桩围安全防范措施;学习上级单位和公司发布的安全相关通知内容,部署落实相关安全措施;对施工过程中安全生产表现优秀的人员进行表扬和奖励,对安全意识不强、安全生产表现欠缺的人员进行批评和考核。

2. 设备安全管理

钢板桩围堰施工设备进场作业前建立设备台账,核验设备合格证、年检报告,特种设备使用登记证,严禁使用明令淘汰的设备;编制设备保养计划,按期进行保养。施工过程中每日启动、停用前对设备进行安全隐患排查并填写设备运转日志,严禁设备带病作业。

3. 安全检查

钢板桩围堰施工区域每日进行安全巡检,发现的隐患问题立行立改,不能立改的问题制定措施,限期整改,并在施工日志进行记录,隐患消除后在施工日志再进行记录;每月至少进行2次安全隐患排查,建立隐患排查和整改清单;对上级安全检查发现的隐患问题,制定整改措施和期限,整改完成进行回复。在安全检查过程中发现的重大安全隐患,应立即停工,报告总包项目部和公司,制定整改措施和期限,整改完成需进行验收,验收合格后可方可施工。

4. 安全活动

积极参加公司组织的各类安全活动,项目现场按照公司活动方案进行部署和推进,公司以项目团队为单位,根据安全活动完成质量和参与度进行打分,评比出安全活动优秀团队,进行通报和奖励;现场人员积极参与公司组织的安全知识竞赛活动,公司对成绩优异的人员进行奖励;组织人员收看安全警示教育片;进行安全应急演练和培训等。

(四)钢板桩围堰施工安全重点环节保障措施

前文分析出的钢板桩围堰施工安全风险重点环节包括钢板桩打拔、围檩支撑安拆、围堰防渗漏、水上作业等,加强安全风险重点环节的保障措施对控制施工项目过程安全尤为重要。

1. 钢板桩打拔施工安全保障措施

(1)钢板桩打拔过程中应在打拔和吊装作业区域设置警戒标志,进行封闭施工,除作业人员外,其余人员禁止进入。

(2)钢板桩打拔过程中应设置防坠安全绳,防止钢板桩掉落。

(3)钢板桩插打采用履带吊配合振动锤施工,由扶桩工手扶钢板桩进行锁扣对位,对位完成后,应远离施工桩位处。履带吊移动钢板桩时必须缓慢、平稳,听从指挥;扶桩工,必须穿戴好各种防护用品,正确使用安全带。

(4)钢板桩拔除时,人工通过牵引绳控制锤头使夹具夹住钢板桩,拔出时,应注意震动锤和履带吊的荷载值,不得使机械超负荷运作施工。

2. 围檩支撑安拆施工安全保障措施

(1)围檩支撑安装要按设计步骤进行施工,遵循开挖一层,加固一层,严禁超挖和一次开挖到底。

(2)钢板桩围堰内支撑构件要按设计进行施工,施工焊缝满足设计要求,构件断面尺寸和数量要符合设计要求。

(3)围檩支撑安装过程中,要设置进出围堰的爬梯,爬梯上严禁堆放任何材料设施,严禁任何人在深坑处休息。

(4)围檩支撑拆除时,应在施工负责人的指导下进行,按照回填一层拆除一层推进,严禁一次拆除到顶。

(5)拆除过程中出现任何异响、变形等,有引起坑壁坍塌危险征兆时,必须立即停止,撤出人员,采取加固措施。

3. 围堰防渗漏保障措施

钢板桩主要依靠锁口自身密实性进行防漏,但是如果锁口不密、外侧水压力过大,钢板桩围堰会出现渗漏,主要在接缝处和转角处,有的地方还会出现"涌水"现象,对于这些问题采取如下措施进行预防和处理。

(1)施工时的预防渗漏措施。钢板桩渗漏一般出现在锁口位置,因此施工过程中重点加强对锁口的检查。施工前用同型号的短拉森钢板桩做锁口渗漏试验,检查钢板桩锁口松紧程度,过松或过紧都可能导致拉森钢板桩施工后渗漏;施打前在拉森钢板桩锁口内抹黄油;施打时控制好垂直度,不得强行施打,损坏锁口。

(2)施工后的小渗漏处理。抽水后发现钢板桩锁口漏水,但不太严重时,抽水时观察是漏水位置,利用漏水处水压差降产生吸力的原理,在钢板桩漏水锁扣位置用黄沙与锯末的混合物进行堵漏。

(3)封底混凝土浇筑前,检查清理干净护筒和钢板桩上的泥巴,保证封底混凝土与钢护筒和钢板桩之间黏结牢靠;水下封底时,在坑底抛填沙袋,保证水下封底混凝土不夹泥。

4.水上作业安全防护措施

(1)凡在水上施工的人员必须服从指挥,遵守施工现场安全规定,作业人员要严格遵守各工种安全操作规程;戴好安全帽、系好安全带、穿好救生衣以及反光背心。

(2)水上作业区必须准备足够的救生圈、救生衣、钩杆、灭火器;救生设备应放置在明显方便的位置上,严禁挪作他用;临水通道四周应设护栏,张挂安全网并悬挂安全警示牌。

(3)由围堰外至围堰内须设置临时出入通道,并焊好栏杆、步踏板、挡脚板。

(4)现场配备应急救生船一艘,以保证人员落水时施救,救生船必须做到有人在水上施工作业时随时待命。

射阳合海线围堰项目共施工钢板桩围堰4个,打拔钢板桩2000吨,安装围檩支撑1500吨,历时300天,未发生1起安全事故,顺利实现本项目的利润目标,这与项目现场安全管理密不可分,说明本公司安全管理体系对钢板桩围堰施工的安全保障功效显著。

三、结论及建议

通过本公司安全文化体系在射阳合海线钢板桩围堰项目的实践,随着项目结束,利润目标的完成,证实安全也是效益。同时,也引发一些行业思考,钢板桩施工一般作为专业分包,分包单位一般规模较小,管理水平参差不齐,施工过程中基本服从于总包方的安全管理,自身的安全文化体系比较欠缺,往往是事故发生的直接方。分包模式下,如何提升分包方自身安全管理水平,如何形成分包方的安全文化体系,对于减少事故发生意义重大。

浅谈施工企业安全文化在影响个体安全行为中的应用分析

中国机械工业机械工程有限公司　史　宁　李　妮

摘　要：本文以本质论和预防型的安全哲学观为指导，论述施工企业安全文化在影响个体安全行为中的应用分析，得出施工企业安全管理事故预防体系中企业安全文化影响个人安全行为的结论。

关键词：安全文化；人的不安全行为；物的不安全状态；事故

施工企业属于高风险企业，在施工现场中人的不安全行为和物的不安全状态以及作业环境不良等因素是典型的不安全因素。其中，由个体人的不安全行为造成的事故尤为突出。企业安全文化以培训为抓手，以提升个人的行为安全素质为目的，形成群体性的安全意识，从而影响个人的安全行为，提高个人的安全综合素质，达到减少事故的目的。

一、个体不安全行为心理机制分析

施工企业生产事故中绝大部分都是人因事故，在人机系统中人因事故的占比更高。除工作环境外，人际关系、节假日、家庭关系、生活事件等社会环境因素也是生产安全的影响因素。

（一）个性心理的归因

个性心理是一种心理现象，包括个性倾向和个性心理特征。人的不安全行为与个体的感觉敏锐与刺激强弱、认识中的错觉、记忆模糊、情绪中的应急状态及情感中的责任感、挫折感、理智感、美感等均有密切联系，同时一个人的气质和性格类型也与安全管理息息相关。管理者应观察作业人员是否有自我中心、感情激昂、急躁、胆大好胜、心神不定、懒惰等行为，关注攻击型、冲动型、孤僻型、马虎型、轻率型、迟钝型等易发事故的性格类型，结合员工个体的需要、动机、能力等做好个体心理指导和慰藉。

（二）生物节律的归因

一般人的智力、情绪、体力周期分别为33天、28天和23天，这3种"生物钟"存在明显的盛衰起伏，在各自的运转中都有高潮期，低潮期和临界期。如人体三节律运行在高潮时，则表现出精力充沛、思维敏捷、情绪乐观，记忆力、理解力强，这样的时机人工作时安全可靠性高；反之，如三节律处于低潮期则人反应迟钝、健忘走神、耐力下降，情绪低落，不安全行为就增多，当处于临界期时更要注意。员工个体可以通过人体生物节律周期查询来安排近期相关工作，工作强度大、工艺要求高的工作避免安排在三节律为临界期的时段，同时可以通过调整认识和意志过程，申请增加人员监护等做好当期的工作。施工一线作业人员的不同年龄、工龄、性别也是不安全行为的影响因素。

（三）意识觉醒水平

睡眠是人类生命活动的重要组成部分，睡眠不足、睡眠紊乱导致人的精神和注意力不集中，感觉、知觉迟钝，甚至发生错觉，思想混乱，动作准确性降低，即使努力加以控制也难以做到。另外酒精也能造成人感觉迟钝、观察力、判断力、动作协调性、视听能力下降等心理危害。

（四）社会因素

人是社会人又是复杂人，施工现场的人际关系也影响安全管理工作，员工之间的相互理解、默契和支持，会对双方心理状态产生重大的影响，稳定的心理状态，标准化的管理要求，各项工作才能更协调有序。做好员工的心理疏导和精神慰藉，避免群体中的社会懒惰现象及从众行为，这是解决群体冲突、满足一线员工的安全健康需求以及调动其积极性的有效方法。

二、个体不安全行为导致习惯性违章的心理因素分析

习惯性违章是生产作业过程中长期或一段时间内形成的、并被一定群体或个体主观上所认可的，经常性违反安全管理规程的不良作业传统和工作习

惯,它具有违章性、隐蔽性、传染性、排他性、方便性、潜伏性、顽固性等特点。导致违章行为和冒险行为的心理因素除了上述的事故心理外,还有逞能心理、冒险心理、逆反心理、凑兴心理、从众心理、无所谓心理以及工作枯燥、厌倦心理和错觉、错觉下意识心理(见表1)等。这些心理因素与员工的个性特征(如健康状态、生物节律、年龄、工龄、性别等)、意识觉醒水平、作业可靠度、工作性质、工艺设备、作业环境、社会环境和组织的管理等紧密相连。

表1 企业施工现场安全生产专项整治发现的一般问题隐患心理因素分析

工人到现场未穿工作服	侥幸心理、逆反心理、习惯性违章
乙炔瓶缺失防晒措施	侥幸心理、冒险心理
灭火器无压力	侥幸心理、冒险心理
动火作业易燃物品没有清理,没有配备灭火器,无监护人	侥幸心理、麻痹心理、冒险心理、无所谓心理
临电设备日检表缺失	侥幸心理、冒险心理、无所谓心理
乙炔瓶缺失防晒措施	侥幸心理、麻痹心理、从众心理
配电箱未固定、配电箱上放置水杯、手套等	侥幸心理、冒险心理、从众心理、逞能心理
宿舍使用大功率电器	逞能心理、侥幸心理、凑兴心理、好奇心理
在高空动火作业未铺设防火毯,火星坠落	冒险心理、责任心不强
气瓶存放区域缺少标识,存放混乱	责任心不强、冒险心理、麻痹心理
正式配电盒子已通电,作业后多处未关闭	责任心不强、懒惰心理、侥幸心理、厌倦心理
过路电缆没有埋地或架空	责任心不强、懒惰心理、侥幸心理
集装箱外侧配电箱无警示标志无日检表没使用防爆插头	责任心不强、冒险心理、麻痹心理

三、运用企业安全文化提升群体安全意识

(一)加强安全培训

安全生产教育培训主要包括安全技术交底和专项安全培训。安全技术交底主要有:脚手架作业、高处作业、起重吊装、临时用电等分部分项的安全技术交底。专项安全培训主要有:入场的三级安全教育、安全员取证、特种作业人员取证培训、安全交底、起重吊装作业、临时用电、机械作业等培训、作业安全分析JSA、焊工培训、节能减排培训、节后复工培训、高支模专项培训、脚手架安全专项培训、消防专项培训、应急知识培训等。通过入场教育筛选进入施工现场的人员,通过每周举行的专项安全培训,提升各个工种人员的安全综合素质,最终提升整体人员的安全意识。

(二)正确运用激励机制

员工都有自尊心和荣誉感,要激发和鼓励他们的上进心,必须要有一定的激励机制,做到对症下药,有的放矢。实践证明榜样的力量是无穷的,表扬、奖励一个单位或一个人就能鼓舞一大片人。及时地惩处、通报一个单位或事故,能以儆效尤,教育一大片人。

(三)运用互相调节机制

互相调节机制包括群众调节制约、领导调节制约和组织调节制约等。

(1)群众调节制约就是人与人之间要形成良好的人际关系,相互关心爱护,相互帮助提醒,看到违章现场时要立即制止和纠正。在同事遇到危险的紧要关头要敢于挺身而出,理智地防止事态进一步产生和发展。相互调节制约能形成人人、事事、处处讲安全的良好氛围。

(2)领导调节制约就是要求施工企业的各级领导,一方面要以身作则,率先垂范、绝不违章,一方面要大胆管理,认真组织好安全生产工作,坚决贯彻执行上级有关安全生产的指示精神,严格落实安全生产责任,建立健全安全生产规章制度、操作规程。

(3)组织调节制约,就是施工企业要做好安全生产宣传教育和培训工作。分层次、分专业、分对象、分期分批进行培训,着重抓好"三级安全教育"和特殊工种的安全教育。既抓全员安全教育,又抓专项安全教育,增强安全生产意识,提高员工素质,尤其是提高安全心理素质和自我保护能力,形成人人懂安全、人人要安全的安全文化环境。

一个企业的安全文化不是一蹴而就的,是企业自上而下的一种安全意识。安全文化来源于施工现场的个体,反过来通过培训来影响个体。好的安全文化可以影响员工个人的安全行为,个体主动减少因个人不安全行为引发的事故隐患,主动规避因施工现场存在的物的不安全状态引发的事故隐患。

参考文献

[1] 田水承,李红霞,王莉. 3类危险源与煤矿事故防治[J]. 煤炭学报,2006(6):706-710.

[2] 吴立荣,程卫民. 综合——动态事故致因理论在建筑行业的应用[J]. 西安科技大学学报,2010,30(3):324-329.

[3] 钟茂华,陈宝智. 突变理论在矿山安全中的应用[J]. 中国安全科学学报,1998(1):72-75+66.

[4] 张金健,朱正中."安全流变——突变"理论对心理危机干预的理论探讨[J]. 山西高等学校社会科学学报,2015,27(1):60-62+105.

[5] 李有庆. 组织行为学在企业管理中的应用研究[J]. 企业改革与管理,2018,324(7):20-21.

CDSY 公司安全文化建设管理探索

广东长大试验技术开发有限公司　李红辉

摘　要：公路材料检测机构具有检测业务范围广，安全风险源多的特点，广东长大试验技术开发有限公司（以下简称 CDSY 公司）通过针对性识别不同实验室的风险源，创建不同实验室的风险识别表，通过动态更新，指导和规范检测人员安全操作，建立"一室一表"的安全风险管理体系，提高员工安全防范意识，营造安全文化氛围，规范安全文化建设管理工作。

关键词：公路材料检测机构；安全风险管理；风险识别；安全文化

一、公路行业检测机构安全管理特点及现状

公路材料检测机构的检测业务不仅包含水泥、钢筋、沥青等多种建筑材料物理力学性能检测，也涉及地基基础、主体结构工程、钢结构等实体结构检测，还涵盖混凝土用水、外加剂等化学性能检测，因而其安全管理工作更加复杂多样。然而目前市面上大多数检验检测机构都是根据相关要求建立了相应的管理体系及安全管理程序文件，但是通常存在针对性不强的问题，没有根据企业的从业内容及场所环境特点识别出相应的危险源，缺少针对性的预防控制措施，因而在具体实施过程中往往效果不佳。[1]

二、建立"一室一表"的安全风险管理体系

（一）安全风险管理

自美国学者格拉尔于 1952 年首次提出"风险管理"一词，安全风险管理理论逐步完善，并广泛应用于各行各业。[2] 一般根据安全事故发生与否，分为事前、事中、事后三个阶段，对应预防措施、应急措施及改进（处置）措施，风险管理贯穿检测全过程，但是效果最好的应该是在安全事故发生前进行相应的预防措施。[3]

（二）公路材料检测机构风险识别

检测机构的特点是由若干个相对独立的实验室组成，即便是需要去现场完成检测工作的室外检测任务，每项任务所需的设备、设施条件也是固定的，也可看成是一个"临时实验室"场所识别，因此，对于检测机构，建议按照场所进行危险源识别，表 1 列举了 CDSY 公司的通用版实验室风险识别表，各功能的实验室可照此梳理。

表 1　CDSY 公司的通用版实验室风险识别表

场　所	风险源	风险来源
通用	人	（1）人员的能力。如能力与工作的适应性、受教育程度、专业背景、工作经历、培训经历等。 （2）检测人员身体、心理状态与工作的适应性。
通用	机	（1）设备技术性能与检测需求的适配性。 （2）设备是否进行定期或不定期核查、维护保养。 （3）相邻设备的安全距离、布局。 （4）是否有设置辅助安全设备或设施的需求。 （5）是否编制了安全作业操作规程。 （6）设备状态标识是否设置且清晰。
通用	料	（1）是否建立了试剂台账，并根据危险程度或者危害性进行了分类。 （2）化学类试剂、耗材管理制度是否包含安全管理需求。 （3）原材料是否进行了妥善管理。 （4）是否有设置辅助安全设备或设施的需求。
通用	法	（1）方法选用是否正确。 （2）是否按照方法检测。
通用	环	（1）设备、样品、试剂等是否处于安全可控的环境条件。 （2）废弃物合理处置。

（三）公路材料检测机构风险评估

我们使用矩阵法进行全面评估，根据风险事件发生的可能性及风险事故发生后的严重程度对风险源清单进行评分，再对应风险评价指数矩阵（表2），确定风险是否可接受，其中指数为：1—5的为不可接受的风险，是公司不能承受的；6—9的为不希望有的风险，需由公司决策是否可以承受；10—17的为有条件接受的风险，需经公司评审后方可接受；18—20的是不需评审即可接受的。表3列举了CDSY公司评价出来的若干项重大危险源供同行借鉴，表4列出了CDSY公司对于各类风险源的控制及处置措施。

表2 风险评价指数矩阵

严重性等级可能性等级	I（灾难的）	II（严重的）	III（轻度的）	IV（轻微的）
A（频繁）	1	3	7	13
B（很可能）	2	5	9	16
C（有时）	4	6	11	18
D（极少）	8	10	14	19
E（不可能）	12	15	17	20

表3 CDSY公司重大危险源

序号	场所	危险源及风险	状态	控制/处置措施
1	化学室	浓盐酸	正常	专人保管、限量领用、废弃物用碱溶液中和后排放
		浓硫酸	正常	专人保管、限量领用、废弃物用碱溶液中和后排放
2	力学室	万能试验机	正常	设立保护罩、悬挂安全标识、设备使用前检查运行是否正常
3	沥青室	人、法	正常	检测方法培训、设备安全操作培训、接触样品后无过敏症状
		机	正常	检测前检查通风设备运转情况、检测时按照安全作业操作规程操作、检查设备合格绿标、配备必要的安全防护措施
		料	正常	检查样品保质期
		环	正常	废弃物丢入专门的收集容器送专业机构统一处置

表4 CDSY公司的通用版实验室风险控制/处置措施

场所	风险源	控制/处置措施
通用	人	（1）规范人员选拔过程，建立检测人员一人一档，定期进行人员能力确认与授权工作，建立人员培训及监督计划，确保人员专业能力。 （2）合理安排工作岗位，有特殊要求岗位，如高空作业的，应识别出不适岗人员；规范作业人员从业要求。
通用	机	（1）规范设备采购流程，从正规供货商采购，加强设备验收工作，确保设备满足检测工作需求。 （2）制订设备校准计划、其间核查计划、维护保养计划，并按计划实施，保障设备正常运作。 （3）合理进行设备布局，需要设置独立基础的，或者防静电等特殊要求的设备，进行必要的隔离布设。 （4）必要时，设置防尘网、隔离保护罩、通风橱等辅助安全设备、设施，保护检测人员安全。 （5）必要时，编制专门的设备安全作业操作规范，指导检测人员安全作业。 （6）制定设备标识管理规定，及时更新设备状态标识，以免检测人员误操作故障设备。
通用	料	（1）建立试剂、耗材一览表。 （2）根据《危险化学品安全管理条例》、《危险化学品名录》、《常用化学危险品贮存通则》（GB15603）、《危险化学品重大危险源辨识》（GB18218）、《化学品分类和危险性公示通则》（GB13690）等相关管理规定、规范建立管理台账，标注安全管理需求。
通用	料	（3）建立原材料管理台账，监控样品流转、环境条件，确保样品及人员、环境安全。 （4）针对企业自身业务内容，根据需要设立必要的安全储存保管制度。
通用	法	（1）制定检验检测方法选择、验证、确认程序文件，明确不同检测工作的检测依据。 （2）定期进行检测标准培训，按要求开展检测方法验证工作，需要方法偏离时，执行相关工作程序，确保检测人员操作规范准确。
通用	环	（1）制定符合公司条件的设施和环境条件控制程序，建立环境管理台账，设立专人监控不同实验室的环境状态。 （2）制定公司的环境保护程序，确保检测工作产生的废气、废液、废固、噪声、粉尘等妥善处置及监控，满足环境保护要求，保护员工人身安全。

三、培育企业安全文化，构建长效机制

（一）成立安全管理机构加强检查力度

公司成立以行政负责人为企业的最高安全管理者的安全管理组织机构，下设安全管理委员会，安全管理部门负责企业的日常安全管理工作。安全管理部门组织检测人员根据各实验室特点，分别识别风险源清单，形成"一室一清单"，并根据评价结果定期组织检查，随机抽查检测人员对于预防控制措施的了解程度，以考促学，养成安全工作习惯，提高全员安全意识，提升检测人员安全防范能力和事故应急处置能力。同时保持动态更新，当"人机料法环测"发生变化，动态更新风险清单，确保检查的力度和实效。

（二）多渠道开展安全宣传教育工作提高安全意识

充分利用公司OA平台，通过宣传稿、知识园地等方式，在日常工作中开展安全宣传教育工作。此外，公司还定制了图文并茂的安全警示牌、标识，悬挂或张贴于有安全风险的设备、场所处，引导检测人员安全生产。公司安全管理部门定期收集与企业相关的安全知识，带头学习安全生产的法律法规等安全知识，就典型安全生产事故开展学习讨论会，宣传同行业中先进的安全生产经验，对标先进企业，积极引导全体员工增强安全意识，提升安全生产能力。

（三）结合实际开展安全培训提升安全实效

生产必须安全，安全才能生产。企业要结合岗位实际，定期组织考核，以考促学，让员工真正掌握岗位安全生产知识，降低安全事故风险。每次检测前，都要进行专门的安全培训和交底，并且有针对性地进行技术操作交底，确保安全操作。对于接触危险化学品、有毒有害试剂的检测岗位人员，要经常性地组织专项安全技能培训，考核合格后，方能上岗。

（四）定期组织安全演练，形成企业特色安全文化

组织开展好安全生产月主题活动，定期进行安全生产知识竞赛，开展应急演练或专项应急预案演练，针对演练中或检查中发现的问题，及时整改，营造人人学安全、讲安全、懂安全、重安全的浓厚氛围。

四、结语

安全无小事。检测机构应高度重视企业内部安全管理工作，强化安全生产意识，培养安全风险管理思维，重视日常风险源识别工作，不断健全安全管理体系，落实安全生产责任制度，通过对日常安全工作常抓常管，实现安全生产目标，真正形成以安全意识、安全责任、安全组织机构以及安全教育为主要内容的安全文化。

参考文献

[1] 张秀英,李建业. 浅谈工程质量检测机构实验室安全管理[J]. 工程质量,2016,34(10):47-50.

[2] 秦绪坤,周玲,宿洁,等. 我国城市综合风险管理体系建设的发展脉络及路径探索研究[J]. 安全,2020,41(3):23-28.

[3] 李清燕. 电力检修工程安全风险管理研究——以M抽水蓄能电厂#4机组检修项目为例[D]. 广州：华南理工大学,2021.

"四个深化"推进铁路基层站段安全文化建设上水平

呼和浩特工务机械段　周芙蓉　陈　斌

摘　要：呼和浩特工务机械段是中国铁路呼和浩特局集团公司唯一的营业线线桥设备大修和线路机械维修施工单位，将"共谋安全、共保安全、共享安全"作为工务机械人的安全价值观和行为标准，引导广大干部职工将安全文化根植于内心，落实在行动，为企业安全生产注入核心动力。

关键词：企业文化；安全文化；安全管理

呼和浩特工务机械段是中国铁路呼和浩特局集团公司唯一的营业线线桥设备大修和线路机械维修施工单位，主要承担集团公司管内外的更换钢轨、更换轨枕、机械清筛、线路捣固、道岔捣固、钢轨打磨、长钢轨运输、钢轨探伤等施工任务。

近年来，铁路部门深入贯彻习近平总书记关于安全生产的重要论述和对铁路工作的重要指示批示精神，牢固树立安全理念，坚守高铁和旅客列车万无一失的政治红线和职业底线，聚焦融入中心、服务大局的现实需要，广泛开展安全文化建设，安全管理工作再上新台阶。本文以呼和浩特工务机械段为例，调研该段聚焦"安全理念、安全管理、安全行为、安全环境"，开展"四个深化"建设，充分发挥理念引领、精神激励、行为塑造和环境熏陶作用，建设独具工务机械特点的安全文化建设工程，在推动企业高质量发展中彰显了文化担当和作为。

一、以文凝魂、合力共建，深化安全理念文化建设

（一）明晰安全文化创建思路

安全文化建设是一个动态发展的过程，必须依靠强有力的制度、措施和办法，确保其稳定、持续、深入地推进。呼和浩特工务机械段充分发挥党政工团各级组织优势，坚持把安全文化建设作为固本强基的战略性工程，纳入全段改革发展的总体规划，抓好安全文化建设顶层设计、思路规划、责任分工，并提供必要的人员培训、资金支持、物质保障。协调党群部门、综合管理部门和业务部门各司其职，建立健全安全检查考核制度，定期检查和评估安全文化建设的进展情况和建设成效，表扬先进、鞭策后进，总结经验、解决问题，形成了合力共建的生动局面。

（二）培育安全文化理念

全段干部职工深入学习贯彻习近平总书记关于安全生产的重要论述，深刻领会习近平总书记对铁路安全工作的重要指示批示精神，聚焦交通强国、铁路先行历史使命，充分认清"安全是铁路的政治红线和职业底线"的深刻内涵和基本要求，树立安全责任重于泰山的安全理念。紧密结合草原铁路管内范围大、施工点多和线长等特点，总结反映行业特色和单位特点，提炼出"共谋安全、共保安全、共享安全"安全文化理念，全段各车间、班组紧密结合工作特点和生产实际，聚焦价值引领，自下而上、集思广益，总结提炼出车间、班组层面的安全工作理念，并运用安全理念指导安全行为。

（三）宣贯安全文化理念。

安全文化理念宣贯作为引导干部职工践行安全理工作理念的重要方式，采取职场揭挂展示、形势任务宣讲、政治理论考试、融媒体平台推送等多种方式对段、车间、班组三级安全文化理念进行宣贯，并通过安全理念专题研讨、主题辩论赛、安全感言征集、安全知识竞赛、导入各类培训等方式，引导干部职工通过深入学习实践，由了解到认知，由认知到认同，由认同到自觉，从而牢固树立并自觉践行安全理念。

二、明确目标、突出重点，深化安全管理文化建设

（一）推进管理制度规范化

安全管理要靠法规、靠制度，规章制度是一切管理行为、作业行为的准则。坚持以《中华人民共和国安全生产法》《铁路安全管理条例》等法律法规和"技规""行规""维规"等基本规章为上位法，动态优化、修订完善安全生产责任制、施工安全、标准化规范化建设考核评价等11项管理制度。围绕11项不同施工项目分别立标，制定192个评价项目、632条评价内容和1679个评价项点，形成了成熟的标准化规范化建设长效工作机制。修订《安全红线管理实施细则》，聚焦"一违两失"、作业防护、部件防脱、施工作业等10类突出问题，从严根治恶性违章。

（二）推进作业流程标准化

将全段各工种各岗位工作标准和流程进行扁平化处理，制作成流程图、工序表，便于对照执行。将解体作业装置、环车检查机械车等作业项目进行重点化提炼，编制成简单易记的作业口诀、指导卡片等，强化提示提醒；将作业区的作业禁忌、注意事项等进行可视化展示，以实物照片、矢量图标、主题漫画等形式表现出来，制作成揭挂图板、提示标牌等在作业区明示，以生动形象的视觉效果，强化对作业行为的熏染；将常见故障、问题处理办法进行专业化解读，以实用管用的文字说明、插图注解为主要内容，制作成作业提示卡、口袋书，方便职工随身携带、参照使用。

（三）推进培训演练实战化。

坚持从强化职业习惯养成和基本功训练入手，突出培训专业化、规范化、实战化，对照基本规章、技术标准和作业流程，充分发挥钢轨修理实训场、钢轨探伤实训场、道岔实训场、落锤机实训场等职工培训基地、练功场作用，练就"一招一式"和应急处置真功夫。加强应急起复、消防演练、反恐处突等突发事件应急处置演练，练就过硬本领，做到遇事处惊不乱、迅速准确研判、科学有效处置。在段内广泛开展业务比武、学规对标、背规赛等竞赛活动，并与绩效工资分配、评先提职等挂钩，加强激励和约束机制建设，在职工队伍中培育尊崇技术状元、争当技术标兵的良好风气。

三、以人为本、依靠职工，深化安全行为文化建设

（一）强化安全教育引导

坚持不懈地加强职业道德教育。以促进现场作业标准化为重点，提升广大职工落实现场作业标准化的素质和能力，不断养成"在岗必尽责，作业必达标"的职业操守。强化广大职工落实现场作业标准化的自觉性。充分总结和运用正反两个方面典型，用安全事故血的教训开展警示教育，引导广大职工认清违章违纪的严重危害，树立正确的安全理念。坚持安全管理严爱结合，要求各级管理人员必须把安全管理的刚性和柔性融为一体，在管理的过程和结果上要做到公平公正，所有的管理行为都要有依据、有标准、讲程序，使广大职工切实感受到安全管理的严肃性和公正性，形成鲜明的管理导向。

（二）强化安全监督检查

坚持问题导向，推动双重预防机制走深走实。针对作业、设备特点，按岗位、分专业进行动态风险研判，明确148个风险项点可能引发的事故类型及后果，并逐一制定针对性防范措施。建立安全风险问题库，对作业不戴安全帽、跳越地沟等惯性问题升级处理，对相关责任人严肃追责。开展定期排查和重点整治，动态排查施工方案、安全措施、机具管理等方面潜在的安全隐患和问题，要求安全监察人员以考核量化指标为下限，上不封顶，对违章违纪问题做到"发现一起，考核一起"，做到"有违必查，有违必罚"。实行安全分析评价制度。每周汇总分析作业"违章违纪"问题，每月评价安全管理质量，每季度抽检、半年全覆盖检查，定期评分、排名、通报和落责考核，做到精准施策，靶向整治。

（三）强化职工思想疏导

开展"五必谈、五必访"。及时了解、掌握和预测职工思想倾向，及时发现、提醒、纠正职工思想问题。做到"五必谈"，即职工思想波动必谈、职工违章违纪必谈、职工岗位调整变动必谈、职工之间发生矛盾纠纷必谈、职工受到上级表扬或批评必谈。做到"五必访"，即职工伤病住院必访；职工生活及家庭遇特殊困难必访；职工家庭重大纠纷必访；职工发生意外事故必访；职工受到处分有重大思想情绪必访。定期开展职工思想动态分析，通过干部实地走访、调查问卷、集体座谈、征求职工代表意见等方式，通过书记段长办公邮箱、微信公众号后台、值班电话、意见箱、工会意见征集平台、车间思想动态直报等建言渠道，广泛收集职工思想问题和实际诉求，每月召开专题会议，逐条研究职工群众反映的问题，并加大回访追踪力度，确保事事有回应、件件有着落。

（四）强化典型示范引领

建立"最美工机人"典型培育机制，结合中心工作开展情况，大力选树宣传遵章守纪、规范管理、标准作业、确保安全的安全功臣、铁路榜样等先进典型。建立先进典型重点培养库，设计制作"星光大道"典型展示长廊，先进事迹利用融媒平台进行展播，让勤劳能干的职工"有里有面"。充分发挥典型示范引领作用，组织开展形式多样的名师带徒、现场授课、岗位示范等活动，搭建起了典型带着做、职工跟着学的良性互动平台，形成学先进、赶先进、争当先进的浓厚氛围。

四、改善环境、营造氛围，深化安全环境文化建设

（一）优化安全职场环境

坚持安全文化建设具体化、直观化、有形化，用职工看得见、摸得着、感受得到的平台、载体和抓手，教育职工、熏陶职工、激励职工，以"美观大方、节俭实用"为原则，在检修基地内规划建设安全文化长廊，"亮剑"典型人物事迹展，改造职工休息室、建设心理解压房、健康小屋、党员文化活动室等设备设施。发动广大职工自己总结提炼安全格言警句，自己设计和制作安全文化标识，自己美化生产生活环境，将宿营车打造成工务机械段宜居、宜工、宜乐的家园。

（二）优化路外安全氛围

结合"八五"普法宣传，开展爱路护路"进校园""进社区"活动，组织编印《"画"说安全》系列漫画册，《共谋安全、共保安全、共享安全》安全文化手册，同时利用媒体资源和各类宣传阵地，广泛宣传铁路法律法规、安全常识，特别是开展高铁和普速铁路外部环境整治的重要意义，培养公民爱路护路意识。利用全民国家安全教育日、安全生产月等有利时机，设计开展"安全先行"主题辩论赛、"526——我爱路"爱路护路宣讲等既符合社会话题，又独具铁路特色的主题宣传活动，进一步扩大宣传声势和效果，营造维护铁路运输安全的良好环境。

（三）优化安全舆论环境

充分发挥全段宣传载体和宣传阵地的作用，积极协调和运用全社会的宣传舆论资源，广泛宣传铁路安全生产取得的成绩，宣传在推进安全风险管理中形成的好经验好做法，宣传为确保安全生产做出突出贡献的先进人物和模范事迹，组织段内文艺骨干创做出更多的反映安全生产、服务安全生产、保障安全生产的优秀文化作品，讲好铁路安全故事，传播好铁路安全声音，不断满足广大职工日益增长的安全文化需求。

基于安全行为的企业安全文化建设

中国铁路呼和浩特局集团有限公司包头西机务段　王卓伟　才志国　赵文元　于　勇　常　荣

摘　要：对于一个企业，安全文化建设是一个系统工程，也是安全管理的升华，更是一个系统安全管理的基础，影响着整个企业的运行。本文重点分析了基于安全行为的企业安全文化建设，从安全行为角度探讨了企业安全文化建设策略的重大意义。

关键词：安全行为；安全文化建设；策略

企业安全文化建设实质是安全人性化，是以企业安全管理体系为出发点，促进员工安全行为养成及固化的过程，是一个基于企业安全管理具体事务的管理提升过程。目前一些企业将安全文化建设等同于安全宣教活动，在其建设中注重于"作势"，忽视"做实"，未抓住安全行为养成这一关键，导致安全文化建设过程偏离核心，效果不佳。因此，从安全行为角度探讨企业安全文化建设策略意义重大。

一、企业安全文化建设原则

企业安全文化是企业文化的一部分，是一种在企业内部约定俗成的内容，是由企业内部的安全价值观、安全态度、安全道德、安全行为规范等组成。

（一）核心是以人为本

企业安全文化核心是关爱。保护员工，最大限度满足人的身心健康、生命安全需要，是企业安全文化建设根本目的。人的安全意识、态度、行为决定了企业安全文化水平和发展方向。企业安全文化，要把员工看成是经济人，更要视其为社会人，人是安全文化建设的目的，又是企业安全生产系统的主体，是各项管理核心，是安全文化建设对象及依靠力量。

（二）基础是与全体员工的融合

企业安全文化建设机制的实质是落实全员安全文化建设责任，激励和约束员工全天候、全方位、全过程参与和响应。企业安全文化核心是"以人为本"，所以企业安全文化建设要与企业各层次员工融于一体，实现有机结合。通过各层次群体、个人安全生产及其经营活动的实践创新，不断总结、提高和完善，形成企业员工各层次的安全文化。对员工各层次安全文化进行提炼、优化和整合，从而形成企业特有且为全体员工所认同的安全文化体系。企业安全文化的层次有：企业主要负责人的安全文化、企业各级领导的安全文化、企业安全专职人员的安全文化、企业员工的安全文化、企业员工家属的安全文化。

（三）关键是与企业各项业务工作的融合

安全文化建设是一项复杂的系统工程，其任务目标、最终目的、运作特点决定了其建设过程必须与企业其他各项业务活动融合进行、共同推进。在企业生产经营活动中，安全文化思想以各种渠道和方式渗透、传播，通过全体职工对企业安全文化的熏陶、塑造、演化、融合与优化，形成先进、实用的企业安全文化。实际上，企业安全文化来源于企业生产实践，又作用于生产实践。离开企业的生产实践，安全文化建设便会成为无本之木、无源之水。

二、企业安全文化建设意义及其重要性

企业安全文化建设是以人为本，通过文化的渗透提高人的安全价值观及规范人的行为，主要还是通过以安全生产为目标，以关心人、爱护人、尊重人、珍惜生命为切入点，以安全管理理论为指导，提升安全文化素养，使全体员工自觉安全生产，养成良好的安全作业习惯。

企业安全文化是企业文化体系中的重要组成部分，是企业文化的内涵及延伸，已成为安全管理工作的有效载体及手段。安全文化不仅是指对员工安全知识的提高，更是要改变人们对待安全生产工作的态度，即要确立"要安全、能安全"的安全文化建设核心理念，逐渐形成良好的安全行为习惯。企业安全文化能为员工提供安全生产的思维框架、价值体系、行为准则，使人们在自觉自律中舒畅地按正确的方式

行事,规范及控制人们在生产中的安全行为。

三、从安全行为着手开展企业安全文化建设

（一）防止安全事故的根本需要

其最终目的是防止生产安全事故的发生。现代事故致因理论认为,导致事故的主要因素是"人的不安全行为、物的不安全状态、管理缺陷和环境影响",其中人的不安全行为占很大比例,往往是事故的直接原因。因此,从安全行为入手,开展企业安全文化建设,能有效防止企业安全事故的发生。

（二）企业安全文化建设的固有需求

企业安全文化建设分为四个不同阶段：自然本能反应、依靠严格监督、独立管理、互助团队管理。从自然本能反应的第一阶段到互助团队管理的第四阶段,安全行为表现这一主线贯穿始终。因此,从安全行为的角度进行企业安全文化建设是企业安全文化建设的固有需求。把握好安全行为这一关键,就抓住了企业安全文化建设主体及基础,就能迅速把企业安全文化提升到一个高层次、高水平。

（三）人本安全原则的基本体现

在企业安全文化建设中,一切为了人,一切依靠人,人既是建设主体,也是建设客体。企业安全管理中的工艺技术、设备设施、操作规程、规章制度、监督检查等要素需要人来实施、运作、推动,一切都需要人的行为来实现。因此,强调以人为本,体现了安全文化建设的基本规律和人本安全原理。

四、从安全行为着手开展企业安全文化建设策略

（一）明确安全行为与企业安全文化建设的关系

根据 AQ/T9004《企业安全文化建设导则》,安全文化包含两个层面,即精神、行为层面。安全价值观、态度、道德和行为规范属于安全文化的精神层面,是安全文化的核心和灵魂,相对抽象。

安全行为属于安全文化的行为层面,是安全文化的主体与形式,是精神层面的反映,较具体。二者相互作用、相互影响,将企业安全理念内化于心、外化于行,共同推动企业安全文化建设取得新成效。

从安全文化精神、行为层面关系可知,安全行为是企业安全理念的反映,同时也影响及改变着企业的安全理念。安全行为是安全文化的主体与形式,是企业安全文化建设的出发点及最终目标。安全文化建设是通过组织管理手段改变员工群体及个人行为,建立企业特有的安全氛围,实现安全绩效持续改进的过程。安全行为、安全文化与安全文化建设的关系,为从安全行为着手进行企业安全文化建设奠定了理论基础。

（二）明确企业安全文化建设的思路与策略

根据安全行为与企业安全文化建设的关系,将企业安全文化建设的思路与策略概括为安全理念行为、安全行为习惯化。

（1）安全理念行为化。企业安全理念包括企业安全方针、安全愿景、安全价值观等内容,是企业安全生产最基本、最根本、最核心的内容,反映了企业的基本安全价值取向。安全理念较抽象,往往缺乏可操作性,难以转化为企业员工的共同行为,易失去其在安全管理实践中的思想及行为引导作用。因此,在企业安全文化建设中,必须将其与自身安全管理具体实践相结合,将安全理念行为化转化为具体且易于实施的企业安全行为准则或安全管理规章制度等,使抽象的理念具体化、程序化,便于员工操作实施。例如,将操作规程简化为工艺操作卡,将应急预案简化为应急处置卡等。

（2）安全行为习惯化。安全理念行为化实现了企业安全理念的落地生根,解决了企业安全文化建设的基本问题。安全行为习惯化为安全行为习惯的形成开辟了道路,正式开启了企业安全文化建设步伐。安全行为习惯化包括两个层面,即不安全行为纠正、安全行为固化,其既是企业安全文化建设方法,也是企业安全文化建设目标。实践中,可在系统中固化安全理念行为化成果,利用信息技术手段来规范及约束员工行为,从而养成良好的安全行为习惯。同时,还可结合企业安全管理实际情况进行安全行为观察,并运用正负激励等手段促进员工安全行为的养成。

总之,安全文化是人类在现实工作生活中对人身安全由感性向理性的把握和实践过程中,追求最佳安全状态的要求、意愿和氛围。坚持"以人为本、和谐发展"理念,已成为包括所有企业在内,全社会共同努力的方向。而安全文化建设正是培植和孕育这一理念的重要措施及手段,是提升企业安全管理水平、升华员工素质的重要途径。

参考文献

宫运华,张来斌,樊建春.论企业安全文化建设与安全管理体系运行[J].中国安全生产科学技术,2011,7(9):199-202.

浅谈铁路企业安全文化示范点建设

中国铁路济南局集团有限公司济南西工务段　杨　贺

摘　要：安全文化建设是实现企业安全的必由之路。为进一步厘清安全文化建设的目标任务、思路与途径，积极探索安全文化建设的特点和规律，通过企业安全文化建设示范点创建，以点带面地推动安全文化建设更好地融入中心、服务大局，为完善安全治理体系，提高安全管理水平，确保安全稳定提供强有力的文化支撑。

关键词：安全文化；示范点建设

一、企业安全文化建设示范点创建目标

（一）政治引领优

企业安全文化建设要把握好正确的政治方向，要深入学习领会习近平总书记关于安全生产的重要论述和对铁路安全的重要指示批示精神，深入学习领会党中央、国务院关于安全生产工作的方针政策和决策部署，引导企业各级组织和干部职工站在坚决做到"两个维护"，站在交通强国铁路先行历史使命的高度，不断提升对安全工作极端重要性的认识，牢固树立安全发展理念，坚决守住确保高铁和旅客列车安全万无一失的政治红线和职业底线。

（二）安全理念优

企业安全文化建设要秉承正确的安全理念，相关部门要采取多种形式深入阐释解读习近平总书记"统筹发展与安全""人民至上、生命至上""安全责任重于泰山"等重要论述；采取多种形式深入阐释解读和理解"安全是铁路的政治红线和职业底线，是铁路最大的政治，是铁路最大的声誉"铁路安全工作重要理念的深刻内涵和基本要求，努力让干部职工入脑入心；结合单位实际拟定特色鲜明、务实管用、广泛认同的安全文化理念，全面强化干部职工的安全意识。

（三）安全制度优

企业安全文化建设首先要健全和完善安全管理制度，实行全员安全生产责任制，优化安全双重预防机制，把风险管控责任纳入岗位安全职责；健全覆盖各层面、各岗位的作业标准，优化完善考核激励机制；健全铁路外部环境安全治理长效机制，实现管理有规范、作业有标准、应急有预案、行为有准则，制度约束作用充分彰显。

（四）安全行为优

企业安全文化建设要推行积极的安全管理举措，坚持开展安全形势任务、安全法律法规、案例警示宣传教育，引导干部职工敬畏生命、敬畏职责、敬畏规章；加强安全教育培训，完善岗位作业指导书、必知必会手册、岗位标准化作业技能教学片等教学资源；积极推进标准化作业岗位练兵，开展技术比武和职业技能竞赛，不断提升干部职工业务能力；发挥考核评比作用，督促干部职工严格遵章守纪，自觉校正不良行为，在岗必尽责、作业必达标的安全作业习惯。

（五）安全环境优

企业安全文化建设要建设美化安全环境，生产作业场所整洁有序，展示安全理念、安全标识标志、安全风险提示等；充分运用互联网、新媒体平台、电子公开栏等阵地进行安全文化教育引导；在车间班组家园文化建设中有机融入安全文化内容，深入细致做好安全生产中的职工思想政治工作，不断优化导向安全的职场环境和人文环境；面向社会广泛宣传铁路法规、安全常识，铁路外部环境安全治理宣传教育效果明显，利于安全的舆论环境持续向好。

（六）安全品牌优

企业安全文化建设要努力创建安全品牌，及时总结车间班组安全生产的经验，大力开展安全品牌创建活动，打造安全文化建设成果安全品牌、安全生产示范岗、安全作业法等立得住、叫得响，树立各类安全工作先进典型；营造学习先进、争当先进、共保安全的安全文化氛围，发挥好品牌示范引领作用。

二、企业安全文化建设示范点创建措施

（一）强化理论武装

深入学习贯彻习近平总书记关于安全生产重要论述，进一步提高政治判断力、政治领悟力、政治执行力，把确保铁路安全稳定作为当前压倒一切的头等大事，采取更加果断的措施，全力确保高铁和旅

客列车安全万无一失。把习近平总书记关于安全生产重要论述作为党委理论学习中心组的重要内容，纳入管理人员培训重要内容，纳入班组职工政治学习。深入开展安全发展专题学习，强化学思践悟，把安全发展理念贯穿于铁路运输全过程，增强做好安全生产工作的自觉性。

（二）丰富安全理念

通过召开多层次座谈会，对企业安全理念进行提炼解读，形成特色鲜明、务实管用、广泛认同的安全文化理念。在班组层面开展班组文化提炼总结工作，按照工作分工形成各具特色的班组安全文化；围绕重点目标任务、强化安全理念、规范安全行为，定题目、找差距，开展主题教育活动，加强安全思想引领；发挥融媒体作用，加强宣传报道，组织各层级交流学习贯彻习近平总书记关于安全生产重要论述的做法和成果，不断强化企业干部职工安全理念。

（三）夯实安全制度基础

健全完善全员安全生产责任制，明晰各岗位人员安全生产责任；开展安全制度及安全法规的学习宣贯活动，优化安全双重预防机制，把风险管控责任纳入岗位安全职责，定期不定期开展安全风险研判，总结已知风险，动态修订年度风险库；优化完善考核激励机制，推进履职清单管理，健全覆盖各层面、各岗位的作业标准。建立安全评价机制，开展同类岗位考核排序。健全铁路外部环境安全治理长效机制，做好双段长机制常态化有效运行，全面落实路地联动、路地结合工作方针，实现管理有规范、作业有标准、应急有预案、行为有准则的安全管理目标。

（四）规范安全行为

抓好日常警示教育，结合本系统安全生产典型问题，组织开展安全警示教育活动，增强职工安全意识，营造安全生产必须警钟长鸣、常抓不懈、丝毫放松不得的安全氛围。抓实作业指导书、技术规章宣贯学习，开展作业指导书、技术规章必知必会拔萃，制作必知必会"百日千题"和关键作业环节的微课件、微视频，满足职工日常安全与技术学习的需要。开展干部素质能力提升工程，建立干部月度评价制度，形成干部月度行为表现事例集，事例集要收集干部正、反两个方面事例，促进干部形成严、紧、快、细、实的工作作风。

（五）美化安全环境

推行5S管理，制定职工行为规范，完善办公区、生活区、公共卫生区等重点区域管理标准，建立日常和周期监督检查机制，开展"最美宿舍""最美办公室"创建等活动，达到环境美、安全美、文化美、制度美。努力营造安全文化氛围，充分运用新媒体平台、LED显示屏、电子公开栏、宣传栏等阵地，打造各具特色的安全文化宣传品。推进路外宣传"五进"宣传教育，即"进企业、进农村、进社区、进学校、进家庭"，面向社会广泛宣传铁路法规、安全常识，提高沿线企业和群众爱路护路意识，巩固铁路外部环境安全治理宣传教育成效，持续推进"少年儿童铁路平安行动"。

（六）创建安全品牌

加强正面宣传引导，大力选树宣传先进典型，及时总结安全生产工作和安全文化示范点建设中好的经验做法，打造接地气、有温度、聚合力的精品宣传作品，营造学习先进、争当先进、共保安全的浓厚氛围。发挥党组织保安全的作用，推进标准化党支部建设，深化创先争优、创岗建区等党内安全责任教育活动，大力开展党内安全品牌创建工作，打造攻关团队，充分发挥党内品牌辐射效应。

三、企业安全文化建设示范点创建的几点启示

（一）高度重视，统一思想

开展安全文化建设示范点创建工作是深化铁路企业文化建设、提升铁路安全管理水平的重要抓手，必须要高度重视，抓好工作谋划，完善工作机制，强化检查考评。要以宣传部门、安全部门牵头抓总，协调各业务部门充分发挥专业作用，及时帮助解决实际问题，确保创建进度和质量。企业工会及共青团组织要发挥各自优势，动员广大职工和团员青年积极参与安全文化建设示范点创建工作。

（二）强力推动，抓好融合

企业各部门要将安全文化建设示范点创建工作与落实年度安全工作重点任务等结合起来，推动安全文化建设融入安全管理及安全生产全过程、各环节，把安全文化引领凝聚、激励约束、行为规范、形象塑造作用落到实处。

（三）认真总结，扩大影响

企业宣传部门要及时总结创建过程中的好经验好做法，广泛开展宣传，交流推广先进经验，及时总结典型工作案例。

以安全思想教育为引领推进新时代铁路企业安全文化建设

中国铁路济南局集团公司济南电务段　李良伟　陈　曼　高　天　明建豪　王　勇

摘　要：安全是铁路最大的政治、最重要的声誉，是铁路高质量发展的根基。济南电务段认真贯彻落实习近平总书记对安全生产的重要指示批示精神，加强铁路安全文化建设，从安全思想教育入手，突出职工参与实践，引领广大干部职工切实增强安全责任意识、规章敬畏意识和标准执行意识，营造浓厚的安全生产氛围，努力为确保铁路安全生产持续稳定提供强有力的思想保证。

关键词：安全思想教育；安全文化建设；铁路企业

安全是铁路最大的政治、最重要的声誉，是铁路高质量发展的根基。作为铁路基层运输组织，济南铁路局集团济南电务段担负着京沪高铁线、济青高速线、石济客专线、日兰高速线、京沪线、京九线、胶济线、新兖线等56条干支线、188个站场、46个中继站电务设备的维护工作，设备管辖里程2801.245闭塞公里，换算道岔116497.998组。我段认真贯彻落实习近平总书记对安全生产的重要指示批示精神，加强铁路安全文化建设，从安全思想教育入手，突出职工参与实践，引领广大干部职工切实增强安全责任意识、规章敬畏意识和标准执行意识，营造浓厚的安全生产氛围，努力为确保铁路安全生产持续稳定提供强有力的思想保证。

一、安全文化建设意义重大

文化兴国运兴，文化强民族强。文化之于企业，也是如此。强化思想教育引领，促进新时代铁路企业安全文化建设恰逢其时、意义重大。

（一）加强安全文化建设是铁路企业贯彻中央部署要求的政治担当

党的十八大以来，习近平总书记对安全生产工作多次发表重要讲话、做出重要指示批示，对安全生产提出明确要求。习近平总书记关于安全生产的重要思想，是我们做好安全生产工作的基本遵循。国铁企业作为我们党执政兴国的重要基础和依靠力量，加强铁路企业安全文化建设，以高度的思想自觉、政治自觉、行动自觉，着力加强安全思想教育引领，不断提升安全保障水平，是国铁企业落实党中央部署，建设社会主义文化强国的题中之意。

（二）加强安全文化建设是铁路企业新时代创新发展的现实需求

进入新时代，国铁企业加快构建适应法治化市场化经营要求的国铁企业管理体制和运行机制面临许多困难和挑战，在实现铁路高质量发展特别是高铁网快速扩张、技术装备迭代升级、铁路生产力大幅提升的情况下，管理机制和经营方式、运输组织和作业规范、各级管理人员的"本领恐慌"以及铁路干部职工队伍的能力素质面临不少矛盾和不适应问题，迫切需要融合各方面文化资源。加强安全文化建设，强化职工思想教育，引导职工增强大局观念，树立与企业命运共同体意识，自觉与企业发展同频共振，用文化的力量统一思想、凝聚力量，推动国铁企业高质量发展是新时代创新发展的现实需求。

（三）加强安全文化建设是做好新时代宣传思想工作的必由之路

近年来，国铁企业贯彻中央部署要求，深化宣传领域体制改革迈出了重要步伐，确立了党委宣传部门在安全文化建设领域的牵头地位，为加强安全文化思想教育奠定了基础。做好新时代宣传思想工作，必须巩固和发展安全文化，牢牢掌握意识形态工作领导权、管理权、话语权，形成党委统一领导，宣传部门统筹协调，业务部门和群团组织有效联动的安全文化格局和机制，围绕中心、服务大局，着力提升安全文化供给质量，更好地满足企业发展和职工需求，满足旅客货主对铁路的殷切期盼，实现企业文化的共建共享，奋力开创铁路企业文化建设的新局面。

二、丰富安全教育主题，将安全教育落到实处

（一）围绕"坚持确保高铁和旅客列车安全万无一失"，深化安全责任意识教育

安全责任是最大的责任，确保运输安全特别是高铁和旅客列车安全万无一失是评价干部是否称职、职工是否合格的第一指标。通过开展"知责明责、守责担责、履责尽责"的责任意识教育，引导干部职工始终以最高的标准、最严的要求、最实的作风、最细的措施，把"万无一失"的理念贯穿高铁和客车安全管理、现场作业、应急处置的全过程，构建起全方位的安全生产责任体系。

（二）围绕"坚持全面从严"，深化安全敬畏意识教育

坚持高标严管是确保铁路大联动机安全高效运转的根本保证。通过不断强化如履薄冰、如坐针毡、如临深渊的危机意识，增强干部职工对安全生产、规章制度和作业标准的敬畏，让干部职工自觉从严自律、从严履责，营造全面从严、规范管理的职场氛围。

（三）围绕"坚持规范管理、强基达标"，深化安全标准意识教育

标准化规范化专业化建设是推动安全强基达标的治本之策。通过组织规章学习、开展警示教育、做好算账对比和宣传先进典型等方式，形成"处处有标准、人人讲标准、时时落标准"的浓厚氛围，不断增强干部职工参与标准化规范化站段、标准化车间、自控型班组创建的自觉性主动性，不断提高自身业务素质和专业能力，全面提升安全"人防"水平。

（四）围绕"坚持统筹协调、超前防范、综合施策"，深化安全风险意识教育

科学研判风险、超前防范风险是安全双重预防机制建设的重要内容。通过深刻把握"变化就是风险"内涵要求，对重点信息、惯性违章、典型事故的深度分析，引导干部职工识风险、辨风险、盯风险，并不断完善丰富生产过程中风险教育的方式方法，确保风险意识培养的常态化和制度化。

（五）围绕"坚持以人为本、安全发展、创新发展"，深化安全主体意识教育

职工是确保安全的主体。通过精准掌握职工诉求，扎实做好职工思想工作的基础上，激发职工的主人翁责任感，增强职工确保安全的积极性主动性，强化安全"第一责任人"的意识，切实做到"我的安全我负责、我的安全我保证"，筑牢人人保证安全、人人共享安全的职业根基。

（六）围绕"坚持问题导向、目标导向和结果导向"，深化安全问题意识教育

确保安全稳定是一个持续不断发现问题、解决问题的螺旋上升过程。通过引导干部职工增强问题意识，主动整改自身在安全理念、作业标准、遵章守纪等方面存在的问题，积极参与车间班组整治解决安全管理、设备设施、接合部等方面存在的隐患，形成问题管理闭环。

（七）围绕"坚持同心同向、合力共为"，深化安全大局意识教育

一人安全一人安、众人安全稳如山，确保安全需要联防联控、合力共为。通过"全员保安全"的氛围营造，引导干部职工强化"大安全"意识，牢固树立"一荣俱荣、一损俱损"的整体安全理念，主动相互配合，加强联劳协作，形成同谋合力、共保安全的工作格局。

三、安全教育形式多样，群策群力保安全

深化安全发展主题教育，强化思想教育引领，是贯穿铁路企业安全生产始终的一项重要工作，根据安全形势发展要求，与宣传贯彻"安全一号文件"相结合，与阶段重点工作相结合，主要采取以下方式，确保教育效果。

（一）开展安全理念学习

将习近平总书记关于安全生产重要论述和"七个必须"纳入党委理论学习中心组学习、党支部"三会一课"和职工日常政治学习，联系实际开展学习研讨。结合安全工作实际，组织开展"敬畏规章、执行标准、夯实基础"专题教育。把安全理念教育纳入职工思想政治模块化课程，并要做好师资对接，纳入各级安全培训。围绕安全专题组织理论微课创作，围绕安全发展主题教育创作新媒体作品，通过融媒体平台、互联网工作群组广泛转发传播，纳入职工政治学习。

（二）进行安全警示教育

用好事故和问题资源，结合安全形势任务需要，组织干部职工通过参观安全警示室、观看安全警示片、开展"我经历的惊险一幕"剖析反思会等形式，常态化、制度化开展安全生产警示教育活动，不断

提升对安全、对生命、对规章的敬畏，强化确保安全的责任担当，做到居安思危、警钟长鸣。

（三）加强安全法制培训

把安全法制教育作为职工安全教育的重要内容，组织职工通过安全法制专题教育课、安全法规知识竞赛和车间班组政治学习等形式，认真学习《中华人民共和国安全生产法》《中华人民共和国消防法》等相关法律法规，增强依法保安全意识，提高依法履行安全职责的思想自觉和行动自觉。

（四）组织承诺践诺活动

组织党员、职工结合本单位本岗位安全工作实际，广泛开展承诺践诺活动，激励干部职工立足岗位实践，强化责任担当，遵章守纪保安全。干部职工承诺书要在公开栏、学习园地等明显位置进行公示，营造攻坚决胜的工作态势。

（五）做好安全算账对比

利用安全激励政策调整，确保实现安全生产目标；出现严重安全问题，召开家属安全座谈会等时机，组织职工算好安全生产的政治账、亲情账、健康账、经济账。深刻把握安全是"生命线"、安全是"清零键"、安全是"一失万无"的深刻内涵，激发干部职工确保安全的内驱力。

（六）引导职工建言献策

围绕确保实现安全年奋斗目标和阶段重点安全部署，广泛开展安全生产"金点子"合理化建议征集活动，通过召开安全生产座谈会、征求意见专题会等形式，认真听取广大职工对安全工作意见建议，汇聚全员智慧力量，群策群力保安全。

四、开展安全教育工作的几点建议

以思想教育为引领，推动安全文化建设是一项系统性的工作，必须顶层设计、协调联动、统筹推进。

（一）坚持正确政治方向

认真落实国铁集团党组关于加强和改进新时代铁路基层思想政治工作的各项任务要求，牢牢把握国铁企业安全文化建设方向。在安全文化建设中坚持正确的政治导向和舆论导向，以习近平新时代中国特色社会主义思想引领，高扬铁路企业文化建设的主旋律，彰显国铁企业的政治担当。

（二）落实党管宣传要求

坚持以党的政治建设为统领，全面落实党管宣传、党管意识形态的要求，统筹理顺好党政工团各级组织各部门联合协作关系，进一步强化党委宣传部门牵头拿总的职能作用，构建围绕中心、服务大局的安全文化格局。

（三）完善工作协调机制

从工作谋划、部署推动、过程把控、成果总结等方面，进一步完善安全文化建设日常议事制度，统筹发挥好各部门作用，调动各部门参与和完成安全文化建设任务的积极性和主动性。

（四）建立绩效考评体系

建立安全文化建设重点工作推进绩效考评制度，把安全思想教育运作质效纳入各相关部门的考评，连挂部门经济责任考核，领导人员评先、选拔、任用，用机制的力量推动安全文化建设的高效运作。

（五）立标打样选点突破

以安全文化建设为引领，有效提升铁路建设安全管理水平。选取安全思想教育工作成效突出的单位，特别是在建立工作机制，落实相关责任、形成工作合力的有效做法上进行总结经验，推动铁路企业安全工作高效有序开展。

厚植特色安全文化　筑牢高质量发展根基

中国铁路北京局集团有限公司石家庄车辆段　徐永利　高孝清　贾　亚　冯世新　罗　浩

摘　要：安全文化是铁路企业最具特色、最为深厚的文化底蕴。安全文化建设要在深刻反思中形成工作思路，着力打造具有自身特色的安全文化，在实际工作中践行安全文化，用安全文化来综合解决安全工作深层次问题，从而筑牢高质量发展根基。

关键词：特色；文化；助推；安全

安全文化是铁路企业最具特色、最为深厚的文化底蕴。大力推进安全文化建设，筑牢高质量发展安全根基，是当前中国铁路企业党组织的重要任务之一，也是贯彻落实国铁集团领导干部会议精神的重要手段。

中国铁路北京局集团有限公司石家庄车辆段（以下简称石家庄车辆段）是北京局集团公司所属的货车维修单位之一，可追溯到1904年正太铁路石家庄机务浇油房，至今已有110多年的历史，是一个具有深厚文化底蕴的车辆段。石家庄车辆段段徽整体为"石"字型，由检点锤和车轮两部分组成，见证了几代石辆人"敲"出的辆辆优质、列列安全，凝聚了"质量至上、安全永恒"的安全文化理念。

一、分析研判，找准存在问题

近几年，虽然在安全生产管理中取得了一定的成效，但还存在以下突出问题，值得我们深刻反思。

（1）"软硬"约束有机结合不到位。安全生产法规、规章制度要求全员必须严格遵守，这是对人的"硬"约束。段领导班子成员在深刻反思中认识到，从严管理、从严考核的"硬"约束虽能暂时遏制违章违纪的发生，但无法保证安全上的长治久安。安全管理的制度不可谓不全，考核的措施不可谓不严，但现实的情况却是违章违纪屡屡发生，行车设备故障时有发生。因此，必须从"硬"约束局限性上寻求突破，才能使安全工作有彻底改观。

（2）"内外"关键因素抓得不够牢固。安全工作存在问题的表象是职工安全责任意识淡薄、安全技能不高，但归根到底都是人的积极性调动不够充分。"安全是铁路的永恒主题"在职工看来是企业的事，与自己关系不大，由此造成职工作业标准落实不到位、规章制度学习不主动、违章违纪时有发生。要想把握好人的"内外"关键因素，必须着力引导职工建立与企业发展要求相一致的职业价值取向，形成上下同心共抓安全的局面。

（3）共保安全合力未真正形成。安全工作薄弱的另一个重要原因在于共保安全合力未真正形成。各级组织虽然以各种形式，从各自职责切入安全生产，但从实际的效果看，合力效应并未真正显现。深究其根源，齐抓共管的合力产生还有其必要的条件，必须有一致的理念凝心聚力，真正使干部职工心往一处想，劲往一处使。

二、提炼整合，形成文化特色

构建以安全理念体系为核心、安全行为文化为重点、安全环境文化为平台具有自身特色的安全文化体系。

（1）提炼安全理念体系。以强化职工安全责任意识为抓手，按照源于实践、反映实践、指导实践的原则，以干部职工长期生产实践中的文化积淀为依托，结合新时期意识形态、网络安全、生态安全等工作的新要求进行文化整合和提炼，使理念系统既注重文化传承，又体现时代特色；广大干部职工是安全文化的创造者、落实主体，在职工中深入开展安全理念征集活动，把征集、汇总、提炼安全理念的过程与发动、教育职工的过程相结合，缩短职工认同安全理念周期；针对车辆系统点多线长、工种多的特点，实行了分系统分工种提炼安全理念的做法。全段有统一的安全理念，各车间有自己的安全理念，各班组有安全警言和岗位格言，各岗位有

"座右铭",形成了"诚信、敬业、创新、和谐"的企业精神,"质量至上、安全永恒"的安全理念,建立了以各车间、班组、岗位安全理念为支撑和补充的安全理念体系。

（2）培育安全行为文化。以落实安全作业标准为重点,逐步培育形成以管理制度化、决策程序化、工作流程化、作业标准化为特点的安全行为文化。从打造制度文化入手,在继承以往安全机制建设成果的基础上,先后完善以安全质量考核、干部安全履责、安管系统落责考核、标准化规范化建设考核、安全双重预防机制为主体的管理模式,建成安全风险管理、创先争优劳动竞赛、职工培训、值班管理等工作流程,形成覆盖全员的安全行为规范。从职工安全行为习惯养成入手,培育职工安全行为文化,段实施大数据进班组,在检修主要生产班组设置显示屏,将职工出勤、工位进度、典型故障、违章视频等30余项数据指标进行动态展示,时刻提示职工遵守规章制度、落实作业标准,使职工在机控下不断地校正作业行为,在不断地重复作业规范中养成良好的安全作业习惯。

（3）建设安全环境文化。以营造安全工作氛围为目标,段持续推动安全环境文化建设。建成人身安全警示教育室暨人身安全VR体验馆,设置法律法规、规章制度、事故案例、安全文化及安全体验等区域,以图文并茂的形式,解读安全法律法规,重温安全规章制度,还原事故案例原貌。运用VR科技手段,可视化的现场场景模拟,把违章的后果以真实的状态呈现在事故发生之前,既丰富了安全警示内容,又很好地提升了沉浸式安全体验效果,干部职工参与度得到提高,安全敬畏意识和安全防范意识得到明显提升。班组休息室的"职工笑脸墙"、职工更衣柜上的"全家福",将安全文化向家庭延伸。以习近平总书记关于安全生产的重要论述、常见安全知识、VR人身安全体验、视频监控人身违章行为等为重要内容,采用图文并茂的形式编印成《安全+慧眼》安全文化宣传册；利用段大数据工作室视频监控系统,截取职工日常作业中常见的90余项违章图片和视频,以PPT的形式制成涵盖人身安全违章、工艺标准落实等方面内容的题库,把平时抽象描述的不安全行为、不规范动作具体化、形象化,组织开展"火眼金睛"查违章识图比赛。同时,举办"我的岗位职责、我的风险防控""心怀敬畏、践行准则"等演讲比赛,为职工搭建竞争平台,在活动开展中亲身体验并逐步认同安全文化,共同营造浓厚的安全文化氛围。

三、文化管理,助推安全生产

安全文化来源于广大干部职工的生产生活实践,还必须在指导和推动安全实践中发挥作用并不断充实完善。充分发挥安全文化功能,切实把文化力转化为安全生产的推动力。

（1）发挥安全文化激励功能,增强职工自发动力。通过京铁工匠、标准化规范化标杆、青年之星等先进评选,促进安全生产典型的快速成长成才。在选树弘扬先进人物典型的同时,以其姓名命名推广先进科学的工作经验。倡导各车间、各班组选树自己的先进典型,有效地扩大典型激励的群众基础；在各车间实施定期的管理考核,在党支部组织开展"创岗建区"、党员民主评议,在班组开展优秀班组创建,量身定制创建清单,在职工中推行标准化先进职工、星级岗评定,针对各个层次开展的竞赛活动,使安全工作在竞争激励下不断得到加强；通过各车间、班组制定共同愿景,倡导职工确立个人目标,鼓励青工依托"青工成长综合信息服务平台",积极找工作差距、定努力方向,激发职工想第一、争第一的工作热情,引导职工不断向更高的目标前进。

（2）发挥安全文化约束功能,形成落实标准压力。领导班子把安全工作决策的过程作为带头践行安全文化的过程,增强决策行为的规范性,提高决策水平；段各级干部在落实管理制度过程中,培育形成管理层的执行力文化,增强运用安全文化进行科学管理、精细管理、规范管理的自觉性；通过大力推广"杨献章创新工作室""张禄工作法""户式探伤工作法"等以先进人物命名的典型经验,使职工保安全的主体意识得到充分调动,落实作业标准的主动性显著增强。检车员刘立新把"不少走一步、不少看一眼、不少敲一锤"作为自己检车工作的安全座右铭；设备维修工赵运恺将"安全带、生命带,疏忽半分事故来"作为自己从事设备检修工作的安全座右铭。在安全文化的熏陶下,像刘立新、赵运恺这样立足本岗标准作业、自我约束确保安全已在段蔚然成风。

（3）发挥安全文化凝聚功能,形成共保安全合力。各级党组织灵活运用各类工作载体,深入开展

"让党旗在基层一线高高飘扬",使"融入中心、服务大局"的要求落到实处;工会组织通过开展多种形式的劳动竞赛,建立"职工创新工作室交流会""美术、摄影协会"等非正式组织,调动各方力量共保安全;团组织深入开展"青年安全生产示范岗""安全生产先进团支部"创建活动,依托"青年文明号"班组,大力开展"五小"科技攻关,调动青工保安全的积极性;段用安全文化把广大职工凝聚成安全利益和责任共同体,从而共同担负起安全生产责任,实现一加一大于二的团队聚合效应。修车车间提出的"246－1=0"、石家庄动态车间提出的"一人把关一处安,众人把关稳如山"的安全价值理念,充分体现安全工作团队意识,职工对安全文化认同率得以提升。

(4)发挥安全文化引导功能,提高安全把控能力。通过安全文化向职工传达企业关注什么、崇尚什么、摒弃什么,潜移默化地引导职工把思想观念统一到与安全文化所倡导的要求上来。一些干部"谁出了问题谁负责、没发现问题就等于没有问题"等简单片面的思想认识逐步得到纠正,取而代之的是"问题在一线责任在管理、看不出问题是最大的问题、重复出现的问题是作风的问题、职工的牢骚是安全的痛点、堵点"等安全工作新理念被广泛认同;段运用安全文化引导职工,使安全文化的导向功能在扬正气、树新风的过程中得到充分发挥。通过多种方式引导车间班组加强团队学习,倡导职工开展自我学习,培育职工终身学习、快乐学习的理念。把业务技能作为职工评选先进、提拔任用的条件,以此促进职工学技练功。

四、几点启示

坚持不懈地狠抓安全文化建设和安全管理,石家庄车辆段安全工作有了根本性改观。先后荣获"全国安康杯竞赛优秀组织单位""全国模范职工之家""第五届'全国铁路文明单位'""河北省五一劳动奖状"等称号。通过以上的实践,有以下几点启示。

(1)安全文化不是"突击建设"的。任何企业自成立那天始,安全文化就伴随着企业的成长和发展。文化管理,就是把企业倡导的先进安全文化,通过人工干预,塑造培育成强势企业文化的过程。不是把安全文化体系建设完成就结束了,而应该把安全文化管理作为重点。就像找名医看病,开了药方,回去后应该遵照医嘱按时吃药、加强锻炼,培养形成良好的生活习惯。不吃药也不锻炼,再好的方子也不可能有疗效。

(2)安全文化不是"一蹴而就"的。安全文化是长期实践的产物,安全文化建设也需要经历长期的探索过程,不可能一蹴而就,也不可能一劳永逸,必须树立常抓不懈的思想。2011年后段领导班子虽多次进行调整,但由于领导班子从一开始准确定位安全文化,使得以安全文化助推安全生产的思路得到了贯彻落实。

(3)安全文化不是"照搬照抄"的。企业紧密结合安全工作实际,立足于从干部职工长期的工作实践中汲取文化养分,构成以安全理念为关键点的安全文化体系,不仅形成具备安全文化的鲜明特点,同时也使干部职工更容易认同和落实的安全文化,避免了重外在形式轻文化内涵的简单做法。

创新企业安全文化建设的探索与实践

中国铁路西安局集团有限公司安全监察室　罗歆艺　刘永华　许可春　刘省顺

摘　要：安全管理对企业发展的重要性日益凸显。推动安全管理的提升，首先必须实现思想观念的转变，企业安全文化建设在其中发挥了事半功倍的作用。本文对中国铁路西安局集团有限公司企业安全文化创新工作进行总结，对企业安全文化创新工作开展进行思考，提出需进一步改进和加强的建议。

关键词：安全；文化；创新；实践

中国铁路西安局集团有限公司（以下简称集团公司）近年来持续探索加强和推动企业安全文化建设，逐步形成和确立了"变防为治、源头治理、超前防范、主动避险"的本质安全理念。安全管理对企业发展的重要性日益凸显，推动安全管理的提升，首先必须实现思想观念的转变，企业安全文化建设在其中发挥了事半功倍的作用。

一、安全文化建设的思考与实践

（一）安全文化建设经历的阶段

（1）从 2005 年建局到企业改制，集团公司的安全文化创建工作经历了三个阶段。初期倡导"严抓严管严考核"，实施"安全质量效益考核"，注重"点对点"的现场卡控。随着"六大安全理念"、"严实细和创"等安全理念提出，推行"教练式检查，帮教式考核，担保式返奖"等安全措施，安全重心上升到管理层面的防控，仍然是推动式管理为主，作业人员主动性发挥等人本安全理念未有效普及。近年来安全理念得到了广泛认同和实施，安全文化建设也有了较大发展。

（2）2020 年以来，集团公司步入全面快速发展的新阶段，新项目相继竣工投产，单日装车、卸车、编组站办理车、分界口交接车数量等生产指标不断刷新纪录。为适应新变化确保高质量安全发展，集团公司党委提出大安全管理理念，从人、机、料、法、环等方面，体系化推进本质安全管理，从根本上消除事故隐患、解决问题，提升安全治理能力水平，构建与大运输、大建设相适应的大安全。

（3）2021 年以来，集团公司基于本质安全理论，全面总结大安全管理实践经验成果，明晰基础管理、安全管理、专业管理、综合管理的关系，以双重预防机制为轴心，以安全生产责任制为驱动，以"三位一体"为方法和手段，构建安全治理体系的核心机制。与之相适应，逐步形成了"变防为治、源头治理、超前防范、主动避险"的本质安全文化理念。

（二）安全文化建设的有效实践

2021 年 8 月，以国铁集团进行安全治理体系建设试点为契机，集团公司探索建立安全治理体系构架模型，同步深化安全文化创建工作，形成"党委主导、系统主抓、单位主建"的创建格局。推动安全文化建设更好地融入中心、服务大局，为提高安全管理水平、提升安全治理能力、确保集团公司现实安全提供有力支撑。

1. 积极防控，精细管理

集团公司确立"变防为治、源头治理、超前防范、主动避险"的本质安全理念，把谋事、议事、定事、干事、成事贯穿于安全管理全过程，不为不办找理由、只为办成想办法，形成"总有办法"的主动性思维。

（1）提炼成果，文化统领。安监室与宣传部联合攻关，遴选确定了 11 个工作基础好、创新能力强的单位（车间），开展安全文化研究、创建工作试点。探索安全文化建设的特点和规律，提炼集团公司安全管理实践经验成果，在全局宣传推广，形成良好的舆论氛围。

（2）理念转型，引路领跑。"火车跑得快，全凭车头带"，集团公司推动各级管理人员实现安全理念转型，进行引路领跑。摘录安全生产政策法规、前沿理论等 69 个，编印《安全管理学习手册》，组织各级管理人员学习。采取"线上＋线下"等方式，系统讲授安全治理体系、安全双重预防、安全生产法律法规、安全管理理论等知识，提高各层级管理人员对体系建设的认知能力。安监室联合铁道党校举办网络培训班2期、培训282人。举办安全管理培训班，培训安全副段长、安全科长128人。举办安全专职人员轮训班2期，培训站段、车间安全专职人员220人。

（3）完善设施，强化培训。以建设全专业、全功能，突出实战化培训的"练兵主场"为重点，广泛运用实物部件、声光电、模拟仿真等手段，把课堂搬到现场、把现场变成课堂，建成西铁职工培训基地。投用新丰镇机务段实训楼、西安机车检修段等实训基地4个、实训室38个、练功场158个，开发西铁掌中学APP，形成集团公司分专业、分层级的立体培训架构。推动建设集团公司安全警示馆，加强安全管理理论和案例警示教育，多方发力促进提升本质安全管理水平、履职能力和专业素养，增强安全保障能力。

2. 全面整治，夯实基础

确立"项目化管理、清单制落实、督办式推进、工程化治理"的工作方式，落实逐级负责、分工负责、系统负责、交叉负责、共同负责，从源头防范化解安全风险、消除隐患。

（1）实施流程再造，降低作业风险。对不符合实际的生产作业流程再造，进行人、机、料、法、环要素重组，打通管理壁垒，降低作业安全风险。推进检修工艺流程再造和布局优化，改造西安东车辆段、西安机车检修段检修库，优化27条流水线，通过统型改造、迁移疏散、拆除"库中库"，打通隔离、扩充空间、有序衔接、划分修程，形成西安东车辆段十库贯通，西安机车检修段四库相连，实现不同修程相互分开。优化和整合机务、车辆、工务、供电系统配属的移动装备及配件检修业务，提升移动装备整车及配件检修质量水平。打破管界固定、资源独占、天窗独享的常态，用好检修列、宿营车，实施固定设备检养修分开，推进固定工区变移动工队。

（2）开展源头治理，消除设备隐患。自然灾害历来是威胁铁路运输安全的关键，集团公司改变"零敲碎打"模式，隐患治理由"单点整治"转变为"全线系统治理"。防洪管理中，改变以往巡防看守、事后抢修的模式，运用工程整治的方式，对防洪危险处所采取刷方减载、破山扫石、架梁设棚、改线绕避等措施，开展5处地质灾害整治，推进65个防洪预抢工程，1145处防洪工程整治和559处隧道漏水整治，完成23处高铁隧道口钢棚洞接长工程，刷方减载277万立方米，整治9处Ⅰ级防洪地点和27条小半径曲线，消灭Ⅰ级防洪点，推动"被动防"向"主动治"的转变。坚持冬"病"夏治，在西平、梅七、宝天、宝成线安装隧道融冰装置、PVFE板650个，消除冬季上道打冰作业风险。

（3）搭建履职平台，消除结合部硬结。集团公司2021年7月份推出履职平台，各部门、单位通过平台提出工作事项，相关岗位、人员按照职责分工，在规定时限内办理答复，履职过程阳光透明，事项办理全程闭环。打通专业结合部隔阂，促进各系统、各专业协调联动，协同配合，共同研究消除影响运输安全的掣肘因素，大力推动结合部问题的解决，形成上下贯通、执行有力的落实体系，切实提高干部履职能力。

（4）实行一体化考核，发挥激励作用。对照全员安全生产责任制，建立安全生产履职清单，完善健全履职过程和质量考评机制。推行一体化绩效考核，综合客货运量的增长、运输能力的提升、经营开发等项目指标，量身定制积分规则、考核系数，营造主动干、抢着干的氛围，形成各层级齐抓共管、同频共振、共保安全的合力。

（5）争取政府支持，改善运输环境。集团公司与陕西省政府建立联席会议制度，与交通运输厅、西安铁路监督管理局联合下发《陕西省铁路沿线安全环境管理"双段长"制实施办法》，联手治理路外安全隐患。同陕西省气象、水利、国土以及沿线98座水库管理部门和单位，建立联系和信息共享机制，将"98110"报险电话与陕西省公安系统建立报险接转机制，在沿线设立1万余处报警标志牌，公布报险电话和奖励标准，发动沿线群众共建共防。

（6）解决民生实事，凝聚安全合力。持续改善职工生产生活条件，改善沿线站区职工吃住行、卫浴暖条件。开行17趟文化健康列车到一线、进班组，3趟"西铁良缘"幸福列车搭鹊桥、结良缘。开通西铁职工诉求热线和"平安是福"手机诉求平台，职工生产生活更加充实、更有保障、更有心劲。

二、安全文化建设的再思考

（1）必须重视文化引领。安全管理需要干部职工的共同参与，良好的安全文化氛围能够形成"遵章守纪光荣，违章违纪可耻"的正向引导，形成共识，凝聚合力。

（2）必须加强理论培训。现代安全管理知识体系已取得长足发展，管理人员必须与时俱进，加强学习培训，让各级管理人员能理论与实际相结合，融会贯通，运用安全理论分析解决问题、指导工作，以此促进安全文化理念的形成。

（3）必须抓好创建融合。安全文化根植于企业各环节之中，不能与具体工作割裂。要推动安全文化建设融入安全管理及安全生产全过程、各环节，把安全文化引领凝聚、激励约束、形象塑造作用落到实处，同时也带动安全文化创建的深化和出新。

三、需加强和改进的工作

（1）重视安全文化建设。采取多种形式深入学习领悟习近平总书记安全生产重要论述，深入宣传学习现代安全管理知识，宣传弘扬发现隐患防止事故、遵章守纪等先进典型事迹，批评处罚违章蛮干危险行为，营造安全文化良好氛围。

（2）加强安全文化示范点建设。按照《"十四五"铁路企业文化建设发展规划》和《"十四五"铁路安全发展规划》，以及《国铁集团宣传部 安监局关于开展铁路安全文化建设示范点创建工作的通知》（宣文函〔2022〕2号）要求，开展安全文化建设示范点建设，积极探索安全文化建设的特点和规律，提升安全治理能力，确保集团公司现实安全提供有力文化支撑。

（3）总结推广经验成果。注意深入现场，发掘、培养、提炼安全管理实践经验成果，形成特色鲜明、务实管用、广泛认同的安全理念，不断创新和丰富集团公司企业安全文化理念。积极开展形式多样的安全理念宣传解读、主题实践等活动，全面强化干部职工的安全意识。

四、结语

企业安全文化建设，是推动企业安全治理升级转型的有效载体，需要引起高度重视。安全管理中，对发现的问题要进行深入剖析，从机制制度入手，研究和探索解决安全发展方面面临的瓶颈和难题，共同为企业安全长期治本提出意见建议，不断提升安全管理水平。

采取"3+1+1"模式对青年职工进行安全理念文化培训的研究

中国铁路北京局集团有限公司石家庄工务段　王　彬　赵　赛　石建功　李志学　王志乔

摘　要：为打造一支高素质的人才队伍，满足改革发展的需求，在青年职工中落实安全文化理念的培训，石家庄工务段独创"3+1+1"模式，即三天现场实战、一天实作演练、一天理论授课的集中脱产培训方式，对青年职工集中专题培训，全面提升职工培训的针对性和实效性，让安全理念深入人心，取得明显的效果。

关键词：青年职工；安全理念；现场实战；实作演练；理论授课

青年职工是生产一线的生力军，也是班组长和管理队伍的预备队。如何加速他们的成长成才，使他们既能适应铁路行业快速发展，又能不断提升自我，成长为"人品好，能力强，敢担当，善学习"的高素质人才，为段的安全发展保驾护航，是摆在我们面前的重要课题。为适应新形势下青年职工培养需要，我们以安全文化助推青工成长，以青工成才助力安全生产，实施了"春风化雨"安全文化培育工程。2016年以来，单位共举办了15期青工集中专题技能培训，累计培训时间长达45个月，解决了培训零散、针对性和实效性不强的问题。近560人参加培训，他们的安全意识和业务素质有了很大提升，为安全生产提供了有力的人才技能保障。

一、集中专题培训的实施背景

（一）自我分析，查找问题

2016年以前，我段新入路人员培训往往以零散的理论培训为主，安全理念、实作技能的提升和管理知识的获取基本都靠自学。因缺乏系统的培训，导致他们普遍存在"两低三少"的问题，即：专业知识水平低、操作技能水平低、施工作业见识少、管理工作参与少、展现才华机会少。这些问题影响了青年职工的成长成才，也制约了我段改革发展的步伐。

（二）"两低三少"原因分析

1. 专业知识水平低

新入职人员入路后，首先进行了系统的资格性理论培训，虽然当时课程设置的内容丰富，但是由于学员普遍未参与过现场作业，理论联系实际不深，对专业知识的理解也不透彻，现场安全只是看过书本的案例，听过老师的规章讲解，并不能变成一种文化与理念牢记于心，定职以后，多是参加一些全员适应性培训考试或零散的理论培训，难以有效提升专业知识水平。

2. 操作技能水平低

青年职工在履行资格性培训时，在参加理论培训后，会经历实作技能培训和师带徒跟班学习两个阶段。在这两个阶段里，由师傅带领完成实作科目学习以及日常跟班学习。他们分散在不同的车间和班组，由于现场天窗点作业时间紧、任务重，现场带班人往往以完成现场任务为重，对他们的人身作业安全的指导比较欠缺，没有针对人身安全的好坏典型进行案例教育，也没有普及安全文化知识，致使他们的操作技能水平低，容易发生人身伤害事故。

3. 施工作业见识少

青年职工分散在不同的车间、班组，不同的车间、班组承担的职能相对固定，因此他们参与的施工和作业种类也较单一，这导致他们很难在短时间内见识和体验更多施工和作业。当处于陌生的作业环境及作业程序时，容易发生安全事故，更不利于形成安全理念与安全文化。作为后备人才，为了今后更好地开展全面工作，除了应该对本专业知识精通外，也应该对段各类施工和作业都有一些体验和认知，才可以带好班组，更重要的是确保安全生产。

4. 管理工作参与少

由于青年职工现场经验不足，导致他们参与班组管理、现场作业指挥或施工方案制定等工作的机会较少，管理能力提升也就较慢。无法提升自身业务能力，无法在职工中进行安全理念与文化的讲解宣传工作，这又导致他们更难承担更高层次的管理工作，形成不良循环，产生成长瓶颈。

5. 展现才华机会少

青年职工是一个充满活力和创造力的群体，在以往短期培训中，难以开展有针对性的技能竞赛、参观学习、文体活动等，致使他们展现自我的机会较少。

二、集中专题培训组织模式的创新与实践

（一）认真调研，精准制定计划

培训需求是培训标准减去学员现状，因此必须搞清楚标准是什么，学员的现状是怎样的。在培训班开班前，由段领导组织有关部门进行多层次、多角度的培训需求调研，调研主要通过座谈和测评进行。与岗位能手和专家座谈，以了解培训标准；与学员所在车间的主任、书记以及工班长座谈，以了解学员现状；组织拟参培学员进行知识能力的测评，以找出他们在哪些方面的知识还有差距。通过座谈和测评，最终明确了着力解决"两低三少"问题的培训目标。拟定了以掌握系统化知识、规范化管理、标准化作业技能为出发点，以实作技能训练与安全文化理念的学习为主，理论讲解和分析讨论贯穿培训过程，以小型现场会为主要评估手段的培训组织管理模式，进行3—6个月的集中培训。

（二）选聘优师，确保授课质量

对于本专业技术业务知识的课程，师资以段领导、各部门负责人及各业务的主管工程师、高级技师等为主。他们授课时结合案例进行，通过一些发生在身边的案例，内容生动，贴近现场，更能激发学员的共鸣，安全文化深入人心，从而保证授课质量。对于非本专业技术业务知识的课程，师资以外聘为主，如我单位在安排工务与供电、电务结合部知识课程时，就从外单位邀请了相关专业的师资进行授课，使授课内容更加丰富，取得了良好的培训效果。

（三）集中培训，采用3+1+1模式

三天现场实战、一天实作演练、一天理论授课。

1. 每周组织3天现场实战化作业

根据全段总体生产任务情况，结合培训班学员技能水平，实作训练的安排主要有以下四个方面。

（1）参加段集中修施工作业。1个月左右的集中修施工项目丰富，能开阔学员们的视野，如参加人工道岔破底清筛作业、参加成段线路起道作业、更换钢轨及道岔部件作业，观摩及配合大机清筛捣固、换枕、打磨、道岔起道作业等，施工见识增多了，各项内容的安全文化与人身注意事项更加深入人心，无形中减少了施工中发生安全事故的概率。

（2）站专线设备的大修作业。我段西站、工业站、平南、白羊墅等大站场多少都存在年久失修的状况，线路科根据质检科检查记录单，组织培训班学员们集中对这些设备进行综合整治，如安排专用线平推整治、整组道岔起道、股道落道袖、道岔和线路接头打磨焊补等，不仅提升了理论知识，更加对一些大站场的避车距离等内容入脑入心，安全文化深入人心，才能确保安全文化不仅仅是在规章里、在考试里，而是在实际的工作中。

（3）客专线路介入精调作业。客专作业能锻炼学员们"标准至上"的维修理念，挡肩离缝，胶垫偏斜，弹条不正，轨距超0.5mm，都要求学员按标准去整治，用心去整治，正所谓"细微之处见风范，毫厘之忧定乾坤"。点滴小事之中提素质，用"标准至上"的理念去确保行车安全，安全文化在"细微"之中贯彻落实。

（4）小型现场会综合整治。对时间较长的集中专题培训班，要求独立完成一个小型岔区现场会，设备一般为2—3个股道及一个岔区（不多于10组道岔）。从现场工作量调查到作业方案制定，从作业计划到实际组织分工，从前期安全预想到现场卡控，均由学员自主完成，涉及线路、道岔起拨捣改、落道袖、轨件修理打磨、联接零件整修、方枕、油刷标志、外观整理等全项目作业。同时关注现场安全生产，使学员们基本达到了工班长的业务水平。

2. 实训场练兵

提升作业标准与安全理念。集中培训期间，每周安排一天技能培训。

实训场上模拟作业，一次练不好可以再来一次，过程中质量不达标或流程有瑕疵，可以停下来具体讲解，这有效地解决了天窗作业"时间紧、任务重、行车安全隐患"的弊端，在确保行车安全和人身安全的基础上，实现了人人掌握作业标准与安全操作规范。如尖轨、基本轨、辙叉更换、水准测量、垂直打磨机的运用、道岔检查、曲线正矢测量及拨道量计算、曲线起拨改作业及夜间起道练习、口述涨轨、防洪、断轨等应急处置流程、锯轨、打眼等实

训内容，同时也规范了安全操作流程。

3. 理论授课

理论课程内容涵盖线岔病害分析整治、轨检车图纸分析及应用、方案修派工单制定、线路基本业务知识、轨件修理相关知识、作业人身安全、班组标准化管理、思想政治教育等相关知识，全面提高青工理论知识储备，为我段标准化建设培养高素质的后备人才力量。

通过循序渐进式地参与各种不同类型的施工作业，以达到开阔视野的目的。在这一实践锻炼过程中，他们也能够将所学理论知识与现场实际相结合，安全文化深入人心，现场操作标准规范，做到了知行合一。

（四）组织管理实战化，全面提升领导力

培训班以车间为建制组织，成立临时党支部、团支部，安排了主任、书记、业务指导、班主任及技术顾问负责相应管理工作。班主任负责日常培训计划制定及理论培训课程及师资安排；技术顾问负责专业技术培训和现场实作指导；车间主任负责生产组织及日常管理等；党支部书记负责党团及后勤保障等工作，并协助主任做好各项工作；业务指导负责各项事务性管理及车间、班组的基础管理。

培训班下设两至三个班组，每个班组设工长一名、指导工长一名、班长两名，工长从拥有现场工班长经验的优秀青年职工中选拔，班长由参加培训的青年职工轮流担任，并且每个班组安排一名经验丰富的技师担任指导工长负责现场作业流程标准的指导和人身安全卡控。使学员沉浸在实战化管理模式的氛围中，每名学员的领导能力也在轮值担任班长过程中得到了锻炼。

在培训基地，学员们执行"半军事化"管理制度，各项工作均有时间卡控。作息制度、请销假制度比在车间更加规范。六点半起床跑操；七点吃饭；上下午各四节课；晚七点有一个半小时的晚自习交流对规时间。

（五）现场实训多样化，知行合一强素质

培训班每周组织3天左右现场实战化作业，通过循序渐进地安排学员参与各种不同类型的施工作业，不断增长他们的见识，同时也能将所学理论知识、安全文化与现场实际相结合，做到知行合一。安排实作训练时，根据全段总体生产任务情况，结合培训班学员技能水平，分配适量的工作任务，在确保安全正点完成任务的情况下，让学员全面学习本领、锻炼能力，达到增强素质的目的。

（六）广阔平台展才华，积极进取快成才

通过参观学习、知识竞赛、安全规章背规、座谈会、文体活动等形式，给学员提供了展示个人才华的平台。如：组织学员参观西柏坡红色教育基地、一二九师遗址等，使他们牢记党的光荣历史，坚定个人理想信念；组织拔河、篮球赛和知识竞赛，培养他们勇攀高峰的竞争精神；组织拓展训练、组建合唱团等，培养他们凝心聚力的合作意识；组织青年成长交流座谈会、主题演讲活动，不断总结经验，提升认知水平。段领导对各项活动都非常重视，亲自参与其中，这也为发现和选拔人才提供了一些直观依据，成为青年大学生加快成长步伐的推进器。

三、集中专题培训的实施效果

通过组织实战化的集中专题培训班，全面提升了青年职工培训的针对性和实效性，安全文化理念深入人心，取得了明显的效果。自此，规章不仅仅是书本里的数据，安全文化也不仅仅是背诵的条目，安全理念在培训中深入人心，安全文化在培训中得到了贯彻落实。自2016年至今，担任过培训班模拟车间主任、书记岗位的干部共计30人，其中12人由副职走上正职岗位，10人由一般干部走上副职岗位。累计培训学员560余人，全部成为现场骨干人才，其中近百人担任基层管理岗位。在以后的工作中，我们将以安全文化理念培训为抓手，坚持以人为本，关注青年职工的需求，让他们成为实现"交通强国，铁路先行""强基达标，提质增效"的发展目标中的主力军。

高速公路安全文化体系构建探究

宁波招商公路交通科技有限公司　邵思诗　马素斌

摘　要：在安全文化建设中，宁波招商公路交通科技有限公司（以下简称宁波交通科技）秉持招商局集团提出的"五适安全管控法"为指导，秉承"安全第一、预防为主、综合治理"的方针，不断总结、提炼安全管理和文化理念，形成一整套符合高速公路的安全管理模式。以建立行业领先且具有鲜明招商特色的安全文化与公司日常运营的深度融合为目标，以强化安全意识为抓手，确定了"三三"安全工作中长期规划，即以三年为一个周期，实现安全生产标准化、安全文化建设特色化、安全管理队伍专业化的"三化"目标。

关键词：安全管理；安全理念；安全文化

安全文化伴随人类的产生而产生、伴随人类社会的进步而发展。自 20 世纪 80 年代，国际原子能机构首先提出了"安全文化"的概念后，安全文化的概念已逐渐由核安全文化、航空安全文化等专业安全文化，延伸到了一般企业安全文化。国内外的安全生产实践均表明在组织内实施安全文化建设，对组织内安全生产管理水平的提升有重要的促进作用。

宁波交通科技管辖的高速公路有其一定的特殊性，是宁波市"一环五射"路网重要组成部分和主要疏港通道。始建于 20 世纪 90 年代，设计标准低，双向四车道，且位于沿海淤积平原，全线有大中小桥 154 座。自 1998 年建成通车至今，随着宁波城市的发展和宁波舟山港吞吐量上升，重载交通占比居高不下，目前所辖收费站每天进出口约 4.7 万辆、主要断面流量约 4 万架次，已经远超设计流量。且随着 2020 年 1 月开始省界收费站的正式取消，货车按轴型收费、进口治超等新政策新措施开始实施，再加上设施设备的老化等因素叠加，安全生产管理面临严峻考验。为有效解决这些不利因素，公司从单纯地靠领导抓安全到靠制度管安全，再到靠安全文化理念促进员工安全意识提升，在一步步的转变过程中，安全理念不断创新，安全文化逐渐塑形完善，安全文化理念走进了职工的心里，成了企业健康发展的保障和根本内需。

一、安全文化理念形成和提炼

2015 年招商局集团提出了"综合安全观"：以人的安全为核心，以生产安全为重点，全员参与，全程融入，全面监督，全力支持，扎实构建长效机制，努力打造平安招商，为集团的持续健康发展提供坚实保障。为提升安全文化和安全理念，2016 年集团进一步总结提炼，提出了"五适安全管控法"：一是抓头脑，思想要适情；二是抓规矩，制度要适用；三是抓硬件，设备要适岗；四是抓队伍，人员要适任；五是抓演练，应急要适时。为促进"五适"管控法取得成效，集团相继开展"五查五严""五个一"等各类专项活动，狠抓安全管控，强化岗位责任。安全文化理念的形成，促进了公司自己的安全核心理念出炉。没有安全意识，人人都是危险源；有了安全意识，人人都是保险丝。2019 年为进一步丰富公司的安全文化内涵，公司又提出了安全与经营深度融合的安全指导思想，有力提升了公司各项管理水平，确保了公司管辖路段安全畅通和职工的健康安全，为打造"畅、安、舒、美"的平安高速打下了坚实的文化管理基础。

二、创建招商特色、宁波交通科技特点安全文化的理论要点

安全文化是企业文化的重要组成部分，是指企业在长期安全生产活动中，逐步形成的或有意识塑造的，为全体员工接受和遵循的，具有本企业特色的安全思想和意识。只有创建出优秀的安全文化，才能长治久安。基于此，宁波招商公路交通科技有限公司提出了"没有安全意识、人人都是危险源；有了安全意识，人人都是保险丝"的核心安全理念，并内化到

日常生产工作和安全管理中。

（一）树立"综合安全观"

1. 持续创建安全文化

安全工作永无止境、不可懈怠。在任何时候、任何情况下，都要绷紧安全生产这根弦，丝毫不能松懈麻痹。宁波交通科技把安全理念融合在生产过程中的每一个环节，使之沉淀根植于职工的内心深处，使之转化为安全行为。组织开展"安康杯""安全生产月""安全知识竞赛"等一系列主题教育活动，深化安全文化建设，狠抓安全责任落实，加强安全风险管理，以安全活动促安全理念的形成与深化，收到了较好的效果。

2. 组拳共建安全文化

建设安全文化的目的是为人类安康生活和安全生产提供精神动力、智力支持、人文氛围和物态环境。安全生产是一个系统工程，需要多措并举、综合治理，安全文化创建更需要全员参与。只有全员参与，安全文化才能凝心聚力，才能长治久安。同时以各项管理实践活动为载体，把安全文化建设融入活动之中，如运营部开展夏季劳动竞赛活动，就把安全文化建设融入竞赛活动之中，实现理念向行动转化。坚持教育与养成并举。安全理念教育是行为养成的前提，让人接受一种理念不易，使之转化为行为习惯更难，把安全文化建设的着力点放在行为养成上，采取引导、激励等多种手段增强员工践行安全理念，用安全理念规范日常安全行为的自觉性。

3. 督导助推文化形成

安全文化建设最终目的是指导行动，为最大限度的预防和消除隐患，宁波交通科技以当"侦察兵"的行为强安全文化，开展"红袖章"活动，积极动员激励广大员工争做安全"吹哨人"，组织"隐患随手拍"等活动，对及时发现隐患并上报的员工进行物质和精神的奖励，使之自觉把安全文化理念运用到日常的工作中。

（二）实施"五适"安全管控法

1. 抓头脑，思想要适情

安全教育常态化，入脑入心。如公司以浙江温岭"6·13"槽罐车爆炸事故案例，结合6月18日下午，公司所辖G15沈海高速宁波方向K1517+600处，液化天然气泄漏事件，组织员工进行分析讨论。通过分析，大家都充分认识到，要把"一岗双责"落到实处，把好入口关，做好安全生产的每一项工作，确保每一个环节、每一个动作都严格执行收费操作规程，时刻绷紧安全这一根弦，做到警钟长鸣、防患于未然，切实做到安全生产。

2. 抓规矩，制度要适用

制度文化促进安全生产，保障安全生产，但规章是否适用是实现安全生产的重要前提。通过实施有效性评价、标准化自评工作，验证制度的符合性和有效性，并持续改进。一线各岗位人员在作业过程中都要遵章守纪，还要发现制度中的不适性，为修订规章提供支撑。最后形成适用的《安全管理制度》《岗位责任制》《安全绩效考核办法》《隐患排查治理规定》《全员安全手册》等一系列制度体系，构建科学规范的安全管理框架。

3. 抓硬件，设备要适岗

设备是防范安全事故的重要基础，设备是否适岗是安全管理上的基石。公司加强调研及隐患排查，设备不适岗，由基层单位提出，公司及时更换，并利用新科技、信息化手段，不断提升设备的适岗率。同时还加大科学技术和"互联网+"的应用，自货车按轴型收费、进口治超等新政策、新措施开始实施。公司本着"促安全、保畅通"的宗旨，加大科技创新投入，自主开发混合车道车牌与计重数据匹配系统、优化北仑入口连接线计重系统，运用一系列科技手段提高高速公路入口车道通行能力。近年来，累计投入近500万元，对原有模拟监控系统进行数字高清改造，同时在路段新建大量监控设施，基本实现了路段的监控全覆盖。

4. 抓队伍，人员要适任

公司重视安全管理人才培训和选拔机制，让有能力、敢担当的干部充实到安全管理岗位上来。开设了安全小课堂，由安全部经理每周对报名参加注安师考试人员进行辅导，创设良好的学习氛围。目前公司具有注册安全工程师资格5人（其中1人为初级），注册执业2人。公司负责人具有企业负责人安全培训合格证，26人具有企业安全管理人员培训合格证。同时建立了安全激励和考核机制，落实安全岗位与非安全岗位的差异化待遇，从根本上解决责任与待遇不匹配的问题。

5. 抓演练，应急要适时

应急演练是安全管理的重要关卡。公司建立综合预案1个，专项预案9个，现场处置方案6个，并持续修改完善。同时每年制定并严格实施年度应急演练计划，通过演练确实增强设备保障能力、现场救援能力和体系协调能力，确保发生险情时能及时应对，有效化解风险。2022年公司积极组织参加招商公路举办的"技能筑梦、青春献礼"安全技能比武（50米消防水带连接、50米担架抢救伤员），获一个二等奖和一个三等奖的好成绩。

（三）自主安全管理

1. 增强全员安全意识

通过宣贯强化"综合安全观"和"五适"安全管控法，引导员工从"要我安全"向"我要安全、我会安全"的安全意识转变，推动企业安全文化良性发展。

2. 优化安全管理模式

公司各级管理上下联动，分层指导，跟踪管理，全员查评岗位风险，全员分享安全感悟，全员参与安全联保，在全员职工中筑牢班组安全大家管、安全风险大家评、安全联保大协同的模式。

3. 筑牢自主管理理念

全体职工按照"综合安全观"理念，全员参与，全程融入，全面监督，主动管理，开展"红袖章"活动，积极动员激励广大员工争做安全"吹哨人"，查找现场安全隐患、整治现场环境、攻克现场安全难题，用实际行动，筑牢"我的安全我管理、我的生命我负责"的自主管理理念。

4. 开展岗位风险描述

在岗位风险描述中，宁波交通科技立足于作业现场，确定作业中风险的大小，可能造成的伤害，制定防范措施并严格落实。通过开展"隐患随手拍"等活动，选拔一批优秀成果参赛，在职工中起到很好的宣传、引导作用。

三、安全文化建设的有效实践

安全文化的生命力来源于职工，作为安全文化建设的主体，职工的理解与执行需要引导、劝导和规导。安全文化建设的重点在宣传教育，宣传教育的关键是要通过职工群众喜闻乐见的多样化形式，让大家接受并遵循，如果宣传教育不到位，不能被广大职工群众充分认识、理解和接受，再优秀的安全文化也没有多少实在意义。

（一）安全教育"五进"

1. 安全教育"进企业"

为了使安全文化走进企业，公司联合交通执法队人员对沿线毗邻区施工企业进行走访、宣传安全理念，特别是对发现正在施工的"中铁四局"存在有一定的安全隐患时，多次上门讲述违章事故教训，终使该企业在施工期间无安全责任事故的发生。

2. 安全教育"进家庭"

为将安全文化氛围全面融入员工工作和家庭生活，公司开展"大手拉小手、安全教育进家庭"，邀请职工家属和孩子来企业，通过开展安全培训、观摩现场工作环境、视频观看高速路况等，同时用他们自己的小手绘画出了一幅幅以安全为主题的图画，不仅构建了"家庭安全、幸福共享"的安全文化网，也提升了以家庭为单元的安全能力建设。

3. 安全教育"进学校"

公司和周边学校共建，开展安全进学校活动，积极宣传安全理念，让学生时刻谨记交通安全、日常生活安全。

4. 安全教育"进社区"

为提高辖区群众的安全意识，公司开展"安全教育进社区、我为群众送平安"志愿服务活动，志愿者们用通俗易懂的语言向社区群众宣传日常安全出行、高速公路紧急避险等方面的交通安全知识，让社区群众真正了解遵守交通安全的重要性。

5. 安全教育"进农村"

由于公司所属路段沿线有较多村庄及工厂等聚集区，造成沿线部分桥梁、通道桥下空间被堆放物资、堆积杂物、圈养牲畜、搭设围墙等非法占用问题较为突出。为确保公路运营安全，公司通过张贴宣传资料、走访等方式，向村民做好安全宣贯工作。

（二）特色安全教育活动

1. 优化安全教育形式

为了提高培训效率，达到培训效果，近年来，招商公路组织各公司拍摄岗位安全操作标准化视频，采用视频教学。视频内容涵盖招商公路《三级安全教育培训手册》七大模块，包括法律法规、规章制度、通识教育、风险辨识与隐患排查治理、应急处置、作业安全和案例警示。

2. 编制安全文化手册

公司将安全理念、安全方针和目标、现场处置方案等内容汇编成安全文化手册，印发到全体职工中。

3. 组织参加注册安全工程师考试

公司鼓励安全管理人员和工程技术人员参加"注册安全工程师执业资格考试"，目前公司在编人数 150 人，具有安全工程师资格 5 人（其中 1 人为初级），注册执业 2 人，远远超过企业的配备要求。

4. 安全承诺

员工结合本岗位工作任务，每年签订安全承诺：在本职岗位上坚决履行岗位安全责任，做到"四不伤害"，且对任何安全异常保持警觉并主动报告。

5. 积极组织参加各种竞赛活动

公司积极组织全体员工参与全国"安全生产月"官网举办的"测测你的安全力"和"应急管理知识竞赛"等活动，虽公司只有 150 人不到，但每次排名在招商公路第六位，真正把活动与安全生产工作共同推进。同时积极组织全员参加招商公路《安全生产法》知识竞赛，2022 年度获优秀组织奖。

6. 应急安全培训

积极组织员工参加应急救援人员日常实操技能培训，在招商公路举办的 2022 年度"技能筑梦、青春献礼"安全技能比武中（50 米消防水带连接、50 米担架抢救伤员），获一个二等奖和一个三等奖。

7. 互学互鉴共同提升

公司加强与兄弟公司之间的相互学习交流，2021 年与海运明州就应急指挥与保畅、与交投营运就应急预案修订与演练、与甬金公司就路面清障与快速施救进行交流，借鉴好的做法与成熟的模式，提升公司的安全管控水平。

四、安全文化实现信息化、智能化架构

随着安全文化建设的成效初步显现，安全文化信息化、智能化毋庸置疑是公司持续发展过程中的一个重要课题，借助于物联网技术，打通数据采集基础端的最后环节，必将在极大程度上提高安全文化的建设，建成最优秀的安全文化。

（一）安全文化信息化、智能化发展

1. 安全信息系统

招商公路安全信息系统上线，隐患排查、危险源辨识、安全培训、计划总结等各项工作信息均能实时、准确反映出来，数据统计效率得到了大幅提高，系统自动存档、随取随调，为安全管理提供了翔实的数据支撑，职工的自主管理能力也得到了全面提升。

2. 安易通 APP

借助手机安装安易通，扫码重要设施设备、重点部位等，对其进行实时检查，摒弃了以往用纸质检查、手工记录的方式，实现数据随时查看、随时分析。

3. 交通数据可视平台

为适时抓住"互联网+"和大数据时代带来的机遇，适应我省"数字交通"发展要求，提高交通管控效率，宁波交通科技投入研发经费约 600 万元研发了数据可视化平台，通过深度挖掘和使用宁波交通科技已有交通数据，利用数据分析工具，将关键数据通过可视化形式的呈现，为领导工作计划安排、人员配备、车流分流、应急指挥等，提供显式的快速决策支持，有效提高路段交通管控效率。

4. 共享港口集中数据

在探索节能减排的大环境下，考虑到机动车拥堵将大大增加碳排放；有悖于节能减碳的绿色发展新理念，公司以货源地进行超限治理的新思路、新举措全面深化治堵保畅工作。11 月 18 日 0 时，北仑"一次称重"项目顺利落地，项目实现了港口计重数据与高速公路收费系统计重数据的互通，提高了计重数据的采集效率，开启了北仑—宁波港的数字治堵新篇章。

（二）安全文化成果斐然

2018 年获得集团安全生产先进示范单位，2019 年成为安全生产标准化一级达标企业，2020—2021 年度一级达标企业复审都为"优秀"等级。

五、结语

安全文化是企业文化的重要组成与根本基础。招商特色、宁波交通科技特点的安全文化建设是符合新时代企业安全管理要求的，具有新时代安全理念的，具备高速公路行业特色的创新之举、强基之本。安全文化的不断推进与执行，使路面的安全事故逐年下降、职工安全意识增强、收入增加、企业效益也得到了提升。全体员工严格执行安全文化标准作业，规范安全文化理念引导，促进文化行为习惯养成，通过全员参与实现企业安全生产水平持续进步。

参考文献

[1] 黄煌辉. 论企业安全文化建设途径 [J]. 中国安全科学学报, 2002(1):26-28.

[2] 高映峰, 胡军, 沈锋. "火车头"安全文化牵引企业健康发展 [J]. 企业管理, 2019, 456(08): 88-91.

论铁路企业安全文化建设

中国铁路兰州局集团有限公司嘉峪关车辆段　梁津纶　王发红　张小兵　张伟利　杨建军

摘　要：铁路是全社会生产力发展的主体产业，是国民经济发展的大动脉。铁路安全生产事关国家安全和社会稳定，抓好安全生产，是铁路企业发展的重中之重。铁路发展迅猛，尤其是在铁路实施第六次大提速后，列车运行速度越来越快，制动距离加长，不仅对各种技术、设备的要求提高了，也对铁路企业职工安全素质提出了更高的要求。要保证人的行为、设施和设计等物态和生产环境的安全性，预防事故的发生，达到安全生产的目的，就需要从人的基本素质出发，建设系统性安全文化，使安全生产管理实现科学化、规范化，有效控制和减少事故发生，从而保证安全生产长期稳定，良性循环发展。

关键词：安全文化；铁路企业；安全管理

一、建立先进的安全文化的必然性

安全文化是铁路企业发展的重要基础，是以爱护人、关心人、尊重人、珍惜生命，实现安全生产为核心，提高全体职工安全文化素质；以教育、宣传为手段，贯穿于生产经营全过程，以现代铁路企业安全管理技术为基础，更有赖于全体职工的安全责任意识，形成安全生产的长效机制。

铁路企业安全文化是经过了长期生产实践而形成的，以安全生产价值观为核心的安全思想、安全承诺、安全期望、安全意识、安全环境，及其在铁路企业规章制度和行为标准上的反映，它是塑造人为安全形象和规范职工安全行为的深层次原因。创建铁路企业安全文化主要是实现目标导向、管理规范、职工凝聚等功能，必须系统性建设安全文化，保证在各个环节不发生事故，确保铁路企业解决安全生产问题，使铁路企业健康稳定地发展。

二、建设安全文化的措施

（1）落实安全责任，完善安全制度，规范职工的安全行为。将人本管理理念体现在铁路企业文化建设的全过程，必须健全规章制度，靠规章制度的硬性约束逐渐养成职工安全作业习惯，最终上升为安全文化理念，使安全制度更好地发展和落实，杜绝习惯性违章。强化安全生产责任制，层层落实安全责任，分解安全工作目标，层层传递安全压力，形成逐级负责、逐级追究的安全责任追究体系；积极推行作业程序标准化，使管理人员做到照章指挥、以身作则，职工按标作业；强化安全薄弱冷门环节整治，消除事故安全隐患；坚决落实责任追究。对工作中因违章造成事故的，实行责任倒查追究制，严格追究相关安全管理人员的失管失责失察责任。

（2）预防型安全管理是现代科学安全管理一个重要标志。随着高新技术的不断出现与应用，铁路企业对安全的认识进入了本质安全论阶段，"安全第一，预防为主，综合治理"这是目前铁路企业安全管理预期达到的标准。按照"预警、评价、应变、慎终如始"工作要求，将风险管控和隐患排查治理嵌入安全生产组织全过程，对所属各车间安全风险和安全隐患进行全方位辨识、全覆盖排查，并把管控和治理责任落实到岗到人。在关键时期组织开展集中排查整治，加强对隐患排查治理工作的监督检查、挂牌督办、督导考核，确保闭环销号，对隐患治理责任不落实、整治不及时不彻底的从严追究管理责任。加强安全风险动态研判，有效运用日安全信息分析、周交班会、月度安全生产分析会、季度安委会等载体，紧盯季节交替、新装备投运等变化，精准辨识管控薄弱环节和潜在风险，通过下发《安全风险预警通知单》《重点安全风险预警预控表》，实现安全风险超前防范预警，持续提升双重预防机制运行成效。变"事故处理、事后防范"为"本质安全，超前预防"，使安全理念、工作方法实现质的飞跃。

（3）提升职工素质，加强安全教育，夯实安全基础。加强对职工的安全培训教育，是提高职工安全素质的主要方法，是夯实铁路企业安全基础的保障。创建优秀的铁路企业安全文化首先要明确安全教育在铁路企业文化建设中的重要地位。职工的安全素质决定着铁路企业的安全生产，坚持科学谋划、精准培训，分层分类制定培训计划。对于"2+1"高职毕业生，由段长、党委书记开展安全知识培训，上好"安全首课"，并选派业务骨干担当师资提高实训质量。落实管理和专业技术人员及高技能人才培训计划，加强对领导班子在内的各级管理人员、安全生产管理人员、专业技术人员的教育培训管理，提高履职能力和专业技术素养。针对部分车间、科室干部业务知识欠缺、应急处置能力不强的短板，组织专业师资力量，有侧重点地开展贴合实际的应急处置理论培训和实战实训，有效提高应急处置水平。按照以赛促学的方式，扎实举办职工职业技能竞赛，充分调动干部职工学技练功的积极性、主动性，营造唯旗必夺、唯先必争、共保安全的良好氛围。

三、创建有特色的铁路企业安全文化

（1）理顺思想，增强职工安全意识，提升安全思想境界。利用多种方法和形式向职工宣传安全理念，形成良好舆论环境，促使职工潜移默化地受到安全警示和教育，增强职工的安全意识和自我保护能力。段建立了"知行"警示教育室，共分为六个板块，分别为：前言、科学分析、行车事故案例、人身伤亡事故案例、安全风险分析、安全文化展示。建成以来，作为段警示教育活动开展的主阵地，每月组织开展阅读安全专题警示教育活动，运用多媒体手段，剖析学习典型事故案例，引发对"安全"的思考。运用科学方法和理论剖析作业者违章时思想和行动上的错误认识，反思工作中存在的不足，切实提高安全意识。通过教育引导干部职工从"要我安全"的固有思维模式向"我要安全"自觉行为的根本转变，矫正职工不良作业习惯，培养自觉落实标准化作业的行为习惯，有效提高干部职工安全意识。

（2）加强职工激励机制的建设。铁路企业要想得到更好的发展，必须采取有效措施充分调动铁路企业职工的主动性和积极性，而最有效地调动铁路企业职工的自主性就需要加强铁路企业职工激励机制建设。通过修订完善《防止事故和发现安全隐患奖励办法》，对防止事故有功人员实行重奖快奖。同时通过专题讲解、主题宣讲、微信公众号刊载等方式，组织全员进行宣贯，增强防止事故隐患的能力，激发干部职工增强抓安全、保安全、促安全的主人翁责任感。

（3）强化干部作风建设。围绕"谁来干、什么时候干、到哪里干、怎么干、干完怎么反馈"五个环节，完善修订《专业安全检查重点及标准手册》，实行监督检查"清单"式管理。各级管理人员采取现场检查、视频盯控、跟班写实等方式，有针对性地加大检查盯控力度，对"两违"问题严抓严管严考核并追究管理责任。成立干部作风督查小组深入现场进行督查指导，对包保不到位、检查走过场、工作不落实的干部从严考核。采用安全约谈、追责考核、专题通报等多种方式，切实形成有效震慑，将强化干部作风贯穿于安全生产全过程。用好安全评估评价结果，把各级干部安全履职状态和能力水平列为考核评价的重要内容，作为问责追究、选人用人的重要参考。修订完善《管理和专业技术岗位履职考核管理办法》，建立科学有效的考核约束与激励机制，进一步促使各级干部立足岗位担当作为，带领职工奋力实现"四保"目标任务，助力平安兰铁建设。

（4）充分发挥组织作用。工会、团委发挥桥梁纽带作用，深入开展"小班制实作练功""当好主人翁、建功新时代""双创立功"竞赛。鼓励干部职工开展小工装设备的自主改进和应用，激发职工自主创新的积极性。党支部以"创岗建区""积分制考评"为载体，有效发挥党内品牌辐射带动作用，狠刹党员"两违"。深入推进党建与中心工作深度融合，从安全管理、经营创效等方面开展党内立项攻关，表彰党员先锋岗、服务先锋岗、红旗责任区，在安全生产主战场上充分发挥党支部的战斗堡垒作用和党员先锋作用。同时，从维护职工切身利益、确保队伍稳定入手，动态做好矛盾纠纷排查化解，真心诚意关心关爱职工生产生活，激发干部职工抓安全、保安全的主人翁责任感，凝聚起确保安全持续稳定的强大力量。

四、结语

铁路企业安全文化建设的宗旨是促进铁路企业的可持续发展、确保职工生命安全和社会的安全稳定。安全文化要与时俱进，要根据安全生产工作中

出现的新问题、新情况,调整新思路,融入新内容,符合新形势。建设安全文化绝非一朝一夕的事情,是一个漫长推进、积淀和整合的过程,需要广大干部职工认真总结和提炼。通过安全文化建设,最终实现铁路企业安全生产的持续健康发展。

参考文献

[1] 冯志明. 加强安全文化建设夯实企业发展基石[J]. 建筑工程技术与设计,2016(9):2400.

[2] 吕荣慧. 论企业安全文化建设[J]. 中州煤炭,2011(1):95-96,100.

铁路消防"人防、物防、技防"安全文化建设与保障体系

中国铁路兰州局集团有限公司安全监察室；中国国家铁路集团有限公司铁路安全研究中心

徐万鹏　赵云行

摘　要：消防安全作为公共安全的重要组成部分，时刻影响着人民生命及财产安全。随着国家消防管理体制改革和铁路公安管理体制调整，国铁企业消防安全管理体系发生了较大变化，消防安全工作面临诸多困难。本文结合目前国铁企业消防安全工作实际，探索铁路消防"人防、物防、技防"安全文化建设与保障体系，为加强国铁企业消防安全管理提供可行建议。

关键字：消防安全；人防；物防；技防

一、引言

消防安全属于系统性工程，涉及范围广、专业分工多、技术要求精、风险系数高且社会影响大。国铁集团作为中央管理的国有独资公司，以铁路客货运输为主业，实行多元化经营，始终高度重视铁路消防安全体系与文化建设。随着科技发展，国家消防管理体制创新改革，铁路公安管理体制也不断调整，中国铁路兰州局集团有限公司，中国国家铁路集团有限公司（以下简称国铁企业）消防安全管理经验和专业人才呈现不足，消防安全管理迎来新的挑战，而加强企业安全文化建设是落实安全发展理念的内在需求[1]。因此在消防安全管理方面积极探索"人防、物防、技防"安全保障体系，强化安全文化建设，不断积累管理经验，提高管理水平，形成安全高效的管理模式[2]。

二、"人防、物防、技防"消防安全文化建设

（一）人防安全文化

人防是指具有相应素质的人员有组织防范、处置等安全管理行为[2]。载体是铁路工作人员，应包含精神安全文化与政策安全文化两个方面。

1. 精神安全文化

人防以人为主体，在铁路消防安全文化中包括消防安全目标以及安全道德两个方面，是铁路工作者总体追求的目标、内在安全观念以及道德准则[3]。

铁路是整个国家运输业的大动脉，牵一发而动全身，局部的安全隐患将会导致一条运输线的瘫痪，安全性是铁路行业发展的重要保证，每一个铁路生产企业都应以实现安全为重要目标[4]。在大安全目标的基础上，消防安全是铁路运输生产安全的重要组成部分，国铁企业消防安全管理落实逐级负责、岗位负责，强化责任意识和安全理念，推行网格化管理，形成了一道精神防线和人防系统。

2. 政策安全文化

这个方面体现在消防安全法律法规和规章制度，内容应涵盖铁路消防安全各个环节。具体体现形式概括为"1个"制度、"2个"确定、"3个"规范及"4个"落实。

（1）"1个"制度。依据消防法规，结合建筑使用的实际情况，制定消防安全管理制度。

（2）"2个"确定。确定单位消防安全责任人或管理人（管理主体）；确定消防安全重点单位和重点部位（管理对象）。

（3）"3个"规范。规范消防标识；规范消防档案及灭火疏散预案；规范"五用"（用人、用火、用电、用气、用油）管理措施。

（4）"4个"落实。落实防火巡查，确保安全出口、疏散通道、消防车道畅通无阻；落实消防设备设施及器材定期检验制度，确保其完好有效；落实防火检查，及时消除火灾隐患；落实消防培训、宣传及应急演练，不断提高自防自救能力。

精神文化与政策文化相结合，并通过日常消防安全培训、宣传教育、应急演练等形式，以正面激

励和反面考核为手段，正反结合、从内到外切实提高工作人员安全意识及责任意识。

（二）物防安全文化

物防是指利用建（构）筑物、屏障、器具或其组合，延迟或阻止风险事件发生的实体防护手段。物防归根结底是物质层面，是对于铁路系统中的与消防安全有关的设施、措施的概括[5]。物防安全文化层面，有许多措施为其提供手段保证，体现形式主要有以下几方面。

（1）建筑构件不燃化。建筑的梁、柱、墙、楼板要用一、二级耐火等级的不燃烧体。

（2）装饰保温不燃化。装饰装修材料、保温材料要采用不燃材料。

（3）火源使用隔离化。建筑内使用火源时，其火源周围不得有可燃物或与可燃物保持一定安全距离。

（4）"4分5距"常态化。"4分"是指防火分区、防烟分区、厅室划分、物品分类。防火分区采用防火墙、防火卷帘、防火门（窗）、防火封堵划分。"5距"主要是指建筑之间的防火间距，物品堆放的梁距、柱距、墙距、灯距、垛距。

（5）灭火器配置规范化。按照相关规范要求，确定灭火器中灭火剂性质、灭火器容量、配置数量、配置位置，并主动配备。

物防为铁路消防安全文化实现了物质层面保证，随着社会科技的发展而趋于成熟，内容和形式不断得到丰富。

（三）技防安全文化

1. 技防安全措施

技防是指利用传感、通信、计算机、信息处理及其控制等技术，提高探测、延迟、反应、救援、扑救能力的防护手段。一方面对现有的各种大型消防设施的配备与革新，另一方面运用智慧消防技术的相关产品，体现形式如下。

（1）自动消防设施。如：火灾自动报警系统、消防给水及消火栓系统、自动喷水灭火系统、气体灭火系统、泡沫灭火系统、细水雾灭火系统、固定消防炮灭火系统、防排烟系统等消防设施。

（2）信息化、智能化管理系统。如：城市消防远程监控系统、消防监督信息系统，智慧消防管理云平台系统等。

2. 技防安全文化

技防安全文化是消防安全的技术保障，是安全文化建设的未来方向，主要体现在新技术应用。在中国制造2025的推动下，物联网、大数据、云平台概念提出，信息技术不断丰富。基于新技术的铁路消防远程监控系统、消防监督信息系统、智慧消防管理等系统的试点建设，不但需要一批研发人员，而且需要大量操作人员，并且需要做好宣传工作，使得铁路工作人员能够接纳新技术、服务新技术，最终应用新技术，以技术保障安全。

综上所述，国铁企业结合铁路系统的性质、特点，在实践中将"人防、物防、技防"作为消防安全文化不断总结、归纳形成体系，可使铁路消防安全管理人员和作业人员从精神、思维、技术上得到不断的提升和发展。

三、"人防、物防、技防"消防安全保障体系

围绕"人防、物防、技防"消防安全文化，国铁企业构建了"人防、物防、技防"三位一体消防安全保障体系。

（一）人防方面

国铁企业均设立了防火安全委员会这一议事协调机构，由单位主管领导担任防火安全委员会主任，协调组织单位消防安全管理工作和研究解决重大问题。

国铁集团成立消防安全监督管理部门，牵头管理国铁企业消防安全工作，主要负责拟定国铁集团有关铁路消防方面的工作规划和制度，并监督实施；负责国铁集团管辖内消防信息的收集汇总和事故统计、报告工作，分析研判形势和存在问题，提出相关建议；监督检查国铁集团各部门、所属单位贯彻执行国家消防安全有关法律法规和国铁集团有关规章制度情况，以及消防重点工作开展情况，发现和督促解决存在的问题；提出加强国铁集团消防方面的人防、物防、技防建设的建议，并监督落实；组织对国铁集团所属单位消防工作做出评价，提出考核和责任追究建议。国铁集团各部门结合铁路实际情况，先后印发了《中国国家铁路集团有限公司消防管理办法》《动车组消防安全管理暂行规定》《铁路旅客列车消防安全管理规定》《铁路消防安全重点单位界定标准》等文件，加强人防方面管理工作。

铁路局集团公司层面形成了以保卫部门负责消

防安全综合管理并承担防火委员会办公室职能,安全监督部门负责消防安全监督管理和火灾事故内部调查,各专业部门负责本系统消防安全管理工作和管理队伍。保卫部门主要负责编修铁路局集团公司消防管理细则;每年对铁路消防重点单位进行全覆盖检查,并对重大消防安全隐患进行督办;协调合资铁路公司,保障消防资金投入;提高消防管理队伍水平,组织消防安全管理人员年度培训;提高公众防火意识,组织下属单位开展"消防安全宣传月"活动。

铁路局集团公司所属各单位是消防安全责任主体,每年签订消防安全责任书,落实逐级消防安全责任制和岗位消防安全责任制,组建志愿消防队。主管消防安全工作的领导履行消防安全管理人职责,消防安全日常管理由保卫科或安全科牵头负责,配备专兼职消防安全管理人员。各车间也相应明确消防安全责任人、管理人,以及兼职消防管理人员。此外,客运车站等涉及客运、车务、电务、通信、供电、房建、旅服等多专业单位的场所,明确统一的消防安全管理单位,建立统一消防管理制度;组织各单位开展防火巡查,每月开展联合防火检查,每年统一开展消防设施检测,及时消除设施隐患,确保消防设施器材、疏散设施状态良好;开展重点管理,对客站动火施工进行统一审批,并落实现场防护要求;对客站电气燃气、消防安全重点部位增加巡查频次,提高消防管理能力。

(二)物防方面

由于物防措施一般在建设工程设计施工阶段固定下来。因此,国铁企业严把建设工程源头质量。在设计阶段,为避免物防措施与各专业部门需求之间的矛盾,建设单位组织保卫、客运、车务、电务、通信、供电、房建、经开等部门开展消防设计专项审查;在施工阶段,为加强消防工程质量管理,铁路局组织开展提前介入检查,保卫部门重点检查防火分区、疏散宽度、材料防火等情况,经开部门重点检查经营区域划分情况,客运及房建部门重点检查安全出口锁闭情况,各专业部门重点检查电缆质量、电缆敷设情况;在验收阶段,为确保物防措施完整有效,国铁企业针对消防工程验收建立了静态验收、专项验收、初步验收的三步验收流程并编制了相应的验收表单;在安全评估阶段,为确保物防措施得到有效管理,对开通运营后的消防管理制度进行检查,提出管理建议。

开通运营后,各单位按照消防管理制度进行管理,确保建筑物符合建筑设计防火规范要求,客运车站、四电房屋、生产生活房屋、重点行车场所、单身宿舍、材料库房等防火间距、疏散宽度以及内部装修符合防火要求,灭火器材按照设计规范配置。此外,客运车站还加强防火巡查、检查,及时处理商户占道经营问题,确保应急疏散通道畅通。

(三)技防方面

国铁企业消防安全重点单位配备的消防设施主要有火灾自动报警系统、室内外消火栓系统、自动喷水灭火系统、消防水炮系统、气体灭火系统、防排烟系统、电气火灾监测系统、应急照明疏散系统等。为确保各消防设施完好有效,国铁企业聘请外部维保单位按标准对消防设施开展维保;并建立了维保质量评价制度,督促维保单位履行职责。

同时,部分铁路局集团公司积极开展智慧消防建设。一是对部分客运车站、动车段等消防安全重点单位的消防设施进行了升级改造,增加智能传感器,接入现有高清摄像机,并开发了消防安全管理平台,初步具备了远程监控、视频显示、消防管理、应急处置、安全评估等功能。二是针对各站段消防设备状态及报警信息传递问题,采用铁路内网数据通信模式,将各车站的火灾报警系统、消防水系统、电气火灾系统、视频监控系统、消防巡更系统、消防设备设施全生命周期管理系统等联成网络,实现各站段消防设备设施运用状态集中监测管理、火灾及周围环境监控信息快速获取的功能,全面提升了铁路局集团公司消防安全管理水平。

四、结束语

多年来,国铁企业始终坚持人民至上、生命至上,坚持预防为主、防消结合的消防工作方针,不断加强铁路消防"人防、物防、技防"安全文化建设;坚持强基达标、从严务实、综合治理,逐步形成"人防、物防、技防"的消防安全保障体系。在消防安全方面成立了消防安全管理机构,健全完善了管理制度,补强了消防设备设施。开展消防安全培训和宣传教育活动,提高消防安全管理水平,强化职工及旅客防火意识,营造人人参与防火的良好氛围。从源头治理、超前防范,主动避险、专项整治,深化安全双重预防机制,推进安全生产专项整治三年行动,加强标准化规范化建设,坚守高铁和客车安全万无一失的政治红线和职业底线,全力确保铁路运输安全持续稳定。

参考文献

[1] 于志学. 对构建铁路人防、物防、技防"三位一体"安全保障体系的探索[J]. 理论学习与探索,2017(4):63-66.

[2] 康业岭. 厦门海沧区:助力"人防、物防、技防"打造森林防灭火新模式[J]. 安全与健康,2020(11):30-32.

[3] 梁明明. 浅谈消防队伍文化体系建设[J]. 消防界(电子版),2021,7(23):34-35.

[4] 宋芬莉. 铁路企业安全文化体系的构建[J]. 铁道运营技术,2015,21(3):13-18.

[5] 杜磊. 铁路企业安全文化体系的构建[D]. 兰州:兰州交通大学,2015.

中铁快运呼和浩特分公司物流仓储安全文化建设中的对策及分析

中铁快运股份有限公司呼和浩特分公司　王　超　李　栋　索　雅

摘　要：针对物流仓储文化建设中面临的认知偏差，体系不够健全以及教育培训等问题，中铁快运股份有限公司呼和浩特分公司依据企业实际情况从组织活动到体系建设，构建以人为本公司安全文化理念，通过深入实践拓展"6S"理念，全面提升仓储安全管理，促进企业经营效益。

关键词：企业；仓储；"6S"管理

物流仓储板块与物流其他板块相比，事故率高而且事故后果严重。因此，物流仓储一直被认为是高风险行业，对于物流企业，安全是永恒的话题。多年来，物流仓储企业比较重视安全设施的改善、安全风险的辨识和控制、隐患的排查和治理，但在意识形态中安全文化的建设并未受到足够的重视，以至于安全事故屡有发生。安全文化能够改进职工的安全意识和行为，是一种无形的约束力量，是一种"软规范"。进而降低习惯性违章和反复性隐患出现的频次，减少安全事故的发生，物流仓储企业安全文化建设势在必行。

一、仓库安全文化的涵义及其价值意义

所谓仓库安全文化，是指以仓库安全工作为中心，建立在仓库物资文化基础上，与仓库全体人员安全意识和安全活动密切相关的精神文化活动的总和。仓库安全文化最核心的问题有两个：一是仓库全体干部职工在日常工作中对仓库安全科学、安全技术、安全管理等各要素的客观看法和态度；二是仓库全体人员的思想素质、心理素质、文化和技术素质的综合能力。

多年来，仓库事故屡屡发生，相关单位虽然在事故之后进行了事故原因查找，进行了深刻反思，但相同事件依然会再次发生，原因主要是责任人安全意识淡薄。由于仓库工作是一个特殊的工作，容易导致事故发生。从这个意义上讲，安全文化建设尤为重要，仓库安全文化将人放在主导位置，充分调动仓库人员的主观能动性，推动仓库安全文化建设。人总是在一定氛围中体现其主体精神和意识的，对仓库而言，这种氛围就是仓库安全文化氛围，一旦升华成为一种文化氛围，必将成为极其重要的潜移默化的精神力量。

二、物流仓储企业安全文化建设存在的主要问题

（一）对物流仓储企业安全文化的认知存在偏差

物流仓储企业在进行安全文化建设过程中经常会将安全教育同企业安全文化"软件"画等号，然而这种认识是存在偏差的。在进行对企业安全文化建设时需要展现文化元素，应当将安全文化建设与企业文化进行有机的融合，采用有效措施对员工的综合素质还有文化水平进行有效提升。如此可以使得员工的安全主观意识还有相关制度得以很好地执行。

（二）物流仓储企业安全文化体系不够健全

随着社会和经济的发展，很多物流仓储企业也真正地认识到了做好安全文化建设的重要性，也采取了一定的措施进行安全文化建设，取得了较好的效果。但是通过分析和调查可以发现，很多物流企业进行安全文化建设的时候，盲目跟风行为比较明显，认为安全文化建设是企业的发展潮流，还有些企业仅仅重视形式的建设，员工并没有真正地认识到安全文化建设的重要性，安全文化体系建设更是无从谈起。此外，有些物流仓储企业进行安全文化建设的时候，没有真正落实以人为本，没有从整体出发进行布局，认为开展安全文化活动便是进行安全文化建设，没有形成有效的评估制度，也无法很好地进行安全文化的创新。

（三）安全教育培训问题

在开展安全教育这一方面还存在着一些细节方面的问题。其一，从目前的安全培训方面来看，形式单一，尚未充分利用新科技新媒体的传播方式进行有效传播。培训期间缺乏互动，气氛较为沉重。甚至有些内容选择以相互转告的方式进行传播来代替培训授课，达不到安全培训的真正目的以及预期效果。其二，相关培训教师受教育水平有限，整体素质偏低，对培训内容做不到充分系统地安排和把握，常常是各类内容重复啰嗦式讲解，千篇一律。缺乏对企业不同岗位进行针对性的培训的认知。其三，企业安全培训缺乏计划性，安全培训工作往往是只说不做，说起来重要，做起来次要，忙起来就不要了。安全教育培训这一工作逐渐被形式化。其四，企业缺乏专业的从事安全教育岗位的人员，很多企业是由组长兼任安全员工作，其本身的能力和经验尚未达到一定的程度，无法承担起企业安全培训的重任。

三、中铁快运呼和浩特分公司创新安全文化建设的策略分析

（一）组织安全活动使安全文化深入人心

（1）分公司开展经常性安全教育培训，开设"安全讲堂"，宣传安全文化内容，讲解安全常识、安全注意事项，能有效强化职工的安全意识和安全技能，每年安全生产月期间组织观看典型事故案例视频，以血的教训加深职工对安全的认知："一人平安，全家幸福。"通过对安全相关法律的学习和事故通报的讲解，使职工明晰法律对事故的责任追究，安全是不可逾越的红线。

（2）开展安全咨询活动，为大家解答物流仓储中安全生产中存在的疑虑，使管理人员更好地落实责任，使职工减少违章。

（3）开展安全知识竞赛活动，通过安康杯，以及分公司内部活动对表现优异的人发放安全相关奖品，促进大家对安全知识的学习。

（4）开展班前会活动，每天上岗前把当天班中应注意的安全事项，存在的安全风险，应急处置等相关内容告知一线作业人员，预防各类意外事件。

（5）开展安全承诺、安全宣誓等活动。通过这一系列活动，可有效提高职工安全生产知识水平，增强企业安全文化深入人心，遵章守纪，减少违章行为的发生，降低事故发生的概率。

（二）安全文化建设必须做好整体规划并建立强有力的监督与激励机制

安全文化建设重在潜移默化，润物无声。中铁快运呼和浩特分公司把安全文化建设作为一项长期的工作，进行整体规划，而不是随意为之。通过制定发展愿景、目标、宗旨等重要元素为基础为核心的理念体系，使分公司上下所有职工都了解各自的权利义务，进而有力推进企业安全文化落地和提升。分公司作为组织的整体，推进安全文化建设中建立组织领导机构，配齐人员，找准理论与实践结合点，制定出安全文化建设的共同愿景和整体规划，为分公司安全文化建设提供组织、制度、人力、物力、财力保障。同时通过形式多样的方法措施和载体，扩大安全文化覆盖面。比如采取安全生产警示宣传教育等活动，职工上讲台活动等，营造安全生产人人自觉履职的良好氛围。从而保证工作质量，消除安全隐患。另外一点就是通过工会组织健全群众安全监督网络，推动形成群众性的安全生产管理体系。同时广泛开展征求调研安全文化理论研究，积极探索形式多样、内容丰富、行之有效的安全文化建设新途径新模式。

（三）以人为本，构建中铁快运呼和浩特分公司安全文化理念

在建设企业安全文化过程当中，其核心便是人，因此，分公司在建设安全文化过程当中，始终坚持以人为本的理念，从而令员工价值得到充分体现，实现保护员工生命安全这一宗旨，令企业安全文化能够切实实现。分公司企业安全文化能够将员工思想与行为加以凝聚，体现方式为以人为本、尊重员工人权、关爱员工生命，使职工在企业安全文化影响之下，在潜移默化的过程当中令自身思想、意识、情感、行为等方面呈现出一致性。分公司企业安全文化能够对职工部分不安全行为产生有效约束，其关键在于党政部门与领导者的重视程度，企业安全建设工作若想有效落实，必须将职工在工作当中的安全放在首位，事故发生率才能够得到行之有效的控制。在推行企业安全文化过程当中，分公司领导率先垂范，杜绝自身违规操作，同时在管理方面完全避免对劳动纪律的违反，从而使分公司各个阶层工作人员皆能够将自身综合素质得到不断提升，同时通过对企业安全文化当中安全制度不断学习，进而将"要我安全"这一思想蜕变为"我要安全、我会安全、

我保安全"。

（四）分公司仓储安全文化建设中推行"6S"管理

为进一步深化安全文化建设，目前分公司把目光锁定在改进现场管理上，以全面推行"6S"为切入点，引领安全文化持续深化和升华，通过整理（Seiri）、整顿（Seion）、清扫（Seiso）、规范（Standdard）、素养（Shitsuike）、安全（Safety）这几个关键要素，使分公司在规范中学会定置化、制度化，在素养中形成习惯，在操作中学会安全，推进了分公司安全管理迈上新台阶，培育和升华企业安全文化。

分公司重点是把握"6S"理念，培育企业安全文化氛围。一是以视觉冲击激发员工感性认识。根据不同的作业现场设置"6S"理念宣传展板和宣传标语，营造了浓郁的"6S"味道，使员工从内心深处更加注重现场管理。其次，以办公室、现场设施设备"6S"管理为重点，实行"定点摄影"。如：对消防器材的摆放进行对比拍照，一组随意摆放，凌乱不堪；一组规范整洁，清爽宜人，让员工切实地感到"6S"就在自己身边。二是以亲情感化增强职工责任意识。"平安企业，幸福人生"是分公司每一个员工的心中美好的愿景和企盼。在推行"6S"管理的过程中，分公司以人性化、多样化的视野，从亲情、关爱的角度出发，把安全责任贯穿于"6S"管理执行的全过程。一是制作"安全是亲人欣慰的笑容"等安全寄语、激励语句展板和亲情安全树，使员工时时处处感受到来自亲情的叮咛。二是通过现场走访，开展"夏送清凉"，"冬送温暖"，节日"送真情"等活动，让职工随时感受到了企业的关爱，在轻松愉快的氛围中自觉自愿地做好安全工作。三是强化日常培训，拓展"6S"效应，推行"6S"管理的最终目的是提升员工综合素质，并形成良好的工作习惯和工作氛围，其中关键要抓好职工的技术培训，分公司各职能部门针对仓储作业需求坚持"缺什么、补什么"，"用什么、学什么"的原则，通过岗位练兵、现场培训、安全事故的剖析等培训方式，每日一题、每月一考等考核方式，提高了职工工作能力和技术业务水平。

四、结语

安全高于一切，责任重于泰山。物流仓储企业安全文化建设作为一种新的企业安全管理路径，凸显的是企业的责任担当，体现了企业的软实力和核心竞争力。中铁快运呼和浩特分公司安全文化建设秉承"内化于心，固化于制，外化于形，实化于行"，通过长期积累与创新，持续改进与提升，将安全文化的能动性和管理的强制性结合起来，才能让企业安全文化落地生根，进而才能培育出更具有特色的物流仓储企业安全文化，确保企业安全持续稳定较快的发展。

参考文献

[1] 黄武庆. 论新形势下企业安全文化建设的探索[J]. 低碳世界, 2018(28):281-282.

[2] 高新. 新形势下建设企业安全文化的路径探究[J]. 内蒙古煤炭经济, 2018（Z2）: 48-51.

[3] 蒋淮申. 培育价值观 推进企业安全质量文化建设[J]. 劳动保护, 2020(11):40-41.

企业班组安全文化建设举措分析

国能黄大铁路公司滨城运营维护中心　徐　家　曹继君　刘大玲　成晓波　李　婷

摘　要：班组安全文化建设并非一劳永逸的事，是一种动态的发展过程，受员工的文明结构、文化素养的约束与影响，需要随着科技发展而发展，进步而提高，变革而改变，只有与时俱进不断创新发展，丰富其内容，才能维持其顽强的生命活力与完善的个性特征，为公司安全生产创造力量源泉。

关键词：企业；班组；安全文化

安全文化是公司内部安全管理工作的重要灵魂，是公司内部实现企业安全长治久安的最强大保障力量。就公司而言，班组是最基础组织，所有生产经营各项任务都要靠班组去共同完成，因此安全事件也大多发生在班组。此外，公司最现代化的管理观念、最科学化的规章制度、合理化的劳动组织、最完备的保护措施等，都要靠班集体去贯彻落实。所以，公司班组安全文化建立的程度如何，对企业安全生产十分关键。现就对怎样做好企业班组的安全文化建设，浅谈一些看法。

一、创设安全文化氛围，筑牢班组安全文明创建基础

企业文化建设能够营造出优秀的班组安全文化氛围，从而提升企业班组管理工作的水准。在企业公司文明建设中，应当注重培育企业班组人员的健康人格价值观和安全管理的社会主人翁责任感，并逐渐完成从"要我安全"到"我要安全"的转化，使"安全没有一劳永逸，安全永远在路上"的思想深入人心，这也是企业安全文明建设的核心内容。与此同时，公司的安全管理工作也往往都是靠科学进步的安全文明作指引，因此安全文明建设在公司中所起到的影响也不可小觑。班组安全文化建设应在公司新形象的引导下，将观念、管理与人文因素加以创新融入，从而在生产过程中得到进一步推广、发扬、展示，以班组安全文明建设带动将公司的安全文明建设整体水平提高到一个新台阶，从而达到职工与公司的共同成长与发展，并进一步展示员工新风貌，从而提升公司的核心竞争力。

以企业良好的制度文化，为企业班组安全管理工作保驾护航。目前，企业各项制度、操作规程已基本完善，不过在运行机制上还尚有不断改进与健全的地方。许多重大责任事故的产生并非缺乏有效管理制度，而只是在实施上走了样。这就必须从落实规章制度的具体环节上、从规章制度执行的整体体制上进行调整。同时要进一步调整班组安全管理工作的科学指标体系，出台并落实一些旨在提升员工积极性的优惠政策措施，把安全一票否决制和量化考评指标同工资、奖金等福利待遇挂钩，使规章制度的刚性力量和人性化的管理力量相互融通，确保安全传统文明创新工作的良性进展。

以最先进的物质文化为提高班级管理的硬能力。要加大对班组安全设施和文明工程的资金投入，为班组安全文明工程建设打下了扎实的物质基础。要继续引入新型科学技术，提高安全监测能力，改进管理手段，真正将提高作业条件、保障人员安全放在首位。要因地制宜地进行各类学习教育和文娱活动，为提高人员的能力、业务素养和思想武备搭好台、服好务。同时要着力处理好思维定位问题，努力为完成安全工作任务去管理，为保障人员的切身利益而做好管理，以此实现各项任务的顺利完成。

二、开展安全教育培训，强化班组业务素质建设

营造良好的学习气氛，是抓好班组内部安全文明建设的重要环节。班组不仅是完成任务的实体，也是孕育企业文明的细胞。班组成员们在实际操作中的经验、错误教训、亲身体会、点滴感悟，都是建立班级安全文化建设的重要素材和来源。因此班组长要因势利导、画龙点睛、用心汇总，把班级成员们的意见、体会、讲话、班级安全记录、报刊上级指示文件精神、学校安全规章制度等摘要内容，成为班级教学的重要素材，在工作实际中进一步地充实安全文化建设的内容。

以人为本，增强员工队伍素质，逐步提高公司的安全文明建设管理水平。在生产安全管理中，人是第一位因素，在安全工作中起着至关重要地位。在目前出现的各类安全事故中可发现，"习惯性违章"等人类因素占据了交通事故发生率的大多数。所以，遏制人的不规范动作，遏制物不安全状态是安全管理工作的重点。而班组安全文明建设就是利用各类媒介、技术手段或有效形式，将最先进的监管理念、安保技术，潜移默化地影响并深入到每位员工中的，这样就可以让安全管理工作中人人都积极地参与，做到横到边、纵到底，不留死角。

积极地为班组成员创造学习、训练的机会，更新安全认知，增强安全意识。训练方法灵活多样，有组织、分阶段、有目的地进行训练。通过教育与训练，使员工深刻认识安全文明的意义，让广大职工成为安全文明的传承者，构建广泛、宽领域、全方位的课程训练系统，坚持用前沿的理论知识武装人；用经典的事例教育人；用科学的思维方式引导人；用总体的目标鼓舞人。实现了在设计上不断创新，使创作项目更具有科学化；在手段上创新性，使技术创新具有可行性；在方法上创新性，使社会班组文明创建活动具有有效性；在观念上创新性，使技术创新具有强烈时代感。

三、创新安全管理机制，打造良好班组精神

通过班前、班后会，积极开展危险预知防范活动，进行班组风险预知管理，提高安全事故的管理与处置水平。要注意发动员工分析作业对策与方案，针对风险预知问题开展安全培训，严格执行安全操作规程和岗位责任制，增强"三不伤害"的安全意识，进一步增强员工安全预知防范意识。

在创新班组安全管理机制方面，公司在班组的安全管理工作中，应赋予班组安全管理工作更多的自主性，把企业安全绩效考核、安全目标控制、事故查处权限、相关职责划分等逐步融入班级管理中。把安全管理工作关口前移，将重点下移，发挥班组的主体能动性，将企业安全职责真正落实到位。创新工作机制，扎实管理。首先要做好企业安全管理，对违章者要重处罚、严教育。安全教育要规范化、制度化、大众化。

班组的文明创建并非一劳永逸的事，是一种动态的发展进程。受员工的思想结构、素养的约束与作用，文化需要随着科技发展而提升、工艺前进而进步、技术变革而改变，只有与时俱进、不断创新文化活动、不断丰富文化内容，才能保证其顽强的生命活力和健康的个性特征，为公司的发展创造了活力资源。

四、人人参与，是现代班组安全文明管理的基石

人是企业工业生产过程中最活跃的要素，是企业安全生产的最后实践者。如果幸福是树木，那企业的安全文化也就必须是培育这棵树的沃土。作为公司本身而言，安全时刻关乎广大职工的安全和身心健康，也关乎公司和个人的健康财富安全，也关乎生产经营顺利进行与经济社会的健康发展。所以，我们必须要不遗余力的夯实安全公司文化根基，建设一流的职工队伍。

认真做好对员工的安全宣传教育与培训。在员工的安全宣传教育与培训中，要用身边的人去教育每一位员工，促使他们进一步提升其观念，深化认识，提高素质，同时也要重视对员工的防范能力以及自身安全文明意识的培训，用最平凡、最有效、最深层的安全教育内涵和行为模式，来教育员工的安全观念、安全意识、安全行动。对于区队领导干部和人员，更要多重视班组工作，并通过多渠道、全方位地进行各种安全活动，加深员工对安全规程的认知与掌握，从而明确了安全管理的核心价值和安全文化。

要着力培育职工能吃苦耐心、爱岗尊敬的奉献精神。众所周知，绝大多数的集体责任事故，都是由于责任感的弱化而导致集体意识松懈、产生侥幸心理所导致的。所以，在整个班组的企业价值观构建活动中，就应该从重视人、认识人、帮助人、培养人、训练人的方面入手，本着让全员广泛参与、整体互动的方式，将全员的自身价值要求纳入班级的管理中，并延伸到整个公司的管理中，使全员感受到被认可，进而建立大家都认可的公司评价标准，当全员自身价值要求与整个公司价值要求和谐一致后，全员才可以形成良好的企业价值观，从而发挥集体敬业精神，提升集体责任心。

安全文明也是制度文明，企业利用现场安全管

理制度保证安全生产正常运转的同时，必须建立奖惩与自律制度，培育员工积极参加安全文明管理的意识，以此增强全员的安全防范意识。

五、结语

重视公司的安全文化建设，作为加强公司内部安全管理工作和筑牢内部安全屏障的重要基础工程，对于当代的公司管理有着巨大的战略意义，无论是管理体系怎样的严格，却又没有能够做到面面俱到动态全覆盖，员工表面上遵守着强制性的管理制度，却又无法从心里接受和遵守，这也导致了公司管理制度无法真正地贯彻落实。"软管理"的安全文明引领，不仅使职工认识并接受公司精神和发展模式，从而认识和积极地贯彻执行公司和上级的各种决议要求，有意识地去规范自身的行为，实现观念、意识与行为协调一致。

总之，企业安全文化建设是企业实行安全管理的有效途径。我们只要不断探索和完善具有本行业特色的企业安全文化，始终坚持"安全第一、预防为主、群防群治"的方针，时刻把"安全"放在心中，职工的生命健康就一定能够得到维护，职工的幸福安康也一定能够实现。

参考文献

［1］赖亦农. 推进班组安全文化建设的探索和实践[J]. 广西电业,2009(10):51-53.

［2］郭正忠. 浅谈企业班组安全文化建设[J]. 机电安全,2011(3):27-28.

安全指导手册在公路工程安全文化建设中的必要性

河南许信高速公路有限公司　李　平　喻惠生　刘勇志　李　强

摘　要：随着现代化公路体系的不断完善，对公路工程建设安全标准化的要求也不断提高。企业在公路工程建设中发挥安全指导手册作用，不仅是公路工程安全标准化的要求，更是企业在公路工程安全文化建设方面的重要体现。当前，大多数公路工程建设施工现场比较混乱，安全意识涣散，安全措施不到位，安全监督不及时，主要原因是大多数人对安全文化意识不强，找不到安全标准化的方向。此时，我们就能理解企业在公路工程安全文化建设中发挥安全指导手册作用的必要性，希望能够通过本文简单的分析探讨，可以为后研究者提供适当的借鉴参考意义。

关键词：安全指导手册；安全文化；安全标准化

在公路工程建设的过程中，从建设单位到监理单位，施工单位，班组到具体的安全管理人员，各个环节相关人员都要以安全指导手册为依托，对工程建设项目进行有效管理，才能使工程建设项目实现安全标准化统一。安全施工是公路工程建设项目的生命线也是在各项工作之中的重点，因此，加强工程公路安全文化建设，必须把安全文化放到重要的位置上来抓，使得工程能够顺利开展。因此，在整个公路工程建设的各个环节，相关工作人员和管理人员必须要重视安全文化的建设，以安全建设为核心，不断提高全员的安全文化素质。通过宣传教育等手段使安全建设能够贯穿于整个公路工程各个环节，并以现代化安全管理技术为依托，提升全体施工人员的安全自律性，形成有效的安全建设机制。各个环节班组人员依托具体的安全指导手册，明确在施工建设中存在的安全问题，并做好相应的安全防护措施。

一、安全指导手册在安全文化建设中的必要性

中国改革开放四十年来，高速公路里程以前所未有的速度增长，不仅缩短了人们出行的时间，而且也给社会带来了极大的经济效益。公路工程建设是一个系统性比较复杂的工程，安全隐患隐蔽性强、治理难度大、持续时间长等特点。如何排除安全隐患和避免安全事故，关键在于人的安全意识和行为，人的安全意识和行为的形成关键在于企业安全文化建设。

安全文化建设可以将其看作是在一定的安全技术条件下对相关施工单位进行安全意识教育的一种模式，是施工人员安全意识及思想观念的综合体现。通过内在的文化自律等多样化的方式来约束，引导施工人员的安全行为，通过文化建设，能够有效宣传并在潜移默化中影响具体的从业人员，不断加强安全文化意识，提升现场工作人员安全素质，是保障公路工程安全的重要手段。开展安全文化建设能够进一步提升管理效率，采用非强制化的手段，在潜移默化中提升从业人员的自身安全意识，形成安全稳定的施工氛围。

为了能够认真贯彻落实习近平总书记关于安全生产的重要指示批示，加强工程项目施工人员的安全工作指导，有效提升公路工人的安全意识和自我保护能力。通过编制安全指导手册，将公路工程施工现场的具体情况、安全基本知识点、施工作业需要注意事项以及日常施工过程中的安全标识牌等各项内容进行统一编写，适用于施工现场的各类人员。通过安全教育培训等方式认真做好安全指导手册的宣传工作，督促施工企业加强对施工现场各类人员的安全教育培训，切实提升现场工作人员的安全意识和自我防范技能，掌握基本的安全知识，为工程建设的安全开展奠定良好的基础。通过安全指导手册，防范相关生产安全事故的发生，不断提升企业安全文化建设。

二、现行公路工程安全文化建设存在的问题

安全文化建设是落实科学发展观的必然要求，也是提升现场施工人员安全意识和自我保护能力的重要途径。但在具体的公路工程建设中，也存在许多的问题。

1. 对安全文化建设缺乏足够重视

一些地方对于安全文化建设重要性认识不足，在开展施工建设的过程中，不清楚安全文化建设的重要战略作用，没有将安全文化建设当作安全工作的重要组成部分进行开展。且没有在公路工程施工建设的过程中，长期稳定的开展安全文化建设工作，通过搞形式，走过场等方式应付相关检查，并未深刻认识到安全文化建设的重要性。部分地区在进行安全文化建设时，缺乏深刻的思想内涵，仅仅通过简单的宣讲等方式，使得安全文化建设浮于表面。

2. 安全文化建设机制不够健全

在进行安全文化建设的过程中，部分体制机制不够健全，使得施工现场的各部门之间没有形成有效沟通，无法进行统筹兼顾，各部门之间不清楚自身安全职责。安全文化建设工作缺乏有效的指导，无法充分调动相关从业人员的力量。安全文化建设内容过于公式化、概念化，忽略了安全文化建设的社会性和广泛性，使得安全文化建设工作难以深入开展。

3. 施工人员缺乏足够的安全意识

由于现场施工人员日常进行体力劳动，文化水平普遍偏低，在进行生产建设时，自身的安全意识较为淡薄，依靠自身经验进行安全辨识，存在较大的隐患。部分操作人员安全意识缺乏，责任心不强，在施工过程中没有认真履行自身职责，未按照相关规章制度流程进行严格操作。或缺乏自我保护意识，对安全操作流程理解不够深刻，造成施工建设中一些安全事故的发生，对现场的施工安全存在一定影响。

三、树立安全文化价值观和提升高质量安全标准化对策

1. 健全安全管理机制

树立正确的安全文化价值观念就要将安全文化建设纳入到工程的总体规划过程中，在施工建设的各个环节不断融入安全生产宣传，教育等相关工作。在施工各个环节中明确各职能部门的具体安全主体职责，加强部门之间的有效协调，统筹推进安全文化工作建设。通过不断建立健全相关安全文化考核机制，将具体的考核内容进行细化，建立科学的考核标准，促进安全文化建设有效推进。使管理人员和施工人员能够严格按照相关标准开展公路施工建设。

2. 充实安全文化建设内涵

在推广安全文化建设的过程中，要帮助相关从业人员树立安全文化价值观，将安全文化建设的重要思想内容融入日常的宣传推广中。不断汲取以往安全建设的相关经验成果，借鉴各类安全文化宣传的有效经验，不断深化安全文化建设的内涵，使其能够与环境和施工操作相适应，使相应的从业人员更容易接受，并能在潜移默化中树立正确的安全价值观念。充实安全文化建设的内涵，使安全指导手册能够切实帮助施工人员减少安全隐患，正确认识到施工各个环节的重要安全关注点。以丰富多样的形式不断充实安全文化建设的内涵，才能够使从业人员不断落实安全意识，提升自身安全技能。

3. 创新安全文化建设方式

注重安全文化建设要从多个方面开展，不断创新安全文化教育宣传方式，使相关从业人员能够在日常的生产工作及生活中不断提升安全意识，丰富自身的安全知识。可以通过广播，视频等多种宣传媒介，充分发挥移动媒体等各类媒体平台的宣传推广优势，使安全文化宣传教育能够不断拓宽覆盖范围。在建设单位，监理单位，施工单位，班组等各级各类管理人员中能够得到有效宣传，并使各个部门明确自身责任。以安全指导手册为依托，深入开展安全文化建设，明确自身职责，指导从业人员做好有效防护，提升自身安全意识。通过多样化的安全建设宣传方式，在施工现场打造安全生产的良好氛围，才能使安全文化真正深入人心，也能使安全建设更深入的开展。

4. 深化安全理念建设

提升公路工程安全文化建设，就要将"安全第一"的理念牢牢深入安全生产工作中，加强安全文化建设，确保相关企业能够将安全主体责任准确落实，树立正确的安全价值观念。强化各级安全管理的主体责任意识，明确安全管理理念，将安全生产理念融入从业人员的具体操作中，在具体的施工现场，各环节不断提升员工的认知能力。从多个方面将安全生产的价值观念进行有效灌输，使从业人员能够在施工过程中潜移默化的转变自身安全理念，并将安全理念具体落实到施工建设行为中。以此来提升公路建设的质量,并保证施工过程的安全性。

5.完善施工作业标准

企业要通过加强安全文化建设,以此来提高工作人员的安全性,就要不断培育全员参与的安全文化行为,准确遵守各类规章制度,确保施工建设生产顺利开展。建立健全各类事故发生的规章制度,以安全指导手册为标准不断完善各种工种作业的标准,建立长效安全管理机制。通过各类规章制度约束员工施工作业行为,使施工人员能够明确施工建设中重点关注内容及安全隐患容易出现的重点区域,将安全隐患消灭在萌芽状态。通过多样化的方式积极宣传教育,不断提升从业人员的安全操作技能,避免相关事故的发生。在遇到问题的第一时间能够按照安全指导手册进行操作,明确各个环节的操作重点,构建高质量安全文化管理体系。

在公路工程建设的过程中,各个施工管理单位都要以安全指导手册为依托,明确施工建设中的安全管理重点,不断强化安全文化建设。依托安全指导手册,准确把握施工建设中的安全管理规范,并做好相关防护工作。施工单位也要建立健全安全管理机制,充实安全文化建设的内涵,通过多种方式进行积极宣传,深化安全理念,并不断完善施工作业标准,以此来提升公路工程安全文化建设质量。

参考文献

[1]祁石峰. 土木工程建筑施工中项目管理的应用分析 [J].科技创新导报,2019,16(27):193+195.

[2]周金强. 高速公路施工现场存在的安全管理问题及对策 [J].现代装饰(理论),2016(3):270.

[3]刘军涛. 公路水土保持工程施工中的安全管理 [J].技术与创新管理,2015,36(5):503-507.

[4]赵丽育. 浅谈安全文化建设在安全生产中的重要性 [J].中国金属通报,2020(7):2.

[5]高宏宽. 论安全文化建设在化工企业安全工作中的重要性 [J].化工管理,2020(9):2.

"安全联盟"共建共筑安全文化

江苏宁沪高速公路股份有限公司五峰山管理处　徐卫东　夏勇　陈涛　李珏　陈佳

摘　要：江苏宁沪高速公路股份有限公司五峰山管理处（以下简称五峰山管理处）成立于2019年4月，经营管理的高速公路总里程约57.5公里，聚焦数字交通建设，围绕"建管养服"一体化打造全省首条"智慧高速"示范区，引领"一路多方""安全联盟"，以达到联合演练、联合巡查、跨区联动、联合指挥信息共享的协同工作机制目标，依托数字治理、数字服务助力提升公众快速畅行和品质服务体验感。

关键词：安全联盟；联勤联动；数字交通；数字治理；数字服务

一、树牢安全发展理念，落实安全文化主体责任

为深入贯彻习近平总书记关于安全生产的重要论述，牢固树立"人民至上、生命至上"安全发展理念，五峰山管理处以高度负责的态度，在思想上更加重视，在行动上更加自觉，在措施上更加有力，坚决将安全生产主体责任落实到位。鉴于高速公路交通安全、消防安全等问题，加之公铁桥管养特点，建立一套操作性强的一路多方"安全联盟"联勤联动机制，最大程度上消除安全隐患，推进一路多方联勤联动常态化、应急处置流程化、现场救援规范化，严防发生长时间大面积交通拥堵，有效预防遏制道路交通事故的发生，杜绝火灾事故对大桥造成结构性损伤。

通过扎实推进"一路多方""安全联盟"联勤联动安全文化体系建设，促进安全工作"零"起点、责任落实"零"距离、联动行为"零"失误、安全生产"零"事故的实现，确保安全生产工作全过程、全时段、全方位安全。

二、夯实安全建设，全面推进安全文化走心走实

联勤联动安全文化使职工安全素质显著提升，通过联盟建塑安全发展新理念，规范联盟成员安全行为，实现由"要我安全"向"我要安全""我会安全""我能安全"转变。

（一）党建联盟共筑安全堡垒

在"党建联盟365"党建品牌的引领下，双方依托苏式养护和茉莉花品牌，联合公路与铁路管养单位的智慧、管理与技术等资源经验，共同协作、强强联手、默契配合，建立健全五峰山大桥公铁桥联合管养体制机制，全面加强应急保障体系建设，全力推进智慧平台发展，共同参与管养标准化建设。目前公铁双方已开展联席会议7次、日间、夜间联合巡检11次、冬防、航道事故等联合应急处置3次。疫情期间，一路多方以站区为单位，联合地方疫情防控部门等部门，共成立临时党支部8个，协助现场查验行程码、测量体温、疏导交通，以实际行动扛起"为人民群众筑起疫情防控安全线"的使命担当。

（二）抓好安全管理质效齐升

一是抓交通事故应急救援效率。自一路多方"安全"联盟成立以来，未发生安全生产责任性事故，路段交通事故平均处置时间不断缩减，2022年春运期间，五峰山段交通事故处置时间平均30分钟；镇丹段平均17分钟，同比2021年春运平均36分钟，减少平均处置时间19分钟，处置效率均显著提升。二是抓大桥突发事件应急处置能力。一方面细化现场处置方案，建立定期消防现场处置方案演练及常态化拉练机制，充分发挥自有消防车在火灾事故中的先期处置作用，先期控制一般事故车辆火情，为主缆、索缆等钢构件降温，确保桥梁结构安全。当年5月25日，指挥中心视频巡查发现，一辆满载27吨木屑的货车在主桥发生自燃事故，养排中心出警迅速，与消防、交警等部门相互补位，仅用10分钟火灾被成功扑灭，未对桥梁结构造成损害。另一方面通过监控监测手段加强对主跨挠度、主桥温度场、梁端纵向位移、桥下通航状况监测。2021年11月1日，五峰山段指挥中心通过亿级像素摄像机对主桥进行巡检，发现江面一侧翻船只顺江水漂浮至五

峰山大桥附近水域，有碰撞大桥桥墩的风险，立即向铁路桥工段、消防、交警等部门通报，高效处置了该起险情。三是抓大流量时段通行效率。2022年春运大流量时段，S39江宜高速正谊枢纽因G2京沪高速改扩建"四改一"，扬州方向长时间车多缓行的情况下，宁沪公司五峰山处"一路多方"联勤联动，精准发力，采取在江都港、李典头桥间歇性分流、入口管控、合流处交通渠化、增加京沪高速江都东站排障驻点等措施，提高通行效率。四是抓恶劣天气应急处置水平。在2022年春节的冰雪天气应对中，"一路多方"根据《宁沪公司五峰山处除冰扫雪应急处置方案》中责任区域划分和作业流程，并按照"确保公铁合建段运行安全"的原则，根据"一路一方案"的策略连续作战48小时，做到"雪停路净"，期间辖区内未发生一起因雪情造成的重大交通事故。

（三）"隐患排查"工程扎实推进

重点围绕"人的不安全行为、物的不安全状态、环境的不确定性"等三个方面开展工作，一是拉网巡查全覆盖，对所辖路段的沿线边坡、排水沟、易倒伏树木、桥面汇水设施等防汛重点部位和薄弱环节进行细致排查，切实从源头管控风险、消除隐患。二是联合走访强宣传，通过沿线宣传公路法律法规，在隔离栅上安装提示牌，签署《安全告知书》等方式劝阻行人上高速，从源头消除不安全行为，确保高速公路行车安全。三是全面整治堆积物，对所辖路段堆积物进行细致排查，重点排查桥涵四周以及桥下是否堆放秸秆、木材等易燃物，对隐患进行拍照取证，并联合养排中心进行清理。四是维稳运行生命线，对供配电、收费系统、门架设施、服务区通讯机房等进行专项巡查，检查机电设备风扇、散热片等降温部件，提高设备"防暑"能力、降低设备故障率，确保设备在炎热天气下正常运行。

（四）安全文化理念深入人心

一是丰富"文化阵地清单"。管理处"一路多方"着力打造安全文化主题站区，促进站区安全文化建设，并结合实际设立了"每周安全一课""七安讲堂""安·馨安全宣教室""明珠直播间"等平台，达到安全阵地育人铸魂的目的，提升本质安全水平。2021年，被"学习强国"、《扬子晚报》、"江苏交控营运管理"等平台录用相关信息18篇，"智慧五峰山"抖音平台上传安全工作视频78条，总点击量高达1.4万次。二是强化"警示教育清单"。组织员工观看"身边的教训"等安全警示教育视频和安全事故图片，用血淋淋的教训直击人心、发人深省，使全员进一步增强了"隐患险于明火、防范胜于救灾、责任重于泰山"的防范意识，更清醒地认识到"安全不能等待，生命无法重来，一次事故，终生遗憾"的重要性。三是绘制"现场示范清单"。牢牢把握住作业现场这个关键点，全面梳理和排查工作现场安全风险点，以"安全月""夏百赛""119消防日""春运启动仪式"等活动为契机，联合"一路多方"向公众宣传安全知识，从源头上提高安全运营保障。2021年，共开展36次宣讲活动，共张贴发放安全资料1600余份，接受咨询500余次，取得良好的宣传效果。

三、一路多方联勤联动，协同共筑道路安全文化

联勤联动安全文化使安全管理水平明显提高，把各管各的，转变为协同管理，把人管人、制度管人升华为文化育人，实现由被动管理向自主管理转变。

（一）厘清高精细的多方管养界面

S39五峰山过江通道北接G2京沪高速、G40沪陕高速，南连泰州大桥等多家路桥公司所辖道路，为发挥路网区域协同效能，一是进一步梳理相邻路桥公司、辖段交警、交通执法等各方的职能边界，完善各部门、单位间的协作共享机制，将责任界面深入到了清障、养护、冬防管理的具体环节，提升养护管理及清障救援效率。二是积极对接铁路桥工段对大桥主体结构、外场设施设备进行交底，厘清具体点位、功能，罗列清单，落实管养归属与责任。

（二）开放高标准的路况资源共享

一是实现路况信息共享，比如气象、通行流量、道路救援、道路施工以及路面抛洒物、路产损坏等各类路况信息的共享。二是实现路桥情报板和监控资源共享，为高速交警和交通执法了解实时路况和处置各类特情提供直观的现场实况。三是实现事件处置信息共享，依托事故处置的保存信息，实现统计分析等信息共享，真正实现"一路多方"的资源融合。

（三）推动高效率的突发事件联动处置

宁沪公司五峰山处联合"一路多方"在五峰山大桥组织开展了火灾事故应急处置实战演练。一是制定定期召开一路多方联席会议制度，针对重大节假日和恶劣天气大流量应对工作，提前研判谋划，共同提升应急突发事件处置能力。二是对恶劣天气下的突发事故处置，采用"定人、定车、定路段"工

作机制，实现辖区路段"一段一策、一堵一策"，促进"一路多方"的人员与机制融合。三是以公司"涉路作业提升年"为契机，制定《五峰山管理处涉路作业实施细则》，进一步优化涉路作业监管流程，明确各相关单位的安全管理责任，规范安全管理模式。

四、提升安全文化管理能力，全面打造智慧化高速

联勤联动安全文化体系以安全生产标准化、规范化建设为目标，以数字化管理手段，为企业安全管理"减负增效"。

（一）打造高层次的智慧高速示范区

五峰山高速公路运用"绿色"和"智慧"理念及技术，通过更高层级的数字化、更广泛的通信技术和更强大的分析手段，实现人、车、路、环境各要素协同，达到更加平安、智慧、绿色的目标。路段建有危驾监测系统、车道级管控系统、应急感知智能取证、雾区诱导系统、护栏碰撞感知系统、融雪剂喷淋系统、热融除冰系统、车路协同系统等13项智慧场景应用，通过搭建的"BIM+GIS"综合管理平台，使指挥调度、清障救援、养护管理、运营维护等业务管控一体化、可视化、智慧化，实现安全保障全天候、出行服务全方位、运营维护全数字。

（二）探索高水平的"五峰山"调排实训基地

一是探索建立公铁桥清障养护实训中心，融合高桥养排"赤橙卫士•通途慧行"品牌，搭建与相邻路桥兄弟单位、消防、高速交警等部门的沟通交流平台，推进产业工人队伍建设改革工作。二是开展"实景教学"到"调排融合"。通过邀请交通执法、高速交警分批次带领调度、养排人员采取跟车、徒步相结合的巡查方式对道路情况检查摸底，强化调度员、排障员的立体空间概念。从现场讲解到开展调排案例分析会，深度融合"调排一体化"思想，实现精准调度，提高处置准确性和效率。

总之，企业安全文化是渗透在安全管理一切活动中的灵魂所在，安全文化能为员工提供安全生产的思维框架、价值体系和行为准则，"安全联盟"共建共筑安全文化，使人们在自觉自律中舒畅地按正确的方式行事，规范和控制人们在生产中的安全行为。

浅议企业安全文化中"人的本质安全"作用

中远海运散货运输有限公司 李 琳

摘 要：安全是发展的前提，发展是安全的保障。必须时刻坚持"人"在安全生产和安全文化建设中的主体作用，大力激发"人"在安全生产中的潜能，充分发挥"人"在安全生产中的作用，以及人在安全文化中的引领作用，坚持以人为本，坚持文化聚力，始终坚守底线、落实责任、深化整改，切实维护好人民群众生命和财产安全，为社会进步、国家发展和民族复兴保驾护航。

关键词：安全生产；安全文化；本质安全

责任重于泰山，安全高于一切。冰冻三尺非一日之寒，安全生产非一日之功。党的十八大以来，习近平总书记站在党和国家发展全局的战略高度，围绕安全发展理念、安全生产责任、安全隐患排查整治、安全生产治理体系和治理能力、安全生产常态长效等，对安全生产发表了一系列重要讲话，做出了一系列重要指示批示，从治标与治本相结合、当前与长远相统筹的宽广视角，深刻揭示了现阶段安全生产的规律特点，系统回答了如何认识安全生产、如何做好安全生产工作的重大理论和实践问题。这些重要论述重要指示，是抓好安全生产的根本遵循和行动指南。这其中，"人"的因素尤为关键。人是安全生产的主体，安全生产本身是对人的生命权益的维护。要从深入践行新发展理念和安全发展理念的高度进一步提升政治站位，深刻认识"人"在安全生产中的重要性，把"人"放在安全生产的突出位置，充分发挥"人"在安全文化的主导、建设和引领作用，落实"以人为本""文化聚力"的管理合力和效应，推动安全生产形势持续向好。

一、人本为先，安全生产要坚持"人"的生命至上

生命至上，安全第一。"人命关天，发展决不能以牺牲人的生命为代价。这必须作为一条不可逾越的红线。"安全是发展的前提，发展是安全的保障。安全生产事关人民福祉，事关经济社会发展大局。以人为本，就是要始终把保护人民生命安全放在首位，始终坚持安全为了人民，从源头上防范化解重大安全风险。

如果没有"以人为本"的思想，见物不见人，必定是忽视人的生命；如果没有"安全发展"的理念，企业高质量发展就落不到实处等等。所以，作为企业管理者应创新思维、更新观念，一方面为全体员工营造良好的安全氛围，建立全体员工能认同、理解、接受、执行的先进安全文化理念。另一方面带头践行安全理念，搞好安全组织管理工作。这一切的出发点和落脚点都是源自"人"这个核心因素，必须从管人的人抓起，必须了解人的思想、心理和行为特征，尤其在实现本质化安全的形势下，更需要塑造本质型安全人。为此，我们要坚持用先进的安全文化理念、理论来教育、引导、培训、培养更多的有理性、有较强安全意识、有良好心理素质、有自觉规范行为的职工，才能落实"以人为本，生命至上"的理念。

二、防患未然，安全生产要落实"人"的风险防范

夫祸患常积于忽微。海恩法则就揭示了这么一条规律：每一起严重事故的背后，必然有29起轻微事故、300起未遂先兆以及1000起事故隐患。尽管许多重特大事故具有突发性、意外性、复杂性的特点，看似防不胜防、难以避免，实则潜藏于日常被忽视的各类隐患之内、萌发在"拖、缓、放"等不负责任的细节之中。以往的经验教训表明，思想上的麻痹大意和心理上的侥幸懈怠，不仅越过了安全生产红线，也触碰了法律制度底线，一次次"不经意"与"不留心"，成为安全生产的最大"杀手"。

隐患就是事故，预防重于泰山。只有安全上"万无一失"，才能避免"一失万无"。安全隐患通常源于四个因素：人的不安全行为、物的不安全状态、环境的原因和管理的缺失，而人的不安全行为占了很大的比例。只有我们每一个人把预防工作做好，排查关口守好，就是打造安全生产的防火墙。面对任何隐患因素，都要做到见微知著，不能掉以轻心。只有树牢"隐患就是事故"的理念，从思想到行动，不断补齐安全生产短板，不断健全安全防范机制，才能将安全风险降到最低。

居安思危，思则有备。遏制安全事故在未成之初、夯实安全根基在平常之时，重中之重在于行动落实。"人"既是安全法律法规的制定者，也是执行和实施者；既是安全管理的主导控制者，也是被管理对象。因此，要实现"从源头上防范化解重大安全风险，真正把问题解决在萌芽之时、成灾之前"，就务必要牢牢抓住"人"这个因素。"安全为民、安全靠民"，这是杜绝事故隐患、实现"防患于未然"的关键所在。

三、建章立制，安全生产要筑牢"人"的责任防线

道路千万条，安全第一条。安全千万关，责任第一关。实现安全生产，务必要牢牢守住"责任"这个关卡。实践证明，企业主要负责人对安全生产重视和不重视、认真抓和不认真抓，其结果迥然不同。有些企业安全责任没有压紧压实，特别是第一责任人法治意识淡薄、存在侥幸心理、责任落实不到位，是企业违法违规行为屡禁不止、事故易发多发的重要原因之一。比如，2021年发生的青兰高速甘肃平凉段"7·26"重大道路交通事故，事后查明事故车辆所属企业安全生产管理机构同虚设，主要负责人长期不在企业，这足以说明主要负责人安全生产责任的重要性。从调查结果看，类似的很多安全事故的发生绝非偶然，不仅暴露出企业生产中潜在的问题，也暴露出相关部门工作中存在的短板。个别企业安全生产主体责任虚化、弱化，没有将安全发展理念真正落实到位，企业第一责任人急功近利，重经济效益、轻安全生产，重眼前利益、轻长远发展，干事不实、履责不实，甚至违法违规、冒险蛮干。惨痛教训警示我们，责重如山，须臾不可懈怠，再怎么强调亦不为过。

新的《中华人民共和国安全生产法》对落实安全主体责任、实行全员安全责任制、"三管三必须"等提出更加严格的要求。完善"党政同责、一岗双责、齐抓共管、失职追责"责任体系，制定安全生产职责规定，健全各级负责人、各部门、各岗位安全生产责任制，明确安全生产权力和责任清单全面压实企业安全责任，强化全员安全责任与风险防控意识，推进安全管理有序有效有力衔接，强化安全管理责任落实，严格生产经营全过程安全责任追溯制度。这就要求，各行业和各业务的具体负责人，都要把"安全"置于生产之前、发展之上，要把"安全"当作头等大事来抓。

近年来，从《中华人民共和国安全生产法》的修订实施，到《中华人民共和国危险化学品安全法》《中华人民共和国矿山安全法》《中华人民共和国煤矿安全生产管理条例》等配套法律规章的陆续出台，我国安全生产法律法规体系不断完善，底线思维不断夯实，监管体制不断健全，"风险即危险""隐患即事故"的安全意识不断强化，各地区、各行业安全生产改革不断推进。"遵守安全生产法 当好第一责任人"是全国第21个"安全生产月"的主题。对安全责任的承担和履行，要有法治的"阀门"作前提，更要有人的"执行"作保障。全员要确保安全法律法规、制度体系落实到位，横向到边、纵向到底，通过安全生产责任落实机制和压力传导机制，推动安全生产系统治理、终端治理和常态治理，真正将"发展要安全"的要求落到实处。

四、文化引领，安全生产要发挥"人"的主观能动

安全文化具有导向、凝聚、辐射和同化等功能，能够通过创造良好的人文氛围和协调的人机环境，对人的观念、意识、态度、行为等产生从有形到无形的影响，从而对人的不安全行为产生控制作用，达到减少人为事故的效果。安全文化的核心在于一个"安"字，其基本内涵就是：安全、安定、安心。要结合企业经营需要，积极营造安全文化氛围，进而实现：构建"安全"屏障，筑牢企业发展基石；创造"安定"环境，增强企业抗风险能力；实施"安心"工程，建设员工精神家园。

首先，要树立正确的安全生产理念，唤起"人"的安全意识，调动"人"参与安全生产的主动性，充分认识安全生产的重要性，从"要我安全"转变为"我要安全"，从"被动参与"转变为"主动实干"，发挥积极的主导作用，构筑安全生产合力。其次，要发挥

安全文化引领作用,要让安全文化"内化于心、外化于行、固化于制",通过不断总结提炼安全理念等特色安全文化,建立安全管理长效机制,打造"安全生产人人关心、安全事故人人防范"的良好局面,通过安全生产风险分级管控和隐患排查治理双重预防机制,把安全风险管控挺在隐患前面,把隐患排查治理挺在事故前面,实现安全管理关口前移、重心下移,强化安全管理的基础链条。再次,要明确安全生产不是某个部门、某个地方的事,而是全领域、全社会的事。要发挥安全文化中以人为本的力量,"人"的力量是伟大的,安全生产之伟力存在于民众之中,要落实"全员关心、全员参与、全员落实"的要求,通过全员努力,从而使安全隐患无处藏身、令违法违规无处遁形,把事故消灭在萌芽状态、把风险控制在可控范围、把安全生产向纵深推进。

面对新形势与新任务,要高度重视和积极发挥安全文化中"人的本质安全"作用,做到"守有责、护有方",大力激发"人"在安全生产中的潜能,充分发挥"人"在安全生产中的作用,以最坚决的态度坚守底线,以最严格的要求落实责任,以最严厉的手段深化整改,以最有效的措施保障执行,切实维护好人民群众生命和财产安全,为企业安全稳定和高质量发展保驾护航。

浅谈安全管理与安全文化一体化推进

神华准格尔能源有限责任公司物资供应中心　海震宇　段志成　杨　燕　王庶人　李　豹

摘　要：企业安全文化是企业发展的重要基础,是以关心人、爱护人、尊重人、珍惜生命,实现安全生产为核心,提高全员安全文化素质,以宣传教育为手段,贯穿于生产经营全过程,以现代企业安全管理技术为依靠,更有赖于全体员工的安全自律,形成安全生产的长效机制。作者根据安全生产管理的实践经验,从安全制度文化、安全物质文化、安全生态文化、安全行为文化等四方面对安全文化建设工作开展论述,为从事安全生产管理人员提供了可行的建议。

关键词：安全制度文化；安全物质文化；安全生态文化；安全行为文化

为坚持以创建一流的综合性物资供应服务基地为奋斗目标,全面落实安全责任制,深化安全文化建设,充分发挥安全文化在管理中的引导、激励、凝聚、约束作用,进一步实现安全生产管理精益化、安全基础管理标准化、员工行为规范化,切实保障安全生产形势持续稳定,现就安全生产文化理念进行积极探索和创新,形成具有中心特色的安全制度文化、安全物质文化、安全心态文化、安全行为文化,切实将安全文化渗透到员工的观念上,落实到员工的具体行动中。

一、完善制度,落实责任,营造安全制度文化

在长期的安全生产实践中,要坚持"违反岗位标准作业流程就是事故"的特色安全理念,这14个字体现了供应人对安全的高度重视,体现了对安全工作的实干精神。无规矩不成方圆,本着安全工作就要落到实处的精神,物资供应中心（以下简称供应中心）建立了较为完善的安全管理责任制和各种安全规章制度。安全制度文化已经成了供应中心安全生产运作保障机制的重要组成部分。

（1）建立健全安全生产责任制,严格履行安全承诺。以明责、担责、尽责、问责为原则,以"党政同责、一岗双责、齐抓共管、失职追责"、"管业务必须管安全、管生产经营必须管安全"为指导,建立全员安全生产职责及所有层级单位、部门的安全管理职责。从中心到各二级单位、从二级单位到班组、从班组到个人层层签订责任书,明确年度安全目标,做出安全承诺。2011年开始,制定从主要负责人到一线从业人员的岗位职责和安全生产职责考核标准,按照"分级管理,分线负责"的原则,安监站每月按照考核标准对岗位人员责任落实情况进行检查、考核,将结果纳入"433"结构工资体系进行兑现。通过考核,做到安全工作和业务工作同部署、同检查、同问责,层层落实安全主体责任,做到安全生产一票否决,逐步形成了横向到边、纵向到底的安全责任体系。

（2）完善安全生产规章制度,提供全面制度保障。要始终坚持制度是安全发展的前提与保障的原则,在生产经营中,坚持抓基础、抓标准、抓落实,建立了由责任落实、风险管理、隐患排查治理体系、现场重点风险管控等子系统构成的安全管理体系,为安全生产提供了全面完善的制度保障。每年定期对制度有效性进行评估和复核,确保制度的有效性,现已形成完善的管理制度。每年组织应急预案修订工作,预案包含生产安全事故、自然灾害、公共卫生、社会安全事件等类别,根据中心管控重点和风险高低,编制了1个综合预案、9个专项预案和9个现场处置方案,形成了门类齐全、体系完善、逐级管控的应急预案体系。

（3）强化风险预控管理,建立风险分级管控体系。以物资供应中心为例,中心下设5个供应站,业务差别较大,其中油品供应站的柴油储罐区是危险化学品四级重大危险源。因此,分级、分类、分专业对风险进行有效控制显得尤为重要。供应中心每年开展生产工艺、设备设施、作业环境、人员行

为和管理体系等方面的危险源辨识和风险评估，合理使用多种危险源辨识方法"查漏补缺"。在利用工作任务分析法的基础上，采用了HAZOP分析法、蝴蝶结分析法，对油库重大危险源开展了动态、系统性危险源辨识，对辨识出的安全风险重新进行了评估和分级，建立了物资供应中心安全生产风险分级管控体系。

二、守土有责，守土尽责，营造安全物质文化

落实安全生产主体责任，始终坚持科学发展、安全发展，以"建设全国一流、本质安全型物资供应中心"为安全愿景，定期组织安全文明检查，深入彻底消除各种事故隐患，不留死角，淘汰不符合安全要求的设施、设备，大力推广应用安全新技术、新设备，使设备具有稳定可靠的安全品质特性，完善的自我保护功能。同时，不断改善员工的劳动条件，加强危险源的治理，为广大从业人员创造一个安全、文明、优美、舒适的工作和生活环境。

（1）不断提高现场软硬件配置。加大现场安全标志、标识的配备力度，目前各供应站、油库按照标准化要求配置了安全标志、标识、安全色标、安全警示语、安全漫画、现场防护实物等，现场的色标清晰、规范管理、宣传醒目，时刻提醒作业人员注意安全。采用"中心领导现场调研、职工提出意见、职能部门落实"的方式，全面改善员工工作环境，进行仓储场地硬化、办公室墙面粉刷、班组办公环境装修，使员工有一个舒适的工作场景，像家庭一样温暖。

加强文化网络建设，全面开展网络办公，使办公速度更方便更快捷。计划、采购、库存进行信息化管理的不断升级，增加了现场工作的安全性和可靠性；班组建设、岗位标准作业流程等系统网站的开通和应用，为安全文化建设构筑了信息平台，从而也形成了开放式的企业文化建设的交流平台。

（2）不断完善科技保安设施。通过三年标准化仓库建设，各供应站实现了库区视频监控全覆盖、仓储库房烟雾和火灾自动化报警。油库实现了储罐压力连续监控、储罐罐顶平台人体静电消除；编制了PLC联锁逻辑图工艺联锁，包含油气报警联锁、储罐压力联锁等；安装了物联网上传设备，将油库感知数据上传到鄂尔多斯市安全生产风险监测预警系统，实现了企业互通。通过以上一系列科技保安项目的实施，有效强化了危险源的风险管控，为供应站和油库的安全运行奠定了坚实的基础。

（3）隐患排查治理信息化。借助安全风险预控管理信息系统，严格执行中心每季度排查、安监站每月排查、供应站每周排查、班组每天排查制度，重点监管员工不安全行为和流程执行不到位现象，构建全方位、全过程安全隐患排查机制。对查出的问题和隐患坚持立查立改，对不能立即整改的隐患，明确整改责任人，制定整改措施、限定整改时间，并定期跟踪复查整改结果，实现闭环管理。同时，深入分析隐患产生的原因，努力从源头上减少隐患，真正做到防患于未然，实现了隐患排查治理源头化、信息化、常态化，隐患治理率达100%。

三、以人为本，注重实效，营造安全心态文化

保护职工的安全健康是安全生产的头等大事，要秉持以"安全为生产保驾，安全为生命护航"为安全使命，始终坚持以安全生产为基础，以文化建设为纲领，通过各种安全文化建设，培养全体员工有较高安全需求的安全心态，从而树立正确的安全意识。从根本上提高对安全的认识，提高安全觉悟，牢固树立"以人为本，安全第一，警钟长鸣"的思想。制定切实可行的安全文化建设实施方案，明确目标与工作任务，将安全文化融入员工自觉行为，加强监督检查，确保安全文化宣示系统一以贯之得到执行。同时，运用一切可以利用的手段和形式，对员工进行专业安全技能知识、生活安全知识、抗灾避险知识等方面的教育和活动，营造员工的安全心态文化。

（1）员工安全教育培训常态化。对每年的新员工在入职前，必须接受中心的"三级"安全教育培训，通过考核后方可正式上岗。为了巩固员工的安全技能，供应中心每年开展各种安全管理培训，举办消防知识培训、危险化学品知识培训、安全应知应会知识等培训，加强安全责任人及安全人员责任意识培训，保障员工熟悉安全知识，掌握必须的安全技能，安全培训覆盖率达100%。

除了集中培训，供应中心始终坚持多样化的安全教育方式，在安全工作中，利用各种媒体、书刊、安全文化看板、黑板报、宣传栏和各种会议，宣传安全生产法律法规、安全常识、事故警示及典型事迹。此外，通过微信公众号、手机内网向员工发送相关的安全信息；利用办公网络系统的在线学习功能，观看《生命刻度》《生命的红线》《生命之桥》等安全事故警示片。为进一步加强安全文化建设，增强全体员工的安全意识和素养，营造浓厚的安全生产氛围，达到人人重视安全，时时事事做到安全的目的。

(2)"安全生产月"活动取得实效。认真组织开展安全月活动，2020年开展了"消除事故隐患，筑牢安全防线"安全主题演讲活动，2021年开展了"落实安全责任，推动安全发展"安全主题知识竞赛活动，2022年开展了"遵守安全生产法，当好第一责任人"安全主题趣味运动会。开展了中心经理讲授以"习近平总书记关于安全生产的重要思想及相关要求"为主题的安全生产公开课，并首次采用网络直播方式，现场参会及直播平台听课人员166人次。通过适时开展喜闻乐见、积极向上的安全文化活动，充分发挥安全文化促发展、凝心聚力的优势。安全月期间，按照中心应急预案演练计划，陆续开展了高处坠落、火灾等事故应急预案演练；油品供应站联合公司保卫处消防大队，开展了油库库区大型消防应急救援演练，通过演练，切实提升了员工的应急处置能力，提高了员工安全素养和责任心。

(3)班组安全文化建设实现全覆盖。积极推动班组建设活动开展，明确班组的安全管理规章制度，落实了岗位的"一岗双责"，发动全体员工积极参与到五型班组创建活动中，推动班组安全工作精细化管理，深化了班组成员对安全的认知，强化了班组成员的安全职责和意识。同时，为扩大活动的影响力和覆盖面，要将安全活动辐射到家属成员，班组员工和家庭成员对供应中心的安全活动都给予了很大的支持，真正实现班组文化建设全覆盖。

四、防微杜渐、警钟长鸣，营造安全行为文化

在日常安全管理中，规范员工的行为，提高人员安全操作技能和自我保护能力，预防并控制事故的发生，吸取经验教训，做到警钟长鸣。通过开展标准化作业，规范员工的操作行为，努力造就"想安全、会安全、能安全"的本质型安全员工，营造员工的安全行为文化，最终实现"打造本质安全型企业"的安全目标。

(1)员工安全行为管理持续规范。要求员工除了"应知"，更要"应会"，多方式组织进行反复的安全操作技能训练和突发性事故处理及救援演练。同时深入持久地开展"安全生产标准化建设"活动，在标准化操作上狠下功夫，从根本上提高安全操作技能和自我保护能力。将岗位标准作业流程与风险预控管理体系、安全管理标准化示范班组创建、员工不安全行为有机融合，使员工的作业行为得到有效规范，不安全行为与习惯性违章作业得以消除，员工作业技能之间的差距进一步缩小，安全意识和安全素质得到提升，逐步建立起自我约束、自我完善、持续改进的PDCA安全生产工作机制。

(2)外委施工人员安全行为管理层层落实。外委施工队伍人员是安全管理的重、难点，中心在将一些作业交给承包商管理时，注重加强对外委施工队伍的管理，一方面严格执行《物资供应中心承包商安全管理规定》，入场前做好安全培训教育，办理入库许可胸牌，仔细审阅施工组织设计方案、应急预案等安全协议内容；另一方面要求现场施工负责人每周参加站内安全例会，并对项目进度进行报告，同时指派安监员对施工现场进行监督检查，发现不安全行为和三违及时制止，通过多种方法对外委施工队伍管理，确保了外委施工的全方位监管、全过程安全。

安全文化建设是企业文化的重要组成部分，物资供应中心企业文化具有近35年的发展历史，我们要在传承中发展，在发展中创新。每位员工都是供应中心安全文化的参与者、创造者和实践者，我们要不断丰富、创新文化建设的载体，始终坚持贯彻"以人为本，生命至上"的安全理念，逐步使员工从"要我安全"到"我要安全"再到"我会安全"，最后达到"我必安全"，养成一个良好的安全行为习惯，确保物资供应中心安全、健康、稳定发展。

参考文献

[1] 贺阿红. 企业安全文化载体内容设计研究. [D]. 北京：中国矿业大学，2013.

[2] 石峰. 浅谈发电企业安全生产管理与员工素质教育. [J]. 中国管理信息化，2019.22(8): 93-94.

[3] 张志贤. 以安全管理创新体系构建煤炭企业安全生产大局 [J]. 科技与创新 ,2019(7):114-115.

提升化工生产企业安全文化建设"附着力"的思考与实践

——以攀钢钒钛安全文化建设为例

攀钢集团钒钛资源股份有限公司　李晓宇　马朝辉　林　霞　吴洪英　龙　海

摘　要：安全文化就是安全理念、安全意识以及在其指导下的各项行为的总称，安全文化的作用是提高人的安全素质，改进安全意识和行为。本文以攀钢集团钒钛资源股份有限公司（以下简称攀钢钒钛）为背景，探讨"附着力"在安全文化建设中的意义、体现、实现途径及最终取得的成效。

关键词：安全文化；附着力；安全生产；攀钢钒钛

攀钢钒钛是鞍钢集团攀钢实施"主攻钒钛"战略的承载企业，在生产过程中，以精细化工生产为主，兼具冶金生产性质。生产经营区域涉及攀枝花、西昌、成都、重庆、北海、香港以及德国的杜塞尔多夫，点多面广。安全管理专业性要求高、难度大。为更好落实国家对安全生产管理的相关要求，保障公司各项战略目标顺利实现，攀钢钒钛开展了安全文化建设，将安全文化建设与企业发展壮大纳入同一体系推进。在建立符合行业属性、具有上市公司"辨识度"的安全文化过程中，注重把安全文化融入公司管理日常、根植于员工行为日常，突出对安全文化"附着力"的考量与实践，建立了符合自身特色的安全文化理念体系，形成了稳定、良性、持久的安全生产和安全管理环境，为公司高质量发展提供了保障。

一、"附着力"在安全文化建设中的重要意义

（一）"附着力"在安全文化中的引入

"附着力"，英语名称"Adhesion"，根据吸附学说的解释，指两种不同物质接触部分间的相互吸引力。一个企业中，文化的形成和演变，需要"嵌入"（embed）或"锁定"（lock-in）在组织的特定情境中，才能发挥最好功效。高附着力为文化提供了可依赖路径。

安全管理，属于管理的范畴，要求讲究科学性、讲究客观规律性；安全文化是管理艺术性的表达方式，是长期安全管理的结晶，是因地制宜地将管理知识与管理活动相结合的统一体。

攀钢钒钛把"附着力"这一概念引入安全文化建设，突出相互吸引、相互作用、相互融合。攀钢钒钛认为，在安全文化建设过程中，不仅仅只是物理性的黏合，即管理手段的实施，还应该发生化学性的黏合即情感认同的产生。这一观点强调了安全文化建设适用和实用的出发点，强调了安全文化建设不是为了应景，也不是赶时髦，应当结合行业实际，从理念的提出到文化的实践，一开始就体现"附着力"，运用起来才会得心应手。

（二）"附着力"在攀钢钒钛安全文化中的现实需求

理解"附着力"的现实需求，首先要理解攀钢钒钛安全生产的特点，主要体现为"双跨"。

一是跨行业特性。近年来，随着攀钢钒钛的快速做强做大，已经拥有了以五氧化二钒、高钒铁、钒氮合金、钒铝合金为代表的钒系列产品，以钛白粉、钛渣等为代表的钛系列产品，产品深受国内外客户的喜爱。在产品品种不断丰富的背后，则是跨行业的生产特性，即兼具化工生产与冶金生产的特性，这一特性决定了生产控制极为复杂，除了可能存在一般生产型企业的安全隐患之外，还具有易燃、易爆、易中毒、高温、高压等特点，对原燃料运输、化学反应控制、中间品和成品存储、生产连续化和自动化的设备保障能力等，都提出了很高要求。

二是跨区域特点。攀钢钒钛的生产经营区域

涉及攀枝花、西昌、成都、重庆、北海、香港以及德国的杜塞尔多夫，点多面广，各区域属地文化不同，管控难度增大。安全文化是否能够被所有区域所接受，是否能够引导每个区域的安全管理，则成为攀钢钒钛安全文化建设"附着"的关键。

因此，攀钢钒钛在不断加大安全管理的制度保障、资金保障、员工素质保障的同时，更需要具有"附着力"特点的安全文化，把文化建设的"软"保障，融入安全管理的"硬"要求；把"要我做"的单导向，变为"我要做"的双引导，夯实公司高质量发展的安全根基。

（三）"附着力"在攀钢钒钛安全文化中的实现途径

攀钢钒钛为什么建设安全文化、怎样建设安全文化、建设什么样的安全文化。

1. 为什么要建设安全文化

攀钢钒钛认为，安全是企业永恒的主题，安全文化是公司文化的重要组成部分。建设具有行业属性的安全文化，目的在于把攀钢钒钛的安全要求转化为员工的自觉行为，实现从"要我安全"到"我要安全"的转变，让全体员工在"懂安全、要安全、会安全、能安全"中享受幸福生活。

2. 怎样建设安全文化

攀钢钒钛认为，安全文化的形成不是一朝一夕，也不能一蹴而就，要立足岗位找差距，对标先进找方法，建设以"文化理念为内核、以隐患排查为基础、以科学防护为重点、以制度建设为支撑、以刚性执行为关键"的安全文化，形成良好的安全文化氛围和高效的安全生产管控体系。

3. 建设什么样的安全文化

攀钢钒钛认为，要建设贴合化工冶金生产实际、贴合体现上市公司社会责任、贴合攀钢钒钛企业文化中对"安全"要求的这样一种安全文化，发挥出全体员工自觉遵守的激励功能、各部门共同认知的协调功能、各区域各板块高度认同的凝聚功能，营造引导安全管理工作、形成文化自觉的文化氛围。

二、"附着力"在攀钢钒钛安全文化建设中的具体体现

（一）在安全文化与企业文化的关系中体现

在提炼安全文化之前，攀钢钒钛已经发布了企业文化体系。

2017年攀钢钒钛实施扁平化管理，站在了新的起点，为新一轮的发展打下了良好基础。为迅速凝聚起全公司的力量，顺应转型升级的新要求，顺应资本市场的新变革，顺应监管政策的新变化，调动起一切有利于公司发展的积极因素，从而建设一种集团管控下的独具特色的上市公司文化。在这个背景之下，攀钢钒钛形成了包括愿景、使命、发展目标、发展战略、共同价值观和10大价值导向为主要内容的企业文化体系，在攀钢钒钛的高质量发展中发挥着重要作用。

攀钢钒钛的企业文化体系提出的发展战略、共同价值观等，都包含了对"安全"的要求，因此，加强安全文化建设既是攀钢钒钛企业文化体系的文化要求，也是兼具化工生产和冶金生产双性质的安全管控的现实需求。攀钢钒钛的安全文化，属于攀钢钒钛企业文化体系的子文化，其中的安全理念文化体系，是攀钢钒钛安全文化建设的核心，是攀钢钒钛企业文化体系中"安全"内容的具体显现。

（二）在安全文化形成的过程中体现

虽然每个企业安全文化建设的方向是相同的，但是，企业不同，生产性质不同，安全管理要求不同，安全文化建设的着力点就不同。在安全文化建设过程中，不能一味地照抄照搬，否则会出现不切合实际，水土不服与文化和管理"两张皮"的情况。

攀钢钒钛的安全文化建设类型，既不同于农业，也不同于服务业。即便在同是大工业生产的企业中，攀钢钒钛也有着精细化工生产、冶炼生产的独特性。因此，攀钢钒钛安全理念文化体系的建设，从一开始就立足于行业生产特性，对标于杜邦公司等国外知名企业安全文化管理经验，形成于攀钢钒钛生产对安全管理要求的实际。

一方面，体现自上而下、自下而上的酝酿。攀钢钒钛党委对安全文化建设提出要求，负责企业文化工作的宣传部门与负责安全工作的安全管理部门具体实施，从公司安全文化现状、安全管理需求、安全目标导向等方面开展了大量深入细致的调研工作，形成安全文化建设方案；各生产单元积极配合，提出大量好的意见建议。

另一方面，体现全员参与、共同思考的过程。广泛开展安全理念征集活动，征集过程中做到"三个突出"，即突出公司的行业特性，即精细化工为主、安全风险等级高、员工安全素质要求高等特性；突出公司的安全管理工作内容，如公司的安全生产目标、安全管理模式、安全行为要素等；突出员工的主体意识和主体责任。安全理念征集得到全体员工的积极响应，经过同类项整理，在全公司征集有价值的理念79条，为公司形成安全理念文化体系奠定了基础。

（三）在安全理念文化体系中的体现

安全理念文化体系，是攀钢钒钛安全文化建设的核心。

1. 攀钢钒钛安全理念文化体系主要内容

（1）核心理念：本质安全，平安钒钛。"附着力"的体现为：把安全作为公司生存发展的生命线，着力建设本质安全企业，夯实高质量发展、可持续发展的根基。

（2）安全愿景：打造钒钛行业安全典范。"附着力"的体现为：践行极致思维，培育一流员工队伍，建设一流管理团队，创造一流安全业绩，努力成为钒钛行业安全典范企业。

（3）安全使命：员工安全有保障，产品安全可信赖。"附着力"的体现为：持续加大安全投入，为员工创造安全可靠的工作环境，为客户提供安全可靠的钒钛产品，建设本质安全企业。

（4）安全目标：零盲区、零违章、零事故。"附着力"的体现为：从安全认知和隐患状态的盲区入手，提升员工行为自律，消除主观和客观状态的违章情形，全面实现零事故。

（5）安全价值理念：安全就是幸福，安全就是效益。"附着力"的体现为：坚持安全高于一切，以安全守护员工健康幸福，以安全推动公司高质量发展。

（6）安全管理理念：专业安全管理，安全专业管理。"附着力"的体现为：强化安全管理的专业性、系统性、科学性，全面落实安全专业化管理和依法依规管理，提升安全管理整体效应。

（7）安全誓词：安全就是幸福，安全就是效益。为了个人、家庭、公司的安全，我宣誓：坚守"本质安全，平安钒钛"理念，落实安全职责，学习安全知识，掌握安全技能，提高安全认知，消除安全盲区，杜绝违章作业，全力打造钒钛行业安全典范。"附着力"的体现为：安全誓词作为攀钢钒钛安全管理的创新，运用于班前会、周安会等场合，誓词内容贴近员工日常工作实际，具有理念引领、观念引导的特点，通俗易懂，朗朗上口，容易记忆和传播。

2. 攀钢钒钛安全理念文化体系的逻辑关联

攀钢钒钛安全理念文化体系来源于生产管理实际，借鉴于同行先进企业经验，酝酿于全体员工安全需求意识，包含"核心理念""安全愿景""安全使命""安全目标""安全价值理念""安全管理理念"和"安全誓词"7部分内容，是公司安全文化的精髓所在，具有内在的逻辑关联，"引"向于"想"，"导"向于"做"。

（1）从内容层面看

"核心理念"是公司安全理念文化体系的"根"，是内核。

"安全愿景""安全使命""安全目标"是公司安全理念文化体系的"干"，都具有"指向"的属性，但侧重不同："安全愿景"是安全理念文化的远景表达；"安全使命"和"安全目标"是安全理念文化的近景表述，远景是近景的方向，近景是实现远景的途径。

"安全价值理念""安全管理理念""安全誓词"是公司安全理念文化的"叶"，体现的是一种安全遵循。

公司安全理念文化体系生于根，发于干，显于叶。

（2）从管理角度看

安全管理，不是"自我"一域的安全概念，而是"全域"大视角的安全概念；不是单向要求，而是双向互动。

"核心理念""安全愿景""安全使命"，不仅是公司范畴内的安全要求，也是公司范畴外社会责任的体现。

"安全目标""安全价值理念""安全管理理念""安全誓词"，既是公司对员工的要求，也体现了员工的自我意识。

三、攀钢钒钛安全文化建设取得的成效

（一）增强安全发展竞争力，推动效益持续增长

2021年上半年，归属上市公司股东的净利润10.73亿元，同比增长55.52%，公司效益的持续增长，得益于公司安全发展竞争力的不断增强。

攀钢钒钛不断强化安全生产的组织保障，在日常安全管理方面，成立了安全生产管理委员会，设置专门的安全管理部门并独立运行，各生产型生产单元配备专职安全管理人员，抓好全公司安全管理工作的日常运行。在安全文化建设方面，成立公司安

全文化建设领导小组,下设办公室,由企业文化部门和安全管理部门共同组成,负责安全文化建设工作方案的制定和策划、组织、宣传、培训、推动、检查、考核等日常工作,推动建立安全管理长效机制。攀钢钒钛设置安全管理专项经费,用于安全生产、职业健康卫生等工作,让安全管理有了充足的资金保障。

（二）提升现场安全保障力,推动实现本质安全

通过持续加强现场基础管理、狠抓生产现场安全保障能力。从安全管理的专业角度出发,深入开展安全生产专项整治三年行动,落实"五清五杜绝",做好隐患排查治理、消除安全管理"盲区、盲点、盲时"等工作,安全风险总体受控。同时,持续开展"基础管理提升年"活动,在全公司范围内实施现场可视化管理,现场基础管理能力得到进一步提升,生产现场环境持续改善。西昌钒制品成功获评攀钢"最优工厂",入选国务院国资委"国有重点企业管理标杆创建行动标杆企业";重庆钛业成品作业区、西昌钒制品焙烧浸出作业区获评攀钢"A级示范作业区"。

推动技术升级与安全保障同步进行,不断改善装备与工艺适应性。在聚焦高效绿色利用、提升钒钛资源利用率、构建以攀钢二次资源利用为核心的全生态新型产业链基础上,持续提高工艺、装备优化升级控制水平,加大自动化、信息化、数字化、智慧化"四化"建设,重点针对装备、产线及工厂级基础自动化"补短板",推动"脏、累、险"岗位机器换人、产线自控化和区域集控、信息系统等全覆盖,不断增强现场安全保障能力。

（三）巩固安全文化感染力,形成"大安全"格局

目前,职工参与安全文化建设的责任感和积极性不断提升,安全管理不再仅仅是安全管理部门的职责,而是每一位员工的职责,全公司形成了浓厚的安全生产文化氛围。

编写岗位安全"口袋书",内容随安全环境变化动态更新,解决岗位安全"应知应会";制作职工安全文化手册,传播公司安全理念,不断强化对安全文化和基本岗位安全要求的理解。通过安全演练、安全生产月、安全标准化短视频征集、三级安全教育教材及事故警示教育片、一周一课安全主题培训等方式,职工不但具有相应的专业防范知识、知晓突发事件处置流程,还在日常实践中加深了对安全文化的理解。值得一提的是,攀钢钒钛每年开展的安全技术技能比武,不但有各级安全管理人员、青安岗员参加,也有岗位职工参加,比武内容也每年不一样,充分体现出了安全文化建设引导下的全员参与。目前,"安全就是幸福,安全就是效益"的安全价值理念、"本质安全,平安钒钛"的核心理念等安全理念,深入人心,已经内化为员工的日常行为。

规范"基层干部"安全管理行为推进企业安全文化建设

中农发河南农化有限公司　王松柏

摘　要：企业安全文化建设中，基层领导干部起着至关重要的作用。通过开展基层领导安全行为"五个一"等安全文化建设模式，丰富了安全文化内容，规范了基层领导的安全行为，有力促进了企业安全生产工作。

关键词：基层领导干部；安全行为"五个一"；安全文化建设

随着《中华人民共和国安全生产法》的发布，以及国家大力推进双重预防机制建设工作，我国危险化学品企业的安全管理水平取得了很大进步，安全文化建设也被很多企业提上日程，但众多中小企业的安全文化工作仍存在很多问题。中农发河南农化有限公司（以下简称河南农化）通过基层领导安全行为"五个一"模式，推进安全文化建设工作。

一、存在主要问题

很多企业在开展安全文化建设时，企业领导者、管理者，甚至包括安全管理人员，都认为安全文化建设应当全员能参与，以提高基层员工安全意识、知识和技能为出发点，通过编制安全行为准则、安全文化手册、安全绩效考核等行为推动安全文化建设。这种认识看起来很有道理，但却是一种将企业安全文化建设的重点本末倒置、因果反转的观点。主要原因包括以下几个方面。

（1）安全文化建设体系的运行需要全体员工的积极主动参与，让全体员工自觉、自主地关注安全、参与安全。但"压迫式"或"推动式"管理，下级被动执行和服从，只会加重员工的逆反心理。因为领导者，尤其是基层管理者的安全管理行为在企业安全文化建设运行过程中，起到主要作用。通过增强管理人员的安全意识和安全管理能力，引领、带动员工牢固树立"安全第一"的思想，规范员工安全作业行为，强调"要求员工学习掌握的安全知识，管理人员必须先学习掌握；要求员工做到的行为规范，管理人员必须先做到，"安全领导力"是安全文化建设的重中之重。

（2）未建立完善的有效运行的安全管理机制。企业的安全管理机制之所以落实困难就在于企业的领导者们和各级各类管理者们自身安全文化对改变和提高要求的不由自主地抵制。在企业安全文化建设过程中，越是应该和需要改变的人，却越是难以改变的，并由此带来安全文化建设的要求难以执行到位的问题。

（3）安全文化建设存在形式化、表面化、班组化，企业安全管理难以取得实质性进展。提高员工的安全行为是企业安全文化的具体表现，而员工的安全行为受其直接领导者的影响较大，尤其是基层管理人员影响较大，因此规范完善基层领导干部的安全行为有助于推进安全文化建设。

二、基层领导安全行为"五个一"

鉴于基层管理人员的安全行为对安全文化建设重要性。在推进企业安全文化建设过程中可按照基层领导安全行为"五个一"的模式来推动。

（一）每日一次安全承诺

企业领导者的安全承诺多倾向于体现领导者对安全工作的重视程度，企业安全发展的战略规划，投入的时间与资源等，这样的承诺固然重要，但与基层员工关联不大，不易引起基层员工的共鸣。基层领导干部是直接管理基层员工的，所以基层领导干部的安全承诺应区别于企业负责人的安全承诺。应更加具体更加细化，比如每日有无特殊作业，特殊作业的具体部位，负责人员，管理人员及员工日常巡检共检查出多少安全隐患，今日还有多少未消除等内容。这样有利于体现基层管理人员开放的姿态、愿意接受员工监督、以身作则的工作态度，更能引起基层员工的共鸣。员工也更愿意参与安全管理工作。长期坚持能够实现安全管理的互动性，基层领导以身作则，具体安全工作接受员工监督，员工也可将承诺与岗位安全交接班相结合，体现可执行性，同时也是对领导承诺的积极反馈，这种交互式的承诺方式，有利于提高员工参与安全工作的积极性，员工有体验感参与感，才能逐步形成良好的安全文化氛围。

（二）每周一次隐患排查

隐患排查是企业安全管理的重中之重，企业在全面辨识风险、管控风险的基础上，做好隐患排查工作，是企业避免事故发生的最后一道防线。可以说规范隐患排查行为是企业最重要的安全管理行为之一。

一般来讲，公司级的隐患排查工作，受限于时间、空间等多种因素，不可能对基层单位的每一处风险进行全面的安全隐患排查，只能针对重大风险或较大风险进行有针对性的隐患排查工作。因此基层单位每周的隐患排查就显得尤为重要，一方面要对重大风险、较大风险、一般风险、低风险等各级风险进行详细的隐患排查，另一方面又要对每一种风险的具体管控措施进行逐条对照排查。而要做到这些，就必须规范基层领导的隐患排查行为。

首先基层领导必须做好充分的组织准备。每周组织基层单位的主要管理人员、技术人员、班组长等人员参与到隐患排查工作中，还可邀请班组中的优秀员工参与进来，让员工参与到具体的安全工中，一方面可提高员工的参与感，另一方面可提升员工的安全知识与技能。

（1）应做好充分的检查准备工作。制定检查计划，规定每次检查前的重点工作，并以此编制安全检查表，检查表编制工作最好邀请基层员工参与，基层员工可参与本岗位的检查表编制工作，也可采取岗位之间互相编制检查表的形式，增强员工对同一车间不同岗位的了解程度。员工参与检查表的编制，一方面能够使员工参与到隐患派擦汗工作中来，另一方面能够体现基层领导对使员工意见的重视程度，让员工主动梳理岗位风险隐患，逐步形成从要我安全到我要安全的文化氛围。

（2）现场检查应实事求是，避免走过场，走马观花式的检查。安全检查不止要发现问题隐患，还要对隐患进行剖析，从而不断提高员工的隐患排查能力。基层领导应以身作则，检查现场要起到带头作用，对照检查表逐条认真排查。技术人员在检查时对发现的问题隐患最好现场进行剖析，对该问题隐患的形成原因、危害后果，现场对基层岗位员工进行讲解，并将整改要求、整改标准一并告知。检查中发现现场无法解决的问题隐患，或者对整改标准有分歧的要及时记录在案，检查结束后与公司技术人员或外聘专家沟通解决，并在之后的班组活动或例会上进行研讨，通过发现问题、讨论问题从而逐步提高员工隐患排查能力，这要比单纯的授课式学习更有效果，也更能调动其基层员工的积极性，从而形成人人能排查隐患，人人会排查隐患的安全氛围。

（3）要落实隐患整改，形成闭环管理。对于发现的问题隐患要及时制定整改措施、整改责任人、整改期限。基层单位要及时组织人员进行验收，对整改积极、措施落实到位、提前完成的员工要给予奖励，对超期未整改、应付整改、敷衍对待的要给予惩罚。另外隐患一定要确保全部闭环，不能有遗漏，要让员工看到管理人员对隐患整改的重视程度、认真程度，逐步形成安全工作要实事求是、精益求精安全文化氛围。

（三）每半月一次安全活动

很多企业的安全活动并未起到真正的作用，多数都是强制要求员工参与，做个签到表、拍个照片、宣读个文件，就算安全活动做好了，这样的安全活动形式单一，结合生产实际不够，记录不规范随意性大，这样无意义的活动只会增加员工的逆反心理，甚至会滋生厌恶情绪，这对企业的安全文化建设百害无一利。因此切实有效搞好安全活动，在企业安全文化建设中至关重要。安全活动，应增强员工认可度和参与度，要能激发员工参与热情，避免流于形式，避免一言堂。例如在当前移动互联网形势下，人们的学习逐渐碎片化、电子化，可利用信息化系统，为员工推送简短的、实用的学习内容，也可以把操作规程逐条分解，分期推送给员工，企业在系统上利用学时、学分积分等功能，对员工学习情况进行统计，并建立积分超市，员工自行根据积分换购奖励商品。还可根据基层单位实际情况开展60天内无任何人违反安全管理规定、30天内岗位现场无隐患、空呼穿戴比赛等活动。从而激发员工积极性，利用多种丰富有趣的活动，让员工主动参与进来。每个员工都主动参与了，班组活动也就搞好了，企业自然也就有了良好的安全文化氛围。

（四）每月一次安全会议

基层单位应每月组织一次安全会议。可以不像公司级安全会议那样正式，因为过于正式的形式，会使基层员工有紧张感、拘束感。会议形式可以是研讨性的、也可以是茶话会性质的，总之就是要鼓励员工参加并参与进来。会议内容一方面要解决当前问题，问题可以是隐患整改的标准要求，作业活动的问题弊病，也可以是员工巡检路线设置合理性、公司要求的工作落实情况等多种形式，但都必须与员工息息相关；另一方面要计划下月度的工作，可以是准备开展的安全活动、安全检查表的编制或者应急演练的现场研讨等内容。基层单位的安全会议一定要员工参与，由基层单位领导主持，在轻松、活跃的氛围下、激发员工的积极性与创造性，从而提高员工对具体安全工作的参与性，形成员工的主人翁意识，变被动为主动，推动全员参与的安全文化建设。

（五）每季度一次激励评选

正向激励的重要性不言而喻，对安全工作中表现优异的员工给予物质奖励，能够起到正向的激励作用。但物质激励不能抱着"加大力度，给予重奖"的想法，安全文化建设是长期的工作，不断加大奖励筹码，并不能起到积极的作用，反而会使企业的奖惩陷入泥潭。因此奖励要制定统一的标准，评选受奖员工时要实事求是，不能讲人情、不能搞平均主义。另外奖励还应包含精神奖励，无论什么文化水平的员工，在工作中都需要正向的精神激励。精神奖励与物质奖励相结合才能使激励评选起到正向作用。

参考文献

[1] 毛海峰，王珺. 企业安全文化理论与体系化建设 [M]. 北京：首都经济贸易大学出版社，2013.

[2] 吴甲春. 安全文化建设理论与实务 [M]. 乌鲁木齐：新疆科学技术出版社，2006.

煤制油企业安全文化建设与探索

中国神华煤制油化工有限公司鄂尔多斯煤制油分公司　宋云飞　高宇龙

摘　要：为提高煤制油企业安全管理水平，提出一种将安全文化发展水平从"员工参与"上升到"团队互助"安全文化建设方法。首先，针对煤制油企业具有工艺复杂多变、高温高压，原料及产品易燃易爆、有毒有害特点，从价值、责任、教育、管理四个方面提出相应的安全理念；其次，从夯实安全文化建设基础、推进安全文化建设、追求更高安全文化标准三个安全文化建设阶段制定各阶段安全文化建设方案；然后，通过领导层、全体员工参与，专项资金、激励政策、班组推动保障安全文化建设顺利进行；最后，以中国神华煤制油化工有限公司鄂尔多斯煤制油分公司为例，验证该安全文化建设方法的有效性。研究表明：将安全文化建设作为安全生产目标，作为企业核心价值观，树立每位员工安全理念，有利于安全文化建设从"员工参与"上升到"团队互助"水平，将为建设"四位一体"本质安全型企业打下坚实基础。

关键词：煤制油企业；安全文化建设；安全理念；安全管理；本质安全

中国神华煤制油化工有限公司鄂尔多斯煤制油分公司以习近平总书记关于安全生产的重要论述为指引，牢固树立安全发展理念，深入贯彻集团安全生产工作部署，持续推动安全文化建设，营造安全生产氛围、提升员工安全意识，筑牢企业安全防线，不断提升安全管理水平，坚决遏制生产安全事故的发生。

安全文化一词最早由INSAG组织提出，该组织定义安全文化为存在于组织和个人层面的安全行为的各种特征和思想态度的综合，是安全建设中优先级最高的关键的内容[1]。从安全文化的描述中不难看出，安全文化在企业的安全管理中占据重要地位。但以往对安全文化研究主要放在"员工参与"层面进行安全文化建设。例如，曹志金[2]提出用融合传统管理、信息化管理的安全文化建设方法，以此提高员工的安全意识，增强自我约束能力；黄玺等[3]提出以"互联网+"背景下的安全文化建设，以此促进安全文化宣传并提高个人安全文化素质；邵晖[4]提出以人为本、引导学习、全员参与、主动汇报类型的安全文化建设方法。"员工参与"型安全文化与"团队互助"型安全文化相比员工在保护他人安全意识上，自主性安全管理与行为上存在不足。

煤制油是国家的能源战略，对国家的经济发展和长治久安是一个重要的战略安排[5]，其企业内部对安全十分重视，提出一种将安全文化发展水平从"员工参与"上升到"团队互助"安全文化建设方法。其成功的安全文化建设使得中国神华煤制油化工有限公司鄂尔多斯煤制油分公司成为制度本质安全、设备本质安全、环境本质安全、行为本质安全"四位一体"本质安全型企业。

一、企业安全文化理念的提出

（一）核心安全文化理念

煤制油生产的安全不仅关系到员工的生命健康，也关系到国家财产和煤制油工程的存亡。做好安全生产，必须坚持"安全第一，以人为本"的方针。树立四个"所有"理念，即所有风险都可以预防；所有三违都可以杜绝；所有隐患都可以排除；所有事故都可以预防[6]。

（二）安全文化价值理念

"生命至上，安全发展"的价值理念。生命只有一次，对于个人家庭和企业，事故都是不可承受之重。对生命的尊重与关爱是衡量现代企业道德水准的核心指标，永远把人的生命与健康放到至高无上的位置，每位员工都要认识到生命的价值，珍惜自己的生命，关爱他人的生命，以自觉的安全意识和安全行为维护生命的尊严。

（三）安全文化责任理念

"安全生产，人人尽责"的责任理念。确保安全就是硬道理,落实责任是硬任务。要认真落实安全生产责任制到每一个环节,每一个岗位。各分管领导要各负其责,具体抓好分管领域职能范围内的安全工作,做到管业务就要管安全;各部门主要负责人是本部门安全生产的第一责任人,对重点问题重大风险要亲自抓、亲自管;班组一线员工要尽职履责,严格按照标准抓好日常风险管控,做到现场作业安排与安全风险管控工作同部署与同落实。

(四)安全文化教育理念

"内化思想,外化行为"的教育理念。每一名公司员工都应将自身的安全承诺、安全责任铭记在心,理解并真心认同公司四个"所有"安全理念体系,并用他们来指导自己的言行。做到人人都知责、明责并且尽责,做自己应该做的事,不做不应该做的事,不制造、不传递、不纵容任何一个事故隐患,致力于成为一名本质安全人。

(五)安全文化管理理念

"制度至上,执行第一"的管理理念。安全管理要注重落实和执行,切忌眼高手低不作为。坚持"抓好落实和执行力才是搞好安全工作的核心和关键所在"的工作原则,以安全责任落实为核心,以各项制度、文件、措施、预案执行到位为手段,做到精准、精细,实现"全员、全天候、全过程、全方位"的安全管理,形成自我约束、自我管理的安全长效机制。

二、企业安全文化建设主要举措

(一)夯实安全文化建设基础

安全文化建设基础是安全文化建设过程中最基础,也是最关键的一环。为确保安全文化建设在规划期内有人策划、有人管理、有人执行。

(1)设立"安全文化建设领导小组",由最高领导人亲任组长,各部门负责人及个别优秀员工代表任成员,领导小组下设办公室,由安健环部、党群工作部等成员组成,负责具体工作的实施。

(2)完善企业安全管理责任制,将安全文化建设工作职责纳入企业安全生产责任制,尤其是广泛纳入各级一把手、各部门尤其是生产部门的职责当中,并据此相应地调整考核要求。

(3)按照核心安全理念、安全方针、安全使命以及安全愿景等内容,完善煤制油分公司安全文化理念体系,使安全理念成为员工安全行为的准则和目标追求。

(4)以安全理念为核心,重新编制《安全文化手册》,内容方面包括理念的诠释以及对各级员工的行为要求,手册采用图文并茂的形式,力求做到言简意赅、通俗易懂。

(5)基于新的安全责任制和个人对安全理念内涵的认识,从最高层开始,建立起覆盖全员的"安全承诺"制度,并确定安全承诺相关公示要求。

(6)对照新的安全理念体系,审核并完善现有安全作业程序,以确保所有作业程序文件体现了公司的安全理念。

(二)推进安全文化建设

在夯实安全文化建设的基础之上,强化宣传舆论体系,发挥党政工团的宣传作用、调动全体员工,大力宣传和积极推动安全文化建设,使安全文化深入人心。做到人人懂企业安全文化,人人学习企业安全文化,人人完善企业文化。

(1)以《安全文化手册》为基础,通过多形式培训、设计制作宣教品、组织主题活动等方式持续宣传安全理念。

(2)进行"按需培训"机制设计结合各层级、各岗位实际,设计并建立科学的岗位任职资格评估,建立岗位安全素质模型,依此设计各岗位培训内容体系,提升安全教育的针对性,建立全员分级、分类的安全教育培训体系。

(3)加强"有感领导",使高层领导对安全的重视应更多地传递给一线。培养管理人员"安全告诫"或"安全叮嘱"具体行为的习惯。

(4)加强对外委承包商的过程管理,建立与外委承包商沟通交流渠道,外委承包商参与工作准备、风险分析和经验反馈等活动,收集外委承包商对企业生产经营过程中安全绩效改进的意见建议。

(5)将安全绩效纳入企业整体、各部门、各层级、各岗位的整体绩效考核,并作为各级管理人员、员工晋升的重要依据,提拔重用安全业绩优异的员工。

(6)通过创建"全国安全文化建设示范企业",进一步强化企业安全生产基础工作,不断提升安全管理水平和安全文化建设。

(三)追求更高安全文化标准

为了追求更高安全文化标准,企业开展理念引领、文化渗透和亲情辐射等文化工程建设。以企业现有的管理体系为基础,培养安全文化人才,将安全融入企业核心价值。

（1）充分认识安全文化建设的长期性和阶段性，始终追求卓越的安全绩效，将安全理念融入企业整体文化价值体系，并作为重要内容进行宣传。

（2）完善组织的绩效评价，并对企业安全绩效开展定期评价，根据评价结果落实整改不符合项、不安全实践和安全缺陷，提出提升安全绩效的具体措施并落实。

（3）培养、打造一支专业的安全文化建设人才队伍。

（4）经过系统的安全文化建设，煤制油分公司产生了一些在安全文化建设方面出类拔萃的班组、部门或区域。创建安全示范区，突出典型带动作用。

（5）完善对外委承包商的安全评价体系，针对表现突出的外委承包商可以进行奖励加分或颁发"煤制油安全合作伙伴"认证，为外委承包商累积安全信用。

（6）将安全文化建设与员工家庭安全教育结合起来，充分调动员工及员工家属参与安全文化的热情，共同提升安全素养。

（7）鼓励各部门、各员工结合实际开展安全生产科技攻关或课题研究，将相关成果在安全生产实践中运用。

三、企业安全文化建设的保障措施

（一）领导层为安全文化建设提供支持

安全文化建设必须从"一把手"开始，即各个部门、各个班组的管理正职，要高度重视安全文化建设工作，既要充当安全文化建设的设计者、推动者和实践者，又要发挥领导干部的垂范和示范作用。管理人员必须带头学习安全理念、带头参加安全培训、带头参与安全活动、带头遵守安全要求。

（二）全员参与安全文化建设

安全生产，人人有责，这不仅是一句口号更是行动纲领。安全文化建设是一项牵涉面广、影响深远的系统工程，需要公司从上到下、方方面面共同发挥作用，才能够迅速推开、持续推进、取得实效。企业安全文化建设由公司统一领导、各部门各负其责、全体员工广泛参与的安全文化建设工作体系，齐抓共管，形成合力。

（三）班组推动安全文化建设

班组是安全文化建设的最基本单位，也是推进文化建设的中坚力量，广泛开展安全文化进班组、进岗位、进外委单位，让安全文化渗透到基层、班组、现场每一个角落、基层每一位员工，使安全文化的种子在基层生根发芽。只有从班组抓起，才能实现"安全管理重心下移"，才能将"安全第一"方针和各项政策法规真正落到实处，筑牢安全管理基石。

四、企业安全文化建设成效

中国神华煤制油化工有限公司鄂尔多斯煤制油分公司，积极推进安全文化建设。结合煤制油企业实际发展需求以及其战略地位，以四个"所有"为核心安全文化理念，提出价值、责任、教育、管理四个方面安全文化理念。注重文化，以文化推进安全管理，为煤制油企业持续发展保驾护航。为确保中国神华煤制油化工有限公司鄂尔多斯煤制油分公司安全文化建设顺利进行，从领导、班组与全体员工做好安全文化建设保障措施。公司安全文化建设水平达到"团队互助"后，有几个典型特征：员工从道德及经济角度认识到安全十分重要，认为违章是对他人安全的威胁，并引以为耻；提倡安全的工作及生活方式，无论工作内外都主动干预不安全行为，并使之成为习惯；管理层承认所有员工的价值，积极营造公平、透明的环境；自主性安全管理和行为成为普遍现象，多数员工都能做到在无监督的情况下依然进行安全的行为；员工非常愿意并有能力与他人分享自己的安全经验或信息。全体员工同建共享安全成果，使得煤制油化工公司在科学发展、持续发展的同时，实现安全发展。

参考文献

[1] 满江月. 组织层面安全文化与职工安全文化相关性研究 [D]. 唐山：华北理工大学，2021.

[2] 曹志金. 水电企业安全文化建设的探索与实践 [J]. 中国安全科学学报，2021,31(Z1): 92-95.

[3] 黄玺，王秉，吴超. "互联网+"背景下安全文化建设模式研究 [J]. 中国安全科学学报，2017,27(5):13-18.

[4] 邵晖. T公司安全文化体系建设研究 [D]. 大连：大连海事大学，2014.

[5] 顾春卫，许嵩，王建卿，等. 基于国家能源安全保障的煤制油发展研究 [J]. 军民两用技术与产品，2021(2):42-47.

[6] 蓝麒，刘三江，任崇宝，等. 从被动安全到主动安全：关于生产安全治理核心逻辑的探讨 [J]. 中国安全科学学报，2020,30(10):1-11.

创新推行安全生产"监督+服务"监管模式推动安全文化建设

浙江能源天然气集团有限公司　吕海舟　王云龙

摘　要："十四五"期间是浙江省"重要窗口"建设和争创"现代化先行省"的关键期，是浙江能源天然气集团有限公司（以下简称天然气集团）创建"三型"现代能源企业、建设成为"国内一流现代综合型天然气服务商"的关键期。天然气集团积极转变观念，创新安全生产"监督+服务"的新型监管模式，持续推动安全文化建设，完善安全生产管理体系，为打造本质安全型企业奠定坚实的基础。

关键词："监督+服务"；安全文化建设；本质安全

天然气集团主要以保障浙江省天然气资源安全、经济、稳定供应为核心任务，深入做好省级天然气管网投资建设与运营，积极开拓下游城市燃气市场，逐步加大上游资源开发，巩固和完善天然气资源供应保障体系，是天然气产业专业化投资管理公司，经营范围包括天然气管网、LNG接收站及城市燃气项目的建设投资与经营管理，天然气综合利用的技术研发、运营管理服务、咨询服务。公司发展中坚持以习近平新时代中国特色社会主义思想为指导，认真落实习近平总书记关于安全生产的重要论述，牢固树立安全发展理念，首创安全生产"监督+服务"监管模式，完善安全生产管理体系，强化协同治理效应，抓好能源保供和安全生产管理，营造浓厚的安全文化氛围，致力于打造本质安全型企业。

一、落实常态监督，坚决筑牢安全生产稳固防线

制定安全生产"监督+服务"工作方案，持续落实常态监督，重视体系监督促保障体系有效运转，强调履职监督助监督体系效能提升。

（一）重体系监督，促保障体系有效运转

（1）健全双重预防机制。不断健全双重预防机制，完善安全生产制度体系和管理标准，做好安全风险分级管控和隐患排查治理工作。依据科学的安全风险辨识程序和方法，每月至少开展一次安全生产风险作业评估分析，形成风险管控措施排查清单，并动态更新。组织落实风险分级管控责任人和管控措施，进一步树牢安全防线。持续开展隐患排查治理，将排查发现问题及时录入企业安健环及技术管理平台，以互联网手段高效监督落实问题整改闭环。

（2）实现安全生产标准化达标。指导下属企业将标准化创建工作融入自身管控体系。除初创企业外，下属其他企业均已完成标准化二级或三级达标建设。同时，严格按照制度标准，执行安全责任制考评工作，严肃查处违规行为，追究事件责任，实现"事前预防、事中干预、事后惩戒"，结合企业约谈机制，进一步明确和落实企业主体责任和监管责任。逐步实现安全管理系统化、岗位操作行为规范化、设备设施本质安全化、作业环境器具定置化等安全生产标准化目标。

（3）增强应急协同联动机制。天然气集团常态化开展应急预案修订和应急演练工作，切实提高各类事故事件应急救援能力。如2021年迎峰度冬期间，天然气集团全面参与承办全省天然气"压非保民"预案实战演练以验证"压非保民"应急预案的科学性、可操作性，累计60余家天然气供气及城镇燃气用户企业参加演练。应急演练大大增强了政府和供气企业对于应急响应程序、内外上下应急联动、信息报送的协同联动处置能力。

（二）重履职监督，助监督体系效能提升

（1）重视会议学习和事故警示教育。天然气集团建立"8+4"安全生产例会制（8个月度+4个季度）及若干重大活动、重大会议期间安全生产会商制。一方面做好常规安全监督工作履行好监督职能，另一方面及时开展事故警示教育，宣传推广先进经

验、提升安全管理水平。

（2）探索同质化管理方案。积极探索更高效、更有效同质化管理方案。组织修订完善《安全生产责任制考核办法》等安全生产管理制度，加强基建工程及外包项目管理，制定完善相关实施细则。对外包单位事故的考核标准等同于业主单位，健全安全生产责任制。同时，组织开展同质化管理专题培训，围绕外包单位管理紧抓落实，强化安全监管，助力提升外包队伍管理水平。

（3）引导专业能力提升。积极引导下属企业及工作人员提升专业能力。2021年度天然气集团共有71人入选上级单位安全生产（基建）专家人员名单，5人入选上级单位第二届三级以上人才名单，通过注册安全工程师考试10人，形成了浓厚的学习氛围。该举措有助于提升员工的整体素质和专业化水平，推动天然气集团在新时代实现高质量转型发展。

二、创新服务理念，坚持多措并举实现精准管理

天然气集团及下属企业用实际行动践行"依法依规监督，至诚至真服务"理念，从"单向"监督转向"双向"互动，寓监督执纪于管理服务之中。焕新传统安全宣教模式，创新工作思路和方法。

（一）重业态融合，推安全宣教健康发展

安全生产"监督＋服务"模式高度重视安全宣传教育，开展了多元生态覆盖的宣传教育活动，并以此为抓手加强员工安全素养。

（1）党史学习与安全教育相结合。特色性地开展"党史＋安全"知识竞赛，以赛促学，以"围绕安全抓党建，抓好党建保安全"的目标任务从学习党史、习近平总书记关于安全生产重要论述和安全生产法律法规中汲取前进智慧和力量。

（2）使用线上线下双线融合的形式。针对现存的"点多、面广、线长"问题，天然气集团通过会议、手册、手机、体验区等各种线上线下媒介，陆续组织了"安康杯"竞赛《职业病防治法》宣传周、防灾减灾宣传周、防汛预案演练周、安全生产月、消防安全宣传月、安全生产法宣传月等活动，以及LNG接收站专业知识和"同质化管理"培训、7S管理和班组建设对标交流等，拓展了培训受众群体。

（3）采取内外相结合的方式。开展宣传教育活动中，不仅邀请企业内部金牌讲师、企业在职领导开展经验分享，调动员工学习积极性，还聘请外部专家进行专题讲座，强调学习内容的专业性。

认真组织开展各类安全宣教活动，基本实现受众群体全覆盖，以翔实的教育材料、丰富的宣传形式和广泛的宣传渠道不断普及安全知识，努力扩大和夯实安全生产的群防群治群众基础，推进企业安全文化建设，强化安全生产宣传教育，切实提升安全生产水平。

（二）重与时偕行，创安全文化提升内涵

在原有的安全宣教形式之上，创新性地编制《安全生产应知应会手册（基础篇）》，建设"教育警示基地"，开展"我为安全献一策"活动等工作，凝心聚力实现安全文化的提炼升级和推广。

（1）自主编制《安全生产应知应会手册（基础篇）》。将习近平总书记关于安全生产的重要论述、安全生产基本知识、天然气常用知识以及常用急救自救和应急知识结合起来，形成一本简洁易懂、图文并茂，系统展示作业过程中的基本知识要点和安全工作规范的通识类科普手册，对各级管理和作业人员的日常工作学习均有较大帮助。同时，配套更新安规考核试题，通过每年的普及型安规考试，进一步科普宣传教育，巩固群防群治的大安全格局。未来将进一步优化《安全生产应知应会手册》内容，逐步形成全方位覆盖安全生产管理的系统性丛书。

（2）精心筹建安全警示教育基地。借助目前较为先进的"互联网＋虚拟现实"技术，建立"正向实训、逆向体验、安全互动"的安全培训新模式，打造一站式、智能化安全实训警示教育室，通过警示教育理解、认同安全生产理念、激发员工学习兴趣等方式，增强全员安全意识，提升安全风险防控能力，促进企业安全生产持续稳定发展。目前已在办公场所建成了自己的安全警示教育基地，并投入使用。

（3）发动产业队伍献计献策。开展"我为安全献一策"合理化建议活动。收集本单位和下属企业各项合理化建议，经评审委员会审议，筛选出有代表性、成效突出的建议，并组织营运企业结合实际推广实施，转化为实际效果。通过"我为安全献一策"活动，有利于进一步增强员工安全意识，实现群策群力，为企业安全文化建设添砖加瓦。

三、成效总结

天然气集团在推行安全生产"监督＋服务"监管模式中，不断凝练安全文化获得了显著的成绩。

因此总结了一些可持续、可复制、可推广的经验成效,具体如下。

(1)加快实现安全管理理念的升级转变。坚持监督与服务并重,寓监督执纪于管理服务之中。天然气集团创新工作思路,切实发挥监督保障协调指导作用,由传统的"单向"传达向"双向"互动演变,从"监督"到"监督+服务",不断提升管理和服务质量,铸就"依法依规监督,至诚至真服务"的安全生产文化,助力企业高质量发展,适应企业的创新升级需要。

(2)大大增强安全意识、责任意识。结合全年的安全生产宣教、互动等活动,使员工对安全的重要性认知得到极大提升,安全职责到岗到人、安全生产责任制全覆盖等工作得到有效落实,让安全意识和责任意识牢牢扎根在职工心中。

(3)持续完善应急管理体系和能力建设。健全应急预案,加强生产实际衔接,提升员工的第一应急处置能力。不断加强、优化、统筹应急能力建设,构建统一领导、权责一致、权威高效的应急能力体系。同时通过演练,大大增强政企对于应急响应程序、内外上下应急联动、信息报送的协同联动处置能力。

(4)显著提升安全管理水平。通过丰富多样的安全技能培训和宣教活动,广泛普及安全生产管理和急救自救知识,提升相应技能水平。不断扩大和夯实安全生产的群众基础,以赛促学、以学促练,推进安全文化建设,切实提高安全生产整体管理水平。

四、结语

在新时代安全文化建设中,要立足新发展阶段、贯彻新发展理念、构建新发展格局,推进高质量发展,将"两个至上"确立为根本价值遵循,树立为安全生产各项决策的根本前提,落实为安全生产各项工作的检验标准,确定为所有安全生产行动的绝对命令。

天然气集团聚焦聚力新时代新使命和一流强企要求,砥砺前行,不断完善、践行安全生产"监督+服务"监管模式,着力抓难点弱项,补齐安全生产短板,牢固树立安全发展观念,营造浓厚的安全文化氛围,转变工作态度,创新企业发展的安全生产监管模式,积极推进安全生产治理体系和治理能力现代化,为企业转型升级、改革发展奠定更加坚实的基础。

领导表率在安全文化创建中的途径与作用

河南省心连心化学工业集团股份有限公司安全生产管理中心　火双红　刘　昆　刘　衡　田向杰

摘　要：在安全文化的创建过程中，河南省心连心化学工业集团股份有限公司（以下简称心连心集团）积极发挥领导表率作用，通过领导层的安全领导力评估与提升、安全原则的持续宣讲、安全禁令的严格实施、安全主体责任的认真落实、管理层的安全活动等方式，摸索出了一套行之有效安全文化的创建方法。

关键词：领导表率；安全原则；安全禁令

在企业安全管理过程中，并不是所有的事情都可以靠制度来约束的，很多情况下是没有制度可依据的，这就需要靠企业的安全文化来约束员工的行为。而在安全文化的创建过程中，领导起着至关重要的作用。在公司安全文化创建的过程中，积极发挥领导表率作用，从领导的意识、能力、安全表现等方面，提升一把手安全领导力，积极创建一级带着一级干，一级做给一级看的安全文化氛围。

一、安全领导力评估

领导层的安全能力及对安全的重视程度，决定了一个单位安全管理的整体水平。针对各单位总经理及主管生产人员，心连心集团策划了安全领导力评估工作。通过座谈、查看现场、查阅资料等方式，从愿景原则、持续改善能力、异常事件管理、应急指挥与控制等7个方面，对总经理及主管生产人员进行了首次安全领导力评估（表1）。合计评估21人，其中：60分以上13人，60分以下8人，安全领导力评估合格人员占比62%。

表1　安全领导力评估内容

能力要求	分　值	平均得分
愿景原则清楚	8	5.1
落实领导层承诺	10	7.3
持续改善能力	20	11.3
异常事件管理	7	4.1
安全会议的控制	20	13.3
应急指挥与控制	10	6.8
系统化的工艺与设备安全管理	25	15.6

本次安全领导力评估共性问题主要表现在：90%的领导对改善目标不明确，对安全管理的最佳实践理解不深；部分管理干部对技术研究执着，前瞻性地对管理工具和方法了解得少，管理过程中大部分时间和精力用于日常事务性工作，对持续改善的思考太少或没有这方面的意识、欠缺方法，对5S管理不重视，不清楚5S对生产制造业意味着什么。

根据评估结果，制定了针对性的辅导提升方案，对管理人员进行安全管理理念、方法、工具等内容的培训及辅导。在2021年年底，对辅导培训效果进行验证，评估通过率78%，相比较第一次领导力评估，评估通过率提升了16%。对未能通过评估的人员，实施了考核或调离岗位，保证领导队伍的安全素质满足安全生产及公司发展的需求。

二、建立安全行为原则

理念决定思考、解决问题的方式方法，不同的理念会带来不同的管理方式和结果。为树立正确的安全理念，创建重视安全的文化氛围，强化管理干部带头想安全、讲安全、做安全的安全管理意识，心连心集团建立了安全文化建设的纲领性文件——八大安全行为原则，也是各项工作的安全准则，在任何条件下，开展任何工作前都要进行安全审视。

- 没有什么事比安全更重要
- 所有的事故都可以预防
- 管理层必须为员工的安全负责
- 员工上岗前必须接受严格的培训
- 所有的隐患必须立即采取措施
- 所有的事故及未遂事件必须立即上报并分析
- 对待安全工作必须按规章办事
- 安全是雇佣的基本条件

结合心连心集团内、外部案例，从上至下，对每一条原则进行深入解读，并进行宣讲。

为持续强化对安全原则的认识，每年安全月，组织集团各单位一把手，结合安全原则在自身工作中的表现，进行集团级的宣讲，各级一把手进行内部的宣讲，持续深化对安全原则的认识及在工作中的指导意义。通过宣讲活动，不仅体现领导层对安全工作的重视，同时也是领导层对员工的安全承诺，让员工听到、看到、感受到领导层对安全工作的态度，并在日常工作中进行监督。

三、树立安全红线意识

为遏制违章行为，提高员工安全红线意识和公司安全纪律执行力，心连心集团梳理了"未经许可进入受限空间、未经许可进行动火作业、登高无防坠落措施、未经许可替签许可证及未经书面授权替签许可证"等安全禁令，对违反禁令的领导、员工，解除劳动合同。禁令的实施表明了集团对待违反安全规章制度的容忍度，及对待安全规章制度的严肃性。

安全禁令发布以后，杜绝了领导干部不到现场签批作业票的现象，各单位高危作业安全管控情况得到明显改善。现场安全条件也得到明显改善，如在现场不便于系安全带的地方架设生命绳、自主设计移动式防坠器等，现场的违章行为降低80%以上，作业事故率较禁令实施前降低了56%。安全原则及安全禁令的实施在集团范围内营造了良好的持续改善的安全文化氛围。

四、明晰安全主体责任

新《中华人民共和国安全生产法》颁布以后，进一步明确了"抓生产必须抓安全"的主体责任，只有主体清晰，职责明确，安全工作在实施过程中才能够有效落地。结合法律要求与岗位职责，心连心集团组织各岗位编制岗位安全生产责任，并分解为工作任务清单、工作标准，与上级签订安全生产责任承诺书，并在现场进行公示。安全人员对各级人员的安全生产责任制履行情况进行日常、定期检查验证，并根据履职情况考核岗位风险金。安全生产责任制及工作任务清单的梳理，在安全文化创建过程中，营造了良好的"领导重视，全员参与"的安全文化氛围。

五、领导参与安全活动

领导"重视"安全向"重实"安全转变，才能让员工不仅听到其对安全工作的重视，还能看到、感受到其对安全工作的重视，切实起到领导表率，以身作则的作用。

领导层除了履行安全生产责任制外，心连心集团组织策划设计了针对领导层的安全履职档案记录，如每月对现场高危作业活动进行审查、组织应急演练、对操作规程执行情况进行审查、制定安全观察与沟通计划并执行、安全经验分享等，每月上级领导对下级的履职情况进行沟通、评估，并提出改进意见，使领导层真正做到重视安全、关注安全。通过持续的安全活动，使员工看到、感受到领导层在安全工作上的带头示范作用，员工对于领导层关注的工作总是会积极执行，在领导层的积极带动下，创建全员重视安全的氛围。

通过安全领导力评估、安全原则宣讲、安全禁令的实施、安全生产主体责任的落实及领导层的安全活动执行，在心连心集团内部创建了人人讲安全、重视安全的文化氛围，安全管理水平不断提升。

基层员工安全意识和能力提升实践

四川雅化实业集团股份有限公司　廖礼春　林　辉　周定祥　陈晓霞

摘　要：建设企业安全文化的实质是提升员工安全意识和规范各级员工的安全行为，使全体员工共同树立职业健康与安全的价值观念。四川雅化实业集团股份有限公司（以下简称雅化集团）高度重视和持续强化企业安全文化建设，通过实施加强员工安全教育、员工自查自纠问题隐患、强化岗位安全风险管控等措施践行安全"双基"建设，提升了基层员工安全意识和能力，夯实了企业安全基础管理，安全形势持续稳定好转。

关键词：安全；基层员工；能力提升

雅化集团始终坚持"安全第一、预防为主、综合治理"安全生产方针，秉持"安全就是最大效益"安全理念，坚持"凡事必须亲力亲为，不是仅发号施令。必须勇担责任，不是遇事推诿；必须顾全大局，不是各自为政；必须提高综合素质，不是仅具备单一专业知识的技能"的安全工作作风。坚持"以人为本、本质安全、重在实效、竭尽全力""全员、全方面、全过程、全要素"和"统一领导分级负责"安全管理原则，严格按照"要健全风险防范化解机制，坚持从源头上防范化解重大安全风险，真正把问题解决在萌芽之时，成灾之前"的安全工作要求，不断强化安全文化建设力度，坚持"安全发展、高质量发展"，着力提升基层一线员工的安全意识，防范和化解风险和杜绝各类事故，努力实现"零伤亡、零事故、零职业病"目标。集团近年来通过加强员工安全教育、员工自查自纠问题隐患、辨识分析岗位风险和强化员工检查针对性、实效性等安全专项活动实践，对提升基层员工安全意识和能力方法措施和途径进行了有益探索并收到良好实效。

一、基层员工安全意识和能力存在的主要问题及其表现

据统计80%以上的事故都是人的不安全行为造成的。因此，分析、研究生产作业过程中人的不安全行为，是杜绝和减少事故的有效手段。而员工安全意识和能力不足是产生不安全行为并导致事故频发的最根本原因。基层员工安全意识和能力存在的主要问题及其表现分析见表1。

表1　基层员工安全意识和能力存在的主要问题及其表现分析

序号	问题类型	问题描述	具体表现
1	应知应会	不了解和熟悉本岗位应遵守的安全管理规定和要求	"不知者无畏"，违章作业和违反劳动纪律不知晓
2	认知风险	对岗位作业存在的风险缺乏认知	不懂设备运行原理，不能辨识分析本岗位存在的各类风险
3	查找隐患	不能有效查找和纠正、整改本岗位存在的问题隐患	不能认知安全隐患的危害或仅能查找一些基本、表面层次的本岗位问题隐患
4	自我约束	自律性差，明知故犯	存在侥幸心理，明知管理规定要求却仍然违章作业或违反劳动纪律，甚至发生安全事故

所以，基层员工安全意识和能力问题主要存在"应知应会""认知风险""查找隐患"和"自我约束"等方面。各企事业单位若没有针对存在问题制定和采取针对性、系统性措施，就无法杜绝员工不安全行为，防范化解安全风险和杜绝减少各类安全事故。

二、雅化集团开展提升员工安全意识和能力工作实践

雅化集团是综合性的民用爆炸物品研发、生产、销售、爆破服务为一体的民爆集团，长期致力于深耕安全文化和提升管理绩效。雅化集团通过针对行

业、集团内外不断发生的安全事故进行深入分析和研究,认为员工产生不安全行为的根本原因就是其安全意识和能力不足。在此基础上开展了安全教育、自查自纠问题隐患、辨识分析岗位风险、检查具备针对性和实效性四个方面的工作。

（一）加强员工安全教育培训和考核

教育培训是有效解决员工对安全管理规定认知不足、减少违章作业和违反劳动纪律从而防范遏制事故的有效途径。

1. 明确三级安全教育要求

各级安全教育覆盖所管理范围从业人员,修订《安全教育制度》,对新进、转换岗、复工员工和涉及"五新"等人员进行强制性安全教育,新进员工三级安全教育不低于72小学时,员工年度再培训时间不少于24学时,并将培训内容分解到各月。采取"一对一"师带徒形式,保证员工具备本岗位安全操作、自救互救以及应急处置所需的知识和技能,考核合格并取得安全作业证,方能安排上岗独立作业。

2. 加强员工安全教育的实效性

管理人员不定期参加班组安全会议和活动,亲自对基层一线员工讲安全、讲案例、讲政策法规、讲操作规程、讲安全纪律,进行安全教育培训;各公司培养一支高素质的专兼职安全宣教人员队伍,建立提高宣教人员水平工作机制。定期进行培训、考核和安排外出交流学习,并动态调整补充;修订三级安全教育教材,明确教材针对性要求,细化各岗位安全生产教育内容;强化日、周、月安全例会制度,运输、移动设备出车前要进行安全教育。班前会、特殊作业安全技术交底和出车前安全教育视频上传钉钉群。各班组每周要安排不少于一名员工分享学习事故案例心得体会,担任班组轮值安全员。员工发生违章违纪及时进行教育,使其充分认识到自己本次及相关行为错误及其后果。

3. 强化员工安全教育考核机制

逐级落实安全教育考核责任,将教育培训检查纳入季度、月度和日常安全检查范围并明确检查的频次、内容、标准,以及考核标准等;对新进、转岗、换岗、复岗和重大违章违纪人员的实际操作技能组织专业人员进行考核评审、通过面对面交流谈话或电话、视频等抽查员工对安全教育培训内容的掌握情况验证教育培训效果,重点抽查员工对操作规程、安全禁令、安全纪律等的掌握、执行情况和常见问题的处置能力等。

（二）开展员工自查自纠问题隐患,强化安全管理基础建设

安全工作要接地气,要切实将安全责任落实到"拿扳手拧螺丝、拿铁锹锄土"的人身上。雅化集团压实各基层一线员工自查自纠本岗位问题隐患责任,倡导和营造"人人都是安全员"氛围,全集团打一场消灭问题隐患的"人民战争"。

1. 强化安全标准化,夯实安全基础

开展安全生产标准化建设是做好员工自查自纠问题隐患的前提和基础。各公司结合各岗位安全操作规程、安全禁令、预案等制定各岗位安全标准,固化经验、教训;组织开展岗位作业标准视频录制,实现岗位操作的直观和可视化效果;逐层宣贯标准、视频并作为本公司新进、转换岗、复岗员工和员工日常培训教材,员工自学记背,专项和辅以班前会、周、月例会等抽查员工掌握情况,保证各级管理人员和员工都明确个人的安全职责,以安全标准规范自己的行为。

2. 员工自查自纠问题隐患

各公司组织员工按照岗位安全标准、标准作业视频自查自纠个人违规行为、身边安全隐患和不安全因素。对严于律己、积极反映身边违章违纪现象的给予奖励,对身边员工违章违纪不制止、不提醒的则承担连带责任,对重大的违章违纪和屡教不改的则立予以辞退。明确各级管理人员日常安全检查频次,每次检查发现问题数不得少于1项,员工每周自查自纠问题数不得少于1项。集团和各公司每月对自查自纠的执行情况进行验证评价,对自查和处理问题多、解决问题深入彻底的,自查自纠开展好的进行奖励;对好的经验和做法总结并推广;对自查和处理发现问题少、管理未达到效果、管理职责履行不到位（如检查次数不够、问题少）的各级管理人员进行追责。

（三）辨识分析岗位安全风险,落实各级风险管控职责

要有效防范化解岗位安全风险,杜绝员工误操作等违章违纪行为和发生安全事故,岗位员工必须能够辨识分析岗位的安全风险,掌握风险防控和各类异常、紧急情况应急处置措施。雅化集团结合国家、行业法律法规、标准规范编制《安全风险分级管控和隐患排查治理双重预防机制建设指南》,组织

各公司安全管理人员、基层员工等逐级开展风险管控培训。各公司制定风险点排查清单，组织和发动经过培训的基层员工和专业人员参与，采用合适危害分析方法自下而上辨识分析本岗位、本班组安全风险和确定风险等级。针对各级风险制定削减、降低或消除管控措施，落实各级风险管控责任，形成风险辨识清单。通过宣贯、告知，员工充分认知和掌握岗位风险及其防控和应急处置措施，清楚风险控制措施缺失、失效和弱化状态以及可能导致的后果，能够自主查找和发现岗位人的不安全行为和本质安全问题。各公司结合风险辨识分析制定风险分级管控检查表，强化对风险较大作业环节和场所管控，各级在开展各类检查时同步开展风险分级管控检查，确保风险受控。

（四）强化员工检查要具备针对性和实效性

在总结和固化前期工作成果基础上，明确各岗位风险辨识分析、自查自纠检查内容，提升员工查找发现问题隐患的针对性和实效性，避免检查的片面性。要求各基层员工着力从"人（作业人员）""机（设备设施器材）""料（物料能量）""法（作业活动）""环（作业环境）""测（监视和测量）""教（教育培训交底）""检（检查监护协调）""应（应急处置）"九个风险辨识分析要素（表2），制定各岗位各个层面风险防控措施落实情况，检查员工自查自纠自改问题隐患的依据和标准，实现员工自查自纠标准化、系统化和流程化。各级检查现场安全重点查验、评价员工是否有效开展岗位自查自纠，建立促进员工安全意识和能力提升长效机制。

表2 岗位风险辨识分析要素

序号	风险辨识分析要素	简称	具体内容	备注
1	作业人员	人	包括作业人员情绪、健康、持证、发现问题意识能力、技能操作熟练程度等	
2	设备设施器材	机	包括各类机器设备、工器具、器材、安全设施等	此处不包括风险监测报警系统
3	物料和能量	料	包括生产作业所需各类生产原辅材料、电能、动能、势能、热能、化学能等	
4	作业活动	法	包括作业前的准备活动、作业操作、收工和过程记录等	
5	作业环境	环	包括作业现场的通风、照明、高低温等情况	
6	监视和测量	测	包括监测报警和视频监控等风险监测预警系统、各类仪器仪表、计量器具的状态，测量、报警数据等	
7	教育培训交底	教	包括作业人员教育培训、班前会、安全技术交底等	
8	检查监护协调	检	包括作业过程检查和监护、上下工序和相关部门/人员工作衔接协调等	
9	应急处置	应	包括生产作业现场各类异常、紧急情况及其应急处置措施等	

三、结语

雅化集团开展以人为本的安全文化建设，通过加强员工安全教育，自查自纠问题隐患和辨识分析岗位风险等工作，各级安全检查验证结果表明员工安全意识和能力得到了明显提升，各类安全事故得到有效防范遏制，集团安全管理工作走上了科学化、标准化和规范化道路。

安全文化在油库公路发油风险管理中的应用

中国石油天然气股份有限公司西北销售云南分公司　米庆军　孙坤元　金蓉蓉

摘　要：结合中国石油天然气股份有限公司西北销售云南分公司安宁公路付油现场（以下简称安宁地付）发油实际和常出现的问题，通过分析公路付油各环节风险，探讨发油环节安全管理防护措施，有效防控安全风险，提高油库安全管理水平。同时，在原有企业文化建设的基础上，大力发展具有自身特色的安全文化建设，有效助力现场安全管理。

关键字：油库；公路发油；风险；安全文化

中国石油西北销售公司云南分公司主要销售92#汽油、95#汽油、0#柴油和航煤。公路发油作业是油库极为重要的环节，关系到周边市场成品油资源的稳定供应。安宁地付公路日发运量4000吨左右，日发运车次约200辆，因作业频繁、设备高负荷运行、人员劳动强度大，提油司机综合素质和安全意识层次不齐等因素，一旦监管不力，现场极易出现各类安全问题。本文根据公路发油实际操作和发油班班组管理实践，分析公路发油环节风险，探讨以安全文化为核心抓手，预防油库在公路装油环节事故预防的思路和措施，以提高安全管理水平。

一、存在问题

（一）案例分析

案例1：2014年7月，某油库付油现场，一汽油罐车付油结束后，司机未拆除鹤管、油气回收管、溢油静电接地等连接件，便启动车辆驶离，导致车辆罐体快速接头被拉断，造成油品泄漏。车内汽油全部泄漏完毕的5分钟内，现场人员未采取油品堵漏、流淌油品围堵回收、现场防火、浓度监测等任何应急措施。

案例2：2019年6月，某付油现场一提油车辆罐容改造后未及时向付油现场工作人员报备，运输公司也未及时维护车辆装载信息，导致出现超量制卡，在装车过程中，该车前仓溢油探头失灵，超量后未及时有效联动付油系统停车，发生油品泄漏事件。

（二）事故数据统计和分析

近40年油库建设和管理实践中收集积累的1050例安全事故为研究对象的数据分析（表1）。

1.事故发生区域统计

将油库的事故发生区域分为油品储存区、收发油作业区（作业区）、辅助作业区（辅助区）、其他等四种。表1是对事故发生区域的数据统计。

表1　事故发生区域统计表　　　　单位：%

项　目	存储区 数	存储区 比例	作业区 数	作业区 比例	辅助区 数	辅助区 比例	其　他 数	其　他 比例	合　计 数	合　计 比例
着火爆炸	106	23.8	225	50.6	39	8.8	75	16.8	445	42.4
油品流失	171	58.2	109	37.1			14	4.7	294	28.0
油品变质	116	59.5	65	33.3			14	7.2	195	18.6
设备损坏	54	87.1	7	11.3			1	1.6	62	5.9
其他	20	37.0	20	37.0	1	1.9	13	24.1	54	5.1
合计	467	44.5	426	40.6	40	3.8	117	11.1	1050	100

注：各类事故中的比例是占本类型事故的百分数；合计中的比例是占事故总数的百分比（数据出自 [1] 范继义.油库1050例安全事故数据的统计分析）。

从表1可见，油库发油场所属于作业区，也就是说它是属于各类事故多发区，着火爆炸事故占了一半以上，所以加强该场所的安全管理显得尤为重要。

2. 事故发生部位统计

将油库的事故发生部位主要分成储油罐、汽车罐车、油泵、管线、油桶、其他六个部位（表2）。

表2　事故发生部位统计表　　　　　　单位：%

项目	油罐 数	油罐 比例	汽车罐车 数	汽车罐车 比例	油泵 数	油泵 比例	管线 数	管线 比例	油桶 数	油桶 比例	其他 数	其他 比例	合计
着火爆炸	114	25.6	88	19.8	54	12.1	41	9.2	26	5.9	122	27.4	445
油品流失	165	56.1	8	2.7	15	5.1	104	35.4	2	0.7			294
油品变质	129	66.2	38	19.5	12	6.2	7	3.6	6	3.0	3	1.5	195
设备损坏	50	80.7	9	14.5			1	1.6			2	3.2	62
其他	22	40.7	2	13.7	5	9.3	6	11.1	1	1.9	18	33.3	54
合计	480	45.7	145	13.8	86	8.1	159	15.2	35	3.4	145	13.8	1050

注：各类事故中的比例是占本类型事故的百分数（数据出自[1]范继义，油库1050例安全事故数据的统计分析）。

从表2中的数据可以看出，汽车罐车在作业中发生着火爆炸、油品变质和设备损坏的事故次数较多，同样表明油库发油作业区是事故的高发区。

二、主要风险点

（一）物的不安全状态

车辆：油罐车定检和归厂检查不到位，车辆带病装油；司机私自改装车辆，改装后的装载信息未及时传递；油罐车维修保养不到位，罐体、车身及相关附件和线路磨损、老化严重，防溢油探头失灵等对付油过程形成安全隐患。

付油现场：由于设备和人员每天都高负荷运行，发油岛所有操作设备日操作频次达40余次，设备连续运转，磨损较大，若各类设备维护保养不及时、不到位，易出现阀门、法兰渗漏等情况。

（二）人的不安全行为

1. 违章操作

油库在装油作业环节均制定了严格细致的安全操作规程，操作规程对防止安全事故发生发挥极其重要的作用，按章操作是对员工的基本要求。但是，在实际装油操作过程中，由于司机个人约束能力、技术文化水平等各方面能力、意识不强，不能严格执行各项操作规程，导致操作失误，最终酿成事故的发生。例如：制卡人员粗心大意，所制定的提油量大于油罐车安全装量；提油车辆司机忘关卸油阀或卸油阀关闭不严，造成跑油；双仓、三仓、大小仓装车辆，仓位接错等造成冒油。

2. 违反劳动纪律

中控室岗位员工自律意识差，安全意识淡薄，如在岗位上嬉戏打闹、玩手机、玩电脑游戏、精神溜号、窜岗、离岗、睡岗等；现场监护人员履职不到位，未对司机操作行为进行有效监督，未对大小仓等关键环节进行核查；工作过程中出现脱岗、窜岗等违章行为。

（三）管理缺陷

油库中的相关设备自动化和科技化程度在不断提高，油库高质量的发展目标迫切需要营造健康安全、合规受控、平稳有序的运营保障环境。这就对我们的安全管理提出了更高的要求。虽然有安全管理系统，但是很多员工工作责任意识不强，缺乏安全管理动力。油库管理中缺乏专业的人才，在安全管理过程中不能从专业的角度分析问题和解决问题，很多的工作人员在进行管理工作时，只是流于形式，忽略了工作的效果。诸如此类的安全管理体系和制度的不完善会增加安全风险。

三、防范措施

安宁地付积极探索安全文化建设，通过强化安全理念、提高员工安全素养、建立风险防控长效机制等方式，使不断夯实地付发油现场安全生产基础。

（一）用安全文化引领，在提升安全意识上下功夫

将"以人为本，营造氛围、培养意识、落实制度"为加强班组安全文化建设的原则，通过大力灌输安全文化理论，广泛地宣讲安全理论、安全形势、

安全法规和安全常识。抓住青年员工思想活跃、易于接受形象化事物等特点，利用交接班"五分钟思考"、安全主题演讲比赛、安全知识竞赛、征集评选安全征文、"我为安全献一计"、"一封安全家书"等活动引导员工由安全教育的客体转为安全教育的主体，达到自我教育的目的。

（二）用安全文化聚力，在夯实风险管控上谋实招

1. 严把入库关

在司机常态化管理方面，长期执行定期培训，编制司机全流程作业培训视频，通过清晰和直观的演示，供车队及司机学习，加强司机行为规范。每季度召开承运商安全管理例会，分享安全事故经验，收集司机的合理化建议，实现司机行为安全和现场安全生产的共同改进。在车辆常态化管理方面，与各家承运单位签订《安全运输HSE协议》，认真落实"属地管理"职责，建立车辆监管档案，做到"一人一车一档"，严把车辆安全资质关、入库安全技术条件关、驾驶员与押运人员安全资格关。

2. 强举措管控风险

特别针对地付公路提油车流大，客户杂的实际，为有效提升监护重点，让现场监护人员直观区分不同车型及客户，按照实际装车风险，对入库车辆实行"红、黄、蓝"三色入场牌管理。车辆上岛后，现场安全监护人员通过司机胸牌颜色，有重点加强司机操作过程监护，通过风险分级监管，提高装车过程风险管控力度。近年来，气囊式悬挂新技术车辆逐渐投入市场使用，通过加装接地线改善气囊式车辆在付油过程中车架整体下沉，致使静电拖地线尾端上翘，无法正常接地问题。

通过对现场门禁与进出库管理采用标准的、系统的软件功能来实现公路付油区司乘人员、提油车辆的人员身份、车辆状态和装载订单一体化核验和管控，实现入库人员身份验证、门禁授权、计划管理、行为管理，降低进出库作业安全风险，实现公路付油安全、良性、可控的闭环管理模式。对付油配套设施通过系统进行安全联锁，实现智能联锁控制规范司机操作行为，杜绝人为因素引发安全事故，运用智能化管控，提升安宁地付本质安全。

（三）用安全文化增效，在建立长效机制上使长劲

充分发挥分公司安全培训的主体作用，采取激励措施提高员工自我培训、自发锻炼成长的意识能力，侧重于岗位操作技能、风险识别、监护、应急等方面培训，强化依法依规治理的法治观念，强化专业技术人员危害辨识与风险评价管理，提高其解决实际问题、有效管控风险的能力。加强对领导干部安全基本能力、安全领导能力、风险掌控能力及应急指挥能力的培训。

制定《地付提油车辆及司机管理办法》，明确从司机培训、取证、资质审查、核量、检车、入场、上岛、安全操作、出库的全流程，司机和岗位人员职责及工作要求。完善《提油司机HSE积分管理办法》，明确一般违章、较大违章、重大违章具体内容，实行人车绑定同积分、同处罚。扎实做好员工安全履职能力评估，进一步加大对"三违"行为的处罚力度，严格落实《全员安全生产记分管理程序》，持续开展好安全记分兑现，创建"HSE之星"评选活动，发挥典型模范引领作用，促进全体员工牢固树立"安全工作成在全体，败在一人"的理念。

（四）用安全文化培育，在提升应急素养上抓实效

1. 应急责任更细化

把提高员工及外来提油司机应急培训演练的及时性和有效性作为应急工作重点。将"两盲"抽演作为日常监督检查一项重要工作，重点对现场应急处置程序展开强化训练，做到分公司季度练、部门每月练、班组周周练，推动"第一时间、第一现场、第一处置"作用有效发挥。由于现场自动化水平的提高，现场岛位多、人员少，应急力量需更具针对性，按照现有应急处置方案及每天当班人员进一步按照处置流程细化应急分工，固化每个人当天的应急职责，避免应急状态下人员扎堆处置、通信占频等问题，节约了因班长布置应急任务延误时间，更好地将第一时间应急处置措施执行到位。

2. 聚焦应急薄弱点

安宁地付作为一个付油现场，作业性质单一，无专职消防队，消防救援依托云南石化，消防系统依托安宁首站。做好自身义务消防队训练，完善应急物资，与周边消防等专业救援队伍建立良好的协作关系并经常性开展协同演练，这一系列工作成为我们消防管理重中之重。同时，结合云南季节、气候特点，以实战化、情景化练兵的形式检验应急预案在特殊天气下的科学性、可操作性。针对节假日应急力量的差异，制定节假日现场应急处置方案，保证薄弱时段初期处置力量最优化，通过周末开展"盲演"抽查，检验薄弱环节方案制定的有效性和日常训练的

效果。

四、结语

油库公路发油管理涉及油库、地区销售、运输公司、外来提油司机,管理上需要多方协调配合,本文提出的公路发油中存在的一些问题和相应对策,实际中,要较好地解决这些问题,还需要大量扎实细致的工作,需要公司的支持和各方的理解协助,及时采取有效的控制措施和预防措施,最大限度地消除已知的一些危害的诱发因素,共同将风险降低至可接受的范围内,使成品油公路发油装车作业更具安全性、规范性。

参考文献

范继义. 油库1050例安全事故数据的统计分析[J]. 石油库与加油站,2003,12(6):20.

广东运维中心安全文化探索实践

国家石油天然气管网集团有限公司广东运维中心汕头作业区　宋丽明　吴晓畅

摘　要：2021年8月国家石油天然气管网集团有限公司（简称国家管网）广东运维中心挂牌成立。该公司扎根广东改革开放前沿阵地，全力推动改革发展，积极探索机构精简、资源优配、成本节约、运行安全高效的运维模式，实现"运维中心—作业区"两级管理，全力构建天然气管道"全省一张网"。广东运维中心在安全文化建设中遇到的难题进行了有益的探索，也总结出一些经验做法，对指导促进天然气管道区域化运维提供宝贵经验。

关键词：运维中心；安全文化；生产运维；管道保护

国家石油天然气管网集团广东运维中心（简称广东运维中心）前身为成立于2008年3月的广东省天然气管网有限公司，是首个以市场化方式融入国家石油天然气管网集团有限公司（以下简称国家管网集团）的省级管网公司，负责在广东省内天然气管道运维，运维管道总长度已超3200公里。广东省作为我国经济第一大省，随着社会经济及城镇化建设快速发展，其辖区内油气管道与人口密集区距离日趋临近、与市政设施交叉重叠、第三方占压及作业等日趋增多，油气管道带来风险和隐患，以及油气管道长期运行，管道缺陷、腐蚀穿孔、第三方破坏、误操作、自然灾害等因素造成管道泄漏、火灾、爆炸事故也时有发生，给国家和人民生命财产安全和环境造成严重威胁[1]。

广东运维中心作为国家管网集团改革试点单位，全面推进实践"运维中心—作业区"两级管理模式，聚焦解决多家单位重组后管理交叉重叠等问题，在安全管理上保持了思想统一、行为统一、文化统一，以"安全监督队""三三工法""四大风险管控"等工作为抓手，创新实践，夯实安全生产基石，对保障粤港澳大湾区能源安全高效发展具有极其重要意义。

一、广东运维中心安全文化背景

广东运维中心始终遵循习近平总书记对安全生产工作的重要论述和指示批示精神，牢固树立"红线意识"，全面落实习近平总书记"四个革命，一个合作"能源安全新战略，坚决贯彻国家管网集团"两大一新"战略目标要求，以"安全生产先于一切、高于一切、重于一切"的安全管理理念，积极推进管网安全生产攻坚，着力打造"零伤害、零污染、零事故"平安管网[2]。在推行"运维中心—作业区"两级管理改革创新道路上，优化组织机构，资源配置向基层倾斜，构建特色安全文化，筑牢安全生产根基。

二、广东运维中心安全文化建设面临挑战与难题

国家管网集团自2020年10月1日重组完成并正式接管运营，实现我国油气干线管道统一并网运行。国家管网集团积极引导和推进广东省级管网以市场化方式融入国家管网集团，解决多主体多层级运营、运销不分离、地方垄断等堵点问题。广东运维中心作为国家管网集团试点改革的先行者，积极有效地探索实践安全文化的建设工作。在探索实践中，发现管网稳定运行要求越来越高，管道公共安全风险属性愈发受到社会关注，始终面临着一些挑战和难题，主要表现在四个方面。

一是管理融合难度大。广东运维中心由多个单位重组，机构、人员、制度、业务、安全文化理念需要统一整合，"运维中心—作业区"两级管理模式需探索，重新建章立制需要进一步在实践检验中不断完善，对生产运维的影响存在不确定性。

二是员工队伍岗位专业技能整体有待提高。自动化、电气等关键技术储备不足，专业技术人员匮乏，容易引起人员不安全行为的发生。

三是生产设备管理基础亟待夯实。各条管道调

控级别、监视水平不一，设备种类多、型号多，标准不统一，需进一步梳理统筹改进，提升综合预警处置能力。

四是管道风险管控任务艰巨。广东地区经济发达，人口稠密，管道沿线人口密集性高后果区数量大风险高，城镇化步伐加快，高铁、地铁、高速等大型基建工程逐年增多，突发性、高风险第三方施工管控难度越来越大。

三、广东运维中心安全文化建设探索实践

广东运维中心安全文化体系的建设模式，从"管理融合"观念文化、"三湾改编"制度文化、"岗位标准"行为文化和"本质安全"物质文化四个方面入手。如图1所示。

图1 广东运维中心作业区安全文化建设层次模式

（一）"管理融合"观念文化

广东运维中心打造以聚焦"一个目标"、捍卫"两个确立"、推行"基层三化"（专业化分工、标准化建设、网络化集成）、融合"四个全面"（主体全面履责、工作全面规范、任务全面融合、作用全面发挥）、践行"五步法"（学、思、践、悟、验）为内核的红色动脉党建品牌；在一线作业区建立党支部，充分发挥党建引领作用，利用形势任务教育将学习教育实效转化为管理融合、队伍建设、创新实践方面新举措、新作为。

广东运维中心通过党建引领，构建"小总部、大基层"，将职能部门定编87人，人员压减29%；促进36名业务骨干流向基层，增强基层的战斗力。坚持两级管理，把原有各单位的22个职能部门整合压减剩下10个，设置作业区5个，实行专业化、扁平化管理；整合优化资源，对17座背靠背场站及190多公里并行段管道通过站队长交叉任职、联合春检、联合维检修、联合巡线、信息共享、重要作业交叉监督等方式，实现优势互补，促进员工队伍的融合和安全生产管理水平的提升。

（二）"三湾改编"制度文化

国家管网集团在2021年工作会议上指出：要以安全生产队伍三湾改编为集结号，消除人的不安全行为。广东运维中心巩固拓展安全生产队伍"三湾改编"成果，整合尖兵和导师团队，建立起适用于广东运维中心的安全生产专业化管控体系，加快推动安全生产队伍融合、文化融合、标准统一[3]，累计完成QHSE管理体系管理手册、101个程序文件，选拔"尖兵"11人参与集团公司安全生产规章制度的编写与审核，组建公司导师团队54人优选业务骨干开展全员轮训工作，编制完成应知应会手册"口袋书""作业区安全警示漫画"，拍摄"安全教育警示视频"等，企业制度文化逐步健全并渗透根植于每一位员工的头脑中。

广东运维中心建立安全督察长效机制和检查考核评价工作，通过"四不两直"方式直插基层现场安全检查。企业抽调各专业、岗位业务骨干组建了一支19人安全监督队，树立"隐患就是事故"理念，做实做细安全检查工作，及时指出安全隐患、纠正现场不安全行为，发现提炼基层先进经验做法和管理创新理念，编制《生产案例经验共享》。通过安全巡查，各作业区认真对待隐患问题，每年排查解决上千项隐患问题，为企业安全运行提供坚实保障。

（三）"岗位标准"行为文化

广东运维中心以落实岗位责任制为核心，全面梳理现场设施设备、作业活动，修订岗位作业指导书、一票两卡，编制作业图解手册，针对动火等高风险作业实行清单制管控，推动员工上标准岗、干标准活，杜绝不安全行为，逐步形成员工安全行为文化。

汕头作业区浮洋站开展特级动火作业，按照动火方案编制完成工艺流程操作票，严格落实"一票两卡"制度，场站安全完成了氮气置换、能量隔离、挂牌上锁等关键管控措施。过程中，作业区严格落实作业许可管理程序，明确现场监督管理人员职责，制定了"作业区+监理+施工单位"三级管控清单，逐项落实监督管控，保证下游用户影响程度控制到最小，提前8小时顺利完成动火作业。

（四）"本质安全"物质文化

1. 生产设备本质安全

广东运维中心组织各作业区从"工艺、电气、自控"三大系统梳理场站、阀室设备设施，抓关键设备、抓关键风险点，建立设备分级管理台账，从日常巡检、维护保养、故障处置、维修、备品备件等方面落实落细措施，有效管控物的不安全状态。员工持续开展"三三工法"，不断推动一线生产工作向

本质安全发展。如图2所示。

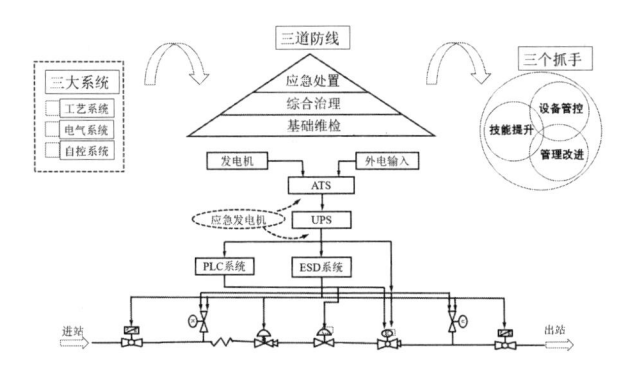

图2 广东运维中心"三三工法"示意图

广东运维中心整合优化一级管道与二级管道调控、监视管理，以安全绿色、高效节能为导向，优化管道运行工艺调整，提高管输运行效率；重点对各工程项目三大系统问题排查，制定关键设备巡检卡并现场粘贴"目视化"管理，全周期开展"春秋检""迎峰度夏""冬季保供""夏汛冬治"等专项活动方案，有效降低生产设备运行风险。

2. 管道线路本质安全

广东运维中心围绕管道线路"第三方施工、管道本体、地质灾害、高后果区管理"四大风险进行风险识别、分析，建立风险点台账，形成线路风险点分级管控大表，落实人防、物防、技防管控措施，保障管道本质安全受控，如图3所示。

图3 广东运维中心管道"四大风险管控"示意图

广东运维中心针对管道四大风险制定如下管控措施：一是严控第三方施工管理，针对人口密集型高后果区及第三方施工频发的区域，实施硬隔离布控同时采取24小时看护、视频监控等人防技防措施；二是科学部署管道安全度汛，开展地灾风险评价，落实"三检"制度，重点关注新投产管道风险，采取"治早治小"措施，及时启动高风险点位治理和市市通水工程保护项目；三是着力做好管道腐蚀防控和内外检验检测作业，加大问题点环焊缝排查力度及整改，保障管道本体安全受控；四是开展高后果区再识别、定量风险评价，完善一区一案，推行高后果区标准化建设，落实高后果区应急预案演练计划。

广东运维中心严抓巡护质量管理，全面推进巡线工、区段长管道巡护标准化，建立巡线工、区段长巡护职责清单和"一人一卡一案"，与21个地市油气安保联席办建立联络机制，联合广东省公安厅开展广东省油气长输管道警企联动保护行动，联合行动开展以来实现第三方违法施工较2021年同期下降60%，管道沿线群众主动报警率提升80%，管道风险管控取得成效。

广东运维中心积极探索两级运维模式下的管理融合、制度文化、岗位标准、本质安全的安全文化建设，为天然气管网区域化运维提供了可复制、可推广的改革经验。

参考文献

[1] 李颖栋,王丽梅,秦毅. 天然气管道公司安全文化建设[J]. 广州化工,2020,48(15):242-244.

[2] 张俊华. 油气管网改革对我国油气行业的影响分析及建议[J]. 当代石油石化,2023,31(5):10-14.

浅谈燃气企业安全文化建设的实践和思路

白银中石油昆仑燃气有限公司　张安政

摘　要：众所周知，燃气企业是高危行业，安全是第一责任、第一业绩，是企业生存发展的基石和保证。安全工作的好坏直接影响到企业的稳定和发展，更直接关系到职工用户的切身利益和生命安全。实践证明：企业文化是企业综合实力的体现，是一个企业文明程度的反映。加强企业文化建设，能够科学整合企业生产要素，引导企业形成共同的价值观，增强企业凝聚力，构建和谐企业。而企业安全文化是企业安全生产工作的基础和灵魂，是企业实现长治久安的强有力支撑，是企业全体员工对安全工作集体形成的一种态度、道德和共识。这种共识一旦形成，就会以一种无形的力量去规范和调整干部职工的安全行为，实现在法律和政府监管要求之上的安全自我约束，通过全员参与实现企业安全生产水平持续提升。

关键词：燃气企业；安全文化；安全行为；自我约束

一、燃气企业安全文化建设的必要性

据《全国燃气事故分析报告》统计：2021年国内（不含港澳台）发生燃气事故1140起，造成106人死亡，763人受伤。综合结论得出，全年发生重大燃气事故1起、较大燃气事故8起，同比2020年重大燃气事故、较大燃气事故各增加1起。由此可以看出，燃气行业安全生产事故呈现逐年上升趋势，安全隐患未能从根本上得到有效遏制。国家通过开展城镇燃气安全专项整治、城镇燃气百日行动隐患专项整治等专项活动，目的就是要彻底消除燃气安全隐患，实现燃气行业本质安全管理，而安全文化是企业实现本质安全的基石。燃气企业是安全生产的主体，安全文化是燃气企业安全生产的灵魂。燃气企业落实安全生产责任、主要负责人履行第一责任人责任，离不开建设以安全为内核的企业文化。

二、传统燃气企业安全文化建设现状

目前，燃气企业有国营、民营、合资、外资等，各企业对安全文化的认识参差不齐，安全文化在不同地区、不同企业之间的发展也不平衡。有些企业在一定程度上存在着安全文化建设"浅表化"现象，没有做到真正的"知行合一"。主要体现在以下几方面。

（1）部分燃气企业没有真正认识到安全文化的作用与意义，对安全文化建设抱有抵触情绪，或认为燃气企业安全文化建设仅仅是安全管理人员的宣传工具。

（2）部分燃气企业没有真正认识到安全文化的实质，片面认为安全文化无非就是制定一些宣传册、播放一些事故警示教育片、举办几期安全讲座等，没有认识到安全文化建设工作是一项系统工程、一项全员参与的工程。

（3）抄袭雷同，生搬硬套，千篇一律。安全理念、安全承诺缺乏个性，照猫画虎、人云亦云，且多是一些言之无物，放之四海而皆准的正确的废话，有自身特色的企业安全文化如凤毛麟角。

（4）部分燃气企业领导者没有起到表率作用。不少企业没有真正成为"有感领导"，没有率先垂范推动企业安全文化建设。

三、燃气企业安全文化建设的实践和思路

（1）以高度的政治自觉，明确燃气企业安全文化建设的正确方向。开展企业安全文化建设，要认真贯彻落实习近平总书记关于安全生产重要论述精神和党中央、国务院各项决策部署，严格落实全员安全管理责任。深入贯彻落实新《中华人民共和国安全生产法》，按照"三管三必须"原则，完善全员安全生产责任清单，落实安全生产承包制度，厘清责任清单，加大照单履责、照单追责力度。认真落实新颁布的法律法规、本企业制度各项要求，确保制度规定执行到位。持续强化全员安全环保责任清单落实落地，充分利用履职评估、安全述职、业绩考核、全员记分、约谈警示等方式，督促责任落实。对燃

气泄漏失控事故落实"逢漏必免、逢火必撤"的管理要求，对失职失责行为严肃追责问责，采取绩效考核、通报批评、书面检查、岗位调整等综合管理手段，对不履职、不尽责的各级领导干部和员工进行考核问责。

（2）以深刻的安全文化自省，进一步把握燃气企业安全文化的科学定位。安全文化是企业强化安全意识、加强安全管理、实现安全发展的巨大思想动力源泉。燃气企业应深化培训矩阵应用，着重开展基层员工业务操作能力的提升培训，着力提升安全思想意识、安全防范技能和事故处置能力。白银中石油昆仑燃气有限公司坚持"干什么学什么、缺什么补什么"的原则，增强安全生产培训的针对性和实效性，确保员工安全分级培训覆盖率100%，建立每天一练、每周一学、每月一考的学习培训模式，突出模拟操作练兵机制，按照一人操作，一人持操作卡逐条对照监督，持续提升"干标准活、上标准岗"的能力。对拟提拔、调整到关键岗位的领导干部100%开展安全环保履职能力评估。通过开展常态化、精准化培训，自主学习、能力考评、岗位述职、督促约谈等方式，激发队伍能力素质自我提升的动力，锻造一支"高素质、严监管、能战斗"的安全管理队伍，以此将安全理念内化于心，外化为全体员工的自觉行为，实现本质安全。

（3）以坚强的安全文化自立，进一步完善燃气企业安全文化建设的标准化创建。安全文化理念体系设计要从企业安全生产管理实际出发，内容要精练易懂，注意避免口号化。安全文化行为规范体系要注意其纲领性、原则性特点，突出重点人员、重点行为的管理和规范。安全文化视觉形象体系设计要注意标准化、规范化，各类安全形象设计要具体、管用、可辨认、能检查。结合燃气输配系统业务实际，白银中石油昆仑燃气公司制定了"三册、三卡、一表、一清单"作为基层班组指导工作的标准化体系文件，"三册"即管理标准化手册、操作标准化手册、现场标准化手册，"三卡"即操作指导卡、安全履职卡、应急处置卡，"一表"即现场安全检查表，"一清单"即危害因素识别及风险评价清单，以此达到了管理合规、操作规范、设备完好、风险受控的效果，通过建立基层班组"达标、优秀、示范"三个层级验收标准，对不同层级的基层班组给予相对应的待遇，以此鼓励全体干部员工争创"示范"的积极性。

（4）以持续的安全文化自强，进一步创新燃气企业安全文化特色管理模式。要立足企业自身需要，探索科技信息手段在燃气企业管理中的运用，全面做好自控系统、生产管理系统在燃气企业的上线应用工作，结合当前管道及用户安全风险现状，加快城镇燃气管道数字地图的测绘，加快管道数字化及"两高一密闭"风险排查和整治，摸清家底，识别风险，分级管控，通过人防、物防、技防、信息防等手段综合应用，发挥GIS地图功能，利用高后果区风险评价、密闭空间、内外检测、巡线监控、地灾管理、关阀分析等专项功能的全面应用，来强化重点区域、重要管段、重点时段的实时监视、及时预警、智能处置，高效支撑管道的风险识别管控以及突发事件的应急处置。目前，白银中石油昆仑燃气公司在管道智能化方面，已建立3套SCADA系统、2套视频监控系统、1套下游大用户RTU监控系统，能够实时监控管道运行压力、温度、瞬时流量等关键运行参数。同时，对地下综合管廊10台电动球阀安装远程控制功能，实现紧急情况下的瞬间远程关断。在生产管理系统完成186公里管道、1673台设备等数据测绘录入，此系统的成功上线能够清晰查询到公司燃气管网在地下的具体精准位置，以及对巡线人员实时定位跟踪，同时可实现生产动态、设备管理、管道完整性、安全管理、应急管理能力。在用户端方面，已对225户居民户内安装一款新型燃气泄漏自动关阀物联网表以及配套连接的报警器，该表具有一旦用户家中有燃气泄漏，能够第一时间切断气源，同时将报警信息及时发送至用户和燃气公司接警人员，即使家中无人而燃气泄漏也能将报警信息及时发送至用户，以及用户不需要打电话报警，燃气公司接警人员也能立即收到泄漏信息的功能，待试点运行可靠稳定后方可大规模进行安装、更换。展示效果如图1所示。

燃气企业安全管理水平的高低，主要取决于企业安全文化建设的成效。安全文化建设的过程，主要是提高企业员工和燃气用户安全素质，实现燃气设施本质安全。因此，企业安全文化建设是企业的一项基础性工程，是控制事故发生的治本工程。如何做好企业安全文化建设工作是一项长期的任务，还需要不断探索、不断提高，同时也需要社会各界的支持。

3.1 管道完整性

4. 网格化精准巡检—日常安全管控

实时监控每日巡线任务的执行情况,从上午8点开始到下午4点,巡检点逐渐由红色变为绿色,任务完成情况一目了然。

图 1　巡检人员通过生产管理系统巡检后的展示效果

城镇燃气本质安全管理浅析

贵州乌江能源集团有限责任公司　杨文权　龚孝平　杨景元

摘　要：随着城镇燃气行业的不断发展，伴随而来的安全问题也不断发生，在近年来全国各地燃气事故血的教训面前，尤其是湖北十堰"6·13"重大燃气爆炸事故，使我们不得不认识到安全管理工作是燃气行业的重中之重。本文提炼了乌江能源集团有限公司本质安全管理工作中的一些对策，希望能为燃气行业安全管理工作提供一些思路。

关键词：城镇燃气行业；本质安全管理；能源安全

近年来，随着国家经济建设的高速发展，城市基础设施的快速完善，人民生活水平的大幅度提高，城市燃气行业得到了飞速发展，随之而来的安全问题也越来越突出。近期燃气事故频发给燃气企业敲响了警钟，也引发了关于如何提高城镇燃气行业本质安全管理的思考。

一、城镇燃气安全管理现状

（1）城镇燃气管网老化严重。燃气用钢管使用寿命15—20年，起步较早地区的城镇燃气管网运行时间已接近或超过寿命终点，多数管网处于事故多发期。近年，管网系统腐蚀泄漏事故频发，如图1所示，根据2021年全国燃气事故分析报告可知，管道腐蚀泄漏造成事故有所增加，因管道腐蚀泄漏造成的燃气事故14起，死亡26人，受伤138人，后果严重。2022年6月27日，住房和城乡建设部办公厅国家发展改革委办公厅印发《城市燃气管道老化评估工作指南》，对老旧管网、设施的更新改造做出了政策支撑。

（2）第三方施工造成危害。随着城市建设步伐的加快，城市道路及旧城改造市政施工频繁，再加上通信电缆、给水、排水、道路等改造给燃气管道运行带来了很大的安全隐患。因上述原因每年造成的管道被破坏、挖断造成泄漏的管网事故占比最高，如图1所示，根据2021年全国燃气事故分析报告可知，管网事故中因第三方施工破坏的事故202起（占管网事故的81.5%），无死亡，受伤8人。

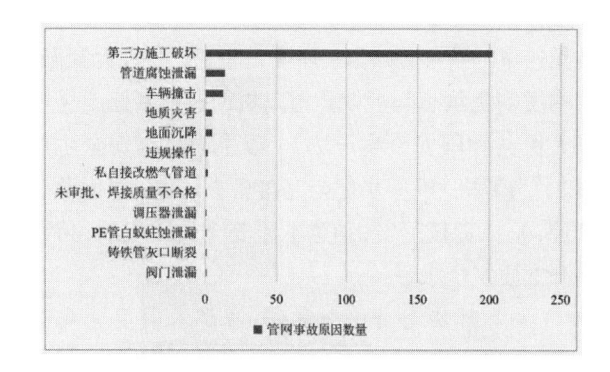

图1　城镇燃气（天然气）管网事故数量

（3）用户燃气设施私自改造、软管等隐患引发的危害。随着城市居民生活质量的提高，居民房屋的装修要求也越来越讲究，部分居民为了装修外表美观，私自改装燃气管道，导致燃气管道设施被密封、包裹，存在较大安全隐患。部分用户采用燃气专用橡胶管，老化等问题也较为突出。如图2所示，根据2021年全国燃气事故分析报告可知，软管问题、私自改装问题造成户内燃气事故的占比约40%，占比较高。

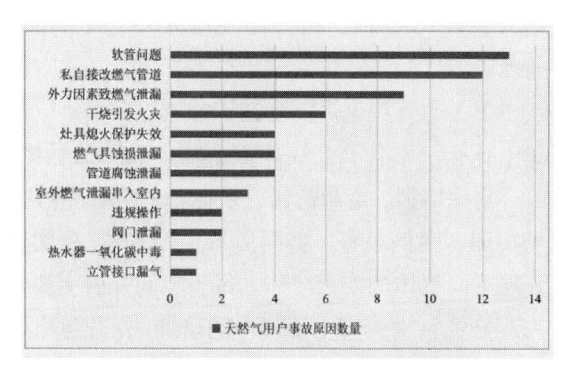

图2　城镇燃气（天然气）用户事故数量

（4）多数燃气企业规模小、信息化建设不完善、管理体系不健全。随着城镇燃气的竞争发展，各地基本每个县域都有一个燃气企业，分布的区域范围比较小，管网长度、用户数量规模较为有限，部分企业安全意识薄弱，导致安全管理体系不完善、信息化投入不足等问题。

二、城镇燃气本质安全管理措施

本质安全是指在工作条件下系统自身具备保障安全的能力，是系统在安全性能方面表现出的固有特性，即使在人员误操作或设备发生故障的情况下也不会造成事故。本质安全型企业是指在存在安全隐患的环境条件下能够依靠内部系统和组织保证持续的安全生产，构成要素含"人员、设备、环境、管理"四个方面，创建本质安全型企业就是要力争实现"人员无违章、设备无缺陷、环境无隐患、管理无漏洞"的本质安全状态。近期公司以贯彻执行新修改《中华人民共和国安全生产法》（以下简称《安全生产法》）为契机，进一步健全完善管控体系，强化源头管控，狠抓责任落实，构建本质安全长效机制，持续提升本质安全水平。

（一）落实全员安全责任，狠抓人员要素安全管控

（1）建立全员安全生产责任制。按照《安全生产法》对主要负责人和安全管理人员列出的7项法定职责，结合城镇燃气行业各岗位安全风险辨识建立岗位不同职责不同的个性化岗位安全职责，健全覆盖所有层级和全体人员的全员安全生产责任制。通过明确各层级、各部门、各岗位人员安全职责，强化各级主要负责人安全生产第一责任、分管负责人分管责任和各岗位具体落实责任，形成"层层负责、人人有责、各负其责"的全员安全责任体系，杜绝有利时人人都在负责，需要担责时人人都不负责的现象。

（2）大力开展全员安全知识技能提升培训。按照"干什么、学什么、缺什么、补什么"的原则，采取"集中培训、定期轮训、专业培训、跟班学习、现场实训、案例教育、实操演示"等方式，分类分级开展不同群体的安全培训。每年定期开展主要负责人、分管负责人安全管理专题培训，提升各级领导干部安全引领力和安全责任意识；每季度开展安全管理人员远程视频培训，重点提升专业人员的风险防范意识和能力；组织开展班组长安全技能提升培训，重点提升班组长风险识别、隐患排查、现场初期应急处置等能力；通过师带徒、岗位练兵、班组安全活动等形式开展一线在岗人员培训，提升一线员工履行岗位安全责任的能力。切实做到企业主要负责人、安全生产管理人员、特种设备作业人员100%持证上岗。

（3）积极开展警示教育活动。收集城镇燃气行业发生的第三方施工、泄漏燃爆等典型事故案例，编写《典型事故案例汇编》。在公司内组织开展"事故警示教育月"活动，汲取事故教训认真查改事故隐患活动，做到举一反三。引导各级生产管理人员牢固树立"人人都要管安全"，在保证安全的前提下才能发展的理念。

（4）规范员工岗位安全行为。根据公司不同工种和岗位工作内容，结合岗位危险因素编制口袋书、卡片等便于携带的《岗位安全行为守则》，守则内容短小精悍，简单明了，易记易懂易操作。安全生产责任清单化，切实推进安全生产责任制在操作层落地落实。

（5）构建企业本质安全文化。通过抓员工的"三前"（防在前、想在前、做在前）安全意识教育，借助横幅、曝光宣传栏、安全文化走廊、官网、微信公众号、安全会议等平台和载体，积极开展"典型燃气事故案例分析""事故现身说法""安全经验分享"等活动；联合工会鼓励员工争当"安全标兵""技术能手"；将"生命至上、安全第一"的安全文化价值理念和要求，根植于员工的灵魂深处，促使"零违章、零伤害、零事故"和"四不伤害"成为员工的共同追求，最大程度激发员工的安全责任感，做到人人都是安全员，人人争当安全员，实现从"要我安全"到"我要安全"的转变，形成浓厚的安全文化氛围。

（二）强化源头管控，建设先进适用的安全设备设施

（1）加强源头管理。新建城镇燃气项目严格执行安全设施与主体工程"三同时"制度，收购项目要对所有关键设备开展安全评估。用户端推进安装燃气泄漏报警和紧急切断，居民用户表后至燃烧器具间采用不锈钢波纹软管。

（2）强化设备设施运行管理。推行重大危险源、重点区域、关键装置包保责任制，包保责任人按规定频次开展场站设备、管道、用户巡检，并利

用GIS地理信息系统、用户信息系统等,提高巡检质量。重要设备、重要仪表、安全报警设施严格定期检测、校验、检修和报废,推进设备信息化、台账化、清单化管理,严禁设备带病运行。

(3)继续深化突出问题治理。持续开展调压装置、阀门等设备日常检修保养维护,针对老旧设备、管道穿越密闭空间等重大风险和隐患及时进行识别评估整治。针对第三方施工的问题,严格划定保护范围和控制范围,并实施告知、交底、制定保护措施方案等手段,不断提升输配系统连续运行的可靠性,全面提升输配系统的本质安全水平。

(4)大力提升设备自动化水平。积极探索使用符合实际的新技术、新材料、新设备,采用自动化程度更高、操作更简便的设备设施。逐步推进建立SCADA系统、基于GIS系统的城镇燃气管网信息管理系统、用户系统,对燃气管道、设施、用户等涉及的基本数据信息进行收集整理,大大提高输配系统和用户端管理的安全可靠性。

(三)狠抓重点工作,强化环境要素保障能力建设

(1)规范作业环境管理。新建设项目必须按照安全专篇设计,保证生产区域与外界留足安全距离,场站内设备之间、道路宽度、构筑物布置符合标准要求,严禁出现擅自修改专篇、擅自搭建违规建(构)筑物等行为。

(2)强化现场文明卫生管理。推行"6S"管理,强化文明生产,建立设备跑冒滴漏治理常态化工作机制,完善现场安全标识、工艺标识,重点部位设置操作规程,工器具定置化管理,确保设备规范生产、人员规范作业。

(3)强化消防安全管理。完善并建立健全消防安全委员会(简称消安委),消安委与安全生产、环境保护委员会合并履责,推行重点防火部位责任制,建立重点防火部位清单,明确重点防火部位责任人,健全重点防火部位危险告知、风险控制和定期巡查机制。

(4)加强管线标志标识管理。将管线标志标识纳入日常管线巡检范围,发现有变形、损坏、变色、图形符号脱落、亮度老化等现象时及时进行补充和更换;当设施或环境发生变化时,及时增减或变更标志,确保安全标志的完好使用。

(四)强化基础管理,狠抓管理要素控制

(1)开展安全管理对标提升。选择省内外一家城镇燃气先进企业作为对标单位,对照标杆全面提升生产型企业安全管理基础。组织企业负责人和安全管理人员到标杆企业进行现场培训观摩,保障安全管理的关键人员熟悉掌握先进,切实参照先进补齐短板。

(2)深化安全风险分级管控和隐患排查治理。健全安全风险分级管控和隐患排查治理双重预防机制,较大和重大风险落实责任单位"一把手"管控机制。推动全员参与自主排查整治隐患,明确和细化隐患排查的事项、内容、频次,落实隐患公示曝光、"三张清单"、在线上报机制,确保风险可控在控。

(3)建设本质安全型班组。编制《班组日常安全管理手册》,规范班组培训、反违章、监督检查、班前会、安全活动等基础性工作,形成班组工作内容指标化、工作要求标准化、工作步骤程序化、工作考核制度化、工作管理系统化和现场管理规范化的机制,夯实班组作为防范事故、保护人身安全的前沿阵地。会同工会开展"本质安全型班组"选树活动,选树1—2个典型班组,以点带面,引领班组整体管理提升,做实基层基础基本功。

(4)强化"两外"安全管理。将外委工程和外协用工的安全管理纳入各级企业内控管理体系进行同等管理、同等考核,建立"黑名单"和"违章积分"制度,对严重违章和年度违章累计积分超过规定分数的人员和单位实施清退措施。"两外"人员和单位的资质审查、教育培训、风险辨识、开(收)工会等列入班组日常管理,"两外"作业落实旁站、巡查、抽查、视频监控等措施。

(5)健全网格化监督管理机制。建立健全各级工会参与的安全生产监督机制,由各级工会定期组织职工参加本单位安全生产工作的民主监督,开展全员参与的"我当一天安全员"活动等。完善安全生产交叉互查制度,每个季度由组长单位牵头开展1次安全互查工作。由集团公司组建安全督查组对各企业开展日常、专项和特殊时期的安全督查,定期开展"回头看"检查。建立安全生产问题线索举报制度,完善举报激励保护机制,公示举报电话和邮箱。

(6)健全应急管理体系。按照法律法规的要求,构建由专(兼)职队伍组成的应急救援力量。根据可能发生的主要事故种类和特点,健全应急物资储备、补充、调配机制。修订完善各级应急预案,每

年初制订年度应急演练计划，按计划开展应急演练，加强预案可行性评估和演练，不断增强应急预案的科学性、实战性、可操作性。开展政企联动演练，有效促进相关部门和企业准确掌握应急救援程序，保障有序衔接。

（7）建立健全安全管理制度体系。建立健全安全费用管理制度，明确安全费用提取和使用程序、职责及权限，确保隐患治理资金投入及时到位。完善反违章管理制度，构建全员不敢、不能、不想违章的工作机制。健全重大危险源安全管理制度，实现重大危险源安全监测监控网格化管理。通过建立健全规章制度，实现管理流程化、操作规程化，全面落实"用制度管人、用制度管事"的机制。

（8）狠抓重点工作持续推进基础管理提升。持续开展三年行动集中攻坚和巩固提升工作，认真落实"两个清单"机制，大力推进安全生产标准化建设，从根本上消除事故隐患。

总之，城镇燃气行业的安全管理是一个庞大而复杂的系统工程，它密切关联着城镇居民的日常生活。因此，城镇燃气企业必须探索本质安全管理方式，进一步提升本质安全管理水平，才能保证城镇燃气管网安全稳定运行。

参考文献

高浩.城镇燃气企业安全运行管理现状及解决措施[J].中国石油和化工标准与质量,2016,36(10): 50-51.

核电工程项目进一步提升安全文化成效的措施

中核集团中国核电工程有限公司　马新朝　吴英占

摘　要：文章针对创建卓越标杆工程在项目推进和提升安全文化方面，提出了核安全文化三年提升行动"863基本动作要领"和以安全生产标准化一级评级达标为主要思路的推进安全文化的办法，不断地宣传培训安全理念、价值观。在建造过程中充分落实"防、救、戒"的本质安全管理理念，强化安全技术管理，经常性地对安全文化评估、发现薄弱并持续改进。"相互借鉴、对标改进"，不断加强安全文化建设，增强工程建造人员的安全意识。

关键词：核电工程；安全文化

田湾核电工程的建造得到了中俄两国元首的关注，提出了要打造核能标杆工程、树立中俄核能合作典范的高标准，为此制定了安全标准化达标评级一级的精细化管理目标。全面推进卓越安全文化是政治任务，如何在原有核安全文化基础上更有效地进一步提升，效果保持是一个重要且紧迫的工作。

中核集团提出核安全文化提升三年整治行动计划，要在全集团内充分推行卓越核安全文化，提出了核安全文化三年提升"863基本动作要领"，就是在工作中领导要践行"8个坚持"、全体员工要"6个做到"、组织应用"3个法宝"。具体内容为："8个坚持"：坚持承诺安全第一；坚持以身作则；坚持强化期望；坚持资源保障；坚持关注变革；坚持团队建设；坚持建设组织内部的高度信任；坚持决策体现安全第一。"6个做到"：做到讲安全；做到守规矩；做到重协调；做到戒自满；做到善沟通；做到多思考。"3个法宝"：认识核安全的重要性；问题的识别与解决；持续改进技术与方法。认真执行中核集团中国核电工程有限公司（以下简称中国核电）卓越核安全文化十大原则，全员重塑法治意识、忧患意识、自律意识、协作意识；严格贯彻安全是核工业的生命线、安全是中核集团的核心价值观。

一、卓越安全文化的表征

卓越安全文化是被企业组织的员工所共享的安全价值观、态度、道德和行为规范组成的统一体，是存在于单位和个人中的种种素质和态度的总和，它建立一种超出一切之上的观念，将安全置于各项工作的首位。

每个员工在工作过程中遵循"安全人人有责"进行各类活动和作业；时刻"培育质疑的态度"，对作业和活动前安全条件进行质疑，以确保活动质量安全；在生活和工作中时刻"沟通关注安全"，员工一定是按规范作业不违反各类技术规程特别是安全制度和标准，完成作业后注重对于物项和环境的事理，保持良好的状态、文明卫生；各级领导工作和生活中"领导做安全的表率"示范作用要突出；无论所管辖的部门是大是小，均要充分"建立组织内部高度信任"，做好组织团队建设；在做决定和决策时"决策体现安全第一"；项目组织要充分认识核技术的独特性；识别各类管理及活动中的问题并解决问题；构建、倡导学习型组织，不断学习和进步；对社会要构建和谐的公众关系，保证和谐相处有机统一。

二、提升安全文化的方法

反复、经常地强调及培训安全文化/核安全化，对安全文化的内涵向员工不断地宣贯，从听觉、视觉、触觉等维度多层次感受到安全文化在影响，通过讲安全价值观、讲好安全故事、规行矩步形成安全行为习惯。推行良好实践等活动，充分领会应用安全文化，使职工形成一种良性安全氛围，自觉地开展各类活动。

采取思想引领、制度执行、组织保证分层推进，加深对安全的理解。宣传价值观、文化愿景、作业规程，从意识、知识、意愿方面强调安全的重要性。

突出安全是技术、安全是文化、安全是管理、安全是效益、安全是生命等理念，并将内涵宣讲到基层、到全员，横向到边、纵向到底。从技术、管理、行为和习惯进行渗透和融合，向知识要效益，向意愿要安全，向执行要保障。

将"防、救、戒"本质安全的过程控制理念融入工程建造作业过程和各项活动中，土建、管道安装及机械安装等特定的专项活动中均突出这些文化元素，充分将安全文化与施工活动相融合，做到知行合一、相辅相成。在工程进展中丰富安全文化、创新工作方法，如提炼"一看、二想、三查、四干、五检"的五步工作法，继而制度化并形成精神文化。

三、文化引领与工程建造相融合

（一）经常性进行安全文化综合评估

从人员的行为和特征、组织的价值观和对安全的态度、组织的基本愿景和信念三个层次十大方面入手对安全文化评估，以找出薄弱环节。多多取样，通过观察、交流和访谈以及深层次的分析测试，得知员工（或组织）对核安全事项所表现的行为和特征以及对核安全优先价值观的认识和态度，从而准确反映被评估单位的核安全文化水平。

在安全文化建设方面要从个人、领导及组织三个维度将"责任、安全、创新、协同"进行系统营造，提升责任意识就是提升安全文化水平。个人责任：安全人人有责，培育质疑的态度，沟通关注安全；领导责任：领导作安全的表率，建立组织内部高度信任，决策体现安全第一；组织责任：认识核技术的独特性，识别并解决问题，倡导学习型组织，构建和谐的公众关系。

项目部内部评估（自评估）。按工程建设进程的不同对项目部的核安全文化发展水平进行纵向比较；与其他同类性质的单位作同时期做横向比较，找出"强项""弱项"；得出本项目目前核安全文化发展所处水平的结论，同时，有针对性地提出整改方向；对照国内或国际的同行最佳实践，实施外部评估和同行评估，如本质安全研究院对项目评估，评价项目部的安全管理体系运行情况、核安全文化发展水平；推行同行（第三方）评估提升项及对标先进项目并学习借鉴成功经验，及时识别弱项和问题，积极纠正和改进。

内外部评估一定要针对十个方面（863基本要领）进行逐项评估，如发现对社会及外部公众没有构建和谐的外部关系，则需要在环保、公众影响方面进行构建，用"绿水青山就是金山银山"、安全环保、低碳美丽等实际行动来促进工程建设场区与周边环境的融合，和谐发展，工程建设能带动周边经济体的健康发展。

（二）通过安全标准化达标评级专项活动来补齐短板

安全施工标准化一级达标评级需要持续提升安全文化，"安全文化"和"持续改进"这两项要素是必须的满足性要素；而"目标职责，制度化管理，教育培训，设备设施，作业安全，安全环保风险管控及隐患排查治理，职业卫生健康管理，环境保护，应急管理，事故事件"等10个要素必须符合安全文化关于持续改进的要求产，需要阶段性进行达标符合性评审和安全文化评估，持续进行现场改善，完善安全管理体系，规范人员行为，提升安全文化水平。

（三）形成人人关注安全相互交流安全的工作习惯

交流研讨和剖析各类工程建造安全质量相关的事故事件，从经验和教训中提升本单位的管理经验和技术管理水平。举办安全技术管理专题研讨会议，对工程建造领域内、外部安全事件的信息通报和警示，内外部对标，对照自己单位的各项管理活动交流研讨，从技术、安全管理方面进行分析讨论，可以采取可视化信息管理、BIM技术、VR系统模拟现实技术将自己融入过程场景，分析事故事件的产生原因和事故救援过程，交流轻伤、轻微伤、重伤等事故的控制经验，分类分层进行措施演练，把对微小的安全、卫生、环保事件进行经验反馈，制定切实可行的纠正措施和预防措施，不断改进和总结经验，把经验沉淀为知识、技术及标准化管理制度，充分应用，减少工程建造事故和隐患的产生。

学习借鉴、对标工程建设领域的国内知名项目及相关建设行业优秀工程的良好做法，如向能源系统电力建设企业、航空航天系统、烟草系统、中广核、石油及石化等企业集团的优秀建设项目对标，学习这些知名工业企业的优秀文化（对行为规范、对照标准制度、对照文明施工、对照本质安全创新和工艺改进），把文化精髓引进来、广泛吸收，融合新思想，提升安全文化建设水平。

（四）推行核安全文化三年行动，"863基本动作要领"切实落实安全管理的方法

核电工程项目严格按照863基本动作要领来促

进核安全文化建设,将概念贯穿于管理方法中,在工程施工中切实有效落实安全责任,领导践行"8个坚持",全体员工践行"6个做到",组织应用"3个法宝"。在此基础上,从安全管理体系上要有效落实"防、救、戒"理论,用过程控制方法做好施工先决条件检查和验证,提升员工的行为规范,使每位员工做到讲安全、守规矩、重协调、戒自满、善沟通和多思考,不断地进行施工过程中各类问题的识别与解决,持续改进。

按健全的安全管理体系实施安全施工,将"防、救、戒"理念充分应用于施工过程,用JSA工具控制施工工艺链和管理流程,分析辨识和控制各类风险,改善环境、优化物项状态管理、规范人员行为,实施安全先决条件确认管理。应用技术标准时将标准条文的各条款和风险防控相结合,充分考虑安全经济、事故损失原理和本质安全理念,认真落实风险分级、分析辨识管控及隐患排查治理工具充分应用,关口前移,减少施工隐患。

1. 技防人防相结合的"防"

安全管理是技术,提升安全文化管理水平需要将本质安全理念,特别是技术创新与工程建造过程相结合、注重安全经济合理性及可控性,用优质的施工工艺结合技术管理措施的完备来提升安全文化管理水平。未事先发现、无法采取针对性措施的危险源是导致生产安全事故的直接原因,安全管理人员须分级分专业实施安全技术统筹管理。在施工技术及方案中充分融入安全分析技术、安全控制技术、监测预警技术、应急救援技术、其他安全技术等,使得施工技术可靠,能指导现场的施工管理,确保安全。

工程安全属性由建造时的人、机、料、法、环、测等因素共同决定,施工技术是否实用、先进和完善决定了安全是否可控,因此首先关注的重点是施工技术方案管理。根据施工工艺流程、工艺逻辑及质量控制链,充分应用JSA安全分析,把危险源辨识、风险评价、失效分析、事故统计分析、安全作业空间分析以及安全评价技术等,保证方案科学。

建造阶段分爆破、桩基施工,土建,安装,调试及试运行阶段进行专项安全防控。在专项施工方案中,突出对事故隐患的预防监控、保险和防护技术,按照施工的不同阶段及专业进行控制。工程施工人员需要对建造的各子项及专业的实施方案建立施工方案清单,归类,结合模板施工、钢筋加工、钢筋施工、大体积混凝土施工、焊接及钢结构安装、管道施工、筑路施工、电气施工、设备安装、起重吊装等特点,将建筑施工标准的强制性标准条文认真吸收,落实实施安全控制及防范,技术条件的要求正确执行,通过控制安全措施及工程质量的方式来保证安全。

监测预警和应急救援:在工程监测预警方面,主要针对基坑周边、土石方堆场、塔吊垂直度、核岛等子项的沉降观测、山体爆破监测等方面进行动态监测,以确定相应的技术防范。在工程建造过程中要进行阶段性检查及安全检查与巡查、安全检测、安全信息技术、安全监控、预警提示技术等,保证过程防控有效。在工程建造过程中要根据环境特点、气候变化及专业施工转换情况进行应急救援及响应,重点做好应急响应技术、专项救援技术、医疗救护技术的培训和正确应用。

其他安全管理技术:必须做好安全入场培训,包括职业卫生防护、安全卫生、安全心理、个体防护技术、职业病防治技术,同时,要做好安全文化氛围营造,突出安全意识的提升和本质安全理念转变等。

施工工艺流程控制:在工艺流程控制方面要充分应用ECRS(取消、合并、重组、简化)的管理方法处理各类流程,实现优质高效。在不断的PDCA循环中进行优化,尤其是做好计划控制(分析现状查找存在的问题、分析产生问题的各种原因及影响因素、找出影响的主要因素、制定措施提出行动计划),按照定人、定责、定时的三定原则,将问题解决彻底,一次性把事情做正确做完成。

2. 施工过程的"救"

现场工艺管理须做好人防、技防和环境物项的状态控制,实施过程控制和纠偏的"救"。工程管理人员在现场巡检履职时须纠正技术文件的薄弱环节和不适用、采用ECRS方法纠正制度文件的不适用,审查各类人员资格有效和持续,当发生事故隐患时能阻止人员涉足危险区域、出现险情时能全身而退,发生事故时会救援会减少事故的损失。

救的主要内容是纠正是否违反工艺纪律、施工工艺条件等技术控制,纠正各类偏离和职工的习惯性不良做法;做好相关方的监督管理人员是否在岗履职、监督施工活动及安全作业条件是否满足流程的管理规定；对变化保持敏感，当施工条件有变化和异常时，做好人防工作，如采取暂停、整改、纠正等措施，确保施工安全。安全与技术管理要形成互补的高效流程，用技术来满足施工条件的满足，能安全地作业。安全体系管理人员要分析施工过程中的各类隐患、管理成效和安全状态趋势，从事故损失各类因素、事故致因原理和安全体系方面的不足，举一反三，针对性纠正体系和管理中的缺陷，保证体系能正常适用。

3.结果导向的"戒"

安全绩效的奖惩和考核，对于突破线束性指标及发生安全事故的各种事件、微小事件、未遂事件，均要采取"四不放过"原则进行处理，剖析事故及事件产生的根本原因，根据事故原因进行预防和纠正，达到警示和教育的目的。

通过处罚和惩戒，形成良好安全文化氛围和严肃的安全震慑，促使职工严格执行法规和施工工艺纪律，不习惯性违规作业，规范自己的行为，保证施工的人、机、料、法、环处于安全受控状态。

四、取得的成果

2021年至2022年，田湾核电工程项目部大力推进核安全文化建设，落实863基本运作要领，充分落实安全文化十大原则，将"防、救、戒"过程控制理念充分应用于建造过程中，实施技术改进及安全监督预防，现场安全文化水平得到了有效提升，也取得到了一级达标的标杆指标。

推行安全文化良好氛围营造，职工更能安全施工，项目安全管理目标指标均得到了有效实现。有效的文化交流，不同施工承包商的安全文化理念也在相互融合、渗透和提高。企业员工的整体安全意识和作业行为更加规范，安全管理也步入了科学化与规范化的快车道。

五、结语

安全文化良好的表征是施工现场安全文明有序，工作环境干净整洁，操作规范标准。每个职工严格执行先决条件，检查确认环境安全，理解并执行工作程序和技术文件，按章办事，并逐条完善各种活动记录。过程中对意外和变化时刻保持警惕，严肃工艺纪律，做到时间有效管控和条理清晰，谨慎小心地工作，不贪图省事、不走捷径、虚心听取他人的意见，工作中戒骄戒躁、对待任何工作都能认真细致的执行。

工程项目部要全过程贯彻并切实有效落实"防、救、戒"三字内涵。从事故事件调查处理、风险管理和安全智能建造三个层次系统应用安全文化的引领力来提升安全管理水平。采取剖析事故总结经验、对照标准规范验收各类安全设施和装置，实施区域网格查改治理事故隐患、过程防控和辨识风险的预防管理，强化安全文化体系建设，优化和改进工艺技术，用本质安全理念促进项目施工，形成良好的安全文化氛围。

电力企业安全文化建设体系探索

国能大渡河枕头坝发电有限公司安全监察处　侯建伟　时寒冰

摘　要：电力企业作为安全要素多元、利益牵扯广泛的公众型企业，加强安全文化建设对推进安全生产工作具有重要意义。作者根据实践经验，从安全观念文化、行为文化、管理文化、物态文化建设四个方面进行探索，为电力企业安全文化体系建设提供了可行的建议。

关键词：安全生产；观念文化；行为文化；管理文化；物态文化

安全文化是指被企业组织的员工群体所共享的安全价值观、态度、道德和行为规范组成的统一体。国家原子能机构（IAEA）在1986年切尔诺贝利核电厂爆炸事故后提出"薄弱的安全文化"是导致此次灾难的一个重要因素。此后，安全文化在其他事故调查和系统失效分析中被讨论和采用。2011年11月26日，国务院印发了《国务院关于坚持科学发展安全发展促进安全生产形势持续稳定好转的意见》，将安全文化建设工程列为重点工程之一，因此，安全文化建设是党和政府加强安全生产工作的重大部署和要求。

安全是企业立身之基，文化是企业发展之魂。按照《中共中央国务院关于推进安全生产领域改革发展的意见》、《企业安全文化建设导则》和《全国安全文化建设示范企业评价标准》要求，以打造本质安全型企业为目标，积极探索以文化引领发展的管理思路，所在电力企业安全生产、管理创新、智慧发展等方面取得了显著的成效。结合企业安全文化体系建设实践，从安全观念文化、行为文化、管理文化、物态文化建设方面进行了探索。

一、安全文化体系建设总体要求

企业在安全文化建设过程中，应充分考虑自身内部的和外部的文化特征，引导全体员工的安全态度和安全行为，实现在法律和政府监管要求之上的安全自我约束，通过全员参与实现企业安全生产水平持续进步，企业安全文化建设总体模式，如图1所示。

二、观念领航，植根安全生产意识

安全观念文化是安全文化的灵魂，是形成和提高安全行为文化、管理文化和物态文化的基础。企业应始终坚持以文凝人、以文化人、以文育人，真正让安全文化落地生根，让安全意识深入人心，全面推动企业高质量发展。

图1　企业安全文化建设的总体模式

以人为本，安全观念入脑入心。企业以观念渗透为先导，以氛围熏陶为手段，通过安全承诺宣誓、主题宣讲、警示教育、赠书促学等各类安全宣传教育活动，营造和谐守规的良好安全文化氛围；利用网站、微信、短视频、展板、报刊等宣传手段，广泛宣传安全文化理念；定期开展安全技能培训，不定期举办安全知识讲座，提高全员安全知识和技能水平；开展"安全生产月""职业病防治法宣传周""世界环境日"等活动，强化职工安全意识；组织安康杯竞赛、安全知识抢答赛等比赛，抢先争优，激发职工安全学习热情；设置安全先进个人和党员示范岗展板，签订"师徒合同"，树立典型，学习先进；开展班组安全活动、"一帮一结对子"等形式多样、内容丰富的活动，掀起了全员安全生产"比、学、赶、帮、超"的热潮。

营造氛围，用心弘扬安全文化。企业组织职工家庭互动家话，与职工父母、妻子、子女等家属互动，畅谈安全工作的家庭意义，让职工家属了解企业安全工作环境，放心职工安康；家属书写安全寄语，公开展示安全情怀，以小家安全情怀汇聚大家安全情愫，让全员职工从内心深处感受到务实安全的幸福力量；以班组为单位，设置班组职工安全文化作品展、员工安全风采照，全员共话践行安全经验和做法，开拓安全认知、推广先进安全技能、总结普及安全好经验、好做法，让职工从身边感受到安全氛围，提升我要安全的意识。

三、行为赋力，提升技能助推安全生产

安全行为是安全文化的表现，也是安全文化引导的结果。要将安全文化落到实处，就必须强化安全教育培训，注重安全行为文化的养成，提高全员安全素质，营造事事强调安全、处处追求安全的环境氛围。

定制培训，强化提升安全技能。企业为每一位员工定制安全生产培训计划，从公司到部门，再到一线班组，树立安全生产"红线意识"和"底线思维"，强化安全生产法律法规、规章制度和操作规程培训，教育员工自觉遵章守纪，履行安全责任，对自己、对他人生命安全高度负责。根据安全生产时段特点，开展"安全生产月""事故警示月""安全警示日"等安全活动，执行安全生产联系制度，做到安全生产警钟长鸣。坚持按需施教、精准培训原则，分级分类开展培训，坚持内外结合、考学结合，确保生产人员100%持证上岗。通过安全生产征文、演讲和竞赛等形式，开展安全文化理念、价值观和行为准则的宣传和展示，营造安全文化氛围，提升全员安全意识。

广泛发动，全员参与安全管理。全体员工在安全生产工作中落实"一岗双责"，开展安全互保活动，从安全系统是否稳定到安全措施是否全面，从操作过程是否标准到防护用品佩戴是否规范，都能够相互提醒，及时制止违章行为，做到了"四不伤害"。定期开展合理化建议活动，广泛收集建议，定期评比并给予奖励，择优实施到生产中去，充分调动了员工的积极性，为安全生产提供了有力保障。

四、管理定轨，纠偏正向深化安全管控

安全管理文化是为了保障生产经营活动过程中，人、物和环境的安全而形成的稳定完善的管理体系，是企业安全生产运作保障机制的重要组成部分，是企业安全精神文化的物化体现和结果。

依法治安，持续完善管理体系。企业依据国家有关安全生产法律法规、行业标准、规程规范和上级规定，修编了安全、生产、技术、综合等方面的基本管理制度。结合生产实际，开展制度体系运行效果评价，通过安全性评价、安全生产标准化达标评级等工作，梳理、分析存在问题，从体系机制、贯彻执行、绩效反馈等环节查找原因，修订完善安全管理制度、技术管理制度等，构建系统完备、科学规范、运行高效的安全生产制度体系，做到有法可依、有章可循。

双重预防，不断提升管控水平。定期发布危险源清单，分级落实责任，实现动态管控。严格落实隐患排查制度，按照"抓源头、治根本、重预防"的原则，坚持开展春安、秋安大检查以及重大节假日前、防汛、防地灾等专项安全检查，狠抓整改落实，注重闭环管理，做好安全隐患排查治理工作。制定安全工作考核管理办法，严考核、重奖励，充分调动了各级人员的安全生产积极性和主动性，促进了全员安全生产责任制的全面落实，遏制了习惯性违章等不安全行为。制定应急预案和现场处置方案，编制应急处置卡，实现了应急救援流程化、卡片化，定期组织演练并及时修订，进一步完善应急处置措施，提升了应急保障能力。

五、物态保障，聚力汇智夯实安全根基

安全物态文化是整个生产经营活动中所使用的保护员工安全和健康的工具、用具、设施、原料、工艺等安全器物，是安全文化的根基和保障。

健康先行，提升生产生活环境。企业高度重视职工的身心健康，每年对所有职工进行健康体检，强化接害员工上岗前、在岗期间和离岗时职业健康检查，为企业的安全生产提供了坚强保障。建设健康小屋，配备智能体脂秤、自动血压计等设备，方便员工随时监测身体状况。建设心理咨询室，邀请专家开展心理健康讲座，提供心理评估咨询。开展爱国卫生活动，定期开展卫生清扫，做好垃圾分类管理，生产生活环境显著提升。

创新驱动,推进智慧管控。企业大力推进应急指挥平台建设,调整应急管控模式,创新管理变革,实现对生产设备的远程监控、信息报送、应急指挥等功能,建立"智能自主、人机协同"的全新运营模式。通过智能化生产管理系统与安全风险管控数据中心、微机五防、智能钥匙、智能门禁等系统的有机结合,扎实开展运行操作、设备检修、维护消缺等日常作业,有效杜绝了作业人员误操作、误入带电间隔等违章行为。有效利用智能巡检系统、设备运行智能评价系统、综合数据平台等智慧成果,加强监测预警和运行分析,实现设备管理的可视化、数字化、信息化,进一步提升了设备精细化管理水平。

多措并举,打造本质安全环境。企业在生产现场配备了安全帽、安全带、绝缘靴、绝缘手套、救生衣等安全防护用品;在生产应急指挥中心配置防毒面具、急救药箱、急救担架和正压呼吸器等物资装备,保障了现场作业人员安全防护。按照安全生产标准化要求,完善了安全、设备标识,规范了安全警示线,完善厂区安全设施。开展设备集中整治,狠抓"三漏"治理,组织专项排查,严格措施落实,有力保障了电站安全稳定运行。

六、结语

通过安全文化体系的建设,企业的安全文化氛围日益浓厚,生产现场安全环境显著提升,员工安全行为更加规范。独具特色的安全文化已经悄然转化为企业凝聚力、生产力和发展力,渗透到了生产的各个环节,推动着企业向实现人、机、环、管和谐统一的本质安全型目标迈进,极大地提升了企业安全生产管理水平,预防和减少了生产安全事故,实现了企业安全生产形势持续稳定。

参考文献

[1]李涛. 电力公司安全文化体系建设的有效措施探讨[J]. 企业改革与管理,2022,(13):171-173.

[2]任柏棠. 电力企业安全文化建设现状及其对策[J]. 东方企业文化,2012,(14):13.

[3]张娟. 煤电企业安全文化建设工作初探[J]. 中国安全生产,2022,17(4):58-59.

[4]张虎. 国有企业安全文化探索实践与高质量发[J]. 活力,2022,(2):69-71.

企业安全文化建设的探索与实践

广东大唐国际雷州发电有限责任公司　卢存河

摘　要：本文围绕企业在安全生产管理过程中经常遇到的难点和疑点问题，结合集团公司深化"五个突出整治"专项工作和安全生产思想认识大讨论，全面系统地阐述了作者的观点，旨在引导和教育员工自觉养成遵章守纪的良好作业行为习惯，培养员工牢固树立安全文化理念，实现企业本质安全。

关键词：企业；安全文化；安全管理

企业安全文化是指企业在长期的安全生产和经营活动中，逐步形成的或有意识塑造的又为全体职工所接受、遵循的，具有企业特色的安全思想和意识、安全作风和态度、安全管理机制及行为规范。企业的安全生产奋斗目标、企业安全进取精神；保护职工身心安全与健康而创造的安全而舒适的生产和生活环境和条件；安全的价值观、安全的审美观、安全的心理素质和企业的安全风貌等企业安全物质因素和安全精神因素之总和。企业安全文化是企业文化最重要的组成部分，它既包括保护职工在从事生产经营活动中的身心安全与健康，也包括职工对安全的意识、信念、价值观、经营思想、道德规范、企业安全激励机制等安全的精神因素。企业安全文化建设是一个系统工程，涉及企业的人、机、环、管各个方面，并与企业的安全理念、价值观、氛围、行为模式等深层次的人文内容密切相关。

一、在思想上高度重视安全文化建设工作

广东大唐国际雷州发电有限责任公司（以下简称雷州公司）以习近平总书记关于安全生产的重要论述和指示批示精神为指导，牢固树立"四个意识"，坚定"四个自信"，自觉做到"两个维护"。坚决贯彻执行上级公司安全生产要求，在思想上高度重视安全管理及安全文化建设工作。党员干部带头遵章守纪、不违章指挥，不强令工人冒险作业，认真践行"安全是技术、安全是管理、安全是责任、安全是文化"，积极倡导"讲科学、讲技术、讲民主、讲规范"良好氛围，实事求是地做好企业的各项安全生产工作。

二、抓安全教育培训，消除"违章、麻痹、不负责任"三大顽疾

员工"违章、麻痹、不负责任"历来被视为企业安全生产的三大敌人，究其产生的根源主要体现在个别员工政治觉悟不高，思想认识不到位，责任心和职业道德缺失，安全教育培训不到位，安全意识淡薄，对事故缺乏敬畏感，存在图省事、怕麻烦以及侥幸、盲从、取巧、逞能等心理。

基层企业各生产部门、班组和外包外委项目部都要利用每周的安全活动日积极开展学习培训。通过深入剖析事故案例，积极倡导"大安全"理念，将"安全生产人人有责""安全生产取决于现场的每一个人""安全生产多说一句话""一切风险皆可控制、一切隐患皆可消除、一切事故皆可避免""违章就是事故、隐患就是事故""安全是最大的节约、事故是最大的浪费""严是爱、松是害""培训是员工最大的福利，安全教育培训不到位是企业最大的隐患"等安全理念贯彻到员工心中，提升企业全员和各外包外委项目部员工的安全意识，筑牢安全生产的思想防线。时刻保持对事故的敬畏之心，始终做到警钟长鸣。

"标准化是安全之本，责任心是安全之魂"，就是告诫我们企业的每一位员工都应该严格遵守国家相关法律法规、标准、规程、规范，严格执行"两票三制"、《运行规程》、《检修规程》、《安规》、《二十五项反措》等，自觉养成遵章守纪、不违章指挥、不违章作业、不违反劳动纪律的良好工作习惯；必须坚持"管生产经营必须管安全、管业务必须管安全、管行业必须管安全"；企业在各项生产经营管理活

动中，必须时刻把安全生产放在首位，必须明确安全和生产是一个有机的整体，必须把安全生产作为"国之大者"和首要政治任务来抓。安全是生产的基础，生产是安全的保障，必须在计划、布置、检查、总结、评比生产经营工作时，要同时计划、布置、检查、总结、评比安全工作。决不能重生产轻安全，当生产经营与安全发生冲突时，必须坚持"安全第一，预防为主，综合治理"方针，自觉践行"人民至上、生命至上""人命关天，发展决不能以牺牲人的生命为代价，这是一条不可逾越的红线"安全发展理念。

三、落实安全责任，避免安全生产"上热、中温、下凉"现象

安全生产"上热、中温、下凉"产生的根本原因就是中间层各级管理人员，包括中层干部、点检长、班组长、工作负责人的执行力层层打折扣，责任落实不到位，制度执行的刚性不足。要通过狠抓责任落实、制度落实，不断提高管理人员，特别是领导干部的政治站位、思想意识，进而改变工作作风，做到令行禁止，政令畅通，高效执行。

《国务院安委会办公室关于近期三起典型事故有关情况的通报》中涉事的企业中马钢隶属于的中国宝武钢铁集团有限公司、中冶宝钢隶属于的中国五矿集团有限公司、外高桥电厂隶属于的国家电力投资集团有限公司，均为中央企业。暴露了部分中央企业总部对下属企业安全管理机制不健全，造成安全管理层层衰减和安全管理水平"洼地"。要切实履行企业的安全生产主体责任，按照《中华人民共和国安全生产法》[1]第四十九条规定履行法定职责，明确与承包方或者承租方各自的安全生产管理职责，严禁"以包代管、违法分包、转包"。

要以落实新《中华人民共和国安全生产法》为重点，按照"党政同责、一岗双责""三个必须"原则，健全各级责任清单，厘清三级责任主体安全生产责任界面。把企业责任分解落实到部门、到岗位，压实主要负责人、党建、业务、专职专责四个维度安全责任。建立基本职责与岗位要求相结合、日常考核与年度考核相结合的履责评价机制，把领导责任、技术责任、管理责任、监督责任具体化。完善各级《安全生产奖惩办法》，对安全事故事件既要查设备技术问题，又要查责任、制度落实，还要查履职能力、工作作风和组织纪律，精准调查，精准追责，实施尽职照单免责，失职照单追责，解决责任制大而化之、落实不闭环问题。

要建立健全企业安全生产保证体系、监督体系和技术支撑体系，并全力推动体系的高效运转，真正实现"凡事有章可循、凡事有据可查、凡事有人负责、凡事有人监督"。同时要坚决纠正企业在安全生产管理过程中部分员工存在的"管生产不管安全"、主观地认为"反违章、抓安全生产仅仅是安全监督部门和安全员的事"等错误思想，避免保证体系与监督体系履职结果出现"倒三角形"怪相，进而动摇企业安全生产的根基。

四、加强过程管理，强化安全责任意识

2021年，集团公司系统电力生产事故多发，共发生人身事故8起，造成9人死亡，4人重伤，给集团公司、伤亡人员及其家属带来了无法挽回的损失。暴露出集团公司安全基础不牢、过程管控不力、责任不落实、制度不落实、有章不循、培训不到位、体系建设和运行系统性缺失等问题。为使集团公司系统深刻吸取以往安全生产事故事件教训，做到警钟长鸣，切实增强安全生产意识，本着"把过去的事故当成现在的事故，把小事故当成大事故"的原则，集团公司组织编写了《2021年安全事故事件案例汇编》。通过回顾事故经过，剖析事故原因，提炼血的教训，以期唤醒全员安全意识、提高全员安全素质，避免类似事故再次发生。

各级管理人员要努力提升自己的安全管理知识和管控能力，带头讲好安全故事。要定期参加班组安全日学习和站班会，传达上级公司安全生产重点要求和文件精神，深入浅出、现身说法地与员工交流，解读好事故案例，不断提高员工的安全意识；要指导员工认真开展作业前"三讲一落实"，不断提高员工的风险辨识和事故防范能力；要经常深入生产一线，特别是高风险作业和夜间作业现场，旗帜鲜明反违章，及时制止和纠正员工的各种不安全行为，及时排查治理各种事故隐患，培养员工养成"无工作票不干、无监护人不干、未采取安全措施不干、未开展危险点分析不干"良好行为习惯，确保企业安全生产局面稳定。

五、认真履行"四责"，提升员工的幸福感

全面加强企业全员安全生产责任制，是推动企业落实安全生产主体责任的重要抓手。各级管理人员要做到明责、知责、履责、问责。各部门要建立健全全员安全生产责任制、全员绩效考核，制定重点工作、关键任务和关键指标,量化异常分析、运行分析、设备分析、节能分析和反违章、两票三制、问题闭环等任务和指标,从体制机制、管理方法上去解决企业安全生产"麻痹、侥幸、不负责任"顽疾,实现动态"零违章"、两票合格率100%、问题整改闭环率100%。

通过实施全员反违章量化积分,并将反违章成果转化为全员绩效考核关键指标之一,作为年底员工评优评先、岗位晋升的依据重要之一,打破传统思维,树立正确的选人用人导向,充分调动员工的工作积极性和创造性,提升员工的获得感、幸福感和安全感。

六、结语

雷州公司一期工程项目自2016年6月正式开工建设以来,认真贯彻落实国家、行业及上级公司有关安全生产要求,深入推进"全员参与,齐抓共管,上下协调,有效联动"的"大安全"管理模式,形成了独具特色的企业安全文化,保证了企业安全生产"十杜绝"目标的实现。

安全生产事关人民群众生命财产安全,事关改革发展和社会稳定大局。安全生产是企业永恒的主题,是企业生存与发展的前提保障[2]。新发展阶段、新发展理念、新发展格局对安全生产提出了更高的要求。安全生产工作应坚持以人为本,把维护人民群众的生命财产安全作为一切工作的首要任务,进一步牢固树立人民至上、生命至上理念,严格落实全员安全生产责任制。安全生产工作需要走群众路线,把一切为了群众,一切依靠群众,作为安全生产工作的出发点和落脚点。安全文化是实现企业本质安全的必由之路,安全生产永远在路上。

国网山东电力公司"古为今用、知理塑行"特色安全文化建设构想与探索

国网山东省电力公司莘县供电公司；曲阜师范大学；
国网山东省电力公司聊城供电公司；国网山东省电力公司临清供电公司
张银国　张沛源　王李燊　陈瑞林　刘家明

摘　要：人类几千年的社会发展，在创造了现代科技文明的同时，各类风险不可避免的产生，古人先贤与这些风险斗争中积累了宝贵的安全思想，在对人安全行为的约束上，古人很少有法律、制度上的约束，更多的是寻求安全观共识的约束，虽然古人面对的风险与现代有所不同，但是对防范风险、解决问题的安全理念、思考深度仍具有很高借鉴价值，往往寥寥数语，胜过长篇大论，它是中国优秀传统文化的重要组成部分。

山东省是孔孟之乡，礼仪之邦，儒家文化的发源地。国网山东电力公司依托地域优势，研究中国优秀传统文化中的安全思想，传承安全理念，积极探索"古为今用、知理塑行"特色安全文化建设的有效策略，促进员工"我要安全"的自我行为约束，最终达到实现电力企业安全生产的目标。

关键词：优秀传统文化；安全思想；知理塑行

一、引言

2020年9月28日，习总书记在十九届中央政治局第二十三次集体学习时强调："在历史长河中，中华民族形成了伟大民族精神和优秀传统文化，这是中华民族生生不息、长盛不衰的文化基因，也是实现中华民族伟大复兴的精神力量，要结合新的实际发扬光大。"

国网山东省电力公司（以下简称山东电力）是国家电网公司的全资子公司，服务电力客户5103万户。电力系统是个巨大而复杂的网络系统，一旦发生安全事故，会对社会生产、人民生活造成严重影响。面对电力生产过程中的触电、高处坠落、误操作、物体打击、机械伤害等人身风险，设备运行中的电网解列、大面积停电、外力破坏等电网风险。山东省电力在落实全员安全责任清单、建设双重预防体系的同时，一直培育企业安全文化的引领、示范作用，在践行社会主义核心价值观的同时，加强员工中国优秀传统文化安全思想的学习，积极探索特色企业安全文化建设。

多年来，山东电力走出了一条创新发展之路，成为全国第一家"中国一流管理的省级电力公司"，先后荣获全国五一劳动奖状、全国文明单位、中国电力行业责任沟通创新卓越企业奖、山东社会责任企业、见义勇为爱心企业等称号。

二、"古为今用、知理塑行"的特色安全文化建设特点

人类几千年社会发展，创造了现代的科技文明，事实证明伴随着科技文明的发展，各类风险是不可避免的同时产生。古人先贤在与这些风险斗争中积累了宝贵的安全思想，虽然古人先贤面对的风险与现代有所不同，但是对防范风险、解决问题的安全理念、思考深度仍具有很高借鉴价值，具有内心纯洁不附带"功、利"价值取向的观点，是古人基于当时客观条件下的真实表达，是"实事求是、讲实话、求实效"基础上经过时间检验的高度总结。它具有简单、直接、精炼等特点，绝没有"假、大、空"等形式主义，绝没有摆拍表演、应付对付的情况，它是中国优秀传统文化的重要组成部分，能够很好修正浮躁状态下的安全管理思维。今天在面对严峻的安全形势时，不管是从安全意识的提高还是安全管理理念的认识方面来讲，开展"古为今用、知理塑行"安全文化建设，从中国优秀传统文化安全思想中汲取营养都具有很强的现实意义。

三、探索"古为今用、知理塑行"特色安全文化建设的有效策略

"古为今用、知理塑行"特色安全文化建设模式，是培育"软环境"到理解"硬道理"的过程。通过目标定位、加大宣传、增强理解、总结提炼、机制保障等关键环节的强化，让中国优秀传统文化安全思想更加贴近生活和实际工作，不断增强其吸引力、渗透力和影响力，在安全生产工作中发挥积极的导向、规范作用。

（一）目标定位

践行以人为本"生命至上、人民至上"的新时代安全发展理念，实现全体员工"我要安全"是"古为今用、知理塑行"特色安全文化建设的目标。"我要安全"是建立在思想认同情况下的行动自觉，是脱离各类监督和强制性规定的自我行为约束。在中国优秀传统文化安全思想的滋养下，进行潜移默化、由内而外的思想改造，引导每个人、每个部门正确的安全态度、思维及采取的行为方式，得到每位员工自觉接收、认同、发自内心遵守，实现共同的安全价值行为，实现保护员工身心健康、尊重生命目的。由省公司统一编制《"古为今用、知理塑行"特色安全文化建设手册》，明确工作计划、标准和目标，坚持古为今用、推陈出新，指导各基层单位开展工作，助力推动公司安全生产治理体系和治理能力的现代化。

（二）加大宣传

通过广泛的宣传，让员工爱上优秀传统文化，以学益智，以学修身，引导员工充分认识到从中国优秀传统文化安全思想中汲取营养，是从灵魂深处筑牢安全防线的治本之策。注重典型引路，通过学习借鉴各大型企业安全文化建设的经验做法和明显成效，让大家看到安全文化在企业安全工作中所发挥的实实在在作用，增强员工做好安全文化建设工作的信心。在变电站操作区域、调度中心、办公区域、各生产班组、供电所、营业室等场所设立相应的安全文化理念标语牌、警语牌、亲人寄语等。在有安全危害可能性的作业现场、电力设施附近，设立体现安全文化理念的安全防护设施、安全标志等，进行安全文化理念的宣传。统筹利用内外部媒体和各类宣教阵地，利用网络、微信、抖音等信息化手段进行短视频、图文转发，营造安全文化建设的环境氛围。邀请员工家属参观安全文化建设成果，参观变电站、调度中心、作业现场等重要场所及相关工作流程，让其理解电力行业工作的严谨性和危险性，共同关注企业安全生产，关注员工安全行为，让中国优秀传统文化安全思想进家庭，有利于增加相互理解，促进营造良好的员工生活休息环境。创作安全歌曲、书画、对联、诗词、小品等，让职工群众在浓浓的安全文化氛围中受到教育，受到启发，增长知识，使安全文化宣传进班组、进学校、进岗位。通过喜闻乐见的形式进行中国优秀传统文化安全思想的宣传，坚持形式为目标服务原则，追求达到深入人心的效果，让大家乐于接收并遵循。

（三）增强理解

用"走出去、请进来"的办法加强优秀传统文化安全思想教育培训，中国优秀传统文化安全思想都是些文言文，需要加强专业化的培训学习，促使对其加深理解。山东省传统文化底蕴深厚，境内有将中华优秀传统文化融入培养体系的大学、孔子故里的大学—曲阜师范大学，曲阜师范大学积极响应习近平总书记"推动优秀传统文化创造性转化、创新性发展"的号召，出台《"文化立校"战略行动计划》，取得了多项优秀传统文化研究成果。发挥地域资源优势，加强校企合作，邀请学者专家来企业进行优秀传统文化安全思想辅导讲座，解疑释惑，传授经验，提高全体员工安全文化素养。

组织系统内兼职培训师到学校开展集中教育，举办中国优秀传统文化安全思想认知培训活动，形成以点带面的优秀传统文化安全思想人才保障体系。在每年的培训计划中列支专项培训费用、开设相关课程，形成更大范围、更多人员参与的安全文化教育培训局面。开展"人人上讲堂，个个当专家"活动，结合每周五安全日活动，组织基层班组周期性开展安全三问"大讲堂"轮讲活动，组织员工结合岗位工作实际谈学习传统文化安全思想的感受，加深对安全思想的理解，在车间之间、班组之间、岗位之间开展学习交流活动，领导层与一线员工进行面对面交流对话，研讨沟通，质询释疑，形成思想上的共识，充分发挥安全文化在企业管理工作中的凝聚和助推作用。

（四）总结提炼

古语指教的安全思想，不失为警世良言，但是面对现代复杂多样的事故，不能以教条不变的策略对待它，要结合电力生产安全管理工作实际，博采众家

之长，充分挖掘广大员工对传统文化中安全思想的认识、观念和意识，以变化发展的眼光在实践中探求和体验，大力倡导安全生产"以人为本，生命至上"的"人本观"，"安全第一、预防为主"的"预防观"，"安全生产主体责任"的责任观，"细节决定成败"的"严谨观"，"安全不出事是最大的节约"的"价值观"和"安全一个人，幸福全家人"的"亲情观"。总结提炼具有电力行业特色，具有中国优秀传统文化安全思想特点，全员认同的安全文化理念，及时宣贯与安全文化理念相关的内容，引导全员认同、理解、接受、执行安全文化理念，解决安全责任制度"上墙不上脑""入口不入心"的问题，形成一种自愿、自觉规范的安全生产行为新常态。

（五）机制保障

安全文化建设水平在一定程度上，体现企业的安全管理状况与水平。开展"古为今用、知理塑行"特色安全文化建设，要建立健全制度和领导机制，落实专人和专门机构负责安全文化建设工作。制定各专业部门共同参与的安全文化建设方案，明确各部门和组织的工作职责，确保安全文化建设的组织保障条件。健全工作机制，将安全文化建设任务分解落实到各专业部门、各岗位，通过定期检查等形式进行督导，确保安全文化建设有序开展。健全资金保障机制，加大对安全文化建设的人、物、财的投入力度。创新推动智慧型安全管控平台建设，各单位领导人员把安全文化建设工作成效填写到管控平台"履职纪实"，"每日""每月"记录安全文化建设履职情况，各级安监部门和组织部门开展联合督查，形成安全文化建设的良性运行机制。

"得到"远不如"得道"，山东电力坚持"扛红旗、干最好、争第一"的工作精神，把安全文化建设纳入企业文化建设的总体规划。把安全文化建设作为党建与业务融合的切入点，建立"党建+安全"工作模式，发挥党员的模范带头作用，深化对安全文化建设的引领和保障。打造"党建+"安全能力提升场景库，用党的建设和文化建设凝聚安全力量，结合中国优秀传统文化安全思想精髓，持续深入学习习总书记安全生产重要论述，将"党员带头不违章、党员身边无违章"情况纳入安全文化建设范畴，引导全员树立正确的安全价值观，推进安全文化建设与各项工作的协调发展。

四、倡导"古为今用、知理塑行"特色安全文化与实际工作相结合

首先按照"试点带动、规范提高、整体推进"的工作原则，精心策划试点单位市、县供电公司，及其所辖部门、班组三层办公场所"古为今用、知理塑行"企业安全文化环境提升活动，做到单位有亮点，部门有特色，班组有吸引力，形成各具魅力、百花齐放的浓厚安全文化氛围。其次树立全员"文化+安全"理念，丰富职工文化生活，共享企业安全文化实践成果，实施企业安全文化项目化管理，提炼安全文化思想精髓，创造"知理"内外部条件，引导员工"塑行"从自己做起、从身边做起、从点滴做起。

北齐思想家刘昼说："思难而难不至，忘患而患反生。"意思是时刻想着困难，每一步都想着化解风险，困难不再来了，反之如果忘了忧患的存在，考虑不到危机的存在，隐患风险就来了。国网山东省电力公司坚持树立"预防为主"的安全发展理念，聚焦影响本单位本专业安全生产的高风险领域，准确把握安全生产的特点和规律，超前辨识风险、超前开展防控，确保可操作性、可执行性，将安全管理关口前移。"常思难、不忘患"，各专业班组、供电所实行的安全生产"晨会"制度，常态化分析查找、防范化解安全隐患点，突出重点关键、薄弱环节督促员工绷紧安全弦。通过危险源辨识、风险评价，最大限度消除"人的不安全行为"。坚持"查细、治早、治小"原则，开展隐患排查治理，把隐患消除在形成缺陷、事故之前，而达到实现事故的纵深防御和关口前移的目的。

子曰：防祸于先而不致于后伤情。知而慎行，君子不立于危墙之下，焉可等闲视之。意思是防止祸患要提前作好分析，不要到有风险的地方。2500多年前，古人就有了风险分析意识。唐朝诗人孟郊在《孟东野诗集·偶作》有句诗："道险不在广，十步能摧轮。"意思是险恶的道路不在于是否宽大，就是十步路也会造成翻车。我们虽然落实了风险分级管控，但是从近期发生的事故中来看，都是划归到低等级风险的作业。对于输、变、配各类作业现场作业，现在常使用作业条件危险性分析法（简称LEC）进行辨识，它是L为发生事故的可能性大小；E为人体暴露在这种危险环境中的频繁程度；C为一旦发生事故会造成的损失后果，风险值$D=L \times E \times C$。D值越大，说明该系统危险性大。LEC风险评价法对

危险等级的划分，一定程度上凭经验判断，应用时需要考虑其局限性，根据实际情况予以修正。"小、临、散、抢"作业总体基数大，工作量、风险等级虽小，但具有点多面广特点，现场安全管控难度大。全省各生产班组、供电所每周五下午定期开展安全日活动，学习事故案例，同时可以接受安全文化思想教育。虽然基层农电员工大多文化水平不高，但是从这些"老理"中很能悟出安全的道理，潜移默化的从一定程度上促使发自内心接收安全规定要求，可以形成从业人员由内而外的安全行为约束力。

《鬼谷子·养志法灵龟》上说："欲多则心散，心散则志衰，志衰则思不达。"欲望多了，则心力分散，意志就会薄弱，就会思力不畅达。人的力量有限，要做好一件事情，必须集中精力，全心全意地做。如果安全管理规定要求的太多、主次不分、不科学也不严谨，专业的人员有排斥心理、不接受心理，制度强加于人，即分散了人的精力，又有可能造成关键环节的疏漏。规章制度满天飞，违章行为一大堆，管理上东一榔头西一棒槌，基层人员在安全工作上失去的内在动力，主观积极性变成应付对付的现象不同程度存在。手段、措施不但没能很好地为目的服务，反而成了增加基层人员的负担，吃的是药多了，但是病不一定好得快。从某种角度上讲产生了增加产生风险的可能。山东电力编写下发了《检修、施工现场标准化作业导则》，作业现场实行"一板五卡"标准化作业模板。安监部每周三组织各专业施工单位对分析下周作业现场风险隐患，对使用的票卡进行预审核，把隐患杜绝在现场之外，全方位为作业现场安全管控做好准备工作，探索安全管理"监察+服务"模式，使作业人员能够集中精力开展施工、检修工作。

清代《碧松道人防患诗》中道："房里无人莫烘衣，烘衣犹恐带头垂，吹灯要看火星飞，水缸煞炭方为稳，木桶盛灰大不宜，家中纵有千般事，临睡厨房走一回。"这就涉及工作、生活细节管理问题，空调、饮水机、电脑等大容量用电器下班时是否关掉？平时有没有流动吸烟？是否随手扔烟头情况？作业现场"双勘察"是否执行到位？作业前风险点是否认真分析？作业终结现场是否有遗留物？这些细节都关乎安全生产，稍不注意就有可能引发事故。电力生产工作性质就要求从业人必须具备相关的安全素养，通过开展多轮次台区经理中国优秀传统文化安全思想教育，开展"古为今用、知理塑行"传统文化安全大讲堂活动。基层作业人员通过活动的开展，发扬细心、细致、细化的工作作风，弘扬精细严谨、精益求精的工匠精神，注重细节、防微杜渐，做到在生产上精耕细作、在管理上精雕细刻、在技术上精益求精。从细处入手，持之以恒地精细工作，不留空白、不留盲点、不留缝隙，杜绝粗心大意、粗枝大叶和粗制滥造，可以使安全生产工作达到"积小胜为大胜、积跬步至千里"的效果。

《礼记·中庸》中说"凡事预则立、不预则废"，《左传·襄公十一年》中说"居安思危，思则有备，有备无患"，辛弃疾的《美芹十论》中说"事未至而预图，则处之常有余，事既至而后计，则应之常不足"。这些不都是说的我们应急管理工作吗？我们进行预案编写、定期进行演练不是早做准备吗。不是所谓的"豫"吗。不管是"豫"或"不豫"、"预图"或"后计"，风险该来的都会来，只是应对时更能争夺到主动权的问题。新版《生产经营单位生产安全事故应急预案编制导则》GB/T 29639—2020提出了"以人为本，依法依规，符合实际、注重实效"应急预案编制原则，充分体现了"人民至上、生命至上"发展理念。一部分风险完全可以利用现代化科技手段准确预警，已经成为应对突发事件的重要手段。大家都知道"司马光砸缸"的故事，一个古代应急逃生的生动事例。山东电力及基层各单位预案的演练，实行"每周一小练、每月一大练"原则，做到不打无准备之仗，为应急响应处置争取更多的主动权，可以通过"忧患意识"安全文化的熏陶，不断提高员工应对突发事件的综合能力。

五、"古为今用、知理塑行"的特色安全文化建设的现实意义

各级党委和政府务必把安全生产摆到重要位置，树牢安全发展理念，绝不能以只重发展不顾安全，更不能将其视作无关痛痒的事，搞形式主义、官僚主义。

《中庸》第十三章，子曰："道不远人，人之为道而远人，不可以为道。"这里说的是中庸之道不能远离人的，如果实行道却远离了他人，那就是不算是道了。

每年过了春节，开班第一件事就是安全会议，开班讲安全已经成为国网公司各层级安全管理工作的习惯，不管是综合会议还各类专项会议，安全总是放在首位。国网公司部署开展安全管理体系建设，目标是整合精简各专业管理文件和要求，形成省市公司实施方案、专业程序文件、工区控制文件、班组风险控制卡，重点对基层班组落地执行文件进行重构、归总，形成班组落地执行的核心工作内容，实施"锥子型"管理。

对风险的认知程度和防范能力决定了安全水平，从理论上讲，各级领导要安全，基层也需要安全，大家目标是一致的，对大家好的制度、规则，是受基层员工欢迎的，是带着尊重、崇敬心情得到它。这些不都是我们的"道"吗。

山东电力秉承抓安全生产宁要"丑陋"的真实，不要"美颜"后的虚假原则，遵循科学、严谨的态度、求真务实的精神，反对任何形式的"假、大、空"，反对形式主义。实事求是地查问题，面对问题"不回避、不逃避"，治理问题"有谋划、不拖延"。针对生产现场实际情况实施针对性安全管理，使政策、措施、方案符合实际情况、符合客观规律、符合科学精神。注重实效，不走过场，及时发现和消除安全隐患。一手抓建章立制、严抓严管，一手抓文化熏陶、精神疏导，可以全面促进安全管理水平提升，切实保障电网安全稳定运行和电力可靠供应。

六、结语

安全发展是党中央的要求，是人民群众的需求，是经济健康持续发展的需要。中国优秀传统思想文化的精华在历史传承中经过磨炼和积淀，已经成为我们民族的智慧、精神和美德，山东电力尝试与曲阜师范大学等高校建立校企合作模式，从这些闪烁着古人智慧的安全文化中汲取精华，积极探索和实践"古为今用、知理塑行"特色安全文化建设，增强全体员工的忧患意识及安不忘危思想，用更多的"思想认同"来实现"行动自觉"，达到规范、约束员工安全行为的目的，让中国优秀传统文化中的安全思想成为更好去珍爱和敬畏生命的动力源泉。

参考文献

[1] 罗祖基. 孔子思想研究论集[M]. 山东：齐鲁书社，1987.

[2] 田永胜. 中庸伦理思想新探[J]. 齐鲁学刊，1998，(6):77-82.

物联网在电力安全文化建设中的应用分析

吉林蛟河抽水蓄能有限公司机电部（物流中心） 何晓辉 项德志 赵玉锋 王天鹤 丁铖俊

摘　要：企业安全文化是企业在长期安全生产和经营活动中逐步形成的或有意识塑造的，为全体员工所接受、遵循的，具有企业特色的安全价值观、安全管理机制和安全行为规范。是全体员工安全思想和意识、安全作风和态度的具体体现，是为保护员工身心安全与健康，而创造的安全、合理、美观、舒适、和谐的生产生活环境和条件，是企业安全物质因素和安全精神因素的总和，核心实质就是以人为本。

关键词：安全文化；物联网；电力生产

近年来，面临电力体制改革不断深化的现实，国家电网公司围绕企业价值观架构，提出了建设"以人为本、忠诚企业、奉献社会"的企业文化。电力企业认识到企业要真正实现长治久安、和谐发展，必须要"以人为本"，实现在先进的文化理念指导下进行企业生产与经营管理活动。为此本文从安全文化建设入手，积极探索，创新实践，通过物联网技术和安全文化建设的有机融合，使企业文化理念在企业落地生根，实现"安全基础扎实"愿景目标。

一、安全文化概述

安全文化就是安全理念、安全意识以及在其指导下的各项行为的总称，主要包括安全观念、行为安全、系统安全、工艺安全等。安全文化主要适用于高技术含量、高风险操作型企业，在能源、电力、化工等行业内重要性尤为突出。所有的事故都是可以防止的，所有安全操作隐患是可以控制的。安全文化的核心是以人为本，这就需要将安全责任落实到企业全员的具体工作中，通过培育员工共同认可的安全价值观和安全行为规范，在企业内部营造自我约束、自主管理和团队管理的安全文化氛围，最终实现持续改善安全业绩、建立安全生产长效机制的目标。

二、电力安全文化建设的意义

随着社会主义市场经济体制的不断完善，我国的电力施工企业在发展过程中面临着较为严峻的竞争环境，而伴随着经济的繁荣以及人民生活水平的提升，社会各界对于电力工程的安全性以及质量要求越来越高。在这样的背景之下，我国的电力施工企业为了实现自身的生存以及发展，需要实现安全文化的构建。

事实上，伴随着电力施工企业开展安全文化建设活动，其能够在最大限度上为生产作业提供安全保障，并营造出良好的安全氛围，促使员工养成优良的风气，确保员工全身心投入到市场竞争中，实现生产经营工作的高效完成。[1]

当前电力企业生产作业过程中，部分人员安全思想淡薄，一些职工对安全生产意识缺乏足够的重视，自我安全保护价值观念淡薄，普遍存在侥幸心理和麻痹思想，严格执行规章制度的自觉性不高，生产现场时不戴安全帽、不按规定使用安全带等现象较为突出，在一些高空作业的环境中，稍有不慎将导致事故的发生，直接导致了电力企业安全事故频发，影响了电力企业的发展。

三、运用物联网技术推进电力安全文化建设

（一）使用VR（虚拟现实）技术，提升安全教育培训效果

安全教育是创建企业安全文化最直接、有效的方法，安全教育工作大范围开展，可以在企业内营造一种崇尚安全的环境氛围，也为安全生产工作的创新提供人才支持和智力保障，提高安全态度、安全意识、安全知识与安全技能，进而影响活动过程中人的决策、行为，从而不断提升安全业绩，减少安全事故的发生。

人员文化水平低下、安全知识技能不足、安全意识欠缺是导致人的不安全行为的主要原因。安全教育可以培养安全行为习惯，唤醒人本质对于安全

的需求，并将这种需求变成一种内动力。促进自身提高安全知识水平，转变安全态度，增强安全意识，锻炼安全技能。[2]

使用VR（虚拟现实）技术，以实景模拟、图片展示、案例警示、亲身体验等直观方式，为职工模拟电力电网安全生产场景，将施工现场常见的风险源、危险行为与事故类型具体化、实物化；让参与人员通过视觉、听觉、触觉来体验施工现场安全生产事故发生的惊险瞬间与惨烈的事故后果，相对于传统的事故案例讲解，起到真实情况下无法达到的震撼教育效果，促使职工意识到安全生产管理工作开展的重要性和必要性，将安全文化深植于心，时刻绷紧安全弦，从而提高安全意识，增强自我保护意识，避免事故的发生。为企业的安全生产保驾护航，实现预期的安全生产目标。

（二）构建智慧组织机构，提升现场管理效能

依托物联网、互联网、云服务器，在施工现场收集人员、安全、环境、材料等关键业务数据，建立大数据管理平台，形成"端+云+大数据"的业务体系和新的管理模式，建立智慧工地综合管理平台，打通从一线操作与远程监管的数据链条。智慧组织机构建设紧紧围绕安全、质量、进度、成本和信息五个部分进行展开。智慧工地综合管理平台主要由智能采集层、通信层、基础设施、数据层、应用层、接入层组成，将施工作业产生的动态情况、工地周围的视频数据及时上传给综合管理平台，实现劳务、安全、环境、材料各业务环节的智能化、互联网化管理。[3]

（三）应用工程物联网，改善施工现场安全管理模式

工程物联网作为物联网技术在工程建造领域的拓展，通过各类传感器感知工程要素状态信息依托统一定义的数据接口和中间件构建数据通道。工程物联网将改善施工现场管理模式，支持实现对"人的不安全行为、物的不安全状态、环境的不安全因素"的全面监管。如基于物联网RFID标签技术，实现智慧型巡检体系结构在后台采用集中式，而在前端采用分布式，在前端大量部署RFID标签，在后台采用云计算集中管理系统，实现对巡检结果的统一分析、统一监控等功能。成功实现从"周期性固定巡检"模式到"随时随地巡检"模式的跨越。[4]

在工程物联网的支持下，施工现场将具备如下特征：一是万物互联，以移动互联网、智能物联等多重组合为基础，实现"人、机、料、法、环、品"六大要素间的互联互通；二是信息高效整合，以信息及时感知和传输为基础，将工程要素信息集成，构建智能工地；三是参与方全面协同，工程各参与方通过统一平台实现信息共享，提升跨部门、跨项目、跨区域的多层级共享能力。

四、结语

通过利用物联网技术应用，以文化引领安全生产标准化持续提升，以提高"物本安全"和"人本安全"为主线，以构建人、机、环境的和谐统一为基础，努力转变思想观念、规范安全行为、健全管理制度、营建安全环境，用安全文化铸造安全盾牌，形成"内化于心、固化于制、优化于源、外化于行"的文化惯式。通过安全文化建设形成一个"我想安全，我要安全，我会安全"的良好氛围和"不能违章，不敢违章，不想违章"的自我管理和自我约束机制，努力实现以文化驱动管理，以管理保障安全，以安全促进发展的良性发展模式，有力促进了电力行业安全文化建设的顺利开展。

参考文献

[1] 李卫国. 电力施工企业的安全文化建设建议[J]. 科技创新导报, 2017(20):168+170.

[2] 刘义明. 体验式安全教育在电厂安全文化建设中的应用[J]. 科技视界, 2020(2):185-187.

[3] 胡广润. 科技创新引领项目管理变革的智慧工地建设[J]. 安徽建筑, 2019(1):187-188.

[4] 饶小毛, 郭鑫, 周锦伟. 以物联网技术为核心的运维智慧巡检研究[J]. 电信技术, 2014(6):85-87.

以安全文化为引领 建设"12型"达标班组

哈电集团(秦皇岛)重型装备有限公司 刘连伟

摘 要：2011年5月，《国务院安委会办公室关于深入开展全国冶金等工贸企业安全生产标准化建设的实施意见》文件中指出："要从基础、基层抓起，充分发挥班组安全生产的基础作用，切实加强班组安全建设，强化现场安全管理责任和措施落实，提高职工安全操作技能，杜'三违'行为。"实现安全生产，班组安全是关键，安全文化是保证。以安全文化为引领，建设"12型"达标班组，是企业安全文化建设的重要内容。

关键词：安全文化；企业；班组

一、引言

班组是企业的基层组织（图1），企业绝大部分事故发生在班组，国家有关安全生产的方针、政策、法规、条例等最终都要在班组落实。以安全文化为引领，通过提升安全文化理念，强化班组安全文化建设，真正使企业员工在思想意识上，工作态度上，业务技能上不断适应新形势下安全管理的要求，从源头上通过班组安全文化建设来提升员工安全素质。创建"安全文化型"达标班组，是企业安全文化建设的重要内容，是提高员工安全素质，做好企业安全生产基础管理，防止生产安全事故发生的重要手段和途径。

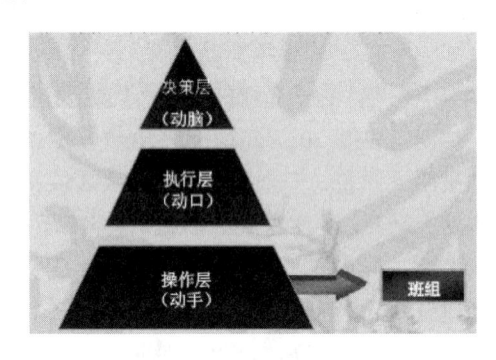

图1 企业班组的层级

二、"12型"达标班组建设

班组是在劳动分工的基础上，把生产过程中相互协同的同工种工人、相近工种或不同工种工人组织在一起，从事生产活动的一种组织。班组管理是以班组自身所进行的计划、组织、协调、控制、监督和激励等管理活动，其职能在于对班组的人、财、物进行合理组织、有效利用。班组是企业中基本作业单位，是企业内部最基层的劳动和管理组织。以安全文化为引领，建设"12型"达标班组，如图2所示。

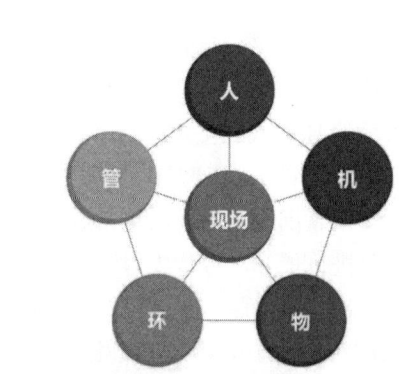

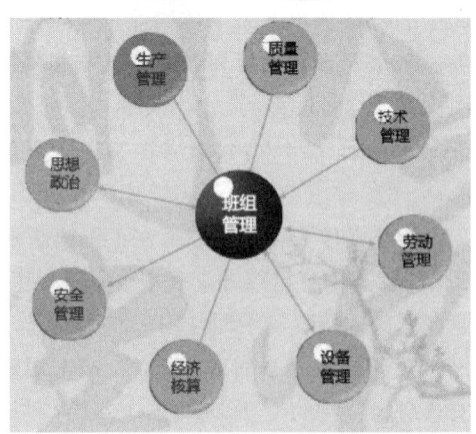

图2 班组管理的内容和对象

（一）班组安全目标管理文化建设

班组应制定年度安全生产目标和指标和管理方案，并确保完成。安全生产目标和指标应符合以下规定：

（1）与企业、部门的目标、指标相一致；

（2）能有效控制本班组安全风险；

（3）目标、指标应尽可能量化可测。

（二）班组安全制度管理文化建设

建立健全班组安全生产规章制度，并定期评审和更新。班组安全管理制度至少应包含下列内容：班组安全生产责任、班组交接班、班组会议、班组安全生产检查、班组安全生产培训教育、班组安全生产确认、班组安全生产奖惩等。班组将制度有关规定传达到班组成员，规范员工的生产作业行为，采取措施、严格考核，确保制度落实。

（三）岗位安全操作规程文化建设

班组应建立岗位安全操作规程，并定期评审和更新，班组成员应熟悉岗位安全操作规程，并严格执行，无"三违"行为。岗位安全操作规程内容至少包括：

（1）目的、范围；

（2）岗位主要风险、危害因素；

（3）岗位职责、安全作业程序和方法；

（4）应急处理。

（四）班组安全风险管理文化建设

班组内所有成员应参与风险辨识，开展岗位风险点排查、危险源辨识。建立班组风险管控信息台账，制定、落实风险管控措施，落实责任人员，并传达到班组所有成员。经常性对风险管控措施落实情况进行检查，定期对安全风险开展评审和更新，确保管控措施落实到位，风险处于有效管控状态。

（五）班组安全教育培训文化建设

班组应对操作岗位人员进行安全教育和操作技能培训，使其熟悉有关安全生产规章制度和安全操作规程，并确认其能力符合岗位要求。未经安全培训，或培训考核不合格的从业人员，不得上岗作业。班组安全教育培训内容应满足国家法律法规和岗位安全技能的需求，并对培训效果进行评估，保存培训记录。班组安全教育培训内容至少包括以下内容：

（1）新入职员工上岗前班组级安全教育培训；

（2）四新（新工艺、新技术、新材料、新设备）安全教育培训；

（3）操作岗位人员转岗、离岗一年以上重新上岗者，进行班组安全教育培训；

（4）涉及职业危害岗位的，开展职业健康安全教育培训；

（5）从事特种作业的人员应取得特种作业操作资格证书，方可上岗作业；

（6）年度全员安全教育培训（安全生产责任、班组规章制度、岗位安全操作规程、事故案例、班组风险及应急预案等）。

（六）班组安全活动文化建设

1. 班前安全例会

班组每天作业前应开好班前安全例会，作业结束后应做好安全交接班，并保存记录，班前安全例会应包含下列内容：

（1）检查员工劳动防护用品的穿戴情况，凡未按规定穿戴者不准上岗；

（2）观察员工健康状况，对状态不好者，应采取安全措施，必要时进行工作调整；

（3）通报危险源的点检情况；

（4）结合工作实际，部署当班应注意的安全事项。

2. 班组安全活动

班组安全活动由班组长主持召开，班组成员参加，班组每月至少应开展两次安全活动，做到时间、内容、人员三落实，并对班组活动效果进行评价，形成班组安全活动记录：

（1）传达、学习党和国家的安全生产方针政策、法律法规和其他要求；

（2）传达、落实上级文件及公司、部门安全会议精神及要求；

（3）学习安全生产责任制度、安全生产管理制度、岗位安全操作规程等；

（4）学习、演练应急预案，提高应急处置能力，学习班组内外事故案例，吸取事故教训；

（5）开展班组安全生产风险辨识、更新，并对管控措施落实情况进行总结，开展事故隐患的预测、预控；

（6）布置、检查、交流、总结安全生产工作，开展经验反馈等；

（7）对班组安全例会的安全交底、教育等开展情况进行点评分析，对存在的问题进行改进。

（七）班组设备设施管理文化建设

1. 生产设备设施

班组要将生产设备设施中不安全因素及时反馈到有关部门，并能按本质化安全目标要求，提出技术改造、现场改善提案，促进企业不断提高设备设施的安全度。

2. 安全设备设施

班组应对所辖区内预防、控制和减少事故影响的三类安全设施，要定期进行维护保养，确保齐全、完好、有效。安全设备设施不得随意拆除、挪用或弃置不用。确因检维修拆除的，应采取临时安全措施，检维修完毕后立即复原。

（八）班组作业环境管理文化建设

班组开展"6S"活动。物品按照规定定置摆放，地面平整，无障碍物和绊脚物，坑、壕、池应设置盖板或护栏，且无积水、无积油、无垃圾杂物等。操作工位的脚踏板应完好、牢固，且防滑。安全通道畅通，各种工位器具、料箱应摆放整齐、平稳，高度合适，沿人行通道两边无突出物品或锐边物品。现场设置规范、明显的安全标志。

（九）班组职业健康管理文化建设

1. 职业危害防护

班组要对有害因素采取有效措施进行控制，岗位员工应掌握职业危害防护的基本知识和基本技能。定期进行职业病健康体检。可能发生急性职业危害的有毒、有害工作场所，设置有报警装置，制定应急预案，配置现场急救用品、设备，设置应急撤离通道和必要的泄险区。

各种防护器具应定点存放在安全、便于取用的地方，并有专人负责保管，定期校验和维护，确保其处于正常状态。岗位员工应正确佩戴和使用劳动防护用品、器具。

2. 职业危害告知

班组作业场所职业危害检测点应设置标识牌予以告知，并将检测结果存入职业健康档案。班组员工要明确知悉岗位工作过程中可能产生的职业危害及其后果和防护措施。存在严重职业危害的作业岗位，应按照要求设置警示标识和警示说明。警示说明应载明职业危害的种类、后果、预防和应急救治措施。

（十）班组隐患排查治理文化建设

班组人员应当在每次上岗前进行岗位安全检查，确认安全后方可进行操作。岗位安全检查包括下列事项：

（1）设备设施、安全防护装置的状态；

（2）岗位安全措施、规章制度的落实情况；

（3）作业场地以及物品堆放符合安全规范；

（4）个体防护用品、用具齐全、完好，并正确佩戴和使用；

（5）正确使用设备、设施，熟练掌握操作要领、操作规程。

班组应对作业场所、环境、人员、设备设施和作业活动进行隐患排查，包括班前检查、班中巡视、班后检查、综合检查，形成检查记录。

将隐患排查结果进行分类治理，隐患治理措施包括：工程技术措施、管理措施、教育措施、防护措施和应急措施。班组能消除的应及时消除，班组不能解决的及时上报，在治理完成前应采取临时安全防范措施，防止发生意外。

（十一）班组作业行为管理文化建设

班组通过开展安全提醒、安全确认、反习惯性违章等活动，消除"三违"现象。对作业方式不正确、操作动作不合理、站位不当等行为隐患要采取纠正和控制措施。对动火作业、有限空间内作业、临时用电作业、高处作业等危险较高的作业，严格履行作业许可审批手续，落实安全措施。

（十二）班组应急管理文化建设

1. 现场处置方案

班组按照企业应急救援体系和预案体系，结合班组特点，针对岗位存在薄弱环节和可能发生的事故，编制或参与编制班组岗位现场应急处置方案。班组成员应熟悉岗位现场处置方案的内容，要熟练掌握紧急情况下的处置方法、处理程序、应急联络电话和联络方式。

班组至少每半年组织一次现场应急处置方案的培训和演练，对演练效果进行评估，提出改善方案，并对应急处置方案进行修改、完善。

2. 应急设备设施和物资

班组对应急设备设施和物资应确定保管责任人，并进行经常性的维护、保养，确保其完好、有效、可靠。

3. 事故应急处置

班组一旦发生事故，事故现场有关人员应当立即向班组长报告，情况紧急时，可以越级，同时应启动班组现场应急处置方案，开展事故救援。应急处置过程中，要注意妥善保护事故现场及有关证据。

配合事故调查，查明事故发生的时间、经过、原因、人员伤亡情况及直接经济损失等。按照事故调查结果，在班组开展"四不放过"活动，汲取事故教训。

三、建议

企业里,班组长不算"干部",但实际上,班组长基本具备了"干部"的管理职能。因此,班组长也被称为"兵头将尾"。企业里,绝大部分事故发生在班组,班组长对控制事故发生起着非常重要的作用。如果班组长管理不善,或责任心不强,对违章违纪听之任之,那企业发生事故的概率将大大增加。班组长如何做好班组管理,建议从以下几个方面做好有关工作。

(一)明确班组在企业安全生产管理中的地位和作用

(1)班组是企业的基层组织,是加强企业管理,搞好安全生产的基础。

(2)国家有关安全生产的方针、政策、法规、条例等最终都要在班组落实。

(3)在企业中,绝大部分事故发生在班组,班组对控制事故发生起着非常重要的作用。

(二)掌握班组长领导方法,带好班组队伍

(1)以身作则、作好表率。

(2)工作中要相信员工、依靠员工、发动员工。

(3)严格执行安全生产规章制度。

(4)班组安全管理要"严"字当头。

(5)实行民主管理。

(6)搞好与班组成员的团结。

企业安全文化在安全管理中的运用

山东能源内蒙古盛鲁售电有限公司　唐　永　宋纯活　杨林林　吴传启　朱　亮

摘　要：企业安全文化是企业内在管理和外在形象的综合体现，企业安全文化是企业安全管理过程中逐步形成的，每位员工既是参与者又是建设者，重视科技创新在企业文化中的应用，实现年轻员工的人生价值，获得对企业的认同感、归属感，创建创新型、安全型、幸福型的企业文化，形成企业发展的核心竞争力，促进员工和企业共同成长。

关键词：安全；文化；科技创新；管理

随着社会的飞速发展，企业文化在企业发展中发挥的作用越来越重要，尤其在世界500强的大型企业中，安全文化已成为制约企业发展壮大的关键因素。山东能源内蒙古盛鲁售电有限公司（以下简称盛鲁售电）作为2016年成立的一家年轻企业，年轻人占了绝大多数，企业发展中面临了安全文化认同率不高、安全管理经验不足、安全管理制度不全不细、管理人员安全管理知识不足、专职安全管理人员人手不够、上级安全管理文件落实响应不及时等诸多严峻考验，随着盛鲁售电工程技术服务业务范围的不断扩大，上述短板已经严重威胁到了公司的安全发展。构建先进的企业文化引领公司安全管理势在必行。

一、公司安全文化的发展历程

盛鲁售电成立于2016年，从当时的只有3个人的小公司，迅速成长为现代化电力服务企业，这个过程中公司创始人团队所形成的拼搏进取、敢为人先的做事风格和管理精神慢慢地形成了盛鲁售电企业文化的核心。通过近几年的公司飞速发展，尤其是人才队伍的扩大，公司上下以科技创新促管理能力提升，以制度创新促文化提升，通过不断地丰富发展企业核心文化，逐渐形成了以发展促文化，以文化促发展的局面。随着山能集团企业文化的飞速发展，盛鲁售电根据自身特点，以山能"标识"文化为指南，充分发扬盛鲁精神，丰富企业安全文化建设内容，不断深入推行山能文化，通过全体职工的共同奋斗和持续的安全管理、科技创新，已经走出了一条适应盛鲁售电自身高速发展的安全文化管理道路。在企业安全精神文化、制度文化、物质文化方面已经形成了一条具有盛鲁售电特色的新型电力企业安全文化建设体系，并在安全管理中不断创新完善。

在开展安全文化建设中，全面提高安全管理，引领职工践行盛鲁精神，推动企业更好地履行政治、经济、社会责任。一是通过拼搏进取的核心文化大力拓展售电公司业务，实现电力技术服务从无到有，从弱到强，形成了电力营销与电力技术服务齐头并进，成为公司发展壮大的两个基石；二是通过积极创新，走出了一条依托科技力量发展，通过创新安全培训项目安全管理的方式方法，形成了科技强安、科技兴安的良好态势；三是通过刚性管理和制度学习，形成了一个监督管理与自主管理相结合的管理机制，将安全文化融入员工的思想和行为当中；四是通过营造企业人性化管理氛围，倡导人是企业的核心，使"以人为本、生命至上"的人性化管理理念在盛鲁售电得到全面的体现，用企业安全文化形成核心竞争力，促进员工和企业共同快速成长，变薪酬满足为人生价值的满足，使精神文明与物质文明获得双丰收；文化建设促进了员工对安全观念文化、安全行为文化、安全管理文化的深入理解，随着企业制度的不断完善，使员工逐步树立了安全观念，最终体现为精神文化、制度文化、物质文化方面的互促共进，为企业的安全生产、安全发展和持续健康发展打下坚实的基础。

二、实施企业安全文化的依据

依据之一：《企业安全文化建设导则》《国务院安委会办公室关于全面加强企业全员安全生产责任

制工作的通知》(安委办〔2017〕29号)。

依据之二:实践的积淀。我公司始建于2016年,至今已有6年的历史,这期间公司的管理体系,制度建设,人员规模不断扩大、效益日渐增加。应该说这6年来,公司积累了丰富的管理经验、形成了丰硕的物质文明、精神文明成果。企业安全文化是对6年来形成的安全管理经验的继承和发展,是按照现代企业管理要求对企业安全管理的优化与改造。

依据之三:现实的需要。在承建的项目比较多,外委队伍质量参差不齐,项目安全管理人员少,使得在项目管理过程中存在很多问题,在实际生产中过程中没有生产标准化现象依然存在,例如现场安全文明施工标准化。对此,各级领导对安全生产工作高度重视,对下发的安全生产制度不可谓不全,现场生产过程管控不可谓不狠。在这种大环境下,我们提出了企业安全文化建设是企业安全生产的重中之重,表明了我们对企业安全生产工作的认识上升到了一个新的层次、新的境界。因此,企业安全文化建设对企业安全生产是一项长期坚持的工作,是一项系统工程[1]。抓住了企业安全文化建设就等于抓住了企业安全生产工作。

依据之四:坚持依法治理企业,用制度来管理企业安全生产工作。无论是国家还是企业都是通过制度来进行管理的,科学管理是靠科学的制度来维系的,企业安全管理是在企业中占有十分重要的地位,在企业安全生产工作中,必须建立完善一套管理制度,坚持一切靠制度管理、一切让制度说话,可以更好地约束和规范职工的安全行为[2]。

三、企业安全文化的内涵

安全文化是企业长期安全工作发展中积累的宝贵精神财富,是一种提升企业品位的力量,是企业兴旺的源泉,成功的土壤,推动企业不断发展前进的动力。盛鲁售电的安全文化内涵是安全、创新、绿色、担当、卓越。坚持以人为本、生命至上,防范安全隐患和经营管理风险,推进持续和全面创新,不断开拓进取,提高效率效能;坚持以绿色价值观为引领,推进绿色低碳发展;积极承担社会、行业责任,主动精益求精,超越优秀实现卓越。公司以山能的企业使命为指南,致力于电力技术的投资开发,致力于创造绿色动能,并积极参与、实施、让发展可持续。在盛鲁售电的企业文化建设中坚决贯彻落实习近平总书记关于安全生产重要论述,通过学习宣贯新《中华人民共和国安全生产法》,以推动企业树牢安全发展理念,落实安全生产主体责任,有效防范生产安全事故为目标,进一步普及安全知识,大力培育企业安全文化,扎实推进安全宣传"五进"工作,为迎接党的二十大胜利召开营造浓厚的安全生产氛围。坚持以人为本、生命至上为核心促进企业落实安全生产主体责任,以改革创新为动力,坚持安全第一、预防为主、综合治理的方针,不断提升安全文化建设水平,切实发挥安全文化对安全生产工作的引领作用[3]。

四、企业安全文化建设创新实践

安全文化的核心是人。发生事故的主要原因是人的不安全行为。建设安全文化,就是要用安全文化造就具有良好的心理素质、科学的思维方式、追求安全的行为取向、文明的生活秩序的现代人,即具有安全素质的人。这种人是真正被挖掘出内在潜力,被调动起积极性和主动性的人,是真正建立起"安全第一,预防为主,综合治理"思想的人;是具有主动的探索态度、高度的责任心,并且在安全知识、技能、修养方面能不断自我完善,精益求精的人;这样的人,在生产中才能避免人为失误,不出事故,保证安全。

(一)积极开展安全宣传教育工作

充分利用各种不同载体,及时开展安全知识、安全活动内容的宣传。一是在施工现场展示板上展示工作票、班前班后会、三措两案、安全风险辨识、风险评价、风险控制措施等并按期展示安全主题月活动主题来达到安全风险分级管控和隐患排查治理管理;二是在现场悬挂"安全生产月"活动主题"全面落实企业安全生产主体责任"条幅,悬挂安全生产宣传标语、张贴安全生产知识挂图,组织员工在安全旗上签字;三是加强现场安全培训、工地标准化作业,现场放置安全宣传板,加大对安全制度和各项规定的宣传力度,让职工明"底线"、知"敬畏",不断营造良好的安全文化氛围;四是运用信息化建设理念,成立现场安全管控组和现场文明施工监督组,通过运用信息化手段对现场进行安全管理,组织各外包单位负责人及我公司安全管理人员加入,对违章现象及安全交底情况、发现的不安全隐患情况等及时上传至安全生产工作群,安排专人进行统计,落实奖惩措施,形成了安全工作齐抓共管的良好氛围。

（二）积极开展做安全人，保安全岗学习培训活动

利用"山能 e 学"、"学习强安"比学赶超平台，抓牢员工安全知识和安全意识的教育学习。一是积极贯彻落实上级安全生产管理文件，扎实开展好现场安全管理人员安全活动。结合不同时期安全管理工作要求，有针对性地编制月份安全活动计划，通过落实安全生产大学习、大培训、大考试专项行动实施、节日期间安全提示、安全风险预警、主题月活动相关知识、事故案例等材料的学习，促使员工从中学习安全知识，吸取事故教训，不断提高安全技术水平、掌握安全知识，并通过座谈、讨论，不断增强安全环保意识、责任意识，为安全平稳生产做出贡献；二是按季分类进行培训考试，春季组织全员《电力工作安全规程》学习考试，组织工作票签发人、许可人、工作负责人"三种人"上岗考试。夏季组织电气试验人员操作规程培训考试，并在公司抽考中取得第一名的佳绩。以此提高职工知规守纪能力，形成上标准岗、干标准活的良好习惯；三是开展安全经验分享活动。利用每周一生产例会，对近期发生的安全生产异常事故事件开展事故案例分析，"三违"人员现身说法，用事故案例提醒、教育、警示职工时刻紧绷安全弦。

（三）严格检查考核抓现场

结合安全生产新形势新要求，不断完善规章制度，并严格考核执行。一是修订完善《安全生产责任制及考核办法》，出台《安全生产事故管理办法》《"红黄牌"、严重"三违"判定标准及执行办法》、学习落实《防止电力建设工程施工安全事故三十项重点要求》等一系列安全生产管理文件，进一步明确各级人员的安全生产责任和现场管理责任，提高参与安全管理的积极性；二是开展安全监督检查，加大对现场的安全检查力度，增加危险时段和高危作业检查的力度和频次，督促责任单位对问题进行整改，对违章人员进行批评教育，严重违章行为予以考核，并对发现的问题进行考核通报，让"三违"人员既丢面子又丢票子，为消除人的不安全行为、物的不安全状态，保持现场良好的作业环境，减少和避免事故事件的发生奠定了基础。

（四）坚持齐抓共管筑防线

盛鲁售电党支部坚持融入中心，积极搭建党群组织参与和支持安全生产的活动平台。一是结合学习教育大力开展"争当先锋表率"主题实践活动，引导党员、广大职工结合岗位实际，查隐患、堵漏洞，确保现场人员安全。二是大力开展"党员身边无事故"党员责任区活动，通过佩戴党徽上岗"亮身份"，签订安全承诺书，引导党员做到"自己无三违，身边无违章"，以实际行动促进企业安全生产。三是引入柔性管理、情绪管理理念，做好职工的思想动态的分析，关心职工的家庭、心理和情绪状况。坚持"谈心谈话工作、我为职工办实事、急难愁盼"制度。干部员工之间发生矛盾时必谈，不让员工带意见上岗；员工之间发生隔阂时必谈，不让员工带脾气上岗；工作中发生问题必谈，不让员工带包袱上岗；以此增强管理者与被管理者的沟通互动，增强"我要安全"的感召力。

五、企业安全文化建设在安全生产中取得的效果

盛鲁售电通过积极开展安全文化建设，不仅取得了良好的安全管理效果，丰富了安全文化内涵，更通过全体干部职工的共同创新完善，增加了主人翁意识和团队精神，使公司政令畅通，心朝一处想，劲往一处使，有力促进了本质安全型企业的创建[4]。

（1）通过创新安全培训模式，自主开发出了比学赶超安全培训学习小程序，显著提高了安全培训效果，增加了安全培训学习的效率。依托比学赶超小程序，盛鲁售电实现了管理人员培训合格率和持证上岗率100%，使整个公司的安全管理知识和管理能力有了阶段性提升。

（2）通过创新安全监管方法，用"云监管"补充人监管，通过现代互联网红利，实现了对班前会的实时云监督，有效解决了公司项目地域位置分散，监管困难的安全生产不利局面。

（3）积极探索完善绩效考核制度，形成了一个监督管理与自主管理相结合的管理机制，将安全文化灌入员工的思想中，用安全理念约束人的思想观念，并随着企业制度的不断完善，使员工逐步具备安全观念、安全管理，最终体现为精神文化、制度文化、物质文化方面的互促共进。为企业的安全生产、安全发展和持续健康发展打下坚实的基础，全面提高安全管理，引领职工践行盛鲁精神，推动企业更好地履行政治、经济、社会责任。

六、在企业安全文化建设中的启示

（1）企业安全文化建设要齐抓共管、全员参与，不能唱独角戏。安全文化建设不是哪一个部门、哪

一部分人的事,而是要全面发动、全员参与,通力合作。

(2)企业安全文化建设最终目的是提升职工的安全意识、安全素质,提高安全管理水平和打造本质安全。它既要靠一定的形式和载体来体现,更要注重文化的含量、贴近实际,从实际出发,因地制宜、组织开展一些有特点、有文化影响的活动。

(3)企业安全文化建设要取其精华,弃其糟糠,结合实际,创新创造,形成自己的文化特色。

安全文化建设是一项长期、复杂的系统工程。人是安全文化的主体,也是安全文化的目的,安全文化建设的过程,实质上就是提高人的生活价值和工作价值的过程[5]。因此,安全文化建设应是企业建设中的一项重点工程,要切实发挥安全文化对安全生产工作的引领作用。

参考文献

[1] 王涛,侯克鹏. 浅谈企业安全文化建设[J]. 安全与环境工程,2008,15(1):81-84.

[2] 祖淑燕. 新时期加强企业安全文化建设的思考[J]. 中国安全生产科学技术,2006,2(3): 60-63.

[3] 孙斌. 论企业安全文化建设[J]. 矿业安全与环保,2007,34(4):85-87.

[4] 闻斌. 企业安全文化建设之思考[J]. 工业安全与环保,2005,31(9):61-63.

[5] 王洪进. 企业安全文化建设方略[J]. 工业安全与环保,2003,29(8):45-48.

浅谈基层管理人员如何落实安全生产责任

国能长源随州发电有限公司 安全环保部 陈 洲

摘 要：责任是安全生产的灵魂，责任落实是做好安全生产工作的核心。树牢安全发展理念，防范化解重大安全风险，切实提高防灾减灾救灾能力，是生产企业的根本宗旨和责任。要解决现实企业责任层层衰减、层层弱化问题，需要各层级、各部门、各岗位人员全方位落实安全生产责任。要想把安全生产工作的主动权牢牢抓在手上，企业基层管理人员必须要做到思想认识到位、工作作风扎实，有大胸怀、大气魄，知责、履责、尽责。

关键词：安全生产；责任落实；思想认识；知责履责尽责

安全是企业发展永恒的主题。国能长源随州发电有限公司安全环保部以习近平总书记关于安全生产的重要指示批示精神为指引，牢固树立安全发展理念，防范化解重大安全风险，切实提高防灾减灾救灾能力。不断健全和完善安全生产体制机制，严格落实各方责任，加强重大风险隐患管控治理，强化安全科技支撑。持续完善应急救援体系，坚决防范遏制重特大事故，维护人民群众生命财产安全。重点解决企业安全责任层层衰减、层层弱化的问题，全方位落实各层级、各部门、各岗位安全生产责任，落实发电企业基层管理人员安全生产责任。

一、思想认识到位，工作作风扎实

（一）思想认识到位

发电企业基层班组"一把手"是本班组安全生产"第一责任人"，对安全生产负总责，不折不扣落实公司安全生产工作的各项部署要求。坚持命字在心、严字当头，敢抓敢管、守土有责，以抓铁有痕、踏石留印的作风真抓实干，不排除隐患绝不放松，不解决问题绝不放过，坚决保障企业安全生产形势稳定。

一要有安全生产担当负责的精神。安全生产工作重在责任担当，安全生产根源在于各级人员是否切实履行岗位职责，如果基层管理人员不履责、不主动作为，安全生产永无宁日。安全管理就是要有忧患意识、防范问题的能力，首先要能正确地分析可能出现的问题，其次是提前防范问题的发生和应对措施，这与安全生产"预防为主，综合治理"的宗旨是完全吻合的，要做好这2点就需要我们管理人员有强烈的责任心，有担当精神，主动想事干事。

二要有一颗积极的心态。面对工作、问题、责任，从正面去想，从积极的一面去想，采取行动，努力去做。国有企业运行有他固有的标准体系，在办事效率、审批流程上确实有一定的局限，我们无法改变，只能适应，与其整天抱怨，不如认真学习领会标准、规定，主动顺应要求。

三要克服负面情绪。一是主动想办法积极应对工作中存在的问题；二是时刻保持一颗良好的心态，工作中难免会遇到畏难、抵触、消极、拖延、推诿、指责等情绪，这时我们就需要克服、调整心态，以积极乐观向上的心态去面对，因为负面情绪不仅不能改变现实，而且还会伤害自己的身体，所以管理好自己的情绪至关重要；三是有大局观念和团队意识，不能总想着隔岸观火，对上级安排的工作任务有抵触情绪，接到任务要认真思考怎么贯彻落实，不能把心思用到怎么推责任、转嫁困难、相互内耗上面。

（二）工作作风严谨

浮躁之风盛传，一些管理者，盯着领导做事情，谋人甚于谋事，出发点不是解决实际问题，而是作秀给领导看；盯着"彩头"抓落实，能出彩的笑脸相对，不出彩的冷面相向，做人不踏实、做事不扎实，小事不愿做，大事做不了，这些表现都是内心浮躁的表现。安全生产工作不是要我搞多大的发明创造，我们有现行的安规、运规、操作规程及各种标准规范，只需要我们沉下心来照单履责、按章行事，做好每一个细节即可，切忌刻意追求场面、形式，搞劳民伤财的事。

一是多请示汇报。对领导汇报工作要客观准确，反映情况要尽可能充分翔实，既要从宏观上汇报推进工作的基本做法、重要进展、存在的问题以及发展趋势，又要从微观上汇报工作开展中一些对整体效果有影响的细节，使领导不但能从总体上把握工作情况，又能从局部上把握工作推进的每一个重要环节。汇报尽量用清晰的数字和明确的概念，要用事实说话，用数据证明。

二是真抓实干。真抓实干就是想问题、办事情、干工作要实打实、真对真，做一项事情要脚踏实地、精益求精。要切实克服官僚主义、形式主义，对安全生产过程中存在的问题要能准确看到，对管辖的区域要经常走到，对公司安全文化要经常提到。

三是管理闭环。落实工作任务要有目标、有监督、有检查、有考核的闭环和过程管控体系，基层班组生产工作任务重、人员少，工作任务布置下去后，要多跟踪指导，及时掌控任务完成过程中存在的问题，想基层所想、解基层难之所难。对待工作中的困难要有坚韧不拔的决心和不达目的不罢休、不见成果不松劲的态度。

二、落实责任要有大胸怀、大气魄。

（1）不惧怕失败。安全管理必须结合实际，每个企业情况不一样，所以管理模式不可能完全一样，这就需要管理人员在管理中积极探索，只要是以积极推进企业各项任务为目的、在法律和企业规定的框架内行事，没有为个人谋私利，在尝试中试错甚至失败应该是被允许的。

（2）用员工之长。各项工作的落实核心是"人"，如何发挥各级人员的聪明才智，提高员工的主观能动性，我们要"给合适的人安排合适的事"，每个人都有自己的长处，要充分调动员工的积极性，用好每一个员工的长处，尊重每一个员工劳动成果，鼓励员工想事干事，只有员工的积极性提升了，才能取得事半功倍的效果。

（3）心胸要宽广。敢于多给别人学习锻炼的机会，多指导别人在工作中遇到的问题，多包容他人，帮助其成长，往往做的事越多出的差错也越多，我们要有海纳百川的气势去包容别人。同时作为具体事情的执行者，对待领导布置的工作，要坚决服从、敢于担责，遇困难要想方设法去克服，保质保量完成任务，不能内心上对安排的事存在抵触情绪，碍于领导的压力口头答应，但是内心不主动思考怎么把事情做好。

（4）责任心要强。责任心，不是遥不可及，它会体现在我们日常的工作学习生活中。"天下无难事，只怕有心人"，我们无论做什么事，若是没有责任心，肯定是做不好的。做任何事都抱着无所谓态度，工作起来叫苦叫累，指责、抱怨、发牢骚，那就是没有责任心的表现。俗话说能担责是真男儿，古有穆桂英女儿身挂帅豪迈、花木兰替父从军，只要我们有责任心再大的困难都是"纸老虎"。

三、层层落实责任，强化执行力提升

（1）定位要准。基层班组既是最基层管理机构，又是执行机构，主要职责就是负责把上级各项工作部署执行到位，保护一方平安。基层班组管理人员是带领基层人员落实各项工作任务的"火车头"，是牵引动力，不是当"二传手"的行政管理机构。基层班组技术力量强的都抽到管理岗位了，什么事全推到基层班组去落实，这是不知责、不负责的表现。基层管理人员要以身作则，要求别人做到的事，首先自己要能做到，对待工作不能敷衍了事，否则就会一级敷衍一级。领导干部要带头干，不能光动嘴不动手。这样的干部，基层不会信服，只会增加干部与员工的矛盾。

（2）学习要强。在互联网+、人工智能、大数据时代，企业提出建设具有全球竞争力的世界一流能源企业，对干部员工的素质要求很高，如果不摆正主动学习的心态，就会在未来的竞争中处于淘汰的边缘，我们虽然不必闻达于诸侯，但也不要被时代的车轮碾压而过，如同蝼蚁。

（3）工作要实。没有认真调查研究，详细了解，就没有发言权，我们搞安全生产切不可脱离基层实际、不深入现场，坐在办公室遥控指挥，到现场不深入了解就指手画脚、讲外行话，甚至违章指挥。因为现场的设备设施状态和环境是随时变化，不实时掌握现场实际状况，有时凭经验所做的决策就会出现错误，给企业和职工带来损失。

（4）执行力要强。要善于发现安全生产中的问题，及时解决问题，作为管理者如果整天无所事事、消极应对，那就要好好反省一下自己了，要么是能力不行，发现不到问题，要么是看到问题不愿面对，将问题视而不见。

四、结语

古今兴盛皆在于实,天下大事必作于细。只有从责任落实入手,做实、做细各项工作,做到"认真"二字当头,敢于较真、勇于担当,坚定信心不动摇,咬定目标不放松,坚持不懈落实全员安全生产责任制,扎实推进各级人员落实责任,切实提高安全意识,群防群策才能打牢安全生产的根基,才能有效防范各类事故的发生。

参考文献

杜岗坡. 电力员工不可缺少的 18 种精神 [M]. 北京:中华工商联合出版社,2011.

浅谈电力企业安全文化建设

国网阿勒泰供电公司　宋江涛　周忠芹

摘　要：安全管理工作十分重要，如果这项工作做不好，势必会给个人、家庭、企业乃至国家造成不可挽回的损失，是供电企业面临的主要问题之一，尤其是基层班组员工对电力安全工作认识不到位，安全工作能力较弱这一现实状况。因而，如何更好地做好基层班组员工安全文化建设显得尤为重要。本文从电力企业安全文化的内涵建设、安全文化组成、安全文化创新等几方面，阐述了提高员工综合素质对安全工作的积极影响，强调了提高员工综合素质对安全工作的必要性和现实性。

关键词：电力企业；安全文化；安全工作

一、电力企业安全文化的内涵和建设的意义

企业安全文化，是指企业根据其内外安全生产环境的变化，结合企业的历史、现状和发展趋势，从企业的生产实践中总结、提炼出安全生产理念或价值体系，以作为企业安全生产的方针和原则。安全文化是企业全体员工在长期的工作实践中形成的一种共识，它是集体智慧的结晶，并形成一定的安全潜意识，是企业实现安全生产强有力的支撑。大量的事实告诉我们，虽然企业制定了众多的规章制度，但仍然无法杜绝事故的发生。面对电力生产新形势，只有超越传统安全管理体系的局限，用文化去塑造每一位员工的思想，让员工从内心认同企业安全文化，激发员工"生命至上、安全为天"的本能意识，才能实现根本的安全。

安全文化建设就是为了改变电力企业在安全生产上的"事故—整改—检查—事故"被动循环的局面，改善电力企业的安全管理，从而实现电力企业安全生产的可控、能控、在控，就是为了矫正员工的不安全行为，弥补管理的不足，从价值观开始培养员工对安全的一种发自内心的渴求和自觉，努力把安全问题与电网安全、企业发展和员工个人幸福生活联系在一起，将全体员工培养为"安全人"。

文化是行为，是观念，是自觉。安全文化是对人的安全价值观的管理，是要通过教育和潜移默化的影响来塑造具有安全能力的人，使其从自身需要、从本质上、从理性的角度看待自己的行为、规范自己的行为，主动地、甚至潜意识地克服自己的不安全行为，做到不伤害自己，不伤害别人，也不被别人所伤害，并且保护他人不受伤害。如果上行下效真正能达到这样的状态，我们的安全就真正实现了可控、能控、在控，我们就可以不再如履薄冰、如临深渊，就可以真正做到除了人力不能抗拒的自然灾害外，通过我们的努力，所有的事故都可以预防，任何障碍都可以控制，我们的安全局面就根本改观了。

基于安全文化不仅符合现代安全管理的客观规律，弥补了传统的强制性管理方式的不足，而且符合电力企业职工的根本利益、内在需求和心理特点，容易被职工理解接受和积极响应，对安全生产起到事半功倍的效果。所以，电力企业安全文化建设在电力安全管理中有极其重要的意义。

二、安全文化的组成及内容

企业安全文化由四部分组成，即企业安全物质文化、企业安全精神文化、企业安全制度文化、企业安全行为文化。

（一）物质文化

企业安全物质文化是指整个生产经营活动中所使用的保护员工身心安全与健康的工具、设施、仪器仪表、护品护具等安全器物。它是最具有操作性的物质层面的安全文化，通过对现场安全设备设施的投入、工作人员安全防护用品的配置，满足安全生产物质需求。

①护具护品：安全三宝、手套、三防鞋、防毒防化用具、防寒、防辐射、耐湿、耐酸的防护用品、防静电装备等；②安全生产设备及装置：各类超限

自动保护装置，超速、超压、超湿、超负荷的自动保护装置等；③安全防护器材、器件及仪表：阻燃、隔声、隔热、防毒、防辐射、电磁吸收材料及其检测仪器仪表等；安全型防爆器件、光电报警器件、热敏控温器件等；④监测、测量、预警、预报装置：水位仪、泄压阀、气压表、消防器材、烟火监测仪、有害气体报警仪、瓦斯监测器、自动报警仪、红外监测器、音像报警系统等；⑤用于作业现场的安全警示带、防护栏、各类标示牌等；⑥其他安全防护用途的物品：包括消除静电和漏电的设备、转动轴和皮带轮等转动部件的安全罩、防食物中毒的药品、现场急救药箱、保护环卫工人安全的反光背心等。

（二）制度文化

为了保证安全生产，企业会在长期实践和发展中形成一套较为完善的保障人和物安全的各种安全规章制度、操作规程、防范措施、安全教育培训制度、安全管理责任制以及厂规、厂纪等，也包括安全生产法律、法规、条例及有关的安全卫生技术标准，这些均属于安全制度文化范围。它是企业安全生产的运作保障机制重要组成部分，具有科学性、原则性、规范性和时代性特点。制度文化既是适应物质文化的固定形式，又是塑造精神文化的主要机制和载体。制度文化的这种中介的固定、传递功能对企业文化的建设具有重要作用。

（三）行为文化

安全生产的最终目的就是杜绝人、设备设施出现不安全状态、杜绝不安全事件发生。从发生事故的根源来看，无非是人、设备工具、管理指挥、作业对象和生产环境等单个或几个因素相互影响、相互作用。其中人是主体，是最活跃、最难掌握的因素，物质、制度等最终都需要落实到人的行动中去，变成人的行为，因此物质文化和制度文化最终落脚点就是行为文化。企业不仅需要卓越的领导者、完善的制度、先进的设备，更需要员工良好的安全行为习惯。因此，让每一位员工养成良好的安全习惯尤其重要。员工有了良好的安全行为习惯，就有了企业安全稳定和谐的局面和相应的效益。我们知道，一个人的行为习惯的形成要日积月累，要制度的约束和意识的培养，安全行为文化建设就是通过外在的灌输和内心的接受的方式方法，促使员工养成良好的行为习惯，最终塑造"本质安全人"。

（四）精神文化

安全精神文化，是安全文化的最高境界。从本质上看，它是全体员工在工作中的安全思想（意识）、情感和意志的综合体现；它是员工在长期实践中，不断接受安全熏陶、教育、约束后所逐渐形成的具有自觉性、主动性安全心理和思维特点的安全综合素质；它反映了大部分员工对安全的认知与对危险的辨识总体平均能力。经过基础的物质层安全文化的逐步完善，同时在制度安全文化的催化、传承、固化、发展下，最终会在企业精神中形成一种对安全的一种潜意识，一种自然而然的行为方式和工作习惯，通过加工、整理而得到企业安全精神文化，进而影响员工行为方式，达到促进安全生产、建设和谐企业的最终目的。

三、企业安全文化的创新建设探讨

（一）积极探索安全文化建设的方法

安全生产是企业永恒的主题，直接关系到企业的稳定和持续发展。安全文化是企业文化的重要组成部分。一是要总结、概括、提炼符合企业实际的安全文化要素。认真汇编《安全文化手册》《安全文化画册》并印发到各生产单位、班组，灌输到每位一线员工的意识中；二是要进一步梳理完善各级安全生产职责规范、安全生产奖惩制度等，组织完成好一本安全生产文件汇编；三是要结合工会"职工之家"的建设，逐步建立安全教育展览室，作为员工安全文化宣传教育基地；四是要实施安全教育"十法"。即：宣传教育法、安全承诺法、案例警示法、责任承包法、安全知识竞赛法、安全活动分析法、安全环境示范法、现场送温暖（清凉）法、"三违"帮教法、对口培训法，使各生产单位在做好日常安全教育时有更明确、更直接、更有效的安全教育方法；五是要强化反违章斗争的长效机制。要制订和完善"违章记分标准和处罚细则""安全稽查工作制度"等规章制度，扩大查禁违章的范围、明确稽查内容、稽查面和稽查频度，发现违章行为，要采取第一责任人讲清楚、对违章记较多的同志角色转换协助稽查、定期召开违章人员座谈会、组织对违章人员进行《安规》学习和考试等措施，强化认识，增强反违章意识；六是要以开展标准化作业为媒体，推进安全生产工作规范化、标准化、精细化、常态化和系统化建设。

（二）创新安全文化建设的载体

安全生产的责任重于泰山，人身财产安全更是重中之重，这是电力企业安全文化建设的主旋律。这方面，一是要结合"安康杯"反违章系列活动、安全生产月活动、春冬季安全大检查及隐患排查治理等专项活动，开展好安全生产签名、承诺、座谈、征文等活动，联动响应、全民动员。二是要通过标准化作业，促进师傅带徒弟、老员工带新员工、党团员带群众等结对活动，使安全生产的种子在每个角落生根发芽。三是要通过进教室听课、现场讲解、对口上门等方式，加强培训，特别是对生产单位"问题票"的培训，提高全体员工养成"习惯性遵章"的自觉性。四是要通过OA或短信平台，不断将"安全警句""安全格言"发送到一线员工的手机上，将"遵章光荣、违章可耻"的企业安全文化成为每个员工心中的信念，并落实在每天的行动上。五是观看《农电作业现场安全措施系列教育片》，开展全员《农电作业仿真培训系统》的演练，牢记"违章就是事故之源，违章就是伤亡之源"的警示，改变"按常规、凭经验"的思维习惯，使"以人为本、关爱生命、关注安全"的理念深入人心，使全体员工把安全生产价值与自身劳动价值和人生价值有机统一，建立起新的安全行为规范。

（三）开展安全文化建设群众性活动

通过各种由供电员工共同参与的活动来开展有效的安全文化建设。这方面，一是要邀请专家进行"习惯性遵章"的专题讲座，让"我要遵章"的意识逐步转化为全体员工的自觉行为。二是要继续组织好"四不伤害"承诺的签名活动，共同营造"习惯性遵章"的安全生产良好氛围。三是要积极参加各级组织举办的"安全在我心中"的演讲活动，培育"习惯性遵章"为导向的安全生产文化。四是要举办好融趣味性为一体的安全生产知识竞赛。五是要开展"班组安全，从我做起"为主题的征文活动。六是要组织一次违章记分人员"安全文化大家谈"座谈活动。让安全成为一种习惯，让习惯变得更安全。

（四）努力营造安全文化建设的氛围

在电力企业营造以"习惯性遵章"为导向的安全文化氛围。一是要充分利用宣传标语横幅、局域网、简报、黑板报等宣传媒介，强化安全宣传教育，着力营造安全文化的浓厚氛围；二是要通过安全设施规范化建设，逐渐形成安全物质文化；三是要强化现场稽查，形成习惯性违章，人人喊打的高压态势；四是要定期编发稽查通报，着重弘扬习惯性遵章的良好氛围；五是要在电力企业局域网上进一步完善违章曝光台，进一步加大违章可耻的环境氛围；六是要利用安全文化建设的载体，进一步加大厂区和生产场所等地悬挂安全生产宣传横幅、宣传标语等；七是要制定专项奖励规定，进一步加大"习惯性遵章"和"习惯性违章"的考核力度。

（五）进一步提升安全文化建设的素质

牢固树立"以人为本、规章至尊"的安全管理理念，并将这种理念渗透到安全管理的各个环节，紧紧围绕安全生产中心任务，使每个员工都能在心理上、思想上和行为上形成自我安全意识和环境氛围。使习惯性遵章成为全体员工的基本素养，以制度作牵引，让制度指导人的行为，让安全意识在人们心中潜移默化，使职工安全意识从"要我安全"到"我要安全"的转化，最终实现自主安全，使安全成为大家的自主行为需求。通过建设安全生产精神文化、物质文化、管理文化、行为文化为基础的安全文化，提高全员的安全知识、安全意识、安全常识和安全能力，不断延伸安全文化宣传深度和广度，培养员工爱岗敬业的精神，使全体员工建立"企业为我、我爱企业"的意识，真正使员工想安全、会安全、能安全，让建设"习惯性遵章"为导向的安全文化目标成为现实，确保电力企业安全生产的长治久安。

四、结束语

企业管理的最高境界是文化管理，企业文化，使企业与员工达成共识，协调企业对员工的需求和员工个人需求之间的矛盾，使个人与企业共同成长。通过建立、完善企业文化，要树立以人为本的管理理念，改变员工的思想、行为以及价值观，形成积极向上的团队氛围，在这样的前提下，再建设企业的安全文化，确立安全文化核心理念，完善各项管理规定、标准化作业流程。以良好的安全文化氛围，规范员工的安全行为习惯，实现安全生产科学发展，不断促进和谐企业建设，此举利己、利国、利民。

参考文献

[1] 国家电网公司. 电力安全工作规程[M]. 北京：中国电力出版社，2014.

[2] 蒋庆其. 电力企业安全文化建设[M]. 北京：中国电力出版社，2015.

[3] 徐德蜀. 中国安全文化建设研究与探索[M]. 成都：四川科学技术出版社，2015.

新时期供电公司安全文化探索实践与高质量发展

国网泽普县供电公司　马红雷

摘　要：一直以来，企业安全文化建设作为企业"软实力"的体现，对企业安全生产具有非常重要的作用。随着市场竞争环境的日益激烈，作为电力企业，要想能够在激烈的竞争中获取竞争优势赢得良好发展，那么就需要加强内部管理和改革，尤其是做好安全文化建设。对于电力企业而言发展安全文化具有非常重要的作用。很多电力企业在实际发展过程中因为没有认识到其重要性，所以各项工作开展过程中就会出现诸多问题。本文则重点对新时期背景下，供电公司安全文化建设进行积极探索，发现目前在安全文化建设方面所存在的不足，并针对这些问题提出高质量发展的策略，确保为企业带来新的发展机遇和思路，促进企业实现高质量发展。

关键词：供电公司；安全文化建设；安全管理

一、引言

电力企业进行企业安全文化建设是实现安全生产建设的基础。通过安全文化建设，能够有效确保电力企业所具有的价值观，同时能够有效提升企业的凝聚力，促进电力企业安全素质的提升，同时也提升了企业员工的安全责任意识，确保生产工作的安全稳定，避免出现安全事故。我国电力企业在建设和发展的过程中，也非常注重安全文化的建设。多年来不仅形成了诸多理论研究成果，同时具体实践也取得了实效。国网泽普县供电公司（以下简称供电公司）作为保障供电工作的重要企业，也应该加强时代发展的适应性，既注重当下，又要着眼于未来，通过不断的实践，为企业构建一个具有特色的安全文化，为电力行业探究出一套行之有效的方法和模式，真正能够实现"人网共安、和谐发展"。

二、供电企业安全文化建设的必要性

当今社会，由于安全生产的重要性日益凸显，各个行业都将企业安全文化建设当作企业发展中的重要工作来抓。因为企业文化建设关系到企业的兴衰荣辱，关系到企业的长治久安，和谐发展。尤其是电力企业是确保人们日常生产和生活中的一个重要安全因素，企业要想能够在社会中站稳脚步，就需要充分认识到建设企业安全文化的必要性。

（一）有利于体现企业的文化价值功能

企业安全文化的意义是在一定程度上可以说是无形的，只是可以看到作用的结果，却无法看到作用的过程。所以，要想感受到企业安全文化的内涵，务必要做的就是掌握安全文化，使其朝着预期的方向发展。员工是影响一个企业未来发展必不可少的一个关键因素，其行为主要受到需求驱动激励和支配，需求驱动的人才和行为主要动机就是激励员工实现目标所采取的行动。在不同的公司文化背景下，由于同样的特点和需求，激励机制也是不同的，因此，注重电力企业安全文化的建设对规范企业员工的行为有着重要的作用。

（二）有利于衡量企业的管理水平

安全文化建设不仅仅是一项系统知识，而且也是整个电力企业治理的重中之重。为了获取良好的信誉与经济效益，电力企业必须将安全产品和服务置于十分重要的层次，高度重视安全产品和服务文化。安全文化能够激励职工认真地重视自己的职业道德，提高良好的人际交往，增强其安全意识，培养其企业精神。安全文化能够有效地树立良好的企业形象，增强企业的声誉与竞争能力。

（三）有利于表现企业重视发展行为

安全文化建设包括多个维度和层面，把社会的各个方面进行有效的统一、组织和整合起来。安全规章制度的建设要充分强调体系的建立，有利于安全规章制度的形成、完善及落实。只有处理好人和物不安全的行为和状态、实行有效的安全管理规章制度，企业才可以向着好的方向发展，对于电力企业而言，就是要将一切不利的安全行为处理掉，才能真正实现企业的长远发展。

三、供电公司安全文化建设的现状及存在的问题分析

安全文化是企业长期安全生产过程中积累沉淀而形成的，因此被企业员工熟知并广为流传，是安全意识，习惯及安全能力等的行为表现。对于供电公司而言，是保障千家万户用电根本，所以注重对供电公司安全文化建设对公司而言具有非常重要的现实意义。从当前电力企业安全文化建设工作的现状来看，仍然存在诸多的安全事故和安全隐患，以 2022 年 4 月新疆、青海、西藏三省（区）电力安全隐患排查治理情况为例，2022 年 4 月，辖区内电力企业共排查一般隐患 32756 项（含 2021 年未整改完成项），主要为设备设施事故隐患，落实隐患治理资金共 11426 万元。因此可以看到电力行业安全问题一直以来比较突出，并没有得到很好地预防和解决。

（一）工作人员安全思想懈怠、作业风险频繁发生

安全文化是对集体中优良的安全意识、思维及其行为习惯培养的积累和凝聚。全体员工必须是安全生产管理文化的建设主人，每个员工都应该是活动的参与者和促进者。与其他行业相比，电力企业安全事故发生的概率比较频繁，导致出现这种情况的原因具有特殊性，一些工作人员因为安全思想懈怠，综合素质较低，专业能力严重不足，因此在实际操作过程中，就会出现没有依据安全行为规范来进行操作，导致失误。这些因素都将会引发一些安全事故的发生，使得实际作业风险频繁发生，严重影响到电力企业持续发展。

（二）安全管理缺乏监督，管理体系执行力度低

现如今，还有一些电力公司的安全管理仍处于理论阶段，没有实实在在落实到具体的实践当中，针对安全施工隐患事前风险评估预测能力严重不足，并且也没有制定行之有效的安全管理监督管理规则。因此，在这种情况下，电力公司的企业安全文化的价值无法彰显出来，使得电力企业安全文化建设存在一定的主观性和随意性。

要想顺利完成企业安全文化的建立，必不可缺的就是强制管理。但是在执行的此阶段中，其中出现了不少问题，主要是管理制度执行力不高。针对电力企业前期已经制定了相关的操作规范和规则，工作人员对于各项安全操作都有明确的规定，但是仍然造成安全事故出现，这在一定程度上反映了管理制度的执行力不高。经过十多年的发展，这一问题仍然威胁着石油企业的安全。

（三）缺少真正的以人为本

管理人员只是停留在抓管理方面，但是缺少真正的以人为本。安全生产的核心在于管理，听起来确实有一定的道理，但如果从一定程度的深层次方面去考虑，只是一味地管理完全可以说是不够完美的管理，还是会不间断地产生各种漏洞。对于电力企业而言，管理固然非常重要，但如果想要对这方面内容进行创新，更重要的方面表现在自由程度。有不少企业在管理方面，只是简单使用管理来处理安全生产方面的问题，而不是真正以人为本，就非常不利于安全文化的建设。

四、新时期供电公司安全文化建设高质量发展实现途径

（一）重视安全文化氛围建设，调动全员安全文化建设积极性

（1）高度重视安全文化氛围建设。对于电力企业而言，其经营文化与安全生产部门必须充分地做到有意识地营造"全员安全"的工作氛围，一定要做到相互配合、各司其职，每个人都知道自己应尽的安全责任，从安全意识观念、安全实际行动及安全工作环境三个基本方面的不同角度进行出发，努力创造安全的企业生产。

（2）充分调动全体员工安全文化建设积极性。电力供电公司应该积极提倡广大员工从自身做起，争做安全生产管理文化的积极促进者。安全生活文化气氛的形成往往是一个持久而深刻的、在无限量中发展和持续的。安全管理文化的一个集体特征和属性，决定了安全管理文化的建设必须企业全员共同参与，电力企业要积极地引导竞争优势作为安全管理文化的实施者：通过教育和培训帮助电力企业全体员工掌握安全管理的基本知识和思想，提升其安全意识；鼓励和发动广大员工当好安全知识和文化的积极推广者和公众宣传员；自觉地执行供电公司的安全管理和生产条例，更加注重自身及其他人的行为安全；充分发挥全员业务骨干的安全示范带头作用，开展对全员安全风险和隐患的排查和整治，

积极营造周边安全环境。

（二）发挥安全制度的保障作用

安全制度是将安全观念转化为安全行为和安全环境的桥梁和纽带，将先进理念固化于制度，提升安全生产执行力，是安全观念落地见效的重要方式和载体。把无形的安全文化通过有形的制度载体固定下来，在有形的安全制度中渗透出安全文化的内涵，以安全文化建设的优秀成果促进企业安全管理体制和制度的创新，这是让安全文化落地的关键。供电公司安全制度建设的过程，也就是把企业"安全第一"的价值观及企业安全文化理念转化为安全管理制度并得到广大员工认同的过程。当制度内涵已被员工接受并自觉遵守，制度就变成了一种文化，通过规范的员工行为得以体现，这时渗透的安全理念就成为员工主动参与文化建设的软约束。

在电力企业安全文化建设的过程中，还必须要注重安全生产制度的建立，这是必不可少的关键环节。在电力企业中必须对企业往年的安全生产工作进行分析，在分析的基础上制定本年度的安全生产工作计划。在安全生产计划确定之后，必须按照计划进行落实，逐级逐层进行落实，注重计划要涉及企业的所有部门及所有工作人员，对于每个岗位和每个工作人员还必须要进行安全生产责任落实，这样能够最终在企业中建立起横纵向完善的安全责任管理体系。

（三）构建"以人为本"的安全文化理念

先进的安全价值观是引领电力企业有效地开展安全管理工作，创造优秀安全业绩的基础。文化理念是安全文化建设的核心，在企业安全文化建设过程中坚持"以人为本"的理念尤为重要。

（1）切实宣传、推广先进安全理念。供电公司需要尽最大的努力去培育并宣传企业安全核心价值观。在此方面，电力企业可以充分利用企业内部里的文字、图片、声音等多种信息传播方式和渠道，可以采用多种形式内容，比如安全通知、安全行为规范、安全生产责任书等，并面向电力企业内部所有工作人员推广与宣传企业的安全文化价值观，进而加强电力企业全体工作人员的安全意识理念。

（2）积极引导员工践行先进安全理念。电力企业业务必贯彻遵纪守法、依法发展的安全意识理念，进一步加强对电力企业员工的安全教育的培训，深入开展安全风险调查和安全隐患管理，并针对供电公司的业务和安全经营特点，制订相应的事故处理方案，积极地依照公司制度组织员工进行操作演练。

（3）全面提升全体员工安全文化素质。良好的理念及安全性行为习惯的养成，必须通过系统的技能培训教育和引导。电力企业需要通过引领性灌输气氛约束等多种形式，针对广大电力企业员工进行长期、持续性的行为安全管理文化教育，提高员工正确的人生观与价值观，加强安全理念，使员工安全文化素质得到全方位的巩固。

五、结语

总而言之，供电公司在日常生产建设时，要确保实现安全作业，那么就必须要能够注重各个工作环节能够得到落实，并且注重各个环节的安全管理工作。同时还有必要注重安全管理标准的提升，重视安全文化氛围建设，调动全员安全文化建设积极性。发挥安全制度的保障作用，构建"以人为本"的安全文化理念等等措施。做好这些基础工作，才能真正有助于安全文化建设，另外对于电力企业安全文化建设不是一朝一夕就能够实现的，而是需要持之以恒，漫长的过程得以实现的。因此需要通过具体的实践来寻找总结经验，探索高质量发展的途径，才能真正设计出符合电力企业安全文化建设的相关内容，有助于促进电力企业科学持续稳定健康发展。

参考文献

[1] 王玉霞. 我国电力企业文化建设现状与发展策略探讨[J]. 现代国企研究,2017(24):283.

[2] 孙雪丽. 新经济形势下对电力行业企业管理和文化建设的思考[J]. 国际公关,2019(9):172-173.

[3] 何纯荪. 精益管理思想在企业文化建设中的应用[J]. 现代商业,2018(36):122-123.

[4] 周野,潘春玲,刘振,等. 全面推进供电所规范化管理的途径分析[J]. 中国管理信息化,2018,21(24):123-124.

以"一核四体五维"为基础的安全教育培训管理体系创新与实践

国网乌鲁木齐供电公司 刘小寨 顾 军 徐海奇 段全洲

摘 要：构建以"一核四体五维"为基础的安全教育培训体系，针对不同岗位、不同专业、不同用工人员，以人员安全素质能力提升为核心，通过加强安全培训组织体系、资源体系、标准体系、考评体系建设，将教育培训贯穿员工职业发展全周期、生产经营全专业、现场作业全场景，从"培训对象全覆盖、培训资源有保障、培训项目有实施、培训过程有监督、安全技能有评价"五个维度强化培训全过程闭环管理，建立责任明确、资源优质、科学实用的安全教育培训体系，提高培训实效，全面落实安全教育主体责任，提高安全教育培训工作质量，提升公司安全教育培训管理水平，提升从业人员安全素质，持续推进队伍本质安全建设，夯实安全生产基础，实现"筑基础、强队伍、提质效、站排头"目标。

关键词："一核四体五维"；安全教育培训；本质安全建设

一、研究背景

习近平总书记对安全生产的重要论述和指示批示，党中央、国务院印发《中共中央国务院关于推进安全生产领域改革发展的意见》等一系列文件，新《中华人民共和国安全生产法》（以下简称《安全生产法》）等法律法规颁布施行，对安全生产培训提出了明确的要求和相应承担的法律责任，《国务院安委会关于进一步加强安全培训工作的决定》（安委〔2012〕10号）提出"培训不到位是重大安全隐患"，要求实现全员100%安全培训，并强调各企业全面加强安全培训基础建设，扎实推进安全培训内容规范化、方式多样化、管理信息化、方法现代化和监督日常化，努力实施全覆盖、多手段、高质量的安全培训。《国家能源局关于加强电力安全培训工作的通知》（国能〔2017〕96号）明确提出电力企业要全面落实安全培训的主体责任，牢固树立"培训不到位是重大安全隐患"的意识，坚持依法培训、按需施教的工作理念，提高安全培训质量，国资委推进世界一流企业创建，纳入公司《国企改革三年行动方案（2020—2022年）》，要求进一步加快推进安全培训体系和应急管理能力现代化，切实提升公司整体安全生产水平。

国家电网公司提出建设具有中国特色国际领先的能源互联网企业的战略目标，要求供电企业紧紧围绕战略目标，高水平、大视野研究统筹策划，设计高水平的治理体系、实施体系。供电企业融合电网、设备、人身三个维度的安全稳定，结合新模式、新技术，构建一套高水平的培训技术与培训模式，是战略目标下安全生产培训的新要求。同时，当前电网规模不断扩大、层次越来越多、业务越加复杂，在新设备多、新员工多，电网技术更精密、专业细分更严密的背景下，如何能精细、到位地开展安全生产培训是乌鲁木齐公司供电面临的巨大挑战。

二、构建培训体系框架

深入贯彻落实《安全生产法》，以总体国家安全观为指导，坚决执行自治区及国家电网公司关于安全生产培训各项决策部署，坚持"培训不到位是重大安全隐患"理念，以人员安全素质能力提升为核心，加强体系建设。一是加强安全教育培训组织体系建设，打通"公司、部室、基层、班组"自上而下培训管理链条；二是加强安全教育培训资源体系建设，做好"四库"资源、实训基地建设；三是加强安全教育培训标准体系建设，全覆盖分层分级开展全员安全培训；四是加强安全教育培训考评体系建设，按照"常态开展、分级覆盖"原则，对各级单位、班组安全教育培训工作落实情况进行系统评价，将教育培训贯穿员工职业发展全周期、生产经营全专业、现场作业全场景。同时从"培训对象全覆盖、培训资源有保障、培训项目有实施、培训过程有监督、安全技能有评价"五个维度强化培训全过程闭环管理,建立责任明确、资源优质、科学实用的安全教育培训体系,整体构架,如图1所示。

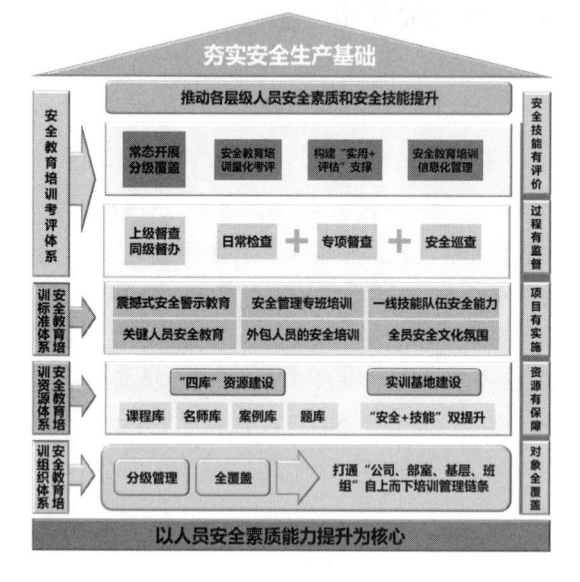

图1 "一核四体五维"为基础的安全教育培训管理体系整体构架

三、主要做法

(1)确立"一核四体五维"安全教育培训顶层设计。按照"管业务必须管培训""管培训必须管安全教育培训"的原则,全面落实安全教育主体责任,建立以提升安全发展动力为导向、以人员安全素质能力提升为核心安全生产培训体系,借科学管理思维与运作模式,从加强安全培训"组织体系、资源体系、标准体系、考评体系"建设四个方向实施创新立体式、全链条管理,制定"一核四体五维"为基础的安全教育培训体系总体规划,如图2所示。

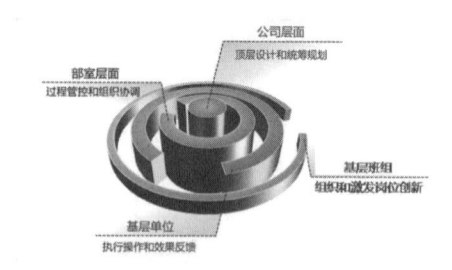

图2 "一体化四层级"安全教育培训组织架构

(2)加强培训组织体系建设,打通自上而下培训管理链条。基于培训对象全覆盖维度,构建职责明确、分级管理模式,如图3所示。国网乌鲁木齐供电公司(以下简称乌鲁木齐公司)按照"管业务必须管安全"原则开展教育培训,健全落实以企业主要负责人负总责、领导班子成员"一岗双责"为主要内容的安全教育培训责任体系。建立覆盖公司、部室、基层单位和班组(所、站、队)各层级的安全教育培训工作体系,加强组织领导,建立健全安全教育培训工作机制,压紧压实安全教育培训主体责任。

图3 安全培训体系管理链条

(3)加强培训资源体系建设,统筹"四库一基地"建设规划。基于培训资源有保障维度,统筹培训资源体系建设规划,如图4所示。按照培训资源开发建设要求与计划,开发线上精品安全教育培训课程(如安全意识、安全知识、安全技能等方面课程),经评审后上传发布至公司安全教育培训学习平台,新入职员工可自主登录公司"安全教育在线培训"系统、"疆电课堂"、"E安培"系统等学习平台进行线上学习。各部门、各单位建立省、地、县三级专(兼)职安全教育培训师资队伍,专(兼)职培训师应当接受专门的培训,考核合格后方可上岗。专(兼)职安全培训师每年需接受再培训。鼓励聘任注册安全工程师担任安全培训师。安全教育培训网络学习资源。根据安全生产法规规章、标准规程,公司统一组织各单位有序开发,定期完善结构化网络学习资源(培训规范、教材、题库、课件、案例等),建立知识共建共享机制。

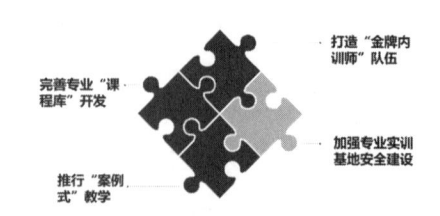

图4 安全教育培训资源结构

(4)加强培训标准体系建设,分层分级开展全员安全培训。针对公司不同层级、不同岗位、不同年龄的安全教育培训存在问题,开展多层次安全意识提升教育,并出具"安全素质能力诊断报告",进而按照"缺什么补什么"的原则统筹优化培训资源配置,分层分级制定理论、实操、实践模块化培训计划,深入分析安全教育培训内在的规律性,把握新上岗(转岗)、复工复产、时令变换、"五新"应用、发生安全事故事件等有利的安全教育培训时机,争取事半功倍的培训效果,让每位技能人员具备与岗位相匹配的安全能力。分层分级安全培训体系结构如图5所示。

图5 分层分级安全培训体系结构

(5)加强培训监督体系建设,实安全培训逐级督查考评。基于培训过程有监督维度,加强安全教育培训督查检查,各级专业部门对本专业领域安全教育培训开展情况监督检查,各级安全监察部门在日常检查、专项督查、安全巡查工作中,对安全教育培训进行检查和考核,安全教育培训监督检查内容应符合安全教育培训工作规定要求;基于安全技能有评价维度,实施安全教育培训量化考评,公司安全监察部组织,各部门配合,建立对各专业和县级单位安全教育培训体系建设、履职履责、培训资源建设、培训效果等方面的工评价考核机制,突出培训效果评估,对专业队伍成长进行全方位的系统评估。

四、实施效果

(1)切实提高安全生产培训质量效果。以"一核四体五维"为基础的安全教育培训管理体系提高了作业人员安全生产教育培训效果,为不同岗位、不同专业、不同作业任务提供有针对性的安全生产培训课程,确保了参加培训的每名员工了解、掌握本岗位主要风险点、风险类别、管控措施和应急措施。实现了沉浸式培训体验,切实带领现场人员身临其境地参与到作业流程中。有力强化了风险源头辨识,将现场可能存在的各类危险点融入作业脚本中,能有效暴露出培训人员对哪些环节会产生疏忽,实现横向到边、纵向到底,实现全员参与、全过程覆盖,确保了风险点分析涵盖安全生产各个环节无遗漏,并通过迎峰度夏、极端天气等保供电演练和实战进一步验证了安全生产培训效果。

(2)本质安全水平全面提升。以"一核四体五维"为基础的安全教育培训管理体系是强化本质安全建设的有效抓手,重在打基础、强管理、保安全。通过加强标准化建设,强化各项安全管理制度,规范日常管理模式。全面落实岗位业务流程梳理工作,累计编制印发专业工作规范186册,工作手册(口袋书)2095册,梳理工作流程193项,梳理工作表单686项,明确工作质量标准,完善工作节点管控措施,建立健全工作流程防控体系,达到关键岗位"一标双控"全覆盖目标,实现了业务全面覆盖、流程上下贯通,做到了人人有标准、事事有依据。

(3)充分实现安全生产培训降本增效。安全生产教育培训体系使安全生产培训不再受场地和时间的限制,员工可以利用适合的时间,在本单位搭建的培训场地参加培训,不再需要他们到达某处参加一项为期几天的培训,使新员工到达岗位后能够更快接受安全生产培训,掌握保护自己的技能;老员工培训时间更加灵活,不影响企业的生产,大大节省了供电公司为员工参加培训而付出的时间成本和经济成本。

(4)员工素质能力持续提升。广大员工队伍面貌焕然一新,消极被动变为积极主动、从逃避问题到解决问题、从被动执行到创新思考、从归罪于外到反求诸己、从推卸责任到勇于担当、从各自为战到团结合作。全员在干中学、在学中干,学标准、做标准、定目标、做改善、促进步,促进员工在标准作业、精益改善、风险识别、风险控制、应急处理等安全能力得到了很大提升。员工的安全意识、创新意识、质量意识、竞争意识等都有显著提高。各单位逐步建立科学规范的优秀人才选拔和培养机制,全面实施优秀人才培养战略,让每一位想干事、会干事、能干成事的优秀人才都有发展的机会和空间,努力营造积极向上的舆论氛围,打造队伍建设新亮点。

五、结语

公司通过以"一核四体五维"为基础的安全教育培训管理体系实施,实现安全生产的内外融通,发挥安全生产的社会效益,形成安全生产的良好生态环境,是强化企业本质安全建设的有效抓手,重在打基础、强管理、保安全,从岗位、人员、作业三个层面压实了安全责任,理顺工作流程和工作要求,是在原有本质安全建设基础上的再提高,是对长期实践检验中行之有效的管理办法的继承,是对原有管理缺陷和漏洞的补充,是具有很高的可推广、可复制的本质安全建设有效举措,可发挥示范效应,形成更多可复制、可推广的成果。

参考文献

[1] 张奕灿. 企业员工安全培训工作现状及对策——以国网襄阳供电公司为例[J]. 人才资源开发,2021(2):89-90

[2] 兰忻凤. 供电企业安全管理中存在的问题及解决策略[J]. 技术与市场,2017,24(8): 290+292

[3] 吴思佳. 供电公司安全生产培训项目评价研究[D]. 北京:华北电力大学,2017.

[4] 张涛,严景娴. 从"要我安全"到"我要安全"——记国网宜春供电公司本质安全培训工作[J]. 江西电力,2016,40(11):17-19.

[5] 胡海强. 国网宜昌供电公司安全教育学习基地建设规划方案[J]. 人才资源开发,2014(18):148.

浅析企业消防安全管理中安全文化的植入

中国船舶集团有限公司第七〇八研究所　陈　吉　史冠卿　祁　斌

摘　要：近年来，科学技术迅猛的发展，推动了各行各业的技术创新。企业若想紧跟时代步伐，就必须实现各方面的升级。目前，企业的消防安全是亟须关注的一个方面，完善的消防安全体制能够带给企业更好的安全保障。本文主要介绍了企业消防安全管理的重要性，剖析了企业消防安全管理目前面临的问题，并从安全文化的角度出发，提出解决企业消防安全管理现存问题的建议。

关键词：消防安全；企业；安全文化

一、企业消防安全管理的意义

（1）保证企业的平稳健康发展。根据企业的发展状况分析，消防安全管理工作实施的成效在一定程度上影响了企业今后的发展。全面落实自动消防管理，建立健全的消防安全警示制度，既能降低企业发生火灾事故概率，又能促进企业的高速发展。

（2）有助于实现安全生产目标。企业的技术水平不断提升，管理质量持续提高，许许多多的装备被不断翻新，充实着企业的产品体系。与此同时，一些原始老旧的机械设备不可避免地带病工作，存在着安全隐患。加强消防安全管理工作，才能有效杜绝事故发生，有利于企业安全管理，提高企业效益。

（3）便于企业统一管理。在企业安全管理中，消防安全管理十分关键。近些年，中国国内的市场经济发展速度很快，不同产业的经济规模都急剧增长，对企业的统一管理水平也提出了更高的要求。中小企业如果要在市场上稳住脚跟，并不断扩大规模，就需要采用企业统一管理水平的策略，而如果中小企业不将经济安全第一放在首位，中小企业也是很难跑得长远的。

军工科研单位是国家国防科技工业的主体，主要从事军品的研制开发和生产，其研究领域涉及航空航天、机械、化工、舰艇和电子等。由于此类单位涉密信息较多，所以此类单位的消防安全管理，是社会安全工作的重要组成部分，是单位珍贵的研发产品与智慧保护伞。

二、企业消防安全管理存在的问题分析

（1）企业内部人员的消防安全意识缺失。目前，在中国很多企业中，上至主管、下至职工，都普遍存在着消防安全意识不足的问题。这一状况的产生主要是因为公司内部一味追求拓展经营，而没有真正把工作重点放到了消防安全管理工作方面。同时还有不少基层职工错误地认为企业自动灭火工作是由消防机关直接管理的，与企业关联并不大。因而灭火管理工作长期处于被动的局面，严重影响了企业自主消防政策和规章制度的有效贯彻。企业如果出现了火灾事故，很少采用合理的、有效的方式扑救火灾事故，也无法控制大火的迅速蔓延，很容易导致伤亡，导致产生巨大的社会后果。绝大多数的企业在出现了火灾事故以后，并没有及时对企业内部出现的问题进行了反映和整改，但也有的是企业在平时的生产运营过程中不注意定期排除消防安全隐患，从而容易造成了火灾事故。

（2）基层消防工作者的专业素养偏低。由于大多数的公司不注重自动灭火管理，所以进行自动灭火管理工作的资金投入较低，不仅使得自动灭火管理无法顺利开展，同时影响与自动灭火有关的教学训练活动的进行。因基层灭火工作人员的消防能力和专业知识素质不高，导致在遇到火灾现场时，无法第一时间采取科学的方式解决。企业火灾事故频发，对灭火人员的专业能力提出了更高标准的要求，但还有不少的基层消防人员没有灭火专业知识，在平时的管理工作中也无法全心全意地投入，极个别的基层消防人员在出现火灾情况时，甚至还会手足无措。

（3）消防安全的培训活动流于形式。2019年9

月29日，浙江宁波一家日用品加工企业中，一名员工在向塑料桶倒入原料时，塑料桶突然起火，该员工用嘴吹、用盖子盖、用水扑救等方法进行处置，就是不用近在咫尺的灭火机，不但将小伙救成了大火，还造成塑料桶烧融后形成了流淌火，引燃旁边更多的可燃易燃物，致使火势进一步扩大。周围其他员工发现火情后，也没有采取有效措施，导致大火引爆了车间的化学原料，18人丧生。由此可知，现阶段绝大多数的公司消防安全训练项目流于形式，在对人员进行逃生训练时，没能根据实际的火灾现场进行训练，只是随意地实施，没有发挥消防训练的实际意义。而且，有的公司在进行消防常识的教育工作中，只是讲述一些比较简单的做法和技术，没有给人员创造实际训练环境，很多人员不了解实际的方法和技巧。

（4）在消防安全方面的投入较少。由于资金不足等因素，很多企业并不会将消防安全管理纳入企业计划管理之中，此情况直接制约着消防安全管理工作的顺利开展。倘若没有人员看护或定期维护的设施，安全管道不能使用，安全进出和货物封闭的现象就会普遍出现。经费不充裕，导致工作人员在进行作业中就会捉襟见肘。

三、加强企业安全文化建设的意义

（1）安全文化具有反映时代要求的本质特征。安全文化是社会发展进步的产物。提高干部职工的安全文化素质，形成"关爱生命、关注安全"的舆论氛围是建设安全文化的出发点。安全文化作为企业文化的一部分，其代表了先进文化的发展方向。在生产力中人是最活跃、最具有决定性的因素，只有将人的积极性、主动性、创造性充分发挥出来，才能促进生产力的发展。宣传科学的安全生产知识和提高职工的安全技术水平、安全防范能力是企业安全文化建设工作的重要内容。企业安全工作的灵魂为安全文化，"以人为本"是其核心，防止事故、抵御灾害、维护健康是其最终目标。

（2）企业生存发展的需要。企业在市场经济条件下处于激烈竞争状态，企业的共同追求就是为获得更好的经济效益，而这要建立在企业需要有一个安全稳定的环境。从近些年来看，我国安全生产形势十分严峻，经常发生重特大事故，没有有效控制人的违章行为，企业依然存在重大隐患，对事故的处理企业也是疲于应付。因此，只有强化企业安全文化建设力度，形成良好浓厚的安全氛围和安全生产环境、实现职工安全自主管理模式，这样企业才能对生产进行精心组织，并在激烈的市场竞争中立于不败之地。

（3）企业消防安全管理向深层次发展的需要。在企业中大多数的消防违规行为并不是因为职工故意而为，而是职工的安全意识淡薄、安全素质不高所造成的。欠缺对"人因"足够认识，即人的文化、人的素养没有形成客观的物态和环境的安全质量。因此，为防止火灾事故的发生以实现企业消防安全的目的，就要确保人的行为、设施和设计等物态和生产环境的安全性，从人的基本素质为出发点，建立起以"人"为核心内容的企业消防安全管理模式，建设系统的安全文化，确保人员的安全，这样企业才能预防火灾事故的发生，实现企业安全长期良性循环发展。

四、高效安全管理工作引入安全文化的对策

（1）思想重视，提高对企业消防工作的重视程度。由于在企业里人来人往，园区规模大，建筑物构造复杂，所以火灾的隐患还是比较多的。所以企业领导一定要对企业的消防安全高度重视，不能仅仅是单纯的应付上级检查，举办消防演练的时候，走个过场，使消防安全工作只是停留在嘴上，落实不到行动中去。所以，企业应该本着"以人为本"的原则，对企业的消防安全工作，进行完善的开展，做到为员工的安全负责。

（2）规范管理，建立完善的消防安全管理机制。想要使企业的消防工作可以顺利开展，员工的消防意识加强，不仅要做到对消防安全意识进行进一步的普及，更要做到定期排查安全隐患，建立完善的消防安全管理机制。在企业成立专门的安全部门，并且对此进行一系列的指导规划，且进行部门之间讲评机制，明确各个部门职责，并且进行各部门之间的交流，实现信息共享，方便对企业的安全隐患有具体全面的了解排查。

（3）注重培训，提高企业员工的消防意识。对企业员工的教育培训和消防意识的提高工作，可以分成以下三部分进行：一是提高宣传力度，制作消防安全宣传册，使员工可以通过文字或漫画的形式，对消防安全的重要性有更进一步的了解；二是举办消防安全知识大赛，通过奖励制度，使员工可以自觉学习消防安全知识；三是提高员工的整体安全文化素质，对员工进行培训，使其对消防安全知识可以深入心底，使消防演练起到实质性的作用；四是加强安全部门的队伍建设，加强部门管理，并且对其进行不定期检查。

综上所述，在企业管理与经营活动中，企业的消防安全问题是不可分割的一环，对于确保企业的持续性安全经营有着非常关键的意义。贯彻落实企业内部消防安全问题，必须从各级领导到全体员工统一遵守和落实相关的制度，加强消防安全工作的力度，提高安全知识的宣传频率，扎扎实实地提高全体员工的消防安全意识，才能真正将安全事故或隐患降到最低。

参考文献

[1] 殷建青. 企业消防安全管理刍议[J]. 新西部, 2019(14):88.

[2] 沈利宾. 企业消防安全管理存在的普遍问题及优化对策[J]. 企业改革与管理, 2019(11):22.

[3] 李清江. 当前消防安全重点单位管理存在问题及对策探讨[J]. 武警学院学报, 2011(10): 68-70.

[4] 赵鹏鹏. 中小型企业消防安全现状及解决策略[J]. 价值工程, 2012,31(29):140-142.

[5] 王慧萍. 消防安全重点单位消防管理问题分析[J]. 价值工程, 2013,32(28):177-178.

[6] 饶乐. 石油化工企业的消防安全管理分析[J]. 科技经济导刊, 2020,28(16):108.

[7] 张有玮. 企业消防安全管理发展方向探讨[J]. 中国消防, 2018(4):45-46.

[8] 武庆. 探究如何加强工业制造企业的消防安全管理[J]. 通讯世界, 2017(18):252-253.

[9] 徐龙君, 陈坤. 基于PDCA模式的化工企业安全文化探讨[J]. 工业安全与环保, 2007(4): 85-86.

构建电力物联网平台下的安全监管体系

国网辽宁省营口供电公司　赵悦苹　江雨顺　张云峰　赵　辉

摘　要：国网辽宁营口供电公司（以下简称营口电网）坚持国网战略目标和"一体四翼"发展布局,利用电力物联网围绕电力系统生产、运行、管理各环节的管理平台,应用移动互联、人工智能等现代信息技术,实现电力系统各环节万物互联、人机交互。依托电力物联网,通过"电能质量在线监测系统"与"现场作业计划管理系统"交叉融合管控,实现"监、管"融合的安全管理体系,从而在安全管理、质量管控等方面取得显著性的提高,切实把全面安全管控优势转化为公司发展的核心原动力,更好支撑"三型两网"世界一流能源互联网建设。

关键词：安全管理；移动互联；通信技术；电力物联网

一、引言

2022年营口电网坚持国网战略目标和"一体四翼"发展布局,建设泛在电力物联网,即：围绕电力系统各环节,充分应用现代信息技术、先进通信技术,实现具有状态全面感知、信息高效处理、应用便捷灵活特征的智慧电力服务系统。公司现阶段在安全管理工作方式方法上创新力度不足,工作手段较为传统,突破转变势在必行。依托电力物联网,打造"电能质量在线监测系统"和"现场作业计划管理系统"的泛在物联,充分发挥安全管理从运行到检修全网络监控。

针对地区电网改造工程的全面实施,现场安全管理任务加重,为实现安全管理全覆盖,根据营口电网的实际情况,通过"监、管"即"电能质量在线监测系统"与"现场作业计划管理系统"交叉融合安全管理体系,构建"安全管理＋数据智能"的协同工作模式,从而在安全管理、质量管控等方面取得显著性的提高,使得企业能最大限度地适应现代化互联网发展,为建设"三型两网"世界一流能源企业创新发展提供管理支撑。

二、主要做法

（一）建立作业计划管控流程

依托电力系统网络平台,加强作业计划管理,实现作业计划在生产、营销、调控部门的管控全覆盖,通过互联网终端"现场作业管控系统"上报作业计划。安全监察部参照调控中心发布的周计划作业内容,对"作业计划管控系统"进行再次审核确认,"电能质量在线监测系统"对计划进行指标测算,满足系统要求后上报到省公司。利用无线通信技术GPS定位功能进行计划管控,系统内直接摄入作业现场及其地理位置,在系统中标注村、乡、镇,安全督查人员按照所上报的具体位置,规范作业计划过程管理,形成输配电网和安全网的互联。营口电网安全监察部利用"安全生产联系工作群"实时发布信息,安全督查人员根据所填报内容开展安全督查。通过"电能质量在线监测系统"对停电影响进行测算,对电网影响较大的作业以及危险等级在三级风险以上的作业任务,必须有本单位主管生产领导到现场全过程安全管控,并利用"安全生产联系微信工作群"按照风险等级发布,预警信息及到岗到位信息。

加强作业计划的执行管理,为了遏制作业计划瞒报、漏报,错报的现象发生,营口电网制定了作业计划考核细则,并在每月安全网例会上对各单位作业计划上报和执行情况进行通报、考核,提高作业计划的正确率和执行率,进而实现生产、营销领域到安全领域的互联。

（二）构建作业计划评估体系

按照电力系统网络安全管理,公司充分利用"作业管控系统"大数据平台的筛选功能评估重点作业项目,按照"四不两直""三到位"安全管理手段开展现场督查工作。安监与营销部建立互通制度,形成营销网和安全网的互联,共同对营销换表现场进行检查，使营销低压作业人员掌握安规要求，敬畏作业安全，做到"用户侧"平台层互联。

通过"现场作业计划管理系统"，将高风险的作业现场、预警通知要求以及重点关注的作业现场对各单位进行风险提示。为保证紧急故障处理的作业任务顺利开展，营口电网制定了临时作业计划申请制度，同时规定临时作业计划现场必须有申请单位主管生产领导到现场全过程管理，确保作业安全进行。开展"人—物"双控协调模式，实现数字化管理平台的建设。

（三）实施标准化作业全过程管理

开展风险评估与承载力管控避免事故发生。如涉及多专业、多单位共同参与的大型复杂作业，由作业项目主管部门、单位组织按照，作业规模、作业项目、作业风险等级、作业的繁杂度开展作业风险评估工作（图1），根据风险程度发布作业风险预警，制定有关的防范措施，优化整合，保证作业计划的安全性和科学性。

识别风险 → 分析风险 → 降低风险 → 风险跟踪 → 风险控制

图1 风险策略评估流程

管理人员全程参与安全管理，严格执行到岗到位制度，并将其纳入生产计划管理流程，超前分析现场安全监督重点，严格监督作业现场三措的落实和"两票三制"的执行情况。对施工中的组织措施、安全措施、两票管理、现场布控等关键环节进行重点掌控，认真执行到岗到位相关规定，使其不流于形式，同时监督作业现场危险点防控措施的执行情况，及时制止现场违章行为。

监督现场作业标准化实施，针对公司各项电网基础建设、农网升级改造、技改大修和业扩工程的作业现场，全面开展作业现场安全"三三制"管控法，从作业前准备工作，作业过程现场安全管控、作业后总结评价提高，三个方面对工作过程进行全面梳理，将标准化作业、安全管控监督机制贯穿于现场作业的全过程。

三、安全体系推进

（一）强化安全管理理念的根植

（1）思想控制行为，行为导致结果。安全文化建设以提高人的安全思想、意识领悟和安全价值来规范人的行为，通过延续"母爱文化"成果，以"亲情助安"为载体，将刚性的安全纪律和柔性的人性管理相融合，为全体员工在安全观念注入"一人安全系全家、全家幸福系一人"的精神理念，促进安全理念内化于心、固化于制、外化于行，形成心理认同的整体力量。联合党建部开展"党日+安全日"同日提升活动，按月梳理事故通报，随党员学习教育材料同时下发，党员带头对照典型案例谈感悟，以党员身份讨论安全问题，自上而下共同筑牢安全思想防线。

（2）提高工作人员的安全素质和工作技能。首先做到思想稳定，安全意识强，在安全工作方方面面能够做到"循规蹈矩"，其次控制好个人行为，具有认真负责的工作精神，谨慎细致的工作作风，忠诚老实的操作（作业）态度。实施"党员尖兵"培养计划，搭建人才兴安平台，固化培训模式，开展"三种人"上讲堂，构建穿插式培训，做到专业互教，区域互学，师生互评，推选优秀党员"三种人"，在安全生产各业务环节、重大保电、应急处置等任务中勇当先锋。

（3）有意识地开展基本技能培训，完善安全规章制度。开展标准化、规范化工作，制定标准化作业的规范和要求，才能使我们在作业中正确操作，严守标准，坚持经常，养成习惯，逐渐克服和纠正那些不良的习惯做法。组织发动党员带头促安全，干部职工全参与的安全竞赛活动，征集反习惯性违章的警语、口号，使反习惯性违章家喻户晓，深入人心。

（二）监督管理制度的执行落实

（1）完善责任追究制度。通过电能质量在线监测系统数据自动采集及大数据分析功能，能够将供电设备停电范围及供电设备停电时间进行统计，为停电计划的执行及考核提供数据支撑，通过"电能质量在线监测系统"与"现场作业计划管理系统"相融合管控及管理责任区域追责，两个方面交叉融合管理，提高了营口电网安全管理水平。

（2）开展事件评估认定。召开安全工作会议，利用电能质量在线监测系统供电数据采集信息，对每项计划作业的停电范围、时间及对供电用户供电可靠率的影响进行分析，对故障停电、重复停电、用户申请停电等非计划或数据进行统计，与停电计划进行比对，核查是否存在无计划作业现象，对无计划作业的区域、单位部门领导进行追责，统计各月份现场作业分布，现场违章事件的发生比率，对违章多发区域、部门进行重点监控，防止同类事件的重复发生。

（3）安全管理规章制度全面落实。按照输电、变电、配电专业细化分解违章现象，明确处罚标准，实施"违章预警"制度，建立"违章黑名单"，将违章罚款处罚与违章计分进行累计，引入违章"四谈"机制，实施作业违章达到分值黄牌警告、严重违章停产整顿、约谈等惩罚措施，使各类现场作业人员自觉遵章守纪。

（4）安全体系推广应用。组建公司安全管理专家团队，以"金点子""问题大征集"及调研发现的问题为攻关课题，以工作室为平台，集思广益、形成合力，围绕提质增效、技术攻关、管理创新、学习交流等主题，通过研究小发明、小改造解决安全生产工作中的实际问题，有效提升公司安全管理水平。深化隐患排查治理"全覆盖、勤排查、快治理"工作机制，建立重大隐患督办制度，实行"两单一表"（督办单、反馈单、管控表）闭环管理；创新安全监督方式方法，开展安全监督技术支持平台建设，利用移动通信和信息技术，建立安全生产联系微信工作平台，利用微信服务平台的特有功能，对"现场踏勘、到岗到位、作业导航、现场稽查"进行管控，实时掌控施工作业信息，及时发现苗头性和深层次问题，提高安全监督的信息化水平。开展"情景VR互动式安全教育培训"，推进安全警示教育基地和安全培训基地建设，编制多媒体安全培训教材，增强培训效果。

四、结论

通过电力物联网平台下，安全"监、管"体系的构建及应用，安全管控指标及安全管理工作开展质量全面提升，安全管理形成典型规范的管理流程。基于生产、营销、调度、安全业务统一数据中心，开展数据接入转换和整合贯通，打破专业壁垒，健全"监、管"体系，面向公司内部实现设备常态化预警，促进生产班组的安全管理水平和作业现场的安全管控能力，实现企业优化管理，为公司安全生产长治久安提供基础保障。

参考文献

［1］李丽. 浅谈电力可靠性管理深化应用[J]. 科学之友, 2013,545(12):90-92.

［2］李辰. 利用现代信息技术提高企业质量管理水平[J]. 现代商贸工业, 2007(2):1-2.

［3］陈宝智, 吴敏. 本质安全的理念与实践[J]. 中国安全生产科学技术, 2008(3):79-83.

新形势下电力安全生产管理和安全文化建设的思考

国网辽宁省电力有限公司本溪供电公司　李　锦　杜　科　程志军　郭崇鹏　姜一鸣

摘　要：电力安全生产管理是关系到国计民生的重要工作，安全生产管理体系的有效运用可以促进电力安全管理水平的提升，因此需要根据安全管理体系的构建原则，遵循管理的流程，对电力安全生产实施有效的风险管理，保证电力企业稳定、健康发展。

关键词：电力安全；生产管理；安全文化

一、电力安全生产概述

（一）电力安全生产的概念

电力安全生产指的是为使电力生产过程在符合安全的物质条件和秩序下进行，以防止人身伤亡、设备损坏和电网事故以及各种灾害的发生，保障职工的安全健康和设备、电网的安全以及"发、送、变、配、用"电各个环节的正常进行而采取的各项措施和活动。

（二）电力安全生产的范围

电力安全生产包括发电、送电、变电、配电、用电、电网的生产安全；电力基本建设的生产安全，即火电建设施工、水电建设施工、送变电建设施工等的生产安全；此外还有电力生产（建设施工）多种经营的生产安全。

二、电力安全生产管理应遵循的原则

（一）风险管理教育培训

安全风险管理教育培训的内容主要有安全风险意识教育、风险辨识和控制能力、业务知识与技能等内容，通过安全管理教育培训可以增强人员对风险管理的认知，树立正确的风险管理理念。

（二）风险识别

风险识别是在风险事故发生之前，运用科学的方法对风险进行评估和预测，并且找到风险事故的原因，从而提出有效的预防措施。风险识别的主要内容有防范事故的种类和风险识别的关键环节以及风险控制措施等。

（三）风险衡量

风险衡量是对特定风险发生的类别及由于事故造成的损失程度和范围进行的衡量与评估工作，通常需要借助风险管理人员的判断能力及科学技术，才能实现有效的风险衡量。

（四）风险控制

风险控制是在进行风险识别与衡量之后，选择科学的方法对风险进行控制，包括前风险识别、作业指导书编写、作业风险控制重点等。

（五）风险评估

风险评估的主要内容包括对风险内容和风险程度的评估，对风险关键控制点和风险控制结果的评估等内容，通常采用的评估方法有设备评估、安全性评价和三标一体认证等。

（六）风险处理

风险处理主要包括风险评估结果的反馈和相应反馈两个环节，通过风险评估结果的有效处理，可以获得风险管理的结果反馈，为后续管理工作的顺利开展奠定基础。

三、新形势下电力安全生产管理的强化措施

（一）更新安全理念，实现"五个转变"

新的安全形势，需要新的安全理念。要牢固树立"关注安全、关爱生命"的安全理念。一要坚决纠正忽视安全、放松管理的错误倾向，把保护人的生命安全和健康，着力提高处理突发事件、应对复杂局面的工作能力。二要积极开展创建安全型企业活动，力争实现"五个转变"即向以人为本管理转变，把员工的健康和生命放到首位；向预防为先转变，由被动处理转向主动预防；向实质管理转变，搞好隐患治理和预案落实；向制度管理转变，杜绝松、

严不一；向科学管理转变，通过提高科技含量增强安全防范效果。

（二）明确安全责任，实现"齐抓共管"

安全源于责任，关键在于领导。安全管理不是一个人、两个人的事，也不是某一个站所、科室的事，需要全员管理、人人负责。因此要认真落实企业内部安全生产责任制，实行主要领导要亲自抓，分管领导要具体抓，进一步明确任务，细化责任，努力形成人人负责、齐抓共管的工作格局。要坚持标本兼治、重在治本的原则，认真落实各项预防和应对措施，做到思想认识上警钟长鸣，制度保证上严密有效，技术支撑上坚强有力，监督检查上严格细致，事故处理上严肃认真，努力提高电力系统运行的可靠性和安全生产的管理水平。

（三）建立检查制度，优化"过程管理"

电力生产中的失事或破坏虽然是突发事件，但在发生质变的过程中，电力企业的工作性态会表现出量变的过程。加强电力企业生产安全检查，就可以在电力生产工作状态发生恶化的过程中发现异常，及时采取补救措施，保证安全。可将安全检查分为日常巡查、年度详查、定期检查和特种检查，其中日常巡查、年度详查由电力运行单位自身组织。各电力运行单位必须在日常工作中建立检查制度，按规定开展日常巡查和年度详查工作；同时积极配合大坝中心做好定期检查和特种检查，保证电力的安全生产。

（四）明确管理目标，发挥"管理作用"

电力企业安全生产过程中涉及多个不同的生产环节，因此需要对其生产过程进行科学的组织与设计，而且在风险管理方面强调的全员参与，但并不是要所有人都掌握风险管理的办法，作为管理者必须要具有明确的管理意识和责任意识，从全局的角度对电力安全生产的过程进行组织与管理，同时明确生产部门与管理部门承担的管理责任，做好明确的分工，才能提高管理效率。同时，电力安全生产管理中的风险管理，需要从安全性评价和危险点分析两个角度同时开展，在此基础上对风险管理的资源进行拓展与整合，制定明确的管理目标和管理内容，才能充分发挥风险管理的重要作用。

（五）完善法律法规，监管"有法可依"

随着电力改革的不断深入和电力工业的快速发展，现行的电力安全法律法规有的已经不适应当前的形势和新的体制，需要进一步修改和完善。电监会将会同有关部门，在充分听取电力企业意见，总结电力安全生产经验的基础上，抓紧对原有的不完善的进行修改和完善。与此同时，依照相关的要求，在相关法律的编制中，把加强电力安全生产和监督管理作为一项重要的内容加以体现，从而使依法监管有法可依，有章可循。

（六）加强日常监督，提高"监管水平"

电力安全生产须警钟长鸣。要认真研究新形势下电力安全监管工作面临的新情况、新问题，当前，要把维护好春节期间的电力安全生产秩序作为安全监管工作的重中之重，及时改进电力安全监管工作的机制和方法，高度重视电网安全，充分挖掘现有设备的潜力，提早安排设备检修，提高设备完好率和可靠性，最大限度地满足电力需求。对于潜在的风险问题要抓紧解决，努力提高电力安全监管工作水平，确保电力系统安全稳定运行。在电力供需紧缺的情况下，要优先保证重点区域、重要用户和居民用电，确保电力的有序供应。

（七）加强安全教育，营造"文化氛围"

安全文化是安全生产的思想基础。"标准化作业反违章，程序化作业防事故"是电力安全生产管理工作的宗旨。要在建立企业文化的大框架下，构建地方电力特色的安全文化氛围，进一步加强安全文化建设，把安全生产的制度、规范和要求融入各个环节和各项工作中去，大力营造"人人关爱生命、事事关注安全"的良好氛围，使安全生产的各项要求成为员工的自觉行为，使"安全第一，预防为主，综合治理"的方针得到贯彻落实，形成安全生产长效机制。电力安全生产管理工作做得好不好，与运行管理人员的素质和责任心密切相关。作为电力运行单位，应根据工作需要，配置称职的专业人员，并定期对运行管理人员进行安全法规、技能等全方位的培训。

四、典型经验做法

（一）强化安全责任落实

积极推进"公司、基层、班组、员工"四级目标管理体系建设，国网辽宁省电力有限公司本溪供电公司（以下简称本溪供电公司）与20个专业部门、基层单位、126个生产班组、1124名一线员工签订安全目标责任书共计1270份。印发公司《领导干部安全生产分片包保监督检查工作方案》，领导班子与基层单位、班组实行安全生产逐级分片包保,深入基层和作业现场,紧密结合春秋检,排查调研基层单位人身和设备上存在的安全隐患。同时,对公司81座变电站11类设备、145条输电线路及380条配电线路推行设备主人制管理,保证每台设备、每条线路都有"主人",真正实现责任落实到人、设备管理到位。

（二）推进本质安全建设

详细制定公司《关于印发细化落实〈国家电网公司关于强化本质安全的决定〉的实施方案的通知》,逐项分解和细化9个专业工作方案,逐个监督落实和做好过程管控。党政工团齐抓共管,以公司系统内部网站、信息平台、新闻报道等为载体,加强新闻宣传,全过程、全方位报道活动开展情况,做到内容丰富、形式活泼、气氛活跃。编发《安全月报》《违章稽查通报》《安全情况通报》等,交流安全风险管控、反违章、隐患排查治理等工作经验和典型做法,营造良好安全氛围。

（三）强化隐患排查整治,确保电网安全稳定运行

一是突出隐患排查治理抓手作用,成立由总经理为组长,相关职能部门主要负责人为成员的领导小组,常态化、规范化开展安全隐患排查治理工作。二是编印公司《安全隐患排查治理范例》,结合春秋季安全生产检查、重大活动保电等工作,加强季节性、时段性隐患排查整治。三是强化公司、部门、工区、班组四级隐患排查治理工作机制,制定《本溪供电公司安全隐患排查治理管理细则》,明确分工和责任以及隐患排查工作流程,加大监督考核力度,实现评估、整改、验收、考核的闭环管理。

（四）开展安全生产月活动,营造安全生产氛围

紧密围绕"全面落实企业安全生产主体责任"的主题,结合电力安全生产实际,制定活动方案,明确10项重点活动及要求。公司购置安全生产宣传招贴画500份,制作大型宣传画板12张,刻制安全教育光盘100张,利用网站充分宣传发动,共计悬挂宣传标语18幅,出动宣传车36辆次,举办安全生产知识竞赛,1380人次观看了"安全生产月"主题宣传片,培训职工920人,组织"电力安全生产宣传咨询日",开展安全咨询49次,发放宣传资料3000份,开展"安全书籍进班组"等活动,为130多个基层班组送去2000余本安全书籍。向社会普及电力安全知识,解答安全用电常识,引导全社会关注电网安全,保护电力设施。各单位、班组以公司活动方案为指导,结合生产实际开展了富有基层特色,内容丰富、形式多样的各类专题活动,营造了安全生产浓厚的氛围。

（五）强化专项安全监督

印发公司《作业现场反违章专项行动工作方案》,根据事故通报、快报分别开展专题安全日活动,组织所有在建工程开展停工学习整顿,学习国网公司、省公司安全生产紧急电视电话会议暨迎峰度夏工作部署会精神,深刻吸取人身事故教训。建设、运检、营销和信通分专业、逐级排查施工作业现场违章问题和安全管理中的薄弱环节。按照《国家能源局关于印发电力行业安全生产大检查工作方案的通知》（国能发安全〔2017〕22号）和省公司有关要求,公司开展为期4个月的安全生产大检查活动,严格落实各项安全防范责任和措施,有效防范和坚决遏制各类事故发生,为党的十九大胜利召开营造稳定的安全生产环境。

（六）积极开展安全教育培训

一是组织《安规》、"两票"编写等全员安全教育培训9期,开展安规考试18场次,培训和考试人员1656人次,有效提升员工安全操作技能、安全意识和防护能力。二是加强《中华人民共和国安全生产法》等法律法规的宣贯落实,分三个层面（即公司领导班子成员、公司相关部室领导和各生产单位相关领导和管理人员、生产班组）对15家相关单位领导及人员进行专题宣讲,共1296名人员接受专题培训,对生产单位党政一把手、主管生产副职、安全员、技术专责130人进行了安全知识考试,增强领导干部和管理人员风险防范意识和依法依规从事安全生产的责任意识。三是组织工作票签发人、工作负责人和工作许可人开展能力素质季度考试,强化"三种人"的考核认定,确保关键岗位人员有效履行现场作业全过程的安全责任。

（七）强化安全应急管理,妥善应对突发事件

一是重点推广无脚本桌面演练方式,梳理各级应急预案处置流程,完善公司应急预案体系建设。组织迎峰度夏大面积停电事故联合应急演练及市县联动地震桌面推演等专项演练15次,有效提升公司综合防灾减灾能力。二是健全电网运行风险预警机制,明晰部门责任,强化电网事故预案的培训、演练

工作。编制公司应急处置指导卡，细化应急处置工作内容，增强应急预案实操性，提高应急处置效能。三是重新组建应急救援基干分队 30 人，共开展 3 次专项应急集结及培训演练活动，编制了《应急救援基干队伍工作手册》，开展技能比武。四是积极与政府部门沟通，与气象、地震、防汛、消防等单位建立协作和信息互通制度，开通本溪电网气象预警平台，完善社会联动机制。

五、企业安全文化建设情况

近年来，本溪供电公司在国家电网公司建设统一的企业文化的精神指导下，按照辽宁省电力有限公司的统一部署，根据《企业安全文化建设导则》，紧密结合公司安全工作实际，认真开展了安全文化创建工作。在为企业各项生产工作提供坚实安全保障的基础上，本溪供电公司通过全面总结和深入挖掘，提炼形成了具有本溪供电公司特色的企业安全文化理念，并通过多种途径在企业内部宣传这一理念，在企业内部营造了良好的企业文化建设氛围，在社会上树立了勇于承担社会责任、安全发展的良好企业形象。

（一）形成了企业安全文化理念特色

通过几年来的安全文化建设实践和不断的总结、提炼，本溪供电公司逐渐形成了具有本企业特色的安全理念。其核心理念是"关爱生命 控制风险 重在预防 人的生命高于一切"，这也是本溪供电公司安全管理工作的出发点和归宿点。

在安全工作中，本溪供电公司始终坚持了"安全第一 预防为主 综合治理"的方针，坚持以人为本的原则，始终把人的安全放在最重要的位置来抓。无论是常规的停电检修作业、工程施工作业，还是应急演练、事故抢修等工作都首先考虑人的安全，并且通过危险点分析预控、安全措施、施工方案等的分级审核，作业计划管控，隐患排查治理，班前会布置安全措施，作业过程中的到岗到位监控等方法，实现了各项工作相关人员的过全程、全员参与，也使公司的安全文化理念在潜移默化的工作中植根于各级管理人员和一线员工的头脑中，为公司干部员工所接受、认同。

本溪供电公司的安全理念与国家电网公司的企业理念一脉相承。国家电网公司的统一企业理念是"以人为本、忠诚企业、奉献社会"，核心价值观是"诚信 责任 创新 奉献"，企业精神是"努力超越 追求卓越"。本溪供电公司"关爱生命 控制风险 重在预防 人的生命高于一切"的安全理念体现了"以人为本"的企业理念，把人的安全摆在最突出的位置也充体现了企业对员工负责、员工对自己负责的统一态度。只有每一位员工人身安全了，才能够主动把责任转化为贯彻公司决策部署的自觉行动，才能够凝聚力量，发挥出创造力，推动公司更好更快发展。

"关爱生命"，就是通过采取各种安全措施，杜绝人身伤亡事故的发生。"人的生命高于一切"，因为人的生命是金钱买不到的，每个人的生命只有一次，人只有拥有生命，才能够去劳动、去创造，才能够推动企业的发展。这一理念充分体现了"人本原理"，特别强调了人在以安全生产为核心的各项工作中的主体地位，强调人是企业各构成要素的主宰，财、物、时间、信息等要素只有为人所掌握、为人所利用，才有价值。

"控制风险，重在预防"，就是坚信一切事故皆可预防，就是指要将各类预案和各项预防工作做在前面，提高安全工作的主动性，强化各级人员的安全意识，不断完善安全管理机制，提高安全执行力，确保人员和设备安全，为公司取得良好效益夯实基础。这也是风险控制理论在实践中的体现，与"安全第一 预防为主 综合治理"的安全生产方针一致。

（二）利用多种手段宣传企业文化理念，营造了良好的企业安全文化氛围

（1）开展丰富多彩的安全文化活动。主要包括安全知识竞赛、违章图片展、安全漫画展、安全演讲、先进典型事迹宣讲、参观安全教育基地等。这些安全文化活动的组织开展，极大地调动公司广大员工的参与热情和投身安全文化建设的积极性。

（2）加强安全环境建设，营造现场安全氛围。为安全管理人员和一线作业人员配发不同颜色的安全帽，明确身份、责任；为现场工作负责人、专责监护人配发了绣有对应字样的马甲；全面实行标准化作业，现场作业人员统一着装；变电、配电作业现场实行全封闭管理，四周设围栏，在唯一出入口设"由此进出"指示牌；在工区、班组楼道内张贴安全宣传标语、图画等。通过营造良好的安全氛围，公司员工的安全意识受到潜移默化的影响，得到不断的提高。

（3）强化作业现场的安全检查。加大违章处罚力度，在公司网站开辟专栏，通报公司、基层单位

现场监督检查情况,曝光现场各类违章。完善工区、班组反违章自查激励机制。开展安全生产违章"四级谈话"活动和"大家说违章"5C 工作法,以确保人身安全为重中之重,把防触电、防倒杆、防高坠事故放在突出位置,积极营造安全生产氛围。

六、企业安全文化建设成效

通过大力加强企业安全文化建设,本溪供电公司安全管理制度更加健全,应急管理体系不断完善,安全生产主体责任得到有效落实,干部职工的安全意识得到强化,安全生产长效机制进一步健全,企业安全管理水平得到明显提升,有效遏制了各类事故的发生,为企业持续保持良好的安全生产形势提供了有力支撑。

七、企业安全文化建设构想

电力企业安全文化体系建设,是一项复杂且意义重大的系统工程,在今后的工作中,本溪供电公司将继续深入推进安全文化建设活动,始终把安全文化体系建设与公司的发展目标紧密结合、高度统一,促进企业安全管理工作规范化、制度化和科学化,进而实现企业的安全、和谐发展,为地方经济社会发展做出更大的贡献。

八、结语

电力安全生产管理工作需要在电力改革和发展的实践中不断探索,不断积累经验。同时,也需要政府以及社会的大力支持与配合。在新形势下,电力企业的安全管理工作要有新的措施,只有不断加大安全监督力度,严格执行安全生产奖惩规定,严格重大事故责任追究制度努力提高电力生产的科学管理的水平,才能确保电力安全生产的各项要求落到实处。

参考文献

[1] 梅冬,万紫艳. 浅谈新形势下电力安全生产管理思考与探索 [J]. 通讯世界,2015,283(24): 92-93.

[2] 沈智锋. 做好电力生产应急管理,保障电力安全生产 [J]. 低碳世界,2017,167(29):120-121.

[3] 夏海龙. 浅析电力安全生产管理的对策 [J]. 中国新技术新产品,2016,333(23):169-170.

[4] 赵大刚. 浅议风险管理在电力安全生产管理中的应用 [J]. 中小企业管理与科技(中旬刊),2017,506(6):147-148.

基于云平台的省级电力计量生产运维智慧安全管理体系建设与实践

国网宁夏电力有限公司营销服务中心（国网宁夏电力有限公司计量中心）

金旭荣　李　伟　李云鹏　张鑫瑞　程志强

摘　要：本文简述了国网宁夏电力有限公司（以下简称国网宁夏公司）在电力计量生产运维领域安全管理体系建设的探索，通过引入大数据、物联网、人工智能等新技术手段，实现该领域安全生产的智慧管控。

关键词：电力计量；生产运维；安全管理；体系建设

一、引言

近年来，能源电力企业屡屡发生重大安全事故，经济社会和人民生命安全遭受重大损失。为了加强安全生产监督管理，防止和减少生产安全事故，保障人民群众生命和财产安全，促进经济发展，国家和各级地方政府相继出台了多项安全生产法规、条例。为落实安全生产主体责任，国网宁夏公司将安全生产提高到了前所未有的高度，利用"大云物移智链"等新技术手段广泛在电网建设、电源发展、调度运行、电力营销等各专业构筑智慧安全生产管理体系，进行了扎实有效的探索建设。本文就电力营销专业电力计量生产运维智慧安全管理体系建设进行研究，在国网宁夏公司战略体系框架内，研究电力计量生产及其运维的基本特征和目标需求，结合实际业务需求，聚焦安全管控能力提升，将机器人、工作流引擎、物联网、智能感应、大数据分析等新一代人工智能技术融入传统电力计量生产运维管理领域，提出了涵盖人、机、料、法、环全要素，贯穿电力计量生产运维全过程的智慧安全管理体系和实现路径，并在实践中得到应用，为进一步深化研究提供参考和借鉴[1-5]。

二、基于云平台的省级电力计量生产运维智慧安全管理体系

基于云平台的省级电力计量生产运维智慧安全管理以提升安全运营能力、提高计量检定效率和降低运行维护成本为导向，以实现"全面监测、加强管控；强化预控、防范风险；横向协同、优化管理；多维分析、支撑决策；全景展示、提升形象"为目标，依托生产环境监测、异常故障诊断、设备健康评价、安全生产管控四大功能系统组成的云平台，构建省级电力计量生产运维智慧管理体系，实现对电力计量生产环境、人员、设备和生产环节的智能全息感知与全景监测，规范电力计量安全生产工作，提高计量生产设施智能运维能力，支撑基于设备故障预测与健康评价的智慧管理。

依托省级电力计量生产运维云平台构建的智慧安全管理体系（图1），将大数据、物联网、人工智能、三维可视化等先进的技术手段与传统的电力计量生产自动化检定系统的电能计量检定、安全生产和运营管控有机融合，实时监控人员安全、精确感知设备状态、有效预防作业风险。该智慧安全管控体系集人员安全、设备安全、系统安全、作业安全为一体，实现电能计量检定生产现场安全监督与管理工作"实时监督、快速反应、闭环管理"的目标，从而预防事故的发生，保障电能计量检定生产的安全稳定运行。

三、实现路径

（一）技术路线

为实现对电力计量生产自动化检定系统及相关设备进行在线监测、故障监测以及智能诊断分析，本文采用一种检定装置在线监测与智能诊断技术，该技术从两方面着手。一是通过改进和规范终端事件判定规则，发挥终端实时采集作用，实现对装置和设备进行在线监测。二是充分利用采集的海量数据，结合异常分析结果，针对电能计量检定结果、装置运行状态等数据进行智能诊断分析。

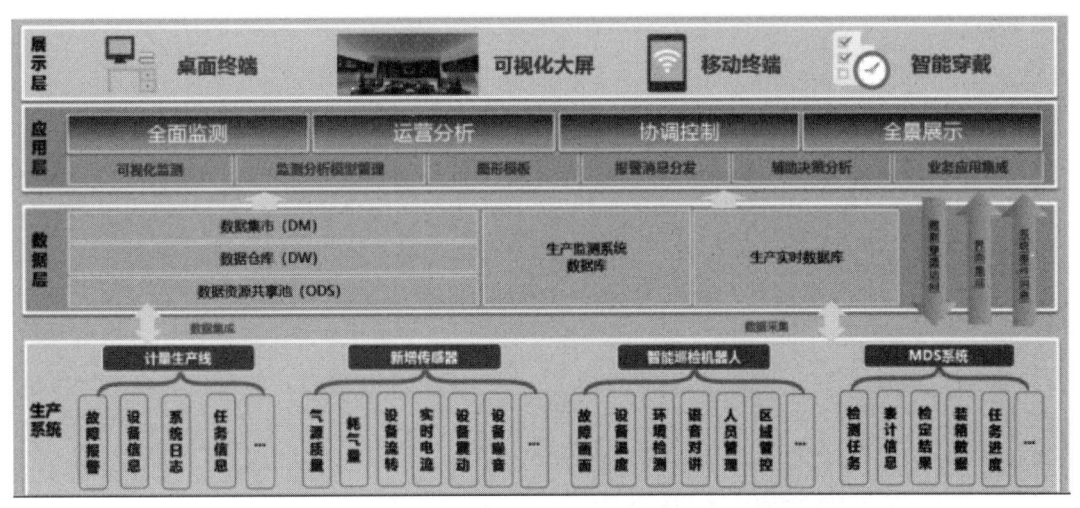

图1 基于云平台的省级电力计量生产运维智慧安全管理平台

检定装置在线监测与智能诊断技术以通过ETL（数据抽取工具）从计量生产调度平台中获取的各类数据进行在线统计和离线分析，为判断、分析现场各类计量异常设备的异常事件及对设备整体的状态分析提供依据，本文提供的检定装置在线监测与智能诊断分析过程分为异常指标专家库、在线监测与诊断、数据分析三大部分。

1. 异常指标专家库

异常指标专家库根据设定的规则对计量异常、通信异常和装置异常进行快速判断和分析。在异常指标专家库的各类判定规则允许根据现场实际应用效果，对异常判定阈值、生成规则和划分等级标准进行修正。

2. 在线监测与诊断

在线监测与异常判断分为两种方式实现：第一，通过对电力计量生产自动化检定系统上送的事件进行实时分析和异常判断，实现对现场各类装置的工况进行在线监测；第二，获取现场新增异常采集装置信息，以异常指标专家和分类算法对异常或故障进行快速判断。对暂时无法确认的异常或故障转为后台分析和诊断进行判断，结合自动化检定系统反馈相关数据项进行辅助验证，通过关联规则分类算法进行分析判断，提高判断的可信度、支持度。其分析处理流程如图2所示。

3. 数据分析

计量在线监测与智能诊断过程利用外部系统计量装置故障作为学习样本，利用统计数据进行机器学习，创建自动化检定系统状态评估等分析诊断模型，并将分析模型对测试数据进行验证。分析流程如图3所示。

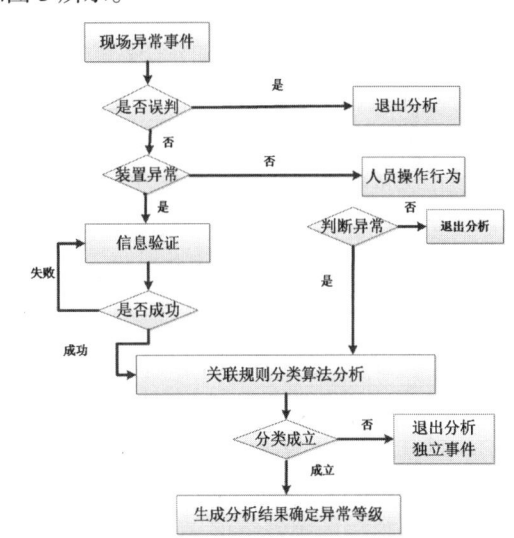

图2 在线监测分析流程

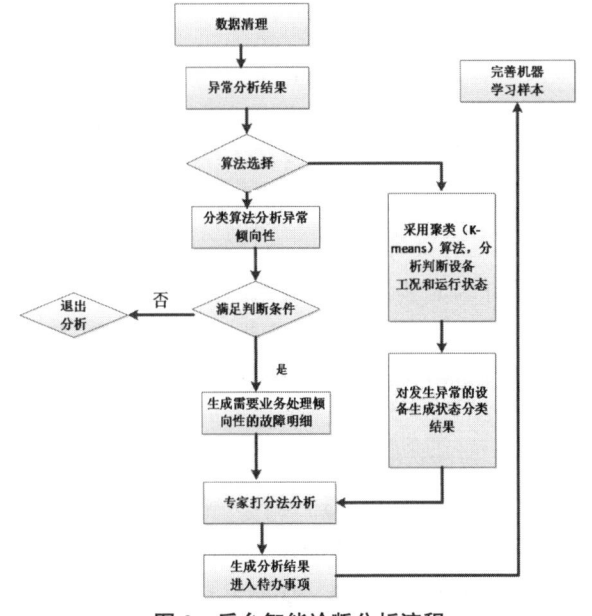

图3 后台智能诊断分析流程

— 347 —

（二）功能设计

基于上述技术，构建了以下功能。

（1）智能巡检机器人现场巡检。巡检机器人替代人工，实现现场巡检无人化，巡检过程中现场实时画面、生产环境数据、设备红外热成像数据、生产设备运行数据等大量生产过程数据有效地记录并被利用，指导运维工作，同时可视化直观呈现，有效支撑计量生产运维工作数字化转型。通过机器人取代人工进行现场巡视，每条线体可节约1-2人，同时机器人可实现对危险区域及人员难以到达地方巡视，提高了巡检范围及质量。对部分常见故障进行图像识别分析，补充完善了原有故障监测体系，大大降低因故障未及时发现而影响自动化检定线节拍的问题发生，提高了生产效能。

（2）构建基于三维可视化的安全管控平台。将生产设备、现场建筑环境、运维设备等建模，生成高仿真的3D现场场景，同时将生产过程数据与三维仿真模型绑定并图形化交互展示，实现虚拟和现实生产设备的机画同步，实现人员、设备、环境及生产全过程的实时监控，降低了安全管控专业化要求，使安全管控更简洁直观。

（3）构建基于生产过程数据及智能传感的设备健康模型。通过采集现场智能传感、生产过程数据，进行数据加工分析构建设备健康值模型，直观展示设备运行健康状况，有效指导组织开展设备点检、维保、备品备件采购等安全生产和日常运维工作，极大提高了安全管控和生产运维的智能化及数字化水平。

（4）现场安全及环境的无人化管控。通过巡检机器人及现场安装的智能摄像头对现场人员进行权限管理，对进入现场没有穿戴工作服和安全帽的人员进行报警提示，对现场触电倒地的人员进行检测报警，对危险及关键区域进行区域智能管控，报警信息与事件绑定自动保存，监控设备可根据需要配置视频存储容量，提高现场安全管控能力，对重点安全区域进行24小时不间断智能监测，有效避免了安全事故的发生。

（5）故障自恢复。通过分析现场故障原因、控制逻辑及相关运维经验，对生产过程中常见的故障进行故障检测、故障自诊断、控制设备进行故障处理、故障排除后检测等一系列故障自恢复操作，实现生产过程中常见故障的故障自恢复，等效提高了自动化检定系统的产能。

四、应用实践

本文在笔者所在单位开展了应用实践。智慧安全管理平台基于大数据、物联网、人工智能等技术聚力开发，主体由智能巡检机器人机动平台、生产运行状态全感知网络和智慧安全管理系统三部分构成。平台实现以下功能。

（一）生产管理标准化

通过生产管理功能可以与自动化检定主控系统、MDS系统进行数据交互，实时获取检定任务、检定数据、线体报警等信息，实现对海量的分散生产数据的集中采集，增强了对线体的全面感知能力。

（二）智能巡查无人化

现场巡检机器人对线体自动巡检一圈，自动生成巡检报告，对线体的各工作单元和线体运行环境进行了详细的数据分析和总结。通过智能巡查以机器人取代人力巡检，实现对线体 7×24h 的不间断自动巡检。

（三）智能分析直观化

构建基于设备工况数据的健康评价体系，以健康值方式反映设备及线体的运行状态；构建基于WEB的3D线体仿真模型（图4），利用三维可视化方式展示线体监测和状态评价信息，并支持操作巡检机器人进行定制化巡检。当线体出现异常时，健康值会根据异常情况进行自动调整并做出智能判断，给出健康值优化建议和措施，实现科学预警指导精准运维。

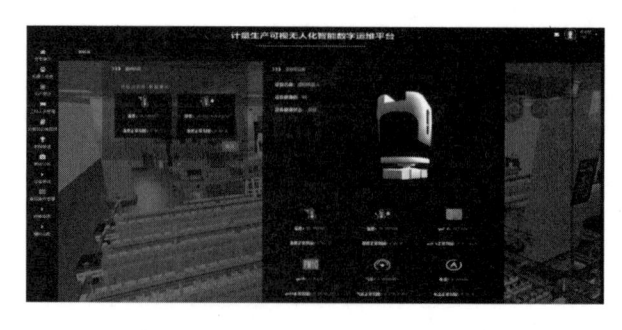

图4　基于WEB的3D线体仿真模型

（四）故障预警前置化

通过在线体部署传感器，对线体是否卡箱等故障进行逻辑判断，若判断确实出现故障，故障管理模块自动记录事件并报警，提醒运维人员处理故障。在辊道线顶升处出现卡箱故障时，可自动发指令控制顶升横移机二次启动，让卡住的箱体运行到正确轨道，实现故障的自恢复。

（五）人员管理规范化

通过现场安装的摄像头对进场人员进行人脸识别，对未录入人脸信息的闯入者进行语音报警（图5）。对进入现场没有穿戴工作服和安全帽的人员进行报警。对非法闯入危险区域进行报警，报警录像支持10日内回放查看。

图5　智慧安全管理监控主界面

五、结语

推进智慧安全管理体系建设及实践，是安全生产管理的顶层设计和关键环节，只有不断加大基于云平台的省级电力计量生产运维智慧安全管理平台的持续深化研究、深入应用，才能不断巩固电力计量领域安全生产良好局面。同时，需要看到我们的研究只是安全生产管理的一小步，未来仍然需要进一步创新工作机制，加大应用力度，以达到标准、规范、安全、优质的生产运营要求。

参考文献

[1]周茜.电力计量管理标准化管理及应用[J].销售与管理,2021(9):36-37.

[2]陈乐.电力营销安全中的标准化管理及应用[J].空中美语,2021(12):4377-4378.

[3]王浩.供电所如何做好电能计量管理工作[J].区域治理,2020(35):191.

[4]汪旭祥,李帆,杨丽华,等.电能计量标准化作业应用探索与实践[J].中国设备工程,2017(2):167-169.

[5]孔祥莉,周秉泓.规范计量管理促进企业安全生产[J].天津燃气,2004(3):17-18.

心存敬畏　枕戈待旦
严守安全红线铸就安全文化

沈阳电能建设集团有限公司
国网辽宁省电力有限公司产业事业部
张　磊　杨晓铮　马　雷　原忠华　李晨政

摘　要：举旗铸魂，加强安全生产党建引领；"责"字为基，明确集团安全管理界面；"严"字当头，监督管理铁面无私；"干"字到底，落实"大讨论"开展调研，完成全员"一岗一清单"匹配；"学"贯始终，提升员工素能，成功举办集团首届岗位技能"大比武"；"情"字为线，织出"三位一体"安全监督网；"新"上着力，开发手机屏保，责任宣贯入脑入心。

关键词：安全红线；党建引领；电能集团

一、胸怀敬畏生命之心，认清安全形势，担起安全重任

党的十八大以来，习近平总书记多次强调，"人命关天，发展决不能以牺牲人的生命为代价。这必须作为一条不可逾越的红线"。"生命至上，安全第一"是电力企业永恒的主题，也是我们终生秉承的宗旨。

安全生产作为电能集团发展的头等大事，保证大局平稳乃是各项工作的重中之重。沈阳电能建设集团有限公司（以下简称电能建设集团）自成立以来，认真贯彻落实国网公司、省、市公司各项安全工作要求，狠抓安全生产，全力构建大安全管理机制。领导层精准决策，强化各级领导干部"一岗双责"，"管业务必须管安全"的原则，确保各级安全责任压紧压实；管理层精准施策，推动安全生产管理精益化，实现了安全检查、监督、考核无死角；执行层精准实施，以"严在细节、管在流程"的理念，实现了由"结果管理"向"过程管理"的提升。省管产业单位安全生产态势持续稳定，连续十八年实现"安全年"。但是集团安全工作仍然面临着复杂形势和严峻考验，沈阳供电公司80%的作业量由集团实施，时间紧、任务重、点多面广，而集团安全生产管理基础相对薄弱，随着工程量激增，作业现场管控风险较高。以包代管问题依然存在，部分分包队伍人员变动频繁，流动性大，违章现象时有发生，给安全管理带来极大风险。安全形势如此严峻，我们绝不能用微乎其微的事故"概率"衡量安全生产，必须怀揣敬畏生命之心，主动擎起安全重担！

二、践行以人为本之旨，并举多项措施，筑牢安全防线

面对省管产业单位严峻的安全形势，电能集团践行"以人为本"的宗旨，坚持"生命至上，安全第一"的原则，枕戈待旦，厉兵秣马，多措并举，全面筑牢安全防线。我们举旗铸魂，加强安全生产党建引领。强化安全生产工作中的党建引领，激励引导集团各级党组织和全体党员履职担当，组织集团37家单位400余名党员和广大团员青年参加"安全生产无违章"活动。

（1）"责"字为基，明确集团安全管理界面。成立安委会，落实安全生产主体责任。严格执行《国网辽宁省电力有限公司关于加强省管产业单位安全管理的决定》等规定，不断健全安全管理体系。制定《安全生产投入管理办法》《安全工器具管理办法》等，明确管理界面，有效指导省管产业单位安全工作开展。

（2）"严"字当头，监督管理铁面无私。严格计划管控，加大安全监督考核力度，抽调安全管理人员和技术骨干45人组成安全督查队，确保各个作业现场"全受控"。开展安全生产"百日攻坚战"、安全生产大检查等活动，查处问题56项，整改完成49项，

列入整改计划7项。严格分包合同和安全协议签订，以工程为单位，建立分包单位和人员信息库，督促分包单位履行安全职责，落实安全措施。

（3）"干"字到底，落实"大讨论"开展调研，完成全员"一岗一清单"匹配。结合"夯基础、求突破、勇争先"大讨论，对所属17家郊县分公司开展调研13天，发现问题26项，逐一落实整改。依据省市公司典型岗位清单编制集团岗位清单1135个，组织所属43家单位完成"一岗一清单"匹配工作。

（4）"学"贯始终，提升员工素能，成功举办集团首届岗位技能"大比武"。开展技能培训，通过"打制拉线""15米电杆安装双横担及立瓶""制作电缆终端头"等项目"大比武"，全面提升员工能力素质、业务水平和岗位技能，带动安全管理全面提升。

（5）"情"字为线，织出"三位一体"安全监督网。构建企业、家庭、职工"三位一体"安全监督管理网络，借助"家庭"力量，唤醒职工责任意识。企家联手，共促职工安全意识提升；双管齐下，不断夯实安全监督管理网络。

（6）"新"上着力，开发手机屏保，责任宣贯入脑入心。创新宣贯方式，将一把手到一线员工多层级、多岗位的安全职责做成屏保，以"一屏一职责"的视频方式呈现，时刻提示大家自觉做到知责、履责、尽责，使安全责任入脑入心。

三、坚持临渊履冰之慎，严守安全红线，擘画安全蓝图

安全生产需要常抓不懈，警钟长鸣！要清醒地认识到自身的短板、问题和不足。认清形势、找准方向、担当作为，始终保持如履薄冰的谨慎态度，牢固树立安全发展理念，坚守红线和底线。

（1）在党建引领上进一步深化。深化"党建+安全生产"机制，结合主题教育活动，充分发挥党组织在安全生产中的监督保障作用和广大党员的先锋模范作用，强化党建主责主业、党员主角主动意识，加强安全生产工作党建引领，实现党的建设与安全生产同频同振、相互促进。

（2）在责任落实上进一步求实。落实"党政同责、一岗双责、齐抓共管、失职追责"的要求，全力推进安全责任全覆盖，把统一标准、执行制度、治理隐患、严控风险作为硬约束，建立领导班子安全述职、管理人员安全履职评价、基层人员安全等级评定机制，强化各层级人员安全责任落实，通过责任到人，促进落实到位。

（3）在安全管理上进一步求精。夯实省管产业单位安全管理基础，狠抓薄弱环节、补齐管理短板，完善安全生产各项规章制度，推进安全生产标准化建设。大力开展"安全年"活动，严格落实安全重点措施三十八条，着力解决一线安全生产突出问题。

（4）在制度执行上进一步求深。2022年，基建、生产、营销等工程同步进行，高等级风险作业量将创历史纪录。集团上下要充分做好施工准备，科学制订实施方案，合理安排作业计划，严把现场勘察和工作票审核关，做好施工前安全专题分析，深入开展风险辨识评价，针对各类风险超前管控、超前预防，确保作业现场绝对安全。

（5）在监督检查上进一步求效。充分发挥安全督查大队和企业、家庭、职工"三位一体"安全监督管理网络的作用，构建完善安全监察奖惩机制，严肃安全考核问责。强调重复发生的事故，顶格考核、提级处理，如发生性质严重、影响恶劣的责任事故，事故单位主要负责人予以停职，配合调查，确保安全责任落地。

四、咬定安全目标，筑牢安全管理之基

（1）推进"党建+安全生产"工程建设，打造安全履责红色先锋。抓牢领导责任，抓实专业责任，抓好全员责任，抓严监督问责。强化党员在安全责任落实、现场安全管控、应急抢险处置等工作中的模范带头作用。开展安全文化建设提升活动，大力弘扬"和谐守规"的安全理念。

（2）对照安全生产巡查提纲开展自查自纠，持续深化安全生产专项整治行动，高质量开展"二下二上"工作。持续完善安全保证体系、安全监督体系各司其职、各负其责、协同支撑的安全生产组织体系，推动"三管三必须"的刚性执行。规范安全投入，保障有效实施。

（3）将落实"四个管住"制度要求贯穿全年安全工作中。管住计划，坚决杜绝无计划作业、超负荷、超能力作业。管住队伍，落实监督和管理责任，实施"负面清单""黑名单"等失信惩治措施。管住人员，严格实施准入考试、资格能力审查。管住现场，加强布控球和执法记录仪应用，强化安全督察队"四不两直""双随机"检查。

（4）强化应急处置能力建设，提升应急队伍技能水平。强化网络信息安全管理，抓好通信施工、检修现场安全管控。强化消防安全能力建设，完善消防管理制度和操作规程。强化交通安全能力建设，加大交通安全监管力度。强化安保能力建设，做好项目部人防、物防、技防。

易经有云："无危则安，无损则全。"沈阳电能集团将以"十四五"安全管理专项规划为工作重心，在集团党委的坚强领导下，夯实安全基础管理，深化风险预警管控，着力消除重大风险隐患，全力维护安全生产形势稳定。

鞍马犹未歇，战鼓又催征。安全生产只有起点，没有终点。路虽远行则将至，事虽难做则必成。我们全体干部员工将携手共进，从我做起、从现在做起、从点滴做起，确保意识到位、措施到位、职责到位、监督到位，以自己的实际行动为企业安全管理工作添砖加瓦，共同擘画企业安全管理蓝图。

构建电力施工企业安全文化体系的探索与实践

信阳华祥电力建设集团有限责任公司　陈大才　蒋荣宇　余金涛　潘　俊　秦晓东

摘　要：近年来，随着经济社会的快速发展，电力已成为经济建设和人民生活中最重要的能源需求。我国电网建设在较短时间内取得了较大成就离不开广大电力施工企业的艰辛付出。同时，由于电力施工企业在作业过程中往往会受到外部环境、施工技术、人员素质等因素的影响而产生较高安全风险，不利于新时代安全发展理念转化为电力施工人员的行为自觉。本文将从电力施工企业安全生产中的常见问题、电力施工企业安全文化的核心理念、构建安全文化体系对解决电力施工企业安全问题的重要意义三个方面阐述构建电力施工企业安全文化体系的实践作用。

关键词：电力施工企业；安全文化体系；安全意识

电力施工企业的安全管理水平始终是关系到人身和电网安全的头等大事。尤其是近年来，我国电网建设的快速发展，电力施工作业环境越来越复杂，涉及的施工技术和施工设备越来越多，而由于年轻一代大多不愿从事艰苦乏味且风险较高的电力施工导致电力建设施工人员年龄偏大，所需的专业人才也越来越缺少。在这样的大环境下，任何安全管理的疏忽都极易造成电力施工过程中的安全生产事故，长此以往既不利于电力施工企业的健康发展，也不能满足人民群众对电力发展的迫切需求。如何提升安全管理水平，构建符合电力施工企业特点的安全文化，是广大电力施工企业面临的共同的问题。

一、电力施工企业安全生产中的常见问题

（一）安全责任落实不到位

任何安全事故的发生都是由人的不安全行为和物的不安全状态两大因素在特定条件下所产生，但近年来大量电力施工企业安全事故统计分析结果可以看出绝大多数安全事故发生的原因主要是人的不安全行为，究其根本还是在于安全责任没有落实。对于电力施工企业而言，通过近些年的施工实践，电力行业已经形成了比较完备的安全管理制度也明确了各类人员安全生产职责，所以只要真正做到了安全责任落实就可以避免安全事故的发生。但是在一些电力施工企业还是存有对安全生产工作"说起来重要，干起来次要，忙起来不要"的重市场效益而轻安全管控的现象最终造成企业管理层开会传达要求的多，监督落实责任的少，现场作业层心存侥幸者多，操心明白人少，出了问题推诿扯皮的多，调查反思的少。

（二）分包管理工作不到位

电力施工行业是劳动密集型行业，在施工过程中不可避免地存在大量工程分包行为，从近些年发生的安全事故也可以看出分包作业是重灾区。当前电力施工分包主要存在以下几类问题：一是以包代管的问题。发包单位将工程分包后没有对分包队伍履行任何安全监督责任。二是以专业分包代替劳务分包的问题。由于电力行业的专业性和特殊性，部分施工作业（如输电线路施工中的组塔放线和变电站施工过程中的电气安装）是不能进行专业分包的只能进行劳务分包，但在实际操作中一些施工企业因自身施工能力不足便以劳务分包的名义进行专业分包之实。三是层层转包的问题，当前一些劳务分包商有资质但无实际作业能力，在承揽工程后便将工程二次转包，致使安全监督层层衰减，无人负责。

（三）违章作业行为频发

根据"海因里希安全法则"（一件重大的安全事故背后必有29件轻度的事故，还有300件潜在的安全隐患），对于电力施工行业而言，违章作业就是最大的安全隐患，也是很多安全事故发生的根本诱因。当前在电力施工行业主要存在：管理违章，行为违章和装置违章，其中行为违章占比较重。以国家电网公司系统反违章工作为例，近年来国家电网

公司对施工作业现场在传统的"四不两直""交叉互查"等各类现场安全检查的基础上还充分利用信息化和视频监控等手段进行安全监督,对违章作业的处罚力度更是前所未有。但是从历次反违章通报情况来看,违章作业行为依然存在,违章作业行为的根本原因在于思想麻痹,没有把已经发生过的事故当作教训,反违章工作存在"上热,中温,下冷"现象。

二、电力施工企业安全文化的核心理念

(一)安全可控理念:一切事故皆可避免,一切风险皆可控制

在安全生产中,从来就没有"必然会发生"的事故。安全生产工作跟其他任何事情一样,都是遵循自然客观规律的,每次安全事故必然是由许多安全隐患"孕育"衍生而来。要彻底消除事故,就必须致力于排查并消除所有隐患,持续进行隐患排查治理工作而毫不松懈是消除事故的"头道阀门"。在电力施工作业过程中要善于发现规律,总结规律进而掌握利用规律,不断提高安全风险识别防控水平,采取先进的管理和技术手段,依据风险分级管控模式改进安全管理模式,建立安全应急机制并定期进行应急预案演练提高应急处置水平。以员工的安全意识和安全技能的持续提升实现安全管理的终极目标——本质安全。

(二)全员履责理念:企业安全发展没有旁观者,都是参与人

对电力施工企业而言,安全工作从来都不是某一部门或某位领导的事情,而是各个部门、全体职工共同的工作,一旦出现严重安全事故或频繁出现安全问题都必然会葬送企业,毁掉全体职工赖以生存的"饭碗"。因此面对安全工作,全体职工必须做到:目标同向、工作同步、风险共担、成果共享。

(三)安全培训理念:传承、借鉴、创新

培训是企业给予职工最好的福利,职工优秀的学习力加执行力是实现企业卓越发展的根本保障。作为电力施工类企业,安全知识和安全技能是每一位合格员工的必备基本素质。在安全培训过程中要注重传承,搞好"传、帮、带",将在长期施工实践过程中形成的优良安全传统持续发扬。要注重借鉴,将各类安全事故通报和案例分析作为安全培训的重点内容,要将其他企业发生的问题当作自身问题来反思剖析,确保血的教训不再反复出现。要注重创新,结合当前新时代安全发展理念,不断与时俱进,注重安全培训形式的多样化和实用化,通过安全体感设备和VR技术等现代化的手段变呆板的说教培训为生动的体验培训。

三、构建安全文化体系对解决电力施工企业安全问题的重要意义

安全文化是指人类在生产、生活及生存实践领域内,为保护人们从事各种活动的安全与健康而创造的特殊文化,融汇了管理方式、价值理念、群体意识、道德规范等多方面内容,包含了人的安全思维、安全意识、安全心理、安全行为。因此安全文化具有人文性、严肃性、广泛性、融合性,构建安全文化体系有助于形成"党政工团齐抓共管"的良好局面,有助于解决电力施工企业当前面临的诸多安全问题。

(一)有助于解决思想麻痹的问题

在所有的安全事故中,人的麻痹思想始终是主要原因。如何解决作业人员思想麻痹大意,干工作凭经验而不是讲规矩是所有电力施工企业面临的重要问题。近年来,信阳华祥电力建设集团有限责任公司通过"亲人问候进现场"安全文化实践活动在提升人员安全意识上取得了较好效果。每天工程施工作业前的班前会上要求每位作业人员观看统一录制的父母妻儿的安全嘱咐和安全警示教育视频,让每位作业人员都心中装着对家庭的责任和对安全的敬畏开始一天的作业。活动开展后施工现场明显出现违章作业少了,安全工作的操心人和明白人多了。

(二)有助于解决责任不清的问题

在安全生产工作中,存在一个普遍且消极的现象就是安全制度很健全,但是责任落实很困难。落实安全制度的过程中最重要的问题在于强化执行和压实责任。责任源于观念,企业安全文化建设是解决观念问题的重要有效手段。在工作实践中,信阳华祥电力建设集团有限责任公司推行安全"考问"文化后,安全责任不清的问题得到了很好解决。所谓安全"考问"文化即通过定期与不定期安全抽考和现场随机安全询问的方式了解和掌握职工安全素质,对所在施工班组和项目部奖优罚劣,形成安全学习"比学赶帮"的良好氛围。

(三)有助于消除违章作业隐患

通过安全文化体系建设可以有效提升安全工作效率,及时发现和消除各类安全隐患,将安全问题扼

杀在隐性阶段。为了解决违章问题时有发生和分包人员安全素质参差不齐的问题，信阳华祥电力建设集团有限责任公司先后开展了"党员身边无违章，党员带头反违章"和"同进同出同劳动"（企业自有人员和分包人员共同组成作业层班组）安全专项活动，在实践中均取得了较好效果。

对电力施工企业而言，对建设安全文化体系的探索与实践不是现时的消费，而是一种长期有效的投资。它能促使企业实现各类有利于安全的因素优化整合，从而达到提高安全管理水平的根本目的。

参考文献

王浩. 电力工程施工安全管理及质量控制分析[J]. 中国标准化, 2019(4):147-148.

党建在安全文化建设中的引领与实践

广西广投桥巩能源发展有限公司　卢旅东　龙　永　唐伟钢

摘　要：党的十八大以来，以习近平同志为核心的党中央高度重视安全生产工作，强调要牢固树立安全发展理念，坚持人民至上、生命至上，始终把安全生产放在首要位置，切实维护人民群众生命财产安全。本文对水电站在安全文化方面的问题进行分析研究，通过水电站运行党支部的实践经验，探索推广"党建＋安全"新模式，以强化安全意识、责任意识为重点，构建党建引领、专业推进、部门落地的安全文化建设体系，引领全员进一步强化安全意识、筑牢安全防线、提升安全水平、营造安全氛围，助力安全生产行稳致远。

关键词：党建；安全生产；水电站管理

一、引言

21世纪以来，随着中国工业蓬勃发展，人民的生活质量不断提高，我国的电力事业发展迅速。水电作为可再生清洁能源，是电力行业的重要组成部分。而水电站的运维管理是一项综合且复杂的系统性工程，包括水工建筑物、水工机械设备、机械、电气、自动化以及涉网设备等等，具有管理范围大、专业性强、综合性设备多、检修点多面广、参与人员多、涉及发电输配电、电网调度、水库调度以及高电压作业、高空作业等高风险作业，在日常的运行和检修维护过程中，存在着各种无法预料的多变因素，因此，对水电站的安全运行提出了极高对要求。本文通过桥巩水电站发电运行部的党建与安全生产相结合的实践经验，以"安全第一，预防为主，综合治理"为方针，以"以人为本，生命至上"作为核心理念，以加强安全管理体系与水电行业的结合性和适应性、更好地满足水电站建设发展和安全可靠运行为目标，探讨如何在水电站运行过程中以党建构建安全管理体系，保证安全生产顺利进行。

二、研究背景

广西广投桥巩能源发展有限公司广西红水河桥巩水电站（以下简称桥巩水电站）位于广西来宾市境内的红水河干流上，是红水河规划十级开发中的第九个梯级水电站。坝址以上流域面积128564平方公里，多年平均流量2130立方米/秒，正常蓄水位84.0米。相应库容1.91亿立方米。桥巩水电站运行党支部立于2009年，现有职工34人，其中党员16人，正式党员11人，预备党员5名，设置支委3名。

桥巩水电站总装机容量为480MW，安装有8台57MW和1台24MW灯泡贯流式水轮发电机组，分别布置在左、右岸厂房，#1—#8机组布置安装在左岸厂房，采用两机一变扩大单元接线，即两台水轮发电机共用一台主变，#9机组安装布置在右岸厂房与#5主变组成独立发变组，左、右岸厂房经主变升压送至左岸220kV开关站，再通过四回出线分别送电网及用户。

作为广西电网重要的主力电厂，桥巩水电站发电机组具有其独特的优势，除了具备一般水电机组所具备的快速性，还能够在大幅低于额定水头下维持运行，小时利用率高，发电能力宽，水库调节能力强。因发电机数量多，且布置地点不同，虽然大部分水轮发电机装备在左岸厂房，但由于机组数量多，同时参与生产运行、检修消缺的台数也多，开展发电机检修，经常是一台发电机组扩大性检修，再穿插一台甚至两台发电机检修，或是开关站、主变常规检修，检修任务重工期短，极大考验检修任务的前后衔接。穿插检修的同时，如何保障安全生产就是运行值班员所面临的最大问题，既要保障发、供电不中断，又要保障检修工作顺利推进，在安全生产意识的把关上尤为重要。

三、桥巩水电站运行面临的安全问题和对策

（一）党建深入基层，从意识上建立巩固安全

重视和发挥党支部在基层战斗桥头堡的作用，以党支部在基层的建设，深入和覆盖全员意识形态，

时刻牢记"以人为本,生命至上"的核心理念,牢固树立安全意识;所谓安全意识,就是人们意识上建立的生产必须安全的观念,也就是人们在生产活动中各种各样有可能对自己或他人造成伤害的外在环境条件的一种戒备和警觉的心理状态,也是安全生产必要的条件之一。在实际工作生产当中,无论生产人员还是管理人员,只有具有强烈且自发性的安全意识,守住安全生产红线,才能从根本上杜绝安全事故的发生。

目前水电站安全管理面临的主要问题为:一是培养安全意识的途径单一,主要途径为安全生产会议,安全生产培训,安全生产事件和有关法律法规的宣贯。未能及时闭环学习人员的接受程度,无法激发调动职工的学习培养安全生产意识的积极性。二是工作人员对安全生产意识理念存在不同的偏差,未能达成一致,形成集体共识,不能将思想认识有效地转化为稳定的安全行为。三是工作人员缺乏集体意识,在各自的岗位上各自为战,只求自身不犯错,对他人的安全生产情况缺乏监督意识。对不属于自己职责范围内的非安全事件置之不理。四是缺乏中心思想,对自身和他人的行为没有结合安全生产进行自我思考,随波逐流。缺乏相互监督监管。五是对发生的安全事故、不安全行为仅仅依靠处罚警示,缺乏正面、积极的宣传引导。

桥巩水电站运行党支部以自身工作实际不断进行探索,凝练以"绿电先锋"为主导,打造"做设备主人,当发电先锋,展青春风采"为品牌精神的特色党建品牌,积极探索构建"五+五"党建工作新模式,以贴近实际工作为主线,主要通过树党员先锋模范、创安全文明示范岗、抓破冰活动、选操作能手、评发电先锋五项活动和抓学习、抓巡视、抓监盘、抓操作、抓发电调度五项措施,让党建引领安全生产,有力地推动整体工作。

一是充分发挥党员在基层的先锋模范作用,促进党建与安全生产深度融合,让生产区域处处见党员、时刻有党员,以生产现场作为阵地,在生产现场区域设立"党员安全承诺、党员责任区",在调度值班室设立"党员先锋示范岗",支部全体党员勇于亮身份、树形象、受监督、促安全,实现组织深入在一线、党建文化驻一线、党员人才育一线、作用发挥在一线,安全生产有一线。

二是开展"破冰行动·先锋引领"主题活动,党员主动带头示范,不断鼓励职工发现和暴露自身的缺点和不安全行为,以"不通报,不批评、不处罚、只鼓励,"为原则,打破了传统的安全管理坚冰,形成了积极向上的安全生产氛围,以树立品牌、争优创先活动为主导,努力实现"增发多供保障民生"任务,在应对流域偏枯,流量减少三成的困境下,仍然能够完成近九成的任务,同时实现"零非停,零弃水,零差错,零违章,零考核"的五个零突破。

三是开展争先创优,深入开展党群评优表彰工作。每年都通过逐级推荐、优中选优、全体公示的程序,评选先进工作者、安全生产工作者和发电先锋,树立先进典型,进一步激发党员先锋模范作用的发挥。

(二)党组织在基层的先锋模范带头作用,团结互助共同进步促进发展

在桥巩水电站日常运行维护中,工作人员的业务水平往往决定着机组运行工况的好坏与机组检修的质量,而突发事故和事故处理考验着工作人员的安全技能是否达标。目前存在的问题主要包括。

(1)人员经厂级、部门级、班组级三级培训,人员能力虽已能够满足安全生产运行的基本条件,但对于不常使用的设备以及突发情况的应急预案的认识理解不够熟练与深刻。

(2)一线生产人员年轻员工占比较大,接触设备的时间较短,对现场存在的问题,设备的工作特性了解得不够深入,工作经验相对较少,偏向理论。对现场安全隐患的辨识与风险的把控相对欠缺。

(3)学习内容相对枯燥,容易发生被动学习,主观能动性较差。

为解决存在的突出问题,运行党支部,通过不断总结提炼,提出了行之有效的经验做法。

一是通过开展评发电先锋,树操作能手,发挥党员模范带头作用,立全体员工的学习榜样,激励员工不断积极进取;通过搭建技能比武平台,鼓励党员上讲台、人人做讲师,在学帮赶中提升全体运行人员的业务能力和综合素质,立足于企业实际生产需求,创立新型课题研究小组,致力技术技能创新,为企业安全生产、高效生产注入新动力。

二是通过党建带团建、谈心谈话、职业规划、需求调查问卷等方式引导青年员工成长成才,打造一支朝气蓬勃、积极向上的青年才干队伍。注重新员工培训,安排思想素质高、技术能力强、作风习

惯优的党员担任"师傅"，为新入职员工树立榜样，做好运行"薪火"传承工作。

三是加强思想引导，从个人职业生涯规划、个人发展等方面着手，帮助员工树立短期及长期目标，激发员工自主学习提升的内在动力。

四是以党建体系为平台促进课题研究，水文预测预报到机组开停机顺利优化，从安全技术管理到生产现场应用，着力于解决企业实际运营过程中的经济绩效的提升和安全行为的管理，为创新课题构建灯塔。

（三）以安全管理体系紧贴党的群众路线，让实践发挥更大的价值和作用

企业的发展决不能以牺牲安全为代价，必须强化红线意识和底线思维，安全生产不单只是企业的红线、底线，更是群众教育路线的重要实践，是党在人民群众中不断壮大和发展的重要法宝，党的群众路线对企业安全生产提出新的要求，建立安全生产管理体系是安全生产的一个重要组成部分，健全的安全生产管理体系和到位的落实情况能够大幅度减少事故的发生。纵观近年全国影响较大的安全事故，有一个客观的规律，那就是这些企业都有"前科"，这些前科就是这些企业都遭受过监督管理部门的行政处罚，或者存在这或那的问题，被要求整改。目前桥巩水电站安全管理体系建设存在的问题主要有：一是日常工作中安全管理体系提出的要求不能常态化落实与执行。执行过程中不能按照有关规定落实，存在先紧后松，工作只停留于表面。达不到预期的效果；二是缺乏有效的监督管理系统，管理体系较为单一，无法调动员工的积极性。

桥巩水电站运行党支部通过深化集团公司"守正创新"制度建设年活动各项举措、巩固活动成果，开展"制度落实年"活动，以党员先锋为表率，主动发挥设备"主人翁"精神，全面开展制度建设及落实隐患大排查、大巡查、大核查，带动部门全体职工积极转作风、提效能建立健全安全、高效、有序、符合规范的安全管理体系，切实把制度优势更好地转化为治理效能。

运行党支部以集团"五力模型"党建纪检工作体系作为党建工作遵循，重点推进"六个"标准，着力夯实党建基础工作。不断加强服务型党组织建设，促进党组织、党建工作与中心工作的深度融合，进一步凸显出支部党组织的服务职能，将党组织的政治优势有效转化为安全生产发展的优势。

通过实行"一岗双责"，落实党建工作责任。把责任落实作为安全生产的"灵魂"，坚持"党政同责、一岗双责、齐抓共管、失职追责"，签订安全责任书。把安全工作纳入党支部工作计划和重要议事日程，结合"三会一课"、主题党日等组织生活，开展安全事故大反思大讨论。

运行党支部结合集团公司7S管理建设工作，以7S［整理（Seiri）、整顿（Seition）、清扫（Seiso）、清洁（Seiketsu）、素养（Shitsuke）、安全（Safety）、节约（Saving）］管理理念为指导，全面加强基础管理，打造安全规范、干净整洁的工作环境，提高工作效率，提升员工综合素养，持续推动降本增效，促进企业综合管理能力稳步提升。

四、推进安全文化建设，厚植安全文化底蕴

基层党建工作与安全生产工作的目标是一致的。将党建与安全生产有机融合是贯彻落实习近平总书记关于安全生产重要指示精神的有力举措，是提升安全生产监督管理水平的重要手段，是发挥党组织战斗堡垒作用和党员先锋模范作用的重要平台。

运行党支部积极开展安全文化建设，牢固树立安全的核心理念、管理理念、方法理念与行为理念。

一是以"班组建设""破冰行动""安全生产随手拍"为载体，以"安全知识竞赛""安全生产合理化建议""安全生产活动月亲情寄语""安全生产主题征文摄影"等形式活泼、寓教于乐的活动为推动，深入推进安全文化建设，厚植安全文化底蕴，在潜移默化中提高公司全体职工的安全文化素养，将安全文化深植全体职工心中，凝聚全员共识，引导形成"我要安全"的行动自觉，在全公司范围内营造了"敢于指出错误，敢于正视问题，人人懂安全，人人管安全"的良好安全文化氛围，用安全文化推动企业安全发展。

二是通过组织"安全生产座谈会"活动，以问题为导向，重点围绕现场安全管理、岗位安全履职、风险认知等内容组织开展基层班组的安全讲座、交流和大讨论，解答大家在安全学习和工作执行过程的困惑，厘清工作思路和要求，明白各自岗位安全职责，激发员工自主安全意识，树牢安全文化理念。

三是充分利用安全培训教育，把安全文化宣传作为党建宣传工作的重点之一，常抓不懈，营造"我

要安全、我会安全"的氛围。做到安全培训全员覆盖、分类分专业施教。通过分类收集视觉冲击力强、教育效果突出的安全事故视频、图片、安全漫画、安全警示标语、专题讲解课程等培训教材，不断充实优化公司安全培训资料和教材库，经分析整理形成多专业、多门类、针对性突出的多个专题培训课程内容，活化丰富课程内容，激发员工积极主动参与安全学习的兴趣，真正让员工学有所感、学有所悟、学有所用。

五、取得的实际成效与经验

从投产至今，桥巩水电站连续安全生产突破5000天，刷新了特大型灯泡贯流式机组安全运行天数最高纪录。通过精细化的运行调度，合理安排检修计划，完成技术改造260余项，年均消除设备缺陷500余项，设备可靠性不断提高，多项安全管理经验及成果在广投集团内部应用推广。同时推行"互联网+安全生产"模式，率先开展"安全随手拍"活动，通过安全生产信息化、纠正与预防系统、智能一体化管控平台，运用信息技术、网络技术、工控技术等，全力将安全风险和隐患问题消除在萌芽状态，保障机组安全稳定运行。累计为八桂大地输送清洁电能超300亿千瓦时，创造了良好的社会效益和经济效益。

六、结语

国有企业是党执政兴国的重要支柱和依靠力量。坚持党的领导、加强党的建设，是我国国有企业的光荣传统，是国有企业的"根"和"魂"，是我国国有企业的独特优势。党建文化作为安全生产的新动力，党建文化与安全生产文化相融合便可以随着企业的发展深入企业核心，融入企业日常生产经营当中。这无疑为日后企业的安全生产方向开辟了一条崭新的大道。安全生产无小事，以人为本，生命至上的安全生产理念是时代的潮流，如何依靠党建提升安全生产水平，推动党建文化融入现场安全生产文化，扎根生产经营一线需要不断的探索创新，也是未来应该思考的方向。

以"六安工程"安全文化体系及本质安全型企业建设助力安全管理效能提升

北京京能高安屯燃气热电有限责任公司　杨翀　刘德林　王斌　颜涵

摘　要：北京京能高安屯燃气热电有限责任公司（以下简称高安屯热电）坚持以习近平新时代中国特色社会主义思想统领全局，以"处处感受安全，人人享受幸福"为愿景，以"安全供能，服务社会"为使命，以"在平凡中创造非凡"的企业精神，致力于满足首都能源需求多元化，为促进北京能源产业的发展、稳定供应能源、改善生态环境做出贡献。高安屯热电自2010年12月成立以来，便意识到安全文化建设能够从根本上提高全员安全意识和管理水平，防止意外事故和职业危害。由此，始终高度重视安全生产和安全文化建设工作，坚持安全和员工生命健康、安全与企业效益、安全与社会环境等共融共生、协同发展。安全是科学、是艺术、更是关爱，只要我们各级生产指挥者和技术管理人员时刻充满对员工的关爱，就一定能感染员工、教育员工，让员工从内心接受各项规则并自觉执行，也就一定能够防止或者避免所有事故，就能够不断地创造新的辉煌。

关键词："五精"管理；"六安工程"；"双重预防"机制；本质安全

高安屯热电自成立以来，高度重视安全生产和安全文化建设工作，坚持安全与员工生命健康、安全与企业效益、安全与社会环境等共融共生、协同发展。党的十八大以来，公司坚持以习近平新时代中国特色社会主义统领全局，始终坚持"安全第一，预防为主，综合治理"的安全生产方针，认真贯彻落实集团公司和清洁能源公司各项安全工作会议精神，将"以人为本，创建本质安全型企业"作为目标。

高安屯热电不断强化安全生产管理，扎实开展安全教育培训，提高全员安全素养，加大反违章力度，落实"双重预防"机制，深入开展专项检查，加强应急管理，强化班组建设，通过宣传、教育、奖惩及文化活动与安全管理理念的有机结合，创建群体安全氛围，提高了全员的安全意识和安全技能，让人人都能"懂安全、要安全、会安全、能安全、确保安全"，引导员工树立正确的安全价值观，真正使员工对安全工作的理解内化于心、外化于行，员工的安全感、幸福感、获得感不断增强。投产8年来未发生人身轻伤及以上事故，未受到北京市各级安全监管监察机构的行政处罚，截至2022年7月31日，实现安全生产2791天，安全生产形势保持良好态势。

一、提高政治站位，学深悟透重要论述，持续树牢安全发展理念

投入运营以来，高安屯热电增强从根本上消除事故隐患的思想自觉和行动自觉，以实际行动和实际效果做到"两个维护"。领导班子始终把筑牢"红线意识"，坚守"底线思维"，坚持"党政同责、一岗双责、齐抓共管、失职追责"和"三个必须"原则要求放在首位，牢固树立新安全发展理念，坚决扛起防范化解安全风险责任，把安全生产贯穿生产经营活动全过程。

二、以"六安工程"为载体，构建安全文化体系

"六安工程"，旨在树立高凝聚力的安全文化理念，创建高驱动力的安全管理模式，打造高执行力的安全生产团队，铸造高影响力的安全文化品牌。高安屯热电通过不断深入推进"六安工程"建设，大力弘扬京能集团"生命至上，平安京能"以及清洁能源"明理、思危、慎行、善省"的安全理念，凝聚安全文化力量，发挥安全文化导向作用，创建高驱动力的安全管理模式，打造高执行力的安全生产团队，铸造高影响力的安全文化品牌，提升全体员工的安全文化素养，营造和谐守规的安全文化氛围。

（一）党政保安

树立和落实"党政保安"的安全责任观，落实"党

政同责、一岗双责、齐抓共管、失职追责"和"三个必须"工作要求,筑牢"红线意识",坚守"底线思维"。

（二）依法治安

树立和落实"依法治安"的安全法治观,遵照法律法规构建公司安全生产管理的制度体系、责任体系、保障体系和监督体系,用规章制度来规范领导和员工的安全行为,使领导和员工养成崇尚制度权威,严格贯彻执行规章制度习惯,建立安全生产法制秩序。

（三）管理强安

树立和落实"管理强安"的安全管理观,依法建立以风险分级管控和隐患排查治理为重点的安全预防控制体系、构建安全生产事故"双重预防"工作机制,积极运用"五精管理"、闭环管理等先进管理思想,持续改进安全管理模式,完善安全管控措施,使公司逐步向精细、精准、精确、精益和精美转变。

（四）基础固安

树立和落实"基础固安"的安全基础观,持续深入开展安全生产标准化建设,消除人的不安全行为、物的不安全状态和环境的不安全因素,实现公司安全发展。

（五）科技兴安

树立和落实"科技兴安"的安全科技观,积极推广应用新工艺、新技术、新设备和新材料,营造全员创新氛围,以科技创新引领安全发展。

（六）文化创安

树立和落实"文化创安"的安全文化观,充分发挥安全文化的导向功能、凝聚功能、激励功能和约束功能,规范员工行为、铸造安全形象,凝聚企业力量。

三、落实安全生产责任,提高全员安全素养

每年发布公司安全生产一号文件,明确安全生产目标和责任状,为安全生产工作提供依据和遵循。不断强化"两个体系"职责,不断强化"管生产必须管安全"、"管业务必须管安全"、"管技术必须管安全"以及"谁管理、谁负责"的安全责任理念。

牢固树立"培训不到位就是重大隐患"的理念,把扎实有效的教育培训作为提高全员安全素养的重要手段。年度培训计划细分到不同人群,针对性开展不同形式的教育。将安全培训分成七大类,企业主要负责人、安全生产管理人员、新上岗、转岗、重点岗位及不同层面的技术管理和职能部室人员,从岗位安全入手,多点发力,实用性打头阵,确保培训的有效性。

建立从入场安全培训、到部门以及班组培训,班前会"三交三查"的安全生产培训常态化的工作机制。"安全生产大讲堂"连续五年共组织200期、8000余人次。春节后复工、春秋季检修等安全教育培训及安规考试,做到员工与外委队伍全覆盖。

以创建安全文化建设示范企业和安全文化建设年为契机,以"安康杯"竞赛、安全生产月系列活动为载体开展各项安全活动。利用高安屯热电官方微信公众号、网站、视频号、手机客户端等新媒体平台,结合主题宣传教育活动,形成安全文化矩阵体系,让安全培训、教育、宣贯活起来,用起来。

遴选职工微信接力安全寄语100条,制作成安全宣传旗,在主厂房楼梯间、机力塔围栏、集控楼、办公楼等处布置展板、条幅等各类安全宣传200余块,营造安全、稳定、和谐的安全生产氛围。"安全生产月-爱的嘱托微视频、爱的寄语展板、写一封安全家书""全国安全生产宣传咨询日直播云体验""漫话安全"等已经成为高安屯热电安全生产月品牌,丰富了安全活动,展示了特色文化。

把握正确的舆论和创作导向,提高全体员工的安全意识与技能。在高安屯热电视频终端无间断滚动播放、推送相关安全视频,氛围营造。高安屯热电公众号推出安全生产系列专题:安全月"高管带头学安全"、消防月"部门消防安全知识""职业健康宣传周""防灾减灾周""交通安全宣传周"等内容;职工持续开展自制安全微视频;已连续6年在员工群每日推送生产安全、交通、消防等事故案例,宣贯、传导知识1600余条。开展消防、环保、节能等主题签名活动、疫情防控新常态下直播宣讲、安全大检查直播,受众人数60000余人次。

拍摄"生命至上 平安京能"安全系列沙画作为安全月视频宣传在京能集团范围推送展播。在中国电力报、中国电力新闻网、北京青年报、劳动午报等国家、省部级期刊、网站发表各类安全署名文章10篇,高安屯热电社会舆论影响力不断扩大。

四、建立"双重预防"机制,规范生产作业行为

作为国内首家数字化电厂,高安屯热电持续探索深化科技手段在安全领域发挥的作用,积极推动人工智能、大数据、信息化等手段在生产管理中的应用。"人员定位""电子安全围栏""应急管理系统""手机考试系统"等一批科技项目的建设与推广应用，实现科技保安全、促提升。严格执行"两票三制"制度，高度重视两票管理，层层把关，坚决杜绝发生人身伤亡、设备损坏事故。

持续开展危险源辨识、风险分级管控工作。对安全风险分级、分层、分类、分专业进行管控；对隐患排查登记建档，对隐患治理实行闭环管理，明确整改负责部门、责任人和验收人，规定整改期限，定期盘点整改情况，对整改不力的部门和个人采取问责机制。

深入开展安全隐患大排查、大清理、大整治专项行动。扎实开展迎峰度夏、危化品、特种作业等系列专项检查，消灭隐患，防患未然。近三年来进行各类专项检查100次，综合检查15次，排查出隐患700余条，全部整改或制定防范措施，实现公司范围"违章指挥、违章作业、违反劳动纪律"现象趋近于零，职工职业健康状况持续改善。

五、积极推行"安全五精"管理和"六安工程"建设，打造本质安全型企业

建立公司本质安全型企业管理体系、标准制度，完善和落实安全生产责任制体系，加强全员、全过程、全方位安全生产管理，构建"人人有责、层层负责、各负其责"安全工作格局。抓好安全诚信承诺文化，践行安全承诺，促进安全文化建设持续改进、成果交流和共享，有效防范和化解安全生产事故，才能为创建本质安全型企业筑牢安全基础。

坚持问题导向，补强短板，弥补漏洞，消除设备重大缺陷、环境设施隐患，全面完成年度重点工作，管控水平得到明显提升。全面提升作业人员安全技能、安全意识以及安全素质，做到人员无失误、设备无故障、系统无缺陷、管理无漏洞，进而实现人员、机器设备、环境、管理的本质安全。

创新工作机制，开展"天天都是安全日，人人都是安全员"活动，提升全员自主反违章意识。创新本质安全型班组建设，助推班组精细化管理升级。

创新班组建设工作方法，全面加强班组管理。开展安全生产优秀班组建设，提高班组管理的科学化、制度化、规范化水平。开展班组长能力强化培训，提升班组长管理水平。

完善班组管理制度，细化班组岗位责任，提高班组执行能力；完善奖惩工作机制，助推班组精细化管理升级。

六、结语

开展安全文化建设，我们深深认识到安全文化具有更新观念，传播知识，规范行为的强大功能，把"要我安全"的服从式管理要求变成"我要安全、我会安全、我为安全、我用安全"的自主式管理，公司整体安全工作的境界不断提升。

以安全文化融合探讨外委单位一体化管理

内蒙古京能盛乐热电有限公司　谢利安　刘贵喜　杨建设

摘　要：本文从目前发电企业外委单位安全管理存在的管理松散、粗放、以包代管、管理责任主体不清、安全投入不足、安全管理力量薄弱、"三违"现象严重、隐患问题突出、安全培训流于形式、从业人员整体素质差等弊端入手，通过逐步融合企业安全文化，改变管理模式，探索创新管理机制，将外委单位管理纳入企业管理体系中，夯实安全基础。

关键词：热电；外委单位一体化；安全文化

一、实施背景

2016年1月内蒙古京能盛乐热电有限公司（以下简称盛乐热电）两台350MW机组由基建转入了商业运行，企业管理由基建期过渡到生产运营期。公司采取"主业+外委服务"管理模式，外委单位负责公司的检修维护、辅助附属系统运行、保洁服务、综合服务等工作。这种管理模式导致外委单位存在管理松散、责任主体不清晰、安全管理力量薄弱、隐患问题突出、安全文化认识不深、公司管理人员不能深入参与外委单位日常管理等问题，总结过往经验教训，通过探索外委单位一体化管理模式，将考核式、检查式、过问式管理逐步转变为文化融合入、服务式、引领式、帮扶式管理模式，将外委单位逐步融入企业整体管理体系中，夯实企业安全基础。

二、实施方法

（一）制度先行，规范管理

俗话说"没有规矩，不成方圆"规矩就是规章制度，是企业管理过程中形成的一整套的管理方法的总和。要全面提升外委单位管理实效，将责任体系压紧压实，首先要完善和落实各项制度，以制度保障一体化工作规范开展。我们在工作开展的初期结合外委单位工作实际情况梳理修编《外委单位基层班组一体化管理实施细则》《外委单位班组一体化管理考评办法》等25项制度，通过制度明确各单位、各级人员的管理责任和分工，规范外委工作的管理流程。对外委单位班组的日常管理、人员配置、班组建设、工器具管理等予以规定，形成外委单位班组与公司班组同样管理要求，管理对象从传统面对外委单位项目部转变为面对班组及个人。通过规范制度执行确保工作有章可循、高效运行，增强外委单位员工遵守规章制度的自觉性，凝聚共识，层层压实岗位责任，强化责任意识，切实形成用制度管人、管事的良好作风。

（二）领导干部嵌入式管理，精准服务

为进一步做好外委单位管理工作，精准服务，公司实施领导干部嵌入式管理，将公司高管、安全总监及部门负责人确定为外委单位分管负责人，各级干部深入外委单位中，定期参与外委单位日常工作、交流座谈、安全检查等方式精准掌握外委单位的需求及存在的问题，积极协调解决，充分发挥领导干部带头示范作用，紧盯外委单位重点、难点问题，全面推进一体化管理。领导干部嵌入式管理开创以来公司各级干部以上率下、担当作为、凝心聚力，干事创业，坚定了外委单位员工的信心和决心，调动了他们的积极性、主动性、创造性。

（三）实施双班长制，深度参与基础管理

盛乐热电在外委单位一体化管理过程中在各外委单位全面推广双班长制，由公司各外委单位管理部门委派人员兼任外委单位的甲方班长，帮助外委单位开展班组建设活动，指导外委单位的日常管理，建立班组基础台账，监督工作落实情况，参与绩效考评等，逐渐将公司的管理制度、文化理念、安全理念等融入外委单位日常管理中，提高外委单位班组

管理的制度化、规范化、标准化。通过双班长制缩短了对外委单位管理的链条，强化了外委单位的管理深度，提高了管理效率，规范了基础管理，夯实了安全底线。

（四）深度融合，夯实班组基础管理

班组是企业最基层的管理单元，是企业的细胞，是企业各项工作的落脚点，是企业生产服务的前沿阵地。外委队伍一体化管理的关键也是在于班组管理。良好的班组管理能够确保各种信息及时传达和反馈，企业各项工作能顺利地开展，以此保障人身和设备的安全，确保完成生产任务和经济效益指标。以深化融合基层班组管理为抓手，提升一体化管理水平，是外委单位一体化的核心理念。

（1）完善班组安全生产责任制，建立健全班组全员安全生产责任制清单。强化班组长对班组安全生产工作的领导职责，明确班组各级成员安全生产责任。确保班组成员对安全生产明责、知责、尽责，保障安全生产责任体系纵向到底，逐步形成安全生产管理长效机制。

（2）细化班组安全生产目标。结合公司、外委单位年度安全生产目标责任书，分细化解到各班组，结合实际制定目标保障措施，确保年度安全生产管理目标的实现，为公司营造良好的安全发展环境。

（3）建立健全班组管理制度。根据各班组工作性质不同，结合实际情况，建立班组各项管理制度，如《班组管理制度》《班组绩效管理办法》《班组隐患排查管理办法》等，确保外委单位班组管理有据可依，规范化管理。

（4）持续完善班组成员安全档案及职业健康档案。确保班组成员安全档案及职业健康档案的连续性和完整性，保障职工的权益，关注班组成员的安全培训及健康状态，体现班组的人文关怀，提高团队凝聚力。

（5）统一班组人员管理。由双班长共同建立班组一体化花名册，将外委单位人员名册统一编入主业中，由双方班长共同负责人员考勤管理，确保对外委单位班组成员日常管理进行有效监管。

（6）持证管理。建立班组人员持证上岗一体化管理花名册，全面掌握班组成员持证情况，及进行证件的考取、复检等相关工作中。

（7）班前班后会管理。实施双班长共同参与班组班前班后会工作，布置重点工作、告知危险点、防范措施、分析安全工作的不足、表扬好人好事等。开展每日安规宣读及安全口号等特色活动。

（8）安全日活动。双班长定期组织人员共同开展安全日活动，公司领导及分管部门领导等严格按照公司计划参加班组安全日活动，强化班组成员安全知识，在班组内部逐渐形成"人人讲安全"的良好氛围。

（9）完善班组工器具管理。建立班组工器具台账，明确各类工器具的存放、使用、检查周期及标准，做好工器具的日常维护、保养、报废工作，杜绝使用超期未检验、检验不合格、存在隐患的工器具。

（10）专业培训管理。在日常工作中双班长共同制定专业知识技能培训计划，定期开展培训工作，通过班组讲课、座谈、网络培训考试、现场共同学习等方式，逐渐提高班组成员专业技能水平。

（11）强化班组应急能力建设。组织双方按应急演练计划共同开展演练，提高班组成员对应急处置流程熟练程度。积极开展班组应急技能培训，如心肺复苏、触电急救、正压呼吸器等技能，提高班组应急能力建设。

（12）班组隐患排查和风险分级管控。组织外委单位班组在日常工作中定期开展工作责任范围内隐患排查，建立隐患台账，制定整改措施。各类工作、操作等在作业前依照风险辨识清单，全面进行风险辨识，制定防范措施，确保班组安全可控在控。

（13）持续反违章管理。开展全员微信、QQ反违章随手拍活动，建立班组反违章台账，记录人员违章情况，发现他人违章及时制止并上报公司，公司根据实际情况给予一定的嘉奖。

（14）班组作过程管理。班组根据作业风险及风险分级管控要求，开工前工作负责人、许可人共同到现场确认安全措施执行到位，进行全技术交底，确保每位工作班成员充分掌握作业风险及预控措施。作业工程中采取巡查、旁站监护及移动布控球对作业全过程进行监督，确保工程作业安全可控在控。

（15）强化班组两票管理。班组定期开展两票培训提高班组成员"两票"技能水平。每年开展三种人专题培训及考试，严格把关三种人技能水平。公司各级管理人员按照公司"两票"动态检查要求，深入现场检查"两票"执行过程中是否规范。班组每月对两票进行自查统计，分析两票工作中存在的问题及时整改。

（16）班组绩效管理。甲方班长参与外委单位人员绩效管理，定期核对外委单位班组员工绩效，并签名确认。部分班组采取员工绩效打分的管理制度，确保外委单位班组成员绩效发放公平公正。

（17）班组安全文化建设。利用班前会共同喊口号的方式，树立班组安全理念，形成共同的安全价值观。通过班组内部制度、管理、教育培训规范员工行为，并在实际工作中体现出班组的精神理念和价值观。建立班组文化宣传墙，宣传公司安全文化理念、制度，通报违章、异常事件等，营造班组全员参与安全的良好氛围。

（五）建立反馈机制，确保沟通渠道畅通

每月各部门定期向外委单位上级主管单位通报项目部本月安全生产情况、存在的问题、月度考核情况以及需要协调事项，外委单位上级主管单位就公司通报的问题进行整改并进行回复。建立良好的沟通机制，确保双方能及时了解现场的问题及情况，有力保障了各项工作顺利开展，减轻了项目部的沟通压力。

（六）转变理念，规范短期管理

对于生产现场小型技改工程、专项检修、机组检修等临时外委单位的管理从过去"过问式""检查式"转变为全过程"服务式""引领式"模式，主管部门从人员入厂安全教育、资质审核、工器具管理、作业过程管控等方面安排专人全过程配合，主动询问，积极协调工作中遇到的问题。每日安排专业人员及安全监察部人员进行班前安全交底工作。建立施工作业管理群每日通报施工进度，人员离厂情况等，确保信息畅通、准确。对高危作业现场进行排班监护，保障生产现场人身和设备安全，实现安全共赢的局面。

（七）促进安全文化融合，推动企业和谐发展

企业文化融合，就是共同认可盛乐热电工作理念、企业精神、核心价值观，遵守企业的规章制度，共享企业各类资源。盛乐热电多年来一直营造共享共赢的理念，在工作生活中服务于外委单位，开放企业的体育馆、图书室、瑜伽室等，开展各类党建活动、文体活动、技术比武等，同时为外委单位提供良好的办公、住宿、餐厅等场所，特别是2022年为提高了外委单位员工的住宿条件，对外委单位宿舍楼进行卫生间改造。同时部分外委单位工作服实现与盛乐热电一致，在办公楼设置职工休憩区并配备了各种饮品。通过多方位企业安全文化的融合，提供活动的平台使外委单位员工能够吃、住、行等方面轻松融入我们的工作环境中，感受公司的关怀，享受企业的资源。同时更容易接受我们的管理，认可我们的理念和制度，保持愉悦的心情投入到工作中。

三、持续探索完善一体化管理体系

外委单位一体化管理工作已在盛乐热电公司全面开展，目前已初见成效，基本上可以满足生产现场安全管理要求。但一体化工作开展过程中还存在一些不足，如班组一体化管理过程中缺乏创新管理、双班长职责划分与融合深度不明确、部分专业人员流失较快、制度体系融合不彻底、外委单位员工缺乏归属感等，因此在目前一体化工作开展的基础上，要持续筑固已经取得成绩，不断地总结、探索、提炼符合盛乐热电实际的管理体系和方法，同时借鉴兄弟单位优秀的经验、做法，进一步完善一体化管理体系，提升一体化管理的深度、广度，夯实企业的安全基础。

四、结语

外委单位的一体化管理模式是电力企业保证生产现场人身和设备安全的有利保障。双方应本着同舟共济、和谐共赢的原则，乙方要为甲方提供优质的服务，甲方要为乙方提供在服务过程中提升和成长的空间，双方共同认可企业的安全文化，在目标一致的前提下才能融为一体，共同发展，实现共赢，为安全生产保驾护航。

参考文献

[1] 曹娟. 电厂创建本质安全文化建设的思考[J]. 城市建设理论研究（电子版）,2015(23):6142-6143.

[2] 谢毅. 电厂安全文化建设的思考[J]. 百科论坛电子志,2020(12):1702-1703.

树立安全发展理念　创新企业安全文化

陕西岚河水电开发有限责任公司发电运行部　聂方圆　彭学成　王　涛　武　艺　雷云山

摘　要：人类最根本的权利是生命权与健康权。在世界经济融合的大环境中，各国的安全发展态势与各国的利益、政治模式之间的联系日益紧密。一个国家的经济高速发展若是以高职业危害及高职业伤亡为前提，那么这种经济发展方式是不正常的、不健康的、不值得的。本文以"树立安全发展理念 创新企业安全文化"为核心思想，对当前的企业安全文化建设进行了剖析，发现了其当前存在的问题并给出了相应的对策，为今后的发展奠定了坚实的理论依据。

关键词：安全文化；文化建设；安全意识

一、企业安全文化建设现状

近年来，我国在"人因原理"的基础上，运用安全理念推动了公司的发展。其主要目的就是要全方位提升人类的安全素质。在表现方式上，则要以设施、设备、制度和环境等特定的方式来体现。在整个过程中，都要保持全方位的、全过程的管控协调，以保证安全问题的发生得到最大限度的控制。以保证公司的资产安全、职工的人身安全为主要目的，力求在安全生产中营造和谐的安全人文氛围人机环境关系和良好的人机环境关系，对员工的安全观念及意识产生潜在的影响，进而有效地抑制和降低员工发生安全事故的概率。所以，"安全文化建设"作为一种软预防措施，对于预防意外事件有着长期的战略作用。通过对企业安全文化进行系统全面有效的分析、探讨，为企业安全发展监督管理机关指导企业进行安全文化建设提供参考，为广大企业进行安全文化建设实践提供指导，这对于促进企业整体安全素质提升，实现企业"人本安全"，有效地防止安全事故的发生都有着关键参考价值。同时，强化企业安全文化建设，在全社会营造"关注安全、关爱生命"的浓厚安全氛围，对动员社会各界共同参与安全发展，形成齐抓共管工作格局，稳定全市安全发展形势，促进社会和谐建设具有重要的现实意义。从一定意义上讲，在企业的安全发展管理工作中，做好安全文化建设是一个非常有效的手段，同时也是解决我市目前的安全发展难题，保证全市社会治安发展状况持续、稳步改善的一项基本措施。

二、企业安全文化建设存在的问题

（一）突发（应急）事件预案处理流程及安全管理规章制度不完善

当前，陕西岚河水电开发有限公司（以下简称岚河水电公司）对突发（应急）事件的处理流程和安全管理制度存在不健全的问题，物业员工在日常工作中或遇到突发（应急）事件全凭日常培训精神及个人工作经验进行事件的处理，往往缺乏系统的、规范的制度标准及处理程序参考。这样做，无疑有很大的坏处，而且还可能带来严重的社会影响。为此，要防止企业在自身的安全管理上不重视、随意化，就必须制定相关的安全法规，并对相关的程序进行严格的规范，使其在自己的经营和制造中有清晰的法律基础和规范。同时，也能更好地保护工作者的利益。

（二）安全价值观、安全文化研究不足

（1）对安全文化的内涵认识模糊。在企业建立安全文化时，往往把公司的安全文化同安全生产法规相混淆，在企业建立安全文化的过程中，往往把安全文化仅仅停留在知识竞赛、讲座等形式上，缺少深入的思想认识。

（2）对安全文化建设的作用机理不清楚。公司的安全文化建设缺少理论支持，没有深入地领会到安全文化是怎样引导公司的，没有使员工充分认识到安全文化在公司的发展中所起到的重要作用。

（3）对安全文化的实践基础缺少研究。企业安全文化缺少产业特征，未能根据自身的特征和现实情况，建立符合自身的安全文化系统，并对其进行有效的引导。

（4）对安全文化建设的系统性缺乏认识。企业还没有把安全教育理念融入员工的业绩评价当中，而在公司的安全管理工作中，由于存在着一个较为复杂的系统工程。因此，在构建安全文化的过程中，公司对其系统性的理解不够。

（5）对安全文化的建设无着力点。当前企业的安全文化建设对于实际生产中的安全管理指导作用较小，缺少解决问题的现实意义。

（三）安全文化建设内容与方法不合理

岚河水电公司对安全文明的深层含义及体系构建的方法不甚清楚，对其构建的体系和方法也缺乏全面的认识，采取的方式和方法比较单一。岚河水电公司的安全文化不系统、不全面、不深入，没有形成自己的特色，也没有把安全意识融入自己的思想之中，只是把工作做到了表面，而不能从"人本"的视角来推动企业的安全发展。

三、企业安全文化建设的措施

（一）丰富文化载体

安全文明的建立，尤其是要树立安全意识、提高安全意识，是一种"虚"功。怎样使"虚"功变"实"。我们认为，应当通过多种有效的活动和载体，把安全文化宣传融入不同的活动形式当中，员工通过参与的方式，来提升自己的认知和安全价值观。企业可开展的活动形式包括。

（1）开展专题教育活动。专题教育是针对公司经营实践，以加强安全意识、提高安全理念为目的而进行的阶段性宣传教育。

（2）安全教育竞赛活动。安全知识竞赛活动，包括公司安全演讲比赛、知识竞赛、论文竞赛等。

（二）积极开展安全事故培训及演练。

加强对企业的内部安全控制，是防止意外发生的关键措施。一是公司内部的安全生产监管法规和职责制度的执行，在公司的经营活动中，要切实落实公司的有关的安全管理监督规章制度和企业安全管理责任制度，要从法律上来规范企业的在职人员。二是要提高员工在公司中的安全管理水平。在完善的确认安全治理的基础上，定期进行安全教育，并在持续的训练中增强公司所有人员的风险防范能力；同时，组织公司职工进行风险事件的模拟演练，从识别风险类型和类型入手，使企业更好地理解安全生产的重要意义，从而使公司在今后的发展过程中能够更好地避免发生意外。

（三）加强沟通管理

沟通管理是提升安全知识的有效渠道，也是安全文化建设的重要组成部分。

（1）座谈。就是召开座谈会或讨论会。参与的人员有管理人员、安全员、科室负责人、公司负责人等，根据主题来决定与会者的具体情况。大会应当采取一种圆桌式的方式，即与会人员轮番发表意见，就热点问题进行辩论，让与会人员能放下疑虑，畅所欲言。为了取得理想的结果，会议主题内容可以提前通知与会人员，让他们有时间思考和准备。

（2）宣讲。也就是一对多的宣讲，内容是企业安全愿景、安全理念、观点、价值观和安全常识的传授。为此，企业应成立一支专门的宣讲团队，由4-5个成员组成，并聘请专业的组织对其进行系统性的理论培训。此后，公司将会定期召开讲座，并对公司的工作人员进行培训。这种交流方式应注意：一是重视思想观念、价值观念的磨砺，使其打开心智，启发人生；二是要重视宣传技术，确保宣传的实际效果，使职工群众能够理解。

（3）搭台。很多时候，在讨论会上，有些雇员不愿意说出他们真正的思想。而且，很多人都不一定能真正理解公司的安全观念和管理方式。这就要求为雇员提供更多的交流平台。

在此基础上，笔者提出了一个重要的建议：第一，在公司内网上设立一个匿名的网络平台，让雇员们在该论坛上发表自己的观点；二是建立一个管理信箱，职工对公司的企业安全文明的意见和建议，都可以直接发送到这个信箱中，由经理进行答复，以帮助他们处理日常工作中遇到的困难。

（四）完善突发（应急）事件预案处理流程

首先建立公司紧急公共事务处理中心；其次制定事故紧急救援方案及相应的应急方案。突发（应急）事件预案的处理过程是一种全面的事故应急方案，这种方案描述了事故发生前、过程中及之后谁做什么，什么时候做什么，以及怎样做；最后，认真组织应急演练，在演练时合理地运用各种可能的力量，对事故进行迅速的处理，组织紧急救援，预防事故扩散，尽量保障人员生命财产和环境。企业在应对突发事件时，采取相应的应对战略，为应对突发事件提供了有力的保证。在突发事件中，通过对突发事件进行详细的预案，能够使事件的具体情况有条不紊地进行，对于企业的安全管理工作具有非常重大的意义。

参考文献

[1] 王忠豪. 试析金属非金属矿山企业如何做好安全文化建设 [J]. 信息周刊,2019,000(27): 1.

[2] 刘丹. 如何做好煤矿企业安全文化建设 [J]. 环球市场,2018,000(5):218.

[3] 沈炯. 浅析如何加强企业安全文化建设 [J]. 金山企业管理,2018(4):14-15.

[4] 叶剑韬. 安全文化建设对企业的重要性及如何进行安全文化建设 [C]//Ccps 中国过程安全会议,2018.

[5] 姜晓宇. CK 轨道客车公司企业文化建设研究 [D]. 长春：吉林大学,2018.

[6] 宋文杰. 生产型企业安全文化建设措施探究 [J]. 企业文化 (中旬刊),2020,000(2):8.

[7] 解妮飞, 乔维昭, 萧子越. 推进建筑企业安全文化建设相关研究 [J]. 建筑技术开发,2018,045(3):62-64.

[8] 殷勇. 论新形势下企业安全文化建设的探索 [J]. 化工管理,2020,544(1):52-53.

发电企业安全文化建设的提升

福建省鸿山热电有限责任公司　欧昇玮

摘　要：电力作为国民经济发展的基础产业，已经和社会发展、人民生活息息相关，它关系着整个社会的发展和稳定。然而，火力发电企业是专业性强、技术复杂而现代化程度高的行业。因此，要建立完善的安全管理体系，科学合理的制度和符合实际、行之有效的安全文化建设，才能确保发电厂生产的顺利进行。本文结合了鸿山热电厂安全文化建设的思路剖析，以融合"7S"管理为例，"7S"管理对发电企业来说，有助于创造一个舒适的现场工作环境，使员工养成良好的工作习惯，提高职业素养，进而对保障安全生产起到一定促进作用。

关键词：火电厂；安全文化；"7S"管理

一、前言

电力生产作为我国目前高危行业的一个领域，需要将安全文化建设作为企业工作的重中之重，才能保证发电企业的健康发展，并最终能够促使电力在国民经济发展中起到最大的积极作用。通过对发电企业安全生产现状的思考，我们认识到，技术措施只能实现低层次的基本安全，管理和制度建设能实现较高层次的安全，要实现根本的安全，关键在于建立一种适合本企业发展的安全文化。本文阐述了"7S"管理在安全文化管理中的有效实践。

二、安全文化建设的重要性

安全文化是企业文化的重要组成部分，是企业在安全生产管理及实践中形成的行为规范、安全意识、安全技能和知识的综合体。尽管发电企业在安全认识上、意识上、技能上、制度上有所提升，甚至对安全生产提出了更高的要求，但仍然要加强安全文化建设的提升，才能进一步巩固安全生产。特别是中央提出的"四个全面"的背景下，生产安全要在制度化、标准化、规范化、示范化、信息化的前提下进一步强化安全文化建设。通过安全文化的建设，能使员工在自觉自律中舒畅地按正确的方式行事，规范和控制人们在生产中的安全行为。

三、发电企业安全文化建设思路

首先，应该明确安全文化建设应该达到什么样的效果。根据实际工作经验，安全文化建设从管理角度看可以分为四个阶段，分别为不健康、被动、主动和健康状态，如表1所示。

表1　安全文化的管理角度

	不健康	被　动	主　动	健　康
管理角度	只告诉员工要保证安全，却不说该如何做，或者缺少可实际执行的措施	事故发生后，管理人员对员工进行思想教育，但很少有人听得进去，对事故原因反思深度不够，采取措施不够全面	管理人员与员工进行沟通，不光要讲做什么、怎么做，还要讲为什么要这样做	管理人员与员工有频繁的双向沟通，员工反映的信息多于领导传达的信息，各方信息都能得到及时、有效的反馈

其次，根据企业文化的发展理论，企业文化分为由内而外的四个层次，分别为核心层的精神文化，中层的制度文化，浅表层的行为文化，表层的物质文化。

（一）安全精神文化

安全精神文化是企业安全管理价值观的体现，作为发电企业，可以考虑将"敬畏、遵守、质疑、严谨、高效"作为安全精神文化的体现。"敬畏"是一种态度，提醒人们安全工作永无止境，必须脚踏实地，不能为一时的安全而沾沾自喜；"遵守"是现场各项操作的原则，标准化安全管理离不开对各项规章制度的遵守；"质疑"是一种智慧，现场任何一个小的疑问都不能轻易放过，深究其背后的原委，必能增长知识、经验，消除隐患；"严谨"是一种工作作风，是对细节的掌控要求，是减少错误的最好方式；"高效"是对安全工作的提升，是对流程的反思，是对"7S"管理中"节约"的体现。

安全精神文化一经确定，企业各项安全工作必须以此为核心指导思想，并经各项安全活动的不断体现和放大，才能起到深入人心的作用。安全精神文化一定与企业的发展相适应，随着认识的加深，体系的完善，亮点的增多，精神文化也应适时做出更新。

（二）安全制度文化

安全制度文化是企业为实现安全目标对员工的行为给予一定限制或规范的文化，在企业安全精神文化与行为文化之间起到维系和传递的作用。

现阶段大部分发电企业安全生产工作主要由占少数的安全管理人员去做，其他工作人员处于被动的服从状态，通过奖惩制度来强化这种控制效果，但往往实际很难达到预期目标。制度制定者为了规避自己的责任风险总是将制度制定得尽可能的严格，而制度执行者受到制度的约束，两者的矛盾在企业是普遍存在的，使得很多规章制度得不到遵从。违章行为的处罚往往会加深管理层和普通员工之间的矛盾，使安全管理工作失去群众基础。

（三）安全行为文化

安全行为文化是企业安全价值观的动态展示。人作为行为的主体，从企业组织结构来分，有高层、中层和基层员工三个层面，安全行为文化建设对这三个层面有不同的要求。

（1）高层领导做指引。对企业高层领导来说，围绕公司生产目标在安全业绩上统一思想，制定和实施工作计划，检查监督工作开展情况是一般领导在安全方面都会做的工作。高层领导通过在安全工作上的言行举止，使下属体会到领导者的安全理念，加深员工对安全文化的认识，具有很强的榜样示范作用。

（2）中层领导做示范。对于身处一线的中层领导，他们的安全行为的影响力实际上超出高层领导，通过与一线员工的沟通，对制度执行过程的观察，及时发现存在的问题，对员工进行不厌其烦的理念教育，为什么这样做的理由讲深讲透，督促员工反复练习重复直至行为固化，变成自觉的行为，及时让员工得到有关他们行为的反馈，物质奖励以增强正面宣传和激励效果。

（3）基层员工做评判。基层员工的安全行为是企业安全文化建设的全面体现，占绝大多数员工安全行为的改善是企业安全文化提升效果评判的重要依据。

安全行为文化建设关键在于管理层应做好定位，充分尊重员工意见，这是员工内心是否认可和支持的重要心理支撑，不断发掘人性优点对事故危害的敏感度，避免个人的不安全行为导致同事蒙受伤害和痛苦。要认识到员工行为的改善是一项长期细致的工作，不断坚持必会产生积极效果。

（四）安全物质文化

企业安全文化的传播需要依靠一些物质的东西作为载体，通过对这些载体赋予安全文化内涵，创造安全氛围，树立企业安全形象，使员工能在工作、生活中自然地接受、理解安全文化，并付诸行动，从而提高企业安全文化建设水平。

安全物质文化主要包括安全活动，包括安全月活动、安全竞赛等；安全环境，比如"7S"活动对工作环境的持续改善，还包括安全展板、安全标语、标志性建筑等；安全直教载体，包括安全培训教育、安全会议、安全演习等；安全文艺传媒，比如文学、漫画、广播、网络、视频。

四、推进"7S"管理取得的文化建设成效

企业开展的"7S"管理活动是能结合实际，行之有效的基础性管理方式，这种方式取得的成效为企业发展远景规划，企业安全文件建设升级将起到积极的推动作用。通过对现场的整理整顿和科学布局，促进生产现场的规范、安全、有序。其最终目的是达到生产运行安全、健康，实现成本可控、效率提升，企业健康发展。

（一）工作环境更加舒适

整齐清洁的工作环境，有助于企业形象的提升，不仅能使员工的士气得到激励，员工的尊严和成就感也可以得到一定程度的满足，有助于员工在安全精神文化上的提升。

（二）企业管理更加科学

福建省鸿山热电有限责任公司正是通过积极推进"7S"管理，大大提升了企业安全管理水平。2014年至今，经过多批次的打造，共完成217个大区域的打造工作，取得了明显的成效，厂容厂貌有了质的飞跃，员工素养和团队凝聚力得以明显提高，有力推进了一流企业的创建和安全文化建设的提升。

通过"7S"活动,各部门的工作职责、工作流程、服务承诺等管理信息全部实现公开、上墙,生产部门实现设备点检内容看板上墙,全部推行工作任务"两面法"管理,既规范了管理和工作流程,又接受全体员工监督,提升了管理规范化水平。通过"7S"的整理整顿,可以对现场及生产材料有效归类,降低很多不必要的空间占用和储备性材料的配备数量,同时减少寻找时间的浪费。而且现场的规格化、人员行为规范化及作业的标准化,都可以减少设备、设施因人的管理不当而造成的损坏次数,延长使用周期,减少维修、保养频次,实现低成本、高效率、消除浪费。通过设备整治,大幅减少了生产现场"跑、冒、滴、漏"现象。生产现场安全通道、设备区域、转动机械等色彩分明,提升了安全警示效果。生产现场阀门钩、绝缘表及各类工器具的定制化管理,方便了运行人员的使用,减少了在紧急情况下找寻工器具的时间。实行点检部位、参数、常见故障处理、操作流程和注意事项等目视化管理,有效防止误操作。设备缺陷同比下降32%。

（三）员工行为更加规范

素养就是教大家养成良好的工作习惯,习惯一旦养成,将潜移默化、长期影响员工的工作、生活质量。"7S"管理做得好,能使员工思想意识的转变,养成对于工作的讲安全、讲规范的职业行为态度,最终提高员工的素质,只有员工素质提高,一些更高要求的管理才有可能达到。

五、结语

安全文化作为企业文化的一部分,其建设思路也应通过对精神、制度、行为、物质文化四个层面的分析来建立。作为发电企业,首先要提炼具有行业特点的精神文化,"7S"管理在安全文化领域属于安全物质文化建设范畴,必须在精神文化的指引下进行,才不会停留在打扫卫生的阶段,而应该扩展到对制度、流程的优化,员工安全行为的培养上,打开安全工作新局面。安全文化与企业"7S"文化的有机整合,才能实现企业员工平等、发展个性、共建共性,树立员工的主人翁意识。

参考文献

[1] 蒋庆琪. 电力企业安全文化建设[M]. 北京:中国电力出版社,2013.

[2] 任国明,邵玉槐. 电力企业安全生产形势及问题探讨[J]. 中国安全生产科学技术,2007(1):87-90.

[3] 周明康. 对"7S"现场管理的探讨[J]. 工业安全与环保,2008(3):63-64.

基于目标管理的企业安全行为文化建设

国家电投集团协鑫滨海发电有限公司　王崝江　王登武　俞　锋　孙　浩　茆顺生

摘　要：企业安全生产管理目标的实现，是基于企业每一位员工无论任何时候、任何场所都必须严格遵守安全规章制度。规范安全作业，员工的安全行为是企业实现安全生产管理目标的"最后一公里"。而员工安全行为来自于企业安全行为文化的熏陶和影响。本文就某发电企业在新的形势下，基于安全生产目标管理开展的企业安全行为文化建设实践活动及成果进行提炼。

关键词：企业；安全行为；文化建设

一、企业安全行为文化建设的重要意义

企业安全行为文化是指沉淀于企业全体员工内心深处的安全行为意识，它包括安全思维方式、安全行为准则、安全道德观、安全美学观及安全价值观等。企业安全行为文化是一个企业安全文化的重要组成部分。

一个具有良好安全行为文化的企业，最显著标志：生产指挥是科学合理的，安全学习是高质量的，安全规章制度执行是严格的，生产操作是规范的，员工应急自救能力是足够的。因而，企业在遵循安全生产规律、遵守安全生产法律法规前提条件下，建立符合本企业安全生产管理需要，且能够被员工广泛认同并接受的安全行为文化体系，由此培育全体员工自觉自愿安全作业的行为意识、能力，真正实现由"要我安全"到"我要安全""我必须安全"的转变，这对于企业建立健全安全生产管理长效机制，实现既定的安全生产目标，具有十分重要的现实意义。

二、新形势下，建立基于目标管理的企业安全行为文化建设的必要性

（1）建立健全企业安全行为文化体系，是践行"人民至上、生命至上"安全发展理念的迫切需要。安全生产事关员工生命健康，事关企业兴衰，事关社会和谐稳定。习近平总书记在关于安全生产重要论述中强调：人命关天，发展决不能以牺牲人的生命为代价，这必须作为一条不可逾越的红线，发展必须以安全为前提。当今形势下，我国正处于新的发展阶段，安全生产也面临许多新的困难和问题，只有加强企业安全行为文化建设，才能有助于防范化解安全风险，树牢安全发展理念，促进企业安全高质量发展，推动构建新发展格局。

（2）建立健全企业安全行为文化体系，是落实企业安全生产主体责任的迫切需要。对于企业而言，优秀的安全管理理念、先进的管理方法培育优秀的企业安全行为文化，而在优秀企业安全行为文化的引领下必定产生优秀的安全管理成果。一个企业无论安全生产管理制度多完善，管理理念多先进，如果不能培育员工良好的安全作业行为，最终都无法保证安全生产目标的圆满实现，因此，建立健全企业安全行为文化体系，培育全员安全行为文化，才能更好地引导切实履行好安全生产责任，确保企业安全目标的顺利实现。

（3）建立健全企业安全行为文化体系，是培育良好作业习惯，预防违章、杜绝事故的迫切需要。近期，通过对某个行业今年上半年来发生的人身伤害事故案例统计分析，发现超98%以上事故发生的原因，系由作业人员的不安全行为所致。再比如，某个省份2022年上半年十余起有限空间作业人身伤亡事故案例通报，深究其原因发现均与作业人员违章作业行为有关。一起起惨痛的事故教训，深刻揭示出，缺乏良好安全意识和安全作业习惯是导致生产安全事故发生的主要原因，因此，培育良好企业安全行为文化，迫在眉睫。

三、新形势下，基于目标管理的企业安全行为文化体系建设实践

江苏沿海某发电公司是一家国有大型燃煤发电

企业，生产运营两台清洁高效燃煤发电机组，从业人员总人数（包括外包协作单位从业人员）约1000余人，一直以来，该公司始终秉承集团公司"任何风险都可以控制，任何违章都可以预防，任何事故都可以避免"的安全管理理念，近年来，该公司紧紧围绕"人身零伤害、设备零障碍、机组零非停"安全生产管理目标，以安健环体系管理提升和安全生产标准化建设为契机，持续推进企业安全行为文化建设，在具体实践过程中通过不断探索，最终总结提炼为：以员工个人安全行为养成、现场作业组安全行为管控、基层班组成员安全行为提升和借助信息化手段强化安全行为管控的四个关键环节为着力点，扎实推进企业安全行为文化体系建设，助力公司安全管理理念和安全管理决策措施落地，确保企业安全生产管理目标的实现。

（一）以丰富实用的VR体验培训，推动企业安全行为文化落地

企业员工个人安全行为养成的重要途径是安全培训，通过组织员工学习培训、安全规程考试、安全知识竞赛、安全宣讲宣传等形式强化培训，引导教育员工树立安全思想意识和安全责任意识，熟练掌握安全生产知识和技能，这是企业安全培训的普遍做法，对大多数员工来讲确实实用有效。但是实际工作中我们也经常发现总有员工违反安全规章制度、违章作业，究其原因，是对违章作业可能导致的严重后果缺乏清醒认知，为了让员工切身体会感知违章作业、违规操作引发事故的严重性，该公司通过建立VR安全实训室，充分利用全景VR体验、VR三维仿真、高处坠落VR体验、安全帽撞击体验、急救设备等系列国内先进仿真设备，组织员工全方位开展VR实训。在具体实践中，该公司重点抓两类关键人员体验培训，一是新入职员工，由于新入职员工对生产现场危险认知少，缺少风险防范意识和自救能力，所谓无知者无畏，也是最容易发生违章行为的群体；二是安全意识淡薄重复违章人员，对这类人员通过采取强制实训体验，改变其对不安全行为的错误认知。通过VR实训体验，让员工对违章的严重后果心有余悸，从而自觉养成必须安全作业的作业习惯。

（二）以强化工作负责人为核心的责任落实，推动企业安全行为文化落地

电力企业生产检修作业是人员违章的高发区，工作负责人是现场某项具体检修作业的总负责人，包括检修工艺、质量、安全和文明施工的管理，现场工作组成员安全行为管控责任在于工作负责人，这些在电力安全工作规程也有清晰规定。但在现场实际作业过程中，工作负责人履职不到位的情况时有发生，工作负责人履职不到位的结果就是作业过程中违章现象多，严重的往往诱发事件或事故。过去对这类现象，通常处理方式是谁违章处罚谁，很少追究工作负责人的责任，然而，最后发现这种管理效果并不好，违章现象并未减少，通过分析认为，主要原因在于工作负责人认为个人违章是个人的事，与己无关，也不愿意得罪人。为此，该公司提出强化以工作负责人为核心的现场检修作业安全管理体系，规定凡现场检修作业发生人员违章行为，一律追究工作负责人责任，处罚责任直接落实到工作负责人，若某一工作负责人负责的检修作业连续三次发生违章，则取消其工作负责人资格。这项措施的推行，有效强化了工作负责人对检修作业项目全过程安全管理责任落实，从而起到纠正、制止并规范工作组全体成员安全作业行为的良好效果，进而促进作业人员安全行为的养成。

（三）以高效务实的团队式站班会，推动企业安全行为文化落地

基层班组成员安全行为的养成在于班组，班组团队式站班会是统一班组成员思想，预警风险，规范作业行为，预防纠正违章的很好形式，团队式站班会在电力生产型企业班组管理中应用非常普遍，但班组站班会的质量和所达到效果怎样，不同企业不同班组因标准和要求不同，差异也很大。近年来，该公司通过管理实践，总结开好站班会必须抓好几个关键要点：一是要控制站班会时间，抓关键讲重点，拖沓拖延质量不高的站班会让员工产生厌倦情绪，往往适得其反，久而久之就会流于形式；二是强调安全风险和应急措施应有针对性、可操作性，浅显易懂便于班员掌握；三是要善于让班组成员多讲，讲针对当日工作风险有哪些，自己如何防范，能够讲出来才能表明其对潜在风险心里是明白的，若个人讲不明白，则一定是对风险认知不清的，针对这些人员必须重新进行风险告知，直到掌握为止，否则不能参与作业；四是以案说法，坚持每日一例，利用站班会讲本专业工作相同相似典型事故案例，重点讲案例中人员违章行为和产生的严重后果，活生生案例往

往最容易触动人，从而起到良好警示教育作用。

（四）以科技信息化管控手段，推动企业安全行为文化落地

运行倒闸操作是电力企业生产作业过程中的一个最重要风险点，随着典型操作票广泛使用，运行倒闸操作的主要风险集中现场操作环节，由于人员操作不规范导致事故发生的案例不胜枚举，现场监督检查也会发现唱票复诵不规范、操作时长不合理等问题，为了切实严格规范运行倒闸操作，该公司借助于视频录音录像手段，对全厂所有运行倒闸操作进行全程录音录像，专业技术管理人员和安监人员可随时进行调取查看，通过信息化手段强化运行操作的规范性，促使生产运行人员自觉养成良好安全操作习惯，最终固化为一种良好的安全行为文化。

四、企业安全行为文化体系建设的实践成果

科学的安全管理孕育优秀的企业安全行为文化，而优秀的企业安全行为文化必将引领企业安全有序发展。近年来，该公司坚持安全是管理，安全是文化，在具体实践中强化以管理提升安全，以文化促进安全。自2015年建厂至今，公司已实现连续无事故长周期安全生产达2500余天，且从未发生过任何轻伤及以上的人身伤害事件，得益于长期践行安全生产目标管理下的企业安全行为文化。

包头第一热电厂加强安全文化建设助力企业安全生产

华能集团北方公司第一热电厂 李 晶 尚 坤

摘 要：近年来，面对安全生产的新形势、新任务、新环境，包头一热电厂在习近平新时代中国特色社会主义思想引领下，大力营造良好的安全文化氛围，将华能集团"三色三强三优"理念融入企业管理各个层面，刚柔并济，着力推进企业安全文化建设，推动企业安全管理更加科学规范，确保企业打赢减亏攻坚战，安全生产水平再创新高。

关键词：安全文化；制度；特色活动

华能集团北方公司第一热电厂（以下简称第一热电厂）1958年建厂，1959年正式并网发电，是国家"一五"期间156个重点建设项目之一。第一热电厂作为北方联合电力公司大家庭的一员，伫立在巍巍青山脚下，滔滔黄河岸边，宛如一颗珍珠镶嵌在鹿城西北角，为草原钢城的发展和人民的安居乐业贡献能量。第一热电厂作为建厂六十余年的"百年老店"，安全文化源远流长。2016年底被包头市政府授予首批"百年老店"光荣称号，拥有优良的工作传统和深厚的文化底蕴。岁月的流淌中，"包一人"对安全的执着坚守，体现了一个老企业的担当和追求。

近年来，面对安全生产的新形势、新任务、新环境，第一热电厂在习近平新时代中国特色社会主义思想引领下，在华能集团三色文化的引领下，第一热电厂和着时代的节拍，坚持"安全、责任、务实、创新"的工作方针，全体职工凝心聚力，砥砺前行。将华能集团"三色三强三优"理念融入企业管理各个层面，刚柔并济，着力推进企业安全文化建设，为确保企业安全生产，打赢减亏攻坚战，推动企业高质量发展，营造良好的文化氛围。

一、制度建设筑牢安全之根

第一热电厂始终坚持"安全第一、预防为主、综合治理"的安全生产方针，牢固树立大安全理念。厂党委以上率下，党政同责、一岗双责，围绕安全目标，严抓安全责任的落实，真正做到"安全生产、人人有责"。安全管理机构健全，厂安委会是安全管理最高机构，在职工安全生产教育、监督等方面，发挥着积极作用。全厂签订三级安全生产责任状，把安全生产责任落实到部门和个人，共同严守安全底线坚如磐石。

根据有关法律法规、标准及华能集团公司有关规章制度和《华能电厂安全生产管理体系管理标准编制导则》要求，结合第一热电厂安全生产管理工作的实际情况和特点，对建立和实施安全生产管理体系的具体工作提出纲领性要求，制定《华能集团北方公司第一热电厂安全生产管理体系》。以此规范和指导包一安全生产管理工作，坚持节约发展、清洁发展、安全发展总体战略，促进安全生产管理工作的规范化、科学化与标准化，全面提升安全生产管理水平。提高生产效率，降低生产成本，实现设备无缺陷、人员无违章、管理无漏洞的安全生产要求，实现以人为本和可持续发展，确保第一热电厂长期安全稳定运行。

二、阵地打造凝聚安全之魂

强化阵地建设，使"安全就是生产力""安全就是竞争力"等理念深入每一名职工内心。

（一）编织厂区安全文化实体网格

步入车间、班组、办公区，富有艺术气息的安全文化警示栏、安全标语、安全板报、安全漫画等移步易景，随处可见。"三讲一落实"等内容的海报张贴在各个班组的醒目位置，以此提醒大家熟背牢记心间。各班组都设有"正衣镜"，职工进入生产现场前，必须到镜前检查着装、安全装备等是否规范、完备。各部门、检修队设置"违章曝光栏",对违章情况进行通报,对职工起到监督、警示作用。

打造安全型班组工作与创建"7S"精益型班组工作有机结合,使基层班组焕发出新的活力。班组是企业安全管理的出发点和落脚点,借助"7S"活动,进一步改善职工生产、工作环境,提振职工士气,为确保企业安全生产提供内生动力。

坚持开展职工之家标准化建设工作,明确提出了职工之家建家理念。结合企业实际,努力把职工之家建成安全、和谐、幸福的职工之家。在此基础上,致力于为全体职工提供平安、优雅、温馨的工作和生活环境,将第一热电厂建设成为名副其实的"职工之家"。

(二)打造多媒体安全文化网络

充分发挥媒介的传播作用,利用网络、广播、报纸等传统和新型媒体,吸纳覆盖全厂职工,以最快速度进行联系,打造出全员参与、相互促进、有机融合的安全文化新格局。

充分利用"职工大讲堂"等形式,努力建设一支有理想守信念、懂技术会创新、敢担当讲奉献的职工队伍。同时,通过典型选树,注重在劳动竞赛、科技创新、节能环保等实践活动中发现和培育劳动模范,发挥劳动模范的示范引领作用,引导职工保证安全生产,在劳动中实现价值。

大力弘扬劳模精神、劳动精神、工匠精神,在厂级媒体广泛宣传劳动模范、先进集体及个人的优秀事迹,引导全厂职工向楷模看齐,向榜样学习。整理编辑《劳模风采录》,加强劳模管理服务,引领职工立足本职、保障安全,敬业奉献,充分发挥主力军作用。

三、特色活动凝聚安全之力

结合本企业实际情况,通过开展特色活动,强化安全教育、创新安全理念。以"安全进班组,安康伴我行"为主题,开展安全文化活动。组织职工演安全小品、唱安全歌曲,面对面、实打实地把安全送到一线职工的心中,使有形管理与安全文化相融,增强了广大干部、职工的安全意识。"安全违章我来拍"活动,通过随手拍、及时拍,将不安全现象图片发至安全生产监督微信群,使广大职工时刻把安全铭记在心上、落实在行动上,从而进一步增强防范能力,确保安全生产稳步向前。

(一)讲授安全课及安全党课

厂长、党委书记等厂领导讲授安全课及安全党课。安全课以习近平总书记关于安全生产的重要论述为指导,以集团公司、北方公司安全生产工作要求为主线,结合包一安全生产形势,对安全生产知识进行深入浅出的解读,安全课主题鲜明,内涵丰富。通过理论知识与现场生产工作的有机结合,让本身理论性较强、较为复杂的知识变得浅显易懂,让参学人员对如何落实好安全措施、防止发生安全事故有了更加清晰深刻的认识。安全党课主题鲜明、内涵丰富、意义重大,结合包第一热电厂当前安全生产面临的严峻形势,切中要害,直面问题,为包第一热电厂全面开展好风险隐患排查,及时纠偏整改,全力消除隐患,全面堵塞漏洞,筑牢安全生产防线,具有很强的指导性、针对性和实用性。

(二)举办安全演讲比赛及"安全微讲堂"活动

通过"讲一个安全小故事,分析一个事故案例"等活动,引领广大职工时刻把安全铭记在心上、落实在行动上,从而进一步增强防范能力,确保安全生产稳步向前。面对机组大修、超低排放改造、卸煤沟封闭等技改工程任务繁重的现状,坚持外包工程刚性制约,强化外包施工人员的安全教育培训。举办"落实安全责任筑牢安全防线"道德讲堂,唱平安歌曲,看安全短片,讲安全故事,诵读安全经典,谈安全感悟,送平安吉祥。道德讲堂是一种精神力量,以安全文化促进企业文化建设不断创新发展。

(三)演安全小品,唱安全歌曲

以"安全进班组,安康伴我行"为主题的教育活动深入一线基层班组,通过演安全小品、唱安全歌曲等职工喜闻乐见的表演形式,面对面、实打实地把安全理念送到一线职工的心中,使管理与安全文化相融。生动形象的表演,再次体现出安全责任重于泰山的真理。职工零距离感受安全文化,达到了安全教育入脑、入心、入行动。增强了广大干部职工的安全意识。

(四)以书香浸润安全,以体育活动倡导安全

紧密结合安全生产,举办"一封家书""书香三八"等活动,使"安全就是生产力""安全就是竞争力"等理念深入每一名职工内心。多位职工以生产实际为出发点,在家书朗诵、好书分享中,抒写对安全工作的认识,推荐与安全相关的书籍,令安全工作浸润书香,发人深省。举办"安全连着你我他"征文比赛,在厂报及厂微信公众号开辟"安全在我心中"专栏,畅谈学习感悟,分享安全经验,在全厂职工中掀起"讲安全、学安全、思安全、要安全"的热潮,营造良好的安全氛围。

将职工趣味运动会及体育比赛、体育活动与安全思想紧密相连,通过相关活动,丰富职工的业余文化生活,让职工在繁忙的工作之余陶冶情操、放松心情,同时牢记安全使命,强化安全思想。

充分发挥安全文化的作用,鼓舞全体职工立足自身岗位、全力保证安全生产。警醒职工检讨自身的不安全行为,及时纠正,确保安全。教育职工牢记安全使命,有序开展各项工作,为建设"平安包一、发展包一、幸福包一"而不懈努力。

黄登·大华桥电厂安全文化建设的探索

华能澜沧江水电股份有限公司黄登·大华桥电厂　韦艳敏　于忠义　李东骏　杨　辉　王殿君

摘　要：企业安全文化建设是一个长期且十分重要的工作,如何建设完善的安全文化体系,是国家、政府、企业长期探索的问题。安全文化建设需要有浓厚的安全文化氛围、全员参与性和完善的组织机构。

关键词：安全文化体系；传播多样性；组织机构；全员参与；技能性

华能澜沧江水电股份有限公司黄登·大华桥电厂（以下简称黄登·大华桥电厂）"两站"位于云南省怒江州兰坪县内,其中黄登电站位于营盘镇境内,大坝高203米,装机容量190万千瓦,2008年10月开始筹建,2018年7月首台机组投产,2019年1月机组全部投产,采用堤坝式开发；大华桥电站位于兔峨乡境内,装机容量92万千瓦,2010年9月开始筹建,2018年6月首台机组投产,2019年1月机组全部投产。

随着电力行业持续快速发展,电力企业的安全文化体系建设逐渐得到重视。安全条件的严格要求和安全环境的持续改善,推动了生产现场安全标准化管理和规范化实施,为实现电力行业"安全第一,预防为主,综合治理,人人参与"的方针提供了有效途径,为安全生产文明施工提供了坚实的安全保障。面对电厂中繁重复杂的检修任务,固定的巡检工作和连续不断的改造工作等,电厂工作开展风险日益增大,对本单位员工和外包单位员工等施工人员要求更加严格。

要想实现安全生产,必须构建完善的安全文化体系。安全文化体系的建设,离不开成熟的安全规章制度和全体员工的主动性与参与性。只有现场安全规章制度的完善和全员安全责任意识的提升,才能确保现场安全文明施工。这就要做到对安全文化理解更加全面系统,对安全文化传播宣传更加多样性,对生产现场安全隐患排除更加细致,对违章作业整治更加彻底。

黄登·大华桥电厂大力开展了安全体系建设模块化管理,从建立安全生产管理组织机构到监督施工人员安全生产责任制落实,再进行常规化安全分析,三级安全网例会,以及到现场的安全风险分级管控、隐患排查治理,严格外包单位的管理,做好本单位工作开展的应急和两票管理。在施工过程中,做到环保水保,对本单位员工和外包单位员工做到在施工前确保安全教育培训和技术交底到位。对于典型的安全事故进行班组级、部门级的定期学习。在施工人员管理方面,严格特种设备管理及资质管理,职工健康管理等,同时做好安全信息报送。黄登·大华桥电厂在电厂网页做了相关的信息展示（图1）,方便每个员工查看相关规章制度及其他与安全生产相关的工作。

建立完善的安全文化管理体系,打造浓郁的安全文化氛围。安全文化建设体系建设是政府、企业和社会力量在发展过程不断摸索和实践的结果。在企业中,只有将安全文化体系扎扎实实建立起来,方方面面落实到每个施工人员,每个施工现场,企业安全生产才能得以保证。安全文化传播也至关重要,安全文化传播形式多样化,使安全文化传播到生产领域的每个角落。

一、安全文化传播多样

安全文化的传播随着社会宣传形式的更迭、变化,其传播方式也在随之变化。安全文化建设离不开广大员工与企业共同的努力,若只把安全建设工作推给安监部或者其他直接相关部门的安全员,那么该工作就形同虚设,没有落到实处。如何让广大员工主动参与到安全建设工作中,安全建设宣传工作尤为重要。编撰企业安全文化手册,张贴醒目的安全横幅,设置警示标志等；定期开展安全教育培训,学习法律法规、方针政策和规章制度,学习安全生产事故,交流发言。让安全文化理念深入人心。如图1所示。

图1 黄登·大华桥电厂网页展示

二、组织机构健全完善

"工欲善其事，必先利其器"，安全文化建设是一项长期开展的工作，企业发展离不开安全建设，生产现场工作顺利开展更离不开安全文化建设。所以，一个功能齐全的安全建设组织机构显得十分重要。建立完善的组织机构，需要领导层面的大力支持。黄登·大华桥电厂组织建立了"防洪度汛组织机构""突发事件应急组织机构""职业健康管理组织机构""环境保护管理组织机构"等十余项组织机构。

三、文化建设全员参与

安全文化体系的建设离不开全员的积极参与，企业在开展安全生产工作中，除了制定严格的规章制度约束施工人员规范作业外，还应采取有效的激励措施，正面推动员工主动参与到安全文化建设中。只有大多数员工都积极参与到建设安全文化，才会有良好的安全文化氛围，只有将这种良好的安全文化氛围持续开展，才能带动其他人一同养成规范的行为习惯。

四、施工人员技能精湛

对于在现场施工的人员，需要有一定的技能要求和安全常识。涉及特殊作业和特种设备的工作，需要持证上岗。对于外包单位人员入厂开展工作，必须严格办理入厂手续和开工申请流程。确保施工人员符合现场施工对施工人员的要求。

五、结语

遵守安全生产法，当好第一责任人。黄登·大华桥电厂严格按照《中华人民共和国安全生产法》等法律法规和《防止电力建设工程施工安全事故十三项重点要求》等规章制度相关要求，积极组织开展"安全生产月""安全知识竞赛""安全知识演讲"等活动，定期深入开展三级安全网例会，加强安全教育培训和班组安全建设工作，组织开展电厂安全生产责任制巡查评估和安全生产标准化达标评级自查工作等。同时还开展了安全技术专项行动，全方位安全生产大检查、安全生产专项整治督导互查工作、安全生产责任制落实自查工作等，进一步促进全员安全生产责任制落实，提高了现场人员安全主体责任意识，营造了良好的安全文化氛围，为电厂建设安全文化体系提供了坚实可靠的基础。

参考文献

[1]陆景,舒莎莎. 安全文化提升平台-安全行动积分[J]. 现代职业安全,2022,245(1)：35-36.

[2]汤雍. 班组安全业绩文化研究[D]. 北京：华北电力大学,2015.

新形势下基层电厂安全文化建设的思考

华能太原东山燃机热电有限责任公司　孔庆龙

摘　要：坚持以习近平新时代中国特色社会主义思想为指导，全面贯彻落实党中央、国务院关于安全生产工作的决策部署，大力弘扬生命至上、安全第一的思想，牢固树立安全发展理念。针对如何强化红线意识、建立健全安全生产责任体系、强化企业主体责任落实、全面构建长效机制，积极开展安全文化建设，有效提升企业安全管理水平。本文结合基层企业安全生产工作面临的实际问题和新发展阶段、新发展理念、新发展格局对安全生产工作提出更高的要求，对基层企业新形势下安全文化如何建设提出建议和意见。

关键词：安全文化；安全生产责任制；标准化；风险分级管控

电力企业加强安全文化建设是深入贯彻党中央、国务院关于进一步加强安全工作指示精神的重要举措。华能太原东山燃机热电有限责任公司坚持以习近平新时代中国特色社会主义思想为指导，按照先进文化的前进方向，积极汲取国外安全文化建设的先进经验，高度重视安全生产，保护国家财产和人民生命的安全。电力企业在建设安全文化的过程中，从我国安全生产的实际出发，与时俱进，开拓创新，坚持"以人为本"，注重环境熏陶，努力营造良好的社会氛围，使企业安全文化建设达到"随风潜入夜，润物细无声"的理想境界，实现电力企业安全管理工作新的飞跃。

在当前形势下，电力行业面临着前所未有的困难，要想提高经济效益，开拓更加广阔的发展空间，必须重视和搞好基层企业的安全生产。同时，电力安全生产的重要性，决定了电力企业安全文化建设的重要性和必然性。因此，抓好企业安全文化建设，保持长久的安全生产是电力行业最大的经济效益，也是企业进入市场、参与市场竞争的客观需要。

一、新形势下基层电厂安全文化建设的重要性和紧迫性

现行《中华人民共和国安全生产法》（以下简称《安全生产法》）是2002年制定，2009年和2014年进行过两次修改，2021年是第三次修改。我国生产安全事故死亡人数最高峰是2002年，当年死亡大约14万人，现在已降至2021年的2.71万人，下降了80.6%；重特大事故起数高峰期是2001年，当年发生事故起数140起，下降到2021年的16起，下降幅度88.6%。

虽然说全国生产安全事故总体上呈一个下降趋势，但过去长期积累的传统风险还没有完全消除，有的还在集中暴露，新的风险又不断涌现，开始进入一个瓶颈期、平台期，而且稍有不慎，重特大事故还会出现反弹。

（一）国家对安全事故的惩处力度越来越大，这就要求企业增强法制意识，遵守各项法律规定

坚持发展决不能以牺牲人的生命为代价安全管理红线，以严要求、零容忍的态度抓安全，从严查处重大安全事故隐患，铁腕惩处涉事企业。2021年开始实行的新《安全生产法》要求处罚力度的特点：罚款金额更高，对特别重大事故的罚款，最高可以达到1亿元的罚款；处罚方式更严，违法行为一经发现，即责令整改并处罚款，拒不整改的，责令停产停业整改整顿，并且可以按日连续计罚；惩戒力度更大，采取联合惩戒方式，最严重的要进行行业或者职业禁入等联合惩戒措施。这些严厉的措施，很大程度上是因为事故发生反复冲击且管理失控而采取的。我们在汲取事故教训的同时应该反思管理上的侥幸，这些侥幸表现为履责上打折扣、管理上凭经验、操作上走捷径。这些侥幸有惰性作怪，有认识盲区。安全生产以"以人为本"为理念，即事事、处处、人人都必须重视和实现安全生产的要求，而法律的普遍性和强大约束力的特点正可以为安全生产的这种理念要求提供有力的保障。由此可见，增

强企业安全生产法制意识、加强企业的安全普法建设迫在眉睫。

（二）媒体和社会对安全事故的舆论影响前所未有，监督企业依法治安的意识不断提高

当前，我们已经进入互联网时代。互联网的开放性、快速传播性，使得企业的安全生产、经营管理更趋于阳光化，企业发生安全事故后造成的社会影响更为广泛，承担的舆论压力空前加大。正是因为新闻媒体披露更多的社会现象，安全事故给社会和谐、家庭幸福带来的冲击往往让人触目惊心，而社会舆论对安全问题的关注程度和解析程度，促使我们基层电厂再不能把经验作为工作标准，我们必须依法建企、必须依法履职、必须依靠安全法制建设为企业安全提供保障，完成从"要我守法"到"我要守法"的思想转变。

二、基层电厂安全文化建设的现状与问题

（一）安全管理理念落后

随着科学技术的不断进步，各种新技术、新设备、新材料、新工艺逐渐被应用于生产现场中。在这种情况下，由于现场人员的安全管理理念没有跟上时代发展脚步，缺乏管理经验，从而导致工作中出现盲目指挥、管不到位、管不到点子上、管不到关键部位等现象。不少单位和部门在思想认识上把安全文化建设定位为一项务虚的党群工作，只用来装点门面、粉饰形象。特别是部分管理者没有将其作为一个有效的管理工具，应用到管理实践工作中，而只局限于印发资料、组织活动等表层宣贯工作上，缺乏实践应用和转化落地，偏离了安全文化建设工作的真正目的和意图，导致安全文化建设效果不明显，因此，落后的安全管理理念是影响基层企业现场安全管理工作的重要因素之一，使得安全管理工作不能发挥应有的效果，阻碍基层企业的健康发展。

（二）安全生产意识不强

有些基层企业的分管领导对安全工作重要性的认识不到位，"安全第一"只是喊在嘴上、贴在墙上，说起来重要、干起来不要，没有落实在思想上，更没有落实在行动上，导致安全管理的力度层层递减，落实不到现场，落实不到作业层，呈明显的"倒三角形"。在对班组人员及外包维护人员进行安全管理时，仍是以岗前安全知识培训与动员大会等形式为主，使得安全管理工作流于表面，不能被彻底落实。再加上生产现场极易受到季节、运行方式等各种因素的影响，在缺乏安全生产意识的氛围内工作，极易造成安全事故，威胁到工作人员的生命安全，影响到基层电厂单位的经济效益与社会效益的实现。

（三）安全培训不到位

《安全生产法》第二十五条规定："生产经营单位应当对从业人员进行安全生产教育和培训，保证从业人员具备必要的安全生产知识，熟悉有关的安全生产规章制度和安全操作规程，掌握本岗位的安全操作技能，了解事故应急处理措施，知悉自身在安全生产方面的权利和义务。未经安全生产教育和培训合格的从业人员，不得上岗作业。"在实际工作中，对从事生产工作尤其是外包各岗位的人员，没有组织的安全质量方面法律、法规、标准、规范培训，有些甚至没有岗前培训而直接上岗。其次，有些基层领导缺乏安全责任意识，认为对生产现场工作人员的培训不重要，降低标准等，导致安全教育、培训流于形式，并未落实在行动上。

（四）安全生产责任制落实不到位

有些基层企业干部责任心不强，贯彻执行上级决策部署不到位，对职责范围内的工作应对、监管不力，没有切实履行相应的安全生产责任。部分职工工作散漫，规章制度执行不畅、落实不到位。还有一些领导人员简单地认为"安全管理工作就是安全监督部门的工作"，安全生产责任和压力未能有效传递到一线，不履行主体安全责任、不发挥安全生产主观能动性，隐患排查治理和安全风险辨识流于形式。安全生产责任制的不落实，不仅会导致违规操作现象严重，而且会导致隐患排查落实不到位。生产现场管理中，注重进度，疏忽安全，放松重大技术、专项方案编制和审批等关键环节，对于其他检查及上级检查查出的安全隐患，不能及时彻底整改，最终导致事故发生。

（五）外包安全管理不到位

很多企业在项目招标发包时，没有要求承包方根据生产实际提取一定的安全措施费用、劳动保护费用，对有关资质和能力审查不严，或存在违法转包、分包、挂靠、倒卖资质等现象，造成"三流人员扛着一流资质干着四流质量的工作"。外包队伍安全管理水平差，没有专业的安全、技术管理人员，缺乏专业生产施工设备，生产施工现场管理混乱，安全管理不到位，特种作业人员不足或无证上岗。为追求利益最大化，通过非正规渠道招入大量低价劳

动力，劳动者普遍文化水平不高、人员素质参差不齐，流动性大，且未经过正规安全培训，安全技能匮乏。有的未给从业人员提供合格的劳动防护用品，并没有教育从业人员按照使用规则佩戴和使用，有的未购买工伤保险和职业健康检查，劳动者的安全健康权益得不到保证。

（六）工作作风整顿不到位

以习近平同志为核心的党中央高度重视安全生产工作，始终把安全作为重大政治责任，统筹谋划，精准施策。"安全"天天讲、月月讲、年年讲，但仍有少数干部员工政治站位不高，工作作风不实。对于习近平总书记关于安全生产的重要论述体会不深，认识不够，对于企业安全生产的极端重要性理解不透，安全生产的意识淡薄，仅仅把安全当口号，对于国家法律、企业的规章制度不认真学习领会，凭经验办事，不讲科学，各类安全管理工作只停留在填写检查表格上，作风整顿也只停留在表面上，安全检查以完成任务了事，没有真正贯彻落实安全理念、使之入脑入心，没有起到应有的监督保障作用，对生产各项工作保驾护航的作用有待进一步加强。

三、新形势下基层电厂安全文化建设的措施

（一）加强安全文化培训，营造安全文化氛围

（1）组织国家注册安全工程师考试培训。牢固树立"安全培训不到位就是最大的隐患"的培训理念。每年制订下发年度安全培训计划，在培训计划中始终把各级管理人员其是主要负责人培训工作摆在安全工作的重要位置。为鼓励公司安全管理人员和技术人员参加"注册安全工程师执业资格考试"及做好应试准备，公司制定奖励办法并举行考前辅导培训班，生产系统约有50%职工积极参加全国报名考试。目前，公司安全管理人员及生产技术人员已有超过10%员工获得国家注册安全工程师职业资格证并注册执业。通过培训使员工能够深刻理解企业文化的内涵，不断增强员工的理解和认同，最终转化为员工工作学习的自觉行动。

（2）大力推进培训教材统一化、培训内容规范化、培训知识实用化。贯彻执行国家有关法律法规和安全工作规程，落实新《安全生产法》各项要求。基层企业根据行业内、系统内、公司内部事故案例及小知识编制适合本企业的安全培训教材。积极推动"总经理上讲台讲安全"创新活动，进一步落实企业负责人的安全生产主体责任。

（3）把公司内部讲师团队的培养作为一项长远的战略规划来实施。组建已取得注册安全工程师执业资格的安全讲师队伍，建立一套内部讲师日常管理和激励制度，通过加强和完善自身的内部培训机制，培养一批高素质的内部讲师队伍，助力企业发展。

（4）在员工日常教育培训、行为养成等方面注重安全理念的宣传贯彻。充分利用微信群、公众号、网站宣传栏及企业文化墙等媒介向员工宣传企业文化理念，把企业文化灌输到每一个角落，使安全理念深入到企业每个人的内心，并对其行为活动产生直接影响。让员工知道什么是安全文化，为什么建设安全文化，让人人都被这种氛围所影响，使每一个员工不仅要成为企业安全文化的认同者、执行者，更要做企业安全文化的传播者、创新者、实践者。

（二）狠抓安全生产责任制，落实各级人员职责

推动安全文化建设，重在责任落实；加强安全生产管理，重在责任落实。在安全生产管理实践中，基层电厂要深刻认识到，安全管理难在责任落实，重点也在责任落实。为此，基层电厂要通过大力加强责任制建设，稳步推进安全管理长效机制。

（1）明确各级安全责任。按照新《安全生产法》的有关规定，围绕年度的生产任务，确定当年的安全目标。经职代会审议通过后，再根据目标的具体要求，制订和下发年度安全生产计划及事故控制指标。并采取公司总经理与各部门负责人签订《目标责任状》的形式，将公司的安全生产工作目标分解后落实到各部门，同时，明确安全第一责任人的安全工作职责。

（2）层层签订安全责任状。各部门将安全责任分解到基层，与基层负责人签订"安全生产责任书"，基层负责人又与班组人员签订"安全生产责任书"，把安全生产预防事故的指标进一步细化分解，具体落实到各级领导和每一个职工身上，形成一级保一级、一级管一级的层层安全生产承包责任体系。

（3）层层传递安全压力。为了推进安全生产，公司的主要领导及安全生产领导小组的全体成员，坚持定期不定期地到现场进行安全工作抽查，及时发现和解决落实安全生产责任中存在的问题。通过让人人心中有指标，人人肩上扛任务，较好地做到把工作变压力，压力变动力，推动了安全生产的全面落实。

（4）强化岗位安全责任落实。各单位党政负责人是本单位安全生产第一责任人，全面负责本单位安全工作，分管领导是分管业务安全的直接责任人，负责业务安全，明确本单位安全监管负责人，负责安全监督管理工作。

（5）强化安全监察责任落实。主动接受地方、行业和上级安全监督管理部门的安全监察指导；按照"强责任、促规范、严监管"的原则，严格落实安全监察体系的监察责任，强化各级安全监察人员履职尽责，坚持依法合规动态监察，做好"高标准、全覆盖、零容忍、严执法、重实效"。

(三）构建高标准安全管理体系，提升安全生产管理水平

就基层电厂企业来说，要认真分析生产过程中的每个环节和关键点，将安全管理分解到每一个细节，才能实现安全工作的高标准、常态化。

（1）安全生产应急措施要到位。基层电厂企业生产现场作业员工的特点主要是在高温、噪声、转动设备等不同的环境中工作，在作业活动中存在着某些可能会对人身和财产安全造成损害的危险因素。根据这些年安全生产管理工作的实践总结，在日常安全生产中，必须建立安全生产管理应急预案、应急救援队伍、各类安全生产管理责任人网络等制度。

（2）安全生产的投入要保障。安全生产的投入是保障安全生产的重要基础，只有保障人力投入，才能建立健全安全生产管理机构，才能建设强有力的监管队伍；只有保障物资和人力投入，才能整改设备存在的隐患，才能配置生产需要的安全设施。正是因为有了安全作保障，才能使生产劳动行为顺利达到目的，并最终创造企业的经济效益。因此，安全投入不仅是成本，更是效益，必须实施到位。

（3）构建双重预控体系。双重预防体系强调了推动安全生产关口前移，特别强调了对风险的分析管控，在实质上高度贴合本质安全的核心思想，以风险管理为抓手，通过进行风险的分析与评价，找出人的不安全行为、设备的不安全状态、环境的不安全范围、管理的漏洞与缺陷，制定相应的管控措施并明确管控层级与管控职责，确保对各类风险进行科学、有效的控制，消灭隐患产生的源头；以隐患排查治理为手段，确保风险管控措施的落实，同时发现新的风险点、危险源及制定更好的管控措施，切实提高企业安全管理水平。

（4）推进安全生产标准化。对于基层电厂企业来说，在相关的规范与标准中都对其安全生产标准化进行明确的规定，其中也包括安全生产标准化开展的途径与方法，这不仅能够规范企业自身的生产活动，更是明确了整个基层电厂的生产经营活动的安全生产标准，也为生产技术的改进与创新提供了必要的支撑和保证。基层电厂加强安全生产标准化建设，也是强化其安全监督、保证行业安全生产的重要举措，安全生产标准化体系的建设，是基层电厂安全生产的标杆，也是未来基层电厂企业安全工作的重中之重。

（四）实施风险分级管控建设，规范安全生产风险管控

（1）成立领导小组，建立推进机制。成立由总经理担任组长的领导小组，领导小组在做好原来岗位业务工作的同时，按照"谁主管、谁负责""管行业必须管安全、管业务必须管安全、管生产经营必须管安全"的原则，贯彻落实国家法律法规、标准规范和上级部署关于开展安全生产风险分级管控体系建设工作要求；全面推进安全生产风险分级管控建设工作；确定管理职能分工，明确工作小组、各部门、各岗位职责与权限；每月组织召开风险分级管控体系建设专题会，对建设工作情况进行部署、督导和考核；保障所需的人、财、物等资源的投入，确保风险分级管控工作有效开展和持续改进。

（2）建章立制，明确制度标准。按照集团《发电企业安全生产风险分级管控实施导则》，编制体系建设方案，制定作业活动和设备设施风险辨识评估计划。使用《安全生产隐患排查治理管理办法》《安全生产风险分级管控体系通则》等作为依据编制作业活动、设备设施、作业区域、电厂危险源及危险清单。

（3）自查自辩，建立索引清单。为了使一线员工更加简洁明确操作，编制集风险点、风险辨识、时态、状态、控制措施、风险评价、风险分级、风险管控措施、风险管控级别为一体的危险源辨识清单表，在首轮识别过程中，提升一线员工参与度。在第二轮识别过程中，一线员工与专职安全人员、技术机构专家相结合，完成风险点台账、作业活动清单、风险分级管控表。

（4）属地可视，丰富现场信息。结合双重预防机

制及安全文化的深入推动,在相关区域设置三牌两图一卡(厂级风险分级告知牌、车间风险分级告知牌、岗位风险分级告知牌、厂级风险空间分布图、车间风险空间分布图、岗位安全风险告知卡),形成一套可视化版面,同时对现场人员进行培训,结合实践,促进上心,强化现场可操作性。

(五)强化机组可靠性综合治理,夯实"基石"安全管理的设备基础

(1)强化意识、奖惩并举,逐级分解"防非停"目标任务。将"防非停"与部门、个人年度评先绩效考核挂钩,实行"一票否决制",设立控"非停"专项奖励基金,加大责任追究考核力度,围绕"如何保机组长周期运行"主题,分层次、分专业召开"防非停"专题研讨会。通过上下互动、畅所欲言、交流经验,认真梳理排查自身存在的不足和薄弱环节,达到思想和行动的高度统一。逐级签订零"非停"目标责任书,强化各级人员除隐患、"防非停"安全责任意识。

(2)把握关键、细化措施,深化全过程跟踪执行和落实。结合生产实际和专业特点,重点围绕防磨防爆、电气热控原因、检修工艺质量、脱硝环保设施维护、运行操作调整及缺陷处理过程6个方面,层层制定了"防非停"保障措施。通过深化精益化检修管理,采取重大操作各专工到位监护、检修工艺质量督查、"防非停"落实情况周汇报、"两票三制"监督、特殊时段专业"特护"等形式,突出薄弱环节,促进自查自纠,严把质量关口,强化过程管理。对发生的异常情况,严格按照"四不放过"原则进行跟踪处理,监督零"非停"保障措施执行、落实到位。

(3)吸取教训,在每一次非停事件教训中前进。每一次非停事件都会给我们带来这样那样的教训。"吃一堑,长一智","前事不忘,后事之师"。吸取教训是我们对已经付出的代价最好的补偿。吸取教训,必须认真。要深入、全面、准确地分析每一次非停事件的原因,制订出切实可行的整改措施,落实和追究相关人员的责任,做到"四不放过"。吸取教训,必须落实。不能让整改措施停留在非停分析报告上,收藏在文件夹资料堆里,而必须让它们变成运行规程、检修规程、操作票、作业指导书里的条文、标准,变成可操作能执行的规定、细则。吸取教训,必须全面。不仅要吸取本厂发生的事件教训,也要吸取其他电厂发生的事件教训,引以为戒,弥补不足。

(4)超前诊断、及时干预,实现隐患闭环管理。完善安全绩效评估奖惩机制,对于发现重大设备缺陷、遏制或排除重大险情、防止人身和设备事故的人员,实施重奖。建立设备消缺、隐患排查治理和职业健康管理台账档案,按设备防护等级、健康状况、缺陷发生概率、危险因素危害程度等分类建档入账,落实风险防范和预控措施。发现问题,严格遵循缺陷闭环管理流程,深化综合治理,强调时效性,不断提高机组安全可靠性。

(六)创新外包管理模式,推进"点检+外包"一体化管理

随着电力行业自动化及管理精细化水平的日益提高,同类型电厂人员数量较以往大幅下降,许多发电企业都选择将部分检修、维护项目以承包方式进行外包。由于外包单位不固定,人员流动大,工作现场难以把控,造成安全管理存在极大隐患,基层电厂可根据企业特点优化自身管理模式,实施"点检+外包"一体化安全管理模式,将承包单位纳入公司"四个一样"安全生产管理体系。做到对承包单位的要求与对本单位的要求一样、对承包单位的管理与对本单位的管理一样、对承包单位员工的要求与对本单位员工的要求一样、对承包单位员工的管理与对本单位员工的管理一样。

(1)提高认识,形成"一体化"安全管理认同。为有效推进"一体化"安全管理在安全生产工作中的实践与应用,在广大员工中进行广泛宣传,使之成为检修全体员工和外包人员的思想共识和自觉行为。以"一体化"安全管理为主题,组织开展座谈讨论、经验交流等活动,使公司、外包各级管理人员逐步深化了对"一体化"安全管理的认识,并通过交流过程中的思维碰撞和管理交流,将"一体化"安全管理理念与安全生产实际有机结合起来,形成企业独特的安全管理模式,增强了"一体化"安全管理的可操作性。同时,充分利用公司宣传阵地的作用,广泛宣传"一体化"的深入融合,通过多维渗透的宣传攻势强化员工对"一体化"安全管理的认同。

(2)突出重点,确保"一体化"安全管理的有效运作。重团队,形成氛围。公司生产例会、月度安全监督网会,各专业不分甲乙方根据岗位同时参加汇报,每周各专业安全日学习活动,根据岗位设备分工进行讨论发言,日常管理除了设备分工不同、

岗位职责不同,所有工作均为统一管理。强管理,完善制度。根据安全工作实际,各专业对各项管理制度进行了重新梳理,对部分安全管理制度进行了修订,进一步完善和规范各类安全生产规章制度。对各专业设备分工、设备危险点分析、工作票管理制度、岗位安全生产责任进行了重新审核、补充和完善,细化了设备巡检路线、缺陷处理验收流程、工作票双重签发等各项工作步骤,完善了作业规程的各项安全措施。

(3)以"一体化"安全管理为主线,以实现安全生产为目标,健全和完善安全生产管理体制。构建安全生产齐抓共管的格局。在公司和维护单位之间牢固树立安全生产"一盘棋"的思想,做到各安全管理人员各负其责,互相补位,群策群力、齐抓共管。建立从公司、部门(外包)到班组三级安全质量标准化管理网络,上到公司专职安全人员,下到各班组安全员对安全质量标准化全面负责。

四、结语

以人民安全为宗旨,牢固树立安全发展理念,弘扬生命至上、安全第一是党和国家对每个生产企业的安全总要求。企业必须依靠严密的责任体系、严格的法治措施、有效的体制机制、有力的基础保障和完善的系统治理,大力提升安全防范治理能力,坚决防范遏制重特大事故发生。这是新时代党中央提出的新要求,是企业抓好安全工作、实现安全健康持续稳定发展的根本遵循。基层电厂应结合新形势下企业自身特点探索实践,营造浓厚的安全文化氛围,打造更高层次的安全文化,进而促进全员安全文化素质的提高,让员工身心健康与生命安全得到充分保障,最终将安全生产的长效机制给建立起来,以坚实的安全保障支持企业的快速发展,确保企业的长治久安。

创新安全管理　彰显文化魅力

华能集团北方公司第一热电厂　沙德生　李芊　浦永卿

摘　要：本质安全工作，从"心"开始。华能江苏公司某电厂多年来走出了一条坚实的安全发展之路。居安思危，电厂两年前成立安全风险管控创新工作室，工作室由"培训室、荣誉室、反思室"组成。借助"三室"新平台、电厂多措并举创新培训方式，以荣誉提升促进员工凝聚力，以真实案例警示教育违章者。以安全文化为引领，保证企业效益和安全统一发展，逐步趋近本质型、恒久型安全目标。

关键词：安全文化；强化培训；本质安全

中国华能集团清洁能源技术研究院有限公司江苏公司某电厂（以下简称电厂）始建于1991年8月，电力安全生产标准化一级企业。一期工程已关停并完成资产处置，二、三期工程4×330MW燃煤机组于2006年9月建成投产，总投资约50亿元。为推进企业清洁化、高质量转型发展，电厂先后异地建设2×25MW热电机组、灰场30MW、100MW光伏发电项目。

多年来，电厂持续深化落实安全生产责任制、扎实推进本安体系规范化，着力抓好过程化管理和精细化管理，夯实安全生产基础。电厂4台330MW燃煤机组实现连续13年A、B级修后全优；多次被集团公司、地方政府评为"安全生产先进单位"；连续5年被股份公司评为"安全生产标兵单位"，并被授予"安全生产标兵单位永久纪念奖杯"。截至2022年8月21日，安全生产无事故记录7800天，长周期安全运行再创佳绩。

一、本质安全管理文化创建的背景

2019年11月12日，习近平总书记在应急管理部"关于近期江苏省事故多发原因剖析"做出重要批示："国务院要对江苏省安全生产问题'开小灶'，进行专项整治，务必整出实效。"2020年4月13日，总书记在"江苏安全生产专项整治集中督导情况报告"上再次做出重要批示："继续抓整改不放松，实现'开小灶'任务后，再纳入全国三年整治的'大灶'，不达目的不放松。"总书记对安全问题高度关注，躬亲力行，多次发表讲话，做出一系列重要指示，充分体现了党中央、国务院对安全生产前所未有的重视，而我们电厂企业面对的安全形势严峻复杂，亟须新创意、新抓手来推动当下的安全管理工作。

1. 现场风险交织、解决问题刻不容缓

特殊情形下，电厂需开展废水改造、煤场封闭、污泥耦合发电等技改项目；灰场30MW光伏投运不久、异地100MW光伏项目工期紧张；还有机组各级检修，各类安全风险交织叠加，安全生产形势严峻。

2. 长周期安全运行、人员风险频现

（1）电厂员工梯队存在断档现象。原有员工年龄偏大、新入厂员工缺乏历练。电厂多年来抓好过程化管理和精细化管理，生产相关职能部门按部就班开展各项工作、循规蹈矩，开拓创新意识较弱。

（2）电厂员工安全思想松懈麻痹。电厂稳定运行多年，部分运行人员在监盘或操作中极少面临异常的考验。电厂开展多年的设备精密点检和预知性检修、设备稳定，使得部分检修员工，尤其新入厂员工抢修的经历屈指可数，容易在检修中出现麻痹大意的状况。

（3）违章现象不断。一小部分员工心存侥幸，现场易发违章，甚至出现违章指挥现象。甚至运行部安全管理人员竟违规联系外包检修人员、在未通风、未检测的情况下进入受限空间进行阀门操作，这一不当行为极易产生严重的后果，给企业和员工造成重大损失。

（4）外来人员管控风险大。电厂外包队伍多，人员流动大，素质差，安全管控风险大。

二、"三室"创建及具体实施

成立安全风险管控创新工作室：安全培训室、

荣誉室、反思室。

（一）培训室多措并举、发挥导向功能

无知者无畏、培训不到位就是最大的安全隐患，只有全体从业人员的安全责任培训、安全技能培训到位，才能真正提高全体员工的安全防范能力，最终形成本企业特有的安全文化。

1. 营造良好培训环境

电厂将员工及家属在安全书画大赛中获奖的作品装裱悬挂在培训室四壁。培训室既是课堂、也是员工及家属才华展示的舞台。家属的书法、亲人的手笔，也触动了员工心底最温柔的弦。

2. 创新安全培训模式

电厂将安全工作延伸到8小时以外，工会成立职工家属安全协管会，作为安全工作的后方阵地，让家属参与安全管理，形成厂内厂外、家里家外共治违章的态势。工会将职工家属请进厂房、请进现场。家属既看到了现代化的一流火电企业的雄伟壮观的外景、了解了电厂辉煌的历史，也深入看到了电厂错综复杂的生产管线，深切体会了安全工作的重要性。

（1）加强内部培训：所有员工、临时用工上岗前必须接受安全教育培训，明确自身工作范围内的危险源，做好安全意识和安全技能方面的准备。电厂开展安全管理人员培训班，及时更新安全管理人员管理理念。强化工作票"三种人"培训及资格考试，确保工作票"三种人"能力满足安全及专业技能要求。

（2）搞好外部培训：一是积极主动参加江苏公司等上级机构组织的安全培训，二是邀请市安全生产管理协会等有关专家来公司讲课。邀请市应急管理局安全专家对特种作业人员取证、复证进行培训，并指导辨别特种作业人员证件合法有效性。

（3）多方式锤炼员工技能素质：电厂通过桌面演练、事故预想等方式不断锤炼员工技能素质，磨砺意志，提升专业素质；通过年度安全考试、季度安全调考、动态管理考试等形式不断提升人员安全技术素质，增强安全保障能力。

3. 创新培训手段

电厂改造建设了一个现代化的、采用视、听、实操相结合的三维立体式电力安全培训体验室。安全培训体验室主要手段为"VR体验式教学"，即采用计算机技术，使学员沉浸在模拟世界中体验逼真的事故发生过程，感受不安全行为的严重后果，达到警示教育的目的。说教百次，不如让员工体验1次，安全培训体验室是安全教育管理的新方式，也是企业安全教育管理的新方向。

4. 建立安全培训库

电厂建立企业内部体系化、结构化、专业化的培训课程库：广泛搜集优质网络培训视频；聘请专家讲课，纳入精品课程库；采购、自主开发专题培训视频，如高风险作业视频、"两票三制"专题、安全工器具专题等；梳理培训体系、优化培训结构、研究培训专业，逐步构建企业特色化培训库。

（二）凝聚与激励、荣誉室架起员工心与心的桥梁

荣誉室一面墙上陈列了电厂近年来取得的安全生产方面的20面奖牌；另一面玻璃柜内陈列股份公司安全生产标兵单位永久纪念奖杯。熠熠生辉的奖牌、奖杯，带来了荣誉感、也带来了使命感。2013—2017年，电厂连续5年成为股份公司安全生产标兵单位，2017年初，更被授予股份公司安全生产标兵单位永久纪念奖杯（股份公司唯一）。对新入厂的大学生培训时，一些老同志都会如数家珍的回忆奖牌背后的往事、奖杯背后的荣耀。荣耀与往事、凝聚与激励，荣誉室架起员工心与心的桥梁。

当企业安全文化所提出的价值观被企业职工内化为个体的价值观和目标后就会产生一种积极而强大的群体意识，将每个职工紧密地联系在一起，形成一种强大的凝聚力和向心力。

（三）反思室从心灵深处震撼违章者，发挥了巨大的辐射和同化功能

反思室一面墙上张贴外包单位员工全家福，一面墙上悬挂违章可能造成家破人亡的警示标牌。当把人的安全比作是"1"时，人的事业、财富、荣誉等等，就像在"1"后面加"0"，越多越好，说明事业成功、家庭幸福！但人的安全"1"不存在，后面再多的"0"也无意义。

中间的投影仪播出针对性的专题视频，物体打击、机械伤害、触电、火灾、高处坠落……监控的实景拍摄、高度还原的现场。电厂建立企业警示库，收集了诸多现场案例，以监控实拍为主，按照事故伤害类别进行分类整理、持续更新。电厂一类违章者、反复违章者都将进反思室学习，根据违章情况播放对应视频。条条规程血铸成，切勿再用血验证。

很多违章者学习后，低头不语，表现了对自己违章行为的后怕和愧疚。

企业安全文化一旦在一定的群体中形成，便会对周围的群体产生极大的影响作用，迅速向周边辐射。

三、实施效果

"安全生产、攻心为上"，安全风险管控创新工作室充分彰显了电厂安全文化的导向、凝聚、激励、辐射与同化四大功能，极大提升了企业安全管理工作。

（一）极大促进了企业管理规范化形成

员工从进厂的安全培训到每年的"三种人"考试、特种作业取证、甚至违章后的教育都将在安全风险管控创新工作室进行，规范了安全工作的诸多环节。安全风险管控创新工作室建设以来，企业现场作业规范程度显著提升，生产管理井然有序，工作流程按部就班，"两票三制"落到实处，切实让安全文化成为企业安全管理的核心力量。

（二）极大增强了干部员工的安全意识

员工产生了敬畏意识、敬畏规则、敬畏制度，促使员工的安全意识、责任落实、技能水平得到了极大提高。据统计，90%以上事故是由于人的不安全行为引起的，并且90%的不安全行为来自于员工安全意识的不足。安全风险管控创新工作室极大增强了员工的安全意识。

（三）极大丰富了企业文化体系内涵

安全是企业发展永恒的主题，安全工作永远在路上。创新是企业发展的第一驱动力，安全风险管控创新工作室建设极大丰富了企业安全文化内涵，推进企业安全可持续发展。安全文化是企业文化体系建设的重要组成部分，是企业软实力的重要体现，也是企业发展的内在刚需。将安全文化建设与安全风险管理平台相结合并纳入企业发展规划，将人员管理前置化、流程化，更有针对性做好人员管理，是保障企业安全生产长效机制的有力推手，能够引领企业迈入安全生产智慧管理、科学管理的新时代。

参考文献

[1] 中国安全生产科学研究院. 安全生产管理 [M]. 北京：应急管理出版社，2019.

[2] 马洪顺. 本质安全管理事务 [M]. 北京：中国电力出版社，2018.

探索新能源企业安全文化建设新途径

华能新能源股份有限公司蒙东分公司　李世英

摘　要：新能源产业的快速发展，对新能源安全生产提出了更高的要求，但在现实的安全管理中，由于人的不确定因素多，对人的不安全行为的管理难度特别大，所以要提高安全管理水平，预防事故的发生必须从安全文化建设入手。突破传统思维方式，创新安全理念是安全文化建设首先要解决的问题；安全理念应通过安全管理制度来体现，将理念通过制度来落实到行动中，所以创建和完善本质安全管理体系就成为安全文化建设的基石；让本质安全体系实现精准化、精细化管理，信息化技术的运用无疑是最佳的选择，创建数字化、智能化、信息化的安全管理系统是开展安全文化建设的有效途径。本文探讨的是安全文化建设的思路，望能给同行提供参考和借鉴。

关键词：安全理念；本质安全体系；信息化平台

一、引言

国家碳达峰、碳中和发展战略，必然带来新能源产业规模快速发展。新能源产业作为今后重要基础产业，肩负着绿色发展的历史使命，这就对新能源企业的安全生产与管理提出了更高的要求。以推动高质量发展、创建具有全球竞争力的世界一流企业是华能集团的奋斗目标。开展安全文化建设就是要坚持人民至上、生命至上，发展决不能以牺牲人的生命为代价，这必须作为一条不可逾越的红线等发展理念，要继续秉承"安全是技术、安全是管理、安全是文化、安全是责任"的总体思路，创建一流企业，促进集团持续高效发展，实现"零事故、零伤害、零污染"的安全管理目标。

安全管理实践经验告诉我们，生产安全主要是通过员工的安全行为来实现的，而人的行为由意识支配，没有安全意识就没有安全行为。据有关数据统计，88%的事故是由人的不安全行为造成的，而90%人的失误是安全意识的问题，安全意识淡薄成为安全事故中的第一杀手。所以，在强化安全意识，控制人的零失误方面，我们应该用先进的安全管理理念，超前预防意识，有效的管控措施和先进的管理技术，提高安全管理水平，提升广大员工的安全文化素养，营造和谐守规的安全文化氛围，让文化促进安全。形成的安全文化指导全体职工思维模式，规范安全行为，养成安全习惯，用文化管控安全，为企业高质量发展筑牢基石。

然而，在安全管理现实中，大家都能看到一种现象，当某个典型事故案例出现后，就会在全行业、全地区乃至全国开展安全大检查，这种头痛医头、脚痛医脚，"运动战"的短期做法和"亡羊补牢""马后炮""事后诸葛亮"的被动式做法仍然成为我们安全管理中的主旋律。在剖析某个事故案例时，总是有责任制不落实、管理制度不健全、风险管控不到位、外包项目管理不规范、安全技术措施落实不到位等结论，这些都充分说明安全管理存在许多短板，亟须解决。

二、突破传统思维，创新安全管理理念，是新形势下对安全管理的必然要求

安全理念决定安全意识，安全意识决定安全行为。让安全理念在安全文化建设中起到引领作用，就必须有先进的安全理念来引领，且切合实际，才能让广大员工接受并渗透到人的意识中，转化为安全行为。因此，安全理念必须顶层设计。

（1）安全理念：想不到是最大的危险。"想不到"的危险必然是没有被辨识的危险，没有被辨识的危险必然是没有管控危险，危险没被管控那就是最大危险。这一理念揭示了风险管控的内在规律。

（2）冰山理论：将事故比作一座冰山（图1）。冰山露出水面的部分是事故的直接支出。而冰山的大部分是在水下，大约是冰上部分的5～8倍。

图 1　冰山理论

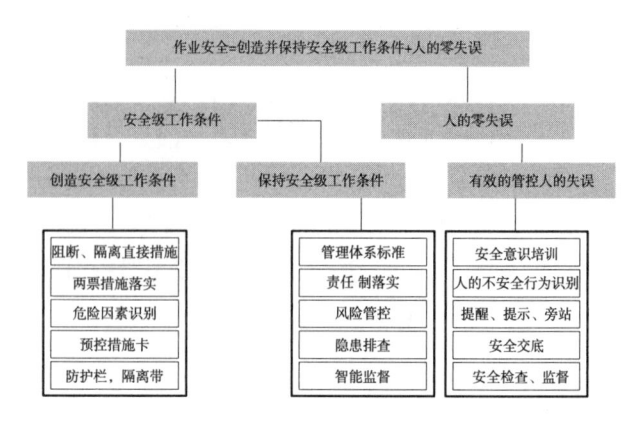

图 2　作业安全公式

（3）海因里希事故法则。海因里希事故法则就是说，有 300 个隐患、危险源、习惯性违章，就有可能出现 29 个事故，其中包括一般性事故。而 29 个事故，就可能引发 1 个重特大事故。事故产生的原因主要是物的不安全状态、人的不安全行为、环境因素和管理缺陷。

（4）安全哲学思想：安全管理就是管万一，放弃了万一，就是赌命。大意、侥幸将最终导致安全事故的发生；凡是可能发生安全事故的隐患就必定会发生安全事故；安全投入是一项战略性投资，能带来丰厚的回报。

（5）能量运动规律。基于能量运动的本质安全，是指生产系统在对应状态下所固有的安全水平，我们知道，生产过程实质是一个能量运动过程，按照人们意愿的能量运动过程即安全，违背人们意愿的能量运动过程即能量无序释放过程为事故，所以说事故是存在于生产过程之中，危险是伴随能量运动而存在，是固有的。通过对不受控能量释放可能性的辨识、评估、预警并采取有效的措施实施控制，达到对事故的可控，这就成为在实际中进行风险管控工作的核心。

（6）安全生产保证措施：三项安全保证措施。全员管理：对全体员工的培训，对全体员工的正向激励，对违反安全规定的员工予以重罚；全过程管理：工作时间的管理，安全以外时间的安全管理；全方位管理：生产区域的安全管理，生活区域的安全管理，办公区域的安全管理。

（7）作业安全公式：作业安全 = 创造并保持安全级作业条件 + 人的零失误（图 2）。创造并保持安全级工作条件就是用阻断或隔离的直接措施来控制能量的无序释放。保持安全级作业条件不被破坏重点是有效管控人的失误，两者缺一不可。该公式从理论上阐明了作业安全的基本条件。

（8）体系建设思维。安全管理体系建设关注的是系统、研究的是管理、重点是预防、目标是零事故、形成的是文化。

通过以上理念的建立，使我们的生产管理者和操作者更能清晰地认识生产过程中的安全、危险和事故。为开展安全文化建设，筑牢安全管理三道防线奠定了理论基础。

三、创建和完善本质安全管理体系是开展安全文化建设的基石

让理念固化成制度标准，让制度标准成为文化，用文化管控安全，是安全管理的最高层次，新的安全管理理念应通过安全管理制度来体现，将理念通过制度来落实到行动中。所以创建和完善一套全面的、系统的具有可操作性的本质安全管理体系是开展安全文化建设的基石，也是安全管理的基础。

（一）本质安全管理体系的建设应在传承的基础上创新

我们在总结多年安全生产管理经验的基础上，继承了我国电力行业行之有效的做法，借鉴了近年来国际上一些较为成熟的管理体系的管理理念和方法，结合国家、行业、国际标准，并充分考虑华能集团新能源特点，用本质安全管理理念，对现有安全生产流程进行梳理、规范和整合，结合安全生产管理体系的原则和要求，进行安全生产业务的梳理，对原有的碎片化、零乱的制度进行全面的筛选，创建了一套生产本质安全管理体系。

（二）本质安全管理体系建设应遵循 PDCA 的原则

本质安全管理体系应遵循基于风险控制 -PDCA 的安全生产管理业务模型，即策划→实施→检查→改进，不断循环，周而复始、螺旋上升，在不断的循

环中实现持续改进,如图3所示。

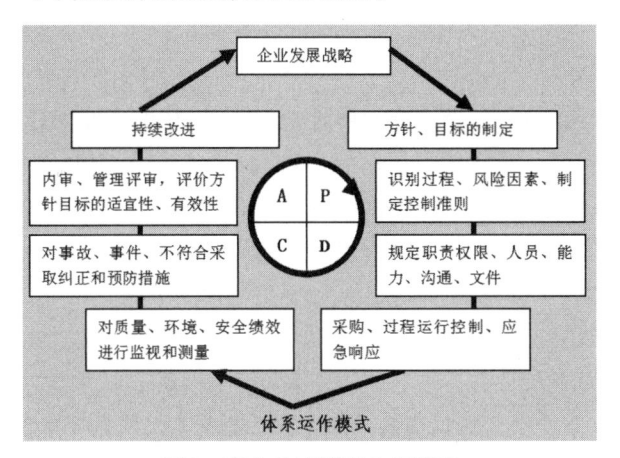

图3 安全生产管理业务模型

体系的基本框架应包括:方针与目标、组织、策划、实施与运行、检查与整改及考核与总结六个环节,如图4所示。

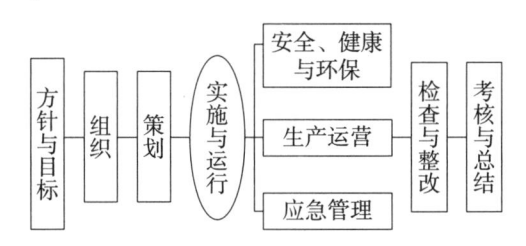

图4 体系的基本框架

(三)本质安全管理体系应是全面的、系统的管理体系

本质安全体系包括本质安全管理手册,规范性程序文件,安全管理规范,消防与安保管理规范、职业健康管理规范、环境保护管理规范、生产运行管理规范等内容,应全面覆盖整个安全生产管理范围,从制度层面上解决有章可循的问题。

(四)本质安全管理体系应满足以下要求

(1)体系文件应做到三个符合:每一个体系文件的都按照符合国家法律法规的要求、符合上级单位的要求、符合本单位的实际情况。

(2)体系文件达到5W1H要求,即"做什么(What)、何时做(When)、何地做(Where)、由谁做(Who)、为何做(Why)、如何做(How)"的要求。

(3)优化流程、简化手续、细化细节,使制度更具有可操作性。按照制度流程化,流程表单化的要求,对体系文件的进行全面梳理,在确定要素及控制点的基础上,结合管理流程变化,与当前实际工作对接,优化流程,细化操作内容,做到控制点、要素完整,流程清晰,更具有可操作性。

(4)明确管理职责,责任更加清晰。厘清职能部门职责,使其更加清晰。为使职责明确,对其组织机构、部门以及岗位设置要进行深入调研,结合实际情况,落实管理规范的责任部门,使管理责任横向到边,纵向到底,对原来一些管理要求比较模糊的地方进行了进一步的明确。

(5)体系更加规范化,格式统一。按有关标准要求编制,使体系文件更加规范,条文清晰、具体,用词准确、简洁;同时并绘制相应流程图,完善各种表格,便于操作。

四、信息化平台的应用是实现精准化、精细化管理的有效途径

本质安全管理体系已经建立起来,在当今数字化、智能化、信息化时代,让本安体系实现精准化、精细化管理,信息化技术的运用无疑是最佳的选择,创建数字化、智能化、信息化的安全管理系统是开展安全文化建设的有效途径,是落实本安体系的最有效的手段。

(一)通过信息平台建设,解决责任制难落实的问题

通过信息系统平台,强化了责任制的落实,将风险管控、隐患排查治理与责任制的有效落实联系在一起,明确了风险管控谁去管、隐患排查谁去查、查什么的问题,且都在平台上留痕,可追溯。比如高风险作业时,安全管理人员应到现场监督,平台通过预控卡上的二维码扫码,监督人员到现场后扫码,保证人员确实在现场监督,责任制得到了有效落实。

(二)通过信息平台建设,使体系管控流程运转流畅

管理制度化,制度流程化,平台很好地解决了这一问题。如外包人员管理中,体系规范要求入场人员必须经过三级安全教育培训方能入场。平台应用身份证刷卡器,在刷卡的同时,平台通过电脑连接的摄像头,自动对施工人员进行拍照,人员资质合格后,用培训平台进行培训考试,考试合格后生成上岗证。并同步将采集人员和上岗证信息与门禁系统对接。未经考试合格人员就进不了现场,通过平台将管理流程有序运转,如图5所示。

— 391 —

图 5 体系管控流程图

（三）通过信息平台建设，实现高效智能化管控生产安全

通过信息平台，实现高效智能化管控。如双重预防机制建设，平台将风险作业数据库，按风险等级将作业任务、作业管控措施和管控责任人以及隐患排查等各管控环节闭环融合到一个系统中，通过平台实现了全天候、全过程、全方位的管控，解决了安全监管难的瓶颈，同时也有利于不断补充完善风险库，从而达到 PDCA 自我完善的目的，大大提升了安全管理水平。

（四）通过信息平台建设，解决安全管理手段过时、安全信息不对称、监督不到位问题

如信息平台对所有工作票和操作票都实现数字化、智能化作业风险分级管控，实时显示现场作业区分布状态，按照作业任务区域分布，重点显示作业任务、作业人员风险分布情况，使管理人员或安监部人员一目了然，分层次管控风险作业情况，实现安全监察的动态管理。

（五）通过信息平台建设，解决体系闭环管理的问题

如在隐患排查治理过程中，在以往的工作中风控与隐患无法有机结合，隐患排查常常有疏漏，通过智能化信息管控机制，将未演变成隐患的风险有效管控，将未辨识到的风险通过隐患排查得以消除，整个隐患治理过程全部在平台上可查、留痕、处在监控之中。有效解决了隐患管理不到位、处置不及时、不闭环、信息不对称的问题。

（六）通过信息平台建设，建立了大数据分析，为决策提供了科学依据

信息平台实现了安全风险预警。结合安全风险预控工作情况，建立安全风险预警分析模型，根据模型的内置算法，对整体的安全风险预控直观量化展示，领导及安全人员可实时掌控整体的安全风险现状，对安全风险提出预警。

五、结论

理念创新、制度科学、信息化技术应用是开展安全文化建设的三驾车，齐头并进，缺一不可，是开展安全文化建设的有效途径。通过这个途径，最终建设成一种人人"想安全、懂安全、会安全、能安全"的安全文化，是我们要实现的安全管理目标。

参考文献

马洪顺. 本质安全管理实务 [M]. 北京：中国电力出版社，2017.

落实安全新理念　实现发展高质量

——鹤壁中泰矿业以特色安全文化助推矿井高质量发展

鹤壁中泰矿业有限公司　杜改林　郭　岚　裘庐海

摘　要：煤炭企业的科学发展始终面临着异常恶劣的自然条件，应对着日趋复杂的管理环境，经历着众多因素的严峻考核。煤企高质量发展，就必须坚持总体国家安全观，把创新安全文化建设引入各项发展工作中，必须正确理解安全文化的意义，正确把握安全文化内涵，科学地确立安全文化理念，深化创新特色安全文化建设，把安全文化作为推动企业和矿井安全发展、科学发展的重要引领，形成"以人为本、关爱生命"的特色煤矿安全文化，为维护矿井高质量发展提供坚实基础。安全文化一旦形成习惯，就会以一种无形的力量去规范和调整干部职工的安全行为，真正使安全成为一种自觉的行动。

关键词：特色安全文化；安全理念；高质量发展

安全文化是企业的核心竞争力，是企业管理的最高境界，是企业安全工作的灵魂，是企业全体员工对安全工作集体形成的一种共识。安全文化一旦形成习惯，就会以一种无形的力量去规范和调整干部职工的安全行为，真正使安全成为一种自觉的行动。

国家安全是安邦定国的重要基石，维护国家安全是全国各族人民根本利益所在。人命关天，发展决不能以牺牲人的生命为代价。这必须作为一条不可逾越的红线。鹤壁中泰矿业有限公司（以下简称鹤壁中泰矿业）认为，煤炭企业的科学发展始终面临着异常恶劣的自然条件，应对着日趋复杂的管理环境，经历着众多因素的严峻考核，煤企高质量发展，就必须坚持总体国家安全观，把创新安全文化建设引入各项发展工作中，必须正确理解安全文化的意义，正确把握安全文化内涵，科学地确立安全文化理念，深化创新特色安全文化建设，把安全文化作为推动企业和矿井安全发展、科学发展的重要引领，形成"以人为本、关爱生命"的特色煤矿安全文化，为维护矿井高质量发展提供坚实基础。通过把创新安全文化作为企业发展的最大支撑力量，当作企业高质量发展的助推器、加速器，确保实现各项奋斗目标。

一、建设特色安全文化，必须规范职工安全生产行为，坚持做到以人为本

思想是行动的先导，有正确的思想才有正确的行为。安全生产的主体是人，人的安全意识将直接作用于安全生产的具体工作。人不仅是安全管理的主体，而且是安全管理的客体。在安全生产人、机、环境三要素中，人是最活跃的因素，同时也是导致事故的主要因素，能否实现安全生产关键在人；只有强化员工的自觉安全意识，才能杜绝习惯性违章，才能掐断事故的导火索；只有不断提升和规范职工安全行为，才能更好地保障安全生产。能否有效地消除事故，取决于人的主观能动性，取决于人对安全工作的认识。鹤壁中泰矿业十分重视对职工安全意识的教育，要求各基层党支部在班前班后会不断加强思想教育和培训，按时开展思想动态分析会，并时刻加强安全形势任务教育，学习安全常识和相关知识，随时随地掌握各基层支部员工的思想动态，矿井利用宣传栏、编发小册子、知识竞赛、征文等活动方式不断加强对职工安全意识的教育。该矿教育员工，煤矿上有90%以上的事故都是人的不安全行为导致的，即使有先进的生产技术和完善的规章制度，也不能彻底消除人为错误而导致的事故。鹤壁中泰矿业通过运用以往的典型事例对职工进行安全教育，使他们能够在工作中按规章制度和操作过程进行操作，确保矿井的安全生产和各项目标的顺利实现。

鹤壁中泰矿业坚持围绕具体的安全生产工作，坚持教育引导，加强安全思想教育，要求从领导到员工充分认识安全、理解安全,在理念上实现从"要我安全"到"我要安全"的飞跃,正确树立起安全是相对的,危险是永恒的;事故是可以预防、可以避免的科学理念。安全思想教育体现的是尊重人、关心人、爱护人、理解人,是注重"以人为本"实现安全生产的重要手段,也可以说是实现安全生产必不可少的重要举措。在"人、机、物、环、管"五大安全要素中人位居之首,也可以说人是最本质、最不确定、最活跃的要素。通过事故致因分析,坚持从根本上控制各类事故的发生,从提高全员的安全技术素质入手,加强安全思想教育,提高安全意识做好自主保安,以人为本,打造一支既掌握过硬技能又具有较高素质的员工队伍,实现安全生产的根本保证。

二、建设特色安全文化,必须提升矿井安全管理水平,树立企业良好形象

安全管理由经验型、事后型的传统管理向依靠科技进步和不断提高员工安全文化素质的创新型现代化安全管理模式转变,是安全发展、高质量的必然趋势。在这一转变的过程中,没有先进的安全文化做支撑,安全生产工作就会迷失前进的方向,没有先进的安全文化理念做引领,现代化的安全管理模式也不可能真正建立起来。鹤壁中泰矿业始终认识到,安全文化是一种新型的管理形式,是安全管理发展的一种高级阶段。该矿对安全文化建设高度重视,根据矿井实际情况与特点,将安全管理的重心转移到提高职工的安全文化素质上来,转移到以预防为主的方针上来,转移到主动安全的模式上来。通过安全文化建设,最大限度地提高职工队伍的素质,树立职工新风尚、企业新形象,增强企业的核心竞争力。

制度是各项管理工作的基础,是保证安全目标任务落实的重要环节。鹤壁中泰矿业不断加强安全制度文化建设,将安全制度文化作为煤矿文化中人与物、人与企业运营制度的中介和结合,作为一种约束企业和职工行为的规范性文化,使企业在复杂多变、竞争激烈的环境中处于良好的状态,促使企业职工在施工管理和实际操作中严格执行企业各项管理制度和安全措施,从而保证管理目标的实现。鹤壁中泰矿业依据《安全生产法》《煤矿安全规程》等法律法规和规章并结合企业实际,制定符合本企业实际情况的"安全生产管理制度",形成职工的安全联保制度、安全隐患举报奖励制度、安全管理信息化制度、违章人员警示帮教制度、领导带班下井制度等有自身特色的"安全制度"。在矿井发展过程中管理者依托这些制度和标准来规范人们的安全行为,解决安全管理的力度不够、容易反弹的问题,掌握安全生产的主动权,形成安全文化的特色。

安全制度文化建设是安全文化建设的重要内容。鹤壁中泰矿业建立健全各项规章制度,进一步规范员工的行为,使安全生产有章可循,有法可依,执法有据;切实执行安全生产责任制,逐级落实责任,建立起覆盖各单位、各工种和各个工序的安全管理网络,有效地控制生产过程,监督职工的生产行为,起到有效的防范作用。在安全文化建设中,鹤壁中泰矿业建立有效的约束与激励机制,做到赏罚分明、奖优罚劣,对安全生产有突出贡献的要重奖,造成事故的要重罚,明显增强职工的安全责任感。通过加强各项安全管理制度的整合,使企业形成一套科学、系统、完善的安全管理长效机制,全面推进安全文化建设,提升矿井安全管理水平。

三、建设特色安全文化,必须重点抓好"五个关键",推进企业高质量发展

第一,注重抓好"文化宣贯"这个关键。企业安全文化建设的土壤是职工,职工知识水平的高低、业务能力的强弱等基础文化素养,与安全文化工作的实施密切相关。因此,鹤壁中泰矿业加强企业安全文化的宣传教育,结合职工基础教育和其他教育,向职工宣贯安全文化,做到形式多样、内容丰富、活动经常。为了让矿区广大职工深入理解安全文化理念和精神,服务安全生产,把握主要内涵和要义,鹤壁中泰矿业党委组织各党支部利用"小课堂"、班组会等多种形式加大安全文化理念的宣传学习。坚持利用橱窗专栏,适时制作宣传展板,在显著位置刊登、播出、展示安全理念和精神内容,使企业信念和精神得到有形的展示。通过宣传和学习,引导职工自主学习,使广大职工增进文化认同,提升文化自信,凝心聚力,用安全文化来提升企业管理水平,从而推动企业高质量发展。

第二,注重抓好"以人为本"这个关键。以人为本是创建安全文化的全部内涵,也是安全文化建设的出发点和落脚点。安全文化影响着每一个人的思想、行为,好的文化将引领员工追求安全、健康的生产和生活方式。鹤壁中泰矿业把安全文化创建放在激发员工关爱生命的自我防护意识，调动员工自律安全的积极性上，启发、引导、强化安全意识，增强防范意识，提高安全素质和技能。坚持安全文化建设与"物质文化、制度文化、思想文化、行为文化"融为一体，整体推进，进一步规范广大干部职工的安全行为，从而形成职业安全与健康共同的价值观，构筑安全生产的长效机制，实现安全生产。

第三，注重抓好"信念坚定"这个关键。信念的力量是无穷的，信念的迷失则意味着事故的发生。作为煤矿，要想实现高质量发展，必须让干部员工坚定信念，坚信安全是企业最大的效益、安全是干部的政治生命、安全是职工最大的福利。鹤壁中泰矿业坚持在保证矿井安全生产的前提下，不断提高企业的经济效益和社会效益，充分展示良好的企业形象和企业风貌。教育干部员工要认识到，安全是干部的政治生命，安全生产人人有责，干部的责任更大。让干部员工认识到，在煤矿干工作的一定要以"坚定的信念"做支撑，时刻紧绷安全这根弦，时刻提高警惕，避免事故的发生。

第四，注重抓好"树立团队精神"这个关键。列宁说过，组织能使力量增加十倍，组织大于个体之和。团队精神不仅能激发个人的能力，而且可以激发团队中其他人，团队精神有凝聚团队成员的作用。要深化安全文化建设，关键是要树立好"团队精神"，要提倡团结互助的安全工作自控、互控和他控的"团队精神"。鹤壁中泰矿业通过全员树立安全"团队精神"，形成"安全第一，预防为主"的凝聚力、向心力，走出"人盯人"管理、"逐级罚"惩治的被动局面，矿井全体干部职工一道，拧成一股绳，劲往一处使，通过安全文化的自动协调功能，实现"要我安全"向"我要安全"的转变，实现"个人安全"向"整体安全"的转变，实现矿井安全高效高质量发展。

第五，注重抓好"加强安全精神文化宣传"这个关键。安全精神文化，是安全文化的核心。从本质上看，它是全体职工在工作中所体现出的安全思想和意识、情感和意志的综合体现。它是职工在长期实践中，不断接受安全熏陶、教育、约束后所逐渐形成的具有自觉性、主动性的安全心理和思维特点的安全综合素质，它反映了大部分职工对安全的认知与对危险辨识的总体平均能力。鹤壁中泰矿业注重安全精神文化建设，确立"三不四可"安全理念，坚持"安全高于一切、安全重于一切、安全先于一切、安全影响一切"的安全价值理念，"安全无终点、管理无漏洞"的管理理念，"我为安全负责"的责任理念，使企业安全精神在实际工作中落地生根。

通过深化安全文化建设，让员工对安全文化入脑入心，践之于行，发挥出安全文化的影响力，深化员工对于安全文化的理解，将安全文化贯穿工作的始终，由点到面，全面推开，当作企业高质量发展的助推器、加速器，推动企业高质量发展。

新能源电力企业本质安全管理体系构建研究

华能新能源股份有限公司河北分公司　王　森　郑俊斌　丁春兴　吴　涛

摘　要：随着新能源电力企业的快速发展，安全生产管理工作的好坏直接影响企业资产质量和发展根基。只有建立科学的安全生产管理体系，才能确保平稳、顺利、高质量地承接急剧增长的发电资产，适应新形势下的要求与挑战。本文分析了当前新能源电力企业安全生产管理现状，总结多年安全生产管理经验，结合场站现场实践，提出了从本质安全管理机制、设备管理和检修维护、员工安全生产意识和能力、本质安全文化建设四个方面着手，构建适用于现代新能源电力企业的本质安全管理体系。

关键词：本质安全管理体系；新能源电力企业；体系构建

电力企业是国家现代经济发展的基础，新能源电力企业是我国实现"双碳"目标的重要支柱。在追求新能源电力企业高质量发展的当下，保障电力设备的平稳健康运行，减少安全事故，是最基本的底线与要求。因此，必须在安全生产管理过程中，建设高效、科学、系统的本质安全管理体系。

一、本质安全管理体系概述

本质安全（Intrinsic Safety），《中国电力百科全书》中的定义为"在误操作或发生内、外部故障的情况下，系统自身具备的不会造成事故的能力"，可以理解为"通过系统、合理和可靠的设计，使设备、装置具有内在的防止发生事故的功能"[1]。本质安全管理体系（Intrinsic Safety Management System）是指运用企业组织架构设计、技术、管理等措施，整合梳理松散的各类制度、规定、办法，重点从人、机、环、法等方面采取管控措施，促进企业安全生产管理体系化，建立起"PDCA"（Plan策划、Do实施、Check检查、Action改进）[2]安全生产管理循环，制定涵盖安全监督、生产运营、职业健康、环保、消防等管理规范，实现对事故的长效预防。

二、新能源电力企业安全管理现状

（一）全国电力安全生产情况

2019—2021年，全国电力装机容量从20.1亿千瓦增长至23.77亿千瓦，新能源占比由21%增长至27%，风电、太阳能发电装机容量增长超过2.25亿千瓦。随着新能源发电企业的飞速发展，许多新设备、新技术投入应用，加之许多发电设备的长期使用、机组设备老化等原因[3][4]，安全操作风险加大，安全管理愈加复杂，导致了不安全事件的随之增加。根据国家能源局统计数据显示，2019年全国电力人身伤亡事故43起，死亡人数50人，新能源电力企业占比分别为12%和14%，而2021年1—10月数据显示，两项比例分别升高至13%和16%，新能源电力企业安全生产问题需引起相当的重视。

（二）新能源电力企业安全生产中存在的问题

通过对全国电力事故发生原因的分析，结合相关安全生产管理理论和实践经验，发现目前我国新能源电力企业安全生产中存在着如下问题。

1.适应新业态的准备不充分

随着新能源开发模式的更加多元化，储能设备陆续投运，大容量风电机组显著增多，分布式光伏、渔光、农光互补项目相继建设，新业态新技术带来新的安全风险。但是，新能源电力企业普遍对新形势下的安全管理特点了解不全面，技术上没有深入研究，管理上没有提前准备，风险上没有充分考虑，创新上缺乏主观能动性[5]。

2.安全生产管理体系不完善

新能源电力企业制度建设系统性、规范性、有效性仍然存在差距[6]。部分企业干部和职工制度意识薄弱，存在经验主义和惯性思维。在快节奏发展过程中，制度的执行"说起来重要、干起来次要、忙起来不要"的情况仍然存在。反违章、隐患排查未形成长效机制，"两票三制"等基础工作规范性不强[7]，不安全事件"四不放过"管理不到位。

3. 从业人员安全技能不足

部分一线干部和职工对自己的安全责任不清楚，现场的运行、检修维护安全管理界面模糊，安全知识技能无法覆盖安全生产业务[8]，且安全生产教育培训层层弱化，未能将事故与预防有效传达至外包单位。安全风险防范意识不强，技改、定检、预试项目"三措两案"制定粗糙，但是技术管理人员、安全管理人员未能有效指导完善[6]。

4. 现场安全管理执行力不强

部分企业安全生产管理动作的衔接不流畅，重点工作和日常工作结合不够。比如隐患排查治理、反违章等基础安全管理工作开展效率不高，"现场人员查违章、技术人员管隐患"的执行不到位。现场应急处理措施不恰当，导致事故处理延误[5]。现场安全工具、设备管理混乱，不能有效保障[4][9]。

基于上述问题，本文总结了多年安全生产管理经验，通过现场实践与研究探索，提出了从四个方面着手，构建适用于新能源电力企业的本质安全管理体系。

三、本质安全管理体系构建实践经验

1. 建立健全本质安全管理制度体系

作为高速发展的新能源电力企业，要杜绝人身重伤以上事故、误操作事故、主设备损坏事故，不发生一般设备事故、火灾事故、责任交通事故、环境污染事件等，确保生产经营安全和网络安全。为实现以上目标，不断完善管理制度是实现本质安全管理体系构建的根本。新能源电力企业要依据新《中华人民共和国安全生产法》等相关法律规定、标准和规范，结合新能源电力企业的实际情况，基于"PDCA"运行模式，建立以人为本的本质安全管理体系。具体分为三个层次，分别是Ⅰ体系管理手册、Ⅱ规范和程序文件、Ⅲ操作规程和其他支持性文件，具体规范和制度文件内容和数量可根据不同发电企业类型进行调整，但各发电企业内部应包括《本质安全体系管理规范与程序》《安全管理规范》《消防与安保管理规范》《职业健康管理规范》《环境保护管理规范》和《生产运行管理规范》等六大方面。总体原则为按照总部部门、风光场站班组和集控运行值的管理架构模式进行编制，突出运检分离、项目场站班组化管理的特点。

2. 强化设备管理和检修维护工作

企业的生产活动、效益增长都离不开设备的安全、平稳运行，日常运行中的电力设备管理和检修维护质量是本质安全管理体系建设合理性和落实有效性的重要检验标准。严格的安装质量把控、科学的设备管理方法、清晰的岗位职责划分、专业的检修维护人员、及时的设备缺陷消除、明确的检查监察制度，是提升新能源场站电力设备安全性能的有效保证，需要纳入本质安全管理体系。基于以上，需重点关注技术管理、设备计划停运管理、设备故障管理、数据收集和整理上报管理、数据分析管理，抓住组织与职责、数据质量、可靠性措施、整改落实评估等关键控制点，实现适应风速、辐照度等新能源电力特性的设备管理和检修维护。

3. 提高员工安全生产意识和能力

新能源电力企业的安全生产与运维离不开员工的投入和参与，因此不断增强员工的安全意识、提升安全知识水平、提高安全操作能力，是确保本质安全管理体系构建的基础支撑和有力抓手。操作层面上主要分三点：一是企业应定期组织全体员工进行安全生产理论和实操相结合的教育和培训，保证员工具备必要的安全生产理论知识，熟悉有关的安全生产规章制度和安全操作规程，掌握所在岗位的安全操作技能，了解事故应急处理措施，知悉自身在安全生产方面的权利和义务。二是员工应当主动接受安全生产教育和培训，掌握本职工作所需的安全生产知识，提高安全生产技术、技能，增强事故预防和应急处理能力，加强安全监督监察能力水平。未经安全生产教育和培训，或考核不合格的人员，一律不得上岗作业。三是生产部门应当建立安全生产教育、培训和考核档案，如实记录安全生产教育和培训的时间、内容、参加人员以及考核结果等情况，并以此作为评先评优、职称职位晋升的前置条件。

4. 形成良好的本质安全文化体系

建立良好的本质安全文化体系是构建本质安全管理体系的有力保障，在安全生产管理过程中要坚持系统观点和科学方法，在任何情况下都要把保证员工的人身安全和职业健康摆在首位，保证安全拥有高于一切的优先权。一是要建立健全并落实本企业全员安全生产责任制，加强安全生产标准化建设，逐步建立以安全为核心，全员参与的企业安全文化；二是要通过企业文化宣传、会议、座谈、单独谈话等方式，做好员工的思想工作，组织安全生产系列活动，大力营造新能源电力企业安全文化氛围，教育员

工树立正确的本质安全生产观，提高员工的本质安全文化素质，实现员工行为本质安全，达到人、机、环的和谐发展；三是要以党建为引领，组织开展企业安全文化建设，把安全文化建设作为企业文化建设的重要内容，并组织实施。

四、结语

通过在新能源风电场、光伏电站中推动本质安全管理体系的有效运行，促进体系绩效的持续改进，实现了安全生产、职业健康和环境保护管理符合国家和电力集团安全健康环境方针的要求，不断提高企业本质安全管理成效和水平，为新能源电力企业安全生产管理打造了典型案例，在新能源行业具有较好的推广应用价值。

参考文献

［1］卢朋慧. 本质安全在过程安全管理中的重要性［J］. 化工管理，2022(4):97-99.

［2］杨昌能. 风险管理在电力安全生产管理中的应用分析［J］. 通讯世界，2015(15):105-106.

［3］黄玉明. 新能源企业安全管理现状和安全管理方式探索［J］. 安全，2018,39(8):52-53.

［4］丁帅，王闯. 浅析新能源发电企业安全管理存在的不足及对策［J］. 内蒙古科技与经济，2020(19):47-49.

［5］王闯，王浩溢. 探析新能源电力企业安全生产长效机制的构建［J］. 内蒙古科技与经济，2019(13):26-28.

［6］张忠楠. 探析新能源行业安全管理水平的提升［J］. 农电管理，2020(7):43.

［7］张忠楠. 新能源企业"两票"使用与准入功能相结合的应用［J］. 农电管理，2021(3):42-43.

［8］姚大林，蔡鹏. 新能源运维安全管理的创新和实践［J］. 企业管理，2019(S1):114-115.

［9］詹兴钱. 新能源发电企业安全生产管理存在的不足及对策［J］. 绿色环保建材，2021(4):185-186.

浅谈安全文化建设

华能云南滇东能源有限责任公司　邱　华　李　茂　胡发明

摘　要：为持续推进电力企业本质安全建设，华能云南滇东能源有限责任公司（以下简称滇东公司）创建了独具特色的安全文化体系，并实践创新，通过省安全文化示范企业创建。本文着重介绍滇东公司安全文化建设的必要性、背景、理论依据、模型设计与内涵，实践创新做法以及实施效果，可以给相关企业以借鉴。

关键词：安全文化建设；理论依据；设计与内涵

滇东公司2003年8月18日成立，位于云南省曲靖市富源县黄泥河镇境内。总装机容量2400MW（4×600MW），2007年5月16日，全部机组并网发电。自建厂投产以来，滇东公司就一直高度重视安全生产，尤其重视安全文化对安全生产的促进作用。始终坚持以理念塑造人，引导职工树立正确的安全价值观，根据企业多年来形成积淀的企业安全文化，凝练了"珍惜生命，关爱健康"的安全理念，各级人员牢记"安全第一，预防为主，综合治理"的安全生产方针，将安全作为第一工作、第一责任、第一要务，全面树立"安全就是信誉，安全就是效益，安全就是竞争力"的华能安全理念，不断探索、实践、再探索、再实践，形成了公司独具特色的安全文化。

一、安全文化建设的必要性

由于电力企业工业生产技术复杂，具有集约化、自动化程度高，科技含量高，大能量，高速度的过程特点，大多数物料具有易燃、易爆、有毒、腐蚀、窒息的性质，安全生产管理难度大，一旦发生事故损失极大，而且设备又非常复杂，运输、贮存、生产、排料、送电、输电都具有很强的技术性，需要多部门、多工种准确配合，需要高度的责任心和组织纪律，这就要求电力企业全体员工都具有高度的现代生产安全文化素质、现代安全价值观和安全行为准则。因此，滇东公司需要创建系统的安全行为文化，探索有效的实施路径，塑造员工安全行为理念，打造"本质安全型"员工。

在安全生产的各个环节中，人起着决定性作用，一切安全管理活动的核心是人。由电力企业员工不安全行为导致的事故类型大致分为：触电、烧伤、烫伤、火灾、高压冲击、爆炸、高处坠落、危化品泄漏、中毒和窒息等。其中绝大部分事故发生的直接原因或间接原因都是员工安全意识薄弱，没有按照管理制度或操作规程进行。因此，以安全行为文化建设为抓手实现企业安全管理水平的提升，减少企业事故的发生率，就要求企业将安全行为文化建设作为一项系统工程来推进和实施。通过安全文化的建设，使员工能够在工作中充分地调动和发挥其对安全的积极性、主动性和创造性，营造出一个良好的企业安全氛围。

二、安全文化建设的背景

滇东公司投产之初，职工来自五湖四海，抓投产、抓进度、抓质量成了主线，安全管理制度引用较多单位的版本，安全管理为碎片式管理，不成体系。通过安全生产标准化达标建设，安全管理夯实基础，取得共识，2013年9月，正式获得国家能源局"电力安全生产标准化一级企业"荣誉称号。安全生产形势不断明显好转的过程中，职工对安全工作的警惕性会放松，对一些客观存在的危险源会视而不见，建立长效机制势在必行，而安全文化建设恰恰能补齐这块短板。如果没有宏观的规划，安全文化就会杂乱无章，不成体系，不利于传播，必须对人的思想行为和事物的特点规律进行总结分析，对症下药进行宣传教育，这样才能真正起到安全文化对安全整体工作的引领作用。

三、滇东公司安全行为文化建设的理论依据

企业安全行为文化是在安全理念文化指导下，员工在生产经营活动中安全思维方式、行为模式和遵守安全行为准则状况的综合体现，是在安全理念文化指导下,以双重预防机制为基础,以提高员工的安全意识为根本目的,培养本质安全型员工,打造本质安全企业。通过培养员工的安全技能,规范员工的行为规范,不断提升员工的安全意识,达到"四不伤害"的要求,让员工具有时时想安全的安全意识、处处要安全的安全态度、自觉学安全的安全认知、全面会安全的安全能力、现实做安全的安全行动、事事成安全的安全目的。通过建设先进的企业安全行为文化,强化全员安全行为意识,塑造和培养"本质安全型"员工,最终达到企业安全生产的目标。

四、滇东公司企业安全行为文化建设的模型设计与内涵

滇东公司按照"安全是管理、安全是责任、安全是技术、安全是文化"的要求,以安全文化理念为中心,加强安全投入和安全培训,建立责任制,健全安全监督体系、保障体系。企业安全文化建设主要是解决安全文化建设的路径和方法,引导员工将安全理念和规范内化于心,外化于形,培养塑造主动自觉安全行为人,促进全体员工的安全素质提升和安全行为习惯养成。制度化、流程化、自律化的滇东公司安全行为文化促进安全管理规范化、标准化、科学化。

滇东公司企业安全行为文化建设的模型设计见图1。

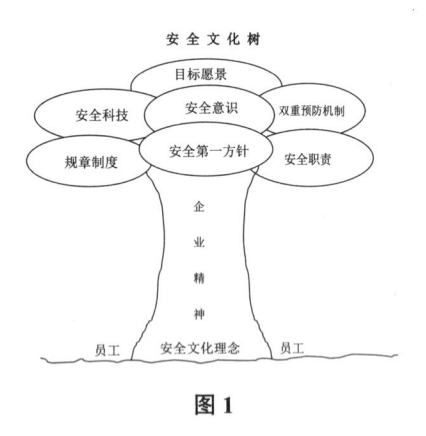

图1

滇东公司企业安全行为文化建设内涵。

(1)员工是这棵大树肥沃的土壤,安全文化理念是这棵大树的根,只有"珍惜生命,关爱健康",这棵大树才会根深发达。

(2)企业精神是大树坚强的树干,通过企业精神,不断增强、扩大企业,企业才会充满生机,才会枝叶茂盛,安全文化建设才欣欣向荣。

(3)确立"安全第一,预防为主,综合治理"的安全生产方针,建立全员安全责任制,签订责任状,厘清全员安全生产责任。根据安全生产法律、法规及行业、上级公司管理规定,按照5W1H建立安全生产管理体系,树理念立规矩规范职工行为。按照电力安全工作规程、滇东公司操作及检修规程,提高生产人员技术水平,紧紧抓住"人"这一核心,用规矩管人,用人落实制度,形成党政工团齐抓共管的良好格局。

(4)加强双重预防机制建设,树立"隐患就是事故"的理念,开展风险辨识,建立预防措施,提高安全意识。

(5)通过加强安全科技管理,提高安全管理水平,提高安全的预知预判能力。

(6)安全目标愿景在安全文化树的依托下,引领企业安全文化向更广阔的天地发展,实现美好的未来。

五、滇东公司企业安全行为文化建设的做法

(一)滇东公司安全行为文化建设的策略

图2为滇东公司安全行为文化建设策略图。

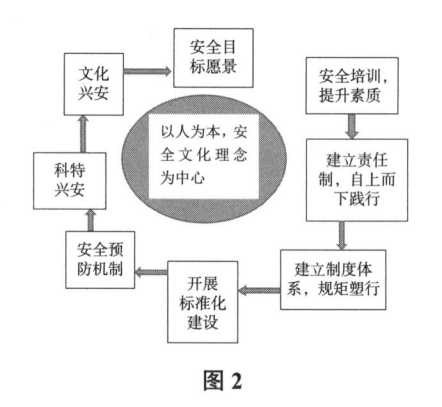

图2

(二)滇东公司安全行为文化建设的路径

1.抓好安全教育培训

从新职工、外包队伍三级安全教育入厂就灌输安全理念,树立"培训不到位是最大的安全隐患"的理念,将安全培训作为预防事故的源头性、根本性工作来抓好。通过事故案例警示工作中的危险,让职工绷紧安全这根弦。通过加强安全作业规程、运行规程、检修规程、技术监督等管理规定的培训,提高从业人员素质。通过"云培训""取证培训"提高安全技能水平。按照"分层分级""一岗一标"的原则,科学制定培训计划,提高培训质量,切实提高员工的安全技能素质。

2.开展安全生产责任制巡查评估暨安全生产标

准化达标评级工作

厘清各级全员安全生产责任，签订安全生产责任状，按照"一岗双责，齐抓共管、失职追责"要求加强安全管理，逐级负责，层层把关，使各级人员能够知责、明责、履责、尽责。动员全员全过程参与，建立并保持安全生产管理体系有效运行，全面管控生产经营活动各环节的安全生产与职业卫生工作，实现安全健康管理系统化、岗位操作行为规范化、设备设施本质安全化、作业环境器具定置化，并持续改进。通过标准化建设，从"人、机、环、管理"四个管理要素着手，营造良好的工作环境。

3. 持续完善安全生产管理体系、制度体系

持续推进"华能电厂安全生产体系"建设工作，按照5W1H要求，坚定不移推动华能安全生产管理体系落地生根，建立完善的制度体系，进一步提高安全生产管理工作的规范化、科学化与标准化水平。建立经济责任制考核与体系文件执行挂钩的监督检查和考核机制，对不落实安全责任的人员严肃追责。及时识别并应用新的法律法规、行业标准，提高体系文件的执行力，杜绝两张皮现象，努力构建安全管理（制度）文化。在2017年集团公司组织体系审核确认的基础上，进一步完善。通过制度体系，规范人的行为，遵守规矩，达到知行合一的效果，潜移默化地加强安全文化建设。

4. 持续加强双重预防机制建设

贯彻落实集团公司《安全生产风险分级管控实施导则》，通过构建双重预防工作机制，把风险控制在可接受范围内，把隐患消除在形成之初，把事故消灭在萌芽之中。坚持风险优先原则，把辨识评估风险和严格管控风险作为安全生产的第一道防线，根据技术改造、检修级别、缺陷类别等不同环境，横向到边、纵向到底的辨识评估风险，建立风险数据库，将风险数据库成果应用于"两票"、检修文件包、反事故措施，全方位、全过程、全员减少风险、防控风险。实现安全生产的源头治理、关口前移、标本兼治。

5. 科技兴安，提高安全管理水平

大力推广安全生产智能装备、在线监测监控、隐患自查自报等信息化、数字化、智能化的应用，鼓励员工参与科技项目研发，申报"发明""专利"，依靠科技力量夯实安全生产基础。

滇东公司于2021年完成了智能安全监控中心第一阶段的建设，通过打通各系统的底层数据，结合智能算法，实现人脸库、车辆信息、身份证信息、门禁报警设备数据以及其他应用数据的统一分析处理，全面管控人员、车辆，实现"智慧门禁"系统功能，保障了生产的安全稳定，并成功应用滇东#1-#4机组超低排放改造项目，精准掌控超低施工人员入厂情况，对人员进出情况在电厂门口显示屏实时公示，依靠人脸识别设置闸机对施工人员进行现场管理，全面进行物理隔离。应用远程监控技术，多角度配置监控摄像头，实时将现场施工画面传输至相关管理人员手机上，确保第一时间、第一视角了解和掌握现场施工情况，发现不规范行为及时通知现场管理人员处理。

下一步，滇东公司将开展智能监控中心第二阶段的建设，接入手机APP及智能监控中心，实时掌握危险作业信息，对违章情况进行报警。通过扩展智能监控中心功能，进一步实现技防手段，提高滇东公司安全管控水平。

6. 文化兴安，发挥员工作为安全生产主体的主动性和创造性，实现本质安全

（1）扎实开展"安全生产月"活动，以活动促进安全能力整体提升。一是充分利用网络、挂图、展板等平台，宣传安全活动主题。开展安全主题签名、悬挂安全标语横幅等活动，营造活动氛围。二是开展形式多样的安全知识竞赛，掀起学习安全知识的浓厚兴趣。三是丰富安全文化生活，开展了主题宣讲，摄影书画比赛，专题知识讲课，安全知识技能比武，安全咨询日活动，观看警示教育片，安全大讨论，安全书籍赠送等丰富多彩的安全文化活动。四是开展急救知识讲座、比赛，提高应急处置能力。通过"安全生产月"活动的开展，进一步宣传贯彻党和国家安全生产方针、政策，营造良好安全文化氛围，推动企业安全文化建设。

（2）完善从业人员安全文化手册或岗位安全常识手册，将手册作为掌中宝，广泛宣传企业安全文化。开展好"安康杯"竞赛活动，充分利用"安康杯"这一有效载体，强化组织领导，把"安康杯"竞赛同部门、班组建设，职工素质提升和安全培训教育等工作有机结合，开展形式多样的"趣味安康"竞赛活动，营造浓厚的安全文化氛围。利用宣传栏、电子屏、微信公众平台等载体定期开展各类安全会议精神、安全法律法规、安全常识宣传。

（3）开展班组"双提升"活动，按照班组安全标准化建设要求，推行"7S"管理，使班组做到"岗位有职责、作业有程序、操作有标准、过程有记录、绩效有考核、改进有保障"，定期检查、评比，规范班组安全文化建设，逐步向规范化、标准化安全示范班组靠拢。

六、结语

通过开展安全文化建设，不断改善安全和健康环境，实现企业安全管理转型，使员工想安全、会安全、能安全，塑造本质安全型员工，打造本质安全型企业，滇东公司顺利通过市、省"安全文化示范企业"创建。

为达到愿景目标，还需要不断加强责任制即安全标准化建设，完善制度体系，自觉规范行动，培养自觉的安全意识，培育全员共同认可的安全行为价值观和行为规范，加强安全文化建设，建立长效机制。

参考文献

[1] 刘庆旻,胡玉兰,等. 最新电力企业突发重大事故应急预案救援预案编制与安全事故的防范、控制措施实务 [M]. 北京：中国电力出版社, 2022.

[2] 陈明利. 企业安全文化与安全管理效能关系研究 [D]. 北京：北京交通大学, 2012.

[3] 耿霖, 伊永强. 打造本质安全型员工，实现安全生产 [J]. 企业管理, 2015(11)：26.

发电企业安全文化建设及应用

国电投新乡豫新发电有限责任公司　李吉田　张婉君

摘　要：公司安全文化建设是以风险预控为核心，贯彻"以人为本、风险预控、系统管理、绿色发展"的工作方针。通过追求人、机、环、管的和谐统一，进行全方位、立体式的有效协调和管理，支配、凝聚、激励和约束员工实现自我安全、我要安全、我会安全。不断推动安全生产管理由"监督管理"向"自主管理"目标迈进，实现公司安全生产的长治久安。

关键词：安全文化；以人为本；风险预控；安全生产

一、引言

安全生产是企业实现快速、健康发展的前提与保证，是实现我们国家电投企业"和文化"的重要因素。企业安全生产离不开安全文化，安全文化是企业与职工在日常工作实践中，逐步形成并认同的安全思维定式，安全思想作风、安全价值观，安全习惯和安全行为准则。

国电投新乡豫新发电有限责任公司（以下简称豫新电厂）安全文化建设是以风险预控为核心，贯彻"以人为本、风险预控、系统管理、绿色发展"的工作方针，它是长期安全生产实践的沉淀，是员工内在思想与外在的行动和物质表现的统一，体现了人、机、环、管的系统安全观。通过追求四者的和谐统一，进行全方位、立体式的有效协调和管理，支配、凝聚、激励和约束员工实现自我安全、我要安全、我会安全。不断推动安全生产管理由"监督管理"向"自主管理"目标迈进，实现公司安全生产的长治久安。

二、安全文化建设的具体举措

（一）落实安全生产责任制，推进安全文化建设

（1）建立安全生产责任体系。安全生产责任制全覆盖，从主要负责人到一线岗位员工都有具体的责任。建立完善了长协承包商的全员安全生产责任制，逐步构建党政工团齐抓共管，安全生产保证、支持、监督三大责任体系协同运作的安全生产"大协同""大监督"格局，构建了"人人有责、各负其责、层层负责"的安全生产责任体系。

（2）豫新电厂严格落实安全生产责任制，压紧压实安全生产责任链条。一是深入扎实开展"安全月"和安全大检查活动，将"严、细、实"贯穿于安全生产各个环节，强化责任落实。二是建立健全机组"非停"管理制度，落实各级责任，实现全员参与、全过程控制。三是坚持严管严查、从严从快原则，认真履行安全生产主体责任，做到安全投入到位、安全培训到位、基础管理到位、应急救援到位，全力推进安全文化建设。

（二）加强安全激励和考核管理，推动安全生产目标任务落实落地

（1）安全生产坚持"不安全，不工作"理念，全面深化安全生产大检查，加大隐患整改治理力度，做到"全覆盖，零容忍，严执法，重实效"。豫新电厂结合自身实际情况，整理形成了"零容忍"清单，对违反安全生产"零容忍"清单规定事项的责任部门或个人，不论是否产生后果，均参照事故追责标准进行惩处，绝不打折扣，强化制度执行的刚性。

（2）进一步健安全生产奖惩机制，运用 JYKJ、SDSJ 体系，突出定目标、明任务、强督办、重落地，奖惩分明、齐抓共管，促进全员责任落实，确保完成安全生产目标任务。一是进一步完善安全生产激励机制，树立安全生产先进个人和先进部门标杆，在公司年度工作会议予以表彰。二是强化重点指标和重要工作任务的中间环节管控，对公司重点关注的问题形成考核标准，通过完善生产安全事故从严从重惩处及整改促进机制，推动安全生产目标任务落实

落地。

（3）坚持问题导向，针对上级单位安健环体系审核发现的问题，举一反三，制定纠正防范措施。在问题全部整改完成的基础上，加大月度和季度考核管理力度，强化整改质量，不断提升安全管理水平。

（三）坚持"零非停"理念，筑牢安全防线

公司坚持"零非停"理念，认真落实"零非停"措施。一是严格监督检修施工质量，严把质量关，提高机组检修质量，保证检修后机组的安全性和长周期可靠性。二是认真做好定期工作，坚持缺陷隐患零遗漏、缺陷处理零拖延、预控预案零缺失、操作执行零失误的工作作风，保证安全生产可控、在控、能控。三是加强运行安全管理和运行精细化管理深度应用，充分利用标准化操作竞赛、仿真机培训等不断提升运行人员操作技能水平。四是严格执行"防非停"专项措施，针对迎峰度夏、迎峰度冬、防汛期、供热期等重要时期，结合实际情况制定、落实机组安全运行的预控措施，护航安全生产。

（四）扎实开展安全培训，强化安全责任意识

（1）结合自身特点及实际情况，有针对性地制定年度培训计划，加强新安全生产法、安全规章制度、规程、标准等相关安全知识的培训工作。通过对员工进行引导、教育、宣传，从根本上提高员工安全觉悟和安全文化水平，强化安全责任意识，识别身边的危险有害因素，对身边的违章行为要敢于制止，善于总结他人的事故教训，真正做到"安全生产责任重于泰山"。

（2）通过组织员工学习习近平总书记关于安全生产重要论述、安全主题宣教片、"零容忍"清单和"十大禁令"等，开展安全警示教育活动。并对典型事件进行剖析，结合豫新电厂实际，举一反三，分析和查找存在的类似问题和不足之处，及时采取对策和措施，防止同类事故重复发生，营造敬畏安全、守卫安全的文化氛围。

（五）深化双重预防体系建设，提升风险防范意识和能力

豫新电厂深化班组双重预防体系建设，严格按照双重预防体系建设"五有"标准开展工作，落实安全风险管控清单、隐患排查治理清单和管控措施，全面推进双重预防体系建设在班组落地和应用。一是建立了安全风险分级管控制度，按照安全风险分级采取相应的管控措施（图1）。二是认真开展月度隐患排查。治理活动，完善隐患排查、治理、记录、通报、报告等重点环节的程序、方法和标准，全面梳理排查重大风险和重大隐患，明确整改和管控措施、整改期限、责任人，切实把风险控制在隐患形成之前，把隐患消除在事故发生之前。三是梳理、完善岗位风险清单和隐患排查清单，完善隐患分级排查治理责任体系。四是将隐患排查治理与事故经验反馈、技术监督、安全检查等工作相结合，将风险和隐患数据库融入工作票风险控制卡、危险预知训练和矩阵式安全检查，及时更新风险评估数据库。五是结合安全目视化建设，在醒目位置和重点区域分别设置安全风险公告栏，制作岗位安全风险告知卡，并对存在重大安全风险的工作场所和岗位，设置明显警示标志（图2）。六是充分利用豫新电厂双重预防体系线上应用"鑫安云"平台，开展对隐患、风险等的发布、整改、验收等各项工作。目前，豫新电厂双重预防体系建设工作按照既定计划稳步推进，提升了员工自身安全技能，全员风险防范意识和能力得到逐步提升。

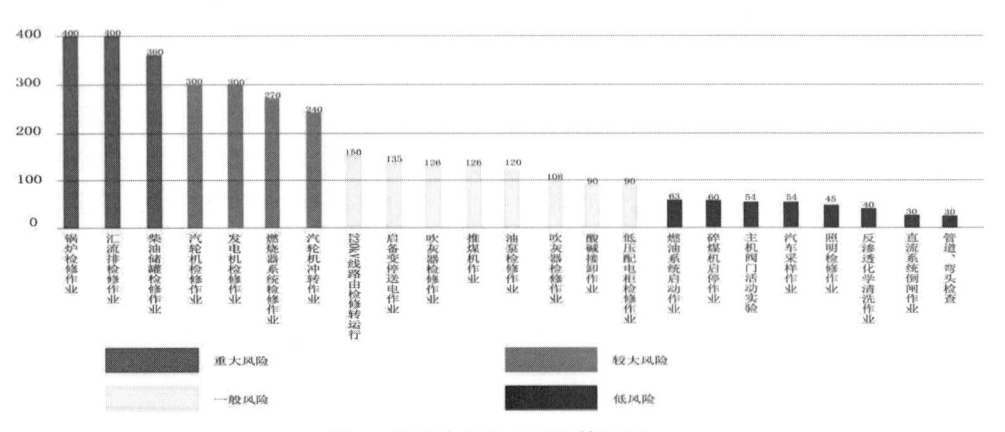

图1 豫新电厂作业风险等级图

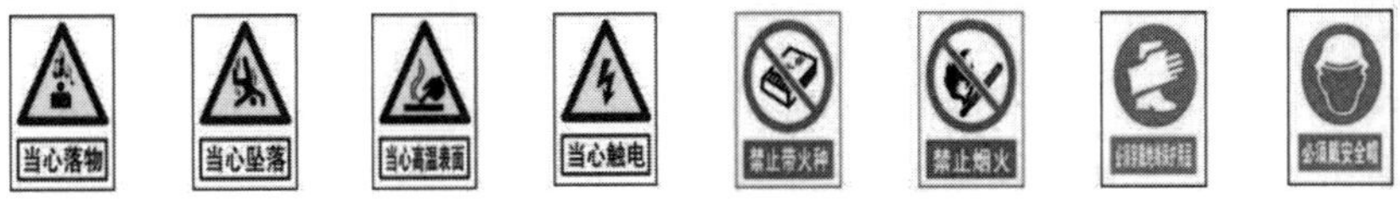

图 2　豫新电厂作业风险预控措施

（六）加强应急管理，提高应急处置能力

制定年度应急演练计划，按照"以演检战、注重实效"的原则开展应急预案演练活动。一是按照年度计划组织开展应急培训和演练工作，尤其针对全厂停电、对外供热中断等社会影响较大的事件，完善应急预案并开展演练，细化风险分析，落实管控措施；二是做好防汛应急管理工作，针对历年防汛抢险及应急过程中暴露出来的问题，进行重点排查并完善应对措施；三是做好极寒天气应急管理工作，做到早动手、细管理、抓重点、全覆盖，确保所有管路、测点防寒防冻措施务必到位，确保应急物资务必到位、应急及预警管理务必到位；四是开展针对性应急演练，进一步提高能源保供期间突发事件应急处置能力，确保对突发情况能够快速、有序、高效应对，提升安全生产的可靠性。

（七）做好安全事件和经验反馈管理工作，提高安全警觉性

认真组织落实防止电力生产事故的二十五项重点要求，并将相应的措施固化到制度和操作规程中，加强安全管理。一是凡是发生的各类安全事件，均按照"四不放过"的原则，认真进行分析，查找深层次管理问题和根本原因，对整改措施实行闭环管理；二是提高全员安全意识，安全工作无小事，对未遂事件，要"小题大做""警钟长鸣"，责任部门必须"说清楚"；三是聚焦重复性、频发性的典型事件开展分析，结合自身实际有效开展经验反馈，总结经验，汲取教训，预防同类事件重复发生；四是按照"一厂出事故、万厂受教育，一地有隐患、全国受警示"要求，建立健全经验反馈长效机制，堵塞安全管理漏洞，补齐安全管理短板，提高经验反馈的有效性。

（八）夯实安全根基，构建安全生产长效机制

（1）推进安全管理标准化

豫新电厂以安健环体系建设为载体，依据安健环体系建设指南和评估标准，全面开展安全管理标准、技术标准的修订工作，实现安全管理标准化，使安全管理形成一个自我约束，持续改进，反应迅速的长效机制，提升本质安全。

（2）强化班组安全管理

豫新电厂坚持强"三基"管理，强化"安全就是技术"理念，全面推进示范班组建设，持续开展示范班组评比和检查评价，夯实安全管理基础。豫新电厂进一步推进班组安全管理精细化建设，制定班组安全管理清单，修订完善班组安全建设评价标准，抓实班组安全建设，提升班组安全管理水平。

（3）强化承包商安全等同管理

豫新电厂坚持承包商"准入、选择、使用、评价、现场管控"全链条整治，将承包商纳入公司安健环管理体系，落实业主责任，做到不以包代管、以罚代管。对长期承包商纳入安健环体系等同建设与管理，建立命名授牌激励机制，建立承包商"合作共赢"机制，及时更新发布承包商及外来人员"黑名单"，严格执行"四个一"处罚机制，不断提高承包商管理水平。

（4）强化检修技改及工程建设现场安全管理

豫新电厂推进检修技改及工程建设标准化，加

强作业现场安全管理，坚持旁站监督、领导人员到场监督重大操作，严格落实高风险作业危险辨识及安全监管要求，持续强化电气五防管理，充分利用执法记录仪与现场固定、移动摄像头相结合，对高风险作业实施无死角监管，实现安全管控全时段、全覆盖，提高作业现场安全管理水平，夯实安全管理根基。

三、结语

公司深入推进安健环体系和安全文化建设，把安全文化建设作为引领安全生产、保障战略实施的首要任务。通过安全文化体系建设工作的全面推进，员工的安全、环保、健康意识得到了全面提升，系统协同能力得到了进一步加强，安全保障能力实现了全面提高。豫新电厂借鉴安全文化先进理念，不断完善安全文化体系和内涵，引领全员树立"三个任何"理念，培养"合规合理"行为习惯，营造人、机、环、管和谐统一的物态环境，开创安全管理新局面，实现了豫新电厂安全生产的长治久安。

参考文献

[1] 郑晓斌,李勇,杜正梅. 班组安全精细化管理实务[M]. 北京：企业管理出版社,2017.

[2] 王晴. 电力企业班组建设工作手册[M]. 北京：中国电力出版社,2015.

[3] 国家电力投资集团. 火力发电企业应急处置卡[M]. 北京：中国电力出版社,2017.

[4] 国家电力投资集团.HSE管理工具实用手册[M]. 北京：中国电力出版社,2019.

企业安全文化建设是企业持续安全发展的内聚力和软实力

国家电投河南电力有限公司沁阳发电分公司　王小贵　樊金萍　陈晓飞

摘　要：通过国家电投河南电力有限公司沁阳发电分公司（以下简称沁阳发电分公司）国家企业安全文化创建过程介绍，阐述安全文化理念与企业持续发展的衔接及如何利用企业安全文化的创建引领企业长足发展。

关键词：文化传承；核心引领；持续创建

沁阳发电分公司隶属于国家电投河南电力有限公司，一期工程是焦作丹河电厂异地扩建 2×100 万千瓦机组上大压小工程项目（以下简称丹河项目），于 2019 年 11 月 12 日投入商业运行。2020 年被中国总工会授予"全国模范职工之家"；获得河南省"安康杯"竞赛优胜单位以及"河南省安全文化建设示范企业"称号；2021 年获得集团公司"建功创一流安全生产先进单位""建功创一流生态环保先进单位"称号，2022 年 4 月获得"全国安全文化建设示范企业"称号。

一、企业文化的传承与发扬光大

"人人求实，事事争优"是沁阳发电分公司前身丹河电厂的企业精神和口号，这一叫就是 35 年。丹河电厂没有了，但是丹河精神永存。随着丹河项目的建设、投产，丹河精神也随着新建企业的发展不断延续并发扬光大。

自公司成立以来，沁阳发电分公司继续沿承丹河电厂的企业精神，始终将安全文化建设看作是企业保障安全生产、维护职工安全与健康、实现安全生产和可持续发展的成功阶梯。沁阳发电分公司认真落实企业安全生产主体责任，始终坚持"任何风险都可以控制、任何违章都可以预防、任何事故都可以避免"的安健环理念，坚持"安全第一，预防为主，综合治理"的安全方针。以"零死亡、零事故"为目标、以全员安全生产责任制落实为主线、以安健环管理工具的深入融合和有效落地为平台，狠抓"强三基、抓三防、反三违、严三外"各项措施的有效落地和巩固提升，有力地推进了公司安全、环保、和谐、规范、高效发展，同时塑造了企业独特的安全文化，并在实践中得以发展和提升。

二、"火车头"牵引企业安全文化的健康发展

凡事预则立，不预则废。企业主要负责人应组织制定计划，确定负责推动组织机构与人员，落实职能，将安全文化在企业内部并与相关方进行沟通，凝聚为企业全员共识。沁阳发电分公司为推动公司安全文化建设，成立安全文化建设领导小组，明确职责，成员为安委会全体人员。领导小组下设工作推进办公室，安全质量环境监察部主任兼组长，安全质量环境监察部副主任兼副组长，办公室设在安全质量环境监察部，各部门副主任、专（兼）职安全员，全员参与安全文化建设。统一思想，明确目标：全力推进体系建设，从顶层设计着手，全面组织开展安全文化示范企业建设，力争通过国家级安全文化建设示范企业验收。

三、安全文化建设的途径及有效实践

沁阳发电分公司就是秉承集团公司"任何风险都可以控制，任何违章都可以预防，任何事故都可以避免"的安全文化理念，沿用集团公司"以人为本、风险预控、系统管理、绿色发展"的安全文化方针，基于公司的战略规划、发展历史以及企业现状，系统策划安全文化建设工作。主要涵盖：理念、方针、使命、愿景、价值核心观和承诺，通过全面开展企业文化建设，规范人员的行为习惯，培育员工基于风险、基于标准的安全价值观，正确引导公司全员参加安全文化建设，降低、控制风险，实现企业安全、绿色发展目标。

（一）以安全理念为核心引领开展制度文化建设

（1）建立健全安全文化建设组织体系、责任体系，成立了保障、支持、监督三大安全生产组织体系，完善了全员安全生产责任制。修订了岗位安全生产责任制，做到了全员、全过程、全方位的安全管理。

（2）建立健全管理制度与标准体系，并保障其适宜性。修订了企业安全文化建设管理办法，明确了安全文化建设的总体要求和岗位职责分工。对管理文化、行为文化、物态文化建设以及如何建立安全文化宣传渠道、安全文化践行机制、开展安全文化绩效测评、回顾和改进提出具体规定，体现PDCA闭环管理，满足5W2H的要求。重点抓好各项安全制度的落实，强化制度的约束力，努力实现"让习惯符合制度、让制度成为习惯"。

（二）以风险管理为核心开展行为文化建设

沁阳发电分公司各级领导带头在日常工作中践行行为规范和准则，鼓励员工在任何时间和地点，关注安全问题、质疑并挑战不安全行为，通过领导示范、安全观察、行为数据分析等方式进行引领与改进。一是及时、如实向有关负有安全生产监督管理职责的部门和上级单位报告安全生产状况。二是积极配合上级有关部门的监督检查，对检查出的隐患认真落实整改、闭环和及时、如实反馈整改结果。三是每年初，包括公司主要负责人在内的领导层、管理层以及基层员工都要层层签订"安健环目标责任书"和"员工安全承诺书"。公开承诺遵章守纪、认真学习、提高安全意识和技能，做到"不违章指挥、不违反劳动纪律、不违章作业"以及"四不伤害"，同时自愿主动接受相应的处罚。在自上而下传递了安全压力的同时，让广大员工清楚地知道肩上实实在在的责任，促使员工自我管理和团队互助管理。四是着重抓好安全生产责任制的落实和考核，通过细化各岗位的安全职责、到位标准、考核标准以及权限和义务，约束各岗位员工安全职责的落实到位，实现安全风险"关口前移"，提高安全风险管控能力。

沁阳发电分公司各级管理者应在质疑安全问题、追求卓越绩效方面以身作则，通过领导示范、安全观察、任务观察、行为数据分析等方式进行引领与改进。

（三）以科技兴安理念引领物质文化建设

坚持以持续改进、追求卓越为策略，开展物质文化建设：开展了安全目视化建设，打造190个7S区域，规范环境本质安全。通过科学技术，应用人防、物防、技防等，提高设备设施的本质安全水平。煤场斗轮机实现无人值守、燃料质检管控系统自动化在集团公司排名第一。建立信息化管理机制推动企业管理向信息化、数字化、智能化、智慧化转型。建立数字多媒体、VR等安全教育宣传系统，通过电视、网络、APP、VI标识及彩色印刷、荣誉之星文化长廊、宣传大屏等多种渠道对公司全员安全文化宣传。

（四）以安全教育培训强化安全文化建设

企业建立安全文化宣传渠道，通过多元化的安全文化视觉、听觉识别与传播系统（数字多媒体、VR/AR等、电视、网络、APP等、VI标识及彩色印刷、广播宣传、音乐歌曲等），开展安全文化培训及活动体验，融入日常业务进行实践式培训、组织丰富多样的活动，应用多元化信息技术，给员工与各相关方人员提供身心体验，员工及相关方应理解并认知安全文化，在工作中自觉践行，逐步内化于心、外化于行。

安全文化不能是纸上谈兵，一定要内植于心、外化于行！公司宣教载体多样化、宣传教育形式"接地气"，建立多元化的安全文化视觉、听觉识别与传播系统。

一是通过培训需求调查、科学制定年度公司安全教育培训计划，依托公司安健环三级监督网自上而下的培训机制，层层落实培训职责，确保达到全员培训和预期的培训效果。

二是严格执行生产经营单位主要负责人和安全生产管理人员、特种作业人员的培训取证和每年度的"再培训工作"，严格做到持证上岗；严格落实"四新"相关技能培训和安全培训工作；严格落实新员工和转岗职工的培训工作。举行一年两次的全员安规考试和工作票三种人资格考试，以考促学！并通过进行安全知识竞赛活动，给予成绩优秀者相应的物质和精神奖励。

三是通过与公司领导沟通座谈、对事故案例进行学习和反思、对工作中不足之处的回顾以及先进经验的学习和借鉴等多种形式开展丰富多彩的，形式多样的，富有部门、班组特色的安全活动。

四是通过发放安全书籍、固定式安全宣传栏、微信、各类会议前的安全时刻（安全提示和知识学习）、团队式工前会、危险预知训练等方式不断拓宽安全教育培训渠道，全方位渗透到广大员工工作中的各个场所和环节。

四、安全文化建设取得的成效

沁阳发电分公司在现场设置应急操作卡139个；安全提醒标语100余条；安全警示牌3000多个；有限空间警示牌125个；每台设备都有二维码标识。设置766个摄像头，保证对设备运行监视、安保、人员监视。建成人脸识别门禁系统；成立专职消防、安保队伍。生产现场设立党员责任区21个，起到了模范带头作用。建设文化广场一个、职工图书室一个、职工活动中心两个、职工食堂、职工宿舍等活动、生活、休息场所。公司每年组织应急演练16余次、班组安全活动1000余次，公司开展员工生日慰问卡和联帮扶贫村活动。编制发布公司安全文化手册，明确了核心安全理念、安全文化组成、十大安全观念、十大不安全心理、经典安健环原理和本质安全事项等内容，促进安全理念在强化中内化、在内化中固化、在固化中升华。

明确安全文化践行要求，将企业安全文化建设融入公司发展的思维与决策中，转化为业务工作输入，融入管理制度/标准与流程，发挥安全行为和安全态度的示范作用，逐步向自主安全团队型转变。培育开放透明、自主学习与改进的安全文化氛围，将安全文化践行、安全文化建设作为员工行为习惯培养的指引，形成全员认知与行为规范；以吸取经验教训为目的，开展事件经验反馈，避免因处罚而导致员工隐瞒差错。建立了绩效评估机制和评估标准，定期开展绩效评估，评估过程的有效性和目标的绩效，根据评估结果识别潜在风险，关注绩效变化并及时引导。

五、结语

企业安全文化建设是企业持续安全发展的内聚力和软实力，一流的企业需要深厚的安全文化作支撑。企业应将安全文化打造成所有员工的一种安全信仰，向着全面构建高标准、大安全、强文化格局的崭新目标继续前行。

以核安全文化为核心的企业文化建设探究

国核电站运行服务技术有限公司　高　兵　周亦青

摘　要：近年来，我国经济及科学技术的发展速度在不断加快，对于电的需求也在显著提升，国家不断加大了对核电的投入力度，在行业当中涌现出了一大批优秀的核电企业。但是在核电企业发展的过程中也需要严格落实核安全理念，要将核安全文化作为核心，不断提升企业自身的凝聚力与竞争力，保证我国核电事业实现高速发展。本文在研究过程中就对以核安全文化为核心的企业文化建设问题进行了针对性的探究，对目前企业构建核安全文化的现状进行探究，在此基础上提出了几条以核安全文化为核心企业文化构建途径。

关键词：核安全文化；企业文化；核电工程

一、前言

随着核电事业发展速度的不断加快，对于缓解生态环境问题起到了积极的作用，对传统火力发展所运行过程中造成的污染问题也得到了极大的缓解，同时对于能源结构的不断优化、创建低碳可持续发展道路也有着积极的促进作用。然而在发展核电事业的过程中，必须要高度关注核安全文化，不断提升企业自身的凝聚力，为企业未来发展以及创新提供方向指引，也能够更好地落实核电政策，保证电力供应，对于能源结构争议的解决以及生态环境的保护与治理有积极推动的意义。本文在研究过程中就以核安全文化为核心的企业文化建设进行了针对性分析。

二、核安全文化概述

核安全文化对于核电企业而言，是构建企业文化过程中最为关键的一个组成部分，这也是核电企业管理理念的主要体现，同时也是管理方法所需要遵循的核心思想内容。所以，核安全文化自身有着十分丰富的内涵与意义，核电企业在运用核安全文化的过程中，最关键的就是充分履行自身的职责与职能，基于核安全文化的要求与目标，积极做好本职工作，最终构建企业发展的健康文化。因此核安全文化就是企业组织体系当中的核心所在，企业员工需要将核安全文化作为基本指导方向，实现组织文化与价值理念的高效统一，结合企业自身的实际情况对自身行为进行合理规范。在对核安全文化进行构建的过程中，企业需要制定科学完善的决策，制定出较为合理的安全政策，对已有的安全管理制度进行完善与丰富。与此同时，要借助员工职责分工、安全生产和安全管理等培训工作，不断加强监管力度，保证员工可以在核安全文化的指引之下积极开展相关工作，推动核电企业实现健康的发展。

三、目前企业构建核安全文化的现状

近年来，我国核电企业发展速度十分迅猛，为了可以保证企业内部控制力与凝聚力满足社会发展与企业建设的实际要求，就要构建出满足企业发展要求的组织文化与精神风貌。因此核电企业在核安全文化的基础上对建设内容进行不断完善与拓展。例如可以借助于开展核安全文化培训活动，借助于讲座、会议的方式让员工可以对核安全文化的认知得到显著提高，保证核安全文化可以深入企业的各个岗位当中。而从另一角度看，企业也需要充分地分析与汲取其他企业已经取得的先进文化和安全管理经验，从而构建满足本企业实际的核安全文化。其次，核电企业还可以借助于完善企业管理体系与积极开展思想政治工作提升员工的思想与观念，营造安全和谐、积极向上的核企业文化环境。但是在构建以核安全文化为核心的企业文化过程中，也存在着诸多问题与不足，例如核电企业是比较典型的资金密集型产业，相关项目的建设周期也比较长，因此在构建与完善企业文化的过程中也需要大量时间。另外，企业在对已有组织形式进行完善的同时还需要重点考虑如何提升企业自身的安全生产管理效率与水平。只有通过这种方式才可以使核电企业自身的经济效益与社会效益得到提升，从思想与管理双重层面进行不断的优化与完善，最终打造出以核安全文化为核心的企业文化。

四、以核安全文化为核心企业文化构建途径

（一）构建以核安全文化为核心的企业思想基础

核电工程自身的安全性是至关重要的，在核电企业自身发展的过程中，切尔诺贝利核电站、福岛核电站泄漏等惨痛悲剧时刻警示着我国核电企业在发展的过程中必须要始终强调以核安全文化为核心，构建稳固的企业安全文化思想基础。因此，对于核电企业而言，必须要不断提高对核安全文化的认知程度，将核安全文化理念与企业自身的组织管理体系充分结合在一起，积极开展核安全文化教育培训工作，借助于学习、教育等切实可行的途径在企业内部形成统一的文化理念。在开展员工文化教育的过程中要将核安全文化作为重中之重，将核安全思想融入具体的核电工程建设当中。

其次，要在企业内部保证所有员工明确落实以核安全文化为重点的企业文化目标，同时要以企业整体发展战略作为根本，构建出满足企业发展与社会发展的文化体系。因此，对于核电企业而言，要将发展规划作为根本出发点，在企业内部传递出内嵌的核安全文化精神理念，借助于宣传的方式保证在企业内部可以形成共同的价值理念。在此基础上还需要对企业的组织体系与制度体系进行不断的完善，积极贯彻落实核安全文化，最终构建稳固且扎实的企业核安全文化思想基础。

从另一角度看，核电企业还应当积极借鉴并参考国内外先进企业形成的核安全文化，充分考虑本企业的实际特点打造出个性化的企业文化。在对核安全文化进行构建的过程中，要始终坚持"引进来、走出去"的方法，对世界范围内同行业其他公司的先进文化理念进行合理的汲取与提升，结合我国实际情况以及企业自身的整体发展战略，构建出个性化且具有企业特色的文化内容。另外，还应当在企业文化共性的基础上，将核安全文化作为核心要素，将我国核电事业发展特点构建出较为完善的企业文化体系并营造出浓厚的企业文化氛围。

（二）构架以核安全文化为核心的企业文化具体措施

1. 完善自身组织架构与管理体制

对于核电企业来说，要对自身的组织架构以及管理体制进行不断完善，加强管理力度。在核安全文化内涵与企业文化构建目标的基础上，成立专业化的企业文化管理部门，保证相关管理职能可以得到顺利落实。核工业企业可以在内部积极开展专项活动对企业文化思想、理念以及价值观念加以有效统一，提高内部工作人员对安全文化的关注程度。也可以在企业内部成立企业文化建设领导小组，该小组的主要工作就是确定企业文化建设方向与目标，落实具体的实施方法，积极开展规划工作，可以在内部设立企业文化建设办公室，配备专业化的工作人员主要负责企业文化的日常检查、监督以及调整工作。与此同时，核电企业也需要结合企业文化建设的实际要求，借助于聘请专家等多元化的手段在企业内部加强企业文化宣传力度，营造出积极向上的文化氛围。

2. 分步落实各项文化建设措施

结合核电企业文化建设的实际目标，对各项措施进行分步落实。企业应当结合自身构建以核心企业文化的目标进行层层分解，制定出不同阶段的具体建设目标与任务，可以将其划分成为短期、中期与长期三个方面，对规划目标加以优化与完善。例如从短期的角度上看，企业需要在组织文化当中合理渗透核安全文化，积极对本部门员工或者部门进行意识引导，保证各项实践活动可以顺利实现，一方面能够树立正确的企业形象，同时也可以令企业的凝聚力得到不断提升。从中期目标角度上看，可以依靠企业管理组织形式的构建以及管理体制的完善与创新，提高企业文化建设速度，为统一的价值观念形成基础条件与保障，这对于提升企业自身的竞争力也可以起到积极帮助作用。从长期建设的角度上看，可以将核安全文化作为企业品牌的关键所在，保证在企业内部可以将核安全文化理念有效传递下去。在三个分步建设的过程中要不断提升员工自身的核安全文化意识，转变自身的传统观念，创新企业文化思维、树立共同愿景、强化交流沟通，以团队学习建设为基础，突出核安全文化理念贯彻实施、统筹全局发展，优化管理决策程序等。

3. 优化企业文化建设的形式

要保证企业核心价值观念的有效确定，不断优化企业文化建设的形式。核安全文化为核心的企业文化构建过程中最为重要的一点就是要确立企业的核心价值理念，这对于提升企业自身的凝聚力与向

心力有积极的促进作用。所有的企业都应当打造出简洁、明确、统一且以人为本的价值理念。以此保证企业文化可以获得所有内部人员的高度认同，保证企业文化可以落到实处。例如可以在企业内部树立先进文化建设典型或榜样，加大宣传和表彰力度，激发员工参与企业文化建设的积极性，同时也能够形成具有企业特征的企业文化内涵，通过示范、辐射作用影响企业员工提高自身文化素养，形成和谐统一的企业文化氛围；另外，企业文化需要企业组织形式和管理制度的支持，所以企业要建设沟通良好、配合协调的组织管理模式，同时可以通过新媒体等作为企业文化传播的载体，扩大核安全文化理念的传播范围和深度。如借助互联网开设企业微信公众号、微博官方号等，加大企业文化宣传力度，充分适应当前员工的文化学习特点，从而能够保障企业文化的有效构建。同时要合理配置资源，通过一定的激励手段促使每一位员工都能够积极参与到企业文化的建设和落实工作中，提高企业文化的影响和作用。

五、结语

通过以上的相关论述可以看出，核电工程作为一项长期性的社会公共服务工程，为了可以保证企业自身的社会价值与经济价值得以实现，就必须要构建出以核安全文化为核心的企业文化，保证企业自身的战略发展目标可以得到顺利实现。而在对企业文化构建的过程中，企业还需要明确自身的思想基础，制定出较为可行的企业文化建设目标，把握好核安全文化构建的重点，从管理、目标实现以及企业核心价值观等多重角度出发构建出企业文化体系，保证企业内部的安全政策以及管理组织体制得到合理完善，确保核电企业自身的综合竞争力显著提高。

参考文献

[1] 郭金敏. 企业文化推动核电管理创新 [J]. 中国电力企业管理,2016(22):92-93.

[2] 吴秀江. 加快中国核电企业文化融合 培育文化参天大树 [J]. 中国核工业,2014(11):56-57.

[3] 杨龙. 文化融合培育中国核电"企业文化树"的思考 [J]. 当代电力文化,2014(11):58-60.

[4] 谢嘉. 新建核电公司的企业文化建设策略 [J]. 中国核工业,2014(6):63-65.

[5] 陈挺,覃文. 科学把握核电企业文化建设的规律 [J]. 当代电力文化,2014(2):63-64.

浅析风电场安全文化建设存在的问题及对策

国家电投集团福建电力有限公司福州运营分公司　郭喜定　王华欣　杨 光

摘 要：随着国家"双碳"目标的实施，以风电为代表的新能源工程建设进入发展"快车道"。在风电建设快速发展的同时，风电场施工安全管理难以"横向到边，纵向到底"的问题比较突出，安全事故日趋多发。为落实"以人民为中心"的新发展理念、有效控制预防各类安全上次事故，将安全文化融入安全管理中，持续提升风电建设项目本质安全水平是行业高质量发展的必然要求。本文以国家电投集团福建电力有限公司福州运营分公司（以下简称福州分公司）安全文化建设为例，剖析风电建设项目安全文化建设中存在的问题，总结经验教训，提出应对措施，为类似项目建设提供思路和参考。

关键词：风电场施工；安全文化；问题与对策

一、引言

近日，国家能源局印发了《防止电力建设工程施工安全事故三十项重点要求》的通知，从顶层设计上对电力建设工程安全管理指明了方向。本文以福州分公司建设项目的安全文化建设为例，阐明如何运用现代科学的管理知识和方法组织协调施工生产，充分调动人员主观能动性，有效管控风电场施工生产安全风险隐患，实现安全生产目标。

二、项目概况

福州分公司位于贵州省遵义市桐梓县境内，地处云贵高原东部地带，平均海拔1300米。安装三一重能（型号：SI-17542-H105）12台4.2MW风机，总装机容量50MW。预计年上网电量为12182万 kW·h，年满效利用小时为2437h。新建110kV升压站一座，风电场设2回35kV集电线路，采用地埋电缆敷设至场内110kV升压站的35kV配电装置，通过新建110kV送出线路将电送入电网。

三、存在的问题分析

茅龙风电工程施工条件复杂。场内道路位于高山峻岭的陡坡上，坡度大，转弯半径小，个别路段土质不良，大件运输风险大。各专业和各工种之间交叉作业多，施工人员流动性强，管理范围广。施工现场土石方开挖、深基坑、超高吊装、高处作业等危险性较大，分部分项工程多，极易发生安全生产事故。在主持本项目建设过程中，笔者发现以下问题。

（一）安全文化建设认知缺位

部分管理人员片面注重施工进度而忽视了安全文化，认为安全文化建设就是走形式、喊口号，以应付检查考核为指挥棒，安全文化建设与现场安全管理"两张皮"。管理人员的认识不到位直接导致一线施工人员无法将安全文化建设作为指导现场安全生产的内生动力加以落实，安全管理穿透力不足。

（二）安全文化建设流于形式

施工单位安全生产责任落实"宽、松、软"，人员安全管理意识淡薄，安全风险评估预警体系不健全，安全教育和安全技术交底不彻底，未开展"矩阵式"安全检查和安全停工授权。"黑名单"和进出场、清退场管理不完善，安全警示标志可视化管理方面不规范。

（三）安全文化宣传教育缺位

安全文化宣传没有充分利用局域网、板报、橱窗、微信群等新媒体传播媒介和"全国安全生产月"等形式广泛开展安全宣传教育警示活动，安全宣传教育形式单一，安全文化氛围淡薄。

（四）安全文化物质保障不足

由于未能分层逐级压实安全生产责任制，分专业、分作业面明确安全责任人。本应由安全责任人开展的经常性安全物质保障条件检查未执行，未能及时发现并修补现场安全管理存在的溃口漏洞，提出安全文化物质保障条件改进建议，对作业过程中实行全方位全过程监控。安全生产文化建设的资金、物力的投入不足，难以从根本上消除事故隐患。

四、应对措施

针对上述问题，采取以下措施加以针对性解决。

（一）引导全员树立共同的安全价值观

安全价值观的形成是一个复杂而长期的过程，有来自环境因素的影响，更取决于个人在长期社会实践活动中对自身安全价值的认识和判断。工程建设阶段应首先注重全员安全价值观念的思想引领。通过对安全模范、先进人物的先进事迹和高尚行为的奖励和宣传，引导员工躬身效仿，形成共同安全价值观念并得到全员认同。

以人为本是安全文化的核心。在工程建设过程中，笔者认为有必要采用崇高的精神力量去说服人、鼓舞人、团结人、发挥人的创造力和主观能动性，在全体员工中形成共同的目标感、方向感和使命感。福州分公司充分发党员模范作用，由业主项目部牵头，会同各参建单位建立红色项目部，开展"党建+安全生产"思想动员会，"三会一课"，共产党员突击队"授旗仪式"等多种活动凝聚各方力量，共同解决项目建设过程中存在的问题。把实现员工的安全、健康和工作环境视为全体员工共同的价值目标，把保证生产安全，防止各类事故，尤其是杜绝重特大恶性事故作为全体员工的共同追求。在工程安全文明施工、质量和进度方面均实现了工程大纲中明确的工程管理目标。

（二）加强全员安全教育培训

按照"分类管理"的原则，明确各级安全教育培训的实施主体、内容、形式、学时、考核方式等，茅龙风电工程对全体现场施工人员落实共同但有侧重的三级安全教育培训。

临时性承包商（服务期在1个月以内）人员的培训时间不少于8学时，培训重点是相关工作区域内的安全文化宣贯、安全风险和注意事项；短期承包商（服务器在1个月以上6个月以内）人员的培训时间不少于16学时，要求根据施工情况组织开展针对性安全文化专题学习活动；中期承包商（服务期6个月以上1年以内）人员的培训时间不少于24学时，按每周一次组织安全活动和安全文化专题学习；长期承包商（服务期1年以上）的培训时间不少于40学时，纳入班组安全建设进行管理。

（三）提高安全文化物质条件

福州分公司对项目设备的选型、自动化程度、安全基础设施、安全文明及环保措施等都应严格按照国家规定的"三同时"进行安全规范设计。管理人员与设计院对风电场的安全设施进行科学论证，合理选材，并在施工过程中实行全方位监控。管理人员应定期组织有关的安全管理技术人员，对整个生产装置开展安全评价。茅龙风电分层逐级压实安全生产责任制，明确安全责任人，由安全责任人开展经常性安全物质保障条件检查，及时汇总上报安全物质需求采购清单，形成"需求—采购—落实—销号"的闭环，保障安全文明施工资金的有效投入，从根本上消除事故隐患，从物质条件上提高安全文化水平。

除此之外，福州分公司为广大员工的工作场地创造良好的采光、照明条件，使员工有一个安全、舒适、温馨的工作环境。风电场区干净卫生，工作场地布置合理，物资堆放整齐有序，设备、电气安全标准规范，能引导员工的安全行为，激发员工的安全生产热情和责任，以认真负责的态度维护安全生产。

（四）采用"互联网+安全"模式促进安全文化的传播

茅龙风电工程积极拥抱移动互联"5G+安全"等新业态、新手段，创新安全管理公众参与的方式、方法和途径。例如"连续降雨导致开挖面滑坡"质量问题，茅龙风电项目利用互联网平台听取一线员工的合理化建议，既普及了安全知识，又找到行之有效的解决办法。让全员参与进来，倾听每个人的声音，归纳汇总不同的观点和意见，最终得出安全管理更多的决策方式，发展模式、思路的转变和拓展。

"5G+安全"让安全管理更加接地气，能够节约人力物力的同时切实提高安全管理的效果和水平。茅龙风电安全管理专职安全生产监督管理人力有限，和点多面广的工程实际形成难以调和的矛盾。茅龙风电安全管理采用"互联网+安全"模式，在重点施工作业面布设视频监控，建立安全管控云平台，挂靠工程调度指挥部，应急值班人员每日视频点检现场作业情况。推动安全管理加速向数字化、网络化、智能化方向延伸拓展，夯实工程建设的安全底座。

（五）认真落实检查与考核

茅龙风电项目根据工程建设进度实际情况，检查承包商安全文化建设情况、落实安全文化教育培训情况、认真开展安全文化宣贯、定期组织开展安全文化建设评估、定期组织安全文化检查治理。做到安全文化建设有策划、有检查、有措施、有整改，实现闭环管理。对施工过程中安全文化建设落实不到位的情况，由监理单位按制度落实考核。

五、结语

福州分公司安全文化建设通过压实风电安全文化建设主体责任，推进全员全过程参与，实现有效管控风电建设各环节的安全生产风险隐患和安全健康管理系统化、岗位操作行为规范化、设备本质安全化、作业环境器具定置化，有力保障了风电建设项目安全、高质量投运。福州分公司的安全文化建设为提升风电场建设本质安全起到了重要的作用，希望本文能为类似建设项目提高安全管理水平提供有益借鉴。

参考文献

［1］刘燕杰. 浅析风电企业安全文化建设[J]. 经营管理者, 2014(21):177-178.

［2］罗云, 刘潜. 关于安全经济学的探讨[J]. 中国安全科学学报, 1991(2):19-22.

［3］罗云. 安全也是生产力[J]. 现代企业文化, 2012(9):34-35.

［4］刘建. 浅谈企业安全文化建设与安全生产管理[J]. 城市建设理论研究, 2015(9):19-20.

［5］黄小丽. 安全文化建设是企业安全管理的重要主题[J]. 内蒙古科技与经济, 2006(11): 33-33.

［6］夏美生. 浅谈风电工程安全文明施工管理[J]. 大科技, 2014,1(25):109-110.

［7］王大志, 黄鹏. 风电工程安全管理[J]. 安全生产与监督, 2017(2):2.

［8］黄文海. 风电设备吊装工程重大危险源分析及安全管理建议[J]. 神华科技, 2012,10(4):3.

本质型安全建设中人的安全行为规范与管理

贵州电网有限责任公司安顺市郊供电局　王家儒

摘　要：电网作业全过程风险管控是全世界企业面临的很大难题。践行"人民至上、生命至上"，打造本质型安全企业，通过对人的安全行为规范与管理，可使关口前移、抓早抓小、防微杜渐，在防范人身事故工作中起到中流砥柱的作用。

关键词：电力安全；行为；规范

在电力企业生产现场，安全生产与管理历来是重中之重，如果发生了安全事故，不仅会造成人身伤亡、给家庭造成不可挽回的损失、给企业造成不好的社会影响及经济效益的损失，甚至会给国家财产带来重大损失。可见没有安全就没有效益、更谈不上利润。电力安全向来是生产生活中的重中之重，从众多的事故案例中发现一个共同点，事故都是由人的不安全行为、不遵守规章制度造成的。为此，要加强和完善生产现场的安全管理，规范人的安全行为，才能更大地减少事故事件的发生。

一、企业不安全因素分析

（一）不安全行为背后的心理因素分析

从一起起事故发生的原因中可以得出安全生产工作容不得一丝一毫的放松懈怠，人的行为是受意识支配的，意识又是心理反映。人的不安全心理主要表现在以下几个方面。

（1）从众心理。看见别人这么干、我也这么干，看见别人违章作业，不去思考是否对错、是否能干，自己也照着做，这是形成违章的原因之一。

（2）麻痹大意。此类人在平时工作中马马虎虎、大大咧咧，把规程丢至脑后，靠惯性作业、凭经验施工，根本不去想是否违章，是否符合安全措施的要求。

（3）侥幸心理。这类人大多数是明知故犯，工作中盲目自信，不充分评估行为的后果，抱着偶尔违章不会出事的心理，冒险作业，形成习惯性"三违"。

（4）图懒省事。该有的安全措施没有、该办的工作票不办，图方便、怕麻烦，结果造成事故。

（5）逞能心理。这类人，为了显示自己的能耐，往往胆大妄为、不遵守规程，干一些自以为是的愚蠢事酿成事故。

（二）安全管理中需要关注的几种人

在电力生产现场工作中往往会出现以下几种人：一是盲目听从指挥的"糊涂人"；二是违章作业的"胆大人"；三是知其然而不知其所以然的"问号人"；四是只求数量不求质量的"完工人"。这些人的安全意识淡薄，责任心较差，在工作中，特别是在事故处理中会产生很危险的后果。

（三）安全管理中要"以人为本"

打铁还需自身硬。要让基层班员"懂规程、守规矩、保安全"，首先自己要懂、要会。针对几起事故事件、用血的教训再次警示各级安全生产人员强化对安全生产极端重要性的认识，强调安全生产领域要知责担责，守责尽责，用最严的安全生产工作作风，知行合一坚决守住安全生产底线。安全生产工作最终落地都是通过人来实现，要在"人"这个核心要素上做文章、定措施。

二、安全行为文化的心理建设

（1）人是安全最大的受益者，也是风险最大的制造者、承担者；事故固然有其偶然性、复杂性，但在现实中，"掉链子""出岔子"的，很多时候却是实打实的"人祸"，而隐患就埋在每个工作日常。有的"不自知"，安全知识和操作技能不过硬，对作业环境危险因素不了解，心中无底盲目干；有的"想当然"，不及时掌握新要求，把经验等同于作业标准，自以为是蛮横干；有的"图方便"，"自作聪明"简化流程,抱着"以前这么干也没事"的想法,用"方便"赌"概率",心存侥幸冒险干。如此松懈麻痹,只会害人害己。

（2）安全与事故只有一步之遥。任何细小的问题,都可能是导致安全事故发生的"导火索",甚至是"定时炸弹"。不按规定穿戴防护用品、不验电、不挂接地线,不严格按安全规程操作,一个失误、一点松懈、一回捷径、一次侥幸,都有可能铸成大错,导致前功尽弃。看不到风险就是最大的风险,思想麻痹、责任空转就是最可怕的隐患。很多时候,安危只在"一念之间","一失则万无"。

（3）发展决不能以牺牲人的生命为代价。安全生产关键在作风,着力点在基层,危险点就在生产现场。要强化安全生产"始于现场、终于现场"意识,眼睛盯住现场,功夫下在一线。安全生产从南网公司直至基层供电所都十分重视,这对控制和减少各种事故发生起到了举足轻重的作用。而现在,一起起事故的发生,特别要引起各级领导和施工人员的高度重视。一句俗话:"阴沟里翻船",我们一定要正视恶性误操作,不草率从事,不仓促上马。

（4）要做到人的安全行为规范、要让基层人员熟悉规程、制度,需要摆正心态,不自欺自骗,不投机取巧。唯有老老实实、脚踏实地,时刻"如履薄冰、如临深渊",自觉把安全要求落实到每一个具体行动,才能共同筑牢安全责任基石,让安全从"纸面"落到"地面",从"墙上"走到"心上";每个员工就是自己生命最重要的守护神。监管和检查再严苛,技术和设备再先进,安全管理体系再科学,人自身的素质、责任心都"无法被取代"。生命没有重来,每个员工都务必树立强烈的责任意识,从细练好"保命"本领,从严落实"护命"举措,自动自觉地以高标准落实,做到心到、神到、力到。说到底,生命只有一次,与其把安全交给运气、交给体系、交给他人,不如牢牢握在自己手里。

三、以"管"为要 筑牢本质安全之"堤"

在安全管理中,人是最核心的因素,人的安全意识和技能水平决定着安全管理的效果,如何规范安全行为,做好安全管理是重中之重。

（一）安全培训要"实"

（1）牢固树立"安全形势时刻都严峻、安全工作时刻都第一"的思想,通过多种形式组织广大员工及时学习和领会最新的法律法规,如《中华人民共和国安全生产法》《国务院安委会安全生产"十五条"重要举措》及公司新颁发的规章制度等文件。充分利用班组每周安全学习活动、安全办公会等形式,深入开展典型安全事故案例分析,深刻吸取近期各类行业事故教训。加大安全警示教育力度,深入开展典型案例分析等活动,使安全警示教育进班组、到个人。以丝毫"不敢懈怠"的态度,真正做到把安全事故案例作深入分析,并自我检查,立行立改。给自己敲响警钟,把可能发生的问题想到,把针对性措施跟上,把宣传教育搞好,把防范工作做实,有效避免违章事件的发生。持续塑造牢记安全、规范作业的安全文化新形象。

（2）始终把违章行为细化成作业案例,以现场培训的方式进行宣贯和落实,指导员工在场安全作业。为确保作业人员认识到位、理解透彻,要定期组织基层员工开展反违章等培训,有效提升全员安全意识及安全管理业务水平。同时,以安全教育培训为抓手,充分利用安全培训平台强化业务、提升素质、丰富知识、学以致用。采取"四不两直"方式,深入工作现场、班前班后会、生产现场等地点,抽查、提问职工安规及现场安全管理措施掌握情况,加大保命教育培训、安规与"两票"考核力度,巩固安全培训效果。

（二）安全管理要"严"

（1）加大对规章制度的执行力度、避免习惯性违章、安全工作决不能失之于宽、失之于软,要始终保持高压态势,不能有丝毫松懈,对"三违"人员必须严肃处理,绝不手软,将发现问题分类制定对应整改措施和长效机制,直面问题立行立改,实事求是落实措施,重点针对"两票"应用、工器具管理、高处作业措施落实、作业视频监控等问题,做好原因分析,制定提升管理举措。

（2）协助各专业加强安全监督检查工作,创新采用"线上+线下"安全监督形式,严抓严管违章,刚性执行违章闭环整改,对相关责任人开展责任追究。另外,要坚持严字当头、真抓真管,严格执行问题剖析警示制度,切实把隐患当作事故来对待、把苗头当作事故来分析,对存在安全隐患的工器具坚决停止使用,对安全技能缺失、安全不放心上的人员坚决不准上岗。

（三）质量标准要"细"

首先质量标准的制定要严密,要细致,关乎生产的每个环节。要严抓作业地点安全质量标准化动态达标工作，各专业切实做好日常指导检查、专业评比、定期考核等工作，强化上标准岗、干标准活，为职工创造安全可靠的工作环境，严防走形式、搞过场、轻实效，从员工安全意识、设备设施安全隐患、作业技能培训等方面剖析问题根源，防范类似问题重复发生。

（四）制度落实要"硬"

要以啃硬骨头的精神抓安全管理，狠抓制度落实。以制度的形式落实各级人员、各部门的安全生产职责，使员工知道"干什么""怎么干""谁去干"，各司其职、各负其责、形成层层抓、层层管的全员参与的安全管理制度落实。要定期或不定期深入现场及班组，对安全管理制度的落实情况进行监督检查，发现制度落实不到位的要指出、纠正并曝光，同时运用安全管理绩效杠杆公平、公正地进行奖罚，有效提升安全管理绩效，确保安全目标的完成。

四、结语

人是本质安全的"核心"，本质安全型企业建设中，我们始终抓住"人"这个核心要素不放松，抓住各层级人员。一是做有感领导，践行"正念"。行胜于言，通过领导上讲台、领导参与安全活动、安全检查、事故事件学习分享等方式，与大家分享安全管理经验，引领员工知识技能、思想意识和行为规范的提升。二是管理人员带头学规程制度，落实"正知"。管理人员熟悉岗位规程制度，按规程说话、按规程办事成常态，管理、决策、分析、带队伍做到"六行"。三是员工"正行"，倡导员工实事求是、刚性执行规程。坚持从源头预防、从治本着手，实行全过程、全方位管控，确保安全生产思想认识到位、制度执行到位、技术培训到位、检查考核到位、资源投入到位、隐患治理到位，想尽一切办法、消除一切隐患、杜绝一切事故，实现人的安全行为规范与管理，提升安全文化软实力，建设本质安全型企业。

参考文献

[1] 王义申. 对电力企业生产现场作业和终端安全防护的研究 [J]. 电力科技, 2013(4):135.

[2] 曹先德. 浅谈电力安全管理执行力的影响因素及其管理方法 [J]. 中国技术新产品, 2017(5):135-136.

[3] 王宏涛. 电力安全管理中存在的问题探究 [J]. 黑龙江科学, 2017,8(7):18-19.

[4] 陈波. 供电企业生产现场人的不安全行为研究 [J]. 电力科技, 2020(17):109-111.

[5] 刘光旭. 解析强化电力安全建设执行力 [J]. 中国高新技术企业 (中旬刊),2013,10(5):65-67.

企业特色安全子文化的形成与建设途径探索

国家电投集团江西电力有限公司景德镇发电厂　王焱敏　熊　钟　刘智杰

摘　要： 安全文化是企业文化的重要组成部分。优秀的安全文化，具有强大的凝聚力和感召力，它能不断教育引导广大员工从文化的高度来认识安全生产工作。国家电投集团江西电力有限公司景德镇发电厂（以下简称景德镇电厂）高度重视企业安全文化建设，秉承了国家电力投资集团公司安全文化，牢固树立"任何风险都可以控制，任何违章都可以预防，任何事故都可以避免"的安全理念，不断深入实践、循序渐进、融合创新，创造性地构建了景德镇电厂"人人都是安全员、天天都是安全日"的安全子文化，以此引领企业的安全生产工作，促进企业安全、健康、和谐发展。

关键词： 安全文化；电厂；特色安全子文化

景德镇电厂是一个有着113年历史的老厂，现有2×660MW超超临界燃煤发电机组，分别于2010年12月和2011年5月建成投产发电。先后被中央文明委授予第四届、第五届"全国文明单位"，连续十届获得"江西省文明单位"。2015年集团公司首批安健环二钻认定单位，2022年7月，安健环管理体系建设被集团公司评审获得"三钻"等级评价，2015年经第三方机构评审为电力安全生产标准化"一级企业"，2017年、2018年分别获得"江西省安全文明建设示范企业"和"全国安全文化建设示范企业"命名。多次获得集团公司和江西公司"安全生产和生态环保先进集体"。

一、景德镇电厂企业安全文化的形成

（一）安全理念的传承

（1）任何风险都可以控制。风险无处不在，正确辨识、认真分析、科学应对，有效控制各类风险。

（2）任何违章都可以预防。违章源于麻痹侥幸，严格程序、标准作业、正确指挥，有效预防各类违章。

（3）任何事故都可以避免。事故来自隐患积累，把握规律、改进管理、消除隐患，有效避免各类事故。

（二）全员安全意识的强化

（1）企业主要领导把安全工作提升到前所未有的高度，事事讲安全、时时讲安全、处处讲安全，真正做到了"大会讲、小会讲、大事讲、小事讲"。

（2）企业领导班子成员以身作则，率先垂范，在各自的分管领域强调安全意识，倡导安全观念。

（3）所有管理人员身体力行，全方位贯彻企业领导的安全思路，在企业全体职工耳边时刻敲响安全的警钟，让企业全体职工处处感触安全的警示。

（4）全体员工以全员安全责任制为准则，在生产活动中思想意识从"要我安全"真正转化为"我要安全"。

（三）景德镇电厂企业文化和安全子文化的出炉

1.景德镇电厂企业文化的内涵

景德镇发电厂企业文化：开景明德、行稳致远。

开景：《宋书·礼志三》，"运动时来，跃飞风举，开景中区，歇神还灵颎天重耀"。"开景"即开辟光明的局面。

明德：《大学》开篇说："大学之道，在明明德，在亲民，在止于至善。""明德"就是明明白白的德，性德、天生具有的品德。旨在弘扬高尚的德行，在于关爱人民，在于达到最高境界的善。与本地景德镇的"德"字相契合。且"德"又可代表"景德镇"。"中华向号瓷之国，瓷业高峰是此都"。

行稳：代表着发电企业对设备安全稳定运行的要求，代表着企业领导班子团结稳固、员工队伍稳定，代表着景电人扎实做事的工作作风。

致远：寓意着格局和胸怀，也寓意着目标和方向。

2.景德镇电厂企业安全文化形成

景德镇电厂积极发挥安全文化引领作用，秉承

— 419 —

国家电力投资集团公司"和文化"理念，认真遵循国家电力投资集团公司安全文化及核安全文化理念、原则，牢固树立集团公司"任何风险都可以控制，任何违章都可以预防，任何事故都可以避免"的安全理念，提炼出"人人都是安全员、天天都是安全日"的安全子文化。

"人人都是安全员"，不是说"人人都当安全员"。一字之差，意义迥异。"当"，有今天当明天不当的问题；而"是"，则代表了长期的、必然的责任，"是安全员"，则必须具备安全员的素质和专业水平。这是发展进步的需要，是把安全生产放在生产管理系统中来看待、来管控。构建人人身在其中的安全防控网络，千斤重担人人挑，每个网络节点和相关方都履责担当，人人重视安全、人人防控风险，群防群治、联防联控。"天天都是安全日"要求安全生产要从始而终，是一个持之以恒的过程，不是一阵一阵的事，所有工作必须盯紧盯牢，未雨绸缪，防微杜渐，千万不能虎头蛇尾，只有这样，才能达到事半功倍的效果。

景电"人人都是安全员、天天都是安全日"安全子文化。体现了企业员工的安全价值观、安全素养和安全态度，营造"人人都是安全员"氛围，就是强调人人肩上有责任，重视抓安全生产每个环节、全过程管理，培育员工强烈的责任感和使命感，实现"要我安全"向"我要安全""我会安全"和"我能安全"转变。

二、景德镇发电厂安全文化建设的途径

（一）建立健全组织机构

（1）成立了由厂长、党委书记任组长，各部门主要负责人为成员的安全文化建设领导小组。制定了安全文化建设长期规划，工作制度、实施方案和具体措施。各部门分别成立组织机构，部门负责人亲自挂帅，协管负责人具体抓，各级人员协同联动开展工作，确保落实和全员参与。

（2）强化一把手抓安全的要求。厂长签订《景德镇电厂安全健康环境管理承诺》，标志着景德镇电厂在安全、健康、环境管理方面对员工和相关方做出的郑重承诺，并由各方进行监督。

（二）营造企业文化建设氛围

（1）汇编景德镇电厂《企业文化手册》和《景德镇电厂安全文化手册》，并进行大力宣贯。

（2）厂区内醒目区域增设景德镇特色瓷器葫芦并在建立安全文化墙。利用厂区内光伏长廊、通勤车候车站台、生产区进行正能量和企业文化的安全文化理念宣传。

（3）全面开展安全文化宣贯学习。贯彻"安全发展"理念和集团"和"安全文化，增强全员安全文化理念认同。持续开展"三个任何"理念学习讨论，积极参加集团公司和江西公司安全文化论坛、沙龙。

（4）积极推进班组开展特色安全文化建设。各班组提炼安全文化标语，如"抓安全事事落实，查事故样样彻底"等班组安全文化理念，编制了班组安全文化手册，促进员工更加注重安全，提升全员安全价值观。试点班组实行的"四查、五必须"工作法。形成一批具有实用性、推广性的班组安全管理方法。

（5）每月由工会牵头，对每个人发现的安全隐患进行评比，取前10名进行奖励，对前5名人员利用视屏（食堂、行政楼大厅等）进行滚动播放，激励先进。

（三）安全目视化管理提升

（1）开展生产现场"7S"整治，对设备、区域和安全设施画线标识，对各类设备标识牌，安全警示牌的悬挂标准进行统一。

（2）进生产区门安全提示牌安装，生产区主干道增设安全警示牌，主要生产区实行人车分流措施。

（3）依据集团公司《安全目视化实施指南》，结合双重预防机制建设，在进厂醒目位置和重点区域分别设置安全风险公告栏，绘制安全风险空间分布图，制作岗位安全风险告知卡，确保每名员工都能掌握安全风险的基本情况及防范、应急措施。

（4）在各风险区悬挂风险告示牌，并建立二微码，通过扫二维码，随时可以了解当下区域风险情况。

（四）多措并举抓安全

（1）建立管理人员安全检查发现问题下达指标任务机制。厂领导、生产系统中层干部、生产系统管理人员每月必须发现要求条目的不符合项并督促整改。

（2）充分发挥职工群众管理监督作用。成立了"群众安全工作监督组"，不定期组织职工群众深入生产一线对违规违章行为进行监督检查。开展"安全隐患随手拍"活动，任何人员发现安全隐患和违章行为，都可以随时拍照并发微信群。

（3）利用"微信群"或"电投壹"平台落实各

级人员（或组织）安全检查的闭环整改情况，做到每周滚动汇报、落实、考核。

（4）对作业风险实行全过程控制，确保作业安全。规范"两票"管理，并结合JSA执行，定期进行检查和统计分析。执行高风险作业控制模型、团队式班前会、工作许可、停工授权与停工令等管理工具。

（五）将承包商纳入管理范围

（1）建立和完善厂领导和中层干部挂点外包工程单位机制。厂领导每月参加一次承包商的安全学习。

（2）开展承包商等同管理专题研讨。从承包商管理、安全生产、企业发展、企业文化建设等方面积极献计献策，提出好的意见和建议，为后续景德镇电厂提升承包商管理开拓了思路并提供了实践方向。

（3）建立承包商检查评价标准。每月开展承包商安全管理专项检查活动，促进各级严把准入、选择、使用、评价四道关。全面推进长期承包商"等同化管理"要求落地落实，把承包商纳入各单位安健环体系建设、班组建设、群团组织建设工作体系，实现一体化建设、同步提升。

（4）建立承包商安全业绩优异单位长期合作激励机制。将承包商安全管理绩效纳入各类评先评优活动条件，对承担生产任务的长期承包商同等授予安全先进集体、个人荣誉称号。全面实施项目建设安全管理标准化。

（5）给各承包商独立的办公室，共同在同一楼办公；把各承包商的评先工作也纳入全厂的评先工作中，使各承包商有归属感和认同感。

（6）把承包商的先进人物图片、事迹和发电公司的先进人物图片、事迹同等悬挂在宣传栏中，形成合力。

（六）安全管理的标准规范

（1）制定完善创安健环"四钻"的方案。运用体系规范现场安全生产行为，强化安全基础管理。

（2）安健环体系建设全员能力培训。通过培训持续提升员工能力，满足景电战略发展需求。建立岗位胜任力模型，基于模型开展培训需求调查，建立矩阵式培训计划并实施。HSE授权培训、三级安全教育、安规培训、持证培训等规范执行。

（3）开展了作业危害辨识与风险评估。按照风险分级管控原则，分类、分专业、分级、分层明确管控重点、管控责任和管控措施。制定的风险管控措施应开展可行性、安全性、可靠性、经济性论证。

（4）全面应用HSE管理工具。JHA、JSA、"团队式"班前会、"黑名单"管理、授权停工令、高风险管控模型等HSE提升工具在现场得到良好应用。

（七）抓实宣传教育培训

（1）开展安全生产管理知识常态化专项学习行动。通过任务式自学、集中授课等形式提升生产系统管理人员的安全管理技能。

（2）加强安监队伍建设。建立注册安全工程师取证培训方案，每周定期进行，着力打造专业、高效、精干的安全管理人才队伍。

（3）建立"展示厅、安全教室、职工之家"三合一厅。购置集施工作业模拟、隐患排查等功能一体的VR设备，定期对员工和外包工进行教育，配置各类安全生产相关图书资料。

（4）强化全员培训。推行矩阵式HSE培训，开展了HSE管理提升培训、班组安全建设、应急救护等各类安全、技术知识教育培训，提升安全技术能力，达到"三熟三能"的培训目标。根据不同人群区分安全学习培训内容，做到"干什么、学什么、考什么"，并且建立安全一人一电子档案（含外包人员）。

（5）每年组织开展各类安全知识竞赛、演讲比赛、安全技能大比武活动等活动。利用各类安全知识网络答题活动进行安全氛围营造和安全知识学习。

三、景德镇发电厂企业安全文化的成果

景德镇电厂"人人都是安全员、天天都是安全日"安全文化建设取得了好的成果，获得2018年度全国安全文化建设示范企业，安全基础工作实现了"三个促进"。

（一）促进了职工安全素质的提升

企业通过加大安全文化宣传力度，建立安全教育阵地，丰富安全文化内涵，烘托了安全文化的浓厚氛围，使职工抓技术、学业务的积极性、主动性明显增强，安全素质、自主保安意识得到进一步提高，文明生产向前迈进。

（二）促进了安全管理水平的提升

通过理念导入，机制创新，健全了各级责任制，完善各项管理制度，使安全管理由"靠领导管理、制度控制"变为"上下互动、自主管理"转变。

（三）促进了总体安全状况稳定好转

景德镇电厂 2010 年投产之初，"四管"泄漏等设备故障频发，违章行为时有发生，经过几年来安全文化建设的不断深入开展，安全生产局面得到全面扭转，全员安全素质得到显著提升。

景德镇电厂这些年通过持之以恒抓安全文化建设和安全文化创新，取得了明显效果，员工的安全管理技能和水平得到明显提高，员工的安全意识也日益增强，一个老厂的精神面貌焕然一新。

安全生产之我见

通辽盛发热电有限责任公司　范文哲

摘　要：质量是安全基础，安全为生产前提。对于企业来说，安全和效益结伴而行，事故与损失同时发生。事故往往出于麻痹，安全却在于警惕，所以重视安全文化建设就要从治理隐患做起，国家电力安全生产方针就是"安全第一、预防为主、综合治理"。

关键词：电力安全；职工教育；生产管理

在生产的诸多工作排列顺序当中，电力安全恐怕是要排在第一位了，因为安全是电力生产的保证，是发电量和经济效益的基础，因此每一位职工不仅要掌握本岗有关生产的基本知识，而且要注意安全生产，那么如何努力做好安全文化建设呢？笔者谈几点自己的想法，以供参考。

一、树立安全生产人人有责的观念

"国家兴亡，匹夫有责"，那么作为我们电力生产者来说也可以这样讲，"安全生产、人人有责"，因为我们每个人都是电厂的职工，都是主人，同时这也是我们每个职工应尽的职责，所以每个职工都应该去履行自己的职责，尽心尽力地去完成自己所肩负的任务，这样才能够保证我们每个人的安全。然而在实际工作中，有的同志还不能很好理解，有的认为只要我们自己注意到安全生产就行了，对他人则"谁管他人瓦上霜"，明明知道违章作业，也不去提醒，不去制止；有的则认为那是领导的事，不在其位不谋其政，有HSE安全检查员呢，用不着我管，多一事不如少一事，弄不好还惹得人家不乐呵……其实，保安全，反违章不只是安全员的事，而是每个电力职工的事，只有全员保安全，才能有效地避免并最终杜绝各种违章现象，从而确保电力事业的发展。

二、运用行政、经济、教育等各种手段加强安全文化管理

首先，利用行政方法，也就是运用命令、指令、规章、制度等、采取禁止的手段施加影响和控制，它可以统一目标、统一认识、统一行动、有利于保证任务的完成，能够排除各种因素干扰，从而有效地控制各种不利于安全生产的不健康思想和不安全行为。

其次，经济的方法也是比较见效的，经济的方法无非是运用经济手段，明确职工的经济利益关系，从而达到提高安全目的。安全管理还必须认真地履行好监督检查职能。通过多方面的到位检查，对违反安全生产规章制度的行为进行经济考核。

最后，对职工不断进行思想教育，从安全文化的重要性、安全性与职工个人之间及与企业集体之间的利益关系入手进行教育，使职工从思想上真正清醒地认识到自己的安全联系着社会、联系着集体，同时也联系着家庭，这个方法也不失为一种有效的方法。

三、安全教育要做到"三化"

所谓"三化"指的是安全教育要做到经常化、全员化、形式多样化。对职工进行安全教育不是一朝一夕的事，而要做到常抓不懈、持之以恒。对职工进行安全教育要涉及各个层次，进行全员全方位教育，可以针对不同的目标，不同的要求，把职工分成不同的层次，如对于领导层，可能要求更严格一些，不仅他们本身过得硬，而且还要去带动大家，领头雁的作用不可忽视。对于青工、临时工、特殊工种则更是要针对不同年龄段、不同工种注重进行符合他们特点和实际的教育方法。使各层次段都能发挥出更大的优势。另外，安全教育的形式不能单一、呆板，而应灵活多样，除了坚持下发安全简报、事故通报、各种培训计划、知识汇编外，可结合其他一些有益的形式，如多开联欢会，逢年过节聚一聚，另外，多提供职工娱乐场所，多出些知识竞赛题，多安排些安全文艺演出，多买些安全教育方面的书籍，总之，通过这些可增强职工参与意识、忧患意识、防范意识。

四、健全安全管理制度，落实安全责任

对目前的整个企业的安全制度要进行重新设计，这套制度要突破以往站在企业角度的表现形式，以站在安全行为者的角度来编制和操作，由安全行为者从内因产生"我要安全"的行为。就我们电力企业来说，存在着多工种联合、多工序交叉、多环节衔接作业的特点，所以就应从各自的实际出发，紧紧把握员工生产中的安全行为，建立和健全个人自我安全保护制度。员工有权对违章的生产指挥不执行，有权对违章的生产工序不交接，有权对违章的生产设备不操作，有权不在违章的生产环境中作业。这就从行政法规上确立了员工劳动的过程中的主观能动性，使之自觉地遵守安全规章制度，自觉地进行安全保护。俗话说得好：事故不难防，重在守规章；最大祸根是失职，最大隐患是违章。只有真正把规章制度、操作规程当作生命之友，安全之伞，才有可能实现安全生产。

安全生产责任真空现象使安全生产责任书签订流于形式，有违章设立安全生产责任考核制度的初衷。高度重视安全生产工作，探寻科学合理的监管手段并建立安全生产责任考核长效机制，是一个摆在我们面前亟待解决的问题。笔者认为需要做好以下工作。

（1）提高认识，调整心态。安全文化建设应落实意识为先。领导干部特别是单位"一把手"要充分认识安全生产责任制的重要性，摒弃重数量不重质量，不求实效走过场的思想，树立实事求是的工作作风，抓实抓好安全生产责任制落实工作。

（2）加强学习，提高素质。各级管理人员应加强学习，努力提高安全管理技能，安全生产责任书设计者应结合本单位的实际情况，通过定岗定责，将安全生产责任层层量化分解，落实到人，做到分工明确、职责明确、协调有力，安全生产责任更加切合实际，具有科学性、可操作性。

（3）创新思路，落实措施。充分考虑安全生产责任时间衔接问题。设计考核年度时可以选择跨年度的灵活期限方案，也可以采用打破先上后下的签订次序，分层次独立签订方案。但笔者建议在每年年终对各单位进行考核的同时签订下一年度安全生产责任书，这种形式也许没有隆重的仪式且简单低调，却有实效，值得提倡。实行安全生产责任制度，落实安全生产责任，是安全生产工作客观规律的要求。坚持安全生产责任的科学发展观，确保安全生产各项职责落实到位，促进安全生产形势根本好转是我们大家共同的责任。

五、开展安全教育活动，加强安全文化建设

安全生产活动中的思想障碍是影响员工"要我安全"的重要问题，是企业安全文化建设的重要内容，是各种不安全因素中的主要因素。一般情况下，员工都会为满足自己的安全需要而采取自我保护措施，遵守安全生产规程，但有的时候，有些人则可能因为存在某些思想障碍，不仅忘记了我要安全，而且做不到要我安全。究其原因，大体上有以下几种：对安全生产规程感到麻烦，图省事、图简便而不去遵守；因抢时间、赶进度而忽视、忘记安全生产规程；对自己的熟练技术过分自信，心存侥幸，麻痹大意；逞强好胜，表现为胆大妄为的冲动，明知故犯；因为身体疲倦，精神松懈，注意力分散而顾不上安全生产规程等。因此，各级领导和工作人员在生产过程中一定要注意从消除员工思想障碍入手，对症下药，有的放矢地开展安全活动。例如：开展安全规章制度建设，让员工明确遵章的必要性、违章的危害性；开展安全知识培训，提高员工的安全技术素质；推行标准化作业和安全责任制，强化员工的安全保护；积极搞好均衡生产，让员工保持旺盛的精力、体力，控制和减少不安全行为；等等。通过这些方法，使员工逐步消除抵触、违反、消极、侥幸、松懈、逞能等思想障碍，增强"我要安全"的自觉性。

从要我安全到我要安全的转变，需要安全生产行为的主体——广大员工从思想认识到心理、行为等都发生一个重大的转变，实现这两个转变，离不开大量的宣传、教育、检查、督促、奖惩等工作。依靠"要我安全"的外因动力，促进"我要安全"的内在变化，使安全生产成为广大员工的自觉行动，这样，我们的安全生产才能确保。

其实蚁穴本身并不可怕，可怕的是把它与长堤联系起来；单纯违章操作的某个动作也不可怕，可怕的是把那个动作与生产工序联系起来。就像饮酒一样，饮酒本身是生活中的一件乐事，但是要把醉酒与驾驶联系起来，生命之堤还能稳固吗？总之安全文化建设非常重要，但它不是空洞的口号，而是实实在在的行动。所以我们每个职工不仅要牢记自己对"安全"有责，而且要认真地履行职责。"千里之堤、溃于蚁穴"，希望我们的每一个员工包括我们的协作队伍，要牢牢树立防患于未然的意识，让小小的蚁穴永无藏身之地。

未遂事件管理在某企业本质安全建设中的作用与实践

中国南方电网超高压输电公司梧州局　谷　春　罗朝宇

摘　要：在安全管理中，未遂事件管理是对安全风险管理的一个必要的补充，通过未遂事件上报、分析、分享和学习回顾，究其发生原因，利用分析结果制定改进和防范措施，防止类似事件重复发生，共同防止事故事件的发生或升级，从而提供健康安全的工作环境，减少安全问题造成经济财产损失。因此，企业应做好批评教育，及时奖励兑现，强化积极行为，打破传统思维，做好未遂事件管理。

关键词：未遂；违章；安全管理；本质安全；风险预控

2021年9月1日，新的《中华人民共和国安全生产法》正式颁布实施，要求强化"红线"意识，促进安全发展，落实企业主体责任，加强双重预防机制建设，提升本质安全水平，这对安全生产工作提出了更高的要求。同时，深刻理解安全文化"以人为本"的内涵，不断提高安全文化层次，为员工创建一个健康、安全的工作条件，也是企业发展的目标和使命之一。

从近年数据统计分析来看，超高压输电企业目前安全管理相对比较平稳，非自然灾害引起的生产安全事故逐年下降，但是企业实际生产运行中却存在着大量的安全隐患，距离实现"零事故"的本质安全目标还存在诸多障碍。树牢"一切事故都可以预防"的安全理念，深刻挖掘未遂事件管理中发现的问题，变被动安全为主动安全，逐步推进系统型、预防型、自我约束、持续改进的安全文化建设，增强全员安全意识，提升全员安全文明素养，对提高本质安全水平，促进企业安全发展具有极其重要的意义。

一、未遂事件管理在本质安全建设中的作用

中国南方电网超高压输电公司梧州局（以下简称梧州局）从"一切事故都可以预防"的安全理念出发，加强未遂事件知识普及，提高认知，鼓励上报，积极反省，对典型的事件进行调查、分析、总结、通报、建库，是管理提升和实现本质安全的需要。

（一）本质安全的概念

本质安全概念来源于20世纪50年代国外航天工业的质量管理体系。在国内，本质安全，是从《煤矿安全规程》对本质安全型电气设备的解释演绎扩展而来，是煤矿安全管理的崭新理念，属安全管理高层次的文化范畴。无论对企业的管理者，还是对广大职工而言，"本质安全"都是一个比较新鲜的名词。事实上，人们对事物的认知都可以用系统的概念进行思维，美国学者的一部理论专著《可靠性工程》，说的就是系统的可靠性，它指的就是从大系统到子系统到元件的可靠性。而今天所说的"本质安全"，其实是指安全管理理念的变化。过去人们普遍认为，高危险行业，发生事故是必然的，不发生事故是偶然的。如果我们在工作中处处按照标准、规程作业，把事故降低到最低甚至实现零事故，从而得出结论：高危险行业发生事故是偶然的，不发生事故是必然的，这就是"本质安全"。

（二）本质安全对企业的要求

显而易见，对于梧州局安全生产而言，本质安全有两方面要求：一是从管理文化、理念上的转变，提高层次，与时俱进，满足现代社会安全管理的要求；二是为了实现本质安全目标，在安全生产全要素、全业务、全流程上做实做细，对安全生产风险管理体系建设提出了更高的要求。

（三）未遂事件管理的现状

体系基础管理中的事故事件管理，包括事故事件管理、百万工时工伤率统计、未遂事件管理，若进一步下沉，也包含违章管理。该业务传统的管理方式，总体上是一种被动执行的过程，即以发生的结果反过来进行调查、统计，而对未遂事件和违章暴露管理弱化，原因一方面是对未遂事件的认知不足，另一方面是未遂事件数量庞大，统计粗糙，不可能对所有的未遂事件都进行调查。如何有选择有重点对其分级分类分专业调查存在专业能力和管理成本上的制约，同时也存在未遂和违章暴露不充分问题。梧州局单位的《事故事件管理》和《百万工时工伤、未遂、违章事件管理》两份业务指导书，能够把百万工时工伤、未遂、违章事件放在一起，说明已做了很好的辨识，但管理上没有事故事件管理那么细致，没有达到主动安全的要求。

（四）未遂事件管理的分类

我们知道未遂事件的发生是冲破了风险评估、企业三级安全管理控制一系列安全链条而发生的。简单来看，未遂事件可以分为两类。一类是企业规章制度未有规定，比如，在2021年度的未遂事件统计中，存在多起马蜂伤人未遂事件。"巧合"的是，在2022年清明节，邻近城市就发生了马蜂蜇人导致一人死亡、多人重伤的事件，上级单位立即要求制定野外作业防马蜂伤害的措施，而本单位没能通过未遂事件的分析利用，将其归为新增风险。事实上，此类事件应纳入新的风险辨识和评估，根据评估结果采取措施并做好监督管理。第二类是存在违章的情况，比如，一次变压器油枕大修中发生了油枕盖板掉落的未遂事件，反思后发现，从风险评估与控制、作业过程管理等各环节都存在问题，对此类典型的未遂事件发生的各环节进行梳理、调查分析，查找违章的直接原因和根本原因是颇具价值的。据了解，单位在设备吊装、搬运时也发生多起未遂事件，都具有很高的案例分析价值。因此，对于不安全的行为、不安全的条件，无论是否违章，是否达到未遂标准，都应充分暴露上报，按未遂事件统一管理。另外，对于梧州局在安全生产，尤其是事故和自然灾害应急管理中发现的会造成严重后果的短板和准备不足，虽然不是未遂和违章，但属于管理上的不足（甚至也可以认为是管理环节的新增风险和"违章"），都应纳入闭环管理，尽快解决问题，防止重复发生，造成严重后果。

（五）未遂事件管理的价值

未遂事件提供了在平时危害辨识和风险评估中发现不了的问题，也一定程度反映出安全管理的不足，近年尤其是本年发生的未遂事件和管理上的不足，可以作为下一年的风险管理和安全管理的参考资料。为了实现安全生产管理"零事故零事件"的目标，企业应高度重视安全生产基础管理，在安全生产风险管理的基础上，加强未遂事件管理是实现安全目标必不可少的组成部分。根据"海因里希法则"安全金字塔的理论，在能够充分发现并如实上报内部未遂事件的前提条件下，越少的未遂事件预示着发生事故事件的可能性越低，这在一定程度上可以反映出企业的安全生产状况。

二、未遂事件管理在本质安全建设中的实践

梧州局未遂事件的管理模式，可从理论学习、管理办法、常见问题及改进措施三个方面入手。

（一）未遂事件理论学习

1. 理论基础

以危害源分析作为切入点，直接危害源是直接作用到受害者或者受体的危害，包括有害材料（物理、化学、生物）和能量两类。间接危害源是通过直接危害源作用的危害，间接危害源分为执行层、管理层和基础层，执行层为"人机料法环"中除了"法"以外的因素类型，管理层为"人机料法环"中的"法"，也包括了安全文化，基础层是最根本的原因。

（1）直接危害源（表1）。

表1 直接危害源列表

事件类型	能量产生和储存的载体、危险材料	直接危害源
窒息	可能产生烟雾的装备和材料	烟雾
摔倒	斜面滑坡	撞击力
溺水	河流、湖泊、海洋、水沟、洪水等	水
电击	电源	带电体、跨步电压区域
爆炸	爆炸物、可燃物	爆炸、可燃物
跌倒	坡面、台阶、升降台	人身（伤害）
火	可燃物	火焰

续 表

事件类型	能量产生和储存的载体、危险材料	直接危害源
机械伤害	机械装置	旋转部分
被挤压	机械装置、落物等	人身（伤害）
有毒气体伤害	有毒气体	有毒气体
交通	交通工具	行驶中的汽车

（2）间接危害源（表2）。

表2 间接危害源列表

分层情况	因素类型	危害类别
执行层	人的因素	行为、态度、能力、知识、经验、动机、交际、健康等
	机器因素	机器维护条件、机器质量、机器保护装置设置、可靠性等
	材料因素	材料质量、数量、可靠性、储存条件等
	环境因素	现场陈设、光照、温湿度、噪声、地理条件、水文条件等
管理层	安全文化、安全氛围、风险管理、安全督查、培训、安全资金投入、工作质量要求等	
基础条件层	习惯、法律法规、经济状况、历史因素、社会状况	

2. 理论培训

结合三级安全教育，定期进行未遂事件分享和培训。

（二）未遂事件管理办法

1. 统计分析办法

（1）首先划分工作类型，如运行工作、检修试验工作、继电保护工作、外来基建施工、交通运输工作等。

（2）每个工作类型按照间接危害源（因素类型）来分类，如材料、机器装备、作业环境、人员行为、管理因素等。

（3）每个因素按直接危害源来分类。比如现场环境直接危害源包括摔倒、滑倒、感应电、高空坠落、高空坠物等。

（4）对未遂事件按照上述方法进行统计，再选择具体事件产生的后果，包括人身、设备、电网方面的后果。

（5）统计是否违章，对于违章类未遂，帮助对安全管理各个环节进行检验和改进，包括作业规范、管理规定等进行问题查找，改善现有安全管理工作。

（6）对非违章类未遂，进行分析，按照不同的作业类型划分，输入风险管理中，进行新的风险管理循环。

（7）对未遂事件概念进行充分解释说明，结合实际进行培训，以便员工填写上报。

（8）对未遂事件按照影响程度、轻重缓急进行分级，明确处置流程，做好后续统计分析。

2. 奖励办法

按照本单位奖惩制度及时兑现奖励。

（三）未遂事件管理常见问题及改进措施

1. 常见问题

（1）未遂事件填写规范性有待提高。在梧州局未遂事件统计分析中发现，存在部分员工和管理人员对未遂事件概念理解不清的问题，导致未遂事件上报和发生的比例有待提升，未遂事件填写规范性有待提高。比如，有部分未遂事件上报填写内容类似设备缺陷，不符合未遂事件填写规范。

（2）未对未遂事件进行分级管理，不利于促进闭环整改，未制定详细处置流程和指引，对于需要立即增加防护措施等进行改进的未遂事件跟踪管控力度不足，对未遂事件中主动暴露出的风险未及时组织重新评估风险值和落实控制措施。

（3）未遂事件收集来源不够全面。研究发现，外来施工未遂事件占比不高，交通、安保方面的未遂事件未有效收集上报，管理因素造成的未遂事件或重要问题管理上的不足未进行上报。

2. 改进措施

（1）分层级开展加强对未遂事件概念的培训和学习，宣传未遂事件上报、分享、学习的意义和重要性，明确上报的责任和义务。

（2）制定未遂事件处置流程和指引，对危害性较大的未遂事件应明确处置流程，不能忽视或随意处置。

（3）加大未遂事件报告单的推广宣贯，对主动上报未遂事件的人员进行鼓励、奖励。

三、本质安全文化建设的相关建议

本质安全文化是以风险预控为核心，体现"安全第一，预防为主，综合治理"的系统安全，并为广大员工所接受的安全生产价值观、安全生产信念、安全生产制度规定、安全生产行为准则以及安全生产行为方式与安全生产物质表现的总称，是梧州局安全生产的灵魂所在。不仅限于事故调查分析，梧州局还应加强未遂事件管理，保证上报的数量、质量、覆盖业务范围以及员工参与度，及时处理未遂事件报告，适当开展未遂事件调查分析，将发现问题纳入新增风险或管理提升措施，完成闭环管控。总之，加强未遂事件管理是实现本质安全一个必不可少的组成部分。

参考文献

罗恩·C.麦金农.安全管理中的未遂事件研究[M].郭庆军,译.北京：科学出版社,2019.

安全检查"五化"管理
助推安全文化建设落地深植

华能澜沧江水电股份有限公司乌弄龙·里底水电厂　鲁赛棋　杨世雄　郭　航

摘　要：本文针对传统安全检查方式面对的问题，结合实际创新提出了安全检查"五化"管理机制的实践路径，为提升安全检查效果，推动安全文化建设落地深植，充分发挥安全文化建设对安全工作的引领保障作用，确保电厂持续安全稳定局面提供了坚强保障。

关键词：安全检查；"五化"管理；安全文化

一、引言

党中央、国务院对安全生产工作高度重视，习近平总书记多次做出重要指示批示，要求从政治大局和人民生命安全的高度出发，进一步加强安全生产隐患排查治理和相关监管工作，切实保障人民群众生命安全。深入开展安全检查整改是企业落实安全生产主体责任的基本任务，也是深入开展安全生产专项整治，提升安全风险管控水平，推动安全文化建设落地深植，充分发挥安全文化建设对安全工作的引领保障作用，确保安全生产长治久安的主要措施。目前华能澜沧江水电股份有限公司乌弄龙·里底水电厂（以下简称里底水电厂）安全检查面临点多面广、人员分散等实际问题，导致传统的安全检查方式难以实现全覆盖，甚至出现安全检查走过场、走形式，重"迹"轻"效"、有"迹"无"效"的现象。里底水电厂结合实际，持续探索建立完善安全检查"五化"管理机制，即检查计划规范化、检查责任网格化、检查项目清单化、检查人员差异化、问题整改绩效化，全面提升安全检查实效。

二、实践路径

（一）检查计划规范化，确保安全检查真实有效

里底水电厂严格按照国家、集团、公司关于安全生产隐患排查治理的管理规定，以"厂级每月查、部门每周查、班组每日查"为原则，结合实际，每年制定下发包括日常隐患排查、综合性隐患排查、专项隐患排查、季节性隐患排查、重大活动及节假日前隐患排查、事故类比隐患排查等年度安全检查计划，同时按照"全覆盖"的要求，按区域制定下发月度厂级日常隐患排查治理工作计划，明确检查项目、检查区域、组织部门、责任人、完成时限等要求，确保每项检查均有侧重点。从源头全面规范检查类别、检查重点、检查周期等管理要求，杜绝盲目检查导致的检查走过场、走形式等问题。

（二）安全责任网格化，确保安全检查全覆盖

结合安全监管点多面广等实际，里底水电厂按照"一岗双责""管业务必须管安全"和"属地管理"的要求，按照里底水电厂设备设施管理责任划分及设备设施所属专业岗位情况，明确设备设施管理部门同时也是安全检查整改责任部门，对应分管领导同时履行安全检查整改领导责任。持续建立完善"电厂—部门—岗位"三级安全检查责任网和"岗位自查、部门周查、电厂不定期抽查"的安全检查机制，实现"一级抓一级""横向共同担责，纵向逐级负责"的立体安全检查责任网格，促进各级人员安全生产责任到位落实，确保安全检查实现全覆盖并取得实效，促使"方案零缺陷、操作零差错、设备零故障、环境零危害、管理零盲区、行为零违章"6个安全管理目标顺利实现。

厂级安全检查根据电厂领导分管业务实际情况，按照由对应分管厂领导作为安全检查组组长，带领相关部门人员开展自查整改，主管厂领导带队复查的方式分阶段开展检查整改工作；部门级安全检查由对应分管厂领导牵头组织开展相关设备设施专项安全检查等整改工作；班组级安全检查由对应设备设施所属专业岗位全面负责相关设备设施日常安全检查整改工作；安全监督体系突出对各类各级安

全检查整改情况及各级人员隐患排查治理责任落实情况进行监督检查。

（三）检查项目清单化，确保安全检查依法依规

为了确保各类各级检查内容全覆盖、检查项目不漏项，里底水电厂结合实际情况，制定了季节性安全检查、"两票"执行情况检查、重大活动及节假日前安全检查、防洪度汛安全检查、特种设备安全检查、危险作业安全检查、外包工程安全检查、危险化学品和废弃物管理情况检查、安全防护设施及安全标志检查等31个629项专项安全检查标准化清单，以及涵盖各部门和各岗位的《部门及岗位安全隐患排查治理清单》。

安全检查清单和隐患排查治理清单对照了《中华人民共和国安全生产法》《中华人民共和国环境保护法》《中华人民共和国消防法》《中华人民共和国特种设备安全法》《危险化学品安全管理条例》《防止电力生产事故的二十五项重点要求》（国能安全〔2014〕161号）等法律法规及重要文件，DL 5027—2015《电力设备典型消防规程》、GB/T 2893.5—2020《图形符号 安全色和安全标志 第5部分：安全标志使用原则与要求》、GB/T 39480—2020《钢丝绳吊索 使用和维护》等标准规范，以及集团公司《电力安全工作规程》《发电企业从业人员安全生产培训管理办法》，公司《安全生产隐患排查治理管理办法》《"两票"管理办法》和电厂部门及岗位职责分工等管理规定。

安全检查清单和隐患排查治理清单明确了检查的具体内容、方法、标准、依据，以及问题记录、整改措施制定等要求，为安全检查人员提供对照检查，实现安全检查清单化管理。同时严格执行"谁检查、谁签字、谁负责"的要求，有效避免人为原因导致的安全检查不全面、难以发现或不愿发现问题的现象，提升了安全检查依法依规水平。

（四）检查人员专业化，确保安全检查精准规范

针对各类各级安全检查，里底水电厂均结合各级人员岗位、专业、知识储备、工作经验等实际情况，按照安全管理（包括安全生产责任落实、应急管理、交通及消防安全管理、隐患排查治理、风险管控、教育培训）、运行管理、检修管理、设备设施（包括机械、电气一次、电气二次、监控自动化、水库水工）、作业安全（包括安全防护、安全标志、作业环境、作业行为、职业危害）进行专业分类，择优安排相关专业人员参加对应安全检查。在确保各级人员的安全检查责任得到有效落实、提升安全检查专业化的同时，全面提升安全检查人员的针对性，实现了安全检查人员差异化管理，促使建立完善全员参与查风险、辨隐患、反违章的良好安全检查机制，促使各级人员安全意识得到不断提升，安全行为得到不断规范。

（五）隐患整改绩效化，确保问题整改到位

针对检查发现的问题，根据《电力安全隐患监督管理暂行规定》（电监安全〔2013〕5号）、集团公司《电力企业安全生产隐患排查治理管理办法》以及公司《安全生产隐患排查治理管理办法》规定，按照人身安全隐患、电力安全事故（事件）隐患、设备设施事故隐患、大坝安全隐患、安全管理隐患、火灾事故隐患、环境污染事故隐患进行分类；按照一般隐患（Ⅰ级一般隐患、Ⅱ级一般隐患）和重大隐患（Ⅰ级重大隐患、Ⅱ级重大隐患）进行分级。以Ⅰ级重大隐患公司督办、Ⅱ级重大隐患电厂治理、Ⅰ级一般隐患部门治理、Ⅱ级一般隐患班组治理为原则，坚持"责任、措施、资金、期限、预案"五落实的要求，结合电厂各部门职责分工情况，制定下发整改措施计划，实现问题"分级治理，分类实施"的目标。

通过公司安全信息管理系统对问题进行闭环管理，通过《安全监督简报》第一时间对问题进行通报，每月对整改完成情况进行监督检查，确保所有问题按要求整改完成。同时，将问题整改完成率及按时完成整改情况作为部门、班组、个人年度安全生产先进评选的重要依据，将问题整改完成率纳入部门、班组年度绩效目标进行考核，实现安全检查问题整改绩效化管理，以此激发各级人员积极参加问题整改的主动性，全面提升各类各级安全检查发现问题整改完成率，确保问题按要求整改到位。

三、结语

通过深入开展安全检查"五化"管理，建立完善安全检查"五化"管理机制，优化完善了电厂安全风险分级管控和隐患排查治理双重预防机制，促进里底水电厂落实安全生产主体责任，形成科学规范、运行有效的现代化安全责任体系，促使安全检查从重"迹"轻"效"或有"迹"无"效"到有"迹"有"效"的本质转变，推动电厂基于"匠安"安全文化建设主题的"365"（即严格3项基础：严格风

险防控管理、严格隐患排查治理、严格整改落实工作;实现6个目标:方案零缺陷、操作零差错、设备零故障、环境零危害、管理零盲区、行为零违章;确保5个关键:确保责任落实到位、确保工作部署到位、确保文化引领到位、确保教育培训到位、确保奖惩考核到位)安全文化建设工作得到深入开展,并获全国安全文化建设示范企业命名。促使电厂实现成立至今"零伤亡""零事故"的安全稳定局面,体现了"安全就是信誉,安全就是效益,安全就是竞争力"的华能安全理念。

承包商"三个五"安全文化引领企业健康发展

海南电网有限责任公司海口变电运检分公司   陈子睿   陈　岩   翁中秀   彭黄彬   梁子正

摘　要：随着海南电网规模逐年扩大，变电站设备不断增多，设备运维工作量也在不断加大，给检修分公司一线人力资源带来了巨大的考验。从技术、成本和效率的角度考虑，引进外承包商不失为一个好的选择，但外承包商在安全生产方面为公司带来的挑战也不容忽视。文章以南方电网公司"一切事故都可以预防"的安全文化理念体系框架为指导，以实现人的本质安全为目标，以安全生产风险管理体系为抓手，通过实地调研、分析明确承包商安全管理中存在的问题和根本原因，从事前、事中、事后三个维度分别制定五项管控措施，简称"三个五"：事前把好"五道关口"；事中强化"五种机制"，事后践行"五个坚持"。实打实做好制度文化、行为文化、观念文化建设，系统化推进承包商管理安全文化的落地。

关键词：承包商；安全管理；"三个五"安全文化

一、承包商安全管理文化建设的必要性

近年来电力安全人身伤亡事故中，承包商责任事故占到相当大的比例。根据国家能源局电力安全信息数据，近三年电力人身伤亡事故中，承包商事故起数占总事故数的 65.8%—82%，死亡人数占总人数的 74.7%—84.4%。承包商成为企业安全事故的高发区域，暴露出承包商安全管理存在诸多问题。

为了贯彻国家安全战略和能源安全新战略，南方电网公司明确了安全文化"十四五"建设工作目标，到 2025 年，系统型、预防型安全文化建设长效机制高效运转，全员安全文明素养显著提升，安全生产责任事故事件有效杜绝，百万工时工伤意外率指标处于世界一流水平，基本实现人员零违章、人身零伤害和人的本质安全目标。

同时，南方电网公司明确本质安全型企业建设目标，到 2025 年杜绝人身重伤及以上事故、一般及以上设备事故、电力安全事故和有责任的二级及以上事件，不发生 A、B 类违章；到 2035 年杜绝人身轻伤及以上事故事件、一级及以上电力安全事故事件和有责任的三级及以上事件，不发生 C 类及以上违章。通过抓早抓小、防微杜渐的思路从根本上杜绝人身安全事故。

随着南方电网公司海南电网有限责任公司规模逐年扩大，变电站设备不断增多，设备运维工作量也在不断加大。在主业一线人员非常有限的情况下，大修技改项目主要以承包商施工作业为主，且作业具有点多面广的特点，这给检修分公司（以下简称检修公司）作业现场安全管理带来了巨大的挑战。

由此可见，无论是在国家层面、南方电网公司层面还是检修公司层面，做好承包商安全管理是电力安全生产工作的重中之重。而通过安全文化引领，抓住本质安全型企业建设核心要素，就是牢守人身安全底线的关键。

二、承包商安全管理存在问题分析

为更好完善安全文化顶层设计，使安全文化与实际工作产生更好的化学反应，检修公司采取实地调研的模式，查找分析承包商安全管理工作的痛点难点，发现以下六点是阻碍公司承包商安全管理提升的主要因素。

（一）教育培训不到位

一是部分承包商施工人员文化素质低、安全意识薄弱、习惯性违章多发；二是承包商人员流动性强，缺乏归属感，责任心不足；三是公司未能形成对承包商的长效培训机制。

（二）资质把控不到位

一是对承包商施工人员资质要求不够严，为后期的施工留下安全隐患；二是承包商在考虑成本分配时，往往会保生产、保进度，而牺牲安全质量；三

是安全协议对承包商的安全要求条款不够具体,未能充分发挥其约束作用。

(三)责任落实不到位

一是检修公司对承包商的安全管理职责界定不明。仍然存在以包代管的情况,没有将"管业务必须管安全"的原则落到实处,连带考核机制不健全。二是承包商自身对安全管理重视不够。部分承包商组织机构不健全,安全投入不足,现场管理不严,缺乏科学管控方法。

(四)现场监督不到位

一是检修公司对承包商作业现场投入的监管力量不足,缺乏有效的监管方法;二是部分现场监督人员存在老好人思想,检查、监督工作流于形式,不注重实效。

(五)过程考核不到位

一是检修公司对承包商的施工过程缺乏细化、量化的考核机制,对承包商的安全管理了解不充分、判断不准确;二是检修公司对施工现场违章惩处的力度不足,未充分发挥制度的激励和警示作用,违章整改的时效性差;三是清退顶替机制执行不严格,使得承包商存有与检修公司斡旋的侥幸心理。

(六)协调沟通不到位

一是缺乏有效的双向沟通机制,承包商在安全管理上的诉求难以反馈至检修公司管理高层;二是安全管理工作缺乏高层的推进,各层级沟通效率低下。

三、承包商安全管理文化建设主要途径与方法

(一)事前严把"五道关口",助推制度文化提升

(1)提高门槛,把好资质约束关。一是施工前要严审承包商法人资格、公司资质、人员资质、资信档案、分包情况等;二是在与承包商签订安全协议时要明确项目安全目标、安全资质及能力、安全投入、奖惩办法等要求,充分发挥协议约束作用。

(2)划定红线,把好安全责任关。一是按照"管业务必须管安全"的原则,明确项目管理部门和承包商各级人员的安全职责,并组织项目管理部门负责与承包商各级人员签订安全责任书;二是将承包商的评价考核结果纳入项目管理单位的考核评比中,建立连带考核机制,增强项目管理单位人员的责任心。

(3)多管齐下,把好人员实名关。一是通过"实名制"管理手段严防无资质人员混入承包商施工队伍当中,为不同的工种配备不同且易识别的"上岗"证,方便监管工作的开展;二是充分运用智能安全帽、执法记录仪等工具、挖掘人工智能识别等功能,强化承包商实名制管理。

(4)组织培训,把好人员上岗关。抓好项目实施部门、生产运行部门和施工班组三级安全教育,落实"保命"教育措施。在施工作业前,结合项目内容和"保命"教育工作,对施工人员进行有针对性的岗前教育和现场安全交底。

(5)有的放矢,把好施工进场关。一是针对常见的施工作业类型,结合具体的安全和技术要求,公司组织梳理施工方案安全措施编制指引,规范施工单位安全措施编制模板,提升管理效率;二是针对复杂的施工作业类型,检修公司组织内部技术骨干、设计院、施工单位、监理单位共同开展现场勘查,完善安全措施,确保施工安全有序进行。

(二)事中强化"五种机制",助推行为文化提升

(1)强化现场到位机制,做到知责明责尽责担责。一是完善公司作业现场到位指引,明确安全生产各级管理人员针对不同类型的作业现场对应的到位要求,确保人员到位;二是充分运用省公司安监部组织编制的安全监督指导书,规范化落实各级管理人员对承包商作业现场的监管职责,确保监督到位,避免到位不履职的情况出现。

(2)强化"可视化"管理机制,严格实行图板管控作业。要求承包商将作业内容制作成形象直观的图板,在现场设立,图板上要列明承包商名称、现场负责人、项目管理单位专职监督人、电话、施工作业横道图、作业内容、风险、管控措施等,实现作业内容可视化管理。

(3)强化旁站见证机制,确保项目安全有序进行。一是要求基层单位对首次开工的承包商作业现场进行旁站监督,对承包商的施工能力进行初步评价,同时要检查各项安全措施的实施是否完善,人员是否清楚安全措施的要求等等,确保整体工作面的安全可靠;二是要求基层单位做好施工项目关键节点的监督,确保风险控制措施落实到位,保证项目顺利开展。

(4)强化班组"责任田"机制,助推施工全过程管理。一是要求基层单位为每一个承包商作业现场指派一个专职监管人员,对现场安全负责;二是将承包商施工人员纳入班组制管理,按照"线上盯、

线下管"模式,建立安全生产交接班制度,实行全过程、全天候的安全管理,既细化了安全管控的颗粒度,又从实战中为检修公司培养了后备管理力量。

(5)强化"黑名单"管控机制,切实提升人员安全素质。一是建立承包商人员安全档案,含安全培训记录、违章记录等,健全对承包商人员的综合评价;二是加强对"黑名单"人员的管控,针对性采取"黑屋教育"、禁止作业等措施。

(三)事后践行"五个坚持",助推观念文化提升

(1)坚持过程考核,发挥激励作用。一是完善对承包商的"日检查、周通报、月评价"考核办法,加强承包商人员对节点性任务的重视程度,促使承包商按时、保质、保量完成项目施工;二是过程评价结果可直接运用于年度资信评价,利于评价工作的持续改进,能更好地指导未来的招投标工作。

(2)坚持"清退替换",保障施工质量。完善对承包商的"罚款、停工整治、清退替换"管理办法,杜绝承包商的"懒、拖、推"思想,对屡教不改、扣分达到一定值的承包商,要严格清退,及时替换有资质的承包商进场施工,保障项目的进度和质量。

(3)坚持高层沟通,纠正管理偏差。定期组织公司与承包商管理层座谈,一是承包商能及时将施工过程中遇到的难点问题有效反馈到公司管理层,由公司统一协调处理,对于管理问题的追溯和改进具有积极意义;二是有助于公司管理层将最新的安全管理要求及时有效地传达给各承包商管理层,提升沟通效率,减少管理成本。

(4)坚持文化共建,提升互动频率。组织承包商参加公司各项安全活动,传播检修公司安全理念,并借机表彰表现良好的承包商团队和个人,通过正面引导,营造和谐共生的安全管理氛围。

(5)坚持定向帮扶,推进和谐发展。结合承包商月度安健环绩效评价结果,检修公司安排帮扶工作组对安健环管理弱化的承包商进行指导,从制度执行、安全投入、现场监督等方面进行全面强化,努力消除承包商安健环管理"短板",营造"合作共赢,创先争优"的安全文化氛围,推进检修公司和承包商和谐发展。

四、承包商安全管理文化对企业文化体系的推动作用

经过对承包商安全管理文化不断地实践、反思和改进,检修公司总结出一系列安全管控标语,如"线上盯、线下管""婆婆嘴,天天念,兔子腿,常常跑,老鹰眼,细细看,包公脸,事事严""四个全"(作业任务全掌握、作业风险全清楚、人员到位全落实、现场监督全覆盖)等等。通过通俗易懂的表达,达到人尽皆知的效果,真正实现员工从"要我安全"到"我要安全、我会安全、我能安全"的转变。承包商安全管理文化工作既能统一于海南电网公司"知行合一、安全有我"安全文化建设主体模式,又能实现共性与个性和谐相融、相互促进的作用。

参考文献

[1] 刘亚民. 承包商需要系统化的安全管理——访杜邦承包商安全管理专家徐兴[J]. 现代职业安全,2018(1):16-18.

[2] 杜榕军. 浅谈化工企业承包商安全管理[J]. 现代职业安全,2021(24):34-38.

[3] 孙东柏,仇斌. 破解承包商安全管理难点[J]. 现代职业安全,2019(4):61-63.

[4] 燕钦国,李宁. 检修过程承包商安全管理探讨[J]. 山东化工,2019(3):183-185.

提升员工安全意识和安全能力的安全文化创新实践

海南电网有限责任公司儋州供电局　罗成辉　林芳强　罗烘辉　黄琼　徐焱

摘　要：从安全意识和安全能力两个方面健全安全培训体系，实现员工"我要安全""我会安全""我能安全"安全理念和能力提升。采用创新培训方式、大幅降低违章行为，形成新的安全文化常态。结果表明：安全培训创新成果强化了全体员工安全意识、增强了全体员工凝聚力，对大幅降低供电局作业违章行为，提升公司本质安全极为有效。

关键词：安全意识；安全能力；安全培训；本质安全

安全生产工作直接关系到人民群众生命财产安全、关系到改革发展、稳定的大局和经济建设的健康发展，是一切工作的保证。习近平总书记提出："树立安全发展理念，弘扬生命至上、安全第一的思想，健全公共安全体系，完善安全生产责任制，坚决遏制重特大安全事故，提升防灾减灾救灾能力。"《国务院安委会关于进一步加强安全培训工作的决定》文件指出：安全培训不到位是重大安全隐患。海南电网有限责任公司儋州供电局（以下简称儋州局）积极学习习近平总书记指示批示精神，针对长期存在安全问题，采取创新方法，提高员工安全意识和安全行为能力，进一步强化企业本质安全，形成新的安全文化常态，积极为公司迈向世界一流企业保驾护航。

一、现状描述

儋州局管辖输配电网线路长达7000公里，跨越5个市县，每天有近百项野外作业任务，作业现场横跨5个市县，工作量大，点多面广，作业点之间的距离相去甚远，加之安全监管人员有限且疲于奔波，无法现场监管所有作业面，特别是无法同时监管同一时间的多个作业面，导致作业过程得不到有效安全监督。智能视频监控在野外存在很多短板。日常现场监管覆盖率约50%且无法全过程覆盖。安监人员每年查处违章行为约300起左右，形成大量违章安全隐患。基层野外现场作业传统安全监管覆盖率较低，违章冒险行为屡禁不止。

二、问题分析

经儋州局组织安全管理创新团队对往年269次违章作业调查研究发现，有265次违章行为存在下列原因，占违章行为总数99%。

（一）违章作业人员、直接责任人员、三级安全监督网人员问题分析

违章作业人员、直接管理人员是现场安全措施的落实者和管理者存在三个问题：没有意识到事故责任的严重性，"要我安全"意识泛滥；电力企业人员岗位特殊，无法集中开展安全培训且方法单一，导致安全培训无法实现全覆盖，加之员工"我要安全"意识薄弱，导致作业人员的"我会安全"水平和"我能安全"能力较差，对很多违章行为没有识别能力；错误认为违章行为可以提供省时、省事和"降低成本"机会。

直接管理人员由于没有直接受到人身事故伤害威胁，放任违章行为发生。

（二）分析结论

违章作业人员、直接管理人员"我要安全"意识非常薄弱，儋州局培训场地、方法受限，导致"我会安全"水平、"我能安全"能力较差，对事故责任后果严重性缺乏认识，在贪图省时、省事、降低成本驱动下，诱导违章冒险行为频繁发生。

三、分析调研解决措施

（1）组建团队研究提高人的综合安全素质方法，研究对员工开展安全事故法律处罚后果严重性风险教育，击中违章人员痛点，使有关责任人员感受到付出沉重法律代价，及时阻断员工省时、省事和"降低成本"引发违章欲望，强化员工"我要安全"意识，

为提高员工"我会安全"水平提供动力。

（2）研究对员工开展分级培训及日常线上培训、设计高质量场景培训内容新方法，提高员工"我会安全"水平，为提高员工"我能安全"能力打下坚实基础。

（3）提前介入现场安全工作，形成案例，研究对员工开展工作前、中、后不同阶段安全管控开展培训教育，提高员工"我能安全"能力，实现对施工作业全过程有效安全管控。

经研究分析，从强化员工"我要安全"意识入手，实现提高员工"我会安全"水平和"我能安全"能力，形成常态共识，能够很好解决存在问题。

四、多措并举强化"我要安全"意识、提高"我会安全"水平和"我能安全"能力创新措施

（一）运用高质量综合法律法规风险进行安全培训创新，直击相关人员心理痛点，增强员工"我要安全"意识

综合运用相关法律法规事故处罚后果严重性开展培训，辨识法律处罚造成的损失远远大于违章冒险所获收益，震慑所有责任人员。

综合运用《中华人民共和国安全生产法》第114条、《生产安全事故报告和调查处理条例》第36条规定，列表让作业人员和管理人员辨识企业事故责任法律风险，认识到违章贪图节省的小成本与事故处罚增加的高成本形成反差，开发成通俗易懂培训表格，增加员工"我要安全"意识培训效果，如图1所示。

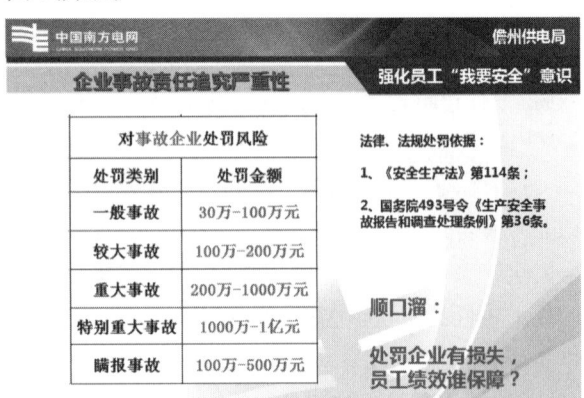

图1 企业事故法律风险培训截图

团队综合运用《中华人民共和国刑法》第134条和第135条、《中华人民共和国公职人员政务处分法》第14条、《生产安全事故报告和调查处理条例》第36条、《最高人民法院、最高人民检察院关于办理危害生产安全刑事案件适用法律若干问题的解释》第6条规定，开发成通俗易懂培训表格，教育直接主管人员和其他直接责任人员，责任事故受到开除行政处分和犯罪刑事处罚，以事故处罚的严重性与贪图违章省时省事强烈反差为痛点，进一步增强员工"我要安全"意识培训效果，如图2所示。

图2 直接人员事故责任法律风险培训截图

运用违章事故场景综合法律风险开展培训，增强员工对上述法律责任后果的严重性的态势感知。员工场景模拟安全法律风险考试合格率达到99.6%。

通过法律风险的培训，直击所有违章人员心理痛点，深刻认识法律处罚造成的损失远远大于违章所获小利，极大增强员工"我要安全"工作意识，为积极向"我会安全""我能安全"迈进提供动力。从2020年起，安全法律风险培训和认知已在各单位全体员工形成常态。

（二）创新分级培训及微信群培训方式、设计高质量场景培训内容，提高全员"我会安全"水平

在"我要安全"推动下，员工学习安全知识的积极性增加。

团队针对电力行业岗位的特殊性，场地受限和培训方法单一等问题。我们开展以下解决问题的多样化安全培训创新措施。

先培训各单位骨干，再由骨干培训员工，学员做好培训心得记录，团队结合日常监督及时开展指导；持续开展线上工余每日一学培训和交流方式，增加员工空闲时间学习安全知识积极性，实现员工安全培训全覆盖，如图3所示。

我单位近3年开展安全培训创新前后对比，如表1所示。

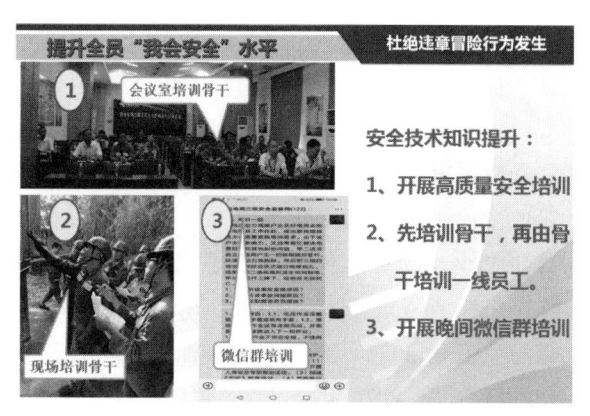

图 3 创新安全培训方法培训截图

表 1

项目年份	2019	2020	2021
安全部门培训	22次（员工）	22次（骨干）	38次（骨干）
骨干培训员工	0次	98次	133次
安全部门微信群培训	0次	126次	268次

选用具有国家注册安全工程师执业资格、国内安全知识竞赛获奖等高水平员工入选团队，制定高质量的安全培训方案及课件，持续模拟高质量违章作业场景涵盖安全法律法规、跨专业安全技术知识、理论和现场实际结合开展培训，模拟一个场景培训内容涵盖多个知识点，并与现实复杂安全工作高度贴近，提高员工安全培训效果和知识水平，员工"我会安全"整体水平日益提高。从2020年起，安全知识培训和安全作业新方法已普及至各单位全体员工形成常态。

"我会安全"水平提高，为"我能安全"提供基础。

（三）运用案例对工作前、中、后不同阶段安全管控措施开展培训，提高整体员工"我能安全"能力

研究团队提前介入作业现场开展创新工作，并提取案例，对有关作业、责任人员开展工作前、中、后的安全风险管控案例培训，培训内容和方法如下。

作业前，业主单位、施工单位开展完整的现场勘查，针对安全风险分析，研究完善相对应完整的安全控制措施。对日常工作，在安全基础上优化安全的施工方案、方法流程。对专业部门、单位作业方案无法解决安全问题的疑难工作，提交领导组织各专业部门、单位集体研究安全解决。既避免安全事故发生，又不因为安全问题导致停工、改变工作流程和作业方法延长施工时间，达到提高施工安全、进度和质量，减少停电时间和节省施工成本，大幅降低施工单位冒险违章行为发生目标。运用顺口口诀，提高员工安全管控应用思维能力和兴趣，如图4、图5所示。

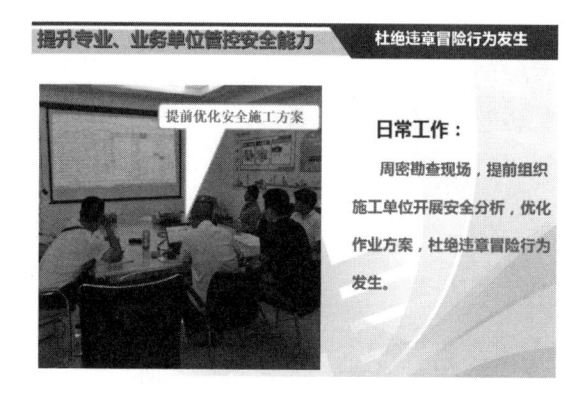

图 4 日常工作安全管理培训截图

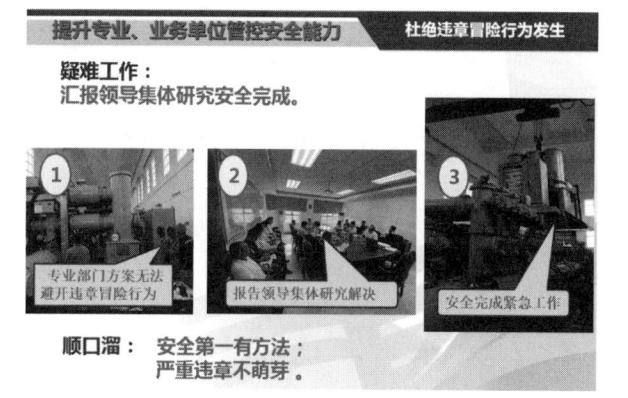

图 5 疑难工作安全管理培训截图

由于作业前良好准备，作业中，各级人员顺利运用已掌握的安全技术管理知识，全面遵守安全法律法规、国家与行业安全标准和省网公司有关安全规程规定要求，全员主动防止和制止违章行为，打一场长期反违章的人民战争，最大限度降低违章行为发生。

作业后，各级人员主动对发现安全问题进行交流反思总结，提高安全工作水平，宣贯安规要求全员反违章规定并开展全员开展反违章教育，动员全体员工及时制止违章隐患，打一场长期反违章的"人民战争"，并以"培训范围全覆盖，安全隐患难出头"顺口溜激励员工持续开展反违章保安全势头，如图6所示。

儋州局2020年出台反违章安全激励文件，规定基层员工制止并举报一起严重违章行为奖励1000元，制止并举报一般违章行为奖励300元。从2020

年起,全员反违章举措已逐渐普及至各单位全体员工形成常态。

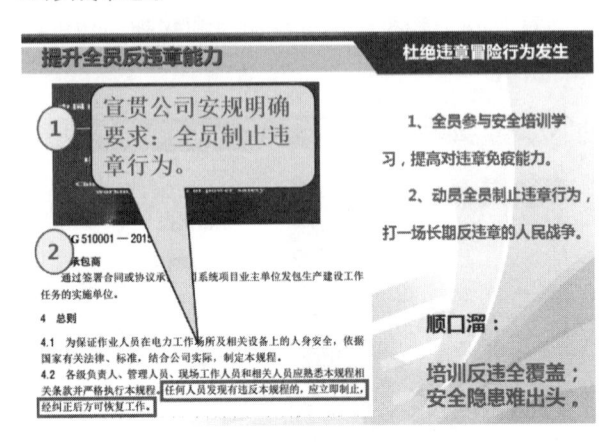

图 6 全员反违章教育培训截图

五、取得显著效果

通过开展安全意识和安全能力创新实践,引导和激励员工改变旧的安全观念,局全体员工主动防范安全风险意识和能力得到全面强化,逐渐形成企业和员工新的安全文化。2021年局安全生产总体趋势向好,作业违章数量仅32起,比2020年134起大幅减少102起。2020年134起比2019年269起大幅减少135起,无人身安全事故发生,电网、设备保持安全稳定运行。2021年影响电网和设备安全运行的验收安全质量问题比2020年安全培训管理创新前减少72%。2021年儋州局安规调考平均成绩获得海南电网有限责任公司第一名,该安全管理创新成果分别获得2021年海南省质量管理大赛成果一等奖的好成绩。2022年员工安全意识和能力水平持续提升,创新成果大幅提升了局本质安全水平。

六、结论

该安全培训意识和行为创新成果在公司下属兄弟供电局内部逐渐推广中,形成海南电网有限责任公司和员工新的安全文化,极大强化了员工"我要安全"意识,有效提升员工"我会安全"水平和"我能安全"能力,大幅减少作业安全隐患,解决了基层供电局关键安全生产难题,为南方电网公司发展成为国际一流企业提供了高质量的安全保障。

浅谈"学研创落"法在示范班组安全建设中的应用

上海发电设备成套设计研究院有限责任公司　张懿慈

摘　要：班组作为企业基层场站的重要组成单元，是企业劳动组织的重要拼图，是落实安全生产的重要落脚点。示范班组安全建设作为全面提升班组标准化、规范化、信息化水平的有效途径，运用新思路、新理念采用适合班组安全建设的新方法是非常重要的。核电设备鉴定试验班组通过将国家电投"学研创落"的工作方法嵌入示范班组安全建设过程，指导班组安全建设工作创新实施，促进了企业高质量发展。

关键词："学研创落"工作法；班组安全建设；安全文化

一、班组安全文化建设的意义

企业安全管理是一项全局性的工作，而班组是人、机、环境的直接交叉点，是贯彻和实施各项安全要求和措施的实体，是企业安全文化基础而又关键的重要组成部分，是杜绝重大人身伤亡事故的主体。班组安全文化建设的好坏直接影响企业整体发展目标及经济指标的实现，只有搞好班组安全管理，充分发挥基层单元组织应有的作用，激发其内在安全管理主观能动性，使其时刻保持红线意识与底线思维，切实履行"横向到边、纵向到底"的安全生产责任制，才能在新形势下提高企业安全生产管理水平，促进企业高质量发展。

二、学研创落工作法的内涵

"学习、研究、创新、落实"（学研创落）工作法是国家电投党组在实践中逐步探索出的一套工作方法，是一条从"学习"到"成效"的工作链条。这套方法是习近平新时代中国特色社会主义思想由认识升华到实践跃升的创新性探索。通过"学习研讨—思考转化—决策部署—落地落实"的步骤，打造由思想理念转化为实际行动的闭合链条，成为具体的工作目标、工作标准和工作实践，成为可操作、可衡量、可评价的具体行动。在示范班组安全建设过程中，运用具有时代特色创新性的工作方法不仅能够让示范班组安全建设突出"个性"、呈现"亮点"，更能让班组充满生机和活力，从而牢固树立"以人为本"的安全理念，筑牢企业安全根基。

三、实践应用

（一）学习

上海发电设备成套设计研究院有限责任公司（以下简称上海成套院）核电设备鉴定试验班组全员通过班组安全活动、班委会等形式，逐项对照深入学习"集团公司示范班组建设考评标准（试行）"及"集团公司示范班组建设方案"的要求及原则；通过班组长领学、党员联学相结合的模式，将班组全员安全意识形态与示范班组创建行动统一起来，形成学而思、思而信、信而行的学习氛围。根据集团公司分批推进示范班组创建工作的总体目标，明确示范班组安全建设对于当下复杂严峻安全生产形势的积极作用及作为助力构建示范班组安全文化的重要抓手。

（二）研究

班组坚持以问题为导向，邀请院工会、相关职能管理部门成员共同参与示范班组创建推进会形成上下联动，对集团公司示范班组考评标准五大管理模块及建设方案的原则目标开展内部研讨，掀起示范班组创建"头脑风暴"，给予班组成员更多的安全发言权，多角度、多维度提出对标考评标准、示范班组安全建设的理解和想法；同时，班组积极与已挂牌类似示范班组建立沟通渠道，开展外部调研和经验分享，吸取外部示范班组创建的良好实践经验，并从班组自身特点需求出发确定班组安全建设举措。

（三）创新

1. 信息化创新

（1）试验台架的安全运行一直是班组安全管理关注的重点，班组聚焦核电本质安全管理理念，针对现有关键试验台架系统智能化水平不高、人工就地操作频繁的情况，坚持"创新驱动、务实高效"的班组安全建设原则，对试验台架控制系统进行更新升级，运用自动化控制、虚拟桌面、远程监控等现代化技术信息化手段，引入软件系统分析学习能力对试验台架控制系统进行"定制化"的优化。试验台架控制系统的深度优化大幅减少了人工现场操作的场景，有效降低了人因失误、设备故障可能带来的潜在安全风险；并且优化后的试验台架控制系统减少了一半的值班人员数量，切实提高了班组整体的管理效能。

（2）随着智能手机功能的不断延伸，班组运用微信形成共享网对试验室仓库备品备件、仪器设备实施动态管理，随时随地能够查阅仪器设备安全状态及信息；在班组开展安全知识学习、安全技术问答时运用小程序答题的形式，通过扫描二维码便能够方便快捷地参与答题，同时借助智能化的数据分析快速找出班组安全管理工作中的强弱项分布，为班组安全建设的改进提供数据参考；对于（临时）作业票的开具，运用移动端企业职能管理平台以简化之前的纸质审批流程并增设知会选项使班组安全管理人员、班组长能够及时掌握审批进程，及时督促、及时协调保证安全管理措施与班组安全生产工作的有效衔接。

2. 阵地创新

班组作为员工的"第二个家"，一个舒适、轻松的工作环境就显得尤为重要。根据对示范班组考评标准、建设方案的学习研究，规划建立具有班组特色的班组互动活动阵地，不仅有助于激发班组全员创新意识、增强主观能动性、保持健康安全心理、规范安全行为，展现班风班貌，更能为班组安全建设构建一个"学研创落"的平台。在班组活动阵地设计中，增设创新角用以展示班组成员的各类"五小发明"及荣誉，提升班组全员归属感及内驱力；设立读书角向班组全员提供各类安全相关重要文献著作、法规标准、安全管理工具、前沿科技创研究成果等书籍，同时，为保证知识学习的广泛性及班组党员同志的学习需求，增加党内政策法规、党员教育、党史国史等相关图书以供阅览；除此之外，班组阵地中企业安全文化标语、班组安全口号的上墙能够在日常工作中潜移默化地让班组全员形成统一的安全文化理念及愿景，营造和谐的班组安全文化氛围。

3. 安全隐患"TOP3"机制创新

安全隐患是指可能导致不安全事件或事故发生的物（机）的不安全状态、人的不安全行为、生产环境的不良以及生产工艺、管理上的缺陷。在实际生产活动中，事故隐患随着时间、空间、环境的变化不断变化。对于班组生产活动中的安全隐患而言，事无巨细地对应所有发现的安全隐患并不符合目前管理现状。核电设备鉴定试验班组通过将所发现的安全隐患进行分类（如作业场所环境、设备设施、人员防护、应急管理等），每月/每年对安全隐患台账数据进行分析，统计出较为频发的安全隐患类别，建立"TOP3"安全隐患治理机制，运用统计规律找出当下安全隐患较大占比类别，滚动式地对"TOP3"安全隐患进行重点管理与控制，充分发挥管理的能动性及资源利用率，有的放矢、事半功倍地提升隐患排查治理功效。

（四）落实

1. 党建+安全深度融合

核电设备鉴定试验班组具有50%的党员比例，通过进一步下沉班组所属党支部的政治引领和组织领导作用，将党支部与班组形成点对点对接，组织开展党支部"安全生产微课堂""党员带头讲安全"等活动充分发挥党支部战斗堡垒和班组党员同志先锋模范作用，影响和带动示范班组安全建设，使得全员在确保安全生产的前提下，推动和促进各项工作任务的出色完成，从而实现党建工作统领一切，把无形的思想政治工作与有形的安全生产工作有机结合起来，从源头上参与安全管理，努力营造安全生产的良好氛围，以安全文化理念的渗透来改变员工的安全意识和安全行为。同时，班组会同党群工作主管部门建立领导安全生产联系点，建立聆听、反馈渠道，深入班组一线帮助班组及成员协调、解决班组安全建设过程中遇到的困难，将党建工作与安全生产工作紧密联系起来，将班组安全建设工作抓紧、抓细、抓实。

2. 发挥正向激励作用

核电设备鉴定试验班组参考"JYKJ"管理体系建立了"点激励"制度。对于班组成员积极落实双控机制，提出安全合理化建议、"五小发明创新创效"、经验反馈等有助于营造良好安全文化氛围的措施，及时通过班组会、班组活动进行表彰，发挥精神激励作用。通过班组"月度之星"评比的形式，在班务公开栏进行榜样的示范激励，使班组安全建设真正起到"以一个带一群，以一群推整体"的作用，号召班组成员向榜样学习，从而提高班组全员安全素质，调动班组安全建设的积极性、主动性、严谨性，增强全员"时时放心不下的责任感"；在树立榜样为班组成员开拓自我价值实现空间的同时，给予榜样受人尊重的奖励和待遇以提高榜样的效价，增加班组全员榜样学习的动力，从而推动示范班组安全建设工作的落实落地。

三、结语

本文通过介绍运用创造性的"学研创落"工作法在示范班组安全建设过程中的先行先试，为运用新方法、新思路、新理念推动企业安全生产工作的根本性提升提供了实践经验。

参考文献

[1]夏钱平.国企安全示范班组建设工作探析[J].现代商贸工业,2022(18)：48-49.

[2]李建玲.国有企业"党建+安全123工作模式"探讨[J].安全与健康,2021(11)：59.

浅谈企业安全文化建设

安徽淮南平圩发电有限责任公司　赵伏前　陈　明

摘　要：随着社会经济的发展，各个行业的发展也愈加完善，企业的管理机制逐渐成熟。然而，作为一个电力企业，想要更好的发展，就必须把安全生产和企业经济效益摆在同一个层次上，甚至要更上一层楼。现在企业安全文化的建设已经成为一个企业不容忽视的组成部分，谨以此希望公司能够构建更加良好的企业安全文化，保证员工生产工作的安全性，促进经济效益的进一步发展，迈向更加美好的明天。

关键词：安全文化；安全管理；安全氛围

企业安全文化是企业全体人员在安全生产过程中创造的物质和精神的总和。良好的企业安全文化需要企业有目的、有计划地建设，在持续的建设过程中，不仅仅有依靠企业安全制度所形成的制度文化，或者依附于先进设备的安全物质文化，还需要企业上下一体一心所形成的安全精神文化和员工自发建设的安全行为文化。企业安全文化建设的过程就是员工逐渐提升自我技能水平和安全认知的过程，也是现代化企业安全生产生存的基础。

一、企业安全文化建设的必要性

（一）提升员工整体的安全素质素养

安全文化建设，是实现企业安全生产的有力保障。人的不安全行为、物的不安全状态、管理方面的缺陷和环境的不安全条件是构成事故的四大要素，而人作为生产力中最积极也是最不稳定的因素，最需要得到安全保障。安全文化的建设通过宣传教育、技能培训等手段，让员工提高自身的安全技术和技能水平，使其在生产生活中能够做好安全防范工作，降低事故和灾害出现的可能性，保证其财产和生命安全，提升企业员工的安全修养，改进其安全意识和行为，从而使员工从"不得不服从"治理制度的被动状态，转变为"主动去服从"地按照安全规程去进行操作，实现从他律到自律的自动治理。员工思想观念的改变，使自身行为习惯得到规范，个人素养得到提高，企业的安全理念得以夯实，达到人、机与环境的和谐统一，为企业安全文化的建设工作奠定出坚实的基础。

（二）符合企业更好生存发展的需要和需求

安全生产是企业永恒的主题。安全生产关系到员工的生命安全和根本利益，是促进企业不断发展壮大的精神动力和重要财富，是企业安全发展、可持续发展的重要基础，同时，又是先进生产力发展的客观因素和重要手段，是先进生产力的重要标志之一。国家进行企业改革后，国企、央企失去了过去的超然地位，进入市场经济的浪潮中，与同类型企业进行激烈的竞争，而如何在大浪淘沙中独领风骚，脱颖而出，就必须拥有自己的"核武器"，这个核武器，在过去追求经济发展的时代，自然是超高的经济发展效益，在如今国家大力倡导安全生产的时代背景下，发展建设企业的安全文化势在必行。安全文化是企业安全治理的重中之重，潜移默化地发挥着导向、鼓舞、凝聚、约束等功能，是长期积存和沉淀在企业员工中约定俗成的安全价值取向和行为适应，是凝聚人心、增强企业竞争力的无形资产，是深度层次的安全治理方法，对企业实现安全稳固、和谐发展发挥着至关重要的作用。

（三）国家日益严峻的安全形势的需要

文化是民族凝聚力和创造力的重要源泉，是综合国力竞争的重要因素，是一个国家软实力的外在体现，而安全文化作为文化的有机组成部分，其发生和发展的条件是科学技术的进步和人们对于生产规律的认识。过去的几十年，或是制度体系的不完善，或是经济发展的迫切需要，追求速度和效益的蛮干大行其道，引领着企业经济一路从马车到火车，再到高铁，自然没有企业安全文化形成的土壤条件。但是如今国家的发展一个瓶颈口，这个曾经引领着企业经济前进的庞然大物就会变成了挡在前面的一座大山，想在社会变革中统筹安全和发展，实现稳中求进，也必须有一个国泰民安的社会环境。党的十八大以来，以习近平同志为核心的党中央出台了一系列重大部署决定，积极推动安全生产工作向前推进，这是社会进步的必需性，也是历史发展的必然性。

二、企业安全文化建设存在的主要问题

（一）企业安全文化体系不健全

安全文化体系的不健全体现在两个方面。

一是企业在开展安全文化建设时期，没有秉持着"以人为本"的中心思想，缺乏对以人为本管理内涵的深入研究和探讨，没有因地制宜地制定出适合自身的企业安全文化，没有切实提高企业安全管理水平，企业活力没有得到增强，企业精神难以让员工在心理上产生强烈的震撼和共鸣，更难以形成共同的安全认同感。其中较为严重的就是安全文化表面功夫多，深层培育少，企业制定安全文化策略时，忽略"以人为本"的核心理念，注重对物的管理，以"事"为中心，"物"比人贵，"对事不对人"，忽视人的价值，没有将安全文化建设与科学发展观、构建和谐社会理论联系起来，没有起到公司制度引领员工思维转变之文化育人的作用。

二是企业安全文化的建设没有做到与时俱进，企业安全文化，不是简单的规划，而是要摒弃落后的文化观念，打破已有的束缚禁锢，创建与现代企业安全管理相适应的企业安全文化，现在的企业安全文化不能与当今的生产条件相适应。随着我国企业生产技术装备现代化的发展，这一传统的管理体系逐渐暴露出自身的漏洞和弊端，与当前的生产力不相符合。这一点在许多老厂分外严重，认为安全投入是增大企业负担，经济效益的增长才是重点，对于安全文化的建设也是敷衍了事，上层不作为，随意设置制度，中下阶层对于制度的执行层层递减，导致整个公司的安全管理处于恶性循环的局面。

（二）企业管理不到位

企业安全文化是企业可持续发展的力量源泉。从整体方面来看，安全文化的建设管理方面不到位：首先是部分企业中相当数量的领导对企业安全文化缺乏了解，没有认识到企业安全文化对于企业发展的重要性，或者只重视制度安全文化和物质安全文化建设，忽视企业安全文化的主体部分，即企业价值观和企业精神的培养，没有将企业的安全文化渗透到员工思想之中，企业安全文化不能和员工行为有效结合起来，致使员工缺乏活力和动力；其次就是将企业安全文化建设当作行政管理，过多依赖于行政管理手段来管理员工，比如依赖于物质刺激，职位提升等，短时间内，也许可以换来员工一时的工作热情，但是却缺乏长期性和持久性，并且会逐步消耗掉员工的安全生产积极性和劳动热情，容易使员工产生权钱至上的思维理念。只有建立起良好的安全管理理念，才能调动广大员工的安全生产积极性和创造性，企业才能在市场经济的大潮中保持和发挥旺盛的竞争力。

（三）员工素质参差不齐

员工素质的参差不齐体现在多个方面。由于历史原因，许多电力企业内部的员工水平不一，有五十多岁的"老人"，也有二十来岁刚从大学校门出来的学生，思维观念想法的不同，体现在安全素质方面的不同。老员工学历偏低，同时又工作多年，技能技艺水平较高，这种矛盾的状态，体现出来就是对于安全生产条例天然的反对，相信自己的技能和判断，思想还停留在以前的蛮干速干，不能适应当前安全生产的需要，认为发生设备故障和事故都是运气不好，规程、标准意识以及协作配合意识淡薄，现场操作随意性大，严重影响生产安全；新员工大多是大学以上毕业，对于安全生产条例可以很快上手，但是操作技能技艺水平与老员工相比有很大的差距，在现场工作中，自然有错误操作的事情发生，同样也是安全生产的一大隐患。

三、企业安全文化建设的路径

（一）公司安全文化建设大局观

坚持以人为本的原则。企业开展安全文化建设工作，必须正确把握人的本性特点，遵循安全治理的规律，最大限度调动员工参与安全治理，履行安全职责，维护安全大局的主动性和积极性，形成人人讲安全、会安全、能安全、保安全的良好局面。

坚持与时俱进的原则。随着行业形势和安全生产实际工作的发展变化，企业安全文化建设的指导思想和目标也要随之更新和充实，要在继承优良传统的基础上，借鉴同类行业的先进经验，逐步总结和提炼出富有自身企业特色的安全文化建设理念。

坚持安全文化素养提升的原则。安全文化素养包含文化素养、技能水平、业务素质，这些都对安全文化建设有直接关联和影响。因此，企业安全文化的建设，就要将着眼点和落脚点放在切实提高员工安全文化素养上。一方面，加强员工的安全技能培训，充分利用各种平台和方式组织员工学习安全

知识，强化员工的安全理念和安全认知；另一方面，开展有针对性的竞赛、演练，使员工对自己的岗位技能熟悉了解，提高其安全工作的素质和能力。

坚持自上而下的原则。安全文化的建设是牵涉面广、阻碍深远的系统性工作，打破旧有传统的管理观念，努力构建企业安全文化建设的完整运行新体系。明确各个层级，各个方面的责任和权利，调动一切有生力量，形成齐抓共管的良好局面。其中厂级领导是车头，对企业安全文化建设规章制度的形成有决策权；各部门分级领导是关键，是连接车厢的中枢环节，包含安全部门、生产部门、宣传部门等，负责责任落实、支撑保障、绩效考核等；全员参与最重要，动员员工主管生产能动性，使其在生产过程中做到不推诿，主动担责，尽力而为，真正为企业的发展添砖加瓦。

（二）安全文化建设的根基在部门班组

企业在进行安全文化建设这一方面，不能绕过也不能忽视的一点就是落实到现场，落实到员工的实际操作中，否则都是空中楼阁，一吹就散，这才是安全文化建设的基石。

企业形成安全核心文化重在参与，加强各类宣传、教育、培训等工作，主要通过会议、学习、竞赛、活动等形式，宣传安全文化理念要求，做到形式多样，内容丰富，活动经常。

一是安全理念的传递。加强有关安全知识、政策、法规等知识的培训，多多学习同类型行业的事故案例；利用各种渠道加以宣传，树立先进典型，如每年开展安全先进班组、安全先进个人评比工作，并进行隆重表彰奖励等，弘扬正气，抨击歪风，营造出一种"安全光荣，违章可耻"的氛围。

二是安全培训机制的建立。大力推进安全生产领域人才培养，努力建设一支业务精湛，专业性强，遵章守纪的安全生产队伍。加大员工教育培训投入，支持引导员工主动学习、自我发展，加大安全教育培训设施投入，优化安全生产云培训系统，使员工更新理念，拓展知识，提升技能。

三是奖惩机制的设置。完善和明确安全生产责任制，压实各部门、各单位主体责任和主要负责人第一责任人的制度，贯彻落实公司规章管理，坚持失职追责，细化安全生产奖惩机制和绩效考核机制，充分发挥正向激励作用，将安全生产目标和行动项目纳入考核体系，增强时效性、针对性和可行性，充分调动各级人员履职尽责的积极性，切实增强安全生产贯通力。

四是各个机制的落实检查。通过查现场、问员工、看效果，进行定量评比，深入开展每年安全生产月活动；积极响应国家安全政策，制定明确的标准化作业，抓好风险管控与隐患排查治理双重预防机制建设，在提升风险辨识能力的基础上，建立岗位隐患排查责任清单，建立"人人有责、各负其责、齐抓共管"的危险排查治理机制，形成健康进取的企业安全文化环境。

（三）安全文化建设的重心在一线员工

增强员工的安全责任心。增强自身的责任心也就是克服自身懒惰性，原本的规章制度执行的好，时间一长，责任心就减弱，思想上一放松，行为上随之松懈，执行力下降，许多事故就是由此而生。因此，安全工作要常抓。工作细节是责任心的外在体现，因此，在日常工作中，按照规程执行标准化作业、标准化巡检以及标准化操作，充分考虑员工工作中的每一个细节，保证员工生产安全。

加强员工主动学习能力的培养。员工自身所掌握的技能是保证安全的重要保证，这个技艺技能不仅仅是操作方面的，也包括安全方面的。主动参加公司各种安全培训，自觉融入企业理论培训和现场演练活动，严格遵守规章制度，将培训当作企业最好的福利，学会"借势而为"，提升自身的技艺技能，为自身的安全保驾护航；学习制度和规范，吸取行业及企业事故教训，"前事不忘后事之师"，真正从内心认同企业安全文化，将"上级要求，企业要求"的被动安全转变为自觉主动的"我要安全"。

四、结语

安全生产是一项长期且必须坚持进行的工作，抓安全就要抓长，常抓，欲求"无近忧"，必要"有远虑"，对于安全形势时刻要保持清醒头脑，做好隐患排查，防患于未然。企业安全文化建设，是企业发展的一个重要基础工程，有效推进企业安全文化建设对于企业稳健发展具有非常重要的意义，对企业的新时代发展起保驾护航的作用。

参考文献

[1] 祖淑燕. 新时期加强企业安全文化建设的思考[J]. 中国安全生产技术, 2006, 2(3): 61-65.

[2] 闻斌. 企业安全文化建设之思考[J]. 工业安全与环保, 2005, 31(9): 60-64.

安全行为文化创新与实践

贵州黔东电力有限公司 李 林

摘 要：贯彻落实习近平总书记关于安全生产重要论述，坚持以人为本，坚持人民至上、生命至上，树牢安全发展理念，牢记"任何风险都可以控制、任何违章都可以预防、任何事故都可以避免"的安全观。企业从本质安全管理入手，首创"安全行为8项禁令"，实现安全行为"两确认"，增强了员工安全行为意识，形成了良好的安全行为习惯。

关键词：安全行为；管理创新；火力发电企业

一、前言

贯彻落实习近平总书记关于安全生产重要论述，坚持以人为本，坚持人民至上、生命至上，树牢安全发展理念，牢记"任何风险都可以控制、任何违章都可以预防、任何事故都可以避免"的安全观，贯彻落实上级的决策部署和安全指示精神，始终将安全工作放在一切工作的首位，以风险管控为核心，紧紧围绕实现"零事故"的奋斗目标，建设本质安全型企业，推进本质安全管理，培育有特色的企业安全文化。

二、背景

火力发电企业是将煤炭转换为电能的企业，其生产是一个高风险过程，涉及高温、高压、有毒以及动火、登高、进入有限空间等高危作业。在此环境下工作的员工，他们的精神状态、操作状态、身体状态、思想状态都会影响到他们的每个操作和岗位行为。火力发电企业多为外包检修维护管理模式，外来人员复杂，文化水平高低不一，安全素质、技能参差不齐等，给安全带来了很大风险。人是生产过程最活跃的因素，也是最不稳的因素，是完成各项工作任务的关键力量，也是造成不安全因素的重要原因。我们经常在"今日头条""抖音""安全网"等媒介上看见一些微新闻、短视频，某某低头族撞电杆、掉陷阱等不安全行为，在企业生产过程中也同样存在这样的不安全行为，带给个人和企业的后果会更加严重。因此，如何规范、约束员工的安全行为，成为企业研究的课题。

贵州黔东电力有限公司（以下简称黔东电力）通过安全文化建设的平台做了大量的安全管理工作，比如将安全理念、方针、行为规范和要求等编入承包商安全管理手册、安全行为手册、反违章管理手册、设置安全知识宣传栏等多种方式进行宣贯，现场监督检查、督查等方式进行管控。但是，要实现本质安全，管理的手段依然欠缺。因此，如何管理和监测员工的精神状态、操作状态、身体状态、思想状态，使每个到岗的员工都能处于最佳状态，使他们出现岗位异常行为的概率降到最低，这就是我们所要解决的问题。面对复杂的人因、外包环境和生产过程，黔东电力从本质安全管理入手，首创"安全行为8项禁令"，实现安全行为"两确认"，增强了员工安全意识，形成了良好的安全生产习惯。

三、事故原理分析

事故统计数据表明，80%以上的事故都是由于员工违章造成的。有的是员工违章操作，有的是管理人员违章指挥，还有的是员工精神不振，或思想麻痹大意造成的，如前文讲述的案例。总而言之，这些都是由人的不安全行为造成的，人是安全主体，安全管理要以人为本。

（一）事故因果连锁论

海因里希提出的事故因果连锁论认为事故的发生不是一个孤立的事件，而是一系列互为因果的原因事件相继发生的结果。

（1）人员伤亡的发生是事故的结果。

（2）事故的发生是由于人的不安全行为和物的不安全状态。

（3）人的不安全行为或物的不安全状态是由人

的缺点造成的。

（4）人的缺点是由不良环境诱发的，或者是由先天的遗传因素造成的。

事故因果连锁过程包括五个因素。

（1）遗传及社会环境，这些会对一个人的性格、行为趋向、工作学习态度产生影响。

（2）人的缺点，是使人产生不安全行为或造成机械、物质的不安全状态的原因。

（3）人的不安全行为或物的不安全状态，所谓人的不安全行为或物的不安全状态是指那些曾经引起过事故，或者可能引起事故的人的行为，或机械、物质的状态，他们是造成事故的直接原因。

（4）事故。

（5）伤害直接由于事故产生的人身伤害。

人们用多米诺骨牌来形象描述这种事故因果连锁理论，在多米诺骨牌系列中，一颗骨牌被碰倒了，则将发生连锁反应，其余的几颗骨牌相继被碰倒。如果移去其中的一颗骨牌，则连锁被破坏，事故过程被终止。如图1所示。

| 遗传及社会环境 | 人的缺点 | 人的不安全行为 | 事故 | 伤害 |

图1

图1从左到右的五个因素分别是遗传及社会环境、人的缺点、人的不安全行为、事故、伤害。只要将第三个因素人的不安全行为消除掉，伤害事故就不会发生了。

（二）人的不安全行为的消除与控制

安全管理工作的中心是防止人的不安全行为的发生。消除员工的不安全行为的方法有很多，有进行安全事故案例教育，开展安全文化活动，提高员工的安全意识；进行生产技术培训，提高员工的操作技能；进行安全知识和安全技能培训，提高员工的安全技能；等等。但是，是不是这些工作做好了就一定能彻底杜绝员工不安全行为的发生呢？答案是否定的。因为人的行为是最具有不确定性的，所以作为安全管理链条中最后一个环节——员工行为的监控是很必要的。员工状态确认这一管理方法就是员工行为监控的具体做法。因此，我们通过对人的不安全行为的原理分析，深挖事故人因的本质根源，总结提炼、创新提出适宜于黔东电力的员工安全行为文化——安全生产行为"八项禁令"。

四、首创安全行为"八项禁令"

安全行为"八项禁令"包括班前"四项禁令"和班中"四项禁令"。

（一）班前"四项禁令"

为保证上班人员头脑清醒、精力充沛。做如下"四项禁令"：上班前8小时内禁止喝酒；上班前24小时禁止醉酒；通宵熬夜，精神不振人员禁止进入生产现场；生病人员禁止进入生产现场。

黔东电力每个班组召开班前会，由班长分配完任务并讲完注意事项后再开始各自的工作。根据这一实际情况，我们提出了"员工二级状态确认"管理方法，其具体内容如下。

一级班前自我确认：每天上班到岗班组员工自己填报精神状态、身体状态、是否饮酒、是否过度娱乐；家庭状况是否有思想矛盾等；是否有酒后上岗者。班组长凡是发现有精神状态不好的，有家庭纠纷或其他原因导致思想状态、情绪不稳定、喝过酒的一律禁止其上岗。并立即对当班人员做出调整，杜绝出现空岗。

一级班前班组长确认：班组在召开班前会的过程中，班长通过望、闻、问的方式对本班员工的身体状态、精神状态、思想状况、是否饮酒进行确认。若在本次确认过程中发现了"问题"员工，若问题不严重，则由班长对其今天从事的工作进行合理分配，禁止安排其从事高风险的作业。若问题严重，则要让他休息，或从事其他力所能及的工作。

（二）班中"四项禁令"

在作业现场时刻不放松安全。做如下"四项禁令"：禁止在生产现场行走中接打电话、查看手机（在行走中接打电话、查看手机，视角处于盲区，前方有陷阱、障碍物等不能及时发现，会发生绊跌、撞击、踏空等危险现象）；禁止在生产现场抽烟、嚼槟榔（嚼槟榔、抽烟血压会急剧升高，浑身发热，造成头昏脑涨等身体异常现象，情绪不稳定极易产生人身安全问题）。禁止在生产现场就地休息（休息时人员喜欢靠栏杆，抽烟、嚼槟榔；休息完了，人不见了，工作效率低。工作完了，回班组休息，安全且可以提高工作效率）。禁止在生产现场嬉戏打闹，玩游戏看手机等与工作无关的事情（思想上放松，麻痹大意，就会忽视现场的危险因素，形成危险）。

五、安全行为"八项禁令"实践

实践一：传播灌输"八项禁令"。通过培训、微信、宣传栏等方式，灌输"八项禁令"，促进员工理解，从被动接受到改变不良习惯，养成一种良好的安全行为习惯。

实践二：班前"四项禁令"二级确认。在下班工余期间，自我约束，严格遵守禁令；在班前会、工前会召开过程中班组长检查，通过观察、酒精检测仪等方式检查确认人员的精神状态。

实践三："八项禁令"列入典型违章执行。将安全生产行为"八项禁令"列入黔东电力《安全生产违章考核实施管理》典型违章界定，分类分级明确违反"八项禁令"执行"4个1"罚则处理。

实践四：安全行为"八项禁令"过程监督。公司将安全行为"八项禁令"列入安全监督检查内容，每天安监人员、各级管理人员深入现场进行监督检查，发现违反"禁令"严格按照典型违章界定执行"4个1"罚则处理，并约谈违章者及所在部门的管理人员。

六、结语

黔东电力首创安全行为"八项禁令"，通过实践有效落实安全行为文化，制约员工违章违纪行为，纠正员工不良安全行惯，实现本质安全管理。生产现场基本杜绝违反"八项禁令"的行为，降低员工人因风险，落实员工行为安全"最后一百米"。但是，因为人的行为是最具有不确定性的，所以还在赶考的路上，要时刻抓牢管控手段，继续深入总结提炼实践，不断提高员工安全行为管理水平，确保禁令贯彻到位、双确认到位、现场监控到位、违章处罚落实到位，不断巩固安全行为管理基础，实现安全管理科学化、规范化。

浅谈如何开展好公司的安全文化建设

国家电投集团青海黄河电力技术有限责任公司　张德乾

摘　要：文章介绍了安全文化建设对安全生产的重要性，阐述了开展好安全文化建设的方法。
关键词：安全文化；安全领导力；安全管理方法

一、前言

安全文化是人类在社会发展过程中，在从自然界获取生活资料、生产资料的活动中，为保护自身免受意外伤害而创造的各类物态产品及形成的意识形态领域成果的总和；是人类在生产活动中所创造的安全生产和生活的精神、观念、行为与物态的总和；是保护人的身心健康、尊重人的生命、实现人的价值的文化。本文根据习近平总书记关于安全生产质量发展和生态环保的重要论述要求，结合国家电投集团公司 2022 年新版安健环管理体系安全文化建设管理要素，浅谈如何开展好公司的安全文化建设。

二、应对策略

（一）全员培训是做好安全文化建设的有效保证

公司在推进安全文化建设的过程中，要以培训为实际出发点。培训内容主要包括新《安全生产法》，习近平总书记关于安全生产、质量发展和生态环保的重要论述汇编，安全生产相关术语，"葛麦斯安全法则"，"海因里希法则"，以及公司《安全文化建设管理规定》等，培训应循序渐进，不断培养员工、承包商及灵活用工人员的安全素养，以及"不安全不开工"的安全思想。编制适用公司的安全文化手册。从国家、上级对安全生产的要求，安全生产理念、方针等方面入手，融思想性和操作性为一体，用安全文化思想指导安全生产工作。

（二）精心策划是推进安全文化建设的关键

以安健环管理体系 PDCA 理论为实际出发点，在全面推进安全文化建设之前，首先要调查公司内部实际的安全管理状况及安全管理需求，并结合实际开展制度建设工作。制度修订工作应按照 2022 版集团公司安健环管理体系安全文化建设管理要素要求进行，在制定过程中，必须要从安全管理大局着眼，将公司安全理念、方针、承诺内容以制度的形式固定，明确管理要求；同时建立可实现、可操作的安全文化建设规划或计划，计划内容从管理文化建设、行为文化建设、物态文化建设三个维度出发，从检查总结评估形成闭环管理；结合安健环管理体系及上级新发布的安全管理制度，及时修订完善安全生产制度，用安全生产规章制度约束人的不安全行为、物的不安全状态、环境的缺陷及管理上的缺失。

（三）发挥领导力作用是推进安全文化建设的关键

安全文化建设工作在全面推进过程中，其成功与否与领导的管理意识有着密切的关联。公司主要负责人应考虑如何影响各部门管理者、员工、承包商员工，从而获得他们对公司安全工作的承诺、支持，促使他们积极参与安全工作。作为领头人，公司逐步使员工具有较高的安全意愿，丰富各级员工的安全知识与技能，使员工养成良好的安全行为习惯，把安全作为核心价值，建立相应的机制并倡导和鼓励各级员工在日常工作和决策中展示这种价值，持续保持良好的安全绩效，在日常工作实践中更加注重事前管理，主动寻找问题，并把问题当作改进和提高的机会。通过这些有效方法，提高安全领导力的影响。

（四）以安全专项活动培育公司安全文化思想

结合安全生产三年专项行动、风险分级管控与隐患排查治理双重预防机制建设工作，开展安全宣传"三进"工作、春查、秋查、安全生产专项整治工作、安全生产月活动等安全专项工作，从思想上深刻认识安全生产工作的重要性，厘清三大责任体系安全职责，推动和加强安全生产工作的落实，强化问题整改，完善工作措施。

（五）以班组安全建设工作为抓手加强安全管理基础工作

根据《班组安全管理评价指南》要求，与安全生产目标、安全生产责任制、安全培训、安全例行工作、作业风险控制、隐患排查治理、安全文化建设、应急管理、安全事件管理、台账管理等对照检查和梳理，制订公司班组安全建设提升计划，以促进公司班组安全建设工作的深化和提升。每年至少开展两次班组安全建设检查和评估，发布整改措施计划和评估报告，按时完成整改及验证工作。将班组安全建设工作有机融入班组日常安全管理和每个成员的日常工作，引导全员参与班组建设、管理。提升班组自主管理、创新管理能力，打造班组实际工作亮点，使公司班组对标上级公司安全建设示范班组。

（六）发挥安全监督、分析会作用，及时纠偏安全管理方法

结合公司实际业务特点，每月利用安全监督例会和安全分析会播放安全生产事故警示片，开展针对性发言；组织学习安全生产规章制度，用制度管理安全生产工作；组织学习安全事故事件，做好经验反馈，提高员工的安全意识；通报安全生产检查中发现的问题及整改情况；通报专项活动和反违章开展情况；及时分析安全生产中存在的问题，提出具体措施；部署下月安全监督工作任务和具体要求。

（七）以科学管理方法有效提升安全管理绩效

加强安全法律法规的动态更新；应用安全管理信息化系统平台，规范开展安全管理工作；逐步引进先进设备，提升监督检查成效；利用安全实训基地，提高安全技能水平，营造安全文化氛围，在安全实训中获得体验感，改变传统的安全教育培训方式；加强对员工心理健康的重视；严格落实岗位安全生产责任制，明确安全职责、到位标准、考核要求等；发挥三级安全监督网作用，采取正向激励机制，加大反违章工作监督检查力度；高质量开展"三会一活动"；优化安全管理文件，改进记录表单，提高工作效率；高效应用HSE管理工具；进行承包商等同化管理；工余安健环知识的普及；充分发挥党政工团在安全文化宣贯方面的作用；安全管理工作实行精准激励，提高员工安全工作积极性。

三、产生的效果

通过安全文化建设的有效方法，逐步提高了员工的安全意识，使员工牢固树立安全第一的思想，逐步实现从"要我安全""我要安全"到"我会安全"的转变。

四、结论

综上所述，可以得出结论：公司安全文化建设是一项贯穿生产经营管理全过程的长期的系统工程，安全文化渗透安全生产的方方面面，要实现全员参与，需不断提高员工安全思想意识；只有不断推动安全文化建设工作，才能加强公司安全生产工作。

参考文献

《国家电力投资集团有限公司安健环管理体系》（2022修订版文件）。

安全文化传播途径的探索与实践

四川嘉陵江新政航电开发有限公司　李小兰　张　荣

摘　要：为使港投集团公司统一的公司安全文化从不同角度和层面融入企业生产经营和管理，四川嘉陵江新政航电开发有限公司（以下简称新政航电公司）积极实施公司安全文化传播体系建设，明晰传播主体、丰富传播途径、注重传播细节、提升传播效果。在公司安全文化传播体系建设中，员工亲身感受和体验公司安全文化精神，自觉践行和传播公司安全文化内涵，已在每位员工身上得到体现，有效解决了公司安全文化建设与传播由安全管理部门唱独角戏的状况，有力促进了企业整体工作水平的提升。

关键词：安全文化；传播；文化支撑

统一的公司安全文化建设，是新政航电公司对电力企业长远发展的高瞻远瞩，是倾力培育核心竞争力的重要举措，是提升公司品牌影响力的有效途径。作为嘉陵江上的航电开发企业，为保障公司安全文化融入公司生产、经营、管理的方方面面，新政航电公司积极实施公司安全文化传播体系建设，把全体员工的认识提升到统一公司安全文化建设上，生根在企业生产经营的过程中，为公司安全发展提供坚强的文化支撑。

一、公司安全文化传播主体

公司安全文化传播是对公司安全文化全面内涵和组成要素，进行全方位的推广和扩散。企业内部的文化传播分为个体传播和组织传播。个体传播是指企业内部认同与支持公司安全文化的员工，通过工作和言谈举止或做人做事来传递公司安全文化信息，来感染、感化身边的同事；组织传播是指企业以组织的形式，通过内部报刊、文化长廊、宣传栏、公众号、新媒体等载体进行宣传，举办征文、文艺晚会、演讲、知识竞赛、评先等活动及健全、完善相关管理机制体制为载体，广泛宣传、推广公司安全文化。开展公司安全文化传播首先要有成功的传播主体。对一个企业来讲，传播主体大致有三类，企业领导、企业员工和企业先进人物。

（一）企业领导是公司安全文化的主导者、组织者和示范者

企业领导班子首先要对公司安全文化建设与内涵有深刻的认识和理解，能让员工认同企业的文化，知道如何去传递企业的共同价值观、行为准则以及在规章制度、行为方式中表现出来的公司安全文化。其次要在日常管理中，主动践行公司安全文化理念，让员工感知、感悟，并为之付诸行动。

（二）企业员工是公司安全文化的传播者和被传播者，也是公司安全文化的最终实践者

企业员工要有正确的传播观念和方式，并有践行公司安全文化的意愿，只有这样才有保障传播公司安全文化的正确性和全面性。对公司安全文化传播的态度，决定了传播者的传播面、深度的影响力和效果。

（三）企业先进人物是引导员工实践公司安全文化的桥梁和纽带

新政航电公司把选树先进典型与宣传相结合，积极营造良好安全文化氛围，持续开展"安全示范岗"评选活动，不断挖掘公司在安全生产、优质服务、技术创新等方面敬业爱岗、无私奉献的先进集体和模范人物，用榜样的力量激励广大员工共创佳绩，用楷模的示范作用引领广大员工自觉实践公司安全文化。

二、公司安全文化传播途径

要实现统一的公司安全文化建设，就要积极探索公司安全文化传播途径，找准公司安全文化传播的切入点，以"安全培训系统、安全传播系统、安全视觉系统、安全激励系统"的立体式四维传播，通过不同形式的宣传辐射，大力弘扬"碧水嘉陵、航电双安"的安全文化理念。

（一）公司安全文化传播环境建设

公司安全文化环境建设就是采用员工文化展示牌、工作剪影作品、展播电视等形式，来展示公司安全文化理念、员工行为规范和公司管理思想等内容，将其体现在办公楼、枢纽厂房等场所，统一上墙面打造"墙面"文化；将员工岗位安全职责和岗位风险告知事项制作成桌牌统一上台面打造"桌面"文化，时刻鞭策、激励员工，推进统一的公司安全文化建设进程。

（二）公司安全文化传播载体建设

在公司安全文化传播过程中，通过有形的载体形式传播公司安全文化，做到外化于"形"，是传播公司安全文化，实现内化于心、外化于行必不可少的途径。会议、日常管理、绩效考核、培训学习、文娱活动等，都是公司安全文化有效的传播途径。新政航电公司在重大活动、重大事件、重要节庆日等关键时期，广泛开展特色鲜明的公司安全文化宣传活动，大力宣传公司安全文化。根据不同岗位员工、不同的爱好，公司成立职工兴趣小组，现有12个小组60余人，每个兴趣小组活动的有序开展，极大丰富了员工的工作和业余文化生活。不同活动的开展，让员工在潜移默化中接受和认同公司安全文化，更培养了员工的团队精神，增强了凝聚力和向心力。

（三）公司安全文化传播培训活动

把公司安全文化作为各级领导干部学习培训的重要内容和新进员工的必修课，并将其纳入公司各级、各类培训班中。组织开展拓展培训、开设"左岸论坛"、参加集团公司的安全知识宣贯、开展全员参与的公司安全文化知识竞赛，不断地向员工灌输公司安全文化理念，确保员工公司安全文化培训覆盖率100%，引导全体干部员工对公司安全文化的认知、认同。

（四）公司安全文化传播阵地建设

在公司内充分发挥宣传阵地优势，构建以安全文化长廊、安全宣传栏、安全角为主的传播载体。汇编企业员工发表的论文、省级媒体报道文章、征文摄影作品、先进人物事迹等优秀作品书籍。组织员工录制安全文化创意小视频、制作文化扇、温情家书等，用一系列文化成果集中展示和传播公司安全文化品牌。

三、结语

总之，公司安全文化的落地以促进企业安全管理水平的系统提升为目标，让公司安全文化的理念真正深入到每一位员工心中，指导员工的行为。安全文化建设是一项系统工程，不可能一蹴而就，它需要长期、持续的投入、创新、改进和优化，才能使其外塑于形、内化于心，实现安全文化在企业落地生根开花，为企业发展增添活力、动力和创造力。

踔厉奋发　厚植安全新文化

——新时代下电力企业安全文化面临的困境与探索

广东粤电花都天然气热电有限公司　何盛汝

摘　要：广东粤电花都天然气热电有限公司（以下简称花都热电公司）工程项目是广东能源集团在粤港澳大湾区布局的清洁高效天然气热电联产项目，自2022年6月、7月两套机组相继一次并网成功以来，机组持续保持安全稳定发电，为服务粤港澳大湾区经济社会稳定发展提供了重要电力支撑保障。处于电厂商运新阶段，当前安全文化不能完全满足电厂生产状况的需要。本文以电厂日常运维过程中普遍存在的安全问题，结合花都热电公司现阶段的安全文化建设经验及计划中的安全文化构思，进行了安全文化建设的一些探索。

关键词：安全文化；电力企业；精细化管理

近年来，中国经济增速稳中有升，经济总量这块蛋糕不断做大，对于能源需求明显增大，对能源中断的容忍度显著降低，这在电力能源体现得尤为明显。另外，在国家"双碳"要求下，我国的电力行业正经历百年未有之大变局。处于改革阵痛期的电力企业，既要保证电力系统的稳定运作，满足经济的发展需求，又要实现碳中和的目标，这不仅对电力企业的安全管理提出了新的要求，对企业安全文化的需求更是提高到新的高度。

一、电力企业的安全文化困境

随着改革的不断深化，电力网络建设范围日益扩大，是现代化电力体系发展的必然趋势。当下，虽然我国电力安全治理取得了不错的成果，但不可否认的是，我们的改革仍处于摸着石头过河的阶段，电力企业难以完全杜绝工作中存在的各类风险，各项管理制度和标准尚不成熟，与其他类型企业先进安全管理水平相比尚有差距，安全管理体系亟待完善。新技术、新设备逐渐登上电力生产的舞台，旧的霜鬓、新的隐疾在这一时期接踵而至。

（一）电力企业员工安全意识薄弱

一方面，企业老员工经验主义盛行，按照老办法、旧观念来处理新问题，不曾认真思考解决新问题过程中所面对的风险，对安全文化认识不足；同时，职工队伍年轻化，缺乏实际经验，危机意识淡薄，对于新的安全文化认同度不高。另一方面，一线生产员工片面追求工作"高效率"，惯性违章现象频发，不按操作规程工作，导致存在发生意外事故的风险。

（二）电力企业安全文化建设与实际生产脱节

一方面，电力企业正处于改革发展新阶段，电力企业发展未能与多元化的市场经济相匹配，安全监管制度未能形成科学体系，安全管理受到传统管理模式的影响而呈现滞后性。另一方面，安全文化在基层宣贯力度欠缺，文化建设意识不强，未能形成企业的品牌安全文化。

（三）电力企业安全管理存在缺位

一方面，企业管理者思想上虽然重视，但是由于生产任务重，时间紧，很难腾出手来专门进行安全工作，最终，安全流于形式、走过场。另一方面，过程监管不力，回顾更新不足，只重视结果的考核，而非业务过程的管控，督促整改抓力不强。一些安全问题虽然是独立的，但是要彻底分析就要形成统一的认识，完善安全措施。安全管理人员由于自身业务素质以及专业知识水平受限，责任感不强，对危险源缺乏判断能力，对安全风险管控及隐患排查治理存在欠缺。

（四）电力企业安全对于高新技术的应用不足

随着科学技术的不断发展，电力企业工器具科技化、设备自动化程度逐步提高，然而目前的电力企业安全管理方法比较传统，对于信息科技利用不足,导致安全管理信息化水平不高。

二、电力企业安全文化的探索

随着国内、国际形势的变化和能源革命的不断深化,电力安全管理有了很多新的内涵,安全文化呈现出很多新的特点,我们必须高度警觉,积极应对新变化。面对新时期的新任务,我们需要不断推陈出新,运用更优质的安全管理工具,使用先进的安全管理理念和方法,积极打造企业安全文化品牌,营造良好的安全环境,保障电力企业能安全平稳地完成改革,实现"双碳"目标。

(一)风险意识是安全之根

安全文化的建设需要内化于心。自十八大以来,国务院逐年逐步以更有力的政策引导,对企业安全文化建设施加牵引力。告诫企业要时常将"达摩克利斯之剑"悬于心间,风险意识与危机感要长存于企业发展之中,生产的发展与企业的安全要在运营管理的马车中并驾齐驱;同时也提醒广大员工要提高企业安全文化建设的积极性,思想上养成风险意识,行动上践行安全文化,时时刻刻讲安全,以安全生产规章制度和操作规程为工作准绳,杜绝"惯性违章"现象的发生,增强安全生产的责任感。

电力企业领导要以身作则,遵守相关规定和规章制度,促进安全文化建设落地生根。首先,要从思想上和行动上高度重视安全文化建设。其次,将安全教育落到实处,教育形式要有多样性、生动性,全方位进行安全生产法律法规的宣传,全过程落实安全教育,积极引导员工形成安全风险意识、安全观念,提高员工自身保障安全的自控能力,提高员工对安全文化的认同感,最终形成并强化安全责任意识。

(二)安全文化是安全之魂

安全文化建设需要持之以恒,生根入魂。文化是一个国家、一个民族的灵魂。国家如此,企业亦如是。优秀的企业依靠综合文化生存,一流的企业依托安全文化发展。企业进行管理活动过程中应注重安全文化引导,营造大安全氛围,树立大安全观,努力建设成为一个让员工充满幸福感的企业。树立大安全观,既需要企业自上而下提供理论指导,又需要员工自下而上切实提高安全行为能力,将安全文化融入工作和生活中。

企业的安全文化不同于科学文化知识,做不到"拿来就用""一用就灵",而应该对照先进企业的安全文化,做到"取其精华,弃其糟粕"。在此基础上,结合电力企业发展实际,形成企业品牌安全文化。电力企业安全文化的形成,需要扎扎实实下功夫,企业相关领导要深入一线,躬身入局,挺膺负责,针对本企业发展现状开展调研、分析研判、借鉴创新,方有成事之可冀,容不得投机取巧。企业要充分认识到员工是安全文化建设的主力军,调动员工作为主人翁的积极性、能动性和创造性。在日常的工作中,电力企业的改革并不意味着全盘推倒,从零开始,而是抓住改革发展的新机遇,积极应对新挑战,融入多元化的市场发展之中,根据时代发展需要,逆境生长,形成电力企业的安全文化品牌。作为一名员工,更应正确解读、深刻理解电力企业的安全文化,领悟安全文化的精神内涵和文化底蕴及其精髓,积极践行安全文化的精神实质。

(三)安全监察是安全之本

安全文化的建设需要标本兼治。国无法不治,民无法不立。国家如此,我们电力企业亦然。我们必须建立并落实安全风险分级管控和隐患排查治理双重预防工作机制,督促落实安全标准化建设,使安全文化的落地生根得到保护。安全监察部门应以如履薄冰的高度警觉,采取有力措施排查消除各类风险隐患,切实抓好"稳增长、保安全、防风险"工作,保障企业的安全运行,促进安全文化在电力企业中得到良性发展。

再者,我们企业管理者应躬身入局,担当作为,在进行安全管理创造性思维活动的过程中参与实践,在实践中促进思维广度的进一步发展。积极组织开展危险源辨识和评估,敦促本单位危险源安全措施的落实,参与拟订本单位安全生产规章制度和操作规程,有针对性地编写、审核生产安全事故应急救援预案,有计划地进行反事故演练,对于电力企业安全要有前瞻性思考,对于呵护安全文化的发展有针对性的管控措施。

建设法治国家要求做到"有法可依、有法必依、执法必严、违法必究"。同理,伴随着安全监管体系建立健全,建设安全的电力企业要求我们必须强化监管能力,提升监管效能,对安全生产增强控制力,这在企业安全运营中有战略性意义。针对事故的产生,我们不能只是事后处罚相关责任人就草草了事,更应该的是挖掘事故的成因、回顾事故的过程、管控事故的处理、加强整改的抓力,深挖细抠,不放过任何蛛丝马迹。前事不忘后事之师,吸取事故教训,加强安全管理，促进安全文化的建设。

此外，对于安全监察人员来说，过硬的专业知识和良好的业务素质是执行安全管理工作的前提。安全管理是一项专业的活动，同时涉及多学科知识的交叉运用，我们需要培养一大批高素质安全管理人才。鉴于此，企业必须加强安监人员的专业技能培训，使其成为多面手，让其补全对于危险源的识别方法，具备综合分析研判问题症结能力。企业需要通过多种形式提高安监人员综合素质，比如定期进行技术能手评选、技术大比武、落实老带新师徒责任制等，以此提高培训的实效性和针对性。同时，电力企业根据实际情况引进高端人才，为企业发展储备优质人才。安全文化的建设，离不开安全监察人员深厚的知识积累，文化建设应该从一线来，回到一线去，让安全监察人员运用安全文化理念，有温度地执法。

（四）信息科技是安全之翼

安全文化不仅要内化于心，更需要外化于形。人们常说"如虎添翼"，比喻强有力的人得到帮助变得更加强大。在电力企业的安全管理的视角里我将其理解为：在完善的电力安全管理中加入科技元素这个"翼"，让安全管理这只"虎"更加虎虎生威。科学技术是第一生产力。科学进步和科技发展改变了我们的生活，同时也打开了安全管理的新思路。近年来，5G、物联网、人工智能等信息技术蓬勃发展，以高新技术为载体的管理工具逐渐进入管理者的视角。据报道，某科技公司已经研发出AR工业智能防爆头盔，该头盔融合AR、AI、5G等技术，可智能定制巡检路线、AI辅助检测设备故障、AR将巡检设备数据化，既规范了操作，又提高了巡检效率，还会实时收集全过程数据，为后续打造检修大数据库奠定坚实的基础。近些年，人体定位也逐渐进入电厂管理者视野。这一系列的高新科技，为我们安全文化的落地提供了有力的保证，在常规的安全管理中以人管人，不免有遗漏，但智能化机器人则会以高度集中的注意力监管员工的各项操作，以"钉是钉，卯是卯"的态度毫不含糊地保障员工安全。

一系列高新技术的使用，不但可以帮助电力企业实现运维体系智能化、生产管理透明化、助力电力企业降本增效、赋能电力企业安全管理，而且将极大提升基础支撑保障、大大提高了科技与信息化水平，为构建智能电厂提供了可靠的落脚点，为电力企业安全文化的建设提供了时代性的答卷。

三、结语

他山之石，可以攻玉。我们不仅需要不断总结自家经验，对于其他企业出现的安全文化建设难题，我们电力企业也将高度重视，深刻反思，对标对表自身，扎实落实自查整改工作。自花都热电项目主体工程开工建设以来，公司始终以最严格的标准，最有力的措施，最务实的作风，积极进行安全文化建设，旗帜鲜明抓整改，立行立改见成效。花都热电公司始终坚持在发展中践行安全文化，在风雨中挺立潮头，在改革中奋楫前行。严格落实"安全、质量两手抓，两手都要硬"的要求，构建全员参与、全程管控的安全管控模式，组织全员签订安全责任状，领导班子成员深入施工现场督导，紧盯项目安全管理各环节，从项目开工到两套机组全部投产，实现了项目建设全过程零事故的安全管理目标。

千帆竞渡，百舸争流；蓄势谋势，稳中求进。要想解决电力企业的安全发展的诟病，既把准脉络，开好药方，又跟踪疗效，标本兼治。未来，我们将重整行装再出发，击鼓催征再扬帆，加快推进智慧型电厂建设，切实提升电厂精细化管理水平。

岁序更替，华章日新。站在"两个一百年"奋斗目标的历史交汇点上，花都热电公司勠力同心，艰苦奋斗，牢记使命担当，矢志技术创新，谱写安全文化建设的新篇章。

论水电企业安全行为规范化管控的新思路

云南华电金沙江中游水电开发有限公司阿海发电分公司　周玉安　李应煌

摘　要：纵观各类安全生产事故，许多伤害事故是由员工的不安全行为导致。通过规范管控员工的行为，不仅可以达成预防事故的目的，还可以提升企业的安全文化建设水平。

关键词：水电企业；安全文化；规范化管控

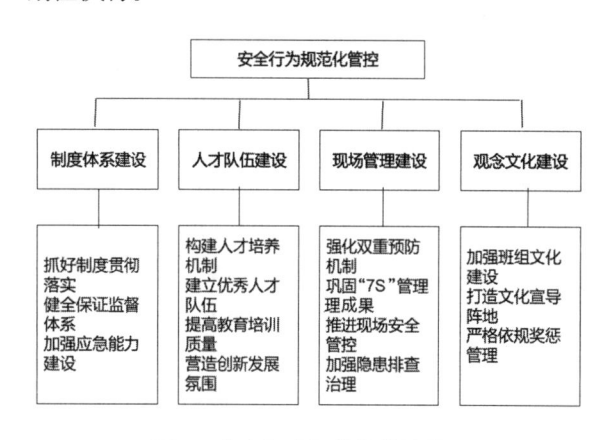

一、安全行为规范化管控在安全文化管控过程中的重要性

自机组投产以来，云南华电金沙江中游水电开发有限公司阿海发电分公司（以下简称阿海公司）始终坚持"安全第一、预防为主、综合治理"的安全方针，以保设备、保电网安全稳定运行为首要任务，始终把安全工作作为一切工作的重中之重抓紧抓好，积极有效地探索安全行为规范化管控新思路，总结出了一些实用的经验做法，为规范管理员工安全行为提供基础保证，有效消除事故隐患，防止安全事故的发生，对指导促进公司安全文化建设起到了支撑作用。

二、安全行为规范化管控的内涵

安全行为规范化管理是一个企业走向现代化、制度化的标志，强调依法治企、以人为本的理念，识别监测不安全行为和统计分析、制定控制措施并采取整改行动，建立一套基于员工行为的、系统的安全绩效管理机制，促使员工认识不安全行为危害，进而改善员工的行为和态度，能够使企业各部门依据规范化进行管理，以使企业协调统一地运转。

三、安全行为规范化管控的举措与成效

阿海公司的安全行为规范化管控模式，主要从制度体系建设、人才队伍建设、现场管理建设、观念文化建设四个方面入手，采取了一系列重要措施，有效保障了安全生产工作的正常开展，确保了安全生产形势持续平稳向好。如图1所示。

（一）制度体系建设

（1）抓好制度贯彻落实。阿海公司为进一步完善标准化与制度管理，将安全生产规章制度落实作为岗位安全责任落实的重要内容，抓好制度完善、制度培训、制度落实、制度监督等过程基础管理工作。构建标准化信息系统，采用"线上"安全生产云培训与"线下"专题培训相结合，班组安全学习、安全制度"应知应会"考试、"安全制度落实"主题演讲、思维导图等方式方法，抓好制度培训，围绕本岗位学懂弄通相关制度。开展安全制度落实示范班组选树等活动，推进安全制度真正落实到班组、进现场和到岗位一线。积极推行"技术创新、科技兴厂"战略，完善各类技术台账，确保设备技术管理工作规范化、标准化。结合月度安全检查、季节性安全检查、安全专项检查等工作，加强对标准执行的监督检查，着力解决标准执行不到位的问题，确保刚性执行。

图1　安全行为规范化管控模式

（2）健全保证监督体系。按照"一岗一责"的要求，明确各级人员岗位安全职责，进一步健全公司安全生产责任体系。完善安全生产目标奖惩考核办法，并严格执行，提升全员安全履职尽责能力。全面深入落实设备主人制管理，将设备管理细化到具体的人员，杜绝以包代管。

（3）加强应急能力建设。在完善"一案三制"的基础上，全面加强监测预警、应急指挥、应急队伍、物资保障、培训演练等应急重要环节的建设。通过修编应急管理标准，健全安全生产应急管理组织机构，明确职责和分工。进行应急预案适用性评估，开展应急能力评估工作，完善有关应急预案，开展预案演练。

（二）人才队伍建设

（1）构建人才培养机制。建立和完善多层次、多渠道的安全生产专业技术人才培养机制，努力形成为安全生产提供服务和技术支撑的保障体系，拓宽培训方式，完善待遇机制，提供发挥平台，健全注册安全工程师管理和相应激励机制，鼓励从事安全生产管理人员积极参与全国注册安全工程师资格认证考试，督促和指导公司符合条件的专业技术人员参加高级工程师职称评定，鼓励和支持安全生产管理人员参与云南公司安全生产技术专家评选工作。

（2）建立优秀人才队伍。紧紧围绕公司改革和生产经营发展、队伍建设和人才成长需要，以思想政治建设和素质能力提升为主线，以建设管理型、技能操作型员工队伍为重点，着力推进"三支"人才队伍建设，优化人才结构，提升人员素质，形成一支结构合理、素质过硬、业务精湛的员工队伍。

（3）提高教育培训质量。持续加大安全教育培训工作力度，全面落实职业持证上岗制度，积极组织好企业负责人、安全生产管理人员、特种作业人员分批参加政府、行业主管机构和上级公司举办的培训班，并取得相应资格，保障年度安全教育培训计划的有效落实。充分应用多媒体安全培训线下工具箱、安全生产云培训平台、考问讲解、技术问答、反事故演习、事故预想、公司培训活动、班组安全学习活动等各种培训形式，多渠道、全方位、讲实效，促进各级人员安全意识和安全技能的显著提高。建立了多功能安全教育体验中心，让员工交流、学习安全文化知识更加便捷高效，对推动安全文化传播、形成安全文化氛围有积极的正面作用，能潜移默化提升员工安全素养及应急能力，规范员工的安全行为，调动全员参与安全管理的积极性。

（4）营造创新发展氛围。坚持创新驱动发展理念，充分发挥现有各类科技创新组织作用，营造人人创新氛围，注重创新成果的提炼和应用。重视知识产权，鼓励广大员工积极开展技改、科技创新与发明专利活动，及时提供专利申请的指导工作，加强企业与个人的知识产权保护。坚持"以人为本，人才强企"战略，多渠道、多形式加强职工教育培训，全面提高员工科技创新水平，以适应企业可持续发展的需要。充分利用好二维码管理平台、强震与监测系统联合平台等科技创新成果，加快推动成果转化工作，使之能够有效助力企业生产经营管理。

（三）现场管理建设

（1）强化双重预防机制。修编完善《隐患排查与治理管理标准》，开展好危险点分析与安全生产风险预控工作，组织各生产部门、专业班组进行全面的安全生产风险分析辨识，扎实开展安全隐患排查治理工作，建立隐患排查治理档案，严格按"台账式管理、销账式办结、查账式督导、交账式问责"原则进行限期整改，有效控制人的不安全行为、物的不安全状态和作业环境危险因素，采取有力措施，排除意外性和突发性安全生产事故，实现超前预防和控制。

（2）巩固"7S"管理成果。阿海公司积极推进安全设施标准化工作，坚持"7S"管理常态化，持续推进安全精益管理。让"7S"管理固化成为一种自觉自发、持续改进的文化。将"7S"管理融入机组检修全过程管理，完善检修现场环境防护、设备保护、物品定置、物料流转、工艺控制、安全警示、作业隔离等功能，提升作业环境。按照"消除浪费、创造价值、持续改善、精益求精"的精益理念，运用精益管理方法和工具，认真梳理设备管理、检修管理、运行管理和安全管理等方面存在的不足，创新管理思路，实事求是，因地制宜地完善公司安全管理标准，优化流程，进一步促进安全管理制度化、规范化、标准化。

（3）推进现场安全管控。强化风险预控管理，把全面推进"安全双述"工作作为现场安全管控重要手段，纳入"本质安全型班组"建设的日常考评中。通过"岗位描述"，进一步强化作业人员安全风险意识，规范作业行为，形成自觉辨析作业现场危险因素、落实防范措施的良好习惯。通过强化人员培训、完善安全管理制度、提升应急处理能力、加大设备适应性改造力度、提高电厂设备自动化水平，不断提升公司安全生产管理水平，满足"无人值班、少人值守"生产模式的实施要求。

（4）加强隐患排查治理。定期组织开展生产现场作业环境和装置性违章排查整治工作，抓好整改闭环管理，不断提升生产现场本质安全水平。加强设备日常巡检、维护工作力度，坚持月度生产现场隐患排查，严格设备缺陷分类、分级管控，做到设备故障超前预控、超前发现、超前处理。认真开展修前数据分析和评估，科学制定检修方案，加强现场的安全监管和质量管理，严格执行三级验收和关键点见证制度，不断提升设备可靠性。健全监督管理制度，完善三级监督网络，落实整改，有效监督。抓好特种设备管理，做好特种设备的定期检验、维护保养及隐患治理，确保特种设备的安全可靠和合法使用。

（四）观念文化建设

（1）加强班组文化建设。坚持"以人为本、安全第一"的原则，以实现人的价值、保护人的生命安全与健康为宗旨，创建班组安全文化。以安全氛围影响人，以安全理念引导人，通过多形式、多层面、全方位的强化理念渗透，弘扬健康向上和充满人文关怀的安全文化，加强安全生产宣传攻势，做到寓教于乐，使安全生产意识深入人心，入心入脑。培植安全理念深扎员工内心，用安全愿景驱动安全行为的外化，形成具有部门、班组、个人特点的安全目标愿景和理念，营造出浓厚的班组安全氛围。通过创建班组安全文化，打造本质安全型班组。

（2）打造文化宣导阵地。以现场目视化建设为抓手，将企业安全文化理念、行为规范、安全宣教等多层面文化内容策划设计人工制品，以集中展示、文化熏陶、警示教育等方式呈现，引领提升企业安全文化的全员全方位全过程覆盖，实现提升安全目视管理系统化、提高员工综合素养和幸福指数、降低各类事故伤害风险、加强企业双重预控能力、展示企业安全品牌形象。

（3）严格依规奖惩管理。组织好先进评比表彰和安全绩效目标全过程管理，积极开展"金点子"、合理化建议等活动，不断发掘科技创新项目与创新点，利用公司评先选优，积极发现、挖掘、培养和评选公司的优秀人物，大力宣传他们在平凡岗位上的先进事迹，塑造一批可亲、可敬、可信、可学的先进模范和专业、岗位楷模，依规及时兑现奖惩，使先进典型成为企业的优良资产，让员工学有榜样，在公司内积极营造学先进、赶先进、做先进的良好氛围。

四、结语

安全行为规范化管控工作是一项系统的管理工程，要高度重视员工价值、注重人文关怀、维护员工尊严，搭建员工发展平台，全员参与，提供人才成长空间，增强公司与员工互动，共谋发展、共建文化，努力提高员工幸福指数，促进企业和谐稳定健康发展。

参考文献

[1] 李瑞. 企业安全文化建设探讨 [J]. 中国安全生产科学技术, 2005：1(5):83-84.

[2] 莫小荣. 浅谈企业安全文化 [J]. 中国安全生产科学技术, 2007, 3(5)：119-121.

[3] 段瑜, 宁齐元. 如何加强企业安全文化建设新思路 [J]. 中国集体经济, 2010(3):66-67.

论新型科技背景下的安全文化管理模式

福建棉花滩水电开发有限公司　李志扬　简伟奇　方春生　赖永仙　阚卫平

摘　要：电力企业安全管理的主体是对人的管理。在推行安全管理体系过程中，要树立以人为本的管理理念，首先是要靠文化，文化是企业的灵魂，是管理的最高境界。在新时期新时代，安全管理不再是狭义上的安全领域管理，已步入"大安全"全面管理时代，如何推动安全文化管理模式的技术创新已成为新型科技促进本安建设的重要手段之一。

关键词：新型科技；安全文化；管理模式

一、引言

根据《"十四五"国家安全生产规划》中描述，"立足新发展阶段，党中央、国务院对安全生产工作提出更高要求，强调坚持人民至上、生命至上，统筹好发展和安全两件大事，着力构建新发展格局，实现更高质量、更有效率、更加公平、更可持续、更为安全的发展；到 2025 年，防范化解重大安全风险体制机制不断健全，重大安全风险防控能力大幅提升，安全生产形势趋稳向好，生产安全事故总量持续下降，危险化学品、矿山、消防、交通运输、建筑施工等重点领域重特大事故得到有效遏制，经济社会发展安全保障更加有力，人民群众安全感明显增强；到 2035 年，安全生产治理体系和治理能力现代化基本实现，安全生产保障能力显著增强，全民安全文明素质全面提升，人民群众安全感更加充实、更有保障、更可持续"。据有关部门统计，80% 以上的事故是由人的不安全行为和物的不安全状态所导致的，而物的不安全状态归根到底也是人为因素造成的。而安全文化管理又恰恰是以提高人的安全意识，进而达到规范人的行为，能够有效促进公司实现安全管控的目的。"十四五"规划中还明确提出了强化科技创新引领、推进安全信息化建设、推进试点示范等要求，推动安全风险监测预警工程、科技创新能力建设工程、安全生产教育实训工程等科技兴安工程。因此，新时代安全文化管理应该结合企业特色，从全方位出发充分利用高新技术手段促进文化管理能力提升，形成文化管理与科技兴安双向互促的新局面，推动公司安全现代化管理和安全高质量管理。

二、新型科技背景下的安全文化管理模式

安全文化是人类生产活动与生存过程中安全价值观、安全方式、安全行为准则以及安全规范、安全环境的总和。安全文化管理即对人机环管等全方面的综合管理，是刚柔并济的"大安全"综合管控模式。

安全文化能够有效调节安全管理中的人、机、环境的关系，安全文化管理保护了生产者，保证了生产的正常运行，减少了事故而降低了损失，进而实现了劳动者的生命价值和生产的经济价值。安全文化管理不仅仅要代表先进的价值观和理念，影响和更新人的观念，符合人性、符合时代构建和谐社会的要求，更要贴合时代发展需求，多元化多角度创新，通过高新技术加强防控、宣教等，提升安全文化管理的综合能力。

（一）注重特色成效，积极探索文化建设模式，夯实安全文化管理基础

安全文化建设是现代企业安全管理的核心。安全文化创新管理的实践证明，一个适应本企业特点，符合企业实际情况，行之有效的安全文化建设模式必不可少。

我们以"安全月"活动为安全常态化文化管理模式探索的重要周期之一，通过丰富的主题性操作，注重特色化文化管理，充分夯实安全文化管理基础。例如组织三厂四地"安全月"活动启动仪式、党委书记主题宣讲、主题签名活动；协调下属电厂悬挂主题宣传横幅，设置安全文化主题展区；通过多媒体手段宣贯习近平总书记有关安全生产重要论述、

安全文化主题、反违章行动等相关安全文化管理内容，组织观看《生命红线——狠抓风险防控责任落实》《生产安全事故典型案例盘点》《生命重于泰山——关于安全生产重要论述》等文化主题宣传片和事故案例视频；落实好社会责任，对周边村庄印发用电安全、消防安全、防汛安全等手册；调动工作小组积极调研探索安全文化管理新思路等。

立足实际，注重成效，打造特色，探索创新，是我们安全文化管理工作的重要原则。安全文化管理过程中，既落实上级规范动作，又呈现公司特色动作，实时对标全国安全文化建设示范企业标准，对公司安全文化体系建设规划设计，查缺补漏，深化安全文化管理基础建设和有效落地，已形成了具有自身特色的安全文化体系建设基础模式。

（二）加强典型示范工作开展，形成标杆安全文化特色

典型、示范、标杆的建设与推进，是安全文化管理的长效发展之路。有效抓典型，打造示范工程，做好标杆传承，是安全文化管理模式持续改进和高质量发展的重要方法。

我们以"制度强化、管控创新、责任落地"为核心要素，全方位持续深化安全文化管理模式的深度和广度。例如通过立、改、废，编制了"1+10+33"模式安全制度框架体系，修订完善了《反违章管理实施细则》安全管理制度，完善了《生态环境管理办法》环保制度；强化"两外""三方"标准化管理，执行《公司"两外""三方"安全管理责任清单》《"两外"安全检查考核标准》《公司"两外"管理"3+X"安全督查方案》《新冠肺炎疫情期间"两外"人员现场防控措施表》等举措；持续优化"三高、三严、三零"的一流安全管控模式，做到"三高"：培养高素质的安全网队伍，配备高标准的安全设施，打造高水平的安全管控模式；通过"三严"：严检查，严监督，严考核；实现"三零"：零违章，零隐患，零事故；创新管理方式，提升管理实效，以"网格化"安全管理有效落实设备主人、区域主人制度，以周"一表式"检查、月度例行检查、季度交叉检查，不定期专项检查相结合；签订安全生产责任状，落实各级安全责任；认真执行"两措"，狠抓安全培训，强化应急演练，加强"两票""两外"的安全督查；认真开展全员安全生产岗位责任制履职评价，逐级落实各岗位安全责任；试点推行安全生产网格化管理，按照专业、区域、设备等管理类型分门别类，依照岗位设立不同层级网格人员，通过层层落实的三维立体网格，使安全责任"横向到边、纵向到底、不留死角"，落实千斤重担人人挑，达到人人身上有指标，确保"小事网格内处理、大事全网联动"管理成效落地，推动公司安全目标责任制落实等。

持续改进是安全文化管理模式创新的基础，也是重要方法。加快安全文化典型示范创建，推动安全文化标杆电站建设，已成为我们促进安全文化管理模式深化的主要渠道。

（三）升级安全文化科技教育阵地，促进安全文化管理创新

现阶段正处于科技高速发展的新时期，大安全文化管理的要求越来越具象，指标越来越明细，将文化管理与高新科技的有效结合，是安全文化管理模式创新的重要课题。基于公司全速发展时期，企业转型改革后出现的安全文化教育问题，已成为我们研究安全文化管理模式创新的重要方向。面对大批新员工入职、老员工文化升级、工程生产需要外聘的生产人员及承包维护（检修）队伍的教育管理等问题，单纯依靠原有的科技手段和安全文化引导方式，已捉襟见肘。安全文化管理的常态化问题还包括培训效果不理想、对员工安全素养和行为改善的效果持续力不足，覆盖不够全面，无法形成长期持续的熏陶等，是安全文化管理模式创新的重要内容之一。

我们以"吸纳新型科技、拓展教育模式、建设综合阵地"为重要手段，解决安全文化管理的疑难点。比如在开展公司企业文化体系建设的同时，通过吸纳三维虚拟仿真技术还原模拟真实场景、沉浸性交互体验的学习环境，实现员工自主体验式学习，有效提高员工安全素养和岗位安全技能；吸纳虚拟现实增强技术，增强实物、实景、实操的感官体验和具有知识性、趣味性的操作训练，达到潜移默化教育效果；通过空间划分、功能划分及科技化引导性的身体感受形式，建设由集中培训、事故体验、实操技能培训为一体的综合性教学区域，能够实现从"安全综合教育"到"事故虚拟体验""实操技能演练"的一整套安全教学任务，建设融合企业实际需求、展览展示等多种功能的安全（VR）体验培训馆，打造安全教育前沿阵地，树立安全体验式教育标杆。

高新科技的有效融合，提升了安全文化管理的针对性和功能性，对传统安全文化管理模式进行了有效升级，实现了多种区域、各类环境下的安全文化熏陶，弥补了不利场所和环境下现场演习训练的缺陷，是未来安全文化管理模式创新的主要方向，具备较强的可行性。

（四）构建科技化安全防控监管体系，将危险点预控管理与文化管理相互融合，实现安全文化管理向科技管理模式的转变

安全文化管理的核心在于对人、机、环、管等多领域的防护，其根本还是立足于防止安全事故发生。构建安全文化科技管理模式，是将安全文化管理、安全预控管理、安全常态管理等多领域融合的新型管理模式。

我们以"文化带动、技术更新、持续升级、可控在控"为核心目标，从人文教育、技术创新、监管覆盖等多角度出发，将安全文化管理模式再升级，形成完善的事前预防管控模型。例如，将三维虚拟现实技术与电厂检修运行等生产工作结合应用，把"三维交互协同技术""智能预警识别""物理模拟技术""人工智能技术""数据库分析技术""人员定位"等高新技术统筹吸纳，立足企业安全管理、安全教育和应急预警体系升级等多个层面，将先进的高新科技、管理模式和创新思维深度融合，打造全过程数字化安全文化管理模型，搭建基于智能预警识别、三维交互协同技术的数字水电应急管理平台，建成安全可控、多人协同、指标最佳、成本最优、操作灵活的一流三维可视化虚拟现实工程，全面提升企业安全文化综合管理水平，促进企业安全文化管理创新。

多重高新技术的有效结合，安全文化建设的全面覆盖，形成了全方位、全过程、全天候的综合安全文化管理新模式，成了公司事前预控系统中的重要组成部分，为安全文化管理的高质量发展提供了更多可能。

三、总结

在高新技术全面发展的时代背景下，我们在深入贯彻国家及集团的安全要求基础上，必须以文化管控与科技兴安相结合，模式创新与常态管理相结合，价值引导与行为规范相结合，横向拓展与纵向深化相结合为安全文化管理新模式的核心，坚持"安全第一、预防为主、综合治理"的方针，以"两个体系建设"为重点、以落实安全责任为核心，深化企业"365"安全文化体系建设。面对新时代水电企业安全发展的新挑战，我们应从隐患排查、危险源辨识、风险控制措施、应急演练等多角度全方位进行安全文化管理模式创新，不断加强企业事前预控管理能力，推动企业安全文化管理取得高质量发展，以适应新时期安全形势的不断变化。

参考文献

[1] 于广涛, 王二平. 安全文化的内容、影响因素及作用机制[J]. 心理科学进展, 2004, 12(1):87-95.

[2] 毛海峰. 安全管理心理学[M]. 北京：化学工业出版社, 2004.

核电企业安全文化建设实践与探索

上海核工程研究设计院有限公司　郑逸宁　朱光明　孙祺婷

摘　要：核电站是当今最复杂的工业系统之一，核电建造工程也是一个具有高技术特点的接口众多的系统工程，其工程周期长，参建人员多，机械设备多，现场高密集施工、立体交叉作业产生的中高风险作业多；诸多因素导致其HSE风险管控难度大，多项目管理进一步增加了核电工程类企业的安全管理难度。安全文化能够减少不安全行为的发生，从而显著影响安全绩效。核电企业要实现安全发展，提高安全管理水平，必须要坚持理念引领，构建良好的安全文化，提高员工安全意识，以此保障核电项目的安全建设。

关键词：安全文化；核电；本质安全

一、引言

核电站是当今最复杂的工业系统之一，核电建造工程也是一个具有高技术特点的接口众多的系统工程，其建造过程涉及混凝土、钢结构、机械、电气、管道、通风等十几个领域，专业化分工程度极深；核电工程周期长，参建人员多，机械设备多，现场高密集施工、立体交叉作业产生的中高风险作业多；诸多因素导致其HSE风险管控难度大，多项目管理进一步增加了核电工程类企业的安全管理难度。自20世纪80年代以来，安全文化及其相关概念成为安全科学领域的焦点议题，很多研究证明安全文化能够减少不安全行为的发生，从而显著影响安全绩效。因此，核电企业要实现安全发展，提高安全管理水平，必须要坚持理念引领，构建良好的安全文化，提高员工安全意识，以此保障核电项目的安全文化建设。

二、企业概况

上海核工程研究设计院有限公司（以下简称上海核工院）始建于1970年2月8日，前身是七二八院，与中国核电同时起步，主营业务为核能研发、设计、工程建设管理、核电站服务，坚持"安全第一，预防为主，综合治理"的安全生产方针，倡导"高起点科学管理、高标准绿色环保、高保障生命至上、高效率团队互助"的HSE管理方针；树立"零职业病、零事故、零环境事件"的"零容忍"目标，贯彻"本质安全，至高无上；以人为本，纵深防御；任何风险都可以控制，任何违章都可以预防，任何事故都可以避免"的HSE理念；通过以核安全文化为核心的企业安全文化建设，卓有成效地提升了公司安全文化水平和公司的凝聚力、向心力，提升了员工的归属感和自豪感，助推了公司整体发展。

三、安全文化建设实践与探索

（一）构筑安全理念文化，发挥领导表率作用

企业的安全理念是安全管理的指导思想，是在企业长期的安全管理工作实践中形成并不断完善的管理思想，既体现了企业高层管理者对企业安全发展的观点和态度，又体现了企业员工的安全需求。公司的安全管理理念是"本质安全，至高无上；以人为本，纵深防御；任何风险都可以控制，任何违章都可以预防，任何事故都可以避免"，经公司党委会审议通过后发布，并向全员进行宣贯，确保员工在认识和处理安全生产问题的观念、态度和行为准则方面达成共识。

"领导做安全的表率"是卓越核安全文化的原则之一。上海核工院建立了公司领导干部安全生产工作联系点制度和公司领导安全巡检机制，发挥领导带头作用，从督导落实安全生产工作、开展调查研究、协调实际问题、督促问题整改四个方面充分发挥领导干部"引领凝聚、支持融入、组织促进、监督保障"的重要作用。建立了领导层HSE大讲堂机制，依托安全生产与应急委员会会议、安全文化推进年活动、安全生产月活动等时机，公司领导亲自上台讲安全生产公开课。同时，项目部建立了"安全领导力"培训机制，项目领导团队每月安排一

人上台讲安全课。

（二）健全安全管理体系，融合创新安全管理文化

上海核工院以安全核心价值观为指导，建立健全安全生产组织保障体系、责任体系和制度体系相结合的安全管理体系。组织保障体系提供组织保障和专业力量，责任体系明确安全生产职责和到位标准，制度体系规范安全工作要求，三者相互作用成为安全文化建设的基石。

1. 组织保障体系

上海核工院安全生产工作的最高领导机构是安全生产与应急管理委员会，领导公司安全管理体系建设和安全文化建设工作。按照"党政同责、一岗双责"，"谁主管，谁负责"的原则，落实安全文化建设和培育责任，根据职责分工协调配合，共同推进安全文化理念的形成、塑造和传播。

为保障安全文化建设工作有序推进，充足的专业团队力量必不可缺。上海核工院鼓励考取注册安全工程师，专兼职安全管理人员注册安全工程师占比达73%，其他人员均取得了专业培训机构安全培训合格证。同时，上海核工院建立了安全管理人员资格授权机制，分专业建立培训授权矩阵，专兼职安全管理人员接受相关专业系列培训和考核，经授权后方可从事相关专业工作。

2. 安全生产责任体系

习近平总书记关于安全生产的重要论述中多次提到"落实安全生产责任制"，为有效贯彻落实指示精神，上海核工院建立安全生产责任制，明确公司安全生产主体责任由安全生产保证、监督和支持三大责任体系构成。安全生产保证责任体系以专业管理部门为主，安全生产监督责任主体以安全监督部门为主，安全生产支持责任体系以职能业务部门为主。同时，建立全员岗位安全生产责任制，建立了岗位责任清单，实现一岗一清单，明确岗位安全责任、到位标准、考核标准，并将每个岗位的HSE责任清单上传至个人绩效目标系统，实现安全责任与个人年度绩效相挂钩，同步分解、同步考核，推动岗位安全生产责任落实。

3. 安全生产制度体系

上海核工院引进核安全文化管理的理念和方法，建立了一套满足国家安全生产法律法规、GB/T45001、GB/T24001、GB/T33000等标准的HSE管理体系，共计115份程序，覆盖核能总承包项目、核能产业项目、科研课题、技术服务项目、行政后勤等多种业态和风险类型，确保HSE管理工作都能够通过程序文件进行控制并形成记录，实现HSE管理工作"凡事有章可循，凡事有人负责，凡事有据可查，凡事有人监督"。

（三）实施"理论＋实操"培训，创建员工安全行为文化

员工安全意识、安全素质和安全技能的提高仅靠制度管理和约束远远不够，还必须建立完善的培训机制、采取灵活多样的教育形式，才能达到预期效果。上海核工院从打造硬件设施、系统开发培训教材、培养讲师团队、丰富安全活动等方面推动员工安全行为规范化。

1. 打造安全技能实操培训基地

自2014年上海核工院在示范工程项目打造首个HSE技能实操培训基地后，持续改善实操培训设施，并先后在多项目建立实操培训基地。在传统的宣教式培训基础上增加了VR体验式培训和现场实操式培训，让参加培训的人员得到更直接的安全感受，进一步提升培训效果。

2. 健全HSE培训体系

根据法律法规要求，通过分析主要负责人、安全生产管理人员、特种作业人员以及其他员工培训需求，建立了HSE培训矩阵，明确各类人员必须参加的培训、推荐参加的培训等内容要求，以及各类培训学时、考核的要求等。为规范HSE培训内容，上海核工院组织开发一套标准化HSE培训教材，包括员工入职类、作业授权类、安全管理类、作业安全类、安全文化类五个方面42份培训教材；组织开发了《员工入场HSE培训》和《访客入场HSE培训》两套培训电教片，培训内容形象生动、易于理解。

3. 建立HSE培训讲师团队

建立HSE培训讲师选拔机制，从专业经验、讲课技能等方面多维度进行考评，选拔通过的讲师发放内部讲师聘任证书，并定期邀请专业培训机构对内部讲师进行培训技巧培训，持续提升内部讲师培训技能。项目部组织对各承包商HSE培训讲师进行培训、授权、选拔，吸收各承包商经验丰富人员，形成项目统一的HSE培训师资力量。

4. 丰富安全活动

上海核工院结合安全文化推进年活动、安全生

产月活动、安康杯活动等常态化开展安全文化推进工作，各类活动内容多样化，在寓教于乐中培育员工安全文化意识。典型活动包括：①核电科普宣传及公众沟通；②印发《员工安全手册》《公司员工行为规范》《员工健康安全手册》《核安全文化行为手册》等员工安全行为规范系列丛书；③每年组织安全技能大赛活动；④每年组织应急演练活动；⑤每年组织安全知识竞赛活动；⑥每年组织急救知识培训活动等。

（四）坚持"科技兴安"原则，创建安全物态文化

坚持"科技兴安"原则，通过提升设备、作业环境和工艺系统的安全本质化程度，创建安全物态文化，降低安全风险，弥补管理缺失和操作疏漏。

1. 智慧工地建设

上海核工院"智慧工地"聚焦核电建设"人机料法环"各个环节，通过"云大物移智"及5G通信等新技术的应用，支撑实现施工管理的智能化决策，安全有序并高质量地完成各项施工工作。目前"智慧工地"第一阶段已建设完成，实现了工作面视频监控全覆盖、人员定位全覆盖、特种设备管理全覆盖，构建了一张安全质量全覆盖的防护网，起到提质增效的作用。

2. 现场安全可视化

上海核工院基于安全文明施工图册和项目安全管理程序，构建了安全目视化管理系统。通过规范人员、制度、工艺、设备和作业现场的目视化措施，实现工作标准的可视化、生产作业控制的标准化、现场定置管理的规范化、人员行为和着装的统一化，使现场安全管理要求、管理状态和管理方法清楚明了，减少错误和违章操作，促进安全意识、安全态度、安全行为习惯的养成。

（五）运用先进管理体系，优化开发安全管理文化

HSEMS是国际石油天然气工业通行的管理体系。它集各国同行管理经验之大成，体现当今石油天然气企业在大城市环境下的规范运作，突出了预防为主、领导承诺、全员参与、持续改进的科学管理思想，是石油天然气工业实现现代管理，走向国际大市场的准行证。健康、安全与环境管理体系的形成和发展石油勘探开发多年管理工作经验积累的成果，它体现了完整的一体化管理思想。

在核电工程建造阶段HSE管理体系运行过程中，学习、消化、吸收外方先进的HSE管理方法，总结、提炼项目实践经验，在核电工程十大HSE管理工具基础上，优化开发了《公司HSE"双十"管理工具手册》，其中"团队式"班前会、HSE培训矩阵、人员可视化标识、安全警示卡、安全观察卡、HSE预警指标卡、HSE停工授权卡等管理工具既有利于专业管理人员快速掌握工作方法，又有利于推动全员主动参与HSE管理，目前已在国家电投所属单位范围内被推广应用。

四、结语

（1）安全文化建设是安全生产工作的重要组成部分，安全文化通过改善人的观念、意识，来抑制不安全行为的发生。人是最重要的初始触发危险源之一，通过对人的不安全行为的控制能有效预防事故的发生。

（2）安全文化建设的核心是建立各层级人员的安全观念。采取不同的手段，通过各种规章制度、群体活动，能对安全观念产生正向引导。

（3）面对安全文化建设中所遇到的问题，抓好安全生产责任制的落实，加强企业员工对安全理念的理解程度，管控、引导员工行为，营造良好的安全生产环境都极为重要，有利于形成统一的安全生产价值观。

参考文献

[1] 孟振平. 以文化力量打造本质化安全型企业[J]. 当代电力文化, 2021(2):17.

[2] 傅贵, 等. 再论安全文化的定义及建设水平评估指标[A]. 中国安全科学学报, 2013(4):140-145.

[3] 张恩波. 基于安全生产标准化的安全文化建设系统化研究[J]. 工业安全与环保, 2022(48):56-59.

[4] 吴春林. 建筑业安全领导力的理论与实证研究[D]. 北京：清华大学, 2016.

浅谈发电企业安全文化建设

吉林松花江热电有限公司　亢晓峰　王金良

摘　要：本文阐述了安全文化的概念、本质和作用，企业安全文化的功能，以及企业安全文化建设的重要性。目前我国安全文化建设虽然得到了较快的发展，并取得了一定的成效，但从整体上看，与国外差距还很大。全民和从业人员的安全法律意识普遍不强，安全素质普遍不高，安全知识和技能普遍偏低等直接关系生命安全和职业健康的状况急需改善。

建设企业安全文化是解决企业安全事故的一个关键因素，企业安全文化是企业安全生产和安全管理的基础。在总结研究企业安全文化及其建设的基础上，提出企业安全文化是企业文化的重要组成部分。没有企业文化的发展，企业安全文化也就没有了根基，因此在搞好经济建设的同时，必须重视安全文化建设，只有这样，才能保障企业的可持续性发展和经济效益的提高。

关键词：安全管理；发电企业；安全文化

随着社会经济和科技的整体进步，安全常识已不能解决技术复杂、高能量、集约化、高速度的现代工业生产带来的安全问题，复杂的现代技术需要公民都具有高度的现代生产安全文化素质，以及现代安全价值观和行为准则。在我国安全生产的形势不稳定，发电企业事故还时有发生，仅仅依靠上级的安全管理已无法满足我们企业对于安全生产的要求，然而，人们对于生产安全的高要求与自身安全意识的不足形成鲜明对比，两者的不协调性使企业提高安全文化建设水平迫在眉睫，营造实现生产的价值与实现人的价值相统一的安全文化是企业建设现代安全管理机制的基础，如何搞好安全生产工作将迫使我们去探索和研究。

一、发电企业安全管理的重点、难点及解决建议

外包队伍和公司雇用的临时工绝大多数文化水平较低、人员素质参差不齐，是安全生产工作的重灾区，每年发电企业人身伤亡等各类事故绝大多数是违章作业导致的，企业安全文化建设就显得尤为重要，传统的安全教育培训模式是生硬的培训讲课和考试，气氛比较紧张，被培训人员接受安全基本知识程度不深刻，难以形成较长久的安全知识储备。因此要改变以往的讲课考试传统教育模式，在讲解安规、公司安全规章制度等安全知识的同时，更要将企业安全文化融入安全培训当中，要使被培训者感受到企业安全文化的魅力，要将遵规守纪能带来的企业和个人效益深深植入脑海中。因此，发电企业提升安全文化建设管理水平迫在眉睫。

二、企业安全文化

（一）企业安全文化的作用

（1）激励作用：积极向上的企业安全生产精神就是一把员工自我激励的标尺，他们通过自己对照行为，找出差距，可以产生改进工作的驱动力，同时企业内共同的价值观、信念、行为准则又是一种强大的精神力量，它能使员工产生认同感、归属感、安全感，起到相互激励的作用。

（2）凝聚、协调、控制作用：集体力量的大小取决于该组织的凝聚力，取决于该组织内部的协调状况及控制能力。文化是一个组织对外适应和对内整合的机制，一个组织具有良好文化，管理者和员工就能形成积极向上的共同价值观、信念、行为准则，进而产生更强的组织承诺，运行更有效率，也会有更好的效益。

（3）导向作用：安全文化可以使生产进入安全高效的良性状态。企业安全生产决策是在一定的观念指导和文化气氛下进行的。它不仅取决于企业领导及领导层的观念和作风，而且还取决于整个企业的精神面貌和文化气氛。积极向上的企业安全文化可为企业安全生产决策提供正确的指导思想和健康

的精神气氛。

（二）企业安全文化的内涵

企业安全文化是企业安全价值观和企业安全行为准则的总和，是企业倡导的和积极实践的，保护企业员工身心健康、尊重人的生命、实现人的价值和生产价值的文化。安全价值观是安全文化的里层结构，安全行为准则是安全文化的表层结构。

企业安全文化是企业文化的重要组成部分。它与企业文化的作用机理是一致的，是通过影响组织和员工的安全价值观、理念、态度和行为规范等，从而保证企业的生产经营，实现人的生命价值。企业安全文化具有明显的防止人身伤害的目的，与广大员工有着直接的切身的利益关系，它更加强调在价值理念和行为规范两个层面上的作用。

企业安全文化建设，注重人的观念、道德、伦理、态度、情感、品行等深层建设，从而使职工思想，实现"要我安全"到"我要安全""我会安全"的转变。安全文化是对硬性的安全管理手段不足的弥补。

（三）企业安全文化的管理价值

企业安全文化是企业安全管理的重要补充和发展。它强调从人的安全态度、意识、素质入手来影响人的安全行为，因此注定了这种影响具有稳定性、持久性和可预测性，从而实现人的本质安全，起到预防为主的作用。

对管理的计划过程而言，充分地认识到安全文化的特殊作用和长期性、艰巨性，在工作安排和计划上要把企业安全文化作为追求的目标，提高员工的素质。倡导和培育的安全责任，全员参与，公开交流讨论对安全的关注，突破了传统职能部门的条块分割，实现部门之间、人员之间更加紧密的工作联系。显然安全文化建设有利于企业组织的扁平化、职能部门界限模糊化。在领导的环节上，利用文化的同化作用，全员参与，激励员工，凝聚员工，不仅满足了员工较低层次的安全需要，而且适当应用，可满足员工的自尊、成就和自我实现的需要。在控制环节上，安全文化提供了软性的控制手段，具有稳定的效果，对员工行为以及其他绩效指标的观察、测量，为管理提供反馈，以实现有效控制，获得持续改进。

（四）企业安全文化的经济价值

企业安全文化的引入是以减少事故、降低伤害为目的，它是通过作用于企业和员工的价值理念、思想意识、来影响企业和员工的行为，增加安全行为，减少不安全行为和不安全状态，从而实现保护人、保证生产的目的。比较于物态安全建设和投入，它具有一次性投资不大，但具有长期连续投入的特点。企业安全文化作为企业安全管理的新内容，也是僵硬的制度管理的一个重要的软性补充，一硬一软，一实一虚，相互结合，相得益彰，能够很好地发挥预防事故的作用。总之，企业安全文化的建设具有投资小，见效大的经济价值。

安全第一是安全价值观的第一。很多人都将安全描述为第一优先权，以表明他们对安全的重视。但是我们更认同：安全不仅仅是优先权，更应是一种价值观。因为优先权是可以因时因地发生变化的。我们可能因为忙于某方面的工作，对优先权有所调整和变化。在利益的诱惑下，人们可能冒险违反规章。如果行为是由价值观所驱动的，那么它是不会轻易变化的，是相对稳定的，具有明显的可预测性。

安全第一是工作决策时，安全问题是一切工作的第一约束条件，或者说第一否决条件。安全与生产、质量、工期、成本比较时，如果一项提议有利于工期的缩短、成本的降低、质量的提升，（说到底就是经济利益），人们无可厚非地具有强烈的动机去赚取利益。因此在实际工作中，安全第一将会为利益让路，出现事故就是很正常的结果。怎么来看待安全的约束、制约功能和条件，这是考验我们的试金石，是检验我们安全态度的绝好时机。由于安全的约束特性，经常会使办事程序变得复杂些，相应的防护设施和手段也需要多投入些。然而，安全投入的效益和回报往往是隐性的、不明显的。相反在其他方面的投入，成效却立竿见影。这种情况很容易滋生人员的忽视安全倾向，机会主义色彩突出。当他们享受着各种各样的头衔和荣誉，享受着经济利益带来的欢愉时，不知不觉中树立了反面典型，并为今后的祸患埋下伏笔，因此，安全工作就会陷入"说起来重要、决策时次要、忙起来不要"的尴尬处境。

海因里希曾经对直接/间接损失做了广泛的研究，并提出了海因里希法则，其结论是：直接损失/间接损失的比例是1:4。即事故发生后，间接损失往往是比直接损失费用大得多。但是人们容易看见直接经济损失，忽视间接经济损失，而对非经济损失更是缺乏认知。

— 465 —

三、建立企业安全文化的几个关键

（一）高层领导的倡导和践行

企业领导必须确立先进的符合时代的安全理念，并将员工统一到这一思想认识上，企业领导只有把组织建立在以安全和员工福祉作为核心价值观上，安全管理工作才可能取得成功，企业领导必须是安全价值理念的倡导者、实践者和捍卫者。文化的力量在于企业员工的文化群体拥有一致的价值理念并遵循相同的行为准则，文化的力量才会得到释放和发挥。

领导在文化建设中的作用是最重要的。领导所主张和倡导的理念和价值观应该明确地表现在公司的规章制度和日常管理中，领导者的愿望、理想、价值观应该表现得很强势，同时能够代表先进的主流文化和观念，但是，领导的行为更重要。可以想象在中国的国情里面，不会有领导说安全不重要，在公开场合他们可以慷慨激昂地表态，但是在实际行动上，在决策上，是否把安全置于首要的考虑因素，是否在安全与其他因素发生冲突时，寻求其他的方式，还得打个问号。企业领导的急功近利和机会主义的功利行为无疑是领导的大忌。说起来重要、决策时次要、做起来不要，已经是我们许多的企业领导的真实做法。

如果员工意识到在安全问题上，领导们的言行不一，那么他们就不可能真心地参与到安全管理活动中，会使员工感觉到领导的权力会凌驾于安全价值观之上。而在浓郁的安全文化的氛围里，人员受到尊敬是因为其安全行为而不是在组织中的地位。领导们的日常行为，特别是在一些重大问题的决策上，对企业安全文化建设起着显著的示范作用。

（二）责任制的落实

（1）责任制是安全管理的制度基础，企业的法人是安全生产的第一责任人。问责机制是建立在责任制的基础之上，对于一个掌握权力和资源的领导层，对事故承担责任应该做到权责对等。当追究责任时，常常是部门副职被问责较严重，或是安全监督部门被处罚，理由是部门副职对本专业有直接领导责任，职能部门主管安全出事应该负责，安全监督管理人员也就应该受到最严重的处罚，正职受到的处罚往往较轻，正职往往是后续要提拔的干部，处罚较严重了对以后的仕途有较大的影响，因此处罚与权责对等原则不相符，诚然是显失公平的。如果问责制没有追究到该承担责任的人，也就失去了它的意义，甚至起到负面的作用。因此，落实安全生产责任制领导要起到表率作用，要严格执行责任制和各项管理制度要求，公平处理事件、职工能够得到平等提升重用是企业安全文化建设能够健康发展并得以延续的基础。

（2）责任感是安全管理成功的保证。要想取得安全上卓越的表现，单纯强调责任制是不够的，责任制是一个刚性的架构，它界定了个人、部门间的工作界限和相应职责，规定了部门或者个人没有按照责任制开展工作就会受到相应的处罚，那么与责任无关的人员发现问题不去解决问题就没有一个标准去界定，这就要靠企业文化或者责任感去感召大家发现问题并及时解决或者汇报，才能无死角地发现和解决企业中存在的各类问题。那么怎样才能调动大家的积极性，才是领导层值得深思的问题。

（3）工会的作用。法律要求在企业里要建立工会，以代表员工的利益，并且明确规定了它对员工安全和健康上的监督责任，这是一种责任而不是义务，工会监督作用作为一种制度安排，不可否认地发挥着调节劳动关系的作用。现实中工会通常保持与企业管理层一致的立场，其监督作用也大打折扣，弱势群体和企业员工如果没有工会的坚定主张，其呼声也不能正常表达或被重视，其利益甚至生命都无法得到保证，那么工会在事故发生后应该承担什么责任，在国家法律法规和企业制度建设方面应该建立有效的约束机制，使工会监督机制能够有效地得以运转。

（三）建设一个有职业威望的安全监督管理部门和队伍

传统的安全监督部门和人员容易给人造成一种印象，技术含量低，僵硬教条的行事方式，从上而下的行政命令要求。安全监督部门处于一个弱势的地位，这自然给顺利开展工作，履行其职责设置了障碍。

作为安全监督部门，由于其本质所决定的约束监督的规范功能，很容易被人视为绊脚石，基于对风险的认识往往是见仁见智，加之安全的效益是隐性的，使得许多人或者领导都会忽视安全监督部门的监督权力或者不重视安全监督工作，安全人员也经常会被扣上影响造成生产经营的帽子。在这种环境里，如果队伍没有自身的素养和底气，没有一把手坚定的信任和支持，安全岗位就会成为众矢之的，经常处在风口浪尖，很脆弱，不出事则已，出事总是要拿安全部门说事。所以我们常说没有消息就是好消息，默默无闻地工作，你的付出和成功是不易被人发现的。所以应该在企业内部选拔一些综合素质高的人员充实安全技术队伍，发挥其专业权威和个人影响。

安全生产法明确地规定，达到一定规模或一些高危的行业，必须要设置专职安全监督管理部门和安全监管人员。对生命价值认识的提高，政府、社会的关注，一系列的法规出台，极大地提升了安全工作者的地位，国家将安全技术也列为了一级学科，许多的大学也开设了安全工程的专业，安全科技获得了长足的进步和发展。注册安全工程师的工作已经于2004年开始了全国首次执业考试，安全执业入门的条件提高了，安全队伍的职业化建设受到高度的重视，这就要求安全从业人员通过系统的学习，掌握安全管理知识、安全技术知识、安全法律法规知识，正确的思维方式方法，执业人员要能够结合企业工艺特点，开展系统的危险识别和控制工作，因地制宜地开展针对性强的员工培训。

安全监督部门可能会面临着来自各方的压力，但是要忠实于自己的价值观，维护自己法律所赋予的神圣职责。由于视角的不同，安全监督部门站在企业的高度，所看到的事物往往区别于其他人员和部门，这不足为奇。事实上，这种保证企业安全的机制，这也是设置安全监督部门的主要原因之一。部门应该维持自己的独立性，坚持职业观点，不可人云亦云，对其他方面和角度的意见，需要仔细听取和分析。安全职业所赋予的责任感，要求安全人员要务实，讲科学，不苟同。

四、结语

本文着重谈了安全文化的建设，且主要按照精神范畴来定义安全文化，并展开分析。但需要强调的是，笔者无意否认物态安全的重要性。文化是从实践中来，具有很强的实践性，又反过来指导实践。精神总是存在于物质的基础上。物态安全是安全管理的硬件基础。企业需要保持安全投入，保证安全设施，安全系统的完整性，对物不安全的状态进行整改。离开了物态安全，谈安全文化建设是空谈。在生产过程的人—机—环系统中，物态安全主要针对机器、环境的因素，而安全文化更侧重于人的因素，但它们间是相互作用和影响的。

安全，无危为安、无损为全。我们多年来高喊"安全第一、预防为主、综合治理"的口号，但安全生产形势依然严峻，安全事故高发。反省企业的安全工作没有成功的原因，可以认为企业没有清晰地理解和认识安全生产的本质要求，即人的价值和生产价值在生产过程中的有机统一，企业缺乏系统、科学的认识；在行动上，企业缺少价值观所驱动的动力，并没有像管理质量、生产、成本一样来管理安全；企业的安全工作没有建立和运行一套持续改进工作机制。

企业需要反思和改变传统的思维定式和方法。正如爱德华·戴明所言，"如果你总是按你通常所做的方式行事，你将总是得到你平常所得的结果"。目前还没有建立一个真正主流的先进安全文化，企业所需要的改变是来自灵魂深处的深层次的价值观和理念的革命，一个成功企业的安全工作必须是由一种先进文化所强力引领和支撑的。

用先进的安全文化作指导，把先进的安全文化和思想、行为方式用制度固化下来，完善制度建设，教育和培训员工，使员工具有崇高的价值观和使命感，正确的安全态度和理念，强烈的安全意识，适宜的安全知识/技能水平和正确的行为规范。在安全生产过程中，要充分地利用行为理论，干预员工的不安全行为，在这方面，企业要多下功夫。基于一个高尚的人文目标、关乎自身和同事生命和健康的安全干预，最有希望赢得员工的积极反响和参与。要有效地结合员工内在的尊重和成就的需要，利用各种形式的活动机会（合理化建议、安全演讲/征文、岗位技能比赛等），提供保证员工的参与机会和并积极参与。员工在参与中所获得的尊重和成就感的结果将极大地强化员工的安全行为。

在这一过程中，企业需要不断地把好的经验和做法善加总结，实现"文"化（文字化、记录下来并形成制度），在企业的更大范围来分享，丰富和发展企业安全文化建设的内容，推动企业安全工作持续改进，让我们的企业安全文化真正文化起来，最终实现保护人保护生产的和谐发展目标。

参考文献

[1] 全国中级注册安全工程师执业资格考试辅导教材编审委员会.安全生产专业实务其他安全[M].北京：应急管理出版社，2022.

[2] 全国中级注册安全工程师执业资格考试辅导教

材编审委员会.安全生产技术基础[M].北京：应急管理出版社,2022.

[3] 全国中级注册安全工程师执业资格考试辅导教材编审委员会.安全生产法律法规[M].北京：应急管理出版社,2022.

[4] 全国中级注册安全工程师执业资格考试辅导教材编审委员会.安全生产管理[M].北京：应急管理出版社,2022.

[5] 汪小金.理想的实现项目管理办法与理念[M].北京：人民出版社,2003.

[6] 李敏.MBA管理经济学精华读本[M].合肥：安徽人民出版社,2002.

南宁供电局安全文化建设经验

广西电网有限责任公司南宁供电局　姜　宇　韦宗春　李　想　莫裕倩　余　瑜

摘　要：安全是企业一切工作的前提和基础，安全文化是企业安全管理的灵魂，是推进企业安全生产的治本之策。广西电网公司南宁供电局（以下简称南宁供电局）因地制宜，用先进的安全文化引领航向，通过强有力的安全文化建设，引导、规范和促进员工安全行为养成，走出了一条安全实践催生安全文化，安全文化助力企业安全发展的新路线。

关键词：安全文化；依法治安；行稳致远

一、安全文化理念的提出与升华

南宁供电局高度重视安全文化建设，自2004年举办第一届"安全文化艺术节"伊始，先后经历了探索起步、巩固提升、系统推进、深化建设和文化引领五个阶段。从"争当查找安全隐患的啄木鸟"起飞，在实践中不断探索前进，沉淀形成了"知责、乐行、致远"的特色"知行"文化。2019年，党的十九届四中全会擘画了国家治理体系和治理能力现代化的宏伟蓝图，南宁供电局顺应时代发展潮流，紧扣时代脉搏，坚持继承、发展的原则，从全面提升安全管理治理体系和治理能力的高度，进一步升华出"依法治安 行稳致远"的新安全文化实践主题。

依法治安——重在安全生产管理治理体系建设，通过不断建立员工明责、知责、履责、尽责的行为准绳，健全企业安全管理制度体系，以制度为保障，夯实安全管理基础。

行稳致远——重在安全生产管理治理能力建设，以"行稳"为基础，以"致远"为目标价值追求，将安全理念植入每一位员工的行为习惯，形成自觉执行规章制度、主动参与安全管理的主观动能。"依法治安 行稳致远"，蕴含了南宁供电局践行"依法治理、合规管理"的发展要求，通过不断完善制度标准体系，全面提升治安能力，最终实现本质安全的目标价值追求。

"依法治安 行稳致远"安全文化实践主题，基于"1244"理论体系框架，不断丰富和完善安全文化内涵底蕴。即聚焦建设本质安全型电网企业1个目标；通过安全管理治理体系和治理能力2个层面夯实安全管理基础；从强化"想安"的意识、营造"要安"的氛围、提升"会安"的能力、坚定"能安"的自信4个维度，培塑本质安全人；通过以"法"为保障、以"治"为手段、以"安"为目标、以"稳"为基础4个路径，护航企业安全管理走深走实。

二、企业安全文化建设的有效实践

（一）依法为纲，建章有方

着重从法治的高度，全面提升企业安全管理治理体系，形成制度优势，推动企业安全管理手段、能力及水平跃升。其一，强化法治意识，注重依"法"治安。专门成立了法治议事机构、执行机构，明确法治归口管理部门，以合规管理为主线，通过专题学习、网络培训等多种形式，促进各级员工了解、明确生产经营活动中的法定权利和义务，自觉做到学法、懂法、守法。在广西区内率先成立电力行政执法中心，以法律的手段破解生产经营中的管理难题。其二，注重理念引领，促进融"法"于制。以法律法规为准绳，以安全风险管理体系建设为统领，全面梳理业务管理要求，构建覆盖全专业的管理文件体系，促使法律法规要求、风险管理措施与业务流程的有效融合。其三，牢牢扭住安全生产责任制这一"牛鼻子"，促进明"法"于责。承接南方电网公司安全生产责任制量化评价修编工作，建立可衡量、可监督、可评价、可考核的各层级岗位职责到位衡量标准，并率先试点，实现了安全生产职责横向到边，纵向到底。同时，在实践中不断优化制度标准体系，实现促"法"于用。首创安全管理业务效能监察平台，促进安全管理制度体系不断健全和优化，有效解决了安全管理存在的刚性执行制度意识不强、制度执行检查融入专业管理深度不够、对执行过程中的问题整改缺乏闭环管理等问题，为安全生产管理体系的有效运转提供了更加充实保障。

(二) 以人为本，治安有序

牢牢把握"人"这一安全生产管理的关键要素，从"想安全""要安全""会安全""能安全"四个维度培塑本质安全人，以人的安全行为改善和意识提升推进企业安全管理由"严格监督"向"自主管理"转变。

（1）强化"想安全"的意识。一方面，可感领导率先垂范，建立"领导挂帅"+"下基层"的长效机制，深入实施"书记项目""总经理项目"，扎实开展"党委书记安全公开课"，树立管业务必须管安全的价值导向，实现安全管理纵向联动、横向协同，想安全的观念深入人心。另一方面，严肃监督执纪，建立员工安全积分账户，严厉惩处践踏人身安全底线、红线的违章行为，根植"违章即违规，违规涉嫌违法"的理念。

（2）营造"要安全"的氛围。建立激励和容错机制，推行安全管理"红黑榜"，倡导"三不二鼓励"，引导和鼓励员工主动报告未遂事件和不安全行为。畅通问题双向沟通渠道，实施局领导班子基层挂点机制，建立"日常联系""沟通汇报""反映问题直通车""建档立卡"四个机制，着重解决一线班组的实事、难事。实施暖心工程，通过职工之家、文体活动室、职工书屋、慰问关怀（图1）、后勤保障"五个全覆盖"，营造和睦、温馨氛围，培育良好精神状态。重视职业健康，贴心关爱员工，用活安全文化艺术节、"三互"促"三保"、安全经验分享、安全文化主题演讲比赛等丰富多样的活动载体，全面培育员工自主安全管理能力。抓好阵地和榜样建设，大力选树践行安全理念的榜样人物，以身边人的先进事迹引领广大员工保安全、促发展。

（3）提升"会安全"的能力。重视保命技能和救命本领培训，将"保命技能""保护措施"培训覆盖至一线作业人员，做到人人过关。注重在实践中不断总结风险预控成效，把好的做法、经验固化应用，实现可查、可用、可传承，形成了现场安全管控"八必做、十必查"，带电作业"六步工作法"、变电设备"六步闭环管控法"等行之有效的经验套路。系统开展全员培训，探索建立6类人才蓄水池，培育后备骨干力量，创新实施新员工"一人一图"、技术技能专家"一人一策"，进行人才差异化、精细化培养。通过"春季大练兵、冬季大比武"等形式多样的载体，促进员工互鉴互助，形成浓厚团队安全氛围。

图1 开展慰问，关爱职工完善边远供电所食堂

（4）坚定"能安全"的自信。强化人力资源保障，突出抓好"三基"建设，选优配强班站所长和安全员，配足安全生产工器具并督促从严管理、规范使用，注重从安全生产一线提拔干部，实现引领"关键少数"示范带动"绝大多数"。注重安全文化外延，连续举办十六届安全文化艺术节，增强文化认同感；打造"安全同行、点亮未来"特色活动，深入推行安全文化进学校、进社区、进村屯、进企业。大力推进科技兴安，探索建立"引领—交流—培育—攻关—推广"的创新管理模式，实现创客空间、创新工作室在基层单位的全覆盖，营造浓厚的自主改善、自主创新氛围，促进安全生产管理提质增效。

(三) 强基有为，行稳致远

以"稳"为基础，于"稳"中求新、求进、求变。引导员工以干事创业为乐，以一流的业绩彰显担当作为，筑牢安全发展基石，实现目标价值。

（1）风险联控，"稳"扎安全生产基础。多维度联动管控七大风险，总结提炼形成了富有特色的"43961"风险联动管控方法，形成风险齐抓共管、系统联动管控的局面。

（2）政企联动，"稳"塑大安全格局。搭建政府主导，多方参与，以我为主的政企联控机制，促成南宁市先后颁布了数十份法规政策文件，为电网安全发展创造了最为有利的政策依据，2022年7月6

日,南宁市应急管理局与我局签订应急联动协议。通过签订联动协议,双方在应急预案、气象信息、应急联动响应等内容达成共识。政企联动共同推进建立应急队伍和物资紧急支援的合作机制,合力管控电网风险、提供坚强电力保障,共同提升城市应急联动水平。

(3)健强网架,"稳"助强首府战略。近两年,实现500千伏金陵站等60项重点工程投产,有效解决局部电网供电能力不足问题,提高了电网抵御风险的能力。

(4)智慧保电,"稳"树企业形象。探索建立"一图两化"智慧保电模式,实现了"管理+科技"的质变,连续19年确保"中国—东盟博览会"保供电万无一失,获得自治区政府及网、省公司各级领导的高度认可,在国际舞台上彰显南网责任央企形象。

(5)应急有序,"稳"守安全底线。我局积极参与市内涝办、防汛抗旱指挥部应急值班微信群,实时接收、传达和落实政府防风防汛工作要求,高效联合配合处置。今年我局累计发布2次暴雨、1次台风蓝色预警,启动3次Ⅲ级、2次Ⅳ级响应,均未对电网造成影响。面对第3号台风"暹芭"影响,我局有序处置,确保电网安全稳定运行。

(6)创新引领,"稳"促智能转型。加快推进电网智能化升级,区内首创"双环网+主干配"接线、智能分布式自动化及智能监控的高可靠性智能配电网示范工程,实现户均停电时间小于5分钟目标,南宁五象新区成为国内高可靠性供电示范区。

三、安全文化管理取得的主要成效

经过深耕厚植、凝心聚力,南宁供电局"依法治安 行稳致远"安全文化实践主题正以润物无声般的浸润,逐步融入管理、切入业务、植入行为。员工从最初的感知、了解,到融合、践行,形成了互帮互助、自主安全管理的行为习惯。安全文化在基层落地生根,形成了"百炼成金,化险为安""安+"文化等独具特色的班站文化。在安全文化的引领和保障下,基层基础管理更加夯实,7个党(总)支部获评广西电网公司标杆党支部,8个班站所获评南方电网五星班站所称号,数量均广西居首,党建与改革发展生产经营深度融合成效显著。员工奋勇争先的力量更加磅礴,近两年,有237个基层集体和个人荣获省部级以上荣誉称号,在南方电网公司举办技能竞赛中荣获6项个人一等奖,在广西电网公司举办的18项技能竞赛中荣获11项团体一等奖。

数十年的文化积淀,南供人步伐矫健,行稳有为。先后荣获全国职工职业道德建设先进单位,全国安康杯竞赛优胜单位,连续两次荣获南方电网安全文化示范单位。安全生产形势保持平稳向好的良性势头,实现安全生产6263天,连续8年没有发生三级及以上人身、设备、电力安全事件,连续17年没有发生人身、设备、电力安全事故。安全文化建设永不止步,南宁供电局将不断丰富"依法治安 行稳致远"的安全文化内涵,着力提升组织和个人的安全素养,大力营造浓厚安全文化氛围,为南方电网公司跻身世界一流企业行列做出新的更大贡献。

平高电气"333"特色安全文化建设模式

河南平高电气股份有限公司　刘雅娟　娄富超　朱少廷

摘　要：高度重视安全文化建设，不断推进安全文化建设与安全管理深度融合，着力构建以"关心人、爱护人、尊重人、珍惜生命、提高全员安全文化素质"为核心，以"三大引领、三个抓手、三大举措"为路径的"333"特色安全文化建设模式，充分发挥文化内生动力，为公司本质安全水平不断提升提供有力支撑。

河南平高电气股份有限公司（以下简称平高电气）将以"时时放心不下的"使命感和责任感狠抓安全生产，坚定不移地持续建设具有平高电气特色的企业安全文化，在安全文化建设上持续发力，久久为功，充分发挥安全文化的促进和引领作用，最大限度地激发各级人员主动细耕深作"责任田"，不断提升公司安全管理能力水平，为公司安全高质量发展保驾护航。

关键词：平高电气；安全文化建设；"333"模式；安全生产"同心圆"

平高电气作为国内高压、超高压、特高压开关设备研发、制造基地和国家电工行业重大技术装备支柱企业，始终高度重视安全文化建设，不断推进安全文化建设与安全管理深度融合，着力构建以"关心人、爱护人、尊重人、珍惜生命、提高全员安全文化素质"为核心，以"三大引领、三个抓手、三大举措"为路径的"333"特色安全文化建设模式，充分发挥文化内生动力，为公司本质安全水平不断提升提供有力支撑。

一、发挥"三大引领"作用，夯实安全文化建设基石

（一）党建引领，筑牢安全生产坚实防线

为进一步落实"党政同责、一岗双责、失职追责、尽职免责"和"三管三必须"的安全生产工作要求[1]，平高电气积极探索"党建+"安全管理模式，充分发挥党建工作优势，找准党建工作与安全生产结合点和突破口，不断激活党组织在安全生产责任落实和创新安全管理工作中的活力，形成党建与安全管理齐头并进、与安全生产深度融合的良好局面。

1. 各级党组织负责人发挥安全"头雁"效应

"群雁高飞头雁领"，头雁率先垂范，发挥了示范带头作用，就会形成头雁效应，这支队伍就会向着共同目标同心同德、奋勇前行。公司安委会积极策划并推动"党组织负责人KYT联系班组"活动，各级党组织负责人深入参与班组安全活动，与员工共同辨识生产活动中存在的风险，分析根源，探讨防范措施，并采用手指口述等方式，构建"党建+安全"新模式。各级党组织负责人带头"学安全、讲安全、做安全"，牢固树立安全发展理念，练好"八个本领"，全面履职尽责并定期为员工讲安全课，充分发挥安全"头雁"效应，推动公司安全生产工作再上新台阶。

2. 基层党组织发挥安全战斗堡垒作用

基层党组织充分发挥思想政治工作的优势和作用，努力为安全生产提供思想保证，确保公司安全生产方针和各项安全决策得到严格贯彻落实[2]。充分结合"三会一课""党日活动"，引入安全思想教育，教育引导广大党员树立正确安全理念，做遵章守纪、按章操作的"先行者"和"先进者"，强化"安全第一"的思想和"不讲安全就是不讲党性"的理念，让安全责任意识入脑入心，融入党员生活，构筑坚强的安全战斗堡垒。

3. 党员发挥安全生产示范引领作用

切实发挥好党员先锋模范和带头示范效应，引导党员主动作为，激发党员骨干带头和桥梁作用，提高党员对员工安全意识、安全素质的影响力。组织开展党员身边无违章无事故活动，牢固树立"隐患就是事故"的理念。各部门、单位以党员为骨干，带头检查和排查身边的事故隐患，争做安全生产"排头兵"，把安全责任扛在肩上，坚决守住安全生产红线和底线，真正做到"一个党员一面旗"，为公司安全发展贡献力量。

（二）亲情引领，架起温馨安全"连心桥"

在安全文化建设上，平高电气着力在"亲情"上做文章，突出亲情协管，家企联动特色，每年举办"亲情助安、共享和谐"系列活动，邀请员工家人走进企业，员工与家属面对面谈体会、话安全，号召家属当好家人安全生产的监督员、安全教育的宣传员、幸福家庭的服务员，平时多敲安全警钟，多吹安全枕边风，以家庭的力量影响员工，以亲情的感化促动员工思想转变，使刚性制度要求和柔性亲情疏导相得益彰，用心用情密织安全防线，在家庭和企业之间架起温馨安全"连心桥"，共保企业安全生产。

平高电气客服中心每天有200多名员工在境内外电站现场从事着安装、检修和抢修作业，常常整年整月无法与家人相聚，为此，公司策划了"我会到电站来看你"系列活动，安排员工家属和子女前往现场见证家人的工作和生活，实地感受现场的各项安全管理工作，让员工感受到企业的关怀和家人的关爱，让家属真正体会到亲人工作的不易。此外，公司也会通过让家属给远在外地的员工写下安全寄语、录上一段亲情微视频等形式，嘱托员工切实强化安全意识，坚守安全红线，自觉地把安全与家庭幸福、企业发展联系起来。通过一系列亲情活动的开展，进一步织就了"企业、职工、家庭"的"三位一体"安全网，为推动公司安全高质量发展汇聚出更大力量。

（三）创新"科技引领"路径，为安全管理插上"智慧羽翼"

1."信息化＋安全"，推进安全管理规范化、透明化

基于国家"互联网＋应用"的新要求，平高电气在全国高压开关行业率先建成安全生产风险预控管理系统信息化平台，并在第20个全国安全生产月期间实现移动客户端（APP）上线运行。该信息化平台采用"管理后台＋移动APP"模式，集风险管控、隐患排查、风险预警、教育培训、危险作业管理等功能于一体，打通了安全管理工作的各个环节。通过系统设置将全体员工纳入线上管理系统，将岗位安全责任制与风险管控相结合，定人、定岗、定期推送风险分级管控和隐患排查治理任务工单，责任人可通过移动APP随时随地进行隐患排查、隐患整改、业务流转及流程审批，真正做到安全管理工作层层落实、全员参与。此外，系统还能对查处的隐患进行综合分析，通过线上平台可查看风险统计柱状图、隐患统计柱状图及变化趋势，全面掌握公司整体安全状况。

安全生产风险预控管理系统信息化平台让安全责任不再是安全管理人员的"专有"，变成全员"落实安全主体责任"的落脚点和压舱石，同时也加快"风险控制于隐患前、隐患消灭在事故之前"安全风险防范新格局的形成，有效提升公司风险防范水平。

2.VR安全体验馆，让安全培训"动"起来

围绕"如何让安全培训更加有效"这一问题，平高电气依托集团教培中心"VR安全体验馆"创新安全教育培训方式，让员工在体验式、沉浸式、交互式的氛围中学习安全知识，助力公司培养"有强烈的安全意识、懂安全知识、会安全作业技能、能预防安全事故"的本质安全型员工。该"VR安全体验馆"设置多个"VR"体验模式，包括灭火器演示体验、安全帽撞击体验、综合用电体验、心肺复苏体验、高处坠落体验等，让前来参加安全培训学习的员工"身临其境"切身感受各种危险因素，在不给体验者造成任何伤害的前提下，保证体验者掌握安全技能，切实提升员工安全防范意识，达到从思想上对安全生产高度重视的作用。

二、强化"三个抓手"落实，绘制安全生产"同心圆"

（一）抓牢安全发展理念，锚定安全生产"圆心"

理念作为安全文化的灵魂，在企业安全文化建设过程中占据着举足轻重的地位[3]。为把安全理念转化为员工的共同价值观，引导全体干部职工将安全理念"内化于心，外化于行"，进一步提高员工、群众的安全意识，公司组织编写了《安全事故事例集》和《安全险肇事件汇编》，助推广大干部职工深刻吸取事故教训，增强做好安全生产的自觉性和主动性；举办安全宣誓与签名活动，警示员工时刻以安全规章制度规范自己工作中的行为，时刻紧绷安全生产弦，激励员工严格要求自己，牢记安全誓言，坚定安全生产的信心和决心；每年公司先后分多个层次评选安全生产先进个人，并举办"最美安全人评选"，激励着广大干部职工自觉从"要我安全"到"我要安全"进行转变，真正让安全成为一种习惯，让习惯变得更加规范，将强制性的安全生产变成员

工自觉自愿的自律行为。

（二）抓好主体责任落实，画好安全生产"半径"

1. 压实责任，确保安全职责落实到位

平高电气按照"党政同责、一岗双责"和"三管三必须"的原则，结合公司各岗位工作职责，编制全员安全生产职责清单，明确责任人员、责任范围和履职考核标准，确保全员安全生产责任制落到实处[4]。建立单位负责人现场带班制度，编制各级主要负责人全年履职计划，保证安全职责履行无漏项，织密筑牢全员安全责任网。依托公司级安全生产委员会召开，随机抽取部门、单位分管安全副总或主要负责人进行"脱稿"述职，提升"关键少数"参与安全管理的深度。结合部门分管业务流程，编制专业安全环保隐患排查治理工作方案，将隐患排查治理与具体业务相结合，切实发挥专业部门牵头抓总和专业监管作用，将安全环保管理工作与专业工作同计划、同布置、同检查、同总结、同评比，提升各级人员履职能力。

2. 多措并举，确保安全监管到位

依托公司级监督检查，抽调专业人员对公司各生产单位开展督查检查，确保重点工作推进及风险管控不打折扣。按照"重点突出、分级管理、引导服务、共同提升"的原则，实施专业上门服务指导，助力基层单位提升安全自主管理能力。

综合运用综检、专检和互检，常态化开展突击检查、交叉互查及四不两直专项检查，紧盯相关方、危险化学品、危险作业、项目现场、吊装转运等事故易发、多发环节，从管理层、作业层两个方面持续发力，夯实基层单位主体责任落实。常态化开展隐患治理"回头看"，针对整改措施不到位、隐患整改不及时、拒不整改和弄虚作假的情况，下达停工停产令，并进行提级考核和追责。

（三）抓实"四个关键"，填充安全生产"底色"

结合风险分级管控及管理实际，以具有针对性、可操作性为原则，分公司和单位两个层级明确"关键部位、关键作业、关键时段、关键人员"四个关键具体内容，制定"四个关键"判定标准，建立公司"四个关键"管理台账，并逐一确定管控措施及管理责任人，将"四个关键"管控落实到各级人员岗位职责履行中，以风险促履职，以履职控风险。同时为确保在日常安全管理过程中有的放矢，全面提升"四个关键"的管控力和关注度，严防风险失控漏管，公司结合管理实际，动态更新"四个关键"台账，确保管控措施精准到位，有效提升公司关键风险管控水平。

三、实施"三大举措"活动，助推安全文化建设不断登高

（一）举办安全技能大比武，构筑安全"防火墙"

为倡导先进安全文化理念，创新、丰富群众性安全活动载体，主动适应新时代安全生产工作要求，提升广大员工安全技能水平和参与安全工作的积极性，营造人人参与、共建安全稳定生产环境的氛围，平高电气多次举办安全技能大比武活动。活动共设置四个项目，分别是"慧眼识患"，参赛队员集体从题板上辨识安全隐患，并通过公司风控手机 APP 客户端将隐患信息录入；"飒爽英姿"，参赛队员规范穿着防护服装（防火服、防火靴、防火头盔），正确佩戴正压式呼吸器，穿戴防火手套进行折返跑；"生死时速"，参赛队员正确佩戴防烟面具，模拟进入工作场所利用担架将伤员救出，并模拟心肺复苏，进行现场急救；"蛟龙出水"，参赛队员将消防水带直铺在赛道内并将消防分接器、水带、水枪连接牢固，射水"打靶"在指定位置。

安全技能大比武各项竞赛科目既考验个人能力也反映出团队协作的重要性。通过比赛综合检阅了公司全员安全技能操作培训和应对突发事故处理能力，进一步强化了员工安全生产理念，巩固了应急救援知识，熟悉了应急救援器材使用方法，较好地掌握了应知应会、自救互救、科学施救知识技能，达到了"以赛促教、以赛促学、以赛促训、以赛促改"的目的。

（二）组织开展班组微讲堂，"微讲堂"里话安全

为把班组长培养成为具有业务技能精湛、工作作风优良、岗位业绩优秀的基层管理者，把班组职工培育成为勤奋学习、爱岗敬业、勇于创新的优秀工匠，强化广大员工对安全生产的理解和掌握。平高电气从 2018 年开始，每年举办班组微讲堂活动，活动中班组长和班组骨干通过模拟班组日常工作情景、安全警示教育、现场实践等模式对基层班组管理好的经验进行了精彩的"微分享"，营造了学习、创新、共享、奉献的良好氛围。各班组从工作日常入手，将存在的安全隐患与班组现场实际情况，结合案例进行分析和讨论，强调安全作业和规范作业的

重要性，通过安全经验教训的学习，真正让自我保护意识成为安全工作行动的核心，将安全工作时刻牢记心中。

班组微讲堂使广大一线职工纷纷走上讲台，分享工作经验，交流心得感悟，用"碎知识"提升"硬本领"，用"小故事"演绎"大道理"，"小讲堂"成就"大梦想"，已经成为一个职工主动学习、知识分享、经验交流、提升境界的综合素质提升平台。

（三）开展危险预知训练，为安全生产保驾护航

事实证明98%的事故发生在班组，80%的事故与班组人员有关，因此，为让班组学会辨识风险，让员工担当安全主角，平高电气自2015年10月以来，基于对海因里希法则的深度理解，结合岗位危险源辨识，以分段试点后扩展实施方式，在公司范围内全面开展危险预知训练活动（简称KYT）。

KYT活动是针对生产特点和作业全过程，以危险因素为对象，以作业班组为团队开展的一项安全教育，它是一种群众性的"自主管理"活动。KYT活动由四个回合组成，分别是现状把握、追究本质、树立对策、设定目标，符合PDCA原则，是一个全员参与发现和分析安全问题的一项工具。危险预知训练开展过程中班组成员运用头脑风暴、作业观察、过程分析、小组讨论、手指口述、集体唱和等多种方法，全力"围剿"班组潜在的各种隐患和风险，将隐患排查、风险评价和危险源辨识真正落实到生产一线，充分挖掘出班组安全改进潜力，让更多的一线员工担当安全主角，促进员工从"要我安全"向"我要安全""我会安全"转变，使更多的一线班组形成自觉辨识隐患的良好氛围，有力地引导和推动班组安全自主管理能力的提升。

四、结语

"安全发展，生命至上"。安全生产永远在路上，安全文化建设永远不会止步。在打造百年平高的征程上，平高电气将以"时时放心不下的"使命感和责任感狠抓安全生产，坚定不移地持续建设具有平高电气特色的企业安全文化，在安全文化建设上持续发力，久久为功，充分发挥安全文化的促进和引领作用，最大限度地激发各级人员主动细耕深作"责任田"，不断提升公司安全管理能力水平，为公司安全高质量发展保驾护航。

参考文献

[1] 华锐. 安全文化建设刻不容缓 [J]. 当代电力文化, 2022(4):13.

[2] 邓高升, 金通. 党建引领班组安全文化建设 [J]. 现代职业安全, 2021(8):15-17.

[3] 蒋淑娟. 夯实安全文化建设 持续推进企业安全科学发展 [J]. 中国煤炭工业, 2016(8): 46-47.

[4] 胡艳梅, 扈天保. 企业安全文化建设：逻辑.价值.路径 [J]. 中国安全生产, 2019,14(8):66-67.

安全工作无大小　细微之处定成败

南京华润热电有限公司　李　真　张　彪　周　跃　朱　军　陈伏明

摘　要：安全是个人发展、家庭祥和、企业兴旺、社会进步乃至军事胜利的基础，安全工作中的细微之处往往决定成败。事故的隐患，往往在于工作过程中的细微之处、工作环节中的点滴关键。发现细微之处存在的隐患，防患于未然，需要有一定的学识、一定的经验；另外，细微之处存在的隐患一旦被敌对一方有学识、有经验的人发现，就会被充分放大，并加以利用，成为制胜的关键因素。任何人都不可能是所有行业的专家，对于不太熟悉的行业，应该虚心请教，否则，纵然已经取得了巨大的成功，而未知的一个小小的细节，就可能导致无法承受的后果。隐患存于细微之处，容易忽视。细微之处存在的隐患，经常存在，还容易导致熟视无睹。细微之处存在的隐患，细小的事情不及时处理，积累到一定数量，最终导致特大事故发生。从细微之处发现隐患，及时修正自己的行为，避免灾祸的发生。精于细微之处，成于细节之中。学习规范，积累经验，虚心请教，及时检查、发现、处理隐患，采取措施规避风险，保障生活、生产的安全，有利于自己，有利于家庭，有利于企业，有利于社会。

关键词：安全事故；隐患排查；安全工作

安全是个人发展、家庭祥和、企业兴旺、社会进步乃至军事胜利的基础，安全工作中的细微之处往往决定成败。当下，是一个大众创业、万众创新的"双创"时代，作为一位企业的主人，筹划之始，开业之初，剪彩之时，创业、创新之中，尤其需要不断完善自己的安全知识，尤其需要善于发现安全工作的细微之处存在的隐患，尤其需要倾听、采纳员工以及其他外来人员的安全建言，尤其需要尽快、彻底消除细小的安全方面的漏洞，尤其需要准备突发情况的详细应急方案并定期进行应急演练。

千丈之堤，以蝼蚁之穴溃；百尺之室，以突隙之烟焚。事故的隐患，往往在于工作过程中的细微之处、工作环节中的点滴关键。发现细微之处存在的隐患，防患于未然，需要有一定的学识、一定的经验；另外，细微之处存在的隐患一旦被敌对一方有学识、有经验的人发现，就会被充分放大，并加以利用，成为制胜的关键因素。三国赤壁之战，准备渡江时，曹操采用"铁索连环"的办法，用铁索把所有的战船连在一起，方便不善水战的北方士兵在船上行走。可是他忽略了一点，大量的木质战船连在一起，一旦发生火灾，那就是火烧联营的局面了。实际上，我国古代劳动人民已经有了防火隔离的朴素意识，并在寺庙等许多建筑中加以应用。曹操，一代枭雄，天下英才会集于帐下，这个"铁索连环"的办法，不可能没有人意识到其中的弊端，可是，曹操个人的地位特殊，正值其挥鞭所向望风披靡之时，帐下众多贤才纵有疑虑，奈之若何？以致没有对细微之处加以完善，给周瑜部将黄盖发现并采取了就近火攻的策略。自此，曹军元气大伤，天下一统之形未就，而三国鼎立之势成矣。

任何人都不可能是所有行业的专家，对于不太熟悉的行业，应该虚心请教，否则，纵然已经取得了巨大的成功，而未知的一个小小的细节，就可能导致无法承受的后果。《建筑防烟排烟系统技术标准》规定，送风机的进风口不应与排烟风机的出风口设在同一面上。当确有困难时，送风机的进风口与排烟风机的出风口应分开布置，且竖向布置时，送风机的进风口应设置在排烟出口的下方，其两者边缘最小垂直距离不应小于6.0m；水平布置时，两者边缘最小水平距离不应小于20.0m [1]。北京某人安排别墅装修时，未遵照这个细节执行，空调的送风口直对液化气的排气口，以致别墅中多人一夜间全部窒息而亡。能在北京住别墅，应是功成名就人士，在某些方面一定有超出常人的地方，然而，不了解空调风口的相关规范条文,居然就毁在这个细小的事情上,多么令人心痛的事情。

事故的隐患存于细微之处,容易忽视。2014年8月2日,江苏省苏州市昆山中荣金属制品有限公司发生特别重大铝粉粉尘爆炸事故。爆炸事故的起因就是空调风机中积存的铝粉没有及时清理。空调风机积存的铝粉没有及时清理,多么细微的一件小事情!就是这么细小的一件事情,导致97人死亡、163人受伤的特大事故。对于一个金属制品企业来说,空气调节是小专业,而及时检查风机中积存的粉末并及时清理,更是专业中小之又小的工作。空气中混有铝粉,就形成了爆炸性混合物,爆炸性混合物的浓度若在爆炸极限范围内,遇有火星,就会发生爆炸。这个爆炸隐患就存在于及时清理空调风机积存铝粉的细小事件中。昆山中荣金属制品有限公司这么大的一个企业,创业人员数十年呕心沥血,其兴也勃焉,其亡也忽焉,莫不泣血顿首、扼腕叹息。

细微之处存在的隐患,经常存在,还容易导致熟视无睹,恰如韩非子所言:"见而不见,闻而不闻,知而不知。"细微之处存在的隐患,视而不见,不处理,积累到一定数量,最终导致特大事故发生。2019年3月21日,江苏响水天嘉宜化工有限公司发生特别重大危化品爆炸事故,造成78人死亡、76人重伤,640人住院治疗,直接经济损失198635.07万元。事故原因:硝化废物积热燃爆。生产过程中的硝化废物,今日存放一点,没发生燃烧爆炸,是有点担心燃烧爆炸的隐患;明日存放一点,没发生燃烧爆炸,是可能不会爆炸的隐患;多日存放在那里,也没发生燃烧爆炸,就变成了没有关系、不会爆炸的小事情。硝化废物长久存放容易积热自燃爆炸,对于普通民众来说,可能不太熟悉,但对于长期存在硝化废物的化工企业的安全管理人员来说,应该是一个常识。但明明知道长时间存放在那里会燃烧爆炸,毕竟,长期存放在那里,也没有燃烧爆炸。可是,万万想不到,一旦燃爆,一瞬之间,厂房、设备毁损,生灵涂炭,哀鸿遍野,连施救的机会都没有!经常不及时处理细小事件,熟视无睹,就像寒号鸟,今日不冷,明日不冷,他日一冷,再无他日。不积跬步,无以至千里;不积小流,无以成江海。巨大的危险也在这些细小的似见未见的隐患中孕育而生。随着时间的推移、物料的增多、气温的变化,量变达到质变,熟视无睹的细小隐患终至连累了那么多人受伤、那么多人失去了宝贵的生命。时光若能倒流,定会处理好一切。

见微知著,睹始知终。"风起于青萍之末,浪成于微澜之间"。从细微之处发现隐患,预知将会导致的后果,及时修正自己的行为,避免灾祸的发生。曹操发现侍女经常往来于卧榻之侧,发布了警告,但侍女依然我行我素,曹操斩杀侍女及时堵塞了安全管理漏洞,体现了曹操谨小慎微、防微杜渐的严谨作风。倘若无人管理,被潜伏的敌人乘机行刺,事态无法逆转。曹操的侍女如果谨记曹操平日的训导、按照管理要求约束自己的行为,纵然发现落被于地,也不会近前覆被,以致被曹操斩杀。在侍女被斩杀以后,杨修不仅没领会到曹操的远见卓识,反而卖弄他的聪明,空有文人情怀,居然说:"丞相非在梦中,君乃在梦中耳!"发展到以后的"鸡肋"事件以蛊惑军心之名被砍了头,也就不足为奇了。1941年,法国工程师海因里希提出了国际著名的海因里希法则,即在机械操作事故中,死亡、重伤、轻伤和无伤害事故的比例为1∶29∶300,国际上把这一法则叫事故法则。这个事故法则说明,一定数量的事故会导致死亡后果。

精于细微之处,成于细节之中。南京华润热电有限公司多年进行全员、全时段、全方位安全生产管理,不放过任何细节,取得良好实效。采用一体化安全生产管理模式,纵向到底,横向到边。总经理参加每日生产调度会,要求所有相关方单位项目经理汇报当日工作计划,分析当日工作风险点,协调各相关方工作。甲方安全生产网格员参加各相关方早班会;各相关方项目经理组织向所有工作人员交代清楚当日工作内容、安全注意事项,进行安全知识每日一学,通过润工作APP公示当日早班会记录的工作内容、安全风险分析。全公司通过润工作APP进行安全知识每周一试。连续多年持续推进设备整治,设备无跑冒滴漏,设备环境干净、整洁、明亮,设备布局日趋合理,安全通道畅通。相关方单位入厂前,甲方严格审核企业资质、员工资质、员工年龄、健康状况、三级安全培训、生产工器具等,双方签订EHS管理协议书,生产总经理亲自签发生产许可证,工作负责人办理工作票、安全措施执行完善后方可开工。有风险的工作,执行专业工程师旁站制度。每一个专业都针对专业内部有风险之处编写应急预案并进行演练。公司领导、EHS部、设备管理部等部门每日对现场巡查,发现问题及时告知相关责任人员，发布安健环文明生产整改单、安健环文明生产考核单。每年进行春季、夏季、秋季、冬季安全大检查，通过全国安全月活动引领企业开展安全活动。公司积极配合上级部门、相关单位检查整改。每周、每日学习电力系统、各行各业出现的安全警示通报；紧急、类似安全事故通报，立即安排全员学习。即便在上班、下班的交通车上，都进行安全管控。安全第一、安全至上已经深入人心，"三违"现象无立锥之地。

天行有常，不为尧存，不为桀亡。这个"常"就是道，就是规律，就是总结出来的各行各业的规范。第一，必须不断学习，从书本上学习，从实践中学习，从事故教训中学习；虔诚对待相关方单位的检查，虚心接受他人的意见，牢记"良药苦口利于病，忠言逆耳利于行"，以补偿专业知识不足的短板。第二，通过学习发现细微之处隐患后，尽快、彻底消除隐患，切勿消极应对隐患，演绎叶公好龙的生活话剧。第三，暂时不能彻底消除的隐患，尽快制定应急措施并演练应急方案。做一个细致之人，学习规范，发现生活、生产过程中细枝末节之处存在的隐患，修正自己的行为，不断总结经验，察纳良言，谨言慎行，保障生活、生产的安全，有利于自己，有利于家庭，有利于企业，有利于社会，大处着眼，细处着手，方得国泰民安。

"严格、务实、创新、卓越"安全文化实践和探索

华润电力（深圳）有限公司　王付钢　郑宇锋　郭　刚　陈涛斌

摘　要：本文从自身行业特点和管理模式，结合企业安全文化建设相关指导文件，按照安全文化建设的步骤和规律，积极组织开展安全文化建设工作，持续实践和探索安全文化建设的方法，努力提升全员的安全意识和技能，不断提升企业EHS风险管控能力，实现企业的长周期安全稳定环保运行。

关键词：理念机制；党建引领；卓越运营；相关方一体化

"坚持人民至上，生命至上"，是新时代安全管理的主旋律，是实现企业高质量绿色发展的前提。做好企业安全文化建设，就是要落实好安全与发展的关系，把生命安全摆在首位。以"零事故、零污染、零伤害"为安全目标，以"以人为本、规避风险、持续改进、健康环保安全可靠"为使命，落实一岗双责，强化履职尽责和系统管理，着力基层基础，认真落实风险分级管控和隐患排查双重预防机制，积极推动自主安全班组建设，不断提升员工的安全意识和技能，创新和实践企业安全文化建设的方式和方法，实现企业的长周期安全稳定运行。

一、安全文化建设方法

（一）党建工作与安全文化相融合

华润电力（深圳）有限公司（以下简称深圳公司）公司各级党委深入学习近平有关安全生产、环境保护、职业健康等的有关论述，紧密结合生产，建立"党员责任区、示范岗"，定期评比，充分发挥党员在EHS管理中示范作用。

在检修以及技术攻关方面，党员带头，发挥党员先锋模范作用；公司EHS分工分区，党委、党支部领导、党员主动申领最艰苦、最差的区域。组织开展青年学雷锋志愿者服务活动，义务植树绿化活动，义务清洁厂区活动等，充分发挥党员带头引领作用。

管理层利用节假日，开展走基层活动，了解周边群众、基层员工的心声，及时解决群众和基层员工的关心的问题，创建安全稳定的周边环境。

（二）安全文化建设融入卓越运营体系

深圳公司把安全文化建设作为卓越运营体系重要一环，公司在控股卓越运营体系基础上，结合公司现状及行业发展，将安全文化建设融入卓越运营实施框架，加强小微及异常事件的统计、分析，深入分析事件背后的原因，采取措施，避免小微事件演练成大事件，提升EHS事件和卓越运营管理水平。

（三）微小改善促进公司持续改进

截至2022年6月，深圳公司累计安全改善件数18218件，人均75.9件，优秀安全改善提案252件，69项入选控股优秀案例。通过各类微小安全改善，现场文明生产水平持续提升，隐患和风险逐步减少，设备可靠性同步提升。

（四）运用EHS实训体验教学基地，创新培训方式

深圳公司建设了EHS实训体验基地，包含安全体验区、标准化作业示范区、环境教育展厅、消防训练场、职业健康体验区。

EHS实训体验基地建立了《职业健康安全实训体验区管理规定》，明确了使用、维护、监督、评价等各项职责。投用以来，组织班组培训超过5000人次，接待外来参观20余次，员工的安全意识和技能得到大幅提升。

（五）深化相关方一体化管理

深圳公司高度重视相关方一体化管理，以"一体化的安全理念""一体化的安全行为"为主导，以"控制风险"为主线，做好事前、事中、事后管控；以"六个有"为依托"：作业有程序、风险有辨识、控制有措施、开工有交底、措施有落实、过程有监督，以此确保现场作业风险可控、在控、能控。

（六）积极开展安全生产月系列活动

每年安全生产月，深圳公司认真落实集团、控股、大区关于开展安全生产月活动的通知等文件要求，积极策划，开展了一系列丰富多彩EHS宣传、培训、知识竞赛等活动，全体员工积极参与，营造浓厚的安全文化氛围。

（七）积极开展消防日系列活动

每年消防日，深圳公司围绕"落实消防责任，防范安全风险"主题，积极组织开展各类消防活动，通过活动切实做到人人关注消防，人人参与消防，有效提升公司消防管理水平，提升员工防火安全知识和技能。

（八）开展安全文化专项活动

2021年，为认真落实公司安全生产专项整治三年行动方案和最新EHS会议精神，公司组织开展了安全文化系列活动，收集建议72条，安全改善51条，手绘漫画及摄影33幅，并对优秀作品给予奖励，进一步增强公司安全文化氛围。

（九）推进EHS要素检查，夯实EHS工作基础

依据集团EHS要素管理、控股安健环六星管理体系指引，深圳公司按计划逐步完善EHS管理体系，每月进行EHS管理要素专项检查，形成检查报告，挖掘管理问题并在安全会上通报。所有整改项录入"双控宝"信息平台，落实闭环整改。

2021年12月底，深圳公司通过集团、控股组织的要素审查，要素推进工作得到评审专家的肯定。

（十）认真落实EHS管控四个重要抓手

（1）双重预防机制。持续落实"双重预防机制"及"一线三排"工作，严格执行作业风险分级管控和人员到位旁站机制，全过程管控现场作业风险；利用"双控宝"信息化工具，落实隐患排查治理清单动态闭环管理，设备可靠性持续提升。

（2）自主安全班组建设。将集团EHS要素管理与自主安全班组建设相融合，通过每月组织考试、综合评价开展树标杆、学标杆活动，持续推进自主安全班组建设规范化、标准化，截至目前，四星班组6个，三星班组20个，三星以上班组覆盖率86.7%。

（3）狠抓履职尽责。坚持EHS工作"三管三必须"的要求，发挥领导干部带头作用，狠抓各岗位"履责尽职"，落实"党政同责、一岗双责"，完善全员岗位EHS责任清单，编制一线岗位明白卡、应知应会卡，落实全员EHS责任。

（4）重拳出击反违章工作。坚持违章是事故的根源，消除违章即能化解事故隐患。通过开展反违章专项整治、百日行动、安全月宣传等活动，严厉打击违章行为，提升组织震慑力；严查现场执行与标准的依从度，保障制度生命力；构建安全文化氛围，形成团队凝聚力。

（十一）积极开展公众开放日活动

为了增强企业与外界的沟通、交流，搭建企业与社会公众沟通的桥梁，定期开展多种形式"公众开放"活动，向外界宣传公司的安全文化。

二、安全文化建设成果

（一）较好达成EHS目标

企业完成了年度EHS目标，实现了八个"0"、一个"完成"（八个"0"：人身轻伤及以上事故，一般及以上火灾事故、一般及以上交通事故、一般及以上设备及电力安全事故、一般及以上环境事件、新增职业病病例、黄色及以上EHS负面舆情事件、责任性新冠肺炎感染病例，一个"完成"：节能减排指标）。

（二）行为安全管理—荣获标准化良好行为企业

深圳公司根据上级单位下发的新标准化工作规范，重新修编公司标准架构与各项标准，完善安全生产体系，开展标准化管理培训6次，建立以控股新体系构架标准化网站，收集技术标准1324项，梳理技术标准130项，管理标准291项，工作标准85项，以451分高分通过广东省标准化良好行为企业"AAAA"级认证。

（三）智慧安全取得阶段性成果

（1）完成智慧安全"1.0版"探索和尝试。公司建设完成"人车定位"系统、"双控宝"系统，并联合开发"润极视"系统，运用计算机视觉新技术，及时发现、预警并阻断各类人身伤害事故源，2018年公司和华润电力以及极视角公司共同取得三项发明专利。

（2）深圳公司积极推动智慧安全"2.0版"建设。建成后，将实现以下功能：其一，实时智能监控现场人员行为动态，发现问题实时预警，提升智能安全水平。其二，打通智能两票系统、工业电视系统等，实现重大危险源的智能监视、现场作业的违章报警与监控系统的联动。其三，实现高精度室内外人员定位、人脸识别，对人员的进出厂全面管控。其四，实

现 EHS 管控标准化、信息化。

（四）荣誉—荣获全国安全文化企业

公司投产以来，先后荣获香港绿色企业优越环保管理奖·银奖、2018 年亚洲能源大奖、广东省环境教育基地、广东省安全文化示范企业、全国安全文化示范企业等多项荣誉。

（五）初步形成特色安全文化品牌

自深圳公司开展安全文化建设工作以来，公司依托自身优势，重点围绕 EHS 培训、EHS 要素推进、自主安全型班组建设、双重预防机制、反违章管理、履职尽责等重点工作，打造领先的安全文化理念，严格的安全生产管理制度，健全的安全生产管理体系，行之有效的安全生产培训机制，良好的安全文化氛围，不断总结优秀的安全管理经验和做法，扎实推进安全文化创建工作，持续改进，以打造电力行业安全文化建设的"窗口"和"名片"为目标，逐步形成了公司"务实、创新、卓越"的特色安全文化品牌。

参考文献

[1] 罗云. 企业安全文化建设 [M]. 北京：煤炭工业出版社，2018.

[2] 陈光. 建设有中国特色的安全文化是新时期的战略选择 [J]. 现代职业安全，2001（10）.

[3] 刘铁明. 安全生产对国家经济与社会发展具有重大影响 [J]. 中国国际安全生产论坛论文集体，2002：49-52.

[4] 安全生产监督管理总局宣教中心. 安全文化与小康社会 [M]. 北京：煤矿工业出版社，2003.

信息化平台助力企业安全文化建设

许继集团有限公司　李　乾　李东升

摘　要： 安全文化是企业安全管理的基础和重要组成部分。许继集团有限公司（以下简称许继集团）作为电力装备制造企业，作业面多、作业人员多、设备设施多，作业安全风险大，加上现有管理模式基于人工统计分析，实时监督难度大。通过建立基于双重预防体系的安全生产风险管控信息化平台，解决了信息统计效率低、互通传递不及时和现场无法实时监控等问题，实现了全员参与，持续推进企业安全生产水平进步。

关键词： 安全文化；双重预防体系；安全生产风险管控；信息化平台

近年安全事件的统计结果表明，高达九成以上的事故是由人的不安全行为造成的。因此，企业安全管理的重点，应是在强调物防、技防的同时，加强人防。安全文化建设通过创造一种良好的安全人文氛围和和谐的人机环境，对人的观念、意识、态度、行为等形成从无形到有形的影响，从而对人的不安全行为产生控制作用，以达到减少人为事故的效果。安全文化是企业为保护员工身心安全和健康创造的安全、舒适的生产和生活环境等物质因素，以及安全价值观、安全思想和意识、安全作风和态度、安全管理机制等精神因素的总和。安全信息传播与沟通作为安全文化建设的重要组成要素，为全员参与安全事务提供了新的途径。同时，信息化系统如若兼容教育培训、法律法规等模块，也为从业人员提供了自主学习改进的平台。

风险分级管控和隐患排查治理双重预防性工作机制，从现代科学管理的角度出发，将安全生产风险关口前移，形成了事前控制—事中调整—事后反馈的全面安全管理链条[1]。双重预防机制建设过程中，产生了大量的安全信息和动态，传递不及时，将造成安全信息不对称的情况。为适应大数据时代、大社会系统、大安全观念的发展要求，安全生产信息化在双重预防体系建设中的重要性日益显著[2]。《国家安全监管总局关于印发安全生产信息化总体建设方案及相关技术文件的通知》（安监总科技〔2016〕143号）和《河南省企业安全风险辨识管控与隐患排查治理双重预防体系建设导则（试用）》（豫安委办〔2018〕79号）的印发，也极大地推动了安全信息化平台的应用进程。互联网和人工智能技术的高速发展，为风险分级建档登记和隐患排查提供了科技信息技术支撑，从安全角度将信息化融入企业的生产经营活动中[3][4]。

信息化建设，是双重预防体系与安全文化建设的管理创新的深度融合，是保证安全绩效持续改进的新实践。本文以许继集团为例，介绍安全生产风险管控信息化平台的构建过程和对安全文化建设的应用成效。

一、概述

（一）单位概述

许继集团以电力设备、自动化装置和智能制造为主业，同时覆盖新能源建设业务，产业基地分布在国内许昌、哈尔滨等12个城市，工程建设、运维检修、售后服务项目遍布全国，安全风险点多面广。

（二）平台建设的必要性

厂内生产方面，双重预防体系建设存在一线作业人员风险意识缺失、各级管理人员风险辨识不全面、隐患排查治理标准不准确等难题，有的单位把风险分级管控和隐患排查治理分割看待，建"两套制度"，大量时间花费在各级管理人员隐患排查治理记录填写和台账录入上，作业人员间、作业人员与各级管理者间协同不足、缺少沟通，数据无法有效共享，安全工作存在无效管理现象[5]。

工程项目现场施工方面，许继集团从事的电力工程建设项目兼具土建施工和机电安装双重风险属性，工程项目建设平均工期较短、参建相关方多、队伍和人员轮换快，不同工序、季节面临的作业风险不同，不同作业队伍、作业人员对安全生产风险的认识和管控能力参差不齐，安全生产风险管理存在标准差异大、管理难度大等问题[6]。

二、安全生产风险管控信息化平台

（一）平台构建思路

按照"一平台、多场景、微应用"的思路，以spring-boot 和 spring-cloud 技术为基础框架，根据系统业务和应用功能需求，基于 SG-CIM 数据主题域，针对危化品分类管理、责任主体管理、两重点一重大、安全监督管理、应急处置管理、企业基本管理基础应用服务功能，形成许继集团安全生产风险管控信息化平台业务架构。

为满足作业人员尤其是运维服务人员作业地点分散问题，信息化平台同步开发移动终端APP。另外，许继集团还通过开发小程序，兼容不同的移动终端操作系统。

（二）平台功能实现

许继集团安全生产风险管控平台业务主要包括一级功能模块 8 个，二级子功能模块 43 个，三级子功能模块 108 个。

通过设置三级功能模块，满足基层班组人员的不同需要，全面、高效支撑安全管理各项工作。

（1）作业计划管控包含作业计划管理、作业统计等应用功能模块。

（2）工程项目安全管理包含项目安全报备、外包企业准入信息、外包人员准入信息等应用功能模块。

（3）现场可视化包含固定视频、智能化分析等应用功能模块。通过接收作业现场移动布控球抓拍视频信息，智能化分析子功能模块依据典型作业性违章判别逻辑，一旦出现违章行为，立即向相关责任人推送预警信息，并截取留存相关图片、视频记录。

（4）风险管控包含风险预警、风险清册管理、待办任务、风险分布图等应用功能模块。

（5）隐患排查治理包含隐患排查标准、隐患信息填报、待办管理、已办管理、档案管理等应用功能模块。

为提高设备设施安全风险排查的信息化程度，许继集团开发的平台为每台设备设施自动匹配二维码，张贴于作业现场，通过移动终端APP或小程序扫描二维码，获得设备隐患排查治理标准清单，包含检查项目、检查依据、检查频次等信息，开展隐患排查治理、信息上报，消除安全隐患手工填写、人工录入系统的时间浪费。

（6）设备设施安全管理包含特种设备管理、安全工器具管理、生产设备安全管理、消防设施管理、环保设备管理、职业卫生设施管理、设备隐患排查等应用功能模块；特种设备管理子模块可维护特种设备台账信息、特种设备检验管理、特种作业人员信息，具备台账记录的创建、导入、导出，对超期未检和临期待检的信息进行告警提示等功能。

（7）危化品包含危化品使用、危化品存储等应用功能模块。

（8）综合管理包含组织机构、法律法规、教育培训、安全目标、报送报阅、应急管理、安全费用投入、文件通知、安全奖惩情况、安全责任清单、安全事故管理、安全专家库、公告管理、用户管理、单位地址位置设置等应用功能模块。

三、成效分析

许继集团安全生产风险管控信息化平台自上线试运行以来，已在 26 家集团所属子（分）公司、27 个工程项目实现应用，报送作业计划 4235 条，审批外包企业准入 7 次、外包人员准入 37 次，视频监控系统智能化抓拍现场违章 244 条，创建涵盖作业工序、风险点名称、主要危险有害因素、可能导致的事故类型、风险评估方法、风险评估结果、风险等级、工程措施、管理措施、个体防护措施、应急措施在内的风险清册 270 条，发布隐患排查治理标准 1720 条，设备设施安全管理功能模块覆盖特种设备 222 台、特种作业人员 605 人、安全工器具 266 台、生产设备 777 台（套）、消防设备设施 625 套、环保设备设施 15 套、职业健康设备设施 9 套，共享企业标准及管理制度 17 条、组织现场培训考试 35 次，基于统计功能形成危化品使用分布地图、作业风险分布地图。

在双重预防体系中，安全生产风险管控信息化平台兼备技术优势和管理优势[1]。许继集团通过构建可视化、精确化、即时化、网络化的安全信息化平台，解决存在的问题。

（1）传统安全管理模式依赖现场人员巡视、检查，安全生产管理人员更多承担的是现场检查职责，借助现场可视化系统更有利于安全生产管理人员发挥监督职能，压实各级管理人员安全职责。

（2）作业现场多、人员多、环境复杂，现场管理人员无法同时督查到所有风险点，借助信息化平台的远方视频监控功能，可抓拍或回放作业违章场景，准确定位违章行为、违章人员、违章地点等信息[7]，有助于规范作业人员行为。

（3）人工统计工作量大、效率低下，易造成隐患信息滞后，传递不及时，信息化平台依托网络的时效性，通过信息的实时收集、云共享传递至全体受众，串联起各级管理人员，提高安全信息的传播效果。

（4）人工统计模式，易造成安全管理信息碎片化，信息化平台依托网络的同步性，能够以数据库形式，进行作业计划、违章信息、设备设施等的统计分析，确定重点关注工序、供应商队伍、作业人员、作业区域，充分发挥提前预警的强大优势。

（5）生产过程，尤其是工程项目施工过程中，易存在交叉作业，利用信息化平台进行作业计划管控，根据各项作业风险等级合理安排场地使用计划，避免不同工种、不同危险性工作冲突而导致的现场风险。

五、结论与启示

安全文化以文化为载体，把安全管理的强制性和文化管理的柔韧性有机结合起来。许继集团通过构建安全生产风险管控信息化平台，推行全员参与管理的互动模式和自我控制的管理方式，以安全行为规范固化安全行为文化，从意识层面解决了传统安全管理效率低下、行为滞后的缺点，有效推动了双重预防机制在电工装备制造及电力建设企业中的应用，以有形的平台载体，对全员的安全行为起着凝聚、规范和导向作用。

参考文献

[1] 张博源,范绍军,单鹏飞."双控机制"下基于BIM技术的建筑工程安全生产管理平台建设研究[J].建筑安全,2020,35(12):69-71.

[2] 黄浪,吴超,王秉.大数据视阈下的系统安全理论建模范式变革[J].系统工程理论与实践,2018,38(7):1877-1887.

[3] 樊正中.现场安全管控平台在广东石化项目的应用[J].化工安全与环境,2022,35(10):13-17.

[4] 张毅成.信息化助力风险分级管控与隐患排查治理工作[J].中国设备工程,2020(20):64-65.

[5] 王连辉,陈瑞娜,黄超艺.基于"互联网+"的安全管控实践与探讨[J].电力安全技术,2021,23(8):5-9.

[6] 许鸽飞,王登银,李海林,等.企业级安全生产双重预防机制信息化建设与实践[J].大坝与安全,2021(4):5-9.

[7] 易明.电网企业承(分)包商安全施工能力风险管控平台研究[J].探索科学,2020(8):253.